Stahl · Dünnschicht-Chromatographie

Dünnschicht-Chromatographie

Ein Laboratoriumshandbuch

Herausgegeben von
Egon Stahl

2. gänzlich neubearbeitete und stark erweiterte Auflage

Mit 241 Abbildungen und 3 Farbtafeln

Springer-Verlag Berlin Heidelberg GmbH

ISBN 978-3-642-49188-7   ISBN 978-3-642-49187-0 (eBook)
DOI 10.1007/978-3-642-49187-0

Library of Congress Catalog Card Number 66-23508.

Titel-Nr. 0172

Vorwort zur 2. Auflage

Die vor vier Jahren erschienene erste Auflage ist als Standardwerk der Dünnschicht-Chromatographie anerkannt. Inzwischen ging die Entwicklung stürmisch weiter, und einige Tausend beachtenswerter Veröffentlichungen kamen hinzu. Aus dieser Fülle hat eine erheblich erweiterte Autorengemeinschaft in vorbildlicher Zusammenarbeit die 2. Auflage geschaffen. Die bewährten Prinzipien des Aufbaues und der Darstellung wurden beibehalten, aber es wurden mehrere Kapitel und Abschnitte neu aufgenommen. So wurde den Sorptionsmitteln, als dem integrierenden Bestandteil der Methode, besondere Beachtung geschenkt. Die neuartigen Gradient-, Transfer- und Kopplungsverfahren fanden ebenso Aufnahme wie die präparative DC, die direkte quantitative Auswertung, die Umsetzungen am Startpunkt und neue Isotopentechniken. Im speziellen Teil wurde den Anwendungen der DC in der klinischen Diagnostik, in der Lebensmitteluntersuchung und zur Analyse organischer Industrieprodukte erheblich mehr Platz eingeräumt und die Zahl der Reagentien auf 264 erhöht.

Nahezu alle Kapitel sind neu geschrieben und nur ein kleiner Teil der alten Abbildungen und Tabellen übernommen worden. Trotz energischer Straffung hat sich die Seitenzahl fast verdoppelt, der Informationsgehalt aber vervielfacht. Es liegt mit anderen Worten ein neues Buch vor, das wiederum dem Anfänger wie dem Spezialisten eine zuverlässige und unentbehrliche Hilfe im Labor sein wird.

Mein Dank gilt allen, die zur Neugestaltung des Buches beigetragen haben.

Saarbrücken, 18. Oktober 1966 EGON STAHL

Mitarbeiterverzeichnis*

BOLLIGER, H. R., Dr., Hoffmann-La Roche u. Co., AG., CH — 4000 Basel

BRENNER, M., Prof. Dr., Institut für Organische Chemie der Universität Basel, St. Johanns-Ring 19, CH — 4000 Basel

COPIUS-PEEREBOOM, J. W., Dr., Gouvernment Dairy Station, Vreewijkstraat 12 B Leiden/Niederlande

DORFNER, K., Dr., Badische Anilin- und Sodafabrik AG., 6700 Ludwigshafen

EGGER, K., Priv.-Doz. Dr., Botanisches Institut der Universität, 6900 Heidelberg, Hofmeisterweg 4

ENDRES, H., Priv.-Doz. Dr., Badische Anilin- und Sodafabrik AG, Abt. AWETA/Leder, 6700 Ludwigshafen

GÄNSHIRT, HERBERT, Dr., Farbenfabriken Bayer AG, 5090 Leverkusen

HANNIG, K., Priv.-Doz. Dr., Max-Planck-Institut für Eiweiß- und Lederforschung 8000 München 15, Schillerstraße 42-46

KAISER, R., Dr., Badische Anilin- und Sodafabrik AG, Analytisches Labor M 310, 6700 Ludwigshafen

KALDEWEY, H., Prof. Dr., Botanisches Institut der Universität des Saarlandes, 6600 Saarbrücken 15

KOHLSCHÜTTER, H. W., Prof. Dr., Eduard-Zintl-Institut für Anorganische und Physikalische Chemie der Technischen Hochschule Darmstadt, Lehrstuhl für Anorganische und Analytische Chemie, 6100 Darmstadt, Hochschulstr. 4

KREBS, K. G., Prof. Dr., Direktor des Kontroll-Laboratoriums der E. Merck AG, 6100 Darmstadt

LEWIS, B. A., Dr., University of Minnesota, Department of Biochemistry, Snyder Hall, St. Paul, Minn./USA

MANGOLD, H. K., Prof. Dr., The Hormel Institute, University of Minnesota, 801 16th Avenue N.E., P.O. Box 367, Austin, Minn. 55912/USA

NEHER, R., Dr., Ciba Aktiengesellschaft, CH — 4000 Basel

PETROWITZ, H. J., Dr.-Ing., Bundesanstalt für Materialprüfung, Fachgruppe 2,4 „Biologische Materialprüfung, Holzschutz und Holztechnologie" 1000 Berlin-Dahlem, Unter den Eichen 87

RÖSSLER, H., Dr., E. Merck AG, Forschungsabteilungen, Hauptlaboratorium, 6100 Darmstadt

SANTAVY, F., Prof. Dr., Chemisches Institut der Medizinischen Fakultät, Palacký Universität, Olomouc/Tschechoslowakei, Hnevotinska 3

SEILER, H., Priv.-Doz. Dr., Institut für Anorganische Chemie an der Universität Basel, CH — 4000 Basel, Spitalstraße 51

SCHWEPPE, H., Dr., Badische Anilin- und Sodafabrik AG, Abt. AWETA I, 6700 Ludwigshafen

SMITH, F., Prof. Dr. †, University of Minnesota, Department of Biochemistry, Synder Hall, St. Paul, Minnesota/USA

STAHL, EGON, Prof. Dr., Direktor des Instituts für Pharmakognosie und Analytische Phytochemie der Universität des Saarlandes, 6600 Saarbrücken 15

WALLHÄUSSER, K. H., Dr., Farbwerke Hoechst AG, Mikrobiologisches Untersuchungslabor, 6230 Frankfurt-Hoechst

WOLLENWEBER, P., Dr., Machery, Nagel u. Co., 5160 Düren

ZÖLLNER, N., Prof. Dr., Medizinische Poliklinik der Universität München, 8000 München 15, Pettenkoferstraße 6a

* Die von den jeweiligen Autoren hinzugezogenen Mitarbeiter sind in den einzelnen Kapiteln aufgeführt.

Inhaltsverzeichnis

Allgemeiner Teil

Spezieller Teil

A. Zur geschichtlichen Entwicklung der Methode

EGON STAHL

Es mag zunächst überraschen, daß das Prinzip der Dünnschicht-Chromatographie schon vor über 25 Jahren beschrieben, aber erst in den letzten Jahren zum Allgemeingut wurde[1]. Die erste diesbezügliche Veröffentlichung fällt in die Zeit der großen Erfolge der Tswettschen Säulenchromatographie. Schon damals bemühte man sich immer wieder um eine „Mikro-Chromatographie". ZECHMEISTER [781] kennzeichnet die Situation 1938 wie folgt: „Das Hauptproblem der Mikro-Chromatographie liegt nicht in der Zusammenstellung der Apparatur (gemeint für die Säulenchromatographie), sondern in der einwandfreien Identifizierung der adsorbierten Substanzen." Die Lösung dieses Problems brachte der Übergang von der „geschlossenen" zur „offenen" Säule – zur dünnen Trennschicht. Diese 1958 gegebene Formulierung ließ die Einfachheit des Verfahrens und die große Anwendungsbreite der Dünnschicht-Chromatographie allgemein erkennen [661].

Unter dem Titel: „Tropfenchromatographische Analysenmethode und Anwendung in der Pharmazie" beschrieben 1938 N. A. IZMAILOV und M. S. SCHRAIBER[2] [313] das Grundprinzip des Verfahrens. Sie setzten die Methode zur Trennung und Kennzeichnung von Arzneipflanzenauszügen (Tinkturen des Sowjetischen Arzneibuches VII) ein.

---

[1] Vergleicht man jedoch die Entwicklung anderer Methoden, so finden sich zahlreiche Parallelen. Auch auf ganz andersartigen Gebieten gelten ähnliche „Gesetzmäßigkeiten". Fast allgemeingültig und treffend sind die von einem bekannten Kritiker formulierten Sätze: „Nur Dilettanten meinen, eine Idee müsse blitzneu sein, um gut zu sein. Aber in Wahrheit steht es so, daß es nicht darauf ankommt, wer eine Idee als erster, sondern wer sie besser formuliert hat."

[2] Prof. Dr. NICOLAI ARKADEVIC IZMAILOV, geb. am 22.6.1907 (Abb. 1 in [674]), war von 1934 an Leiter des physiko-chemischen Laboratoriums des Instituts für Pharmazeutische Chemie in Charkov und starb am 2.10.1961. Er war einer der bekanntesten sowjetischen Spezialisten auf dem Gebiet der Elektrochemie von Lösungen. Etwa 240 Veröffentlichungen tragen seinen Namen. Er war Mitglied der Wissenschaftlichen Akademie der Ukrainischen S.S.R. und erhielt die Mendelejev-Auszeichnung. Die Mitautorin, Frau Dr. MARIA SEMĖNOWNA SCHRAIBER, geb. 11.9.1904, ist heute noch im oben genannten Institut tätig. Sie hat sich in 50 Veröffentlichungen mit Problemen der pharmazeutischen Analyse (Komplexometrie, Papierchromatographie und Titrationen in nichtwäßrigen Medien usw.) erfolgreich beschäftigt [567, 511, 633].

1 Dünnschicht-Chromatographie, 2. Aufl.

Sie mischten das Sorptionsmittel, zumeist Aluminiumoxid, mit Wasser zu einer Paste und strichen diese in einer 2 mm dicken Schicht auf Objektträger auf. Bei dickeren Schichten beobachteten sie eine Rißbildung, und die Herstellung dünnerer Schichten scheiterte nach ihren Angaben an technischen Schwierigkeiten. Auf die getrocknete Schicht wurde in die Mitte 1 Tropfen des zu untersuchenden alkoholischen Pflanzenauszuges aufgegeben. Vielfach ergaben sich schon bei seinem ringförmigen Ausbreiten schöne „Ultrachromatogramme"; wenn nicht, wurde noch etwas Alkohol zum Entwickeln nachgetropft, bis die Zonen nicht mehr verschwommen waren. Sie verglichen dann diese Ringchromatogramme mit entsprechenden Säulenchromatogrammen (Abb. 1, vgl. mit Abb. 31) und wiesen auf die Vorteile der neuen Methode hin.

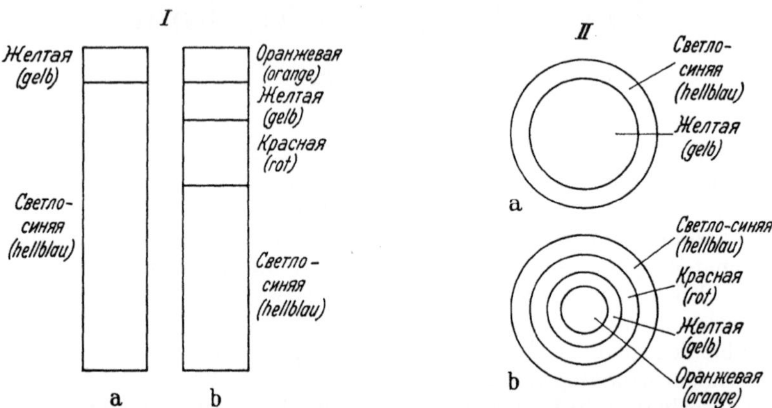

Abb. 1. Vergleich der Fluorescenzfarben eines Aluminiumoxid-Säulenchromatogramms (*I*) von Tollkirschen-Tinktur mit einem „Tropfenchromatogramm" (*II*) vor dem Entwickeln (a) und nach dem Entwickeln mit Spiritus (b). — Die Abbildung ist der Arbeit von Izmailov und Schraiber [*313*] entnommen und lediglich die deutsche Übersetzung der Fluorescenzfarben zugefügt

Die russisch geschriebene Arbeit schließt mit folgender Zusammenfassung:

"A method for chromatographic adsorption analysis is elaborated based on the observation of the division of substances into zones on a thin layer of adsorbent, using one drop of the substance.

The results obtained by the method proposed are qualitatively the same as those obtained by the usual chromatographic adsorption method of analysis. The method enables to obtain satisfactory results using one drop of the substance under test, very small quantities of the adsorbent and minimal time.

The method may be used for the evaluation of galenical preparations and their identification as well as for preliminary test of the adsorbent and the kind of the developer. Sexteen galenical preparations are studied using the method proposed."

Unter Zitierung dieser und weiterer früherer Publikationen berichtete 1941 Crowe [*140*], daß man in seinem Arbeitskreis schon seit einiger Zeit das Adsorbens in dünner Schicht in eine Petrischale gebe und mit dieser Technik schnell das geeignete Elutionsmittel für die Säulenchromatographie ermitteln könne.

Es lassen sich also nun zwei Verfahren unterscheiden: Bei dem einen chromatographiert man auf einer festhaftenden Trennschicht, bei dem anderen auf einer losen, nicht haftenden Schicht. Das letztere Verfahren wurde in einer verbesserten Form 1947 von Williams [*759*] beschrieben.

Er schützt die lose Schicht durch Auflegen einer Deckplatte aus Glas, diese hat in der Mitte eine Bohrung, durch die man das zu trennende Gemisch und danach das Fließmittel auftropft.

Einige Jahre vorher gingen MARTIN und SYNGE [*433*] einen anderen Weg, um das Problem der Trennung von Aminosäuren und ihrer Derivate zu lösen. Ausgehend von einer Verteilungsapparatur entwickelten sie die Verteilungschromatographie. Hierzu fixierten sie die eine Phase (= stationäre Phase) an einen Träger, z. B. pulveriges Kieselgel, und füllten dies dann in eine Säule. Als „Elutionsmittel", in diesem Fall mobile Phase genannt, diente z. B. Chloroform.

Um nun eine Verteilungschromatographie im Mikromaßstab durchführen zu können, ging man zum Filtrierpapier — also zu einer „offenen" Säule — über (CONSDEN, GORDON und MARTIN [*136*] 1944). Ihre Ergebnisse auf dem Aminosäuregebiet fanden größte Beachtung, und man griff die Methode allgemein auf. Der Aufstieg der Papierchromatographie begann; 1956 lagen schon über zehntausend Arbeiten vor, in denen über die Verwendung dieser „Universalmethode" berichtet wurde [*263*]. Es ist verständlich, daß man — beeindruckt von diesen Erfolgen — immer wieder versuchte, auftretende Schwierigkeiten durch Änderung der Imprägnierung, durch neue Fließmittelkombinationen, durch Phasenumkehr und durch chemische Veränderung der Cellulosefaser zu beheben. Viel versprach man sich auch von den Glasfaserpapieren, um alle Adsorptionseffekte auszuschalten.

Auf dem Gebiet der lipophilen Stoffgemische versuchte man u. a. in Anlehnung an die Adsorptionschromatographie, das Filtrierpapier und später das Glasfaserpapier mit Kieselsäure und Aluminiumoxid zu imprägnieren. KIRCHNER (1950) [*347*] ging als einer der ersten diesen Weg. Aus welchem Grunde er dann gemeinsam mit MILLER auf eine Arbeit von MEINHARD und HALL [*439*] aus dem Jahre 1948 zurückgriff, in der die Izmailov-Schraibersche Technik unter dem Namen "Surface Chromatography" auftaucht, ist nicht ersichtlich. Vielleicht befriedigten schon damals die Ergebnisse auf Kieselgelpapieren nicht. Fest steht, daß sich KIRCHNER und MILLER zum ersten Mal eingehender mit der Technik und der Trennung von Terpenderivaten auf dünnen Sorptionsschichten beschäftigt haben und in mehreren Arbeiten [*348, 349, 446—449*] ihre Ergebnisse mitteilten. Sie induzierten die Anwendung der Methode unter der Bezeichnung "Chromatostrip-technique" zur Trennung von Terpenderivaten, und es erschienen danach hierüber eine größere Zahl von Veröffentlichungen. Einer dieser Autoren (REITSEMA 1954 [*571, 572*] verwandte statt der schmalen Glasstreifen breitere Trägerplatten (12,5 × 17,8 cm) und konnte, wie bei der Papierchromatographie, mehrere Substanzgemische nebeneinander trennen. Erstaunlich bleibt es, daß praktisch alle Autoren die Methode wieder verließen. Das mag damit zusammenhängen, daß gerade bei der Trennung ätherischer Öle die Ergebnisse am wenigsten befriedigten und, bedingt durch Unkenntnis der Einflußfaktoren, starke Streuungen der „R_f"-Werte auftraten. Es ist auch möglich, daß man bereits zu dieser Zeit in den USA die Gaschromatographie als die Methode der Wahl für dieses Gebiet betrachtet hat. Wie dem auch sei, die universelle Anwendungsbreite und die zahl-

1*

reichen weiteren Vorteile blieben verborgen. Das beweist am deutlichsten eine Zusammenstellung der jährlich erschienenen diesbezüglichen Arbeiten.

Ein ganz ähnliches Bild der Entwicklung haben wir auch bei der Tswettschen Säulenchromatographie (vgl. 1. Aufl. Abb. 2). Auch dort vergingen über 20 Jahre, bis der Arbeitskreis um Richard Kuhn die Bedeutung dieses Verfahrens erkannte. Eine noch längere „Inkubationszeit" hatte die Papierchromatographie. Bereits 1906 erschien ein Buch von Goppelsroeder [241] unter dem Titel: „Anregungen zum Studium der auf Capillaritäts- und Adsorptionserscheinungen beruhenden Capillaranalyse", und erst ein halbes Jahrhundert später machten Consden, Gordon, Martin und Synge hieraus ein brauchbares Verfahren.

Zumeist entwickelt man eine Methode, um ein bestimmtes Forschungsziel zu realisieren, und so ging es auch bei meinen Arbeiten. Wir wollten vor 15 Jahren den Inhalt einzelner pflanzlicher Drüsenhaare auftrennen, nachdem uns klar wurde, daß man mit histochemischen Methoden keine Fortschritte mehr erzielen konnte. Mit keiner der damaligen chromatographischen Methoden war dieses Ziel zu erreichen. So beschäftigten wir uns zunächst einmal mit der Struktur der Trennschichten. Die Papiere mit ihrer relativ groben Faserstruktur und auch die handelsüblichen Adsorptionsmittel für die Säulenchromatographie ließen die winzigen Stoffmengen, die in den etwa 70 μ großen Drüsenhaaren vorliegen, verschwinden, und so kamen wir zwangsläufig zu immer feineren und dünneren Trennschichten. 1955 gelang es dann, auf 20 μ dünnen, sehr feinkörnigen Kieselgel-Schichten den Inhalt weniger, mit dem Auge praktisch nicht sichtbarer Drüsen chromatographisch aufzutrennen. Ermutigt durch diese Erfolge und durch die Berührung mit zahlreichen anderen Naturstoff-Gruppen lernten wir das Verfahren mehr und mehr kennen und schätzen. Unsere erste Veröffentlichung mit dem Titel: „Dünnschicht-Chromatographie" aus dem Jahre 1956 blieb ebenso unbeachtet wie diejenigen meiner Vorgänger. Wir begannen uns Gedanken zu machen, weshalb man diese wertvolle Methode nicht allgemein anwendet. Unter Zurückstellung des ursprünglichen Forschungsvorhabens beschäftigten wir uns ein halbes Jahrzehnt mit der Dünnschicht-Chromatographie und versuchten, das Bestmögliche aus ihr zu machen. Folgendes schien uns hierzu wichtig:

1. Rationelle Herstellung gleichmäßiger Schichten.

2. Zusammenfassung der notwendigen Geräte zu einer Grundausrüstung, die einen sofortigen Einsatz der Methode erlaubt.

3. Erprobung möglichst universell anwendbarer Sorptionsmittel.

4. Feststellung der Einflußfaktoren und Normierung des Verfahrens.

5. Ermittlung der Anwendungsbreite der Methode anhand von Beispielen aus den verschiedenen Stoffklassen.

Diese Bemühungen waren 1958 zu einer gewissen Reife gediehen, so daß man über das „neue" Verfahren berichten [661] und eine Grundausrüstung zur Dünnschicht-Chromatographie auf der ACHEMA 1958 zeigen konnte. Zunächst waren es die Laboratorien der Großindustrie Süddeutschlands und der Schweiz, die diese zeitsparende chromatographische Methode aufgriffen und mit Erfolg einsetzten. Von dort verbreitete sie sich rasch um die ganze westliche Welt. Dies wird besonders augenfällig bei der Zusammenstellung der jährlich erschienenen Veröffentlichungen, in denen die DC genannt wurde (Abb. 2).

Nach einem zögernden Beginn fand die Methode auch in den Ländern Osteuropas und der Sowjetunion Eingang. Zwar arbeitete man dort zumeist auf losen, grobkörnigeren Schichten, wie sie von 1951 bis 1958 vor allem von MOTTIER [461—463] in der Schweiz verwendet wurden. Die Tendenz geht aber inzwischen auch dort zu den wesentlich besser zu handhabenden festhaftenden Trennschichten. 1965 wurden dann die ersten vorbeschichteten Platten und Folien handelsüblich.

Bis Ende 1965 lagen über 4500 Publikationen vor, und es sind folgende Monographien über die DC erschienen:

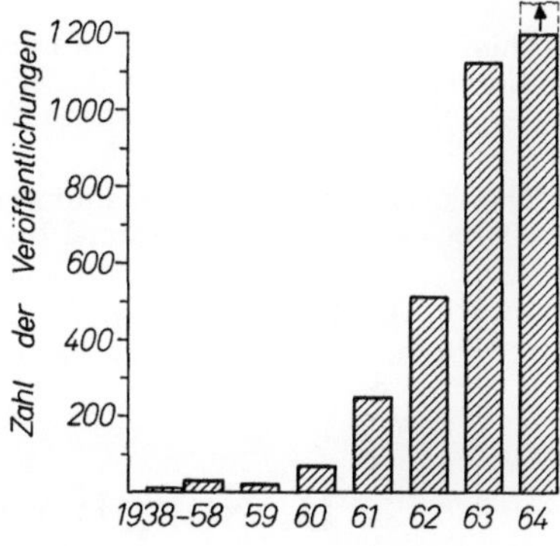

Abb. 2. Zahl der jährlich erschienenen Veröffentlichungen, in denen u. a. über die DC berichtet wurde

1. STAHL, E.: Dünnschicht-Chromatographie, ein Laboratoriumshandbuch, 534 Seiten, Erscheinungsjahr 1962. [673]. Englische Ausgabe 553 Seiten, Erscheinungsjahr 1965. [680]. Russische Übersetzung 1965, Verlag „Frieden" Moskau, nach [681].

2. RANDERATH, K.: Dünnschicht-Chromatographie, 242 Seiten, Erscheinungsjahr 1962 [559]; 2. Aufl. 1965, 291 Seiten. Englische Ausgabe 1963, 250 Seiten [564]. Französische Ausgabe 1964, 294 Seiten [565].

3. HASHIMOTO, Y.: Thin-layer Chromatography, 157 Seiten, Erscheinungsjahr 1962, japanisch [277].

4. TRUTER, E. V.: Thin Film Chromatography, 205 Seiten, Erscheinungsjahr 1963 [720].

5. BOBBITT, J. M.: Thin-layer Chromatography, 208 Seiten, Erscheinungsjahr 1963 [76].

6. MARINI-BETTÒLO, G. B.: Thin-layer Chromatography (ein Kongreßbericht des 1. Internationalen DC-Symposiums im Mai 1963 in Rom), 232 Seiten, Erscheinungsjahr 1964 [430].

7. ACHREM, A. A., u. A. I. KUZNETSOVA: Dünnschicht-Chromatographie, 175 Seiten, Erscheinungsjahr 1964, russisch [8, 9].

8. LABLER, L., u. VL. SCHWARZ: Chromatografie na tenké vrstvě, 465 Seiten, Erscheinungsjahr 1965, tschechisch [386].

9. MACEK, K., and I. M. HAIS: Stationary Phase in Paper and Thin-layer Chromatography; ein Kongreß-Bericht des 2. Internationalen Chromatographie-Symposiums im Juni 1964 in Liblice (Prag), 358 Seiten, Erscheinungsjahr 1965 [413].

Außerdem sind zahlreiche Übersichtsberichte erschienen, es seien hier nur einige erwähnt:

In spanisch: [22, 485], italienisch: [125], polnisch: [492, 588], griechisch: [368], japanisch: [275, 778], französisch: [153, 221/2], russisch: [8], norwegisch: [327], niederländisch: [159, 711], englisch: [51, 418, 421, 428, 590, 630, 775] jugoslawisch: [657].

Ferner wurden über die DC einige Filme gedreht (siehe Tabelle 1).

Mit der Aufnahme in moderne Arzneibücher [142, 530, 531, 727] hat die DC auch ihre Anerkennung als offizielle Standardmethode gefunden.

1a Dünnschicht-Chromatographie, 2. Aufl.

Tabelle 1. *Filme über die Dünnschicht-Chromatographie*

Titel	Autor/Adresse	Filmtyp	Spiel-dauer min	ausleih-bar
„Unter Garantie"	E. Merck AG, Darm-stadt	16 mm Lichtton-Farbfilm	34	ja
„Dünnschicht-Chromatographie"	Camag AG, Muttenz Schweiz	16 mm Magnetton-* Schwarz-Weiß-Film	14	ja
"Thin-layer Chromatography"	E. H. AHRENS jr., The Rockefeller Institute New York	16 mm Lichtton-Farbfilm	10	ja **
„Thin-layer Chromatography"	O. S. PRIVETT, The Hormel Institute, Austin Min. USA	16 mm Lichtton-Farbfilm	etwa 30	ja

* In deutsch, englisch, französisch.
** Auszuleihen bei: Rothacker Inc., 241 West 175 Str. New York N.Y.

B. Sorptionsmittel zur DC

EGON STAHL

Die optimalen Trennbedingungen ergeben sich bei allen chromato-graphischen Verfahren durch das Aufeinanderabstimmen der stationären und der mobilen Phase. Das Auffinden des geeignetsten Sorptionsmittels (stationäre Phase) ist bei der DC einfach und wenig aufwendig. Heute stehen, speziell für die DC, eine ganze Palette erprobter anorganischer und organischer Sorptionsmittel zur Verfügung. Von den üblichen Füll-materialien zur Säulenchromatographie unterscheiden sie sich durch ihre Feinkörnigkeit (Abb. 3). Die hiermit hergestellten dünnen Schichten mit ihrer überraschenden Trennleistung sind ein Hauptcharakteristicum der DC.

Bei der Auswahl der geeignetsten Korngröße müssen sowohl aus herstellungstechnischen Gründen als auch im Hinblick auf die Laufzeiten der Chromatogramme Kompromisse geschlossen werden. Der Korn-größenbereich der meisten Sorptionsmittel zur DC liegt zwischen 5 und 50 μm. Man sollte ferner bestrebt sein, die Sorptionsmittel so zu standardi-sieren, daß ihr Trennverhalten möglichst gleich ist, sich also keine Unter-schiede von Hersteller zu Hersteller oder zwischen Herstellungschargen ergeben.

Zur Bewertung und zum Vergleich der Trenneigenschaften von Sorptionsmitteln für die DC haben sich eingestellte Gemische von Sub-stanzen aus verschiedenartigen Stoffgruppen (Testgemische) am besten bewährt. Mit zunehmender Zahl der im Gemisch enthaltenen Substanzen und Hinzufügung von sog. „kritischen Paaren" läßt sich dieser chromato-graphische Test verschärfen. — Bei porig-strukturierten Sorptionsmitteln lassen sich noch eine Reihe von weiteren Kennwerten ermitteln, z. B. Porendurchmesser (in Å); Porenvolumen (cm³/g); spezifische Oberfläche (m²/g); spezifisches Gewicht (g/cm³).

Zur weiteren Kennzeichnung dient die Messung des pH-Wertes einer zumeist 10proz. wäßrigen Anschüttelung. Für die Trenneigenschaft ist auch der Reinheitsgrad des Sorptionsmittels oft von großer Bedeutung;

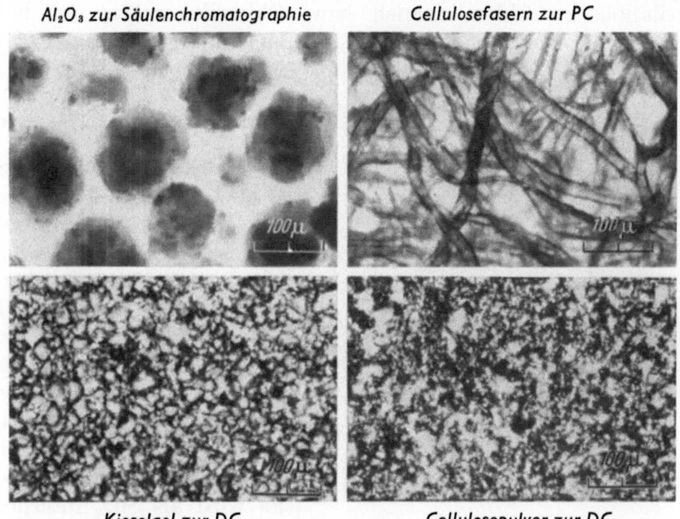

Abb. 3. Vergleich der strukturellen Unterschiede zwischen Sorptionsmitteln für Säulen- und Papier-chromatographie (oben) mit den bei der DC verwendeten (unten). (Stahl [674])

gelegentlich findet man nämlich anorganische und/oder organischeFremd-bestandteile, die im Verlaufe des Herstellungsgangs eingeschleppt und nicht hinreichend entfernt worden sind.

Die Auswahl des Sorptionsmittels wird, bei Beachtung der nach-stehenden Abschnitte, des Grundschemas (Abb. 99) und der im speziellen Teil gegebenen Beispiele auch für den Anfänger keine Schwierigkeiten bereiten.

I. Silicagel (Kieselgel)

H. W. Kohlschütter und K. Unger

Silicagel ist eine amorphe, poröse Substanz. Ihre für die Chromato-graphie wichtigen Eigenschaften setzen sich zusammen aus den Eigen-schaften der festen Gerüstsubstanz und aus den Eigenschaften des Hohl-raumsystems. Dementsprechend enthält Abschnitt 1 einige Grundbegriffe, die sich auf die Gerüstsubstanz, Abschnitt 2 einige Grundbegriffe, die sich auf das Hohlraumsystem beziehen [203, 237, 251, 310, 362]. Abb. 4, S. 8.

1. Bildung von Silicagel und Aufbau seiner Gerüstsubstanz

Der einleitende Schritt für die Bildung von Silicagel besteht in der Hydrolyse von Siliciumverbindungen. Viele Reaktionswege sind möglich.

Das Beispiel Siliciumtetrachlorid

Stufenweise Hydrolyse der in Äther gelösten Verbindung führt über Chlorsilanole zu Chlorsiloxanen bzw. Chlorsiloxanolen mit höheren Molekulargewichten [242]:

$$SiCl_3(OH) \qquad Cl_3SiOSiCl_3$$

$$Cl_3SiOSiCl_2(OH) \qquad usw.$$

Vollständige Hydrolyse in Wasser führt zu Polykieselsäuren. Sie kann zunächst zu Monokieselsäure führen, wenn die Lösung verdünnt ist und die nach $SiCl_4 + 4\,H_2O \rightarrow Si(OH)_4 +$ $+ 4\,HCl$ freiwerdende Salzsäure während der Reaktion abgefangen wird [760]. Das kryoskopisch bestimmbare Molekulargewicht der Si-haltigen gelösten Verbindung liegt dann bei 60. Es wird als SiO_2 interpretiert. 1 SiO_2 wird äquivalent 1 $Si(OH)_4$ angenommen.

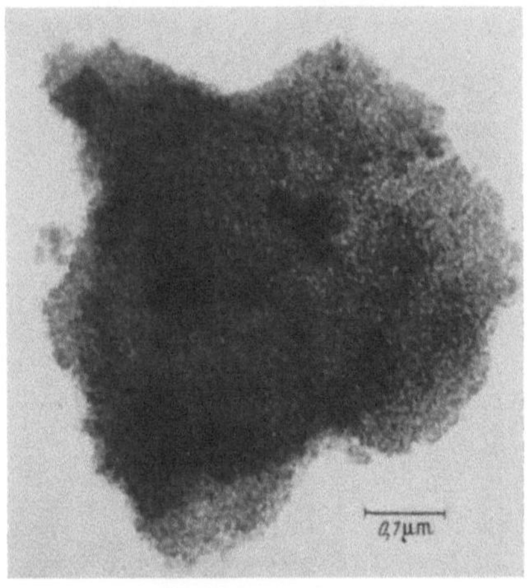

Abb. 4. Elektronenmikroskopische Aufnahme eines sehr dünnen Splitters aus einem Korn von Silicagel (G. KÄMPF)

Das Beispiel Orthokieselsäuremethylester

Bei Zusätzen von Wasser im Molverhältnis $Si(OCH_3)_4 : H_2O = 1 : <1$ entstehen durch Hydrolyse und Kondensation nieder- bis hochmolekulare Polykieselsäureester [99, 369]. Diese enthalten neben restlichen (CH_3O)-Gruppen $(Si-O-Si)$-Brücken [12]. Bei vollständiger Hydrolyse mit einem Überschuß von Wasser bilden sich aus den Polykieselsäureestern Polykieselsäuren als Sole oder Gele. Durch Einleiten eines verdünnten Gasstromes von $Si(OCH_3)_4$ in 0,001 M bis 0,01 M Salzsäure bei 0° C ist auch in dem Stoffsystem Ester-Wasser Monokieselsäure herstellbar [99].

Verbindungen des Typs $Si(OR)_4$ werden als Tetraalkoxysilane bezeichnet. Angaben über Orthokieselsäureester sind deshalb in der Fachliteratur auch unter diesem Stichwort zu finden [90].

Das Beispiel Natriumsilicat

Das übliche Verfahren für die präparative Herstellung und für die industrielle Produktion von Silicagel beginnt mit der vollständigen Hydrolyse von Natriumsilicat durch Umsetzung von Wasserglaslösungen mit Säuren. Die Wasserglaslösungen können mit variablem analytischen Molverhältnis $Na_2O:SiO_2$ und mit variabler Konzentration vorgelegt werden. Umgekehrt können Wasserglaslösungen in vorgelegte Säuren verschiedener Zusammensetzung, Stärke und Konzentration eingetragen werden. Alle diese Parameter haben Einflüsse auf den Ablauf der Umsetzung und auf die Eigenschaften der entstehenden Produkte. Zu den besonders auffallenden Unterschieden, die unmittelbar an den Produkten wahrgenommen werden können, gehört die Form der Niederschläge, die sich beim Versetzen von Wasserglaslösungen mit Säuren bzw. umgekehrt ergeben.

Es können sich bilden:

körnige Niederschläge, die sich von den überstehenden Lösungen absetzen und filtrierbar sind,

oder

plastische Gelmassen, die das ganze Volumen der ursprünglichen Lösungen gleichmäßig erfüllen und das gesamte Wasser immobilisieren.

Analog den Systemen Siliciumtetrachlorid-Wasser oder Orthokieselsäuremethylester-Wasser bieten auch Systeme Silicat-Säure Möglichkeiten für die Herstellung von Monokieselsäure [746]. Den verdünnten Natriumsilicatlösungen können Essigsäure oder Harzaustauscher in der H-Form zugesetzt werden. In Methanol bildet sich Monokieselsäure durch Umsatz von festem Calciumorthosilicat mit Chlorwasserstoff nach $Ca_2SiO_4 + 4\ HCl \rightarrow Si(OH)_4 + 2\ CaCl_2$ [209].

Ausgewählte Hinweise auf einfache Verfahren für die präparative Herstellung von Kieselsäuren enthält Tab. 2.

Tabelle 2. *Zur Herstellung von Kieselsäuren* [92]

Produkte	Prinzip des Verfahrens
Lösungen von Monokieselsäure	Ablösung von SiO_2 mit Wasser aus Silicagel. Ultrafiltration
Sole von Polykieselsäuren	Mischen einer wäßrigen Natriumsilicatlösung mit halbkonzentrierter Salzsäure. Dialyse.
Gele von Polykieselsäuren (reinst)	Hydrolyse von gereinigtem Orthokieselsäuremethylester mit einem Überschuß von Wasser bei 40—50°C

Formale Ableitung der Gerüstsubstanz von Silicagel

Monokieselsäure ist kein Ausgangsprodukt für die präparative Herstellung von Silicagel. Sie ist jedoch ein Ausgangsprodukt für die *formale Ableitung* der Gerüstsubstanz von Silicagel. Mit sehr großen Vereinfachungen ergeben sich bei einer solchen Ableitung fünf Stufen:

1. Monokieselsäure in Lösung.
2. Niedermolekulare Polykieselsäuren in Lösung.
3. Micellen durch Aggregation niedermolekularer Polykieselsäuren in Solen und Gelen.

   Einzelmoleküle von makromolekularen Polykieselsäuren in Solen.

4. Verknüpfung frei beweglicher Teilchen in Solen (Micellen und/oder makromolekulare Atomverbände) und in Gelen.

5. Entwässerung der plastischen Gele unter Bildung harter, poröser Xerogele.

Xerogele sind die Grundlage der Silicagelpräparate, die schließlich zu Adsorbentien der DC weiterentwickelt werden. Vgl. Abschnitt 2.

Zu 1. und 2.: Einige Eigenschaften löslicher niedermolekularer Kieselsäuren können unmittelbar an den Verbindungen selbst bestimmt werden, z. B. die Molekulargewichte, die Säurestärke, die Reaktionsgeschwindigkeit bei der Umsetzung mit angesäuerten Ammoniummolybdatlösungen.

Monokieselsäure wird als „molybdataktiv" bezeichnet. Sie reagiert schnell nach

$$H_4SiO_4 + H_8Mo_{12}O_{40} \rightarrow H_4Si(Mo_{12}O_{40}) + 4\,H_2O$$

Der Molybdängehalt der entstehenden Heteropolysäure läßt sich unabhängig vom Molybdängehalt der nicht umgesetzten überschüssigen Isopolysäure zu Molybdänblau reduzieren. Darauf beruht die colorimetrische Bestimmung löslicher Kieselsäure. Polykieselsäuren reagieren bei diesem analytischen Verfahren langsamer als Monokieselsäure, weil sich die letztere aus den Polykieselsäuren zurückbilden muß [209, 746].

Auf das Prinzip des molekularen Aufbaus bei löslichen Kieselsäuren kann aus ihrer *Bildungsweise* geschlossen werden. Diese Verbindungen enthalten Strukturelemente kristallisierter Silicate oder destillierbarer Kieselsäureester, aus denen sie durch Hydrolyse entstehen.

Monokieselsäure, H_4SiO_4, enthält demnach die tetraedrische SiO_4-Gruppe. Ortho-Dikieselsäure, $H_6Si_2O_7$, enthält zusätzlich eine $(Si\!-\!O\!-\!Si)$-Brücke, die stereochemisch durch zwei (SiO_4)-Tetraeder mit einer gemeinsamen Ecke beschrieben werden kann. Für den Übergang von Monokieselsäure zu einer Dikieselsäure oder zu höhermolekularen Polykieselsäuren bestehen begründete theoretische Vorstellungen. Diese enthalten die Annahme, daß sich die Koordinationszahl des Siliciumatoms bei der Polymerisation von Monokieselsäuremolekülen vorübergehend von vier auf sechs erhöht.

$$\begin{array}{c}
\text{OH} \\
| \\
\text{HO}\!-\!\text{Si}\!-\!\text{OH}\ +\ \text{HO}\!-\!\text{Si}\!-\!\text{OH} \rightarrow \\
| \qquad\qquad\qquad | \\
\text{OH} \qquad\qquad \text{OH}
\end{array}$$

Folgevorgänge sind Reaktionen, bei denen Wasser abgespalten wird unter Bildung von $(Si\!-\!O\!-\!Si)$-Brücken [749].

Die chemische Bindung zwischen Silicium- und Sauerstoffatom enthält polare Anteile [508].

Zu 3. und 4.: Aussagen über den molekularen Aufbau der Polykieselsäuren in Solen oder Gelen sind unbestimmter als Aussagen über den molekularen Aufbau niedermolekularer Kieselsäuren in Lösungen. Die beiden Strukturelemente, (SiO_4)-Tetraeder und $(Si\!-\!O\!-\!Si)$-Brücken, behalten ihre Bedeutung. Es muß jedoch mit einer ähnlichen Mannigfaltigkeit der Atomverbände gerechnet werden, wie sie für Polykieselsäureester bekannt ist. Zwei- und dreidimensionale Ausbildung von $(Si-O-Si)$-Brücken ist möglich. Assoziationsvorgänge kommen dazu. Das hatte zur Folge, daß sich für Sole und Gele Modellvorstellungen unter Benutzung von zwei Grundbegriffen entwickelten [237, 310]:

a) Moleküle von Polykieselsäuren bilden primär durch Assoziation und Kondensation *Micellen* (= abgrenzbare Teilchen kolloider Dimensionen mit beliebigem Ordnungsgrad). Zwischen Micellen findet sekundär an einzelnen ,,Haftstellen'' ihrer Grenzflächen eine Verknüpfung, wiederum durch Kondensation, statt. Lösung → Sol → plastisches Gel.

b) Moleküle von Polykieselsäuren vergrößern sich sofort zu hochmolekularen Atomverbänden. Zwischen einzelnen Atomgruppen dieser Makromoleküle findet Kondensation statt. Lösung → plastisches Gel.

Wenn die Annahmen a) und b) wirklichen Vorgängen entsprechen, wird das Verhältnis von a) zu b) von dem Verfahren für die Herstellung eines plastischen Gels abhängen.

Zu 5.: Bei der Entwässerung der Gele von Polykieselsäuren müssen den Systemen entzogen werden

das von den Polykieselsäuren eingeschlossene oder immobilisierte Wasser,
das an den hydratisierten Polykieselsäuren komplex gebundene Wasser oder adsorbierte Wasser,
das in den Polykieselsäuren chemisch gebundene Wasser.

Der Übergang von den plastischen Gelen der Polykieselsäuren zu den harten Xerogelen findet *vor* der vollständigen Entwässerung der Systeme statt. Zuerst schrumpfen die plastischen Gele beim Wasserentzug stark. Wenn die Erhärtung eingetreten ist, die Entwässerung aber fortgesetzt wird, verringert sich die Schrumpfung. Erst bei der Entfernung des letzten Wassergehaltes bei Temperaturen über 600° C setzt wieder stärkere Schrumpfung durch Sintern der starren Gerüstsubstanz ein.

Nomenklatur

Aus der formalen Ableitung der Gerüstsubstanz in Silicagelpräparaten folgen auch die zweckmäßigen Bezeichnungen.

Polykieselsäuregel: Bezeichnung für das (mehr oder weniger) weiche oder plastische, von Flüssigkeit (beispielsweise Wasser) durchtränkte Gel, d. h. für ein Reaktionsprodukt, das durch Polymerisation, Kondensation und Aggregationsvorgänge von niedermolekularen Kieselsäuren abgeleitet werden kann.

Silicagel: Bezeichnung für das harte, weitgehend entwässerte Xerogel, das aus dem Polykieselsäuregel entsteht, von diesem unterschieden werden muß und zu wasserfreiem Siliciumdioxid überleitet. Im englischen Sprachgebrauch ist dieselbe Bezeichnung mit zwei Worten (Silica Gel), im deutschen, spanischen und portugiesischen Sprachgebrauch mit einem Wort üblich (Silicagel). Einige Handelspräparate werden im deutschen Sprachgebrauch noch als ,,Kieselgele'' bezeichnet, weil für die Bezeichnung Silicagel (in einem Wort) Gebrauchsmusterschutz bestand [582].

Strukturelemente der Gerüstsubstanz von Silicagel

Bei der Beschreibung der Gerüstsubstanz von Silicagel verlieren die Begriffe Molekül und Micelle, deren Anwendung bei der Beschreibung der ersten Stufen für die Bildung von Polykieselsäuregelen noch möglich war, ihre Bedeutung. Einige Aussagen über molekulare Strukturelemente der Gerüstsubstanz liefert die Infrarot-Spektroskopie [765].

Tabelle 3. *Ergebnisse von IR-spektroskopischen Untersuchungen an Silicagel*

Absorptionsbande in cm^{-1}	Zuordnung
7355 [765]	erste Oberschwingung der OH-Gruppe von SiOH
5265	Kombinationsschwingung aus Valenz- und Deformationsschwingung von H_2O
4545	Kombinationsschwingung aus Valenz- und Deformationsschwingung von SiOH
3400 [57, 77, 127, 235, 393, 412, 779]	OH-Valenzschwingung
1635	H_2O-Deformationsschwingung
1200	asymmetrische SiO-Valenzschwingung
1095	asymmetrische SiO-Valenzschwingung
970	SiOH-Deformationsschwingung
795	symmetrische SiO-Valenzschwingung
600	SiO-Deformationsschwingung

Die grundlegenden Strukturelemente, die Monokieselsäure und Polykieselsäuren in den Bildungsvorgang des Polykieselsäuregels einführten, bleiben bis zur Ausbildung des zugehörigen Xerogels, also des Silicagels, erhalten: die tetraedrische Koordination der Sauerstoffatome um jedes Siliciumatom, die Siloxangruppen oder die (Si—O—Si)-Brücken, die Silanol- oder SiOH-Gruppen als Endgruppen von hochkondensierten Polykieselsäuren. Die Eigenschaften der Gerüstsubstanz können deshalb weitgehend mit dem Schema diskutiert werden:

$$-O-\underset{\underset{O}{|}}{\overset{\overset{O}{|}}{Si}}-O-\underset{\underset{O}{|}}{\overset{\overset{O}{|}}{Si}}-OH$$

Die (SiOH)-Gruppen

An der Oberfläche der Gerüstsubstanz zugängliche (SiOH)-Gruppen sind zu verschiedenartigen Umsetzungen befähigt.

Beispiele:

1. **SiOH** + ClSi(CH$_3$)$_3$ → **SiOSi(CH$_3$)$_3$** + HCl

Die fettgedruckten Atomgruppen sind Bestandteile der festen Oberfläche. Das hydrophile Silicagel (SiOH) wird in hydrophobes Silicagel

($SiOSi(CH_3)_3$) umgewandelt. Diese Änderungen der Oberflächeneigenschaften treten auch dann ein, wenn nur ein Teil der (SiOH)-Gruppen durch die Reaktion erfaßt wird [360].

$$2.\ SiOH + CH_2N_2 \rightarrow SiOCH_3 + N_2$$

Die durch diese Reaktion erfaßten (SiOH)-Gruppen können bestimmt werden [78]. Die Frage, ob alle oberflächenbeständigen (SiOH)-Gruppen erfaßt werden, ist noch offen.

Auf der Dissoziation von (SiOH)-Gruppen beruht die schwach saure Reaktion von Silicagelsuspensionen in Wasser nach

$$SiOH \rightleftharpoons SiO^- + H^+$$

Die Größenordnung der Dissoziationskonstanten liegt bei 10^{-6} bis 10^{-8} [173, 410].

Beim Erhitzen von Silicagel wird aus (SiOH)-Gruppen Wasser abgespalten. Umgekehrt können sich unter flüssigem oder mit adsorbiertem Wasser (SiOH)-Gruppen nach

$$2\ SiOH \rightleftharpoons Si-O-Si + H_2O$$

zurückbilden. Diese Reaktion führt auch an Quarzoberflächen zur Bildung von (SiOH)-Gruppen.

Die für die DC wichtigen Funktionen der (SiOH)-Gruppen werden im Abschnitt 2 beschrieben.

Die (Si—O—Si)-Brücken

An der Silicageloberfläche sind (Si—O—Si)-Brücken durch Hydrolyse spaltbar. Vorgänge dieser Art verursachen die sog. Löslichkeit von Silicagel. Im System Silicagel-Wasser stellt sich bei 20° C eine Grenzkonzentration von rund 0,01 % SiO_2 ein. Diese nimmt mit steigender Temperatur zu. Sie nimmt besonders stark zu, wenn bei Raumtemperatur pH 9 überschritten wird. Die Eigenschaften der Lösungen lassen darauf schließen, daß Gleichgewichtszustände erreicht werden und daß Übersättigungserscheinungen möglich sind [700].

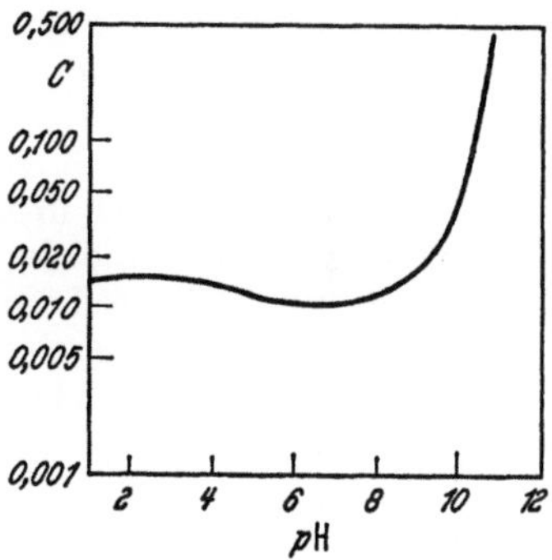

Abb. 5. Gleichgewichtskonzentration von löslicher Kieselsäure über Silicagel [17, 49]

2. Das Hohlraumsystem von Silicagel

Ähnlich wie die feste Gerüstsubstanz des Silicagels durch ihre Strukturelemente beschrieben werden kann, läßt sich auch das Hohlraumsystem durch Strukturelemente beschreiben. Eines dieser Strukturelemente ist die Oberfläche der Gerüstsubstanz. Sie begrenzt das Hohlraumsystem. Weitere Strukturelemente sind das Porenvolumen, der Porenradius und die Porenradienverteilung.

Packungsdichte

Pauschale Angaben über das Verhältnis der Raumbeanspruchung der festen Gerüstsubstanz zu der Raumbeanspruchung des Hohlraumsystems bewegen sich in weiten Grenzen. Es kann z. B. die sog. Packungsdichte P berechnet werden [*422*].

$$\text{Packungsdichte } P = \frac{v}{v + V}$$

Es bedeuten: v = spezifisches Volumen der Gerüstsubstanz
                     (= reziproker Wert des wahren spezifischen Gewichts)
           V = spezifisches Volumen des Hohlraumsystems
                     (= Porenvolumen)

Wird für ein durchschnittliches Silicagelpräparat als wahres spezifisches Gewicht der amorphen Gerüstsubstanz etwa der Wert 2,2 angenommen (Quarz 2,5), dann ist $v = 0,46$. Wird für V etwa der Wert 0,5 gefunden, dann ist $P = 0,48$. Ein solcher Wert würde bedeuten, daß nur etwa die Hälfte des Gesamtvolumens eines zusammenhängenden Kornes oder eines Brockens von Silicagel von der festen Gerüstsubstanz ausgefüllt ist.

Spezifische Oberfläche

Durch mechanische Zerkleinerung und Klassierung werden Silicagelpräparate mit verschiedenen mittleren Korngrößen hergestellt. Es müssen unterschieden werden:

Die Oberfläche der makroskopischen oder mikroskopischen Körner (= äußere Oberfläche) und die Oberfläche in den porösen Körnern (= innere Oberfläche = Summe der Wandflächen aller Poren). Die innere Oberfläche ist sehr viel größer als die äußere Oberfläche. Die geometrische Ausdehnung der gesamten Oberfläche eines Silicagelpräparates wird beschrieben als spezifische Oberfläche (m^2/g).

Viele Zahlenangaben über spezifische Oberflächen beruhen auf der Berechnung der monomolekularen Belegung der insgesamt zugänglichen Oberfläche mit Stickstoff aus Adsorptionsisothermen. Dabei wird mit einem Flächenäquivalent des Stickstoffmoleküls von 16,2 $Å^2$ gerechnet. Dieses Verfahren wird abgekürzt als BET-Methode bezeichnet [*108*].

Gang des Verfahrens:

1. Aufnahme der Adsorptionsisotherme für Stickstoff an Silicagel bei 77,3 °K im niedrigen Druckbereich $p/p_0 = 0$ bis etwa 0,25 (p_0 = Sättigungsdampfdruck des reinen flüssigen Stickstoffs bei 77,3 °K, p = Dampfdruck des Stickstoffs bei der Adsorption an Silicagel).

2. Auswertung der Adsorptionswerte mit Hilfe der Gleichung

$$\frac{p/p_0}{a\,(1 - p/p_0)} = \frac{C - 1}{v_m \cdot C} \cdot p/p_0 + \frac{1}{v_m \cdot C}$$

Es bedeuten: p/p_0 = relativer Dampfdruck des Stickstoffs
              a = adsorbierte Menge Stickstoff (ml, flüssig) pro Gramm Silicagel
             v_m = adsorbierte Menge Stickstoff (ml, flüssig) bei monomolekularer Belegung der Oberfläche pro Gramm Silicagel
             C = Stoffkonstante

Handelsübliche Apparaturen erleichtern die Adsorptionsmessungen [*515*].

Näherungsweise Zahlenangaben, die schneller gewonnen werden und die in Serienversuchen zumindest für den *Vergleich* von Silicagelpräparaten nützlich sein können, beruhen auf der Titration einer Silicagelsuspension mit verdünnter Natronlauge von pH 4,00 auf pH 9,00 bei 25,0° C. G. W. Sears [*620*] hat empirisch eine lineare Beziehung zwischen der spezifischen Oberfläche (BET) vieler Silicagelpräparate und dem Verbrauch an 0,1 M Natronlauge aufgestellt.

Gang des Verfahrens:

1. Silicagel wird zerkleinert. Es wird eine Fraktion von 0,063—0,125 mm Teilchendurchmesser ausgesiebt.

2. Trocknung 2 Std bei 300° C.

3. Einwaage: 1,5 g SiO_2, z. B. berechnet aus dem gravimetrisch bestimmten Glühverlust des Silicagelpräparates.

4. Geräte: Ultra-Thermostat, 250 ml-Dreihalskolben, Rührer, alkalistabile Glaselektrode mit Potentiometer, 25 ml-Bürette.

5. Titration: Die Einwaage an Silicagelpräparat wird mit 30,0 g Natriumchlorid p.a. im Dreihalskolben versetzt und mit destilliertem Wasser auf ein Volumen von 150 ml aufgefüllt. Mit verdünnter Salzsäure bzw. Natronlauge wird in der Suspension pH 4,00 eingestellt. Unter stetigem Rühren wird langsam aus der Bürette 0,1 M Natronlauge zugegeben, bis pH 9,00 erreicht ist. Nach jeder Zugabe wird die Einstellung eines annähernd konstanten pH-Wertes abgewartet.

6. Ergebnis: Berechnung der spezifischen Oberfläche in m^2/g mit Hilfe der (empirischen) Gleichung:

spezif. Oberfläche $O = 32 \times V - 25$ (m^2/g)

V = Verbrauch an 0,1 M Natronlauge von pH 4,00 bis pH 9,00 in ml

Für verschiedene Proben ein und desselben Silicagelpräparates sind die Zahlenwerte sehr gut reproduzierbar. Es ist ein spezieller Vorzug der Methode, daß sie auch auf die *Vorstufe* eines Xerogels, also auf plastisches Polykieselsäuregel angewandt werden kann. Die Werte für die spezifische Oberfläche eines plastischen Polykieselsäuregels und des dazugehörigen harten Xerogels (Silicagel) können sehr nahe beieinander liegen.

Die Frage, wie weitgehend Oberflächenwerte für ein und dasselbe Silicalgepräparat nach der BET-Methode und nach der Titrationsmethode übereinstimmen, ist noch nicht abschließend beantwortet. Trotzdem wird diese Methode häufig angewandt.

Spezifisches Porenvolumen

Porenvolumina fester Stoffe können bestimmt werden mit eindringenden Gasen oder Flüssigkeiten.

Für das hydrophile Silicagel ist besonders aufschlußreich die Aufnahme von Adsorptions- und Desorptionsisothermen bei 18° C mit Wasserdampf im Druckbereich $p/p_0 = 0$ bis 1. Abb. 6, S. 16.

p = Dampfdruck des Wassers bei der Adsorption an Silicagel bei 18° C
p_0 = Dampfdruck des reinen Wassers bei 18° C
$\dfrac{x}{m}$ = adsorbierte Wassermenge (flüssig) pro Gramm Silicagel.

a) Nachgereinigtes Handelspräparat, vor der Messung bei 100° C getrocknet. Die Desorptionsisotherme erreicht wieder den Ausgangspunkt der Adsorptionsisothermen. Sättigungsvolumen bei $p/p_0 = 1$.

b) Dasselbe Präparat wie a) vor der Messung auf 1000° C erhitzt. Die Desorptionsisotherme erreicht nicht mehr den Ausgangspunkt der Adsorptionsisothermen, weil ein kleiner Anteil des adsorbierten Wassers wieder chemisch von der Silicageloberfläche gebunden wurde.

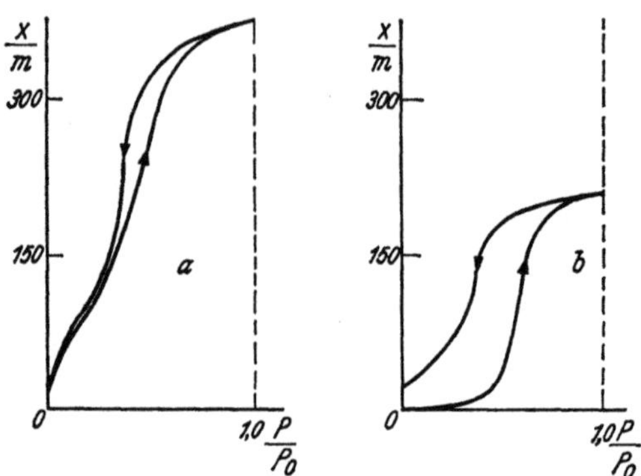

Abb. 6. Adsorptions- und Desorptionsisothermen eines Silicagelpräparates bei 18° C für Wasser

Dasselbe Verfahren läßt sich unmittelbar mit Messungen thermodynamischer und dielektrischer Eigenschaften des Systems Silicagel-Wasser verbinden.

Wenn außerdem die spezifische Oberfläche nach der BET-Methode gemessen wird, ergibt sich das folgende Bild [*334*]:

Bei der Beladung von Silicagel mit Wasser sind unterscheidbar *Capillarwasser*, dessen (H_2O)-Moleküle ähnlich dicht gepackt sind wie in der flüssigen Phase des Wassers.

Wassergehalt der ersten Adsorptionsschicht, dessen (H_2O)-Moleküle etwa nach dem Formelschema SiOH ... OH_2 den (SiOH)-Gruppen der Oberfläche zugeordnet sind und deshalb weniger dicht gepackt sind als im Capillarwasser.

Wassergehalt der (−SiOH)-*Gruppen.*

Der Unterschied zwischen der Packung der (H_2O)-Moleküle in der ersten Adsorptionsschicht und im Capillarwasser fällt bei Silicagelen mit verschieden großen Oberflächen und verschieden großen Porenvolumina verschieden ins Gewicht [*359*]. In den Fällen, in denen er beachtet werden muß, kann das aus dem Endpunkt der Adsorptionsisothermen abgelesene Sättigungsvolumen nicht ohne Korrektur dem geometrischen Porenvolumen gleichgesetzt werden.

Ein einfaches Verfahren zur näherungsweisen Bestimmung des spezifischen Porenvolumens ist von N. E. Fisher und A. Y. Mottlau [*193*] angegeben worden. Es beruht auf der Erscheinung, daß getrocknetes, feinkörniges Silicagel ein fließendes Pulver darstellt und daß nach dem Auffüllen der Poren mit Flüssigkeiten (auch mit Wasser) die zuerst frei gegeneinander beweglichen Körner aneinander haften.

Gang des Verfahrens:

1. Silicagel wird zerkleinert. Es wird eine Fraktion von 0,125 bis 0,250 mm Teilchendurchmesser ausgesiebt.

2. Trocknung 2 Std bei 300 °C, Aufbewahren im Exsiccator über Phosphorpentoxid.

3. Einwaage 0,3—1,0 g. Für Silicagelpräparate mit großem spezifischen Porenvolumen werden die kleineren Einwaagen gewählt und umgekehrt.

4. Geräte: 25 ml-Erlenmeyerkölbchen mit seitlichem Ansatz, 5 ml-Mikrobürette mit 0,01 ml Teilung, deren enge Auslaufspitze durch einen Gummistopfen in das Kölbchen ragt, Schlauchverbindung zwischen Bürette und seitlichem Ansatz des Kölbchens zum Druckausgleich, Magnetrührer mit Teflon-überzogenem Magnetstäbchen.

5. Titration mit Wasser (oder anderen Flüssigkeiten): Tropfenweise Zugabe (ein Tropfen pro Minute) unter stetigem Rühren. Nach jeder Zugabe warten, bis sich die Flüssigkeit verteilt hat und das Silicagelpulver wieder trocken erscheint. Vor dem Endpunkt fließt das Silicagelpulver nicht mehr von der Gefäßwand ab, sondern es bleiben Anteile daran haften. Im Endpunkt beginnt das Pulver sichtbar zusammenzubacken.

6. Ergebnis: Verbrauchte Menge Titrationsflüssigkeit in ml pro Gramm eingewogenes Silicagel entspricht ml Porenvolumen pro Gramm Substanz.

Das Verfahren erfordert Übung. Es ist geeignet zum schnellen Vergleich von Silicagelpräparaten.

Mittlerer Porenradius

Das klassische Verfahren zur Berechnung der Porenradien und damit auch der Verteilungskurve für die verschieden weiten Poren ein und desselben Silicagelpräparates beruht auf der Anwendung der Kelvin-Gleichung auf die Desorptionsisotherme (z. B. für Wasser):

$$r = -\frac{2 \cdot M \cdot \sigma \cdot \cos \Theta}{d \cdot R \cdot T \cdot \ln p/p_0}$$

Es bedeuten: r = Porenradius
M = Molekulargewicht des Wassers
σ = Oberflächenspannung des flüssigen Wassers
Θ = Benetzungswinkel
d = Dichte des in den Poren kondensierten Wassers
R = Gaskonstante
T = Adsorptionstemperatur
p = Dampfdruck des Wassers bei der Adsorption
p_0 = Dampfdruck des reinen flüssigen Wassers.

Der Dampfdruck des Capillarwassers über dem Meniscus, der sich in den Poren bildet, ist eine Funktion des Porenradius. Er stimmt nicht unmittelbar mit dem geometrischen Radius der Poren an der Stelle des Meniscus überein. Während der Entwässerung der Poren bleibt eine Wasserschicht an den Porenwänden haften [334]. Erfahrungen dazu hat C. PIERCE [532] zusammengestellt. Mit diesen Erfahrungen kann ein nach KELVIN berechneter Radius auf den effektiven Radius einer Pore umgerechnet werden. Größere Poren können elektronenmikroskopisch ausgemessen werden. Durchschnittliche Silicagelpräparate haben einen mittleren Porenradius der Größenordnung 25 Å.

Näherungsweise kann der mittlere Porenradius mit Hilfe einer Modellvorstellung berechnet werden. Unter der Annahme, daß die Gesamtzahl der Poren in einem Silicagelpräparat als eine Zylinderpore dargestellt werden kann [*118*], ergibt sich nach Abb. 7:

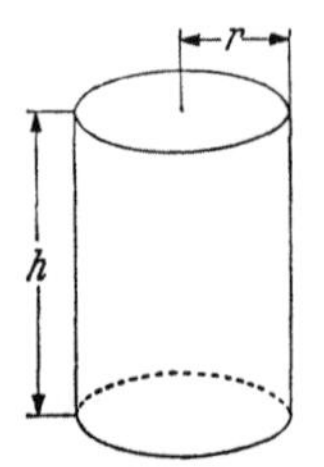

Abb. 7. Zusammenhang zwischen Radius, Volumen und Oberfläche einer Zylinderpore

$$\text{mittl. Porenradius } r = \frac{2 \cdot \text{spez. Porenvolumen } V}{\text{spez. Oberfläche } O}$$

r ist in diesem Verfahren eine formale Rechengröße.

Porenradien < 10 Å können nicht mehr durch Anwendung der Kelvingleichung bestimmt werden. Es bestehen jedoch Anhaltspunkte dafür, daß das Hohlraumsystem von Silicagel neben Makroporen auch Mikroporen enthält, deren Radien die Größenordnung niedermolekularer Dimensionen haben.

Sinterung

Wenn Silicagel auf höhere Temperaturen (im Bereich zwischen 100° C und 1000 C°) erhitzt wird, verändert sich sein Hohlraumsystem. An der porösen Substanz tritt eine Verdichtung ein. Silicagel sintert. Ursachen dieser Sinterung sind:

die Abspaltung von chemisch gebundenem Wasser aus (SiOH)-Gruppen

und

die Beweglichkeit der Atome oder Atomgruppen in den Molekülverbänden der Gerüstsubstanz.

Es müssen jedoch unterschieden werden

a) das Erhitzen von Silicagel in offenen Gefäßen unter normalem Druck oder in geschlossenen Gefäßen unter vermindertem Druck an einer Pumpanlage. Tabelle 4, S. 19.

b) das Erhitzen von Silicagel unter Wasser bei erhöhtem Druck im Autoklaven, die hydrothermale Behandlung.

Wenn das aus (SiOH)-Gruppen abgespaltene Wasser sofort abgeführt wird (a), finden sekundäre Vorgänge zwischen Wasser und der Gerüstsubstanz nicht mehr statt. Bei dem Erhitzen unter Wasser (b) wirkt sich zusätzlich die Löslichkeit von Silicagel aus. Die Veränderung des Hohlraumsystems zwischen 100° C und 200° C ist bei hydrothermaler Behandlung (b) von Silicagel sehr viel stärker als beim Erhitzen im Vakuum auf 100° C bis 200° C (a).

Aus dem Ergebnis der Tab. 5 müssen wahrscheinlich Folgerungen für die Vorstellungen über die Realstruktur der Silicageloberfläche gezogen werden:

Bei der Abspaltung von Wasser wird die *Gerüstsubstanz* von Silicagel gesprengt. Dieselben Vorgänge können zu einer *Auflockerung der Oberfläche* führen. Die Feinstruktur der Oberfläche wird deshalb durch Strukturmodelle, die systematisch aus der Kristallstruktur der SiO_2-Modifikation abgeleitet sind, nicht erschöpfend beschrieben. Es ist zweckmäßig,

Tabelle 4: [*334*] *Sinterung eines Silicagelpräparates* [1] *beim Erhitzen im Hochvakuum* [2]

Temperatur °C	spezifische Oberfläche m²/g	spezifisches Poren- volumen als Sättigungsvolumen ml/g	mittlerer Porenradius aus der Kelvin-Gleichung [5] Å
100°	618	371	11,4
400°	609	373	11,1
700°	586	342 [3]	10,9
1 000° [4]	341	216	11,1

[1] Nachgereinigtes Handelspräparat, Korngröße 0,2—0,5 mm.
[2] Je 1 Std im Hochvakuum erhitzt.
[3] Starker Abfall der spezifischen Oberfläche nach 600° C.
[4] Immer noch röntgenamorph.
[5] Praktisch konstant. Das Meßverfahren (Kelvin-Gleichung) sprach auf die Veränderungen der Mikroporen nicht an.

Tabelle 5. [*367*] *Änderung der Korngrößenverteilung beim Erhitzen eines Silicagel-präparates* [1].

Siebfraktionen Korndurchmesser in mm	getrocknet [2] bei 100° C	geglüht [3] bei 1 000 °C
0,25 —0,5	100%	82,3%
0,2 —0,25	0%	17,2%
0,125—0,2	0%	0,5%

[1] Nachgereinigtes Handelspräparat.
[2] Im offenen Gefäß bei normalem Druck erhitzt.
[3] Durch das Glühen sind nicht größere Körner, sondern kleinere Körner entstanden.

diese Verhältnisse durch die Anwendung von drei Begriffen zu berücksichtigen:

Geometrische Ausdehnung der Oberfläche: m²/g, beispielsweise bestimmt mit der BET-Methode.

Idealstruktur der Oberfläche: beispielsweise aus der Kristallstruktur der SiO_2-Modifikation abgeleitet [*334*].

Realstruktur der Oberfläche: Störstellen, Verwerfungen, Auflockerung usw. in der kristallographisch idealen Oberfläche.

Der Gegensatz der Begriffe Ideal- und Realstruktur der Oberfläche entspricht der begrifflichen Unterscheidung von Ideal- und Realkristallen.

Quantitative Differenzierung des Wassergehaltes

Mit der Sinterung ändert sich die Gesamtmenge des Wassers, die von Silicagel bei Raumtemperatur wieder aufgenommen werden kann. Es ändern sich auch die Anteile des chemisch gebundenen Wassers (SiOH) und des Capillarwassers (H_2O). Für die quantitative Bestimmung dieser Anteile stehen verschiedenartige Methoden zur Verfügung, z. B.:

Aufnahme vollständiger Adsorptions- und Desorptionsisothermen, vgl. Abb. 6;
Infrarotspektroskopie, vgl. Tab. 3 im Abschnitt 1;
Titration nach der Methode von KARL FISCHER [*483*];
gravimetrische Bestimmung.

Tab. 6 enthält Zahlenangaben, die für ein durchschnittliches Silicagelpräparat durch gravimetrische Bestimmungen erhalten wurden [*360*].

Tabelle 6. *Wassergehalt im Hohlraumsystem eines Silicagelpräparates*
(Handelspräparat, nachgereinigt, Korngröße 0,2—0,5 mm)

	A	B	C
100° C.	20 Std	0,18	0,18
20° C.		0,93	0,18
400° C.	108 Std	0,07	0,07
20° C.		0,78	0,13
800° C.	36 Std	0,02	0,02
20° C.		0,53	0,08
1000° C.	50 Min	0,00	0,00
20° C.		0,25	0,02
1000° C.	48 Std	0,00	0,00
20° C.		0,00	0,00

A: Erhitzen im offenen Tiegel (100° C, 400° C, 800° C, 1000° C) und Dauer des Erhitzens (20 bis max. 108 Std). Nach dem Erhitzen wurden die Proben bei 20° C mit Wasser gesättigt (Rubrik 2) und nach dem Sättigen bei 20° C im Hochvakuum wieder entwässert (Rubrik 3).

B: Wassergehalt als Glühverlust bestimmt und als analytisches Molverhältnis H_2O/SiO_2 berechnet.
Kleinere Zahl = Wassergehalt nach dem Erhitzen.
Größere Zahl = Wassergehalt nach der Wiederbeladung in gesättigtem Wasserdampf bei 20° C bis zur Gewichtskonstanz.

C: Wassergehalt als Glühverlust bestimmt und als analytisches Molverhältnis H_2O/SiO_2 berechnet.
Kleinere (bzw. erste) Zahl = Wassergehalt, der an der vorerhitzten Probe (Rubrik 1) im Hochvakuum bei 20° C erreicht wurde.
Größere Zahl = Wassergehalt, der anschließend im Hochvakuum bei 20° C wieder erreicht wurde.

Folgerungen aus Tab. 6:

a) Capillarwasser und festgebundenes Wasser

Das nach der Reinigung mit Säure und Wasser lange bei 100° C getrocknete Silicagelpräparat behält einen kleinen Wassergehalt (0,18 Mol H_2O/SiO_2). Dieser ändert sich nicht bei 20° C im Hochvakuum. Er nimmt bei 20° C im gesättigten Wasserdampf zu (0,93 Mol H_2O/SiO_2). Diese Zunahme geht bei 20° C im Hochvakuum wieder auf den Anfangsgehalt zurück (0,18 Mol H_2O/SiO_2).

Demnach kann der Gesamtwassergehalt des bei 20° C mit Wasserdampf gesättigten Präparates aufgeteilt werden

in festgebundenes Wasser . . . 0,18 Mol H_2O/SiO_2
und in Capillarwasser . . . . . 0,75 Mol H_2O/SiO_2

Gesamtwassergehalt . . . . . 0,93 Mol H_2O/SiO_2

b) Rückbildung von festgebundenem Wasser

Bei dem Erhitzen auf 400° C geht der Wassergehalt des Silicagel-präparates zurück (von 0,18 auf 0,07 Mol H_2O/SiO_2). Das Präparat kann nun auch weniger Capillarwasser aufnehmen: der Gesamtwassergehalt wird geringer (0,78 Mol H_2O/SiO_2). Ein kleiner Teil des Capillarwassers geht bei 20° C in festgebundenes Wasser über (0,13−0,07 = 0,06 Mol H_2O/SiO_2). Diese Rückbildung von festgebundenem Wasser kann für alle Sinterungsstufen dieses Silicagelpräparates aus den Zahlenwerten in Rubrik 3 abgelesen werden:

Vorerhitzen	100° C	400° C	800° C	1000° C	
				50 min	48 Std.
Rückbildung vom fest-gebundenem Wasser in Mol H_2O/SiO_2	0,0	0,06	0,06	0,02	0,0

Reproduzierbarkeit von Silicagelpräparaten

Der gegenwärtige Stand der Silicagelforschung bedingt, daß noch nicht alle Eigenschaften der Substanz Silicagel quantitativ beschrieben werden können. Einige Eigenschaften können nur näherungsweise beschrieben werden. Andere Eigenschaften sind noch weitgehend unbekannt. Zu den letzteren gehört die Realstruktur der Oberfläche. Je vollkommener die Kenntnis über Bildung, Gerüstsubstanz und Hohlraumsystem von Silicagel werden, um so leichter wird es möglich sein, die für die Anwendung von Silicagel als Adsorbens wichtigen Eigenschaften genau zu reproduzieren. Als grundlegende Fragen, die weiterhin Gegenstände der Silicagelforschung sind, können angesehen werden:

Teilvorgänge bei der Bildung der Polykieselsäuregele;
Teilvorgänge bei der Bildung der Xerogele (Silicagele);
Molekularer Aufbau der Gerüstsubstanz der Silicagele;
Strukturelemente kolloider Dimensionen in der Gerüstsubstanz der Silicagele;
Natürliche Bildung makroskopischer oder mikroskopischer Körner in Silicagelpräparaten (im Gegensatz zu der Kornbildung durch mechanische Zerkleinerung);
Hohlraumsystem im einzelnen Korn:
a) Spezifische Oberfläche,
   Idealstruktur der Oberfläche,
   Realstruktur der Oberfläche;
b) Spezifisches Porenvolumen;
c) Porenradien und ihre Verteilung, (Makro- und Mikroporen);
Reinheitsgrad.

Im allgemeinen werden Körnung und Reinheitsgrad nach der Ausbildung des harten Xerogels für den speziellen Anwendungszweck korrigiert. Sie können grundsätzlich schon durch die Bildungsweise vorbereitet werden.

Silicagelpräparate für die DC

Die letzten Schritte für die Herstellung von Silicagelpräparaten für die DC bestehen

in der mechanischen Zerkleinerung reiner Silicagelpräparate und in der Klassierung der dabei anfallenden Korngrößen,
in der Zubereitung wäßriger Suspensionen der zerkleinerten Silicagelpräparate, die gleichmäßig auf Unterlagen, beispielsweise Glasplatten, aufgetragen werden können,
in der Trocknung der Schichten auf ihren Unterlagen.

Wenn der vor der Zerkleinerung erreichte Reinheitsgrad durch den mechanischen Zerkleinerungsprozeß in einem für die DC unzulässigen Maß vermindert wird, dann muß das feinteilige Silicagelpräparat nachgereinigt werden. Dabei können sich einzelne Strukturelemente seines Hohlraumsystems (spezifische Oberfläche, Realstruktur der Oberfläche, spezifisches Porenvolumen, mittlerer Porenradius oder Porenradienverteilung) nochmals verändern. Wird von allen Spezialfällen abgesehen, in denen feinteilige Silicagelpräparate vor der Herstellung der wäßrigen Suspension in geringen Anteilen stoffliche Zusätze (anorganische oder organische Bindemittel, luminescierende Verbindungen) erhalten, oder in Lösungen von organischen Bindemitteln suspendiert und dann zu Schichten verarbeitet werden, oder nicht mehr auf Glasplatten, sondern auf Kunststoffolien fixiert werden, dann gelten für die Herstellung der wäßrigen Suspensionen (a) und für die Trocknung der Schichten auf den Glasplatten (b) die allgemeinen Erfahrungen über das System Silicagel/Wasser:

a) Bei der Herstellung der Suspensionen wird Wasser für die Füllung des Hohlraumsystems der Körner verbraucht. Das Mengenverhältnis Silicagel:Wasser, mit dem eine flüssige Suspension erreicht werden kann, ist demnach abhängig vom spezifischen Porenvolumen des Silicagels und von seinem Wassergehalt, bei dem die Herstellung der Suspension begonnen wird (vgl. Tab. 4).

b) Bei der Trocknung der Schichten auf den Glasplatten muß Wasser aus dem Capillarsystem zwischen den Körnern und Wasser aus dem Hohlraumsystem der einzelnen Körner entfernt werden. Wenn dabei eine Sinterung (auch in geringem Umfang) vermieden werden soll, dann ergibt sich der optimale Temperaturbereich für die Trocknung aus den Angaben über die Differenzierung des Wassergehaltes (Tab. 6). Er liegt zwischen 100° C und 200° C. Es ist der Bereich, in dem alles Capillarwasser entfernt, aus den (SiOH)-Gruppen aber noch kein Wasser abgespalten wird.

Die Eigenschaften der getrockneten Schichten während der Aufnahme von Chromatogrammen setzen sich zusammen aus den Wirkungen des Capillarsystems *zwischen* den Körnern, des Hohlraumsystems *in* den Körnern und den chemischen Funktionen der Oberfläche im Hohlraumsystem. Da weder alle Eigenschaften der Silicagelpräparate, noch alle Eigenschaften der Silicagelschicht quantitativ beschrieben oder vorbestimmt werden können, hat der *chromatographische Test* an der Silicagelschicht ausschlaggebende Bedeutung. Dabei wird die Einwirkung von

Silicagel auf anorganische oder organische Verbindungen in Wasser oder nichtwäßrigen Lösungsmitteln verfolgt. Diese Einwirkungen können bestehen in

Kationenaustausch mit nicht hydrolysierenden Kationen [*366*];
Adsorption von Hydrolyseprodukten hydrolisierender Kationen [*363*];
Adsorption kolloider Hydrolyseprodukte von Kationen [*364*];
Adsorption von molekular gelösten anorganischen oder organischen Verbindungen.

Besonders empfindlich werden Unterschiede im Verhalten verschiedener Silicagelpräparate durch ihre Einwirkung auf hydrolysierende Salze in Wasser angezeigt.

Einfache Grundversuche, mit denen die verschiedenartigen Einwirkungen von Silicagel auf gelöste Stoffe durch Dünnschicht-Chromatographie anschaulich gemacht werden können, haben H. W. Kohlschütter und L. Schäfer in einer Mitteilung „Dünnschicht-Chromatographie anorganischer Kationen an Silicagel" beschrieben.

II. Aluminiumoxide
und weitere anorganische Sorptionsmittel

H. Rössler

Außer dem Kieselgel ist noch eine Reihe anderer anorganischer Substanzen als Sorptionsmittel in zahlreichen Arbeiten verwendet worden, wobei den Aluminiumoxid- und den Kieselgurpräparaten bisher wohl die meiste Bedeutung zukommt. Auf ihre Verwendung zur Untersuchung bestimmter Stoffe wird in dem speziellen Teil eingegangen. In diesem Abschnitt sollen ihre Darstellung bzw. Gewinnung und ihre Eigenschaften beschrieben werden. Bei selteneren Sorptionsmitteln werden auch die auf ihren Schichten getrennten Stoffe erwähnt.

1. Aluminiumoxid

Die Rohstoffe zur Herstellung von Aluminiumoxiden sind die Hydroxide. Die Entwässerung dieser Verbindungen ist seit vielen Jahren in zahlreichen Arbeiten, die nicht alle zu gleichen Ergebnissen geführt haben, eingehend untersucht worden. Das ist nicht verwunderlich, da eine Vielzahl von Faktoren das Reaktionsgeschehen beeinflußt. So sind der Gehalt an Fremdionen, die Teilchengröße des Ausgangsmaterials, die Temperatur, die Aufheizgeschwindigkeit, die Erhitzungsdauer und die Reaktionsatmosphäre von Bedeutung. Erst die Kombination der Ergebnisse verschiedener Methoden, wie Röntgenstrukturanalyse, Elektronenbeugung, calorische Messungen, Differentialthermoanalyse und Infrarotmessungen, hat zu dem heutigen Wissensstand geführt, über den es einige zusammenfassende Darstellungen aus den Laboratorien der großen

Aluminiumwerke [*232, 474, 500*] und aus Forschungs- und Hochschul-Instituten [*592, 717*] gibt.

Die Ausgangsmaterialien für die Herstellung chromatographischer Oxide sind verschiedene Aluminiumhydroxide. Bei ihrer Bezeichnung wird häufig ein griechischer Buchstabe vor die Formel oder die chemische Verbindung gesetzt. Leider ist diese Kennzeichnung in Europa und in den USA nicht einheitlich, so daß empfohlen wurde, den Mineralnamen zu gebrauchen [*232*].

α) Hydrargillit, Al (OH)$_3$. Technisch wird dieses Aluminiumhydroxid in großen Mengen nach dem Bayer-Verfahren gewonnen, in dem es unterhalb 60° C aus Natriumaluminatlaugen nach Zugabe vom Impfkristallen ausgerührt wird. In der Natur bildet es den Hauptbestandteil tropischer Bauxite.

β) Bayerit, Al (OH)$_3$. Ein anderes Aluminiumhydroxid wurde von Fricke [*202*] irrtümlich nach dem Bayer-Verfahren benannt. Danach entsteht aber Hydrargillit, was erst später erkannt wurde. Es ist nicht sicher, ob Bayerit eine stabile Verbindung darstellt; in der Natur wurde sie bis jetzt nicht gefunden.

γ) Böhmit, AlO (OH). Ein Aluminiumoxidhydroxid, das den Hauptbestandteil europäischer Bauxit-Lagerstätten bildet, wird durch hydrothermale Umwandlung von Hydrargillit oder Bayerit in Wasser oder in Lauge erhalten. Nach dem Bayer-Verfahren hergestellter Hydrargillit enthält immer etwas Böhmit.

Die Endstufe der Hydroxidentwässerung ist der Korund. Die dabei auftretenden Übergangsformen werden nach Haber auch mit griechischen Buchstaben bezeichnet. Der Gebrauch ist im Gegensatz zu den Hydroxiden einheitlich, weil sich spätere Autoren an ein erstes Schema, das neben dem γ-Oxid noch fünf Übergangsformen berücksichtigte, gehalten haben [*704*]. Die Erkenntnis, daß die Entwässerung des Hydrargillits über zwei verschiedene Reaktionsfolgen ablaufen kann, war ein weiterer Fortschritt [*104*]. Das heute wohl allgemein anerkannte Schema ist in Abb. 8 dargestellt[1].

Andere Übergangsformen, die bei der Entwässerung im Hochvakuum (ϱ-Al$_2$O$_3$ [*499*]) oder bei besonders rein hergestelltem Ausgangsmaterial [*234, 715, 716*] erhalten wurden, sind nicht berücksichtigt, weil sie als technische Rohstoffe für die Herstellung von Sorptionsmitteln nicht verwendet werden. Eine ausführliche Diskussion der Strukturen der Übergangsformen des dargestellten Schemas ist bereits erfolgt [*474, 592*]. Die für die Übergänge angegebenen Temperaturen werden durch Verunreinigungen, z. B. Alkalien, wie auch durch die Teilchengröße und die Ofenatmosphäre stark verändert.

Eine Erklärung für die in zwei Reaktionsfolgen verlaufende Entwässerung der beiden Aluminiumhydroxide ist die Bildung von Böhmit unter hydrothermalen Bedingungen [*82, 84*]. Bei feinteiligem Hydrar-

---

[1] Für die Übergangsoxide, die nur wenige und unscharfe Röntgenreflexe zeigen, wurden bisher keine Strukturvorschläge gemacht.

gillit wurde als erstes Entwässerungsprodukt nur χ-Aluminiumoxid und bei feinteiligem Bayerit nur η-Aluminiumoxid beobachtet. Gröberes Ausgangsmaterial führte bei beiden Stoffen auch zu Böhmit und seinen Folgeprodukten. DEBOER u. Mitarb. nehmen an, daß in größeren Kristallen zu Beginn der Erhitzung ein Wasserdampfüberdruck entsteht. Hierdurch wird aus den Hydroxiden das Oxidhydrat und daraus werden dann dessen Übergangsformen gebildet. Bei den feinteiligen Hydroxiden kommt es nicht oder nur minimal zur Böhmit-Bildung, so daß hier nur

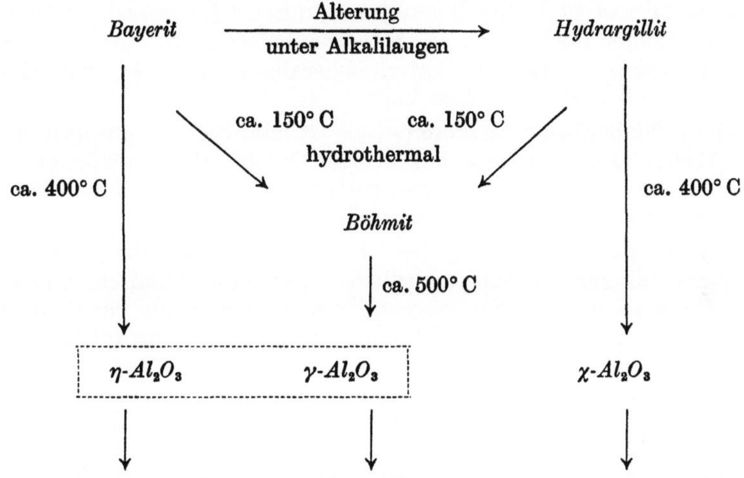

Abb. 8. Teilzersetzungsschema der Aluminiumhydroxide ohne die bei höheren Temperaturen entstehenden Übergangsoxide und die Endstufe Korund

Übergangsformen der Hydroxide beobachtet werden. Das gestrichelte Rechteck im Diagramm soll ausdrücken, daß die beiden Übergangsformen η- und γ-Aluminiumoxid sehr ähnlich sind, so daß manche Autoren keinen Unterschied zwischen beiden Formen machen [592].

In der Chromatographie verwendete Oxide enthalten die γ- oder χ-Form bzw. beide. Sie werden größtenteils aus Hydrargillit hergestellt. Entwässerungsprodukte von gelartigem Böhmit [87, 538] sind γ-Oxide, die hauptsächlich zur Trocknung und als Katalysatoren Verwendung finden.

Bei der Dehydratisierung des Hydrargillits können Oxidoberflächen von 300—400 m²/g bei Glühtemperaturen von etwa 400° C erreicht werden [589]. Solche Oberflächen sind für größere Moleküle nicht insgesamt zugänglich, weil der Durchmesser eines Teils der Poren zu klein ist [86, 87]. So werden spaltförmige Zwischenräume von etwa 30 Å Durchmesser, die eine Oberfläche von etwa 60 m²/g bieten, neben Capillaren von 10 Å Durchmesser beschrieben, die eine Oberfläche von 200—250 m²/g bilden [82]. Höheres Erhitzen bis etwa 600° C und mehr führt zur weiteren Entwässerung und Sinterung, wobei sich die Poren vergrößern und auch gleichmäßiger in ihrem Durchmesser werden. Sie sind dann durch größere Moleküle zu belegen, wie es bei den de Boerschen Versuchen mit

Laurinsäure festzustellen war. Diese Untersuchungen sind an einem technischen Hydrargillit ausgeführt worden und geben eine Vorstellung von dem Porensystem. Da die Vorgänge bei der Entwässerung durch zahlreiche Faktoren beeinflußt werden, ist nicht zu erwarten, daß jeder nach dem Bayer-Verfahren hergestellte Hydrargillit bei der Dehydratisierung ein Oxid gleicher Oberfläche und Porenstruktur liefert. *Aluminiumoxide für die Chromatographie haben Oberflächen zwischen 100 und 350 m²/g,* wenn diese nach der BET-Methode, d. h. durch Belegen mit kleinen Molekeln, gemessen werden, und *mittlere Porendurchmesser zwischen 20 und 80 Å. Der Wassergehalt,* durch Glühverlust bei 1100° C bestimmt, kann noch bis zu 8% betragen, sofern nicht durch nachträgliche Zugabe von Wasser die Aktivität herabgesetzt wurde, wodurch der Gehalt auf über 20% ansteigen kann.

Die Oxidoberfläche der Porenwände ist mit Hydroxylgruppen unterschiedlichen Bindungscharakters belegt. Durch Infrarotmessungen, die von modellmäßigen Vorstellungen gestützt wurden, sind fünf verschiedenartige Hydroxylgruppen festgestellt worden [*514*].

Bei der Rehydratisierung der Übergangsoxide wurden je nach den Versuchsbedingungen unterschiedliche Ergebnisse erhalten. GLEMSER und RIECK stellten den Einbau von Hydroxylgruppen in das Gitter fest [*235*], während die Oberflächenbindung in der ersten Adsorptionsschicht an die Sauerstoffatome des Oxidgitters durch Wasserstoffbrückenbindung von DE BOER u. Mitarb. beschrieben wurde, die außer einer Capillarkondensation insgesamt drei Arten von adsorbiertem Wasser unterschieden [*83*].

Alle aus Hydrargillit hergestellten Aluminiumoxide enthalten, wenn sie nicht nachträglich eine Säurebehandlung erfahren haben, noch einige Zehntelprozente an Natriumoxid, die aus dem Hydrargillit stammen, dessen Gitter durch Alkali stabilisiert ist. Die wäßrige Anschlämmung eines solchen Oxids reagiert alkalisch. Durch eine Säurebehandlung kann der Alkalianteil mehr oder weniger stark von der Oberfläche entfernt werden, so daß dann eine neutrale oder schwach saure Reaktion in wäßriger Suspension festzustellen ist.

Aluminiumoxide für die DC. Für die DC sind χ- und γ-Aluminiumoxide — gelegentlich sind beide Formen nebeneinander und Reste von Böhmit zu beobachten —, die eine ausreichend große Porenweite haben, d. h. bei 500—800° C geglüht sind, und eine Oberfläche zwischen 100 und 250 m²/g besitzen, geeignet. Das feinteilige Oxid, dessen Korngröße unter 60 µm liegen sollte, wird für die Herstellung der Schicht mit Wasser zu einer Suspension angerührt und ausgestrichen. Nach dem Trocknen an der Luft wird die Schicht bei 110° C aktiviert. Im Vergleich zu einem Aluminiumoxid, das zur Säulenchromatographie verwendet wird, hat eine solche Schicht eine Aktivität von etwa II—III nach BROCKMANN.

Wird als *Bindemittel Gips* zu einem basischen Aluminiumoxid zugesetzt, so wird der pH-Wert der wäßrigen Suspension fast bis zum Neutralwert erniedrigt, was beachtet werden muß, wenn basische Schichten für ein Trennproblem vorliegen müssen.

Bei der Herstellung eines Aluminiumoxides für die DC sind so viele Versuchsbedingungen von Einfluß, daß der Verbraucher nicht erwarten kann, mit Präparaten verschiedener Hersteller identische Trennergebnisse zu erzielen. Aus dem gleichen Grunde müssen zum Suspendieren des Aluminiumoxids unterschiedliche Wassermengen (1:1—1:3) verwendet werden. Zum Beschichten von 5 Platten von 20 × 20 cm mit den gebräuchlichen Streichgeräten sind 30—35 g des Sorptionsmittels für Schichten von 250—300 µm Dicke anzuwenden.

Es werden Präparate mit und ohne Bindemittel angeboten, wobei im allgemeinen ein substanzfremdes Haftmittel an den Angaben des Herstellers zu erkennen ist. Auch stehen Aluminiumoxide mit Fluorescenzindicatoren zur Verfügung, in denen anorganische und organische Leuchtstoffe in feiner Verteilung enthalten sind. Die anorganischen Leuchtstoffe, meist aktivierte Silicate, werden durch die bei der DC verwendeten Chemikalien und Lösungsmittel zumeist nicht angegriffen. Sie werden durch kurzwellige UV-Strahlung (254 nm) angeregt. Auf der Schicht adsorbierte Substanzen, die in diesem Bereich absorbieren, erscheinen als dunklere Flecken auf der gleichmäßig leuchtenden Schicht. Solche Präparate werden durch eine Zusatzbezeichnung, wie z. B. F_{254} oder UV_{254} gekennzeichnet. Als organische Fluorescenzindicatoren wurden Pyrenderivate empfohlen, aber auch Cyaninfarbstoffe werden verwendet, die durch langwellige UV-Strahlung (366 nm) angeregt werden [*510, 722, 267*]. Substanzen, die nur im kurzwelligen UV-Bereich unterhalb von 230 nm absorbieren, erscheinen auf solchen Schichten als helle Flecken in einem bläulich leuchtenden Untergrund. Eine Erklärung für dieses anormale Verhalten wurde bisher nicht gefunden. Stoffe, die oberhalb von 270 nm absorbieren, zeigen auch bei Anregung durch langwelliges UV-Licht dunklere Substanzflecken auf hellerem Untergrund. Die Kennzeichnung derartiger Präparate erfolgt durch Zusätze, wie z. B. „F_{366}". Die Verwendung der Indices 254 + 366 zeigt an, daß beide Leuchtstoffe in dem Sorptionsmittel vorhanden sind. Der organische Fluorescenzindicator kann wegen seiner hohen Quantenausbeute in sehr geringen Mengen zugesetzt werden, so daß nur in seltenen Fällen die Entwicklung beeinflußt wird.

Für Trennungen im präparativen Maßstab stehen auch Aluminiumoxidpräparate zur Verfügung, die eine Herstellung von Schichten bis 2 mm erlauben, ohne daß Risse bei der Trocknung entstehen. Diese Sorptionsmittel sind, um das präparative Arbeiten zu erleichtern, mit Fluorescenzindicatoren versehen; sie werden der speziellen Anwendung entsprechend bezeichnet.

2. Kieselgur

Unter Kieselgur versteht man eine natürlich vorkommende, amorphe Kieselsäure fossilen Ursprungs, die auch als Diatomeenerde, Bacillarienerde oder Diatomit bezeichnet wird. Die an vielen Stellen der Erde aufgefundenen Lagerstätten entstanden in der jüngeren Erdgeschichte (Quartär und Tertiär). Sie wurden durch abgestorbene, einzellige Pflanzen, die Kieselalgen, gebildet, deren Kieselsäureschalen in sehr langen

Zeiträumen auf den Grund von Ozeanen oder Seen absanken und sich
in z. T. mächtigen Schichten ablagerten [*50, 103, 332, 335, 466*].

Diese Algen (*Diatomeen, Bacillariophyten, Bacillariaceen*) können im
Salzwasser, Süßwasser und auch im Brackwasser leben. Jede Zelle hat
zwei Schalen aus einem Kieselsäuregerüst, die wie Boden und Deckel
einer Schachtel ineinandergreifen, und jede Schale wird von einem Kiesel-
säuremantel mit sehr gleichmäßigen Poren, dem Kieselskelet gebildet
[*285, 286, 310, 401*]. Bei einer Vielzahl von Arten (etwa 10000) ergibt
sich für die Gerüste ein großer Formenreichtum [*113*].

Auch die frühzeitlichen Varianten waren zahlreich und je nach den
geographischen Lebensräumen verschieden, so daß es möglich ist, durch
das mikroskopische Bild einer Kieselgur auf ihre Lagerstätte zu schließen.

Erstaunlich ist die Statik dieser filigranen Strukturen. Wurden doch
die Kieselpanzerschichten bereits in erdgeschichtlichen Zeiten von z. T.
erheblich starken späteren Sedimentlagen von höherem spezifischem
Gewicht überdeckt, und trotzdem blieben die feinporigen Gerüste über
10^5—10^6 Jahre hindurch erhalten [*332*]. Ebenso wird die Belastung durch
die schweren Abbaugeräte der Gruben vertragen, ohne daß die poröse
Struktur verlorengeht, wenn es auch zum Bruch einer Vielzahl von
Schalen durch diese Beanspruchung kommt [*308*].

Die geförderte Kieselgur kann häufig nicht ohne Aufbereitung eingesetzt werden, da sie noch Wasser, organische Substanz und andere
Bodensedimente enthält [*308, 332*].

Je nach Lagerstätte und Aufbereitungsart ist der Gehalt an verbleibenden Verunreinigungen verschieden. In der folgenden Tabelle ist
die Zusammensetzung zweier ungeglühter, getrockneter, heller Kieselgure
angeführt:

| | Vorkommen und Lagerstättenalter | |
Chemische Zusammensetzung in %	Mitteleuropa Lüneburger Heide (Diluvium)	Nordamerika Kalifornien (Miozän)
SiO_2	89,2	89,7
Al_2O_3	1,9	3,7
Fe_2O_3	0,4	1,5
TiO_2	0,1	0,1
CaO	Spuren	0,4
MgO	0,2	0,7
Alkali (als Na_2O)	1,1	0,8
Glühverlust (H_2O, CO_2 und or- ganische Substanz)	3,6	3,7

Gerade die für chromatographische Zwecke verwandte Gur bedarf
einer sorgfältigen Reinigung, die meistens über mehrere Stufen führt und
für verschiedene Vorkommen unterschiedlich sein kann (Schlämmen,
Trocknen, Glühen z. T. unter Zusatz von Alkalichloriden oder Natriumcarbonat). Diese Aufbereitungsverfahren müssen die poröse Struktur
erhalten, wenn auch eine Verkleinerung der Oberfläche und eine Poren-
erweiterung nicht vermieden werden können. So wird eine Schrumpfung

der Oberfläche von $12-40\ m^2/g$ natürlicher Kieselguren auf $1-5\ m^2/g$ beschrieben [308, 710].

In der nächsten Tabelle sind einige Werte von aufgearbeiteten, geglühten Guren angegeben [495, 577]. Aus diesen Zahlen ist die im Vergleich zu Kieselgelen doch erheblich unterschiedliche Porenstruktur zu entnehmen[2].

Kieselgur	Oberfläche m²/g	Porenvolumen cm³/g	Makroporen-volumen %	Mittlerer Poren-durchmesser in Å
1	4,2	1,14	92	11000
2	<1	1,7	88	>70000
3	1	2,78	—	110000

Bei der Glühung wird die amorphe Kieselsäure der Rohgur kristallin. Röntgenstrukturaufnahmen zeigen die Interferenzen der kristallisierten Siliciumdioxid-Modifikationen [72]. An der Oberfläche des aus mikrokristallinem Siliciumdioxid bestehenden Gerüstes liegen Silanolgruppen und Siloxangruppen. Da der Gehalt an mineralischen Verunreinigungen einige Prozent betragen kann, sind die Porenwände nicht frei von Fremdatomen.

Für die chromatographische Trennung steht eine kleine, wenig aktive Oberfläche bei verhältnismäßig großem Porenvolumen zur Verfügung. Die Verwendung der Kieselgur in der Verteilungschromatographie ist durch diese Struktur verständlich.

In der DC sind feinteilige Fraktionen mit Korngrößen unter 60 μm im Gebrauch. Als Bindemittel wird Gips verwendet. Die Bezeichnung für ein solches Sorptionsmittel ist z. B. Kieselgur G (Fa. 88).

Zum Beschichten von fünf Platten 20×20 cm werden 30 g mit 60 ml Wasser zu einer Suspension angerührt, sofort ausgestrichen, bei Raumtemperatur getrocknet und 30 min bei 110° C aktiviert.

3. Silicate

a) Magnesiumsilicat

Zur Trennung von Zuckern, Zuckerderivaten und anderen Polyhydroxyverbindungen [244, 245, 767] und zur Zirkularchromatographie von Terpenen [109] wurden auch gefällte Magnesiumsilicate benutzt. Die wäßrigen Suspensionen der Präparate hatten je nach Hersteller pH-Werte zwischen 8 und 10, worauf zu achten ist, wenn gleiche Trennergebnisse erzielt werden sollen. Ebenso ist mit unterschiedlichen Oberflächen zu rechnen, so daß die für die Schichtbereitung nötige Wassermenge zwischen 1:2—1:3 variieren kann. An einem Präparat, dem *Florisil* (Fa. 59), dessen Oberfläche vom Hersteller mit etwa 300 m²/g angegeben wird, wurde das Elutionsvermögen verschiedener Fließmittel untersucht [181].

Talk, ein Magnesiumsilicatmineral der Zusammensetzung $Mg_3[Si_4O_{10}](OH)_2$ hat ein Schichtgitter. Die zur Adsorption angebotene Oberfläche hängt in starkem Maße von seinem Verteilungsgrad ab. Zur Trennung von Fettsäuren [120] und Lanatosiden [787] haben übliche

---

[2] Celite (Fa. 77) sind Produkte aus kalifornischen Kieselguren.

Handelspräparate Verwendung gefunden. Für die Anschlämmung brauchte man die 1,5fache Menge Propanol bzw. Äthanol.

b) Calciumsilicat

Ein fein gefälltes hydratisiertes Produkt (etwa 15% Wasser) mit einer Teilchengröße von etwa 0,03 μm und einem pH-Wert der wäßrigen Anschlämmung von 9,6, Silene EF (Fa. 40), zeigte sich zur Zuckertrennung geeignet. Zum Auftragen der Schicht wurden 11 g mit 3 g Kieselgur und 700 mg Natriumacetat mit etwa 30 ml Wasser angerührt [518].

4. Phosphate

Tertiäres Calciumphosphat wird in Wasser langsam unter Bildung von *Hydroxylapatit* zersetzt und kann auch in reinem Zustand aus wäßrigen Lösungen nicht erhalten werden. Die bei der Säulenchromatographie wäßriger Lösungen an Calciumphosphaten wirksame Oberfläche wird deshalb in den meisten Fällen eine Apatitoberfläche gewesen sein.

Für die Herstellung eines geeigneten Apatits sind verschiedene Vorschriften gegeben worden [714, 20]. Ein nach dem Verfahren von Anacker und Stoy bereitetes Produkt wurde für die Trennung von Proteinen verwendet [297], wobei zur Erzielung haftfester Beläge 15 g des Sorptionsmittels in 60 ml 70proz. Äthanol, das 40 mg eines Polyamids (Zytel 61, Fa. Du Pont) enthielt, angerührt wurde. Das Aufbringen der Schicht geschah mit einem gebräuchlichen Streichgerät. Nach Trocknen bei Raumtemperatur waren die Platten gebrauchsfertig. Auch die Trennung von α- und β-Monoglyceriden wurde auf Hydroxylapatit ausgeführt [298].

Bei der Trennung von Carotinoiden fand neben anderen Sorptionsmitteln auch Magnesiumhydrogenphosphat Verwendung [663].

5. Calciumsulfat

Gipsschichten auf Mattglasscheiben (20 × 20 cm), um eine genügende Haftfestigkeit zu erhalten, sind zur Trennung von Fettsäuren und Glyceriden vorgeschlagen worden [340, 199]. Die Qualität des Gipses (Alabastergips) war auf die Trennung von Einfluß. Die Herstellung der Schicht erfolgte durch Ausstreichen der Masse, 50 g Gips + 70 ml Wasser, mit üblichen Geräten und 15 min Trocknen bei Raumtemperatur sowie einstündigem Trocknen bei 80—90° C. Die DC von Kohlenhydraten [783] wie auch ein biologischer Test (Weizen-Koleoptile) [132] wurden ebenfalls an Gipsschichten durchgeführt. Auf dünnen, gegossenen Gipsplatten, 25 g Gips + 30 ml Wasser, gelang die elektrophoretische Trennung von Jodaten und Perjodaten [165].

6. Glaspulver

Wegen der Härte des Glases wird bei der mechanischen Zerkleinerung die Oberfläche der Teilchen verschmutzt, so daß vor der Benutzung eine sorgfältige Reinigung erfolgen muß. An Pyrexglaspulver und zerkleinerter Glaswolle wurde der Einfluß der Glaszusammensetzung, Schichtdicke, Temperatur und Fließmittel bei der Entwicklung verschiedener Substanzen geprüft [*553, 554, 555, 464*]. Über das Verhalten von gemahlenem Jenaer Glas, das durch Sedimentation in zwei Korngrößenklassen aufgetrennt worden war, liegt auch eine Arbeit vor [*107*].

Bei diesen aus Vollglas hergestellten Präparaten besitzen die Partikel keine Poren und die Oberfläche des Sorptionsmittels ist gering. Im Gegensatz hierzu hat gemahlenes poröses Glas, Vycor-Glas 7930 (Fa. Corning Glass) eine Oberfläche von 150—200 m²/g und Poren von 40 Å Durchmesser. Ein solches Pulver in einer Teilchengröße von 60—75 μm, mit 13% Gips als Haftmittel, strich man nach dem Anteigen mit Wasser in einer Stärke von 0,3 mm auf Platten aus. Hierauf wurden drei Wachsarten getrennt und das Ergebnis mit einer Trennung auf Platten mit Kieselgel G und Aluminiumoxid G verglichen [*380*].

7. Salze von Heteropolysäuren, Wolframsäure, Molybdänsäure und Tetraborsäure

Auf Schichten der Ammonium-, 8-Hydroxychinolinium- und Pyridiniumsalze von Dodekamolybdatophosphor-, -arsen-, -kiesel- und -germaniumsäure konnten die Alkalien und auch Spaltprodukte des Urans getrennt werden [*396, 397, 110*]. Hierzu teigte man die Salze mit etwas Wasser an, schlämmte in Aceton auf und stellte 250 μm starke Beläge von 10—12 mg/cm² auf den Platten her. Die Darstellung der einzelnen Salze wurde ebenfalls beschrieben.

Die Imprägnierung von Kieselgur mit Natriumwolframat, Natriummolybdat oder Natriumtetraborat als Chelatbildner zur Trennung von Adrenalin- und Brenzcatechinderivaten war Inhalt zweier anderer Arbeiten [*265*].

8. Eisen- und Chromoxide

Die dunkle Farbe dieser Oxide war sicher ein Grund dafür, daß sie bei chromatographischen Analysen wenig verwendet wurden. Auf ihre Eignung für die Säulenchromatographie ist vor kurzem hingewiesen worden [*236*]. Zum Nachweis der dc getrennten Substanzen auf den dunklen Eisenoxidpigment- oder Chromoxidschichten wurde das Aufsprühen einer Kieselgel G-Suspension empfohlen [*288*]. Ein Teil des adsorbierten Stoffes diffundiert aus dem Substanzfleck im Oxid in die nun aufgebrachte Kieselgelschicht und kann dort mit den üblichen Mitteln nachgewiesen werden, ein Verfahren, das nach Meinung der Autoren auch für Aktivkohleschichten geeignet ist.

9. Zinkcarbonat und Zinkferrocyanid

Ein basisches Zinkcarbonat, das mit 5% Stärke als Haftmittel versehen war, wurde zur dc-Trennung von Aldehyden, Ketonen und anderen Carbonylverbindungen befaßten, benutzt [*534, 302, 32, 34, 33*].

Zur dc-Trennung von Sulfonamiden wurden von Fogg und Wood [196] Schichten aus selbstbereitetem Zinkferrocyanid verwendet. Als Fließmittel diente 0,03—3,33 M Essigsäure.

10. Aktivkohle

Nur in wenigen Arbeiten ist dieses Sorptionsmittel gebraucht worden. Die Schwierigkeit, die Substanzzonen zu erkennen (vgl. 8), wurde einerseits durch Kombinationsplatten Kohle/Kieselgel bei der Trennung von Ketonen [350] umgangen, während bei der Aufteilung von Neomycinsulfatgemischen die Möglichkeit eines Abdrucks auf einerAgaroberfläche und Entwicklung nach der Diffusionsmethode mit *Bacillus pumilus* möglich war [102].

11. Zirkoniumphosphat und Zirkoniumdioxidaquat

Die Trennung anorganischer Kationen an den Präparaten Bio. Rad ZP-1 (Zirkoniumphosphat) und Bio. Rad HZO-1 (Fa. 23), ein Zirkoniumdioxidaquat war Gegenstand einer weiteren Untersuchung [780]. Mit 3% Stärke als Bindemittel wurden 20 g mit 20 ml Wasser zu 500 μm dicken Schichten ausgestrichen und 30 min bei 40° C getrocknet.

12. Lanthanoxid

Das Lanthanoxid hat außer bei der Radio-DC von Phosphaten und Sulfaten, wobei Stärke das Bindemittel war, vorerst noch keine weitere Anwendung gefunden [455].

13. Bentone (Fa. 91)

Durch den Basenaustausch anorganischer Kationen gegen organische, quarternäre Ammoniumionen an Bentonit oder Montmorillonit werden lipophile Dickungsmittel hergestellt. Die Trennung von Polyphenylisomeren wurde auf solchen Schichten durchgeführt [579].

14. Kombination von Sorptionsmitteln

Außer den bisher angeführten anorganischen Sorptionsmitteln sind in einer Reihe von Arbeiten Mischungen verschiedener Substanzen verwendet worden: Kieselgel G und Aluminiumoxid G im Verhältnis 1:1 für die Trennung von Zuckern [736, 752] und von Phenolen [622], Kieselgel G und Kieselgur G in unterschiedlichen Mischungsverhältnissen bei dem Nachweis und der Bestimmung chlorierter organischer Herbicide [4], dem Nachweis von Antioxydantien in Fetten [443], von Steroiden [138] und von Kohlenhydraten [539]. Mischungen von Zinkcarbonat und Aluminiumoxid, 1:3, bzw. Zinkcarbonat und Kieselgel 1:1 fanden bei der Trennung von Abkömmlingen des Tocopherols Verwendung. Eine Prüfungsmöglichkeit und der Gebrauch von Sorptionsmittelkombinationen werden im Abschnitt „Gradient-DC" (S. 92) behandelt.

III. Organische Sorptionsmittel

P. WOLLENWEBER

1. Cellulose und Derivate

Während die anorganischen Sorptionsmittel — mit Ausnahme von Kieselgur — vorwiegend bei Trennungen lipophiler Verbindungen verwendet werden, finden die organischen Sorptionsmittel — zumindest gilt dies in vollem Umfange für die Cellulose und ihre Derivate — fast ausschließlich Anwendung bei Trennungen hydrophiler Substanzen, wie z. B. Aminosäuren, Nucleinsäure-Derivate, Zucker usw. Bei Cellulose-Schichten liegen analoge Trennbedingungen vor wie bei Chromatographie-Papier und es gibt infolgedessen auch analoge Modifikationen der Cellulosepulver. Handelsüblich sind normale, native Cellulosepulver, chemisch modifizierte Cellulosepulver mit beliebig starkem hydrophobem Charakter — z. B. acetylierte Cellulosen — oder solche mit besonders ausgeprägtem hydrophilem Charakter — z. B. Ionenaustauscher-Cellulosepulver. Bei der Chromatographie auf Cellulose-Schichten können in sehr vielen Fällen die in der Papier-Chromatographie üblichen Fließmittel eingesetzt werden. Der Trennvorgang beruht bei der normalen Cellulose fast ausschließlich auf Verteilung, während bei den Cellulose-Ionenaustauschern neben der Verteilung ionenaustauschende Kräfte wirksam werden. Über die speziellen Eigenschaften von Stärke, Saccharose, Dextrangelen usw. wird — wegen des derzeit noch relativ kleinen Anwendungsbereiches — später berichtet.

a) Normale Cellulosepulver

Cellulose besteht aus einer großen Anzahl β-1:4-glykosidisch verknüpften Cellobioseeinheiten und besitzt hydrophile Eigenschaften durch die zahlreichen Hydroxylgruppen ihrer Bausteine (Abb. 9). Dadurch

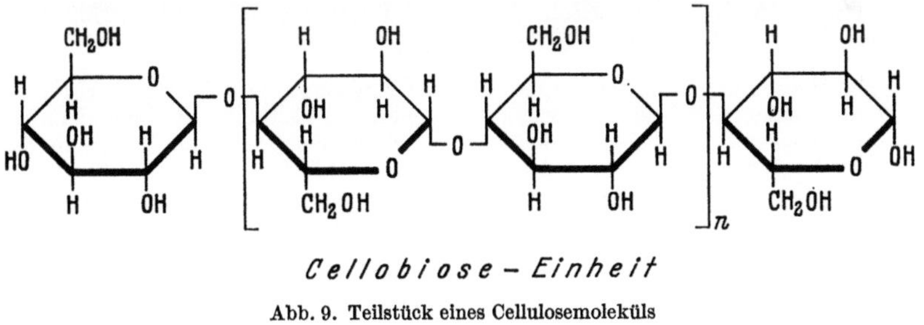

Abb. 9. Teilstück eines Cellulosemoleküls

eignen sich normale Cellulosepulver zur Trennung von hydrophilen Verbindungen. Nähere Hinweise und Anwendungsbeispiele findet man in den Übersichtsreferaten von P. WOLLENWEBER [770, 771, 772, 773].

Wie zahlreiche andere Hochpolymere ist auch die Cellulose in der Lage, Wasserstoffbrücken auszubilden, und zwar sowohl innerhalb des

3 Dünnschicht-Chromatographie, 2. Aufl.

Cellulose-Aufbaues als auch zu niedrigmolekularen Flüssigkeiten wie Wasser und Alkohol. Für die Existenz der Wasserstoffbrücken gibt es mehrere Beweise.

Zum Beispiel bewirkt eine sehr geringe Acetylierung durch die Zerstörung der H-Brücken eine Steigerung, eine fortgeschrittenere durch zunehmende Hydrophobie wieder eine Herabsetzung der hygroskopischen Eigenschaften [75, 14]. Auch der Vorgang der Blattbildung bei der Papierherstellung beruht weitgehendst auf H-Brücken [719]. Pierce [532] nimmt sowohl inter- als auch intramolekulare H-Brücken bei der Cellulose an. Auch die Bindung von Wasser an Cellulose — die Basis für verteilungschromatographische Vorgänge — erfolgt durch H-Brücken. Nach Muus [468] soll die Bindung über H-Brücken nach zwei Arten erfolgen. Entscheidend für das Studium der Wasserstoffbrücken ist die IR-Spektroskopie. Die Entstehung einer H-Brücke wird durch eine deutliche Verringerung der OH-Bindungsfrequenz angezeigt; gleichzeitig beobachtet man eine verwaschenere Bandenstruktur [105, 431].

Für die DC eignen sich grundsätzlich zwei verschiedene Typen normaler Cellulosepulver, und zwar

1. die native, faserförmige Cellulose,
2. die „mikrokristalline" Cellulose.

Bei der faserförmigen Cellulose handelt es sich um hochwertige Cellulose, die nach den üblichen Aufbereitungsverfahren der Cellulose- bzw. Zellstoff-Industrie hergestellt und dann unter möglichst schonenden Bedingungen auf eine für die DC geeignete Faserfeinheit herabgemahlen wird. Der DP[1] des nativen Cellulosepulvers MN 300 (Fa. 83) liegt in der Größenordnung von 400—500. Die Faserlänge von MN 300 liegt im Bereich von etwa 2—20 µm.

Herstellung der Schichten. *Eine wäßrige Suspension mit etwa 15% Cellulosepulver — 30—60 sec in einem elektrischen Mixer homogenisiert — liefert Schichten mit optimalen Eigenschaften in bezug auf Gleichmäßigkeit, Glätte usw. Die Haftfestigkeit der Schichten ist ausgezeichnet, im trockenen Zustand sind sie wischfest. Cellulose-Schichten läßt man am besten an der Luft trocknen. Ein Aktivieren von Cellulose-Schichten bei höherer Temperatur ist nicht erforderlich. Längeres Lagern von Cellulose-Schichten an der Luft verbessert sogar die Trenneigenschaften.*

Die Herstellung von „mikrokristalliner" Cellulose [44] erfolgt durch Hydrolyse von hochreiner Cellulose — wie z. B. regenerierte Cellulose, Baumwoll-Linters, hochgereinigter Zellstoff — mit siedender 2,5 N Salzsäure während 15 min. Je nach Art der Ausgangs-Cellulose und der sich daran anschließenden Aufarbeitung erhält man Cellulose-Kristallite[2] mit einem DP im Bereich von 40 bis 200. Die mikrokristalline Struktur der so gewonnenen Cellulose läßt sich durch röntgenologische Untersuchungen beweisen. Der heutige Stand der Cellulosechemie läßt an sich überhaupt keinen amorphen Aufbau mehr zu [481]. In dem vorerwähnten US-Patent [44] ist daher auch richtiger Weise von "level-off D. P. cellulose products" die Rede.

Herstellung der Schichten. Mikrokristalline Cellulose für die DC ist handelsüblich unter der Bezeichnung Avicel (Fa. 5). Die Korngröße

---

[1] DP = Durchschnittspolymerisationsgrad.

[2] Jayme und Knolle [325] stellten neuerdings durch elektronenmikroskopische Untersuchungen fest, daß die Kristallite sehr stark dazu neigen, sich unter Bevorzugung einer bestimmten Form zu Sekundäraggregaten zusammenzulagern, und zwar vorwiegend longitudinal.

beträgt je nach Modifikation 38 bzw. 19 μm. *DC-Schichten werden hergestellt aus wäßrigen Suspensionen mit 15—30 Gew.-% Avicel. Vom Hersteller wird ein intensives Homogenisieren während 1 min mit einem elektrischen Mixgerät empfohlen. Längeres Homogenisieren führt zur Gelbildung* [29].

Der Dauer des Homogenisierens im elektrischen Mixer ist daher größte Beachtung zu schenken. Die nachstehende Tab. 7 belegt zahlenmäßig den Einfluß eines unterschiedlich langen Homogenisierens von Avicel.

Tabelle 7. *Einfluß der Dauer des Homogenisierens von Avicel auf die Schicht*

Menge Avicel g	Homogenisierungsdauer im elektr. Mixer in sec	Notwendige H_2O-Menge ml	Haftfestigkeit	Laufstrecke eines NH_3-haltigen Fließmittels
15	0*	50	schlecht	10 cm in 15 min
15	60	100	gut	6,5 cm in 30 min
15	150	120	gut	5 cm in 30 min

* Mit einem Glasstab im Becherglas angerührt.

Beim faserförmigen Cellulosepulver MN 300 (Fa. 83) macht sich erst ein Homogenisieren von länger als 10 min Dauer leicht bemerkbar. Dagegen ist es — im Gegensatz zum Avicel — beim MN 300 nicht möglich, durch bloßes Anrühren mit dem Glasstab eine zur Herstellung von Schichten ausreichende Homogenisierung zu erreichen. Die Laufstrecke einer Schicht aus MN 300 mit dem gleichen Fließmittel wie bei den vorgenannten Avicel-Schichten beträgt 7,5 cm/20 min. Für die weitere Behandlung der Avicel-Schichten gilt das gleiche wie bei den Schichten aus nativer Cellulose.

Die Abb. 3 zeigt eine Mikroaufnahme von Cellulosefasern aus Papier und von Cellulosepulver für DC. Die kurzen Fasern des Cellulosepulvers für die DC haben zur Folge, daß blitzartige Substanzausbreitungen entlang der Grenzflächen von langen Fasern nicht mehr möglich und infolgedessen die Substanzflecken bei gleicher Konzentration kompakter sind als auf Papier. Auf Grund der hohen spezifischen Oberfläche von Dünnschicht-Cellulosepulvern — bei MN 300 etwa 15000 cm²/g nach BLAINE — wird eine größere Substanzaufnahme auf kleinem Raum möglich, was wiederum zu kompakten Flecken führt.

Auf wesentliche Unterschiede in den Trenneigenschaften der beiden Cellulosetypen — faserförmig bzw. mikrokristallin — machen die nachstehend genannten Autoren aufmerksam, so z. B. WARING und ZIPORIN [740] bei der dc-Trennung von Hexose- und Triosephosphaten oder BAUDLER und MENGEL [46] bei der dc-Trennung von Phosphorsäuren. WERNZE [747] stellte fest, daß mikrokristallines Cellulosepulver weitaus mehr ninhydrinpositive Begleitsubstanzen aufweist als das native, faserförmige Cellulosepulver MN 300.

„Mikrokristallines" Cellulosepulver besitzt auf Grund seiner Herstellungsweise einen höheren Reinheitsgrad als unbehandeltes, natives, faserförmiges Cellulosepulver. Anorganische Verunreinigungen sind restlos entfernt, da bei den drastischen Hydrolysebedingungen die ursprüngliche Faserstruktur vollkommen aufgeschlossen wird und dadurch auch die letzten Mineralstoffe freigibt. Handelsüblich sind jedoch auch native, faserförmige Cellulosepulver von hoher Reinheit (Fa. 83, 121). Bei dem Cellulosepulver MN 300 HR (Fa. 83) handelt es sich um ein unter äußerst schonenden Bedingungen säuregewaschenes und nach dem Neutralwaschen durch organische Lösungsmittel von Fetten und Harzanteilen befreites Pulver. Die Hydrolyse der Cellulose wird dabei weitgehend ausgeschlossen, so daß die Haftfestigkeit der Ausgangscellulose MN 300 erhalten bleibt. Eine leicht gelb gefärbte Front tritt nicht mehr auf und die Flecken sind selbst bei *Rf*-Werten bis 1,0 kompakt und „ungeästelt". Hochreines Cellulosepulver wird besonders empfohlen für quantitative Arbeiten, z. B. für die Auftrennung von Kohlenhydraten mit anschließender IR-Spektroskopie [*257*] sowie zur Trennung von Phosphorsäuren [*45, 46, 47*] und Phosphaten [*28, 583*].

Haftverbessernde Zusätze sind weder bei der nativen, faserförmigen noch bei der „mikrokristallinen" Cellulose erforderlich. Die Haftfestigkeit der Schichten ist um ein vielfaches höher als bei anorganischen Sorptionsmitteln; im trockenen Zustand sind sie wischfest. Gipszusätze zu Cellulosepulvern können sich sowohl positiv als auch negativ auf die Trennungen auswirken. So wirkt beispielsweise der Gipszusatz störend bei Aminosäuretrennungen [*25, 769*], positiv beeinflussend bei der dc-Trennung von Nucleinsäureprodukten [*130*].

Die **Schichtdicke** von trockenen Celluloseschichten entspricht nie der am Streichgerät eingestellten Dicke. Es gilt die Faustregel: Bei der Trocknung schrumpfen Cellulose-Schichten bis etwa auf die Hälfte der eingestellten Schlitzweite zusammen. Cellulose-Schichten von etwa 0,12 mm im trockenen Zustand sind für die meisten Trennungen besonders vorteilhaft und offenbaren am sinnfälligsten die Vorteile der Dünnschicht-Chromatographie. Dickere Cellulose-Schichten lassen sich bei faserförmigem Cellulosepulver bis zu einer Dicke von 0,5 mm, bei mikrokristallinem Cellulosepulver bis zu einer Dicke von 1 mm im trockenen Zustand ohne Rißbildung herstellen.

Die **Anfärbung** von Cellulose-Dünnschichtchromatogrammen erfolgt nach den gleichen Methoden wie in der Papier-Chromatographie.

Handelsüblich sind neben den erwähnten Grundtypen — also faserförmigen und mikrokristallinen Cellulosen — solche mit Leuchtstoffzusatz. Cellulosepulver mit Leuchtstoffzusatz werden bei solchen Substanztrennungen eingesetzt, bei denen der Nachweis mittels UV-Licht möglich ist. Es handelt sich fast ausschließlich um ein anorganisches Leuchtpigment, das bei Bestrahlung mit UV-Licht von 254 nm stark grün fluoresciert. Sichtbar werden die getrennten Substanzen durch eine Fluorescenzlöschung, d. h. es entstehen dunkle Flecken auf stark grün fluorescierendem Untergrund. Cellulose-Schichten mit Leuchtstoffzusatz können nicht uneingeschränkt für alle Fließmittel eingesetzt werden. Manche bewirken eine totale Fluorescenzlöschung der Schicht.

Tabelle 8. *Übersicht über handelsübliche Typen von Cellulosepulvern für die DC*

Cellulose-Typen	Hersteller bzw. Bezugsquelle*
Faserförmiges Cellulosepulver	33, 83
Faserförmiges Cellulosepulver, hochrein	83
Cellulosepulver, säuregewaschen	121
Mikrokristallines Cellulosepulver (ACIVEL)	5, 23, 83, 115, 117, 121, 127
Faserförmiges Cellulosepulver mit Leuchtstoffzusatz . .	33, 83
Mikrokristallines Cellulosepulver mit Leuchtstoffzusatz .	121
Acetyliertes Cellulosepulver	83, 121
DEAE-Cellulosepulver	23, 83, 117, 115, 127
ECTEOLA-Cellulosepulver	23, 83, 115, 117, 127
PEI-Cellulosepulver	23, 83, 127
CM-Cellulosepulver	23, 83, 115, 117, 127
P-Cellulosepulver	23, 83, 115, 117,
Poly-P-Cellulosepulver	83
AE-Cellulosepulver	115

* Anschriften siehe Firmenverzeichnis.

b) Acetylierte Cellulosepulver

Zur Chromatographie in umgekehrter Phase ("reversed phase chromatography") eignen sich analog den acetylierten Chromatographiepapieren auch acetylierte Cellulosepulver. Sie werden hergestellt durch Veresterung von Cellulose mit Essigsäure. Es können bis zu drei Hydroxylgruppen pro Cellulosebaustein verestert werden. Der Acetylgehalt kann von einigen Prozenten bis maximal 44,8 % schwanken. Dieser Wert entspricht dem Cellulosetriacetat. Mit steigendem Grad der Veresterung nimmt auch der hydrophobe Charakter des Ac-Pulvers zu. Durch die unterschiedliche Acetylierung von Cellulose wird also ein kontinuierlicher Übergang von der „wäßrigen" zur „organisch-unpolaren" stationären Phase geschaffen. Bei der Wahl der Fließmittel ist zu beachten, daß die verschiedenen Esterstufen, also Mono-, Di- und Triacetate, in einigen organischen Lösungsmitteln löslich sind.

Herstellung der Schichten. Acetylierte Cellulosepulver (*Ac*-Pulver) mit unterschiedlichen Acetylgehalten sind handelsüblich (Fa. 83, 121) und lassen sich sehr leicht mit den üblichen Streichgeräten zu einer Schicht ausstreichen. Das Homogenisieren des ja nach Acetylierungsgrad mehr oder weniger hydrophoben *Ac*-Pulvers erfolgt zweckmäßigerweise mit 95 proz. Äthanol (vgl. Arbeitsanleitung von Fa. 83). Mechanisches Anrühren ist ausreichend. Die Schichten läßt man an der Luft antrocknen. Aktivieren bei höherer Temperatur ist nicht erforderlich. Zur Erzielung reproduzierbarer Ergebnisse ist jedoch eine gleichmäßige Vorbehandlung der Schichten zweckmäßig. Die Haftfestigkeit der *Ac*-Schichten ist zwar bei weitem nicht so hoch wie bei normalem Cellulosepulver, entspricht aber immer noch der Haftfestigkeit von anorganischen Schichten. Einen nicht unbedeutenden Einfluß auf die Trennung hat das Lösungsmittel in dem das aufzutragende Substanzgemisch gelöst ist.

Verwendungsmöglichkeiten. Acetyliertes Cellulosepulver eignet sich im Prinzip zur Trennung aller lipophilen Substanzen, doch ist es mit der Trennung allein nicht genug, es muß auch eine Nachweismöglichkeit der getrennten Substanzen geben. Dieser Tatbestand ist ausschlaggebend für den relativ geringen Einsatz von Ac-Celluloseschichten. Für gefärbte Substanzen und solche, die mittels UV-Licht nachweisbar sind, kann man Schichten aus Ac-Pulver empfehlen. Einige Anwendungsbeispiele: Trennung von mehrkernigen Aromaten [31, 309, 357, 599, 600, 755], Anthrachinonfarbstoffen [768], Antioxydantien [596], Cutinsäuren [98], Süßstoffen [595], Rhodaninderivaten von Acetessigsäure und Aceton in Harn [574] und Ketocarbonsäuren [575].

c) Ionenaustauscher-Cellulosepulver[3]

Ionenaustauscher-Cellulosepulver werden seit den grundlegenden Arbeiten von PETERSON und SOBER [516] im Jahre 1956 zur säulenchromatographischen Trennung von Proteinen, Enzymen und zahlreichen anderen biochemisch interessanten Substanzen eingesetzt. Seit einigen Jahren stehen auch Ionenaustauscher in einer für die DC geeigneten Form zur Verfügung. Tab. 9 bringt eine Übersicht über die derzeit handelsüblichen Typen.

Tabelle 9. *Cellulose-Ionenaustauscher für die DC*

Kurz-Bez.	Gruppenbezeichnung	aktive Gruppen	Kapazität mäqu./g
DEAE. . .	Diäthylaminoäthyl-Cellulose	$R\!-\!O\!-\!C_2H_4 \cdot N(C_2H_5)_2$	0,7—1,0
ECTEOLA .	Reaktionsprodukt aus Epichlorhydrin, Triäthanolamin und Alkalicellulose	Struktur nicht bekannt	0,3—0,5
AE	Aminoäthyl-Cellulose	$R\!-\!O\!-\!C_2H_4 \cdot NH_2$	1,0
CM	Carboxymethyl-Cellulose	$R\!-\!O\!-\!CH_2COOH$	0,7
P	Phosphorylierte Cellulose	$R\!-\!O\!-\!PO_3H_2$	0,7
PEI. . . .	Polyäthylenimin-imprägnierte Cellulose	$(\!-\!CH_2\!-\!CH_2\!-\!NH\!-\!)_x$	1,0
Poly-P. . .	Polyphosphat-imprägnierte Cellulose	$(PO_3Na)_x$	1,0

Mit Ausnahmen von PEI- und Poly-P-Cellulose handelt es sich um native Cellulose, die über Äther- oder Esterbrücken gebundene basische bzw. saure Gruppen enthält. Durch Verätherung von Cellulose kann man Produkte mit den verschiedensten Löslichkeitseigenschaften d. h. vom wasserunlöslichen bis zum wasserlöslichen Produkt herstellen. Daran sind jedoch nicht nur die verschiedenen Substituenten schuld, sondern besonders wichtig ist die Menge der eingeführten Gruppen. Und gerade diese Tatsache ist wichtig für die Celluloseäther, die als Ionenaustauscher in der Chromatographie Verwendung finden sollen. Man spricht infolge der geringen Anzahl der bei Cellulosen für chromatographische Zwecke eingeführten Gruppen besser von chemisch modifizierter Cellulose und noch nicht von Celluloseäthern oder -estern.

Die durch die Faserstruktur bedingte große Oberfläche der Cellulose-Austauscher bringt es mit sich, daß der größte Teil der Substituenten

---

[3] Vgl. Ionenaustauscher in der DC auf S. 44.

dicht an der Oberfläche liegt. Auch große hydrophile Moleküle, wie z. B. Eiweißkörper, können leicht durch die quellfähige hydrophile Cellulosematrix hindurchdiffundieren. Bei Austauscherharzen ist ein solches Eindringen wegen des hydrophoben Charakters der Kunstharzmatrix nicht möglich, so daß solche Austauscher nur mit den auf der kugeligen Oberfläche liegenden aktiven Gruppen in Reaktion treten. Der Hauptanteil der aktiven Gruppen liegt jedoch bei Austauscherharzen im Innern der Kunstharzmatrix. Die Abstände der aktiven Gruppen betragen bei Cellulose-Austauschern etwa 50 Å, also sehr weit im Vergleich zu Harzaustauschern mit etwa 10 Å. Daraus ergibt sich, daß die Cellulose-Austauscher trotz ihrer zahlenmäßig weit kleineren Austauschkapazität eine größere Kapazität für große Moleküle, wie z. B. Eiweiße, haben als Kunstharzaustauscher. Hinzu kommt, daß durch die wesentlich weiteren Abstände der aktiven Gruppen die Bindung nur an einer oder an sehr wenigen Stellen erfolgt, so daß eine selektive Desorption im Gegensatz zu Harzaustauschern unter äußerst schonenden Bedingungen möglich ist. Nicht zuletzt haben Cellulose-Ionenaustauscher durch diese Eigenschaften eine enorme Bedeutung bei der Trennung, Reinigung und Isolierung der in der Biochemie anfallenden empfindlichen Substanzen gefunden.

Neben den vorgenannten chemisch modifizierten Cellulose-Ionenaustauschern führte RANDERATH zwei neue Typen von Cellulose-Austauschern in die DC ein. Diese werden hergestellt durch Imprägnierung von nativer, faserförmiger Cellulose (MN 300, Fa. 83) mit Substanzen, die ionenaustauschende Eigenschaften aufweisen, nämlich mit Polyäthylenimin bzw. durch Behandlung von polyäthylenimin-imprägniertem Cellulosepulver mit Polyphosphat (Natriummetaphosphat). Polyäthylenimin-imprägnierte Cellulose trägt die Kurzbezeichnung PEI-Cellulose, polyphosphat-imprägnierte Cellulose die Bezeichnung PP- oder Poly-P-Cellulose; erstere besitzt anionenaustauschende, letztere kationenaustauschende Eigenschaften.

Die *Hersteller* von Ionenaustauschern für die DC sind aus Tab. 10 und dem Firmenverzeichnis zu entnehmen.

Die **Herstellung von Cellulose-Ionenaustauscher-Schichten** erfolgt mit handelsüblichen Streichgeräten. Dazu homogenisiert man etwa 10—20% Cellulosepulver in destilliertem Wasser oder in dem zu verwendenden Fließmittel. Die Pulvermenge ist abhängig von der Quellfreudigkeit der einzelnen Pulver. Die Austauscher CM-, DEAE- und ECTEOLA-Cellulose neigen zu stärkerem Quellen, PEI- und Poly-P-Cellulose quellen unmerklich. Die Quelleigenschaft wirkt sich insofern nachteilig aus, als die völlig trockene Schicht mehr oder weniger feine Haarrisse aufweist.

Beachte ferner: Cellulose-Austauscher-Schichten sollen bis zum Ende der chromatographischen Trennung nicht völlig austrocknen. Für eine gute Reproduzierbarkeit von Trennungen ist es wichtig, daß die aktiven Gruppen möglichst alle in der austauschaktivsten Form vorliegen. Dazu empfiehlt sich folgender Arbeitsgang:

Man läßt die fertigen Schichten vor dem Auftragen des zu trennenden Substanzgemisches mit dem vorgesehenen Fließmittel (s. S. 48) aufsteigend chromatographieren. Danach läßt man an der Luft antrocknen, trägt das Substanzgemisch auf die noch feuchte Schicht auf und chromatographiert ohne Zwischentrocknung.

Die Fließgeschwindigkeit kann durch den Zusatz von normalem, nicht ionenaustauschendem Cellulosepulver beeinflußt bzw. variiert werden.

Einige Anwendungsmöglichkeiten von Cellulose-Ionenaustauscher für die DC sind in Tab. 10 gegeben.

2. Stärke

Neben der Cellulose und ihren Derivaten ist Stärke ein weiteres Polysaccharid, das als Sorptionsmittel für die DC geeignet ist. Auf Grund der linearen Verknüpfung von Maltoseeinheiten bis zu einem Molekulargewicht von mindestens 1 Million besitzt dieses Trägermaterial zahlreiche Hydroxylgruppen und zeigt infolgedessen stark hydrophile Eigenschaften. Sie eignet sich wie Cellulose-Schichten zur Trennung hydrophiler Substanzen.

Canic und Petrovic [115] benutzten zur Kationentrennung eine Maisstärke jugoslawischen Ursprungs. Nach einem speziellen Reinigungsprozeß wurde die in Wasser suspendierte Stärke wie bei anderen Sorptionsmitteln mit einem handelsüblichen Streichgerät auf die vorbereiteten Glasplatten aufgetragen. Nach Lufttrocknung sind die Stärkeschichten gebrauchsfertig.

Analog der Papier-Chromatographie in umgekehrter Phase benutzte Davidek [149] Stärke-Schichten zur "reversed phases chromatography", indem er die Stärke-Schichten entsprechend imprägnierte. Zu diesem Zweck löste er die zur Imprägnierung vorgesehenen Substanzen, z. B. Paraffinöl, Pflanzenöle, Dimethylformamid, in einem leicht flüchtigen Lösungsmittel (etwa 20 + 80, v/v) und mischte diese Lösung mit löslicher Stärke. Die so erhaltene Suspension wurde auf Glasplatten aufgetragen. Nach Verdampfen des Lösungsmittels sind die Platten gebrauchsfertig.

Der Vollständigkeit halber sei an dieser Stelle erwähnt, daß Ramsey [556] die zur Stärkegel-Block-Elektrophorese benutzte „hydrolysierte Stärke" nach Smithies zur dünnschicht-elektrophoretischen Trennung von Proteinen einsetzt. Die Stärkegel-Schicht wird gegossen, Dicke der Schicht etwa 1,5 mm. Weitere technische Einzelheiten möge man der Originalarbeit entnehmen.

3. Saccharose

Das Disaccharid Saccharose wurde von Colman u. Vishniac [133] zur Trennung von Chloroplastenpigmenten eingesetzt. Auf Grund der leichten Wasserlöslichkeit dürfen bei der Anwendung von Saccharose als Trägermaterial keine wasserhaltigen Fließmittel verwendet werden. Zur *Herstellung* der Schicht wird feingemahlener, handelsüblicher Kristallzucker, der 3% Stärke enthält, mit der gleichen Menge Methanol (g/v) homogenisiert und mit einem üblichen Streichgerät zu einer Schicht von 0,25 mm ausgestrichen. Die Schicht wird während 2 Std bei 40° C getrocknet. Längeres Trocknen führt zu einer harten, glasartigen und nicht absorbierenden Schicht. Das zu trennende Substanzgemisch wird in ätherischer oder acetonischer Lösung aufgetragen.

4. Mannit

Der 6wertige Alkohol Mannit kann analog der Saccharose als Sorptionsmittel für die dc-Trennung von Pflanzenpigmenten eingesetzt werden [*639*]. Auch bei diesem Sorptionsmittel darf wegen der guten Wasserlöslichkeit kein Wasser zur Schichtbereitung und als Fließmittelkomponente verwendet werden.

Zur *Herstellung* der Suspension homogenisiert man 65 g Mannit in 100 ml Aceton während 1 min mit einem elektrischen Mixgerät. Diesem Brei fügt man 1 ml einer wäßrigen Maisstärkelösung (5 g in 10 ml) zu und rührt noch 1 min. Die Schichtherstellung erfolgt mit einem üblichen Streichgerät. Nach 20—30 min trocknen an der Luft sind die Platten gebrauchsfertig. Die Haftfestigkeit ist gut.

5. Dextrangele[4]

Sephadex ist ein modifiziertes Dextran bakteriellen Ursprungs und findet in zahlreichen Modifikationen Anwendung in der Gel-Filtration. Es handelt sich dabei vorwiegend um ein säulenchromatographisches Verfahren, das sich dadurch auszeichnet, daß es die Trennung von Molekülen auf Grund unterschiedlicher Molekülgrößen erlaubt. Damit ist bereits gesagt, daß nur solche Substanzen getrennt werden können, die sich durch ihre Molekülgröße hinreichend unterscheiden, wie z. B. Proteine, Peptide, Enzyme, Hormone, Nucleinsäuren usw.

Für die DC werden spezielle Dextrangele — ebenfalls durch Quervernetzung der linearen Makromoleküle von Dextran hergestellt — unter der Typenbezeichnung Sephadex Superfine angeboten (Fa. 102). Diese Type Sephadex enthält wie alle Produkte dieser Art viele Hydroxylgruppen, ist daher stark hydrophil und quillt in Wasser und Elektrolytlösungen zu einem Gel. Es verhält sich indifferent gegenüber Kationen und Anionen und besitzt Poren, deren Größe vom Vernetzungsgrad abhängt.

Zur **Herstellung** einer Sephadex-Dünnschicht muß das Material vorgequollen werden — je nach Type von 5—72 Std. Nach Angaben des Herstellers [*529*] kann das gequollene Gel mit allen handelsüblichen Streichgeräten auf die sorgfältig gereinigten trockenen Glasplatten aufgebracht werden. Ein haftverbessernder Zusatz ist nicht erforderlich. Die Schichtdicke liegt im allgemeinen zwischen 0,2—0,5 mm. Die Schichten werden im Gegensatz zu den sonst üblichen Sorptionsmitteln in einer feuchten Kammer aufbewahrt, eingetrocknete Schichten können durch Besprühen mit Pufferlösung regeneriert werden. Das zu trennende Substanzgemisch wird auf die feuchte, gequollene Gel-Schicht aufgetragen. Vor dem Auftragen sollte das zu verwendende Fließmittel 10—15 Std durch die Gelschicht wandern. Die Entwicklung erfolgt meist absteigend durch Schräglagerung der Platte. Die Verbindung zwischen Laufmitteltrog und Gel-Schicht wird mit Hilfe eines Filtrierpapierdochtes hergestellt. Die Sauggeschwindigkeit des Laufmittels wird variiert bzw. festgelegt durch

---

[4] s. auch Sephadex-Ionenaustauscher S. 48.

den Neigungswinkel der Platte zur Horizontalen. Die besten Trenneffekte werden bei einer maximalen Sauggeschwindigkeit von 1—2 cm pro Stunde erzielt, das bedeutet Trennzeiten von 8—10 Std.

Als *Fließmittel* dienen wie bei Cellulose-Ionenaustauscher-Schichten Puffer- und Salzlösungen. Nach dem Chromatographieren werden die Gel-Schichten sehr vorsichtig bei etwa 50—60° C getrocknet und die Substanzflecken mit den üblichen Anfärbemethoden nachgewiesen.

IV. Polyamide als Sorptionsmittel

H. Endres

Es ist seit langem bekannt, daß sich zwischen phenolischen Hydroxylgruppen und Amidbindungen starke Wasserstoffbindungen ausbilden. Auf diesen starken Nebenvalenzkräften beruht die Bildung von definierten Anlagerungsverbindungen, etwa zwischen Phenol und Harnstoff im Verhältnis 2:1 [177] oder zwischen Phenol und Diketopiperazin [527]. Weitere Hinweise für das Vorliegen solcher Bindungen wurden durch Aufnahme von IR-Spektren [116] und durch Messung der Dielektrizitätskonstanten [231] von Phenol-Amidgemischen erhalten. FLETT [194] bestimmte die Energie der Wasserstoffbrücke zwischen Phenol und Dimethylformamid infrarotspektroskopisch zu 6,4 kcal/Mol. Wasserstoffbrükken zwischen phenolischen Gruppen und Peptidbindungen von Eiweißkörpern werden u. a. für die Affinität substantiver Farbstoffe gegenüber Wolle verantwortlich gemacht [496, 696] und spielen außerdem eine wichtige Rolle bei der Gerbung von Haut mit pflanzlichen Gerbstoffen [249]. Die starke Affinität von Phenol zu Peptidbindungen wird bereits seit längerer Zeit zur Trennung von Eiweißkörpern und Nichtproteinverbindungen durch Ausschütteln mit Phenol ausgenutzt [748]. Schließlich sind phenolhaltige Fließmittel zur papierchromatographischen Trennung von Peptiden geeignet, denn nach Versuchen von GRASSMANN und DEFFNER [246] nimmt die Affinität der Peptide zu Phenol mit steigender Kettenlänge zu.

Aufgrund dieser Befunde sollten hochmolekulare Kunststoffe, welche Amidbindungen enthalten, zur Trennung phenolischer Substanzen geeignet sein. Als handelsübliche Produkte bieten sich Polyamide vom Typ des Perlons (Polycaprolactam s. Abb. 10) und Nylons (Polyhexamethylendiaminadipinat) an. Sie sind aufgrund ihrer Quervernetzungen durch Wasserstoffbrücken in hydrophilen Lösungsmitteln, wie Methanol, Äthanol, Aceton und Dimethylformamid hinreichend schwer löslich, jedoch noch quellfähig.

Der bis zu verhältnismäßig hohen Phenolkonzentrationen konstante Verteilungskoeffizient — die Verteilungskurve von Phenol zwischen Polycaprolactam und Wasser ist so lange linear, bis etwa ein Drittel der Peptidbindungen des Polyamids abgesättigt ist [247] — bildet eine ideale Voraussetzung für chromatographische Trennungen. Erste Versuche, Polyamide als Füllmaterial für Säulenchromatographie zu verwenden, wurden von CARELLI u. Mitarb. [*117*] sowie GRASSMANN u. Mitarb. [*247*] beschrieben.

Die Affinität zum Polyamid nimmt in der Reihe Phenol, Resorcin, Phloroglucin zu, sinkt dagegen in der Reihe Phenol, Brenzcatechin, Pyrogallol [*8*]. Überschlagsmäßig kann gesagt werden, daß eine zweite oder dritte Hydroxylgruppe in *m*- oder *p*-Stellung eines Aromaten die Haftung am Polyamid erhöht, in *o*-Stellung dagegen erniedrigt. Im Resorcin und Hydrochinon können offenbar beide Hydroxylgruppen gleichzeitig mit verschiedenen Amidbindungen des Polyamids in Wechselwirkung treten, so daß die Verbindungen fester als Phenol zurückgehalten werden. Die

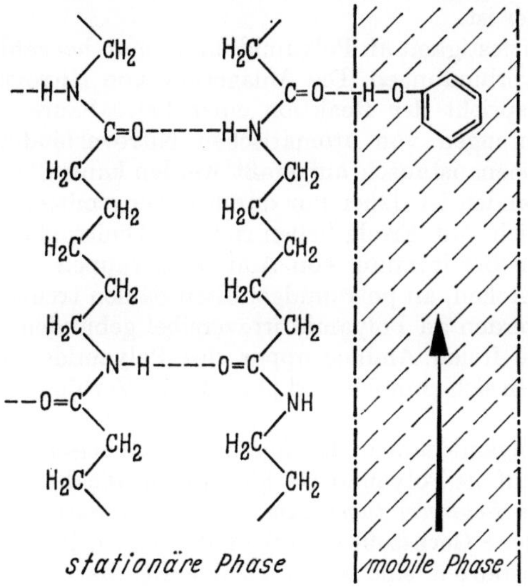

Abb. 10. Perlon als stationäre Phase zur Trennung von Phenolen

Hydroxylgruppen des Brenzcatechins müssen dagegen um die gleiche Amidgruppe konkurrieren. Die zweite Hydroxylgruppe verstärkt die Affinität zum meist wäßrigen Elutionsmittel und erhöht dadurch zusätzlich die Wanderungsgeschwindigkeit. Auch wird man eine teilweise Absättigung durch intramolekulare Wasserstoffbrücken in Betracht ziehen müssen [*8*]. Neben der Anzahl und Stellung der Hydroxylgruppen einer aromatischen Verbindung ist aber auch das verwendete Elutionsmittel für die Affinität eines Phenols zum Polyamid von erheblichem Einfluß. Je nach der Tendenz eines Lösungsmittels, mit der vom jeweiligen Phenol ausgebildeten Wasserstoffbrücke zum Polymeren in Konkurrenz zu treten bzw. selbst Affinitätskräfte zu dem vom Polyamid adsorbierten Stoff zu entfalten, erfolgt raschere Desorption.

Die Desorptionsfähigkeit nimmt dabei in folgender Reihenfolge zu: *Wasser < Methanol < Aceton < verd. Natronlauge < Formamid < Dimethylformamid*.

Die hohe Elutionsfähigkeit des Dimethylformamids beruht wohl darauf, daß es selbst die —CO—N<-Gruppierung besitzt und mit den phenolischen Substanzen in gleicher Weise Wasserstoffbrücken auszubilden vermag wie das Polyamid.

In der Folgezeit wurde die Chromatographie phenolischer Verbindungen an Polyamid [*158*] bei der Isolierung und Strukturaufklärung verschiedener Naturstoffe vielfach angewendet. Als Beispiele seien nur erwähnt die Gerbstoffe der Fichtenrinde [*248*], des Sumachs [*281*] und die Isolierung zweier Hydroxystilbene aus *Eucalyptus wandoo* [*279*], die Auftrennung mehrerer pharmakologisch bedeutungsvoller Pflanzenextrakte [294], der Farbstoffe der roten Rüben [613], die Isolierung verschiedener Ommochrome [112] und die Trennung eines Gemisches von ε-Rhodomycinon und ε-Isorhodomycinon [100] (vgl. zusammenfassende Arbeit H. Endres und H. Hörmann [186]).

Ebenfalls über Wasserstoffbrücken werden Carbonsäuren an Polyamid gebunden [185]. Die Affinität zum Polyamid ist bei Monocarbonsäuren noch wenig ausgeprägt; Dicarbonsäuren und aromatische Carbonsäuren haften dagegen fester, besonders wenn der aromatische Teil des Moleküls größer ist.

Starke Haftfestigkeit an Polyamid findet man bei zahlreichen aromatischen Nitroverbindungen. Die Anlagerung von Nitroverbindungen an Polyamid entspricht der Reaktion einer Lewis-Säure mit einer Base, weshalb Trennungen von aromatischen Nitroverbindungen an Polyamiden als Ionenaustausch aufgefaßt werden kann [293]. Eine Elution in scharfen Banden ist daher nur durch Lösungsmittel mit Puffereigenschaften möglich. Mit Erfolg ließen sich so Dinitrophenylaminosäuren, welche bei der Bestimmung von Aminoendgruppen von Peptiden und Proteinen entstehen, an polyamidgefüllten Säulen trennen [293, 697].

Chinone werden an Polyamid irreversibel gebunden. Verantwortlich dafür sind die freien Aminogruppen des Polyamids. An acetyliertem Polyamid lassen sich chinoide und phenolische Verbindungen gut trennen [183].

Die an Polyamidsäulen durchgeführten Arbeiten lassen sich weitgehend auch auf die Polyamid-DC übertragen, wie die Auftrennung eines Extraktes aus *Solanum tuberosum* [292], aus *Sumbuccus nigra* [148] und verschiedene Gerbstoffextrakte [658] zeigen. Für die Auftrennung chinoider Substanzen sind auch bei der DC die freien Aminogruppen durch Acetylierung zu blockieren [184].

Zur Herstellung von Polyamidpulver für DC löst man handelsübliches Perlonpulver, z. B. Ultramid BM 2 K 228 (Fa. 16), in 35proz. Salzsäure auf und fällt durch Zugabe von Methanol und Wasser (1:1) unter kräftigem Rühren aus. Der Niederschlag wird abfiltriert und getrocknet. Zum Beschichten von 5 Platten 20 × 20 cm werden 10 g des Pulvers in 100 ml Methanol suspendiert.

Zur Herstellung von Polyamidschichten verwendet man am einfachsten die speziell für die DC hergestellten handelsüblichen Pulver (Fa. 83, 88, 153) und richtet sich nach den angegebenen Herstellungsvorschriften.

V. Ionenaustauscher in der DC

K. Dorfner

Das entscheidende Merkmal eines ionenaustauschenden Sorptionsmittels liegt darin, daß es ionenaustauschende Gruppen enthält. In der DC werden feinkörnige Ionenaustauscher vor allem dort eingesetzt werden können, wo es gilt, Ionen selbst oder Moleküle mit ionischen oder polaren Eigenschaften zu trennen und präparativ zu isolieren. Hier können alle vom Ionenaustausch [*169*] her bekannten Effekte, wie sie in der PC mit Ionenaustauscherpapieren und in der Ionenaustausch-Säulen-chromatographie [*168*] schon vorweggenommen wurden, ausgenützt werden.

Ionenaustauscher sind hochmolekulare Polyelektrolyte, die ihre gebundenen Ionen gegen Ionen gleicher Ladung aus dem umgebenden Medium austauschen können. Je nachdem, ob eine Festsäure oder eine Festbase vorliegt, spricht man von einem Kationenaustauscher oder Anionenaustauscher. Das Makromolekül des Ionenaustauschers stellt im allgemeinsten Fall ein dreidimensionales Netzwerk, die Matrix, dar, an der eine große Zahl ionisierbarer Gruppen hängt, die üblicherweise als Ankergruppen bezeichnet werden. Die heteropolar gebundenen austauschbaren Ionen werden als Gegenionen bezeichnet. Die Ionenaustauscher können polyfunktionell sein, das heißt, Ankergruppen verschiedener Art besitzen oder monofunktionell als Austauscher mit nur einer Art von Ankergruppen. Die Gänge, die das Gerüst des Ionenaustauschers umschließen, heißen Poren. Die Natur der Ankergruppe bestimmt die Acidität oder Basicität des Austauschers. So haben unter den Kunstharz-Ionenaustauschern die stark sauren in der Hauptsache die Ankergruppe $-SO_3^-$ und die schwach sauren die Ankergruppe $-COO^-$, während die stark basischen z. B. die Ankergruppe $-N-(CH_3)_3$ und die schwach basischen die Ankergruppe $-NH_2$ besitzen können.

In den Cellulose-Ionenaustauschern finden sich die aus Tab. 9 zu ersehenden aktiven Gruppen.

Die Sephadex-Ionenaustauscher haben im DEAE-Sephadex die Diäthylaminoäthylgruppe und im SE-Sephadex die Sulfoäthylgruppe.

Die mineralischen Ionenaustauscher sind Alumino-Silicate, bei denen das Gerüst eine Überschußladung trägt. Die künstlichen anorganischen Ionenaustauscher sind Zirkonium (IV) enthaltende Phosphate und Wolframate. Auf flüssige Ionenaustauscher, die evtl. auch als Fließmittel in Frage kommen, sei noch hingewiesen.

Die Ionenaustauschermaterialien liegen jeweils in einer bestimmten Form vor, die man z. B. als die H^+-Form, Na^+-Form oder Cl^--Form, NO_3^--Form bezeichnet. Ihre Korngrößen werden in mm oder in angelsächsischen Sprachraum nach genormten Siebgrößen in mesh-Zahlen angegeben (s. [*735*]). In verschiedenen Medien haben sie ein verschiedenes Volumen, was anders ausgedrückt besagt, daß sie beim Übergang von einem Medium in ein anderes eine bestimmte Quellung aufweisen.

Die *Kapazität* ist die wichtigste Eigenschaft eines Ionenaustauschers, da aus ihr quantitativ abgelesen werden kann, wieviel Gegenionen ein Austauscher aufzunehmen vermag. Sie wird im Laboratorium im allgemeinen in Milliäquivalenten pro Gramm (mval/g) angegeben. Ionenaustauscher können selektiv und spezifisch wirksam sein. Austauscher mit chelatbildenden Gruppen sind als Chelat-Ionenaustauscher bekannt.

Von der Fülle der zur Verfügung stehenden Ionenaustauschermaterialien wurden bisher nur wenige in der DC eingesetzt. Die bereits verwendeten oder in Frage kommenden Austauscher sind in Tab. 10 zusammengestellt.

Tabelle 10. *Ionenaustauscher, Eigenschaften und Anwendungen in der DC*

Ionenaustauschertypen	Handelsprodukte	Kapazität [mval/g]	Korngröße µm	Anwendungen und Literatur []
Harz-Ionenaustauscher				
Stark saure Kationenaustauscher	Dowex 50W (Fa. 127); Lewatit S 100 (Fa. 55); Amberlite IR 120 (Fa. 127); Duolite C-20[1]; Bio-Rad AG 50W-X 8 (Fa. 23)	4,5	40—80	Alkalien, Erdalkalien [60]
Schwach saure Kationenaustauscher	Wofatit CP 300 (Fa. 146); Amberlite IRC-50 (Fa. 127); Lewatit CNO (Fa. 55)	10,0	64	Vitamin B [305]
Stark basische Anionenaustauscher	Dowex 1 (Fa. 127); Permutit ES[2]; Amberlite IRA-400 (Fa. 127); Bio-Rad AG 1-X 8 (Fa. 23)	3,5	40—80	Halogene [59] Tetrachlorfluorescein [59]
Schwach basische Anionenaustauscher	Amberlite IR-45 (Fa. 127); Merck Ionenaustauscher II (Fa. 88)	2,0	40—80	
Chelat-Ionenaustauscher	Dowex A1 (Fa. 127); Chelex 100 (Fa. 30)		40—80	Alkalien, Erdalkalien, Schwermetalle [62]
Cellulose-Ionenaustauscher	(s. Tab. 9)			
SE-Cellulose	Serva SE-Cellulose (Fa. 127)	0,6	10	
P-Cellulose	MN 300P (Fa. 83); Cellex P (Fa. 30)	0,7	2—20	
CM-Cellulose	MN 300 CM (Fa. 83); Cellex CM (Fa. 30)	0,7	2—20	
PP-Cellulose	MN 300 Poly-P (Fa. 83)	0,7	2—20	Nucleobasen Nucleoside [562]
DEAE-Cellulose	Serva DEAE-Cellulose „TLC"), Fa. 127), MN 300 DEAE, (Fa. 83); Cellex D (Fa. 30)	0,7	2—20	Nucleotide [175, 558, 561], Nucleoside, Purine und Pyrimidine [130], Steroidsulfate u. Glucuronoside[490]
PEI-Cellulose	Cellex PEI (Fa. 30); MN 300 PEI (Fa. 83)	0,7	2—20	Nucleotidcoenzyme, Mono- und Oligonucleotide [560, 745]

[1] Fa. Joh. A. Benckiser GmbH, Ludwigshafen/Rh.
[2] Fa. Permutit AG., Berlin-Schmargendorf.

Tabelle 10. (Fortsetzung)

Ionenaustauschertypen	Handelsprodukte	Kapazität [mval/g]	Korngröße μm	Anwendungen und Literatur []
QA-Cellulose	WHATMAN thin-layer chromedia (Fa. 115)			Nuclein-säure-Derivate [557, 558], Desoxyribonucleotite [48, 417], DNS Steroidsulfate und Glucuronoside [490], Zukkerphosphate und -nucleotide [163]
ECTEOLA-Cellulose	Serva ECTEOLA-Cellulose „TLC" (Fa. 127); MN 300 ECTEOLA (Fa. 83); Cellex E (Fa. 30)	0,35	2—20	
Sephadex-Ionenaustauscher	(Fa. 102):			
SE-Sephadex	SE-Sephadex	2,3		
CM-Sephadex	CM-Sephadex	4,5		Nuclein-säurehydrogenasen, Adenin-Nucleotide [756]
DEAE-Sephadex	DEAE-Sephadex	3—4	40—80	
Anorganische Ionenaustauscher	(Fa. 23)			
Zirkonphosphat	Bio-Rad ZP-1	1,9	2—44	Kationentrennungen [780]
Zirkonwolframat	Bio-Rad ZT-1		2—44	
Zirkonmolybdat	Bio-Rad ZM-1		2—44	
Molybdänphosphat	Bio-Rad AMP-1		2—10	
Zirkonhydroxyd	B·o-Rad HZO-1		2—44	

Herstellungsanweisungen für die Schichten

Die Herstellung der Auftragssuspensionen und der Dünnschichtplatten erfolgt nach den in Tab. 10 gegebenen Originalarbeiten wie folgt:

Dowex 50. Der Austauscher wird vorher in die H^+-Form oder die Na^+-Form überführt. Zur Herstellung der Suspension werden 5 g Cellulosepulver MN 300 in einem Rührgefäß mit einigen ml dest. Wasser einige Minuten gemischt, dann werden unter Rühren 20—30 ml Wasser zugegeben und 30 g des Austauschers in kleinen Portionen zugefügt. Schließlich werden nochmals 25 ml dest. Wasser zugegeben. Die Platten werden wie üblich in 250 μm Dicke bestrichen, an der Luft getrocknet und verschlossen aufbewahrt. Sie sollen zum Gebrauch nicht älter als eine Woche sein.

Dowex 1. Der Austauscher wird vorher in die Cl^--Form oder eine andere gewünschte Form überführt. Zur weiteren Bearbeitung verfährt man wie bei Dowex 50.

Es wurden von Berger et al. [*63*] auch Versuche unternommen, Chromatographiefilme mit Dowex 1 und Dowex 50 auf Polyesterbasis herzustellen und anzuwenden.

Wofatit CP 300. Der Austauscher wird in einer 15proz. Natriumacetatlösung eingequollen und unter mehrstündigem Rühren mit Essigsäure auf pH 5,3 gepuffert. Danach wird mit Wasser gewaschen und im Vakuum getrocknet. Zur Herstellung der Platten werden für den ersten Grundbelag die Austauscherkörner in 9 ml Äther, 1 ml Äthanol und 2 Tropfen 4proz. Kollodiumlösung oder für weitere Schichten nur in Äther suspendiert und in Schichtdicken von 150—200 μm aufgesprüht. Die fertigen Platten werden in wasserdampfhaltigen Gefäßen aufbewahrt.

Cellulose-Ionenaustauscher (s. auch S. 39).

DEAE-Sephadex. 25 g DEAE-Sephadex A 25 fine werden mit 0,5n HCl Wasser, 0,5n NaOH und wieder mit Wasser, am besten in einer Zentrifuge, behandelt und mit der Säure des später zu verwendenden Puffers an der Glaselektrode auf den gewünschten pH eingestellt. Der Austauscher wird dann sorgfältig mit Wasser ausgewaschen und mit dem Dünnschichtstreichgerät in 0,2 mm Dicke aufgetragen. Die Platten werden nur soweit getrocknet, bis die Gelkörner gerade sichtbar sind.

Bio-Rad ZP-1. Die H$^+$-Form des Austauschers wird mit 3% Stärke als Bindemittel angesetzt unter Verwendung von 20 g Material auf 20 ml Wasser. Das Gemisch wird bis zur Bildung eines dicken Geles erhitzt, mit etwas Wasser verdünnt, in 500 μm Dicke auf die Platte gestrichen und bei 40° C 30 min oder bei Zimmertemperatur über Nacht getrocknet.

Bio-Rad HZO-1. Der Austauscher, der in sauren Medien auch als Anionenaustauscher wirken kann, wird am besten in der NH$_4$$^+$ oder der H$^+$-Form verwendet. Zur Herstellung der Platten verfährt man wie bei Bio-Rad ZP-1.

Auswahl der Fließmittel für Ionenaustauscher-DC

Als Vorbemerkung muß gesagt werden, daß man bei der DC mit Ionenaustauschern zu unterscheiden hat zwischen der Regenerierung oder Aktivierung der Schicht und der Entwicklung des Chromatogramms. Die Regenerierung, d. h. die Überführung in die notwendige Ionenform, wird tunlichst vor dem Auftragen des Materials auf die DC-Platten vorgenommen. Sie kann auch auf der Platte mit dem als Fließmittel vorgesehenen Lösungsmittel oder Puffer durchgeführt werden. Im Zweifelsfalle lassen sich die Schichten auf jeden Fall mit 0,1 N Natriumchloridlösung aktivieren. Zur Entwicklung der Chromatogramme wurden in den bisher bekannt gewordenen Fällen Salzsäurelösungen von 0,01 bis 1,2 N, Acetatpuffer, reines Wasser oder Gemische von Alkoholen mit Wasser und Ameisensäure und Essigsäure, 0,1—2,0 N Natriumchloridlösungen mit und ohne Ammoniak, Citratpuffer und andere Gemische verwendet. Steht man vor der Aufgabe, für ein neues Trennproblem ein geeignetes Fließmittel zu finden, so können gewisse Anhaltspunkte aus den Verfahren der Ionenaustausch-Chromatographie (s. auch [*168,169*]) übernommen werden. Die Methode der Anwendung zweier Fließmittel und der Gradientelution sind bereits beschrieben worden. Weiterhin hat die Erfahrung gezeigt, daß man in manchen Fällen durch eine Vorbehandlung der DC-Platten mit dest. Wasser zu besseren Trennungen kommt.

VI. Verändern der Sorptionsmittel durch Imprägnieren

Egon Stahl

Die guten Erfahrungen bei der Säulenchromatographie mit basisch oder sauer imprägnierten Aluminiumoxiden, bei der PC mit der Phasenumkehr und bei der GC mit den zahlreichen organischen Phasen, legten eine Übertragung auf die DC nahe.

Das Imprägnieren der Sorptionsmittel kann auf verschiedenen Wegen erfolgen:

1. Imprägnieren vor dem Beschichten

Zur Herstellung der Streichmasse wird anstelle von Wasser die wäßrige Lösung einer Säure, Base oder eines Salzes bzw. einer organischen, wasserlöslichen Verbindung verwendet.

2. Imprägnieren der fertigen, trockenen Schichten

a) Durch Eintauchen der Platten in eine zumeist 5—10proz. Lösung des schwer flüchtigen Imprägnierungsmittels, das in einem leicht flüchtigen Lösungsmittel zuvor gelöst wurde. Letzteres wird anschließend durch Abdampfen entfernt.

b) Gleichmäßiges Aufsprühen des Imprägnierungsmittels, unter Beachtung von a).

c) Aufsteigenlassen der Imprägnierungslösung in Art einer Entwicklung, unter Beachtung von a).

Will man sich über den Nutzeffekt einer Imprägnierung und über den optimalen Imprägnierungsgrad unterrichten, so ist dies mit der Gradient-DC einfach und schnell möglich. Man stellt sich beispielsweise hierzu den Gradient einer 0—10proz. Imprägnierung her und chromatographiert dann das zu trennende Gemisch quer zum Verlauf des Gradients.

Imprägnierung mit anorganischen Verbindungen

Bereits 1959 hat Stahl [665] auf die Vorteile einer sauren bzw. basischen Imprägnierung von Kieselgel-Schichten hingewiesen; verwendet wurden 0,1—0,5 N Oxalsäure bzw. 0,1—0,5 N Kalilauge.

„Saure" Kieselgelschichten können zur Trennung sauer reagierender Verbindungen (Phenole, Säuren usw.) und „basische" Schichten für die Trennung von Alkaloiden und Aminen u. ä. nutzbringend verwendet werden. Durch die DC unbekannter Verbindungen auf Schichten unterschiedlicher Basizität — am besten auf pH-Gradient-Schichten — läßt sich feststellen, wie eine unbekannte Verbindung reagiert. Bilden die Substanzen mit dem „Imprägnierungsmittel" Salze, so wandern diese in der Regel mit schwach polaren Fließmitteln nicht oder zumindestens langsamer als die freien Basen und Säuren.

Relativ häufig werden gepufferte anorganische oder auch organische Schichten verwendet und hierzu die üblichen Pufferlösungen gebraucht.

In manchen Fällen kann man durch eine Imprägnierung mit Verbindungen, die Koordinations-, Chelatkomplexe oder Einschlußverbindungen bilden, eine substanzspezifische Trennung erreichen. So werden seit einigen Jahren mit bestem Erfolg die mit Silbernitrat imprägnierten Kieselgel-Schichten verwendet.

Die Trennung beruht auf einer komplexen Bindung von Ag$^+$-Ionen mit den π-Elektronen einer oder mehrerer Doppel- oder Dreifachbindungen der zu trennenden Substanzen und hängt von der Stärke der komplexen Bindung ab.

Weit seltener bringt die Imprägnierung mit anderen komplexbildenden Salzen, z. B. mit Natriumarsenit, basischem Bleiacetat, Natriumwolframat, Natriummolybdat oder Natriummetavanadat eine erhebliche Verbesserung der Trennungen. Häufiger werden Borsäure oder Borax als komplexbildendes Imprägnierungsmittel verwendet. Eine gute Zusammenstellung der bisher auf diesem Gebiet erzielten Ergebnisse gaben Morris [*317a*] und auch Schorn [*615a*].

Imprägnierung mit organischen Verbindungen

Von der PC her ist die Technik der „Phasenumkehr" allgemein bekannt. Man kann sie mit gleich gutem oder besserem Erfolg in der DC gebrauchen. Hierzu hydrophobiert man die Schicht mit einem „Öl oder Fett" und wählt als mobile Phase ein damit nicht oder nur sehr wenig mischbares, hydrophiles Fließmittel, das zusätzlich mit dem Imprägnierungsmittel gesättigt ist. Je nach der „Flüchtigkeit" des Imprägnierungsmittels kann man von einer temporären, d. h. also vorübergehenden oder einer dauerhaften, also permanenten Imprägnierung sprechen.

Das Entfernen der Imprägnierungsflüssigkeit ist zum Nachweis der getrennten Verbindung oft vorteilhaft; allerdings kann man den Imprägnierungsgrad einer solchen temporären Imprägnierung weniger gut reproduzieren als bei einer permanenten.

Im folgenden wird eine Auswahl der bisher angewandteten Imprägnierungs- und Trennbedingungen gegeben (Tab. 11).

Diese Tabelle ließe sich noch erheblich erweitern, denn grundsätzlich könnten noch zahlreiche „stationäre Phasen" der GC übernommen werden. Eine Zusammenstellung findet man bei Fa. 11 (Katalog-Nr. 9, Frühling 1965).

Einige vorimprägnierte Sorptionsmittel, u. a. ein silanisiertes Kieselgel, wie es früher von Kaufmann beschrieben wurde, sind ebenfalls handelsüblich (Fa. 11, 88).

Zur Anwendung imprägnierter Schichten

Der Nutzeffekt einer Imprägnierung wird in den verschiedenen Kapiteln des „Speziellen Teiles" deutlich. Deshalb genügt es hier, ein Beispiel zu geben: Auf den normalen Kieselgel G-Schichten liegen die Alkohole der Terpenreihe von C_5–C_{20} $\pm$ zusammen. Imprägniert man diese Schicht mit Paraffin, so lassen sie sich hierauf nach der C-Zahl trennen. Gemische von Alkoholen gleicher C-Zahl lassen sich danach auf einer mit Silbernitrat imprägnierten Schicht weiter aufschlüsseln (Abb. 105).

Tabelle 11. *Zusammenstellung von Imprägnierungs- und Trennbedingungen zur DC*

Imprägnierungsmittel	%	in	Lösungsmittel	Schicht	Fließmittel	Trennbeispiele
Undecan	15		Petroläther	Kieselgel G	Eisessig-Acetonitril (50 + 50) Eisessig-Wasser (96 + 4) $CHCl_3$-Methanol-Wasser (25 + 75 + 5)	Fettsäuren Fettsäuren Diglyceride
Undecan	15		Petroläther	Kieselgur G	Eisessig-Wasser (80 + 20)	Lactone, Ketofetts.
Tetradecan	5		Petroläther	Kieselgur G	Eisessig-Wasser (90 + 10)	Hydroxyfettsäuren
Decalin	5—10		Petroläther	Kieselgel G	Methanol-Wasser (85 + 15)	2,4-DNPH
Paraffinum subliquidum (= Nujol)	5—10		Petroläther	Kieselgel G	Methyläthylketon-Acetonitril (70 + 30)	Cholesterinester
	5—10		Petroläther	Kieselgur G	Aceton-Acetonitril (80 + 20)	Triglyceride
	5—10 5—10		Petroläther Petroläther	Kieselgur G Cellulose	Essigsäure 99—100 proz. Aceton-Methanol (66 + 33)	Fette + Öle Xanthophyllester
	5—10		Petroläther	Kieselgel-Kieselgur (1 + 1)	Methanol-Isopropanol (90 + 10)	Ubichinone
Mineralöle (z. B. Shell Ondina 27)	10		Petroläther	Kieselgel G	Dioxan-Wasser (60 + 40)	2,4 DNP-Osazone
Squalan	5—10		Petroläther	Kieselgel G	Eisessig-Wasser (85 + 15) Eisessig-Acetonitril-Wasser (10 + 70 + 25)	Fettsäuren u. Ester
Silicone 1,5; 10 u. 50 cSt.	5—7		Petroläther	Kieselgel G	Eisessig-Ameisensäure-Wasser (40 + 40 + 20)	Fettsäuren
				Kieselgur G	Methanol-Acetonitril (50 + 40)	Triglyceride

4*

Fortsetzung von Tabelle 11

Imprägnierungsmittel	% in Lösungsmittel		Schicht	Fließmittel	Trennbeispiele
Pflanzl. Öle u. Fette (Palmin/Livio)	7	Petroläther	Kieselgur G	Methanol-Aceton-Wasser $(80 + 16 + 12)$	Chloroplasten-pigmente
Polyäthylenglykol 400	8 ml	in 48 ml Äthanol 95 proz.	14 g Seasorb 43 + 7 g Celite 545	n-Heptan	2,4-Dinitrophenyl-amine
Polyäthylenglykol 1000	15 g	in 45 ml Wasser	30 g Kieselgur G	Diisopropyläther-Ameisensäure-Wasser $(90 + 7 + 3)$	Dicarbonsäuren
Adipinsäuretriäthylen-glykolpolyester, 80—82 proz., in Methylglykol	12 g	in 25 ml Wasser + 25 ml Äthanol	je 30 g Kieselgel G, Aluminiumoxid G oder Kieselgur G 15 g Cellulose	m-Xylol-Ameisensäure $(98 + 2)$	Benzophenone u. andere UV-Absorber
	6,2 g	in 35 ml Wasser + 35 ml Äthanol			
	12 g	in 40 ml Aceton u. u. 20 ml Wasser	30 g Kieselgel oder Kieselgur G	Diisopropyläther-Petrol-äther-CCl_4-Ameisen-säure-Wasser $(50 + 20 + 20 + 8 + 1)$	Substituierte Amide der Acetessigsäure
2-Phenoxyäthanol	10	Aceton	Kieselgur G	Petroläther (100—120°)	2,4-DNPH
Chlorbenzol	50	Äthanol	Kieselgel G	Benzol-Heptan $(30 + 70)$	Ketone oder 2,4-DNPH
Nitromethan	50	Äthanol	Kieselgel G	Petroläther (60—70°)	
Formamid	25	Aceton	Cellulose	Benzol-Heptan-Chloro-form-Diäthylamin $(60 + 50 + 10 + 0,2)$ u. ä.	Alkaloide
Dimethylsulfoxid (DMSO)	50	Toluol	Kieselgel	Äther; DMSO-Tetra-hydrofuran-Diisopro-pyläther $(10 + 30 + 60)$	Zuckeracetate

C. Geräte und allgemeine Techniken der DC

Egon Stahl

I. Herstellung dünner, uniformer Schichten

Feinpulverige Feststoffe oder deren Suspensionen lassen sich nach verschiedenen Verfahren zu einer Schicht ausbreiten. Die zur Anwendung kommenden Möglichkeiten sind in der Film- und Lackindustrie seit langem bekannt und man kann sie wie folgt gliedern:

1. Gießverfahren (S. 54)   3. Streichverfahren (S. 55)
2. Tauchverfahren (S. 54)   4. Sprühverfahren (S. 58)

Man hat also die Wahl zwischen den genannten Auftrageverfahren. Nun muß noch entschieden werden, auf welches Material die Trennschicht aufgebracht werden soll und welche Gestalt und Größe dieser Träger am vorteilhaftesten hat.

Material, Form und Größe der Schichtunterlage

Die Unterlage für die Trennschicht soll gegen die verschiedenartigen Lösungsmittel und aggressive Sprühreagentien auch bei höheren Temperaturen beständig sein. Erwünscht sind ferner Bruchfestigkeit und Wiederverwendbarkeit bei geringen Gestehungskosten.

Diesen vielfältigen Anforderung werden die bislang bevorzugten Glasscheiben am ehesten gerecht. Das zumeist verwendete, maschinengezogene Glas ist in folgenden Dicken handelsüblich und zeigt folgende Abweichungen von der Normaldicke:

Fensterglas   *ed* Dicke 1,8 mm + 0,2/—0,05
Fensterglas   *md* Dicke 2,8 mm + 0,2/—0,1
Fensterglas   *dd* Dicke 3,8 mm + 0,2/—0,2
Dick- oder   Dicke 4,5 mm + 0,3/—0,2
    Bauglas   Dicke 5,5 mm + 0,3/—0,3

Das gegossene und geschliffene Spiegelglas ist zwar plan, aber es ist schwierig, genau gleich dicke Scheiben zu erhalten. Um auf der Schicht auch Reaktionen bei Temperaturen über 250° C durchführen zu können, werden Borosilicatglasscheiben verwendet. Zur besseren Haftfestigkeit der Schicht wurde als Träger auch Mattglas vorgeschlagen [340]. Auf Rauhglas (verre sablé) kann man die Sorptionsmittel trocken und „haftfest" aufbringen und darauf chromatographieren [766].

Man hat die Vor- und Nachteile abzuwägen und kann dann auch andere Materialien wählen. So werden beispielsweise Platten und flexible Folien aus nichtrostendem Stahl [134], aus Aluminium [378, 550, 641], bestimmte Kunststoffe, wie z. B. mattiertes Plexiglas, Vinylplaste VSA 3310 Cl (Fa. 142) [398, 601, 656], Polyäthylenterephthalat (Fa. 52, 81) und auch Glasfaserträger (Fa. 63) verwendet. In bezug auf die *Form* und Größe der Unterlagen ergeben sich ebenfalls Variationsmöglichkeiten. Rechteckige, plane und mehr oder weniger starre Trägerscheiben oder Folien sind wohl am besten zu handhaben. Die Vorstellung der „offenen Säule" führte weiter zum Gebrauch von handelsüblichem „Rillenglas" oder „Linienglas" als Trägerplatte [220]. Man kann auch in Normalglas solche „Bahnen" einätzen [270]. Weiterhin lassen sich Glasrohre bzw. Reagenzgläser — sowohl auf der Außen- als auch auf der Innenseite mit einer Trennschicht versehen [403, 744] — und auch beschichtete Glasstäbe [191] als starre Träger ebenfalls benützen.

In bezug auf die Länge der Trennschicht hat sich bestätigt, daß über 20 cm lange Laufstrecken — im Gegensatz zur sog. Mehrfachentwicklung — keine Vorteile bringen. Das seinerzeit als Basis vorgeschlagene Standard-Format von 20 × 20 cm hat allgemein Eingang gefunden und die Hilfsgeräte wurden hierauf abgestimmt. Ohne Zweifel genügt für manche Fälle auch das Objektträger-Format (26 × 76 mm) [*296, 709*] oder die wohlfeilen abgewaschenen Fotoplatten (5 × 5 cm, 6,6 × 6,6 cm oder 9 × 12 cm) [*37, 469*]. Für präparative Trennungen werden neben dem Standard-Format auch 20 × 40 und 20 × 100 cm große Glasplatten verwendet.

Bei der *Auswahl eines Beschichtungs-Verfahrens* sollten folgende Überlegungen angestellt werden: Zahl und Art der täglich gebrauchten DC-Platten; Anforderungen an sauberes und rationelles Arbeiten und Gleichmäßigkeit der Schicht; Reproduzierbarkeit der R_f-Werte; vorhandene Laborgeräte; Bedarf an Platz und Hilfspersonal und die bisherigen Erfahrungen in einigen anderen Laboratorien vergleichbarer Größe.

1. Gießverfahren

Das Gießverfahren läßt sich ohne apparativen Aufwand durchführen. Man wiegt hierzu die entsprechende Menge des Sorptionsmittels ab, schüttelt dies mit einem geeigneten Suspendierungsmittel gleichmäßig an und gibt ein vorherbestimmtes Volumen schnell und auf einmal auf die Mitte der zu beschichtenden Glasplatte. Durch leichtes Neigen und Rütteln der Platte verteilt man die Suspension und trocknet in absolut waagerechter Lage.

Hörhammer u. Mitarb. [*295*] fanden weiter, daß man eine auf der ganzen Fläche gleichmäßige Schicht nur erzielt, wenn man das benötigte Kieselgel (Fa. 153) nicht mit Wasser, sondern mit reinem Essigester oder Aceton anschüttelt. Zum Beschichten einer 20 × 20 cm Platte werden — je nach Korngröße — 6,6 g Kieselgel mit 16,5—23,1 ml Essigester suspendiert. Bhandari u. Mitarb. [*66*] empfehlen: 6 g Aluminiumoxid oder Kieselgel (Fa. 153) mit Äthanol 96proz.-Wasser (13,5 + + 1,5 v/v = 86,4%) anschütteln. Lehmann [*392*] schüttelt die Sorptionsmittel generell in 90proz. Äthanol an und verwendet z. B. 4,0 g Kieselgel G (Fa. 88) und 12 ml Äthanol oder 3,0 g Cellulosepulver (Fa. 83) und 14 ml Äthanol und gießt diese dann auf.

Pataki [*505*] untersuchte die Schwankungsbreite und Standardabweichung der R_f-Werte auf derartig hergestellten Schichten im Vergleich zu apparativ ausgestrichenen Schichten und kommt zu dem Schluß, daß die Reproduzierbarkeit auf letzteren besser ist.

2. Tauchverfahren

Kleine Glasscheiben lassen sich auch durch Eintauchen in eine geeignete Suspension des Sorptionsmittels schnell mit einer Schicht überziehen. Peifer [*526*] hat sich mit dieser Technik eingehend beschäftigt und gibt detaillierte Arbeitsvorschriften und Anwendungsbeispiele. Wie bei dem Gießverfahren sollen auch hier die Sorptionsmittel in einem organischen Lösungsmittel gleichmäßig suspendiert werden: z. B. 35 g Kieselgel G (Fa. 88) in 100 ml Chloroform oder einer Mischung Chloroform-Methanol, 2:1 V/V. In diese Suspension werden dann je 2 eng aneinanderliegende, gleich große, saubere Glasscheibchen eingetaucht. Man erreicht durch diese „Sandwiches"-Technik, daß nur je eine der Flächen beschichtet wird. Sehr schnell ist das Lösungsmittel von der Schicht abgedampft. Um den Binder – hier Gips – zur Wirkung zu bringen, hält man sie kurz über Wasserdampf. Ein 1—3 min Trocknen auf einem Drahtgeflecht (Gitterrost) 6 mm über einer Heizplatte dient zum Aktivieren der danach gebrauchsfertigen Schicht.

3. Streichverfahren

Das Ausstreichen von Sorptionsmittel-Suspensionen auf Glasplatten ist das in den meisten Laboratorien verwendete Beschichtungsverfahren. Für diese Technik sind eine Reihe von Vorrichtungen entwickelt worden. Sie lassen sich auf zwei Grundtypen zurückführen. Gemeinsam ist beiden, daß die Suspension in einen rechteckigen Trog gefüllt wird, der auf der einen Seite einen entsprechend dimensionierten Austrittsschlitz hat. Bei den Geräten des Kirchner-Typs[1] steht der Trog fest. Er ist seitlich mit der Unterlage starr verbunden und man schiebt die Platten nacheinander durch (Abb. 11). Bei dem Stahlschen Gerätetyp wird der Trog in einem Zug über eine Bahn von Glasplatten geführt, die fest auf einer Schablone liegen (Abb. 13).

a) Feststehende Streichgeräte (Kirchner-Typ)

MILLER und KIRCHNER [*448, 449*] beschrieben 1954 eine Vorrichtung zum Beschichten schmaler Glasstreifen [*23*]. Nach diesem Prinzip arbeitet auch die 1961 von WOLLISH [*774*] erwähnte Apparatur von MUTTER

Abb. 11. Streichgerät zum Durchschieben von Glasplatten mit Schichtdicken-Verstellung (Werkfoto Fa. 33)

und HOFSTETTER. Dieses Gerät ist seit geraumer Zeit in verschiedenartigen Ausführungsformen erhältlich (Fa. 33). Es wird von JASPERSEN-SCHIB [*323*] als leicht zu handhaben und zuverlässig bezeichnet. Man bedient es danach am vorteilhaftesten zu zweit, aber es läßt sich auch von

---

[1] Diese Typenbezeichnung wurde erstmals von BOBBITT [*76*] verwandt und wird hier sinngemäß übernommen. Neben den handelsüblichen Geräten sind eine Reihe von "Do it your self"-Verfahren beschrieben, die unter 3c besprochen werden.

einer Person handhaben. Man stellt sich hierfür einen passenden Plattenhalter mit zwei Führungsschienen her und legt das Gerät dazwischen. Mit dem Modell B (Fa. 33) lassen sich Glasplatten von 5 cm, 10 cm und 20 cm Breite in verschiedener Dicke beschichten. Varianten anderer Hersteller (Fa. 106, 120, 137) ähneln dem ursprünglichen Gerätetyp — zumindest äußerlich — weitgehend.

b) Bewegliche Streichgeräte (Stahl-Typ)

Legt man mehrere, gleich breite und gleich dicke Trägerplatten auf einer Arbeitsschablone zu einer Bahn aus, so lassen sich diese durch Darübergleiten eines entsprechend geführten Streichgerätes in einem Zug beschichten (Abb. 12 B). Das Verfahren ist einfach, sauber und rationell und wird daher in vielen Laboratorien zum Beschichten verwendet (Abb. 12).

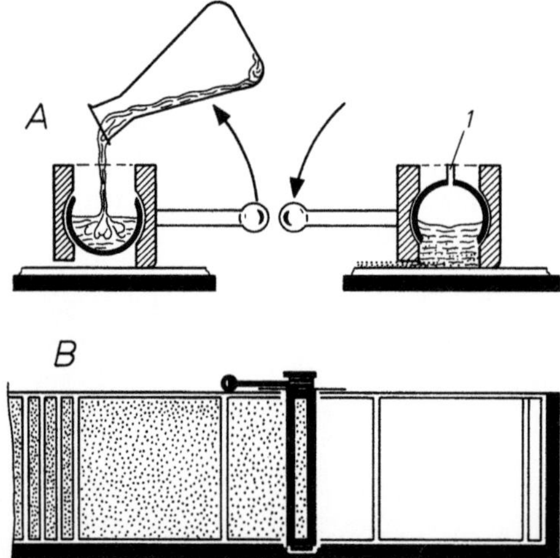

Abb. 12. Arbeitsweise des Stahlschen DC-Streichgerätes

A Querschnitt: Einfüllen der Streichmasse (links); Ausstreichstellung (rechts). Man beachte die Lufteintrittsöffnung (*1*). *B* Arbeitsschablone mit aufgelegten Glasscheiben und dem Streichgerät in Aufsicht.

Die Entwicklung begann 1956 mit einem kleinen zylindrischen Streichgerät mit verstellbarer Schichtdicke, das allerdings nur für Glasstreifen bis 5 cm Breite verwendbar war [*659*]. Es erlaubte jedoch die Untersuchung der Einflußfaktoren und war der Vorläufer für die weiteren Geräte.

Der dann entwickelte 20 cm-Streicher mit Drehhülse (Abb. 12*A*) und der Möglichkeit zur einfachen Schichtdicken-Verstellung von 0—2 mm [*661, 685*] wurde 1958 handelsüblich (Fa. 44) und ist wohl das meistverwendete DC-Streichgerät[2]. Die ab 1964 mit „GM" gekennzeichneten Serien-Geräte lassen sich mit wenigen Zusatzteilen schnell und einfach

---

[2] Auf die Wiedergabe von Arbeitsanweisungen für den Gebrauch der Streichgeräte kann in dieser Auflage verzichtet werden, sie liegen den handelsüblichen Geräten bei.

in ein Streichgerät umwandeln, das auch die Herstellung von Gradient-Schichten ermöglicht (S. 93). Das Grundgerät wird sowohl mit größerem Fassungsvolumen für die präparative DC als auch in verkleinerter und

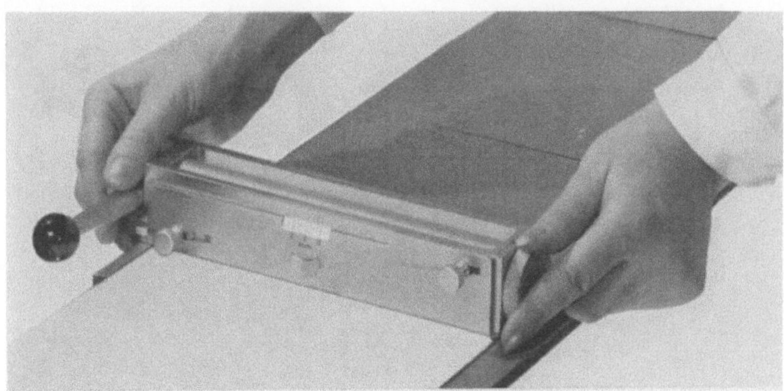

Abb. 13. Beschichten einer Bahn von Glasplatten mit dem von Stahl entwickelten Streichgerät mit Schichtdickenverstellung (Werkfoto Fa. 44)

vereinfachter Form von der gleichen Firma (44) hergestellt; ferner sind einfache „Streichtröge" für 20 cm-Platten (Fa. *111, 117, 129*) und für kleinere Formate (Fa. 44, 111) aus verschiedenem Material im Handel erhältlich. Zur Bereitung der Silbernitrat-Kieselgel-Schichten sind Streichgeräte aus V4A-Stahl (Fa. 44) oder versilberte, oder solche, die aus einem geeigneten Kunststoff (Fa. 11) hergestellt sind, vorteilhaft. Bei der üblichen Arbeitsschablone, die fünf 20 × 20 cm-Platten aufnimmt, verwendet man gleich dicke Glasscheiben. Um nun solche unterschiedlicher Dicke gleichmäßig beschichten zu können, wurden spezielle Halteschablonen (Abb. 14) entwickelt. Hierbei werden die Glasscheiben von unten gegen zwei seitliche Führungsleisten gedrückt und so die Dickenunterschiede der zu beschichtenden Bahn ausgeglichen (Fa. 111, 129).

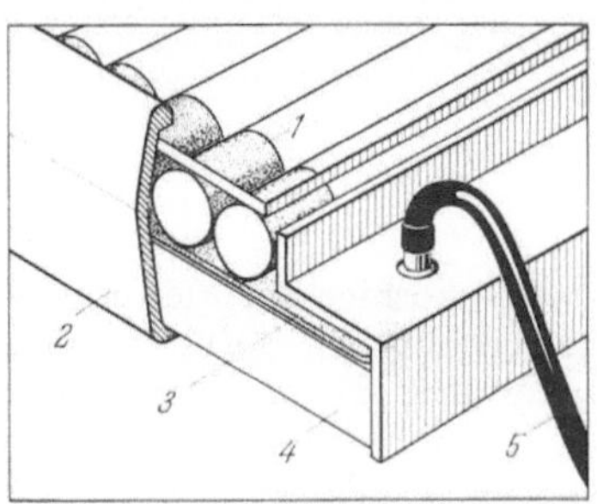

Abb. 14. Konstruktionsmerkmale einer Halteschablone zum Ausgleich der Dickenunterschiede

1 Andruckrollen, darüber die Glasplatte; *2* seitliche Führungsschiene; *3* Aufpumpbares Luftkissen; *4* Halterahmen; *5* Gummiballgebläse zum Aufpumpen des Luftkissens *3* (nach Fa. 129)

c) Streichstäbe und Eigenbaugeräte

Es sind auch "Do it yourself"-Streichtröge beschrieben [*68, 80, 124, 144, 174, 407, 487, 742*]. Mit einfachsten Laborhilfsmitteln kann man sich z. B. aus einem Glasstab [*390*] und zwei kurzen Stückchen Gummischlauch einen „Streicher" herstellen (Abb. 15a). Daneben ist ein TLC-

Streichstab (Fa. 127) für 5 und 10 cm breite und 0,3 oder 0,5 oder 1 mm
dicke Schichten abgebildet (Abb. 15b). Die Abb. 15c—f zeigen weitere
Möglichkeiten, die gewünschte Schichtdicke durch das Anbringen von
zwei Rand- und Auflageleisten vorher festzulegen. Das Glattstreichen
der aufgeschütteten Streichmasse erfolgt dann mit einem Spachtelmesser
[260], einer Metallschiene o. ä.

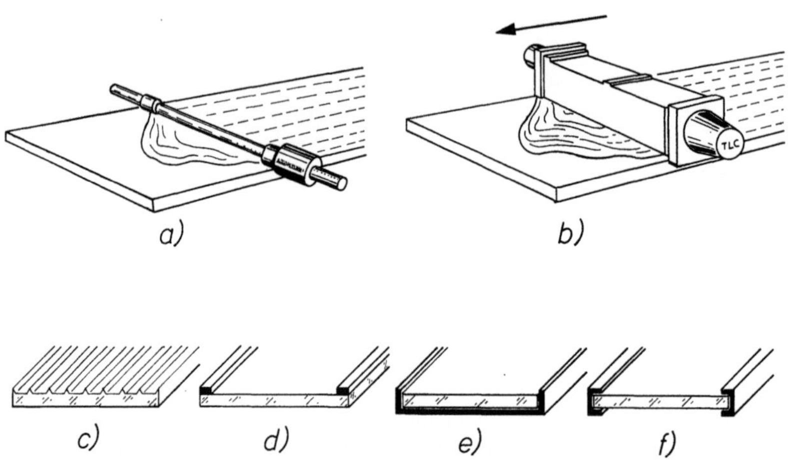

Abb. 15. Verschiedene Möglichkeiten, um eine bestimmte Schichtdicke zu gewährleisten

a) Glasstab als Ausstreichgerät; b) TLC-Streichstab (Fa. 127), c) Rillen- oder
Linienglas [220], d) Auflegen von seitlichen Glasstreifen, e) Schablone, in der die
Glasplatte liegt, f) zwei aufgesteckte U-förmige Schienen.

4. Sprühverfahren

Feinkörnige Sorptionsmittel-Suspensionen lassen sich mit geeigneten
handelsüblichen Sprühvorrichtungen recht gleichmäßig auf Unterlagen
aufsprühen. Bei manueller Betätigung der Spritzpistole hängt allerdings
die Gleichmäßigkeit der Schicht — mehr als bei den anderen Verfahren —
von der Geschicklichkeit des Bedieners ab. Die von Sutter [303] vorgeschlagene „DC nach dem Sprühverfahren" sieht eine Spritzpistole mit
Luftdurchmischung der Suspension im Vorratsbehälter vor, ferner eine
abzugsartig gestaltete Sprühkammer mit Gitterrost und Wasserwaage
und einen Kompressor, der den notwendigen Druck von 1—1,5 atü
erzeugt (Fa. 73).

Morita und Haruta [457] verwenden zum Aufsprühen einer Suspension von 10 g Kieselgel G (Fa. 88) in 30 ml Wasser einen einfachen
Glassprüher mit Kolben. Sie beschichten hiermit gleichzeitig 21 Objektträger (25 × 75 mm), die sie mit einem Abstand von einigen Millimetern
in 3 Reihen zu je 7 Stück zu einem Rechteck ausgelegt haben. Nach
Bekersky [54] lassen sich mit der Sprühtechnik Schichten zwischen
0,25 und 1,1 mm herstellen. Bei der Herstellung von Schichten um 1 mm
muß man im Abstand von 2 min Schicht für Schicht aufsprühen.

Sorptionsmittel-Suspensionen lassen sich wie manche Reagentien gebrauchsfertig in Aerosol-Sprühdosen füllen. Recht vorteilhaft zum Sprühen erscheint auch hier die Verwendung eines 3teiligen Aerosolsprühers vom Typ "Spray-Gun" (Abb. 38).

Für eine industrielle Herstellung vorgefertigter Schichten und Folien am Fließband ist wohl die Sprühtechnik das Verfahren der Wahl.

5. Automatische Beschichtung

Schon frühzeitig tauchte der Gedanke auf, das Beschichten der Platten weiter zu vereinfachen. In dieser Bemühung führte STAHL 1957 den ersten Beschichtungsautomaten vor [660/1]. Bei diesem Konstruktionsprinzip werden die Glasplatten mittels eines Gummiförderbandes elatisch gegen das Beschichtungsgerät gedrückt und laufen gleitend durch (Abb. 16). Geräte dieser Art haben den Vorteil einer gleichmäßigen Streichgeschwindigkeit und somit auch einer gleichmäßigen Beschichtung, ferner kann man ohne Schwierigkeiten Glasplatten unterschiedlicher Dicke benutzen und man erzielt eine erhebliche Zeitersparnis.

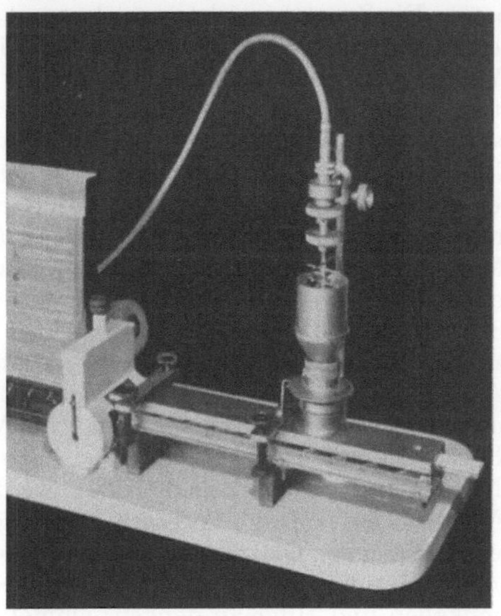

Abb. 16. Beschichtungsautomat. Links das Magazin mit Glasstreifen, darunter das Transportband mit Motorantrieb. Auf der rechten Seite die Auftragebahn mit der Vorrichtung zum Einstellen der Schichtdicke. Die Streichmasse wird in den Trichter gegeben, in dem sich ein Rührwerk befindet [661]

Um das Stahlsche Streichgerät (Fa. 44) gleichmäßig über die Plattenbahn zu ziehen (30—40 sec 100 cm) entwickelten TAKITANI und MATSUDA [706] eine mit einem Elektromotor getriebene Zugvorrichtung. Die von MARCUCCI und MUSSINI [429] beschriebene Vorrichtung ist ebenfalls mit einem Elektromotor ausgestattet und die Platten werden unter dem Streichtrog hindurchgezogen.

Die derzeitig handelsüblichen, motorgetriebenen Geräte lassen sich in zwei Typen gliedern. Bei dem einen wird der Streichtrog mittels eines

Motorantriebes über eine Plattenbahn geführt (Fa. 15, 35), bei dem
anderen Typ steht der Streichtrog fest und die Platten werden mittels
motorgetriebener Gummirollen darunter durchgeführt (Fa. 33, 54). Eine
Weiterentwicklung des ursprünglichen Stahlschen Automaten gestattet
auch die rationelle Herstellung von Gradient-Schichten [675] (Fa. 44).
Dieses Gerät soll mit einem automatischen Aufgeber für Platten und
einem automatischen Abnehmer und Stapler, in dem auch das Trocknen
durchgeführt wird, versehen werden.

Bei einem Tagesbedarf von über 100 DC-Platten wird ein solches
Gerät ein sehr zeitsparendes Hilfsmittel sein. Für eine serienmäßige
Produktion von DC-Platten oder -Folien wird man sich die Erfahrungen
der Filmindustrie zunutze machen können und eine Kombination von
Förderband und Aufsprühverfahren den üblichen Streichtechniken vor-
ziehen.

6. Vorbeschichtete Platten und Folien

In den USA begann man vor einigen Jahren die Beschichtung der
Glasplatten industriell zu betreiben. Unter der Bezeichnung „Uniplate"
(Fa. 8) oder "Quick-Check" (Fa. 86) wird ein ganzes Sortiment von DC-
Platten[3] angeboten. Die Zusatzbezeichnungen lassen z. T. erkennen, von
welcher Herstellerfirma das verwendete Sorptionsmittel der Schicht
stammt. Auf Wunsch wird auch ein Imprägnieren der Schichten vorgenommen. Es ist zu begrüßen, daß die Platten in den inzwischen üblichen
Formaten 20 × 5; 20 × 10 und 20 × 20 cm geliefert werden und somit
eine gewisse Normierung aller DC-Geräte auf diese Maße möglich wird.
Die Erfahrungen der Filmbeschichtungsindustrie nützend, wurden dann
die "Chromagram Sheets" entwickelt [51, 176, 356, 398, 546]. Als Trä-
gerfolie dient Makrolon, ein Polyäthylenterephthalatkunststoff. Hierauf
ist eine nur etwa 100 μm dünne poröse Schicht relativ festhaftend
aufgebracht. Beim Kieselgel wurde der schon früher von ONOE [491]
vorgeschlagene Polyvinylalkohol (Fa. 107, 148) als Binder verwendet.
Die in den USA hergestellten Kieselgel-Folien sind mit R (= Rochester,
Fa. 47) gekennzeichnet und sind schnellaufend im Vergleich zu den
französischen Folien, die mit V (= Vincennes bei Paris; Fa. 81) gekennzeichnet sind. Neben den Kieselgel-Folien (K 301) werden mit Polyamid
beschichtete Folien (K 541 V) und Polycarbonat-Folien (K 511 V) angeboten. Im Gegensatz zu den Glasplatten sind die Folien leicht, biegsam
und unzerbrechlich. Man hat jedoch an die unterschiedliche Beständig-
keit gegen Chemikalien und Hitze zu denken; einmal bei der Wahl der
Fließmittel, zum anderen bei der oft notwendigen Verwendung aggressiver Sprühmittel und anschließendem Erhitzen. Neuerdings wurde auch
wieder versucht, ein flexibles Glasfasergewebe als Träger für Sorptionsmittel einzusetzen (Fa. 63).

Auch in den europäischen Industrieländern wurde mit der industriel-
len Herstellung vorbeschichteter Platten und Folien begonnen (Fa. 83,
88).

---

[3] 1965 lag in den USA der Kaufpreis für eine beschichtete 20 × 20 cm Platte
bei $ 1,20.

II. Vorbereiten der DC-Platten

1. Trocknen, Aufbewahren und Transport

Zumeist wird das Sorptionsmittel in wäßriger Aufschlämmung auf die Trägerscheiben gestrichen. Anschließend muß das Wasser (6—8 ml pro 20 × 20 cm-Platte) entfernt werden. Dieser Vorgang wird als Trocknen bezeichnet. Es lassen sich folgende Stadien der Wasserabgabe erkennen:

Die Oberfläche der Schicht hat zunächst einen wäßrigen Glanz.
Nach einigen Minuten verschwindet er und die Schicht wird matt.
Nachdem etwa 50% Wasser abgedunstet sind, schwindet die Transparenz und die Schicht wird rein weiß.

In der Abb. 17 ist die Wasserabgabe im Verlauf der Trocknung einer Kieselgel-G-Schicht wiedergegeben.

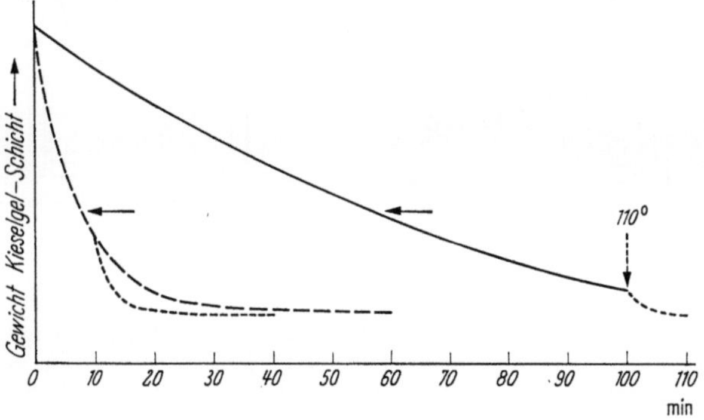

Abb. 17. Verlauf der Wasserabgabe von frisch hergestellten Kieselgel G-Schichten unter verschiedenen Trocknungsbedingungen

———— = ohne Ventilator bei Zimmertemperatur; — — — = mit Ventilator; - - - - - = Trockenschrank 110° C. Die beiden Pfeile zeigen das Trocknungsstadium an, in dem die Schicht nicht mehr transparent, sondern rein weiß geworden ist.

Man erkennt, daß es zeitsparend ist, zunächst die Hauptwassermenge mit einem Luftstrom zu entfernen (Vortrocknung) und erst danach die Platten bei erhöhter Temperatur fertig zu trocknen. Zum Vortrocknen beläßt man die frisch beschichteten Platten auf der Schablone. Zur Erzeugung eines stufenweise regulierbaren Kalt- und Warmluftstromes hat sich der Heizlüfter „Astron 2000" (Fa. 132) bewährt.

Nun schließt sich die Trocknung bei erhöhter Temperatur an. Rechteckige Umluft-Trockenschränke mit Ventilator und mindestens 42 cm Breite (s. Präparative-DC) sind hierfür am zweckmäßigsten.

Um sehr aktive Schichten zu erhalten, werden die Kieselgel- und Aluminiumoxid-Platten 3—4 Std auf 150° C erhitzt.

Eine scharfe Trocknung ist nur sinnvoll, wenn auch das Auftragen der Substanzen in einer entsprechend trockenen Atmosphäre vorgenommen wird und wenn man mit absolut wasserfreien Fließmitteln arbeitet. Beides ist nur gelegentlich bei der DC von Kohlenwasserstoffgemischen erforderlich. Auf sehr aktiven Adsorp-

tionsschichten ist die Gefahr einer Zersetzung der Substanzen groß. Man beachte
hier die Ausführungen von Hesse [287] über Stoffveränderungen in der chromatographischen Trennsäule.

Die Ansichten über die günstigste Trocknungsdauer und -temperatur
gehen etwas auseinander. Bei der DC polarer Verbindungen, z. B. von
Aminosäuren, verzichtet man ganz auf eine Vor- und Heißlufttrocknung,
sondern läßt die Platten über Nacht bei Raumtemperatur trocknen. Derartige Schichten zeigen ebenfalls eine gute Haftfestigkeit und liefern
besser reproduzierbare Trennergebnisse als aktivierte Platten.

Da man meist 5 oder 10 Platten (20 × 20 cm) in einem Arbeitsgang
beschichtet, sind raumsparende und handliche Platten-Gestelle zum
Trocknen und Aufbewahren vorteilhaft (Abb. 18).

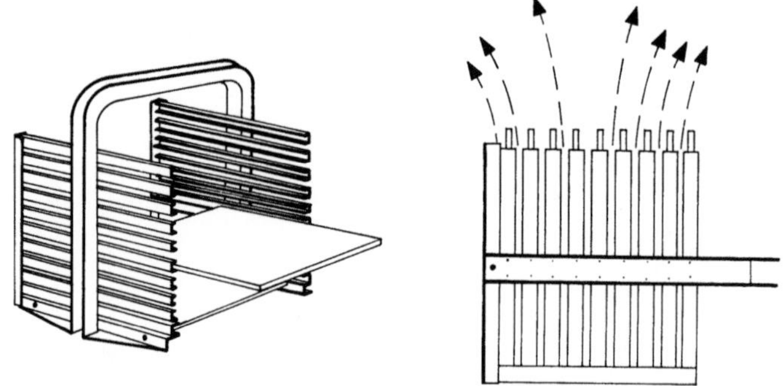

Abb. 18. Leichtmetall-Gestell zum Trocknen und Aufbewahren beschichteter Glasplatten
Links: Einschieben der vorgetrockneten Platten; rechts: Trocknen der Platten in
senkrechter Stellung, damit die Feuchtluft (s. Pfeile) entweichen kann. (Hersteller:
Fa. 44).

Arbeitsanweisung

Die frisch beschichteten Platten lasse man auf der Schablone bis die Transparenz der Schicht verschwunden ist. Ein zunächst gelinder Kalt- oder Warmluftstrom beschleunigt diese Vortrocknung. Nach etwa 10 min stapele man die
Platten in einem Trockengestell und erhitze sie in senkrechter Stellung
30 min auf 110° C. Es ist vorteilhaft, zwischendurch die Tür des Trocken-
schrankes zum Abziehen der feuchten Luft mehrmals zu öffnen. Mit einem Tuch
oder einem speziellen Transportgriff (Fa. 44) wird das heiße Gestell herausge-
nommen, gekippt und in einem Trockenbehälter mit Blaugel-Füllung gebracht.

Neben Exsiccatoren lassen sich auch andere, gut abdichtbare Glas-,
Kunststoff-, Holz- oder Metallbehälter zum trocknen Aufbewahren und
dem Transport der Platten verwenden.

2. Kontrolle und Beschriften der Schicht

Vor dem Markieren und Auftragen erfolgt die Prüfung der Schicht
auf Einheitlichkeit. Im Durchlicht betrachtet soll sie gleichmäßig aussehen und keine Schlieren oder Unebenheiten zeigen. Im schräg einfallen-
den Auflicht sollen keine gröberen Körnchen zu erkennen sein. Die
Haftfestigkeit der Schicht prüfe man durch leichtes Darüberwischen mit
dem Zeigefinger.

Eine DC-Platte, die nur auf einem Teil der späteren Lauffläche Mängel aufweist, kann man für Vorversuche verwenden. Das Abstreifen der Randschicht in einer Breite von 2—5 mm ist vorteilhaft. Sie ist nämlich zumeist etwas dünner, herrührend von der Auflagefläche des Streichgerätes. Die Randschicht läßt sich mit dem Daumen der rechten Hand und dem Zeigefinger als Führung schnell und sauber abstreifen. Eine andere Möglichkeit bietet ein einfach herzustellender Abstreifer in der früher abgebildeten oder in einer ähnlichen Winkelform (Abb. 9, 1. Aufl.).

Es ist vorteilhaft, die Startpunkte, die Frontlinie und die Art der aufgetragenen Substanzen auf der Schicht zu markieren. Man benützt hierzu einen spitzen harten Bleistift oder eine Präpariernadel aus einem biologischen oder medizinischen Präparierbesteck. Schreibt man hiermit auf der Schicht, so hebt sich diese leicht ab und die Punkte oder die Schrift sind eingraviert. Um eine Beschädigung der übrigen Schicht zu vermeiden benutzt man die sog. Beschriftungsschablone, die inzwischen in ihrem Anwendungsbereich erweitert worden ist. An der einen Kante der durchsichtigen Schablone ist ein Zentimeter-Maßstab eingraviert und hierdurch lassen sich die Abstände von Startpunkt zu Startpunkt gut einhalten (Abb. 19). Die Schablone ist auch zum Festlegen der Rf-Werte und der Fleckengröße bestimmt.

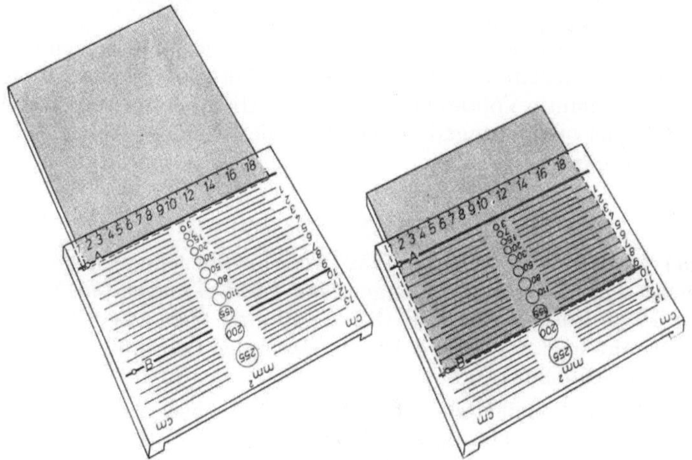

Abb. 19. Gebrauch der Mehrzweckschablone. Links: Auftragestellung; rechts: Markierung der 10 cm Laufstrecke. Einzelheiten im Text. (Hersteller: Fa. 44)

Zum Gebrauch der Mehrzweckschablone

Die Mehrzweckschablone (Fa. 44) wird brückenartig über die DC-Platte gelegt. Die dicke Querlinie A soll mit der Unterkante der Glasplatte abschließen (Abb. 19 links). Die Startpunkte werden durch kleine Einstiche markiert oder man trägt direkt mit der Mikropipette abstandgleich auf. Die Abstände vom Plattenrand sollen 20 mm und untereinander zwischen 15 und 20 mm betragen. Zum punktartigen Markieren der späteren Frontlinie verschiebt man die Schablone, bis der untere Plattenrand mit der Querlinie B übereinstimmt (Abb. 19 rechts). Über der „Frontlinie" notiert man die jeweils zu trennende Substanz oder bringt eine Bezifferung oder Numerierung an, ferner notiere man darüber das Fließmittel und die weiteren Trennbedingungen und die Sichtbarmachung.

Zum Auswerten des fertigen Chromatogrammes wird die Schablone wiederum in die 2. Position gebracht und bei einer Laufstrecke von 10 cm können die *Rf*-Werte direkt abgelesen werden. Die annähernde Größe runder Flecken läßt sich durch Vergleich mit den verschieden großen Kreisflächen ebenfalls schnell halbquantitativ festlegen.

3. Auftragen der zu trennenden Substanzgemische

Das Gemisch wird gelöst und punkt- oder bandförmig am „Start" (Startpunkt bzw. Startlinie) aufgetragen.

Zum Auflösen fester Substanzproben oder zum Verdünnen von flüssigen Gemischen verwende man bei der Adsorptions-DC keine stark polaren oder schwer flüchtigen Lösungsmittel. Diese ergeben große Startflecke mit Ringchromatogrammen. Notfalls muß man sehr kleine Volumina nacheinander auftragen und zwischendurch mit einem Warmluftstrom das Lösungsmittel entfernen. Es ist darauf zu achten, daß die Substanzen am Startpunkt nicht auskristallisieren. Tritt dies ein, so erhält man Chromatogramme mit langen Streifen (Schwänze, Bärte) vom Start zur Front hin.

Die Konzentration der Substanzen in der Auftragelösung beträgt bei der DC zumeist zwischen 0,1 und 1%. Das Auftragevolumen[4] liegt üblicherweise zwischen 1 und 20 mm³.

Die Größe der Startpunkte soll möglichst gleich sein und zwischen 2 und max. 5 mm $\varnothing$ liegen.

Es wird dringend empfohlen, auch beim sog. qualitativen chromatographischen Arbeiten von eingestellten Auftragelösungen auszugehen und vorbestimmte Volumina aufzutragen. Hierzu kann man verschiedenartige Dosiervorrichtungen verwenden, wie sie in der Abb. 20 übersichtlich zusammengestellt sind.

a) Punktförmiges Auftragen

α) **Platinösen** nach EMICH [*182*] werden zum schnellen Auftragen von zumeist 1proz. Substanzlösungen von LÜDY-TENGER [*407*] empfohlen. Eine 10 µl Wasser fassende Öse stellt man sich aus 0,4 mm dickem Platindraht her; der innere Durchmesser der Öse muß hierbei 1,5 mm betragen (Abb. 20a).

β) **Mikro-Vollpipetten** gibt es in zahlreichen Ausführungsformen. Zum einmaligen Gebrauch sind die "Microcaps" (Fa. 51) gedacht. Es handelt sich hierbei um Präzisions-Glascapillaren von 1—100 µl Fassungsvolumen. Sie lassen sich mit oder ohne Füllvorrichtung verwenden (Abb. 20b). Die Genauigkeit wird mit besser als $\pm 1\%$ angegeben. Die sich selbst füllende und justierende Lambda-Pipette (Abb. 20d) gibt es neben der Normal-Ausführung mit Strichmarke (Abb. 20e) in verschiedenen anderen Formen von 1—1000 µl (Fa. 117). Nach dem gleichen Prinzip arbeitet die „automatische" Mikropipette (Abb. 20c) (Fa. 33).

γ) **Graduierte Mikropipetten** mit einem Fassungsvolumen von 10 µl und angeschrägter Spitze werden in der DC am meisten zum Auftragen

---

[4] 1 mm³ = 1 λ (1 Lambda) = 1 µl (1 Mikroliter).

verwendet (Abb. 20f). Nach ihrer früheren Verwendung werden sie gelegentlich noch als „Blutzucker-Pipetten" bezeichnet. Eine Nacheichung ist oftmals angezeigt.

δ) Kolben-Mikro-Spritzen (Abb. 20) werden vorzugsweise in der Gasphasenchromatographie zum dosierten Einspritzen der Substanzen verwendet. Sie sind in den letzten Jahren wesentlich verbessert und verfeinert worden. In der DC gebraucht man sie häufig in Verbindung mit

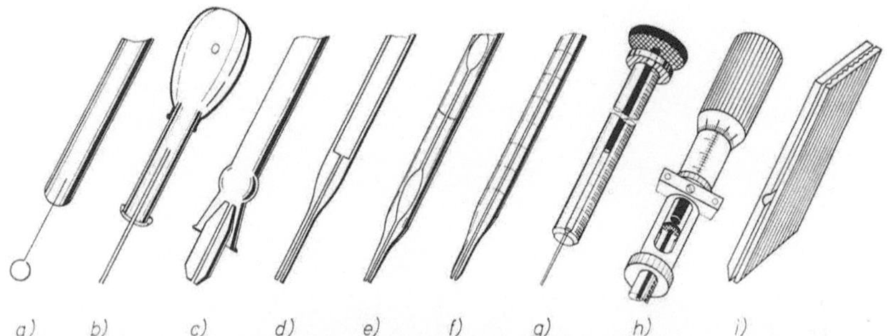

Abb. 20. Verschiedenartige Vorrichtungen zum Auftragen der gelösten Substanzen. Einzelheiten im Text

einem Mikrometervorschub (Abb. 20h) und einer Haltevorrichtung. Beim genauen quantitativen Auftragen steigender Volumina zur Aufstellung von Eichkurven sind sie eine unentbehrliche Hilfe. Ihre Herstellung verlangt höchste Präzision (Fa. 29, 44, 69).

Im Rahmen der quantitativen klinisch-chemischen Analyse im μl-Bereich sind verschiedene Kolbenpipetten mit fest eingestelltem Hub mit Druckknopfbetätigung handelsüblich geworden (Fa. 53). Um gleichzeitig auf mehreren Chromatogrammen wäßrige Substanzlösungen in Form sehr kleiner Startpunkte aufzutragen, kann man Dauerinfusionsgeräte mit kleinen Kolbenspritzen (Fa. 27) verwenden [441]. Zum gleichzeitigen punktförmigen Auftragen von 19 verschiedenen Lösungen oder zum bandförmigen Auftragen einer Substanzprobe beschrieb MORGAN [456] eine einfach zu bauende Vorrichtung (Fa. 136).

b) Band- oder strichförmiges Auftragen

Das gute Gelingen eines Bandchromatogrammes hängt zumeist vom gleichmäßigen Auftragen ab. Beim Aufpunkten der Substanzlösung mit einer Mikropipette erhält man − wenn es nicht mit größter Sorgfalt geschieht − eine unscharfe Ausbildung der Zonen (Abb. 21 rechts). Ein gleichmäßiges punktförmiges Aufbringen erreicht man mit dem bereits oben erwähnten Morgan-Applikator (Fa. 136). Hier können bis 37 Glascapillaren nebeneinander kammförmig gehaltert werden. Sie tauchen dann zur Aufnahme der Substanzlösung in einen schmalen Trog ein und füllen sich durch den Capillarsog. Beim anschließenden Auftupfen dieser Capillarreihe auf die Schicht entleeren sie sich ebenfalls gleichzeitig. Eine andere und schon früher beschriebene Möglichkeit zum bandförmigen Auftragen bietet die Stahlsche Breitbandpipette (Abb. 20i) (Fa. 44). Stocker [*699*] schlägt eine 100 µl-Mikrocapillar-Pipette mit einer rechtwinklig abgebogenen Spitze vor, die über eine Gleitschiene geführt wird.

Da bei quantitativen Mikrobestimmungen oft etwas größere Substanzmengen benötigt werden, ist ein bandförmiges Auftragen genau vorbestimmter Volumina wichtig. Imponierend einfach ist wohl die von Bacon [*30*] vorgeschlagene Lösung.

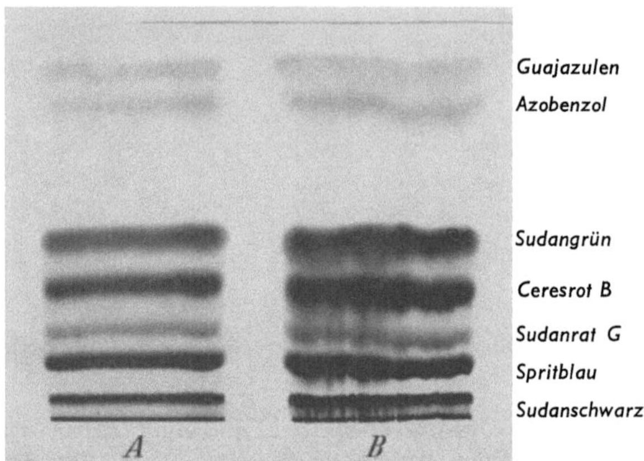

Abb. 21. DC nach bandförmigem Auftragen der Substanzen
A Aufsprühen oder Aufspritzen der Substanzlösung. *B* Aufpunkten der Substanzlösung. Vergleiche die Unterschiede in der Trennschärfe.

Auf einem aus Spielzeug-Bauteilen hergestellten kleinen vierrädrigen Fahrzeug wird waagerecht eine Agla-Mikrometerspritze aufgelegt. Die Mikrometerschraube wird durch Andrücken an zwei der Gummilaufräder gedreht und die Flüssigkeit tritt aus einem flexiblen, über die Schicht gleitenden Capillarrohr aus.

Das bandförmige Auftragen ist ferner bei der präparativen DC von Bedeutung. Hierfür wurden verschiedene Geräte entwickelt, mit denen man Milliliter-Mengen aufsprühen oder in einem feinen Strahl aufspritzen kann (s. S. 100, Abb. 50, 51).

Substanzlösungen lassen sich auch, wie Wagner und Pohl [*734*] zeigen, mit einem weichen Haarpinsel strichförmig auftragen. Tamura [*708*] verwendet zum selben Zweck eine Capillarpipette mit einer eingesteckten pinselartigen Bürste aus feinen Glasfasern.

III. Trennkammern und Entwicklung

Der Übergang von der Tswettschen Säule zu den „offenen" Trennschichten führte zu verschiedenartigen Trennkammern. Sie lehnten sich zunächst an die in der PC gebräuchlichen an und wurden nur im Format angepaßt. Neue Erkenntnisse führten dann zu speziellen Schmal-Kammern. Zur besseren Übersicht kann man die bislang verwendeten Kammertypen nach der Art der Entwicklung gliedern:

1. Kammern zur aufsteigenden Entwicklung
2. Kammern zur absteigenden Entwicklung
3. Kammern zur horizontalen Entwicklung
4. Kammern für die Dünnschicht-Elektrophorese (s. S. 110).

Wenn möglich, bevorzugt man Glas als Werkstoff und nur gelegentlich den teuren, nichtrostenden V4A-Stahl. Bei Verwendung wäßriger und wenig aggressiver Fließmittel können Kunststoff-Kammern gebraucht werden.

Die Adsorptions-DC brachte eine Reihe von speziellen Problemen, die erst nach und nach erkannt und gelöst werden konnten. Zunächst machte STAHL [665] auf die Wichtigkeit des Sättigungszustandes der Kammeratmosphäre aufmerksam und zeigte, daß es notwendig ist, auch hier gewisse Bedingungen einzuhalten. Zur Kennzeichnung führt er das Verhältnis *Abdampffläche:Kammervolumen* als Kennzahl ein [673]. In der üblichen rechteckigen Trogkammer ist dieser Kennwert 1:20, bei den Schmal-Kammern dagegen 1:0,1—0,5. Eine besondere Bedeutung mißt er der Kammersättigung zu, nachdem hiermit das sog. Randphänomen in den Trogkammern beseitigt werden konnte.

1. Sättigung der Kammern, „Klimatisierung" der Schicht

Stellt man eine DC-Platte in eine normale Kammer, so beobachtet man nach der Chromatographie gegebenenfalls, daß die gleichen Substanzen zum Rande der Platte hin höher gewandert sind, als in der Mitte (Abb. 22). Dieses, auch von DEMOLE [152] beobachtete „Randphänomen" tritt insbesondere bei Gemischen von Lösungsmitteln auf, die untereinander größere Unterschiede in Polarität, Dampfdruck und Dichte zeigen. Der Effekt rührt von einer unzureichenden Sättigung der Kammer her. Die Platte teilt nämlich die Kammer in zwei Hälften. Auf der Schichtseite dampft im Randbereich das Fließmittel stärker ab, um auch den rückwärtigen Kammerraum zu sättigen. STAHL [665] schlug daher vor, in den rechteckigen Trogkammern mit Kammersättigung (KS) zu chromatographieren.

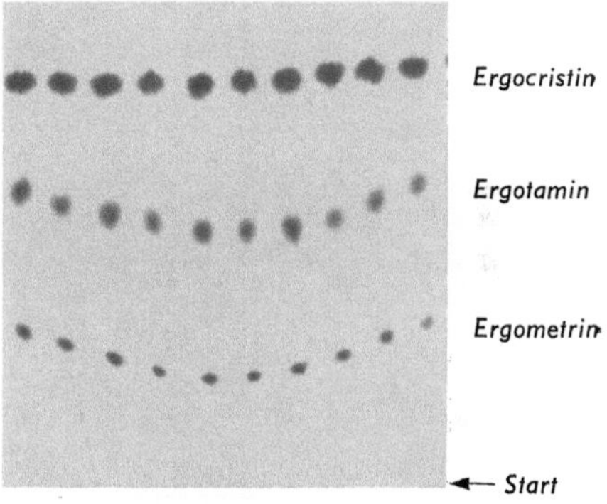

Abb. 22. „Randphänomen" bei der DC in der Trogkammer ohne ausreichende Sättigung (= NS). Fließmittel: Chloroform-Methanol (95 + 5) [665]

Herstellung der Kammersättigung (KS) s. Abb. 23 B

Ein glattes, harz- und fettfreies Filtrierpapier im Format von etwa 15 mal 40 cm wird U-förmig in den Glastrog gelegt und mit dem bereits eingefüllten Fließmittel getränkt. Danach drückt man das so befeuchtete Papier an die Kammerwand an. Zumeist haftet es hieran adhäsiv. Zur besseren Fixierung kann man einen aus einem dünnen Stahldraht hergestellten elastischen Ring so in die Kammer bringen, daß er das Papier andrückt. Vor dem Einstellen der Platte wird durch Neigen der Kammer das Filtrierpapier nochmals mit dem Fließmittel getränkt.

5*

Die vorstehend beschriebene Technik wird zur Unterscheidung von der *normalen* Sättigung (NS) als Kammersättigung (KS; früher Kammerübersättigung) bezeichnet (Abb. 23). Eingehend haben sich später GEISS

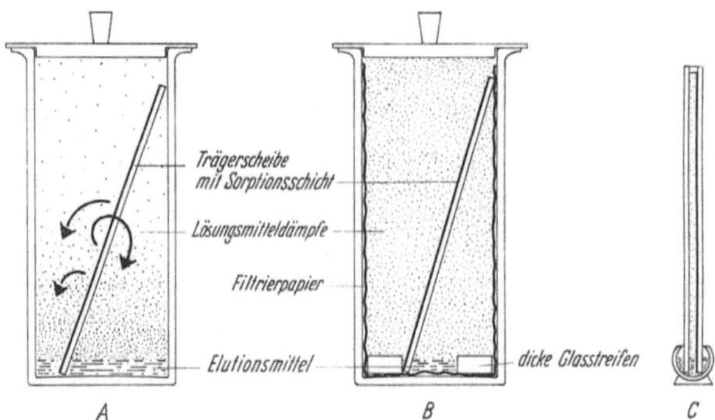

Abb. 23. Trennkammern und Sättigung. *A* Trogkammer mit normaler Sättigung (= NS). Die Pfeile sollen das Abdampfen des Fließmittels von der Schicht und die Punktierung die Dampfdichte symbolisieren. *B* Trogkammer durch Filtrierpapierauskleidung mit dem Fließmittel gesättigt (= KS). *C* Verringern des Kammervolumens durch das S-Kammersystem

u. Mitarb. [*224, 226*] mit den sich in verschiedenen Trennkammern abspielenden Vorgängen beschäftigt. Sie zeigten, daß in den gesättigten Trogkammern (KS) neben einem geringfügigen Abdampfen des Fließmittels im Frontbereich die darüberliegende Schicht („Vorschicht" = Schicht vor der jeweiligen Front) erhebliche Mengen Fließmittel (z. B. Benzol) in Dampfform aufnimmt. Außerdem gibt sie Wasser ab und zwar verdrängen 10 Moleküle Benzol 1 Molekül Wasser. Durch die Kammersättigung kommt es also zur Vorsättigung der Schicht. Dies hat in der „Vorschicht" eine erhöhte Durchflußgeschwindigkeit bei schwach erhöhter Aktivität und verringerter Durchflußmenge zur Folge. Die *Rf*-Werte liegen also tiefer als in einer normalen Kammer ohne Sättigung (NS).

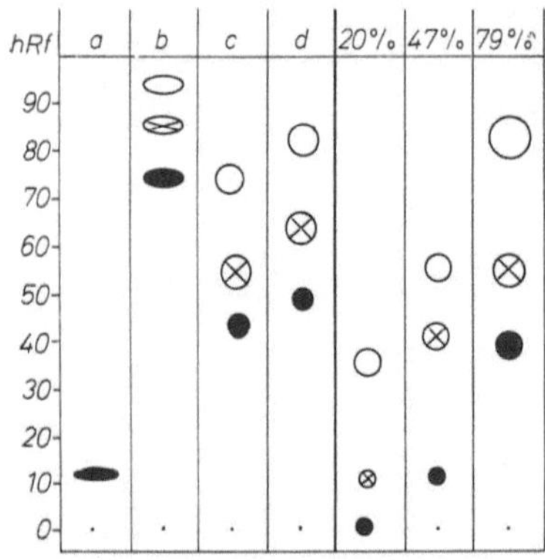

Abb. 24. Der Einfluß verschiedener Sättigung (*a—d*) und relativer Feuchtigkeit (20—79%)

a) Testgemisch auf einer Kieselgel G-Schicht ohne Kammer mit Methylenchlorid entwickelt; *b*) desgleichen in der Trogkammer (NS); *c*) in der gleichen Kammer, jedoch mit Sättigung (KS); *d*) in der S-Kammer. Daneben Entwicklungen in der GS-Kammer bei verschiedenartigen relativen Feuchten.
○ = Buttergelb, ⊗ = Sudanrot G, ● = Indophenol

In einer dichten S-Kammer (ohne zusätzliche Sättigung) fallen dagegen solche „Umklimatisierungen" weg oder ebenso wenig ins Gewicht wie der Abdampfeffekt. In allen Fällen ist bei der Adsorptions-DC auf den Einfluß der relativen Feuchte zunächst außerhalb und dann innerhalb der Kammer zu achten. Sehr eindrucksvoll sind die diesbezüglichen Versuche der DC bei verschiedenartigen relativen Feuchten (Abb. 24, rechts) [226]. Um reproduzierbare Rf-Werte[5] zu erhalten, erscheint es danach notwendig, das Entwickeln der Dünnschicht-Chromatogramme in einer Klimakammer mit Feuchtigkeitskontrolle unter sonst konstanten Bedingungen vorzunehmen (s. S. 72).

2. Aufstellen der Kammern
(Temperatur, Licht, Oxidationsschutz)

Zumeist wird bei einer Normaltemperatur um 20° C getrennt. Beim Aufstellen der Kammern sollte man jedoch darauf achten, daß eine einseitige Erwärmung oder Abkühlung nicht auftreten kann. Schon geringfügige Temperaturdifferenzen innerhalb der Kammer können zu einem unerwünschten „Schräglaufen" der Front führen, und in S-Kammern zur unerwünschten Kondensation des Fließmittels an der Deckscheibe.

Keinesfalls wird man die Kammern einer Sonnenbestrahlung aussetzen, sondern sie an Stellen mit diffusem Tageslicht plazieren. Beim analytischen Arbeiten ist es hierzu vorteilhaft, die Innenseite der Laborfenster mit UV-undurchlässiger Folie (Fa. 34) oder einem entsprechenden Lack (Fa. 141) zu versehen. Bei der DC lichtempfindlicher Substanzen, z. B. von Carotinen, beklebt man die Kammeraußenwände mit schwarzer Folie oder arbeitet in einer Dunkelkammer bei Rot- oder Grünlicht.

Um Oxidationen der Substanzen auf der Schicht zu vermeiden, kann man über die Platte während des Auftragens eine sog. Präparierbox (Fa. 44) legen und mit N_2 oder CO_2 begasen. Auch ein leichtes Aufnebeln von Wasser verhütet in manchen Fällen eine Zersetzung am Startpunkt.

Um während des Chromatographie-Vorganges unter O_2-Ausschluß zu entwickeln, leite man, wenn es die Substanzen erlauben, CO_2 in die Kammer oder sonst spült man zunächst mit N_2. Hierzu ist ein Deckeltubus mit einem Doppelhahnsystem vorteilhaft.

3. Trennkammern zur aufsteigenden Entwicklung
a) Rechteckige Trogkammern

Zumeist wird bei der DC aufsteigend entwickelt. Hierzu stellt man die Platte in einen Trog, der etwa 0,5 cm hoch mit dem Fließmittel gefüllt ist. Der Deckel des Troges soll dicht schließen. Die speziell für die DC hergestellten Tröge (Format 21 × 21 × 9 cm) haben einen Wulstrand und einen plan aufgeschliffenen Ganzglasdeckel mit Knopf. Zum Ein- und Ableiten von Gasen und Flüssigkeiten oder zum Anbringen eines Innenthermometers ist hierzu auch ein Tubusdeckel mit Normalschliffeinsätzen erhältlich (Fa. 44). Um bei einer vorbestimmten Temperatur im Bereich von −50 bis +50° C chromatographieren zu können, verwendet man die auf S. 96 abgebildete Kryobox (Fa. 44).

---

[5] Bereits in der 1. Auflage wurde mehrmals darauf hingewiesen, daß die angegebenen Rf-Werte nur als Richtzahlen dienen können; sie bezeichnen die Reihenfolge und annähernde Position der Substanzen auf dem Chromatogramm.

Beachte: Die DC-Platte soll nach dem Einstellen auf ihrer ganzen Breite gleich hoch, d. h. etwa 0,5 cm in das Fließmittel eintauchen, aber keineswegs die Startflecke. Gemische aus verschiedenartigen Lösungsmitteln soll man nur wenige Male zum Entwickeln verwenden und zwischenzeitlich die Kammer immer nur kurzfristig öffnen. Es ist nicht vorteilhaft, während des Chromatographie-Vorganges weitere Platten in den Trog zu stellen.

Zwei Platten 20 × 20 cm lassen sich V-förmig einstellen. Mit Hilfe eines Halterahmens aus nichtrostendem Stahl können mehrere Platten gleichzeitig entwickelt werden. Man kann auch nach der sog. Chromatostack-Technik [488] vorgehen. Hierzu werden die Platten gestapelt und der notwendige Abstand von Platte zu Platte durch Auflegen von 4 Plastik-Stöpfchen an den 4 Ecken jeder Platte hergestellt. Das Plattenpaket wird mit zwei Gummiringen zusammengehalten und so in den Trog eingestellt.

Auch in den üblichen Trogkammern läßt sich eine Art Durchlauf-Chromatographie bewerkstelligen. BENNETT und HEFTMANN [58] bringen hierzu am oberen Teil der beschichteten Platte einen aus Aluminiumblech gebogenen Winkeltrog an, in den loses Adsorbens gefüllt wird. Es saugt das die Schicht durchwandernde Fließmittel laufend auf (Abb. 25 A). Eine andere Möglichkeit beschreibt TRUTER [721]. Zum Abdampfen des Fließmittels läßt er die Platte einige Zentimeter aus der Kammer herausragen. Zum Abdichten kann man auch einen zweiteiligen Deckel verwenden, der die Platte kragenförmig umschließt (Abb. 25 B).

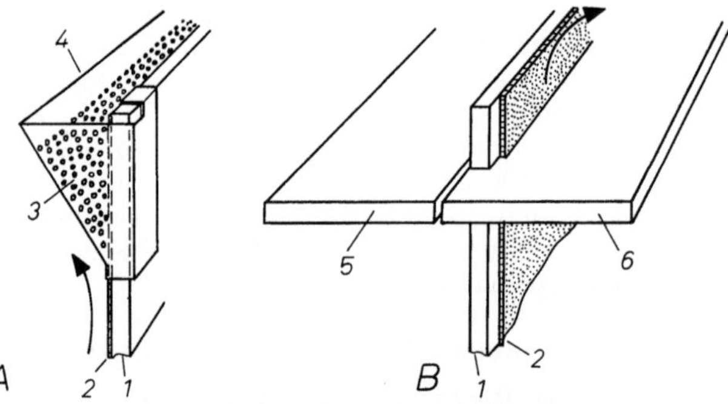

Abb. 25. Vorrichtungen zur Durchlaufentwicklung. *A* Aufgesteckter Winkeltrog mit Adsorbens gefüllt. *B* Zweiteiliger Spezialdeckel durch den die Platte durchragt
1 Trägerplatte, *2* Trennschicht, *3* Adsorbens zum Aufsaugen, *4* Winkeltrog, *5* Glasplatte, *6* Glas- oder Metallplatte mit entsprechenden Aussparungen

Für Vorteste werden häufiger 5 und 10 cm-Platten verwendet. Das Entwickeln kann in runden Standzylindern mit eingeschliffenem Glasstopfen oder in entsprechend großen Einmachgläsern (Weck-Gläser) vorgenommen werden. Ferner wurden — wie bei der PC — entsprechende Batterie-Tröge aus Glas vorgeschlagen [250].

b) S-Kammern[6]

Versuche über den Einfluß der Kammergröße und der Sättigung führten zu der neuartigen S-Kammer [673][7]. Hier bildet die DC-Platte

---

[6] *S* soll stehen für *S*chmal oder *S*andwich.
[7] DBP [684].

die Rückwand der S-Kammer und eine Rahmenplatte die Vorderwand.
Die nur 2—3 mm dicken „Seitenwände" sind in Form von schmalen Glasstreifen auf der Rahmenplatte angeschmolzen (Abb. 26). Den erforderlichen Abstand kann man auch durch Zwischenlegen von Streifen aus
Pappe [33], Draht [793], Glas [151] oder Kunststoff (Fa. 44) erreichen.
Die beiden Platten werden dann mit kräftigen Klammern (s. Abb. 26)
zusammengehalten. Man muß darauf achten, daß die S-Kammern an den
beiden Schmalseiten dicht sind. Dies ist anscheinend bei manchen einfachen „Sandwich"-Kammern nicht gegeben. Es wurde deshalb vorgeschlagen, die kritischen Stellen 0,5 cm tief in geschmolzenes Wachs

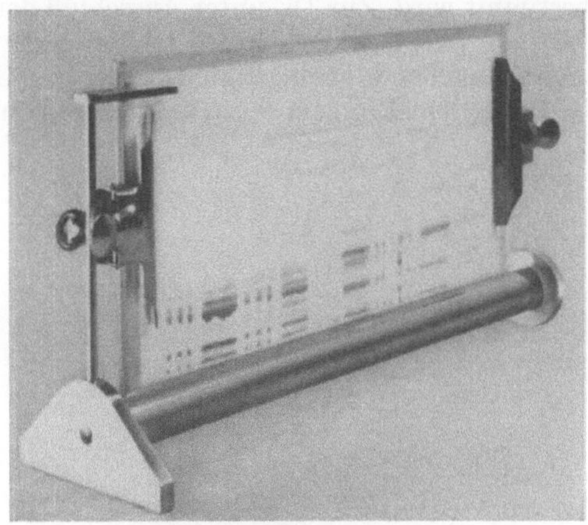

Abb. 26. S-Kammersystem nach STAHL mit einem 40 cm breiten Dünnschicht-Chromatogramm
(Hersteller Fa. 44)

einzutauchen [593]. Zum Entwickeln stellt man dieses „Sandwich" in
einen entsprechend dimensionierten Rinnentrog. Um nun einen dichten
Abschluß des Troges zu erreichen, wurde ein sog. S-Kammertrog[8] aus
V4A-Stahl geschaffen. Er besteht aus zwei ineinandergesteckten Hülsen.
Die feststehende innere Hülse bildet den eigentlichen Trog und die äußere
den drehbaren Abschluß.

Das S-Kammersystem gewinnt mehr und mehr an Interesse. Ursprünglich war es zum Entwickeln 40 cm breiter DC-Platten bei geringem
Fließmittelbedarf gedacht. Manche Trennungen fallen in der S-Kammer
wesentlich besser aus als in den normalen Kammertypen, wie JORK [333]
am Beispiel der Harze zeigte (vgl. Abb. 108). Um auch flexible Folien in
einer S-Kammer chromatographieren zu können, wurde die der Schicht
zugewandte Deckplatte in gleichmäßigen Abständen mit „Glastränen"
versehen (Fa. 52). Normalerweise ist eine „Sättigung" dieser schmalen
Kammern nicht notwendig. Es gibt jedoch, wie JÄNCHEN [314] mitteilte,
auch Fälle, in denen eine schnelle Konditionierung der Trennschicht mit
dem Fließmitteldampf vorteilhaft ist. In diesem Zusammenhang sei auf
diesbezügliche Versuche von GEISS u. Mitarb. [226] hingewiesen. Eine

---

[8] s. Fußnote [7] auf S. 70.

schnelle Umklimatisierung der Schicht kann man in der S-Kammer wie folgt erreichen: In die Rahmenplatte fixiert man ein mit Fließmittel getränktes glattes Filtrierpapier. Noch besser ist es, sie mit einer festhaftenden Cellulosepulver-Schicht dünn auszugießen (s. Gießverfahren S. 54). Nach dem Trocknen kann die so beschichtete Rahmenplatte mit dem jeweiligen Fließmittel getränkt werden.

c) Klimakammern

Es ist seit langem bekannt, daß bei der Chromatographie auf „Trocknungsmitteln", z. B. Kieselgel oder Aluminiumoxid deren Aktivität vom Wassergehalt bestimmt wird. Zur DC unter Ausschluß der Luftfeuchtigkeit arbeitet Badings [33] in einer speziell hergerichteten rechteckigen Trogkammer. Sehr eingehend beschäftigten sich dann Geiss, Schlitt und Klose [226] mit dem Problem der feuchtigkeitskontrollierten DC.

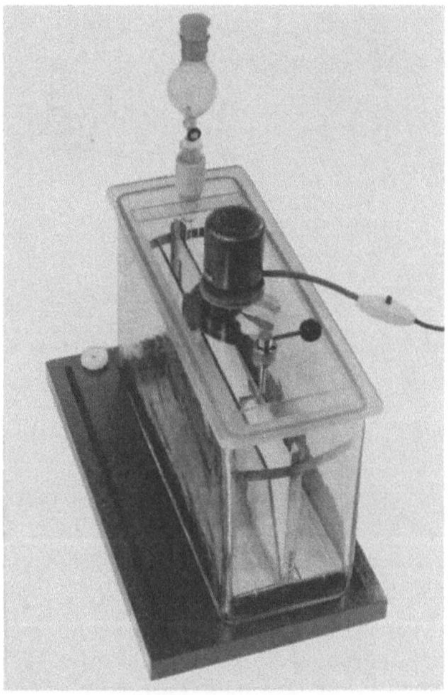

Abb. 27. GS-Klimakammer zur feuchtigkeitskontrollierten DC. (Fa. 44) [227]

Sie zeigen u. a., daß während des Chromatographie-Vorganges von der noch nicht befeuchteten Schicht die Lösungsmitteldämpfe aufgenommen werden und Wasser abgegeben werden kann. Die Wasseraufnahme und manche anderen „Umklimatisierungen" können in wenigen Minuten erfolgen. Um die bisherigen Mängel zu beheben, entwickelten sie eine sog. GS-Klimakammer (Abb. 27). Sie besteht aus einer großen Trogkammer und darin stehen ein S-Kammersystem sowie zwei flache Tröge zur

Aufnahme der „Klimaflüssigkeit"[9]. Ein im Deckel angebrachter Ventilator sorgt für eine schnelle Gleichgewichtseinstellung. Das Fließmittel wird nach der Klimatisierung durch einen im Deckel eingesetzten Tropftrichter eingefüllt. Neben dieser GS-Kammer wird zur Orientierung über die Feuchtigkeitsempfindlichkeit einer Trennung von den gleichen Autoren eine einfache KS-Klimakammer beschrieben. Hier liegt eine DC-Platte horizontal auf einem Trog, welcher die Klimaflüssigkeit enthält. Die Zufuhr des Fließmittels erfolgt aus einem weiteren Trog über eine Glasfritte.

Allgemeine Erfahrungen mit Klimakammern liegen noch nicht vor. Zum Vergleich von Rf-Werten ist jedoch eine feuchtigkeitskontrollierte DC in einer speziellen Klimakammer unerläßlich. In tropischen Gebieten mit andauernd sehr hoher Luftfeuchtigkeit wird es nur auf diesem Wege möglich sein, eine Adsorptions-DC durchführen zu können.

4. Vorrichtungen zur absteigenden DC

Die absteigende Entwicklung wird bei der Papierchromatographie häufig verwendet, selten jedoch bei der DC. Man erreicht hierdurch auch keine kürzere Laufzeit oder verbesserte Trennung, und die Durchlauf-Technik ist auf anderem Wege (S. 70, 76) einfacher zu bewerkstelligen.

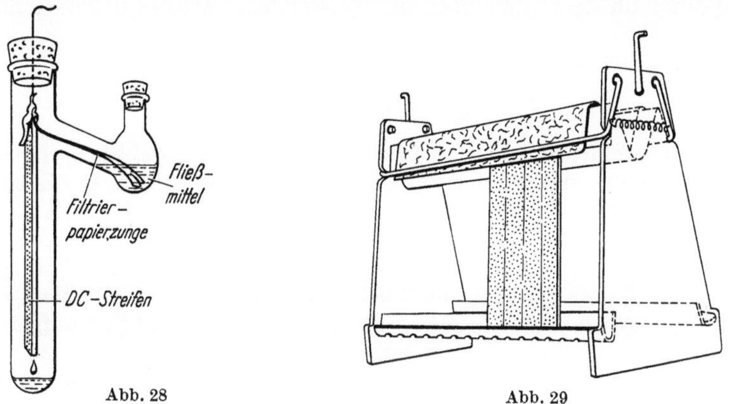

Abb. 28   Abb. 29

Abb. 28. Großes Reagensglas mit Seitenarm zur absteigenden Entwicklung schmaler DC-Streifen (nach [688])

Abb. 29. Gestell zum Vorwaschen von DC-Streifen und Platten. Das Elutionsmittel befindet sich in der Wanne (oben) und wird mittels eines Filtrierpapiers zur DC-Schicht geleitet. Der Bügel drückt das Papier auf die Schicht (nach [689])

Eine Vorrichtung zur absteigenden DC haben zunächst Stanley und Vannier [688/9] beschrieben (Abb. 28). Sie ist im Handel erhältlich (Fa. 117). Für die heute bevorzugten 10 oder 20 cm breiten Platten kann man das zum Vorwaschen von DC-Streifen empfohlene Gestell (Abb. 29) gut verwenden. Um ein Abdampfen des Fließmittels zu verhindern, stelle

---

[9] Gesättigte wäßrige Ammoniumchlorid-Lösung = 79,5% rel. Feuchte; ges. Kaliumrhodanid-Lösung = 47% rel. Feuchte; ges. Kaliumacetat-Lösung = 20% rel. Feuchte.

man es in eine Trogkammer mit entsprechender Sättigung (KS). Eine
weitere Anordnung zur absteigenden DC wurde von Birkofer u. Mitarb. [71] ausgearbeitet. Auch hier wird das Fließmittel aus einem schmalen
Trog über eine Filtrierpapierzunge auf die Schicht geleitet. Nach dem
gleichen Prinzip kann man mit einer vertikal aufgestellten BN-Kammer
absteigend entwickeln. Zur absteigenden DC und anschließendem fraktionierten Auffangen des durchgelaufenen „Elutionsmittels" wird eine
an die Säulenchromatographie erinnernde Vorrichtung hergestellt (Fa.
11).

5. Vorrichtungen zur horizontalen Entwicklung

Bei der DC auf losen Schichten ist eine ± horizontale Lage der Platte
erforderlich. Wie bei der absteigenden Entwicklung muß auch hier für
eine gleichmäßige Zufuhr des Fließmittels gesorgt werden. Nach der
Zuführungsart und der Auftragetechnik kann man die nachfolgenden
Verfahren unterscheiden.

Zirkulartechnik im offenen oder geschlossenen System. Die Zu-
führung des Fließmittels erfolgt punktförmig und die Zonen sind ringförmig. Diese Technik wird auch Ring- oder „Rundfilter"-Chromato-
graphie genannt.

Zentrifugaltechnik. Das Fließmittel wird punktförmig zugeführt
und durch die Zentrifugalkraft der rotierenden Platte schnell nach außen
gedrängt.

Horizontaltechnik mit frontaler Fließmittelzuführung.

a) Zirkulartechnik

In der einfachsten Form wurde die Ringchromatographie bereits 1938
von Izmailov und Schraiber [313] angewendet (Abb. 1). Ebenfalls
ohne Kammer arbeiteten nach der gleichen Technik Meinhard und
Hall [439]. Recht zweckmäßig erscheint die
dort abgebildete, selbststehende Pipette für
die Fließmittelzufuhr (Abb. 30). Man stellt
sie in das Zentrum des zunächst aufgetropf-
ten Substanzfleckens.

Interessant ist in diesem Zusammenhang
eine wenig bekannte Arbeit von Dati u. Mitarb. [146] aus dem Jahre 1957; sie trennen
Harnsteroide mit einer Ringchromatographie
im Exsiccator auf anodisch oxidierten Aluminium-Platten. Recht eingehend hat sich
Peyron [521—524] mit den verschiedenen
Techniken der „Radial-Entwicklung" beschäftigt und die diesbezügliche Literatur
zusammengestellt.

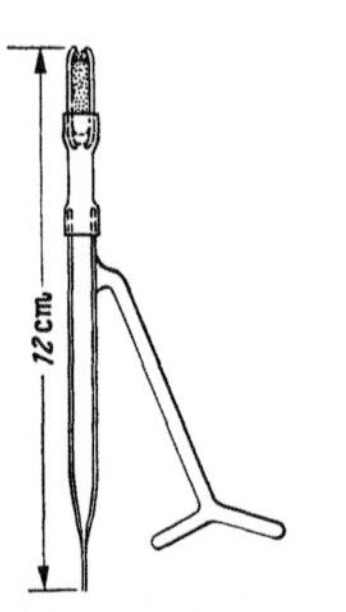

Abb. 30. Selbststehende Pipette
zum Entwickeln von Ringchromatogrammen (nach [439])

Die Mikrozirkulartechnik eignet sich — wie Stahl 1958 zeigte [661/2]
— vorzüglich zur schnellen Ermittlung des erforderlichen Fließmittels
(Abb. 31). Durch sein schnelles Abdampfen erhält man jedoch nur
1—2 cm große Rundchromatogramme. Bei der eigentlichen Zirkular-

technik muß man jedoch in geschlossenen, mit dem Fließmittel gesättigten Kammern arbeiten. Für festhaftende Sorptionsschichten haben sich zwei einfach herzustellende Kammersysteme bewährt (Abb. 32). Beide Vorrichtungen (A u. B) gewährleisten eine gute Kammersättigung.

Das Verfahren A ist dadurch gekennzeichnet, daß die Glasplatte (1) mit der Schichtseite (2) auf einer mit dem Fließmittel (7) beschickten, flachen Schale von entsprechendem Durchmesser dicht aufliegt. Die Verbindung zwischen Fließmittel und Schicht wird mit einem zu einem Docht gedrehten Wattestück (5) hergestellt. Die zu trennenden Substanzgemische kann man im Abstand von etwa 1 cm um diese Bohrung herum (4) punktförmig auftragen. Man hat also auch hier die Möglichkeit, eine Reihe von Substanzen auf einer einzigen Schicht zu vergleichen.

Zur Auftrennung einer größeren Menge wird man das Verfahren B mit der „Vortrennsäule" bevorzugen. Hier liegt die Schichtseite nach oben, und das Fließmittel (7) steigt über den Wattebausch (8) durch die Vortrennsäule (3) zur Schicht (2). Die Substanz wird zuvor auf der nicht beschichteten Seite der Vortrennsäule (4) aufgegeben. Zur Verhinderung einer zu starken Abdunstung des sich kreisförmig ausbreitenden

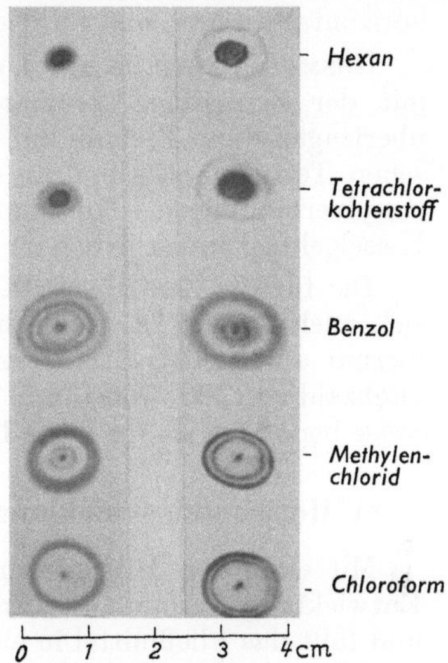

Abb. 31. Chromatogramme nach der Mikrozirkulartechnik von zwei verschiedenartigen Farbstoffgemischen als Vortest zur schnellen Ermittlung eines geeigneten Fließmittels [661]

Fließmittels empfiehlt sich ein Abdecken der Schicht. Man kann hierzu eine zweite 20 × 20 cm-Platte ohne Bohrung verwenden, auf deren Rand man 5 mm breite und 3 mm dicke Glasstreifen in Art eines Bilderrahmens aufgeklebt hat (9).

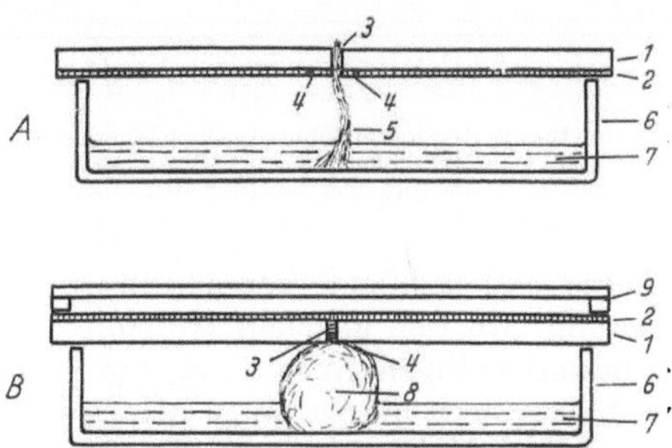

Abb. 32. Schematische Darstellung von zwei Geräteanordnungen zur Zirkulartechnik. *A* Zur Trennung mehrerer Substanzgemische. *B* Mit kleiner Vortrennsäule für ein Substanzgemisch
1 Trägerscheibe 20 × 20 cm; *2* Schicht; *3* Bohrung 2 mm ∅; *4* Auftragestelle der Substanz; *5* Wattedocht; *6* Petrischalendeckel; *7* Fließmittel; *8* Wattebausch; *9* aufgeklebter Glasstreifen [662]

Weitere einfache Anordnungen für eine Zirkulartechnik wurden von Tubaro und Rustici [723], Stammbach [687] und für die anorganische DC von Hashmi u. Mitarb. [278] beschrieben.

b) Zentrifugaltechnik

Zur Beschleunigung der Fließmittelwanderung kann man die Fliehkraft heranziehen. Hierzu läßt man die Platte mit der Trennschicht horizontal rotieren und führt das Fließmittel im Drehpunkt zu.

Rosmus, Pavlíček und Deyl [585], die sich schon früher eingehend mit der Zentrifugal-Chromatographie auf Papier beschäftigt haben, übertragen diese Technik auf die DC. Sie zeigen am Beispiel des Stahlschen Testgemisches und an den Gemischen aus 2,4-DNPH von Carbonylverbindungen, daß man in 5—10 min bei 500 U/min auf einer Kieselgel G-Trennscheibe von 20 cm ∅ eine gute Trennung erreicht.

Die für die Zentrifugal-PC entwickelten Geräte (Fa. 11, 58) lassen sich auch für die DC übernehmen. Korzun und Brody [375] trennten hiermit auf runden Glas- oder Aluminiumscheiben (20 cm ∅) bei einer Drehzahl von 500—700 U/min in 10 min ein Farbstoffgemisch. Normalerweise benötigen sie für diese Trennung 35 min.

c) Horizontalentwicklung, BN-Kammer und Automatisierung

Mit einfachen Hilfsmitteln lassen sich Kammern zur horizontalen Entwicklung zusammenstellen. Man kann z. B. nach Abb. 33 vorgehen und füllt das Fließmittel in eine flache „Entwickler"- oder „Instrumenten"-Schale aus Glas. Ein mit einem Filtrierpapier mehrmals festumwickelter, dicker Glasstreifen oder Glasstab (2 cm ∅) dient als Überträger des Fließmittels auf die Schicht. Ein Glasstab oder Rohr bildet die

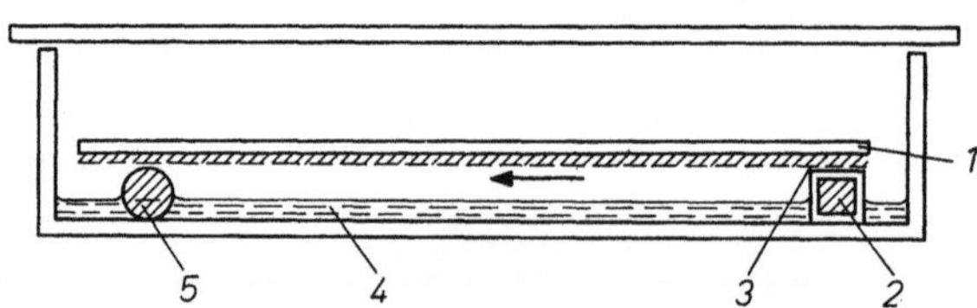

Abb. 33. Einfache Anordnung für die Horizontaltechnik in einer Glaswanne mit Deckel. *1* DC-Platte mit Schicht nach unten; *2* Glas- oder Metallblock, der mit Filtrierpapier (*3*) umwickelt ist; *4* Fließmittel; *5* Glasstab oder Glasrohr als Auflage

zweite Auflage. Diese und ähnliche Vorrichtungen gewährleisten eine gute Kammersättigung. Mit den gleichen Hilfsmitteln und einer ähnlichen Anordnung bewerkstelligen Lees et al. [389] eine durchlaufende Entwicklung. Die Platte liegt hierzu quasi als Deckel mit der Schicht nach unten auf einer Entwicklerschale. An den drei Auflageseiten wird zuvor die Schicht entfernt. Für lose Schichten beschrieb Mistryukov [452/3] entsprechende Anordnungen.

Für die „durchlaufende DC" wurde zunächst von Brenner und Niederwieser [96] eine Bau- und Betriebsanweisung einer neuartigen Kammer zur horizontalen Entwicklung gegeben (s. 1. Auflage). Diese Kammer konnte inzwischen verbessert (Abb. 34) und ihr Anwendungsbereich erweitert werden.

Das im Vorratsbehälter (1) befindliche Fließmittel gelangt durch einen Teflonschlauch (2) in den Trog (3). Über eine Papierzunge gelangt es dann auf die DC-Platte. Diese ruht auf einem Kühlblock (4) und wird mit einer Deckplatte versehen. Am Ende liegt die DC-Platte auf einem schmalen Heizblock (5) auf. Hierdurch kann man bei der Durchflußtechnik das Abdunsten höhersiedender Fließmittel am Plattenende erheblich beschleunigen.

Um ein Kondensieren des Fließmittels an der Deckplatte zu verhindern, wurde von HÜTTENRAUCH und SCHULZE [306] vorgeschlagen, diese ebenfalls thermostatisierbar auszubilden. Eine modifizierte BN-Kammer, die leicht in eine Elektrophoresekammer umzuwandeln ist, verwendet RITSCHARD [576] zur Herstellung von „Peptide Maps" (vgl. WIELAND [757]).

Mit der BN-Kammer lassen sich auch andere Entwicklungstechniken durchführen, so z. B. eine „iterierende", eine „polyzonale" und die bereits beschriebene absteigende Entwicklung (s. S. 73).

Bei der iterierenden Entwicklung handelt es sich um eine Variante der Mehrfachentwicklung (s. S. 87), allerdings mit der Möglichkeit, den Fließmitteltrog Stück für Stück nachzurücken.

Die polyzonale Entwicklung nützt die an sich früher unerwünschte Entmischung von Fließmitteln während der DC aus. In ihrem Gefolge kommt es nämlich zur Ausbildung mehrerer „Fronten" [476/7, 673].

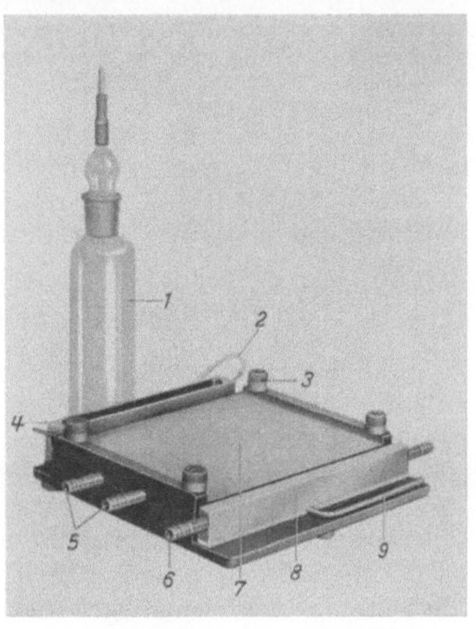

Abb. 34. BN-Kammer. *1* Fließmittelvorratsgefäß; *2* Verbindungsschlauch mit dem Trog (*4*); *3* Halterung bzw. Feststeller für die Deckplatte; *5* Kühlwasseranschlüsse; *6* Anschluß für Durchlaufheizung; *7* Kühlblock zum Auflegen der DC-Platte; *8* Heizblock; *9* Fußstütze zum Aufstellen der Kammer (Werkphoto Fa. 44)

Abschließend sei noch die von TAKITANI und MATSUDA [707] beschriebene Apparatur zur „automatischen Entwicklung" erwähnt. Im Prinzip handelt es sich hierbei um ein motorgesteuertes Neigen bzw. Kippen einer flachen Kammer für „Horizontalentwicklung" (Abb. 33). Die Schichtseite liegt hier allerdings nach oben und die Platte ist nur auf einer Breitseite etwa 3—4 cm hoch gelagert. Durch Kippen der Kammer kann man das Fließmittel einmal so verlagern, daß die Schicht eintaucht und zum anderen so, daß dies nicht der Fall ist. Das Erreichen der Fronthöhe wird mit einer auf Durchlicht ansprechenden Fotozelle registriert und so die entsprechende Kippbewegung ausgelöst.

IV. Hilfsgeräte zur Sichtbarmachung farbloser Substanzen auf Chromatogrammen

Die Auswertung eines Chromatogrammes setzt die Erkennbarkeit aller hierauf getrennten Substanzen voraus. Sind diese Verbindungen farblos, so wird man sich folgender apparativer Hilfsmittel bedienen.

1. *UV-Lampen* (Strahlungsmaximum 254 und 365 nm). Zum Erkennen fluorescierender Verbindungen: Chromatogramme im kurz- und langwelligen UV-Licht betrachten.

Zum Feststellen, ob auf einer fluorescierenden Trennschicht (z. B. Kieselgel GF$_{254}$) fluorescenzlöschende Flecke vorhanden sind.

2. *Sprühgeräte*. Zum Aufnebeln oder Aufdampfen von geeigneten Reagentien (s. spez. Teil und Kap. Z.), die zu einer Farb- und/oder Fluorescenzbildung führen.

3. *Heizgeräte*. Zur Beschleunigung der Reaktion durch Wärmezufuhr. Gelegentlich auch zur Bildung farbiger oder fluorescierender Pyrolyseprodukte.

4. *Weitere apparative Möglichkeiten*. Direkte Sublimation der Substanz von der Schicht auf eine Deckplatte.

Direkte selbstregistrierende Messung der UV-Absorption des Chromatogrammes (s. Abb. 77). Verwendung empfindlicher biologischer Nachweisverfahren.

Dieser Aufgliederung folgend, sollen nun anhand des vorliegenden Erfahrungsmaterials die verschiedenen Möglichkeiten näher erläutert werden.

1. UV-Lampen zur Fluorescenzanregung

Zahlreiche Substanzen absorbieren ultraviolettes Licht einer bestimmten Wellenlänge. Ein Teil dieser Verbindungen strahlt es dann in Form von sichtbarem Licht wieder ab. Dieses als Fluorescenz oder Luminiscenz bezeichnete Phänomen ist ein vorzügliches und sehr empfindliches Hilfsmittel zur Erkennung kleinster Substanzmengen auf Chromatogrammen. Zeigen die Substanzen keine Fluorescenz, so besteht oft die Möglichkeit, sie in fluorescierende Derivate oder Spaltprodukte zu überführen. Viele Anregungen und Beispiele für die erfolgreiche Anwendung der „Fluorescenzanalyse" findet man bei UDENFRIEND [726] und bei DANCKWORTT und EISENBRAND [145]. Die physikalisch-chemischen Grundlagen der Fluorescenz organischer Verbindungen behandelt FÖRSTER [195] eingehend.

Auch nichtfluorescierende Verbindungen, die jedoch im UV-Bereich eine deutliche Absorption zeigen, lassen sich im UV-Licht erkennen. Verwendet man nämlich eine fluorescierende Trennschicht — etwa aus Kieselgel GF$_{254}$ — und regt mit kurzwelligem UV-Licht (254 nm) an, so treten alle in diesem Bereich absorbierenden Substanzen als dunkle Zonen auf der grün fluorescierenden Schicht deutlich hervor.

Um die heutigen Möglichkeiten der DC auszuschöpfen, ist es erforderlich, leistungsstarke Strahler zu verwenden, die eine Auswertung der Chromatogramme im kurz- und im langwelligen UV-Bereich ermöglichen. Der augenblickliche Stand der Technik zwingt jedoch noch zu Kompromißlösungen.

Farblose Verbindungen, die im langwelligen UV-Bereich eine Absorption zeigen, lassen sich auf Schichten, die mit einem im langwelligen Licht fluorescierenden Indicator imprägniert sind, ebenfalls als dunkle Zonen erkennen. Man kann hierzu auch das von SPRENGER vorgeschlagene Verfahren der Diazovisie [652/4] und der Elektrovisie [655] anwenden (s. hierzu auch Kapitel „Quantitative Auswertung", S. 133ff.).

Für den langwelligen UV-Bereich um 365 nm[10] ergeben die preiswerten Quecksilberdampf-Hochdruckstrahler mit Schwarzglaskolben als Filter (Fa. 96, 103) eine höhere Bestrahlungsstärke als ent-

---

[10] 1 nm (Nanometer) = 1 mμ = 10^{-7} cm = 10 Å.

sprechend dimensionierte Schwarzglas-Leuchtstoffröhren (Fa. 96, 103, 134, 145). Die Hochdruckbrenner benötigen allerdings eine 2—5 min Einbrennzeit, werden relativ heiß, und sie springen nach dem Abschalten erst im abgekühlten Zustand wieder an. Diese Mängel fallen bei den weniger lichtstarken Leuchtstoffröhren weg. Es gibt eine Reihe von Geräteanordnungen zur Fluorescenzanregung im langwelligen Bereich (Fa. 44, 73, 106, 110, 129, 140 u. a.).

Zur Fluorescenzanregung im kurzwelligen UV-Bereich um 254 nm werden zunächst Quecksilber-Niederdruckleuchten aus UV-Spezialglas (Fa. 25, 110) mit vorgeschaltetem, scheibenförmigem Schwarzglasfilter[11] (Fa. 25, 123) verwendet. In einigen handelsüblichen Geräten ist die handliche, 28,5 cm lange und nur 1,5 cm dicke „Germicidal-Lampe" (Fa. 134, 145) eingebaut.

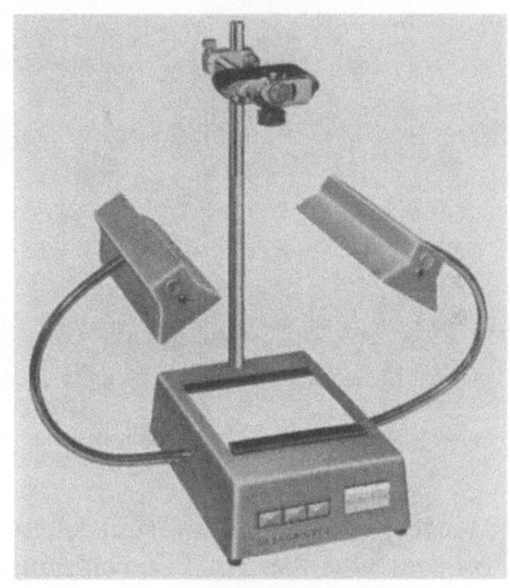

Abb. 35. Universalgerät zum Betrachten und Fotografieren der Chromatogramme im UV-Licht 254 und/oder 366 nm und Tageslicht (Werkphoto Fa. 44)

Für die Auswertung bevorzugt man kombinierte, kompakte Geräte, die wahlweise die Beleuchtung des Chromatogrammes mit „Tageslicht", sowie lang- und kurzwelligem UV-Licht gestatten. Sie sollen auch eine gleichmäßige Ausleuchtung für photographische Aufnahmen gewährleisten und eine Halterung für die verschiedenen Kameratypen haben. Derartige Geräte sind unter dem Namen Chromato-Vue (Fa. 73, 140), Uvanalys (Fa. 14), Fluotest (Fa. 110), und Uvis (Fa. 44) handelsüblich. Sie sind mit Niederdruckleuchten ausgestattet; die Uvis enthält insgesamt 7 gegeneinander austauschbare Leuchtröhren (Abb. 35). Andere, entsprechend billigere Geräte haben nur einen kurz- und langwelligen Strahler (Fa. 33, 44, 106, 129).

Anmerkung: Am Rande sei bemerkt, daß sich ein kleiner Dunkelraum — etwa 1 × 1,5 m groß — leicht in der Ecke eines Labors mit schwarzen Gardinen installieren läßt.

2. Sprühvorrichtungen und Abzüge

Das Aufsprühen einer Reagenslösung ist die gebräuchlichste Technik zur Sichtbarmachung farbloser Substanzen auf Chromatogrammen. Um die zumeist kleinen und kompakten Flecken auf dem Chromatogramm einheitlich „anzufärben", ist eine gleichmäßige und sehr feine Verteilung der Sprühlösung erforderlich. Mit den in der PC gebräuchlichen „Mund-

---

[11] Man beachte, daß derartige Filter schnell altern und für kurzwellige UV-Strahlen fast undurchlässig werden können.

sprühern", auch mit Gummiballgebläse, gelingt dies zumeist nicht. Feinere Sprühdüsen und Druckluft, bzw. ein inertes Treibgas, sind erforderlich.

Gut bewährt haben sich ein- oder zweiteilige Sprüher aus Glas (Abb. 36). Hiermit ist auch eine einfache Kontrolle der aufgesprühten

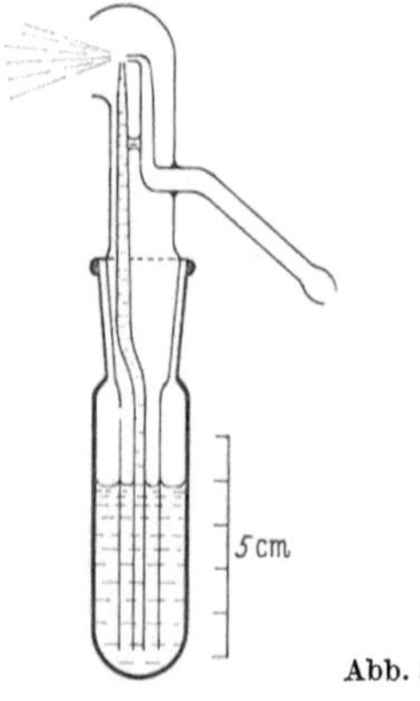

Abb. 36   Abb. 37

Abb. 36. Zweiteiliger Ganzglassprüher mit Normalschliff zum Aufnebeln der Reagentien mit Druckluft (Hersteller Fa. 44)

Abb. 37. Membranpumpe zum Erzeugen einer ölfreien Druckluft, aufgesteckt auf einen Vielzweckmotor (Werkphoto Fa. 126)

Menge gegeben und sie sind leicht zu reinigen. Man schließt sie — gegebenenfalls über ein T-Verbindungsstück — an die Druckluftleitung an. Auch komprimierter Stickstoff aus Stahlflaschen ist als inertes Treibgas gut geeignet. Außerdem kann man sich eine *ölfreie* Druckluft mit einer kleinen, leistungsstarken Membranpumpe (Abb. 37) jederzeit erzeugen.

In zunehmendem Maße finden Sprüher mit Treibgasantrieb zum Aufnebeln der Reagenslösungen Verwendung. Gute Erfahrungen hat man mit den dreiteiligen Geräten vom Typ "Spray-Gun" gemacht (Fa. 44, 117, 119, 129). Die Treibgasdose und der Glasbehälter zur Aufnahme der Sprühflüssigkeit sind leicht auswechselbar (Abb. 38). Die feine Sprühdose und das Knopfventil befinden sich im Verbindungsstück aus Kunststoff. In diesem Zusammenhang sei erwähnt, daß eine Reihe von Sprüh-

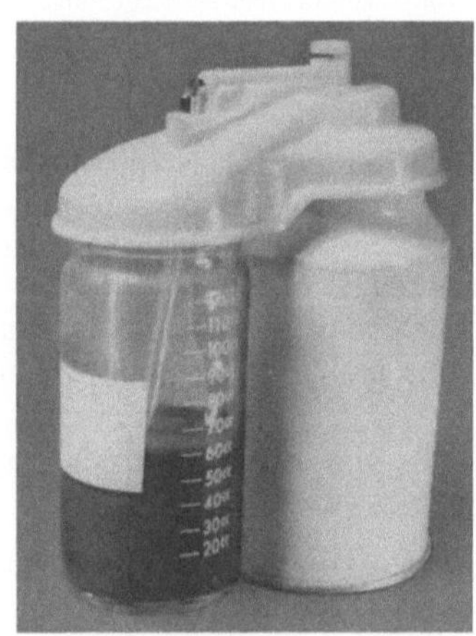

Abb. 38. Sprüher mit auswechselbarer Treibgasdose und Reagensbehälter [736]

Reagenslösungen bereits gebrauchsfertig in Aerosol-Monobloc-Dosen handelsüblich sind (Fa. 86, 88, 117).

Beim Aufsprühen aggressiver Reagentien ist eine gutziehende Abzugsanlage erforderlich. Fehlt diese, so bieten sich folgende Lösungen an:

a) Ist eine große, schlecht ziehende Abzugskapelle vorhanden, von der mehrere Abzugsöffnungen in den Kamin führen, so schließt man, unter Verschluß der übrigen, eine aus säurebeständigem Kunststoff (Trovidur) geschweißte, kleine Sprühkabine (Abb. 39) an (Fa. 44). Darin befindet sich ein herausnehmbarer Rahmen aus dem gleichen Material, auf den man die Platte stellt.

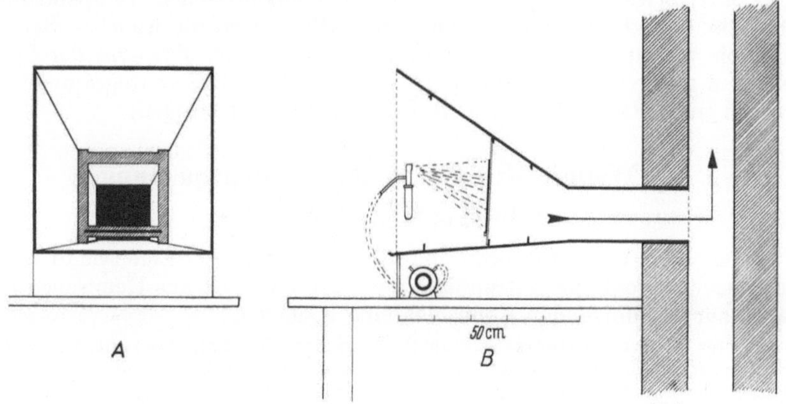

Abb. 39. Trovidur-Sprühkabine an den Abzugskamin angeschlossen. *A* Vorderansicht (schraffiert: Halterahmen zum Einstellen der Chromatogramme). *B* Seitenansicht (Schnitt), zusätzlich ist die Druckluftsprühvorrichtung eingezeichnet

b) Ist kein Abzug vorhanden, so legt man ein Trovidur-Rohr (Durchmesser etwa 25—30 cm) ins Freie, in das ein säurebeständiger und explosionssicherer Ventilator eingebaut ist. An dieses Rohr wird dann die abgebildete Sprühkabine angeschlossen.

Ein solcher Kleinabzug mit eingebautem, geräuscharmem Radial-Exhaustor wird in den Abmessungen von etwa 60 × 60 × 60 cm serienmäßig hergestellt (Fa. 44) und hat sich im Dauergebrauch bewährt.

3. Geräte zum Erhitzen der DC-Platte

Nach dem Aufsprühen der Reagenslösung ist oft zur optimalen Farbbildung eine bestimmte Erhitzungstemperatur und -dauer notwendig. Zumeist verwendet man hierzu einen älteren, kleinen Trockenschrank mit Temperaturregulierung bis 250° C und Aluminiuminnenmantel. Auch im Dauergebrauch sind diese Geräte gegen die auftretenden Säuredämpfe recht stabil. Neuerdings werden auch dem Plattenformat 20 × 20 cm angepaßte Klein-Trockenschränke hergestellt (Fa. 32, 44, 70). Recht brauchbar können nach Auflage einer Asbestscheibe Heizplatten sein, so z. B. die stufenlos bis 300° C regelbare plangeschliffene 20 × 40 cm Labor-Heizplatte (Fa. 70).

Zur besseren Farbbildung ist es gelegentlich zweckmäßig, das schnelle Abdampfen der Reagenslösung in der ersten Erhitzungsphase zu verhindern. Man

6 Dünnschicht-Chromatographie, 2. Aufl.

deckt hierzu das Chromatogramm mit einer passenden Rahmenplatte ab. Durch Aufkleben von 4 Glasstreifen auf eine 20 × 20 cm Platte läßt sich eine solche Deckplatte leicht herstellen [537].

Sind zur Reaktionsbeschleunigung oder Pyrolyse höhere Temperaturen erforderlich, so legt man die DC-Platte auf eine Aluminiumplatte, die wiederum auf einer Asbestplatte liegt und erhitzt die Schicht im Abstand von 10—20 cm mit einem Infrarot-Strahler. Als sehr brauchbar haben sich hierzu bei uns die sog. Oberflächenverdampfer aus Quarz (30 cm⌀) erwiesen (Fa. 70). Die Heizwendeln erreichen Temperaturen bis 800° C und sind, wie der Quarzreflektor, gegen die üblichen Säuredämpfe unempfindlich. Im Zusammenhang mit der Pyrolyse der Substanzen wird von Heidbrink [284] empfohlen, die Chromatogramme zuvor in eine Gasatmosphäre, z. B. Cl_2, Br_2, NO_2, zu bringen.

4. Weitere Hilfsgeräte zur Sichtbarmachung

a) Direkte Mikrosublimation

Manche festen Substanzen sind sublimierbar. Dieser Eigenschaft kann man sich sowohl zur Abtrennung der Verbindungen aus Gemischen als auch zur nachfolgenden Kennzeichnung bedienen.

Unter Mikrosublimation versteht man nach Kofler [358] alle diejenigen Sublimations-Verfahren, bei denen die Sublimate zum Zwecke der mikroskopischen Untersuchung (Schmelzpunkt, Brechung, Kristallstruktur) auf einer ebenen Platte — gewöhnlich eine kleine Glasscheibe — aufgefangen werden. Viele Substanzen lassen sich direkt aus den Drogen in Kristallform heraussublimieren, z. B. Coffein, Cumarin, Umbelliferon, Benzoe-, Ferula-, Salicyl-, Zimtsäure, Emodin usw.

Baehler [35, 36] verwendet die Mikrosublimation direkt zum Nachweis von Substanzen, die er zuvor auf dem Dünnschicht-Chromatogramm getrennt hat. Er zeigt die Vorteile dieses Verfahrens am Beispiel eines Gemisches aus Coffein, Theobromin, Theophyllin, das mit Farbreaktionen nicht einfach nachzuweisen ist. Noch wenige Mikrogramm dieser Substanzen lassen sich als weißer „Sublimatfleck" erkennen. Zur Betrachtung legt man die Platte auf einen schwarzen Untergrund und beleuchtet mit einem streifend auffallenden Lichtstrahl von der Seite. Da sich noch nach der Sublimation die Kristalle vergrößern können, ist es vorteilhaft, eine mikroskopische Untersuchung nach 6—24 Std zu wiederholen.

Sublimations-Apparatur. Die Dünnschicht-Platte liegt auf einem heizbaren 3 × 8 × 25 cm großen Aluminiumblock. Er trägt eine seitliche Bohrung zur Aufnahme eines Thermometers. Nach Auflegen des entwickelten Chromatogrammes (5 × 20 cm-Platte mit Kieselgel G beschichtet) wird der Block mit einem Reihenbrenner auf 300—320° C erhitzt. Zuvor hat man auf die DC-Platte allseits schmale und 1 mm dicke Asbest-Streifen und hierauf eine 5 × 20 cm Glasplatte zum Auffangen des Sublimats aufgelegt. Diese Auffangplatte wird durch einen daraufgelegten Aluminiumblock mit Kühlwasser-Durchleitung laufend gekühlt. Gegebenenfalls kann zwischen Kühlblock und Auffangplatte ein feuchtes Filtrierpapier gelegt werden.

Im eigenen Laboratorium wird zur direkten Mikrosublimation die rechteckige, plangeschliffene 20 × 40 cm Labor-Heizplatte GP (Fa. 70) und die 20 × 20 cm Aluminium-Kühlplatte (Fa. 44) verwendet. Es ist zweckmäßig, als Träger der Schicht statt Glas entsprechende V2A- oder Aluminium-Platten zu benützen. Hierdurch vermindert man den unerwünschten Wärmeabfall von der Heizplatte zur Schicht erheblich.

Die Vorrichtung kann nicht nur zur Sublimation, sondern auch zur Trennung verschieden hoch siedender Flüssigkeiten, z. B. Terpene von Sesquiterpenen usw., verwendet werden. Im letzteren Falle legt man eine mit Kieselgel beschichtete Deckplatte zum Auffangen der „überdestillierten" Substanzen auf (s. S. 223). Wichtig ist, daß die seitliche Abdichtung rundherum angebracht ist, um keine Luftzirkulation zu ermöglichen.

b) Selbstregistrierende Messung der UV-Absorption

Mit entsprechenden Hilfsgeräten kann man ein Chromatogramm automatisch abtasten und die Absorption bei der zuvor eingestellten Wellenlänge mit einem Schreiber registrieren. Die erforderliche apparative Ausrüstung wird bei den quantitativen Auswerteverfahren (Abb. 77, S. 144) beschrieben.

c) Biologische Verfahren zur Sichtbarmachung

Um Substanzen mit einer bestimmten physiologischen Wirkung zu erkennen, bedient man sich biologischer Nachweisverfahren. Grundsätzlich sind zwei Vorgehensweisen möglich: Einmal der direkte Nachweis auf der Platte und zum anderen das indirekte Verfahren des Abschabens bestimmter Chromatogramm-Zonen und die anschließende biologische Austestung. Bislang wurden nur Substanzen aus folgenden Gruppen auf diesen beiden Wegen erfaßt: Insecticide, hämolysierende Substanzen, Bitterstoffe und Antibiotica. Die Durchführung des Testes auf die letztgenannte Substanzgruppe und die erforderlichen Hilfsgeräte sind im Kap. R. beschrieben.

Abschließend sei der Vollständigkeit halber vermerkt, daß auch andere Verfahren und Geräte zur Sichtbarmachung herangezogen werden können. Insbesondere wird an die Kombination der DC mit der Gasphasenchromatographie (S. 114) und mit der Massenspektroskopie (S. 201) gedacht. Es werden mehr und mehr Verfahren hinzukommen und die bisherigen Möglichkeiten erweitern. Dies kann nur erwünscht sein, denn wirklich substanzspezifische Nachweise sind selten. Den entsprechenden Verfahren zur Überführung kleinster Substanzmengen ist ein eigener Abschnitt gewidmet (S. 103).

V. Labor- und Grundausrüstung zur DC

Grundsätzlich läßt sich die DC in jedem Laboratorium mit relativ geringem Aufwand durchführen. Je nach den individuellen Ansprüchen und Problemen, ferner nach der Zahl der täglich durchzuführenden Chromatogramme und der Anzahl der zu untersuchenden Stoffklassen (s. Spez. Teil) wird jedoch die Größe und Ausstattung eines chromatographischen Labors verschieden sein.

6*

1. Klein-Laboratorien

Für Laboratorien, die nur gelegentlich die DC betreiben, kann folgende Zusammenstellung als Anregung dienen:

a) Kleinausrüstung zur DC (Abb. 40) oder andere, einfache Hilfsmittel zur Herstellung von Schichten (S. 58) oder vorbeschichtete Platten bzw. Folien (S. 60).

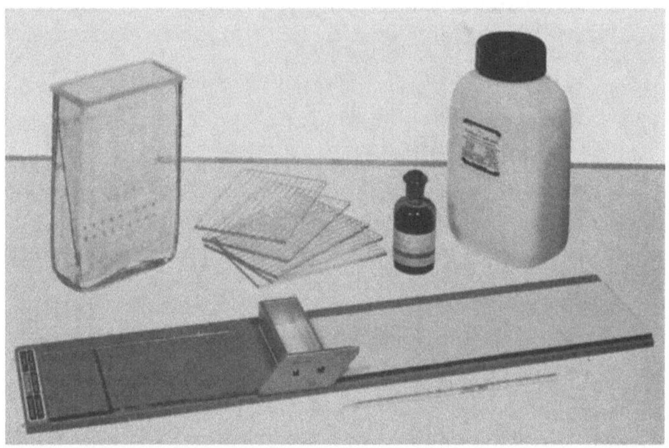

Abb. 40. Kleinausrüstung zur DC mit einem einfachen Streicher zum Beschichten von Glasplatten mit einer 250 μm-Schicht und für Rillenglasplatten. Im Hintergrund links eine kleine Entwicklungskammer für die 10 × 15 cm Platten (Werkfoto Fa. 44)

b) Allgemeine Zusatzeinrichtungen: Kleiner Trockenschrank zum Trocknen der Schichten und zur Durchführung von Farbreaktionen; kurz- und langwellige UV-Lampe, z. B. Minuvis (Fa. 44); Treibgassprüher (S. 80) zum Aufnebeln der Reagentien und unter Umständen Kleinabzug S. 81).

2. Mittlere Forschungs- und Kontroll-Laboratorien

Die Entwicklung der Geräte zur DC erfolgte zunächst unter den Anforderungen eines mittelgroßen Laboratoriums. Die damals nicht zur normalen Ausstattung eines solchen Laboratoriums gehörenden DC-Geräte wurden, einem Vorschlag von Stahl [*661*] folgend, zu einer sog. Grundausrüstung (Fa. 44) zusammengefaßt. Hierdurch konnte erreicht werden, daß man die Methode mit erprobten Geräten und Zubehör sofort einsetzen kann. Die Grundausrüstung enthält folgende Einzelteile:

1. DC-Streichgerät „GM" mit diagonaler Schichtdicken-Verstellung zwischen 0 und 2 mm (Abb. 13); ausbaufähig für Gradient-DC.

2. Arbeits-Schablone zum Bestreichen von fünf 20 × 20 cm-Platten.

3. 10 Glasplatten gleicher Dicke 20 × 20 cm.

4. Eine Anfangs- und eine Schluß-Platte 20 × 5 cm.

5. Eine normale Trogkammer mit Schliffrand und Knopfdeckel mit Planschliff.

6. Eine Mehrzweck-Schablone aus Plexiglas zum Beschriften, Auftragen und Auswerten der Chromatogramme (Abb. 19).

7. Ein Leichtmetall-Trockengestell zur Aufnahme von zehn 20 × 20 cm-Platten (Abb. 18).

8. 2 Spezial-Pipetten von 10 µl Fassungsvermögen (Abb. 20f.).

9. Eine Flasche mit 3 farbigem Testgemisch.

10. 500 g Kieselgel zur DC und eine ausführliche Arbeitsanleitung für die Herstellung von normalen und von Gradient-Schichten.

Zwischenzeitlich sind eine Reihe von weiteren Grundausrüstungen handelsüblich geworden (Fa. 11, 15, 33, 106, 111, 117, 129 u. a.). In einem modernen DC-Laboratorium befinden sich zumeist noch folgende Hilfsgeräte:

Mehrere Sprüher (Abb. 36) zum Aufnebeln der Reagentien, Druckluft-Anschluß, Heizschrank bis $+250°$ C zur Durchführung von Farbreaktionen, Heizplatte, Infrarot-Strahler, Umluft-Trockenschrank 42 cm Innenbreite zum Trocknen und Aktivieren der Schichten. UV-Hochdruck-Strahler und eine kurz- und langwellige UV-Niederdruck-Lampe. Gerätesatz zur DC-Elektrophorese. Verschiedene Entwicklungskammern, u. a. S-Kammer, BN-Kammer, Kryobox. Zusatzteile für die Gradient-DC. Aufbewahrungsschränke für verschiedenartig beschichtete DC-Platten. Einrichtung zur Dokumentation (Photographie, Lichtpause, Photoprint). Hilfsgeräte für präparative DC. Gerät zur direkten Aufnahme und Registrierung der Absorption im UV- und sichtbaren Bereich. Hilfsmittel zur DC mit radioaktiven Verbindungen, einschließlich einem Scanner.

3. Zentrale DC- und PC-Laboratorien der Großindustrie

Die Einrichtung eines Laboratoriums dieser Art wurde vor einigen Jahren von NEHER und v. ARX [*24*] beschrieben. Zwischenzeitlich dürfte die Umstellung vieler PC-Trennungen auf die zeitsparende DC erfolgt sein und sich auch die gerätemäßige Ausstattung in einem solchen Labor zugunsten der DC verschoben haben.

Zur rationellen Herstellung von Hunderten beschichteter Platten pro Tag wurden sog. Beschichtungs-Automaten (S. 59) entwickelt. Ansonsten sind die Geräteanforderungen in einem solchen Laboratorium die gleichen, wie unter 2. geschildert; lediglich ist die Ausnutzung der Geräte rationeller. Eine Zentralisierung ist jedoch nicht, wie bei der Spektroskopie, generell anzustreben, denn die DC ist eine Methode für den Arbeitsplatz des Forschungs- und Betriebschemikers. Sie ist ihm nämlich das einfachste, zeitsparendste und billigste Hilfsmittel zur Verfolgung von chemischen Reaktionen, zur Reinheits- und Identitätsprüfung.

VI. Standardbedingungen für die DC

Die Vorschläge, die Versuchsbedingungen bei der DC zu vereinheitlichen, haben einen allgemeinen Widerhall gefunden. Diese Normen haben eine gute Ausgangsbasis für die Methode geschaffen. Man sollte von ihnen nur abweichen, wenn dies wirklich notwendig und experimentell begründbar ist. Die bewährten Bedingungen sind nachstehend zusammengefaßt:

Format der Trennschicht: Beim analytischen Arbeiten normalerweise 200 × 200 mm; für Vorversuche 100 × 200 mm und für Reihenversuche, sowie für eine präparative DC 400 × 200 mm.

Dicke der Schicht: Bei analytischen Trennungen normalerweise etwa 150 µm, im nassen Zustand, d. h. beim Ausstreichen, ist dann die Schicht etwa 250 µm dick (= Einstell-Schichtdicke). Für bestimmte quantitative Bestimmungen verwendet man Schichten bis 500 µm und bei der präparativen DC bis 2 mm dicke Schichten.

Trocknen der Schicht: a) Nach einer An- und Vortrocknung von etwa 10 min auf der Schablone, evtl. unter Zuhilfenahme eines Warmluftstromes, schließt sich ein 30 min Erhitzen in senkrechter Stellung bei 110° C an. Bei Schichten über 250 µm Dicke muß die Trocknungszeit verlängert werden. b) Bei einer Lufttrocknung läßt man die Platten etwa 12 Std in trockener Atmosphäre bei Zimmertemperatur liegen.

Aufbewahrung: Die Schichten sollen vor Labordämpfen (Wasser, Säuren, Basen) geschützt am besten über einem Adsorptionsmittel, z. B. Blaugel, aufbewahrt werden.

Startpunkte: Der Abstand von der Plattenunterkante und -seite soll jeweils 15 mm betragen. Der Abstand der Startpunkte voneinander ebenfalls 15 mm.

Laufstrecke: In der Regel 100 mm, also vom Startpunkt zur Front.

Trennkammern: a) Trogkammer mit plangeschliffenem Glasdeckel und Kammersättigung (KS); b) S-Kammer-System; c) BN-Kammer.

Eintauchtiefe der Schicht: Bei der Trog- und der S-Kammer soll die Platte mit der Schicht nur etwa 5 mm tief in das Fließmittel eintauchen.

Sorptionsmittel: Es ist vorteilhaft, bewährte und speziell für die DC hergestellte Sorptionsmittel nach angegebener Vorschrift zu verarbeiten.

Testsubstanzen: Es ist günstig, ein sog. Testgemisch zu verwenden, das aus 2—3 handelsüblichen, reinen, am besten farbigen und/oder fluorescierenden Verbindungen besteht und sich im hRf-Bereich zwischen 20 und 80 gut auftrennt. Außerdem chromatographiere man, wenn möglich, reine Vergleichssubstanzen mit.

D. Spezielle Arbeitstechniken der DC

Egon Stahl

Wenn die vorstehend behandelten Verfahren keine brauchbare Auftrennung geben, oder ein spezielles Problem zu lösen ist, so führen oftmals andersartige Arbeitstechniken weiter.

I. Spezielle Verfahren der Entwicklung

a) Durchlauf-Entwicklung

Liegen die zu trennenden Substanzen nach der einmaligen Entwicklung im unteren Drittel des Chromatogramms, so führt zumeist die Durchlauf-Entwicklung oder eine Mehrfach-Entwicklung zur besseren Auftrennung. Im Abschnitt „Trennkammern und Entwicklung" wurde bereits auf die verschiedenen Geräteanordnungen für eine Durchlauf-Entwicklung hingewiesen (s. S. 70, 73, 77); speziell hierfür wurde die BN-Kammer (Abb. 34) konstruiert. Da bei dieser Technik die Front als Bezugslinie wegfällt, wählt man eine geeignete, mitzuchromatographierende Bezugssubstanz aus und gibt R_{ST}-Werte an.

b) Mehrfach-Entwicklung

Bei diesem Verfahren wird, wie der Name schon sagt, mehrmals mit dem gleichen Fließmittel entwickelt. Zwischen jeder Entwicklung muß das Fließmittel von der Schicht abgedampft sein, um wieder erneut capillar durchwandern zu können. Die Methode ist von der PC her gut bekannt und die zu erzielenden Vorteile sind mehrfach untersucht [*326, 394, 616*]. Um die Position der getrennten Substanzen angeben zu können, wurden die vorausberechenbaren ^nRf-Werte eingeführt. Es gilt nämlich die Beziehung $^nRf = 1 - (1 - Rf)^n$[12]. Weitere Möglichkeiten und Varianten des Verfahrens sind in der mit instruktiven Abbildungen versehenen Arbeit von SCHRATZ und EGELS [*616*] beschrieben. Dort wird auch gezeigt, daß je nach Substanzart sich die Flecke mit zunehmender Anzahl der Entwicklungen verkleinern („zentralisieren"), aber auch vergrößern („dezentralisieren") können. Die Mehrfach-Entwicklung kann mit gleichem Erfolg auch in der DC angewandt werden [*612, 679*) und ist ein integrierender Bestandteil der Halpaapschen Methode [*266*] zur präparativen DC (S. 101).

c) Stufentechnik [*665*]

Liegen in einem Gemisch Substanzgruppen vor, die sich in ihrem Adsorptions- oder Verteilungsverhalten erheblich voneinander unterscheiden, so gelingt eine zufriedenstellende Trennung aller Substanzen nicht. Entwickelt man hier jedoch nacheinander mit zwei verschiedenartigen Fließmitteln unterschiedlich hoch, so läßt sich die Trennung oftmals erreichen. Dies wurde am Beispiel eines Gemisches von Lignanen und deren Glykosiden demonstriert (Abb. 41). In der 1. Stufe lassen sich bei einer Laufstrecke von 6 cm nur die Glykoside trennen. Die Aglykone liegen ungetrennt im Bereich der Front; sie werden nun mit einem schwächer polaren Fließmittel in der 2. Stufe bei einer Laufstrecke von 12 cm getrennt. Die Glykoside wandern in diesem Fließmittel nicht und bleiben so an ihrer ursprünglichen Position zurück [*670*]. Die Technik kann auch zum Vorwaschen der Chromatogramme verwendet werden. In der ersten Stufe, die dann höher liegt als die zweite, wäscht man mit

---

[12] n = Zahl der Entwicklungen.

einem stärker polaren Fließmittel, z. B. Chloroform-Methanol, vor, um dann nach dem Trocknen (30 min 110 °C) in einer zweiten Stufe die gewünschte Trennung durchzuführen.

Eine interessante Variante der Stufentechnik zum Erzielen von Startstrichen ist auf S. 100 beschrieben.

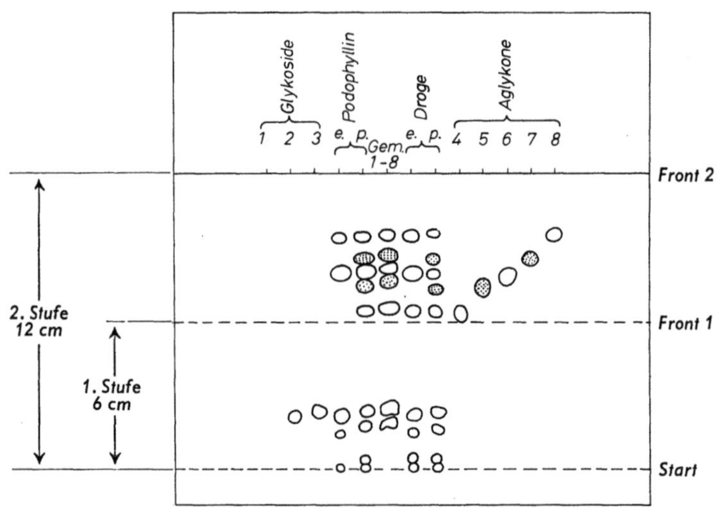

Abb. 41. Stufentechnik zur Trennung von Podophyllum-Inhaltsstoffen auf Kieselgel G-Schicht
Fließmittel 1. Stufe: Chloroform-Methanol (90 + 10). 2. Stufe: Chloroform-Aceton 65 + 35). *1* α-Peltatin-β-glucosid, *2* Podophyllotoxin-glucosid, *3* β-Peltatin-β-D-glucosid, *4* 4′-Demethylpodophyllotoxin, *5* α-Peltatin, *6* Podophyllotoxin, *7* β-Peltatin, *8* 1-Deshydroxy-podophyllotoxin. Von den Reinsubstanzen wurde je 1,0 μg, von den Podophyllinen und der Droge wurde 5 μl der 10proz. alkoholischen Auszüge aufgetragen (KS). Sichtbarmachung: Schwefelsäure-Essigsäureanhydrid (1 + 3), 15 min, 100° C. Die punktiert gezeichneten Zonen reagieren zusätzlich mit Diazoniumsalzen (*e.* = *emodi*, *p.* = *peltatum*-Droge) [*670*]

1. Zweidimensionale Trennung und TRT-Technik

Beim Vorliegen von Vielstoffgemischen ist die zweidimensionale Entwicklung ein besonders wertvolles Hilfsmittel. Man trägt hierbei im Abstand von 3—4 cm von einer Ecke der Platte das Gemisch auf. Dann entwickelt man zunächst wie üblich und danach dreht man die Platte um 90° um den ursprünglichen Startpunkt und entwickelt in der zweiten Laufrichtung. Man sollte bemüht sein, durch entsprechende Wahl des Fließmittels oder der Trennmethode in der zweiten „Dimension" andersartige Trenneffekte zu erzielen als in der ersten. Die Abb. 59, 143 u. a. erläutern die Vorteile einer „zweidimensionalen Trennung" ausreichend. Eine wertvolle methodische Bereicherung brachten hier die von KAUFMANN u. Mitarb. [*339*] beschriebenen Kombinationen zwischen einer Adsorptions-DC in Laufrichtung 1 und einer Verteilungs-DC in Laufrichtung 2. Mehr und mehr wird auch die Kombination Dünnschicht-

Elektrophorese in Richtung 1 und Adsorptions- oder Verteilungs-DC in Richtung 2 [*221, 299, 576* u. a.] angewandt.

Im Gegensatz hierzu trennt man bei der *TRT-Technik* (= *T*rennung-*R*eaktion-*T*rennung) [*668*] in beiden Richtungen unter den gleichen Bedingungen, z. B. mit dem gleichen Fließmittel. Demzufolge müssen die Verbindungen, wenn sie sich nicht während des Entwickelns zersetzt haben, danach in einer Linie — und zwar in der durch die Laufrichtung 1 und 2 gebildeten Diagonalen — liegen. Man kann also hierdurch auf einfache Weise feststellen, ob sich in einem Fließmittel die eine oder andere Substanz des Gemisches verändert. Schaltet man nun bewußt nach der Chromatographie in der 1. Laufrichtung eine Reaktion ein, die zu einer Strukturveränderung der einen oder anderen bereits getrennten Komponente führt, so erkennt man dies anschließend durch die Chromatographie mit dem gleichen Fließmittel in Laufrichtung 2. Diese einfache Technik ermöglicht es, die Veränderung einzelner Bestandteile eines Gemisches nach Einwirkung von Strahlen (γ-, Röntgen-, UV-Strahlen), Gasen, Temperaturen usw. schnell zu erkennen. Es handelt sich also hierbei um Probleme, die heute von größtem Interesse sind (Strahlenschutz, Photochemie, Stabilitätsprüfung). Die TRT-Technik wurde zuerst zum Studium der Inaktivierung der Pyrethrine (Abb. 182) erfolgreich eingesetzt [*668*].

2. Multidimensionale Technik nach VON ARX und NEHER [*25*]

Im Grunde handelt es sich auch hier um ein zweidimensionales Verfahren. Man trennt hierbei zunächst auf drei DC-Platten das fragliche Gemisch mit dem gleichen Fließmittel in Laufrichtung 1. Erst in der 2. Laufrichtung nimmt man für jede Platte ein möglichst verschiedenartig trennendes Fließmittel. Nach der Chromatographie verwendet man ferner für jede Platte ein anderes Sprühreagens zur Sichtbarmachung. Mit diesem Kombinationsverfahren gelang die Zuordnung und Unterscheidung von 52 Aminosäuren. Das Verfahren dürfte auch bei anderen Stoffgruppen-Trennungen erhebliche Vorteile bringen.

Den gleichen Ausdruck ''multi dimensional chromatography'' wendet auch JANAK [*320*] für das bereits 1961 [*669*] empfohlene Kombinationsverfahren GC — DC an. Bei einer zweidimensionalen Gradient-DC wurde zunächst einmal die Bezeichnung dreidimensionale DC gebraucht [*675*]. Der Ausdruck wurde jedoch dann wieder fallengelassen, da er sich nicht mit der üblichen räumlichen Vorstellung von einer dritten Dimension deckt [*682*].

3. Formgebungstechnik

Eine Verbesserung des Trenneffekts kann man vielfach durch Verwendung der horizontalen Zirkular-Technik (S. 74) erzielen. Durch entsprechende Formgebung läßt sich ein gleichartiger Trenneffekt auch bei aufsteigender Entwicklung erzielen. Dieses Verfahren ist von der PC her bekannt, dort insbesondere durch MATTHIAS [*438*], sowie REINDEL und HOPPE [*570*]. Eine Übertragung auf die dünnen Sorptionsschichten gelingt ohne Schwierigkeit [*662*]. Man muß hierzu nur mit einem schmalen

Metallspatel oder stumpfen Bleistift 0,5—1 mm breite Abgrenzungslinien in die Schicht ziehen. Die möglichen Formen der Zunge und die Abstände voneinander wurden erprobt. Gute Resultate erzielt man mit der aus Abb. 42 zu ersehenden Form. Das Einritzen der Fünfecke wird durch eine Schablone aus Plexiglas o. ä. erleichtert (Abb. 43). Man legt sie bündig auf die Unterkante der DC-Platte auf und umfährt die Fünfecke. Anschließend zieht man Längsstriche unter Verwendung der Beschriftungsschablone (S. 63). Die Substanzen sollen im unteren Teil der schmalen Zunge aufgetragen werden. Die Laufzeit der Chromatogramme ist durch die verringerte Zufuhr des Fließmittels entsprechend verlängert.

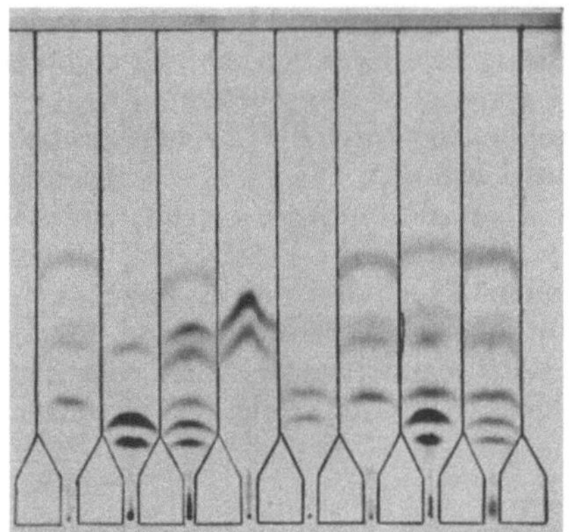

Abb. 42. Dünnschicht-Chromatogramm mit Keilstreifeneinteilung. Die Trennung erfolgt bandförmig, nur bei größeren Mengen (Mitte) kann eine $\wedge$-Form auftreten

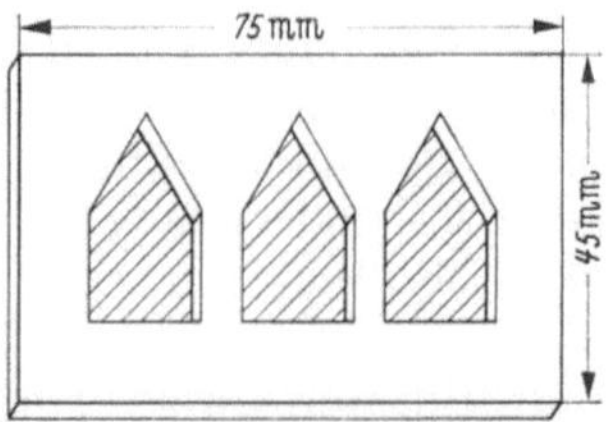

Abb. 43. Plexiglasschablone (2—3 mm dick) zum Ziehen der Begrenzungslinien. Die schraffiert eingezeichneten Fünfecke sind ausgesägt

II. Gradient[13]-Techniken in der DC

Manche Trennprobleme lassen sich mit den neuen Gradient-Techniken schnell und einfach lösen. Zwei Verfahren sind hier von Interesse und zu unterscheiden. Bei der *Gradient-DC* verwendet man anstelle der üblichen uniformen Schicht eine solche, deren Schichteigenschaft ein „Gefälle" von einer zu einer anderen Trenneigenschaft aufweist. Bei der *Gradient-Elutionstechnik* arbeitet man dagegen auf einer uniformen Schicht, ändert aber während der Entwicklung die Zusammensetzung des Fließmittels kontinuierlich. Beide Techniken lassen sich auch kombinieren und so ergeben sich weitere Möglichkeiten.

1. Gradient-Elution

Das Verfahren wurde für die Säulenchromatographie von Tiselius et al. [714] und Donaldson et al. [167] eingeführt. Die Gradient-Elutionstechnik hat bei der Feinauftrennung von Aminosäure-, Peptid-, Protein-, Nucleotid-, Nucleinsäure- und Zucker-Gemischen erhebliche Vorteile gebracht.

---

[13] Gradient, der (des und die Gradients) = Gefälle; hier: Stufenloser Übergang von einer bestimmten Eigenschaft zu einer anderen, z. B. Konzentrations-Gradient.

Es gibt eine Reihe einfacher Vorrichtungen, um zwei Lösungsmittel während des Chromatographie-Vorganges so zu mischen, daß sich die Elutionseigenschaft der mobilen Phase kontinuierlich ändert [*240, 283, 643, 650, 776*]. Die Gradient-Mischbatterie „Varigrad" von PETERSON und SOBER [*517*] und der von WHITAKER und MITTELSTADT [*750*] beschriebene Vielkammer-Mischer ermöglichen es, den Verlauf des Gradients einzustellen. Eine lösungsmittelbeständige Apparatur zur linearen und nicht-linearen Gradient-Elution bei konstanter Durchflußmenge wurde von WALLACH und NORDBY [*738*] entwickelt. Einen Übersichtsbericht „Gradientenelutionschromatographie" (Grundlagen, Apparaturen, Anwendung) gaben KNEDEL et al. [*353*].

Die ersten erfolgreichen Versuche, eine Gradient-Elution in der DC einzuführen, beschrieb RYBICKA [*591*]. Er trennte auf einer Kieselgel-Schicht ein Gemisch von Glyceriden und erhöhte hierzu während der Entwicklung den Äther-Anteil des Fließmittels von 10 auf 60%.

Das Zutropfen des Äthers zu dem in der Kammer befindlichen Fließmittel Petroläther-Äther-Eisessig (90 + 10 + 0,1) erfolgte mit einer Bürette, deren Auslaufrohr durch den Deckel führte und das fast bis zum Boden der Kammer reichte. Gemischt wurde mit einem Magnetrührer. Die Startpunkte lagen entsprechend hoch, da während des Zulaufs das Fließmittelniveau steigt.

Recht gut geeignet und ausbaufähig erscheint die von WIELAND und DETERMANN [*756*] beschriebene Vorrichtung für eine Gradient-Elutions-DC (Abb. 44). Der Gradient wird hier erzeugt, indem aus einer Bürette oder Dosierpumpe die zuzumischende Flüssigkeit durch ein Capillarrohr (*3*) in die runde Kammer (6 cm ⌀) fließt und durch einen Magnetrührer (*2*) mit dem vorgelegten Fließmittel gemischt wird. Durch den Überlauf (*4*) wird das Volumen konstant gehalten. Die 5 × 20 cm DC-Platte (*5*) steht auf einer Siebplatte (*1*). Es muß dafür gesorgt werden, daß die Zugabe des zweiten Lösungsmittels rechtzeitig vor dem Erreichen der endgültigen Frontlinie beendet ist.

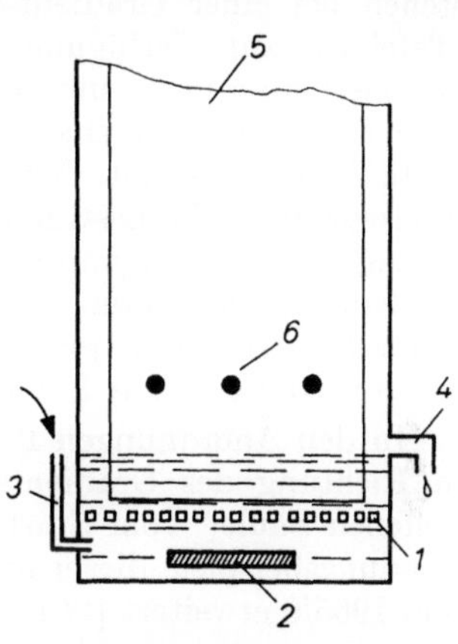

Abb. 44. Vorrichtung zur Gradient-Elution nach [*756*]. *1* Siebbodenhalterung der DC-Platte, *2* Stab eines Magnetrührers zum Durchmischen, *3* Zulaufrohr für das *2.* Lösungsmittel, *4* Überlauf, *5* schmale DC-Platte, *6* Startpunkte

An DEAE-Sephadex-Schichten konnten mit dieser Gradient-Elutionstechnik Gemische aus 3 Adenin-Nucleotiden und 2 Milchsäuredehydrogenasen getrennt werden.

Um auch in der BN-Kammer (S. 77) die Gradient-Elutions-Technik durchführen zu können, teilt STICKLAND [*698*] den Trog in zwei Hälften. Die vorstehend genannten Verfahren sind zwar einfach durchzuführen, aber sie bieten nach NIEDERWIESER und HONEGGER [*478*] keine Gewähr in bezug auf Reproduzierbarkeit des erzeugten Gradients. Sie haben deshalb eine neue, auf die BN-Kammer zugeschnittene Anordnung entwickelt. Man benötigt hierzu:

a) Eine Mikro-Gradient-Mischbatterie mit konstanter Ausflußgeschwindigkeit. Sie besteht z. B. aus 7 geschlossenen Glaskammern mit einem Fassungsvolumen von je 1,3 ml. Der Konzentrationsverlauf ist bei dieser Anordnung dadurch festgelegt, daß in jede Kammer nur so viel Flüssigkeit einläuft, wie ausfließt. Das Fließmittelgemisch wird nach Verlassen der Batterie in einem Capillarschlauch („Schraube") gespeichert.

b) Der als Fließmittelreservoir dienende Teflonschlauch soll einen Innendurchmesser von 1—1,5 mm haben und kann bis 2,5 m lang sein. Er wird schraubig um einen 13 cm dicken Zylinder gewickelt und muß in eine bestimmte Höhe zur BN-Kammer gebracht werden. Wichtig ist, daß er luftblasenfrei gefüllt ist.

c) Neben einer Vorrichtung zur punktförmigen Zufuhr, wie man sie zur Radial-Chromatographie benötigt, wird ein rillenförmiger Zuleitungs-Streifen, der an die „Schraube" angeschlossen wird, beschrieben.

In dieser Arbeit und in einer weiteren [479] sind interessante Trennbeispiele von synthetischen Farbstoff- und vor allem von Lipid-Gemischen gegeben.

2. DC auf Gradient-Schichten (Gradient-DC)

Im Gegensatz zu den bislang gebräuchlichen *uniformen* Schichten stehen bei einer Gradient-Schicht drei verschiedenartige Laufflächen (Tafel I a) zur Verfügung. — In Anordnung A (Tafel I a) chromatographiert man quer zum Gradient und es läßt sich schnell entscheiden, welches Mischungsverhältnis zweier verschiedener Sorptionsmittel die beste Trennung ergibt. Ferner kann festgestellt werden, ob und in welcher Konzentration eine bestimmte Imprägnierung (Silbernitrat [679], Säuren, Basen, Salze und organische stationäre Phasen) Vorteile bringt. Auf sog. pH-Gradient-Schichten [675] kann man für Säuren- und/oder Basengemische substanzspezifische Kurven für die Einzelverbindungen erhalten, die u. a. zur Identifizierung mit herangezogen werden können.

In den Anordnungen B und C (Tafel I a) verläuft der Trennvorgang in Richtung des Gradients und es ändert sich die Eigenschaft der „offenen Säule" vom Start zur Front. Die ersten eindrucksvollen Anwendungsbeispiele dieser neuen Technik wurden 1964 beschrieben [675] und 1965/6 erweitert [261, 615, 631, 682].

Die Herstellung der Gradient-Schichten ist mit dem hierzu entwickelten GM-Streicher [675] (Fa. 44) erstmals möglich geworden. Als Grundgerät dient der bewährte verstellbare Streicher (Abb. 45), den man auch zur Herstellung uniformer Schichten zumeist verwendet.

Auf die Einfüllöffnung wird der sog. Teiler (Abb. 46/1) mit der herausnehmbaren, diagonalen Trennwand aufgesetzt. In die Hülse des Streichers führt man die Mischwelle ein. Der Antrieb kann mit einer Zahnradkurbel erfolgen oder besser mit einem Motorantrieb.

Prinzip der Methode: In den Teilertrog werden die zwei verschiedenartigen Sorptionsmittel-Suspensionen gefüllt (Abb. 47 A). Beim Öffnen des Bodens fallen beide in eine durch zahlreiche Scheiben unterteilte Mischkammer (Abb. 47 B). Nach dem homogenen Vermischen kann die Suspension in der üblichen Weise auf Glasplatten ausgestrichen werden

(Abb. 13). Bei der Herstellung unterscheidet man folgende Arbeitsgänge und es ist zu beachten:

1. Gleichmäßig hohes Füllen der beiden Kammern des Diagonalteilers (Abb. 47 A). Der Austrittsspalt des Streichers ist geschlossen.

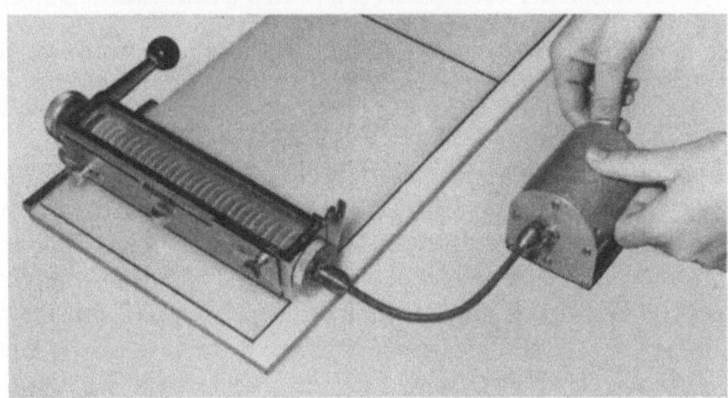

Abb. 45. GM-Streicher mit Motorantrieb. Der Teilertrog ist abgenommen und es wird gerade gemischt

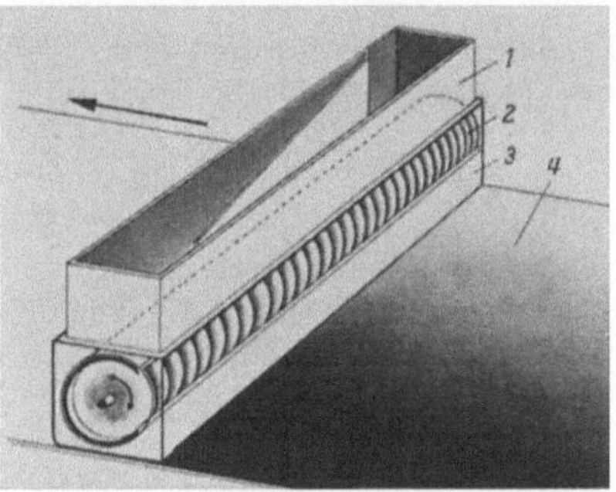

Abb. 46. Vereinfachte, halbschematische Darstellung des GM-Streichers während des Ausstreichens einer Gradientschicht. *1* Teilertrog mit eingesetzter diagonaler Trennwand, *2* Mischwelle, *3* Metallblock des Streichgerätes, *4* Gradientschicht

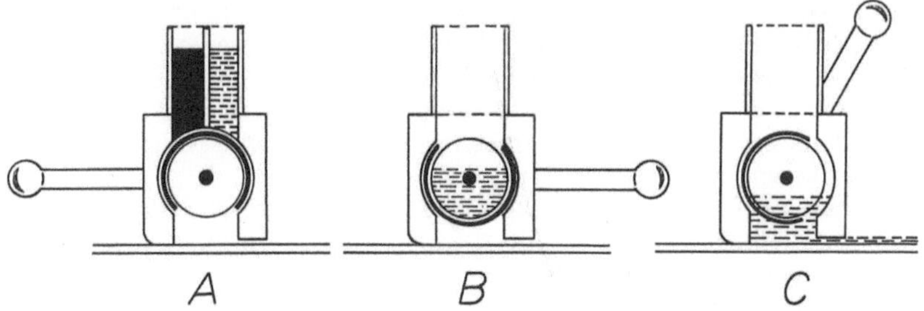

Abb. 47. Querschnitt durch den GM-Streicher nach dem Füllen des Teilers mit zwei verschiedenartigen Sorptionsmittelsuspensionen (*A*), während des Mischens (*B*) und in Ausstreichstellung (*C*)

2. Vorsichtiges Herausnehmen der Diagonal-Trennwand.

3. Öffnen des Teilerbodens durch Drehen der Hülse mit dem Kipphebel (Abb. 47B), bzw. bei den neuen Teilertrögen durch Herausziehen des Schiebers.

4. Homogenes Mischen durch 1 min Rotieren der Mischwelle in beiden Drehrichtungen (Abb. 47 B).

5. Bei laufendem Mischmotor zunächst die Hülse in Stellung A, danach in Stellung C (Abb. 47) bringen; letzteres dient zur Belüftung der Kammern.

6. Motorantrieb abschalten und vom Streicher lösen. Erst jetzt den Austrittsspalt durch Verschieben der Frontplatte auf etwa 0,3 mm öffnen. Dann Ausstreichen der Suspension in üblicher Weise.

7. Nach dem Trocknen der Schicht ist es erforderlich, den Gradient-Verlauf zu kontrollieren. Sehr vorteilhaft ist es hierzu, dem einen Sorptionsmittel zuvor einen Fluorescenzindicator beizumischen. Die Fluorescenzintensität der Schicht muß dann von der einen zur anderen Seite der Schicht gleichmäßig abnehmen.

Die Herstellung der Gradient-Schichten setzt eine gewisse manuelle Geschicklichkeit und das Einhalten der erprobten Arbeitsanweisung (Fa. 44) voraus. Insbesondere ist auf eine optimale Viscosität beider Suspensionen und ihr gleichmäßig schnelles Trocknen auf der Platte zu achten [682, 686]. Instruktive *Anwendungsbeispiele* zeigen die Tafel I u. Abb. 105a, 152, 198, 204 und weitere finden sich in den Arbeiten von Stahl [675, 682], Schorn [615] und Shellard et al. [631].

Eine Behelfslösung zur Bereitung von Schichten mit einem Aktivitäts-Gradient beschrieb Honegger [301]. Er taucht aktive Kieselgel-Schichten stufenweise in Aceton-Wasser-Gemische zur Inaktivierung.

Warren [741] übernahm 1965 wesentliche Konstruktionsmerkmale des Stahlschen GM-Prinzips und versuchte zu einer einfacheren Lösung zu kommen.

Eine Variante der beschriebenen Gradient-Schicht-Technik ist die Einführung eines Schichtdicke-Gefälles, z. B. von 2 auf 0,1 mm. Die Herstellung solcher Schichten bietet keine Schwierigkeiten. Man muß lediglich dafür sorgen, daß der Austrittsschlitz in diesen Maßen gestaltet ist. Stahl [678] verwendete solche Schichten, um den Einfluß der Schichtdicke auf den Trenneffekt zu zeigen. Abbott et al. [1, 3] chromatographierten von der dicken zur dünneren Schicht. Sie erreichten hierdurch eine bessere Abtrennung mengenmäßig stark überwiegender polarer Verbindungen. Diese dort unerwünschten Stoffe blieben im dicken Teil der Schicht zurück.

Als eine Art Vorstufe der Gradient-DC kann man die „*Stufen*"-*Schichten* betrachten. Sie sind in etwa das Analogon zu der schon früher beschriebenen „Stufen"-Technik [665], die man heute besser als *Stufen-Elutionstechnik* bezeichnet. Die Herstellung von „Stufen"-Schichten gelingt mit den meisten Streichgeräten. Man bringt 1—2 Querwände an, füllt in die so entstehenden Kammern verschiedenartige Sorptionsmittel-Suspensionen ein und streicht danach aus [1, 61].

Gradient-Säulen wurden bislang nur selten verwendet, da ihre manuelle Herstellung recht zeitraubend war. Es gelang jedoch ein rationelles Verfahren zur Herstellung zu finden. Der GM-Streicher läßt sich nämlich nach Auswechseln der Mischwelle und Anbringen eines Trichters auch als geeignetes Gerät hierzu verwenden. Als Antrieb dient ein sehr langsam laufender, an einem Stativ befestigter Motor. Auch ein spezielles Gerät zum Füllen von Gradient-Säulen wurde entwickelt [682].

Die **Gradient-Techniken** werden auf allen Gebieten der Chromatographie mehr und mehr an Bedeutung gewinnen. Sieht man von der

Tafel I. Anwendungsbeispiele zur Gradient-DC

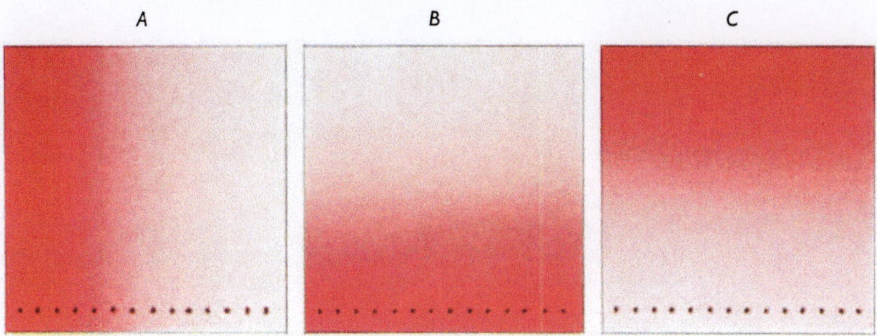

a) Drei verschiedene Laufflächen bei der Gradient-DC

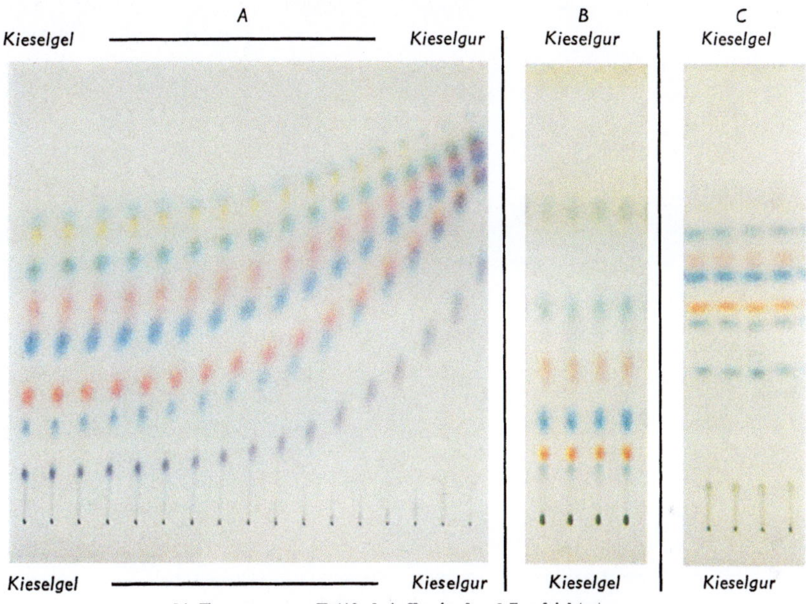

b) Trennung von Fettfarbstoffen in den 3 Laufrichtungen

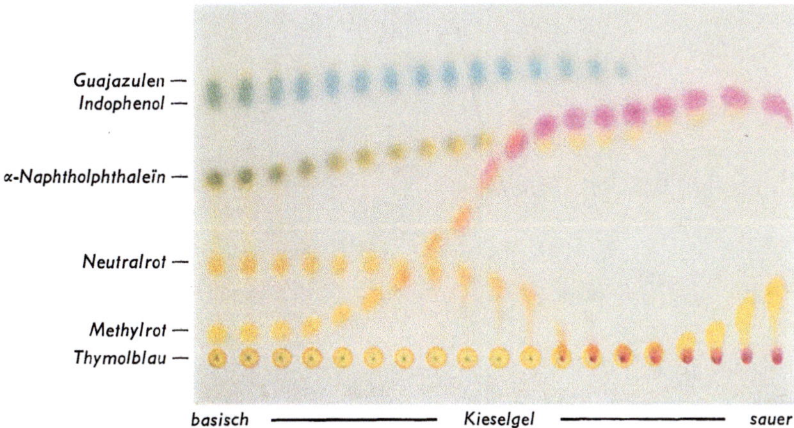

c) Substanzspezifische Kurven einiger Indicatorfarbstoffe

Dünnschicht-Chromatographie, 2. Aufl.

Gradient-Schicht und -Säule ab, so sind auf dem Gebiet der Gaschromatographie diese Verfahren am weitesten entwickelt und brachten dort erhebliche Fortschritte, so z. B. die Temperaturprogrammierung, die kontinuierliche Änderung der Trägergasgeschwindigkeit [619] und der Säulengradient [405]. Eine weiterführende Übersicht der Gradientverfahren in der Chromatographie gab STAHL 1966 [682].

III. Temperatur-DC

Über den Einfluß der Temperatur auf den Trenneffekt bei der DC liegen nur wenige Untersuchungen vor.

Nach einer älteren Untersuchung hat es den Anschein, daß bei der Adsorptions-DC eine Temperatur-Senkung von 20° C auf 4° C keinen nennenswerten Einfluß auf die Laufzeit und die *Rf*-Werte hat [659]. Anders ist es dagegen bei einer Verteilungs-Chromatographie. Hier wurde beobachtet, daß sich auf silikonimprägnierten Kieselgel-Schichten einige Fettsäuren bei einer Temperatur zwischen 4° C und 6° C sehr viel besser trennen lassen als bei Normaltemperatur [420]. Für manche Trennungen ist das Einhalten einer bestimmten Entwicklungstemperatur von entscheidender Bedeutung [395, 465].

Zur gleichen Zeit erschienen dann einige Arbeiten, u. a. eine Thesis von MATHIS [436], in denen eine Chromatographie bei Temperaturen bis zu − 20° C beschrieben wird. Eingehender haben sich STAHL [675] und auch ABBOTT et al. [5] mit den Möglichkeiten einer Tieftemperatur-DC beschäftigt.

Auch eine Art Hochtemperatur-DC wurde schon durchgeführt [172]. Man entwickelte bei etwa 270° C mit dem hier geschmolzenen Gemisch von 43 mol-% $LiNO_3$ + KNO_3 (="molten salts"-Mischung). Getrennt wurden auf einer Kieselgel-Schicht Silber-, Blei- und Quecksilber-Ionen. Als Bad für das zylindrische, aus Borsilicat-Glas bestehende Entwicklungsgefäß diente ebenfalls ein "molten salts"-Bad.

1. Geräte zur Temperatur-DC

Eine im Bereich zwischen + 50° C bis − 50° C thermostatisierbare Trogkammer wurde von STAHL entwickelt [675]. Bei dieser sog. Kryobox (Abb. 48) ist der übliche Glastrog mit einem Mantelgefäß aus Kunststoff umgeben. An den Schmalseiten der Kammer ist der Ein- bzw. Auslaß-Stutzen für die Temperier-Flüssigkeit angebracht. Für eine Tieftemperatur-DC bis − 20° C genügt der Anschluß an einen kleinen Tisch-Kryostaten mit einer Leistung bis − 35° C. Um bei konstanter Raumtemperatur oder erhöhter Temperatur zu chromatographieren, schließt man die Kryobox an einen Ultrathermostaten an. Das seitlich angebrachte, runde Außenthermometer zeigt die Temperatur der Durchlaufflüssigkeit an. Zur Kontrolle der Kammer-Innentemperatur dient das im Deckeltubus eingesetzte Stockthermometer. Die zweite Öffnung in diesem Stopfen des Deckels dient zur Führung und Halterung des Einhängegestells für die DC-Platte. Hiermit ist es möglich, vor dem Eintauchen der Platte in das Fließmittel den Temperatur-Angleich stattfinden zu lassen.

Beim Arbeiten mit Temperaturen unter —5° C ist es empfehlenswert, die *Kryobox* ringsherum — ausgenommen den Deckel — mit etwa 2 cm dicken Schaumstoff-Platten (z. B. Styropor) zu umkleiden. Wichtig ist, daß die Kammer vor dem Versuch gut trocken ist und daß im gekühlten Zustand der Deckel nur kurzfristig geöffnet wird. Man beachte, daß zum Abkühlen einer 20° C warmen DC-Platte auf —15° C in der Kammer eine „Klimatisierungszeit" von 30—45 min notwendig ist.

Abb. 48. Entwicklungskammer mit Mantel zum Temperieren. Rechts unten: Einlaufstutzen, darüber Rund-Thermometer. Der Auslauf erfolgt auf der gegenüberliegenden Seite oben. Im Deckeltubus befindet sich ein Thermometer und eine Halterung für die beiden DC-Platten (Werkfoto Fa. 44)

Will man bei höheren Temperaturen, d. h. über 25° C entwickeln, so ist es erforderlich, die DC-Platte vorzuwärmen [5]. Ohne diese Maßnahme findet nämlich sofort eine Kondensation der Fließmitteldämpfe auf der Platte statt.

2. Anwendungsmöglichkeiten

Für die Praxis ist die Chromatographie bei tieferer Temperatur von Interesse. Es wurde nämlich gefunden, daß sich mit abnehmender Temperatur auch die R_f-Werte erniedrigen (Abb. 49). Da sich jedoch die Verbindungen nicht alle gleichartig verhalten, d. h. bei manchen eine stärkere Temperaturabhängigkeit zu beobachten ist, gelingen manche Trennungen nur bei tieferen Temperaturen. Man beobachtet hierbei ferner, daß die Flecken oft kompakter, d. h. die Zonen kleiner sind als bei Normaltemperatur. Eine Tieftemperatur-DC ist auch bei der Trennung von leichter flüchtigen Verbindungen, z. B. von Terpenkohlenwasserstoffen, angezeigt. Auch bei labilen Verbindungen ist eine gewisse Stabilisierung zu beobachten. In der Kryobox konnten erstmals *verflüssigte*

Gase oder tiefsiedende Lösungsmittel als Fließmittel verwendet werden. STAHL u. Mitarb. [*675, 686*] erzielten bei -10 bis $-15°$ C, z. B. mit flüssigem Butan und verschiedenen verflüssigten Treibgasen vom Frigen-(Freon-) Typ als Fließmittel gute Trennerfolge. Die Möglichkeiten sind noch lange nicht ausgeschöpft, insbesondere fehlen eingehendere Studien über die Verhältnisse bei einer Verteilungs-DC.

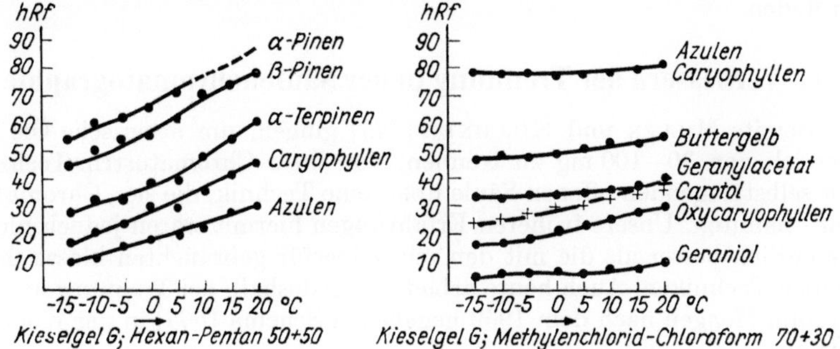

Abb. 49. Einfluß der Temperatur auf die h*Rf*-Werte

Auch bei der DC-Trennung von Oligonucleotiden auf Ionenaustauscher-Schichten ist im Hinblick auf die unterschiedliche Temperaturstabilität von Komplexen die Entwicklung bei verschiedenen Temperaturen von Bedeutung [*563*].

Bei allen Versuchen und Betrachtungen wird man sich darüber im klaren sein müssen, daß mit der Änderung der Entwicklungs-Temperatur zwangsläufig auch andere Einflußfaktoren geändert werden. Es sei hier insbesondere an den Sättigungszustand der Kammer und an die Veränderung der Schicht durch Auf- und Abdampfeffekte gedacht.

IV. Präparative[14] DC

Üblicherweise werden mit der DC im analytischen Bereich Gemische von Mikrogramm-Mengen getrennt. Die sehr guten Ergebnisse hierbei machen den Wunsch verständlich, auf dem gleichen Wege auch Milligramm- oder Gramm-Mengen zu zerlegen.

Es sei daran erinnert, daß man auch bei den anderen chromatographischen Methoden (PC und GC) seit langem bestrebt ist, Trennungen im präparativen Maßstab durchzuführen. Faßt man die dort erzielten Ergebnisse zusammen, so sind sie nicht so ermutigend, wie man nach der einen oder anderen Arbeit zunächst annehmen könnte. Oftmals beobachtet man, daß mit einer Vergrößerung der Einsatzmengen bei gleichzeitiger Anpassung der Versuchsbedingungen eine Verschlechterung des Trenneffektes stattfindet. Mit bestem Erfolg ist dagegen der umgekehrte Weg, d. h. in den Ultramikro-Bereich beschreitbar, man denke an die GC-Capillarsäulen oder an die DC selbst.

---

[14] Der Begriff „präparativ" wird in der organischen Synthese beim Arbeiten mit Gramm-Mengen verwendet, er hat sich jedoch bei der DC neuerdings eingeführt, obwohl die „Ausbeute" pro Platte meist im Milligramm-Bereich liegt. Manche Autoren [*672*] sprachen daher früher von einer „Mikropräparativen-DC".

7 Dünnschicht-Chromatographie, 2. Aufl.

Es ist zweckmäßig, auch bei Chromatographie – ähnlich wie in der Destillationstechnik – zwischen Grob- und Feintrennproblemen zu unterscheiden. Erstere lassen sich zumeist leicht präparativ gestalten. Liegen die Substanzen dagegen auf der DC-Platte dicht gedrängt beieinander, so gelingt die Übertragung in den präparativen Maßstab schlecht, d. h. man erhält Mischfraktionen. Die Bemühungen gehen nun dahin, auch für solche Feintrennungen geeignete präparative Verfahren zu finden.

1. Verbessern der Trennung in der Säulenchromatographie

Bereits Miller und Kirchner [*446*] gingen, um ätherische Öle im Bereich von 30—100 mg zu trennen, von ihrer Chromatostrip-Technik zur selbsttragenden offenen Säule über, eine Technik, die sie „Chromatobar" nannten. Unsere früheren Erfahrungen hiermit waren jedoch nicht wesentlich besser als die mit den meist hierfür gebrauchten klassischen Säulen-Techniken. Auch heute arbeiten wir deshalb bei Trennungen von Gramm-Mengen nach dem 1959 gegebenen Schema [*665*] in der Kombination:

Vorversuch		*Hauptversuch*		*Kontrolle*
DC	$\longrightarrow$	**Säule**	$\longrightarrow$	**DC**

Dahn und Fuchs [*143*] entwickelten als Analogon zur DC eine horizontale Säulenchromatographie im Cellophanschlauch. Die 3,6 cm dicken und etwa 40—45 cm langen Cellophanschläuche sind mit etwa 300 g besonders feinkörnigem Sorptionsmittel gefüllt. Um größere Mengen zu trennen, schaltet man mehrere Säulen parallel. Zur präparativen Chromatographie in einer losen, horizontal liegenden Aluminiumoxid-Schicht wurden u. a. von Lábler [*385*] und auch von Lefemine und Hausmann [*391*] Vorrichtungen beschrieben. In der gleichen Richtung liegt die „Dry-Column-Chromatography", die als präparative Technik die Trennschärfe der DC haben soll [*405*]. Diese Technik wurde im übrigen schon früher im Zusammenhang mit der Aktivitätsstufen-Bestimmung beschrieben [*671*].

Als einen interessanten Übergang von der runden Säule zur präparativen DC-Platte kann man die bereits 1942 von Bekesy [*55*] und später von Hall [*264*] modifizierte zweiteilige „Flachkammer" betrachten. Im Prinzip handelt es sich um eine mit einem Sorptionsmittel gefüllte S-Kammer (S. 71).

2. Anpassen der DC an größere Auftragemengen

Um Milligramm-Mengen auf einer Platte zu trennen, verwenden zahlreiche Arbeitsgruppen etwas dickere Schichten. Die bandförmig aufgetragene Substanzmenge beträgt zumeist zwischen 10 und 50 mg. Nur gelegentlich wird von Trennungen bis zu 2 g pro 20 × 20 cm Platte berichtet.

Von der Standardmethode ausgehend, gibt es eine Reihe von apparativen Anpassungsmöglichkeiten, die nun zu behandeln sind.

a) Vergrößern der Schichtdicke und Format der Platten

Über den Einfluß der Schichtdicke auf den Trennerfolg liegen einige Untersuchungen vor [*300, 678*]. Die meisten Autoren wählten Schichtdicken zwischen 0,5 und 1 mm. Nur gelegentlich wurden dickere Schichten vorgeschlagen. Um hier eine Rißbildung zu vermeiden, hat man wasserärmere Streichmassen und spezielle Trocknungsverfahren vorgeschlagen [*300, 147*]. Ferner entwickelte man spezielle Kieselgele (P-Reihe der Fa. 88) und neuerdings auch 20 × 20 cm Fertigplatten mit einer 2 mm dicken Schicht (Fa. 88).

Um auf Glasplatten dickere Schichten im Gießverfahren aufzubringen, umklebe man die Platten ringsherum mit einer 1—2 cm breiten Selbstklebefolie (Tesafilm, Scotch Tape o. ä.). In diesen hierdurch geschaffenen flachen Trog wird die Sorptionsmittel-Suspension eingegossen. Nach dem Trocknen der Schicht zieht man das Plastikband wieder ab.

Aus ökonomischen Gründen werden zumeist 20 × 20 cm- oder die ebenfalls noch recht handlichen 20 × 40 cm-Platten als Träger der Schicht verwendet. HALPAAP [*266*] bevorzugt dagegen 1 m-Platten und konstruierte einen entsprechend großen V2A-Entwicklungstank und weiteres Zubehör.

Verschiedene Firmen stellen nun auch sog. „Grundausrüstungen" für die präparative DC zusammen (Fa. 33, 44, 129). Auch "do it yourself"-Streicher für eine präparative DC sind beschrieben [*56, 147, 374*].

b) Bandförmiges Auftragen der Substanzlösungen

Um größere Volumina gleichmäßig und in Form eines schmalen Startbandes aufzutragen, sind spezielle Arbeitstechniken notwendig. Bei der Wichtigkeit dieses Problems für eine präparative DC ist eine eingehende Schilderung der verschiedenen Möglichkeiten angezeigt.

Das gelegentlich angewendete Aufpunkten ist zeitraubend und führt zumeist nicht zu gleichmäßigen Zonen (Abb. 21 B). Ein recht brauchbares Startband kann man mit einer entsprechend dimensionierten Breitbandpipette (Abb. 20 i, Fa. 44) erzielen. Aus engem Rillenglas lassen sich solche zweiteiligen Breitbandpipetten herstellen [*684*]. Eine ähnliche Vorrichtung wurde dann auch von BENNETT und HEFTMANN [*58*] beschrieben. Um relativ schmale Startbänder zu erhalten, beschreiben CONNOLLY et al. [*135*] folgende Technik:

Man zieht beiderseits von dem etwa 0,5 cm breiten Startband eine bis zur Glasplatte durchgehende, etwa 1 mm breite Begrenzungslinie (= Graben). Hierdurch wird ein capillares Auslaufen der Auftragelösung über das Startband hinaus verhindert. Nach dem Aufgeben der Substanzlösung mit einem Augentropfer werden die „Gräben" mit losem Sorptionsmittel wieder aufgefüllt. Hierzu legt man am besten eine Aluminiumfolie, die einen 1 mm breiten Schlitz enthält, maskenartig über den „Graben". Das Sorptionsmittel wird aufgeschüttet und mit einem Spatel in den Schlitz gebracht.

Wie bereits früher beschrieben [*673*], läßt sich eine Substanzlösung mit einer Mikrospritzpistole (Fa. 44) recht gleichmäßig und schnell bandförmig aufsprühen. Hierbei ist es zweckmäßig, die Schicht beiderseits des

7*

Startbandes abzudecken (Abb. 21 A). Ferner wurden Geräte entwickelt,
die ein gleichmäßigeres Auftragen ermöglichen. Hier sei zunächst an das
für die PC konstruierte Auftragegerät von McKibbins et al. [414] gedacht.
Nach einem ähnlichen Prinzip arbeitet der neuerdings handelsübliche
„Chromatocharger" (Abb. 51, Fa. 33). Einen anderen Weg beschritten
Ritter und Meyer [578]; unter der Bezeichnung Delfter-System ist ihr
wesentlich weiterentwickeltes, elektromechanisches Gerät zum automatischen bandförmigen Aufspritzen — nicht Sprühen — der Auftragelösung im Handel (Abb. 50, Fa. 44). Analog kann man mit dem von
Coleman [131] beschriebenen Gerät bandförmig auftragen. Derartige

Abb. 50. Motorgetriebenes Gerät zum automatischen bandförmigen Aufspritzen der Substanzlösung (Hersteller Fa. 44)

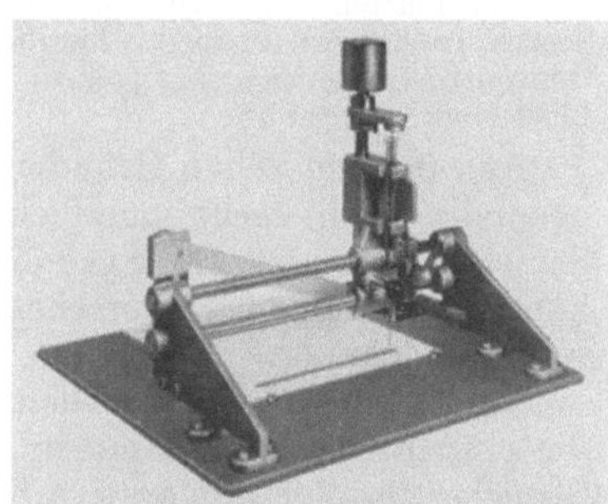

Abb. 51. Handgetriebenes Auftragegerät zum
bandförmigen Aufspritzen vorgegebener Flüs-
sigkeitsmengen (Hersteller Fa. 33)

Auftragegeräte sind empfehlenswert, man spart Zeit und es gelingt hiermit, ein gleichmäßigeres auftragen. Das Letztere ist meines Erachtens
eine sehr wichtige Voraussetzung der präparativen DC. Allerdings zeigt
Halpaap [266], daß es auch möglich ist, mit Hilfe eines Auftragelineals
und einer gewöhnlichen stumpfen Pipette größere Substanzmengen auf
1 m Platten bandförmig aufzutragen.

Beachte: Bei der präparativen DC trägt man zumeist 5—10 proz.
Lösungen der Substanzen auf. Das Lösungsmittel soll möglichst flüchtig
und unpolar sein. Ist ein mehrmaliges Auftragen erforderlich, warte man
jeweils, bis das Lösungsmittel abgedampft ist. Unerwünscht ist die Ausbildung eines Chromatogrammes um den Auftrage-Punkt oder -Strich.
Das Startband soll seitlich 1—2 cm vom jeweiligen Plattenrand enden.

Um zu einem sehr schmalen *Startstrich* zu kommen, kann man sich
nach Stahl der Stufentechnik (S. 87) bedienen. In der ersten, nur
1—2 cm hohen Stufe, verwende man ein stark eluierendes Fließmittel.
Es schiebt das u. U. breite Ausgangsstartband zu einem Strich zusammen. Als Entwicklungskammer dient für die 1. Stufe eine flache
Wanne oder ein entsprechendes Schiffchen. Nach dem völligen Abdampfen des Fließmittels entwickelt man in der 2. Stufe in üblicher
Weise.

c) Entwicklungsarten (vgl. S. 69—77)

Zumeist wird die am wenigsten aufwendige aufsteigende Entwicklung bevorzugt. Mit einem von Bennett und Heftmann [58] beschrie-

benen, mit Adsorbens gefüllten Trog ist eine Art „Durchlauf-Technik"
möglich. SEIKEL et al. [625] verwenden hierzu eine Anordnung zur absteigenden Durchlaufentwicklung, die im Prinzip der Abb. 29 ähnelt.
Die guten Trennerfolge mit der Zirkular-Technik (S. 74) führten
v. SCHANTZ [602] zur Übertragung dieser Technik in den präparativen
Maßstab. Er stellt sich auf 40 × 40 cm Schichten Ringchromatogramme
her, deren Zonen er mit einem Mikrostaubsauger ablöst und danach
extrahiert.

In der Regel wird jedoch aufsteigend entwickelt. Sehr vorteilhaft ist
hier die insbesondere von HALPAAP [266] für die präparative DC empfohlene Mehrfachentwicklung. Ein 5—10maliges Durchwandern des Fließmittels bringt nämlich eine erhebliche Verbesserung der Trennungen.
Allerdings muß zwischendurch jeweils getrocknet werden.

Arbeitet man mit den 20 × 20 cm-Platten, so kann man mit einer
entsprechenden Haltevorrichtung mehrere Platten in eine normale Trogkammer einstellen. Um die 20 × 40 cm-Platten zu entwickeln, kann
man entweder die S-Kammer verwenden oder einen entsprechend großen
Trog mit einem Halte- und Trockengestell, das zehn 40 cm-Platten faßt
(Fa. 44).

Die Platten lassen sich auch in der von NYBOM [488] beschriebenen
Art mit Distanzrahmen zu "Sandwiches" zusammenpacken und in einen
Trog stellen (Fa. 33).

d) Sichtbarmachung der getrennten Zonen

Zum Erkennen der Zonen wählt man substanzschonende Verfahren.
Am vorteilhaftesten ist wohl der Zusatz entsprechender Fluorescenzindicatoren und die Erkennung der Zonen im kurz- bzw. langwelligen
UV-Licht (s. S. 78). Hiermit beschäftigten sich u. a. auch TSCHESCHE
u. Mitarb. [722]. Häufig deckt man auch die Platte bis auf einen oder
zwei streifenförmige Ausschnitte ab und besprüht diese freigebliebenen
Streifen mit einem „schonenden" Universalreagens, z. B. Jod-Dämpfe
(Reag. Nr. 126) oder Kaliumpermanganat (Reag. Nr. 145) oder sonstigen Sprühreagentien, bei denen ein Erhitzen nicht erforderlich ist und
auch keine sauren oder basischen Dämpfe auftreten.

e) Sammeln der Zonen und Extrahieren (s. a. S. 148—151)

Die einfachste Möglichkeit, die Substanzen zu gewinnen, ist ein Abschaben mit einem Spatel oder ähnlichem elastischen Gegenstand und
anschließendes Extrahieren oder Perkolieren. Zum Abschaben und
Sammeln lassen sich auch kleine, sog. „Mikro-Vakuum-Staubsauger",
wie sie u. a. von RITTER und MEYER [578], GOLDRICK und HIRSCH [238]
und STAHL [674] beschrieben worden sind, verwenden. Allerdings ist hier
zu bedenken, daß die auf dem Adsorbens befindlichen Substanzen recht
intensiv mit dem Luftsauerstoff in Verbindung kommen und leicht
Autoxidationen stattfinden können. Entsprechende Geräte für diese
Transfer-Technik sind aus der Abb. 52 B/C zu ersehen. Um die Substanzen
mit einem leicht flüchtigen Lösungsmittel zu extrahieren, kann man das

zuvor als Mikrostaubsauger dienende Perkolationsröhrchen in eine abdichtbare Glasapparatur bringen [*625*]. Eine Extraktion in der bekannten
Soxhlet-Apparatur ist bei temperaturempfindlichen Verbindungen nicht
zu empfehlen.

Die schonendste und wohl zweckmäßigste Möglichkeit des **Herauslösens** der Substanzen aus dem Sorptionsmittel ist die Perkolation. Man
füllt hierzu das abgeschabte Sorptionsmittel in ein entsprechend dimensioniertes Glasrohr, z. B. ein Allihnsches Rohr oder ein Glasrohr mit

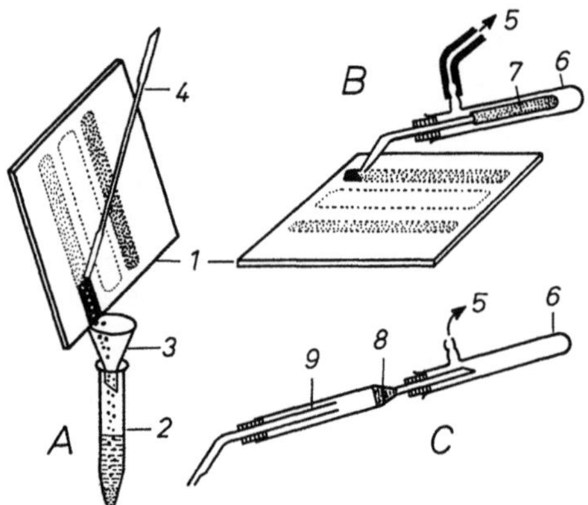

Abb. 52. Verschiedene Möglichkeiten zum Abnehmen der getrennten Substanzzonen. *A* Abschaben
mit einem kleinen Spatel (*4*), *B* Absaugen mit einem kleinen Vakuum-Staubsauger, *C* andersartige
Geräteanordnung für einen Vakuum-Staubsauger

1 DC-Platte mit Schicht, *2* Reagenzglas mit Elutionsmittel, *3* Einfülltrichter,
4 Spatel, *5* Anschluß an Vakuum, *6* Absaugreagenzglas, *7* Soxhlethülse, *8* Wattepfropf oder Fritte, *9* gebogenes Glasrohr

Fritte (G 3) und Hahn. Dann gibt man ein Elutionsmittel auf, das die
Substanz herauslöst. Allerdings ist hierbei zu bedenken, daß aus einer
Reihe von anorganischen Sorptionsmitteln, z. B. dem Kieselgel, mit
polaren Elutionsmitteln, z. B. Alkohol, nicht unerhebliche Mengen
kolloidaler Kieselsäure mit herausgelöst werden. Je unpolarer das
Elutionsmittel, um so weniger Kieselsäure findet man im Rückstand.

Ferner ist bei der Extraktion der getrennten Substanzen zu bedenken,
daß auch die anorganischen Sorbentien von der Herstellung her geringe
Mengen organischer Verbindungen enthalten können. Geiss u. Mitarb.
[*226*] wiesen u. a. nach, daß eingeschleppte Verunreinigungen auch aus
dem PVC-Mundstück des Vakuum-Staubsaugers herrühren können.
Auch aus der Plastik-Verpackung der Sorptionsmittel gehen manche
Weichmacher in das Adsorbens und werden dann im Endextrakt wiedergefunden.

Auf alle Fälle ist es daher ratsam, die Substanzen vom Lösungsmittel
zu befreien, wieder zu lösen und nach Filtration durch einen feinstporigen
Filter aus einem geeigneten Lösungsmittel umzukristallisieren.

V. Transfer-Techniken [682]

Im Anschluß an die DC ist oft eine Weiteruntersuchung der Substanzzonen erwünscht. Man möchte z. B. zur Absicherung der Identität ein Spektrum aufnehmen oder eine andere, physikalische, chemische oder chromatographische Analyse durchführen. Häufig ist auch die quantitative Mengenbestimmung erwünscht und hierzu die Überführung der im Fleck befindlichen Substanz notwendig.

Es ergibt sich also das Problem, sehr wenig Substanz von einer relativ großen Menge des Sorptionsmittels abzutrennen, um danach eine andere Untersuchungsmethode durchführen zu können. Es geht jedoch nicht nur darum, die dc-getrennten Mikrogramm-Mengen der Zonen einer anderen Analysenmethode zuzuführen, sondern man möchte auch den umgekehrten Weg beschreiten. So gewinnt beispielsweise die dünnschichtchromatographische Kontrolle einer säulen-, gas- oder papierchromatographischen Trennung mehr und mehr an Bedeutung.

Verfahren, die eine solche Überführung ermöglichen, sollen hier unter der Bezeichnung *Transfer*-Techniken behandelt werden.

1. Transfer: DC → Lösung

Ein Transfer der Substanz aus dem Sorptionsmittel (Fleck, Zone) in eine klare Lösung ist zumeist die Voraussetzung für eine spektroskopische Weiteruntersuchung. Vielfach kann auch eine konzentrierte Lösung als Ausgang für eine anschließende Gaschromatographie dienen. Bei Gaschromatographen mit hochempfindlichen Detektoren (z. B. F I D) ergeben sich auch bei verdünnten Lösungen keine Schwierigkeiten. Es kann sich jedoch auch eine DC dieser Substanzlösung in einem anderen Fließmittel und/oder einer anderen Schicht anschließen. Auch im letzteren Fall läßt sich das Spezial-Perkolationsröhrchen (Abb. 53 b) gut verwenden. Hierbei ist es jedoch vorteilhaft, den Auslauf des Perkolationsröhrchens konisch auszuziehen, um damit direkt auftragen zu können. Aus der „Mikrosäule" läßt sich durch Einblasen von Luft (Atemluft), evtl. unter Zuhilfenahme eines Schlauches, das Elutionsmittel weitgehend herausdrücken.

Geräte: Das in Abb. 53 b abgebildete Spezial-Perkolationsröhrchen [65] stellt man sich aus einem etwa 8—10 cm langen Glasröhrchen mit einem Innendurchmesser von etwa 2 mm her. Als Filter dient ein eingeführtes Pfröpfchen aus gut entfetteter Verbandswatte (W). — Zunächst wird auf der DC-Platte die Zone umpunktet, dann vorsichtig mit einem schmalen Metallspatel (2 mm breit) losgeschabt. Nun kann das pulverige Sorptionsmittel nach Abb. 53 a direkt in das Perkolationsröhrchen gesaugt werden. — Mit einer Mikroliter-Spritze (S) gibt man je nach Füllung der Säule 20—100 µl Lösungsmittel auf (Abb. 53 b). Das durchgelaufene Eluens fängt sich im Kurzteil des Röhrchens und kann wiederum mit einer Mikrospritze aufgenommen werden (Abb. 53 c).

Die Abb. 53 d zeigt eine Geräteanordnung zur direkten Überführung des Sorptionsmittels einer Zone in ein 5 ml-Meßkölbchen. Es ist bereits mit 2 ml Lösungsmittel, das zur Extraktion dient, gefüllt. Nach dem Einsaugen des Sorbens und dem Auffüllen bis zur Marke wird scharf zentrifugiert. Die darüberstehende Lösung kann für quantitative Bestimmungen verwendet werden [651].

Neben den erwähnten Vorrichtungen findet man in der Literatur noch weitere, im Prinzip ähnliche Geräte s. S. 148 und [70, 123, 318, 545].

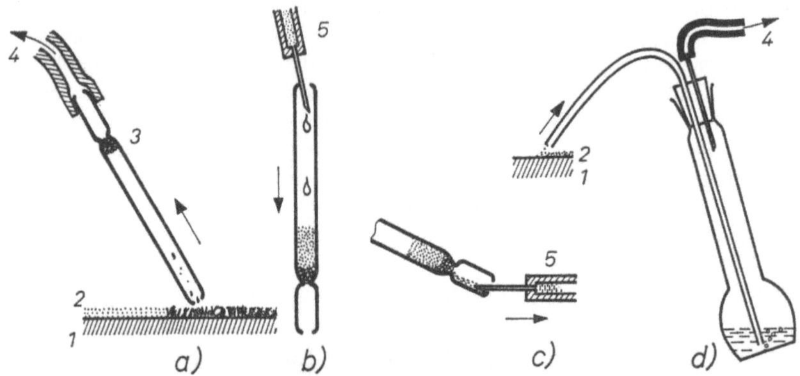

Abb. 53. Transfer einer Substanz vom DC-Fleck. *a*) Aufsaugen der losgeschabten Substanz mit einem Spezial-Perkolationsröhrchen; *b*) Elution mit einigen Tropfen Lösungsmittel. *c*) Aufsaugen der Extraktionsflüssigkeit mit einer Mikrospritze; *d*) Vorrichtung, um die Substanz direkt mit dem Sorptionsmittel in einem bestimmten Flüssigkeitsvolumen aufzunehmen
1 Glasplatte, *2* Sorptionsschicht, *3* Perkolationsröhrchen mit kleinem Wattepfropf, *4* Anschluß an Vakuum, *5* Mikroliterspritze

2. Transfer: DC → Reagens

Die direkte Überführung der Substanzzone in eine farbbildende Reagenslösung ist bei einer Reihe von quantitativen Bestimmungen von Interesse. Neben der einfachen Abschabe-Technik (Abb. 52 A) läßt sich auch hier das Vakuum-Staubsauger-Prinzip anwenden. Neben der in Abb. 53 d skizzierten Anordnung kann man auch noch verschiedene andere Gerätezusammenstellungen verwenden [605] (Fa. 119).

3. Transfer: DC → Papier

Für manche quantitative Bestimmungen ist eine vorherige Überführung der Substanz vom Dünnschicht-Chromatogramm auf Filtrierpapier vorteilhaft [566]. Hierzu wird um den Substanzfleck herum die Schicht in Dreieckform abgekratzt (Abb. 54a, schraffierte Zone). Mit Hilfe einer Mikropipette (4) wäscht man dann die Substanz in das capillar aufsaugende Filtrierpapier-Streifchen (3). Hieraus läßt sich die Substanz oft leichter und frei von kolloidalen Sorptionsmittelresten extrahieren.

4. Transfer: Lösung → Papier (PC) → DC

Liegen sehr verdünnte Lösungen mit wenig Substanz vor, so ist ein vorheriges Konzentrieren, d. h. Anreichern vorteilhaft. Hierzu kann man die Lösung auf ein zungenförmig zugeschnittenes Filtrierpapier (Abb. 54b) punktförmig auftropfen. Zum schnelleren Abdampfen des Lösungsmittels nimmt man einen Warmluftstrom [440]. Man kann sich auch der Ring-ofen-Technik bedienen [604]. Um nun den relativ großen Substanzfleck auf das DC zu überführen, stellt man die Papierzunge in eine mit Lö-sungsmittel gefüllte Schale (Abb. 54b). Die Substanz wird in die Zun-genspitze gewaschen. Von hier aus läßt sie sich in der aus Abb. 54c ersichtlichen einfachen Weise auf den DC-Startpunkt überführen.

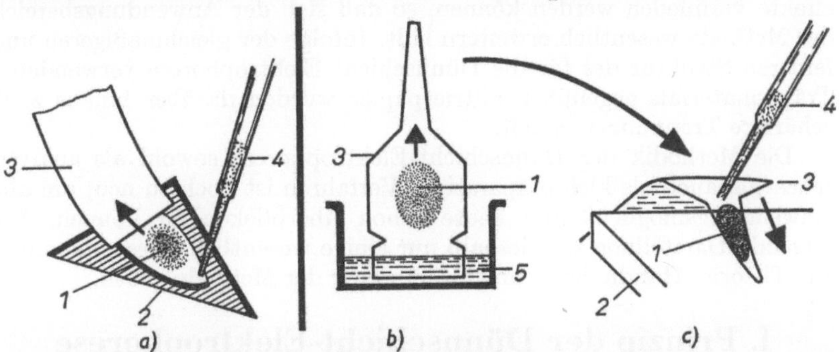

Abb. 54. Transfer DC↔Papier. *a)* Überführen eines Substanzflecks vom DC auf einen Papierstreifen; *b)* Konzentrieren eines Substanzflecks vom PC in die Zunge; *c)* Transfer dieses konzentrierten Substanzflecks auf DC
1 Substanzfleck, *2* Ausgeschabte DC-Zone (gestrichelt), *3* Filtrierpapier, *4* Mikro-pipette, *5* Kristallisierschale mit Lösungsmittel. Einzelheiten siehe Text [nach *559*].

Anmerkung: Bei der Spurenanalyse ist gelegentlich die Anreicherung einer bestimmten Substanz auf der DC-Platte selbst erforderlich. Hier hilft die zweidimensionale Entwicklung einer bandförmig aufgetragenen Substanzlösung. In der zweiten Dimension schiebt man mit einem stark polaren Fließmittel die Substanz des betreffenden Bandes in den Front-bereich zusammen [445]. Man kann in der 2. Dimension auch die einzel-nen Zonen durch Längsstriche voneinander abgrenzen.

5. Transfer: Gaschromatographie → DC

Viele gasförmig ausströmende Flüssigkeiten und Feststoffe können direkt punktförmig auf einer Adsorptionsschicht aufgefangen werden. Ein vorheriges Kondensieren in einem gekühlten Röhrchen und ein nachfolgendes Herauslösen kann so umgangen werden. Über Einzel-heiten dieser wertvollen Kombination informiere man sich in dem spezi-ellen Kapitel F (S. 114).

E. Dünnschicht-Elektrophorese

K. Hannig und G. Pascher

Consden, Gordon und Martin [*137*] führten schon 1946 die elektro-phoretische Trennung einer Mischung von Aminosäuren und Peptiden auf einer dünnen Schicht von Silicagel durch. Obwohl diese Technik keine speziellen Schwierigkeiten bot, konnte sie zunächst nicht Schritt halten mit der gleichzeitig entwickelten äußerst einfach durchführbaren Papierelektrophorese [*129, 268, 777*]. Erst in den letzten Jahren, nachdem die Herstellung und Verwendung dünner Sorptionsschichten durch die grundlegenden Arbeiten von Stahl gezeigt worden war, wurde die Idee der Dünnschicht-Elektrophorese wieder aufgegriffen. Sie bietet gegenüber der Papierelektrophorese den Vorteil, daß bei geeigneter Auswahl der zur Verfügung stehenden Trägermaterialien oft störende Adsorptionseffekte vermieden werden können, so daß sich der Anwendungsbereich der Methode wesentlich erweitern läßt. Infolge der gleichmäßigeren und feineren Struktur des für die Dünnschicht-Elektrophorese verwendeten Trägermaterials gegenüber Filtrierpapier wurden darüber hinaus z. T. schärfere Trennungen erzielt.

Die Methodik der Dünnschicht-Elektrophorese sowohl als analytisches als auch als kleinpräparatives Verfahren ist noch zu neu, um alle Anwendungsmöglichkeiten heute schon überblicken zu können. Die folgende Darstellung soll deshalb nur einige wesentliche Gesichtspunkte zur Theorie, Handhabung und Anwendung der Methode geben.

I. Prinzip der Dünnschicht-Elektrophorese

Eine übliche Dünnschichtplatte wird mit einer geeigneten Pufferlösung gleichmäßig besprüht. Das zu trennende Substanzgemisch wird auf die feuchte Schicht punkt- oder strichförmig aufgetragen und ein elektrisches Feld an die Platte gelegt. Die Substanzen wandern je nach ihrer elektrischen Ladung mit verschiedener Geschwindigkeit bzw. in verschiedener Richtung. Nach Beendigung des Trennvorganges sind die einzelnen Zonen durch das Trägermedium fixiert und können nach üblichen Methoden lokalisiert werden.

Abb. 55 zeigt die schematische Darstellung einer Trennung verschiedener Substanzen. Die bei dem pH der Elektrolytlösung negativ geladenen Substanzen (1, 2, 3, 5) wandern in Richtung Anode, die positiv geladenen Substanzen (4, 6) in Richtung Kathode.

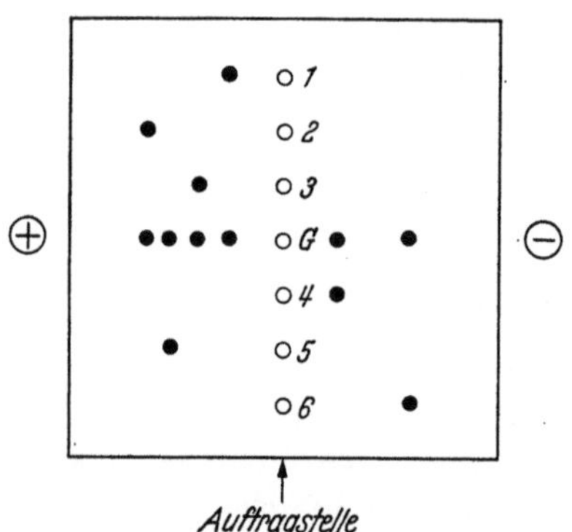

Abb. 55. Schema eines Dünnschicht-Elektropherogrammes. *1, 2, 3, 5*: negativ geladene Substanzen; *4, 6*: positiv geladene Substanzen; *G*: Mischung aus *1—6*

II. Theoretische Grundlagen [*129, 268*]

1. Allgemeines

Unter Elektrophorese versteht man die Wanderung von in Lösung befindlichen elektrisch geladenen Teilchen unter dem Einfluß eines elektrischen Feldes. Diese Wanderung ist abhängig von den Eigenschaften des Teilchens selbst (Vorzeichen sowie Stärke der Ladung, Hydratation, Dissoziationstendenz, Konfiguration usw.), von den Eigenschaften des das Teilchen umgebenden Milieus (pH der Elektrolytflüssigkeit, Ionenstärke, Temperatur, Viscosität usw.), weiterhin von der Stärke des angelegten elektrischen Feldes und von der Zeit. Für die *trägerfreie Elektrophorese* ergibt sich die elektrophoretische Beweglichkeit u (in cm^2/$V \cdot s$) eines sphärischen Teilchens:

$$u = \frac{q \cdot s \cdot \varkappa}{i \cdot t}$$

q = Querschnitt in cm^2; s = Wanderungsweg in cm während der Zeit t; i = Stromstärke in Ampère; $\varkappa$ = spez. Leitfähigkeit in (Ohm $\cdot$ cm)$^{-1}$.

2. Einflußfaktoren auf die Beweglichkeit von Teilchen in der Trägerelektrophorese (Dünnschicht-Elektrophorese)

Die Dünnschicht-Elektrophorese kann grundsätzlich auf alle Stoffe angewendet werden, die im Elektrolytmilieu löslich sind und elektrische Ladungen tragen, vorausgesetzt, daß sich Bedingungen finden lassen, unter denen die zu trennenden Stoffe sich in bezug auf Wanderungsrichtung oder Wanderungsgeschwindigkeit hinlänglich unterscheiden.

Der Ladungszustand (negative bzw. positive Überschußladung) z. B. eines Proteinteilchens und seine elektrophoretische Beweglichkeit sind eng miteinander verknüpft. Ungefähre Angaben über die voraussichtliche Richtung und Größe der Beweglichkeit im elektrischen Feld wandernder Teilchen können aus Titrationsdaten bezogen werden. Eine quantitative Übereinstimmung der aus Titrationskurven und aus der elektrophoretischen Beweglichkeit errechenbaren Nettoladung besteht allerdings nicht.

Bei der Ermittlung von Beweglichkeitsdaten sind bei der Trägerelektrophorese ganz allgemein einige Faktoren zu berücksichtigen, die im folgenden erwähnt seien:

a) Adsorption

Findet eine Adsorption der zu trennenden Substanz am Trägermaterial statt, so tritt eine Verminderung der Wanderungsgeschwindigkeit ein, da jeweils nur der nicht adsorbierte Teil der zu trennenden Substanz wandert. Dieser Adsorptionseffekt wirkt sich nicht nur auf die Wanderungsgeschwindigkeit aus, sondern beeinträchtigt auch das Trennergebnis. Die Adsorption bewirkt eine ungleichmäßige Konzentrationsverteilung, wobei die Vorderfront der Zonen steiler ist als die unscharfen, mehr oder minder verwaschenen Rückfronten.

b) Diffusion

Befinden sich gelöste Stoffe in einem Konzentrationsgefälle, so zeigen sie auf Grund der Brown'schen Molekularbewegung die Tendenz, in benachbarte Räume zu diffundieren. Da die Wanderungswege der wandernden Teilchen in einer Trägersubstanz immer gekrümmt sind, wird die Diffusion in die benachbarten Räume mit unterschiedlichem Konzentrationsgefälle verstärkt. Beide Faktoren bewirken, daß die Schärfe der Zonen im Trägermaterial je nach zurückgelegter Wegstrecke unterschiedlich sein kann. Aus dieser Tatsache ergibt sich, daß zur Erzielung möglichst scharfer Trennungen Trägermaterialien mit möglichst einheitlicher Korngröße vorzuziehen sind.

c) Zonenimperfektion

Da geringfügige Inhomogenitäten des Trägers oder ungleiche Feuchtigkeit und Elektrolytkonzentration sowie Temperaturunterschiede im elektrischen Feld niemals vollständig zu vermeiden sind, werden die Trennungen immer etwas ungleichmäßige Zonenfronten aufweisen. Diese Zonenimperfektion ist für die qualitative Erkennung einzelner Fraktionen von untergeordneter Bedeutung, stört jedoch, wenn eine quantitative Auswertung vorgenommen werden soll.

d) ζ-Potential und Elektroosmose

Bei allen Elektrophoreseverfahren in heterogenen Medien weist auch die feste Phase gegenüber der sie umgebenden Lösung eine vom pH abhängige elektrische Aufladung auf, die durch das sog. ζ-Potential gekennzeichnet wird. Da die Trägersubstanz in ihrer Lage fixiert ist, kommt es beim Anlegen eines elektrischen Feldes zu einer als Elektroosmose bezeichneten Strömung der Flüssigkeit entsprechend ihrer Aufladung gegenüber dem Trägermaterial. Die elektroosmotische Strömung kann unter Umständen so stark sein, daß eine scheinbare Umkehrung der Wanderungsrichtung der untersuchten Teilchen eintritt.

Der elektroosmotische Effekt nimmt mit feinerer Struktur und mit wachsender Feldstärke zu. Mit steigendem pH-Wert wird ein negatives ζ-Potential kleiner und ein positives ζ-Potential größer.

e) Sogeffekte

Neben der meist unvermeidbaren elektroosmotischen Strömung können methodisch beherrschbare Strömungen in der Elektrolytlösung auftreten. Ist die Trägerschicht zu Beginn des Versuches nicht völlig mit Flüssigkeit gesättigt, so tritt auch ohne Anlegen eines elektrischen Feldes der von beiden Seiten nach der Mitte zu wirkende Anfangssog auf. Ist die Trägerschicht infolge der durch den Strom bedingten Wärmeentwicklung etwas wärmer als die Umgebung, tritt Verdunstung ein. Die Schicht saugt daher aus den Elektrodenräumen Pufferlösung nach. Dieser Verdunstungssog bewirkt Elektrolytströmungen von den Seiten in Richtung Mitte der beschichteten Platte.

Anfangs- und Verdunstungssog nehmen zur Mitte der beschichteten Platte hin ab und werden dort Null. Dadurch werden schnell wandernde Substanzen relativ gebremst und die Trennung verschlechtert.

Sind die Elektrodenräume nicht gleich hoch gefüllt, oder steht die Anordnung nicht waagerecht, so findet eine Elektrolytströmung in Richtung des niedrigeren Niveaus statt (Heberwirkung).

3. Bezugseinheiten

Aus den bisherigen Ausführungen geht deutlich hervor, daß einer exakten Bestimmung der elektrophoretischen Beweglichkeit, die zur Identifizierung einer Substanz herangezogen werden kann, in heterogenen Systemen zahlreiche Schwierigkeiten entgegentreten.

Man arbeitet in der Praxis der Trägerelektrophorese daher nicht mit der tatsächlichen Beweglichkeit, sondern mit dem Begriff der scheinbaren Beweglichkeit.

Leider fehlt für die Bestimmung der scheinbaren Beweglichkeit eine eindeutige Definition analog zu dem exakt präzisierenden Rf-Wert in der Chromatographie. Es haben sich mehrere, Verwirrung stiftende Terme eingebürgert, wie: M_G-Wert, Ef-Wert, R_B-Wert sowie mr-Wert. Die Angaben verschiedener Autoren sind daher nicht ohne weiteres vergleichbar.

FOSTER [198] verwendet für Kohlenhydrattrennungen in Boratpuffer 2:3:4:6-Tetramethyl D-Glucose als nicht wandernde Substanz und Glucose als Bezugssubstanz, wobei er den Begriff: M_G einführt.[1]

$$M_G = \frac{\text{wahre Wanderungsstrecke der unbekannten Substanz}}{\text{wahre Wanderungsstrecke der Glucose}} .$$

Auf die Startlinie wird mit der unbekannten Substanz eine unter den Versuchsbedingungen elektrisch inerte, also nicht wandernde Bezugssubstanz aufgetragen.

Eine weitere Möglichkeit der Festlegung des Wanderungsweges besteht darin, daß man die Wanderungsstrecke einer unbekannten Substanz in Relation setzt zu der Wanderungsstrecke einer ebenfalls wandernden bekannten Substanz. Hierbei wird die Wanderung nach der Gleichung

$$R_B = \frac{\text{Wanderungsstrecke der unbekannten Substanz}}{\text{Wanderungsstrecke der Bezugssubstanz}}$$

berechnet [754].

Der gleiche Quotient wird von HONEGGER [299] als Ef-Wert bezeichnet.

Beide Bezugsgrößen genügen, wenn dafür gesorgt ist, daß neben der unvermeidlichen elektroosmotischen Strömung keine Sogeffekte auftreten. Ist mit von Trennung zu Trennung unterschiedlichen Sogeffekten (s. oben) zu rechnen, so empfiehlt sich folgende Arbeitsweise:

Man bringt auf die Auftragsstelle das zu untersuchende Substanzgemisch, weiterhin eine inerte, also unter den Versuchsbedingungen nicht wandernde Substanz und außerdem eine ebenfalls wandernde Bezugssubstanz auf. Nach der Trennung werden die Substanzen

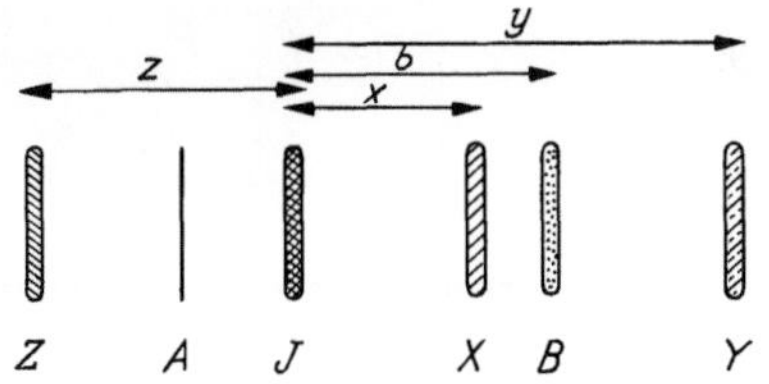

Abb. 56. Schema einer elektrophoretischen Trennung zur Berechnung der m_r-Werte. A Auftragsstelle; B Bezugssubstanz; I Inerte Substanz; X, Y, Z Unbekannte Substanzen nach der Trennung; x, y, z, b Abstand der unbekannten Substanzen und der Bezugssubstanz von der inerten Substanz;

Substanz X $m_r = \dfrac{x}{b}$; Substanz Y $m_r = \dfrac{y}{b}$;

Substanz Z $m_r = \dfrac{z}{b}$

---

[1] M = Migration; G = Glucose

lokalisiert und die Wanderung der unbekannten Substanzen nach dem in Abb. 56 gezeigten Schema berechnet.

Mit Hilfe dieser Methode werden sowohl der elektroosmotische Effekt als auch die Sogeffekte korrigiert [758].

III. Apparative und methodische Einzelheiten

1. Apparaturen

Für die Dünnschicht-Elektrophorese kann gegebenenfalls eine der gebräuchlichen Papierelektrophoreseanordnungen verwendet werden. Heute befindet sich jedoch eine Reihe von speziell dafür entwickelten Geräten im Handel (Fa. 87, 129, 44).

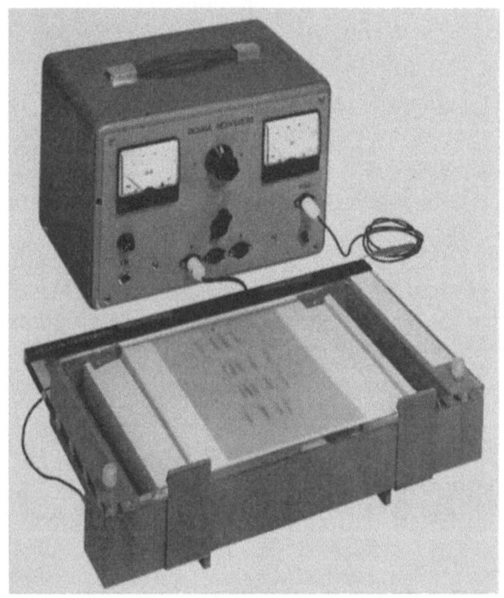

Abb. 57. Gesamtansicht einer Dünnschicht-Elektrophorese-Anordnung (Werkfoto Fa. 44)

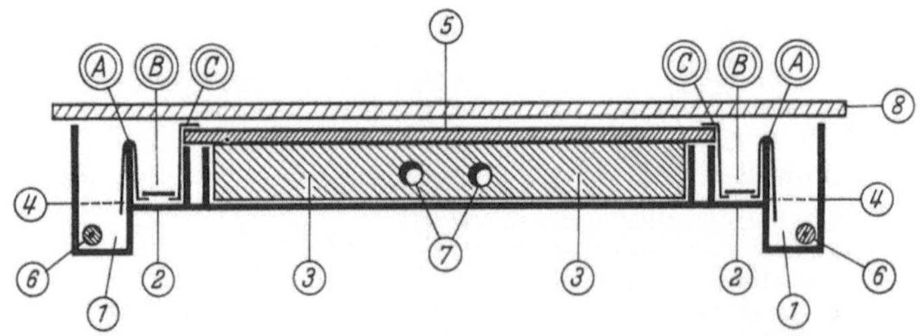

Abb. 58. Querschnitt durch die Elektrophoresekammer. *A* Papierbrücken *A*; *B* Filterkarton *B*; *C* Transportzungen *C*; *1* äußerer Elektrodenraum; *2* innerer Elektrodenraum; *3* Kühlblock; *4* Pufferhöhe; *5* Dünnschichtplatte; *6* Platin-Elektroden; *7* Kühlmittelanschlüsse; *8* Deckplatte

Abb. 57 zeigt die Gesamtansicht eines solchen Gerätes, Abb. 58 den
Querschnitt durch die Elektrophoresekammer. Die Dünnschichtträger-
platte (20 × 20 cm) liegt auf einer wassergekühlten Metallplatte. Der
Stromkontakt zwischen den mit Puffer gefüllten Elektrodenräumen und
der Sorptionsschicht wird mittels in Puffer getränkten Filterstreifen
hergestellt. Das stabilisierte Netzanschlußgerät liefert wahlweise Gleich-
strom von 100, 200 bzw. 400 V.

2. Arbeitsweise

a) Trägerschichten und Präparation der Platten

Es sollen hier einige der z. Z. gebräuchlichsten Sorbentien erwähnt
werden. WIELAND und PFLEIDERER [753] trennten auf Stärke Protein-
hydrolysate sowie Adenosin-mono-, -di-, -tri-phosphorsäure, weiterhin
Serumproteine. MARTEN [432] trennte biologische Substanzen, PFRUNDER
u. Mitarb. [528] anorganische Ionen auf Agar-Schichten. PASTUSKA und
TRINKS [502, 503] berichten über Trennungen auf Kieselgel G und Kieselgur G, während HONEGGER [299] die gleichen Träger sowie zusätzlich
Aluminiumoxid G verwendet. JOHANSSON und RYMO [330, 331], sowie
DOSE und KRAUSE [170] trennten Eiweiß, Peptide, Aminosäuren und
Farbstoffe auf Dextrangel (Sephadex G_{25}, G_{50}, G_{75}). Über Trennungen
in dünnen Schichten von Stärkegel berichten RAMSEY [556] sowie BAUR
[52]. Zur Trennung von DNA-Bausteinen verwendeten KECK und HAGEN
[342] Celluloseschichten. Mit der quantitativen Trennung von Jodat-
Perjodat-Mischungen, deren Durchführung auf Papier nicht möglich war,
beschäftigten sich DOBICI und GRASSINI [165]. Als Trägerschicht verwendeten sie Gips. Die Analysensubstanzen werden auf die feuchte Platte
aufgetragen. Die Platten werden anschließend sofort in die Apparatur
gesetzt und die Trennung gestartet. Manche Autoren schlämmen das
Trägermaterial zum Beschichten der Platten anstelle von Wasser in dem
zur Trennung verwendeten Puffer auf und umgehen damit das Besprühen
vor der Trennung. So präparierte Platten müssen jedoch unmittelbar
vor dem Gebrauch gegossen werden.

b) Pufferlösungen

Die zu trennenden Substanzen müssen in dem gewählten Milieu stabil
und löslich sein. Der pH-Wert der Pufferlösung darf sich während der
Trennung nicht verändern, und die Pufferkonzentration in der Schicht
soll konstant bleiben.

Bei zu hoher Ionenstärke tritt eine übermäßige Erwärmung der
Schicht ein. Nichtflüchtige Puffer erfahren dadurch eine Konzentrierung,
was weitere Erhöhung der Ionenstärke und noch stärkere Erwärmung
zur Folge hat. Bei Verwendung flüchtiger Puffer können bei verschieden
hohem Siedepunkt von Kation und Anion (z. B. Triäthylamin, Sp 89° C
und Essigsäure, Sp 118,1° C) durch die ungleichmäßige Verdunstung
unkontrollierbare pH-Verschiebungen auftreten. Es empfiehlt sich daher
in solchen Fällen entweder mit geringeren Feldstärken oder verdünn-

terem Puffer zu arbeiten. Tab. 12 gibt eine kurze Übersicht über in der Dünnschicht-Elektrophorese anwendbare Pufferlösungen.

c) Stromverhältnisse

Die Stromverhältnisse, mit denen gearbeitet werden kann, hängen von der Intensität der Kühlung ab. Die entstehende Joulesche Wärme muß abgeführt werden, um eine dauernd steigende Erwärmung der Schicht zu vermeiden. Bei 2—4 W Leistung reicht in der oben beschriebenen Anordnung die Wasserkühlung im allgemeinen aus. Werden höhere Leistungen gewünscht, muß mittels eines Kryostaten gekühlt werden [692, 754].

Aus der an den Elektroden liegenden Spannung läßt sich nicht ohne weiteres die Feldstärke in der Dünnschicht berechnen. Die verschiedenen Filterbrücken, die den Stromkontakt zwischen Elektrodenräumen und Dünnschichtplatte herstellen, bedingen einen mehr oder minder großen Spannungsabfall. Um Angaben über die Feldstärke in der Dünnschicht machen zu können, müßte die Spannung an den Seiten der Dünnschichtplatte mit einem Röhrenvoltmeter abgegriffen werden. In den meisten Fällen werden daher keine Feldstärken angeführt, man beschränkt sich vielmehr auf die Angabe der Klemmenspannung (Tab. 12).

d) Eindimensionale Dünnschicht-Elektrophorese

Auf einer senkrecht zum elektrischen Feld liegenden Startlinie — deren Lage nach der zu erwartenden Wanderungsrichtung der Substanzen gewählt wird — werden die zu trennenden Substanzgemische und evtl. eine Bezugssubstanz punkt- oder strichförmig auf die mit Puffer besprühte Trägerplatte mittels Mikropipette aufgetragen. Die Startpunkte können mit einem Metallstift oder harten Bleistift markiert sein. Die Startpunkte sollten 2—3 cm voneinander entfernt sein, der Durchmesser der Substanzflecken sollte unter 1 cm liegen.

e) Zweidimensionale Dünnschicht-Elektrophorese

Das Aufbringen des Substanzgemisches erfolgt meist an einer Ecke, etwa 4—5 cm von den Rändern der Platte entfernt. Es ist wichtig, daß für die 1. Dimension ein flüchtiger Puffer, der vor dem 2. Lauf völlig entfernt werden muß, verwendet wird.

f) Fingerprint-Technik

Die kombinierte Elektrophorese-DC-Methode hat sich auf Trägerschichten gut bewährt [299, 342, 692]. Im Prinzip ist die Reihenfolge, in der die beiden Methoden angewendet werden, gleichgültig und wird sich nach den Gegebenheiten richten. Es ist hier jedoch ebenfalls wichtig, daß das Fließmittel bzw. der Elektrolyt nach dem ersten Lauf vollständig entfernt wird. Werden also für die Elektrophorese salzhaltige Puffer verwendet, muß zuerst chromatographiert werden. Das Besprühen der Platte für die nachfolgende elektrophoretische Trennung muß jedoch

Tabelle 12. *Trennbedingungen für verschiedene Substanzgruppen*

Substanzgruppen	Pufferzusammensetzung	pH	Spannung bzw. Feldstärke	Trägerschicht	Literatur
Amine, Aminosäuren	2 N Essigsäure: 0,6 N Ameisensäure = 1:1	2,0	460 V		[9]
	Pyridin:Eisessig: Wasser = 1:10:90	3,6		Kieselgel Kieselgur	
	Natriumcitrat-Puffer (0,1 M)	3,8	440 V	Aluminium- oxid G	
Aminosäuren, DNP- Aminosäuren, Peptide, Serum-Proteine	0,02 M Phosphat- Puffer (enthaltend 0,2 M NaCl)	7,0		Sephadex G_{25}, G_{50}, G_{75}, G_{100}	[10, 11]
Aminosäuren, Trypt. Abbauprodukte von Hämoglobin u. Ovalbumin	Pyridin:Eisessig: Wasser = 20:9,5:970	5,2	60 V/cm	Kieselgel H, Cellulose MN 300	[20]
Aminosäuren, Amine, Peptide, Serum-Pro- teine, Proteinhydroly- sate, biologische Phos- phatverbindungen	0,075 M Veronal- puffer	8,6	20 V/cm	Stärke Cellulose	[21]
Esterasen	0,025 M Boratpuffer	8,55	15 V/cm	Stärkegel	[18]
Serum-Proteine, Milch- säuredehydrogenase- Isoenzyme	Tris-Puffer: 9,3 g Tris + 1,2 g EDTA-Na- trium + 0,71 g Bor- säure/l	9,0	300 V	Acrylamidgel	[19]
Serum-Proteine, Hämo- globin	Tris: 0,1 M; Citronen- säure: 0,0067 M; Borsäure: 0,04 M; NaOH: 0,016 M	8,65	4—5 V/cm	Stärkegel	[1]
Desoxiribonucleinsäure- Bausteine (Nucleotide, Nucleoside, Basen)	Ammoniumformiat- Puffer 0,05 M	3,4		Cellulose MN 300	[12]
Phenole, Phenolcarbon- säuren, Naphthole	80 ml Äthanol + 30 ml H_2O + 4 g Borsäure + 2 g Na- triumacetat (kristall- wasserhaltig)	4,5 5,5	20 V/cm	Kieselgel	[15, 16]
	pH mit Eisessig ein- gestellt			Kieselgur	
	pH mit Natronlauge eingestellt	7,8			
Farbstoffe	pH mit Natronlauge eingestellt	12,0		Kieselgel G	
Anorgan. Kationen u. Anionen	0,05 M Milchsäure 0,1 N Natronlauge		13—46 V/cm 13—45 V/cm	Kieselgel Kieselgur	[14]
Jodat-Perjodat	0,05 M Ammonium- carbonat		400 V	Gips	[5]
Teer-Farbstoffe	0,05 M Borax	9,18	200 V	Kieselgur Kieselgel Aluminiumoxid	[4]

8 Dünnschicht-Chromatographie, 2. Aufl.

sehr vorsichtig geschehen, um ein Verwaschen der bereits aufgetrennten
Substanzen zu vermeiden. Abb. 59 zeigt die Auftrennung eines Casein-
Hydrolysates.

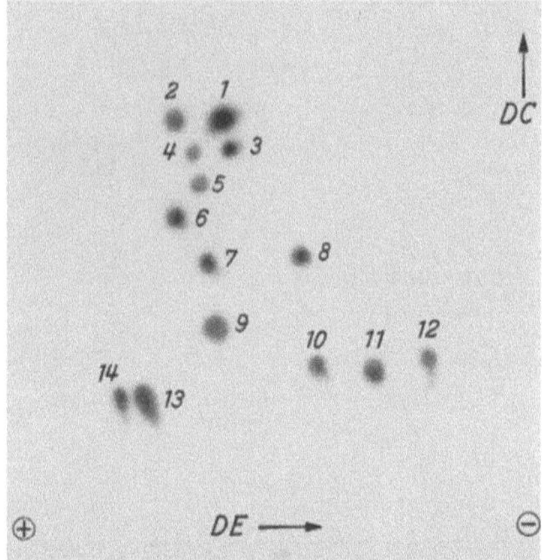

Abb. 59. Fingerprint eines Caseinhydrolysates auf Cellulose MN 300. Plattengröße 20 × 20 cm;
Schichtdicke 0,25 mm. 1. Dimension: Elektrophorese; Puffer: 25 ml Ameisensäure + 78 ml Eis-
essig/Liter; 400 V, Laufzeit 75 min. 2. Dimension: DC; Fließmittel; Chloroform-Methanol-17,5proz.
Ammoniaklösung (41 + 41 + 18). *1* Leucin + Isoleucin, *2* Phenylalanin, *3* Valin, *4* Methionin,
5 Prolin, *6* Tyrosin, *7* Hydroxyprolin, *8* Alanin, *9* Serin + Threonin, *10* Glycin, *11* Histidin,
12 Arginin + Lysin, *13* Glutaminsäure, *14* Asparaginsäure

F. Kopplung
Gas-Dünnschicht-Chromatographie

R. Kaiser

Gas-Chromatographie und Dünnschicht-Chromatographie lassen sich
direkt koppeln. Unter „direkter" Kopplung ist das unmittelbare zeitliche
und örtliche Zusammenwirken zu verstehen.

Wendet man die direkte Kopplung richtig an, d. h. beschränkt man sie
auf jene analytischen Probleme, die sich gas- und dünnschicht-chromatographisch bearbeiten lassen, dann sind unerwartet wertvolle Möglichkeiten geschaffen. Man kann wegen des besonders hohen Informations-
gehaltes von solchen Kopplungsanalysen das Verfahren als neue analytische Qualität bezeichnen.

Es zeigt drei wesentliche Merkmale:

1. GC-DC-Kopplungsanalysen erlauben eine zweifache gekoppelte
chromatographische Trennung. Die Trennung ist zweidimensional. Das
Endergebnis wird durch den Vergleich eines Gas-Chromatogramms der
Untersuchungssubstanz mit dem GC-DC-Chromatogramm erhalten.

2. Neben der quantitativen und qualitativen Einzelanalyse bietet die
Kopplung die Möglichkeit der unabhängigen und mehrfachen qualitativen Identifizierung.

3. Die Kopplungsanalyse ist ein sehr kritisches Kontrollverfahren. Vor allem Widersprüche der qualitativen Ergebnisse werden aufgedeckt. Dadurch erlaubt die Kopplungsanalyse rückwirkend auch die Kontrolle der quantitativen GC-Werte. Da gern DC-Ergebnisse mit Hilfe der Gas-Chromatographie „quantisiert" werden, kann durch diese Art Kontrolle die Richtigkeit der analytischen Arbeit sehr verbessert werden.

Eingangs wurde einschränkend gesagt, unter richtiger Anwendung soll verstanden werden, daß nur solche analytischen Probleme bearbeitet werden können, für welche beide Methoden geeignet sind. Hier soll erweitert werden: Die Kopplungsanalyse zeigt oft erst, ob die Methoden für den speziellen Fall geeignet sind. Ferner zeigt die Praxis, daß viel mehr Probleme sowohl gas-chromatographisch als auch dünnschicht-chromatographisch mit Erfolg bearbeitet werden können, als man anfangs annehmen würde. In den allermeisten Fällen sind Teilprobleme lösbar, wenn die Art der Probe selbst die Anwendung der Einzelverfahren verbietet.

I. Prinzip der GC-DC-Kopplungsanalyse

Die zu untersuchende Probe wird zunächst gas-chromatographiert. Dazu ist bekanntlich nur unzersetzt flüchtiges oder reproduzierbar zersetzliches oder pyrolisiertes Produkt geeignet (alle Gase, viele Flüssigkeiten und feste Stoffe mit Dampfdrücken bis zu 10^{-2} Torr bei 200° C).

Die Probe wird bei wählbaren Temperaturen zwischen 20 und 500° C in einen inerten Trägergasstrom verdampft. Wenn nicht alles verdampfbar ist, kann zur quantitativen Kontrolle eine „Leitsubstanz" bekannter Art in bekannter Menge vor der Dosierung zugesetzt werden.

Die verdampfte Probe wird nun mit geeignetem Trägergas bei bestimmter Temperatur durch eine sog. Trennsäule transportiert, in der auf Grund spezifischer Retention eine Trennung in Individuen eintreten soll. Analog zu den Vorgängen bei der DC ist hier die Retentionszeit t_r der Substanz ein qualitatives Maß, das zur Identifikation oder zur Strukturaufklärung führen kann. Weitere Einzelheiten zur GC hier zu besprechen ist nicht notwendig, siehe dazu z. B. BAYER [53], KAISER [337], KEULEMANS-CREMER [345].

Die getrennten Individuen verlassen die Trennsäule als Dampfpfropfen (Peaks) mit dem Trägergas. Normalerweise liegt hierbei die Dampfkonzentration bei $10^{-5}-10^{-10}$ g/ml. Der austretende Trägergasstrom liegt bei 1—4 l/h. Bei direkter GC → DC-Kopplung bläst das Trägergas direkt auf die wenige Zehntel mm vom Trennsäulenausgang entfernt befindliche Dünnschicht und „dosiert" so zwischen $10^{-5}-10^{-10}$ g Substanz pro sec in die Dünnschicht (Abb. 60). Je nach Temperatur-, Gasströmungs-, Polaritäts-, Konzentrations- und Adsorptionsbedingungen werden von der Schicht 30—80% der antransportierten Menge Substanz festgehalten. In besonders günstigen Fällen mag die „Ausbeute" an den theoretischen Wert von 100% herankommen.

Die DC-Analyse der „GC-transferierten" Substanzen führt zur zweiten chromatographischen Trennung der gas-chromatographisch

8*

vielleicht ungetrennt gebliebenen Gemische, wenn die auf einer Startlinie dosierten Substanzen, wie in der DC üblich, anschließend mit Fließmittel entwickelt werden.

Auf jeden Fall läßt sich aber nach der Entwicklung der charakteristische hRf-Wert ermitteln, so daß jeder Bestandteil des ursprünglichen Stoffgemisches durch zwei chromatographische Kennwerte charakterisiert werden kann, die sich prinzipiell unterscheiden durch den *Retentionsindex* (GC) und den *hRf-Wert* (DC). Durch geschickte Wahl der Retention in der GC und der DC kann eine günstige Ergänzung erzielt werden, z. B. GC-Trennung nach Molgewicht → DC-Trennung nach Polarität usw.

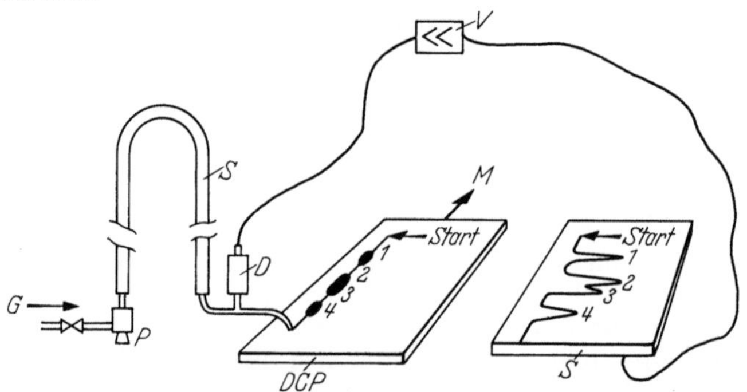

Abb. 60. *Prinzip* der GC/DC-Direktkopplung. *G* Trägergas; *P* Probengeber; *S* Trennsäule; *D* Detektor, in welchen über das darunter erkennbare T-Stück nur ein Teil des Trägergases und damit nur ein Teil der getrennten Komponente einströmt. *DCP* Dünnschichtplatte, vom Motor *M* kontinuierlich oder schrittweise am Dosierrohr vorbeigezogen; *S* Schreiber; *V* Verstärker

Während bei der GC-Analyse das Chromatogramm nur elektronisch bzw. als Bild (Peaks) gespeichert werden kann (Schreiber, Magnetband) und nur in Form von Zeitwerten und Intensitäten des Detektorsignals festgehalten wird, ist das auf der DC-Platte „gespeicherte Gas-Chromatogramm" stofflich noch vorhanden und bietet somit jetzt alle Möglichkeiten der chemischen Identifikation und Stoffumwandlung, die der DC-Technik eigen sind.

Die gas-chromatographische Identifizierung aus Responsedaten mit Hilfe unterschiedlicher Detektoren und aus Retentionsindexdifferenzen werden jetzt außer durch den hRf-Wert über die Sichtbarmachung mit spezifischen Sprühreagentien erweitert.

Auf diese Weise wird das analytische Endergebnis doppelt qualitativ und damit schließlich auch quantitativ gesichert.

Indem man das Dünnschicht-Chromatogramm ohne GC-Dosierung neben dem Kopplungs-Chromatogramm laufen läßt (s. Abb. 64, 65) lassen sich weitere Aussagen gewinnen: Vollständigkeit der Stofferfassung, Veränderungen der Stoffe im Gas-Chromatographen, Veränderungen auf der Dünnschichtplatte, Störungen der GC-Trennung, Verfälschungen der quantitativen Anzeige der GC usw.

Diese Kontrolle ist wichtig, wird doch die GC gern zur „Quantisierung" der DC-Analyse eingesetzt. Sie führt leicht zu hohen systematischen Fehlern, wenn Zersetzungen oder nicht vollständige Erfassung aller Probenbestandteile auftreten.

Die direkt gekoppelte Anwendung von GC mit DC haben als erste NIGAM, SAHASRABUDHE und LEVI [480] beschrieben und auf die besondere Bedeutung dieses Kombinationsverfahrens hingewiesen. Die Autoren analysierten damit Inhaltsstoffe ätherischer Öle, sie dosierten über die Gasphase einzelne GC-Peaks auf die DC-Platte.

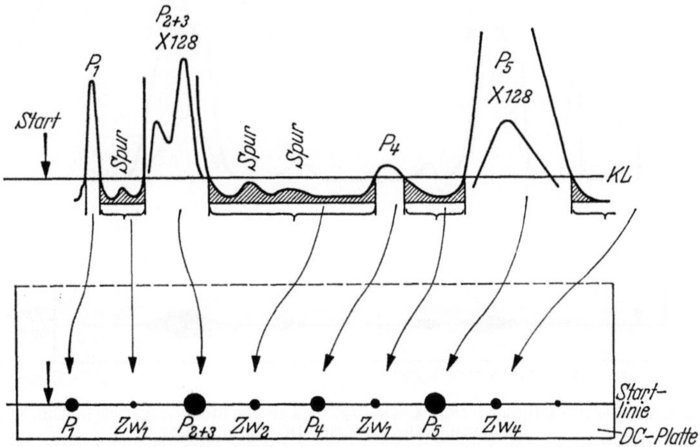

Abb. 61. Schrittweises Dosieren (*Punktdosierung*). Am Schreiber ist ein Kontakt in Höhe der Kontaktlinie *KL* so eingestellt, daß beim jeweiligen Durchgang des Schreiberwagens über die elektrische Schaltung (Abb. 66) der Motor *M* in Abb. 67 für raschen 10—15 mm-Plattentransport eingeschaltet wird. Damit wird die Substanz von Peak $P_{1, 2}$ und $_{3, 4, 5}$ automatisch als je ein Fleck dosiert; ferner werden die Zwischenfraktionen $Zw_{1, 2, 3, 4}$ als je ein Fleck auf die DC-Startlinie dosiert

Unabhängig und etwa zur gleichen Zeit haben KAISER [336] und JANAK [319] Kopplungstechniken beschrieben, bei welchen sich die Platte während des Dosierens in Richtung einer sog. Startlinie bewegt. JANAK beschrieb die Kopplung in erster Linie als Dosierverfahren für DC und Papier-Chromatographie. KAISER wies darauf hin, daß die Kopplung in erster Linie zur Steigerung der analytischen Aussagekraft beider Methoden dient und beschrieb eine Variante, bei der vom Detektor des Gas-Chromatographen automatisch die Plattenbewegung gesteuert wird, so daß jeder GC-Peak und jede „Zwischenfraktion" punktförmig dosiert werden (Abb. 61). Dies hat den Vorteil, daß die Platte die mit Trägergas stark verdünnten „Peaks" kumuliert, wodurch sich eine enorme Steigerung der Empfindlichkeit besonders für Spurenanalysen erzielen läßt. Wird die Platte linear bewegt, so hat dies auch seine Vorteile, besonders wenn die Trennsäule temperaturprogrammiert wird, weil dann Verdünnungen des Dosierfleckens vermieden werden, die sonst mit der bei isothermer Arbeitsweise auftretenden Peakverbreiterung unvermeidbar sind (Abb. 62).

Man kann aber auch die Bewegung der DC-Platte programmieren und zwar mit logarithmischer Verlangsamung, hierbei könnte die isotherme Arbeitsweise der GC beibehalten werden. Diese Art Kopplung ist aber aus verschiedenen Gründen nachteilig. Experimentelle Einzelheiten beschreiben dazu JANAK et al. [*321*].

Natürlich wird schon seit langem die GC und DC *indirekt* gekoppelt. Man isoliert dazu Peaks aus dem Gas-Chromatogramm präparativ oder extrahiert Flecken aus der Dünnschicht und trennt die isolierte Substanz entsprechend mit der anderen Methode nach, aber zahlreiche und entscheidende Vorteile der direkten Kopplung werden so nicht nutzbar und man erhält auf diese Weise keine neue analytische Qualität.

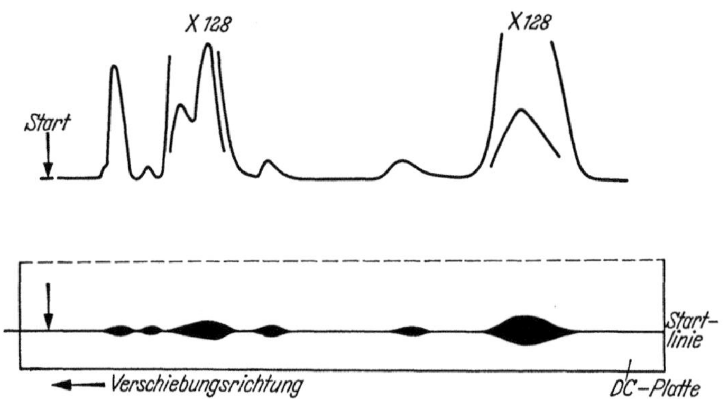

Abb. 62. Kontinuierliches Dosieren (*Strichdosierung*). Das gleiche Stoffgemisch wie in Abb. 61 wird auf die kontinuierlich laufende DC-Platte dosiert

Die diskontinuierliche Kopplung DC → GC erfolgt danach stets über den Schritt eines mechanischen Transfers, der Zeit kostet, Substanzverluste aufweist, bestehende stoffliche und zeitliche — d. h. mit der Struktur zusammenhängende — entscheidende Informationen verliert.

Auf diese zeitlich getrennte Kopplung wird hier nicht eingegangen (s. z. B. [*669*] und Abb. 100).

Es ist allerdings nicht uninteressant zu wissen, daß der zeitlich getrennte, diskontinuierliche Transfer mit den gleichen hohen Stoffausbeuten möglich ist, wie sie für das direkte Kopplungsverfahren gelten. NEILL et al. [*471*] beschrieben, daß dieser Transfer noch mit $1 \cdot 10^{-7}$ g Substanz in für biologisch analytische Probleme ausreichender Genauigkeit erfolgen kann.

Im folgenden wird die notwendige apparative Ausrüstung behandelt. Danach werden einige prinzipielle und spezielle Anwendungsmöglichkeiten beschrieben.

II. Apparative Ausrüstung

Das GC-Trennsäulenende ist mit einem T-Stück versehen, welches den Gasstrom in zwei Ströme aufteilt. Ein kleinerer Teilstrom (5—20% der Gesamtmenge) strömt über den Detektor — besonders geeignet ist dabei ein Ionisationsdetektor oder eine Detektorkombination. Der größere Teilstrom (95—80% der Gesamtmenge) strömt aus einem Mundstück mit

einer 0,8—1,5 mm großen Öffnung aus einem Abstand von 1 mm senkrecht auf die Dünnschicht. Die Substanzen werden direkt aus der Gasphase aus dem strömenden Trägergas heraus auf die Dünnschicht übertragen. Bis zur Überladung der Adsorptionskapazität ist dabei die Auf-
tragsfläche kaum größer als die Austrittsfläche des Dosierrohres (Abb. 63).

Bei der schrittweisen Verschiebung der Dünnschichtplatte werden
solche Bedingungen eingehalten, daß jeder große oder mäßig große Peak
auf einem Punkt niedergeschlagen wird und alle übrigen kleinen und

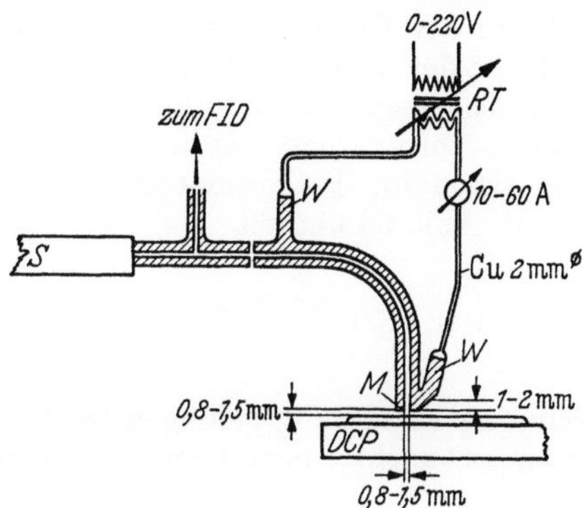

Abb. 63. *Dosierrohr* mit Mundstück. Elektrisch durch Hochstrom direkt geheiztes Stahlrohr, etwa
2 × 0,5 mm; am Mundstück durch sog. Wurzelheizung *W* beheizt

kleinsten Peaks, welche zwischen großen Peaks liegen, auf je einem weiteren Punkt gemeinsam gesammelt werden. Dies wird erreicht, indem ein
Grenzkontakt am GC-Schreiber vom Schreiberwagen gesteuert einen
Stromimpuls an eine Verschiebungsmechanik weitergibt, die die schrittweise Plattenverschiebung bewirkt. Die Sammlung von Spuren in einem
Fleck zeigt eine hohe Empfindlichkeit für die Erfassung. Diese schrittweise punktförmige Dosierung auf die Dünnschicht hat Vor- und Nachteile. Andere Vor- und Nachteile hat eine stetig kontinuierliche Plattenverschiebung, wobei die Substanzpeaks mehr strichförmig niedergeschlagen werden. Hierbei ist die Kopplung mit einem temperaturprogrammier-
ten GC-Gerät besonders vorteilhaft. Das Verschiebungstempo kann mit
dem Papiervorschub am Schreiber abgeglichen werden. Nachdem der
zur Verfügung stehende Platz auf der punkt- oder strichförmig zu be-
setzenden Startlinie der DC-Platte ausgefüllt ist, entwickelt man wie
üblich und macht die ehemaligen GC-Peaks als DC-Flecken sichtbar.

Nicht oder nur mäßig getrennte Gemische, total oder partiell über-
lagerte Peaks, werden nochmals chromatographisch nachgetrennt. Die
ganze Vielfalt von trennenden Medien der DC kann dabei eingesetzt
werden, und zwar Kombinationen von verschiedenartigen Fließmitteln
mit verschiedenen Sorptionsmitteln und Arbeitstechniken. Im einfachsten Falle wird man ein zur DC geeignetes Kieselgel verwenden, das nach
Polarität trennt und ein allgemein übliches Fließmittel, z. B. Chloroform.
Nach Beendigung dieser Trennung werden die Flecken mit den üblichen

Verfahren der DC sichtbar gemacht (S. 78). Die verwendete Reaktion kann z. B. farbspezifisch sein. In günstigen Fällen können schon in diesem Stadium der Kopplung Identifikationen gelingen, indem man den *Rf*-Wert der GC, den DC-Retentionsindex und die chemische Nachweisreaktion verwendet. Die ganze breite Vielfalt von Erkennungsreaktionen auf der Dünnschichtplatte steht zur Verfügung und übertrifft für den Fall einer positiven Reaktion jeden spezifischen GC-Detektor an Informationsgehalt. Dazu muß man das quantitative Gas-Chromatogramm mit dem qualitativen Dünnschicht-Chromatogramm kritisch vergleichen. Zweckmäßig hat man vor der DC-Entwicklung das Analysenausgangsgemisch zusätzlich in Höhe der GC-dosierten Punkte oder Linie aufgetragen und trennt dieses Ausgangsgemisch auf der gleichen Platte nur nach der DC-Technik. Das Gas-Chromatogramm und die „zweidimensionale" GC/DC-Trennung und das reine D-Chromatogramm liegen jetzt zum Vergleich vor, siehe z. B. Abb. 68 und 69.

III. Aussagen der Kopplungsanalyse

Man erkennt

1. ob die GC-Trennung vollständig gelungen ist oder ob sich einige GC-untrennbare Peaks DC-nachtrennen ließen (Abb. 64);

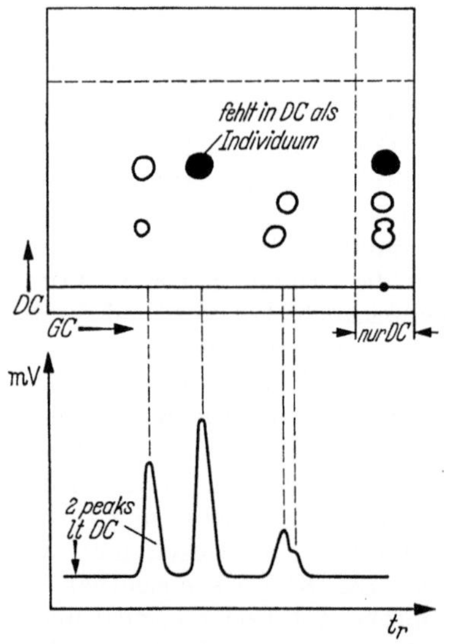

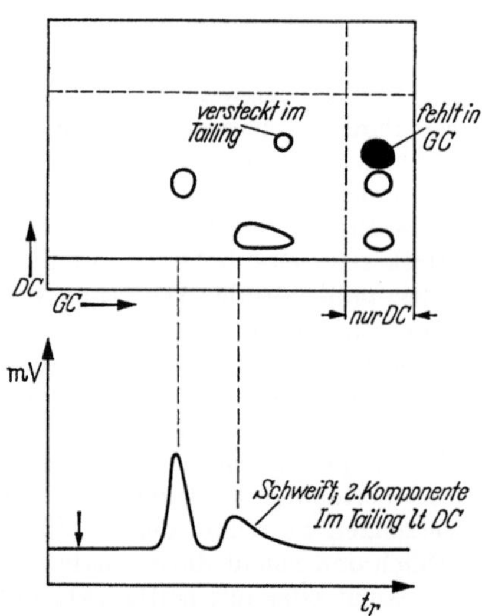

Abb. 64. *Nachtrennung* von durch GC-nicht-getrennten Komponenten auf der DC-Platte und GC-Trennung von auf der DC-Platte nichtgetrennten Peaks sowie gute DC-Auflösung von nur mäßig GC-getrennten Peaks

Abb. 65. *Kontrolle* der Vollständigkeit der GC-Analyse. Der schwarz gekennzeichnete im DC-Kontroll-Chromatogramm sichtbare Fleck fehlt im Gas-Chromatogramm. Eine im Tailing des schweifenden Peaks versteckte Substanz kann auf der DC-Platte erkannt werden

2. ob die gesamte Probe gas-chromatographierbar war oder ob Stoffe in der Probe vorliegen, die sich mit DC abtrennen lassen, aber im Gas-

Chromatogramm nicht erscheinen (Vergleich mit dem DC-Kontrollchromatogramm) oder sich im auslaufenden Tailing eines GC-Peaks versteckt haben (Abb. 65).

3. ob und wo stoffliche Veränderungen der Probe beim gas-chromatographischen Prozeß oder im nachgeschalteten Dosierrohr stattfinden. Diese Stoffe fehlen im DC-Kontrollchromatogramm. Hat eine Zersetzung im Dosierrohr stattgefunden, dann ist diese durch Temperaturverringerung meist zu beeinflussen. Anstelle der direkt beheizten StahlCapillare zieht man in solchen Fällen ein indirekt beheiztes Edelmetallrohr von 0,5—1 mm lichte Weite vor.

Man erkennt aus der Kopplungsanalyse ferner

4. ob die Trennsäule gas-chromatographisch sauber ist und kann entscheiden, ob die Null-Linie „elektrisch oder stofflich schwankt"! Hierzu wird die verwendete GC-Trennflüssigkeit (stationäre Phase) auf die DC-Platte dosiert. Falls man diese nicht besitzt, muß man einen Anteil der Säulenfüllung mit geeigneten DC-reinen Lösemitteln erschöpfend extrahieren und den Extrakt als Dünnschicht-Kontrollchromatogramm laufen lassen.

Man erkennt, daß die unter 3 und 4 genannten möglichen Befunde sehr wichtige Aussagen für die präparativ gas-chromatographische Arbeitsweise darstellen. Zahlreiche diskontinuierliche methodische Kombinationen, die die Gas-Chromatographie als Vortrennungsmethode benutzen, sind auf diese Weise elegant kontrollierbar, Störquellen werden aufgedeckt.

Die unter 1 und 2 genannten möglichen Befunde sind für die Kontrolle der quantitativen Gas-Chromatographie von hohem Nutzen. Mit 1 und 3 lassen sich die für die qualitative Analyse wichtigen Befunde erhalten. Die direkte unmittelbare Kopplung GC—DC dient in erster Linie der Kontrolle eines schon ausgearbeiteten Analysenverfahrens. Sie liefert dabei evtl. nötige Korrekturen für die quantitativen und qualitativen Werte der GC. Sie erweitert die Möglichkeiten der Dünnschicht Chromatographie erheblich.

IV. Apparative und methodische Einzelheiten

a) Dosierung

Bei richtig dimensioniertem Dosierrohr (s. Abb. 63) werden zwischen 30% und 80% der auf die Dünnschichtplatte zuströmenden Substanz festgehalten. Die Substanzaufnahme erfolgt aus der Gasphase heraus bei aktiven Schichten glatt, die Flecken sind kaum größer als der freie Querschnitt der Rohröffnung des Dossierrohres. Erst nach Überschreiten der Aufnahmekapazität wird der Dosierfleck größer; er kann bei Hauptpeaks allerdings störend groß werden, so daß es sich für solche Fälle empfiehlt, in mehreren Flecken niederzuschlagen oder die Platte für die Austrittszeit des Hauptpeaks vom Dosierrohr zu entfernen. (Dabei genügt es, den Abstand Platte — Rohr auf etwa 20—50 mm zu vergrößern.) Die Kontrolle, inwieweit bei unterschiedlichen Stoffen die Dünnschicht aufnahmefähig ist, geschieht durch Vergleich von direkt und über die GC dosierten gleichen Stoffmengen.

b) Beispiel

Man dosiert 1 μl 10proz. und 1 μl 1proz. Lösung eines charakteristischen Stoffes aus dem zu untersuchenden Gemisch in den Gas-Chromatographen, nachdem das Teilungsverhältnis v (Gas auf Platte zu Gas über Detektor und Platte) festgestellt wurde; es soll etwa 8:10 betragen. Die GC-getrennte Komponente wird auf der Startlinie der Platte niedergeschlagen. Nun dosiert man die gleiche Lösung, aber gemäß dem Teilungsverhältnis v verringert, direkt flüssig mit den üblichen Hilfsmitteln (kalibrierte Pipette usw.) auf die Startlinie der Platte neben den GC-dosierten Fleck; in unserem Beispiel also

$$\frac{8}{10} \cdot 1\,\mu l\,10\text{proz. und } \frac{8}{10} \cdot 1\,\mu l\,1\text{proz. Lösung.}$$

Nun wird die Platte entwickelt und der angefärbte oder im UV sichtbare Fleck halbquantitativ oder quantitativ ausgewertet. Durch Vergleich ergibt sich die Ausbeute an niedergeschlagener Komponente. Größe des Dosierrohres, Form des Mundstückes, Temperatur und Dosierabstand sind entscheidend. Abb. 63 gibt Einzelheiten an.

Herstellungsanweisungen

Das Mundstück soll sauber gearbeitet sein. Die Dünnschichtplatte soll beim Transportieren ihren Abstand zur Mündung des Dosierrohres nicht ändern ($\pm$ 0,1 mm Änderungen machen sich meist nicht bemerkbar). Das Dosierrohr muß so beheizt sein, daß die Säulentemperatur stets schwach überschritten wird (+ 5° C) und daß auch besonders das Mundstück noch heiß genug ist. Bei Stahlrohr der geeigneten Dimension von 0,5—1 mm Wandstärke kann der Wärmeabfall auf 1 cm Rohr mehr als 50° C betragen; es ist daher nötig, besonders bei hohen Temperaturen, mit einer sog. elektrischen Wurzelheizung zu arbeiten, die aus dem gleichen Material wie das Dosierrohr besteht, aber dazu relativ nur 50% leitenden Materialquerschnitt besitzt. Diese Wurzelheizung muß so lang sein, daß sie den Wärmezufluß zum Kupferdraht der Niederspannungs-Hochstromheizung wirksam dämmt. 10—20 mm reichen dazu je nach Materialeigenschaften normalerweise aus.

Eine Überhitzung des Dosierrohres kann bei temperaturempfindlichen Stoffen schädlich sein.

Länge und Querschnitt des Dosierrohres sollen so klein wie möglich sein. Eine lichte Weite um 1 mm ist richtig bei kleinstmöglicher Länge; Wandstärke 0,5—1 mm. Das Dosierrohr soll keine außerhalb des GC-Gerätes senkrecht liegenden längeren Abschnitte haben, weil diese höher temperiert werden können als die waagrechten Abschnitte. Die Rohrabschnitte, welche durch die Apparatewand in den Säulenraum gehen, müssen gerade richtig isoliert werden: elektrisch ausreichend, thermisch ausgewogen, damit an der Durchgangsstelle keine Abkühlung oder Überhitzung eintritt. Hier sollte zweckmäßig messend probiert werden. Das T-Stück muß im thermostatisierten Säulenraum liegen und darf kein Totvolumen haben. Zweckmäßig ist es, das T-Stück so zu gestalten, daß auf Grund der Strömungswiderstände ein annähernd konstantes Teilungsverhältnis von $\approx 8:2$ bis $\approx 9,5:0,5$ erreicht wird, d. h. 80—95% des gesamten Gasflusses werden über das Dosierrohr auf die Dünnschicht geleitet, 20% bis 5% strömen über den Detektor. Diese extreme Gasströmungsteilung bedeutet zwar, daß man einige Mühe mit dem Einbau und der Eichung des T-Stückes hat; es ist aber nicht vorteilhaft, wenn man darauf verzichtet und ohne Gasströmungsteilung an den Detektorausgang anschließt, wie dies bei Geräten mit Wärmeleitdetektor, Gasdichtewaage, β-Ionisations-, Mikroquerschnitt- und Elektroneneinfangdetektor möglich wäre. Es zeigt sich nämlich, daß die Verschmutzung der Detektorinnenräume meist erheblich ist, daß das

Detektorvolumen und die Querschnitte der Gasabgangsleitungen in kommerziellen Geräten weitaus zu groß sind, daß deren gute Temperierung Schwierigkeiten bereitet und daß z. B. im Falle der Wärmeleitzelle empfindliche Substanzen mitunter stark verändert werden (partielle Pyrolyse). Schließlich kann man den weit verbreiteten Flammenionisationsdetektor beibehalten, wenn vor dem Detektor der DC-Gasstrom abgenommen wird.

Die für den vom Schreiber gesteuerten Dünnschichtvorschub nötige elektrische Schaltung gibt Abb. 66 wieder; als Schaltkontakt ist der Mikroschalter Typ 02101 (Fa. 152) gut geeignet. Abb. 67 zeigt Einzelheiten für die in der Höhe leicht verstellbare Plattenschiene mit Motorhalterung. Mit etwas größerem Aufwand kann auch ein rein elektronisches System zur Plattensteuerung verwendet werden, z. B. das Steuer-System des automatischen präparativen GC-Gerätes APG 401 (Fa. 74).

Da die DC-Platte während der Dosierzeit der Laborluft und Staub sowie Berührungsgefahr ausgesetzt ist, sollte man durch Auflegen einer Glasplatte (seitliches Festkleben mit geeignetem Klebeband o. ä. empfohlen) die Dünnschicht schützen.

Selbstverständlich müssen für die Kopplung optimale gas-chromatographische Arbeitsbedingungen genau eingehalten werden, ebenso optimale Bedingungen der Dünnschicht-Chromatographie.

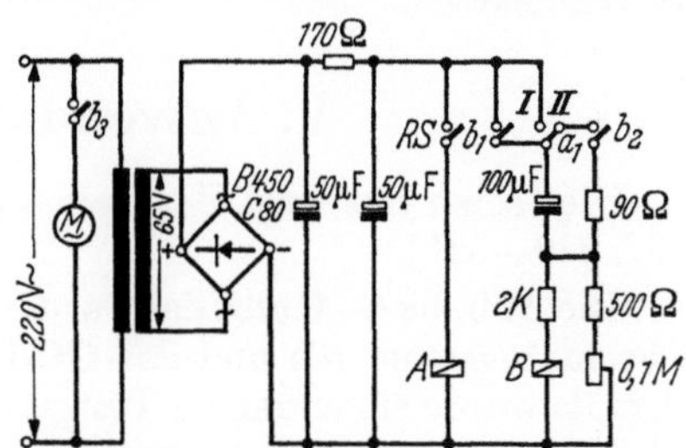

Abb. 66. *Elektrische Schaltung des diskontinuierlichen Plattenvorschubs.* Gesteuert vom Schreiberwagen über einen Mikroschalter, mit gleichen Vorschubstrecken (einstellbare Vorschubzeit). *RS* Anschluß an den Mikroschalter (recorder switch). Der Mikroschalter erregt die Spule *A* eines Siemens Kammrelais Type 65404/93c T.rls 154d und Schalter *a 1* schaltet in Stellung *I*. Dadurch wird die Spule *B*, ebenfalls Siemens Kammrelais Type 65404/93c T.rls 154d. erregt, es wird Schalter b_1 und b_3 geschlossen, sowie b_2 geöffnet. Damit läuft die durch Widerstand 0,1 M einstellbare Schaltzeit für *B* ab, danach wird b_1 und b_3 geöffnet, b_2 geschlossen und der Vorgang ist für einen neuen Anlauf über Mikroschalter *RS* bereit (Schaltung von K. H. Haas, Ludwigshafen, BASF, aufgebaut)

Die temperatur-programmierte Arbeitsweise der GC ist vorzuziehen, weil dann der Auftrag mit etwa linear anwachsendem Molgewicht (bei Verwendung unpolarer Säulen) erfolgt und außerdem die Dosierflecken bei gleicher Stoffmenge der einzelnen Individuen gleichbleibende Größe haben. Die isotherm betriebene GC-Kopplung verursacht dagegen eine mit

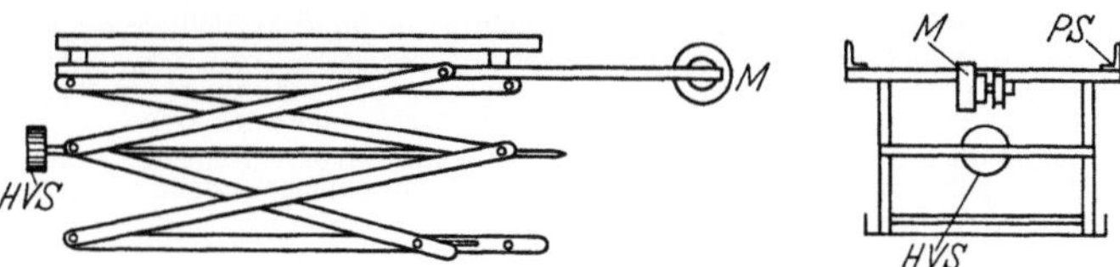

Abb. 67. *Transportschlittengestell. PS* Plattenschiene; *M* Motor, der Platte mit einstellbarer Geschwindigkeit zieht; *HVS* Höhenverstellschraube (geeignet z. B. Quick-Laborständer)

der Retentionszeit zunehmende Verdünnung, der man mit einem programmierten, d. h. zunehmend verlangsamten Plattenvorschub begegnen kann. Eine Kopplung mit der Capillar-Chromatographie gelingt, wenn man das Capillarende auf die Platte als Dosierrohr richtet, aber man erfaßt nur die Hauptkomponenten in günstig gelagerten Fällen. Eine

Kopplung mit der präparativen GC gelingt ebenfalls, zweckmäßig verwendet man die präparative DC (s. S. 97). Jedoch stört hierbei eine nur mäßige Ausbeute. Eine genügend große Eindringtiefe in eine dickere Schicht erzielt man allerdings dann, wenn die Trägerplatte relativ dünn ist und von unten mit einem kalten Gasstrom gekühlt wird (mehr als 60 l/Std Stickstoff, durch ein Aceton-CO_2-Bad oder flüssigen Stickstoff gekühlt). Hierbei sollten dünne Aluminiumplatten als Träger besser sein als Glasplatten.

V. Anwendungsbeispiele

Hier seien nur zwei Beispiele angeführt, weitere findet man in [336, 337, 319—321].

Die Abb. 68 A—C gibt das Gas-Chromatogramm (A), das Dünnschicht-Chromatogramm (C) und das GC-DC-Kopplungs-Chromatogramm wieder. Es wurde ein einfaches Testgemisch untersucht. GC und DC ergeben übereinstimmend, daß das untersuchte Gemisch aus drei Stoffen bestehen müßte. Die Kopplung läßt die Anwesenheit von 7 Individuen erkennen. Tatsächlich liegt ein Gemisch von 8 Individuen vor, darunter eine Verunreinigung, die aus den Testchemikalien stammt.

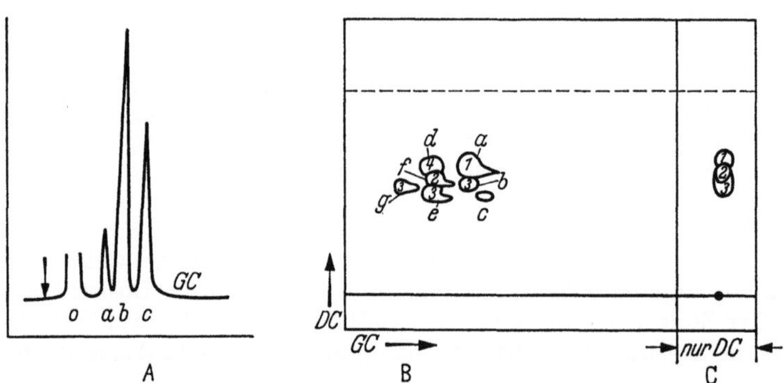

Abb. 68 A. *Gas-Chromatogramm* (o: Lösemittel; a: Anilin; b: o-, p-, m-Toluidin; c: o-, p-, m-Xylidin)

Abb. 68 B. *GC/DC-Kopplungsaufnahme*: Farben nach Sichtbarmachung mit Dibromchinonchlorimid und *HCl*-Nebel: 1 grün; 2 violett; 3 gelbocker; 4 grau; a: o- und p-Xylidin; b: m-Xylidin; c: unbekannt; d: o-Toluidin; e: p-Toluidin; f: m-Toluidin; g: Anilin

Abb. 68 C. Zugehöriges *Dünnschichtchromatogramm* des Gemisches ohne Kopplung erhalten; 1 grün; 2 violett; 3 gelbocker nach Sichtbarmachung mit Dibromchinonchlorimid und *HCl*-Nebel

Abb. 69 zeigt den Vergleich des Kopplungschromatogramms mit dem eindimensionalen Dünnschicht-Chromatogramm einer sehr engen technischen Destillatfraktion von Xylenolen. Die analytische Aufgabe lautete, die Nicht-Phenole sowie Schwefelverbindungen zu erfassen. Diese Aufgabe ist mit den Mitteln der Gas-Chromatographie allein ebensowenig zu lösen wie mit den Mitteln der DC.

Nach Kopplung konnte durch Anwendung selektiver Farbreaktionen auf der DC-Platte und durch Peakflächenmessung der zugehörigen Peaks im Gas-Chromatogramm die analytische Aufgabe qualitativ und quantitativ gelöst werden.

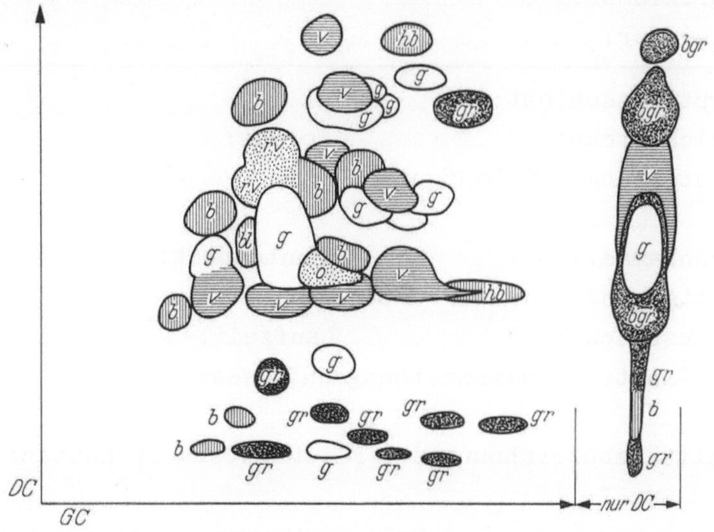

Abb. 69. *Xylenolfraktion.* GC-DC-gekoppelt und DC-Kontroll-Chromatogramm. Erkennbar, besonders nach der Farbentwicklung mit Dibromchinonchlorimid und Farbumschlag durch Begasen mit NH_3, danach HCl; > 42 Individuen, *v* violett; *rv* rotviolett; *hb* hellblau; *b* blau; *g* gelb; *gr* grau; *o* orange; Kieselgel GF_{254}, Chloroform

G. Dokumentation der Dünnschicht-Chromatogramme

H. Gänshirt

Zur Dokumentation von Dünnschicht-Chromatogrammen ist die genaue Registrierung aller experimentellen Bedingungen notwendig. Um einwandfreies Nacharbeiten zu ermöglichen, sollte ein der Abb. 70 entsprechender Vordruck verwendet werden [*214, 344*].

I. Rf-Werte in der DC

Die Wanderungsweite der Substanzen auf Dünnschichtchromatogrammen wird gewöhnlich, wie bei der Papierchromatographie, durch *Rf*-Werte festgelegt[1]. In diesem Buch sind alle *Rf*-Werte mit dem Faktor 100 multipliziert und daher als h.*Rf*-Werte bezeichnet. Da *Rf*-Werte im allgemeinen nur mit zwei Stellen nach dem Komma bestimmbar sind,

---

[1] $Rf = \dfrac{\textit{Entfernung des Fleckmittelpunktes vom Startpunkt}}{\textit{Entfernung der Fließmittelfront vom Start}}$

<u>Dünnschicht–Chromatogramm Nr.</u>

Stoffklasse: ....

Literatur: ....

Sorptionsschicht: ....

Schichtdicke: .... Format: ....

Herstellung und Trocknung: ....

....

Trennkammer: .... Trenntechnik: ....

Sättigungszustand der Kammer: ....

Trennstrecke: .... Laufzeit: ....

Fließmittelzusammensetzung und Gesamtvolumen: ....

....

Qualitätsbezeichnung der Fließmittelkomponenten: ....

....

Zum Auftragen verwendete Lösungsmittel und Konzen-
trationen der Lösungen: ....

...................Abstand der Startpunkte vom Plattenrand: ....

Aufgetragene Mengen: ....

Besondere Vermerke: ....

....Datum: ....

Substanz	hRf	hRf	hRf	Nachweis u. Erfassungsgrenze
1.				
2.				
3.				
4.				
5.				
6.				
7.				
8.				
9.				
10.				

Abb. 70. Schema eines Vordruckes zur Registrierung der Chromatographiebedingungen

erhält man bei der Angabe der hRf-Werte ganze Zahlen. Wird eine Trennstrecke von 100 mm benutzt, dann ist der Abstand Startpunkt-Fleckenmittelpunkt in mm mit dem hRf-Wert identisch. Wenn auch in Einzelfällen die Ausnutzung der Plattenlänge die Auftrennung von Stoffgemischen mit niederen hRf-Werten verbessert, so sollte doch als Norm, zur leichteren Vergleichbarkeit von Versuchsergebnissen, eine Trennstrecke von 100 mm bevorzugt werden (vgl. S. 86).

Auch bei genauer Registrierung aller experimentellen Daten sind die hRf-*Werte nur als Richtwerte für die Wanderungsweiten aufzufassen.* Schwer reproduzierbare Faktoren wie Schichtdicke, Kammersättigung, Luftfeuchtigkeit, Entmischungseffekte von zusammengesetzten Fließmitteln usw. können einen beträchtlichen Einfluß ausüben [614]. Als Beispiel sei eine Untersuchung über den Einfluß der Schichtdicke auf die Rf-Werte bei der Chromatographie auf Kieselgel G Schichten genannt [504]. Bei zusammengesetzten Fließmitteln kann auch deren Alter einen wesentlichen Einfluß ausüben. Besonders schwierig ist der Vergleich von Wanderungsweiten, wenn in verschiedenen Trennkammern und mit schwer herzustellenden Sorptionsschichten gearbeitet wird. Dann ist es zweckmäßig, nicht allein hRf-Werte festzulegen, sondern die Wanderungsweiten der interessierenden Substanzen mit einer gleichzeitig chromatographierten Standardsubstanz, die möglichst derselben oder einer ähnlichen Stoffklasse angehören soll, zu vergleichen und sog. hR_{St}-Werte[2] festzulegen.

Wird einem Chromatogramm besondere Bedeutung beigemessen, so ist die rein zahlenmäßige Dokumentation nicht ausreichend, um gegebenenfalls alle Einzelheiten, wie Fleckenform, Fleckenfläche, Trennschärfe der Flecke, Verlauf der Fließmittelfront, Nebenflecke usw. vergleichen zu können. Daher wurden zahlreiche Möglichkeiten beschrieben, um das Chromatogramm auf der Sorptionsschicht so zu präparieren, daß es aufbewahrt werden kann oder um möglichst originalgetreue Kopien herzustellen.

II. Konservieren der DC-Schichten

Bei dieser Methode werden die Chromatogramme nach entsprechender Vorbehandlung als Filme von der Trägerglasplatte abgezogen und aufbewahrt. Die Konservierung der Sorptionsschichten wurde als Dokumentationsmöglichkeit bisher im wesentlichen für Kieselgel- und Aluminiumoxidschichten angewandt.

Aminosäurechromatogramme wurden durch Imprägnieren mit Kollodiumlösung, der ein bestimmter Glycerinanteil zugesetzt war, haltbar gemacht [42, 66]. Auch das Bekleben der Chromatogramme mit selbsthaftenden Plastikfolien mit nachfolgendem Abziehen der Schicht von der Trägerplatte wurde beschrieben [354]. Besser geeignet ist im allgemeinen das Einsprühen mit Kunststoffdispersionen (Polyacrylsäure-

---

[2] $\mathrm{h}R_{St} = \dfrac{\textit{Entfernung des Analysensubstanzfleckes vom Start (mm)} \times 100}{\textit{Entfernung des Standardsubstanzfleckes vom Start (mm)}}$

ester, Polyvinylidenchlorid oder Polyvinylpropionat) [*402*]. Solche Kunststoffdispersionen sind im Handel erhältlich (Fa. 88, 153). Auch auf die beschränkt anwendbare Möglichkeit, die Schichten durch Eintauchen in Kunststofflösungen zu imprägnieren, sei hingewiesen (Fa. 60).

Trotz des Vorteils, Originalchromatogramme auf diese Weise aufbewahren zu können, ist die Anwendung dieser Methode auf Chromatogramme von Stoffklassen beschränkt, welche in den für die Konservierungssuspensionen oder Lacke verwendeten Lösungsmitteln wenig oder nicht löslich sind. Außerdem werden durch das erforderliche intensive Einsprühen Feinstrukturen der Chromatogramme leicht verwischt, und die Farben der Chromatogrammflecke neigen, wenn sie nicht unter strengem Lichtschutz aufbewahrt werden, schnell zum Verblassen. Für die Dokumentation werden im allgemeinen handlichere Chromatogrammkopien, die mit Hilfe der später beschriebenen Verfahren angefertigt werden können, bevorzugt.

Imprägnieren mit Sprühverfahren: Schichten z. B. mit „Neatan neu" (Fa. 88) oder 5proz. Permanent-Kleber Kiwotex D in Ligroin [*705*], (Fa. 79) gut durchfeuchten. Danach an der Luft trocknen. Bei Anwendung von „Neatan neu" Temperatureinwirkung über 50° C vermeiden, andernfalls Verfärbung der Schicht. Nach dem Trocknen in keinem Falle mehr nachsprühen. Schicht am oberen Plattenrand über die gesamte Breite ritzen, in Wasser eintauchen und abziehen. In Bahnen geteilte Sorptionsschichten nach Sprühen und Trocknen vor dem Eintauchen in Wasser mit einer für diesen Zweck erhältlichen transparenten Folie (Fa. 88 u. 125) bekleben. Nach vollständigem Trocknen an der Luft können die Chromatogramme, auf Karton geklebt, aufbewahrt werden.

Um Verstopfen der Sprühdüsen zu vermeiden, nach Sprühen mit „Neatan neu" mit N,N-Dimethylformamid reinigen.

Sprüht man solche Lacke mit normalen Zerstäubern, so kommt es leicht schon vor Erreichen der Plattenoberfläche zur Konglomeratbildung von Lackteilchen, was äußerst ungünstig ist. Durch Sprühen aus „Spray"-Flaschen mit Treibgas ist eine viel gleichmäßigere Imprägnierung möglich.

III. Graphische Wiedergabe

Die einfachste Methode der Chromatogramm-Kopie ist das Durchzeichnen auf Transparentpapier (Abb. 71a). Flecke, die nur unter UV-Licht zu sehen sind, werden mit einer Nadel markiert und die Fleckenumrisse anschließend auf Transparentpapier übertragen. Durch Punktieren kann die Fleckenstärke angedeutet werden. Besser verwendet man dazu verschieden abgestufte, transparente Rasterpapiere, auf welche die Fleckenumrisse durchgezeichnet, ausgeschnitten und entsprechend der Wanderungsweite auf Schreibpapier aufgeklebt werden [*216*]. Ferner ist es möglich, die Chromatogrammflecke zu planimetrieren und in Form entsprechend großer Rechtecke mit gleicher Grundkantenlänge in halbquantitativer Weise aufzuzeichnen (Abb.71c), [*519, 661, 667*].

Bei Serienuntersuchungen sind diese einfachen Kopien für internen Gebrauch nützlich; ebenso müssen mit dieser Methode sehr kontrastschwache, oder Chromatogramme, die sich schnell verändern, dokumentiert werden. Da jedoch eine solche subjektive Wiedergabe wenig über die Qualität des entsprechenden Chromatogrammes aussagt, sollte eine der nachgenannten objektiveren Kopiemethoden benutzt werden.

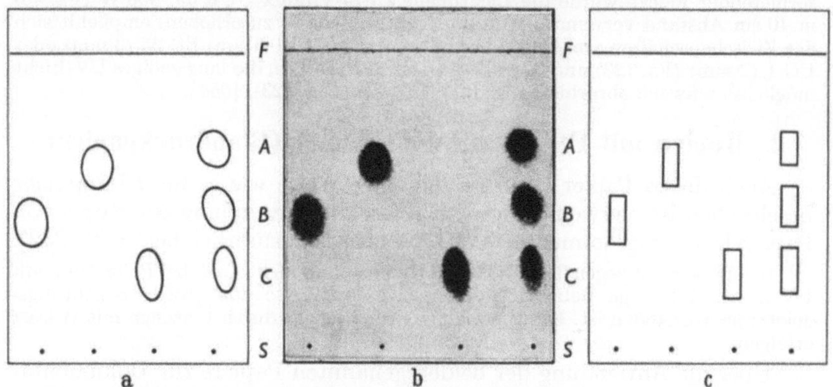

Abb. 71. Beispiele für die Dokumentationsmöglichkeit von Dünnschichtchromatogrammen. *a*) Auf Transparentpapier durchgezeichnetes Chromatogramm (wieder auf normales Papier übertragen). *b*) Dokumentation mit Hilfe des Copyrapidverfahrens. *c*) Dokumentation nach Planimetrieren in Form flächengleicher Rechtecke. Chromatogrammeinzelheiten: Trennung von Bromureiden mit dem Fließmittel Cyclohexan-Chloroform-Pyridin (20 + 60 + 5) auf Kieselgel G-Schichten. *S* Start, *F* Fließmittelfront, *A* Carbromal, *B* Acetylcarbromal, *C* Bromisoval

IV. Dokumentation mit lichtempfindlichen Papieren

Im Prinzip werden dabei besonders präparierte Schichtmaterialien auf Papiergrundlage verwendet, die durch Lichteinfluß chemisch verändert werden, oder die nach elektrostatischer Aufladung bei Belichtung den Ladungszustand verändern.

1. Kopien mit Diazopapier

Bei diesem Verfahren werden Papiere eingesetzt, die mit lichtempfindlichen Diazoniumverbindungen präpariert sind. Zusätzlich sind Kupplungskomponenten eingearbeitet, welche mit den Diazoniumverbindungen im alkalischen Bereich Azofarbstoffe bilden. Um vorzeitige Kupplung zum Azofarbstoff auszuschließen, wird schwach sauer eingestellt. Bei Belichtung wird die Diazoniumkomponente zersetzt. Bringt man ein Dünnschichtchromatogramm zwischen Lichtquelle und Papier, so verhindern Flecke, die Licht absorbieren, diese Zersetzung. Nach Entwicklung des Papiers in Ammoniakatmosphäre tritt an diesen Stellen Kupplung zum Farbstoff ein, und die Flecken des Chromatogrammes erscheinen als Positivwiedergabe auf dem Diazopapier. Mit dieser Methode können auch im langwelligen UV absorbierende Verbindungen abgebildet werden, wenn eine entsprechende UV-Lichtquelle verwendet wird.

Es wurden verschiedene Papiere[3-6] [*179, 552, 652, 654, 782*] angewandt. Die Belichtung zur Kopie von Farbflecken kann mit Hilfe von zwei 15 W-Mattglas-

---

[3] Ozalid 200 SS (Fa. 97).   [4] Dripint HC 241 (F speed), (Fa. 46)
[5] Safirpapier (Fa. 116).   [6] Diazo 1200 SS (Fa. 50).

9   Dünnschicht-Chromatographie, 2. Aufl.

birnen erfolgen, wobei sich zum Schutz der Sorptionsschicht Cellophanpapier zwischen Diazopapier und Schicht befindet. Die Belichtung erfolgt am besten durch die nicht beschichtete Trägerplattenseite. Zum Kopieren im langwelligen UV absorbierender Flecke wurde die Lichtquelle Ultra-Vitalux OUR 53, 300 W (Fa. 96) in 40 cm Abstand verwendet. Um die Kontrastschärfe zu erhöhen, empfiehlt sich das Zwischenschalten von Filterglasplatten z. B. GG 19 (1mm)/BG 25 (3 mm) oder UG 1 (7 mm) (Fa. 123) und vor allem Glasträgerplatten, die langwelliges UV-Licht möglichst schwach absorbieren, z. B. WG 7-Glas (Fa. 123), [654].

2. Kopien mit Ferriferricyanid-Papier (Blaudruckpapier)

Auch dieses Papier kann in ähnlicher Weise wie es für Diazopapier beschrieben ist, verwendet werden. Über die Anwendung zur Kopie von Papierchromatogrammen im UV-Licht wurde ausführlich berichtet [239].

Das Papier[7] ist gegen Tageslicht relativ unempfindlich. Auch bei Belichtung mit UV-Licht sind lange Belichtungszeiten erforderlich, so daß großer Belichtungsspielraum vorhanden ist. Die Entwicklung muß feucht durch Waschen mit Wasser erfolgen.

Über die Anwendung der beiden genannten Papiere zur Dokumentation von Chromatogrammen liegt zu wenig Erfahrung vor, um ihren Wert für solche Reproduktionen ermessen zu können.

3. Positiv-Kopien und -Photographien mit Verfahren, die auf Silbersalzdiffusion beruhen

Bei diesem Verfahren läßt man nach Belichtung das nicht durch Lichteinwirkung veränderte Silberhalogenid der Negativemulsion durch eine dünne Schicht des mehr oder weniger viscosen Entwicklers in die Positivemulsion diffundieren, wo es dazu verwendet wird, nach Silberfällung ein positives Bild zu erzeugen [473]. Eine feuchte Nachbehandlung ist nicht erforderlich.

Diese Methode, die in ihrer ursprünglichen Form nicht zur Halbtonwiedergabe geeignet ist, wird hauptsächlich zur Herstellung von Kontaktkopien angewendet [304]. Dabei kann mit getrenntem Negativ- und Positiv-Material oder nur einem Papier, auf welchem Negativ- und Positiv-Emulsion übereinander geschichtet sind, gearbeitet werden. Die Methode mit getrennten Papieren ist anpassungsfähiger; außerdem können von einem Negativ unter Umständen mehrere Positive hergestellt werden. Trotz der Bezugsmöglichkeit verschieden empfindlicher Negativpapiere ist der Belichtungsspielraum für Dünnschichtchromatogramm-Kopien mit wenig kontrastreichen Flecken ziemlich begrenzt und damit diese Methode nur beschränkt anwendbar. Nach SZÉKELY [705] erhält man durch das Einschieben einer Rasterfolie[8] zwischen lichtempfindlicher Schicht und Dünnschicht bessere Kopien mit verschiedenen Grautönen. Die Anwendung der Methode zur Kopie von Dünnschichtchromatogrammen wurde schon mehrfach beschrieben [230, 603, 739] (vgl. Abb. 71 b).

Bei Anwendung des Agfa-Copyrapidverfahrens [13] kann man mit folgender Anordnung arbeiten: *Lichtquelle — Glasplatte des Kopiergerätes — Trägerglas-*

---

[7] Dietzgen XL (Fa. 46).
[8] Rolocor Screen tints 1204 (Fa. Buma S.A., Basel, Schweiz).

platte — Sorptionsschicht — Cellophanfolie — (Rasterfolie) — Agfa-Copyrapid Negativpapier. Durch Einlegen der Cellophanfolie können auch mit aggressiven Reagentien besprühte Chromatogramme kopiert werden.

LAND [*388, 409*] entwickelte den Diffusions-Übergangsprozeß weiter, so daß er heute für die normale Photographie verwendet werden kann. Dazu wurde ein Kameratyp geschaffen, womit innerhalb von Sekunden Aufnahme und Entwicklung durchgeführt werden können. Außerdem wurde Filmmaterial in den Handel gebracht, welches mit Emulsionstypen der konventionellen Photographie hinsichtlich Schnelligkeit und Leistung konkurrieren kann. Bei dieser inzwischen unter der Bezeichnung „Polaroid-Photographie" bekannten photographischen Methode läßt sich der Rollfilm- bzw. Filmpaket-Wechsel ohne weiteres im Tageslicht durchführen.

Für Polaroid-Schwarzweiß-Aufnahmen gelten, was die Strahlungsquellen zur Beleuchtung der Dünnschichtplatten und die Filter betrifft, die im Abschnitt Photographie angegebenen Richtlinien. Die Anwendung zur Dokumentation von DC-Chromatogrammen wurde bereits von HANSBURY [*269*] beschrieben. Verwendet man den für DC-Photos gut geeigneten Polaroid-Kameratyp 110 A, so werden die Polaroidvorsatzlinsen 1 + 2 aufgesteckt, der Balgenauszug auf 15 m eingestellt und die Kamera in der Weise arretiert, daß der Abstand Frontlinse-Chromatogramm 34,5 cm beträgt. Bei Verwendung des erwähnten Polaroid-Rollfilmes 47 mit 36 Din = 3 000 ASA benötigt man zur Aufnahme UV-absorbierender Flecke auf Leuchtstoffschichten bei Verwendung der Fluotestlampe (Fa. 110) mit dem 254 nm Strahler und der in Abschnitt Photographie erwähnten Flüssigkeitsfilterkombination bei Blende 8 eine Belichtungszeit von weniger als einer Sekunde [*218*], vgl. Abb. 73a, S. 136). Die mit diesem Filmtyp hergestellten Photos werden mit einem der Filmpackung beigefügten Lack überstrichen und können dann ohne Veränderung aufbewahrt werden. Der Nachteil des Verfahrens besteht bisher noch darin, daß mit den gebräuchlichen Filmen jeweils nur ein Positiv in einer Formatgröße hergestellt werden kann. Farbaufnahmen der mit UV-Licht bestrahlten Dünnschichtchromatogramme konnten mit dem bisher erhältlichen Polaroid-Farbfilmmaterial noch nicht einwandfrei hergestellt werden.

4. Photographie

Wird eine möglichst originalgetreue Wiedergabe eines Dünnschichtchromatogrammes benötigt, so ist die konventionelle Photographie durch die große Auswahl an Emulsionstypen zur Halbtonwiedergabe und die Möglichkeit vom Negativ beliebig viele Positivkopien mit veränderlichem Abbildungsmaßstab herstellen zu können, immer noch allen anderen Reproduktionsmethoden für Dünnschichtchromatogramme überlegen. Auch die farbige Wiedergabe als Papierbild oder Diapositiv ist möglich; dabei können Tageslicht oder UV-Strahler als Lichtquelle verwendet werden.

Zur Photographie von Chromatogrammen, die mit UV-Licht bestrahlt werden, muß dieses Primärlicht durch Vorschalten entsprechender Absorptionsfilter vor das Kameraobjektiv möglichst weitgehend entfernt werden. Für Schwarzweiß-Photos ist die Filterauswahl nicht sehr kritisch. Dagegen sind gute Farbaufnahmen als Papierbild oder Diapositiv nur bei sorgfältiger Filterauswahl zu erhalten [*178, 346*]. Während bei Bestrahlung mit einem Wellenlängenschwerpunkt von 366 nm Dünnschichtchromatogramme bei geeigneter Reagentienwahl oft charakteristisch

9*

fluorescierende Flecke, also ein für die Dokumentation wertvolles Bild zeigen, genügt in den meisten Fällen zur Wiedergabe unter kurzwelligem UV-Licht absorbierender Flecke (Löschflecke) auf fluorescierendem Untergrund ein Schwarzweiß-Photo.

a) Allgemeine Hinweise

Einäugige Spiegelreflexkameras sind sehr gut zur Photographie von Dünnschichtchromatogrammen geeignet, da das im Sucher erscheinende Bild auch bei Verwendung von Vorsatzlinsen genau den Bildausschnitt zeigt, der photographiert wird. Während mit dem normalen Kleinbildformat in jedem Falle vergrößert werden muß, bietet wiederum eine 6 × 6 Kamera den Vorteil, durch das der Dünnschichtplatte analoge quadratische Format ohne Vergrößerung arbeiten zu können.

Die gute Ausleuchtung der Chromatogrammoberfläche ist eine Voraussetzung für einwandfreie Aufnahmen. Bei Auflichtbeleuchtung soll der Lichteinfallwinkel möglichst 45° betragen. Kontrastarme Chromatogramme photographiert man besser im Durchlicht. Für die Wahl des Schwarzweiß- oder Farbmaterials, sowie die Einstellung von Blende und Verschlußzeit, gelten die für die Photographie allgemein bekannten Regeln.

b) Schwarz-Weiß-Aufnahmen mit UV-Strahlungsquellen 366 oder 254 nm (s. auch S. 78—79)

Als Auflichtstrahlungsquellen für 254 und 366 nm kommen unter anderem in Betracht: „Fluotest"-Gerät (Fa. 110), Uvis (Fa. 44) oder Uvanalys-Gerät (Fa. 14) Für Durchlichtbestrahlung mit 366 nm haben sich fertig mit den Filtern XX-15 C ausgestattete Strahlungseinheiten, „G-E-fluorescent lamps" (Fa. 25) sehr bewährt. Auch eine 125 W "Blacklight" Hpw-Lampe mit entsprechender Spannungsquelle (Fa. 103) kann als 366 nm Primärlichtquelle eingesetzt werden. Die Durchlicht-Strahlungsquellen werden 10—15 cm unter der Glasplattenseite des Chromatogramms angebracht. Bei Durchlichtbeleuchtung mit energiereichen Strahlungsquellen muß schnell gearbeitet werden, um Veränderungen der Chromatogramme durch die Wärmeeinwirkung zu verhindern. Als UV-Sperrfilter vor dem Kamera-Objektiv kommen Festfilter und flüssige Absorptionsmedien in Betracht. Gewöhnlich genügt es, das zur gewählten Kamera käufliche UV-Filter mit einem mittleren Gelbfilter kombiniert zu verwenden. Sehr gut bewährt hat sich als Sperrfilter für 254 oder 366 nm eine Kombination der zwei Flüssigkeitsfilter 10proz. $NaNO_2$ und 10proz. K_2CrO_4 in je 0,5 cm Schichtdicke. Von Jones [789] wurde eine 254 nm und 366 nm Primärlichteinheit, die spiralig geformt ist und für die Durchlichttechnik angewandt wird, beschrieben (Mercury-lamp "ozonefree", type 12555) (Fa. 52a). Die Anregungswellenlängen werden dabei mit den Filtern OX7 bzw. OX9A isoliert. Die Schichtseiten der Platten wendet man der Lichtquelle zu, wodurch die Glasplatten selbst als UV-Sperrfilter bei der photographischen Aufnahme dienen. Eingeritzte Beschriftung in die unter UV 254 nm fluorescierenden Schichten ist auf den Photos ohne weiteres erkennbar. Werden unter 366 nm fluorescierende Flecke auf nichtfluorescierendem Untergrund photographiert, so muß unter den Teil der Platte, auf welchem Schriftzeichen eingeritzt sind, fluorescierendes Material, z. B. ein mit 1proz. Chininhydrochlorid in Chloroform getränkter und mit etwas Salzsäuredampf aktivierter Papierstreifen gelegt werden. Um Einzelheiten des Chromatogramms abgestuft wiederzugeben, wird feinkörniges Filmmaterial z. B. Agfa-Isopan 13 DIN gewählt und normalerweise mit Blende 8 photographiert, wobei die Belichtungszeit durch einen Reihenversuch ermittelt werden muß.

Auch direkte Kopie auf photographisches Papier mit sichtbarem oder langwelligem UV-Licht ist möglich [94, 739, 789].

c) Farbaufnahmen mit UV-Strahlungsquellen

Die schon erwähnte "G-E-fluorescent lamp"-366 nm Strahlungsquelle (Fa. 25) wurde auch zur Herstellung von Farbaufnahmen mit 366 nm Durchlicht erfolgreich angewandt. Als Sperrfilter diente wieder der erwähnte kombinierte Flüssigkeitsfilter. Filmmaterial: Agfacolor-Negativfilm CN-17. Bei Blende 5,6 kann mit einem Richtwert von 1 min für die Belichtungszeit gerechnet werden. Über die Aufnahmetechnik mit Kodak-Emulsionen und die erforderlichen Filter sind ebenfalls Angaben in der Literatur zu finden [788]. Auch Agfa-Umkehrfilm CT 18 ist für Farbaufnahmen geeignet [178]. Von den Umkehrdias können auf Farbumkehrpapier Papierbilder (Agfa CT-Kopien) in beliebiger Zahl hergestellt werden. Als Lichtquelle dafür wurde eine Quecksilber-Niederdrucklampe (Fa. 70) mit 254 nm Wellenlängenschwerpunkt mit dem Filter UG 5 (Fa. 123) verwendet. UV-Sperrfilter vor dem Kamera-Objektiv: Filterglaskombinationen WG 2 (2 mm), GG 13 (5 mm) und GG 3 (4 mm) (Fa. 123).

5. Elektrophotographie

Auch auf die Dokumentationsmöglichkeit von Dünnschichtchromatogrammen durch Elektrophotographie wurde hingewiesen [291, 653, 655]. Das Wesen der Elektrophotographie, die nach zwei Verfahren der Xerographie (Fa. 113) und der Elektrofaxmethode (Fa. 10, 131) arbeitet, kann einer zusammenfassenden Darstellung von HAUFFE [280] entnommen werden. In einem Falle werden mit Selen, im anderen mit Zinkoxid imprägnierte Schichten verwendet. Die Methode ist auf Grund steiler Gradation bis jetzt im wesentlichen für die Wiedergabe von Strichzeichnungen geeignet, wobei sich die Anwendung auf die Massenvervielfältigung konzentriert. An der elektrophotographischen Halbtonwiedergabe wird gearbeitet [315]. Durch die erwähnte steile Gradation und den für die Durchführung erforderlichen apparativen Aufwand ist die Methode zur Dünnschicht-Dokumentation, wobei im allgemeinen nur eine beschränkte Kopienzahl benötigt wird, nicht sinnreich.

H. Quantitative Auswertung von Dünnschicht-Chromatogrammen

H. GÄNSHIRT

Ob auf der Schicht selbst oder nach Extraktion ausgewertet wird, ist einerseits von der Problemstellung und den damit verbundenen Ansprüchen an die Reproduzierbarkeit der Methode, andererseits von den Eigenschaften sowie den zur Verfügung stehenden Mengen der zu trennenden Stoffe abhängig.

Für alle quantitativen Auswertungsverfahren ist es äußerst belangreich, sowohl die Substanz auf dem Startpunkt, als auch auf dem entwickelten Chromatogramm so kurz wie möglich Licht- und Lufteinfluß auszusetzen, um oxydative Veränderungen und photochemische Reaktionen (wie sie z. B. bei polycyclischen aromatischen Verbindungen beschrieben wurden [311]) zu vermeiden. Sehr wesentlich ist auch das exakt dosierte Aufbringen der Proben auf die Startpunkte. Dazu können geeignete Mikropipetten, Glaskolbenspritzen oder auch Glascapillaren mit Schraubenmikrometervorschub verwendet werden (S. 65, Abb. 20).

Mikropipetten zum Auftragen von μg-Mengen sind handelsüblich. Beim Pipettieren einer 5 μg p-Oxybenzoesäure/μl Methanol enthaltenden Lösung mit 1,5 und 10 μl-Lambda-Pipetten (Fa. 67, 117), auffüllen auf 10 ml und UV-Messen, wurden relative Standardabweichungen von $(\pm 0,2)$—$(\pm 0,4)\%$ gefunden [219]. Bei Anwendung von Glaskolbenspritzen mit Mikrometervorschub, wie z. B. der bekannten Agla-Spritze (Fa. 29), lagen die Fehler bei ähnlichen Prüfungen höher $(\pm 1\%)$ [213]. Jedoch haben diese Spritzen den Vorteil, das Volumen in weiten Grenzen verändern zu können. Halter mit auswechselbaren selbstfüllenden Capillaren bekannten Volumens (Fa. 33) wurden ebenfalls verwendet. Die Capillarwirkung ist jedoch von der Oberflächenspannung der Viscosität und dem spezifischen Gewicht der angewandten Lösungsmittel abhängig, so daß diese Pipetten im wesentlichen für Serienanalysen wäßriger und alkoholischer Lösungen zu empfehlen sind. Auf sorgfältige Entfernung oberflächenaktiver Reinigungsmittel ist bei solchen Pipetten besonders zu achten. Hinsichtlich der Auftragsweise in Strichform (vgl. S. 65.)

Ein umfassender Überblick der bisher für die quantitative Auswertung von Lipidchromatogrammen verwendeten Methoden wurde von PRIVETT et al. zusammengestellt [544].

I. Quantitative Auswertung auf den DC-Schichten

1. Visueller Vergleich

Es war naheliegend, die quantitative Auswertung durch visuellen Vergleich der Fleckenflächen zu versuchen. Das Verhältnis von auf-

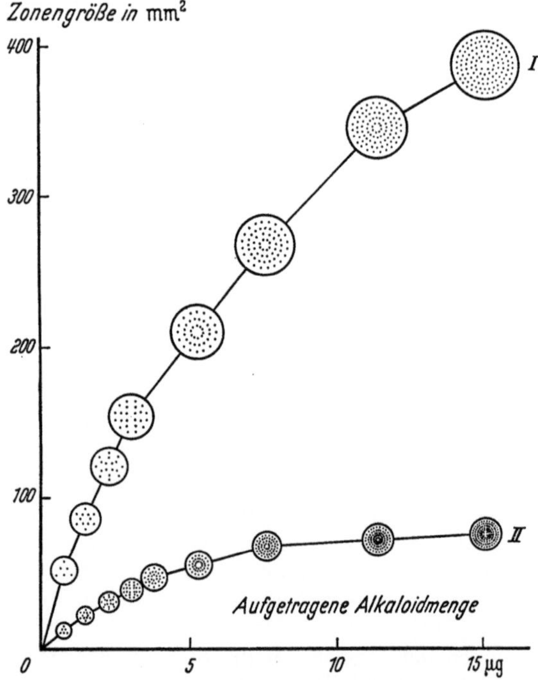

Abb. 72. Vergleich der Fleckenflächen steigender Alkaloidmengen bei gleicher Laufstrecke. Kurve I auf formamidimprägniertem Papier, Kurve II auf einer Kieselgel G-Schicht. Die Punktierung symbolisiert die Zahl der Moleküle [664]

getragener Substanzmenge und Fleckenfläche wird bei gleicher Trennstrecke von der Sorptionsschicht, dem Fließmittel und der Kammersättigung beeinflußt. Daher müssen für die Auswertung von Fleckenflächen die entsprechenden Chromatographiebedingungen nicht nur auf
die chromatographische Trennung ausgerichtet sein, sondern auch darauf,
daß in Abhängigkeit von den aufgebrachten Stoffmengen möglichst
große Flächenveränderungen auftreten. Die visuelle Vergleichsmethode,
die bei der PC entsprechend eingesetzt, recht genaue Ergebnisse liefern
kann [735], ist durch den Vergleich kleiner Flächen bei der DC schwieriger (vgl. Abb. 72).

Die Mehrzahl der mit der visuellen Vergleichsmethode durchgeführten
Bestimmungen sind daher halbquantitativer Art [322, 352, 763]. Wird
unter sorgfältig standardisierten Bedingungen gearbeitet, wobei abwech-
selnd gleiche Mengen der zu untersuchenden und steigende Mengen einer
Vergleichslösung nebeneinander auf derselben Platte chromatographiert
werden, so sind recht brauchbare Ergebnisse zu erzielen, wie bei der Bestimmung von triacetyliertem Adrenalin [737] oder Vitamin D [282]
gezeigt werden konnte.

2. Bestimmung durch Messen der Fleckenflächen

Durch objektivere, vom Auge unabhängige Flächen-Meßmethoden
wurde diese Richtung der quantitativen Auswertungsmöglichkeit ohne
apparativen Aufwand eingehend geprüft.

Sind die Fleckenflächen relativ scharf begrenzt, so kann man sie mit
entsprechenden Eichflächen vergleichen [459], mit dem Planimeter auswerten [493, 494], auf Schreibpapier kopieren und wiegen [217]. Photo-
kopieren und wiegen [608] oder auf Millimeterpapier übertragen und die
Quadratmillimeter auszählen. Da die Fleckenflächen im allgemeinen zwischen 15—150 mm² liegen, können bei den genannten Messungen erhebliche Fehler entstehen. Solche Meßfehler wurden beim Planimetrieren[1]
von Alkaloidflecken bestimmt. Durch mehrmaliges Umfahren können sie
wesentlich vermindert werden (vgl. Tab. 13), [494].

Tabelle 13. *Fleckenauswertung mit einem Planimeter*

Fleckenfläche mm²	Abweichung bei einmaligem Umfahren %	Abweichung bei 5 maligem Umfahren %
28	±10	±4
78	± 5	±2
113	± 3,5	±1,4

Sind die Fleckenränder nicht eindeutig gegen den Untergrund ab-
zugrenzen, so kann durch Kopieren auf hartes Photopapier versucht
werden, diese Grenze objektiver zu fassen [624].

Um nicht für jede Platte mit Hilfe mehrerer Standardmengen eine
Eichkurve aufstellen zu müssen, wie sie z. B. in Abb. 73b für das in

---

[1] Zum Beispiel Kompensationsplanimeter III mit Lupe (Fa. 42).

Abb. 73a photographierte Chromatogramm wiedergegeben ist, wurde nach einer Funktion gesucht, mit deren Hilfe sich die Abhängigkeit von aufgebrachter Substanzmenge und Fleckenfläche linear darstellen läßt.

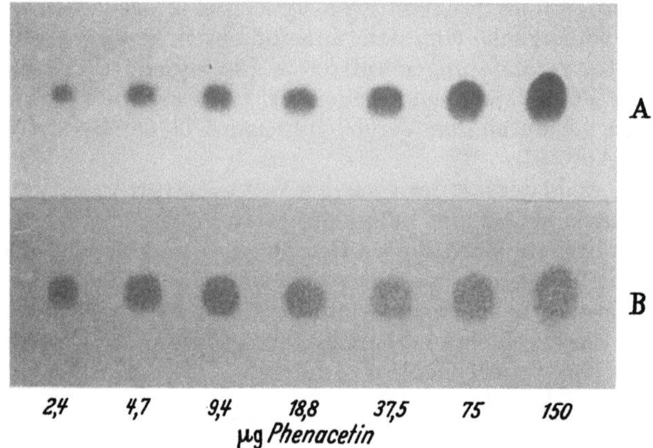

Abb. 73a. Vergleich von Fleckenflächen. Steigende Phenacetin-Mengen nach der Methode von Purdy und Truter [549] auf die Platten aufgebracht und chromatographiert. *A* mit Kaliumhexacyanoferrat (III)/Eisen III-chlorid (Reagens Nr. 136) besprüht, *B* auf Fluorescenzschicht unter UV-Licht 254 nm

Theoretisch wurde dasselbe Problem von Giddings u. Keller [*114*] für Papierchromatogramme behandelt und die Übertragungsmöglichkeit der Ergebnisse auf Dünnschichtchromatogramme von Brenner et al. [*94,*

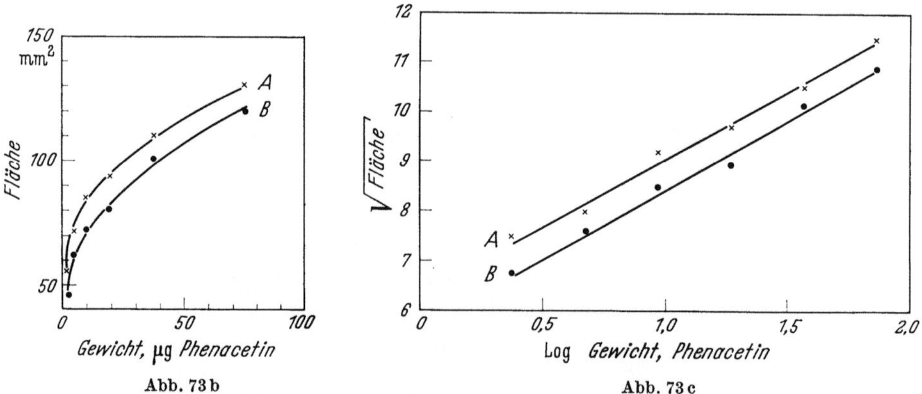

Abb. 73b. Abhängigkeit von Fleckenfläche und aufgebrachter Substanzmenge der in Abb. 73a wiedergegebenen Chromatogramme. *A* Lokalisierung mit einem Farbreagens. *B* unter UV-Licht 254 nm

Abb. 73c. Darstellung der Abhängigkeit von Fleckenfläche und aufgebrachter Substanzmenge, der in Abb. 73a wiedergegebenen Chromatogramme, nach der Beziehung Log. Gewicht = √Fleckenfläche

97] diskutiert. Unter bestimmten Voraussetzungen sollten die Fleckenflächen dem Logarithmus der aufgebrachten Substanzmenge proportional sein. Petrowitz [*520*] konnte mit dieser Beziehung Teerölbestandteile,

DDT und Gamexan in engem Konzentrationsbereich quantitativ auswerten.

Die Fleckenfläche nimmt jedoch mit steigender Substanzmenge schneller zu als die Theorie voraussagt. Daher ist die von PURDY und TRUTER [547, 548, 549, 720] ermittelte Linearität zwischen der Quadratwurzel der Fleckenfläche und dem Logarithmus der aufgebrachten Stoffmenge im allgemeinen über einen weiteren Konzentrationsbereich gültig (vgl. Abb. 73c). Mit Hilfe einer Standardlösung, der Analysenlösung und einer Verdünnung derselben kann unter Anwendung nachstehender Formel eine quantitative Bestimmung durchgeführt werden.

$$\log W = \log Ws + \left(\frac{\sqrt{A} - \sqrt{As}}{\sqrt{Ad} - \sqrt{A}} \right) \log d$$

d = Verdünnungsfaktor
W = Gewicht des gesuchten Analysenmaterials
Ws = Standardmenge, die aufgebracht wird.

As = Fleckenfläche des Standards; A = Fleckenfläche des Analysenmaterials;
Ad = Fleckenfläche des verdünnten Analysenmaterials.

Die Neigung der in diesem Falle mit zwei Punkten aufgestellten Eichgeraden ist ein Maß für die Diffusion der Substanz. Je steiler die Gerade verläuft, desto genauer ist die Bestimmung möglich [94].

Um gut reproduzierbare Ergebnisse zu erhalten, ist die Auftragtechnik von Bedeutung. Es müssen gleiche Volumen der Standardlösungen und der Probelösungen in Form eines Tropfens auf die Startpunkte aufgetragen werden. Man kann dazu eine Agla-Spritze verwenden, die man so befestigt, daß sich die Nadelöffnung 2 mm über der Sorptionsschicht befindet. Der beim Drehen der Mikrometerschraube austretende Tropfen wird durch vorsichtiges Neigen der Platte zur Nadel hin aufgebracht [548]. Methanol oder Äthanol eignen sich dabei gut als Lösungsmittel, da sie nicht zu flüchtig sind und trotzdem keinen hohen Siedepunkt besitzen.

PURDY und TRUTER [549] errechneten aus eigenen Werten und Literaturangaben als mittlere Abweichung für 600 adsorptive Trennungen 3,1% und für 980 nach dem Verteilungsprinzip durchgeführte Analysen 3,6%. Bei Bestimmungsserien von Cholesterin fanden dieselben Autoren jedoch für 60 Analysen eine mittlere Abweichung von 6,6% und MORISSON und CHATTEN [459] für 580 Bestimmungen von Antihistaminsubstanzen 7,7%.

Auf die weitere Anwendung dieser Arbeitsweise zur Bestimmung von Plasma-Lipiden [608] Phenylisothiocyanat-Umsetzungsprodukten von Peptiden [506], von tertiären Aminen [512] und einiger Amine allgemein [792] sei hingewiesen, ebenso auf Untersuchungen von AURENGE u. Mitarb. [27].

Da bei dieser Methode immer mit gleichzeitig chromatographierten Standardwerten verglichen wird, ist der systematische Fehler (accuracy) klein. Durch Beeinflussung der Fleckenform beim Chromatographieren mit Begleitsubstanzen und durch die Schwierigkeiten bei der Fleckenbegrenzung (vgl. Abb. 73a) sind die Zufallsfehler jedoch im allgemeinen hoch [217, 459, 493]. Dieser Tatsache werden Fehlervergleiche zwischen dieser Direktauswertungsmethode und Methoden nach Extraktion der Flecke nicht gerecht, solange die Zufallsfehler nicht auf dieselbe Weise berechnet sind [549]. Liegen nur kleine Substanzmengen vor, die auf der Platte gut sichtbar gemacht werden können, und die mit dem gewählten

Fließmittel gut abgegrenzte runde bis ovale Flecke ergeben, so kann man trotzdem versuchen, die quantitative Auswertung mit dieser einfachen Methode ohne besondere Hilfsmittel durchzuführen. Sie hat gegenüber der nachfolgend beschriebenen densitometrischen Bestimmung außerdem den Vorteil, daß man sich bei der Farbentwicklung mit einer Farbausbeute begnügen kann, die nur am Fleckenrand, wo der Reagenzüberschuß am größten ist, reproduzierbar sein muß [94].

3. Durchlässigkeitsmessungen UV-absorbierender, farbiger und verkohlter Flecke

Bei dieser Arbeitsweise wird ein Flächenausschnitt der Sorptionsschicht, worauf sich der Fleck befindet, durchstrahlt und die Lichtschwächung mit derjenigen verglichen, die beim Durchstrahlen einer gleichgroßen Fläche der fleckenfreien Sorptionsschicht beobachtet wird. Im ultravioletten Wellenlängenbereich absorbierende Flecke sind nur meßbar, wenn die Trägerplatte bei der erforderlichen Wellenlänge nicht zu stark absorbiert.

Mit Hilfe eines entsprechend geformten Strahlenbündels kann der Fleck als Ganzes oder in Segmenten erfaßt werden. Meistens wird mit einem spaltförmigen Bündel abgetastet und die erhaltenen Lichtschwächungen über den Fleckenbereich addiert. Unter den auf S. 136 erwähnten theoretischen Voraussetzungen könnte man erwarten, daß lineare Abhängigkeit zwischen den Flächen unter den so erhaltenen Extinktionskurven und den aufgebrachten Substanzmengen gefunden würde. Wie Klaus [351] zeigte, sind die Absorptionsintegrale jedoch nur dann unabhängig von der Fleckenform, wenn die Lichtdurchlässigkeit relativ hoch, die Fleckenfläche nicht zu klein und die Fleckendeformation gering ist. Außerdem müssen Standard und Probe auf derselben Platte chromatographiert werden, um die individuellen Einflüsse der Sorptionsschicht auszugleichen.

Da man mit dieser Methode wie mit allen direkten Plattenauswertungen schon kleinste Stoffmengen erfassen kann und entsprechende Auswertgeräte im Handel erhältlich sind, wurde diese Arbeitsweise häufiger angewandt. Mit einem Chromoscan-Densitometer (Fa. 78) wurden mit äthanolischer Phorphorsäure angefärbte Flecke der Bestandteile verschiedener Harze und Balsame ausgewertet [333]. Die densitometrische Messung einiger mit Vanillin-Schwefelsäure angefärbter Ester-Flecke war in engem Konzentrationsbereich mit einem Photovolt-Densitometer[2] möglich [26]. Opiumalkaloide wurden mit einem Zeiss-Extinktions-Registriergerät[3] analysiert [536]. Für die halbquantitative Bestimmung von Gallensäuren, die mit Schwefelsäure besprüht waren und von Aminosäureflecken, die mit Ninhydrin angefärbt waren, wurde ein Atago-Densitometer[4] verwendet [274, 275]. Gallensäuren wurden auch nach Anfärben mit 20proz. Phosphormolybdänsäure in Äthanol mit einem Photovoltdensitometer ausgewertet [798]. Mit Antimontrichlorid angefärbte Cholesterinesterflecke wurden mit verschiedenen Geräten[5, 6, 7] ausgewertet

---

[2] Photovolt-Densitometer, Modell 501 A (Fa. 104).
[3] Extinktions-Registriergerät mit Integrator ERI 10 (Fa. 156).
[4] Atago-Densitometer, Modell AG-4 (Fa. 12).
[5] Elektrophoreseauswertgerät (Fa. 21).
[6] Chromatogrammauswertgerät zum Eppendorf-Photometer (Fa. 53).
[7] Eigenbauzusatz für das Beckmann DU-Spektralphotometer (Fa. 19).

[*786*]. Auch die Analyse mit Kupferacetat angefärbter Fettsäuren wurde beschrieben [*256*]. Von einem anderen Autor [*656*] wurde die Anwendung von Plastikstücken[8] als Trägermaterial angegeben. Die Kieselgelschichten wurden auf die aufgeraute Seite des Trägermaterials aufgebracht. Nach dem Entwickeln der als Beispiel angeführten Aminosäuren wurde die Sorptionsschicht durch Besprühen mit einem Kunststoffspray[9] transparent gemacht, so daß die Chromatogrammstreifen mit jedem geeigneten Photometer auszuwerten waren.

Bei der Prüfung des Zusammenhanges der Lichtdurchlässigkeit verkohlter Lipidflecke und deren Fleckenoberfläche wurde im Gegensatz zu der Prüfung mit farbigen Flecken gefunden, daß in einem Rf-Wert-Bereich von 0,4—0,8 keine Beeinflussung der gemessenen Lichtabsorptionen von der Fleckenfläche bei gleicher Stoffmenge stattfindet [*73*]. Die mit den verwendeten Densitometern[10] für die Lichtabsorption ermittelten Flächenwerte waren den aufgetragenen Lipidmengen proportional, wobei die Steigung der Eichgeraden vom eingesetzten Lipid abhing [*540, 541*].

BLANK et al. [*73*] stellten fest, daß die Standardkurven verschiedener Lipide bei Anwendung einer anderen Verkohlungsmethode und Umrechnung der aufgetragenen Lipidmenge in die entsprechenden Kohlenstoffmengen dieselbe Neigung aufwiesen (Abb. 74). Dabei wurde eine gesättigte Lösung von Kaliumdichromat in 70 proz. Schwefelsäure

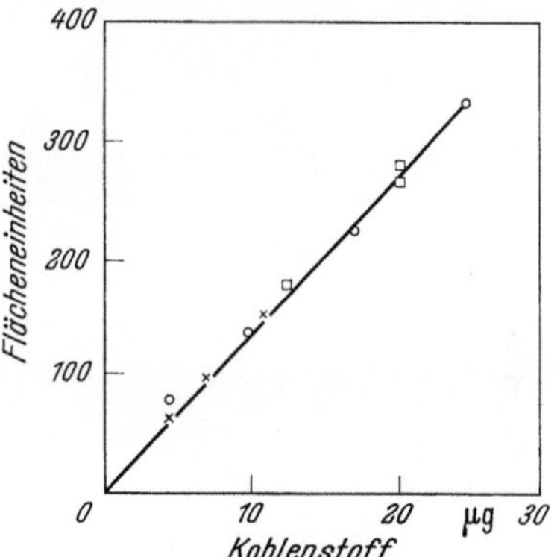

Abb. 74. Abhängigkeit der Densitometer-Flächenwerte von der aufgebrachten Lipid-Menge bei Durchlichtauswertung, ausgedrückt in µg Kohlenstoff nach BLANK u. Mitarb. [*73*].
○ Cholesterinpalmitat,   □ Palmitinsäure,   × Tripalmitin

feinst verteilt aufgesprüht und 25 min auf 100° C erwärmt. Mit Perchlorsäure carbonisierte Cholesterinflecke wurden ebenfalls densitometrisch ausgewertet [*526*]. Ob die quantitative Bestimmung verkohlter Flecke, die bisher recht häufig, jedoch im wesentlichen für die Lipidanalyse [*73, 341, 427, 540, 541, 542, 543, 784, 785*] verwendet wurde, auch bei anderen Stoffgruppen erfolgreich eingesetzt werden kann, muß noch geprüft werden. Um reproduzierbare Ergebnisse zu erhalten, soll die Oxydation möglichst schnell verlaufen, um ein Verdampfen der zu analysierenden Substanzen auf der großen Oberfläche zu vermeiden. Auf mit Silbernitrat imprägnierten Schichten ist eine gleichmäßige Verkohlung nur schwer zu erreichen [*341*]. Durch trockene Pyrolyse ist die Carbonisierung ebenfalls schwierig, da die Wärmestrahlung von der „weißen" Sorptionsschicht zu stark reflektiert wird [*284*].

Was die Geräte betrifft, so können zur Direktauswertung verkohlter Flecke Photometer mit geeigneten Chromatogrammauswertungsgeräten oder die sog. Densitometer, die im Prinzip für Transmissions- und Re-

---

[8] Produkt No. VCA 3310-C 1 (Fa. 143).
[9] Tuffilm-Spray No. 543 (Fa. 66).
[10] Siehe Photovolt-Densitometer Fußnote 11.

flexionsmessungen dünner Festmaterialien gebaut sind, verwendet werden. Bisher wurden hauptsächlich Photovolt- (Fa. 104) und Chromoscan- (Fa. 78) Densitometer verschiedener Typen verwendet.

Die ursprünglichen Arbeiten wurden mit Photovolt-Densitometern[11], die zur Auswertung von Elektrophorese- und Papierchromatogrammstreifen konstruiert waren, durchgeführt [540, 541]. Daher war auch ein entsprechendes Format der DC-Streifen erforderlich. Von der Fa. Photovolt ist heute die Gerätekombination Modell 530[12] (Abb. 75) erhältlich, womit die halbautomatische oder automatische

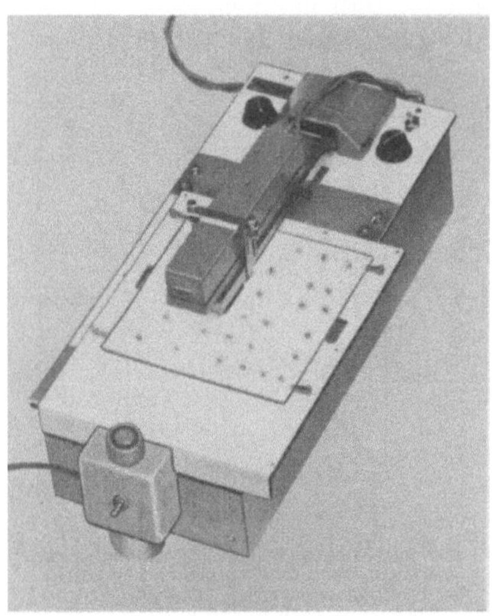

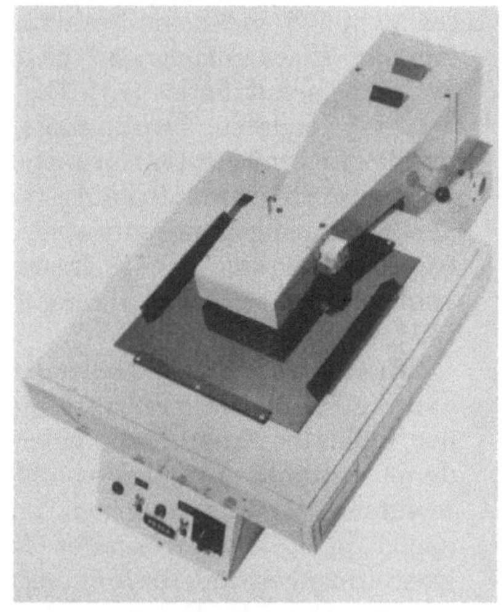

Abb. 75   Abb. 76

Abb. 75. Photovolt-Densitometer, Zubehör zur Auswertung von Dünnschichtchromatogrammen[12] (Fa. 104)

Abb. 76. Chromoscan-Densitometer, Zusatz zur Auswertung von Dünnschichtchromatogrammen[13] (Fa. 78)

Auswertung von 20 × 20 cm Platten möglich ist. Mit Hilfe des zugehörigen Schreibers kann nichtlineare Abhängigkeit von Lichtabsorption und aufgebrachter Substanzmenge bei der Aufzeichnung auf elektrischem Wege korrigiert werden [400]. Auch zum Chromoscan-Densitometer ist ein spezielles DC-Zusatzgerät mit Quarzoptik und automatischer Registrierung der Lichtabsorption zu beziehen. Während der Messung befindet sich der Fleck in einer lichtabgeschlossenen Kammer, um störendes Streulicht so weit wie möglich auszuschließen. Bei nichtlinearer Abhängigkeit von Lichtabsorption und aufgebrachter Substanzmenge kann bei diesem Gerät für Serienanalysen eine mechanische Korrektur durchgeführt werden; dazu wird das Profil des für die Verschiebung des Graukeiles im Referenzkanal verantwortlichen Kammes verändert [15]. Photovolt- und Chromoscan-Densitometer können bei entsprechender Anwendung auch für Reflexions-Messungen verwendet werden (vgl. S. 144).

[11] Photovolt-Densitometer Modell 501 A mit Lichtquelle Modell 52 und Modell 521 A mit Lichtquelle Modell 52/C.

[12] Photovolt, Multiplier-Photometer Modell 520 A, Lichtquell-Einheit Modell 52-C und Zubehör für die Auswertung von DC-Platten mit automatischem Antrieb und Varicord-Schreiber Modell 42 = TLC Densitometer Modell 530 (Photovolt-Informationsblatt 367/8-63) (Fa. 104).

[13] Chromoscan-Densitometer mit Zusatz für die Auswertung von Dünnschichtplatten (Fa. 78).

4. Quantitative Bestimmung fluorescierender Flecke

a) Direkte Auswertung

Fluorescierende Flecke können direkt auf der Sorptionsschicht ausgewertet werden. Die Voraussetzungen hierfür sind günstig, da zwischen dem mit einem entsprechenden Empfänger ablesbaren Fluorescenzwert (F), der Strahlungsdichte eines als Lichtquelle aufzufassenden Fluorescenzfleckes (S) und der Fleckenfläche (f) die Abhängigkeit $F \approx S \times f$ besteht. Daher wird die Gesamtfluorescenz einer bestimmten Substanzmenge durch die Fleckenform nicht wesentlich beeinflußt.

Bei Untersuchungen mit dem (Fa. 155) PMQ II-Spektralphotometer wurde zwischen den chromatographierten Substanzmengen und den Flächenintegralen der Fluorescenzintensitätskurve innerhalb eines brauchbaren Meßbereiches lineare Abhängigkeit gefunden [*351, 626*], während die Eichkurven bei der Versuchsanordnung mit einem umgebauten Aminco-Mikrophotometer (Fa. 4) nicht linear waren [*793*].

Flecke fluorescierender Kohlehydratumsetzungsversuche wurden mit einem Turner-Fluorimeter[14] ausgewertet [*134*]. Durch Messung der Fluorescenzintensität mit einem Photovolt 530-Densitometer und entsprechendem Zubehör[12], sowie des Primärfilters (Cat. No. 5267) und der Wratten-Filter 42 A und 42 in der Multiplier-Einheit wurde Griseofulvin und Griseofulvin-4′-alkohol nach dc-Trennung quantitativ bestimmt [*791*]. Auf die Möglichkeit Nanogramm-Mengen, insbesondere von polycyclischen Verbindungen nach Anwendung entsprechender Reagentien durch Spektralfluorimetrie[15a, b] bzw. Spektralphosphometrie [*343*] direkt auf der Platte zu erfassen, wurde von SAWIKI et al. [*525, 598, 601, 690*] hingewiesen. Diese Untersuchungen sind besonders interessant, da sie in Größenbereiche vorstoßen, die auch mit Remissionsspektren (vgl. S. 142) nicht mehr erfaßbar sind. Inwieweit solche Spektren quantitativ reproduzierbar sind, muß weiteren Prüfungen vorbehalten bleiben.

b) Photographische Auswertung

Belichtet man einen Film mit einem fluorescierenden Fleck als Lichtquelle, wobei zwischen der Substanzmenge (Q) und der ausgestrahlten Lichtintensität (I) die Beziehung

$$Q = k \cdot \log I \qquad (1)$$

gilt, so wird der Film geschwärzt. Mißt man die Totalextinktion (D) eines solchen Fleckes mit einem Densitometer, so gilt bei konstanter Belichtungszeit:

$$D = \gamma \log I + B \qquad (2)$$

wobei

$$B = \gamma \left(\log t - \log i\right).$$

---

[14] Turner Fluorometer Modell 111 mit Meßtür für DC (Fa. 33), vgl. auch Camag-Informationen QTL-65 und QDC-6-65 (Fa. 33).

[15a] Aminco-Bowman-Spectralfluorometer (Fa. 4).

[15b] Fluorispec Modell SF/1, Fluorescenz-Spectrophotometer (Fa. 15a)

In Gl. (2) sind also noch verschiedene Filmfaktoren wie die Film-Inerta (i) und das „Gamma" (γ) des Materials enthalten. Führt man die gesamte Analyse auf einer Platte durch und verwendet man zur Photographie ein Filmstück, so werden die Filmfaktoren eliminiert und man kann aus (1) und (2) schreiben:

$$D = K \cdot Q + B$$

wobei

$$K = \frac{\gamma}{k}$$

Die mit dem Densitometer bestimmte Gesamtextinktion ist also innerhalb eines bestimmten Bereiches linear von der aufgebrachten Stoffmenge abhängig, wenn mit gleicher Belichtungszeit gearbeitet wird und auch alle anderen photographischen Aufnahmebedingungen konstant sind [316, 317].

Das anregende UV-Primärlicht wird mit einem Objektiv-Sperrfilter entfernt (vgl. S. 132).

Die für bestimmte, mit Schwefelsäure besprühte Steroidflecke aufgestellten Eichkurven schnitten nicht den Nullpunkt, da immer ein kleiner Teil der Filmemulsion durch verschiedene Faktoren während der Entwicklung schwach verändert wurde. Die Eichkurven wiesen bei den einzelnen Substanzen (Steroiden) durch verschiedene Strahlungsdichte der Flecke unterschiedliche Neigung auf [316, 317].

5. Auswertung von Remissionsspektren

Läßt man Licht auf weißes Substanzpulver fallen, so wird ein Teil davon durch reguläre Reflexion an den Kristalloberflächen in Abhängigkeit von der Korngrößenverteilung zurückgestrahlt. Je kleiner die Kristalloide sind, um so geringer ist auch die reguläre Reflexion. Die Hauptmenge der Strahlung dringt jedoch je nach Wellenlänge mehr oder weniger tief in die Pulverschicht ein, kehrt nach wiederholter Streuung an die Oberfläche zurück und wird als diffuse Reflexion (Remission) halbkugelförmig ausgestrahlt.

Als Standard und gleichzeitig als Sorptionsmaterial wäre natürlich am besten ein „Weißstandard" geeignet, der über den interessierenden Wellenlängenbereich möglichst gleichmäßig remittiert. Jedoch ist die DC an bestimmte Sorptionsmittel gebunden. Damit sind in Abhängigkeit vom gewählten Sorptionsmittel nach kurzen Wellenlängen hin durch Abnahme des Remissionsgrades Grenzen gesetzt. Beim Vergleich mit einem metallischen Aluminiumstandard, der einen bis 215 nm nahezu konstanten Remissionsgrad aufweist, können die Grenzen im Einzelfall genau festgelegt werden.

Mischt man dem Weißstandard lichtabsorbierende Substanzen bei oder befinden sich auf der Meßfläche eines solchen Standards absorbierende Flecke, so wird die Remissionsstrahlung in den Wellenlängenbereichen geschwächt, wo auch bei Transmissionsmessungen entsprechender Lösungen Absorptionsbanden auftreten würden. Die Remission kann mit Hilfe der Kubelka-Munk-Funktion quantitativ ausgewertet werden.

Unter bestimmten Voraussetzungen, die von Kortüm u. Mitarb. [371, 373] für Pulververdünnungen eingehend untersucht wurden, besteht für

Substanzen, welche an einem Weißstandard adsorbiert sind, Proportionalität zwischen Remissionsgrad und Substanzkonzentration.

$$f(R) = \frac{(1-R)^2}{2R} = \frac{k}{s} = \frac{\varepsilon \cdot c \cdot 2{,}303}{s}$$

$R = \dfrac{\Phi \text{ Probe}}{\Phi \text{ Standard}}$ Relatives Remissionsvermögen bezogen auf einen Weißstandard

$k =$ natürlicher Extinktionsmodul definiert durch die dem Lambertschen Gesetz entsprechende Größe

$s\ =$ Streukoeffizient

$\varepsilon\ =$ molarer dekadischer Extinktionskoeffizient

$c\ =$ molare Konzentration.

Der Weißstandard kann also als Feststoffverdünnungsmittel verwendet werden, analog den Lösungsmitteln bei Anwendung des Lambert-Beerschen Gesetzes zur Bestimmung der Konzentration in Lösungen.

Sollen Remissionsspektren quantitativ ausgewertet werden, so muß mit standardisierter Korngrößenverteilung des Sorptionsmaterials und reproduzierbaren Luftfeuchtigkeits- und pH-Bedingungen gearbeitet werden. Wasser z. B. verdrängt die adsorbierten Substanzmoleküle teilweise und verändert dadurch die Spektrenform [373]. Untersuchungen über die Remissionsspektren einiger an Aluminiumoxid „Merck“ adsorbierter Farbstoffe in Abhängigkeit von der thermischen Vorbehandlung des Aluminiumoxids wurden von FREI u. Mitarb. [201] durchgeführt. Diese Autoren prüften auch den Einfluß von neutralem, saurem und basischem Aluminiumoxid auf die Spektrenform. Dabei waren durch die Wechselwirkung zwischen Adsorbat und Adsorbens (Chemiesorption) entsprechende Veränderungen des Spektrums wahrzunehmen.

Wieweit die genannten, mit Pulvern bestimmten Gesetzmäßigkeiten zur direkten Auswertung der Remissionsspektren auf Sorptionsschichten befindlicher Flecke herangezogen werden können, ist nur teilweise bekannt. Bei entsprechenden Untersuchungen von Papierchromatogrammen [372] wurde festgestellt, daß die Kubelka-Munck-Funktion nur in bestimmten Bereichen bei niederen Konzentrationen gültig war. JORK [333a] fand bei analogen Untersuchungen auf Kieselgel- und Aluminiumoxid-Schichten mit Substanzen verschiedener Stoffklassen über relativ weite Konzentrationsbereiche lineare Abhängigkeit von aufgebrachter Stoffmenge und Remissionsgrad. Am Beispiel des Coffeins konnte gezeigt werden, daß noch sehr geringe Mengen (2,5 µg) quantitativ bestimmt werden können. Um ein Lösungsspektrum mit derselben Lichtabsorption zu erhalten, müßten 150 µg Coffein in 10 ml Lösungsmittel gelöst werden. Von FRODYMA u. Mitarb. wurden diffuse Reflexspektren von Flecken auf der Schicht und vom Pulver der abgekratzten Flecke vergleichend quantitativ ausgewertet. Mit Eosin B und Rhodamin B als Testsubstanzen, welche an Aluminiumoxid absorbiert waren, wurden mit der Pulvermethode bessere Ergebnisse gefunden [205] und diese Methode daher auch zur Bestimmung mit Ninhydrin angefärbter Aminosäuren verwendet [204]. Auf eine reproduzierbare Packungsdichte muß bei der Pulvermethode besonders geachtet werden [205]. Für die genannten Farbstoffe wurde bei der Direktauswertung auf der Schicht innerhalb des gemessenen Konzentrationsbereiches lineare Abhängigkeit zwischen Stoffkonzentration und Remissionsgrad bei Anwendung der Beziehung $\sqrt{c} = 2 - \log\% R$ gefunden.

Das Primärlicht kann gerichtet oder mit Hilfe einer Ulbricht-Kugel diffus eingestrahlt werden. Im letzteren Falle müssen die Bestrahlungsbedingungen bei der Messung von Probe und Standard konstant gehalten werden, da sonst beträchtliche

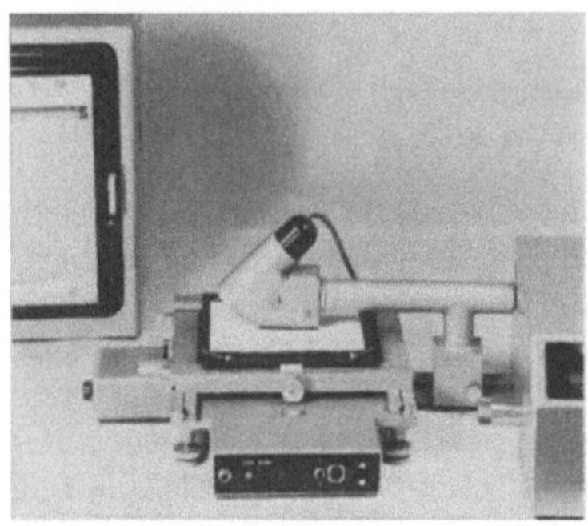

Abb. 77. Zubehör zur Auswertung von Reflex- und Fluorescenzspektren von Dünnschichtchromatogrammen, nach Stahl, passend zum PMQ II-Spektralphotometer (Fa. 155)

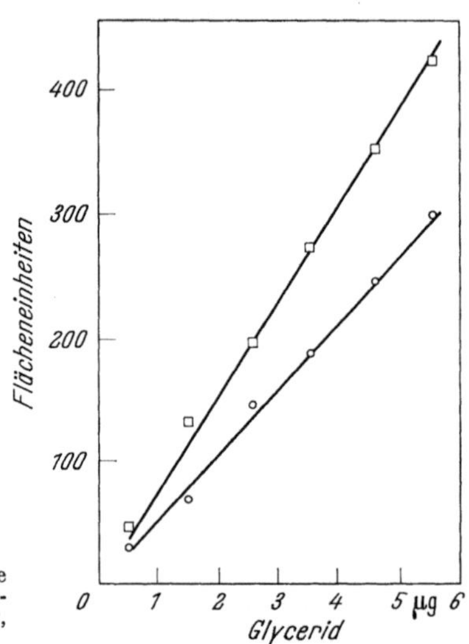

Abb. 78. Abhängigkeit der Densitometer-Flächenwerte von der aufgebrachten Lipid-Menge bei der Auswertung mit Reflexanordnung, nach Barret et al. [40, 41]. ○ Triolein, □ Tristearin

Kugelfehler auftreten können. Ansätze zur Remissionsmessung mit verschiedener Geometrie der Beleuchtung und Beobachtung sind für das Spektralphotometer PMQ II (Fa. 155) erhältlich. Von E. Stahl u. Mitarb. wurde in jüngster Zeit in Zusammenarbeit mit der Fa. Zeiss (Fa. 155) ein Zusatzgerät zum Spektralphotometer PMQ II entwickelt, welches die quantitative Auswertung von Remissions- und Fluorescenzspektren der einzelnen Flecke auf dem Chromatogramm ermöglicht (vgl. Abb. 77). Mit dem Reflexionszusätzen zu verschiedenen Densitometern η [16, 17] wurde ebenfalls gearbeitet [40, 41, 509], wobei verkohlte Lipidflecke ausgewertet wurden (Abb. 78).

II. Quantitative Bestimmung nach Extraktion aus den Sorptionsschichten

Quantitative Bestimmungsverfahren, wobei die Substanzen zunächst dc getrennt, mit einer geeigneten Methode nachgewiesen, aus der Sorptionsschicht eluiert und quantitativ bestimmt werden, sind heute allgemein gebräuchlich. Der erforderliche Zeitaufwand und ein bestimmter Rückgewinnungsverlust, sind Nachteile gegenüber der Direktauswertung auf den Schichten. In vielen Fällen werden diese Nachteile jedoch in

---

[16] Thin Layer Scanner Attachment for Chromoscan (Fa. 78), vgl. Fußnote 13.
[17] In der Publikation [509] beschriebenes Gerät.

Kauf genommen, da die Zufallsfehler bei den direkt arbeitenden Methoden im allgemeinen höher sind. Wie vergleichende Untersuchungen zeigten, weisen quantitative dc Verfahren mit Elution der getrennten Substanzen keine größere Fehlerbreite auf als andere vergleichbare Analysenmethoden [259] (vgl. Tab. 14). Um reproduzierbare Ergebnisse zu erzielen, muß auf einem sauberen zugfreien Arbeitsplatz gearbeitet werden. Außerdem ist dafür zu sorgen, daß die für die quantitative Analyse bestimmten Sorptionsschichten unter strengem Ausschluß der Laborluft gelagert werden.

1. Nachweis der getrennten Substanzen[18]

Besitzen die Substanzen eine Eigenfarbe oder fluorescieren sie unter UV-Licht, so ist der Nachweis auf der Platte einfach.

Auf diese Weise konnten z. B. Azofarbstoffe [638], Dinitrophenylhydrazone [470], 2,4-DNP-Hydrazide von Fettsäuren [799], Rauwolfia-Alkaloide [607], Aristolochiasäuren [507] und verschiedene vielkernige aromatische Kohlenwasserstoffe [599] lokalisiert werden.

Bei der überwiegenden Zahl der Stoffe besteht aber diese Möglichkeit nicht. Sie müssen durch Leitchromatogramme oder mit Nachweisreagentien lokalisiert werden, da die Ortsbestimmung mit Hilfe der hRf-Werte sehr unzuverlässig ist [223].

a) Verwendung von Leitchromatogrammen

Sollen farblose, nicht mit UV-Strahlung nachweisbare Substanzen auf einem Chromatogramm lokalisiert werden und solche Stoffe, die nicht mit Joddampf aufzufinden sind, oder Substanzen, welche durch Lichteinwirkung verändert werden, so muß mit Hilfe von Leitchromatogrammen gearbeitet werden. Bei dieser, schon von der Papierchromatographie her bekannten Methode, werden für eine Analyse mindestens zwei Startflecke aufgebracht. Das Chromatogramm des einen Fleckes besprüht man nach Einwirken des Fließmittels mit einem Farbreagens, während das zweite Chromatogramm abgedeckt wird. Auf der zweiten Bahn werden dann auf der Höhe der im ersten Chromatogramm erscheinenden Farbflecke entsprechende Sorptionsmittelflächen angezeichnet. Der Nachweis mit Hilfe von Leitchromatogrammen ist zwar der schonendste, erfordert jedoch sehr homogene Sorptionsschichten, um möglichst gleichmäßigen Fließmittellauf zu gewährleisten. Flecke mit wenig verschiedener Wanderungsweite können auf diese Weise nur unsicher lokalisiert werden.

Mit dieser Methode wurden unter anderem Vitamin B$_6$-Faktoren [702], Vitamin D$_2$ [81], Opiumalkaloide [434], Penicillin V [486], Emodi-Podophyllin [695], Lanatoside [787], Hexadienolide [693], Ubichinone [733], Homovanillinsäure [597], Glucose und Maltose [713], Saccharoseester und Mischungen von Raffinose und Saccharose [223] sowie Phenole [623, 157] und Phenolaldehyde [790] vor der quantitativen Auswertung lokalisiert. Geringe Cobalamin-Mengen wurden mit Hilfe bioautographischer Leitchromatogramme aufgefunden [128]. NISHIKAZE und STAUDINGER verwendeten Leitsubstanzen innerhalb eines zweidimensionalen Chromato-

---

[18] siehe auch S. 78-83 u. 141.

gramms, um eine bestimmte Substanz (Aldosteron) vor der Extraktion zu lokalisieren [*482*]. Das Eindringen des Nachweisreagenzes in das Analysenchromatogramm konnte völlig verhindert werden, wenn nicht besprüht, sondern ein mit Reagens getränkter Löscher auf dem Leitchromatogramm abgerollt wurde [*703*].

b) Anwendung von Fluorescenzschichten und Fluorescenzindicatoren

Sollen UV-absorbierende Substanzen nachgewiesen werden, so ist die Verwendung von Sorptionsmitteln, denen anorganische Leuchtpigmente beigemengt sind, anzuraten. Dabei sind unter UV-Licht dunkle Löschflecke auf fluorescierendem Untergrund zu sehen (vgl. Abb. 73a/B, S. 136). Die Nachweisempfindlichkeit ist vom Absorptionsmaximum und der spezifischen Absorption der chromatographierten Substanzen abhängig. Der große Vorteil der Methode besteht darin, daß die getrennten Stoffe, ohne selbst in eine Reaktion einbezogen zu werden, angezeichnet werden können. Diese Nachweismethode wurde daher schon häufiger verwendet. Sorptionsmittel mit beigefügten Fluorescenzindicatoren werden von mehreren Firmen angeboten (z. B. Fa. 88) (Vgl. Kap. B). Wo diese Sorptionsmittel nicht erhältlich sind, können nachträglich Fluorescenzindicatoren[19] beigemengt werden [*67*, *211*, *213*, *348*, *349*, *406*, *437*, *621*]. Abhängig vom Indicator selbst und vom Sorptionsmittel verwendet man 0,2—5%, wobei man allerdings nur schwer die homogene Verteilung der im Handel erhältlichen, mit Fluorescenzindicatoren versehenen Sorptionsmittel erreicht.

In den meisten Fällen stören die genannten Indicatoren die quantitative Auswertung nach der Extraktion nicht. Mit sauren wäßrigen Extraktionsmitteln werden sie jedoch teilweise gelöst und können dann bei der Anwendung entsprechender Bestimmungsmethoden, wie z. B. der Polarographie, stören [*489*].

Besprühen mit Lösungen von organischen Fluorescenzindicatoren oder das Einarbeiten solcher Indicatoren in die Sorptionsschicht ist in vielen Fällen nicht anwendbar, da diese Substanzen in Fließmitteln und zur Fleckelution verwendeten Lösungsmitteln entsprechender Polarität löslich sind. In Ausnahmefällen wurden solche Indicatoren jedoch erfolgreich eingesetzt.

So wurden Lipidflecke vor der gaschromatographischen Auswertung mit Rhodamin 6 G-Lösungen besprüht [*475*]. Auf Schichten die mit Pyrenderivaten[20] als Fluorescenzindicator versetzt waren, konnten nicht UV-absorbierende Steroide und Insecticide [*722*] sowie Östrenole [*217*] vor der quantitativen Auswertung lokalisiert werden. Zum Nachweis von Corticosteroiden wurde zunächst mit Fluorescein-Lösung besprüht, unter UV angezeichnet und dann mit Blautetrazolium quantitativ bestimmt [*482*]. Sehr stark UV-absorbierende Stoffe sind bei Verwendung geeigneter Strahlungsquellen auch auf Schichten, die keine Fluorescenzindicatoren enthalten, nachzuweisen [*70*].

c) Veränderungsfreier Nachweis durch Besprühen mit Wasser

Auf Grund der unterschiedlichen Benetzbarkeit des Sorptionsmittels und der Substanzflecke ist die Lokalisation lipophiler Substanzflecke

---

[19] Zum Beispiel Zinksilicat und Zinkcadmiumsulfid (Fa. 108), Caliumhalophosphate N 83 weiß, WQ, GQ oder TQ (Fa. 147) Leuchtstoff ZS-Super (Fa. 118).

[20] Natriumsalze der 3-Hydroxypyren- 5,8,10, -trisulfonsäure und 3,5-Dihydroxypyren-8,10- disulfonsäure (Fa. 55).

vereinzelt durch Besprühen mit Wasser möglich, wobei die Flecke am besten im durchfallenden Licht zu erkennen sind. Diese Methode, die zum Nachweis von Steroiden gelegentlich angewandt wurde [*39, 70, 212, 794*], ist im allgemeinen zu unempfindlich.

d) Auffinden der getrennten Flecke mit Joddampf oder durch Besprühen mit Jodlösung

Substanzen, die keine UV-Absorption aufweisen, können in vielen Fällen durch Joddampf nachgewiesen werden [*284, 636*] (vgl. Abb. 79). Je nach Stoffklasse dürfte die „Jodanfärbung" auf der Löslichkeit von Jod in der betreffenden Substanz, auf Jodadsorption oder der Bildung von Addukten [*91*] und definierten Additionsverbindungen [*475*] beruhen. Daher muß der Einfluß der Jodlokalisation auf die anschließend verwendete quantitative Bestimmungsmethode in jedem Falle geprüft werden. Nach Anzeichnen der Flecke wird der Jodüberschuß im Luft- oder Intergasstrom weitgehendst entfernt, was auf der Sorptionsschicht mit Stärkelösung kontrolliert werden kann.

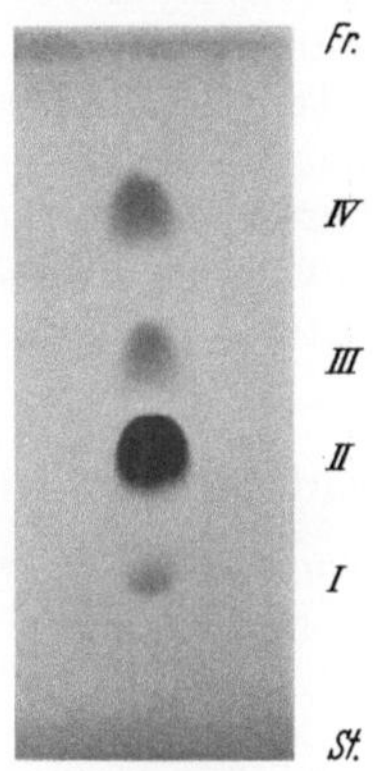

Abb. 79. Jodlokalisation eines pharmazeutischen Mischpräparates nach dünnschichtchromatographischer Trennung [*215*]. *I* Coffein, *II* Amidopyrin, *III* Phenacetin, *IV* Mandelsäurebenzylester. Sorptionsschicht: Kieselgel G. Fließmittel: Cyclohexan-Aceton (40 + 50), Trennstrecke 15 cm

Der Nachweis mit Joddampf vor der quantitativen Auswertung wurde schon häufig verwendet, so z. B. bei der Analyse von Lipidestern in Verbindung mit gaschromatographischer Bestimmung [*187*] oder colorimetrischer Auswertung nach Überführen in die Eisenkomplexe von Hydroxamsäuren [*731*], zum Nachweis analgetisch wirksamer Arzneimittel [*215*] (vgl. Abb. 79) und von Steroiden [*217, 437*] mit nachfolgender spektrophotometrischer Auswertung im UV- und sichtbaren Bereich oder zur Lokalisation von Phospholipiden mit anschließender Phosphor-Bestimmung [*6, 79, 637*].

In Einzelfällen können die Substanzen bei diesem Nachweis jedoch chemisch verändert werden. NICHAMAN et al. [*475*] berichteten über die Jodierung polyungesättigter Fettsäuren und die dadurch bedingte Verfälschung der Resultate bei der nachfolgenden Gas-Flüssigkeits-Chromatographie. Eine allgemein anwendbar erscheinende quantitative Bestimmungsmethode für organische Substanzen durch Jodlokalisation und quantitative Bestimmung mit Dichromatlösung nach Extraktion, wie sie für Lipide beschrieben wurde [*19*], erwies sich durch starke Störeinflüsse von Sorptionsmitteln und Lösungsmittelresten als nicht reproduzierbar. Auch der Versuch das an Steroidjodaddukte gebundene Jod für eine quantitative Bestimmung heranzuziehen, in ähnlicher Weise, wie es von DITTRICH [*164*] für die Auswertung von Papierchromatogrammen beschrieben wurde, führte bisher nicht zu brauchbaren Ergebnissen.

Vereinzelt wurde zum Nachweis auch mit Jod in organischen Lösungsmitteln besprüht [*10*], eine Methode, bei welcher leicht ein beträchtlicher Jodüberschuß auf die Platte gelangt, der nur schwer wieder zu entfernen ist.

10*

e) Verwendung anderer Farbreagentien

Andere Farbnachweise, die bei der nachfolgenden quantitativen Bestimmung nicht stören, können nur sehr begrenzt verwendet werden, wie z. B. zur Erkennung organischer Phosphorverbindungen, wenn anschließend verascht und über das betreffende Element bestimmt wird [166, 258]. Für die quantitative Analyse von Glykolipoidfraktionen wurde mit ammoniakalischem Bromthymolblau-Indicator lokalisiert und nach Extraktion mit Anthron-Schwefelsäure ausgewertet [324]. 17-Hydroxycorticosteroide wurden mit Blautetrazolium besprüht und anschließend mit Phenylhydrazin-Schwefelsäure bestimmt [11], wobei bereits Schwierigkeiten dadurch auftraten, daß das Steroid durch das Nachweisreagens zum Teil chemisch verändert wird.

Lassen sich die getrennten farblosen Substanzen durch entsprechende Sprühreagentien in gefärbte Verbindungen überführen, so besteht auch die Möglichkeit, diese Farbstoffe nach Elution direkt photometrisch auszuwerten, eine Methode, deren Anwendungsbreite auf S. 154 besprochen wird.

2. Entfernen der Flecke von der Platte und Elutionstechnik

Nach Anzeichnen der Flecke können diese mit einer Rasierklinge, einem Spatel oder ähnlichem Gerät [69, 122, 197, 213, 215, 636, 648] abgekratzt werden. Dabei geht man am besten so vor, daß die den betreffenden Fleck umgebende leere Sorptionsschicht zuerst entfernt und anschließend der Fleck über die vom Sorptionsmittel befreite Glasfläche auf glattes Cellophanpapier geschoben wird. Danach erfolgt die Elution durch Schütteln mit dem gewählten Elutionsmittel (vgl. S. 153) und Abtrennen des Extraktes vom Sorptionsmittel durch Filtrieren oder Zentrifugieren.

Für die Filtration sind Papierfilter ungeeignet. Auch die bisher handelsüblichen Membranfilter waren durch ihre geringe Resistenz gegenüber organischen Lösungsmitteln nicht brauchbar. In jüngster Zeit wurde jedoch über gute Erfolge mit Methanol-unlöslichen Membranfiltern[21] bei der Elution von dc Flecken berichtet [800]. Im allgemeinen verwendet man Glas- oder Porzellanfilter. Beim Abtrennen des Sorptionsmittels vom Eluat mit einem G4-Filterstäbchen kann direkt in einen kleinen Meßkolben, welcher sich in einem evakuierbaren Gefäß befindet, abgesaugt werden [213, 215]. Auch ein mit Überdruck arbeitender Extraktor wurde verwendet [695].

Da beim Abkratzen der Flecke und Überführen des Pulvers in ein entsprechendes Gefäß unter peinlichem Ausschluß von Zugluft gearbeitet werden muß, um Verluste zu vermeiden, benutzen verschiedene Autoren Vakuumextraktoren, mit deren Hilfe die lokalisierten Flecke zunächst auf die Filterfläche oder in den Extraktionskolben gesaugt und anschließend eluiert werden können [65, 70, 123, 318, 349, 437, 451, 463, 578, 605, 651]. Abb. 80 zeigt einen solchen Extraktor [437]. Kontinuierliche Extraktion z. B. nach dem Soxlethprinzip [329, 535] ist nicht anzuraten,

---

[21] Alpha-Metricel-Filter. (Fa. 63)

da hierbei auch wenig lösliche, in den Sorptionsmitteln enthaltene Bindemittelanteile und Verunreinigungen, welche unter Umständen die quantitative Bestimmung stören, gelöst werden können [338] (vgl. S. 150). Zur quantitativen Auswertung radioaktiver Flecke wurde ein automatischer Zonensammler beschrieben [647].

Werden nicht zu flüchtige Elutionsmittel eingesetzt, so sind die Sorptionsmittel nach der Elution am einfachsten durch Zentrifugieren abzutrennen. Danach dekantiert man, wiederholt den Prozeß und füllt auf ein bestimmtes Volumen auf. Beim Vorliegen eines sehr wirksamen Elutionsmittels genügt es, nur einmal zu eluieren, zu zentrifugieren und einen aliquoten Teil der überstehenden klaren Lösung zur quantitativen Bestimmung einzusetzen. Wenn anschließend im kurzwelligen UV-Bereich spektralanalytisch ausgewertet werden soll, muß eine Zentrifuge verwendet werden, die ein entsprechend hohes Schwerefeld erzeugt (> 4000 g), um die feinen, Streulicht hervorrufenden, Sorptionsmittelanteile zu entfernen. Der Einfachheit wegen wurde diese Methode schon viel benutzt [69, 162, 206, 207, 208, 212, 217, 486, 594], zumal die hierfür nötigen Zentrifugengläser im Gegensatz zu Glas- oder Porzellanfiltern leicht zu reinigen sind. Um das Abkratzen der Flecke zu vermeiden, chromatographierte RABENORT

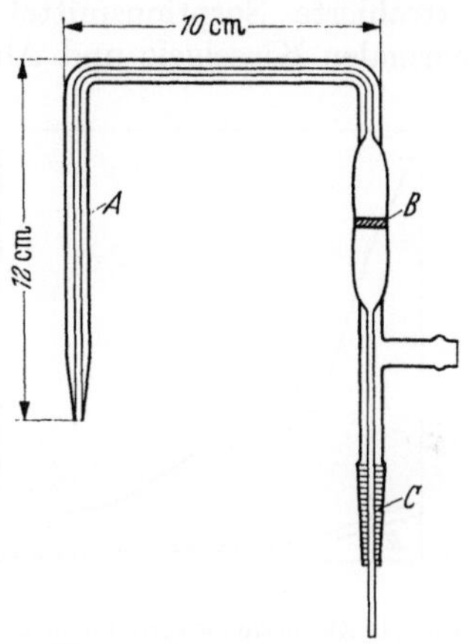

Abb. 80. Vakuumextraktor nach MATTHEWS et al. [437], welcher gleichzeitig als Absauggerät für die Flecke von der Trägerplatte dient. A Rohrstück, mit welchem die Flecke abgesaugt werden. B Glasfilter (G 4) worauf das Pulver gesammelt wird. C Schliff der auf entsprechende Meßkolben paßt

[550] auf Aluminiumträgerfolien, welche auf Rahmen gespannt in die Trennkammern gestellt wurden. Die Flecke der fertigen Chromatogramme wurden als Ganzes ausgeschnitten und eluiert.

3. Elutionsmittel (Lösungsmittel zur Extraktion)

Die Wahl der Elutionsmittel richtet sich in erster Linie nach dem damit zu erzielenden desorptiven Effekt. Um die eluierende Wirkung zu prüfen, bringt man Flecke der zu trennenden Substanzen quantitativ auf die Sorptionsmittelschicht auf und versucht zunächst ohne Einwirkung eines Fließmittels — also vor der Chromatographie — wieder zu eluieren. Dabei müssen mindestens 95% der eingesetzten Stoffmenge wiedergefunden werden. Auch nach der DC muß noch in Abhängigkeit von Wanderungsweite und Begleitstoffen mit kleinen Verlusten gerechnet werden.

Für die Wahl des Elutionsmittels ist auch die Unbedenklichkeit im Hinblick auf die nachfolgende quantitative Bestimmungsmethode belangreich. Soll z. B. im UV-Bereich ausgewertet werden, so darf das gewählte Elutionsmittel in diesem Wellenlängenbereich nur schwach absorbieren oder man ist gezwungen, das Eluat einzudampfen und in einem geeigneten Lösungsmittel wieder aufzunehmen.

Feinste Sorptionsmittelteilchen, die evtl. Streulicht hervorrufen können, müssen durch entsprechende Filtrationsmethoden oder durch Zentrifugieren mit hohen Drehzahlen ausgeschlossen werden [800] (vgl. auch S. 149).

Wesentlich schwerer zu vermeiden sind Störungen, welche durch mitextrahierte Sorptionsmittel-Verunreinigungen auftreten können. Die normalen Kieselgele und Aluminiumoxide enthalten anorganische Verunreinigungen, vor allem Eisen und Chlorid, so daß colorimetrische Reaktionen, die durch Eisen beeinflußt werden, bei Verwendung eines Eisen lösenden Elutionsmittels entsprechende Abweichungen aufweisen [212]. Solche Abweichungen können durch spezielle Vorreinigungsmethoden vermieden werden, was am Beispiel der quantitativen Auswertung von Gallensäurechromatogrammen gezeigt werden konnte [797]. Das verwendete Kieselgel G wurde dabei mit verdünnter Schwefelsäure und Salzsäure vorbehandelt. Zur quantitativen Bestimmung von Phenolaldehyden wurde mit äthanolischer Salzsäure vorgewaschen [790]. Aus UV-Spektren (vgl. Abb. 81) und Ascheanalysen von

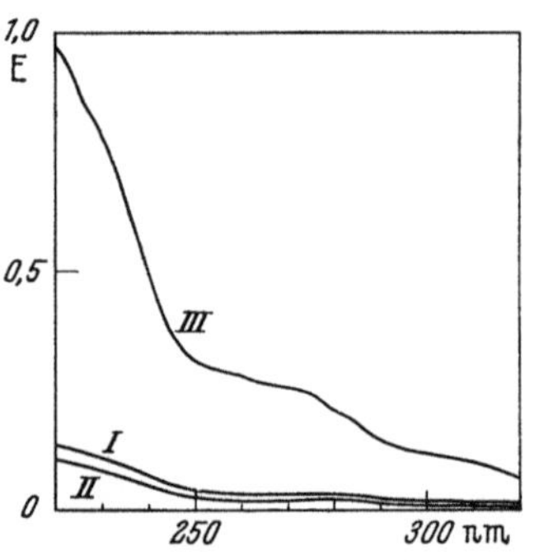

Abb. 81. Kieselgelblindwerte im ultravioletten Bereich. Gleiche Mengen Kieselgel für die Dünnschichtchromatographie verschiedener Hersteller I, II, und III mit der gleichen Menge Methanol extrahiert, zentrifugiert und gegen das verwendete Methanol gemessen

Sorptionsmittel-Extrakten kann geschlossen werden, daß in vielen Fällen auch organische Verunreinigungen enthalten sind. So scheinen unter anderem Weichmacher bzw. hochsiedende Kohlenwasserstoffe aus den Kunststoffpackmitteln in die Sorptionsmittel gelangen zu können, was gaschromatographisch an Chloroform-Extrakt-Rückständen [225] sowie durch IR-Analyse an Acetonextrakt-Rückständen [640] von Kieselgel und mit Hilfe der N.M.R.-Spektren von Chloroformextrakten [795] der Sorptionsmittel zu erkennen war. Einzelne Hersteller geben die Grenzen der bekannten Verunreinigungen an[22] und bringen für die quantitative Analyse besonders gereinigte Kieselgele, z. B. Kieselgel HR (Fa. 88). in den Handel. Die Vorreinigung von Sorptionsmitteln im Labor durch Extraktion mit entsprechenden Lösungsmitteln ist schwierig, da man leicht unbekannte Bindemittel löst oder feine Sorptionsmittelanteile abtrennt, die für die Haftfähigkeit der Schicht von Belang sind oder auch neue Verunreinigungen einschleppt.

In der Praxis wurden schon Elutionsmittel der verschiedensten Polarität verwendet. Sehr schwach polare Steroide (Östrenole) können mit hydrophoben Lösungsmitteln, wie z. B. Methylenchlorid, quantitativ eluiert werden (vgl. Tab. 14)

---

[22] Präparate „Merck" für die Dünnschichtchromatographie nach E. Stahl, Ausgabe 1964, E. Merck, Darmstadt, S. 7.

[*217*], während bei Progesteron mit mehr polarem Charakter bereits über Schwierigkeiten bei der Elution unter denselben Bedingungen berichtet wird [*691*]. Zur
Elution von Dinitrophenylhydrazonen aus Kieselgel und von Opiumalkaloiden aus
Aluminiumoxid wurde Chloroform [*470, 535*] verwendet. Methanol und Äthanol
sind häufig verwendete Elutionsmittel für Substanzen der verschiedensten Stoff-
klassen aus Kieselgel [*213, 215,259, 434*] oder Aluminiumoxid [*122, 437*]. Als günstigstes Elutionsmittel für Penicillin V wurde Butylacetat gewählt [*486,*]. Zur
Rückgewinnung von Ubichinonen eignete sich Aceton [*733*]. Auch polare neutrale,
saure und basische wäßrige Elutionsmittel wurden benutzt, so z. B. Wasser für
Schleimsäurederivate [*451*] (vgl. Tab. 14), 1proz. wäßrige Tween 80-Lösung für
Cobalamin [*128*], 0,2 N Schwefelsäure für Vitamin B_6-Faktoren [*702*]. 34proz.
Ammonpersulfatlösung für Nicotinsäure [*702*] und Ammoniak für Azofarbstoffe
[*638*]. Mit dem stark polaren Dimethylformamid wurden Nitro-4-acetamino-
phenetole aus Aluminiumoxid eluiert [*489*].

4. Nach der Elution angewandte Bestimmungsmethoden

Da die Messung im UV-Bereich nach der Extraktion mit einem geeigneten Elutionsmittel oft ohne weitere Arbeitsgänge vorgenommen werden
kann, wurde diese Auswertung in zahlreichen Fällen zur Bestimmung
UV-absorbierender Substanzen angewandt. Begrenzt ist die Anwendung
durch die spezifische Absorption der zu messenden Stoffe.

Im allgemeinen wird man zur Extraktion eines Fleckes mindestens
5 ml Lösungsmittel einsetzen, um mit einer normalen 1 cm Cuvette
arbeiten zu können. Bringt man 50 µg der zu bestimmenden Substanz
auf die Sorptionsschicht auf, so verfügt man nach der Extraktion über
eine Meßkonzentration von 10 µg/ml. Wendet man ein solches Verfahren

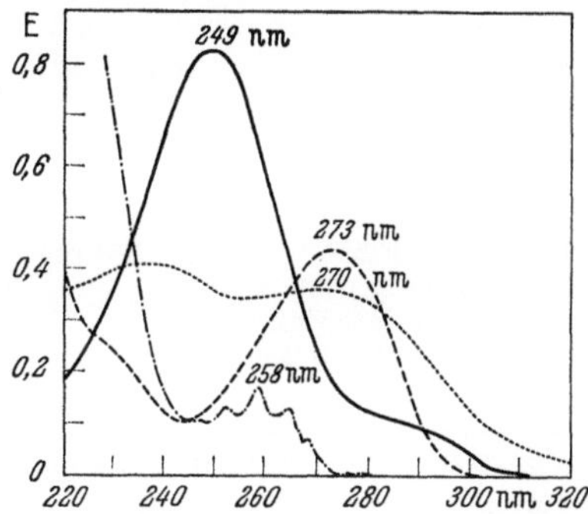

Abb. 82. UV-Spektren der Wirkstoffe eines pharmazeutischen Mischpräparates [*215*]. Lösungsmittel:
Methanol. *a* Coffein anhydr. - - - - - -; *b* Amidopyrin . . . . .; *c* Phenacetin————————; *d* Mandelsäurebenzylester -..-..; *a, b* und *c* 10 µg/ml, *d* 100 µg/ml

z. B. nach der Trennung von vier im ultravioletten Bereich absorbierenden pharmazeutischen Wirkstoffen, nämlich Amidopyrin, Coffein, Mandelsäurebenzylester und Phenacetin an, so mißt man in entsprechender
Reihenfolge Extinktionswerte von: 0,36−0,46−0,02 und 0,82 im Absorptionsmaximum der Substanzen (vgl. Abb. 82). Daraus ist ersichtlich,
daß die Methode für Mandelsäurebenzylester zu unempfindlich ist [*215*].

Bei der Anwendung eines Mikro-Durchlaufextraktors konnten noch
kleine Mengen von Substanzen mit niederer spezifischer Absorption durch

Tabelle 14. *Beispiele für quantitative*

Analysenmaterial	Sorptions- und Fließmittel	Lokalisation	Elutions- und Auswertungsmethode
I. p-Hydroxybenzoesäure-methylester II. p-Hydroxybenzoesäure-propylester Mischungen 50 + 50%	Kieselgel G + 2% Leuchtstoff [23] Pentan Eisessig (88 + 12)	UV 254 nm	Mikrofiltriereinrichtung G 28 und G 4-Glasfilterstäbchen [24]. UV-Messung
I. Schleimsäure II. Hydroxymethylschleimsäure; Mischungen	Kieselgel HF 254 Chloroform-Eisessig (90 + 10)	UV 254 nm	Mikroextraktor eigener Konstruktion. Nach Extraktion Auswertung im UV mit Mikrophotometer
I. Methylphenobarbital II. Phenobarbital Mischung 95% + 5% (Nur I bestimmt)	Kieselgel HF 254 Chloroform-Aceton (90 + 10)	UV 254 nm	Zentrifugieren und nach Pufferzusatz UV-Messung
I. 6-Chlor-17 α-hydroxy-pregna-4,6-dien-3,20-dion-acetat II. 17 α-Äthinylöstradiol-3-methyläther Mischung 85% + 15%; (Nur I bestimmt)	Kieselgel G Chloroform-Äther (90 + 10)	Wasser	Verengtes Glas mit Wattepfropf als Filter; UV-Messung
17 α-Äthyl-17 β-hydroxy Δ⁴-östren	Kieselgel H Heptan-Aceton (60 + 30)	Joddampf	Zentrifugieren. Nach Abdampfen des Elutionsmittels Anfärben mit H_2SO_4
Morphin in Opium	Kieselgel HF 254 Chloroform-Aceton Methanol-Triäthylamin (30 + 40 + 10 + 20)	UV 254 nm	Reagens zur Herstellung von Nitrosomorphin dient gleichzeitig als Elutionsmittel. Nach Zentrifugieren Photometrie
Neomycinsulfat	Kieselgel 3 proz. Ammoniak-Aceton (80 + 20)	Leitchromatogramm	Farbreagens dient gleichzeitig als Elutionsmittel. Nach Filtrieren Photometrie

[23] Leuchtstoff ZS-Super (Fa. 118).
[24] (Fa. 67).

Extraktion mit 100 μl Lösungsmittel bestimmt werden [*451*] (vgl. Tab. 14). Jedoch ist dazu ein Mikrophotometer erforderlich.

Unter 240 nm ist die UV-Auswertung im allgemeinen durch die Störungen von mitextrahierten Verunreinigungen und Streulicht nicht mehr ohne große Fehlerbreite anwendbar. Mit Hilfe von Blindwerten extrahierter leerer Kieselgelflecke [*70, 213, 451, 614*] oder — bei ent-

Bestimmungen nach Extraktion der Flecke

Elutionsmittel	Anzahl Bestimmungen	Richtigkeit (Accuracy) % zurückgefunden	Reproduzierbarkeit [25, 26] (precision) $S_{rel} \cdot$ %	Eingesetzte Menge μg	Literatur
5 × 2 ml Methanol	14 Trennungen	I. 96,0% II. 93,6%	±3,0 ±3,8	50 50	[213]
0,1 ml Wasser	Für jede Konzentration 7 Trennungen	I. 100% 100% II. 97,2% 91,7%	±0,75 ±1,60 ±0,75 ±1,60	100 6 90 6	[451]
10 ml Methanol	12	97,0%	±2,4	450	[219]
5 ml abs. Äthanol	32	97,6%	±3,5%	60—80	[70]
3 ml Methylenchlorid	30	95%	±2,1	60	[217]
—	15	—	±1,2	100—200	[289]
—	47	—	±1,9	50—100	[197]

[25] $S_{rel} = \dfrac{S \times 100}{\text{Mittelwert}}$ %.

[26] In der Literatur sind zahlreiche weitere Fehlerangaben [122, 215, 415, 437, 535] bei Anwendung analoger Methoden zu finden.

sprechender Form des Absorptionsspektrums – durch Basislinienkorrektur [213] können die Fehler verringert werden. Die Blindwerte werden möglichst auf derselben Höhe wie die Probeflecke entnommen. Blindwerte von Flecken in der Nähe der Fließmittelfront sind unbrauchbar.

IR-Lösungsmittelspektren wurden bisher wenig benutzt, um DC-Chromatogramme quantitativ auszuwerten [383, 411]. Der Grund liegt in der zur Messung erforderlichen hohen Stoffkonzentration. Daher wurde in einem Fall mit einem Mikroextraktor extrahiert und in einer Mikrozelle gemessen [411]. Aussichtsreicher erscheint die Anwendung der Auftropftechnik [640] oder die Herstellung von Mikropresslingen.

Im ultravioletten Wellenlängenbereich nicht oder nur schwach absorbierende Substanzen wurden mehrfach wie bereits beschrieben mit Joddampf oder durch ein Leitchromatogramm lokalisiert und nach Elution mit einem geeigneten Lösungsmittel mit einer Farbreaktion quantitativ bestimmt [6, 79, 217, 637].

In zahlreichen Fällen wurde das Reagens gleichzeitig als Elutionsmittel benutzt und nach Zentrifugieren bei der entsprechenden Wellenlänge gemessen. Verwendet man stark polare saure oder basische Reagentien, so werden dabei leicht Bindemittel und Verunreinigungen aus dem Sorptionsmittel gelöst, welche die Farbreaktionen beeinflussen können [212], (vgl. S. 150).

Auf Grund der einfachen Arbeitsweise wurde diese Methode trotzdem häufiger verwendet, so zur Bestimmung von Gallensäuren [212, 376], Pregnandiol [39], Vitamin C-Dinitrophenylhydrazon [701], Morphin [289, 290], Neomycinsulfat [197] und Pentaerythritonitrat [162] mit sauren Reagentien; Digitalisglykoside wurden in entsprechender Weise mit Xanthydrolreagens [289] colorimetriert.

Die Auswertung durch Besprühen des DC mit einem Farbreagens mit nachfolgender Extraktion des entstandenen Farbstoffes und photometrischer Messung ist oft mit Schwierigkeiten verbunden, wie sie schon von der PC her bekannt sind. Das Verhältnis der Konzentration von Reagens und zu bestimmender Substanz ist in der Mitte und am Rand der Flecke verschieden, ebenso auf der Fleckenoberfläche im Vergleich mit der der Trägerplatte zugewandten Seite. Dadurch können unterschiedliche Reaktionsabläufe eintreten. Oft sind auch die entstehenden Farbstoffe wesentlich schwerer extrahierbar als die getrennten Substanzen selbst. Außerdem wird häufig der Untergrund durch das Reagens ungleichmäßig angefärbt, wodurch streuende Blindwerte auftreten.

Über solche Schwierigkeiten wurde z. B. bei der Extraktion von Phenolen, die auf der Sorptionsschicht zu Azofarbstoffen umgesetzt wurden, berichtet [623]. Die Reaktion von Sulfonamiden mit Diazoreagens wurde dadurch vervollständigt, daß nach Extraktion des Farbstoffes nochmals Reagens im Überschuß zugefügt wurde [69]. Analog erfolgte die Bestimmung von Monosacchariden mit Benzidin-Eisessig [38]. Die Methode wurde auch für die quantitative Analyse von Aminosäuren [42, 95], nach Ninhydrinanfärbung, von Corticosteroiden nach Herstellung von Formazanfarbstoffen [64] und von Cannabinolen nach Überführen in Azoverbindungen [370] verwendet.

Liegen sehr kleine Substanzmengen vor, so ist unter Umständen eine quantitative Bestimmung durch Fluorescenzanalyse möglich, wenn die zu bestimmenden Stoffe Eigenfluorescenz aufweisen oder mit einem geeigneten Reagens in fluorescierende Verbindungen überführt werden können. Da die Auswertung von Fluorescenzspektren recht störanfällig ist, wird man nur bei unbedingter Notwendigkeit davon Gebrauch machen.

Auf diese Weise werden Cumarinderivate nach chromatographischer Abtrennung vom nativen Öl [729] Chinoxalinderivate von 2-Ketosäuren [651], Benzo-(α)-pyren [599] und Vitamin B$_6$-Faktoren [702] bestimmt, wobei im allgemeinen auch mit Hilfe der Eigenfluorescenz lokalisiert wurde. Cortisol [228] und Aldosteron [229], die aus Harn extrahiert und dc-gereinigt waren, wurden nach Lokalisation durch Leitchromatogramme und Extraktion nach Fluorescenzanregung mit Schwefelsäure quantitativ bestimmt. Nicotin, Nornicotin und Anabasin konnten nach Extraktion aus der Schicht mit einer relativen Standardabweichung von 6% phosphorimetrisch (vgl. S. 141) ausgewertet werden [761].

In einigen Fällen wurden Substanzen nach der Extraktion polarographisch bestimmt. Für die Analyse von 2- und 3- Nitro-4 Acetaminophenetalen wurde eine Fehlerbreite von $\pm 3\%$ angegeben [489] und Nitrosomorphin konnte · mit einer relativen Standardabweichung von $\pm 2,9\%$ [289, 290] bestimmt werden. Aus Dünnschichtchromatogrammen extrahiertes Tocopheronolacton wurde ebenfalls polarographiert [610]. Bei der Wahl der Elutionsmittel ist darauf zu achten, daß keine als Depolarisatoren wirksame Kationen aus dem Sorptionsmittel gelöst werden (vgl. S. 149).

Coulometrische Verfahren, die unter Umständen ebenfalls der quantitativen Bestimmung von Mikromengen dienen könnten, wurden bisher nicht verwendet. Ein mikrobiologischer Trübungstest wurde zur Bestimmung sehr kleiner Vitamin B$_{12}$-Mengen angewandt, nachdem diese mit Hilfe eines Leitchromatogramms bioautographisch lokalisiert (vgl. S. 83) und extrahiert waren [128]. Hinsichtlich der quantitativen Auswertung radioaktiver Substanzen siehe im folgenden Kapitel.

I. Isotopentechnik

HELMUT K. MANGOLD

Der besondere Vorteil der Anwendung von Radioisotopen in chemischen Untersuchungen ist bekannt: Es ist die große Empfindlichkeit des Nachweises radioaktiver Elemente, die nicht durch die Art ihrer chemischen Bindung beeinflußt wird.

Chromatographische Verfahren wurden in den letzten Jahren benutzt, um chemisch sehr ähnliche radioaktive Elemente voneinander zu trennen und zu isolieren [192]. Dieselben Methoden wurden auch vielfach zur Fraktionierung radioaktiv markierter organischer Substanzen verwandt. Chromatographische Trennmethoden haben die Benutzung von Isotopen, besonders in der biochemischen Forschung, sehr gefördert. Anwendungen radiochromatographischer Verfahren sind in mehreren Übersichtsarbeiten und Handbüchern [101, 387, 484, 581] beschrieben.

Die Dünnschicht-Chromatographie hat in wenigen Jahren andere radiochromatographische Arbeitstechniken weitgehend verdrängt. Die Vorteile der DC gegenüber der Chromatographie in Kolonnen und der Papierchromatographie sind die folgenden:

Das dc-Verfahren zeichnet sich durch die große Kapazität der Trennschicht als mikropräparative Methode aus. Es ist leicht möglich, auf einer einzigen Platte (20/20 cm) innerhalb einer Stunde mehrere Milligramm eines Gemischs zu trennen und radioaktive Verbindungen in Mengen zu isolieren, die für die meisten Anwendungen ausreichen.

Auch als Analysenmethode hat die DC große Vorzüge:

Im Gegensatz zu allen kolonnenchromatographischen Verfahren liegt bei der DC wie bei der Papierchromatographie die ganze Trennstrecke offen da und nahezu alle Substanzen lassen sich nachweisen. Eine Ausnahme bilden sehr leicht flüchtige Verbindungen.

Dünnschicht-chromatographische Fraktionierungen sind meist viel schärfer als kolonnen- und papierchromatographische.

Die Nachweisempfindlichkeit ist noch größer als auf Papierchromatogrammen, weil die getrennten Substanzen auf viel kleineren Flecken konzentriert sind. Darum sind auch weniger aktive Substanzen und Isotope mit geringer Strahlungsenergie auf den Dünnschicht-Chromatogrammen aufzufinden. Der Löscheffekt (Quench-Effekt) der Adsorptionsschicht ist meist unbedeutend.

Die Technik ist einfach zu handhaben, und die meisten Trennungen erfordern weniger als eine Stunde.

Diese Vorteile der DC sind besonders beim Arbeiten mit sehr „heißen" und mit kurzlebigen Radioisotopen von Bedeutung.

Bei chemischen und biologischen Untersuchungen werden fast ausschließlich ziemlich langlebige Radioisotope benutzt, die meist weiche β-Strahlung emittieren. Besonders wichtig sind Radio-Kohlenstoff, ^{14}C (Halbwertszeit 5568 Jahre, Max. Energie 0,155 MeV), und radioaktiver Wasserstoff, ^{3}H (Tritium) (Halbwertszeit 12,26 Jahre, Max. Energie 0,018 MeV). Auch Radio-Phosphor, ^{32}P (14,2 Tage, 1,71 MeV), Radio-Schwefel, ^{35}S (87,1 Tage, 0,167 MeV), und Radio-Jod, ^{131}I (8,04 Tage, 0,608 MeV (β) und mehrere β- und γ-Strahlungen), werden oft angewandt.

Die physikalische Einheit der Aktivität eines strahlenden Präparats ist das Curie (Ci), das ist diejenige Menge der Substanz, in der pro Sekunde ebenso viele Zerfälle wie in 1 g Radium stattfinden. In 1 g Ra zerfallen pro Sekunde $3,7 \times 10^{10}$ Atome, dies entspricht $2,2 \times 10^{12}$ Zerfällen (Disintegrationen) pro Minute (d.p.m.). (Festlegung, ohne Sekundärprodukte!).

Bei chemischen Untersuchungen wird üblicherweise mit dem tausendstel Teil eines Ci, dem Millicurie (mCi), ($2,2 \times 10^{9}$ d.p.m.) sowie dem Mikrocurie (μCi), $2,2 \times 10^{6}$ d.p.m.) und dem Nanocurie (nCi), ($2,2 \times 10^{3}$ d.p.m.) gerechnet.

I. Trennschichten, Fließmittel und chemische Nachweismethoden

Die in den speziellen Kapiteln dieses Buches angegebenen Trennbedingungen haben auch Gültigkeit, wenn die verschiedenen Stoffklassen in Form radioaktiv markierter Verbindungen vorliegen. Die Fraktionierungen mögen durch Adsorption und/oder Verteilung an Sorptionsmitteln, durch Verteilung in umgekehrter Phase an hydrophobierten Schichten, durch Ionenaustausch oder durch Dünnschichtelektrophorese und Dünnschichtelektrophorese-DC bewirkt werden; die Fließmittel sind ebenfalls die gleichen.

Die chemischen Nachweisreagentien sind auch auf Dünnschicht-Chromatogrammen, die radioaktive Substanzen enthalten, anzuwenden. Daneben sind verschiedene Verfahren zur Erfassung und quantitativen Bestimmung markierter Verbindungen heranzuziehen. Man sollte stets chemische und radiometrische Nachweismethoden auf ein und dasselbe Dünnschicht-Chromatogramm anwenden, um über die chemische als auch die radiochemische Reinheit des Untersuchungsmaterials Aufschluß zu erhalten.

II. Verfahren zum Nachweis und zur Messung radioaktiver Strahlung

Zur Erfassung radioaktiven Materials auf beschichteten Trägerplatten ist vor allem die Autoradiographie geeignet. Der Nachweis mit Hilfe eines Geiger-Müller-Zählrohrs ist möglich, doch wesentlich mühsamer; dasselbe gilt für Proportionalzählrohre.

Für quantitative Analysen ist die Messung der Radioaktivität mit flüssigen Szintillatoren allen anderen Zählmethoden hinsichtlich Empfindlichkeit und Genauigkeit weit überlegen.

1. Autoradiographie von Dünnschicht-Chromatogrammen

Photographische Emulsionen werden durch α-, β- und γ-Strahlen geschwärzt. Zum photographischen Nachweis radioaktiver Substanzen auf einer beschichteten Trägerplatte preßt man das trockene Chromatogramm mit Röntgenfilm leicht zusammen und bewahrt diesen "Sandwich", in schwarzes Tuch verpackt, im Dunkeln auf. Eine Kassette für die

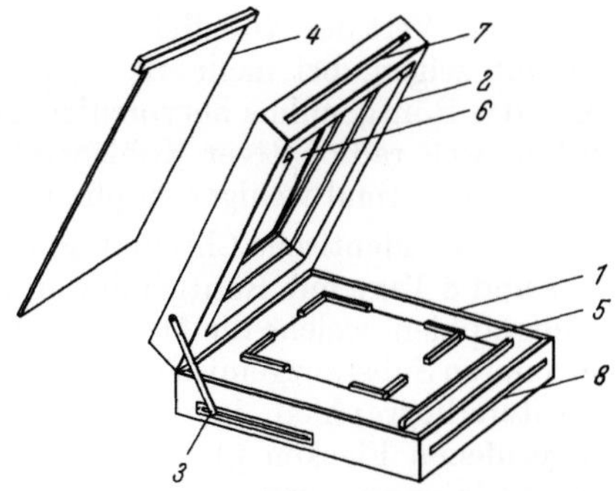

Abb. 83. Behälter zur Autoradiographie von Dünnschicht-Chromatogrammen [73] (Fa. 7). *1* Unteres Fach hält eine beschichtete Trägerplatte (20 × 20 cm) auf einer Bühne (*5*); *2* Oberfach dient als Filmkassette; *3* Gleitscharnier; *4* Schieber; *5* Bühne mit Leisten dient als Unterlage für das Chromatogramm; *6* Röntgenfilm (20,3 × 25,4 cm) wird durch Führungsschienen festgehalten; *7* Schlitz zum Schließen der Filmkassette mit dem Schieber (*4*); *8* Schlitz zum Anheben der Bühne (*5*) mit dem Schieber (*4*)

Herstellung von Autoradiographien von Dünnschicht-Chromatogrammen ist im Handel (Abb. 83). Einfachere Geräte sind in der Literatur beschrieben [*573, 645*]. Es ist zu beachten, daß geringe Mengen mancher in Fließmitteln verwandter Chemikalien, die auf der Trennschicht haften mögen, die Bildung von Artefakten auf dem Filmmaterial verursachen können. Darum sollte das Fließmittel stets vollständig entfernt werden, bevor das Chromatogramm mit dem Film in Berührung gebracht wird. Auch Bestandteile des Analysenmaterials können Artefakte hervorrufen, so schwärzt z. B. inaktives Oestradiol den Röntgenfilm leicht [573].

Werden mehrere Dünnschicht-Chromatogramme ausgewertet, so empfiehlt es sich, die einzelnen Platten mit Leuchtfarbe zu kennzeichnen, die auf Röntgenfilm gut registriert wird (Fa. 24).

Der meist benutzte Film ist "No-Screen Medical X-Ray Safety Film" (Fa. 52). Die Emulsion dieses Materials ist recht empfindlich, und das Auflösungsvermögen [611] reicht für die Erfordernisse der DC aus. Geeignete Filme werden auch von anderen Firmen hergestellt (Fa. 1, 9, 75, 107). Zum Entwickeln der Filme dient "Supermix developer" oder ein anderer Röntgenentwickler (Fa. 1, 9, 75, 107). Man arbeitet im Dunkeln oder bei rotem Licht. Die Entwicklungszeiten hängen von der Temperatur und dem Alter des Entwicklers ab; sie liegen bei 20° C zwischen 3 und 6 min. Röntgenfixiersalz ist von mehreren Firmen der photographischen Industrie zu beziehen (Fa. 1, 9, 64, 75, 107). Die Filme werden 10 bis 30 min fixiert und dann in fließendem Leitungswasser 30—60 min gewaschen.

Die Kontaktzeit richtet sich nach der Aktivität der getrennten Substanzen, der Art und Energie der Strahlung des zur Markierung benutzten radioisotopen Elements und auch nach dem gewünschten Effekt. Hinreichende Schwärzung des Films wird erzielt, wenn während der Kontaktzeit, je nach Isotop, ein bis zehn Millionen β-Teilchen pro cm² auftreffen. Beim Arbeiten mit radioaktivem Kohlenstoff ist als Faustregel anzunehmen, daß Substanzmengen, die im Geiger-Müller-Zähler eine dem doppelten Wert des Nulleffekts ("background activity") entsprechende Aktivität zeigen, bei mehr als zweitägiger Kontaktzeit deutliche Schwärzung des Röntgenfilms hervorrufen. Auf Papierchromatogrammen ist der Nachweis radioaktiver Kohlenstoffverbindungen mit Röntgenfilm zehn- bis hundertmal weniger empfindlich.

Man wird im allgemeinen identische Chromatogramme ^{14}C-markierter Verbindungen 1, 2, 4 und 8 Tage mit Röntgenfilm in Kontakt lassen. So erhält man Autoradiographien, welche die Mengenverhältnisse der Komponenten des aufgetrennten Substanzgemischs annähernd korrekt wiedergeben, und auch Autoradiographien, in denen die durch die Hauptbestandteile hervorgerufenen Flecken photographisch übersättigt sind, während kleine Verunreinigungen zum Vorschein kommen. Auf diese Weise gewinnt man ein vollständiges Bild der qualitativen Zusammensetzung des chromatographierten Gemischs.

Ist mehrwöchiges Exponieren erforderlich, so wird das Dünnschicht-Chromatogramm mit dem Film im Eisschrank aufbewahrt, um photographische Sekundäreffekte zu verhindern.

Dünnschicht-Chromatogramme tritierter Substanzen sind meist mehr als eine Woche zu exponieren, während ^{32}P und ^{131}I-haltige Verbindungen oft innerhalb von 30 min, meist in weniger als 6 Std, gute Autoradiographien liefern [*89, 426*].

Manchmal ist es notwendig, Verbindungen, die verschiedene Radioisotope enthalten, sowie doppelt markierte Substanzen auf Chromatogrammen nebeneinander nachzuweisen. Dies ist ohne weiteres durch Autoradiographie möglich, wenn sich die beiden isotopen Elemente weitgehend in ihren Halbwertszeiten und/oder in der Härte ihrer β-Strahlungen unterscheiden.

Ein Chromatogramm, das ^{14}C- und ^{35}S-Verbindungen enthält, wird sofort und mehrere Monate später mit Röntgenfilm zusammengebracht. Die erste Autoradiographie zeigt Schwärzungen, die von der Strahlung beider Isotopen herrühren, während die zweite nur noch Flecken aufweist, die durch den radioaktiven Kohlenstoff verursacht wurden, weil das Schwefelisotop völlig zerfallen ist. Man sollte die zweite Autoradiographie anfertigen, wenn das Fünf- bis Zehnfache der Halbwertszeit des kurzlebigen Isotops verstrichen ist.

Die Methode der Differenzierung auf Grund unterschiedlicher Strahlungsenergien sei hier an einem Beispiel erläutert: Auf ein Chromatogramm, das ^{14}C- und ^{32}P-markierte Substanzen enthält, werden *zwei* Röntgenfilme übereinander, gelegt. Nach dem Entwickeln zeigt der Film, welcher unmittelbar auf dem Chromatogramm gelegen war, Schwärzungen, die von ^{14}C- und ^{32}P herrühren. Weil nun die β-Strahlung des Radiokohlenstoffs so energiearm ist, daß sie den ersten Film nicht zu durchdringen vermag, sind auf dem zweiten Film lediglich Flecken zu sehen, die auf die Wirkung der wesentlich härteren β-Strahlen des Radiophosphors zurückzuführen sind.

In ähnlicher Weise kann ^{131}I neben ^{35}S oder ^{14}C nachgewiesen werden: Eine Aluminiumfolie von $< 0,1$ mm Dicke dient dazu, die weiche Strahlung des radioaktiven Schwefels und Kohlenstoffs abzuschirmen, während die energiereichen Strahlen aus Radiojod durch die dünne Aluminiumschicht hindurchtreten. Zur Unterscheidung ^{14}C- und ^{3}H-haltiger Flecken von vergleichbarer Aktivität kann die weichere Strahlung des Tritium mit Cellophan abgeschirmt werden [*573*].

Der photographische Nachweis ^{3}H-markierter Substanzen auf Kieselgel-Schichten ist zeitraubend und wenig empfindlich [*262, 426*]. Die "Nuclear Track Emulsion, Kodak NTB" (Fa. 52) ist empfindlicher für Tritium als Röntgenfilm [*632*]. Auch durch Imprägnieren der Trennschicht mit einer photographischen Emulsion, wie z. B. der „Ilford XK"-Emulsion (Fa. 75) läßt sich die Empfindlichkeit der Autoradiographie von ^{3}H-markierten Substanzen steigern [*126*]. Letzteres Verfahren ist jedoch relativ umständlich. Eine wesentliche Verbesserung der autoradiographischen Methode ist durch Tritium induzierte Fluorescenz bei tiefen Temperaturen erreichbar [*408*]. Diese Technik ist in der folgenden Anweisung beschrieben:

Arbeitsanweisung

Kieselgel G und Anthracen werden im Verhältnis 1:1 gemischt und in einer Kugelmühle bis zur Korngröße 1—5 μm (das ist ein Drittel der Reichweite der ^{3}H-β-Strahlung!) zermalen. 30 g dieses Pulvers werden mit 80 cm^3 Äthanol (96%) angerieben und nach der Standardmethode (s. S. 85) in 0,25 mm dicker Schicht auf 5 Glasplatten (20 $\times$ 20 cm) aufgetragen. Die beschichteten Trägerplatten werden an der Luft getrocknet. Die mit Kieselgel G-Schichten gebräuchlichen Fließmittel sind auch auf diese Mischschichten anzuwenden. Das Anthracen hat wenig Einfluß auf die Trennwirkung des Adsorbens.

Chromatogramme tritierter Verbindungen werden mit Röntgenfilm zuzusammengepreßt und bei —40° C exponiert.

Diese „Fluorographie" ^{3}H-markierter Verbindungen an einer Kieselgel G-Anthracen-Schicht ist wesentlich empfindlicher als die Autoradio-

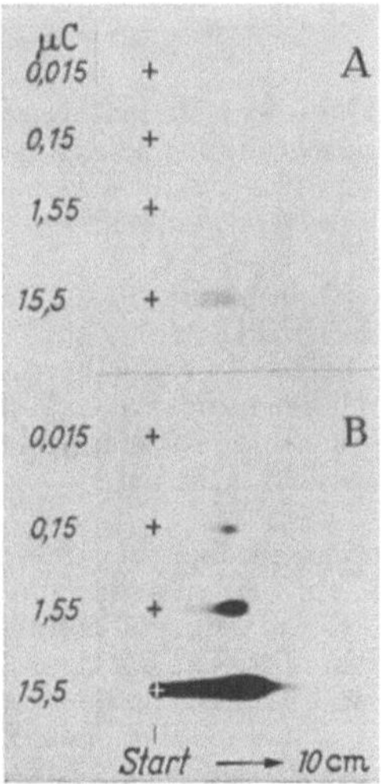

Abb. 84. Autoradiographie (*A*) und „Fluorographie" (*B*) zweier Dünnschicht-Chromatogramme ³H-markierten Diallylnortoxiferins (³H-„Alloferine*R*") [*408*]
Schichten: A. Kieselgel G; B. Kieselgel G und Anthracen, 50 + 50 (g/g). Fließmittel: Acetonitril-Hexan-Diäthylamin, 75,5 + 17,5 + 5. Film: Eastman Kodak „Kodirex". Kontaktzeit: 18 Std bei —70° C

graphie an einer reinen Adsorptionsschicht. Sie ist bei tiefen Temperaturen empfindlicher als bei Zimmertemperatur, jedoch läßt sich dieser Effekt durch Senken der Temperatur unter − 70° C nicht weiter steigern. Für ¹⁴C-markierte Verbindungen bietet die „Fluorographie" gegenüber der Autoradiographie keine Vorteile [*408*].

Autoradiographien von Papierchromatogrammen und von Dünnschicht-Chromatogrammen können photodensitometrisch oder nach der Fleckengröße quantitativ ausgewertet werden. Die Möglichkeiten dieses Analysenverfahrens werden weiter unten diskutiert.

Es sei hier darauf hingewiesen, daß auch nichtradioaktive Verbindungen nach Neutronenaktivierung oder als markierte Derivate auf Chromatogrammen durch Autoradiographie nachgewiesen werden können. Diese Verfahren sind im Abschnitt „Analyse mit Hilfe von Radioisotopen" ausführlicher besprochen.

2. Zählrohre und Szintillationszähler

Vorrichtungen zur quantitativen Auswertung von Papierchromatogrammen radioaktiver Substanzen mittels eines Geiger-Müller-Zählrohrs, eines Gasdurchflußzählers oder eines Szintillationszählers wurden mehrfach beschrieben. Nachweisgeräte für radioaktive Strahlung mit Vorrichtungen zum automatischen Transport des Papierstreifens oder des zweidimensionalen Chromatogramms und zur Registrierung des Meßergebnisse sind im Handel. Diese Geräte können auch für Dünnschicht-Chromatogramme verwandt werden, wenn die Schicht mit einer Kunststoff-Emulsion imprägniert und als Folie abgelöst wird [*141, 618*]. "Strip Scanners" können zum Gebrauch mit Dünnschicht-Chromatogrammen umgebaut werden [*484, 584*].

Geräte zur *direkten* quantitativen Auswertung von Radio-Dünnschicht-Chromatogrammen sind erhältlich (Fa. 13, 22, 44, 61, 99, 131 a, 135). In Abb. 85 ist der von SCHULZE und WENZEL [*617*] konstruierte „Dünnschicht-Scanner" abgebildet, die Abb. 86 und 87 zeigen zwei weitere Zählgeräte.

Die Empfindlichkeit dieser Instrumente für ein bestimmtes Radioisotop hängt von der Art des Detektors ab. Offene Methandurchflußzähler liefern die höchsten Zählausbeuten und haben außerdem den Vorzug zur Bestimmung tritierter Verbindungen brauchbar zu sein [*74, 88, 606, 617*].

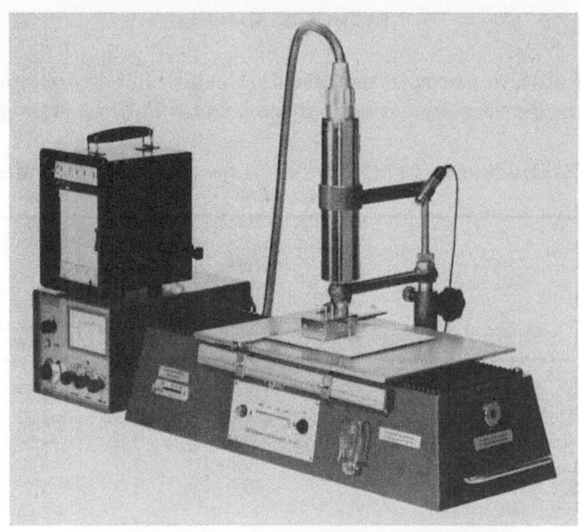

Abb. 85

Abb. 86

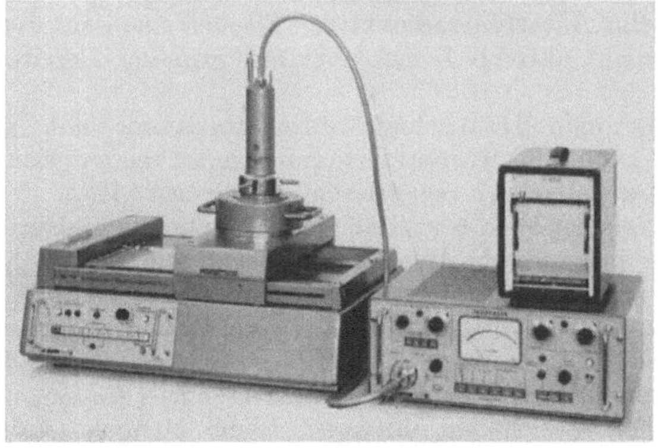

Abb. 87

Abb. 85—87. Geräte zur Registrierung der Aktivitätsverteilung auf Dünnschicht-Chromatogrammen
Abb. 85. „Dünnschicht-Scanner" (Fa. 44); Abb. 86. "Model RSC-363, Deluxe Scanner" (Fa. 13)
Abb. 87. „Radio-Chromatograph" (Fa. 135)

11   Dünnschicht-Chromatographie, 2. Aufl.

Der Einfluß des Sorptionsmittels und der Schichtdicke auf die Zählausbeute dreier verschiedener Isotope ist aus Tab. 15 ersichtlich.

Tabelle 15. *Zählausbeuten von ^{14}C, ^{35}S und ^{3}H, gemessen mit einem Methandurchflußzähler* [*88*]

Schicht	Schichtdicke	Flächendichte	Zählrate/Zerfälle pro min (cpm/dpm)	
	μm	mg/cm^2	^{14}C, ^{35}S (Mit Fenster, 0,7 mg/cm^2)	^{3}H (Ohne Fenster)
Kieselgel G	1000	34	1,8%	0,15%
Kieselgel G	250	8,5	4,5%	0,4 %
Aluminiumoxid G	250	8,5	4,9%	0,4 %
Kieselgur G	250	7,5	5,5%	1,4 %
Cellulose MN 300 G.	250	3,0	5,7%	1,3 %

Die Genauigkeit der Messung und das Auflösevermögen eines Instruments ist durch den Plattenvorschub und die Weite des Detektors gegeben. In einigen Geräten, z. B. im „Radio-Chromatograph" (Fa. 135), kann die Vorschubgeschwindigkeit und auch die Schlitzweite des Detektors den Erfordernissen der Messung entsprechend gewählt werden. Zunächst wird die Aktivität auf dem Dünnschicht-Chromatogramm durch eine orientierende Messung bestimmt. Mit Hilfe eines Nomogramms kann dann die Registrierzeit ermittelt werden, die erforderlich ist, um einen gewählten statistischen Fehler nicht zu überschreiten.

Als mittlerer statistischer Fehler sollen im allgemeinen 3—5% gewählt werden [*88*]. Dies stellt einen Kompromiß zwischen der Rauhigkeit der registrierten Kurven und der aufzuwendenden Meßdauer dar.

Um befriedigende Auflösung zu erreichen, wird empfohlen [*88*], die Schlitzweite um eine Größenordnung kleiner zu wählen als der Fleckendurchmesser.

Die Meßdauer läßt sich durch Steuerung des Plattenvorschubs wesentlich verkürzen. Mit dem „Radio-Chromatograph" (Abb. 87) ist es möglich, beim Abtasten radioaktiver Flecken mit dem optimalen Vorschub, in nicht aktiven Zonen aber mit größerer Geschwindigkeit zu arbeiten.

Besprüht man Dünnschicht-Chromatogramme mit Szintillations-Lösung, so kann man ^{3}H-markierte Substanzen relativ geringer Aktivität mit Photovervielfachern registrieren und messen [*586*].

Die mittels der oben beschriebenen Instrumente registrierten Kurven können durch graphische Integration oder durch Digitalzähler quantitativ ausgewertet werden. Meist wird jedoch vorgezogen, die radioaktiven Substanzen vom Sorptionsmittel zu eluieren und dann in einem konventionellen Zähler zu messen [*238, 426*]. Ein nützliches Glasgerät zur Elution radioaktiver Substanzen ist im Handel (Fa. 82). Enthalten die verschiedenen Fraktionen unterschiedliche Mengen „kalter" Trägersubstanzen — dies dürfte bei biologischen Untersuchungen die Regel sein, — so ist die Messung, um Selbstabsorption auszuschalten, in einem

Flüssigkeits-Szintillationszähler auszuführen [106]. Die Flüssigkeits-Szintillationszählung eignet sich besser als alle anderen Methoden zur Bestimmung ^{14}C- oder ^{3}H-markierter Verbindungen. Selbst sehr geringe Aktivitäten dieser Isotope — oder auch anderer schwacher β-Strahler — können nebeneinander mit großer Genauigkeit gemessen werden.

Manche Szintillations-Lösungen sind als Elutionsmittel geeignet [649]. Die meisten Substanzen werden von den beiden in Tab. 16 aufgeführten

Tabelle 16. *Szintillations-Lösungen (,,Cocktails")*

1. *Toluol — (,,Cab · O · Sil")* [649]*
   PPO**. . . . . 5,0 g
   Dimethyl-POPOP**. . . . . 0,3 g
   Toluol, auffüllen auf. . . . . .1000,0 cm³
   (Cab · O · Sil . . . . 40,0 g)
2. *Dioxan — Naphthalin — Methanol — (,,Cab · O · Sil")* [642]*
   PPO**. . . . . 6,5 g
   POPOP** . . . . 0,13 g
   Naphthalin. 104,0 g
   Toluol . . . . 5,0 cm³
   Dioxan . . . . 500,0 cm³
   Methanol. . . . . 300,0 cm³
   (Cab · O · Sil . . . . 32,0 g)
3. *Dioxan — Naphthalin — Wasser — (,,Cab · O · Sil")* [642]*
   PPO**. . . . . 10,5 g
   POPOP** . . . . 0,45 g
   Naphthalin. 150,0 g
   Dioxan, auffüllen auf . . . . .1500,0 cm³
   Wasser, auffüllen auf . . . . .1800,0 cm³
   (Cab · O · Sil . . . . 72,0 g)
4. *Toluol — ,,Methylcellosolve" — Naphthalin — Wasser*
   BBOT**. . . . . 4,0 g
   Naphthalin. 80,0 g
   Methylcellosolve*** . . . . 400,0 cm³
   Toluol . . . . 600,0 cm³
   Wasser. . . . . 35,0 cm³

---

  * Cab · O · Sil, ein hochdisperses Kieselgel, bildet beim Schütteln mit Szintillations-Lösungen ein thixotropes Gel.
  ** PPO (2,5-Diphenyloxazol), dient als primärer Szintillator
  POPOP (1,4-Di[2-(5-phenyloxazolyl)]-benzol), sowie
  Dimethyl-POPOP dienen als sekundäre Szintillatoren.
  Bei Verwendung von
  BBOT (2,5-Bis-2-[5-*tert.*-butylbenzoxazolyl]-thiophen) wird kein sekundärer Szintillator benötigt.
  Cab · O · Sil und Szintillatorsubstanzen sind im Handel erhältlich (Fa.99).
  *** Methylcellosolve ist 2-Methoxyäthanol.

wasserhaltigen Szintillationslösungen (3 und 4) eluiert. Die vollständige Vermischung von Probe und Szintillationslösung gewährleistet größere Zuverlässigkeit und Empfindlichkeit und erleichtert so die quantitative Auswertung von Radio-Dünnschichtchromatogrammen. Die Zusammensetzung häufig benutzter "Cocktails" ist in Tab. 16 angegeben:

Die Szintillationslösungen 1 und 2 (Tab. 16) eignen sich vor allem zur Bestimmung radioaktiver Lipide. Der 3. Cocktail ähnelt der bekannten

11*

Brayschen Lösung und wird wie diese hauptsächlich zur Messung wäßriger Lösungen verwandt. In der Szintillationslösung 4 wird statt Dioxan das meist reinere Methylcellosolve benutzt.

Um die Bildung von Niederschlägen in der Szintillationslösung zu vermeiden, wird bei $+ 10°$ C gemessen.

Man kann die Aktivitäten markierter Verbindungen auch ohne vorhergehende Elution auf dem Kieselgel G bestimmen [642, 649]. Die adsorbierte radioaktive Substanz wird mit dem Adsorbens von der Trägerplatte geschabt und die Aktivitätsmessung erfolgt in Suspension. Das Sorbens wird mit einem Gel, das durch Homogenisieren von 4% „Cab · O · Sil" mit einer der vier in Tab. 16 beschriebenen Lösungen hergestellt wurde, kräftig geschüttelt. Darauf ist die Aktivität des gelatinösen Präparats im Szintillationszähler mit hoher Zählausbeute zu bestimmen. 200 mg Kieselgel G (entsprechen etwa 10 cm^2 Trennschicht) pro 15 ml Szintillationsgel geben mit ^{14}C-markierten Substanzen keinen Quench-Effekt (s. Tab. 17). Die Aktivitätsmessung in Suspension ist auch mit Silikon-imprägnierten Sorbentien möglich [718].

Tabelle 17. *Einfluß des Adsorbents auf die Zählausbeute* [642]*
(15 cm^3 der Szintillationsflüssigkeiten wurden mit je 200 mg Kieselgel versetzt)

„Cocktail"	Ölsäure-1-^{14}C	Palmitin-säure-9,10-^{3}H	Tripalmitin-^{14}C (unrein)	Gesamt-Lipide aus	
				der Leber**	dem Knochenmark**
Dioxan-Naphthalin-Wasser-Cab · O · Sil . .	97	101	100	98	98
Dioxan-Naphthalin-Wasser.	99	100	100	99	98
Toluol-Cab · O · Sil . . .	94	78	97	98	97

* 100 = Kein Lösch-Effekt.
** Nach Verfüttern von Palmitinsäure-1-^{14}C an eine Ratte.

Aldehyde, Merkaptane, Nitroverbindungen und andere Substanzen stören die Flüssigkeits-Szintillationszählung durch Fluorescenzlöschung („Chemische Löscher") [387]. Die meisten gefärbten Verbindungen, wie z. B. Sprühreagentien auf der Schicht, wirken ebenfalls als „Quencher" („Optische Löscher") [387]. Das Ausmaß der Fluorescenzlöschung durch eine bestimmte Substanz hängt auch von der Zusammensetzung der Szintillationslösung ab [106]. Löscheffekte können in der Regel erkannt und durch Verwendung innerer Standards korrigiert werden [387]. Ist die Löschung jedoch zu stark, so ist es vorteilhaft, die Probe zu verbrennen und die Aktivität des $^{14}CO_2$ zu bestimmen [171]. Die Quench-Effekte einiger in der DC von Lipiden verwandten Indicatoren, mit drei verschiedenen Szintillationslösungen, sind in Tab. 18 zahlenmäßig erfaßt.

Snyder [642, 647] entwickelte Geräte ("Zonal Scrapers"), mit denen man schnell und sauber 1, 2 und 5 mm breite Streifen der Schicht von einem Chromatogramm (2 × 20 cm) loskratzen kann. Die Aktivität jeder Zone wird durch Flüssigkeits-Szintillationszählung in Suspension

Tabelle 18. *Lösch-Effekte verschiedener Adsorbentien und Indicatoren [642]**

Adsorbent	Indicator	"Cocktail" (vgl. Tab. 16, S. 163)		
		Toluol-Cab · 0 · Sil	Dioxan-Naphthailn-Wasser	Dioxan-Naphthalin-Wasser-Cab · 0 · Sil
1. —	—	100	100	100
2. Adsorbosil-1	—	100	99	99
3. Adsorbosil-2	—	100	100	100
4. Kieselgel G	—	100	100	99
5. Kieselgel H	—	100	100	101
6. Adsorbosil-1 plus 1% AgNO$_3$	—	99	98	100
7. Adsorbosil-1	Iod-Dampf	99	97	99
8. Adsorbosil-1 plus 1% AgNO$_3$		95	98	99
9. Adsorbosil-1	Verkohlen mit H$_2$SO$_4$	67	82	31
10. Adsorbosil-1 plus 1% AgNO$_3$		52	70	64
11. Adsorbosil-1	Reag.-Nr. 60	100	100	99
12. Kieselgel D5	Reag.-Nr. 60	100	101	100
13. Adsorbosil-1	Reag.-Nr. 213	100	100	99

* 100 = Kein Lösch-Effekt.

(s. Tab. 16, S. 163) bestimmt. Abb. 88 zeigt ein elektrisch betriebenes Modell des „Zonal Scraper". Pläne zum Bau dieses Geräts sowie eines Modells für Handbetrieb sind von ORINS, Oak Ridge, Tennessee, U.S.A., erhältlich.

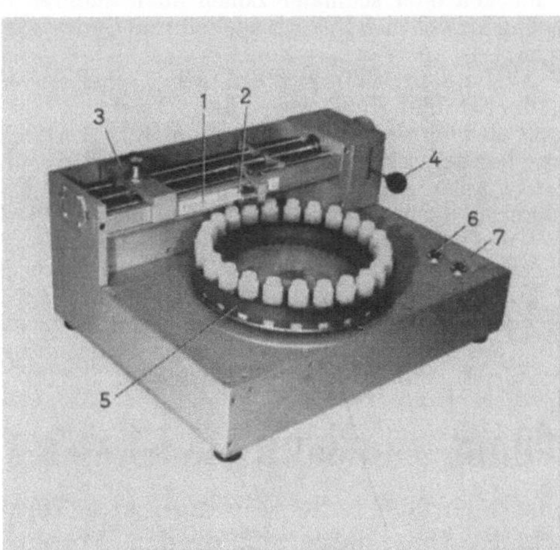

Abb. 88. Automatisches Gerät zum Abschaben schmaler Zonen von einem Dünnschicht-Chromatogramm (2 × 20 cm) [647]. *1* Dünnschicht-Chromatogramm (2 cm breit); *2* Schabemesser (Rasierklinge); *3* Schlitten; *4* Hebel zum Einstellen des Vorschubs; *5* Batterie von 24 Zählgläsern (Fa. 99); *6* Start-Knopf; *7* Halte-Knopf. Das Chromatogramm wird auf einer Leiste befestigt, die an den Schlitten montiert ist. Dieser wird durch ein Gewinde schrittweise von links nach rechts geführt; der Vorschub kann so eingestellt werden, daß das Schabemesser 1, 2 oder 5 mm breite Zonen der Schicht abkratzt. Nach jedem Arbeitsgang wird die Leiste in Schwingungen versetzt, um lose anhaftendes Adsorbens vollends abzuschütteln. Darauf bewegt sich die Batterie von Zählgläsern um ein Glas weiter und das Messer schabt eine weitere Zone ab

"Zonal Scanning" ist als Nachweisverfahren, auch für ^{3}H-markierte Substanzen, sehr empfindlich. Das Auflösungsvermögen der Methode ist, wenn 1 mm-Zonen abgeschabt und gemessen werden, wesentlich besser als bei direkter Registrierung der Aktivität mit einem G-M-Zähler oder einem Methandurchflußzähler und es ist nahezu so gut wie bei der Autoradiographie. In Abb. 89 sind die beiden erstgenannten Methoden miteinander verglichen.

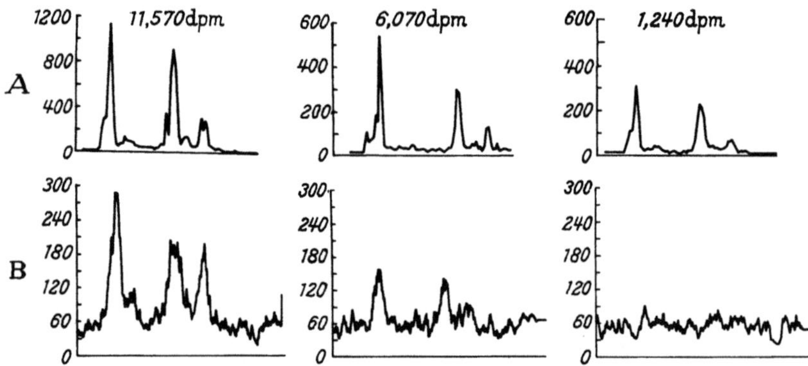

Abb. 89. Vergleich der Empfindlichkeit und des Auflösungsvermögens bei der direkten Bestimmung der Aktivität auf der Schicht mit einem Methandurchflußzähler (B) und der Flüssigkeitsszintillationszählung von Zonen (A), die von demselben Dünnschicht-Chromatogramm abgeschabt wurden [646]

Die Flüssigkeits-Szintillationszählung in Suspension ist zur quantitativen Analyse ganzer Flecken oder schmaler Zonen allen anderen radiometrischen Bestimmungsmethoden hinsichtlich Zuverlässigkeit und Genauigkeit aus den folgenden Gründen überlegen:

Die direkte Aktivitätsbestimmung auf der Trennschicht ist wegen starker Selbstabsorption der Strahlung und wegen der „Weichheit" des (Glas-)Untergrunds unempfindlich und als quantitatives Verfahren nicht zuverlässig.

Die Ausbeute bei der Elution der zu bestimmenden Substanz ist unsicher.

Die quantitative Auswertung von Autoradiographien im Photodensitometer ist langwierig. Substanzen, die in geringer Menge vorliegen, sind auf Autoradiographien nur schwer neben den Hauptbestandteilen der Analysenmischung zu bestimmen, weil die Strahlung der letzteren das Filmmaterial, noch bevor die Strahlenwirkung der Nebenprodukte erkenntlich wird, photographisch übersättigen. Die photodensitometrische oder planimetrische Auswertung von Autoradiographien scheitert völlig, wenn die verschiedenen radioaktiven Fraktionen mit unterschiedlichen Mengen Trägermaterials verdünnt sind.

III. Darstellung radioaktiv markierter Substanzen

Einfach oder mehrfach radioaktiv markierte Verbindungen können durch chemische Synthese dargestellt werden. Vorschriften zur Herstellung spezifisch markierter organischer Substanzen finden sich in einer sehr umfassenden Monographie [467]. Kurzreferate über neuere Arbeiten auf dem Gebiet der Chemie markierter Verbindungen werden von EURATOM herausgegeben [189].

Unspezifisch oder „einheitlich" markierte Verbindungen sind durch Biosynthese zu erhalten [$101, 121, 635$]. Zur Gewinnung ^{14}C-markierter Kohlenhydrate läßt man

z. B. Blätter der Pflanze *Canna indica* 10—20 Std radioaktives Kohlendioxyd assimilieren. In ähnlicher Weise kann man aus Tabakblättern photosynthetisch „heiße" Stärke isolieren. Radioaktive Peptide und Aminosäuren werden aus der Hefe *Torula utilis*, meist jedoch aus Algen, z. B. *Chlorella vulgaris* oder *Chlorella pyrenoidosa*, gewonnen, die mehrere Tage radioaktives Kohlendioxyd assimilierten. In stickstoffarmem Nährmedium produziert die Alge *Chlorella pyrenoidosa* vor allem Lipide; darum ist dieser Organismus auch vortrefflich zur Herstellung radioaktiver Fette und Fettsäuren geeignet. Der Schimmelpilz *Phycomyces blakesleeanus* kann ebenfalls zur Darstellung ^{14}C-markierter Fettsäuren verwendet werden. „Heiße" Nucleinsäuren, Nucleotide und Nucleoside werden aus *Torula utilis* gewonnen. Auch Soja eignet sich zur Biosynthese markierter Naturstoffe.

Viele spezifisch markierte Verbindungen können käuflich erworben werden. Auch radioaktive Hefen und Algen sowie Proteinhydrolysate, Saccharid- und Lipidextrakte aus diesen Organismen sind im Handel.

Eine von der Internationalen Atomenergie Organisation herausgegebene Broschüre enthält eine Liste der käuflichen Präparate, deren spezifische Aktivitäten sowie die Adressen der Hersteller [*312*]. Die handelsüblichen radioaktiven Präparate sind oft sehr unrein und können für chemische und biochemische Untersuchungen erst nach sorgfältigem Reinigen gebraucht werden. Die klassischen Methoden zur Aufarbeitung der Rohprodukte von Synthesen befriedigen meist nicht, wenn sie auf kleine Mengen radioaktiver Präparate angewandt werden müssen. Die DC eignet sich besonders gut zur Reinigung radioaktiver Verbindungen. Über solche präparative Anwendungen der Methode wird in einem besonderen Abschnitt ausführlich berichtet.

Eine einfache Methode zur Markierung organischer Verbindungen mit Tritium ist das Wilzbachsche Verfahren: Die Substanz wird mit Tritium-Gas in ein Glasgefäß eingeschmolzen und so mehrere Tage oder Wochen aufbewahrt. Dabei wird ein Teil der H-Atome des zu markierenden Moleküls durch ^{3}H-Atome ersetzt. Gleichzeitig finden jedoch chemische Nebenreaktionen statt. Zum Beispiel werden ungesättigte Verbindungen teilweise oder vollständig hydriert. Mehrere Firmen führen diese Art der Markierung im Lohnauftrag aus [*312*].

Die Schwierigkeiten des Wilzbachschen Verfahrens liegen in der Aufarbeitung der tritierten Substanzen sowie der Reinigung der während längeren Lagerns durch Radiolyse zersetzten Verbindungen. Auch für diese Aufgaben ist die DC mit gutem Erfolg zu verwenden (s. Abb. 93).

IV. Isolierung radioaktiver Verbindung durch DC

Für radiochemische Untersuchungen werden meist nur wenige mg einer markierten Verbindung benötigt. Solche kleine Mengen sind mit Hilfe der DC besonders elegant zu isolieren. Abb. 90 zeigt die Autoradiographie eines Dünnschicht-Chromatogramms verschiedener in der Carboxylgruppe markierter Fettsäuren des Handels. Jedes dieser Präparate enthält mehrere Verunreinigungen. Auffallend ist, daß die meisten dieser Substanzen − Zwischenprodukte des Synthese − stark polar sind. Dies erleichtert die Isolierung der reinen Säuren durch DC.

Geeignete Lösungsmittel zur Elution chromatographisch getrennter radioaktiver Verbindungen findet man, indem man die betreffenden Substanzen in verschieden polaren Fließmitteln chromatographiert. Fließmittel, die eine Verbindung in die Lösungsmittel-Front mitnehmen, sind zum Herauslösen geeignet. Das Sorptionsmittel wird von der Trägerplatte geschabt und mit mehreren Portionen Lösungsmittel digeriert. Die klaren Lösungen werden jeweils abdekantiert und über eine

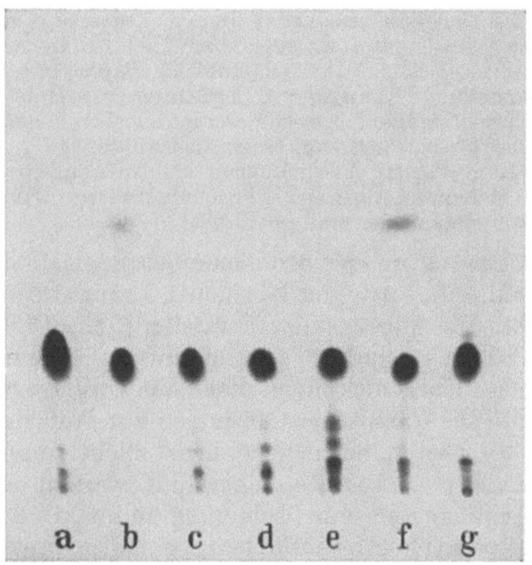

Abb. 90. Autoradiographie eines Dünnschicht-Chromatogramms radioaktiv markierter Fettsäuren [*424*]

Schicht: Kieselgel G. Fließmittel: Petroläther, Kp. 60—70° C -Diäthyläther-Eisessig, 90 + 10 + 1 Laufzeit: 40 min. Film: Eastman Kodak "No-Screen Medical X-Ray Safety Film", *a* Laurinsäure-1-^{14}C, *b* Myristinsäure-1-^{14}C, *c* Palmitinsäure-1-^{14}C, *d* Stearinsäure-1-^{14}C, *e* Ölsäure-1-^{14}C, *f* Linolsäure-1-^{14}C, *g* Linolensäure-1-^{14}C

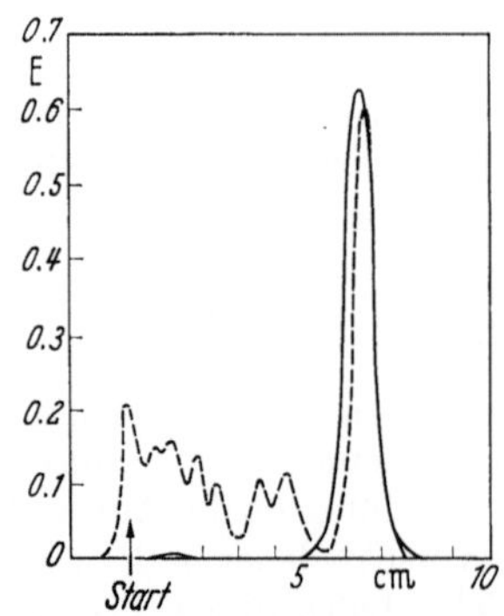

Abb. 91. Reinigung radioaktiven Tripalmitins durch DC [*426*]. Densitometer-Kurven der Autoradiographie eines Chromatogramms käuflichen (---------) und gereinigten Tripalmitins (————)

kleine Glasfritte gefiltert. Die Verwendung von Filterpapier führt meist zu Verlusten.

Ist die zu reinigende Verbindung mit Substanzen sehr ähnlicher Polarität verunreinigt, von denen sie nur schlecht zu trennen ist, so kann die DC von Derivaten zum Erfolg führen. Säuren können z. B. als Methylester, Alkohole und Amine als Acetylverbindungen gereinigt werden. Solche Derivate sind auch leichter zu eluieren als die polaren Ausgangsmaterialien.

Abb. 91 zeigt die Photodensitometer-Kurven der Autoradiographie eines Dünnschicht-Chromatogramms von ^{14}C-markiertem Tripalmitin vor und nach der Reinigung.

Bei diesen Versuchen zeigte sich, daß es vorteilhaft ist, zur Chromatographie Estergruppen enthaltender Substanzen Schichten zu verwenden, die durch mindestens eintägiges Lagern an der Luft entaktiviert wurden. Frisches und hochaktiviertes Kieselgel hydrolysiert nämlich während des Chromatographierens Esterbindungen in geringem Ausmaß.

Mengen von mehreren Gramm werden vorteilhaft durch Säulenchromatographie gereinigt. Der Trenneffekt wird durch Auszählen oder zuverlässiger und oft rascher durch Dünnschicht-Chromatographie ermittelt. Abb. 92 zeigt als Beispiel die säulenchromatographische Fraktionierung käuflichen radiojodierten ($-^{131}$I) Trioleins. Das Handelspräparat enthält unter anderem jodiertes Mono- und Diolein sowie die entsprechenden Acetylverbindungen, auch jodierte Ölsäure und ein wenig Methyloleat [724].

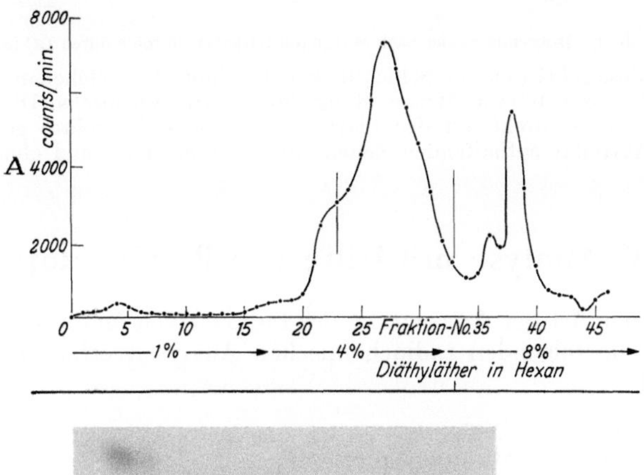

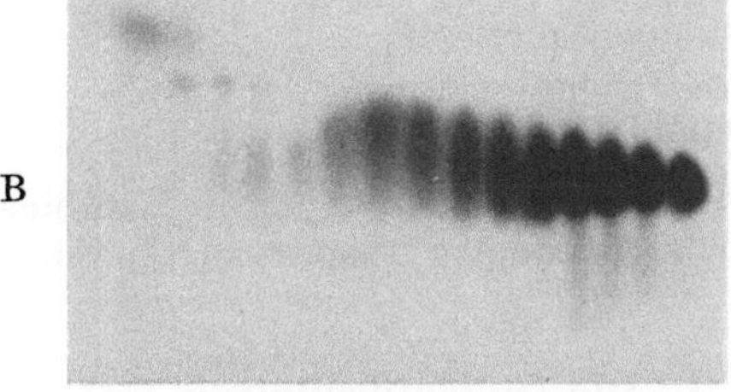

Abb. 92. Reinigung „Radio-jodierten Trioleins" durch Säulenchromatographie [724]
Aliquote Teile von Fraktionen des Eluats wurden über Nacht ausgezählt (A) und innerhalb von 2 Std durch Autoradiographie eines Dünnschicht-Chromatogramms analysiert (B)

Abb. 93 zeigt die Trennung tritierter Steroide an Kieselgel G. Die Aktivitätsverteilung wurde mit einem speziellen Zählrohr auf der Platte bestimmt, die Aktivität enthaltenden Zonen wurden abgeschabt und die einzelnen Substanzen eluiert [617].

Wertvolle radioaktiv markierte Verbindungen, wie z. B. Steroide [580], können mittels der DC aus Szintillations-Lösungen zurückgewonnen werden.

Die Einheitlichkeit der dc gereinigten Substanzen sollte mit Hilfe anderer Methoden bestätigt werden. Verbindungen, die durch Adsorptions-DC isoliert worden sind, sollten stets durch Verteilungs-DC, Papierchromatographie oder Gas-Chromatographie analysiert werden.

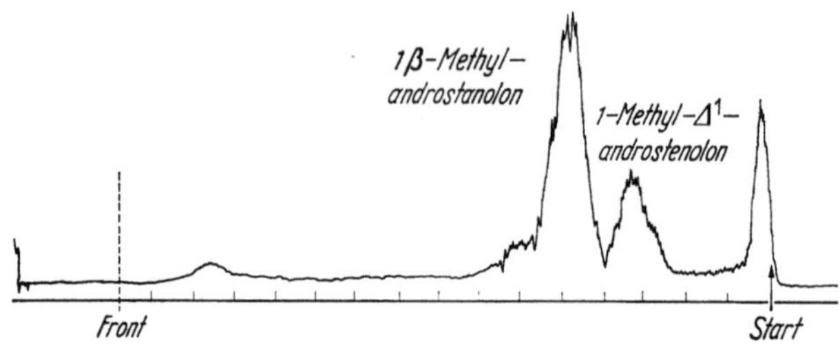

Abb. 93. Isolierung zweier nach WILZBACH tritierter Steroide durch DC [*617*]

Schicht: Kieselgel G (0,9 mm Schichtdicke). Fließmittel: Cyclohexan-Äthylacetat, 60 + 40. Laufzeit 40 min. Menge: 8 mg des Reaktionsgemischs. Die Aktivitätsverteilung wurde direkt auf der Platte mittels eines Zählrohres gemessen. Die Aktivität enthaltenden Zonen wurden abgeschabt und eluiert

V. Analyse mit Hilfe von Radioisotopen

Nach der Art der Anwendung des radioaktiven Materials unterscheidet man die folgenden radiochemischen Analysenverfahren [*101, 387, 460, 611*]:

die Indicatoranalyse,
die Isotopen-Verdünnungsmethode,
die Aktivierungsanalyse und
die Radioreagensmethode.

Diese Techniken werden besonders häufig in Kombination mit der PC benutzt; bis jetzt sind nur wenige Beispiele zur Anwendung in der DC bekannt.

1. Die Indicatoranalyse

Dieses Verfahren eignet sich zur Prüfung der Trennschärfe chromatographischer Verfahren.

Durch Indicatoranalyse kann man z. B. beweisen, daß die dc getrennten Fraktionen natürlicher Lipidgemische nicht miteinander verunreinigt sind. Dies wird in Abb. 94 gezeigt. Das Leberöl eines Hais wurde mit geringen Mengen „heißer" Tripalmitins vermischt und dann durch Adsorptions-DC getrennt. Eine Autoradiographie des Chromatogramms zeigte, daß die gesamte Radioaktivität in der Triglyceridfraktion vorlag. Die den Triglyceriden strukturell sehr ähnlichen Glycerinätherdiester waren nicht mit diesen verunreinigt.

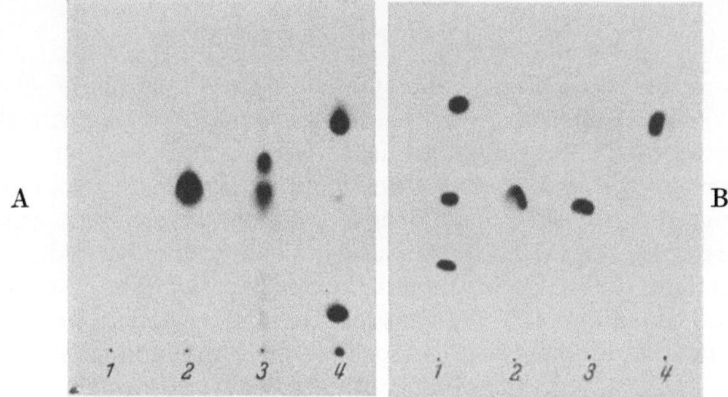

Abb. 94. Nachweis der Schärfe von dünnschicht chromatographischen Trennungen [725]

Schicht: Kieselgel G; Fließmittel: Petroläther, Kp. 60—70° C -Diäthyläther-Eis-essig, 80 + 20 + 1; Laufzeit: 1 Std; Indicator: *A* Jod-Dämpfe, *B* Autoradiographie; Mengen: je etwa 200 µg der natürlichen Lipide; *1* Cholesterylpalmitat-1-^{14}C, Tripalmitin-1-^{14}C und Palmitinsäure-1-^{14}C, *2* menschliches Depotfett und Tripalmitin-1-^{14}C, *3* Leberöl des Dogfish Hai und Tripalmitin-1-^{14}C, *4* Lipidextrakt der „Verkalkungen" einer menschlichen Aorta und Cholesterylpalmitat-1-^{14}C

2. Die Isotopen-Verdünnungsmethode

Dieses Verfahren wird besonders in der Biochemie zur quantitativen Analyse kleiner Mengen von Verbindungen benutzt, die auf anderem Wege nur ungenau zu erfassen sind. Die zu bestimmende Substanz muß in radioaktiver Form zur Verfügung stehen, und ihre Aktivität muß bekannt sein. Eine abgewogene Menge der radioaktiven Verbindung wird mit dem Analysenmaterial vermischt und dann der zu bestimmende Stoff in reiner Form abgeschieden. Aus der Menge (M_2) und der Aktivität (A_2) der zugefügten Substanz und der spezifischen Aktivität (A_3) der isolierten Verbindung läßt sich nach der folgenden Formel die ursprünglich im Analysenmaterial vorhandene Menge (M_1) errechnen:

$$M_1 = M_2 \left(\frac{A_2}{A_3} - 1 \right)$$

Die zugefügte Menge radioaktiven Materials ist meist so gering, daß sie gegenüber der in „kalter" Form vorliegenden Substanz vernachlässigt werden kann. Dies bedeutet, daß das Verhältnis der Aktivitäten des zugefügten und des isolierten Stoffs die Ausbeute der Trennung angibt und somit die Menge der zu bestimmenden Verbindung leicht zu errechnen ist.

Die Isotopen-Verdünnungsmethode dürfte zur quantitativen Bestimmung von Substanzen geeignet sein, die nur in geringer Ausbeute durch DC zu isolieren sind.

Bei dem inversen Isotopen-Verdünnungsverfahren wird das radioaktive Analysenmaterial mit einer bekannten Menge der zu bestimmenden „kalten" Verbindung versetzt.

3. Aktivierungsanalyse

Nicht radioaktive Elemente können durch Neutronenbeschuß — im Reaktor, Zyklotron oder van de Graaff-Generator — in radioaktive Isotope überführt und somit radiometrisch erfaßt werden. Auf diese Weise wurden unter anderem Phosphor-, Schwefel- und Chlor-haltige Verbindungen auf Papierchromatogrammen nachgewiesen. Zur quantitativen Bestimmung von Spuren einer Verbindung bestrahlt man bekannte Mengen dieser Substanz auf demselben Chromatogramm.

Anwendungen der Aktivierungsanalyse in der DC sind nicht bekannt. Die Vielzahl der Elemente im Adsorbens, im Binder und im Glas würde eine weitgehende Modifizierung des chromatographischen Verfahrens erfordern, um die Bildung langlebiger, aktiver Isotope im Trägermaterial zu verhindern. Die Vorteile der DC, wie große Kapazität der Schicht, und Geschwindigkeit, kämen bei der hohen Empfindlichkeit des Meßverfahrens und bei dem mit der Aktivierung verbundenen beträchtlichen Aufwand kaum zum Tragen.

4. Die Radioreagensmethode

Wenn andere Bestimmungsmethoden versagen, entweder weil zu wenig Analysenmaterial vorliegt oder weil die zu bestimmende Substanz in einem Gemisch in zu geringer Konzentration enthalten ist, mag die Radioreagensmethode weiterhelfen. Selbst in Fällen, wo die Technik der Isotopenverdünnung nicht angewendet werden kann, weil die zu bestimmende Substanz nicht in radioaktiver Form erhältlich ist, erweist sich dieses Verfahren als nützlich.

Das Prinzip der Radioreagensmethode besteht darin, daß ein inaktives Element, Radikal oder Molekül mit einem radioaktiven Reagens umgesetzt und dadurch als „heißes" Derivat mit radiometrischen Meßmethoden erfaßbar und quantitativ bestimmbar wird.

Die Analyse kann nach einer der folgenden Prinzipien durchgeführt werden:

a) Fraktionierung vor radioaktiver Markierung

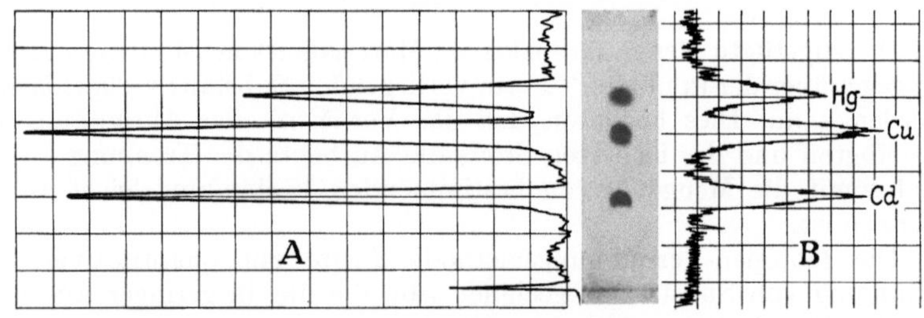

Abb. 95. Trennung von Cadmium-, Kupfer- und Quecksilbersalzen auf einem beschichteten Objektträger [379]

Schicht: Kieselgel G; Fließmittel: n-Butanol-1,5 n HCl-Acetonylaceton, 100 + 20 + 0,5; Laufzeit: 2 Std; Nachweis mit $H_2{}^{35}S$. Das Chromatogramm wurde mittels eines Geiger-Müller-Zählrohrs ausgewertet (B), die Autoradiographie wurde photometriert (A)

Das inaktive Analysenmaterial wird aufgetrennt und die dabei anfallenden Fraktionen werden anschließend durch Umsetzung mit einem radioaktiven Reagens der radiometrischen Messung zugänglich gemacht.

Zum Beispiel können Schwermetallionen nach Trennung auf der Schicht durch Reaktion mit $H_2{}^{35}S$ als radioaktive Sulfide identifiziert und quantitativ bestimmt werden (Abb. 95).

b) Trennung radioaktiver Derivate

Ein Milligramm oder weniger eines Gemischs von Verbindungen wird zuerst mit einem radioaktiven Reagens umgesetzt, und die „heißen" Derivate werden anschließend fraktioniert. Als radioaktive Reagentien zur Markierung inaktiver Hydroxy- und Aminoverbindungen wurden 3-Chloranisoylchlorid-3-^{36}Cl, 4-Jodbenzoylchlorid-^{131}I, und besonders Acetanhydrid-1-^{14}C oder −2-^{3}H empfohlen. Vorschriften zur Acetylierung von Sterolen und aliphatischen Lipiden werden auf S. 175 angegeben. Säuren können mit 4-Chloranilin-^{36}Cl oder mit ^{14}C-markiertem Diazomethan $^{14}CH_2N_2$, umgesetzt werden − tritiertes Diazomethan ist nicht zu verwenden (s. jedoch [355]. Eine Vorschrift zur Veresterung höherer Fettsäuren mit ^{14}C-markiertem Diazomethan findet sich auf S. 175.

Der Verfasser [423] beschrieb ein Schema zur Analyse radioaktiv markierter Lipidderivate mittels DC oder Säulenchromatographie und PC: Mischungen von Fettalkoholen, Mono- sowie Diglyceriden und anderen acetylierbaren Lipiden werden mit radioaktivem Acetanhydrid umgesetzt und die Acetylderivate durch Adsorptionschromatographie auf Kieselgelplatten oder an Kieselsäurekolonnen nach Verbindungsklassen fraktioniert. Das Mengenverhältnis der Klassen acetylierter Lipide wird durch Messung der Aktivität der Eluate bestimmt. Jede dieser Gruppen von Verbindungen kann durch Chromatographie an silikonisiertem Papier weitergetrennt werden. Die quantitative Auswertung von Papierchromatogrammen radioaktiver Lipidderivate wird mit Hilfe von Proportionaldurchströmzählern durchgeführt, die mit Vorrichtungen zum automatischen Transport des Papierstreifens und zur Registrierung des Meßergebnisses ausgerüstet sind.

Die Fettsäuren aus Rhizinusöl wurden in ähnlicher Weise analysiert [426]. Die Säuren wurden mit radioaktivem Diazomethan umgesetzt. Adsorptions-DC diente dazu, die Methylester der gewöhnlichen Fettsäuren von denen der Monohydroxy- und der Dihydroxysäuren zu trennen. Die drei Klassen von Methylestern wurden eluiert und durch Messen ihrer Strahlungsintensitäten die Mengenverhältnisse bestimmt. Das Gemisch von Estern nicht oxydierter Säuren wurde durch PC in umgekehrter Phase weiterfraktioniert und seine Zusammensetzung im Proportionaldurchströmzähler quantitativ bestimmt. Das Verhältnis der Monohydroxy- zu den Dihydroxy-Fettsäuren dürfte wohl besser mit „heiß" acetylierten Säuren oder Estern zu bestimmen sein. Die geringe Menge der Dihydroxy-Fettsäuren könnte auf diese Weise mit zwei radioaktiven Acetylgruppen pro Molekül markiert werden, was eine Verdoppelung der spezifischen Aktivität, und dadurch ein noch genaueres Meßergebnis ermöglichen würde.

Die Radioreagensmethode ist selbst zur Analyse komplizierter natürlicher Gemische geeignet. So wurden Klassen von Hydroxyverbindungen in Pflanzenölen nach Acetylierung mit markiertem Essigsäureanhydrid dc fraktioniert, identifiziert und durch Auszählen in Suspension quantitativ bestimmt [419].

c) Fraktionierung nach Zugabe eines radioaktiven Derivats zum Gemisch nicht markierter Derivate

Die Analysensubstanz wird mit kaltem Reagens umgesetzt und zum Gemisch der Derivate wird eine kleine Menge des radioaktiv markierten

Derivats der zu bestimmenden Verbindung gegeben. Die Menge dieser Substanz im Ausgangsmaterial läßt sich nach Isolierung und Aktivitätsbestimmung des Gemischs ihres kalten und heißen Derivats unter Verwendung der für die Isotopen-Verdünnungsmethode entwickelten Formel (S. 171) errechnen.

d) Trennung nach Zugabe eines inaktiven Derivats zum Gemisch radioaktiv markierter Derivate der zu bestimmenden Verbindung

Dieses Verfahren stellt eine Umkehrung der Isotopenverdünnungsmethode dar. Das Derivat der zu bestimmenden Substanz wird in radiochemischer Reinheit isoliert und aus der Aktivität dieses Produkts sowie der des zugefügten Derivats ist die Konzentration der Unbekannten im Ausgangsmaterial zu errechnen. Diese Methode wurde schon vor 20 Jahren entwickelt und hat sich besonders in der Analyse von Proteinhydrolysaten bewährt.

e) Verwendung zweier radioaktiver Isotope

Das Analysenmaterial wird mit einem radioaktiven Reagens umgesetzt. Den Reaktionsprodukten wird sodann die zu bestimmende Substanz in Form einer mit dem im Gemisch vorliegenden Derivat chemisch identischen Verbindung — jedoch mit einem anderen Isotop markiert — zugefügt. Nach Fraktionierung des Gemisches kann aus den Ergebnissen gesonderter Messungen der Strahlungsintensitäten der beiden radioaktiven Isotope in einer Fraktion und einer Messung der Gesamtaktivität derselben Fraktion die Wirksamkeit der Trennoperation und die ursprünglich vorhandene Menge der zu bestimmenden Substanz errechnet werden. Dieses Verfahren wurde zur Analyse von Proteinhydrolysaten entwickelt —, ^{131}I-markiertes p-Jodphenylsulfonylchlorid und ^{35}S-markiertes p-Jodphenylsulfonylchlorid (^{131}I- und ^{35}S-,,Pipsylchlorid''), auch ^{3}H- und ^{14}C-markiertes Acetanhydrid werden als radioaktive Reagentien verwendet.

VI. Vorschriften zur radioaktiven Markierung

Die hier angegebenen Vorschriften eignen sich zur Markierung kleiner Mengen inaktiver Säuren und Alkohole durch ,,heiße'' Veresterung. Säuren werden mit radioaktivem Diazomethan, Alkohole mit radioaktivem Acetanhydrid umgesetzt.

1. Verestern von Säuren mit Diazomethan (^{14}CH$_2$N$_2$)

Radioaktives Diazomethan kann aus Nitroso-methyl-^{14}C-harnstoff erhalten werden. Das beständigere p-Tolylsulfonyl-methyl-^{14}C-nitrosamid (radioaktives ,,Diazald'') ist jedoch vorzuziehen. Nitroso-methyl-^{14}C-harnstoff (Fa. 76) und radioaktives Diazald (Fa. 92) sind im Handel erhältlich.

Ein Reagenzglas mit angeschmolzenem Seitenarm oder ein Mikrogasgenerator dient zur Herstellung und Destillation radioaktiven Diazomethans.

Arbeitsanweisung

Eine Lösung von 10 mg (0,05 Millimol) p-Tolylsulfonylmethyl-^{14}C-nitrosamid, (spez. Aktivität etwa 0,6 Millicurie/Millimol) in 2 ml Diäthyläther wird mit 2 ml einer eiskalten Lösung von 0,1 g Natriumhydroxyd in Äthanol-Wasser, 10 + 1, versetzt und unter einem Stickstoffstrom im Wasserbad auf 60—70° C erhitzt. Das überdestillierende Diazomethan wird in zwei hintereinander geschalteten Reagenzgläsern in je 1—2 ml eisgekühltem Diäthyläther aufgefangen. Die bei-den ätherischen Diazomethanlösungen werden vereinigt und *sofort* zur Verester-ung der Fettsäuren in Diäthyläther-Methanol, 9 + 1 verwandt.

Diazomethan bildet leicht Polymethylene und noch nicht identifizier-te Substanzen. Reine Methylester können durch Adsorptions-DC schnell von diesen Nebenprodukten befreit werden.

Eine Vorschrift zur Darstellung ^{3}H-markierter Methylester — durch Reaktion mit Tritium-Wasser und inaktivem Diazomethan wurde vor kurzem angegeben [355].

In manchen Fällen ist es vorzuziehen, die Säuren oder Ester mit Lithiumaluminiumhydrid quantitative zu Alkoholen zu reduzieren und diese dann mit Acetanhydrid radioaktiv zu markieren.

2. Acetylieren von Alkoholen mit Acetanhydrid

$$(^{14}CH_3CO)_2O \text{ oder } (C^3H_3CO)_2O$$

Die Acetylierungsreaktion ist besonders einfach auszuführen. [14]C- oder ^{3}H-markiertes Acetanhydrid ist von mehreren Firmen erhältlich [312].

Arbeitsanweisung

10—20 mg eines Amino- oder Alkoholgruppen enthaltenden Lipid-Gemischs werden mit 20% Überschuß einer Lösung von Acetanhydrid-1-^{14}C, (spez. Akti-vität 0,6 Millicurie/Millimol), in Pyridin, 1 + 10, in ein Glasröhrchen, 5/150 mm, eingeschmolzen. Das Rohr wird in Wasserbad 30-60 min auf 100° C erhitzt. Nach dem Abkühlen wird es geöffnet und das Reaktionsgemisch mit 10 ml N-Schwefelsäure verdünnt. Die acetylierten Lipide werden mit mehreren Por-tionen Diäthyläther extrahiert, mit Wasser neutral gewaschen und über wasser-freiem Natriumsulfat getrocknet.

Verbindungen, die Estergruppen enthalten, wie z. B. Mono- und Di-glyceride, erleiden in geringem Ausmaß Acetolyse, und darum ist diese Acetylierungsmethode für solche Substanzen mit Vorsicht zu gebrauchen. Reinere Acetylierungsprodukte können durch Reaktion mit radioaktivem Keten [16] erhalten werden.

Zur schonenden Acetylierung von Aminosäuren wurde eine spezielle Apparatur beschrieben [751].

VII. Anwendungen der DC in chemischen und biochemischen Untersuchungen mit Radioisotopen

Die DC eignet sich hervorragend zur Analyse von Produkten radio-chemischer Synthesen sowie zur Isolierung markierter Verbindungen aus komplexen Reaktionsgemischen. Die Methode hat sich z. B. bei der Dar-stellung [3]H- oder ^{14}C-markierter Fettsäuren [628], Cholesterinester [416], Glycerinäther [425], Phospholipide [569] und Steroide [328] bewährt.

Die Autoradiographie in Abb. 96 zeigt die Analyse der Zwischenprodukte einer mehrstufigen Synthese. Radioaktiv markierter Chimylalkohol wurde nach dem folgenden Schema dargestellt (R:$C_{15}H_{31}$—):

$$R\text{—}^{14}COOH \xrightarrow{CH_2N_2} R\text{—}^{14}COOCH_3 \xrightarrow{LiAlH_4} R\text{—}^{14}CH_2OH \xrightarrow{ClSO_2CH_3}$$

(1) (2) (3, 4)

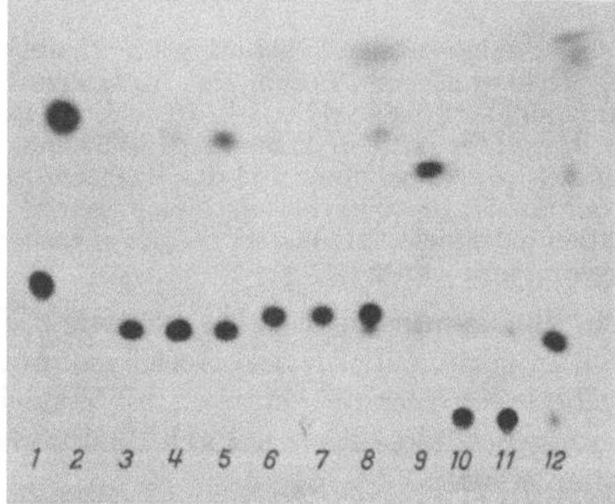

Die Zusammensetzung sämtlicher Zwischenprodukte, einschl. um-
kristallisierter Verbindungen und deren Filtrate, wurde durch Szin-
tillationszählung abgeschabter Zonen [647] quantitativ bestimmt [425].
Die für die Analyse eingesetzten Mengen beeinträchtigten die Ausbeute
(40%) nicht.

Abb. 96. Anwendung der DC zur Kontrolle der Synthese radioaktiv markierten Chimylalkohols
(α-Hexadecylglycerinäther) aus Palmitinsäure-1-^{14}C [425]. (Siehe Reaktionsschema, oben)
Schicht: Kieselgel G; Fließmittel: Petroläther, Kp. 60—70° C -Diäthyläther-Eis-
essig, 80 + 20 + 1; Laufzeit: 1 Std; Autoradiographie. *1* Palmitinsäure; *2* Methylpalmitat; *3* Palmitylalkohol, roh; *4* Palmitylalkohol, umkristallisiert; *5* Filtrat von
(*3*); *6* Palmitylmesylat, roh; *7* Palmitylmesylat, umkristallisiert; *8* Filtrat von (*6*);
9 Acetonketal des Chimylalkohols, roh; *10* Chimylalkohol, roh; *11* Chimylalkohol,
umkristallisiert; *12* Filtrat von (*10*)

Gemische wasserlöslicher markierter Substanzen konnten ebenfalls
dc getrennt und analysiert werden. So wurden z. B. die ^{131}I-markierten
S-sulfonierten A- und B-Ketten des Insulins durch DC an Kieselgel G
oder Amberlite IR-120 getrennt [435].

Mehrere Autoren berichteten über die Analyse und dc Reinigung Wilzbach-tritierter Substanzen. So wurden beispielsweise tritierte Glycerinäther [262], das Insektenhormon Ecdyson [338], Vitamin D_3 [501] und andere Steroide [501, 513, 617], (s. Abb. 93, S. 170), sowie Herzglycoside [551] an Kieselgel G-Schichten gereinigt. Ungesättigte Fettsäuren wurden durch DC auf Silbernitrat-Kieselgelplatten isoliert [425, 628].

Die DC wurde in den letzten Jahren mit großem Erfolg als analytisches Hilfsmittel zur Erforschung der Biosynthese langkettiger Fettsäuren in Mikroorganismen [188, 307, 442] sowie in pflanzlichen [497] und tierischen [150, 161, 210, 276] Geweben verwendet. In Untersuchungen des Stoffwechsels von neutralen Lipiden und Phospholipiden [271, 694, 712] wurde die Methode nahezu unentbehrlich. So wurde z. B. gezeigt, daß Methylester höherer Fettsäuren als solche − also ohne hydrolysiert worden zu sein − vom Tierkörper absorbiert werden können [160]: Radioaktives Methylelaidat-1-^{14}C wurde an Meerschweinchen verfüttert. Nach 4 Std wurden die Tiere getötet und die Lipide aus Blut, Leber, Niere, Lunge, Herz, Milz und Depotfett extrahiert. Durch Chromatographie an einer Kieselgel-Säule wurden die Cholesterinester, Triglyceride, Sterole und Phospholipide isoliert und ihre jeweilige Radioaktivität gemessen. Nahezu die gesamte Aktivität wurde in der Cholesterinester-Fraktion gefunden. Mittels DC konnte jedoch nachgewiesen werden, daß die „Cholesterinester" radioaktives Methylelaidat enthielten und daß nur dieses „heiß" war. Diese Resultate gehen anschaulich aus der folgenden Tab. 19 hervor:

Tabelle 19. *Die Absorption von Elaidinsäure im Tierkörper: Prüfung der Eluate einer Kieselgel-Kolonne mittels DC [160]*

Kieselgel-Kolonne — Elutionsmittel	Durch DC identifiziert	Spez. Aktivität (dps/mg)
2% Diäthyläther in Pentan . .	Cholesterinester	0,5
	Methylester höherer Fettsäuren	708
5% Diäthyläther in Pentan . .	Triglyceride	4,1
20% Diäthyläther in Pentan . .	Sterole	0,4
Methanol	Phospholipide	3

Cholesterinester und Methylester wurden dünnschicht-chromatographisch an Kieselgel G getrennt. Fließmittel: Hexan-Diäthyläther (98,5 + 1,5).

Auch in biologischen Arbeiten mit markierten Terpenen [43, 58] erwies sich die DC als nützliches analytisches Hilfsmittel. Ein Beispiel wird in Abb. 97 gegeben.

WINTERSTEIN u. Mitarb. [764] isolierten eine Reihe von Carotinoid-Aldehyden aus pflanzlichen und tierischen Geweben. Dies war in einigen Fällen nur durch eine wesentlich verbesserte Arbeitstechnik, besonders durch die Verwendung der DC und den Einsatz radioaktiver Derivate möglich [762].

Die DC trug wesentlich zur Erforschung der Biosynthese und des Stoffwechsels von Steroiden und Gallensäuren [255, 377, 444], Gibberel-

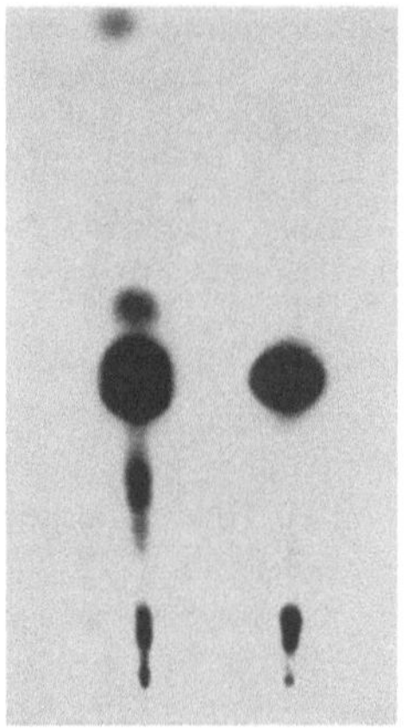

Abb. 97. Anwendung der DC zur Verfolgung der Biosynthese von Terpenen in *Mentha piperita* [43]

Pfefferminze wurde in $^{14}CO_2$-Atmosphäre gezüchtet und aus dem ätherischen Öl dieser Pflanzen wurde mittels präparativer DC radioaktives Pulegon isoliert. Diese Verbindung wurde mit Schnitten junger Blätter von Pfefferminz-Schößlingen incubiert. Die Autoradiographie eines Chromatogramms demonstriert die Bildung von *Menthon* (b) und *Menthofuran* (a) aus *Pulegon* (c) in diesem Blattgewebe

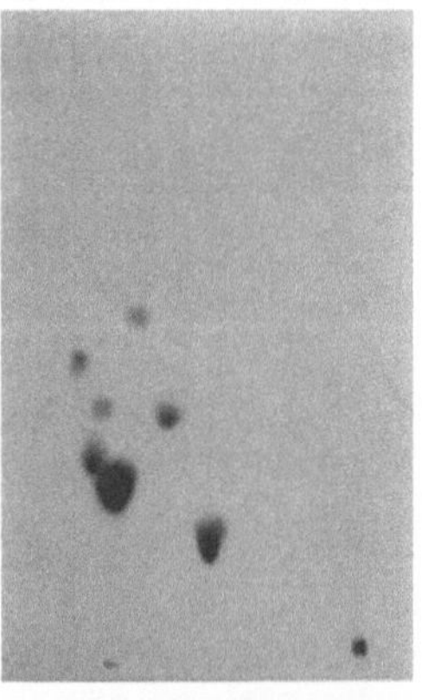

Abb. 98. Trennung ^{32}P-markierter Ribo- und Desoxyribonucleosidtriphosphate aus *E. coli* durch Ionenaustausch-DC [472]. (Einzelheiten im Kap. W)

linen [243], Makroliden [7] und aromatischen Carbonsäuren [253, 254] bei. Österreichische Autoren berichteten schon 1960 über die Anwendung der Methode in Untersuchungen zur Biogenese des Lignins [381, 382]. Sie injizierten Coniferin-3-^{14}C in die Zweige einer Birke und isolierten durch DC zwei radioaktive Produkte, die in der Pflanze durch Methoxylierung entstanden waren [381]. Auch in einer Untersuchung zur Biogenese von Isoflavonen wurde die DC angewendet [252].

Neuere Veröffentlichungen berichten über Anwendungen der DC in der Erforschung der Biosynthese des Inosits [180] und über eine Untersuchung des Stoffwechsels der Glucose [384]. Abb. 98 zeigt die Autoradiographie eines Dünnschicht-Chromatogramms ^{32}P-markierter Ribo- und Desoxyribonucleosidtriphosphate aus *E. coli*.

Metaboliten markierter Arzneimittel wurden in Tierversuchen dünnschichtchromatographisch nachgewiesen [272, 732]. Die Methode wurde auch zur Untersuchung der choleretischen Wirkung eines Präparats unter Verwendung „heißer" Gallensäuren angewandt [376].

Mit Hilfe der DC wurde in den Jahren 1961/62 nachgewiesen, daß viele der damals käuflichen radioaktiv markierten Verbindungen sehr unrein waren [424, 426]. Es lag nahe, dies durch radiolytische (Selbst-)Zersetzung zu erklären [644]. Vor zwei bis drei Jahren begannen die Hersteller radioaktiver Substanzen ihre Produkte mit der DC zu analysieren. Es zeigte sich bald, daß die käuflichen Präparate in den meisten Fällen mit Zwischenprodukten der Synthese und nicht so sehr mit radiolytisch gebildeten Substanzen verunreinigt waren.

Obwohl heute reine markierte Verbindungen erhältlich sind, sollte man sich vor der Verwendung von Handelspräparaten vergewissern, daß sie chemisch *und* radiochemisch einheitlich sind.

Mehrere Autoren berichteten über Anwendungen radioaktiver Substanzen und der DC in der klinischen Analyse und Diagnostik [*190, 724, 730*], andere prüften und verglichen die Genauigkeit chemischer Routinemethoden mit Isotopentechniken [*399, 419, 634, 728*].

In der anorganischen Chemie wurde die DC zur Trennung radioaktiver Kationen [*93, 379, 455, 627*], (s. Abb. 95, S. 172), und Anionen [*111, 455*] benutzt.

Theoretische Grundlagen der DC*

Den theoretischen Grundlagen der DC wurden im allgemeinen Teil der 1. Auflage [*673*] etwa 60 Seiten gewidmet und u. a. auch der Wissensstand über das chromatographische Verhalten einer Substanz in Beziehung zur chemischen Struktur behandelt. In diesem, von BRENNER u. Mitarb. geschriebenen Kapitel wurde auch auf die Bedeutung und Anwendung der Martin-Beziehung für verteilungschromatographische Trennungen eingegangen und eine Tabelle zur Umrechnung von *Rf*- in *Rm*-Werte gegeben. Da nun einerseits eine Kürzung im Interesse des Verständnisses nicht angezeigt erschien, aber andererseits der auf anderen Gebieten der DC hinzugekommenen Stoff so zunahm, wird in dieser Auflage auf einen Nachdruck der „Theoretischen Grundlagen" der DC verzichtet. Die häufiger gebrauchte *Rf-Rm*-Umrechnungstabelle wurde beibehalten und befindet sich am Ende des Buches.

Literatur zum Allgemeinen Teil, Kapitel A—I

[1] ABBOTT, D. C., and J. THOMSON: Analyst 89, 613 (1964).
[2] — — Chem. & Ind. (London) 1965, 310.
[3] — — Chem. & Ind. (London) 1964, 481.
[4] — H. EGAN, E. W. HAMMOND, and J. THOMSON: Analyst 89, 480 (1964).
[5] — — and J. THOMSON: J. Chromatogr. 16, 481 (1964).
[6] ABRAMSON, D., and M. BLECHER: J. Lipid Res. 5, 628 (1964).
[7] ACHENBACH, M., u. H. GRISEBACH: Z. Naturforsch. 19b, 561 (1964).
[8] ACHREM, A. A., and A. I. KUZNETSOVA: Russ. Chem. Rev. 32, 366 (1963).
[9] — — Dünnschicht-Chromatographie (russisch) Moskow: Isdatelstwo Nauka 1964.
[10] ADAM, G., u. K. SCHREIBER: Z. Chemie 3, 100 (1963).
[11] ADAMEC, O., J. MATIS, and M. GALVÁNEK: Steroids 1, 495 (1963).
[12] AELION, R., A. LOEBEL et F. EIRICH: Rec. trav. chim. 69, 61 (1950).
[13] Agfa A. G.: Leitfaden für das Blitzkopieren mit Copyrapid Papier, Agfa A.G., Leverkusen-Bayerwerk.
[14] AIKEN, W. H.: Ind. Eng. chem. 35, 1206 (1943).
[15] ALBERT-RECHT, F., and J. A. OWEN: Clin. Chim. Acta 10, 577 (1964).
[16] ALDERHOUT, J. J. H., G. K. KOCH, and A. H. W. ATEN jr.: Rec. trav. chim. 76, 712 (1957).
[17] ALEXANDER, G. B., W. M. HESTON, and R. K. ILER: J. Phys. Chem. 58, 453 (1954).
[18] ALM, R. S., R. J. P. WILLIAMS, and A. TISELIUS: Acta Chem. Scand. 6, 826 (1952).
[19] AMENTA, J. S.: J. Lipid Res. 5, 270 (1964).
[20] ANACKER, W. F., u. V. STOY: Biochem. Z. 330, 141 (1958).

* Anmerkung des Herausgebers.

12*

[21] ANDREWS, P.: Biochem J. **91**, 222 (1964).
[22] ANGUERA, P., y L. CODERN: Medicamenta (Madrid) **25**, 203 (1961).
[23] APPLEWHITE, T. H., M. J. DIAMOND, and L. A. GOLDBLATT: J. Am. Oil Chemists' Soc. **38**, 609 (1961).
[24] ARX, E. v., u. R. NEHER: J. Chromatog. **8**, 145 (1962).
[25] — — J. Chromatog. **12**, 329 (1963).
[26] ATTAWAY, J. A., R. W. WOLFORD, and G. J. EDWARDS: Anal. Chem. **37**, 74 (1965).
[27] AURENGE, J., M. DEGEORGES et J. NORMAND: Bull. soc. chim. France **1963**, 1732.
[28] — — — Bull. soc. chim. France **1964**, 508.
[29] *AVICEL Applications Bulletin*, FMC Corporation, American Viscose Division, AVICEL Sales, Marcus Hook, Pa., U.S.A.
[30] BACON, M. F.: J. Chromatog. **16**, 552 (1964).
[31] BADGER, G. M., J. K. DONNELLY, and T. M. SPOTSWOOD: J. Chromatog. **10**, 397 (1963).
[32] BADINGS, H. T.: J. Amer. Oil Chemists' Soc. **36**, 648 (1959).
[33] — J. Chromatogr. **14**, 265 (1964).
[34] — en J. G. WASSINK: Ned. Melk Zuiveltijdschr. **17**, 132 (1963).
[35] BAEHLER, B.: Helv. Chim. Acta **45**, 309 (1962).
[36] — Pharm. Acta Helv. **39**, 457 (1964).
[37] BANCHER, E., H. SCHERZ u. V. PREY: Mikrochim. Acta **1963**, 712.
[38] — — u. K. KAINDL: Mikrochim. Acta **1964/65**, 652.
[39] BANG, H. O.: J. Chromatogr. **14**, 520 (1964).
[40] BARRETT, C. B., M. S. J. DALLAS, and F. B. PADLEY: Joyce-Loebl Rev. **1**, 8 (1963).
[41] — — — J. Am. Oil Chemists' Soc. **40**, 580 (1963).
[42] BARROLLIER, J.: Naturwissenschaften **48**, 404 (1961).
[43] BATTAILE, J., and W. D. LOOMIS: Biochim. et Biophys. Acta **51**, 545 (1961).
[44] BATTISTA, O. A.: Ind. Eng. Chem. **42**, 502 (1950); US-Patent 2.978.446.
[45] BAUDLER, M., u. M. MENGEL: Z. anal. Chem. **206**, 8 (1964).
[46] — — Z. anal. Chem. **211**, 42 (1965).
[47] BAUDLER, M., u. F. STUHLMANN: Naturwissenschaften **51**, 57 (1964).
[48] BAUER, R. D., and K. D. MARTIN: J. Chromatog. **16**, 519 (1964).
[49] BAUMANN, H.: Beitr. Silikoseforsch. Heft 37, 47 (Bochum 1955).
[50] BAUMANN, J., u. G. FORTHMANN: Kieselgur. In: W. FOERST: Ullmanns Encyklopädie der technischen Chemie, Bd. 15, S. 727. 3. Aufl. München-Berlin: Urban & Schwarzenberg 1964.
[51] BAUMANN, W. J., and H. K. MANGOLD: In: R. PAOLOTTI, and D. KITCHEVSKY: Advances in Lipid Research. New York-London: Academic Press (im Druck).
[52] BAUR, E. W.: J. Lab. Clin. Med. **40**, 166 (1963).
[53] BAYER, E.: Gas-Chromatographie, 2. Aufl. Berlin-Göttingen-Heidelberg: Springer 1962.
[54] BEKERSKY, I.: Anal. Chem. **35**, 261 (1963).
[55] BEKESY, N. VON: Biochem. Z. **312**, 100 (1942).
[56] BELL, C. E.: Chem. & Ind. (London) **1965**, 1025.
[57] BENESI, H. A., and A. C. JONES: J. Phys. Chem. **63**, 179 (1959).
[58] BENNETT, R. D., and E. HEFTMANN: J. Chromatog. **12**, 245 (1963).
[59] BERGER, J.-A., G. MEYNIEL et J. PETIT: Compt. rend. **255**, 1116 (1962); **257**, 1534 (1963).
[60] — — — et P. BLANQUET: Bull. soc. chim. France **1963**, 2662; ibidem **1964**, 3179.
[61] — — P. BLANQUET et J. PETIT: Compt. rend. **257**, 1534 (1963).
[62] — — et J. PETIT: Bull. soc. chim. France **1964**, 3176.
[63] — — — Compt. rend. **259**, 2231 (1964).
[64] BERNAUER, W.: Klin. Wschr. **41**, 883 (1963).
[65] BEROZA, M., and T. P. McGOVERN: Chemist Analyst **25**, 82 (1963).

[66] BHANDARI, P. R., B. LERCH u. G. WOHLLEBEN: Pharm. Ztg. **107**, 1618 (1962).
[67] — Pharm. Ztg. **110**, 687 (1965).
[68] BHATNAGAR, J. K., K. K. KAPUR, and C. K. ATAL: Indian J. Pharm. **26**, 103 (1964).
[69] BIĆAN-FIŠTER, T., and V. KAJGANOVIĆ: J. Chromatog. **16**, 503 (1964).
[70] BIRD, H. L. JR., H. F. BRICKLEY, J. P. COMER, P. E. HARTSAW, and M. L. JOHNSON: Anal. Chem. **35**, 346 (1963).
[71] BIRKOFER, L., CH. KAISER, H.-A. MEYER-STOLL u. F. SUPPAN: Z. Naturforsch. **17b**, 352 (1962).
[72] BLANDENET, G., and J. P. ROBIN: J. Gas Chromatog. **2**, 225 (1964).
[73] BLANK, M. L., J. A. SCHMIT, and O. S. PRIVETT: J. Am. Oil Chemists' Soc. **41**, 371 (1964).
[74] BLEECKEN, S., G. KAUFMANN u. K. KUMMER: J. Chromatog. **19**, 105 (1965).
[75] BLETZINGER, J. C.: Ind. Eng. Chem. **35**, 474 (1943).
[76] BOBBITT, J. M.: Thin-Layer Chromatography. New York: Reinhold Publ. Co. 1953.
[77] BOEHM, H.-P., u. G. KÄMPF: Z. physik. Chem. (N.F.) **23**, 257 (1960).
[78] — u. M. SCHNEIDER: Z. anorg. u. allgem. Chem. **301**, 326 (1959).
[79] BOHNER, DE, L. S., E. F. SOTO, and T. DE COHAN: J. Chromatog. **17**, 513 (1965).
[80] BOLL, P. M.: Chemist Analyst **51**, 52 (1962).
[81] BOLLIGER, H.-R.: In: E. STAHL: Dünnschicht-Chromatographie, 1. Auflage. S. 236. Berlin-Göttingen-Heidelberg: Springer 1962.
[82] DE BOER, J. H.: Angew. Chem. **70**, 383 (1958).
[83] — J. M. H. FORTUIN, B. C. LIPPENS, and W. H. MEIJS: J. Catalysis **2**, 1 (1963).
[84] — — en J. J. STEGGERDA: Proc. Koninkl. Ned. Akad. Wetenschap., Ser. B. **57**, 170 u. 434 (1954).
[85] — G. M. M. HOUBEN, B. C. LIPPENS, W. H. MEIJS, and W. K. A. WALRAVE: J. Catalysis **1**, 1 (1962).
[86] — J. J. STEGGERDA en P. ZWIETERING: Proc. Koninkl. Ned. Akad. Wetenschap B **59**, 435 (1956).
[87] — — J. M. H. FORTUIN, and P. ZWIETERING: Proc. 2nd Int. Congr. of Surface Activity II, 93 (1957).
[88] BOUCKE, G.: Atompraxis **11**, 263 (1965).
[89] BOVÉ, J. N.: Bull. soc. chim. biol. **45**, 421 (1965).
[90] BRADLEY, D. C.: Polymeric Metal Alkoxides, Organometalloxanes and Organometallanosiloxanes. In: F. G. A. STONE and A. W. G. GRAHAM: Inorganic Polymers, New York: Academic Press 1962.
[90a] BRAND, J. M.: J. Chromatogr. **21**, 424 (1966).
[91] BRANTE, G.: Nature **163**, 651 (1949).
[92] BRAUER, G.: Handbuch der präparativen anorganischen Chemie, 2. Auflage. Bd. 1, S. 619ff. Stuttgart: Ferdinand Enke Verlag 1960.
[93] BRECCIA, A., and F. SPALLETTI: Nature **198**, 756 (1963).
[94] BRENNER, M., A. NIEDERWIESER u. G. PATAKI: In: E. STAHL: Dünnschicht-Chromatographie, 1. Aufl., S. 440. Berlin-Göttingen-Heidelberg: Springer 1962.
[95] — — Experientia **16**, 378 (1960).
[96] — — Experientia **17**, 237 (1961).
[97] — — and G. PATAKI: In: A. T. JAMES, and L. J. MORRIS: New Biochemical Separations, p. 123. London: D. van Nostrand Company Ltd. 1964.
[97a] — — — R. WEBER: In: E. STAHL: Dünnschicht-Chromatographie, 1. Aufl., S. 127—130. Berlin-Göttingen-Heidelberg: Springer 1962.
[98] BRIESKORN, C. H., u. J. BÖSS: Fette, Seifen, Anstrichmittel **66**, 925 (1964).
[99] BRINTZINGER, H., u. B. TROEMER: Z. anorg. u. allgem. Chem. **181**, 237 (1929).
[100] BROCKMANN, H., u. H. BROCKMANN jr.: Chem. Ber. **94**, 2681 (1961).
[101] BRODA, E., u. T. SCHÖNFELD: Die technischen Anwendungen der Radioaktivität. Band 1 u. 2. Leipzig: VEB Deutscher Verlag für Grundstoffindustrie 1962.

[*102*] Brodasky, T. F.: Anal. Chem. **35**, 343 (1963).
[*103*] van den Broeck, J.: La Diatomite, 3. Aufl. Paris: Astorg 1960.
[*104*] Brown, J. F., D. Clark, and W. W. Elliott: J. Chem. Soc. **1953**, 84.
[*105*] Brown, L., P. Holliday, and I. F. Trotter: J. Chem. Soc. **1951**, 1532.
[*106*] Brown, J. L., and J. M. Johnston: J. Lipid Res. **3**, 480 (1962).
[*107*] Brud, W. S.: J. Chromatogr. **18**, 591 (1965).
[*108*] Brunauer, St., P. H. Emmett, and E. Teller: J. Am. Chem. Soc. **60**, 309 (1938).
[*109*] Bryant, L. H.: Nature **175**, 556 (1955).
[*110*] Buchtela, K., u. M. Lesigang: Mikrochim. Acta **1965**, 67.
[*111*] Buriánek, J., u. J. Cífka: Z. anal. Chem. **213**, 1 (1965).
[*112*] Butenandt, A., E. Biekert, H. Kübler u. B. Linzen: Hoppe-Seyler's Z. physiol. Chem. **319**, 238 (1960).
[*113*] Calvert, R.: Diatomaceous Earth, American Chemical Society Monograph. New York: The Chemical Catalog Co., Inc. 1930.
[*114*] Giddings, J. C., and R. A. Keller: J. Chromatog. **2**, 626 (1959).
[*115*] Canić, V. D., u. S. M. Petrović: Z. anal. Chem. **211**, 321 (1965); — — and A. K. Bem: **213**, 251 (1965).
[*116*] Cannon, C. G.: Mikrochim. Acta **1955**, 555.
[*117*] Carelli, V., A. M. Liquori, and A. Mele: Nature **176**, 70 (1955).
[*118*] Carman, P. C.: J. Phys. Chem. **57**, 56 (1953).
[*119*] Carnegie, P. R., and G. Pacheco: Proc. Soc. Exptl. Biol. Med. **117**, 137 (1964).
[*120*] Carreau, J.-P., et J. Raulin: J. Chromatog. **15**, 186 (1964).
[*121*] Catch, J. R.: Carbon-14 Compounds. Washington: Butterworth & Co. Publishers, Ltd. 1961.
[*122*] Cavina, G., and C. Vicari: In: G. B. Marini-Bettòlo: Thin-Layer Chromatography, p. 180. Amsterdam: Elsevier Publ. Co. 1964.
[*123*] Černý, V., J. Joska, and L. Lábler: Collection Czech. Chem. Commun. **26**, 1658 (1961).
[*124*] Cerny, J.: Českoslav. farm. **13**, 266 (1964).
[*125*] Cerri, O., e G. Maffi: Boll. chim. farm. **100**, 940 (1961).
[*126*] Chamberlain, J., A. Hughes, A. W. Rogers, and G. H. Thomas: Nature **201**, 774 (1964).
[*127*] Chevet, A.: J. phys. radium **14**, 493 (1953).
[*128*] Cima, L., e R. Mantovan: Farmaco (Pavia), Ed pract. **17**, 473 (1962).
[*129*] Clotten, R., u. A. Clotten: Hochspannungselektrophorese. Stuttgart: Georg Thieme 1962.
[*130*] Coffey, R. G., and R. W. Newburgh: J. Chromatog. **11**, 376 (1963).
[*131*] Coleman, M. H.: In: Thin Layer Chromatography, a series of articles reprinted from Laboratory Practice, London: United Trade Press Ltd. 1964.
[*132*] Collet, G.: Compt. rend. **259**, 871 (1964).
[*133*] Colman, B., u. W. Vishniac: Biochim. et Biophys. Acta **82**, 616 (1964).
[*134*] Connors, W. M., and W. K. Boak: J. Chromatog. **16**, 243 (1964).
[*135*] Connolly, J. P., P. J. Flanagan, R. Ó. Dorchaí, and J. B. Thomson: J. Chromatogr. **15**, 105 (1964).
[*136*] Consden, R., A. H. Gordon, and A. J. P. Martin: Biochem. J. **38**, 224 (1944).
[*137*] — — — Biochem. J. **40**, 33 (1946).
[*138*] Crépy, O., O. Judas et B. Lachese: J. Chromatog. **16**, 340 (1964).
[*139*] Criddle, W. J., G. J. Moody, and I. D. R. Thomas: Nature **202**, 1327 (1964).
[*140*] Crowe, M. O'L.: Ind. Eng. Chem., Anal. Ed. **13**, 845 (1941).
[*141*] Csallany, A. S., and H. H. Draper: Anal. Biochem. **4**, 418 (1962).
[*142*] DAB 7 — DDR Deutsches Arzneibuch, 7. Ausgabe. Berlin: Akademie-Verlag 1964.
[*143*] Dahn, H., u. H. Fuchs: Helv. Chim. Acta **45**, 261 (1962).
[*144*] van Dam, M. J. D., and S. P. J. Maas: Chem. & Ind. (London) **1964**, 1192.
[*145*] Danckwortt, P. W., u. J. Eisenbrand: Lumineszenz-Analyse in filtriertem ultraviolettem Licht. 7. Auflage. Leipzig: Akademische Verlagsgesellschaft Geest u. Portig 1964.

[146] Dati, T., G. de Angelis, P. Ippoliti u. C. Luly: Ricerca sci. 27, 2988 (1957).
[147] Dauvillier, P.: J. Chromatog. 11, 405 (1963).
[148] Davídek, J.: Nature 189, 487 (1961).
[149] — In: G. Marini-Bettòlo: Thin-Layer Chromatography. p. 117. Amsterdam-London-New York: Elsevier Publishing Company 1964.
[150] Davidoff, F., and E. D. Korn: J. Biol. Chem. 240, 1549 (1965).
[151] Davies, B. H.: J. Chromatog. 10, 518 (1963).
[152] Demole, E.: J. Chromatog. 1, 24 (1958).
[153] — J. Chromatog. 6, 2 (1961).
[154] Desaga, C. Nachfolger E. Fecht, 61 Heidelberg, Hauptstr. 60.
[155] Determann, H.: Experientia 18, 430 (1962).
[156] — u. W. Michel: Z. anal. Chem. 212, 211 (1965).
[157] Deters, R.: In: Institut für Baustoffkunde und Stahlbetonbau der Technischen Hochschule Braunschweig, Braunschweig 1962, Heft 1.
[158] Deutsches Patent 106 383, Max-Planck-Institut für Eiweiß- und Lederforschung.
[159] Dhont, J. H.: Chem. Techniek (Dordrecht) 15, 340 (1960).
[160] Dhopeshwarkar, G. A., and J. F. Mead: J. Lipid Res. 3, 238 (1962).
[161] — — Proc. Soc. Exptl. Biol. Med. 109, 425 (1962).
[162] Dicarlo, F. J., J. M. Hartigan jr., and G. E. Phillips: Anal. Chem. 36, 2301 (1964).
[163] Dietrich, C. P., S. M. C. Dietrich, and H. G. Pontis: J. Chromatog. 15, 277 (1964).
[164] Dittrich, S.: J. Chromatog. 12, 47 (1963).
[165] Dobici, F., and G. Grassini: J. Chromatog. 10, 98 (1963).
[166] Doizaki, W. M., and L. Zieve: Proc. Soc. Exptl. Biol. Med. 113, 91 (1963).
[167] Donaldson, K. O., V. J. Tulane, and L. M. Marshall: Anal. Chem. 24, 185 (1952).
[168] Dorfner, K.: Ionenaustausch-Chromatographie. Berlin: Akademie-Verlag 1963.
[169] — Ionenaustauscher, 2. Aufl. Berlin: Walter de Gruyter & Co. 1964.
[170] Dose, K., u. G. Krause: Naturwissenschaften 49, 349 (1962).
[171] Drawert, F., O. Bachmann, and K.-H. Reuther: J. Chromatog. 9, 376 (1962).
[172] Druding, L. F.: Anal. Chem. 35, 1744 (1963).
[173] Dugger, D. L., J. H. Stanton, B. N. Irby, B. L. McConnell, W. W. Cummings, and R. W. Maatman: J. Phys. Chem. 68, 757 (1964).
[174] Duncan, G. R.: J. Chromatog. 8, 37 (1962).
[175] Dyer, T. A.: J. Chromatog. 11, 414 (1963).
[176] Druckschriften der Fa. (47).
[177] Eckenroth, H.: Arch. Pharm. 224/24, 623 (1886); siehe auch A. Baeyer u. V. Villiger: Ber. deut. chem. Ges. 35, 1201 (1902); K. Freudenberg, Collegium 616, 353 (1921).
[178] Eggers, J.: Phot. u. Wiss. 10, 40 (1961).
[179] Eisenberg, F. jr.: J. Chromatog. 9, 390 (1962).
[180] — and A. H. Bolden: Biochem. Biophys. Res. Communs. 12, 72 (1963).
[181] Elbert, W. C.: Chemist. Analyst 54, Nr. 3, 68 (1965).
[182] Emich, F.: Lehrbuch der Mikrochemie. München: Bergmann 1926.
[183] Endres, H.: Z. anal. Chem. 181, 331 (1961).
[184] — In: K. Macek u. I. M. Hais: Stationary Phase in Paper and Thin-Layer Chromatography. Amsterdam: Elsevier Publ. Co. 1965; W. Grau u. H. Endres: J. Chromatogr. 17, 585 (1965).
[185] — W. Grassmann u. M. Oppelt: Hoppe-Seiler's Z. physiol. Chem. 317, 21 (1959).
[186] — u. H. Hörmann: Angew. Chem. 75, 288 (1963).
[187] Eng, L. F., Y. L. Lee, R. B. Hayman, and B. Gerstl: J. Lipid. Res. 5, 128 (1964).
[188] Erwin, J., and K. Bloch: J. Biol. Chem. 238, 1618 (1963).
[189] *Euratom Reports EUR 2212 e, EUR 2212 e Suppl.*
[190] Evans, J. R., R. W. Gunton, R. G. Baker, D. S. Beanlands, and J. C. Spears: Circulation Research 16, 1 (1965).

[*191*] FELTKAMP, H.: Deut. Apotheker-Ztg. **102**, 1269 (1962); FELTKAMP, H., u. F. KOCH: J. Chromatog. **15**, 314 (1964).

[*192*] FINSTON, H. L., and J. MISKEL: Ann. Rev. Nuclear Sci. **5**, 269 (1955).

[*192a*] FISCHER, L. J., and S. RIEGELMAN: J. Chromatog. **21**, 268 (1966).

[*193*] FISHER, N. E., and A. Y. MOTTLAU: Anal. Chem. **34**, 714 (1962).

[*194*] FLETT, M. ST. C.: J. Soc. Dyers Colourists **68**, 59 (1952).

[*195*] FÖRSTER, T.: Fluoreszenz organischer Verbindungen. Göttingen: Van den Hoeck u. Ruprecht 1951.

[*196*] FOGG, A. G., and R. WOOD: J. Chromatog. **20**, 613 (1965).

[*197*] FOPPIANO, R., and B. B. BROWN: J. Pharm. Sci. **54**, 206 (1965).

[*198*] FOSTER, A. B.: J. Chem. Soc. **1953**, 982.

[*199*] FRANZKE, CL., u. A. JANTZ: Nahrung 8, 637 (1964).

[*200*] FRAY, G., et J. FREY: Bull. soc. chim. biol. **45**, 1201 (1963).

[*201*] FREI, R. W., and H. ZEITLIN: Anal. Chim. Acta **32**, 32 (1965).

[*202*] FRICKE, R.: Z. anorg. u. allgem. Chem. **175**, 249 (1928); **179**, 287 (1929).

[*203*] — u. G. F. HÜTTIG: Hydroxyde und Oxydhydrate. Leipzig: Akademische Verlagsgesellschaft mbH. 1937.

[*204*] FRODYMA, M. M., and R. W. FREI: J. Chromatog. **15**, 501 (1964).

[*205*] — —, and D. J. WILLIAMS: J. Chromatog. **13**, 61 (1964).

[*206*] FROSCH, B.: Arzneimittel-Forsch. **15**, 178 (1965).

[*207*] — u. H. WAGENER: Z. klin. Chem. **2**, 7 (1964).

[*208*] — — Klin. Wschr. **42**, 901 (1964).

[*209*] FRYDRYCH, R.: Chem. Ber. **97**, 151 (1964).

[*210*] FULCO, A. J., and J. F. MEAD: J. Biol. Chem. **236**, 2416 (1961).

[*211*] GÄNSHIRT, H.: Dissertation, S. 9. Karlsruhe 1953.

[*212*] — F. W. KOSS u. K. MORIANZ: Arzneimittel-Forsch. **10**, 943 (1960).

[*213*] — u. K. MORIANZ: Arch. Pharm. **293/65**, 1065 (1960).

[*214*] — In: E. STAHL: Dünnschicht-Chromatographie, 1. Auflage, S. 44. Berlin-Göttingen-Heidelberg: Springer 1962.

[*215*] — Arch. Pharm. **296**, 129 (1963).

[*216*] — Arch. Pharm. **296**, 132 (1963).

[*217*] — and J. POLDERMAN: J. Chromatog. **16**, 510 (1964).

[*218*] — Unveröffentlicht.

[*219*] — Vortrag: Univ. Saarbrücken 1964.

[*220*] GAMP, A., P. STUDER, H. LINDE u. K. MEYER: Experientia 18, 292 (1962).

[*221*] GAREL, J.-P.: Bull. soc. chim. France **1964**, 653.

[*222*] — Bull. soc. chim. France **1965**, 1899.

[*223*] GEE, M.: J. Chromatog. **9**, 278 (1962).

[*224*] GEISS, F., u. H. SCHLITT: Naturwissenschaften **50**, 350 (1963).

[*225*] — A. KLOSE u. A. COPET: Z. anal. Chem. **211**, 37 (1965).

[*226*] — H. SCHLITT u. A. KLOSE: Z. anal. Chem. **213**, 321 (1965).

[*227*] — — — Z. anal. Chem. **213**, 331 (1965).

[*228*] GERDES, H., u. W. STAIB: Klin. Wochschr. **43**, 744 (1965).

[*229*] — — Klin. Wschr. **43**, 789 (1965).

[*230*] GETZ, H. R., and D. D. LAWSON: J. Chromatog. **7**, 266 (1962).

[*231*] GILES, C. H., T. J. ROSE, and D. G. M. VALLANCE: J. Chem. Soc. **1952**, 3799; F. M. ARSHID, C. H. GILES, S. K. JAIN, and A. S. A. HASSAN: J. Chem. Soc. **1956**, 72.

[*232*] GINSBERG, H., W. HÜTTIG u. G. STRUNK-LICHTENBERG: Z. anorg. u. allgem. Chem. **293**, 33 u. 204 (1958).

[*233*] GLASSTONE, S.: Sourcebook on Atomic Energy. 2nd ed. Princeton, Toronto, London, New York: D. van Nostrand Company, Inc. 1958.

[*234*] GLEMSER, O., u. G. RIECK: Angew. Chem. **67**, 652 (1955).

[*235*] — — Z. anorg. u. allgem. Chem. **297**, 175 (1958).

[*236*] — — u. H. LACKNER: Chem. Ber. **92**, 662 (1959).

[*237*] Gmelins Handbuch der anorganischen Chemie, 8. Auflage, Silicium. Teil B. Weinheim/Bergstraße: Verlag Chemie GmbH. 1959.

[*237a*] GNEHM, R., H. U. REICH u. P. GUYER: Chimica 19, 585 (1965).

[*238*] GOLDRICK, B., and J. HIRSCH: J. Lipid Res. **4**, 482 (1963).

[239] GORDON, H. T.: Science 128, 414 (1958).
[239a] — J. Chromatog. 22, 60 (1966).
[240] GORDON, A. H., and J. E. EASTOE: Practical Chromatographic Techniques. Princeton-Toronto-New York-London: D. van Nostrand Company, Inc. 1964.
[241] GOPPELSROEDER, F.: Anregungen zum Studium der auf Capillaritäts- und Adsorptionserscheinungen beruhenden Capillaranalyse. Basel: Helbing und Lichtenhahn 1906.
[242] GOUBEAU, J., u. R. WARNCKE: Z. anorg. u. allgem. Chem. 259, 109 (1949).
[243] GRAEBE, J. E., D. T. DENNIS, CH. D. UPPER, and CH. A. WEST: J. Biol. Chem. 240, 1847 (1965).
[244] GRASSHOF, H.: Deut. Apotheker Ztg. 103, 1396 (1963).
[245] — J. Chromatogr. 14, 513 (1964).
[246] GRASSMANN, W., u. G. DEFFNER: Hoppe-Seyler's Z. physiol. Chem. 293, 89 (1953).
[247] — H. HÖRMANN u. A. HARTL: Makromol. Chem. 21, 37 (1956).
[248] — H. ENDRES, W. PAUCKNER u. H. MATHES: Chem. Ber. 90, 1125 (1957).
[249] — — M. OPPELT u. H. EL SISSI: Leder 10, 149 (1959); dort weitere Literatur.
[250] GREF, C.-G., and J. J. SAUKKONEN: Anal. Biochem. 8, 132 (1964).
[251] GRIESSBACH, R.: Chemiker-Ztg. 57, 253 (1933).
[252] GRISEBACH, H., u. G. BRANDNER: Z. Naturforsch. 16b, 2 (1961).
[253] — u. K.-O. VOLLMER: Z. Naturforsch. 18b, 753 (1963).
[254] — — Z. Naturforsch. 19b, 781 (1964).
[255] GRUNDY, S. M., E. H. AHRENS JR., and T. A. MIETTINEN: J. Lipid Res. 6, 397 (1965).
[256] GRYNBERG, H., i M. BELDOWICZ: Tluszcze; Srodki Piorace 7, 188 (1963), C. A. 61, 8899 G (1964).
[257] GÜNTHER, H., and A. SCHWEIGER: J. Food Sci. (in Vorbereitung).
[258] HABERMANN, E., G. BANDTLOW u. B. KRUSCHE: Klin. Wochschr. 39, 816 (1961).
[259] HAEFELFINGER, P., B. SCHMIDLI u. H. RITTER: Arch. Pharm. 297, 641 (1964).
[260] HÄUSSER, H.: Mitteilungsbl. Ges. deut. Chem., Lebensmittelchem., gerichtl. Chem. 13, 194 (1959).
[261] HAEUSSLER, H.: Vortragsref. Nordwestdeut. Chemiedozenten-Tagung, Juni 1965.
[262] HAIGH, W. G., and D. J. HANAHAN: Biochim. et Biophys. Acta 98, 640 (1965).
[263] HAIS, I. M., u. K. MACEK: Handbuch der Papierchromatographie, Bd. 1 und 2. Jena: VEB-Fischer-Verlag 1958 u. 1960.
[264] HALL, R. J.: J. Chromatog. 5, 93 (1961).
[265] HALMEKOSKI, J.: Suomen Kemistilehti B 35, 39 (1962) u. B 36, 58 (1963).
[266] HALPAAP, H.: Chem.-Ing.-Tech. 35, 488 (1963).
[267] — Chemiker-Ztg. 89, 835 (1965).
[268] HANNIG, K.: In: HOPPE-SEYLER-THIERFELDER: Handbuch der physiologisch- und pathologisch-chemischen Analyse II/1, S. 143. Berlin-Göttingen-Heidelberg: Springer-Verlag 1960.
[269] HANSBURY, E., J. LANGHAM, and D. G. OTT: J. Chromatogr. 9, 393 (1962).
[270] HANSBURY, E., D. G. OTT, and J. D. PERRINGS: J. Chem. Educ. 40, 31 (1963).
[271] HANSEN, I. A.: Arch. Biochem. Biophys. 110, 485 (1965).
[272] HANSSON, E., P. HOFFMANN, and L. KRISTERSON: Acta Pharmacol. Toxicol. 22, 231 (1965).
[273] HARA, S.: Japan Analyst 12, 199 (1963).
[274] — M. TAKEUCHI, M. TASCHIBANA, and G. CHIHARA: Chem. Pharm. Bull. (Japan) 12, 483 (1963).
[275] — H. TANAKA, and M. TAKEUCHI: Chem. Pharm. Bull. (Japan) 12, 626 (1964).
[276] HARLAN, W. R. JR., and S. J. WAKIL: J. Biol. Chem. 238, 3216 (1963).
[277] HASHIMOTO, Y.: Thin-Layer Chromatography (japanisch). Tokyo: Hirokawa-Shotten Ltd. 1962.
[278] HASHMI, M. H., M. A. SHAHID, and A. A. AYAZ: Talanta 12, 713 (1965).
[279] HATHWAY, D. E., and J. W. T. SEAKINS: Biochem. J. 72, 369 (1959).
[280] HAUFFE, K.: Angew. Chem. 72, 730 (1960).

[*281*] HAWORTH, R. D.: Vortrag auf dem Symposium "Current Chemical Research on Plant Phenolics", Egham, (England) 1960.
[*282*] HEAYSMAN, L. T., and E. R. SAWYER: Analyst **89**, 529 (1964).
[*283*] HEFTMANN, E.: Chromatography. New York: Reinhold Publishing Company 1961; s. auch: 2. Aufl. 1966.
[*284*] HEIDBRINK, W.: Fette, Seifen, Anstrichmittel **66**, 569 (1964).
[*285*] HELMCKE, J.-G.: Naturwissenschaften **41**, 254 (1954).
[*286*] — u. W. KRIEGER: Atlas der Diatomeenschalen im elektronenmikroskopischen Bild. Teil I, 1953, Teil II, 1954. Berlin-Wilmersdorf: Transmare-Photo G.m.b.H.
[*287*] HESSE, G.: Z. anal. Chem. **211**, 5 (1965).
[*288*] — et M. ALEXANDER: Journées Intern. Etude Methodes Séparation Immediate Chromatogr. Paris 1961, 229 (pub. 1962).
[*289*] HEUSSER, D.: Planta med. **12**, 237 (1964).
[*290*] — u. E. JACKWERTH: Deut. Apotheker-Ztg. **105**, 107 (1965).
[*291*] HILTON, J., and W. B. HALL: J. Chromatog. **7**, 266 (1962).
[*292*] HÖRHAMMER, L.: Vortrag auf dem II. Chromatographie-Symposium, Brüssel 1962.
[*293*] HÖRHAMMER, L., u. H. WAGNER: Pharmaz. Ztg. **104**, 783 (1959).
[*294*] — — u. G. BITTNER: Deut. Apotheker **14**, 148 (1962).
[*295*] HÖRMANN, H., u. H. v. PORTATIUS: Hoppe-Seyler's Z. physiol. Chem. **315**, 141 (1959); s. auch: **321**, 120 (1960).
[*296*] HOFMANN, A. F.: Anal. Biochem. **3**, 145 (1962).
[*297*] — Biochim. et Biophys. Acta **60**, 458 (1962).
[*298*] — J. Lipid Res. **3**, 391 (1962).
[*299*] HONEGGER, C. G.: Helv. Chim. Acta **44**, 173 (1961).
[*300*] — Helv. Chim. Acta **46**, 1772 (1963).
[*301*] — Helv. Chim. Acta **47**, 2384 (1964).
[*302*] TEN HOOPEN, H. J. G.: Z. Lebensm.-Unters. u. -Forsch. **119**, 478 (1963).
[*303*] Druckschrift der Fa. (73).
[*304*] HORNUNG, W.: Handbuch der Agfa-Photopapiere. Düsseldorf: Karl Knapp-Verlag 1955.
[*304a*] HORVATH, C.: J. Chromatog. **22**, 52 (1966).
[*305*] HÜTTENRAUCH, R., L. KLOTZ u. W. MÜLLER: Z. Chem. **3**, 193 (1963).
[*306*] — J. SCHULZE: Pharmazie **19**, 334 (1964).
[*307*] HULANICKA, D., J. ERWIN, and K. BLOCH: J. Biol. Chem. **239**, 2778 (1964).
[*308*] HULL, W. Q., H. KEEL, J. KENNEY, and B. W. GAMSON: Ind. Eng. Chem. **45**, 256 (1953).
[*309*] IKAN, R., I. KIRSON, and E. D. BERGMANN: J. Chromatog. **18**, 526 (1965).
[*310*] ILER, R. K.: The Colloid Chemistry of Silica and Silicates, p. 157/158 und 280/281. Jthaka, N. Y.: Cornell University Press 1955.
[*311*] INSCOE, M. N., Anal. Chem. **36**, 2505 (1964).
[*312*] *International Directory of Radioisotopes*, Vol. I and II. Wien: The International Atomic Energy Agency 1962.
[*313*] IZMAILOV, N. A., i M. S. SCHRAIBER: Farmatzija (Moskau) **3**, 1 (1938).
[*314*] JÄNCHEN, D.: J. Chromatog. **14**, 261 (1964).
[*314a*] JACKSON, R.: J. Chromatog. **20**, 410 (1965).
[*315*] JAENICKE, W., u. B. LORENZ: Z. Elektrochem. **65**, 493 (1961).
[*316*] JACOBSOHN, G. M.: Anal. Chem. **36**, 275 (1964).
[*317*] — Anal. Chem. **36**, 2030 (1964)
[*317a*] JAMES, A. T., and L. J. MORRIS: New Biochemical Separations. London: van Nostrand Comp. 1964.
[*318*] JANÁK, J.: Nature **195**, 696 (1962).
[*319*] — J. Gas Chromatogr. 1, Heft 10, 20 (1963).
[*320*] — J. Chromatogr. **15**, 15 (1964); s. auch [*321*].
[*321*] — I. KLIMEŠ, and K. HANÁ: J. Chromatog. **18**, 270 (1965).
[*322*] JANECKE, H., u. L. MAASS-GOEBELS: Z. anal. Chem. **178**, 161 (1960).
[*323*] JASPERSEN-SCHIB, R., u. H. P. JASPERSEN-SCHIB: Schweiz. Apotheker-Ztg. **102**, 339 (1964).
[*324*] JATZKEWITZ, H.: Hoppe-Seyler's Z. physiol. Chem. **326**, 61 (1961).

[325] JAYME, G., u. H. KNOLLE: Makromol. Chem. 82, 190 (1965).
[326] JEANES, A., C. S. WISE, and R. J. DIMLER: Anal. Chem. 23, 415 (1951).
[327] JENSEN, A.: Tideskr. Kemi, Bergvesen Met. 1, 14 (1961).
[328] JERCHEL, D., S. HENKE u. KL. THOMAS: In: Sitzungsberichte der Konferenz
        über Verfahren zur Herstellung und Aufbewahrung markierter Mole-
        küle, Brüssel, 1963. Brüssel: Euratom, EUR 1625e, 1964.
[329] JOHANNESEN, B., og A. SANDEL: Medd. Norsk. Farm. Selskap. 23, 205 (1961).
[330] JOHANSSON, B. G., and L. RYMO: Acta chem. scand. 16, 2067 (1962).
[331] — — Acta chem. scand. 18, 217 (1964).
[332] JOHNS-MANVILLE: The Story of Diatomite. New York: Johns Manville 1953.
[332a] JONES, C. R.: Chem. u. Ind. (London) 1965, 1999.
[333] JORK, H.: Deut. Apotheker-Ztg. 102, 1263 (1962).
[333a] — Z. analyt. Chemie 221, 17 (1966).
[334] KÄMPF, G., u. H. W. KOHLSCHÜTTER: Z. Elektrochem. 62, 958 (1958).
[335] KAINER, F.: Kieselgur, 2. Aufl. Stuttgart: Ferd. Enke Verlag 1951.
[336] KAISER, R.: Z. analyt. Chem. 205, 284 (1964).
[337] — Chromatographie in der Gasphase. I. Gas-Chromatographie, 2. Auflage,
        1965; II. Kapillar-Chromatographie, 2. Auflage, 1966; III. Tabellen, 1963;
        IV. Quantitative Auswertung, 1965. Mannheim: Bibliographisches Institut.
[338] KARLSON, P., R. MAURER u. M. WENZEL: Z. Naturforsch. 18b, 219 (1963).
[339] KAUFMANN, H. P., u. Z. MAKUS: Fette, Seifen, Anstrichmittel 62, 1014
        (1960).
[340] — u. T. H. KHOE: Fette, Seifen, Anstrichmittel 64, 81 (1962).
[341] — u. K. D. MUKHERJEE: Fette, Seifen, Anstrichmittel 67, 183 (1965).
[342] KECK, K., and U. HAGEN: Biochim. Biophys. Acta 87, 685 (1964).
[343] KEIRS, R. J., R. D. BRITT jr., and W. E. WENTWORTH: Anal. Chem. 29, 202
        (1957).
[344] KELEMEN, J., u. G. PATAKI: Z. anal. Chem. 195, 81 (1963).
[345] KEULEMANS, A. I. M.: Gas-Chromatographie; übersetzt und bearbeitet von
        E. CREMER. Weinheim/Bergstr.: Verlag Chemie 1959.
[346] KINGDON, F., and R. E. SCHRANZ: Hercules Chemist 1963, 1 (Fa. 71).
[347] KIRCHNER, J. G., and G. J. KELLER: J. Am. Chem. Soc. 72, 1867 (1950).
[348] — — J. M. MILLER, and G. J. KELLER: Anal. Chem. 23, 420 (1951).
[349] — —, and R. G. RICE: J. Agr. Food Chem. 2, 1031 (1954).
[350] — Abstr. of papers, 147. Meet. Am. Chem. Soc. 1964, 2 B.
[351] KLAUS, R.: J. Chromatogr. 16, 311 (1964).
[352] KLAVEHN, M., u. H. ROCHELMEYER: Deut. Apotheker-Ztg. 101, 477 (1961).
[353] KNEDEL, M., u. A. FATEH-MOGHDAM: Glas-Instrum.-Tech. (GIT) 9, 675 (1965).
[354] KNIGHT, C. S.: Nature 199, 1288 (1963).
[355] KOCH, G. K., and G. JURRIENS: Nature 208, 1312 (1965).
[356] KODAK-PATHÉ: Franz. Patent 1.370.780; ref. C. A. 62, 2243h (1965).
[357] KÖHLER, M., H. GOLDER u. R. SCHIESSER: Z. anal. Chem. 206, 430 (1964).
[358] KOFLER, L.: In: R. WASICKY: Leitfaden für die Pharmakognostischen Unter-
        suchungen im Unterricht und in der Praxis, I. Teil. Leipzig und Wien:
        Deuticke 1936; s. auch Hdb. d. Mikrochem. Methoden Bd. I/Teil 1. Wien:
        Springer 1954.
[359] KOHLHEPP, E.: Dissertation, Darmstadt 1963.
[360] KOHLSCHÜTTER, H. W., P. BEST u. G. WIRZING: Z. anorg. u. allg. Chem. 285,
        236 (1956).
[361] — u. G. KÄMPF: Z. anorg. u. allgem. Chem. 292, 298 (1957).
[362] — Chimia (Switz.) 14, 285 (1960).
[363] — H. GETROST u. S. MIEDTANK: Z. anorg. u. allgem. Chem. 308, 190 (1961).
[364] — u. G. HOFMANN: Z. anorg. u. allgem. Chem. 327, 51 (1964).
[365] — u. W. KATZENMAYER: Z. anorg. u. allgem. Chem. 329, 163 (1964).
[366] — A. RISCH, K. UNGER u. K. VOGEL: Z. Elektrochem. 69, 849 (1965).
[367] — u. M. DAUM: Unveröffentlicht.
[368] KOKOTI-KOTAKIS, E.: Chim. Chronika (Athens, Greece) 27A, 59 (1962).
[369] KONRAD, E., O. BÄCHLE u. R. SIGNER: Liebigs Ann. Chem. 474, 276 (1929).
[370] KORTE, F., u. H. SIEPER: J. Chromatog. 14, 178 (1964).
[371] KORTÜM G. u. J. VOGEL: Z. physik. Chem. N. F. 18, 110 (1958).

[372] Kortüm, G., u. J. Vogel: Angew. Chem. 71, 451 (1959).
[373] — W. Braun u. G. Herzog: Angew. Chem. 75, 653 (1963).
[374] Korzun, B. P., L. Dorfman, and S. M. Brody: Anal. Chem. 35, 950 (1963).
[375] — and S. Brody: J. Pharm. Sci. 53, 454 (1964).
[376] Koss, F. W., G. Beisenherz, R. Engelhorn u. U. Chuchra: Arzneimittel-Forsch. 12, 1026 (1962).
[377] — — U. Chuchra u. I. Huber: Arzneimittel-Forsch. 14, 191 (1964).
[378] — u. D. Jerchel: Naturwissenschaften 51, 382 (1964).
[379] — — Radiochim. Acta 3, 220 (1964).
[379a] Kottke, B. A., J. Wollenweber, and C. A. Owen: J. Chromatog. 21, 439 (1966).
[380] Kramer, J. K. G., E. O. Schiller, H. D. Gesser, and A. D. Robinson: Anal. Chem. 36, 2379 (1964).
[381] Kratzl, K., u. G. Puschmann: Holzforschung 14, 1 (1960).
[382] — Holz Roh- u. Werkstoff 19, 219 (1961).
[383] Krell, K., and S. A. Hashim: J. Lipid Res. 4, 407 (1963).
[384] Kuzuya, T., E. Samols, and R. H. Williams: J. Biol. Chem. 240, 2277 (1965).
[385] Lábler, L.: In: G. B. Marini-Bettòlo: Thin-Layer Chromatography. Amsterdam-London-New York: Elsevier Publ. Co. 1964.
[386] — a Vl. Schwarz: Chromatografie na tenké vrstvé. Praha: Nakladatelstvi Československé Akademie VĚD 1965.
[387] Lambie, D. A.: Techniques for the Use of Radioisotopes in Analysis. Princeton, Toronto, New York, London: D. van Nostrand Company, Inc. 1964.
[388] Land, E. H.: J. Opt. Soc. Am. 37, 61 (1947).
[389] Lees, T. M., M. J. Lynch, and F. R. Mosher: J. Chromatog. 18, 595 (1965).
[390] — and P. J. deMuria: J. Chromatog. 8, 108 (1962).
[391] Lefemine, D. V., and W. K. Hausmann: Antimicrob. Agents Chemotherapy 1963, 134.
[392] Lehmann, G.: Privatmitteilung.
[393] Lehmann, H., u. H. Dutz: Tonind.-Ztg. 83, 219 (1959).
[394] Lenk, H. P.: Z. anal. Chem. 184, 107 (1961).
[395] Lennart-Harthon, J. G.: Acta Chem. Scand. 15, 1401 (1961).
[396] Lesigang, M.: Mikrochim. Acta 1964, 34.
[397] — u. F. Hecht: Mikrochim. Acta 1964, 508.
[398] Lestienne, A., E. P. Przybylowicz, W. J. Staudenmayer, E. S. Perry, A. D. Baitsholts et T. N. Tischer: In: Société belge des sciences pharmaceutiques: Chromatographie Symposium III. Bruxelles 1964.
[399] Levin, E., and C. Head: Anal. Biochem. 10, 23 (1965).
[400] Levy, G. B.: Medical Electronics News March 1963. Reprint from Photovolt Corp. (Fa. 104).
[401] Lewin, J. C.: In: R. A. Lewin: Physiology and Biochemistry of Algae. Chapt. 27, p. 445. New York and London: Academic Press 1962.
[402] Lichtenberger, W.: Z. anal. Chem. 185, 111 (1962).
[403] Lie Kian Bo, and J. F. Nyc: J. Chromatog. 8, 75 (1962).
[404] Loćke, D. C., and C. E. Meloan: Anal. Chem. 36, 2234 (1964).
[405] Loev, B., and K. M. Snader: Chem. & Ind. (London) 1965, 15.
[406] Ludwig, E.: Z. Chemie 5, 186 (1965).
[407] Lüdy-Tenger, F.: Pharm. Acta Helv. 37, 770 (1962).
[408] Lüthi, U., and P. G. Waser: Nature 205, 1190 (1965).
[409] Maas, H.: Praxis der Polaroid Land Photographie. Seebruck (Chiemsee): Hering-Verlag 1965.
[410] Maatman, R. W.: s. [173].
[411] McCoy, R. N., and E. C. Fiebig: Anal. Chem. 37, 593 (1965).
[412] McDonald, R. S.: J. Phys. Chem. 62, 1168 (1958); J. Am. Chem. Soc. 79, 850 (1957).
[413] Macek, K., and I. M. Hais: Stationary Phase in Paper and Thin-Layer Chromatography. Proceedings of the 2nd Symposium held at Liblice. Prag: Publishing House of the Czechoslovak Academy of Sciences; Amsterdam: Elsevier Publishing Company 1965.

[414] McKibbins, S. W., J. F. Harris, and J. F. Saeman: J. Chromatog. 5, 207 (1961).

[415] McLaughlin, J. L., J. E. Goyan, and A. G. Paul: J. Pharm. Sci. 53, 306 (1964).

[416] Mahadevan, V., and W. O. Lundberg: J. Lipid Res. 3, 106 (1962).

[417] Mahapatra, G. N., and O. M. Friedman: J. Chromatog. 11, 265 (1963).

[418] Maier, R., and H. K. Mangold: In: Reilley, C. N.: Advances in Anal. Chem. and Instrum. 3, 369 (1964).

[419] — — Chem. Phys. Lipids (im Druck).

[420] Malins, D. C., and H. K. Mangold: J. Am. Oil Chemists' Soc. 37, 576 (1960).

[421] — — In: F. J. Welcher: Standard Methods of Chemical Analysis, Vol. 3, p. 738. Princeton-Toronto-New York-London: van Nostrand and Company 1966.

[422] Manegold, E.: Kolloid-Z. 96, 186 (1941).

[423] Mangold, H. K.: Fette, Seifen, Anstrichmittel 61, 877 (1959).

[424] — J. Am. Oil Chemists' Soc. 38, 708 (1961).

[425] — W. J. Baumann, and C. R. Houle: Microchem. J. (im Druck).

[426] — R. Kammereck, and D. C. Malins: Microchem. J., Sympos. Vol. II, 697 (1962).

[427] — — J. Am. Oil Chemist's Soc. 39, 201 (1962).

[428] — H. H. O. Schmid, and E. Stahl: In: Glick, D.: Methods of Biochemical Analysis, Vol. 12, p. 393. New York: Interscience Publ. 1964.

[429] Marcucci, F., and E. Mussini: J. Chromatog. 11, 270 (1963).

[430] Marini-Bettòlo, G. B.: Thin-Layer Chromatography, a Scientific Report of the Istituto Superiore di Sanitá, Roma. Amsterdam-London-New York: Elsevier Publ. Co. 1964.

[431] Marrinan, H. J., and J. Mann: J. Appl. Chem. (London) 4, 204 (1954); J. Polymer Sci. 21, 301 (1956).

[432] Marten, G.: Pharmazie 10, 602 (1955).

[433] Martin, A. J. P., and R. L. M. Synge: Biochem. J. 35, 91 u. 1358 (1941).

[434] Mary, N. Y., and E. Brochmann-Hanssen: Lloydia 26, 223 (1963).

[435] Massaglia, A., and U. Rosa: J. Labelled Comp. 1, 141 (1965).

[436] Mathis, C.: Dissertation, Strasbourg 1963.

[437] Matthews, J. S., A. L. Pereda, and A. Aguilera: J. Chromatog. 9, 331 (1962).

[438] Matthias, W.: Naturwissenschaften 41, 17 (1954).

[439] Meinhard, J. E., and N. F. Hall: Anal. Chem. 21, 185 (1949).

[440] Metz, H.: Naturwissenschaften 48, 569 (1961).

[441] Metzner, H., u. H. Volcsik: Experientia 20, 104 (1964).

[442] Meyer, F., and K. Bloch: J. Biol. Chem. 238, 2654 (1963).

[443] Meyer, H.: Deut. Lebensm.-Rundschau 57, 174 (1961).

[444] Miettinen, T. A., E. H. Ahrens jr., and S. M. Grundy: J. Lipid Res. 6, 411 (1965).

[445] Milborrow, B. V.: J. Chromatog. 19, 194 (1965).

[446] Miller, J. M., and J. G. Kirchner: Anal. Chem. 23, 428 (1951).

[447] — — Anal. Chem. 24, 1480 (1952).

[448] — — Anal. Chem. 25, 1107 (1953).

[449] — — Anal. Chem. 26, 2002 (1954).

[450] Mima, H.: Kagaku-no-Ryoiki (Tokyo) 17, 189 (1963).

[451] Millett, M. A., W. E. Moore, and J. F. Saeman: Anal. Chem. 36, 491 (1964).

[452] Mistryukov, E. A.: Collection Czech. Chem. Commun. 26, 2071 (1961).

[453] — J. Chromatogr. 9, 311 (1962).

[454] Moghissi, A.: Anal. Chim. Acta 30, 91 (1964).

[455] — J. Chromatog. 13, 542 (1964).

[456] Morgan, M. E.: J. Chromatog. 9, 379 (1962).

[457] Morita, K., and F. Haruta: J. Chromatog. 12, 412 (1963).

[458] Morris, C. J. O. R.: J. Chromatog. 16, 167 (1964).

[459] Morrison, J. C., and L. G. Chatten: J. Pharm. Sci. 53, 1205 (1964).

[460] Moses, A. J.: Nuclear Technology in Analytical Chemistry. (International Series of Monographs on Analytical Chemistry, Vol. 2). Oxford-London-New York: Pergamon Press 1964.

[461] MOTTIER, M.: Mitt. Gebiete Lebensm. u. Hyg. 47, 372 (1956).
[462] — Mitt. Gebiete Lebensm. u. Hyg. 49, 454 (1958).
[463] — et W. POTTERAT: Anal. Chim. Acta 13, 46 (1955).
[464] MOUTON, M., S. JAQUARD et M. SAGOT-MASSON: Ann. pharm. franç. 21, 233 (1963).
[465] MÜLLER, K. H., u. H. HONERLAGEN: Mitt. deut. Pharmaz. Ges. 30, 202 (1960).
[466] MULRYAN, H.: Diatomite. In: Encyclopedia of chemical Technology, Vol 5, p. 33. 1. Ed. New York: The Interscience Encyclopedia, Inc. 1950.
[467] MURRAY, A., III., and D. L. WILLIAMS: Organic Syntheses with Isotopes. Vol. 1 and II. New York and London: Interscience Publishers, Inc. 1958.
[468] MUUS, L. T.: Tidsskr. Textiltek. 13, 139 (1955).
[469] NAFF, M. B., and A. S. NAFF: J. Chem. Educ. 40, 534 (1963).
[470] NANO, G. M.: In: G. B. MARINI-BETTÒLO: Thin-Layer Chromatography, p. 138. Amsterdam-London-New York: Elsevier Publishing Company 1964.
[471] NEILL, J. D., B. N. DAY, and G. W. DUNCAN: Steroids 4, 699 (1964).
[472] NEUHARD, J., E. RANDERATH, and K. RANDERATH: Anal. Biochem. 13, 211 (1965).
[473] NEWMANN, A. A.: Brit. J. Phot. 108, 54 (1961).
[474] NEWSOME, J. W., H. W. HEISER, A. S. RUSSEL, and H. C. STUMPF: Alumina Properties, Technical Paper No. 10, second revision. Pittsburgh Pennsylvania: Aluminium Company of America 1960.
[475] NICHAMAN, M. Z., C. C. SWEELEY, N. M. OLDHAM, and R. E. OLSON: J. Lipid Res. 4, 484 (1963).
[476] NIEDERWIESER, A., u. M. BRENNER: Experientia 21, 50 (1965).
[477] — — Experientia 21, 105 (1965).
[478] — u. C. G. HONEGGER: Helv. Chim. Acta 48, 893 (1965).
[479] — J. Chromatogr. 21, 326 (1966).
[480] NIGAM, I. C., M. SAHASRABUDHE, and L. LEVI: Can. J. Chem. 41, 1535 (1963).
[481] NIKITIN, N. I.: Die Chemie des Holzes. Berlin: Akademie-Verlag 1955.
[482] NISHIKAZE, O., u. HJ. STAUDINGER: Klin. Wschr. 40, 1014 (1962).
[483] NOLL, W., K. DAMM u. R. FAUSS: Kolloid-Z. 169, 18 (1960).
[484] *Nuclear Chicago Technical Bulletin*, No. 16: How to Use Radioisotopes with Thin-Layer Chromatography. Nuclear Chicago Corp., Des Plaines, Ill., U.S.A.
[485] NÜRNBERG, E.: Rev. univ. ind. Santander 4, 259 (1962).
[486] NUSSBAUMER, P. A.: Pharm. Acta Helv. 38, 758 (1963).
[487] NYBOM, N.: Nature 198, 1229 (1963).
[488] — J. Chromatogr. 14, 118 (1964).
[489] OELSCHLÄGER, H., J. VOLKE u. G. T. LIM: Arch. Pharm. 298, 213 (1965).
[490] OERTEL, G. W., M. C. TORNERO, and K. GROOT: J. Chromatogr. 14, 509 (1964).
[491] ONOE, K.: J. Chem. Soc. Japan, Pure Chem. Sect. 73, 337 (1952); ref.: Chem. Zentr. 127, 3958 (1956).
[492] OPIENSKA-BLAUTH, J., H. KRACZKOWSKI i H. BRZUSZKIEWICZ: Postepy Biochem. 11, 211 (1965).
[493] OSWALD, N., u. H. FLÜCK: Pharm. Acta Helv. 39, 293 (1964).
[494] — — Sci. Pharm. 32, 136 (1964).
[495] OTTENSTEIN, D. M.: J. Gas Chrom. 1, (4) 11 (1963).
[496] OTTO, G.: Leder 4, 1 (1953).
[497] OVERATH, P., and P. K. STUMPF: J. Biol. Chem. 239, 4103 (1964).
[498] OVERMAN, R. T., and H. M. CLARK: Radioisotope Techniques. New York, Toronto, London: McGraw-Hill Book Company, Inc. 1960.
[499] PAPÉE, D., et R. TERTIAN: Bull. soc. chim. France 1955, 983.
[500] — — In: H. F. MARK, J. J. MCKETTA, and D. F. OTHMER: Encyclopedia of Chemical Technology. 2nd Edit., Vol. 2, p. 41. New York-London-Sidney: Interscience Publishers 1963.
[501] PAREKH, C. K., and R. H. WASSERMAN: J. Chromatog. 17, 261 (1965).
[502] PASTUSKA, G., u. H. TRINKS: Chemiker-Ztg. 85, 535 (1961).
[503] — — Chemiker-Ztg. 86, 135 (1962).

[504] Pataki, G., u. M. Keller: Helv. Chim. Acta 46, 1054 (1963).
[505] — Helv. Chim. Acta 47, 784 (1964).
[506] — Helv. Chim. Acta 47, 1763 (1964).
[507] Patt, P.: Arzneimittel-Forsch. 15, 90 (1965).
[508] Pauling, L.: The Nature of the Chemical Bond and the Structure of Molecules and Crystals. Third Edition, p. 102. Ithaka, N. Y.: Cornell University Press 1960.
[509] Payne, S. N.: J. Chromatog. 15, 173 (1964).
[510] Peereboom, J. W. C.: J. Chromatog. 4, 323 (1960).
[511] Pelick, N., H. R. Bolliger, and H. K. Mangold: In: Giddings, J. C., and R. A. Keller: Advances in Chromatography. Vol. 3, p. 85. New York: M. Dekker, Inc. 1966.
[512] Pelka, J. R., and L. D. Metcalfe: Anal. Chem. 37, 603 (1965).
[513] Peng, C. T.: J. Pharm. Sci. 52, 861 (1963).
[514] Peri, J. B.: J. Phys. Chem. 69, 211 u. 220 (1965).
[515] Sorptometer, Fa. Perkin-Elmer.
[516] Peterson, E. A., and H. A. Sober: J. Am. Chem. Soc. 78, 751 (1956).
[517] — — Anal. Chem. 31, 857 (1959).
[518] Tore, J. P.: J. Chromatog. 12, 413 (1963).
[519] Petrowitz, H. J.: Materialprüfung 2, 309 (1960).
[520] — Mitt. deut. Ges. Holzforsch. 48, 57 (1962).
[521] Peyron, L.: Bull. soc. chim. France 1958, 889.
[522] — Chim. anal. 43, 364 (1961).
[523] — Bull. soc. chim. France 1962, 891.
[524] — Chim. anal. 45, 186 (1963).
[525] Pfaff, J. D., and E. Sawicki: Chemist Analyst. 54, 30 (1965).
[526] Peifer, J. J.: Mikrochim. Acta 1962/3, 529.
[527] Pfeiffer, P.: Organische Molekülverbindungen. Stuttgart: Thieme 1927; P. Pfeiffer, O. Angern, L. Wang, R. Seydel u. K. Quehl: J. prakt. Chem. 126, 97 (1930).
[528] Pfrunder, B., R. Zurflüh, H. Seiler u. H. Erlenmeyer: Helv. Chim. Acta 45, 1153 (1962).
[529] Pharmacia AB, Uppsala, Schweden, Firmenschrift: SEPHADEX Thin-Layer Gel-Filtration.
[530] Pharmacopoea Helv. VII, in Vorbereitung.
[531] Pharmacopoea Nordica, Editio Danica, Addendum 1965.
[532] Pierce, C.: J. Phys. Chem. 57, 149 (1953).
[533] Peirce, F. T.: Trans. Faraday Soc. 42, 545 (1946).
[534] Poel, G. H. van der: Ned. Melk. Zuiveltijdschr. 15, 98 (1961).
[535] Poethke, W., u. W. Kinze: Arch. Pharm. 297, 593 (1964).
[536] — — Pharmaz. Zentralhalle 103, 577 (1964).
[537] Porgesová, L., u. E. Porges: J. Chromatog. 14, 286 (1964).
[538] Prettre, M., B. Imelik, L. Blanchin u. M. Petitjean: Angew. Chem. 65, 549 (1953).
[539] Prey, V., H. Scherz u. E. Bancher: Mikrochim. Acta 1963, 567.
[540] Privett, O. S., and M. L. Blank: J. Lipid Res. 2, 37 (1961).
[541] — — and W. O. Lundberg: J. Am. Oil Chemists' Soc. 38, 312 (1961).
[542] — — J. Am. Oil Chemists' Soc. 39, 520 (1962).
[543] — — J. Am. Oil Chemists' Soc. 40, 70 (1963).
[544] — — D. W. Codding, and E. C. Nickell: J. Am. Oil Chemists' Soc. 42, 381 (1965).
[545] Prochazka, Z.: Chem. listy 55, 974 (1961).
[546] Przybylowicz, E. P., W. I. Staudenmayer, E. S. Perry, A. D. Baitsholts, and T. N. Tischer: Pittsburgh Conference on Anal. Chem. and Appl. Spectroscopy, 1965.
[547] Purdy, S. J., and E. V. Truter: Chem. & Ind. (London) 1962, 506.
[548] — — Analyst 87, 802 (1962).
[549] — — Lab. Practice, 1964, 500.
[550] Rabenort, B.: J. Chromatog. 17, 594 (1965).
[551] Rabitzsch, G., u. H. Herzmann: Liebigs Ann. Chem. 685, 261 (1965).

[552] RADIN, N. S.: J. Lipid Res. **6**, 442 (1965).
[553] RAHANDRAHA, TH.: In: Chromatogr. Symp. 2ième Brüssel **1962**, 261.
[554] — Deut. Apotheker-Ztg. **102**, 1500 (1962).
[555] — M. CHANEZ, P. BOITEAU et S. JAQUARD: Ann. pharm. franç. **21**, 561 (1963).
[556] RAMSEY, H. A.: Anal. Biochem. **5**, 83 (1963).
[557] RANDERATH, K.: Angew. Chem. **73**, 436 u. 674 (1961).
[558] — Angew. Chem. **74**, 484 (1962).
[559] — Dünnschicht-Chromatographie, 1. Aufl. Weinheim/Bergstr.: Verlag Chemie 1962; 2. Aufl. 1965.
[560] — Angew. Chem. **74**, 780 (1962); Biochim. et Biophys. Acta **61**, 852 (1962).
[561] — Nature **194**, 768 (1962).
[562] RANDERATH, E., and K. RANDERATH: J. Chromatog. **10**, 509 (1963).
[563] RANDERATH, K., u. G. WEIMANN: Biochim. et Biophys. Acta **76**, 129 (1963).
[564] — Thin-Layer Chromatography, 1st Edit. Weinheim/Bergstr.-New York: Verlag Chemie/Academic Press 1964.
[565] — Chromatographie sur couches minces. Paris: Gauthier-Villars éditeurs 1964.
[566] RANDERATH, E., and K. RANDERATH: Anal. Biochem. **12**, 83 (1965).
[567] RATSCHINSKI, Prof. Dr. (Moskau) u. Frau Dr. SCHRAIBER (Charkow): Privatmitteilungen.
[568] RAYMOND, S., and B. AURELL: Science **138**, 152 (1962).
[569] REHBINDER, D., u. D. M. GREENBERG: Liebigs Ann. Chem. **681**, 182 (1965).
[570] REINDEL, F., u. W. HOPPE: Naturwissenschaften **40**, 245 (1953).
[571] REITSEMA, R. H.: J. Am. Pharm. Assoc. Sci. Ed. **43**, 414 (1954).
[572] — Anal. Chem. **26**, 960 (1954).
[573] RICHARDSON, G. S., I. WELIKY, W. BATCHELDER, M. GRIFFITH, and L. L. ENGEL: J. Chromatog. **12**, 115 (1963).
[574] RINK, M., and S. HERRMANN: J. Chromatog. **12**, 249 (1963).
[575] — — J. Chromatog. **14**, 523 (1964).
[576] RITSCHARD, W. J.: J. Chromatog. **16**, 327 (1964).
[577] RITTER, H. L., and L. C. DRAKE: Ind. Eng. Chem. Anal. Ed. **17**, 782 (1945).
[578] RITTER, F. J., and G. M. MEYER: Nature **193**, 941 (1962).
[579] — —, and F. GEISS: J. Chromatog. **19**, 304 (1965).
[580] RIVLIN, R. S., and H. WILSON: Anal. Biochem. **5**, 267 (1963).
[581] ROCHE, J., S. LISSITZKY et R. MICHEL: In: E. LEDERER: Chromatographie en chimie organique et biologique, Vol. I, p. 321. Paris: Masson et Cie. 1959.
[582] RÖMPP, H.: Chemie-Lexikon, 4. Auflage, S. 4047. Stuttgart: Francksche Verlagsbuchhandlung 1958.
[583] RÖSSEL, T.: Z. anal. Chem. **197**, 333 (1963).
[584] ROSENBERG, J., and M. BOLGAR: Anal. Chem. **35**, 1559 (1963).
[585] ROSMUS, J., M. PAVLÍČEK, and Z. DEYL: In: G. B. MARINI-BETTÒLO: Thin-Layer Chromatography, p. 119. Amsterdam-London-New York: Elsevier Publishing Co. 1964.
[586] ROUCAYROL, J. C., et P. TAILLANDIER: Compt. rend. **256**, 4653 (1962).
[587] RUDDAT, M., E. HEFTMANN, and A. LANG: Arch. Biochem. Biophys. **110**, 496 (1965).
[588] RUSIECKI, W., i M. HENNEBERG: Farm. polska 18, 203 (1962).
[589] RUSSEL, A. S., and C. N. COCHRAN: Ind. Eng. Chem. **42**, 1336 (1950).
[590] RUSSEL, J. H.: Rev. Pure Appl. Chem. **13**, 15 (1963).
[591] RYBICKA, S. M.: Chem. & Ind. (Lond.) **1962**, 308.
[592] SAALFELD, H.: N. Jahrb. mineral. Abhandl. **95**, 1 (1960).
[593] SACHS, L., u. Z. SZEREDAY: J. Chromatog. **18**, 170 (1965).
[594] SAHLI, M., u. M. OESCH: Pharm. Acta Helv. **40**, 25 (1965).
[595] SALO, T., E. AIRO u. K. SALMINEN: Z. Lebensmittel-Untersuch. u. -Forsch **125**, 20 (1964).
[596] — u. M. SALMINEN: Suomen Kemistilehti A **37**, 161 (1964).
[597] SANKOFF, I., and T. L. SOURKES: Can. J. Biochem. Physiol. **41**, 1381 (1963).
[598] SAWICKI, E., T. W. STANLEY, and W. C. ELBERT: Occupational Health Rev. **16**, 8 (1964).

[*599*] SAWICKI, E., T. W. STANLEY, W. C. ELBERT and J. D. PFAFF: Anal. Chem. **36**, 497 (1964).
[*600*] — — J. D. PFAFF, and W. C. ELBERT: Chemist Analyst **53**, 497 (1964).
[*601*] — — and H. JOHNSON: Microchem. J. **8**, 257 (1964).
[*602*] SCHANTZ, M. VON: In: [*430*].
[*603*] SEHER, A.: Fette, Seifen, Anstrichmittel **61**, 345 (1959).
[*604*] SCHERZ, H., E. BANCHER u. K. KAINDL: Mikrochim. Acta **1965**, 255.
[*605*] SCHILCHER, H.: Z. anal. Chem. **199**, 335 (1964).
[*606*] SCHILDKNECHT, H., u. O. VOLKERT: Naturwissenschaften **50**, 442 (1963).
[*607*] SCHLEMMER, F., u. E. LINK: Pharm. Ztg. **104**, 1349 (1959).
[*608*] SCHLIERF, G. and P. WOOD: J. Lipid Res. **6**, 317 (1965).
[*609*] SCHMANDKE, H.: J. Chromatog. **14**, 123 (1964).
[*610*] — u. H. GOHLKE: Clin. Chim. Acta **11**, 491 (1965).
[*611*] SCHMEISER, K.: Radionucleide. Berlin-Göttingen-Heidelberg: Springer 1963.
[*612*] SCHMIALEK, P.: In: LENK, H. P.: Privatmitteilung.
[*613*] SCHMIDT, O. TH., u. W. SCHÖNLEBEN: Z. Naturforsch. **12b**, 262 (1957); O. TH. SCHMIDT, P. BECHER u. M. HÜBNER. Chem. Ber. **93**, 1296 (1960).
[*614*] SCHORN, P.-J.: Dissertation, Saarbrücken 1963.
[*615*] — Vortragsref. III. Internat. Symposium der Chromatographie. Brüssel: Sept. 1964.
[*615a*] — Z. analyt. Chem. **205**, 298 (1964).
[*616*] SCHRATZ, E., u. W. EGELS: Planta med. **6**, 148 (1958).
[*617*] SCHULZE, P.-E., u. M. WENZEL: Angew. Chem. **74**, 777 (1962); Internat. Edit. **1**, 580 (1962).
[*618*] SCHWANE, R. A., and R. S. NAKON: Anal. Chem. **37**, 315 (1965).
[*619*] SCOTT, R. P. W., and A. T. JAMES: Vortrag Unilever Res. Symposium, Welwyn/Herts. 1964.
[*620*] SEARS, G. W. JR.: Anal. Chem. **28**, 1981 (1956).
[*621*] SEASE, J. W.: J. Am. Chem. Soc. **69**, 2242 (1947).
[*622*] SEEBOTH, H.: Chem. Tech. (Berlin) **15**, 34 (1963).
[*623*] — u. H. GÖRSCH: Chem. Tech. (Berlin) **15**, 294 (1963).
[*624*] SEHER, A.: Mikrochim. Acta **1961/62**, 310.
[*625*] SEIKEL, M. K., M. A. MILLETT, and J. F. SAEMAN: J. Chromatog. **15**, 115 (1964).
[*626*] SEILER, N., G. WERNER u. M. WIECHMANN: Naturwissenschaften **50**, 643 (1963).
[*627*] SEILER, H., u. M. SEILER: Helv. Chim. Acta **48**, 117 (1965).
[*627a*] SEMENUK, G., and W. T. BEHER: J. Chromatog. **21**, 27 (1966).
[*628*] SGOUTAS, D. S., and F. A. KUMMEROW: Biochemistry **3**, 406 (1964).
[*629*] — M. J. KIM, and F. A. KUMMEROW: J. Lipid Res. **6**, 383 (1965).
[*630*] SHELLARD, E. J.: Research and Develop. No. **21**, 30 (1963).
[*631*] — M. Z. ALAM u. J. ARMAH: im Druck.
[*632*] SHEPPARD, H., and W. H. TSIEN: Anal. Chem. **35**, 1992 (1963).
[*633*] SHOSTENKO, U. V., V. V. RATSCHINSKI: J. phys. Chem. (Moskau) **39** (7), 1802 (1965).
[*634*] SIEGEL, E. T., and R. I. DORFMAN: Steroids **1**, 409 (1963).
[*635*] SIMON, H., u. G. MÜLLHOFER: In: H. M. RAUEN: Biochemisches Taschenbuch, 2. Auflage, I. Teil, S. 913. Berlin-Göttingen-Heidelberg: Springer 1964.
[*636*] SIMS, R. P. A., and J. A. G. LAROSE: J. Am. Oil Chemists' Soc. **39**, 232 (1962).
[*637*] SKIPSKI, V. P., R. F. PETERSON, and M. BARCLAY: Biochem. J. **90**, 374 (1964).
[*638*] SMITH, G. A. L., and P. J. SULLIVAN: Analyst **89**, 1058 (1964).
[*639*] SMITH, L. W., R. W. BREIDENBACH, and D. RUBENSTEIN: Science **148**, 508 (1965).
[*640*] SNAVELY, M. S., and J. G. GRASSELLI: Develop. applied spect. **3**, 119 (1964).
[*641*] SNYDER, F.: Anal. Chem. **35**, 599 (1963).
[*642*] — Anal. Biochem. **9**, 183 (1964).
[*643*] SNYDER, L. R.: J. Chromatog. **13**, 415 (1964).
[*644*] SNYDER, F.: In: Symposium on Advances in Tracer Methodology. Vol. **2**, 107. New York: Plenum Press 1965.

[645] SNYDER, F.: In: Symposium of Radioisotope Sample Measuring Techniques in Medicine and Biology. Wien: The International Atomic Energy Agency, im Druck.
[646] — Anal. Biochem., im Druck.
[647] — and H. KIMBLE: Anal. Biochem. 11, 510 (1965).
[648] — and F. STEPHENS: Anal. Biochem. 1, 427 (1961).
[649] — — Anal. Biochem. 4, 128 (1962).
[650] SNYDER, L. R., and H. D. WARREN: J. Chromatog. 15, 344 (1964).
[650a] SPENCER, R. D., and B. H. BEGGS: J. Chromatog. 21, 52 (1966).
[651] SPIKNER, J. E., and J. C. TOWNE: Chemist Analyst 52, 50 (1963).
[652] SPRENGER, H.-E.: Z. analyt. Chem. 199, 241 (1964).
[653] — Z. anal. Chem. 199, 338 (1964).
[654] — Z. anal. Chem. 204, 241 (1964).
[655] — Z. anal. Chem. 207, 90 (1965).
[656] SQUIBB, R. L.: Nature 198, 317 (1963).
[657] SREPEL, B.: Farma. Glasnik 18, 64 (1962).
[658] STADLER, P., u. H. ENDRES: J. Chromatog. 17, 587 (1965).
[659] STAHL, E.: Pharmazie 11, 633 (1956).
[660] — Vortragsref. Hauptversammlung Deutsch. Pharmaz. Ges. Freiburg/Br. 1957; Arch. Pharm. 290/27, 121 (1957).
[661] — Chemiker-Ztg. 82, 323 (1958).
[662] — Parfümerie u. Kosm. 39, 564 (1958).
[663] — H. R. BOLLIGER u. L. LEHNERT: Wissenschaftl. Veröffentl. d. deut. Ges. Ernährung 9, 129 (1963).
[664] — Z. analyt. Chem. 181, 303 (1961).
[665] — Arch. Pharm. 292, 411 (1959).
[666] — Pharm. Rdsch. 1, Heft 2 (1959).
[667] — Naturwissenschaften 47, 114 (1960).
[668] — Arch. Pharm. 293, 531 (1960).
[669] — u. L. TRENNHEUSER: Arch. Pharm. 293, 826 (1960).
[670] — u. U. KALTENBACH: J. Chromatog. 5, 351 u. 458 (1961).
[671] — Chemiker-Ztg. 85, 371 (1961).
[672] — Angew. Chem. 73, 646 (1961).
[673] — Dünnschicht-Chromatographie, ein Laboratoriumshandbuch, 1. Aufl. Berlin-Göttingen-Heidelberg: Springer 1962.
[674] — In: MARINI-BETTÒLO, G. B.: Thin-Layer Chromatography. Amsterdam: Elsevier Publ. Co. 1964.
[675] — Chem.-Ing.-Techn. 36, 941 (1964); (in englisch): Angew. Chem. Intern. Ed. 3, 784 (1964).
[676] — u. H. KALDEWAY: Planta 62, 22 (1964).
[677] — Arch. Pharm. 297, 500 (1964).
[678] — Lab. Practice 13, 496 (1964).
[679] — u. H. VOLLMANN: Talanta 12, 525 (1965).
[680] — Thin-Layer Chromatography, a Laboratory Handbook, 1st. Edit. Berlin-Göttingen-Heidelberg/New York: Springer-Verlag/Academic Press 1965.
[681] — Russische Übersetzung, Verlag Frieden, Moskau 1965, zit. nach Pharmaz. Zentralhalle 104, 459 (1965).
[682] — Z. analyt. Chemie 221, 3 (1966).
[683] — H. K. MANGOLD, and H. H. O. SCHMID: In: D. GLICK: Methods of Biochemical Analysis, vol. 12, 393. New York-London-Sydney: Intersciences Publ. 1964.
[684] — Patente: DBP 1.180.166 (Breitbandpipette) u. DBP 1.175.013 (S-Kammer).
[685] — Patente: DBP 1.129.730 u. DBP 1.175.912 (Streichgeräte zur normalen und Gradient-DC).
[686] — unveröffentlicht.
[687] STAMMBACH, K.: Privatmitteilung zit. nach [559].
[688] STANLEY, W. L., and S. H. VANNIER: J. Assoc. Offic. Agr. Chemists 40, 582 (1957).
[689] — — and B. GENTILI: J. Assoc. Offic. Agr. Chemists 40, 282 (1957).
[690] STANLEY, TH. W., and E. SAWICKI: Anal. Chem. 37, 938 (1965).

[691] STANSFIELD, D. A.: Biochem. Biophys. Research Communs **16**, 398 (1964).
[692] STEGEMANN, H., and B. LERCH: Anal. Biochem. **9**, 417 (1964).
[693] STEIDLE, W.: Liebigs Ann. Chem. **662**, 126 (1963).
[694] STEIN, Y., and O. STEIN: Biochim. et Biophys. Acta **54**, 555 (1962).
[695] STEINEGGER, E., u. J. GEBISTORF: Pharm. Acta Helv. **38**, 840 (1963).
[696] STEINHARDT, J., C. H. FUGITT, and M. HARRIS: J. Research Nat. Bur. Standards **25**, 519 (1940); **26**, 293 (1941); **30**, 123 (1943); J. B. SPEAKMAN, and E. STOTT, Trans. Faraday Soc. **31**, 1425 (1935).
[697] STEUERLE, H., u. E. HILLE: Biochem. Z. **331**, 220 (1959).
[698] STICKLAND, R. G.: Anal. Biochem. **10**, 108 (1965).
[699] STOCKER, H. R.: Helv. Chim. Acta **46**, 2050 (1963).
[700] STÖBER, W.: Kolloid.-Z. **147**, 131 (1956).
[701] STROHECKER, R. jr., u. H. PIES: Z. Lebensm.-Untersuch. u. -Forsch. **118**, 394 (1962).
[702] STROHECKER, R., u. H. HENNING: Vitamin-Bestimmungen. Weinheim/Bergstraße: Verlag Chemie 1963.
[703] STRUCK, H.: Mikrochim. Acta (Wien) **1961**, 634.
[704] STUMPF, H. C., A. S. RUSSEL, J. W. NEWSOME, and J. W. TUCKER: Ind. Eng. Chem. **42**, 1398 (1950).
[705] SZÉKELY, G.: Vortrag, Chromatographie Symposium III, Brüssel 1964.
[706] TAKITANI, S., u. K. MATSUDA: Japan Analyst **13**, 562 (1964).
[707] — — Japan Analyst **14**, im Druck.
[708] TAMURA, Z.: J. Chromatog. **19**, 429 (1965).
[709] TAYLOR, E. H.: Am. J. Pharm. Educ. **28**, 205 (1964).
[710] TEICHNER, S., and E. PERNOUX: Clay Minerals Bull. **1**, 145 (1951).
[711] TEIJGELER, C. A.: Pharm. Weekblad **97**, 43 u. 401 (1962); **99**, 101 (1964).
[712] TERNER, CH., and F. R. DAREY: Biochim. et Biophys. Acta **98**, 194 (1965).
[713] THOLEY, G., et B. WURTZ: Bull soc. chim. biol. **46**, 769 (1964).
[713a] THOMPSON, A. C., and P. A. HEDIN: J. Chromatog. **21**, 13 (1966).
[714] TISELIUS, A., S. HJERTÉN, and Ö. LEVIN: Arch. Biochem. Biophys. **65**, 132 (1956).
[715] TORKAR, K., u. Mitarb.: Monatsh. Chem. **91**, 400, 450, 653, 658 (1960).
[716] — — Monatsh. Chem. **92**, 512 (1961).
[717] — — Monatsh. Chem. **94**, 110 (1963).
[718] TOVE, B. S.: Persönliche Mitteilung.
[719] TREIBER, E.: Die Chemie der Pflanzenzellwand, S. 154. Berlin-Göttingen-Heidelberg: Springer 1957.
[720] TRUTER, E. V.: Thin Film Chromatography, p. 112. London: Cleaver-Hume Press Ltd. 1963.
[721] — J. Chromatog. **14**, 57 (1964).
[722] TSCHESCHE, R., G. BIERNOTH, u. G. WULFF: J. Chromatog. **12**, 342 (1963).
[723] TUBARO, E., e L. RUSTICI: Boll. chim. farm. **103**, 205 (1964).
[724] TUNA, N., H. K. MANGOLD, and D. G. MOSSER: J. Lab. Clin. Med. **61**, 620 (1963).
[725] — R. KAMMERECK, and H. K. MANGOLD: Unveröffentlicht.
[726] UDENFRIEND, S.: Fluorescence Assay in Biology and Medicine. New York-London: Academic Press 1962.
[727] United States Pharmacopeia, U.S.P. XVII, p. 442. New York 1965.
[728] VAHOUNTY, G. V., C. R. BORJA, and S. WEERSING: Anal. Biochem. **6**, 555 (1963).
[729] VANNIER, S. H., and W. L. STANLEY: J. Assoc. Off. Agr. Chem. **41**, 432 (1958).
[730] VERMEULEN, A., and J. C. M. VERPLANCKE: Steroids **2**, 453 (1963).
[731] VIOQUE, E., and R. T. HOLMAN: J. Am. Oil Chemists' Soc. **39**, 63 (1962).
[732] WAGNER, H.: Mitt. Gebiete Lebensm. u. Hygiene **51**, 416 (1960).
[733] — u. B. DENGLER: Biochem. Z. **336**, 380 (1962).
[734] — u. P. POHL: Biochem. Z. **340**, 337 (1964).
[735] WALDI, D.: In: E. Merck AG. Chromatographie. S. 67. Darmstadt 1959.
[736] — In: E. STAHL: Dünnschicht-Chromatographie, ein Laboratoriumshandbuch, 1. Aufl., S. 31. Berlin-Göttingen-Heidelberg: Springer 1962.
[737] — Mitt. deut. pharm. Ges. **32**, 125 (1962).

[738] WALLACH, D. F. H., and G. L. NORDBY: Biochim. et Biophys. Acta **70**, 188 (1963).
[739] WALZ, D., A. R. FAHMY, G. PATAKI, A. NIEDERWIESER u. M. BRENNER: Experientia **19**, 213 (1963).
[740] WARING, P. P., and Z. Z. ZIPORIN: J. Chromatog. **15**, 168 (1964).
[741] WARREN, B.: J. Chromatog. **20**, 603 (1965).
[742] WASICKY, R.: Anal. Chem. **34**, 1346 (1962).
[743] — Naturwissenschaften **50**, 569 (1963).
[744] — Rev. Fac. farm. bioquim. (Sao Paulo) **1**, 135 (1963).
[745] WEIMANN, G., and K. RANDERATH: Experientia **19**, 49 (1963); s. auch [563] u. Biochim. Biophysica Acta **76**, 622 (1963).
[746] WEITZ, E., H. FRANCK u. M. SCHUCHARD: Chemiker-Ztg. **74**, 256 (1950).
[747] WERNZE, H.: Privatmitteilung Mai 1965.
[748] WESTPHAL, O., O. LÜDERITZ u. F. BISTER: Z. Naturforsch. **7b**, 148 (1952).
[749] WEYL, W. A.: A new Approach to Surface Chemistry and to heterogeneous Catalysis. Mineral Industries Exp. Sta. Bull. Nr. **57** 46 (1951).
[750] WHITAKER, D. R., and K. A. MITTELSTADT: Can. J. Biochem. **42**, 149 (1964).
[751] WHITEHEAD, J. K.: Biochem. J. **68**, 662 (1958).
[752] WIEDENHOF, N.: J. Chromatog. **15**, 100 (1964).
[753] WIELAND, TH., u. G. PFLEIDERER: Angew. Chemie **67**, 257 (1955).
[754] — — Angew. Chemie **69**, 199 (1957).
[755] — G. LÜBEN u. H. DETERMANN: Experientia **18**, 430 (1962).
[756] — u. H. DETERMANN: Experientia **18**, 431 (1962).
[757] — u. D. GEORGOPOULUS: Biochem. Z. **340**, 476 (1964).
[758] WIEME, R. J.: In: H. RAUEN: Biochemisches Taschenbuch, 2. Aufl. II. Teil, S. 947. Berlin-Göttingen-Heidelberg: Springer 1964.
[759] WILLIAMS, T. I.: Introduction to Chromatography. Glasgow: Blackie & Son 1947.
[760] WILLSTÄTTER, R., H. KRAUT u. K. LOBINGER: Ber. deut. chem. Ges. **58**, 2462 (1925).
[761] WINEFORDNER, J. D., and H. A. MOYE: Anal. Chim. Acta **32**, 278 (1965).
[762] WINTERSTEIN, A.: Angew. Chem. **72**, 902 (1960).
[763] — u. B. HEGEDÜS: Hoppe Seyler's Z. physiol. Chem. **321**, 97 (1960).
[764] — A. STUDER u. R. RÜEGG: Chem. Ber. **93**, 2951 (1960).
[765] WIRZING, G.: Naturwissenschaften **50**, 466 (1963).
[766] WOHNLICH, J. J.: J. pharm. Belg. **18**, 255 (1963); **19**, 53 (1964).
[767] WOLFROM, M. L., R. M. DE LEDERKREMER, and L. E. ANDERSON: Anal. Chem. **35**, 1357 (1963).
[768] WOLLENWEBER, P.: J. Chromatog. **7**, 557 (1962).
[769] — J. Chromatogr. **9**, 369 (1962).
[770] — Lab. Pract. **13**, 1194 (1964); s. auch Thin-Layer Chromatography (A series of articles reprinted from Lab. Pract.), p. 76—83. London: United Trade Press Ltd. 1964.
[771] — In: G. MARINI-BETTÒLO: Thin-Layer Chromatography, p. 14. Amsterdam-London-New York: Elsevier Publishing Company 1964.
[772] — Österr. Chemiker-Ztg. **66**, 207 (1965).
[773] — In: K. MACEK, and I. M. HAIS: Stationary Phase in Paper and Thin-Layer Chromatography, p. 98. Amsterdam: Elsevier Publishing Company 1965.
[774/5] WOLLISH, E. G., M. SCHMALL, and M. HAWRYLYSHYN: Anal. Chem. **33**, 1138 (1961).
[776] WREN, J. J.: J. Chromatog. **12**, 32 (1963).
[777] WUNDERLY, C.: Die Papierelektrophorese, II. Aufl. Aarau-Frankfurt a. M. 1959.
[778] YAMAGUCHI, M.: Hakkô Kyôkaishi **21**, 361 (1963).
[779] YOUNG, G. J.: J. Colloid Sci. **13**, 67 (1958).
[780] ZABIN, B. A., and CH. B. ROLLINS: J. Chromatog. **14**, 534 (1964).
[781] ZECHMEISTER, L., u. L. v. CHOLNOKY: Die chromatographische Adsorptionsanalyse. 2. Aufl. Wien: Springer 1938.
[782] ZEITMANN, B. B.: J. Lipid Res. **5**, 628 (1964).
[783] ZHDANOV, Y. A., et al.: Doklady Akad. Nauk. S.S.S.R. **149**, 355 (engl. Übers.).

[784] Zöllner, N., u. G. Wolfram: Klin. Wschr. **40**, 1098 (1962).
[785] — — Klin. Wochschr. **40**, 1101 (1962).
[786] — — and G. Amin: Klin. Wschr. **40**, 273 (1962).
[787] Žurkowska, J., u. A. Ozarowski: Planta med. **12**, 222 (1964).
[788] Jackson, R.: J. Chromatog. **20**, 410 (1965).
[789] Jones, C. R.: Chem. Ind. **1965**, 1999.
[790] Brand, J. M.: J. Chromatog. **21**, 424 (1966).
[791] Fischer, L. J., and S. Riegelman: J. Chromatog. **21**, 268 (1966).
[792] Gnehm, R., H. U. Reich u. P. Guyer: Chimia **19**, 585 (1965).
[793] Gordon, H. T.: J. Chromatog. **22**, 60 (1966).
[794] Horvath, C.: J. Chromatog. **22**, 52 (1966).
[795] James, C. N. MA: J. Chromatog. **21**, 151 (1966).
[796] Jork, H.: Chromatographie Symposium III, 1964 Brüssel, Bericht S. 295.
[797] Kottke, B. A., J. Wollenweber, and C. A. Owen: J. Chromatog. **21**, 439 (1966).
[798] Semenuk, G., and W. T. Beher: J. Chromatog. **21**, 27 (1966).
[799] Thompson, A. C., and P. A. Hedin: J. Chromatog. **21**, 13 (1966).
[800] Spencer, R. D., and B. H. Beggs: J. Chromatog. **21**, 52 (1966).

Einleitung

Egon Stahl

Geeignete Trenn- und Nachweisverfahren gehören beim Arbeiten mit chemischen Stoffgemischen zum Handwerkszeug, und es gibt keine Universalmethoden. Liegt ein Vielstoffgemisch vor, so wird man es zunächst mit einer einfachen Methode vortrennen und es beispielsweise in einen lipophilen und einen hydrophilen Anteil zerlegen. Danach werden die beiden Fraktionen weiter aufgeschlüsselt, bis man zu Gemischen mit recht ähnlichen Eigenschaften kommt. Zur weiteren Auftrennung derartiger Stoffgruppen verwendet man dann vorteilhaft die Chromatographie.

Mit der Dünnschicht-Chromatographie lassen sich viele Trennprobleme einfach und schnell lösen. Immer jedoch sollte man sich auch hier darüber im klaren sein, daß es darauf ankommt, die stationäre und die mobile Phase so aufeinander abzustimmen, daß man die optimalen Trennbedingungen erreicht. Die zu beachtenden Zusammenhänge zwischen den drei Hauptgrößen der Chromatographie zeigt die Abb. 99. Dieses Schema fußt zunächst auf dem Erfahrungsschatz der Adsorptions-Chromatographie; er sei deshalb nachstehend zusammengefaßt:

Zu trennendes Gemisch

a) Gesättigte Kohlenwasserstoffe werden nicht oder nur gering adsorbiert und wandern daher am schnellsten. Ungesättigte Kohlenwasserstoffe werden um so stärker adsorbiert, je mehr Doppelbindungen sie enthalten und je mehr davon in Konjugation stehen.

Zur Trennung muß man daher ein aktives Adsorptionsmittel und ein wenig polares Fließmittel verwenden. Eine andere Möglichkeit ist die „Phasenumkehr"; die stationäre Phase ist hier mit einem Lipid imprägniert und als mobile Phase dient ein hydrophiles Fließmittel.

b) Werden funktionelle Gruppen in einen Kohlenwasserstoff eingeführt, so erhöht sich die Adsorptionsaffinität in nachstehender Folge: $-CH_3 \rightarrow -O\text{-Alkyl} \rightarrow >C=O \rightarrow -NH_2 \rightarrow -OH \rightarrow -COOH.$

Auf den Kieselgel- oder Aluminiumoxid-Schichten liegen z. B. bei Verwendung von Benzol als Fließmittel die Äther und Ester im oberen Teil des Dünnschicht-Chromatogramms, die Ketone und Aldehyde etwa in der Mitte, die Alkohole darunter und die Säuren bleiben am Startpunkt. Die Reihenfolge der Trennung erfolgt also nach der Polarität der Verbindungen. Organische Säuren und starke Basen lassen sich entweder in Form ihrer weniger polaren Derivate oder in sauren oder basischen Fließmitteln chromatographieren.

Fließmittel

Die zur Chromatographie verwendeten Lösungsmittel lassen sich nach ihrer „eluierenden" Wirkung zur sog. „Eluotropen Reihe" ordnen, wie dies von TRAPPE für die Säulenchromatographie bereits schon 1940 vorgeschlagen wurde. Man stellt bei der Betrachtung der Tab. 20 fest, daß die Elutionswirkung mit der Polarität des Lösungsmittels zunimmt. Als Anhaltspunkt für die Polarität kann der DK-Wert dienen. Eine noch bessere Parallelität findet man beim Vergleich der Werte der Grenzflächenspannung gegen Wasser.

Tabelle 20. *Eluotrope Reihe*
(Die Elutionswirkung nimmt von oben nach unten zu)

Lösungsmittel[1]	Siedepunkt (Kp. 760 Torr) in °C	Dielektrizitätskonstante (ε 20°)	Grenzflächenspng. gegen Wasser in dyn/cm (20°)	Viscosität in cp (20°)
n-Hexan	68,7	1,890	51,1	0,326
Heptan	98,4	1,924	50,4 [2]	0,409
Cyclohexan	81,4	2,023	—	1,02
Tetrachlorkohlenstoff	76,8	2,238	45,1	0,969
Benzol	80,1	2,284	35,0	0,652
Chloroform	61,3	4,806	27,7	0,580
Äther (Diäthyläther)	34,6	4,34	9,7	0,233
Essigsäureäthylester	77,1	6,02 [2]	6,3 [3]	0,455
Pyridin	115,3	12,3 [2]	—	0,974
Aceton	56,5	20,7 [2]	mit	0,316 [2]
Äthanol	78,5	24,30 [2]	Wasser	1,2
Methanol	64,6	33,62	mischbar	0,597
Wasser	100	80,37	—	1,005

[1] Weitere Lösungsmittel und ihre Eigenschaften im Biochem. Taschenbuch, Springer-Verlag, Berlin-Göttingen-Heidelberg 1964, Handbook of Chemistry and Physics, Chemical Rubber Publishing Co., Cleveland, Ohio 1959.

[2] bei 25°; [3] bei 30°.

Die Wanderungsgeschwindigkeit eines Fließmittels ist u. a. von seiner Viscosität abhängig; innerhalb einer homologen Reihe, z. B. bei den aliphatischen Kohlenwasserstoffen ($C_5 - C_{11}$) und den normalen $C_1 - C_8$-Alkoholen nimmt die Laufzeit für die 10 cm-Trennstrecke linear mit der Viscosität zu.

Beachte: Zur DC sollte man nur reinste Lösungsmittel verwenden. Beim Gebrauch von Gemischen ist daran zu denken, daß sie nur zur zwei- bis dreimaligen Entwicklung verwendet werden sollten, da sich durch Adsorption oder auch durch Verdampfen eines Bestandteils die Ausgangszusammensetzung ändert. Es ist ferner zu beachten, daß Einzelkomponenten miteinander reagieren können und daß Äther und Chloroform 0,5—1 proz. Äthanol als Stabilisator enthalten.

Sorptionsmittel

Prinzipiell lassen sich die Sorptionsmittel ebenfalls zu einer Reihe ordnen, und man unterscheidet solche mit hoher Adsorptionsaktivität

(Adsorptionsmittel) und andere, die nur eine geringfügige Adsorptionsaktivität aufweisen. Als relatives Maß für die Adsorptionskraft wurden
seinerzeit von Brockmann für das Aluminiumoxid die sog. „Aktivitätsstufen" eingeführt. Hierbei bedeutet „I" die höchste und „V" die geringste Aktivität. Die Adsorptionsaktivitäten der normalerweise in der
DC verwendeten Kieselgele und Aluminiumoxide liegen zwischen II
und III bei einer relativen Luftfeuchtigkeit zwischen 40 und 65%.

Die Korngrößenzusammensetzung eines Sorptionsmittels und die Packungsdichte der Schicht sind für die Wanderungsgeschwindigkeit und somit auch für die
Laufzeit mitverantwortlich. Schichten, die aus feinstkörnigem Kieselgel (⌀ 0,1 bis
10 μm) bereitet sind, ergeben wesentlich längere Laufzeiten als solche, die aus
Partikelchen des Korngrößenbereiches von 10—40 μm bestehen.

Zusammenhänge der 3 Hauptgrößen

Die Grundregeln der Adsorptions-Chromatographie und die Zusammenhänge lassen sich recht instruktiv in einem Dreiecks-Schema zu-
sammenfassen (Abb. 99).

Man denke sich das schraffiert eingezeichnete Dreieck drehbar. Liegt
nun z. B. ein Lipidgemisch vor, so stelle man eine Spitze des Dreiecks auf

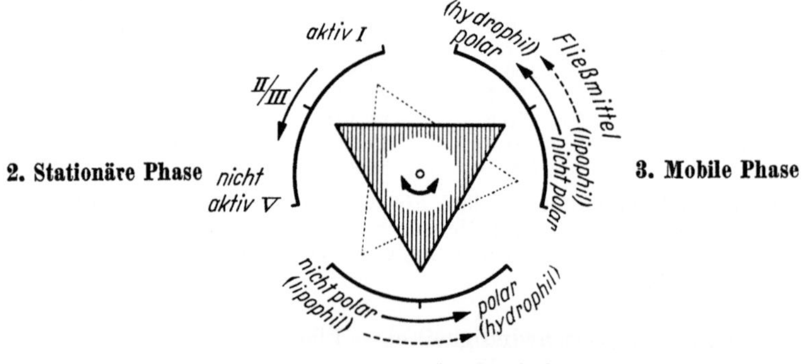

Abb. 99. Schema des engen Zusammenhanges der 3 variablen Hauptgrößen der Chromatographie
am Beispiel der Adsorptionschromatographie demonstriert. Handhabung s. Text

„lipophil" zu trennendes Gemisch ein (punktiert eingezeichnet); die
anderen beiden Spitzen (punktiert) zeigen dann, daß man ein nicht
polares Fließmittel benötigt und ein aktives Sorptionsmittel. Bei der umgekehrten Einstellung, also in den Bereich der polaren Stoffgemische,
zeigen die beiden freien Dreieckspitzen, daß man hydrophile Fließmittel
verwenden soll und keine hochaktive Sorptionsschicht benötigt.

Das Schema läßt sich zwanglos auch auf andere chromatographische
Verfahren übertragen: Man setze z. B. bei „Stationärer Phase" anstelle
von „aktiv I" *lipophil* oder *nicht polar* und bei „nicht aktiv V" *hydrophil*
oder *polar*, und bei der „Mobilen Phase" vertausche man „polar" bzw.
„hydrophil" gegen *nicht polar* bzw. *lipophil* usw., dann gilt das Schema
für die Phasenumkehrverfahren in der PC und DC.

Kombination mehrerer Verfahren

Die Chromatographie ist in erster Linie ein Trennverfahren und die *Rf*-Werte können zumeist nur als Richtwerte betrachtet werden (vgl. S. 127). Sie genügen auf keinen Fall zur Identifizierung einer Verbindung. Erst die Kombination chromatographischer Verfahren untereinander und die anschließende Kopplung mit geeigneten Identifizierungsverfahren ergeben genügend Informationen über eine Substanz und führen zur notwendigen Sicherung der Aussage. Nachstehend sind deshalb erprobte Möglichkeiten der Kombination zusammengestellt.

1. Kombination chromatographischer Verfahren untereinander

a) Adsorption mit b) Verteilung (s. S. 22—44)
   a) oder b) mit c) Ionenaustausch (s. S. 46)
   a) oder b) mit d) Elektrophorese (s. S. 106)
   b)   mit e) „Molekularsiebtrennung" (s. S. 41).

Die Verfahren a—e lassen sich mit verschiedenen stationären Phasen (s. a. S. 49 u. Tab. 11) und mit verschiedenartigen Fließmitteln durchführen.

2. Kombination der Chromatographie mit Identifizierungs-Verfahren

1. Mit chemischen Umsetzungen (Farbreaktionen, Derivate mit andersartigem Verhalten, Pyrolyseprodukte).
2. Mit spektrographischen Verfahren (Spektren: UV bis IR-Bereich, MS und NMR).
3. Mit weiteren physikalischen Mikromethoden (Sublimation, Polarographie usw.).
4. Mit biologischen und/oder physiologischen Verfahren (Testung einer antibiotischen, insekticiden, hämolysierenden, geschmacksphysiologischen Wirkung und einer Lock- oder Wuchsstoffwirkung.

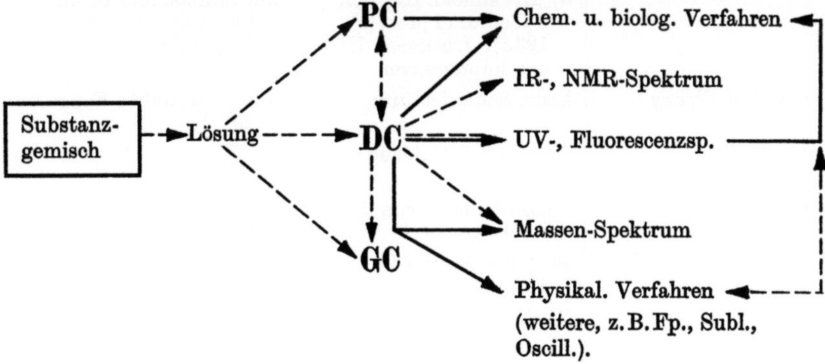

Abb. 100. Ein Beispiel für die Kombination von Verfahren in Parallel- und/oder Hintereinanderschaltung

Den bei der Kombination von Verfahren oft notwendigen Transfer-
techniken ist ein eigner Abschnitt (S. 103) und der Kopplung DC-GC das
Kapitel F (S. 114) gewidmet. Im übrigen finden sich auch in vielen Kapiteln des Speziellen Teiles Hinweise auf die zweckmäßigste Identifizie-
rungsart.

Durch Parallel- und/oder Hintereinanderschaltung von Trenn- und
Identifizierungsverfahren gelingt es heute, auch im Mikrogrammbereich
zu sicheren Aussagen zu kommen. Ein Beispiel für derartige Kombinationen gibt die Abb. 100. Dieses Schema läßt sich sowohl in verkürzter, als
auch in erweiterter Form anwenden.

Tabelle 21. *Einige Möglichkeiten für Umsetzungen[1] am Startpunkt oder in Auftrage-*
Capillaren

Art der Umsetzung	Reagens	Bedingungen
Oxidation	a) Chrom(VI)-oxid 20proz. in Eisessig	am Startpunkt: 5—30 min 20° C
	b) p-Nitrobenzoepersäure 2proz. in Äther	in Capillare: 60 min 100° C
	c) Erhitzen an Luft, evtl. $+1$ Tr. $KMnO_4$-Lsg. 1proz.	am Startpunkt: 60 min 120° C
	d) Photooxidation, UV-Strahlung z. B. 254 nm	am Startpunkt: 1—60 min Lampenabstand 5—10 cm
Epoxidation	p-Nitrobenzoepersäure 1proz. in Äther	in Capillare: 3—6 Std 20° C bzw. am Startpunkt
Hydrierung	a) Natriumborhydrid 10proz. in absol. Äthanol	in Capillare: 2—3 Std 20° C
	b) Natriumborhydrid 5proz. in abs. Äthanol, nach Trocknen 3 Tr. Acetylchlorid	am Startpunkt: Einige min 20° C
	c) Lithiumaluminium-hydrid 10proz. in absol. Äther	am Startpunkt: Einige min 20° C
	d) H_2; kolloid. Lsg. von Palladium 1proz. (Fa. 123a); trocknen, Unde-can imprägnieren	am Startpunkt: 60 min hydrieren (Exsiccator mit H_2 gefüllt)
Dehydratisierung	konz. Schwefelsäure	am Startpunkt: Einige min 20° C
Verseifung	1 N alkohol. Kalilauge	in Capillare: 1—2 Std bei 50—100° C
Kupplung	Diazoniumsalz von 2,5-Di-methoxyanilin	am Startpunkt: 2—5 min 20° C
Acetylierung	a) Acetanhydrid-Pyridin 1:2	in Capillare: 3—6 Std 50° C
	b) Acetylchlorid	am Startpunkt: 2—3 min 20° C zur Verflüchtigung: 10 min 120° C
	c) Acetylchlorid	in Capillare: 60 min 100° C

[1] Herstellung von weiteren Derivaten, z. B. mit: Benzoylchlorid, 3,5-Dinitro-
benzoylchlorid, 4'-Nitroazobenzolcarbonsäure-(4)-chlorid (Fa. 88), 2,4-Dinitro-
phenylhydrazin, usw.

Umsetzungen am Startpunkt oder in der Capillare

Im Rahmen der Kombination verschiedener Methoden sind chemische Umsetzungen am Startpunkt einfach und mit geringstem Aufwand durchzuführen. Schon Miller und Kirchner[1] machten auf die Vorteile dieser Technik aufmerksam und gaben eine Reihe von Beispielen. Erst in jüngster Zeit haben sich dann wieder Mathis und Ourisson[2,3] eingehender hiermit beschäftigt und den Anwendungsbereich erweitert, indem sie die Reaktion in der Auftragecapillare durchführen. Diese ,,Chromatographie fonctionelle sur couche mince" (CFCM) hat einen großen Anwendungsbereich und ist noch recht ausbaufähig. In der Tab. 21 sind einige bewährte Umsetzungen zusammengestellt und die Bedingungen angegeben.

α) *Am Startpunkt* wird die umzusetzende Substanz in üblicher Weise als Fleck ($\varnothing$ 3—5 mm) aufgetragen und danach im Überschuß die Reagenslösung. Man achte darauf, daß keine ,,Ringchromatogramme" entstehen; die Lösungsmittel für Substanz und Reagens sind entsprechend auszuwählen. Neben diesem Startpunkt sollte jeweils das umzusetzende Ausgangsmaterial und das Reagens zum Vergleich mit aufgetragen werden.

β) *In der Capillare* lassen sich solche Umsetzungen gezielter durchführen. Man verwendet pipettenförmig ausgezogene Schmelzpunktcapillaren (Innen- $\varnothing$ 1—1,5 m) und läßt die gewünschte Menge Substanz- und Reagenslösung in je eine Capillare aufsteigen. Dann überführt man den Inhalt der einen in die andere Capillare, in dem man die beiden ,,Pipettenspitzen" in entsprechenden Kontakt bringt. Durch Neigen der Capillare wird gemischt. Nun kann man die so beschickte Capillare an beiden Enden abschmelzen und sie, wenn notwendig eine Zeitlang erwärmen. Bei Zimmertemperatur wird sie vorsichtig geöffnet und die Reaktionslösung hieraus direkt aufgetragen.

Dieses Verfahren ist geeignet, um funktionelle Gruppen besser zu charakterisieren; ferner um die im Ultramikromaßstab in Capillaren durchgeführten Reaktionen verfolgen zu können. Auch bei der Identifizierung von Einzelsubstanzen ist diese Technik wertvoll. Liegen Substanzgemische vor, so verfährt man nach der TRT-Technik (S. 89).

J. Terpenderivate, ätherische Öle, Balsame und Harze

Egon Stahl und H. Jork

In diesem Kapitel werden die Trennmöglichkeiten von lipophilen Naturstoffgemischen besprochen, deren Bestandteile sich formal vom Isopren ableiten lassen und somit der Ruzickaschen Isoprenregel [*219*] entsprechen. Die hier in Betracht kommenden Kohlenwasserstoffe und ihre Derivate teilt man nach Wallach [*321*] in folgende Gruppen ein:

---

[1] Miller, J. M., and J. G. Kirchner: Anal. Chem. **25**, 1107 (1953).
[2] Mathis, C., et G. Ourisson: J. Chromatogr. **12**, 94 (1963).
[3] Mathis, C.: Ann. pharm. franç. **23**, 331 (1965).

Hemiterpene	C_5H_8	und Derivate	wasserdampfflüchtig;
Monoterpene	$C_{10}H_{16}$	und Derivate	Hauptbestandteile der
Kp. 140—180°			ätherischen Öle einschließlich der Phenylpropankörper
Sesquiterpene	$C_{15}H_{24}$	und Derivate	
Kp. über 200°			
Diterpene	$C_{20}H_{32}$	und Derivate	nicht oder kaum wasserdampfflüchtig;
Kp. um 300°			
Triterpene	$C_{30}H_{48}$	und Derivate	Bestandteile von Balsamen, Harzen, Wachsen, Kautschuk
Polyterpene[4]	$(C_{10}H_{16})x$	und Derivate	

Einzufügen sind nach den Hemiterpen-Derivaten die Phthalide sowie die wichtige Gruppe der natürlich vorkommenden C_9-Körper, die man formal als Phenylpropan-Derivate betrachten kann.

Die zahlreichen Verbindungen einer jeden Gruppe unterscheiden sich durch die Cyclisierungsart (offenkettig, mono-; bicyclisch usw.), die Anzahl und Lage der Doppelbindungen, die Asymmetriezentren und die Art und Zahl der funktionellen Gruppen. Es hat sich als zweckmäßig erwiesen, die einzelnen Terpenderivate in der Reihenfolge zunehmender Polarität abzuhandeln. Auf die Kohlenwasserstoffe folgen die Ester und Laktone, die Carbonylverbindungen, Alkohole und letztlich die Phenole und Säuren.

Die strukturellen Unterschiede sowie die physikalischen und chemischen Eigenschaften der in ätherischen Ölen anzutreffenden Terpen- und Phenylpropanderivate sind in den Standardwerken von Gildemeister-Hoffmann [72], Guenther [82], Simonsen [240], de Mayo [160], W. Karrer [117] und Moritz [173] zusammengestellt. Über Sesqui- und Diterpene berichtet Haagen-Smit [86]. Eine eingehende Zusammenfassung der Triterpenverbindungen geben sowohl Steiner u. Holtzem [270] als auch Jones u. Halsall [109].

I. Abtrennung lipophiler, wasserdampfflüchtiger Stoffgemische

In vielen Fällen ist es erforderlich, aus einem Reaktionsansatz oder einem pflanzlichen bzw. tierischen Material die Terpene und ihre Derivate anzureichern und erst danach zu trennen. Wie bereits einleitend erwähnt, sind die hier in Betracht kommenden C_5- bis C_{15}-Verbindungen wasserdampfflüchtig und lassen sich auf diesem Wege mit geeigneten Apparaturen [81, 174] isolieren. Zur quantitativen Erfassung von kleinen Mengen (1—1000 mg) derartiger Stoffgemische hat sich die „Karlsruher"-Apparatur (Fa. 21) am besten bewährt (Abb. 101). Hiermit kann man nach der Wasserdampfdestillation die übergegangenen lipophilen Anteile wasserfrei in einem kleinen Mikrokölbchen zur Wägung bringen und anschließend nach dem folgenden Arbeitsschema untersuchen (Tab. 22).

Zur Bestimmung der Dichte nach Furter [67a], der Refraktion mit dem Abbé-Refraktometer und der Drehung im 10 cm langen Präzisions-

---

[4] Auf eine weitere Unterteilung in Tetra-, Penta- und die eigentlichen Polyterpene wird hier verzichtet.

Polarimeterrohr mit 1,6 mm innerer Weite benötigt man insgesamt 300—400 mg Öl. Anschließend läßt sich hiermit eine quantitative adsorptionschromatographische Doppelbestimmung der C_{10}- und C_{15}-Kohlenwasserstoffe durchführen (Kühlsäule, Aluminiumoxid neutral, Akt. III, Pentan).

Identifizierungsmöglichkeiten der getrennten Substanzen:

a) Schmelz- bzw. Siedepunkt, Dichte, Refraktion, Drehung
b) Herstellung von Derivaten
c) Spektren (UV-, IR-, MNR-, Raman-, Massen-)

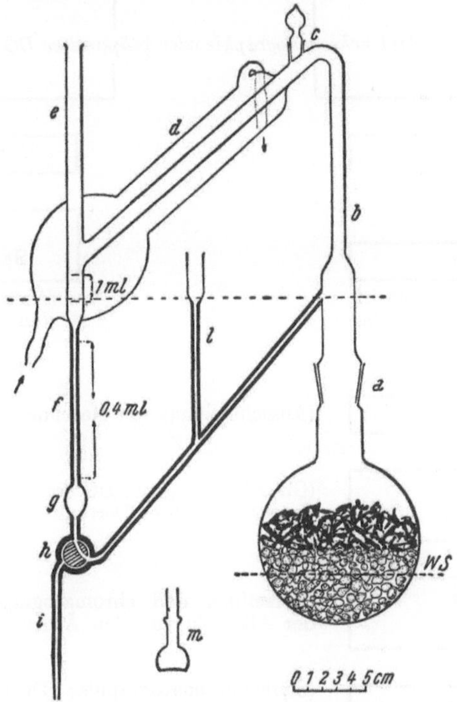

Abb. 101. „Karlsruher"-Apparatur zur Erfassung kleiner Mengen wasserdampfflüchtiger Lipide. *a* Normalschliff 29, *b* Steigrohr, *c* Spülstutzen, *d* Kühler, *e* Druckausgleichrohr mit 1 ml Graduierung, *f* Meßcapillare mit $^1/_{200}$-Teilung, *g* Olive, *h* Dreiweghahn, *i* Ablaßrohr, *l* Füllstutzen, *m* Mikrokölbchen zur gravimetrischen Erfassung der aufgefangenen Lipide, *WS* Wasserspiegel im Kolben [*245*]

II. Chromatographische Trennung lipophiler, wasserdampfflüchtiger Stoffgemische

Will man die durch Wasserdampfdestillation von den übrigen Bestandteilen des Untersuchungsgutes getrennten ätherischen Öle näher untersuchen, so richtet sich der Arbeitsgang nach der zur Verfügung stehenden Ölmenge. Beim Vorliegen größerer Mengen werden vorzugsweise die Methoden der fraktionierten Destillation und Kristallisation eingesetzt. Im Mikromaßstab hat sich eine Vorgehensweise bewährt, wie sie in Tab. 22 wiedergegeben ist. Man kombiniert die Säulenchromatographie mit den chemischen Verfahren der Ausscheidungsanalyse.

Tabelle 22. *Auftrennung und Identifizierung ätherischer Öle im Mikromaßstab*

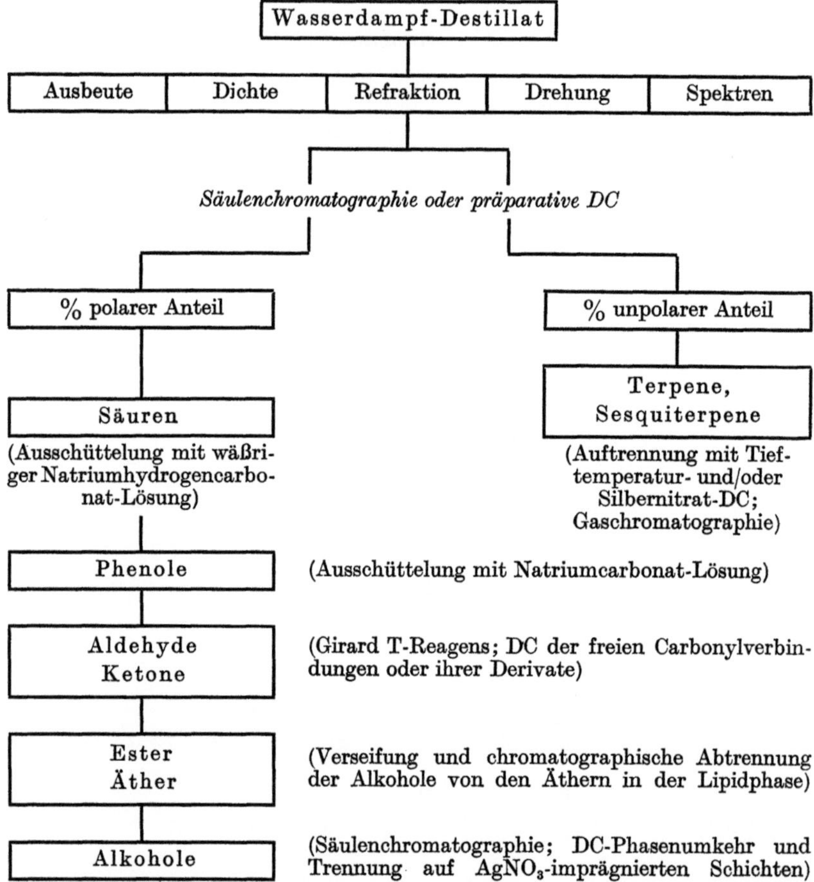

Sowohl für die DC als auch für die Gasphasenchromatographie ist eine derartige Vortrennung vorteilhaft. Kombiniert man die beiden letztgenannten Methoden miteinander [265], so erhöht sich die Aussagekraft der Ergebnisse (S. 114).

Zur Identifizierung der abgetrennten Einzelkomponenten dient neben den h*Rf*-Werten in verschiedenen Systemen die Farbreaktion, bezogen auf authentisches Vergleichsmaterial[5]. Spezifische Umsetzungen auf der Schicht, wie sie schon mehrfach vorgeschlagen wurden [29, 158, 168],

---

[5] Auch die Aufnahme von Remissionsspektren, besonders im UV-Bereich kann zur zerstörungsfreien Detektion herangezogen werden [114].

lassen ebenfalls Rückschlüsse zu. Immer sollte man jedoch bemüht sein, die endgültige Kennzeichnung von Verbindungen nur mit Hilfe bewährter klassischer Mikromethoden durchzuführen (s. Tab. 22).

1. Mono- und Sesquiterpen-Kohlenwasserstoffe

Wie bereits erwähnt, geben die DK-Werte einen gewissen Anhaltspunkt für die Adsorptionsaffinität der zu trennenden Verbindungen. Bekanntermaßen sind in der Gruppe der Terpene keine nennenswerten Unterschiede vorhanden (ε zwischen 2,24 und 2,76), so daß die normale Adsorptionschromatographie lediglich zu einer Subfraktionierung der Kohlenwasserstoffe führt. Die Terpene und Sesquiterpene liegen mit Benzol ($\varepsilon = 2,284$) oder Chloroform ($\varepsilon = 4,806$) als Fließmittel im oberen Bereich des Chromatogrammes (hRf 80—100). Das gilt auch für die absteigende Technik [267, 331]. Allerdings wandern die Monoterpene jeweils höher als die Sesquiterpene. Mit n-Hexan als Fließmittel besitzt Chamazulen als polarer C_{15}-Kohlenwasserstoff einen mittleren Rf-Wert [224, 246]. In diesem Bereich gelingt dann auch die Trennung von Humulen, Caryophyllen und Isocaryophyllen mit Petroläther-Tetrachlorkohlenstoff (75 + 25) [14].

Bemerkenswert sind in diesem Zusammenhang und im Hinblick auf die Kombination der DC mit der GC (S. 114) die Untersuchungen von ATTAWAY u. Mitarb. [6, 6a]. Sie konnten u. a. auf Aluminiumoxid G-Schichten eine Gruppentrennung der C_{10}- und C_{15}-Kohlenwasserstoffe erreichen. Als Fließmittel dienten perfluorierte Alkane (Kp. 70—80° C) (Fa. 41, 100). Hiermit blieben bei einer Steighöhe von 7,5 cm die 19 Monoterpene am Startpunkt, während sich die 11 Sesquiterpenkohlenwasserstoffe im hRf-Bereich von 10—71 auftrennten.

Um auch im Bereich der Monoterpene eine bessere Trennung zu erreichen und das störende Abdunsten während der Chromatographie zu vermeiden, entwickelten ADHIKARI [1] und MATHIS [159] einige Kohlenwasserstoffe bei − 15° C auf Kieselgel G-Schichten mit n-Hexan (KS, hRf 25—85). Die Laufzeit verkürzte sich und die hRf-Werte waren, wie STAHL [253a] zeigen konnte, niedriger als unter Normalbedingungen (vgl. Abb. 49). Chromatographiert wurden ferner die Mono- und Sesquiterpen-Fraktionen von *Daucus*-Ölen bei − 20° C auf Kieselgel H-Schichten [254]. Mit dem Fließmittel n-Hexan-Pentan (50 + 50) fand eine Trennung entsprechend dem Einfluß der C = C-Doppelbindungen statt.

Ebenfalls eine Aktivierung der Sorptionsschicht war bereits 1953 von MILLER und KIRCHNER [168] vorgeschlagen worden. Sie erreichten diese durch scharfe Trocknung der Chromatogramm-Streifen im Vakuum-Exsiccator bei 3 Torr (!) über Phosphorpentoxid. Die Gefahr einer Inaktivierung durch die Luftfeuchtigkeit bei den heutigen Standardmaßen und der normalen Schichtdicke von 250 μ ist aber so groß, daß dem Verfahren nur noch historisches Interesse zukommt.

Um evtl. noch nach der Chromatographie Mono- und Sesquiterpenkohlenwasserstoffe zu unterscheiden, könnte man entsprechend den Angaben von DEMOLE [42] versuchen, ihren unterschiedlichen Dampfdruck zur Differenzierung auszunutzen:

Auf das vom Lösungsmittel befreite Chromatogramm wird eine zweite mit Kieselgel beschichtete DC-Platte im Abstand von 1 mm so aufgelegt, daß die Schichten einander zugewandt sind. Durch vorsichtiges, gleichmäßiges Erwärmen dampfen zuerst die niedriger siedenden Monoterpene von dem unteren Chromatogramm ab. Sie werden an der aufgelegten DC-Platte erneut adsorbiert. Ein Arbeiten bei vermindertem Druck ist vorteilhaft, weil dadurch weniger stark erwärmt werden muß. Nach einer derartigen Fraktionierung werden beide Chromatogramme besprüht. Die aufgelegte DC-Platte sollte zur Hauptsache die Zonen der Monoterpenkohlenwasserstoffe zeigen, während die Sesquiterpene auf dem ursprünglichen Chromatogramm verbleiben.

Die Fähigkeit der Mono- und Sesquiterpene zur Komplex- oder Adduktbildung wird herangezogen, um auf Kieselgel G-Silbernitrat-Schichten eine Trennung entsprechend der Anzahl und Lage der C = C-Doppelbindungen zu erreichen [223, 326]. Es kommt zu einer Überlagerung der adsorptiven und adduktiven Eigenschaften der Trennschicht. Der optimale Imprägnierungsgrad läßt sich ohne größere Schwierigkeiten mit Hilfe der Gradient-Technik (S. 92; vgl. Abb. 105a) ermitteln. Während Gupta und Dev [83] 5 Sesquiterpene auf 15proz. Silbernitrat-Kieselgel-Schichten trennten, chromatographiert Mathis [157] auf 5proz. Sorptionsschichten.

Auf eine weitere Möglichkeit, ungesättigte, niedermolekulare Olefine zu trennen, weisen Prey et al. [205] hin. Sie chromatographieren stabile Quecksilberacetat-Addukte auf normalen Kieselgel G-Schichten. Durch die größere Polarität dieser Anlagerungsverbindungen konnten sie auch polarere Fließmittel-Gemische verwenden, eine Möglichkeit, an die ebenfalls bei der Terpen-Trennung gedacht werden sollte. Mit n-Propanol—Triäthylamin—Wasser (50 + 25 + 25) wurden folgende hRf-Werte erhalten: Äthylen 7; Propylen 13; Butylen-(1) 17; Amylen-(1) 29; Hexen-(1) 31; die Laufzeit betrug 90 min, konnte jedoch nach Braun u. Vorendohre [21] verkürzt werden, wenn man ein Gemisch aus Butanon—n-Propanol—Äthanol—Ammoniak, 25proz. (50 + 5 + 20 + 35) zur Chromatographie verwandte. Außerdem sollte nach Garel [70] mit diesem Fließmittel eine bessere Trennung erzielt werden.

Herstellung [205].

Die gasförmigen Olefine werden, gegebenenfalls nach gaschromatographischer Trennung, in eine 1proz. methanolische Quecksilberacetat-Lösung eingeleitet, die flüssigen direkt hinzugegeben. Die Reaktion erfolgt quantitativ und fast augenblicklich. Diese methanolische Lösung kann direkt zur Chromatographie verwendet werden. Man trägt 5—10 μg des Adduktes auf.

Nach den bisherigen Erfahrungen ist es trotz aller Möglichkeiten der DC vorteilhafter, Gemische dieser Substanzgruppe gaschromatographisch zu zerlegen [115, 228, 251].

Eine **Sichtbarmachung** der Substanzzonen auf normalen Kieselgel-Chromatogrammen kann mit konz. Schwefelsäure, evtl. mit Aldehydzusatz, erfolgen. Vorzugsweise wird das Anisaldehyd-Schwefelsäure-Reagens (Nr. 15) angewandt. Ferner werden der Fluorescein-Brom-Test (Nr. 104) und das Antimon(V)-chlorid-Reagens (Nr. 22) herangezogen. Das Phosphormolybdänsäure-Reagens (Nr. 158) ergibt nach dem Erhitzen grau-blaue Zonen auf gelbem Untergrund. Bergström u. Lagercrantz [11] empfehlen das Diphenylpicrylhydrazyl-Reagens (Nr. 82). Es bringt keine Vorteile gegenüber dem erwähnten Anisaldehyd-Reagens. — Sollen Quecksilberacetat-Addukte nachgewiesen werden, so besprüht man die Chromatogramme mit einer 2proz. alkoholischen Diphenylcarbazid-Lösung und erhitzt sie anschließend kurze Zeit auf 80° C. Die Olefin-Addukte färben sich blau-violett.

2. Oxide, Epoxide und Peroxide

Bei der dc-Analyse ätherischer Öle trifft man häufiger auf Terpen-oxide, -epoxide oder -peroxide als man zumeist glaubt [248]. Die beiden bekanntesten Verbindungen sind das Eucalyptol (1,8-Cineol) und das photosynthetisch aus α-Terpinen gut zugängliche Ascaridol. Besonders im Hinblick auf die Wertbestimmung einzelner Öle spielen diese Ver-bindungsgruppen eine Rolle.

So chromatographierte GYANCHANDANI [85] Kümmel- und Dillfruchtöle unter Standardbedingungen und bestimmte die Lage des Limonenepoxid-(1,2), das durch Autoxidation aus Limonen entstanden war. Auf ähnliche Weise wiesen NIGAM, SAHASRABUDHE und LEVI [185] das Piperitonoxid in Pfefferminzölen nach. Zur Beurteilung der Kamillenöle wurde wiederholt neben Chamazulen auf die Bisabolen-oxide I, II und III aufmerksam gemacht [78, 224, 305, 306].

Die Lage von diesen Substanzen im Chromatogramm wird durch die Polarität der Grundverbindung bestimmt. Menthofuran wandert kurz hinter dem Guaj-Azulen [182a, 247]. Es folgen die Terpen- und Sesquiter-penepoxide, die in Übereinstimmung mit EL-DEEB [55] auf Kieselgel G-Schichten im oberen Bereich der Esterzone liegen (Tab. 23) (vgl. auch [155]). Die Carbonyl- und Alkoholoxide schließen sich mit niedrigeren hRf-Werten an. Auch bei $-9°$ C und Frigen 21$^{(R)}$ als Fließmittel bleibt diese Reihenfolge erhalten [254].

Tabelle 23. *hRf-Werte und Farbreaktionen einiger Terpen- und Sesquiterpenoxide, -epoxide und -peroxide auf Kieselgel G-Schichten* *

Substanz	Fließmittel			Farbreaktionen mit verschiedenen Reagentien		
	I	II	III	Anisaldehyd/ H₂SO₄ (Reag. Nr. 15)	Antimon(III)-chlorid (Nr. 19)	
					Tageslicht	UV-Licht (365 nm)
Menthofuran	71	82	85	hell-braun	graubraun	ocker
Bisabolenoxid I	40	67	35	braun-grau	braungrau	braun
Bisabolenoxid II	25	—	24	braun-grau	braungrau	braun
Limonenepoxid-(1,2)	26	66	63	rot-blau	hellbraun	dunkel
Rosenoxide L u. R	19	64	60	violett-blau	grau	hellbraun
Eucalyptol (1,8-Cineol)	19	58	65	graublau	grau-blau	gelb-braun
α-Pinenepoxid	19	60	69	braungrau	grau	dunkel
Epoxidihydrocaryophyllen	18	63	52	rot-violett	violett	rotblau
Myrcenoxid	18	62	49	braun-grün	graublau	ocker
Ascaridol	18	66	54	graubraun	grau-braun	braun
Limonenhydroperoxid	10	32	—	braun-rot	—	—
Linalooloxid	5	25	24	orangebraun	ocker	gelb-braun
Daucol	4	18	17	blauviolett	braungrau	braun

* Trogkammer, KS (zur besseren Reproduzierbarkeit der hRf-Werte wurde das Fließmittel 30 min vor der DC eingefüllt und kräftig geschüttelt); Fließmit-tel I: Benzol; II: Chloroform; III: n-Hexan-Diäthyläther (80 + 20), zweimalige Entwicklung, 10 cm.

Die Bildung von Epoxiden dient häufig der speziellen Kennzeichnung von Terpenderivaten. Sie lassen sich mikroanalytisch direkt auf der DC-Platte herstellen. Ähnlich wie im Arbeitskreis von Kaufmann tragen Ourisson u. Mitarb. [157, 158, 159] die Reaktionslösungen, z. B. eine ätherische Lösung von p-Nitroperbenzoesäure, zusammen mit der umzusetzenden Verbindung auf den Startpunkt auf und chromatographieren in gewohnter Weise. Diese Methode wenden ebenfalls Pesnelle et al. [195] an, um die beiden Sesquiterpenalkohole Guajol und Bulnesol näher zu charakterisieren. – Klein, Rojahn und Henneberg [129] stellen Epoxide von Geraniol, Nerol und Linalool her und trennen sie mit Benzin (Kp. 40–50° C)-Äthylacetat (85 + 15) von den Ausgangsverbindungen ab. Linalooloxid wurde so in Geranium-, Lavendel- und Rosenholz-Ölen nachgewiesen und identifiziert. Eine gaschromatographische Unterscheidung der verschiedenen Epoxide ist wegen ihrer Thermolabilität nicht einfach. Sie gelingt unserer Erfahrung nach nur schwer auf den normalen stationären Phasen.

Neben diesen Terpen- und Sesquiterpenepoxiden kommen in ätherischen Ölen *Furan*-Derivate vor. Die 5-Ring-Grundstruktur kann Teil eines mehrfach cyclischen Moleküls sein, wie z. B. beim Daucol, oder als einziger Ring ungesättigte Seitenketten z. T. mit Acetylenbindungen tragen (S. 231). Das Ipomearon besitzt einen Furanring, der über Methyltetrahydrofuran mit einer 6gliedrigen Seitenkette verbunden ist. Als weitere Furano-Terpenderivate wären das Myoporon und das Ipomeanin zu erwähnen, die sich mit n-Hexan–Äthylacetat (90 + 10) chromatographieren lassen [2]. Die von Takeda u. Mitarb. [280, 281] angegebene Trennung von 6 Sesquiterpen-Furanen (Linderen- und Lindestren-Derivate) kann zur präparativen Gewinnung der Substanzen dienen. Sie chromatographieren auf 500 μm dicken Kieselgel G-Schichten mit Benzol–Äthylacetat (90 + 10). – Auch in diesem Fließmittelsystem würde das aus Pfefferminzölen bekannte Menthofuran in der Frontzone liegen (vgl. auch Nigam u. Levi [182]).

Im Anschluß an die Epoxide und Oxide sei auf die *Terpenperoxide* eingegangen, von denen das Ascaridol bereits erwähnt wurde. Es stellt den Hauptbestandteil des giftigen Wurmsamenöles dar und läßt sich bis zu 40% im *Chenopodium ambrosioides*-Öl nachweisen, während andere Öle der gleichen Art diese Verbindung nicht enthalten [52]. Als inneres Peroxid liegt das Ascaridol im Chromatogramm höher als die Hydroperoxide, die wiederholt als Zwischenprodukte bei der Epoxid-Bildung nachgewiesen wurden. Mit n-Hexan–Diäthyläther (87 + 13) trennen sich z. B. auch die 3 ,,Limonenperoxide" unter Standardbedingungen (hRf 22, 27 und 33) [85].

Eine **Sichtbarmachung** der Oxide und Peroxide kann mit den üblichen Reagentien (Nr. 15, 19, 22) oder mit einer sauren p-Dimethylaminobenzaldehyd-Lösung erfolgen (Nr. 65). — Zum spezielleren Nachweis der Peroxide hat sich der Kaliumjodid-Eisessig-Stärke-Test (Nr. 139) zumeist besser bewährt als das Eisen(II)-rhodanid Reagens (Nr. 100) (vgl. auch Knappe u. Peteri [133]).

3. Wasserdampfflüchtige Ester und Lactone

Eine wichtige Substanzgruppe der ätherischen Öle sind die Terpenester. Am häufigsten trifft man die Ester der Essigsäure an; seltener die der Ameisen-, Propion-, Butter-, Valerian- oder Caprylsäure.

Nach den an über 30 verschiedenen Estern mit niederen Fettsäuren gesammelten Erfahrungen liegen die Zonen auf Kieselgel G-Schichten, mit Benzol oder Chloroform chromatographiert, etwa 2,5mal höher als die der entsprechenden Alkohole (Trogkammer, KS). BRUD und DANIEWSKI [28] bestätigten unsere Angabe [259] auch für lose Kieselgel-Schichten. Die größten hR_f-Wert-Unterschiede beobachtet man bei Verwendung der Trogkammer mit Normalsättigung (NS).

Vergleicht man die hR_f-Werte von Terpenestern homologer niederer Fettsäuren miteinander, so nehmen diese mit steigender C-Zahl der Säure zu [120]. Sie nähern sich asymptotisch einem Grenzwert [7, 251]. Eine Ausnahme bilden die Ameisensäureester, die in der Höhe der Propionsäureester liegen (Tab. 24) und sich mit Benzol oder Chloroform als Fließmittel nur von den Essigsäureestern deutlich abtrennen.

Tabelle 24. *Trennung von Terpenestern auf Kieselgel G-Schichten*

Säure-Komponente von Terpenestern	hRf-Werte, Fließmittel und Schichtdicke			
	I 60 μm*	I 250 μm**	II 60 μm*	III 250 μm**
Ameisensäure-Ester.	62—75	42—47 Linalyl- formiat 37	38—44	71—74
Essigsäure-Ester	50—62	25—33	31—35	63—65
Propionsäure-Ester	62—73	42—47	38—41	71—74
Buttersäure-Ester	57—71	42—47	27—43	71—74
Caprylsäure-Ester	63—85	—	40—57	—
Alkohole (s. Tab. 28)	—	5— 8	—	26—33 (Linalool 38)
Testsubstanzen				
Buttergelb.	—	40	—	73
Sudanrot G	—	15	—	63
Indophenol	—	5	—	58

Fließmittel I: Benzol; II: Trifluortrichloräthan-Methylenchlorid (60 + 40);
III: Chloroform.
   * Vergleiche ATTAWAY et al. [7], sowie ATTAWAY [5].
  ** Trogkammer (Kammersättigung).

Im Anschluß an die intermolekularen Fettsäureester seien die intramolekularen Ester, die *Lactone* erwähnt, zu denen z. B. das vermifug wirkende Santonin gehört. Ein bekanntes Lacton ist das Cumarin mit dem Geruch nach getrocknetem Waldmeister, das sich in zahlreichen ätherischen Ölen auch in Form seiner Derivate findet[6]. Eine Trennung von 5 Cumarinen gelang SUND und SACCARDI [272] auf Kieselgel G-

---

[6] Weitere nicht wasserdampfflüchtige Cumarin-Derivate s. Kap. U, I.

Schichten mit Petroläther (50—75° C) — Äthylacetat (67 + 33) oder n-Hexan — Äthylacetat (72 + 29) in der Reihenfolge: Cumarin, 6-Methylcumarin, Dihydrocumarin, 3-Methylcumarin, 3-Äthylcumarin.

Organisch-chemisch interessante Lactone, Lactame und Thiol-Lactone chromatographierten KORTE und VOGEL [140] unter Standardbedingungen auf Kieselgel G-Schichten mit Diisopropyläther, Äthylacetat und Isooctan, einzeln und im Gemisch.

Eine weitere Gruppe von Lactonen sind die Phthalide, die als typische Geruchsträger z. B. im Liebstöckel- und Sellerieöl vorkommen. Nachdem MITSUHASHI u. Mitarb. [170] orientierend einige Phthalide mit der DC auf ihre Reinheit geprüft hatten, gelang STAHL und BOHRMANN [257] die Auftrennung von 7 Phthaliden auf Kieselgel GF$_{254}$-Schichten

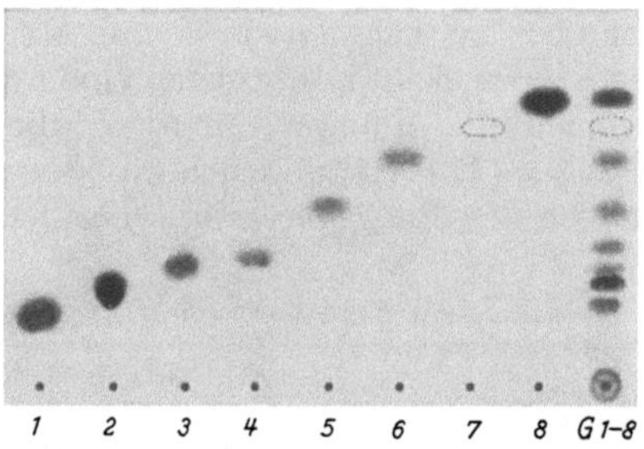

Abb. 102. Trennung einiger Phthalide von Cumarin. Schicht: Kieselgel GF$_{254}$. Nachweis: Fluorescenzlöschung im kurzwelligen UV-Licht [257]. *1* Phthalid, *2* Cumarin, *3* Isobutyliden-3a, 4-Dihydrophthalid, *4* Phenylphthalid, *5* Butylphthalid, *6* Benzalphthalid, *7* Ligustilid; blaue Fluorescenz bei 365 nm, *8* Butylidenphthalid, *G* Gemisch *1—8*

mit n-Hexan—Diäthyläther (85 + 15) in zweimaligem Durchlauf (Abb. 102). — Zur präparativen Gewinnung von Milligramm-Mengen wird bei Kammersättigung auf 500 μm dicken Kieselgel GF$_{254}$-Schichten mit Benzol ebenfalls in zweimaligem Durchlauf chromatographiert. Auf Grund der Fluorescenzlöschung oder teilweisen Eigenfluorescenz der Phthalide lassen sich die Zonen auf dem Chromatogramm leicht festlegen, ausschaben und hernach eluieren. Ähnliche Trennmethoden führen HERZ und INAYAMA [89] zur Reinigung der Sesquiterpenlactone Pulchellin A, B und C auf normalen Kieselgel-Schichten durch.

Das von DEMOLE u. Mitarb. [41, 44] aus *Jasminum grandiflorum* isolierte Ketolacton trennt sich auf Kieselgel G-Schichten mit Petroläther (80—100° C) — Äthylacetat (75 + 25) gut von den übrigen Verbindungen ab (h*Rf* 31). Es soll nach den bisherigen Untersuchungen einen 10gliedrigen Lactonring besitzen. Höher gliedrige Lactonringe finden sich in den natürlich vorkommenden Moschus-Riechstoffen wie Zibeton, Muscon usw.

Nachweis

a) Umsetzungen. Bei der Festlegung eines Esters kann man sich außer der vorstehenden Angaben folgender Möglichkeiten bedienen:

1. Verseifung mit alkoholischer Kalilauge direkt auf der Schicht. Aus Cumarin entsteht z. B. das gelb-grün fluorescierende Kaliumsalz der Cumarinsäure.

2. Umsetzung mit Lithium-Aluminiumhydrid [*168*]. Es resultiert der Terpenalkohol und die ebenfalls zum Alkohol reduzierte Säure. Bei Lactonen bilden sich die entsprechenden Diole.

Der Ester wird auf den Startpunkt aufgetragen und mit einem Tropfen 10proz. Lösung von Lithium-Aluminiumhydrid in absolutem Äther betropft. Anschließend wird chromatographiert. Bei vollständiger Umsetzung erscheint nur noch im Alkoholbereich eine Zone.

3. Durch Umsetzung der Ester und Lactone mit Hydroxylamin lassen sich die Säurekomponenten identifizieren und als Hydroxamsäuren nachweisen. Es bleibt zu prüfen, ob diese dc getrennt werden können.

b) **Farbreaktionen.** Eine Ausnutzung der unter 3. genannten Methode zum Nachweis von Estern auf der DC-Platte beschreibt DEMOLE [*40*] folgendermaßen:

Nach der Entwicklung wird die vom Fließmittel befreite Schicht bis zur Transparenz mit Wasser besprüht und ein frisch mit Hydroxylamin imprägniertes, noch feuchtes Filtrierpapier mit einer Glasplatte auf die Sorptionsschicht gepreßt. Die Trägerscheibe mit der Schicht legt man auf eine 35—45° C warme Heizplatte. Dabei verdampfen die Ester und setzen sich im Papier zu Kaliumhydroxamaten um, die nach 15—30 min durch Aufsprühen einer 5proz. Lösung von Eisen(III)-chlorid in 0,5 N Salzsäure als rote Zonen sichtbar gemacht werden können. Zur Imprägnierung des Filterpapiers verwendet man 100 ml einer Mischung aus gleichen Teilen einer 7proz. wäßrigen Hydroxylaminhydrochlorid-Lösung und einer 32proz. methanolischen Kaliumhydroxid-Lösung.

Als weitere Sprühreagentien lassen sich für die normalen Ester alle bei den Terpenalkoholen (S. 225) beschriebenen Reagentien — auch Phosphormolybdänsäure-Reagens (Nr. 158) — erfolgreich verwenden. Die Nachweisempfindlichkeit und die Farbintensität sind annähernd gleich. Eine Abhängigkeit der Ester-Färbung von der Säure-Komponente ist nicht zu beobachten.

Zur Anfärbung der Phthalide und Cumarine ist das Kaliumpermanganat-Reagens (Nr. 145) geeignet, das gelbe oder weiße Zonen auf rötlichem Untergrund hervortreten läßt. Auch die Pyrolyse kann zur Lokalisierung der Flecke herangezogen werden (Reag.-Nr. 217). Auf den Nachweis der Phthalide durch Fluorescenzlöschung (Kieselgel GF_{254}-Schichten) oder auch auf Grund ihrer Eigenfluorescenz wurde bereits hingewiesen. Ebenfalls lassen sich die Anthranilsäureester auf Grund ihrer blauen Eigenfluorescenz leicht nachweisen ($\lambda = 366$ nm) [*45*].

4. Aldehyde und Ketone

Neben den Terpenalkoholen zeichnen sich zahlreiche Aldehyde und Ketone durch einen charakteristischen Geruch aus. Sie sind z. T. synthetisch gut zugänglich und werden häufig in der Riechstoffindustrie verwendet. Als allgemein bekannte Beispiele seien der Zimtaldehyd mit dem typischen Zimtgeruch, das Vanillin mit dem Vanillegeruch und das Carvon mit dem Geruch nach Kümmel genannt.

Zur chromatographischen Untersuchung können einmal die Aldehyde und Ketone direkt verwendet werden, zum anderen aber auch ihre kristallisierten Derivate.

a) Trennung der freien Carbonylverbindungen

Aus den vorliegenden Veröffentlichungen geht hervor, daß Kieselgel G auch zur Trennung der *Aldehyde* und Ketone am besten geeignet ist [*136, 176, 183, 272*]. Nur Kotakis u. Mitarb. [*278*] verwenden zur Chromatographie von Vanillin, Äthylvanillin und anderen aromatischen

Tabelle 25. h*Rf-Werte und Farbreaktionen einiger Aldehyde und ihrer 2,4-DNPH-Derivate**

| Substanz | hRf-Werte | | | Eigenfluorescenz 365 nm | Monohydrazinsulfat (Nr. 117) | | hRf DNPH |
	I	II	III		Tageslicht	UV-Licht 365 nm*	IV
Citral	13	42	51	0	0	dunkel	—
Citronellal	31	65	64	0	0	0	—
Hydroxycitronellal.	1	—	11	0	0	0	—
Cyclamenaldehyd	37	63	65	0	schw.-gelb	ocker	—
Safranal	10	—	—	0	—	—	—
Furfural	13	—	50	0	—	—	—
Benzaldehyd	32	56	59	0	0	0	60
p-Tolylaldehyd	27	50	63	0	0	blau	—
Cuminaldehyd.	33	54	65	0	0	blau	—
α-Phenylpropionaldehyd	35	—	—	0	0	0	—
β-Phenylpropionaldehyd	30	52	55	0	0	0	—
Zimtaldehyd	19	45	52	dunkel	dkl.-gelb	orange	—
α-Amylzimtaldehyd	33	63	66	dunkel	gelb	ocker	—
α-Hexylzimtaldehyd	36	64	65	dunkel	gelb	ocker	—
Salicylaldehyd.	—	48	57	hellgelb	hellgelb	orange	48
m-Hydroxybenzaldehyd	3	21	9	0	0	dkl.-braun	32
p-Hydroxybenzaldehyd.	2	16	6	0	gelb	gelb-grün	30
Syringaaldehyd	—	18	19	dunkel	bräunlich	0	5
Protocatechualdehyd.	0	5	1	dunkel	dkl.-gelb	schw.-gelb	2
β-Resorcylaldehyd.	2	21	8	schw.-gelb	gelb	gelb	—
Gentisinaldehyd	—	19	8	dkl.-gelb	0	orange	—
3,4-Dihydroxy-5-methoxy-benzaldehyd	—	7	4	0	gelb	gelb-braun	—
o-Vanillin.	7	43	47	gelb	0	dkl.-braun	32
o-Äthylvanillin	—	49	56	gelb	0	dkl.-braun	—
Isovanillin	3	20	21	bläulich	gelb	braun-gelb	23
Äthylisovanillin	—	25	29	grau-gelb	gelb	braun-gelb	—
p-Vanillin.	5	27	27	dunkel	dkl.-gelb	orange	23
p-Äthylvanillin	8	32	38	dunkel	gelb	orange	42
o-Anisaldehyd.	21	51	57	blau	gelb	gelb-grün	49
m-Methoxybenzaldehyd	—	55	60	0	0	bräunlich	50
p-Anisaldehyd.	18	45	56	0	gelb	gelb	48
2,3-Dimethoxybenzaldehyd	11	48	57	gelb	schw.-gelb	ocker	47
2,4-Dimethoxybenzaldehyd	9	38	50	dunkelblau	gelb	gelb-braun	41
2,5-Dimethoxybenzaldehyd	12	49	58	blau-grün	gelb-or.	gelb-or.	45
Veratrumaldehyd	6	8	—	blau	gelb	gelb	34
3,5-Dimethoxybenzaldehyd	—	55	64	hellbraun	0	braun	47
Piperonal.	18	45	57	blau	gelb	gelb-or.	—
3,4,5-Trimethoxybenzaldeh.	5	34	41	blau	gelb	ocker	—
Asarylaldehyd.	3	21	40	blau	schw.-gelb	gelb	—

* Trogkammer, KS; Kieselgel G; Fließmittel I: Benzol, II: Benzol-Äthylacetat-Eisessig (90 + 5 + 5), III: Chloroform, IV Äthylacetat-Ligroin (75—120° C) (33 + 67) [*218*]. Laufstrecke: 10 cm, bei IV 14 cm.

Aldehyden Schichten aus Kieselgel—Celite—Magnesiumoxid (63 + 32 + 5)
KLOUWEN u. Mitarb. [*132*] trennen 24 Benzaldehyd-Derivate nach der
Standardmethode mit 3 verschiedenen Fließmittelsystemen (Tab. 25/I, II
und III). Sie diskutieren eingehend die Abhängigkeit der hRf-Werte von
der Stellung der Hydroxyl- bzw. Methoxyl-Gruppierung am Benzaldehyd.
Ähnliche Untersuchungen wurden von PETROWITZ [*197*] an den gleichen
Hydroxyaldehyden mit Benzol-Methanol (95 + 5) als Fließmittel durch-
geführt.

In engem Zusammenhang mit den Aldehyden stehen die *Ketone*. Aufgrund der Polarität der funktionellen Gruppe ist zu erwarten, daß ihre
hRf-Werte im gleichen Bereich liegen wie die der Aldehyde und somit
den Terpenestern (vgl. Tab. 24) nahezu entsprechen. Das geht auch aus
den von NIGAM u. Mitarb. [*183*], SEVERIN [*237a*] sowie SCHRATZ und
QEDAN [*228*] veröffentlichten Werten hervor.

Chromatographiert man auf luftgetrockneten Kieselgel G-Schichten,
so können durch 6malige Entwicklung mit Benzol nach DHONT u.
DIJKMAN [*47*] die isomeren Ionone und Methylionone getrennt werden. —
Während die niederen acyclischen Ketone (bis ~ C_{10}) in ätherischen Ölen
vorkommen, sind die homologen Abbauprodukte der Ketofettsäuren
nicht mehr wasserdampfflüchtig, Eine Auftrennung gelingt auf Kieselgel
G-Schichten mit Benzol [*152, 153*] oder n-Hexan-Diäthyläther (50 + 50]
[*190*].

Tabelle 26. hRf-Werte einiger Ketone in verschiedenen Fließmitteln
(chromatographische Einzelheiten s. Tab 25.)

Substanz	hRf-Werte			Substanz	hRf-Werte		
	I	II	III		I	II	III
Campher	6	33	27	Acoron	3	35	47
Carvon	13	48	63	Isoacoron	1	37	48
Dihydrocarvon	14	48	65	Frambinon	1	21	9
Zingeron	3	26	30	Phylanton	18	60	—
Fenchon	—	—	33	Methylnaphthylketon	18	54	59
Menthon	24	62	—	Acetophenon	17	50	62
Piperiton	4	—	45	Methoxyacetophenon	10	38	55
α-Thujon	29	62	63	Benzophenon	31	—	—
β-Thujon	25	62	64				

Auf die Angabe von Farbreaktionen wurde verzichtet. Mit 2,4-DNPH (Reag.
Nr. 76) besprüht, bilden sich z. T. gelbe bis orange Zonen, mit Monohydrazinsulfat
(Reag.-Nr. 117) reagieren nur einzelne Ketone (< 50 μg), blaue Eigenfluorescenz
besitzt nur Methylnaphthylketon.

b) Trennung von Aldehyd- und Keton-Derivaten

Zur Anreicherung und Isolierung von Carbonylverbindungen aus
Substanzgemischen werden häufig die Oxime oder die gut kristallisieren-
den 2,4-Dinitrophenylhydrazone (DNPH) herangezogen.

So lassen sich die isomeren Benzaldoxime, Benzoinoxime sowie Aniso-
inoxime auf 200 μm dicken Kieselgel-Schichten mit Benzol—Essigsäureäthylester (83 + 17) bei Kammersättigung voneinander trennen [*192*].
Auf gleiche Weise gelingt die Unterscheidung der isomeren o-, m-, p-

Tabelle 27. *Übersicht über die chromatographischen Trennmöglichkeiten von Carbonyl-Dinitrophenylhydrazonen* (2,4-DNPH)

Schicht/Substanzen	Fließmittel	Bemerkungen	Autor
a) Kieselgel G-Schicht			
19 aliphatische Carbonylverbindungen	CCl_4-n-Hexan-Äthylacetat $(77 + 15 + 8)$	Schichtdicke 500 μm, Zweifachentwicklung	
10 cyclische Carbonylverbindungen	Petroläther $(40$—$60°)$-Diisopropyläther $(88 + 12)$	Zweifachentwicklung auf 500 μm Schicht	[162]
4 aromatische Carbonylverbindungen	Benzol-n-Hexan $(40 + 60)$	Schichtdicke 500 μm, Dreifachentwicklung	
41 Carbonylverbindungen (mono-, bis-tris-)	Leichtpetroleum $(80$—$100°$ C)-Äther $(70 + 30)$	Horizontal-, Durchlauf-, TRT- und andere Techniken	[29]
5 niedere Fettaldehyde, Furfurol, Aceton	I: Toluol; II: CCl_4-Diäthyläther $(66+33)$	Schichtdicke 270 μm, zweidimensionale Technik, Laufrichtung 1 = I; 2 = II	[188]
6 flüchtige Aldehyde, Glyoxal aus alkoholischen Getränken	Benzol-Petroläther $(60$—$80°)$-Äthylacetat $(85 + 13 + 2)$	Methylglyoxal neu identifiziert, Laufzeit 1—2 Std	[213] [274]
4 aliphatische Methylketone aus alkoholischen Getränken	Benzol-Petroläther $(50$—$75°)$ $(75 + 25)$	Sorbens angeschüttelt mit Äthylacetat	[143]
flüchtige Carbonylverbindungen aus *Streptomyces odorifer*	Petroläther-Diäthyläther-Äthylacetat $(90 + 5 + 5)$	Carbonylverbindungen bis auf Acetaldehyd nicht identifiziert	[69]
9 Ketone (Menthon, Pulegon, Fenchon usw.)	Benzol-Cyclohexan $(50 + 50)$	α-, β-Thujon-Trennung	[179]
α-, β-Ionon, Methylionone, Pseudoionon	Benzol	3 Std Luftaktivierung, sechsfache Entwicklung	[47]
6 aliphatische und 7 aromatische Aldehyde α-, β-Ionon	Benzol-Petroläther $(60$—$80°)$ $(75 + 25)$ Benzol-Äthylacetat $(95 + 5)$	aliphatische Aldehyde gut getrennt m. 1. Fließmittel	[48]
Citral, Citronellal aus *Thymus spec.*	Benzol-Äthylacetat $(80 + 20)$	Schichtdicke 250 μm, Standardbedingungen	[228]
9 aliphatische und 3 cyclische Carbonylverbindungen	Benzol-Äthylacetat $(95 + 5)$	10 proz. Kalilauge zum Nachweis; Standardbedingungen	[172]
11 aliphatische Aldehyde, 7 Ketone	Petroläther $(60$—$80°)$—Äther $(70 + 30)$	Bezug: Formaldehyd; 4 weitere Fließmittel	[332]
Glyoxalhydrazone	Benzol-Petroläther-Äthylacetat $(85 + 12 + 3)$	Farbdifferenzierung zw. Glyoxalmono- u. di-DNPH	[212]
8 Aldehyde	Benzol-Methanol-Petroläther-Äthylacetat $(57 + 33 + 8 + 2)$	Untersuchungen an Weindestillaten	[275]

Fortsetzung von Tabelle 27

Schicht/Substanzen	Fließmittel	Bemerkungen	Autor
15 Oxoterpene	I: Benzol-Petroläther (70 + 30); II: $CHCl_3$-CCl_4	I am besten geeignet; II in Mischung 10 + 90, 15 + 85 u. 5 + 95 = hRf-Werte <50	[315]
3 aliphatische Methylketone	I: n-Hexan-Äther-Äthanol (88 + 10 + 2); II: n-Hexan-Benzol-Äther (48 + 48 + 4)	Trennung nach steigender C-Zahl	[18]
27 aromatische Aldehyde u. 5 Ketone	Äthylacetat-Ligroin (75—120°) (33 + 66)	Schicht: 500 μm; Laufstrecke: 14 cm; mit NH_3 Farbintensivierung	[218]
4 niedermolekulare Aldehyde + Aceton	Petroläther-Dioxan (90 + 10)	carbonylfreie Fließmittel	[34]
5 gesättigte und ungesättigte Cyclohexanone	Petroläther (60—80°)-Äthylacetat (50 + 50)	Cyclohexanon hRf 90; Cyclohexanon-1,2-dion hRf 50 usw.	[151]
b) *Imprägnierte Kieselgel-Schichten*			
10 aliphatische Aldehyde u. 7 Ketone	Benzol-Petroläther (40—60°) (60 + 40)	Imprägn.: 25% $AgNO_3$; weit. Sorbentien u. Fließmittel	[20]
7 Hexenal- u. 9 Heptenal-Derivate	Benzol	Imprägnierung: 30% $AgNO_3$; Schicht: 500 μm	[164]
11 Aldehyde, 9 Ketone	Diisopropyläther-Ameisensäure-Wasser (90 + 7 + 3)	Imprägn.: Carbowax 600, 1500, 4000; Trennung nach steigender C-Zahl	[61]
C_1-C_{14}-n-Aldehyde	Dioxan-Wasser (65 + 35)	Imprägn.: Mineralöl „Ondina“; Laufzeit: 6 Std; Phasenumkehr	[149]
homologe Osazone	Dioxan-Wasser (60 + 40)	Imprägn.: Mineralöl „Ondina“; Laufzeit: 7 Std	[32]
C_8- und längerkettige Aldehyde und Ketone	1. Benzol-Diäthyläther-Gemisch 2. Methanol-Wasser-Gemische oder Acetonitril-Eisessig (75 + 25)	1. Laufrichtung in Kieselgel 2. Laufrichtung Kieselgel mit Undekan imprägniert	[153] [154]
Isomere Methylcyclohexanone	Benzol-Heptan (30 + 70)	imprägniert mit Chlorbenzol oder Nitromethan	[28a]
c) *Aluminiumoxid-Schicht*			
je 6 Aldehyde u. Ketone	I: Benzol-n-Hexan (50 + 50); II: Äther	lose Schicht (800 μm), Horizontaltechnik	[214]
7 aliphatische Carbonylverbindungen (C_1—C_3)	Cyclohexan-Nitrobenzol (66 + 33) oder Hexan-Chloroform-Nitrobenzol (72 + 18 + 9)	Kieselgel, Magnesol usw. nicht so gut geeignet	[178]

Fortsetzung von Tabelle 27

Schicht/Substanzen	Fließmittel	Bemerkungen	Autor
21 isomere Ketone	Cyclohexan-Äther (80 + 20)	zweidimensionale Trennung, kleineres Plattenformat	[239]
homologe Carbonylverbindungen	Petroläther-Diäthyläther (96 + 4)	Zweidimensionale Technik; Mehrfachentwicklung z. T. auf imprägn. Sorbentien	[310]
d) Imprägnierte Aluminiumoxid-Schicht			
ges. u. unges. Carbonylverbindungen ungesättigte Carbonylverbindungen	Petroläther (30—40°)- Äther (84 + 16) I: CHCl$_3$-Petroläther (40—60°)(40 + 60); II: Äther-Petroläther verschiedener Mischung	Imprägn.: 20% AgNO$_3$ Imprägn.: 31% AgNO$_3$; Schicht: 200 bzw. 800 μm; Auftrennung in Gruppen nach C=C-Anzahl u. Konfiguration	[310] [110]
e) Diverse Sorptionsschichten			
23 ges. und unges. aliphatische Aldehyde und Ketone	Petroläther (60—70°)-Benzol-Pyridin (70 + 10 + 20)	Schicht: Zinkcarbonat + 6% Amylopektin u. weitere imprägnierte Sorbentien	[9]
6 flüchtige Carbonylverbindungen	Petroläther-Pyridin-Benzol (80 + 8 + 8)	Schicht: Zinkcarbonat; Farbdifferenzierung ges. u. unges.	[96]
homologe Carbonylverbindungen	Petroläther (100—120° C)	Schicht: Kieselgur, imprägniert mit 2-Phenoxyäthanol	[310]
23 ges. und unges. Alkanale und Alkanone	Petroläther (60—70° C)	Schicht: Kieselgur, imprägniert mit 20% Silbernitrat	[8]
Glyoxal, Methylglyoxal, Diacetyl, C$_5$- u. C$_7$-2,3-Diketone	Benzol-Methanol (92 + 8), ges. mit Äthylamin	Schicht: Sea-Sorb 43-Kieselgel G (50 + 50)	[31]
Glyoxal, Methyl-glyoxal, Diacetyl	CHCl$_3$-Tetrahydrofuran-Methanol (75 + 20 + 5)	Schicht: Sea-Sorb 43-Celite-CaSO$_4$ (50 + 42 + 8)	[31]
13 ges. und unges. Aldehyde, 3 Ketone	CHCl$_3$-n-Hexan (85 + 15)	Schicht: Sea-Sorb 43-Celite (72 + 28) angeschüttelt m. Äthanol	[233]
7 Dicarbonylverbindungen	Aceton-Benzol-Methanol (75 + 23 + 2), (75 + 15 + 10)	Schicht: Sea-Sorb 43-Celite (72 + 28); Trennung in 3 Gruppen	[232]

Nitrobenzaldoxime. Die α-Isomeren wandern stets höher als die β-Isomeren.

Um eine gewisse Übersicht über die Auftrennung der verschiedenen Carbonyl-DNPH zu erhalten, wurden die entsprechenden Untersuchungen tabellarisch zusammengestellt (Tab. 27). Ausgehend von den ersten Arbeiten 1952 (ONOE [187]) erkennt man auch hier, daß Kieselgel G als Schichtmaterial gut geeignet ist. Neben der aufsteigenden Entwicklung kann zweidimensional chromatographiert werden, wie es PAILER et al. [188] bei niedermolekularen Carbonylverbindungen durchgeführt haben. Eine Imprägnierung mit Mineralöl [149], 2-Phenoxyäthanol [310], Polyäthylenglykolen [9, 61] oder Undekan [153, 154] bringt für spezielle Probleme bessere Trennungen. Derartige verteilungschromatographische Trennsysteme eignen sich bei Mehrfachentwicklung [310] vor allem zur Differenzierung homologer Carbonylverbindungen.

Gruppentrennungen nach Anzahl der C = C-Doppelbindungen lassen sich auf $AgNO_3$-imprägnierten Schichten durchführen. Offensichtlich sind hier entsprechend behandelte Aluminiumoxid- oder Kieselgur-Schichten besser zur Chromatographie geeignet als imprägnierte Kieselgel-Platten.

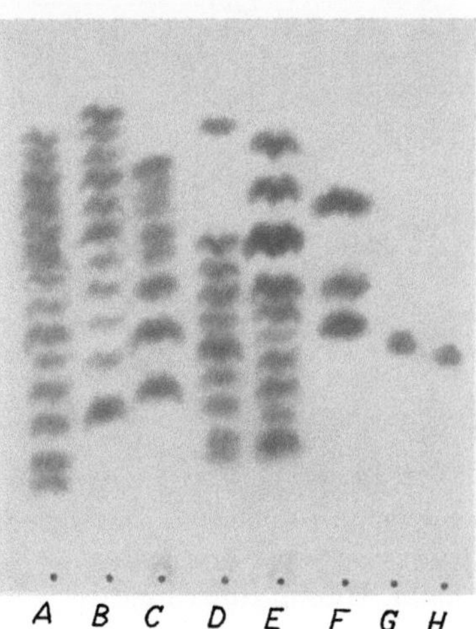

Abb. 103. Mehrfachentwicklung homologer 2,4-Dinitrophenylhydrazin-Derivate auf Kieselgur G-Schichten, imprägniert mit 10 proz. Phenoxyäthanol-Aceton-Lösung [310]. Fließmittel: Petroläther (100—120° C).1.—3. Entwicklung je 9 cm; 4. Entwicklung 11 cm.

A Alkanal-DNPH: C_{1-14}
B Alkan-2-on-DNPH: C_{3-13}
C Alk-1-en-3-on-DNPH: C_{4-10}
D Alk-2-enal-DNPH: $C_{3-11, 16}$
E Alk-2,4-dienal-DNPH: $C_{5-12, 14, 16, 18}$
F Alk-3-en-2-on-DNPH: $C_{6, 7, 10}$
G Nona-all-trans-dienal-(2, 6)
H Nona-trans-2, cis-6-dienal

Betrachtet man eingehender die in Tab. 27 aufgeführten Arbeiten, so sind besonders die Untersuchungen von URBACH [310] (Abb. 103) sowie BADINGS und WASSINK [9] hervorzuheben, da sie sich recht systematisch mit der Auftrennung der Carbonyl-DNPH beschäftigt haben. RUFFINI [218] chromatographiert 32 aromatische Aldehyd- und Keton-DNPH. Seine Untersuchungen entsprechen denen von KLOUWEN u. Mitarb. [132] bei den freien Carbonylverbindungen und werden insofern mit in Tab. 25 aufgeführt.

BYRNE [29] legt bei seinen 41 chromatographierten Mono-, Bis- und Tris-DNPH besonderen Wert auf allgemein gültige Trennbedingungen über einen weiten Bereich. Hydroxylhaltige Substanzen werden direkt auf der Aluminiumoxid- oder Kieselgel G-Schicht acetyliert. Zur nachfolgenden DC dienen verschiedene Techniken (TRT-Technik, Mehrfachentwicklung, horizontale Durchlaufchromatographie usw.). Durch Mehrfachentwicklung trennen auch Mehlitz u. Mitarb. [*162*] ähnlich wie Dhont und Dijkman [*47*] 33 Aldehyde und Ketone auf 500 μm dicken Kieselgel G-Schichten mit Tetrachlorkohlenstoff −n-Hexan−Essigsäureäthylester (81 + 16 + 8). Von besonderem Interesse ist die von ihnen vorgeschlagene Differenzierung der einzelnen gelb oder orange gefärbten Zonen mit dem salzsauren Kaliumhexacyanoferrat-Reagens (vgl. Nachweis S. 221). Auf diese Weise lassen sich auch die weniggliedrigen Carbonyl-Derivate unterscheiden, mit denen sich vor allem auch Libbey und Day [*149*], sowie Dhont u. deRooy [*48*] beschäftigt haben (Abb. 104).

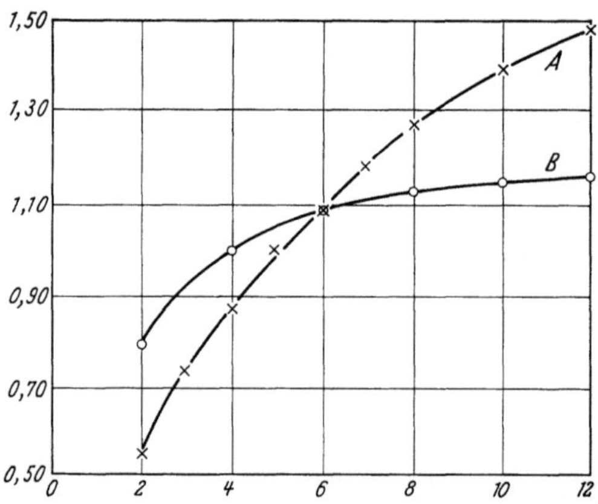

Abb. 104. R_B-Werte von 2,4-Dinitrophenylhydrazonen aliphatischer Aldehyde in Abhängigkeit von der Kettenlänge; Fließmittel A: Benzol-Leichtbenzin (75 + 25); B: Benzol-Essigsäureäthylester (95 + 5)

Nachdem gezeigt werden konnte, daß sich sowohl freie Aldehyde und Ketone als auch ihre Derivate ein- oder zweidimensional trennen lassen, wäre noch zu klären, wie man verbleibende kritische Paare unterscheiden kann. Häufig führt hier die TRT-Technik (S. 88) zum Erfolg.

Man chromatographiert das zu untersuchende Gemisch in Laufrichtung 1 mit Chloroform und besprüht dann — nach Abdecken des übrigen Chromatogrammes — das gestrichelte Feld (Abb. 182) mit einer 0,5 proz. 2,4-Dinitrophenylhydrazin-Lösung in Methanol, der 1% Salzsäure (25 proz.) zugesetzt wird, bzw. mit einer alkalischen Hydroxylaminhydrochlorid-Lösung. Die Aldehyde und viele Ketone reagieren auf der Schicht im ersten Fall mit gelb-oranger Färbung. Nach 10—15 min chromatographiert man in Laufrichtung 2 z. B. mit dem von Mehlitz [*162*] angegebenen Fließmittel Tetrachlorkohlenstoff-n-Hexan-Essigsäureäthylester (81 + 16 + 8). Auf diese Weise lassen sich bei Kammersättigung u. a. Anis- und Zimtaldehyd voneinander und von dem höher liegenden Citral bzw. darunter befindlichen Veratrumaldehyd gut abtrennen.

Bei der Lösung spezieller Trennprobleme wird man auch daran denken müssen, „Reaktionsschichten" zu erproben, die man durch Zusatz von Natriumhydrogensulfit zur Streichmasse leicht bereiten kann.

Nachweis: Zur Sichtbarmachung von Aldehyden und Ketonen wird am häufigsten eine saure 2,4-Dinitrophenylhydrazin-Lösung (Reag.-Nr. 76) verwendet. Bei Zimmertemperatur treten nach kurzer Zeit die entsprechenden Hydrazone als Farbflecke hervor. Die nicht cyclischen Aldehyde und Ketone reagieren zumeist mit gelber, die cyclischen mit orange bis orange-brauner Farbe. Die Nachweisempfindlichkeit ist unterschiedlich. Sehr deutliche Flecke erhält man bei Aldehyden zumeist schon bei Mengen von 1–5 μg. Bei einer Reihe von Ketonen wie Menthon, Fenchon, Piperiton und Campher sind größere Auftragemengen erforderlich (etwa 80 μg). Campher selber läßt sich nach GÄNSHIRT [68a] empfindlicher mit dem Dragendorff-Reagens (Nr. 188) anfärben. Die untere Erfassungsgrenze liegt hier bei etwa 20 μg [263]. – Leider muß auch bei dem 2,4-Dinitrophenylhydrazin-Reagens (Nr. 76) festgestellt werden, daß ebenfalls Verbindungen ohne Aldehyd- oder Ketogruppen eine gelbe bis orangefarbene Reaktion ergeben, so z. B. die Hydroxyphenylpropanderivate trans-Isoasaron, Apiol, Myristicin usw.

Das Phosphormolybdänsäure-Reagens (Nr. 158) spricht auf die Aldehyde und Ketone (5 μg) nicht gut an. Ohne Störungen kann man jedoch nach Verwendung des 2,4-Dinitrophenylhydrazin-Reagens (Nr. 76) die bewährte Antimon(III)- und (V)-chlorid-Mischung aufsprühen. Auch die von WASICKY und FREHDEN [323] beschriebene gesättigte o-Dianisidin-Lösung in Eisessig hat sich bewährt. Aldehyde, insbesondere das Furfural, ergeben hiermit bereits in der Kälte gelb bis braun gefärbte Zonen. Beim Erhitzen tritt eine Farbvertiefung ein, und die Schicht färbt sich dunkel. Manche Ketone, wie Carvon, Menthon und Piperiton, reagieren auch hier erst in größerer Menge (20–50 μg). Dieses Reagens ist nicht spezifisch; eine Farbbildung tritt ebenfalls z. B. mit Ascaridol, 1,8-Cineol, Hydroxyphenylpropankörpern und einigen Terpenen ein.

Sollen *Oxime* sichtbar gemacht werden, so hat sich eine 0,5proz. Kupferchlorid-Lösung (Reag.-Nr. 150) als brauchbar erwiesen. Die Zonen der α-Isomeren färben sich erst nach dem Erhitzen auf 110° C schwach grün-braun, während die β-Oximkomplexe bereits direkt nach dem Besprühen als grüne Flecke erkennbar sind.

Die Unterscheidung der *2,4-Dinitrophenylhydrazone* mit einer 0,2proz. Kaliumhexaxyanoferrat(III)-Lösung in 2 N-Salzsäure ist nach MEHLITZ u. Mitarb. [162] möglich und kann zur Charakterisierung der DNPH herangezogen werden. Gesättigte Keton-DNPH ergeben nach dem Besprühen rasch eine Blaufärbung. Wesentlich langsamer reagieren die gesättigten Aldehyd-Derivate unter oliv-grüner Färbung. Ungesättigte Carbonylverbindungen reagieren gar nicht (bis etwa C_{10}) oder geben erst nach längerer Zeit eine schwache Verfärbung.

5. Terpen- und Sesquiterpenalkohole

a) DC auf Kieselgel-Schichten

Chromatographiert man eine größere Zahl von Alkoholen auf Kieselgel-Schichten mit Benzol–Äthylacetat (80 + 20) [277] oder Chloroform, so zeigen sie annähernd die gleichen hRf-Werte [251, 183]. Lediglich eine

Subfraktionierung der C_{10}- und C_{15}-Alkohole ist zu erkennen (Tab. 28). Die Alkohole, die nicht im „normalen" Bereich liegen, sind gesondert genannt.

Tabelle 28. *Adsorptionschromatographische Trennung von Terpen- und Sesquiterpen-Alkoholen auf einer Kieselgel G-Schicht mit Chloroform*

Verbindung	hRf-Werte*		
	NS**	KS**	S-Kammer
13 Monoterpenalkohole	30—40	25—35	18—24
Thujylalkohole	47—55	26—33	20—24
Menthole	48—62	32—44	22—33
Terpinenol-(4)	68	45	36
17 Sesquiterpenalkohole	35—70	30—40	18—30
Daucol	16	14	14
α-Caryophyllenalkohol	77	41	30
Junenol	88	57	46
Carotol	93	56	45

* Nur als Richtwerte zu betrachten.
** Trogkammer: NS = Normalsättigung bei 24° C; KS = Kammersättigung bei 24° C.

Insofern überrascht es, daß sich manche Stereoisomeren relativ gut trennen lassen, wie z. B. die in Tab. 29 genannten Menthole [*79, 105, 196, 259*].

Tabelle 29. *Trennung der isomeren Menthole*

Verbindung	hRf-Werte im Fließmittel*			
	I	II	III	IV
Menthol	32	47	67	36
Isomenthol	29	41	62	37
Neomenthol	40	64	73	51
Neoisomenthol	36	68	76	55

* Fließmittel I = Chloroform p. a., Standardbedingungen, KS; II = n-Hexan-Essigester (90 + 10), Standardbedingungen, NS; III = Benzol-Methanol (75 + 25), Herstellung der Schicht nach [*196*]; IV = Benzol-Methanol (95 + 5), Herstellung der Schicht nach [*196*]; hRf-Werte sind nur als Richtwerte zu betrachten.

Auch die 4 isomeren Thujylalkohole besitzen verschiedene h Rf-Werte [*177*]. Folgende Reihenfolge konnte bei Kammersättigung und Dreifach-entwicklung mit Benzol—Chloroform (50 + 50) erhalten werden: Iso-thujylalkohol (h Rf 47), Thujylalkohol (50), Neothujylalkohol (57) und Neoisothujylalkohol (67) [*263*].

Ähnliche Untersuchungen wurden bei den stereoisomeren Farnesolen durchgeführt [*300*], die Juvenilhormon-Charakter besitzen [*225, 226*] und als Sexuallockstoffe des Hummelmännchens [*268, 269*] dünnschicht-chromatographisch nachgewiesen werden konnten. Es wurde auf Kiesel-gel V- und Szialgel 47-Schichten (Fa. 114) mit Benzol-Äthylacetat (95 + 5) chromatographiert [*303, 309*]. Dabei lag das trans-trans-Farne-sol (h Rf 27) unter dem cis-trans-Farnesol (h Rf 36). Diese Folge ändert

sich auch nicht beim Entwickeln mit reinem Benzol [*304*] und ist ebenfalls bei den Farnesolestern zu beobachten [*307—309*]. Auf die DC der
Eudesmole gehen SEIKEL und ROWE [*237*] ein. Sie trennten u. a. Milligramm-Mengen α- und β-Eudesmol auf 500 μm dicken Aluminiumoxid-
Schichten mit dem Fließmittel-Benzol—Petroläther (50 + 50). Eine Vergrößerung der h*Rf*-Wert-Unterschiede soll durch Anwendung der absteigenden Technik erzielt werden.

Zur Reinigung und zur Kontrolle von zwei furanoiden Sesquiterpenalkoholen chromatographieren GUTZWILLER u. Mitarb. [*84*] ebenfalls
auf Kieselgel-Schichten mit Mischungen aus Chloroform und Methanol.

Liegen spezielle Trennprobleme vor, so kann die „Diffusions-Trenn-
technik" nach DEMOLE [*42*] angewandt werden. Nach der auf S. 82
wiedergegebenen Methode kann sich die unpolarere, weniger stark adsorbierte Verbindung auf der Deckplatte anreichern und dort nachgewiesen werden.

b) Paraffin-imprägnierte Kieselgel-Schichten

Durch Imprägnieren der Kieselgel-Schicht mit Paraffin- oder Silikonöl und entsprechend hydrophilen Fließmitteln gelang eine gute Trennung
der hier in Betracht kommenden Alkohole in Gruppen gleicher Kohlenstoffzahl (Tab. 30 [*112*]). Die im Mikrogramm-Bereich schwierige Ent-
scheidung, ob ein Hemi-, Mono-, Sesqui- oder Diterpenalkohol vorliegt,
ist nun im Vergleich zur nichtimprägnierten Schicht sicher möglich [*113*].

Tabelle 30. *Trennung der Alkohole auf einer paraffin-imprägnierten Kieselgel G-
Schicht mit 70 proz. Methanol*

C-Zahl	Alkohole	h*Rf*-Werte*
20	Phytol, Isophytol	2— 5
15	Farnesol, Nerolidol, Cedrol, Guajol, Daucol, Carotol, June- nol, Elemol (h*Rf* 25)	17—20
10	Geraniol, Nerol, Isoborneol, Borneol, Linalool, Menthol, Terpineol usw. Cuminalkohol (h*Rf* 50)	42—48
9 7 5	Zimtalkohol Benzylalkohol Furfurylalkohol	55 werden 59 im Ge- 63 misch getrennt

* Die h*Rf*-Werte nehmen mit steigender Kohlenstoffzahl ab und sind nur als
Richtwerte zu betrachten. Sie wurden im S-Kammersystem ermittelt. Auftragemenge: je 5 μg.

Methode. Die getrocknete und auf Zimmertemperatur abgekühlte
Kieselgel G-Schicht wird für eine Minute in eine 5 proz. Paraffin-Petrol-
äther-Lösung oder 5 proz. Silikonöl DC 550-Petroläther-Lösung (s. S. 49)
gebracht und nach 15 min Abdampfen des Petroläthers (40—60°) in
waagerechter Lage wie die normalen Platten weiter verwendet. Eine
Imprägnierung durch vorheriges Aufsteigenlassen mit der Paraffin-
Petroläther-Lösung bringt hier keine Vorteile.

Als Fließmittel wird ein mit Paraffinum liquidum DAB. 6., bzw. Silikonöl DC 550 gesättigtes Gemisch aus 70 ml Methanol p. a. und 30 ml dest. Wasser bevorzugt.

Auf ähnliche Weise chromatographierte McSweeney [*217*] 6 Mono-, Sesqui- und Diterpenalkohole auf paraffin-imprägnierten Kieselgur-Schichten mit Aceton—Wasser (65 + 35). Eine kurze Zusammenfassung der Trennbedingungen chemisch interessierender Alkohole gibt Garel [*70*].

c) Silbernitrat-imprägnierte Kieselgel-Schichten

Nachdem eine Untergliederung der Alkohole in Gruppen gleicher C-Zahl erfolgt ist, lassen sich diese nun weiter nach der Anzahl der C = C-Doppelbindungen auftrennen. Stahl und Vollmann [*266*] konnten mit der Gradient-DC zeigen, daß der optimale und ökonomische Silbernitrat-Gehalt der Schicht (Abb. 105a) schon bei 2,5% liegt. Zur Auftrennung von 9 Mono- und Sesquiterpenalkoholen diente ein Gemisch aus Methylenchlorid—Chloroform—Äthylacetat—n-Propanol (45 + 45 + 4,5 + 4,5). Bei einer Laufstrecke von 15 cm war der Trenneffekt gut (Abb. 105b I), ließ sich jedoch durch nachfolgende Zweifachentwicklung mit Methylenchlorid—Chloroform (40 + 60) weiterhin verbessern (Abb. 105b II, III).

10 proz. Silbernitrat-Kieselgel-G-Schichten benutzten Pesnelle et al. [*195*], um mit Cyclohexan—Äthylacetat (60 + 40) das früher als einheit-lich geltende Galbanol [*327*] in Bulnesol, Guajol und β-Eudesmol auf-zutrennen.

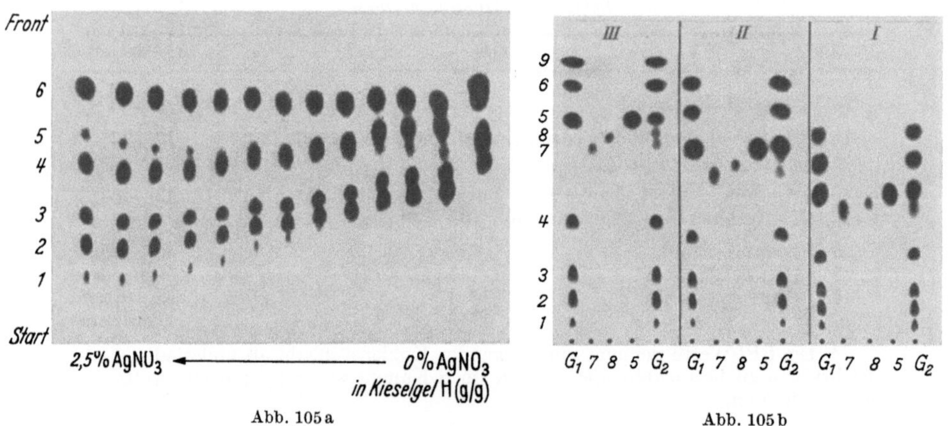

Abb. 105a. Ermittlung der optimalen AgNO₃-Konzentration auf Kieselgel H-Schichten zur Trennung von Terpenalkoholen (1—6 s. bei Abb. 105b)

Abb. 105b. Mehrfachentwicklung eines Gemisches aus 4 Mono- und 5 Sesquiterpen-Alkoholen auf Silbernitrat-Kieselgel-Schichten [*266*]

I: einmalige Entwicklung: Methylenchlorid-Chloroform-Äthylacetat-n-Propanol (45 + 45 + 4,5 + 4,5)
    II und *III:* zweite bzw. dritte Entwicklung mit Methylenchlorid-Chloroform (40 + 60)

1	Nerolidol	*5*	Borneol	*9*	Carotol
2	Geraniol	*6*	Cedrol	*G₁*	Gemisch 1—6, 9
3	Nerol	*7*	Cuminalkohol	*G₂*	Gemisch 1—9
4	Guajol	*8*	Daucol		

d) Trennung der Dinitrobenzoesäureester (DNB)

Eine weitere Möglichkeit zur Kennzeichnung von Alkoholen bietet die DC nach Umsetzung der Substanzen mit 3,5-Dinitrobenzoylchlorid (Herstellung s. Kap. TS, 3a). DHONT und DEROOY [49] zeigten als erste, daß sich DNB-Ester auf Kieselgel G-Schichten mit Benzol-Petroläther (50 + 50) trennen lassen. Als Bezugssubstanz für die Lage im Chromatogramm wurde Buttergelb (p-Dimethylaminoazobenzol) gewählt. Die Dinitrobenzoesäureester der Alkohole ergaben folgende R_B-Werte:

$$R_B = \frac{\text{Wanderungsstrecke der Substanzen}}{\text{Wanderungsstrecke Buttergelb}}$$

Furfurylalkohol-DNB 0,71, Benzylalkohol-DNB 0,76, Maltol-DNB 0,92, Geraniol-DNB 1,26, Citronellol-DNB 1,69.

Mit ähnlich unpolaren Fließmittelkombinationen arbeiten BRAUN [20], GRAF und HOPPE [79] sowie MEHLITZ u. Mitarb. [163]. Während Menthol- und Isomenthol-DNB unter Standardbedingungen auf Kieselgel G-Schichten mit Petrolbenzin (105—120° C)-Isopropyläther (95 + 5) getrennt werden [79], lassen sich weitere Terpen- und Sesquiterpenalkohol-DNB durch zweimaliges Entwickeln mit Petroläther—Diisopropyläther (94 + 6) auf 500 μm dicken Kieselgel G-Schichten gut unterscheiden. Zur DC der DNB von niederen Alkoholen sind Mischungen mit der doppelten Äthermenge besser geeignet.

Sichtbarmachung. Ein empfindlicher aber unspezifischer Nachweis der Alkohole ist mit dem Phosphormolybdänsäure-Reagens (Nr. 158) möglich. Nach dem Aufsprühen und Erhitzen lassen sich auf Kieselgel-Schichten noch Mengen von 0,5—1,0 μg als blau-graue Flecke auf gelbem Untergrund erkennen. — Unempfindlicher sind das Antimon(III)- und (V)-chlorid-Reagens (Nr. 19 u. 22). Bei seiner Verwendung sollte man das Chromatogramm vor und nach dem Erhitzen im Tages- und langwelligen UV-Licht (365 nm) betrachten. Vor dem Erhitzen reagieren von den untersuchten Alkoholen (5 μg) mit grauer bis violetter Farbe: Geraniol, Nerol, Linalool, Terpineol, Nerolidol, Farnesol, Guajol und Phytol. Nach dem Erhitzen tritt bei diesen wie auch bei den übrigen Alkoholen der Tab. 30 eine Verfärbung zumeist nach braun ein. Im langwelligen UV-Licht zeigen die meisten Alkohole und deren Ester im Gegensatz zu den Phenoläthern (s. dort) eine braun-rote Fluorescenz.

Eine höhere Nachweisempfindlichkeit als bei den Antimonchlorid-Reagentien und eine gewisse Farbdifferenzierung von grau-blau über violett, rosarot nach grün beobachtet man bei Verwendung des Anisaldehyd-Schwefelsäure-Reagens (Nr. 15). Es fällt auf, daß die Ester ähnliche Farben ergeben wie die entsprechenden Alkohole. Ebenso liegt die untere Nachweisgrenze bei den Estern im gleichen Bereich wie bei den freien Alkoholen (vgl. auch [312]). Als weitere Detektionsmittel werden Rhodamin B-Lösungen (Reag.-Nr. 212) und der Fluorescein-Eosin Test (Reag.-Nr. 104) mit Erfolg angewandt.

15 Dünnschicht-Chromatographie 2. Aufl.

6. Phenylpropan- und Phenolderivate

a) Kieselgel-Schichten

Von den hier zu behandelnden Substanzen besitzen die Methoxyphenylpropan-Derivate für die Medizin und Riechstoffindustrie ein größeres Interesse als die wasserdampfflüchtigen Phenole. Derartige Verbindungen sind in einer Reihe von Pflanzen bzw. den hieraus gewonnenen ätherischen Ölen enthalten; es seien nur die Gewürznelken, Piment, Anis, Fenchel, Petersilie, Dill, Kalmus und Sassafras genannt.

Die chromatographische Trennung einer Reihe von Verbindungen gelingt auf den nach der Standardmethode hergestellten 250 μm Kieselgel GF$_{254}$- oder HF$_{254}$-Schichten mit Benzol als Fließmittel (Abb. 106)

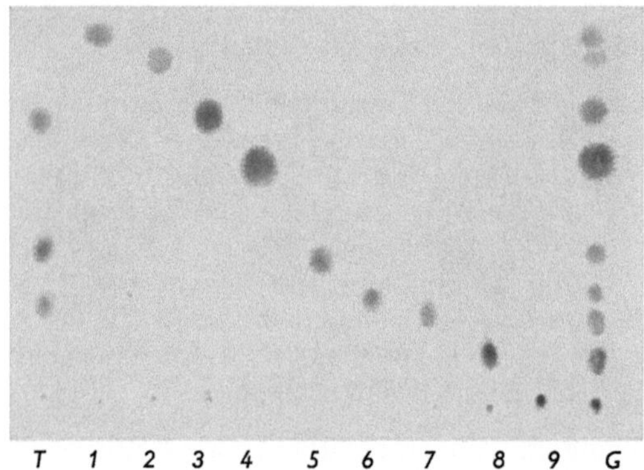

Abb. 106. Trennung von Methoxyphenylpropan-Derivaten (je 4 μg) auf einer Kieselgel G-Schicht mit Benzol. S-Kammer, 10 cm Laufstrecke, 35 min, Sprühreagens: Phosphormolybdänsäurelösung (Nr. 158). *T* Testgemisch „Desaga", *1* Safrol, *2* Methylchavicol, *3* Myristicin, *4* Apiol, *5* Eugenolmethyläther, *6* Asaron, *7* Allyltetramethoxybenzol, *8* Elemol, *9* Brenzkatechin, *G* Gemisch (je 2 μg)

(vgl. auch [282]). Äquipolare Fließmittel wie z. B. Petroläther (Kp. 50—75°) — Diäthyläther (85 + 15) oder n-Hexan-Äthylacetat (95 + 5) wurden dann von PASTUSKA und PETROWITZ [191a], FISHBEIN u. Mitarb. [63] und FIORI und MARIGO [62] empfohlen. Hiermit bleiben Brenzkatechin und die übrigen „Di- und Triphenole" am Startpunkt (Tab. 31). Sie lassen sich jedoch mit polareren Fließmitteln trennen [70]. Eine zweidimensionale DC schlagen LAPINA [146] sowie KLOUWEN und TER HEIDE [131] vor. Wird in der 1. Richtung Benzol oder Chloroform verwandt, so könnte in der 2. Dimension sauer oder alkalisch chromatographiert werden. KRATZL und MIKSCHE [141] verwenden bei der Trennung der Phenolalkohole 1-Guajacylpropandiol(1,3), Coniferylalkohol und Dihydroconiferylalkohol, ein essigsaures Fließmittel auf wassergesättigter Benzol-Basis. SEEBOTH [234—236] sowie PASTUSKA u. Mitarb. [191a] geben ebenfalls saure mobile Phasen an. Ersterer kommt aber dennoch zu der Ansicht, daß sich die Diphenole am besten mit Chloroform—Aceton—Diäthylamin (64 + 32 + 3) auf Aluminiumoxid „sauer" —Kieselgel[7]—Gips-Schichten (42 + 42 + 17) trennen lassen. GABEL u.

---

[7] Supergel (Fa. 146).

Mitarb. [68] unterscheiden die isomeren Phenole Thymol und Carvacrol mit Chloroform—Pyridin—Benzol (65 + 5 + 30) auf normalen Kieselgel G-Schichten (vgl. auch [228]). — Wählt man statt eines basischen Fließmittels alkalisierte Kieselgel G-Platten oder auch Aluminiumoxid-Schichten [126], so liegen die Phenole infolge Phenolatbildung deutlich tiefer als die neutral reagierenden Phenoläther. Andererseits ist auf sauren Reaktionsschichten bei den Phenolen eine Erhöhung der hRf-Werte gegenüber der neutralen stationären Phase zu beobachten [70]. Auch acetylierte Polyamid-Schichten [80a] oder Kieselgur, imprägniert mit Formamid, lassen sich mit Erfolg zur Unterscheidung einsetzen [242]. Da bei adsorptionschromatographischen Trennungen der Sättigungszustand und die Art der Kammer einen nicht unerheblichen Einfluß auf die hRf-Werte haben (vgl. S. 67), wurden diese Richtwerte in der Tab. 31 sowohl für die S-Kammer als auch für die Trogkammer (mit und ohne Kammersättigung) angegeben. Im übrigen gelten die Standardbedingungen.

b) Struktur und hRf-Wert

Bei der Trennung und Identifizierung von den Phenylpropan- und Phenolderivaten gelten bei Anwendung der Standardbedingungen folgende *Faustregeln*, die sich aus systematischen Untersuchungen ergeben haben und von KLOUWEN und TER HEIDE [131] bestätigt werden.

1. Einen starken Einfluß auf die Adsorptionsaffinität haben die freien phenolischen Gruppen. Während mit Benzol oder Chloroform als Fließmittel die Monophenole noch wandern, werden die Diphenole bereits am Startpunkt zurückgehalten.

2. Die Phenoläther zeigen eine wesentlich geringere Adsorptionsaffinität als die entsprechenden Phenole (Phenol-Anisol; Resorcin-Resorcindimethyläther).

3. Mit zunehmendem Methoxylgruppengehalt sinkt der hRf-Wert (Anethol = 1 —OCH$_3$-Gruppe: hRf 83; Isoeugenolmethyläther = 2 —OCH$_3$-Gruppen: hRf 22; Isoasaron = 3 —OCH$_3$-Gruppen: hRf 13). Die Stellung der Methoxylgruppen hat einen Einfluß auf die Lage der Verbindung im Chromatogramm. Elemicin mit 3 paraständigen vicinalen —OCH$_3$-Gruppen wird stärker adsorbiert als Isoasaron, das als Hydroxyhydrochinonderivat aufgefaßt werden kann. Eine Trennung der 6 stellungsisomeren drei Methoxyallylbenzole sollte z. T. wenigstens möglich sein.

4. Je mehr gleichartige Substituenten im Ring vorhanden sind, um so weniger kommt der adsorptive Einfluß der Einzelgruppe zum Tragen. Häufig vermindert sich scheinbar die Adsorptionsaffinität, wie z. B. beim Allyltetramethoxybenzol, das den gleichen hRf-Wert besitzt wie das Allyltrimethoxybenzol (Elemicin).

5. Werden zwei benachbarte Methoxylgruppen am aromatischen Ring durch eine Methylendioxyl-Brücke ersetzt, so verringert sich die Polarität der Verbindung (Eugenolmethyläther hRf 22 — Safrol hRf 89; Elemicin hRf 12 — Myristicin hRf 61; Allyltetramethoxybenzol hRf 12 — Petersilienapiol hRf 45).

6. Die Einführung einer aliphatischen Seitenkette (Methyl-, Äthyl-, Allyl-, Propenylgruppe) in den Kern ändert die Adsorptionsaffinität und somit den hRf-Wert auf normalen Kieselgel G-Schichten nur geringfügig.

c) DC von Phenolestern, Kupplungs-Derivaten und anderen Kondensationsprodukten

Zur besseren Charakterisierung von Phenolen lassen sich in Analogie zu den Terpenalkoholen (S. 225) die *3,5-Dinitrobenzoesäureester* herstellen. Bei der DC auf Kieselgel G-Schichten werden z. B. unter Standardbedingungen folgende R_B-Werte erhalten: Eugenol-DNB 0,55; Isoeuge-

Tabelle 31. *Phenol- und Hydroxyphenylpropan-Derivate, h Rf-Werte und Farbreaktionen* (Kieselgel G-Schicht; Fließmittel: Benzol)

Substanz	h Rf-Werte			Farbreaktionen			
	Trogkammer		S-Kammer	Antimon (III)- + (V)-chlorid-Reagens 1 + 1 (Nr. 19, 22)			Anisaldehyd-Schwefelsäure (Reagens-Nr. 15) nach Erhitzen **
	KS	NS		bei Zimmertemp.	nach Erhitzen*	UV-Fluorescenz n. 24 Std (!!)	
Safrol	57	90	89	—	grau-violett	braunrot, heller Rand	blau-grün-grau
Isosafrol	57	90	89	grau-violett	blau-violett	violettgrau, heller Rand	grau-violett
Anethol	56	87	83	—	violett-grau	violettrosa	grau-rot (bläul. Rd.)
Methylchavicol	55	85	80	—	oliv-grün-grau	rosa	violett-grau (n. 15′)
Myristicin	46	70	61	hellbraun	graubraun	dunkel, rötl. Rand	braun-grün-grau
Isomyristicin (trans)	46	70	61	—	braun-violett	braunviolett	grau-braun
Resorcindimethyläther	40	72	56	graubraun	braun-grün	dunkel	rot
Apiol	35	58	45	hellbraun	oliv-grau	dunkel	violett-grau
Iso-Apiol (trans)	35	58	45	violett	braun-violett	dunkel	blau-violett
Hydrochinondimethyläther	31	54	45	—	gelb-grün bis braun	dunkel	schw. violett-grau
Carvacrol	25	47	33	—	rot bis braun	rot	hellrot-rotbraun
Thymol	23	47	33	—	blau-rot	rotviolett	rot
Brenzkatechindiäthyläther	22	47	32	—	blau-grau	dunkel	rot
Guajakol	18	40	27	grau	grau-schwarz	dunkel	braun-grau
Eugenol	18	40	27	violett-braun	braun-grau	violettgrau	schmutzig grün
Eugenolmethyläther	15	31	22	violett-grün	braun-violett	beige, grünl. Rand	braun, blauer Rand
Isoeugenolmethyläther	15	31	22	—	violett	rötlichbraun, Rand hell	dunkel violett
Veratrol	13	29	17	—	blau-schwarz	dunkel	schwach rotlila
Allyltetramethoxybenzol	11	20	12	—	olivgrün	dunkel	beige-braun (n. 15′)
Phenol	10	19	13	—	grau-braun	dunkel	rot-orange
Asaron (trans-Iso-)	10	20	13	grau-gelb	grau-grün	dunkel	rot-lila
Elemicin	8	12	8	schwach-grau	grau-braun	rötlich-dunkel	braun-violett
Brenzkatechin	0	0	0	—	leicht rotlila	dunkel	rot
Homobrenzkatechin	0	0	2	braun-grau	braun	dunkel	rot
Resorcin	0	0	0	—	braun	dunkelviolett	rot-orange
Hydrochinon	0	0	0	—	gelb-braun	dunkel	braun-grau
Buttergelb	32	60	53	KS = Kammersättigung, NS = ohne Sättigung (S. 67).			
Sudanrot	10	24	17	*10′ lang auf 100—105° C. **Vor dem Erhitzen keine Farbreaktion.			
Indophenol	3	10	8	Laufzeiten für die 10 cm Trennstrecke: NS = 35′, KS = 50′, S-Kammer = 40′.			

nol-DNB 0,56; Phenol-DNB 0,76; α-Naphthol-DNB 0,89; β-Naphthol-DNB 0,93; DNB der Kresole 1,00—1,05; Thymol-DNB 1,42. Die Bezugssubstanz war Buttergelb [*49*].

Als weitere Derivate der Phenole lassen sich die *Kondensations*-Produkte mit 4-Aminoantipyrin trennen, eine Möglichkeit, die zur Unterscheidung kritischer Partner herangezogen werden könnte. Als Fließmittel geben GABEL u. Mitarb. [*68*] eine Mischung von Chloroform—Pyridin—Benzol (65 + 5 + 30) an.

Gelingt es auch auf diese Weise nicht, Klarheit über das Vorliegen bestimmter Phenole bzw. ihrer Isomeren zu erhalten, so könnte als weitere Identifizierungsmöglichkeit die DC der entsprechenden *Kupplungsprodukte* herangezogen werden. So trennten KNAPPE u. ROHDEWALD [*133a*] Phenol, die 3 isomeren Kresole sowie die 6 Xylenole. Sie chromatographierten die mit Echtrotsalz AL (Fa. 127) umgesetzten Verbindungen auf Kieselgel G-Dikaliumcarbonat-Schichten in Kombination mit oxalsauren Kieselgel G-Schichten. Als Fließmittel dienten ihnen Mischungen aus Dichlormethan—Essigsäureäthylester—Diäthylamin (92 + 5 + 3) und Chloroform—Essigsäureäthylester—Äthanol (93 + 5 + 2).

d) Trennung der Allylmethoxybenzole von ihren cis-trans-Propenyl-Isomeren

Um eine Auftrennung und mikroanalytische Kennzeichnung isomerer Phenylpropan-Derivate zu erhalten, hat es sich bewährt, auf $AgNO_3$-imprägnierten Kieselgel G-Schichten zu chromatographieren [*177a, 258*]. Der Imprägnierungsgrad wurde zuvor mit Hilfe der Gradient-Technik (S. 90) ermittelt. Als Fließmittel kann eine Mischung aus Petroläther (50—75° C) — Diäthyläther (85 + 15) dienen. Die n-Verbindungen liegen auf Grund ihrer stabileren Komplexbildung jeweils tiefer als die Isoformen, eine Beobachtung übrigens, die nach PEYRON [*199*] beim Anethol und Methylchavicol auch noch auf normalen Kieselgel G-Schichten mit Benzol-Pyridin als Fließmittel eintreten soll.

Der **Nachweis** der in Tab. 31 aufgeführten Substanzen kann zunächst durch Fluorescenzlöschung auf Kieselgel GF_{254}- oder HF_{254}-Schichten im kurzwelligen UV-Licht erfolgen. Auf Grund der aromatischen Struktur zeigen diese Verbindungen im Gegensatz zu den meisten Terpen- und Sesquiterpenkohlenwasserstoffen sowie -alkoholen eine hohe Lichtabsorption in dem Wellenlängenbereich zwischen 250 und 280 nm. Dadurch wird die Fluorescenzintensität der Sorptionsschicht vermindert oder ganz gelöscht, und die Substanzen lassen sich — weitgehend zerstörungsfrei — als dunkle Zonen auf gelb-grün fluorescierendem Untergrund erkennen.

Eine Anfärbung der Flecke kann danach durch Phosphormolybdänsäure (Reag.-Nr. 158) erfolgen. Nach dem Erhitzen treten die Verbindungen als blau-graue Zonen auf gelber Schicht hervor. — Die besten Farbunterschiede erzielt man mit dem Anisaldehyd-Schwefelsäure-Reagens (Nr. 15) oder mit einer Mischung aus Antimon(III)- und (V)-chlorid-Lösung im Verhältnis 1:1 (Reag. Nr. 19 u. 22). Der Zusatz von Antimon(V)-chlorid bewirkt einerseits eine Verstärkung der Reaktionsfarbe, hat aber den Nachteil, daß die Farbflecke zunächst keine Fluorescenz im langwelligen UV-Licht zeigen. Sie tritt erst nach einem Tag auf, während reine Antimon(III)-chlorid-Lösung direkt nach dem Erhitzen zu einer Fluorescenz führt, die bei bestimmten isomeren Verbindungen zu ihrer Unterscheidung dienen kann. So besitzt der Eugenolmethyläther eine gelb-grüne Emissionsstrahlung und ist vom Isoeugenolmethyläther (cis-trans-Gemisch) mit seiner rötlich-braunen Fluorescenz gut zu unterscheiden [248].

Eine Farbreaktion zwischen Phenolen und 4-Aminoantipyrin im alkalischen Milieu bei Gegenwart von Kaliumhexacyanoferrat-(III) (Reag.-Nr. 4) beschreiben Gabel u. Mitarb. [68]. Es bilden sich lachsrote (Carvacrol) bis rot-orange Zonen (Thymol) auf dem Dünnschicht-Chromatogramm.

Allgemein ist zu den genannten Farbreaktionen zu bemerken, daß sie von der Substanz- und Reagens-Menge sowie von der Temperatur und Dauer des Erhitzens abhängig sind. Oft wird zu wenig Reagens aufgesprüht; für eine 20 × 20 cm Platte sollten 10—15 ml verwendet werden. — Zur Orientierung, ob eine Verbindung mit einer freien phenolischen Gruppe vorliegt, kann man eine alkalische Diazoniumsalz-Lösung (Reag.-Nr. 91; 230) aufsprühen. Phenole kuppeln und ergeben farbige Produkte — allerdings auch einige andere Verbindungen, z. B. Azulene und Amine.

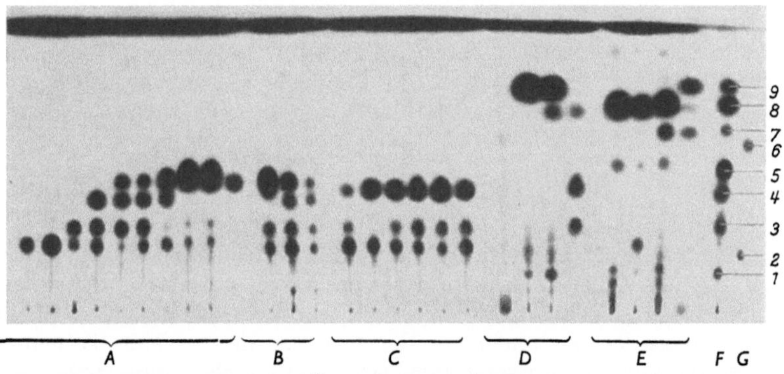

Abb. 107. DC-Vergleich des ätherischen Öls verschiedener Daucus-Arten auf einer 40 cm breiten Kieselgel GF$_{254}$-Schicht mit Hexan-Äther (87 + 13) bei Kammersättigung. Sichtbarmachung: Phosphormolybdänsäure (Reag.-Nr. 158)

A	*Daucus carota subsp. maximus*	F	Gemisch aus		
B	*D. carota*, Mischformen	1	Geraniol	3	Elemicin, darunter
C	*D. carota subsp. hispanicus*	4	Eugenolmethyläther		Asaron
D	*D. carota subsp. carota*	5	br. Alkohol	7	Oxy-Caryophyllen
E	*D. carota subsp. sativus*	8	Carotol	9	Geranylacetat
		G	Testgemisch: 2 Sudanrot G, 6 Buttergelb		

Anwendung. Die DC war — allgemein gesehen — die Voraussetzung zur Erkennung „Chemischer Rassen" bei Arzneipflanzen. Im speziellen wurden derartig erblich fixierte Unterschiede bei Gattungen mit Hydroxyphenylpropankörpern gefunden, wie beispielsweise bei Kalmus [248—250], Petersilie [260], Asarum [113, 261], Möhre [254] und Dill [1, 256].

Zur Vermeidung von Fehlbeurteilungen auf Grund der natürlichen Unterschiede in der Ölzusammensetzung (vgl. REITSEMA, CRAMER u. FASS [210]) müssen jeweils die gleichen Pflanzenorgane untersucht werden.

Andere Anwendungsbereiche sind die Qualitätskontrolle und die Synthese, so wie es GABEL u. Mitarb. [68] und FRÖMMING [67] zeigen konnten.

III. Ätherische Öle

1. Gemische von Terpen- und Sesquiterpen-Derivaten (Kap. J II, 1—6)

Ätherische Öle sind wasserdampfflüchtige, lipophile Naturstoffgemische aus Pflanzen, die sich zumeist durch einen charakteristischen Geruch auszeichnen. Neben einem oder mehreren Hauptbestandteilen, die für das betreffende Öl spezifisch sind, können zahlreiche weitere (bis etwa 50), in den vorstehenden Abschnitten bereits abgehandelte Verbindungen darin enthalten sein.

2. Schwefelhaltige Öle

Eine besondere Stellung nehmen die schwefelhaltigen ätherischen Öle ein. Nachdem CURTIS et al. [3, 4, 38] eine Reihe von Thiophen-Derivaten auf Kieselgel G- oder Aluminiumoxid G-Schichten getrennt haben, und darauf hingewiesen wurde [230], daß Thiophenalkine häufig mit Polyacetylenen gemeinsam in Pflanzen vorkommen, haben SCHULTZ u. Mitarb. [231] sowie WAGNER et al. [320] die DC der verschiedenen Allylsenföle durchgeführt. Im Arbeitskreis um SCHULTZ wurden die Komponenten des Knoblauchöles in der S-Kammer auf Kieselgel G-Schichten mit Tetrachlorkohlenstoff—Methanol—Wasser (60 + 30 + 3 oder 60 + 30 + 6) aufgetrennt. Das gleiche Sorbens verwandten WAGNER u. Mitarb. Sie stellten allerdings die entsprechenden Thioharnstoff-Derivate der Senföle her und chromatographierten diese mit der Oberphase der Mischung Essigsäureäthylester—Chloroform—Wasser (30 + 30 + 40). Die homologen aliphatischen und aromatischen Isothiocyanate ließen sich gut unterscheiden.

Herstellung der Thioharnstoff-Derivate: 0,3 g ätherisches Öl werden in 1 ml Äthanol (95 proz.) gelöst und mit der gleichen Menge 25 proz. Ammoniak-Lösung versetzt. Nach dem Erwärmen dieses Gemisches auf dem Wasserbad bis zum Einsetzen der exothermen Reaktion wird der Ansatz zum Auskristallisieren der Thioharnstoff-Derivate beiseite gestellt. Die Umkristallisation erfolgt aus verdünntem Äthanol.

3. Ätherische Öle mit Polyacetylen-Verbindungen

Eine besondere Gruppe von Verbindungen, die immer häufiger in ätherischen Ölen angetroffen wird, sind die Polyacetylen-Derivate. Zu ihrer Gewinnung zieht man allerdings die Extraktion vor, da sie z. T. durch Wasserdampfdestillation zerstört werden [134].

Eingehend wurde diese Verbindungsklasse in den Arbeitsgruppen von BOHLMANN und auch SCHULTE untersucht. Bisher wurden etwa 150

Alkine isoliert [*217, 333*]. Zur Trennung von natürlich vorkommenden Polyacetylen-Verbindungen, die auffälligerweise häufig gemeinsam mit Thiophen-Derivaten in der Pflanze anzutreffen sind (S. 231), empfehlen Schulte et al. [*230*] Kieselgel G-Schichten. Als Fließmittel haben sich Petroläther (Kp. etwa 60°)-Diäthyläther-Gemische wechselnder Zusammensetzung gut bewährt. Knütter u. Pohloudek-Fabini [*134*] schlagen Chloroform—Benzol—Cyclohexan (33 + 33 + 33) zur DC des Matricariaesters in *Solidago virgaurea*-Ölen vor, während Stahl u. Scheu [*263*] bereits mit Petroläther (50—75°)-Methylenchlorid (70 + 30) bei zweimaligem Durchlauf eine gute Abtrennung derartiger Verbindungen in Wurzelölen von *Chrysanthemum vulgare* (Rainfarn) erreichten.

Sollen Milligramm-Mengen der Alkine isoliert werden, so kann die präparative DC auf Kieselgel HF_{254}-Schichten herangezogen werden [*15, 16*]. Die meisten Polyacetylene löschen die Fluorescenz und sind wie die Phenylpropan-Derivate als dunkle Zonen leicht zu erkennen.

Bei der mikroanalytischen Kennzeichnung ätherischer Öle mit der DC und/oder GC muß man folgendes beachten:

a) Die handelsüblichen ätherischen Öle sind fast in allen Fällen einer Rektifikation unterzogen worden, um den Anforderungen in bezug auf Geruch und/oder Geschmack zu entsprechen. Hierbei werden oftmals durch eine Fraktionierung die niedrig- und die hochsiedenden Anteile entfernt. Als besonders hochwertig gelten die von Terpenen und Sesquiterpenkohlenwasserstoffen weitgehend befreiten ätherischen Öle. Nicht selten werden verschiedene Ölqualitäten gemischt.

b) Die Zusammensetzung der ätherischen Öle hängt von zahlreichen Faktoren ab:

  α) Von der botanisch-systematischen Einheitlichkeit des verwendeten Pflanzenmaterials (,,Chemische Rassen''; vgl. S. 230).
  β) Vom verwendeten Organ der Pflanze (z. B. Blüte, Blatt, Rinde oder Wurzel)
  γ) Vom Standort, Klima, Ernte und Aufbewahrung des Materials.
  δ) Vom Gewinnungsverfahren sowie den chemischen Veränderungen während der Isolierung.

c) Nur die Kombination mehrerer analytischer Verfahren vermag eine gewisse Sicherheit bei der Identifizierung und der quantitativen Bestimmung der Einzelkomponenten zu geben [*259, 265*] (vgl. S. 114, 200).

Es würde den Rahmen dieses Kapitels sprengen, wollte man die in Tab. 32 zusammengefaßten neueren Arbeiten[8] einzeln durchsprechen. Der allgemeine Nutzen wäre darüber hinaus gering, da in den meisten Fällen nur spezielle Probleme behandelt wurden. Die Veröffentlichungen sind alphabetisch nach Gattungen geordnet.

Tabelle 32. *Trennung von ätherischen Ölen und Terpen-Derivaten**

Stammpflanze	Schicht	Fließmittel	Literatur
Achillea fragrant.	KG,	Benzol-Äthylacetat (95 + 5)	[*238*]
Achillea millefolium	KG,	Benzol-Äthylacetat (95 + 5)	[*221*]
Acorus calamus	KG,	n-Hexan-Äthylacetat (90 + 10)	[*155*]
	KG,	Benzol	[*222, 314, 315*]
Amomum subulatum	KG,	ohne nähere Angaben	[*184*]

* KG = Kieselgel-G; HF_{254} = Kieselgel HF_{254}; Al = Aluminiumoxid.

---

[8] Die Arbeiten bis 1961 sind in der 1. Auflage [*251*] in Tab. 24 zusammengestellt.

Tabelle 32 (Fortsetzung)

Stammpflanze	Schicht	Fließmittel	Literatur
Amyris balsamifera	KG,	Benzol-Chloroform (50 + 50)	[325]
Anethum graveolens u. sowa	KG,	Benzol-Chloroform (50 + 50)	[12]
	KG,HF$_{254}$,	Benzol-Methylenchlorid (50+50)	[1]
	KG,	Benzol-Äthylacetat (95 + 5)	[93]
Angelica archangelica	KG,	Benzol-Chloroform (50 + 50)	[12]
Araucaria imbricata	KG,	ohne nähere Angaben	[30]
Artemisia absinthium	KG,	Benzol	[302]
		keine näheren Angaben vorhanden	[316]
Asarum europaeum	KG,	Trichloräthylen-Chloroform (75 + 25)	[77]
			[113, 261]
Cannabis sativum	KG,	keine näheren Angaben	[241]
Capsicum annuum	KG,	Benzol; Benzol-Äthylacetat (98 + 2)	[283]
Carica papaya	KG,	Benzol-Petroläther (50 + 50]	[120]
Carum carvi	KG,	Benzol-Chloroform (50 + 50)	[12]
	KG,	verschiedene Fließmittel	[56]
	KG,	n-Hexan-Diäthyläther (87 + 13)	[203]
	KG,	Benzol-Äthylacetat (95 + 5)	[93]
Cedernholzöl	KG,	Benzol-Äthylacetat (95 + 5)	[108]
Centaurea species	KG,	Benzol-Chloroform (90 + 9), auch Al.	[3]
Ceratocystis species	KG,	impräg. m. Undecan oder Siliconöl	[244]
Chenopodium ambrosioides	Al,	Benzol-Äthylacetat (95 + 5)	[52]
Chrysanthemum vulgare	KG,	Benzol	[222]
	KG,	ohne nähere Angaben	[223a, 262, 264]
Cinnamomum species	KG,	Benzol-Chloroform (50 + 50)	[325]
	KG,	Benzol	[14, 221]
	KG,	Methylenchlorid-Isopropyläther (97 + 3)	[189]
	KG,	Cyclohexan-Äthylacetat (95 + 5)	[75, 155]
Citrus bergamia	KG,	n-Hexan-Äthylacetat (70 + 28)	[273]
Citrus decumana	KG + Stärke,	Benzol-Äthylacetat (85 + 15)	[181]
Citrus media u. aurantium	KG,	Methylenchlorid-Isopropyläther (93 + 7)	[189]
Citrus limetta var.	KG,	Methylenchlorid-Isopropyläther (90 + 10)	[189]
Citrusöle	KG,	Benzol	[116b]
	KG,	Benzol-Chloroform (50 + 50)	[221]
	Al,	Hexan oder Methylenchlorid	[6a]
	KG,	verschiedene Fließmittel	[56, 315a]
	KG,	Benzol-Chloroform (50 + 50)	[325]
Grapefruitöl	KG,	Petroläther (50—70° C)-Äthylacetat (75 + 25)	[211]
Coriandrum sativum		keine näheren Angaben vorhanden	[194]
	KG,	Benzol-Chloroform (50 + 50)	[325]
	KG,	Benzol-Äthylacetat (95 + 5)	[93]
Cuminum cyminum	KG,	Benzol-Chloroform (50 + 50)	[12]
	KG,	Benzol-Äthylacetat (95 + 5)	[58]
Cymbopogon species	KG,	Benzol-Chloroform (50 + 50)	[325]
	KG,	n-Hexan-Diäthyläther (90 + 9)	[183]
	KG,	Cyclohexan-Methylätylketon (95 + 5)	[276]
Daucus carota	KG + Stärke,	Benzol-Äthylacetat (85 + 15)	[181]
Daucus carota subsp.	KG, H,	Frigen 21 bei —9° C	[254]
Elettaria cardamomum	KG,	Benzol	[221]
Eucalyptus globulus	KG,	Benzol	[221]
	KG,	Benzol-Chloroform (50 + 50)	[325]
	KG,	n-Hexan-Äthylacetat (95 + 5)	[155]

Tabelle 32 (Fortsetzung)

Stammpflanze	Schicht	Fließmittel	Literatur
Eugenia caryophyllata	KG,	Benzol	[221]
	KG + Stärke,	Benzol-Äthylacetat (85 + 15)	[181]
	KG,	Benzol-Isopropyläther (80 + 20)	[189]
Foeniculum vulgare	KG,	n-Hexan oder Benzol	[221, 93]
	KG,	Benzol-Chloroform (50 + 50)	[325]
Gaultheria procumbens	KG,	n-Hexan-Äthylacetat (95 + 5)	[155]
Geraniumöl	KG,	n-Heptan-Benzol (50 + 50)	[198]
	KG,	Benzol-Chloroform (50 + 50)	[325]
Hamamelis virginiana	KG,	Benzol	[107]
Humulus lupulus	KG,	Petroläther; Chloroform; Stufen-, TRT-Technik	[220]
Hypericum perforatum	KG,	verschiedene Fließmittel bei —15° C	[157—159]
Illicium verum	KG,	Benzol-Chloroform (50 + 50)	[325]
	KG,	Benzol-Äthylacetat (95 + 5)	[93]
Juniperus sabinae	KG,	Benzol	[221]
Lavandula species	KG,	Benzol-Äthylacetat (95 + 5)	[92, 108]
		keine näheren Angaben vorhanden	[194]
	KG,	Benzol	[222]
	KG,	Benzol	[16 1b]
	KG,	Benzol-Chloroform (50 + 50)	[325]
	KG,	Methylenchlorid-Isopropyläther (90 + 10)	[189]
	Al,	imprägn. mit Silbernitrat	[329]
Loroglossum hircinum	KG,	Chloroform-Methanol (95 + 5)	[311]
Lycopus europaeus	KG,	Benzol	[94]
Majorana hortensis	KG,	Benzol	[221]
Matricaria chamomilla	Szialgel,	Benzol	[305, 306]
	KG + Al,	Benzol	[156]
Mentha species	KG,	Benzol	[215a, 221]
		keine näheren Angaben vorhanden	[193]
	KG,	Benzol-Isopropyläther (80 + 20)	[189]
	KG,	Benzol-Chloroform (50 + 50)	[325]
	Szialgel V,	Benzol	[284]
	KG,	n-Hexan-Diäthyläther (90 + 9)	[183]
Myristica fragrans	KG,	ohne nähere Angaben	[194]
	KG,	Benzol	[221]
Nigella sativa	KG,	Petroläther, sowie Petroläther-Benzol-Gemische	[54]
Ocimum gratissimum	KG + Stärke,	Benzol-Äthylacetat (85 + 5)	[181]
Ocimum species	KG,	Benzol-Äthylacetat (95 + 5)	[90]
Origanum vulgare	KG,	Benzol	[221]
Pastinaca sativum		ohne nähere Angaben	[13]
Petroselinum hortense	KG,	Trichloräthylen-Chloroform (75 + 25)	[113, 260]
	KG,	Benzol-Äthylacetat (95 + 5)	[92]
	KG,	Benzol-Chloroform (50 + 50)	[12]
Peumus boldus	KG,	Benzol	[322]
Pimpinella anisum	KG,	Benzol	[93, 221]
	KG,	Benzol-Chloroform (50 + 50)	[12, 279, 325]
	KG,	Methylenchlorid-Isopropyläther (93 + 7)	[189]
		keine näheren Angaben	[64]
	KG,	Benzol-Äthylacetat (85 + 15)	[116a]
Pinus silvestris	KG,	ohne nähere Angaben	[116]
Rosa species	KG,	Benzol-Äthylacetat (95 + 5)	[108]

Tabelle 32 (Fortsetzung)

Stammpflanze	Schicht	Fließmittel	Literatur
Rosa species	KG,	Benzol-Chloroform (50 + 50)	[325]
	KG,	n-Hexan;	[115]
		Benzol-Äthylacetat (75 + 25)	
	KG,	impräg. m. Silbernitrat	[329, 330]
Rosmarinus species	KG,	Benzol-Äthylacetat (95 + 5)	[108]
	KG,	Benzol-Chloroform (50 + 50)	[325]
	KG + Stärke,	Benzol-Äthylacetat (85 + 15)	[181]
	KG,	Benzol	[221]
Rudbeckia species	KG,	Benzol-Chloroform (90 + 9)	[3]
Salvia species	KG,	Benzol-Äthylacetat (95 + 5)	[224a, b]
	KG oder Magnesiumsilicat; Benzol		[22, 23, 39]
	KG,	Benzol	[221]
Solanum laciniatum	Szialgel-47,	Benzol	[301]
Tagetes minuta	Al,	Petroläther (40—60°) oder	[4]
	KG,	Benzol-Chloroform (90 + 9)	
Terpentinöl	KG,	Benzol; Benzol-Äthylacetat (95 + 5)	[221]
	KG,	Benzol-Chloroform (50 + 50)	[325]
		keine näheren Angaben vorhanden	[145]
Thymus species	KG + Stärke,	Benzol-Äthylacetat (95 + 5)	[181]
	KG,	Benzol	[68, 221]
	KG,	Benzol-Chloroform (50 + 50)	[325]
	KG,	ohne nähere Angaben	[166]
	KG,	n-Hexan-Diäthyläther (60 + 40),	[167]
		zweidimens.	
	KG,	Benzol-Äthylacetat (90 + 10)	[228]
Trachyspermum ammi	KG,	Benzol-Chloroform (50 + 50)	[12]
Valeriana procurrens	KG,	Chloroform-Benzol (80 + 20)	[317]
	KG,	Benzol, Normalsättigung	[253]
	Al,	Benzol	[142]

Zusammenfassend ergibt sich aus all den zitierten Arbeiten, daß in der Regel bei jedem ätherischen Öl noch eine recht eingehende Grundlagenarbeit zu leisten ist. Beginnen wird man mit der Trennung auf Kieselgel GF$_{254}$-Schichten mit Benzol oder Chloroform als Fließmittel.

4. Anhang

Im Anschluß an die eigentlichen ätherischen Öle sei kurz auf die Trennung einiger „wachsartiger" Verbindungen hingewiesen, die zwar — allgemeinen Vorstellungen entsprechend — nicht im Wasserdampfdestillat erscheinen sollen, dennoch aber in ätherischen Ölen nachgewiesen wurden. Hierher gehören einmal die höheren Fett- und Wachssäuren wie Palmitin- und Myristinsäure [255], auf deren Chromatographie KARTNIG [119] im Zusammenhang mit den Umbelliferen-Wachsen eingeht.

Zum anderen wären die Pflanzenwachse zu nennen. Bekannt sind die "Stearoptene" der Rosenöle, die ŠORM [243] untersucht hat und die quantitativ von WOLLRAB u. Mitarb. [329, 330] bestimmt wurden. In Betracht kamen hier die aliphatischen C$_{13}$—C$_{34}$ Alkane und Alkene.

Eine **Sichtbarmachung** der terpenoiden Substanzen erfolgt am besten mit dem Anisaldehyd-Schwefelsäure-Reagens (Nr. 15), Antimonchlorid-

Reagens (Nr. 19, 22) oder auch mit Phosphormolybdänsäure (Nr. 158) (Vgl. auch [312]).

Hiermit färben sich jedoch die Polyacetylen-Verbindungen nur schlecht an. Deshalb werden für diese Substanzen das Dicobaltoctarcabonyl-Reagens (Nr. 260 [230]) oder eine schwefelsaure Kaliumpermanganat-Lösung (Reag.-Nr. 145) empfohlen [51], sofern die Fluorescenzlöschung auf Kieselgel F-Schichten nicht herangezogen werden kann.

Die Allylsenföle lassen sich mit ammoniakalischer Silbersalz-Lösung (Nr. 220) oder dem Kaliumhexacyanoferrat-Reagens (Nr. 136) nachweisen.

Bei Wachsen und den darin enthaltenen Kohlenwasserstoffen kann die Detektion durch Veraschen oder durch Besprühen mit einer 1 proz. Natriumfluorescein-Lösung erfolgen, wie es HYYRYLAINEN [100] vorgeschlagen hat.

IV. DC nicht flüchtiger Terpen-Derivate

1. Diterpene

Im Anschluß an die Mono- und Sesquiterpen-Derivate sind die Diterpene zu besprechen, die nach den heutigen Vorstellungen über die Biosynthese in engem Zusammenhang mit ersteren stehen. Im Arbeitskreis von BRIESKORN [24, 24a] wurde das bitter schmeckende Pikrosalvin in *Salvia*-Arten untersucht. Es ist ein Diterpen-o-diphenollacton [24a], das auch in anderen Labiaten vorkommt. NICHOLAS [180] bearbeitet ebenfalls *Salvia sclarea* und setzte mit gutem Erfolg die zweidimensionale DC auf Kieselgel G-Schichten ein. Es wurde mit Essigsäureäthylester chromatographiert und gezeigt, daß die Hypothese des $^{14}CO_2$-Einbaues in Sclareol gerechtfertigt ist.

Ebenfalls Kieselgel G-Schichten verwendeten KAUFMANN u. Mitarb. [121, 122, 123] zur Trennung von Kahweol und Cafestrol. Nach dem Imprägnieren von 15 cm der Laufstrecke mit Propylenglykol—Methanol (33 + 66) und anschließender Trocknung an der Luft wurde mit Benzol—Cyclohexan (50 + 50) 5—6 Std chromatographiert. Zur Abtrennung der Aglykone von den entsprechenden Glykosiden arbeiteten FASSINA u. Mitarb. [59, 60] auf sauer imprägnierten Kieselgel G-Schichten (N/15—KH_2SO_4) mit n-Propanol—Xylol—Wasser (70 + 20 + 10) als Fließmittel.

Über die Trennung von 4 Diterpen-Derivaten berichteten bereits 1958 DEMOLE und LEDERER [43]. Sie chromatographierten mit n-Hexan-Essigsäureäthylester (85 + 15) auf Kieselsäure-Schichten, die nach REITSEMA [209] bereitet waren. Die nachstehenden hRf-Werte können als Richtwerte betrachtet werden: Phytol 35, Isophytol 50, Geranyl-Linalool 44, Phytylacetat 66.

Die **Sichtbarmachung** kann durch Aufsprühen einer wäßrigen 0,2 bis 0,5 proz. Kaliumpermanganat-Lösung erfolgen. Auf dem feuchten, rotvioletten Untergrund treten die reduzierenden Substanzen als gelbe Flecke hervor. Nach vorsichtigem Auswaschen des überschüssigen Reagenses färben sich die Zonen braun [40a]. Besser lassen sich die genannten Verbindungen jedoch mit dem Anisaldehyd-Schwefelsäure-Reagens (Nr. 15) oder den Antimonchlorid-Reagentien (Nr. 19, 22) einzeln oder im

Gemisch sichtbar machen. Wählt man eine essigsaure Antimonchlorid-Lösung (Reag.-Nr. 20), so färben sich Kahweol blauviolett und Cafestrol rötlich-gelb. Eine vorherige Detektion durch Joddämpfe stört beim Nachweis der Zonen mit den Antimonchlorid-Reagentien nicht [*277*].

2. Triterpen-Derivate und deren Glykoside
(Saponine und Bitterstoffe)

Die Verbindungen der Triterpen-Reihe lassen sich als $C_{30}H_{48}$-Derivate auffassen. Sie sind bis auf wenige Ausnahmen, wie z. B. das Squalen, cyclisierte Substanzen mit 4 bzw. 5 Ringsystemen. Formal können beide Klassen als Phenanthren-Derivate bezeichnet werden, und es besteht somit eine Verwandtschaft zu den Steroiden, die sich z. T. auch in dem ähnlichen chromatographischen Verhalten ausdrückt [*229, 298*] S. 335).

Eine Unterscheidung der Triterpene nach Polaritätsgruppen — ähnlich wie bei den C_{10}-Derivaten — scheint wenig ratsam zu sein. Es empfiehlt sich, schon im Hinblick auf eine Vortrennung der Substanzen bei der Isolierung, eine Gliederung in neutrale und saure Triterpen-Derivate vorzunehmen. Hiervon lassen sich dann die hydrophilen Triterpen-Glykoside sinngemäß abtrennen („Bitterstoffe" und „Saponine").

a) Neutrale Triterpene
(Kohlenwasserstoffe, Ester, Alkohole usw.)

Betrachtet man die zahlreichen Fließmittelsysteme, die bisher zur Trennung der neutralen C_{30}-Derivate benutzt wurden, so erkennt man, daß auch hier Benzol, Chloroform oder Diisopropyläther als Basiskomponenten zur Chromatographie bevorzugt werden (Tab. 34). Nur

Tabelle 33. h*Rf-Werte von neutralen Triterpenoiden auf Kieselgel G-Schichten* [*293*]

Neutrale Triterpenoide	h*Rf*-Werte*		
	I	II	III
α-Amyrin		38	12
β-Amyrin-acetat			45
α-Amyrenon			31
Lanosterin	75	40	14
Dihydrolanosterin-acetat			43
Ursolsäuremethylester-acetat		77	26
Oleanolsäuremethylester-acetat		77	24
Ursonsäuremethylester	85	51	IV
Crataegolsäuremethylester-monoacetat	40	13	80
Crataegolsäuremethylester-diacetat	72	37	92
Dehydrocrataegolsäure-methylester-diacetat	69	38	
11-Keto-crataegolsäuremethylester-monoacetat			77
Acantholsäuremethylester-monoacetat			73
Echinolytsäuremethylester	59	15	
Emmolsäuredimethylester	73		

* Fließmittel I: Diisopropyläther; II: Methylenchlorid; III: Benzol; IV: Diisopropyläther-Aceton (75 + 30); h*Rf*-Werte sind nur als Richtwerte zu betrachten.

Tabelle 34. *Übersicht über die chromatographischen Untersuchungen an neutralen Triterpenen auf Kieselgel-Schichten*

Substanzen	Fließmittel	Literatur
Cycloartendiol-Derivate	Petroläther-Äthylacetat (95 + 5)	[50]
Germanicol	Petroläther-Äther (90 + 10)	[27]
Oleanol- und Ursolsäuremethyl-ester	Petroläther-Äther (50 + 50)	[25]
Triterpensäuremethylester aus *Liquidamber orientalis*	Diäthyläther	[98, 99]
Arburinol	Benzol	[318]
Aescin, Aescinidin usw.	Benzol-Äther (60 + 40)	[144]
Gypsogenin (hRf 25)	Äther-Benzol (80 + 20)	[127]
Gypsogeninlacton (hRf 85)		
Triterpene aus *Lycopodium* . . .	Benzol-Chloroform (90 + 10)	[297]
Triterpenlactone	Benzol-CHCl$_3$-Methanol (43 + 43 + 13)	[106]
Cucurbitacine (*Ecballium*) . . .	Benzol-Äthylacetat (70 + 30)	[147]
4 isomere 2,3-Diole des $\Delta^2,^{12}$-Oleanadiensäuremethylesters .	Diisopropyläther	[293]
6 Triterpensäuremethylester . .	Diisopropyläther	[293]
6 Cincholinsäure-Derivate	Diisopropyläther	[288]
Bredemolsäure- und Senegenin-dimethylester	Diisopropyläther-Aceton (95 + 5)	[291]
5 Sapogenine aus *Quillaja* (hRf 20, 40, 60, 80, 93)	Diisopropyläther-Aceton (75 + 25)	[227]
Betulinsäuremethylester (hRf 30)	Chloroform	[165]
Triterpensäureester aus *Commiphora glandulosa*	Chloroform-Äthylacetat (80 + 20)	[285]
methylierte Araloside	Chloroform-Äthylacetat (80 + 20)	[135]
Aescigenin (hRf 24)	Chloroform-Methanol (90 + 9)	[287]
Cycloartenol, Parkeol (im Vergleich zu Steroiden)	Chloroform-Methanol (60 + 40) und weitere Gemische	[229]
Gratiogenine aus *Gratiola*	Chloroform-Aceton (84 + 14)	[289]
4 *Primula*-Sapogenine	Chloroform-Aceton (84 + 14)	[296]
Cucurbitacine aus *Iberis* (Cruciferae) u. *Bryonia*	Chloroform-Äthanol (95 + 5)	[73, 74]
Sapogenine aus *Styphnodendrum coriaceum*	verschiedene Fließmittel	[299]
Baccatin	n-Hexan-Aceton (78 + 13) oder Dichlormethan-Aceton (75 + 25)	[204]

die unpolaren Kohlenwasserstoffe wie Squalen [124] oder auch β-Amyren wandern auf Kieselgel-Schichten mit n-Hexan. Schwierig bleibt die Auftrennung von Verbindungen gleicher Polarität. Während bei den Estern noch zuweilen eine Unterscheidung auf adsorptionschromatographischem Wege möglich ist (Tab. 33) [297], mißlingt diese normalerweise bei den C_{30}-Alkoholen mit gleicher OH-Gruppenzahl. Dies gilt sowohl für Aluminiumoxid G — als auch für Kieselgel G-Schichten [101, 103]. Einzelne Verbindungen können jedoch immer charakterisiert werden [27, 71], besonders eben dann, wenn sie verschiedenen Triterpen-Typen angehören [229, 318] oder sich in der Anzahl der Hydroxylgruppen unterscheiden. Es ist in diesem Zusammenhang bemerkenswert, daß Ikan u. Mitarb.

[*102*] epi-β-Amyrin und β-Amyrin sowie epi-Lupeol und Lupeol trennen konnten. Die epimeren Verbindungen liegen, mit n-Heptan—Benzol—Äthanol (50 + 50 + 0,5) chromatographiert, höher als die n-Verbindungen. Insgesamt wurden 35 tetra- und pentacyclische neutrale Triterpen-Derivate untersucht.

Spezielle Trennprobleme können sich zuweilen durch Änderung der Trenntechnik oder des Sorbens lösen lassen. So unterscheiden TSCHESCHE u. Mitarb. [*288, 290*] α- und β-Amyrin durch Verteilungschromatographie mit n-Butanol-2N-Ammoniaklösung und HUNECK [*97*] trennt die *Sorbus*-Triterpene auf Fasertonerde. Zweimaliges Chromatographieren mit Cyclohexan-Äthylacetat (85 + 15] schlagen PONSINET und OURISSON [*202*] vor, nachdem sie die Mono- bzw. Diepoxide zur näheren Charakterisierung einiger Triterpenalkohole direkt auf der Kieselgel-Schicht hergestellt haben (Vorschrift s. S. 203).

Besitzen die zu untersuchenden Verbindungen eine unterschiedliche Anzahl und Lage der Doppelbindungen, so trennen sich häufig ihre Silbernitratkomplexe entsprechend ihrer Stabilität [*101*]. Als Fließmittel werden Chloroform oder Tetrachlorkohlenstoff empfohlen [*137*].

b) Triterpensäuren

Um Aussagen über Triterpensäuren machen zu können, werden sie entweder als Ester mit den oben erwähnten Fließmittelsystemen untersucht (vgl. Tab. 34) oder direkt als freie Säuren chromatographiert (Tab. 35). Zur Trennung der Säuren haben sich die schwach sauren

Tabelle 35. h*Rf-Werte von Triterpensäuren auf Kieselgel G-Schichten* [*290, 293*]

Triterpensäuren	h*Rf**	Triterpensäuren	h*Rf**
Acetylacacinsäure	83	Emmolsäure	59
Rehmanninsäure	82	Chinovasäure	55
Acetylursolsäure	76	Cincholinsäure	53 §
Pyroquinovinsäure	71 §	Masticadienonsäure	47
Pyrocincholinsäure	70 §	Isomasticadienonsäure	47
Ursolsäure	68	Polyporeninsäure	43 §
Oleanolsäure	68	Guaijavolsäure	35
Betulinsäure	68	Acantholsäure	29
Oleanonsäure	68	Medicagensäure	29 §
Acetylacantholsäure	66	Machaerinsäure	23 §
Siaresinolsäure	66	Bayogenin	21
Acacinsäure	63	Cochalsäure	18 §
Morolsäure	59	Procerinsäure	4
Ceanothinsäure	59	Tumulosinsäure	2
Bredemolsäure	59 §		

* Fließmittel: Diisopropyläther-Aceton (75 + 30). Die h*Rf*-Werte sind nur als Richtwerte zu betrachten.

§ Zeichen für Schwanzbildung.

Kieselgele gut bewährt. Besitzen die Verbindungen außer der Carboxylgruppe weitere polare Substituenten, so bestimmen diese die Polarität der Fließmittel. Zuweilen werden sauer [*130, 324*] oder basisch [*293*] reagierende Komponenten zugesetzt, um eine Schwanzbildung zu verhindern [290]. Auch eine Mehrfachentwicklung kann hier zum Erfolg führen. Die Auftrennung der Säuren in Gruppen gleicher Hydroxylzahl gelingt z. B. mit Dichloräthylen-Petroläther-Essigsäure (45 + 30 + 9) [57]. Die Säuren mit nur einer Hydroxylgruppe wandern in den oberen Chromatogrammbereich (hRf 60—80). Sie sind von denen mit zwei (hRf 30—50) bzw. drei OH-Gruppen (hRf < 30) gut abgetrennt. Allerdings zeigen isomere Verbindungen in diesem System nur eine Subfraktionierung, ähnlich wie sie Tschesche u. Mitarb. [293] erhalten haben. Darum wird von Elgamal und Fayez [57] zur Trennung der häufig vorkommenden isomeren Säuren, wie Betulin-, Oleanol- und Ursolsäure, Kieselgur als Schichtmaterial empfohlen (Tab. 36).

Tabelle 36. *Trennung isomerer Triterpensäuren auf Kieselgur G-Schichten* [293]

Verbindung	hRf-Werte im Fließmittel*			
	I	II	III	IV
Betulinsäure.	75	84	80	85
Oleanolsäure.	50	65	40	70
Ursolsäure.	20	42	15	20

* Fließmittel I: Petroläther (100—200°)-Dichloräthylen-Essigsäure (50 + 50 + 0,07); II: Toluol-Aceton-Essigsäure (100 + 3 + 0,07); III: Tetrachlorkohlenstoff-Petroläther (70 — 80°)-Essigsäure (66 + 33 + 0,07); IV: Petroläther (100—120°)-Äthylformiat-Ameisensäure (93 + 7 + 0,7). Die hRf-Werte sind nur als Richtwerte zu betrachten.

Weitere und speziellere Anwendung findet die DC zur Bestimmung von Glycyrrhizin-Derivaten und Glycerrhetinsäure in biologischem Material [53, 87, 88]. Eine chromatographische Unterscheidung der 18-α- und 18-β-Glycerrhetinsäure gelingt Bonati [17] mit Äthylacetat-Methanol-Diäthylamin (70 + 20 + 15). Tschesche und Striegler [294] benutzen das bereits bei neutralen Triterpenen angewandte universelle Fließmittel Diisopropyläther-Aceton (70 + 28), um die Identität der Tenuifolsäure mit dem Senegenin nachzuweisen. Eine ähnliche Fließmittel-Kombination wurde auch zum Nachweis von Ursolsäure in Apfelschalen [26] und Rosmarinwein [80] herangezogen.

c) Triterpenglykoside
(Saponine und Bitterstoffe)

In den beiden vorhergehenden Abschnitten wurden neutral und sauer reagierende Triterpen-Derivate behandelt. Diese Verbindungen können nun auch glykosidisch gebunden sein. Es ist somit zu erwarten, daß neutrale und saure Glykoside in der Natur vorkommen, zumal auch Uronsäuren als Zuckerkomponenten nicht auszuschließen sind. Hiernach sollten sich nun die chromatographischen Untersuchungen richten.

α) Saponine (vgl. auch Steroidsaponine S. 334). Die Saponine sind Naturstoffe, die — in Wasser gelöst — wie Seifen (Sapones) schäumen. In vitro wirken sie auf die Erythrocyten des Blutes mehr oder weniger stark hämolysierend [295, 316a]. Diese Eigenschaft kann zu ihrem Nachweis und zur quantitativen Bestimmung dienen [118].

Zur Trennung von *neutralen* Triterpen-Glykosidgemischen verwenden die verschiedenen Arbeitskreise [*19, 125, 128, 135, 191, 245, 255, 290, 319*] meist wäßrig-alkoholische mobile Phasen, wie z. B. Chloroform—Methanol—Wasser (65 + 35 + 10). Weniger polar sind die Äthylacetat-Tetrachlorkohlenstoff-Gemische, die LINDE [*150*] zur Trennung von *Cimicifuga*-Glykosiden einsetzt (vgl. auch [*35, 36*]).

Neben diesen neutralen Fließmitteln gelangen nur selten essigsaure mobile Phasen zur Anwendung [*324*]. Häufiger werden dagegen ammoniakalische Systeme zur Trennung eingesetzt [*288*]. Selbst *basische* Saponine lassen sich so chromatographieren [*295*]. Zur Unterscheidung der *sauren Gypsophila-*, *Aralia-* oder *Clematis*-Saponine werden ammoniakalische n-Butanol-Mischungen vorgeschlagen [*135, 288, 295*].

Für spezielle Trennprobleme empfehlen TSCHESCHE u. Mitarb. die Anwendung der Keilstreifentechnik (S. 90). Bringt diese Methode keinen hinreichenden Erfolg, so kann absteigend chromatographiert werden. Diese Technik verwenden GÖLDEL u. Mitarb. [*76*] bei geringen h*Rf*-Wert-Unterschieden, während KHORLIN u. Mitarb. [*127,128*] sowie COLEMAN und PARKE [*33*] die zweidimensionale DC auf Aluminiumoxid-Schichten vorziehen. In der 1. Laufrichtung entwickeln letztere mit Aceton-Chloroform (50 + 50) und in der 2. Dimension mit einer Methanol-Ammoniak Lösung,33proz. (80 + 20).

Bringen die verschiedenen Trenntechniken nicht den gewünschten Erfolg, so sollte man versuchen, das Sorbens zu variieren, wobei bereits eine geringere Aktivierung (Lufttrocknung) sich günstig auswirken kann [*290*]. Auch leichtes Besprühen der Kieselgel-Schicht mit 2n-Ammoniak-Lösung wird empfohlen. Polyamid soll als Sorbens keine Vorteile bringen [*33*]. Glaspulver-Schichten besitzen nur ein spezielles Interesse, obwohl RAHANDRAHA et al. [*175, 208, 209*] diese zur Trennung der Asiatsäure und der Asiaticoside einsetzen. Die Kapazität dieses Schichtmaterials ist für normale Trennungen zu gering.

β) **Bitterstoffe.** Die zahlreichen bitter schmeckenden Verbindungen des Pflanzenreiches können verschiedenen chemischen Stoffklassen angehören. Zu den z. Z. interessanten triterpenoiden Bitterstoffen gehören vor allem die tetracyclischen *Cucurbitacine* [*73, 74, 147, 185a*]. Ihre Aglykone unterscheiden sich von den anderen tetracyclischen Triterpenen durch das Vorhandensein einer Methyl- oder Hydroxymethyl-Gruppe in C_9-Stellung statt in der üblichen C_{10}-Stellung. Zur DC werden z. B. fettfreie Aceton- oder Chloroform-Extrakte aus Samen auf Kieselgel G-Schichten aufgetragen und unter Standardbedingungen mit Chloroform—Äthanol (95 + 5) entwickelt [*21a, 73*]. Es trennen sich so bei einer Strecke von 15 cm die Aglykone, während die Glykoside erst mit polareren Fließmitteln unterschieden werden können.

Nachweisreaktionen

Spezifisch-physiologische Erkennung. Sowohl die Saponine als auch die Bitterstoffe besitzen physiologische Wirkungen, die zu ihrem Nachweis herangezogen werden können [*81*].

Saponine. Zur Erkennung der hämolysierenden Substanzen wird eine Blut-Gelatine-Lösung mit der Platte in enge Berührung gebracht [*89a, 251, 324, 328*] und das Auftreten „hämolytischer Höfe" beobachtet.

Im Gegensatz zur üblichen trüben und roten Blut-Gelatine-Schicht sind diese Zonen durch das Hineindiffundieren des Saponins aus dem Chromatogramm transparent und nahezu farblos.

Herstellung der Blut-Gelatine-Lösung und Aufbringen

α) Zu 4,5 g Gelatine-Pulver werden 100 ml 0,9proz. Natriumchlorid-Lösung gegeben und nach 30 min Quellzeit die Gallerte im Wasserbad unter Rühren auf etwa 80° C erhitzt.

β) Nach dem Abkühlen der Gelatine-Lösung (α) auf 40° C fügt man unter Rühren 6 ml defibriniertes Rinderblut (s. unten) zu und gießt 50 ml dieser Blut-Gelatine-Suspension sofort in dünner Schicht auf das zu testende Dünnschicht-Chromatogramm. Um ein seitliches Herunterlaufen der Blut-Gelatine zu verhindern, umklebt man den Plattenrand mit einer etwa 1 cm breiten Klebefolie in der Weise, daß hierdurch ein Trog entsteht. Nach dem Aufgießen legt man die Platte genau waagerecht — am besten auf einen Kühlblock —, bis die Schicht erstarrt ist.

Nach längstens 1 Std wird die rote Blut-Gelatine-Schicht an den Stellen durchsichtig (lackfarben), wo sich auf dem Chromatogramm Saponine befinden, während die übrige Schicht undurchsichtig rot bleibt (deckfarben).

Anmerkung: Bei Verwendung saurer oder basischer Fließmittel müssen diese vor dem Aufgießen der Blut-Gelatine restlos von der Sorptionsschicht entfernt werden.

Defibriniertes Blut: Von einem frisch geschlachteten Rind fängt man in einem 1 l-Weithalskolben etwa 200 ml Blut auf und rührt dies sofort kräftig mit einem Holzstab so lange durch, bis das Fibrin gallertartig ausfällt. Die Gallertrückstände entfernt man durch „Filtration" über einige Lagen Mull. Das so defibrinierte Blut kann man 1—2 Tage bei 3—4° C aufbewahren. Sobald die an sich trübe „Lösung" durchscheinend wird, ist sie unbrauchbar (Hämolyse).

Bitterstoffe. Um die Lage dieser Substanzen im Chromatogramm zu bestimmen, wird die Trägerschicht oberhalb der Startzone millimeterweise ausgeschabt und in 0,5 ml reinem Äthanol suspendiert. Von dieser Stammlösung lassen sich Verdünnungsreihen in Wasser herstellen, die nach der Wasickyschen Bitterwert-Bestimmungsmethode [81] getestet werden können. Deutliche Unterschiede in der Bitterstoff-Zusammensetzung zwischen einzelnen Extrakten konnten so festgestellt werden. — In gleicher Weise bestimmt man auch die Lage der chromatographisch trennbaren Hopfenbitterstoffe [145a] und die bitter schmeckenden Substanzen aus Bitterholz-Extrakten (s. Kap. U, II. 4 und Abb. 200).

Sprühreagentien. Als besonders geeignet zum Nachweis von Triterpenen wurde wiederholt das Chlorsulfonsäure-Reagens (Nr. 49) angegeben, mit dem sich noch 0,2 μg Oleanolsäure nachweisen lassen. Die einzelnen Zonen färben sich meist violett bis braun; Betulinsäure erscheint hellblau, Oleanol- und Ursolsäure bilden rötliche Zonen. Sie lassen sich im langwelligen UV-Licht (365 nm) unterscheiden [57, 293].

Ungesättigte Hydroxytriterpencarbonsäuren reagieren nach [95] gut mit dem Liebermann-Burchard-Reagens (Nr. 101). Auch die Antimonchlorid-Reagentien (Nr. 19, 22) lassen sich vorteilhaft verwenden [89a, 91]. Konzentrierte Säuren (Schwefel- oder Phosphorsäure) mit und ohne Zusatz von Aldehyden (Vanillin, Anisaldehyd, Furfural) ergeben nach dem Erhitzen der Chromatogramme farblich differenzierte Zonen. Das gilt auch für die Cucurbitacine selbst dann noch, wenn mit dem Eisen (III)-chlorid-Reagens (Nr. 93) zuvor besprüht worden war, um die Diosphenoltyp-Bitterstoffe als braune Zonen selektiv sichtbar zu machen.

Eine Vanillin-Antimon(III)-chlorid-Lösung empfiehlt Klingmüller [*130*] zur Erkennung der *Primula*-Saponine, die sich hiermit rot anfärben.

Zinntetrachlorid (Nr. 257) wird nur noch selten zum Nachweis verwandt. — Zur zerstörungsfreien Detektion können, sofern Fluorescenz-Schichten keinen Erfolg bringen, Joddämpfe (Reag.-Nr. 126) oder das Rhodamin B-Reagens (Nr. 212) herangezogen werden.

3. Polyterpene

Die DC von Polyterpen-Gemischen, insbesondere von Carotinen und Carotinoiden sowie Ubichinonen, wird im nachfolgenden Kapitel K beschrieben.

V. Balsame und Harze

Die Harze und Balsame sind, wie die ätherischen Öle, pflanzliche Exkrete. Im Gegensatz zu diesen sind sie nicht oder nur wenig wasserdampfflüchtig. Harze sind feste, spröde und amorphe Massen von gelber bis brauner Farbe, die erst bei erhöhter Temperatur erweichen und keinen scharfen Schmelzpunkt zeigen. In Wasser sind sie unlöslich, in Alkohol lösen sie sich nur zum Teil; am besten bringt man sie mit Chloroform oder Essigsäureäthylester in Lösung. — Während in den Harzen nur wenig ätherisches Öl vorhanden ist, enthalten die Balsame hiervon größere Mengen und sind daher zumeist dickflüssig.

Es hat nicht an Versuchen gefehlt, die Harze und Balsame auf chromatographischen Wege zu kennzeichnen. Rothenheimer [*215*] und Stock [*271*] verwandten die Capillaranalyse, Valentin [*313*] die Chromatographie an Aluminiumoxid-Säulen, Mills u. Werner [*169*] sowie Rawlings u. Werner [*208*] das Phasenumkehrverfahren auf Papier. Man hat nur Teilerfolge erzielt, und keines dieser Verfahren fand nennenswerte Beachtung in der Praxis.

Erst die DC brachte den gewünschten Erfolg, wie schon frühzeitig im Arbeitskreis um Stahl [*247, 249, 253*] gezeigt wurde. Besonders gute Trennungen wurden hier von Jork [*111*] mit der S-Kammer erhalten (Abb. 108). Man verwendete die übliche Kieselgel G-Schicht und entwickelte 2mal mit dem Fließmittel Benzol—Methanol (95 + 5). Für die vergleichenden Untersuchungen wurden 3proz. Lösungen der Harze und Balsame in Äthylacetat oder Chloroform hergestellt und je 1 μl aufgetragen. Eine Aufklärung der auf dem Chromatogramm sichtbaren Einzelbestandteile steht in den meisten Fällen noch aus (vgl. auch [*65*]). Lediglich Frauendorf u. Auterhoff [*66*] haben sich unter diesem Gesichtspunkt eingehender mit dem Perubalsam beschäftigt, während Moreira u. Cecy [*171*] sowie Masse u. Paris [*155*] sich der Benzoeharze annahmen.

Ferner liegen Arbeiten vor, in denen die DC von Glykosidharzen [*148a*] und Harzsäuren beschrieben ist. Letztere lassen sich nach ihrer Methylierung auf AgNO$_3$-imprägnierten Schichten trennen. So imprägnieren Norin u. Westfelt [*186*] Kieselgel-Schichten nach der Methode von Barrett u. Mitarb. [*10*], während Zinkel u. Rowe [*334*] ent-

16*

sprechend imprägnierte Aluminiumoxid G-Schichten vorziehen. Diese sollen angeblich nicht so leicht abblättern wie $AgNO_3$-imprägnierte Kieselgel G-Schichten. Zinkel und Rowe können wegen der geänderten Schichtverhältnisse das von Norin und Westfelt benutzte Benzol nicht

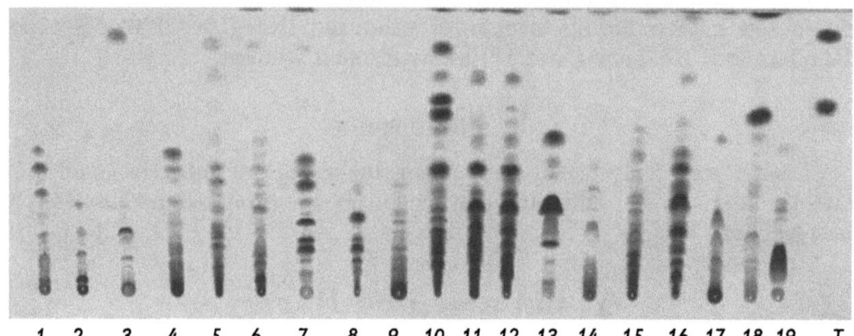

Abb. 108. Vergleich der wichtigsten Harze und Balsame auf einer 40 cm-DC-Platte. Nachweis: Antimon(III)- und -(V)-chlorid (Nr. 19, 22). Einzelheiten im Text

1 Siam-Benzoe	*6* Tolubalsam	*11* Mastix	*16* Canadabalsam, künstlich
2 Sumatra-Benzoe	*7* Asa foetida	*12* Dammar	*17* Sandarac
3 Styrax	*8* Galbanum	*13* Terebinthina	*18* Copaibabalsam
4 Perubalsam	*9* Myrrha	*14* Colophonium	*19* Gutti
5 Perugen	*10* Olibanum	*15* Canadabalsam, echt	*T* Testgemisch DESAGA

zur Auftrennung verwenden, sondern müssen ein Gemisch aus Petroläther $(30-60°)$ und wasserfreiem Diäthyläther $(75 + 25)$ wählen. Infolgedessen ändert sich auch die Reihenfolge in der Lage der Zonen auf dem Chromatogramm. Man kann diesen Wechsel zur weiteren Charakteri-

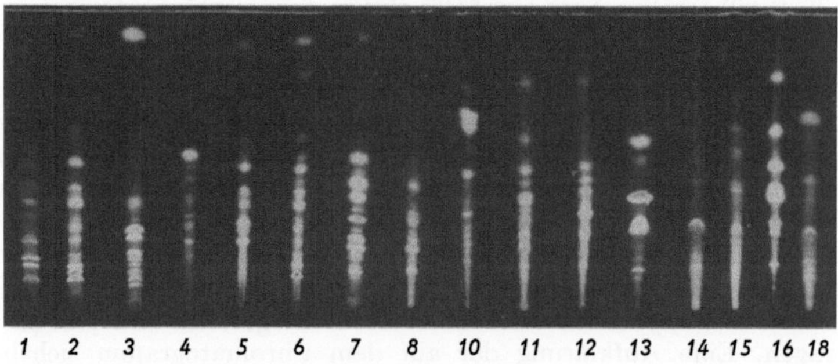

Abb. 109. Im UV-Licht aufgenommenes Dünnschicht-Chromatogramm von Harzen und Balsamen. Trennbedingungen und Bezeichnungen wie bei Abb. 108 angegeben. Sprühreagens: Antimon-(III)-chlorid (Reag.-Nr. 19)

sierung heranziehen. Eine Gegenüberstellung der Ergebnisse ist in Tab. 37 durchgeführt. Die h*Rf*-Werte in der Spalte II wurden einer Schemazeichnung entnommen und sind nur als Richtwerte zu betrachten.

Abschließend sei noch auf eine Arbeit von Meckel u. Mitarb. [*161*] hingewiesen, die Kunstharzhydrolysate auf Kieselgel G-Schichten getrennt haben. Als Fließmittel wurde Methanol-Eisessig $(90 + 10)$ verwandt.

Tabelle 37. *Trennung einiger Harzsäuren auf AgNO₃-imprägnierten Schichten*

Grundskelett der Säuren	Methylester der Säuren	hRf-Werte		Sichtbarmachung mit SbCl₅ (Nr. 22)
		I*	II*	
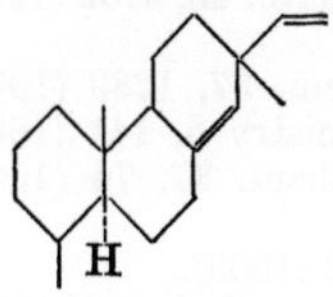	Pimarinsäure	40	44	blau
	Sandaracopimarin-säure	27	—	violett
	Isopimarinsäure	32	12	braun
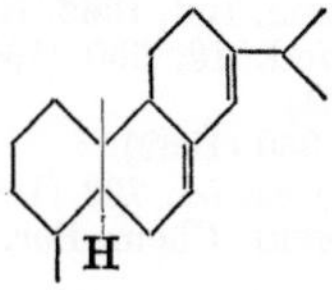	Lävopimarinsäure	50	21	grau
	Palustrinsäure	60	26	gelb
	Dehydroabietinsäure	83	82	gelb-braun
	Abietinsäure	75	58	blau-grau
	Neoabietinsäure	73	65	grau
	Di- und Tetrahydro-harzsäuren	—	94	

* Fließmittel I: Benzol; Schicht: Kieselgel-Silbernitrat (75 + 25) [*186*]. Fließmittel II: Petroläther (30 — 60°)-Diäthyläther, wasserfrei (75 + 25); Schicht: Aluminiumoxid G-Silbernitrat (75 + 30) [*334*].

Nachweis: Zur Sichtbarmachung der Harz- und Balsambestandteile ist das Antimon(III)-chlorid-Reagens (Nr. 19) gut geeignet. Bei Zusatz von Antimon(V)-chlorid-Lösung (Nr. 22) intensivieren sich zwar die Farben nach grau, aber es tritt eine unerwünschte Abschwächung der Fluorescenz ein. Es empfiehlt sich, das Chromatogramm vor und nach dem Besprühen bei Tageslicht und im langwelligen ultravioletten Licht zu betrachten. Erst danach sollte etwa 10 min auf 110° C erhitzt werden. Die Abb. 108 zeigt ein Dünnschicht-Chromatogramm von einigen Harzen und Balsamen, nach dem Erhitzen im sichtbaren Licht aufgenommen. Die Zonen sind zumeist braun, violett oder grau. Besonders auffallend sind die gelben Flecke des künstlichen Perubalsams (Perugen®). Die meisten Harze und Balsame lassen sich durch die Zahl, Größe und Farbe der Zonen gut unterscheiden (Fingerprint-Technik).

Zur weiteren Charakterisierung betrachtet man das Chromatogramm im langwelligen UV-Licht (Abb. 109). In der Praxis ist auf diese Weise u. a. eine gute Unterscheidung des Siam- und Sumatra-Benzoeharzes bzw. ihrer Tinkturen möglich [*66, 155*].

Zur Sichtbarmachung lassen sich noch eine Reihe anderer Reagentien verwenden; sie sind jedoch weniger empfindlich.

Anmerkung: Die abgebildeten Chromatogramme der Harze uud Balsame stellen eine Auswahl der vom deutschen Drogenhandel zwischen 1957 und 1962 gelieferten Produkte dar. Zumeist lagen 5—10 verschiedene Muster vor. Die Angabe, ob es sich um wirklich authentisches Material handelt, ist praktisch nur möglich, wenn man den Weg der Handelsprodukte bis zur Stammpflanze sicher kennt. Bei Vergleichen muß man bedenken, daß die Gewinnungsart, die Sortierung in „Güteklassen", das Alter der Probe und manches mehr einen Einfluß auf die Zusammensetzung haben kann. Die gleichen Probleme stehen auch dann zur Diskussion, wenn es darum geht, Harze oder Balsame zu beurteilen, die aus alten Apothekengefäßen oder uralten Grabstätten stammen. Dennoch ist es uns in letzter Zeit mehrmals gelungen, anhand der dc-Fingerprint-Technik Aussagen über die Art der vorliegenden Harze zu machen.

Literatur zum Kapitel J. Terpenderivate

[1] Adhikari, V.: Dissertation Saarbrücken 1965.
[2] Akazawa, T., J. Uritani, and Y. Akazawa: Arch. Biochem. 99, 52 (1962).
[3] Atkinson, R. E., and R. F. Curtis: Tetrahedron letters, No. 5, 297 (1965).
[4] — R. F. Curtis, and G. T. Phillips: Tetrahedron letters No. 43, 3159 (1964).
[5] Attaway, J. A.: Analyt. Chem. 36, 2224 (1964).
[6] — L. J. Barabas, and R. W. Wolford: Analyt. Chem. 37, 1289 (1965).
[6a] — A. P. Pieringer, and L. J. Barabas: Phytochemistry 5, 141 (1966).
[7] — R. W. Wolford, and G. J. Edwards: Analyt. Chem. 37, 74 (1965).
[8] Badings, H. T.: J. Chromat. 14, 265 (1964).
[9] — and J. G. Wassink: Neth. Milk and Dairy J. 17, 132 (1963).
[10] Barrett, C. B., M. S. J. Dallas, and F. B. Padley: Chem. Ind. 1962, 1050.
[11] Bergström, G., u. C. Lagercrantz: Acta Chem. scand. 18, 560 (1964).
[12] Betts, T. J.: J. Pharm. Pharmacol. Suppl. 16, 131 (1964).
[13] Beyrich, T., u. R. Pohloudek-Fabini: Pharmazie 16, 360 (1962).
[14] Bhramaramba, A., u. G. S. Sidhu: Perf. Essent. Oil Rec. 54, 732 (1963).
[15] Bohlmann, F., C. Arndt, K.-M. Kleine u. H. Bornowski: Chem. Ber. 98, 155 (1965).
[16] — K.-M. Kleine u. H. Bornowski: Chem. Ber. 98, 369 (1965).
[17] Bonati, A.: Fitoterapia 34, 19 (1963); ref. C. A. 59, 10136d (1963).
[18] Bordet, C., u. G. Michel: C. R. hebd. Séances Acad. Sci. 256, 3482 (1963).
[19] Borkowski, B., u. B. Pasich: Farm. Polska 19, 435 (1963); ref. C. A. 61, 4493a (1964).
[20] Braun, D.: Chimia (Zürich) 19, 82 (1965).
[21] — u. G. Vorendohre: Z. analyt. Chem. 199, 37 (1964).
[21a] Bredenberg, J. B., u. R. Gmelin: Acta Chem. scand. 16, 1802 (1962).
[22] Brieskorn, C. H., u. S. Dalferth: Deut. Apoth.-Ztg 104, 1388 (1964).
[23] — — Lieb. Ann. Chem. 676, 171 (1964).
[24] — u. A. Fuchs: Dtsch. Apoth.-Ztg. 102, 1268 (1962).
[24a] — — Chem. Ber. 95, 3034 (1962).
[25] — u. H. Klinger: Z. Lebensmitt.-Untersuch. 120, 269 (1963).
[26] — H. Klinger u. W. Polonius: Arch. Pharm. 294, 389 (1961).
[27] — u. W. Polonius: Pharmazie 17, 705 (1962).
[28] Brud, W., i. W. Daniewski: Chem. analit. (Warszawa) 8, 753 (1963).
[28a] Buslanowa, M. M., i. W. F. Stepanowskaja: J. analyt. Chem. 20, 859 (1965); ref. Pharm. Zentralhalle 104, 725 (1965).
[29] Byrne, G. A.: J. Chromatog. 20, 528 (1965).
[30] Chandra, G., J. Clark et al.: J. chem. Soc. 1964, 3648.
[31] Cobb, W. Y.: J. Chromatog. 14, 512 (1964).
[32] — L. M. Libbey, and E. A. Day: J. Chromatog. 17, 606 (1965).
[33] Coleman, T. J., and D. V. Parke: J. Pharm. Pharmacol. 15, 841 (1963).
[34] Collins, R. P., u. K. Kalnins: Lloydia 28, 48 (1965).
[35] Corsano, S., e. L. Pinizzi: Atti Accad. Italia, Rend. Cl. Sci. fisiche, mat. natur. 32, 601 (1962).
[36] — e. G. Spano: Atti Accad. Italia, Rend. Cl. Sci. fisiche, mat. natur. 32, 674 (1962); ref. C. A. 58, 11408 (1963).
[37] Couchman, F. M.: Tetrahedron 20, 2037 (1964).
[38] Curtis, R. F., u. G. T. Phillips: J. Chromatog. 9, 366 (1962).
[39] Dalferth, S.: Dissertation Würzburg 1963.
[40] Demole, E.: Thèses de Doctorat, Paris Ser. A. n° 844, N° d'Ordre 870 (1958).
[40a] — Chromat. Rev. 1, 8 (1959); 4, 31 (1961).
[41] — Helv. Chim. Acta 45, 1951 (1962).
[42] — In G. B. Marini-Bettòlo: Thin-Layer Chromatography. Amsterdam-London-New York: Elsevier 1964.
[43] — et E. Lederer: Bull. Soc. Chim. France 1958, 1128.
[44] — B. Willhalm u. M. Stoll: Helv. Chim. Acta 47, 1152 (1964).
[45] Deshusses, J., u. A. Gabbai: Mitt. Lebensmitt.-Hyg. 53, 408 (1962).
[46] Denti, E., and M. P. Luboz: J. Chromatog. 18, 325 (1965).
[47] Dhont, J. H., and G. J. C. Dijkman: Analyst 89, 681 (1964).

[*48*] DHONT, J. H., and C. DE ROOY: Analyst 86, 74 (1961).
[*49*] —— Analyst 86, 527 (1961).
[*50*] DJERASSI, C., and R. McCRINDLE: J. Chem. Soc. 1962, 4034.
[*51*] DRESSEN, F.-P.: Dissertation Münster 1965.
[*52*] DUŠINSKÝ, G., a M. TYLLOVÁ: Chem. Zvesti 16, 701 (1962).
[*53*] VAN DUUREN, A. J.: J. Amer. Soc. Sugar Beet Technol. 12, 57 (1962).
[*54*] EL-DAKHAKHNY, M.: Planta medica 11, 465 (1963).
[*55*] EL-DEEB, S. R.: J. Pharm. Sci. U.A.R. 3, 41 (1962); ref.: C. A. 61, 6853f
     (1964).
[*56*] — M. S. KARAWYA, and S. K. WAHBA: J. Pharm. Sci. U.A.R. 3, 81 (1962).
[*57*] ELGAMAL, M. H. A., and M. B. E. FAYEZ: Z. analyt. Chem. 211, 190 (1965).
[*58*] EL-HAMIDI, A., and G. RICHTER: Lloydia 28, 252 (1965).
[*59*] FASSINA, G.: Boll. Soc. ital. Biol. sper. 36, 1417 (1960).
[*60*] — A. R. CONTESSA e C. E. TÓTH: Boll. Soc. ital. Biol. sper. 38, 260 (1962).
[*61*] FEDELI, E., P. CAPELLA e L. TADINI: Riv. Ital. Sost. Grasse 40, 669 (1963).
[*62*] FIORI, A., u. M. MARIGO: Minerva med. leg. 82, 350 (1962).
[*63*] FISHBEIN, L., and J. FAWKES: J. Chromatog. 20, 521 (1965).
[*64*] FLÜCK, H., u. K. BICHSEL: Vortrag Internat. Kongr. Pharmaz. Wissenschaf-
     ten, Münster 1963.
[*65*] — u. C. WINDECK-LUTZ: Vortragsreferat in Pharmac. Acta Helv. 40, 637
     (1965).
[*66*] FRAUENDORF, H., u. H. AUTERHOFF: Dtsch. Apoth.-Ztg 103, 1299 (1963).
[*67*] FRÖMMING, K.-H.: Arch. Pharmaz. 297, 172 (1964).
[*67a*] FURTER, M.: Helv. chim. Acta 21, 1666 (1938).
[*68*] GABEL. E., K. H. MÜLLER u. J. SCHOKNECHT: Dtsch. Apoth.-Ztg. 102, 293
     (1962).
[*68a*] GÄNSHIRT, H.: unveröffentlicht.
[*69*] GAINES, H. D., u. R. P. COLLINS: Lloydia 26, 247 (1963).
[*70*] GAREL, J.-P.: Bull. Soc. chim. Fr. 1965, 1563.
[*71*] GIACOBAZZI, C., e G. GIBERTINI: Bull. chim. farm. 101, 490 (1962).
[*72*] GILDEMEISTER, E., u. FR. HOFFMANN: Die ätherischen Öle. Berlin: Akademie-
     Verlag 1956—1962.
[*73*] GMELIN, R.: Arzneimittel-Forsch. 13, 771 (1963).
[*74*] — Arzneimittel-Forsch. 14, 1021 (1964).
[*75*] GODON, M.: Dissertation Paris 1963.
[*76*] GÖLDEL, L., W. ZIMMERMANN u. D. LOMMER: Hoppe-Seylers Z. physiol.
     Chem. 333, 35 (1963).
[*77*] GRACZA, L., u. A. ZARÁNDI: Pharmazie 19, 228 (1964).
[*78*] GRÄB, R.: Dtsch. Apoth.-Ztg. 103, 1424 (1963).
[*79*] GRAF, E., u. W. HOPPE: Dtsch. Apoth.-Ztg. 102, 393 (1962).
[*80*] —— Dtsch. Apoth.-Ztg. 104, 287 (1964).
[*80a*] GRAN, W., u. H. ENDRES: J. Chromatog. 17, 585 (1965).
[*81*] GSTIRNER, F.: Prüfung und Verarbeitung von Arzneidrogen. Bd. I. Berlin-
     Göttingen-Heidelberg: Springer 1955.
[*82*] GUENTHER, E.: The Essential Oils. New York: D. van Nostrand Company
     1952—1955.
[*83*] GUPTA, A. S., and S. DEV: J. Chromatog. 12, 189 (1963).
[*84*] GUTZWILLER, J., R. MAULI, H. P. SIGG u. CH. TAMM: Helv. chim. Acta 47,
     2234 (1964).
[*85*] GYANCHANDANI, N.: Dissertation Freiburg 1964.
[*86*] HAAGEN-SMIT, A. G.: In L. ZECHMEISTER: Fortschritte der Chemie organi-
     scher Naturstoffe, Bd. XII. Wien: Springer 1955.
[*87*] HELBING, A. R.: Pharm. Weekbl. 99, 1116 (1964).
[*88*] — Clin. chim. Acta 8, 756 (1963).
[*89*] HERZ, W., u. S. INAYAMA: Tetrahedron 20, 341 (1964).
[*89a*] HILLER, K., B. LINZER u. S. PFEIFER: Pharmazie 21, 182 (1966).
[*90*] HÖRHAMMER, L., A. EL-HAMIDI, and G. RICHTER: J. pharm. Sci. 53,
     1033 (1964).
[*91*] — H. WAGNER u. B. LAY: Pharm. Ztg. (Frankfurt) 106, 1307 (1961).
[*92*] —— u. G. RICHTER: Dtsch. Apoth.-Ztg. 103, 1737 (1963).

[93] Hörhammer, L., H. Wagner, G. Richter, H. W. König u. J. Heng: Dtsch. Apoth.-Ztg. **104**, 1398 (1964).
[94] — — u. H. Schilcher: Arzneimittel-Forsch. **12**, 1 (1962).
[95] Hofmann, H.: Dissertation Würzburg 1962.
[96] ten Hoopen, H. J. G.: Z. Lebensmitt.-Untersuch. **119**, 478 (1963).
[97] Huneck, S.: J. Chromatog. **7**, 561 (1962).
[98] — J. org. Chem. **28**, 2390 (1963).
[99] — Tetrahedron **19**, 479 (1963).
[100] Hyyrylainen, M.: Farm. Aikakauslehti **72**, 161 (1963).
[101] Ikan, R.: J. Chromatog. **17**, 591 (1965).
[102] — J. Kashman, S. Harel, and E. D. Bergmann: Israel J. Chem. **1**, 248 (1963).
[103] — — u. E. D. Bergmann: J. Chromatog. **14**, 275 (1964).
[104] Ikeda, R. M., W. L. Stanley, S. H. Vannier, and L. A. Rolle: Food Technol. **15**, 379 (1961).
[105] Ito, M.: J. Chem. Soc. Japan, Pure Chem. Sect. **78**, 172 (1957); ref. Chem. Zbl. **42**, 11595 (1957).
[106] Jacob, J.: Dissertation Bonn 1963.
[107] Janistyn, H.: Parfümerie u. Kosm. **45**, 335 (1964).
[108] Jaspersen-Schib, R., e H. Flück: Boll. chim. farm. **101**, 512 (1962).
[109] Jones, E. R. H., u. T. G. Halsall: In: L. Zechmeister: Fortschritte der Chemie organischer Naturstoffe, Bd. XII. Wien: Springer 1955.
[110] deJong, K., K. Mostert et D. Sloot: Rec. Trav. chim. Pays-Bas **82**, 837 (1963).
[111] Jork, H.: Dtsch. Apoth.-Ztg. **102**, 1263 (1962).
[112] — J. Pharm. Belg. **1963**, 213.
[113] — Dissertation Saarbrücken 1963.
[114] — J. Pharm. Belg. (Symposiumsband) **1966**, 295.
[115] Juvonen, S.: Planta med. (Stuttg.) **12**, 488 (1964).
[116] — Vortrag Internat. Kongr. Pharmaz. Wissenschaften, Münster 1963.
[116a] Karawya, M. S., and S. K. Wahba: Egypt. pharm. Bull. **44**, 23 (1964); C. A. **62**, 10288e (1965).
[116b] — — Egypt. pharm. Bull **44**, 31 (1964); C. A. **62**, 10288f (1965).
[117] Karrer, W.: Konstitution und Vorkommen der organischen Pflanzenstoffe. Basel-Stuttgart: Birkhäuser 1958.
[118] Kartnig, Th., F. J. Graune, and R. Herbst: Planta med. **12**, 428 (1964).
[119] — Pharm.Ztg **110**, 1051 (1965).
[120] Katague, D. B., and E. R. Kirch: J. pharm. Sci. **54**, 891 (1965).
[121] Kaufmann, H. P., u. A. K. sen Gupta: Chem. Ber. **96**, 2489 (1963).
[122] — — Chem. Ber. **97**, 2652 (1964).
[123] Kaufmann, H. P., u. A. K. sen Gupta: Fette, Seifen, Anstrichmittel **65**, 529 (1963).
[124] — — Fette-Seifen-Anstrichmittel **66**, 461 (1964).
[125] Kawasaki, T., and K. Miyahara: Chem. pharm. Bull. **11**, 1546 (1963).
[126] Kheifits, L. A., G. J. Moldovanskaya i L. M. Shulov: Akad. Nauk S.S.S.R. **28**, 267 (1963).
[127] Khorlin, A. Y., L. V. Bakinovskiǐ, V. E. Vas'kovskiǐ, A. G. Venyaminova i Y. S. Ovodov: Isvest. Akad. Nauk S.S.S.R. **1398**, 2008 (1963).
[128] Khorlin, A. Y., Y. S. Ovodov i. N. K. Kochetkov: Zhur. obshchei Khim. **32**, 782 (1962).
[129] Klein, E., W. Rojahn u. D. Henneberg: Tetrahedron **20**, 2025 (1964).
[130] Klingmüller, L.: Dissertation Hamburg 1961; ref. in: Dtsch. Apoth.-Ztg. **104**, 927 (1964).
[131] Klouwen, M. H., u. R. ter Heide: Parfümerie u. Kosm. **43**, 195 (1962).
[132] — R. ter Heide u. J.G.J. Kok: Fette, Seifen, Anstrichmittel **65**, 414 (1963).
[133] Knappe, E., u. D. Peteri: Z. analyt. Chem. **190**, 386 (1962).
[133a] — u. J. Rohdewald: Z. analyt. Chem. **200**, 9 (1964).
[134] Knütter, S., u. R. Pohloudek-Fabini: Pharmazie **17**, 456 (1962).

[135] KOCHETKOV, N. K., A. Y. KHORLIN i V. E. VAS'KOVSKIĬ: Isvest. Akad. Nauk S.S.S.R. 1398, 1409 (1963).
[136] KOHAN, S., u. J. FITELSON: J. Ass. off. Agric. Chem. 47, 551 (1964).
[137] KOHEN, F., B. K. PATNAIK, u. R. STEVENSON: J. org. Chem. 29, 2710 (1964).
[138] KORTE, F.: Arch. Pharm. 286, 295 (1953).
[139] — H. BARKEMEYER u. J. KORTE: In: L. ZECHMEISTER: Fortschritte der Chemie organischer Naturstoffe, Bd. XVII. Wien: Springer 1959.
[140] — u. J. VOGEL: J. Chromatog. 9, 381 (1962).
[141] KRATZL, K., u. G. E. MIKSCHE: Mh. Chem. 94, 530 (1963).
[142] KŘEPINSKÝ, J., M. ROMAŇUK, V. HEROUT a F. ŠORM: Collect. Čs. Chem. Commun. 27, 2638 (1962).
[143] KUBECZKA, K.-H.: Dtsch. Apoth.-Ztg 104, 369 (1964).
[144] KUHN, R., u. I. LÖW: Tetrahedron Letters 1964, 891.
[145] KUNOVITS, G.: Seifen, Öle, Fette, Wachse 90, 895 (1964).
[145a] KUROIWA, Y., u. H. HASHIMOTO: J. Inst. Brew. 67, 347, 352 (1961).
[146] LAPINA, T. G.: Trudy Khim. i Khim. Tekhnol. 1962, No. 2, 424.
[147] LAVIE, D., u. B. S. BENJAMINOV: Tetrahedron 20, 2665 (1964).
[148] LEGLER, G.: Phytochemistry 4, 29 (1965).
[149] LIBBEY, L. M., and E. A. DAY: J. Chromatog. 14, 273 (1964).
[150] LINDE, H.: Arzneimittel-Forsch. 14, 1037 (1964).
[151] LITTLER, J. S., and I. G. SAYCE: J. chem. Soc. 1964, 2545.
[152] MARCUSE, R.: Fette, Seifen, Anstrichmittel 66, 192 (1964).
[153] — J. Chromatog. 7, 407 (1962).
[154] — U. MOBECH-HANSSEN u. P. O. GÖTHER: Fette, Seifen, Anstrichmittel 66, 192 (1964).
[155] MASSE, J., et R. PARIS: Ann. pharm. franc. 22, 349 (1964).
[156] MÁTHÉ, I., és E. TYIHAK: Herba hung. 1, 31 (1962).
[157] MATHIS, C.: Dissertation Strasbourg 1963.
[158] — et G. OURISSON: J. Chromatog. 12, 94 (1963).
[159] — u. G. OURISSON: Phytochemistry 3, 115, 133 (1964).
[160] DE MAYO, P.: Mono- and Sesquiterpenoids. New York-London: Interscience Publishers 1959.
[161] MECKEL, H. MILSTER u. U. KRAUSE: Textil-Prax. 16, 1032 (1961).
[162] MEHLITZ, A., K. GIERSCHNER u. T. MINAS: Chem. Ztg. 87, 573 (1963).
[163] — — — Chemiker-Ztg. 89, 175 (1965).
[164] MEIJBOOM, P. W., u. G. JURRIENS: J. Chromatog. 18, 424 (1965).
[165] MENARD, E. L., J. M. MÜLLER, A. F. THOMAS, S. S. BHATNAGAR u. N. J. DASTOOR: Helv. chim. Acta 46, 1801 (1963).
[166] MESSERSCHMIDT, W.: Planta med. 12, 501 (1964).
[167] — Planta Med. 13, 56 (1965).
[168] MILLER, J. M., u. J. G. KIRCHNER: Analyt. Chem. 25, 1107 (1953).
[169] MILLS, J. S., u. A. E. WERNER: Nature (Lond.) 169, 1064 (1952).
[170] MITSUHASHI, H., U. NAGAI, T. MURAMATSU, u. H. TASHIRO: Chem. Pharm. Bull. 8, 243 (1960).
[171] MOREIRA, E. A., y C. CECY: Trib. Farm. 32, 55 (1964).
[172] MORGAN, M. E., and R. L. PEREIRA: J. Dairy Sci. 45, 457 (1962).
[173] MORITZ, O.: In: W. RUHLAND: Handbuch der Pflanzenphysiologie, Bd. X. Berlin-Göttingen-Heidelberg: Springer 1958.
[174] — In: K. PEACH u. M. V. TRACEY: Moderne Methoden der Pflanzenanalyse, Bd. III. Berlin-Göttingen-Heidelberg: Springer 1955.
[175] MOUTON, M., S. JAQUARD et M. SAGOT-MASSON: Ann. pharm. franç. 21, 233 (1963).
[176] NADAL, N. G. M., C. M. C. CHAPEL, and C. LECUMBERRY: Amer. Perfumer, Cosmet. 79, 43 (1964).
[177] NANO, G. M., e A. MARTELLI: Gazz. chim. Ital. 94, 816 (1964).
[177a] — — J. Chromat. 21, 349 (1966).
[178] — u. P. SANCIN: Experientia (Basel) 19, 329 (1963).
[179] — u. P. SANCIN: Ann. Chim. Roma 53, 677 (1963).
[180] NICHOLAS, H. J.: Biochim. biophys. Acta (Amst.) 84, 80 (1964).
[181] NIGAM, S. S., u. G. L. KUMARI: Perfum. Essent. Oil Rec. 53, 529 (1962).

[*182*] Nigam, I. C., u. L. Levi: J. Pharm. Sci. **53**, 1008 (1964).
[*182a*] — — Parf. Cosm. Savons 8, 423 (1965).
[*183*] Nigam, M. C., I. C. Nigam, and L. Levi: J. Soc. Cosm. Chem. **16**, 155 (1965).
[*184*] — and R. M. Purohit: Indian Perfumer **5**, 3 (1961); ref. Parf. u. Kosm. **45**, 283 (1964).
[*185*] Nigam, I. C., M. Sahasrabudhe u. L. Levi: Canad. J. Chem. **41**, 1535 (1963).
[*185a*] Noller, C. R., A. Melera u. M. Gut: Tetrahedron Letters 15 (1960).
[*186*] Norin, T., u. L. Westfelt: Acta chem. scand. **17**, 1828 (1963).
[*187*] Onoe, K.: J. Chem. Soc. Japan, Pure Chem. Sect. **73**, 337 (1952); ref.: Amer. Abstr. **1953**, 3757.
[*188*] Pailer, M., H. Kuhn u. I. Grünberger: Facgl. Mitt. Österr. Tabakregie.
[*189*] Paris, R., u. M. Godon: Recherches (Paris) **13**, 48 (1963).
[*190*] Parks, O. W.: J. Lipid Res. **5**, 232 (1964).
[*191*] Pasich, B.: Planta med. **11**, 16 (1963).
[*191a*] Pastuska, G., u. H.-J. Petrowitz: Chemiker-Ztg. **86**, 311 (1962).
[*192*] Pejkovic-Tadic, I., M. Hranisavlievic-Jakovljevic u. S. Nesic: In: G. B. Marini-Bettolo: Thin-Layer Chromatography. Amsterdam-London-New York: Elsevier 1964; vgl. auch J. Chromatog. **21**, 247 (1966).
[*193*] Pertsev, I. M., i G. P. Pivnenko: Pharmaz. J. (Kiew) **16**, 28 (1961).
[*194*] — — Farmatsev, Zh. (Kiew) **17**, 35 (1962).
[*195*] Pesnelle, P., P. Teisseire u. M. Wichtl: Planta med. **12**, 403 (1964).
[*196*] Petrowitz, H.-J.: Angew. Chemie **72**, 921 (1960).
[*197*] — Z. analyt. Chem. **183**, 432 (1961).
[*198*] Peyron, L.: Perfum. Cosm. Savons **5**, 1 (1962).
[*199*] — Chim. analyt. **45**, 186 (1963).
[*200*] Pisters, H.: Dissertation Köln 1960.
[*201*] van der Poel, G. H.: Nederl. Melk- en Zuiveltijdschr. **15**, 98 (1961).
[*202*] Ponsinet, G., and G. Ourisson: Phytochemistry 4, 799 (1965).
[*203*] Preuss, R.: Dtsch. Apoth.-Ztg. **104**, 1797 (1964).
[*204*] — u. H. Orth: Pharmazie **20**, 698 (1965).
[*205*] Prey, V., A. Berger u. H. Berbalk: Z. analyt. Chem. **185**, 113 (1962).
[*206*] Rahandraha, T., M. Chanez et P. Boiteau: Ann. pharmac. franç. **21**, 313 (1963).
[*207*] — — — et S. Jaquard: Ann. pharmac. franç. **21**, 561 (1963).
[*208*] Rawlings, F. I. G., u. A. E. Werner: Endeavour **13**, 140 (1954).
[*209*] Reitsema, R. H.: Analyt. Chem. **26**, 960 (1954).
[*210*] — F. J. Cramer, and W. E. Fass: Agr. and Food Chem. **5**, 779 (1957).
[*211*] Rispoli, G., A. di Giacomo e M. E. Tracuzzi: Riv. Ital. Essenze-Profumi, Piante Offic.-Aromi-Saponi Cosmet. **45**, 62 (1963).
[*212*] Ronkainen, P., D. Kaempgen u. H. Suomalainen: Z. analyt. Chem. **201**, 14 (1964).
[*213*] — T. Salo u. H. Suomalainen: Z. Lebensmittel.-Untersuch. **117**, 281 (1962).
[*214*] Rosmus, J., u. Z. Deyl: J. Chromatog. **6**, 187 (1961).
[*215*] Rothenheimer, C.: Pharm. Ztg. **74**, 712 (1929).
[*215a*] Rotbacher, H., C. Crisan i E. Bedo: Farmacia (Bukarest) **12**, 733 (1964); C. A. **62**, 10288c (1965).
[*216*] Rowe, J. W.: Tetrahedron Letters **1964**, 2347.
[*217*] Rücker, G.: Pharm. Ztg. **108**, 1169 (1963).
[*218*] Ruffini, G.: J. Chromatog. **17**, 483 (1965).
[*219*] Ruzicka, L.: Experientia (Basel) **9**, 357 (1953).
[*220*] Schäfer, F.: Dissertation Saarbrücken 1964.
[*221*] von Schantz, M.: Farmaseutt. Aikakauslehti 71, 52 (1962).
[*222*] — Farmaseutt. Aikakauslehti 72, 95 (1963).
[*223*] — S. Juvonen, and R. Hemming: J. Chromatog. **20**, 618 (1965).
[*223a*] — Vortrag, Berlin 1965.
[*224*] Schilcher, H.: Dtsch. Apoth.-Ztg. **104**, 1019 (1964).
[*224a*] — Dtsch. Apoth.-Ztg. **105**, 1067 (1965).
[*224b*] — Dtsch. Apoth.-Ztg. **106**, 231 (1966).

[225] Schmialek, P.: Z. Naturforsch. 16b, 462 (1961).

[226] — Z. Naturforsch. 18b, 462 (1963).

[227] Schmittmann, B.: Diplomarbeit, Bonn 1962; zit. nach: A. T. James and L. J. Morris: New Biochemical Separations. London: van Nostrand Company 1964.

[228] Schratz, E., u. S. Qedan: Pharmazie 20, 710 (1965).

[229] Schreiber, K., O. Aurich, and G. Osske: J. Chromatog. 12, 63 (1963).

[230] Schulte, K. E., F. Ahrens u. E. Sprenger: Pharm. Ztg. 108, 1165 (1963).

[231] Schultz, O. E., u. H. L. Mohrmann: Pharmazie 20, 379 (1965).

[232] Schwartz, D. P., M. Keeney, and O. W. Parks: Microchem. J. 8, 176 (1964).

[233] — and O. W. Parks: Microchem. J. 7, 403 (1963).

[234] Seeboth, H.: Chem. Techn. 15, 34 (1963).

[235] — Mber. deutsch. Akad. Wiss. Berlin 5, 693 (1963).

[236] — u. H. Görsch: Chem. Techn. 15, 294 (1963).

[237] Seikel, M. K., and J. W. Rowe: Phytochemistry 3, 27 (1964).

[237a] Severin, M.: Bull. Inst. Agron. Sta. Rech Gembloux 32, 122 (1964); C. A. 62, 9755e (1965).

[238] Shalaby, A. F., u. G. Richter: J. Pharm. Sci. 53, 1502 (1964).

[239] Shevchenko, Z. A., u. J. A. Favorskaya: Vestn. Leningr. Univ. 19, 107 (1964); ref. C. A. 61, 8874a (1964).

[240] Simonsen, J.: The Terpenes. Cambridge: University Press 1952.

[241] Smith, M. D., u. C. G. Farmilo: Mitt. Commonwealth Lab., Melbourne.

[242] Smith, G. A. L., and P. J. Sullivan: Analyst 89, 312 (1964).

[243] Šorm, F.: Chem.Ind. (Lond.) 1964, 1833.

[244] Sprecher, E.: Planta med. 11, 119 (1963).

[245] Stahl, E.: Mikrochim. Acta 40, 367 (1953).

[246] — Pharmazie 11, 633 (1956).

[247] — Parfümerie u. Kosm. 39, 564 (1958).

[248] — Chemiker-Ztg. 82, 323 (1958); Il Laborat. Scientifico No. 6, 171 (1959).

[249] — Pharm. Rdsch. 1, Heft 2, 1 (1959).

[250] — Arch. Pharm. 292, 531 (1960).

[251] — Dünnschicht-Chromatographie, ein Laboratoriumshandbuch, 1. Aufl. Berlin-Göttingen-Heidelberg: Springer 1962.

[252] — Farmaseutt. Aikakauslehti 72, 213 (1963).

[253] — In: H. F. Linskens u. M. V. Tracey: Moderne Methoden der Pflanzenanalyse, 5. Band. Berlin-Göttingen-Heidelberg: Springer 1962.

[253a] — Angew. Chemie, Edit. intern. 3, 784 (1964).

[254] — Arch. Pharmaz. 297, 500 (1964).

[255] — u. Mitarb.: unveröffentlicht.

[256] — u. V. Adhikari: Arch. Pharm. (im Druck).

[257] — u. H. Bohrmann: Naturwissenschaften 54 (im Druck).

[258] — u. J. Fuchs: unveröffentlicht.

[259] — u. H. Jork: In [251].

[260] — — Arch. Pharm. 297, 273 (1964).

[261] — — Arch. Pharm. 299, 670 (1966).

[262] — u. D. Scheu: Naturwissenschaften 52, 394 (1965).

[263] — — unveröffentlicht.

[264] — u. G. Schmitt: Arch. Pharm. 297, 385 (1964).

[265] — u. L. Trennheuser: Arch. Pharm. 293, 826 (1960).

[266] — u. H. Vollmann: Talanta 12, 525 (1965).

[267] Stanley, W. L., R. M. Ikeda u. S. Cook: Food Technol. 15, 381 (1961).

[268] Stein, G.: Biol. Zbl. 82, 343 (1963).

[269] — Naturwissenschaften 50, 305 (1963).

[270] Steiner, M., u. H. Holtzem: In: K. Paech u. M. V. Tracey: Moderne Methoden der Pflanzenanalyse, Bd. III. Berlin-Göttingen-Heidelberg: Springer 1955.

[271] Stock, E.: In: K. Dieterich u. E. Stock: Analyse der Harze, Balsame und Gummiharze, 2. Aufl. Berlin: Springer 1930.

[272] SUNDT, E., and A. SACCARDI: Food Technol. 16, 89 (1962).
[273] — B. WILLHALM u. M. STOLL: Helv. chim. Acta 47, 408 (1964).
[274] SUOMALAINEN, H.: Branntweinwirtschaft 105, 1 (1965).
[275] — u. P. RONKAINEN: Teknillisen Kem. Aikakauslehti 20, 413 (1963).
[276] SWALEH, M., B. BHUSMAN, and G. S. SIDHU: Perf. Essent. Oil Rec. 54, 295 (1963).
[277] McSWEENEY, G. P.: J. Chromatog. 17, 183 (1965).
[278] SYNODINOS, E., E. KOKOTI-KOTAKIS u. G. KOTAKIS: im Druck.
[279] SZASZ, Z. M., u. G. SZASZ: Fette, Seifen, Anstrichmittel 67, 332 (1965).
[280] TAKEDA, K., H. MINATO, M. ISHIKAWA u. M. MIYAWAKI: Tetrahedron 20, 2655 (1964).
[281] — M. IKUTA u. M. MIYAWAKI: Tetrahedron 20, 2991 (1964).
[282] TANKER, M.: Ist. Tip Fak. Mec. 26, 26 (1963).
[283] TATAR, J.: Herba hung. 3, 457 (1964).
[284] TÉTENYI, P., u. D. VÁGUJFALVI: Herba hung. 2, 185 (1963).
[285] THOMAS, A. F., u. J. M. MÜLLER: Experientia (Basel) 16, 62 (1960).
[286] TSCHESCHE, R., F. LAMPERT, and G. SNATZKE: J. Chromatog. 5, 217 (1961).
[287] — u. U. AXEN: Ann. Chem. 669, 171 (1963).
[288] — J. DUPHORN, and G. SNATZKE: Ann. Chem. 667, 151 (1963).
[289] — G. BIERNOTH, and G. SNATZKE: Ann. Chem. 674, 196 (1964).
[290] — J. DUPHORN, and G. SNATZKE: In: A. T. JAMES, and L. J. MORRIS: New Biochemical Separations. London: Van Nostrand Company 1964.
[291] — u. A. K. SEN GUPTA: Chem. Ber. 93, 1903 (1960).
[292] — E. HENCKEL, and G. SNATZKE: Ann. Chem. 676, 175 (1964).
[293] — F. LAMPERT, and G. SNATZKE: J. Chromatog. 5, 217 (1961).
[294] — u. H. STRIEGLER: Naturwissenschaften 52, 303 (1965).
[295] — u. G. WULFF: Planta med. 12, 272 (1964).
[296] — u. N. ZIEGLER: Ann. Chem. 674, 185 (1964).
[297] TSUDA, Y., T. SANO, K. KAWAGUCHI, and Y. INUBUSHI: Tetrahedron Letters 1964, 1279.
[298] TURSCH, B., u. E. TURSCH: Bull. Soc. chim. belg. 70, 585 (1961).
[299] — — and I. T. HARRISON: J. org. Chem. 28, 2390 (1963).
[300] TYIHÁK, E.: Sci. Pharm. 30, 185 (1962).
[301] — u. D. FÖLDESI: Naturwissenschaften 49, 469 (1962).
[302] — u. M. IMRE: Herba hung. 2, 157 (1963).
[303] — u. G. MOLNAR: Z. allg. Mikrobiol. 4, 161 (1964).
[304] — — Z. Lebensmitt.-Untersuch. 123, 362 (1963).
[305] — J. SÁRKÁNY-KISS u. I. MÁTHÉ: Pharm. Zentralhalle 102, 128 (1963).
[306] — — — Herba hung. 2, 173 (1963).
[307] — u. D. VÁGUJFALVI: Herba hung. 1, 97 (1962).
[308] — — u. P. L. HÁGONY: J. Chromatog. 11, 45 (1963).
[309] — — — Act.: Pharm. hung. 196, 176 (1963).
[310] URBACH, G: J. Chromatog. 12, 196 (1963).
[311] URECH, J., B. FECHTIG, J. NÜESCH u. E. VISCHER: Helv. chim. Acta 46, 2758 (1963).
[312] VÁGUJFALVI, D., és E. TYIHÁK: Herba hung. 2, 363 (1963).
[313] VALENTIN, H.: Pharm. Ztg. 80, 469 (1935).
[314] VASHIST, V. N., and K. L. HANDA: Soap, Perfum. Cosm. 37, 135 (1964).
[315] — — J. Chromatog. 18, 412 (1965).
[315a] VERDERIO, E., e D. VENTURINI: Boll. chim. farm. 104, 170 (1965).
[316] VIOQUE, E., and R. T. HOLMAN: J. Amer. oil Chem. Soc. 39, 63 (1962).
[316a] VOGEL, G.: Planta Med. 11, 362 (1963).
[317] VOLK, O. H., u. R. SCHUNK: Dtsch. Apoth.-Ztg. 104, 187 (1964).
[318] VORBRÜGGEN, H.: Ann. Chem. 668, 57 (1963).
[319] WAGNER-JAUREGG, TH., u. M. ROTH: Pharmac. Acta Helv. 37, 352 (1962).
[320] WAGNER, H., L. HÖRHAMMER u. H. NUFER: Arzneimittel-Forsch. 15, 453 (1965).
[321] WALLACH, O.: Terpene und Campher. 2. Aufl. Leipzig: 1914.
[322] WASICKY, R.: Rev. Fac. Bioquim. Sao Paulo 1, 69 (1963); ref. Anal. Abstr. 11, No. 3772 (1964).

[*323*] Wasicky, R., and O. Frehden: Mikrochem. Acta 1, 55 (1937).
[*324*] Weigert, E., y P. J. Schorn: Trib. Farmaceut. 30, 48 (1962).
[*325*] Wellendorf, M.: Dansk Tidskr. Farm. 37, 145 (1963).
[*326*] Westfelt, L.: Acta Chem. scand. 18, 572 (1964).
[*327*] Wichtl, M.: Planta Med. 11, 53 (1963).
[*328*] Winkler, W.: Kolloid. Z. 177, 63 (1961).
[*329*] Wollrab, V.: Riechst., Aromen, Körperpflegemittel Nr. 10, 321 (1964).
[*330*] — M. Streibl a F. Šorm: Collect. Čs. Chem. Commun. 30, 1654 (1965).
[*331*] Wrolstad, R. E., and W. G. Jennings: J. Chromatog. 18, 318 (1965).
[*332*] Zamojski, A., i F. Zamojska: Chem. analit. (Warszawa) 9, 589 (1964).
[*333*] Zechmeister, L.: Fortschritte der Chemie organischer Naturstoffe, Bd. 14. Berlin-Göttingen-Heidelberg: Springer 1957.
[*334*] Zinkel, D. F., u. J. W. Rowe: J. Chromatog. 13, 74 (1964).

K. Vitamine, einschließlich Carotinoide, Chlorophylle und biologisch aktive Chinone[1]

H. R. Bolliger und A. König

Bei der Erforschung und Analyse dieser Stoffgruppen ist die Dünnschicht-Chromatographie in fast allen Arbeitsgebieten der Naturwissenschaften und Praxis zu einer unentbehrlichen Laboratoriumstechnik geworden. Mit ihren markanten Vorteilen ergänzt und verfeinert sie die bisherigen Untersuchungs- und Trennmethoden. Sie kann zu deren Überprüfung herangezogen werden und vereinfacht z. T. Aufarbeitungs- und Reinigungsverfahren, Isolierung, Identifizierung, Reinheitsprüfung, Bestimmung und Synthesenkontrolle der Wirkstoffe. Folgende Prinzipien — praktisch oft in Kombination auftretend — werden zur Fraktionierung auf der Platte verwendet: vor allem Adsorption und Verteilung, aber auch Komplexbildung auf Silbernitrat-imprägniertem Trägermaterial, Polyamid- und Ionenaustausch-Chromatographie. Punkt- und strichförmig werden die gelösten, z. T. markierten Substanzgemische auf dünnen und dicken Schichten aufgetragen. Mit verschiedensten Fließmitteln wird meist aufsteigend, doch auch horizontal, absteigend, radial, zweidimensional und mit anderen Varianten getrennt. Dann erfolgt die Sichtbarmachung, Auswertung oder Eluierung.

Die Zahl der Veröffentlichungen über die DC von Vitaminen und verwandten Verbindungen ist bis Ende 1965 auf über 500 angestiegen, wovon rund 80% die fettlösliche Klasse betreffen. Fünf Übersichtsreferate liegen vor [*8, 70, 77, 110, 130*]. Aus dieser Fülle von Arbeiten wird über die bewährten Methoden und zusätzlich über noch unveröffentlichte Erfahrungen berichtet. Sicher werden noch viele zusätzliche Systeme und Nachweisreaktionen gefunden werden, um bei der Lösung spezifischer Probleme zu helfen.

---

[1] Für die Nomenklatur der chemisch-strukturell sehr unterschiedlichen Stoffe sind meist die Vorschläge der IUPAC berücksichtigt (Inform. Bull. No. 25, 1966).

Die Carotinoide sind in dieses Kapitel aufgenommen worden, weil sie
z. T. Provitamin A-wirksam sind, ebenso die Chlorophylle, welche gemeinsam mit den Carotinoiden in den Chloroplasten vorkommen. Zusätzlich sind die den Vitaminen E und K nahestehenden aktiven Chinone
einbezogen, welche in der Natur als Katalysatoren sowie beim Elek-
tronentransport eine Rolle spielen.

I. Arbeitsmethode und allgemeine Erfahrungen

Über Vorkommen, biologische Funktion und Wirkung, Eigenschaften,
chemische Strukturformeln sowie bisherige Isolierungs- und Bestimmungsmethoden der aktiven Verbindungen wird auf die Originalarbeiten
und einschlägigen Handbücher hingewiesen [*1, 46, 54, 57, 78, 90, 130,
142*]. Diese Kenntnisse sind – neben Erfahrung, Geschicklichkeit und
Fantasie – für den Bearbeiter zur erfolgreichen Anwendung der DC,
auch in Kombination mit anderen Verfahren, erforderlich.

Die dünnschichtchromatographische Prüfung der Vitamine setzt
sich meist aus Extraktion, Trennung, Identifizierung und Bestimmung
zusammen. Das Aufarbeitungsverfahren zur Gewinnung des Extraktes
für die DC richtet sich nach der Beschaffenheit des Ausgangsmaterials,
nach der Form und der Menge der vorhandenen Vitamine sowie nach den
Begleitkomponenten. In natürlichem Material liegen z. B. die fettlöslichen Vitamine meist nicht frei, sondern an Lipide und Proteine gebunden
oder sogar in wasserlöslicher Form vor. In künstlich hergestellten Präparaten sind sie oft zur Stabilisierung in Gelatine eingeschlossen. Die
wasserlöslichen Vitamine treten auch mit Fettsäuren verestert oder in
gebundener Form als Coenzyme auf. Die Vitamine werden aus der
repräsentativen, einheitlichen Probe (Lösung, Pulver) nach bekannten
Methoden direkt, nach Verseifung oder nach enzymatischer Spaltung
extrahiert. Die so erhaltenen Extrakte werden nach Einengen, evtl. nach
weiterer Reinigung oder nach chemischer Umsetzung auf die Sorptionsschicht aufgetragen und mit geeigneten Fließmitteln chromatographiert.
Der Wirkstoffnachweis auf der Platte erfolgt für analytische und präparative Zwecke durch Betrachten unter Licht verschiedener Wellenlänge
sowie durch Behandeln mit Reagentien[2] und oft zusätzlichem Erwärmen.
Die eindeutige Charakterisierung der Substanz muß jedoch nach Eluierung durch Messen von Spektren sichergestellt werden, weil auch die
hR_f-Werte nur als Richtwerte gelten. Die quantitative Auswertung kann
direkt auf der Platte oder nach Eluieren durchgeführt werden.

Fehlerquellen, die bei den Bestimmungen beachtet werden müssen,
sind Luftsauerstoff, Licht, Wärme, Lösungsmittel, Alkalien, Säuren und
aktive Sorptionsmittel, die bei empfindlichen Vitaminen, Carotinoiden
und Lipochinonen Veränderungen hervorrufen. Diese sind dünnschicht-
chromatographisch gut und einfach feststellbar (vgl. Abb. 112, Abbau
von Vitamin A auf der trockenen Schicht) und können durch entsprechende Schutz- und Vorsichtsmaßnahmen vermindert oder ausgeschaltet wer-

---

[2] Eine Zusammenstellung der Reagentien findet sich am Schlusse des Buches.

den. Weitere Störungen werden durch unreine Lösungsmittel (Abb. 110), durch Verletzen der Sorptionsschicht beim Auftragen (Abb. 113), durch nicht abgetrennte Fremdstoffe (z. B. Öle, Abb. 111) sowie durch zu konzentrierte Lösungen infolge Überladung des Trägermaterials hervorgerufen.

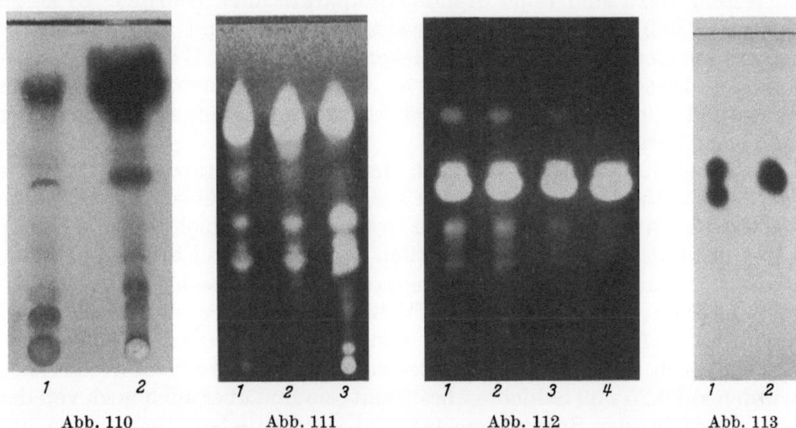

Störeffekte bei der DC von Vitaminen (Schicht: Kieselgel GF_{254}, aktiviert, etwa 0,25 mm dick, KS):

Abb. 110. Reinheit der Lösungsmittel. Abdampfrückstand von je 400 ml aufgetragen und mit Cyclohexan-Äther (80 + 20) chromatographiert. DC nach Besprühen mit Phosphormolybdänsäure-Reagens und Erwärmen. *1* peroxidfreier Äther, *2* abs. Alkohol

Abb. 111. Öle, in welchen fettlösliche Vitamine gelöst werden. Fließmittel: Cyclohexan-Äther (50 + 50). DC im UV (365 nm) aufgenommen nach Besprühen mit konz. Schwefelsäure und Erwärmen. Je 500 µg aufgetragen: *1* Arachisöl, *2* Baumwollsamenöl, *3* Weizenkeimöl

Abb. 112. Haltbarkeit von Vitamin A-acetat auf Kieselgel. Fließmittel: Cyclohexan-Äther-Pyridin (79 + 20 + 1). DC im UV (365 nm) aufgenommen. Je 30 µg zeitlich abgestuft aufgetragen und nach 5 min (*1*), 3 min (*2*), 1 min (*3*) und 0 min (*4*) chromatographiert

Abb. 113. Doppelfleckenbildung durch Beschädigung der Schicht beim Auftragen gewisser Vitamine. DC im UV (254 nm) aufgenommen. Auftragung: *1* bei Verletzung der Schicht mit der Pipettenspitze, *2* ohne Verletzung der Schicht

Nach unseren Erfahrungen hat es sich als zweckmäßig erwiesen, die Vitaminanalysen in möglichst temperaturkonstanten (etwa 22° C), gegen Norden gerichteten Laboratorien und bei gedämpftem Licht auszuführen. Als Schutzvorrichtung haben sich farblose, UV-Absorber enthaltende Folien[3] oder Lacke[4] bewährt, mit welchen die Fenster abgedeckt bzw. bestrichen werden. Daher müssen nur bei Sonnenschein die Lamellenstoren zusätzlich gestellt werden. Alle Glasgeräte sollen peinlich sauber sein. Beim Arbeiten mit der lipophilen Gruppe müssen die Glasschliffe mit dest. Wasser benetzt werden und dürfen nicht gefettet sein. Lösungen mit unbeständigen Vitaminen und Carotinoiden sind nur kurze Zeit haltbar. Sie sind während allen Operationen bei der Aufarbeitung mit Stickstoff zu begasen und sofort nach dem Auftragen auf die Platte zu chromatographieren. Zum Eluieren soll die noch lösungsmittelfeuchte Schicht abgeschabt werden.

[3] Z. B. Spezialfolie UVEX (Fa. 34).
[4] Z. B. handelsüblicher Nitrolack mit 1—2% UV-Absorber (Fa. 88).

Die quantitative, verlustlose Gewinnung und Reinigung der meist nur in Spuren vorhandenen aktiven Komponenten bereitet wegen der vielen störenden Begleitstoffe oft Schwierigkeiten und ist möglichst milde zu gestalten. Sowohl in einfach als auch in kompliziert zusammengesetztem Untersuchungsmaterial ist deshalb jeder einzelne Schritt der Analyse zu testen. Dazu sind reine Standardpräparate unentbehrlich. Es ist zu beachten, daß die Carotinoide, gewisse Vitamine und Chinone in isomeren Formen von unterschiedlicher biologischer Wirksamkeit vorkommen. Diese können z. T. leicht ineinander übergehen. Man muß auch herausfinden, ob Umwandlungsprodukte schon im Prüfgut vorliegen oder sich beim Verarbeiten bilden.

Wir arbeiten bei der DC nach der Standardmethode (S. 85). Zum raschen Auffinden einer geeigneten Trägermischung für schwer trennbare Verbindungen hat sich der Einsatz von Gradient-Schichten nach Stahl [126] gelohnt. Wenn möglich werden Sorptionsmittel mit Leuchtstoffzusatz verwendet, um die Chromatogramme vor und nach dem Besprühen stets im kurz- und langwelligen UV-Licht auf Absorptionen und Fluorescenzen prüfen zu können. Die von uns angegebenen Schichtdicken beziehen sich auf die Streichgeräteeinstellung. Unsere Nachweisgrenzen wurden auf 0,25 mm Schichten bestimmt; sie sind aber auch noch von der Fleckengröße, der Sprühintensität und der zeitlichen Beurteilung abhängig. Vor dem Auftragen werden die Extrakte und Reinsubstanzen im Fließmittel selbst oder in einer Komponente davon gelöst, um Artefakte durch fremde Lösungsmittel zu vermeiden. Für jedes Chromatogramm wird die Trennkammer mit frischem Fließmittel beschickt und vor Gebrauch bei KS und NS zur Atmosphärensättigung kurz geschüttelt.

Für die präparative Auftrennung und die quantitative Bestimmung der Vitamine hat sich das strichförmige Auftragen von relativ großen Extraktmengen (0,1—2,0 ml) auf dickere (0,4—2,0 mm) und breitere (bis 40 cm) [131] Schichten[5] bewährt. Das Mitführen eines Leitchromatogramms (vgl. Abb. e in Tafel II, Abb. 119 und 121) hat sich als sehr vorteilhaft erwiesen. Dadurch wird der unmittelbare Identitätsbeweis mitgeliefert, eine mögliche Verschiebung durch Überladung ist feststellbar und der oft nicht erkennbare Wirkstoff kann anhand des Leitstreifens lokalisiert und direkt in die mit einer Glasfritte versehene Eluiersäule abgeschabt werden (vgl. Abb. 120). Dieses Abtrennen des Kieselgels durch Filtration hat sich als praktisch erwiesen. Das eingeengte Eluat kann dann mit der geeignetsten Methode charakterisiert und ausgewertet werden. Der Störpegel des Sorptionsmittels muß in jedem Falle festgestellt und berücksichtigt werden. Durch Vorwaschen der Platte oder durch hochreine Trägermaterialien kann dieser Effekt eliminiert werden [131]. Heute stehen auch Geräte zur Direktauswertung (Remission, Transmission, Fluorometrie) der Punktchromatogramme zur Verfügung, die für viele unserer aktiven Verbindungen nützlich sind.

Es gibt leider kein allgemeines Analysenverfahren für die Vitamine, das sich für jedes Untersuchungsmaterial eignet. Der Analytiker muß die

---

[5] Beim präparativen Arbeiten werden noch dickere Sorptionsschichten und breitere Platten eingesetzt [60].

einzelnen Arbeitsgänge für die gerade vorliegende Probe prüfen und kombinieren. Hier muß die DC neben den anderen Methoden richtig eingesetzt werden. Dabei spielen die Faktoren Zeit, Instrumentation und Kosten eine Rolle.

II. DC fettlöslicher Vitamine, der Carotinoide, Chlorophylle und Chinone

Die lipophilen Verbindungen sind im allgemeinen weniger stabil als die wasserlöslichen Vitamine und sie müssen auch bei der DC mit der erwähnten Vorsicht behandelt werden. Rohextrakte aus pflanzlichen und tierischen Geweben sowie aus künstlichen Präparaten enthalten oft größere Mengen Fett- und Schutzstoffe mit ähnlichen Eigenschaften, die das analytische und präparative Arbeiten stören können. In diesem Falle sind sie vorher genügend zu reinigen.

1. Gemische fettlöslicher Vitamine
a) Trennung

Zur Auftrennung dieser Stoffe liegt eine große Anzahl von Beispielen vor. Viele Autoren benützen dazu die Adsorptions-DC [u. a. *8, 25, 70, 75, 130*]. Meist wird die angereicherte Probelösung auf aktiviertes Kieselgel oder Aluminiumoxid, doch auch auf luftgetrocknete Schicht [*83*] aufgetragen und sofort mit verschiedenen Lösungsmitteln während 40—60 min (12—18 cm Steighöhe) chromatographiert. Gut bewährt haben sich Chloroform, Benzol, Cyclohexan-Äther, Cyclohexan-Essigsäureäthylester u. a. m. Durch Variieren des Mischungsverhältnisses der genannten Gemische kann man je nach Aufgabe neue Trenneffekte erzielen, wobei z. B. die sehr nahe beieinanderliegenden Flecken von Vitamin A-alkohol und Vitamin D weiter auseinander wandern und sich die Substanzen mit höheren *Rf*-Werten gegen die Front zusammenschließen und umgekehrt. Diese Zerlegungen gelingen ebenso auf dickeren Schichten und mit größeren Vitamin- und/oder Extraktmengen. Davídek und Blattná [*25*] haben 14 Fließmittel ausprobiert, von denen fast alle ähnliche Substanzanordnungen ergeben wie mit Chloroform, Petroläther oder Tetrachlorkohlenstoff. Ihre Technik mit losem Trägermaterial hat sich wegen der geringeren Handlichkeit gegenüber festen Schichten kaum durchgesetzt, obwohl damit gleichwertige Resultate erzielt werden.

Auch die Verteilungschromatographie auf imprägnierten Platten durch Phasenumkehr (z. B. Kieselgel GF_{254}, aktiviert, 0,25 mm dick, in Lösung von 5% Paraffinöl in Petroläther getaucht und getrocknet) führt zum Erfolg [*8*]. Bei Fließmittelkombinationen wird durch Mischungsänderung wie bei der Adsorptionschromatographie die Aufteilung verschoben. Die im Paraffinöl gelöst vorliegenden Substanzen sind gut stabilisiert. Wegen der geringeren Aufnahmekapazität dieser Schichten kommt es bei größeren Mengen gewisser Vitamine zu Schweifbildung.

17   Dünnschicht-Chromatographie, 2. Aufl.

Die Tab. 38 orientiert über die hRf-Richtwerte von Gemischen fettlöslicher Vitamine, die mit den beschriebenen Trennsystemen erzielt
wurden (vgl. auch Abb. a in Tafel II). Nach Strohecker [*130, 131*]
ergeben Kieselgel H und HF$_{254}$ gleiches chromatographisches Verhalten.

Tabelle 38. *h Rf-Richtwerte fettlöslicher Vitamine mit verschiedenen Trennsystemen*
(Laufstrecken 12—16 cm in 40—60 min)

Schicht (ca. 0,25 mm):	S$_1$	S$_1$	S$_1$	S$_1$	S$_1$	S$_2$	S$_2$	S$_2$	S$_3$	S$_4$	S$_4$
Fließmittel:	F$_1$	F$_2$	F$_3$	F$_4$	F$_5$	F$_4$	F$_4$	F$_5$	F$_6$	F$_7$	F$_8$
Literatur:	[8]	[10]	[10]	[70,75]	[70,75]	[8]	[70,75]	[70,75]	[25]	—	—
β-Carotin* . . .	84	90	87	100	100	89	78	86	90	2	17
Vit. A-alkohol* .	10	35	35	8	22	16	8	28	—	70	87
Vit. A-acetat*. .	45	74	65	41	69	72	62	78	63	62	86
Vit. A-palmitat*.	72	87	84	75	94	84	74	82	—	3	16
Vit. D$_2$ bzw. D$_3$.	15	40	45	9	14	22	17	51	9	54/50	85/84
α-Tocopherol . .	32	68	66	35	56	53	37	62	—	30	83
α-Toc.-acetat . .	40	77	68	40	76	71	60	80	54	—	—
Vit. K$_1$*	61	82	75	67	81	79	73	80	74	8	40
Vit. K$_3$*	38	—	—	29	49	—	63	75	49	—	—

Schicht:

S$_1$ = Kieselgel G od. GF$_{254}$ (Merck), akt., KS
S$_2$ = Aluminiumoxid G (Merck), akt., KS
S$_3$ = Al$_2$O$_3$ (Lachema Inc., Akt. III-IV), lose
S$_4$ = Kieselgel GF$_{254}$ (Merck), akt. u. Paraffinöl-impr.

Fließmittel:

F$_1$ = Cyclohexan-Äther (80 + 20)
F$_2$ = Cyclohexan-Äther (50 + 50)
F$_3$ = Cyclohexan-Essigsäureäthylester (75 + 25)
F$_4$ = Benzol
F$_5$ = Chloroform
F$_6$ = Tetrachlorkohlenstoff
F$_7$ = Aceton-Wasser (80 + 20)
F$_8$ = Aceton-Wasser (90 + 10)

* all-trans-Verbindungen.

Es fällt auf, daß die von Katsui et al. [*70, 75*] und von uns gefundenen
Laufstrecken auf Aluminiumoxid (S$_2$) mit Benzol (F$_4$) voneinander abweichen. Solche Differenzen sind auf unterschiedliche Aktivitäten der
Schichten zurückzuführen, was vor allem bei deren Lagern in undichten
Behältern auftreten kann. Die mit der Anordnung S$_2$/F$_5$ beschriebenen
hRf-Werte für Vitamin A-alkohol und Vitamin D$_2$ [*70, 76*] konnten wir
leider nicht bestätigen, sonst wäre diese Kombination für die D-Bestim-
mung in Frage gekommen. Es zeigte sich auch, daß mit 1% Alkohol
stabilisiertes Chloroform verglichen mit dem reinen Lösungsmittel die
Laufstrecken stark beeinflußt.

Die nützliche Anwendung von Polyamidschichten haben Egger et al.
bei der Trennung von Lipochinonen und Carotinoiden gezeigt [*41, 42*].
Diese auf Verteilungs- und Adsorptionsvorgängen beruhende Methode
wird auch für die fettlöslichen Vitamine Trennmöglichkeiten bieten.

Tafel II. *DC von Vitaminen und Carotinoiden auf Kieselgel GF$_{254}$* (aktiv., ca. 0,25 mm dick, KS)
(vgl. Text)

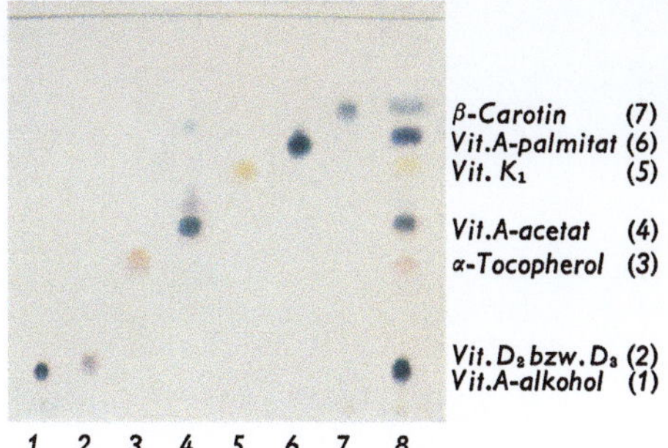

Abb. a. Trennung fettlöslicher Vitamine [8]. Fließmittel: Cyclohexan-Äther (80 + 20). Farben 30 sec nach Besprühen mit SbCl₅-Reagens. 1, 4, 5, 6 und 7 all-trans-Verbindungen; 8 Gemisch 1—7; je 20—40 µg

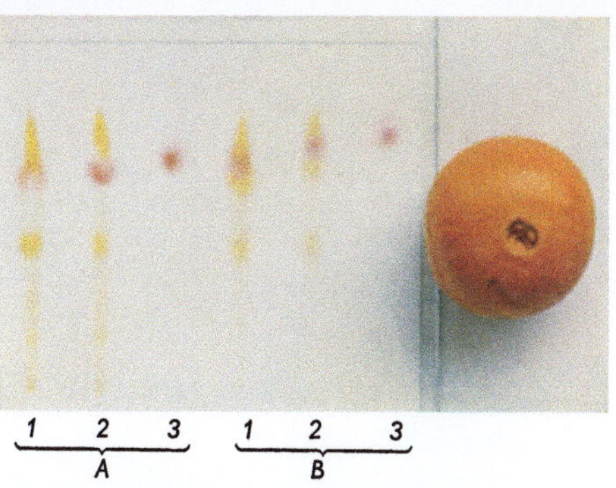

Abb. b. Nachweis von β-Apo-8'-carotinal in Orangen [132]. Fließmittel: Benzol-Methanol-Äther (85 + 5 + 10). 1 Orangenextrakt, 2 1 + β-Apo-8'-carotinal, 3 β-Apo-8'-carotinal; B Indandionderivate von A

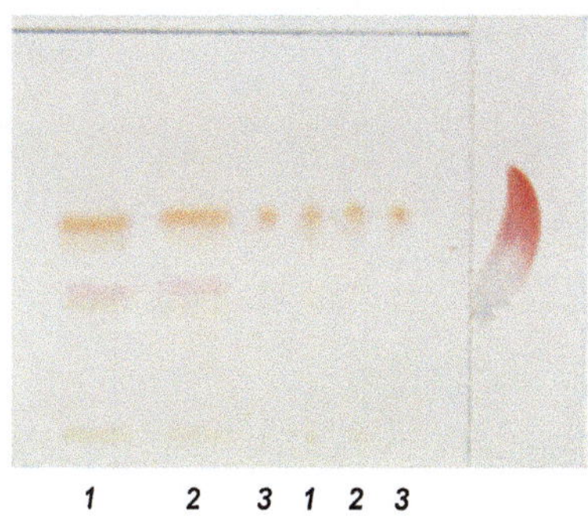

Abb. c. Nachweis von Canthaxanthin in Flamingofedern [134]. Fließmittel: Methylenchlorid-Äther (90 + 10). 1 Federnextrakt, 2 1 + all-trans-Canthaxanthin, 3 all-trans-Canthaxanthin

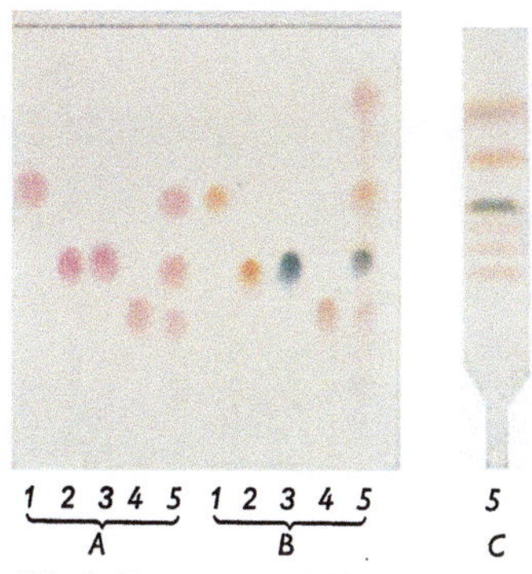

Abb. d. Trennung und Nachweis verschiedener Tocopherole [79]. Fließmittel: Chloroform. 1 α-, 2 β-, 3 γ-, 4 δ-T (je 30 µg), 5 natürl. Vit. E-Konzentrat (100 µg). Besprühung: A Eisen-Dipyridyl-, B + C SbCl₅-Reagens. Technik: A + B eindimensional, C Keilstreifen

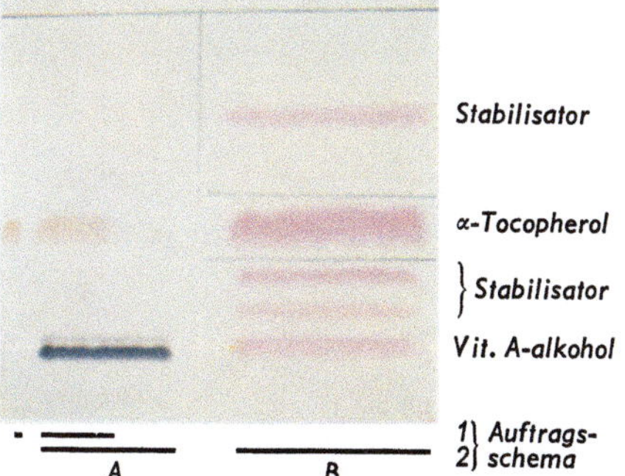

Abb. e. Quant. Bestimmung von α-Tocopherol in wasserlösl. Vit. A + E-Konzentrat nach Verseifen [8, 130]. Fließmittel: Cyclohexan-Äther (80+20). Markieren des α-T-Streifens im UV (254 nm) in B, Abschaben, Eluieren und Farbreaktion. 1 α-T-Standard, 2 Extrakt der verseiften Musterlösung; A Leitchromatogramm. Besprühung: A SbCl₅-, B Eisen-Dipyridyl-Reagens

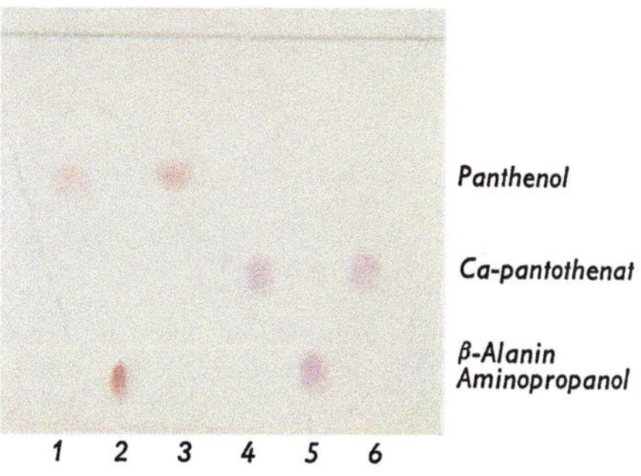

Abb. f. Nachweis von Panthenol und Ca-pantothenat. Fließmittel: Äthanol-Wasser (80+20). Besprühen mit Ninhydrin-Reagens nach Erhitzen der Platte, dann Nachbehandlung bei 160° C. Je 5—10 µg Wirkstoff: 1 Panthenol, 2 Aminopropanol, 3 Extrakt aus kosmet. Präparat, 4 Ca-pantothenat, 5 β-Alanin, 6 Extrakt von Multivitamin-Dragées

b) Nachweis und Bestimmung

Die Wirkstoffe können schon unter verschiedener Belichtung anhand von Eigenfarbe (Carotinoide), Absorption und Fluorescenz in geringen Mengen erkannt werden. Für die nachträgliche quantitative Eluierung ist dieser Befund wertvoll. Die Bestrahlung im UV-Licht darf aber nur kurze Zeit erfolgen, um eine photochemische Zersetzung zu verhüten. Die Vitamine lassen sich universell durch Besprühen mit konz. Schwefelsäure, konz. Salpetersäure, 70proz. Perchlorsäure [25], Antimon(III)- und Antimon(V)-chlorid-Reagens (Nr. 19 u. 22) differenziert anfärben. Die Farben sind jedoch instabil und verändern sich mehr oder weniger schnell (vgl. Tab. 39 und Abb. a in Tafel II). Die Farbtöne hängen vom Trock-

Tabelle 39. *Nachweis fettlöslicher Vitamine direkt [8] und unmittelbar nach mäßigem Besprühen auf Kieselgel GF_{254} (Streichdicke 0,25 mm, aktiviert)*

Vitamine	Sichtbarkeit im			Nachweisgrenze in μg			Farben[3] mit		Nachweis-grenze in μg
	UV (254)	UV (365)	Tages-licht				H_2SO_4 konz.	$SbCl_5$-Reagens	
β-Carotin .	dkl.[1]	dkl.[1]	orange	0,1	0,1	0,05	blau	blau	0,1	0,1
A-alk., -ac., -palm.. .	dkl.[1]	g.-gr[2]	—	2	0,05	—	blau	blau	0,1	0,1
D_2 bzw. D_3	dkl.[1]	—	—	0,5	—	—	braun[4]	orange	1	0,5
α-Tocopherol	dkl.[1]	—	—	20	—	—	g.-gr.	or.-rot	5	2
α-Toc.-acetat	dkl.[1]	—	—	20	—	—	—	gelbl.	—	50
K_1	dkl.[1]	dkl.[1]	gelb	0,5	5	50	gelbbr.	gelb	1	2

1 = Absorption; 2 = Fluorescenz; 3 = instabile Farben, die sich nach kurzer Zeit oder allmählich verändern; 4 = nach etwa 3 min D_2 braun, D_3 schmutzig-grün (mit mind. 30 μg noch unterscheidbar); dkl. = dunkel, g.gr. = gelbgrün.

nungszustand der Schichten, der Substanzkonzentration, Sprühintensität und Beurteilungszeit ab. Mit Phosphormolybdänsäure und Phosphorwolframsäure (Reagentien-Nr. 158 B u. 251) können die Vitamine noch in Spuren sichtbar gemacht werden, wobei graublaue Flecken entstehen [8]. Auf weitere spezifische Nachweise wird in den folgenden Abschnitten hingewiesen.

Mit den beschriebenen Verfahren ist es möglich, die lipophilen Wirkstoffe in Kombinationspräparaten der Pharmazeutik, Lebens- und Futtermittelindustrie nebeneinander qualitativ und teilweise auch quantitativ zu erfassen [8, 10, 13, 25, 70, 130]. Zahlreiche Versuche zum gleichzeitigen Auffinden dieser Verbindungen in pflanzlichen und biologischen Extrakten wurden ebenfalls beschrieben [u. a. 5, 30, 45, 141].

2. Carotinoide und Chlorophylle

Der Wert der DC bei den biochemischen Studien dieser natürlichen Pigmente sowie bei deren Synthese kann nicht genügend betont werden. Sicher wären auf dem Carotinoid-Gebiet viele wichtige Versuche ohne diese einfache und elegante Technik viel schwieriger, wenn nicht unmöglich gewesen. Mit den heutigen Kenntnissen über die leichte Veränderlichkeit der Farbstoffe bei jedem Arbeitsgang können die schädlichen Einflüsse und Artefakte ausgeschaltet werden. Manche dieser Substanzen verändern sich in gelöster Form schon bei Raumtemperatur relativ schnell. Man sollte deshalb nur frisch hergestellte Lösungen untersuchen und Testsubstanzen mitführen, welche für die Identifizierung unerläßlich sind. Bei der kurzen Laufzeit sind die Carotinoide und Chlorophylle meist stabil. Eine mögliche Isomerisierung beim Chromatographieren von gewissen Carotinoiden an Kieselgel G wird auf alkalischen Schichten (hergestellt mit 3 proz. wäßriger Kalilauge) verhindert. Abbau setzt ein, wenn sie sich ohne Lösungsmittel auf einer trockenen Schicht befinden. Sicherheitshalber kann unter Schutzgas gearbeitet werden. Unmittelbar nach dem Entwickeln können die Farben auf nichtimprägnierten Schichten durch Besprühen mit 5 proz. Paraffinöl in Petroläther gegen Oxydation geschützt und zugleich verstärkt werden.

a) Trennung

Zur Adsorptions-DC der Carotinoide — dem bisher verbreitetsten Verfahren — eignen sich fast alle von der Säulenchromatographie her bekannten Trägermaterialien, die auch in Kombination verwendet werden. Das Fließmittel richtet sich stets nach den zu trennenden Komponenten. Das chromatographische Verhalten der sechs Carotine vom Typ $C_{40}H_{56}$ auf Magnesiumoxid-Schichten hängt von der Lage der Doppelbindungen in den Ringsystemen bzw. von der Ringöffnung ab; die letztere Struktur wird am stärksten adsorbiert [9]. Erwartungsgemäß werden Carotinoidkohlenwasserstoffe weniger zurückgehalten als die sauerstoffhaltigen Verbindungen. Die polaren Substituenten wirken z. B. bei C_{40}-Carotinoiden in folgender Reihenfolge Rf-Wert senkend: $-OR <= 0 <- OH$; tritt jedoch ein zweiter Substituent in einen bereits veränderten Jononring ein, so gelten diese Regeln für die hinzukommende Gruppe nicht mehr [39]. Bei Carotinoid-Aldehyden (β-Apocarotinale) ist die Adsorptionsaffinität nicht, wie beispielsweise im Falle der homologen Serien von Polyenen, eine Funktion der Anzahl der Doppelbindungen, sondern eine solche der Konstitution. Die C_{40}-, C_{35}-, C_{30}- und C_{25}-Aldehyde werden leichter eluiert als die C_{37}-, C_{32}-, und C_{27}-Aldehyde, wobei sich die Laufstrecken innerhalb der beiden Reihen mit abnehmender Molekülgröße erhöhen. Hier ist also die α-Substitution der Aldehydgruppe durch eine Methylgruppe oder ein Wasserstoffatom ausschlaggebend. Auch das Retinal (Vitamin A_1-aldehyd) mit fünf Doppelbindungen wird auf Kieselgel z. B. deutlich stärker gebunden als β-Apo-8′-carotinal mit deren neun [148, 149].

Beispiele adsorptiver Trennsysteme sind in Tab. 40 und z. T. in Tab. 41 zusammengestellt, wobei die Gruppentrennung nach Stahl et al. [8, 125] durch die Einführung von Magnesiumoxid-Schichten für die Carotine [9] modifiziert wurde. Pflanzliche Extrakte wurden mit diesem Analysenschema chromatographiert und dann direkt oder indirekt quantitativ ausgewertet. Bei allen Versuchen wurden mit der S-Trennkammer bessere Ergebnisse erzielt als mit den gebräuchlichen Glaströgen. Für die Fraktionierung solcher Farbstoffe wurde auch die Anwendung der Stufen-

Tabelle 40. *h Rf-Richtwerte von Carotinen und Carotinoiden bei Adsorptions-DC*
(Laufstrecken 12—16 cm in 40—60 min)

Schicht (etwa 0,25 mm):	S_1	S_2	S_3	S_4	S_4	S_5^*	S_5^*	S_6^*	S_6^*	S_2^*
Fließmittel:	F_1	F_2	F_3	F_4	F_5	F_6	F_7	F_8	F_4	F_9
Literatur:	[54]	[8]	[28]	[8]	[8]	[9]	[9]	[8, 125]		
ε-Carotin	—	—	—	—	—	70	84	↑	↑	↑
α-Carotin	—	—	—	—	—	66	80	│	│	│
β-Carotin	81	82	96	—	—	49	74	│	│	│
δ-Carotin	—	—	—	—	—	20	55	97	100	100
γ-Carotin	—	—	—	—	—	11	41	↓	│	│
Lycopin	—	74	—	—	—	1	13	—	↓	│
Torulin	—	—	—	—	—	—	—	—	98	│
β-Zeacarotin	75	—	—	—	—	—	—	—	—	│
ζ-Carotin	62	—	—	—	—	—	—	—	—	↓
Torularhodin-me-ester	—	—	—	—	—	↑	↑	83	94	100
β-Apo-12'-carotinal	—	—	—	—	—	│	│	70	—	—
β-Apo-8'-carotinal	—	15	—	—	—	│	│	64	—	—
β-Apo-10'-carotinal	—	—	—	—	—	│	│	53	—	—
Lycopinal	—	—	—	—	—	│	│	43	—	—
Methylbixin	—	—	—	—	—	│	│	13	81	97
Canthaxanthin	—	0	38	43	—	│	│	↑	63	90
Kryptoxanthin	—	—	—	34	74	│	│	│	54	75
Lutein	—	—	—	—	55	│	│	│	10	35
Antheraxanthin	—	—	—	—	—	│	│	│	10	32
Zeaxanthin	—	—	17	—	57	│	│	│	↑	24
Violaxanthin	—	—	—	—	—	0	0	0	5	21
Capsanthin	—	—	—	—	—	│	│	│	│	16
Capsorubin	—	—	—	—	—	│	│	│	↓	13
Bixin	—	—	51	—	—	│	│	│	0	5
Azafrin	—	—	—	—	—	↓	↓	↓	0	2
Echinenon	—	10	—	82	—	—	—	—	—	—
Rhodoxanthin	—	—	—	16	94	—	—	—	—	—
Isozeaxanthin	—	—	63	—	—	—	—	—	—	—
β-Apo-8'-carotinsäure-methyl-ester	—	26	—	—	—	—	—	—	—	—
Buttergelb	—	—	—	—	—	25	51	94	95	100
Indophenol	—	—	—	—	—	17	45	58	86	100
Sudanrot	—	—	—	—	—	4	11	68	90	100

Schicht:

S_1 = Kieselgel G-MgO (1 + 1), akt., KS
S_2 = Kieselgel G, akt., KS
S_3 = Kieselgel-Reisstärke (98 + 2), akt., NS
S_4 = Ca(OH)$_2$-Kieselgel G (6 + 1), akt., KS
S_5 = MgO ("Darlington" light, B. P.), akt., KS
S_6 = sec. Magnesiumphosphat, akt., KS

Fließmittel:

F_1 = Petroläther (40—60° C)-Benzol (90 + 10)
F_2 = Petroläther (90—110° C)-Benzol (50 + 50)
F_3 = n-Hexan-Äther (30 + 70)
F_4 = Benzol
F_5 = Benzol-Methanol (98 + 2)
F_6 = Petroläther (90—110° C)-Benzol (50 + 50)
F_7 = Petroläther (90—110° C)-Benzol (10 + 90)
F_8 = Tetrachlorkohlenstoff
F_9 = Methylenchlorid-Äthylacetat (80 + 20)

* Modifizierte Gruppentrennung nach STAHL et al. [8, 125].

technik durch Benützen von Lösungsmitteln mit unterschiedlichem Eluiervermögen auf Kieselgel G demonstriert [124]. Adsorptions-Verfahren wurden von vielen Forschergruppen erfolgreich bei Studien über die Biogenese, Verteilung, Funktion und Umwandlung von Carotinoiden in Pflanzen, Algen, Bakterien, Pilzen sowie in menschlichen und tierischen Geweben eingesetzt (Winterstein et al. [148—150], Goodwin et al. [u. a. 26, 27, 55, 85, 147], Grob et al. [u. a. 43, 44, 56], Thommen et al. [u. a. 133—135] u. a. m.). Einige wichtige Carotinoid-Vorläufer wie Phytoen, Phytofluen und verwandte Verbindungen isolierten Davies et al. [27] auf Kieselgel G-Platten mit Petroläther (Kp. 40—60° C). Zur Trennung und Bestimmung von Carotinoid-Aldehyden in biologischem Material benützten Winterstein et al. [148, 149] Calciumhydroxid-Kieselgel G (80 + 20)-Schichten und als Fließmittel in der Regel Petroläther-Benzol (50 + 50). Dieses Mischungsverhältnis wurde in gewissen Fällen variiert und durch Zusatz von 1% Methanol die Elutionswirkung verstärkt. Die vielseitige Anwendbarkeit der Kieselgel-DC zeigten Thommen et al., indem sie folgende Carotinoide neben anderen nachwiesen und identifizierten: β-Apo-8'-carotinal in Orangen [132] (Abb. b, Tafel II) und in Luzernemehl [133], Canthaxanthin im kleinen Flamingo [134] (Abb. c, Tafel II) und im Eidotter des Huhnes [135], neben β-Carotin und Astaxanthin auch Canthaxanthin in der Forelle [137] und in Crustaceen sowohl β-Carotin, Canthaxanthin als auch Echinenon [136]. Markierte Pigmente wurden ebenfalls chromatographiert, da die hohe Empfindlichkeit und Spezifität der Isotopentechnik besondere Aussagen machen kann [u. a. 55, 135]. Isomerengemische können adsorptiv am besten getrennt werden; doch muß die geeignete Trennanordnung jeweils gesucht werden, weil sich keine allgemein gültigen Regeln aufstellen lassen [8]. Auch die Chlorophylle und verwandte Verbindungen sind auf aktivierten Sorptionsmitteln gut isolierbar, wie aus Tab. 41 hervorgeht [12, 113], ebenso auf Silbernitrat-Kieselgel G-Platten [20]. Die Einsatzmöglichkeiten der Kieselgel-DC zum Nachweis der Carotinoide in Lebensmitteln und Getränken wurde mehrfach beschrieben [u. a. 4, 89, 114].

Zur Verteilungschromatographie der natürlichen Farbstoffe wurden einerseits nichtimprägnierte Schichten wie Cellulose [2, 39], Zucker [18, 122], Mannit [122] und ein bei 50° C getrocknetes Gemisch aus Kieselgur, Kieselgel, Calciumcarbonat, Calciumhydroxid mit Ascorbinsäure als Antioxydans vorgeschlagen [59]. Die Substanzaufteilung ist dabei jener der Adsorption sehr ähnlich (vgl. Tab. 41). Andererseits sind mit Paraffinöl oder Triglyceriden als stationäre Phase versehene Trägermaterialien besonders geeignet. Bei Verteilung in umgekehrter Phase führen jede Kettenverlängerung wie auch Alkylreste einer Estergruppe mit zunehmender Länge zu einer Erniedrigung der Rf-Werte, während diese durch polare Substituenten im allgemeinen erhöht werden. Imprägnierte Kieselgur- und Cellulose-Schichten ergeben ähnliche Resultate, hingegen ist die unterschiedliche Polarität der stationären Phase von Bedeutung. Mit Paraffinöl behandelt sind die weniger polaren Carotinoide auftrennbar und die polareren Verbindungen wandern mit der Front. Diese lassen sich dafür mit Triglycerid-imprägnierten Platten gut fraktionieren [*36—38*]. Tab. 41 sowie Abb. 114 und 115 geben über obige Befunde Auskunft.

Tabelle 41. *h Rf-Richtwerte von Carotinoiden und Chlorophyllen bei Verteilungs- und Adsorptions-DC* (Laufstrecken 12—16 cm in 30—60 min)

Schicht (etwa 0,25 mm): (Imprägnierung)	S_1 K'gur Paraf.	S_1 K'gur Paraf.	S_2 K'gur Trigl.	S_3 Cell. —	S_3 Cell. —	S_4 Mann. —	S_5 K'gur —	S_6 K'gel —
Fließmittel:	F_1	F_2	F_3	F_4	F_5	F_6	F_7	F_8
Literatur:	[*37*]	[*37*]	[*36*]	[*39*]	[*2*]	[*122*]	[*12*]	[*113*]
Neoxanthin	—	—	95	—	—	—	0	23
Violaxanthin	—	—	84	—	—	—	65	37
Luteinepoxid	—	—	72	—	—	—	—	—
Lutein	100	97	56	—	—	55	83	42
Canthaxanthin . . .	94	86	—	35	—	—	—	—
Kryptoxanthin . . .	91	80	7	58	—	—	—	—
Zeaxanthin	—	—	55	10	—	—	—	—
Rhodoxanthin . . .	—	—	26	33	—	—	—	—
β-Apo-8'-carotinal .	80	65	—	—	—	—	—	—
Echinenon	69	42	—	90	—	—	—	—
Torularhodin-me-ester	57	25	—	—	—	—	—	—
β-Carotin	22	3	0	97	98	99	99	87
Lutein-dipalmitat .	11	0	0	—	—	—	—	—
Chlorophyll a . . .	—	—	25	—	60	73	92	77
Chlorophyll b . . .	—	—	13	—	35	40	84	60
Phäophytin a . . .	—	—	1	—	93	—	—	82
Phäophytin b . . .	—	—	7	—	80	—	—	—

Schicht und Fließmittel:

S_1 = Kieselgur G (Merck) mit Dioxan-Wasser (3 + 1) gestrichen, 4 h bei 100° C getrocknet, aufsteigend mit Paraffinöl-Petroläther (100—140° C) (8 + 92) teilweise imprägniert bis 3—4 cm zur Oberkante, dann 1 h bei 70° C erwärmt zur Entfernung des Petroläthers

S_2 = wie S_1 hergestellt und teilw. imprägniert mit 8 proz. Lösung eines Triglycerides (möglichst säurearmes Pflanzenöl wie Olivenöl, Livio u. a.)

S_3 = Cellulose MN 300 (Standardmethode), KS

S_4 = Mannit (65 g in 100 ml Aceton + 1 ml wäßrige Stärkelösung 50 proz.), 30 min luftgetrocknet

S_5 = Kieselgur G (Merck), akt.

S_6 = Kieselgel G, akt., NS

F_1 = Aceton-Methanol-Wasser (50 + 47 + 3)

F_2 = Aceton-Methanol-Wasser (20 + 76 + 4)

F_3 = Aceton-Methanol-Wasser (15 + 75 + 10)

F_4 = Petroläther-Tetrachlorkohlenstoff (60 + 40)

F_5 = Petroläther (60—80° C)-Aceton-n-Propanol (90 + 10 + 0,45)

F_6 = Petroläther (30—60° C)-n-Propanol (99,5 + 0,5)

F_7 = Petroläther (65—90° C)-n-Propanol (99 + 1)

F_8 = Petroläther (60—80° C)-Äthylacetat-Diäthylamin (58 + 30 + 12)

Auf der mit Paraffinöl imprägnierten Kieselgel-Platte hatten WINTERSTEIN et al. die Carotinoid-Aldehyde mit Paraffinöl-gesättigtem Methanol getrennt und die den theoretischen Erwartungen entsprechenden *h Rf*-Werte gefunden [*148*]:

C_{40}	C_{37}	C_{35}	C_{32}	C_{30}	C_{27}	C_{25}	C_{20}
28	34	38	47	49	63	69	85

Von Egger [36, 38, 39] wurde die Verteilungschromatographie durch Phasenumkehr weiter gefördert und untersucht. Er führte die teilweise Imprägnierung ein. Das Auftragen im unbehandelten Teil bewirkt, daß die Substanzen vorerst als schmale Zone mit der Fließmittelfront an die stationäre Phase herangeschoben werden und von hier aus eine besonders scharfe Fleckentrennung hervorrufen. Triglycerid-haltige Schichten ergeben auch ausgezeichnete Trennung der Chlorophylle [36]. Zudem werden adsorptiv einheitlich erscheinende Carotinoidesterzonen durch die Verteilungs-DC in eine Reihe von Komponenten zerlegt [38, 39].

Die Trennung von 31 Carotinoiden auf Polyamidschichten mit 9 verschiedenen Fließmittelgemischen haben kürzlich Egger und Voigt beschrieben und diskutiert [39, 42] (vgl. Tab. 42 und Abb. 116). Das Polyamid quillt mit Alkoholen. Diese dienen als stationäre „flüssige" Phase, in welche Moleküle der zu teilenden Stoffe tief eindringen können. Die

Tabelle 42. *h Rf-Richtwerte von Carotinoiden auf Polyamid [42]*
(Laufstrecken 15—18 cm in 2—2¹/₂ h)

| Verbindungen | Substituenten etc. | unpolar ← Fließmittel → polar | | | | | | |
| | | PÄ : M/M | | | | H₂O : M/M | | |
		4:1	2:1*	1:1	M/M	1:10	1:6	1:3
Lutein-dipalmitat .	2 —COOR	100	100	95	30	0	0	0
β-Carotin	—	100	100	100	80	25	10	0
Lycopin	2 R!	95	90	75	60	5	0	0
Kryptoxanthin . .	1 —OH	62	70	76	74	39	21	4
Rubixanthin . . .	1 —OH + 1 R!	45	60	64	45	15	4	0
Lycoxanthin . . .	1 —OH + 2 R!	29	37	40	32	8	0	0
Lutein.	2 —OH	35	57	93	95	68	45	14
Zeaxanthin. . . .	2 —OH	30	54	78	82	55	35	10
Isozeaxanthin. . .	2 —OH	34	56	92	91	57	36	10
Eschscholtzxanthin	2 —OH + I! + II!	12	22	25	22	8	1	0
Lycophyll	2 —OH + 2 R!	8	20	22	20	7	0	0
Violaxanthin . . .	2 —OH + 2 > 0	30	52	76	93	88	73	35
Neoxanthin. . . .	3 —OH + 1 > 0	22	42	82	96	90	78	40
Echinenon	1 =0	91	92	90	72	35	18	2
Euglenanon . . .	2 =0	62	68	81	80	54	34	9
Canthaxanthin . .	2 =0	58	65	79	80	55	37	20
Rhodoxanthin . .	2 =0 + I! + II!	28	42	43	40	14	7	1
Astacin	4 =0	34	50	69	72	42	25	7
Capsanthin. . . .	1 =0 + 2 —OH	24	42	79	81	62	42	15
Capsorubin. . . .	2 =0 + 2 —OH	19	37	74	76	60	42	15
Fucoxanthin . . .	2 =0 + 3 —OH+?	27	44	84	98	95	85	55
β-Apo-8'-carotin-säure	1 —COOH	28	38	30	15	5	0	0
Torularhodin . . .	1 —COOH	6	10	9	2	1	0	0

Schicht (0,25 mm): Polyamid (Merck)-Cellulose MN 300 (85 + 15) in Methanol aufgetragen, dann 30 min luftgetrocknet

Fließmittel: PÄ = Petroläther (100—120° C); M/M = Methanol-Methyläthylketon (50 + 50)

Substituenten usw.: > 0 = Epoxid; R! = Ringöffnung zwischen C_1 und C_6 bzw. C_1' und C_6'; I! = konjugierte Doppelbindungen —C_6=C_7— und —C_6'=C_7'—; II! = zusätzlich —C_4=C_5— und —C_4'=C_5'—

* Hier Bildung einer zweiten Front.

Polarität dieser Phase nimmt eine günstige Mittelstellung ein, so daß man sowohl sehr polare als auch relativ unpolare Fließmittel wählen kann. Damit läßt sich also das Phasenverhältnis ohne Imprägnierung umkehren. Nach Auffassung der Autoren kommt es hier durch das Zusammenwirken von Verteilungsvorgängen und besonderen, dem Polyamid spezifischen Adsorptionserscheinungen (Wasserstoffbrückenbildung) zu neuen Auftrennungen, die mit den Sauerstoff-Funktionen und der Lage der Doppelbindungen im Molekül zusammenhängen.

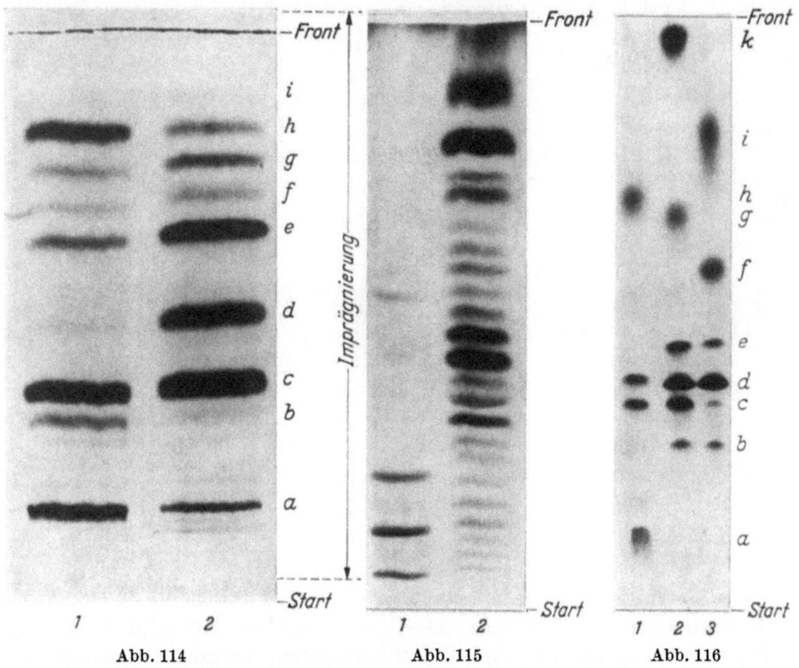

Trennung von Carotinoiden und Chlorophyllen auf verschiedenen Sorptionsmitteln (vgl. Text):

Abb. 114. Schicht: Triglycerid-imprägnierte Cellulose. Fließmittel: Methanol-Aceton-Wasser (74 + 20 + 6), Triglycerid-gesättigt. Auftragung im nichtimprägnierten Teil: *1* Extrakt aus Fucus seoratus (Sägetang, Braunalge), *2* Extrakt aus Chara fragitis (Armleuchteralge). Substanzen: *a* β-Carotin, *b* Isomeres von Chlorophyll a, *c* Chlorophyll a, *d* Chlorophyll b, *e* Lutein, *f* und *g* (in 1) unbekannte Xanthophylle, *f* (in 2) Luteinepoxid, *g* (in 2) Violaxanthin, *h* Fucoxanthin, *i* Neoxanthin [*36, 37*]

Abb. 115. Schicht: Paraffinöl-imprägnierte Cellulose. Fließmittel: Aceton-Methanol (66 + 34), Paraffinöl-gesättigt. Auftragung im nichtimprägnierten Teil: *1* Luteindiester aus dem Herbstlaub von Aesculus hippocastanum (Roßkastanie), enthält von unten nach oben Luteindipalmitat, Luteinpalmitat-linoleat und Luteindilinoleat; *2* Gesamtextrakt aus den Randblüten von Helianthus annuus (Sonnenblume), enthält zahlreiche Ester von Lutein und vermutlich Taraxanthin [*38*]

Abb. 116. Schicht: Polyamid (Perlon)-Cellulose (80 + 20). Fließmittel: Petroläther (Kp. 100—120° C)-Methyläthylketon-Methanol (78 + 11 + 11). Substanzen: *a* Eschscholtzxanthin, *b* Capsorubin, *c* Capsanthin, *d* (in *1*) Zeaxanthin, *d* (in *2* und *3*) Fucoxanthin, *e* Lutein, *f* Fucoxanthinacetat, *g* Luteinmonoacetat, *h* Kryptoxanthin, *i* Nebenprodukt der Acetylierung von *f*, *k* Luteindiacetat. Aufgetragen: *1 a + c + d + h, 2 b + c + d + e + g + k, 3 b + c + d + e + f + i* [*42*]

b) Nachweis und Bestimmung

Sehr geringe Mengen von Pigmenten können anhand der intensiven Eigenfarbe am Tageslicht, aber auch im UV-Licht, nachgewiesen werden (vgl. Tab. 39). Von den tiefrotgefärbten Carotinoiden sind z. T. auf der

Platte noch 0,01 μg erkennbar. Gewisse Zersetzungsprodukte fluorescieren unter der Quarzlampe. Allgemeine Sprühlösungen wie konz. Schwefelsäure u. a. m. sind weniger empfindlich, aber sie färben dafür verschiedenartig an.

Zur Identifizierung der Carotinoid-Aldehyde entstehen mit Rhodanin-Reagens (Nr. 214) nach Trocknung stark gefärbte Kondensationsprodukte, von dem beim Retinal noch 0,02—0,03 μg als rotorange Flecken sichtbar sind [150]. Auch mit Indandion-Reagens (Nr. 123) bilden sich, je nach Verbindung, blaue bis tiefviolette Komplexe von ähnlicher Empfindlichkeit, die zudem im UV-Licht orange fluorescieren [133] (Abb. b, Tafel II).

Carotinoide und Chlorophylle lassen sich auf der Platte durch Vergleich anhand einer mitgeführten Standardreihe visuell und direkt [127] oder nach Elution spektrophotometrisch bestimmen. Auf imprägnierten Schichten können die getrennten Pigmente mit N,N-Dimethylformamid eluiert und durch Waschen mit Petroläther vom störenden Öl befreit werden [36].

3. Vitamin A-Gruppe

Das sog. „Vitamin A" oder Vitamin A_1 — es besitzt all-trans-Konfiguration und ist physiologisch am wirksamsten — und das Vitamin A_2 sowie deren Derivate und cis-trans-Isomere sind sehr labil. Schon kurze Zeit nach dem Auftragen der Verbindungen bilden sich auf aktiven Schichten neben Anhydro-Vitamin A polarere Zersetzungsprodukte, die beim Entwickeln stärker zurückgehalten werden (vgl. Abb. 112). Zügiges Arbeiten ist deshalb erforderlich.

a) Trennung

Die A-Vitamine wurden bisher vorwiegend mittels Adsorptions-Systemen chromatographiert. Die Fleckentrennungen sind dabei auch mit größeren Mengen scharf und die Laufzeiten kurz. Auf aktiviertem Kieselgel G und Aluminiumoxid G mit Benzol und Chloroform entwickelt fand Katsui [77] für Vitamin A-alkohol, mehrere seiner Ester, sowie für Vitamin A-aldehyd und -säure ähnliche Aufteilungen wie John et al. [72], Varma et al. [138] u. a. m. mit Zweikomponenten-Fließmitteln (vgl. Tab. 43). Durch Mischungsänderung kann dabei die Beweglichkeit der Flecken nach Wunsch beeinflußt werden. Als Trägermaterial wurde von uns noch Kieselgel G-sek. Calciumphosphat (50 + 50) empfohlen [8]. Des weiteren wird die Zersetzung der Vitamin A-Verbindungen auf alkalischen Kieselgel G-Platten (hergestellt mit 3proz. wäßriger Kalilauge) wie auch mit Pyridin-haltigen Fließmitteln bedeutend vermindert. Die bisher beste Isolierung von Vitamin A -und A_2-alkoholen in Mengen von je 0,4 μg gelang Metzger [in 108] auf aktiviertem Kieselgel G mit dem Gemisch Petroläther (Kp. 40—45° C)-Methylheptenon (85 + 15). Die Isomeren beider Reihen mit gehinderter cis-Doppelbindung (11-cis und 11,13-dicis) laufen deutlich schneller als die ungehinderten cis-Formen (9-cis, 13-cis und 9,13-dicis); die A_2-Verbindungen wandern etwas langsamer als die entsprechenden A_1-Isomeren. Die Auftrennung der all-trans-von den 9-cis-Formen sowie der 11-cis- von den 13-cis-Formen ist jedoch nicht vollständig. Als steter Begleiter des Vitamin A ist das 13-cis-Vitamin A in Abb. 112 und Abb. a in Tafel II als Hut über dem Hauptflecken erkennbar. In Tab. 43 und Tab. 38 sind adsorptive Trennmöglichkeiten zusammengestellt. Solche DC-Systeme leisteten bei biologischen Unter-

Tabelle 43. *hRf-Richtwerte von Vitamin A-Verbindungen mit verschiedenen Trennsystemen (Laufstrecken 12—18 cm in 30—120 min)*

Schicht (etwa 0,25 mm):	S_1	S_1	S_2	S_2	S_3	S_4	S_5
Fließmittel:	F_1	F_2	F_3	F_4	F_5	F_6	F_7
Literatur:	[72]	[72]	[138]	[138]	[8]	[108]	[77]
Anhydro-Vitamin A . . .	93	82	97	—	75	—	—
all-trans-Vitamin A-palmitat	91	76	—	—	66	—	41
13-cis-Vitamin A-palmitat .	—	—	—	—	65	—	—
Retro-Vitamin A-acetat . .	—	—	90	—	45	—	—
13-cis-Vitamin A-acetat . .	—	—	—	—	50	—	—
all-trans-Vitamin A-acetat .	70	47	88	—	45	—	—
all-trans-Vitamin A-aldehyd	53	26	66	—	—	—	—
5,6-Epoxy-Vitamin A-aldehyd	44	—	—	—	—	—	—
11,13-dicis-Vitamin A-alkohol	—	—	—	—	—	67	—
13-cis-Vitamin A-alkohol .	—	—	—	—	—	53	—
Retro-Vitamin A-alkohol .	—	—	12	—	—	—	—
all-trans-Vitamin A-alkohol	20	8	6	45	10	40	69
5,6-Epoxy-Vitamin A-alkohol	7	—	3	32	—	—	—
all-trans-Vitamin A-säure .	0	0	—	0	—	—	56
Anhydro-Vitamin A_2 . . .	87	69	—	—	—	—	—
all-trans-Vitamin A_2-acetat.	69	45	—	—	—	—	—
all-trans-Vitamin A_2-aldehyd	50	33	59	—	—	—	—
11,13-dicis-Vitamin A_2-alkohol	—	—	—	—	—	61	—
13-cis-Vitamin A_2-alkohol .	—	—	—	28	—	49	—
all-trans-Vitamin A_2-alkohol	17	8	0	—	—	35	—
all-trans-Vitamin A_2-säure .	0	0	—	—	—	—	—

Schicht:

S_1 = Kieselgel (Merck)-Gips (85 + 15), akt., NS
S_2 = Kieselgel G, 30 min b. 100° C getrocknet
S_3 = Kieselgel G (Merck) -sec. Calciumphosphat (50 + 50), akt., KS
S_4 = Kieselgel G (Merck), akt., KS
S_5 = Polyamid

Fließmittel:

F_1 = Petroläther (40—60° C)-Aceton (94 + 6)
F_2 = Petroläther (40—60° C)-Äther (85 + 15)
F_3 = Cyclohexan-Methanol (99,75 + 0,25)
F_4 = Cyclohexan-Äthanol (97 + 3)
F_5 = Cyclohexan-Äther (85 + 15)
F_6 = Petroläther (40—45° C)-Methylheptenon (85 + 15)
F_7 = Methanol

suchungen über Wirkung, Entstehung, Verteilung und Umwandlung
[u. a. *52, 72, 81*] von gewöhnlichen und markierten Vitamin A-Verbindungen gute Dienste, konnten doch mit deren Hilfe z. B. erstmals Vitamin A-aldehyd in pflanzlichen und tierischen Geweben nachgewiesen
[*148, 149*] und neue aktive Vitamin A-Metaboliten entdeckt werden
[u. a. *33, 151*]. Besonders bei der Kontrolle von Reinheit, Form, Herkunft
und Haltbarkeit der A-Vitamine in angereicherten Produkten wie
Fischleberölen, Futter-, Lebensmitteln und Pharmazeutica ist die DC
nicht mehr wegzudenken [u. a. *8, 72, 130*].

Durch Verteilung auf Kieselgur G-Platten, welche teilweise mit
Squalan imprägniert waren, trennte Braekkan [*11*] die Vitamin A-
Komponenten in Plasma mit Äthanol-Wasser (85 + 15) als mobile Phase.
Katsui [*77*] benützte auch Polyamid und Chloroform oder Methanol zur
Fraktionierung einiger Vitamin A-Verbindungen. Radioaktive Derivate
wurden aus tierischen Extrakten auf pH 8,0 gepuffertem Kieselgel G [*98*]
und auf Silbernitrat-haltigem Aluminiumoxid G [*68*] untersucht.

b) Nachweis und Bestimmung

Zur Interpretierung der Chromatogramme eignet sich vor allem die
Betrachtung im UV-Licht. Viele Vitamin A-Verbindungen zeigen bei
365 nm eine gelbgrüne Fluorescenz (Nachweisgrenze 0,05 μg). Anhydro-
Vitamin A, Vitamin A-aldehyd und Vitamin A_2-Derivate erscheinen als
bräunlich getönte Flecken und Vitamin A-säure dunkel. Die Fluorescenzfarben sind wohl auch vom Sorptionsmittel, der Substanzkonzentration
und vom Filter der Lichtquelle abhängig, weshalb sie schon anders beurteilt wurden [*72*]. Reine Testsubstanzen sollten deshalb zum Vergleich
bei jedem Nachweis herangezogen werden. Bei 254 nm sind die A-Vitamine auf Fluorescenzschichten noch in Mengen von 0,1 μg als dunkle
Flecken zu erkennen. Vitamin A färbt sich u. a. mit Antimon(III)- und
Antimon(V)-chlorid (Reagens-Nr. 19 u. 22) blau, mit konz. Schwefelsäure
anfangs tiefblau und mit Phosphormolybdänsäure (Reagens-Nr. 158 B)
graublau an (Erfassungsgrenzen 0,1–0,3 μg). Nur der letztere Farbkomplex ist stabil. Beim Besprühen mit Antimon(III)-chlorid auf Kieselgel reagiert Vitamin A-säure violett und eine schmutzigbraune Farbe
entsteht mit Vitamin A-aldehyd, der spezifischer mit Rhodanin- oder
Indandion-Reagens (Nr. 214 u. 123) erfaßt werden kann (s. unter 2 b).
Auf der Platte können mit universellen Sprühmitteln neben Vitamin A
auch andere Vitamine und Begleitstoffe wie Öle und Antioxydantien
identifiziert werden.

Die halbquantitative Auswertung kann durch Vergleich mit einer
Standardreihe auf derselben Platte vor oder nach Anfärbung erfolgen.
Eine einwandfreie quantitative Bestimmung nach Eluierung ist vor-
läufig infolge der äußerst leichten Umwandlung und Zersetzlichkeit der
Vitamin A-Verbindungen besonders auf aktiven Sorptionsmitteln nicht
gelungen. Vielleicht führt eine Überführung in die stabilere Anhydro-
Form mit anschließender DC zum Erfolg. Die radioaktive Messung von
Isotopen wurde wiederholt durchgeführt [*68, 98*].

4. Vitamin D-Gruppe

Vitamin D_2 (Ergocalciferol) und Vitamin D_3 (Cholecalciferol) sowie deren Ester und Provitamine (Ergosterol und 7-Dehydrocholesterol) erfahren leicht ungezielte Veränderungen bei verschiedenen experimentellen Bedingungen. Diese sind deshalb möglichst schonend zu gestalten [10, 15]. Sogar unter Ausschluß von Licht und Luft sind Vitamin D-Lösungen[6] an gewissen aktiven Adsorbentien, in Gegenwart von alkalischen oder wasserhaltigen Medien und in der Wärme relativ unbeständig [10, 15, 71]. Bei der thermischen Isomerisierung bilden sich Prävitamine D (vgl. Abb. 117), deren biologische Aktivität nur etwa 40% der entsprechenden D-Vitamine beträgt [10]. Das Verhältnis im Gleichgewicht Vitamin $D \rightleftharpoons$ Prävitamin D sowie dessen Einstellungsgeschwindigkeit sind temperaturabhängig (z. B. 93:7% bei 20°C nach 1 Monat und 78:22% bei 80° C nach 2 h). Mit Hilfe der DC wurde es möglich, die Umwandlungs- und Zersetzungsprodukte leicht festzustellen und insbesondere die Reinigungs-, Trenn- und Auswertverfahren zu beurteilen und zu verbes-

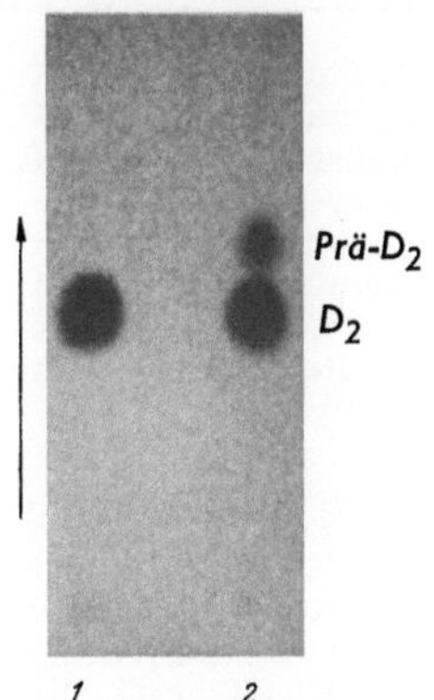

Abb. 117. Nachweis der thermischen Isomerisierung im DC. Trennung von je 400 μg reinem Vitamin D_2 vor (1) und nach Erwärmen in Chloroform-Lösung (2,5 h bei 60° C im Dunkeln) (2) auf Kieselgel GF₂₅₄ mit Cyclohexan-Äther (50 + 50). Aufnahme im UV (254 nm) [8]

sern, wie es mit bisher bekannten Methoden nicht erreichbar war [10]. Bei der Aufarbeitung von natürlichem Material ist zu bedenken, daß das Vitamin D oft nicht in freier Form, sondern verestert oder an Proteine gebunden, vorliegt.

a) Trennung

Für analytische und präparative Zwecke wurden dazu viele Möglichkeiten unterbreitet, von denen einige in Tab. 38 und 44 aufgeführt sind.

D-Vitamine und verwandte Verbindungen lassen sich durch Adsorption auf aktivierten Schichten chromatographieren. Zersetzung auf der trockenen Platte wird durch sofortiges Entwickeln nach dem Auftragen vermieden. JANECKE und MAASS-GOEBELS [71] haben als erste eine anregende und instruktive Untersuchung der D-Gruppe auf Kieselgel mit Hexan, Hexan-Essigsäureäthylester (90 + 10) und Chloroform durchgeführt. So gelang eine einwandfreie Abtrennung der antirachitischen Vitamine von anderen Sterolen, Abbauprodukten und Carotinoiden. Wir machten gute Erfahrungen mit den Kieselgel G- oder GF₂₅₄-Schichten und den Gemischen Cyclohexan-Äther (50:50) bzw. Cyclohexan-Essigsäureäthylester (75 + 25) [8, 10]. Damit wurde eine Vitamin D-Bestimmungsmethode für verschiedenste, auch viel Vitamin A ent-

---

[6] Die Bezeichnung „Vitamin D" bezieht sich auf Vitamin D_2 und Vitamin D_3, deren physikalische und chemische Eigenschaften große Ähnlichkeit aufweisen.

Tabelle 44. *hRf-Richtwerte von Vitamin D-Verbindungen mit verschiedenen Trennsystemen* (Laufstrecken 12—18 cm in 40—120 min)

Vitamin D und verwandte Verbindungen	S_1 F_1 [8]	S_2 F_2 [116]	S_3 F_3 [93]	S_4 F_4 [19]	Vitamin D-Ester [102]	S_5 F_5 D_2	D_3	S_6 F_5 D_2	D_3
Prävitamin D_3 .	50	70	—	—	-acetat. . . .	26	29	—	—
Prävitamin D_2 .	50	—	—	—	-laurat. . . .	67	65	—	—
Lumisterol$_3$ . . .	45	61	—	—	-myristat. . .	71	69	—	—
Tachysterol$_3$ . .	—	52	64*	—	-palmitat. . .	73	73	—	—
Vitamin D_3 . . .	40	50	44	55	-stearat . . .	75	73	79	78
Vitamin D_2 . . .	40	—	44	49	-oleat	73	70	57	58
Cholesterol . . .	33	—	41	39	-linolat. . . .	71	69	41	41
Ergosterol . . .	30	—	35	46	-linolenat . .	61	64	30	30
7-Dehydro-cholesterol . .	30	41	35	45	-arachidonat	69	66	18	20

Schicht (etwa 0,25 mm):

S_1 = Kieselgel GF$_{254}$ (Merck), akt., KS
S_2 = Kieselgel G (Merck), akt., (2 mm dick)
S_3 = Cab-0-Sil Kieselgel (Res. Specialities), akt.
S_4 = Kieselgur G (Merck), 15 min bei 100° C getr., impr. mit Undekan-Petrol-äther (40—60° C) (10 + 90), luftgetrocknet, Keilstreifen, NS
S_5 = Kieselgel H (Merck) + 0,02% Rhodamin G, akt.
S_6 = Kieselgel G (Merck)-Silbernitrat (96,5 + 3,5) + 0,02% Rhodamin G, akt.

Fließmittel:

F_1 = Cyclohexan-Äther (50 + 50) F_4 = Essigsäure-Acetonitril (25 + 75)
F_2 = Benzol-Aceton (90 + 10) F_5 = Hexan-Benzol (34 + 66)
F_3 = Chloroform 100%
    * Tachysterol$_2$.

haltende Präparate entwickelt, auf welche nachfolgend unter c) noch eingegangen wird. Strohecker und Henning [130] haben das Verfahren in etwas abgeänderter Form übernommen und mit denselben Fließmitteln auf Kieselgel HF$_{254}$ erfolgreich gearbeitet. Da Kieselgel-Schichten eine hohe Aufnahmekapazität besitzen und große Substanzmengen ohne Überladungseffekt scharf und schnell abgetrennt werden (vgl. Abb. 119 und 121), fanden sie vielseitige Anwendbarkeit: u. a. für markierte und unmarkierte Bestrahlungs- oder Syntheseprodukte [93, 101, 116, 118], für D-Vitamine und deren Metaboliten in biologischem Material [23, 66, 95, 117] wie auch für Vitamin D-Ester von Fettsäuren [102], Schwefelsäure [66] und Phosphorsäure [23]. Für letztere wurde auch Calciumphosphat benützt. Als weiteres Adsorptionsmittel leistete Aluminiumoxid zur Untersuchung von Vitamin D in öligen A + D-Konzentraten, Arzneimitteln und von Vitamin D-Hydrierungsprodukten [17, 50, 70] gute Dienste.

Beispiele der Verteilungschromatographie dieser Sterole auf Paraffinöl-imprägniertem Kieselgel [8, 47] und auf Undekan-getränktem Kieselgur [19] sind in Tab. 38 und 44 angegeben. Vitamin D_2 und D_3 wandern auf solchen Platten etwas unterschiedlich, während sie sich auf den vorher erwähnten Adsorptionsmaterialien gleich verhalten.

Auf Kieselgel G-Silbernitrat-Platten ist die D-Gruppe gleichfalls aufteilbar [7, 19, 101]. Damit trennen sich besonders die sog. „kritischen

Paare" der Vitamin D-Ester Palmitat-Oleat, Myristat-Linolat und Laurat-Linolenat auf Grund der Anzahl ungesättigter Doppelbindungen in der Seitenkette [47, 102].

Über eine interessante Differenzierung und Bestimmung von Vitamin D_2 und D_3 berichteten MURRAY et al. [91]. Im Prinzip wird das in Chloroform gelöste Vitamin D mit Antimon(III)-chlorid (Reagens-Nr. 19) behandelt und die Farbreaktion nach einer Minute durch Schütteln mit 40 proz. wäßriger Weinsäurelösung gestoppt. Die Komplexverbindungen – angeblich Iso-Vitamin D_2 und D_3 – werden mit tiefsiedendem Petroläther extrahiert. Sie lassen sich gaschromatographisch trennen, sind dabei stabil und noch 0,2 μg können davon erfaßt werden. Bei der Prüfung von tierischen Geweben muß zuerst verseift, Cholesterol mit Digitonin gefällt und Vitamin A in der Anhydro-Form im DC abgetrennt werden. Die Iso-Vitamine D sind nach der Extraktion auf der Kieselgel G-Platte von störenden Begleitern zu befreien.

b) Nachweis und Bestimmung

Auf leuchtstoffhaltigen Schichten oder durch Besprühen mit Fluorescenzlösungen wie Rhodamin 6 G (Reagens-Nr. 213) [117] sind die Verbindungen der Vitamin D-Familie im kurzwelligen UV-Licht als dunkle Schatten infolge Fluorescenzlöschung sichtbar (Erfassungsgrenze 0,5 μg). Zur Identifizierung von Vitamin D und Unterscheidung von anderen Sterolen wurden viele Sprühmittel vorgeschlagen, wobei sich die Prävitamine D wie ihre D-Isomeren verhalten. Mit Phosphorwolframsäure-Reagens (Nr. 251) und anschließender Erhitzung färben sich Vitamin D graubraun, Ergosterol rotviolett, 7-Dehydrocholesterol dunkelbraun und Cholesterol rosakirschrot [71]. Zu ähnlich bunten, differenzierenden und ebenfalls instabilen Farbkomplexen führen Antimon (III)-, Antimon(V)-chlorid (Reagentien-Nr. 19 u. 22) und konzentrierte Schwefelsäure. Mit dieser können

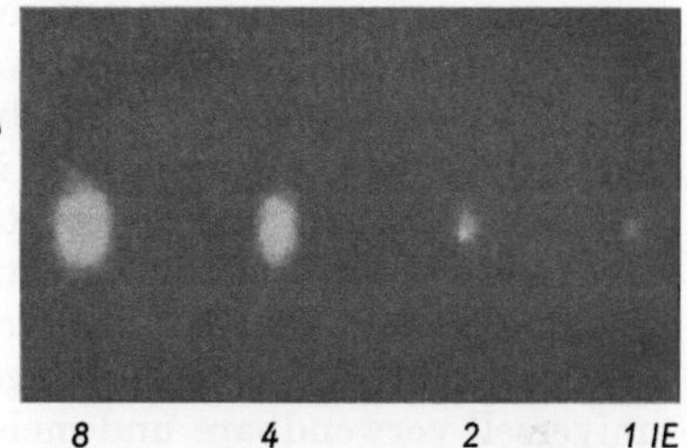

Aufgetragene Mengen Vit. D_2 in Int. Einheiten (1 IE = 0,025 μg)

Abb. 118. Nachweisgrenze von Vitamin D auf 0,25 mm dicker Kieselgelschicht, nach Besprühen mit $SbCl_3$-Reagens und Erwärmen im UV (365 nm) beurteilt [8]

Vitamin D_2 und D_3 unterschieden und als braune bzw. grünliche Flecken erkannt werden, wenn mindestens 30 μg vorliegen. Der empfindlichste Nachweis gelingt mit Antimon(III)-chlorid nach Erwärmen auf 120° C (0,025 μg; vgl. Tab. 45 und Abb. 118). CHEN [14] hat zur Kenntlichmachung 12 Fluorescenzfarbstofflösungen wie Brilliantgelb 6 G, Fluorescein, Acridin usw. ausprobiert; anschließend wird das Chromatogramm mit 10 proz. methanolischer Schwefelsäure behandelt, erhitzt und im UV-Licht inspiziert. Auch Jod [63], Dibromfluorescein [19] und sodaalkalische Kaliumpermanganatlösung [95] sind als Nachweismittel ziemlich allgemein anwendbar. Beim Verdacht auf bestimmte Substanzen empfiehlt es sich in jedem Falle, die authentischen Proben

Tabelle 45. *Nachweis von Vitamin D mit Sprühreagentien auf Kieselgel GF$_{254}$* [8]
(Streichdicke 0,25 mm, aktiviert)

Sichtbarmachung mit			Farbe der Vitamin D$_2$- und D$_3$-Flecken im		Nachweis-grenze* in μg
Reagens (Nr.)	Sprüh-art	Behandlung bzw. Beur-teilung nach	UV (365) (Fluorescenz)	Tageslicht	
Antimon(III)-chlorid (19)	st.	5 min/120°	orange*	graublau	0,025
Antimon(V)-chlorid (22)	sch.	1 min	—	orangerot*	0,3
		5 min/120°	orange*	—	0,3
Schwefelsäure konz.	sch.	3 min	—	D$_2$ braun* D$_3$ grün*	} 30
	m.	5 min/120°	orange*	graublau*	0,3
Phosphor-W-säure (251)	m.	20 min/70°	—	graubraun*	0,2
Phosphor-Mo-säure (158 B)	m.	1 min	—	graublau*	0,3
Trichloressigsäure (239 B)	m.	5 min/120°	bräunlich*	—	~0,1—0,2
Trifluoressigsäure (240)	m.	5 min/120°	bräunlich*	—	~0,1—0,2

st. = stark, sch. = schwach, m. = mäßig.

mitzuchromatographieren. Diese Verfahren haben sich bei der qualitativen Prüfung von natürlichen und synthetischen Produkten bewährt.

Die angenäherte Wirkstoffmenge kann bei eindeutiger Trennung der Flecken direkt auf der Platte ermittelt werden. Heaysman und Sawyer [63] haben Vitamin D in pharmazeutischen Präparaten nach Keilstreifenreinigung auf einem zweiten Kieselgel G-Chromatogramm und nach Besprühen mit Schwefelsäure anhand einer mitgeführten Standardreihe visuell abgeschätzt. Ebenfalls durch Vergleich, aber ohne Veränderung der Substanzen, konnten wir in Bestrahlungskonzentraten den Prävitamin D-Gehalt auf leuchtstoffhaltigen Schichten im kurzwelligen UV-Licht halbquantitativ bestimmen [10]. Als weitere Möglichkeit wurde angeregt, die nach Anfärbung von Konzentrationsreihen gerade noch sichtbare Vitamin D-Menge zu erfassen [71]. Genauer arbeitet die universell verwendbare und meist benutzte Bestimmung der getrennten Substanzen nach Elution vom Adsorbens. Auf normalen oder dicken Schichten werden die Lösungen punkt- oder streifenförmig chromatographiert. Die Vitamin-Zone wird — am besten anhand eines Leitstreifens im UV-Licht oder nach Anfärben desselben — lokalisiert, abgeschabt, mit einem geeigneten Lösungsmittel wie Chloroform eluiert und der Gehalt im Eluat colorimetrisch, spektrophotometrisch oder autoradiographisch erfaßt. Auf diese Weise wurden z. B. Vitamin D-Verbindungen in Bestrahlungsprodukten [10, 49, 93, 101], in Konzentraten, Pharmazeutica, Futtermitteln usw. [10, 13, 17, 63, 130] bestimmt und deren Metabolismus und Verteilung in tierischen Geweben untersucht [47, 94, 95, 117]. Für die präparative Gewinnung aus Gemischen wird das Vitamin D gleich isoliert.

c) Erprobte Vitamin D-Bestimmungsmethode [8, 10]

Die von uns entwickelte Methode besteht aus individueller Musteraufarbeitung, eindimensionaler DC, Elution und Colorimetrie. Damit kann der Vitamin D-Gehalt in folgenden Präparaten mit nur 5 IE bis zu 40 Mio IE pro g bestimmt werden: ölige, wasserlösliche, pulver- und harzförmige Konzentrate, Kristallisate, pharmazeutische Zubereitungen, Futtermittelzumischungen, Bonbons, Schokolade, diätetische Abmagerungsmittel und Heilbuttrankonzentrat. Während 6 Jahren wurden solche Auswertungen in mehreren Laboratorien durchgeführt und dabei Erfahrungen über Zuverlässigkeit, Analysenfehler, Leistungsfähigkeit und Grenzen der Methode gesammelt. Sie ist spezifisch, empfindlich und arbeitet verlustlos, richtig und genau. Die Resultate stimmen mit den biologisch gefundenen Werten überein, die relative Standardabweichung beträgt je nach Prüfgut 1,8—2,7% und eine Doppelbestimmung dauert — abhängig von der Vorbehandlung — 3 bis 7 Stunden.

Hier wird eine allgemeine Vorschrift angegeben, wobei alle Vorsichtsmaßnahmen (s. unter I) einzuhalten und gewisse Details sowie Erläuterungen der Originalliteratur zu entnehmen sind.

α) **Zubereitung der Musterlösung für DC.** Die Analysenprobe wird je nach Zusammensetzung sowie Menge und Form[7] des Vitamin D individuell, möglichst einfach, schonend und ohne Verseifung[7] aufgearbeitet: durch direktes Verdünnen oder Extrahieren, Aufschließen, Ausfrieren, Einengen, Lösen in Cyclohexan oder Chloroform[8] (= Musterlösung mit 800—10000 bzw. 400[9] IE D/ml)[10].

Beispielsweise können ölige und z. T. auch wasserlösliche Konzentrate direkt mit Cyclohexan bzw. Aceton verdünnt werden. Erstere Präparate mit wenig Vitamin D und vielen fettlöslichen Ballaststoffen müssen durch Ausfrieren in abs. Alkohol bei 0° C nach Lösen in der Wärme davon größtenteils befreit werden. Für pulverförmige und feste Produkte (nach Zerkleinern) eignet sich der ammoniakalische oder enzymatische Aufschluß zur Freilegung des Vitamins D aus Trockenpulver, aber auch bei Zusatz als Adsorbat oder als ölige Lösung. Dann wird mit Petroläther extrahiert, eingedampft und in Cyclohexan bzw. Chloroform aufgenommen. Für jedes Präparat ist das geeignete Verfahren auszuwählen und zu testen.

β) **DC und Eluierung.** Auf die Startlinie der eingeteilten, aktivierten Kieselgel GF_{254}-Platte von 0,5—2,0 mm Dicke, welche von den zu trennenden Fremdstoffmengen abhängt, werden ohne Verletzen der Schicht mit einer Stabpipette Vitamin D-Standard (40000 IE/ml Chloroform) und Musterlösung aufgetragen. Zuerst werden im linken Leitchromatogramm vom Standard etwa 0,05 ml punkt- und daneben etwa 0,1 ml strichförmig appliziert. Von der Musterlösung werden auf diese verlängerte Zone etwa 0,4—1,0 ml pipettiert und davon anschließend auf der rechten Seite ein genau abgemessenes Volumen mit 800—4000 bzw. 400[9] IE D für die quantitative Bestimmung strichförmig aufgetragen. Die Platte wird *sofort* in die Trennkammer (KS) gestellt und während 45—60 min mit Cyclohexan-Äther (50 + 50) oder Cyclohexan-Essigsäureäthylester (75 + 25)[11] bis zur Frontlinie chromatographiert[10]. Dann wird die noch feuchte Platte *kurz* im UV-Licht betrachtet, das rechte Vitamin D-Band anhand der Absorption oder des Leitchromatogramms im

---

[7] Vitamin D kann frei oder eingehüllt, stabilisiert vorliegen. Proben mit verestertem oder protein- und lipidgebundenem Vitamin D müssen jedoch verseift werden; hierfür haben CHEN et al. [*15*] eine Anleitung gegeben.

[8] Ist der Rückstand in Cyclohexan schwerlöslich, so muß er in Chloroform aufgenommen werden.

[9] Für modifizierte Farbreaktion zur Erfassung geringer Vitamin D-Mengen.

[10] Als wertvoll zum sicheren Schutze des Vitamin D bei der DC erachten wir den Vorschlag von F. J. MULDER und K. H. HANEWALD (Privatmitteilung; N. V. PHILIPS-DUPHAR, Weesp): der Musterlösung und dem Fließmittel werden 0,01% 3,5-di-tert. Butyl-4-hydroxy-toluol (BHT) zugesetzt; Musterlösungen von fettfreien Extrakten werden zusätzlich mit 1% Squalan stabilisiert.

[11] Bei Anwesenheit von Vitamin A-alkohol wird dieses Fließmittelgemisch eingesetzt.

18 Dünnschicht-Chromatographie, 2. Aufl.

Abstand von etwa 0,5 cm mit dem Spatel markiert und *sofort* in die praktische, Chloroform und Frankonit[12] enthaltende Säule (mit P_1-Fritte und Teflonhahn) abgeschabt. Nach leichtem Evakuieren wird das Vitamin D mit etwa 25 ml Chloroform in einen 100 ml Schliffrundkolben eluiert, mit Stickstoff begast, am Vakuumrotationsverdampfer bei etwa 40° C vollständig eingedampft und der Rückstand bei Raumtemperatur mit einer abgemessenen Menge Chloroform gelöst (= Extraktlösung, etwa 200 IE D/ml enthaltend).

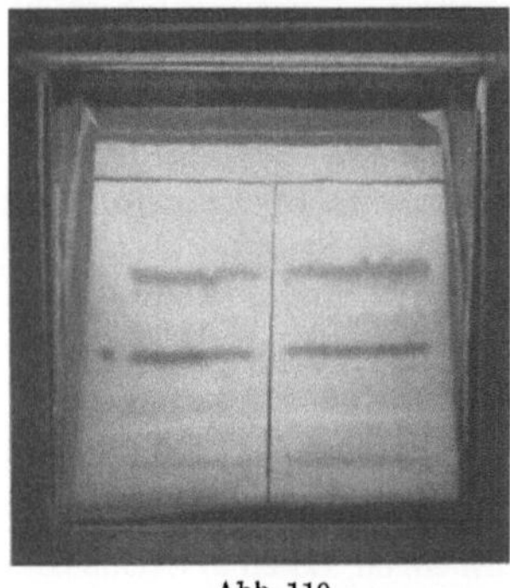  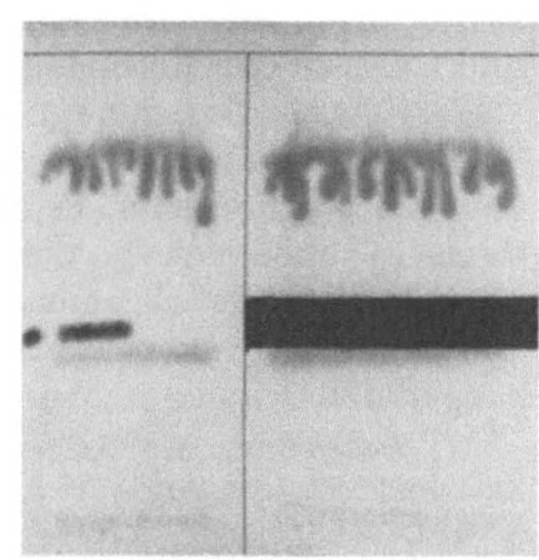

Abb. 119   Abb. 120   Abb. 121

Quantitative Bestimmung von Vitamin D mittels DC (vgl. Text) [*8, 10*]:

Abb. 119. DC eines öligen Vitamin A + D-Konzentrates im UV (254 nm). Platte in Trennkammer durch Quarzdeckel belichtet. Linke Hälfte = Leitchromatogramm

Abb. 120. Quantitatives Abschaben des markierten, lösungsmittelfeuchten Vitamin D-Streifens in die Eluiersäule

Abb. 121. DC eines natürlichen Heilbutttrans im UV (254 nm) nach Abschaben des Vitamin D-Streifens anhand des Leitchromatogramms

γ) Farbreaktion[13] und Messung. Die Extraktlösung mit 800 IE oder mehr Vitamin D reicht zur wiederholten Farbmessung im optimalen Ablesungsbereich des handlichen Colorimeters „Spectronic 20"[14] aus und erhöht dadurch die Analysengenauigkeit. Für eine Auswertung werden in zwei $^3/_4$ inch Meßgläser je 1,0 ml Extraktlösung + 1,0 ml Chloroform bzw. + 1,0 ml Inhibitor[15] vorgelegt, einzeln mit 3,0 ml Antimon(III)-chlorid-Acetylchlorid-Reagens[16] versetzt und kurz gemischt. Dann wird die maximale Extinktion des orangen Farbkomplexes 10—20 sec nach der Reagenszugabe im Absorptionsmaximum bei 500 nm gemessen. 2,0 ml Vitamin D_2- oder D_3-Standardlösung (200 IE in Chloroform gelöst) werden gleich behandelt. Als Blindlösungen zur Einstellung des Colorimeters auf 100% Durchlässigkeit dienen Chloroform ohne und mit Inhibitor anstelle der Vitamin D-Lösung sowie 3,0 ml Reagens. Nach Abzug des Mittelwertes mit Inhibitor von jenem ohne diesen Zusatz wird der Gehalt anhand der mittleren Standardextinktion und der Verdünnung berechnet.

Bei der *modifizierten Farbreaktion* für geringe Vitamin D-Mengen (z. B. Extraktlösung mit etwa 400 IE pro 2,5 ml) werden die Lösungen für eine einzige Auswertung wie vorher angegeben in Reagensgläser pipettiert und mit nur 2,0 ml Reagens versetzt. Nach kurzem Mischen füllt man den Inhalt in 1 cm Cüvetten und mißt die Extinktion im Spektralphotometer bei 500 nm nach genau 20 sec gegen die entsprechende Blindlösung.

---

[12] 0,5 g granuliertes Frankonit wird bei Vitamin A-haltigem Prüfgut in die Säule eingestreut. Herstellung siehe [*10*].

[13] In gut auftrennbaren Extraktlösungen mit viel Vitamin D ist auch eine spektrophotometrische Messung möglich.

[14] Fa. 17.

[15] Inhibitor (Farbhemmer): Chloroform-Essigsäureanhydrid (50 + 50).

[16] Für die Farbreaktion wird Antimon(III)-chlorid-Reagens (No. 19) verwendet, das neben 2% Acetylchlorid zur Stabilisierung noch 2% Essigsäureanhydrid enthält.

Gegenüber anderen Verfahren besitzt diese Arbeitsweise einige bemerkenswerte Vorteile. Das auf jeder Platte mitgeführte Leitchromatogramm zeigt noch mögliche Artefakte an und liefert zugleich den wertvollen Identitätsbeweis. Vitamin D trennt sich in unserem System von den anderen, auch in großen Mengen vorhandenen fettlöslichen Vitaminen und den meisten Fremdstoffen einwandfrei ab. Beim Abschaben erfaßte Lipidspuren reagieren mit dem Farbreagens größtenteils erst nach 30 sec, und fast alle noch farbbildenden Begleiter werden durch den Inhibitor erfaßt. Dazu gehört auch eine Abbaustufe des Vitamin A, welche direkt unter das Vitamin D läuft (vgl. Abb. 121) und z. T. beim Auswaschen am Frankonit zurückgehalten wird. Der Vitamin D-Standard muß nur bei der Colorimetrie quantitativ eingesetzt werden, weil während der gesamten Trennoperation keine Verluste auftreten. Der Störpegel des abgeschabten Kieselgels wurde in vielen, gleichgroßen Parallelstreifen nach Eluierung mit Farbreagens geprüft und war stets null. Das bei verschiedenen Operationen verwendete Chloroform ist mit 1% Äthanol stabilisiert und muß nicht gereinigt werden. Vitamin D_2 ergibt gegenüber gleich viel Vitamin D_3 eine um 3—4% intensivere Färbung. Die Standardkurven sind für beide Wirkstoffe in Mengen bis zu 500 IE linear; wir führen deshalb bei jeder Reaktion den entsprechenden Standard in der günstigen Meßkonzentration von 200 IE mit. Reines Vitamin D wird mit Inhibitor vollständig und selektiv inaktiviert, weshalb sich dieser Zusatz bei der Standardmessung erübrigt. Die sonst übliche Korrekturmessung bei 550 nm für Nebenabsorptionen hat sich als überflüssig erwiesen, weil die üblichen interferierenden Begleitstoffe berücksichtigt oder eliminiert werden.

Nützliche Hinweise stammen von STROHECKER [*131*]. Er verwendet als Sorptionsmittel grundsätzlich Kieselgel HF_{254}, für dickere Schichten auf 20 × 40 cm Platten jedoch das besser haftende Kieselgel PF_{254}. Darauf werden von Musterlösungen mit wenig Vitamin D und größeren Mengen an Fetten und Ölen bis zu 5 ml neben dem Leitchromatogramm strichförmig appliziert. Nach seinen Erfahrungen können diese Störsubstanzen durch eine erste Entwicklung mit Petroläther (Kp. 30—45° C)-Chloroform (70 + 30) ohne Ausfrieren abgetrennt werden, weil sie mit der Lösungsmittelfront hochsteigen. Die sich sofort anschließende zweite Chromatographie erfolgt wie bisher mit Cyclohexan-Äther (50 + 50). Das abgeschabte Kieselgel wird mit Chloroform nach Zusatz von wasserfreiem Natriumsulfat zur Entfernung von Feuchtigkeitsspuren extrahiert, die aber bei unserer Technik (Eindampfen zur Trockene, Lösen in Chloroform) nicht mehr stören.

5. Vitamin E-Gruppe

Dank intensiver Anwendung und Erweiterung dünnschichtchromatographischer Methoden besitzen wir heute ein viel besseres Bild über Vorkommen und Umwandlung der E-Vitamine. PENNOCK et al. [*104, 105*] haben die *in der Natur vorkommenden Tocopherole und Tocotrienole* (Seitenkette gesättigt bzw. ungesättigt) überprüft und auf Grund ihrer

Resultate folgende Nomenklatur und Abkürzung vorgeschlagen:

Ringsubstitution	Tocopherole	Tocotrienole
5,7,8-trimethyl	α-T	α-T-3 (ζ_1- bzw. ζ_2-Tocopherol)
5,8-dimethyl	β-T	β-T-3 (ε-Tocopherol)
7,8-dimethyl	γ-T	γ-T-3 (η-Tocopherol)
8-methyl	δ-T	δ-T-3 ( ) = alte Bezeichnung

Alle diese biologisch sehr unterschiedlich wirksamen Verbindungen enthalten in 8-Stellung eine Methylgruppe. Nur in 5- oder 5,7-Stellung methylierte Vertreter wurden jedoch nirgends gefunden, so daß die früheren Strukturformeln für η- und ζ_2-Tocopherol revidiert werden mußten. Hingegen wurde neu δ-T-3 entdeckt. Während die vier natürlichen Tocopherole bzw. Tocotrienole sterisch einheitlich sind, bestehen die synthetischen Präparate je nach Herstellungsverfahren aus mehr oder weniger komplexen Diastereomeren-Gemischen.

Im Prüfgut liegen die oxydationsempfindlichen Wirkstoffe oft nur in Spuren vor und sind von Triglyceriden, Sterolen, Lipochinonen, Antioxydantien usw. begleitet. Aus Stabilitätsgründen wird ferner Vitamin E vielfach in veresterter Form und auch umhüllt verwendet. Direkte Extraktion oder Aufschluß und evtl. anschließende Vorreinigung bzw. Verseifung sind ähnlich wie beim Vitamin D möglichst ohne Verluste und Substanzveränderungen durchzuführen, um nach ein- oder mehrfacher Chromatographie die „Tocopherole" analysieren zu können. Über dieses Thema hat LAMBERTSEN [82] unter spezieller Berücksichtigung der DC eine vorzügliche Übersicht gegeben; hier sind auch die Arbeiten in [90] zu erwähnen.

a) Trennung (vgl. Tab. 38 und 46)

Gute und schnelle Vitamin E-Trennungen sind auf 0,2−2 mm dicken Adsorptions-Schichten mit Kieselgel G bzw. H [u. a. *8, 104, 118, 130*] oder Aluminiumoxid [u. a. *74, 75, 118*] sowie mit sec. Magnesiumphosphat [*8*], Florisil [*88*] u. a. m. zu erreichen. Als Fließmittel können Chloroform, Benzol, Toluol, Benzol-Methanol, Cyclohexan-Äther und noch viele weitere Lösungsmittel eingesetzt werden. Die Aufteilung geschieht annähernd in Gruppen nach Anzahl der Ringmethylierung ohne Einfluß der Doppelbindungen in der Seitenkette; α-T und α-T-3 erreichen die größten Rf-Werte. Mit der von STOWE [*128*] eingeführten und von PENNOCK et al. [*104*] im zweidimensionalen DC (vgl. Abb. 122) benützten Gemisch aus Diisopropyläther-Petroläther (Kp. 40−60° C) (20 + 80) resultiert die gute Auftrennung von β- und γ-Tocopherol sowie der gesättigten von den entsprechenden ungesättigten Verbindungen. Dieser Effekt wird damit erklärt, daß der unpolare Lösungsmittelanteil (Petroläther) schneller verdampft als der polarere Diisopropyläther und somit die Eluierfähigkeit mit zunehmender Laufstrecke erhöht; Dioxan und Äthylacetat sollen sich ähnlich verhalten [*82*]. Es folgen einige Beispiele, von denen jedes eine andere Seite der nutzbringenden Anwendung der adsorptiven DC hervorhebt: Reinheitsprüfung und Isolierung von synthetischen E-Präparaten [*87*]; Analyse von natürlichen Vitamin E-Konzentraten [*79, 118*] (vgl. Abb. d in Tafel II); Bestimmung von Tocopherolen in Pharmazeutica, Futtermittelzumischungen [8, 13, 130] (vgl. Abb. e in Tafel II), in pflanzlichen Ölen [111], in pflanzlichen Geweben neben anderen Chinonen [29] usw.; Trennung von E-Oxydationsprodukten [119, 120]; Studien über Entstehung, Vorkommen, Veränderungen und Funktionen von E-Vitaminen und deren Metaboliten in Pflanzen [30, 35, 104], im Tier [107, 145] und im Menschen [5, 88].

Tabelle 46. *h Rf-Richtwerte von Vitamin E- und verwandten Verbindungen sowie Anfärbung mit Antimon (V)-chlorid-Reagens* (Laufstrecken 12—18 cm in 40—60 min)

Schicht (etwa 0,25 mm)	S_1	S_2	S_3	S_2	S_3	S_2	S_4	Farben*** mit SbCl$_5$
Fließmittel:	F_1	F_2	F_3	F_4	F_5	F_6	F_7	
Literatur:	[118]	[8, 145]	[128]	[104, 105]	[105, 128]	[105]	[105]	[8, 105]
α-T	56	32	93	67	51	57	24	orangerot
β-T	34	30	85	50	47	42	43	hellbraun
γ-T	31	26	78	53	40	41	42	grün
δ-T	21	21	71	37	31	30	57	rotbraun
α-T-3	—	—	—	68	43	55	56	
β-T-3	—	—	—	53	40	41	74	braun
γ-T-3	—	—	—	51	35	39	73	orangebraun
δ-T-3	—	—	—	37	27	29	82	braun
Tocol	—	—	—	31	29	27	—	lilagrau
α-T-acetat	71	40	—	79	76	72	—	—
α-T-succinat	—	30—40	—	—	—	—	—	—
α-T-phosphat	—	0	—	—	—	—	—	—
γ-T-3-palmitat	—	—	—	85	97	83	—	—
α-TQ*	—	14	—	—	—	—	—	—
α-T-Dimeres**	—	81	—	—	—	—	—	—

Schicht:

S_1 = Aluminiumoxid (Fluka), akt.
S_2 = Kieselgel G (Merck), akt., KS
S_3 = Kieselgel G (Merck), akt., NS
S_4 = Kieselgur G, akt., impr. mit Paraffinöl-Petroläther (40—60° C) (5 + 95), luftgetr., KS

Fließmittel:

F_1 = Benzol
F_2 = Cyclohexan-Äther (80 + 20)
F_3 = Petroläther (60—80° C)-Diisopropyläther-Aceton-Äther-Eisessig (85 + 12 + 4 + 1 + 1)
F_4 = Chloroform
F_5 = Diisopropyläther-Petroläther (40—60° C) (20 + 80)
F_6 = Methanol-Benzol (1 + 99)
F_7 = Aceton-Wasser (80 + 20), Paraffinöl-gesättigt

  * α-TQ = α-Tocopherol-chinon.
 ** $K_3Fe(CN)_6$-Oxydationsprodukt von α-T.
*** Nachweis auf Kieselgel G: Beurteilung etwa 3 min nach mäßigem Besprühen der trockenen Schicht (Erfassungsgrenze etwa 2 μg, optimale Farbdifferenzierung mit 20—50 μg).

Tocopherole lassen sich auch auf Paraffinöl-imprägnierten Kieselgel- (vgl. Tab. 38) und Kieselgur-Schichten [105] chromatographieren.

Lambertsen [*82*] hat auf solchen Platten mit Squalan bzw. Undekan (Kp. 180—200 °C) als unpolare stationäre Phase und Äthanol-Wasser (75 + 25 bis 95 + 5) schöne Resultate erhalten. Bei der Verteilung wandern die Vitamine mit abnehmendem Molekulargewicht weiter und die ungesättigten Seitenketten erhöhen die Beweglichkeit. Die Wirkung von drei Doppelbindungen entspricht jener von ein bis zwei Methylgruppen. Theoretisch sollten bei Kombination von Adsorption und Verteilung im zweidimensionalen System alle 8 natürlichen „Tocopherole" vollständig voneinander getrennt werden können. Das Gelingen hängt praktisch weitgehend vom Einfluß fremder Stoffe auf die Fleckenform und von den Vitamin E-Mengen ab.

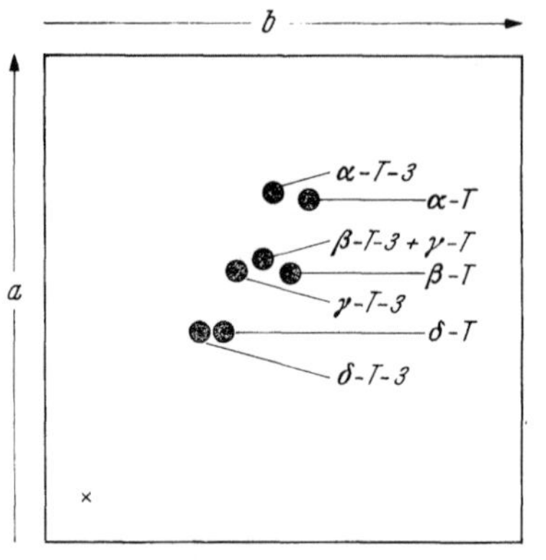

Abb. 122. Zweidimensionale Trennung der natürlichen Tocopherole (T) und Tocotrienole (T-3) auf Kieselgel G (aktiviert, 0,25 mm dick). Fließmittel: *a* Chloroform (KS), *b* Diisopropyläther-Petroläther (Kp. 40—60° C) (20 + 80) (NS). Am Startpunkt (×) je 10 µg aufgetragen [*104, 105, 146*]

Auf Polyamid ist Egger und Kleinig [*41*] die Isolierung des α-Tocopherol-chinons aus Gemischen mit verwandten Chinonen gelungen. Diese Technik dürfte sich auch für weitere E-Verbindungen eignen.

Versuche zur dünnschichtchromatographischen Trennung von Diastereomeren-Gemischen sind bisher erfolglos verlaufen.

Im Abschnitt der Vitamin K-Gruppe werden einige Oxydations- und Stoffwechselprodukte des Tocopherols nochmals erwähnt, weil diese Substanzen in der Natur vielfach gemeinsam vorkommen.

b) Nachweis und Bestimmung

Auf Schichten mit anorganischem Leuchtstoff erscheinen die unveränderten E-Verbindungen im UV-Licht als dunkle Flecken (rund 20 µg erfaßbar), violett und wesentlich empfindlicher auf 0,02% Natriumfluorescein-haltigen Platten (0,02 µg), die zudem im Tageslicht rötlich sichtbar sind (2 µg). Durch Besprühen mit Fluorescein- oder Dichlorfluorescein-Reagens (Nr. 102 u. 60) nach Trocknen und Dampfbehandlung [*34*] wird dieselbe Wirkung erzielt, wobei auch verwandte Lipide zu sehen sind.

Mit dem bekannten Eisen-Dipyridyl-Reagens (Nr. 84) färben sich die Tocopherole und Tocotrienole rötlich (0,5 µg α-T feststellbar; vgl. Abb. d in Tafel II), während deren Ester nicht ansprechen. Ungefähr gleich empfindlich und unspezifisch verhält sich Phosphormolybdänsäure (Reagens-Nr. 158B). Die freien E-Vitamine ergeben bereits in der Kälte graublaue Flecken (1 µg); durch Erhitzen der Platte verstärken sich die Farben (0,5 µg) und die Ester sowie weitere reduzierende Fremdstoffe reagieren ebenfalls. Nachbehandlung der Schicht mit Ammoniakdämpfen hellt den Untergrund auf. Zur annähernd quantitativen Auswertung der Tocopherole in Konzentraten wurde von SEHER [118] eine Standardreihe (10, 20, 40 und 60 μg α-T) mitchromatographiert und die Fleckengröße nach obiger Behandlung durch Planimetrieren verglichen. Einheitliche Anfärbungen ergeben auch Joddämpfe oder Kaliumhexacyanoferrat(III)-Eisen(III)-chlorid (Turnbull-Blau) [120].

Antimon(V)-chlorid-Reagens (Nr. 22) ist für qualitative Zwecke besonders geeignet, weil es bunte, aber von der Schicht abhängende Farbkomplexe bildet (vgl. Tab. 46 und Abb. d in Tafel II) [8]. Speziell β- und γ-Tocopherol sind gut zu unterscheiden. Es wird hier sehr empfohlen, reine Testsubstanzen im DC mitzuführen. Besprühung mit konz. Schwefelsäure, Perchlorsäure oder Salpetersäure führen auch zu gewissen Farbnuancierungen der Substanzen [77, 120], so auch 2,6-Dichlorchinonchlorimid-Reagens (Nr. 59; α-T gelbbraun und α-T-acetat rosa) und Cer(IV)-sulfat (Reagens-Nr. 42; β-T braun und γ-T blau). Mit dieser Sprühlösung und nach 10 min Erwärmen auf 120° C wird α-Tocopherolacetat rosa und fluoresciert im UV-Licht hell. T- und T-3-Verbindungen ohne Methylgruppe in 5-Stellung reagieren mit diazotiertem o-Dianisidin und solche in 5- oder 7-Position unsubstituiert mit Natriumnitrit [104]. Zur Charakterisierung der Oxydationsprodukte werden Schwefelsäure + Erhitzen, Antimon(V)-chlorid-Reagens (Nr. 22) und die Turnbull-Blau-Reaktion herangezogen [120, 121].

Die Tocopherole können bei guter Abtrennung von Fremdstoffen auf der Platte nach Anfärbung mit Phosphormolybdänsäure planimetrisch bestimmt werden [118]. Die direkte spektrophotometrische Remissionsmessung der unbesprühten Flecken scheint nun auch möglich.

Die quantitative Auswertung von Punkt- und Strichchromatogrammen nach Lokalisierung, Abschaben, Eluieren mit Äthanol und photometrischer Messung der Eisen-Dipyridyl-Reaktion wurde am meisten benützt (vgl. Abb. e in Tafel II). Die Wiedergewinnung (recovery) der leicht reduzierbaren Substanzen beträgt bei der Trennoperation 97—100% [8, 74, 111, 131], wenn alle Vorsichtsregeln eingehalten werden. Vitamin E-Verbindungen wurden auf diese Weise in vielfältigem Material natürlicher und synthetischer Herkunft bestimmt. Im Eluat kann der Wirkstoff aber auch mit Bathophenanthrolin (2,5fache Extinktion gegenüber Eisen-Dipyridyl) colorimetrisch, mit anderen physiko-chemischen Methoden wie der Spektrofluorometrie (mindestens 0,01 μg/ml) oder bei radioaktiven Verbindungen im Flüssigkeits-Szintillationszähler gemessen werden [145].

Einige Autoren erreichten nur ungenügende Vitamin E-Ausbeuten, welche größtenteils auf Oxydationsverlust während dem gesamten Arbeitsgang zurückzuführen sind. Ein gewisser Teil der Verluste kann jedoch auch dadurch erklärt bzw. vorgetäuscht werden, weil nicht reine Testsubstanzen verwendet wurden. Eine andere Fehlerquelle, die zu hohe Vitamin E-Gehalte ergibt, kann von reduzierenden, im DC nicht abgetrennten Fremdstoffen herrühren.

6. Vitamin K-Gruppe und verwandte Chinone

Chinone sind in der Natur weitverbreitet. Sie sind in biologischen Systemen deshalb wichtig, weil sie leicht zu Hydrochinonen reduziert und durch Oxydation wiedergewonnen werden können. Dazu gehören die vom Naphthochinon abgeleiteten Vitamine K_1 und K_2, ferner die Tocopherol-chinone sowie die als Grundkörper p-Benzochinon aufweisenden Ubichinone und Plastochinone, welche nicht zu den Vitaminen zählen. Das synthetisch hergestellte Menadion und seine Derivate werden im Darm umgewandelt, mit einer polyisoprenoiden Seitenkette versehen und zeigen dann volle Vitamin K-Wirksamkeit. Die empfindlichen, oft gemeinsam auftretenden Verbindungen müssen schonend aufgearbeitet und behandelt werden. Bei deren Analyse spielt die Chromatographie eine wichtige Rolle. Da spezifische Bestimmungsmethoden nicht nur zwischen, sondern auch innerhalb dieser Chinon-Gruppen fehlen, sind in den meisten Fällen ein oder mehrere Trennoperationen unumgänglich. Der vielfach vorangehenden Säulenchromatographie schließen sich die Papier-, Gaschromatographie und immer häufiger die DC an.

Für die einheitliche Benennung und Abkürzung einiger dieser Chinone, deren Liste noch ständig zunimmt, wählen wir den ersten Vorschlag der IUPAC [in *90*]:

Trivialname	Vorschlag I	Abkürzung	
Vitamin K_1	Phyllochinon	K (K-4)	n = Anzahl der Isopren-
Vitamine K_2	Menachinon-n	MK-n	einheiten (gesättigt
Vitamin K_3	Menadion		oder ungesättigt) in
Plastochinone	Plastochinon-n	PQ-n	der Seitenkette
Ubichinone,	Ubichinon-n	Q-n	
Coenzyme Q			
α-Tocopherol-chinon	α-Tocopherol-chinon	α-TQ	

a) Trennung

Von der großen Zahl bisher benützter DC-Systeme, die meist zur Lösung bestimmter Probleme dienen, sind einige in Tab. 47 zusammengestellt.

Bei der Adsorptions-DC der Naphthochinon-Abkömmlinge haben Länge und Sättigungsgrad der Isoprenseitenkette einen geringeren Einfluß auf die Trennwirkung als bei den anderen Verfahren. Nach der allgemeinen Regel wachsen die Rf-Werte mit zunehmender Molekülgröße. Die einzelnen Ubichinone wandern dabei auf gleiche Höhe [*141*]. Als Trägermaterial wird neben Aluminiumoxid hauptsächlich Kieselgel verwendet. So kann in Anwendungsformen Menadion (h$Rf \cong$ 38) von K und MK-7 (h$Rf \cong$ 61) auf Kieselgel G mit Cyclohexan-Äther (80 + 20) [*8*] und nach WALDI [*143*] Menadion (h$Rf \cong$ 80) von Menadion-Na-bisulfit (h$Rf \cong$ 30) auf Kieselgel HF_{254} mit Cyclohexan-Chloroform-Methanol-Eisessig (10 + 75 + 10 + 5) getrennt werden. In den nachfolgenden biochemischen Studien wurde ebenfalls auf Kieselgel gearbeitet. Bei der Untersuchung von Algen trennten HENNINGER et al. [*65*] mit Chloroform bzw. Benzol drei neue Chinone neben mehreren K, MK-n und Q-9; dasselbe Forscherteam [*64*] hat mit Chloroform-Äther (99 + 1)

Tabelle 47. *h Rf-Richtwerte von K-Vitaminen und verwandten Chinonen bei Adsorptions- und Verteilungschromatographie sowie auf Polyamid- und Silbernitrat-haltigen Schichten* (Laufstrecken 15—18 cm in 30—60 min, bei S_5/F_7 etwa 2 h)

Schicht (etwa 0,25 mm):	S_1	S_1	S_1	S_2	S_3	S_4	S_5	S_6
Fließmittel:	F_1	F_2	F_3	F_4	F_5	F_6	F_7	F_8
Literatur:	[65]	[65]	[64]	[115]	[8, 125]	[41]	[41]	[123]
K (= trans-K-4) . .	54	69	—	52	—	38	56	72
K-2	50	65	—	—	—	—	—	—
MK-1	41	61	—	—	—	—	—	—
MK-2	46	62	—	—	—	—	—	—
MK-3	—	—	—	—	—	—	—	58
MK-4	53	65	—	—	—	—	—	49
MK-5	—	—	—	—	—	—	—	41
MK-6	58	69	—	52	—	39	51	29
MK-7	—	—	—	43	—	31	46	21
MK-9	64	75	—	33	—	18	35	—
Menadion	29	55	—	—	—	90	76	45
PQ-9 (= PQ-A) . .	61	74	74	33	—	18	41	—
PQ-10	—	—	—	—	—	12	35	—
PQ-B	—	—	78	—	—	—	—	—
PQ-C	—	—	49	—	—	—	—	—
PQ-D	—	—	40	—	—	—	—	—
Q-1	—	—	—	—	90	—	—	—
Q-2	—	—	—	—	85	—	—	—
Q-3	—	—	—	—	78	—	—	—
Q-4	—	—	—	—	68	—	—	—
Q-5	—	—	—	—	60	—	—	—
Q-6	—	—	—	74	44	58	68	—
Q-7	—	—	—	69	35	—	—	—
Q-8	—	—	—	63	25	44	56	—
Q-9	—	—	—	52	14	—	—	—
Q-10	—	—	—	43	8	30	45	—
α-TQ	—	—	37	—	—	74	71	—
β-TQ	—	—	33	—	—	—	—	—
γ-TQ	—	—	25	—	—	—	—	—

Schicht:

S_1 = Kieselgel G, akt.

S_2 = Kieselgel G, akt., imprägniert mit Paraffinöl-Petroläther (40—60° C) (5 + 95), luftgetr., KS

S_3 = Kieselgel G-Kieselgur G (50 + 50), akt., Paraffinöl-impr., KS

S_4 = Cellulose MN 300 F_{254}-Kieselgel HF_{254} (66 + 34), akt., Paraffinöl-impr., KS

S_5 = Polyamid (Merck)-Cellulose MN 300 F_{254} (85 + 15) in Methanol aufgetragen, 30 min luftgetrocknet

S_6 = Kieselgel G-Silbernitrat (90 + 10); mit wäßriger $AgNO_3$-Lösung nach Standardmethode hergestellt, akt., KS (Platten im Dunkeln u. trocken aufbewahren)

Fließmittel:

F_1 = Benzol

F_2 = Chloroform

F_3 = Chloroform-Äther (99 + 1)

F_4 = Aceton-Wasser (95 + 5)

F_5 = Methanol-Iospropanol (90 + 10), Paraffinöl-gesättigt

F_6 = Aceton-Methanol-Wasser (65 + 33 + 2)

F_7 = Methanol-Methyläthylketon-Wasser (63 + 31 + 6)

F_8 = Diisopropyläther (über neutrales Al_2O_3 Akt. I gereinigt)

in Spinat-Chloroplasten vier Plastochinone und drei Tocopherol-chinone identifiziert (vgl. Tab. 47). Durch zweistufiges Entwickeln mit Heptan-Benzol (50 + 50) und Chloroform prüften Billeter et al. [6] die Umwandlung von MK-6 und MK-2 in MK-4 im Organismus von Vögeln und Säugetieren. Masiti et al. [86] chromatographierten eine Fraktion aus Spinatblättern mit 5 verschiedenen Fließmitteln und entdeckten neben bekannten Chinonen das sehr instabile PQ-3. Die adsorptive DC wurde ferner eingesetzt zur Isolierung von pflanzlichen und synthetischen Chinonen und Hydrochinonen neben Tocopherolen [30], zur Bestimmung von Ubichinonen in pflanzlichen und tierischen Lipidextrakten [140, 141], zur Auftrennung von Lipochinonen in Mikroorganismen [112], zu deren Charakterisierung neben anderen Vitaminen im Blut [5] und stets bei der Synthese dieser Verbindungen zur Reinheitsprüfung.

Verteilungschromatographisch lassen sich die homologen Reihen der Chinon-Gruppen besonders gut auftrennen, die Beweglichkeit nimmt mit zunehmender Länge der Seitenkette gesetzmäßig ab und darin befindliche Doppelbindungen kommen deutlich zur Wirkung (z. B. K und MK-6). Vor allem wurden Paraffinöl-imprägnierte Schichten wie Kieselgel, Kieselgel-Kieselgur oder Cellulose-Kieselgel und entsprechend polare Fließmittel eingesetzt (s. Tab. 47).

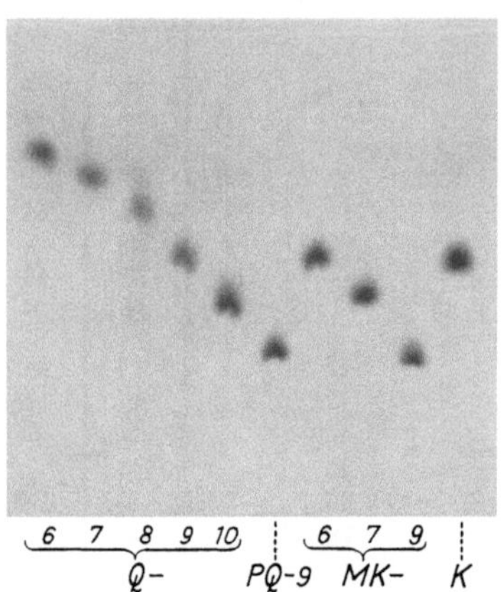

Abb. 123. Trennung von Ubichonen (Q-n), Plastochinon (PQ-9), Menachinonen (MK-n) und Phyllochinon (K) auf Paraffinöl-imprägniertem Kieselgel G mit Aceton-Wasser (95 + 5), Paraffinöl-gesättigt (KS). Je 20 μg Substanz aufgetragen. Platte nach Erhitzen auf 130° C mit konz. Schwefelsäure besprüht [115]

Gloor [in 115] chromatographierte auf diese Weise diverse Chinone (s. Abb. 123) und wies diese in Tuberkelbacillen und in Leberhomogenaten nach [in 8]. Mit dem Phasenumkehr-Verfahren wurden Lipochinone u. a. in Pilzen [153], in Bakterien [112], in Hefe sowie in tierischen Geweben [141] analysiert.

Als weitere Trägermaterialien wurden kürzlich von Egger und Kleinig [41] Polyamid und von Sommer [123] Silbernitrat-Kieselgel ausprobiert. Wie Tab. 47 zeigt, werden dadurch neue Trenneffekte erzielt und somit die vorbesprochenen Verfahren bereichert.

b) Nachweis und Bestimmung

Alle Lipochinone sind wegen ihrer starken Absorption im Gebiete von 240—280 nm auf Schichten mit anorganischem Leuchtstoff unter der UV-Lampe als dunkle Flecken in Mengen von mindestens 0,5 μg sichtbar. Dem Träger beigemischtes Na-fluorescein, Rhodamin B bzw. 6 G oder durch Besprühen der chromatographierten Platten mit Fluorescein- bzw. Dichlorfluorescein-Reagens (Nr. 102 bzw. Nr. 60) lassen sich die Verbindungen auch im Tageslicht und sehr empfindlich im UV-Licht erkennen. Dieser Nachweis der unveränderten Wirkstoffe ist für die quantitative Bestimmung von Bedeutung.

Nach Bestrahlen der Platte mit einer Quarzlampe während einigen Minuten aus kurzer Distanz werden alle K-Vitamine photochemisch verändert und beginnen gelblich zu fluorescieren (min. 0,3 μg K).

Die Chinone werden einheitlich bräunlich angefärbt bei Behandlung mit Joddämpfen, violett mit konz. Schwefelsäure + Erwärmen (etwa 3 μg) und graublau mit Phosphormolybdänsäure (Reagens-Nr. 158B) + Erhitzen (etwa 0,5 μg). Mit Leukomethylenblau (Reagens-Nr. 153) [53] werden die Ubichinone, Plastochinone und Tocopherol-chinone sofort blau, während damit die K-Vitamine kaum angeben [30, 112]. Eine geringe Differenzierung der Gruppen kann durch Besprühen mit Antimon(III)-chlorid-Reagens (Nr. 19) allein oder nach Vorbehandeln mit Eisen-Dipyridyl (Reagens-Nr. 84) erreicht werden. Die von der Colorimetrie her bekannten Reaktionen mit alkalischem Cyanessigester (nach CRAVEN), mit Na-Diäthyldithiocarbamat (nach IRREVERE-SULLIVAN) und mit Na-Methylat (nach DAM-KARRER) wurden als Sprühtest bisher kaum gebraucht.

Hydrochinone können durch Oxydation mit Eisen-Dipyridyl- oder Kaliumpermanganat-Reagens (Nr. 84 bzw. 144) sichtbar gemacht werden.

Zur Ermittlung des Gehaltes an K und PQ-9 in verschiedenen Blattarten wertete EGGER [40] das Leuchtstoff-haltige DC direkt im UV-Licht aus. Durch visuellen Vergleich von Probe- und Standard-Konzentrationsreihen erreicht er eine Genauigkeit von ± 10%. Die quantitative Bestimmung der Chinone und Hydrochinone wird jedoch in den meisten Fällen nach Eluierung aus der Schicht durchgeführt. Die Lokalisierung der Flecken und Zonen erfolgt anhand der Fluorescenz oder deren Löschung, sowie anhand von angefärbten Leitchromatogrammen. Die isolierten Substanzen werden dann mit geeigneten Lösungsmitteln vom Träger herausgewaschen, evtl. abfiltriert und anschließend mit colorimetrischen bzw. spektrophotometrischen Verfahren gemessen und charakterisiert. Markierte Verbindungen werden im Szintillationszähler ausgewertet. Beispiele solcher Analysen wurden von WAGNER et al. [140, 141] (Q-n), von REBEL und MANDEL [112] (K, MK-n, Q) sowie von HENNINGER und CRANE [64] (PQ-n, TQ) beschrieben.

III. DC wasserlöslicher Vitamine

Die Löslichkeit der freien Vitamine ist sehr unterschiedlich. Im Prüfgut können sie auch als Coenzyme gebunden, verschieden verestert oder als Derivate vorliegen, die biologisch gleiche Aktivität entfalten. Diese Kenntnisse sind für einwandfreie Aufarbeitung, Isolierung und Bestimmung von großer Wichtigkeit. Die wasserlöslichen Vitamine sind im allgemeinen stabiler als jene der fettlöslichen Gruppen und dies erleichtert das chromatographische Arbeiten. Trotzdem sollen dabei die unter I empfohlenen Vorsichtsmaßnahmen eingehalten werden.

1. Gemische wasserlöslicher Vitamine

a) Trennung (vgl. Tab. 48)

Dazu eignen sich Adsorptions- und Ionenaustauschsysteme. Die chromatographischen Ergebnisse stimmen bei diesen verschiedenen Stoffklassen nicht immer mit der Theorie überein. Einige Vitamine sind schwache Säuren oder Basen, welche in den Formen vorliegen, die durch ihre Dissoziationskonstanten einerseits und den pH-Wert des Mediums anderseits gegeben sind.

Tabelle 48. *h Rf-Richtwerte und direkter Nachweis wasserlöslicher Vitamine*
(Laufstrecken 12—19 cm in 40—60 min)

Schicht (etwa 0,25 mm):	S_1	S_1	S_2	S_3	Sichtbarkeit* im [8]			Nachweisgrenze in μg		
Fließmittel:	F_1	F_2	F_2	F_3	UV (254)	UV (365)	Tageslicht			
Literatur:	[8]	[51]	[70]	[70]	[67]					
B_1 (Thiamin-HCl, -HNO$_3$)	5	0	0	54	0	vio	—	—	2	—	—
B_2 (Riboflavin)	40	35	29	24	42	}gelb**	gelb**	gelb	}0,1	0,01	0,3
B_2-5′-phosphat-Na . . .	28	0	0	0	100						
Pantothensäure (-Na, -Ca)	89	57	40	0	—	—	—	—	—	—	—
Nicotinsäure	78	75	—	—	100	}du	—	—	}3	—	—
Nicotinsäureamid . . .	49	65	44	62	70						
B_6 (Pyridoxol-HCl) . .	52	15	12	26	35	dubl	dubl	—	3	10	—
B_{12} (Cyanocobalamin) .	22	0	0	23	100	du	vio	rot	1	0,5	0,3
Folsäure	0	0	7	0	—	du	dubl	gelb	2	10	10
C (1-Ascorbinsäure) . .	96	30	25	0	—	dubl	—	—	3	—	—
Biotin	70	80	50	54	—	—	—	—	—	—	—
Rutin	***	12	10	0	—	du	du	gebr	1	5	5

Schicht:

S_1 = Kieselgel G oder GF$_{254}$ (Merck), akt., KS
S_2 = Aluminiumoxid G (Merck), akt.
S_3 = Austauscherharz Wofatit CP 300, Zubereitung siehe [67]

Fließmittel:

F_1 = dest. Wasser
F_2 = Eisessig-Aceton-Methanol-Benzol (5 + 5 + 20 + 70)
F_3 = Äthanol-Wasser (10 + 90) (Laufzeit 2—3 h)

Farben: du = dunkel, dubl = dunkelblau, dubr = dunkelbraun, gebr = gelbbraun, vio = violett.

   * Auf Kieselgel GF$_{254}$.
   ** Fluorescenz.
   *** Schweifbildung (je nach Menge von Start bis Front).

Eine Trennvorschrift wurde von GÄNSHIRT und MALZACHER [51] für Vitamin-Kombinationen ausgearbeitet (B-Gruppe 1—10 μg und Vitamin C 5—30 μg), wie sie in pharmazeutischen Zubereitungen vorliegen. Sie ist allgemein anwendbar, wenn 50—100 μg des Gemisches (für den Nachweis zwei Startflecken) auf eine leuchtstoffhaltige Kieselgel G- oder GF$_{254}$-Schicht aufgetragen und mit Eisessig-Aceton-Methanol-Benzol (5 + 5 + 20 + 70) chromatographiert werden. Mit dem gleichen Fließmittelgemisch trennten KATSUI und ISHIKAWA [70, 77] auf Kieselgel G und auf Aluminiumoxid G 20 hydrophile Vitamine. Die teilweise deutlich abweichenden *Rf*-Werte auf Kieselgel konnten auch wir beobachten, und sie rühren wohl von der variierenden Schichtaktivität her. Auf demselben Adsorbens gelang uns die Wirkstoffisolierung beim Entwickeln mit Wasser [8] (s. Abb. 124). Die-

ses Fließmittel wandert ungefähr gleich schnell wie das Gänshirt-Gemisch, es erlaubt zudem ein unmittelbares Chromatographieren nach dem Auftropfen wäßriger Extraktlösungen, muß jedoch meistens vor dem Anfärben in der Wärme kurz getrocknet werden, und größere Mengen B_2 und B_6 neigen zu Schweifbildung. Ähnliche Aufteilung solcher Kombinationen haben LUDWIG und FREIMUTH [84] auf einer Supergel-Gips-Leuchtstoff-Platte, welche vor dem

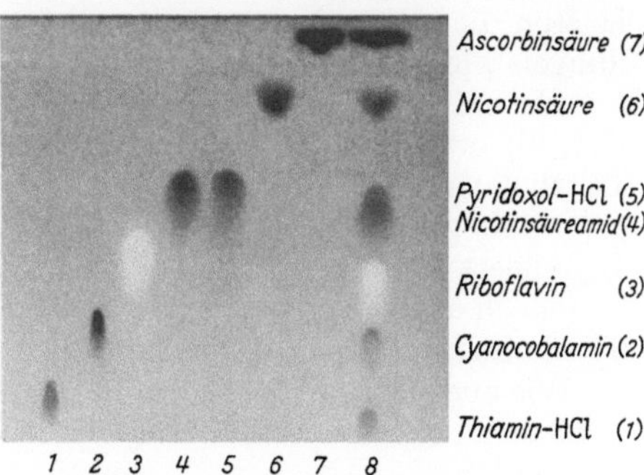

Abb. 124. Trennung wasserlöslicher Vitamine auf Kieselgel GF_{254}. Fließmittel: Wasser (KS). Aufgetragen: *1, 4, 5, 6* und *7* je 30 μg, *2* 10 μg, *3* 5 μg, *8* Substanzen und Mengen *1—7*. DC im UV (254 nm) aufgenommen [8]

Auftropfen durch Ammoniakdämpfe behandelt wurde, mit Wasser-Eisessig (95 + 5) gefunden. Auf pH 5,3 gepuffertem Austauscherharz Wofatit CP 300 mit Äthanol-Wasser (10 + 90) wurde von HÜTTENRAUCH et al. [67] der B-Komplex zerlegt. Während der Laufzeit von 2—3 Stunden treten neutrale sowie saure Verbindungen am schwach sauren Ionenaustauscher als Frontläufer auf, so auch Cocarboxylase und Panthenol; Aquocobalamin bleibt am Start zurück.

b) Nachweis

Die Erkennung und Nachweisgrenzen gewisser Vitamine beim Betrachten der Chromatogramme unter verschiedenen Lichtarten sind in Tab. 48 angegeben.

GÄNSHIRT und MALZACHER [51] weisen die in zwei Bahnen im DC aufgetrennten Komponenten von Vitaminpräparaten zuerst im kurz- und langwelligen UV-Licht nach, wo die fluorescierenden bzw. absorbierenden Flecken von B_2, B_1, B_6, C und Nicotinsäureamid (ebenso anwesendes B_{12} und Nicotinsäure) zu sehen sind. Um Biotin zu identifizieren, wird ein Chromatogramm abgedeckt und das andere mit Jodplatinat-Reagens (Nr. 40) besprüht, wobei Biotin als weißer Flecken auf rosa angefärbtem Hintergrund sichtbar wird. Gleichzeitig erscheint das B_1 grau, Nicotinsäureamid schwach gelb und C gelb. Zur Auffindung von B_6 und Pantothensäure wird der untere Teil der zweiten, vorher geschützten Bahn mit 2,6-Dichlorchinonchlorimid-Reagens (Nr. 59) besprüht und Ammoniakdampf ausgesetzt, wodurch sich B_6 blau anfärbt. Anschließend wird 30 min bei 160° C erhitzt und der obere Teil des Streifens mit Ninhydrin (Reagens-Nr. 176A) behandelt. Nach erneutem kurzem Erwärmen auf 160° C erscheint die Panthotensäure als violetter Flecken.

Ludwig und Freimuth [*84*] wie auch Hüttenrauch et al. [*67*] charakterisieren die Wirkstoffe auf ihren Schichten ähnlich, z. T. auch mit anderen Reaktionen. Zur Prüfung von Multivitamin-Kombinationen chromatographieren Ishikawa und Katsui [*70*] die Extraktlösung mit 3 verschiedenen Systemen (s. Tab. 48 und unter Folsäure) und identifizieren die gut aufgetrennten und vom Startpunkt entfernten Verbindungen wie die anderen Autoren oder mit spezifischeren Sprühmitteln.

Als universelles und empfindliches Reagens hat sich Chlor-Tolidin (Nr. 50) erwiesen [*8*]. B_1, B_2, B_6, B_{12}, Nicotinsäure, Nicotinsäureamid, Panthotensäure, Folsäure, Biotin und Rutin werden auf weißem Untergrund als graublaue Flecken sichtbar und nach kurzer Zeit erscheinen B_{12} violett und B_2 grünlich. Vitamin C spricht nicht an. Die Reaktion ist jedoch abhängig von der Substanzmenge, Sprühintensität, Dicke und Trocknungszustand der Schicht sowie vom Zeitpunkt der Beurteilung.

Wie aus anderen Beispielen hervorgeht, können mit diesen Methoden gewisse Vitamine durch Mitführen einer Standardreihe visuell ausgewertet werden.

Weitere Möglichkeiten zur Chromatographie und selektiven Bestimmung der einzelnen wasserlöslichen Vitamine werden in den folgenden Abschnitten gesondert behandelt.

2. Vitamin B_1-Gruppe

Fast alle Thiamin-wirksamen Verbindungen aus natürlichen und synthetischen Produkten lassen sich mit Wasser oder wäßrigem Alkohol extrahieren. Es ist darauf zu achten, daß die Aufarbeitung im sauren pH-Bereich, möglichst von 4—6, erfolgt, da dabei die empfindlichen Stoffe nicht zerstört werden. Die in biologischem Material an Eiweiß gebundenen B_1-Derivate müssen jedoch durch enzymatische Behandlung freigelegt werden.

a) Trennung

Während Thiamin in gewissen Systemen stark adsorbiert wird (Tab. 48), ist seine Beweglichkeit auf anderen Schichten erhöht und es läßt sich von seinen Estern, Abkömmlingen und Abbauprodukten einwandfrei abtrennen. Tab. 49 gibt über solche Möglichkeiten Auskunft.

Waldi [*143*] isolierte auf Papierpulver Thiamin und dessen Phosphorsäureester. Für die gleichen Verbindungen probierten David und Hirshfeld [*24*] 6 verschiedene Cellulose-Arten aus, von denen sich auch die phosphorylierte — also durch Ionenaustausch — gut eignete. Inazu [*69*] benützte die DC zur Verfolgung des anaerobischen Abbaus von O,S-Dicarbäthoxythiamin-hydrochlorid in Lösung und präsentierte eine *Rf*-Liste für mehrere Verbindungen. Bei Untersuchungen von Johnson und Goodwin [*73*] über die Thiamin-Bildung in keimendem Mais half die Kieselgel-DC zur Lösung der Aufgabe.

b) Nachweis und Bestimmung

Auf Leuchtstoff-Schichten können im kurzwelligen UV-Licht Thiamin, alle seine Ester, Derivate, wie auch Spaltprodukte lokalisiert

Tabelle 49. *hRf-Richtwerte von Thiamin und verwandten Verbindungen* (Laufstrecken 10—14 cm in 2—3 h, im System S_4/F_6 10 cm in 1 h)

Schicht (etwa 0,25 mm):	S_1	S_2	S_3	S_1	S_4	S_4
Fließmittel:	F_1	F_2	F_3	F_4	F_5	F_6
Literatur:	[143]	[24]	[24]	[69]	[73]	[8, 130]
Thiamin-HCl und -HNO$_3$	95	80	10	27	3	56
Thiamin-monophosphat	45	47	30	—	—	47*
Thiamin-diphosphat	25	30	73	—	—	33*
Thiamin-triphosphat	20	1	80	—	—	—
Thiamin-disulfid	—	—	—	51	—	—
O,S-Dicarbäthoxythiamin-HCl	—	—	—	90	—	—
Thiamin-thiazolon	—	—	—	67	—	—
α-Hydroxyäthylthiamin	—	—	—	—	22	—
Pyrimidin-sulfonat	—	—	—	—	30	—
Thiazol-HCl	—	—	—	—	70	—
Thiochrom	—	—	—	53	98	—

Schicht:

S_1 = Cellulose MN 300, luftgetr. oder 5 min akt., KS
S_2 = Cellulose MN 300 G, luftgetr.
S_3 = Phosphorylierte Cellulose MN 300 P, luftgetr.
S_4 = Kieselgel G, akt., KS

Fließmittel:

F_1 = Isopropanol-Wasser-Trichloressigsäure-Ammoniak 25 proz. (71 + 9 + 20** +
  + 0,3)
F_2 = n-Propanol-Phosphatpuffer pH 4,9-Wasser (60 + 20 + 20)
F_3 = 0,03 N Salzsäure
F_4 = n-Butanol-Essigsäure-Wasser (40 + 10 + 50)
F_5 = Pyridin-Isobutanol-Wasser (66 + 17 + 17)
F_6 = Pyridin-Eisessig-Wasser (19 + 2 + 79)

  * Schweifbildung.
  ** Gewichtseinheiten.

werden. B_1 erscheint violett und 2 μg sind noch erfaßbar. Empfindlicher und spezifischer läßt sich der Nachweis durch Besprühen mit frisch hergestelltem Kaliumhexacyanoferrat(III)-Reagens (Nr. 135) gestalten, indem vom oxydierten Thiamin (Thiochrom) unter der Quarzlampe (365 nm) noch 0,03 μg als hellblaue Fluorescenz erkennbar sind. Die Phosphorsäureester sprechen gleich an. Die B_1-Verbindungen lassen sich auch mit Jodplatinat-Reagens (Nr. 140) (grau; 0,2 μg), Chlor-Tolidin- oder Dragendorff-Reagens (Nr. 50 bzw. Nr. 88) nachweisen.

Der B_1-Gehalt des oxydierten Thiamins kann im DC direkt durch Vergleich mit einer Thiamin-Standardreihe (0,03—2,0 μg) abgeschätzt werden. Zur quantitativen Bestimmung nach STROHECKER [130] und WALDI [143] wird das Chromatogramm nach Besprühen mit dem Reagens Nr. 135 im UV-Licht zur Markierung der Thiochrom-Flecken betrachtet. Das oxydierte Thiamin wird aus dem abgeschabten Träger mit Methanol eluiert und die Thiochromphosphorsäureester löst man mit 0,01 N Natronlauge heraus. Nach Abfiltrieren werden die Fluorescenzintensitäten gemessen und anhand von ebenfalls chromatographierten und gleich behandelten Vergleichslösungen berechnet.

3. Vitamin B_2-Gruppe

Riboflavin wird durch Licht und Alkalien leicht zersetzt. Es ist in Wasser schwerlöslich, läßt sich aber bei Zusatz von Pyridin und Eisessig oder mit verdünnten Mineralsäuren leicht extrahieren und ist in saurem Medium stabil. In natürlichem Material kommt Vitamin B_2 außer als Phosphorsäureester auch als Adenin-dinucleotid oder an Eiweiß gebunden vor und muß dann zur Bestimmung durch enzymatischen Aufschluß in freies Riboflavin übergeführt werden.

a) Trennung

Einige Trennmöglichkeiten sind in Tab. 48 und 50 zusammengestellt. Günstige Fleckenbildungen werden auf 0,25 mm dicken Schichten mit Substanzmengen bis zu 3 μg erhalten. Die DC eignet sich sehr gut zur Prüfung von Riboflavin und seinem Phosphorsäureester in pharmazeutischen Präparaten, Futter- und Nahrungsmittelkonzentraten [8, 70, 143], zur Analyse in Bakterien [80] und bei der Synthese von B_2-Verbindungen zur Reinheitskontrolle und präparativen Isolierung. Beim Studium des photochemischen Abbaus von Riboflavin konnten auf der Platte die veränderten Komponenten verfolgt werden [80, 121].

Tabelle 50. *h Rf-Richtwerte von Riboflavin und verwandten Verbindungen*
(Laufstrecken 10—12 cm in 120 min (F_1—F_3) bzw. 60 min (F_4 u. F_5)]

Schicht (etwa 0,25 mm):	S_1	S_1	S_1	S_1	S_2
Fließmittel:	F_1	F_2	F_3	F_4	F_5
Literatur:	[121]	[121]	[80]	[8]	[143]
Riboflavin	72	30	57	82	75
Riboflavin-5′-phosphat-Na	—	—	—	45	38
Lumiflavin	29	30	70	—	—
Lumichrom	42	59	83	—	—

Schicht:

S_1 = Kieselgel G, akt., KS
S_2 = Kieselgel H, akt. oder luftgetr., KS

Fließmittel:

F_1 = Isoamylalkohol, H_2O-gesättigt
F_2 = Butanol-Äthanol-Wasser (70 + 20 + 10)
F_3 = F_2 (50 + 15 + 35)
F_4 = Pyridin-Eisessig-Wasser (19 + 2 + 79)
F_5 = Acetatpuffer pH 4,62-Methanol (50 + 50)

b) Nachweis und Bestimmung

Die gelb gefärbten Flavine wie auch Derivate und Abbaustufen sind unter der Quarzlampe spezifisch und in geringen Mengen nachweisbar (vgl. Tab. 48). Riboflavin, Riboflavin-5′-phosphat und Lumiflavin fluorescieren im langwelligen UV-Licht leuchtend gelb, Lumichrom blau und andere Bestrahlungsprodukte ebenfalls gelb, blau sowie grün und violett [80].

Mit der visuellen Vergleichsmethode können halbquantitative Aussagen gemacht werden [8]. Von WALDI [143] wurde ein quantitatives Verfahren für B_2 und B_2-5'-phosphat-Na ausgearbeitet, in dem die auf Kieselgel H getrennten Flecken oder Zonen unter der Quarzlampe lokalisiert, abgestreift, mit 0,1 N Salzsäure eluiert und neben einer Bezugslösung colorimetrisch oder fluorometrisch gemessen werden [130].

4. Pantothensäure-Gruppe

Pantothensäure besitzt ein optisch aktives Zentrum und nur Verbindungen, welche sich von der D-Form ableiten, sind Vitamin-wirksam. Da die freie Pantothensäure wenig beständig ist, werden ausschließlich ihre Salze verwendet sowie ihr Alkohol, das Panthenol, und Panthenoläthyläther. Diese sind in Wasser bzw. auch in Alkohol leicht löslich. In der Natur kommt die Pantothensäure hauptsächlich gebunden vor als Coenzym A, Pantethein, Pantethin usw.

a) Trennung

Tabelle 51. *h Rf-Richtwerte von Pantothensäure und verwandten Verbindungen* (Laufstrecke 10—18 cm in 40—120 min)

Schicht (etwa 0,25 mm):	S_1	S_1	S_1	S_2	S_2
Fließmittel:	F_1	F_2	F_3	F_4	F_5
Literatur:	[8]	[51]	—	[58]	[58]
Pantothensäure (-Na, -Ca)	89	57	56	—	—
Panthenol	75	80	61	—	—
Panthenoläthyläther	95	68	2	—	—
Pantethein	—	—	—	63	—
Pantethin	—	—	—	72	—
4'-Phosphopantethein	—	—	—	67	—
4'-Phosphopantethin	—	—	—	50	—
Coenzym A	—	—	—	—	36
Dephosphocoenzym A	—	—	—	—	48

Schicht:
S_1 = Kieselgel GF_{254}, akt., KS
S_2 = Cellulose MN 300, luftgetr., (0,35 mm dick)

Fließmittel:
F_1 = dest. Wasser
F_2 = Eisessig-Aceton-Methanol-Benzol (5 + 5 + 20 + 70)
F_3 = abs. Äthanol
F_4 = n-Butanol-Essigsäure-Wasser (62 + 25 + 13)
F_5 = Äthanol-0,5 N Ammoniumacetat (66 + 34) (pH 4)

Wie aus Tab. 51 ersichtlich, sind die Vertreter dieser Wirkstoff-Gruppe dünnschichtchromatographisch gut aufzutrennen. Zur Untersuchung von Extrakten aus Pharmazeutica, Kosmetica oder Nahrungs- und Futtermittel-Konzentraten haben sich Kieselgel-Schichten bewährt (vgl. auch Abb. f in Tafel II). Die Spaltprodukte von Pantothensäure und Panthenol, also β-Alanin und Aminopropanol, lassen sich gleichzeitig

19 Dünnschicht-Chromatographie, 2. Aufl.

isolieren [8]. Bei Syntheseversuchen haben Günther und Mautner [58] mit mehreren Fließmitteln auf Cellulose Coenzym A und andere schwefelhaltige Pantothensäure-Derivate sowie die entsprechenden Selen-Verbindungen chromatographiert.

b) Nachweis und Bestimmung

Pantothensäure, Panthenol und Panthenoläthyläther werden auf den Platten durch Erhitzen während 30 min bei 160° C gespalten. Nach Besprühen mit Ninhydrin-Reagens (Nr. 176A) und erneutem, kurzem Erwärmen bei derselben Temperatur färben sich das gebildete β-Alanin violett und das Aminopropanol weinrot. Die quantitative Spaltung läßt sich auch durch Behandeln mit 10proz. Trichloressigsäure und Trocknen während 10 min bei 110° C erreichen (Erfassungsgrenze für β-Alanin etwa 0,1 μg). Die Anfärbung der Vitamine mit Chlor-Tolidin (Reagens Nr. 50) ist unspezifisch und weniger empfindlich.

Die schwefelhaltigen Verbindungen können nach Ansprühen mit Nitroprussid-Natrium im UV-Licht nachgewiesen werden [58].

Durch Abschätzen der Ninhydrin-Flecken neben einer Standardreihe der reinen Substanzen sind die Vitamine und die durch Zersetzung entstandenen Aminosäuren semiquantitativ bestimmbar [8, 103]. Vorschläge zur Ermittlung nach Elution sind in [103] gegeben. Frei und Frodyma [48] haben Versuche durchgeführt, um die stabilen Ninhydrin-Aminosäure-Komplexe auf der Platte durch spektrale Reflexionsmessung mit hoher Genauigkeit ermitteln zu können [48].

5. Nicotinsäure und Nicotinsäureamid

Beide sog. Vitamin PP-wirksamen Substanzen sind in Wasser und Alkohol löslich.

a) Trennung

Die Vitamine sind auf verschiedenen Schichten isolierbar (vgl. Tab. 48). Nürnberg [96] trennte sie in pharmazeutischen Kombinationspräparaten auf luftgetrockneten Kieselgel G-Schichten ohne KS mit einem frisch hergestellten Gemisch n-Propanol-Ammoniak 10 proz. (95 + 5). In diesem System steigt die Lösungsmittelfront während 60 min etwa 8 cm hoch, die hRf-Richtwerte betragen für Nicotinsäure 35, für das Amid etwa 65 und beide Verbindungen können eindeutig identifiziert und ausgewertet werden. Strohecker und Henning [130] benützen dasselbe Fließmittelgemisch oder Wasser, als Adsorbens Kieselgel HF_{254} und tragen von der Probelösung größere Volumina (0,1—0,4 ml) mit mindestens 25 bzw. 50 μg Wirkstoff strichförmig auf; nach Elution erfolgt die quantitative Bestimmung. Von Walsh [144] wurden Tryptophan-Nicotinsäure-Metaboliten in Urin mit Hilfe der Cellulose-DC untersucht.

b) Nachweis und Bestimmung

Von beiden Pyridin-Derivaten sind im kurzwelligen UV-Licht auf der fluorescierenden Platte noch je 3 μg als dunkle Schatten zu erkennen.

Ein spezifischer und empfindlicher Nachweis gelingt nach NÜRNBERG [96] unter Ausschluß von Pyridindämpfen durch Ansprühen der lufttrockenen Schicht mit p-Aminobenzoesäurelösung und anschließende Behandlung mit Chlorcyandämpfen (Reagens nach KÖNIG, Nr. 29). Maximale Färbung erfolgt nach etwa 6 min. Nicotinsäureamid erscheint orangerot und Nicotinsäure rot. Von letzterer sind noch 0,1 μg festzustellen. Statt in einer Chlorcyanatmosphäre können die Flecken auch mit Bromcyan sichtbar gemacht werden [130]. Als weitere Sprühmittel sind noch Jodplatinat- [51] und Chlor-Tolidin-Reagens [8] (Nr. 140 und 50) zu erwähnen.

Die halbquantitative Auswertung ist auf visuellem Wege durch Vergleich der Flecken mit einer Standardreihe (Nicotinsäure 0,1–2 μg; Nicotinsäureamid 0,5–10 μg) möglich [96]. Sehr genau können die Gehalte nach dem Vorschlag von STROHECKER und HENNING [130] bestimmt werden. Die Wirkstoffzonen werden im UV-Licht lokalisiert, abgekratzt und nach Elution photometrisch oder polarographisch gemessen. Es empfiehlt sich, die Reinsubstanzen genau gleich zu behandeln und bei der Berechnung diese Meßwerte zu berücksichtigen. Nach neueren Befunden von STROHECKER [131] kann mit 1 N Salzsäure eluierte Nicotinsäure (50–100 μg pro 10 ml) bequem bei 262 nm spektrophotometrisch bestimmt werden; ein Blindversuch mit gleicher Adsorbensmenge ist notwendig.

6. Vitamin B$_6$-Gruppe

Vitamin B$_6$-wirksame Faktoren leiten sich vom Pyridoxol ab, die sich mit Wasser gut extrahieren lassen. In alkalischer oder neutraler Lösung werden die Verbindungen durch Licht zerstört.

a) Trennung

Tab. 52 enthält eine Auswahl von DC-Systemen. Es fällt auf, daß sich die B$_6$-Abkömmlinge gut trennen lassen bis auf Pyridoxol und dessen Aldehyd, die auf fast allen Platten gleich weit wandern. Während Pyridoxol und Pyridoxamin nach Lösen in heißem Methanol direkt auf die Schicht pipettiert werden können, ist das als „inneres Halbacetal" vorliegende, ebenfalls lösliche Pyridoxal nicht stabil. Es neigt zur Acetalbildung und zeigt im Chromatogramm mehrere Flecken. Der unveränderte Aldehyd kann nur nach Auftragen einer wäßrigen Lösung nachgewiesen werden. NÜRNBERG [97] fand heraus, daß sich Pyridoxal in Methanol durch einstündiges Kochen im Dunkeln quantitativ in das Methylacetal überführen und dann bequem mit der Stufentechnik (S$_1$/F$_1$) von den anderen Komponenten isolieren läßt. Anstelle von Kieselgel G oder GF$_{254}$ kann auch Kieselgel HF$_{254}$ [130] mit denselben Fließmitteln eingesetzt werden. YAMADA und SAITO [152] haben als Trägermaterial u. a. auch Aluminiumoxid G, Cellulose und Kieselgur G mit rund 20 Lösungsmittelgemischen ausprobiert und in einem Falle (S$_3$/F$_5$) das „kritische Paar" trennen können. Praktische Bedeutung hat die Methode besonders bei der Analyse von vitaminangereicherten Produkten, bei gewissen biologischen Studien und bei Synthesekontrollen erlangt.

19*

Tabelle 52. *hRf-Werte von Vitamin B_6-Verbindungen*
(Laufstrecken 12—18 cm in 40—120 min)

Schicht (etwa 0,25 mm)	S_1	S_2	S_2	S_3	S_3
Fließmittel:	F_1	F_2	F_3	F_4	F_5
Literatur:	[97]	[8]	[8]	[152]	[152]
Pyridoxol-HCl	30	53	52	83	73
Pyridoxamin-2 HCl	60	16	19	19	22
Pyridoxal (ev. Isomere)	60/66	52	51	83	85
Pyridoxal-5′-phosphat	—	75	64	51	26
Pyridoxal-methylacetal	45	—	—	—	—
Pyridoxal-äthylacetal-HCl	—	44	36	—	—

Schicht:

S_1 = Kieselgel G (Merck), luftgetr., KS
S_2 = Kieselgel G od. GF_{254} (Merck), akt., KS
S_3 = Cellulose-Pulver (über 300 mesh, Toyo Roshi Co.), akt.

Fließmittel:

F_1 = 1. Stufe: Aceton,
      2. Stufe: Aceton-Dioxan-Ammoniak 25 proz. (45 + 45 + 10)
F_2 = Ammoniak 0,2 proz.
F_3 = dest. Wasser
F_4 = Dioxan-Wasser (70 + 30)
F_5 = n-Butanol-1 N Essigsäure (83 + 17)

b) Nachweis und Bestimmung

Auf der trockenen Kieselgel-Platte mit Fluorescenzzusatz sind im
UV-Licht die dunkelblauen Primärfluorescenzen — Pyridoxal-5′-phos-
phat erscheint gelb [152] — sichtbar; bei 254 nm sind noch 3 μg und bei
365 nm 10 μg zu erkennen. Diese Farben sind z. T. von der Schicht abhängig und können durch Behandeln mit Ammoniak und Alkalien beeinflußt werden [152]. Nach Besprühen mit 2,6-Dichlorchinonchlorimid-
oder 2,6-Dibromchinonchlorimid-Reagens (Nr. 59 und 58) und Nachbehandlung mit Ammoniakdämpfen färben sich alle B_6-Verbindungen bläulich an (Erfassungsgrenze 0,1 μg), Pyridoxal jedoch am schwächsten (0,5—1
μg). Nach den Erfahrungen von YAMADA und SAITO [152] sind die Farbnuancierungen etwas verschieden und wechseln je nach Trägermaterial.

Aus pharmazeutischen Zubereitungen können diese Verbindungen
mit Wasser, Methanol oder verdünnten Säuren extrahiert werden, worauf
anwesendes Pyridoxal acetalysiert wird. Nach punktförmigem Chromatographieren werden die B_6-Faktoren angefärbt und anhand von mitgeführten Konzentrationsreihen reiner Substanzen abgeschätzt [8, 97].

Zur quantitativen Auswertung werden Probe- und Standardlösung
auf derselben Platte chromatographiert, die Wirkstoffzonen im UV-
Licht oder durch Besprühen eines Leitstreifens lokalisiert, abgeschabt
und mit 0,2 N Schwefelsäure [130] oder 0,05 N Salzsäure extrahiert. Die
Bestimmung erfolgt dann photometrisch, polarographisch, spektrophotometrisch [130, 143] oder spektrofluorometrisch.

7. Vitamin B_{12}-Gruppe

Die wichtigste Verbindung dieser sog. Corrinoide ist das Vitamin B_{12} oder Cyanocobalamin. Aquo- bzw. Hydroxocobalamin, bei denen der Cyanid-Ligand ersetzt ist, befinden sich in Lösung im Gleichgewicht und besitzen dieselbe Wirksamkeit. In der Natur kommen noch eine Reihe von B_{12}-ähnlichen Substanzen mit veränderten Substituenten vor. Einige von ihnen sind biologisch aktiv (z. B. Faktor III), während andere wie das Cobinamid (Faktor B) diese Eigenschaft nicht mehr besitzen. B_{12}-Vitamine sind in Wasser und 95proz. Alkohol löslich, neutral und schwach sauer beständig, stark sauer bzw. alkalisch instabil und licht- sowie sauerstoffempfindlich. Bei Anwesenheit von Cyanidionen wird gelöstes Cyanocobalamin in den Dicyano-Komplex übergeführt, der ein anderes Absorptionsspektrum aufweist.

a) Trennung

Tabelle 53. *h Rf-Richtwerte von Vitamin B_{12}-Verbindungen in diversen Trennsystemen*

Schicht (etwa 0,25 mm):	S_1	S_1	S_2	S_2	S_2	S_3	S_4	S_5	S_6
Fließmittel:	F_1	F_2	F_2	F_3	F_4	F_4	F_5	F_6	F_7
Laufstrecken (cm): Laufzeit (min):	10 240	10 30	10 30	15 60	11 120	7,5 60	12 110	13 90	24 240
Literatur:	[16]	[21]	[21]	[62]	[62]	[62]	[62]	[62]	[109]*
Cyanocobalamin	47	42	32	21	14	37	39	18	62
Aquo-(Hydroxo)-cobalamin .	26	5	45	23	14	29	9	42	—
Faktor A	—	—	—	—	2	—	—	—	37
Faktor B (Cobinamid) . . .	—	—	—	44	28	21	17	46	74
Faktor III	—	—	—	—	2	—	—	—	—
Pseudovitamin B_{12} (Ψ-B_{12}). .	—	—	—	3	—	11	21	8	25
Dicyanocobalamin	—	62	19	—	—	—	—	—	—

Schicht:

S_1 = Kieselgel G (Merck), akt.
S_2 = Aluminiumoxid G (Merck), akt.
S_3 = Kieselgur G (Merck), akt.
S_4 = P-Cellulose (MN 300 G/P), 1 h bei 40° C getr.
S_5 = DEAE-Cellulose (MN 300 G/DEAE) 1 h bei 40° C getr.
S_6 = bas. Aluminiumoxid, Akt. II, Schicht lose und 1 mm dick

Fließmittel:

F_1 = Butanol-Essigsäure-0,066 M KH_2PO_4-Methanol (36 + 18 + 36 + 10)
F_2 = Methanol-Wasser(95 + 5)
F_3 = Chloroform-Methanol-Wasser (65 + 25 + 4)
F_4 = Isoamylalkohol-Essigsäure-Wasser (90 + 5 + 5)
F_5 = sec. Butanol, gesättigt mit Wasser — Essigsäure (99 + 1)
F_6 = sec. Butanol-Wasser (83 + 17)
F_7 = Isobutanol-Isopropanol-Wasser (33 + 33 + 33)

* Im System S_6/F_7 wurden die Substanzen in wäßriger 5proz. NaCN-Lösung aufgetragen, wobei die Dicyano-Komplexe während dem Chromatographieren an- geblich in die Monocyano-Formen übergehen.

Die DC wird hier in vielen Varianten angewendet. CIMA und MANTO- VAN [16] untersuchten die Trennung von Cyanocobalamin und Hydroxocobalamin mit 20 verschiedenen Fließmitteln auf Kieselgel G, welches z. T. gepuffert war. Photochemische Zersetzungsprodukte konnten gleichzeitig isoliert werden. Covello und Schettino [21] verglichen papierchromatographische Verfahren mit einigen schnellen DC-Systemen, die sich speziell zur Untersuchung von therapeutischen Präparaten eignen. Auf anorganischen Adsorbentien sowie auf phosphorylierter und DEAE-Cellulose chromatographierten Hayashi und Kamikubo [62] mehrere Corrinoide, indem sie mit der Zirkulartechnik die besten Fließmittel aussuchten und durch Zugabe von 0,01% Kaliumcyanid neue Effekte erzielten. Sie identifizierten auf diese Weise B_{12}-Faktoren in Bakterien. Ähnliche Anordnungen wurden auch zur Reinheitskontrolle der Wirkstoffe herangezogen.

b) Nachweis

Relativ große B_{12}-Mengen, wie sie in Konzentraten oder gewissen Medikamenten vorliegen, sind auf Grund ihrer roten Eigenfarbe (mind. 0,3 μg) oder im UV-Licht (0,5—1 μg) erkennbar. Mit Chlor-Tolidin-Reagens (Nr. 50) lassen sich sogar noch 0,2 μg violett anfärben.

Zur quantitativen Bestimmung können Extrakte direkt, wenn nötig vorgereinigt, oder nach Einengen chromatographiert werden. Flecken mit 1 und mehr μg Cyanocobalamin oder Hydroxocobalamin kann man auf der Platte photodensitometrisch auswerten [22]. Häufiger wurde jedoch die Eluierung und anschließende spektrophotometrische Messung angewendet [16, 21 u. a. m.). Falls die Konzentration der B_{12}-Verbindungen niedrig ist, erfolgen Nachweis und Bestimmung durch Bioautographie [62, 99]. Die äußerst empfindliche und spezifische Spektrofluorometrie [32] wurde bisher nicht benützt: anhand eines Leitchromatogramms ohne und mit B_{12}-Zusatz könnte die aktive Zone abgeschabt und im Eluat mit nur 0,003—0,1 μg pro ml gemessen werden.

8. Folsäure-Gruppe

Die Folsäure (Pteroylglutaminsäure) und ihre Konjugate kommen in sehr geringen Konzentrationen praktisch in jeder lebenden Zelle frei oder in gebundener Form vor. In Wasser und organischen Lösungsmitteln ist die Folsäure kaum löslich. Als amphotere Verbindung löst sie sich aber in basischen und sauren Medien. Durch Licht wird sie leicht in fluorescierende Produkte abgebaut und durch Oxydation, z. B. mit Kaliumpermanganat, in den Pteridin-Kern und in p-Aminobenzoylglutaminsäure gespalten.

a) Trennung

Besonders neutrale Lösungsmittel vermögen die Folsäure auf anorganischen Schichten kaum zu transportieren (vgl. Tab. 48). Mit 10proz. Ammoniak auf Kieselgel G (h$Rf \cong$ 95) [8] oder mit Eisessig-Aceton-Methanol-Benzol (5 + 5 + 20 + 70) (h$Rf \cong$ 23) bzw. Essigsäure-n-Butanol-Wasser (10 + 40 + 50) nach Ishikawa und Katsui [70] auf Aluminiumoxid G können Zersetzungs- und Begleitstoffe einfach und schnell abgetrennt werden. Diese Verfahren eignen sich speziell zur Identifizierung in Arzneimitteln und zur Kontrolle der Reinsubstanz. Bei Umwandlungsstudien von Folaten untersuchten BAKER et al. [3] konzentrierte Serum- und Urin-Extrakte auf luftgetrockneter Cellulose MN 300 G mit 5proz. wäßriger Citronensäure, welche mit Ammoniak auf pH 9,0 eingestellt wurde. Die hRf-Richtwerte betrugen für Folsäure 20, für Diopterin sowie Teropterin 50 und für Folinsäure wie auch für Polyglutamate 66. NICOLAUS [92] hatte auf Kieselgel- und Aluminiumoxid-Schichten die Reinheit von mehreren Pteridin-Derivaten mit sauren, neutralen und alkalischen Fließmitteln geprüft.

b) Nachweis und Bestimmung

Folsäure und ihre Derivate sind unter der UV-Lampe als dunkle Absorptionsflecken in Mengen von 2 bzw. 10 μg sichtbar (Tab. 48). Eine große Zahl von Pteridinen weisen im langwelligen UV-Licht charakteristische Fluorescenzfarben auf, wobei auch im DC praktisch beieinanderliegende Stoffe unterschieden werden können [92].

Sehr spezifisch und in geringer Konzentration ist die Folsäure neben allen anderen Vitaminen durch Besprühen mit Kaliumpermanganat (Reagens-Nr. 144) nachweisbar [70, 77]. Bei UV-Bestrahlung (365 nm) sind noch 0,02 μg als blaue Fluorescenz zu erkennen. Mit Hilfe dieser Reaktion scheint eine quantitative Bestimmung direkt auf dem Chromatogramm oder nach Auswaschen der Flecken möglich und wir hoffen, bald darüber berichten zu können. Die empfindliche Spektrofluorometrie [32] könnte bei der Gehaltsermittlung ebenfalls gute Dienste leisten.

Die im DC aufgetrennten natürlichen Folsäure-Verbindungen werden normalerweise auf der Platte bioautographisch ausgewertet [3].

9. Vitamin C

Das antiscorbutisch wirksame Vitamin C oder die freie 1-Ascorbinsäure kommt in biologischem Material auch als Dehydroascorbinsäure und gebunden als Ascorbigen vor, von welchem sie durch Hydrolyse freigegeben wird. Für pharmazeutische Zwecke, als Ernährungszusatz und als Antioxydans wird sie auch als Salz oder Ester verwendet. Gelöste Ascorbinsäure ist infolge ihres starken Reduktionsvermögens unbeständig und kann schon unter Lufteinfluß reversibel in die Dehydro-Form übergehen und weiter abgebaut werden. Dies geschieht besonders rasch in Gegenwart von Schwermetallspuren. Für den Extraktvorgang wird deshalb empfohlen, unter Verwendung von Schutzgasen und von Komplexon zu arbeiten.

a) Trennung

Die Vitamin C-Verbindungen lassen sich auf diversen Platten aufteilen (vgl. Tab. 48 und 54) und z. B. bei den Anordnungen S_1/F_1 sowie S_1/F_2 ebenfalls von den weiteren Abbaustufen trennen. Mit Äthanol bzw. Methanol erreicht die Dehydroascorbinsäure auf Kieselgel G als kompakter Flecken einen hRf-Wert von etwa 70 bzw. 80, während die anderen wasserlöslichen C-Formen weiter zurückbleiben und zu Schweifbildung neigen. Mit Wasser läuft Dehydroascorbinsäure fast zur Front und das Palmitat bleibt am Start liegen. Mehrere Systeme sind besonders bei der Analyse von Arzneimitteln [8, 51, 70], bei Isomerisierungs- wie auch Abbaustudien [100] und bei der Analyse von Kartoffelknollen [61] von Nutzen.

Tabelle 54. *hRf-Richtwerte von Ascorbinsäure und Derivaten*
(Laufstrecken 12—19 cm in 40—60 min)

Schicht (etwa 0,25 mm):	S_1	S_1	S_2
Fließmittel:	F_1	F_2	F_3
Literatur:	[8, 51]	—	[130]
1-Ascorbinsäure u. Salze (Na, Ca)	30	50	—
Dehydroascorbinsäure	23	73	—
Isoascorbinsäure	35	54	—
Ascorbylpalmitat	85**	64	—
DNPH-Dehydroascorbinsäure*	—	—	24

Schicht:

S_1 = Kieselgel G od. GF_{254}, akt., KS
S_2 = Kieselgel H, luftgetr., KS

Fließmittel:

F_1 = Eisessig-Aceton-Methanol-Benzol (5 + 5 + 20 + 70)
F_2 = Äthanol-10proz. Essigsäure (90 + 10)
F_3 = Chloroform-Essigsäureäthylester (50 + 50)

* 2,4-Dinitrophenylhydrazon der Dehydroascorbinsäure.
** Läuft mit der zweiten Front.

Die DC-Trennung des 2,4-Dinitrophenylhydrazons (DNPH) der Dehydroascorbinsäure hat sich als äußerst spezifisches Verfahren erwiesen und es wurde zum Nachweis und zur Bestimmung des Vitamin C in Nahrungs-, Futtermitteln, in Fetten, Fruchtsäften und Weinen, in Bakterien u. a. m. eingesetzt. Nach STROHECKER et al. [129, 130] wird die Ascorbinsäure in der Extraktlösung mit 2,6-Dichlorphenolindophenol oxydiert (VUILLEUMIER und NOBILE [139] nehmen dazu Brom). Dann wird die gebildete Dehydroascorbinsäure mit 2,4-Dinitrophenylhydrazin unter Zugabe von wenig Trichloressigsäure und Thioharnstoff 3 Stunden bei 70° C [131] zur Reaktion gebracht und 10 min in Eis gekühlt. Die roten oder rotbraunen Niederschläge werden in einem Glasfiltertiegel gesammelt, mit Wasser gewaschen und mit Essigsäureäthylester oder Aceton gelöst. Von der eingedampften und in Aceton aufgenommenen Lösung werden 0,1—1,0 ml (20—50 µg Vitamin C) auf luftgetrocknete Kieselgel H-Schichten[17] strichförmig aufgetragen und mit Chloroform-Essigsäureäthylester (50 + 50) oder besser mit Chloroform-Essigsäureäthylester-Eisessig (60 + 35 + 5) chromatographiert. Die rote DNPH-Dehydroascorbinsäure trennt sich dabei scharf von den

---

[17] Auf 20 × 40 cm Platten können bei komplizierten Extrakten größere Volumina aufgetragen und eine säulenchromatographische Vorreinigung erspart werden [131].

diversen gelben Zuckerkomplexen ab, welche die direkte Farbmessung stören würden.

Ascorbigen wurde bei Syntheseversuchen ebenfalls mittels DC analysiert [106].

b) Nachweis und Bestimmung

Anhand der dunklen Eigenabsorption sind auf der Platte im kurzwelligen UV-Licht noch 3 μg Vitamin C feststellbar, die nach kurzem Erhitzen auf 120° C bei 365 nm schwach fluorescieren.

Die Identifizierung der freien Ascorbinsäure beruht meist auf ihrer stark reduzierenden Eigenschaft und es eignen sich dazu alle von der Papierchromatographie her bekannten Reaktionen. Die Nachweisgrenze mit Indophenol-Reagens (Nr. 61) (blau) liegt bei 0,1 μg [77]; Eisendipyridyl (Reagens-Nr. 84) (rot) und Phosphormolybdänsäure (Reagens-Nr. 158B) (blau) sind fast so empfindlich und färben nach kurzem Erhitzen auch die anderen Derivate und Abbaustufen an. Mit Jodplatinat (Reagens-Nr. 140) (gelb) und mit alkalischem Silbernitrat-Reagens (Nr. 220) sind noch 3—5 μg sichtbar.

Ein spezifisches Reagens für die Dehydroascorbinsäure ist Phenylhydrazin (Reagens-Nr. 199), das auch mit der Diketogulonsäure auf der Platte orangerote Flecken gibt. Noch charakteristischer scheint o-Phenylendiamin (Reagens-Nr. 197) zu sein, durch dessen Einwirkung eine intensiv blaue Fluorescenz auftritt. Ascorbigen kann nach saurer Hydrolyse auf der Platte durch Besprühen mit 30proz. Salzsäure und Trocknen bei etwa 95° C als freie Ascorbinsäure identifiziert werden.

Die Ascorbinsäure kann halbquantitativ mit der Vergleichsmethode nach Anfärbung mit Phosphormolybdänsäure abgeschätzt werden [61]. Zur quantitativen Gehaltsbestimmung hat sich der Vorschlag von STROHECKER et al. [129, 130] durchgesetzt. Die rotgefärbte DNPH-Dehydroascorbinsäure-Zone wird abgeschabt, mit 85proz. Schwefelsäure eluiert, filtriert oder besser zentrifugiert und die Lösung gegen dest. Wasser als Blindlösung bei 520—525 nm photometriert. Die Berechnung erfolgt mit Hilfe einer in gleicher Weise behandelten Standardlösung.

10. Biotin

Von den 8 möglichen Isomeren ist nur das d-Biotin (Vitamin H), wie es in der Natur vorkommt, biologisch wirksam. Es ist in organischen Lösungsmitteln und in Wasser wenig, in verdünnten Alkalien hingegen gut löslich.

a) Trennung

Gemäß Tab. 48 trennt sich das Biotin von anderen wasserlöslichen Vitaminen auf Kieselgel oder Aluminiumoxid mit Eisessig-Aceton-Methanol-Benzol (5 + 5 + 20 + 70) oder Wasser ab.

b) Nachweis und Bestimmung

Durch Besprühen mit Jodplatinat-Reagens (Nr. 140) erscheinen noch 5 μg Biotin als weiße Flecken auf rosafarbenem Untergrund, und mit Chlor-Tolidin (Reagens-Nr. 50) färben sich sogar 0,2 μg graublau an [8].

Diese Verfahren eignen sich speziell für Synthese- und Reinheitskontrollen des Wirkstoffes, wobei sich mehrere Verunreinigungen und Begleitstoffe wie Desthiobiotin und „γ-Biotin" aufteilen und charakterisieren lassen.

Geringe Biotin-Mengen, wie sie in natürlichem Material und Pharmazeutica vorliegen, können auf der Platte mikrobiologisch nachgewiesen und bestimmt werden.

11. Weitere Vitamine

Neben den besprochenen Wirkstoffen gibt es noch weitere Substanzen, die ebenfalls zu den Vitaminen gezählt werden. Sie sind z. T. in den Kapiteln der anderen Autoren behandelt und werden hier nur kurz gestreift. Ishikawa und Katsui [70, 77] haben einige davon chromatographiert und nachgewiesen.

Speziell die Vitamin P-aktiven Bioflavonoide wie Rutin (u. a. *31, 130*] sowie Inosit sind häufig auf Platten getrennt, identifiziert und bestimmt worden.

Tabelle 55. *h Rf-Richtwerte und Nachweis der weniger bekannten wasserlöslichen Vitamine nach* Ishikawa *und* Katsui *[70, 77]*
(Laufstrecken 12—19 cm in 40—60 min)

Schicht (etwa 0,25 mm):	S_1	S_2	Nachweis		
Fließmittel:	F_1	F_1	direkt oder nach Besprühen	Farbe	Grenze in μg
Rutin (Vitamin P).	10	0	UV (365 nm)	dubr*	0,2
Carnitin (Vitamin B_t)	3	20	Dragendorff-Reagens	rot	5
Cholin (Vitamin Bp)	2	45	Dragendorff-Reagens	rot	1
Inosit	2	0	Silbernitrat-NH_3-Reagens	braun	0,1
p-Aminobenzoesäure	60	54	p-Dimethylaminobenzaldehyd-Reagens	gelb	0,1
Orotsäure	0	0	$Co(NO_3)_2$-Lösung + NH_3-Dämpfe	gelb	1
Liponsäure	65	0	$K_2Cr_2O_7$-konz. H_2SO_4-Lösung	blau	1

Schicht: *Fließmittel:*
S_1 = Kieselgel G (Merck), akt. F_1 = Eisessig-Aceton-Methanol-Benzol
S_2 = Aluminiumoxid G (Merck), akt.   (5 + 5 + 20 + 70)

  * dunkelbraun.

Wir danken allen Kollegen für die privaten Informationen und Zustellungen ihrer Publikationen. Unser Dank gilt auch Frl. Dr. I. Antener, Frau E. Veres und den Herren W. Bürki, Dr. H. Gutmann, M. Prétôt, Dr. B. Schmidli, Dr. H. Thommen und Dr. H. Weiser, welche uns bei dieser Arbeit unterstützten.

Literatur zum Kapitel K. Vitamine

[1] Albanese, A. A.: Newer Methods of Nutritional Biochemistry. New York, London: Academic Press 1965.
[2] Bacon, M. F.: J. Chromatog. 17, 322 (1965).
[3] Baker, H., O. Frank, S. Feingold, H. Ziffer, R. A. Gellene, C. M. Leevy, and H. Sobodka: Am. J. Clin. Nutr. 17, 88 (1965).

[4] BENK, E.: Deut. Lebensm.-Rundschau 59, 39 (1963).
[5] BIERI, J. G., and E. L. PRIVAL: Proc. Soc. Exp. Biol. Med. 120, 554 (1965).
[6] BILLETER, M., u. C. MARTIUS: Biochem. Z. 334, 304 (1961).
[7] BOGOSLOVSKY, N. A., L. O. SHNAIDMAN, and E. N. KUZNETOVA: Med. Prom.
     S.S.S.R. 1965, 41.
[8] BOLLIGER, H. R.: In: E. STAHL, Dünnschicht-Chromatographie, S. 217.
     Berlin-Göttingen-Heidelberg: Springer 1962. Englische Übersetzung
     "Thin-Layer Chromatography", p. 210. Berlin-Heidelberg-New York:
     Springer, and New York, London: Academic Press 1965.
[9] — A. KÖNIG u. U. SCHWIETER: Chimia (Aarau) 18, 136 (1964).
[10] — — Z. Anal. Chem. 214, 1 (1965).
[11] BRAEKKAN, O. R.: Int. Z. Vitamin-Forsch. 33, 293 (1963).
[12] BUNT, J. S.: Nature 203, 1261 (1964).
[13] CASTRÉN, E.: Farm. Aikakauslehti 71, 351 (1962).
[14] CHEN jr., P. S.: Anal. Chem. 37, 301 (1965).
[15] — A. R. TEREPKA, K. LANE, and A. MARSH: Anal. Biochem. 10, 421 (1965).
[16] CIMA, L., e R. MANTOVAN: Farmaco (Pavia), Ed. Prat. 17, 473 (1962).
[17] — L. LEVORATO e R. MANTOVAN: Farmaco (Pavia), Ed. Prat. 19, 428 (1964).
[18] COLMAN, B., and W. VISHNIAC: Biochim. Biophys. Acta 82, 617 (1964).
[19] COPIUS-PEEREBOOM, J. W., and H. W. BEEKES: J. Chromatog. 17, 99 (1965).
[20] — — J. Chromatogr. 20, 43 (1965).
[21] COVELLO, M., e O. SCHETTINO: Farmaco (Pavia), Ed. Prat. 19, 38 (1964).
[22] — — Farmaco (Pavia), Ed. Prat. 20, 581 (1965).
[23] DAHLQVIST, A., D. L. THOMSON, K. EKBOHM, and B. BORGSTRÖM: Acta Chem.
     Scand. 18, 1607 (1964).
[24] DAVID, S., et H. HIRSHFELD: Bull. Soc. Chim. France 1963, 1011.
[25] DAVÍDEK, J., and J. BLATTNÁ: J. Chromatog. 7, 204 (1962).
[26] DAVIES, B. H.: Phytochemistry 1, 25 (1961).
[27] — D. JONES, and T. W. GOODWIN: Biochem. J. 87, 326 (1963).
[28] DEMOLE, E.: J. Chromatogr. 1, 24 (1958).
[29] DILLEY, R. A., and F. L. CRANE: Anal. Biochem. 5, 531 (1963).
[30] — Anal. Biochem. 7, 240 (1964).
[31] DRAWERT, F., W. HEIMANN u. A. ZIEGLER: Z. Anal. Chem. 217, 22 (1965).
[32] DUGGAN, D. E., R. R. BOWMAN, B. BRODIE, and S. UDENFRIEND: Arch.
     Biochem. Biophys. 68, 1 (1957).
[33] DUNAGIN, P. E., E. H. MEADOWS, and J. A. OLSON: Science 148, 86 (1965).
[34] DUNPHY, P. J., K. J. WHITTLE, and J. F. PENNOCK: Chem. Ind. 1965, 1217.
[35] — — — and R. A. MORTON: Nature 207, 521 (1965).
[36] EGGER, K.: Planta 58, 664 (1962).
[37] — Chromatographie-Symposium II, Brüssel 1962, 75.
[38] — Ber. Deut. Botan. Ges. 77, (145) (1964).
[39] — Phytochemistry 4, 609 (1965).
[40] — Planta 64, 41 (1965).
[41] — u. H. KLEINIG: Z. Anal. Chem. 21187, (1956).
[42] — u. H. VOIGT: Z. Pflanzenphysiol. 53, 64 (1965).
[43] EICHENBERGER, W., u. E. C. GROB: Helv. Chim. Acta 45, 974 (1962).
[44] — — Helv. Chim. Acta 48, 1194 (1965).
[45] FLEISCHER, S., and G. ROUSER: J. Am. Oil Chemists' Soc. 42, 558 (1965).
[46] FRAGNER, J.: Vitamine, Chemie u. Biochemie. Bd. II 1965. Bd. I. Jena:
     VEB G. Fischer Verlag 1964.
[47] FRASER, D. R., and E. KODICEK: Biochem. J. 96, 59 p (1965).
[48] FREI, R. W., and M. M. FRODYMA: Anal. Biochem. 9, 310 (1964).
[49] FÜRST, W.: Pharm. Zentralhalle 103, 475 (1965).
[50] — Pharm. Zentralhalle 104, 381 (1965).
[51] GÄNSHIRT, H., u. A. MALZACHER: Naturwissenschaften 47, 279 (1960).
[52] GOODMAN, D. S., H. S. HUANG, and T. SHIRATORI: J. Lipid Res. 6, 390 (1965).
[53] GOODWIN, T. W.: Lab. Pract. 1964, 295.
[54] — Chemistry and Biochemistry of Plant Pigments. London, New York:
     Academic Press 1965.
[55] — and R. J. H. WILLIAMS: Biochem. J. 97, 28 c (1965).

[56] Grob, E. C., W. Eichenberger u. R. P. Pflugshaupt: Chimia (Aarau) 15, 565 (1961).
[57] Gstirner, F.: Chemisch-physikalische Vitaminbestimmungsmethoden, 5. Aufl., Stuttgart: F. Enke 1965.
[58] Günther, H. H., and H. G. Mautner: J. Am. Chem. Soc. 87, 2708 (1965).
[59] Hager, A., u. T. Bertenrath: Planta 58, 564 (1962).
[60] Halpaap, H.: Chemiker-Zg. 89, 835 (1965).
[61] Hasselquist, H., u. M. Jaarma: Acta Chem. Scand. 17, 529 (1963).
[62] Hayashi, M., and T. Kamikubo: J. Vitaminol. (Kyoto) 11, 286 (1963).
[63] Heaysman, L. T., and E.R . Sawyer: Analyst 89, 1061 (1964).
[64] Henninger, M. D., and F. L. Crane: Plant Physiol. 39, 598 (1964).
[65] — H. N. Bhagavan, and F. L. Crane: Arch. Biochem. Biophys. 110, 69 (1965).
[66] Higaki, M., M. Takahashi, T. Suzuki, and Y. Sahashi: J. Vitaminol. (Kyoto) 11, 261 (1965).
[67] Hüttenrauch, R., L. Klotz u. W. Müller: Z. Chem. 3, 193 (1963).
[68] Huang, H. S., and D. S. Goodman: J. Biol. Chem. 240, 2839 (1965).
[69] Inazu, K.: Ann. Rep. Shionogi Res. Lab. 14, 156 (1964).
[70] Ishikawa, S., and G. Katsui: Vitamins (Kyoto) 29, 203 (1964).
[71] Janecke, H., u. L. Maass-Goebels: Z. Anal. Chem. 178, 161 (1960).
[72] John, K. V., M. R. Lakshmanan, F. B. Jungalwala, and H. R. Cama: J. Chromatog. 18, 53 (1965).
[73] Johnson, D. B., and T. W. Goodwin: Biochem. J. 88, 62 p (1963).
[74] Katsui, G., Y. Ichimura, and Y. Nishimoto: Arch. Pract. Pharm. 23, 299 (1963).
[75] — S. Ishikawa, M. Shimizu, and Y. Nishimoto: Vitamins (Kyoto) 28, 41 (1963).
[76] — Vitamins (Kyoto) 29, 211 (1964).
[77] — Kagaku No Ryoiki Zokan 64, 157 (1964).
[78] Knobloch, E.: Physikalisch-chemische Vitaminbestimmungsmethoden. Berlin: Akademie-Verlag 1963.
[79] Kofler, M., P. F. Sommer, H. R. Bolliger, B. Schmidli u. M. Vecchi: Vitamins Hormones 20, 407 (1962).
[80] Kuwada, S., and M. Hori: Chem. Pharm. Bull. (Tokyo) 12, 298 (1964).
[81] Lakshmanan, M. R., F. B. Jungalwala, and H. R. Cama: Biochem. J. 95, 27 (1965).
[82] Lambertsen, G.: Vortrag "Tocopherol-Analysen". Symposium über Vitamin E der Dtsch. Ges. f. Ernährung in Mainz, Okt. 1965 (im Druck).
[83] Ludwig, E., u. U. Freimuth: Nahrung 8, 563 (1964).
[84] — — Nahrung 9, 41 (1965).
[85] Mercer, E. I., B. H. Davies, and T. W. Goodwin: Biochem. J. 87, 317 (1963).
[86] Masiti, D., H. W. Moore, and K. Folkers: J. Am. Chem. Soc. 87, 1402 (1965).
[87] Mayer, H., P. Schudel, R. Rüegg u. O. Isler: Helv. Chim. Acta 46, 650 (1963).
[88] Miettinen, T. A., E. H. Ahrens jr., and S. M. Grundy: J. Lipid Res. 6, 411 (1965).
[89] Montag, A.: Z. Lebensm.-Untersuch.-Forsch. 116, 413 (1962).
[90] Morton, R. A.: Biochemistry of Quinones. London, New York: Academic Press 1965.
[91] Murray, T. K., K. C. Day, and E. Kodicek: Biochem. J. 90, 29 p (1965).
[92] Nicolaus, B. J. R.: J. Chromatogr. 4, 384 (1960).
[93] Norman, A. W., and H. F. DeLuca: Anal. Chem. 35, 1247 (1963).
[94] — — Biochemistry 2, 1160 (1963).
[95] — J. Lund, and H. F. DeLuca: Arch. Biochem. Biophys. 108, 12 (1964).
[96] Nürnberg, E.: Deut. Apotheker-Z. 101, 142 (1961).
[97] — Deut. Apotheker-Z. 101, 268 (1961).
[98] Olson, J. A., and O. Hayaishi: Proc. Nat. Acad. Sci. U.S. 54, 1364 (1965).
[99] Ono, T.: Vitamins (Kyoto) 30, 280 (1964).

[100] OTANI, S.: Yakugaku Zasshi 85, 521 (1965).
[101] PAREKH, C. K., and R. H. WASSERMAN: J. Chromatog. 17, 261 (1965).
[102] PASALIS, J., and N. H. BELL: J. Chromatog. 20, 407 (1965).
[103] PATAKI, G.: Dünnschicht-Chromatographie in der Aminosäure- und Peptid-Chemie. Berlin: De Gruyter Verlag 1966.
[104] PENNOCK, J. F., F. W. HEMMING, and J. D. KERR: Biochem. Biophys. Res. Commun. 17, 542 (1964).
[105] — and P. J. DUNPHY: Privatmitteilung.
[106] PIIRONEN, E., and A. I. VIRTANEN: Acta Chem. Scand. 16, 1286 (1962).
[107] PLACK, P. A., and J. G. BIERI: Biochem. Biophys. Acta 84, 729 (1964).
[108] v. PLANTA, C., U. SCHWIETER, L. CHOPARD-DIT-JEAN, R. RÜEGG u. O. ISLER: Helv. Chim. Acta 45, 548 (1962).
[109] POPOVA, Y., K. POPOV, and M. ILIEA: J. Chromatog. 21, 164 (1966).
[110] RANDERATH, K.: Dünnschicht-Chromatographie, 2. Aufl. S. 184—197. Weinheim/Bergstraße: Chemie-Verlag 1965.
[111] RAO, M. K. G., S. V. RAO, and K. T. ACHAYA: J. Sci. Food Agric. 16, 121 (1956).
[112] REBEL, G., et P. MANDEL: Biochem. Biophys. Acta 98, 380 (1965).
[113] RILEY, J. P., and T. R. S. WILSON: J. Mar. Biol. Assoc. U.K. 45, 583 (1965).
[114] RISPOLI, G., e A. DI GIACOMO: Boll. Lab. Chim. Provinc. (Bologna) 13, 587 (1962).
[115] RÜEGG, R., u. O. ISLER: Planta med. 9, 386 (1962).
[116] SANDERS, G. M., and E. HAVINGA: Rec. Trav. Chim. 83, 665 (1964).
[117] SCHACHTER, D., J. D. FINKELSTEIN, and S. KOWARSKI: J. Clin. Invest. 43, 787 (1964).
[118] SEHER, A.: Mikrochim. Acta 1961, 308.
[119] SKINNER, W. A., and R. M. PARKHURST: J. Chromatogr. 13, 69 (1964).
[120] — — and P. ALOUPOVIC: J. Chromatog. 13, 240 (1964).
[121] SMITH, E. C., and D. METZLER: J. Am. Chem. Soc. 85, 3285 (1963).
[122] SMITH, L. W., R. W. BREIDENBACH, and D. RUBENSTEIN: Science 148, 508 (1965).
[123] SOMMER, P. F.: Privatmitteilung, F. Hoffmann-La Roche & Co. AG., Basel.
[124] STAHL, E.: Arch. Pharm. 294/64 ,411 (1959).
[125] — H. R. BOLLIGER u. L. LEHNERT: Wiss. Veröffentl. Deut. Ges. Ernährung 9, 129 (1963).
[126] — Chem. Ing.-Tech. 36, 941 (1964).
[127] — Privatmitteilung.
[128] STOWE, H. D.: Arch. Biochim. Biophys. 103, 42 (1963).
[129] STROHECKER jr., R., u. H. PIES: Z. Lebensm. Untersuch.-Forsch. 118, 349 (1966).
[130] — u. H.. HENNING: Vitamin-Bestimmungen. Weinheim/Bergstraße: Verlag Chemie 1963. Englische Übersetzung „Vitamin Assay — Tested Methods", gleicher Verlag 1965.
[131] — Privatmitteilung.
[132] THOMMEN, H.: Naturwissenschaften 49, 517 (1962).
[133] — u. O. WISS: Z. Ernährungswiss. 1963, Suppl. 3, 18.
[134] — u. H. WACKERNAGEL: Biochem. Biophys. Acta 69, 387 (1963).
[135] — U. GLOOR u. O. WISS: Helv. Physiol. Pharmacol. Acta 21, 345 (1963).
[136] — u. H. WACKERNAGEL: Naturwissenschaften 51, 87 (1964).
[137] — u. U. GLOOR: Naturwissenschaften 52, 161 (1965).
[138] VARMA, T. N. R., T. PANALAKS, and T. K. MURRAY: Anal. Chem. 36, 1824 (1964).
[139] VUILLEUMIER, J. P., and S. NOBILE: 12th World's Poultry Congress, Sydney 1962, 238.
[140] WAGNER, H., L. HÖRHAMMER u. B. DENGLER: J. Chromatog. 7, 211 (1962).
[141] — u. B. DENGLER: Biochem. Z. 336, 380 (1962).
[142] WAGNER, F. A., and K. FOLKERS: Vitamines and Coenzymes. New York, London, Sydney: Interscience Publishers 1964.
[143] WALDI, D.: Privatmitteilung, E. Merck AG., Darmstadt.
[144] WALSH, M. P.: Clin. Chim. Acta 11, 263 (1965).
[145] WEBER, F., u. O. WISS: Helv. Physiol. Pharmacol. Acta 21, 131 (1963).
[146] WHITTLE, K. J., P. J. DUNPHY, and J. F. PENNOCK: Biochem. J. 96, 17 c (1965).

[147] Williams, B. L., and T. W. Goodwin: Phytochemistry 4, 81 (1965).
[148] Winterstein. A,, A. Studer u. R. Rüegg: Chem. Ber. 93, 2951 (1960).
[149] — u. B. Hegedüs: Hoppe-Seyler's Z. physiol. Chem. 321, 97 (1960).
[150] — — Chimia (Aarau) 14, 18 (1960).
[151] Yagishita, K., P. R. Sundaresan, and G. Wolf: Nature 203, 410 (1964).
[152] Yamada, M., and A. Saito: J. Vitaminol. (Kyoto) 11, 192 (1965).
[153] Yusef, H. M., D. R. Threlfall, and T. W. Goodwin: Phytochemistry 4, 551 (1965).

L. DC von Steroiden und verwandten Verbindungen

R. Neher

Frühere Artikel oder Monographien über die DC im allgemeinen und von Steroiden bzw. Gallensäuren finden sich bei Bobbitt, 1963 [23]; Galletti [204], Heftmann, 1965 [78]; Hofmann, 1964 [86]; Lisboa [108, 109, 214—216], Neher, 1964 [129, 130]; Randerath, 1962 [139]; Sjövall [227]; Tschesche, Wulff u. Richert, 1964 [171] sowie Waldi, 1962 [181]. Grenzgebiete sind auch in diesem Handbuch in den Kapiteln von Mangold über Lipide und von Zöllner über Klinische Diagnostik zu finden, Methodische Angaben, z. B. über präparative oder quantitative DC in den Kapiteln. Die Literatur konnte bis Ende 1965 berücksichtigt werden.

I. Nomenklatur

Diese in der Natur weitverbreitete und synthetisch intensiv bearbeitete Stoffklasse besitzt ein Cyclopentano-perhydrophenanthren-Ringsystem, welchem kürzere oder längere Seitenketten angegliedert sein können. Kohlenstoffatome und Ringe werden international nach folgendem Schema bezeichnet:

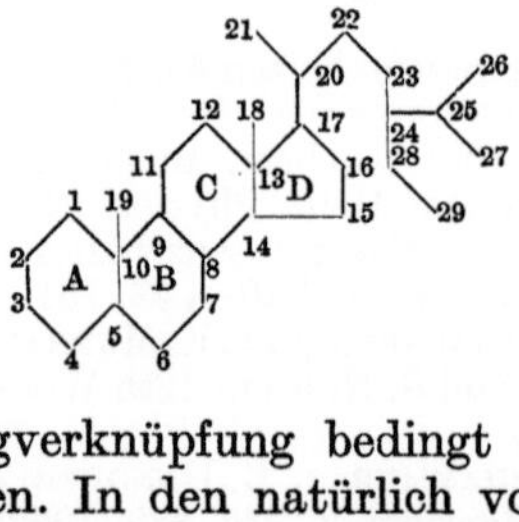

Die Dekalin-artige Ringverknüpfung bedingt eine große Anzahl von möglichen Stereoisomeren. In den natürlich vorkommenden Steroiden sind die Ringe B und C immer *trans*-verknüpft, die Ringe C und D meistens trans (*cis* in den Cardenoliden und Bufadienoliden). Die Ringe A/B kommen etwa gleich häufig in *cis*- und *trans* Konfiguration vor. In den beiden nachstehenden räumlichen Formeln sind die Isomerieverhältnisse für einige Substituenten an den Ring-Kohlenstoffatomen angegeben. Die Richtung dieser Substituenten bezieht man auf die Methylgruppe 19 an

C_{10}, welche oberhalb der Ringebene liegt (β-Stellung); Substituenten in der gegensätzlichen Richtung bezeichnet man als α-ständig (gestrichelte Linien). Für die physikalisch-chemischen Eigenschaften ist die Kenntnis der Konformation der Substituenten besonders wichtig; liegen sie in der Ringebene, werden sie als equatorial (e), senkrecht dazu als axial (a) bezeichnet; so ist z. B. eine 3 β-Hydroxylgruppe in einem A/B *trans*-Steroid equatorial, in einem A/B *cis*-Steroid axial. Equatoriale funktionelle Gruppen sind im allgemeinen bedeutend reaktionsfreudiger (und polarer!) als axiale.

Ring A/B trans   Ring A/B cis

Je nach Anzahl und Länge der Seitenketten benützt man für das Ringgerüst

5α/5β

zweckmäßigerweise folgende Trivialnamen (Tab. 56):

Tabelle 56

R_1	R_2		
H	H	5 α- oder 5 β-Oestran	(Oestrogene)
CH_3	H	-Androstan	(Androgene)
CH_3	COOH	-Aetiansäure	
CH_3	C_2H_5	-Pregnan	(Corticosteroide)
CH_3	$CH(CH_3)CH_2CH_2CH_3$	-Cholan	(Gallensäuren)
CH_3	$CH(CH_3)CH_2CH_2CH_2CH(CH_3)_2$	-Cholestan	(Sterine)

In Klammern sind wichtige, natürlich vorkommende Derivate angegeben. Sapogenine und Steroidalkaloide besitzen mit Seitenkette und Ring D verbundene Hetero-Atome; die Cardenolide und Bufadienolide weisen nebst C/D *cis* -Verknüpfung ungesättigte 5- bzw. 6-Ring-Lactone statt der Seitenkette an C 17 auf. In der synthetischen Steroidchemie trifft man häufig auf Derivate, die durch Verkürzung, Erweiterung, Öffnung, Umlagerung oder Einbau von Heteroatomen entstanden sind und unter Bezug auf das Grundskelet als Nor-, Homo-, Seco-, Abeo-, Aza-Steroide usw. bezeichnet werden. Für eine umfassende Information über die Steroidchemie sei auf die Fachliteratur verwiesen (z. B. [55], [108]).

II. Anwendungsbereich der DC von Steroiden im Vergleich zu anderen chromatographischen Methoden

Bei der Vielzahl brauchbarer Methoden, sei es Säulenchromatographie, PC, DC oder GC, welche nach dem Adsorptions- und/oder Verteilungsprinzip arbeiten, ist es nicht immer einfach, eine optimale Auswahl zu treffen; sie wird sich ausgehend von der spezifischen Problemstellung nach den vorhandenen Mitteln und den besonderen Vorzügen oder Nachteilen der einzelnen Techniken richten, die nicht selten erst in Kombination untereinander und mit chemischen Umwandlungen (Derivatbildung) zu maximaler Leistungsfähigkeit entwickelt werden können. Zweifellos erfordert die DC den geringsten Aufwand an Zeit und Material für analytische Probleme im Bereich von etwa 0,01—1000 μg und ist dafür auch die Methode der ersten Wahl. Da es sich aber oft um präparative Trennungen, quantitative Bestimmungen oder schwierige Trennprobleme handelt, sollen im folgenden wesentliche Merkmale der verschiedenen chromatographischen Methoden diskutiert werden.

Bei der Wahl *Adsorptions-* oder *Verteilungschromatographie* ist allgemein zu berücksichtigen, daß erstere für schwächer polare, d. h. stärker hydrophobe Steroide (u. Derivate!), letztere für stärker polare, d. h. hydrophilere Steroide vorzuziehen ist. Sofern PC nach dem Verteilungsprinzip, DC nach dem Adsorptionsprinzip ausgeführt wird, ergibt sich damit ein erster Anhaltspunkt; in sehr vielen Fällen läßt sich allerdings die DC genau so gut nach dem Verteilungsprinzip einrichten, so daß mit einigen Ausnahmen die DC für praktisch alle Steroidklassen gute Resultate liefert. Es ist dann lediglich eine Ermessensfrage, ob man lieber ein Stück billiges Filterpapier nimmt oder eine Platte mit einer geeigneten Trägerschicht bereitet (wenigstens solange es noch keine brauchbaren „Wegwerfplatten" gibt, s. z. B. [223]). Die Verteilungschromatographie ist erfahrungsgemäß besser reproduzierbar [33] und daher dann vorzuziehen, wenn es um die Benützung von R_M-Werten zur Strukturanalyse geht (s. BUSH [28], NEHER [129], HEFTMANN [78]).

Die *Kapazität* beträgt für Säulen bis zu Kilogrammen, für analytische PC bis zu 1000 μg, analytische DC bis zu 100 μg, für GC bis zu Milligrammen. Für *präparative* Zwecke bietet sich somit in erster Linie die klassische Säule nach der Durchlauftechnik an, deren Trennfähigkeit aber aus verschiedenen Gründen nicht diejenige der anderen Methoden erreicht. Mit Kieselgel als Sorptionsmittel läßt sich das chromatographische

Verhalten recht gut von der DC-Platte auf die Säule übertragen. DUNCAN [47] hat dafür das Verhältnis $r = \dfrac{a}{b + 0{,}1a}$ herangezogen, wobei a den Rf-Wert der rascher laufenden, b denjenigen der langsamer laufenden Komponente darstellt. Ist $r > 1$, dann ist eine Trennung auch in der Säule möglich, wenn das Verhältnis Kieselgel-Substanz 500—1000 und die Durchflußgeschwindigkeit genügend klein (20—40 ml/Std) gewählt wird.

Die Eigenschaften des für Säule bzw. DC benützten Aluminiumoxyd sind hingegen so verschieden, daß die betreffenden DC-Resultate nicht so allgemein auf die Verhältnisse in der Säule übertragen werden können.

Als Kompromißlösung bietet sich jedoch die Trennung von bis zu einigen Gramm Substanz nach dem PC- oder DC-Prinzip auf vielen Papierbögen [129] bzw. Platten mit dickeren Sorptionsmittelschichten an (vgl. Kapitel D., S. 97; HONEGGER [87], HALPAAP [72]). Für diese Größenordnung sind auch säulenförmige Modifikationen nach DAHN und FUCHS [45] u. BALOGH [9] oder besonders die „Trockensäule" nach LOEV u. SNADER [114] empfohlen worden.

Neben der präparativen Anwendung ist sehr oft die Trennung oder Bestimmung *kleinster Mengen* aus biologischem Material erforderlich; die untere Grenze bilden Nachweisbarkeit und Rekuperation, wobei die GC mit etwa 0,1 Nanogramm (ng) hervorragende Möglichkeiten bietet, die leicht die Doppelisotopentechnik ersetzen können. Die DC läßt mit bis zu 10 ng ebenfalls nicht viel zu wünschen übrig, gegenüber 250 ng bei der PC.

Wenn eine *Vielzahl* von Simultananalysen, dazu noch Verdünnungsreihen von Standardsubstanzen zu chromatographieren sind, bleiben PC und DC die Methoden der Wahl; hunderte solcher Analysen können in kurzer Zeit und auf kleinstem Raum ausgeführt werden.

Das *Trennvermögen* ist mit den heutigen Träger- und Sorptionsmitteln besonders für PC, DC und GC der Steroide ausgezeichnet, wobei dem Typ der Verteilungschromatographie das größere Verdienst zukommen dürfte; auf alle Fälle dann, wenn wie oben erwähnt, eine Vielzahl polarer Isomeren getrennt werden müssen (Corticosteroide, Glykoside). Auch stören hier Verunreinigungen weniger als bei der Adsorptionschromatographie.

Nebenreaktionen sind bei der Verteilungschromatographie selten und nur bei erhöhter Temperatur zu beobachten (GC, besonders wenn kein Allglassystem vorliegt), relativ häufig an Sorptionsmitteln wie Aluminiumoxyd (s. Zusammenstellung bei NEHER [129], ferner [32, 155, 171]). Für labile Verbindungen ist aber auch Silicagel nicht harmlos, wenn Luft und Licht auf die an einer großen Oberfläche adsorbierte Substanz (z. B. Aldosteron oder Äthylketale [153]) einwirken können. Dies ist besonders bei der DC zu beachten (s. z. B. [123]).

Die *Nachweisempfindlichkeit* ist mit Ausnahme der GC bei der DC am besten, sofern die Natur des Sorptionsmittels (Aluminiumoxyd, Kieselgel, Kieselgur) korrosive Reagentien gestattet (Nachteil bei Cellulose, Polyamid). An Aluminiumoxyd oder Kiesegel ist allerdings die Anwendung der für die Δ^4-3-Ketosteroide spezifischen, sehr nützlichen, sog. Alkali-Fluorescenz [28, 129] nicht möglich, wohl aber an Cellulose- oder Kieselgurschichten. Anstelle der UV-Fotokopie bei der PC treten die Sorptionsmittel mit fluorescierenden Zusätzen bei der DC zum zerstörungsfreien Nachweis UV-absorbierender Steroide. Die Nachweisgrenze mit den empfindlichsten Hilfsmitteln liegt bei PC um 0,20 μg/Fleck (2,5 cm²), DC um 0,01 μg/Fleck (0,2 cm²) und GC um 0,0001 μg (Flammenionisations-Detektor).

Für *quantitative* Bestimmungen ist die GC die Methode der Wahl. Direkte Messungen der Flecke bei PC und DC in situ lassen ohne besondere Hilfsmittel keine sehr genauen Bestimmungen zu; in beiden Fällen ist es besser die Substanz möglichst quantitativ zu eluieren und in vitro zu bestimmen, wobei die DC den Vorteil reinerer Eluate bietet (vgl. Kapitel H).

Der *Aufwand* an Zeit beträgt etwa 10—*30*—120 min bei der GC, 10—*30*—60 min bei der DC (bei schwierigen Trennungen bis zu 24 Std), 2—*6*—48 Std bei der PC, wobei DC und PC sehr viele Analysen gleichzeitig gestatten; eine Säulenchromatographie durchschnittlicher Größe benötigt etwa 2—24 Std (Adsorption) bzw. 10—100 Std (Verteilung). Der Aufwand an Lösungsmitteln ist sehr groß für letztere, geringer für Säulenadsorptionschromatographie, klein für PC und DC. Der apparative Aufwand hingegen ist recht groß für GC, am kleinsten wohl für PC und Säulenchromatographie.

Während im folgenden Abschnitt die allgemeinen Bedingungen der DC von Steroiden diskutiert werden, sei über die Anwendung der anderen wertvollen Methoden auf Steroide auf die neueste Literatur verwiesen: BUSH [28] Säule und PC; HORNING et al. [89] und in [92] GC; NEHER [129] Säule, PC, DC, GC.

III. Allgemeine Bedingungen

Sorptionsmittel, Fließmittel, Methodik, Nachweisreaktionen, Derivatbildung.

1. Sorptionsmittel

Steroide sind bereits auf verschiedenste Arten der DC unterworfen worden, sei es an losen oder fest gebundenen Sorptionsmitteln, sei es an Kieselsäure (Kieselgel), Aluminiumoxyd, Magnesiumsilicat (Florisil [149]), Magnesiumtrisilicat [132], Kieselgur (Celit) oder Cellulose, sei es mit oder ohne Binder. Selbst Calciumsulfat [119], Hydroxyapatit [83], Polyamid [57, 233] oder Mischungen von Kieselgel bzw. Aluminiumoxyd mit Kieselgur [15, 174; 46], sowie Ionenaustauschercellulose [135] sind für Spezialzwecke — oder versuchsweise — verwendet worden.

Die überwiegende Mehrheit der *Adsorptions-DC* verwendet Silicagel-Gips (Kieselgel G) als Sorptionsmittel; es ist am zweckmäßigsten, damit auch bei Steroidtrennungen zu beginnen. Die Adsorptionsstärke nimmt etwa in der Reihenfolge Kieselgel, Aluminiumoxyd, Magnesiumsilicat, Hydroxyapatit, Calciumsulfat, Kieselgur ab; gewissen Substanzen gegenüber (z. B. 18-Hydroxy-20-keto-steroide) und je nach Fließmitteln scheint allerdings Aluminiumoxyd gleiche oder größere Adsorptionskraft zu besitzen als Kieselgel. Eine Beimischung von Kieselgur zu Kieselgel oder Aluminiumoxyd schwächt deren Adsorptionsstärke [15, 174], bzw. verkürzt die Entwicklungszeit mit einem gegebenen Fließmittel. Durch geeignete Mischung verschiedener Sorbentien oder deren partielle Entaktivierung mit Wasser [209] erreicht man die Ausbildung von Aktivitätsgradienten (vgl. Abschnitt „Gradient-DC", S. 92).

Eine wertvolle Hilfe für die sonst nur schwierige Trennung von Sterinen und Steroiden, die sich durch eine unconjugierte Doppelbindung unterscheiden, stellt die Beimischung von $3-10\%$ AgNO$_3$ zu Kieselgel G oder Kieselgur nach AVIGAN [6], MORRIS [127], HAAHTI [70] und anderen Autoren [37, 50, 41] dar; diese Methode wurde 1962 von B. DE VRIES für die Fettsäuretrennung in Säulen eingeführt und beruht auf der stärkeren Retention von ungesättigten Stoffen durch deren Komplexbildung mit Silberionen. Eine früher vorgeschlagene Desaktivierung von Aluminiumoxyd mit Essigsäure [150] dürfte heute für Steroide kaum mehr empfehlenswert sein. Magnesiumtrisilicat (synthetisch) soll von den typischen Adsorbentien abweichende Eigenschaften zeigen [132]. Stärke als Bindemittel stört bei aggressiven Reagentien [153]. Letztere greifen auch Cellulose und Polyamid-Schichten an; dagegen eignet sich Cellulose und Kieselgur dann besser, wenn Nachweisreaktionen starke Alkalien benötigen (Alkali-Fluorescenz, Alkal. Tetrazoliumreagentien).

Führt man die DC als *Verteilungschromatographie* aus, denkt man in erster Linie an Cellulose und Kieselgur als Träger, welche mit der stationären Phase eines von der PC her bekannten Zaffaroni- oder Bush-Typ-Systems [129] durch Sprühen oder besser Eintauchen imprägniert werden [15, 30, 129, 173, 186]; infolge seiner sehr feinen Struktur erhält man mit Cellulosepulver kleinere Flecke als mit Kieselgur oder Filterpapier. Aber auch Kieselgel eignet sich vorzüglich als Träger für eine Verteilungschromatographie mit verschiedenen PC-Fließmittelsystemen [24, 65, 118, 131]. Andererseits können die erwähnten Träger ebenso gut für die Umkehrphasen-DC verwendet werden, z. B. nach Imprägnierung mit Paraffin [96, 125] oder Undecan [40–42, 183]. Über die Eigenschaften und Beladungsfähigkeit solcher Systeme sei auf die PC-Übersicht von NEHER verwiesen [129]. Routinemäßig sind genormte Platten zweckmäßig, in Spezialfällen können Mikroplatten [84, 137] oder Folien [103, 223] gute Dienste leisten.

2. Fließmittel

Die Auswahl der Fließmittel für die DC der Steroide richtet sich nach deren Polarität und der Natur des Sorptionsmittels. Die folgenden Ausführungen beziehen sich auf Kieselgel G; mit Sorptionsmitteln abnehmender Aktivität (Aluminiumoxyd, Kieselgur) ist bei identischen Fließmitteln mit entsprechend größeren Rf-Werten zu rechnen. Für neutrale Steroide häufig gebrauchte Fließmittel sind, in eluotroper bzw. mixotroper Reihenfolge: Petroläther, Cyclohexan, CCl$_4$, Benzol, CHCl$_3$, Diäthyläther, Diisopropyläther, Äthylacetat, Aceton, Äthanol, Methanol,

20*

entweder einzeln, in binären oder komplexen Mischungen (s. auch VAN
DAM [175]). Je weiter die Fließmittel dieser Serie voneinander stehen,
desto weniger mischbar sind sie, und eine desto größere Anzahl verschieden polarer Stoffe kann damit entwickelt werden. Abb. 125 gibt einen
Anhaltspunkt für die Fließmittelwahl über einen weiten Polaritätsbereich

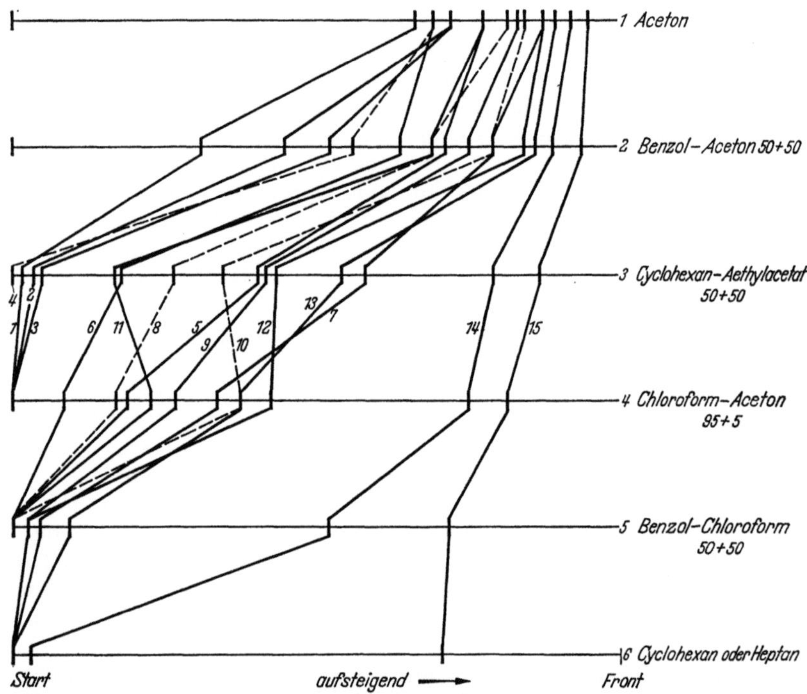

Abb. 125. Laufstrecke von Sterinen und Steroiden verschiedener Polarität in 6 Fließmittelsystemen
verschiedener eluotroper Eigenschaften (No. 1—6 unten). Substanzen: 1 Tetrahydrocortisol, 2 Corti-
sol, 3 Cortison, 4 Corticosteron, 5 Oestradiol-17 β, 6 5 β-Pregnan-3 α,20 α-diol, 7 Oestron, 8 Testosteron, 9 Pregn-5-en-3 β-ol-20-on, 10 Androst-4-en-3,17-dion, 11 Desoxycorticosteron, 12 Progesteron, 13 Cholesterin, 14 Cholesterinacetat 15 Cholestan

[129, 130]. Zwischen Fließmittel 1 und 6 gibt es natürlich Hunderte von
möglichen und nützlichen Mischungen für alle Typen neutraler, phenolischer oder schwach basischer Steroide. Gelegentlich fügt man etwas
Wasser, Formamid oder Glykol zu, um adsorptive Schwanzbildung zu
verhüten, bzw. die Löslichkeit zu erhöhen. Für stärker saure Derivate
wie Gallensäuren oder Conjugate, oder basische Steroide empfiehlt sich
der Zusatz einer Säure (CH_3COOH) bzw. Base (Pyridin, Ammoniak), um
Ionisation und Schwanzbildung zurückzudrängen. Eine feinere eluo-
tropische Abstufung einiger nützlicher Fließmittel und ihrer binären
Gemische ergibt sich aus Abb. 126 [129, 130]. Dieses äquieluotrope Schema basiert auf mittleren Rf-Werten von 20 Steroiden auf Kieselgel G-
Schichten. Links der horizontalen Mischungslinien steht das reine Fließmittel schwächerer Polarität, rechts dasjenige stärkerer Polarität, wobei

die Mischungsverhältnisse dazwischen in logarithmischem Maßstab auf
getragen sind. Methanol befindet sich entsprechend seiner Polarität rechts
außerhalb des Schemas. Die reinen Fließmittel und deren binäre Mischungen wurden rein empirisch so untereinander angeordnet, daß Fließ-
mittel-Systeme gleichwertiger *mittlerer* Elutionsstärke senkrecht untereinander zu stehen kommen. Die Elutionsstärke der Systeme nimmt somit

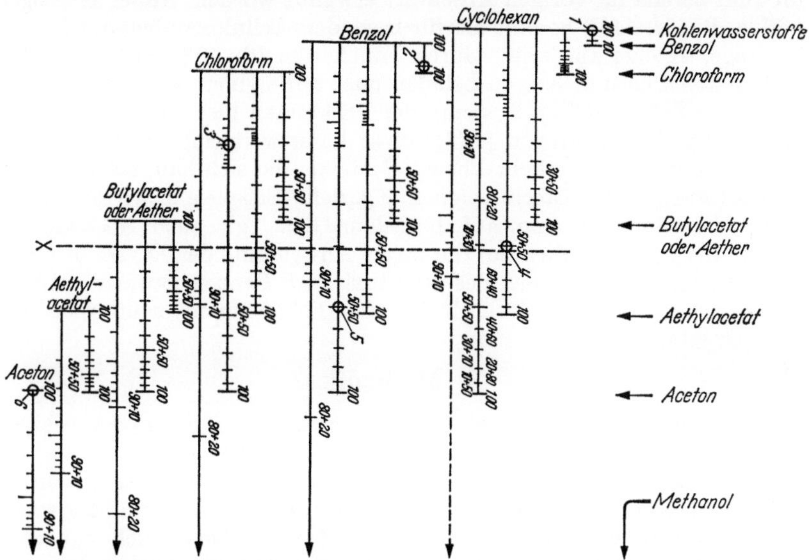

Abb. 126. Anordnung von Fließmitteln und ihren binären Mischungen nach der aequieluotropen Reihe
auf Grund der mittleren *Rf*-Werte von 20 Steroiden. Jede Vertikale verbindet Fließmittelsysteme annähernd gleicher eluotroper Eigenschaften. Die erste Unterteilung der horizontalen Mischungslinie
z. B. Cyclohexan-Äthylacetat von links entspricht einer Mischung von 99% Cyclohexan und 1%
Äthylacetat, die erste von rechts 10% Cyclohexan und 90% Äthylacetat, usw.; s. auch Text [*129, 130*]

von links nach rechts zu, bleibt aber praktisch konstant entlang senkrechter Linien, z. B. X. Die numerierten Ringe 1–6 (von links nach rechts)
entsprechend der Fließmittelzusammensetzung der Systeme 1–6 in
Abb. 125. Soweit ist die Auswahl eines Fließmittels zur Erreichung eines
nützlichen *Rf*-Wertes zwischen 0,2 und 0,7 kein Problem. Sobald es sich
aber um schwierige Trennungen handelt, ist es vorteilhaft, mehrere
äquieluotrope Fließmittelsysteme stark verschiedener Zusammensetzung
zu versuchen; d. h. Systeme gleicher eluotroper Eigenschaften können
in ihrem Trennvermögen dank der unterschiedlichen Wechselwirkungen
von gelöstem Stoff, Sorptionsmittel und Fließmittel sehr stark variieren;
oft bewirkt hier der Zusatz eines Esters, Äthers oder Ketones nützliche
Unterschiede. Ein zu großer Anteil eines Alkohols erweitert zwar den
Polaritätsbereich, vermindert aber das Trennvermögen für Substanzen
ähnlicher Polarität und verursacht bald einmal die Ausbildung störender
zweiter Fronten (s. auch nächsten Abschnitt). Zur systematischen Anwendung von ΔR_{MG}-Werten zur Auffindung optimaler Fließmittelsysteme s. HAGERMAN u. SPENCER [*71*]. Für die hier erwähnten Fließ-

mittelsysteme für die Adsorptions-DC eignen sich z. B. die beiden lipophilen Azofarbstoffe gut als Test- und Leitsubstanzen: 4-Amino-4'-nitro-
azobenzol (Oracetorange 2 R) und 4-Nitro-2'-methyl-4'-diäthanol-amino-
azobenzol (Oracetrot 2 G). Mit zunehmendem Anteil polarer Fließmittel
bilden sich richtige Verteilungssysteme aus, die sehr gut für die Steroid-
DC verwendet werden können, ganz analog der PC [*129*]; Beispiele hierfür sind bereits im vorigen Abschnitt erwähnt worden. Außer Kieselgel
(vgl. z. B. [*34, 140*]) kommt hierfür besonders Cellulosepulver als Träger
in Frage, welcher am besten durch Tauchen in 10—40%ige Lösung der
stationären Phase in Aceton beladen oder imprägniert wird. Bush- und
besonders Zaffaroni-Typ Systeme der PC können hier zu großer Varia-
tionsmöglichkeit beitragen [*129*]; diese kann weiterhin bereichert werden durch die sog. Umkehr-Phasen-Systeme, die sich hauptsächlich für
sehr schwach polare Sterine eignen. Spezielle Beispiele s. weiter unten.
Über Verteilungssysteme auf Kieselgur-Gips vgl. auch YAWATA u.
GOLD [*186*]. Im Hinblick auf die breite Anwendung der DC sei hier vor
dem chronischen Gebrauch des sehr toxischen Benzols gewarnt (MAK:
80 mg/m^3). Sein Ersatz durch Toluol (MAK 750 mg/m^3) sollte meistens
möglich sein.

3. Methodik

Normalerweise wird eine einfache Entwicklung auf mehr oder weniger
aktivierten Schichten für die DC der Steroide genügen, die mit Vorteil
in einem Alkohol oder alkoholhaltigen Lösungsmittel aufgetragen worden
sind. Ob in N- oder S-Kammer, oder in einer der viel billigeren Sandwich-
modifikationen eigener Bauart entwickelt wird, bleibt sich zunächst
gleich, wobei eine möglichst gute Kammersättigung anzustreben ist.
Schwierige Trennungen kann man verbessern oder überhaupt erst zustande bringen, durch mehrmalige („multiple") Entwicklung in gleichen
oder in verschiedenen Fließmitteln oder im Durchlaufverfahren mit
schwach polaren Fließmittelsystemen (z. B. in der BN-Kammer) oder
durch Anwendung von Aktivitätsgradienten [*209*]. Ferner steht neben
der eindimensionalen die zweidimensionale Technik zur Auswahl, gegebenenfalls mit vor- oder zwischengeschalteter chemischer Umwandlung
(s. S. 315). Auf alle Fälle ist eine möglichst gute Standardisierung der
DC-Technik nach den in den ersten Kapiteln dieses Buches gegebenen
Richtlinien oder z. B. nach COHN u. PANCAKE [*38*] bzw. QUESENBERRY
u. UNGAR [*138*], sowie die konsequente Verwendung geeigneter Referenzsubstanzen vorteilhaft.

Für eine gute Reproduzierbarkeit sind aber noch weitere Vorsichtsmaßnahmen nötig, wie das folgende praktische Beispiel zeigt [*131*].
Aus Tab. 57 ist die Änderung der Zusammensetzung des für Steroidtrennungen benützten Fließmittelgemisches Benzol-Methanol (98 + 2)
vor, während und nach DC mehrerer Kieselgel-Platten (20 × 20 cm)
normaler Dicke ersichtlich (gaschromatographische Doppel-Bestimmung
±0,1%).

Je nach Manipulation variiert also die Zusammensetzung eines solchen
Fließmittelsystems wegen der ungleichen Flüchtigkeit und besonders der

ungleichen Anreicherung an der Sorptionsschicht sehr stark, so daß auf diese Art keine reproduzierbaren Resultate erwartet werden können; tatsächlich wanderten die Steroide bei 4. am weitesten auf der 1. und am kürzesten auf der 4. Platte, während sie bei 5. alle gleich weit liefen, nämlich wie zwischen der 2. und 3. Platte bei 4.

Tabelle 57. *Methanol-Konzentration des in der Kammer befindlichen Fließmittelgemisches Benzol-Methanol anfänglicher Zusammensetzung (98 + 2)*

	% Methanol in Benzol (Mittelwerte)
1. Vor Gebrauch.	2,1
2. Nach Einfüllen in N-Kammer	
a) ohne Papiereinlage, leicht schwenken und 10 min	
geschlossen halten	1,8
b) *mit* Papiereinlage, sonst wie a)	1,3
3. wie 2a), dann 5 min offen	1,5
10 min offen	0,6
4. wie 2a), nach Lauf der 1. Platte (15 cm, 60 min).	1,3
nach Lauf der 2. Platte (15 cm, 60 min).	0,6
nach Lauf der 3. Platte (15 cm, 60 min	0,3
nach Lauf der 4. Platte (15 cm, 60 min).	0,1
5. wie 2a), nach Lauf von 4 Platten gemeinsam (15 cm, 60 min) .	0,5

Wenn es auf hohe Reproduzierbarkeit ankommt, muß also bei solchen Systemen für jeden Lauf die gleiche Anzahl Platten und immer frisches Fließmittel verwendet werden. Systeme mit hydroxylfreien Komponenten von ähnlicher Flüchtigkeit bleiben in ihrer Zusammensetzung viel beständiger. Schließlich sei hier noch ein Hinweis für die *Auswahl der Kammer* gegeben. Für die gewöhnliche Entwicklung wird zunächst immer die Normalkammer einzusetzen sein, die in der Regel gute Resultate liefert. Gelegentlich erhält man jedoch etwas bessere, kleinere Flecken mit einer der Sandwich-Kammertypen. Diese Feststellung gilt aber nicht für alle beliebigen Fließmittelsysteme. Sobald diese nämlich mehr als 3 % Methanol (oder homologe Alkohole) enthalten, fanden wir für Sandwichkammern ganz schlechte Fleckenformen und wellenförmige Fronten. Ähnlich verhält es sich bei der Durchlaufchromatographie in diesen Kammertypen (Sandwich mit offenem Ende, BN), während die Durchlauftechnik in der Normalkammer (mit Spaltdeckel oder aufsaugendem Krepp-Papier) oder die Mehrfachtechnik in der N-Kammer keine solche Einschränkungen kennt. Umgekehrt lieferte z. B. mit Benzol-Aceton die Durchlauftechnik in der BN-Kammer die besten Resultate.

Die Möglichkeiten zur Sichtbarmachung der Steroide werden im nächsten Abschnitt diskutiert. Geht es um quantitative Bestimmungen (s. Kapitel H), ist oft die Elution der unveränderten Substanz in guter Ausbeute erforderlich. Da die Stoffe mehr oder weniger stark adsorbiert vorliegen, versteht es sich von selbst, daß ihre Desorption am besten durch hydroxylgruppenhaltige Lösungsmittel erfolgen wird, evt. im Gemisch mit anderen, aber nicht z. B. durch Methylenchlorid oder Äthylacetat allein [*122, 155*].

4. Nachweisreaktionen

Anorganische Sorbentien erlauben die Anwendung agressiver Reagentien, mit welchen alle Steroidklassen durch Farb- oder Fluorescenzreaktionen leicht sichtbar gemacht werden können. Die gebräuchlichsten, allgemein anwendbaren Sprühreagentien sind Schwefelsäure-Alkohol (Nr. 217A), Chlorsulfonsäure-Essigsäure (Nr. 49), Phosphomolybdänsäure (Nr. 158), Phosphorsäure (Nr. 200), aromatische Aldehyde-Säure (Nr. 15, 118, 211, 246, 247, 253) und Antimontrichlorid (Nr. 19). Sie finden sich alle in Tab. 58 mit anderen Reagentien samt einigen Angaben über Anwendung und Empfindlichkeitsgrenze. Die Farben und besonders Fluorescenzen sind oft sehr konzentrationsabhängig. Anschließend folgen in Tab. 59 die Reagentien, welche nur mit einer bestimmten Gruppierung reagieren und somit eine beschränkte Spezifität aufweisen, dafür meist viel weniger empfindlich sind. Sehr spezifische Farb- oder Fluorescenzreaktionen gibt es für Steroide nur ausnahmsweise (vgl. die Zusammenstellung bei PC [*129*]). Die Intensität der durch starke Säuren hervorgerufenen Fluorescenz sagt nichts über die relative Menge unbekannter Bestandteile eines Gemisches aus; Verkohlung oder spezifischere Farbreaktionen geben hier einen besseren Anhaltspunkt.

Der besonders für die präparative DC wichtige zerstörungsfreie Nachweis läßt sich durch Verwendung der bekannten fluorescierenden Sorbentien führen, wenn deren Fluorescenz durch die Gegenwart UV-absorbierender Substanzen gelöscht wird. Die routinemäßige Verwendung solcher Sorbentien ist empfehlenswert. Eine passende Fluorescenz läßt sich auch noch *nach* der DC auf die Platte applizieren, z. B. durch Aufsprühen von Morin [*32*] (Nr. 159), 2′,7′-Dibrom- oder Dichlorfluorescein [*43, 127*] (Nr. 60), verschiedener Farbstoffe [*193*], oder einen optischen Aufheller wie UVITEX [*131*] (Nr. 243, 244). Sehr brauchbar ist die Sichtbarmachung durch Jod [*1, 12, 122, 125, 218*] (Nr. 126), womit labile, gefärbte Additionsverbindungen erhalten werden. Auch ein leichter Wasserspray allein mag bei der präparativen DC lipophiler Substanzen genügen, die Zonen erkennen zu lassen [*10, 69*].

Für Cellulose als Träger kommen sämtliche für die Steroid-PC gebräuchlichen Reagentien in Frage; sie sind z. T. in Tab. 58 und 59 enthalten. Eine ausführliche Dokumentation über Applikation und Spezifität findet sich bei Neher [*129*].

Zur Anwendung einiger dieser Farbreaktionen auf verschiedene Steroidgruppen vgl. die systematischen Untersuchungen von Lisboa [*215, 216*].

Von weiteren unspezifischen Nachweisreaktionen von geringerer Bedeutung sind der Vollständigkeit halber angeführt: Permanganat-Schwefelsäure (Reagens 145), Bichromat-Schwefelsäure [*70*], Ferrichlorid für Gallensäuren [*5*], Uranylnitrat [*68*] und Bromthymolblau [*14*] (Reagens Nr. 37), für diverse Steroide, ebenso Jod-Kaliumjodid [*111*] (Reagens Nr. 128). Über Radioaktivitätsmessung s. Kapitel, I, S. 157).

Weitere mehr oder weniger spezifische Nachweisreaktionen geringerer Bedeutung für ungesättigte Verbindungen vgl. Arsenmolybdat [*111*],

Tabelle 58. *Unspezifische Nachweisreagentien für Steroide*

Nr.	Reagens	Anwendung, Grenze der Empfindlichkeit in μg/Fleck
217	Schwefelsäure A)	am besten 50proz. in Methanol oder Äthanol; 5—30 min 100—120°; verschiedene Farben und Fluorescenzen (365 nm) geringer Spezifität aber hoher Empfindlichkeit. 0,005; bei stärkerem Erhitzen Verkohlung
	C) 15% in Butanol	Gallensäuren [5]
	D) 5% in Acetanhydrid	Gallensäuren [5]
	E) 50% in Essigsäure	Gallensäuren [5]; Cholesterin, 2—4, rot
218	Schwefelsäure-Hypochlorit	Digitalisglykoside, 0,01, Fluorescenz [51, 52]
49	Chlorsulfonsäure-Essigsäure	Cardenolide grün, Fluorescenz blauviolett [168], Cholesterin 0,025 [40]
238	p-Toluolsulfonsäure	ähnlich wie Schwefelsäure, Oestrogene 0,5 [53, 113, 234]
158	Phosphomolybdänsäure	reduzierende und ungesättigte Steroide, 0,025, blau auf gelbem Grund [13, 68, 111, 153], Cholesterinester <0,5 [11, 40, 96], C_{21}-Steroide, Pregnantriole, 1—3 [53, 57], Gallensäuren [62, 172]
200	Phosphorsäure	in Wasser oder Äthanol, ähnlich wie Schwefelsäure [129], Pregnantriole [158]; mit Reagens 120c nachgesprüht, blaue Flecke; Cardenolide [181]
201	Phosphorsäure-Brom	Digitalisglykoside, 0,001 [52]
15	Anisaldehyd-H_2SO_4	verschiedene Farben und Fluorescenzen für viele Steroide, unspezifisch, aber hohe Empfindlichkeit [113, 124]; Pregnane [109], Gallensäuren [104]
	Anisaldehyd-$HClO_4$	Digitalisglykoside 0,1—0,02 [152]
211	Resorcinaldehyd-H_2SO_4	verschiedene Steroide [68]
118	p-Hydroxybenzaldehyd -H_2SO_4 (Komarowsky Reagens)	Ketosteroide, Sapogenine, 0,1 [164]
253	Zimtaldehyd-Acetanhydrid-H_2SO_4	Steroide, Saponine
	Vanillin-$HClO_4$	Pregnantriole
246	Vanillin-H_3PO_4	Pregnantriole [124], Sapogenine [148]
247	Vanillin-H_2SO_4	Diese Kombination soll besser sein als mit schwächeren Säuren [121]
193	Perchlorsäure	Steroide [124], Gallensäuren [75]
162	Perchlorsäure-Naphthochinonsulfonsäure	Sterine, 0,03, rosa-blau [142]
239	Trichloressigsäure	Steroide und Glykoside
45	Chloramin-Trichloressigsäure	Herzglykoside, 0,01 [140, 154]
251	Phosphorwolframsäure	Sterine und Ester, rot [68, 96]
19	Antimontrichlorid	3β-Hydroxy-Δ^5-Steroide, 0,1, orange-violett; 7-oxygenierte Δ^5-Steroide blau-grün, usw. vgl. [11, 13, 79, 129]
20, 21	Antimontrichlorid-Essigsäure	Gallensäuren [5], Dibromsterine, hellblau [43, 94]
22	Antimonpentachlorid	Diverse Steroide [8]
225	Zinkchlorid	ähnlich wie No. 11; 0,1 [164]
250	Wismuthchlorid	Dibromsterine [42, 43]
213	Rhodamin B	Cholesterinester, Lipide [6, 8, 96]

Tabelle 59. *Nachweisreagentien für Steroide mit bestimmten Gruppierungen*

Nr.	Reagens	Anwendung, Grenze der Empfindlichkeit in μg/Fleck

Reduzierende Steroide

242	Triphenyltetrazolium (TTC)	rot 1 [*111*, *124*]
235	Blautetrazolium (BT)	blau 0,5 [*2*, *3*, *53*, *57*, *133*]

Für Kieselgel und Aluminiumoxyd-Schichten ist für eine optimale Empfindlichkeit eine hohe Alkalikonzentration erforderlich. Als Alternative können auch Tetrazoliumhaltige Platten verwendet werden [*176*]

220	Tollens-Reagens	auf Kieselgel oder Aluminiumoxyd schwächer als auf Cellulose oder Kieselgur
108	Folin-Ciocalteau	α-Ketole, α, β-Diketone, phenolische Steroide, blau [*109*, *113*]

Ketosteroide

74	m-Dinitrobenzol	17-Ketosteroide, 0,5, violett [*53*, *111*]; Verhalten gegenüber anderen Ketosteroiden s. [*129*]
76	2,4-Dinitrophenyl-hydrazin	Steroide mit reaktiven Ketogruppen, 2, orange bis gelb [*111*, *148*]
125	Isonicotinsäurehydrazid	Δ^4-3-Ketosteroide, 1, gelb [*109*, *111*]
196	Phenylendiamin-Phthalsäure	α, β-ungesättigte Ketone, 2—3, orange-braun [*109*, *111*]

Phenolische Steroide (Enole)

136	Ferricyanid-Ferrichlorid	blau, bis 0,2; für andere Steroide nur 10 oder weniger [*13*, *113*]
108	Folin-Ciocalteau	s. unter reduzierende Steroide
232, 230, 178, 179	Diazoniumsalze	gelb bis rot, 2—5 [*113*]

Δ^5-3 β-Hydroxysteroide

203	Pikrinsäure	gelb-rot, 2—5 μg, auch in vitro anwendbar [*198*]

Cardenolide

73	Dinitrobenzoesäure (Kedde-Reagens)	Digitaloide 5-Ring-lactone, blau-violett, 0,005 [*108a*]
234	Tetranitrodiphenyl	blau; evtl. spezifischer als Nr. 014a [*20*].
241	Trinitrobenzoesäure	orange-rot [*219*]

Stickstoffhaltige Steroide

140, 141	Jodplateat	etwa 1
88, 89	Jodwismuthat (Dragendorffs-Reagens)	etwa 1—5
44	Cersulfat	nur auf Kieselgel-Schichten [*148*]
109	Formaldehyd-Säure	Indol-Derivate [*148*]

Steroidglucuronide

206	Pyridylazonaphthol	1—2 [*44*]

Steroidsulfate

155	Methylenblau	1—2 [*44*]

Vgl. hierzu auch die systematischen Untersuchungen von LISBOA [*215*, *216*].

Tetranitromethan [*111, 113*], Osmiumtetroxyd [*111, 113*], p-Amino-
dimethylanilin-SO$_2$ [*111, 113*]; für Phenole vgl. Nitrosoreaktion (Boute-
Reagens) und Feigl-Reagens [*113*]; für *o*-Diphenole vgl. Phloroglucinol
und Vanadiumsäure [*113*]; für Reaktionen an der Seitenkette vgl.
Porter-Silber [*111*], Methylketone und Formaldehydogene [*111*] sowie
weitere in der PC gebräuchliche Modifikationen [*129*].

5. Derivatbildung (Mikroreaktionen)

Derivate wie Acetate, Propionate oder Benzoate sind gelegentlich
besser trennbar als die freien Substanzen selbst (vgl. Abschnitt IV und
spezielle Beispiele). Außerdem liefert das Zusammenspiel von chromatographischem Verhalten, chemischen Umwandlungen und Farbreaktion
wesentlich wertvollere Informationen über die Struktur einer Verbindung
als *Rf*-Werte allein. Viele solche Beispiele sind von der PC her bekannt
(BUSH [*28*], NEHER [*129*]. DC-Mikroreaktionen in situ oder in vitro sind
bereits früher von MILLER und KIRCHNER [*126*] beschrieben worden. Es
empfiehlt sich, Verlauf und Ausbeute dieser Reaktionen anhand von
Standardsteroiden unter gleichen Bedingungen zu kontrollieren. Viele
Reaktionen lassen sich direkt auf der Platte ausführen, zuverlässiger ist
aber das Arbeiten im Reagenzglas (s. hierzu S. 202—203).

Acetylierung 10—100 μg Substanz werden in 0,1 ml Pyridin mit 0,1 ml
Acetanhydrid bei Raumtemperatur 8—16 Std oder bei 70° 1 Std verestert. Der Überschuß an Reagentien kann leicht mit N$_2$ bei 60° abgebla-
sen werden. Unter diesen Bedingungen werden alle primären und sekundären Hydroxylgruppen acetyliert mit Ausnahme der sterisch gehinder-
ten (11 β-Hydroxygruppe).

Die *Benzoylierung* erfolgt ganz analog aber mit 0,1 ml Benzoylchlorid.
Zur Aufarbeitung wird wenig Eiswasser zugesetzt, mit Methylenchlorid
extrahiert und die organische Phase mit wenig 2N-HCl, N-Sodalösung
und Wasser gewaschen.

Die *Propionylierung* gelingt durch Lösen des Steroids in 0,3 ml
Propionylchlorid in der Wärme und Stehenlassen während 10 min bei 20°.
Nach Lösen in Hexan, Waschen mit Wasser und Sodalösung erhält man
den reinen Ester [*37*].

Trifluoracetate bilden sich sehr schnell (1 min) mit einem kleinen
Überschuß Trifluoracetanhydrid in Hexan oder Methylenchlorid nach
guter Vermischung, übliche Aufarbeitung [*15*].

Verätherung durch Diazomethan oder Dimethylsulfat.

Da die Trennung von sog. „kritischen" Paaren (gesättigt/einfach ungesättigt) Schwierigkeiten bereitet, kann man durch *Bromierung* eines
der Bestandteile gute Trennmöglichkeiten schaffen. Die Ausführung
geschieht entweder durch Bromaddition in situ (nach CARGILL [*29*]
0,1 proz. Bromlösung in Chloroform auf Startfleck tropfen) oder einfach
durch Zufügen von 0,5 Vol.-% Brom zum Fließmittel nach KAUFMANN,
MAKUS und KHOE [*40, 97*]. Eine ähnliche Differenzierung erreicht man
z. B. durch Epoxydierung der Doppelbindungen durch m-Chlorperbenzoe-
säure in Chloroform unter milden Bedingungen [*8*], während die klassi-

sche Hydroxylierung mit Osmiumtetroxyd zu sehr viel stärker polaren Produkten führt. Auf Platten ließ sich auch die *katalytische Hydrierung* von Doppelbindungen ausführen [97], während die *Reduktion* von Ketogruppen besser mit einigen mg Kaliumborhydrid in Methanol während 1 Std in vitro [112] oder z. B. in situ durch Besprühen mit 5proz Natriumborhydrid in 80proz Methanol [172] erfolgt. Eine *Oxydation* von sekundären Hydroxylgruppen zu Ketogruppen läßt sich wie üblich entweder mit 0,5% Chromsäure in 90proz. Eisessig oder mit dem Pyridin-Chromsäurekomplex bei Raumtemperatur (2 Std) durchführen. Die Perjodsäureoxydation von Ketol- oder Glykol-Seitenketten erfolgt glatt mit 2proz HJO_4 in Dioxan-Wasser (2—12 Std). Für weitere Möglichkeiten im Mikromaßstab sei auf Girard-Hydrazon-Bildung von Ketonen oder Nitrosokomplexbildung von Oestrogenen hingewiesen [112], oder auf viele spezielle Reaktionen, die früher schon für die PC herangezogen worden sind [28, 54, 129].

IV. Struktur und chromatographisches Verhalten

1. Adsorptions-DC

In erster Annäherung nimmt die Adsorptionsfähigkeit mit der Polarität eines Moleküls zu, welche ihrerseits im Falle der Steroide zunächst grob durch das C/O-Verhältnis bestimmt wird; so nimmt z. B. bei Vorliegen „äquivalenter Sauerstoffgruppen die Polarität von $C_{21}O_2$ über $C_{19}O_2$ nach $C_{18}O_2$ zu; dagegen wandern z. B. Propionate schneller als Acetate. Außerdem hängt die Polarität stark von der Natur der funktionellen Gruppen ab; sie nimmt für Substituenten in der $3(\beta)$-Stellung an Kieselgel und Aluminiumoxyd in folgender Reihe zu: $-H$, $-Cl$, $-OCOC_6H_5$, $-OCH_3$, $-OCOCH_3$, $=O$, $-OH$, $-N(CH_3)_2$. Eine phenolische Hydroxylgruppe ist schwächer polar als eine sekundäre [167]. Die Polarität von Substituenten in 17β-Stellung wurde in folgender Reihe zunehmend gefunden: $-COOCH_3$, $-OCOC_6H_5$, $-CN$, $-COCH_3$, $-OCOCH_3$, $=O$, $-OH$ [79]. Der Einfluß isolierter Doppelbindungen ist sehr gering, derjenige conjugierter erheblich (Polaritätszunahme), besonders in α, β-ungesättigten Ketonen; zusätzliche Conjugation ist aber nurmehr von geringer Bedeutung. Von großem Einfluß ist sodann die Stellung der funktionellen Gruppen am Ringgerüst besonders für Hydroxylgruppen, weniger ausgeprägt für Ketogruppen. Für erstere sind ferner die Konformation (axial oder equatorial) und mögliche Wechselbeziehungen mit Nachbargruppen ausschlaggebend.

Die im folgenden diskutierten Sequenzen haben daher nur beschränkte Geltung, auch schon deshalb, weil sie je nach der Zusammensetzung der Fließmittelsysteme Inversionen erleiden können. Auch die Natur der Sorbentien kann solche verursachen, wie schon von der Säulenchromatographie her bekannt (vgl. p. 57 in [129]). Wenn in der echten Verteilungschromatographie eine equatoriale (e) Hydroxylgruppe immer polarer ist als die stellungsmäßig entsprechende axiale (a), so gilt dies für die Adsorption nicht so ausnahmslos.

So wurde z. B. für die isomeren 3-Hydroxy-cholestane und 3β-Hydroxy-cholest-5-en an Kieselgel und Aluminiumoxyd folgende Reihe abnehmender Polarität gefunden [*29, 32*]:

$$3\beta, 5\alpha \geqq 3\beta, \Delta^5 > 3\beta, 5\beta \geqq 3\alpha, 5\beta > 3\alpha, 5\alpha$$
$$\text{(e)} \qquad\qquad \text{(a)} \qquad\quad \text{(e)} \qquad \text{(a)}$$

Daraus ersieht man, daß sich 5α-H und Δ_5-Verbindungen der 3β-Reihe und die $3\alpha, 5\beta + 3\beta, 5\beta$-Isomeren schwer trennen lassen, während die Trennung der equatorialen von den axialen Paaren bei der Verteilungschromatographie keine Schwierigkeit bildet; hier würde also eine Kombination beider Typen leichter zur völligen Trennung führen. Ein weiterer Vergleich Adsorption (A) und Verteilung (V) führt zu folgender Aufstellung [*29*]:

für A + V gilt $3\beta, 5\alpha > 3\alpha, 5\alpha$, aber

für A $\qquad\quad 3\beta, 5\beta \geqq 3\alpha, 5\beta; 3\beta, 5\alpha \geqq 3\beta, \Delta^5$

für V $\qquad\quad 3\alpha, 5\beta \geqq 3\beta, 5\beta; 3\beta, \Delta^5 \geqq 3\beta, 5\alpha$

Die Sache kompliziert sich aber, da einige Adsorptions-Systeme (Äther, Äthylacetat) wie schon erwähnt, teilweise Inversion der Sequenzen verursachen können.

Für die Hydroxylgruppen in anderen Stellungen sind folgende Reihen abnehmender Polarität gesammelt worden [*171*]:
Für 5α-Androstane $3\beta > 2\alpha > 16\beta > 17\beta > 17\alpha > 15\beta;$

$$3\beta > 6\alpha > 12\beta > 15\beta;$$

für 5α-Pregnane $\qquad 3\beta > 11\alpha > 11\beta \geqq 21 > 17\alpha;$

für 5β-Androstane und Pregnane $\quad 11\alpha > 12\beta > 16\beta > 15\alpha > 14\beta;$

$$3\beta > 7\beta > 12\beta > 7\alpha \geqq 12\alpha.$$

Normalerweise sind auch hier die equatorialen Hydroxyle polarer als die axialen; das ließ sich ebenso für Gallensäureester zeigen (5β-H) [*49, 86*]:

$$3\alpha > 3\beta > 7\beta > 12\beta > 7\alpha \geqq 12\alpha > 3\text{-}0 > 7\text{-}0 \geqq 12\text{-}0;$$

bei den höher substituierten Derivaten werden die Verhältnisse wegen der zunehmenden Wechselwirkungen unübersichtlich. Unter den Rockogenin-Epimeren verhält sich das axiale 12α-Hydroxy-Isomere polarer als das equatoriale 12β-Isomere, während sich die Diacetate umgekehrt verhalten [*171*].

Die Reihenfolge von Estern in 3α und 6α-Stellung ist z. B. $-$OTS $> -$OCOCH$_3$, in 12a aber umgekehrt [*2*]. $2\alpha, 3\beta$-Diole erweisen sich polarer als $3\beta, 17\beta$-Diole; $1\beta, 3\beta$-Diole entsprechen aber nur einer Monohydroxyverbindung. Eine 11-Ketogruppe ist z. B. weniger polar als eine 11β-Hydroxygruppe in Fließmitteln, die zur Hauptsache aus Benzol oder Chloroform bestehen, aber *polarer* in Äthylacetat; ähnliche Inversionen sind auch in der PC bekannt. Bei Oestrogenen nimmt die Polarität folgendermaßen ab [*157*]: 16α-Hydroxy $> 6\alpha$-Hydroxy $> 16\beta$-Hydroxy > 16-Keto; hier spielt aber die Stellung oder Art der Nachbargruppe in 17 noch eine entscheidende Rolle.

Černy und Labler [*105, 106*] haben Aminosteroide und Steroid-alkaloide gründlich untersucht und für die Dimethylaminogruppe in Stellung 3 folgende, mit Hydroxyl fast identische Reihe an Kieselgel gefunden:

$$3\,\beta,\,5\,\alpha > 3\,\beta,\,\varDelta^5 > 3\,\alpha,\,5\,\beta \geqq 3\,\beta,\,5\,\beta > 3\,\alpha,\,\varDelta^5 > 3\,\alpha,\,5\,\alpha.$$

In $20\,\alpha$-Stellung ist die Dimethylaminogruppe wie die Hydroxylgruppe polarer als in $20\,\beta$. Die Polarität steigt mit zunehmender N-Methylierung ganz besonders im Fall der Iminogruppe des Pyrrolidinrings der *Holarrhena*-Alkaloide. Anti-oxime sollen sich polarer verhalten als Syn-oxime [*66*].

Einige Autoren versuchten die R_M-Funktion und $\varDelta R_M$-Werte nach der Konzeption von Bush [*28*] auf die DC anzuwenden [*33, 54, 110, 214—216*] und teilweise mit den bei der PC erhaltenen Werten zu vergleichen. Wegen des noch spärlichen Materials, der teils schlechten Reproduzierbarkeit und des erheblich variierenden Beitrages der verschiedenen Fließmittel kann vorläufig auf eine nähere Darstellung verzichtet werden.

2. Verteilungs-DC

Die Beziehungen von Struktur und chromatographischem Verhalten entsprechen hierbei weitgehend denjenigen bei der Papierchromatographie; es würde zu weit führen, das umfangreiche Material auch an dieser Stelle zu bringen, da es bereits vor kurzem in einer Monographie zusammengestellt worden ist [*129*].

3. Verbesserung der Trennbarkeit ähnlicher, polyfunktioneller Steroide

Sind nur ein oder zwei polare Gruppen vorhanden, so ist eine Trennung dank ihres oben erwähnten Beitrages zur Polarität meistens möglich und in der Regel besser als mit ihren Estern. Unterscheiden sich 2 Verbindungen mit identischen stark polaren Gruppen nur durch 2 schwächer polare Substituenten, so reicht deren Unterschied meist nicht für eine Trennung aus; sie gelingt aber dann, wenn es möglich ist, die stark polaren Gruppen selektiv zu entfernen oder in schwach polare überzuführen (s. Abschnitt Derivatbildung). Stark polare Glykoside mit unterschiedlicher Hydroxylgruppen-Stellung oder selbst -Zahl im Aglykon sind z. B. erst nach Veresterung gut trennbar, oder wenn der Zuckeranteil abgespalten wird [*171*]. $3\,\beta$-Hydroxy-androst-5-ene, die in 17-Stellung eine Keto-, $-COCH_3$ oder $-COOCH_3$-Gruppe tragen, können z. B. in der DC nicht getrennt werden, solange das $3\,\beta$-Hydroxyl frei ist; wird es acetyliert oder benzoyliert, erfolgt eine Trennung mit Leichtigkeit [*79*]. Andererseits ist die Chance für eine Trennung polarer Steroide häufig größer nach dem Prinzip der Verteilungschromatographie — wofür neben DC immer noch PC ein sehr wertvolles Hilfsmittel bleibt.

V. Sterine

Die meisten Sterine des Tier- und Pflanzenreiches besitzen das Grundskelet des Cholesterins

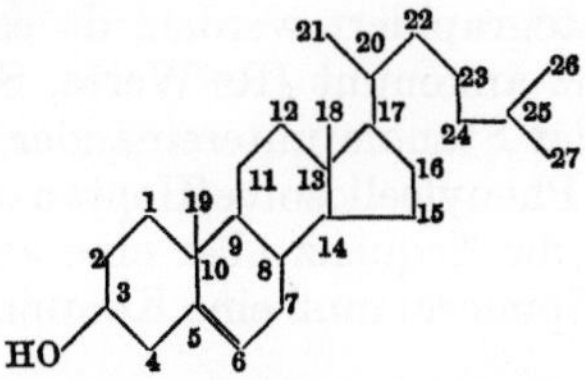

Sie unterscheiden sich von ihm teils in der Zahl und/oder Lage der Doppelbindungen, teils durch zusätzliche Methylgruppen, z. B. an C_4, C_{14} oder insbesondere an C_{24}; von letzterem zweigt gelegentlich eine Äthylgruppe ab, Häufig kommen die Sterine in komplizierten Gemischen in freier und veresterter Form vor. Für eine vereinfachte Darstellung der Sterine ist die abgekürzte Formel xF C_yzF praktisch, wobei xF Doppelbindungen im Ringgerüst, C_y die gesamte C-Anzahl und zF Doppelbindung(en) in der Seitenkette bedeuten; z. B. Cholesterin: FC_{27}, 24-Dehydrocholesterin (Desmosterol) $FC_{27}F$. Von der PC her ist bekannt, daß die Polarität eines Sterines durch eine Doppelbindung in Ringgerüst oder Seitenkette gerade um so viel zunimmt, wie sie durch Einführung einer Methyl- oder Äthylgruppe abnimmt. Als Leitgröße für die Polarität kann man daher die sog. Kohlenstoffzahl benützen, die sich aus der Anzahl C-Atomen minus Anzahl Doppelbindungen errechnet [43]; sie ist z. B. für Stigmasterin ($FC_{29}F$), Campesterin (FC_{28}) und 5α-Cholestan-3β-ol (C_{27}) gleich. Es gibt zahlreiche solche „kritische Paare", deren schwierige chromatographische Trennung eines Tricks bedarf.

Seit den Untersuchungen von VAN DAM [175] über die gewöhnliche Form der Adsorptions-DC der Sterine (vgl. auch Abb. 25 für allgemeine Fließmittel) sind glücklicherweise sehr gute Fortschritte erzielt worden, denn viele für die praktische Anwendung wichtige Trennprobleme erwiesen sich eben als recht heikel:

1. Die völlige Trennung der 4 epimeren 5α- und 5β-Cholestan-3-ole untereinander;

2. Die Trennung von Sterinen, die sich nur durch eine isolierte Doppelbindung voneinander unterscheiden;

3. Die Trennung von Sterinen, die sich nur durch Alkylgruppen voneinander unterscheiden und schließlich

4. Trennung der zahlreichen Cholesterinester.

Zu 1. Adsorptions-DC, wie sie 1961 von ČERNÝ [32] an Aluminiumoxyd und 1962 von CARGILL [29] an Kieselgel G mit den üblichen Fließmittelsystemen wie Benzol-Diäthyläther (70 + 30) oder Benzol-Äthylacetat (60 + 30) bzw. (95 + 5), Chloroform-Aceton (85 + 15) untersucht worden ist, erlaubte nur die Gruppentrennung, und zwar entsprechend den Ausführungen im Abschnitt IV, in folgender Reihe abnehmender Rf-Werte: 3α, 5α > 3α, 5β + 3β, 5β > 3β, 5α + 3β, $Δ^5$ (Cholesterin).

Die *Rf*-Werte liegen hierbei etwa zwischen 0,2 und 0,7; soweit sie in diesem Beitrag angegeben werden, dienen sie nur als Richtgröße, da eine hohe Reproduzierbarkeit von Labor zu Labor nicht gewährleistet ist. Es sollten daher immer Standardsubstanzen adäquater Polarität (z. B. Cholesterin) mitchromatographiert werden, da es im Wesentlichen nur auf die relative Sequenz ankommt (Rs-Werte, S = Standardsubstanz). Die völlige Trennung der Stanole untereinander wird auch durch Verteilungs-DC wie z. B. in Phenylcellosolve/Heptan oder Undecan/Methanol nicht erreicht [*29*]; da die Sequenz aber eine andere ist (Trennung in axiale und equatoriale Epimere) muß eine Kombination beider Methoden zum Ziele führen.

Zu 2. a) Eine gewöhnliche *Adsorptions-DC* reicht hier nicht aus, es sei denn im Ausnahmefall der Δ^7-Verbindungen: In Cyclohexan-Äthylacetat-Wasser (60 + 40 + 0,1) trennen sich in der Reihenfolge zunehmender *Rf*-Werte [*16*]: 7-Dehydro-cholestan-3 β-ol < 7-Dehydrocholesterin < Cholesterin, wobei die Verbindung mit 2 conjugierten Doppelbindungen eigenartigerweise weniger polar ist als diejenige mit der 7(8)-Doppelbindung allein (nicht so bei der Verteilungs-DC): An den Paaren Cholesterin (FC_{27}) und Desmosterol ($FC_{27}F$) bzw. β-Sitosterin (F_{29}) und Stigmasterin ($FC_{29}F$), die in freier Form nicht trennbar sind, konnten Bennett und Heftmann [*16*] zeigen, daß eine Trennung nur als schwach polare Trifluoracetate mit dem sehr schwach polaren Fließmittelgemisch Cyclohexan-Heptan (50 + 50) an dem schwach aktiven Sorbens Kieselgel G + Kieselgur (1 + 1) möglich ist. Avigan [*6*] versuchte, Cholesterin und Desmosterol als Acetate auf Kieselgel G mit Hexan-Benzol (50 + 10) an langen Platten zu trennen.

b) Besser als Adsorptions-DC erwies sich die *Verteilungs-DC*, die besonders in Form der Umkehrphasentechnik von Copius-Peereboom [*40—43*] gründlich untersucht worden ist (in Analogie zu PC, vgl. [*129*]). Aus den in Tab. 60 angeführten *Rs*-Werten der verschiedenen Sterinacetate läßt sich eine Fraktionierung in mehrere Zonen, bzw. eine befriedigende Trennung ableiten von Paaren wie Cholesterin/Desmosterol, Cholesterin/5 α-Cholestan-3 β-ol, Stigmasterin/β-Sitosterin usw. Als stationäre Phase diente Undecan auf Kieselgur und als mobile ein mit Undecan gesättigtes Gemisch von Essigsäure-Acetonitril (1 + 3). Die nach der Keilstreifen-Methode ausgeführte DC benötigte 2 Std. Das gleiche System auf Kieselgel G wurde von Wolfman und Sachs [*183*] für die Trennung von freiem Cholesterin und Desmosterol verwendet. Gegenüber Paraffin, das nach der Umkehrphasenmethode mit Methyläthylketon-Acetonitril (70 + 30) ebenfalls brauchbar ist [*96*], hat Undecan den Vorteil, daß es nach dem Lauf gut entfernt werden kann und den Nachweis von Spurenverunreinigungen mit den üblichen Reagentien nicht stört. Für eine gute Reproduzierbarkeit des Undecan-Systems ist es sehr wichtig, die Originalvorschrift genau einzuhalten [*43*].

Eine leichtere Trennung von Sterinen verschiedenen Sättigungsgrades läßt sich aber durch einige Tricks erreichen.

c) So konnte das von Kaufmann [*97*] für ungesättigte Fettsäuren entwickelte Verfahren der Bromierung durch Zugabe von 0,5 Vol. Brom

zum Fließmittel mit gutem Erfolg angewendet werden. Man bromiert
entweder vor der Chromatographie in situ oder gleichzeitig während der
Chromatographie. Dadurch werden die Δ^5-3 β-Hydroxysterine in schneller
laufende Dibromide übergeführt, wogegen die gesättigten Verbindungen
unverändert bleiben; Sterine mit einer Doppelbindung zusätzlich zur
Δ^5-Struktur oder statt dieser in einer anderen Stellung werden zersetzt
und bleiben in Startnähe [43] bzw. laufen bei Umkehrphasen zur Front.
So konnte CARGILL [29] kleine Mengen 5 α-Cholestanol-3 β- neben viel
Cholesterin im System Benzol-Äthylacetat (100 + 5) an Kieselgel G gut
nachweisen. COPIUS-PEEREBOOM [42, 43] fügte dem Undecan/Essigsäure-
Acetonitril (1 + 3)-System Brom zu und erhielt die ebenfalls in Tab. 60
angeführten Rs-Werte; gegenüber dem bromfreien System verändern
sich die Sequenzen in der angedeuteten Weise und lassen eine weitere
Unterteilung der einzelnen Zonen zu; eine zusätzliche Charakterisierung
der Dibromide gelingt mit Reagentien wie Wismuthchlorid oder Antimontrichlorid; letzteres gibt eine hellblaue Farbreaktion. AZARNOFF und
TUCKER [8] gelang die Trennung gesättigter von Ring-ungesättigten
Sterinen durch Überführung der letzteren zu Hypoxyden mit m-Chlor-
perbenzoesäure in glatter Reaktion und DC an Kieselgel G in Benzol-
Butylacetat-Methyläthylketon (75 + 25+10).

d) Die wohl eleganteste Methode besteht z. Z. darin, die Ag-Komplexbildung ungesättigter Stoffe zur Trennung auszunützen. Als Sorbens dient
eine Mischung von Kieselgel mit 5—50% Silbernitrat. AVIGAN [6]
trennte Gemische verschiedenen Sättigungsgrades als Acetate an Kieselgel-Silbernitrat in Benzol-Äthylacetat (100 + 20); dies gelingt nach
CLAUDE [37] noch besser, wenn Propionate und ein schwächer polares
Fließmittelsystem wie Hexan-Benzol (100 + 20), evtl. im Durchlauf oder
multipel, verwendet werden. Die Trennung gelang gut in folgender
Sequenz: 7-Dehydrocholesterin (2 FC$_{27}$), am Start, -Desmosterol (FC$_{27}$F)
-Cholesterin (FC$_{27}$)-5 α-Cholestan-3 β-ol (C$_{27}$). Die Anzahl der Doppelbindungen ist damit gut differenzierbar, wie auch aus den Resultaten
von COPIUS-PEEREBOOM [43] in Tab. 61 ersichtlich. Als Fließmittel diente
für die freien Sterine Chloroform-Äther-Essigsäure (97 + 2,3 + 0,5) (A)
und für die Acetate Petroläther-Chloroform-Essigsäure (75 + 25 + 0,5)
(B; Lauf 1—2 Std); die Differenzierung zwischen einer und zwei Doppelbindungen ist eindeutig bei den Estern besser. Der Trenneffekt ist von
demjenigen des „Brom-Systems" verschieden. Neuere gute Beispiele der
Trennung von Sterinen und Stanolen an Silicagel-Silbernitrat-Schichten
geben TRUSWELL et al. [231], IKAN et al. [211] und DITULLIO et al. [196].

Zu 3: Die Trennung durch Adsorptions-DC gelang BENNETT und
HEFTMANN [16] nur im Durchlaufverfahren an Anasil B (hier besser als
Kieselgel G) mit Hexan-Diäthyläther (97 + 3) in 2 Std mit den Acetaten
folgender Sterine: β-Sitosterin (FC$_{29}$)-Cholesterin (FC$_{27}$)-Stigmasterin
(FC$_{29}$F). Auch hier ist der Verteilungs-DC im Undecan-System [43] eher
mehr Erfolg beschieden, wie aus Tab. 60 ersichtlich. Hervorzuheben ist
z. B. die sonst schwierige, aber wichtige Trennung Cholesterin/β-Sito-
sterin.

21 Dünnschicht-Chromatographie, 2. Aufl.

Die Trennung der anfangs erwähnten kritischen Paare läßt sich somit durch Kombination mehrerer Verfahren, die einerseits nach dem Sättigungszustand, andererseits nach dem C-Gehalt differenzieren, doch relativ gut bewerkstelligen. Beispiele für sehr komplexe Mischungen pflanzlicher Sterine sind von Copius-Peereboom genau dargestellt worden, auch im Vergleich zu den Resultaten mit der PC [40—43].

Zu 4: Trennung und Bestimmung von Cholesterin und seiner Ester im Serum oder Hautfett stellt dank des klinischen Interesses ein viel bearbeitetes Problem dar, für welches schon gute Lösungen vorliegen. Während Waldi [181] die Ester an Kieselgel G mit Tetrachlorkohlenstoff-Chloroform (95 + 5) trennte, benützten Kaufmann et al. [96] entweder Tetralin-Hexan (25 + 75) bzw. (50 + 50) für die Adsorptions-DC oder Paraffin/Methyläthylketon-Acetonitril (70 + 30) als Umkehrphasen-Verteilungssystem. Alle Ester von Acetat bis Stearat lassen sich so Perlenschnur-artig trennen. Auch Essigsäure eignet sich als mobile Phase wie bei der PC [125]. Die ungesättigten Fettsäureester lassen sich dabei schlecht von den gesättigten differenzieren, eher noch, wenn in der ersten Dimension durch Adsorption, in der zweiten durch Verteilung getrennt wird [96]; auch die Anwendung von Aktivitätsgradienten ist empfohlen worden [209]. Eine Trennung nach der Zahl der Doppelbindungen im Fettsäureanteil gelingt aber ausgezeichnet mit Kieselgel G-Silbernitrat und Diäthyläther, oder Diäthyläther-Hexan (20 + 80) nach Morris [127], oder mit Benzol- bzw. Hexan-Benzol (10 + 90) nach Haahti [70], sowie neuerdings nach Goodman [207] und Pascaud [221]. Man erhält Gruppen von Estern mit gesättigten, 1-, 2-, 3-, 4-, 5- und 6fach ungesättigten Fettsäuren. Hier erscheint eine 2-dimensionale Kombination für die weitere Unterteilung zweifellos recht aussichtsreich. Auf klinischem Gebiet ist die Arbeit von Zöllner, Wolfram und Amin [189] zu erwähnen, welche die Ester an Kieselgel G mit Petroläther-Isopropyläther (99 + 1) in einfachem oder besser multiplem Lauf trennen und die mit Antimontrichlorid erhaltenen Farbflecken densitometrisch auswerten. Für solche klinische Anwendungen der DC sei hier auf das betreffende Kapitel von Zöllner verwiesen.

Einige praktische Anwendungen der Sterin-DC seien noch beigefügt: Bestimmung von Dihydrocholesterin im Serum [192], von Sterinen und Vitamin D in Lebertran [193]; Arachidonate (Petroläther-Benzol) (60 + 40) [116] und andere synthetische Sterine (Diisopropyläther, Benzol [170], Sitosterylester (Cyclohexan-Benzol-Mischungen, $CHCl_3$-Aceton (95 + 5), Heptan-Äthylacetat (95 + 5), CCl_4 + Chloroform (95 + 5) [18]; Trennung ungesättigter Pflanzensterine von den hydrierten Analogen mit dem Brom-system (Trennung von $3\beta, 5\alpha$-Stanolen von den 3β. Δ^5-Sterinen) [94], Hautsterine [88], Milchsterine und ihre Ester [117]; Pfeifer [137] untersuchte die Durchführbarkeit von Sterintrennungen auf Mikroplatten und deren densitometrische Auswertung.

Als Nachweisreagentien sind besonders Schwefelsäure, Phosphomolybdänsäure, Antimontrichlorid, Fluorescenzindicatoren und andere, in Tab. 58 aufgeführte brauchbar. Richter [142] erhielt mit dem Perchlor-

Tabelle 60. R_{St} *(St = Cholesterinacetat, Rf ~ 0,28) Werte von Sterinacetaten im Umkehrphasen-System: Undecan/Essigsäure-Acetonitril (20 + 60) [43]*

Acetat von	Kurz-bezeichnung	Zone No.	R_{St}-Wert	+ 0,5% Brom
5α-Androstan-3β-ol-	C_{19}		2,25	
Δ9(11)-Dehydroergosterin	$3FC_{28}F$	6	1,45	
Vitamin D_3	$3FC_{27}$	6	1,41	
Dihydrovitamin D_2	$3FC_{28}$	5/6	1,34	
Zymosterin	$FC_{27}F$	5	1,28	
Vitamin D_2	$3FC_{28}F$	5	1,26	
Desmosterol	$FC_{27}F$	5	1,24	
3-Dehydrocholesterin	$2FC_{27}$	5	1,22	
Ergosterin	$2FC_{28}F$	5	1,19	Front
epi-Cholesterin	FC_{27}	5	1,19	
7-Dehydrocholesterin	$2FC_{27}$	5	1,16	Front
Δ7,9(11),22-Ergostatrienol-3β	$2FC_{28}F$	5	1,11	
Brassicasterin	$FC_{28}F$	4	1,07	1,13
5-Dihydroergosterin	$FC_{28}F$	4	1,07	
22-Dihydroergosterin	$2FC_{28}$	4	1,07	
Cholesterin	FC_{27}	4	$\equiv$1,00	$\equiv$1,00
Lanosterin	$FC_{30}F$	4	1,00	Front
Δ3-Cholesten-3β-ol	FC_{27}	4	1,00	
Δ7-Cholesten-3β-ol	FC_{27}	4	0,99	
Δ7-Ergosten-3β-ol	FC_{28}	3	0,92	Front
Campesterin	FC_{28}	3	0,92	0,95
Stigmasterin	$FC_{29}F$	3	0,91	1,06
α-Spinasterin (Δ7,22-Stigmastadienol)	$FC_{29}F$	3	0,91	
5α-Cholestan-3β-ol	C_{27}	3	0,89	0,85
Agnosterin	$2FC_{30}F$	2/3	0,86	
β-Sitosterin	FC_{29}	2	0,83	0,84
Stigmastan-3β-ol	C_{29}	1	0,73	

Tabelle 61. *Trennung von Sterinen und ihren Acetaten an Kieselgel G-Silbernitrat-Schichten [43]*
Fließmittel A und B s. Text; Nachweis: 0,2% Dibromfluorescein

Sterin	Kurz-bezeichnung	R_{St}-Wert der Sterine in A	R_{St}-Wert der Sterinace-tate in B
Agnosterin	$2FC_{30}F$	1,68	0,40
24-Dihydroagnosterin	$2FC_{30}$	1,61	
Lanosterin	$FC_{30}F$	1,70	0,78
Dihydro-β-sitosterin	C_{29}	1,14	1,30
5α-Cholestan-3β-ol	C_{27}	1,14	1,25
Cholesterin	FC_{27}	$\equiv$1,00	$\equiv$1,00
β-Sitosterin	FC_{29}	1,00	1,00
Δ7-Cholesten-3β-ol	FC_{27}	1,17	1,14
Δ7-Ergosten-3β-ol	FC_{28}	1,22	1,21
5-Dihydroergosterin	$FC_{28}F$	1,13	0,88
Stigmasterin	$FC_{29}F$	0,98	0,87
Vitamin D_2	$3FC_{28}F$	0,64	
Dihydrovitamin D_2	$3FC_{28}$	0,47	
Δ7,9(11),22-Ergostatrien-3β-ol	$2FC_{28}F$	0,83	
Δ9(11)-Dehydroergosterin	$3FC_{28}F$	0,69	
Brassicasterin	$FC_{28}F$	0,98(?)	0,68(?)

säure-Naphthochinonsulfosäure-Reagens blaue Färbungen für Δ^5- und $\Delta^{5,7}$-3β-Hydroxysterine bis 0,03 μg. Bezüglich der Vitamin D-Gruppe sei auf das Kapitel von BOLLIGER und bezüglich Gallenalkohole (neutrale C_{27}-Sterine) auf den Abschnitt XI über Gallensäuren verwiesen. Über die Gruppentrennung von Lipiden, darunter Cholesterin und seine Ester vgl. das Kapitel von MANGOLD.

VI. Neutrale C_{18}-C_{22}-Steroide
(Androgene, Gestagene, Corticosteroide)

Unter diese große und wichtige Klasse fallen vor allem die neutralen Derivate des Oestran-, Androstan- und Pregnan-Grundgerüstes (s. Abschnitt I). Erhebliche Trennprobleme stellen hier Plasma- und Harn-Corticosteroide, Plasma- und Harn-17-Ketosteroide, Progesteron-Metabolite, Steroidextrakte aus Nebennieren, Gonaden, Placenta, Tumoren, sowie die zahlreichen synthetischen Steroide androgener, gestagener oder adrenaler Richtung.

Ihr Bereich erstreckt sich von schwach polaren Monoketonen bis zu stark polaren Pentahydroxyderivaten, für welche sich teils Adsorptions- teils Verteilungschromatographie bestens eignet.

Es ist sehr einfach, für die *Adsorptions-DC* ein Fließmittel geeigneter Polarität zu finden; man kann es leicht auf Grund der Angaben in Abb. 125 und 126 ermitteln oder nach Wunsch in beliebigen Kombinationen variieren. Außer den dort angegebenen Fließmitteln werden häufig Toluol, Äthanol und gelegentlich Dioxan, Methyläthylketon oder Methylenchlorid und ähnliche verwendet. Ein Zusatz von 0,2—1% Wasser zu den Systemen ist unter Umständen vorteilhaft, wenn hohe Belastung oder geringe Löslichkeit (polare Corticosteroide) Schwanzbildung verursachen sollten.

Mehr oder weniger systematische Untersuchungen an Kieselgel sind schon seit 1958 unternommen worden, u. a. von AKHREM [4] und BARBIER [11] mit Gemischen von Cyclohexan-Äthylacetat, ferner von BENNETT und HEFTMANN [14], die mit schwach wasserhaltigen Gemischen arbeiteten: Chloroform-Methanol-Wasser (90 + 10 + 1; 94 + 6 + 0,5; 97 + 3 + 0,2) oder Chloroform-Äthylacetat-Wasser (10 + 90 + 1). Während allgemein mit Kieselgel G oder binderfreiem Kieselgel gearbeitet wurde — und auch heute noch wird — fanden SMITH und FOELL [153], daß sich auch Reis-Stärke gut als Binder eignet; ein großer Nachteil ist allerdings ihre Unbeständigkeit gegen aggressive Reagentien. Rein systematisch untersuchte LISBOA [109, 110, 214—216] das Verhalten vieler Androstan- und Pregnan-Derivate in Alkohol- oder Äthylacetat-haltigen Fließmitteln an Kieselgel G; FEHÉR [53] benutzte diese mehr für praktische Anwendungen wie Harnsteroid-analysen. Weitere Modifikationen führten QUESENBERRY und UNGAR [138] sowie GERALI [63] ein. TAKEUCHI [167] trennte in üblichen Fließmitteln an Wakogel B_5, einem Kieselgel-Gips japanischer Herkunft und etwa gleicher Güte.

Die tschechischen Gruppen [32, 79, 149, 150] fanden loses Aluminiumoxyd mit den üblichen Fließmitteln geeignet; für einen Routinebetrieb sind Platten mit losen Sorbentien eher nachteilig. Aluminiumoxyd-Gips würde sich hier anbieten, wenn Kieselgel nicht erwünscht wäre; letzteres ist jedoch das Sorbens der ersten Wahl. Trennungen an Calciumsulfat [119] oder sogar Polyamid [57] sind zwar möglich, aber kaum zu empfehlen. Magnesiumtrisilicat mit t.-Butanol-Hexan soll als Sorbens atypische Eigenschaften aufweisen [132]. Als Modifikation des Kieselgel G empfiehlt sich evtl. noch seine Mischung mit Kieselgur (1 + 1), wodurch eine Beschleunigung des Laufes erreicht werden kann [174].

Es ist nun nicht immer einfach, aus der Fülle der möglichen Fließmittelsysteme dasjenige mit den optimalen Trenneigenschaften aufzufinden. Sofern man weiß, um welche Verbindungen es sich handelt, kann man systematisch vorgehen und auf Grund der R_M und R_{Mg}-Werte nach Bush [28] die Auswahl treffen [71]. Da diese Methode zeitraubend und für Gemische unbekannter Zusammensetzung nicht zweckmäßig ist, verwendet man einfacher einige Fließmittelgemische ähnlicher Polarität aber stark verschiedener Zusammensetzung, evtl. auch die Durchlaufoder die Mehrfachentwicklung mit entsprechend schwächer polaren Fließmitteln, wie in Abschnitt III dargelegt. Nach Kohlenwasserstoff-Alkohol-Gemischen wird man mit Vorteil solche wählen, die ein Keton, einen Ester oder Äther enthalten. Besonders die beiden letzten verursachen oft eine für die Trennung nützliche Sequenzänderung. So wandert z. B. in Chloroform-Methanol Aldosteron vor Cortisol, Corticosteron vor Cortisol, 11-Dehydrocorticosteron vor Cortison; in Äthylacetat-Chloroform ist es umgekehrt. Dieser Unterschied ist allgemein zwischen 11 β-HO- und 11-Keto-Derivaten auffällig, wobei letztere in Äthylacetat „polarer" werden; dieses Verhalten kennt man bereits von der PC her (vgl. [129]). Im übrigen wird man bei sehr komplexen Gemischen weder mit PC noch DC mit einem einzigen System auskommen, sondern wendet mindestens 2 nacheinander an. Auch die knappe Trennung künstlicher Gemische, ein- oder zwei-dimensional, nützt noch wenig, denn die Komponenten in biologischen Extrakten sind in sehr unterschiedlicher Konzentration vorhanden. Eine Unterteilung in C_{19}- und C_{21}-Steroide ist dabei oft illusorisch, da sich beide Gruppen polaritätsmäßig weit überlappen; es ist daher von Vorteil selektive Nachweisreagentien zu verwenden, wie z. B. Blautetrazolium für die reduzierenden Corticosteroide oder m-Dinitrobenzol für die 17-Ketosteroide; über diese Möglichkeiten sowie allgemeine Nachweisreagentien höherer Empfindlichkeit aber fehlender Spezifität orientieren Tab. 58 und 59. Es lassen sich auch Kombinationen anwenden, z. B. zuerst Phosphorsäure, anschließend Phosphomylobdänsäure [181], oder nicht selektiv nachweisbare 17 β-Hydroxy-androstan-Derivate durch Chromsäureoxydation in die selektiv nachweisbaren 17-Ketosteroide überführen [110].

Auf die quantitative Auswertung der Chromatogramme, am besten durch Elution *vor* der Farbreaktion und nachfolgende Spektrophotometrie wird noch in mehreren praktischen Beispielen zurück zu kommen sein. Matthews u. Mitarb. [122] haben dieses Verfahren im Vergleich zur PC und GC genauer untersucht und befriedigende Resultate erhalten.

Über Struktur und chromatographisches Verhalten gilt für die schwächer polaren 17-Ketosteroide das bereits in Abschnitt IV gesagte: die Reihenfolge zunehmender Polarität ist im Prinzip also: 3-Keto, 5α < 3-Keto, 5β < 3β, 5β < 3β, 5β < 3α, 5α < 3β, Δ^5 < 3β, 5α < 3α, 5β < 11-Keto, 3α, 5α < 11-Keto, 3α, 5β < 11β-HO, 3α, 5α < 11β-HO, 3α, 5β.

Allerdings sind nur die axialen und epimeren Paare gut voneinander zu trennen; eine weitere Unterteilung bietet größere Schwierigkeiten, worauf bei den Beispielen der Harn-17-Ketosteroide noch eingegangen wird. Auch die Trennung des 3β, 5α-Isomeren (epi-Androsteron) von der wichtigen 3β, Δ^5-Verbindung (Dehydroepiandrosteron) geht nach normaler DC nicht. Wir haben bereits im vorigen Abschnitt gehört, daß in diesem Fall die Komplexbildung mit Silbernitrat-haltigen Schichten hilft. Viele synthetische „C_{19}"-Steroide enthalten neben dem 17β-Hydroxyl eine 17α-Alkylgruppe; letztere vermindert die Polarität in folgender Reihe $-CH_3$, $-C_2H_5$, $-CH{=}CH_2$ gleich wie $-C{\equiv}CH$, $-C_3H_7$.

Progesteron und 16-Dehydroprogesteron sind nicht zu trennen. Lisboa [109] gelang der Trick durch Umsetzung mit Isonicotinsäurehydrazid, welches mit Progesteron ein Dihydrazon, mit dem 16-Dehydro-Derivat nur ein Monohydrazon gibt. Neuerdings wäre für eine solche Trennung an Silbernitrat-Kieselgel zu denken.

Bei den höher polaren Steroiden, insbesondere den mehrere Keto- und Hydroxylgruppen haltigen Corticosteroiden, nehmen die Wechselwirkungen so stark überhand, daß die Sequenzen sehr viel stärker vom Fließmittel abhängig werden und sich überschneiden; für Steroide mit nur isolierten Hydroxylgruppen in verschiedenen Stellungen gelten die Sequenzen wie sie in Abschnitt IV angegeben wurden.

Die Verteilungs-Chromatographie der Steroide auf DC-Platten ist bisher noch relativ wenig angewandt worden, obwohl verschiedene Autoren [34, 37a, 65, 131, 173, 186, 229] gezeigt haben, daß sie entsprechend den längst bewährten PC Verfahren (vgl. Bush [28], Neher [129]) durchaus brauchbare Resultate zeitigt. Adsorption und Verteilung ergänzen sich auch hier in willkommener Weise durch teilweise verschiedene Sequenzen, wobei die Verteilung, wie bereits früher erwähnt, eher für die stärker polaren Verbindungen oder sehr komplexe Gemische bevorzugt wird. Daß diese Vorteile mit der eigentlichen DC-Technik nicht voll ausgenützt werden, kann man als stilles Eingeständnis auffassen, daß hier die PC das Feld behauptet, besonders da, wo sie sich bereits gut bewährt hat. Bezüglich Verteilungs-DC haben besonders Vaedke [173] und Yawata [186] für Corticosteroide Kieselgur mit Gips als Träger versucht, welchen sie mit Formamid oder Glykol in acetonischer Lösung imprägnierten; als mobile Phase dienten die bei der PC üblichen Fließmittel wie Hexan, Benzol und Chloroform, sowie deren Mischungen (Zaffaroni-Typ-Systeme). Yawata und Gold [186] konnten auch die Bush-Typ-Systeme auf die DC übertragen, indem sie die stationäre Phase aufsprühten oder mit Methanol verdünnt aufzogen, wie dies als Variante von der PC her bekannt ist [129]. Diese Systeme ließen sich genau wie auf Filterpapier auch auf Celluloseplatten anwenden [131], auf denen die Flecke etwas kleiner ausfallen als auf Kieselgur; andererseits sind die

Flecke bei der DC mit Zaffaroni-Typ-Systemen kleiner als mit den wäßrigen. Immerhin ist diese Ausführungsform etwas Zeit- und Materialsparend. Göldel et al. [65] und Sonanini et al. [229] haben die Verteilungs-DC an Kieselgel-Gips nach allen Varianten mit Zaffaroni-Typ-Systemen für Corticosteroide erfolgreich verwenden können. Für C_{19}-Steroide hat dies Chang [34] mit Äthylenglykol als stationäre Phase und mit Benzol-Methylcyclohexan oder Mischungen mit Chlorkohlenwasserstoffen als mobile Phase getan.

Praktische Anwendungen der Adsorptions-DC

Die Trennung und Bestimmung von *17-Ketosteroiden im Harn* ist von verschiedenen Gruppen untersucht [35, 36, 48, 53, 74, 141, 160, 232], meist aber nur bis zu einer Gruppentrennung vorangetrieben worden. Stárka u. Mitarb. [160] trennen den entfetteten Extrakt an Aluminiumoxyd mit Fließmitteln wie Benzol-Äthanol (94 + 6), Methylenchlorid-Äthylacetat (93 + 7) eindimensional oder Methylenchlorid multipel, besprühen nur leicht mit m-Dinitrobenzol-Reagens, eluieren mit Äthanol und führen dann die Bestimmung erst in vitro mit m-Dinitrobenzol aus (Wiedergewinnung etwa 80%).

Eine genaue Arbeitsvorschrift und Resultate geben Hamman u. Martin [74]. Der Extrakt eines enzymatisch hydrolysierten bzw. solvolysierten Urinaliquots wird an Aluminiumoxyd G in der 1. Dimension mit Benzol-Methanol (65 + 35) 16 cm entwickelt, in der 2. Dimension mit Diäthyläther-Äthylacetat (50 + 50) und für jede Dimension ein Standardgemisch parallel auf der anderen Seite. Eine erste Platte besprüht man mit m-Dinitrobenzol, auf der zweiten lokalisiert man die Steroide entsprechend den Standards und dem Muster auf der ersten Platte, eluiert die abgekratzten Zonen und colorimetriert sie mit m-Dinitrobenzol gegen Dehydroepiandrosteron; die Trennung ist schematisch in Abb. 127 wiedergegeben, wobei der Fleck DHEA noch 3 β-Hydroxy-5 α-androstan-17-on enthält. Die Empfindlichkeitsgrenze liegt bei etwa 2—3 µg pro Steroid, die mittlere Wiedergewinnung 95%. Die Trennung wird sehr erleichtert, in dem man die Glucuronid- und Sulfatgebundenen 17-Ketosteroide separat bestimmt (als Sulfate liegen bevorzugt Dehydroepiandrosteron und andere 3 β-Hydroxysteroide vor, als Glucuronide die 3 α-Hydroxysteroide wie 3 α-Hydroxy-5 α- und 5 β-androstan-17-on). Ein Vergleich mit dem Ergebnis der PC fiel befriedigend aus, obwohl die erzielte DC-Trennung sicher noch nicht optimal ist. Da Diäthyläther und Äthylacetat verschiedene Sequenzen verursachen [131], leuchtet die Verwendung ihrer Mischung nicht ein. Über eine DC-Methode zur Bestimmung von Dehydroepiandrosteron vgl. [232]. Neuerdings tritt die GC mit noch besseren Trennungen für diese Bestimmungen in erfolgreiche Konkurrenz, wobei die DC normalerweise zur Vorreinigung herangezogen wird.

Ähnlich liegen die Verhältnisse bei den 17-Ketosteroidbestimmungen im Plasma [53], wobei die Gemische weniger komplex, dafür aber die zur Verfügung stehenden Mengen wesentlich geringer sind. Die quantitative Seite der 17-Ketosteroidbestimmung verfolgten Matthews et al. [122]

genauer. Für die Bestimmung von *Testosteron im Harn* [*93, 177, 178*] dient die DC hauptsächlich als Vorreinigung für die GC oder Isotopen-Verdünnungsmethode: Die von Ibayashi et al. [*93*] benützte Reihenfolge der Operationen ist: Extraktion → 1. DC (Be-Äthylacetat 50 + 50) → Acetylierung 2. DC (Benzol-Äthylacetat 60 + 20) → GC; Vermeulen und Verplancke [*177*] verfuhren folgendermaßen: Extraktion → Aluminiumoxyd-Säule → 1. DC (CHCl$_3$-Äthylacetat 80 + 20) → CrO$_3$-Oxydation → 2. DC (Benzol-CHCl$_3$-Äthylacetat (60 + 20 + 20) → Mikro-Farbreaktion und Radiometrie. *Testosteron im Plasma* bestimmten

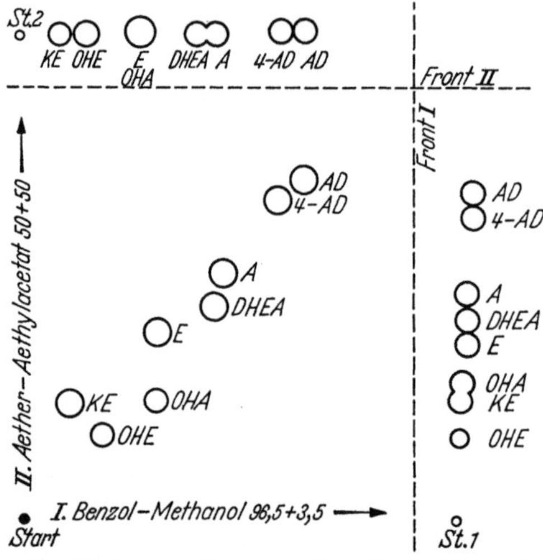

Abb. 127. Auftrennung einer Mischung von 17-Ketosteroiden in 2-dimensionaler DC an Aluminiumoxyd [*74*]. *A* Androsteron (3 α,5 α), *AD* 5 α-Androstan-3,17-dion, 4-*AD* Androst-4-en-3,17-dion, *DHEA* Dehydro-epiandrosteron (3 β,Δ⁵), *E* Ätiocholanolon (3 α,5 β), *KE* 11-Ketoätiocholanolon (3 α,5 β), *OHA* 11 β-Hydroxy-androsteron (3 α,5 α), *OHE* 11 β-Hydroxyätiocholanolon (3 α,5 β)

Burger et al. [*27*] mit der Doppelisotopen-Technik nach DC-Vorreinigung. Die neuerdings zur Bedeutung gelangte Bestimmung der C$_{19}$-16-Dehydrosteroide im Urin bedient sich teilweise auch der DC [*25, 68*]. Gower [*68*] konnte die verschiedenen Epimeren durch multiple DC an Kieselgel G und mit Benzol-Methyläthylketon (90 + 10) in der erwarteten Reihenfolge 3 β, 5 α — 3 β, Δ⁵ — 3 α, 5 β — 3 α, 5 α — 3-Hydroxy-aromatisch, auftrennen. Eine leichtere Trennung ist jedoch durch GC der Trimethylsilyäther zu erreichen [*25*]. Die starke Konkurrenz oder Symbiose DC-GC trifft man u. a. ebenfalls bei der Bestimmung von *Progesteron in Plasma* oder Gewebe-Extrakten an [*39, 60, 156, 182*], zum Teil durch die bessere Empfindlichkeit der GC bedingt. Die in größerer Konzentration im Harn vorliegenden *Pregnandiole* und *Pregnantriole* sind dagegen dankbare Objekte der DC. Seit der Arbeit von Waldi [*180, 182*] über eine Schnellbestimmung von Pregnandiol zum Nachweis der Frühschwangerschaft ist diese Methode von Stárka [*159*], Bang [*10*] und Lau [*107*] modifiziert oder verfeinert (und kompliziert) worden, von letzterem durch finale Anwendung der GC. Eine größere

Anzahl von DC-Varianten ist erst kürzlich beschrieben worden [*199, 200, 213, 220, 222, 225, 230*]. Näher wird darauf im Kapitel von ZÖLLNER eingegangen. Die zur Beurteilung der Nebennierenrinden-Funktion wichtige Gruppe der Pregnantriole und deren Bestimmung im Harn mit DC-Methoden sind von CHANG-SHEN [*35*], FEHÉR [*53*] und STÁRKA [*158*] untersucht worden, ohne zu bereits ausgefeilten Methoden gelangt zu sein.

Corticosteroide aus Harn oder Gewebeextrakten, sei es in metabolisierter oder unveränderter Form erwiesen sich als dankbare Klasse für die An-, wendung der DC [*2, 3, 19, 31, 123, 133, 138, 190, 191, 194, 205, 206, 217*], die hier in Konkurrenz zur PC tritt. Bei Anwendung der Adsorptions-DC ist auf die Labilität der Corticosteroide vermehrt Rücksicht zu nehmen [*123, 138*]. ADAMEC et al. [*2, 3*] trennten an Kieselgel G nacheinander auf der gleichen Platte und in gleicher Richtung mit 1. destilliertem Wasser (Vorreinigung), 2. CH_2Cl_2-Äthanol $(95 + 5)$ und 3. $CHCl_3$-Äthanol $(93 + 7)$ und bestimmten nach oberflächlicher Benetzung mit Blautetrazolium die lokalisierten Zonen im Eluat nach PORTER-SILBER quantitativ; die Zonen waren noch nicht einheitlich und bildeten gewisse Steroidgruppen. NISHIKAZE et al. [*133*] wandte die 2-dimensionale Technik an, gelangten aber auch nur zu Gruppentrennungen, wie bei diesen komplexen Gemischen nicht anders zu erwarten war.

CAVINA und VICARI [*31*] trennten auf 37 cm langen Kieselgel G-Platten und erhielten insbesondere mit Chloroform-Methanol $(90 + 10)$ in $2^{1}/_{2}$ Std eine gute Auftrennung der metabolierten Corticosteroide. Eine Zugabe von wenig Wasser würde die leichte Schwanzbildung vermutlich beseitigen. Sequenzunterschiede traten bei Verwendung Äthylacetathaltiger Fließmittel auf. Die quantitative Bestimmung erfolgte nach UV-Absorption oder Formazanbildung mit Blautetrazolium. Bei Anwesenheit von Tetrahydrometaboliten gelang erwartungsgemäß nur eine Trennung in Gruppen, zu deren völliger Auflösung nach Elution eine Rechromatographie in anderen Fließmitteln erforderlich ist, ebenso wie bei der PC; letztere leistet hier in ihren modernen Varianten in der gleichen Zeit sicher gleich viel (vgl. [*129*]). Während sich im erstgenannten Fließmittel Tetrahydrocorticosteron von Tetrahydro-S nicht trennte, gelang dies im 2. Fließmittel gut, dagegen lief wiederum in diesem Tetrahydrocorticosteron mit Cortison zusammen. Bei der DC auf so langen Platten scheint der Neigungswinkel eine kritische Rolle zu spielen [*31*]. McCARTHY et al. [*123*] sowie QUESENBERRY und UNGAR [*138*] publizierten kürzlich über ihre Resultate mit der DC der sehr labilen 18-Hydroxycorticosteroide und beachteten zum Teil die gleichen Erscheinungen, die bei der PC auftreten [*129*]. Gewisse Diskrepanzen scheinen im Fall des 18-Hydroxy-11-desoxycorticosterons zu bestehen [*123*]. Zur DC-Analyse von Corticosteroiden in Nebennierengewebe vgl. [*190*] und [*217*]. GERDES und STAIB [*205*] bestimmen Harn-Cortisol fluorometrisch nach DC-Trennung.

Die Anwendung der DC auf die *Harn-Aldosteron*-Bestimmung versuchten AUDRIN et al. [*7*], BENRAAD und KLOPPENBORG [*17, 191*], BRUINVELS [*26*], NISHIKAZE und STAUDINGER [*134*], und GERDES und

Staib [206], teils erst theoretisch, teils praktisch. Die am besten untersuchte Methode scheint diejenige von Audrin et al. und Gerdes und Staib zu sein, erweist sich aber keineswegs als kürzer oder einfacher gegenüber den 2-Stufen-PC-Methoden [129a] und nicht wesentlich empfindlicher, so daß vorläufig kaum irgendwelche Vorteile ersichtlich sind.

Als weitere Anwendungsbeispiele seien noch einige aus der Naturstoffchemie und andere aus der synthetischen Chemie angeführt: Entfernung von Pigmenten aus Organextrakten [147], Trennung fäkaler Sterine [144] und von Glucocorticosteroiden in Galle und Duodenalsaft [146]. Sehr wertvoll erweist sich die DC als Schnellanalysenmethode bei mikrobiologischen Transformationen von Steroiden [124]; sie läßt sich auch gut zur Wiedergewinnung und Trennung der Steroide von Scintillatoren nach der Radiometrie einsetzen [143]. In der synthetischen Chemie dient die DC besonders zur Kontrolle der Umsetzungen, der Einheitlichkeit und Stabilität [194], sowie zu semipräparativen Trennungen: Tschesche et al. [171] gaben ein instruktives Beispiel der Anwendung auf die Reaktionskinetik. 17α-Äthinylsteroide lassen sich leicht an Silbernitrat-Kieselgelschichten von den gesättigten Analogen trennen [50]; Differenzierung von 19-Norsteroiden [64] und deren Stabilitätsprüfung [61], Trennung und Reinheitsprüfung synthetischer Corticosteroide [37a, 71a]. Unterscheidung von syn- und anti-Oximen [66]; Umsetzungen von Δ^5-3β-Hydroxysteroiden [63], Identifizierung in Sesamölpräparationen [101], quantitative Analyse pharmakologisch wirksamer Pregnenderivate [21]. Über die quantitative Analyse von Steroiden mittels DC vgl. Matthews et al. [122].

VII. Herzglykoside und Aglykone
(Cardenolide, Bufadienolide)

Die in bestimmten Gruppen von Pflanzen und in Krötensekreten befindlichen Stoffe bestehen aus giftigen, auf den Herzmuskel wirksamen Glykosidgemischen, denen folgende beide Aglykon-Skelete zugrunde liegen:

Die am C_3 befindliche Hydroxylgruppe der Cardenolide ist ätherartig mit einem oder mehreren Zuckern verknüpft, wodurch die Polarität dieser Verbindungen stark beeinflußt wird. Am Beispiel der Digitalisglykoside hat Waldi [101] die in Tab. 62 wiedergegebene Abhängigkeit

Tabelle 62

Anordnung der Digitalisglykoside nach ihrer Polarität

D = Digitoxose Ac = Acetyl G = β-Glukose OH = Hydroxylgruppe

Zunehmend polar →

Reihe:	A	E	B	C	D
an C$_3$:					
HO- Aglykone	1 Digitoxigenin	2 Gitaloxigenin	5 Gitoxigenin	6 Digoxigenin	9 Diginatigenin
D-D-D-O- Sekundärglykoside	3 Digitoxin	4 Gitaloxin	7 Gitoxin	8 Digoxin	12 Diginatin
Ac ‖ *G-D-D-D-O* Primärglykoside von *Digitalis lanata*	10 Lanatosid A	11 Lanatosid E	13 Lanatosid B	15 Lanatosid C	18 Lanatosid D
G-D-D-D-O- Primärglykoside von *Digitalis purpurea*	14 Desacetyl-Lanatosid A (= Purpureaglykosid A)	16 [Desacetyl-Lanatosid E]	17 Desacetyl-Lanatosid B (= Purpureaglykosid B)	19 [Desacetyl-Lanatosid C]	20 [Desacetyl-Lanatosid D]

Zunehmend polar →

der Polarität von den strukturellen Anteilen dargestellt. Außer *Digitalis purpurea* und *D. lanata*, aus welchen bereits etwa 90 Glykoside bekannt sind, liefern u. a. *Strophanthus kombé* und *St. gratus Urginea* maritima L., (= syn. *Scilla maritima* L.), *Convallaria majalis L., Adonis vernalis L.* und *Nerium oleander* Inhaltsstoffe dieser Wirkung, die in sehr komplexen Gemischen vorliegen, und zu deren Trennung schon sehr früh und mit großem Erfolg alle möglichen chromatographischen Methoden herangezogen worden sind (vgl. in [*129*]). Unverzüglich haben verschiedene Forschergruppen ihre Erfahrungen von der Säule und PC auf die DC übertragen (vgl. z. B. Duncan [*47*]) und in vielen Arbeiten mit gutem Erfolg neben der PC angewandt (z. B. [*95a*, *108a*]), nachdem auch Tschesche u. Mitarb. (z. B. [*168*]) schon mit einfachen Fließmitteln wie Äthylacetat und Butylacetat eine Reihe von Aglykonen oder ihre Acetate wenigstens teilweise trennen konnten. Das gleiche Fließmittel verwendeten z. B. auch Lewbart et al. [*108a*] im Durchlauf für die Trennung von Sarmentogenin- und Periplogeninglycosiden.

Im allgemeinen bewährt sich eher der Typ der Verteilungschromatographie für diese große Zahl ziemlich polarer Stoffe und zwar in Form der PC, die hier sehr oft bessere Trennungen ermöglicht. Die Verteilungs-DC läßt sich z. B. an Kieselgel G mit Benzol oder $CHCl_3$ und 5—50% Zusatz von Methanol, Propanol, iso-Propanol, Butanol, Aceton, Methyläthylketon oder Äthylacetat [*47*] durchführen. Bei stärker wasserlöslichen Anteilen verwendeten Manzetti und Reichstein [*118*] wassergesättigtes Methyläthylketon oder Methyläthylketon-Benzol (90 + 10) an mit Aceton-Wasser (70 + 30) imprägnierten Kieselgel-Platten, während für schwächer polare Digitoxigenin- und Oleandrigenin-Glycoside Cyclohexan-Methyläthylketon (50 + 50) und (40 + 60) genügen [*95a*]. Duncan [*47*] hat beobachtet, daß hydroxylgruppenhaltige Stoffe in alkoholhaltigen Fließmittelsystemen schneller laufen als in solchen gleicher Dielektrizitätskonstante ohne Alkohol. Der *Rf*-Wert eines sek. Alkohols nahm in folgender Reihenfolge der Fließmittel gleicher Dielektrizitätskonstante ab: $CHCl_3$-iso-Propanol; $CHCl_3$-Methanol; $CHCl_3$-Aceton.

Görlich [*67*] verwendete für Scillaglykoside Äthylacetat-Methanol (95 + 5), Methyläthylketon-Toluol-Methanol-Essigsäure-Wasser (80 + 10 + 5 + 2 + 6) und Äthylacetat-$CHCl_3$ (90 + 10) an Kieselgel G, Steidle [*161*, *162*] wassergesättigtes Methyläthylketon an Kieselgel G, trennte in Zonen, rechromatographierte mit ähnlichen Gemischen und spektrophotometrierte. Stahl und Kaltenbach [*154*] gelang bereits 1961 durch Einführung von Methylenchlorid-Methanol-Formamid (80 + 19 + 1) an Kieselgel, komplizierte Gemische von Digitalisglykosiden zu trennen, s. Abb. 128 und Sonanini [*228*]. Fauconnet und Waldesbühl [*52*] machten sich diese Erfahrungen zunutze und modifizierten das System zu Methylenchlorid-Methanol-Wasser (87 + 12 + 1), (80 + 19 + 1) und anderen. Mit abnehmendem *Rf*-Wert trennen sich die Gruppen der acetylierten Sekundärglykoside, der Aglykone, der Sekundärglykoside, der Primärglykoside und der Desacetyl-primärglykoside, wenn auch innerhalb der Gruppen noch keine völlige Trennung zu erreichen ist. Es ist klar, daß sich bei dieser Zusammensetzung von Fließmitteln starke Lösungsmittel-Gradienten am Kieselgel ausbilden. Diese Systeme sind z. T. recht empfindlich gegen Überladung.

Auch Systeme wie Äthylacetat-Pyridin-Wasser (50 + 10 + 40); obere Phase) eignen sich mit Kieselgel zur Trennung der Herzglykoside, wie STEINEGGER und VAN DER WALT [163] an den Inhaltsstoffen der weißen und roten Meerzwiebeln (*Urginea maritima var.*) zeigen konnten.

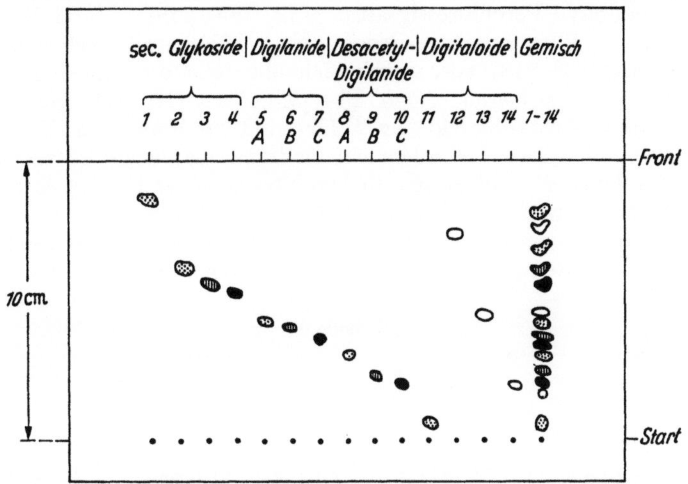

Abb. 128. Trennung der Herzglykoside nach STAHL u. Mitarb. [154]. *1* Acetyldigitoxin, *2* Digitoxin, *3* Gitoxin, *4* Digoxin, *5* Digilanid A, *6* Digilanid B, *7* Digilanid C, *8* Desacetyldigilanid A, *9* Desacetyldigilanid B, *10* Desacetyldigilanid C, *11* k-Strophantosid, *12* Cymarin, *13* Proscillaridin A, *14* Scillaren A, *1—14* Gemisch. Mit Methylenchlorid-Methanol-Formamid (80 + 19 + 1) auf Kieselgel G getrennt. Nachweis: Reag. Nr. 31. Farben: im UV (365 mμ): hellgelb = □; braun-gelb = ▦; hellblau = ▨; violettblau = ■

REICHELT und PITRA [140] verwendeten von vornherein mit 25% Wasser oder 43% Essigsäure-Wasser (1 + 1) desaktiviertes Silicagel als lose Schicht und wassergesättigtes Benzol-Äthanol (60 + 20) zur Trennung verschiedener Cardenolide (Reinsubstanzen).

Schließlich hat SJÖHOLM [152] ausführlich über die DC von 28 Digitalisglykosiden und Aglykonen in 2-dimensionaler Technik an Kieselgel G berichtet. In erster Dimension wurde Äthylacetat-Methanol-Wasser (80 + 5 + 5), in 2. Chloroform-Pyridin (60 + 10) angewendet. Selbstverständlich sind auch so nur Gruppentrennungen zu erzielen. Es wurden die R_{St}-Werte in beiden Fließmitteln und Farbreaktionen mit dem Reagens p-Anisaldehyd-Perchlorsäure angegeben. Für die eindimensionale DC der glucosehaltigen Digitalisglykoside diente Methyläthylketon-Chloroform-Formamid (50 + 20 + 10). Nach Befunden von WALDI [181] ist die Mehrfachentwicklung mit weniger polaren Fließmitteln für die DC etwas größerer Mengen zweckmäßig; er schlägt folgendes Verfahren vor: Bei einem ersten Lauf mit Cyclohexan-Aceton-Essigsäure (49 + 49 + 2) wandern die Aglykone der Digitalisglykoside etwa bis zur Mitte (Digitoxigenin h.*Rf* 68, Gitoxigenin 51, Digoxigenin 48, Digitoxin 42); die Sekundärglykoside liegen aufgetrennt dahinter und wandern beim 2. Lauf in den h.*Rf*-Bereich 40—70, während die Primärglykoside noch unter 20 liegen; letztere trennen sich dann beim 3. und 4. Lauf ganz auf. Weitere Anwendungsbeispiele für Digitalisglykoside sind in [*208, 210, 235*] und für Strophantusglykoside in [*195*] zu finden.

Über den Nachweis geben Tab. 58 und 59 Auskunft; besonders gut bewährt sich das Chloramin-Trichloressigsäuregemisch (Reag. Nr. 45) und Anisaldehyd-Perchloressigsäure [*152*]. FAUCONNET und WALDESBÜHL zogen Phosphorsäure-Brom (Nr. 201) und Schwefelsäure-Hypochlorit (Nr. 218) vor, womit sich ebenfalls die einzelnen Gruppen differenzieren lassen. Auch Phosphorsäure (Nr. 200) allein oder Schwefelsäure-Acetanhydrid (Nr. 217D) sind gut brauchbar. Die Reichstein-Gruppe benützt vor allem ein modifiziertes Kedde-Reagens (Nr. 73) zum selektiven und empfindlichen Nachweis der Cardenolide (blauviolett). Mit Tetranitrodiphenyl erhält man blaue Flecken, mit Trinitrobenzoesäure orange-rote [*219*]. Bei der DC ist folgende Differenzierung beobachtet worden (Variationen kommen je nach Sorptionsmittel vor):

Tabelle 63

Digitalis-glykoside	UV-Fluorescenz Chloramin-Trichloressigsäure	Tageslicht Phosphorsäure (UV-Fluorescenz) [*123*]	Tageslicht Anisaldehyd-Perchlorsäure	UV-Fluorescenz Phosphorsäure-Brom	UV-Fluorescenz Schwefelsäure-Hypochlorit
A-Reihe	braun-gelb	blau-schwarz	blau-blau-schwarz	orange	rosa-braun
B-Reihe	hellblau	braun-violett (blau)	rot-braun	blau	rosa-braun
C-Reihe	violettblau	grauviolett (blau)	blau-violett	grün-blau	blau-grün
D-Reihe		(blau)	rot-blau	hellblau	grau-blau
E-Reihe		(blau)		graugrün-grau-blau	rosa-braun

Über die DC von Bufadienoliden liegen erst wenige Arbeiten vor. ZELNIK und ZITI [*187, 188*] trennten an Kieselgel-Gips mit üblichen Fließmitteln wie Äthylacetat, Äthylacetat-Cyclohexan (40 + 80), (80 + 20), Äthylacetat-Aceton (90 + 10), Äthylacetat-Methanol (90 + 10) oder wassergesättigtem Äthylacetat und machten mit Antimontrichlorid sichtbar.

Über die guten Möglichkeiten der PC der Klasse der Cardenolide und Bufadienolide vgl. [*129*]. Je nach Trennproblem liefert die eine oder andere Methode gute Resultate, im allgemeinen wird jedoch hier die PC vorgezogen.

VIII. Saponine und Sapogenine

Dieser Klasse pflanzlicher Inhaltsstoffe, die teilweise zusammen mit den Herzglykosiden vorkommen, liegt das Spirostangerüst zugrunde.

Hier sind je nach der α- oder β-Stellung der Methylgruppe in 25 und des Tetrahydropyranringes an C_{22} zusätzliche Isomere möglich.

In den *Saponinen* ist die 3 β-Hydroxygruppe mit Zuckerresten ätherartig verknüpft, wodurch das Molekül sehr stark polar wird. Wie schon früher erwähnt, sind solche Stoffe am besten durch Verteilungschromatographie (PC oder DC) zu differenzieren, wobei Cellulose, Kieselgur oder Kieselgel als Träger dienen kann. Während CARRERAS-MATAS [30] Formamid-imprägniertes Kieselgel wählte, untersuchten KAWASAKI und MIYAHARA [98] zahlreiche Saponine an Kieselgel G mit wäßrigen Fließmitteln, wie wassergesättigtes Butanol oder Chloroform-Methanol-Wasser (65 + 35 + 10, untere Phase). Die Rf-Werte hängen von der Anzahl der Zucker- und der Hydroxylgruppen in Zucker- und Aglykon-Anteil ab und lassen eine Trennung meist nur in Gruppen zu. Peracetate und Permethylate können, da nur noch schwach polar, nach üblicher Adsorptions-DC, z. B. in Chloroform-Äthanol (100 + 2) oder Benzol-Aceton (80 + 20) chromatographiert werden.

Sapogenine, insbesondere die Monohydroxysapogenine, eignen sich weit besser für Trennungen, sowohl nach dem Adsorptions- wie Verteilungsprinzip. Eines der wichtigsten Sapogenine ist das Diosgenin, das hauptsächlichste Ausgangsmaterial für die synthetische Steroidchemie. Viele der üblichen Fließmittel für mittelpolare Steroide (vgl. Abb. 125 und 126) sind für den Lauf einer großen Anzahl Sapogenine und ihrer Acetate an Kieselgel [22, 120, 145, 153, 166, 169, 170a] oder Aluminiumoxyd [32, 79] angewandt worden, wobei eine vernünftige Trennung teils nur durch Kombination mehrerer Systeme zu erzielen ist. BENNETT und HEFTMANN [15] sowie SCHREIBER u. Mitarb. [148] untersuchten die Möglichkeit der Trennung wichtiger kritischer Paare oder Gruppen, insbesondere der C_{25}-Isomeren genauer. Es wird empfohlen, ein unbekanntes Gemisch zuerst in freier Form in relativ polaren Fließmitteln wie Dichlormethan-Methanol-Formamid (93 + 6 + 1), Cyclohexan-Äthylacetat (50 + 50) oder Chloroform-Methanol (94 + 6) in Gruppen zu trennen, dann zu acetylieren und mit einem schwächer polaren System wie Chloroform-Toluol (90 + 10) auf Kieselgel G weiterzufahren. Letzteres System, an einer Mischung Kieselgel-Kieselgur (1 + 1) angewandt, trennte die C_{25}-Isomeren sogar in freier Form, wenn auch etwas weniger gut. Im gleichen System (auf Kieselgel-G) ließen sich die 5α, 5β und Δ^5-Sapogenine als Acetate trennen (in umgekehrter Sequenz als sonst bei den freien Epimeren üblich). An Silbernitrat-haltigem Kieselgel kann man neuerdings auch die 5α- und Δ^5-Sapogenine (z. B. Tigogenin von Diosgenin) leicht in freier Form trennen, was früher nur schwierig im Verteilungs-System

Hexan-Toluol-Äthanol-Wasser (60 + 30 + 3 + 27) möglich war. In
letzterem, nur mit sehr kleinen Substanzmengen (<0,2 μg) beladbarem
System war die Reihenfolge der Rf-Werte folgende: Smilagenin (5 β, 25 α)
>Tigogenin (5 α, 25 α) >Diosgenin ($Δ^5$, 25 α) und Sarsasapogenin (5 β,
25 β) >Neotigogenin (5 α, 25 β). Dagegen erschien die Reihenfolge der
Acetate in Chloroform-Toluol (90 + 10) an Kieselgel G: Tigogenin
(5 α, 25 α) >Diosgenin ($Δ^5$, 25 α) >Smilagenin (5 β, 25 α) >Neotigogenin
(5 α, 25 β) >Sarsasapogenin (5 β, 25 β). Die 25 β-Sapogenine verhalten
sich also in freier und acetylierter Form polarer als die 25 α-Isomeren;
dagegen sind die 5 β-Sapogenine weniger polar in freier Form als die 5 α-
Epimeren und umgekehrt in acetylierter Form.

Über den Nachweis vgl. Tab. 58 und 59. Die Kombinationen von aromatischen Aldehyden mit Säuren (Nr. 15, 118, 211, 246, 247, 253), Chlor-
sulfosäure-Essigsäure (Nr. 49), Schwefelsäure (Nr. 217) und Antimontrichlorid (Nr. 19) werden gerne hierfür verwendet.

IX. Aminosteroide, Steroidalkaloide und Glykoside

Es handelt sich u. a. um Verbindungen folgender Strukturen:

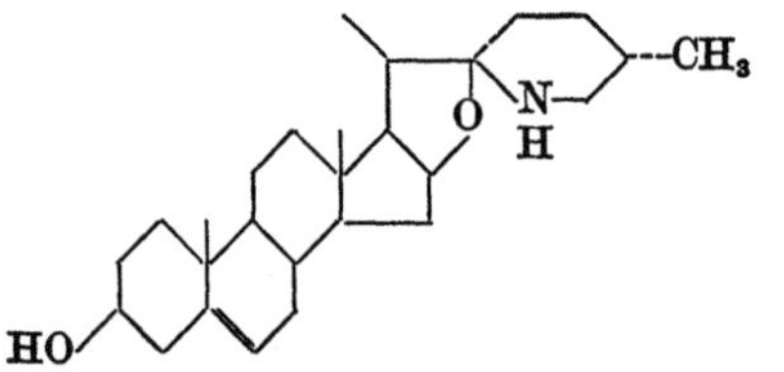

$C_{27}N$, $Δ^5$-Tomatiden-3 β-ol
(5 α-H: Tomatidin)

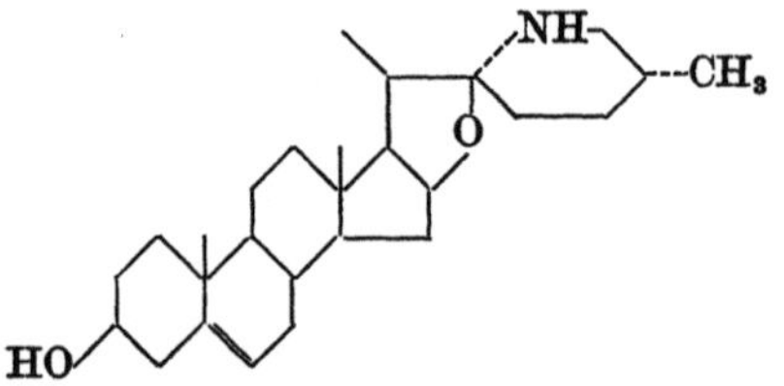

$C_{27}N$, Solasodin
(5 α-H: Soladulcidin)

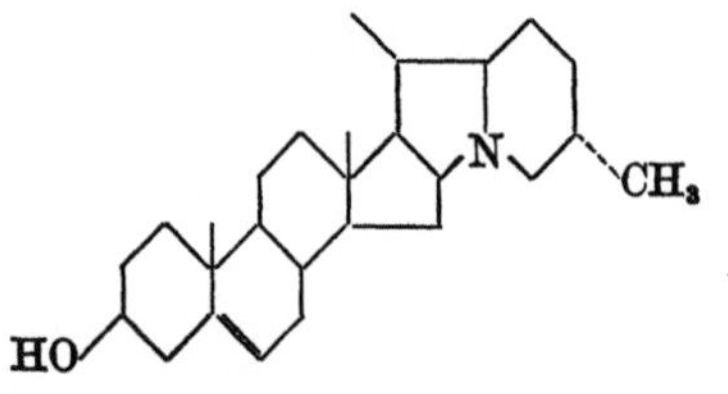

$C_{27}N$, Solanidin

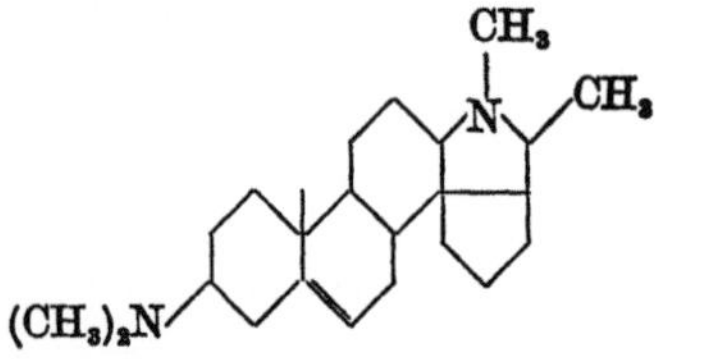

Conessin

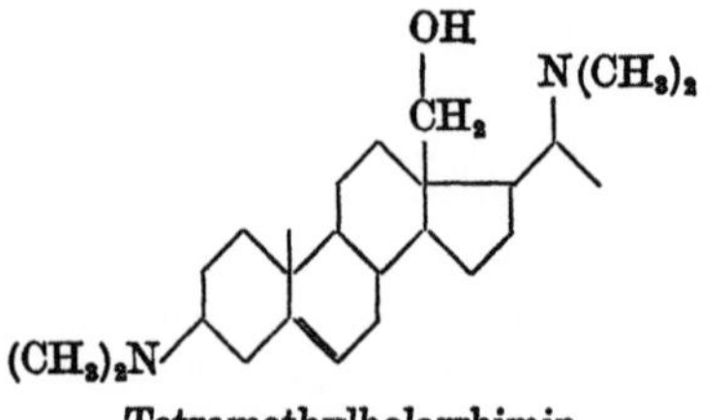

Tetramethylholarrhimin

Die Solanumglykoside z. B. setzen sich folgendermaßen zusammen:

α-Solanin: Solanidin + Galactose + Glucose + Rhamnose
α-Chaconin: Solanidin + Glucose + Rhamnose + Rhamnose
Solasonin: Solasodin + Galactose + Glucose + Rhamnose
Solamargin: Solasodin + Glucose + Rhamnose + Rhamnose
α-Solamarin: Δ^5-Tomatiden-3β-ol + Galactose + Glucose + Rhamnose
β-Solamarin: Δ^5-Tomatiden-3β-ol + Glucose + Rhamnose + Rhamnose

Die C_{25}-Isomeren der Solanum-Alkaloide sind leichter zu trennen als die entsprechenden der Sapogenine.

Was die Glykoside selbst betrifft, kommen wie bei den Saponinen Verteilungs-Systeme in Frage, teils unter Zusatz von Basen und Säuren. So gelingt die Gruppentrennung an Kieselgel z. B. mit Essigsäure-95proz. Äthanol (20 + 60) [136], wassergesättigtem Butanol [98] oder besonders gut nach der Anzahl der beteiligten Zuckerreste mit Äthylacetat-Pyridin-Wasser (30 + 10 + 30, obere Phase) bzw. Chloroform-Äthanol-1proz. $-NH_4OH$ (40 + 40 + 20, untere Phase) nach BOLL [24]. Für die Aglykone wurde Chloroform-Aceton (60 + 20) oder Chloroform-Methanol (95 + 5) vorgeschlagen. Die Trennung der Aglykone haben besonders SCHREIBER et al. [148] mit dem altbekannten Cyclohexan-Äthylacetat (50 + 50) auf Kieselgel G untersucht, wobei die Auftrennung nur bis zu Gruppen gelang; wiederum liefen die 3β, Δ^5- und 3β, 5α-Paare zusammen. Sie ließen sich entweder durch selektive Oxydation der empfindlicheren 3β, 5α-Isomeren zu 3-Keto-5α-Steroiden durch Chromsäure in Pyridin differenzieren, oder aber auf Silbernitrathaltigen Kieselgelschichten; letzteres Verfahren versagte allerdings im Falle von Δ^5-Tomatiden-3β-ol/Tomatidin und von Solasodin/Soladulcidin.

Die Isomeren mit dem 6-Ring-Stickstoff in α-Stellung an C_{22} sind polarer als diejenigen mit β-Stellung.

Die *Kurchi*- oder *Hollarrhena*-Alkaloide, darunter auch das einen Pyrrolidinring enthaltende Connessin, und ihre Derivate sowie verschiedene Amino-Pregnane und -Cholestane wurden eingehend von LABLER und CERNY bearbeitet [105, 106]. Als Fließmittel bewährte sich Benzol oder Diäthyläther, gesättigt mit konz. wäßrigem Ammoniak, auf gipshaltigem Kieselgel. Die systematische Untersuchung führte zu aufschlußreichen Resultaten über die Beziehung von Struktur und chromatographischem Verhalten, worüber bereits in Abschnitt IV berichtet worden ist.

Weitere Arbeiten befassen sich mit der DC von Iminocholestanen [1] und Steroid-Oximen [66, 102] unter Verwendung üblicher Fließmittel, evtl. unter Zusatz von Essigsäure.

Der Nachweis der Stickstoff-haltigen Steroide bietet keine Schwierigkeit, gestattet doch die Gegenwart basischer Gruppierungen neben den üblichen, meist sauren Reagentien nach Tab. 58 und 59 auch solche zu gebrauchen, die für die Sichtbarmachung von Alkaloiden dienen: Dragendorff-Reagens (Nr. 88), Jodplateat (Nr. 140) oder Cersulfat (Nr. 41).

X. Phenolische Steroide (Oestrogene)

Die gründlichsten systematischen Untersuchungen über die Trennung und Charakterisierung von 24 phenolischen Steroiden durch DC an Kieselgel stammen von Lisboa und Diczfalusy [112, 113]; mit einbezogen sind verschiedene Derivate und Mikroreaktionen zu deren Herstellung sowie 2 Dutzend Farbreaktionen von 32 dieser Verbindungen. Über weitere systematische Arbeiten wurde von Diamantstein und Lörcher [45a], Takeuchi [167] und Stárka [157] berichtet. Alle diese Arbeiten betreffen allerdings Chromatogramme und Trennungen künstlicher Mischungen, die noch nicht viel über die Eignung der Methode bei Extrakten aus biologischem Material aussagen. Als Fließmittel der meist als Adsorptions-DC ausgeführten Läufe dienen die üblichen Gemische, wie sie aus Abb. 126 und 127 ersichtlich sind.

Für die Trennung des häufig untersuchten Gemisches der recht unterschiedlich polaren Oestrogene, Oestron, Oestradiol-17 β und Oestriol (16α, 17β) an Kieselgel eignen sich z. B. Benzol-Äthanol (90 + 10), Cyclohexan-Äthylacetat-Äthanol (45 + 45 + 10), Methylenchlorid-Äthanol (82,5 − 7,5) oder an Aluminiumoxyd Mischungen von Tetrachlorkohlenstoff mit Alkoholen, Äthern oder Estern [157]. Luisi et al. [115] glauben in der horizontalen BN-Kammer mit Cyclohexan-Äthylacetat (35 + 65) etwas bessere Trennungen zu erhalten. Schwieriger wird die DC der 4 epimeren Oestriole (16,ξ, 17ξ). Die Separation der schwächer polaren 16, 17-cis-Glykole (16-epi-Oestriol und 17-epi-Oestriol) von den stärker polaren trans-Glykolen (Oestriol und 16, 17-epi-Oestriol) ist zwar kein Problem, die Trennung aller 4 Isomeren untereinander erfordert aber nach Hertelendy und Common [80] die Methylierung des phenolischen Hydroxyls und dann als Fließmittel Cyclohexan-Äthylacetat-Äthanol (45 + 50 + 5). Eventuell ermöglichen Äthylacetathaltige Systeme geringerer Polarität und multiple Entwicklung noch bessere Trennungen. Über die Verwendung von Polyamid-Schichten ist noch wenig bekannt [233]. Vgl. weiter auch die Möglichkeiten bei der PC [129] und die dort beschriebenen Wechselwirkungen. Wie erwähnt, untersuchten Lisboa und Diczfalusy [112] eine große Reihe weiterer Oestrogen-Derivate, wie 2-Hydroxy- und 2-Methoxy-, 6-, 7- und 16-Oxo-, sowie 6α- und 6β-Hydroxy-Metaboliten, von denen eine große Zahl in kleiner Konzentration in biologischem Material vorkommen kann. Sie entwickelten daraus ein Trennsystem, das auf einer primären DC unter standardisierten Bedingungen in Cyclohexan-Äthylacetat-Äthanol (45 + 45 + 10) basiert. Eine erste polare Gruppe von 5 Oestrogenen (Rf bis etwa 0,37) wurde nach Elution 2-dimensional in Hexan-Äthylacetat-Äthanol (15 + 80 + 5) in die Einzelkomponenten zerlegt, während die 19 schwächer polaren Oestrogene der 1. DC (etwa Rf 0,37—0,80) 2-dimensional in Cyclohexan-Äthylacetat (50 + 50) in 8 Untergruppen aufgetrennt wurden; diese Untergruppen konnten in verschiedenen anderen Systemen, teilweise nach chemischer Umwandlung durch Metallhydrid-Reduktion oder Hydrazon-Bildung und mit mehreren Farbreaktionen [113] differenziert werden. Diese und andere Nachweisreagentien sind in Tab. 58 und 59 angeführt.

Die quantitative Auswertung der Oestrogen-DC haben STRUCK [*165*] spektrophotometrisch und JACOBSOHN [*90, 91*] photogrammetrisch-densitometrisch bearbeitet.

Auch die Anwendung der DC auf die Bestimmung von *Harn-Oestrogenen*, die sich seit jeher der verschiedensten chromatographischen Techniken, auch GC, bedient, ist mehrfach untersucht worden. SIEGEL und DORFMAN [*151*] ersetzten die Säulenchromatographie bei der bewährten Methode von BROWN durch DC unter Zugabe eines internen Tritiumstandards, während WOTIZ und CHATTORAJ [*184*] den Harnextrakt erst einer Vortrennung an säuregewaschenem Kieselgel mit Benzol-Äthylacetat (50 + 50) unterzogen; es resultierten 4 Zonen 1) Oestron + 2-Methoxyoestron, 2) Oestradiol + Ring D-α-Ketole + 17-Ketosteroide, 3) Oestriole mit 16, 17, cis-Glykolen, 4) Oestriole mit 16, 17-trans-Glykolen. Nachdem man Gruppe 2) zur Trennung von den 17-Ketosteroiden mit Petroläther-Methylenchlorid-Äthanol (50 + 45 + 5) rechromatographierte, wurden alle Gruppen acetyliert und nochmals an Kieselgel mit Petroläther-Methanol (90 + 10) gereinigt und schließlich gaschromatographisch bestimmt.

Ein abgekürztes Verfahren mit nur einer DC an Kieselgel mit Benzol-Äther (40 + 60) und Koberreaktion mit den Eluaten gaben JUNG u. Mitarb. [*95*] an.

Die Trennung der Oestrogene von Equol [*81*] und von Sesamöl in Präparationen [*101*] mögen als weitere Anwendungsbeispiele dienen nebst den vielen Möglichkeiten für die Kontrolle von Reaktionen und Reinheit in der synthetischen Chemie.

XI. Gallensäuren und Conjugate, Steroidcarbonsäuren und Steroidconjugate

Bei der großen Anzahl natürlicher und synthetischer Gallensäurederivate, die überwiegend das Cholan-Skelet (C_{24}, A/B cis, vgl. Abschnitt I) besitzen, ist es klar, daß chromatographische Methoden aller Art schon früh eine große Rolle gespielt haben. Neben PC ist es nun die DC, die zu einem unentbehrlichen Hilfsmittel geworden ist. Es scheint jedoch, daß die GC noch wesentlich an Bedeutung zunehmen wird [*227*].

	R_1	R_2
Lithocholsäure	H	H
Desoxycholsäure	H	OH
Chenodesoxycholsäure	OH	H
Cholsäure	OH	OH

22*

Die Gallensäuren, die in freier Form oder als stärker polare Taurin- und Glycin-Conjugate vorkommen, tragen neben der C_{24}-Carboxylgruppe Sauerstofffunktionen in 3, 6, 7, 12, 16 oder 23-Stellung (α- oder β-Isomere); es können somit viele isomere Mono-, Di- und Trihydroxycholansäuren und deren Dehydrierungsprodukte vorliegen, die in freier, acetylierter und besonders veresterter Form chromatographierbar sind. Alle denkbaren Fließmittelsysteme geeigneter Polarität sind anwendbar, für die freien Säuren jedoch nur unter Zusatz von wenigstens 1−10% Säure (Essigsäure) evtl. unter weiterem Zusatz einiger Prozente Wasser oder Methanol. Die Essigsäure kann auch schon bei der Schichtbereitung dem Kieselgel zugegeben werden [5]. Oft ist die DC der *Methylester* vorteilhaft. Seitdem GÄNSHIRT, KOSS und MORIANZ [62] 1960 für die DC an Silicagel das System Toluol-Essigsäure-Wasser (50 + 50 + 10) für die freien Gallensäuren und Butanol-Essigsäure-Wasser (100 + 10 + 10) für die Conjugate eingeführt haben, sind viele systematische Untersuchungen publiziert worden, aus denen eine Reihe sehr nützlicher Fließmittelsysteme hervorgegangen sind (HOFMANN [83, 84, 85], HARA und TAKEUCHI [75], HAMILTON [73], USUI [172], ENEROTH [48]). Eine ausgezeichnete Übersicht über die DC von Gallensäuren hat kürzlich HOFMANN [85] mit zahlreichen Rf- und R_{St}-Werten in tabellarischer Form gegeben.

Als Sorbentien kommt in erster Linie Kieselgel-Gips (Kieselgel G) in Frage. Nach HOFMANN [86] soll allerdings Anasil (Fa. 7) ebenfalls ein Kieselsäure-Sorbens, gelegentlich bei der Trennung von 5 β- und 5 α-Cholansäureestern, insbesondere mit Aceton-Di-n-butyläther (30 + 70; 15 + 85) oder bei der Trennung sehr schwach polarer Säuren mit Äther-Heptan-Mischungen eindeutig besser sein. Die Verwendung von Aluminiumoxyd, Magnesiumsilicat, Hydroxyapatit oder Kieselgur ist möglich, bietet im allgemeinen aber keine Vorteile [86, 103, 149]. Kieselgur hat die Eigenschaft, saure Komponenten relativ stark zu retinieren und damit zur Trennung von neutralen Anteilen beizutragen. Modifikationen an Mikroplatten [84] oder Aluminiumfolien [103] sind beschrieben worden.

Für die Auswahl geeigneter Fließmittelgemische kann man sich nach Tab. 64 orientieren. Ohne Kenntnis der Problemstellung seien folgende Richtlinien gegeben: Gallensäuremethylester verschiedener Polarität lassen sich z. B. in den Systemen 1−9 und 15 gut chromatographieren (s. Referenzsubstanzen); nach HOFMANN [86] eignen sich besonders die Benzol-Aceton-Mischungen Nr. 4, 5 und 7 auf Kieselgel G oder 6 und 8 auf Anasil B für solche Trennungen. Für Monohydroxy-, Monohydroxyketo-, Diketohydroxy- und Dihydroxysäuren kommen bevorzugt Systeme Nr. 9−14 in Frage. Eine Spezialität von Nr. 11 besteht in der besonders guten Trennung von Desoxycholsäure und Chenodesoxycholsäure [73], was bei biologischen Proben von Wichtigkeit ist. Gegenüber anderen Gallensäuren ist die Selektivität aber weniger gut als mit den vorher oder nachher aufgeführten Systemen. Für vielseitigen Gebrauch fand HOFMANN [83] das 6-Komponenten-Gemisch Nr. 13 sehr nützlich. Für Trihydroxycholansäuren eignen sich die Fließmittel Nr. 13 bis 17. Letzteres trennt Chol- und Hyocholsäure, sowie α- und β-Muricholsäure. Für Conjugate dienen Gemische wie Nr. 17, 18 und 19 zur Gruppentrennung [*58, 62, 172*].

Acetate von Gallensäuren lassen sich wiederum in ähnlichen Systemen trennen wie die Methylester, z. B. in Nr. 1—5 oder auch in Cyclohexan- bzw. Heptan-Äthylacetat-Mischungen (Rf- und R_{st}-Werte s. bei HOFMANN [*85, 86*]). Multiple und 2-dimensionale Läufe mit entsprechenden Fließmitteln bieten gegebenenfalls zusätzliche Vorteile.

Tabelle 64. *Fließmittel für Gallensäuren und Derivate in der Reihenfolge zunehmender Polarität [49, 62, 73, 75, 86, 172]* (s. Text)

Die Rf-Werte der angegebenen Referenzsubstanzen liegen zwischen 0,2 und 0,7

No.	Fließmittelgemisch	Referenzsubstanz	Sorbens
1	Heptan-Diäthyläther (92 + 8)	Methyloleat	Anasil B
2	Heptan-Diäthyläther (70 + 30) . . .	Methyloleat	Kieselgel G
3	Benzol-Diäthyläther (80 + 20). . . .	Methyllithocholat	Kieselgel G
4	Benzol-Aceton (92 + 8)	Methyllithocholat	Kieselgel G
5	Benzol-Aceton (85 + 15)	Methyllithocholat	Kieselgel G
6	Di-n-butyläther-Aceton (85 + 15) . .	Methyllithocholat	Anasil B
7	Benzol-Aceton (70 + 30)	Methyldesoxycholat	Kieselgel G
8	Di-n-butyläther-Aceton (70 + 30) . .	Methyldesoxycholat	Anasil B
9	Benzol-Äthylacetat (20 + 80)	Methyldesoxycholat	Kieselgel G
10	Isooctan-Äthylacetat-Essigsäure (50 + 50 + 0,5 — 2,0)	Litocholsäure	Kieselgel G
11	Isooctan-Diisopropyläther-Essigsäure (50 + 25 + 25)	Desoxycholsäure	Kieselgel G
12	Benzol-Dioxan-Essigsäure (75 + 20 + 2)	Desoxycholsäure	Kieselgel G
13	Benzol-CCl₄-Diisopropyläther-iso- Amylacetat-n-Propanol-Essigsäure (10 + 20 + 30 + 40 + 10 + 5). .	Desoxycholsäure	Kieselgel G
14	Benzol-Essigsäure (80 + 20).	Desoxycholsäure	Kieselgel G
15	CHCl₃-Aceton-Methanol (70 + 25 + 5)	Methylcholat	Kieselgel G
16	Cyclohexan-Äthylacetat-Essigsäure (7 + 23 + 3)	Cholsäure	Kieselgel G
17	iso-Amylacetat-n-Propanol-Propion- säure-Wasser (20 + 10 + 15 + 5) .	Cholsäure	Kieselgel G
18	Äthylacetat-Methanol-Essigsäure (70 + 20 + 10)	Glycocholsäure	Kieselgel G
19	Butanol-Essigsäure-Wasser (100 + 10 + 10, obere Phase) . . .	Glycocholsäure	Kieselgel G

Die chromatographische Sequenz wechselt naturgemäß etwas von System zu System, doch lassen sich folgende Richtlinien festhalten.

Ohne Hydroxylgruppe in Stellung 3 verhalten sich die 5β-Cholansäureester etwas schwächer polar als die Ester der 5α-Isomeren und sind davon besser auf Anasil B als Kieselgel G zu trennen. In Gegenwart einer 3-Hydroxylgruppe folgt die Sequenz der üblichen Regel, daß equatoriale Substitution polarer ist als axiale ($3\alpha, 5\beta > 3\alpha, 5\alpha$ bzw. $3\beta, 5\alpha > 3\beta, 5\beta$). Entsprechend lautet auch die Reihenfolge der Hydroxyle in den Stellungen 3, 7 und 12 der Cholansäuren: $3\alpha(e) > 3\beta(a) > 7\beta(e) > 12\beta(e) > 7\alpha(a) > 12\alpha(a) > 3$-Keto > 7-Keto > 12-Keto (vgl. auch Abschnitt IV).

Im Falle der Conjugate ist die Reihenfolge Taurocholsäure-Taurodes-oxycholsäure + Taurochenodesoxycholsäure-Taurolithocholsäure, dann die Glycinconjugate in gleicher Sequenz und ganz voraus die freien Gallensäuren [58]. Zur Entfernung der ähnlich laufenden Cephaline und Lecithine empfiehlt sich eine milde alkalische Hydrolyse (0,5 M), wodurch die Conjugate nicht gespalten werden.

Für die quantitative Bestimmung der Gallensäuren besteht noch keine einwandfreie Methode. Gänshirt, Koss und Morianz [62] verwendeten 2 Systeme nebeneinander an; eines für die Auftrennung der freien Säuren, ein zweites für die Conjugate. Nach Elution der durch einen Wasserspray lokalisierten Zonen mit 65proz. Schwefelsäure wurde spektrophotometriert; Forth et al. [201] haben diese Methode weiter ausgebaut. Hara et al. [77] sowie Semenuk und Beher [226] versuchten eine densitometrische und Spritz [153a] eine titrimetrische Auswertung, Iwata und Yamasaki [212] eine enzymatische. Frosch und Wagener benützten die Absorptionsunterschiede partiell getrennter Gemische zur Berechnung der Komponenten[59].

Der Nachweis von Gallensäuren bietet keine besonderen Schwierigkeiten (s. Tab. 58 und 59). Gerne benützt werden Schwefelsäure, Perchlorsäure, Antimontrichlorid, am besten auf vorgeheizten Platten (150°).

Kritchewsky et al. [104] empfehlen ein Anisaldehyd-Reagens (Nr. 15), welches blaue bis rosa Flecken gibt (1 μg).

Phosphomolybdänsäure (Nr. 158) eignet sich sehr gut für Hydroxylgruppen-haltige Gallensäuren, besonders wenn die Platten vorher auf 150° geheizt werden; Ketosäuren müssen vorgängig durch einen Spray von 5% Natriumborhydrid in 80proz. Methanol reduziert werden [172]; andererseits können sie mit Dinitrophenylhydrazin (Nr. 76) bei nur geringer Empfindlichkeit sichtbar gemacht werden.

Jod eignet sich gut zum zerstörungsfreien Nachweis.

Anthony und Beher [5] schlugen verschiedene Modifikationen vor, deren Empfindlichkeit aber nicht angegeben wurde.

Als weitere Anwendungsbeispiele seien erwähnt: Ein Verfahren zur 2-dimensionalen Trennung [179], die Analyse der Galle verschiedener Species [76], die Gruppentrennung von Gallenlipiden [128], Metabolismus [73] und die Analyse menschlicher fäkaler Gallensäuren [153a]; quantitative Bestimmung freier [203] und conjugierter Gallensäuren [202] im Serum.

1. Gallenalkohole

Es handelt sich um Neutralstoffe mit dem Gerüst des $3\alpha, 7\alpha, 12\alpha$-Trihydroxy- oder 3, 7, 12-Triketocholans, dessen endständige C_{24}-Methylgruppe durch Hydroxy- oder Hydroxyalkylgruppen substituiert ist. Sie kommen meist als C_{22}-Verbindungen zusammen mit Gallensäuren vor und wurden deshalb an diese Stelle eingereiht. Nach der systematischen Arbeit von Kazuno und Hoshita [100] können sie ihrer Struktur entsprechend mit normalen Fließmitteln der DC an Kieselgel unterworfen werden, wie Benzol-Äthylacetat (60 + 40; 40 + 60), Äthylacetat-Aceton

(80 + 20; 70 + 30), Chloroform-Äthanol (90 + 10; 80 + 20) oder Chloroform-Aceton-Äthanol (70 + 15 + 15).

Die in der Seitenkette jeweils um eine Methylengruppe verkürzten Analogen ließen sich gut trennen, ebenso diejenigen, die sich bei gleicher C-Anzahl durch die Stellung der Hydroxylgruppe in der Seitenkette unterschieden, was durch Säulenchromatographie bisher nicht möglich war. Hinsichtlich anderer Strukturelemente verhalten sich die Gallenalkohole ebenso wie die übrigen Steroide (s. Abschnitt IV). Zur Sichtbarmachung dienen stark saure Reagentien wie Schwefelsäure.

2. Steroidcarbonsäuren

Je nach Polarität oder je nach dem, ob die sog. Ätiansäuren (C_{20}) in freier oder veresterter Form vorliegen, dienen die Fließmittel üblicher Zusammensetzung; die Verwendung von Estern ist vorteilhaft.

BARBIER et al. [11] haben eine größere Serie in Cyclohexan-Äthylacetat-Gemischen an Kieselgel und SCHWARZ und SYPHORA [150] an losem Aluminiumoxyd chromatographiert. Der Nachweis richtet sich nach der Natur der noch vorhandenen funktionellen Gruppen im Ringgerüst (s. Abschnitt III, VI) oder erfolgt im einfachsten Fall mit konz. Schwefelsäure. Für die DC freier Säuren gab DUVIVIER [187] mehrere Systeme an.

3. Steroidconjugate

Diese meist im Urin vorkommenden oder synthetisch zugänglichen Derivate von Androgenen, Corticosteroidmetaboliten und Oestrogenen stellen zur Hauptsache Estersulfate, Esterphosphate oder Glucuronide (in β-glykosidischer Bindung mit Glucuronsäure) dar. Ihre Trennung an Säulen oder durch PC ist früher beschrieben worden (vgl. [129]). Darunter fallen auch synthetische Halbester von Steroiden mit Bernsteinsäure, Tetrahydrophthalsäure usw.

Die ionischen Eigenschaften erfordern Fließmittel mit Zusatz von Säuren oder Basen, zumindest aber von Wasser (Verteilung). An Kieselgel konnten z. B. Phosphate und Sulfate mit Äthylacetat-Pyridin-Essigsäure-Wasser (62 + 21 + 6 + 11) getrennt werden, ein Fließmittel, wie es auch für die PC oder DC von Aminosäuren und Peptiden verwendet wird. In der Reihe abnehmender Rf-Werte trennten sich z. B. Cholesterinsulfat, Pregnenolonsulfat, 17-Hydroxypregnenolonsulfat [131]. Eine weitere Anzahl von Steroidsulfaten wurde kürzlich von WUSTEMAN et al. [185] an Kieselgel G mit Benzol-Methyl-Äthylketon-Äthanol-Wasser (30 + 30 + 30 + 10) oder 2-Propanol-$CHCl_3$-Methanol-10 N NH_4OH (40 + 40 + 20 + 8) chromatographiert. KAY und WARREN [99] verwendeten $CHCl_3$-Methanol-NH_4OH (95 + 5 + 1) für 17-Ketosteroidconjugate. Nach Veresterung der restlichen sauren Gruppe, z. B. mit Diazomethan, sind die resultierenden neutralen Diester in den üblichen Fließmitteln chromatographierbar [224].

Für die modellmäßige Trennung der Glukuronide von Oestradiol und Oestriol aus Harn benützten FISHMAN, HARRIS und GREEN [56] die

Stufentechnik: Mit System 1 in Dimension I über 15 cm, wobei die Glukuronide selbst noch nicht wandern; dann mit System 2 in Dimension I zwei mal 10 cm und schließlich mit System 4 in in Dimension II 10 cm weit. Die Wiedergewinnung betrug 85%.

Schließlich ist noch die Arbeit von Oertel et al. [135] erwähnenswert; sie trennten Sulfate und Glucuronide in der S-Kammer auf DEAE- und ECTEOLA-Cellulose (MN 300 G) einerseits mit Acetatpuffern verschiedener Molarität, andererseits säurehaltigen Alkoholen. Tab. 65 und 66 geben die recht interessanten Ergebnisse wieder. Es geht daraus hervor,

Tabelle 65. *DC von Steroidconjugaten an DEAE-Cellulose [135]*

Konjugate	hRf-Werte mit Fließmittel (s. Fußnote Tab. 66)						
	1	2	3	4	5	6	7
Oestronsulfat	8	3	7	8	8	2	3
Dehydroepiandrosteron-sulfat	19	9	14	20	22	7	6
Androsteronsulfat	23	15	22	24	33	8	7
Pregnenolonsulfat			27				
17-Hydroxypregnenolon-sulfat			9				
Dehydroepiandrosteron-glucuronid	54	38	41	56	72	29	36
Androsteron-glucuronid . .	59	45	48	62	77	35	46
Ätiocholanolon-glucuronid .	56	40	45	58	75	31	39

Tabelle 66. *DC von Steroidconjugaten an ECTEOLA-Cellulose [135]*

Konjugate	hRf-Werte mit Fließmittel*						
	1	2	3	4	5	6	7
Oestronsulfat	8	5	8	7	54	5	4
Dehydroepiandrosteron-sulfat	16	14	23	15	79	11	8
Androsteronsulfat	23	18	29	21	85	13	9
Pregnenolonsulfat			34				
17-Hydroxypregnenolonsulf.			12				
Dehydroepiandrosteron-glucuronid	65	45	61	64	90	64	48
Androsteron-glucuronid . .	72	49	67	70	91	77	59
Ätiocholanolon-glucuronid .	67	47	64	65	91	71	55

* 1 0,5 M Acetat-Puffer, pH 4,25; 2 0,5 M Acetat-Puffer, pH 4,75; 3 1,0 M Acetat-Puffer, pH 4,75; 4 1,5 M Acetat-Puffer, pH 5,00; 5 Isopropanol-Wasser-Ameisensäure (65 + 33 + 2); 6 Äthanol-Wasser-Essigsäure (80 + 15 + 3); 7 Methanol-Wasser-Essigsäure (75 + 15 + 10).

daß die Rf-Werte um so größer werden, je niedriger das pH oder je größer die Molarität des Puffers gewählt wird. Andererseits verursacht die Erhöhung der Säurekonzentration der organischen Phase, daß die Glucuronide schneller laufen, während die Rf-Werte der Sulfate praktisch unverändert bleiben.

Als Nachweis des Steroidanteiles dient wiederum Schwefelsäure oder z. B. Dinitrobenzol für 17-Ketosteroidconjugate. Zur Charakterisierung der sauren Komponente läßt sich entweder Folin-Ciocalteau-Reagens (Nr. 108) oder Pyridylazonaphthol-Reagens (Nr. 206) für Glucuronide bzw. Methylenblau (Reagens Nr. 155) für Sulfate verwenden [*44*].

Literatur zum Kapitel L. Steroide

Die neueste, erst während der Drucklegung eingearbeitete Literatur findet sich in alphabetischer Reihenfolge *nach* Zitat [*189*]

[*1*] ADAM, G., u. K. SCHREIBER: Z. Chem. 3, 100 (1963).
[*2*] ADAMEC, O., J. MATIS, u. M. GALVANEK: Lancet I, 1962, 7220.
[*3*] — Steroids 1, 495 (1963).
[*4*] ACHREM, A. A., and A. I. KUTZNETSOVA: Proc. Acad. Sci. U.S.S.R. Chem. Section 138, 507 (1961).
[*5*] ANTHONY, W. L., and W. T. BEHER: J. Chromatogr. 13, 567 (1964).
[*6*] AVIGAN, J., D. S. GOODMAN, and D. STEINBERG: J. Lipid. Res 4, 100 (1963).
[*7*] AUDRIN, P., F. C. FOUSSARD, CH. BOURGOIN, L. JUNG et P. MORAND: Rev. franc. Etud. clin. biol. 8, 507 (1963).
[*8*] AZARNOFF, D. L., u. D. R. TUCKER: Biochim. biophys. Acta (Amst.) 70, 589 (1963).
[*9*] BALOGH, B.: Anal. Chem. 36, 2498 (1964).
[*10*] BANG, H. O.: J. Chromatogr. 14, 520 (1964).
[*11*] BARBIER, M., H. JÄGER, H. TOBIAS u. E. WYSS: Helv. chim. Acta 42, 2440 (1959).
[*12*] BARRETT, G. C.: Nature (Lond.) 194, 1171 (1962).
[*13*] BEIJEVELD, W. M.: Pharm. Weekblad 97, 190 (1962).
[*14*] BENNETT, R. D., and E. HEFTMANN: J. Chromatogr. 9, 348 (1962).
[*15*] — J. Chromatogr. 9, 353 (1962).
[*16*] — — J. Chromatogr. 9, 359 (1962); 12, 245 (1963).
[*17*] BENRAAD, TH. J., and P. W. C. KLOPPENBORG: Steroids 3, 671 (1964).
[*18*] BERGMANN, E. D., R. IKAN, and S. HAREL: J. Chromatogr. 15, 204 (1964).
[*19*] BERNAUER, W.: Klin. Wschr. 41, 883 (1963).
[*20*] BINKERT, J., E. ANGLIKER u. A. VON WARTBURG: Helv. chim. Acta 45, 2122 (1962).
[*21*] BIRD, Jr., H. L., H. F. BRICKLEY, J. P. COMER, P. E. HARTSAW, and M. L. JOHNSON: Analyt. Chem. 35, 346 (1963).
[*22*] BLUNDEN, G., u. R. HARDMAN: J. Chromatogr. 15, 273 (1964).
[*23*] BOBBITT, J. M.: Thin layer Chromatography. New York: Reinhold Co. 1963.
[*24*] BOLL, P. M.: Acta chem. scand. 16, 1819 (1962).
[*25*] BROOKSBANK, B. W. L., and D. B. GOWER: Steroids 4, 787 (1964).
[*26*] BRUINVELS, J.: Experientia (Basel) 10, 551 (1963).
[*27*] BURGER, H. G., J. R. KENT u. A. E. KELLIE: J. clin. Endocr. 24, 432 (1964).
[*28*] BUSH, I. E.: The Chromatography of Steroids. Oxford: Pergamon 1961.
[*29*] CARGILL, D. I.: Analyst 87, 865 (1962).
[*30*] Carreras Matas, L.: An. Acad. farm. (Madr.) 26, 371 (1960).
[*31*] CAVINA, G., and C. VICARI: In: Marini-Bettolo, ed.: Thin Layer Chromatography. Amsterdam, London, New York: Elsevier 1964; Farmaco Ed. Prat. 19, 338 (1964).
[*32*] ČERNÝ, V., J. JOSKA, and L. LABLER: Coll. Czech. Chem. Comm. 26, 1658 (1961).
[*33*] CHAMBERLAIN, J., and G. H. THOMAS: J. Chromatogr. 11, 408 (1963).
[*34*] CHANG, E.: Steroids 4, 237 (1964).
[*35*] CHANG SHEN, N.-H., F. E. FRANCIS, and R. A. KINSELLA: J. Lab. clin. Med. 60, 1017 (1962).
[*36*] CHIANG, S. P., and J. S. SCHWEPPE: Fed. Proc. 23, 270 (1963).
[*37*] CLAUDE, J. R.: J. Chromatogr. 17, 596 (1965).
[*37a*] CLIFFORD, C. J., J. V. WILKINSON u. J. S. WRAGG: J. Pharm. Pharmacol. 16, Suppl. 11 T (1964).
[*38*] COHN, G. L., and E. PANCAKE: Nature (Lond.) 201, 75 (1964).

[39] Collins, W. P., and J. F. Sommerville: Nature (Lond.) **203**, 836 (1964).
[40] Copius-Peereboom, J. W., and H. W. Beekes: J. Chromatogr. **9**, 316 (1962).
[41] — Chromatographic sterol analysis. Wageningen: Pudoc 1963.
[42] — In: Marini-Béttolo, ed. Thin Layer Chromatography. Amsterdam, London, New York: Elsevier 1964.
[43] Copius-Peereboom, J. W., and H. W. Beekes: J. Chromatogr. **17**, 99 (1965).
[44] Crépy, O., O. Judas, and B. Lachese: J. Chromatogr. **16**, 340 (1964).
[45] Dahn, H., u. H. Fuchs: Helv. chim. Acta **45**, 261 (1962).
[45a] Diamantstein, T., u. K. Lörcher: Z. analyt. Chem. **191**, 429 (1962).
[46] Dumazert, Ch., C. Ghiglione u. T. Pugnet: Ann. pharm. franc. **21**, 227 (1963).
[47] Duncan, G. R.: J. Chromatogr. **8**, 37 (1962).
[48] Dyer, W. G., J. P. Gold, N. A. Maistrellis, C. T. Peng, and P. Ofner: Steroids **1**, 271 (1963).
[49] Eneroth, P.: J. Lipid Res. **4**, 11 (1963).
[50] Ercoli, A., R. Vitali, and R. Gardi: Steroids **3**, 479 (1964).
[51] Fauconnet, L., u. R. Fazan: Bull. Soc. Vaud. Sci. nat. **66**, 307 (1956).
[52] — u. M. Waldesbühl: Pharm. Acta Helv. **38**, 423 (1963).
[53] Fehér, T.: Mikrochim. Acta **1965**, 105.
[54] — J. Chromatogr. **19**, 551 (1965).
[55] Fieser, L. F., and M. Fieser: Steroids. New York: Reinhold Publ. Corp. 1959.
[56] Fishman, W. H., F. Harris, and S. Green: Steroids **5**, 375 (1965).
[57] Freimuth, U., B. Zawta u. M. Büchner: Acta biol. med. germ. **13**, 624 (1964).
[58] Frosch, B., u. H. Wagener: Z. klin. Chem. **1**, 187 (1963).
[59] — Klin. Wschr. **42**, 192 (1964).
[60] Futterweit, W., N. L. McNiven, and R. I. Dorfman: Biochim. biophys. Acta (Amst.) **71**, 474 (1963).
[61] Gänshirt, H., and J. Polderman: J. Chromatogr. **16**, 510 (1965).
[62] — F. W. Koss u. K. Morianz: Arzneimittel-Forsch. **10**, 943 (1960).
[63] Gerali, G., G. Lugaro u. L. Ferrari: Farmaco Ed. Sci. **20**, 148 (1965).
[64] Golab, T., u. D. S. Layne: J. Chromatogr. **9**, 321 (1962).
[65] Göldel, L., W. Zimmermann u. D. Lommer: Z. physiol. Chem. **333**, 35 (1963).
[66] Göndös, Gy., B. Matkovics u. Ö. Kovacs: Microchem. J. **8**, 415 (1964).
[67] Görlich, B.: Arzneimittel-Forsch. **10**, 770 (1960).
[68] Gower, D. B.: J. Chromatogr. **14**, 424 (1964).
[69] Gritter, R. J., and R. J. Albers: J. Chromatogr. **9**, 392 (1962).
[70] Haahti, E., T. Nikkari, u. K. Juva: Acta chem. scand. **17**, 538 (1963).
[71] Hagerman, D. D., and J. M. Spencer: Steroids **4**, 547 (1964).
[71a] Hall, A.: J. Pharm. Pharmacol. **16**, Suppl. 9T (1964).
[72] Halpaap, H.: Chem. Ing. Technik **35**, 488 (1963).
[73] Hamilton, J. G.: Arch. Biochem. **101**, 7 (1963).
[74] Hamman, B. L., u. M. M. Martin: J. clin. Endocr. **24**, 1195 (1964).
[75] Hara, S., u. M. Takeuchi: J. Chromatogr. **11**, 565 (1963).
[76] — — M. Tachibana, and G. Chihara: Chem. Pharm. Bull. **12**, 483 (1964).
[77] — H. Tanaka u. M. Takeuchi: Chem. Pharm. Bull. **12**, 626 (1964).
[78] Heftmann, E.: Chromatogr. Rev. **7**, 179 (1965).
[79] Heřmanek, S., V. Schwarz, and Z. Čekan: Coll. Czech. Chem. Commun. **26**, 1669 (1961).
[80] Hertelendy, F., and R. H. Common: Steroids **2**, 135 (1963).
[81] — J. Chromatogr. **13**, 570 (1964).
[82] Hodosan, F., u. A. Pop-Gocan: Rev. Roumanie de Chim. **9**, 523 (1964).
[83] Hofmann, A. F.: J. Lipid Res. **3**, 127 (1962).
[84] — Analyt. Biochem. **3**, 145 (1962).
[85] — Acta chem. scand. **17**, 173 (1963).
[86] — In: A. T. James and L. J. Morris, ed. New Biochemical Separations. London: Van Nostrand 1964.
[87] Honegger, C. G.: Helv. chim. Acta **45**, 1409 (1962).
[88] Horlick, L., and J. Avigan: J. Lipid Res. **4**, 160 (1963).

[89] HORNING, E. C., T. LUUKKAINEN, E. HAAHTI, B. G. CREECH, and W. J. A. VAN DEN HEUVEL: Recent Progr. Hormone Res. **19**, 57 (1963).

[90] JACOBSOHN, G. M.: Anal. Chem. **36**, 275 (1964).

[91] — Anal. Chem. **36**, 2030 (1964).

[92] JAMES, A. T., u. L. J. MORRIS, ed.: New Biochemical Separations. London: Van Nostrand 1964.

[93] JBAYASHI, H., M. NAKAMURA, S. MURAKAWA, T. UCHIKAWA, T. TANIOKA, and K. NAKAO: Steroids **3**, 559 (1965).

[94] IKAN, R., S. HAREL, J. KASHMAN, and E. D. BERGMANN: J. Chromatogr. **14**, 504 (1964).

[95] JUNG, L., CH. BOURGOIN, J. C. FOUSSARD, P. AUDRIN et P. MORAND: Rev. franç. Étud. clin. biol. **8**, 406 (1963).

[95a] KAUFMANN, H., W. WEHRLI u. T. REICHSTEIN: Helv. chim. Acta **48**, 65 (1965).

[96] KAUFMANN, H. P., Z. MAKUS u. F. DEICKE: Fette, Seifen, Anstrichmittel **63**, 235 (1961).

[97] — — u. T. H. KHOE: Fette, Seifen, Anstrichmittel **64**, 1 (1962).

[98] KAWASAKI, T., and K. MIYAHARA: Chem. Pharm. Bull. **11**, 1546 (1963).

[99] KAY, H. L., and F. L. WARREN: J. Chromatogr. **18**, 189 (1965).

[100] KAZUNO, T., and T. HOHITA: Steroids **3**, 55 (1964).

[101] KORZUN, B. P., and S. BRODY: J. Pharm. Sci. **52**, 206 (1963).

[102] — L. DORFMAN, and S. BRODY: Analyt. Chem. **35**, 950 (1963).

[103] KOSS, F. W., u. D. JERCHEL: Naturwissenschaften **51**, 382 (1964).

[104] KRITCHEWSKY, D., D. S. MARTAK u. G. H. ROTHBLATT: Anal. Biochem. **5**, 388 (1963).

[105] LABLER, L., a V. ČERNY: Coll. Czech. Chem. Commun. **28**, 2932 (1963).

[106] — In: MARINI BETTOLO, ed. Thin Layer Chromatography. Amsterdam, London, New York: Elsevier 1964.

[107] LAU, H. L., u. G. S. JONES: Amer. J. Obstet. Gynec. **90**, 132 (1964).

[108] LETTRÉ, INHOFFEN u. TSCHESCHE: Über Sterine, Gallensäuren und verwandte Naturstoffe, Bd. I u. II. Stuttgart: F. Enke 1959).

[108a] LEWBART, M. L., W. WEHRLI u. T. REICHSTEIN: Helv. chim. Acta **46**, 505 (1963).

[109] LISBOA, B. P.: Acta Endocrin. **43**, 47 (1963).

[110] — J. Chromatogr. **13**, 391 (1964).

[111] — J. Chromatogr. **16**, 136 (1964).

[112] LISBOA, B. P., u. E. DICZFALUSY: Acta Endocrin. **40**, 60 (1962).

[113] — — Acta Endocrin. **43**, 545 (1963).

[114] LOEV, B., and K. M. SNADER: Chem. and Ind. **1965**, 15.

[115] LUISI, M., C. SAVI, and V. MARESCOTTI: J. Chromatogr. **15**, 428 (1964).

[116] MAHADEVAN, V., and W. O. LUNDBERG: J. Lipid Res. **3**, 106 (1962).

[117] MAN, J. M. DE: Z. Ernährungswiss. **5**, 1 (1964).

[118] MANZETTI, A. R., u. T. REICHSTEIN: Helv. chim. Acta **47**, 2303 (1964).

[119] MATIS, J. O. ADAMEC, and M. GALVÁNEK: Nature (Lond.) **194**, 477 (1962).

[120] MATSUMOTO, N.: Chem. Pharm. Bull. **11**, 1189 (1963).

[121] MATTHEWS, J. S..: Biochim, biophys. Acta (Amst.) **69**, 163 (1963).

[122] — A. L. PEREDA, and A. AGUILERA: J. Chromatogr. **9**, 331 (1962).

[123] MCCARTHY, J. L., A. L. BRODSKY, J. A. MITCHELL, and R. F. HERRSCHER: Anal. Biochem. **8**, 164 (1964).

[124] METZ, H.: Naturwissenschaften **48**, 569 (1961).

[125] MICHALEČ, Č., M. SULČ, and J. MĚŠŤAN: Nature (Lond.) **193**, 63 (1962).

[126] MILLER, J. M., and J. G. KIRCHNER: Anal. Chem. **25**, 1107 (1963).

[127] MORRIS, L. J.: J. Lipid Res. **4**, 357 (1963).

[128] NAKAYAMA, F., M. OISHI, N. SAKAGUCHI, and H. MIYAKE: Clin. chim. Acta **10**, 544 (1964).

[129] NEHER, R.: Steroid Chromatography. Amsterdam, London, New York: Elsevier 1964.

[129a] — 9. Symposion der Deutschen Gesellschaft für Endokrinologie. Berlin-Göttingen-Heidelberg: Springer 1963. S. 21.

[*130*] Neher, R.: In: Marini-Béttolo ed. Thin Layer Chromatography. Amsterdam, London, New York: Elsevier 1964.
[*131*] — u. E. von Arx: unveröffentlicht.
[*132*] Nienstedt, W.: Biochem. J. **92**, P 8 (1964).
[*133*] Nishikaze, O., R. Abraham, and Hj. Staudinger: J. Biochem. (Tokyo) **54**, 427 (1963).
[*134*] — u. Hj. Staudinger: Klin. Wschr. **40**, 1014 (1962).
[*135*] Oertel, G. W., M. C. Tornero, and K. Groot: J. Chromatogr. **14**, 509 (1964).
[*136*] Paquin, R., and M. Lepage: J. Chromatogr. **12**, 57 (1963).
[*137*] Pfeifer, J. J.: Mikrochim. Acta **51**, 529 (1962).
[*138*] Quesenberry, R. O., u. F. Ungar: Anal. Biochem. **8**, 192 (1964).
[*139*] Randerath, K.: Dünnschicht-Chromatographie. Weinheim: Verlag Chemie 1962.
[*140*] Reichelt, J., a J. Pitra: Coll. Czech. Chem. Commun. **27**, 1709 (1962).
[*141*] Reisert, P. M., u. D. Schumacher: Experiential (Basel) **19**, 84 (1963).
[*142*] Richter, E.: J. Chromatogr. **18**, 164 (1965).
[*143*] Rivlin, R. S., and H. Wilson: Anal. Biochem. **5**, 267 (1963).
[*144*] Samuel, P., M. Urivetzky, and G. Kaley: J. Chromatogr. **14**, 508 (1964).
[*145*] Sander, H.: Naturwissenschaften **48**, 303 (1961).
[*146*] Scheiffarth, F., u. L. Zicha: Acta Endocrin. **43**, 227 (1963).
[*147*] Schink, W., u. H. Struck: Med. Welt **1964**, 1525.
[*148*] Schreiber, K., O. Aurich, and G. Osske: J. Chromatogr. **12**, 63 (1963).
[*149*] Schwarz, V.: Pharmazie **18**, 122 (1963).
[*150*] — and K. Sykora: Coll. Czech. Chem. Commun. **28**, 101 (1963).
[*151*] Siegel, E. T., u. R. I. Dorfman: Steroids **1**, 409 (1963).
[*152*] Sjöholm, I.: Svensk. Farm. Tidskr. **66**, 321 (1962).
[*153*] Smith, L. L., and Th. Foell: J. Chromatogr. **9**, 339 (1962).
[*153a*] Spritz, N.: zitiert in [*86*] als persönliche Mitteilung.
[*154*] Stahl, E., and U. Kaltenbach: J. Chromatogr. **5**, 458 (1961).
[*155*] Stansfield, D. A.: Biochem. biophys. Res. Commun. **16**, 398 (1964).
[*156*] — u. D. I. Cargill: Biochem. biophys. Res. Commun. **13**, 231 (1963).
[*157*] Stárka, L.: J. Chromatogr. **17**, 599 (1965).
[*158*] — and J. Malíková: J. Endocrin. **22**, 215 (1961).
[*159*] — u. J. Riedlova: Endokrinologie **43**, 201 (1962).
[*160*] — J. Šulcooá, J. Riedlová u. O. Adamec: Clin. chim. Acta **9**, 168 (1964).
[*161*] Steidle, W.: Planta Med. **9**, 435 (1961).
[*162*] — Ann. Chem. **662**. 126 (1963).
[*163*] Steinegger, E., u. J. H. van der Walt: Pharm. Acta Helv. **36**, 599 (1961).
[*164*] Stevens, P. J.: J. Chromatogr. **14**, 269 (1964).
[*165*] Struck, H.: Mikrochim. Acta **1961**, 634.
[*166*] Takeda, K., S. Hara, A. Wada, and N. Matsumoto: J. Chromatogr. **11**, 562 (1963).
[*167*] Takeuchi, M.: Chem. Pharm. Bull. **11**, 1183 (1963).
[*168*] Tschesche, R., W. Freytag, u. G. Snatzke: Chem. Ber. **92**, 3053 (1959).
[*169*] — H. Schwarz u. G. Snatzke: Chem. Ber. **94**, 1699 (1961).
[*170*] — u. G. Snatzke: Ann. Chem. **636**, 105 (1960).
[*170a*] — G. Wulff u. G. Balle: Tetrahedron **18**, 959 (1962).
[*171*] — — u. K. H. Richert: In: A. T. James, L. J. Morris, ed. New Biochemical Separations. London: Van Nostrand 1964.
[*172*] Usui, T.: J. Biochm. (Tokyo) **54**, 283 (1963).
[*173*] Vaedtke, J., and A. Gajewska: J. Chromatogr. **9**, 345 (1962).
[*174*] — — and A. Czarnocka: J. Chromatogr. **12**, 208 (1963).
[*175*] van Dam, M. J. D., G. J. de Kleuver, and J. G. de Heus: J. Chromatogr. **4**, 26 (1960).
[*176*] Vecsei, P., V. Kemény, and A. Görgényi: J. Chromatogr. **14**, 506 (1964).
[*177*] Vermeulen, A., and J. C. M. Verplancke: Steroids **2**, 413 (1963).
[*178*] Voigt, K. D., U. Volkwein u. J. Tamm: Klin. Wschr. **42**, 642 (1964).
[*179*] Wagener, H., u. B. Frosch: Klin. Wschr. **41**, 1094 (1963).
[*180*] Waldi, D.: Klin. Wschr. **40**, 827 (1962).

[181] WALDI, D.: In: E. STAHL, Dünnschichtchromatographie, 1. Aufl. S. 284. Berlin-Göttingen-Heidelberg: Springer 1962.
[182] — Ärztl. Lab. 9, 221 (1963).
[183] WOLFMAN, L., and B. A. SACHS: J. Lipid Res. 5, 127 (1964).
[184] WOTIZ, H. H., and S. C. CHATTORAJ: Anal. Chem. 36, 1466 (1964).
[185] WUSTEMAN, F. S., K. S. DODGSON, A. G. LLOYD, F. A. ROSE, and N. TUD-BALL: J. Chromatogr. 16, 334 (1964).
[186] YAWATA, M., and E. M. GOLD: Steroids 3, 435 (1964).
[187] ZELNIK, R., and L. M. ZITI: J. Chromatogr. 9, 371 (1962).
[188] — — and C. V. GUIMARÃES: J. Chromatogr. 15, 9 (1964).
[189] ZÖLLNER, N., G. WOLFRAM u. G. AMIN: Klin. Wschr. 40, 273 (1962).

[190] ANGELICO, R., G. CAVINA, A. D'ANTONA, and G. GIOCOLI: J. Chromatogr. 18, 57 (1965).
[191] BENRAAD, TH. J., and P. W. C. KLOPPENBORG: Clin. chim. Acta 12, 565 (1965).
[192] CHATTOPADHYAY, D. P., and E. H. MOSBACH: Analyt. Biochem. 10, 435 (1965).
[193] CHEN, Jr., P. S.: Analyt. Chem. 37, 301 (1965).
[194] COMER, J. P., and P. E. HARTSAW: J. Pharm. Sci .54, 524 (1965).
[195] CORONA, G. L., and M. RAITERI: J. Chromatogr. 19, 435 (1965).
[196] DITULLIO, N. W., C. S. JACOBS Jr., and W. L. HOLMES: J. Chromatogr. 20, 354 (1965).
[197] DUVIVIER, J.: J. Chromatogr. 19, 352 (1965).
[198] EBERLEIN, W. R.: J. clin. Endocrin. 25, 288 (1965).
[199] EHRLICH, E. N.: J. Lab. clin. Med. 65, 869 (1965).
[200] FISCHER, P.: Schweiz. Apoth. Ztg. 103, 137, 182 (1965).
[201] FORTH, W., P. DOENECKE, u. H. GLASNER: Klin. Wschr. 43, 20 (1965).
[202] FROSCH, B.: Arzneimittel Forsch. 15, 178 (1965).
[203] — Klin. Wschr. 43, 262 (1965).
[204] GALLETTI, F.: Res. Steroids 2, 189 (1966), Rom: Pensiero Scientifico.
[205] GERDES, H., u. W. STAIB: Klin. Wschr. 53, 744 (1965).
[206] — — Klin. Wschr. 43, 789 (1965).
[207] GOODMAN, D. S., and T. SHIRATORI: J. Lipid Res. 5, 578 (1964).
[208] HEUSSER, D.: Planta Med. 12, 237 (1964).
[209] HONEGGER, C. G.: Helv. chim. Acta 47, 2384 (1964).
[210] JANSSEN, E. G.: Dtsch. Med. Forsch. 1, 195 (1963).
[211] IKAN, R., and M. CUDZINOWSKI: J. Chromatogr. 18, 422 (1965).
[212] IWATA, T., and K. YAMASAKI: J. Biochem. (Tokyo) 56, 424 (1964).
[213] KULENDA, Z., u. E. HORAKOWA: Z. med. Lab. 4, 173 (1963).
[214] LISBOA, B. P.: Steroids 6, 605 (1965).
[215] — J. Chromatogr. 19, 81 (1965).
[216] — J. Chromatogr. 19, 333 (1965).
[217] LUISI, M., C. SAVI, F. COLI, F. PANICUCCI, V. MARESCOTTI e G. GAMBASSI: Boll. Soc. ital. Biol. sper. 39, 1264, 1267 (1963).
[218] MILBORROW, B. V.: J. Chromatogr. 19, 194 (1965).
[219] MOMOSE, T., T. MATSUKUMA, and Y. OHKURA: J. Pharm. Soc. Japan 84, 783 (1964).
[220] OERTEL, G. W., u. K. GROOT, Clin. Chim. Acta 11, 512 (1965).
[221] PASCAUD, M.: Advances in Tracer Methodology (ed. S. ROTHSCHILD) (1965) in press.
[222] PEKKARINEN, A.: Res. Steroids 2, 223 (1966), Rom: Pensiero Scientifico.
[223] QUESENBERRY, R. O., E. M. DONALDSON, and F. UNGAR: Steroids 6, 167 (1965).
[224] RIESS, J.: J. Chromatogr. 19, 527 (1965).
[225] SCHNEIDER, H. P. G., u. Z. SZEREDAY: Klin. Wschr. 43, 747 (1965).
[226] SEMENUK, G., and W. T. BEHER: J. Chromatogr. 21, 27 (1966)
[227] SJÖVALL, J.: Methods Biochem. Analysis 12, 97 (1964).
[228] SONANINI, D.: Pharm. Acta Helv. 39, 673 (1964).
[229] — R. HOFSTETTER, L. ANKER u. H. MÜHLEMANN: Pharm. Acta Helv. 40, 302 (1965).

[230] SULIMOVICI, S., B. LUNENFELD, and M. C. SHELESNYAK: Acta Endocr. **49**, 97 (1965).
[231] TRUSWELL, A. S., and W. D. MITCHELL: J. Lipid. Res. **6**, 438 (1965).
[232] TAI CHAN, P., R. VENNA, P. OFNER, and P. L. MUNSON: Steroids **6**, 571 (1965).
[233] CHIH TUNG, Y., and K. TSUNG WANG: Nature (Lond.) **208**, 582 (1965).
[234] VLASINICH, V., and J. B. JONES: Steroids **3**, 707 (1964).
[235] ZURKOWSKA, J., u. A. OZAROWSKI: Planta Med. **12**, 222 (1964)

M. Aliphatische Lipide

HELMUT K. MANGOLD

I. Einführung

1. Neutrale Lipide und ihre Hydrolyse-Produkte

Langkettige Kohlenwasserstoffe, Alkohole, Aldehyde und Säuren sind im Pflanzen- und Tierreich weit verbreitet. Diese aliphatischen Lipide können gesättigte, einfach und mehrfach ungesättigte, geradkettige, einfach und mehrfach verzweigte Kohlenstoffketten enthalten. Bifunktionelle Verbindungen, wie z. B. Epoxy- und Hydroxysäuren, sind auch bekannt.

Alkohole, Aldehyde und Säuren kommen in der Natur meist in gebundener Form vor. Die Ester langkettiger Alkohole mit Säuren sind als (Ester-) Wachse bekannt.

Aliphatische Alkohole und Aldehyde kommen vor allem an Glycerin gebunden vor; sie bilden Alkyläther und Alken-1-yläther (,,Vinyläther''). Säuren finden sich, mit Glycerin verestert, als Monoglyceride, Diglyceride und Triglyceride.

$$
\begin{array}{ccc}
\overset{\text{H}\ \ \text{H}}{\text{H}_2\text{C—O—C—C—R}} & \overset{\text{H}\ \ \text{H}}{\text{H}_2\text{C—O—C=C—R}} & \text{H}_2\text{C——O——C—R} \\
\overset{\text{H}\ \ \text{H}}{|} & | & | \qquad\ \ \overset{\|}{} \\
\text{HC—OH} & \text{HC—OH} & \text{HC—OH}\quad\text{O} \\
| & | & | \\
\text{H}_2\text{C—OH} & \text{H}_2\text{C—OH} & \text{H}_2\text{C—OH} \\
\alpha\text{-Alkylglycerinäther} & \alpha\text{-Alken-1-ylglycerinäther} & \alpha\text{-Monoglycerid}
\end{array}
$$

Die Alkylglycerinäther, Alkenylglycerinäther und Monoglyceride können als α- und β-Isomere vorkommen, Diglyceride mögen symmetrisch (α,α'-) oder asymmetrisch (α,β-) gebaut sein.

Alkyl- und Alkenylglycerinäther werden, mit Säuren verestert, als Glycerinätherdiester (Alkyldiglyceride) bzw. ,,neutrale Plasmalogene'' (,,aldehydogene Triglyceride'') in der Natur gefunden. Die Triglyceride langkettiger (Fett-)Säuren bilden den Hauptbestandteil der Fette und Öle — sie sind die ,,Fette'' im engeren Sinn.

Erst in den letzten Jahren wurde gefunden, daß neben Estern des Glycerins auch Ester verschiedener kurzkettiger Diole natürlich vorkommen. Die Entdeckung, Isolierung und Charakterisierung dieser „Diol-Lipide" wurde erst durch die Anwendung moderner chromatographischer Methoden möglich.

2. Phospholipide, Sulfolipide und Glycolipide

In Phospholipiden ist eine der Hydroxygruppen des Glycerins mit Phosphorylcholin, Phosphoryläthanolamin oder Phosphorylserin verestert. Äthanolamin-Phospholipide existieren in den folgenden drei Formen:

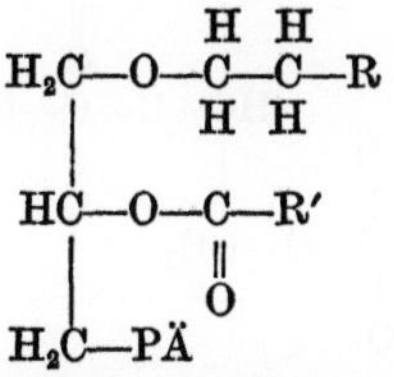

$$H_2C{-}O{-}\underset{H}{\overset{H}{C}}{-}\underset{H}{\overset{H}{C}}{-}R$$
$$HC{-}O{-}\underset{\underset{O}{\|}}{C}{-}R'$$
$$H_2C{-}P\ddot{A}$$

Äther-Ester Phosphatid

$$H_2C{-}O{-}\overset{H}{C}{=}\overset{H}{C}{-}R$$
$$HC{-}O{-}\underset{\underset{O}{\|}}{C}{-}R'$$
$$H_2C{-}P\ddot{A}$$

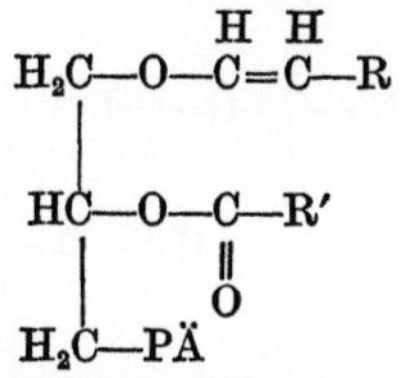

Alkenyläther-Ester Phosphatid (Plasmalogen)

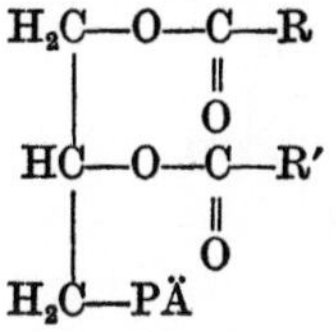

$$H_2C{-}O{-}\underset{\underset{O}{\|}}{C}{-}R$$
$$HC{-}O{-}\underset{\underset{O}{\|}}{C}{-}R'$$
$$H_2C{-}P\ddot{A}$$

Diester Phosphatid (Colamin-Kephalin)

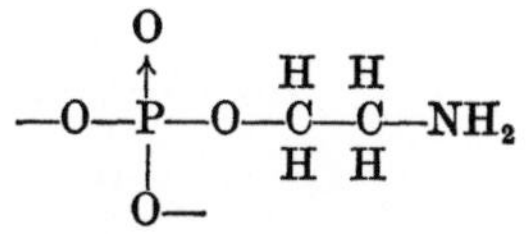

$$-O{-}\overset{\overset{O}{\uparrow}}{\underset{\underset{O-}{|}}{P}}{-}O{-}\underset{H}{\overset{H}{C}}{-}\underset{H}{\overset{H}{C}}{-}NH_2$$

PÄ=Phosphoryläthanolamin

Es ist anzunehmen, daß auch Cholin-Phospholipide und Serin-Phospholipide als Äther-Ester, Alkenyläther-Ester und Diester vorkommen.

Glycerylphosphorylcholin, Glycerylphosphoryläthanolamin und Glycerylphosphorylserin, die mit nur einem Fettsäurerest verestert sind und so eine freie Hydroxygruppe enthalten, werden als Lyso-Verbindungen bezeichnet. Eine Gruppe von Phospholipiden, die keine Basen enthalten, sind die Phosphatidsäuren. Diese kommen in der Natur vor, möglicherweise als Hydrolyseprodukte von Cholin-, Äthanolamin- und Serinphosphatiden:

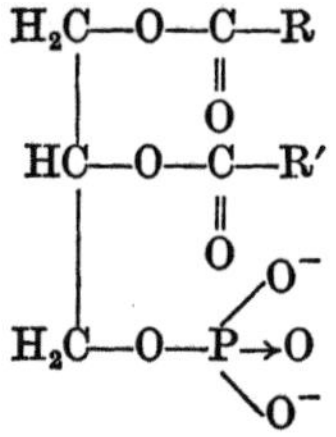

$$H_2C{-}O{-}\underset{\underset{O}{\|}}{C}{-}R$$
$$HC{-}O{-}\underset{\underset{O}{\|}}{C}{-}R'$$
$$H_2C{-}O{-}P{\to}O$$

α-Phosphatidsäure

$$H_2C{-}O{-}\underset{\underset{O}{\|}}{C}{-}R$$
$$HC{-}OH$$
$$H_2C{-}O{-}\overset{\overset{O}{\uparrow}}{\underset{\underset{O-}{|}}{P}}{-}O{-}\underset{H}{\overset{H}{C}}{-}\underset{H}{\overset{H}{C}}{-}N^+(CH_3)_3$$

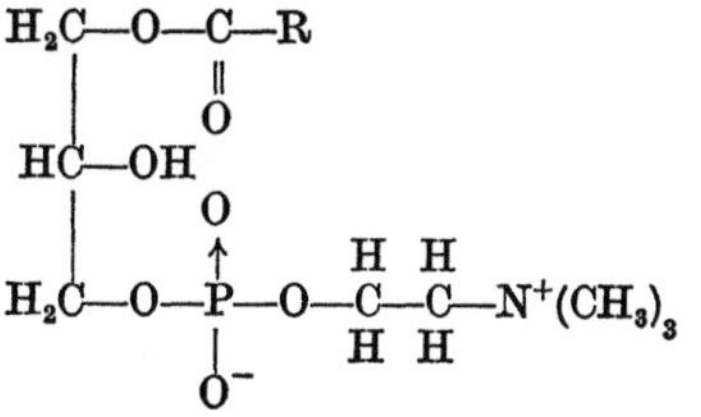

Lysolecithin

Auch Phosphatidylglycerin, Cardiolipin und Phosphoinosite enthalten keine Basen:

$$
\begin{array}{l}
\text{H}_2\text{C—O—C(=O)—R} \\
\text{HC—O—C(=O)—R'} \\
\text{H}_2\text{C—O—P(O)(O}^-)\text{—O—CH}_2\text{—CH(OH)—CH}_2\text{—OH}
\end{array}
$$

Phosphatidylglycerin

$$
\begin{array}{l}
\text{R—C(=O)—O—CH}_2 \\
\text{R'—C(=O)—O—CH} \\
\text{H}_2\text{C—O—P(O)(O}^-)\text{—O—CH}_2\text{—CH(OH)—CH}_2\text{—O—P(O)(O}^-)\text{—O—CH}_2 \\
\text{HC—O—C(=O)—R'''} \\
\text{H}_2\text{C—O—C(=O)—R''}
\end{array}
$$

Cardiolipin

Phosphatidylinosit und Diphosphoinosit

Eine weitere Gruppe von Phospholipiden, die Sphingomyeline, sind aus einem mehrwertigen Aminoalkohol, z. B. Sphingosin, Phosphorylcholin und Fettsäure aufgebaut. In den letzten Jahren konnte mit Hilfe chromatographischer Verfahren neben Sphingosin eine Vielzahl von langkettigen Aminoalkoholen ähnlicher Struktur nachgewiesen werden.

$$
\text{H}_3\text{C—(CH}_2)_{12}\text{—CH=CH—CH(OH)—CH(NH—C(=O)—R)—CH}_2\text{—O—P(←O)(O}^-)\text{—O—CH}_2\text{—CH}_2\text{—N}^+(\text{CH}_3)_3
$$

Sphingomyelin

Glycolipide, wie Cerebroside und Ganglioside, enthalten neben Sphingosin einen oder mehrere Zucker:

$$H_3C—(CH_2)_{12}—C=C—C—C—CH_2$$

Cerebrosid

Gangliosid

Die Strukturen der verschiedenen Sulfolipide sind noch nicht völlig geklärt. Die folgenden Formeln wurden vorgeschlagen:

Cerebrosidsulfat

Pflanzliches Sulfolipid

3. Ältere Methoden der Lipid-Analyse

Die äußerst komplexe Zusammensetzung natürlicher Lipidgemische läßt die Aufgabe, eine Gruppe dieser Substanzen oder gar eine individuelle Verbindung in solchen Gemischen durch chemische Methoden quantitativ zu analysieren, hoffnungslos erscheinen. Bis vor etwa 10 Jahren

23   Dünnschicht-Chromatographie, 2. Aufl.

wurden Lipidgemische durch „Summarische Kennzahlen" wie die Säure-, Verseifungs-, Jod-, Rhodan- und Dienzahl charakterisiert. Die Bestimmung der Menge des „Unverseifbaren" nach alkalischer Hydrolyse war eine Standardmethode der Fettanalyse. Phospholipide und Sulfolipide wurden nach Veraschung als anorganisches Phosphat und Sulfat quantitativ bestimmt. Diese Methoden wurden durch Farbreaktionen zur Erfassung von „Fettbegleitstoffen", wie den Lipochromen, Sterinen und Harzsäuren, ergänzt.

Physikalische Methoden zur Charakterisierung von Lipiden umfaßten die Bestimmung von Schmelz- und Erstarrungspunkt, Dichte, Härte, Viscosität, Oberflächen- und Grenzflächenspannung, Löslichkeit, Flammpunkt und Brennpunkt. Diese „klassischen Methoden" der Fettanalyse sind eingehend in den Werken von T. P. HILDITCH [59] und von H. P. KAUFMANN [77] beschrieben.

In den letzten Jahren wurden mehrere Verfahren zur Fraktionierung von Lipidgemischen ausgearbeitet. Als besonders nützlich erwiesen sich fraktionierte Kristallisation bei niederen Temperaturen und Fraktionierung über Harnstoff-Einschlußverbindungen, z. B. zur Trennung gesättigter und ungesättigter Fettsäuren oder ihrer Ester. Vakuumdestillation wurde zur Isolierung von Fettsäuremethylestern einheitlicher Kettenlänge verwendet und Molekulardestillation wurde zur Fraktionierung von Mono-, Di- und Triglyceriden benutzt. Gegenstromverteilung zwischen zwei flüssigen Phasen diente zur Trennung von Fettsäuren nach Kettenlänge oder nach Grad der Ungesättigtheit, und ebenso zur Trennung von Mono-, Di- und Triglyceriden, sowie von Phospholipiden. Neutrale und saure Lipide wurde durch Dialyse an Kautschukmembranen fraktioniert.

Die Anwendung dieser Trennverfahren erforderte Mengen von 1 g bis zu 100 g Lipid. In den meisten Fällen ermöglichten diese Methoden lediglich Anreicherung einer Komponente oder halb-quantitativer Fraktionierungen. Der Wirkungsgrad der Fraktionierungen wurde meist spektroskopisch verfolgt.

4. Neuere Verfahren zur Trennung von Lipiden [1]

Chromatographische Techniken haben heute andere Methoden zur Fraktionierung von Lipiden in analytischem und auch im mikropräparativem Maßstab weitgehend verdrängt: Adsorptions- und Verteilungschromatographie an Kieselsäuresäulen, an Kieselsäure-imprägniertem Filter (-Cellulose-) Papier und an Glasfaserpapier wird angewandt, um komplexe Lipidgemische nach Verbindungsklassen aufzutrennen. Die Verteilungs-Chromatographie in umgekehrter Phase wird benutzt, um Glieder einer vinylog-homologen Reihe voneinander an hydrophobierten Säulenfüllungen oder an hydrophobiertem Papier zu trennen. Die Gas-Chromatographie wird als verteilungschromatographisches Verfahren, besonders zur Trennung von Fettsäuremethylestern, angewandt. Eine Fraktionierung von Lipidklassen nach dem Grad der Ungesättigtheit ihrer Komponenten ist durch Chromatographie an Silbernitrat-imprägnier-

---

[1] Siehe auch [63, 158].

tem Kieselgel möglich. Ähnliche Trennungen lassen sich durch Chromatographie der Quecksilberacetat-Addukte ungesättigter Lipide erreichen. Chromatographie an Ionenaustauscher-Säulen und Ionenaustauscher-Papier wird zur Isolierung von Säuren und zur Fraktionierung stark polarer Lipide verwendet. Durch Chromatographie an Harnstoffsäulen können geradkettige Fettsäuren von verzweigtkettigen geschieden werden. Der Trenneffekt beruht auf der Bildung von Einschlußverbindungen der unverzweigten Fettsäuren mit Harnstoff.

Jedes dieser Trennprinzipien kann auch in der Dünnschicht-Chromatographie angewandt werden. Die DC ermöglicht jedoch meist bessere Trennungen in kürzerer Zeit, und darum ist diese Methode in der Lipid-Chemie in kurzer Zeit unentbehrlich geworden. Durch Kombination mit anderen Trennverfahren kann der Anwendungsbereich und die Leistungsfähigkeit der DC noch wesentlich erweitert werden. Insbesondere sollten Adsorptions-DC und verteilungschromatographische Verfahren, also DC in umgekehrter Phase, Papierchromatographie oder Gas-Chromatographie nacheinander angewandt werden. Gemische von Verbindungen, die durch Adsorptions-Chromatographie nicht fraktioniert werden können, sind meist durch Verteilungschromatographie zu trennen, und umgekehrt.

Die folgenden Arten der Fraktionierung von Lipiden konnten durch DC erreicht werden:

Trennung nach Verbindungsklassen, Fraktionierung vinylog-homologer Reihen, Trennung nach dem Grad der Ungesättigtheit, Trennung von *cis-trans*-Isomeren sowie von Stellungsisomeren.

5. Aufbereitung des Materials

Die beste Trennmethode ist von geringem Nutzen, wenn das Analysenmaterial durch unsachgemäße Behandlung verdorben ist. Darum sind hier einige Methoden zur Isolierung von Lipiden aus pflanzlichem und tierischem Material und Regeln zur Handhabung der Extrakte ausführlich beschrieben.

a) Aufschluß und Extraktion

Die Extraktion von Lipiden ist heute erneut Gegenstand ausgedehnter Untersuchungen: Die in folgenden angegebenen, seit vielen Jahren eingeführten Standardverfahren sind dünnschicht-chromatographisch gründlich überprüft worden. Es ist bekannt, daß diese Methoden zu Artefakten führen können und auch andere Mängel aufweisen [*34, 202*]; bessere Vorschriften sind jedoch bis heute nicht publiziert worden.

α) **Gewinnung pflanzlicher Lipide.** Pflanzenöle gewinnt man aus Samen und Früchten nach Zerkleinern durch Pressen und Reiben und durch Extraktion mit Lösungsmitteln.

Isolierung unpolarer pflanzlicher Lipide [*77*]

Arbeitsanweisung: Beim Arbeiten mit Samen und anderen sehr Lipid-reichen Pflanzenteilen wird zunächst die Hauptmenge des Öls abgepreßt; dann wird der Rückstand weiter zerkleinert und noch einmal ausgepreßt. Die Preßrückstände werden schließlich mit Petroläther, Kp. 60—70° C, oder Benzol 4—6 Std in einer Soxhlet-Apparatur extrahiert; geeignet sind auch Chloroform, Tetrachlorkohlenstoff, Trichloräthylen und Diäthyläther.

Während Samen oft zur Hälfte ihres Gewichts aus Fett bestehen, enthalten Blätter und Stengel grüner Pflanzen nur etwa 1—5% Lipide, vor allem Phospholipide, Sulfolipide und Glycolipide. Diese Verbindungen müssen mit relativ polaren Lösungsmitteln extrahiert werden. Da aliphatische Äther, Ketone und Ester das in pflanzlichen Geweben enthaltene Enzym Phosphatidase C aktivieren, werden zur Gewinnung polarer Lipide aus grünen Pflanzen n-Propanol oder Isopropanol verwendet. Zum Schutz ungesättigter Verbindungen wird unter Stickstoff extrahiert.

Extraktion polarer pflanzlicher Lipide [*151*]

Arbeitsanweisung: Blätter oder Stengel (1 g) werden in einem Küchen-Mixer 3—4 min bei Zimmertemperatur mit 100 ml Isopropanol behandelt. Die Aufschlämmung wird zentrifugiert, der Rückstand einmal mit 100 ml Isopropanol und einmal mit 100 ml Chloroform-Isopropanol, (2 + 1) extrahiert. Die vereinigten Extrakte werden bei etwa 35° C im Vakuum eingeengt und durch Verteilen zwischen Chloroform-Methanol (2 + 1) und 0,7% wäßriger Natriumchlorid-Lösung gereinigt (s. Arbeitsanweisung nach Folch, Lees u. Sloane Stanley, S. 357).

Die so gewonnenen Gesamtlipide enthalten meist noch freie Aminosäuren und Peptide, Zucker und andere hydrophile Naturstoffe, die durch Lösungsvermittler, z. B. Lecithin, in den Extrakt gelangen. Zur Abtrennung dieser Begleitstoffe eignet sich die Säulen-Chromatographie an Cellulose oder Sephadex.

β) **Gewinnung tierischer Lipide.** Gründliche Beschreibungen und Vergleiche der Methoden der Extraktion menschlicher und tierischer Lipide sind in zwei kürzlich erschienenen Büchern zu finden [*66, 225*].

Zum Homogenisieren tierischer Gewebe in Mengen von mehreren 100 g eignen sich gewöhnliche Küchen-Mixer; Spezialgeräte sind im Handel. Für kleinere Mengen wird meist der Homogenisator nach Potter und Elvehjem verwandt. Dieser Apparat besteht aus einem dickwandigen Reagenzglas in das ein rotierendes Pistill so eingeschliffen ist, daß nur noch ein Spalt von weniger als 1 mm bleibt. Das zu zerkleinernde Gewebe wird mit Chloroform-Methanol (2 + 1) versetzt und zwischen Pistill und Glaswand zerquetscht.

Beim Aufarbeiten tierischer Organe sind nach Entenman [*40*] die folgenden Grundregeln zu beachten:

1. Führe alle Operationen (Homogenisierung, Extraktion usw.) stets in einer Stickstoffatmosphäre aus, um die Autoxydation ungesättigter Lipide zu verhindern.

2. Verwende nur gereinigte und frisch destillierte Lösungsmittel. Methanol und Äthanol werden zur Entfernung von Aldehyden über Kaliumhydroxyd destilliert. Es ist ganz besonders wichtig, daß Chloroform nur frisch destilliert verwandt wird. Diäthyläther wird durch Destillation über Hydroxylamin oder Eisen-(II)-sulfat von Peroxyden befreit und über Eisen- oder Natriumdraht aufbewahrt. Sowohl Chloroform als auch Diäthyläther halten sich am besten in einem explosionssicheren Eisschrank. Petroläther sollte über conc. Schwefelsäure destilliert werden.

3. Seziere das Versuchstier nach dem Töten so schnell wie möglich und
4. Homogenisiere das zu analysierende Organ sofort.

5. Beachte das vorgeschriebene Verhältnis Organbrei zu Extraktionslösung.

6. Erwärme Lösungen, die Lipide enthalten nur, wenn unbedingt notwendig.

7. Entferne aus dem Lipidextrakt alle Nicht-Lipide, ohne Lipide selbst einzubüßen.

8. Bewahre das Extraktgut unter Bedingungen auf, die möglichst wenig Änderungen der Lipide verursachen können, d. h. halte die Lipide möglichst in Petroläther-Lösung unter Stickstoff im Eisschrank.

Extraktion unpolarer tierischer Lipide nach Bloor [15]

Arbeitsanweisung: Ein Teil Gewebehomogenat wird in 20 (bis 30) Teile einer Mischung von Äthanol-Diäthyläther (3 + 1) eingegossen und über Nacht in Stickstoff-Atmosphäre bei Zimmertemperatur stehen gelassen. Der Lipidextrakt wird von ausgeschiedenem Eiweiß filtriert, bei weniger als 50° C im Vakuum unter Stickstoff konzentriert — jedoch nicht völlig eingedampft — und die Lipide mit drei Portionen Petroläther reextrahiert. In Petroläther unlösliches Material wird verworfen. Die Petroläther-Lösung der Lipide kann mit wasserfreiem Natriumsulfat getrocknet werden.

Zwecks vollständiger Gewinnung der Lipide recht fettreicher Gewebe muß das Homogenisat mit Äthanol-Äther leicht erwärmt werden. Gehirn-Lipide werden mit der Bloor-Mischung nur unvollständig extrahiert.

Extraktion polarer tierischer Lipide nach Folch, Lees und Sloane Stanley [42].

Diese Methode gibt besonders gute Ausbeuten an komplexen Lipiden, die mit Äthanol-Diäthyläther nicht vollständig gewonnen werden können, wie Proteolipide und Ganglioside.

Arbeitsanweisung: Der Gewebebrei wird mit 20 Teilen einer Chloroform-Methanol-Mischung (2 + 1) bei Zimmertemperatur extrahiert. Der Rohextrakt wird durch fettfreies grobes Filterpapier in eine Flasche gefiltert und mit einem Fünftel seines Volumens luftfreien destillierten Wassers (im Stickstoffstrom ausgekocht und abgekühlt!) geschüttelt. Nach längerem Stehen trennt sich das Gemisch in zwei Schichten. Die wäßrige obere Phase, die 40% des Gesamtvolumens ausmacht, wird vorsichtig so weit als möglich abgesaugt. Der Rest der oberen Phase wird durch wiederholtes Waschen mit kleinen Portionen Chloroform-Methanol-Wasser (3 + 48 + 47) weggespült, ohne die untere Phase aufzuwirbeln. Der Rest der Waschflüssigkeit und die untere Phase werden schließlich durch Zugabe von ein wenig Methanol homogenisiert.

Zur Isolierung von Proteolipiden, Phosphatidolipopeptiden, Gangliosiden, Sulfatiden und Triphosphoinositen sind Modifikationen und Erweiterungen des hier beschriebenen Verfahrens ausgearbeitet worden [42, 110].

b) Trennung der Lipide von Nicht-Lipiden

Kleine Mengen von Nicht-Lipiden können durch Chromatographie an Cellulose- [199] oder Sephadex-Säulen [217] abgetrennt werden. Zur Fraktionierung von mehreren Gramm eignet sich vor allem die Gegenstromverteilung.

c) Abbau von Lipiden und Darstellung von Derivaten

Die DC wird vor allem zur Trennung komplizierter Lipid-Extrakte in Klassen von Verbindungen benutzt (s. S. 361). Man verzichtet in der

Regel darauf jede dieser Lipidklassen weiter zu fraktionieren obwohl gute Methoden zur Verfügung stehen (s. S. 380); vielmehr hydrolysiert man ein Aliquot und bestimmt gas-chromatographisch die Zusammensetzung der Fettsäuren und anderer Bestandteile. Auch die Identifizierung einer reinen Verbindung, wie z. B. eines Triglycerids, erfordert eine qualitative und quantitative Analyse der Hydrolyseprodukte, sowohl der lipophilen (Fettsäuren) als auch der hydrophilen (Glycerin). Im folgenden werden die gebräuchlichsten Methoden zum Abbau von Lipiden beschrieben. Die meisten dieser Arbeitsanweisungen sind vor allem für die Analyse der lang-kettigen Abbauprodukte geeignet, auf Methoden zur Identifizierung der wasserlöslichen Anteile wird hingewiesen (s. Kap. Aminosäuren u. Kap. Zucker).

α) Gewinnung von Fettsäuren und unverseifbaren Verbindungen. Die in Lipiden gebundenen Fettsäuren werden heute meist durch Methanolyse als Methylester isoliert (s. S. 359—360). Die alkalische Hydrolyse der Lipide wird nahezu ausschließlich zur Gewinnung der unverseifbaren Verbindungen angewandt.

Alkalische Hydrolyse von Lipiden

Die alkalische Hydrolyse („Verseifung") von Fettstoffen liefert die wasserlöslichen Alkalisalze der Fettsäuren dieser Lipide und unverseifbare neutrale Verbindungen, wie z. B. Kohlenwasserstoffe und Alkohole. Das „Unverseifbare" wird mit unpolaren Solventien aus der alkalischen wäßrig-alkoholischen Phase entfernt. Dann werden die Fettsäuren durch Ansäuern der Lösung ihrer Salze in Freiheit gesetzt und ebenfalls mit organischen Lösungsmitteln extrahiert.

Arbeitsanweisung: Man löst 1 Gewichtsteil Kaliumhydroxyd in 1 Gewichtsteil destillierten Wassers und verdünnt diese konzentrierte Lauge nach Abkühlen mit 3—4 Teilen Methanol. Die Lipid-Probe wird mit der zehnfachen Menge dieser Kaliumhydroxyd-Lösung versetzt und über Nacht bei Zimmertemperatur stehen gelassen.

Zur Verfolgung der Hydrolyse werden 1—5 μl des Reaktionsgemischs auf schmale, mit Kieselgel G beschichtete Platten aufgetragen und mit dem Fließmittel Petroläther (Kp. 60—70° C)-Diäthyläther-Eisessig (70 + 30 + 2) entwickelt. Die Lipidfraktionen werden durch Besprühen des Chromatogramms mit Chromschwefelsäure (Reag.-Nr. 52) und Erhitzen sichtbar gemacht. Zu Beginn der Verseifung sind auf dem Chromatogramm vor allem Flecken wenig polarer Substanzen oberhalb des Fettsäureflecks zu sehen. Nach vollständiger Hydrolyse erscheinen nur noch die Flecken der Säuren, darüber die unpolaren (Kohlenwasserstoffe) und darunter die stark polaren Verbindungen (ein- und mehrwertige Alkohole).

Ist die Verseifung beendet, so wird der größte Teil des Methanols im Vakuum bei weniger als 50° C verdampft und der wäßrige Rückstand mit dem doppelten Volumen Wasser verdünnt. Bei Gegenwart größerer Mengen unverseifbarer Verbindungen wird die Lösung trüb. Das Unverseifbare wird mehrmals mit einer, dem halben Volumen der Lösung entsprechenden Menge Diäthyläther extrahiert. Emulsionen können durch Zusatz von Alkohol oder durch wiederholtes Abkühlen auf 5° C und Erwärmen gebrochen werden. — Die Vollständigkeit der Extraktion sollte durch Adsorptions-DC geprüft werden. — Die vereinigten Ätherauszüge werden mit destilliertem und im Stickstoffstrom ausgekochten und wieder gekühlten Wasser neutral gewaschen. Nach Trocknen der Lösung über wasserfreiem Natriumsulfat und Verdampfen des Äthers wird die unverseifbare Lipidfraktion unter Stickstoff eingeschmolzen oder in einem geeigneten Lösungsmittel aufgenommen und im Eisschrank verwahrt.

Die von Neutralstoffen befreite wäßrige Lösung der Kaliumsalze höherer Fettsäuren wird mit 5 N H_2SO_4 unter einer Ätherschicht angesäuert. Die so freigesetzten
Fettsäuren werden mit destilliertem und ausgekochtem Wasser gewaschen und dann
über wasserfreiem Natriumsulfat getrocknet. Der Äther wird verdampft und die
Fettsäuren unter Stickstoff eingeschmolzen oder in Petroläther gelöst im Eisschrank
aufbewahrt.

Eine Arbeitsvorschrift zur Veresterung freier Fettsäuren ist auf S. 175 angegeben.

Diese „kalte Verseifung" ist besonders zu empfehlen, wenn Vitamin-
haltige Lipide oder Derivate konjugiert-ungesättigter Fettsäuren vorliegen. — Meist wird 1—12 Std in einem Stickstoffstrom unter Rückfluß
erhitzt. Die Länge des Kochens hängt von der Natur der zu verseifenden
Lipide ab. Sind schwer hydrolysierbare Verbindungen zugegen, so kann
durch Zusatz von 10—20% Toluol oder Xylol die Siedetemperatur des
Verseifungsgemisches erhöht werden.

β) Gewinnung von Methylestern, Dimethylacetalen und Alkyläthern.
Die verschiedenen Lipidfraktionen können nach dünnschicht-chromato-
graphischer Trennung von der Trägerplatte geschabt und die (Ester-)
Lipide ohne vorhergehende Elution vom Adsorbent, durch Methanolyse
in Methylester überführt werden. Aus Alkenyläthern entstehen durch
Methanolyse in Gegenwart von Chlorwasserstoff oder Schwefelsäure die
Dimethylacetale der entsprechenden Aldehyde; veresterte Alkyläther
mehrwertiger Alkohole werden deacyliert. Die Methylester, Dimethylacetale und Äther können dünnschicht-chromatographisch aus dem
Reaktionsgemisch isoliert werden. Jede dieser Lipidklassen wird dann
gesondert analysiert (s. Tab. 71, S. 385).

Methanolyse mit Methanol-Chlorwasserstoff [*48, 195*]

Arbeitsanweisung: 1—10 mg Lipid (oder eine Portion Kieselgel an dem eine entsprechende Menge Lipid adsorbiert ist) und 1—2 ml einer 5proz. Lösung trockenen
Chlorwasserstoffs in abs. Methanol werden unter Stickstoff in eine Ampulle eingeschmolzen. Diese wird im Wasserbad 2 Std (für Glyceride) oder 4—6 Std (für
Sterylester und Sphingolipide) auf 80° C erhitzt. Nach Erkalten wird die Ampulle
vorsichtig geöffnet und das Reaktionsgemisch mit 5 ml Wasser versetzt. Darauf
werden die Lipide dreimal mit je 10 ml Hexan extrahiert. (Die Reaktionsprodukte
von Alkoxylipiden werden mit Diäthyläther extrahiert.) Die vereinigten Extrakte
werden zweimal mit je 10 ml N K_2CO_3-Lösung und Wasser gewaschen und über
wasserfreiem Natriumsulfat getrocknet.

Methanolyse mit Methanol-Schwefelsäure [*24, 25*]

Arbeitsanweisung: 1—2 mg Lipid an etwa 0,2 g Kieselgel G werden mit 10 ml
einer Mischung von abs. Methanol, Benzol und conc. Schwefelsäure (86 + 10 + 4)
unter einem Stickstoffstrom 2 Std auf 80—90° C erhitzt. Nach Abkühlen wird das
Reaktionsgemisch mit 15 ml Wasser versetzt und mit fünf 0,5 ml-Portionen Hexan
ausgeschüttelt. Die vereinigten Extrakte werden über Natriumbicarbonat und wasserfreiem Natriumsulfat (1 + 3) getrocknet.

Die Bildung von Methylestern durch Methanolyse verläuft nicht quantitativ. Dies hat jedoch keinen meßbaren Einfluß auf die Resultate gaschromatographischer Analysen.

Bei der gas-chromatographischen Analyse von Methylestern höherer
Fettsäuren werden oft Substanzen registriert, die lediglich auf Grund
ihrer Retentionszeiten als Ester verzweigter Säuren „identifiziert" wer-

den, in Wirklichkeit jedoch Dimethylacetale von Aldehyden sind. Durch Adsorptions-DC ist die Gegenwart solcher Verbindungen in Methylestern schnell nachzuweisen. Methylester und Dimethylacetale werden vor der gas-chromatographischen Analyse am besten mittels DC getrennt.

Isolierung von Methylestern, Dimethylacetalen und Alkyläthern [181, 202]

Arbeitsanweisung. 10—50 mg der Methanolyse-Produkte werden bandförmig auf eine 0,5 mm Kieselgel G-Schicht (20 × 20 cm) aufgetragen. Die Platte wird zweimal oder dreimal mit Hexan-Diäthyläther (95 + 5) entwickelt und die Fraktionen mit 2′,7′-Dichlorfluorescein-Lösung (Reag.-Nr. 60) im UV-Licht sichtbar gemacht. Die Methylester wandern weiter als die Dimethylacetale, die Alkylglycerinäther bleiben am Start. Zur Elution dieser Lipidklassen wird Diäthyläther verwendet.

γ) **Gewinnung von Aldehyden.** Aus neutralen Plasmalogenen und Phosphatid-Plasmalogenen können durch Säure-katalysierte Hydrolyse Aldehyde freigesetzt werden. Führt man diese Reaktion auf der Adsorptionsschicht durch, so kann man anschließend die Hydrolyseprodukte voneinander sowie von anderen Verbindungen trennen und die Aldehyde isolieren. In ähnlicher Weise kann man Aldehyde auch nach Lithiumaluminiumhydrid-Reduktion von Plasmalogenen erhalten, da dieses Reagens die Alken-1-yläther-Bindung nicht angreift [184].

Säure-katalysierte Hydrolyse von Plasmalogenen [181, 183]

Arbeitsanweisung: 10—100 mg der Lipid-Probe werden, in Hexan gelöst bandförmig auf eine 0,5 mm dicke Kieselgel G-Schicht (20 × 20 cm) aufgetragen. Die Platte wird, mit der Schicht nach unten, in einem Abstand von 15 cm über einer Glasschale befestigt, in der sich heiße (50—60° C) conc. Salzsäure befindet. Nach 5 min wird die Platte zweimal mit Hexan-Diäthyläther (95 + 5) entwickelt. Die Fraktionen werden mit 2′,7′-Dichlorfluorescein-Lösung (Reag.-Nr. 60) im UV-Licht sichtbar gemacht und die Aldehyde (nahe der Lösungsmittelfront) mit Diäthyläther eluiert.

Aldehyde können als solche (s. Tab. 71, S. 385) oder, nach Reduktion (s. unten) und Acetylierung (s. S. 175), als Alkylacetate analysiert werden (s. Tab. 71, S. 385).

δ) **Gewinnung von Alkyläthern mehrwertiger Alkohole.** Äther langkettiger Alkohole mit Glycerin sind, mit Fettsäuren verestert, in der Natur als neutrale Lipide und Phospholipide weit verbreitet; wahrscheinlich kommen auch entsprechende Derivate von Diolen vor. Die alkalische Hydrolyse der Ester-Bindungen in Alkoxylipiden kann nicht empfohlen werden, weil es schwierig ist, Alkylglycerinäther aus wäßrigen Lösungen von Fettsäuren vollständig zu extrahieren. Alkyläther mehrwertiger Alkohole werden aus ihren Acylderivaten am besten durch Methanolyse (s. oben) oder Lithiumaluminiumhydrid-Reduktion freigesetzt.

Reduktion von Lipiden mit Lithiumaluminiumhydrid [181]

Arbeitsanweisung: Zu einer Lösung von 0,2 g Lithiumaluminiumhydrid in 20 ml abs. Diäthyläther werden 8—10 mg Lipid in 1—2 ml abs. Diäthyläther zugetropft; das Gemisch wird magnetisch geführt und unter Rückfluß 2 Std zum Sieden erhitzt. Überschüssiges Lithiumaluminiumhydrid wird mit nassem Diäthyläther zerstört. Das Reaktionsgemisch wird mit 2 N H_2SO_4 angesäuert und weiter gerührt, bis zwei klare Schichten entstehen. Die wäßrige Phase wird dreimal mit je 10 ml Diäthyläther extrahiert und die Extrakte werden mit der ätherischen Phase vereinigt. Diese

Lösung wird mit 10 ml N K$_2$CO$_3$-Lösung, dann dreimal mit je 10 ml Wasser gewaschen und über wasserfreiem Natriumsulfat getrocknet.

Die auf S. 360 beschriebene Arbeitsanweisung zur Isolierung von Alkyläthern kann zur Trennung der Reduktions-Produkte angewandt werden.

Die besonders weit verbreiteten 1-Alkylglycerinäther können in Form ihrer Isopropylidenderivate [55, 184] (s. Tab. 71, S. 385) oder, nach Spaltung mit Natriummetaperjodat als Alkoxyacetaldehyde [10] gaschromatographisch analysiert werden (s. Tab. 71, S. 385). Zur Gas-Chromatographie der isomeren 1- und 2-Alkylglycerinäther sowie anderer Alkyläther, die mindestens eine freie Hydroxygruppe enthalten, eignen sich auch die Trifluoracetate (TFA-Derivate) [222] s. a. [62] (s. Tab. 71, S. 385) und ganz besonders, die Trimethylsilyläther (TMS-Derivate) [222] (s. Tab. 71, S. 385).

d) Weitere Reaktionen

Einige spezielle Vorschriften werden an anderer Stelle angegeben: Methoden zur Darstellung von Ozoniden S. 391—392) und zur Bildung von Quecksilberacetat-Addukten ungesättigter Lipide (S. 388), eine Vorschrift zur Veresterung von Fettsäuren mit Diazomethan (S. 175) und eine Arbeitsanweisung zur Acetylierung von Alkoholen mit Essigsäureanhydrid S. 175). Die an anderem Ort beschriebenen Verfahren zur Darstellung von Trifluoracetaten bzw. Trimethylsilyläther können auf aliphatische Alkohole angewandt werden.

Ausführliche Arbeitsanweisungen sind auch einem kürzlich erschienenen Buch [225] zu entnehmen.

6. Hersteller und Lieferanten reiner Lipide

Neutrale Lipide und Fettsäuren (Fa. 11, 31, 60, 105, 133, 144), Phospholipide und andere komplexe Verbindungen (Fa. 11, 31, 105, 144) sowie Standard-Gemische für die Dünnschicht- und Gas-chromatographie (Fa. 11, 144) sind im Handel erhältlich.

Lieferanten radioaktiv markierter Lipide sind im Kap. I, S. 155 erwähnt.

Firmen-Anschriften sind am Ende des Buchs zusammengefaßt.

II. Dünnschicht-Chromatographie von Lipiden

1. Trennung von Lipiden nach Verbindungsklassen

Vor über 25 Jahren zeigte TRAPPE, daß Lipide von Adsorptionskolonnen durch die aufeinanderfolgende Verwendung einer Reihe von Lösungsmitteln unterschiedlicher Polaritäten als Verbindungsklassen fraktioniert eluiert werden können. Er ordnete verschieden polare Solventien nach ihrer eluierenden Wirkung an und beschrieb diese Serie als „die eluotrope Reihe der Lösungsmittel". TRAPPEs eluotrope Reihe und weitere Angaben über Lösungsmittel sind auf S. 199 angegeben.

Mehrere Autoren fanden, daß anstelle einer Reihe individueller Solventien Gemische von Petroläther-Diäthyläther in verschiedenen Mischungsverhältnissen vorteilhaft anzuwenden sind. Verfahren zur adsorptions-chromatographischen Trennung komplexer Lipidgemische an Kieselgel-Kolonen wurden vielerorts erprobt und als Standardmethoden zur Analyse menschlicher und tierischer Lipidextrakte routinemäßig benutzt.

Nach Einführung der DC durch STAHL [193] wandten mehrere Autoren [69, 117, 214] die neue Methode auf Lipide an und fanden sie zur Trennung von Verbindungen dieser Naturstoffgruppe vorzüglich geeignet. Eine kürzlich veröffentlichte Übersichtsarbeit [152] zeigt deutlich, daß DC und Gas-Chromatographie innerhalb weniger Jahre andere chromatographische Verfahren zur Trennung von Lipiden fast völlig verdrängt haben.

Die bis Frühjahr 1964 erschienenen Publikationen über die DC von Lipiden wurden in zwei Arbeiten [120, 122] zusammengestellt.

Fette, Öle, Wachse und andere neutrale Lipide werden meist durch Adsorptions-DC an Kieselgel G nach Verbindungsklassen getrennt. Mischungen von Petroläther mit Diäthyläther dienen im allgemeinen als Fließmittel. Zur Trennung stark polarer Lipide an Kieselgel G-Schichten sind alkoholische und wasserhaltige Fließmittel zu verwenden, und darum wird die Fraktionierung solcher Substanzen in Verbindungsklassen oft mehr durch Verteilung als durch Adsorption bewirkt. In manchen Fällen wird auch die Verteilungs-Chromatographie in umgekehrter Phase an hydrophobierten Schichten zur Trennung von Lipiden nach Verbindungsklassen angewandt.

a) Neutrale Lipide und ihre Hydrolyseprodukte

Langkettige Kohlenwasserstoffe, Alkohole, Aldehyde, Säuren, Monoglyceride, Diglyceride, Triglyceride und ähnliche Lipide können durch Adsorptions-DC nach der Art und Zahl ihrer funktionellen Gruppen in Verbindungsklassen unterschiedlicher Polaritäten getrennt werden. Große Unterschiede in Kettenlänge und Grad der Ungesättigtheit der Komponenten einer Klasse können in seltenen Fällen zu Subfraktionie-

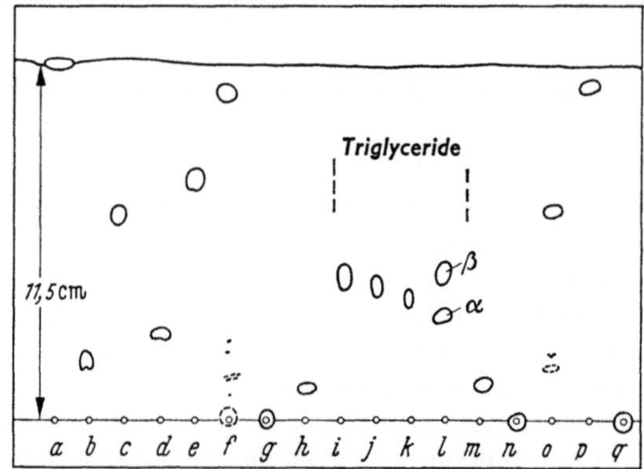

Abb. 129. Trennung neutraler Lipide und ihrer Hydrolyseprodukte durch Adsorptions-DC an Kieselgel G [114]. Fließmittel: Petroläther, Kp. 60 — 70° C, — Diäthyläther—Eisessig, 90 + 10 + 1; Laufzeit: 40 min; Sprühreagens: 2′,7′-Dichlorfluorescein in Äthanol; Mengen: je 20 μg; *a* Octadecen-9, *b* Oleylalkohol, *c* Oleylaldehyd, *d* Ölsäure, *e* Methyloleat, *f* Cholesteryloleat, *g* Monoolein, *h* Diolein, *i* Triolein, *j* Trilinolein, *k* Trilinolenin, *l* Tricaproin (α) und Tristearin (β), *m* Cholesterin, *n* Selachylalkohol, *o* Selachyldiolein, *p* Oleyloleat, *q* Dioleoyl-Lecithin

rungen innerhalb dieses Verbindungstyps führen. Solche Subfraktionierungen sind jedoch nie so ausgeprägt, daß sie die Trennung nach Verbindungsklassen stören könnten.

In Abb. 129 ist die Trennung einiger typischer Lipide nach Verbindungsklassen schematisch dargestellt. Erwartungsgemäß erfolgt auch auf beschichteten Trägerplatten die Trennung verschiedener Typen von Verbindungen entsprechend den von BROCKMANN und VOLPERS aufgestellten Regeln: Kohlenwasserstoffe werden nicht adsorbiert, Ester nur wenig; Aldehyde kommen vor Alkoholen und Säuren — kurzkettige Verbindungen werden stärker adsorbiert als langkettige, und ungesättigte stärker als gesättigte (s. S. 198). Abb. 129 zeigt, als ein Beispiel, das Ausmaß der Subfraktionierung innerhalb der Klasse der Triglyceride.

Neutrale Lipide werden als 0.1 oder 1 proz. Lösungen in Hexan oder Hexan-Diäthyläther (1 + 1) auf die Schicht gegeben.

Trennbedingungen

Schichten: Kieselgel wird häufiger als alle anderen Adsorbentien zur Fraktionierung von Lipiden verwandt. Auf einer mit Kieselgel G beschichteten Glasplatte, 20×20 cm, können 10—20 mg eines komplizierten Lipidgemisches getrennt werden. Sind nur wenige Substanzen sehr unterschiedlicher Polaritäten zu fraktionieren, so können bis zu 100 mg auf eine Standard-Platte angewandt werden. Seiner hervorragenden Eigenschaften wegen wird Kieselgel G neuerdings auch als Adsorptionsmittel für die Säulen-Chromatographie von Lipiden empfohlen [29]. Aluminiumoxid wird nur selten benutzt, weil es Lipide hydrolysiert und isomerisiert. Florisil, ein synthetisches Magnesiumsilicat, das oft zur Säulen-Chromatographie von Lipiden gebraucht wird, dürfte in der DC anzuwenden sein. Auch *sec.* Magnesiumphosphat ist ein sehr geeignetes Sorbens für Lipide (s. S. 261), Hydroxylapatit eignet sich besonders zur Trennung von α- und β-Monoglyceriden [60]. Zucker wurde benutzt, um Lipide an Säulen nach Verbindungsklassen zu trennen. Dieses Adsorbens hat gute Trenneigenschaften, aber nur geringe Kapazität. Seine gute Löslichkeit in Wasser erleichtert die Rückgewinnung adsorbierter lipophiler Substanzen.

Lipidgemische, die an einheitlichen Schichten nur durch stufenweise Entwicklung (s. S. 87) mit zwei oder drei Fließmitteln zu trennen sind, können an Gradient-Schichten aus Kieselgel G und Kieselgur G [194] mit einem einzigen Fließmittel fraktioniert werden.

Fließmittel: Die Wahl des Fließmittels richtet sich nach der Polarität der Komponenten des Lipidgemischs und dem gewünschten Trenneffekt. Eine Liste von Fließmitteln zur Trennung neutraler Lipide durch DC ist in Tab. 67 angegeben. Mischungen von Petroläther mit 1—5% Benzol oder Diäthyläther eignen sich besonders, um Kohlenwasserstoffe, Alkylester, Sterylester und Polyenolester nach Verbindungsklassen zu trennen [52, 118]. Bei Verwendung solcher Fließmittel bleiben Verbindungen, die eine oder mehrere freie Hydroxy- oder Carboxy-Gruppen enthalten, am Startpunkt zurück.

Zur Fraktionierung von Alkoholen und Aldehyden, Mono-, Di- und Triglyceriden werden Mischungen von Petroläther mit 10—50% Diäthyläther verwandt [*114, 135, 165, 183*]. Wenig polare Lipide wandern in diesen Fließmitteln nahe der Front und sind kaum noch voneinander getrennt. Zur DC von Lipidgemischen, die freie Fettsäuren enthalten, sind die oben genannten Fließmittel mit einem Zusatz von 1—2% Eisessig zu verwenden, um Streifen- und Schwanzbildung durch Fettsäuren zu verhindern [*114, 118*].

Tabelle 67. *Fließmittel zur Trennung neutraler Lipide und ihrer Hydrolyseprodukte durch Adsorptions-DC an Kieselgel G*

Fließmittel	Mischungsverhältnis v/v	Literatur
Petroläther[1]-Diäthyläther	90 + 10	[*116*]
	80 + 20	[*119*]
	70 + 30	[*120*]
Petroläther[1]-Diäthyläther-Eisessig	90 + 10 + 1	[*118*]
	80 + 20 + 1	[*202*]
	70 + 30 + 1	[*118*]
Benzol-Diäthyläther-Äthanol-Eisessig[2]	50 + 40 + 2 + 0,2	[*43*]
danach Hexan-Diäthyläther[3]	94 + 6	
Diisopropyläther-Eisessig[4]	96 + 4	[*190*]
danach Petroläther-Diäthyläther-Eisessig[5]	90 + 10 + 1	

[1] Meist Petroläther, Kp. 60—70° C, also hauptsächlich Hexan.
[2] Steighöhe 25 cm.
[3] Steighöhe 32 cm.
[4] Steighöhe 13—14 cm.
[5] Steighöhe 19—19,5 cm.

Weil die meisten natürlichen Lipidgemische Substanzen sehr unterschiedlicher Polaritäten enthalten, ist es oft nicht möglich, vollständige Trennungen nach Verbindungsklassen mit einem einzigen Fließmittel zu erreichen. Ein besseres Bild der Zusammensetzung eines komplizierten Lipidgemisches wird erhalten, wenn es mit 2 oder 3 Fließmitteln verschiedener Polaritäten auf getrennten Platten chromatographiert wird. Dieselben Fließmittel können auch in der Stufentechnik auf ein und demselben Chromatogramm angewendet werden [*43, 185*]; zweidimensionale DC gibt ebenfalls bessere Trennungen [*78*]. Auch die DC mit einem graduierlich polarer werdenden Fließmittel kann zur vollständigeren Trennung von Lipidklassen weit unterschiedlicher Polaritäten durchgeführt werden [*179*].

Pflanzliche und tierische Wachse werden besonders gut mit dem Fließmittel Petroläther-Diäthyläther (95 + 5) an Kieselgel G chromatographiert. Das Fließmittel Petroläther-Diäthyläther-Eisessig (90 + 10 + 1) wird am häufigsten zur DC von Lipiden benutzt. Es ist ganz besonders zur Fraktionierung tierischer Fette geeignet (Abb. 131 u. 135). Pflanzenöle, die Epoxy- und Hydroxyverbindungen enthalten, werden mit Gemischen von Petroläther-Diäthyläther-Eisessig (80 + 20 + 1) oder (70 + 30 + 2) chromatographiert (Abb. 130). Das letzgenannte Fließmittel eignet sich ebenfalls gut zur DC der Alkohole und Diole des

„Unverseifbaren" pflanzlicher und tierischer Fette und zur Trennung von Fettsäuren, Epoxy-, Hydroxy- und Dihydroxyfettsäuren und ihrer Methylester.

Nachweismethoden. Nahezu alle in der Papierchromatographie von Lipiden gebräuchlichen Indicatoren sind auch zur Sichtbarmachung von Lipiden auf beschichteten Trägerplatten zu gebrauchen. Außerdem können korrosive Sprühreagentien zur Verkohlung aller organischer Substanzen verwendet werden.

Neutrale Lipide werden auf der Schicht meist mit Jod-Dämpfen [117, 118] (Reag.-Nr. 126), mit 2′,7′-Dichlorfluorescein [38, 118] (Reag.-Nr. 60), Rhodamin B oder Rhodamin 6 G [78, 126] (Reag.-Nr. 212, 213) und mit Chromschwefelsäure [120, 121] (Reag.-Nr. 52) sichtbar gemacht.

Jod färbt alle ungesättigten Lipide und einige stickstoffhaltige gesättigte Lipide auf hellgelbem oder weißem Grund tief braun. Es ist möglich, mit Joddampf weniger als 1 µg einer einfach ungesättigten Verbindung zu entdecken; die meisten gesättigten Lipide werden nur schwach angefärbt. Die braunen Flecken verschwinden meist binnen weniger Minuten an der Luft; sie sind jedoch immer wieder mit Jod-Dampf hervorzubringen. Ungesättigte Lipide können auch nach Besprühen mit einer 0,3 proz. Lösung von Kongorot, Methylorange oder Phenolrot und „Ausbleichen" mit Brom-Dämpfen sichtbar gemacht werden [176].

Nahezu alle Lipide sind nach Besprühen der Chromatogramme mit 0,2 proz. äthanolischer 2′,7′-Dichlorfluorescein-Lösung im UV-Licht (270 mµ) als hellgrün fluorescierende Flecken auf dunkelviolettem Grund zu erkennen. Mit diesem Reagens sind 1–5 µg einer Verbindung nachzuweisen [38, 118]. – Das Besprühen mit einer 0,5 proz. Lösung von Rhodamin B oder Rhodamin 6 G in 96 proz. Äthanol wird ebenfalls zur Sichtbarmachung von Lipiden im UV-Licht angewandt. Im allgemeinen ist 1 µg Lipid als gelber oder blau-violetter Fleck auf rosarotem Grund sicher nachzuweisen. Wird ein mit Rhodamin 6 G besprühtes Chromatogramm Jod-Dämpfen ausgesetzt, so lassen sich 0,1 µg Lipid als blauer Fleck im UV-Licht nachweisen [209].

Alle Lipide können auf anorganischen Adsorptions-Schichten durch Besprühen mit 50 proz. Schwefelsäure und Erhitzen sichtbar gemacht werden. Isoprenoide Verbindungen zeigen während des Verkohlens charakteristische Färbungen: Cholesterin und Cholesterinester färben sich zunächst rot, dann violett, braun, und schließlich schwarz; Vitamin A und seine Ester werden zunächst blau, bei höheren Temperaturen grau und schwarz. Chromschwefelsäure eignet sich besonders gut zum Verkohlen aller nichtflüchtigen organischen Verbindungen in der Hitze (180–220° C). Weniger als 1 µg Lipid kann auf diese Weise als grauer oder schwarzer Fleck auf weißem Hintergrund erkannt werden.

Es ist möglich, Jod, 2′,7′-Dichlorfluorescein und Chromschwefelsäure nacheinander auf dasselbe Chromatogramm anzuwenden [121], auch Rhodamin 6 G, Jod und Schwefelsäure können nacheinander angewandt werden [209]. Die aufeinanderfolgende Verwendung dreier Indicatoren erhöht die Wahrscheinlichkeit, daß alle Substanzen entdeckt werden.

Weniger gebräuchliche Sprühreagentien (Kap. Z) sind Lösungen von Bromthymolblau, Phosphomolybdänsäure, Antimontrichlorid und Antimonpentachlorid, α-Cyclodextrin-Jod, Fluorescein-Brom und Hydroxylamin-Eisen-(III)-chlorid. Lipide, die auf Grund eines konjugiert-ungesättigten Systems von Doppelbindungen UV-Licht absorbieren, werden auf Kieselgel-Schichten, die eine fluorescierende Substanz enthalten, im Licht einer UV-Lampe erkannt. Hydroxy- oder Aminogruppen enthaltende Lipide sind als radioaktiv markierte Acetylderivate, Fettsäuren als radioaktive Methylester zu chromatographieren. Die radioaktiven Lipidderivate werden durch Autoradiographie oder mittels spezieller Zählgeräte lokalisiert (s. S. 160).

Die meisten Indicator-Reaktionen für Lipide sind auf Dünnschicht-Chromatogrammen 10—100 mal empfindlicher als auf Papierchromatogrammen. 2′,7′-Dichlorfluorescein und die Rhodamine lassen Lipide chemisch unverändert, und dies ermöglicht, sie durch DC zu isolieren. Jod-Dampf ist weniger geeignet. Will man ungesättigte Lipide von Dünnschicht-Chromatogrammen isolieren, so sollte man die Platten nur so lange dem Jod aussetzen als notwendig ist, um die Fraktionen zu entdecken. Während dieser wenigen Sekunden wird das Jod zunächst nur physikalisch gebunden und die meisten Verbindungen werden nicht drastisch verändert [39]. Man kann auch den größten Teil der Schicht mit Celluloidfolie abdecken und nur schmale Streifen dem Jod aussetzen [148].

Anwendungen und Ergebnisse

Neutrale Lipide in Mikroorganismen. Zur dünnschicht-chromatographischen Fraktionierung komplexer Lipidgemische nach Verbindungsklassen werden nur Bruchteile der Mengen benötigt, die für die Chromatographie an Säulen erforderlich sind. Darum ist die DC vorzüglich zur Analyse der lipophilen Bestandteile von Viren, Bakterien, Protozoen, Hefen und Algen geeignet. — Man hat versucht, verschiedene Mikroorganismen, insbesondere Krankheitserreger, die morphologisch und immunchemisch nicht zu unterscheiden sind, durch spezifische „chromatographische Muster" zu kennzeichnen. Heute stellt jedoch die Isolierung reiner Viren und Bakterien aus dem Zellverband eines höheren Organismus oder aus einem Kulturmedium ein größeres Problem dar als die Analyse ihrer Lipide. So wurden z. B. im „Endotoxin" aus *Eberthella typhi* dünnschicht-chromatographisch Substanzen gefunden, die dem Nährmedium beigesetzt worden waren, um Schäumen zu unterdrücken [28]. Das mit der Lösung eines Tensids extrahierte „Endotoxin" enthielt Di- und Triglyceride, das mit Phenol-Wasser gewonnene Produkt jedoch nicht [28].

Dünnschicht- und Gas-Chromatographie dienten zur Charakterisierung der Lipide in Protoplasten-Membranen einiger Streptokokken [44] und zur Analyse der Kohlenwasserstoffe aus dem Mikrococcus *Sarcina lutea* [2]. Auf ähnliche Weise fand man in der „Triglycerid"-Fraktion einer Hefe Diester und Alkenyläther-Ester verschiedener Diole [12]. In Lipid-Extrakten aus einem Bacterium konnte man dünnschicht-chromatographisch elementaren Schwefel anchweisen [147].

Pflanzenöle. Die meisten aus Samen und Früchten gewonnenen (Speise-) Öle enthalten als überwiegenden Bestandteil Triglyceride;

außerdem treten kleine Mengen freier Fettsäuren und freier Sterole auf. Wie Abb. 130, *1* zeigt, ist Olivenöl, als ein typisches Beispiel, durch Adsorptions-DC leicht in diese drei Fraktionen zu trennen. Im Gegensatz dazu geben Öle, die außer Triglyceriden gewöhnlicher Fettsäuren auch Triglyceride von Epoxy- und Hydroxysäuren enthalten, sehr charakteristische „chromatographische Muster". Gewöhnliche Triglyceride, Mono-, Di- und Triepoxy-Triglyceride sowie die drei entsprechenden Klassen von Hydroxy-Triglyceriden sind durch Adsorptions-DC gut voneinander trennbar.

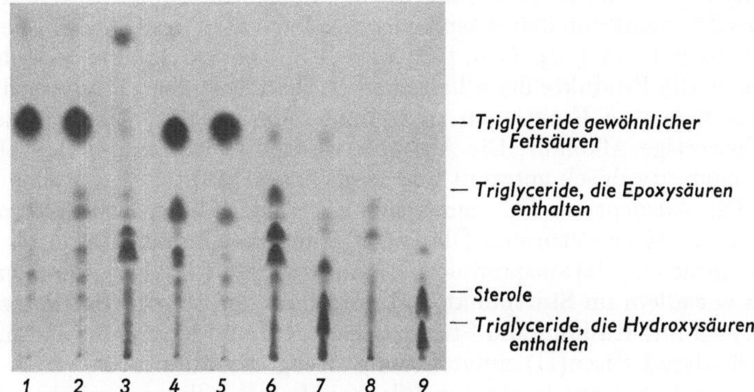

Abb. 130. Dünnschicht-Chromatogramm verschiedener Samenöle [*144*]. Adsorbens: Kieselgel G; Fließmittel: Petroläther, Kp. 60—70° C — Diäthyläther-Eisessig, 70 + 30 + 2; Laufzeit: 1 Std; Sichtbarmachung: Verkohlen mit Chromschwefelsäure in der Hitze. Mengen: je 200 µg. *1 Olea europaea, 2 Malope trifida, 3 Vernonia anthelmintica, 4 Artemisia absinthium, 5 Ceiba pentandra, 6 Cephalocroton cordofanus, 7 Dimorphotheca aurantiaca, 8 Onguekoa Gore, 9 Ricinus communis*

Einige der in der klassischen Fettanalyse viel benutzten Farbreaktionen, wie der Halphen-Test, können auch auf der Adsorptionsschicht durchgeführt werden, und dies ermöglicht, nach dünnschicht-chromatographischer Fraktionierung festzustellen, welche Substanzen für diese Reaktionen verantwortlich sind [*144*]. Die Sterol-Fraktion ist mittels verschiedener Sprühreagentien besonders leicht zu erkennen (s. Kap. L) und dient darum als Kennmal.

Durch Adsorptions-DC hat man gefunden, daß Stillingia-Öl (Samenöl aus *Sapium sebiferum*) zu etwa 25% aus einer Fraktion besteht, die nur wenig polarer ist als gewöhnliche Triglyceride. Diese Verbindungen wurden als Mono-Estolid-Triglyceride charakterisiert [*192*], das sind mit gewöhnlichen Fettsäuren veresterte (Mono-)hydroxy-Triglyceride. Im Öl des Mutterkorns (*Claviceps purpurea*) konnte man außer gewöhnlichen Triglyceriden die folgenden Typen von Estolid-Triglyceriden nachweisen [*141*].

┌—RN	┌—N	┌—RN	┌—RN	┌—RN
├—N	├—RN	├—RN	├—N	├—RN
└—N	└—N	└—N	└—RN	└—RN

N: Gewöhnliche Fettsäure (mit Glycerin verestert)
R: Ricinolsäure (mit Glycerin verestert)
RN: Ricinolsäure mit einer gewöhnlichen Fettsäure und mit Glycerin verestert.

Die Mono-, Di- und Tri-Estolid-Triglyceride wurden dünnschicht-chromatographisch isoliert; die Fettsäurezusammensetzung jeder Fraktion wurde gaschromatographisch bestimmt [141].

In einigen Pflanzenölen, z. B. im Jojoba-Wachs (Samenöl aus *Simmondsia californica*), kommen größere Mengen von Wachsestern vor. Diese können dünnschicht-chromatographisch leicht von Triglyceriden getrennt werden [86, 118].

Vor kurzem wurden mit Hilfe chromatographischer Methoden im Mais-Öl (Samenöl aus *Zea mays*) Diol-Lipide nachgewiesen [12]. Es zeigte sich, daß die Ester und Alkenyläther-Ester von Diolen durch Adsorptions-DC nicht von den entsprechenden Derivaten des Glycerins getrennt werden können [12], (s. a. [22] und [9]). Die DC konnte jedoch dazu dienen, die Produkte der alkalischen Methanolyse der „Triglyceride" aus Mais-Öl in drei Fraktionen zu trennen: Methylester, Alkenyläther und mehrwertige Alkohole. Die Alkohole wurden in Form ihrer Acetate gaschromatographisch getrennt und identifiziert [12].

Die Adsorptions-DC eignet sich zur Qualitätskontrolle pharmazeutisch wichtiger Fette und Öle [4]. Verdorbene Öle können durch Nachweis ihrer Oxydationsprodukte erkannt werden [41, 155]. Diese erscheinen vor allem im Startpunkt und unterhalb der Sterol-Fraktion, sie färben sich mit Kaliumjodid-Stärke (Reag.-Nr. 139) blau und mit Ammoniumrhodanid-Eisen(II)-sulfat-Lösung (Reag.-Nr. 100) rot.

Verfälschungen wertvoller Pflanzenöle mit billigen tierischen Fetten sind durch Nachweis von Zoo-Sterinen (s. Kap. L) im Gesamtöl oder, sicherer, im „Unverseifbaren" erkennbar. Zusätze von Mineralöl können dünnschicht-chromatographisch besonders leicht durch das Auftreten von Kohlenwasserstoffen in der Fließmittelfront nachgewiesen werden.

Tierische Fette. Während die Lipide tierischer und menschlicher Fettgewebe in der Hauptsache aus Triglyceriden bestehen, findet man im Blut und in den verschiedenen Organen komplizierte Gemische von Kohlenwasserstoffen, Wachsestern, Sterylestern, Polyenolestern, neutralen Plasmalogenen, Alkyl-diglyceriden, Triglyceriden, freien Fettsäuren und Sterolen sowie eine Vielzahl von Phospholipiden und Glycolipiden. Wie die Abb. 131 zeigt, sind die unpolaren Lipide sowie die freien Fettsäuren durch Adsorptions-DC gut zu trennen und nebeneinander nachzuweisen. Ähnlich scharfe Fraktionierungen können, selbst mit größeren Mengen Untersuchungsmaterial, durch Chromatographie an Säulen oder durch irgendeine andere Methode nicht erzielt werden.

Die DC wird häufig zur Kontrolle säulen-chromatographischer Trennungen verwendet [26, 34, 57, 202]. Ein Beispiel ist in Abb. 132 gegeben: Das Leberöl eines Hais wurde an einer Kieselgel-Säule chromatographiert und die Fraktionen des Eluats wurden dünnschicht-chromatographisch analysiert.

Ein Vergleich der Abb. 131, *2* mit Abb. 132 zeigt deutlich, daß in Struktur und physikalischen Eigenschaften so ähnliche Verbindungsklassen wie neutrale Plasmalogene (I), Alkyl-diglyceride (II) und Triglyceride (III) nur durch Adsorptions-DC vollständig getrennt werden (s. auch Abb. 134, S. 370). Dies erlaubt, reine Verbindungsklassen dünnschicht-chromatographisch zu isolieren. So hat man z. B. die neutralen Plasmalogene, Alkyldiglyceride und Triglyceride aus Haifisch-Leber-ölen rein erhalten und die beteiligten Aldehyde [*184*], Alkylglycerinäther [*115, 184*] und Fettsäuren [*115, 184*] bestimmt.

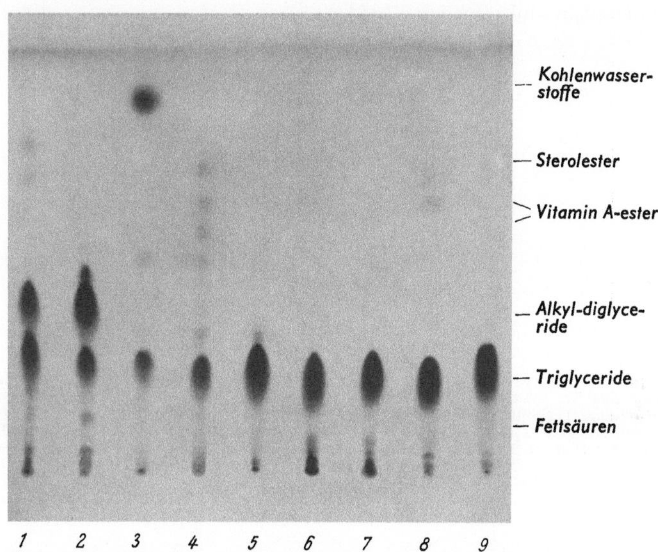

Abb. 131. Dünnschicht-Chromatogramm von Meerestier-Ölen [*118*]. Adsorbens: Kieselgel G; Fl: Petroläther, Kp. 60—70° C,—Diäthyläther—Eisessig, 90 + 10 + 1; Laufzeit: 1 Std; Sichtbarmachung: Verkohlen mit Chromschwefelsäure in der Hitze; Mengen: 200—300 µg; *1 Squalus acanthias* Leberöl, *2 Hydrolagus colliei* Leberöl, *3 Cetorhinus maximus* Leberöl, *4 Galeorhinus galeus* Leberöl, *5 Physeter macrocephalus*, *6 Engraulis mordax*, *7 Thunnus thynnus*, *8 Onocyhynchus gorbuscha Rogen*, *9 Gadus morrhua* Leberöl

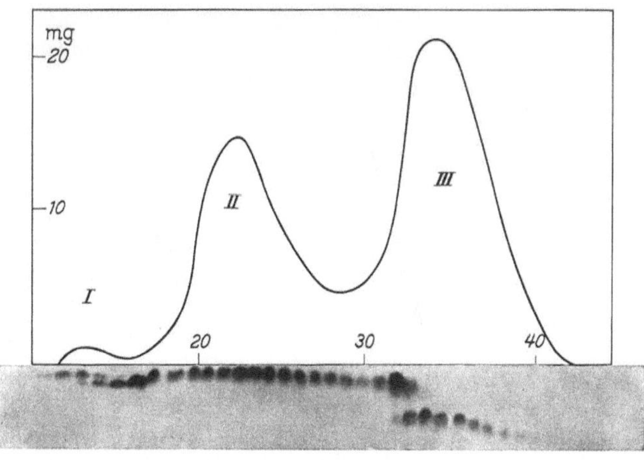

Abb. 132. Analyse der Fraktionen des Eluats einer kolonnen-chromatographischen Trennung von *Hydrolagus colliei* Leberöl. *I* Neutrale Plasmalogene; *II* Alkyldiglyceride; *III* Triglyceride. (Vgl. mit Abb. 131, Nr. 2)

24   Dünnschicht-Chromatographie, 2. Aufl.

Neutrale Plasmalogene wandern an Adsorptionsschichten zwischen Alkyldiglyceriden und Dialkylglyceriden (Abb. 133). Langkettige Aldehyde, die, möglicherweise als Hydrolyseprodukte von neutralen Plasmalogenen und Phosphatid-Plasmalogenen in Lipid-Extrakten auftreten [202], sowie ihre Dimethylacetale und die Methylester von Fettsäuren verhalten sich ähnlich [185].

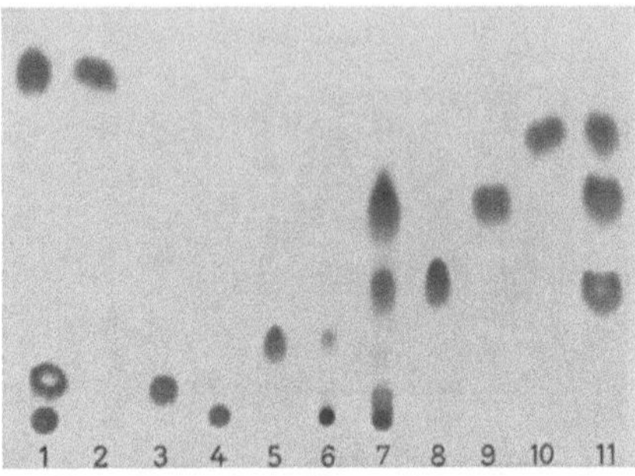

Abb. 133. Dünnschicht-Chromatogramm synthetischer und natürlicher Alkoxylipide [8]. Adsorbens: Kieselgel G; Fließmittel: Hexan-Diäthyläther-Eisessig, 90 + 10 + 1; Laufzeit: 40 min; Sichtbarmachung: Verkohlen mit Chromschwefelsäure in der Hitze; Mengen: je etwa 50 µg der synthetischen Verbindungen. *1* 1-Octadecyl-glycerinäther, 1,2-Dioctadecyl-glycerinäther und 1,2,3-Trioctadecyl-glycerinäther; *2* 1,2,3-Trioctadecyl-glycerinäther; *3* 1,2-Dioctadecyl-glycerinäther; *4* 1-Octadecyl-glycerinäther; *5* Octadecansäure (Stearinsäure); *6* Unverseifbare Lipide aus dem Leberöl eines Hais (*Hydrolagus colliei*); *7* Leberöl eines Hais (*Hydrolagus colliei*); *8* *Tristearin*; *9* 1-Octadecyldistearin; *10* 1,2-Dioctadecyl-stearin; *11* Tristearin, 1-Octadecyl-distearin und 1,2-Dioctadecyl-stearin

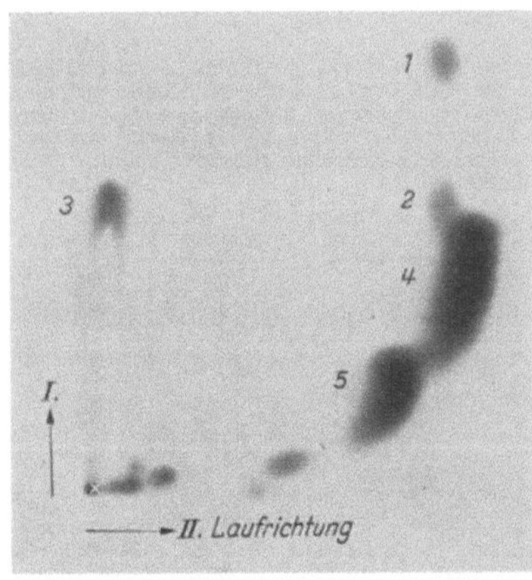

Abb. 134. Nachweis neutraler Plasmalogene im Leberöl eines Hais („Ratfish", *Hydrolagus colliei*) [183]. Adsorbens: Kieselgel G; Fließmittel, *1* Laufrichtung: Petroläther, 40—60° C, -Diäthyläther, 95 + 5. Nach Entwickeln in die erste Richtung wurde die Platte 5 min Salzsäure-Dämpfen ausgesetzt. Fließmittel, 2. Laufrichtung: Petroläther, Kp. 40—60° C, -Diäthyläther, 80 + 20; Laufzeiten: *1* 40 min, *2* 40 min; Sichtbarmachung: Verkohlen mit Chromschwefelsäure in der Hitze; Mengen: 300 µg Leberöl plus 15 µg Palmitaldehyd. *1* Palmitaldehyd, *2* Aldehyde aus neutralen Plasmalogenen; *3* Diglyceride aus neutralen Plasmalogenen, *4* Alkyldiglyceride, *5* Triglyceride

Es wurde gefunden, daß die Aldehyde von den anderen Verbindungsklassen durch mehrfaches Entwickeln mit Petroläther-Diäthyläther (95 + 5) getrennt werden können [183]. Dies ermöglicht den Nachweis neutraler Plasmalogene in Gegenwart freier Aldehyde [183], die Trennung gebundener und freier Aldehyde [183] sowie die Fraktionierung und Isolierung von Aldehyden, Dimethylacetalen und Methylestern [185] (s. Arbeitsvorschrift S. 360). Neutrale Plasmalogene kann man mit Hilfe der „TRT-Technik" (s. S. 88) aufzeigen: Nach Trennung in die erste Richtung hydrolysiert man die Alkenyläther auf der Schicht mit Salzsäure-Dämpfen; dann trennt man die entstandenen Aldehyde und Diglyceride durch Chromatographie in die zweite Richtung [183].

Abb. 134 illustriert den dünnschicht-chromatographischen Nachweis neutraler Plasmalogene im Leberöl eines Hais.

Zwei Arbeitsgruppen berichteten, daß in Lipid-Extrakten aus Mäusetumoren Verbindungen vorkommen, die an Adsorptionsschichten vor der Triglycerid-Fraktion wandern [113, 191]. Man hielt diese Substanzen zunächst für Methylester von Fettsäuren; eingehendere Untersuchung des dünnschicht-chromatographisch isolierten Materials ergab jedoch, daß es sich um Alkyl-diglyceride handelt [191].

Auch die unpolaren Bestandteile von Wachsen, das sind langkettige Kohlenwasserstoffe sowie die Ester von Fettsäuren mit aliphatischen oder alicyclischen Alkoholen können durch Adsorptions-DC als Verbindungsklassen isoliert und anschließend gas-chromatographisch analysiert werden [2, 149].

In der Lunge des Rinds [22], in Rindertalg und Schweineschmalz [22] sowie in der Leber der Ratte [12] kommen Ester langkettiger Fettsäuren mit Glykol und anderen Diolen vor. Diester, Alkyläther-Ester und Dialkyläther des Glykols sind nicht durch Adsorptions-DC, wohl aber durch Verteilungs-DC in umgekehrter Phase von den entsprechenden Glycerin-Derivaten zu trennen [9].

Mehrere Arbeiten, die sich auf Anwendungen der Adsorptions-DC in Stoffwechseluntersuchungen beziehen, sind in Kapitel S, S. 564—571 zitiert.

Neutrale Lipide menschlicher Gewebe.
Ein Dünnschicht-Chromatogramm menschlicher Serum- und Organlipide ist in Abb. 135 wiedergegeben.

Mehrere Verbindungsklassen, die mittels anderer Methoden nicht gefunden werden konnten, wurden in Lipid-Extrakten menschlicher Gewebe durch Adsorptions-DC nachgewiesen. Dazu gehören neutrale Plasmalogene und Alkyldiglyceride, die in fast allen Organen vorzukommen scheinen. Kleine Mengen dieser Substanzen wurden aus dem Fett der Nierenkapsel isoliert, die Aldehyde und Fettsäuren aus den neutralen Plasmalogenen, die Alkylglycerinäther und Fettsäuren der Alkyldiglyceride sowie die Fettsäurebestandteile der Triglyceride wurden gas-chromatographisch bestimmt [181] (s. Abb. 136).

In Aorten, besonders von Neugeborenen, wurden dünnschicht-chromatographisch mehrere ungewöhnliche Sterole nachgewiesen [202]. Auch Methylester und, in manchen Fällen, trimerisierte Aldehyde (1,3,5-Trioxane) wurden in Lipid-Extrakten menschlicher Organe gefunden; man nimmt jedoch an, daß diese Verbindungen bei der Extraktion der Gewebe und während des

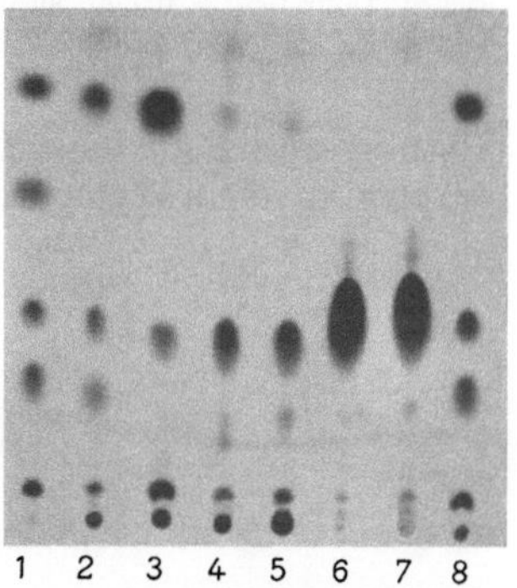

Abb. 135. Dünnschicht-Chromatogramm der Lipide menschlicher Gewebe [202]. Adsorbens: Kieselgel G; Fließmittel: Petroläther, Kp. 60 bis 70° C, — Diäthyläther-Eisessig, (90 + 10 + 1); Laufzeit: 1 Std; Sichtbarmachung: Verkohlen mit Chromschwefelsäure in der Hitze; Mengen: je etwa 200 µg; Modellmischung (Cholesterin, Ölsäure, Triolein, Methyloleat und Cholesteryloleat); 2 Serum; 3 „Verkalkungen" der Aorta; 4 Leber; 5 Niere; 6 Depotfett; 7 Knochenmark; 8 Modellmischung (Lecithin, Cholesterin, Ölsäure, Triolein und Cholesteryloleat)

24*

Lagerns der Extrakte aus freien Fettsäuren bzw. Aldehyden gebildet wurden [*202*].

Die Adsorptions-DC wurde zur Analyse der in Modellsystemen [*61*] und im lebenden Organismus [*60*] durch Enzym-Einwirkung gebildeten

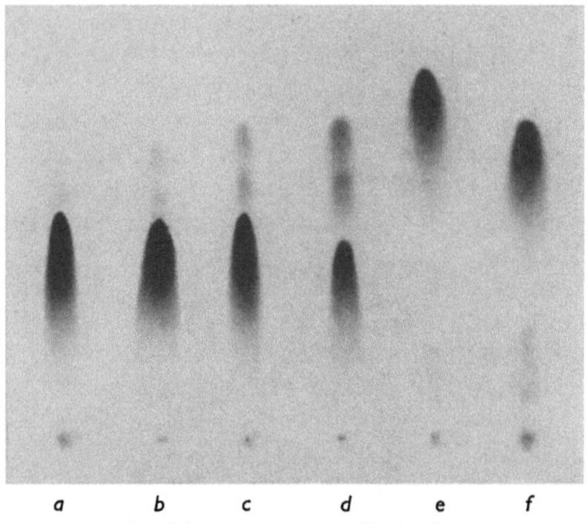

Abb. 136. Isolierung von neutralen Plasmalogenen und Alkyldiglyceriden aus menschlichem Perinephrium [*181*]. Adsorbens: Kieselgel G; Fließmittel: Hexan-Diäthyläther, (99 + 5), zweimal entwickelt; Laufzeiten: je 40 min; Sichtbarmachung: Verkohlen mit Chromschwefelsäure in der Hitze. *a* Lipidextrakt; *b* Erste Anreicherungsstufe; *c* Zweite Anreicherungsstufe; *d* Dritte Anreicherungsstufe („Konzentrat") *e* Neutrale Plasmalogene; *f* Alkyldiglyceride

Hydrolyseprodukte von Lipiden verwendet. Mit Hilfe der Chromatographie an Hydroxylapatit (s. Abb. 137) konnte bestätigt werden, daß Lipide im Darminhalt vor allem als symmetrische Monoglyceride vorliegen [*60*].

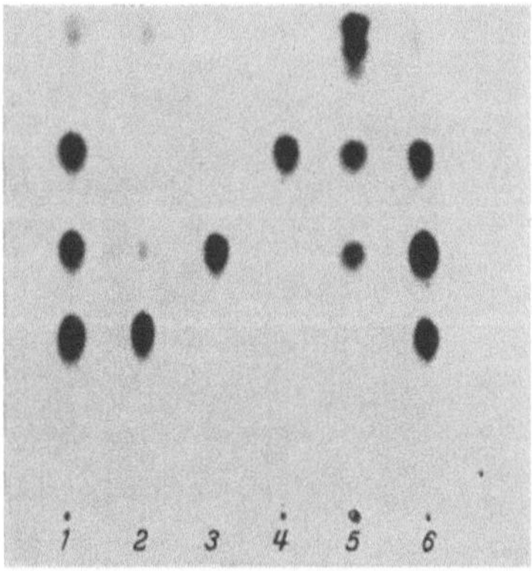

Von den zahlreichen Arbeiten über die DC von Blut-Lipiden seien hier nur einige zitiert [*34, 47, 180, 203*]. Krankhafte Veränderungen des Stoffwechsels können in manchen Fällen durch chromatographische Analyse der Lipide des Bluts und anderer Körperflüssigkeiten erkannt werden [*87, 180, 202, 224*]. Praktische Anwendungen der Dünnschicht- und Gas-Chromatographie zur klinischen Diagnose werden im Kapitel S ausführlich behandelt (s. a. [*225*]).

Fettsäuren. Gewöhnliche Fettsäuren, Epoxy-, Hydroxy- und Ketosäuren sind adsorptions-chromatographisch nach Verbindungsklassen zu trennen; dasselbe gilt für die ent-

Abb. 137. Trennung isomerer Monoglyceride und Nachweis von β-Monoglyceriden in menschlichem Darm [*60*]. Adsorbens: Hydroxylapatit; Fließmittel: Methylisobutylketon; Temperatur: +10° C; Laufzeit: 1 Std; Sprühreagens: Phosphomolybdänsäure in Äthanol; Mengen: je 10 μg. *1* Modellmischung der Verbindungen 2, 3 und 4; *2* α-Monoolein; *3* β-Monoolein; *4* Ölsäure; *5* Lipide des Darminhalts; *6* Modellmischung der Verbindungen 2, 3 und 4

sprechenden Methylester [*78, 82, 134, 135*]. Auch gewisse Ester, die sich nur hinsichtlich der Position der funktionellen Gruppe an der Kette unterscheiden, sind trennbar [*140*]. Dies wird in Abb. 138 am Beispiel einer Serie stellungsisomerer Hydroxystearate dargestellt.

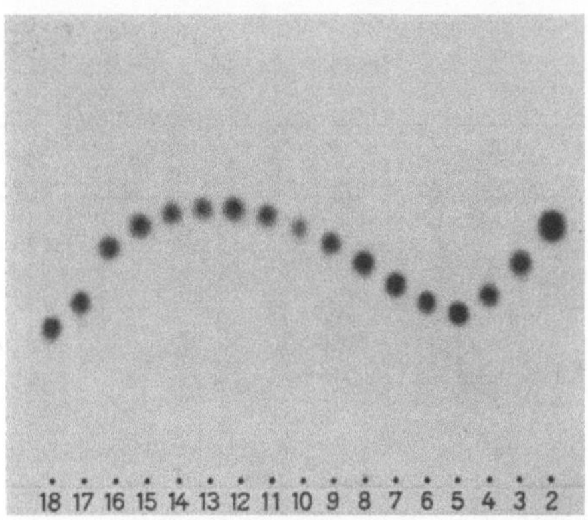

Abb. 138. Dünnschicht-Chromatogramm der Methylester isomerer Hydroxystearinsäuren [*140*]. Adsorbens: Kieselgel G; Fließmittel: Petroläther, Kp. 60—70° C. — Diäthyläther, 50 + 50; Laufzeit: 1 Std; Sichtbarmachung: Verkohlen mit 50proz. Schwefelsäure in der Hitze. Die Zahlen 18 . . . 2 entsprechen der Stellung der OH-Gruppe in den Estern

Systematische Analysen der Fettsäuren in ungewöhnlichen Samenölen führten zur Entdeckung mehrerer Epoxysäuren [*135, 145*] und Hydroxysäuren [*94, 134*]. Durch Adsorptions-DC konnte man nachweisen, daß die Ester vicinal-ungesättigter Hydroxysäuren während der Gas-Chromatographie dehydratisiert werden [*133*].

Auch zur Verfolgung des Stoffwechsels von Epoxysäuren [*23*] und Hydroxysäuren [*156*] wurde die Adsorptions-DC mit Erfolg verwendet. Mehrere Veröffentlichungen, die sich auf entsprechende Untersuchungen an unsubstituierten Säuren beziehen, sind im Kapitel I u. auf S. 623 erwähnt.

Über Anwendungen der DC zur Analyse und Isolierung von Prostaglandinen, einer Klasse biologisch aktiver Fettsäuren, (s. S. 384).

Technisch wichtige Fettsäure-Derivate. Stickstoffhaltige synthetische Lipide, wie z. B. primäre, sekundäre, tertiäre Amine und quaternäre Ammoniumbasen, Amide und Nitrile, Verbindungen, die in der Kunststoff- und Textilindustrie vielseitige Verwendung finden, können an Kieselgel G mit ammoniakalischen Fließmitteln (s. Tab. 68) nach Klassen getrennt werden [*19, 121, 162*]. Zur Analyse komplizierter Gemische werden die ersten vier der in Tab. 68 angegebenen Fließmittel in der Stufentechnik (s. S. 87) nacheinander angewandt [*121*].

Polyäthylenoxyd-Addukte von Fettalkoholen werden an Kieselgel G mit Methyläthylketon-Wasser (50 + 50) [*18*], Addukte von Fettaminen werden an demselben Adsorbens mit dem Fließmittel Methyläthylketon

$- 2.5\%$ wäßr. Ammoniumhydroxyd $(50 + 50)$ [18] nach dem Molekulargewicht fraktioniert. Freie Polyäthylenglycole können in Addukten dünnschicht-chromatographisch nachgewiesen werden [154]. Vorschriften zur Trennung von Estern langkettiger Fettsäuren mit Zuckern wurden angegeben [46, 92, 93].

Tabelle 68. *Fließmittel zur Trennung technisch wichtiger Fettsäure-Derivate an Kieselgel G*

Fließmittel	Mischungsverhältnis v/v	Literatur
Petroläther[1]-Benzol	95 + 5	[121]
Benzol-N-Ammoniumhydroxyd[2]	90 + 10	[121]
Ammoniakalisches-Chloroform-Methanol	97 + 3	[121]
Chloroform wird im Verhältnis $90 + 10$ mit N-Ammoniumhydroxyd versetzt.		
Aceton-14N-Ammoniumhydroxyd	90 + 10	[121]
Saures Chloroform-Methanol[3]	97 + 3	[121]
Das Methanol enthält 5% 0,1N-Schwefelsäure		
Saures Chloroform-Methanol[3]	80 + 20	[121]
Das Chloroform enthält 5% 0,1N-Schwefelsäure		

[1] Meist Petroläther, Kp. 60—70° C, also hauptsächlich Hexan.
[2] Die wäßrige Schicht wird verworfen.
[3] An Kieselgel G das 10% Ammoniumsulfat enthält.

Auch stark polare und ionogene oberflächenaktive Substanzen wie z. B. Alkylsulfate und Alkylsulfonate, Phosphate und Phosphonate können dünnschicht-chromatographisch fraktioniert werden [33, 121]. Gemische dieser Detergentien werden an Kieselgel G, das 10 proz. Ammoniumsulfat enthält, mit den in Tab. 68 angegebenen Mischungen von Chloroform-Methanol-Schwefelsäure getrennt [121].

b) Phospholipide, Sulfolipide und Glykolipide

Die Fraktionierung von Phospholipiden und ähnlichen Substanzen nach Verbindungsklassen wird, im Gegensatz zur Trennung unpolarer Lipide, mehr auf Verteilungs- als auf Adsorptionseffekte zurückgeführt. Alkenyläther-Ester („Plasmalogene") werden meist nicht vollständig von den entsprechenden Äther-Ester und Diester-Phosphatiden getrennt. Die Phosphatid-Plasmalogene sind auf Dünnschicht-Chromatogrammen am oberen Rand der Phosphatid-Flecken angereichert.

Die intensive Anwendung der DC hat zur Strukturaufklärung komplizierter Verbindungen, wie z. B. der Ganglioside (s. S. 379—380), beigetragen.

Polare Lipide werden meist als 0,1- oder 1proz. Lösungen in Chloroform oder Chloroform-Methanol $(50 + 50)$ auf die Schicht gegeben.

Trennbedingungen

Sorbentien. Zur Fraktionierung ionogener und neutraler polarer Lipide sind vor allem deaktivierte Adsorbentien geeignet, wie z. B.

Kieselgel G, dem 10% Ammoniumsulfat [67, 121) oder 10% Natrium-acetat [67] beigemischt wurden. Besonders gute Trennungen erzielt man an lufttrockenem Kieselgel H sowie an Kieselgel H, das 10% Magnesium-silicat [177] oder etwa 0,1% Natriumcarbonat [187, 188] enthält.

Auch mit Cellulose (s. S. 33) beschichtete Platten sind zur ver-teilungs-chromatographischen Trennung von polaren Lipiden und ihren wasserlöslichen Hydrolyseprodukten geeignet [126, 221]. Die Verwen-dung von Ionenaustauscher-Schichten (s. S. 44) ist ebenfalls aussichts-reich.

Auf einer Platte, 20/20 cm, können höchstens 10 mg eines Gemischs polarer Lipide fraktioniert werden.

Fließmittel. Zur Trennung von Phospholipiden werden vor allem Mischungen von Chloroform und Methanol mit wenig Wasser verwendet [128, 150, 163, 210]. Diese werden bei zweidimensionaler Arbeitsweise mit alkalischen [1, 69, 111, 186] oder sauren Fließmitteln [1, 111, 127, 177] kombiniert. — Die für die DC von Phospholipiden gebräuchlichen Fließmittel eignen sich auch zur Trennung von Sulfolipiden [69, 210]. Glycolipide chromatographiert man mit Chloroform-Methanol-Wasser [73, 150, 172, 198], vor allem aber mit wäßrigem Propanol [106, 107, 163, 199].

Tabelle 69. *Fließmittel zur DC von Phospholipiden, Sulfolipiden und Glycolipiden an Kieselgel*

Fließmittel	Mischungsverhältnis v/v	Literatur
Chloroform-Methanol-Wasser	65 + 25 + 4	[210]
	60 + 35 + 8	[210]
Chloroform-Methanol-10% Ammoniumhydroxyd .	60 + 35 + 8	[146]
n-Propanol-Wasser	70 + 30	[106]
n-Propanol-12N Ammoniumhydroxyd	80 + 20	[69]
n-Butanol-Pyridin-Wasser	60 + 40 + 20	[95]
Chloroform-Methanol-7N Ammoniumhydroxyd . .	60 + 35 + 5	[186]
danach, in der zweiten Richtung, Chloroform-Methanol-7N Ammoniumhydroxyd	35 + 60 + 5	
Chloroform-Methanol-Wasser	65 + 25 + 4	[177][1]
danach, in der zweiten Richtung, n-Butanol-Eis-essig-Wasser	60 + 20 + 20	

[1] An Kieselgel H, das 10% Magnesiumsilicat enthält.

Einige Fließmittel, die sich zur Fraktionierung von Phospholipiden, Sulfolipiden und Glykolipiden an Kieselgel-Schichten und an mit Kiesel-gel imprägniertem Papier [126] bewährt haben, sind in Tab. 69 angeführt.

Nachweismethoden. Zur Sichtbarmachung von Phospholipiden dienen meist die in der Papierchromatographie üblichen Sprühreagentien: Ninhydrin-Lösung (Reag.-Nr. 176) für Aminophosphatide [210], das Dragendorff-Reagens (Reag.-Nr. 89) für Cholin-haltige Phosphatide [210] und Ammoniummolybdat-Perchlorsäure (Reag.-Nr. 9) für alle Phos-pholipide [210]. Die in der DC von Zuckern gebräuchlichen Reagentien (s. Kap. X) sind auch zum Nachweis von Glykolipiden zu gebrauchen.

Als universelle Indicatoren für Lipide werden alkoholische Rhodamin B-Lösung (Reag.-Nr. 212), schwach alkalische Bromthymolblau-Lösung (Reag.-Nr. 37) oder Jod-Dämpfe verwendet. Das Verkohlen mit halbkonzentrierter Schwefelsäure oder Chromschwefelsäure (Reag.-Nr. 52) hat sich besonders bewährt. Diese und weitere Sprühreagentien sind im Kapitel Z. ausführlich beschrieben.

Tabelle 70. *Farbreaktionen zur Unterscheidung verschiedener Phospholipide und Glycolipide [210] (s. a. [173]).*

Substanz	Rf-Werte	Ninhydrin[1] Nr. 176	Dragendorff-Reagens Nr. 89	Ammonium-molybdat-Perchlorsäure[1]
Aminosäuren	0 — 10	+	—	+
Lysolecithin	21 ± 3,7	—	+	+
Lecithin	39 ± 5,5	—	+	+
Sphingomyelin	29 ± 5,5	—	+	+
Colamin-Cephalin	57 ± 7,5	+	—	+
Cerebroside unv.	78 ± 7,5	—	—	+
Cardiolipin	92 ± 1,5	—	—	+

[1] + positive Reaktion; — keine Reaktion.

Es ist dringend zu empfehlen, daß stets mehrere Reagentien nacheinander auf ein Chromatogramm gesprüht werden, damit keine Substanz der Beobachtung entgeht. Dies geht z. B. aus Tab. 70 hervor.

Polare Lipide in Mikroorganismen. Bakterien sind im allgemeinen reich an ungewöhnlichen polaren Lipiden. So enthalten z. B. Staphylokokken große Mengen verschiedener O-Aminosäureester von Phosphatidglycerin [16]. Die den Bakterien nahestehenden Organismen der PLT-Gruppe bestehen bis zu 60% ihres Gewichts aus Lipiden [74]. Diese Mikroorganismen, Erreger der *Papageien*-Krankheit, der *Lymphogranulomatose* und des *Trachoms*, sind morphologisch nicht zu unterscheiden; man kann sie jedoch auf Grund qualitativer und quantitativer Unterschiede ihrer polaren Lipide dünnschicht-chromatographisch kennzeichnen [74].

Ein zweidimensionales Trennverfahren wurde zur Analyse der Phospholipide aus Hefen angewandt: Die Lipide wurden zunächst nach Klassen getrennt; die Fraktionen wurden auf der Schicht der Methanolyse unterworfen und zuletzt die entstandenen Methylester in die zweite Dimension chromatographiert [91].

Dünnschicht- und Gas-Chromatographie dürften in der Mikrobiologie als taxonomische und diagnostische Hilfsmittel weitverbreitete Anwendung finden.

Polare pflanzliche Lipide. Die bekanntesten Phosphatide können, wie Abb. 139 zeigt, dünnschicht-chromatographisch nach Klassen fraktioniert werden. Selbst Extrakte grüner Pflanzenteile, die eine Vielzahl polarer Lipide enthalten, sind gut zu trennen, wenn wohlausgearbeitete Versuchsbedingungen [150, 151] sorgfältig eingehalten werden.

In Lipid-Extrakten aus Kartoffeln [*111*], Weizenkörnern [*128*], Salat- [*150*] und Spinatblättern [*57*] konnte man durch zweidimensionale DC an Kieselgel G bis zu zwanzig verschiedene, z. T. nicht identifizierte, Lipidklassen nachweisen. Die Methode erwies sich bei der Isolierung der Phosphatidylglycerine aus Spinatblättern als nützliches analytisches Hilfsmittel [*57*].

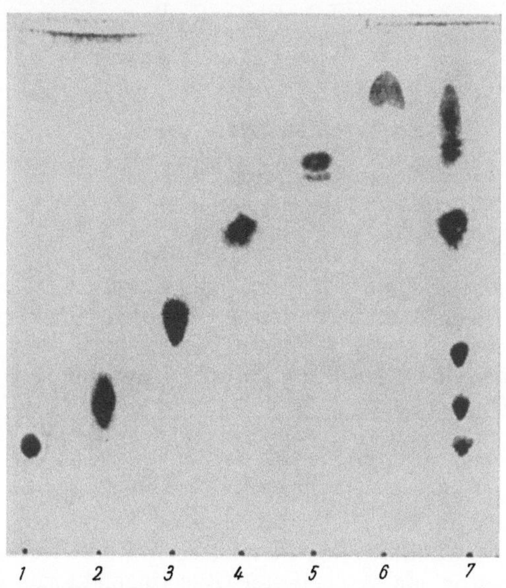

Abb. 139. Dünnschicht-Chromatogramm polarer Lipide [*210*]. Schicht: Kieselgel G; Fließmittel: Chloroform-Methanol-Wasser (65 + 25 + 4); Laufzeit: 2 Std; Sprühreagentien: Rhodamin B in Äthanol (UV-Licht) und Dragendorff-Lösung; Mengen: je 50—100 µg. *1* Lysolecithin; *2* Sphingomyelin; *3* Lecithin; *4* Colamin-Cephalin; *5* Cerebroside; *6* Cardiolipin; *7* Modellgemisch der Verbindungen 1—6

Die DC pflanzlicher Phospho-, Sulfo- und Glykolipide wurde unlängst in einer ausführlichen Abhandlung beschrieben [*151*].

Polare tierische Lipide. Die in den ersten Arbeiten [*70, 210*] über die dünnschicht-chromatographische Trennung von Phospholipiden tierischer und menschlicher Organe angegebenen Trennbedingungen haben sich bewährt. Für einige spezielle Aufgaben mußten diese Vorschriften jedoch modifiziert werden [*67, 163, 188, 200*]. In jüngster Zeit wurden Anwendungsmöglichkeiten der DC durch Einführung der zweidimensionalen Technik wesentlich erweitert [*177, 186*].

Tierische und menschliche Organe enthalten Äther-Ester-, Alkenyläther-Ester- und Diester-Phosphatide, die sich jeweils vom Colamin oder Cholin ableiten; Diäther- und Dialkenyläther-Phosphatide kommen meist in kleineren Mengen vor. Die zur Verfügung stehenden Methoden eignen sich nur zur Fraktionierung nach den *Basen*bestandteilen, während Phosphatide, die sich im Lipidrest unterscheiden, nicht voneinander getrennt werden. Verbindungen mit verschiedenen funktionellen Gruppen im *Lipidrest* kann man auf folgende Weise indirekt nebeneinander nachweisen [174]: Das Enzym Phospholipase C aus Bakterien (*Clostridium perfringens* oder *Bacillus cereus*) spaltet aus dem Gemisch der Phosphatide Phosphorylcolamin und Phosphorylcholin ab. Die lipophilen Hydrolyseprodukte lassen sich dann als Acetylderivate (I, II, III) an Adsorptions-Schichten trennen.

$$
\begin{array}{lll}
H_2C-O-R & H_2C-O-\overset{H}{C}=\overset{H}{C}-R & H_2C-O-\underset{\overset{\|}{O}}{C}-R \\[2ex]
HC-O-\underset{\overset{\|}{O}}{C}-R' & HC-O-\underset{\overset{\|}{O}}{C}-R' & HC-O-\underset{\overset{\|}{O}}{C}-R' \\[2ex]
H_2C-OAc & H_2C-OAc & H_2O-OAc \\[1ex]
\text{I aus Äther-} & \text{II aus Alkenyläther-} & \text{III aus Diester-} \\
\text{Ester-} & \text{Ester-Phosphatiden} & \text{Phosphatiden} \\
\text{Phosphatiden} & &
\end{array}
$$

Die langkettigen Bestandteile der Acetylderivate I, II und III können nach den üblichen Methoden analysiert werden (s. Arbeitsanweisungen S. 559—561 sowie Tab. 71). — Diese Verfahren wurden unter anderem zur Analyse der Phosphatide im Hühnerei und im Hirn des Rinds angewandt [174].

Plasmalogene können in Gemischen mit anderen Phospholipiden auch durch die TRT-Technik (S. 88) nachgewiesen und anschließend quantitativ bestimmt werden [157].

Aus Rinderhirn wurden in den letzten Jahren chromatographisch mehrere neue Glykolipide in kristallisierter Form isoliert. Eine dieser Fraktionen wurde als Äther-Ester-Glyceringalaktosid erkannt [153]. Aus Gemischen von Sphingomyelinen und zuckerhaltigen Sphingolipiden des Rinderhirns wurden vor kurzem dünnschicht-chromatographisch erstmals Alkyläther von Cerebrosiden sowie die entsprechenden Alkenyläther, „Sphingoplasmalogene", isoliert [101]. Im Hirn [100] wie im Rückenmark [64] des Rinds wurden Cerebrosid-Fraktionen gefunden, die sich jeweils stark in ihrer Fettsäurezusammensetzung unterschieden. Ein Dünnschicht-Chromatogramm verschiedener Sphingolipide aus Rinderhirn ist in Abb. 140 wiedergegeben.

Mehrere Autoren berichteten über die dünnschicht-chromatographische Trennung von Gangliosiden aus tierischen Organen [32, 107, 146, 218]. Die DC wurde jedoch besonders intensiv zur Isolierung *menschlicher* Ganglioside sowie zur Analyse ihrer Abbauprodukte angewandt. Entsprechende Arbeiten werden im folgenden Abschnitt besprochen.

Polare Lipide in menschlichen Geweben. Chromatographische Analysen der Lipide im Blut und in der Cerebrospinal-Flüssigkeit werden für die klinische Diagnose ausgewertet (s. Kap. S., S. 564—575).

Untersuchungen der Gehirn-Lipide zählen wohl mit zu den eindrucksvollsten Anwendungen der Stahlschen Methode. Mit Hilfe der DC wurden z. B. Unterschiede in der Zusammensetzung von Gehirnlipiden Jugendlicher und Erwachsener nachgewiesen [177, 199]. Verschiedene „Lipidosen", Krankheiten, die zu ausgeprägten qualitativen und quantitativen

Veränderungen der Lipide in der weißen und grauen Substanz in Beziehung stehen, wurden in gleicher Weise manifestiert [*32, 69, 104, 146*].

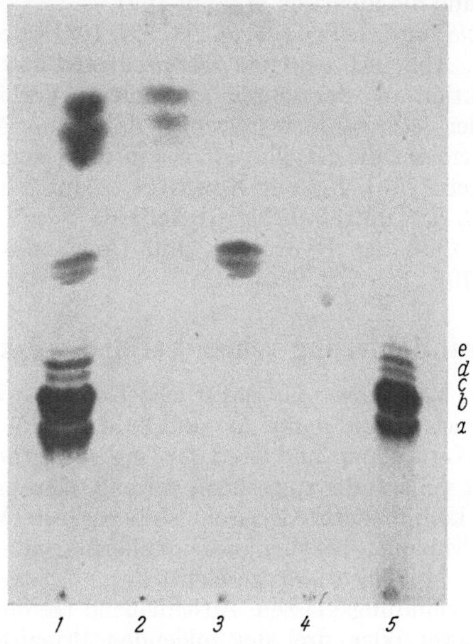

Abb. 140. Dünnschicht-Chromatogramme der Sphingolipide [*210*]. Adsorbens: Kieselgel G; Fließmittel: Chloroform-Methanol-Wasser (60 + 35 + 8); Laufzeit: 2 Std; Sprühreagentien: Diphenylamin-Lösung; Dragendorff-Reagens für Sphingomyelin-Nachweis; Mengen: je 50—100 µg; *1* Sphingolipid-Gemisch aus Rinderhirn, *2* Cerebroside unverestert, *3* Cerobrosid-Schwefelsäureester, *4* Sphingomyelin, *5* Ganglioside (abcde)

Es wurde gezeigt, daß die Lipid-Zusammensetzung der Gehirne kranker Erwachsener oft der normaler Säuglinge ähnlich ist; bei der metachromatischen Leukodystrophie wird jedoch sehr viel mehr Sulfatid gefunden

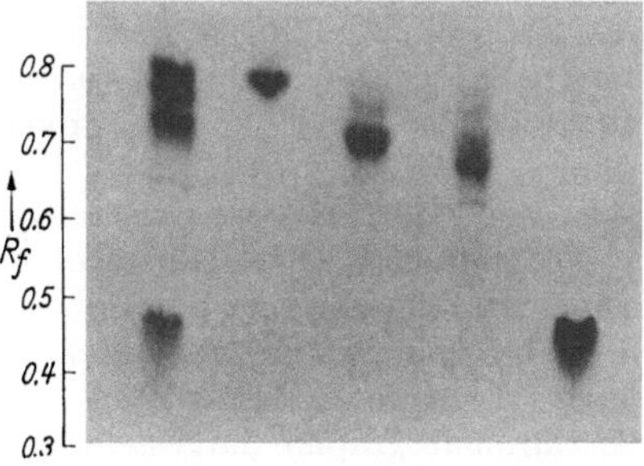

Abb. 141. Dünnschicht-Chromatogramm eines Gangliosid-Gemisches (Gem.) und individueller Ganglioside (*A, B, C* und *D*) aus Menschenhirn [*96*]. Schicht: Kieselgel G; Fließmittel: n-Butanol-Pyridin-Wasser (3 + 2 + 1); Laufzeit: 2¹/₂—3 Std; Mengen: je etwa 50 µg; Sprühreagens: Bials Reagens

[*69, 72, 177*], bei der Tay-Sachs'schen Krankheit treten große Mengen eines Gangliosids auf [*96, 177*] und bei der Nieman-Pickschen Krank-

heit ist der Sphingomyelin-Gehalt des Gehirns stark erhöht [*164, 177*].
Die Cerebrosid-Schwefelsäureester normaler und an metachromatischer
Leukodystrophie erkrankter Gehirne wurden dünnschicht-chromatogra-
phisch isoliert und als identisch erkannt [*69*].

Aus Blut [*198*] und Gehirn [*95, 96, 98, 104, 107*] wurden mehrere Ganglioside isoliert. Abb. 141 zeigt ein Dünnschicht-Chromatogramm einer
Gangliosid-Fraktion und daraus rein gewonnener Verbindungen.

Mit Hilfe der DC wurde festgestellt, daß beim Aufbewahren von
Gehirnen in Formalin die Ganglioside schon nach kurzer Zeit chemisch
verändert werden [*197*]. Bei der Konstitutionsaufklärung der Ganglioside [*95, 96, 106, 107*] und ähnlicher Glykolipide [*45, 49, 97, 153, 215*] war
die DC zur Analyse der Hydrolyse- und Umwandlungsprodukte von
Nutzen (s. S. 570).

2. Fraktionierung reiner Verbindungsklassen

Es gibt kein Verfahren, das natürliche Gemische langkettiger Verbindungen, die sich sowohl in der Art und Zahl ihrer funktionellen Gruppen als auch in Kettenlänge und Grad der Ungesättigtheit unterscheiden,
in einem Schritt vollständig zu trennen vermag. Darum wendet man zur
Fraktionierung komplizierter Gemische stets mehrere Methoden, die auf
verschiedenen Prinzipien beruhen, aufeinanderfolgend an. Üblicherweise
fraktioniert man Lipid-Extrakte zunächst durch Adsorptions-Chromatographie nach Verbindungsklassen. Anschließend trennt man jede dieser
Klassen nach zwei oder drei der folgenden Prinzipien in einfachere
Gruppen von Substanzen und schließlich in reine Verbindungen. – Das
dünnschicht-chromatographische Verfahren erlaubt die Anwendung
jeder dieser Trennprinzipien.

1. Argentations-Chromatographie. Die Methode beruht auf der rever-
siblen Bildung von π-Komplexen ungesättigter Lipide mit Silbernitrat.
In der DC verwendet man Adsorbentien, die 5% Silbernitrat enthalten.

Gemische gesättigter und ungesättigter Verbindungen einer Lipidklasse werden an Silbernitrat-imprägnierten Schichten *nach Zahl, Konfiguration und Position der Doppelbindungen* fraktioniert. Homologe gesättigte oder ungesättigte Substanzen sind nicht voneinander zu trennen.

Gesättigte wie ungesättigte Lipide können unverändert vom Adsorbens eluiert werden.

2. Chromatographie von Quecksilberacetat-Addukten. Ungesättigte
Lipide bilden mit methanolischem Quecksilberacetat Acetoxymercuri-
methoxy-Verbindungen. Im Gegensatz zu den Silbernitrat-Komplexen,
die sich an Silbernitrat-haltigen Adsorbentien *während* der Chromatographie bilden, müssen die Quecksilberacetat-Addukte ungesättigter
Verbindungen *vor* der Chromatographie dargestellt werden.

Gesättigte Lipide und die Addukte ungesättigter Substanzen werden
an Adsorptions-Schichten *nach der Zahl der Acetoxymercurimethoxy-
Gruppen* fraktioniert. Homologe gesättigte Verbindungen sind nicht
voneinander zu trennen. Auch die Addukte homologer sowie *cis-trans-*
oder stellungsisomerer Lipide werden nicht getrennt.

Gesättigte Verbindungen können direkt, ungesättigte aus ihren Quecksilberacetat-Addukten nach Spaltung mit Salzsäure unverändert zurückgewonnen werden.

3. Chromatographie von Ozoniden. Ungesättigte Lipide reagieren irreversibel mit Ozon. Die Ozonide werden *vor* der Chromatographie dargestellt.

Gemische gesättigter und der Ozonide ungesättigter Lipide werden an Adsorptions-Schichten *nach der Zahl der Ozonid-Gruppen* fraktioniert. Homologe gesättigte Substanzen werden nicht voneinander getrennt. Auch die Ozonide homologer sowie *cis-trans-* oder stellungsisomerer Lipide werden nicht getrennt.

Gesättigte Verbindungen können nach der Chromatographie unverändert isoliert werden. Auch die Ozonide können vom Adsorbens eluiert werden, es ist jedoch nicht möglich, die ursprünglichen ungesättigten Verbindungen zu regenerieren.

4. Verteilungs-Chromatographie in umgekehrter Phase. Diese Methode nützt Unterschiede in der Löslichkeit der Komponenten eines Gemischs aus; die Substanzen bleiben chemisch unverändert. In der DC verwendet man mit Silicon oder Paraffin imprägnierte Sorptionsmittel als stationäre Phase.

Gemische gesättigter und ungesättigter Lipide einer Klasse werden *nach Kettenlänge und Zahl der Doppelbindungen* fraktioniert; dagegen werden *cis-trans-* und stellungsisomere ungesättigte Verbindungen im allgemeinen nicht getrennt (s. jedoch [*160*]). Gesättigte und ungesättigte Lipide einer Klasse, die sich um zwei Methylengruppen und eine Doppelbindung unterscheiden, werden meist nicht oder nur unvollständig voneinander getrennt (s. jedoch S. 396).

Die Adsorptions-DC kann mit der Argentations-DC oder Verteilungs-DC in umgekehrter Phase bei zweidimensionaler Arbeitsweise auf *einer* Platte kombiniert werden. Auch die Kombination von Argentations-DC und Verteilungs-DC in umgekehrter Phase ist möglich.

Diese Methoden werden durch die Gas-Chromatographie, ein verteilungs-chromatographisches Verfahren, ergänzt. Umgekehrt ist die Adsorptions-DC ein ideales Mittel zur Isolierung einer Klasse von Verbindungen zur gas-chromatographischen Analyse (s. [*65*] und Kap. F).

a) Argentations-Chromatographie

Die ersten Veröffentlichungen über die Trennung von Lipiden an Silbernitrat-imprägnierten Adsorptionssäulen (*207*) und -Schichten [*6, 136, 208*] erschienenen in den Jahren 1962/63. Die Argentations-DC setzte sich rasch durch und wurde zu einem unentbehrlichen Hilfsmittel der Chemie lipophiler Naturstoffe.

Die für die reine Adsorptions-Chromatographie angegebenen Brockmann'schen Regeln (s. S. 198) haben, mit Einschränkungen, auch für die Argentations- (Adsorptions-)Chromatographie Gültigkeit. Kohlenwasserstoffe werden vor Estern eluiert, diese vor Aldehyden, Alkoholen, Säuren (vgl. Abb. 129, S. 362); die Subfraktionierung ungesättigter Substanzen innerhalb dieser Verbindungsklassen ist jedoch an Silbernitrat-haltigen Adsorbentien viel ausgeprägter als an nicht imprägnierten. Durch Adsorptions-DC lassen sich Verbindungen, die sich lediglich um eine Doppelbindung unterscheiden, ebenso *cis-trans-* und stellungsisomere ungesättigte Substanzen voneinander trennen. Abb. 142 b zeigt, als Beispiel, die Trennung der Methylester gesättigter und ungesättigter Dihydroxyfettsäuren an Silbernitrat-imprägniertem Kieselgel G. Isomere Dihydroxyester werden an einer solchen Schicht nicht fraktioniert, sie können jedoch an Borsäure-imprägniertem Kieselgel G in die *erythro-* und *threo*-Form getrennt werden (Abb. 142 c) (s. auch Kap. Zucker). Gesättigte und ungesättigte Verbindungen werden an Borsäure-haltigen Adsorbentien nicht getrennt. Abb. 142 d zeigt, daß gesättigte und ungesättigte Dihydroxyester an einer Kieselgel G-Schicht, die mit Silbernitrat *und* Borsäure imprägniert ist, sowohl nach der Zahl der Doppelbindungen als auch nach der Konfiguration der Hydroxygruppen fraktioniert werden.

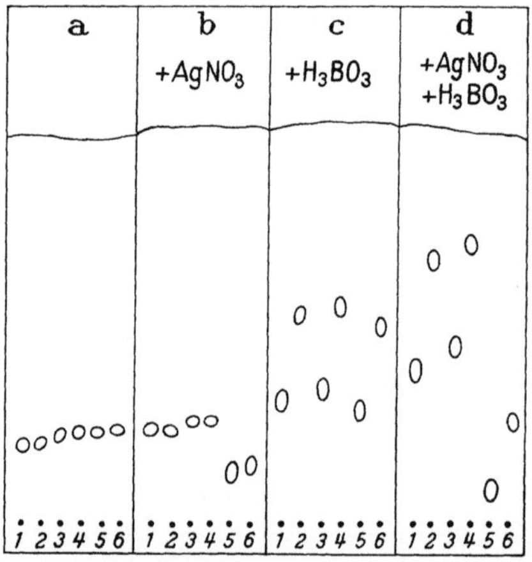

Abb. 142. Trennung der Methylester gesättigter und ungesättigter *erythro-* und *threo*-Dihydroxyfettsäuren [*136*]. Adsorbentien: Kieselgel G, Kieselgel G-Silbernitrat, Kieselgel G-Borsäure, Kieselgel-G-Silbernitrat-Borsäure. Die Adsorptions-Schichten wurden durch Besprühen mit gesättigter wäßriger Silbernitrat-Lösung und gesättigter methanolischer Borsäure-Lösung besprüht, dann getrocknet und aktiviert. Fließmittel: Hexan—Diäthyläther, 40 + 60; Laufzeit: 40 Min; Sprühreagens: 2′,7′-Dichlorfluorescein in Äthanol (UV-Licht); Mengen: je etwa 30 μg. *1 erythro*-9,10-Dihydroxystearat; *2 threo*-9,10-Dihydroxystearat; *3 erythro*-12,13-Dihydroxystearat; *4 threo*-12,13-Dihydroxystearat; *5 erythro*-12,13-Dihydroxyoleat; *6 threo*-12,13-Dihydroxyoleat (s. a. [*138*])

Cycloolefine und ihre Derivate wandern an Silbernitrat-haltigen Adsorptions-Schichten weniger weit als die entsprechenden geradkettigen Verbindungen. So kann man z. B. Methylchaulmoograt und Methyloleat gut trennen [*124*].

Der Einfluß der π-Komplex auf das chromatographische Verhalten ist so stark, daß mehrfach ungesättigte Lipide weniger weit wandern als manche gesättigte Substanzen mit relativ polaren funktionellen Gruppen (vgl. Abb. 143 A und B auf S. 386).

Lipide werden als 0,1- oder 1 proz. Lösungen in Hexan oder Hexan-Diäthyläther (50 + 50) auf die Schicht aufgetragen.

Trennbedingungen

Schichten: Man verwendet fast ausschließlich Schichten aus Kieselgel G, das 5% Silbernitrat enthält [*142, 143*]. Es ist üblich, 23,75 g Kieselgel G mit einer Lösung von 1,25 g Silbernitrat in 50 ml Wasser anzureiben und Glasplatten entsprechend der auf S. 57 angegebenen Vorschrift mit dieser Streichmasse zu beschichten [*143*]. Für manche Zwecke, beispielsweise zur Trennung der Methylester stellungsisomerer ungesättigter Fettsäuren bei tiefen Temperaturen (s. S. 95), ist es ratsam, Kieselgel G mit 10% statt mit 5% Silbernitrat zu imprägnieren [*142*]. Wäßrige Lösungen von Silbernitrat greifen die meisten Gebrauchsmetalle an; und darum wird empfohlen, einen versilberten Streicher oder ein Gerät aus rostfreiem Stahl zu verwenden (s. S. 57).

Auch zur Herstellung teilweise imprägnierter Platten bewährt sich das Streichverfahren am besten: Nach Entfernen der Hülse unterteilt man den Streichblock mit einer Kunststoff-Scheibe in eine 5 cm und eine 15 cm lange Kammer und verschließt die offenen Enden mit Gummistopfen. Dann reibt man als Streichmasse für die kleine Kammer 8 g Kieselgel G mit 16 ml Wasser, für die große 22 g Kieselgel G mit einer Lösung von 1,5 g Silbernitrat in 44 ml Wasser an, füllt die beiden Kammern *gleichzeitig* und streicht aus [*182*].

Eine bereits mit Adsorbens beschichtete Platte kann man durch Besprühen mit 10- bis 20proz. wäßriger oder methanolischer Silbernitrat-Lösung teilweise oder vollständig imprägnieren [*136*]. Ebenso einfach ist es, eine 5proz. wäßrige Silbernitrat-Lösung durch die noch feuchte Schicht aufsteigen zu lassen [*30*].

Mit Silbernitrat imprägnierte Kieselgel G-Schichten werden wie gewöhnliche Adsorptions-Platten an der Luft vorgetrocknet und darauf durch halbstündiges Erhitzen auf 110° C aktiviert (s. S. 61). Sie werden durch Luftfeuchtigkeit schnell desaktiviert und sollten darum stets über gesättigter Calciumchlorid-Lösung aufbewahrt werden [*143*].

Fließmittel: In Tab. 71 sind Lösungsmittel-Gemische angegeben, die sich zur Fraktionierung der wichtigsten Lipidklassen eignen. Außer diesen Fließmitteln werden die folgenden häufig angewandt: Mit Toluol kann man die Methylester stellungsisomerer ungesättigter Fettsäuren durch dreimaliges Entwickeln bei −15° C voneinander trennen [*142*]. Chloroform-Tetrachlorkohlenstoff-Methanol-Eisessig (50 + 50 + 1,5 + 0,5) dient als Fließmittel zur Fraktionierung von Triglyceriden [*6, 7*]. Chloroform-Methanol-Wasser (65 + 25 + 4) eignet sich zur Trennung von Lecithinen an Silbernitrat-imprägniertem Kieselgel H [*5*] (s. auch [*57, 88*]).

Nachweismethoden. Lipide können durch Besprühen mit alkoholischer 2′,7′-Dichlorfluorescein-Lösung (Reag.-Nr. 60) im UV-Licht sichtbar gemacht werden [*136*]. Wäßrige Lösungen von Schwefelsäure (Reag.-Nr. 217) [*136*] und o-Phosphorsäure (Reag.-Nr. 200) [*6*] werden zum Veraschen organischer Substanzen verwendet.

Anwendungen und Ergebnisse

Die Argentations-DC wird häufig dazu benutzt, aus reinen Verbindungsklassen, wie Methylestern [*136*], Wachsestern [*52*], Cholesterinestern [137] und Triglyceriden [75] s. a. [108, 109], Gruppen von Verbindungen zu isolieren und diese anschließend gas-chromatographisch weiter zu fraktionieren (vgl. Abb. 145 u. 146, S. 390). Umgekehrt kann man komplizierte Gemische von Methylestern zuerst durch Gas-Chromatographie trennen und dann ihre Komponenten durch Argentations-DC charakterisieren [178].

Bei der Analyse von Triglyceriden begnügt man sich meist damit, nach Methanolyse (s. S. 359) gas-chromatographisch die Fettsäurezusammensetzung der einzelnen Fraktionen zu bestimmen [24, 34, 36, 48].

Kombinationen der Dünnschicht- und Gas-Chromatographie werden im Kap. F ausführlich besprochen.

Mit Hilfe der Argentations-DC konnten mehrere bisher nicht bekannte ungesättigte Fettsäuren — meist in Form ihrer Methylester — isoliert werden. Diesbezügliche Arbeiten wurden in einer kürzlich erschienenen Veröffentlichung referiert [143].

Hier sei auf ein Verfahren zur Trennung von Gemischen einfach-ungesättigter Fettsäuren und nachfolgender Strukturbestimmung der Komponenten hingewiesen [11]. Diese Methode schließt zweidimensionale DC an Paraffin- und Silbernitrat-imprägniertem Kieselgel ein; ein ähnliches Verfahren wird in [225] beschrieben. Ein Verfahren zur Bestimmung der Stellung und Konfiguration der Doppelbindungen in mehrfach-ungesättigten Säuren beruht auf der partiellen Hydrierung dieser Verbindungen mit Hydrazin, Trennung der Reduktionsprodukte durch Argentations-DC und Bestimmung ihrer Struktur durch Ozonolyse und gas-chromatographische Analyse der Spaltstücke [170].

In Samenölen wurden mehrere neue Epoxy- und Hydroxysäuren gefunden. Von besonderem Interesse ist die Isolierung einer recht ungewöhnlichen Verbindung, der 8-(5-Hexylfuryl 3) octansäure aus *Exocarpus cupressiformis*-Samenöl [145].

Vorschriften zur Analyse und Isolierung der verschiedenen Prostaglandine biologisch aktiven cyclischen Hydroxysäuren, wurden angegeben [20, 50].

Die Argentations-DC bewährte sich ganz besonders zur Fraktionierung der Triglyceride von Fetten und Ölen. Man erkannte frühzeitig, daß das chromatographische Verhalten dieser Verbindungen nicht ausschließlich durch die Zahl und Konfiguration ihrer Doppelbindungen bestimmt wird [7, 51]. Die zwei Doppelbindungen im Linolsäure-Rest (2) bilden mit Silbernitrat einen stärkeren Komplex als die zwei Doppelbindungen in zwei Ölsäure-Resten (1), und die drei Doppelbindungen im Linolensäure-Rest (3) wirken sich stärker aus als die vier in zwei Linolsäure-Resten. So wird z. B. Stearolinolenin (033), mit sechs Doppelbindungen, stärker adsorbiert als Linolenodilinolein (322) mit sieben. Eine systematische Untersuchung synthetischer Triglyceride ergab die folgende Elutionsfolge [51]: 000, 100, 110, 200, 111, 210, 211, 220, 300, 221, 310, 222, 311, 320, 321, 322, 330, 331, 332, 333.

Auch die Stellung der Acylreste im Triglycerid-Molekül beeinflußt dessen chromatographisches Verhalten; so sind z. B. 1-Oleodistearin und 2-Oleodistearin trennbar [7].

Tabelle 71. *Fließmittel für die Fraktionierung reiner Verbindungsklassen durch Argentations-DC und Verteilungs-DC in umgekehrter Phase [123]*

Verbindungsklasse	Adsorptions-DC[1] hR_f	Fließmittel für Argentations-DC (5% AgNO$_3$ in Kieselgel G)	Fließmittel für Verteilungs-DC in umgekehrter Phase (Paraffinöl an Kieselgur G)
Kohlenwasserstoffe	98	Hexan-Äther (95 + 5)	
Alkohole.	30	Hexan-Äther (50 + 50)	Eisessig-Wasser (75 + 25)[3]
als Acetate.	78	Hexan-Äther (85 + 15)	Eisessig-Wasser (85 + 15)[3]
Aldehyde	73	Hexan-Äther (80 + 20)	Eisessig-Wasser (85 + 15)[3]
als Dimethylacetale . . .		Hexan-Äther (85 + 15)	Aceton-Wasser (90 + 10)[3]
Methylketone	63	Hexan-Äther (75 + 25)	Eisessig-Wasser (90 + 10)[3]
Säuren	41	Hexan-Äther-Eisessig (50 + 50 + 1)	Eisessig-Wasser (80 + 20)[3]
als Methylester.	77	Hexan-Äther (85 + 15)	Eisessig-Wasser (85 + 15)[3]
Wachsester	88	Hexan-Äther (90 + 10)	
Alkylglycerinäther	03	Äther-Methanol (90 + 10)	Tetrahydrofuran-Wasser (60 + 40)[2]
als Dimethylketale . . .	62	Hexan-Äther (75 + 25)	
als Acetate.	34	Hexan-Äther (60 + 40)	Eisessig-Wasser (60 + 40)[3]
als Alkoxyacetaldehyde .	25	Hexan-Äther (15 + 85)	Eisessig-Wasser (85 + 15)[3]
Dialkylglycerinäther . . .	30	Hexan-Äther (50 + 50)	Chloroform-Methanol-Wasser (25 + 75 + 5)[2]
als Acetate.	63	Hexan-Äther (75 + 25)	Eisessig-Wasser (90 + 10)
Trialkylglycerinäther . . .	85	Hexan-Äther (80 + 20)	Aceton-Äther (50 + 50)[2]
Monoglyceride	02	Äther-Methanol (90 + 10)	Tetrahydrofuran-Wasser (50 + 50)[2]
als Dimethylketale . . .	60	Hexan-Äther (70 + 30)	
als Acetate.	30	Hexan-Äther (60 + 40)	Eisessig-Wasser (60 + 40)[3]
als Acylacetaldehyde . .	23	Hexan-Äther (15 + 85)	Eisessig-Wasser (85 + 15)[3]
Diglyceride	21	Hexan-Äther (15 + 85)	Chloroform-Methanol-Wasser (25 + 75 + 15)[2]
als Acetate.	45	Hexan-Äther (70 + 30)	Eisessig-Wasser (90 + 10)[3]
Triglyceride	62	Hexan-Äther (70 + 30)	Eisessig-Wasser (99,5 + 0,5) Aceton-Acetonitril (70 + 30)
Alken-1-yldiglyceride ("Neutrale Plasmalogene")	82	Hexan-Äther (75 + 25)	Aceton-Äther (50 + 50)[2]
0-Alkyldiglyceride	78	Hexan-Äther (75 + 25)	Aceton-Äther (50 + 50)[2]
0,0-Dialkylglyceride. . . .	88	Hexan-Äther (80 + 20)	Aceton-Äther (50 + 50)[2]
α-Hydroxysäuren	11	Hexan-Äther-Eisessig (20 + 80 + 1)	Eisessig-Wasser (75 + 25)
als Methylester.		Hexan-Äther (40 + 60)	Eisessig-Wasser (80 + 20)[3]
als Acetate.		Äther-Methanol (90 + 10)	Eisessig-Wasser (80 + 20)[3]
als acetylierte Methylester		Hexan-Äther (60 + 40)	Eisessig-Wasser (80 + 20)[3]
Hydroxyäthylamide von Säuren	00		Tetrahydrofuran-Wasser (40 + 60)[2]
als Acetate.		Äther-Methanol (90 + 10)	Tetrahydrofuran-Wasser (50 + 50)[2]
Cholesterin.	19	Hexan-Äther (10 + 90)	—
Cholesterin-Ester	94	Hexan-Äther (90 + 10)	Methyläthylketon-Acetonitril (70 + 30)
Vitamin A.		Hexan-Äther (10 + 90)	—
Vitamin A-Ester		Hexan-Äther (90 + 10)	
Amine.	00		Tetrahydrofuran-Wasser (60 + 40)[2]
als Acetate.			
Amide.	005	Äther-Methanol (90 + 10)	Eisessig-Wasser (70 + 30)[3]
Nitrile.	62	Hexan-Äther (70 + 30)	Eisessig-Wasser (75 + 25)[3]

[1] Schicht: Kieselgel G; Fließmittel: Hexan-Diäthyläther-Eisessig (80 + 20 + 1).
[2] Fließmittel enthält 5% Paraffinöl.　　　[3] Fließmittel mit Paraffinöl gesättigt.

Durch Argentations-DC wurde aus Schweineschmalz Oleodistearin, aus Palmöl, Malabar-Talg und Kakaobutter Stearodiolein isoliert und nachgewiesen, daß diese asymmetrischen Triglyceride optisch aktiv sind [*139*].

Triglyceride, die Cyclopentenylsäuren enthalten, werden an Silbernitrat-haltigen Kieselgel G-Schichten wesentlich stärker adsorbiert als solche mit aliphatischen Fettsäuren und können deshalb leicht isoliert werden [*124*].

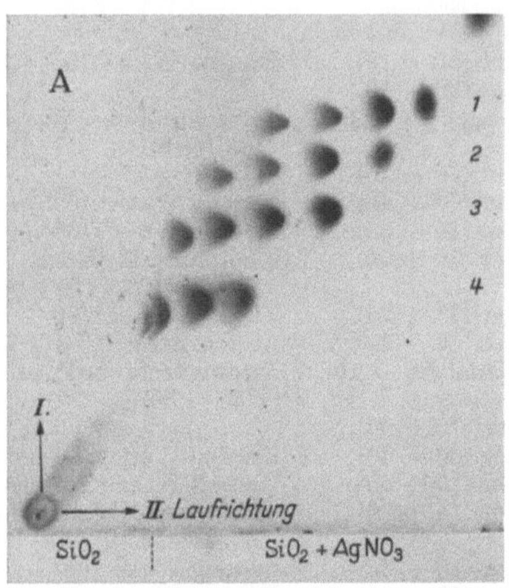

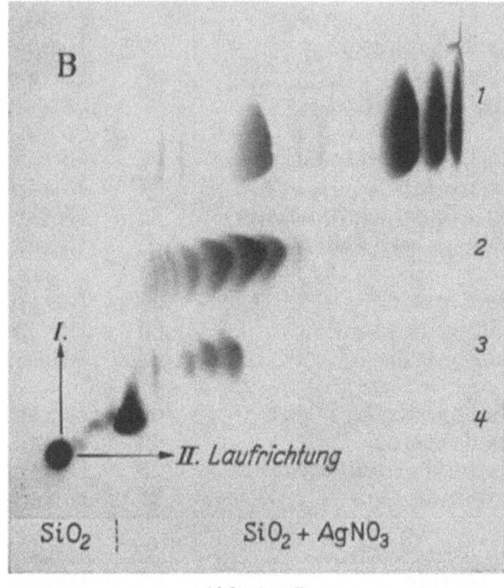

<table>
<tr><td>Abb. 143 A</td><td>Abb. 143 B</td></tr>
</table>

Abb. 143 A. Zweidimensionale Fraktionierung eines synthetischen Gemischs sehr ähnlicher Verbindungen an einer teilweise mit Silbernitrat imprägnierten Adsorptions-Schicht [*182*]. Adsorbentien: Kieselgel G und Kieselgel G-Silbernitrat (5%); Fließmittel, 1. Laufrichtung: Petroläther, Kp. 40 bis 60° C-Diäthyläther (90 + 10), 2. Laufrichtung: Petroläther, Kp. 40—60° C-Diäthyläther (90 + 10) zweimal entwickelt. *1* Trialkylglycerinäther, *2* Dialkylglyceride, *3* Alkylglyceride und *4* Triglyceride, je mit 0—3 Doppelbindungen

Abb. 143 B. Zweidimensionale Fraktionierung menschlicher Serumlipide an einer teilweise mit Silbernitrat imprägnierten Adsorptions-Schicht [*182*]. Adsorbentien: Kieselgel G und Kieselgel G-Silbernitrat (5%); Fließmittel, 1. Laufrichtung: Petroläther, Kp. 40—60° C, -Diäthyläther-Eisessig (85 + 15 + 1), 2. Laufrichtung: Petroläther, Kp. 40—60° C, -Diäthyläther-Eisessig (75 + 25 + 1); Sichtbarmachung: Verkohlen mit Chromschwefelsäure in der Hitze; Menge: 300 µg

Gruppen von Triglyceriden, die durch Argentations-DC nicht getrennt werden, sind durch Verteilungs-DC in umgekehrter Phase [*81, 89, 90, 124*] (s. Abb. 149, S. 397) oder durch Gegenstromverteilung [*124*] zu fraktionieren.

Die zur Analyse von Triglyceriden ausgearbeiteten Methoden sind auch zur Untersuchung acetylierter Diglyceride aus Lecithinen anzuwenden [*174*], (s. S. 378). — Erst in den letzten Monaten berichteten mehrere Autoren über die Fraktionierung intakter Lecithine durch Argentations-DC [*5, 57, 88, 143*]. Es ist wahrscheinlich, daß diese Methode auch auf andere ionogene Lipide angewendet werden kann.

Adsorptions-Schichten, die nur *zum Teil* mit Silbernitrat imprägniert sind, mögen in ein- oder zweidimensionaler Technik verwendet werden [*30, 182*]: Man kann aliquote Anteile einer Probe *in einer Richtung nebeneinander* durch Adsorptions- und Argentations-DC fraktionieren und sich auf diese Weise über die Zusammensetzung hinsichtlich Verbindungsklassen als auch über die Zahl und Konfiguration von Doppelbindungen ihrer Komponenten unterrichten. Dieses Verfahren eignet sich vor allem zur Analyse der Zwischen- und Endprodukte organischer Synthesen, die auf Veränderungen der Doppelbindungssysteme abzielen oder solche als unerwünschte Nebenreaktionen mit sich bringen mögen. Komplizierte natürliche Gemische trennt man an teilweise imprägnierten Schichten durch *zweidimensionale* Chromatographie *nacheinander* nach Klassen und Zahl der Doppelbindungen. Auf diese Weise erhält man charakteristische „chromatographische Muster"; die Zuordnung der einzelnen Fraktionen ist einfach. Wie aus Abb. 143 A hervorgeht, kann man mit Hilfe dieser zweidimensionalen Kombinationstechnik sogar Gemische gesättigter und ungesättigter Verbindungen, die durch Adsorptions-DC allein nicht einmal nach Klassen trennbar sind, sowohl nach Klassen als auch nach Zahl der Doppelbindungen fraktionieren. Abb. 143 B zeigt als Beispiel die Trennung von Cholesterinestern, Triglyceriden, Fettsäuren und Sterolen des menschlichen Blutserums.

b) Chromatographie von Quecksilberacetat-Addukten

Es hat nicht an Versuchen gefehlt, Lipide in Derivate zu überführen, die chromatographisch fraktioniert und dann wieder in die Ausgangssubstanzen gespalten werden können. Acetoxymercuri-methoxy-Addukte, Derivate, die sich durch Reaktion ungesättigter Verbindungen mit schwach essigsaurer Lösung von Quecksilberacetat in Methanol bilden, sind besonders leicht zugänglich. Die Anlagerungsreaktion verläuft bei Zimmertemperatur in quantitativer Ausbeute [*68*]. *cis*-Verbindungen reagieren 10—20mal schneller als die *trans*-Isomeren [*68*]. Die ungesättigten Verbindungen können durch Reaktion ihrer Addukte mit Salzsäure regeneriert werden, ohne daß *cis-trans*-Isomerisierung oder Verschiebung der Doppelbindung eintritt [*68*].

$$\begin{array}{ccc} \text{H} \quad \text{H} & \xrightarrow[\text{HCl}]{\text{Hg(AcO)}_2/\text{MeOH}} & \text{H} \quad \text{H} \\ -\text{C}=\text{C}- & & -\underset{\underset{\text{OMe}}{|}}{\text{C}}-\underset{\underset{\text{HgOAc}}{|}}{\text{C}}- \end{array}$$

Gesättigte und die Quecksilberacetat-Addukte ungesättigter Lipide derselben Verbindungsklasse sind dünnschicht-chromatographisch trennbar. Auf dieselbe Weise können die Addukte nach der Zahl der Acetoxymercurimethoxy-Gruppen fraktioniert werden. Dies ist in Abb. 144 am Beispiel der Methylester langkettiger Fettsäuren schematisch dargestellt.

Die Addukte des Methylchaulmoograts und der Ester anderer cyclischer Säuren unterscheiden sich in ihrem chromatographischen Verhalten stark von den entsprechenden rein aliphatischen Estern [*124*].

Auch Gemische *verschiedener* Klassen von Lipiden sind durch DC von Quecksilberacetat-Addukten nach dem Grad der Ungesättigtheit ihrer Komponenten zu trennen, vorausgesetzt, daß diese nicht zu unterschiedliche Polarität aufweisen. So wird z. B. das chromatographische Ver-

25*

halten der Addukte von Kohlenwasserstoffen und Wachsestern an Adsorptions-Schichten hauptsächlich von der Zahl der Acetoxymercurimethoxy-Gruppen pro Molekül bestimmt, d. h., die Quecksilberacetat-Addukte von Octadecen und Cetyloleat, — ebenso die Addukte des Octadecadiens und des Cetyllinoleats, — wandern zusammen.

Die chromatographische Trennung von Quecksilberacetat-Addukten wird sowohl durch Verteilung als auch durch Adsorptionseffekte bewirkt.

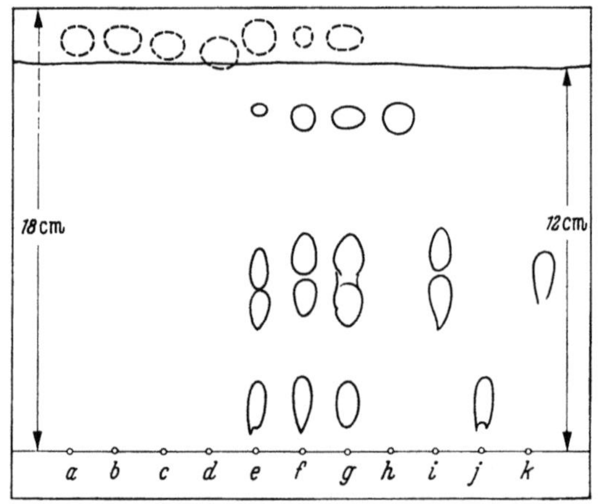

Abb. 144. Fraktionierung einer Klasse von Lipiden durch DC der Quecksilberacetat-Addukte ihrer ungesättigten Komponenten [119]. Adsorbens: Kieselgel G; Fließmittel: 1 Petroläther, Kp. 60—70°C — Diäthyläther, 80 + 20; 2 n-Propanol-Eissesig, 100 + 1; Laufzeiten: 1 1,5—2 Std; 2 3—4 Std; Indicatoren: s-Diphenylcarbazon in Äthanol und danach Iod-Dämpfe; Mengen: je etwa 20 µg der Methylester, 50—100 µg der Addukte. a Methylstearate; b Methyloleat; c Methyllinoleat; d Methyllinolenate; e—j Quecksilberacetat-Addukte von: e Methylester von C_{16}-Säuren aus *Chlorella pyrenoidosa*; f Methylester von C_{18}-Säuren aus *Chlorella*, g Methylester der Gesamt-Säuren aus *Chlorella*, h Methyloleat, i Methyllinoleat, j Methyllinolenate; k Quecksilberacetat

Darstellung von Quecksilberacetat-Addukten [68]

Arbeitsanweisung: Das Reagens ist eine Lösung von 14 g Quecksilber-(II)-acetat in 250 ml abs. Methanol, das 2,5 ml Wasser und 1 ml Eisessig enthält. Davon vermischt man zur Umsetzung mit Lipiden kleiner Jod-Zahl 40 ml mit 1 g der Probe. Für Lipide mit einer Jod-Zahl über 100 sind 0,4 × I. Z. ml Reagenslösung pro 1 g der Probe zu verwenden. Das Reaktionsgemisch wird unter Stickstoff im Dunkeln aufbewahrt.

Liegen alle ungesättigten Verbindungen in der *cis*-Form vor, so ist die Reaktion bei Zimmertemperatur innerhalb von 12 Std beendet; *trans*-Verbindungen erfordern zwei bis drei Tage.

Nach Beendigung der Reaktion wird der größte Teil des Methanols bei <30° C im Vakuum verdampft. Der Rückstand wird in 10—20 ml Chloroform aufgelöst, zur Entfernung überschüssigen Quecksilberacetats mehrmals mit Wasser gewaschen und die Chloroform-Lösung der Addukte schließlich über wasserfreiem Natriumsulfat getrocknet.

Eine Vorschrift zur Rückgewinnung ungesättigter Lipide aus Addukten ist auf S. 389 angegeben.

Die Quecksilberacetat-Addukte ungesättigter Lipide sind meist klare, farblose Öle. Zur dünnschicht-chromatographischen Trennung werden sie als Chloroform-Lösungen aufgetragen.

Trennbedingungen

Schichten: Kieselgel G ist zur Fraktionierung der Quecksilberacetat-Addukte von Lipiden geeignet [119]. Addukte hochungesättigter Lipide chromatographiert man an Schichten aus Kieselgel G + Kieselgur G, (30 + 70) [211, 212].

Die Addukte werden meist in präparativem Maßstab fraktioniert; bis zu 10 mg dieser Verbindungen sind an einer 0,25 mm dicken Schicht, 20/20 cm, zu trennen (s. Abb. 145).

Fließmittel: Die Chromatogramme werden in der Regel stufenweise entwickelt: Petroläther (60–70° C)-Diäthyläther (80 + 20) eignet sich als Fließmittel zur Trennung gesättigter neutraler Lipide von der Quecksilberacetat-Addukten entsprechender ungesättigter Verbindungen [119]. An Kieselgel G-Schichten erreicht dieses Fließmittel in 1,5–2 Std eine Höhe von 15–18 cm. Ein zweites Fließmittel, n-Propanol-Eisessig (100 + 1) dient zur Fraktionierung der Addukte einfach, doppelt, dreifach und höherungesättigter Lipide. Es läuft in 3–4 Std bis zu einer Höhe von 12–14 cm .Die gesättigten Verbindungen befinden sich zwischen den beiden Fließmittel-Fronten (s. Abb. 144). – Das Fließmittel Hexan-Dioxan (60 + 40) eignet sich besser zur Trennung der Addukte drei-, vier- und höherungesättigter neutraler Lipide an Kieselgel G; es wandert in einer Stunde etwa 15 cm [219].

Quecksilberacetat-Addukte von Lipiden mit mehr als drei Doppelbindungen fraktioniert man an Kieselgel G-Kieselgur G, (30 + 70) mit Isobutanol-Ameisensäure-Wasser (100 + 0,5 + 15,7) [211, 212]. Zur Sättigung der Atmosphäre in der Trennkammer sollte das Fließmittel 5 Std vor dem Chromatographieren in den Trog gegeben werden. Die Laufzeit beträgt für 16–17 cm etwa 5 Std.

Gesättigte Lecithine können von den Quecksilberacetat-Addukten ungesättigter Lecithine an Kieselgel G mit dem Fließmittel Chloroform-Methanol-Wasser (70 + 30 + 4) getrennt werden [14].

Nachweismethoden: Quecksilberacetat-Addukte sind durch Besprühen mit einer 0,1proz. Lösung von s-Diphenylcarbazon in 96% Äthanol (oder Nr. 81) als violette bis purpurrote Flecken auf hellrosa Grund zu erkennen [119, 211]. Gesättigte Lipide werden mit 2′,7′-Dichlorfluorescein (Reag.-Nr. 60) im UV-Licht sichtbar gemacht.

Aufarbeitung der Addukte [119]

Arbeitsanweisung: Fraktionen der Addukte werden als Streifen von der Trägerplatte gekratzt; sie werden jeweils in einem Reagensglas mit 10 ml Methanol und 0,5 ml conc. Salzsäure unter Stickstoff geschüttelt. Nach kurzem Stehen hat sich das Adsorbens abgesetzt. Die nahezu klare Lösung wird abdekantiert und filtriert. Der Bodensatz wird ein zweites Mal mit Methanol-Salzsäure behandelt. Die vereinigten Extrakte werden mit 25 ml Wasser verdünnt, einmal mit 25 ml und dann viermal mit je 10 ml Diäthyläther extrahiert. Die Ätherauszüge werden über wasserfreiem Natriumsulfat getrocknet. Nach Dekantieren und Verdampfen des Lösungsmittels werden die ungesättigten Lipide als Rückstand erhalten. Sie werden sofort in Petroläther aufgenommen.

Gesättigte Lipide werden mit Petroläther-Diäthyläther (50 + 50) oder mit Diäthyläther vom Adsorbens eluiert.

Anwendungen und Ergebnisse

Die dünnschicht-chromatographische Trennung einer Lipidklasse in Gruppen von Verbindungen welche die gleiche Zahl von Doppelbindungen enthalten, ergänzt die Gas-Chromatographie in idealer Weise: So können z. B. komplizierte Gemische von Methylestern höherer Fettsäuren, die durch Gas-Chromatographie nicht vollständig zu trennen sind, mit Hilfe der DC von Quecksilberacetat-Addukten vorfraktioniert werden. Die Gruppen von Estern gesättigter, einfach, doppelt und dreifach ungesättigter Säuren fallen in besser als 98% Reinheit an. Jede Gruppe wird anschließend gaschromatographisch nach Kettenlänge getrennt (s. Abb. 146). Dies erleichtert die Identifizierung der Komponenten eines komplexen Gemischs und ermöglicht, auch Spuren von Estern aufzufinden, die im Chromatogramm der Gesamtprobe nicht zu entdecken sind. Abb. 145 zeigt die präparative Trennung eines Gemischs von Methylestern. Die Vorteile der Kombination von DC und Gas-Chromatographie werden durch Abb. 146 erhellt.

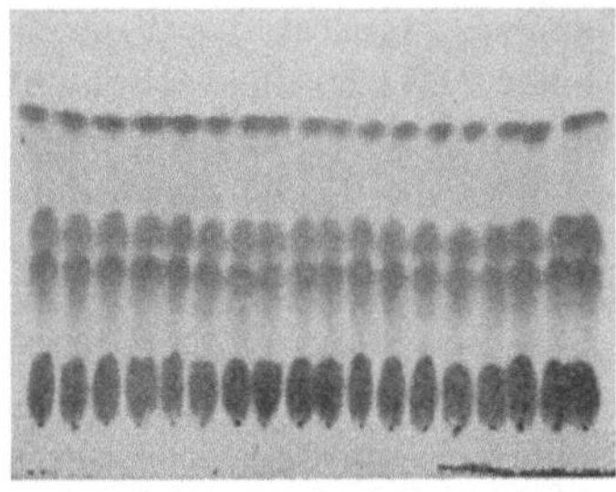

Abb. 145. Dünnschicht-Chromatogramm von Quecksilberacetat-Addukten der Fettsäure-Methylester aus der Alge *Chlorella pyrenoidosa* (vgl. mit Abb. 144 u. 146)

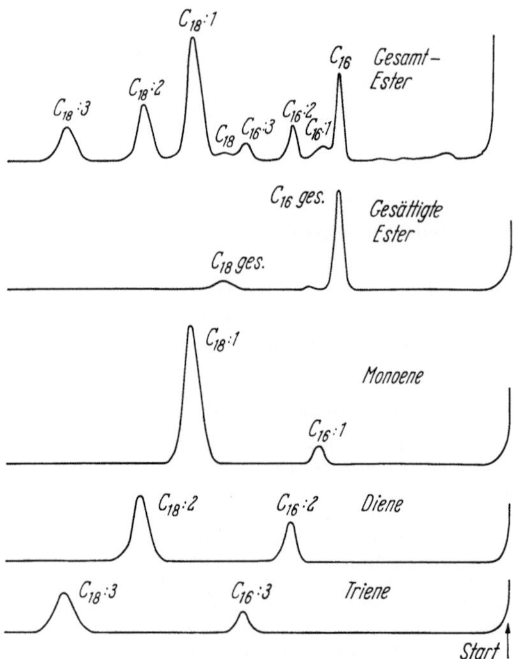

Abb. 146. Schema der gas-chromatographischen Trennung von Fettsäuremethylestern nach Vortrennung durch Dünnschicht-Chromatographie ihrer Quecksilberacetat-Addukte (s. Abb. 145) [*119*]

Durch Kombination der DC von Quecksilberacetat-Addukten wird sowohl die Empfindlichkeit des Nachweises von Spuren als auch die Genauigkeit der gas-chromatographischen Analyse erhöht; die Zuordnung von Banden gewinnt an Zuverlässigkeit.

Die Vorteile der aufeinanderfolgenden Anwendung von DC und Gas-Chromatographie wurde unter anderem mit Analysen der Kohlenwasserstoffe aus dem Mikrococcus *Sarcina lutea* [2], der Fettsäuren aus der Süßwasseralge *Chlorella pyrenoidosa* [119] (s. Abb. 145 u. 146) sowie aus mehreren Meeresalgen [212] und zwei ungewöhnlichen Samenölen [124] demonstriert. Auch bei der Analyse der langkettigen Alkohole in Fischölen war diese Kombination von Methoden nützlich [56].

Die dünnschicht-chromatographische Trennung gesättigter Lecithine von den Addukten entsprechender ungesättigter Verbindungen erleichterte die enzymatische Strukturanalyse von Ei-, Soja- und Milch-Lecithinen sowie die gas-chromatographische Bestimmung ihrer Fettsäurezusammensetzung [14].

c) Chromatographie von Ozoniden

Die Reaktion ungesättigter Verbindungen mit Ozon führt zur Spaltung der Doppelbindungen:

$$\text{—C}\underset{\text{H}}{\overset{\text{H}}{=}}\text{C—} \quad \xrightarrow{\;O_3\;} \quad \text{—C}\overset{\text{H}}{\underset{O-O}{\overset{O}{\diagdown}}}\text{C—}$$

Die günstigsten experimentellen Bedingungen für diese Reaktion wurden erst in den letzten Jahren ausgearbeitet; die DC war bei diesen Untersuchungen [167, 170] von entscheidender Hilfe.

Ozonide sind nach der Zahl der Ozonid-Gruppen voneinander und von gesättigten Lipiden zu fraktionieren, die Ozonide *cis-trans*-isomerer ungesättigter Verbindungen sind jedoch nicht zu trennen.

Dies entspricht dem Verhalten der Quecksilberacetat-Addukte (vgl. Abb. 144); im Gegensatz zu diesen sind jedoch die Ozonide nur wenig polarer als ihre Ausgangssubstanzen.

Ozonierung ungesättigter Lipide [167]

Arbeitsanweisung: Das zur Herstellung von Ozon benötigte Gerät [17] kann von einem Glasbläser angefertigt werden. Es liefert ein Gemisch von Sauerstoff mit wenig (1—3%) Ozon.

Als Lösungsmittel verwendet man Pentan, das auf die folgende Weise gereinigt wurde:

Das Gas-Gemisch aus dem Ozonisator wird bei —60 bis —70°C durch Pentan geleitet, bis sich dieses blau färbt. Durch diese Lösung wird, während sie sich langsam auf Zimmertemperatur erwärmt, ein Strom reinen Stickstoffs geleitet um Sauerstoff und Ozon zu vertreiben. Darauf wird das Pentan (4 Teile) im Scheidetrichter mit konz. Schwefelsäure (1 Teil) geschüttelt, nach Entfernen der Säure mit Wasser neutral gewaschen, mit Natriumsulfat vorgetrocknet und schließlich über Phosphorpentoxyd destilliert.

Zur *Ozonisierung* ungesättigter Lipide werden 10 ml gereinigten Pentans bei —60 bis —70° C mit dem Sauerstoff-Ozon-Gemisch aus dem Ozonisator gesättigt; dies erfordert bei einer Durchflußrate von 100 ml/min etwa 5 min. Eine Lösung von 1—50 mg der Probe in 2—3 ml gereinigten Pentans wird so weit gekühlt, als möglich ist, ohne daß sich Kristalle ausscheiden, und zur Ozon-Lösung gegeben: Die Ozonide bilden sich augenblicklich und nahezu quantitativ. Sauerstoff und überschüssiges Ozon werden im Stickstoff-Strom oder mit Hilfe eines Rotations-Verdampfers möglichst schnell entfernt.

Die in 10 ml der Ozon-Lösung enthaltene Menge Ozon, etwa 0,3 Millimol, reicht zur Ozonisierung von etwa 50 mg Methyloleat oder einer anderen einfach ungesättigten Verbindung etwa gleichen Molekulargewichts aus. Die Ozon-Lösung sollte nach Zugabe der ungesättigten Verbindung leicht blau oder grau gefärbt sein. Entfärbt sie sich vollständig, so enthielt sie zu wenig Ozon.

Beachte: Ozon greift die Atmungsorgane an, mit organischen Lösungs-mitteln reagiert es bei Zimmertemperatur explosionsartig. Aus diesen Gründen sollte man alle *Arbeiten mit Ozon und Ozoniden im Abzug ausführen*, stets eine *Schutzbrille tragen* und sich mit *kleinen Mengen* begnügen.

Die Ozonide sind farblose kristalline Substanzen, die man am besten in Pentan gelöst aufbewahrt. Man kann sie durch reduktive Spaltung mit Lindlar-Katalysator in kürzerkettige Aldehyde überführen und diese dann gas-chromatographisch oder, meist in Form von Derivaten, dünn-schicht-chromatographisch identifizieren (s. a. S. 202). Dieses Verfahren eignet sich zur Strukturbestimmung ungesättigter Lipide (vgl. S. 393).

Trennbedingungen

Adsorbentien. Ozonide werden meist durch Adsorptions-Chromato-graphie an Kieselgel G-Schichten fraktioniert.

Fließmittel. Man verwendet in der Regel Mischungen von Hexan und Diäthyläther. Zur DC der Ozonide von Methylestern höherer Fettsäuren ist Hexan-Diäthyläther (90 + 10), für Ozonide von Triglyceriden ist Hexan-Diäthyläther (80 + 20) als Fließmittel geeignet [*168*].

Nachweismethoden. Ozonide sind an Kieselgel G-Schichten oft ohne Verwendung irgendwelcher Indicatoren als weiße Fraktionen zu erken-nen. 2′,7′-Dichlorfluorescein-Lösung (Reag.-Nr. 60) ist als Sprühreagens geeignet; Chromschwefelsäure (Reag.-Nr. 52) kann zum Veraschen von Ozoniden dienen [*170*].

Anwendungen und Ergebnisse

Durch Adsorptions-DC konnte nachgewiesen werden, daß die Ozoni-sierung der Methylester ungesättigter Fettsäuren zu Isomeren führt; die aus Methyloleat gebildeten isomeren Ozonide wurden jeweils rein isoliert [*175*]. Verbindungen, die durch Argentations-DC nicht leichterdings zu fraktionieren sind, wie *cis*-Methyloctadecenoat (Methyloleat) und *trans-trans*-Methyloctadecadienoat (*trans-trans*-Methyl„linoleat"), oder ent-sprechende Triglyceride, konnten in Form ihrer Ozonide getrennt werden [*170*]. Die Methode eignet sich jedoch nur für Lipide, die bis zu vier Doppelbindungen enthalten. Die Reaktion des Ozons mit höherungesät-tigten Verbindungen führt zu kurzkettigen Ozoniden und undefinierten Nebenprodukten [*170*].

Man kann mit Hilfe der Argentations-DC kleine Mengen ungesättigter Lipide isolieren und die Struktur dieser Verbindungen anschließend durch Analyse ihrer Ozonolyseprodukte bestimmen. Die Methode wurde vor allem zur Analyse von Gemischen der Methylester ungesättigter Fett-säuren ausgearbeitet [*169*].

Mittels der Oxydations-Reduktions-dünnschicht-Chromatographischen Methode [*165*] können die vier Typen gesättigter und ungesättigter α- und β-Monoglyceride getrennt werden; Zunächst werden die α-Monoglyceride mit Perjodat zu Acoxyacetaldehyden gespalten; dann werden die ungesättigten Acoxyacetaldehyde und β-Monoglyceride durch reduktive Ozonolyse in aldehydische Bruchstücke überführt:

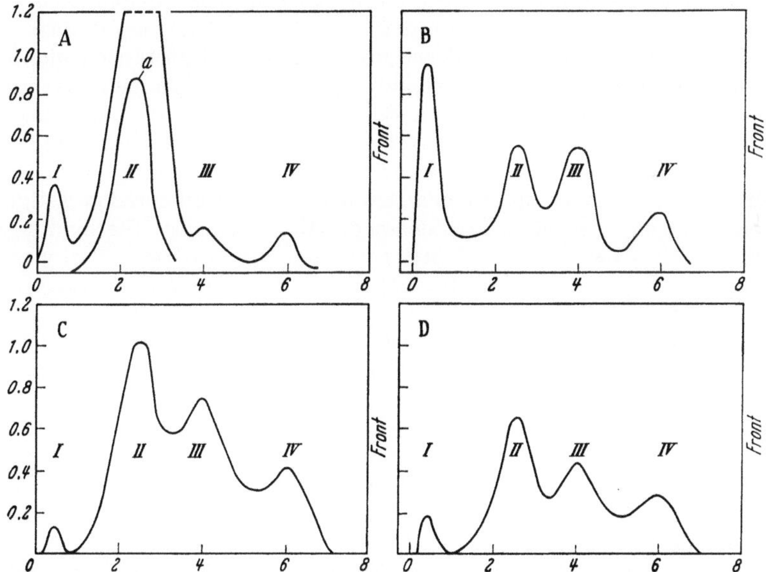

+ Kurzkettige Aldehyde

Die „aldehydic cores" sind polarer als die durch Ozon nicht veränderten Acoxyacetaldehyde und Monoglyceride gesättigter Säuren, und darum sind diese Substanzen durch Adsorptions-DC leicht nach Klassen zu trennen. Man kann gesättigte und ungesättigte α- und β-Monoglyceride, wie erst kürzlich beschrieben wurde, durch DC an Kieselgel G, das mit Silbernitrat *und* Borsäure imprägniert ist, schnell und einfach nach der Zahl der Doppelbindungen *und* der Stellung der Acylreste trennen [*201*]. Die Anwendung der Oxydations-Reduktions-dünnschicht-Chromatographischen Methode mag jedoch auch heute zur Analyse sehr komplizierter

Abb. 147. Densitometer-Kurven der "Aldehydic cores" aus natürlichen Lecithin-Gemischen [*168*]. Stationäre Phase: Silicon an Kieselgel G; Fließmittel: Eisessig-Wasser (80 + 20); Laufzeit: 1,5 Std; Sichtbarmachung: Verkohlen mit 50proz. Schwefelsäure in der Hitze. *A* Ei-Lecithine; *B* Lecithine aus dem Rückenmark des Rinds; *C* Soja-Lecithine; *D* Weizen-Lecithine; *I* Gesättigte Lecithine; *II* "Aldehydic cores" aus gesättigt-(α)-ungesättigten-(β) Lecithinen, *III* "Aldehydic cores" aus gesättigt-(β)-ungesättigten-(α) Lecithinen; *IV* "Aldehydic cores" aus Lecithinen, die zwei ungesättigte Fettsäuren enthalten

Gemische, insbesonder solcher, die *cis*- und *trans*-ungesättigte Monoglyceride enthalten, von Nutzen sein.

Man kann auch ungesättigte Di- und Triglyceride durch reduktive
Ozonolyse in "aldehydic cores" überführen und, in Kombination mit DC
an Kieselgel G, sechs der sieben Diglycerid-Typen, sowie vier der sechs
Triglycerid-Typen bestimmen [*165, 168*]. Dieses Verfahren wurde zwar
weitgehend durch die Argentations-DC überholt, es ist jedoch zur Analyse *cis-trans*-isomerer ungesättigter Triglyceride in teilweise hydrierten
Ölen auch heute noch von Nutzen.

Gesättigte Lecithine und die durch reduktive Ozonolyse aus ungesättigten Lecithinen erhaltenen drei Typen von "aldehydic cores" kann
man durch Verteilungs-Chromatographie in umgekehrter Phase trennen
[*168*]. Abb. 147 zeigt Photodensitometer-Kurven von Dünnschicht-
Chromatogrammen der Fragmente aus Ei-Lecithin, den Lecithinen aus
dem Rückenmark des Rinds, aus Soja- und Weizenkeim-Lecithinen.

Dies war das erste und für mehrere Jahre einzige Verfahren zur Analyse der vier Lecithin-Typen. Erst vor kurzem wurden zwei wesentlich
verfeinerte Methoden entwickelt [*14, 174*]; sie sind auf S. 378 und 389
beschrieben.

d) Verteilungs-Chromatographie in umgekehrter Phase ("Reversed-phase technique")

Diese Methode kann zwar zur Fraktionierung von Lipiden nach Ver-
bindungs*klassen* angewandt werden (s. S. 393 u. 398), meist dient sie
jedoch dazu, Gemische vinyloger und homologer Substanzen gleichen
Typs nach der Zahl der Doppelbindungen *und* Kettenlänge zu trennen.
Wie Abb. 148 zeigt, werden zum Beispiel die Methylester ungesättigter
C_{18}-Säuren durch Verteilungs-DC in umgekehrter Phase nach dem Grad
der Ungesättigtheit getrennt. Mehrfach ungesättigte Methylester wandern weiter als die entsprechenden einfach ungesättigten und gesättigten
Verbindungen derselben Kettenlänge. Auch *homologe* Verbindungen
werden mit Hilfe dieses Verfahrens fraktioniert: gesättigte Methylester
werden nach Kettenlänge getrennt; die *Rf*-Werte fallen mit steigender
Kettenlänge.

Wie in anderen Verteilungsverfahren — der Flüssig-flüssig Gegenstromverteilung sowie der Verteilungs-Chromatographie in Kolonnen
oder an imprägniertem Papier — wandern auch bei der DC an hydrophobierten Schichten bestimmte gesättigte und ungesättigte Verbindungen zusammen. Zum Beispiel erscheinen, wie aus Abb. 148 ersichtlich ist,
Methylpalmitat (C_{16}, gesättigt) und Methyloleat (C_{18}, einfach ungesättigt),
ebenso Methylmyristat (C_{14}, gesättigt) und Methyllinoleat (C_{18}, zweifach
ungesättigt) in einem Fleck. Auch die Paare der entsprechenden freien
Säuren oder der Aldehyde, ebenso Tripalmitin und Triolein, Trimyristin
und Trilinolein, bilden solche „kritische Partner" [*78*].

Die meisten kritischen Partner kann man durch Verteilungs-DC in
umgekehrter Phase trennen, indem man bei tiefen Temperaturen chromatographiert (s. S. 95). Außerdem kann man die ungesättigten Lipide

durch „Entwickeln" mit einem peroxydischen Fließmittel quantitativ oxydieren, ohne daß die Trennung der gesättigten Verbindungen beeinträchtigt wird (s. S. 396). Die Methode der Wahl ist jedoch die Argentations-Chromatographie (s. S. 381—387, s. a. [54]).

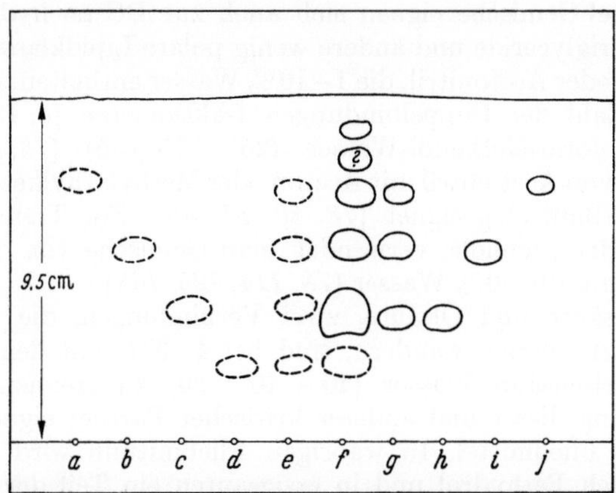

Abb. 148. Fraktionierung einer Klasse von Lipiden durch Verteilungs-DC in umgekehrter Phase [114]. Stationäre Phase: Silicon an Kieselgel G; Fließmittel: Acetonitril-Eisessig-Wasser (70 + 10 + 25); Laufzeit: 40 min; Indikatoren: Jod-Dämpfe (——) und danach α-Cyclodextrin-Jod (————); Mengen: je 20 μg; a Methyllaurat, b Methylmyristat, c Methylpalmitat, d Methylstearat, e Methylester der gesättigten Säuren, f Methylester der C_{18}-Säuren aus Menhaden-Öl, g Methylester ungesättigter C_{18}-Säuren, h Methyloleat, i Methyllinoleat, j Methyllinolenat

Trennbedingungen

Stationäre Phase. Zum Hydrophobieren von Kieselgel G- oder Kieselgur G-Schichten kann ein Siliconöl, das sich in der Papierchromatographie von Lipiden bewährt hat, "Dow Corning 200 Fluid, 10 cs." (Fa. 49) verwendet werden [114, 168]. Auch einheitliche Kohlenwasserstoffe, wie z. B. Undecan [78] (Fa. 68), Tetradecan [82] (Fa. 58, Fa. 68) oder aber Gemische hochmolekular Paraffine [4, 81] (Fa. 68, Fa. 88) sind als hydrophobe Imprägnierungsmittel brauchbar.

Silicone und Paraffine sind leichter flüchtigen Imprägnierungsmitteln, wie Undecan, überlegen, weil damit behandelte Platten ihre Eigenschaften selbst bei wochenlangem Lagern nicht ändern. Bei Verwendung kurzkettiger Kohlenwasserstoffe leidet die Reproduzierbarkeit der Methode, da sich die stationäre Phase beim Lagern der Platten verflüchtigt.

Vorschriften zur Imprägnierung von Sorptions-Schichten sind auf S. 49 angegeben. Es ist am einfachsten, mit Kieselgur G beschichtete Trägerplatten in eine 5 proz. Lösung von *Paraffinum subliquidum* (Fa. 88) oder „Nujol" (Fa. 11) in Petroläther, Kp. 60—70° C, oder Benzol zu stellen und diese Imprägnier-Lösung durch die Schicht aufsteigen zu lassen [4, 171]. Die imprägnierten Platten sind nach Verdunsten des Lösungsmittels fertig zum Gebrauch. Man chromatographiert das Analysenmaterial in dieselbe Richtung in welche die Imprägnier-Lösung gewandert war [4, 171].

Fließmittel. Das Verhalten einer Lipidklasse an Adsorptions-Schichten gibt Aufschluß über die Polarität dieser Verbindungen und erleichtert somit die Wahl geeigneter Fließmittel zu ihrer Fraktionierung durch Verteilungs-DC in umgekehrter Phase.

Die meisten in der Papierchromatographie von Lipiden verwendeten Lösungsmittel-Gemische eignen sich auch zur DC an hydrophobierten Schichten. Triglyceride und andere wenig polare Lipidklassen kann man mit Eisessig oder Acetonitril, die 1—10% Wasser enthalten, nach Kettenlänge und Zahl der Doppelbindungen fraktionieren [4, 121, 124, 168], auch Chloroform-Methanol-Wasser (25 + 75 + 5) [78, 121] sowie Mischungen von Acetonitril mit Aceton oder Methyläthylketon (30 + 70), sind als Fließmittel geeignet [78, 80, 81, 85]. Zur Trennung polarer Lipide, wie der Alkohole, verwendet man Gemische von Eisessig oder Acetonitril mit 10—50% Wasser [78, 114, 125, 168].

Palmitinsäure und Ölsäure, zwei Verbindungen, die bei Zimmertemperatur zusammen wandern, sind bei 4—6° C mit dem Fließmittel Eisessig-Ameisensäure-Wasser (40 + 40 + 20) zu trennen [114]. Zur Fraktionierung dieser und anderer kritischer Partner eignen sich auch oxydierende Fließmittel. In wäßrigen Fließmitteln wird ein Teil des Wassers durch Perhydrol und in essigsauren ein Teil der Säure durch Peressigsäure (Fa. 18) ersetzt: Eisessig-Wasser-Perhydrol (85 + 5 + 10) oder Eisessig-Peressigsäure-Wasser (75 + 10 + 15) [114, 117]. Diese Fließmittel oxydieren alle ungesättigten Lipide während der Chromatographie; die stark polaren Reaktionsprodukte wandern mit der Fließmittelfront während die unveränderten gesättigten Lipide voneinander getrennt werden. Mit dem Fließmittel Propionsäure-Acetonitril-Brom (60 + 40 + 0,5) kann man ungesättigte Lipide während des Entwickelns bromieren und von gesättigten Substanzen trennen [83, 84, 102].

In Tab. 71 sind Fließmittel zur Fraktionierung der wichtigsten Lipide angegeben. Die DC an hydrophoben Schichten erfordert im allgemeinen 3—4 Std, lediglich Fließmittel, die Acetonitril enthalten, laufen schneller.

Nachweismethoden. Jod-Dämpfe können dazu dienen, ungesättigte Lipide auf hydrophoben Schichten sichtbar zu machen [114]. Auf siliconierten Schichten sind die meisten organischen Substanzen durch Veraschen mit Chromschwefelsäure (Reag.-Nr. 52) nachzuweisen [121]; auf Paraffin-imprägnierte Platten ist dieses Reagens nicht anzuwenden. Alkoholische 2′,7′-Dichlorfluorescein-Lösung (Reag.-Nr. 60) kann zur Sichtbarmachung von Lipiden auf Paraffin-imprägniertem Kieselgur G verwendet werden; der Nachweis ist besonders empfindlich, wenn das Chromatogramm kurze Zeit Wasserdampf ausgesetzt wird [38]. Auf imprägnierte Kieselgel G-Schichten kann dieses Reagens nicht angewendet werden [38, 114].

Anwendung und Ergebnisse

Die Verteilungs-DC in umgekehrter Phase kann zur Fraktionierung von Alkoholen [78, 86], Aldehyden und Ketonen [10, 125], Fettsäuren [4, 80, 84, 124] und deren Methylestern [114, 213] sowie Ketosäuren,

Hydroxysäuren und Lactonen [*82*] dienen. Die Gas-Chromatographie ermöglicht jedoch vollständigere Trennungen dieser Verbindungen, oder geeigneter Derivate, und ist wesentlich empfindlicher als die DC; außerdem ist die gas-chromatographische Methode für quantitative Bestimmungen besser geeignet. Nur zur Analyse von Lipiden relativ hohen Molekulargewichts, wie Wachsestern [*86*], Sterolestern [*79*] (s. auch Kapitel L), Carotinoidestern (s. Kapitel K) und Triglyceriden [*4, 81, 89, 124*] bietet die Verteilungs-DC in umgekehrter Phase wesentliche Vorteile. Auch manche Derivate natürlich vorkommender Lipide [*21, 130, 131, 165*] fraktioniert man am besten an hydrophobierten Schichten.

Durch Mehrfach-Entwicklung kann man Modellgemische von Triglyceriden trennen, die bei der Chromatographie auf hydrophobiertem Papier überlappen, wie z. B. Triolein, Palmitodiolein, Oleodipalmitin und Tripalmitin [*85*]. Im Gegensatz zur Papier-Chromatographie ist die Verteilungs-DC in umgekehrter Phase auch zur Trennung natürlicher

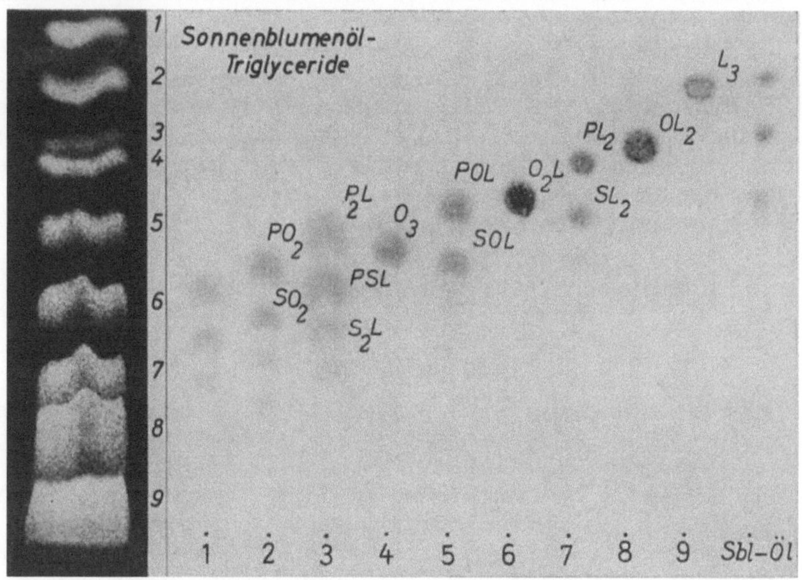

Abb. 149. Trennung der Triglyceride des Sonnenblumen-Öls (*Heliantus annuus*) durch Kombination von Argentations-DC und Verteilungs-DC in umgekehrter Phase [*89*]. *A* Vorfraktionierung der Triglyceride durch Argentations-DC; Adsorbens: Kieselgel G-Silbernitrat (25%); Fließmittel: Benzol-Diäthyläther (80 + 20); Laufzeit: 3,5 Std; Sprühreagens: 2′,7′-Dichlorfluorescein in Äthanol (UV-Licht); Menge: 20 mg. *B* Trennung der Fraktionen 1—9 (A) durch Verteilungs-DC in umgekehrter Phase; Stationäre Phase: Paraffin an Kieselgur G; Fließmittel: Aceton-Acetonitril (80 + 20), (zu 80% mit Paraffin gesättigt), zweimal entwickelt; Laufzeit: je 40 min; Indicator: Wäßrig-alkoholische α-Cyclodextrin-Lösung-Jod-Dampf; Mengen: je etwa 12 μg der Fraktionen 1—9, 20 μg Sonnenblumenöl

Gemische geeignet: Olivenöl und Schweineschmalz liefern je vier Triglycerid-Fraktionen [*83*], Sojaöl gibt dreizehn und Leinöl fünfzehn Flecken [*85*]. Die Methode ist zur Prüfung von Fetten und fetten Ölen der Pharmakopöe zu verwenden: Die einzelnen Drogen liefern charakteristische chromatographische Muster, die sich zur Identifizierung eignen;

Beimischungen und Verfälschungen sind meist leicht nachzuweisen [4]. Auch Fischöle, die wegen ihres hohen Gehalts an Triglyceriden fünf- und sechsfach ungesättigter Fettsäuren durch Argentations-DC nicht gut zu fraktionieren sind, können mittels des verteilungs-chromatographischen Verfahrens getrennt werden.

Durch Zusatz von Brom zum Fließmittel kann man ungesättigte Triglyceride in Derivate überführen, die gut von gesättigten Triglyceriden zu trennen sind. Kakaobutter liefert unter diesen Bedingungen statt drei großen und einem kleinen Fleck fünf große und zwei kleine, während Olivenöl statt vier Flecken sechs große und fünf kleine gibt [83].

Die Kombination von Argentations-DC und Verteilungs-DC in umgekehrter Phase ermöglicht eine nahezu vollständige Fraktionierung der Triglyceride aus natürlichen Gemischen. Dies ist in Abb. 149 dargestellt: Die Triglyceride des Sonnenblumenöls wurden zunächst durch Argentations-DC in einfache Gemische zerlegt und jede der so erhaltenen neun Fraktionen wurde anschließend an einer mit Paraffin imprägnierten Schicht weiter getrennt [89].

Triglyceride und Ester von Diolen (Diol-Lipide), Verbindungen, die durch Adsorptions-DC nicht zu trennen sind, können durch Verteilungs-DC in umgekehrter Phase nach *Klassen* fraktioniert werden; dasselbe gilt für die entsprechenden Alkoxylipide [9]. Die Chromatographie an hydrophobierten Schichten eignet sich auch zur Trennung der "aldehydic cores", die durch reduktive Ozonolyse aus ungesättigten Lecithinen erhalten werden [168] (s. Abb. 147, S. 393).

3. Quantitative Auswertung von Dünnschicht-Chromatogrammen *

a) Neutrale Lipide und ihre Hydrolyse-Produkte

Fraktionen neutraler Lipide können nach Elution vom Adsorbens besonders einfach und genau gravimetrisch bestimmt werden [37, 103, 112]. Allerdings benötigt man hierfür eine verhältnismäßig große Menge Analysenmaterial (> 50 mg). Kleinere Mengen werden besser nach Oxydation mit Chromschwefelsäure kolorimetrisch bestimmt [3, 43, 213]; es ist jedoch notwendig für jede Lipidklasse eine besondere Eichkurve aufzustellen. Zur Kolorimetrie von Ester-Lipiden eignet sich die Hydroxamsäure-Methode [47, 204, 213]. Zuckerester können nach Umsetzung mit Resorcin-Salzsäure kolorimetrisch bestimmt werden [46, 93]. Mono-, Di- und Triglyceride können nach alkalischer Hydrolyse durch titrimetrische Analyse des Glycerins recht genau quantitativ erfaßt werden [76].

Die photodensitometrische Auswertung von Dünnschicht-Chromatogrammen neutraler Lipide wird nach Besprühen der Schicht mit 50 proz. o-Phosphorsäure [7, 206], 50 proz. Schwefelsäure [165, 166] oder Chromschwefelsäure [13, 121] und anschließendes Veraschen der Lipide durchgeführt (s. a. [223]). Abb. 150 zeigt eine typische Kurve, die mit einem

---

* vergl. Kap. H.

synthetischen Gemisch von Mono-, Di- und Tripalmitin erhalten wurde. Die Methode soll sich besonders zur Bestimmung von Spuren eignen. So ist es, wie Abb. 151 zeigt, möglich, einen Anteil von 0.1% Triglycerid in Monoglycerid zu erfassen.

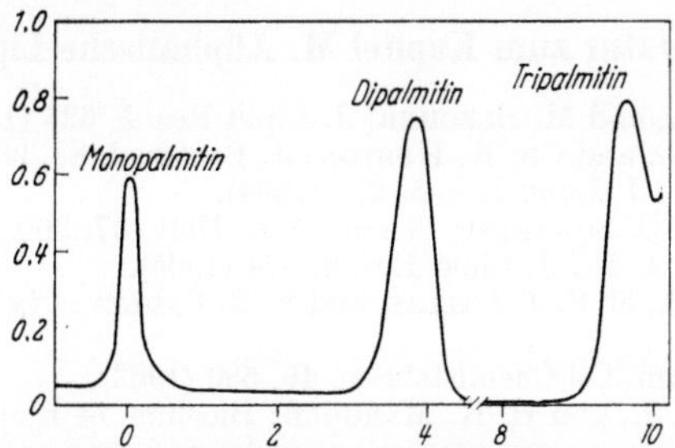

Abb. 150. Densitometer-Kurve eines Dünnschicht-Chromatogramms von Mono-, Di- und Tripalmitin [166]. Adsorbens: Kieselgel G; Fließmittel: Petroläther, Kp. 40—60° C, — Diäthyläther, 70 + 30; Laufzeit: 40 min; Sprühreagens: Verkohlen mit 50proz. Schwefelsäure in der Hitze

Dünnschicht-Chromatogramme neutraler Lipide können auch durch planimetrische Bestimmung der Fleckengrößen ausgewertet werden [19, 163], (siehe auch [171], vgl. S. 135).

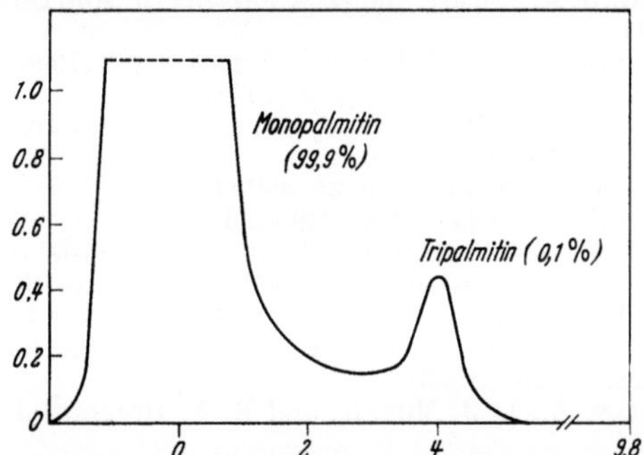

Abb. 151. Densitometer-Kurve eines Dünnschicht-Chromatogramms von Monopalmitin, das 0,1% Tripalmitin enthält [166]. Adsorbens: Kieselgel G; Fließmittel: Petroläther, Kp. 40—60° C, — Diäthyläther, 70+30; Laufzeit: 40 min; Sprühreagens: Verkohlen mit 50 proz. Schwefelsäure in der Hitze

b) Phospholipide, Sulfolipide und Glycolipide

Phospholipide werden eluiert, verascht, und als Phosphat kolorimetrisch bestimmt [1, 47, 53, 159, 189]; auch die photodensitometrische Analyse auf der Schicht ist möglich [91, 132, 161]. Methoden zur quantitativen Bestimmung von Gangliosiden [73, 196] und anderen Sphingolipiden [71, 72, 164] stehen zur Verfügung.

Die Verfahren zur quantitativen Auswertung von Dünnschicht-Chromatogrammen sind im Kapitel H (S. 133—155) eingehend beschrieben.

Anmerkung:

Die dünnschicht-chromatographische Trennung alicyclischer Fettbegleitstoffe ist in mehreren Abschnitten dieses Buches behandelt. Es sei

hier besonders auf die Beiträge über Sterine (S. 319), Carotine und fettlösliche Vitamine (S. 253—283) sowie Terpene und Harze (S. 198—253)
hingewiesen.

Literatur zum Kapitel M. Aliphatische Lipide

[1] ABRAMSON, D., and M. BLECHER: J. Lipid Res. 5, 628 (1964).
[2] ALBRO, PH. W., and CH. K. HUSTON: J. Bacteriol. 88, 981 (1964).
[3] AMENTA, J. S.: J. Lipid Res. 5, 270 (1964).
[4] ANKER, L., u. D. SONANINI: Pharm. Acta Helv. 37, 360 (1962).
[5] ARVIDSON, G. A. E.: J. Lipid Res. 6, 574 (1965).
[6] BARRETT, C. B., M. S. J. DALLAS, and F. B. PADLEY: Chem. & Ind. (London)
    1962, 1050.
[7] — — — J. Am. Oil Chemists' Soc. 40, 580 (1963).
[8] BAUMANN, W. J., and H. K. MANGOLD: Biochim. et Biophys. Acta 116, 570
    (1966).
[9] — H. H. O. SCHMID, H. W. ULSHÖFER, and H. K. MANGOLD: Biochim. et
    Biophys. Acta, im Druck.
[10] — — and H. K. MANGOLD: unveröffentlicht.
[11] BERGELSON, L. D., E. V. DYATLOVITSKAYA, and V. V. VORONKOVA: J.
    Chromatog. 15, 191 (1964).
[12] — V. A. VAVER, N. V. PROKAZOVA, A. W. USHAKOV, and G. A. POPKOVA:
    Biochim. et Biophys. Acta 116, 511 (1966).
[13] BLANK, M. L., J. A. SCHMIT, and O. S. PRIVETT: J. Am. Oil Chemists' Soc. 41,
    371 (1964).
[14] — L. J. NUTTER, and O. S. PRIVETT: Lipids 1, 132 (1966).
[15] BLOOR, W. R.: J. Biol. Chem. 77, 53 (1928).
[16] BONSEN, P. P. M., G. H. DE HAAS, and L. L. M. VAN DEENEN: Biochim. et
    Biophys. Acta 106, 93 (1965).
[17] BONNER, W. A.: J. Chem. Educ. 30, 492 (1953).
[18] BÜRGER, K.: Z. anal. Chem. 196, 259 (1963).
[19] BUSWELL, K. M., and W. E. LINK: J. Am. Oil Chemists' Soc. 41, 717 (1964).
[20] BYGDEMAN, M., and B. SAMUELSSON: Clin. Chim. Acta 13, 465 (1966).
[21] CARTER, H. E., and H. S. HENDRICKSEN: Biochemistry 2, 389 (1963).
[22] — P. JOHNSON, D. W. TEETS, and R. K. YU: Biochim. Biophys. Res.
    Communs. 13, 156 (1963).
[23] CHALVARDJIAN, A., L. J. MORRIS, and R. T. HOLMAN: J. Nutrition 76, 52
    (1962).
[24] — Biochem. J. 90, 518 (1964).
[25] — Can. J. Biochem. 44, 713 (1966).
[26] CHANG, T.-CH. L., and C. C. SWEELEY: Biochemistry 2, 592 (1963).
[27] CHINO, H., and L. I. GILBERT: Biochim. et Biophys. Acta 98, 94 (1965).
[28] CREACH, O., B. ENTRESSANGLES et L. COLOBERT: Biochim. et Biophys. Acta
    116, 80 (1966).
[29] CRIDER, Q., P. ALAUPOVIC, J. HILLSBERRY, C. YEN, and R. H. BRADFORD:
    J. Lipid Res. 5, 479 (1964).
[30] CUBERO, J. M., and H. K. MANGOLD: Microchem. J. 9, 227 (1965).
[31] — —Separation Sci., im Druck.
[32] DAIN, J. A., H. WEICKER, G. SCHMIDT, and S. J. THANNHAUSER: In: Cerebral
    Sphingolipidoses, A Symposium on Tay Sachs' Disease and Allied Dis-
    orders, p. 289, St. M. ARONSON, and B. W. VOLK, Editors. New York:
    Acedamic Press 1962.
[33] DESMOND, C. T., and W. T. BORDEN: J. Am. Oil Chemists' Soc. 41, 552 (1964).
[34] DHOPESHWARKAR, G. A., and J. F. MEAD: Proc. Soc. Exptl. Biol. Med. 109,
    425 (1962).
[35] DOBIÁSOVÁ, M.: J. Lipid Res. 4, 481 (1963).
[36] DOSS, M., u. K. OETTE: Z. klin. Chem. 3, 125 (1965).
[37] DUNN, F., and P. ROBSON: J. Chromatog. 17, 501 (1965).

[38] Dunphy, P. J., K. J. Whittle, and J. F. Pennock: Chem. & Ind. (London) 1965, 1217.
[39] Eng, L. F., Y. L. Lee, R. B. Hayman, and B. Gerstl: J. Lipid Res. 5, 128 (1964).
[40] Entenman, C.: J. Am. Oil Chemists' Soc. 38, 534 (1961).
[41] Firestone, D.: J. Am. Oil Chemists' Soc. 40, 247 (1963).
[42] Folch, J., M. Lees, and G. H. Sloane Stanley: J. Biol. Chem. 226, 497 (1957).
[43] Freeman, C. P., and D. West: J. Lipid Res. 7, 324 (1966).
[44] Freimer, E. H.: J. Exptl. Med. 117, 377 (1963).
[45] Gaver, R. C., and C. C. Sweeley: J. Am. Oil Chemists' Soc. 42, 294 (1965).
[46] Gee, M.: J. Chromatogr. 9, 278 (1962).
[47] Gloster, J., and R. F. Fletcher: Clin. Chim. Acta 13, 235 (1966).
[48] Gordis, E.: Proc. Soc. Exptl. Biol. Med. 110, 657 (1962).
[49] Granzer, E.: Hoppe-Seyler's Z. physiol. Chem. 328, 277 (1962).
[50] Green, K., and B. Samuelsson: J. Lipid Res. 5, 117 (1964).
[51] Gunstone, F. D., and F. B. Padley: J. Am. Oil Chemists' Soc. 42, 957 (1965).
[52] Haahti, E., T. Nikkari, and K. Juva: Acta Chem. Scand. 17, 538 (1963).
[53] Haberman, E., G. Bandtlow u. B. Krusche: Klin. Wschr. 39, 816 (1961).
[54] Hammonds, T. W., and G. Shone: J. Chromatog. 15, 200 (1964).
[55] Hanahan, D. J., J. Ekholm, and C. M. Jackson: Biochemistry 2, 630 (1963).
[56] Hashimoto, A., K. Shiro, and K. Mukai: Yukagaku 13, 586 (1964).
[57] Haverkate, F., and L. L. M. van Deenen: Biochim. et Biophys. Acta 106, 78 (1965).
[58] Hawthorne, B. E., N. Tuna, H. K. Mangold, and W. O. Lundberg: unveröffentlicht.
[59] Hilditch, T. P., and P. N. Williams: The Chemical Constitution of Natural Fats. 4th Edition, New York: John Wiley & Sons, Inc. 1964.
[60] Hofmann, A. F.: J. Lipid Res. 3, 391 (1962).
[61] —, and B. Borgström: Biochim. et Biophys. Acta 70, 317 (1963).
[62] Holla, K. S., and D. C. Cornwell: J. Lipid Res. 6, 322 (1965).
[63] Holman, R. T., W. O. Lundberg, and T. Malkin, Editors: Progress in the Chemistry of Fats and Other Lipids, Vols. I—VII, London: Pergamon Press 1952—1966.
[64] Hooghwinkel, G. J. M., P. Borri, and J. C. Riemersma: Rec. trav. chim. 83, 576 (1964).
[65] Horning, E. G., A. Karmen, and C. C. Sweeley: In: Progress in the Chemistry of Fats and Other Lipids. R. T. Holman, Editor, Vol. 7, p. 167. London: Pergamon Press 1964.
[66] Horning, M. G.: In: Lipid Pharmacology. R. Paoletti, Editor, p. 1, New York and London: Academic Press 1964.
[67] Horrocks, L. A.: J. Am. Oil Chemists' Soc. 40, 235 (1963).
[68] Jantzen, E., u. H. Andreas: Chem. Ber. 92, 1427 (1959).
[69] Jatzkewitz, H.: Hoppe-Seyler's Z. physiol. Chem. 320, 134 (1960).
[70] —, u. E. Mehl: Hoppe-Seyler's Z. physiol. Chem. 320, 231 (1960).
[71] — Hoppe-Seyler's Z. physiol. Chem. 326, 61 (1961).
[72] — Hoppe-Seiler's Z. physiol. Chem. 336, 25 (1964).
[73] — H. Pilz u. K. Sandhoff: J. Neurochem. 12, 135 (1965).
[74] Jenkin, H. M.: Am. J. Ophthalmol. (im Druck).
[75] Jurriens, G., and A. C. J. Kroesen: J. Am Oil Chemists' Soc. 42, 9 (1965).
[76] Jurriens, G., B. de Vries, and L. Schouten: J. Lipid Res. 5, 267 (1964).
[77] Kaufmann, H. P. (Herausgeber). Analyse der Fette und Fettprodukte. Berlin, Göttingen, Heidelberg: Springer 1958.
[78] —, u. Z. Makus: Fette, Seifen, Anstrichmittel 62, 1014 (1960).
[79] — Z. Makus u. F. Deicke: Fette, Seifen, Anstrichmittel 63, 235 (1961).
[80] — — u. T. H. Khoe: Fette, Seifen, Anstrichmittel 63, 689 (1961).
[81] — — u. B. Das: Fette, Seifen, Anstrichmittel 63, 807 (1961).
[82] — u. Y. S. Ko: Fette, Seifen, Anstrichmittel 63, 828 (1961).
[83] — Z. Makus u. T. H. Khoe: Fette, Seifen, Anstrichmittel 64, 1 (1962).
[84] — u. T. H. Khoe: Fette, Seifen, Anstrichmittel 64, 81 (1962).

[85] KAUFMANN, H. P., u. B. DAS: Fette, Seifen, Anstrichmittel **64**, 214 (1962).
[86] — — Fette, Seifen, Anstrichmittel **65**, 398 (1963).
[87] —, u. C. V. VISWANATHAN: Fette, Seifen, Anstrichmittel **65**, 538 (1963).
[88] — H. WESSELS u. C. BONDOPADHYAYA: Fette, Seifen, Anstichmittel **65**, 543 (1963).
[89] — — Fette, Seifen, Anstrichmittel **66**, 81 (1964).
[90] — — Fette, Seifen, Anstrichmittel **68**, 249 (1966).
[91] — S. S. RADWAN u. A. K. S. AHMAD: Fette, Seifen, Anstrichmittel **68**, 261 (1966).
[92] KINOSHITA, S.: J. Chem. Soc. Japan, Ind. Chem. Sect. **66**, 450 (1963).
[93] —, and M. OYAMA: J. Chem. Soc. Japan; Ind. Chem. Sect. **66**, 455 (1963).
[94] KISHIMOTO, I., and N. S. RADIN: J. Lipid Res. **5**, 94 (1964).
[95] KLENK, E., u. W. GIELEN: Hoppe-Seyler's Z. physiol. Chem. **323**, 126 (1961).
[96] — — Hoppe-Seyler's Z. physiol. Chem. **326**, 144 (1961).
[97] —, u. M. DOSS: Hoppe-Seyler's Z. physiol. Chem. **342**, 187 (1965).
[98] KLENK, E., W. KUNAU, L. HOF u. L. GEORGIAS: Hoppe-Seiler's Z. physiol. Chem. **346**, 236 (1966).
[99] KOCHETKOV, N. K., I. G. ZHUKOVA i I. S. GLUKHODED: Doklady Akad. Nauk. S.S.S.R. **147**, 376 (1962).
[100] — — — Biochim. et Biophys. Acta **60**, 431 (1962).
[101] — — — Biokhimiya **29**, 570 (1964); Engl. transl. **29**, 487 (1964).
[102] KOEHLER, W. R., J. L. SOLAN, and H. T. HAMMOND: Anal. Biochem. **8**, 353 (1964).
[103] KOMAREK, R. J., R. G. JENSEN, and B. W. PICKETT: J. Lipid Res. **5**, 268 (1964).
[104] KOREY, S. R., C. J. GIDEZ, A. STEIN, J. GONATAS, and K. SUZUKI: J. Neuropathol. Exptl. Neurol. **22**, 2 (1963).
[105] KRELL, K., and S. A. HASHIM: J. Lipid Res. **4**, 407 (1963).
[106] KUHN, R., H. WIEGANDT u. H. EGGE: Angew. Chem. **73**, 580 (1961).
[107] — — Chem. Ber. **96**, 866 (1963).
[108] KUKSIS, A., and J. LUDWIG: Lipids **1**, 202 (1966).
[109], — and W. C. BRECKENRIDGE: J. Lipid Res. **7**, 576 (1966).
[110] LEES, M., J. FOLCH, G. H. SLOANE STANLEY, and S. J. CARR: J. Neurochem. **4**, 9 (1959).
[111] LEPAGE, M.: J. Chromatog. **13**, 99 (1964).
[112] LEVIN, E., and C. HEAD: Anal. Biochem. **10**, 23 (1965).
[113] LINDLAR, F., u. H. WAGENER: Schweiz. med. Wochschr. **94**, 243 (1964).
[114] MALINS, D. C., and H. K. MANGOLD: J. Am. Oil Chemists' Soc. **37**, 576 (1960).
[115] — J. C. WEKELL, and C. R. HOULE: Anal. Chem. **36**, 658 (1964).
[116] — — — J. Lipid. Res. **6**, 100 (1965).
[117] MANGOLD, H. K.: Fette, Seifen, Anstrichmittel **61**, 877 (1959).
[118] —, and D. C. MALINS: J. Am. Oil Chemists' Soc. **37**, 383 (1960).
[119] —, and R. KAMMERECK: Chem. & Ind. (London) **1961**, 1032.
[120] — J. Am. Oil Chemists' Soc. **38**, 708 (1961).
[121] —, and R. KAMMERECK: J. Am. Oil Chemists' Soc. **39**, 201 (1962).
[122] — J. Am. Oil Chemists' Soc. **41**, 762 (1964).
[123] —, and H. W. ULSHÖFER: Chem. Phys. Lipids (im Druck).
[124] —, and Z. BANDI: unveröffentlicht.
[125] MARCUSE, R., U. MOBECH-HANSSEN u. P. O.-GÖTHE: Fette, Seifen, Anstrichmittel **66**, 192 (1964).
[126] MARINETTI, G. V.: J. Lipid Res. **3**, 1 (1962).
[127] McKILLICAN, M. E., and R. P. A. SIMS: J. Am. Oil Chemists' Soc. **40**, 108 (1963).
[128] — — J. Am. Oil Chemists' Soc. **41**, 340 (1964).
[129] MICHALEC, Č.: Biochim. et Biophys. Acta **106**, 197 (1965).
[130] — J. Chromatogr. **20**, 594 (1965).
[131] — Biochim et Biophys. Acta **116**, 400 (1966).
[132] MORIN, R. J.: Clin. Chim. Acta **13**, 395 (1966).
[133] MORRIS, L. J., R. T. HOLMAN, and K. FONTELL: J. Lipid Res. **1**, 412 (1960).
[134] — — — J. Am. Oil Chemists' Soc. **37**, 323 (1960).

[135] Morris L. J., R. T. Holman, and K. Fontell: J. Lipid Res. 2, 68 (1961).
[136] — Chem. & Ind. (London) 1962, 1238.
[137] — J. Lipid Res. 4, 357 (1963).
[138] — J. Chromatogr. 12, 321 (1963).
[139] — Biochem. Biophys. Res. Communs. 20, 340 (1965).
[140] —, and D. M. Wharry: J. Chromatog. 20, 27 (1965).
[141] —, and S. W. Hall: Lipids 1, 188 (1966).
[142] —, and D. M. Wharry: private Mitteilung, 1966.
[143] — J. Lipid Res. 7, 717 (1966).
[144] — R. Maier, and H. K. Mangold: Separation Sci. (im Druck).
[145] — M. O. Marshall, and W. Kelly: Tetrahedron Letters 1966, 4249.
[146] Müldner, H. G., J. R. Wherrett, and J. N. Cumings: J. Neurochem. 9, 607 (1962).
[147] Murphy, M. T. J. (Sister), B. Nagy, G. Rouser, and G. Kritchevsky: J. Am. Oil Chemists' Soc. 42, 475 (1965).
[148] Negishi, T., M. E. McKillican, and M. Lepage: J. Lipid Res. 5, 486 (1964).
[149] Nevenzel, J. C., W. Rodegker, and J. F. Mead: Biochemistry 4, 1589 (1965).
[150] Nichols, B. W.: Biochim. et Biophys. Acta 70, 417 (1963).
[151] — In: New Biochemical Separations, A. T. James, and L. J. Morris, Editors, p. 321, London: van Nostrand 1964.
[152] — L. J. Morris, and A. T. James: Brit. Med. Bull. 22, 137 (1966).
[153] Norton, W. T., and M. Brotz: Biochem. Biophys. Res. Communs. 12, 198 (1963).
[154] Obruba, K.: Collection. Czech. Chem. Communs. 27, 2968 (1962).
[155] Oette, K.: J. Lipid Res. 6, 449 (1965).
[156] Okui, S., M. Uchiyama, and M. Mizugaki: J. Biochem. (Tokyo) 53, 265 (1963).
[157] Owens, K.: Biochem. J. 100, 354 (1966).
[158] Paoletti, R., and D. Kritchevsky (Editors): Advances in Lipid Research, Vols. 1—4, New York, London: Academic Press 1963—1966.
[159] Parker, F., and N. F. Peterson: J. Lipid Res. 6, 455 (1965).
[160] Paulose, M. M.: J. Chromatog. 21, 141 (1966).
[161] Payne, S. N.: J. Chromatog. 15, 173 (1964).
[162] Pelka, J. R., and L. D. Metcalfe: Anal. Chem. 37, 603 (1965).
[163] Penick, R. J., M. H. Meisler, and R. H. McCluer: Biochim. et Biophys. Acta 116, 279 (1966).
[164] Pilz, H., and. H. Jatzkewitz: J. Neurochem. 11, 603 (1964).
[165] Privett, O. S., and M. L. Blank: J. Lipid Res. 2, 37 (1961).
[166] — — and W. O. Lundberg: J. Am. Oil Chemists' Soc. 38, 312 (1961).
[167] — and E. C. Nickell: J. Am. Oil Chemists' Soc. 39, 414 (1962).
[168] — — J. Am. Oil. Chemists' Soc. 40, 70 (1963).
[169] — — and O. Romanus: J. Lipid Res. 4, 260 (1963).
[170] —, and E. C. Nickell: Lipids 1, 98 (1966).
[171] Purdy, S. J., and E. V. Truter: Analyst 87, 802 (1962).
[172] Rapport, M. M., L. Graf, and H. Schneider: Arch. Biochem. Biophys. 105, 431 (1964).
[173] Redman, C. M., and R. W. Keenan: J. Chromatog. 15, 180 (1964).
[174] Renkonen, O.: Biochim. Biophys. Acta 125, 288 (1966).
[175] Riezebos, G., J. C. Grimmelikhuysen, and D. A. van Dorp: Rec. trav. chim. 82, 1234 (1963).
[176] Rollins, C. B., and R. D. Wood: J. Chromatogr. 16, 555 (1964).
[177] Rouser, G., C. Galli, and G. Kritchevsky: J. Am. Oil Chemists' Soc. 42, 404 (1965).
[178] Ruseva-Atanasova, N., and J. Janák: J. Chromatog. 21, 207 (1966).
[179] Rybicka, W. S.: Chem. & Ind. (London) 1962, 308.
[180] Sachs, B. A., and L. Wolfman: Proc. Soc. Exptl. Biol. Med. 115, 1138 (1964).
[181] Schmid, H. H. O., u. H. K. Mangold: Biochem. Z. 346, 13 (1966).
[182] — W. J. Baumann, J. M. Cubero, and H. K. Mangold: Biochim. et Biophys. Acta 125, 189 (1966).
[183] —, and H. K. Mangold: Biochim. et Biophys. Acta 125, 182 (1966).

26*

[184] SCHMID, H. H. O., W. J. BAUMANN, and H. K. MANGOLD: Biochim. et Biophys. Acta (im Druck).

[185] — L. L. JONES, and H. K. MANGOLD: unveröffentlicht.

[186] SKIDMORE, W. D., and C. ENTENMAN: J. Lipid Res. 3, 471 (1962).

[187] SKIPSKI, V. P., R. F. PETERSON, and M. BARCLAY: J. Lipid Res. 3, 467 (1962).

[188] — — J. SANDERS, and M. BARCLAY: J. Lipid Res. 4, 227 (1963).

[189] — — and M. BARCLAY: Biochem. J. 90, 374 (1964).

[190] — A. F. SMOLOWE, R. C. SULLIVAN, and M. BARCLAY: Biochim. et Biophys. Acta 106, 486 (1965).

[191] SNYDER, F., E. A. CRESS, and N. STEPHENS: Lipids 1, 381 (1966).

[192] SPRECHER, H. W., R. MAIER, M. BARBER, and R. T. HOLMAN: Biochemistry 4, 1856 1(965).

[193] STAHL, E.: Pharm. Rundschau 1, Nr. 2 (1959).

[194] — Chemie-Ing.-Techn. 36, 941 (1964); Angew. Chem., Internat. Edit. 3, 784 (1964).

[195] STOFFEL, W., F. CHU, and E. H. AHRENS, Jr.: Anal. Chem. 31, 307 (1959).

[196] SUZUKI, K.: Life Sci. 3, 1227 (1964).

[197] — J. Neurochem. 12, 629 (1965).

[198] SVENNERHOLM, E., and L. SVENNERHOLM: Biochim. et Biophys. Acta 70, 432 (1963).

[199] SVENNERHOLM, L.: J. Neurochem. 10, 613 (1963).

[200] — J. Neurochem. 11, 839 (1964).

[201] THOMAS, A. E., III, J. E. SCHAROUN, and H. RALSTON: J. Am. Oil Chemists' Soc. 42, 789 (1965).

[202] TUNA, N., and H. K. MANGOLD: In: Evolution of the arteriosclerotic plaque, R. J. JONES, Editor, p. 83, Chicago and London: The University of Chicago Press (1963).

[203] VACÍKOVÁ, A., V. FELT, and J. MALIKOVA: J. Chromatog. 9, 301 (1962).

[204] VIOQUE, E., and R. T. HOLMAN: J. Am. Oil Chemists' Soc. 39, 63 (1963).

[205] — — Arch. Biochem. Biophys. 99, 522 (1962).

[206] — y A. VIOQUE: Grasas y Aceites 15, 125 (1964).

[207] VRIES, B. DE: Chem. & Ind. (London) 1962, 1049).

[208] —, and G. JURRIENS: Fette, Seifen, Anstrichmittel 65, 725 (1963).

[209] VROMAN, H. E., and G. L. BAKER: J. Chromatog. 18, 190 (1965).

[210] WAGNER, H., L. HÖRHAMMER u. P. WOLFF: Biochem. Z. 334, 175 (1961).

[211] —, u. P. POHL: Biochem. Z. 340, 337 (1964).

[212] — — Biochem. Z. 341, 476 (1965).

[213] WALSH, D. E., O. J. BANASIK, and K. A. GILLES: J. Chromatog. 17, 278 (1965).

[214] WEICKER, H.: Klin. Wschr. 37, 763 (1959).

[215] WEISS, B., and R. L. STILLER: J. Lipid Res. 6, 159 (1965).

[216] WEKELL, J. C., C. R. HOULE, and D. C. MALINS: J. Chromatog. 14, 529 (1964).

[217] WELLS, M. A., and J. C. DITTMER: Biochemistry 2, 1259 (1963).

[218] WHERRETT, J. R., and J. N. CUMINGS: Biochem. J. 86, 378 (1963).

[219] WHITE, H. B., Jr.: J. Chromatog. 21, 213 (1966).

[220] WITTELS, B., and R. BRESSLER: J. Lipid Res. 6, 313 (1965).

[221] WOBER, W., and O. W. THIELE: Biochim. et Biophys. Acta 116, 163 (1966).

[222] WOOD, R., and F. SNYDER: Lipids 1, 62 (1966).

[223] ZÖLLNER, N., G. WOLFRAM u. G. ANIM: Klin. Wschr. 40, 273 (1962).

[224] — — Klin. Wschr. 40, 1101 (1962).

[225] —, u. D. EBERHAGEN: Untersuchung und Bestimmung der Lipoide im Blut. Berlin, Heidelberg, New York: Springer 1965.

N. Alkaloide

F. Šantavý

Man kennt z. Z. etwa 5500 Alkaloide, und fast täglich werden neue entdeckt. Zu ihrer Aufgliederung wird in den nachfolgenden Abschnitten die zweckmäßige Einteilung von H.-G. Boit bevorzugt. In seinem Buch sind die „Ergebnisse der Alkaloidchemie bis 1960" vorbildlich zusammengefaßt. Weiter sei auf das mehrbändige Werk von Manske und auf zahlreiche Alkaloid-Kapitel in dem Werk „Fortschritte der Chemie organischer Naturstoffe" verwiesen. Eine große Anzahl zusammenfassender Referate über die Biologie und Chemie der Alkaloide findet man in den Zeitschriften "Planta Medica" und „Lloydia". Die bereits genannten und weitere diesbezügliche Bücher und Veröffentlichungen sind in der allgemeinen Literatur dieses Kapitels auf S. 441 angeführt.

I. Schichten und Fließmittel zur DC

Die dc Auftrennung der Alkaloide kann auf Kieselgel, Aluminiumoxid, Cellulosepulver oder Kieselgur erfolgen. Die aktivste stationäre Phase ist das Kieselgel. Gute Trenneffekte werden auch nach Auftragen einiger Milligramm Substanz erzielt; weniger aktiv ist das Aluminiumoxid; dann folgen Cellulosepulver und schließlich Kieselgur, das mit nur 25–30 µg Alkaloid die geringste Aufnahmekapazität aufweist.

Giacopelle [70b] verwendet zur DC der Alkaloide Avicel, eine mikrokristalline Cellulose (s. S. 34). Mit 5 Fließmitteln werden auf diesen Schichten die hRf-Werte von 48 Alkaloiden ermittelt. Die Schichten sind in der Regel auf plane [258] oder seltener auf profilierte Glasplatten (Abb. 15c), die verschieden groß sein können, aufgebracht.

Paris [161b] empfiehlt zur Auftrennung einiger Alkaloide beschichtete Folien (s. S. 60). Über die Möglichkeiten einer präparativen DC orientieren die Seiten 97 bis 102.

Kieselgel gibt eine schwach saure Schicht und das normale Aluminiumoxid eine schwach basische. Bei der DC starker Basen auf Kieselgel kommt es zur Bildung von Alkaloidsalzen, die bei Verwendung neutraler Fließmittel am Start bleiben. Daher muß man oft die sauren Eigenschaften des Kieselgels abstumpfen. Einige Autoren verwenden in solchen Fällen „basische" oder gepufferte Kieselgelschichten, die statt mit Wasser mit 0,1–0,5 N NaOH, 0,1–0,5 N LiOH oder mit einem Puffer bereitet werden. Im Gegensatz dazu bereiten manche Autoren [245] die Al_2O_3-Schicht mit 0,2 N HCl. Wenn solche Schichten verwendet werden, können neutrale Fließmittel benützt werden. Bei der DC von starken Basen auf Kieselgel ist es vorteilhaft, solche Fließmittel, denen Ammoniak oder organische Basen wie Pyridin, Piperidin oder sehr häufig auch Diäthylamin zugesetzt wurden, zu verwenden. Die Cellulose-Schicht wird in der Regel mit Formamid imprägniert, es wurde aber auch bereits über die Chromatographie auf unimprägnierten Cellulose-Schichten berichtet. Recht vorteilhaft sind Sorptionsschichten, die bereits einen im kurzwelligen UV-Licht aufleuchtenden Fluorescenzindicator enthalten.

Die DC der Alkaloide ist in der kurzen Zeit ihrer Verwendung zu einer so allgemeinen Methode geworden, daß es manche Autoren nicht mehr für notwendig erachten, in der Publikation das angewandte Sorptionsmittel (ob lose oder festhaftende Schicht), Fließmittel, Kammersättigung usw., anzuführen.

Auf dem Gebiet der Alkaloidtrennungen wird immer mehr Kieselgel G (Fa. 88) bevorzugt, und zwar nicht nur zu analytischen, sondern auch zu präparativen Zwecken. TSCHESCHE [244] arbeitete eine analytische und präparative Methode zur DC von Alkaloiden aus, wobei er die Trägerschicht mit einer im langwelligen UV-Licht stark fluorescierenden Substanz versetzt. Diese Methode kann jedoch bei der DC von bereits fluorescierenden Alkaloiden nicht angewendet werden. VON SCHANTZ [202] beschreibt die Zirkulartechnik zur Auftrennung einiger Opium-Alkaloide auf Kieselgel-Schichten. STAHL [229], der sich schon früher mit Alkaloidtrennungen beschäftigte, zeigt die Vorteile der Gradientschicht auch auf diesem Gebiet (Abb. 152).

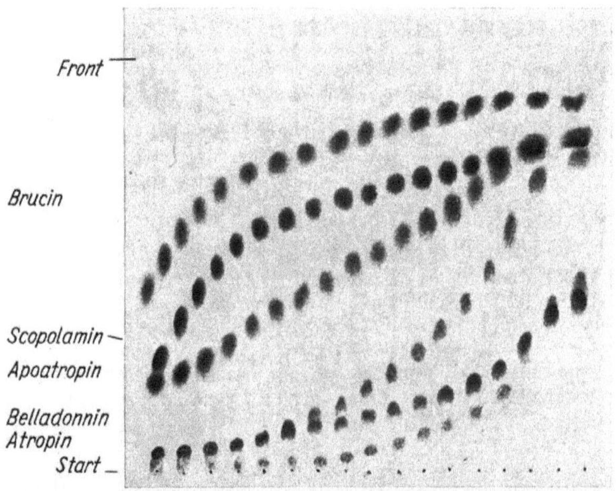

Abb. 152. Trennung eines Alkaloidgemisches auf einer Gradient-Schicht
Diagonalteiler: Links Aluminiumoxid sauer z. DC (Fa. 153) + 10% Gips; rechts Aluminiumoxid basisch z. DC (Fa. 153) + 10% Gips. Fließmittel: Chloroform-Methanol (95 + 5) KS, Laufstrecke: 15 cm. Unter dem Atropin trennt sich ein Begleitalkaloid (?) ab. (STAHL)

WALDI et al. [257] beschreiben eine sog. systematische Analyse von Alkaloiden mit der DC auf Kieselgel, um zu einer schnellen Identifizierung zu kommen. Sie diente als Grundlage für manche späteren Arbeiten. Außer von diesen Autoren wurde die DC von Alkaloiden auch von TEICHERT et al. [241, 242], KAMP et al. [99], PARIS [160, 161], PFEIFER et al. [267] und von SCHWARTZ et al. [87, 201b, 201c, 212] systematisch studiert. In dieser Weise konnte das chromatographische Verhalten der bekanntesten Alkaloide bei Verwendung verschiedener DC-Techniken und Fließmittel festgestellt werden. Die meisten Arbeiten befassen sich im Gegensatz zu den früheren mit der DC einzelner Alkaloidgruppen oder ihrer Derivate. Die DC wird auch bei der Ermittlung der Konstitution der Alkaloide oder zur Feststellung der in der untersuchten Pflanze vorhandenen Alkaloide [*51, 52, 182*] angewandt. Daraus ist zu ersehen, daß die DC eine große Verwendung in der gesamten Chemie der Alkaloide, ihrer Gewinnung und ihrer Anwendung gefunden hat [*103, 185, 188, 189, 238*].

Beachte: Da Unterschiede in Schicht und Fließmittel in nicht reproduzierbaren R_f-Werten zutage treten, ist es vorteilhaft, stets ein gut definiertes Alkaloid oder mehrere oder auch Farbstoffe (Rhodamin B oder Buttergelb) mitlaufen zu lassen. Auf deren Werte können dann die erhaltenen R_f-Werte des unbekannten Alkaloids bezogen werden. Stark beeinflußt werden die R_f-Werte auch durch die Sättigung der Kammer. Es wird daher empfohlen, nur mit Kammersättigung zu entwickeln. Die R_f-Werte der Alkaloide sind dann besser reproduzierbar, auch wenn die Trennung manchmal nicht so scharf ist. Es muß deshalb auch hier betont werden, daß alle R_f-*Werte*, die in diesem Kapitel angeführt werden, *nur als Richtwerte* zu betrachten sind. Die Fließmittel müssen sorgfältig bereitet und insbesondere bei Verwendung flüchtiger Komponenten vor jedem Gebrauch erneuert werden. Bevorzugt werden Fließmittel, die aus 1—3 Lösungsmitteln bestehen; durch zu komplizierte Systeme wird die Möglichkeit einer guten Reproduzierbarkeit der R_f-Werte herabgesetzt.

II. Sichtbarmachung der Alkaloide

Auf dem Chromatogramm sind manche Alkaloide bereits bei Tageslicht sichtbar. Zahlreiche Alkaloide geben typisch fluorescierende Flecke im UV-Licht (365 nm). Das gebräuchlichste Detektionsmittel für die Alkaloide ist das Dragendorff-Reagens in den verschiedenen Modifikationen[1] (Reag.-Nr. 86, 87, 88, 89, 90). SCHWARZ et al. [*201b*] empfehlen zur Sichtbarmachung eine saure Jod-Jodkali-Lösung (Nr. 129). Wird eine schwer flüchtige Base als Fließmittel verwendet, muß diese Base vor dem Besprühen entfernt werden; hierzu erhitzt man die Platte auf 60° bis 120° C. Farbnuancierungen sind bei Verwendung des Dragendorff-Reagens in der Regel nicht zu beobachten. Mit diesem Reagens reagieren häufig auch Substanzen von neutralem Charakter. In jüngster Zeit werden zur Detektion der Alkaloide immer mehr Reagentien, vor allem Jodplatinat (Reag.-Nr. 141), Antimon(III)-chlorid (Nr. 19—21) und schließlich Cer(IV)-sulfat in Schwefelsäure (Nr. 41 u. 42) oder in Phosphorsäure (Nr. 39), verwendet. Die Alkaloide färben sich nach Besprühen verschieden, und bei manchen Alkaloiden kann die Farbe in Abhängigkeit von der Zeit und der Temperatur abgelesen werden. Dies macht oftmals weitere Unterscheidung zwischen Substanzen von gleichem R_f-Wert möglich. Die Alkaloide vom Papaverrubin-Typus geben einen roten Fleck nach Einwirkung von Salzsäuredämpfen. Bei Rauwolfia-Alkaloiden wird ein Gemisch von Perchlorsäure und Eisen(III)-chlorid (Reag.-Nr. 95) bevorzugt. Daneben werden auch Joddämpfe (Nr. 126) verwendet. China-Basen können nach Einwirkung von Ameisensäure (intensiv blaue fluorescierende Flecke im UV-Licht) erkannt werden. Die Phenylalkylamine werden mit Ninhydrin (Nr. 176) sichtbar gemacht. Als weitere

---

[1] Über die Stabilität und Empfindlichkeit des Dragendorff-Reagens s. bei [*189b, 251b*]. Danach liegt die Nachweisgrenze für die meisten Alkaloide zwischen 0,01 und 0,05 µg.

Detektionsmittel wären zu nennen ein Gemisch von Zimtaldehyd und Salzsäure (Nr. 254) für Indolalkaloide, ferner Schwefelsäure (Nr. 217) für Betaine und van Urk-Reagens (Nr. 67) für Mutterkornalkaloide. Purinbasen können mit Schwefelsäure, Dragendorff-Reagens oder durch Sublimation sichtbar gemacht werden. Neu [145] empfiehlt Tetraphenylbornatrium (Reag.-Nr. 174) zur Sichtbarmachung von Alkaloiden verschiedener Struktur. Weitere spezielle Reagentien werden bei den einzelnen Alkaloidgruppen angeführt.

III. System der Trennung der Alkaloide

Waldi [257] trennt die Alkaloide nach den Rf-Werten in zwei Gruppen. Als Bezugssubstanz dient Rhodamin B oder Reserpin. Bei der DC unbekannter Alkaloide wird bei dem Vorversuch das Fließmittelsystem Cyclohexan-Chloroform-Diäthylamin (50 + 40 + 10), das für beide Alkaloidgruppen in Frage käme, verwendet. Für die eigentliche Chromatographie wird dann auf Grund des hRf-Wertes das geeignete Fließmittelsystem für die eine oder andere Gruppe gewählt (s. 1. Auflage, Tab. 46). Für die weitere Identifizierung der Alkaloide empfiehlt Waldi die Feststellung der Fluorescenz im langwelligen UV-Licht und der Farbe der Flecke nach Besprühen mit Jodplatinat Reagens (Nr. 141).

IV. Quantitative Bestimmung[2] der Alkaloide mit der DC

Es ist nur selten der Fall, daß in natürlichem Material nur eine einzige Substanz im Ausgangsmaterial angetroffen wird. In der Regel ist es ein Gemisch verwandter Substanzen oder von einigen Gruppen verwandter Substanzen, die oft nur schwer mit den früher üblichen Methoden voneinander getrennt werden können. Diese Tatsache stellt noch immer ein ungelöstes Problem bei manchen der bisher in den Pharmakopöen veröffentlichten Methoden dar. Die Alkaloide können zwar auf Grund ihrer Basizität von den übrigen Substanzen getrennt werden, die weitere Ermittlung, z. B. des Morphins im Opium, verlangt jedoch die Anwendung der Säulenchromatographie, die wiederum immer mit mehr oder weniger großen Verlusten verbunden ist und außerdem eine größere Menge des Ausgangsmaterials erfordert. Die erste Möglichkeit einer mikroquantitativen Bestimmung der Alkaloide in Gemischen wurde durch die PC gegeben. Für die eigentliche Bestimmung der einzelnen Alkaloide oder anderer Substanzen wurde eine Reihe PC-Methoden ausgearbeitet, von denen manche auch für die DC übernommen werden können. Die DC gibt die Möglichkeit, mit noch geringeren Mengen als bei der PC zu arbeiten. Auch für die DC-Trennung der Alkaloide wurde eine Reihe von Methoden ausgearbeitet oder modifiziert, die man in nachstehender Weise charakterisieren kann:

---

[2] Vergleiche hierzu Kap. H. „Quantitative Auswertung" S. 133—155.

1. Die Größe der Flecke wird planimetrisch ausgewertet [151—153].

2. Die Flecke werden bei Tageslicht oder im UV-Licht schwarz-weiß photographiert, entweder direkt oder nach Detektion mit irgendeinem Reagens. Die Größe und Intensität der Flecke wird dann photometrisch ausgewertet. POETHKE u. KINZE [177] haben den Versuch unternommen, die Flecke photometrisch direkt auf der Schicht auszuwerten; die Fehlergrenze ist bei diesem Verfahren ziemlich groß.

3. Die Zone wird zusammen mit dem Trägermaterial von der beschichteten Platte abgeschabt und quantitativ in den Extraktor übertragen. In den meisten Fällen wird mit Methanol extrahiert, dessen Volumen auf eine bestimmte Menge aufgefüllt wird; die eigentliche Substanz wird entweder polarographisch oder colorimetrisch (nach Umwandlung in ein farbiges Derivat) oder, was weitaus vorteilhafter ist, spektrophotometrisch bei jener Wellenlänge im UV-Bereich bestimmt, bei der die analysierte Substanz ein charakteristisches Maximum aufweist. Bei der Spektrophotometrie ist es jedoch notwendig, eine Blindprobe mit dem Material, das auf die Platte als Sorptionsmittel aufgetragen wurde, durchzuführen. An Hand des Extinktionskoeffizienten kann dann die Menge der Substanz in der analysierten Probe errechnet werden. Durch die Verbindung der DC mit der spektrophotometrischen Auswertung der eluierten Substanzen erhält die Biologie und die Chemie eine Methode, die große mikroanalytische Möglichkeiten bietet.

4. Bestimmung der aus dem Fleck eluierten Substanz durch Titration [93].

5. Radioaktiv markierte Substanzen können direkt oder auch nach Abschaben radiometrisch ausgewertet werden (s. Kap. I, S. 155).

V. Spezieller Teil

1. Colchicin-Alkaloide

Die Bildung der Tropolon-Alkaloide ist für die Unterfamilie *Wurmbaeoideae* (Familie *Liliaceae*) charakteristisch. Das bekannteste Alkaloid dieser Reihe ist das früher in der Gattung *Colchicum* gefundene Colchicin. Es ist ein typisches Zellkerngift (Spindelgift), das klassische Mittel zur Erzeugung polyploider tierischer und pflanzlicher Organismen. Weniger toxische Derivate hiervon, z. B. das Demecolcin, haben als Cytostatica ein gewisses Interesse bei der Behandlung myeloischer Leukämie oder Hautkrebs gefunden. Erwähnenswert ist u. a. die Neigung der Tropolon-Alkaloide zur Lumitransformation. Neben den Tropolon-Alkaloiden werden von den Pflanzen dieser Unterfamilie auch Alkaloide ohne Tropolonring gebildet.

Zur DC der Tropolon-Alkaloide wurden vorzugsweise die nach der Standardmethode hergestellten Kieselgel G-Schichten verwendet. Neben den von WALDI u. Mitarb. [257] für Colchicin angegebenen Fließmitteln benutzten KUHN u. Mitarb. [111, 149] Äthanol-Essigester (20 + 80). Die einen bevorzugen Dragendorff- und Jodplatinat-Reagens zur Sichtbarmachung, die anderen geben dem Antimon(III)-chlorid-Reagens den Vorzug. MÁTHÉ u. TYIHÁK [132] verwenden die DC zur Untersuchung von *Colchicum hungaricum* JANKA.

Mit der DC der bisher isolierten Alkaloide dieser Reihe haben sich ŠANTAVÝ et al. [178] eingehend befaßt. Verwendet wurden Kieselgel-Schichten.

Das Kiesegel wurde nach [172] bereitet, Korngröße 35—75 µm, Schichtdicke 0,2—0,4 mm, Trägerplatten 100×200 mm, Flecke 2—4 mm, Kammer 200 × 250 ×

35 mm. Die Identifizierung der einzelnen Alkaloide erfolgte durch Bereitung von 4 bis 5 Platten, die mit jeweils verschiedenen Reagentien besprüht wurden.

Als *Fließmittel* wurden die von WALDI [*257*] vorgeschlagenen und von POTĚŠILOVÁ [*178*] leicht modifizierten Systeme verwendet (Tab. 72). Das Verhältnis der einzelnen Komponenten des Fließmittels kann je nach der Art des Kieselgels etwas variiert werden, um eine optimale Trennung zu erzielen. Die *günstigste Auftragsmenge* beträgt 2—5 µg der reinen Substanz; bei Rohextrakten 20 µg in äthanolischer Lösung. Das Colchicosid oder andere Alkaloide von glykosidischem Charakter wurden nach Auflösen in einem Wasser-Äthanol-Gemisch aufgetragen. Die Empfindlichkeit der Oberlin-Zeisel-Reaktion betrug je Fleck 1 µg der Tropolonsubstanz.

Sichtbarmachung: 1. Tageslicht, 2. langwelliges UV-Licht, 3. Dragendorff-Reagens (Nr. 90), 4. mit der charakteristischen und empfindlichen Oberlin-Zeisel-Reaktion, Fe(III)-chlorid-Reagens (Nr. 93), 5. Jodplatinat-Reagens (Nr. 141), 6. Antimon(III)-chlorid (Nr. 19) und 7. HCl-Dämpfe.

Neben den vorstehend genannten Farbreaktionen geben alle Tropolon-Alkaloide ein typisches UV-Spektrum (Maximum bei 352 nm; $\log \varepsilon$ 4,25), das sich von der Kurve der Lumiderivate mit ihrem Hauptmaximum bei 266 nm ($\log \varepsilon$ 4,36) deutlich unterscheidet.

In den Rohextrakten der Pflanzen aus der Unterfamilie der *Wurmbaeoideae* können nach der dc-Trennung und anschließender spektrophotometrischer Auswertung bei verschiedenen Wellenlängen unter Einbeziehung der h*Rf*-Werte (s. Tab. 73) und der Farbreaktionen alle bisher bekannten Alkaloide vom Tropolon-Charakter näher bestimmt werden. Es lassen sich auch die phenolischen von den nicht phenolischen Alkaloiden unterscheiden (Reag.-Nr. 93 u. 230). Mit Hilfe der DC und der UV-Spektroskopie ist es auch möglich, die vorhandenen Lumiderivate, die Alkaloide mit Cyclohexadienonstruktur[3], das Aporphinalkaloid Isocorydin und die Alkaloide ohne Tropolonring unbekannter Konstitution zu bestimmen. Schwerlich gelingt es jedoch, in den Rohextrakten das Colchicin vom Cornigerin zu trennen. Mit dem $SbCl_3$-Reagens wird allerdings das Cornigerin orangerot, während das Colchicin sich nur gelb färbt.

Zur Identifizierung der Alkaloide in den Rohextrakten: 0,5—5 g getrocknetes und fein gemahlenes Pflanzenmaterial wird in einem entsprechend großen chromatographischen Rohr, das hier als Perkolator dient, mit Methanol extrahiert. Der

---

[3] Über die Konstitution des Androcymbins und Melanthioidins s. Chem. Commun. **1965**, 228 u. 415.

Zu Tabelle 72:

Fließmittel: I = Benzol-Äthylacetat-Diäthylamin (50 + 40 + 10) + 8proz. MeOH, (NS); II = wie I, jedoch ohne Zusatz von MeOH; III = Chloroform-Aceton-Diäthylamin (70 + 20 + 10), (NS); IV = wie III, jedoch mit Zusatz von 8proz. MeOH; V = Benzol-Äthylacetat-Diäthylamin (70 + 20 + 10), (NS).

Nachweis: Tageslicht: Alkaloide Nr. 12—15, 17, 18, 28, 32 und 33 = gelb; Dragendorff-Reagens (Nr. 90): Nr. 1—38 orange-rot. HCl-Dämpfe: Nr. 1—33 = gelb; Eisen(III)-chlorid-Reagens (Nr. 93): Nr. 1—33 = braun.

Tabelle 72. *Trennung und Nachweis der Colchicum-Alkaloide auf Kieselgel G-Schichten* [178]

Nr.	Substanz	I	II	III	IV	UV-Licht (365 nm)	Jodplatinat Reagens (Reag.-Nr. 141)	SbCl₃-Reag. (Reag.-Nr. 19) sofort	SbCl₃-Reag. nach 100° C Erwärmung
1.	O-Benzoylcolchicein	96		96	96	blauviol.			
2.	Cornigerin	58		63		gelb	dkl.rotbraun	gelb	orangegelb
3.	Colchicin	56		61		gelbbraun	rotbr.-beige	gelb	zitr.-gelb
4.	2-Äthyl-2-demethyl-colchicin	55		58		hellbraun			
5.	3-Propyl-3-demethyl-colchicin	54		67		rosa			
6.	2-Acetyl-2-demethyl-colchicin	53		56		violett			
7.	3-Acetyl-3-demethyl-colchicin	51		47		rosa			
8.	3-Äthyl-3-demethyl-colchicin	49		68		rosa			
9.	N-Formyldesacetyl-colchicin	44		54		beige	rotbr.-beige	gelb	zitr.-gelb
10.	Isocolchicin	38		42		rosa			
11.	O-Acetylcolchicein	37		54	95	rosa			
12.	3-Demethylcolchicin	32		36		dkl.-viol.	gelb	gelb	zitr.-gelb
13.	Colchicein	27		32	44	braungelb			
14.	2-Demethylcolchicin	22		27		dkl.-viol.	gelb	gelb	zitr.-gelb
15.	N-Formyldesacetyl-colchicein	18		26	95	hellblau			
16.	Colchicosid	7				hellblau			
17.	Desacetylcolchicein	0		0	52	blaugrün			
18.	N-Benzoyl-N-des-acetylcolchicein	0		0	48	blaugrün			
19.	Desacetylcolchicin	35							
20.	Desacetylisocolchicin	22			V				
21.	N-Methyldemecolcin		82	87	78	hellviol.	gelb	gelb	zitr.-gelb
22.	Speciosin		77		67	grauviol.	gelb-beige	gelb	zitr.-gelb
23.	Demecolcin		68	70	56	bronze	braun-beige	orangebr.	gelb
24.	N-Propionyldeme-colcin		68	73		violett			
25.	N-Acetyldemecolcin		62	65		gelbbraun			
26.	3,N-Diacetyl-3-demethyl-demecolcin		55	67		blau			
27.	N-Formyldemecolcin		53	55		violett			
28.	3-Demethyldemecolcin		51	56	31	dkl.-viol.	gelb	orangebr.	gelb
29.	3-Äthyl-3-demethyl-demecolcin		50	62		hellblau			
30.	N-Acetylisodemecolcin		48	54		violett			
31.	N-Benzoyldemecolcin		38	44		violett			
32.	2-Demethyldemecolcin		30	49	22	dkl.-viol.	zitr.-gelb	gelb	zitr.-gelb
33.	Demecolcein		9	18		dkl.-viol.			
34.	β-Lumicolchicin	82				grau	rosa	beigegelb	rotbr.-viol.
35.	γ-Lumicolchicin	70				grau	schwarz	beigegelb	rotbr.-viol.
36.	N-Acetyllumideme-colcin-β		83			hellblau		hellbeige	rotbraun
37.	β-Lumidemecolcin		79		74	hellgrau	braunbeige	hellbeige	rotbraun
38.	γ-Lumidemecolcin		65			hellrosa	braunbeige	hellbeige	rotbraun

* Sind als h*Rf*-Richtwerte zu betrachten.   Fließmittel und Nachweis s. S. 410.

Tabelle 73. h *Rf*-Richtwerte und Nachweisreaktionen der Nebenalkaloide (ohne Tropolonring) der Unterfamilie Wurmbaeoideae [178]

Alkaloide	h Rf	Fluorescens UV 365 nm	Jodplatinat (Reag. Nr. 141)	SbCl₃ (Reag. Nr. 19)
Alkaloid AM-4 .	90	0	tiefgelb-rot	—
Alkaloid CC-1 .	84	hellviolett	orangegelb-Rand rosa	—
Alkaloid AM-3 .	82	0	orange-gelb	—
Alkaloid O . .	80	blau	—	0
Alkaloid CC-15.	76	hellgrau	karminrot-graurosa	—
Isocorydin . .	73	hellblau	weiß-blaugrün-Rand grau	0
Bulbocodin . .	68	0	weiß-rosa-Rand violett	0
Alkaloid CC-2 .	68	0	rotbraun-beigerot	—
Collumellarin .	58	hellrosa	gelb-Rand rosa	—
Androcymbin[1] .	53	dunkelviolett	dunkelviolett-violettgrau	augenblicklich hellgelb, dann verschwindet
Melanthioidin .	51	hellgrau	hellgelb-orange	0
Alkaloid CC-3a	46	0	violett-braunrot	0
Alkaloid CC-3b	33	0	braun-braunrot	0
Bechuanin. . .	46	0	weiß-hellgelb-gelb	0
Alkaloid OGG-3	30	0	gelb-beige	—
Alkaloid To . .	18	0	gelb-braunrot-hellbraun	gelb
Alkaloid M . .	0	hellblau	braunrot	0
Floramultin[2] .	46	0	weiß-hellgelb, tiefgelb, Rand violett	—
Kreysiginin[2]. .	40	0	scharfgrün-rosa-violett-grau	—

Schicht: Kieselgel G;
Fließmittel: Benzol-Äthylacetat-Diäthylamin (70 + 20 + 10) (NS).
[1] Oberlin-Zeisel-Reaktion (Reag.-Nr. 93) braunblau.
[2] Isoliert aus *Kreysigia multiflora.*
0 = keine Reaktion.

Methanolauszug wird im Vakuum bei 30° C eingedampft, der Rückstand in einer gleichen oder doppelten Wassermenge (bezogen auf das Trockengewicht der Droge) gelöst. Anschließend wird in einem Scheidetrichter, nach Ansäuern der Lösung mit Citronensäure auf pH 3, zunächst mit Petroläther, Äther und dann mit Chloroform ausgeschüttelt (= neutral-phenolischer Chloroformextrakt). Der saure Rückstand wird mit Ammoniak alkalisiert und von neuem mit Chloroform (= basischer Chloroformextrakt) und schließlich mit einem Chloroform-Äthanol- (2 + 1) Gemisch (= glykosidischer Extrakt) ausgeschüttelt. Der glykosidische Extrakt kann jedoch auch aus einer größeren Menge Ausgangsmaterial (50—100 g) gewonnen werden und muß dann weiter in einen neutralen und basischen Anteil getrennt werden.
Bei dem vorstehend beschriebenen Trennungsgang ist folgendes zu beachten: Mit Chloroform wird je vier mal ausgeschüttelt, und zwar mit der fünf- bis zehnfachen Lösungsmittelmenge, bezogen auf die Droge. Bei der Ausschüttelung der sauren und alkalischen Phase muß der pH-Wert jeweils kontrolliert werden, insbesondere nach dem Alkalisieren. Die Chloroform-Auszüge werden so lange mit wenig Wasser ausgeschüttelt, bis sie eine neutrale Reaktion zeigen. Das Einengen wird im Vakuum bei einer Temperatur um 35° C vorgenommen. Nun erfolgt die dünnschichtchromatographische Auftrennung der so vorgetrennten Alkaloid-Auszüge (Tab. 72 u. 73).

Zur quantitativen Bestimmung: Die Zonen der Tropolon-Alkaloide und ihre Lumiderivate erkennt man an ihrer Fluorescenz im langwelligen UV-Licht, ein Teil bereits an ihrer gelben Farbe im Tageslicht (Tab. 72). Die einzelnen Zonen werden quantitativ abgeschabt und in 5 ml Meßkölbchen überführt, mit Methanol extrahiert und nach Abzentrifugieren des Kieselgels die Extinktion bei den genannten Wellenlängen ermittelt. Weitere Möglichkeiten sind im Kap. H., S. 133 beschrieben. Bei der quantitativen Bestimmung ist es wichtig, daß man in einem abgeschatteten Labor arbeitet, damit keine Lumitransformation der Tropolon-Alkaloide eintritt.

2. Pyrrolidin-, Pyridin- und Piperidin-Alkaloide

PAILER [*154*] empfiehlt die DC auf Kieselgel G-Schichten mit Chloroform-Methanol (33 + 66) zur Trennung des Pyrrolidin-Alkaloids Betonicin von Glykolbetain. Mit der PC konnte er dies nicht erreichen. Die Sichtbarmachung der Flecke wurde mit Jodplatinat (Reag.-Nr. 141) oder Besprühen mit konz. Schwefelsäure und anschließendem Erhitzen durchgeführt.

PAPP [*157*] gelang es, aus basischen Kieselgel G-Schichten (0,5 N KOH) mit Toluol-Methanol-Chloroform (90 + 30 + 10) die in *Nicotiana tabacum* und in *Sedum acre* enthaltenen Alkaloide zu trennen. SPEAKE [*220*] chromatographiert die Alkaloide aus *N. tabacum* auf einer Kieselgel G-Schicht mit reinem Methanol. Auch beim Studium der Nicotin-Demethylierung leistete die DC wertvolle Dienste [*40 c*].

HOGSON et al. [*88 d*] haben sich zum Studium des Nicotin-Metabolismus der zweidimensionalen DC bedient. Die h*Rf*-Werte und Trennbedingungen sind aus Tab. 74 zu ersehen. Zur Lösung ähnlicher Probleme chromatographierten DECKER und SAMMECK [*42 b*] auf Kieselgel G mit ṅ-Butanol-Äthanol-0,5 N Ammoniak (66 + 17 + 17). In beiden Fällen [*88 d, 42 b*] wurde zur Sichtbarmachung eine Mischung gleicher Volumina 2 proz. 4-Aminobenzoesäure in Äthanol und 0,1 M Phosphatpuffer pH 7 aufgesprüht. Nach 15 min Trocknen stellt man die Platte in eine Kammer mit Bromcyandämpfen (König-Reaktion; s. Reag. Nr. 29).

Tabelle 74. h*Rf-Richtwerte der Tabak-Alkaloide und einiger ihrer Derivate auf Kieselgel G-Schichten* [*88 d*]

Alkaloide	Fließmittel:	
	I	II
Nornicotin	34	05
Nicotin	77	08
Nicotyrin	87	92
Anabasin	50	06
Nicotin-N-oxid	08	05
Cotinin	75	76
Nornicotin	50	51

Fließmittel: I = Chloroform-Methanol-Ammoniak (60 + 10 + 1); II = Chloroform-Methanol-Essigsäure (60 + 10 + 1).

In *Gentiana lutea* konnten 4 Alkaloide nachgewiesen werden [*38*]. Eines wurde als 3-Vinyl-4(2-hydroxy)äthylpyridin identifiziert und

Gentialutin benannt. Das Isolierungsverfahren wurde mit der DC auf Al_2O_3 oder auf Kieselgel G kontrolliert; Fließmittel: Benzol-Chloroform-Methanol (70 + 30 + 20) oder Aceton-Methanol (50 + 50).

Auch die Schierlingsalkaloide lassen sich auf Kieselgel G-Schichten trennen [137]. *Fließmittel:* Chloroform-abs. Äthanol-25proz. Ammoniak (90 + 10 + 10). Vor der Detektion wird der Ammoniak durch 5 min Erhitzen auf 110° C entfernt. *Sichtbarmachung:* Mit Joddämpfen im Exsiccator. Die Amine geben dabei braune Flecke. Nach Besprühen mit 1-Chlor-2,4-dinitrobenzollösung (Reag.-Nr. 47) oder mit Bromthymolblaulösung (Nr. 37) treten die Basen als blaue Flecke auf gelbem Grund hervor. γ-Conicein färbt sich nach Besprühen mit Natrium-nitrosopentacyanoferrat(III)-Lösung (Nr. 184) rot.

PAILER [155] gelang es, auf Kieselgel G-Schichten mit Chloroform-Äthanol (100 + 2) und Dragendorff-Reagens den Nachweis zu erbringen, daß in den Samen von *Evonymus europaea* L. wenigstens zwölf Alkaloide vorhanden sind. Diese Methode diente auch zur Kontrolle der Trennung der Alkaloide durch Gegenstromverteilung.

SCHWARTING et al. [150b] benutzen die DC um die Biosynthese des Hygrins, Cuskhygrins, Anahygrins, Anapherins und Isopelletierins qualitativ und auch quantitativ zu studieren.

ROTHER et al. [119, 190] verwendeten die DC (Kieselgel G; Chloroform-Methanol-Diäthylamin (65 + 25 + 5) oder Aluminiumoxid G; Benzol-Methanol-Diäthylamin (99 + 1 + 5)) zur Kontrolle bei der Bestimmung der Struktur und zur Verfolgung der Synthese der beiden Alkaloide Anapherin und Anahygrin an.

Während früher nur die in *Lobelia inflata L.* enthaltenen Alkaloide Beachtung fanden, von denen manche das Atmungszentrum stimulieren, untersucht man nun auch die übrigen Pflanzen dieser Gattung. Die DC ist hier nicht nur als analytische Methode, sondern wird auch zur präparativen Isolierung z. B. von TSCHESCHE et al. [245] bei *Lobelia syphilitica* verwendet. Hierbei diente Aluminiumoxid G als Schicht; sie wurde statt mit Wasser mit 0,2 N HCl bereitet. Zur Entwicklung diente Chloroform-Äthanol (95 + 5). Daneben wurde auf Kieselgel G mit Chloroform-Methanol (75 + 25) chromatographiert. Die Autoren fanden auf diese Weise eine Reihe von neuen Alkaloiden. BORIO und MOREIRA [30b] empfehlen zur DC-Trennung von Lobelin, Lobelanin und Lobelanidin (hRf 42, 73, 31) eine Kieselgel G-Schicht und das Fließmittel: Cyclohexan-Chloroform-Diäthylamin (50 + 40 + 5). SCHWARZ et al. [212] trennten die Lobelia-Alkaloide auf einer losen Al_2O_3-Schicht. TEICHERT et al. [241] verwendeten eine mit Formamid imprägnierte Cellulosepulver-Schicht. PARRÁK et al. [162] studierten mit Hilfe der DC auf Kieselgel G (Fließmittel: Benzol-Chloroform (50 + 50) mit Ammoniak gesättigt) oder alkalischem Aluminiumoxid die Stabilität von Lobelin-Präparaten. Eine alte Injektions-Lobelin-Lösung gab insgesamt sechs Flecke, wobei jene des Lobelins, Acetophenons, Lobelanidins und Lobelanins (Detektion mit Reag.-Nr. 76) identifiziert werden konnten.

3. Tropan-Alkaloide

Obwohl vielen Tropan-Alkaloiden praktische Bedeutung als Anaesthetica, Spasmolytica und Parasympatomimetica zukommt, scheint das Interesse für chromatographische Studien dieser Alkaloide, sei es in galenischen Präparaten oder zur Analyse ihrer Biogenese in den Pflanzen, erst in jüngster Zeit anzuwachsen. Einige dieser Substanzen sind im Zusammenhang mit anderen Analgetica oder Alkaloiden mit der DC untersucht worden.

POETHKE et al. [125, 173] arbeiteten mit Herba und Tinctura Belladonnae. Verwendet wurde als Schicht Kieselgel G und als Fließmittel Chloroform-Aceton-Diäthylamin (50 + 40 + 10). OSWALD und FLÜCK [151—153] chromatographierten neben Hyoscyamin auch andere Alkaloide aus diesem Material, vor allem Belladonin, Apoatropin, Aposcopolamin, Scopin und Scopolin. Es wurden sechs Fließmittel verwendet, wobei sich bei ihnen am besten die Kombination Äthylmethylketon-Methanol-7,5proz. Ammoniaklsg. (60 + 30 + 10) bewährte; zur Detektion diente Dragendorff-Reagens. Die Methode wurde auch für die quantitative Bestimmung (planimetrische Auswertung) ausgearbeitet (Fehlergrenze ±5,8%). Hierbei ergab sich, daß die Beziehung zwischen

Tabelle 75. hRf-Richtwerte von Tropan-Alkaloiden

Schicht	K	K	K	A	K (0,1 N NaOH)	K	K	K (0,5 N KOH)	C (Formamid)
Fließmittel	I	II	III	IV	V	VI	VII	VIII	IX
Tropin . . .	—	—	—	—	—	—	16	3	13
Atropin . . .	38	40	16	10	17	17	37	36	15
Homatropin .	37	45	15	24	15	—	—	—	—
Apoatropin .	54	67	40	40	16	—	44	44	74
Belladonnin .	—	—	—	—	—	—	26	17	69
Cocain . . .	73	90	65	77	62	61	—	—	—
Scopolamin .	56	60	19	0	52	—	73	83	53
Scopolin . . .	60	90	44	50	37	—	—	—	—
Tropacocain .	65	90	56	78	35	—	—	—	—
Psicain Neu .	66	90	60	82	59	—	—	—	—

Schichten: K = Kieselgel G, A = Aluminiumoxid G, C = Cellulosepulver.

Fließmittel: I = Chloroform-Aceton-Diäthylamin (50 + 40 + 10) [257]; II = Chloroform-Diäthylamin (90 + 10) [257]; III = Cyclohexan-Chloroform-Diäthylamin (50 + 40 + 10) [257]; IV = Cyclohexan-Chloroform (30 + 70) + 0,05proz. Diäthylamin [257]; V = Methanol [257]; VI = Methanol-Aceton-Triäthanolamin (50 + 50 + 1,5) [15]; VII = Dimethylformamid-Diäthylamin-Äthanol-Äthylacetat (5 + 5 + 30 + 60) [241]; VIII = Äthanol 70proz.-Ammoniak 25proz. (99 + 1) [241]; IX = 1. Lauf 15 cm, Heptan-Diäthylamin (100 + 0,2), 2. Lauf 10 cm, Benzol-Heptan-Chloroform-Diäthylamin (60 + 50 + 10 + 0,2) [241].

der Größe des Fleckens und der Alkaloidmenge linear ist, falls die Substanzmenge um nicht mehr als ±20% variiert. So konnte dann das Gemisch Hyoscyamin + Atropin neben Scopolamin (Hyoscin) in einigen Organen von *Atropa belladonna, Datura stramonium, Hyoscyamus niger* und in *H. muticus* ermittelt werden [153].

Eine quantitative DC-Methode wurde auch von IKRAM et al. [*93*] für lose Al$_2$O$_3$-Schichten ausgearbeitet. Die Zone wird abgeschabt, mit Chloroform extrahiert, der eingedampfte Rückstand in Äthanol gelöst und schließlich mit 0,01 N H$_2$SO$_4$ titriert (Indicator Methylrot). SCHNEK-KENBURGER et al. [*204*] untersuchten mit der DC (Kieselgel G oder Kieselgel GF$_{254}$ (Fa. 81); Diäthylamin-Dimethylformamid-Äthanol-Essigester (5 + 5 + 30 + 60); Detektion im UV-Licht, Dragendorff- oder Jodplatinat-Reagens (Nr. 141), welche Arzneibuch-Methode zur quantitativen Bestimmung der Wirkstoffe in Folia Belladonnae vorzuziehen ist.

VÉGH et al. [*252*] haben Atropin neben Papaverin in galenischen Präparaten nachgewiesen. Zur DC verwendeten sie Kieselgel G-Schichten, Methanol-Benzol (66 + 33) zur Entwicklung, und zum Nachweis des Atropins die Vitalische Reaktion. FROHNE [*65*] gelang auf Kieselgel G-Schichten mit Chloroform-Aceton-Diäthylamin (50 + 40 + 10) oder Chloroform-Diäthylamin (90 + 10) oder Cyclohexan-Chloroform-Diäthylamin (50 + 40 + 10) der Nachweis, daß die Droge Radix Scrophulariae häufig mit Wurzeln von atropinhaltigen *Solanaceen* gefälscht wird. Mit den Tropan-Alkaloiden in galenischen Präparaten befassen sich weiter die Arbeiten [*34d, 39, 62, 98, 123, 148, 251*].

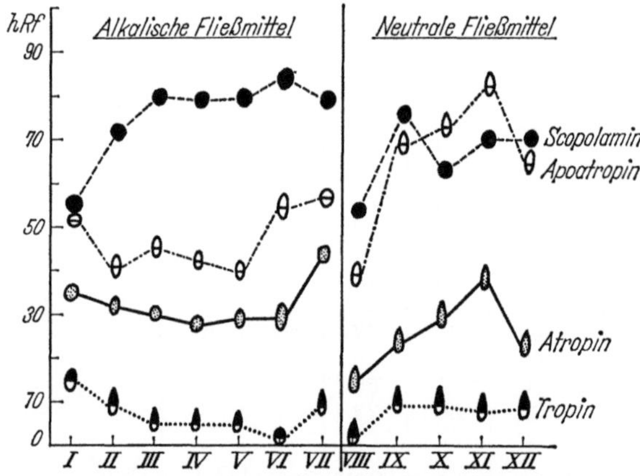

Abb. 153. Vergleich verschiedener Kieselgele und Aluminiumoxide und Fließmittel im Hinblick auf eine optimale Trennung von Tropan-Alkaloiden

  I. Kieselgel GF$_{254}$ (Fa. 81); Chloroform-Aceton-Diäthylamin (50 + 40 + 10).
  II. Kieselgel GF$_{254}$ (Fa. 81); Methyläthylketon-Methanol-Wasser-Ammoniak 25proz. (60 + 30 + 7 + 3) [*151, 152*].
  III. Kieselgel GF$_{254}$ (Fa. 81); Aceton-Ammoniak 7,5proz. (90 + 10) [*229a*].
  IV. Kieselgel MN-GHR (Fa. 76); Fließmittel III.
  V. Kieselgel DGF (Fa. 110); Fließmittel III.
  VI. Kieselgel (Fa. 141); Fließmittel III.
  VII. Kieselgel GF$_{254}$ mit 0,5 N KOH bereitet (Fa. 81); Fließmittel III.
  VIII. Kieselgel GF$_{254}$ mit 0,5 N KOH bereitet (Fa. 81); Chloroform-Methanol (85 + 15) [*229a*].
  IX. Aluminiumoxid GF$_{254}$ (Fa. 81); Chloroform-Methanol (97,5 + 2,5) [*229a*].
  X. Aluminiumoxid D (Fa. 110); Fließmittel IX.
  XI. Aluminiumoxid basisch (Fa. 141); Fließmittel IX.
  XII. Aluminiumoxid für DC (Fa. 29); Fließmittel IX.

STAHL und SCHORN [*229b*] verglichen die in der Literatur beschriebenen Trennbedingungen für Tropan-Alkaloide im Hinblick auf eine sichere Identifizierung der Solanaceen-Drogen in Arzneibüchern. Hierzu wurde auch eine Schnell-Extraktion ausgearbeitet. Unter dem Gesichtspunkt der allgemeinen Anwendbarkeit werden den unter III genannten Trennbedingungen (s. Abb. 153) der Vorrang gegeben. Zum Nachweis wird das Dragendorff-Reagens nach THIES und REUTHER in der Modifikation nach VÁGÚJFALVI (Reag.-Nr. 90) empfohlen; die Nachweisgrenze liegt hiermit bei 0,5 μg Base.

Aus *Withania somnifera* [*101, 102, 120, 211*] wurden unter DC-Kontrolle (Aluminiumoxid G; Benzol-Methanol-Diäthylamin (99 + 1 + 5)) die Alkaloide Tropin, Pseudotropin, 3β-Tigloyltropan, Cholin, Cuskhygrin (hRf-Wert 63), Isopelletierin und zwei bisher unbekannte Alkaloide Anapherin und Anahygrin (hRf-Wert 50) isoliert. 3β-Tigloyloxytropan wird am besten auf Kieselgel G mit dem Fließmittel Äthanol-wäßriges Ammoniak (80 + 20) getrennt. Mit der DC wurden ferner *W. ashwagandha Kaul.* [*101*] und *W. americana L.* [*156*] analysiert.

Die DC wurde auch von EVANS [*50*] bei der Isolierung des (−)-6 β-Tigloyloxytropan-3β-ols aus *Datura cornigera Hook.* verwendet.

Der Einbau von Prolin-C^{14} in die Alkaloide von *Datura strammonium var. tatula* und *D. innoxia* wurde von SULLIVAN und GIBSON [*232*] unter Verwendung der DC kontrolliert. Die Biosynthese der Tropan-Alkaloide aus Phenylalanin wird auch in einer Arbeit [*85*] behandelt. ROBLES [*188*] bedient sich der DC bei der präparativen Trennung der Tropan-Alkaloide.

4. Pyrrolizidin-Alkaloide

Eine toxikologisch wichtige Gruppe unter den Alkaloiden stellen heutzutage die Pyrrolizidin-Alkaloide dar, die in einigen Gattungen der Familien der *Fabaceae*, *Boraginaceae* und *Asteraceae* vorkommen. Zur Identifizierung dieser Substanzen kann auch die DC verwendet werden. In der Tab. 76 sind einige hRf-Richtwerte der in diesen Pflanzen am häufigsten vorkommenden Alkaloide angeführt [*200*].

Tabelle 76. h*Rf-Richtwerte der Necin-Alkaloide*

Alkaloid	hRf	Farbe[1] nach Jodplatinat-Reaktion (Reag.-Nr. 141)
Senecionin.	57	rotbraun-hellbeige-violett mit weißem Rand
Seneciphyllin	55	rotbraun-beige-violett mit weißem Rand
Platyphyllin.	52	dunkelbraun-beige-weiß
Rivularin	51	rotbraungrau-grauviolett mit weißem Rand
Monocrotalin	38	rotbraungrau-hellbeige-weiß
Ridellin.	35	rotbraun-beige-weiß
Retrorsin	31	dunkelrotbraun-hellbeige
Jacobin.	31	rotbraun-rosa-graurosa mit weißem Rand
Othosenin.	18	rotbraun-beige-weiß
Retronecin	7	rotbraun-hellbeige-weiß

Schicht: Kieselgel G;
Fließmittel: Benzol-Äthylacetat-Diäthylamin (70 + 20 + 10) NS.

[1] Alle Alkaloide geben auch eine orangerote Reaktion mit Dragendorff-Reagens.

Kürzlich haben SHARMA et al. [*214b*] und insbesondere auch CUL-
VENOR et al. [*36b*] die DC der Pyrrolizidin-Alkaloide auf alkalisierten
Kieselgel G-Schichten mit dem Fließmittel Methanol beschrieben;
die letztgenannten Autoren geben die h*Rf*-Werte von 58 Alkaloiden an.

5. Chinolizidin-Alkaloide

Die Alkaloide dieser Gruppe werden von den Pflanzen der Familien
der *Papilionaceae (Fabaceae)*, *Chenopodiaceae* und dann in den Familien
der *Berberidaceae* und *Papaveraceae* gebildet. Wie auch bei anderen Pflanzen liegen hier zumeist Alkaloid-Gemische vor. Eine Vergesellschaftung
mit anderen Alkaloidtypen, z. B. mit solchen, die einen Pyridinkern
enthalten (Ammodendrin), oder mit Pyrrolizidin-Alkaloiden (Laburnin)
kann vorkommen. Nach ihrem Grundskelet können die Chinolizidin-
Alkaloide in die Lupinin-, Cytisin-, Spartein- und Matrin-Gruppe gegliedert werden. Es handelt sich in den meisten Fällen um toxische
Substanzen, die bisher keine medizinische Verwendung gefunden haben.

Zahlreiche Arten der Gattung *Cytisus*, *Genista* und *Retama* wurden
von GILL [*71, 72*] und STEINEGGER [*73—75, 214, 231*] sowohl mit der PC
als auch mit der DC qualitativ und auch quantitativ (Planimetrie der
Flecke nach Besprühen mit Dragendorff-Reagens) untersucht. Hierdurch
konnte genügend Material für chemotaxonomische Schlußfolgerungen
[*19b*] erhalten werden. Mit der Isolierung des Alkaloids Anagyrin aus den
Blüten und Samen von *Genista raetum* Forsk, befaßte sich FAUGERAS
[*55, 56*], der auf der Kieselgel G-Schicht mit Benzol-Chloroform-Diäthyl-
amin (20 + 75 + 15) Anagyrin und Cytisin chromatographierte.

Spartein wurde auch aus *Chelidonium majus (Papaveraceae)* isoliert;
SCHÜTTE [*210*] studierte mit der DC in dieser Pflanze seine Biosynthese
aus radioaktivem Cadaverin und ist zu dem Schluß gelangt, daß die Biosynthese wiederum analog wie bei *Lupinus luteus* verläuft. Weitere
Literatur über die DC von Chinolizidin-Alkaloiden liegt vor [*1b, 26, 27*].

Tabelle 77. h*Rf*-*Richtwerte der Chinolizidin-Alkaloide* [*74*]

Alkaloid	I	II	Alkaloid	I	II
Spartein	93	10	Hydroxyspartein . . .	54	19
L-α-Isospartein	92	3	Anagyrin	35	60
Retamin	80	30	N-Methylcytisin . . .	30	63
Lupinin	63	12	Hydroxylupanin . . .	19	24
Lupanin	61	38	Cytisin	7	32
Epilupinin	58	35	Calycotomin*	5	46

Schicht: Kieselgel G.   * Tetrahydroisochinolin-Alkaloid.

Fließmittel: I. Cyclohexan-Diäthylamin (70 + 30); II. Chloroform-Methanol
(80 + 20).

Für Vorprüfungen ist das Fließmittel I besonders gut geeignet (Laufstrecke:
11 cm, Laufzeit: 50 min). Zur weiteren Prüfung auf Alkaloide wurde Cyclohexan-
Diäthylamin (90 + 10) bzw. (50 + 50) oder Fließmittel II verwendet.

6. Alkaloide der Papaveraceen

In der Pflanzenfamilie der *Papaveraceae* kommen folgende Alkaloidgruppen vor: Benzylisochinolin, Cularin, Aporphin, ferner Proaporphin,
Morphin, Protoberberin, Protropin, Narcein, Benzophenanthridin,
Phthalidisochinolin, Rhoeadin und Papaverrubin, Pavin sowie Isopavin
und Ochotensimin. Viele dieser Alkaloidgruppen werden nur von einer
einzigen Gattung gebildet, während andere in vielen Gattungen vorkommen und sogar in Pflanzen anderer Familien zutage treten. Die
Alkaloide all dieser Gruppen müssen folglich bei der Chromatographie
der Rohextrakte oder bei der Reinheitsprüfung der isolierten Alkaloide
in Erwägung gezogen werden.

Auf die Vorteile der DC gegenüber anderen analytischen Methoden, einschl.
der PC, haben beim Studium der Opium-Alkaloide erstmals BORKE et al. [*31*]
("Chromatostrip"-Methode [*104*]) und MARIANI und MARIANI-MARELLI [*129*] aufmerksam gemacht. Zur eigentlichen Verbreitung dieser Methode kam es erst,
nachdem STAHL [*227*] 1956 standardisierte Bedingungen und Geräte zur Trennung
einführte.

Zur dc-Trennung von Alkaloidgemischen wurden verschiedene Sorp-
tions- und Fließmittel und Arbeitstechniken angewendet. Zumeist wird
auf den Kieselgel-Schichten aufsteigend entwickelt. Eine Mehrfachentwicklung mit verschieden stark polaren Fließmitteln kann vorteilhaft
sein. BÉLA [*19*] erprobte 28 verschiedene Fließmittel und empfiehlt zur
DC auf Kieselgel G-Schichten eine Zweifachentwicklung mit 1. Benzol-
Methanol (90 + 10) und 2. Chloroform-Äthanol-Äthylacetat-Aceton
(60 + 20 + 10 + 10) bei 20° und einer jeweiligen Laufhöhe von 15 cm.
Es ergaben sich folgende hRf-Richtwerte: Narcotin 80, Papaverin 75,
Narcotolin 67, Protopin 62, Kryptopin 58, Laudanosin 50, Thebain 44,
Laudanin 39, Codein 20, Neopin 18, Morphin 10, Narcein 0.

Die hRf-Werte einer Reihe von Opium-Alkaloiden und ihrer Derivate
wurden auf verschiedenen Sorptionsschichten und unter Verwendung
verschiedener Fließmittel auch von WALDI et al. [*257*], TEICHERT et al.
[*241, 242*], SCHWARZ et al. [*17, 212*] und BÄUMLER et al. [*15*] ermittelt.
Nach RAMAUT [*182b*] lassen sich diese Alkaloide sehr gut auf Kieselgel G-
Schichten mit Hexan-Cyclohexan-Cyclohexanol (33 + 33 + 33) + 5%
Diäthylamin trennen. MACHATA [*127*] bediente sich der DC zum Nachweis der Opium-Alkaloide und anderer Arzneimittel im Mageninhalt und
in der Galle eines mit Tinctura Opii vergifteten Menschen. Bei Verwen-
dung von Kieselgel, das mit 0,5 N KOH alkalisiert wurde, bevorzugten
TEICHERT et al. [*241, 242*] das Fließmittel Benzol-Heptan-Chloroform-
Diäthylamin (60 + 50 + 30 + 0,03), in welchem die Opium-Alkaloide
(Morphin bleibt am Start zurück) sehr gut getrennt werden können.
Um das Morphin von den Ballastsubstanzen abzutrennen, wird die DC
auf einer weiteren Platte mit Chloroform-Äthanol (75 + 25) empfohlen.
Die Sichtbarmachung erfolgt mit Dragendorff-Reagens (Nr. 90) oder
mit einer Mischung von Perchlorsäure und Fe(III)-chlorid (Nr. 95).

Eingehender wurde die DC von NEUBAUER u. MOTHES [*147*] zur
Kontrolle des Opiums und hauptsächlich zur Selektion verschiedener
Mohnarten [*25b*] verwendet. Auf Kieselgel G-Schichten gelang es ihnen,

Tabelle 78. h*Rf*-Richtwerte von Opiumalkaloiden auf verschiedenen Schichten und bei Verwendung der Fließmittel I—XVI

Trennschicht	K	K	K	A₂	K (0,1 N NaOH)	K	K	K (0,5 N KOH)	C	C (Form-amid)	K	A₁	K	A₁	A₁	A₁
Fließmittel	I	II	III	IV	V	VI	VII	VIII	IX	X	XI	XII	XIII	XIV	XV	XVI
Narcein	3	0	0	0	0	23	—	—	—	—	—	86	—	—	—	—
Dihydromorphinon (Dilaudid)	24	23	8	8	16	28	5	13	27	6	14	—	—	—	—	—
Dihydrocodeinon (Dicodid)	51	65	21	43	18	29	10	28	34	63	—	—	—	—	—	—
Morphin	10	8	0	0	34	40	2	2	27	0	24	14	12	3	3	6
Morphinäthyläther (Dionin)	—	—	—	—	—	37	14	37	44	57	—	72	—	—	—	—
Dihydrocodein (Paracodin)	38	54	18	30	25	—	6	22	34	—	—	—	—	—	—	—
Codein	38	53	16	27	35	43	12	33	41	37	26	73	26	77	38	33
Acetyldihydrocodeinon (Acedicon)	—	—	—	—	—	—	24	59	—	90	—	—	—	—	—	—
Dihydro-hydroxycodeinon (Eucodal)	—	—	—	—	—	—	47	70	79	75	—	—	—	—	—	—
Thebain	65	90	51	76	40	—	—	—	—	—	—	91	45	—	—	—
Papaverin	67	90	42	84	70	82	74	78	86	89	74	86	59	89	88	73
Cotarnin	60	90	43	25	0	—	—	—	—	—	—	—	—	—	—	—
Narkotin	72	90	51	79	72	82	78	81	92	94	69	90	74	92	77	77

Schicht: K = Kieselgel G, A₁ = Aluminiumoxid, A₂ = Aluminiumoxid G, C = Cellulosepulver.

Fließmittel: I = Chloroform-Aceton-Diäthylamin (50 + 40 + 10) [257]; II = Chloroform-Diäthylamin (90 + 10) [257]; III = Cyclohexan-Chloroform-Diäthylamin (50 + 40 + 10) [257]; IV = Cyclohexan-Chloroform (30 + 70) + 0,05 proz. Diäthylamin [257]; V = Methanol [257]; VI = Methanol-Aceton-Triäthanolamin (50 + 50 + 1,5) [15]; VII = Chloroform-Äthanol (90 + 10) [241]; VIII = Chloroform-Äthanol (80 + 20) [241]; IX = Dimethylformamid-Diäthylamin-Äthanol-Äthylacetat (5 + 2 + 20 + 75) [241]; X = Benzol-Heptan-Chloroform-Diäthylamin (60 + 50 + 10 + 0,2) [241]; XI = Methanol [127]; XII = Benzol-Äthanol (90 + 10) [87]; XIII = Xylol-Methyläthylketon-Methanol-Diäthylamin (20 + 20 + 3 + 1) [16]; XIV = Getrocknetes Aceton [94]; XV = Chloroform [94]; XVI = Benzol-Chloroform-Aceton (70 + 15 + 15) [94].

mit Benzol-Methanol (80 + 20) 10 Alkaloide voneinander zu trennen.
Die DC wurde von diesen Autoren auch zur semiquantitativen Aus-
wertung herangezogen. Die mit Dragendorff-Reagens sichtbar gemachten
Flecke wurden hierzu photographiert und die schwarzen Flecke des Posi-
tivs photometrisch ausgewertet. NEUBAUER [146] bediente sich dieser
Methode zur quantitativen Bestimmung der Alkaloide während des
Wachstums von *Papaver somniferum.*

IKRAM et al. [94] beschreiben die Trennung von Morphin, Codein,
Papaverin und Thebain auf einer losen Aluminiumoxid-Schicht (Merck)
mit drei Fließmitteln. Der Befund, daß Papaverin und Narcotin nicht
immer befriedigend getrennt werden, führte zur Anwendung der zweidimensionalen DC [99, 176]. Kürzlich gelang es jedoch BAYER [16],
eindimensional auf aktivierten Kieselgel G-Schichten mit Xylol-Methyläthylketon-Methanol-Diäthylamin (40 + 60 + 6 + 2) die nachstehenden
Alkaloide zu trennen: Narcotin h*Rf* 74, Papaverin 59, Thebain 45,
Codein 26, Morphin 12. Damit ist auch das Problem der Trennung Papa-
verin-Narcotin gelöst.

PINXTEREN u. VAN VERLOOP [170] trennen Pseudomorphin (h*Rf* 4),
Morphin (h*Rf* 35) und Narcotolin (h*Rf* 85) auf Kieselgel mit dem Fließmittel: Tetrachlormethan-Butanol-Methanol-6 N Ammoniak (40 + 30 +
30 + 2). In einer weiteren Arbeit bestimmen diese Autoren [171] Morphin
in den Mohnkapseln in der Weise, daß sie es direkt auf der Platte mit
Kaliumhexacyanoferrat(III)-Lsg. (Reag. Nr. 137) in Pseudomorphin
umwandeln, das sich durch eine intensive Fluorescenz auszeichnet.
Unabhängig von den letztgenannten Autoren wurde diese empfindliche
DC-Nachweismethode auch von KUPFERBERG et al. [116] zur Spurenanalyse von Morphium und anderen Analgetica ausgebaut. Es reagieren
mit Reag.-Nr. 137 nur jene Phenanthren-Alkaloide, die eine freie phenolische Gruppe aufweisen. BEYER [21] verwendete die DC auf Kieselgel mit
dem Fließmittel: 0,1 N Ammoniaklösung zur Bestimmung des Acedicons
(Acetyldihydrocodeinon) und des Dicodids, das aus Acedicon entsteht.
Es wurde auch eine Methode zur Detektion dieser Verbindung in pharmazeutischen Präparaten ausgearbeitet. Die Sichtbarmachung erfolgt mit
Dragendorff-Reagens Nr. 90) oder mit dem Vidic-Reagens (Nr. 76).

Im Hinblick auf die Einführung der DC in Pharmakopoe-Vorschriften
sowie zur Identifizierung von Rohopium und Opiumzubereitungen wurden die zahlreichen, bereits in der Literatur angegebenen Fließmittel
von STAHL und JORK [229c] kritisch miteinander verglichen.

Es wurde nach der Standardmethode unter einheitlichen äußeren Bedingungen
auf Kieselgel GF$_{254}$-Schichten chromatographiert. Die fluorescenzlöschenden Zonen
der 6 bekanntesten Opiumalkaloide ließen sich unter Farbdifferenzierung mit konzentrierter Schwefelsäure sichtbar machen. In der Kälte erschien nur Thebain
als gelber Fleck. Bei einer Auftragemenge von 10 μg färbten sich während des
10 min Erhitzens auf 150° C Morphin: violett, Narcein: braun-violett, Codein:
rötlich-blau, Thebain: hell-violett, Papaverin: grau und Narcotin: blaßrot.

Aus der Abb. 154 geht deutlich hervor, daß das zu wählende Fließmittel der jeweiligen Problemstellung angepaßt werden kann. So lassen
sich Papaverin und Narcotin mit neutralen Fließmitteln unterscheiden,
die Benzol als Basiskomponente enthalten (Nr. I—VI). Morphin und

27a Dünnschicht-Chromatographie, 2. Aufl.

Narcein trennen sich erst in alkalischen Gemischen (Nr. X–XIV). Will
man keine Mehrfachentwicklung durchführen, so liefern die Fließmittel
Nr. X und No. XIV die besten Trennungen für die erwähnten 6 Alkaloide
im Gemisch miteinander und in den Opiumzubereitungen.

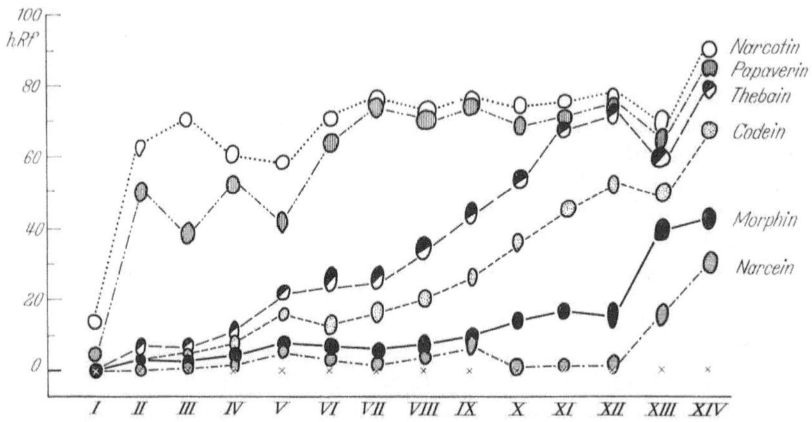

Abb. 154. Vergleich der gebräuchlichen Fließmittel zur Trennung der 6 wichtigsten Opiumalkaloide

Schicht: Kieselgel GF_{254}, Trogkammer, KS; Temperatur: 20° C; Laufstrecke:
15 cm.

Nr.   *Fließmittel, Zusammensetzung, Laufzeit u. Literatur*
   I. Benzol-Tetrahydrofuran (95 + 5); 35 min [265].
  II. Benzol-n-Butanol (75 + 25); 30 min [131].
 III. Benzol-Tetrahydrofuran (80 + 20); 60 min [131].
 IV. Benzol-n-Propanol (80 + 20); 35 min [131].
  V. Benzol-Methanol (90 + 10); 30 min [19, 131].
 VI. Benzol-Äthanol (80 + 20); 45 min [131].
VII. Chloroform-Isopropanol (80 + 20); 45 min [131].
VIII. Chloroform-n-Hexan-Methanol (65 + 25 + 10); 30 min [180].
 IX. Chloroform-Methanol (90 + 10); 30 min analog [265].
  X. Xylol-Methyläthylketon-Methanol-Diäthylamin (40 + 40 + 6 + 2); 35 min
     [16, vgl. 180].
 XI. Benzol-Dioxan-Äthanol-Ammoniaklsg., 25proz. (50 + 40 + 5 + 5); 45 min
     [39].
 XII. Chloroform-Aceton-Diäthylamin (50 + 40 + 10) 30 min; [257].
XIII. Chloroform-Aceton-Methanol-Triäthylamin (30 + 40 + 10 + 20); 30 min
     [88b].
XIV. Tetrachlormethan-n-Butanol-Methanol-6 N-Ammoniaklsg., (40 + 30 + 30
     + 2); 90 min [171].

Eine Reihe von Arbeiten über die DC der Opium-Alkaloide wurden
von POETHKE et al. [174–177] veröffentlicht. Die Alkaloide wurden
nicht nur qualitativ, sondern auch quantitativ mit der zweidimensionalen
DC auf losen Al_2O_3-Schichten bestimmt [176]. VIGNOLI et al. [253b]
bedienten sich der zweidimensionalen DC auf Kieselgel G mit den Fließmitteln Methanol-Chloroform-Ammoniak (85 + 15 + 0,7) und Äthyläther gesättigt mit Wasser-Aceton-Diäthylamin (85 + 8 + 7), um
danach an Hand der unterschiedlichen Farbreaktion der Alkaloide

mit dem Jodplatinat-Reagens (Nr. 141) die einzelnen Opium-Alkaloide zu identifizieren.

MARY und BROCHMANN-HANSEN [131] führen elf Fließmittel an, mit denen die wichtigsten Opium-Alkaloide getrennt werden können. Für Morphin, Codein und Thebain eignet sich Methanol-Chloroform (10 + 90), während bei Papaverin und Narcotin mit Äthanol-Benzol (20 + 80) eine gute Trennung erzielt wird (vgl. Abb. 154). Zur quantitativen Bestimmung wurden die Flecke von der Trägerplatte [Kieselgel G (Merck)] abgeschabt, mit Methanol eluiert, das Eluat auf 5 ml aufgefüllt und die Konzentration anhand der gemessenen Extinktion berechnet (benutzte Wellenlänge für Narcotin 312 nm, Morphin 286 nm, Thebain 285 nm, Papaverin 279 nm und Codein 215 nm). In jüngster Zeit hat STEELE [230b] mit gutem Erfolg Kieselgel G-Schichten zur Trennung von Opiaten in narkotischen Präparaten verwendet. Es wurden die Rf-Werte von 26 Verbindungen in acht Fließmitteln ermittelt. Am geeignetsten waren Äthylacetat-Benzen-Acetonitril-Ammoniak (50 + 30 + 15 + 5) und Acetonitril-Benzen-Äthylacetat-Ammoniak (40 + 30 + 25 + 5).

Die DC der Opium-Alkaloide oder ihrer pharmazeutisch wichtigen Derivate wird auch in den Arbeiten [34b, 37, 39, 65b, 110, 150, 163, 180, 188, 191, 202, 208b, 226, 253, 267] beschrieben. HEUSSER et al. [88b] beschreiben eine colorimetrische und polarographische Morphinbestimmung für Opium nach vorausgehender DC.

WALDI et al. [256] beschreiben die DC quartärer Ammoniumbasen u. a. des Berberins. GERTIG [69, 70] untersuchte mit der DC die in der Pflanze *Escholtzia californica* vorkommenden Alkaloide der Berberin-, Protopin- und Chelidonin-Gruppe. In jüngster Zeit wurden mit der DC systematisch die Rf-Werte, bzw. auch die Farbreaktionen, einer großen Anzahl von *Papaveraceen*-Alkaloide von DÖPKE [48], SLAVÍKOVÁ [219] und VRUBLOVSKÝ et al. [255] ermittelt. TSCHESCHE [246] bediente sich der DC zum Studium der Aporphin-Alkaloide aus der Rinde *Symplocos celastrinae* Mart. [Aluminiumoxid-Schicht; elf Fließmittel, Sichtbarmachung im UV-Licht, mit diazotierter Sulfanilsäure (Reag.-Nr. 230) oder mit Dragendorff-Reagens (Nr. 90)]. AWE u. WINKLER [9, 265] verwendeten die DC zur Identifizierung des Hydrastinins beim Studium der Konstitution des in *Papaver rhoeas* L. gefundenen Rhoeadins und Isorhoeadins. Es wurde beobachtet, daß die Pflanzen der Gattung *Papaver* auch Alkaloide enthalten, die sich in Gegenwart von Säuren tiefrot färben (Papaverrubine). Zum erstenmal wurden diese aus den Blütenblättern von *P. rhoeas* gewonnenen Substanzen mit der DC von AWE u. WINKLER [8] untersucht (Aluminiumoxid G (Merck); Fließmittel: Benzol-Chloroform; Detektion mit HCl-Dämpfen oder Besprühen mit 2 N HCl). Eingehend wurden diese Substanzen, die aus Pflanzen verschiedener Sektionen der Gattung *Papaver* gewonnen wurden, von PFEIFER [165, 167] mit der DC studiert. Er fand hierbei sechs ähnliche Substanzen, die er als Papaverrubine A bis F bezeichnete; Papaverrubin D ist mit Porphyroxin, das ursprünglich von MERCK im Opium entdeckt wurde, identisch. Chemisch sehr nahe verwandt sind mit diesen Papaverrubinen die Alkaloide Rhoeadin und Rhoeagenin, Isorhoeadin und Isorhoeagenin, Glaudin und

424 F. ŠANTAVÝ:

Tabelle 79. h*Rf-Richtwerte von Alkaloiden aus der Familie der Papaveraceae*

Alkaloide und ihre Gruppen	Fließmittel				Fluorescenz UV 365 nm	Jodplatinat (Nr. 141)	Cer(IV)-sulfat (Nr. 42)
	III	IV	V	VI			
I. Tetrahydroisochinolin-Verbindungen							
Hydrastinin			46	77	hbl	rvio	hge
Cotarnin.			47	65	gegr	brvio	weiß
II. Benzylisochinolin-Alkaloide							
Armepavin.	7	26	54	8	hbl	vio-blvio	gebr
Papaverin	9	48	71	18	or	gebraun	goldge
Laudanosin			59	37	—	vio-rvio	gero
Latericin			9	0	bl	bl-vio	ro
III. Phthalidisochinolin-Alkaloide							
Bicuculin			82	29	hbl	vio	hge
Adlumidin.			90	23	sch.h.bl	vio	hge
Capnoidin			90	22	sch.h.bl	vio	hge
Corlumin			73	16	hbl	vio	hge
Corlumidin			73	2	or	rvio-ge	hor
d-Adlumin.			86	23	hbl	rvio-br	hge
Hydrastin-β			75	28	l.bl	brvio	hge
α-Narcotin.	23	55	84	39	sch. bl	rvio-orbr	hge
Narcotolin			80	5	—	rvio-or	georange
β-Narcotin.			85	40	sch. bl	rvio-orbr	hge
IV. Narcein-Alkaloide							
Nornarcein.			0	0	—	geweiß	ro
Narcein			4	0	—	weiß	ro-brro
V. Aporphin und Proaporphin-Alkaloide							
Isothebain.			62	30	or	brr-gr	vio-ro
Glaucin	27	62				gebr	
Corydin	19	53				blgr	
Isocorydin.	25	56	51	33	—	vio-gr	brr
Corytuberin	0	0				f-grau	
Roemerin	55	71				ge mit br Rand	
Amurin	66*						
Domesticin	14	43				f-rbr	
Bulbocapnin	15	48				f-gr	
Mecambrin.	23	50	59	34	r	vio-br-dkvio	blvio-rbr
Mecambrolin. . . .	8	24				f	
VI. Protoberberin-Alkaloide							
Coptisin			53	75	goldge	robr	sch ge
Berberin.			22	61	ge	sch br	brge
Stylopin.	56					beige	
Tetrahydroberberin .	51					gebr-ge	
Tetrahydropalmatin.	36					gebr-ge	
Tetrahydrocorysamin	68					gebr-ge	
Thalictricavin . . .	68					ge	
Corydalin	50					ge	
Hunnefollin	4	22				f-or	
Mecambridin. . . .	12	35				orbr	

* Fließmittel II.

Fortsetzung der Tabelle 79

Alkaloide und ihre Gruppen	Fließmittel					Fluorescenz UV 365 nm	Jodplatinat (Reag. Nr. 141)	Cer(IV)-sulfat (Reag. Nr. 42)
	I	III	IV	V	VI			
VII. Protopin-Alkaloide								
Protopin	18	43	64	71	54	or	vio	gebr
Hunnemannin . .		0	9				ge	
Cryptopin				58	38	—	vio	rvio
Allocryptopin. . .	7	27	56	53	35	sch.or	vio-rbr	gebr
Muramin.				52	34	sch.or	vio-rbr	gebr
VIII. Benzophenanthridin-Alkaloide								
Chelidonin	II	30	63	87	40	or	vio-gebr	ro-or
Norchelidonin. . .		11	42	86	16	grau	vio-gebr	brro
Homochelidonin .		28	64	84	36	grauge	vio-gebr	brr-ge
Chelerythrin . . .	59			93	74	goldge	bronze	rbr
Sanguinarin . . .	70			95	78	grauro	br	weiß
Chelilutin	64							
Chelirubin	77							
IX. Pavin- und Isopavin-Alkaloide								
Argemonin	55	16	26					
Norargemonin . .	47	4	16				f	
Bisnorargemonin .		0	2				f	
Amurensin	26							
X. Alkaloide von bis heute unbekannter Konstitution								
Nudaurin	37							
Amurolin.	43							
Amuronin	52							
Roemeridin. . . .		2	23				f	
Platycerin		11	32				f	

Schicht: Kieselgel G; (NS).

Fließmittel: I = Chloroform-Benzol (40 + 50), gesättigt mit Formamid und vermischt mit 10 Teilen von Methanol [*69, 70*]; II = Chloroform-Äthylacetat-Methanol (40 + 40 + 20) [*48*]; III = Cyclohexan-Diäthylamin (90 + 10) [*219*]; IV = Cyclohexan-Chloroform-Diäthylamin (70 + 20 + 10) [*219*]; V = Xylol-Methyläthylketon-Methanol-Diäthylamin (20 + 20 + 3 + 1) [*255*]; VI = Cyclohexan-Diäthylamin (90 + 10) [*255*].

Abkürzungen: sch = schwach, l = leuchtend, h = hell, f = farblos, vio = violett, ge = gelb, br = braun, r = rot, bl = blau; gr = grün, or = orange, ro = rosa.

Glaugenin (Glaucamin) [*166*]. Auf Kieselgel G mit dem Fließmittel Butanol-Aceton-Methanol (70 + 20 + 10) wurden die folgenden hRf-Richtwerte gefunden: Isorhoeadin 80, Glaudin 73, Rhoeadin 70, Glaucamin 64, Rhoeagenin 60, Isorhoeagenin 60; Papaverrubin A = 65, B = 59, C = 54, D = 48, E = 34, F = 26). Mit dem Fließmittel Methanol-Chloroform (50 + 50) wurden folgende hRf-Werte erhalten: Isorhoeadin 88, Glaudin 79, Alpinin 75, Rhoeadin 71, Isorhoeagenin 68, Rhoeagenin 66, Alpinigenin 55, Glaugenin 44, Papaverrubin A 82, Papaverrubin E 59 und Papaverrubin D 54.

Die DC zeigte sich auch als sehr brauchbar bei der Ermittlung der Konfiguration der Phthalidisochinolin-Alkaloide. BLÁHA et al. [*22*] führten einen Vergleich zwischen den Rf-Werten mit den pK_{MCS}-Werten dieser Alkaloide und ihrer Diole durch und sind zu dem Schluß gelangt, daß bei den Erythro- und Threoformen der Rf-Wert [Kieselgel G; NS; Benzol-Methanol (80 + 20) oder Xylol-Methyläthylketon-Methanol-Diäthylamin (40 + 40 + 6 + 2) im umgekehrten Verhältnis zu den pK_{MCS}-Werten steht (mit Ausnahme des α- und β-Narcotins), wobei die Erythroform einen niedrigeren Rf-Wert als die Threoform aufweist. Bei den Diolen ist dies umgekehrt. Die DC ist auch bei der Kontrolle des Isolierungsverfahrens [62b und 132b], bei der Konstitutionsermittlung [179b] der in den Pflanzen der Gattung *Papaver* enthaltenen Alkaloide, sowie bei der Kontrolle der Synthese des Isothebains [13] und bei der Isolierung und Identifizierung von (+)-Reticulin im Opium [13b, 34c] und von Magnoflorin (Kieselgel G, Fließmittel: Isopropanol 25 proz. Ammoniaklsg.-Methanol (50 + 25 + 25) oder Chloroform-Methanol (50 + 50)) gut brauchbar. KNABE [107, 108] verwendete die DC beim Studium chemischer Umwandlungen einiger Tetrahydroisochinolin-Alkaloide.

7. Bisbenzylisochinolin-Alkaloide

DÖPKE [48] verwendet die DC zur Trennung der stark basischen Alkaloide: Phaeanthin hRf 55, Isotetrandrin 49, Pycnamin 47, Berbamin 42 und Oxyacanthin 35. Als Schicht dient ein mit 0,1 N NaOH bereitetes Kieselgel G (Merck) und als Fließmittel Chloroform-Äthylacetat-Methanol (40 + 40 + 20). Diese Methode benützten BOISSIER et al. [28] zum Nachweis von Phaeanthin in der afrikanischen Menispermacee *Triclisia patens* Oliver. Die Synthese von Alkaloiden dieser Gruppe kontrollierten FRANCK et al. [63] ebenfalls mit der DC. Mit der DC der Bisbenzylisochinolin-Alkaloide haben sich auch BHATNAGAR et al. [21b] befaßt.

8. Ipecacuanha-Alkaloide

In der Medizin haben die aus *Uragoga*-Arten stammenden Emetin-Alkaloide und ihre Derivate erneutes Interesse gefunden. STAHL [228] empfiehlt zur Trennung dieser Alkaloide eine Kieselgel G-Schicht und eine Zweifachentwicklung mit dem Fließmittel Chloroform-Methanol (85 + 15) bei Kammersättigung. Als empfindlichste Nachweisreaktion fand er das Aufsprühen von etwa 10 ml einer 0,5proz. Jod-Chloroformlösung mit anschließendem 15min. Erwärmen auf 60° C (!). Im UV-Licht

Tabelle 80. *DC der Ipecacuanha-Alkaloide auf Kieselgel G nach* STAHL

Alkaloid	hRf-Wert	Farbe nach Jodreaktion		Nachweisgrenze μg
		Tageslicht	UV-Licht	
Cephaelin	13	hellbraun	hellblau	0,006
Psychotrin	16	hellbraun	gelb mit blauem Rand	0,001
2-Dehydroisoemetin . . .	18	(hellbeige)	türkis	0,002
2-Dehydroemetin	21	(hellbeige)	türkis	0,002
Emetin	28	gelb	gelb-bläulich	0,002
O-Methylpsychotrin . . .	47	gelb	gelb	0,0008
Protoemetin	63	schwach beige	blau	0,01
Emetamin	67	hellbeige	gelb	0,003

(365 nm) lassen sich dann die Alkaloide an ihrer intensiven gelben bis blauen Fluorescenz erkennen.

Machovičová [*128*] hat die PC mit der DC bei Stabilitätsprüfung von Emetin-HCl Injektionslösungen verglichen. Sie stellte u. a. fest, daß die DC weit besser als die PC zur Feststellung der Reinheit des Emetins geeignet ist.

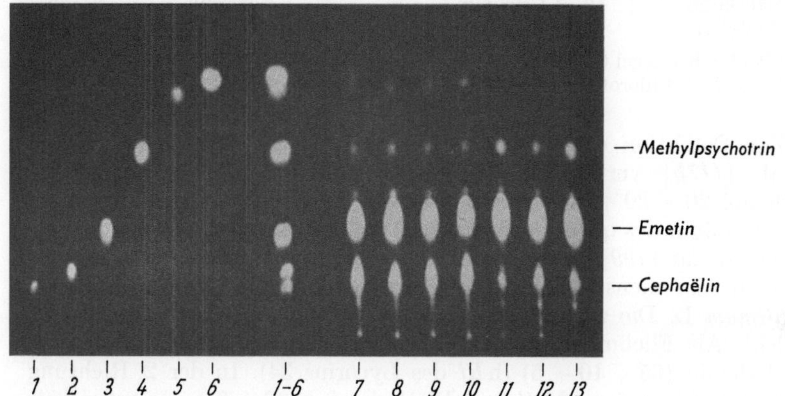

Abb. 155. DC der Ipecacuanha-Alkaloide ($\sim$ 0,1 μg) im UV-Licht (365 nm) nach der Jodreaktion fotografiert [*228*]. Weitere Einzelheiten im Text. *1* Cephaelin, *2* Psychotrin, *3* Emetin, *4* 0-Methyl-psychotrin, *5* Protoemetin, *6* Emetamin. *7—10* Drogenauszüge aus Wurzeln von *Uragoga acuminata* Karsten (Cartagena-Droge), *11—13* aus *Uragoga ipecacuanha* Batll. (Rio-Droge)

Als Schnelltest, um die Rio- von der Cartagena-Ipecacuanha zu unterscheiden, beschreibt Stahl [*228*] folgendes Verfahren:

100 mg der feingepulverten Droge werden in einem kleinen Reagenzglas mit 1 Tropfen konz. Ammoniaklösung versetzt, dann 5,0 ml Chloroform zugegeben und mit einem Glasstab öfter kräftig durchgemischt. Nach 3—4 Std wird abfiltriert und vom Filtrat jeweils 5 μl zur DC verwendet. Zum Vergleich werden 5 μl einer 0,02 proz. Emetin-Cephaelin- (1 + 1) Lösung daneben aufgetragen. Bei einem Cartagena-Drogenauszug entsprechen die Zonengrößen der Vergleichslösung; bei einem Rio-Drogenauszug ist die Cephaelinzone erheblich kleiner (Abb. 155).

9. Amaryllidaceen-Alkaloide

In diese Klasse gehören die Alkaloidgruppen vom Belladin-, Lycorin-, Lycorenin-, Crinidin-, Galanthamin- und Tazettin-Typus.

Tabelle 81. h *Rf-Richtwerte von Amaryllidaceen-Alkaloiden nach* Döpke [*48*]

Alkaloid	h Rf	Alkaloid	h Rf	Alkaloid	h Rf
Powellamin . . .	81	Krepowin . . .	59	Flexinin	45
Criwellin	74	Parkamin . . .	57	Masonin	44
Clivonin	73	Flexin	56	Caranin	38
Tazettin	72	Nartazin	53	Lycorin	35
Nerispin	71	Hippeastrin . .	52	Brunsdonnin . .	32
Nerinin	68	Crinin	51	Narcissamin . .	29
Crinalbin . . .	66	Crinamidin . .	50	Lycorenin . . .	28
Neflexin	65	Buphanamin . .	49	Krelagin	27
Flexamin	63	Galanthin . . .	48	Narcissidin . . .	18
Undulatin . . .	62	Pluviin	47	Annapawin . .	13

Das Verfahren gestattet gleichfalls eine einwandfreie Trennung von Alkaloiden, die sich strukturell nur sehr gering unterscheiden, wie z. B. die folgenden Epimeren, Isomeren und Dihydro-Verbindungen.

Alkaloid	hRf	Alkaloid	hRf	Alkaloid	hRf
Penarcin	46	Homolycorin . .	40	Powellin. . . .	34
Hippawin. . . .	43	Haemanthamin.	39	Crinidin	33
Haemanthidin. .	42	Crinamin . . .	37	Narwedin . . .	26
Oxo-Powellin . .	41	Elwesin	36	Galanthamin. .	24

Schicht: Kieselgel G (Merck);
Fließmittel: Chloroform-Äthylacetat-Methanol (40 + 40 + 20).

Zur Detektion dient Dragendorff-Reagens (Nr. 90 u. 88). Laiho et al. [*117b*] verwendeten Kieselgel und Chloroform-Äthylacetat-Methanol 20 + 20 + 60 zur präparativen Trennung der Komponenten beim Studium des quasi-racemischen Alkaloids Narcissamins.

Sandberg [*199*] benutzt die DC zu phytochemischen Studien der Alkaloidzusammensetzung in den einzelnen Organen von *Pancratium maritimum* L. Die zweidimensionale DC erfolgt auf einer Kieselgel G-Schicht. Als Fließmittel in der 1. Dimension dient Äthanol-Methanol-Diäthylamin (65 + 10 + 5) (hRf des Lycorins 34). In der 2. Richtung wird mit Chloroform-Methanol-Diäthylamin (92 + 3 + 5) entwickelt (hRf des Lycorins 22). Insgesamt konnten auf diese Weise mit der DC 52 Basen lokalisiert und einige neue Alkaloide abgetrennt und kristallisiert werden.

10. Indol-Alkaloide

Die Klasse der Indol-Alkaloide umfaßt die meisten Verbindungen dieses Kapitels. Eine Reihe von Indol-Alkaloiden sind von großer medizinischer Wichtigkeit. Nach dem Grundgerüst lassen sie sich in eine Reihe von Gruppen unterteilen.

a) Indolylalkylamine[4]

Bei der DC alkoholischer Extrakte aus *Amanita citrina* erhält man Zonen, die etwa 20 verschiedenen Substanzen entsprechen, bei *A. porphyria* findet man nur zwölf. In beiden Pilzen wurden auf diesem Wege Bufotenin-N-oxyd, Serotonin, N-Methylserotonin, Bufotenin, 5-Methoxy-N, N-dimethyltryptamin und N,N-Dimethyltryptamin festgestellt [*248*]. Chromatographiert wird auf Kieselgel G (Merck) mit dem Fließmittel: Chloroform-Methanol (95 + 5), gesättigt mit 25 proz. Ammoniak. Die Tryptaminderivate wurden durch Besprühen mit van Urk-Reagens (Nr. 67) sichtbar gemacht. Die Detektion der Verbindungen mit Hydroxylgruppen erfolgte mit Paulys-Reagens (Nr. 232).

Morimoto et al. [*139*] gelang es mit der DC auf Aluminiumoxid oder Kieselgel G (Merck) aus *Lespedeza bicolor var. japonica* neben sehr wenig N,N-Dimethyltryptamin auch das neue Alkaloid 1-Methoxy-N,N-dimethyltryptamin, das Lespedamin benannt wurde, zu isolieren.

---

[4] Einfache Indolderivate werden auch im Kap. O. S. 449 behandelt.

b) Mavacurin-, Fluorocurin-, Ellipticin-, Eburnamin-, Aspidospermin- und Strychnin-Alkaloide

Bei diesen Alkaloid-Gruppen erwies sich die DC sowohl beim präparativen als auch analytischen Arbeiten als sehr vorteilhaft. Verwendet wurden zumeist die festhaftenden Kieselgel G-Schichten und nur in Einzelfällen loses Aluminiumoxid [263, 264].

Die Schweizer Schule von KARRER und SCHMID [20, 42, 44, 76, 77, 86, 88, 112—115b, 144, 168, 169, 209, 259—261] bevorzugt als Fließmittel: Chloroform; Chloroform-Methanol (50 + 10) oder Benzol-Essigester-Diäthylamin (70 + 20 + 10). Zur Detektion wird Cer(IV)-sulfat (Reag.-Nr. 42) oder Jodplatinat (Nr. 141) verwendet; die Alkaloide werden erst nach Erhitzen sichtbar. RENNER [184] konnte nach Besprühen mit 2,6-Dibromchinonchlorimid (Nr. 58) noch Vobasin erkennen. SCHMID [88] gibt auch R_{St}-Werte von 20 Curare-Alkaloiden an. Als Fließmittel dient Chloroform-Methanol (50 + 10) oder Benzol-Essigester-Diäthylamin (70 + 20 + 10).

ACHENBACH u. BIEMANN [1c] geben die hRf-Werte von 10 Verbindungen an, die sie bei der Isolierung des in *Pleiocarpa mutica* enthaltenen Isotuboflavins und Norisotuboflavins ermittelten. Als Schicht dient Kieselgel G und als Fließmittel Chloroform-Methanol (90 + 10) oder Chloroform-Äthylacetat-Methanol (75 + 20 + 5).

Die amerikanische Arbeitsgruppe um DJERASSI [6, 45—47, 57] verwendet als Fließmittel Äthanol-Benzol-Äthylacetat (10 + 45 + 45) oder das polarere Gemisch Äthylacetat-Äthanol (50 + 50). DJERASSI et al. [257b] gelang es mit der Kombination DC-Säulenchromatographie aus *Vallesia dichotoma* Ruitz et Pav. insgesamt 28 Indol- und Dihydroindolalkaloide zu isolieren und z. T. zu identifizieren. Die dc-Trennung erfolgte auf Kieselgel G. Als Fließmittel dienten: Methylenchlorid-Methanol (95 + 5) und Äthylacetat-Methanol (95 + 5). Zum Nachweis wurde Cer(IV)-sulfat-Reagens (Nr. 42) verwendet. Die Auswertung erfolgte bei Zimmertemperatur und nach dem Erhitzen der Platte. SCHMUTZ [122] trennt die Alkaloide aus *Aspidosperma ulei* mit Methylcellosolve und unterscheidet die Alkaloide auf Grund ihrer Fluorescenz im UV-Licht. PUISIEUX et al. [181] verwenden die DC zur Analyse und Isolierung einzelner Alkaloide in *Voacanga bracteata* STAPF auf Kieselgel G- oder Aluminiumoxid G-Schichten und empfehlen drei Fließmittel (Dichlormethan-Methanol; Cyclohexan-Chloroform; Benzol-Aceton) ohne das Mischungsverhältnis anzugeben.

Mit der DC des Brucins, Strychnins und einiger weiterer Alkaloide dieser Gruppe befassen sich die Arbeiten von WALDI et al. [257], SCHWARZ et al. [87, 212], RUSIECKI et al. [193] und QUIRIN et al. [181b]. ŠARŠÚNOVÁ [201] beschreibt die radiometrische Bestimmung von Strychnin und Brucin in galenischen Präparaten. Weitere Arbeiten siehe bei [14, 35, 183b].

c) Rauwolfia-Alkaloide

Bei der DC dieser Alkaloidgruppe kann man die schon früher bei der PC gemachten Erfahrungen [97] gut verwerten.

Tabelle 82. h *Rf-Richtwerte von Rauwolfia-Alkaloiden*

Trennschicht	K	K	K	A$_1$	K (0,1 N NaOH)	C (Formamid)	A$_2$	A$_2$	A$_2$
Fließmittel	I	II	III	IV	V	VI	VII	VIII	IX
Sarpagin. . .	12	4	0	0	0	3	—	—	—
Serpentin . .	24	15	0	0	0	6	2	75	34
Ajmalin . . .	47	42	12	13	56	28	2	87	51
Serpentinin .	53	56	8	3	12	—	—	86	73
Yohimbin . .	63	62	18	15	60	33	—	—	—
Rauwolscin .	55	63	18	15	68	—	—	—	—
Rescinnamin .	—	—	—	—	—	51	—	—	—
Reserpin. . .	72	80	25	35	69	59	60	—	89
Reserpinin. .	—	—	—	—	—	89	—	—	—
Ajmalicin . .	—	—	—	—	—	—	77	—	—

Schichten: K = Kieselgel G, A$_1$ = Aluminiumoxyd G, A$_2$ = Aluminiumoxid, C = Cellulosepulver.

Fließmittel: I = Chloroform-Aceton-Diäthylamin (50 + 40 + 10) [*257*]; II = Chloroform-Diäthylamin (90 + 10) [*257*]; III = Cyclohexan-Chloroform-Diäthylamin (50 + 40 + 10) [*257*]; IV = Cyclohexan-Chloroform (30 + 70) + 0,05proz. Diäthylamin [*257*]; V = Methanol [*257*]; VI = Heptan-Methyläthylketon (50 + 50) in Ammoniakatmosphäre [*241*]; VII = Chloroform-Aceton (85 + 15) [*94*]; VIII = absol. Äthanol [*94*]; IX = Chloroform-Äthanol-Aceton (90 + 5 + 5) [*94*].

IKRAM et al. [*94*] trennen fünf der bekanntesten Alkaloide aus *Rauwolfia serpentina* auf einer losen Al$_2$O$_3$-Schicht. Von den älteren Arbeiten sind hier noch diejenigen von WALDI et al. [*257*], TEICHERT et al. [*241*] und SCHLEMMER et al. [*203*] zu nennen. Die letztgenannten Autoren arbeiteten auch eine Methode zur quantitativen Bestimmung des Reserpins und anderer Rauwolfia-Alkaloide aus. Hierzu wird der auf der Kieselgelschicht im UV-Licht (365 nm) sichtbare Fleck quantitativ abgeschabt, mit einer Mischung aus Dioxan-96proz. Äthanol (1 + 1) eluiert und die Alkaloidmenge aus der Extinktion bei 268 nm berechnet. BÄUMLER et al. [*15*] trennen die Rauwolfia-Alkaloide auch auf einer Kieselgel-Schicht mit Fließmittel Methanol-Aceton-Triäthylamin (50 + 50 + 1,5).

ULLMANN und KASSALITZKY [*249*] stellten fest, daß Lösungsvermittler, z. B. Polyäthylenglykolsorbitanlaurat (*Tween 20*), keinen nachteiligen Einfluß bei der DC ausüben, wenn man auf Formamid-imprägnierten Kieselgel G-Schichten mit dem Fließmittel n-Heptan-Methyläthylketon (70 + 35) im Dunkeln entwickelt. Die Autoren ermitteln nach diesen Vorarbeiten den Gehalt an Reserpin und Rescinamin in pharmazeutischen Präparaten.

Die DC der Rauwolfia-Alkaloide unter verschiedenen Bedingungen und mit verschiedenen Techniken wird auch in den Arbeiten [*12, 124, 138, 195—197*] behandelt.

d) Vinca-Alkaloide (Catharanthus-Alkaloide)

Seit einigen Jahren werden die in der Gattung *Vinca* enthaltenen Alkaloide sehr intensiv studiert. Man fand nämlich, daß sich einige als vielversprechende Chemotherapeutica gegen bösartige Geschwülste und zur Behandlung von Hochdruckerkrankungen erwiesen haben.

Von den älteren Arbeiten, die sich mit der DC befassen, sind die von FARNSWORTH et al. [51, 53, 54] und SVOBODA [235] zu nennen. Auch MOKRÝ et al. [133—136] und TROJÁNEK et al. [141, 142, 243] befassen sich hiermit. Eine beachtenswerte Arbeit über die DC dieser Alkaloide stammt von NEUSS et al. [40]. Er verwendet Kieselgel G- und Aluminium-oxid-Schichten und erprobt 11 Fließmittel, von denen sich fünf bewährt haben. Bei allen Alkaloiden wird auch die Farbreaktion mit Cer(IV)-sulfat-Reagens (Nr. 39) angeführt. Zur zweidimensionalen DC auf einer Aluminiumoxidschicht wird in Laufrichtung 1 mit reinem Chloroform und in Richtung 2 mit Chloroform-Äthylacetat (50 + 50) entwickelt.

Die ausführlichste und beachtenswerteste Arbeit über die Trennung der *Catharanthus*-Alkaloide auf Kieselgel G-Schichten wurde von FARNSWORTH et al. [51b, 53b] veröffentlicht. Für drei Fließmittel wurden die *Rf*-Werte von 63 Alkaloiden ermittelt und die Farbe nach der Cer(IV)-sulfat-Reaktion (Reag.-Nr. 39) angegeben.

Tabelle 83. h *Rf-Richtwerte von einigen Vinca-Alkaloiden* [40]

Nr.	Trennschicht Fließmittel	A I	K II	A II	K III	K IV	Farbreaktion Cer(IV)-sulfat (Reag.-Nr. 39)
1	Carosin		71		65	24	purpur-grau
2	Ajmalicin	57	67	72	68	54	gelb
3	Tetrahydroalstonin	76	60	73	76	69	gelb-grün
4	Catharanthin	77	59	74	58	38	grün (kurze Z.)
5	Carosidin		58		59	10	gelb
6	Catharin	18	58	76	56	10	gelb
7	Catharosin		56		58	8	purpurrot
8	Virosin	9	54	63	48	9	farblos
9	Pleurosin		51	42	7	3	gelb
10	Vincarodin		50		50	10	blau (kurze Z.)
11	Vindolicin	24	46	73			blau
12	Vindolinin	55	37	70	44	13	orangerot
13	Vindolin	44		68	57	20	rot
14	Leurosin	27	35				grau
15	Lochnerin	4	35	70	42	6	blaßgrau
16	Sitzirikin		31		45	9	gelb-grün
17	Perivin	5	30	48	39	11	hellbraun
18	Neoleurocristin		27		43	3	blau
19	Lochnericin	15	25	77	46	3	blau
20	Vinblastin	25	24	66	33	4	purpurrot
21	Isoleurosin	35	22				grau
22	Vindolidin		15		29	0	blau
23	Vincamicin	1	9	42	20	0	bl.-orange
24	Neoleurosidin		6		17	0	gelb-braun
25	Serpentin	3	0	11	0	0	—
26	Lochneridin	0	0	21	4	0	blau-grün

Schichten: A = Aluminiumoxid Fluka für DC; K = Kieselgel Merck für DC.

Fließmittel: I = Chloroform-Äthylacetat (50 + 50); II = Äthylacetat—abs. Äthanol (75 + 25); III = Äthylacetat-abs. Äthanol (50 + 50); IV = 100proz. Äthylacetat.

JAKOVLJEVIC et al. [*95*] trennen acht Alkaloide aus *Vinca rosea* auf einer Aluminiumoxid-Schicht, die sie mit 0,5 N Lithiumhydroxyd bereiten. Als Fließmittel dient Acetonitril-Äthanol (95 + 5) oder Benzol-Acetonitril (70 + 30). Die Sichtbarmachung erfolgt mit Cer(IV)-sulfat (Reag.-Nr. 39); es ist nach [*95*] vorteilhafter, das Reagens vor Gebrauch mit gleichen Anteilen Wasser zu verdünnen. Auch MOZA et al. [*142*] weisen auf die Vorteile der DC gegenüber der PC hin. Es gelang ihnen nämlich, auf einer Aluminiumoxid-Schicht mit Petroläther-wasserfreiem Äther (50 + 50) eine Gruppe von Alkaloiden zu trennen, die bei der PC nur einen einzigen Fleck ergaben.

Die quantitative Trennung der in *Catharanthus roseus* enthaltenen Alkaloide auf einer alkalisierten Kieselgel G-Schicht mit Äthylacetat (oder Chloroform)-Aceton (90 + 10) wurde von GRÖGER und STOLLE [*82b*] beschrieben. Mit der DC der Alkaloide aus der Gattung *Vinca* befassen sich auch die Arbeiten [*1, 32, 40, 82b, 179, 234, 237*].

e) Mutterkorn-Alkaloide

Die Bedeutung der Mutterkorn-Alkaloide in der Medizin und Pharmazie spiegelt sich auch in der großen Zahl von analytischen Veröffentlichungen wieder. STAHL [*225*] hat bereits 1959 auf Kieselgel G-Schichten mit Chloroform-Äthanol (95 + 5) die Hauptalkaloide Ergocristin, Ergotamin und Ergometrin getrennt. Auf einer mit Formamid imprägnierten Cellulosepulver-Schicht trennen TEICHERT et al. [*241*] die Mutterkorn-Alkaloide. ROCHELMEYER et al. [*91, 189*] berichten dann später, daß sich auf solchen Schichten auch die hydrierten Mutterkorn-Alkaloide gut trennen lassen. Am häufigsten werden die Alkaloide jedoch auf den festhaftenden Kieselgel G- und Aluminiumoxid-Schichten getrennt, so z. B. von KLAVEHN und ROCHELMEYER [*105*], ZINSER et al. [*268*], GRÖGER [*81*], LAUGHLIN [*118*], SAHLI [*198*], STAUFFACHER [*230*] und WOLF [*266*]. Zur Sichtbarmachung genügt in der Regel die Fluorescenz im langwelligen UV-Licht. Als weiterer Nachweis ist die van Urk-Reaktion (Nr. 67 u. 68) zu empfehlen.

Zahlreiche Methoden wurden auch zur quantitativen Bestimmung der einzelnen Alkaloide ausgearbeitet. Eingehend haben sich hiermit ROCHELMEYER et al. [*92, 105, 106*] beschäftigt. Auch KARÁCSONY et al. [*100*] arbeiteten ein Verfahren aus, welches die Amphi-Indicatormethode mit der DC kombiniert. ZINSEL et al. [*268*] empfehlen, die Zonen nach Anfärbung mit einem modifizierten van Urk-Reagens (Nr. 68) photometrisch auszuwerten. Zur schärferen Trennung wird strichförmig aufgetragen.

PROCHÁZKA et al. [*180b*] haben in Verbindung mit der DC spektrophotometrische Methoden ausgearbeitet, die zur quantitativen Bestimmung von Ergometrin, Ergometrinin, Ergotamin und Ergotaminin aus Mutterkorn dienen. Die Extrakte wurden zuvor mit Hilfe eines Ionenaustauschers gereinigt.

STAUFFACHER et al. [*230*] verwenden zur Trennung der Isomeren des Chanoclavins aus *Claviceps purpurea* eine Kieselgel G-Schicht und

Tabelle 84. h Rf-Richtwerte der Mutterkorn-Alkaloide

Trennschicht*	K	K	C	K	K	C	A	K	K	A—G	Nachweis***	
Fließmittel**	I	II	IV	V	VI	VII	VIII	IX	X	XI	A	B
Lysergsäure	—	—	—	0	—	—	0	—	—	—		
Isolysergsäure	—	—	—	—	—	—	10	—	—	—		
Ergometrin	3	17	—	11	13	—	27	17	12	0		
Ergotamin	13	51	6	43	16	11	58	31	31	1		
Ergosin	13	51	11	43	21	17	68	35	31	1		
Ergometrinin	—	—	—	—	—	—	—	44	38	1		
Ergocristin	28	69	67	67	36	41	—	54	56	9		
Ergocornin	28	69	73	67	41	50	—	58	59	9	hell-	
Ergocryptin	28	69	83	67	41	61	—	60	55	15	blau	
Ergotaminin	34	75	50	73	48	—	80	68	64	6		blau
Ergosinin	34	75	65	—	—	—	73	75	68	11		
Ergocristinin	45	81	90	81	62	—	—	80	74	38		
Ergocorninin	45	81	93	81	—	—	—	83	73	31		
Ergocryptinin	45	81	97	81	—	—	—	85	75	46		
Dihydrolysergsäure	—	—	—	0	—	—	—	—	—	—	—*	
Dihydrolysergsäureamid	—	—	—	6	—	—	—	—	—	—	—*	
Dihydroergotamin	0	11	—	35	—	9	—	—	—	—	—*	
Aci-Dihydrocristinin	—	—	—	37	—	—	—	—	—	—	—*	
Dihydroergocristin	0	14	—	53	—	30	—	—	—	—	—*	
Dihydroergocristinin	—	—	—	53	—	—	—	—	—	—	—*	
Dihydroergocornin	—	—	K	53	—	38	—	—	—	—	—*	
Dihydroergocryptin	—	—	III	53	—	50	—	—	—	—	—*	
Chanoclavin	0	2	4	—	—	—	—	—	—	—	—*	blau
Elymoclavin	2	13	15	—	—	—	—	—	—	—	—*	blau
Peniclavin	4	17	20	—	—	—	—	—	—	—	hbl.	grün
Isopeniclavin	8	30	35	—	—	—	—	—	—	—	hbl.	grün
Agroclavin	15	38	45	—	—	—	—	—	—	—	—*	blau
Setoclavin	18	42	50	—	—	—	—	—	—	—	hbl.	grün
Isosetoclavin	20	46	60	—	—	—	—	—	—	—	hbl.	grün

Schichten: K = Kieselgel G [Fa. 88]; C = Cellulosepulver [Fa. 83] mit Formamid imprägn. A = Aluminiumoxid [Fa. o. Bez.]; A—G = Aluminiumoxid G [Fa. 88].

** *Fließmittel:* I = Chloroform-Äthanol (95 + 5) [106]; II = Chloroform-Äthanol (90 + 10) [106]; III = Chloroform-Äthanol (80 + 20) [106]; IV = Mehrfachentwicklung: 1. Durchlauf Heptan-Benzol-Chloroform (35 + 42,5 + 21,5), 2. Durchlauf Heptan-Benzol (45,5 + 54,5) [242]; V = Benzol-Chloroform-Äthanol (28,5 + 57 + 14,5) [268]; VI = n-Heptan-Tetrachlorkohlenstoff-Pyridin (16,5 + 50 + 13,5) [268]; VII = Essigester-n-Heptan-Diäthylamin (45,5 + 54 + 0,5) [92]; VIII = Chloroform-Äthanol (97 + 3) [266]; IX = Äthylacetat-N,N-Dimethylformamid-Äthanol (86,5 + 12,5 + 1,0) [118]; X = Benzol-N,N-Dimethylformamid (86,6 + 13,5) [118]; XI = Chloroform-Äthyläther-Wasser (70 + 10 + 20) [118].

*** *Nachweis:* A = Fluorescenzfarbe im UV-Licht (365 nm); B = Farbreaktion mit van Urk-Reag. (Nr. 67, 68).

—* Erst nach intensiver UV-Bestrahlung (ohne Filter) gelbe Fluorescenz.

Chloroform-Butanol (66 + 33) in einer Kammer mit Ammoniakatmosphäre. Über die DC der Mutterkorn-Alkaloide findet 'man auch in den Arbeiten von WALDI et al. [257] und SCHWARZ [87, 212] weitere Angaben.

Die zur Trennung von Secale-Alkaloiden ausgearbeiteten DC-Bedingungen wurden auch bei der Untersuchung der von Maiskolben in Mexiko gesammelten Mutterkornpilze verwendet [5]. Hiermit konnten die Alkaloide Chanoclavin, Dihydroelymoclavin, Elymoclavin, Festuclavin, Pyroclavin und Agroclavin aufgefunden werden. Auch die Alkaloidzusammensetzung von *Pennisetum*-Mutterkorn [4], von *Ipomoea*-Arten [78, 79, 128b], von *Claviceps paspali* [83] (s. GRÖGER [80, 81, 84]), von "Morning Glory" [67b, 239], von *Rivea corymbosa* L. [240] und von *Penicillium chermenisium* [3] konnte so ermittelt werden. Nach schonender Extraktion der Samen der mexikanischen Zauberdroge "Ololiuqui" (*Rivea corymbosa* (L.) Hall. *f.* und *Ipomoea violacea* L.) gelang es HOFMANN [89, 91] die Alkaloide: d-Lysergsäureamid, d-Isolysergsäureamid, Chanoclavin, Elymoclavin und Lysergol nachzuweisen. Hierbei war die DC auf Kieselgel G mit Chloroform-Methanol (70 + 30) und auf Aluminiumoxid mit Chloroform-Methanol (95 + 5) eine wertvolle Hilfe.

Eine Reihe von dc-Arbeiten befassen sich mit der chemischen Umwandlung der Mutterkorn-Alkaloide [90, 223] oder mit der Konfiguration der Lysergsäure [224]. Auch die Biogenese der Mutterkorn-Alkaloide [79, 80, 140] sowie pharmazeutische Präparate [68] wurden mit dieser Methode untersucht.

KORNHAUSER et al. [108b] versuchten ohne Erfolg mit der DC die in Mutterkorndrogen und Alkaloidauszügen vorhandenen Farbstoffe zu trennen.

f) Oxindol-Alkaloide

In jüngster Zeit gewannen auch die Oxindol-Alkaloide aus Pflanzen der Gattung *Mitragyna* (Familie *Rubiaceae*) an Interesse. Es handelt sich um etwa 10 Pflanzenarten, die größtenteils aus den tropischen Gegenden Asiens stammen. Am eingehendsten wurden bisher *Mitragyna rotundifolia* [217], *M. parviflora* [218], *M. stipulosa* [17], *M. ciliata* [18] und *M. speciosa* [18b, c] untersucht und die Alkaloide Mitragynin, Speciofolin, Rhynchophyllin, Isorhynchophyllin, Rotundifolin und Isorotundifolin isoliert. SHELLARD [215—218] gelang mit der DC auf Aluminiumoxid G-Schichten und Chloroform sowie auf Kieselgel G-Schichten mit Äther-Diäthylamin (95 + 5) der Nachweis, daß das angeblich aus *M. rotundifolia* isolierte Rotundifolin und Isorotundifolin aus *M. parviflora* isoliert worden war.

Auch FINCH und TAYLOR [59—61] gebrauchen die DC bei der Konstitutionsermittlung dieser Alkaloide. Sie geben an, daß die verwandten Alkaloide Mitraphyllin und Isomitraphyllin auf Kieselgelschichten mit Äthylacetat-Chloroform (90 + 10) in gleicher Höhe liegen. KORZUN et al. [109] empfehlen ebenfalls die DC auf Kieselgel G oder Aluminiumoxid G mit Chloroform-Äthylacetat (5 + 95) zur präparativen Trennung der Oxindol-Alkaloide.

11. China-Alkaloide

Die Alkaloide der Chinarinde sind am längsten bekannt und finden
bereits seit 1638 gegen Malaria-Erkrankungen häufig Verwendung. Sie
werden aus der Rinde von *Cinchona*- und *Remijia*-Bäumen isoliert. Das
erste kristalline Gemisch wurde von dem Portugiesen GOMEZ im Jahre
1810 gewonnen.

Tabelle 85. *Richtwerte bei der DC von China-Alkaloiden*

Alkaloide	R_{St}-Werte*		hRf-Werte		Fluorescenz auf Al_2O_3 [250]
	AI	KII	KIII	KIV	UV 365 nm
Chininon	112	79	—	—	gelbgrün
Vuzin	100	100	—	—	keine
Cinchonin	80	61	31	40	blau
Dihydrocinchonin	—	—	—	30	—
Cinchotoxin	62	13	—	—	keine
Chinotoxin	62	13	—	—	keine
Chinidin	54	43 35	42	47	blau
Dihydrochinidin.	—	—	—	39	—
Cinchonidin.	54	60	23	40	keine
Dihydrocinchonidin . . .	—	—	—	31	—
Chinin	43	43 35	36	46	blau
Dihydrochinin	—	—	—	40	—
9-Epichinin.	23	31	—	—	blau
9-Epichinidin.	23	31	—	—	blau
Alkaloid X	0	—	—	—	blau
Alkaloid Y	50	—	—	—	blau
Alkaloid Z	106	—	—	—	blau

* Werte bezogen auf Vuzin = 100.

Schichten: A = Aluminiumoxid, K = Kieselgel G.

Fließmittel: I = n-Hexan-Tetrachlormethan-Diäthylamin (50 + 40 + 10) [250]
II = Benzol-Methanol (80 + 20) [250]; III = Chloroform-Äthanol (90 + 10) [241];
IV = Chloroform-Methanol-Diäthylamin (80 + 20 + 10) [233].

Auf Kieselgel G-Schichten trennten TEICHERT et al. [241], WALDI
et al. [257] und BÄUMLER et al. [15] einige native China-Alkaloide.
SCHWARZ et al. [87] zeigen, daß man auch lose Aluminiumoxid-Schichten
verwenden kann. PREININGER et al. [250] verwenden die DC sowohl zum
Studium der cis- und trans- und der erythro- und threo-Konfiguration
der Chinin- und Epichinin-Basen als auch zum Nachweis neuer Alkaloide
im Rohextrakt. Bei diesen Untersuchungen hat sich eine lose Aluminiumoxid-Schicht am besten bewährt. Die erythro-Verbindungen mit der
cis-Konfiguration (Chinidin und Cinchonin) weisen hierbei einen höheren
hRf-Wert (und höhere pK_{MCS}-Werte) als die analogen trans-Verbindun-
gen (Chinin und Cinchonidin) auf. Die Epibasen (threo-Verbindungen)
geben einen niedrigeren hRf-Wert jedoch einen höheren pK_{MCS}-Wert.
Es ist jedoch bisher nicht gelungen, bei den Epibasen die cis- von der
trans-Konfiguration zu unterscheiden.

28*

Mit der dc Auftrennung und fluorimetrischen Bestimmung von Chinin und Chinidin haben sich auch MÜLLER et al. [143] befaßt. Sie verwenden Kieselgel G (Merck) und als Fließmittel Petroläther-Diäthylamin-Aceton (46 + 18 + 18). Die Sichtbarmachung erfolgte im UV-Licht nach Einwirkung von Ameisensäuredämpfen. Eine sehr gute Trennung des Chinins, Chinidins, Cinchonins und Cinchonidins konnte nur mit der zweidimensionalen Chromatographie auf Kieselgel erzielt werden [213]. Bei der Untersuchung [250] der aus verschiedenen Organen des Chinabaumes gewonnenen Rohextrakte, konnten außer den bereits bekannten Alkaloiden, auch Epibasen festgestellt werden. Ferner wurden Alkaloide der Chinotoxin- und Chininon-Gruppen [7] und wenigstens zwei weitere, bisher unbekannte Alkaloide gefunden.

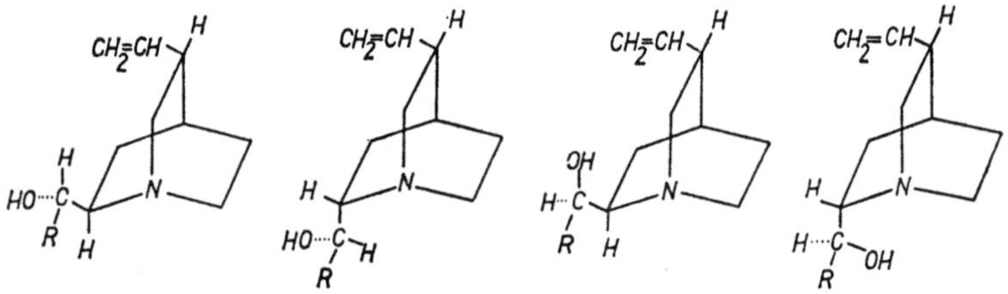

	Chinidin	Chinin	Epichinidin	Epichinin
hRf-Werte	45	43	23	23
pk$_{MCS}^{*}$-Werte	7,77	7,44	8,03	8,15

	Cinchonin	Cinchonidin
hRf-Werte	80	54
pk$_{MCS}^{*}$-Werte	7,91	7,54

Abb. 156. Konstitution, hRf- und pK-Werte von einigen China-Alkaloiden

TRZEBNY et al. [233, 233b] verwendeten Kieselgel G-Schichten, um die vier Hauptalkaloide des Chinabaumes von ihren Dihydroderivaten zu trennen. Sie fanden, daß die Dihydrobasen langsamer wandern, als die ursprünglichen Vinylbasen.

Im langwelligen UV-Licht fluorescieren Chinin und Chinidin intensiv blau und können daher auf der Schicht noch bis zu 0,02 μg erkannt werden. Wie auch bei den anderen Alkaloiden können zur quantitativen Bestimmung der einzelnen Alkaloide a) die Methode des Photographierens der Dragendorff-positiven Flecke [151, 152] und die photometrische Auswertung des Negativs verwendet werden oder b) der Fleck abgeschabt, extrahiert und spektrophotometrisch bei einer geeigneten Wellenlänge ausgewertet werden. Die entsprechenden UV-Spektren sind in der Arbeit [250] zu finden. Die letztgenannte Methode eignet sich besonders gut zur Auswertung, da die China-Alkaloide gut ausgebildete Absorptionsmaxima im UV-Bereich aufweisen [33, 143].

Mit dem qualitativen und quantitativen Nachweis der wichtigsten in Cortex Chinae vorkommenden Alkaloide beschäftigten sich auch OSWALD und FLÜCK [151, 152]. Bei Mengen unter 1 μg chromatographieren sie auf Kieselgel G mit Isopropanol-Benzol-Diäthylamin (20 + 40 + 10). Bei größeren Mengen kommt es zu keiner ausreichenden Auftrennung dieser Alkaloide. Man entwickelt deshalb 2 mal 15 cm hoch mit dem Fließmittel Benzol-Äther-Diäthylamin (40 + 24 + 10). Die Genauigkeit der quantitativen Bestimmung bei der planimetrischen Auswertung beträgt ±8%.

LEETE [121] benutzte die DC auch zum Studium der Inkorporation des Tryptophans in die China-Alkaloide.

VAN SEVEREN et al. [33, 34] arbeiteten ein Verfahren aus, welches die Möglichkeit gibt, einerseits Chinin-Hydrochinin und andererseits den Gehalt an Chinidin zu ermitteln. Die quantitative Bestimmung erfolgt fluorimetrisch. Eine DC-Methode für die Identifizierung der in Cortex Chinae enthaltenen Alkaloide für das DAB 7 (Ost) wurde von LUCKNER et al. [126] auf einer Kieselgel G-Schicht mit Benzol-Methanol (80 + 20) beschrieben. Mit diesem Thema befaßt sich auch die Arbeit [236].

12. Furochinolin-Alkaloide

Zu den Furochinolin-Alkaloiden gehören auch jene Basen, die aus den Pflanzen der Gattung *Lunasia* (*Rutaceae*) isoliert wurden. RÜEGGER et al. [192] gelang mit der DC auf Kieselgel mit den zwei Fließmitteln Chloroform + Methanol (98 + 2) oder Cyclohexan-Chloroform-Diäthylamin (60 + 30 + 10) fünf Alkaloide aus *Lunasia amara* Blanco *var. repanda* zu identifizieren, und zwar Hydroxylunidin, Hydroxylunacridin, Lunacrin, Lunidin und Lunidonin. Die DC wurde auch zur präparativen Trennung dieser Alkaloide verwendet. SCHNEIDER [205] prüfte auf Kieselgel G-Schichten mit dem Fließmittel Benzol-Äthanol (90 + 10) und bei ammoniakalischer Kammeratmosphäre, ob das aus *Ruta graveolens* L. isolierte Skimmianin einheitlich ist. Zu demselben Zweck haben auch WERNY et al. [262] Aluminiumoxid G-Schichten und Benzol-Chloroform (50 + 50) oder reines Chloroform verwendet.

13. Purin-Alkaloide

Zu den fünf pflanzlichen Purin-Basen, nämlich Heteroxanthin, Theophyllin, Theobromin, Coffein und Tetramethyltrihydroxypurin, kommen noch die aus dem Tierreich stammenden Purine, wie z. B. Adenin, Hypoxanthin, Guanin, Vernin (Guanosin), Isoguanin, Xanthin und die Harnsäure hinzu.

Zur dc-Trennung der Purine werden Kieselgel G-Schichten bevorzugt [11, 36, 40b, 66, 67, 82, 241, 267]. Nur gelegentlich wurden lose Aluminiumoxid-Schichten verwendet [201b, c, 212]. Einige Schwierigkeiten bereitet die Sichtbarmachung. Sie kann wie folgt durchgeführt werden: 1. Aufsprühen einer sauren KJ-Jodlösung (Reag.-Nr. 129) und Nachsprühen mit einem Gemisch aus 96proz. Äthanol- 25proz. Salzsäure (1 + 1) [242]; 2. mit einer Kaliumpermanganat-Lösung (Nr. 145) [36]; 3. mit Quecksilber(I)-nitratlösung (Nr. 207) färben sich Aminophyllin, Theophyllin und Theobromin. Nachweisgrenze etwa 5 μg [201c]. 4. mit Chloramin T (Nr. 44) bei Coffein; 5. mit einer Lösung von Weinsäure, Jod und Eisen(III)-chlorid (Nr. 94) in Aceton (Nachweisgrenze etwa 1 μg) [267];

6. durch Heraussublimation der Purine auf eine gekühlte andere Platte [*11*] (s. S. 82). Pfeifer et al. [*267*] empfehlen für Kieselgel G -Schichten als Fließmittel Aceton-Chloroform-n-Butanol-25proz. Ammoniaklösung (30 + 30 + 40 + 10). Sie geben folgende hRf-Werte und Farben mit Reagens Nr. 94 an: Theophyllin 26 (violettblau), Theobromin 47 (kräftig graublau), Hydroxyäthyltheophyllin 62 (graublau), Hydroxypropyltheobromin 69 (kräftig graublau), Coffein 78 (rotbraun).

Gänshirt [*66*] verwendet diese Methode auch zur quantitativen spektrophotometrischen Bestimmung des Coffeins (Genauigkeit: ±12%). Die Trennung erfolgt auf Kieselgel G mit Cyclohexan-Aceton (40 + 50).

14. Sterin-Alkaloide[5]

Diese Gruppe kann in die eigentlichen Sterin-Alkaloide und in diejenigen mit einem Benzofluorenskelet aufgegliedert werden. Die zur ersten Gruppe gehörenden Alkaloide kommen in der Familie der *Solanaceen* in den Gattungen *Solanum* und *Lycopersicum* vor; hier sind es Alkaloide, die am C_{20} einen heterocyclischen Ring tragen. Bei den *Apocynaceen* aus den Gattungen *Hollarrhena und Funtumia* findet man Alkaloide, die vom Pregnan-(5) oder Allopregnan abgeleitet sind und am C_3 eine primäre, sekundäre oder tertiäre Aminogruppe aufweisen.

Alkaloide mit einem Benzofluorenskelet findet man bei den *Liliaceen* in den Gattungen *Veratrum*, *Schoenocaulon*, *Zygadenus* und *Fritillaria*. Viele dieser Alkaloide liegen in den Pflanzen in Form ihrer Glykoside vor. Einige dienen als wichtige Ausgangsbasen zur Synthese von Steroidhormonen.

a) Alkaloide der Gattung Solanum und Lycopersicum

Boll et al. [*30*] haben mit der DC die Alkaloidzusammensetzung von *Solanum dulcamara* verschiedener Herkünfte untersucht. Sie empfehlen normale Kieselgel G-Schichten für Alkaloid-Glykoside und alkalisierte für die Aglykone. Die Sichtbarmachung erfolgt mit Dragendorff-Reagens (Nr. 88) oder mit Antimon(III)-chlorid (Nr. 19). Bei Verwendung von pyridinhaltigen Fließmitteln und von Dragendorff-Reagens muß das Chromatogramm 15 Std auf 105° C erhitzt werden, um Pyridin zu entfernen. Das Antimon(III)-chlorid-Reagens eignet sich dagegen zur Unterscheidung gesättigter und ungesättigter Alkaloidsapogenine und bei neutralen Sapogeninen zur Differenzierung dieser zwei Gruppen (Tab. 86). Die DC auf einer Kieselgel G-Schicht mit Chloroform-Äthanol-1proz. Ammoniaklösung (40 + 40 + 20) wurde zur Konstitutionsermittlung des β- und γ-Solamarins herangezogen [*29*].

Auch zur Konstitutionsermittlung von Solanum-Alkaloiden wurde die DC häufig von Schreiber et al. verwendet. In mehr als 17 Arbeiten berichtete er über die guten Trennmöglichkeiten. Seine dc-Erfahrungen faßte er in einer speziellen Arbeit zusammen [*206*]. Als *Schicht* empfiehlt er: 1. Kieselgel G (Merck); 2. Kieselgel G mit einer 10proz. Silbernitrat-

---

[5] Weiteres findet man im Abschnitt IX des Kap. Steroide von Neher.

Tabelle 86. h*Rf-Richtwerte und Nachweis von nichtglykosidischen Steroid-Alkaloiden** *und Sapogeninen* [*30*]

Verbindung	h*Rf*	Farbreaktion mit SbCl₃-Reagens (Nr. 19)	
		bei 20° C	nach 10 min 105° C
$\Delta^{3,5}$-Tomatidiën	75	rot	rötlich-violett
Diosgenin	67	rot	rötlich-violett
Tigogenin	67	farblos	gelb
Yamogenin	67	rot	rötlich-violett
Tomatidin.	47	farblos	grau-rot
Δ^{5}-Tomatidenol-(3 β)	47	rot	rötlich-violett
Solasodin	23	rot	rötlich-violett
5 α-Solasodanol-(3 β)	23	farblos	grau-rot

Schicht: Kieselgel G.

Fließmittel: Chloroform-Methanol (95 + 5).

* Zur DC glykosidischer Steroid-Alkaloide werden Kieselgel G-Schichten und Äthylacetat-Pyridin-Wasser (45 + 15 + 45) verwendet: γ-Solamarin h*Rf* 52, Solamargin 44, β-Solamarin 38, Tomatin 20, α-Solamarin 18 und Solasonin 17.

lösung besprüht; 3. Kieselgel (wasserfrei, rein; Fa. 88) + 10% Gips; 4. Aluminiumoxid nach BROCKMANN + 10 proz. Gips. Als *Fließmittel* werden von ihm bevorzugt:

1. Cyclohexan-Essigsäureäthylester (50 + 50);
2. Chloroform-Methanol (60 + 40);
3. n-Hexan-Triäthylamin (90 + 6);
4. Essigsäureäthylester-Cyclohexan-96% Äthanol (50 + 40 + 5);
5. Benzin (Sdp. 80—90° C)-Benzol-Essigsäureäthylester (85 + 5 + 10).

Die Detektion erfolgt mit Cer (IV)-sulfat (Reag.-Nr. 42). Es ist nicht verwendbar bei den mit Silbernitrat imprägnierten Schichten und den mit Aluminiumoxid beschichteten Platten. Man kann ferner Joddampf bzw. Jodlösung (Nr. 129), oder Paraformaldehyd-Phosphorsäure (Nr. 192) verwenden und bei Alkaloiden mit einer Ketogruppe auch 2,4-Dinitrophenylhydrazin (Nr. 76). Als universelles Detektionsmittel wird das Cer (IV)-sulfat-Reagens empfohlen. Mit Δ^{5}-ungesättigten Verbindungen gibt es bereits in der Kälte eine Farbreaktion. Mit Joddämpfen gelingt es, die Sterin-Alkaloide sichtbar zu machen und danach die so erkannten Zonen unverändert zu isolieren.

Solanidin und Demissidin können auf einer AgNO₃-Kieselgel-Schicht getrennt werden. SCHREIBER et al. [*207b*] verwendeten die DC auch zur präparativen Trennung der Solanum-Alkaloide. PAQUIN et al. [*158*] trennten auf Kieselgel G-Schichten mit 8 Fließmitteln die drei Hauptalkaloide von *Solanum tuberosum*, nämlich Solanin, Chaconin und Solanidin. Zur Sichtbarmachung diente das Antimon (III)-chlorid-Reagens. Um eine Rohstoffquelle für Solasodin aufzufinden, wurden von PÉREZ-MEDINA et al. [*164*] zahlreiche Solanum-Arten untersucht. Die DC erfolgte auf Kieselgel G-Schichten, mit n-Butanol-Methanol-Diäthylamin (85 + 5 + 10) und zum Nachweis wurde Antimon (III)-chlorid (Reag.-Nr. 20) verwendet. Mit der DC dieser Alkaloidklasse beschäftigen sich weitere Veröffentlichungen [*2, 25, 183, 208*].

Tabelle 87. *DC-Bedingungen für verschiedenartige Alkaloide, deren Struktur z. T. noch unbekannt ist*

Alkaloid	Alkaloidgruppe bzw. Pflanze	Schicht	Fließmittel	Autor	Anmerkung
Aconitin und Pseudo-aconitin	Diterpen-Alkaloide	Kieselgel G	Isopropanol-Methanol-Ammoniak 23 proz. (36 + 24 + 1)	[61b] [35b, 43, 267b]	quantitative Be-stimmung
Decodin und Verticila-tin	Steroid-Alkaloide	Kieselgel G	Methanol	[58]	
Desoxyaconitin und Hypaconitin	Diterpen-Alkaloide	Kieselgel G	1) Cyclohexan-Chloro-form-Diäthylamin (70 + 20 + 10) 2) Benzol-Äthylacetat (80 + 20)	[247] [254]	
Galegin und 4-Hydroxy-galegin	Aliphatische Amine	Kieselgel G	Butanol-Aceton-Was-ser (60 + 15 + 15)	[180c, 207]	Nachw. Reag. Nr. 120
Isopilocerein und Pilocerein	Tetrahydroisochinolin-Alkaloide	Kieselgel G	1) Methanol-Aceton-2 N HCl-Eisessig (70 + 15 + 30 + 15) 2) Methanol + 1 proz. Ammoniak	[64] [24]	
Peganin	Chinazolin-Alkaloide	Al₂O₃,	Chloroform-Äthanol (50 + 50)	[81b, 180c]	Nachweis mit Dragen-dorff (Reag. Nr. 90)
		Kieselgel G	Butanol-Aceton-Wasser (60 + 15 + 15)	[207]	
Phyllochrysin und Securinin				[159]	
Pseudoephedrin	Phenylalkylamin	Kieselgel	Isopropanol + 5 proz. Ammoniak (90 + 9)	[187]	Nachw. Reag.-Nr. 176
Rotundin	Rotundin-Alkal.	Al₂O₃-Stärke	Butanol-Wasser	[41]	
Tylocrebrin	Tylocrebrin-Alk.	Kieselgel-alk.	Methanol	[194]	
Ulein	Elypticin-Alkaloide	Kieselgel G	Äthylacetat-Benzol-Methanol-Wasser (40 + 40 + 20 + 1)	[96]	
	Cissampelos pereira	Kieselgel G	Chloroform-Methanol (90 + 10)	[221, 222]	16 Substanzen
	Heimia salicifolia	Al₂O₃	4 Fließmittel	[23, 49]	4 Substanzen
	Heimia myrtifolia	Kieselgel G	3 Fließmittel		
	Rhynchosia pyramida-lis (Pega Palo)	Kieselgel	Isopropanol-50 proz. Essigsäure (90 + 9)	[186]	1 Alkaloid
	Frosch: *Phyllobates bicolor*	Kieselgel G	Chloroform-Methanol (60 + 10)	[130]	Präparative DC

b) Alkaloide der Gattungen Holarrhena und Funtumia

LÁBLER und ČERNÝ [*117*] haben sich mit der DC dieser Alkaloide und ihrer Derivate eingehend beschäftigt. Die Trennungen erfolgten mit Kieselgel G-Schichten, mit den Fließmitteln Benzol oder Äther das Ammoniak gesättigt war. Zur Sichtbarmachung diente Dragendorff-Reagens. Auf Grund der *Rf*-Werte konnten konstitutionelle und stereochemische Schlüsse gezogen werden.

c) Alkaloide vom Benzofluorentypus

Die Trennung des Akonitins und des Pseudoakonitins in galenischen Präparaten wurde von DENOEL et al. [*43*] beschrieben; mit der quantitativen Bestimmung befaßten sich FISCHER et al. [*61b*].

ZEITLER [*267c*] trennte auf Kieselgel HF_{254}-Schichten mit Cyclohexan-Diäthylamin (90 + 10) oder (70 + 30) 9 Alkaloide vom Veratrum-Typus. TOMKO und VASSOVÁ [*242b*] verwendeten zur Trennung der in *Veratrum album ssp. lobelianum* enthaltenen Alkaloide Aluminiumoxid G und als Fließmittel Benzol-Äthanol.

Anmerkung zur Tab. 87.

Ergänzend seien noch die Arbeiten über das Tiergift Taricha- und Tetrodotoxin [*139b*], das Lycopodium-Alkaloid L 9 [*10, 49b*], über Anulolin [*209b*] und über die Biosynthese des Calycanthus-Alkaloids Calicanthin [*210b*] erwähnt. Auch dort war die DC ein wertvolles und unentbehrliches Hilfsmittel.

Allgemeine Literatur über die Alkaloide

BENTLEY, K. W.: The Chemistry of the Morphine Alkaloids. Oxford: Clarendon Press 1954.

BOIT, H.-G.: Ergebnisse der Alkaloid-Chemie bis 1960. Berlin: Akademie-Verlag 1961.

GOUTAREL, R.: Les alcaloides stéroidiques des Apocynacées. Paris: Hermann 1964.

HESSE, M.: Indolalkaloide in Tabellen. Berlin, Göttingen, Heidelberg: Springer 1964.

HOFMANN, A.: Die Mutterkornalkaloide. Stuttgart: Enke 1964.

HOLUBEK, J., O. ŠTROUF et al.: Spectral Data and physical Constants of Alkaloids. Bd. I u. II. Prague: Publ. House Czech. Acad. Sci. 1965 u. 1966.

KÜHN, L., u. S. PFEIFER: Die Gattung Papaver und ihre Alkaloide. Pharmazie 18, 819—843 (1963).

MANSKE, R. H. F., and H. L. HOLMES: The Alkaloids. Chemistry and Physiology. Bd. I—VII. New York: Academic Press 1950—1960.

MOTHES, K., D. GROSS, M.-W. LIEBISCH u. H.-R. SCHÜTTE: 3. Internationale Arbeitstagung Biochemie und Physiologie der Alkaloide 1965. Berlin: Akademie-Verlag 1966.

— u. H.-B. SCHRÖTER: 1. Internationale Arbeitstagung Biochemie und Physiologie der Alkaloide. 1956. Berlin: Akademie-Verlag 1957.

— — 2. Internationale Arbeitstagung Biochemie und Physiologie der Alkaloide 1960. Berlin: Akademie-Verlag 1963.

PINDER, A. R.: Lactonic Alkaloids. Chem. Rev. 62, 551—572 (1964).

SCHULTZ, O. E., u. F. ZYMALKOWSKI: Die quantitative Bestimmung der Alkaloide in Drogen und Drogenzubereitungen. Stuttgart: Enke-Verlag 1960.

SHAMMA, M., and W. A. SLUSARCHYK: The Aporphine Alkaloids. Chem. Rev. 62, 59—79 (1964).

WALDI, D.: Chromatography of Alkaloids. In A. T. JAMES and L. J. MORRIS: New
  Biochemical Separations, p. 157—196. London: Van Nostrand, 1964.
Chemie und Biochemie der Solanum-Alkaloide. Tagungsbericht Nr. 27 d. Deutschen
  Akademie der Landwirtschaftswissenschaften zu Berlin, 1961.
Physical Data of Indole and Dihydroindole Alkaloids. I. and II. Lilly Research
  Laboratories, Indiana USA, 1960 and 1963.

Spezielle Literatur zum Kapitel N. Alkaloide

[1] ABDURAKHIMOVA, N., P. KH. YULDASHEV, i S. YU YUNUSOV: Doklady Akad.
  Nauk U.S.S.R. 21 (2), 29 (1964); C. A. 61, 9715a (1964).
[1b] ABOU-CHAAR, CH. I.: Lebanese Pharm. J. 8, 82 (1963); C. A. 61, 14951f
  (1964).
[1c] ACHENBACH, H., and K. BIEMANN: J. Am. Chem. Soc. 87, 4177 (1965).
[2] ADAM, G., u. K. SCHREIBER: Z. Chemie 3, 100 (1963); C. A. 60, 4443a (1964).
[3] AGURELL, S.: Experientia 20, 25 (1964).
[4] — and E. RAMSTAD: Lloydia 25, 67 (1962).
[5] — u. A. J. ULLSTRUP: Planta Med. 11, 392 (1963).
[6] ANTONACCIO, L. D., N. A. PEREIRA, B. GILBERT, H. VORBRUEGGEN, H.
  BUDZIKIEWICZ, J. M. WILSON, L. J. DURHAM, and C. DJERASSI: J. Am.
  Chem. Soc. 84, 2161 (1962).
[7] AUTERHOFF, H., u. K. KALPATHY: Pharm. Acta Helv. 38, 491 (1963).
[8] AWE, W., u. W. WINKLER: Arzneimittel-Forsch. 9, 773 (1959).
[9] — — Arch. Pharm. 294, 301 (1961).
[10] AYER, W. A., A. N. HOGG, and A. C. SOPER: Can. J. Chem. 42, 949 (1964).
[11] BAEHLER, B.: Helv. Chim. Acta 45, 309 (1962).
[12] BARTLETT, M. F., B. F. LAMBERT, H. M. WERBLOOD, and W. I. TAYLOR: J.
  Am. Chem. Soc. 85, 475 (1963).
[13] BATTERSBY, A. R., and T. H. BROWN: Proc. Chem. Soc. 1964, 85.
[13b] — G. W. EVANS, R. O. MARTIN, M. E. WARREN Jr., and H. RAPOPORT:
  Tetrahedron Letters 1965, 1275.
[14] BATTERSBY, A. R., and M. GREGORY: J. Chem. Soc. 1963, 22.
[15] BÄUMLER, J., u. S. RIPPSTEIN: Pharm. Acta Helv. 36, 382 (1961).
[16] BAYER, I.: J. Chromatog. 16, 237 (1964).
[17] BECKETT, A. M., E. J. SHELLARD, and A. N. TACKIE: J. Pharm. Pharmacol.
  15, 158T (1963).
[18] — — — J. Pharm. Pharmacol. 15, 166T (1963).
[18b] — — — Planta Med. 13, 241 (1965).
[18c] — — J. D. PHILLIPSON, and M. CALVIN M. LEE: Planta Med. 14, 266 u.
  277 (1966).
[19] BÉLA, D.: Acta Pharm. Hung. 34, 221 (1964).
[19b] BERNASCONI, R., ST. GILL u. E. STEINEGGER: Pharm. Acta Helv. 40, 246
  (1965).
[20] BERNAUER, K.: Helv. Chim. Acta 46, 211 (1963).
[21] BEYER, K. H.: Dtsch. Apotheker-Ztg. 104, 697 (1964).
[21b] BHATNAGAR, A. K., and S. BHATTACHARJI: Indian J. Chem. 3, 43 (1965);
  C. A. 63, 639h (1965).
[22] BLÁHA, K., J. HRBEK Jun., J. KOVÁŘ, L. PIJEWSKA a F. ŠANTAVÝ: Collection Czech. Chem. Commun. 29, 2328 (1964); 2. Mitt. in Vorbereitung.
[23] BLOMSTER, R. N., A. E. SCHWARTING, and J. M. BOBBITT: Lloydia 27, 15
  (1964).
[24] BOBBITT, J. M., R. EBERMANN, and M. SCHUBERT: Tetrahedron Letters 1963,
  575.
[25] BOGNÁR, R., u. S. MAKLEIT: Pharmazie 20, 40 (1965).
[25b] BÖHM, H.: Planta Med. 13, 234 (1965).
[26] BOHLMANN, F., E. WINTERFELDT u. U. FRIESE: Chem. Ber. 96, 2251 (1963).
[27] — G. WINTERFELDT, B. JANIAK, D. SCHUMANN u. H. LAURENT: Chem. Ber.
  96, 2254 (1963).
[28] BOISSIER, J. R., A. BOUQUET, G. COMBES, C. DUMONT et M. DEBRAY: Ann.
  pharm. franç. 21, 767 (1963).

[29] Boll, P. M.: Acta Chem. Scand. 17, 1852 (1963).

[30] Boll, P. M., and B. Andersen: Planta Med. 10, 421 (1962).

[30b] Borio, B. L., and A. Moreira: Trib. Farmaceutica Nr. 2—4, 64 (1964).

[31] Borke, M. L., and E. R. Kirsch: J. Am. Pharm. Assoc. Sci. Ed. 42, 627 (1953).

[32] Borkowski, B., E. Batkiewicz and K. Drost: Dissertationes pharm. 16, 171 (1964).

[33] Braeckmann, P., R. van Severen et L. de Jaeger-van Moeseke: Pharm. Tijdschr. Belgie 40, 113 (1963).

[34] — — — Dtsch. Apotheker-Ztg. 104, 1211 (1964).

[34b] Brochmann-Hanssen, E., and T. Furuya: J. pharm. Sci. 53, 1549 (1964).

[34c] — and B. Nielsen: Tetrahedron Letters 1965, 2171.

[34d] Büchi, J., u. A. Zimmermann: Pharm. Acta Helv. 40, 292 (1965).

[35] Caggiano, E., et G. B. Marini-Bettòlo: Rend. ist. super. sanità 25, 375 (1962); C. A. 58, 12847h (1963).

[35b] Castagnou, M. R., et S. Larcebau: Bull. Soc. Pharm. Bordeaux 103, 201 (1964); C. A. 62, 10798f (1965).

[36] Cerri, O., e G. Maffi: Boll. chim. farm. 100, 951 (1961); C. A. 57, 11467 (1962).

[36b] Chalmers, A. H., C. C. J. Culvenor, and L. W. Smith: J. Chromatogr. 20, 270 (1966).

[37] Čičiro, V. E.: Apteč. dělo 12, No. 6, 36 (1963).

[38] Cieślak, J., J. Kuduk i. F. Rulko: Acta Polon. Pharm. 21, 265 (1964).

[39] Cochin, J., et J. W. Daly: Experientia 18, 294 (1962).

[40] Cone, N. J., R. Miller, and N. Neuss: J. Pharm. Sci. 52, 688 (1963).

[40b] O'Connor, R.: J. Chem. Educ. 42, 492 (1965).

[40c] Craig, J. C., N. Y. Mary, N. L. Goldman, and L. Wolf: J. Am. Chem. Soc. 86, 3866 (1964).

[41] Dang hahn Khoi: Pharm. Zentralhalle 103, 99 (1964).

[42] Dastoor, N., et H. Schmid: Experientia 19, 297 (1963).

[42b] Decker, K., u. R. Sammeck: Biochem. Z. 340, 326 (1964).

[43] Denöel, A., et B. van Cotthem: J. pharm. Belg. 18, 346 (1963).

[44] Deyrup, J. A., H. Schmid u. P. Karrer: Helv. Chim. Acta 45, 2266 (1962).

[45] Djerassi, C., H. W. Brewer, H. Budzikiewicz, O. O. Orazi, and R. A. Corral: J. Am. Chem. Soc. 84, 3480 (1962).

[46] — Y. Nakagawa, J. M. Wilson, H. Budzikiewicz, B. Gilbert et L. D. Antonaccio: Experientia 19, 467 (1963).

[47] — R. J. Owellen, J. M. Ferreira et L. D. Antonaccio: Experientia 18, 397 (1962).

[48] Döpke, W.: Arch. Pharm. 295, 605 (1962).

[49] Douglas, B., J. L. Kirkpatrick, R. F. Raffauf, O. Ribeiro, and A. J. Weisbach: Lloydia 27, 25 (1964).

[49b] Dugas, H., R. A. Ellison, Z. Valenta, K. Wiesner, and C. M. Wong: Tetrahedron Letters 1965, 1279.

[50] Evans, W. C., and W. J. Griffin: J. Chem. Soc. 1963, 4348.

[51] Farnsworth, N. R.: Lloydia 24, 105 (1961).

[51b] — R. N. Blomster, D. Damratoski, W. A. Meer, and L. V. Cammarato: Lloydia 27, 302 (1964).

[52] — and K. L. Euler: Lloydia 25, 186 (1962).

[53] — H. H. S. Fong, R. N. Blomster, and F. J. Draus: J. Pharm. Sci. 51, 217 (1962).

[53b] — and I. M. Hilinski: J. Chromatog. 18, 184 (1965).

[54] — W. D. Loub, and R. N. Blomster: J. Pharm. Sci. 52, 1114 (1963).

[55] Faugeras, G., R. Paris et M. H. Meyruey: Ann. pharm. franç. 21, 675 (1963).

[56] — — — Ann. pharm. franç. 20, 768 (1962).

[57] Ferreira, J. M., B. Gilbert, R. J. Owellen et C. Djerassi: Experientia 19, 585 (1963).

[58] Ferris, J. P.: J. Org. Chem. 28, 817 (1963).

[59] Finch, N., and W. I. Taylor: J. Am. Chem. Soc. 84, 1318 (1962).

[60] FINCH, N., and W. I. TAYLOR: J. Am. Chem. Soc. 84, 3871 (1962).
[61] — — Tetrahedron Letters 1963, 167.
[61b] FISCHER, R., u. H. WEIXLBAUMER: Pharm. Zentralhalle 104, 298 (1965).
[62] FLÜCK, H., u. N. BLASCHKE: Vortragsref. 23. Internat. Kongr. Pharmaz.
    Wiss. Münster Sept. 1963.
[62b] FONG, H. H. S., J. BEAL, and M. P. CAVA: Lloydia 29, 94 (1966).
[63] FRANCK, B., u. G. BLASCHKE: Liebigs Ann. Chem. 668, 145 (1963).
[64] — — Tetrahedron Letters 1963, 569.
[64b] FRENCEL, I. M.: Planta Med. 14, 204 (1966).
[65] FROHNE, D.: Dtsch. Apotheker-Ztg. 104, 1404 (1964).
[65b] FUMAGALLI, U., V. AMBROGI et G. BALESTRA: Boll. Chim. Farm. 103, 911
    (1964); C. A. 62, 8936g (1965).
[66] GÄNSHIRT, H.: Arch. Pharm. 296, 129 (1963).
[67] — u. A. MALZACHER: Arch. Pharm. 293, 925 (1960).
[67b] GENEST, K.: J. Chromatog. 19, 531 (1965).
[68] GENEST, K., and C. G. FARMILO: J. Pharm. Pharmacol. 16, 250 (1964).
[69] GERTIG, H.: Acta Polon. Pharm. 21, 59 (1964).
[70] — Acta Polon. Pharm. 21, 127 (1964).
[70b] GIACOPELLE, D.: J. Chromatog. 19, 172 (1965).
[71] GILL, S.: Dissertationes pharm. 16, 261 (1964).
[72] — Acta Polon. Pharm. 21, 379 (1964).
[73] — u. E. STEINEGGER: Sci. Pharm. 31, 135 (1963).
[74] — — Pharm. Acta Helv. 39, 508 (1964).
[75] — — Pharm. Acta Helv. 39, 565 (1964).
[76] GOVINDACHARI, T. R., K. NAGARAJAN u. H. SCHMID: Helv. Chim. Acta 46,
    433 (1963).
[77] — B. R. PAI, S. RAJAPPA, N. VISWANATHAN, W. G. KUMP, K. NAGARAJAN
    u. H. SCHMID: Helv. Chim. Acta 46, 572 (1963).
[78] GRÖGER, D.: Flora (Jena) 153, 373 (1963); C. A. 60, 2043e (1964).
[79] — Z. Naturforsch. 18b, 1123 (1963).
[80] — Planta Med. 11, 444 (1963).
[81] — u. D. ERDE: Pharmazie 18, 346 (1963).
[81b] — u. S. JOHNE: Pharmazie 20, 456 (1965).
[82] — K. MOTHES, H. SIMON, H. G. FLOSS u. R. WEYGAND: Z. Naturforsch.
    16b, 432 (1961).
[82b] — u. K. STOLLE: Arch. Pharm. 298, 246 (1965).
[83] — and V. E. TYLER: Lloydia 26, 174 (1963).
[84] — — and J. E. DUSENBERRY: Lloydia 24, 97 (1961).
[85] GROSS, D., u. H. R. SCHÜTTE: Arch. Pharm. 296, 1 (1963).
[86] GUGGISBERG, A., T. R. GOVINDACHARI, K. NAGARAJAN u. M. SCHMID: Helv.
    Chim. Acta 46, 679 (1963).
[87] HEŘMÁNEK, S., V. SCHWARZ u. Z. ČEKAN: Pharmazie 16, 566 (1961).
[88] HESSE, M., W. v. PHILIPSBORN, D. SCHUMANN, G. SPITELLER, M. SPITELLER-
    FRIEDMANN, W. I. TAYLOR, H. SCHMID u. P. KARRER: Helv. Chim. Acta
    47, 878 (1964).
[88b] HEUSSER, D., u. E. JACKWERTH: Dtsch. Apotheker-Ztg. 104, 107 (1964).
[88c] — — Dtsch. Apotheker-Ztg. 104, 107 (1964).
[88d] HODGSON, E., E. SMITH, and F. E. GUTHRIE: J. Chromatog. 20, 176 (1965).
[89] HOFMANN, A.: Planta Med. 9, 354 (1961).
[90] — H. OTT, R. GRIOT, P. A. STADLER u. A. J. FREY: Helv. Chim. Acta 46,
    2306 (1963).
[91] — et H. TSCHERTER: Experientia 16, 414 (1960).
[92] HOHMANN, T., u. H. ROCHELMEYER: Arch. Pharm. 297, 186 (1964).
[93] IKRAM, M., and M. K. BAKHSH: Anal. Chem. 36, 111 (1964).
[94] — G. A. MIANA, and M. ISLAM: J. Chromatog. 11, 260 (1963).
[95] JAKOVLJEVIC, I. M., L. D. SEAY, and R. W. SHAFFER: J. Pharm. Sci. 53,
    553 (1964).
[96] JOULE, J. A., and C. DJERASSI: J. Chem. Soc. 1964, 2777.
[97] KAISER, F., u. A. POPELAK: Chem. Ber. 92, 278 (1959).
[98] KAISER, H., F. BIEDEBACH u. C. MANNS: Pharm. Ztg. 108, 1380 (1963).

[99] KAMP, W., W. J. M. ONDERBERG en W. A. VAN SETERS: Pharm. Weekblad 98, 993 (1963); C. A. 61, 1707 (1963).
[100] KARÁCSONY, E. M., u. B. SZARVADY: Planta Med. 11, 169 (1963).
[101] KHAFAGY, S., A. M. EL-MOGHAZY och F. SANDBERG: Svensk. Farm. Tidskr. 66, 481 (1962); C. A. 58, 10514b (1963).
[102] KHANNA, K. L., A. E. SCHWARTING, A. ROTHER, and J. M. BOBBITT: Lloydia 24, 179 (1961).
[103] KINZE, W.: Pharm. Zentralhalle 103, 715 (1964).
[104] KIRCHNER, J. G., J. M. MILLER, and G. J. KELLER: Anal. Chem. 23, 420 (1951).
[105] KLAVEHN, M., u. H. ROCHELMEYER: Dtsch. Apotheker-Ztg. 101, 477 (1961).
[106] — — u. J. SEYFRIED: Dtsch. Apotheker-Ztg. 101, 75 (1961).
[107] KNABE, J., u. J. KUBITZ: Arch. Pharm. 296, 591 (1963).
[108] — u. N. RUPPENTHAL: Arch. Pharm. 297, 141 (1964).
[108b] KORNHAUSER, A., u. M. PERPAR: Arch. Pharm. 298, 312 (1965).
[109] KORZUN, B. P., L. DORFMAN, and S. M. BRODY: Analyt. Chem. 35, 950 (1963).
[110] KOZUKA, H.: Kagaku Keisatsu Kenkyusho Hôkoku 16, 39 (1963); C. A. 59, 15121h (1963).
[111] KUHN, H. J.: Dissertation, Göttingen 1964.
[112] KUMP, W. G., u. H. SCHMID: Helv. Chim. Acta 44, 1503 (1961).
[113] — — Helv. Chim. Acta 45, 1090 (1962).
[114] KUMP, CH., J. SEIBL u. H. SCHMID: Helv. Chim. Acta 46, 498 (1963).
[115] — — — Helv. Chim. Acta 47, 358 (1964).
[115b] KUMP, CH., J. SEIBL u. H. SCHMID: Helv. Chim. Acta 48, 1002 (1965).
[116] KUPFERBERG, H. J., A. BURKHALTER, and E. L. WAY: J. Chromatog. 16, 558 (1964).
[117] LÁBLER, L., a V. ČERNÝ: Collection Czech. Chem. Commun. 28, 2932 (1963).
[117b] LAIHO, S. M., and H. M. FALES: J. Am. Chem. Soc. 86, 4434 (1964).
[118] MCLAUGHLIN, J. L., J. E. GOYAN, and A. G. PAUL: J. Pharm. Sci. 53, 306 (1964).
[119] LEARY, J. D., J. M. BOBBITT, A. ROTHER, and A. E. SCHWARTING: Chem. & Ind. (London) 1964, 283.
[120] — K. L. KHANNA, A. E. SCHWARTING, and J. M. BOBBITT: Lloydia 26, 44 (1963).
[121] LEETE, G.: J. Am. Chem. Soc. 84, 4919 (1962).
[122] LEHNER, H., u. J. SCHMUTZ: Helv. Chim. Acta 44, 444 (1961).
[123] LIST, P. H., S. HANAFI u. E. STEIN: Dtsch. Apotheker-Ztg. 103, 1314 (1963).
[124] LIUKONNEN, A.: Farm. Aikakauslehti 71, 329 (1962).
[125] LUCKNER, M., K. WINKLER, O. BESSLER, J. HOFFMANN u. W. POETHKE: Pharm. Zentralhalle 103, 484 (1964).
[126] — — — P. SCHRÖDER, J. HOFFMANN u. W. POETHKE: Pharm. Zentralhalle 103, 660 (1964).
[127] MACHATA, G.: Microchim. Acta 1960, 79.
[128] MACHOVIČOVÁ, F., a V. PARRÁK: Českoslov. farm. 13, 200 (1964).
[128b] MARDEROSIAN, A. D., and H. W. YOUNGKEN Jr.: Lloydia 29, 35 (1966).
[129] MARIANI, A., e O. MARIANI-MARELLI: Rend. ist. super. sanità 22, 759 (1959).
[130] MÄRKI, F., et B. WITKOP: Experientia 19, 329 (1963).
[131] MARY, N. Y., and E. BROCHMANN-HANSSEN: Lloydia 26, 223 (1963); C. A. 60, 7871 (1963).
[132] MÁTHÉ, I., és E. TYIHÁK: Herba Hung. 2, 35 (1963).
[132b] MATUROVÁ, M., D. PAVLÁSKOVÁ u. F. ŠANTAVÝ: Planta Med. 14, 22 (1966).
[133] MOKRÝ, J., L. DÚBRAVKOVÁ et P. ŠEFČOVIČ: Experientia 18, 564 (1962).
[134] — a I. KOMPIŠ: Chem. zvesti 17, 852 (1963).
[135] — u. I. KOMPIŠ: Naturwissenschaften 50, 93 (1963).
[136] — — P. ŠEFČOVIČ a Š. BAUER: Collection Czech. Chem. Commun. 28, 1309 (1963).
[137] MOLL, F.: Arch. Pharm. 296, 205 (1963).
[138] MOREIRA, E. A.: Tribuna farm. No. 3—4, 57 (1964).
[139] MORIMOTO, H., u. H. OSHIO: Liebigs Ann. Chem. 682, 212 (1965).

[*139b*] MOSHER, H. S., F. A. FUHRMAN, H. D. BUCHWALD, and H. G. FISCHER: Science **144**, 3622 (1964).
[*140*] MOTHES, K., K. WINKLER, D. GRÖGER, H. G. FLOSS, U. MOTHES, and B. WEYGAND: Tetrahedron Letters **1962**, 933; C. A. **58**, 8251d (1963).
[*141*] MOZA, B. K., and J. TROJÁNEK: Chem. & Ind. (London) **1962**, 1425.
[*142*] — — Collection Czech. Chem. Commun. **28**, 1419, 1427 (1963).
[*143*] MÜLLER, K. H., u. H. HONERLAGEN: Mitt. dtsch. pharm. Ges. **30**, 202 (1960).
[*144*] NAGARAJAN, K., CH. WEISSMANN, H. SCHMID u. P. KARRER: Helv. Chim. Acta **46**, 1212 (1963).
[*145*] NEU, R.: J. Chromatog. **11**, 364 (1963).
[*146*] NEUBAUER, D.: Planta Med. **12**, 43 (1964).
[*147*] — u. K. MOTHES: Planta Med. **9**, 466 (1961).
[*148*] NEUMANN, D., and H.-B. SCHRÖTER: J. Chromatog. **16**, 414 (1964).
[*149*] NEUMÜLLER, O. A., H. J. KUHN, G. O. SCHENCK u. F. ŠANTAVÝ: Liebigs Ann. Chem. **674**, 122 (1964).
[*150*] NÜRNBERG, E.: Arch. Pharm. **292**, 610 (1959).
[*150b*] EL-OLEMY, M. M., A. E. SCHWARTING, and W. J. KELLEHER: Lloydia **29**, 58 (1966).
[*151*] OSWALD, N.: Diss. E. T. H., Zürich 1963.
[*152*] — u. H. FLÜCK: Pharm. Acta Helv. **39**, 293 (1964).
[*153*] — — Sci. Pharm. **32**, 136 (1964).
[*154*] PAILER, M., u. W. H. KUMP: Arch. Pharm. **293**, 645 (1960).
[*155*] — u. R. LIBISELLER: Monatsh. Chem. **93**, 403, 511 (1962).
[*156*] PAIS, M., J. MAINIL et R. GOUTAREL: Ann. pharm. franç. **21**, 139 (1963).
[*157*] PAPP, E., és Z. SZABO: Herba Hung. **2**, 383 (1963).
[*158*] PAQUIN, R., and M. LEPAGE: J. Chromatog. **12**, 57 (1963).
[*159*] PARELLO, J., A. MELERA et R. GOUTAREL: Bull. soc. chim. France **1963**, 898.
[*160*] PARIS, R.: J. pharm. Belg. **18**, 401 (1963).
[*161*] PARIS, R. R., et M. PARIS: Bull. soc. chim. France **1963**, 1597.
[*161b*] PARIS, R., R. ROUSSELET, M. PARIS, et J. FRIES: Ann. pharm. franc. **23** 473 (1965).
[*162*] PARRÁK, V., E. RADĚJOVÁ, a F. MACHOVIČOVÁ: Chem. zvesti **18**, 369 (1964).
[*163*] PENNA-HERREROS, A.: J. Chromatog. **14**, 536 (1964).
[*164*] PÉREZ-MEDINA, L. A., E. TRAVECEDO u. J. E. DEVIA: Planta Med. **12**, 478 (1964).
[*165*] PFEIFER, S.: Pharmazie **19**, 678 (1964).
[*166*] — Pharmazie **19**, 724 (1964).
[*167*] — u. S. K. BANERJEE: Pharmazie **19**, 286 (1964).
[*168*] PINAR, M., W. VON PHILIPSBORN, W. VETTER u. H. SCHMID: Helv. Chim. Acta **45**, 2260 (1962).
[*169*] — u. H. SCHMID: Helv. Chim. Acta **45**, 1283 (1962).
[*170*] PINXTEREN, J. A. C., en M. E. VAN VERLOOP: Pharm. Weekblad **97**, 1 (1962).
[*171*] — — Pharm. Acta Helv. **38**, 437 (1963).
[*172*] PITRA, J., a J. ŠTĚRBA: Chem. listy **57**, 389 (1963).
[*173*] POETHKE, W., u. J. HOFFMANN: Pharm. Zentralhalle **103**, 731 (1964).
[*174*] — u. W. KINZE: Pharm. Zentralhalle **101**, 685 (1962).
[*175*] — — Pharm. Zentralhalle **102**, 692 (1963).
[*176*] — — Arch. Pharm. **297**, 593 (1964).
[*177*] — — Pharm. Zentralhalle **103**, 577 (1964).
[*178*] POTĚŠILOVÁ, H., J. HRBEK Jr. a F. ŠANTAVÝ: Collection Czech. Chem. Commun **32**, 141 (1967).
[*179*] POTIER, P., R. BEUGELMANS, J. LE MEN et M. M. JANOT: Ann. pharm. franç. **23**, 61 (1965).
[*179b*] PREININGER, V., A. D. CROSS a F. ŠANTAVÝ: Collection Czech. Chem. Commun. **31**, 3345 (1966).
[*180*] PREININGER, VL., u. P. VRUBLOVSKÝ: Pharmazie **20**, 439 (1965).
[*180b*] PROCHÁZKA, V., F. KAFKA, M. PRŮCHA a J. PITRA: Česk. Farm. **14**, 154 [1965].
[*180c*] PUFAHL, K., u. K. SCHREIBER: Züchter **33**, 287 (1963).

[*181*] Puisieux, F., M. B. Patel, J. M. Rowson et J. Poisson: Ann. pharm. franç. 23, 33 (1965).
[*181b*] Quirin, M., J. Lévy et J. le Men: Ann. pharm. franç. 23, 93 (1965).
[*182*] Raffauf, R. F.: Lloydia 25, 255 (1962).
[*182b*] Ramaut, J. L.: Bull. soc. chim. Belg. 72, 406 (1963).
[*183*] Renault, J. L.: Bull. soc. chim. Belges 72, 406 (1963); C. A. 59, 10449f (1963).
[*183b*] Renner, U.: Lloydia 27, 406 (1964).
[*184*] Renner, U., D. A. Prins, A. L. Burlingame u. K. Biemann: Helv. Chim. Acta 46, 2186 (1963).
[*185*] Reuter, G.: Pharm. Zentralhalle 102, 573 (1963).
[*186*] Ristić, S., u. A. Thomas: Arch. Pharm. 295, 510 (1962).
[*187*] — — Arch. Pharm. 295, 524 (1962).
[*188*] Robles, M. A., en R. Wientjes: Pharm. Weekblad 96, 379 (1961).
[*189*] Rochelmeyer, H.: Pharm. Ztg. 103, 1269 (1958).
[*189b*] Roper, E. C., R. N. Blomster, N. R. Farnsworth u. F. J. Draus: Planta Med. 13, 98 (1965).
[*190*] Rother, A., J. M. Bobbitt, and A. E. Schwarting: Chem. & Ind. (London) 1962, 654.
[*191*] Rovigati da Silva Jardim, I.: Arbeit zu Erlangung des Titels: Professor an der Univ. Rio de Janeiro 1961, S. 52.
[*192*] Rüegger, A., u. D. Stauffacher: Helv. Chim. Acta 46, 2329 (1963).
[*193*] Rusiecki, W., et M. Henneberg: Ann. pharm. franç. 21, 843 (1963).
[*194*] Russel, J. H.: Naturwissenschaften 50, 443 (1963).
[*195*] Rutkowska, U., i. K. Wojsa: Biul. Inst. Przemystu Ziolkarckiogo w Poznaniu 9, 192 (1964).
[*196*] Sahli, M.: Arzneimittel-Forsch. 12, 55 (1962).
[*197*] — Arzneimittel-Forsch. 12, 155 (1962).
[*198*] — u. M. Oesch: Pharm. Acta Helv. 40, 25 (1965).
[*199*] Sandberg, F., and K. H. Michel: Lloydia 26, 78 (1963).
[*200*] Šantavý, F.: Unveröffentlicht.
[*201*] Šaršúnová, M., J. Tölgyessy u. M. Hradil: Pharmazie 19, 336 (1964).
[*201b*] — u. V. Schwarz: Pharmazie 18, 34 (1963).
[*201c*] — — Pharmazie 18, 207 (1963).
[*202*] Schantz, M. v.: In: Marini-Bettòlo: TLC. Amsterdam: Elsevier 1964.
[*203*] Schlemmer, F., u. E. Link: Pharm. Ztg. 104, 1349 (1959).
[*204*] Schneckenburger, J., u. I. Hartikainen: Dtsch. Apotheker-Ztg. 104, 1402 (1964).
[*205*] Schneider, G.: Arzneimittel-Forsch. 14, 435 (1964).
[*206*] Schreiber, K., O. Aurich, and G. Oeske: J. Chromatog. 12, 63 (1963).
[*207*] — — u. K. Pufahl: Arch. Pharm. 295, 271 (1962).
[*207b*] Schreiber, K., C. Horstmann u. G. Adam: Chem. Ber. 98, 1961 (1965).
[*208*] — u. H. Ripperger: Chem. Ber. 96, 3094 (1963).
[*208b*] Schultz, O. E., u. J. Schnekenburger: Arch. Pharm. 298, 548 (1965).
[*209*] Schumann, D., u. H. Schmid: Helv. Chim. Acta 46, 1996 (1963).
[*209b*] Schunack, W., u. H. Rochelmeyer: Arch. Pharm. 298, 572 (1965).
[*210*] Schütte, H. R., u. H. Hindorf: Naturwissenschaften 51, 463 (1964).
[*210b*] Schütte, H. R., u. B. Maier: Arch. Pharm. 298, 459 (1965).
[*211*] Schwarting, A. E., J. M. Bobbitt, A. Rother, C. K. Atal, K. L. Khanna, J. D. Leary, and W. G. Walter: Lloydia 26, 258 (1963).
[*212*] Schwarz, V., u. M. Šaršúnová: Pharmazie 19, 267 (1964).
[*213*] Severen, R. van: J. pharm. Belg. 17, 40 (1962).
[*214*] Shalaby, A. F., u. E. Steinegger: Pharm. Acta Helv. 39, 752 (1964).
[*214b*] Sharma, R. K., G. S. Khajuria, and C. K. Atal: J. Chromatog. 19, 433 (1965).
[*215*] Shellard, E. J., u. J. D. Phillipson: 23. Intern. Kong. Pharmaz. Wiss. Münster 1963. S. 205.
[*216*] — — 23. Intern. Kongr. Pharmaz. Wiss. Münster 1963, S. 209.
[*217*] — — Planta Med. 12, 27 (1964).
[*218*] — — Planta Med. 12, 160 (1964).
[*219*] Slavíková, L., u. J. Slavík: Unveröffentlicht.

[220] Speake, T., P. McCloskey, W. K. Smith, T. A. Scott, and H. Hussey: Nature 201, 614 (1964).
[221] Srivastava, R. M., u. M. P. Khare: Chem. Ber. 97, 2732 (1964).
[222] — — Current Sci. (India) 32, 114 (1963).
[223] Stadler, P. A.: Helv. Chim. Acta 47, 756 (1964).
[224] — u. A. Hofmann: Helv. Chim. Acta 45, 2005 (1962).
[225] Stahl, E.: Arch. Pharm. 292, 411 (1959).
[226] — Angew. Chem. 73, 646 (1961).
[227] — Pharmazie 11, 633 (1956).
[228] — In: K. Paech u. M. V. Tracey: Moderne Methoden der Pflanzenanalyse, Bd. V. Berlin-Göttingen-Heidelberg: Springer-Verlag 1962.
[229] — Chem.-Ing.-Tech. 36, 941 (1964).
[229b] — u. P. J. Schorn: (unveröffentlicht.)
[229c] — u. H. Jork: (unveröffentlicht).
[230] Stauffacher, D., u. H. Tscherter: Helv. Chim. Acta 47, 2187 (1964).
[230b] Steele, J. A.: J. Chromatog. 19, 300 (1965).
[231] Steinegger, G., R. Bernasconi u. G. Ottoviano: Pharm. Acta Helv. 38, 371 (1963).
[232] Sullivan, G., and M. R. Gibson: J. Pharm. Sci. 53, 1058 (1964).
[233] Suszko-Purzycka, A., and W. Trzebny: J. Chromatog. 16, 239 (1964).
[233b] Suszko-Purzycka, A., and W. Trzebny: J. Chromatog. 17, 114 (1965).
[234] Svoboda, G. H.: Lloydia 24, 173 (1961).
[235] — and A. J. Barnes jr: J. Pharm. Sci. 53, 1227 (1964).
[236] Syper, L.: Dissertationes pharmac. 15, 411 (1963).
[237] Szabo, Z.: Herba Hung. 2, 101 (1963).
[238] Szász, G., L. Khin és Z. Budvári: Acta Pharm. Hung. 33, 245 (1963).
[239] Taber, W. A.: Phytochemistry 2, 65 (1963).
[240] — Phytochemistry 2, 99 (1963).
[241] Teichert, K., E. Mutschler u. H. Rochelmeyer: Z. anal. Chem. 181, 325 (1961).
[242] — — — Dtsch. Apotheker-Ztg. 100, 282, 477 (1960).
[242b] Tomko, J., u. A. Vassová: Pharmazie 20, 385 (1965).
[243] Trojánek, J., O. Štrouf, J. Holubek a Z. Čekan: Collection Czech. Chem. Commun. 29, 433 (1964).
[244] Tschesche, R., G. Biernoth, and G. Wulff: J. Chromatog. 12, 342 (1963).
[245] — K. Kometani, F. Kowitz u. G. Snatzke: Chem. Ber. 94, 3327 (1961).
[246] — P. Welzel, and G. Legler: Tetrahedron 20, 1435 (1964).
[247] Tsuda, Y., O. Achmatowicz jr. u. L. Marion: Liebigs Ann. Chem. 680, 88 (1964).
[248] Tyler, V. E., u. D. Gröger: Planta Med. 12, 397 (1964).
[249] Ullmann, E., u. H. Kassalitzky: Arch. Pharm. 295, 37 (1962).
[250] Vácha, P., P. Čuba, Vl. Preininger, L. Hruban u. F. Šantavý: Planta Med. 12, 406 (1964).
[251] Vágujfalvi, D.: Herba Hung. 3, 267 (1964).
[251b] — Planta Med. 13, 79 (1965).
[252] Végh, A., R. Budvári, G. Szász, A. Brantner és P. Gracza: Acta Pharm. Hung. 33, 67 (1963).
[253] Vidic, E., u. J. Schütte: Arch. Pharm. 295, 342 (1962).
[253b] Vignoli, L., J. Guillot, F. Gouezo et J. Catalin: Ann. pharm. franç. 24, 461 (1966).
[254] Vorbrueggen, H., and C. Djerassi: J. Am. Chem. Soc. 84, 2990 (1962).
[255] Vrublovský, P., H. Potěšilová a F. Šantavý: Unveröffentlicht.
[256] Waldi, D.: Naturwissenschaften 50, 614 (1963).
[257] — K. Schnackerz, and F. Munter: J. Chromatog. 6, 61 (1961).
[257b] Walser, A., u. C. Djerassi: Helv. Chim. Acta 48, 391 (1965).
[258] Wasicky, A.: Anal. Chem. 34, 1346 [1962).
[259] Weissmann, Ch., H. Schmid u. P. Karrer: Helv. Chim. Acta 43, 2201 (1960).
[260] — — — Helv. Chim. Acta 44, 1877 (1961).
[261] — — — Helv. Chim. Acta 45, 62 (1962).

[262] Werny, F., and P. J. Scheuer: Tetrahedron 19, 1293 (1963).
[263] Winkler, W.: Naturwissenschaften 48, 694 (1961).
[264] — Arch. Pharm. 295, 895 (1962).
[265] — u. W. Awe: Arch. Pharm. 294, 301 (1961).
[266] Wolf, L., B. Szarvady és E. M. Karácsony: Acta Pharm. Hung. 34, 131 (1964).
[267] Zarnack, J., u. S. Pfeifer: Pharmazie 19, 216 (1964).
[267b] Zenda, H.: Kagaku No Ryoiki, Zokan, No. 64, 133 (1964); C. A. 62, 10800b (1965).
[267c] Zeitler, H. J.: J. Chromatog. 18, 180 (1965).
[268] Zinser, M., u. Ch. Baumgärtel: Arch. Pharm. 297, 158 (1964).

O. „Einfache" Indolderivate und pflanzliche Wachstumsregulatoren

Urinmetabolite, Auxine, Gibberelline, Cytokinine[1]

Harald Kaldewey

I. Einführung

Als einfach sollen solche Indolderivate bezeichnet werden, die außer dem Indolring (s. Tab. 88, A) keine zusätzlichen Ringsysteme aufweisen. Ihnen stehen komplizierter gebaute Indolalkaloide (S. 428) und Indolfarbstoffe gegenüber.

Unter den Urinmetaboliten werden im folgenden Kapitel neben den Indol- auch Phenol- und Chinaldin-Derivate (Tab. 88, B, C) besprochen. Der Begriff „pflanzliche Wachstumsregulatoren" (plant growth regulators) hat sich in neuerer Zeit für die chemisch und auch in ihrer physiologischen Wirkung recht gut gegeneinander abgrenzbaren Auxine, Gibberelline und Cytokinine eingebürgert. Bei den bisher identifizierten pflanzeneigenen Auxinen handelt es sich um Indolderivate. Gibberelline besitzen dagegen als Grundgerüst das stickstofffreie Gibban-Ringsystem [s. 106]. Die bisher bekannten Cytokinine gehören zu den Purinen.

Als „einfaches" Indolderivat spielt die aromatische Aminosäure Tryptophan (β [Indolyl-3]-α-aminopropionsäure) im tierischen und pflanzlichen Stoffwechsel eine wichtige Rolle. Ihr Abbau über Kynurenin führt z. B. zur Bildung von Nicotinsäure und deren Amid oder von Ommochromen, die als Pigmente vor allem bei Krebsen und Insekten gefunden wurden. Beobachtungen an Mangelmutanten von Insekten und des Schimmelpilzes *Neurospora crassa*, bei denen die genannten Biosynthesewege an bestimmten Stellen blockiert sind, führten zu tieferen Einblicken in die Physiologie der Genwirkung [6].

Durch Hydroxylierung und Decarboxylierung des Tryptophans entsteht das im Tier- und Pflanzenreich vorkommende 5-Hydroxy-tryptamin (Serotonin). Diese Substanz hat vor allem in der Humanphysiologie Beachtung gefunden. Sie wird z. B. neben Adrenalin und Acetylcholin als dritte bei der Übertragung der Nervenerregung in Synapsen oder von Nervenendigungen auf den Effektor wirksame Substanz angesehen. Eines ihrer Umwandlungsprodukte, 5-Hydroxy-indol-3-essigsäure,

---

[1] Synonym mit dem von Mothes [82] vorgeschlagenen Namen Phytokinin.

gewinnt in der klinischen Diagnostik zunehmend an Bedeutung. Es wird beim
Carcinoid vermehrt mit dem Harn ausgeschieden. Über die Funktion des Serotonins
im pflanzlichen Stoffwechsel ist bisher nichts bekannt.

Umfangreiche Arbeiten liegen dagegen über die Wirkung der Indol-3-essigsäure
(IAA)[2] im Pflanzenreich vor. Sie wird von höheren Pflanzen vielleicht, von pflanzlichen Mikroorganismen sicher in vivo aus Tryptophan gebildet. IAA erhielt von
Kögl et al. [56] den Trivialnamen Heteroauxin, als man bei der Suche nach dem
vermeintlichen Pflanzenauxin die auxinaktive IAA aus Harn isolierte. Inzwischen
deuten die vielen Untersuchungen an, daß IAA wahrscheinlich *das* native (genuine)
aktive Auxin ist. Manche andere einfache Indolderivate (und auch zahlreiche Nicht-
indole) zeigen ebenfalls Auxinwirkung. Einige wurden auch aus Pflanzenextrakten
isoliert; z. T. wird es sich allerdings um Artefakte handeln.

Interesse gewannen in neuerer Zeit Konjugationsverbindungen der IAA und
des Tryptophan, die vielleicht als irreversibel inaktivierte Stoffwechselprodukte
nicht mehr benötigter Wachstumsregulatoren anzusehen sind [134, 136]. Dem-
gegenüber kann das sog. gebundene Auxin (Auxinprecursor) bei Bedarf aktiviert
werden. Glucobrassicin, ein indolisches Thioglucosid, wird als möglicher Auxinprecursor in Cruciferen diskutiert [21, 22, 23, 61, 63, 107, 108]. Tryptophan und
Auxine greifen auch in die Biogenese der Indolalkaloide ein [99, 128, 129].

Auxine wurden zunächst als Hormone der Zellstreckung angesprochen
[101, 119]. Die Untersuchungen des vergangenen Dezenniums lassen
aber erkennen, daß den Auxinen eine zentralere Bedeutung im pflanzlichen Wachstumsgeschehen zukommt [25, 49, 50, 123]. Im Zusammenwirken mit Gibberellinen[3] [25, 54, 90a, 91, 126, 127] scheinen sie vornehmlich die Zellstreckung, zusammen mit Cytokininen [17, 82] die
Zellteilung zu beeinflussen und damit die pflanzlichen Entwicklungs-
prozesse entscheidend zu steuern. Allerdings häufen sich die Beobachtungen über weitere Interaktionen zwischen den verschiedenen Wachstumsregulatoren.

Besonders hingewiesen sei auf die Beteiligung von Wachstumsregulatoren bei
pflanzlichen Bewegungen [27], Apikaldominanz [25, 26], Blatt- und Fruchtabwurf
(Abscission) [25, 26], Knospenruhe [26, 132], Vernalisation und photoperiodischen
Erscheinungen [26, 65, 109], bei Blüten- und Fruchtentwicklung [10, 25, 26, 65,
109], Samenkeimung [26, 59], Tumor- und Gallbildungen [17, 26] und beim „Altern"
der Pflanzen [26, 81].

Die geringe Konzentration, in der die genannten Stoffe zumeist in den
Organismen vorliegen, und vielfach auch ihre chemische Instabilität er-
schweren die Untersuchungen über Vorkommen, Biogenese und Metabolismus.

Die PC und Elektrophorese [73, 125] bedeuteten bereits eine wertvolle methodische Bereicherung. Mit der DC zeichnet sich ein weiterer
Fortschritt ab. Seit den ersten dc Analysen von Wachstumsregulatoren
[22, 44, 120] hat die Methode — neuerdings in Kombination mit der GC
[124] — bereits breite Anwendung gefunden. Neben dem Vorteil der

---

[2] Die hier und weiterhin benutzten Abkürzungen sind — in der Hoffnung, zur
Vereinheitlichung beizutragen — nach den englischen Bezeichnungen formuliert;
vgl. auch Nomenklaturvorschläge der IUPAC-IUB in J. Biol. Chem. *241*, 2491
(1966). — Bei Indolderivaten stehen Substituenten ohne Zahlenangaben an $_3$C
(vgl. Tab. 88).

[3] Zur Chemie der Gibberelline, ihrer Derivate und Abbauprodukte sei auf die
umfassende tabellarische Übersicht von Schneider, Sembdner und Schreiber
[106], zur Bibliographie auf die erschienene und die geplanten Zusammenstellungen
[114] verwiesen.

kurzen Laufzeiten von 15—50 min und der hiermit verbundenen geringeren Zersetzung wenig stabiler Substanzen ergibt die DC gewöhnlich auch bessere Trennungen als die bisherigen Methoden. Darüber hinaus können mit geeigneten Sprühreagentien noch Nanogramm-Mengen (1 ng = 10^{-6} mg) sichtbar gemacht werden. Die Empfindlichkeit liegt damit in der Größenordnung biologischer Teste.

II. Aufbereitung des Analysenmaterials
1. Allgemeine Hinweise

Die Aufbereitung wird weitgehend dem speziellen Problem und dem zu untersuchenden Material anzupassen sein. Bei normaler Schichtdicke trägt man kaum mehr als etwa 50 μl der möglichst in einem flüchtigen Lösungsmittel vorliegenden Substanzen auf. Daher müssen Extrakte meist stark eingeengt und im allgemeinen vorgereinigt werden.

Trennung in hydrophile und lipophile Verbindungen und anschließende stufenweise Extraktion der neutralen und sauren Stoffe mit Äther, Chloroform oder Äthylacetat aus sinngemäß gepuffertem wäßrigem Milieu sind die gebräuchlichsten Verfahren [3, 55, 66, 67, 79].

Besonders schwierig ist es manchmal, Chlorophyll und andere Pflanzenfarbstoffe abzutrennen. Zur Vorreinigung sehr chlorophyllreicher methanolischer Extrakte bewährte sich Einengen bis zur Trockne unter vermindertem Druck im Rotationsverdampfer, anschließendes Aufnehmen des Rückstandes mit wenig verdünnter HCl (pH etwa 5) und Filtrieren durch eine kurze (1—2 cm) Kieselgelsäule [133]. Erfolgversprechend, aber bisher kaum benutzt, erscheint die Vorreinigung durch Chromatographie mit Wasser in Essigsäureatmosphäre [3, S. 508] evtl. auf dickeren (präparativen) Schichten.

Auf die Möglichkeit der Gruppentrennung in neutralen Fließmitteln [1, vgl. S. 455], den Einsatz von Ionenaustauschersäulen [5] oder inaktivierter Kohle [9] zur Vorreinigung sei hingewiesen. Für das endgültige Einengen der vorgereinigten Extrakte sind Rotationsverdampfer mit 10—20 ml-Spitzkolben oder Zentrifugengläschen mit Schliff geeignet. Meist wird man bis zur Trockne einengen, 2—3mal mit je 1—3 Tropfen eines flüchtigen Lösungsmittels aufnehmen und jeweils mit einer 10 μl-Pipette auftragen. Wäßrige Lösungen sollten unter N_2-Strom aufgebracht werden, um die Startzone klein zu halten und oxydative Zersetzungen zu unterdrücken. Zu groß geratene Startzonen lassen sich durch kurzfristiges Vorchromatographieren in stark polarem Fließmittel [etwa Wasser-Methanol (50 + 50)] „zusammenschieben".

2. Freie Auxine

Freie Auxine sollten generell durch Kurzzeitextraktion des Pflanzenmaterials unter Ausschalten der Tätigkeit pflanzeneigener Enzyme gewonnen werden. Zahlreiche als Inhaltsstoffe von *Brassica*-Arten bezeichnete Indolderivate erwiesen sich bei Beachtung dieser Kautelen als Artefakte der Extraktion [22, 23, 63, 107]. Geeignet erscheint die von GMELIN und VIRTANEN [22] benutzte Extraktion der frischen, unzerkleinerten Pflanzenorgane in kochendem Methanol (10 min) mit anschließendem Zerreiben und Auspressen oder nachfolgender Extraktion für 1—2 Std bei Raumtemperatur [63]. Für kleine Proben wenig verholzten Materials hat sich folgendes Verfahren bewährt: Probe in Mörser mit flüssigem N_2 übergießen und zerreiben; anschließend Pulver mit Pinsel durch weiten Plastiktrichter in Zentrifugenglas überführen und kochendes Methanol zufügen; Zentrifugenglas einige Minuten in Sand- oder Wasserbad (70—80° C) geben, einige Male umschütteln und abzentrifugieren. Der ganze Vorgang dauert nur wenige Minuten. Alle Geräte werden vor Gebrauch in abgedecktem Becherglas mit flüssigem N_2 vorgekühlt.

Große Auxinausbeuten wurden durch Langzeitextraktion mit Äther bei Raumtemperatur erzielt. Wahrscheinlich wird hierbei während der Extraktion „gebundenes Auxin" freigesetzt.

3. Diffusible Auxine

„Diffusible" Auxine lassen sich in feuchter Atmosphäre an Schnittflächen der Pflanzenorgane mit 1—3proz. wäßrigen Agarblöcken abfangen [*3, 66, 67, 119*]. Hierbei wird die Eigenschaft der Pflanzen, diese Wachstumsregulatoren polar, vorwiegend basipetal zu transportieren, genutzt. Zur Chromatographie werden die im Agar abgefangenen Stoffe bei Raumtemperatur 2—3mal mit dem 5—10fachen Agarvolumen 50 bis 70proz. Methanols oder Äthanols unter Schütteln extrahiert (Dauer >30 min). Als Abfangmedium ist auch eine dünne Kieselgelschicht (auf Objektträgern) geeignet. Die eingedrungenen Stoffe sind leicht durch kurzfristiges Schütteln (3 min) des abgeschabten Kieselgels mit reinem Methanol im Zentrifugenglas und anschließendes Zentrifugieren in klarer Lösung zu gewinnen [*45*].

4. Indolderivate im Harn

Indolderivate im Harn ließen sich durch DC von 50—100 µl der unbehandelten Proben nachweisen [*12*]. Teils wird Extraktion mit Äther oder Äthylacetat aus angesäuertem, NaCl-gesättigtem Harn [*104*] oder Elution der zuvor an inaktivierter Kohle adsorbierten Substanzen mit Phenol-Aqua dest. (8 + 92) empfohlen [*9*].

5. Gibberelline

Gibberelline werden mit Aceton, Methanol oder Äthanol aus frischem oder trockenem Pflanzenmaterial extrahiert (Langzeitextraktion in der Kälte oder auch bei Raumtemperatur). Die evtl. an Aktivkohle adsorbierten und mit Aceton eluierten Substanzen [*55*] lassen sich aus dem wäßrigen Rohextrakt bei pH 3 mit Äthylacetat extrahieren. Anschließende Reinigung durch Ausschütteln mit Pufferlösung bei pH 6, erneute Extraktion mit Äthylacetat bei pH 3 und Vortrennung an Säulen aus Celite/Holzkohle, Celite/Kieselgel, Celite oder Kieselgel scheint meist vor der DC erforderlich zu sein [*51, 55, 75, 76*].

Ringsystem-Legende (Kopf der Spalte „Ringsystem und Substituenten"):

A: Indol (Positionen 4, 5, 6, 7 am Benzolring; 3, 2 am Pyrrolring; N-1) — B: Benzolring (Positionen 5, 4, 6; 1, 2, 3) — C: Chinolin (Positionen 5, 4, 6, 7; 3, 2; N-8, 1). die nicht aufgeführten Substituenten sind —H

Stoffbezeichnung	Ringsystem und Substituenten	Abl... (zur DC-[...] mit • gek[...] Stoffe vgl.
Acetoxy-indole [14] (vgl. auch Indoxyl-acetat)	A4,5,6 oder 7: $-O \cdot CO \cdot CH_3$	z. B. I-4-C
N-α-Acetyl-3-hydroxy-kynurenin [2]	B1: $-CO \cdot CH_2 \cdot CH(NH \cdot CO \cdot CH_3) \cdot COOH$ + B2: $-NH_2$ + B3: $-OH$	Kyn-Nα,A
3-Acetyl-indol [60]	A3: $-CO \cdot CH_3$	IAc
1-Acetyl-indolin [60]	A1: $-CO \cdot CH_3$ + A2 + A3: $-H_2$; $(_2C-_3C)$	Indolin-1-
N-α-Acetyl-kynurenin [2]	B1: $-CO \cdot CH_2 \cdot CH(NH \cdot CO \cdot CH_3) \cdot COOH$ + B2: $-NH_2$	Kyn-Nα,A
N-α-Acetyl-5-methoxy-tryptamin [78]	A3: $-CH_2 \cdot CH_2 \cdot NH \cdot CO \cdot CH_3$ + A5: $-O \cdot CH_3$	TryAm-N
N-α-Acetyl-tryptophan [8, 19, 134, 135]	A3: $-CH_2 \cdot CH(NH \cdot CO \cdot CH_3) \cdot COOH$	Try-N,Ac
Adrenalin [104]	B1: $-CH(OH) \cdot CH_2 \cdot NH \cdot CH_3$ + B3+B4: $-OH$	Adr •
2-Amino-acetophenon [33]	B1: $-CO \cdot CH_3$ + B2: $-NH_2$	AcPhe-2-
3-(2-Amino-äthyl)-indol (siehe Tryptamin)		
2-Amino-hippursäure [2, 9]	B1: $-CO \cdot NH \cdot CH_2 \cdot COOH$ + B2: $-NH_2$	HipA-2-N
4-Amino-hippursäure [9]	B1: $-CO \cdot NH \cdot CH_2 \cdot COOH$ + B4: $-NH_2$	HipA-4-N
2-Amino-3-hydroxy-acetophenon [12]	B1: $-CO \cdot CH_3$ + B2: $-NH_2$ + B3: $-OH$	AcPhe-2-
4-Amino-salicylsäure [9]	B1: $-COOH$ + B2: $-OH$ + B4: $-NH_2$	SalA-4-N
Anthranilsäure [9, 12, 46, 120]	B1: $-COOH$ + B2: $-NH_2$	AntA •
Ascorbigen [22, 23, 63, 95]	—	Ascor
Bufotenin [8, 131]	A3: $-CH_2 \cdot CH_2 \cdot N(CH_3)_2$ + A5: $-OH$	Bufo •
Bufotenin-N-oxid [131]	A3: $-CH_2 \cdot CH_2 \cdot N \rightarrow O(CH_3)_2$ + A5: $-OH$	Bufo-N→
3-Butyl-indol [60]	A3: $-CH_2 \cdot CH_2 \cdot CH_2 \cdot CH_3$	IBut
N,N-Diäthyl-tryptamin [87]	A3: $-CH_2 \cdot CH_2 \cdot N(C_2H_5)_2$	TryAm-N
3,3'-Diindolyl-methan [22, 23, 95]	A3: $-CH_2 \cdot$ (3')-Indolyl	—
1,1'-Dimethyl-3,3'-diindolyl-methan [23]	A1: $-CH_3$ + A3: $-CH_2 \cdot$ (3')-1'·methyl·indolyl	—
1,2-Dimethyl-5-hydroxy-indol-3-carbonsäure-äthylester [60]	A1 + A2: $-CH_2$ + A3: $-CO \cdot O \cdot C_2H_5$ + A5: $-OH$	ICA-OEt-
1,2-Dimethyl-indol [87]	A1 + A2: $-CH_3$	I-1,2-DiM
1,3-Dimethyl-indol [60]	A1 + A3: $-CH_3$	I-1,3-DiM
2,3-Dimethyl-indol [87]	A2 + A3: $-CH_3$	I-2,3-DiM
N,N-Dimethyl-tryptamin [8, 87, 131]	A3: $-CH_2 \cdot CH_2 \cdot N(CH_3)_2$	TryAm-N
Dopamin [104]	B1: $-CH_2 \cdot CH_2 \cdot NH_2$ + B3 + B4: $-OH$	DopAm •
N-Formyl-2-amino-acetophenon [33]	B1: $-CO \cdot CH_3$ + B2: $-NH \cdot CHO$	AcPhe-2-
Glucobrassicin [22, 63]	A3: $-CH_2 \cdot C(=N \cdot OSO_3^-)(-S \cdot Glucose)$	Glubra
Gramin [8, 46, 60, 120]	A3: $-CH_2 \cdot N(CH_3)_2$	Gram •
Harnindican (siehe Indoxylsulfat)		
Histamin [104]	—	Hist •
3-Hydroxy-anthranilsäure [2, 9, 12]	B1: $-COOH$ + B2: $-NH_2$ + B3: $-OH$	AntA-3-O
2-Hydroxy-indol [14, 19]	A2: $-OH$	I-2-OH
5-Hydroxy-indol [8, 14, 19]	A5: $-OH$	I-5-OH •
weitere Hydroxy-indole [14]		
5-Hydroxy-indol-3-acetamid [8]	A3: $-CH_2 \cdot CO \cdot NH_2$ + A5: $-OH$	IAAm-5-C
5-Hydroxy-indol-3-äthanol [78]	A3: $-CH_2 \cdot CH_2OH$ + A5: $-OH$	IEtOH-5-
5-Hydroxy-indol-3-essigsäure [8, 9, 19, 28, 46, 78, 90, 104, 120]	A3: $-CH_2 \cdot COOH$ + A5: $-OH$	IAA-5-OF
3-Hydroxy-kynurenin [2, 9, 12]	B1: $-CO \cdot CH_2 \cdot CH(NH_2) \cdot COOH$ + B2: $-NH_2$ + B3: $-OH$	Kyn-3-OF
3-Hydroxymethyl-indol (siehe Indol-3-methanol)		
5-Hydroxy-skatol [32, 33, 34, 35]	A3: $-CH_3$ + A5: $-OH$	Ska-5-OH
weitere Hydroxy-skatole [32, 33, 34, 35]		
5-Hydroxy-tryptamin (siehe Serotonin)		
5-Hydroxy-tryptophan [8,9,14,28,46,87,90,104,120]	A3: $-CH_2 \cdot CH(NH_2) \cdot COOH$ + A5: $-OH$	Try-5-OH
weitere Hydroxy-tryptophane [14]		
Indol [8, 9, 12, 14, 19, 22, 23, 46, 60, 87, 120]	A	Indol •
Indol-3-acetaldehyd [8, 19, 46, 120]	A3: $-CH_2 \cdot CHO$	IAAld •
Indol-3-acetamid [1, 8, 9, 19, 46, 63, 87, 102, 120, 134]	A3: $-CH_2 \cdot CO \cdot NH_2$	IAAm •
Indol-3-acethydrazin [60]	A3: $-CH_2 \cdot CO \cdot NH \cdot NH_2$	IAHydraz
Indol-3-acetonitril [1, 8, 19, 22, 23, 46, 63, 87, 102, 120]	A3: $-CH_2 \cdot CN$	IAN •
N-(Indol-3-acetyl)-asparaginsäure [19, 63, 134]	A3: $-CH_2 \cdot CO \cdot NH \cdot CH(COOH)(CH_2 \cdot COOH)$	IAAspA
Indol-3-acetyl-D-glucose [134]	A3: $-CH_2 \cdot CO \cdot O \cdot Glucose$	IAGlc
Indol-3-acetyl-glucuronid [28]	A3: $-CH_2 \cdot CO \cdot O \cdot Glucuronsäure$	IAGlcUA
N-(Indol-3-acetyl)-glutamin [28]	A3: $-CH_2 \cdot CO \cdot NH \cdot CH(COOH)([CH_2]_2 \cdot CO \cdot NH_2)$	IAGlu(NH
N-(Indol-3-acetyl)-glycin [28]	A3: $-CH_2 \cdot CO \cdot NH \cdot CH_2 \cdot COOH$	IAGly
Indol-3-acrylsäure [8, 19, 28, 46, 120]	A3: $-CH:CH \cdot COOH$	IAcrA •
N-(Indol-3-acryloyl)-glycin [28, 36]	A3: $-CH:CH \cdot CO \cdot NH \cdot CH_2 \cdot COOH$	IAcrGly
Indol-3-äthanol [1, 8, 19, 46, 87]	A3: $-CH_2 \cdot CH_2 \cdot OH$	IEtOH •
Indol-3-aldehyd [1, 19, 22, 33, 46, 60, 63, 102, 120]	A3: $-CHO$	IAld •
Indol-3-aldoxim [46]	A3: $-CH \cdot NOH$	IAldoxim
Indol-3-brenztraubensäure [19, 46, 87, 92]	A3: $-CH_2 \cdot CO \cdot COOH$	IPyA •
Indol-3-buttersäure [1, 8, 19, 46, 87, 120]	A3: $-CH_2 \cdot CH_2 \cdot CH_2 \cdot COOH$	IBA •
Indol-3-carbinol (siehe Indol-3-methanol)		
Indol-3-carbonsäure [1, 19, 33, 46, 63, 102]	A3: $-COOH$	ICA •
Indol-1,3-dipropionitril [60]	A1 + A3: $-(CH_2)_2 \cdot CN$	I-1,3-Dipr
Indol-3-essigsäure [1, 8, 9, 19, 28, 46, 63, 86, 87, 90, 92, 102, 120, 134]	A3: $-CH_2 \cdot COOH$	IAA •

...nmetabolite: hRf-Richtwerte, Farben, Fluorescenz und untere Nachweisgrenzen in ng (=10^{-9}g) auf 250 µm dicke...

...der ...eten ...89)	I	II	III	IV	V	VI	VII	VIII	IX	X	XI	XII	Löschung im UV_{254}	Fluorescenzfarben im UV_{366} und Nachweisgrenze in ng	van Urk-Reag.-Nr. 67 Farben und Nachweisgrenze in ng	4-Dimethylaminozimtaldehyd-Reag.-Nr. 70 Farben und Nachweisgrenze in ng	un... g...
	[46, 68, 131]	[46, 78]	[1, 46, 102]	[19]	[19, 46]	[14, 46]	[46, 60]	[46, 134, 136]	[46, 90]	[28, 46]	[28, 46]	[2, 46]	[46]	[2, 9, 12, 46, 104]	[1, 8, 9, 12, 19, 35, 46, 60, 78, 102, 120]	[30, 32, 33, 35, 46]	
							— 52 70 —					68 — — 78		gelb-grün — — azur	— non gelb —		— ro
e●		50		— 37+	— 22+			— 60							blau violett		gr
●												73		violett blau	gelb gelb gelbbraun gelb		
	0	04	47↓		19↓	05	0	53	80	95	95	19	50	hellblau 50	gelb 100	rosarot[n] 50	gr
	— 70 20						— — 88								graublau — blau		gr
-OH							— 60								rot — non		— no
	94						— 92								blau — graublau		ge
	13	0	03		0	0	45	05	31	39	55	90	50	blau 10	—[g] 20 rosagelb[n] 1000	grünviolett[n] 500	gr
												— 50		— violettblau	— gelborange → gelb 5000 violett		gr gr
			60 47	49 57	12 23												
	0	— 30 0	22↓	36+	01	0	0	47	76	80	80	31	50	rosa 1000	blau graublau blau[n] 50	grauviolett[n] 50	ge
												86		gelbgrün	orange blauviolett	violett	ro
	0	0	06		0	0	0	05	33	24	24	87	50	rötlich 1000	blaugrau[n] 50	violett[n] 50	gr
	64 67 08 52	63 40 12 53	73 67 51 72	81 67 23 63	70 58 08 61	53 29 02 34	83 58 21 40 67	69* 64 43 63	81 83 70 82	97 96 83	100 86	08 05* 47 12	100 non 100 500	grau 50 grau 100 grau 1000 rosa 100	rot[n] 50 braunviolett[n] 1000 blau[n] 50 gelbgrün grauviolett[n] 100	grünblau[n] 10 rosaviolett[g] 50 violett[n] 50 rotviolett[b] 50	gr gr gr ge
				22+	17+			35 10		— — 45 68 82	— — 45 68 82						
	0 21 23 10	03 28 27 18	50↓ 66 61 70	67+ 52 58	56+ 41 36 41	03 11 12 08	0 42 42 14↑	53 52* 49 47	82 79 75 82	98 83 93 90 93	98 83 96 95 93	02 21 13 09	100 50 50	grau 2000 grau 100 grau 1000 non —	braunrosa[g] 100 rot graugelb[n] 500 → rosa[n] 1000 non[n] —	braunrot[v] 50 rotviolett[n] 5 rosagelb[n] 1000 rosa[n] 500	bra gel ros no
	* 0	0 04	04 48	56+ 72+	59+ 70+	0 04↓	0 0	49 60	73 83	27 98	* 98	04 05	150 500	grau 50 grau 500	grauviolett[n] 50 blau[n] 100	braunrosa[r] 50 grauviolett[r] 50	gra gra
	0	04	60	71+	58+	03	0 68	57	81	88	88	06	50	grau 500	rot[n] 100 non —	blaugrau[v] 100	gra no
	0	01	34↓	68+	06	02	0	56*	78	93*	93	13	100	grau 1000	rosaviolett[n] 30	braunviolett[r] 50	bra

Nachweis-grenze in ng [35, 46, 60, 102, 120]	házka-Reag.-Nr. 110 — Fluorescenzfarben im $UV_{366;254}$ und Nachweisgrenze in ng	Salkowski-Reag.-Nr. 95 u. Nr. 98 — Farben und Nachweisgrenze in ng mit FeCl$_3$/HClO$_4$ [24, 46]	FeCl$_3$/H$_2$SO$_4$ [8, 46, 96]	Fluorescenz-farben im $UV_{366;254}$ [46]	Ninhydrin-Reag.-Nr. 176 Farben[1] und Nachweis-grenze in ng [46, 104]
	— / dunkel				
	— / rosaorange		violett		— / hellbraun >1000
500	blau 100; blau	non	non	dkl; dkl	rosa[b] 100
	— / dunkel		graublau		
	— / violett				
	graugelb		grauviolett		hellbraun >1000
500	graugrün 50; gelb	grauviolett 50	braunviolett 50	non; non	violett[n] 500
					— / rosablau >1000
500	braun 500		graubraun		
	dunkelblau		graublau		
500	d'violett 100; violett	grauviolett 50	graublau 50	non; non	violett[n] 500
500	graubraun 10; dkl	graurosa 100	graugrün 100	non; non	braunrot 50
500	braunrosa 100; dkl	braunviolett 50	braunrosa 50	gelb; gold	braun[n] 500
10	graugelb 10; gelb	braun 500	braun 500	grau; grün	braunviolett[n] 50
500	graugelb 50; grau	rotviolett 50	rotviolett 50	gelb; grün	non[n]
500	gelbrosa 50; gold	grauviolett 10	graublau 50	rosa; gold	rosa[n] 1000
500	graugrün 50; braun	grauorange 50	gelborange 100	non; non	braunrosa[n] 50
500	rosagelb 10; orange	gelbviolett 100	grauviolett 500	orange; gold	violett[n] 1000
000	grau 500; dkl	braun 1000	braun 1000	grau; grün	non[n] —
—	gelb 1000; dkl	gelbbraun 500	gelbbraun 500	non; non	non[n] —
100	gelbbraun 5; oliv	braunviolett 50	grauviolett 50	braun; grün	rosa[n] 100
500	gelbrosa 10; gold	graugelb 50	grünorange 50	gelb; gold	rosa[n] 100
500	braunviolett 10; braun	grünbraun 500	grauviolett 100	non; non	rosa[n] 1000
—	non —				
500	hellgelbgrün 5; gelb	braunviolett 50	rotviolett 10	gelb; gold	rosa[g] 100

Stoffbezeichnung	Ringsystem und Substituenten	Abkürzu[ng]
A: Indol-Ringsystem, Positionen 4,5,6,7 und 2,3, N an 1. B: Benzolring, Positionen 5,4,6 und 1,2,3. C: Chinolin-Ringsystem, Positionen 5,6,7,8 und 2,3,4, N an 1.	die nicht aufgeführten Substituenten sind —H	(zur DC-Trenn[ung] mit • gekennz[eichnete] Stoffe vgl. auch …)
Indol-3-essigsäure-äthylester [1, 46, 87, 134]	A3: —CH₂·CO·O·C₂H₅	IAA-OEt •
Indol-3-essigsäure-methylester [19, 46]	A3: —CH₂·CO·O·CH₃	IAA-OMe •
Indol-3-glykolsäure [19, 46, 87]	A3: —CH(OH)·COOH	IGlycA •
Indol-3-glyoxylamid [19, 46]	A3: —CO·CO·NH₂	IGlyoxAm •
Indol-3-glyoxylsäure [8, 19, 46]	A3: —CO·COOH	IGlyoxA •
Indolin [60]	A2: —H₂ + A3: —H₂; (₂C—₃C)	Indolin
Indol-3-methanol [19, 22, 23, 33, 46, 87, 95, 120]	A3: —CH₂OH	IMeOH •
N-(Indol-3-methyl)-anilin [60]	A3: —CH₂·HN·C₆H₅	IMeAnil
Indol-3-milchsäure [8, 19, 28, 46, 86, 87, 92]	A3: —CH₂·CH(OH)·COOH	ILA •
Indol-3-carbonsäurenitril [60]	A3: —CN	ICN
Indol-3-propionsäure [8, 9, 19, 28, 46, 87, 90, 120]	A3: —CH₂·CH₂·COOH	IPA •
Indoxyl-acetat [8] (vgl. auch Acetoxy-indole)	A3: —O·CO·CH₃	IOAc •
Indoxyl-sulfat [9, 12, 28]	A3: —O·SO₃H	IOSulf •
Isatin [46, 120]	A2 + A3: = O; (₂C—₃C)	Isat •
Kynurenin [2, 12]	B1: —CO·CH₂·CH(NH₂)·COOH + B2: —NH₂	Kyn •
Kynurenin-sulfat [9, 28]	B1: —CO·CH₂·CH(NH₂)·CO·O·SO₃H + B2: —NH₂	KynSulf •
Kynurensäure [2, 9, 12]	C2: —COOH + C4: —OH	KynA •
N-Malonyl-tryptophan [134, 136]	A3: —CH₂·CH(NH·CO·CH₂·COOH)·COOH	Try-N,Mal •
Metanephrin [104]	B1: —CH(OH)·CH₂·NH·CH₃ + B3: —O·CH₃ + B4: —OH	MetNeph •
5-Methoxy-N,N-dimethyl-tryptamin [68, 131]	A3: —CH₂·CH₂·N(CH₃)₂ + A5: —O·CH₃	TryAm-N,DiMe
5-Methoxy-indol [60]	A5: —O·CH₃	I-5-OMe
5-Methoxy-indol-3-äthanol [78]	A3: —CH₂·CH₂OH + A5: —O·CH₃	IEtOH-5-OMe •
5-Methoxy-indol-3-aldehyd [60]	A3: —CHO + A5: —O·CH₃	IAld-5-OMe
5-Methoxy-indol-2-carbonsäure-äthylester [60]	A2: —CO·O·C₂H₅ + A5: —O·CH₃	I-2-CA-OEt-5-O…
5-Methoxy-indol-3-essigsäure [78]	A3: —CH₂·COOH + A5: —O·CH₃	IAA-5-OMe •
5-Methoxy-N-methyl-tryptamin [68]	A3: —CH₂·CH₂·NH·CH₃ + A5: —O·CH₃	TryAm-N,Me-5-…
5-Methoxy-tryptamin [87]	A3: —CH₂·CH₂·NH₂ + A5: —O·CH₃	TryAm-5-OMe
8-Methoxy-xanthurensäure [2]	C2: —COOH + C4: —OH + C8: —O·CH₃	XantA-8-OMe
2-Methyl-3-chlor-indol [60]	A2: —CH₃ + A3: —Cl	I-Cl-2-Me
2-Methyl-5-hydroxy-3-acetyl-indol [60]	A2: —CH₃ + A3: —CO·CH₃ + A5: —OH	IAc-2-Me-5-OH
2-Methyl-5-hydroxy-indol-3-carbonsäure-äthylester [60]	A2: —CH₃ + A3: —CO·O·C₂H₅ + A5: —OH	ICA-OEt-2-Me-…
1-Methyl-indol [23]	A1: —CH₃	I-1-Me
2-Methyl-indol [60]	A2: —CH₃	I-2-Me
1-Methyl-indol-3-methanol [23]	A1: —CH₃ + A3: —CH₂OH	IMeOH-1-Me
2-Methyl-5-methoxy-indol-3-carbonsäure-äthylester [60]	A2: —CH₃ + A3: —CO·O·C₂H₅ + A5: —O·CH₃	ICA-OEt-2-Me-…
3-Methyl-oxindol [33]	A2: = O + A3: —CH₃; (₂C—₃C)	Ska-2-OH
N-Methyl-serotonin [131]	A3: —CH₂·CH₂·NH·CH₃ + A5: —OH	Sero-N,Me
N-Methyl-tryptamin [68, 74]	A3: —CH₂·CH₂·NH·CH₃	TryAm-N,Me
5-Methyl-tryptamin [87]	A3: —CH₂·CH₂·NH₂ + A5: —CH₃	TryAm-5-Me
5-Methyl-tryptophan [8, 120]	A3: —CH₂·CH(NH₂)·COOH + A5: —CH₃	Try-5-Me •
Neoglucobrassicin [23]	A1: —O·CH₃ + A3: —CH₂·C(= N·OSO₃⁻) (—S·Glucose)	NeoGlubra
1-Nitroso-gramin [60]	A1: —N:O + A3: —CH₂·N(CH₃)₂	Gram-1-N=O
1-Nitroso-2-methyl-indolin [60]	A1: —N:O + A2: —HCH₃ + A3: —H₂; (₂C—₃C)	Indolin-1-N=O…
Noradrenalin [104]	B1: —CH(OH)·CH₂·NH₂ + B3 + B4: —OH	NoAdr •
Normetanephrin [104]	B1: —CH(OH)·CH₂·NH₂ + B3: —O·CH₃ + B4: —OH	MoMetNeph •
Oxindol (siehe 2-Hydroxy-indol)		
3-Phenyl-acetyl-indol [60]	A3: —CO·CH₂·C₆H₅	IAcPhe
Serotonin [8, 9, 28, 46, 87, 90, 104, 120, 131]	A3: —CH₂·CH₂·NH₂ + A5: —OH	Sero •
Skatol [8, 9, 19, 22, 23, 28, 32, 33, 60, 87, 120]	A3: —CH₃	Ska •
Tryptamin [8, 9, 19, 28, 46, 63, 87, 120]	A3: —CH₂·CH₂·NH₂	TryAm •
Tryptophan [8, 9, 12, 19, 46, 63, 90, 92, 120, 134, 136]	A3: —CH₂·CH(NH₂)·COOH	Try •
Tryptophol (siehe Indol-3-äthanol)		
Vanillin-Mandelsäure [104]	B1: —CHO + B3: —O·CH₃ + B4: Mandelsäure	Van-Mand •
Xanthurensäure [2, 9, 12]	C2: —COOH + C4 + C8: —OH	XantA •

Zeichen: • Stoff wird zersetzt; ↓↑ Stoff zeigt Schwanzbildung; + Methylester des angeführten Stoffs; →

Nr.	Zusammensetzung der Fließmittel (v/v)	Nr.	
I	Chloroform-Methanol (93 + 7) mit Ammoniak (25 proz) gesättigt	I	neutrale I…
II	Chloroform-Methanol (93 + 7)	II	neutrale I…
III	Äthylacetat-Isopropanol-Wasser (65 + 24 + 11)	III	saure Aux…
IV	Diisopropyläther-Dimethylformamid (80 + 20)	IV	} zweidim…
V	Benzol-Dioxan (65 + 35)	V	} zweidim…
VI	Benzol-Aceton (90 + 10)	VI	neutrale I…
VII	Benzol-Äthanol (90 + 10) auf Aluminiumoxyd (neutral)	VII	neutrale I…
VIII	Chloroform-Äthylacetat-Ameisensäure (35 + 55 + 10)	VIII	—
IX	n-Butanol-Essigsäure-Wasser (65 + 13 + 22)	IX	basische I…
X	Aceton-Chloroform-Essigsäure (96 proz)-Wasser (40 + 40 + 20 + 5)	X	} Urinme…
XI	Aceton-Ammoniak (25 proz) (100 + 1)	XI	} mittel X…
XII	Methanol-Wasser-Ameisensäure (37,5 + 60 + 2,5) auf Polyamidschicht	XII	Tryptoph…

Tabelle 88. (Fortsetzung)

	hRf für 10 cm Trennstrecke in den unten genannten Fließmitteln												Löschung im UV$_{254}$	Fluorescenzfarben im UV$_{366}$ und Nachweisgrenze in ng	van Urk-Reag.-Nr. 67[4] Farben[1] und Nachweisgrenze in ng	4-Dimethylaminozimtaldehyd-Reag.-Nr. 70[4] Farben[1] und Nachweisgrenze in ng	
en 9)	I [46, 68, 131]	II [46, 78]	III [1, 46, 102]	IV [19]	V [19, 46]	VI [14, 46]	VII [46, 60]	VIII [46, 134, 136]	IX [46, 90]	X [28, 46]	XI [28, 46]	XII [2, 46]	[46]	[2, 9, 12, 46, 104]	[1, 8, 9, 12, 19, 35, 46, 60, 78, 102, 120]	[30, 32, 33, 35, 46]	un g
	63	62	70		68	39	73	67	80	98	100	10	500	grau 500	rotviolett[n] 100	rotviolett[n] 50	ge
	59	61	68	68	65	35	72	65	79	88	100	15*	500	grau 500	rotviolett[n] 100	rotviolett[n] 50	ge
	0	0	04	43+	40+	0	0	35*	59	63	63	35	100	grau 100	violettrot 50	braunviolett[n] 50	al
	09	16	63	37	27*	05	21	48	76	85	85	12	50	non —	hellgelb[n] 5000	rosa[n] 1000	ro
	0	0	07	59+	45+	0	0 77	16	48	56	56	11	100	gelblich 500 gelb	gelbrosa[n] 500	braungelb[n] 100	ro
	62	57	70		72	61	32	65 68	70* 	81*	97*	100	16	100	grau 100	graurosa[n] 100 rosagelb	braunviolett[n] 50	ge
	0	0	06	49+	44+	0	0 48	40	66	75	75	22	100	grau 100	blau[n] 50 violett	rosaviolett[n] 5	ge ro
	0	03	43↓	72+	67+	03	0	58	82	96	96	07	100	grau 50	graublau[n] 50	braunviolett[n] 50	gr
	— 30	— 36	— 65		— 38	— 15	— 0		— 73	33 — — 25	73 — — 30	— 40 90	— 500	braungrau non azur blaugrün	blau braunrot orange[n] 500 gelbbraun gelborange	— gelb[n] 500	br ge
								— 40				36		blaugrün	non —		
	94 —							70							rotviolett		
		60						54 70							grünblau violett non —		ro he
		10													blau		
								77				30 —		blau	non —		
								50 38							non — non —		no
								— 83 — 68							rotviolett non —		
	— 34														blaugrau 50		tü
								— — 45 85							— — non — graugelb		— — pu
	30	0	03		0	0	64 	03	42	38	46	86	non	non —	rosa grau[n] 100	violett[n] 500	bra
	73	74	77	86	74	56	76	70	83	100	100	04	500	grau 500	graublau[n] 100	grauviolett[n] 50	gr
	0	07	02	05	01	0	03	07	46	51	64	85	100	weiß 50	grünblau[n] 100	braunrot[g] 50	gel
	0	0	07		0	0	0	08	42	38	38	77	50	grau 500	grünblau[n] 50	grauviolett[n] 50	gel
								— 17						blaugrün	non —		

erscheint langsam.

Anwendungsgebiete und Bemerkungen

...vate, Indolalkaloide
...vate, Urinmetabolite

...le Technik, Säuren zuvor mit Diazomethan verestern

...vate
...vate

...vate, Urinmetabolite
... nach gründlicher Trocknung erneute Chromatographie in Fließ-
...rennung der Amine von den Indolaminosäuren
...olite, sehr scharfe Flecken, empfindliche Schicht

Farbabkürzungen: d' oder dkl = dunkel, gol…

[1] Die Exponenten der Farbangaben beziehen… Hierbei bedeuten: b = blaue, g = gelbe…

[2] Dunkelviolette Löschzonen bei Benutzung…

[3] Fluorescenz wird teils erst nach Bestrahlung…

[4] Platten nach Sprühen 10 min auf 60° C er… und teils verändert.

[5] Platten nach Sprühen 20—30 min auf 100°… stärkt Fluorescenz, diese ist über Wochen…

[6] Platten nach Sprühen 1 Std auf 110° C erwä… — außer Isatin — bis zu 10 ng hinab Fluo…

…eis- g	…zka-Reag.-Nr. 110[5] — Fluorescenzfarben im $UV_{366;254}$ und Nachweisgrenze in ng [35, 46, 60, 102, 120]	Salkowski-Reag.-Nr. 95 u. Nr. 98[4] — Farben und Nachweisgrenze in ng mit $FeCl_3/HClO_4$ [24, 46]	$FeCl_3/H_2SO_4$ [8, 46, 96]	Fluorescenzfarben im $UV_{366;254}$ [46]	Ninhydrin-Reag.-Nr. 176[6] Farben[1] und Nachweisgrenze in ng [46, 104]
00	rosa 50; gold	gelbbraun 50	blauviolett 50	braun;braun	rosa[n] 1000
00	rosa 50; gold	gelbbraun 50	blauviolett 50	braun;braun	rosa[n] 1000
00	grüngelb 50; oliv	grauviolett 100	braunviolett 50	non; non	gelborange[n] 100
00	grau 500; non	graugrün 500	graugrün 500	non; non	non[n] —
00	grünviolett 500; grau	graugrün 100	graugelb 500	braun;braun	non[n] —
00	braungelb 5; braun	braunviolett 50	rotviolett 50	non; non	rosabraun[n] 100
00	gelbrosa 10; orange	braunviolett 50	braunviolett 10	braun: gold	rosa[n] 500
00	gelbbraun 10; orange	gelbbraun 50	braunorange 50	gelb; gold	rosa[n] 100
—	blauviolett — —	— —	braunviolett —	— —	— —
—	— — —	— —	— —	— —	— —
00	dunkel 500; violett	gelb 500	gelb 500	non; non	gelb[n] 500
					— —
					— —
					violett >1000
	blaugrau				
	grüngelb				
	blaugrau				
	violett				
	gelbgrün 5		violett		
					— —
					— —
					— —
					braun >1000
					graubraun >1000
0	graugelb 50; grau	grau 500	grau 500	non; non	braunviolett[n] 100
0	gelb 5; orange	gelbbraun 500	braun 500	non; non	violett[n] 500
0	gelbrosa 5; orange	gelbbraun 50	braunviolett 50	gelb; gold	braunviolett[g] 50
0	gelbrosa 10; orange	braunorange 50	violettorange 50	orange; gold	braunrot[n] 5
					non —
					— —

…aun leuchtend, non = keine Färbung

…uorescenz des Reaktionsproduktes mit dem Nachweisreagens.
…ne, h = graue, n = keine, r = rote, v = violette Fluorescenzfarbe.

…hichten (mit Leuchtstoffzusatz).

…, angeregt oder verstärkt.

…urch Überblasen von Königswasserdämpfen werden Farben vertieft

…en; Überblasen von Königswasserdämpfen vertieft Farben und ver-

…h mehrtägigem Liegen im Labor zeigen alle geprüften Indolderivate

Tabelle 89. *Dünnschichtchromatographische Trennung von Indolderivaten und Urinmetaboliten. h Rf-Richtwerte und Laufzeiten für 10 cm Trennstrecke auf Kieselgel G, H oder P*

Fließmittel	XIIIa XIIIb	XIV	XV	XVIa XVIb	XVII	XVIIIa XVIIIb	XIX	XX	XXI	XXII	XXIII
	Isopropanol-$NH_4OH \cdot 7N$ — H_2O a: 80+10+10 b: 84+8+8	Isopropanol-Methylacetat — NH_4OH 7N (35+45+20)	Propanol-Methylacetat — NH_4OH 7N (45+35+20)	Trogkammer / Schmalkammer: $CHCl_3$ — CH_3COOH 96 proz. (95+5)	$CHCl_3$ - MeOH — CH_3COOH 96 proz. (75+20+5)	$CHCl_3$ - Alc. abs. — HCOOH 96 proz. — H_2O (74+15+7+4) 1 mal 10 cm 30'; 1 mal 5 cm 7', 1 mal 10 cm 30'	2-Butanon-Hexan (35+65) KG pH 5.2	Isobutanol-MeOH — H_2O (80+5+15)	Butanol-Alc. abs.-H_2O (76+19+5)	$CHCl_3$ - EtOH 96 proz. 1 mal 5 cm 10', 60+40; 1 mal 10 cm 40', 80+20	$CHCl_3$ - MeOH - CCl_4 1 mal 5 cm 10': 50+40+10; 1 mal 10 cm 40': 50+20+30
Laufzeit:	80'	50'	50'	30'	30'		2 mal 5 cm je 3'; 2 mal 10 cm je 12'	80'	120'		
Lit.:	46, 125, 133	8, 12, 46, 120, 136	9, 46	8, 9, 46, 78, 86, 120, 130	12, 46, 63	11, 46	48, 87	46, 84, 133	46, 117, 133	1, 46, 102	

Ordinate: hRf — scale 100, 90, 80, 70, 60.

Laufstrecken-Marken (Substanzbezeichnungen je Säule, von oben nach unten):

XIIIa: Ska, Indol, IAA-OET, IMeOH, IAN, IAA-OMe, IAAld, IEtOH, IAldoxim, IAld, IGlyoxAm, IAAm, Gram

XIV: Ska, IAA-OEt, AcPhe-2-NH₂-3-OH, IAN IAA-OMe, Indol IAAld, IOAc, IEtOH, IMeOH, I-5-OH, IGlyoxAm, IAld IAAm, Gram, TryAm-N,DiMe, IAAm-5-OH, TryAm, Sero, Bufo, IOSulf

XV: Ska, IAA-OEt, IAA-OMe, Indol, IMeOH, IAN, IEtOH, IAld, IAldoxim, IGlyoxAm, Gram, IAAld, IAAm, TryAm, IOSulf, Sero

XVIa / XVIb: Ska, Indol

XVII: IAA-OEt, IAA-OMe, Indol, Ska, IMeOH*, IAN, IEtOH, IAld, IAAld, IBA, IAldoxim, IPA, AntA, IAA, ICA, IAcrA, IGlyoxAm, IAAm

XVIIIa: Ska, Indol, IAA-OEt, IAA-OMe, IMeOH*, IAN, IAAld, IBA, IPA, IEtOH, IAld, AntA, IAA —*, IPyA —*, IAcrA, ICA, IGlyoxAm

XIX: IAA-OEt, IMeOH, IAA-OMe, IAAld, IAN, AntA, Isat

XX: Ska, Indol, IMeOH, IAldoxim, IAA-OEt, IAAld, IAA-OMe, IAN, IGlyoxAm, IEtOH, IAld, ICA, IAAm

XXII: Ska, IAA-OEt, IAA-OMe, Indol, IAN, IMeOH, IAAld, IEtOH, IAld, IAldoxim, IGlyoxAm, IAAm

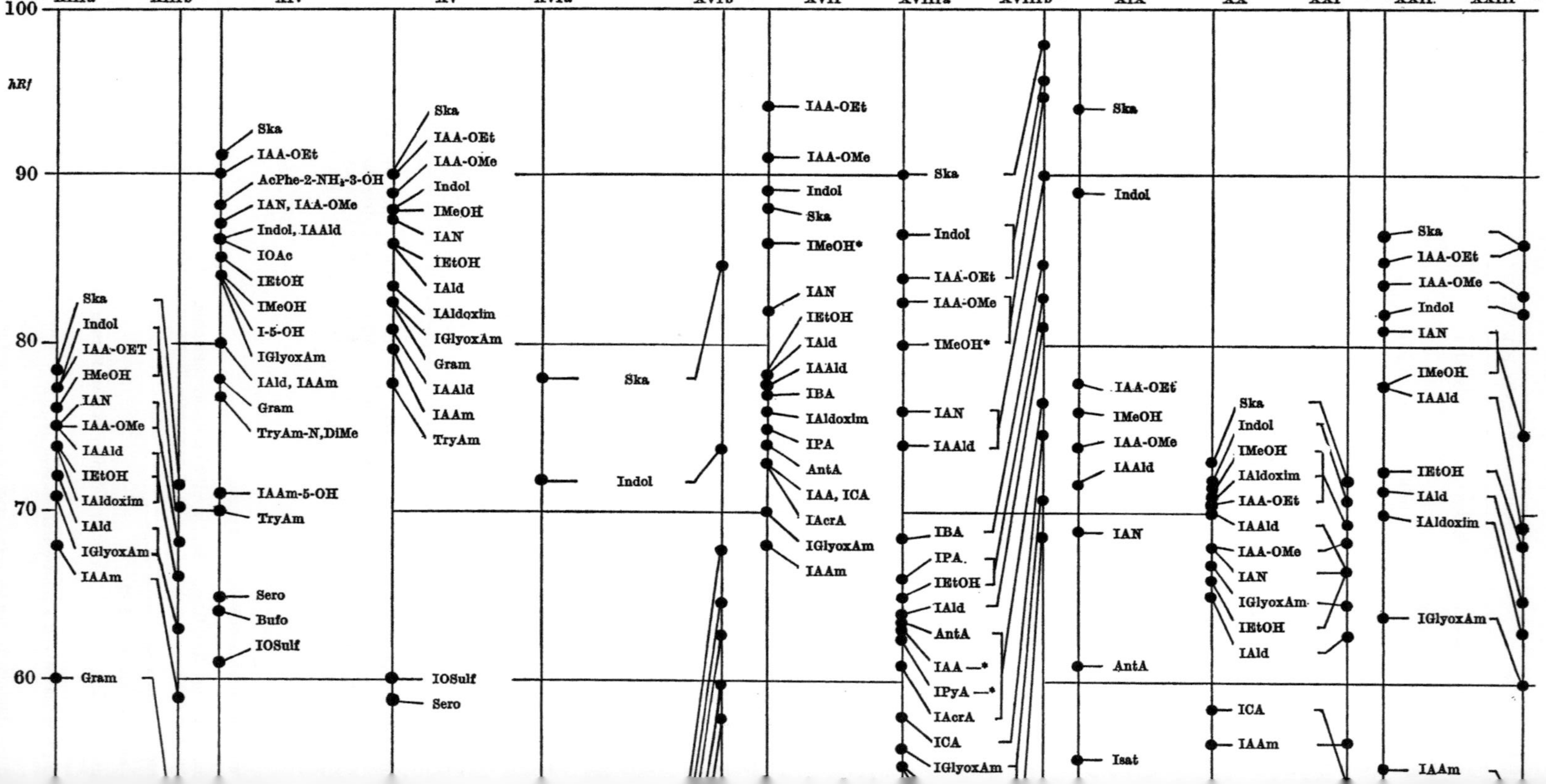

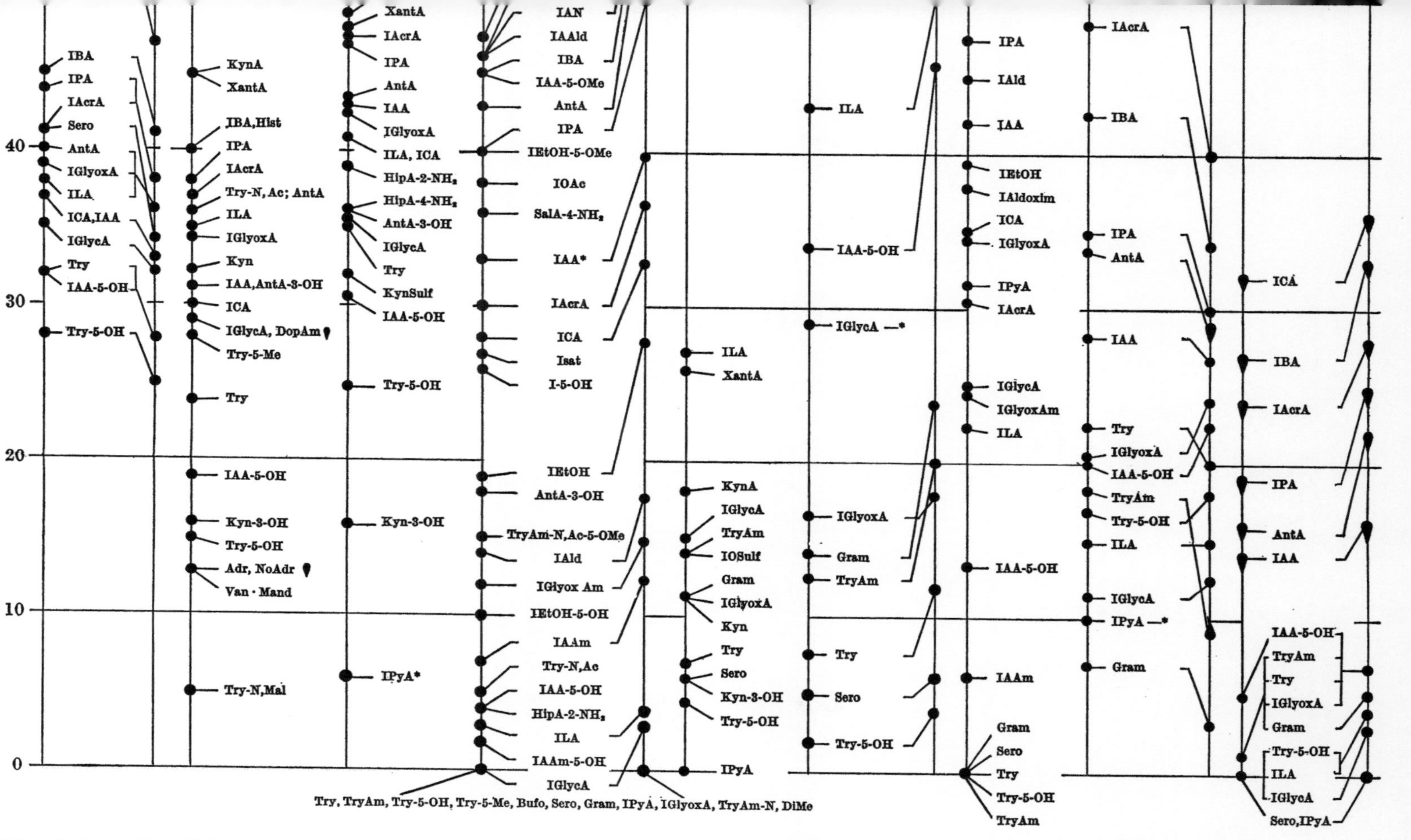

♦ Stoff zeigt Schwanzbildung * Stoff wird zersetzt ¹ Deckplatte mit KG beschichtet, vor Lauf mit 10 ml Essigsäure besprüht, beim Lauf in Fließmittel eingetaucht. ² Hochreines KG mit $^1/_{30}$ M Phosphat-Puffer angerührt.

Für Abkürzungen vgl. Tab. 88

Dünnschicht-Chromatographie, 2. Aufl.

Sembdner u. Mitarb. schüttelten den mit Äthylacetat extrahierten Rohextrakt zusätzlich mit n-Butanol aus und erhielten so die stärker polaren Gibberelline aus Blüten von *Phaseolus* [113] und Sprossen von *Nicotiana* [115]. Jones und Phillips [40] wiesen nach 18stündigem Abfangversuch (s. o. diffusible Auxine) „diffusible Gibberelline“ im Agar nach. Die Stoffe wurden — nach Einfrieren des Agars bei —15° C — bei Raumtemperatur mit Methanol extrahiert.

6. Cytokinine

Cytokinine sind bisher in wäßrigen äthanolischen Extrakten verschiedener Pflanzenmaterialien nachgewiesen worden.

Eine Abtrennung der bisher gefundenen Cytokinine von Gibberellinen und sauren Auxinen ist durch Ausschütteln der auf pH 3 angesäuerten wäßrigen Extrakte mit Äthylacetat möglich. Die organische Phase zeigte sich im Cytokinintest inaktiv. Bezüglich der bisherigen Erfahrungen sei auf die Zusammenfassung von Miller [79] und die Einzelbeiträge bei Nitsch [85] verwiesen (für neue Bioteste vgl. [58, 88]).

Die DC scheint bisher lediglich von Letham und Miller [68a, 69] zum Vergleich des aus unreifen Früchten von *Zea mays* gewonnenen Zeatins mit dem ebenfalls aus Maiskörnern isolierbaren „Maisfaktor“ benutzt worden zu sein. Die beiden durch Kinetinwirksamkeit ausgezeichneten Präparate sind offenbar identisch und zeigen dementsprechend auch gleiche Rf-Werte bei DC auf Aluminiumoxyd G in wassergesättigtem Butanon (hRf 58), wassergesättigtem Äthylacetat (hRf 14), Chloroform-Äthanol 95proz. (10 + 90, hRf 86; 90 + 10, hRf 61). Es handelt sich um 6-(4-Hydroxy-3-methylbut-*trans*-2-enyl)aminopurin.

III. Trennschicht und Fließmittel

1. Allgemeine Hinweise

Die Schichten werden am besten nach dem Standardverfahren mit einem Streichgerät hergestellt (S. 56, 85). In manchen Laboratorien werden sie auch mit Erfolg gegossen, indem man eine bestimmte Menge einer Suspension des Sorbens über die Trägerplatte verteilt [111]. Gestrichene Platten dürften wegen der gleichmäßigeren Verteilung des Sorbens vorzuziehen sein. Für analytische Arbeiten eignet sich gewöhnlich eine 250 µm dick gestrichene, d. h. nach der Trocknung etwa 150 µm dicke Schicht.

Die Substanzgemische können als Punkte (<5 mm ⌀) oder Bänder (Höhe <5 mm) aufgetragen werden (vgl. S. 64). Meist ist die Trennung der Bänder besser. Bandförmiges Auftragen ist vor allem angebracht, wenn die getrennten Substanzen biologisch getestet werden sollen (vgl. S. 464). Hierzu sollten Schichten mit Fluorescenzindicator gewählt werden [45].

Im allgemeinen werden die Trennungen in Trogkammern mit KS durchgeführt. Teilweise sind in den fließmittelsparenden S-Kammern schärfere Zonen zu erreichen. Dabei soll die Kammeratmosphäre generell mit den weniger flüchtigen Anteilen des Fließmittelgemisches angereichert werden. Dies kann durch Anklammern eines getränkten Filtrierpapierstreifens an die Deckplatte [45] oder Benutzung einer beschichteten [37] und mit der jeweiligen Komponente besprühten (etwa 10 ml) Deckplatte, die bei der Chromatographie in das Fließmittel eintaucht, erreicht werden [*46*] (vgl. Tab. 89, XVI b). Gewöhnlich sind die h*Rf*-Werte in den S-Kammern größer; sie werden stark von der Kammeratmosphäre beeinflußt.

Meist reichen *Trennstrecken* von 10 cm. Bei Auxin-Analysen wurden gleich gute Trenneffekte bei kürzeren Laufzeiten und erniedrigter Nachweisgrenze mit Trennstrecken von 6—8 cm erreicht (*44, 45*]. Da manche Stoffe lichtempfindlich sind, sollten die Kammern während der Chromatographie mit einem schwarzen Tuch oder Kasten abgedeckt werden.

2. Auxine und Harnmetabolite

Trennschichten. Die ersten Trennungen erfolgten auf Kieselgel G [*21, 120*]. Da sich der Gipszusatz bei manchen biologischen Testen (vgl. S. 465) ungünstig auswirkt, ist haftendes, aber gipsfreies Kieselgel vorzuziehen, das darüber hinaus kürzere Laufzeiten erfordert. Mit Erfolg wurde im eigenen Laboratorium in letzter Zeit das eigentlich für die präparative DC entwickelte Kieselgel PF$_{254}$ (Fa. 88) benutzt. Die hiermit gestrichenen Schichten sind härter; ein Vorteil, der sich vor allem beim Analysieren der durch mehrfaches Auftragen auf einen Startpunkt oder eine Startlinie anzureichernden Pflanzenextrakte bemerkbar macht. OBREITER und STOWE [*87*] erhielten härtere, mit Bleistift beschreibbare Schichten durch Beimischung von Carboxymethylcellulose zu gereinigter und gesiebter (44 μm ⌀) Kieselsäure (1,5 g + 28,5 g + 60 ml H$_2$O warm). Vollkommen wischfeste Schichten mit besonders guten Trenneigenschaften, allerdings bis zu doppelt langen Laufzeiten, liefern Kieselgel-Stärke-Mischungen, die siedend heiß angerührt werden müssen. Auf Schichten aus hochreinem Kieselgel (Fa. 83), das mit $^1/_{30}$ M Phosphatpuffer pH 5,2 oder auch mit 0,075 M H$_3$PO$_4$ angerührt wurde, ließen sich in 2-Butanon/Hexan auf einer Trennstrecke von 11 cm wenigstens 17 Indolderivate sicher trennen [*48*] (vgl. S. 459, Tab. 89 XIX).

Einige Autoren benutzen zur Trennung basischer und neutraler Substanzen Cellulose- [*103*] oder Al$_2$O$_3$-Schichten [*60*] (Tab. 88, VII), teils im Gemisch mit Kieselgel [*19*]. Im allgemeinen neigen die Indolderivate auf Al$_2$O$_3$- und besonders auf Cellulose-Schichten zur Schwanzbildung. Gute Trennungen von Harnmetaboliten erhielten BENASSI et al. [*2*] auf 100 μm dicken Polyamidschichten. Die vollkommen glatten, im UV$_{254}$ fluorescierenden Schichten, hergestellt mit Polyamidpulver DF (Fa. 118), liefern scharf begrenzte Zonen; sie sind allerdings sehr wischempfindlich, so daß dem mehrfachen Auftragen eines Extraktes enge Grenzen gesetzt sind [*46*] (Tab. 88, XII).

Fließmittel. Die von STAHL und KALDEWEY [*120*] vorgeschlagenen sauren und ammoniakalischen Fließmittel (Tab. 89, XIV u. XVI) wurden inzwischen — teils variiert (Tab. 89, XV u. XVII) — zur Trennung von Auxinen und Urinmetaboliten mit Erfolg eingesetzt.

Für die zumeist basischen Urinmetabolite des Serotonin- und Tryptophanstoffwechsels bewährten sich stärker polare, saure Fließmittel (Tab. 88 u. 89, VIII, IX, X, XVII; [*28*]), teils in Kombination mit basischen Systemen und zweidimensionaler Trennung (Tab. 88 u. 89, XIV u. XVI, XV u. XVI, XIII u. IX) oder Mehrfachentwicklung (Tab. 88, X u. XI; vgl. hierzu S. 458).

Zur Trennung der Urinmetabolite dürften auch die bisher hierfür nicht benutzten ameisensauren Fließmittel Tab. 88/89, VIII u. XVIII, besonders bei Mehrfachentwicklung geeignet sein.

Bei Gebrauch der genannten Gemische liegen die Stoffe nach der Trennung in prinzipiell gleicher Reihenfolge vor; ein quasi umgekehrtes Trennmuster ergibt Fließmittel Tab. 88, XII auf Polyamidschichten.

DC-Analysen der im Urinstoffwechsel auftretenden Hydroxyskatole führten HEACOCK und MAHON [32, 33, 34, 35] mit speziellen Fließmitteln und Nachweisreagentien durch. Über DC-Trennungen von Hydroxyindolen (Tab. 88, VI) und Hydroxytryptophanen berichten EICH und ROCHELMEYER [14], (vgl. Tab. 90).

Tabelle 90. h Rf-Richtwerte der bei Hydroxylierung von Skatol und Indol auftretenden Metabolite. (Kieselgel G, Trennstrecke 10 cm)

Fließmittel	A	B		A	B		C	D
Laufzeit	1,5 h	2 h		1,5 h	2 h		20'	
Ska	68	72	IMeOH			Indol	59	80
Ska-2-OH	18	51	AcPhe-2-NH$_2$	57	68	I-2-OH	12	45
Ska-4-OH	71	60	AcPhe-2-NH-	28	68	I-4-OH	29	43
Ska-5-OH	56	49	For			I-5-OH	23	37
Ska-6-OH	47	29	IAld	15	32	I-6-OH	17	22
Ska-7-OH	55	14	ICA	06	00	I-7-OH	23	18

A Di-Isopropyläther, B 1,2-dichloräthan-Di-isopropylamin (90 + 15) [34], C Benzol-Aceton (90 + 10), D Methylenchlorid-Äthylacetat (65 + 35) [14]. A → B und C → D sind für zweidimensionale Trennung geeignet. Für Abkürzungen vgl. Tab. 88.

In Untersuchungen über den pflanzlichen Auxinstoffwechsel ist bei Benutzung ammoniakalischer oder saurer Fließmittel Vorsicht geboten. Indol-3-brenztraubensäure und Glucobrassicin zersetzen sich bei der DC im ammoniakalischen Milieu. Eine Reihe von Indolderivaten lassen sich in den Essig- und Ameisensäure enthaltenden Fließmitteln zwar gut trennen, sie werden aber — besonders von Ameisensäure — angegriffen und färben sich rötlich, sobald sie nach der Chromatographie mit Luft in Berührung kommen (die mit * versehenen Stoffe in Tab. 88 u. 89). Die Indol-3-essigsäure verliert dabei ihre biologische Aktivität [8, 120].

In neutralen Fließmitteln treten Zersetzungen kaum auf; allerdings sind die Trennungen durchweg weniger scharf. Die von BALLIN [1] vorgeschlagenen Fließmittel Tab. 89, XXII u. XXIII sind vornehmlich für eine Gruppentrennung in basische, saure und neutrale Indolderivate, das Fließmittel Tab. 88, III für die Trennung saurer Verbindungen geeignet. Die Säuren neigen zur Schwanzbildung, die durch 1—2maliges Vorchromatographieren über eine Trennstrecke von etwa 5 cm vermindert werden kann. Neutrale Derivate trennen sich recht gut in den Fließmitteln Tab. 88 u. 89, II, VI, VII, in XXII u. XXIII bei verringertem Alkoholgehalt [1] und scharf mit 2-Butanon-Hexan (18 + 82) auf Kieselgel mit Zusatz von Carboxymethylcellulose [87]. Saure und basische Derivate wandern darin kaum. Auf angesäuerten Schichten trennen sich mit dem Butanon-Hexan-Gemisch dagegen auch die Säuren. Die besten Trennungen mit scharf begrenzten Zonen wurden hierbei mit der in Tab. 89,

XIX angeführten Kombination und Mehrfachentwicklung erreicht (Abb. 157, S. 459) [*48*].

Scharfe Trennungen der Säuren und teils auch der basischen Indolderivate ergaben die allerdings sehr langsam laufenden Fließmittel Tab. 89, XX u. XXI; in XXI wird Brenztraubensäure zersetzt und Tryptamin angegriffen.

Die DC von Glucobrassicin und Ascorbigen wurde in verschiedenen sauren und neutralen Fließmitteln vorgenommen (Tab. 91) [*21, 22, 23, 61, 63*].

Tabelle 91. h*Rf-Richtwerte einiger Metabolite des Glucobrassicin-Stoffwechsels bei Cruciferen* (Kieselgel G)

Fließmittel	A	B	C
Laufzeit f. 10 cm	20'	30'	15'
Ascorbigen	—	0	80
3,3′-Diindolylmethan	55	—	—
Glucobrassicin	—	0	50
Indol	66	85	100
Indol-3-acetonitril	42	48	100
Indol-3-aldehyd	14,5	10	100
Indol-3-carbonsäure	0	24	100
Indol-3-essigsäure	0	31	100
Indol-3-methanol	9,5	53	100*
Skatol	70		100
Tryptophan	0	0	20

A Chloroform-Äthanol (99 + 1) [*22, 23, 46*], B Tetrachlorkohlenstoff-Chloroform-Essigsäure (47,5 + 47,5 + 5) [*63, 46*], C Propanol-Methanol-Äthylacetat-Essigsäure (25 + 25 + 50 + 5) [*63, 46*].

* Substanz wird zersetzt.

3. Gibberelline

Gibberellin-Trennungen auf verschiedenen Schichten und mit diversen Fließmitteln sind in Tab. 92 zusammengestellt. Die R_f-Werte unterliegen von Lauf zu Lauf beträchtlichen Schwankungen. Manche Autoren ziehen es daher vor, statt der R_f-Werte die auf Gibberellin A_3 bezogenen R_{St}-Werte anzugeben [*15, 39, 111, 115*]. Als Schicht dient hauptsächlich das zuerst von Sembdner et al. [*111*] vorgeschlagene Kieselgel G. Zur Trennung der auf aktivierten Platten langsam laufenden Gibberelline $A_{1-3,\,8}$ benutzten die Autoren inaktive Kieselgel G-Schichten (Tab. 92, 20—22, 24, 27, 29). MacMillan und Suter [*77*] und später Kagawa u. Mitarb. [*35a, 43*] wählten hierzu Kieselgur G als Sorbens (Tab. 92, 4—6, 25). Al_2O_3-Schichten in Verbindung mit der Durchlauftechnik [*64*] scheinen gegenüber den genannten keine Vorteile zu bieten.

Als *Fließmittel* werden meist Gemische aus Chloroform, Tetrachlorkohlenstoff, Benzol oder Diisopropyläther mit Essigsäure, teils unter Zusatz von Äthylacetat, Butanol oder Wasser zur Erhöhung der Polarität benutzt. Die angeführten ammoniakalischen und besonders die neutralen Fließmittel (Tab. 92, 11—15, 27—29) sind für die Analyse der Gibberelline

Tabelle 92. *Dünnschichtchromatographische Trennung von Gibberellinen*

The "Trennmuster" column is a chromatogram diagram; its spot labels are listed left→right along the hRf scale (10–100).

Lfd. Nr.	Fließmittel	Literatur	Laufzeit [Std]	Steighöhe [cm]	Schicht	Trennmuster
1	CHCl₃-Äthylacetat-CH₃COOH (70 + 30 + 5)	[111, 113]	15	d'	a	A8 · A3 · A1 · A4—7,9
2	CHCl₃-Äthylacetat-CH₃COOH (60 + 40 + 5)	[111, 113]	2		i	A8 · A3 A1 · A7 A4,5 A9
3	Benzol-Butanol-CH₃COOH (70 + 25 + 5)	[43]	1	15	a	A8 A2 A1 A3 · A5,6 A7 A4,9
4	CCl₄-CH₃COOH-H₂O (50 + 19 + 31) Unterphase + 20% Äthylacetat*	[43]	1	15	g	A8 · A2 A3 A1 · A6 A5 A7 A4,9
5	CCl₄-CH₃COOH-H₂O (50 + 19 + 31) Unterphase + 10% Äthylacetat*	[43]	1	15	g	A8 A3 A2 A1 · A5,7 A6 A4 A9
6	Benzol-CH₃COOH-Wasser (50 + 19 + 31) (Oberphase**	[39, 77]	1	15	g	A8 A3 A1 A2 · A6 A5 A4,7,9
7	CHCl₃-Äthylacetat-CH₃COOH (50 + 40 + 10)	[112, 115]	3		a	DA A8 A1,3,GE A6 A5 A4,7 A9 AG Gl
8	Benzol-Butanol-CH₃COOH (80 + 15 + 5)	[43]	1	15	a	A8 A2 A3 A1 · A5 A6 A7 A4 · A9
9	Di-isopropyläther-CH₃COOH (95 + 5)	[39, 51, 53, 77, 83]	0,6	15	a	A2,8 A1,3 A6 A5 A4,7 AG A9,Gl
10	Benzol-CH₃COOH-Wasser (50 + 19 + 31) Oberphase**	[15, 53, 77, 115]	1	15	a	A1,2,3,8 A6 A5 A7 A4 A9
11	Propanol-Ammoniak (5N) (85 + 17)	[113, 115]	10		a	GE DA A8 A1,3 A6,AG A4 A7 A5 Gl A9
12	Butanol-Ammoniak (4,5N) (75 + 25)	[15]		10	a	GE A8 A6 A1,3 A2 A5 A4,7 A9
13	Isopropanol-Wasser (75 + 25)	[15]		10	a	GE A8 A2 A1,3,5,6 A4,7 A9
14	Wasser nach vorherigem Lauf in Äthylacetat	[15, 39]		14	a	A9 A5 A2,4,7 A6 A1,3 A8, GE
15	Phosphatpuffer 0,1 M pH 6,3 Schicht in 7 proz. Acrylalk. in Petroläther vorchromatographiert	[15]		10	i	A4,7,9 A5 A2 A6 A1,3 GE A8
16	Di-isopropyläther-CH₃COOH (98 + 2)	[77, 115]	0,6	15	a	E2,8 E3 E1 E6 E5 E7 E4 E9
17	Äthyläther-Benzol (80 + 20)	[43]	1	15	a	E8 E2 E1 E3 E5 E6 E7 E4 E9
18	Benzol-CH₃COOH-Wasser (50 + 19 + 31) Oberphase**	[15, 77, 115]	1	15	a	E8 E3 E1 E2 E4,5,6,7,9

hRf 10 20 30 40 50 60 70 80 90 100

Fließmittelvarianten für spezielle Anwendungen[***]

Lfd. Nr.	Fließmittel	Literatur	Laufzeit [Std]	Steighöhe [cm]	Schicht	(ähnlich)
19	Benzol-CH₃COOH (70 + 30)	[115]	3		a	(7)
20	CHCl₃-Äthylacetat-CH₃COOH (90 + 10 + 5)	[111, 115]	3		i	(8)
21	CHCl₃-Äthylacetat-CH₃COOH (70 + 30 + 5)	[111, 113]	2		i	(8)
22	CHCl₃-Äthylacetat-CH₃COOH (80 + 20 + 5)	[111]	2		i	(8)
23	Benzol-CH₃COOH (77 + 23)	[111]	3		a	(8)
24	CHCl₃-Äthylacetat-CH₃COOH (80 + 20 + 1)	[111]	18	d'	i	(10)
25	CCl₄-CH₃COOH-H₂O (50 + 19 + 31) Unterphase ohne Äthylacetat*	[43]	1	15	g	(10)
26	CCl₄-CH₃COOH-H₂O (50 + 19 + 31) Unterphase + 10% Äthylacetat*	[43]	1	15	a	(10)
27	Propanol-Ammoniak (3N) (85 + 17)	[111]	7		i	(11)
28	Isopropanol-Ammoniak (4,5N) (75 + 25)	[15]		10	a	(12)
29	Butanol-Ammoniak (3N) (85 + 17)	[111]	7		i	(12)
30	Äthyläther-Petroläther (80 + 20), Zweifachlauf	[43]	1	15	a	(17)

Abkürzungen:

A1—9 = Gibberellin A1—9
E1—9 = Gibberellin-A1—9-methylester
GI = Gibberinsäure
GE = Gibberellensäure
AG = Allogibberinsäure
DA = Dicarbonsäure A

* Platten vor Lauf ~ 16 Std in Oberphase äquilibrieren

** Platten vor Lauf ~ 16 Std in Unterphase äquilibrieren

*** Die Trennmuster sind ähnlich wie bei den in der letzten Spalte in Klammern angeführten Fließmitteln der obigen Zusammenstellung

'd = Durchlauftechnik
"a = KG aktiviert
i = KG nicht aktiviert
g = Kieselgur
▼ Lage der Indol-3-essigsäure

weniger geeignet; sie wurden aber mit Erfolg bei der Trennung von Hydrolyseprodukten (u. a. 1→3-Lactone von GA_1 und GA_7, *15*) und der Gibberellin-A_{1-9}-methylester (Tab. 92, Fließmittel 1) eingesetzt.

In keinem der bisher vorgeschlagenen Fließmittel sind alle bekannten Gibberelline in einem Arbeitsgang zu trennen. Eine Kombination der Fließmittel Tab. 92, 10 und anschließend 3 müßte bei Anwendung zweidimensionaler Trennung, vielleicht auch der Stufentechnik (vgl. S. 87) gute Ergebnisse liefern.

Zur weiteren Charakterisierung verschiedener Gibberelline benutzten SCHNEIDER et al. [*105*] die Dünnschicht-Elektrophorese auf Kieselgel G in einem Feld von 3,8—5 V/cm. Die Trennmuster nach Dünnschicht-Elektrophorese und nach DC in Wasser (Tab. 92, 14) sind einander ähnlich. Der besondere Wert der Methode wird darin gesehen, durch Bestimmung der „freien elektrophoretischen Beweglichkeit" einer Substanz Rückschlüsse auf die Zahl ihrer Carboxylgruppen ziehen zu können.

IV. Mehrfachentwicklung, Stufentechnik und zweidimensionale Trennung
(Vgl. auch S. 87)

Für die Verfahren eignen sich vor allem leicht flüchtige Fließmittel, da die Schicht nach jedem Lauf sorgfältig getrocknet werden muß (Geruchsprobe!). Wenn die zu trennenden Substanzen leicht oxydieren oder wenn höher siedende Fließmittel verwendet wurden, sollten die Platten im evakuierten Exsiccator, ggf. unter N_2-Atmosphäre, getrocknet werden.

Mehrfachentwicklung und Stufentechnik haben gegenüber der zweidimensionalen Trennung den Vorteil, daß sich mehrere Fraktionen — auch nach bandförmigem Auftragen — auf derselben Platte analysieren lassen.

Indolderivate. Hydroxyindole konnten in den Fließmitteln Tab. 90 C u. D [*14*], verschiedene Indolderivate und deren Methylester in den Fließmitteln Tab. 88, V u. VI [*19, 20*] durch zweimalige Entwicklung, Hydroxyskatole durch Vierfachlauf in Chloroform-Cyclohexan-Diäthylamin (50 + 40 + 10) [*33*] besser als nach einmaligem Lauf getrennt werden.

Generell ist bei der Mehrfachentwicklung eine Verminderung der Schwanzbildung zu beobachten. Außerdem werden die nach einmaligem Lauf startnah bleibenden Substanzen weiter auseinandergerückt. Die frontnahen Substanzen schieben sich dagegen zusammen. Dieser nachteilige Effekt läßt sich weitgehend eliminieren, wenn man zunächst ein- bis mehrmals über eine kurze Trennstrecke und erst danach über die volle Trennstrecke entwickelt (Abb. 158, vgl. Angaben zu Fließmittel Tab. 89, XIX). Die Methode läßt sich durch Änderung der Fließmittelzusammensetzung bei den verschiedenen Läufen variieren. Bei den in Tab. 89, XXII u. XXIII angegebenen Kombinationen werden im ersten Lauf vorwiegend die Säuren, im zweiten Lauf die nichtsauren Derivate getrennt. Diese Variation stellt einen Übergang zur Stufentechnik dar (vgl. S. 87), bei der für die aufeinanderfolgenden Läufe ganz verschiedene Fließmittel benutzt werden (Tab. 88, X u. XI).

Bei der zweidimensionalen Trennung (vgl. S. 88) steht bei geeigneter Wahl der Fließmittelkombination — im Gegensatz zu den bisher beschriebenen Techniken — das gesamte Trennstreckenquadrat für die Komponenten einer Fraktion zur Verfügung. Sie bildet bei der

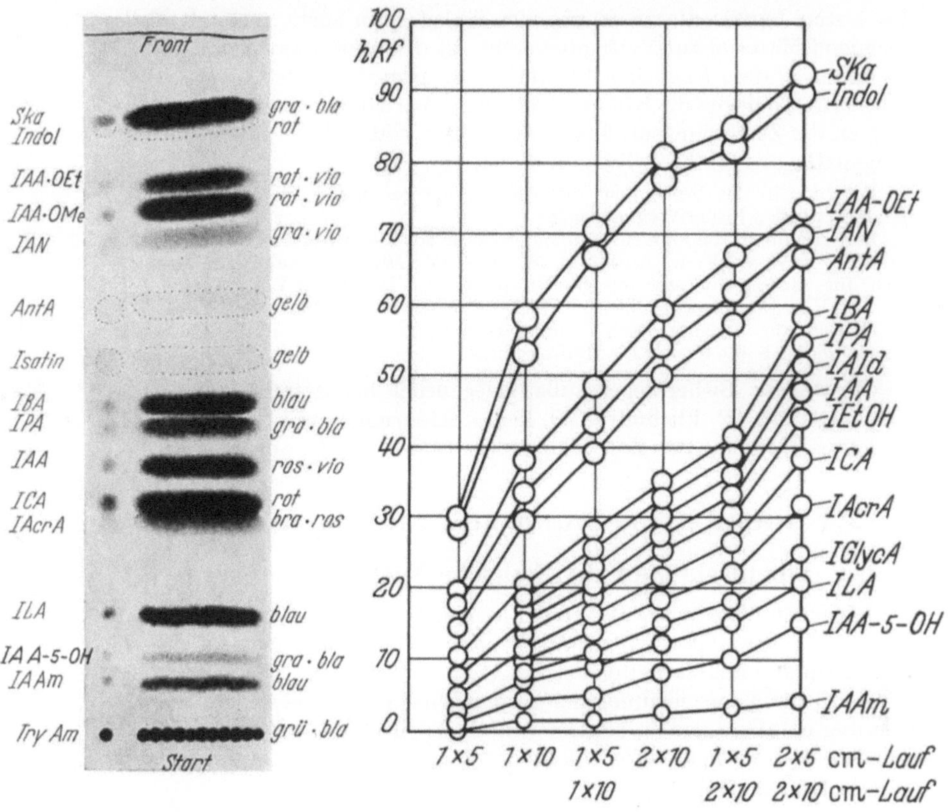

<table>
<tr><td>Abb. 157</td><td>Abb. 158</td></tr>
</table>

Abb. 157. DC-Trennung von 16 Indolderivaten. Fließmittel: 2-Butanon-Hexan (35 + 65); Schicht: Kieselgel HR$_{254}$ (Fa. 83) angesetzt mit $^1/_{30}$ M Phosphat-Puffer pH 5,2; Trennstrecke 10 cm; Mehrfachentwicklung 2mal 6 cm (je 5 min) und 2mal 10 cm (je 12 min). Substanzmenge je Punkt etwa 0,1 µg. Farbnachweis mit 4-Dimethylaminobenzaldehyd (v. Urk-Reagens Nr. 67)

Abb. 158. Wanderung verschiedener Indolderivate (je 0,2—0,3 µg) bei Mehrfachentwicklung in 2-Butanon-Hexan (35 + 65) auf Kieselgel HR$_{254}$ (Fa. 83) mit $^1/_{30}$ M Phosphatpuffer pH 5.2 angesetzt. Laufzeit für 5 cm-Trennstrecke 3—5 min; für 10 cm 12—15 min. Nachweis mit v. Urk-Reagens Nr. 67 Fleckengröße nach Original gezeichnet

Analyse eines Naturstoffgemisches eine wertvolle Ergänzung zur eindimensionalen Chromatographie in verschiedenen Fließmitteln. Durch Vergleich des erhaltenen Fleckenmusters mit einem zweidimensionalen Chromatogramm möglichst vieler „verdächtiger" authentischer Substanzen wird vielfach eine Zuordnung der getrennten Komponenten möglich sein. Hierbei ist auch darauf zu achten, ob bei der gewählten Fließmittelkombination „chromatographisch verwandte" Derivate (z. B.

unpolare Verbindungen, Säuren, Säuren mit einer zusätzlichen Amino-
oder Hydroxylgruppe, Amine und Amide) gruppenweise zusammen-
liegen. Auf diese Weise können gelegentlich Hinweise wenigstens für
die Gruppenzugehörigkeit einer Substanz erhalten werden. Bei der Wahl
der Kombination muß beachtet werden, daß das Fließmittel vor allem
des ersten Laufes die zu trennenden Substanzen nicht zersetzt. Falls
genügend Material zur Verfügung steht, ist dies durch zweidimensionale
Trennung in dem fraglichen Fließmittel zu prüfen. Findet keine Zersetzung statt, so liegen die Komponenten auf einer Diagonalen; anderenfalls
scheren die Zersetzungsprodukte mit großer Wahrscheinlichkeit aus der
Diagonalen aus (= TRT-Technik, S. 88, vgl. [8]).

Folgende in der Reihenfolge der Anwendung genannten Fließmittel-Kombi-
nationen wurden bisher vorgeschlagen:

Zur Trennung von einfachen Indolderivaten vor allem des Auxinstoffwechsels
Tab. 89, XIV → XVI a [120], Tab. 88, V → IV [19] (die zweite Kombination
auch für die Methylester der Säuren geeignet). Tab. 89, XVII → XIV [12],
XV → XVI a [9], Isopropanol-Ammoniak (25proz.)-Wasser (80 + 4 + 8) → Tab.
88, IX [90] zur Trennung von Urinmetaboliten; Tab. 90, A → B für Hydroxyskatole und Tab. 90, C → D für Hydroxyindole.

Gibberelline. Bisher liegen außer gelegentlich benutzter Mehrfachentwicklung (Tab. 92, Fließmittel 30) keine Erfahrungen mit Stufentechnik
oder zweidimensionaler Entwicklung vor (vgl. aber Hinweis S. 458).

V. Sichtbarmachung und Identifizierung

1. Chemische und physikalische Nachweismethoden

Allgemeine Hinweise. Rf-Wert, Fluorescenzlöschung, Fluorescenz im
kurz- und langwelligen UV-Licht, Färbung mit verschiedenen Nachweisreagentien und das Verhalten der Reaktionsprodukte im UV-Licht geben
Hinweise zur Kennzeichnung der getrennten Stoffe. Eine sichere Identifizierung ist allerdings im allgemeinen allein durch diese Kriterien nicht
möglich, da sie durch unkontrollierbare Einflüsse starken Schwankungen
unterliegen können.

Folgender Arbeitsgang hat sich für die Analyse von Naturstoffgemischen auf UV_{254}-fluorescierenden Schichten bewährt: Nach dem
Auftragen der Probe in einem Band von 2—4 cm Länge werden etwa
0,1—0,5 µg authentischer Vergleichssubstanz der evtl. zu erwartenden
Stoffe (etwa aus 10^{-3}-methanolischen Lösungen, die im Kühlschrank
z. T. über Wochen aufbewahrt werden können) punktförmig außerhalb
der Mitte (nicht direkt an ein Ende) des Bandes aufgetragen. Nach der
Chromatographie werden die Löschareale der Vergleichssubstanzen im
UV_{254} mit einer spitzen Präpariernadel umrandet und evtl. auftretende
Löschzonen der Probe durch Hakenstriche außerhalb des Trennbandes
markiert. Zur entsprechenden Kennzeichnung der Fluorescenz im UV_{366},
die manchmal erst nach Anregung durch UV_{254} auftritt oder verstärkt
wird, benutzt man punktierte Linien (Abb. 159). Die Platten sollen wegen
der Empfindlichkeit mancher Stoffe dem UV-Licht nur wenige Minuten
ausgesetzt werden [47]. — Nach dieser Markierung können die beobach-

teten Zonen in der von den mitchromatographierten Vergleichssubstanzen freien Hälfte der Trennstrecke ausgeschabt und zu weiteren chemischen oder biologischen Nachweisen (s. u.) benutzt werden. Die auf der Platte verbliebene Hälfte besprüht man dann mit einem geeigneten Nachweisreagens, beobachtet die entstehende Färbung und evtl. auftretende Fluorescenz der Reaktionsprodukte im kurz- und langwelligen UV-Licht

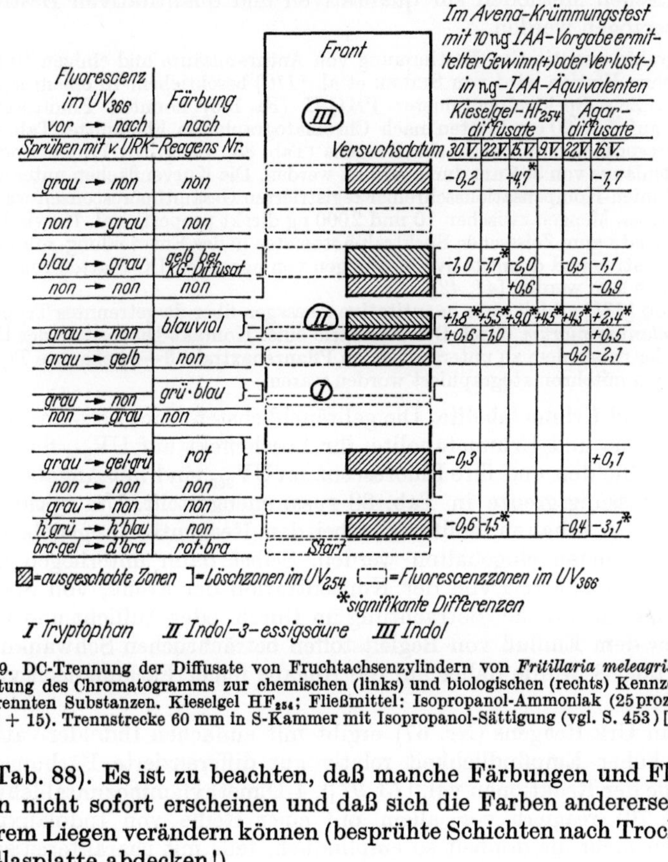

Abb. 159. DC-Trennung der Diffusate von Fruchtachsenzylindern von *Fritillaria meleagris L.* und Bearbeitung des Chromatogramms zur chemischen (links) und biologischen (rechts) Kennzeichnung der getrennten Substanzen. Kieselgel HF$_{254}$; Fließmittel: Isopropanol-Ammoniak (25 proz.-Wasser (85 + 5 + 15). Trennstrecke 60 mm in S-Kammer mit Isopropanol-Sättigung (vgl. S. 453) [nach *45*]

(vgl. Tab. 88). Es ist zu beachten, daß manche Färbungen und Fluorescenzen nicht sofort erscheinen und daß sich die Farben andererseits bei längerem Liegen verändern können (besprühte Schichten nach Trocknung mit Glasplatte abdecken!).

Wenn ein Farbfleck der authentischen Vergleichssubstanzen in einem gleichfarbigen Band des Naturstoffgemisches liegt, besteht Verdacht auf Identität der Substanzen. Zeigt sich gleichartiges Verhalten in verschiedenen Fließmitteln möglichst unterschiedlicher Trenneigenschaften, so kann mit einiger Wahrscheinlichkeit auf Identität geschlossen werden. Auf jeden Fall sollten Vergleichssubstanzen und Naturstoffgemisch — wie aufgezeigt — gemeinsam chromatographiert werden (Co-Chromatographie), da sich Färbung und *Rf*-Wert durch Begleitstoffe beträchtlich ändern können.

Der beschriebene Arbeitsgang eignet sich für eindimensionale Trennungen auch bei Mehrfachentwicklung oder Anwendung der Stufentechnik (s. S. 87). Bei zweidimensionalen Trennungen lassen sich entsprechende Bänder außerhalb des eigentlichen Trennquadrats auftragen. Darüber hinaus können in Frage stehende Vergleichssubstanzen nach dem ersten Lauf direkt neben den durch Löschung im UV_{254} oder Fluorescenz im UV_{366} beobachteten Flecken aufgetragen und im zweiten Lauf mitchromatographiert werden.

Liegt genügend Substanz vor, so können die Eluate der ausgeschabten Zonen den üblichen spektrophotometrischen, colorimetrischen und fluorimetrischen Methoden zur qualitativen und quantitativen Bestimmung unterzogen werden.

Eine direkte quantitative Bestimmung von Anthranilsäure und einigen Indolderivaten ohne Elution wird von Seiler et al. [110] beschrieben. In einem leicht veränderten Zeiss-Spektralphotometer PMQ II (Fa. 155) konnten Fluorescenzmessungen auf 5×20 cm-Platten nach Chromatographie in Fließmittel Tab. 89, XIV und Besprühen mit Procházka-Reagens (Tab. 88, Reag.-Nr. 110) bei einer Erregerwellenlänge von 365 nm durchgeführt werden. Die Kurvenflächen unter den mit einem Linien-Kompensationsschreiber registrierten Gesamtfluorescenzen waren den eingesetzten Mengen zwischen 10 und 2000 ng direkt proportional. Inzwischen ist ein DC-Zusatz zum Zeissschen Spektralphotometer in der Entwicklung, mit dem direkte qualitative und quantitative Messungen von normalen DC-Platten routinemäßig möglich sein werden [41, 42].

Wakhloo [133] erhielt gute quantitative Aussagen über dc-getrenntes Tryptophan aus *Solanum nigrum* durch Densitometrie eines Kontakt-Diapositivs der DC-Platte, auf der neben dem zu untersuchenden Pflanzenextrakt 3—4 bekannte Tryptophanmengen mitchromatographiert worden waren.

Auxine und Urinmetabolite. Die gebräuchlichsten Nachweis-Reaktionen für Auxine und Urinmetabolite, ihr Löscheffekt auf UV_{254}-fluorescierenden Schichten und ihre Fluorescenz im UV_{366} sind mit Angabe der unteren Erfassungsgrenze in Tab. 88 zusammengestellt. Um optimale Farbbildung zu erhalten, sollten die bei den Reagentien angegebenen Bedingungen genau eingehalten werden. Selbst dann unterliegen die Farben in Abhängigkeit von der Konzentration der Stoffe, von Sorptionsmittel, Schichtdicke, Betrachtung im Durch- oder Auflicht und vor allem unter dem Einfluß von Begleitstoffen beträchtlichen Schwankungen. In Tab. 88 wurde daher auf die Angabe feiner Farbnuancen verzichtet.

Das van Urk-Reagens (Nr. 67) ergibt mit einfachen Indolderivaten bei recht hoher Empfindlichkeit relativ gut differenzierte Färbungen (zur Chemie der Reaktionen vgl. [13, 97]). 4-Dimethylaminozimtaldehyd (Reag.-Nr. 70) reagiert vor allem mit einer Reihe von Indolauxin-Metaboliten mehr als doppelt so empfindlich, teils mit charakteristisch anderen Farben. Vor Benutzung dieses Reagens' muß Ammoniak sehr sorgfältig aus der Schicht entfernt werden, da sich sonst die ganze Platte rotbraun färbt. Bis auf wenige Ausnahmen (Indol-3-acrylsäure, Glucobrassicin) fluorescieren die Reaktionsprodukte dieser beiden Reagentien nicht. Dagegen ist das Procházka-Reagens (Nr. 110) durch starke Fluorescenz der Reaktionsprodukte im UV_{366}, teils auch im UV_{254}, mit vielfach um mehr als einer Zehnerpotenz höherer Empfindlichkeit ausgezeichnet. Die sichtbaren Farben sind schwach und wenig differenziert.

Die beiden Salkowski-Reagentien (Nr. 95 u. Nr. 98) liefern farblich recht gut differenzierte Reaktionsprodukte, die zum großen Teil im lang- und kurzwelligen UV fluorescieren. Die mit den beiden Reagentien erhaltenen Färbungen unterscheiden sich teilweise voneinander; die Fluorescenzen sind gleich. Es sei besonders darauf hingewiesen, daß sich einige Stoffe die im UV_{366} dieselbe Fluorescenzfarbe zeigen, im UV_{254} unterscheiden und vice versa. Die untere Nachweisgrenze entspricht bei der Farbreaktion etwa derjenigen des van Urk-Reagens'; bei der Fluorescenz liegt sie durchweg tiefer.

Das für den Aminosäure-Nachweis gebräuchliche Ninhydrin-Reagens (Nr. 176) eignet sich im allgemeinen für die Sichtbarmachung von Urinmetaboliten auch nichtindolischen Charakters. Die Färbungen sind nicht sehr spezifisch. Für die meisten Indolderivate liegt die Nachweisgrenze hoch; nach längerem Aufbewahren (ein bis mehrere Tage) fluorescieren die Reaktionsprodukte im UV_{366} ohne charakteristische Farbe bis zu 10 ng hinab.

Außer den in Tab. 88 angeführten werden in der Literatur noch zahlreiche Nachweisreagentien genannt (vgl. für Urinmetabolite [89, 90, 104], Serotoninmetabolite [78], Hydroxyindole und -tryptophane [14], umfangreiche Angaben für Hydroxyskatole [35], Methylester der Indolcarbonsäuren [19], Glucobrassicin [22, 23, 63]). Für die vielfach schwach reagierenden Indolaldehyde eignet sich als allgemeines Aldehydreagens 2,4-Dinitrophenylhydrazin (Reag.-Nr. 76).

Keines der Reagentien ist jedoch so spezifisch, daß bei Auftreten einer Färbung mit Sicherheit auf die Gegenwart eines Indolderivates geschlossen werden darf.

Tabelle 93. *Fluorescenzfarben verschiedener Gibberelline im UV_{366} auf Kieselgel G oder Kieselgur*

Substanz	Schwefelsäure 70—75proz. Reagens Nr. 217 Platten nach Sprühen 10 min auf 120° erhitzen [77, 113, 115]	Konz. Schwefelsäure-Äthanol (5 + 95) Reagens Nr. 217 Platten nach Sprühen auf 120° erhitzen [39, 77]	
	Fluoreszenzfarbe	Erhitzungsdauer (min)	Fluoreszenzfarbe
Gibberellin A_1	grünblau	30—40	blau
A_2	purpurblau	4—8	purpur
A_3	türkisblau ohne Hitze gelbgrün	1—3	grünblau wird blau
A_4	purpurblau	4—8	purpur
A_5	grün-grau	10—20	blau
A_6	grünblau	10—20	blau
A_7	blaugrau (gelbbrauner Rand) ohne Hitze gelbgrün	1—2	leuchtend gelb wird blaßgelb
A_8	grünblau	10—20	blau
A_9	purpurblau	4—8	purpur
Gibberinsäure	gelbbraun		
Gibberellensäure		1—3	grünblau wird blau
Acetylgibberellinsäure, Diacetylgibberellinsäure			grünblau

Gibberelline. Als sehr empfindlicher Nachweis für Gibberelline und ihre Methylester dient die Fluorescenz im UV_{366} nach Besprühen mit

70—95proz. oder äthanolischer Schwefelsäure (Reag.-Nr. 217) und 10 min Erhitzen auf 110—120° C (zur Chemie der Reaktion vgl. [*119a*]). Die untere Nachweisgrenze wird mit 0,3 ng für GA_3 bis 10 ng für GA_6 angegeben [*39*]. Die Methylester fluorescieren schwächer. Durch Parallelchromatographie bekannter Mengen von Vergleichssubstanzen ist eine semiquantitative Bestimmung möglich [*16, 83*]. Die Fluorescenzspektren sind teils charakteristisch und können zur Identifizierung herangezogen werden [*15, 39*]. Gestaffelte Erhitzungsdauer bietet eine zusätzliche Unterscheidungsmöglichkeit [*39*] (vgl. Tab. 93).

Zum Nachweis und zur teilweisen Differenzierung (Fluorescenz) der Gibberelline $A_{3,4,7,9}$ ist eine Mischung aus gesättigter wäßriger Cer(IV)-sulfatlösung und konz. Schwefelsäure (1 + 1) als empfindliches Reagens geeignet [*111*]. Für 0,5proz. Kaliumpermanganatlösung, mit der die Gibberelline A_{1-9}, Gibberin- und Allogibberinsäure gelbbraune Reaktionsprodukte bilden, liegt die untere Nachweisgrenze zwischen 2 und 5 µg [*15, 64, 77, 111*]. Mit Antimontrichlorid (20proz. in Chloroform) färben sich nach 10 min Erhitzen auf 120° C die Gibberelline A_3 und A_7 schwarzpurpur, A_4 und A_8 braunorange, $A_{1,5,6}$ und A_9 blaßorange, A_2 nicht; 1 µg A_3 ist noch nachweisbar [*43*].

2. Biologische Nachweismethoden

Auxine. Für den biologischen Nachweis der Auxinwirkung einer Substanz werden Wachstumsreaktionen verschiedener Pflanzenorgane, zumeist von *Avena*- oder *Triticum*-Coleoptilen (Hafer- oder Weizenkeimscheiden) benutzt.

Beim sog. *Avena*-Krümmungstest gilt der durch einen einseitig auf die decapitierte Coleoptile aufgesetzten auxinhaltigen Agarblock hervorgerufene Krümmungswinkel als Maß für die Auxin-Konzentration des Agars. Beim sog. Zuwachs-, Streckungs- oder Zylindertest mißt man die Verlängerung von Organzylindern, die sich in der zu untersuchenden wäßrigen Lösung befinden (für nähere Einzelheiten vgl. u. a. [*66, 67, 72, 119*]). Zuwachsteste sind auch zum Nachweis von Hemmstoffen geeignet (vgl. u. a. [*70, 80*]). Nach Wuchsstoffvorgabe auf die Agarwürfel lassen sich Antagonisten auch im Krümmungstest erkennen (vgl. Abb. 159). Die Teste sind sehr empfindlich. Eine Hafercoleoptile reagiert beispielsweise auf 0,5 ng Indol-3-essigsäure in einem Agarwürfel von 5 mm³ mit einer gut meßbaren Krümmung.

Zur Prüfung dc-getrennter Substanzen im Biotest hat sich folgendes Verfahren bewährt:

Die nach der Chromatographie im UV-Licht markierten Zonen (vgl. S. 460 u. Abb. 159) werden in der von Vergleichssubstanzen freien Hälfte der Trennstrecke unter Zuhilfenahme der Auftrageschablone mit einer Nadel umrandet. Anschließend schabt man das Kieselgel der zu testenden Zone mit einem 3—4 mm breiten Metall- oder Kunststoffspatel zu einem Häufchen zusammen, stellt die Platte senkrecht über eine Celluloidfolie (Kleinbildfilmstreifen) und überträgt das pulvrige Kieselgel mit einem Pinsel auf die Folie (Abb. 160A).

Zum Krümmungstest wird das Pulver von der U-förmig gebogenen Folie aus möglichst gleichmäßig auf einen Block aus 6—12 Agarwürfeln gestreut (B). Nach Zugabe von 1—2 Tropfen Wasser läßt sich die entstehende Suspension mit einem Augenspatel durch Hin- und Herstreichen völlig gleichmäßig über die Agar-Oberfläche verteilen (C). Hierbei ist sorgfältig darauf zu achten, daß die Flüssigkeit nicht über den Rand des

Agars hinaustritt. Nach $^1/_2$stündigem Aufenthalt in einer feuchten Kammer im Dunkeln können die einzelnen Agarwürfel mit dem anhaftenden Kieselgel zum Krümmungstest verwendet werden [44, 45]. Mit diesem Verfahren läßt sich Indol-3-essigsäure nach der DC praktisch ohne Verlust wiedergewinnen [47].

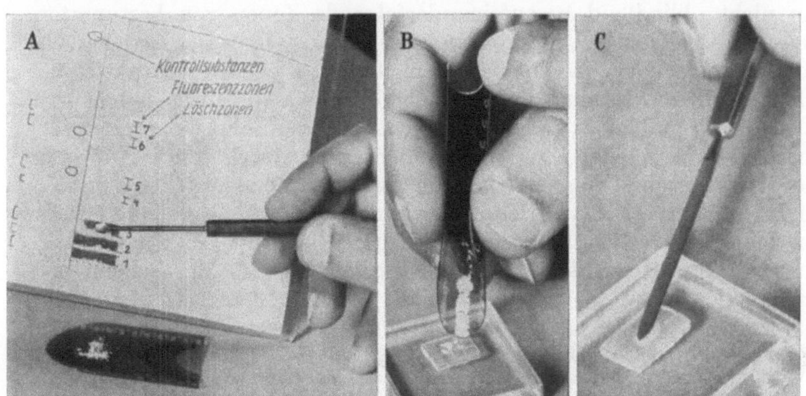

Abb. 160. Bearbeitung eines Dünnschichtchromatogramms zum biologischen Nachweis im *Avena*-Krümmungstest. A. Abschaben und Übertragen des Kieselgels auf Celluloidfolie. B. Überführen des KG-Pulvers auf 12 wäßrige Agarblocks. C. Gleichmäßiges Verteilen des Pulvers nach Zufügen von 1 Tropfen Wasser [45]

Für den Zuwachstest gibt man das abgeschabte Kieselgel von der Celluloidfolie aus direkt in die Testflüssigkeit. Gelegentlich wurden auch alkoholische Eluate des ausgeschabten Kieselgels verwendet, um Zuwachshemmungen zu vermeiden [134]. Im eigenen Laboratorium waren allerdings keine Störungen des Testes durch die Gegenwart des Kieselgels festzustellen (vgl. auch [7, 8]). Bei dem zumeist benutzten Verfahren werden Testzylinder von bestimmter Länge (3—5 mm) schwimmend in der evtl. mit Zucker und/oder Puffer versetzten Lösung gehalten und nach 16 bis 20 Std auf ihren Zuwachs geprüft. Hierbei erfaßt man — ohne Unterscheidungsmöglichkeit von aktiven Auxinen — auch inaktive Auxinvorstufen, die von den Testzylindern evtl. unter dem Einfluß von epiphytischen Bakterien [71] aktiviert werden können. Aussagekräftiger ist der vorgeschlagene Streckungstest, bei dem die invers in der Testlösung stehenden Coleoptilzylinder in kürzeren Zeitabständen photographisch registriert werden [44, 45].

Gibberelline. Für den biologischen Nachweis einer Gibberellin-Wirkung haben sich neben verschiedenen Keimtesten vor allem Hypokotyl- und Zwergpflanzen-Streckungsteste eingebürgert [4, 55, 57, 91, 94]. Schnell und empfindlich ist der *Hordeum*-Endospermtest, bei dem der Einfluß der Gibberelline auf die Amylaseaktivität geprüft wird [24a, 82a, 91a]. Erfolgversprechend erscheint ein neuer Chlorophylltest [15a]. Da die verschiedenen Testobjekte auf die einzelne nGibberelline teils unterschiedlich stark reagieren, kann das Wirkungsspektrum aus mehreren Biotesten zur näheren Charakterisierung der zu identifizierenden Stoffe herangezogen werden [3a, 4, 24a, 51, 91a, 112, 116, 133a].

Die Übertragung dc-getrennter Substanzen auf das Substrat des Biotests erfolgt nach Elution des ausgeschabten Kieselgels mit Methanol, Aceton, wassergesättigtem Äthylacetat, Einengen des Eluats und Aufnehmen mit Wasser, gegebenenfalls unter Zusatz von 0,05proz. Tween 20 (Fa. 119) [*39, 51, 112, 115*].

Zur Markierung der auszuschabenden Zonen sollten Vergleichssubstanzen — wie oben für den biologischen Auxinnachweis beschrieben — mitchromatographiert werden. Die Gibberelline geben allerdings auf Schichten mit Fluorescenzindikator im UV_{254} keine Löschzonen. Will man nicht „blind", d. h. aufeinanderfolgende Zonen von bestimmter Höhe (im allgemeinen $1/_{10}$ der Trennstrecke) ausschaben, oder lediglich fluorescierende oder „löschende" Begleitsubstanzen des Extraktes als Anhalt benutzen, so muß die mit den Vergleichssubstanzen beschickte Hälfte des Trennbandes vor dem Ausschaben besprüht werden. Der für den Biotest vorgesehene Teil der Schicht muß durch festes Auflegen einer Glasplatte und Ausschaben einer schmalen Zone zwischen den beiden Trennbandhälften vor der Einwirkung des Reagens geschützt werden. Falls erforderlich, läßt sich durch partielles Auflegen der Trägerplatte auf eine Heizplatte lediglich der besprühte Teil der Schicht erhitzen.

Bei Benutzung käuflicher „Einmalplatten" oder beschichteter Folien läßt sich das Trennband halbieren. Es wurde auch vorgeschlagen, Farbstoffe, die gleichen *Rf*-Wert besitzen wie bestimmte Gibberelline, zur Markierung mitzuchromatographieren [*100*]. Durch den Einsatz der DC konnten neben schon bekannten Gibberellinen eine Reihe von Substanzen mit Gibberellinwirkung und evtl. Gibberellin-Vorstufen [*93*] als genuine Inhaltsstoffe verschiedener Pflanzenspecies nachgewiesen werden (in *Bryophyllum* [*118a*], *Citrus* [*52*], *Echinocystis* [*15*], *Fusarium* [*16, 29, 39a, 83*], verschiedene Gramineae [*38, 121*], *Hordeum* [*39, 93, 98a*], *Malus* [*11a*], *Nicotiana* [*115, 118*], *Phaseolus* [*38, 113*], *Pisum* [*51, 109a*], *Rudbeckia* [*97a*], *Solanum tuberosum* [*31, 31a*], *Trifolium* [*122*], *Zea mays* [*38*]).

Herrn Dr. G. SEMBDNER, Institut für Kulturpflanzenforschung, Gatersleben, darf ich für die Durchsicht des Manuskripts und wertvolle Hinweise herzlich danken.

Literatur zum Kapitel O. „Einfache" Indolderivate

[*1*] BALLIN, G.: J. Chromatog. **16**, 152 (1964).
[*2*] BENASSI, C. A., F. M. VERONESE, and E. GINI: J. Chromatog. **14**, 517 (1964).
[*3*] BENTLEY, J. A.: In: Handbuch Pflanzenphysiol. Herausg.: W. RUHLAND, Bd. **14**, S. 501. Berlin-Göttingen-Heidelberg: Springer 1961.
[*3a*] BENTLEY-MOWATT, J. A.: Ann. Botany (London) N. S. **30**, 165 (1966).
[*4*] BRIAN, P. W., H. G. HEMMING, and D. LOWE: Ann. Botany (London) NS. **28**, 369 (1964).
[*5*] BURNETT, D., L. J. AUDUS, and H. D. ZINSMEISTER: Phytochemistry **4**, 891 (1965).
[*6*] BUTENANDT, A.: Über die Analyse der Erbfaktorenwirkung und ihre Bedeutung für biochemische Fragestellungen. Schriftenreihe Arbeitsgem. f. Forsch. d. Landes Nordrhein-Westfalen, H. **62**. Köln: Westdeutscher Verlag 1960.
[*7*] COLLET, G.: Compt. Rend. **259**, 871 (1964).
[*8*] — J. DUBOUCHET et P. E. PILET: Physiol. Vég. **2**, 157 (1964).
[*9*] COTTE, I., M. CHETAILLE, F. POULET et I. CHRISTIANSEN: J. Chromatog. **19**, 312 (1965).
[*10*] CRANE, J. C.: Ann. Rev. Plant Physiol. **15**, 303 (1964).
[*11*] DAS, V. S. R., I. V. S. RAO, and K. U. K. MURTHY: Current Sci. (India) **34**, 94 (1965).
[*11a*] DENNIS, F. G., and J. P. NITSCH: Nature (London) **211**, 781 (1966).
[*12*] DIAMANTSTEIN, T., u. H. EHRHART: Hoppe-Seylers Z. Physiol. Chem. **326**, 131 (1961).

[13] DIBBERN, H. W., u. H. ROCHELMEYER: Arzneimittel-Forsch. **13**, 7 (1963).
[14] EICH, E., u. H. ROCHELMEYER: Pharm. Acta Helv. **41**, 109 (1966).
[15] ELSON, G. W., D. F. JONES, J. MACMILLAN, and P. J. SUTER: Phytochemistry **3**, 93 (1964).
[15a] FLETSCHER, R. A., and D. S. OSBORNE: Nature (London) **211**, 743 (1966).
[16] FOCKE, J., G. SEMBDNER u. K. SCHREIBER: Biol. Zentr. **84**, 309 (1965).
[17] GAUTHERET, R. J.: Rev. Cytol. Biol. Végetales **27**, 99 (1964).
[18] GLOMBITZKA, K.-W.: J. Chromatog. **19**, 320 (1965).
[19] — J. Chromatog. (im Druck).
[20] — u. T. HARTMANN: Planta **69**, 135 (1966).
[21] GMELIN, R.: 5th Int. conf. on plant growth subst. Paris 1963. Coll. Intern. CNRS Nr. **123**, 159 (1964).
[22] — u. A. I. VIRTANEN: Ann. Acad. Sci. Fennicae Ser. A. **107**, 25 S. (1961).
[23] — — Acta Chem. Scand. **16**, 1378 (1962).
[24] GORDON, S. A., u. R. P. WEBER: Plant Physiol. **26**, 192 (1951).
[24a] GRIFFITH, C. M., J. C. MACWILLIAM, and T. REYNOLDS: Nature (London) **202**, 1026 (1964).
[25] Handbuch der Pflanzenphysiologie (Hrsg. W. RUHLAND). Bd. XIV. Wachstum und Wuchsstoffe Redig. v. H. BURGSTRÖM. Berlin-Göttingen-Heidelberg: Springer 1961.
[26] Handbuch der Pflanzenphysiologie (Hrsg. W. RUHLAND). Bd. XV. Differenzierung und Entwicklung. Redig. v. A. LANG. Berlin-Göttingen-Heidelberg: Springer 1965.
[27] Handbuch der Pflanzenphysiologie (Hrsg. W. RUHLAND). Bd. XVII. Physiologie der Bewegungen. Redig. v. E. BÜNNING, Berlin-Göttingen-Heidelberg: Springer 1959 u. 1962.
[28] HANSEN, I. L., and M. A. CRAWFORD: J. Chromatog. **22**, 330 (1966).
[29] HARADA, H., and A. LANG: Plant Physiol. **40**, 176 (1965).
[30] HARLEY-MASON. J., and A. A. P. G. ARCHER: Biochem. J. **69**, 60p. (1958).
[31] HAYASHI, F., and L. RAPPAPORT: Nature **205**, 414 (1965).
[32] HEACOCK, R. A., and M. E. MAHON: Can. J. Biochem. Physiol. **41**, 2381 (1963).
[33] — — Can. J. Biochem. Physiol. **41**, 487 (1963).
[34] — — Can. J. Biochem. Physiol. **42**, 813 (1964).
[35] — — J. Chromatog. **17**, 338 (1965).
[35a] IKEKAWA, N., T. KAGAWA, and Y. SUMIKI: Proc. Japan. Acad. **39**, 507 (1963).
[36] INHOFFEN, H. H., K.-H. NORDSIEK u. H. SCHÄFER: Liebigs Ann. Chem. **668**, 104 (1963).
[37] JÄNCHEN, D.: J. Chromatog. **14**, 261 (1964).
[38] JONES, D. F.: Nature **202**, 1309 (1964).
[39] — J. MACMILLAN, and M. RADLEY: Phytochemistry **2**, 307 (1963).
[39a] JONES, K. C.: Diss. Univ. California, Los Angeles 1965.
[40] JONES, R. L., and J. D. J. PHILLIPS: Nature **204**, 497 (1964).
[41] JORK, H.: 3. Symp. Chromatogr. Soc. Belge Sci. Pharm., S. 295. Bruxelles 1964.
[42] — Z. Anal. Chem. **220**, (1966) i. Dr.
[43] KAGAWA. T,, T. FUKINBARA, and Y. SUMIKI: Agr. Biol. Chem. **27**, 598 (1963).
[44] KALDEWEY, H.: Habil.-Schrift, Saarbrücken 1961.
[45] — 5th Internat. Conf. on plant growth subst., Paris 1963. Coll. Internat. CNRS, **Nr. 123**, 421 (1964).
[46] — unveröffentlichte Versuche.
[47] — u. E. STAHL: Planta **62**, 22 (1964).
[48] — — u. J. FUCHS: In Vorber.
[49] KEFFORD, N. P.: Science **142**, 1495 (1963).
[50] — and P. L. GOLDACRE: Am. J. Botany **48**, 643 (1961).
[51] KENDE, H., and A. LANG: Plant Physiol. **39**, 435 (1964).
[52] KHALIFAH, R. A., L. N. LEWIS, and CH. W. COGGINS JR: Plant Physiol. **40**, 441 (1965).
[53] — — — and P. C. RADLICK: J. Exp. Botany **16**, 511 (1965).

[54] KNAPP, R. (edit.): Eigenschaften und Wirkungen der Gibberelline. Berlin-Göttingen-Heidelberg: Springer 1962.

[55] — In: Moderne Methoden der Pflanzenanalyse. Edit. H. F. LINSKENS u. M. V. TRACEY, Bd. 6, S. 203. Berlin-Göttingen-Heidelberg: Springer 1963.

[56] KÖGL, F., A. J. HAGEN-SMIT u. H. ERXLEBEN: Hoppe Seylers Z. Physiol. Chem. 228, 90 (1934).

[57] KÖHLER, D., and A. LANG: Plant Physiol. 38, 555 (1963).

[58] KÖHLER, K. H., u. K. CONRAD: Biol. Rdsch. 4, 36 (1966).

[59] KOLLER, D., A. M. MAYER, A. POLJAKOFF-MAYBER, and S. KLEIN: Ann. Rev. Plant Physiol. 13, 437 (1962).

[60] KOST, A. N., T. V. KORONELLY i R. S. SAGITULLIN: Akad. Nauk. USSR 19, 125 (1964). (Russisch m. engl. Zusfassg.)

[61] KUTÁČEK, M.: Biol. Plant. Acad. Sci. Bohemoslov. 6, 88 (1964).

[62] — Persönl. Mitt.

[63] — et Ž. PROCHÁZKA: 5th Internat. congr. on plant growth subst., Paris 1963. Coll. Internat. CNRS Nr. 123, 445 (1964).

[64] — J. ROSMUS, and Z. DEYL: Biol. Plant. Acad. Sci. Bohemoslov. 4, 226 (1962).

[65] LANG, A.: In: Physiology of reproduction Proc. 22, Biol. Coll. Oregon State Univ. 1961, S. 53.

[66] LARSEN, P.: In: Moderne Methoden der Pflanzenanalyse. Ed. K. PAECH u. M. V. TRACEY. Bd. 3, S. 565. Berlin-Göttingen-Heidelberg: Springer 1955.

[67] — In: Handbuch der Pflanzenphysiologie (Herausg. W. RUHLAND), Bd. 14, S. 521. Berlin-Göttingen-Heidelberg: Springer 1961.

[68] LEGLER, G., u. R. TSCHESCHE: Naturwissenschaften 50, 94 (1963).

[68a] LETHAM, D. S.: Phytochemistry 5, 269 (1966).

[69] — and C. O. MILLER: Plant Cell Physiol. 6, 355 (1965).

[70] LEWIS, L. N., R. A. KHALIFAH, and CH. W. COGGINS JR.: Plant Physiol. 40, 500 (1965).

[71] LIBBERT, E., S. WICHNER, U. SCHIEWER, H. RISCH, and W. KAISER: Planta 68, 327 (1966).

[72] LINSER, H., u. O. KIERMAYER: Methoden zur Bestimmung pflanzlicher Wuchsstoffe. Wien: Springer 1957.

[73] LINSKENS, H. F.: Papierchromatographie in der Botanik. 2. Aufl. Berlin-Göttingen-Heidelberg: Springer 1959.

[74] LOU, V., W. Y. KOO, and E. RAMSTAD: Lloydia 28, 207 (1965).

[75] MACMILLAN, J., J. C. SEATON, and P. J. SUTER: Tetrahedron 11, 60 (1960).

[76] — — — Tetrahedron 18, 349 (1962).

[77] — and P. J. SUTER: Nature 197, 790 (1963).

[78] MCISAAC, W. M., G. FARELL, R. G. TABORSKY, and A. N. TAYLOR: Science 148, 102 (1965).

[79] MILLER, C. O.: In: Moderne Methoden der Pflanzenanalyse. Ed. H. F. LINSKENS u. M. V. TRACEY. Bd. 6, S. 194. Berlin-Göttingen-Heidelberg: Springer 1963.

[80] MITSUHASHI, M., and H. SHIBAOKA: Plant Cell Physiol. 6, 87 (1965).

[81] MOTHES, K.: Naturwissenschaften 47, 337 (1960).

[82] — 5th Internat. congr. on plant growth subst. Coll. Internat. CNRS Nr. 123, S. 131 (1964).

[82a] NICHOLLS, P. B., and L. G. PALEG: Nature (London) 199, 823 (1963).

[83] NINNEMANN, H., J. A. D. ZEEVAART, H. KENDE, and A. LANG: Planta 61, 229 (1964).

[84] NITSCH, J. P.: In: The chemistry and mode of action of plant growth substances. (Ed. R. L. WAIN, and F. WIGHTMAN) p. 3. London: Butterworth 1956.

[85] — (Edit.): Regulateurs naturels de la croissance végétale. 5th Internat. conf. on plant growth subst. Paris 1963, Coll. Internat. CNRS Nr. 123, Paris 1964.

[86] NOVAT, N.: Compt. Rend. Soc. Biol. 158, 1458 (1964).

[87] OBREITER, J. B., and B. B. STOWE: J. Chromatogr. 16, 226 (1964).

[88] ONCKELEN, H. A. VAN, R. VERBEEK, and L. MASSART: Naturwissenschaften 52, 561 (1965).
[89] OPIÉNSKA-BLAUTH, J., M. CHARECINSKI, and H. BERBÉĆ: Anal. Biochem. 6, 69 (1963).
[90] — H. KRACZKOWSKI, H. BRZUSZKIEWICZ, and Z. ZAGÓRSKI: J. Chromatog. 17, 288 (1965).
[90a] OVERBEEK, J. VAN: Science 152, 721 (1966).
[91] PALEG, L. G.: Ann. Rev. Plant Physiol. 16, 291 (1965).
[91a] — D. ASPINALL, and P. B. NICHOLLS: Plant Physiol. 39, 286 (1964).
[92] PERLEY, J. E., and B. B. STOWE: Plant Physiol. 41, 234 (1966).
[93] PETRIDIS, C., R. VERBEEK, and L. MASSART: Naturwissenschaften 53, 331 (1966).
[94] PHINNEY, B. O., and C. A. WEST: In: Handbuch der Pflanzenphysiologie (Hrsg.: W. RUHLAND), Bd. 14, S. 1185. Berlin-Göttingen-Heidelberg: Springer 1961.
[95] PIIRONEN, E., and A. I. VIRTANEN: Acta Chem. Scand. 16, 1286 (1962).
[96] PILET, P. E.: Rev. Gén. Bot. 64, 1 (1957).
[97] PÖHM, M.: Arch. Pharm. 286, 509 (1953).
[97a] PONTLEZIA, R. F.: Bull. Soc. Roy. Sci. Liège 34, 49 (1965).
[98] PROCHÁZKA, Ž.: In: J. M. HAIS u. K. MAČEK: Handbuch der Papierchromatographie. Jena: VEB Fischer 1958.
[98a] RADLEY, M.: Nature (London) 210, 969 (1966).
[99] RAMSTAD, E., and S. AGURELL: Ann. Rev. Plant Physiol. 15, 143 (1964).
[100] REINHARD, E., W. KONOPKA u. R. SACHER: J. Chromatogr. 16, 99 (1964).
[101] SACHS, R. M.: Ann. Rev. Plant Physiol. 16, 73 (1965).
[102] SCHIEWER, U., u. E. LIBBERT: Planta 66, 377 (1965).
[103] SCHLOSSBERGER, H. G., H. KUCH u. I. BUHROW: Hoppe Seylers Z. Physiol. Chem. 333, 152 (1963).
[104] SCHMID, E., L. ZICHA, J. KRAUTHEIM u. J. BLUMBERG: Med. Exptl. 7, 8 (1962).
[105] SCHNEIDER, G., G. SEMBDNER u. K. SCHREIBER: J. Chromatogr. 19, 358 (1965).
[106] — — — Gibberelline — ihre Derivate und Abbauprodukte. Berlin: Akademie-Verlag 1966; s. auch Kulturpflanze 13, 267 (1965).
[107] SCHRAUDOLF, H.: Experientia 21, 520 (1965).
[108] — u. F. BERGMANN: Planta 67, 75 (1965).
[109] SEARLE, N. E.: Ann. Rev. Plant Physiol. 16, 97 (1965).
[109a] ŠEBÁNEK, J.: Flora, Abt. A. (Jena) 156, 303 (1965).
[110] SEILER, N., G. WERNER u. M. WIECHMANN: Naturwissenschaften 50, 643 (1963).
[111] SEMBDNER, G., R. GROSS u. K. SCHREIBER: Experientia 18, 584 (1962).
[112] — G. SCHNEIDER u. K. SCHREIBER: Planta 66, 65 (1965).
[113] — — J. WEILAND u. K. SCHREIBER: Experientia 20, 89 (1964).
[114] — — — — Kulturpflanze 13, 137 (1965).
[115] — u. K. SCHREIBER: Phytochemistry 4, 49 (1965).
[116] — — Flora, Abt. A (Jena) 156, 359 (1965).
[117] SEN, S. P., and A. C. LEOPOLD: Physiol. Plantarum 7, 98 (1954).
[118] SIROIS, J. C., and E. V. PARUPS: Physiol. Plantarum 18, 70 (1965).
[118a] SKENE, K. G. M., and A. LANG: Plant Physiol. 39 (Suppl.) XXXVII (1964).
[119] SÖDING, H.: Die Wuchsstofflehre. Stuttgart: G. Thieme 1952.
[119a] SPEAKE, R. N.: J. chem. Soc. (London) 1963, 7 (1963).
[120] STAHL, E., u. H. KALDEWEY: Hoppe Seylers Z. Physiol. Chem. 323, 182 (1961).
[121] STODDART, J. L.: Ann. Botany (London) N. S. 29, 741 (1965).
[122] — J. Exptl. Bot. 17, 96 (1966).
[123] STOWE, B. B.: In: Fortschritte Chemie organischer Naturstoffe. Bd. 17, S. 249. Wien: Springer 1959.
[124] — and J. F. SCHILKE: 5th Internat. conf. on plant growth subst. Paris 1963, Coll. CNRS Nr. 123, S. 409 (1964).
[125] — and K. V. THIMANN: Arch. Biochem. Biophys. 51, 499 (1954).
[126] — and T. YAMAKI: Ann. Rev. Plant Physiol. 8, 181 (1957).

[*127*] STOWE, B. B., and T. YAMAKI: Science **129**, 807 (1959).
[*128*] TEUSCHER, E.: Flora (Jena) **155**, 80 (1964).
[*129*] — Phytochemistry **4**, 341 (1965).
[*130*] TEUSCHER, G., u. E. TEUSCHER: Phytochemistry **4**, 511 (1965).
[*131*] TYLER, V. E., u. D. GRÖGER: Planta Med. **12**, 397 (1964).
[*132*] VEGIS, A.: Ann. Rev. Plant Physiol. **15**, 185 (1964).
[*133*] WAKHLOO, J. L.: Planta **65**, 301 (1965).
[*133a*] WITTWER, S. H., and M. I. BUKOVAC: Amer. J. Botany **49**, 524 (1962).
[*134*] ZENK, M. H.: 5th Internat. conf. on plant growth subst. Paris 1963. Coll. Internat. CNRS Nr. **123**, 241 (1964).
[*135*] — u. H. SCHERF: Biochim. Biophys. Acta **71**, 737 (1963).
[*136*] — — Planta **62**, 350 (1964).

P. Amine und Teerbasen

EGON STAHL und P. J. SCHORN

I. Amine

Im chromatographischen Verhalten stehen die Amine den Alkaloiden nahe. Die Möglichkeiten der Trennung auf Papier sind u. a. von STEIN VON KAMIENSKI [*43*] zusammengefaßt worden. Dort sind auch die Isolierung der Amine aus pflanzlichem Material und die Herstellung charakteristischer Derivate zur weiteren Identifizierung besprochen.

Bei den aliphatischen Aminen unterscheidet man primäre, sekundäre und tertiäre und gliedert diese von den aromatischen Aminen ab. Ihre Chromatographie ist sowohl in Form der freien Basen als auch in Salzform oder nach Herstellung entsprechender Derivate möglich. Letzteres ist wohl besonders empfehlenswert.

1. Aliphatische Amine

Mit der DC von Aminen befaßte sich zunächst TEICHERT et al. [*45*]. Die Aminhydrochloride wurden in 70proz. Alkohol gelöst und in Mengen von 1—10 μg aufgetragen. Die hRf-Werte und die weiteren Trennbedingungen sind in Tab. 94 zusammengefaßt.

Wie aus Tab. 94 zu ersehen ist, bringt eine Pufferung der Kieselgel G-Schicht mit einer Mischung aus 0,2 M prim. Kaliumphosphat- und 0,2 M sek. Natriumphosphat (1 + 1) oder mit einer 0,15 M Natriumacetat-Lösung nur eine teilweise Verbesserung der Trennung.

Ein ähnliches Trennverhalten wird von GRASSHOF [*8*] bei der DC auf Magnesiumsilicat (Fa. 153) mit Chloroform-Methanol (50 + 50) für Amine, bzw. mit n-Propanol-Wasser-Chloroform (66 + 22 + 11) für die analogen Aminoalkohole angegeben. Die dc-Trennungen der Aminoalkohole auf Aluminiumoxid neutral (Fa. 153), bzw. der Amine auf Kieselgel (Fa. 153) oder Aluminiumoxid neutral mit den gleichen Fließmitteln befriedigen dagegen nicht.

Zur sicheren Identifizierung primärer und sekundärer Amine stellt man die 3,5-Dinitrobenzamide (DNB) her und trennt auf normalen

Kieselgel G-Schichten mit Chloroform-Äthanol (99 + 1). Folgende hRf-Werte wurden gefunden [14, 45]: Methylamin-DNB 14, Dimethylamin-DNB 47, Äthylamin-DNB 68, n-Propylamin-DNB 38, i-Butylamin-DNB 42, i-Amylamin-DNB 50.

Tabelle 94. hRf-Werte von Aminen auf verschiedenen Schichten und mit verschiedenen Fließmitteln [45]

| Amine | Kieselgel-G-Schicht | | | Gepufferte Kieselgel-G-Schicht | | Cellulose-pulver-Schicht |
	I[1]	II	III	IV	V	VI
Methylamin	—	11	10	10	7	12
Äthylamin	—	15	13	20	14	19
n-Propylamin.	—	30	19	30	23	31
i-Amylamin	—	49	39	45	44	58
Cadaverin	3	6	2	1	1	—
Putrescin.	3	4	2	1	1	—
Äthanolamin	30	18	11	10	10	7
Histamin.	41	26	2	3	3	2
Tyramin	56	44	38	55	40	28
Phenyläthylamin	66	56	37	55	42	—
Benzylamin	70	49	36	50	42	—
Tryptamin (s. S. 449) . .	60	54	43	90	45	—

[1] Fließmittel: I = Äthanol 96proz.-Ammoniaklösung 25proz. (80 + 20); II = Phenol-Wasser (80 + 30); III = Oberphase: Butanol-Eisessig-Wasser (40 + 10 + 50); IV = Äthanol 70proz., auf phosphatgepufferter Schicht; V = Fließmittel III auf acetatgepufferter Schicht; VI = Oberphase: Amylalkohol-Eisessig-Wasser (40 + 10 + 50).

Herstellung der 3,5-Dinitrobenzamide (DNB):

50 mg des Aminhydrochlorids oder 25 mg freies Amin werden in 5 ml Wasser im Scheidetrichter gelöst, mit 15 ml Äther überschichtet, dann werden 0,25 ml Pyridin und 250 mg 3,5-Dinitrobenzoylchlorid, gelöst in 1 ml Benzol, zugesetzt. Unter laufender Kühlung und Rühren fügt man 5,5 g Kaliumcarbonat zu. Nach 20 min wird die wäßrige Schicht abgelassen und die Ätherphase zweimal mit 5 ml 1proz. Schwefelsäure und dann mit Wasser ausgeschüttelt. Die über Natriumsulfat getrocknete und filtrierte Ätherlösung wird zur Trockene eingeengt und u. U. das DNB aus 50proz. Äthanol umkristallisiert. Zur DC stellt man sich hiervon eine 1proz. Äther- oder Chloroformlösung her und trägt 5 bis 25 µg auf.

Mit gutem Erfolg wurden auf Kieselgel G-Schichten von Neurath und Doerk [20] die roten 4'-Nitro-azobenzolcarbon-(4)-amide[1] mit Chloroform getrennt. Eine Verbesserung konnte durch Mehrfachentwicklung und/oder zweidimensionale DC mit dem gleichen Fließmittel erzielt werden. Wie bei den oben angeführten Benzamiden nehmen auch hier die hRf-Werte mit der C-Zahl des Amins zu. Seiler und Wiechmann [36] trennen primäre und sekundäre Amine nach Umsetzung mit 1-Dimethylamino-naphthalin-5-sulfonylchlorid (= DANS; Fa. 60) auf. Die Trennung erfolgt auf Kieselgel G-Schichten mit den Fließmitteln I: Äthylacetat-Cyclohexan (60 + 40), II: Benzol-Methanol-Cyclohexan (85 + 5 + 10) oder III: Benzol-Triäthylamin (83 + 17) im ein- und/oder zweidimensionalen Trennverfahren (Abb. 161).

---

[1] 4'-Nitroazobenzolcarbonsäure-(4)-chlorid (Fa. 88).

Im langwelligen UV-Licht (365 nm) fluoreszieren die DANS-Amide gelb-grün, während die Amine, die mit einer phenolischen OH-Gruppe reagiert haben, eine intensiv gelbe oder eine gelb-orange Fluorescenz zeigen; man erkennt so etwa 10^{-10} Mol je DANS-Amid.

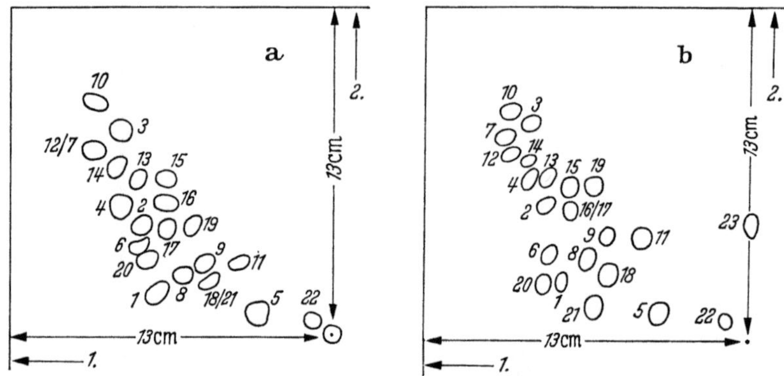

Abb. 161a u. b. Zweidimensionale Dünnschicht-Chromatographie von DANS-Amiden [36]

a) Äthylacetat-Cyclohexan (60 + 40) (Lauf 1); Benzol-Methanol-Cyclohexan (85 + 5 + 10) (Lauf 2); b) Äthylacetat-Cyclohexan (60 + 40) (Lauf 1); Benzol-Triäthylamin (83 + 17) (Lauf 2).

1 Ammoniak	13 4-Hydroxy-β-phenyläthylamin
2 Methylamin	14 4-Methoxy-β-phenyläthylamin
3 Dimethylamin	15 3,4-Dihydroxy-β-phenyläthylamin
4 Äthylamin	16 3-Methoxy-4-hydroxy-β-phenyläthyl-
5 Äthanolamin	amin
6 Cysteamin	17 3,4-Dimethoxy-β-phenyläthylamin
7 Isoamylamin	18 Noradrenalin
8 Spermidin	19 Adrenalin
9 Spermin	20 Tryptamin
10 Piperidin	21 Serotonin
11 Histamin	22 Pyridoxamin
12 β-Phenyläthylamin	23 Hordenin

Von Interesse ist ferner ein verteilungschromatographisches Verfahren zur DC homologer 2,4-Dinitrophenylamine. Schwartz et al. [39] stellen die Trennschicht wie folgt her: 14 g Seasorb 43 und 7 g Celite 545 werden mit 8 ml Polyäthylenglykol 400 und 48 ml 95proz. Äthanol zu einer homogenen Suspension angeschüttelt und in bekannter Weise ausgestrichen. Als Fließmittel dient n-Heptan, das zuvor mit dem als stationäre Phase dienenden Polyäthylenglykol gesättigt wurde. Die DNP-Derivate der primären und sekundären Amine trennen sich auf dieser Schicht nach der Anzahl der C-Atome des Amins, z. B. Methylamin $\sim$ hRf 5 $\rightarrow$ Decylamin $\sim$ hRf 95.

Bei der Stabilitätsprüfung von Trispuffern (THAM =Tris-(Hydroxymethyl)-amino-methan) wurde die DC auf Kieselgel G verwendet [49].

Langkettige tertiäre Amine wurden von Lane [17] auf Aluminiumoxid G-Schichten mit den Fließmitteln Isobutylacetat oder Isobutylacetat-Essigsäure (98 + 2) getrennt. Der Nachweis der tertiären, sowie der als Verunreinigungen auftretenden primären und sekundären Amine, erfolgt mit Cobaltrhodanid (Reag.-Nr. 149). Die Amine erscheinen als blaue Flecke auf rosa Untergrund. Die nach etwa 2 Std verblassenden Farbtöne können durch Nachsprühen mit Wasser oder durch Einbringen der Platte in eine mit Wasserdampf gesättigte Atmosphäre wieder sichtbar gemacht werden. Langkettige quartäre Ammoniumsalze und Aminoxide reagieren ähnlich.

Nachweis. *Primäre aliphatische Amine* werden zumeist mit Ninhydrin (Reag.-Nr. 176) nachgewiesen. Sie reagieren wie die sekundären Amine mit einer violett-roten Farbe. Recht charakteristisch ist die Blaufärbung primärer Amine mit Folin-Reagens (Nr. 161). Zum Nachweis wird ferner verwendet: Vanillin (Reag.-Nr. 245) und man kann die kupplungsfähigen aromatischen Amine diazotieren und danach mit geeigneten Phenolen kuppeln [*9*].

Sekundäre Amine reagieren mit Ninhydrin nur sehr schwach. Zum Nachweis wird bevorzugt Nitroprussidnatrium-Acetaldehyd (Reag.-Nr. 183) verwendet. Es tritt eine blaue Farbreaktion auf. Tertiäre Amine ergeben mit Dragendorff-Reagens (Nr. 90) eine orange-rote Färbung noch unspezifischer sind die rotbraune Färbung mit Jod (Reag.-Nr. 128 A) und die blaue Reaktion mit Phosphormolybdänsäure (Reag.-Nr. 158 A).

Tertiäre Amine lassen sich auf der DC-Platte durch Behandlung mit H_2O_2 gut von primären + sekundären unterscheiden. Während die primären und sekundären Amine nicht reagieren und im Bereich der Fließmittelfront wandern, trennen sich die aus den tertiären Aminen entstandenen, stärker polaren Aminoxide $[(R)_3N \rightarrow O]$ auf Kieselgel G-Schichten mit dem Fließmittel Chloroform (NH_3-ges.)-Methanol (97 + 3) ab und liegen im unteren bis mittleren Rf-Bereich [*25*].

Die 3,5-Dinitrobenzamide lassen sich entweder auf den Fluorescenz-Schichten (z. B. Kieselgel GF_{254}) oder an der Braunfärbung mit Jod erkennen. Man kann sie auch mit α-Naphthylamin (Reag.-Nr. 167) sichtbar machen. Zum Nachweis dient ferner eine 15 min Bestrahlung mit einem Quecksilber-Brenner ohne Filter; man erhält violette Flecke auf weißem Grund.

Es ist nicht ausgeschlossen, daß das zur Colorimetrie verwendete Diphenylpicrylhydrazyl [*21*] sich auch als ein brauchbares Detektionsmittel für Amine in der DC verwenden läßt.

2. Nitrosamine

Aliphatische und aromatische Nitrosamine lassen sich auf Kieselgel G-Schichten trennen. PREUSSMANN et al. [*32, 33, 19*] verwenden zur DC der verschiedenen Klassen von Nitrosaminen entsprechend abgewandelte Fließmittel.

	Hexan-Äther-Methylenchlorid
Symmetrische Dialkyl-Nitrosamine	40 + 30 + 20
Methylalkyl-Nitrosamine	40 + 30 + 20
Cyclische Nitrosamine	25 + 35 + 40
Arylalkyl- und Diaryl-Nitrosamine	66 + 20 + 15

Nachweis: Mit dem Diphenylamin-Palladiumchlorid-Reagens (Nr. 78) erhält man violette Flecke. Die Nachweisgrenze für flüchtige Nitrosamine liegt bei 1,2 μg und für feste bei 0,5 μg. Noch empfindlicher ist der Nachweis mit dem Sulfanilsäure-α-Naphthylamin-Reagens (Nr. 231). Hiermit ergeben die aliphatischen Nitrosamine eine rot-violette Farbreaktion, die aromatischen reagieren hingegen mit grüner bis blauer Farbe (Nachweis 0,2—0,5 μg).

20 verschiedene N-Nitroso- und Nitrodiphenylamine wurden von YASUDA [50] mit Hilfe der 2-dimensionalen DC getrennt und die Befunde zur Analyse von Sprengstoffen ausgewertet (s. S. 641, Abb. 188).

3. Aminoalkohole und quartäre Ammoniumsalze

Die dc-Trennung dieser physiologisch wichtigen Verbindungen erfolgt mit stark polaren, sauren Fließmitteln. BAYZER [1a] trennt die Hydrochloride von Cholin, Chlorcholin, Acetylcholin und Tetramethylammoniumchlorid auf Cellulose-Schichten mit dem Partridge-Gemisch (Tab. 95 C) oder mit dem Fließmittel Chloroform-Methanol-Wasser (75 + 22 + 3) mit Hilfe der Keilstreifen-Technik auf. Cholin-HCl wird dabei als Bezugssubstanz ($R_{St} = 1,00$) gewählt. Diese Stoffgruppe kann auch in Kombination mit der Dünnschicht-Elektrophorese getrennt werden [1b]. Auf Kieselgel G-Schichten wird eine dc Vortrennung mit Methanol-Aceton-Salzsäure (90 + 10 + 4) vorgenommen, dann erfolgt in der 2. Dimension die Elektrophorese in einem Pyridinacetat-Puffer pH 3,6 (30—40 V/cm, 2 Std). Auf Cellulose-Schichten ist neben der DC-Trennung mit dem Partridge-Gemisch (s. Tab. 95, C) zur Elektrophorese ein Pyridinacetat-Puffer von pH 6,5 (30—40 V/cm; 40 min) vorteilhaft. TAYLOR [44] trennt die gleiche Stoffgruppe auf Aluminiumoxid-Schichten.

Tabelle 95. h*Rf-Werte*[1] *und Farbreaktion von Cholin-Derivaten auf Aluminiumoxid G-Schichten* [44]

Hydrochloride von	Fließmittel			Jodplatinat (Reag.-Nr. 141)			Dragendorff (Reag. Nr. 90)		
	A	B	C						
Cholin	41	50	49	blau	1	μg	rot	1	μg
Acetylcholin.	55	65	66	blau	1	μg	orange	1	μg
Carbamylcholin . . .	31	57	46	blau	1	μg	orange	1	μg
Succinylcholin	32	39	35	rosa	1	μg	orange	2	μg
Succinyldicholin . . .	5	10	25	bl.-schw.	0,5	μg	orange	0,5	μg
β-Methylcholin. . . .	52	59	56	blau	1	μg	rot	1	μg
Bethanechol.	46	61	63	rosa	1	μg	orange	1	μg
Methacholin	59	70	67	rosa	1	μg	orange	1	μg

Fließmittel A: n-Butanol-Wasser-Ameisensäure (60 + 35 + 15) (Oberphase); B: n-Butanol-Wasser-Essigsäure (66 + 17 + 17); C: n-Butanol-Wasser-Essigsäure (40 + 50 + 10) (Oberphase).

[1] Die h*Rf*-Werte sind nur als Richtwerte zu betrachten.

Ebenfalls auf Aluminiumoxid G-Schichten wurden von SULLIVAN und BRADY [37] mit Methanol-Tetrachlorkohlenstoff-Essigsäure (70 + 30 +

2,5) Betain (hRf = 57), Cholin (hRf = 77) und Muscarin (hRf = 87) getrennt. Tyihák [46] hingegen chromatographiert auf Kieselgel G-Schichten mit Methanol-Wasser (50 + 50): Cholin hRf = 6 und Betain hRf = 45.

Nachweis: Zum Nachweis der Aminoalkohole und quartären Ammoniumsalze werden zumeist die Alkaloid-Reagentien (z. B. Nr. 90, Nr. 141, Nr. 174) verwendet. Noch empfindlicher ist das Dipicrylamin-Reagens (Nr. 261), das noch 0,5—1 µg Cholin, bzw. dessen Derivate, erkennen läßt (rote Farbe auf gelbem Untergrund).

4. Katecholamine (Phenylalkylamine)

Von Desimio [5] wird berichtet, daß sich die biogenen Amine auf Kieselgel G-Schichten mit dem Fließmittel n-Butanol-Eisessig-Wasser (66 + 17 + 17), das auch in der PC gebräuchlich ist, auftrennen lassen. Mit dem gleichen Fließmittel oder mit n-Butanol-25 proz. Ammoniak-Äthylacetat (60 + 20 + 20) lassen sich auch 6-Hydroxy-katecholamine und Metaboliten auftrennen [4a].

Seiler und Wiechmann [35] trennen Mescalin und weitere Phenyläthylamine auf Kieselgel G-Schichten mit Isopropanol-Chloroform-konz. Ammoniak (80 + 5 + 15). Die dann durch Kondensation mit Formaldehyd in Gegenwart von konz. Ammoniak und anschließendem Erhitzen mit Salzsäure oder mit Procházka-Reagens (Nr. 110) erhaltenen, intensiv grün fluorescierenden Verbindungen können dann fluorometrisch bestimmt oder mit Äthylacetat-Methanol-Ameisensäure (60 + 35 + 5) oder (80 + 10 + 10) weiter aufgetrennt werden (Erfassungsgrenze für Mescalin = 0,01 µg).

Segura-Cardona und Soehring [34] haben sich eingehend mit der DC der Katecholamine und ihrer Derivate beschäftigt. Die Trennung dieser physiologisch wirksamen Verbindungen wurde auf Polyamid-Schichten (Fa. 153) mit dem Fließmittelgemisch Isobutanol-Eisessig-Cyclohexan (80 + 7 + 10) durchgeführt. Zum Nachweis dieser Verbindungen kann sowohl die phenolische OH-Gruppe als auch die NH_2-Gruppe dienen (s. auch: Klin. Diagnostik, Kap. S., S. 561—563).

Katecholamine und ihre Metaboliten lassen sich auch gut auf MN 300-Cellulose-Schichten mit verschiedenen Fließmitteln trennen [31]; recht geeignet erscheint n-Butanol, gesättigt mit 3 N-HCl. Bei einer Laufstrecke von 15 cm werden folgende hRf-Werte angegeben:

Noradrenalin	31	Metanephrine	58
Adrenalin	38	3,4-Dihydroxymandelsäure	80
Normetanephrine	48	3-Methoxy-4-hydroxymandelsäure	89

Beckett und Choulis [2] trennen auf Cellulose-, Kieselgel G- und Aluminiumoxid G-Schichten Histamin, Noradrenalin, Adrenalin, Isoprenalin, Ephedrin und β-Phenyläthylamin mit den Fließmitteln n-Butanol-Eisessig-Wasser (40 + 10 + 50) oder n-Butanol (wassergesättigt) auf.

Beachte: Bei der DC auf Cellulose geben die freien Amine oder in Gegenwart von Säuren die entsprechenden Salze *zwei* Substanzflecken. Nur bei Verwendung von basischen Fließmitteln erhält man *einen*. Man fand, daß die Carboxylgruppe der Cellulose hierfür verantwortlich ist, da dieser Effekt bei ihrer Methylierung verschwindet. Auf Kieselgel G- oder Aluminiumoxid G-Schichten wird dagegen mit sauren oder neutralen Fließmitteln immer nur *ein* Substanzfleck erhalten [2].

5. Aromatische Amine

Die aromatischen Amine stehen in ihrem chromatographischen Verhalten den aliphatischen sehr nahe. Auch hier ist eine gute und saubere Trennung zur schnellen Verfolgung entsprechender Umsetzungen bei organischen Synthesen von besonderem Wert.

Zur Chromatographie der unten aufgeführten Amine haben sich Kieselgel G-Schichten und Benzol-Methanol (95 + 5) als Fließmittel am besten bewährt. Dabei wurden folgende hRf-Werte erhalten: Anilin *38*, p-Xylidin *44*, β-Naphthylamin *44*, Acridin *50*, Carbazol *58*, Diphenylamin *69* [*38*].

HANSSON und ALM [*10*] trennten Diphenylamin, Triphenylamin und die entsprechenden Nitroso- und Nitroderivate auf Kieselgel G-Schichten mit Toluol, Benzol oder Chloroform als Fließmittel.

Auf losen Aluminiumoxid-Schichten chromatographierte MISTRYUKOV[*18*] trans-Decahydrochinolin, cis-Decahydrochinolin, (1)-cis-Perhydropyrindin, deren Derivate und weitere aromatische Amine mit verschiedenen, neutralen oder basischen Fließmitteln, z. B. mit Aceton-Methanol-Wasser (72 + 18 + 9) und Chloroform (NH_3-ges.)-Benzol (50 + 50).

Von Interesse ist die dc-Trennung der stellungsisomeren primären Amine. WAKSMUNDZKI u. Mitarb. [*48*] trennten o-, m- und p-Nitroanilin (NA) u. a. mit Chloroform: o-NA, hRf 84; m-NA, hRf 73; p-NA, hRf 58.

Ebenfalls unter Standardbedingungen wurden von GILLIO-TOS u. Mitarb. [*7*] isomere Amine getrennt.

Wie aus der Tab. 96 zu ersehen ist, werden alle aufgeführten Verbindungen — mit Ausnahme der Aminobenzoesäuren — in der Reihenfolge ortho > meta > para aufgetrennt. Das gleiche chromatographische Trennverhalten fanden PASTUSKA und PETROWITZ [*24*] bei der DC auf Kieselgel G-Schichten mit den Fließmitteln Benzol-Methanol (80 + 20) oder Benzol-Dioxan-Eisessig (79 + 19 + 1). Das gleiche chromatographische Verhalten wurde auch bei der DC der isomeren Nitrophenole auf Kieselgel G-Schichten mit Benzol-Äther (70 + 30) beobachtet [*42*].

Ebenfalls auf Kieselgel G-Schichten wurden von FELTKAMP [*6*] stereoisomere Cyclohexylamine mit den Fließmitteln Aceton-konz. Ammoniak-Petroläther (Kp. 50—70° C) (66,5 + 1,5 + 32) oder (49 + 1 + 50) getrennt. Bei der DC der einzelnen isomeren Paare besitzt die Verbindung mit überwiegend axialer NH_2-Gruppe den höheren hRf-Wert.

BOOTH und BOYLAND [*3*] trennten 18 verschiedene Arylamin-Metaboliten auf Kieselgel G-Schichten mit Petroläther (40—60° C)-Aceton (70 + 30), bzw. Chloroform-Äthylacetat-Eisessig (60 + 30 + 10). Zum Nachweis ist besonders das Folin-Ciocalteau-Reagens (Reag.-Nr. 108) geeignet, mit dem die aufgetrennten Verbindungen beim Nachsprühen mit einer 10proz. Natriumcarbonat-Lösung mit grün-blauer, grauer oder violetter Farbe reagieren. PARIHAR u. Mitarb. [*21a*] trennen Amine nach

Umsetzung zu den p-Toluolsulfonamiden. Die Umsetzung kann direkt auf dem Startpunkt erfolgen. Hierzu werden 1—2 µg Amin, gelöst in Pyridin-Petroläther (1 + 1), und 1,1 Mol Toluolsulfochlorid-(4) (Fa. 88) (bei Mischungen 1,5 Mol) gelöst in Pyridin auf die DC-Platte aufgetragen. Anschließend erwärmt man die Platte 4 Stunden auf 60° C und chromatographiert dann z. B. auf Kieselgel G-Schichten mit Chloroform,

Tabelle 96. h*Rf-Werte*[1] *von primären, aromatischen Aminen auf Kieselgel G-Schichten*
[7]

Amine	Fließmittel			Amine	Fließmittel		
	A	B	C		A	B	C
o-Toluidin. . .	62	17	84	o-Nitroanilin. .	69	52	93
m-Toluidin . .	54	10	83	m-Nitroanilin .	64	36	92
p-Toluidin. . .	40	5	80	p-Nitroanilin. .	58	29	91
o-Aminophenol.	34	—	80	o-Phenylendi-			
				amin	—	—	63
m-Aminophenol	29	—	75	m-Phenylendi-			
				amin	—	—	53
p-Aminophenol.	6	—	62	p-Phenylendi-			
				amin	—	—	40
o-Aminobenzoe-				o-Bromanilin. .	81	69	95
säure	62	44	98				
m-Aminobenzoe-				m-Bromanilin .	70	44	93
säure	50	12	95				
p-Aminobenzoe-				p-Bromanilin. .	61	27	89
säure	59	29	97				
o-Anisidin. . .	60	15	81	o-Chloranilin. .	78	66	96
m-Anisidin . .	51	9	80	m-Chloranilin .	68	40	94
p-Anisidin. . .	11	2	58	p-Chloranilin. .	60	22	89

Fließmittel A: Dibutyläther-Äthylacetat-Essigsäure (50 + 50 + 5); B: Dibutyläther-n-Hexan-Essigsäure (80 + 16 + 4); C: n-Butanol-Essigsäure-Wasser (40 + 10 + 50) (Oberphase).

[1] Die h*Rf* Werte sind nur als Richtwerte zu betrachten.

Chloroform-Xylol (95 + 5) oder (80 + 20). Als Schichtmaterial können auch Aluminiumoxid neutral, sauer oder basisch dienen bei gleichen Fließmitteln. Die Sichtbarmachung erfolgt im langwelligen UV-Licht. Isomere Naphthylaminomonosulfonsäuren sind auf MN-Cellulose-Schichten (300 G; Fa. 83) mit dem Fließmittel n-Butanol-Propanol-Wasserkonz. Ammoniak (50 + 25 + 20 + 5) gut zu trennen [1]. Der Nachweis erfolgt im langwelligen UV-Licht.

Hetarine (= Halogenpiperidinochinoline) lassen sich auf Aluminiumoxid G-Schichten mit Benzol-Chloroform (90 + 10) trennen [15]. Beim Bestrahlen der noch feuchten Chromatogramme mit kurzwelligem UV-Licht (254 nm) bilden sich farbige Produkte.

Heterocyclische Stickstoffverbindungen lassen sich nach PETROWITZ [29] auf Kieselgel G-Schichten mit Fließmitteln vom Typ Benzol-Methanol (90 + 5), Chloroform-Methanol (90 + 10) oder Benzol-Aceton (50 + 50) trennen. Für das letztere Fließmittel werden folgende Richtwerte angegeben: Imidazol, h*Rf 6*; 1,2,4-Triazol, h*Rf 12*; Benzimidazol, hRf 17; Pyrazol, hRf 34; 1,2,3-Benztriazol, hRf 47; Indazol, hRf 50; Indol, hRf 64. Zur Sichtbarmachung wurde ammoniakalische Silbernitratlösung (Reag.-Nr. 220) aufgesprüht und 5 min mit kurzwelligem UV-Licht (254 nm) bestrahlt. Man erhält weiße bis hellgraue Flecke auf dunklem Grund.

Vernin und Metzger [47] trennten dc Aryl-4-thiazole mit Fließmitteln vom gleichen Typ auf Kieselgel G oder Aluminiumoxid G-Schichten adsorptionschromatographisch oder verteilungschromatographisch auf mit Dimethylformamid imprägnierten Kieselgel G-Schichten mit Cyclohexan, gesättigt mit dem Imprägnierungsmittel.

Polyamine, Reaktionsprodukte aus Äthylendichlorid und Ammoniak, können auf Kieselgel G-Schichten mit konz. Ammoniak-Äthanol (66 +33) getrennt werden, wobei folgende Richtwerte erhalten werden [22]: $C_2H_8N_2$ (Äthylendiamin), hRf 44; $C_4H_{13}N_3$, hRf 41; $C_6H_{18}N_4$, hRf 32; $C_8H_{23}N_5$, hRf 27. Zum Nachweis eignet sich Joddampf.

Δ^3-Pyrrolincarbonsäure-(2) läßt sich auf Kieselgel G-Schichten mit Chloroform-Methanol-konz. Ammoniak (50 + 25 + 25) von Δ^1-Pyrrolincarbonsäure-(5) trennen [51].

Ebenfalls auf Kieselgel G-Schichten wurden die Pyrrol-C-Carbonsäuren mit Hilfe der 2-dimensionalen DC getrennt [4]. Als Fließmittel dienten n-Butanol-Äthanol-konz. Ammoniak-Wasser (40 + 40 + 4 + 8) und Äthylacetat-Äthanol Essigsäure (60 + 12 + 20).

Nachweis: Zur Sichtbarmachung der aromatischen Amine kann man Jod-Chloroform-Reagens (Nr. 128 A) oder Joddampf und die zur Sichtbarmachung aliphatischer Amine aufgeführten Reagentien (S. 473) verwenden. Zum Nachweis sind auch Cer(IV)-sulfat-Schwefelsäure (Reag.-Nr. 42) oder Antimon(V)-chlorid (Reag.-Nr. 22) geeignet: Acridin reagiert gelb, Carbazol grün, Anilin rosa, p-Xylidin schwach violett, Diphenylamin blau und β-Naphthylamin grau. Auf die vorteilhafte Verwendung von ,,Fluorescenz-Schichten'' sei besonders hingewiesen.

6. Dünnschicht-Elektrophorese von Aminen

Die entsprechenden Anordnungen zur Dünnschicht-Elektrophorese sind auf S. 110 beschrieben. Pastuska und Trinks [23] trennten auf borax-imprägnierten Kieselgel G-Schichten eine Reihe von Aminen. Zur Kathode hin wanderten: Methylamin (MG-Wert = 1,00), Äthylamin (0,69), n-Butylamin (0,82), Äthanolamin (1,09), Äthylendiamin (0,32) und Triäthanolamin (0,51). Die angegebenen MG-Werte sind auf Methylamin bezogen; sie wurden bei folgenden Versuchsbedingungen erhalten:

Das Kieselgel G wurde mit einer 3proz. Borax-Lösung angeschüttelt und auf Glasplatten gegossen. Nach 20—25 min wurden auf die noch feuchten Schichten jeweils 5—10 µg der Aminhydrochloride etwa 7 cm von dem zur Anode zeigenden Rand aufgetragen. Als Eletrolyt diente ein Gemisch aus 80 ml Äthanol, 30 ml dest. Wasser und 2 g wasserfreiem Natriumacetat, das mit 40proz. Natronlauge auf einen pH-Wert von 12 eingestellt war. Bei einer Feldstärke von 10 V/cm wird eine Versuchsdauer von 2 Std angegeben. Wichtig ist, bei jedem Versuch die Elektrolyt-Lösung zu erneuern.

Auf die von HONEGGER [*11*] beschriebene Kombination der Dünnschicht-Elektrophorese mit der DC im zweidimensionalen Verfahren sei hingewiesen, wie auch auf die Möglichkeit der Kopplung von DC mit der GC [*12, 13*] (s. auch S. 114).

II. Teerbasen

In der Basenfraktion des Stein- und Braunkohlenteeres treten neben Pyridin und dessen Homologen vor allem Lutidin und Collidin auf. Die Isolierung der einzelnen Basen ist zum Teil durch fraktionierte Destillation möglich.

Zur Reinheitsprüfung dieser Basen und auch zur Kontrolle bei chemischen Umsetzungen lassen sich die DC und GC mit Erfolg anwenden (vgl. S. 124). Dabei ist die Trennung der Anilin-Gruppe von der Chinolin- und der Pyridin-Gruppe voneinander und der Isomeren untereinander möglich.

Auf die dc-Trennung von Steinkohlen- und Holzteeren wurde bereits früher hingewiesen [*40, 41*]. PETROWITZ [*26, 27*] hat im Hin-

Tabelle 97. h*Rf-Werte von 18 Teerbasen*

Schicht	Kieselgel G	Kieselgel G + 0,1 M Na-acetat		Gruppe
Fließmittel	I	II	III	
Anilin	38	—	—	I
p-Xylidin	44	—	—	
β-Naphthylamin	44	72	86	
Acridin	50 (45)[1]	38	89	
Carbazol	58 (97)	85	92	
Diphenylamin	69	87	91	
2-Methylchinolin (Chinaldin)	40 (27)	18	74	
4-Methylchinolin (Lepidin)	33 (22)	25	74	II
Isochinolin	30 (22)	35	74	
Chinolin	35 (30)	39	79	
2,4,6-Trimethylpyridin (2,4,6-Kollidin)	24	7	23	
2,6-Dimethylpyridin (2,6-Lutidin)	28	6	36	
2,4-Dimethylpyridin (2,4-Lutidin)	22	8	38	III
2,5-Dimethylpyridin (2,5-Lutidin)	26	10	48	
4-Methylpyridin (γ-Picolin)	21	10	49	
Pyridin	22	13	55	
3-Methylpyridin (β-Picolin)	24	15	59	
2-Äthylpyridin	30	12	62	

Laufstrecke: 10 cm.

[1] Von PETROWITZ [*26*] angegebene Werte sind in ( ) gesetzt.

Fließmittel: I = Benzol-Methanol (95 + 5); II = Äthylacetat-Methanol-Ameisensäure (80 + 10 + 10); III = Äthylacetat-Methanol-Essigsäure (75 + 20 + 5).

blick auf die Analyse von Teerölen einige dieser Basen, darunter die isomeren Methylchinoline auf Kieselgel G-Schichten (Schichtdicke etwa 750 μ) chromatographiert. Von Schorn [38] wurden unter Standardbedingungen auf Kieselgel G-Schichten die Trenn- und Nachweismöglichkeiten für weitere Teer-Basen (Fa. 65) untersucht. Die hRf-Werte sind in der Tab. 97 angegeben.

Zur DC der in der Gruppe I angeführten Basen haben sich die normalen Kieselgel G-Schichten und das Fließmittel I am besten bewährt. (Den gleichen Trennerfolg erhielten Kucharczyk u. Mitarb. [16] für die gleiche Substanzgruppe auf Kieselgel- und Aluminiumoxid G-Schichten mit neutralen, schwach polaren Fließmitteln.) Die Trennung einer Reihe von Chinolin- und Pyridin-Derivaten ließ sich am besten auf Kieselgel G-Schichten, die statt mit Wasser mit einer 0,1 M Natriumacetatlösung bereitet waren, erreichen. Das saure Fließmittel II gibt für die angeführten Chinolin-Derivate die besten hRf-Wertunterschiede und das Fließmittel III für die Pyridin-Derivate.

Wichtig ist es, sehr wenig Substanz aufzutragen. Man verwendet 0,1proz. Lösungen der Basen und trägt hiervon 0,5—3 mm³ auf. Eine starke Aktivierung der Schicht ist zu vermeiden. Gute Ergebnisse wurden mit nur an der Luft getrockneten Schichten erhalten.

Petrowitz [28, 30] hat sich eingehend mit der Adsorptionsaffinität von heterocyclischen Verbindungen beschäftigt und dabei festgestellt, daß die Rf-Unterschiede zwischen den α- und β-substituierten Derivaten zumeist gering sind im Gegensatz zu γ-substituierten Pyridinderivaten. In der Tab. 98 sind die hRf-Werte der einzelnen Pyridin-Verbindungen aufgeführt, geordnet in der Reihenfolge abnehmender Adsorption.

Tabelle 98. *Struktur und hRf-Werte verschiedener Pyridinderivate [28, 30]*

Fließ-mittel	α	hRf	β	hRf	γ	hRf
E	—COOH	2	—COOH	6	—OH	0
A	—COOH	4	—COOH	6	—OH	2
E	—OH	6	—CH$_2$OH	13	—COOH	5
A	—OH	20	—CH$_2$OH	39	—COOH	5
E	—CH$_2$OH	18	—NH$_2$	18	—NH$_2$	5
A	—CH$_2$OH	45	—NH$_2$	45	—NH$_2$	14
E	—NH$_2$	27	—OH	23	—CH$_2$OH	4
A	—NH$_2$	50	—OH	53	—CH$_2$OH	39
E	—CH$_3$	30	—CHO	33	—CH$_3$	27
A	—CH$_3$	54	—CH$_3$	55	—CH$_3$	48
E	—CHO	51	—CH$_3$	35	—CHO	36
A	—CHO	67	—CHO	58	—CHO	56
E	—Hal	61	—Hal	57		
A	—Hal	70	—Hal	70		

Schicht: Kieselgel G.

Fließmittel: E = Essigsäureäthylester; A = Aceton.

Chinolin- und Isochinolin-Verbindungen zeigen bei der dc-Trennung auf Kieselgel G-Schichten mit Chloroform als Fließmittel nur geringe Rf-Wertunterschiede. Lediglich die Differenz zwischen den Monomethyl- und den Dimethylchinolinen ist etwas größer [28, 30]. Eine Methylgruppe in 8-Stellung vermindert dagegen die Adsorptionsaffinität sehr stark (z. B. 2-Methylchinolin, hRf 16; 8-Methylchinolin, hRf 31; 2,4-Dimethylchinolin, hRf 8; 2,8-Dimethylchinolin, hRf 47).

Nachweis: Die weniger leicht flüchtigen Teerbasen lassen sich auf Fluorescensschichten (z. B. Kieselgel GF $_{254}$) erkennen. Zum anderen können die bei den Aminen aufgeführten Sprühreagentien [z. B. Jod-Lösung (Reag.-Nr. 128 A), Kaliumpermanganat-Lösung (Reag.-Nr. 145), Antimon-(V)-chlorid (Reag.-Nr. 22) oder das mod. Dragendorff-Reagens für Alkaloide (Reag.-Nr. 90)] Verwendung finden.

Literatur zum Kapitel P. Amine und Teerbasen

[1] ASMUS, E., u. G. SCHULZE: Z. anal. Chem. 217, 180 (1966).
[1a] BAYZER, H.: Experientia 20, 233 (1964).
[1b] — J. Chromatog. 24, 372 (1966).
[2] BECKETT, A. H., u. N. H. CHOULIS: Vortragsref.: 23. Internat. Kongr. Pharmaz. Wissensch., Münster, Sept. 1963, S. 627.
[3] BOOTH, J., u. E. BOYLAND: Biochem. J. 91, 364 (1964).
[4] CHIERICI, L., u. M. PERANI: Ricerca sci., Rc., A., 6, 168 (1964).
[4a] DALY, J. W., J. BENIGNI, R. MINNIS, Y. KANAOKA u. B. WITKOP: Biochemistry 4, 2518 (1965).
[5] DESIMIO, M.: Boll. soc. ital. farm. ospi. 8, 155 (1962); ref.: Pharm. Acta Helv. 38, 383 (1963).
[6] FELTKAMP, H.: Vortragsref.: 23. Internat. Kongr. Pharmaz. Wissensch., Münster, Sept. 1963, S. 741.
[7] GILLIO-TOS, M., S. A. PREVITERA, u. A. VIMERCATI: J. Chromatog. 13, 571 (1964).
[8] GRASSHOF, H.: J. Chromatog. 20, 165 (1965).
[9] HAIS, I. M., u. K. MACEK: Handbuch der Papierchromatographie, Band I, S. 752, Reag. D 108c, Jena: VEB Gustav Fischer Verlag, 1958.
[10] HANSSON, J., u. A. ALM: J. Chromatog. 9, 385 (1962).
[11] HONEGGER, C. G.: Helv. Chim. Acta 44, 173 (1961).
[12] KAISER, R.: Chromatographie in der Gasphase, Band IV, BI-Hochschultaschenbücher (92/92a), Mannheim: Bibliographisches Institut AG., 1965.
[13] — Z. anal. Chem. 205, 284 (1964); (Vorträge der Arbeitstagung über moderne Methoden der Analyse org. Verbindungen, 20.—23. V. 1964 in Eindhoven/Holland.
[14] KALTENBACH, U.: Dissertationsarbeit, Saarbrücken 1964.
[15] KAUFFMANN, TH., J. HANSEN u. R. WIRTHWEIN: Ann. Chem. Liebigs 680, 31 (1965).
[16] KUCHARCZYK, N., J. FOHL, u. J. VYMÉTAL: J. Chromatog. 11, 55 (1963).
[17] LANE, E. S.: J. Chromatog. 18, 426 (1965).
[18] MISTRYUKOV, E. A.: J. Chromatog. 9, 314 (1962).
[19] MOHR, U., A. AUTHALER u. J. ALTHOFF: Naturwissenschaften 52, 188 (1965).
[20] NEURATH, G., u. E. DOERK: Chem. Ber. 97, 172 (1964).
[21] PAPARIELLO, G., u. M. A. M. JANISH: Anal. Chem. 37, 899 (1965).
[21a] PARIHAR, D. B., S. P. SHARMA u. K. C. TEWARI: J. Chromatog. 24, 443 (1966).
[22] PARRISH, J. R.: J. Chromatog. 18, 535 (1965).
[23] PASTUSKA, G., u. H. TRINKS: Chem. Ztg. 86, 135 (1962).
[24] —, u. H. J. PETROWITZ: Chem.-Ztg. 88, 311 (1964).
[25] PELKA, J. R., u. L. D. METCALFE: Anal. Chem. 37, 603 (1965).
[26] PETROWITZ, H. J.: Materialprüfung 2, 309 (1960).

[27] — Chemiker-Ztg. **85**, 143 (1961), a. s. Erdöl und Kohle **14**, 923 (1961).
[28] — Chimia (Schweiz) **18**, 137 (1964).
[29] — Chimia (Schweiz) **19**, 426 (1965).
[30] — G. PASTUSKA u. S. WAGNER: Chemiker-Ztg. **89**, 7 (1965).
[31] POTTER, W. P. DE, R. F. VOCHTEN u. A. F. DE SCHAEPDRYVER: Experientia **21**, 482 (1965).
[32] PREUSSMANN, R., D. DAIBER, u. H. HENGY: Nature **201**, 502 (1964).
[33] — G. NEURATH, G. WULF-LORENTZEN, D. DAIBER u. H. HENGY: Z. anal. Chem. **202**, 187 (1964).
[34] SEGURA-CARDONA, R., u. K. SOEHRING: Med. exp. **10**, 251 (1964).
[35] SEILER, N., u. M. WIECHMANN: Z. physiol. Chem. Hoppe-Seyler's **337**, 229 (1964).
[36] — — Experientia **21**, 203 (1965).
[37] SULLIVAN, G., u. L. R. BRADY: Lloydia **28**, 68 (1965).
[38] SCHORN, P. J.: unveröffentlicht.
[39] SCHWARTZ, D. P., R. BREWINGTON, u. O. W. PARKS: Microchem. J. **8**, 402 (1964).
[40] STAHL, E.: Parf. u. Kosm. **39**, 564 (1958).
[41] — Arch. Pharm. **292**. 411 (1959).
[42] — unveröffentlicht.
[43] STEIN VON KAMIENSKI, E.: In: H. F. LINSKENS: Papierchromatographie in der Botanik. Berlin-Göttingen-Heidelberg: Springer-Verlag 1959.
[44] TAYLOR, E. H.: Lloydia **27**, 96 (1964).
[45] TEICHERT, K. H., E. MUTSCHLER u. H. ROCHELMEYER: Deut. Apotheker-Ztg. **100**, 283 (1960).
[46] THYIÁK, E.: Naturwissenschaften **51**, 315 (1964).
[47] VERNIN, G., u. J. METZGER: Chim. anal. **46**, 487 (1964).
[48] WAKSMUNDZKI, A., J. RÓŻYŁO u. J. OŚCIK: Chem. Anal. (Warsaw) **8**, 965 (1963).
[49] WINKLER, H.: Pharm. Ztg. **109**, 217 (1964).
[50] YASUDA, ST. K.: J. Chromatog. **14**, 65 (1964).
[51] ZBIRAL, E.: Monatsh. Chem. **94**, 639 (1963).

Q. Synthetische Arzneistoffe

HERBERT GÄNSHIRT

Die Einteilung der synthetischen Arzneistoffe erfolgt in diesem Kapitel nach ihrer pharmakologischen Wirkung und innerhalb der Abschnitte nach der chemischen Struktur. Hinsichtlich der Chromatographie der natürlich vorkommenden Substanzen entsprechender Anwendung sei auf die betreffenden Kapitel verwiesen. Um den Zusammenhang zu wahren, sind gewisse Überschneidungen, wie z. B. bei den hypnotisch wirkenden Analgetica unvermeidlich.

Die angegebenen Methoden können im allgemeinen sowohl für toxikologische als auch für kontrollanalytische Prüfungen verwendet werden. Da toxikologische Untersuchungen in den meisten Fällen eine Vorisolierung und eine Vorreinigung erfordern, um die zu trennenden Substanzen in genügender Menge und Reinheit auftragen zu können, sind in den einzelnen Abschnitten entsprechende Hinweise zur Gewinnung aus Organmaterial zu finden. Durch die Anwendung mehrerer, der im entsprechenden Abschnitt angeführten Fließmittel und Sprühreagentien ist eine toxikologische Orientierungsanalyse möglich[1]. Die Anwendung der DC zur klinischen Diagnostik und Metabolitenuntersuchung ist auf S. 551, Kap. S beschrieben.

Bei der Ausarbeitung von Betriebskontrollanalysen in pharmazeutischen Laboratorien wird eine einwandfreie Trennung bekannter Wirkstoffe unter weitgehender Ausnutzung der Trennstrecke verlangt. Hinweise über die hierfür erforderlichen Voraussetzungen sind insbesondere dem Abschnitt über die DC von pharmaz. Kombinationspräparaten S. 529 dieses Kapitels zu entnehmen. Durch die Möglichkeit, die Reaktionspartner schnell aus dem Reaktionsmedium trennen und quantitativ auswerten zu können, eignet sich die DC hervorragend für die „beschleunigte" Stabilitätsprüfung pharmazeutischer Wirkstoffe und Zubereitungen; aus diesem Grund sind solche Untersuchungen am Ende dieses Kapitels zusammengestellt.

Auch zur Erkennung von Drogen und dem Nachweis von Verfälschungen läßt sich die DC erfolgreich heranziehen (vgl. Kap. U, II.).

So weit als möglich wurden die von der Weltgesundheitsorganisation vorgeschlagenen Substanzbezeichnungen (International non proprietary names) gewählt, wie sie von NEGWER zusammengefaßt sind [107a].

Liegen Salze als Handelsform vor, so wurde auf die Angabe der betreffenden Salzform bewußt verzichtet, da teilweise mehrere Salze im Handel sind, und die Chromatographie in den meisten Fällen mit den vorisolierten Wirkstoffen, so wie sie im Verlauf toxikologischer, stoffwechselphysiologischer und pharmazeutisch-analytischerUntersuchungen anfallen, durchgeführt wird.

1. Antihistaminika, Antiallergika und strukturverwandte Substanzen mit psychischer Wirkung

Die pharmakologischen Eigenschaften der in diesem Abschnitt zusammengefaßten chemischen Stoffklassen überschneiden sich teilweise mit den in Abschnitt 2 genannten. Neben Phenothiazinkörpern und Substanzen mit verwandter Ringstruktur werden hier auch Diazepine sowie die „Antihistamine", Arzneistoffe deren Antihistaminwirkung im Vordergrund steht, und die chemisch in vielen Fällen Derivate von 1,2-Diaminoäthan bzw. 1-Hydroxy-2-aminoäthan darstellen, angeführt.

Soweit als möglich wurden die von der Weltgesundheitsorganisation vorgeschlagenen Substanzbezeichnungen gewählt, wie sie von NEGWER [107a] und BLAZEK et al. [20] zusammengefaßt sind.

a) Phenothiazine und Diazepine

Als Sorptionsmittel zur Chromatographie von Phenothiazinderivaten wurden Kieselgel [6, 10, 47, 101, 124, 145], verschiedene Aluminiumoxide

---

[1] Ein Verfahren zur systematischen toxikologischen Analyse von 160 bekannten Arzneistoffen wurde von MACEK u. Mitarb. ausgearbeitet [97]. Die Substanzen werden dabei durch Extraktion bei niedrigem und hohem pH, bzw. unter Anwendung von Ionenaustauschern in 3 Hauptgruppen getrennt und mit PC und DC identifiziert.

31*

Tabelle 99. *Als Antihistamin, Antiallergicum oder Psychopharmakon wirksame Phenothiazine, Phenothiazin-ähnliche Verbindungen und Diazepine*[1]

| WHO-Bezeichnung[3] | Substitution[2] | | | hRf-Werte | | | | | | | | | | |
	R_1	R_2	X	A	B	C	D	E	F	G	H	I	K	L
Phenothiazin . .		H	CH				81	94	98	98			90	
Diethazine . . .	—$CH_2CH_2N(C_2H_5)_2$	H	CH		45		32	40	44	91		81	54	
Promethazin . .	—$CH_2CHN(CH_3)_2$ $\mid$ CH_3	H	CH		41	22 (30)[3]	32	43	44	96		52	56	59 (57)
Thiazinamine . .	—$CH_2CH\overset{+}{N}(CH_3)_3$ $\mid$ CH_3	H	CH		7		00	00	00	00				
Profenamine . .	—$CH_2CHN(C_2H_5)_2$ $\mid$ CH_3	H	CH		43		32	40	35	65		94	58	
Promazine . . .	—$CH_2CH_2CH_2N(CH_3)_2$	H	CH	11	23	37 (15)	17	18	16	43		37	38	38 (46)
Methopromazine Methoxyproma- zine	—$CH_2CH_2CH_2N(CH_3)_2$	CH_3O	CH	09		24								58
Levomepromazine	—$CH_2CHCH_2N(CH_3)_2$ $\mid$ CH_3	CH_3O	CH		45		32					72	63	
Chlorpromazine .	—$CH_2CH_2CH_2N(CH_3)_2$	Cl	CH	23	33	30 (19)	25	31	28	73	44	5	50	70 (47)
Triflupromazine .	—$CH_2CH_2CH_2N(CH_3)_2$	CF_3	CH	22		40 (24)	31	37	32	88	50	62		79 (48)

Acepromazine	$-CH_2CH_2CH_2N(CH_3)_2$	CH_3CO	CH				14							34
Propionylpromazine	$-CH_2CH_2CH_2N(CH_3)_2$	C_2H_5CO	CH		30									
Aminopromazine	$-CH_2CHCH_2N(CH_3)_2$ mit $N(CH_3)_2$	H	CH		17									
Perazine	$-CH_2CH_2CH_2-N\bigcirc N-CH_3$	H	CH				14	26	32	30		17		
Prochlorperazine	$-CH_2CH_2CH_2-N\bigcirc N-CH_3$	Cl	CH	08		32 (13)	29	23	24	21	31	26		27 (28)
Trifluoperazine	$-CH_2CH_2CH_2-N\bigcirc N-CH_3$	CF_3	CH	12	31	40	34	33	32	41	33			33
Butyrylperazine	$-CH_2CH_2CH_2-N\bigcirc N-CH_3$	C_3H_7CO	CH	10	28		29				31			
Thiethylperazine	$-CH_2CH_2CH_2-N\bigcirc N-CH_3$	C_2H_5S	CH	13							50			
Perphenazine	$-CH_2CH_2CH_2-N\bigcirc N-CH_2CH_2OH$	Cl	CH	24		48	43	32	26	35	57	9		44
Fluphenazine	$-CH_2CH_2CH_2-N\bigcirc N-CH_2CH_2OH$	CF_3	CH	27		68	50	50	32	48	56	12		58
Acetophenazine	$-CH_2CH_2CH_2-N\bigcirc N-CH_2CH_2OH$	CH_3CO	CH	18							36			
Proketazine	$-CH_2CH_2CH_2-N\bigcirc N-CH_2CH_2OH$	C_3H_7	CH	25							45			
Thiopropazate	$-CH_2CH_2CH_2-N\bigcirc N-CH_2CH_2COOCH_3$	Cl	CH	53		70	71				79			67

Tab. 99 Fortsetzung

WHO-Bezeichnung[4]	Substitution[2] R$_1$	R$_2$	X	A	B	C	D	E	F	G	H	I	K	L
Pipamazine . . .	—CH$_2$CH$_2$CH$_2$—N⟨⟩—OOCNH$_2$	Cl	CH	37		56					71			72
Pecazine, Mepazine (Pacatal)	—CH$_2$—⟨N-CH$_3$⟩	H	CH	13		29 (24)[3]	25				46	45		57 (59)
Thioridazine . .	—CH$_2$CH$_2$—⟨N-CH$_3$⟩	CH$_3$S	CH	15		20	13				39	45	48	65
Selvigon	—COOCH$_2$CH$_2$OCH$_2$CH$_2$—N⟨⟩	H	N		11									
Isothipendyl . .	—CH$_2$CHN(CH$_3$)$_2$ (CH$_3$)	H	N	11	26		22	22	25	62	39			
Prothipendyl . .	—CH$_2$CH$_2$CH$_2$N(CH$_3$)$_2$	H	N	08	18		15	16	15	35	21			
Trimepazine . .	—CH$_2$CHCH$_2$N(CH$_3$)$_2$ (CH$_3$)	H	CH			30								64
Methdilazine . .	—CH$_2$—⟨N—CH$_3$⟩	H	CH			16								61
Phenothiazin-ähnliche Verbindungen und Diazepine														
Chlorprotixene (CH—CH$_2$—CH$_2$—N(CH$_3$)$_2$)				36		46	25				78	69		73

Imipramine	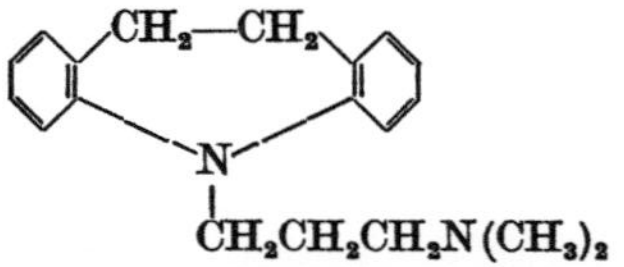	16		29					55	47	45	77
Amitryptyline	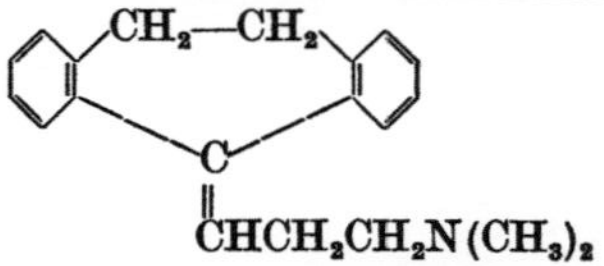			39								65
Chlordiazepoxide	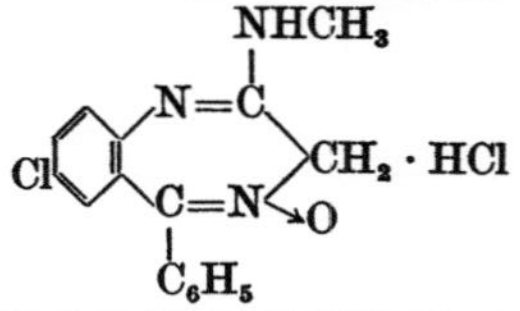			73							85	67

[1] Erläuterungen s. Tab. 100.

[2] Zugrunde gelegte Formel:

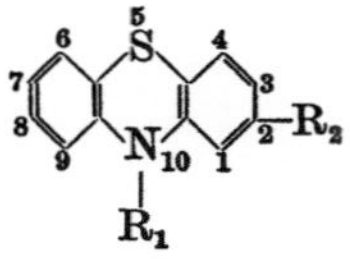

Bezifferung nach [*165*]

[3] Zahlen in Klammern ( ) sind die h*Rf*-Werte für die entsprechenden Sulfoxide.

[4] Soweit noch keine WHO-Bezeichnung bekannt war, wurde der Handelsname der zur Untersuchung verwendeten Substanz angegeben.

Tabelle 100. *Erläuterungen zu den h Rf-Wert-Angaben Phenothiazine, Phenothiazin-ähnliche Verbindungen, Diazepine, Carbaminsäureester und als Antihistamin wirksame Verbindungen*

Stoffklasse	Bez. i. d. h Rf-Tab.	Chromatographie-Bedingungen	Nachweisreagentien	Literatur
Phenothiazine	A H	Kieselgel G, Merck, 500 μ, n-Propanol-H_2O (85 + 15), Salzform aufgetragen n-Propanol-N-Ammoniak (88 + 12) Salzform aufgetragen	1. Eigenfluorescenz unter UV 263nm 2. 40proz. H_2SO_4	[101]
Phenothiazine	B	Kieselgel G, Merck, lufttrocken, Aceton-Wasser (85 + 15). Salzform aufgetragen	1. Dragendorff-Reagens (Reag.-Nr. 88—90)	[47]
Phenothiazine, Tranquilizer u. Antihistamine in biol. Material	 C L N	Kieselgel G, Merck n. Brenner u. Niederwieser hergestellt [24]. Aus Harn isolierte Basen aufgetragen Methanol-Butanol (60 + 40) Äthanol-Eisessig-Wasser (50 + 30 + 20) Benzol-Dioxan-wäßr. Ammoniak (60 + 35 + 5)	1. Kaliumjodplatinat (Reag.-Nr. 141) 2. 50proz. Schwefelsäure	[35]
Phenothiazine, Substanzen mit phenothiazinähnlicher Ringstruktur Antihistamine	 D E	Kieselgel, 250 μ Startflecke 1 cm vom unteren Plattenrand aufgebracht Aufgetragene Menge 2 μl ~ 4 μg. Aufgetragene Stoff-Form: Basen. Trennstrecke 15 cm Methanol, normale Kammersättigung Methanol-Methylal (50 + 50), normale Kammersättigung	1. Dragendorff-Reagens nach Vaguijfalvi Reag.-Nr. 90) 2. Formaldehyd-Schwefelsäure (Reag.-Nr. 111)	[6] [145]

	F	Methanol-Methylal-Chloroform (15 + 30 + 45) Kammerübersättigung		
	G	Methanol-Methylal-Ammoniak ($\varrho = 0{,}963$) (50 + 50 + 1)		
	M	Methanol-Methylal-Ammoniak ($\varrho = 0{,}963$) (50 + 50 + 0,6) G u. M können nur einmal verwendet werden.		
Phenothiazine und ähnlich wirkende Stoffe	I	Kieselgel G, Merck. Trennstrecke 11,5 cm Teilweise Basen, teilweise Salze aufgetragen. Benzol-Aceton-Ammoniak, 25 proz. (75 + 15 + 7,5)	1. Dragendorff-Reagens (Reag.-Nr. 88—90) 2. 10 proz. H_2SO_4 in Äthanol 3. Diverse andere Reagentien	[124]
Phenothiazine und ähnlich wirkende Stoffe	K	Kieselgel G, Merck, 250 μ. Grobe Partikel abgesiebt. Methanol-Aceton-Triäthanolamin (50 + 50 + 1,5)	1. UV 2. Dragendorff-Reagens (Reag.-Nr. 88—90) 3. Palladiumchlorid (Reag.-Nr. 191)	[10]
Antihistamine in biolog. Material	O	Kieselgel G, Cyclohexan-Benzol-Diäthylamin (75 + 15 + 10)	1. Dragendorff-Reagens (Reag.-Nr. 88—90) 2. 1 proz. Lösung von Ammonvanadat in H_2SO_4	[52]
	P	Kieselgel G, mit 0,1 N NaOH hergestellte Schichten. Fließm.: Methanol. Platten in beiden Fällen bei 52% relat. Feucht. u. 22° C über 16 Std aufbewahrt.		

[*28, 47*] und Cellulosepulver [*47, 112*] verwendet. Bei den von Eiden und
Stachel [*47*] untersuchten Phenothiazinabkömmlingen war der Trenneffekt auf Aluminiumoxidschichten und Kieselgelpapier besser als auf
Kieselgelsorptionsschichten. Jedoch wurden bisher die meisten Untersuchungen von Phenothiazinen und Substanzen mit verwandter Ringstruktur auf Kieselgelschichten mit neutralen und basischen Fließmitteln
durchgeführt, wobei der adsorptionschromatographische Effekt im
Vordergrund stand (vgl. Tab. 99 u. 100).

Mit den Chromatographiebedingungen E, Tab. 100 ist z. B. die Trennung
Thiazinamine, Protipendyl, Prochlorperazine, Triflupromazine, Chlorprotixene,
Fluphenazine, Thiopropazate und Phenothiazin möglich. Unter den Bedingungen
G, Tab. 100 können unter anderem getrennt werden: Perazine, Prochlorperazine,
Prothipendyl, Promazine, Isothipendyl, Pecazine, Chlorpromazine, Levomeprom-
azine und Diethazine. 2- und 4-Chlorphenothiazine wurden auf Kieselgelschichten
mit Petroläther-Äther (60—40) getrennt und nach Elution spektrophotometrisch
bestimmt [*157a*].

Aus sauren Lösungen lassen sich die Phenothiazinbasen mit 5proz. Natronlauge
freisetzen und ausäthern. Besser verwendet man Puffer vom pH 10, da sich z. B.
Chlorpromazine bereits in 1 N-Alkalilösungen zersetzt [*51*]. Um oxydative Veränderungen zu vermeiden, muß unbedingt peroxidfreier Äther verwendet werden.
Auf Grund der guten Löslichkeit der Phenothiazinhydrochloride in Chloroform
können die Hydrochloride auch direkt aus salzsaurer Lösung mit Chloroform ausgeschüttelt werden [*46*]. Da jedoch Phenothiazinkörper unter Licht- oder UV-
Lichteinwirkung, besonders im sauren Bereich, leicht verändert werden [*101, 150*],
muß lichtgeschützt gearbeitet werden.

Weder die Wanderungsweite in einem Fließmittel noch die Selektivität der Anfärbung reichen aus, um eine Verbindung der Phenothiazin-
reihe und damit verwandter Ringsysteme eindeutig zu identifizieren.
Daher benutzten Awe und Schulze [*6, 145*] ein systematisches Analysenverfahren unter Verwendung mehrerer Fließmittel, wobei sich gewisse
Abhängigkeiten zwischen Wanderungsweite und Struktur erkennen
ließen (vgl. Tab. 99). Andere Autoren oxidierten nach der Trennung mit
3proz. H_2O_2 und benutzten die dabei entstehenden Sulfoxide nach Extraktion und Übertragen auf eine zweite Platte zur Identifizierung [*88a*].
Zur Unterscheidung der Phenothiazine von anderen zentral dämpfenden
und stimulierenden Wirkstoffen wurden für toxikologische Prüfungen
ebenfalls einige Fließmittel und die Anwendung mehrerer Sprühreagentien vorgeschlagen [*111*].

Marozzi und Falzi verglichen die Rf-Werte reiner und aus biologischem Material isolierter Phenothiazinkörper, wobei sie statistisch nachweisbare Differenzen fanden [*100*].

Zum unspezifischen Nachweis von Phenothiazinen und verwandten
Ringsystemen kann nach Chromatographie auf Schichten, die mit Leuchtstoff imprägniert sind, kurzwelliges UV-Licht benutzt werden. Viel verwendet wurde auch Dragendorff-Reagens und vereinzelt Jodplatinreagens
[*35, 111*] sowie Jod-Jodkalilösung [*46*] (vgl. Tab. 100).

Die Lokalisation zahlreicher Phenothiazine ist selektiver durch ihre
Eigenfluorescenz bei Anregung mit kurzwelligem UV-Licht möglich [*101*].
Keine Fluorescenz zeigen in 2-Stellung unsubstituierte oder Chlor-
substituierte Phenothiazine. Mit oxydierenden Reagentien werden die
Phenothiazinkörper häufig charakteristisch angefärbt, wobei sich unter

anderem in Abhängigkeit von der Stickstoffsubstitution, Phenothiazone und weitere Reaktionsprodukte bilden können [107]. Solche Anfärbungen erhält man beim Besprühen mit 65 proz. Salpetersäure [46], 10 proz. wäßriger Phosphormolybdänsäure [42, 46], 10 proz. Wasserstoffperoxidlösung und wäßriger oder äthanolischer Schwefelsäure [101, 124], (vgl. Tab. 100). Verbindungen bei welchen der heterocyclische Stickstoff (Chlorprothixen) oder Schwefel (Imipramine) oder beide (Amitriptyline) durch Kohlenstoff ersetzt sind, reagieren mit Schwefelsäure schwächer und langsamer als die Phenothiazine selbst oder die Reaktion bleibt wie im Falle von Amitriptyline ganz aus. Auch mit Formalin-Schwefelsäure ist eine gewisse Differenzierung von Phenothiazinen und Substanzen verwandter Ringstruktur durch unterschiedliche Färbung nach Besprühen in der Kälte und Erwärmen auf 120—150° C möglich [6, 145]. Mit 2 proz. Eisen III-chlorid-Lösung können Phenothiazine von ihren Sulfoxiden unterschieden werden. Phenothiazine färben sich rot bis violett, die Sulfoxide bleiben farblos [35]. Palladiumchloridlösung kann benutzt werden, um die schwefelhaltigen Ringsysteme von den schwefelfreien zu unterscheiden; nur die schwefelhaltigen Phenothiazine bilden violette oder gelb gefärbte Komplexverbindungen [10, 12]. Auf weitere Phenothiazin-DC-Literatur sei noch verwiesen [99, 138].

Das Dibenzazepin, Imipramine ist nach Sprühen mit Dichromat-Schwefelsäure (0,5 proz. Dichromat in 20 proz. H_2SO_4) als blauer Fleck zu erkennen [2]. Imipramine und das Dibenzocycloheptadien, Amitryptilene fluorescieren unter UV-Licht nach Besprühen mit Schwefelsäure oder Phosphorsäure [144]. Chlordiazepoxide kann nach Säurehydrolyse auf der DC-Platte durch Diazotieren und Kuppeln des entstandenen 2-Amino-5-chlor-benzophenons identifiziert werden [12, 133]. Mit Jodplatinreagens (Reag.-Nr. 141) und Dragendorff-Reagens (Reag.-Nr. 88—90) ist ein unspezifischer Nachweis möglich [133]. Diazepam läßt sich in Mengen über 8 μg ebenfalls mit Dragendorff-Reagens anfärben oder durch das beim salzsauren Verseifen entstehende, gelbgefärbte Keton [116].

b) Antihistamine

Die als Antihistamine wirksamen Substanzen wurden im wesentlichen wie die Phenothiazinderivate adsorptionschromatographisch auf Kieselgelschichten getrennt [6, 35, 52, 145], (vgl. Tab. 101, 100). In einem Falle wurde auf Kieselgelschichten, die mit 0,1 N-Natronlauge hergestellt waren, chromatographiert [52]. Awe und Schulze [6, 145] wandten auch bei den Antihistaminkörpern die systematische Analyse in mehreren Fließmitteln an.

Mit den Chromatographiebedingungen D (Tab. 100) ist z. B. die Trennung Antazoline, Myostimin, Keithon, Mebhydroline, Captodiamine, Orphenadrin, Chemizole und Buclizine möglich. Unter den Bedingungen F (Tab. 100) können unter anderem getrennt werden: Antazoline, Brompheniramine, Mepyramine, Diphenhydramine, Chlorphenoxamine, Pyrrobutamine, Mebhydroline, Histapyrrodine, Phenindamine, Hydroxyzine, Captoindamine, Chemizole und Buclizine.

Viele Antihistamine besitzen keine UV-absorbierenden Gruppen und können daher nicht auf fluorescierenden Sorptionsschichten aufgefunden

Tabelle 101. hR_f-Werte von Antihistaminen und antiallergisch wirksamen Substanzen in verschiedenen Fließmitteln[1]

Grundformel	Substitution		WHO-Bezeichnung[2]	D	E	F	M	N	C	P	O
	R_1	R_2									
$\mathrm{CH_3}$ $\mathrm{CH_3}$>N—CH$_2$—CH$_2$—N<R_1 R_2	phenyl	2-thenyl	Methaphenilene	34	47	49	86			46	55
	pyridyl(2)	2-thenyl	Methapyrilene	20	25	17	65	83	30	36	47
	pyridyl(2)	3-thenyl	Thenfanil (Thenyldi-amine)	16	25	17	55			32	47
	pyridyl(2)	4-methoxy-benzyl	Mepyramine (Pyrilamine)	16	20	16	53	82	27	33	42
	pyridyl(2)	benzyl	Tripelenamine	17	23	15	57	92	23	35	50
	pyridyl(2)	4-chlorbenzyl	Chloropyramine	17	24	17	60				
	pyridyl(2)	4-brombenzyl	Bromopyramine	17	24	15	61				
	pyrimidyl(2)	4-methoxy-benzyl	Thonzylamine					65	32	38	41
	pyridyl(2)	5-Chlor-2-thenyl	Chloropyrilene (Chlorothen)					70	29	37	43
H—CH$_2$—CH$_2$—N<R_1 R_2	benzyl	benzyl	Myostimin	15	24	19	66				
	benzyl	phenyl	Histapyrrodine	31	30	57	86				
	phenyl	phenyl	Aspasan	34	49	48	94				
	phenyl	tolyl-(4)	Pragman	25	31	29	57				
$\mathrm{CH_3}$ $\mathrm{CH_3}$>N—CH$_2$—CH$_2$—CH<R_1 R_2	pyridyl(2)	chlorphenyl-(4)	Chlorphenamine (Chlorpheni-ramine)						40	20	19	38
	pyridyl(2)	bromphenyl-(4)	Bromphenir-amine	9	12	10	14	42	16		
	pyridyl(2)	phenyl	Pheniramine	12	13	8	11	68	19	18	40

[1] Erläuterungen s. Tab. 100.

[2] Soweit noch keine WHO-Bezeichnung zu finden war, wurde der Handelsname der zur Untersuchung verwendeten Substanzen gegeben.

Struktur	R_1	R_2	Name								
(Pyrrolidino)$N-CH_2-CH=C(R_1)(R_2)$	4-Chlorbenzyl	phenyl	Pyrrobutamine	25	32	37	84	84	32	39	62
	pyridyl(2)	tolyl-(4)	Tripolidine					40	26	40	41
$(CH_3)_2N-CH_2-CH_2-O-CH(R_1)(R_2)$	phenyl	phenyl	Diphenhydra-amine	22	29	24	57	91	25	37	52
	phenyl	tolyl-(2)	Orphenadrin	27	31	29	75				
	phenyl	bromphenyl-(4)	Bromazine (Bromdiphen-hydramine)	23	31	29	74	86	33	37	50
$(CH_3)_2N-CH_2-CH_2-O-C(R_1)(CH_3)(R_2)$	pyridyl(2)	chlorphenyl-(4)	Carbinoxamine					33	17	21	29
	pyridyl(2)	phenyl	Doxylamine					52	17		
	phenyl	chlorphenyl-(4)	Chlorphenox-amine	25	33	29	67				
$(C_2H_5)_2N-CH_2-CH_2-O-C(R_1)(CH_3)(R_2)$	phenyl	chlorphenyl-(4)	Keithon	25	35	36	90				
$R_1-N(\text{Piperazin})N-CH(\text{Naphthyl-}R_2)$	methyl	H	Cyclicine							46	55
	methyl	Cl	Chlorcyclicine	40	48	54	86	90	40	44	49
	hydroxyäthoxy-äthyl	Cl	Hydroxyzine	58	61	63	92	27	62	59	8
	methylbenzyl-(3)	Cl	Meclozine	81	88	95	98			71	69
	tert.-butylben-zyl-(4)	Cl	Buclizine	81	88	95	98			72	73
$CH_3-N(\text{Piperidin})-N(R)$	benzyl		Soventol	23	30	33	43				
	2-thenyl		Thenalidine	22	29	32	51				

Tabelle 101. Fortsetzung

Grundformel	WHO-Bezeichnung[2]	D	E	F	M	N	C	P	O
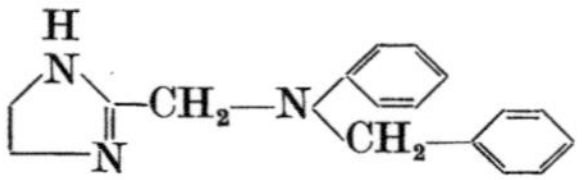	Antazoline	5	6	5	9	31	40	11	8
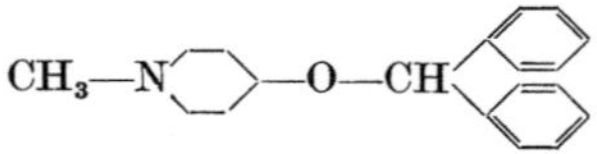	Diphenylpyra-line	17	23	17	24			25	42
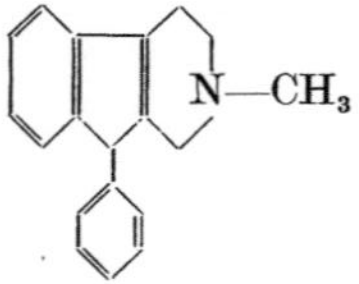	Phenindamine	41	51	60	90	90	48	53	55
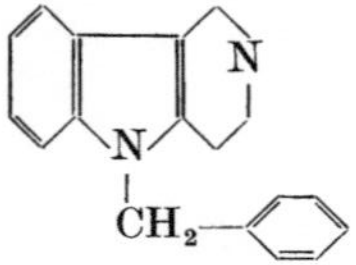	Mebhydroline	34	43	51	83				
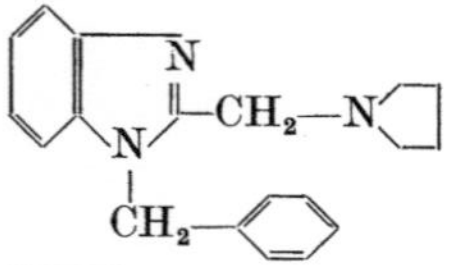	Clemizole	76	80	89	94			67	33
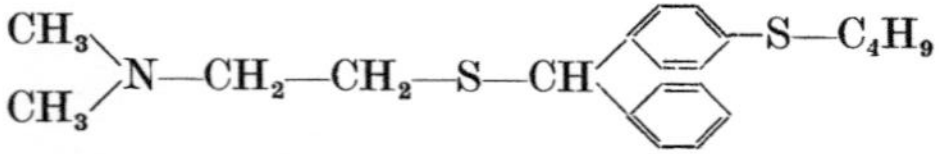	Captodiamine (Covatin)	44	52	70	90			54	58
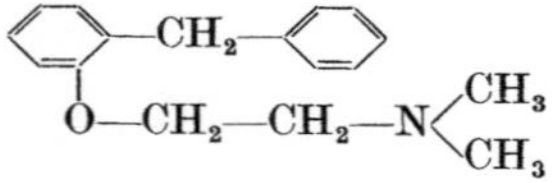	Phenyltoxol-amine							51	46

werden. Als allgemeine, nicht spezifische Nachweisreagentien können
dagegen wieder Dragendorff-Reagens (Nr. 88—90) und Kaliumjodoplatinat (Nr. 141) angewandt werden. Auf die Nachweismöglichkeit mit der
Chlor-Benzidin- bzw. Chlor-Tolidin-Reaktion (Reag.-Nr. 50) sei ebenfalls
hingewiesen [70]. Viele Antihistaminkörper sind auch durch ihre charakteristische Färbung bzw. den Farbwechsel mit Ammoniumvanadat-
Schwefelsäure [52], vor und nach dem Erhitzen auf 85° C zu identifizieren. Nach Ansprühen mit Formalin-Schwefelsäure und 10 min Erhitzen auf 120° C ist ebenfalls eine Unterscheidung verschiedener Anti-
histamintypen durch die unterschiedliche Färbung möglich. MORRISON
und CHATTEN [104] bestimmten einige Antihistamin-Substanzen durch
Flächenvergleich der Chromatogramm-Flecke nach Sprühen mit Cersulfat (Reag. ähnlich Nr. 41) und 2 stündigem Erhitzen auf 120° C quantitativ (vgl. Kap. H, S. 135). Quarternäre Ammoniumverbindungen als Verunreinigungen einiger Antihistaminkörper vom Aminoalkoxybenzhydryl-
Typ konnten mit der PC und DC nachgewiesen werden [39].

2. Analeptica, antidepressiv wirksame Psychotherapeutica, Appetitzügler und einige Carbaminsäureester verschiedener Wirkung

Analeptica

Die dünnschichtchromatographische Trennmöglichkeit und der Nachweis für einige klassische Analeptica sind der Tab. 103 und der Abb. 162
zu entnehmen [63].

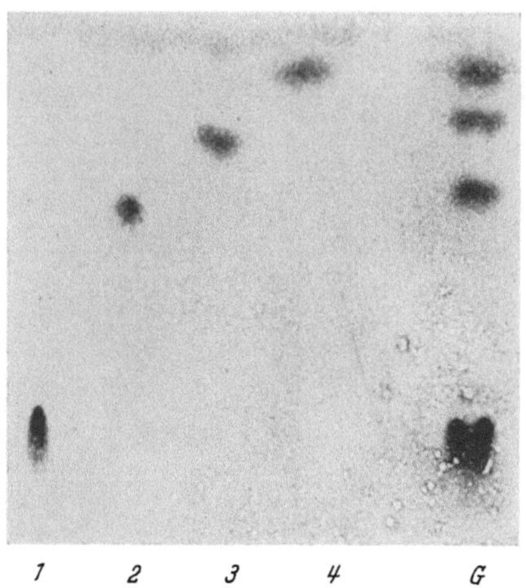

Abb. 162. Trennung einiger Analeptika

Nikethamid (1), Pentetrazol (2), Benegride (3), Campher (4), Gemisch (G). Schicht: Kieselgel H,
Fließmittel: Methyläthylketon, KS. Trennstrecke: 10 cm. Nachweis: Jodatmosphäre. Nach Entfernen
des Jodüberschusses durch Liegen an der Luft mit wäßriger Na-Fluoresceinlösung besprüht und unter
UV-Licht betrachtet. Aufgetragene Substanzmengen: (1) 10 μg, (2) 30 μg, (3) 50 μg, (4) 50 μg

Psychotherapeutika und Appetitzügler

Die in Tab. 104 angeführten antidepressiv wirkenden Monoaminoxy-dasehemmer, in der Mehrzahl Hydrazinderivate, können auf Kieselgel-schichten mit den angegebenen basischen Fließmitteln chromato-graphiert und mit Folin-Ciocalteu-Reagens oder Phosphormolybdän-säure nachgewiesen werden [144]. Aus wäßriger Lösung lassen sich die genannten Substanzen mit n-Butanol extrahieren. Angaben zur DC einiger Hydrazin-Psychotherapeutica sind auch an anderer Stelle zu finden [111]. Verschiedene Psychotherapeutica, Appetitzügler und Sym-pathomimetica wurden, wie Tab. 102 zeigt, auf Kieselgelplatten mit einem neutralen Fließmittel getrennt [44]. Der Nachweis erfolgte mit

Tabelle 102. *h Rf-Werte einiger antidepressiv wirksamer Psychotherapeutica, Appetit-zügler und Sympathomimetica*

Freier Name*	Chemische Bezeichnung	h Rf**
Methamphetamin	1-Phenyl-2-methylaminopropan	9
Amphetamin . .	1-Phenyl-2-aminopropan	16
Phenmetrazin . .	2-Phenyl-3-methyl-tetrahydro-1,4-oxazin	26
Captagon	7-(2'-(1''-Methyl-2''-phenyläthylamino)-äthyl)-theophyllin	54
Tradon	5-Phenyl-2-imino-oxo-oxazolidin	60
Methylphenidate	α-Phenyl- piperidyl-(2)-essigsäure-methylester	70
Prolintan	1-Phenyl-2-pyrrolidino-pentan	78
Diethylpropion .	1-Phenyl-diäthylamino-propanon-(1)	90

* Wenn nicht bekannt, Handelsname.
** Schicht: Kieselgel GF_{254}; Fließmittel: Dimethylformamid-Essigsäureäthyl-ester (10 + 90), 30 Tropfen n-Octanol zusetzen.

Tabelle 103. *h Rf-Werte und Nachweis einiger Analeptica [63]*

Analepticum	h Rf im Fließmittel		Nachweis			
	Methyläthylketon	Cyclohexan-Chloroform-Eisessig (40 + 50 + 10)	UV 254 nm	Jod-Dampf	akt. Wasserstoff Reag.-Nr. 50	Dragen-dorff-Reag.-Nr.88-90
Micoren Fleck A	42 51 } Doppelfleck	30 37 } Doppelfleck	+ +	(+) (+)	— —	— —
Fleck B	05 gezogen	00	—	+	—	+
Lobelinhydrochlorid	10 gezogen	00	+	+	—	+
Nikethamid . . . (Coramin)	22	13	+	+	+ (blau)	+
Pentetrazol. . . . (Cardiazol)	50	20	—	+	—	—
Bemegride . . . . (Eukraton)	67	31	—	+	+ (d'blau)	—
Campher	76	—	—	+	—	(+)

Schicht: Kieselgel HF_{254}; Trennstrecke: 10 cm.
Auftragmengen: 20—50 µg in Form von Extrakten und Verdünnungen ent-sprechender Arzneimittel.

Echtblausalz (Reag.-Nr. 91), wobei mit N-NaOH und nochmals Echtblau nachgesprüht wurde. Weitere Hinweise zur DC von Amphetamin, Dexamphetamin und Methylphenidate sind einer weiteren Literaturstelle [*111*] zu entnehmen.

Um die in Tab. 102 genannten Substanzen aus Harn zu isolieren, wurde auf pH 9—10 gestellt und mit einem Essigsäuremethylester-Äthergemisch (1 + 1) extrahiert. Nach Reinigen über Al_2O_3 wurde im Vakuum eingeengt, der Rückstand in wenig Äther bzw. Methanol gelöst und auf die Dünnschichtplatte aufgetragen.

Tabelle 104. *Antidepressiv wirkende Psychotherapeutica*

WHO-Bezeichnung	Formel	hRf-Werte I	hRf-Werte II
Isoniazide	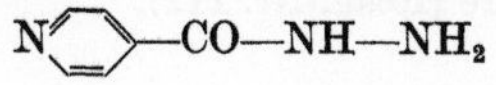 $N\langle\rangle$—CO—NH—NH_2	45	0
Iproniazide	 $N\langle\rangle$—CO—NH—NH—CH$\langle$CH₃, CH₃	51	6
Nialamide	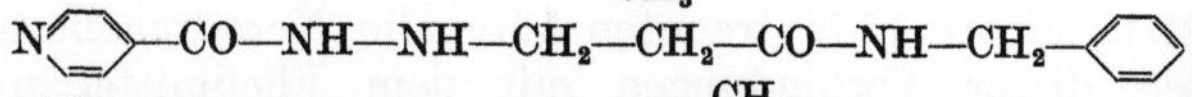 $N\langle\rangle$—CO—NH—NH—CH_2—CH_2—CO—NH—CH_2—$\langle\rangle$	40	0
Tervasid	 $\langle\rangle$—CH_2—NH—NH—CO—CH$\langle$CH₃, CH₃	86	51
Isocarboxazide	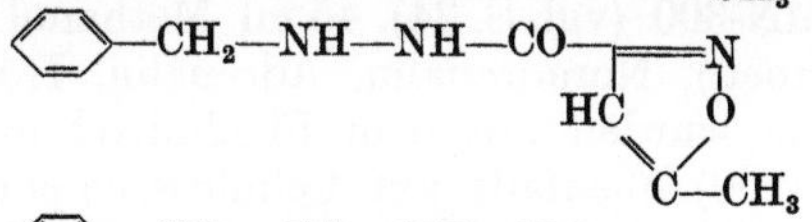 $\langle\rangle$—CH_2—NH—NH—CO—(Isoxazol: HC, N, O, C—CH₃)	84	42
Phenelzine	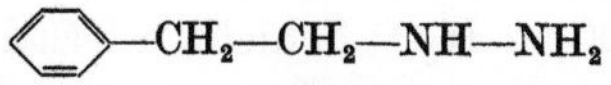 $\langle\rangle$—CH_2—CH_2—NH—NH_2	85	57
Pheniprazine	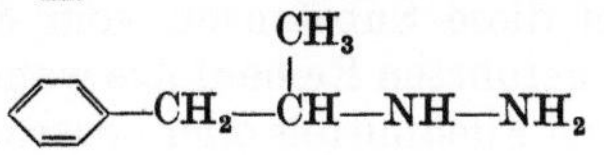 $\langle\rangle$—CH_2—CH(CH₃)—NH—NH_2	88	62
Aetryptamine	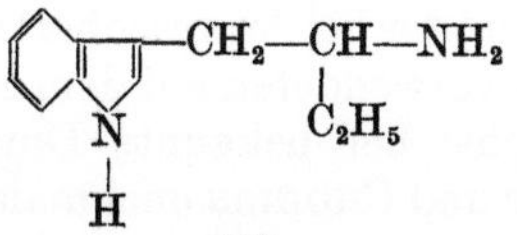 (Indol)—CH_2—CH(C_2H_5)—NH_2		13
Tranylcypromine	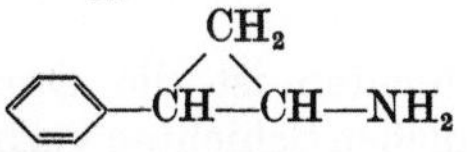 $\langle\rangle$—CH—CH—NH_2 (Cyclopropan, CH_2)	88	

Erläuterungen:

I. Sorptionsmittel: Kieselgel G. Fließmittel: Chloroform-Aceton-Diäthylamin (50 + 40 + 10), KS.

II. Sorptionsmittel: Kieselgel G. Fließmittel: Chloroform-Cyclohexan-Diäthylamin (50 + 40 + 10), KS.

Sprühreagentien: 1. Folin Ciocalteu (Reag.-Nr. 108) (1 + 1) mit Wasser verdünnt. Ohne und mit Erhitzen 10—20 min auf 110° C. 2. 5proz. Phosphormolybdänsäure in Äthanol. Nachbehandlung mit Ammoniak.

Carbaminsäureester

Die Chromatographiebedingungen für einige Carbaminsäureester sind Tab. 105 zu entnehmen. Die Carbamate lassen sich mit Formalin-Salz- oder Schwefelsäure (Reag.-Nr. 110, 111) spezifisch nachweisen [*78*]. Über die DC von Meprobamat allein und in Gegenwart verschiedener Sedativa sind noch weitere Literaturangaben zu finden [*53, 63, 94*].

Tabelle 105. *Carbaminsäureester*

WHO-Bezeichnung	chemische Bezeichnung	hR_f-Werte	
		I.	II.
Meprobamate (Tranquilizer)	2-Methyl-3n-propyl-1,3-propandiolcarbamat	18	36
Carisoprodol (Muskelrelaxans)	N-Isopropyl-2-methyl-2-propyl-1,3-propandiol-dicarbamat	33	—
Hexapropymate (Hypnoticum)	1-Propinylcyclohexylcarbamat	—	72

Erläuterungen:
I. Schicht: Kieselgel G; Fließmittel, Cyclohexan-Äthanol (80 + 20) [*161*].
II. Schicht: Kieselgel G; Fließmittel, Aceton-Chloroform (50 + 50) [*78*].
Nachweis: Furfurol-Salz- oder Schwefelsäure (Reag.-Nr. 112).

3. Sympathomimetica des Adrenalintyps

POTTER u. Mitarb. [*132*] trennten Adrenalin, Noradrenalin und einige Metaboliten dieser Verbindungen mit dem Fließmittel n-Butanol, welches mit 3 N-HCl gesättigt war, auf Celluloseschichten mit Kammersättigung (7,5 g Cellulose MN-300 (vgl. S. 34), 45 ml Methanol; Schichten 10 min bei 105° trocknen). Noradrenalin, Adrenalin, Isoprenalin, Ephedrin und Amphetamin wurden mit dem Fließmittel n-Butanol-Eisessig-Wasser (40 + 10 + 50) ebenfalls auf Celluloseschichten (20 g MN-Cellulose 300 G (vgl. S. 475), 100 ml H_2O; Schichten 2 Std bei 100° trocknen) chromatographiert, wobei diese Substanzen vom Start zur Fließmittelfront betrachtet, in der angeführten Reihenfolge wandern. Bei Verwendung des genannten essigsauren Fließmittels oder neutraler Fließmittel tritt beim Auftragen der Basensalze oder bei Anwesenheit stärkerer Säuren als der zur Fließmittelherstellung verwendeten auf dem Startfleck die schon von der Papierchromatographie her bekannte Doppelfleckbildung auf, deren Ursache von BECKETT und CHOULIS nochmals erörtert wird [*15*].

Auf Kieselgel- oder Aluminiumoxidschichten ist die Doppelfleckbildung nicht zu beobachten. Durch die in solchen Schichten vorhandenen Metall- und Schwermetall-Verunreinigungen wird jedoch die Oxidationsempfindlichkeit der Adrenalinabkömmlinge erhöht. Daher wurden Adrenalin und Noradrenalin mit 10 proz. Äthanol auf gepufferten Kieselgel G-Schichten (Sörensenpuffer pH 6,8), die unter Zusatz von Natriumbisulfit hergestellt waren, chromatographiert [*163*]. Die Sympathomimetica und die durch Oxydation entstehenden Sekundärprodukte neigen außerdem zur Komplexsalzbildung, was sich durch langgezogene Flecke äußert. Zur Trennung von Adrenalin, Noradrenalin und verschiedenen Substanzen ähnlicher Struktur mit dem Fließmittel Aceton-Ameisensäure-Wasser (70 + 10 + 20) wurden Kieselgelschichten, die mit 0,1 M EDTA hergestellt waren, verwendet [*110*]; Kieselgel HR (Fa. 88) dürfte für diesen Zweck besonders empfehlenswert sein. Andererseits benutzte HALMEKOSKI [*74*] gerade das Komplexbildungsvermögen der Sympathomimetica vom Adrenalintyp, um auf gepufferten Kieselgel-

Schichten, die Molybdat-Wolframat- oder Borax-Anteile enthielten, eine Aufschlüsselung zu erreichen (vgl. Tab. 106a u. Tab. 106b). Sympathomimetica mit zwei Hydroxylgruppen in ortho-Stellung am Benzolring werden dabei stärker komplex an die Schicht gebunden als einwertige Phenolkörper, was deutlich am Verhalten Adrenalin-Synephrin zu sehen ist (vgl. Tab. 106b).

Tabelle 106a. *Struktur der in Tab. 106b angeführten Sympathomimetica vom Adrenalintyp*

Bezeichnung der Adrenalinabkömmlinge	Substituenten				
	R_1	R_2	R_3	R_4	R_5
1. Adrenalin	OH	OH	OH	H	CH_3
2. Synephrine (Oxedrine)	OH	H	OH	H	CH_3
3. Noradrenaline	OH	OH	OH	H	H
4. Adrenalone (Adrenone)	OH	OH	O=	H	CH_3
5. Corbadrin	OH	OH	OH	CH_3	H
6. Hydroxyamphetamine	OH	H	H	CH_3	H
7. Isoprenalin	OH	OH	OH	H	$CH\begin{smallmatrix}CH_3\\CH_3\end{smallmatrix}$
8. Phenylephrin (Metaoxedrine)	H	OH	OH	H	CH_3
9. 3-Hydroxytyramine	OH	OH	H	H	H

Tabelle 106b. *hRf-Werte einiger Sympathomimetica vom Adrenalintyp* [74]

Fließmittel	Komplexbildner	hRf für Sympathomimeticum Nr.								
		1	2	3	4	5	6	7	8	9
I	Keiner	27	35	41	38	57	69	45	44	53
	Na_2MoO_4	06	40	12	06	14	71	11	47	17
	Na_2WO_4	05	48	06	05	12	72	14	53	12
	Borax	15	38	14	07	18	51	20	40	28
II	Keiner	33	42	52	41	56	64	48	48	54
	Na_2MoO_4	10	40	13	10	21	66	21	50	25
	Na_2WO_4	18	45	17	08	27	71	34	53	29
	Borax	27	56	30	17	37	73	40	61	46
III	Keiner	27	30	34	27	38	48	31	34	37
	Na_2MoO_4	05	35	14	06	19	56	17	39	19
	Na_2WO_4	09	36	17	08	22	60	20	40	21
	Borax	13	34	20	16	22	60	20	36	23
IV	Keiner	42	45	52	45	60	67	53	51	56
	Na_2MoO_4	22	47	25	16	31	64	24	47	24
	Na_2WO_4	24	50	30	19	36	64	31	52	31
	Borax	28	55	36	24	42	73	46	61	42

Erläuterungen zu Tab. 106b Sympathomimetica

Sorptionsschicht, Auftragsweise, Trennstrecke u. a. Chromatographiebedingungen	Fließmittel	Nachweis
30 g Kieselgel G + 45 ml dest. Wasser + 15 ml Puffer pH 4 [92] ohne oder mit 0,01 Mol einer der folgenden Komplexbildner: Natriummolybdat Natriumwolframat Borax Die Adrenalinderivate wurden als 1proz. Lösungen in einem Puffer vom pH 4 [92] aufgetragen. Temperatur während der Trennung 19—21° C. Vor dem Chromatographieren wurde 1 Std mit der organischen Phase equilibriert. Trennstrecke: 10 cm	Organische Phasen folgender Gemische: I. n-Butanol mit wäßriger Schwefeldioxyd-Lösung (H_2SO_3) gesättigt. II. n-Butanol-Eisessig-H_2SO_3 (40 + 10 + 50) III. n-Amylalkohol-Eisessig-Äthanol-H_2SO_3 (40 + 10 + 10 + 50) IV. n-Butanol-n-Propanol-Eisessig-H_2SO_3 (40 + 10 + 10 + 50)	Folin-Denis Reagens [155] dann 10 min in einer Kammer über 25proz. NH_3 aufbewahren.

Um oxydative Veränderungen während der Chromatographie zu verhindern, wurden bei diesen Untersuchungen im wesentlichen Fließmittel, die schweflige Säure enthielten, verwendet. Katecholamine und deren Metaboliten wurden auch auf Polyamidschichten (7 g Polyamid (Fa. 88) + 45 ml Methanol, 250 μ Schichtdicke, 2 Std Lufttrocknen) mit dem Fließmittel Isobutanol-Eisessig-Cyclohexan (80 + 7 + 10) chromatographiert [148]. Die DC von Adrenalin, Noradrenalin und Dopamin wird auch noch an anderer Stelle beschrieben [31]. Zur quantitativen Bestimmung von Adrenalin wurde das Triacetylderivat hergestellt und die Fleckengröße nach Ausschütteln mit Methylenchlorid, Chromatographie auf Kieselgel G-Schichten mit dem Fließmittel Chloroform-Methanol (90 + 10) und Anfärben mit Phosphormolybdänsäure ausgewertet [169]. Um Adrenalin und Noradrenalin aus biologischem Material zu isolieren, wurden von anderen Autoren die relativ stabilen Tetraphenylboranat-Derivate hergestellt, diese durch DC getrennt und nach Anfärben mit Eisen III-chlorid-Kaliumhexacyanoferrat-Reagens (Nr. 136) mit einem Extinktionsschreiber quantitativ bestimmt [76a].

Zum qualitativen Nachweis der Sympathomimetica wurden Joddampf, Folin-Denis-Reagens [74, 155], Kaliumhexacyanoferrat III-Lösung [16, 110, 132], Diazoreagentien [132, 148] und Dichlorchinon-4-chlorimid-Lösung [148] verwendet. Ephedrin wurde durch Sprühen mit 0,2proz. Ninhydrin in n-Butanol sichtbar gemacht.

4. Analgetica, Antipyretica, Antirheumatica

a) p-Aminophenolderivate, Pyrazolone usw.

Mit dem Pyridin-haltigen Fließmittel, welches für die Chromatographiebedingungen III, Tab. 107 verwendet wird, können Paracetamol,

Phenazon, Ethenzamid und Phenylbutazon auf Kieselgel getrennt werden [63]. Mit einem anderen basischen Fließmittel, Methyläthylketon-Diäthylamin (85 + 5) gelingt die einwandfreie Trennung von Paracetamol, Phenazon und Amidopyrin [65]. Mit dem sauren Fließmittel V,

Tabelle 107. h Rf-Werte einiger als Analgetica, Antipyretica und Antirheumatica verwendeter Substanzen

Freier Name	h Rf-Werte*				
	I	II	III	IV	V
Noramidopyrinmethan-sulfonat-Natrium . . .	00	00	00	10	3
Cinchophen.	gezogen	15	gezogen	—	—
Acetylsalicylsäure	gezogen	50	gezogen	83	19
Phenazon	9	5	19	21	60
Amidopyrin	16	3	24	4	75
Phenacetin	27	15	18	57	81
Ethenzamid . . . . . . (o-Äthoxybenzamid)	39	42	35	—	—
Paracetamol . . . . . . (N-Acetyl-p-Aminophenol)	44	00	6	46	67
Phenylbutazon	63	4 Flecke	63	90	40
Salicylamid.	59	26	12	61	59

Erläuterungen:

I, II und III Schicht: Kieselgel HF_{254}, Merck; nach der Standardmethode hergestellt; Trennstrecke 10 cm. Aufgetragene Stoffmenge: 10 µg, Ethenzamid 30 µg.

Fließmittel I: Methyläthylketon; II: Cyclohexan-Chloroform-Eisessig (40 + 50 + 10); III: Cyclohexan-Chloroform-Pyridin (20 + 60 + 5) [63].

IV u. V Kieselgel G-Merck. Schichten von Hand gegossen. Entwicklung der Chromatogramme schräg liegend in flachen Geräteschalen. Trennstrecke 13 cm. Aufgetragene Stoffmenge jeweils 10 µg in Chloroform oder Chloroform-Methanol (1 + 1) gelöst.

Fließmittel IV: Butylacetat-Chloroform-85proz. Ameisensäure (60 + 40 + 20);

Fließmittel V: Butylacetat-Aceton-n-Butanol-10proz. Ammoniak (50 + 40 + 30 + 10) [177].

Tab. 107, ist auf Kieselgel die Trennung von Phenylbutazon, Acetylsalicylsäure, Phenacetin, Phenazon, Noramidopyrinmethansulfonat-Natrium und Amidopyrin möglich [177]. Wie Abb. 163 zeigt, können auch mit einem neutralen Fließmittelgemisch einige der in Tab. 107 genannten Substanzen getrennt werden [63]. Schwieriger ist die DC eines Gemisches von Salicylamid, Acetylsalicyclsäure und freier Salicylsäure; auf einer Kieselgel G-Schicht kann jedoch die Trennung mit Methanol-Eisessig-Äther-Benzol (1 + 18 + 60 + 120) auf einer Trennstrecke von 10 cm erreicht werden [65]. Günstiger ist in diesem Fall sicher die DC auf einer Polyamidschicht mit einem der hierfür üblichen einfachen Fließmittel, wobei die Trennung durch die verschieden starke Wasserstoff-Brückenbildung zwischen den zu trennenden Substanzen und dem Sorbens zustande kommt. Verschiedene Pyrazolone wurden auf Kieselgel

32a Dünnschicht-Chromatographie, 2. Aufl.

mit dem Fließmittel: Äthanol-Aceton-Chloroform (3 + 30 + 70) getrennt [5]. Bei Untersuchungen des oxydativen Abbaus von 4-Aminophenazon [126] wurde die DC ebenfalls verwendet, ebenso bei Prüfungen der Hydrolysevorgänge von Pyrazolonen des Metamizol-Typs [127] sowie bei Untersuchungen der Metaboliten von Amidopyrin [128, 146] und Nicotinsäureamidophenyldimethylpyrazolon [79] nach Körperpassage. Über den Nachweis von Phenacetin und N-Acetyl-γ-aminophenol sowie deren Metaboliten im Harn wurde ebenfalls berichtet [139].

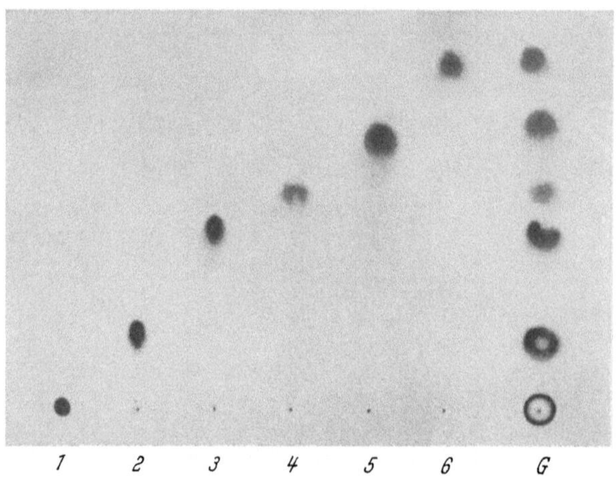

Abb. 163. Trennung Noramidopyrinmethansulfonat-Natrium (1), Phenazon (2), Amidopyrin (3), Ethenzamid (4), Salicylamid (5), Phenylbutazon (6), Gemisch (G). Schicht: Kieselgel H, Fließmittel: Cyclohexan-Aceton (40 + 50), KS. Trennstrecke: 10 cm. Nachweis: Jodatmosphäre. Aufgetragene Substanzmengen: 1, 2, 3, 5 und 6 je 10 μg, 4 etwa 30 μg

Mit Hilfe der DC konnte auch Diplosal (Salicylosalicylsäure) neben freier Salicylsäure nachgewiesen werden [9]. Chloracetanilid- und Acetanilid-Verunreinigungen des Phenacetins können ebenfalls aufgefunden werden [50a, 143, 164a].

Hierfür wurden von Fresen [57a] nach saurer Hydrolyse die Hydrolyseprodukte (Phenetidin, p-Chloranilin und evtl. Anilin) aus ammoniakalischem Medium in Äther geschüttelt und Anteile der Ätherphase auf einer Kieselgel G-Schicht mit Dichlormethan als Fließmittel chromatographiert. Zum Nachweis diente eine 3proz. Lösung von Permanganat in konz. Schwefelsäure. Noch empfindlicher arbeitet die Methode nach Thoma [164a], wobei die Reaktionslösung nach saurer Verseifung mit Ammoniak basisch eingestellt, mit Methanol verdünnt und danach auf die Dünnschicht aufgetragen wird. Der Nachweis des entstandenen p-Chloranilins und evtl. vorhandener anderer Amine erfolgt nach Diazotieren mit einer entsprechenden Kupplungskomponente. Noch 10 ppm p-Chloracetanilid können auf diese Weise erfaßt werden.

Die bei toxikologischen und pharmazeutisch-analytischen Untersuchungen nach dem Analysengang von Mühlemann und Bürgin erhaltenen Fraktionen können ebenfalls mit der DC weiter geprüft werden [57]. Hinweise über die Chromatographie der in Tab. 107 angeführten Substanzen in pharmazeutischen Kombinationspräparaten sind dem entsprechenden Abschnitt zu entnehmen.

Die in Tab. 107 angeführten Substanzen können auf Fluorescenzschichten unter UV-Licht oder durch Anfärben in Jodatmosphäre erkannt werden (vgl. Tab. 108). Als weiterer unspezifischer Nachweis kommt Chlor-Tolidin (Reag.-Nr. 50) in Betracht [63]. Der Nachweis ist stark von der Chlorierungsdauer abhängig, die nur 10 sec betragen soll. Auch die anderen, in Tab. 108 angeführten Reagentien sind für einen Teil der in Betracht kommenden Substanzen verwendbar [65]. Mit Kaliumhexacyanoferrat-III- Eisen III-chlorid (Reag.-Nr. 136) können insbesondere Pyrazolonderivate nach DC-Trennung sehr empfindlich nachgewiesen werden [65, 177]. Wie Tab. 108 zeigt, sprechen auch Paracetamol, Phenacetin und Salicylamid mit diesem Reagens gut an.

Tabelle 108. *Nachweismethoden für einige in Tab.* 107 *angeführte Substanzen* [65]

Substanzen	$KMnO_4$ Reag.-Nr. 144	$K_3[Fe(CN)_6]$-$FeCl_3$ Reag.-Nr. 136	$AgNO_3$-NH_3 Reag.-Nr. 220	Jod-Dampf-Nr. 126	UV 254 nm
Acetylsalicylsäure . . .	(+)	—	—	+	+
Phenazon	—	+ braun	—	+	+
Amidopyrin	(+)	+ blau	+	+	+
Phenacetin	—	+ blau	—	+	+
Paracetamol	+	+ blau	+	+	+
Salicylamid	+	+ violett	—	+	+

Acetylsalicylsäure selbst reagiert nicht; jedoch ist sie in vielen Fällen nach Abdampfen des Fließmittels bei erhöhter Temperatur durch thermische Spaltung zu der anfärbbaren Salicylsäure zu erkennen [65]. Für Pyrazolonabkömmlinge wurde außer Eisen III-chlorid-Lösung [127, 128, 146] auch eine Mischung von 10 proz. wäßriger Eisen III-chlorid-Lösung und 1 proz. p-Dimethylaminobenzaldehydlösung in N-HCl (1 + 2) angewandt [5], wobei je nach Struktur unterschiedliche Färbungen auftraten. Schließlich wurden Pyrazolone auch durch Dragendorff-Reagens nach THIES und REUTHER (Reag.-Nr. 90) mit Nachsprühen von 2 proz. H_2SO_4 [5] und durch Sprühen mit Echtblausalz-Lösung (Reag.-Nr. 91) nachgewiesen [128]. Nicotinsäureamidophenyldimethylpyrazolon wurde mit 1,5 proz. äthanolischer Lösung von Picrylchlorid angefärbt, wobei die Flecke durch Bedampfen mit Ammoniak verstärkt werden konnten [79].

b) Analgetica mit narkotischer Wirkung

Diese Substanzgruppe umfaßt Opiate und synthetische Arzneimittel mit ähnlicher Wirkung. Die Kenntnis des chromatographischen Verhaltens dieser Substanzen untereinander ist insbesondere für toxikologische Untersuchungen belangreich; daher werden nachfolgend aus Naturprodukten stammende und synthetische Narkotica zusammen beschrieben. Die DC der Opiate im Zusammenhang mit anderen Alkaloiden ist im entsprechenden Kapitel, S. 419—426, erwähnt.

Eine Vorschrift zur Isolierung narkotischer Analgetica aus biologischem Material wurde von Mulé [106] ausgearbeitet.

6 ml Harn, Plasma oder Gewebehomogenisat (10proz. in HCl) in einem 40 ml Schliffzentrifugenglas mit 2,5 N-NaOH auf pH 10,0 einstellen und mit 3 ml Kaliumphosphatpuffer vom pH 10,4 abpuffern. Mit 2 g NaCl sättigen und mit 15 ml einer Mischung von Äthylenchlorid, welches 25 Vol.-proz. Isobutanol enthält, 30 min mit einer Schüttelmaschine ausschütteln und zentrifugieren. 4 ml Anteil der oberen, organischen Phase in einem 15 ml Zentrifugenglas auf dem Wasserbad unter Stickstoff trocken dampfen. Rückstand in 25 bis 100 μl Methanol lösen und auftragen. Für die Isolierung der Iminoäthanphenanthrene anstelle des erwähnten Extraktionsmittelgemisches 15 ml reines Äthylenchlorid verwenden.

Die Extraktion der Narkotica aus Harn wurde auch von anderen Autoren [33] in ähnlicher Weise durchgeführt. Da die meisten Morphinderivate und synthetischen Narkotica vom Menschen als Glucuronide ausgeschieden werden, wurde der Harn zur Hydrolyse mit dem zehnten Teil seines Volumens konzentrierter Salzsäure 1 Std auf 100° erhitzt [33]. Die Säurespaltung wird auch an anderer Stelle beschrieben [50].

Eberhardt und Norden [45] schüttelten die Narkotica aus ammoniakalischem Harn mit Essigsäureäthylester aus. Störende Phenothiazine und deren Metaboliten konnten zuvor durch Chloroformextraktion des mit Salzsäure stark sauer eingestellten Harns beseitigt werden.

In den meisten Fällen wurden zur DC der Analgetica mit narkotischer Wirkung Kieselgel G-Schichten benutzt (vgl. Tab. 109a). Gelegentlich wurden auch Aluminiumoxid G [33] und Cellulose-Schichten (MN-Cellulose, Fa. 83), die mit Phosphatpuffer auf pH 8 eingestellt waren [106], angewandt.

Bei der Isolierung der zu trennenden Wirkstoffe aus biologischem Material oder aus pharmazeutischen Zubereitungen fallen diese als Basen an, während die Vergleichssubstanzen im allgemeinen in der Salzform vorliegen. Wählt man basische Fließmittel, so werden ohne vorherige Arbeitsgänge aus den Salzen die Basen freigesetzt, so daß ein Vergleich der hRf-Werte möglich ist. Viele Untersuchungen wurden daher, wie die Tab. 109a zeigt, mit solchen Fließmitteln durchgeführt. Eine weitere allgemein übliche und auch zur DC der narkotischen Analgetica verwendete Methode besteht darin, basische Schichten in Verbindung mit neutralen Fließmitteln zu verwenden [49, 91]. Diese Arbeitsweise wurde auf Schichten, die mit Lithiumhydroxid alkalisch eingestellt waren (Tab. 109a), von Emmerson und Anderson [49] mit einer anderen Methode verglichen; dabei wurde die DC in Trennkammern, die mit einem neutralen Lösungsmittel versehen und gesättigt waren und kurz vor dem Einstellen der Kieselgel-Platten mit einem kleinen, Ammoniak enthaltenden Becherglas beschickt wurden, durchgeführt (vgl. Tab. 109a). Beide Methoden zeigten gute Übereinstimmung der relativen Wanderungsweiten. Die Ammoniak-Methode hat den Vorteil, daß die Platte nach Abdampfen des Ammoniaks für die zweidimensionale Chromatographie mit einem neutralen Fließmittel weiter verwendet werden kann.

Tabelle 109 a. *Chromatographiebedingungen für Analgetica mit narkotischer Wirkung*

Bedin-gung Nr.	Schicht, Herstellung usw.	Fließmittel	Lite-ratur
I	Kieselgel G. Gröbere Partikel mit eng-maschigem Sieb der Pharm. Helv. entfernt. Herstellung der Sorptions-schicht nach der Standardmethode, S. 85	Methanol-Aceton-Tri-äthanolamin (50 + 50 + 1,5)	[10]
II	Kieselgel G	0,1 N-methanolischer Ammoniak	[168]
III a	Kieselgel G. Trennstrecke 10 cm. Auf-gebrachte Substanzmenge: 5—10 μg der Hydrochloride	Äthanol-Pyridin-Di-oxan-Wasser (50 + 20 + 25 + 5)	[33]
IV a	wie III a	Äthanol-Dioxan-Benzol-Ammoniak (5 + 40 + 50 + 5)	[33]
V a	wie III a	Methanol-n-Butanol-Benzol-Wasser (60 + 15 + 10 + 5)	[33]
III b	Kieselgel G, Standardmethode. 10 cm Trennstrecke. Vergleichssubstanzen als freie Basen aufgetragen: 1—15 μg als 0,1 proz. Lösungen in Methanol oder Äthylacetat. Von den extrahierten Substanzen 1—25 μg, in 25—100 μl Methanol gelöst, aufgetragen.	wie III a	[106]
IV b	wie III b	wie IV a	[106]
V b	wie III b	wie V a	[106]
VI	Kieselgel G. Reinsubstanzen als freie Basen aufgetragen	Dimethylformamid-Essigsäureäthylester (25 + 75)	[45]
VII	Kieselgel; Standardmethode, KS. 1 Std equilibrieren. 20 min vor der DC 30 ml Becherglas mit 10 ml 28 proz. Ammoniak in die Kammer stellen. Immer neu beschicken. 25 μg der Analgetica-Salze in 5 μl abs. Äthanol gelöst auftragen. Trennstrecke: 10 cm	Aceton	[49]
VIII	Kieselgel G 30 g, mit 60 ml 0,5 N-LiOH anschütteln und ausstreichen. Nach Antrocknen noch 1 Std auf 110° er-hitzen. Kein Ammoniak in die Kam-mer einbringen. Sonst wie VII.	Aceton	[49]
IV c	Kieselgel G-Schichten; Standardme-thode. 2 Std bei 100° aktiviert. Jedes Chromatogramm mit frischem Fließ-mittel entwickeln. Trennstrecke 10 cm	wie IV a	[157]

Das Ammoniak enthaltende Fließmittelgemisch IV, Tab. 109 a wurde von einigen Autoren benutzt [33, 50, 106, 157]. Wie aus der Tab. 109 b hervorgeht, ist die Übereinstimmung der h*Rf*-Werte hinlänglich. Auch ein pyridinhaltiges Gemisch III (Tab. 109 a) und das saure Fließmittel n-Butanol-n-Butyläther-Eisessig (40 + 50 + 10) wurden von zwei der

Tabelle 109b. *hRf-Werte verschiedener Analgetica mit narkotischer Wirkung*

Freier Name	Chemische Bezeichnung	I	II	III a	III b	IV a	IV b	IV c	V a	V b	VI	VII	VIII
Iminoäthanphenanthrofurane													
Normorphin	3,6-Dihydroxy-4,5-epoxy-morphinen-(7)			14	8	5	4		16	7		5	0
Morphin	3,6-Dihydroxy-4,5-epoxy-N-methylmorphinen-(7)	40	45	40	29	17	11	18	34	21	24	12	4
Nalorphin[1]	3,6-Dihydroxy-4,5-epoxy-N-allylmorphinen-(7)			82	71	34	35		75	67			
Codein	3-Methoxy-6-hydroxy-4,5-epoxy-N-methyl-morphinen-(7)	43		40	30	46	39	28	32	25	37	30	9
Codetylin	3-Äthoxy-6-hydroxy-4,5-epoxy-N-methyl-morphinen-(7)	37			33		46	40		27			
Diamorphin	3,6-Diacetoxy-4,5-epoxy-N-methyl-morphinen-(7)				37		76			35			
Thebacon	3-Methoxy-6-acetoxy-4,5-epoxy-N-methyl-morphinen-(6)	31									55		
Thebain	3,6-Dimethoxy-4,5-epoxy-N-methyl-morphina-dien-(6,8)	41						65					
Paramorphan	3,6-Dihydroxy-4,5-epoxy-morphinan				15		10	9		10			
Hydromorphon	3-Hydroxy-6-oxo-4,5-epoxy-N-methyl-morphinan	28		19	11	22	17	18	18	13	16		
Hydrocodon	3-Methoxy-6-oxo-4,5-epoxy-N-methyl-morphinan	29	26					36			22		
Oxycodon	14-Hydroxy-3-methoxy-6-oxo-4,5-epoxy-N-methyl-morphinan		60		46		87			29	80		
Isochinoline													
Noscapin	2-Methyl-8-methoxy-6,7-methylendioxy-1(6',7'-dimethoxyphthalidyl)-(3')-)-1,2,3,4-tetrahydro-isochinolin	82						80					
Papaverin	1-(3',4'-Dimethoxybenzyl)-6,7-dimethoxy-iso-chinolin	82						73					
Iminoäthanphenanthrene													
Levorphanol	1-3-Hydroxy-N-methyl-morphinan	28		34	11	62	80	57	29	10	20		
Levomethorphan	1-3-Methoxy-N-methyl-morphinan				13		91			8			
Dextromethorphan	d-3-Methoxy-N-methyl-morphinan	23	26									47	7
Levallorphan[1]	1-3-Hydroxy-N-allyl-morphinan					65		98		41			

[1] Morphin-Antagonisten.

Tabelle 109b. (Fortsetzung)

Freier Name	Chemische Bezeichnung	I	II	III a	III b	IV a	IV b	IV c	V a	V b	VI	VII	VIII
	hRf-Werte												
	Benzomorphane												
Phenazocin . . .	d,1-2'-Hydroxy-5,9-di-methyl-2-phenäthyl-6,7-benzomorphan			90	88	93	97	96	59	82			
	Arylpiperidine												
Pethidin	1-Methyl-4-phenyl-piperidino-4-carbonsäure-äthylester	56	55	51	42	90	97	63	44	36	62	61	19
Anileridin. . . .	1-(4'-Aminophenäthyl)-4-phenylpiperidino-4-carbonsäureäthylester							95				77	62
Alphaprodin . .	d,1-1,3-Dimethyl-4-phenyl-piperidino-4-carbon-säureäthylester				39		93	83		34			
Ketobemidon . .	1-Methyl-4-(3'-hydroxy-phenyl)-piperidyl-(4)-äthylketon	56	48		31		47			24	41		
	Diarylalkonamine												
Methadon. . . .	d,1-6-Dimethylamino-4,4-diphenylheptanon-(3)	48	42	53	34	96	99	79	20	17	86	79	48
Normethadon . .	6-Dimethylamino-4,4-di-phenylhexanon-(3)		59								71		
Acetylmethadol .	6-Dimethylamino-4,4-di-phenyl-3-acetoxyheptan				64		99			40			
Propoxyphen . .	d-4-Dimethylamino-3-methyl-2-propionyl-oxy-1,2-diphenylbutan			80	73	97	97		53	54		80	64
Dextromoramid .	d-2,2-Diphenyl-3-methyl-4-morpholinobutyryl-pyrrolidin	87	85								96		

genannten Autoren [33, 106] verwendet. Außerdem sei noch auf neutrale Fließmittel (Tab. 109a und [25]) hingewiesen, die für die Chromatographie der Narkotica-Basen verwendet wurden. In den genannten und einer weiteren Publikation [41] sind noch andere mehr oder weniger abgewandelte Fließmittel zu finden.

Zweidimensional auf Kieselgel G konnten mit dem Fließmittel V der Tab. 109a und 109b in der ersten und dem Fließmittel IV in der zweiten Richtung Morphin, Pethidin, Codein, Methadon, Nalorphin und Propoxyphen getrennt werden [33]. Die häufig mißbräuchlich verwendeten Narkotica Morphin, Codein, Oxycodon und Pethidin wurden ebenfalls zweidimensional chromatographiert [106]. In der ersten Richtung wurde das Fließmittel IV, Tab. 109a, in der zweiten das Gemisch III benutzt. Morphin, Codein, Thebain, Papaverin und Noscapin (2 μg Mengen, bzw. 1 μl Tinct. Opii) konnten auf Kieselgel G eindimensional mit dem Fließmittel: Xylol-Methyläthylketon-Methanol-Diäthylamin (40 + 40 + 6 + 2) auf einer Trennstrecke von 13,5 cm getrennt werden [13]. KUPFERBERG et al. [91] verwendeten das Fließmittel V, Tab. 109a, um auf Kieselgel G-Schichten, die mit 5 N-Natronlauge auf pH 8,5 eingestellt waren, Normorphin, Paramorphan, Morphin, 6-Monoacetylmorphin und n-Allyl-normorphin zu trennen. Auf eine dc bzw. dc-elektrophoretische Metho-de zum Nachweis von Ketobemidon bei einer toxikologischen Prüfung sei noch verwiesen [76].

Die narkotischen Analgetica wurden hauptsächlich mit den unspezifischen Alkaloidreagentien Kaliumjodoplatinat, Reag.-Nr. 141 und Dragendorff-Reagens Reag.-Nr. 88—90 nachgewiesen. Narcotica mit phenolischer Gruppe und Phenanthren-Struktur können auf alkalischen Kieselgel G-Schichten nach Aufsprühen einer Lösung von 57 mg Kaliumhexacyanoferrat-III und 7,8 mg Kaliumhexacyanoferrat-II in 100 ml Wasser unter UV-Licht spezifisch nachgewiesen werden [91]. Dabei bilden sich durch Oxydation fluorescierende Pseudomorphin-Analoge. Für eine maximale Fluorescenzentwicklung sind die Konzentration des Reagenzes und der pH-Wert der Kieselgelschicht von großem Einfluß.

5. Anticoagulantien aus der Gruppe der 4-Hydroxycumarine

Die Bedingungen zur DC für diese Substanzen sind aus Tab. 110 ersichtlich.

Tabelle 110. *DC einiger Anticoagulantien [136]*

Freier Name	Chemische Bezeichnung	hRf	Nachweis				
			a	b	c	d	e
Ethylbiscoum-acetat	Bis-(4-hydroxy-3-cumari-nyl)-essigsäureäthyl-ester	67—69	+	+	—	+*	+
Phenprocoumon	1-(4'-Hydroxy-3'-cumari-nyl)-1-phenyl-propan	50—53	+	+	+*	+*	+
Acenocoumarol	1-(4'-Hydroxy-3'-cumari-nyl)-1-(4'nitrophenyl)-3-butanon	19—20	+	—	—	+*	+
Dicoumarol	Bis-(4-hydroxy-3-cumari-nyl)-methan	10	—	—	+*	+*	+
Warfarin	1-(4'-Hydroxy-3'-cumari-nyl)-1-phenyl-3-buta-non	25—27	+	+*	—	+*	+*

Schicht: Kieselgel G. *Fließmittel:* 80 ml Benzol gesättigt mit 99proz. HCOOH bei Raumtemperatur, dann 4 ml Methyläthylketon zugefügt. *Nachweis:* a) Tinct. Jodi DAB VI/Äthanol (1 + 5). b) 5proz. wäßrige Eisen-III-chlorid-Lösung. c) Ehrlichs Reagens (Nr. 66). d) Reag. b + Reag. c (1 + 1), immer frisch bereiten. e) 5proz. wäßrige Eisenacetatlösung. * = Nach dem Sprühen 20 min auf 100° erhitzen. + Nachweis positiv, — Nachweis negativ.

6. Hypnotica

a) Barbiturate

Vor der dc-Trennung müssen die Barbitursäuren, wenn sie in Organ-material oder Körperflüssigkeiten nachgewiesen werden sollen, angereichert und vorgereinigt werden. Eine Aufarbeitung kann in folgender Weise vor sich gehen:

Man extrahiert das zu untersuchende Material auf dem Wasserbad mit Äthanol; der Äthanol-Eindampfrückstand wird dann mit Wasser aufgenommen und die Barbitursäuren aus weinsaurer Lösung mit Äther ausgeschüttelt. Stark saure, mitextrahierte Verbindungen können von den Barbitursäuren durch Ausschütteln der Ätherphase mit einem Puffer vom pH 4,4 entfernt werden.

Die Vorreinigung von Barbituraten, die aus Harn isoliert werden sollen, kann ebenfalls durch saure Ätherextraktion erfolgen [43, 56, 166]. Auch Methylenchlorid wurde verwendet [34]. Zum Ansäuern wird Salzsäure bevorzugt, da beim schwachen Ansäuern mit organischen Säuren auch gleichzeitig vorliegende amphotere Arzneistoffe, wie z. B. Sulfonamide, mit ausgeschüttelt werden [166]. Nach Trocknen der organischen Phase mit Natriumsulfat ist eine weitere Reinigung mit einer Kohle und Aluminiumoxid enthaltenden Säule möglich [43, 166]. Harnfarbstoffe können auch durch Schütteln der Ätherphase mit 5 proz. Bleiacetatlösung entfernt werden [56]. Nach der Reinigung werden die organischen Phasen im Vakuum zur Trockne eingedampft, der Rückstand in Essigsäureäthylester oder Äthanol gelöst und auf die DC-Platte aufgetragen. Eventuell können die Barbiturate vor dem Auftragen noch durch Sublimation weiter gereinigt werden.

Zur Vorisolierung der Barbitursäuren aus Blut und Gewebe wurde mit Salzsäure auf pH 5 eingestellt und die Barbitursäuren sowie ihre Metaboliten mit Methylenchlorid extrahiert [34]; das Gewebe wurde zuvor mit isotonischer KCl-Lösung homogenisiert. Aus Serum können Barbitursäuren in folgender Weise isoliert werden: zu 3 ml Serum gibt man 0,1 ml konz. Salzsäure, sowie 2 g wasserfreies Natriumsulfat und schüttelt mit 15 ml Chloroform aus. 10 ml der Ausschüttelung werden eingedampft, der Rückstand in 0,2 ml 70 proz. Äthanol aufgenommen und ein aliquoter Teil auf die Dünnschicht aufgebracht [93].

Im Gegensatz zu den genannten rein sauren Aufarbeitungen, extrahiert SUNSHINE [160] die Barbiturate aus Magensaft und Harn alkalisch und schüttelt sie nach Filtrieren und Ansäuern mit Chloroform aus.

Als Sorptionsmittel zur DC von Barbitursäuren wurde bisher im wesentlichen Kieselgel benutzt [10, 34, 43, 56, 77, 93, 122, 140, 152, 160, 166, 174]. Auch auf sog. Mischschichten (Kieselgel G + Aluminiumoxid G; 1 + 1) [170] und auf Aluminiumoxid[2]-Schichten ohne Bindemittel wurde chromatographiert [142]. Als *Fließmittel* dienten hauptsächlich neutrale und basische Gemische (vgl. Tab. 111). Nach FRAHM u. Mitarb. [56] ist die Auftrennung verschiedener Barbitursäuren auch mit sauren Fließmitteln möglich.

Wie aus Tab. 111 zu ersehen ist, weisen die hRf-Werte in den gleichen Fließmitteln, von mehreren Autoren angewandt, große Differenzen auf. Dabei sind die hRf-Werte nicht wie üblich, nur durch die Chromatographiebedingungen, wie Schichtdicke, Schichtaktivierung, Kammersättigung usw. bedingt, vielmehr scheinen die Wanderungsweiten entgegen anderslautenden Befunden [56] auch davon abhängig zu sein, ob einzelne Barbitursäuren oder Gemische chromatographiert werden [152]. Aus diesem Grund sind Vergleiche der Wanderungsweiten nur möglich, wenn auf eine mitchromatographierte Standardsubstanz bezogen wird, und die entsprechenden R_{St}-Werte festgelegt werden (vgl. Tab. 111 u. S. 127). Die R_{St}-Werte in Tab. 111 sind auf Phenobarbital = 1,00 bezogen [160]. Andere Autoren wählten Barbital [152] oder ein Nichtbarbiturat [166] als Leitsubstanz.

---

[2] Aluminiumoxid p. a. „Lachema" (CSN 68 51 31; Korngröße 0,075).

Tabelle 111. h Rf-Werte von Barbitursäuren unter verschiedenartigen Trennbedingungen

Freier Name oder Handelsname	Chemische Bezeichnung	I-h Rf				I-R_{st}[1]	II-h Rf		
		a	b	c	d	e	a	b	c
1 Barbital	5,5-Diäthyl-B.	49	24	28	50	1,00	45	47	49
2 Phenobarbital .	5-Äthyl-5-phenyl-B.	54	25	30	50	1,00	36	37	37
3 Hexethal . . .	5-Äthyl-5-hexyl-B.	—	—	—	—	1,56	—	—	—
4 Butobarbital. .	5-Äthyl-5-n-butyl-B. . .	—	—	39	62	1,41	—	64	60
5 Butabarbital. .	5-Äthyl-5-sek.butyl-B. .	—	32	34	—	1,28	—	—	64
6 Amobarbital. .	5-Äthyl-5-isoamyl-B. . .	56	38	41	60	1,44	—	67	66
7 Pentobarbital .	5-Äthyl-5-(1'-methyl-butyl)-B.	63	36	41	57	1,42	65	73	66
8 Melidorm . . .	5-Äthyl-5-crotyl-B.	—	—	41	—	—	—	—	61
9 Vinbarbital . .	5-Äthyl-5-(1'-methyl-Δ^1-butenyl)-B.	—	—	—	—	1,19	—	—	—
10 Heptabarbital .	5-Äthyl-5-(Δ^1-cyclohep-tenyl)-B.	55	—	37	—	1,32	55	—	55
11 Cyclobarbital .	5-Äthyl-5-(Δ^1-cyclo-hexenyl)-B.	55	32	35	68	F	50	54	52
12 Allobarbital . .	5,5-Diallyl-B.	63	32	36	55	1,30	—	50	50
13 Aprobarbital. .	5-Allyl-5-isopropyl-B. . .	57	31	38	—	1,30	—	67	57
14 Butalbital . . .	5-Allyl-5-(2'-isobutyl)-B.	60	38	41	67	—	—	—	62
15 Secobarbital. .	5-Allyl-5-(1'-methyl-butyl)-B	70	41	44	64	1,67	—	73	67
16 Talbutal . . .	5-Allyl-5-(3'-isobutyl)-B.	—	—	40	—	1,41	—	—	64
17 Cyclopal . . .	5-Allyl-5-cyclopenten-(2')-yl-B.	—	36	35	—	1,38	—	—	57
18 Vinylbital . .	5-Vinyl-5-(methyl-butyl)-B.	—	—	38	—	—	—	—	56
19 Dormovit . . .	5-Isopropyl-5-furfuryl-B.	—	—	35	—	—	—	—	57
20 Axeen	5-Allyl-5-(β-hydroxy-propyl)-B.	—	—	3	—	—	—	—	27
21 Propallylonal .	5-Isopropyl-5-(β-bromal-lyl)-B.	—	—	34	—	—	—	—	53
22 Butallyonal . .	5-Sek.butyl-5-(β-bromal-lyl)-B.	—	—	42	—	1,50	75	—	60
23 Sigmodal . . .	5-Sek.amyl-5-(β-bromal-lyl)-B.	—	—	44	—	1,77	—	—	66
24 Methylpheno-barbital. . .	5-Äthyl-5-phenyl--1-methyl-B.	—	53	53	98	—	62	76	62
25 Metharbital . .	5,5-Diäthyl-1-methyl-B. .	—	—	—	85	2,35	—	—	—
26 Methohexital .	5-Allyl-5-(1'-methyl-2'-pentinyl)-1-methyl-B.	—	—	—	77	—	—	—	—
27 Hexobarbital .	5-Methyl-5-($\Delta^{1,2}$-Cyclo-hexenyl)-1-methyl-B.	—	46	50	92	2,06	70	76	76
28 Narcobarbital .	5-Isopropyl-5-(β-bromal-lyl)-1-methyl-B.	—	—	62	—	—	79	—	82
29 Inaktin	5-Äthyl-5-(1'-methyl-propyl)-2-thio-B.	—	—	0	—	—	59	—	5

[1] Bezogen auf Phenobarbital = 100.

F = an der Fließmittelfront.

B = Barbitursäure.

Tabelle 111. (Fortsetzung)

Freier Name oder Handelsname	Chemische Bezeichnung	I-hRf				I-R_{st}[1]	II-hRf		
		a	b	c	d	e	a	b	c
30 Thiopental . .	5-Äthyl-5-(1'-methyl-butyl)-2-thio-B.	—	68	58	94	F	67	—	70
31 Buthalital . . .	5-Allyl-5-(2'-methyl-propyl)-2-thio-B.	—	—	63	—	—	—	—	65
32 Thiamylal . . .	5-Allyl-5-(1'-methyl-butyl)-2-thio-B.	—	—	—	95	F	—	—	—
33 Methitural . . .	5-(β-Methylthioäthyl)-5-(1'methyl-butyl)-thio-B.	—	—	66	95	—	—	—	75

Erläuterungen zu Tab. 111

I. *Fließmittel:* Chloroform-Aceton (90 + 10).

a) Schicht: Kieselgel G; gröbere Partikel mit engmaschigem Sieb der Pharm. Helv. entfernt; sonst Standardmethode (vgl. S. 85). Trennstrecke 10 cm. Methode für toxikologische Untersuchungen [10].

b) Schicht: Kieselgel G; Standardmethode. Jeweils 20 μg Barbitursäure in Aceton gelöst aufgebracht. Methode für die Prüfung pharmazeutischer Zubereitungen [140].

c) Schicht: Kieselgel G. Standardmethode; Kammersättigung. Mit Reinsubstanzen durchgeführte Untersuchung [166].

d) Schicht: Kieselgel G. Nach [24] hergestellt; dazu 30 min bei 80° C aktiviert und dann im Exsiccator aufbewahrt. Trennstrecke 10 cm. Auftragmengen: 1 bis 20 μg Barbitursäuren in 5—10 μl Chloroform oder Äthanol gelöst. Arbeit ausgerichtet auf die Analyse von Organextrakten. Auch Metaboliten erwähnt [34].

e) Schicht: Kieselgel G. Standardmethode. Trennstrecke 10—12 cm. Methode zum Identifizieren der Barbiturate nach Extraktion aus Organbestandteilen [160].

II. *Fließmittel:* Isopropanol-Chloroform-25proz. Ammoniak (45 + 45 + 10).

a) Schicht: Kieselgel; Standardmethode. Kammersättigung. Trennstrecke 10 cm. 20—50 μg Barbitursäuren oder deren Na-Salze in Essigsäureäthylester oder Aq. dest. gelöst, als Standard aufgebracht. Methode zum Identifizieren von Hypnotica und deren Metaboliten in wäßr. Lösungen und Harn [56].

b) Schicht: Kieselgel G. Schichten 30 min Luftgetrocknet dann 1 Std bei 150° C. Jeweils 2 μg Barbitursäure, in Äther gelöst, 1 cm vom unteren Plattenrand entfernt, aufgebracht. Trennstrecke 10 cm. Methode für die pharmazeutische Prüfung der in Großbritannien üblichen Barbiturate [152].

c) Siehe Ic [166].

---

[1] Bezogen auf Phenobarbital = 100.
F = an der Fließmittelfront.

Mit dem Fließmittel I, Tab. 111 wurden unter anderem folgende Trennungen durchgeführt: Phenobarbital, Butabarbital, Secobarbital oder Barbital, Aprobarbital [140]. Mit Benzin (Pharm. Helv.)-Dioxan (75 + 30) wurden auf Kieselgel getrennt: Phenobarbital, Cyclopal, Pentobarbital oder Barbital, Phenobarbital, Butalbital oder Cyclobarbital, Hexobarbital [140]. Mit Chloroform-Äther (75 + 25) konnten auf Kieselgel Barbital, Butobarbital und Methylphenobarbital getrennt werden [32]. Von den 11 unter II b, Tab. 111 angegebenen Barbitursäuren waren zu trennen: Phenobarbital, Barbital, Cyclobarbital, Butobarbital und Pentobarbital [152]. Wird zweidimensional chromatographiert, wobei in der ersten Richtung das unter II b, Tab. 111 erwähnte Fließmittel und in der zweiten Richtung Diisopropyläther-Chloroform-Benzol (13 + 8 + 4) eingesetzt werden, so sind bis zu 8 der in Spalte II b, Tab. 111 genannten Barbitursäuren aufzuschlüsseln [152].

Auch auf mit Kieselgel überzogenen Objektträgern konnten einige Barbitursäuren
getrennt werden [83]. Zur Gruppentrennung von Barbituraten, N_1-methylierten
Barbituraten und von Hypnotica anderer Struktur wurde auf Kieselgel mit dem
Fließmittel Äther-Butanol-25proz. Ammoniak (90 + 10 + 10) chromatographiert
[174].

Der *Nachweis* der Barbitursäuren kann unspezifisch erfolgen, in dem
man auf sog. Fluorescenzschichten, z. B. Kieselgel GF_{254} chromatographiert. In nicht zu kleinen Mengen sind die Barbitursäuren dann unter
kurzwelligem UV-Licht als Löschflecke zu sehen. Viel verwendet wurde
der Nachweis mit Quecksilberverbindungen, insbesondere Quecksilber(I)-
nitrat (Reag.-Nr. 207), wobei sich unlösliche Salze der Barbitursäuren
bilden [10, 34, 43, 56, 77, 140, 166]. Je nach Barbitursäure ist die Ansprechempfindlichkeit verschieden. Mehrfach wurden auch Quecksilber
(II)-salzlösungen mit Diphenylcarbazon kombiniert gesprüht. Dadurch
treten die Flecke gegen den Untergrund kontrastreicher hervor (Reag.-
Nr. 208), [32, 93, 160]. Auch Kobaltsalze können in Verbindung mit
verschiedenen Basen zum Nachweis herangezogen werden (Zwikker-
Reaktion und abgewandelte Formen, Reag.-Nr. 147), [56, 152, 170, 174].
Auf N-methylierte Barbitursäuren spricht diese Reaktion nicht an, da
die Enolisierungsmöglichkeit am zweiten Stickstoffatom fehlt [98]. Ein
weiterer unspezifischer Nachweis ist mit Silbernitrat-Kaliumdichromat
möglich (Reag.-Nr. 226), [174]. Barbitursäuren mit Doppelbindungen in
der C_5-Seitenkette reagieren mit 0,1proz. Permanganatlösung. Dabei
spricht Allobarbital sofort an, während Cyclobarbital und Hexobarbital
durch sterische Hinderung langsamer reagieren [32]. Auch 2-Mercapto-
substituierte Barbitursäuren reagieren mit Permanganat.

Spezifischer zum Nachweis der Barbitursäuren ist die Murexid-
reaktion [86a, 173] und zur Erkennung der Thiobarbitursäuren die
Reaktion mit Jodazid (Reag.-Nr. 127), [173]. Bromhaltige Barbitursäuren können nach Oxydation mit Hilfe der durch Brom bedingten
Umsetzung von Fluorescein in Eosin charakterisiert werden (Reag.-
Nr. 106). Größere Mengen dc-getrennter Barbitursäuren und Ureide
können durch Mikrosublimation aus der Schicht getrennt und anschließend durch ihre Kristallform identifiziert werden [8].

Die *quantitative Auswertung* von Barbitursäurechromatogrammen
ist unter Berücksichtigung der Instabilität dieser Verbindungen in
alkalischem Medium [156] ebenfalls möglich. Der Autor [64] bestimmte
Methylphenobarbital nach Trennung von Phenobarbital durch UV-
Messung nach Eluieren der Flecke (vgl. Tab. 14, S. 152). Diese Methode
kann nur angewandt werden, wenn mit Alkohol oder einem anderen
neutralen Lösungsmittel aus dem Untersuchungsmaterial extrahiert und
mit einem neutralen oder sauren Fließmittel chromatographiert wird.
Die Barbitursäureflecke müssen dann ebenfalls mit einem neutralen
Lösungsmittel eluiert und direkt nach Pufferzusatz (40,5 ml 0,1 N-NaOH
+ 59,5 ml 0,05 M-Borax) gemessen werden. Da MORRISON und CHATTEN
[104] die Barbitursäuren alkalisch aus der Arzneiform extrahierten und
mit dem Fließmittel Isopropanol-Chloroform-25proz. Ammoniak auf
Kieselgelschichten, die mit 0,1 N-NaOH hergestellt waren, chromatographierten, konnten sie die UV-spektrophotometrische Methode nicht

erfolgreich einsetzen. Die genannten Autoren besprühten daher nach chromatographischer Trennung mit Quecksilber II-nitrat, saugten nach Trocknen die Flecke auf kleine Fritten, eluierten mit Wasser und versetzten mit Quecksilber II-chloridlösung (300 mg + 1 ml N-HCl mit Wasser auf 100 ml) und anschließend mit Phosphatpuffer pH 8,0. Die resultierende, opaleszierende Lösung wurde mit Chloroform extrahiert und das sich im Chloroformextrakt nach Zusatz von Dithizonlösung bildende orangefarbene Quecksilberdithizonat ($Hg(HDz)_2$) bei 475 nm colorimetrisch ausgewertet.

b) Hydantoine

Die in Tab. 112 angeführten Hydantoinderivate wurden auf Kieselgel chromatographiert. Der Nachweis kann auf Fluorescenzschichten mit kurzwelligem UV-Licht erfolgen [98] oder mit den für den Barbitursäurenachweis beschriebenen Quecksilberreagentien [140]; die Nachweisgrenze liegt bei 10 μg. Auch die bei den Barbitursäuren genannte Kombination von Quecksilbersalzen und Diphenylcarbazon wurde benutzt [129].

Tabelle 112. h*Rf-Werte von Hydantoin-Derivaten*

Freier Name und chemische Bezeichnung	hRf-Werte		
	I	II	III
Phenytoine, 5,5-Diphenylhydantoin	19	16	33
Mephenytoine, 3-Methyl-5-äthyl-5-phenylhydantoin . . .	43	29	35
Phenyldibromäthylmethylhydantoin	16	15	21

* Fließmittel: I Chloroform-Aceton (90 + 10); II Benzin (Pharm. Helv.)-Dioxan (75 + 30); III Benzol-Äther (50 + 50).

Weitere Chromatographiebedingungen siehe Tab. 111, I. b [140].

c) Bromureide

Die Bromureide gehen bei den üblichen Organextrakt-Aufarbeitungen als Neutralstoffe zusammen mit den Barbitursäuren aus der sauren Stammlösung in die Äther- bzw. Chloroformphase. Die Barbitursäuren können aus der organischen Phase mit schwach basischen wäßrigen Lösungen entfernt und damit von den Bromureiden abgetrennt werden.

Bromisoval sowie Carbromal und die entsprechenden Metaboliten wurden auf Kieselgel mit Chloroform-Aceton (90 + 10) als Fließmittel getrennt [11, 95]. Bromisoval und Carbromal können auch mit anderen Fließmitteln unterschieden werden (vgl. Tab. 113). Will man diese Substanzen zusammen mit Acetylcarbromal in pharmazeutischen Zubereitungen nachweisen, so sind die unter IV, Tab. 113 genannten Trennbedingungen günstig [63], (vgl. Abb. 71, S. 129). Der *Nachweis* kann empfindlich, aber unspezifisch mit dem auf N-aktiven Wasserstoff ansprechenden Chlor-Tolidin-Reagens (Reag.-Nr. 50) erfolgen, wobei Carbromal am schlechtesten anspricht [63]. Als weitere unspezifische Nachweisreaktion kann Silbernitrat-Ammoniak (Reag.-Nr. 220) verwendet werden [65]. Spezifisch sollten die Bromureide auch durch die

33 Dünnschicht-Chromatographie, 2. Aufl.

zum Nachweis Brom-haltiger Barbitursäuren beschriebene Methode, wobei Fluorescein in Eosin überführt wird (Reag.-Nr. 106), nachzuweisen sein. Für Carbromal wurde außerdem eine Identifizierung durch die mit Hilfe des Bromgehaltes mögliche Bildung von „Wurstersrot" (Reag.-Nr. 71) beschrieben [11].

d) Andere Hypnotica

Die Bedingungen zur DC anderer, viel verwendeter Hypnotica sind ebenfalls der Tab. 113 zu entnehmen. Das bei den Barbitursäuren genannte Quecksilber(I)-nitrat (Reag.-Nr. 207) kann auch zum unspezifischen Nachweis eines Teiles dieser Verbindungen benutzt werden, jedoch ist die Nachweisempfindlichkeit im allgemeinen gering. Auf diese Weise wurden Pyrithyldione [56], Methyprylone [34, 56], Glutethimide [32, 34, 56, 122, 174], Ethinamate [34, 56, 174] und der Barbitursäure-antagonist Benegride [56] auf Kieselgelschichten nachgewiesen. Die Reaktion ist für Pyrithyldione und Methyprylone jedoch so unempfindlich, daß sie von einigen Autoren als negativ angegeben wird [122, 174]; Thalidomide spricht auf diese Reaktion nicht an. Für Thalidomide [123], Glutethimide [94, 123], Meprobamate [94], Hexapropymate [94] und Ethinamate [94] wurde der unspezifische Nachweis mit Chlor-Tolidin (Reag.-Nr. 50) als recht empfindlich angeführt.

Tabelle 113. h*Rf*-*Werte verschiedener als Hypnotica verwendeter Nichtbarbiturate*

Freier Name*/Chemische Bezeichnung	hRf-Werte						
	Ia	Ib	Ic	II	III	IV	V
1. Apronalide Allylisopropylacetylcarbamid	—	—	—	—	—	—	22
2. Bromisoval α-Bromisovalerianylharnstoff	—	—	—	—	60	27	23
3. Carbromal α-Bromdiäthylacetylcarbamid	—	—	—	—	75	68	54
4. Acetylcarbromal N-Acetyl-N'-diäthylbromacetylharnstoff. . .	—	—	—	—	—	48	39
5. Ethinamate 1-Äthinylcyclohexylcarbamat	44	—	81	82	45	—	50
6. Hexapropymate 1-Propinylcyclohexylcarbamat	—	—	—	—	—	—	61
7. Meprobamate 2-Methyl-2-n-propyl-1,3-propandioldicarbamat	—	—	—	—	—	—	5
8. Centalun Methyl-dihydroxy-phenyl-butin	37	—	—	99	—	—	—
9. Methyprylon 2,4-Dioxo-3,3-diäthyl-5-methylpiperidin . . .	23	35	50	84	50	—	—
10. Dihydroprylone 2,4-Dioxo-3,3-diäthyl-tetrahydropyridin . . .	40	58	—	82	40	—	—
11. Glutethimide 3-Phenyl-3-äthyl-2,6-dioxopiperidin.	57	78	80	88	90	—	66
12. Thalidomide α-Phthalimido-glutarimid	—	45	—	—	—	—	—
13. Methaqualone 2-Methyl-3-o-tolyl-4(3H)-chinazolinon . . .	59	—	—	90	80	—	—

* Wenn kein freier Name bekannt ist, wird der Handelsname genannt.

Erläuterungen zu Tab. 113

I *Fließmittel:* Chloroform-Aceton (90 + 10); a) Bedingungen s. Tab. 111, I. c. [*166*]; b) Bedingungen s. Tab. 111, I. a. [*10*]; c) Bedingungen s. Tab. 111, I. d. [*34*]; d) Bedingungen s. Tab. 111, I. b. [*140*].

II *Fließmittel:* Isopropanol-Chloroform-25proz. Ammoniak (45 + 45 + 10). Bedingungen s. Tab. 111, I. c. [*166*].

III. *Fließmittel:* Petroläther (Kp. 50—70°)-Pyridin (75 + 15). Schicht: Kieselgel G; Standardmethode (vgl. S. 85). Prüfung von Schlafmitteln und deren Metaboliten im Harn [*43*].

IV *Fließmittel:* Chloroform-Cyclohexan-Pyridin (60 + 20 + 5). Schicht: Kieselgel G; Standardmethode; Kammersättigung; Trennstrecke 10 cm. Nach DC Fließmittel entfernen, 15 min 150° C. Methode zur Prüfung pharmazeut. Zubereitungen [*63*].

V *Fließmittel:* Chloroform-Äthyläther (85 + 15). Schicht: Kieselgel G, Standardmethode. Arbeit auf forensische Untersuchungen ausgerichtet [*94*].

Dabei wurde von PAULUS und KEYMER [*123*] über Calciumchlorid getrocknetes Chlor verwendet, um ein Dunkelfärben der gesamten Platte zu vermeiden. Um Thalidomide nachzuweisen, muß kräftig chloriert werden.

Thalidomide ist aus saurer Lösung nicht extrahierbar. Es kann in N-NaOH gelöst auf das Chromatogramm aufgebracht werden. Die DC ist mit dem Fließmittel I Tab. 113 oder mit Dimethylformamid-Methanol-Wasser (25 + 70 + 5) möglich. Für die Trennung Thalidomide, Glutethimide wurde auch Benzin-Pyridin (80 + 20) verwendet [*123*]. Der Nachweis kann außer mit der genannten unspezifischen Methode auch mit Zwikkers-Reagens (Nr. 147) oder nach Umwandlung in die entsprechende Hydroxamsäure erfolgen (Reag.-Nr. 122), [*56, 153*]. Für Glutethimide sei noch der Nachweis mit Dragendorff-Reagens (Nr. 88 — 90) und Formaldehyd-Schwefelsäure (Reag.-Nr. 111) genannt [*167*] oder die Lokalisierung auf Grund der starken UV-Absorption [*69*]. Methaqualone ist aus saurer Lösung mit Äther extrahierbar. Diese Substanz kann mit modifiziertem Dragendorff-Reagens oder mit p-Dimethylaminobenzaldehyd in Salzsäure lokalisiert werden [*69*]; mit letztgenanntem Reagens ist es nach 48 Std als intensiver, blauroter Fleck zu erkennen. Methyprylone läßt sich spezifisch durch abwechselndes Sprühen von 20proz. KOH und 1proz. methanolischer Dinitrobenzollösung anfärben [*40*]. Hinweise zur DC von 3-Methyl-3,4-dihydroxy-4-phenylbutin (Centalun) wurden von BURGER [*29*] gegeben.

7. Bakterizid und bakteriostatisch wirksame Verbindungen

a) Pharmazeutisch interessierende Phenole

Zu dieser Substanzgruppe gehören einige als Konservierungsmittel verwendete Stoffe (s. Kap. TN, S. 607) und zahlreiche in dermatologischen Zubereitungen vorkommende Substanzen.

Da die niederen Phenole flüchtig sind, werden sie am besten nach Überführen in nicht flüchtige, farbige Derivate (Azofarbstoffe) getrennt (s. S. 633) [*37, 87, 154*]. In diesen Arbeiten [*37, 87*] ist auch die DC der Azofarbstoffe weiterer einfacher Alkylphenole beschrieben. Neben stark alkalischen Kieselgelplatten wurden auch Kieselgurschichten, die mit

33*

Formamid imprägniert waren verwendet. Die getrennten farbigen Derivate lassen sich aus der Schicht quantitativ eluieren und bestimmen [154]. Alkohol-Phenol-Gemische lassen sich gut als Dinitrobenzoate chromatographieren [38]. Zahlreiche Phenolcarbonsäuren wurden auf Kieselgel G-Cellulose Misch-Schichten mit den Fließmitteln Toluol-Äthylformiat-Ameisensäure (50 + 40 + 10) und Chloroform-Eisessig-Wasser (80 + 20 + 20) getrennt. Wasserdampfsättigung der Schichten vor Gebrauch fördert die Trennung der Phenolcarbonsäuren mit geringem Polaritätsunterschied [158].

Das chromatographische Verhalten homologer Reihen einkerniger, ein- und zweiwertiger Phenole auf Kieselgel G- und Polyamidschichten mit den Fließmitteln Benzol-Methanol (95 + 5) und n-Butyläther (H_2O-gesättigt)-Eisessig (90 + 9) wurde ebenfalls beschrieben [73]. Ein- und mehrkernige Phenole, Phenolaldehyde und Phenolcarbonsäuren wurden auf Kieselgel G-Schichten mit verschiedenen Fließmitteln chromatographiert und auch dünnschicht-elektrophoretische Untersuchungen durchgeführt [119, 120, 121]. Auf Kieselgel G-Schichten ist mit Benzol-Dioxan-Eisessig (90 + 25 + 4), u. a. die Trennung der einkernigen, mehrwertigen Phenole in die Gruppen Brenzcatechin, Resorcin, Hydrochinon und Pyrogallol, Phloroglucin möglich [121]. Für die Trennung der drei erstgenannten zweiwertigen Phenole wird auch Kieselgel in Verbindung mit dem Fließmittel Benzol-Methanol (95 + 5) angegeben [147]. Die Chromatographie von mehrwertigen Phenolen läßt sich außerdem auf Polyamidschichten mit Aceton- bzw. Methanol-Wassergemischen durchführen [48, 71].

Resorcin, Resorcinmono- und diacetat können untereinander und von Hexachlorophen nach Extraktion aus dermatologischen Zubereitungen auf Kieselgelschichten, die mit 0,01 M wäßriger Natriumwolframatlösung als Komplexbildner hergestellt sind, mit dem Fließmittel Benzol-Dioxan-Eisessig (90 + 10 + 2) getrennt werden. Der Nachweis kann mit Kaliumhexacyanoferrat III-Eisen III-chlorid (Reag.-Nr. 136) erfolgen [64]. Hexylresorcin und Hexachlorophen sind auf Kieselgel G-Schichten mit Methylisobutylketon als Fließmittel zu trennen [64]. Dichlorophen und Hexachlorophen konnten mit Eisessig gesättigtem n-Heptan auf Kieselsäure-Schichten, die mit Stärke als Bindemittel von Hand hergestellt waren, aufgeschlüsselt werden [26]. Ein Teil der Inhaltsstoffe von Teerölen und deren DC ist auch pharmazeutisch von Interesse [130]. DC-Daten für Dithranol sind ebenfalls beschrieben [15]. Jodochlorhydroxyquin wurde auf Polyamid-Calciumsulfat-Schichten (5 g Polyamid + 3,5 g Calciumsulfat + 10 ml Wasser) mit Methanol als Fließmittel von möglichen Syntheseverunreinigungen getrennt [90].

Nachweis: Auf Schichten mit Fluorescenzindikatoren lassen sich die Phenole unter kurzwelligem UV-Licht nachweisen. In den meisten Fällen ist die Sichtbarmachung auch mit Hilfe von Diazoniumverbindungen (Reag.-Nr. 91) möglich. Daneben können Kaliumhexacyanoferrat III-Eisen III-chlorid (Reag.-Nr. 136) und Chlor-Tolidin (Reag.-Nr. 50) benutzt werden. Die Umsetzungsreaktion des letztgenannten Reagenses mit Phenolen beruht auf der leichten Bildung von Polychlorcyclohexadienonen bei der Chlorierung. Das reaktionsfähige Chlor dieser Verbindungen oxydiert o-Tolidin zu einem Farbstoff vom Diphenchinondiimid-Typ, wobei KJ als Vermittler nicht nötig ist [*171*].

b) Sulfonamide

Viele Sulfonamide können aus den Arzneizubereitungsformen mit Aceton extrahiert werden.

Zur Extraktion von Tabletten wird eine 10 mg Sulfonamid entsprechende Pulvermenge mit 50 ml Aceton ausgezogen und soviel der Lösung auf den Startfleck aufgebracht, daß man 1 bis 3 μg der einzelnen Sulfonamide chromatographiert. Um kritische Sulfonamidpaare zu trennen, soll diese Menge nicht überschritten werden. Zur Anreicherung geringer, in Futtermitteln enthaltener Sulfonamidmengen wurde ebenfalls eine Methode beschrieben [*3*].

Als Schichtmaterial zur Trennung von Sulfonamiden wurde im wesentlichen Kieselgel, in einigen Fällen auch Aluminiumoxid (vgl. Tab. 114, 115) verwendet. Da es sich bei vielen Sulfonamiden um amphotere Elektrolyte handelt, wurden zur DC, wie schon bei der Papierchromatographie, vielfach basische und saure Fließmittel verwendet (vgl. Tab. 114 und 115) [*3, 4, 9, 15, 16*]. Durch das relativ kleine Kammervolumen bei der DC und die damit verbundene schnelle Gasphasensättigung ist die Reproduzierbarkeit der Chromatogramme besser als in den großen Papierchromatographie-Kammern. Außerdem ist der Zeitaufwand bei der DC geringer.

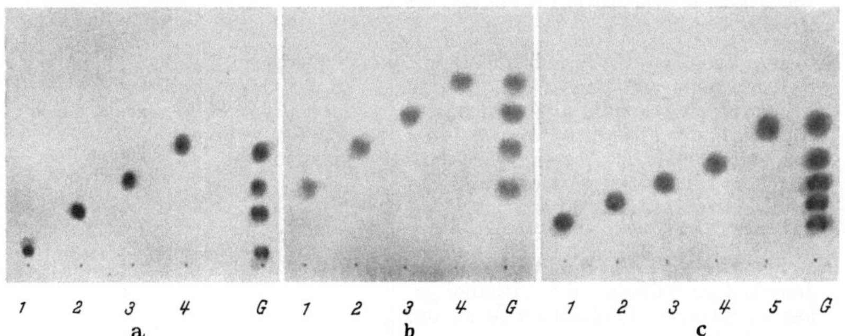

Abb. 164. Trennung von Sulfonamiden, Trennstrecke 10 cm, Nachweis: 4-Dimethylaminobenzaldehyd (Reag.-Nr. 66). a) Sulfaguanidin (1), Sulfanilamid (2), Sulfapyridin (3), Sulfaphenazol (4), Gemisch (G), Schicht: Kieselgel H, Fließmittel: Chloroform-Äthanol (80 + 10), KS. b) Sulfadimidin (1), Sulfadiazin (2), Sulfamethoxypyridazin (3), Sulfadimethoxin (4), Gemisch (G). Schicht: Kieselgel Woelm, Fließmittel: Chloroform-Pentan-Äthanol (35 + 25 + 30) KS. c) Sulfadiazin (1), Sulfamethoxypyridazin (2), Sulfapyridin (3), Sulfaguanidin (4), Sulfanilamid (5), Gemisch (G). Schicht: Kieselgel H, Fließmittel: 5proz. Ammoniak-n-Butanol (50 + 50), KS

Mehrere Autoren verwendeten ein diäthylaminhaltiges Fließmittel [*63, 68, 102, 134*]. Unter anderem wurden damit die im Nachtrag zum DAB VI enthaltenen Sulfonamide getrennt [*134*], (vgl. Tab. 114/4). Jedoch sind auch schon durch Adsorptions-DC mit neutralen Fließmitteln zahlreiche Sulfonamidgemische zu trennen (vgl. Tab. 114/1, 2, 6, 7, 8, 10, 12, 13 u. 14 sowie Abb. 164). Dabei zeigen in vielen Fällen Zwei- und Mehrkomponentenfließmittel durch die dabei auftretenden Zusammensetzungsgradienten sehr gute Trennwirkung. Mit einem neutralen, zusammengesetzten Fließmittel konnten bei Sulfonamidtrennungen besonders gleichmäßige Fließmittelfronten und gute Reproduzierbarkeit der hRf-Werte gewährleistet werden, wenn auf trapezförmigen Kieselgelschichten gearbeitet wurde [*82*], (vgl. Tab. 115 u. 114/6).

Tab. 114. *Chromatographie-Bedingungen für Sulfonamide*

Nr.	Einzelheiten	Nr. der DC getrennten Sulfonamide s. Tab. 115	Literatur
1	Schicht: Kieselgel G; Standardmethode. Je 1 μg Sulfonamid in 10 μl Aceton gelöst aufgetragen. Fließmittel: Chloroform-Heptan-Äthanol (30 + 30 + 30)	21, 17, 13 u. Sulfanilsäure	[175]
2	Schicht: Kieselgel G; Standardmethode. Je 1—5 μg Sulfonamid in Aceton gelöst aufgetragen. Fließmittel: Chloroform-Methanol (80 + 15)	9, 6, 10, 4 und 9, 17, 5 und 6, 14, 1	[63]
3	Schicht: Kieselgel G Standardmethode. Jeweils 1—5 μg Sulfonamid in Aceton gelöst aufgetragen. Fließmittel: Aceton-Methanol-Diäthylamin (90 + 10 + 10)	3, 17, 9, 1	[63]
4	Schicht: Kieselgel G; KS: Trennstrecke: 10 cm. Je 5—15 μg aufgetragen. Fließmittel: n-Butanol-Methanol-Aceton-Diäthylamin (90 + 10 + 10 + 10)	1, 10, 5, 14, 4 DAB VI-Sulfonamide vgl. auch Tab. 115	[134]
5	Schicht: Kieselgel G. Standardmethode. Je 1 μg Sulfonamid aufgetragen. Trennstrecke: 15 cm. Fließmittel: Chloroform-abs. Äthanol-Heptan (30 + 30 + 30) + wenig Wasser; Im Mittel 1,5 Vol.-%. KS 3 Std	3, 7, 8, 9. vgl. auch Tab. 115	[86]
6	Schicht: Kieselgel G. Standardmethode. Schicht keilförmig abgekratzt, so daß Trapez entsteht; dadurch gleichmäßiges Aufsteigen der Fließmittelfront. 2—4 μg der Sulfonamide in Aceton gelöst aufgetragen. Fließmittel: Chloroform-n-Butanol-Petroläther (Kp. 60—80°) (30 + 30 + 30)	hRf-Werte vgl. Tab. 115 In der Originalarbeit noch Rf-Wert-Angaben für weitere Sulfonamide	[82]
7	Schicht: Kieselgel G. Standardmethode. Jeweils 4 μg Sulfonamid in Äthanol gelöst aufgetragen. Fließmittel: Äther pro narcosi	hRf-Werte vgl. Tab. 115	[18]
8	Wie 7 jedoch Fließmittel: Chloroform-Methanol (100 + 10) (vgl. auch Nr. 2 dieser Tabelle)	hRf-Werte vgl. Tab. 115	[18]
9	Schicht: Kieselgel G und GF$_{254}$. Standardmethode. Je nach Sulfonamid 1—3 μg aufgebracht. Trennung durch Stufentechnik (S. 87). 1. Fließmittel: wasserfr. Äthanol-Methanol (50 + 50) ohne Kammersättigung. 2. Fließmittel: n-Propanol-0,05 N-HCl (80 + 20) mit KS. Trennstrecke in Fließmittel 1 5 cm dann 5min bei 100° C abdampfen und nach Abkühlen 10 cm im 2. Fließmittel laufen lassen	Identifizierung der N⁴-substituierten Sulfonamide der USP XVI und NF XI. Mögliche Trennungen: a) Phthalysulfacetamide, Phthalylsulfathiazole, Succinylsulfathiazole b) Phthalylsulfanilamide, Succinylsulfamide, Succinylsulfacetamide	[84]

Tab. 114. (Fortsetzung)

Nr.	Einzelheiten	Nr. der DC getrennten Sulfonamide s. Tab. 115	Literatur
10	Schicht: Aluminiumoxid G. (30 g + 60 ml Wasser schnell in 250 ml Erlenmeyer mischen); ausstreichen. 15 min an der Luft trocknen. 30 min bei 100° C aktivieren. Fließmittel: Methanol-Chloroform (30 + 70). Kammersättigung > 30 min. 1—2 μg der jeweiligen Sulfonamide aufbringen. Trennstrecke 16 cm.	3, 7, 20, 8, 11, 9, 1	[3]
11	Schicht: Kieselgel G; Standardmethode. Vor Benutzung nochmals 30 min bei 110° aktivieren. Fließmittel: Chloroform-Methanol-dest. Wasser (80 + 20 + 1,25)	15, 3, 1, 14, 7, 6, 8, 9 (vgl. Tab. 115)	[172]
12	Schicht: Kieselgel, (Fa. 153). (30 g Kieselgel + 40 ml Wasser anrühren). Standardmethode (S. 85), jedoch 1 Std bei 150° C aktivieren. Mehrfachentwicklung. Fließmittel: Chloroform-Acetonitril (50 + 50) Trennstecke 2mal 10 cm. KS. Je 1 μg Sulfonamid aufgetragen.	Insbesondere für die Trennung von Sulfonamid-Diazinderivaten z. B. 13, 12, 8, 11, 10 vgl. Tab. 115	[64]
13	Schichtherstellung wie 12. Fließmittel: Pentan-Äthanol-Chloroform (25 + 30 + 35) KS. Trennstrecke: 10 cm. Je 1—2 μg Sulfonamid aufgetragen.	z. B. 13, 11, 7, 10 vgl. Abb. 164	[64]
14	Schicht: Kieselgel HF$_{254}$; Standardmethode Fließmittel: Chloroform-Äthanol 96 Vol. proz. (80 + 10). KS. Trennstrecke 10 cm. Aufgetragene Sulfonamidmenge je 1—2 μg.	z. B. 19, 6, 1, 4 vgl. Abb. 164	[64]
15	Schicht: Kieselgel HF$_{254}$; Standardmethode. Fließmittel: Ammoniak (5 Vol.-proz.) n-Butanol (50 + 50). KS. Trennstrecke 10 cm. Aufgetragene Sulfonamidmenge jeweils 1—2 μg	z. B. 1, 4, 6, 11, 7 vgl. Abb. 164	[64]
16	Schicht: Kieselgel G, Standardmethode. Fließmittel: Cyclohexan-Aceton-Eisessig (40 + 50 + 10). KS. Trennstrecke 10 cm. Aufgetragene Sulfonamidmenge je 1—2 μg.	h Rf-Werte vgl. Tab. 115	[63]
17	Sorptionsmittel: Aluminiumoxid (VEB Chemiewerk Greiz-Dölan, DDR), welches etwa 15% Gips enthält. 15 g mit 45 ml Wasser zur Herstellung der Schichten mischen. Trennstrecke: bis zu 12 cm. KS. Fließmittel: Chloroform-Methanol (60 + 30)	Trennung von Langzeit- und Mittelzeitsulfonamiden, z. B. 11, 13, 18, 19 und Pallidin, vgl. Tab. 115	[170a]
18	Bedingungen wie 17, jedoch Fließmittel: Methanol-Wasser (96 + 8)	h Rf-Werte vgl. Tab. 115	[170a]
19	Bedingungen wie 17, jedoch Fließmittel: n-Butanol-Wasser (90 + 9)	h Rf-Werte vgl. Tab. 115	[170a]

Tabelle 115. *h Rf-Werte häufig verwendeter Sulfonamide*

Nr.	Freier Name*	Chemische Formel**	hRf-Werte unter den in Tab. 114 angegebenen Bedingungen										
			4	5	6	7	8	11	12	16	17	18	19
1	Sulfanilamide . . .	$R-H$	68	53	43	61	36	52	42	43		86	82
2	Mafenide	$H_2N-CH_2-\langle C_6H_4\rangle-SO_2NH_2$	56										
3	Sulfacetamide . . .	$R-CO-CH_3$	38	42	31			47		49		48	28
4	Sulfaguanidine . .	$R-C(=NH)-NH_2$	27		15	4	15		11	28		77	66
5	Sulfathiourea . . .	$R-CS-NH_2$	48		34					56			
6	Sulfapyridine . . .	$R-$ (Pyridin)			37			69	31	54			
7	Sulfadiazine	$R-$ (Pyrimidin)	39	47	39	53	50	65	50			30	35
8	Sulfamerazine . . .	$R-$ (Pyrimidin)$-CH_3$		57	44	60	59	72	48			44	56
9	Sulfadimidine . . . (Sulfamethazine)	$R-$ (Pyrimidin)$-CH_3$; CH_3	52	64	52	72	63	76	52	56		70	72
10	Sulfisomidine . . .	$R-$ (Pyrimidin)$-CH_3$; CH_3			19				6	33		62	53
11	Sulfamethoxy- pyridazine . . .	$R-$ (Pyridazin)$-OCH_3$			61	38	68		41		51	55	67
12	Durenat	$R-$ (Pyrazin)$-OCH_3$			56				55				
13	Sulfadimethoxine .	$R-$ (Pyrimidin)$-OCH_3$; OCH_3			67				68	56		55	63
14	Sulfathiazole . . .	$R-$ (Thiazol)	39	50	41	14	38	60		38		37	62
15	Sulfamethizole . .	$R-$ (Thiadiazol)$-CH_3$						41					
16	Sulfaethidole . . .	$R-$ (Thiadiazol)$-C_2H_5$	41									31	12

Tabelle 115. (Fortsetzung)

Nr.	Freier Name*	Chemische Formel**	h*Rf*-Werte unter den in Tab. 114 angegebenen Bedingungen										
			4	5	6	7	8	11	12	16	17	18	19
17	Sulfafurazole . . .	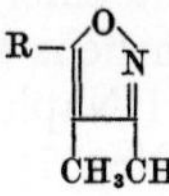			51	81	51			55		64	22
18	Sulfuno. . . . . . (Sulfadimethyl-oxazol)	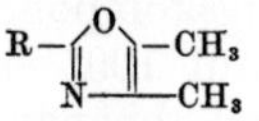							35		64	64	65
19	Sulfaphenazole . .	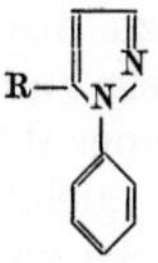			77				52		69	74	76
20	Sulfachinoxalin . .	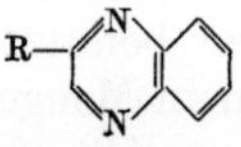											
21	Acetylgantrisin . .	N^1-Acetylsulfafurazol				75	81						

* Wenn kein freier Name vorhanden, Handelsnamen

** R=NH_2——SO_2—NH—

Um die im Trisulfapyridinsirup USP XVI befindlichen Sulfonamide zu trennen, wurde ein neutrales Fließmittel mit definiertem, mit Karl-Fischer-Lösung genau überprüftem Wassergehalt verwendet [*86*] (vgl. Tab. 115 u. 114/5). Bei einem anderen, neutralen, wasserhaltigen Fließmittel scheint der Wassergehalt für die Trennungen weniger kritisch zu sein [*172*], (vgl. Tab. 114 u. 115/11). Die in Kanada handelsüblichen Sulfonamide wurden auf diese Weise getrennt. Sulfonamidtrennungen wurden auch auf Platten durchgeführt, welche schräg in entsprechend geformten Kammern lagen [*177*]. Dabei konnten auf einer Trennstrecke von 13 cm mit dem Fließmittel: Butylacetat-n-Butanol-Aceton-10proz. Ammoniak (30 + 30 + 40 + 10) Sulfanilamide, Sulfacetamide, Sulfacarbamide, Sulfaguanidine, Sulfaphenazole sowie Sulfamethoxypyridazine und mit dem Fließmittel: Chloroform-n-Butanol-Aceton-85proz. Ameisensäure (80 + 20 + 20 + 20) Sulfathiazole, Sulfaäthidole, Sulfisomidine sowie Sulfamethoxypyridazine getrennt werden. Durch Zweistufentechnik ließen sich auf Kieselgel: N_4-Phthalsäure- und Succinsäure-Derivate von Sulfanilamide, Sulfacetamide und Sulfathiazole trennen (vgl. Tab. 114/9). Mit dieser Methode wurde außerdem die Abtrennung der Säurederivate von den zugrunde liegenden Sulfonamiden durchgeführt. Um Gemische von Sulfanilthioharnstoff, Sulfathiazole, Sulfisomidine, Sulfacarbamide, Mafenide, Sulfaphenazole, Sulfanilamide, Sulfaguanidine und Phthalylsulfathiazole zu trennen, kann auf Kieselgel mit der 2-Stufentechnik gearbeitet werden [*102*]. Für die erste Entwicklung wird Butanol-Aceton-Methanol-Diäthylamin (90 + 10 + 10 + 10) eingesetzt, für die zweite Chloroform-Methanol (80 + 15); vor Anwendung des zweiten Fließmittels trocknet man 30 min bei 50°. Andere Autoren trennten zweidimensional auf Aluminiumoxid [*131*]. Die DC der in Tab. 115 unter den Chromatographiebedingungen 17—19 genannten Sulfonamide sowie von Sulfacarbamid, Pallidin und dem als Antidiabeticum wirksamen Sulfonamid Carbutamid (vgl. Abschnitt 10, S. 525) auf neutralen und gepufferten Kieselgelschichten sowie auf neutralen, sauren und basischen Aluminiumoxidschichten wurde in einer Dissertation nochmals ausführlich beschrieben [*170a*]. In dieser Arbeit wurden auch DC und PC sowie die Dünnschichtelektrophorese der genannten Sulfonamide vergleichend geprüft. Auf einige weitere Literaturstellen über die DC von Sulfonamiden sei noch hingewiesen [*58, 60, 103, 117, 118*].

Der *Nachweis* von Sulfonamiden kann auf Fluorescenzschichten unspezifisch durch ihre UV-Lichtabsorption erfolgen. Sulfonamide mit freier p-Aminogruppe werden jedoch empfindlicher mit einer 1 proz. Lösung von 4-Dimethylaminobenzaldehyd-Salzsäure (Ehrlichs-Reagens Nr. 66) oder nach Diazotieren durch Kuppeln mit N-(1-Naphthyl)-äthylendiammoniumdichlorid (Bratton-Marshall-Reagens-Nr. 57) lokalisiert. Man kann vor dem Sprühen mit den Kupplungskomponenten die überschüssige salpetrige Säure durch Erhitzen auf 100° entfernen. Bleibt ein gewisser Überschuß auf der Schicht, so sind abhängig vom jeweiligen Sulfonamid, charakteristische Farbübergänge zu beobachten [*172*]. Außerdem wurde 2 proz. Vanillinlösung in Eisessig zum Nachweis von Sulfonamiden verwendet [*137a*]. Die Mischung einer 0,2 M-Lösung von 1-Phenyl-3-methylpyrazolon-(5) in Pyridin mit gleichen Raumteilen einer wäßrigen Kaliumcyanidlösung kann ebenfalls zum Sprühen von Sulfonamidchromatogrammen nach Chlorieren benutzt werden [*20a*].

Mafenide spricht mit Ehrlichs-Reagens nur in Mengen >25 μg nach längerem Erhitzen auf 90° an. Diese Substanz läßt sich besser durch Besprühen mit 0,3 proz. butanolischer Ninhydrinlösung und anschließendem 30 min langem Erhitzen auf 90° nachweisen [*102, 134*]. N_4-Succin- und Phthalsäurederivate von Sulfonamiden wurden durch ihre Fluorescenzlöschung auf entsprechenden Schichten und mit 0,05 proz. äthanolischer Bromkresolpurpurlösung lokalisiert [*84*].

Auch die quantitative Auswertung getrennter Sulfonamide wurde ausführlich beschrieben [*168a*]. Von den untersuchten Möglichkeiten erwies sich die Umsetzung mit N.N-Diäthyl-N'-(1-naphthyl)-äthylendiaminoxalat nach Elution der Sulfonamide mit N-Salzsäure und Diazotieren am günstigsten.

c) Chemotherapeutica der Nitrofuranreihe usw.

Auf Kieselgel G können die Nitrofuranderivate, Nitrofurantoin, Nitrofural, Furazolidin und das Nitroimidazolderivat Metronidazol mit dem Fließmittel Chloroform-Diäthylamin (90 + 10) getrennt werden. Die Substanzflecke sind im Tageslicht oder UV-Licht ohne Nachweisreaktion sichtbar [*23*]. Bei Anwesenheit von Acridinabkömmlingen (Vioform und Acriflavin) wurden Nitrofurane auf Kieselgel GF mit den Fließmitteln Aceton-Chloroform-Äther (50-20-30) bzw. Aceton-Chloroform-Äther-n-Butanol (45-20-30-5) chromatographiert [*107b*].

Über die DC der Antibiotica wird im folgenden Kapitel (S. 541) von WALLHÄUSER berichtet.

8. Diuretica

Das Verhalten verschiedener Chlorthiazid- und Hydrochlorthiazid-Derivate mit neutralen Fließmitteln auf Kieselgel G- und Aluminiumoxid G-Sorptionsschichten wurde beschrieben [*1*] und ist in Tab. 116 wiedergegeben. Hydrochlorthiazid, Hydroflumethiazid, Chlorazanil,

Acetazolamid, Quinethazon, Fursemid und Chlortalidon wurden auf Kieselgel GF 254 „Merck" mit dem basischen Fließmittel: Toluol-Xylol-Dioxan-Isopropanol-25proz. Ammoniak (10 + 10 + 30 + 30 + 20) auf 13 cm Laufstrecke getrennt. 50 μg der Substanzen wurden dabei in Aceton gelöst aufgetragen [108].

Auf Leuchtstoffplatten können alle genannten Diuretica unter kurzwelligem UV-Licht als Löschfleck aufgefunden werden. Quinethazon und Hydroflumethiazid zeigen Eigenfluorescenz. Der größte Teil der Verbindungen läßt sich mit einem Gemisch aus 5 ml 20proz. Natronlauge, 15 ml 1proz. Natriumpentacyanoaminoferrat-II-lösung und einem Tropfen Perhydrol (Fearons-Reagens) anfärben. Das Reagens ist 24 Std haltbar.

Tabelle 116. *h Rf-Werte von Chlorthiazid- und Hydrochlorthiazidabkömmlingen, die als Diuretica verwendet werden*

Freier Name	Grund-formel	Substituenten			hRf-Werte		
		R_1	R_2	R_3	a	b	c
Chlorothiazide . . .	I	—Cl	—H	—H	2	22	17
Hydrochlorothiazide	II	—Cl	—H	—H	24	35	29
Flumethiazide . . .	I	—CF$_3$	—H	—H	2	40	33
Polythiazide	II	—Cl	—CH$_2$—S—CH$_2$—CF$_3$	—CH$_3$	10	51	47
Hydroflumethiazide .	II	—CF$_3$	—H	—H	36	46	41
Methyclothiazide . .	II	—Cl	—CH$_2$—Cl	—CH$_3$	46	50	47
Benzthiazide	I	—Cl	—CH$_2$—S—CH$_2$—C$_6$H$_5$	—H	55	58	55
Thiabutazide. . . .	II	—Cl	—CH$_2$—CH(CH$_3$)(CH$_3$)	—H	55	59	57
Trichlormethiazide .	II	—Cl	—CHCl$_2$	—H	29	59	57
Cyclopenthiazide . .	II	—Cl	—CH$_2$—(cyclopentyl)	—H	55	60	58
Epithiazide	II	—Cl	—CH$_2$—S—CH$_2$—CF$_3$	—H	54	61	59
Bendroflumethiazide	II	—CF$_3$	—CH$_2$—C$_6$H$_5$	—H	64	65	66

a Aluminiumoxid G, Äthylacetat, Trennstrecke 16 cm.
b Kieselgel G, Äthylacetat, Trennstrecke 15 cm.
c Kieselgel G, Äthylacetat-Benzol (80 + 20), Trennstrecke 15 cm.
Schichtdicke 150 μ; aufgetragene Menge 5—10 μg.

I   Chlorthiazid-Derivate

II   Hydrochlorthiazid-Derivate

9. Purinderivate verschiedener Wirkung

Zur Trennung der natürlich vorkommenden Xanthinderivate Coffein Theobromin und Theophyllin eignen sich am besten basische Kieselgel-schichten in Verbindung mit neutralen Fließmitteln oder neutrale Kieselgelschichten zusammen mit basischen Fließmitteln (Tab. 117/I u. II), [*163, 177*]. Die Trennung gelingt auf neutralen Schichten auch mit sauren Fließmitteln (Tab. 117/III), [*7*]. Unter den in Tab. 117/II angegebenen Chromatographiebedingungen konnten 5 Xanthinderivate, die 3 erwähnten und Hydroxyäthyltheophyllin (vgl. Tab. 118, Nr. 4) sowie Hydroxypropyltheobromin (vgl. Tab. 118, Nr. 6) voneinander getrennt werden [*177*]. Alle genannten und weitere synthetische Xanthinderivate

Tabelle 117. h*Rf-Werte Theobromin, Theophyllin, Coffein*

	I	II	III
Theobromin	22	47	36
Theophyllin	37	26	50
Coffein	57	78	41

I Schicht: Kieselgel G auf pH 6,8 gepuffert. 25 g Kieselgel G mit 50 ml einer Mischung gleicher Teile von 0,2 M primärer Kaliumphosphat- und 0,2 M-sekundärer Natriumphosphatlösung anreiben. Fließmittel: Chloroform- 96proz. Äthanol (90 + 10).

II Schicht: Kieselgel G. Fließmittel: Aceton-Chloroform-n-Butanol-25proz. Ammoniak (30 + 30 + 40 + 10). Chromatographie in flachen Geräteschalen als Kammer. Normale Sättigung.

III. Schicht: Kieselgel G. Fließmittel: Äthylacetat-Methanol-Eisessig (80 + 10 + 10).

wurden durch zweidimensionale Chromatographie mit Benzol-Aceton (30 + 70) und Ammoniakatmosphäre in der ersten Richtung und Chloroform-Äthanol-Ameisensäure (88 + 10 + 2) in der zweiten Richtung auf Kieselgel GF_{254}-Sorptionsschichten aufgeschlüsselt (Tab. 118), [*145a*]. Die Purinkörper Harnsäure, Xanthin, Hypoxanthin und 6-Mercaptopurin wurden ebenfalls dünnschichtchromatographisch getrennt [*30*]. Hypoxanthin, Xanthin, Harnsäure, Guanin, Adenin, Theophyllin, Theobromin und Coffein wurden auf Kieselgel HF 254-Schichten, welche mit Piperazinlösung hergestellt waren, unter Verwendung des Fließmittels Isopropanol-Chloroform-10proz. wäßr. Piperazin (60 + 20 + 20) chromatographiert [*137b*]. Xanthinderivate, in der Mehrzahl Theophyllinabkömmlinge, wurden auch mit dem neutralen Fließmittel Chloroform-Aceton-Methanol (30 + 30 + 30) auf Kieselgel HF 254 der DC unterworfen [*161a*].

Auf Leuchtstoff-Schichten können die Purinkörper unter UV-Licht durch ihre Fluorescenzlöschung erkannt werden. Der Nachweis ist auch mit Joddampf oder durch Sprühen mit Jodlösung [*145a*], (Reag.-Nr. 126, 128) möglich. Außerdem wird eine empfindliche Anfärbung durch Sprühen mit einer weinsauren Lösung von Jod und Eisen (III-)-chlorid in Aceton (Reag.-Nr. 94) angegeben [*145a, 177*]. Coffein und wahrscheinlich auch zahlreiche weitere Purinkörper können nach Chlorieren mit einer Lösung von 1-Phenyl-3-methylpyrazolon-(5) in Pyridin (Reag.-Nr. 48) nachgewiesen werden [*20a*]. Größere Mengen von Purinderivaten, die chro-

matographisch getrennt sind, lassen sich aus dem Chromatogramm auf
eine gekühlte Glasplatte sublimieren [7].

Tabelle 118. *DC von Xanthinderivaten [145a]*

SubstanzNr.	Kurzbezeichnung	Chemische Bezeichnung	hRf-Werte A	B
1	Theophyllin	1,3-Dimethylxanthin	6	45
2	Theobromin	3,7-Dimethylxanthin	31	34
3	Coffein	1,3,7-Trimethylxanthin	70	57
4	Oxyäthyltheophyllin . .	1,3-Dimethyl-7-(2'-hydroxyäthyl)-xanthin	65	52
5	Proxyphyllin	1,3-Dimethyl-7-(2'-hydroxypropyl)-xanthin	55	37
6	Hydroxypropyltheobromin	1-(2'-Hydroxypropyl)-3,7-dimethyl-xanthin	50	39
7	Dioxypropyltheophyllin .	1,3-Dimethyl-7-(2',3'-dihydroxypropyl)-xanthin	17	16
8	Dioxypropyltheobromin .	1-(2',3'-Dihydroxypropyl-)3,7-dimethyl-xanthin	17	14
9	Hexyltheobromin . . .	1-Hexyl-3,7-dimethylxanthin	85	72
10	Diäthylaminoäthyltheophyllin	1,3-Dimethyl-7-(2'-diäthylaminoäthyl)-xanthin	81	3
11	—	1,3-Dimethyl-7-[2'-(1'''-methyl-2''-phenyl-äthylamino)-äthyl]-xanthin	76	9
12	—	1,3-Dimethyl-7-[2'-(1'''-methyl-2''-hydroxy-2''-phenyl-äthylamino)-äthyl]-xanthin	61	7
13	—	1,3-Dimethyl-7-[2'-(hydroxy-2''-(3''', 4'''-dihydroxyphenyl)-äthylamino)-äthyl]-xanthin	0	0

Schicht: Kieselgel GF$_{254}$ (Fa. 88). Je 3 μg der Substanz in Methanol oder
Methylenchlorid gelöst, aufgetragen.

Fließmittel A: Benzol-Aceton (30 + 70); zur Kammersättigung Schälchen mit
25 proz. Ammoniak in die Trennkammer stellen.

Fließmittel B: Chloroform-Äthanol-Ameisensäure (88 + 10 + 2).

10. Orale Antidiabetica

Orale Antidiabetica können mit den beiden in Tab. 119 genannten
basischen Fließmitteln chromatographiert werden [109, 137], wobei die
Substanzen Nr. 3, 5, 6 und 7 mit dem Fließmittel II getrennt werden.
Die Antidiabetica mit aromatischer Aminogruppe können mit Ehrlichs-
Reagens (Nr. 66) nachgewiesen werden; die Tolbutamide sprechen in
höherer Konzentration ebenfalls mit diesem Reagens an. Ersetzt man in
Ehrlichs-Reagens die flüchtige Salzsäure durch Phosphorsäure und wird
nach dem Sprühen 10 min auf 150° erhitzt und die noch heiße Platte
anschließend mit Ninhydrinlösung besprüht, so werden alle in Spalte I,
Tab. 119 genannten Substanzen sichtbar [137]. Natürlich können die
oralen Antidiabetica mit Ausnahme von Silubin auch auf Leuchtstoff-
schichten durch ihre UV-Absorption nachgewiesen werden.

Tabelle 119. h*Rf-Werte einiger oraler Antidiabetica*

Freier Name*	Chemische Bezeichnung	hRf-Werte**	
		I	II
1 Metasulfanilylbutyl-carbamid	N-(3-Aminobenzolsulfonyl)-N-butylharnstoff	14	—
2 Glybuthiazole	2-(p-Aminobenzolsulfonamido)-5-tert.-,butyl-1, 3, 4-thiodiazol	15	—
3 Carbutamide	Sulfanil-N'-butylharnstoff	27	45
4 Chlorpropamide . . .	N-Propyl-N'-(p-chlorbenzolsulfonyl)-harnstoff	47	—
5 Tolbutamide	N-(4-Methylbenzolsulfonyl)-N'-butylharnstoff	57	54
6 Glycodiazine	2-Benzol-sulfonamido-5-methoxy-äthoxy-pyrimidin-Na	—	50
7 Buformine	1-n-Butylbiguanid	—	36

* Wenn nicht bekannt, Handelsname.

** I Kieselgel G „Merck". Fließmittel: n-Butanol-Chloroform-Diäthylamin (45 + 45 + 5). KS [*137*]. II Kieselgel GF „Merck". Fließmittel: Butanol-Chloroform-Methanol-25proz. Ammoniak (40 + 15 + 15 + 15) [*109*].

11. Laxantien

Phenisatin (Triacetyldiphenylisatin) und Bisacodyl (Diacetoxy-diphenyl-pyridil-methan) können auf Kieselgel HF_{254}-Schichten mit dem Fließmittel: Chloroform-Cyclohexan-Methyläthylketon (30 + 30 + 30) getrennt werden [*64*]. Der Nachweis ist unter kurzwelligem UV-Licht möglich.

12. Lokalanaesthetica

Lokalanaesthetica wurden bisher auf Kieselgelschichten, die mit NaOH alkalisch eingestellt waren [*22, 63, 159*] und auf losen Aluminium-oxid- und Silicagel-Schichten chromatographiert (vgl. Tab. 120), [*27, 141*]. Mit den unter I—IV, Tab. 120 beschriebenen Bedingungen können verschiedene Lokalanaesthetica-Gemische getrennt werden. Mit dem System V wurden Procain und Benzocain getrennt. Auf die Angabe weiterer Fließmittel zur Chromatographie auf losen Aluminiumoxid-schichten [*141*] und zwei weitere Publikationen über die Chromatographie der Lokalanaesthetica [*59, 176*] sei noch hingewiesen.

Mit der DC lassen sich auch Beziehungen von Stoffeigenschaften, die bei der Verteilung im Organismus von Bedeutung sind, wie z. B. pK, Wasser- und Lipoidlöslichkeit, Verteilungskoeffizient usw., ermitteln. Als Beispiel sei hier auf die verteilungschromatographische Untersuchung zahlreicher Lokalanaesthetica mit Oleylalkohol auf Cellulosepulver als stationärer Phase und wäßrigen Pufferlösungen als Fließmittel verwiesen [*27a*]. Dabei wurden Ethoform-Homologe mit verschieden langer Alkyl-kette, Ethoform-Analoge mit Methyl-substituierter Äthanol-Gruppe, Procain-Analoge mit verzweigter Seitenkette, Procain-Analoge, bei welchen die p-Aminogruppe durch verschiedene andere Substituenten ersetzt war, Procain-N-Dialkyl-Homologe, Procain-Alkylen-Homologe, sowie Parethoxycain- und Cinchocain-Analoge mit verschieden langer Alkoxy-kette chromatographiert.

Tabelle 120, hRf-Werte der Lokalanaesthetica

Name	Chemische Formel	hRf-Werte				
		I	II	III	IV	V
Ethoforme (Benzocaine)	R_1—CH_2—CH_3	48	67	6	74	74
Orthoform	H_2N—⟨benzol⟩—COO—CH_3, OH	0	—	—	—	—
Butoform (Butamben)	R_1—CH_2—CH_2—CH_2—CH_3	—	69	7	78	—
Procain(e)	R_1—CH_2—CH_2—R_2	31	36	5	18	60
Butacain(e)	R_1—CH_2—CH_2—CH_2—N(C_4H_9)(C_4H_9)	—	61	8	49	—
Butethamine	R_1—CH_2—CH_2—NH—CH(CH_3)(CH_3)	—	48	5	28	—
Dimethocaine	R_1—CH_2—CH(CH_3)(CH_3)—CH_2—R_2	47	—	—	—	—
Tutocain	R_1—CH(CH_3)—CH(CH_3)—CH_2—R_2	43	—	—	—	—
Tetracain(e)	C_4H_9—NH—⟨benzol⟩—COO—CH_2—CH_2—R_2	40	27	18	11	65
Chloroprocaine	H_2N—⟨benzol⟩—COO—CN_2—CH_2—R_2, Cl	—	38	3	21	—
Metabutoxycaine	⟨benzol⟩—COO—CH_2—CH_2—R_2, NH_2, OC_4H_9	—	49	30	41	—
Proxymetacaine (Proparacaine)	C_3H_7O—⟨benzol⟩—COO—CH_2—CH_2—R_2, NH_2	—	38	31	18	—
Meprylcaine	⟨benzol⟩—COO—CH_2—C(CH_3)(CH_3)—NH—C_3H_7	—	54	58	31	—
Piperocaine	⟨benzol⟩—COO—CH_2—CH_2—CH_2—N⟨piperidin, CH_3⟩	—	31	63	17	—
Cyclomethycaine	COO—CH_2—CH_2—CH_2—N⟨piperidin, CH_3⟩	—	32	66	14	
Pramocaine (Pramoxine)	C_4H_9O—⟨benzol⟩—O—CH_2—CH_2—CH_2—N⟨morpholin, O⟩	—	43	52	29	

Tabelle 120. (Fortsetzung)

Name	Chemische Formel	hRf-Wert				
		I	II	III	IV	V
Dyclonine	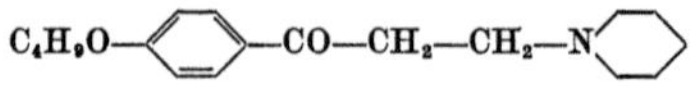 C_4H_9O—⟨ ⟩—CO—CH_2—CH_2—N⟨ ⟩	—	34	54	16	
Lidocain(e)	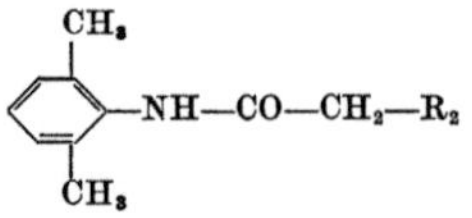 ⟨ ⟩(CH_3)(CH_3)—NH—CO—CH_2—R_2	50	66	39	62	
Hostacain	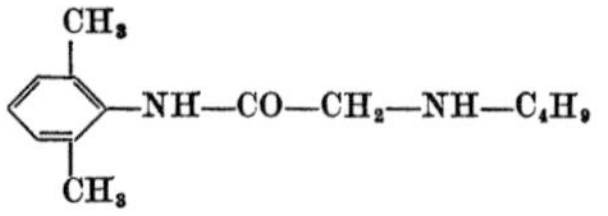 ⟨ ⟩(CH_3)(CH_3)—NH—CO—CH_2—NH—C_4H_9	26	—	—	—	
Mepivacaine . . .	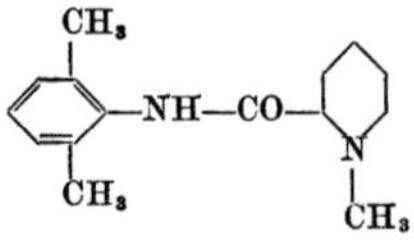 ⟨ ⟩(CH_3)(CH_3)—NH—CO—⟨N—CH_3⟩	—	52	37	29	
Trimecainum . . .	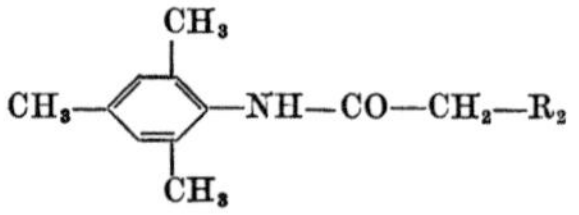 CH_3—⟨ ⟩(CH_3)(CH_3)—NH—CO—CH_2—R_2	35	—	—	—	
β-Eucain	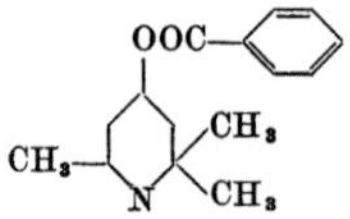 CH_3—⟨OOC—⟨ ⟩⟩(CH_3)(CH_3)(N)—CH_3	28	—	—	—	
Phenacaine	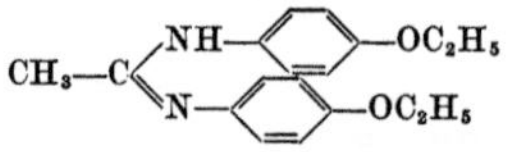 CH_3—C(—NH—⟨ ⟩—OC_2H_5)(=N—⟨ ⟩—OC_2H_5)	52	63	12	64	
Diocain	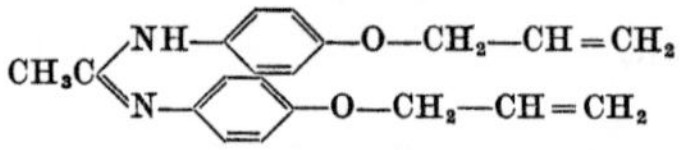 CH_3C(—NH—⟨ ⟩—O—CH_2—CH=CH_2)(=N—⟨ ⟩—O—CH_2—CH=CH_2)	55	—	—	—	
Cinchocain	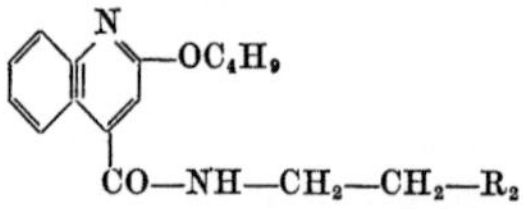 ⟨N⟩—OC_4H_9 ; CO—NH—CH_2—CH_2—R_2	46	—	—	—	
Amolanone	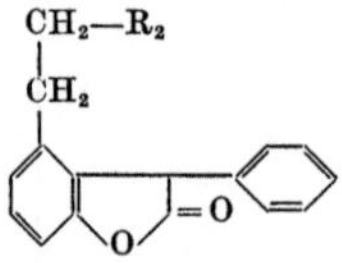 CH_2—R_2 ; CH_2 ; ⟨ ⟩=O⟨ ⟩ (O)	—	61	64	60	
Cocain		65	43	50	41	
Dextrocaine . . .	d—ψ—Cocain	46	—	—	—	

Erläuterungen zur hRf-Wert-Tabelle der Lokalanaesthetica

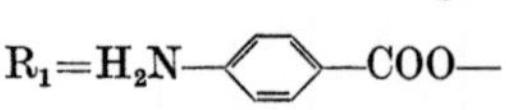

R_1=H_2N—⟨ ⟩—COO— R_2=—N⟨C_2H_5 / C_2H_5⟩ R_3=—N⟨CH_3 / CH_3⟩

I. Schicht: Aluminiumoxid ohne Bindemittel, p. a., Hersteller: Lachema CSN. 68513,1. Aktivitätsstufe III, pH 8,6, Korngröße 0,075 mm. Schichtdicke 0,6 mm. Fließmittel: Benzol-95proz. Äthanol (95 + 5) [141].

II, III u. IV. Schicht: Kieselgel G „Merck" mit 0,1 N—NaOH (30 g + 60 ml).
Schichten luftgetrocknet und vor Gebrauch mindestens 6 Std bei etwa 50% rel.
Luftfeuchtigkeit und 22° C aufbewahrt. Trennstrecke 10—12 cm. Je 20—40 µg aufgetragen. Fließmittel für II Äthanol, für III Cyclohexan-Benzol-Diäthylamin
(75 + 15 + 10) und für IV Methylacetat [159].
V. Schicht: Kieselgel G + Alkali + Leuchtstoff (25 g Kieselgel, 0,5 g Leuchtstoff ZS-Super (Fa. 118), 50 ml 0,5 N—NaOH). Schichten 2 Std bei 120° C getrocknet. 10 cm Trennstrecke. Kammersättigung. Fließmittel: Chloroform-Methanol (80 + 10) [63].

Auf Sorptionsschichten, die mit Leuchtstoffen hergestellt sind, lassen
sich die Lokalanaesthetica unter kurzwelligem UV-Licht nachweisen
[63]. Außerdem können 4-Dimethylaminobenzaldehyd-Lösung (Reag.-
Nr. 66), [27, 63], Dragendorff-Reagens verschiedener Herstellungsweise
[63, 141, 159], Jod-Jodkali-Lösung (Reag.-Nr. 128) [141] und Fastred
GG, 0,5proz. in Wasser [159] zur Lokalisation verwendet werden. Um das
mit Dragendorff-Reagens nicht ansprechende Meprylcain aufzufinden,
wurde mit 5proz. wäßriger Natriumnitrit-Lösung gesprüht [159]. Von
SUNSHINE und FIKE [159] wurde ein Verfahren beschrieben, um Lokalanaesthetica aus biologischem Material zu isolieren.

13. Verschiedene andere Wirkstoffe

Die DC von Amingemischen, unter anderem von Piperazin und verschiedenen Piperazinabkömmlingen auf Kieselgel G-Schichten mit dem
Fließmittel Chloroform-Methanol-17proz. Ammoniak (40 + 40 + 20),
sowie die quantitative Auswertung solcher Chromatogramme mit Hilfe
der Fleckenflächen (vgl. S. 135) wurde ebenfalls beschrieben [70a].

I. Analyse verschiedener Arzneiformen und von Kombinationspräparaten

Bei der Ausarbeitung von Vorschriften für die Kontrolle von Arznei-
spezialitäten genügt nicht allein die Kenntnis einer dc-Trennmöglichkeit
der im Präparat enthaltenen Wirkstoffe. Für feste Arzneiformen muß
zunächst ein Extraktionsverfahren ausgearbeitet werden, wobei man zu
verhindern sucht, daß störende Begleitstoffe auf die Platte gelangen.
Von NUSSBAUMER [115] wurde dieser Gesichtspunkt bei der Prüfung
von Penicillin-Zubereitungsformen eingehend diskutiert. Als weiteres
Beispiel für eine solche Vorreinigung kann das Extraktionsverfahren des
Suppositorien-Kombinationspräparates Tab. 121/3 angesehen werden,
wobei die Zäpfchenmasse nach der Extraktion der Wirkstoffe ausgefroren
wird.

Bei flüssigen Arzneiformen ist die Abtrennung der Zuschlagstoffe und
Basismaterialien vor der Chromatographie in vielen Fällen nur beschränkt
oder überhaupt nicht möglich. Diese Substanzen werden daher in die
chromatographische Trennung mit einbezogen. Beispiele dafür sind in
Tab. 121/5 und 6 zu finden. Wie die Abb. 4 zeigt, wurden z. B. die Chromatographiebedingungen bei der Steroid-Emulsion, Tab. 121/5, so gewählt, daß außer den am Start verbleibenden Emulsionsgrundstoffen

34 Dünnschicht-Chromatographie, 2. Aufl.

noch zwei weitere Emulsionsbestandteile nach Einwirken des Fließmittels von den beiden wirksamen Steroidkomponenten abgetrennt werden. Bei den Sesamöl-Zubereitungen Tab. 121/6 wird das als Arzneiträger
dienende lipophile Öl durch die Wahl geeigneter Fließmittel zur Fließmittelfront gedrängt, während die Wirkstoffe auf der restlichen Trennstrecke verbleiben. Da das Öl gegenüber den Wirkstoffen in großem Überschuß vorliegt, ist die Auswahl der Fließmittel kritisch und muß auch bei
geringen Änderungen der Wirkstoffstruktur entsprechend angepaßt
werden. Um die Beladungsdichte der Schicht mit Öl zu verringern und

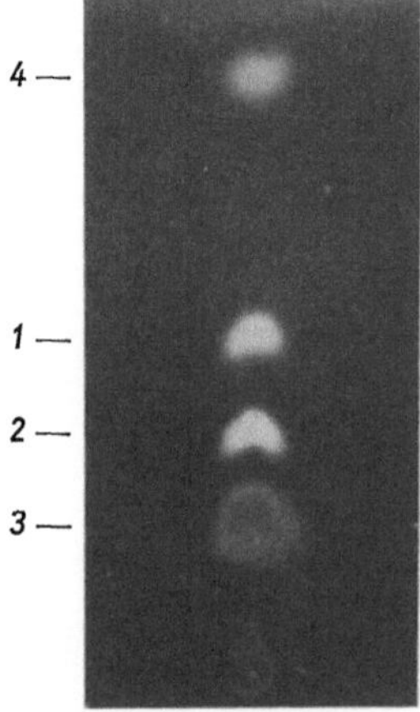

Abb. 165. Chromatogramm einer Steroid-Emulsion. Progesteron(*1*), Östra-
diolbenzoat (*2*), Hilfsstoffe (*3* u. *4*).
Chromatographiebedingungen s. Tab.
121/5

Abb. 166. Chromatogramm
eines Tablettenextraktes zum
Nachweis geringer Äthinyl-
östradiolmengen. Erläute-
rungen siehe Tabelle 121/2

den Trenneffekt zu steigern, bewährt sich in solchen Fällen die Anwendung dickerer Schichten. Verwiesen sei auch auf die Möglichkeit, durch
Absaugen des Fließmittels an der Lösungsmittelfront die Trennung von
Steroiden und störenden Glyceriden, insbesondere Diglyceriden zu erreichen [*29a*]. Auf diese Weise wurden Zubereitungsformen von Testo-
steronpropionat, Progesteron, 19-Nortestosteronpropionat und Östradiol-
cyclopentylpropionat in Olivenöl, das 1% Benzylalkohol enthielt, mit den
Fließmitteln Petroläther (Kp. 65°)-Äther-Eisessig (70 + 30 + 1) und
(50 + 50 + 1) chromatographiert; die Steroide wurden nach Elution
quantitativ bestimmt.

Für einwandfreie Trennungen von Wirkstoffgemischen aus Kombinationspräparaten ist die Auftragmenge entscheidend. Da die Arznei-
mittelkombination festliegt, muß soviel aufgetragen werden, daß die am
schlechtesten faßbare Wirkstoffkomponente noch sicher identifiziert
werden kann. Liegen die Mengenverhältnisse der Wirkstoffe ungünstig,
wie es bei den Steroid-Tabletten (Tab. 121/2) der Fall ist, so läßt sich die
Chromatographie nicht in einem Arbeitsgang durchführen. In den genannten Tabletten sind die beiden Steroide im Verhältnis 1:1000 vor-

Tabelle 121. *Analyse verschiedener Arzneiformen*

Arzneiform und Inhaltsstoffe	Extraktion und Chromatographiebedingungen	Nachweis
1. *Tabletten* Wirkstoffe: 50 mg Coffein, 200 mg Phenacetin, 50 mg Salicylamid, 200 mg Acetylsalicylsäure und geringe, durch Hydrolyse entstandene Salicylsäuremengen [*63*]	2 Tabletten fein pulvern mit 5 ml Methanol extrahieren und 1 μl auftragen. Schicht: Kieselgel HF. Fließmittel: Methanol-Eisessig-Äther-Benzol ($1 + 18 + 60 + 120$). KS. hRf-Werte: Coffein 16, Phenacetin 45, Salicylamid 57, Acetylsalicylsäure 75, Salicylsäure 85.	Alle Substanzen sind unter UV 254 nm als Löschflecke zu erkennen. Salicylamid zeigt unter UV-Licht Eigenfluorescenz. Mit Kaliumhexacyanoferrat (III)-Eisen (III)-chlorid (Reag.-Nr. 136) können Phenacetin, Salicylamid und Salicylsäure angefärbt werden. Acetylsalicylsäure färbt sich erst nach Erwärmen u. thermischer Spaltung mit diesem Reagens.
2. *Tabletten* Wirkstoffe: 10 mg Ethisteron und 10 μg Äthinylöstradiol [*64*]	Ethisteronnachweis: 1 Tabl. mit 2 ml Chloroform extrahieren und zentrifugieren. Davon 20 μl auftragen ($\sim$ 100 μg). Äthinylöstradiolnachweis: 10 Tabl. mit 1,5 ml Benzol extrahieren und zentrifugieren. Davon 3 mal 30 μl auf denselben Startfleck auftragen ($\sim$ 6 μg). Kieselgel H. Fließmittel zur DC von Ethisteron Chloroform-Aceton ($90 + 10$), zur DC von Äthinylöstradiol Benzol-Äthylacetat ($80 + 20$). Trennstrecke 15 cm (vgl. Abb. 166).	Antimontrichlorid-Eisessig ($1 + 1$). 15 min auf 110° erwärmen. Unter UV 366 nm betrachten.
3. *Suppositorien* Wirkstoffe: 150 mg Theophyllin, 100 mg Papaverin und 50 mg Phenobarbital [*62*]	1 Zäpfchen bis zum völligen Schmelzen mit heißem Wasser-Methanolgemisch ($20 + 80$) schütteln. Zäpfchenmasse im Kühlschrank ausfrieren. Zentrifugieren und 5 μl aufbringen Schicht: Kieselgel HF$_{254}$. Fließmittel: Benzol-Äthanol-Eisessig ($80 + 12 + 5$). hRf-Werte Theophyllin 17, Papaverin 50, Phenobarbital 78.	Alle Substanzen sind unter UV 254 nm als Löschfleck zu sehen.

34*

Tabelle 121. (Fortsetzung)

Arzneiform und Inhaltsstoffe	Extraktion und Chromatographiebedingungen	Nachweis
4. *Salbe oder Liniment:* Wirkstoffe: Nicotinsäure-3-butoxy-äthylester und Nonylsäurevanillylamid [*62*]	Extraktionsmethode je nach Grundlage. Oft ist es möglich mit Methanol zu extrahieren und nach Zentrifugieren die DC mit diesem Extrakt durchzuführen, wobei eine 100 μg Wirkstoffgemisch entsprechende Menge aufgetragen wird. Schicht: Kieselgel HF$_{254}$. Fließmittel: Butanol-Eisessig (90 + 10). h Rf-Werte: Nicotinsäure-3-butoxy-äthylester 64, Nonylsäurevanillylamid 93.	Beide Wirkstoffe sind unter UV-Licht 254 nm zu erkennen. Nicotinsäure-3-butoxy-äthylester kann auch mit Königs-Reagens (Reag.-Nr. 29) und Nonylsäurevanillylamid mit Echtblausalz B (Reag.-Nr. 91) nachgewiesen werden.
5. *Emulsion* Wirkstoffe: 2 mg 17 β-Östradiolbenzoat und 10 mg Progesteron pro ml [*64*]	Emulsion mit Äthanol 1 auf 10 verdünnen. 10 μl der Verdünnung aufbringen. Schicht: Kieselgel H, Fließmittel: Tetrachlorkohlenstoff-Methanol (95 + 5) mit 1 ml 25proz. Ammoniak ausgeschüttelt. Nach Trennen der Phasen, organische Phase filtrieren. Fließmittel immer frisch bereiten. h Rf-Werte: Progesteron 30, Östradiolbenzoat: 20, vgl. Abb. 165. Die Flecke mit dem höchsten und dem niedrigsten h Rf-Wert sind Bestandteile der Emulsionsgrundlage.	Antimontrichlorid-Eisessig (1 + 1). Nach Sprühen 15 min auf 110° erwärmen.

handen. Um die kleine Menge äthinylöstradiol fassen zu können, wurde ein Extraktionsmittel gewählt, in welchem das zweite, im Überschuß vorliegende Steroid schwer löslich ist. Damit und durch sorgfältigeWahl eines geeigneten Fließmittels gelang der einwandfreie halbquantitative Nachweis (vgl. Abb. 166). Die quantitative Bestimmung von Äthinylöstradiol und dessen 3-Methyläthers nach Vorisolierung mit der DC wurde inzwischen ebenfalls beschrieben [*77a*].

Mit dc-Trennmethoden für häufiger kombinierte pharmazeutische Wirkstoffe, wie z. B. der in Tab. 121/1 genannten analgetisch und antipyretisch wirksamen Zusammensetzung, Coffein-Phenacetin-Acetylsalicylsäure-Salicylamid oder der in

Tabelle 121. (Fortsetzung)

Arzneiform und Inhaltsstoffe	Extraktion und Chromatographiebedingungen	Nachweis
6. *Steroid-Sesamöl-* Zubereitungen [*89*]	Eine 100 μg Steroid entsprechende Ölmenge strichförmig auf 2 cm Breite aufbringen. Schicht: Kieselgel G. Fließmittel: für Testosteronpropionat (hRf 40) und Desoxycorticosteronacetat (hRf 15) Chloroform, für Östradioldipropionat (hRf 45) Benzol-Methylenchlorid (40 + 16), für Aldosteronacetat (hRf 30) Chloroform-Äthylacetat (70 + 30) und für Methandrostenolon (hRf 40) Chloroform-Methanol (98 + 2). Das Öl läuft in die Nähe der Fließmittelfront. KS; Trennstrecke 2 × 15 cm.	0,8 ml Formaldehyd (37 proz.) mit 10 ml H_2SO_4 mischen und mit 3 ml Wasser verdünnen. 5—10 min auf 80° erwärmen. Am Tageslicht und unter UV betrachten.

Tab. 121/4 genannten antirheumatischen Kombination, haben sich mehrere Autoren befaßt. Erwähnt seien hier auch noch die Trennungen der analgetisch wirksamen Arzneistoffgemische, Coffein-Mandelsäurebenzylester-Amidopyrin-Phenacetin, sowie Coffein-Propylphenazon-Phenacetin-Pyrithyldion und deren quantitative Auswertung [*66, 72, 96*], (vgl. S. 147). Die Trennung der Bestandteile eines analgetisch wirksamen Pulvers auf Ionentauscherschichten [*135*] und eines Grippe Saftes mit halbquantitativer Auswertung [*114*], sowie die Aufschlüsselung der wasserlöslichen Vitamine eines Vitamin-Kombinationspräparates [*67*] und der fettlöslichen Vitamine in solchen Präparaten [*21*] wurde ebenfalls beschrieben. Auch an anderen Stellen finden sich noch zahlreiche Hinweise für die Analyse von Kombinationspräparaten [*19, 63, 65* u. *75*].

II. Stabilitätsprüfung von Arzneimitteln

Die Entwicklung eines neuen Arzneimittels erfordert die möglichst weitgehende Kenntnis der physikalisch-chemischen Eigenschaften der gewählten Wirk- und Hilfsstoffe. Die Zusammensetzung der Arzneiform muß so gewählt werden, daß ihre Eigenschaften unter den in Betracht kommenden klimatischen Bedingungen möglichst lange unverändert bleiben. Um schnell eine Voraussage der Stabilitätsdauer zu ermöglichen, werden Versuchspräparate in entsprechender Verpackung unter erschwerten Bedingungen, nämlich bei höheren Temperaturen, bei verschiedenen Luftfeuchtigkeiten, unter Lichteinfluß usw. eingelagert und in bestimmten Zeitabständen auf evtl. erfolgte Veränderungen der physikalischen und chemischen Eigenschaften geprüft.

Bei der Anwendung der DC im Verlaufe von Stabilitätsprüfungen muß zunächst festgestellt werden, ob die zu trennenden Stoffe unter den

gewählten Chromatographie-Bedingungen tatsächlich unverändert bleiben. Durch die große Sorptionsmittel-Oberfläche können schon bei kurzem Verweilen des getrockneten Startfleckes Veränderungen durch Licht-
und Lufteinfluß auftreten. Daher ist in vielen Fällen schnelles Arbeiten
und unter Umständen Lichtschutz erforderlich.

Andererseits kann die große Oberfläche von Sorptionsschichten für
orientierende Schnellprüfungen verwendet werden, die darauf hinzielen,
den Lufteinfluß, die Wirkung des Sorptionsmittels selbst und den Einfluß in die Schichten eingearbeiteter Substanzen auf pharmazeutische
Wirkstoffe zu untersuchen. Abb. 167 zeigt ein Beispiel. Östrenole

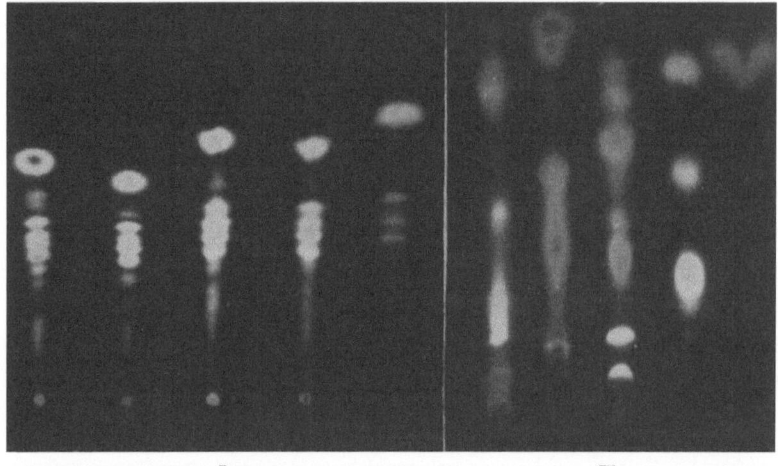

I   II

Abb. 167. Schnellprüfung des Einflusses von Schwermetallen auf Steroide, die sich auf Sorptionsmittelschichten befinden. I Kieselgel G-Schicht mit 0,5proz. Pb(NO$_3$)$_2$-Lösung hergestellt. 5 verschieden substituierte Östrenole aufgebracht. Stickstoff in die Chromatographie-Kammer eingeblasen.
Platte in dieser Kammer 12 Wochen bei Zimmertemperatur unter Lichtausschluß aufbewahrt. Dann
mit Heptan-Aceton (80 + 40) chromatographiert. Nach Trocknen mit Schwefelsäure (Reag.-Nr. 217 B)
besprüht unter UV 366 nm betrachtet. II Wie I, jedoch Schichten mit 10proz. HgCl$_2$-Lösung hergestellt.

(vgl. S. 152) verschiedener Substitution wurden auf Kieselgelschichten, die mit verschiedenen Metallsalzlösungen hergestellt waren, aufgetragen und unter Inertgas und Lichtausschluß eine bestimmte
Zeit gelagert, um den Einfluß einer Schwermetall-Pulver-Verdünnung
bestimmter Feuchtigkeit auf diese Steroide zu prüfen [64]. Danach
wurde mit Heptan-Aceton (80 + 40) chromatographiert, mit Schwefelsäure besprüht und unter UV-Licht betrachtet. Der Vorteil der Methode
besteht darin, daß die entstehenden Folgeprodukte nach Einwirken der
Versuchsbedingungen ohne weitere Aufarbeitung durch das Fließmittel
getrennt und anschließend nachgewiesen werden können. Allerdings
lassen sich nur als Sorptionsmittel brauchbare Pulver-Verdünnungen für
solche Versuche verwenden.

Die Auftragmenge richtet sich bei Stabilitätsprüfungen insbesondere
nach der Ansprechempfindlichkeit der Nachweismethode und der damit
verbundenen Frage, von welchem Zersetzungsgrad an die Wirksamkeit

des Präparates tatsächlich beeinträchtigt wird oder Folgeprodukte eine unerwünschte Nebenwirkung aufweisen. Ein Beispiel zeigt Abb. 168. Das getrennte Steroidgemisch kann entweder mit Dinitrophenylhydrazin (Reag.-Nr. 76) oder mit Schwefelsäure (Reag.-Nr. 217 B) beim Betrachten unter langwelligem UV-Licht nachgewiesen werden. Die Schwefelsäure-reaktion ist im vorliegenden Fall zu empfindlich, da sie Substanzverun-reinigungen und Abbauprodukte erkennen läßt, die therapeutisch un-interessant sind [64].

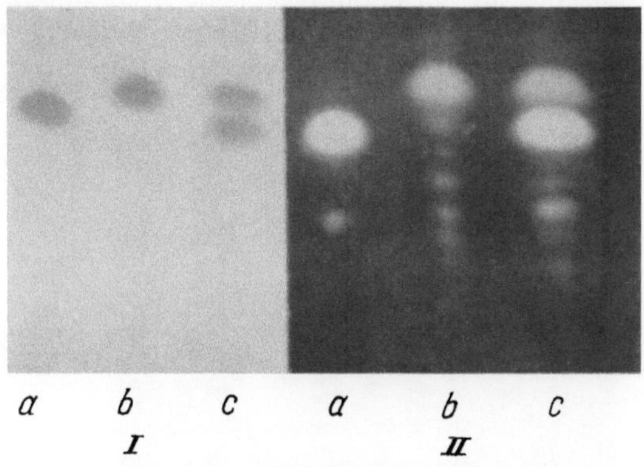

Abb. 168. Trennung von Progesteronen. a Progesteron, b Alkylsubstituiertes Progesteron, c Gemisch. I Nachweis mit Dinitrophenylhydrazin (Reag.-Nr. 76) unter Tageslicht. II Nachweis mit Schwefelsäure (Reag.-Nr. 217 B) unter UV-Licht. Schicht: Kieselgel H, 500 μ dick. Fließmittel: Cyclohexan-Chloroform-Eisessig (70 + 20 + 10), KS. Mehrfachentwicklung: 3 × 15 cm. Auftragmenge: je 100 μg der Einzelsubstanz

Zur *qualitativen* Stabilitätsprüfung wurde die DC schon öfter verwendet. So wurden z. B. Nicotinsäureester enthaltende Zubereitungen auf freie Nicotinsäure geprüft [62], ein laxierender Phenolester, (4,4'-Diacetoxydiphenyl)-(pyridyl-2-)-methan, auf entacetylierte Abbauprodukte [62], 4-Aminosalicylsäurelösungen auf evtl. entstandenes 3-Aminophenol [164] und Lösungen, welche den Phenothiazinkörper Perphenazin enthalten, auf das entsprechende Sulfoxyd [113]. Außerdem sei noch auf Stabilitätsuntersuchungen von Tetracainlösungen [22], Pyrazolonlösungen [5, *126, 127*] Sulfadimethyloxazol-Lösungen [*151*] und Hydroxyöstren enthaltender Tabletten [55] hingewiesen. Bei reaktionskinetischen Untersuchungen substituierter Dihydrotriazine wurde die DC zur qualitativen Überprüfung der mit anderen Methoden ermittelten Reaktionsabläufe verwendet [162].

Oft entstehen beim Abbau von Arzneimittelwirkstoffen unbekannte Folgeprodukte oder Substanzen, welche die in Betracht kommenden quantitativen Bestimmungsmethoden stören. In solchen Fällen kann die Isolierung des unzersetzt vorhandenen Wirkstoffanteils mit Hilfe der DC mit anschließender *quantitativer Auswertung* (vgl. Kap. H.) vorteilhaft eingesetzt werden.

Fluorprednisolonacetat enthaltende Augentropfen [80] wurden in ähnlicher Weise, wie es schon früher für Hydrocortisonacetat-Zubereitungsformen beschrieben wurde, geprüft [63]. Dabei wurden die Steroidextrakte nach Einwirken entsprechender Prüfbedingungen auf fluorescierenden Kieselgelschichten chromatographiert, die getrennten Steroidester- und Alkoholflecke unter UV-Licht lokalisiert und nach Elution UV-spektrophotometrisch oder mit Tetrazoliumverbindungen colorimetrisch bestimmt. Die Stabilität Δ^4-17 β-Hydroxyöstrene enthaltender Tabletten und der Einfluß der Hilfsstoffqualität auf den Abbau dieser Wirkstoffe wurde ebenfalls beschrieben [61], vgl. Abb. 169. Die Tablettenextrakte wurden nach Einwirken des Fließmittels mit Joddampf angefärbt, der noch unzersetzte Wirkstoffanteil nach Abdampfen des Jodes eluiert und zur quantitativen Auswertung die mit Schwefelsäure oder Vanillin-Schwefelsäure erhaltene Spektren verwendet.

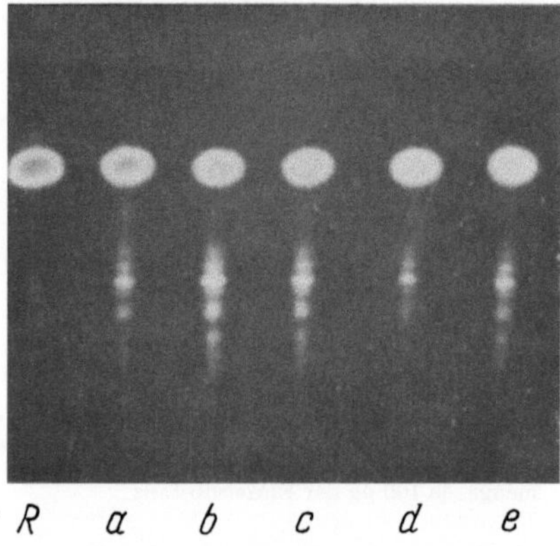

Abb. 169. Einfluß verschiedener Hilfsstoffqualität auf die Haltbarkeit von Östrenol-Tabletten. a—e Tablettenextrakte, mit einer Hilfsstoffkomponente verschiedener Herkunft. R, Reinsubstanz. Schicht: Kieselgel H. Fließmittel: Heptan-Aceton (80 + 40). KS. Nachweisreagens: Schwefelsäure (Reagens-Nr. 217 B) unter UV-Licht. Nach Lokalisation mit Joddampf, auch quantitative Auswertung mit Schwefelsäure möglich (vgl. S. 147)

Zur Haltbarkeitsprüfung einer 6 α-Fluor-16 α-hydroxyhydrocortison-16,17-acetonid haltigen Creme wurde C^{14}-markiertes Steroid eingesetzt. [36]. Die Werte, welche durch spektralphotometrische Bestimmung des Steroidgehaltes eines Chloroformauszuges der Creme gefunden wurden, stimmten für die bei Zimmertemperatur und 37° gelagerten Muster gut mit den durch Aktivitätsmessung nach DC-Abtrennung der Sekundärprodukte erhaltenen Ergebnissen überein; durch anderen Reaktionsablauf der Wirkstoff-Zersetzung der bei 50° gelagerten Creme war die radioaktive Methode der spektralphotometrischen bei dieser Prüfung überlegen. Der komplizierte und relativ schnell verlaufende Photo-Abbau von Prochlorperazin wurde ebenfalls mit Hilfe der DC untersucht [150]. Durch den Einsatz von Prochlorperazin -S- 35 zur Herstellung der Testlösungen konnten die einzelnen Abbauprodukte quantitativ erfaßt werden. Die autoradiographisch lokalisierten Flecke wurden abgekratzt und in 15 ml eines für die Auswertung mit einem Flüssigkeitszähler geeigneten Gels suspendiert und ausgewertet. 10 Umsetzungsprodukte wurden dabei über einen Zeitraum von 35 Std quantitativ verfolgt.

Die Möglichkeit, quantitative Stabilitätsprüfungen wäßriger Zubereitungen von Mutterkornalkaloiden mit der DC durchzuführen, ist ebenfalls beschrieben [85, 178]; auch auf den halbquantitativen Nachweis freier Nicotinsäure in Nicotinsäureamid-haltigen Polyvitaminzubereitungen sei hingewiesen [113].

In Neostigminmethylsulfat-Ampullenlösung wurde der Anteil an m-Hydroxyphenyltrimethylammoniumsalz, welches als Verunreinigung oder Abbauprodukt vorhanden sein kann, ebenfalls durch DC bestimmt [4a].

Literatur zum Kapitel Q. Synthetische Arzneistoffe

[1] ADAM, E., et C. L. LAPIÈRE: J. Pharm. Belg. 19, 79 (1964).
[2] ADANK, K., u. W. HAMMERSCHMIDT: Chimia 18, 361 (1964).
[3] ALEXANDER, L. R., and E. R. STANLEY: J. Ass. Off. Agr. Chem. 48, 278 (1965).
[4] ALHA, A. R., u. R. LINDFORS: Ann. Med. exp. Fenn. 37, 149 (1959).
[4a] ANAND, D. R.: Pharmaz. Zentralhalle 104, 370 (1965).
[5] AWE, W., u. H.-G. TRACHT: Pharm. Ztg. (Frankfurt) 108, 1365 (1963).
[6] — u. W. SCHULZE: Pharm. Ztg. (Frankfurt) 107, 1333 (1962).
[7] BAEHLER, BR.: Helv. chim. Acta 45, 309 (1962).
[8] — Pharm. Acta Helv. 29, 457 (1964).
[9] BAILEY, R. W.: Analyt. Chem. 36, 2021 (1964).
[10] BÄUMLER, J., u. S. RIPPSTEIN: Pharm. Acta Helv. 36, 382 (1961).
[11] — — Arch. Pharm. 296, 301 (1963).
[12] — Chimia 17, 257 (1963).
[13] BAYER, J.: J. Chromatog. 16, 237 (1964).
[14] BEYER, K.-H.: Angew. Chem. 75, 1136 (1963), Vortragsreferat.
[15] BECKETT, A. H., and N. H. CHOULIS: J. Pharm. Pharmacol. 15, 236 T (1963).
[16] — M. A. BEAVEN, and A. E. ROBINSON: J. Pharm. Pharmacol. 12, 204 (1960).
[17] BEYRICH, TH.: Pharmazie 17, 280 (1962).
[18] BICÁN-FISTER, T., and C. KAJGANOVIĆ: J. Chromatog. 11, 492 (1963).
[19] — Acta pharm. jugosl. 12, 73 (1962); Ref. C. A. 58, 13721 (1963).
[20] BLAZEK, J., V. ŠPINKOVÁ, u. Z. STEJSKAL: Pharmazie 17, 497 (1962).
[20a] BOHNSTEDT, G.: Privatmitteilung.
[21] BOLLIGER, H.-R., u. A. KÖNIG: Z. analyt. Chem. 214, 1 (1965).
[22] BREINLICH, J.: Pharm. Ztg. (Frankfurt) 110, 579 (1965).
[23] — Dtsch. Apoth.-Ztg. 104, 535 (1964).
[24] BRENNER, M., u. A. NIEDERWIESER: Experientia (Basel) 16, 378 (1960).
[25] BROCHMANN-HANSSEN, E., and T. FURUYA: J. Pharm. Sci. 53, 1549 (1964).
[26] BRAVO, R. O., and F. A. HERÁNDEZ: J. Chromatog. 7, 60 (1962).
[27] BRUD, i. W. DANIEWSKI: Chem. Analit. (Warszawa) 9, 267 (1964).
[27a] BÜCHI, J., u. J. A. FRESEN: Pharm. Acta Helv. 41, 551 (1966).
[28] BULENKOW, T. J.: Med. Prom. S.S.S.R. 17, 26 (1963); ref. C. A. 60, 5280e (1964).
[29] BURGER, E.: Arch. Toxikol. 21, 121 (1965).
[29a] CAVINA, G., and G. MORETTI: J. Chromatog. 22, 41 (1966).
[30] CERRI, O., e G. MAFFI: Boll. chim. farm. 100, 940 (1961).
[31] CHOULIS, N. M.: Chimica Chronika 30A, 37 (1965).
[32] CHRISTENSEN, E. K. J., TH. VOS en T. HUIZINGA: Pharm. Weekbl. 100, 517 (1965).
[33] COCHIN, J., and J. W. DALY: Experientia (Basel) 18, 294 (1962).
[34] — — J. Pharm. exp. Ther. 139, 154 (1963).
[35] — — J. Pharm. exp. Ther. 139, 160 (1963).
[36] COMER, J. P., and P. E. HARTSAW: J. Pharm. Sci. 54, 524 (1965).
[37] CRUMP, G. B.: Analyt. Chem. 36, 2447 (1964).
[38] DHONT, J. H., and C. DE ROOY: Analyst 86, 527 (1961).
[39] DOORENBOS, H. J., R. F. REKKER, J. GOOTJES, J. R. A. SIMOONS en W. TH. NAUTA: Pharm. Weekbl. 98, 1037 (1963).

[40] DRESSLER, A.: Arch. Toxikol. **17**, 293 (1959).
[41] DRYON, L.: J. Pharm. Belg. **19**, 19 (1964).
[42] EBERHARDT, H., O. W. LERBS u. K. J. FREUNDT: Naunyn-Schmiedebergs Arch. exp. Path. Pharmak. **245**, 136 (1963).
[43] — K. J. FREUNDT u. J. W. LANGBEIN: Arzneimittel-Forsch. **12**, 1087 (1962).
[44] — u. M. DEBACKERE: Arzneimittel-Forsch. **15**, 929 (1965).
[45] — u. D. NORDEN: Arzneimittel-Forsch. **14**, 1354 (1964).
[46] — O. W. LERBS u. K. J. FREUNDT: Arzneimittel-Forsch. **13**, 804 (1963).
[47] EIDEN, F., u. H.-D. STACHEL: Dtsch. Apoth.-Ztg. **103**, 121 (1963).
[48] ENDRES, H., u. H. HÖRMANN: Angew. Chem. **75**, 288 (1963).
[49] EMMERSON, J. L., and R. C. ANDERSON: J. Chromatog. **17**, 495 (1965).
[50] ELLIOT, W. H., N. NOMOF, K. PARKER, L. DEWEY, and E. L. WAY: Clin. Pharm. Ther. **5**, 405 (1964).
[51] FELS, G. I., M. KAUFMANN, and A. G. KARCZMAR: Nature (Lond.) **181**, 1266 (1958).
[52] FIKE, W. W., and I. SUNSHINE: Analyt. Chem. **37**, 127 (1965).
[53] FIORI, A., and M. MARIGO: Nature (Lond.) **182**, 943 (1958).
[54] FISCHER, R., u. W. KLINGELHÖLLER: Arch. Toxikol. **19**, 119 (1961).
[55] FOKKENS, J., u. J. POLDERMAN: Pharm. Weekbl. **96**, 657 (1961).
[56] FRAHM, M., A. GOTTESLEBEN u. K. SOEHRING: Pharm. Acta Helv. **38**, 785 (1963).
[57] FRESEN, J. A.: Pharm. Weekbl. **100**, 532 (1965).
[57a] — Pharm. Weekbl. **99**, 829 (1964).
[58] FUWA, T., T. KIDO, and H. TANAKA: Yakuzaigaku (Arch. Pract. Pharm. Japan) **23**, 102 (1963), ref. C. A. **60**, 3951 g (1964).
[59] — — — **24**, 123 (1964), ref. C. A. **61**, 15934 f (1964).
[60] GAJDOŠ, M.: Cesk. Farm. **14**, 70 (1965).
[61] GÄNSHIRT, H. G., and J. POLDERMAN: J. Chromatog. **16**, 510 (1964).
[62] — u. F. MALZACHER: Arch. Pharm. **293/65**, 925 (1960).
[63] — In: E. STAHL: Dünnschichtchromatographie. Berlin-Göttingen-Heidelberg: Springer 1962.
[64] — unveröffentlicht.
[65] — Arch. Pharm. **296**, 73 (1963).
[66] — Arch. Pharm. **296**, 129 (1963).
[67] — u. F. MALZACHER: Naturwissenschaften **47**, 279 (1960).
[68] GRÄFE, G.: Dtsch. Apoth.-Ztg. **104**, 1763 (1964).
[69] GELDMACHER-MALLINCKRODT, M., u. L. LAUTENBACH: Arch. Toxikol. **20**, 31 (1963).
[70] GENDI, S. E., W. KISSER u. G. MACHATA: Mikrochim. Acta **1965/1**, 120.
[70a] GNEHM, R., H. REICH u. P. GUYER: Chimia **19**, 585 (1965).
[71] GRAU, W., u. H. ENDRES: J. Chromatog. **17**, 585 (1965).
[72] HAEFELFINGER, P. B., SCHMIDLI u. H. RITTER: Arch. Pharm. **297**, 641 (1964).
[73] HALMEKOSKI, J., and H. HANNIKAINEN: Suom. Kemist B **36**, 24 (1963).
[74] — Suom. Kemist B **36**, 58 (1963).
[75] HARA, S., and H. TANAKA: Kagaku No Ryoiki, Zokan **64**, 141 (1964), Ref. C. A. **62/9**, 10799 g (1965).
[76] HARDMEIER, E., u. J. SCHMIDLEIN-MÈSZÁROS: Arch. Toxikol. **20**, 102 (1963).
[76a] HAUPTMANN, S., and J. WINTER: J. Chromatog. **21**, 341 (1966).
[77] HENRICHS, J.: Dissertation, Bonn, 1962.
[77a] HEUSER, D.: Dtsch. Apoth.-Ztg. **106**, 411 (1966).
[78] HEYNDRICKX, A. M., SCHAUVLIEGE et A. BLOMME: J. Pharm. Belg. **1965/3—4**, 117.
[79] HOFFMANN, H., u. K. ROLLER: Arzneimittel-Forsch. **14**, 1001 (1964).
[80] JENSEN, E. H., and D. J. LAMB: J. Pharm. Sci. **53**, 402 (1964).
[81] JOMMI, G., P. MANITTO, and M. A. SILANOS: Arch. Biochem. **108**, 334 (1964).
[82] KARPITSCHKA, N.: Mikrochim. Ichnoanalyt. Acta **1963/1**, 157.
[83] KELLEHER, J., and J. G. ROLLASON: Clin. chim. Acta **10**, 92 (1964).
[84] KHO, B. T., and S. KLEIN: J. Pharm. Sci. **52**, 404 (1963).
[85] KLAVEHN, M., H. ROCHELMEYER u. J. SEYFRIED: Dtsch. Apoth.-Ztg. **101**. 75 (1961).

[*86*] KLEIN, S., and B. T. KHO: J. Pharm. Sci. **51**, 967 (1962).
[*86a*] KLÖCKING, H.-P.: Pharmazie **20**, 737 (1965).
[*87*] KNAPPE, E., u. I. ROHDEWALD: Z. analyt. Chem. **200**, 9 (1964).
[*88*] KÖNIG, J., I. HYNIE u. K. KAĆL: Pharmazie **20**, 242 (1965).
[*88a*] KORCZAK-FABIERKIEWICZ, C., J. KOFOED, and G. H. W. LUCAS: J. Forensic Sci. **10**, 308 (1965).
[*89*] KORZUN, B. P., and S. BRODY: J. Pharm. Sci. **52**, 206 (1963).
[*90*] —— and F. TISHLER: J. Pharm. Sci. **53**, 976 (1964).
[*91*] KUPFERBERG, J. H., A. BURKHALTER, and E. L. WAY: J. Chromatog. **16**, 559 (1964).
[*92*] LANGE, N. A.: Handbook of Chemistry, 10th Ed. S. 951. New York: McGraw-Hill Book Comp. 1961.
[*93*] LEHMANN, J., and V. KARAMUSTAFAVǦLU: Scand. J. Clin. Lab. Invest. **14**, 554 (1962).
[*94*] LINDFORS, R.: Ann. Med. exp. Fenn. **41**, 355 (1963).
[*95*] — u. A. RUOHONEN: Arch. Toxicol. **19**, 402 (1962).
[*96*] LÜDY-TENGER, F.: Pharm. Acta Helv. **37**, 770 (1962).
[*97*] MACEK, K., J. VEĆERKOVÁ u. J. STANISLAVOVÁ: Pharmazie **20**, 605 (1965).
[*98*] MACHATA, G., u. W. KISSER: Arch. Toxikol. **19**, 327 (1962).
[*99*] MARGASINSKI, Z., et al.: Acta Polon. Pharm. **21**, 5 (1964) und **21**, 253 (1964); ref. C. A. **62**, 16784b (1965).
[*100*] MAROZZI, E., et G. FALZI: Farmaco, Ed. Pr. **20**, 302 (1965).
[*101*] MELLINGER, T. J., and C. E. KEELER: J. Pharm. Sci. **51**, 1169 (1962).
[*102*] MEYER-DULHEUER, K.-H., u. R. RITTER: Pharm. Ztg. (Frankfurt) **110**, 260 (1965).
[*103*] MOREIRA, E. A.: Tribuna Farm. **31**, 49 (1964).
[*104*] MORRISON, J. C., and L. G. CHATTEN: J. Pharm. Pharmacol. **17**, 655 (1965).
[*105*] —— J. Pharm. Sci. **53**, 1205 (1964).
[*106*] MULÉ, S. J.: Analyt. Chem. **36**, 1907 (1964).
[*107*] NANO, G. M., P. SANCIN u. G. TAPPI: Pharm. Acta Helv. **38**, 623 (1963).
[*107a*] NEGWER, M.: Organisch-chemische Arzneimittel und ihre Synonyma. Stuttgart: Kunst und Wissen 1961.
[*107b*] NEIDLEIN, R., E. HOHNDORF u. J. D. ROSENBLATH: Pharm. Ztg. (Frankfurt) **111**, 874 (1966).
[*108*] — H. KRÜLL u. M. MEYL: Dtsch. Apoth.-Ztg. **105**, 481 (1965).
[*109*] — G. KLÜGEL u. U. LEBERT: Pharm. Ztg. (Frankfurt) **110**, 651 (1965).
[*110*] NISHIMOTO, Y., and S. TOYOSHIMA: J. Pharm. Soc. Japan **85**, 327 (1965).
[*111*] NOIRFALISE, A.: J. Chromatog. **20**, 61 (1965).
[*112*] — and M. H. GROSJEAU: J. Chromatog. **16**, 236 (1964).
[*113*] NÜRNBERG, E.: Dtsch. Apoth.-Ztg. **101**, 142 (1961).
[*114*] — Arch. Pharm. **292/64**, 610 (1959).
[*115*] NUSSBAUMER, P. A.: Pharm. Acta Helv. **37**, 161 (1962).
[*116*] OEHLSCHLÄGER, H., J. VOLKE u. E. KUREK: Arch. Pharm. **297**, 431 (1964).
[*117*] PASTOR, J., et R. RAIMONDI: Bull. Soc. chim. Fr. **1965/9**, 2426.
[*118*] —— Trav. Soc. Pharm. Montpellier **23**, 220 (1963), Ref. C.A. **62**, 11634b (1965).
[*119*] PASTUSKA, G., u. H. TRINKS: Chemiker-Ztg. **85**, 535 (1961).
[*120*] — Z. anal. Chem. **179**, 427 (1961).
[*121*] — u. H.-J. PETROWITZ: Chemiker-Ztg. **86**, 311 (1962).
[*122*] PAULUS, W.: Arch. Toxikol. **20**, 191 (1963).
[*123*] — u. R. KEYMER: Arch. Toxikol. **20**, 38 (1963).
[*124*] — W. HOCH u. R. KEYMER: Arzneimittel-Forsch. **13**, 609 (1963).
[*125*] — et al.: Arch. Kriminol. **135**, 84 (1965).
[*126*] PECHTOLD, F.: Arzneimittel-Forsch. **14**, 258 (1964).
[*127*] — Arzneimittel-Forsch. **14**, 1056 (1964).
[*128*] — Arzneimittel-Forsch. **14**, 972 (1964).
[*129*] PENNIGTON, G. W., and D. SMYTH: Arch. int. Pharmacodyn. **152**, 285 (1964).
[*130*] PETROWITZ, H.-J.: Materialprüfung **2**, 309 (1960).
[*131*] POETHKE, W., u. W. KINZE: Pharmaz. Zentralhalle **103**, 95 (1964).

[*132*] Potter, W. P. de, R. F. Vochten, J. F. de Schaepdryver, and C. Heymanns: Experientia (Basel) **21**, 482 (1965).
[*133*] Pribilla, O.: Arzneimittel-Forsch. **14**, 723 (1964).
[*134*] Reisch, J., H. Bornfleth u. J. Rheinbay: Pharm. Ztg. (Frankfurt) **107**, 920 (1962).
[*135*] — — — Pharm. Ztg. (Frankfurt) **108**, 1182 (1963).
[*136*] — — — Pharm. Ztg. (Frankfurt) **108**, 1183 (1963).
[*137*] — — u. G. L. Tittel: Pharm. Ztg. (Frankfurt) **109**, 74 (1964).
[*137a*] Ritschel-Beurlin: Arzneimittel-Forsch.: **15**, 1247 (1965).
[*137b*] Rink, M., and A. Gehl: J. Chromatog. **21**, 143 (1966).
[*138*] Rusiecki, W., u. M. Henneberg: Acta Polon Pharm. **21**, 23 (1964).
[*139*] Rüdiger, W., u. H. Büch: Arch. exp. Path. Pharm. **251**, 107 (1965).
[*140*] Sali, M., and M. Oesch: J. Chromatog. **14**, 526 (1964).
[*141*] Šaršúnová, M.: Pharmazie 18, 748 (1963).
[*142*] — u. V. Schwarz: Pharmazie 18, 207 (1963).
[*143*] Savidge, R. A., and J. S. Wragg: J. Pharm. Pharmakol. **17**, Suppl. 60 S (1965).
[*144*] Schmid, E., E. Hoppe, Chr. Meythaler jr. u. L. Zicha: Arzneimittel-Forsch. **13**, 969 (1963).
[*145*] Schulze, W.: Dissertation, Braunschweig 1962.
[*145a*] Schunack, W., E. Mutschler u. H. Rochelmeyer: Dtsch. Apoth.-Ztg. **105**. 1551 (1965).
[*146*] Schüppel, R., u. Kl. Soehring: Pharm. Acta Helv. **40**, 105 (1965).
[*147*] Seeboth, H., u. H. Görsch: Chem. Techn. **15**, 294 (1963).
[*148*] Segura-Cardona, R., u. K. Soehring: Med. exp. **10**, 251 (1964).
[*149*] Seiler, N., u. M. Wiechmann: Hoppe-Seylers Z. physiol. Chem. **337**, 229 (1964).
[*150*] Seno, S., W. V. Kessler, and J. E. Christian: J. Pharm. Sci. **53**, 1101 (1964).
[*151*] Seydel, J. H., Buettner u. F. Portwich: Klin. Wschr. **43**, 1060 (1965).
[*152*] Shellard, E. J., and I. V. Osisiogu: Lab. Pract. **13**, 516 (1964).
[*153*] Sheppard, H., B. S. d'Asaro, and A. J. Plummer: J. Pharm. Sci. **45**, 681 (1956).
[*154*] Smith, G. A. L., and P. J. Sullivan: Analyst. **89**, 312 (1964).
[*155*] Snell, F. D., and C. T. Snell: Colorimetric. Methods of Analysis. Vol. II, S. 623. Princeton, New Jersey: Third Ed. D. van Nostrand Company, Inc. 1955.
[*156*] Stainier, C., J. Bosly, Fr. Dutrieux et R. Stainier: Pharm. Acta Helv. **38**, 587 (1963).
[*157*] Steele, J. A.: J. Chromatog. **19**, 300 (1965).
[*157a*] Sugita, J., and Y. Tsujino: J. Chromatog. **21**, 341 (1966).
[*158*] Sumere, C. F. van, G. Wolf, H. Teuchy, and J. Kint: J. Chromatog. **20**, 48 (1965).
[*159*] Sunshine, I., and W. W. Fike: New Engl. J. Med. **271**, 487 (1964).
[*160*] — E. Rose, and J. le Beau: Clinical-Chemistry **9**, 312 (1963).
[*161*] — Amer. J. Clin. Path. **40**, 576 (1963).
[*161a*] Szendey, G. L.: Arch. Pharm. **299**, 527 (1966).
[*162*] Szulczewski, D. H., C. M. Shearer, and A. J. Aguiar: J. Pharm. Sci. **53**, 1156 (1964).
[*163*] Teichert, K., E. Mutschler u. H. Rochelmeyer: Dtsch. Apoth.-Ztg. **100**, 283 (1960).
[*164*] Thoma, F.: Tuberk.-Arzt **16**, 362 (1962).
[*164a*] — Arzneimittel-Forsch. **16**, 771 (1966).
[*165*] *The ring Index, A.C.S. Monograph Series* 84,252 No 1860 (1940).
[*166*] Uhlmann, H.-J.: Pharm. Ztg. (Frankfurt) **109**, 1998 (1964).
[*167*] Vercruysse, A.: J. Pharm. Belg. N.S. 18, 569 (1963).
[*168*] Vidic, E.: Arch. Toxikol. **19**, 254 (1961).
[*168a*] Wagner, G., u. J. Wandel: Pharmazie **21**, 105 (1966).
[*169*] Waldi, D.: Arch. Pharm. **295**, 125 (1962).

[*170*] WALDI, D.: In: E. STAHL: Dünnschichtchromatographie. Berlin-Göttingen-Heidelberg: Springer 1962.
[*170a*] WANDEL, J.: Dissertation, Leipzig 1965, „Beiträge zur DC von Sulfonamiden".
[*171*] WEBER, S. H., u. A. LANGEMANN: Helv. chim. Acta 48, 1 (1965).
[*172*] WEHRLI, A.: Canad. Pharm. J. Sci. Sect. 97, 208 (1964).
[*173*] WEICHSEL, H.: Mikrochim. Ichnoanal. Acta 1965/2, 325.
[*174*] WEIDMANN, H.: Dissertation, Berlin 1961.
[*175*] WOLLISH, E. G., M. SCHMALL, and M. HAWRYLYSHYN: Analyt. Chem. 33, 1138 (1961).
[*176*] YATABE, M., and H. OKI: Kagaku Keisatsu Kankynsho Hokoku 17/2, 167 (1964) ref. C.A. 61, 13, 15933f (1964).
[*177*] ZARNAK, J., u. S. PFEIFER: Pharmazie 19, 216 (1964).
[*178*] ZINSER, M., u. CH. BAUMGÄRTEL: Arch. Pharm. 297, 158 (1964).

R. Antibiotica

K. H. WALLHÄUSSER

Die Antibiotica, die streng genommen zu den Chemotherapeutica gehören, sind nach der Definition von WAKSMAN Substanzen, die von Mikroorganismen gebildet werden und andere Mikroorganismen abtöten oder in ihrem Wachstum hemmen. Dieser enge Rahmen wird heute vielfach gesprengt und es werden auch antimikrobielle Verbindungen dazu gerechnet, die in höheren Pflanzen und einigen Tieren vorkommen. Insgesamt sind annähernd 800 antibiotisch wirksame Verbindungen bekannt, von denen sich jedoch nur 45 in Anwendung befinden. Wenn auch die Expansion der Antibiotica-Forschung nicht mehr so stürmisch verläuft wie vor 10 Jahren, so bedeutet das jedoch keinesfalls, daß die Antibiotica-Ära zum Abschluß gekommen ist. Neben der Suche nach neuen Antibiotica gewinnt die Umwandlung bekannter Substanzen, so z. B. die „halbsynthetische Herstellung" neuer Penicilline, ausgehend von der 6-Aminopenicillansäure, immer mehr an Bedeutung.

Auf beiden Gebieten, in der Forschung und der Produktion, leistet die DC eine wertvolle Hilfe, da sie zu schnellen und zuverlässigen Ergebnissen führt. Ihre Hauptanwendungsbereiche sind:

a) in der Antibiotica-Forschung	*b) in der Antibiotica-Produktion*
1. Zur Identifizierung der bekannten Antibiotica im Screening-Programm, bei der Suche nach neuen Verbindungen	1. Zur Qualitätskontrolle, Prüfung auf Verunreinigungen
2. Zur Trennung von Substanzgemischen	2. Identitätsnachweis im Kontroll-Laboratorium
3. Zur Isolierung einzelner Komponenten (präparative Methoden)	3. Stabilitätsprüfung der Zubereitungen

Es ist unmöglich, in den nachfolgenden Tabellen alle bekannten Antibiotica zu erfassen. Es wurde jedoch darauf Wert gelegt, daß die sich in Anwendung befindlichen Substanzen alle erscheinen. Von den früher beschriebenen, nicht genutzten Verbindungen fehlen ohnehin die Angaben über ihr Verhalten in der DC. Soweit die *Rf*-Werte von neueren Verbindungen bekannt sind, wurden sie in den Tabellen erfaßt. Auch einige Abbauprodukte der bekannten Antibiotica, soweit sie bei der Qualitätskontrolle eine Rolle spielen, sind aufgeführt.

Einteilung der Antibiotica nach ihren biosynthetischen Struktur-Einheiten

Struktur-Einheit

Essigsäure (Propionsäure)	Zucker	Nucleinsäure-Derivate	Aminosäuren	Verschiedene
I. Polyene und Polyacetylene II. Macrolide III. Tetracycline IV. Substanzen mit ähnlicher Struktureinheit	V. Basische, *nicht* extrahier-bare Substanzen	VI.	VII. Acyclische Verbindung VIII. Heterocycl. Verbindung IX. Macrocycl. Peptide X. Weitere Peptide	XI. Hier werden die nicht in die vorstehenden Gruppen passen-den Antibiotica behandelt.

Nachweis der Antibiotica auf dem Dünnschicht-Chromatogramm

Bei der Auswertung der Dünnschicht-Chromatogramme von Antibioticagemischen geht es nicht nur um die Sichtbarmachung der „Flecke", sondern vielmehr um den Nachweis von antibiotisch aktiven und inaktiven Komponenten. Hierzu stehen 2 Methoden zur Verfügung:

    a) *Der Mikrobiologische Nachweis* (das Bioautogramm)

    b) *Chemischer Nachweis* durch spezifische Farbreaktionen.

Beide Methoden müssen sich gegenseitig ergänzen. Das Bioautogramm zeigt nur die aktiven Flecke an, erfaßt also nicht die inaktiven Verunreinigungen. Der chemische Nachweis dagegen gestattet keinerlei Aussage über die biologische „Aktivität" einer Komponente, dies wird erst durch den Vergleich mit dem Bioautogramm möglich. Der chemische Nachweis ist in den meisten Fällen ein unspezifischer Test, der für jede zu prüfende Substanz zunächst erprobt werden muß. Erst wenn das geeignetste Reagens gefunden ist und Nebenreaktionen tatsächlich ausgeschlossen werden können, kann er als Ersatz für das Bioautogramm dienen. Von Vorteil ist, daß der chemische Test wesentlich schneller durchführbar ist als das mikrobiologische Verfahren. Beim biologischen Test liegen die Ergebnisse — je nach Wachstum des Teststammes — erst nach 6—16 Std vor. Dafür ist das Bioautogramm aber auch ein Universaltest, der bei Anwendung verschiedener Teststämme (Grampositive und Gramnegative Bakterien, Hefen, Pilze) auf alle Antibiotica, auch auf unbekannte Substanzen, anspricht.

1. Durchführung des mikrobiologischen Tests

Beide Nährböden müssen 20 min bei 120° C im Autoklaven sterilisiert werden. Das Sabouraud-Medium eignet sich besonders zur Kultivierung von Pilzen. Bei der Herstellung des Nähragars kann man statt des Fleischwassers auch 10 g Fleischextrakt und 1000 ml Aqua dest. einsetzen.

Die zur Testung des jeweiligen Antibioticums zu empfehlenden Stämme sind aus den nachfolgenden Tabellen ersichtlich.

Zusammensetzung der Nährböden (Angaben in g/Liter)

Bestandteile	Nähragar	Sabouraud-Agar
Dextrose	—	40
Fleischpepton	10	10
Fleischwasser (ml)	1000	—
NaCl	3	—
Na_2HPO_4	2	—
Agar	20	15
Aqua dest. (ml)	—	1000
pH	7,2	5,7

Bezugsquellen für fertige Trockennährböden

Lieferfirma	Nähere Bezeichnung bei Bestellung von	
	Nähragar	Sabouraud-Agar
BBL Biotest-Serum-Institut Frankfurt/M.	Nutrient-Agar 03-124T	Sabouraud-Maltose-Agar* 03—142-T
Difco: O. Nordwald Hamburg-Altona	Bacto Nutrient-Agar* B1	Bacto Sabouraud-Dextrose-Agar B 109
E. Merck, Darmstadt	Standard-II-Nähragar*	Sabouraud-Agar modifiziert Merck*
Oxoid: Nährboden u. Chemie Wesel/Rhein	Nutrient-Agar* CM 3	Sabouraud-Dextrose-Agar CM 41

* Diese Nährböden sind in ihrer Zusammensetzung etwas geändert, können jedoch ebenfalls für das Bioautogramm verwendet werden.

Häufig verwendete Testorganismen

Stamm-Bezeichnung	Stamm-Nr. der ATCC	Bezugsquellen**
Staphylococcus aureus	ATCC 6538 P	American Type Culture Collection (ATCC) 12 301 Park
Micrococcus flavus	ATCC 10240	lection (ATCC) 12 301 Park
Sarcina lutea	ATCC 9341	Lawn Drive
Staphylococcus epidermidis	ATTC 12228	Rockville, Maryland
Bacillus subtilis	ATCC 6633	20 852 USA
Bac. cereus var. mycoides	ATCC 11778	
Bac. megaterium	ATCC* 9885	
Saccharomyces cerivisiae	ATCC 2601	
Candida albicans		
Candida pseudotropicalis		
Microsporium gypseum	ATCC 14683	

* Anstelle dieses Teststammes kann auch *Bac. subtilis* bzw. *Bac. cereus var. mycoides* verwendet werden.

** In Deutschland können die meisten dieser Teststämme auch über die Antibiotica produzierenden pharmazeutischen Unternehmen der chemischen Industrie bezogen werden.

Wegen der Undurchsichtigkeit der DC-Platte läßt sich die durch die aktive Substanz verursachte Hemmzone schlecht erkennen. Zur Sichtbarmachung benutzt man deshalb TTC [*43*, *27*], das von den Dehydrogenasen der sich vermehrenden Mikroorganismen in rotes Formazan übergeführt wird. Man kann TTC dem Agarmedium direkt zusetzen oder zweckmäßiger die bebrütete Testplatte mit einer 0,1proz. TTC-Lösung überschichten und sie nochmals 30 min bebrüten. Anstelle von TTC kann man auch eine wäßrige 0,5proz. Lösung von 2,6-Dichlorphenol-indophenol verwenden, wobei die Hemmzonen blaugefärbt auf farblosem, d. h. entfärbtem Hintergrund erscheinen [*5*].

a) Die Direkt-Methode

Überschichten der DC-Platte mit Nähragar bzw. Sabouraudagar, der vorher im Dampftopf verflüssigt und nach dem Abkühlen auf 40° C mit dem gewünschten Teststamm beimpft wird.

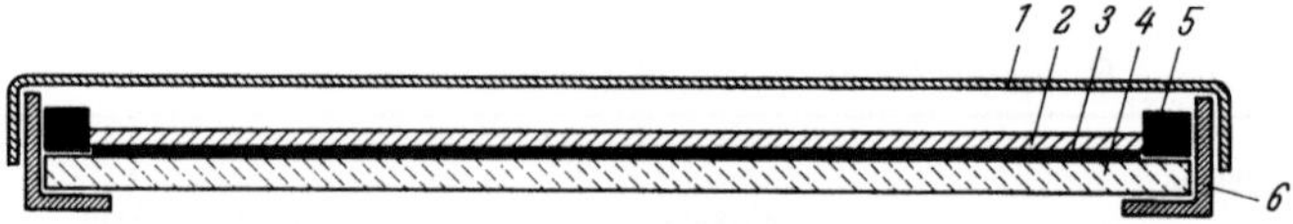

Abb. 170. Vorrichtung zur Herstellung eines DC-Bioautogramms. *1* Aluminiumdeckel; *2* Agarschicht; *3* DC-Schicht; *4* Glasplatte 20 × 20 cm; *5* Rahmen aus V_2A-Stahl aufgelegt nach DC; *6* Aluminiumrahmen

b) Die Kontakt-Methode (Abklatsch-oder Reprint-Verfahren)

Ein Filtrierpapierstreifen [Whatman Nr. 1 (Fa. 115)] 2−3 cm × 17cm wird mit einem geeigneten Puffersystem oder auch Lösungsmittel angefeuchtet und mit einer anderen Glasplatte fest auf das DC gepreßt. Nach 10−15 min wird der Filtrierpapierstreifen abgenommen, wenn mit einem organischen Lösungsmittel getränkt vorher getrocknet, sonst sofort auf eine beimpfte Agarplatte aufgelegt und nach einer Kontaktzeit von 10−15 min wieder entfernt. Nach einer Bebrütungszeit von 6 bis 16 Std mißt man die aufgetretene Hemmzone aus und markiert ihre Lage auf der dazugehörigen DC-Platte. Nach [*6*] ist es vorteilhafter, Filtrierpapier Nr. 403 (Fa. 83) auf die Agartestplatte aufzulegen und dann die DC-Platte mittels eines schweren Gewichtes für etwa 20 min aufzupressen. Anschließend wird die DC-Platte und das Filtrierpapier wieder entfernt und die Testplatte bebrütet.

2. Die Durchführung des chemischen Nachweises

Etwa $^1/_5$ der Antibiotica sind gefärbt, und die ihnen auf dem DC zuzuordnenden „Flecke" lassen sich ohne besondere Hilfsmittel erkennen. Einige weitere Substanzen fluorescieren unter der UV-Lampe. Bei dem weitaus größeren Anteil werden die Flecke dagegen erst nach dem Besprühen mit einem spezifischen Reagens sichtbar. Dieses muß vorher, anhand der Eigenschaften der nachzuweisenden Substanz, ermittelt werden. Die für die einzelnen Antibiotica anzuwendenden spezifischen bzw. Gruppen-Reagentien sind aus den nachfolgenden Tabellen ersichtlich.

3. Allgemeines über die verwendeten Schichten und Fließmittel

Zur Trennung der Antibiotica mit Hilfe der DC werden im allgemeinen 2 Sorptionsschichten verwendet und zwar hauptsächlich Kieselgel G (Fa. 88) seltener Aluminiumoxid. Gelegentlich werden auch imprägnierte Schichten, z.B. gepufferte angewendet. Die häufig benutzten Fließmittel sind in der Tab. 122 zusammengestellt .Den weitesten Anwendungsbereich hat das Fließmittel Nr. 26 (Butanol-Eisessig-Wasser). Es führt in 5 der 11 aufgeführten Antibiotica-Gruppen zu einer Auftrennung. Weitere „Standardfließmittel" sind Chloroform-Methanol, Äthylacetat-Methanol und n-Propanol-Pyridin-Eisessig-Wasser, die in verschiedenen Mischungsverhältnissen verwendet werden.

Tabelle 122. *Fließmittel zur DC-Trennung von Antibiotica-Gemischen*

Nr.	Zusammensetzung	Mischung (V/V)
1	Methanol	
2	Methylenchlorid-Methanol-Benzol-Formamid	$65 + 16{,}3 + 16{,}3 + 2{,}4$
3	Chloroform-Methanol	$98 + 2$
4	Chloroform-Methanol	$97 + 3$
5	Chloroform-Methanol	$95 + 5$
6	Chloroform-Methanol	$90 + 10$
7	Chloroform-Methanol	$50 + 50$
8	Chloroform-Methanol-17proz. Ammoniak	$40 + 40 + 20$
9	Chloroform-Methanol-17proz. Ammoniak	$50 + 25 + 25$
10	Chloroform-Aceton	$50 + 50$
11	Äthanol-Wasser	$80 + 20$
12	Äthanol-konz. Ammoniak-Wasser	$80 + 10 + 10$
13	Äthylacetat	
14	Äthylacetat-Methanol	$66{,}7 + 33{,}3$
15	Äthylacetat-Methanol	$87 + 13$
16	Äthylacetat-Methanol	$97 + 3$
17	Äthylacetat-Methanol	$95 + 5$
18	Äthylacetat-sym. Tetrachloräthan-H_2O (untere Schicht)	$42{,}8 + 14{,}4 + 42{,}8$
19	Äthylacetat-di-n-Butyläther-H_2O (obere Schicht)	$42{,}8 + 14{,}4 + 42{,}8$
20	Äthylacetat-di-n-Butyläther-H_2O (obere Schicht)	$40 + 20 + 40$
21	n-Propanol-Pyridin-Eisessig-H_2O	$39{,}5 + 26{,}3 + 7{,}9 + 26{,}3$
22	n-Butanol wassergesättigt	
23	Butanol-Puffer pH 4,6	
24	Butanol-Methanol-10proz. Citronensäure	$57{,}2 + 14{,}2 + 28{,}6$
25	Butanol-Eisessig-H_2O	$49{,}4 + 1{,}2 + 49{,}4$
26	Butanol-Eisessig-H_2O	$60 + 20 + 20$
27	n-Butanol-Oxalsäure-H_2O	$50 \text{ ml} + 2{,}5 \text{ g} + 50 \text{ ml}$
28	n-Butanol-Weinsäure-H_2O	$50 \text{ ml} + 3 \text{ g} + 50 \text{ ml}$
29	Butylacetat-n-Butanol-Eisessig-Phosphatpuffer pH 5,8	$50{,}3 + 9{,}4 + 25{,}2 + 15{,}1$
30	10proz. Weinsäure	
31	10proz. Citronensäure	
32	10proz. Citronensäure Butanol-gesättigt	

Im folgenden sind die bisherigen Ergebnisse auf dem Gebiet der DC von Antibiotica-Gemischen tabellarisch zusammengefaßt und die hRf-Werte und Trennbedingungen angegeben.

I. Polyene und Polyacetylene

Diese ungesättigten Verbindungen sind, mit wenigen Ausnahmen, hauptsächlich gegen Pilze, besonders gegen Hefen, wirksam.

Antibioticum	hRf-Werte mit Fließmittel		Lit.	Teststamm
	12*	26		
Amphotericin A	33	33		*Candida albicans*
Nystatin (Fungicidin). . . .	18	18		*Candida albicans*
Pimaricin	34	34		*Saccharomyces*
Trichomycin A—C	45	17	[17]	*Candida albicans*
Variotin.				*Microsporium* ATCC 14683
Pentamycin	67	67		
Unamycin A.	—	36		

 * Vorbehandlung des Kieselgels mit Phosphatpuffer pH 8.
Schicht: Kieselgel G (Fa. 88).

II. Macrolide

Diese einen oder mehrere Zucker enthaltenden Antibiotica sind extrahierbar und unterscheiden sich von den Vertretern der Gruppe V durch ihren vielgliedrigen Lactonring. Sie sind in der Hauptsache gegen Grampositive Bakterien wirksam.

Antibioticum	hRf-Werte mit Fließmittel				Literatur	Nachweis*	Mikrobiol. Nachweis
	1	5	7	26			
Acumycin. . . .	66	35	82		[6]	schwachrosa	*Staph. aureus*
Amaromycin . .				38	[17]	gelb	
Angolamycin . .	65	18	82		[6]		
Brefeldin A . . .					[40]		
Carbomycin. . .	75	40	88	55	[6; 17]	blau	*B. megaterium*
Niddamycin. . .							
Erythromycin. .	16	03	29	39	[3; 6; 17]	bräunl. grün	*B. subtilis*
Narbomycin. . .	22	12	41		[6]		
Leucomycin. . .				58	[17]	bräunl. rot	
Lancamycin. . .	74	37	87		[6; 21]		
Oleandomycin. .				29	[17]	purpur	*B. megaterium*
Picromycin . . .	22	7	36	41	[6; 17]	rosa	*B. megaterium*
Spiramycin I-III				8	[17]	rotbraun	oder *Staph.*
Tertiomycin A				86	[17	blaßrot	*epidermidis*
Tertiomycin B .				63	[17]	blaßrot	ATCC 12228
Tylosin.	68	7	81	59	[6; 17]	olivgrün	
Foromacidin A .	31	2	59		[6]		
B .	32	5	61		[6]		
C .	37	6	64		[6]		
(ident. mit Spiramycin)							

Schicht: Kieselgel G (Fa. 88).

 * Durch Übersprühen mit 10proz. H_2SO_4 werden nach 5—10 min bei 80° die Flecke sichtbar, die für die meisten Substanzen dieser Gruppe eine charakteristische Farbe besitzen. Nach [3] führt Besprühen mit einer 50proz. wäßrigen H_2SO_4 und

anschließendes Erhitzen zu einer Verkohlung. Besser bewährt hat sich die Behandlung mit 10proz. Phosphormolybdänsäure in Äthanol und nachfolgendes Erhitzen, wobei Erythromycin als blauer Fleck auf gelbem Hintergrund erscheint. Nach 2 Std ist diese Zone jedoch wieder unsichtbar. Für die Trennung von Erythromycin A, B, Anhydro-2'-Acetyl-Erythromycin und Mischungen dieser Komponenten eignet sich nach [3] das Fließmittel 2. Die Laufzeit beträgt 30—40 min, die Trennung ist nach einer Laufstrecke von 10 cm vollzogen. Brefeldin A (identisch mit Decubin) wird nach [40] mit Chromat.-Reagens (26,7 g CrO_3 und 21,3 ml H_2SO_4 konz. ad 100 ml Wasser) nachgewiesen.

III. Tetracycline

Breites Wirkungsspektrum, wirksam gegen Grampositive und Gramnegative Bakterien sowie gegen große Viren.

Antibioticum	h Rf-Werte mit Fließmittel					Literatur	Chemischer Nachw.*	Mikrob. Nachw.**
	22	24	27	28	31			
Chlortetracyclin . .	30	43	49	35	30	[20; 27; 42]	dkl.grau	Bac. cereus var. mycoides ATCC 11778
Desmethylchlor-Tc.								
Oxytetracyclin . . .	27	41	46	31	58	[20; 27; 42]	dkl.grau	
Tetracyclin	23	38	38	26	36	[20; 27; 42]	dkl.grau	
Anhydrochlor-Tc.. .		46			0–20	[27; 42]		
Anhydrotetracyclin .		45			0–20	[27; 42]		

Schicht: Kieselgel G (Fa. 88), bei Fließmittel 22, 27 und 28 unter Zusatz von 9 g Dinatriumäthylendiamintetraacetat zu 30 g Kieselgel G und 60 ml H_2O [20].

Neben dem gebräuchlichen Verfahren verwenden [20] und [42] eine radiale (cirkulare) Technik. Zur besseren Trennung von 6-Demethyl-Tetracyclin und Tetracyclin empfehlen [42] ein 2—3maliges Chromatographieren mit der gleichen Platte, wobei vorher jeweils getrocknet wird.

Auftragen der Probe: etwa 20 µg, gelöst in Methanol.

Sichtbarmachung

*a) Chemischer Nachweis**: Übersprühen mit einer 5proz. Lösung von $FeCl_3$ in Methanol.

Unter der UV-Lampe zeigen die meisten Subst. einen gelbgrün fluorescierenden Fleck. Einwirkung von Ammoniakdämpfen verstärkt die Fluorescenz.

Besprühen mit einer 50proz. Lösung von Antimontrichlorid in Eisessig und 5—10 min auf 110° erhitzen. Danach erscheinen Tc, Cl—Tc u. 6-Demethyl-Tc als rötliche Flecke im Tageslicht und im UV-Licht ziegelrot; Oxy-Tc ist im Tageslicht gelb und im UV-Licht bläulich-blau.

Besprühen mit H_2SO_4 konz. und Erhitzen auf 110°: Flecke gelbbraun im Tageslicht, im UV fluoresciert nur noch Oxy-Tc gelb.

Übersprühen mit einer Lösung von Echtblau B in Wasser: Tc, Cl-Tc und Oxy-Tc rötlich, Epi-Tc violettstichig und Anhydro-Tc blau.

*b) Mikrobiologischer Nachweis***: *Bac. subtilis* ATCC 6633 oder *Sarcina lutea* ATCC 9341 als Teststamm. Empfindlichkeitsgrenze 0.01—0.1 µg.

IV. Substanzen mit ähnlichen Struktureinheiten

Antibioticum	hRf-Werte mit Fließmittel			Literatur	Mit Joddampf	Farbe im UV-Licht
	3	3*	4			
Griseofulvin				[8; 23]		
Epi-Griseoful.				[23]		
Dehydrogriseof.				[23]		
Roridin A	18	70	21		gelbbraun	dunkel
B	26	55	49		grünschw.	dunkel
C			41		gelbbraun	dunkel
Verrucarin A	28	70	59		gelbbraun	hell
B	47	83	69		gelbbraun	hell
C	28	74	52	[15]	gelbbraun	hell
D	28	70	55		gelbbraun	dunkel
E	0	0	09		violett	dunkel
F	54	—	—		gelbbraun	dunkel
G	49	—	—		braun	unsichtbar

Schicht: Kieselgel G; (Fa. 88); bei * Aluminiumoxid (Fa. 88).
Mikrobiologischer Nachweis: Teststamm für Griseofulvin: *Microsporum gypseum* für Verrucarin A und B: *Candida albicans* oder *Saccharomyces cerevisiae* ATCC 2601.

V. Basische, wasserlösliche, nicht extrahierbare Antibiotica

Antibioticum	hRf-Werte mit Fließmittel		Literatur
	9	21	
Aminocidin		40	[17]
Amminosidin	68		[17]
Catenulin	60	54	[17]
Dihydrostretomycin			[34]
Kanamycin A	65	55	[17]
Neomycin B	51	46	[7; 17]
Paromomycin	68	40	[17]
Zygomycin A	62	56	[17]
Streptomycin			[34]
Streptothricin I u. II (ident. m. Neomycin B u. C) . . .	26	52	[17]

Schicht: Kieselgel G (Fa. 88).

VI. Nucleinsäure-Derivate

Antibioticum	hRf-Werte mit Fließmittel		Literatur
	9	14	
Angustmycin C		+	
Blasticidin S	70		[17]
Toyacamycin		+	
Tubercidin		+	

+ Rf-Wert nicht angegeben; *Schicht:* Kieselgel G (Fa. 88).

VII. Acyclische Verbindungen

Antibioticum	h Rf-Werte mit Fließmittel 26	Literatur
Enteromycin	73	[17]

Schicht: Kieselgel G (Fa. 88).

VIII. Heterocyclische Verbindungen

| Antibioticum | h Rf-Werte mit Fließmittel | | | | | Literatur |
	15	23	25	26	29	
Actithiacinsäure				74		[17]
Ampicillin						
6-Aminopenicillansäure .		09	26			[27]
Aureothricin	63			58	57	[17]
Methicillin						
Oxacillin						
Penicillin G					65	[30]
Penicillin V		23	56			[27; 30; 31; 32]
Phenethicillin-K						[29]
Thiolutin	70			65	64	[17]

Schicht: Kieselgel G (Fa. 88).

Mikrobiologischer Nachweis mit Teststamm *Staph. aureus* ATCC 6538 P oder *Sarcina lutea* ATCC 9341.

IX. Macrocyclische Peptide

| Antibioticum | h Rf-Werte mit Fließmittel | | | | | | | Litera-tur | Mikrobiol. Nachweis |
	11	12	16	18	19	20	26		
Actinomycin C1				44	40	28			
C2				51	46	30			
C3				58	53	33		[9]	*Bac. subtilis* ATCC 6633
F1				21	23	10			
F3				35	29	13			
Actinomycin C							68		
J							73		
Althiomycin	78								
Amphomycin							53		*Micrococcus flavus*
Bacitracin	13	58						17	
Etamycin	80						66		
Mikamycin A			+						
Pyridomycin	18						38		
Telomycin							44		

Schicht: Kieselgel G (Fa. 88). Bei Fließmittel: 18, 19 u. 20 Aluminiumoxid (Fa. 88) + h Rf-Wert nicht angegeben.

35a Dünnschicht-Chromatographie, 2. Aufl.

X. Weitere Peptide

Antibioticum	hRf-Werte mit Fließmittel 9	Literatur
Ferrimycine.		
Phleomycin		
Viomycin.	11	[17]

Schicht: Kieselgel G (Fa. 88).

XI. Verschiedene Antibiotica
(nicht in die vorherigen Gruppen einzuordnen)

Antibioticum	hRf-Werte mit Fließmittel							Litera-tur
	4	8	12	15	17	26	29	
Antimycin A. . . .			72				81	[17]
Blastmycin		78	82					[17]
Chloramphenicol . .								
Chromomycin A3. .				65				[17]
Cyanein.	48							[5]
Gliotoxin	88							[5]
Homomycin			42					[17]
Nonactin(Werramycin)								[44]
Monactin					48			[4;44]
Dinactin.					32			[4;44]
Trinactin					15			[4;44]
Novobiocin			82					[17]
Moenomycin		92				20		
Mitomycin A. . . .								
B. . . .								
C. . . .								
Porfiromycin. . . .				48		50	50	[17]
Rifomycin B								[27]
O. . . .								[27]
S								[27]
SV . . .								[27]

Schicht: Kieselgel G (Fa. 88); bei * Aluminiumoxid (Fa. 88).

Nachweis: Nonoactin mit H$_2$SO$_4$ konz. besprüht und auf 150° erhitzt oder Besprühen mit Dragendorff-Reagens; Teststamm *Staph. aureas*. ATCC 6538 P. Cyanein: Teststamm *Candida pseudotropicalis*. Rifomycine: Teststamm *Sarcina lutea* ATCC 9341. Novobiocin: Teststamm *Bac. subtilis* ATCC 6633. Chloramphenicol: Teststamm *Sarcina lutea* ATCC 9341.

Literatur zum Kapitel R. Antibiotica

[1] Achenbach, H., u. H. Griesebach: Z. Naturforsch. 19b, 561 (1964).
[2] Akita, E.: J. Antibiotics (Japan) Ser. A 17, 200 (1964).
[3] Anderson, T. T.: J. Chromatogr. 14, 127 (1964).
[4] Beck, J.: Helv. Chim. Acta 45, 620 (1962).
[5] Betina, V., and Z. Barath: J. Antibiotics (Japan) Ser. A 17, 127 (1964).
[6] Bickel, H.: Helv. Chim. Acta 45, 1396 (1962).
[7] Brodasky, T. E.: Anal. Chem. 35, 343 (1963).
[8] Brossi, A.: Helv. Chim. Acta 45, 1292 (1962).

[9] Casani, G.: J. Chromatogr. **13**, 238 (1964).
[10] Ceder, O.: Acta Chem. Scand. **18**, 83 (1964).
[11] Ciferri, O.: Biochem. J. **90**, 82 (1964).
[12] Comin, J.: Helv. Chim. Acta **46**, 409 (1963).
[13] Fischbach, H., and J. Levin: Antibiotics & Chemotherapy **5**, 640 (1955).
[14] Fischer, R., u. H. Lautner: Arch. Pharm. **294**, 1 (1961).
[15] Härri, E.: Helv. Chim. Acta **45**, 839 (1962).
[16] Hüttenrauch, R., u. J. Schulze: Pharmazie **19**, 334 (1964).
[17] Ikekawa, T.: J. Antibiotics (Japan) Ser. A **16**, 56 (1963).
[18] — J. Antibiotics (Japan) Ser. A **17**, 194 (1964).
[19] Ishii, S., and B. Witkop: J. Am. Chem. Soc. **86**, 1848 (1964).
[20] Kapadia, G. J., and G. S. Rao: J. Pharm. Sci. **53**, 223 (1964).
[21] Keller-Schierlein, W., u. G. Roncari: Helv. Chim. Acta **47**, 78 (1964).
[22] Kondo, S.: J. Antibiotics (Japan) Ser. B. **14**, 1 (1964).
[23] Kyburz, E.: Helv. Chim. Acta **45**, 813 (1962).
[24] Libosvar, J.: Ceskoslov. farm. **11**, 73 (1962).
[25] Masse, J.: Ann. pharm. franç. **22**, 349 (1964).
[26] Mistryukov, E. A.: J. Chromatogr. **9**, 311 (1962).
[27] Nicolaus, B. J. R.: Pharmaco **8**, 349 (1961).
[28] — Experienta **17**, 473 (1961).
[29] Nussbaumer, P. A.: Pharm. Acta Helv. **37**, 65 (1962).
[30] — Pharm. Acta Helv. **37**, 161 (1962).
[31] — Pharm. Acta Helv. **38**, 245 (1963).
[32] — Pharm. Acta Helv. **38**, 758 (1963).
[33] — Pharm. Acta Helv. **39**, 647 (1964).
[34] — et M. Schorderet: Pharm. Acta Helv. **40**, 205 (1965).
[35] — Pharm. Acta Helv. **40**, 210 (1965).
[36] Okuda, T.: J. Antibiotics (Japan) Ser. A **17**, 218 (1964).
[37] Sensi, P.: J. Chromatogr. **5**, 519 (1961).
[38] — J. med. Chem. **7**, 586 (1964).
[39] Sigg, H. P.: Helv. Chim. Acta **46**, 1061 (1963).
[40] — Helv. Chim. Acta **47**, 1401 (1964).
[41] Smith, R. H., and W. McKernan: Nature **195**, 1303 (1962).
[42] Sonanini, D., u. L. Anker: Pharm. Acta Helv. **39**, 518 (1964).
[43] Wallhäusser, K. H., u. A. Rippel-Baldes: Naturwissenschaften **37**, 450 (1950).
— Naturwissenschaften **38**, 190 (1951).
[44] — Arzneimittelforsch. **14**, 356 (1964).
[45] Waisvisz, J. M.: Acta Chem. Scand. **18**, 83 (1964).

S. Die DC in der klinischen Diagnostik

Nepomuk Zöllner und Günther Wolfram

Einleitung

In einem Buch, das der Methodik gewidmet ist, ist es schwierig, ein Kapitel über Anwendung zu schreiben, ohne zu wiederholen, was bei der Besprechung der dc Techniken und Trennmethoden bereits besprochen und vermutlich besser dargestellt worden ist. Man kann ohne zu übertreiben sagen, daß die meisten dc Methoden medizinische Anwendung finden können; im Grunde kommt es heute nur noch darauf an, daß bei der Bearbeitung entsprechender medizinischer Probleme, die vielfältigen Möglichkeiten der DC erwogen werden. Auf die genaue Angabe der Methoden, wie sie in den übrigen Teilen dieses Buches üblich ist, wurde verzichtet. Meist hätte es sich nur um Wiederholungen gehandelt. Für Methoden, die schon in den anderen Kapiteln aufgeführt sind, müssen wir auf die Originalmitteilung verweisen.

Es konnte nicht unsere Aufgabe sein, zu den in diesem Buch beschriebenen Methoden einen Kommentar über die medizinische Anwendbarkeit abzugeben. Eine solche Katalogisierung wäre morgen bereits überholt, ganz abgesehen davon, daß in jeder einzelnen Stoffklasse der dafür spezialisierte Kollege vollständigere Angaben hätte machen können. Auch die Besonderheiten der Analytik biologischen Materials konnten nicht Gegenstand des Kapitels sein, weil auch hierfür eigene Beiträge vorgesehen sind. Wir haben es für richtig gehalten, im folgenden nur Arbeiten zu besprechen, in denen die klinische Anwendbarkeit der DC unter Beweis gestellt wird, weniger allerdings in der Absicht, ein Übersichtsreferat zu geben, als vielmehr zu zeigen, wie vielfältig die Möglichkeiten der DC in der klinischen Medizin sind und daß viele Ansatzpunkte bestehen. Nur gelegentlich haben wir, unserer eigenen Ansicht folgend, für bisher unbearbeitete Gebiete Hinweise gegeben, wo die Anwendung der DC aussichtsreich ist.

Die DC ist sicher einer der wichtigsten Fortschritte, nicht nur auf dem Gebiet der analytischen Chemie, sondern speziell auch in der klinischen Chemie. Es ist bedauerlich, daß die Methode in Routineanalytik und klinischer Forschung so langsam Eingang findet. Unseres Erachtens ist es gewiß, daß an vielen Stellen mit Hilfe der DC nicht nur schneller und genauer analysiert werden könnte, sondern daß bei regelmäßiger Einbeziehung der DC in das analytische Rüstzeug in allen Gebieten der Klinik darüber hinaus auch neue Ergebnisse gewonnen werden können.

I. Untersuchung körpereigener Substanzen

1. Zucker, ihre Derivate und Metaboliten

Bei einer Reihe von Krankheiten kommt es zu einer vermehrten Ausscheidung von verschiedenen Zuckern im Harn oder Stuhl. Hier sind zu nennen die verschiedenen Formen der Glucosurie, die Pentosurie, die Fructosurie, die Galaktosämie, die Gruppe der Disaccharidasendefekte oder die hereditäre Fructoseintoleranz.

Für die klinische Diagnostik, für Stoffwechseluntersuchungen oder Verlaufskontrollen unter einer entsprechenden Therapie bietet sich die DC in allen diesen Fällen als einfaches Verfahren an. Ein weiteres Beispiel ist die Bestimmung von Fructose in menschlichem Ejaculat [120], die bei der Diagnose von postpuberaler Leydig-Zell-Insuffizienz auch bei normalem Spermiogramm noch wichtige Hinweise geben kann.

Für die Trennung der Zucker in freier Form oder als Phenylosazone bzw. 2,4-Dinitrophenylhydrazone stehen zahlreiche Fließmittel zur Verfügung (s. S. 789). Als Beispiel einer Bestimmung von Zuckern in biologischem Material sei die Methode von Käser und Masera angeführt [85]. Die Autoren weisen auf die klinische Verwendbarkeit des Nachweises von Zuckern im Urin und Stuhl bei progressiver Muskeldystrophie mit Ribosurie, bei essentieller Pentosurie und weiteren Krankheiten mit erhöhter Zuckerausscheidung hin.

Zur Gewinnung der Zucker werden Stuhlproben in dest. Wasser aufgeschwemmt (1 Gewichtsteil in 3 Volumenteilen Wasser), das Ganze 5 min intensiv gemischt, zentrifugiert und das Überstehende noch zusätzlich filtriert. Das Filtrat wird direkt in die Chromatographie eingesetzt. Der 24 Std-Urin wird über je 5 ml Toluol und Chloroform oder einigen Kristallen Thymol gesammelt und bis zur Weiterverarbeitung im Eisschrank aufbewahrt. Vor der chromatographischen Trennung muß der Urin durch ein Ionenaustauschverfahren entsalzt werden. Zur Sättigung mit Kohlendioxyd schüttelt man Bio-deminrolit (The Permutit Company, London) 15 bis 20 min in mit Kohlendioxyd gesättigtem destilliertem Wasser. Das Wasser wird dann abgegossen und gleiche Teile des zu entsalzenden Urins und des feuchten, nun kohlendioxydgesättigten Kunstharzes in einem Zentrifugenglas 20 min lang gerührt. Wird diese Probe dann zentrifugiert, so ist der Überstand praktisch frei von Ionen, enthält jedoch noch alle Zucker. Die Sorptionsschicht der DC-Platten wird aus 1 Gewichtsteil Kieselgel G „Merck" und 2 Volumenteilen 0,1 N Borsäurelösung hergestellt. Nach einer Aktivierung von 30 min bei 110° C sind die Platten gebrauchsfertig. Von dem entsalzten Urin oder dem Stuhlfiltrat werden jeweils 10 μl punktförmig aufgetragen. Bei unbekannten Konzentrationen empfiehlt es sich, von einer Probe mehrere Punkte mit abgestuften Mengen aufzutragen. Eine Bahn bleibt der Testlösung mit verschiedenen bekannten Zuckern (je 3 μg) vorbehalten.

Die chromatographische Trennung erfolgt innerhalb 4 Std bei KS in dem Fließmittel: Isopropanol-n-Butanol-dest. Wasser (50 + 30 + 20). Die Platten werden anschließend luftgetrocknet und mit äthanolischer Naphthoresorcinlösung und 1 ml 95proz. Schwefelsäure besprüht. Nach 15 min Erhitzen auf 110° C werden die Zucker als verschiedenfarbige Flecken sichtbar. Palatinose, Fructose, Ribose, Lactose, Galaktose und Saccharose sind ausreichend voneinander getrennt, nur Glucose und Maltose zeigen den gleichen Rf-Wert. Ihre Trennung gelingt mit dem gleichen Fließmittel auf einer Schicht aus Kieselgel G/Aluminium G (1 + 1). Eine semiquantitative Auswertung ist durch visuellen Vergleich der Größe und Farbintensität der einzelnen Flecken mit denen von Testlösungen bekannter Konzentration möglich (s. S. 134). Es empfiehlt sich, immer die in 24 Std im Harn oder Stuhl ausgeschiedene Zuckermenge zu berechnen.

BICKEL und SCHWINDT [*11*] trennen die Zucker aus Harn auf Kieselgur G-Schichten, die mit Natriumacetat gepuffert sind, aufsteigend mit dem Fließmittel Essigsäureäthylester-Isopropanol-Wasser (65 + 23 + 12), es wird 2mal entwickelt. Man trägt 10 μl Urin, der vorher entsalzt wurde, zusammen mit Testzuckergemischen in steigenden Mengen auf und die entwickelten Chromatogramme werden nach Besprühen mit Naphtholindol-Phosphorsäure (10 Teile einer 0,2proz. Lösung von Naphtholindol in Äthanol + 1 Teil 85proz. Orthophosphorsäure) und Trocknung 15 min bei 100° C semiquantitativ ausgewertet. SCHERZ u. Mitarb. [*139*] bestimmen in einer für die medizinische Anwendung wichtigen Arbeit dc-getrennte Aldo- und Ketohexosen auf Grund ihrer Reaktion mit Diphenylamin. Nach diesem Prinzip lassen sich auch die daraus aufgebauten Oligosaccharide bestimmen, da es im salzsauren Reaktionsgemisch zur Hydrolyse kommt.

Zu den zuckerhaltigen Kieselgelfraktionen wird im Reagensglas ein Reagens, bestehend aus 10 Teilen konz. Salzsäure, 8 Teilen Eisessig und 2 Teilen einer 10proz. äthanolischen Diphenylaminlösung, zugegeben und das Gemisch im siedenden Wasserbad erhitzt. Der entsprechende blaue Farbkomplex hat bei Ketosen nach 5—10 min Erhitzen und bei Aldosen nach 30 min sein Maximum erreicht. Die abgekühlte Probe wird mit Eisessig auf ein konstantes Volumen aufgefüllt, das Kieselgel abzentrifugiert und bei 640 nm die Absorption gemessen. Gleichermaßen verfährt man mit Standard- und Leerwerten.

Rink und Herrmann [131] trennen die in 10 ml Harn enthaltenen Zucker als Phenylhydrazone auf boratgepufferten Kieselgur G-Schichten mit Chloroform-Dioxan-Tetrahydrofuran-0,1 M Natriumtetraborat (40 + 20 + 20 + 1,5).

a) Glykoproteide

Weicker u. Mitarb. [183] untersuchten mit der DC die Zusammensetzung der Zuckerkomponenten eines kleinmolekularen, perchlorsäurelöslichen Glykoproteids in menschlichem Urin. Sie stellten bei Patienten mit Tumoren, bei akut entzündlichen Krankheiten und bei gesunden Personen keine unterschiedlichen Konzentrationen fest (Abb. 171). Bei allen untersuchten Glykoproteiden wurde Xylose nachgewiesen.

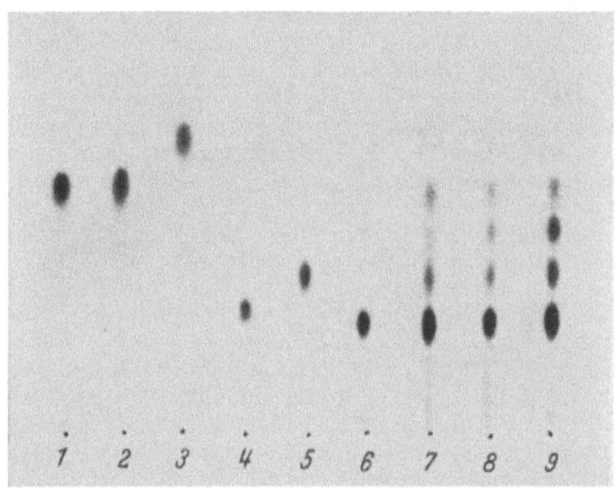

Abb. 171. DC von Zuckern auf MN-Cellulose-Schicht mit dem Fließmittel Wasser-Äthylmethylketon-Ameisensäure-tert. Butanol (15 + 30 + 15 + 40); Laufzeit 2 Std; Sichtbarmachung mit Anilinphthalat; *1* Ribose; *2* Fucose; *3* Rhamnose; *4* Glucose; *5* Mannose; *6* Galaktose; *7* Urin-Glykoproteid von Entzündungen, 4 Std mit Amberlite pH 1 hydrolysiert; *8* Uringlykoproteid von Tumoren, hydrolysiert s. 7; *9* Zuckerstandard: Galaktose, Mannose, Xylose, Fucose

b) Ketonkörper

Als Folge einer schweren diabetischen Stoffwechselstörung kommt es zu einer Acidose des Blutes und bei intakter Niere zur Ausscheidung von Ketonkörpern im Urin. Rink und Herrmann [131] überführen in 5 ml filtriertem Urin Aceton und Acetessigsäure durch tropfenweise Zugabe von 2,4-Dinitrophenylhydrazinlösung (0,4 proz. in 2 NHCl) in die entsprechenden Hydrazone. Nach 30 min Stehen in der Kälte werden diese Derivate mit 1—2 ml Äthylacetat ausgeschüttelt und die organische Phase auf eine Cellulose MN-300-Dünnschicht aufgetragen. Nach Entwicklung mit Methanol-Wasser-25 proz. Ammoniak (90 + 10 + 3) sind beide Substanzen im Tageslicht als gelbe und im UV-Licht als dunkle Flecken getrennt sichtbar.

2. Aminosäuren, ihre Derivate und Metaboliten

Für den Nachweis und die quantitative Bestimmung von Aminosäuren in biologischem Material (Serum, Urin, Sperma, Lymphe, Milch,

Gewebe) müssen vorher die in Körperflüssigkeiten und Organextrakten mit enthaltenen Substanzen wie Eiweiß, Peptide, Lipide, Kohlenhydrate, Salze und Harnstoff entfernt werden (s. S. 702). Bevorzugt man die Trennung der Aminosäuren in Form ihrer Dinitrophenylderivate, so lassen sich die besonders störenden Salze dank der Löslichkeit der Derivate in organischen Lösungsmitteln gut abtrennen (s. S. 724). Eine ausgezeichnete Übersicht zur DC von Aminosäuren und verwandten Verbindungen in biologischem Material gibt PATAKI [*118, 123*].

a) Aminosäuren im Urin

Im Urin werden täglich etwa 1,1 g freie Aminosäuren ausgeschieden. Diese Menge entspricht ungefähr 1,2% des gesamten Harnstickstoffes. Der relative Anteil der Aminosäuren ist in Harn und Serum ein anderer, dementsprechend sind auch die Clearance-Werte für die einzelnen Aminosäuren recht unterschiedlich. Die Mengen ausgeschiedener Aminosäuren zeigen, selbst unter gleicher Diät, von einem Individuum zum anderen eine große Schwankungsbreite. Eine Hyperaminoacidurie kann durch eine Störung im intermediären Stoffwechsel, die zum Anstieg einer oder mehrerer Aminosäuren im Blut und damit zum Überschreiten der Nierenschwelle führt, oder durch Störungen an der Niere selbst verursacht sein. Zu den prärenalen Formen sind, um nur Beispiele zu nennen, die Phenylketonurie mit einer erhöhten Ausscheidung von Phenylalanin, und die Aminoacidurien bei schweren Leberkrankheiten und bei parenteraler Aminosäureninfusion zu rechnen. Zu den renalen Formen gehören das Fanconi-Syndrom, die Aminoacidurie bei Morbus Wilson und bei Galaktosämie. Für diagnostische Untersuchungen ergibt sich daraus die Notwendigkeit, neben der Gesamtmenge des ausgeschiedenen Aminosäurenstickstoffes, die relativen Anteile der einzelnen Aminosäuren zu erfassen.

Bei einzelnen Krankheiten, z. B. bei Cystinurie ist eine eindeutige Diagnose nur auf Grund des pathologischen Verteilungsmusters der Aminosäuren im Urin möglich. Bei der Beurteilung der Ergebnisse von Dünnschichtchromatogrammen der Harn-Aminosäuren ist die Bezugsgröße wichtig. Standardvolumina in die DC einzusetzen ist nicht zweckmäßig, da die Tagesvolumina in weiten Grenzen variieren können, bei Erwachsenen z. B. 600—2000 ml. Um diese Unsicherheit zu umgehen, beziehen einige Autoren die Ergebnisse auf die in der gleichen Probe enthaltene Menge Kreatinin, da die Kreatininausscheidung vom Harnvolumen weitgehend unabhängig ist. Andere verwenden Zeitvolumina, so JEPSON [*81*], der vorschlägt, bei massiver Aminoacidurie eine 2 sec-Portion in die DC einzusetzen. Dauerte die Sammelperiode z. B. 2 Std und das Harnvolumen betrug 98 ml, so waren $\dfrac{98 \times 2}{2 \times 60 \times 60}$, d. h. 27,2 μl einzusetzen, oder nach Verdünnung der Probe mit Wasser auf 108 ml 30,0 μl.

Untersuchungen über die dc-Trennung von freien Urin-Aminosäuren wurden von OPIENSKA-BLAUTH u. Mitarb. [*114, 115*] sowie ROKKONES [*133, 134*] durchgeführt. OPIENSKA-BLAUTH u. Mitarb. [*114*] konnten in 10 μl unvorbehandeltem Urin auf Kieselgel G-Schicht bei zweidimensionaler Technik mit den Fließmitteln Butanol-Eisessig-Wasser (60 + 15 + 15) und Phenol-Wasser (75 + 25) 3 bis 6 Ninhydrin-positive Flecken nachweisen, in 100 μl demineralisiertem Urin waren auf dem DC 14—16 Flecken sichtbar. Rokkones [134] erhält aus einer Urinmenge, die 20 μg Kreatinin entspricht, bei 2—3jährigen Kindern auf Kieselgel-G-Schicht mit den Fließmitteln Chloroform-Methanol-17proz. Ammoniak (40 + 40 + 20) und Phenol-Wasser (75 + 25) 9—12 Ninhydrin-positive Verbindungen. Rokkones [134] führte auch eine semiquantitative Bestimmung der Urin-Aminosäuren durch und stellte bei verschiedenen Altersgruppen Unterschiede der Aminosäurenausscheidung im Urin fest. Glycin, Cystin, Histidin, Alanin, Lysin, Serin, Glutamin, Phenylalanin und Tryptophan werden in den ersten Lebensmonaten in großen Mengen ausgeschieden und erreichen nach 2—4 Jahren die bei Erwachsenen gefundenen Werte. Prolin und Hydroxyprolin werden in den ersten Lebenstagen in kaum meßbaren Mengen ausgeschieden, erreichen jedoch vor dem ersten Lebensmonat maximale Konzentrationen, um in etwa 4—5 Monaten zu nicht meßbaren Konzentrationen abzusinken. Die Ausscheidung von 3-Methylhistidin und Taurin ist schon wenige Tage nach der Geburt so hoch wie bei Erwachsenen. Eine erhöhte Ausscheidung von Cystin ist in der Regel der von Lysin proportional, wie auch erhöhte Phenylalanin-, Tyrosin- und Tryptophanausscheidungen miteinander kombiniert sein können. Bei einem Vergleich der Aminosäurenausscheidungen im Urin von Erwachsenen verschiedener Altersstufen zeigte sich, daß lediglich die Histidinkonzentration bei älteren Personen etwas abnimmt. Crawhall u. Mitarb. [22] untersuchten die Urin-Aminosäuren bei Cystinurie.

Verfahren zur DC von Aminosäuren ohne Entsalzen gibt Dittmann [30, 31] an. Er verwendet Celluloseschichten und eine dreimalige Entwicklung. Kommen säurelabile Verbindungen vor, z. B. Phosphoäthanolamin, so müssen die Fließmittel gepuffert werden [31].

Eine dc-Trennung der Urin-Aminosäuren in Form der DNP-Derivate führten Walz u. Mitarb. [180] durch. Pataki und Keller [119] konnten in der ätherlöslichen Fraktion der DNP-Aminosäuren aus menschlichem Urin insgesamt 45 DNP-Verbindungen nachweisen, davon stimmen 24 in ihren Rf-Werten mit authentischen Aminosäuren überein. Der Rest wurde mit den Symbolen $X_1—X_{19}$ belegt. Bürgi u. Mitarb. [19] ergänzten diese Fleckenkarte durch den Nachweis der Verbindungen $X_{20}—X_{34}$. Auch bei den säurelöslichen DNP-Verbindungen existieren eine Reihe nicht identifizierter Substanzen ($Y_1—Y_{32}$) von denen $Y_{21}—Y_{32}$ regelmäßig nur bei Kleinkindern auftreten. In Belastungsversuchen mit Lysin konnten bei zwei Kindern im Urin Homoarginin und Homocitrullin nachgewiesen werden. Neben dem bisher bekannten Abbauweg für Lysin über Pipecolsäure und α-amino-Adipinsäure scheint also noch ein weiterer Abbauweg zu existieren. Nach oral verabreichten Proteinhydrolysaten stieg die Aminosäurenausscheidung bei Erwachsenen im Vergleich zu Kindern nur leicht an. Bei einer Versuchsperson trat neben zwei nicht identifizierten Substanzen (X_{31} und X_{32}) vermehrt Sarkosin auf. Keller und Pataki [92] wiesen im menschlichen Urin 18 wasserlösliche DNP-Verbindungen nach, von denen 5 mit authentischen DNP-Aminosäuren übereinstimmten.

TANCREDI und CURTIUS [*165*] untersuchten die ätherlöslichen DNP-Aminosäuren im Urin von gesunden und kranken Kindern. Sie konnten bei einer Hyperglycinämie, einer Hypoaminoacidurie und einer Niereninsuffizienz mehrere Aminosäuren auffinden, die mit der gleichen Technik bei einem gesunden Mädchen nicht zu erfassen waren.

α) **Tryptophan und Metaboliten:** Die Trennung von Tryptophan und 10 seiner Stoffwechselprodukte aus biologischem Material wurde von DIAMANTSTEIN und EHRHARD [*28*] beschrieben. Diese Autoren wiesen im Urin tryptophanbelasteter Patienten mit chronischer Myelose eine Reihe von Tryptophan-Metaboliten nach, bemerkenswerterweise ohne vorherige Anreicherung in Urinproben von 0,05—0,08 ml. Salze und andere Fremdstoffe im Urin störten die Trennung nicht. SCHLOSSBERGER u. Mitarb. [*141*] trennten Indolderivate aus Urin mittels Sephadex G 25 und 0,5proz. wäßriger Ascorbinsäurelösung als Elutionsmittel ab und chromatographierten die einzelnen Substanzen auf einer Cellulose MN 300-Schicht. OPIENSKA-BLAUTH u. Mitarb. [*116*] führten auf Kieselgel G- und auf Celluloseschichten eine Trennung von Indolderivaten aus Urin durch und verwendeten ein modifiziertes Adamkiewicz-Hopkins-Reagens zur quantitativen Bestimmung von Tryptophan. Pyridoxin hat beim Tryptophanabbau als Coferment eine wichtige Funktion. DAHLER [*26*] untersuchte bei Säuglingen und Kleinkindern die Xanthurensäure- und Kynureninausscheidung im Urin nach Tryptophanbelastung. Aus den pathologisch erhöhten Werten schloß er auf einen latenten Vitamin B_6-Mangel, da sich durch Gaben von Vitamin B_6 die erhöhte Xanthurensäureausscheidung normalisieren ließ. Weiterhin findet man bei Vitamin B_2-Mangel einen starken Anstieg von Kynurenin. Dies spricht für eine Beteiligung von Vitamin B_2 bei der Oxydation von Kynurenin zu 3-Hydroxykynurenin. Zur quantitativen Bestimmung von Kynurenin wird auf Kieselgel-Platten mit n-Butanol-Essigsäure-Wasser (60 + 20 + 20) getrennt. Kynurenin gibt im UV-Licht eine grüne Fluorescenz. Die entsprechende Zone wird abgekratzt und nach Zugabe von 4-Dimethylaminobenzaldehyd-Reagens filtriert und photometriert. BENASSI u. Mitarb. [7] trennen Tryptophan und seine Metaboliten auf Polyamid-Schicht.

β) **β-Aminoisobuttersäure:** Bei etwa 90% der erwachsenen Weißen liegt die Ausscheidung der β-Aminoisobuttersäure (β-AIB) nicht über 52 mg/24 Std, bei den restlichen 10% werden jedoch Werte bis zu 300 mg/24 Std gemessen [*16*]. Diese stark unterschiedliche Ausscheidung bei Normalpersonen ist wahrscheinlich genetisch bedingt. Eine pathologisch erhöhte β-AIB-Ausscheidung findet man bei Leukämien, Eiweißmangelerkrankungen, nach Operationen und Bestrahlungen sowie bei bestimmten Formen von Schwachsinn. GOEDDE und BRUNSCHEDE [*59*] entwickelten eine einfache Methode, nach der die β-AIB nach quantitativer Dinitrophenylierung mit der DC isoliert und nach Elution aus dem Sorptionsmittel photometrisch bestimmt wird. Die Fehlerbreite der Methode liegt nach Angabe der Autoren im Bereich von 0,8—80 μg β-AIB je Probe unter ±5%. Bei einer Reihe von Patienten mit Leberkrankheiten konnten die Autoren die Hypothese, daß die geschädigte

Leber nicht fähig sei, β-AIB weiter abzubauen und es deshalb zu einer erhöhten β-AIB-Ausscheidung komme, nicht bestätigen [16]. Bei 3 von 6 Patienten mit Hämochromatose wurde eine erhöhte β-AIB-Ausscheidung gemessen, während die Mitglieder von 2 Familien mit Ahorn-Sirup-Krankheit normale β-AIB-Werte im 24 Std-Harn aufwiesen.

b) Aminosäuren in Blut und Organen

Im Plasma eines nüchternen Menschen findet man etwa 5,5—8 mg-% Aminosäurenstickstoff. Die Konzentrationen liegen zwischen 0,03 mg-% für Asparaginsäure und 8,3 mg-% für Glutamin. Orale Belastungsversuche mit einzelnen Aminosäuren führen auch zu einer Vermehrung dieser Aminosäuren im peripheren Blut.

Die freien Aminosäuren des Plasmas wurden von Opienska-Blauth [114] auf MN 300-Cellulose-Schichten mit den Fließmitteln Butanol-Eisessig-Wasser (60 + 15 + 15) und Phenol-Wasser (75 + 25) getrennt. Aus 20 μl Plasma wurden 14 Ninhydrin-positive Flecke isoliert. Pataki und Keller [117] konnten in 60 μl Serum 21 äther- und wasserlösliche DNP-Aminosäuren erfassen, darunter jedoch kein Histidin.

Dimillier und Trout [29] beobachteten mit Hilfe ein- und zweidimensionaler DC auf Kieselgel G während extracorporalem Kreislauf eine Konzentrationszunahme von Histidin, Prolin, Hydroxyprolin, Serin, Threonin, Asparaginsäure, Glutaminsäure, und Tryptophan im Blut. Dieser Anstieg war proportional der Dauer des extracorporalen Kreislaufes. Im Tumor-Serum der Ratte konnten v. Euler u. Mitarb. [40] nach Eiweißfällung mit Methanol auf Kieselgel G-Schichten im Fließmittel n-Butanol-Eisessig-Wasser (60 + 15 + 15) bei einem hRf-Wert von 23 eine Substanz isolieren, die im Normalserum in weit geringerer Konzentration vorlag. Durch Rechromatographie in zwei verschiedenen Fließmitteln konnte diese Substanz als Glycin identifiziert werden.

Wernze und Fujii [187] benutzen die DC zur quantitativen Bestimmung des bei der enzymatischen Hydrolyse freigesetzten Valins als Maß für die Angiotensinase-Aktivität in Plasma und Nierengewebe. Als Schicht dient Cellulose. Die Reproduzierbarkeit der Ergebnisse wird als gut bezeichnet.

Bei der Erforschung von Stoffwechselwegen ist die Verwendung von markierten Substanzen ein unentbehrliches Verfahren. Drawert u. Mitarb. [33] setzten Gärungsansätzen ^{14}C-markierte Glutaminsäure zu und fanden die Aktivität in den dc-getrennten Dinitrophenylderivaten von Glutaminsäure, Alanin, Asparaginsäure, Prolin und Glycin wieder.

Squibb [154, 155] trennte auf Kieselgel G-Schichten (auf Plastikfolie) die freien Aminosäuren in Vogelleberextrakten. Die Ninhydrinfarbkomplexe auf der Schicht wurden direkt photometrisch bei 525 nm ausgewertet. Auf diese Weise wurden Lysin, Histidin, Arginin, Asparagin, Alanin, Valin und Leucin quantitativ bestimmt. Wiederauffindungsversuche ergaben Werte zwischen 90 und 106%.

Der γ-Aminobuttersäure kommt im Stoffwechsel der freien Aminosäuren des Gehirns neben Glutaminsäure und Glutamin eine große Bedeutung zu. Voigt u. Mitarb. [171] trennten die freien AS aus Rattenhirn-

extrakten auf Kieselgel G-Schichten im Fließmittel Isopropanol-Wasser
(70 + 30) und bestimmten den Gehalt an γ-Aminobuttersäure nach Besprühen mit Cadmiumacetat-Ninhydrin-Gemisch und Extraktion aus
dem Kieselgel durch Adsorptionsmessung bei einer Wellenlänge von
500 nm.

c) Aminosäuren in anderen Körperflüssigkeiten

Die Aminosäuren der Milch trennten BUJARD und MAURON [*17*] auf
MN 300-Cellulose-Schicht. Nach KELLER und PATAKI [*91*] lassen sich im
Spermaliquor 24 Aminosäuren nachweisen. Da das menschliche Ejaculat
mehrere proteolytische Enzyme enthält, ziehen die Autoren aus diesem
Befund Rückschlüsse auf die jeweilige proteolytische Aktivität. Über die
Trennung von Aminosäuren aus Perilymphe des Innenohres durch
Ionenaustauscher-Dünnschichtchromatographie mit Gradientenelution
berichtete MOUHGRABI [*109a*].

d) Jodaminosäuren (vgl. S. 742)

Trijodthyronin und Thyroxin sind die physiologisch wirksamen
Schilddrüsenhormone. Ihre Synthese geht von Tyrosin aus. GRIES u.
Mitarb. [*62*] chromatographierten schilddrüsenaktive Jodaminosäuren
auf Cellulose G-Schichten und erzielten eine gute Trennung von DL-
Thyrosin, DL-Trijodthyroxin, DL-Dijodthyronin, DL-Monojodthyronin,
Dijodtyrosin und Monojodtyrosin.

SCHNEIDER und SCHNEIDER [*145*] geben Fließmittelsysteme zur
Trennung von Jodaminosäuren auf Kieselgel G-Schichten an und verwenden diese Methode zum Nachweis von Jod-Verbindungen im Urin
nach Gabe von [131]J bei Patienten mit Schilddrüsenüberfunktion. 48 Std
nach Gabe der therapeutischen Dosis [131]J und Anreicherung der Jodaminosäuren über Dowex 50 konnten auf dem DC anhand einer Autoradiographie 7 [131]J-markierte Fraktionen nachgewiesen und ein Aktivi-
tätsprofil erstellt werden. Über die dc Untersuchung des Lymphbahn-
inhalts menschlicher Schilddrüsen berichten HERBERHOLD und NEU-
MÜLLER [*68*]. An autoptischem Material wurden mit Glascapillaren
durchschnittlich je 2 mm³ thyreoidale Lymphe gewonnen und extrahiert.
Die Trennung erfolgte auf Kieselgel HF_{254}-Schichten. Neben Jod-
proteinen und anorganischem Jod konnten Mono- und Dijodtyrosin, sowie Tri- und Tetrajodthyronin nachgewiesen werden, auf Grund der DC
nativer Schilddrüsenlymphe liegen das anorganische Jodid, Dijodtyrosin
und Tetrajodthyronin in freier Form vor. Untersuchungen bei intra
operationem gewonnener Lymphe brachten die gleichen Ergebnisse.

WEST u. Mitarb. [*188*] bestimmen den Thyroxinspiegel im Serum des
Menschen mit Hilfe der DC. Bei 43 euthyreoten Personen ermitteln sie
einen Mittelwert von 5,4 μg Thyroxin pro 100 ml Serum bei einem Nor-
malbereich von 3,2—7,9 μg pro 100 ml. Insgesamt wurden 339 Patienten
untersucht. SCHORN und WINKLER [*148*] berichten über die radiochromatographische Bestimmung von markiertem Tri- und Tetrajodthyronin im
Serum eines Patienten, der wegen einer Schilddrüsenüberfunktion träger-
freies Na[131]J erhalten hatte (Abb. 172). Diese Trennung ist wichtig, da

Trijodthyronin etwa viermal stärker wirksam ist als Tetrajodthyronin.
Bei der summarischen Bestimmung des Hormonjods im Serum mit den
üblichen Methoden wird ein pathologisch verändertes Mengenverhältnis
von Trijod- zu Tetrajodthyronin nicht erfaßt.

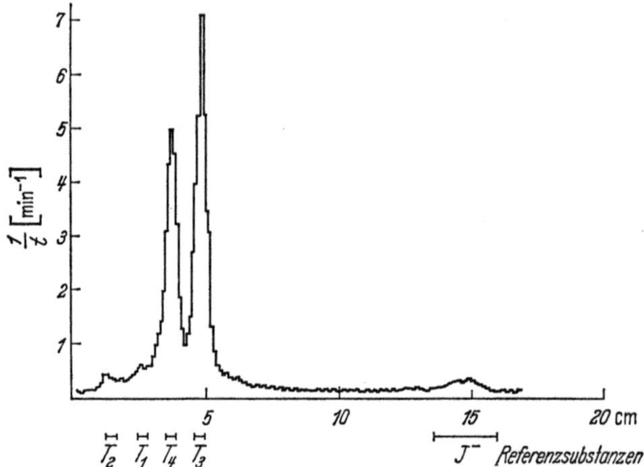

Abb. 172. Aktivitätsverteilung auf einem Chromatogramm. Es wurden ¹³¹J markierte Jodaminosäuren aus dem Serum eines Patienten getrennt [148]. Schicht: Kieselgel G, Fließmittel: Äthylmethyl-
keton-Äthanol-1 N Ammoniak (80 + 10 + 10), zweimalige Entwicklung

e) ε-Aminocapronsäure

Die ε-Aminocapronsäure (EACS) hat durch ihren hemmenden Einfluß auf die Aktivierung des Plasminogens, einer Vorstufe des fibrinoly-
tisch wirksamen Plasmins, in letzter Zeit bei der Behandlung einer ge-
steigerten Fibrinolyse mit Blutungsgefahr oder Blutung zunehmend
Bedeutung erlangt. KÄSER und GUGLER [86] entwickelten eine einfache
DC-Methode zur Bestimmung von EACS im Serum und Urin. Der mittlere Fehler der Analysen liegt nach Angabe der Autoren innerhalb 3%.
Der geringe Materialbedarf ermöglicht auch bei Kleinkindern eine laufende Kontrolle der EACS-Konzentration im Serum oder Urin bei therapeutischen Anwendungen oder bei Stoffwechseluntersuchungen.

f) Kreatinin

Der Nachweis von Kreatinin im Urin wurde von PATAKI [121] auf
Cellulose-D-Schichten durchgeführt. Dieses Verfahren erzielt eine Abtrennung des Kreatinin von anderen Jaffe-Chromogenen, die bei einer
Reihe von Bestimmungsmethoden mit in die Farbreaktion eingehen.
Eine quantitative Auswertung der mit Pikrinsäure/Natronlauge angefärbten Kreatinin-Flecke ist auf Grund der linearen Beziehung zwischen
der Quadratwurzel aus der Fleckenfläche und dem Logarithmus der aufgetragenen Substanzmenge möglich (s. S. 136) [122]. Die Zuverlässigkeit
der Kreatininbestimmung wurde durch Parallelanalysen unterschiedlicher Kreatininmengen in Standardlösungen und in Urin überprüft.

Rückgewinnungsversuche ergaben Werte von 95,7 ± 3,4% des eingesetzten Kreatinins. In eine Bestimmung können bis zu 20 μg Kreatinin bzw. etwa 20 μl Urin eingesetzt werden, bei größeren Mengen kann es zu Überladungseffekten kommen.

Zur DC wird die Streichmasse aus 10 g Cellulose-D (Fa. 33) und 65 ml Aqua dest. bereitet und in einer Schichtdicke von 0,5 mm ausgestrichen. Auf die luftgetrockneten Platten trägt man 10 μl Urin (A), 10 μl Urin/dest. Wasser 1:1 (B) und 10 μl Kreatininstandard (= 10 μg Kreatinin) (S) auf. Chromatographiert wird bei KS mit n-Butanol-Eisessig-Wasser (60 + 15 + 15). Nach dem Besprühen der Platten mit 5proz. alkoholischer Pikrinsäurelösung und 10proz. Natronlauge (untere Nachweisgrenze 0,4 μg) werden die Konturen der orangefarbenen Flecken sofort mit einer Nadel nachgezogen und die Flächen durch Planimetrie (fünfmaliges Umfahren) oder durch Auszählen auf Millimeterpapier gemessen.

Aus der Gleichung:

$$\log G_A = \log G_S + \frac{\sqrt{F_A} - \sqrt{F_S}}{\sqrt{F_B} - \sqrt{F_A}} \cdot \log v$$

F_A = Fleckenfläche von A
F_B = Fleckenfläche von B
F_S = Fleckenfläche von S
G_A = Kreatinin (μg) in A
G_S = Kreatinin (μg) in S
v = Verdünnungsfaktor ($A{-}B$)

läßt sich die Kreatinin-Konzentration (G_A) der Urinprobe berechnen.

Die Bestimmung von Kreatinin im Urin und Blut erlaubt die Berechnung der Kreatininclearance, der in der Nierendiagnostik Bedeutung zukommt.

Nach PATAKI [123] werden zu diesem Zweck 10 μl Urin bzw. 300 μl Serum (Serum mit gleichem Volumen Aceton enteiweißt) sowie eine Standardlösung auf die Platte aufgetragen, chromatographiert und die Kreatininzonen durch Anfärben von randständigen Leitbahnen lokalisiert. Kreatinin wird durch 3-stündiges Schütteln mit 2 ml 0,1 NHCl aus der abgeschabten Cellulose eluiert, die Lösung mit 2 ml 0,1 N NaOH neutralisiert und nach Zugabe von 2 ml Farbreagens (100 ml 1proz. Pikrinsäure mit 40 ml 10proz. NaOH mischen und mit dest. Wasser ad 1000 ml auffüllen) die Extinktion bei 490 nm und 2 cm Schichtdicke gegen einen Celluloseleerwert innerhalb 1 Std abgelesen.

g) Amine und Metaboliten

Adrenalin. Die semiquantitative Bestimmung von acetyliertem Adrenalin und Noradrenalin nach DC beschreibt WALDI [177]. SEGURA-CARDONA und SOEHRING [149] trennen auf Polyamidschichten kleinste Mengen von Katecholaminen und Derivaten. Die untere Nachweisgrenze für Adrenalin liegt bei 0,003 μg.

Vanillinmandelsäure (VMS), *Vanillinsäure* (VS) und *Homovanillinsäure* (HVS). Die Vanillinmandelsäure (3-Methoxy-4-hydroxymandelsäure) stellt das quantitativ wichtigste Abbau- und Ausscheidungsprodukt des Katecholaminstoffwechsels dar. Eine über 15 mg vermehrte Ausscheidung von VMS im 24 Std.-Harn ist ein spezifischer Beweis für eine vermehrte Adrenalin- bzw. Noradrenalinproduktion bei einem Phäochromozytom. Die endogene VS, insgesamt rund 10% der VMS-Ausscheidung, ist als das Abbauprodukt der aus den Katecholaminen entstandenen VMS zu betrachten. Da die Vanillinsäure-Gesamtausscheidung des Menschen in hohem Maße von der Ernährung bestimmt wird, ist die exakte Trennung von VS und VMS sehr wichtig. Sankoff und Sourkes [137] berichten über die dc-Bestimmung von HVS im Urin von Gesunden und Kranken. Schmid und Henning [142] beschreiben den Nachweis von VMS aus Urin mittels der DC. Aus dem gleichen Arbeitskreis stammt das Verfahren von Tautz u. Mitarb. [166] zur quantitativen Bestimmung von VMS, VS und HVS im Urin.

Reagentien: HCl 36,4%; NaCl crist. p. a.; Diäthyläther p. a. peroxydfrei; Äthanol abs. p. a.; Kieselgel G und Kieselgur G (Fa. 88); Leuchtpigment ZS super (Fa. 118); Isopropanol für Chromatographie; Äthylacetat p. a. 12 Std über NaOH (25 g/l) unter Rückfluß gekocht und destilliert; Ammoniaklösung 25proz.; Benzol crist. p. a.; Eisessig 96proz. für Chromatographie; alkalische Methanollösung: zu 2proz. wäßriger Na_2CO_3-Lösung Methanol p. a. im Verhältnis 1:3 zugeben; Diazotiertes Roses Reagens: 0,25% p-Amino-phenyl-β-diäthylaminoäthylsulfon in 1% HCl. + 0,5% wäßrige $NaNO_2$-Lösung, unmittelbar vor Gebrauch bei 0° C im Verhältnis 3:1 mischen (Ausschluß von UV- und Leuchtröhrenlicht). Die Testsubstanzen (1 mg/ml HVS, VMS, VS und 5-HIE, chromatographisch rein) sind erhältlich bei: California Corporation Biochem. Res. Luzern, Schweiz. 0,1% Dichlorchinonchlorimid in Methanol, die DC-Platten werden vor dem Ansprühen mit Ammoniakdampf behandelt. Diazotiertes p-Nitranilin: 5 ml einer 0,1proz. Nitroanilin-Lösung + 5 ml 0,2proz. Lösung von Natriumnitrit in dest. Wasser + 1 ml 1 N NaOH; nach dem Mischen sofort verwenden.

10—20 ml des 24 Std-Urins werden mit konz. HCl auf pH 0 angesäuert, mit NaCl gesättigt und dreimal mit je 50 ml Diäthyläther durch gründliches Ausschütteln extrahiert. Den Ätherextrakt bringt man zur Trockne, nimmt den Rückstand in 1 ml Äthanol auf und trägt 0,1 ml dieser Lösung auf die DC-Platte auf (Sorptionsmittel: Kieselgel G 25 g + Kieselgur G 25 g + Leuchtpigment ZS-Super 2,5 g + + 90 ml Wasser; Schichtdicke 250 μm; Trocknung: 1 Std bei 105° C). Es wird bei KS mit dem Fließmittel Isopropanol-Äthylacetat-Ammoniak-H_2O (45 + 30 + 17 + 8) 8 cm hoch und nach dem Trocknen zweimal mit Benzol-Eisessig (90 + 10) jeweils 15 cm entwickelt. Im kurzwelligen UV-Licht (254 nm) sind die Substanzen an der Fluorescenzlöschung deutlich zu erkennen und anhand von parallel laufenden Testgemischen leicht zu identifizieren. Die entsprechenden Zonen werden abgekratzt und mit 2,5 ml alkalischer Methanollösung eluiert. Nach dem Zentrifugieren bei + 5° C inkubiert man 2 ml des Überstandes mit 0,2 ml frisch bereitetem Roses Reagens und liest zwischen 30 und 60 min die Extinktionen für VMS und VS bei 490 nm, für HVS bei 370 nm bei einer Schichtdicke von 1,0 cm ab. Bei einem Zeissschen Spektralphotometer PMQ III gelten dabei folgende Bedingungen: VS und VMS: Spaltbreite 0,02 mm, 490 nm, Verstärkung 1/1/0. HVS: 370 nm, Verstärkung 1/10/0.

Die Extinktion für HVS liegt wesentlich niedriger als die für VMS und VS. Eichwerte, Reagentien- und Sorptionsmittelleerwerte laufen mit durch den Analysengang. Die untere Grenze des Nachweises liegt bei den angeführten Bedingungen etwa um 0,05 μg/ml. Wiederfindungsversuche der Reinsubstanzen aus Dünnschichtchromatogrammen ergaben für HVS 97%, für VS 90% und für VMS 78%. Der relativ niedrige Wert für die VMS wird mit der höheren Polarität des Moleküls erklärt. Die Berechnung des mittleren Fehlers für Doppelbestimmungen, die den gesamten Arbeitsgang getrennt durchliefen, dann aber auf der gleichen Schicht chromatographiert wurden, ergab ± 2,6%, bei der Benützung verschiedener Schichten ± 3,5%. In einer neueren Arbeit [143a] verwenden die Autoren 7 ml Titrisolpuffer pH 1 zur Elution und setzen nach dem Zentrifugieren 5 ml des Überstandes zur Farbreaktion mit diazotiertem p-Nitranilin ein. Die Extinktion wird bei 510 nm und 2,0 cm Schichtdicke abgelesen. Zur Elution der HVS wird dest. Wasser verwendet und die Farbreaktion mit Paulys Reagens vorgenommen, da Rosesches Reagens derzeit nicht im Handel ist.

Schmid u. Mitarb. [143, 143a] stellten mit der DC außerdem bei malignem Glomustumor und Neuroblastom eine vermehrte Ausscheidung von HVS, VMS, Dihydroxyphenylessigsäure und VS fest. Dittmann

[*31a*] schlägt vor, soviel des 24 Std-Urins (pro Liter Urin der Tagesausscheidung 2,5 µl) auf Cellulose-Dünnschicht aufzutragen, daß bei einem normalen Urin die darin enthaltene Menge VMS eben unter der Grenze der Nachweisbarkeit mit diazotiertem p-Nitranilin liegt. Bei einer pathologisch erhöhten Ausscheidung von VMS erhält man auf der Dünnschicht eine positive Reaktion. Ein negativer Befund kann durch Vergleich mit einem Standard noch erhärtet werden. Eine einfache, direkt photometrische Auswertung von Dünnschichtchromatogrammen der VMS aus Urin wurde von Köhler und Baufeld [*96*] angegeben.

5-Hydroxyindolessigsäure. Die 5-Hydroxyindolessigsäure (5-HIE) ist das Abbauprodukt des Serotonins (5-Hydroxytryptamin). Eine Urintagesausscheidung von mehr als 15 mg 5-HIE macht bei Ausschluß diätetischer Faktoren (Bananen, Walnüsse u. a.) die Diagnose eines metastasierenden Carcinoids wahrscheinlich. Zur semiquantitativen Bestimmung der 5-HIE trägt man nach Schmid und Kuschke [*143*] auf eine Platte 5-HIE-Standardmengen und steigende Mengen des Harnextraktes auf. Nach der dc-Trennung wird mit 0,1% methanolischer 2,6-Dichlorchinonchlorimidlösung besprüht und durch Vergleich der Fleckengrößen die 5-HIE-Konzentration im Harnextrakt angenähert ermittelt. Beim Besprühen mit diazotiertem p-Nitranilin erhält man eine besonders deutliche, bräunlich rote Färbung der 5-HIE (Abb. 173). Diese Reaktion kann auch zur quantitativen Bestimmung herangezogen werden [*143a*].

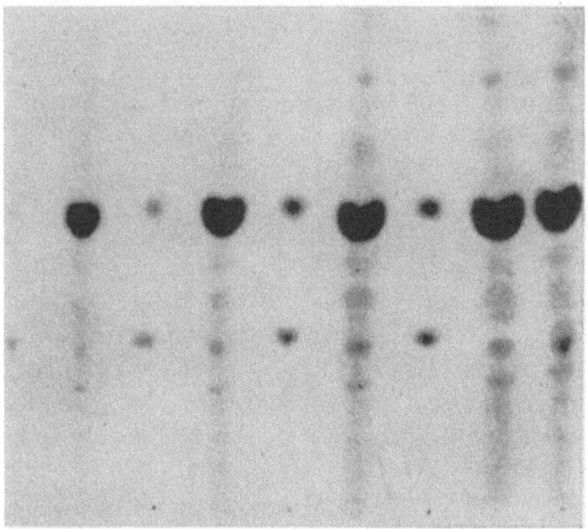

Abb. 173. DC eines Harnextraktes von einem Patienten mit Carcinoidsyndrom. Als Standard sind aufgetragen 0,25—1,0 µg VMS bzw. 5-HIE, sowie 2,5—10 µl Extrakt. Die Konzentration der 5-HIE im Harnextrakt ist stark erhöht, die der VMS normal [*143a*]. Schicht: Kieselgel G; Fließmittel: Isopropanol-Äthylacetat-Ammoniak-Wasser (45 + 30 + 17 + 8), Sichtbarmachung: Diazotiertes p-Nitranilin

Methylhistamin. Den Nachweis von Methylhistamin als Stoffwechselprodukt von Histamin im normalen Urin führten Fram und Green [*47*]. Dinitrophenyl-Methylhistamin wird mit der DC auf einer Kieselgel G-Schicht abgetrennt und nach Elution bei 358 nm photometriert.

36*

h) Serumproteine

Eine Trennung von Proteinen durch DC-Gel-Filtration wurde von Johansson und Rymo beschrieben [*82, 83*]. Dabei eignet sich Sephadex G 50 und G 75 (Fa. 102) besonders für relativ niedermolekulare Proteine, während Sephadex G 100 und G 200 die Trennung von höhermolekularen Proteinen, also auch Serumproteinen, begünstigt. Mit dieser Methode untersuchten die Autoren auf Sephadex G 200 "superfine" ein Normalserum, ein Myelomserum mit γ_{SS}-Globulin, zwei Myelomseren mit γ_{14}-Globulin und ein Serum mit pathologischem Makroglobulin. Fasella und Mitarb. [*43*] berichten ebenfalls über die dc Trennung von Proteinen an Sephadex. Andrews [*2*] benützte die Wanderungsgeschwindigkeit der einzelnen Proteine bei der DC-Gel-Filtration auf Sephadex G 100 "superfine" zu Aussagen über ihr Molekulargewicht. Ähnliche Untersuchungen liegen von Morris vor [*108*].

Wieland und Determann [*191*] trennen mit einer Gradient-Elutionschromatographie (S. 90) auf DEAE-Sephadex-Schicht Lactatdehydrogenase-Isozyme sowie AMP, ADP und ATP voneinander.

Wagner Romero [*176*] konnte mit einer Dünnschicht-Stärkegelelektrophorese die Trennung eines Serums in 15 Fraktionen erzielen. Reissell u. Mitarb. [*130*] trennten auf einer Stärke-Dünnschicht elektrophoretisch die Serumlipoproteine und untersuchten den Lipidgehalt der einzelnen Fraktionen mit der DC.

v. Euler u. Mitarb. [*41*] führten vergleichende Untersuchungen von dünnschicht-elektrophoretisch getrennten Eiweißfraktionen im Serum von gesunden Ratten und von Ratten mit Tumoren durch. Im Serum von Ratten, deren Tumoren größere Dimensionen erreicht hatten, waren das Albumin und die α-Globuline deutlich erniedrigt.

3. Lipide und verwandte Verbindungen

Die klinische Lipidchemie ist in vieler Beziehung überhaupt erst durch die DC möglich geworden. Eine erste Anwendung ist die analytische Trennung von Serumlipiden durch Weicker [*181*]. Bei der Untersuchung von Serumlipiden wurde mittels der DC erstmals das pathologische Lipid bei der Refsumschen Krankheit beobachtet [*201*]. Darüber hinaus scheint speziell auf dem Gebiet der Lipide die Analyse kleiner Proben von Geweben bedeutsam zu werden.

Die Anwendung der DC in der klinischen Lipidchemie ist bei wenigstens drei verschiedenen Fragestellungen angezeigt. Zunächst einmal erlaubt ein Dünnschichtchromatogramm bei Wahl eines geeigneten Fließmittels einen raschen Überblick, welche Lipide im Rahmen einer Hyperlipidämie vermehrt sind und damit die diagnostisch besonders wichtige Unterscheidung zwischen Hypercholesterinämie mit und ohne Hyperlipidämie (Huhnstock u. Weicker [*73*], Sachs u. Wolfman [*135*], Schlierf u. Wood [*140*]) (Abb. 174). Zum zweiten reichen bei vielen Fraktionen die aus der DC eluierbaren Lipidmengen für die GC der in ihnen enthaltenen Fettsäuren aus. Bowyer u. Mitarb. [*13*] gaben als eine der ersten eine brauchbare Methodik an, bei der die Fettsäuren in Gegenwart des Kieselgels umgeestert werden. Ein Verlust von ungesättigten Fettsäuren bei der DC durch Oxydation konnte nicht festgestellt werden. Am wichtigsten ist jedoch die Möglichkeit der quantitativen Analyse dc getrennter Lipidfraktionen ohne bzw. nach vorhergehender Elution.

Ausführliche Angaben über die Extraktion, Untersuchung und Bestimmung der Lipide im Blut finden sich bei ZÖLLNER und EBERHAGEN [202]. Für eine übersichtliche Trennung der wichtigsten Lipidfraktionen des Serums sind mehrere dc Systeme geeignet (s. S. 375). Uns hat sich zur raschen Beurteilung eines Lipidstatus die Kieselgel G-Schicht mit dem Fließmittel Petroläther (Kp 50—70°)-Äthylmethylketon-Eisessig (95 + 4 + 1) besonders bewährt [201]. Durch Erhöhung des Ketongehaltes im Fließmittel kann man die Trennung der polaren Lipide noch verbessern.

a) Neutralfett im Plasma

Eine semiquantitative Bestimmung der Triglyceride und freien Fettsäuren des Serums nach dc Trennung an Kieselgel G führen SCHLIERF und WOOD [140] auf Grund einer linearen Beziehung zwischen der Quadratwurzel aus der Fläche des Substanzflecks und dem Logarithmus der Substanzmenge durch.

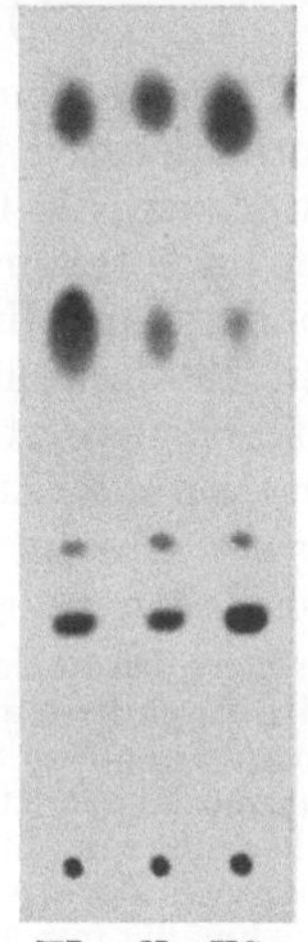

Abb. 174. DC der Plasmalipide bei einem Gesunden (N), bei Hyperlipämie (HL) und bei Hypercholesterinämie (HC) nach [140]. Schicht: Kieselgel G, Fließmittel: Petroläther (Kp 30—60°) Diäthyläther-Eisessig (82 + 18 + 1) beiKS

Mehrfache Bestimmungen im gleichen Serum ergaben eine gute Reproduzierbarkeit mit einer Standardabweichung von 8,1% bzw. 8,5%. Für ihren begrenzten Aussagewert ist die Methode recht umständlich.

Eine genaue Bestimmung nach dc-Isolierung gelingt nach KRELL und HASHIM [98] mit Hilfe der IR-Spektrophotometrie. Die Ausbeute liegt bei 96%, Serumkonzentrationen von 20 mg-% lassen sich noch gut bestimmen. In einer Gruppe von 51 gesunden Männern im Alter von 40 bis 59 Jahren wurde ein mittlerer Triglyceridspiegel von 93 mg-% mit einer Standardabweichung von ±43 mg-% festgestellt. Noch weitergehende Analysen, speziell der Zusammensetzung der Glyceride, erlaubt eine von PRIVETT und BLANK [128] angegebene Methode, bei der zwischen Neutralfett mit gesättigten und ungesättigten Fettsäuren unterschieden wird. Apparativ viel einfacher ist die enzymatische Bestimmung des Glycerid-Glycerins [38] nach dc-Trennung in Mono-, Di- und Triglyceride von ZÖLLNER u. Mitarb. [203]. Die Ergebnisse stimmen mit denen aus chemischen Analysen sehr gut überein. Das Verhältnis von Triglycerid-Glycerin zur Summe aus Mono- und Diglycerid-Glycerin ist bei gesunden Erwachsenen ziemlich konstant 90:10. Postprandial bleibt dieses Verhältnis bestehen, dagegen kommt es zu Verschiebungen zwischen Mono- und Diglycerid-Glycerin. WOOD u. Mitarb. [194] trennten mit der DC die

Lipide in den Chylomikronen des Plasmas nach Fettmahlzeit. Die Zusammensetzung der Fettsäuren, die gaschromatographisch untersucht wurde, war bei den Triglyceriden, den Diglyceriden und der zugeführten Butter sehr ähnlich.

b) Cholesterinester im Plasma

Die DC der Serumcholesterinester auf einer Kieselgel G-Schicht mit Tetrachlorkohlenstoff führt nach dreimaliger Entwicklung bei KS zu 5 Zonen, in denen die Cholesterinester nur nach der Zahl der Doppelbindungen im Fettsäuremolekül getrennt vorliegen (vgl. auch Kapitel J). Nach Zöllner u. Mitarb. [200] läßt sich ein mit Antimontrichlorid (Reag.-Nr. 19) besprühtes Chromatogramm der Cholesterinester direkt photometrisch auswerten, wenn die größte Einzelfraktion nicht über 3 μg Cholesterin enthält. Zur Einhaltung dieses Maximalwertes und zur Berechnung der Absolutwerte der einzelnen Fraktionen ist die vorherige chemische Bestimmung des Estercholesterins unbedingt erforderlich.

Reagentien: Tetrachlorkohlenstaff; Antimontrichlorid, 25proz. in Chloroform p. a. (täglich frisch bereitet).

Geht man von einem Sperry-Extrakt [202] aus, so engt man 1 ml Extrakt auf 0,14 ml ein und berechnet die aufzutragende Menge konzentrierten Lipidextraktes aus der Gleichung: ml Lipidkonzentrat = 1,67 / mg-% Estercholesterin im Serum. Unmittelbar nach der dc-Trennung werden die 200 × 38 mm großen Dünnschichtplatten gleichmäßig mit Antinomtrichloridreagens besprüht und anschließend etwa 5 min lang bei 110° C aufbewahrt. Der charakteristische Farbkomplex erreicht bei den einzelnen Fraktionen unterschiedlich schnell den Farbumschlag von rot nach blau, deshalb sind für die individuell angewandte Technik anhand von Testsubstanzen Korrekturfaktoren zu bestimmen. In Tab. 123 sind die am Spektralphotometer DU G 4700 der Fa. Beckmann bei 575 nm ermittelten Faktoren wiedergegeben. Für die photometrische Auswertung der Chromatogramme eignen sich auch eine Reihe von Elektrophoreseauswertegeräten mit ausreichender Lichtstärke (vgl. auch S. 138).

Mit dieser Methode wurden einige wichtige Befunde bei den Cholesterinestern des Serums erhoben (Tab. 123). Im Nabelschnurblut ist der Linolsäurespiegel gegenüber dem des Erwachsenen deutlich erniedrigt [199], je nach Linolsäuregehalt der Nahrung werden vom Säugling die Werte des Erwachsenen spätestens bis zum Ende des 2. Lebensjahres erreicht [204]. Bei Leberkrankheiten findet sich eine eindeutige Verminderung des Linolsäureesters [198], deren Ursache noch nicht geklärt ist. Bei familiärer Hypercholesterinämie sind die einzelnen Cholesterinester an der Erhöhung des Gesamtcholesterins gleichmäßig beteiligt [200] und auch bei 20 Patienten mit angiographisch nachgewiesener peripherer Arteriosklerose fand sich ebenfalls keine signifikante Verschiebung der Cholesterinesterfraktionen [195]. In einem Fall von Chylascites lag ein vom Serum nur gering abweichendes Verteilungsmuster der Cholesterinester vor [195]. Die Entdeckung des pathologischen Cholesterinesters der Phytansäure gelang durch die einfache dc-Trennung der Cholesterinester des Serums [201] (Abb. 175). Die Identifizierung wurde anschließend von Klenk und Kahlke [95] durchgeführt. Bei klinischem Verdacht auf ein Refsum-Syndrom muß das Dünnschichtchromatogramm mit der vierfachen Menge an Cholesterinestern beladen werden, damit der in den

Tabelle 123. *Die Cholesterinester des Serums in Relativ-Prozent. Die Standardabweichung des Durchschnitts ($\delta\bar{x}$) ist bei allen Werten kleiner als 1,1*
Bezüglich der Auswertung siehe auch Abb. 175

Serum von	n	Fettsäurereste					Autoren
		16:0 18:0	16:1 18:1	18:2	20:3 20:4	20:5 22:5 22:6	
Erwachsene . . .	14	16,1	23,6	46,7	11,8	2,0	ZÖLLNER u. Mitarb. [200]
Neugeborene . . .	27	23,5	30,6	23,6	20,6	1,2	ZÖLLNER u. Mitarb. [204]
Leberkrankheiten typischer Fall* .	1	21,9	28,2	37,4	10,3	2,3	ZÖLLNER u. WOLFRAM [198]
Arteriosklerose . .	20	16,1	25,2	44,6	12,8	1,6	WOLFRAM [195]
Korrekturfaktoren für die quantitative Auswertung		1,1	1,1	1,4	1,3	0,8	ZÖLLNER u. Mitarb. [200]

* Bei dem heterogenen Krankengut ergibt eine Mittelung keinen representativen Wert.

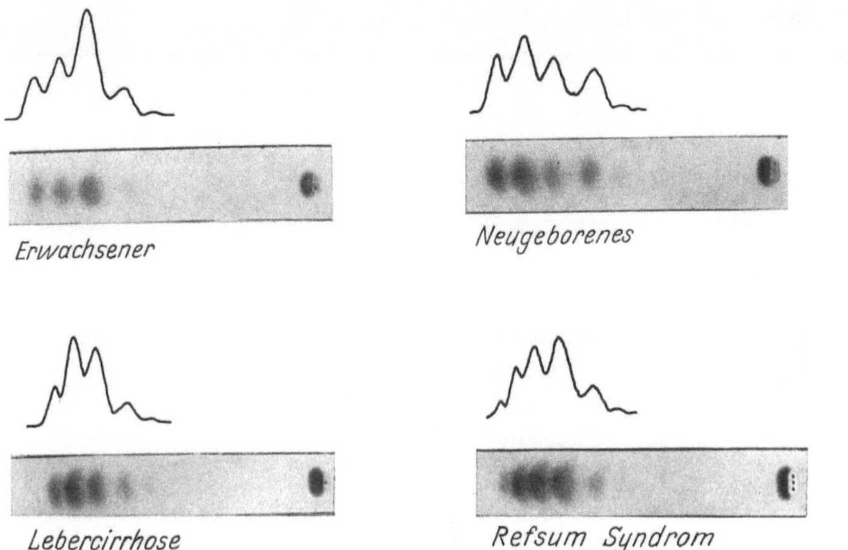

Abb. 175. Dünnschicht-Chromatogramme der Cholesterinester verschiedener Seren und die entsprechenden Absorptionskurven nach photometrischer Auswertung. Von links mit fallenden R_f-Werten die Ester der gesättigten, einfach ungesättigten, zweifach ungesättigten, drei- und vierfach ungesättigten sowie vielfach ungesättigten Fettsäuren; rechts beim Start freies Cholesterin

Serumcholesterinestern nur in geringer Konzentration vorliegende Phytansäureester nicht übersehen wird.

Eine bessere Trennung nach der Zahl der Doppelbindungen ist nach MORRIS [107] auf Kieselgel G-Schichten mit Silbernitratzusatz möglich, eine verteilungschromatographische Trennung beschreiben KAUFMANN u. Mitarb. [87]. Beide Verfahren können zur zweidimensionalen Chromatographie ausgenützt werden. Über das Vorkommen von Cholesterin-

sulfat im Serum und verschiedenen Organen des Menschen berichten
Moser u. Mitarb. [*109*] auf Grund dc-Analysen.

c) Phosphatide im Plasma

Für die dc-Trennung der Phosphatide des Serums auf Kieselgel G-
Schicht fand das von Wagner u. Mitarb. [*175*] angegebene Fließmittel
Chloroform-Methanol-Wasser (65 + 25 + 4) verbreitet Anwendung.
Habermann u. Mitarb. [*67*] teilten hierzu eine Methode zur quantitati-
ven Bestimmung der einzelnen Phosphatidfraktionen mit. Im Gegensatz
zur DC der Cholesterinester, wo man die Auftrennung in einheitliche
Substanzen erreichen kann, trennen die bisher für die Phosphatide be-
kannten Methoden nur Gruppen von Verbindungen. Tab. 124 gibt eine
Zusammenstellung bisher mit der DC erhobener Befunde.

Tabelle 124. *Phosphatide und Phosphatidfraktionen im Serum*

Serum von	n	Gesamt-phosphatide mg-%	Kephalin %	Lecithin %	Sphingomyelin %	Lysolecithin %	Autoren
Erwachsene . . .	30	223	3,1	71,9	16,4	8,9	Zöllner u. Mitarb. [*204*]
Erwachsene . . .	20	199	3,0	66,0	21,5	9,4	Wagener u. Mitarb. [*172*]
Schwangere. . . .	5	328	5	73	21	1,3	Vikrot [*169*]
Kinder (3—7 J.) .	10	193	8,5**	68,8	17,5	5,2	Christian u. Mitarb. [*23*]
Neugeborene . . .	19	114	8,8	55,3	19,8	16,2	Zöllner u. Mitarb. [*204*]
Arteriosklerose . .	20	255	3,0	66,4	22,6	8,0	Wagener u. Mitarb. [*172*]
Leberkrankheiten*	14	269	2,2	80,5	12,3	5,3	Zöllner u. Wolfram (unveröffentlicht)
Hypercholesterin-ämie.	1	694	3,5	72,5	20,7	3,3	Scholderer [*147*]
Hypercholesterin-ämie.	1	315	6,9**	67,4	22,5	3,2	Christian u. Mitarb. [*23*]
Kohlenhydratinduzierte Hyper-lipidämie . . .	1	390	7,4**	75,0	9,7	7,9	Christian u. Mitarb. [*23*]

* Das Verhalten der Phosphatide bei verschiedenen Leberkrankheiten scheint
so einheitlich zu sein, daß ein Durchschnitt errechnet werden konnte.
** Summe aus Kephalin, Inositphosphatid und Phosphatidsäure.

Sphingomyelin im Plasma. In den Sphingomyelinfraktionen des
menschlichen Serums konnten Michalec und Kolman [*105*] durch
zweidimensionale DC neben C_{18}-Sphingosin und geringeren Mengen C_{18}-
Dihydrosphingosin auch C_{16}- und C_{17}-Sphingosin nachweisen. Wood und
Holton [*193*] fanden nach präparativer DC gaschromatographisch in
der mehr polaren Fraktion vorwiegend C_{16}-Fettsäuren in der weniger
polaren vorwiegend C_{22}- und C_{24}-Fettsäuren.

d) Methoden zur Trennung weiterer medizinisch wichtiger Lipide

Gréen und Samuelsson [*61*] geben Fließmittelsysteme zur dc-
Trennung aller bekannten Prostaglandine als freie Fettsäuren oder als

Methylester an. Die quantitative Bestimmung von Prostaglandinen in menschlichem Sperma teilen BYGDEMAN und SAMUELSSON [20] mit.

GOODMAN untersuchte [60] den Plasmaspiegel und den Stoffwechsel von Squalen beim Menschen mit Hilfe von ^{14}C-Mevalonsäure. Der größte Teil des markierten Squalen war in den Lipoproteiden niederer Dichte zu finden, die Plasmakonzentration lag bei 30—35 µg-%. Auch geringe Mengen Lanosterin kommen im Plasma wahrscheinlich vor.

SVENNERHOLM und SVENNERHOLM [161, 162] extrahierten die neutralen Glykolipide aus menschlichem Serum, Milz, und Leber und konnten 4 verschiedene Glykolipide abgrenzen, deren Aufbau und Verteilung ermittelt wurde. Eine Methode zur Isolierung von N-Acetyl- und N-Glykolyl-Neuraminsäure aus Kälber- und Hühnerserum geben FAILLARD und CABEZAS [42] an.

e) Lipide in Sekreten und Ausscheidungen

Die Lipide im Stuhl sind speziell durch säulenchromatographische Trennungen bekannt (z. B. AYLWARD u. WOOD [5]), die Übertragung auf die DC dürfte keine Schwierigkeiten hereiten. Entsprechende Untersuchungen sind für die Differentialdiagnose von Verdauungsinsuffizienzen von Bedeutung.

WEICKER u. Mitarb. [182] untersuchten die Lipide in normalem und stark chylösem Duodenal-Sekret, das von einem Patienten mit exsudativer Enteropathie über eine Doppelballonsonde gewonnen wurde. Durch DC an Kieselgel konnten in dem chylösem Duodenalsaft vorwiegend Neutralfette, neben Phosphatiden und Cholesterin nachgewiesen werden. Schon 15 min nachdem mit ^{131}Jod markierte Ölsäure in das Jejunum gebracht wurde, konnten im Duodenalsaft markierte Phosphatide mit der DC nachgewiesen werden. Bei zwei gesunden Personen trat die Aktivitätssteigerung im Duodenalsekret erst nach 2 Std auf und lag erheblich niedriger als bei dem Patienten mit Enteropathie. WILLIAMS u. Mitarb. [192] untersuchten die Lipidzusammensetzung in Faeces und Faecaliensteinen aus dem Blinddarm und fanden überwiegend freie Fettsäuren. Die Stuhlsterine werden im Abschnitt IV erwähnt. Im Harn von Patienten mit Lipoidnephrose wurden von KAUFMANN und VISWANATHAN [88] über 2,5 mg-% Cholesterinester und 1,0 mg-% freies Cholesterin gefunden, bei einem Fall von Lipidurie überwiegend Triglyceride (348 mg pro 100 ml Harn) festgestellt. Wir konnten bei einem anderen Fall von Chylurie mit Hilfe der DC ebenfalls ein Vorherrschen der Neutralfette feststellen.

Die Phosphatide im Liquor untersuchten PHILLIPS und ROBINSON [127]. Die Lipoide der Frauenmilch trennte CZEGLÉDI-JANKÓ [25] mit präparativer DC. Die Fettsäuremethylester wurden anschließend mit der GC untersucht.

f) Lipide in Geweben

Die Lipidanalyse von Geweben war für die Aufklärung von Lipidspeicherkrankheiten schon immer von großer Bedeutung. Die DC hat die notwendigen Untersuchungen sehr vereinfacht. Sie erlaubt es auch, den

Bereich der Untersuchungen auf Punktionsmaterial bzw. die kleinen Organe von Versuchstieren auszudehnen.

α) Gehirnlipide. Über die quantitative und qualitative Analyse von Gehirnlipidfraktionen nach dc-Trennung gibt es zahlreiche Arbeiten [z. B. *4, 70, 71, 72, 76, 84, 90, 94, 110, 125, 185, 190*]. Jatzkewitz [*78*] entwickelte eine Mikromethode zur quantitativen Bestimmung der Sphingolipide aus Gehirn. Sie beruht im wesentlichen auf der DC in Verbindung mit dem „Ultramikro-Analytical-System" nach M. C. Sanz. Mit diesem Verfahren konnte nachgewiesen werden, daß bei der metachromatischen Leukodystrophie Sulfatide vom Kerasin- und Cerebrontyp gespeichert werden. Beim Markzerfall, sei es bei metachromatischer Leukodystrophie oder Multipler Sklerose, tritt ein schnellerer Abbau der Cerebroside vom Kerasin-Typ als der vom Cerebron-Typ auf. Svennerholm [*163*] bestimmte dc die Ganglioside im Gehirn von Feten, Neugeborenen und Erwachsenen. Er fand keine Unterschiede zwischen den Gangliosiden des Fetus und des Erwachsenen. In einem Fall von infantiler amaurotischer Idiotie konnten 90% Acyl-Sphingosin-N-triose-N-acetyl- neuraminsäure nachgewiesen werden, in normalem Gehirn finden sich nur 3—6% dieses Gangliosids. Penick u. Mitarb. [*126*] berichten über die dc-Trennung von 9 Gangliosiden aus normalem menschlichem Gehirn. Wagner [*173*] trennte die Ganglioside aus dem Gehirn eines Patienten mit Tay-Sachsscher Krankheit auf einer Kieselgel G-Schicht. Das für diese Krankheit typische Gangliosid mit einem molaren Galaktose-Glucoseverhältnis von 1:1 konnte isoliert werden. Über einen atypischen Fall von infantiler amaurotischer Idiotie berichten Jatzkewitz u. Mitarb. [*77, 79*]. Es lag eine Speicherung des normalen Gangliosid A (Klenk) vor, während nur Spuren des für Tay-Sachssche Krankheit typischen Gangliosids nachgewiesen werden konnten. In der weißen und grauen Substanz frischer unfixierter Gehirne von Patienten mit Tay-Sachsscher Krankheit, Niemann-Pickscher Krankheit und Pfaundler-Hurlerscher Krankheit untersuchten Booth u. Mitarb. [*12*] auf Kieselgel G-Schichten die Zusammensetzung der Ganglioside. Sie konnten die molare Verteilung der Zucker genau bestimmen.

Seifert und Uhlenbruck [*150*] konnten mit einer dc-Technik das Hauptgangliosid der Meningiome isolieren und seine Konstitution aufklären. Es enthält je ein Molekül Fettsäure, Sphingosin, Glucose, Galaktose und N-Acetyl-neuraminsäure und kommt im normalen Gehirn nur in geringen Mengen vor. Mit Hilfe einer polyzonalen DC konnte Seifert [*151*] ein zweites Gangliosid erfassen, das in Meningiomen nicht immer, in Gliomen, Ependymomen, Medulloblastomen immer gefunden wird. Es enthält zusätzlich noch eine Neuraminsäure im Molekül.

β) Lipide in anderen Geweben. Untersuchungen über die Lipide der Leber liegen, um nur Beispiele zu nennen von Schön u. Mitarb. [*146*], Dobiášová [*32*], Skipski u. Mitarb. [*153*], und Zöllner [*197*] vor. Hier sind Untersuchungen bei Fettleber und regenerierender Leber besonders interessant. Weitere Gewebe, die häufiger untersucht wurden, sind die Fettdepots [*32*] und die Nebennieren [*3*]. Schon in der letzten

Auflage dieses Buches konnte über die Analyse von Gefäßwandlipiden berichtet werden. GLUCK u. Mitarb. [58] bestimmten dc-getrennte Phosphatide aus Lungengewebe nach Verkohlung direkt photometrisch.

MASORO u. Mitarb. [104] untersuchten mit der DC die Lipide aus Muskelgewebe. WAGNER und WEICKER [174] konnten aus normalem menschlichem Milzgewebe eine gangliosidartige Substanz gewinnen, die 0,06% der Trockensubstanz betrug. Es ließ sich auch das Milzgangliosid mit der DC in 6 Fraktionen auftrennen, die sich durch den Zuckeranteil im Molekül unterscheiden. Die stärkste, schnellwandernde, hexosaminfreie Fraktion ist aus je einem Molekül Sphingosin, Fettsäure, Galaktose, Glucose und Neuraminsäure aufgebaut. SUOMI und AGRANOFF [160] untersuchten die Lipide der Milz bei 8 Patienten mit Morbus Gaucher. Sie konnten neben den bekannten Veränderungen der Cerebroside keine Vermehrung der Phosphatidfraktionen, jedoch eine mäßige Vermehrung neutraler Lipide feststellen. EBERHAGEN [36] untersuchte die Lipide der menschlichen Placenta.

Die Bedingungen zur dc-Untersuchung der Haut- und Haarlipide wurden von KAUFMANN und VISWANATHAN [89] angegeben. HAAHTI u. Mitarb. [65, 66] untersuchten die Cholesterinester und Wachse im Hauttalg ebenfalls mit der DC. STÜTTGEN und VOGELBERG [159] stellen bei 7 Patienten mit tuberösen Xanthomen die qualitative und quantitative Zusammensetzung der Xanthomlipide den Werten der normalen Haut und des Hautoberflächenfetts gegenüber. Das abgelagerte Cholesterin war überwiegend verestert. In Xanthomen bei Hyperlipämie kommt es nicht zur vermehrten Ablagerung von Neutralfetten. In einem Fall von cytomykotischer histiocytärer Granulomatose konnte eine extracelluläre Speicherung von freiem Cholesterin festgestellt werden.

HOLCZABEK [69] untersuchte dc Lipidextrakte aus Depotfett, normalem Lungengewebe und aus Lungen mit Fettembolie. Mit den besonderen Fragen der Analyse kleinster Gewebemengen haben sich DOBIÁŠOVÁ [32], speziell aber auch EBERHAGEN [37] beschäftigt. ARNOLD [3a] berichtete über dc-Trennung der Lipide in Mittelohrcholesteatomen.

4. Steroide

(s. hierzu auch Kap. L)

Verbindungen mit Steroidstruktur, wie Nebennierenrindenhormone, Geschlechtshormone, Cholesterin und Gallensäuren nehmen im menschlichen Organismus eine zentrale Stellung ein. In der klinischen Diagnostik hormoneller Störungen interessieren vor allem der Serumspiegel der wirksamen Hormone, ihre Ausscheidungsprodukte im Urin und die Leistungsreserven der inkretorischen Organe. Für das Cushing Syndrom ist eine Erhöhung des Cortisolspiegels im Blut bzw. eine vermehrte Ausscheidung von Cortisol und seinen Metaboliten im Urin charakteristisch. Die Ausscheidung der Gesamt-17-Ketosteroide ist nicht immer vermehrt. Aufschluß kann die chromatographische Trennung der 17-Ketosteroide bringen, da die 11-Oxy-17-Ketosteroide als Metaboliten von Cortisol und Cortison vermehrt sind. Der Hyperaldosteronismus führt zu vermehrter

Ausscheidung von Aldosteron im Urin bei normaler Ausscheidung von 17-Ketosteroiden und 17-Hydroxysteroiden. Eine vermehrte Produktion von androgenen Hormonen ist kennzeichnend für das adrenogenitale Syndrom. Wichtige diagnostische Hinweise liefern die Ausscheidung der 17-Ketosteroide, des Pregnantriol, Androsteron und Dehydroepiandrosteron. Bei der Nebennierenrinden-Insuffizienz kommt es zu einer Verminderung der Ausscheidung der 17-Hydroxysteroide und 17-Ketosteroide.

Im Vergleich zum Serum liegen die Konzentrationen der Steroide im Liquor niedriger. OERTEL und BRÜHL [113] untersuchten Sammelliquor von Patienten und trennten nach Extraktion der freien Steroide die Steroidkonjugate durch Ionenaustauscher-Chromatographie und Lösungsmittelverteilung in Steroidsulfate, -sulfatide und -glucuronoside. Die Conjugate wurden gespalten und die Steroidgruppen (Oestrogene, 17-Ketosteroide, 17-Hydroxycorticosteroide) bzw. einzelnen Steroide mittels DC und PC isoliert.

a) C_{21}-Steroide

Bei der einfachen semiquantitativen Bestimmung von Progesteron im Serum nach WALDI [179] wird nach Extraktion aus 3,5 ml Serum Progesteron von Cholesterin dc getrennt. Zur semiquantitativen Auswertung dient der Vergleich mit Referenzsubstanzen. LUISI u. Mitarb. [101] entwickelten eine quantitative gaschromatographische Bestimmung des Progesterons nach Extraktion aus dem Serum und Reinigung durch flüssig/flüssig Verteilung und DC. Der Progesterongehalt im Serum von 10 normal menstruierenden Frauen schwankte im Verlauf des Cyclus zwischen 0,25 und 3,5 μg/100 ml.

Umstellungen in der hormonalen Regulation, sei es durch Eintreten einer Schwangerschaft oder durch pathologische Störungen des Cyclus, die mit einer Änderung der Pregnandiolausscheidung im Urin einhergehen, lassen sich dc einfach und schnell erfassen. Der Schwangerschaftsnachweis nach WALDI [178] beruht auf der Bestimmung der Progesteronmetaboliten im Harn. Die maximale Pregnandiolausscheidung in der Sekretionsphase liegt in der Regel bei 3—5 mg/l Urin, in Ausnahmefällen bis zu 7 mg Pregnandiol/l Urin. Etwa 10 Tage nach der Konzeption hat die Pregnandiolausscheidung im Urin den normalen Maximalwert bereits um etwa 2 mg überschritten. Die Pregnandiolbestimmung kann auch bei der Überwachung des Cyclus und zur Kontrolle des Hormonhaushaltes bei der Verabreichung empfängnisverhütender Mittel eingesetzt werden. Bei Verdacht auf ein adrenogenitales Syndrom wird man einen aliquoten Teil des 24 Std-Urins zur Untersuchung auf Pregnantriol verwenden. BANG [6] benutzte das Extraktionsverfahren und Fließmittel von WALDI zu einer quantitativen Bestimmung von Pregnandiol im Urin. SCHNEIDER und SZEREDAY [144] bestimmen Pregnandiol aus Urin spektrophotometrisch. Auch andere Autoren [39, 99, 156] geben quantitative Bestimmungen von Pregnandiol nach dc Trennung an. ADAMEC u. Mitarb. [1] benützen die DC zur Reinigung eines Rohextraktes von 17-Hydroxycorticosteroiden aus Urin. Die quantitative Bestimmung erfolgt colorimetrisch mit der Porter-Silber-Reaktion. BERNAUER [*9*] benützt zur quantitativen Auswertung von Dünnschichtchromatogrammen der Corticosteroide die photometrische Bestimmung des blauvioletten Formazankomplexes. BRUINVELS [*15*] gibt ein einfaches Verfahren zur dc Trennung und quantitativen Bestimmung von Aldosteron, Hydrocortison und Corticosteron an. Eine fluorometrische Bestimmung von freiem Cortisol nach dc Isolierung aus dem Harn beschreiben GERDES und STAIB [*55*].

6- β-Hydroxycortisol findet man im menschlichen Urin bei Schwangerschaft, bei Nebennierenrindenüberfunktion und normalerweise bei Neugeborenen in erhöhter Konzentration, vielleicht auch bei Störungen der mikrosomalen Leberfunktion. BERTHOLD und STAUDINGER [*10*] isolieren 6- β-Hydroxycortisol auf einer Kieselgel HF_{254}-Schicht zweidimensional mit Cyclohexan-Isopropanol (50 + 50) und Chloroform-Eisessig-Äthanol (65 + 30 + 5). Die quantitative Bestimmung mit Triphenyltetrazoliumchlorid-Blau erfolgt nach Elution aus dem Kieselgel. Die mittlere tägliche Ausscheidung von 10 gesunden männlichen Personen mittleren Alters lag bei 525 μg $\pm$ 123 (s), die vo n 10 weiblichen Personen bei 534 μg $\pm$ 156 (s).

NISHIKAZE und STAUDINGER [*111*] isolieren Aldosteron nach Extraktion aus dem Harn durch ein zweidimensionales dc Verfahren. Nach Elution wird das Steroid mit Tetrazolium-Blau quantitativ bestimmt. Im 24 Std-Urin wurde eine Normalausscheidung von 10 μg Aldosteron festgestellt. In einer neueren Arbeit von NOWOTNY und STAUDINGER [*112*] wird das nach der gleichen DC-Methode isolierte Aldosteron fluorometrisch bestimmt. BENRAAD und KLOPPENBORG [*8*] trennen mit der DC Aldosteron von anderen Harnsteroiden ab und bestimmen es nachher quantitativ. Die Ausbeute von dem Harn zugesetzten Aldosteron liegt bei 74,2%. Ähnliche Ergebnisse erzielen GERDES und STAIB [*56*] bei ihrem Extraktionsverfahren zur fluorometrischen Bestimmung von Aldosteron im menschlichen Harn.

SCHEIFFARTH u. Mitarb. [*138*] untersuchten mit der DC die Ausscheidung von Prednisolon und seinen Metaboliten im Duodenalsaft. Bei Lebergesunden kommt es zur Ausscheidung von Prednisolonacetat, das bei Patienten mit Leberparenchymschaden nicht auftritt. Nach der Normalisierung der pathologischen Leberfunktionsteste kann wieder eine Bildung von Glucocorticoidacetaten nachgewiesen werden.

b) C_{19}-Steroide

Eine dc-Trennung von einzelnen 17-Ketosteroiden geben REISERT und SCHUMACHER [*129*]. SHEN u. Mitarb. [*152*], DYER u. Mitarb. [*34*], STÁRKA u. Mitarb. [*157*] sowie WEINAND u. Mitarb. [*184*] an. Die Kombination von DC und GC benützten KIRCHNER und LIPSETT [*93*] zu einer Bestimmung von mehreren 17-Ketosteroiden, Pregnandiol und Pregnantriol im 24 Std-Urin von Männern und Frauen. PENG u. Mitarb. [*125*] geben eine einfache dc Methode zur Bestimmung von Dehydroepiandrosteron im Urin an.

Testosteron im Urin wird von SZEREDAY und SACHS [*164*] als farbiges Dinitrophenylhydrazon dc isoliert und dann quantitativ bestimmt. Die

Ausbeute der Methode ist mit 70% relativ gut. Vermeulen und Verplancke [168] halten bei der Bestimmung von Testosteron im Urin noch
eine säulenchromatographische Reinigung über $Al_2 O_3$ für notwendig,
ähnlich auch Brooks [14]; Testosteron wird dann dc-isoliert und mit der
Zimmermann-Reaktion quantitativ bestimmt. Im 24 Std-Urin lag die
Ausscheidung bei 40 μg (♂), bzw. unter 12 μg (♀). Im Urin einer Frau mit
Hirsutismus wurden 34 μg gefunden. Futterweit u. Mitarb. [54] stellten
bei idiopathischem Hirsutismus, bei Stein-Leventhal-Syndrom mit Hirsutismus, kongenitaler Nebennierenrindenhyperplasie und bei Cushing-
Syndrom mit Virilisierung eine erhöhte Testosteronausscheidung fest.
Zu ähnlichen Ergebnissen kamen Ibayashi u. Mitarb. [75]. Korenman
u. Mitarb. [97] benützten eine Isotopenverdünnung und bestimmten das
Testosteron im Urin sowie die Umsatzrate nach dc Abtrennung fluorometrisch. Voigt u. Mitarb. [170] benützen ebenfalls die DC zur Bestimmung der Testosteron-Ausscheidung im Urin. Eine Testosteronkonzen-
tration von 0,3—1,27 μg/100 ml Plasma fanden Guerra-Garcia u. Mitarb. [64] bei jungen Männern. Die Ausbeute dieser kombinierten dünn-
schicht- und gaschromatographischen Methodik liegt allerdings nur bei
39%. Eine ähnliche Methode wurde von Burger u. Mitarb. [18] angegeben.

c) C_{18}-Steroide

Der Quotient aus Oestriol und der Summe von Oestradiol und Oestron
im Harn liegt bei Männern und Frauen normalerweise bei 1. Bei einigen
Krankheiten und in der Schwangerschaft kommt es zu einer Verschiebung dieses Quotienten. Detter u. Mitarb. [27] untersuchten diese Veränderungen mit einer semiquantitativen dc Methode. Struck [158] gibt
eine quantitative Bestimmung der auf Kieselgel getrennten Oestrogene an.
Ladany und Finkelstein [100] untersuchten nach dc und pc Trennung
die Oestrogene im Urin von gesunden Frauen zwischen dem 5. u. 9. sowie
20. u. 24. Tag des Cyclus, und bei einer Patientin mit sek. Amenorrhoe bei
normaler FSH-Ausscheidung im Urin. Bei einer Patientin mit sek.
Amenorrhoe bei erhöhter FSH-Ausscheidung und bei einer Patientin mit
Zustand nach bilateraler Ovarektomie lag die Oestrogenausscheidung im
Urin nahezu bei Null. Die Zuverlässigkeit dieser fluorometrischen Bestimmung wurde mit markiertem Oestradiol und Oestron überprüft, die
Ausbeute lag bei 50%. Fishman u. Mitarb. [44] trennen Oestradiol und
Oestriol aus Urin als Glucuronidconjugate auf Kieselgel H mit einer zweidimensionalen Technik. Die Hydrolyse mit β-Glucuronidase erfolgt erst
nach der Elution aus dem Kieselgel. Eine densitometrische Bestimmung
eines Oestrogengemisches nach dc Trennung auf Kieselgel H gibt
Jacobson [74] an. Wotiz [196] analysiert die Oestrogene im Urin nach
dc Trennung gaschromatographisch.

d) Gallensäuren

Curtius [24] schlägt eine semiquantitative Bestimmung der Gallensäuren aus Serum, Duodenalsaft und Stuhl nach der Methode der eben
noch sichtbaren Grenzkonzentration auf der DC-Platte vor und belegt

die Leistungsfähigkeit dieses Verfahrens durch Analysen im Serum von 20 gesunden Männern und Frauen. FROSCH und WAGENER [49—52] berichteten in mehreren Arbeiten über die quantitative Bestimmung von dc-getrennten, freien und konjugierten Gallensäuren in Serum und Duodenalsaft. In einer neueren Arbeit untersuchte FROSCH [53] das Verhalten der konjugierten Serumgallensäuren bei Leberkrankheiten. So konnte unter anderem gezeigt werden, daß im Serum von Patienten mit Hepatitis nach Abklingen der akuten entzündlichen Erscheinungen, kenntlich am Rückgang der Transaminasenwerte, die konjugierten Trihydroxy- und Dihydroxycholansäuren im Serum noch längere Zeit erhöht bleiben. Eine aufwendigere aber empfindlichere Methode ist die spektrofluorometrische Bestimmung der dc-getrennten Gallensäuren nach FORTH u. Mitarb. [46]. Sie erlaubt es, Cholsäure noch in Konzentrationen von 0,02 μg/ml Cuvettenfüllung sicher zu bestimmen. Die Autoren führten Bestimmungen der Gallensäuren in der Gallenflüssigkeit [45] und isolierten Darmpräparaten [57] der Ratte, sowie in Galle und Serum beim Menschen durch. In den Normalseren konnten weder freie Cholsäure noch freie Desoxycholsäure nachgewiesen werden; das Verhältnis des Glycinkonjugates zum Taurinkonjugat der Cholsäure lag bei 0,4. Im Serum von Patienten mit Verschlußikterus war die Konzentration der beiden Cholsäurekonjugate angestiegen, ähnliche Verhältnisse fanden sich bis zum 20. Krankheitstag bei Hepatitis epidemica. In 3 von 17 Seren, die von Patienten mit Verschlußikterus bzw. Hepatitis epidemica stammten, konnte freie Cholsäure nachgewiesen werden, freie Chenodesoxycholsäure konnte auch im Serum von Patienten nicht nachgewiesen werden.

e) Sterine im Stuhl

SAMUEL und URIVETZKY [136] trennten Cholesterin-7α^3H und Koprosterol-4-^{14}C aus menschlichem Stuhl auf Kieselgelschichten mit dem Fließmittel Toluol-Äthylacetat (90 + 10) durch zweimaliges Entwickeln. MIETTINEN u. Mitarb. [106] berichten über die Bestimmung der neutralen Steroide im Stuhl. Diese werden nach dc Vortrennung als Trimethylsilanäther-Derivate gaschromatographisch analysiert. Das Verfahren eignet sich besonders für Bilanzuntersuchungen. Die gleichen Autoren berichten auch über die Analyse der Gallensäuren im Stuhl [63].

5. Porphyrine und Metaboliten

Bei der Biosynthese des Protoporphyrins, einer Vorstufe des roten Blutfarbstoffes Häm, gibt es eine Reihe von Störungen, die zu einer qualitativ oder quantitativ veränderten Ausscheidung von Porphyrinstoffwechselprodukten im Harn führen. Koproporphyrin I und III lassen sich nach JENSEN [80] auf Kieselgel mit dem Fließmittel 2,6-Lutidin-Wasser (70 + 21) in einer mit NH_3 gesättigten Kammeratmosphäre trennen. Im UV-Licht gelingt der Nachweis von 0,01 μg Koproporphyrin. Eine quantitative Auswertung der Chromatogramme ist durch Vergleich mit steigenden Mengen eines Standards oder durch Extraktion mit 2 N HCl aus dem Kieselgel und fluorometrische Bestimmung möglich.

Im Zusammenhang mit dem „Magnolipin"-Test wurden von Stahl u. Mitarb. die Bedingungen zur DC von Protoporphyrinen eingehend untersucht. Die auf Einheitlichkeit zu prüfenden Produkte wurden 0,1—0,5proz. in reinstem Pyridin gelöst und 2—20 μl aufgetragen. Die besten Trennungen konnten auf alkalischen Kieselgel G-Schichten (statt Wasser 0,5N KOH) mit dem Fließmittel Chloroform-Methanol-Tetrahydrofuran (30 + 30 + 30) und 5maliger Entwicklung auf der 10 cm-Strecke bei KS erhalten werden. Ein angeblich reines Protoporphyrin trennte sich in 6 Zonen auf. Man erkennt sie am besten an der roten Fluorescenz im langwelligen UV-Licht und verwende hierzu einen Hochdruckbrenner (S. 79, Fa. 44)

Tenhunen [*167*] gibt ein einfaches dc Verfahren zur Trennung der Gallenfarbstoffe aus Menschengalle an. Die diazotierten Gallenfarbstoffe werden auf Kieselgel G-Schichten mit dem Fließmittel Methyläthylketon-Propionsäure-Wasser (60 + 15 + 15) getrennt, mit steigenden Rf-Werten liegen Bilirubinsulfat, Bilirubinglucuronid, Bilirubinmonoglucuronid, unkonjugiertes Bilirubin und Biliverdin vor, die nach Elution photometrisch bestimmt werden. Nach saurer Hydrolyse kann auch noch der Glucuronsäuregehalt ermittelt werden. Der Bestimmung der Gallenfarbstoff-Fraktionen im Serum muß eine Eiweißfällung vorausgehen.

II. Untersuchungen körperfremder Substanzen

Der Nachweis körperfremder Substanzen und ihrer Metaboliten im menschlichen Organismus und seinen Exkreten ist nicht nur von theoretischem Interesse, sondern in mehrfacher Hinsicht von Bedeutung für die praktische Medizin. Funktionsproben, Diagnosen von Vergiftungen und Überwachung der Arzneimitteltherapie haben klinische Bedeutung. Den Pharmakologen interessieren die Stoffwechselwege, über die im gesunden und kranken Organismus Arzneimittel abgebaut werden. Die Möglichkeiten der DC auf diesem Gebiet sind in Kapitel Q dargelegt.

1. Funktionsproben

Der Abbau oder die Ausscheidung einer körperfremden Substanz durch ein bestimmtes Organ ist ein Parameter für die Leistungsfähigkeit dieses Organs. In der klinischen Diagnostik beruhen mehrere Funktionsproben auf diesem Prinzip.

Der Bromsulphaleintest, d. h. die Ausscheidung von Phenoltetrabromphthalein-dinatrium-sulfonat (BSP) aus dem Plasma durch die Leber wird als Leberfunktionstest allgemein angewendet. Die bei der Passage durch das Leberparenchym gebildeten, in der Galle, im Plasma, in der Lymphe und im Urin nachweisbaren BSP-Stoffwechselprodukte können nach Whelan und Plaa [*189*] auf Cellulose-Dünnschicht mit dem Fließmittel Butanol-Eisessig-Wasser (40 + 10 + 50) (Oberphase) aufgetrennt und quantitativ bestimmt werden. In der Rattengalle bestimmte Wernze [*186*] mit dem gleichen Fließmittel 6 Ninhydrin-positive BSP-Stoffwechselprodukte, deren größte Fraktion als BSP-Glutathion (GSH)-Komplex anzusprechen ist. Das unveränderte BSP hat unter den gewählten Trennbedingungen den höchsten hRf-Wert (Abb. 176). Eine quantitative Auswertung erfolgt durch Elution mit 3 ml 0,1N NaOH und Messung der Extinktion bei 570 nm gegen 0,1N NaOH. Nach Angaben des Autors gehen experimentelle Leberschädigungen mit Tetrachlorkohlenstoff, Thioacetamid oder Thyroxin sowie Proteinmangelzustände mit qualitativen Veränderungen der BSP-Metaboliten in der Galle einher. Eine direkte quantitative und qualitative Aufschlüsselung der BSP-Stoffwechselprodukte verspricht eine exaktere Aussage über die Leberzellfunktion als die nur globale Bestimmung der Eliminationsrate von BSP aus dem Serum. Bei gewissen Leberschäden kommt es zum Rückstau konjugierten Bromsulphaleins in das Blut und vermehrter Ausscheidung dieser Verbindungen im Harn [103].

2. Vergiftungen

In der klinischen Praxis wird der Arzt immer wieder akuten Vergiftungen konfrontiert, bei denen auf Grund anamnestischer Erhebungen oder der klinischen Symptomatik keine eindeutige Diagnose zu stellen ist. In diesen Fällen kommt es schon in Hinsicht auf die therapeutischen Konsequenzen, mitunter auch aus forensischen Gründen, auf eine schnelle Identifizierung des Giftes bzw. seiner Metaboliten aus Magen- und Darminhalt oder Urin an. Die erheblich kürzeren Trennzeiten und die größere Empfindlichkeit machen in diesen Situationen die DC der PC

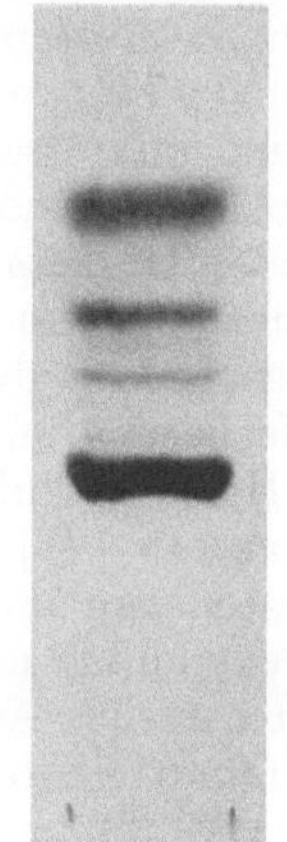

Abb. 176. Dünnschicht-Chromatogramm von Rattengalle (einstündige Sammelportion) nach i.v. Injektion von 20 mg/kg Bromsulphthalein. Schicht: Cellulose, Fließmittel: Butanol - Eisessig - Wasser (40 + 10 + 50) [186]

eindeutig überlegen. Für klinische Belange können die DC-Methoden des Gerichtsmediziners, über deren Anwendung bei der Untersuchung von Geweben, Blut, Magen- und Darminhalt sowie Harn MACHATA [102] ausführlich berichtete, ohne weiteres übernommen werden. Zur Methode im einzelnen bei der Extraktion und der Trennung von Alkaloiden und ihren synthetischen Ersatzmitteln, Schlafmitteln, Psychopharmaka, Schmerzmitteln, Insektiziden u. a. sei auf die Spezialkapitel verwiesen.

3. Therapieüberwachung

Den Erfolg einer Therapie kann der Arzt in den meisten Fällen anhand klinischer Kriterien beurteilen. Bringt eine Behandlung nicht den gewünschten Erfolg, so wird die Ursache des Versagens beim Medikament wie auch beim Patienten zu suchen sein. Nicht zu selten nehmen Patienten aus Nachlässigkeit, Berechnung oder Aberglauben ihre Arzneimittel nicht ordnungsgemäß ein und zwingen den Arzt in die Rolle eines Detektivs. Durch die Bestimmung des Arzneimittelspiegels im Blut ist eine Kontrolle möglich, ob ausreichende Dosen verordnet bzw. eingenommen wurden. Bei vielen Substanzen werden keine für den chemischen Nachweis ausreichende Blutspiegel erreicht. In diesen Fällen hat der Arzt durch den Nachweis des unverändert ausgeschiedenen Arzneimittels oder seiner Abbauprodukte eine Kontrolle darüber, ob der Patient sein Medikament überhaupt bzw. in ausreichender Dosierung genommen hat. In der Korrelation mit dem klinischen Bild kann so zwischen echten und falschen Therapieversagern unterschieden werden.

Erstaunlicherweise hat sich die Klinik diese Möglichkeit zur Objektivierung bisher nicht zunutze gemacht, obwohl die chemische Analyse des Harns, z. B. auf Sulfonamide oder Salicylate durchaus gängig ist. Im folgenden müssen wir uns deshalb darauf beschränken, auf einige Anwendungen hinzuweisen, die beim derzeitigen Stand der DC-Technik möglich und interessant scheinen. Wesentlichstes Problem dürfte nicht der dc Nachweis sondern die Abtrennung von mengenmäßig weit vorherrschenden Begleitsubstanzen sein.

Bei einer Dauermedikation mit Digitoxin werden 30—45% der aufgenommenen Dosis durch die Niere unverändert wieder ausgeschieden. Eine dc Isolierung und quantitative Bestimmung des Digitoxin (S. 330) aus dem Harn gibt über den Grad der Digitalisierung Auskunft, wobei nach FRIEDMAN [48] eine Ausscheidung von 32—44 μg in 24 Std einer Volldigitalisierung entspricht. Analoge Kontrollbestimmungen sind auch bei der Behandlung mit anderen Medikamenten, z. B. Rauwolfiaalkaloiden, Thyreostatica, Antirheumatica und Antibiotica denkbar.

Noch unmittelbarer als durch den Nachweis des verabreichten Medikaments im Blut oder Urin läßt sich ein Therapieerfolg durch die Bestimmung von Zwischen- oder Endprodukten der betroffenen Stoffwechselwege beurteilen.

In der Therapie der Gicht und der Uratnephrolithiasis werden unter Behandlung mit Allopurinol anstelle der Harnsäure als Endprodukte des Purinstoffwechsels Xanthin und Hypoxanthin ausgeschieden. Mit der DC lassen sich diese Verbindungen gut voneinander und von der Harnsäure trennen [21]; ihre Zunahme im Harn ist ein Nachweis, daß die Therapie eingehalten wurde.

Die erhöhte Ausscheidung von β-AIB im Harn bei starkem Zellkernzerfall wurde bereits erwähnt (s. S. 557). Es liegt nahe, die Ausscheidungsrate von β-AIB als Parameter für die Wirksamkeit von Cytostatica heranzuziehen. Orientierende Versuche [16] ergaben jedoch für Endoxan, Myleran und Stickstoff-Lost bei verschiedenen Tumoren unterschiedliche Auswirkungen auf die β-AIB-Ausscheidung im Harn.

Bei der Phenylketonurie kommt es infolge eines Enzymdefektes zu einer starken Anhäufung von Phenylalanin in Blut und Geweben mit nachfolgender Hirnschädigung. Die einzig mögliche Therapie ist eine phenylalaninarme Diät. Für eine optimale Einstellung sind Phenistix-Stäbchen, wie sie für die Diagnose der Phenylketonurie Verwendung finden, zu ungenau, zudem kommt es außer auf Phenylalanin auch auf eine Normalisierung des gesamten Aminosäurenspektrums im Serum und der Ausscheidung im Urin an. Diesen Anforderungen wurde bisher nur die Säulenchromatographie gerecht. Hier könnte jedoch der Einsatz der DC eine wesentliche Arbeitsvereinfachung bringen.

Einer operativen Entfernung von hormonaktiven Tumoren bei Phäochromocytom, Morbus Cushing oder metastasierendem Carcinoid muß stets eine postoperative Kontrolle der entsprechenden, im Harn ausgeschiedenen Hormonmetaboliten folgen. Nur so kann der volle Erfolg der Operation bewiesen und Rezidiven frühzeitig begegnet werden.

Literatur zum Kapitel S. Die DC in der klinischen Diagnostik

[1] ADAMEC, O., J. MATIS, and M. GALVÁNEK: Steroids 1, 495 (1963).
[2] ANDREWS, P.: Biochem. J. 91, 222 (1964).
[3] ANGELICO, R., G. CAVINA, A. D'ANTONA, and G. GIOCOLI: J. Chromatog. 18, 57 (1965).
[3a] ARNOLD, V.: Dissertation, Universität Düsseldorf 1966.
[4] AUSTIN, J. H.: J. Neurochem. 10, 921 (1963).
[5] AYLWARD, F., and P. D. S. WOOD: Brit. J. Nutr. 16, 345 (1962).
[6] BANG, H. O.: J. Chromatog. 14, 520 (1964).
[7] BENASSI, C. A., F. M. VERONESE, and E. GINI: J. Chromatog. 14, 517 (1964).
[8] BENRAAD, TH. J., and P. W. C. KLOPPENBORG: Steroids 3, 671 (1964).
[9] BERNAUER, W.: Klin. Wschr. 41, 883 (1963).
[10] BERTHOLD, K., u. HJ. STAUDINGER: Z. klin. Chem. 4, 130 (1966).
[11] BICKEL, H.: Universitäts-Kinderklinik Marburg, persönliche Mitteilung (1966).
[12] BOOTH, D. A., H. GOODWIN, and J. N. CUMINGS: J. Lipid Res. 7, 337 (1966).
[13] BOWYER, D. E., W. M. F. LEAT, A. N. HOWARD, and G. A. GRESHAM: Biochim. Biophys. Acta 70, 423 (1963).
[14] BROOKS, R. V.: Steroids 4, 117 (1964).
[15] BRUINVELS, J.: Experientia (Basel) 19, 551 (1963).
[16] BRUNSCHEDE, H., R. HOFFBAUER u. H. W. GOEDDE: Klin. Wschr. 43, 93 (1965).
[17] BUJARD, EL., and J. MAURON: J. Chromatog. 21, 19 (1966).
[18] BURGER, H. G., J. R. KENT, and A. E. KELLIE: J. Clin. Endocrinol. Metabolism 24, 432 (1964).
[19] BÜRGI, W., J. P. COLOMBO u. R. RICHTERICH: Klin. Wschr. 43, 1202 (1965).
[20] BYGDEMAN, M., and B. SAMUELSSON: Clin. Chim. Acta 10, 566 (1964).
[21] CERRI, O., e G. MAFFI: Boll. chim. farm. 100, 940 (1961).
[22] CRAWHALL, J. C., E. SAUNDERS u. C. J. THOMPSON: Zit. nach [123].
[23] CHRISTIAN, J. C., S. JAKOVCIC, and D. YI-YOUNG HSIA: J. Lab. Clin. Med. 64, 756 (1964).
[24] CURTIUS, H. CH.: Z. klin. Chem. 4, 27 (1966).
[25] CZEGLÉDI-JANKÓ, G.: Z. klin. Chem. 3, 14 (1965).
[26] DAHLER, R. P.: Ann. paediat. 200, 5 (1963).
[27] DETTER, F., J. DIETRICH u. V. KLINGMÜLLER: Klin. Wschr. 44, 100 (1966).
[28] DIAMANTSTEIN, T., u. H. EHRHARD: Z. physiol. Chemie 326, 131 (1961).
[29] DIMILLIER, I., u. R. G. TROUT: Zit. nach [123].
[30] DITTMANN, J.: Z. klin. Chemie 4, 8 (1966).
[31] — Z. klin. Chem. 4, 10 (1966).
[31a] — Z. klin. Chem. 4, 265 (1966).
[32] DOBIÁŠOVÁ, M.: J. Lipid Res. 4, 481 (1963).
[33] DRAWERT, F., O. BACHMANN, and K. H. REUTHER: J. Chromatog. 9, 376 (1962).
[34] DYER, W. G., J. P. GOULD, N. A. MAISTRELLIS, T. C. PENG, and P. OFNER: Steroids 1, 271 (1963).
[35] EBERHAGEN, D., u. N. ZÖLLNER: Z. klin. Chem. 5, 149 (1963).
[36] — Z. physiol. Chem. 333, 179 (1963).
[37] — Z. analyt. Chem. 212, 230 (1965).
[38] EGGSTEIN, M., u. F. H. KREUTZ: Klin. Wschr. 44, 262 (1966).
[39] EHRLICH, E. N.: J. Lab. Clin. Med. 65, 869 (1965).
[40] EULER, H. VON, H. HASSELQUIST och I. LIMNELL: Arkiv Kemi 21, 259 (1963).
[41] — — — Z. Krebsforsch. 65, 404 (1963).
[42] FAILLARD, H., u. J. CABEZAS: Z. physiol. Chem. 333, 266 (1963).
[43] FASELLA, P., A. GIARTOSIO, and C. TURANO: In: Thin layer chromatography. Ed. by G. B. MARINI-BETTÓLO. Amsterdam, London, New York: Elsevier 1964, S. 205.

[44] Fishman, W. H., F. Harris, and S. Green: Steroids 5, 375 (1965).
[45] Forth, W., W. Rummel u. H. Glasner: Naunyn-Schmiedebergs Arch. exp. Pathol. Pharmakol. 247, 382 (1964).
[46] — P. Doenecke u. H. Glasner: Klin. Wschr. 43, 1102 (1965).
[47] Fram, D. H., and J. P. Green: J. biol. Chem. 240, 2036 (1965).
[48] Friedman, M., S. St. George, and R. Bine jr.: Medicine 33, 15 (1954).
[49] Frosch, B., u. H. Wagener: Z. klin. Chem. 1, 7 (1964).
[50] — — Klin. Wschr. 42, 192 (1964).
[51] — — Klin. Wschr. 42, 901 (1964).
[52] — Klin. Wschr. 43, 262 (1965).
[53] — Verhandl. deut. Ges. inn. Med. 72, 697 (1966).
[54] Futterweit, W., N. L. Mc Niven, R. Guerra-Garcia, N. Gibree, M. Drosdowsky, G. L. Siegel, L. J. Soffer, J. M. Rosenthal, and R. I. Dorfman: Steroids 4, 137 (1964).
[55] Gerdes, H., u. W. Staib: Klin. Wschr. 43, 744 (1965).
[56] — — Klin. Wschr. 43, 789 (1965).
[57] Glasner, H., u. W. Forth: Naunyn-Schmiedebergs Arch. exp. Pathol. Pharmakol. 250, 325 (1965).
[58] Gluck, L., M. V. Kulovich, and S. J. Brody: J. Lipid Res. 7, 570 (1966).
[59] Goedde, H. W., and H. Brunschede: Clin. Chim. Acta 11, 485 (1965).
[60] Goodman, D. S.: J. Clin. Invest. 43, 1480 (1964).
[61] Gréen, K., and B. Samuelsson: J. Lipid Res. 5, 117 (1964).
[62] Gries, G., K. H. Pfeffer u. E. J. Zappi: Klin. Wschr. 43, 515 (1965).
[63] Grundy, S. M., E. H. Ahrens jr., and T. A. Miettinen: J. Lipid Res. 6, 397 (1965).
[64] Guerra-Garcia, R., S. C. Chattoraj, L. J. Gabrilove, and H. H. Wotiz: Steroids 2, 605 (1963).
[65] Haahti, E., u. T. Nikkari: Acta Chem. Scand. 17, 536 (1963).
[66] — — u. K. Juva: Acta Chem. Scand. 17, 538 (1963).
[67] Habermann, E., G. Bandtlow u. B. Krusche: Klin. Wschr. 39, 816 (1961).
[68] Herberhold, C., u. O. A. Neumüller: Klin. Wschr. 43, 717 (1965).
[69] Holczabek, W.: Klin. Med. 19, 483 (1964).
[70] Honegger, C. G.: Helv. Chim. Acta 45, 2020 (1962).
[71] — u. T. A. Freyvogel: Helv. Chim. Acta 46, 2265 (1963).
[72] Horrocks, L. A.: J. Am. Oil Chemists Soc. 40, 235 (1963).
[73] Huhnstock, K., u. H. Weicker: Klin. Wschr. 38, 1249 (1960).
[74] Jacobson, G. M.: Anal Chem. 36, 275 (1964).
[75] Ibayashi, H., M. Nakamura, S. Murakawa, T. Uchikawa, T. Tamioka, and K. Nakao: Steroids 3, 559 (1964).
[76] Jatzkewitz, H., u. E. Mehl: Z. physiol. Chem. 320, 251 (1960).
[77] — u. K. Sandhoff: Biochim. Biophys. Acta 70, 354 (1963).
[78] — Z. physiol. Chem. 336, 25 (1964).
[79] — H. Pilz, and K. Sandhoff: J. Neurochem. 12, 135 (1965).
[80] Jensen, J.: J. Chromatog. 10, 236 (1963).
[81] Jepson, J. B.: In: The Metabolic Basis of Inherited Disease, p. 1283. New York-Toronto-Sydney-London: McGraw-Hill Book Company 1966.
[82] Johansson, B. G., and L. Rymo: Acta Chem. Scand. 16, 2067 (1962).
[83] — — Acta Chem. Scand. 18, 217 (1964).
[84] Johnson, G. A., and R. H. McCluer: Biochim. Biophys. Acta 70, 487 (1963).
[85] Käser, H., u. G. Masera: Schweiz. med. Wschr. 94, 158 (1964).
[86] — u. E. Gugler: Z. klin. Chemie 3, 33 (1965).
[87] Kaufmann, H. P., Z. Makus u. F. Deiche: Fette, Seifen, Anstrichmittel 63, 235 (1961).
[88] — u. C. V. Viswanathan: Fette, Seifen, Anstrichmittel 65, 538 (1963).
[89] — — Fette, Seifen, Anstrichmittel 65, 607 (1963).
[90] Kean, E. L.: J. Lipid Res. 7, 449 (1966).
[91] Keller, M., u. G. Pataki: Helv. Chim. Acta 46, 1687 (1963).
[92] — — Klin. Wschr. 44, 99 (1966).
[93] Kirchner, M. A., and M. B. Lipsett: Steroids 3, 277 (1964).
[94] Klenk, E., u. W. Gielen: Z. physiol. Chem. 326, 144 (1961).

[95] KLENK, E., u. W. KAHLKE: Z. physiol. Chem. **333**, 133 (1963).
[96] KÖHLER, P., u. H. BAUFELD: Ärztl. Lab. 10, 224 (1964).
[97] KORENMAN, S. G., H. WILSON, and M. B. LIPSETT: J. Clin. Invest. **42**, 1753 (1963).
[98] KRELL, K., and S. A. HASHIM: J. Lipid Res. 4, 407 (1963).
[99] KULENDA, Z., u. E. HORÁKOVÁ: Z. med. Lab. Techn. 4, 173 (1963).
[100] LADANY, S., and M. FINKELSTEIN: Steroids 2, 297 (1963).
[101] LUISI, M., G. GAMBASSI, V. MARESCOTTI, C. SAVI, and F. POLVANI: J. Chromatog. 18, 278 (1965).
[102] MACHATA, G.: Methods of Forensic Science, Vol. IV, p. 229. Ed. by A. S. CURRY. London, New York, Sydney: Interscience Publ. 1965.
[103] MANDEMA, E., W. H. DE FRAITURE, H. O. NIEWEG, and A. ARENDS: Am. J. Med. 28, 42 (1960).
[104] MASORO, E. J., L. B. ROWELL, and R. M. McDONALD: Biochim. Biophys. Acta 84, 493 (1964).
[105] MICHALEC, C., u. Z. KOLMAN: Naturwissenschaften **53**, 254 (1966).
[106] MIETTINEN, T. A., E. H. AHRENS JR., and S. M. GRUNDY: J. Lipid Res. **6**, 411 (1965).
[107] MORRIS, L. J.: J. Lipid Res. 4, 357 (1963).
[108] MORRIS, C. J. O. R.: J. Chromatog. 16, 167 (1964).
[109] MOSER, H. W., A. B. MOSER, and J. C. ORR: Biochim. Biophys. Acta **116**, 146 (1966).
[109a] MOUHGRABI, A.: Dissertation, Universität Düsseldorf 1966.
[110] MULDNER, H. G., J. R. WHERETT, and J. N. CUMINGS: J. Neurochem. **9**, 607 (1962).
[111] NISHIKAZE, O., u. HJ. STAUDINGER: Klin. Wschr. **40**, 1014 (1962).
[112] NOWOTNY, E., u. HJ. STAUDINGER: Z. klin. Chem. 4, 203 (1966).
[113] OERTEL, G. W., u. P. BRÜHL: Z. klin. Chem. 4, 66 (1966).
[114] OPIENSKA-BLAUTH, J.: Zit. nach [123].
[115] — H. KRACZKOWSKI, and H. BRZUSZKIEWICZ: In: Thin layer chromatography, p. 165. Ed. by G. B. MARINI-BETTÓLO. Amsterdam, London, New York: Elsevier 1964.
[116] — — — u. Z. ZAGÓRSKI: J. Chromatog. 17, 288 (1965).
[117] PATAKI, G., u. M. KELLER: Z. klin. Chem. 1, 157 (1963).
[118] — Z. klin. Chem. 2, 129 (1964).
[119] — u. M. KELLER: Helv. Chim. Acta 47, 787 (1964).
[120] — — Gynaecologia 158, 129 (1964).
[121] — Schweiz. med. Wschr. **94**, 1789 (1964).
[122] — u. M. KELLER: Klin. Wschr. **43**, 227 (1965).
[123] — Dünnschichtchromatographie in der Aminosäure- und Peptidchemie. Berlin: Walter de Gruyter 1966.
[124] PAYNE, S. N.: J. Chromatog. 15, 173 (1964).
[125] PENG, T. C., R. VENA, P. OFNER, and P. L. MUNSON: Steroids 6, 571 (1965).
[126] PENICK, R. J., M. H. MEISLER, and R. H. McCLUER: Biochim. Biophys. Acta 116, 279 (1966).
[127] PHILLIPS, B. M., u. N. ROBINSON: Clin. Chim. Acta 8, 832 (1963).
[128] PRIVETT, O. S., and M. L. BLANK: J. Lipid Res. 2, 37 (1961).
[129] REISERT, P., u. D. SCHUMACHER: Experientia (Basel) 19, 84 (1963).
[130] REISSELL, P. K., L. M. HAGOPIAN, and F. T. HATCH: J. Lipid Res. 7, 551 (1966).
[131] RINK, M., and S. HERRMANN: J. Chromatog. 12, 249 (1963).
[132] — — J. Chromatog. 12, 415 (1963).
[133] ROKKONES, T.: Scand. J. Clin. Lab. Invest. 16, 149 (1964).
[134] — Zit. nach [123].
[135] SACHS, B. A., and L. WOLFMAN: Proc. Soc. Exp. Biol. Med. 115, 1138 (1964).
[136] SAMUEL, P., M. URIVETZKY, and G. KALEY: J. Chromatog. 14, 508 (1964).
[137] SANKOFF, I., and T. L. SOURKES: Canad. J. Biochem. 41, 1381 (1963).
[138] SCHEIFFARTH, F., L. ZICHA, F. W. FUNCK, and M. ENGELHARDT: Acta Endocrinol. 43, 227 (1963).
[139] SCHERZ, H., W. RUCKER u. E. BAUCHER: Mikrochim. Acta (Wien) **1965**, 876.

[140] Schlierf, G., and P. Wood: J. Lipid Res. 6, 317 (1965).
[141] Schlossberger, H. G., H. Kuch u. J. Buhrow: Z. physiol. Chem. 333, 152 (1963).
[142] Schmid, E., u. N. Henning: Klin. Wschr. 41, 567 (1963).
[143] — u. H. J. Kuschke: Ergeb. Labor. Med. 2, 175 (1965).
[143a] — B. Laudi, J. Krautheim u. N. A. Tautz: Z. klin. Chem. 4, 250 (1966).
[144] Schneider, H. P. G., u. Z. Szereday: Klin. Wschr. 43, 747 (1965).
[145] Schneider, G., u. C. Schneider: Z. physiol. Chem. 332, 316 (1963).
[146] Schön, H., u. N. Krause: Klin. Wschr. 41, 743 (1963).
[147] Scholderer, D.: Dissertation, Universität München 1965.
[148] Schorn, H., u. C. Winkler: J. Chromatog. 18, 69 (1965).
[149] Segura-Cardona, R., u. K. Soehring: Med. exp. (Basel) 10, 251 (1964).
[150] Seifert, H., u. G. Uhlenbruck: Naturwissenschaften 52, 190 (1965).
[151] — Klin. Wschr. 44, 469 (1966).
[152] Shen, N.-H. C., F. E. Francis u. R. A. Kinsella: J. Lab. Clin. Med. 60, 1017 (1962).
[153] Skipski, V. P., R. F. Peterson, and M. Barclay: Biochem. J. 90, 374 (1964).
[154] Squibb, R. L.: Nature 198, 317 (1963).
[155] — Nature 199, 1216 (1963).
[156] Stárka, L., u. J. Riedlová: Endokrinologie 43, 201 (1962).
[157] — J. Sulcová, J. Riedlová u. O. Adamec: Clin. Chim. Acta 9. 168 (1964),
[158] Struck, H.: Mikrochim Acta 1961, 634.
[159] Stüttgen, G., u. K. H. Vogelberg: Arch. klin. u. exp. Dermatol. 222, 43 (1965).
[160] Suomi, W. D., and B. W. Agranoff: J. Lipid Res. 6, 211 (1965).
[161] Svennerholm, E., and L. Svennerholm: Biochim. Biophys. Acta 70, 432 (1963).
[162] — — Nature 198, 688 (1963).
[163] — J. Neurochem. 10, 613 (1963).
[164] Szereday, Z., u. L. Sachs: Experientia (Basel) 21, 166 (1965).
[165] Tancredi, F., u. H. C. Curtius: Zit. nach [123].
[166] Tautz, N. A., G. Voltmer u. E. Schmid: Klin. Wschr. 43, 233 (1965).
[167] Tenhunen, R.: Acta Chem. Scand. 17, 2127 (1963).
[168] Vermeulen, A., and J. C. M. Verplancke: Steroids 2, 453 (1963).
[169] Vikrot, O.: Lancet 1963 II, 891.
[170] Voigt, K. D., N. Volkwein u. J. Tamm: Klin. Wschr. 42, 642 (1964).
[171] Voigt, S., M. Solle, and K. Konitzer: J. Chromatog. 17, 180 (1965).
[172] Wagener, H., D. Lang u. B. Frosch: Z. ges. exp. Med. 138, 425 (1964).
[173] Wagner, A.: Klin. Wschr. 44, 398 (1966).
[174] — u. H. Weicker: Z. klin. Chem. 4, 73 (1966).
[175] — Fette, Seifen, Anstrichmittel 62, 1115 (1960).
[176] Wagner Romero, F.: Experientia (Basel) 20, 588 (1964).
[177] Waldi, D.: Arch. Pharm. 295/32, 125 (1962).
[178] — Klin. Wschr. 40, 827 (1962).
[179] — Ärztl. Lab. 9, 221 (1963).
[180] Walz, D., A. R. Fahmy, G. Pataki, A. Niederwieser u. M. Brenner: Experientia (Basel) 19, 213 (1963).
[181] Weicker, H.: Klin. Wschr. 37, 763 (1959).
[182] — A. Wagner u. H. Schönthal: Tagung der Deutschen Gesellschaft f. Fettwissenschaft e.V. Karlsruhe Okt. 1963. Lochham b. München: Pallas-Verlag Dr. Edmund Gans.
[183] — D. Kuhn u. H. Stegmann: Klin. Wschr. 43, 1215 (1965).
[184] Weinand, K., W. Rindt u. G. W. Oertel: Acta Endocrinol. 51, 210 (1966).
[185] Wells, M. A., and J. C. Dittmer: J. Chromatog. 18, 503 (1965).
[186] Wernze, H.: Z. ges. exp. Med. 138, 485 (1964).
[187] — u. J. Fujii: Z. ges. exp. Med. 140, 128 (1966).
[188] West, C. D., V. J. Chavré, and M. Wolfe: J. clin. Invest 44, 1109 (1965).
[189] Whelan, F. J., and G. L. Plaa: Toxicol. Appl. Pharmacol. 5, 457 (1963).
[190] Wherett, J. R., and J. N. Cumings: Biochem. J. 86, 378 (1963).
[191] Wieland, T., u. H. Determann: Experientia (Basel) 18, 431 (1962).

[*192*] Williams, J. A., A. Sharma, L. J. Morris, and R. T. Holman: Proc. Soc. exp. Biol. Med. **105**, 192 (1960).
[*193*] Wood, P. D. S., and S. Holton: Proc. Soc. exp. Biol. Med. **115**, 990 (1964).
[*194*] Wood, P., K. Imaichi, J. Knowles, G. Michaels, and L. Kinsell: J. Lipid Res. **5**, 225 (1964).
[*195*] Wolfram, G.: Dissertation, Universität München 1965.
[*196*] Wotiz, H. H.: Biochim. Biophys. Acta **74**, 122 (1963).
[*197*] Zöllner, N.: Rev. Intern. Hepatol. **15**, 283 (1965).
[*198*] — u. G. Wolfram: Klin. Wschr. **39**, 817 (1961).
[*199*] — — Klin. Wschr. **40**, 267 (1962).
[*200*] — — u. G. Amin: Klin. Wschr. **40**, 273 (1962).
[*201*] — — Klin. Wschr. **40**, 1101 (1962).
[*202*] — u. D. Eberhagen: Untersuchung und Bestimmung der Lipoide im Blut. Berlin, Heidelberg, New York: Springer 1965.
[*203*] — H. Hündorf u. G. Wolfram: unveröffentlicht.
[*204*] — G. Wolfram, W. Londong u. K. Kirsch: Klin. Wschr. **44**, 380 (1966).

TF. Synthetische Farbstoffe[1]

H. Schweppe

Bereits vor Jahren wurden Farbstoffgemische auf Aluminiumoxid, das in dünner Schicht auf Glasplatten aufgestreut war, getrennt. Am eingehendsten haben sich mit diesem Verfahren Mottier u. Mitarb. [*47, 48*] beschäftigt. Als Fließmittel verwenden sie Alkohol-Wasser-Mischungen. Eine Zirkulartechnik, ebenfalls auf losen Schichten, zum Nachweis von Lebensmittelfarbstoffen, haben Lagoni und Wortmann [*36*] beschrieben.

Es hat sich gezeigt, neben den bekannten Nachteilen lose aufgestreuter Schichten, daß man die angegebenen Fließmittel [*71, 82*] nicht ohne weiteres übernehmen kann. Im folgenden wurden an einer größeren Anzahl von Farbstoffen die dc-Trennungsmöglichkeiten untersucht. Neben Kieselgel G und Aluminiumoxid G und H (Fa. 88) haben sich 1:1-Gemische aus beiden, MN-Cellulosepulver, acetyliertes MN-Cellulosepulver (Ac) (Fa. 83) und Polyamidpulver (Fa. 153) zur dc-Trennung bewährt.

I. Fettlösliche Farbstoffe

Man verwendet Fettfarbstoffe zur Anfärbung von natürlichen und synthetischen Ölen, Fetten und Wachsen, von Benzinen und Mineralölen sowie zur transparenten Anfärbung von Kunststoffen. Es handelt sich bei Farbstoffen dieser Klasse um Mono- und Bisazofarbstoffe, Azine, Indophenole und Anthrachinonderivate ohne Sulfogruppen. Fettfarbstoffe lassen sich an Aluminiumoxid-Säulen mit zahlreichen organischen Lösungsmitteln trennen. PC-Trennungen sind nur durch Umkehrphasenchromatographie an vorbehandeltem Papier oder an Acetylpapier möglich [*22, 73, 81*].

---

[1] Die Möglichkeiten einer dc-Trennung natürlicher Farbstoffgemische sind in den entsprechenden Kapiteln beschrieben: Carotinoide S. 253 und Anthocyane S.672.

Die ersten Trennungen von Fettfarbstoffen durch DC führte Stahl [75] auf standardisierten Kieselgel G-Schichten durch. Er trennte Sudangelb GG (C.I. 11020)[1], Sudanrot G (C.I. 12150) und Indophenol (C.I. 49700) mit Benzol als Fließmittel. Über den Nachweis einiger synthetischer und natürlicher fettlöslicher Farbstoffe in Lebensmitteln mit Hilfe der DC berichtet Montag [46]. Er trennt an Kieselgel G mit dem Fließmittel Benzol-Tetrachlorkohlenstoff (50 + 50). Es werden u. a. genaue Arbeitsanweisungen zur Identifizierung von Carotin und Bixin in Margarine und Käse und von Paprika- und Curcuma-Farbstoffen gegeben. Ähnliche Arbeiten über die DC zur Identifizierung von Annatto und synthetischen Fettfarbstoffen wurden von Ramamurthy u. Mitarb. [59] durchgeführt. Heřmánek u. Mitarb. [27] trennten verschiedene Fettfarbstoffe der Azobenzolreihe an Aluminiumoxid-Schichten mit Tetrachlorkohlenstoff, um die Aktivität des Aluminiumoxids mit Hilfe der erhaltenen Rf-Werte zu bestimmen. Walker u. Mitarb. [83] verwendeten zur Trennung von Sudangelb GG, Sudanorange R (C.I. 12055), Sudan III (= Fettrot HRR) (C.I. 26100) und Sudanrot BB (C.I. 26105) an Kieselgel die Fließmittel Chloroform, Benzol oder ihre Mischungen mit Diäthyläther, Aceton, Äthylacetat, Methanol oder Essigsäure.

Peereboom [52] trennte zahlreiche synthetische und natürliche Fettfarbstoffe an Kieselgel G, Aluminiumoxid G und Kieselgur G mit verschiedenen Fließmitteln. Die Ergebnisse sind in der Tab. 125 zusammengestellt.

Tabelle 125. hRf-Werte von fettlöslichen Farbstoffen [52]

Farbstoff	Colour Index 1956 Nr.	Schicht: Kieselgel G				S_2	S_3
		F_1	F_2	F_3	F_4	F_5	F_6
Sudanorange R	12055	68	60	77	70	56	63
Sudanorange RR . . .	12140	72	58	78	67	62	44
Sudan III	26100	56	52	68	61	41	15
Sudanrot BB	26105	56	53	68	61	38	15
Martiusgelb.	10315	0	0	28	0	0	0
Sudangelb GG.	11020	68	62	68	57	59	85
Sudanrot G	12150	18	46	30	36	19	16
Sudanorange G	11920	14	24	36	37	0	0
Sudangelb 3G.	12700	54	61	74	75	56	54
Sudangelb G	12740	60	64	81	80	68	40
Gelb OB	11390	27	82	50	49	27	87
Gelb AB	11380	25	80	46	41	22	88

Fließmittel: F_1 = Hexan-Äthylacetat (90 + 10)
F_2 = Chloroform
F_3 = Petroläther-Äther-Essigsäure (70 + 30 + 1)
F_4 = Petroläther-Äther-Ammoniak (70 + 30 + 1)
F_5 = Hexan-Äthylacetat (98 + 2)
F_6 = Cyclohexan
Schicht: S_2 = Aluminiumoxid G
S_3 = Kieselgur G

Neher [50] verwendet eine Mischung aus Oracetorange 2R (C.I. 11005), Oracetrot 2G (C.I. Solvent Red 12) und Orasolscharlach 2B (C.I. Solvent Red 50) als Vergleichslösung bei dc-Trennungen von

Steroiden an Kieselgel G. Die besten Trennungen der Farbstoffmischung wurden mit den Fließmitteln Benzol-Aceton (50 + 50), Chloroform-Methanol (90 + 10), Dioxan und Aceton erhalten. RUIZ u. Mitarb. [62] erhielten an Aluminiumoxid G, das mit einer 2proz. Natriumcarbonat-Lösung imprägniert war, ausgezeichnete Trennungen von Gelb AB und OB mit Benzol-Tetrachlorkohlenstoff (50 + 50) und von Sudan III und Sudanrot BB mit Tetrachlorkohlenstoff. FUJII u. Mitarb. [16] beschreiben die Trennung von 15 fettlöslichen Farbstoffen mit 12 verschiedenen Fließmitteln an Kieselgel. Alle gelben und orangefarbenen Fettfarbstoffe aus der Klasse der Mono- und Bisazofarbstoffe sollen auf diese Weise zu trennen sein. RETTIE u. Mitarb. [61] trennen die Fettfarbstoffe Waxolin-blau A (C.I. Solvent Blue 36), Waxolinpurpur A (C.I. 60725) und Waxo-lingrün G (C.I. 61565) aus der Anthrachinonreihe an Kieselgel G mit dem Fließmittel Toluol-Cyclohexan (50 + 50). DAVIDEK u. Mitarb. [10] verwenden Aluminiumoxid (Aktivitätsstufe III nach BROCKMANN) zur Trennung einiger fettlöslicher Farbstoffe mit dem Fließmittel Petroläther-Tetrachlorkohlenstoff (50 + 50). TOPHAM u. Mitarb. [80] trennen Dime-thylaminoazobenzol und einige seiner Metaboliten an Kieselgel G mit dem Fließmittel Chloroform-Methanol (95 + 5). Das entwickelte Chro-matogramm wird mit Salzsäuredämpfen behandelt, wobei die ur-sprünglich gelb gefärbten Flecken orange bis rot werden. DAVIDEK u. Mitarb. [11] untersuchen die DC der Fettfarbstoffe an Stärke-Schichten, die als Suspension in einer 10proz. Lösung von Paraffinöl in Petroläther auf Glasplatten aufgetragen werden. Brauchbare Fließmittel für diese Methode sind: Methanol-Wasser-Essigsäure (80 + 15 + 5) und (80 + 10 + 10).

Die Farbtafel III zwischen S. 588 und 589 zeigt Trennungsmöglich-keiten von Fettfarbstoffgemischen [37]. Bereits nach einer Laufstrecke von 5—6 cm lassen sich zahlreiche Fettfarbstoffe deutlich unterscheiden. Zur Identifizierung ist es jedoch zweckmäßig, die Standardbedingungen (S. 85) einzuhalten und das ebenfalls aus „Fettfarbstoffen" bestehende Desaga-Testgemisch mitzuchromatographieren. In der nachstehenden Tab. 126 sind die hR_f-Werte und die Kenn-Nummern einer Reihe von Fettfarbstoffen angegeben [82]. Auf die von der Auftragetechnik ab-hängige Trennschärfe weist die Abb. 21 auf S. 66 hin.

Tabelle 126. hR_f-*Richtwerte von Fettfarbstoffen auf Kieselgel G mit Benzol als Fließ-mittel* [82]

Farbstoff	Colour Index 1956 Nr.	$R_f \times 100$ Hauptfleck	Nebenfleck(e)	Farbe des Hauptflecks
Sudanorange G	11920	4	—	gelborange
Sudan III	26100	12	30, 41*	karminrot
Sudanrot G.	12150	13	32	karminrot
Sudanblau G	61525	20	12, 35	blau
Sudantiefschwarz BB . .	26150	28	0, 4, 16*, 63*	stahlblau
Sudanorange RR	12140	29	14	hellrot
Sudangelb GG	11020	40	—	orangegelb
Sudanviolett BR	61705	53	—	violettblau

* schwach sichtbar.

Unter den gleichen Bedingungen wurden von Schorn und Stahl [*69*]
die h*Rf*-Werte einer Reihe weiterer Farbstoffe festgelegt. Es wurden
jeweils Mengen von 0,2 *μg* aufgetragen und ebenfalls auf der Kieselgel
G-Schicht mit Benzol unter den Standardbedingungen (KS) entwickelt.
Zur weiteren Kennzeichnung wurde mit konz. Salzsäure besprüht und
die danach entstehende Farbe in der Tab. 127 ebenfalls vermerkt.

Tabelle 127. h*Rf*-Richtwerte von Azobenzolderivaten auf Kieselgel G mit den Fließmittel Benzol [*69*]

Farbstoff	h*Rf*	Nach Besprühen mit konz. Salzsäure
p-Hydroxyazobenzol, trans	12	orangegelb
p-Aminoazobenzol, trans	19	orange
Benzolazonaphthol, trans	44	orange
p-Dimethylaminoazobenzol, trans	55	rot
p-Dimethylaminoazobenzol, cis	39	rot
p-Methoxyazobenzol, trans	64	orange-gelb
p-Methoxyazobenzol, cis	12	orange-gelb
Azobenzol, trans	72	gelb
Azobenzol, cis	30	gelb
Guajazulen ⎫	76	
Sudanrot G ⎬ Test	22	
Indophenol ⎭	8	

Mit der Gradient-DC lassen sich, wie die Farbtafel I zeigt (Abb. b und c), auch
komplizierte Fettfarbstoffgemische besser trennen als auf den normalerweise verwendeten uniformen Schichten.

Spezielle Anwendungen

a) Farbstoffe im Vergaserkraftstoff

Die Hersteller der einzelnen Markenbenzine sind verpflichtet, zur Kennzeichnung ihrer Benzine Farbstoffe zuzusetzen. Diese Farbstoffe lassen sich sowohl nach
Häusser [*26*] als auch nach Machata [*39*] am besten aus Destillationsrückständen
der Benzine dc nachweisen und vergleichen. Häusser [*26*] nimmt eine Zwischenreinigung vor. Er engt die 5—10 ml Benzinprobe auf ¹/₃ ein und chromatographiert
in einem mit aktivem Aluminiumoxid gefüllten Allihnschen Rohr mit Petroläther.
Aus der herausgestoßenen Säule extrahiert er die Farbstoffzonen mit Aceton,
filtriert und engt zur Trockne ein. Die so angereicherten Farbstoffe löst er in einigen
Tropfen Aceton und trägt sie auf die Kieselgel G-Schicht auf. Als Fließmittel dient
Benzol. Bis auf BP und NORDÖL lassen sich die in Deutschland gehandelten
Benzine (ARAL, ARALIN, BP Super, DEA, DEA-Super, ESSO, ESSO extra,
FANAL, FANAL-Super, NORD-ÖL spezial, SHELL, SHELL-Super) unterschei-
den. Die *Rf*-Werte sind in der Arbeit angeführt. Bei der Aufklärung von Kraftstoff-
diebstählen ist dieses Verfahren wertvoll.

Zusätzlich lassen sich im filtrierten UV-Licht die schwerflüchtigen Benzinanteile
vergleichen.

b) Farbstoffe in natürlichen Fetten und Ölen

Zur Isolierung von Fettfarbstoffen verseift man nach Angabe von Davidek u.
Mitarb. [*11*] 25 g des gefärbten Fettes mit 200 ml 50proz. alkoholischer Kalilauge.
Man kocht 30 min auf dem siedenden Wasserbad unter Rückflußkühler. Dann
werden 160 ml Wasser zugegeben und man schüttelt dreimal mit je 50 ml Pentan

aus. Die vereinigten Pentanlösungen werden mit Wasser ausgeschüttelt, getrocknet und das Lösungsmittel wird im Vakuum abdestilliert. Den Rückstand löst man in 2 ml Äthanol und verwendet diese Lösung zur DC.

c) Farbstoffe in Polystyrol

Soll ein transparent gefärbtes Polystyrol-Muster auf die vorhandenen Farbstoffe untersucht werden, so gelingt eine Isolierung der Farbstoffe nach folgender Methode [71]: Man löst etwa 5 g der gefärbten Polystyrol-Probe in 25 ml Benzol oder Chloroform bei Zimmertemperatur, indem man die Probe entweder einige Stunden auf der Schüttelmaschine schüttelt oder sie über Nacht stehen läßt. Die Lösung gießt man in dünnem Strahl unter Rühren in die doppelte Menge Methanol ein. Polystyrol fällt aus, während Fettfarbstoffe in Lösung bleiben. Man filtriert das ausgefallene Polystyrol ab und dampft das Filtrat auf dem Wasserbad in einer Porzellanschale zur Trockne ein. Den Rückstand nimmt man mit einigen ml Aceton auf und verwendet die erhaltene Lösung zur DC der Fettfarbstoffe.

II. Dispersionsfarbstoffe

Dispersionsfarbstoffe werden hauptsächlich zur Anfärbung von Celluloseacetat-, Polyamid- und Polyesterfasern verwendet. Sie sind in ihrem chemischen Aufbau den fettlöslichen Farbstoffen ähnlich. Nach ihren Konstitutionen gehören sie in die Klassen der Nitrodiphenylamin-derivate, der Azo- und Anthrachinonfarbstoffe ohne Sulfogruppen. Dispersionsfarbstoffe lösen sich mehr oder weniger gut in organischen Lösungsmitteln, in Wasser sind sie unlöslich oder nur wenig löslich. An Aluminiumoxid-Säulen lassen sich Gemische von Dispersionsfarbstoffen z. B. mit den Fließmitteln Äther, Methylenchlorid, Äthylacetat Tetrahydrofuran trennen [71]. Durch PC an Cellulosepapier erhält man nur unvollständige Trennungen [14, 30, 31, 73, 85]. An Acetylpapier [29, 30, 43] oder an vorbehandeltem Papier [19, 20, 25, 44, 73] sind die Auftrennungen besser.

Auf dem Gebiet der DC von Dispersionsfarbstoffen gibt es nur wenige Publikationen, obwohl diese Trennmethode gegenüber der PC neben dem geringeren Aufwand an Zeit auch noch Vorteile in bezug auf die Trennschärfe bietet. WOLLENWEBER [84] trennte Cellitonrotviolett RN (C.I. 61100), Cellitonrosa B (C.I. 60710) und Chinizarin (C.I. 58050) durch DC an Acetylcellulose-Pulver mit 10 proz. Acetylgehalt mit dem Fließmittel Äthylacetat-Tetrahydrofuran-Wasser (6 + 35 + 47), das auch für PC-Trennungen an Acetylpapier geeignet ist [43]. An dem gleichen Sorptionsmittel lassen sich durch DC viele Dispersionsfarbstoffe aus der Azo- und Anthrachinonklasse nach RETTIE u. Mitarb. [61] mit dem Fließmittel Tetrahydrofuran-Wasser-4n-Essigsäure (80 + 54 + 0,05) und ähnlich zusammengesetzten Mischungen trennen. Bessere Trennungen für Dispersionsfarbstoffe aus der Anthrachinonreihe erhält man durch DC an Kieselgel G mit dem Fließmittel Chloroform-Aceton (90 + 10) [61]. 1-Amino-, 2-Amino-, 1,2-Diamino- und 1,4-Diaminoanthrachinon lassen sich auf diese Weise trennen.

Nach eigenen Erfahrungen [34, 71] ist das Fließmittel Chloroform-Methanol (95 + 5) zur Trennung vieler Dispersionsfarbstoffe an Kieselgel G geeignet. Auf der Farbtafel III zwischen S. 588 und 589 ist ein Chromatogramm abgebildet, auf dem einige Dispersionsfarbstoffe unter diesen Bedingungen getrennt sind.

III. Organische Pigmente

Organische Pigmente gehören in der Hauptsache in die Klassen der Azo- und Anthrachinonfarbstoffe mit und ohne Sulfogruppen, der Phthalocyaninderivate und der Küpenfarbstoffe. Viele organische Pigmente sind in Wasser und organischen Lösungsmitteln so wenig löslich, daß chromatographische Trennungen schwierig sind. Verschiedene Pigmente wurden durch PC getrennt [45, 70].

Fujii u. Mitarb. [17] trennen verschiedene organische Pigmente durch DC. Eigene Versuche [37, 71] haben gezeigt, daß sich einige Azopigmente durch DC an Kieselgel G trennen lassen, wenn man als Fließmittel das Gemisch Hexan-Benzol-Pyridin (65 + 20 + 15) verwendet. (Siehe auch Farbtafel III.)

IV. Basische Farbstoffe

In Form ihrer Salze sind basische Farbstoffe wasserlöslich und werden zum Färben von Papier, Leder, Cellulose- und Polyacrylnitrilfasern verwendet. Die freien Basen lösen sich in vielen organischen Lösungsmitteln

---

Erklärungen zu Farbtafel III

I. Fettlösliche Farbstoffe [37]

1 Sudanviolett BR (CI 61705); 2 Sudanorange RR (CI 12140); 3 Sudanblau G (CI 61525); 4 Sudanrot R (CI 12155); 5 Sudanorange G (CI 11920); 6 Gemisch 1—5.
Trennschicht: Kieselgel G (Standardmethode), Fließmittel: Benzol, Laufstrecke 5—6 cm, Dauer 20 min.

II. Dispersionsfarbstoffe [37]

1 Cellitonblau B (CI 61500); 2 Cellitonrosa B (CI 60710); 3 Cellitonbraun 3R (CI 11100); 4 Cellitonblau FFG (CI 62050); 5 Cellitonrot GG (CI 11210); 6 Gemisch 1—5.
Trennschicht: Kieselgel G (Standardmethode), Fließmittel: Chloroform-Methanol (95 + 5), Laufstrecke 5—6 cm, Dauer 15 min.

III. Azopigmente [37].

1 Permanentrot FR extra (CI 12300); 2 Amaplast Orange ORC 6673 (CI 12100); 3 Autolrot BL (CI 12070); 4 Permanentorange Toner (CI 12060); 5 Helioechtgelb R (CI Pigment Yellow 26); 6 Permanentgelb NCR (CI 12780).
Trennschicht: Kieselgel G (Standardmethode), Fließmittel: Hexan-Benzol-Pyridin (65 + 20 + 15), Laufstrecke 5—6 cm, Dauer 30 min.

IV. Basische Farbstoffe [37].

1 Fuchsin (CI 42510); 2 Rhodamin B (CI 45170); 3 Kristallviolett (CI 42555); 4 Diamantgrün B (CI 42000); 5 Methylenblau (CI 52015); 6 Gemisch 1—5.
Trennschicht: Kieselgel G (Standardmethode), Fließmittel: n-Butanol-Essigsäure-Wasser (50 + 10 + 20), Laufstrecke 5—6 cm, Dauer 90 min.

V. Saure Farbstoffe [42, 37].

1 Orange II (CI 15510); 2 Amidoschwarz 10B (CI 20470); 3 Patentblau AE (CI 42090); 4 Gemisch 1—3; 5 Metanilgelb (CI 13065); 6 Ponceau R (CI 16150); 7 Säureviolett 4BL (CI 42580); 8 Gemisch 5—7.
Trennschicht: Kieselgel G + 2,5% Soda, Fließmittel: Butylacetat-Pyridin-Wasser (30 + 45 + 25), Laufstrecke 5—6 cm, Dauer 60 min.

VI. 1:2-Metallkomplexfarbstoffe [37, 71].

1 Isolanbraun BLS; 2 Irgalanbraun FL; 3 Irgalanoliv BGL (CI Acid Black 64); 4 Lanasyngrün 5GL; 5 Cibalanbraun VRL (CI Acid Brown 225); 6 Ortolanbraun 3R (CI Acid Brown 33).
Trennschicht: Polyamidpulver, Fließmittel: Methanol-Wasser-Ammoniak (konz.) (80 + 16 + 4), Laufstrecke 5—6 cm, Dauer 30 min.

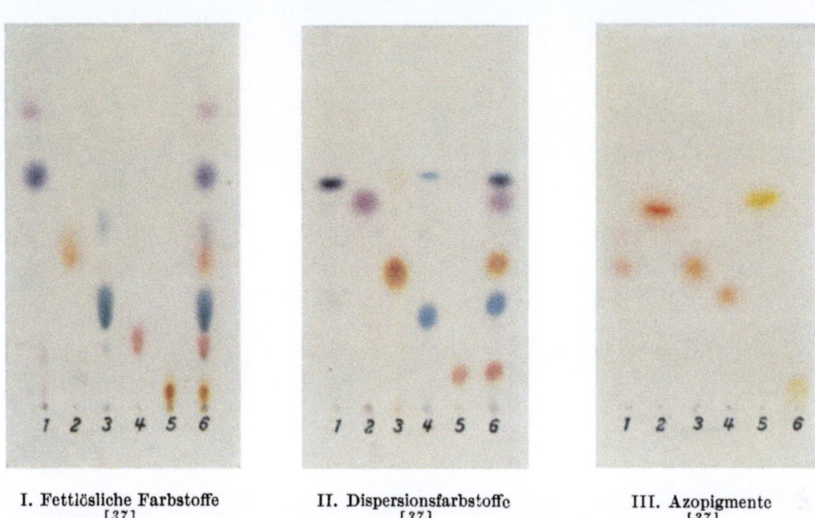

I. Fettlösliche Farbstoffe
[*37*]

II. Dispersionsfarbstoffe
[*37*]

III. Azopigmente
[*37*]

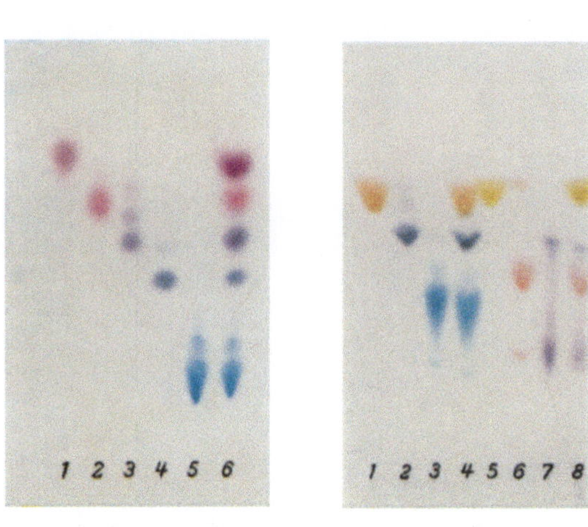

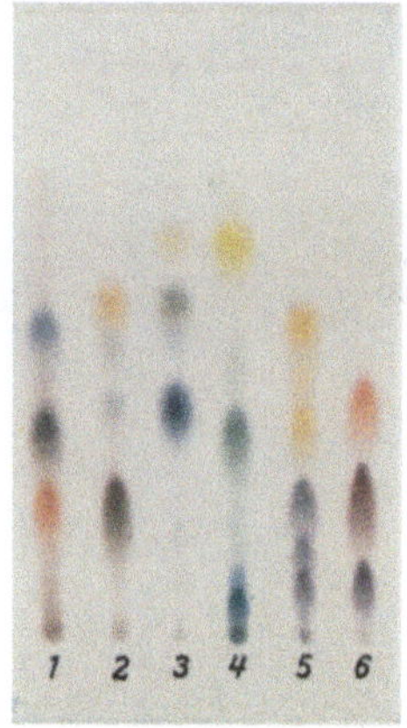

IV. Basische Farbstoffe
[*37*]

V. Saure Farbstoffe
[*37, 42*]

**VI. Metallkomplex-Farb-
stoffe** [*37, 71*]

und können in ähnlicher Weise Verwendung finden wie die fettlöslichen Farbstoffe. In verlackter Form dienen basische Farbstoffe als Pigmente. Bei braunen, grünen und schwarzen Farbtönen basischer Farbstoffe sind häufig Mischungen anzutreffen.

Nach ihren Konstitutionen gehören basische Farbstoffe in die Klassen der Triarylmethan-, Xanthen-, Azin-, Oxazin-, Thiazin- und Acridinderivate. Außerdem treten vor allem zur Färbung von Polyacrylnitrilfasern Azo- und Methinfarbstoffe auf.

Durch Säulenchromatographie lassen sich Gemische basischer Farbstoffe an Polyamidpulver mit den Fließmitteln Wasser oder Äthanol-Wasser (80 + 20) bzw. (60 + 30) trennen [71]. Durch PC sind Trennungen an imprägniertem Papier [6, 18] oder an Acetylpapier [70] möglich. Trennungen durch DC haben gegenüber diesen Verfahren den Vorteil der kürzeren Trenndauer. Zahlreiche Autoren haben sich mit der DC von basischen Farbstoffen befaßt. In der folgenden Tab. 128 sind die Versuchsbedingungen für Trennungen basischer Farbstoffe durch DC zusammengestellt.

Tabelle 128. *Fließmittel zur DC von basischen Farbstoffen mit Kieselgel G-Schichten*

Fließmittel	Autor
1. Chloroform-Methanol (90 + 10)	[83]
2. Benzol-Methanol [90 + 10)	[83]
3. Chloroform-Methanol (80 + 20)	[61]
4. n-Butanol-Äthanol-Wasser (90 + 10 + 10)	[62]
5. n-Butanol-Essigsäure-Wasser (40 + 10 + 50)	[28]
6. n-Butanol-Essigsäure-Wasser (20 + 10 + 50)	[38]
7. Methyläthylketon-Essigsäure-Isopropanol (40 + 40 + 20)	[49]
8. n-Propanol-Ameisensäure (80 + 20)	[78]
9. Chloroform-Aceton-Isopropanol-Schweflige Säure (5—6 proz. SO_2) (30 + 40 + 20 + 10]	[78, 82]
10. 0,75 proz. Natriumacetat-1 proz. Salzsäure-Methanol (40 + 10 + 40)	[78]

Die in der Tab. 128 unter 1—3 angegebenen Fließmittel sind zur Trennung von Bismarckbraun (C.I. 21000) und anderen basischen Azofarbstoffen geeignet [61, 83]. Mit Fließmittel 4 wurden die Triphenylmethanfarbstoffe Malachitgrün (C.I. 42000) und Methylviolett (C.I. 42535) getrennt [62]. Fuchsin (C.I. 42510), Rhodamin B (C.I. 45170), und Rhodamin 6 G (C.I. 45160) können mit dem Fließmittel 5 getrennt werden. Rhodamin B, Malachitgrün, Kristallviolett (C.I. 42555), Methylenblau (C.I. 52015) und Viktoriablau B (C.I. 44045) lassen sich auf mikroskopischen Objektträgern an Kieselgel G mit dem Fließmittel 7 trennen [49]. Zahlreiche basische Farbstoffe aus der Xanthenklasse, die für histologische Färbungen verwendet werden, wie Acridinrot 3 B (C.I. 45000), Pyronin G (C.I. 45005), Rhodamin S (C.I. 45050), Rhodamin G (C.I. 45150) und Rhodamin B, können mit den Fließmitteln 8—10 getrennt werden [78]. Mit dem Fließmittel 6 erkennt man bei der DC basischer Triphenylmethanfarbstoffe zahlreiche Nebenkomponenten [38].

Da Farbstoffe für die Mikroskopie zum größten Teil basischer Natur sind, sollen sie in diesem Abschnitt mitbehandelt werden. In der Tab. 129 sind die durch Waldi [82] unter Standardbedingungen ermittelten hRf-Werte von häufig in der Histologie, Bakteriologie und Biologie gebrauchten Farbstoffe angegeben. Für Kieselgel G-Schichten wurde als Fließmittel Chloroform-Aceton-Isopropanol-Schweflige Säure (5—6 proz. SO_2) (30 + 40 + 20 + 10) verwendet. Von den 0,25 proz. in Methanol gelösten Farbstoffen werden 2 mm³ aufgetragen.

Tabelle 129. *hRf-Richtwerte von Farbstoffen für die Mikroskopie [82]*

Farbstoff	Schultz Nr.	Colour Index 1956	hRf	Farbe
Acridinorange	902	46005	41	gelb
Alkaliblau.	811	42765	16 u. 34	blau (blau)*
Brillantgrün.	760	42040	59 (0)[1]	grün
Brillantkresylblau	992	51010	21. u. 52	grün (grün)
Eriochromazurol S ⎱ Chromazurol S ⎰	841	43825	39	dunkelviolett
Gentianaviolett ⎱ Methylviolett 2 B ⎰	783	42535	43 u. 48	rot (violett)
Kristallviolett	785	42555	43	violett
Lichtgrün, gelblich	765	42095	11 (0)	grün
Malachitgrün	754	42000	35 (0)	grün
Metanilgelb	169	13065	39	gelb
Methylenblau B	1038	52015	9	blaugrün
Methylengrün	1040	52020	18	grün
Viktoriablau B.	822	44045	51	blau

* Die hRf-Werte der „Nebenflecken" und deren Farbe sind in ( ) mit angegeben.

Nach Schorn und Stahl [69] lassen sich die in der Tab. 130 aufgeführten Farbstoffe am vorteilhaftesten mit dem Fließmittel n-Propanol-Ameisensäure (80 + 20) auf Kieselgel G-Schichten trennen.

Tabelle 130. *hRf-Richtwerte einiger Fluorescenzfarbstoffe [69]*

Farbstoff	Colour Index 1956	hRf	Farbstoff	Colour Index 1956	hRf
Methylgrün	42590	0	Nilblau.	51180	49
Diazingrün$_1$	30295	12	Fuchsin	42510	55
Pyronin G	45005	20	Rhodamin B[1] . . .	45170	62
Acridinorange[1] G . .	46005	40	Fluorescein	45350	74

* Fluorescenzfarbstoffe

Bei einer Trennstrecke von 10 cm und KS beträgt die Laufzeit 70—90 min. Die mit [1] versehenen Farbstoffe fluorescieren im UV-Licht (365 nm) intensiv, und es lassen sich auf diese Weise sehr geringe Mengen erkennen.

Die Farbtafel III zwischen S. 588 und 589 zeigt einige Trennmöglichkeiten von Gemischen basischer Farbstoffe [37, 71].

V. Saure Farbstoffe

Saure Farbstoffe dienen vor allem zum Färben von Wolle, Polyamidfasern, Papier, Leder und Tinten. Zum Färben von Lebensmitteln sind
nur bestimmte saure Farbstoffe zugelassen. Aus diesem Grunde werden
die Lebensmittelfarbstoffe in einem gesonderten Abschnitt behandelt.
Einige saure Farbstoffe werden in Form von schwerlöslichen Salzen als
Pigmente verwendet. Nach ihrem chemischen Aufbau lassen sich die
meisten sauren Farbstoffe in die Klassen der Azo-, Triarylmethan-,
Xanthen- und Anthrachinonderivate einordnen. Verschiedene Autoren
berichten ausführlich über pc-Trennungen saurer Farbstoffe [*12, 31, 33,
40*]. Durch DC lassen sich solche Trennungen in kürzerer Zeit durchführen, häufig auch mit besserem Trenneffekt. Die zahlreichen Arbeiten
auf diesem Gebiet sind in der nachfolgenden Tab. 131 mit ihren Versuchsbedingungen zusammengefaßt.

Tabelle 131. *Fließmittel zur DC von sauren Farbstoffen auf Kieselgel G-Schichten*

Fließmittel	Autor
1. Äthanol (95 proz.)	[*13*]
2. n-Butanol-Essigsäure-Wasser (20 + 10 + 50)	[*38, 53*]
3. n-Butanol-Essigsäure-Wasser (40 + 10 + 50)	[*28*]
4. n-Butanol-Äthanol-Wasser-Essigsäure (60 + 10 + 20 + 0,5)	[*61*]
5. Benzol-Dioxan-Essigsäure (90 + 25 + 4)	[*28*]
6. Chloroform-Essigsäure (90 + 10)	[*83*]
7. Benzol-Essigsäure (90 + 10)	[*83*]
8. Toluol-Essigsäure (65 + 35)	[*49*]
9. Benzol-Propionsäure (80 + 20)	[*61*]
10. Benzol-Chloroform-Propionsäure (40 + 40 + 20)	[*61*]
11. Benzol-Isopropanol-Essigsäure (60 + 40 + 1)	[*61*]
12. Äthylacetat-Pyridin-Wasser (60 + 30 + 10)	[*61*]
13. Amylalkohol-Äthanol-Ammoniak (konz.) (50 + 45 + 5)	[*61*]
14. n-Butanol-Äthanol-Ammoniak (konz.)- Pyridin (40 + 10 + 30 + 20)	[*4*]
15*. n-Butylacetat-Pyridin-Wasser (40 + 40 + 20)	[*61*]
16**. n-Butylacetat-Pyridin-Wasser (30 + 45 + 25)	[*42*]

* oder Cellulose.
** Kieselgel bzw. Aluminiumoxid G + 2,5% Na_2CO_3.

Saure Farbstoffe der Triarylmethanklasse, wie sie z. B. für Tinten
verwendet werden, lassen sich nach JAMIESON [*28*] mit dem in Tab. 131
unter Nr. 3 angegebenen Fließmittel trennen. Zur Trennung verschiedener Tintenfarbstoffe sind ebenfalls die Fließmittel 1 und 4 geeignet
[*13, 61*]. PERKAVEC u. Mitarb. [*53*] beschreiben ausführlich eine dc-
Methode zur Trennung von Farbstoffen in Schreibtinten mit dem Fließmittel 2.

Fluorescein (C.I. 45350) und seine Halogensubstitutionsprodukte, wie
z. B. Eosin (C.I. 45380), können mit den Fließmitteln 5—10 getrennt
werden [*28, 49, 61, 83*]. Verschiedene saure Anthrachinonfarbstoffe lassen
sich nach RETTIE u. Mitarb. [*61*] mit dem Fließmittel 15 auf Kieselgel G-
oder Celluloseschichten trennen.

Eine Trennung der direktziehenden Wollfarbstoffe Benzylechtrot GRG (C.I. 22245), Palatinechtgrün GN und Palatinechtrot gelingt nach Meckel u. Mitarb. [42] auf alkalisierten Kieselgel G- und Aluminiumoxid G-Schichten, wie sie erstmals von Stahl [76] vorgeschlagen wurden. Zur Herstellung der Streichmasse wurde das Sorptionsmittel statt mit Wasser mit einer 2,5proz. Natriumcarbonatlösung gemischt. Zur Entwicklung wird das Fließmittel 15 (Tab. 131) verwendet, das jeweils frisch bereitet werden muß. Auf alkalisierten Kieselgel G-Schichten sind die Trennungen schärfer als auf den Aluminiumoxid G-Schichten. Die Nachweisgrenze liegt um den Faktor 10 tiefer als bei den bisherigen papierchromatographischen Verfahren. Die untersuchten Farbstoffe (sauer u. substantiv) bestehen zumeist aus mehreren, verschiedenfarbigen Komponenten.

Verschiedene Sulfonphthalein-Farbstoffe, die als Säure-Base-Indicatoren verwendet werden, wie z. B. Thymolblau, Bromphenolblau und Phenolrot, lassen sich mit den Fließmitteln 11—13 (Tab. 131) trennen. Zur Identitäts- und Reinheitsprüfung von Indicatorfarbstoffen wurden von Waldi [82] unter den Standardbedingungen auf Aluminiumoxid G-Kieselgel G-(1:1)-Schichten mit dem Fließmittel Äthylacetat-Methanol-5 N Ammoniaklösung (60 + 30 + 10) die hRf-Werte festgelegt (Tab. 132). Die Laufzeit betrug 30 min.

Tabelle 132. h*Rf-Richtwerte von Indicatorfarbstoffen auf Aluminiumoxid G-Kieselgel G (1:1)-Schichten* [82]

Farbstoff	hRf	Farbe der Flecken
Chlorphenolrot	27 (78)*	violett (gelb)*
Bromkresolpurpur	40 (0)	violett (gelbbraun)
Kresolrot	42 (60; 77)	orangegelb (hellrot u. gelb)
m-Kresolpurpur	43 (71)	orangegelb (gelb)
Bromphenolblau	48 (39)	blauviolett (rotviolett)
Bromchlorphenolblau	48	blauviolett
Bromthymolblau	65	grünbraun
Benzylorange	67	gelb
Methylorange	67	gelborange
Thymolblau	74	orangegelb
Phenolphthalein	83	farblos, m. Alkali rot
p-Äthoxychrysoidin	84	orange

* Die hRf-Werte und Farben der Begleitfarbstoffe sind in ( ) mitangegeben. Von den 0,25proz. in Methanol gelösten Farbstoffen wurden 2 mm³ aufgetragen.

Eine interessante und neuartige Möglichkeit zur Trennung und Identifizierung von basischen und sauren Farbstoffen bringt die Stahlsche Gradient-DC (S. 92). Ein Beispiel hierzu zeigt die Farbtafel II.

Über die Dünnschicht-Elektrophorese von Indicatorfarbstoffen berichten Pastuska u. Mitarb. [51].

Die Farbtafel III zwischen S. 588 und 589 zeigt einige Trennmöglichkeiten von Gemischen saurer Farbstoffe.

VI. Substantive Farbstoffe

Substantive Farbstoffe werden zum Färben von Cellulosefasern, Papier und Leder verwendet. Es handelt sich bei ihnen hauptsächlich um Polyazofarbstoffe von relativ hohem Molekulargewicht. Über die Trennung substantiver Farbstoffe durch PC berichten verschiedene Autoren [*3, 31, 32, 34, 74*]. Den Nachteil der Streifenbildung und die geringe Wanderungsgeschwindigkeit von substantiven Farbstoffen bei der PC an Cellulosepapier versucht MECKEL [*41*] durch Chromatographie an Acetyl- oder Glasfaserpapier zu umgehen.

Bei der DC von substantiven Farbstoffen treten im allgemeinen die angegebenen Schwierigkeiten der Schweifbildung und der zu kleinen *Rf*-Werte nicht auf. Außerdem ist der Trenneffekt bei der DC von substantiven Farbstoffen meistens besser als bei pc-Trennungen. In der nachfolgenden Tab. 133 sind die in zahlreichen Arbeiten angegebenen Versuchsbedingungen für die DC von substantiven Farbstoffen zusammengestellt.

Tabelle 133. *DC von substantiven Farbstoffen*

Schicht	Fließmittel	Autor
1. Aluminiumoxid. . . .	Äthanol-Wasser (Verschiedene Mengenverhältnisse)	[*58*]
2. Kieselgel G	n-Propanol-Ammoniak (60 + 30)	[*21*]
3. Kieselgel G	Pyridin-n-Amylalkohol-Ammoniak (30 + 30 + 30)	[*21*]
4. Kieselgel G	n-Butanol-Aceton-Wasser-Ammoniak (d = 0,88) (50 + 50 + 10 + 20)	[*4*]
5. Kieselgel G	n-Butanol-Äthanol-Ammoniak-Pyridin-Wasser (40 + 15 + 20 + 20 + 15)	[*4*]
6. Kieselgel G* oder Aluminiumoxid G*	n-Butylacetat-Pyridin-Wasser (30 + 45 + 25)	[*42*]
7. Aluminiumoxid G* . .	Diäthylenglykolmonoäthyläther-2proz. Ammoniak (80 + 20)	[*62*]
8. Aluminiumoxid G* . .	n-Butanol-Äthanol-Wasser (50 + 25 + 25)	[*62*]

* mit Zusatz von 2,5% Na_2CO_3.

GASPARIČ u. Mitarb. [*21*] trennen mit den Fließmitteln 2 und 3 (Tab. 133) verschiedene substantive Azofarbstoffe, wie z. B. Dianilblau G (C.I. 24340), Chikagoblau B (C.I. 24380), Sellaechtbraun DGR (C.I. Acid Brown 235), Solophenylgrau 4G und Diphenylechtgrün BE, in mehrere Zonen auf. MECKEL u. Mitarb. [*42*] trennen auf alkalisierten Schichten von Kieselgel G oder Aluminiumoxid G^2 mit dem Fließmittel 6 (Tab. 133) Benzamingrün 3GS (C.I. 28280), Siriuslichtscharlach BN (C.I. Direct Red 95), Siriuslichtbraun 6RL (C.I. 29166) und andere substantive Farbstoffe in mehrere Komponenten auf. RABAN [*58*] erhält mit Fließmittel 1 an Aluminiumoxid bei den Farbstoffen Congorot (C.I. 22120), Trypanblau (C.I. 23850), Direktblau 2B (C.I. 22610), Direktgrün B

---

[2] Herstellung siehe Abschnitt „Saure Farbstoffe".

(C.I. 30295) und Direktrot F (C.I. 22310) Auftrennungen in mehrere Zonen.

Meckel [*42*] trägt etwa 2—3 mm³ 0,15proz. Farbstofflösungen auf, bei größeren Mengen erhält er unerwünschte Schweifbildung. Gasparič u. Mitarb. [*21*] verwenden etwa 5 mm³ von 5proz. wäßrigen Farbstofflösungen. Offenbar lassen sich mit alkalischen Fließmitteln größere Farbstoffmengen scharf trennen.

VII. Reaktivfarbstoffe

Reaktivfarbstoffe binden sich an Cellulose oder Wolle mit einer kovalenten Bindung, die über eine reaktive Gruppe verläuft. Nach ihren Konstitutionen handelt es sich bei ihnen um Azofarbstoffe, Anthrachinon- und Phthalocyanin-Derivate mit Sulfo- und Reaktivgruppen.

Durch PC lassen sich verschiedene Reaktivfarbstoffe trennen [*60, 72*]. Trennungen durch DC haben einige Vorteile. Die Trennschärfe ist besser, und die Farbstoffe bleiben nicht am Startpunkt zurück, weil die Substantivität zur Cellulose entfällt. Perkavec und Perpar [*55*] tragen 0,1proz. wäßrige Lösungen von Reaktivfarbstoffen auf Kieselgel G-Schichten auf und trennen mit den Fließmitteln:

1. Isobutanol-n-Propanol-Äthylacetat-Wasser (20 + 40 + 10 + 30) [Geeignet zur Trennung von Procion-Farbstoffen (ICI)].
2. Dioxan-Aceton (50 + 50) [Geeignet zur Trennung von Cibacron-Farbstoffen (CIBA) und Procion-H-Farbstoffen (ICI)].
3. n-Propanol-Äthylacetat-Wasser (60 + 10 + 30) [Geeignet zur Trennung von Drimaren-Farbstoffen (Sandoz), Reactonfarbstoffen (Geigy), Remazol-Farbstoffen (Hoechst), Levafix-Farbstoffen (Bayer) und Primazin-Farbstoffen (BASF)].

VIII. Metallkomplexfarbstoffe

Saure Metallkomplexfarbstoffe werden zum Färben von Wolle und Polyamidfasern verwendet. Außerdem sind sie — teilweise in Form ihrer Farbsäuren — zur transparenten Anfärbung von Nitrocellulose-Lacken geeignet.

Nach ihrem chemischen Aufbau unterscheidet man zwei Typen von sauren Metallkomplexfarbstoffen:

1. 1:1-Chromkomplexfarbstoffe haben immer Sulfogruppen im Molekül. Das stöchiometrische Verhältnis Metall:Farbstoff beträgt 1:1.

2. Technische 1:2-Metallkomplexfarbstoffe haben — bis auf wenige Ausnahmen — keine Sulfogruppen. Das stöchiometrische Verhältnis Chrom (oder Kobalt):Farbstoff beträgt 1:2.

Die 1:1-Chromkomplexe können bei PC und DC unter den gleichen Bedingungen getrennt werden, wie sie für saure Farbstoffe geeignet sind [*42*]. Die Trennung von 1:2-Metallkomplexen durch PC gelingt in einigen Fällen an Acetylpapier [*70*] oder an Papier aus Diäthylaminoäthylcellulose [*3*]. Verschiedene isomere 1:2-Chrom- und Kobaltkomplexe der

Azo-, Azomethin- und Formazanreihe wurden von SCHETTY u. Mitarb. [2, 64, 65, 66, 67] auf Aluminiumoxid-Schichten mit Methanol als Fließmittel getrennt. POLLARD u. Mitarb. [57] berichten über die DC-Trennung einiger chromierbarer Farbstoffe an Kieselgel G, dem Stärke zugefügt wird. HÄFELINGER u. Mitarb. [24] trennen verschiedene Strukturisomere bei Kobalt-Chelaten von 2-Hydroxyazobenzolen durch DC an Kieselgel G mit Benzol als Fließmittel. Zahlreiche 1:2-Metallkomplexfarbstoffe lassen sich an Säulen, die mit Polyamidpulver gefüllt sind, trennen [70]. Unter den gleichen Bedingungen kann man durch DC an Polyamid-Schichten mit dem Fließmittel Methanol-Wasser-Ammoniak (80 + 16 + 4) Trennungen von 1:2-Metallkomplexen durchführen [71]. Um die Brauchbarkeit dieser Methode zu zeigen, wurden verschiedene 1:2-Mischkomplexe, wie sie bei braunen und grünen Farbtönen häufig auftreten, durch DC an Polyamidpulver in ihre Komponenten aufgetrennt. Die Farbtafel III zwischen S. 588 und 589 zeigt ein solches Chromatogramm.

IX. Synthetische Farbstoffe für Lebensmittel

Zur Kennzeichnung der von der Farbstoffkommission der Deutschen Forschungsgemeinschaft (DFG) vorgeschlagenen synthetischen Lebensmittelfarbstoffe werden u. a. auch papierchromatographische Methoden herangezogen. Zur Entwicklung der Papierchromatogramme sind in der 8. Mitteilung der o.g. Kommission eine Reihe von Fließmitteln angegeben. Die Farbstoffproben und Farbabbildungen der Chromatogramme sowie die Spektren werden mitgeliefert[3].

Tabelle 134. *DC von Lebensmittelfarbstoffen*

Schicht	Fließmittel	Autor
1. Aluminiumoxid G . .	n-Butanol-Äthanol-Wasser (z. B. 50 + 25 + 25)	[62]
2. Aluminiumoxid G . .	Isopropylacetat-Pyridin-Wasser (30 + 40 + 20)	[62]
3. Calciumcarbonat. . .	n-Butanol-Äthanol-Ammoniak (10proz.) (50 + 25 + 25)	[79]
4. Kieselgel G	Acetessigester-Pyridin-Ammoniak (konz.) (50 + 20 + 10)	[1]
5. Kieselgel G	Äthylacetat-Pyridin-Wasser (70 + 30 + 10)	[1]
6. Kieselgel G	Benzol-Dioxan-Essigsäure (90 + 25 + 4)	[28]
7. Kieselgel G	n-Butanol-Äthanol-Wasser-Ammoniak (konz.) (50 + 25 + 25 + 10)	[5]
8. Kieselgel G	Benzol-Methanol-Ammoniak (konz.) (65 + 30 + 4)	[7]
9. Kieselgel G	Benzol-n-Propanol-Ammoniak (konz.) (60 + 30 + 10)	[7]
10. Kieselgel G	Benzol-n-Amylalkohol-Salzsäure (konz.) (65 + 30 + 5)	[7]

---

[3] Mitteilung 8 der Farbstoffkommission der DFG, 2. Aufl., Wiesbaden: Verlag Franz Steiner 1957.

38*

Synthetische Lebensmittelfarbstoffe entsprechen in ihren Konstitutionen den sauren Farbstoffen. Daher ist ihre Trennung durch DC vielfach unter den gleichen Bedingungen möglich, wie sie im Abschnitt „Saure Farbstoffe" angegeben sind. In der nachfolgenden Tab. 134 sind die Arbeiten zusammengefaßt, die sich speziell mit der DC von Lebensmittelfarbstoffen befassen.

Ruiz u. Mitarb. [62] trennen mit den Fließmitteln 1 und 2 (Tab. 134) die in der Schweiz zugelassenen Lebensmittelfarbstoffe. Barret und Ryan [1] verwenden die unter 4 und 5 angegebenen Fließmittel und andere zur Trennung der in Neusüdwales zugelassenen Lebensmittelfarb-

Tabelle 135. *Die hR_f-Richtwerte der Lebensmittelfarbstoffe auf MN-Cellulosepulver-Schichten [84]*

DFG-Mitt. 8	Gebräuchliche Handelsbezeichnung	Schultz Nr.	Col. Ind. Nr.	DFG Mitt. 6	hR_f-Werte	
					Fließmittel 1	Fließmittel 2
Gelb 1	Echtgelb (dgl. extra) Acid oder Fast Yellow Säuregelb Jaune solide	172	13015	23	53 (50)*	58 (—)*
Gelb 2	Tartrazin Jaune tartarique Hydrazingelb 0 F. D. & .Co Yellow Nr. 5	737	19140	64	25 (—)	72 (—)
Gelb 3	Chinolingelb (dgl. wasserlöslich oder extra) Quinoline Yellow	918	47005	97	39 (27)	12 (20)
Gelb 4	Chrysoin S Tropäolin 0 Resorcine Yellow	186	14270	26	88 (—)	4 (—)
Gelb 5	Gelb 27175 N	—	—	30	31 (—)	29 (—)
Orange 1	Orange GGN oder GGL	—	15980	32	56 (69)	45 (—)
Orange 2	Gelborange S Sunset Yellow FCF Sunset Yellow FCF F.D. & Co Yellow Nr. 6	—	15985	29	55 (69)	42 (24)
Rot 1	Azorubin	208	14720	38	64 (75)	12 (—)
Rot 1	Echtrot E	210	16045	39	57 (71)	20 (—)
Rot 3	Amaranth S Naphtholrot S	212	16185	40	27 (—)	31 (—)
Rot 4	Brillantponceau 4RC Cochenillerot A	213	16255	41	33 (—)	55 (—)
Rot 5	Ponceau 6R Scarlet 6R	215	16290	42	16§(—)	76 (—)
Rot 6	Scharlach GN	—	—	34	64 (73)	90 (94)
Blau 1	Indanthrenblau RS	1228	69800	104	0	0
Blau 2	Indigotin I oder Ia Indigokarmin F.D. & Co Blue Nr. 2	1309	73015	105	26 (—)	19 (7)
Schwarz 1	Brillantschwarz BN	—	28440	58	20§(—)	10 (—)

*hR_f-Werte der Nebenflecke sind in ( ) angegeben; § = gezogene Flecken (Schwanzbildung).

stoffe. JAMIESON [28] trennt Farbstoffe, die für Lippenstifte verwendet werden, mit dem Fließmittel 6. COTSIS u. Mitarb. [7] zeigen, daß mit den Fließmitteln 8—10 alle Farbstoffe, die zur Anfärbung von Lippenstiften dienen, durch DC an Kieselgel G getrennt werden können. CANUTI u. Mitarb. [5] trennen mit Fließmittel 7 die in Italien zugelassenen Lebensmittelfarbstoffe.

Von WOLLENWEBER [84] und auch von WALDI [82] wurde zur chromatographischen Kennzeichnung der in der Bundesrepublik Deutschland zugelassenen Lebensmittelfarbstoffe die DC erprobt. Es wurde gefunden, daß sich die in der Tab. 135 angeführten Farbstoffe mit einem einzigen Fließmittel auf MN-Cellulosepulver 300 G-Schichten (Fa. 83) deutlich unterscheiden lassen. Die unabgängig voneinander erprobten Fließmittel sind:

1. n-Propanol-Äthylacetet-Wasser (60 + 10 + 30) [82].
2. 2,5proz. wäßrige Natriumacetatlösung, 25proz. Ammoniaklösung (80 + 20) [84].

Sie unterscheiden sich in ihrem Trennverhalten und lassen sich somit auch für zweidimensionale DC gut verwenden. Die Laufzeit von Fließmittel 1 beträgt 90 min und von Fließmittel 2 nur 30 min.

SALO u. Mitarb. [63] trennen ebenfalls an MN-Cellulosepulver 300 die in Finnland zugelassenen Lebensmittelfarbstoffe. Sie verwenden die Fließmittel:

1. 2proz. tert. Natriumcitrat in 5proz. Ammoniak.
2. Tert. Butanol-Propionsäure-Wasser (50 + 12 + 38] mit 0,4proz. Kaliumchlorid.

SCHNEIDER u. Mitarb. [68] trennen an Cellulosepulver verschiedene verlackte Lebensmittelfarbstoffe, die für Arzneipräparate verwendet werden.

CRIDDLE u. Mitarb. [8, 9] berichten über die Dünnschicht-Elektrophorese (s. S. 105—114) von Lebensmittelfarbstoffen.

X. Farbstoffzwischenprodukte

Über die dc-Trennung von 1- und 2-Amino-, 1,2-, 1,4-, 1,5-, 1,6-, 1,7-, 1,8- und 2,6-Diaminoanthrachinon berichten FRANC u. Mitarb. [15]. Sie verwenden Aluminiumoxid-Schichten und trennen mit dem Fließmittel Cyclohexan-Äther (50 + 50).

GILLIO-Tos u. Mitarb. [23] chromatographieren die isomeren Toluidine, Aminophenole, Aminobenzoesäuren, Anisidine, Nitraniline, Phenylendiamine, Brom- und Chloraniline an Kieselgel G z. B. mit den Fließmitteln Dibutyläther-Äthylacetat-Essigsäure (50 + 50 + 5), (75 + 25 + 5) und (25 + 75 + 5). Zum Nachweis besprühen sie zunächst mit einer 5proz. Lösung von Natriumnitrit in 0,2 N Salzsäure. Nach Trocknen der Platten bei 50° C wird mit einer 5proz. Lösung von α-Naphthol in Methanol besprüht.

Zum Färben mit Azofarbstoffen, die man auf der Faser synthetisiert, werden zwei Farbstoffkomponenten gebraucht: ein Diazoniumsalz und

die kurz „Naphthol" genannte Kupplungskomponente. Als Diazo-
komponenten dienen aromatische Amine, Echtfärbebasen, die vorher
diazotiert werden müssen, oder die stabilisierten Diazoniumsalze, die
Echtfärbesalze. Als Kupplungskomponenten dienen Arylamide aromatischer o-Hydroxysäuren und Acylessigsäurearylamide. Über die dc-Trennung dieser Produkte berichten Perkavec u. Mitarb. [54].

Die *Echtfärbebasen* lassen sich auf Kieselgel G mit den Fließmitteln:
1. n-Butanol-Essigsäure-Wasser (64 + 16 + 20) oder 2. n-Butanol-
Pyridin-Wasser (25 + 50 + 25) trennen. Die Sichtbarmachung erfolgt
mit 4-Dimethylaminobenzaldehyd (Reag. Nr. 66). In der Tab. 136 sind
die erhaltenen hRf-Werte angegeben.

Tabelle 136. hRf-*Richtwerte der Echtfärbebasen* [54]; *Einzelheiten s.* Text

Echtfärbebase	Colour Index 1956	hRf	
		1	2
Echtgelb GC.	37000	96	89
Echtorange GC	37005	94	91
Echtscharlach LG	37145	90	86
Echtscharlach TR	37080	93	86
Echtrot TR	37085	89	82
Echtrot RC	37120	94	84
Echtbordeaux GP	37135	88	87

Echtfärbesalze werden zur DC in 30proz. Essigsäure gelöst und auf
Kieselgel G aufgetragen. Fließmittel: n-Butanol-Essigsäure-Wasser
(10 + 10 + 50). Zum Nachweis wird mit einer Lösung von Naphthol
AS-LR besprüht (0,15 g in 0,3 ml 28proz. Natronlauge gelöst, 2 ml
Äthanol (96%) zugegeben und mit Wasser auf 50 ml aufgefüllt). In der
Tab. 137 sind die erhaltenen hRf-Werte angegeben.

Tabelle 137. hRf-*Richtwerte der Echtfärbsalze* [54]; *Einzelheiten s.* Text

Echtfärbesalz	hRf	Farbe des Fleckes
Echtorangesalz GGD	46	rotgelb
Echtorangesalz GR	23	orange
Echtrotsalz ITR	18	rot
Echtrotsalz RC	14	rot
Echtscharlachsalz GG	17	orange
Echtbraunsalz VA	97; 38	gelbbraun; grau
Echtblausalz B	4	violettblau
Variaminblausalz FGC . . .	33	rötlichblau
Echtschwarzsalz K	97; 92	violett; gelb

Zur Trennung der Naphthole sind papierchromatographische Methoden besser geeignet.

Verschiedene Naphthalinsulfonsäuren lassen sich nach einer Privatmitteilung von Kuhn [35] durch DC an Kieselgel G trennen, wenn man
sie vorher durch Alkalischmelze in die entsprechenden Naphthole überführt.

Spezielle Anwendung: DC von Naphthalindisulfonsäure-2,7.

1 g Naphthalindisulfonsäure-2,7 trocken mit 10 g Kaliumhydroxid (Plätzchenform) in einem 100 ml-Erlenmeyerkolben mit Schliff einwägen. Das Gemisch am Rückflußkühler zusammenschmelzen und 15 min am Kochen erhalten. Nach dem Abkühlen die Schmelze mit insgesamt 80 ml dest. Wasser herauslösen, in einem 200 ml-Erlenmeyerkolben mit Schliff spülen und die Lösung mit Schwefelsäure (1:1) kongosauer stellen. Völlig erkalten lassen, dann 50 ml Äther zugeben und bei aufgesetztem Schliffstopfen gut durchschütteln. Von der ätherischen Schicht, die das 2,7-Dihydroxynaphthalin enthält, werden 10 mm³ auf Kieselgel G aufgetragen. Fließmittel: Benzol-Methylenchlorid-Äther (70 + 10 + 20). Der Nachweis erfolgt durch Besprühen mit einer 1proz. wäßrigen Lösung von Echtblausalz BB (= diazotiertes 4-Benzoylamino-2,5-diäthoxyanilin). Es lassen sich auf diese Weise durch DC die in Naphthalindisulfonsäure-2,7 enthaltenen Nebenkomponenten nachweisen. In der nachfolgenden Tab. 138 sind die unter den genannten Bedingungen erhaltenen h*Rf*-Werte der Hydroxynaphthaline zusammengestellt.

Tabelle 138. h*Rf-Richtwerte der Hydroxynaphthaline* [35]

Substanz	h*Rf*	Farbe des Fleckens n. Echtblausalz BB
2,7-Dihydroxynaphthalin . . . . (Naphthalindisulfonsäure-2,7)	24	braunviolett
2,6-Dihydroxynaphthalin . . . . (Naphthalindisulfonsäure-2,6)	31	violett
1,6-Dihydroxynaphthalin . . . . (Naphthalindisulfonsäure-1,6)	39	dunkelbraun
1,5-Dihydroxynaphthalin . . . . (Naphthalindisulfonsäure-1,5)	50	dunkel braunviolett
2-Hydroxynaphthalin . . . . (Naphthalinsulfonsäure-2)	65	rotviolett
1-Hydroxynaphthalin . . . . (Naphthalinsulfonsäure-1)	75	blauviolett

Literatur zum Kapitel TF. Synthetische Farbstoffe

[1] BARRET, J. F., u. A. J. RYAN: Nature (Lond.) **199**, 372 (1963).
[2] BEFFA, F., P. LIENHARD, E. STEINER u. G. SCHETTY: Helv. chim. Acta **46**, 1369 (1963).
[3] BROWN, J. C.: J. Soc. Dyers and Colourists **76**, 536 (1960).
[4] — J. Soc. Dyers and Colourists **80**, 185 (1964).
[5] CANUTI, A., u. B. LUBOZ MAGRASSI: Chim. Ind. (Milano) **46**, 284 (1964).
[6] CIGLAR, J., J. KOLŠEK u. M. PERPAR: Chem. Z. **86**, 41 (1962).
[7] COTSIS, T. P., u. J. C. GAREY: Proc. Sci. Sect. Toilet Goods Ass. **41**, 3 (1964), ref. C. A. **61**, 6855a (1964).
[8] CRIDDLE, W. J., G. J. MOODY, and J. D. R. THOMAS: J. Chromatog. **16**, 350 (1964).
[9] — — — Nature (Lond.) **202**, 1327 (1964).
[10] DAVIDEK, J., J. POKORNÝ u. G. JANIČEK: Z. Lebensmitt.-Untersuch. **116**, 13 (1961).
[11] DAVIDEK, J., u. G. JANIČEK: J. Chromatog. **15**, 542 (1964).
[12] DOBAS, J.: Coll. Čs. Chem. Commun. **23**, 146 (1958).
[13] DRUDING, L. F.: J. Chem. Educ. **40**, 536 (1963).
[14] ELLIOT, K., and L. A. TELESZ: J. Soc. Dyers and Colourists **73**, 8 (1957).
[15] FRANK, J., and M. HAJKOVA: J. Chromatog. **16**, 345 (1964).
[16] FUJII, S., u. M. KAMIKURA: Shokuhin Eiseigaku Zasshi **4**, 96 (1963).
[17] — — Shokuhin Eiseigaku Zasshi **4**, 125 (1963).
[18] GASPARIČ, J., and M. MATRKA: Coll. Čs. Chem. Commun. **24**, 1943 (1959).
[19] — and I. TÁBORSKÁ: J. Soc. Dyers and Colourists **77**, 160 (1961).

[20] Gasparič, J., and I. Gemzová-Táborská: Coll. Čs. Chem. Commun. **27**, 2996 (1962), ref. J. Chromatog. **12**, 10 D (1963).
[21] — u. A. Cee: J. Chromatog. **14**, 484 (1964).
[22] — a M. Matrka: Coll. Čs. Chem. Commun. **25**, 1969 (1960).
[23] Gillio-Tos, M., S. A. Previtera, and A. Vimercati: J. Chromatog. **13**, 571 (1964).
[24] Häfelinger, G., u. E. Bayer: Naturwissenschaften **51**, 136 (1964).
[25] Harris, P., and F. W. Lindley: Chem. and Ind. **1956**, 922.
[26] Häusser, H.: Arch. Kriminol. **125**, 72 (1960).
[27] Heřmánek, S., V. Schwarz u. Z. Čekan: Coll. Čs. Chem. Commun. **26**, 3170 (1961).
[28] Jamieson, G. R.: Lecture on "Thin-layer chromatography and its application to dyes and plasticisers" given at symposium organised by Scottish Section of the Society for Analytical Chemistry and the Institute of Chemistry of Ireland on "Modern Aspects of Chromatographie" (Dublin, Sept. 1963).
[29] Janousek, J.: J. Soc. Dyers and Colourists **73**, 328 (1957).
[30] Johnson, C. D., u. L. A. Telesz: J. Soc. Dyers and Colourists **78**, 496 (1962).
[31] Jungbeck, J.: SVF Fachorgan **15**, 417 (1960).
[32] Kiel, E. G., u. G. H. A. Kuypers: Tex. **22**, 779 (1963).
[33] Kolšek, J.: Chem. Z. **82**, 35 (1958); **82**, 457 (1958).
[34] — Chem. Z. **83**, 478 (1959).
[35] Kuhn, A., Basel (Schweiz): Privatmitteilung.
[36] Lagoni, H., u. A. Wortmann: Milchwissenschaft **10**, 360 (1955); **11**, 206 (1956).
[37] Lichtenberger, W.: Privatmitteilung u. Z. anal. Chem. **185**, 111 (1962).
[38] Logar, S., J. Perkavec, and M. Perpar: Mikrochim. Acta **1964**, 712.
[39] Machata, G.: Arch. Toxikol. **127**, 1 (1961).
[40] McNeil, C.: J. Soc. Dyers and Colourist **76**, 272 (1960).
[41] Meckel, L.: Textil-Rundschau **15**, 353 (1960).
[42] — H. Milster u. U. Krause: Textil-Praxis **16**, 1032 (1961).
[43] Micheel, F., and H. Schweppe: Mikrochim. Acta **1954**, 53.
[44] Mitchell, L. C.: J. Ass. Off. Agric. Chem. **36**, 943 (1953).
[45] Moloster, Z.: Ann. Chim. **3**, 771 (1958).
[46] Montag, A.: Z. Lebensmitt.-Untersuch. **116**, 413 (1962).
[47] Mottier, M.: Mitt. Lebensmitt.-Hyg. **47**, 372 (1956).
[48] — u. M. Potterat: Analyt. Chim. Acta **13**, 46 (1955).
[49] Naff, M. B., u. A. S. Naff: J. chem. Educ. **40**, 534 (1963).
[50] Neher, R.: J. Chromatog. **1**, 205 (1958).
[51] Pastuska, G., u. H. Trinks: Chem.-Ztg. **86**, 135 (1962).
[52] Peereboom, J. W. C.: Chem. Weekblad **57**, 625 (1961), ref. J. Chromatog. **11**, D 2 (1963).
[53] Perkavec, J., u. M. Perpar: Kem. Ind. (Zagreb) **12**, 829 (1963).
[54] — — Mikrochim. Acta **1964**, 1029).
[55] — — Z. anal. Chem. **206**, 356 (1964).
[57] Pollard, F. H., G. Nickless, T. J. Samuelson, and R. G. Anderson: J. Chromatogr. **16**, 231 (1964).
[58] Raban, P.: Nature (Lond.) **199**, 596 (1963).
[59] Ramamurthy, M. K., u. V. R. Bhalerao: Analyst **89**, 740 (1964).
[60] Reif, J.: Dtsch. Textil-Techn. **13**, 86 (1963).
[61] Rettie, G. H., and C. G. Haynes: J. Soc. Dyers and Colourists **80**, 629 (1964).
[62] Ruiz, S. L., et C. Laroche: Bull. Soc. chim. Fr. **1963**, 1594.
[63] Salo, T., u. K. Salminen: Suomen Kemistilehti **35**, Nr. 9, 146, (1962); ref. Z. anal. Chem. **200**, 160 (1964).
[64] Schetty, G., u. W. Kuster: Helv. chim. Acta **44**, 2193 (1961).
[65] — Helv. chim. Acta **45**, 809 (1962).
[66] — Helv. chim. Acta **45**, 1095 (1962).
[67] — Helv. chim. Acta **46**, 1132 (1963).
[68] Schneider, H., u. J. Hofstetter: Dtsch. Apoth.-Ztg. **103**, 1423 (1963).
[69] Schorn, P. J., u. E. Stahl: Unveröffentlichte Versuche.
[70] Schweppe, H.: Paint Technol. Vol. **27**, Nr. 8, 12 (1963).
[71] — Unveröffentlichte Versuche.

[72] Šrámek, J.: Textil (Praha) **13**, 387 (1958).
[73] — J. Soc. Dyers and Colourists **78**, 326 (1962).
[74] — J. Chromatog. **15**, 57 (1964).
[75] Stahl, E.: Chem.-Ztg. **82**, 323 (1958).
[76] — Arch. Pharm. **292**, 411 (1959).
[77] — Arch. Pharm. **293**, 531 (1960).
[77a] — Chem. Ing. Tech. **36**, 941 (1964) bzw. Angew. Chem. Internat. Edit. **3**, 784 (1964) u. Z. analyt. Chem. **221**, 3 (1966).
[78] Stier, A., u. W. Specht: Naturwissenschaften **50**, 549 (1963).
[79] Synodinos, E.: Chim. cronica (Athens) **28**, 77 (1963), ref. C. A. **60**, 1089 e (1964).
[80] Topham, J. C., u. J. W. Westrop: J. Chromatog. **16**, 233 (1964).
[81] Verma, M. R., u. R. Dass: Naturwissenschaften **44**, 351 (1957).
[82] Waldi, D.: Unveröffentlichte Versuche.
[83] Walker, K. C., u. M. Beroza: J. Ass. Off. Agric. Chem. **46**, 250 (1963).
[84] Wollenweber, P.: J. Chromatog. **7**, 557 (1962).
[85] Zahn, H.: Textil-Praxis **6**, 127 (1951).

Bemerkenswerte weitere Arbeiten, die während des Zeitraumes der Drucklegung erschienen sind:

[86] Cotsis, T. P., and J. C. Garey: Drug & Cosmetic Ind. **95**, 172, 291 u. 294 (1964).; (Bestimmung von Lippenstift-Farbstoffen durch DC.)
[87] Fujii, S., and M. Kamikura: Kagaku no Ryôiki, Zokan No. **64**, 173 (1964); ref. C. A. **62**, 10800b (1965). (DC von Pigmenten).
[88] Gasparič, J.: Z. anal. Chem. **218**, 113 (1966). (PC und DC der Echtfärbebasen).
[89] Gemzová, I., a J. Gasparič: Coll. Čs. Chem. Commun. **31**, 2527 (1966). (DC primärer aromatischer Amine).
[90] Peereboom, J. W. C., and H. W. Beekes: J. Chromatog. **20**, 43 (1965). (DC von Farbstoffen auf Polyamid- und „Silbernitrat"-schichten).
[91] Pietsch, H. P., u. R. Meyer: Nahrung **9**, 154 (1965). (dc-Trennung von Lebensmittelfarbstoffen an Kieselgel D).
[92] Purzycki, J., A. Szwark i M. Owoc: Chem. Anal. (Warsaw) **10**, 485 (1965). (DC von Tinten).
[93] Synodinos, E., G. Kotakis e E. Kokkoti-Kotakis: Riv. ital. sost. grasse **40**, 674 (1963); ref. C. A. **61**, 16189h (1964). (Trennung von synthetischen Farbstoffen durch DC).

TN. Nahrungsmittel und deren Hilfsstoffe

J. W. Copius-Peereboom

I. Allgemeine Anwendungen

In der Nahrungsmittelanalyse fallen der Dünnschicht-Chromatographie folgende Aufgaben zu:

a) Chromatographische Trennung und Analyse der Hauptbestandteile eines Nahrungs- oder Genußmittels und Abtrennung und Erkennung von Spurenbestandteilen, die unter Umständen zur Charakterisierung oder für die Wirkung von besonderem Interesse sind.

b) Abtrennung und Analyse der zugesetzten Hilfsstoffe, z. B. von **Antioxydantien**, von Konservierungsmitteln und Schutzstoffen gegen **Insekten** usw.

Die Chromatographie der Hauptkomponenten von Nahrungsmitteln ist bereits in den verschiedenen Kapiteln behandelt; Triglyceride, Fettsäuren usw. in Kapitel M, Zucker und Derivate in Kapitel X, Aminosäuren und Peptide in Kapitel V und die natürlichen Farbstoffe und Vitamine in Kapitel K.

Die DC ist besonders vorteilhaft zum Nachweis von Nahrungsmittelbestandteilen, die nur als Spuren vorhanden sind, z. B. von Substanzen aus dem unverseifbaren Rest der Fette und Öle. In vielen Fällen ist es nämlich schwierig, entsprechend weiter gereinigte Konzentrate dieser Spurensubstanzen herzustellen. Dies ist jedoch bei der DC viel weniger notwendig als bei der PC. Die DC erlaubt es, störende Anteile, z. B. Triglyceride, in einer ersten Entwicklung mit Hexan in den Frontbereich zu schieben und die eigentliche Analyse erst bei der zweiten Entwicklung durchzuführen. Ein Beispiel der Identifizierung von solchen Spurensubstanzen gibt LIBBY [56]. Er weist in Cheddar-Käse eine Spur von 3—30 ppb des Geruchstoffes Methylmercaptan nach, und zwar durch die DC der entsprechenden 2,4-Dinitrofluorbenzol-Derivate.

Die DC derartiger Spurensubstanzen ist jedenfalls in anderen Kapiteln eingehend behandelt, so z. B. der Sterine in Kapitel L, der Carbonylsubstanzen in Kapitel TS.

Eine spezielle Anwendung der DC ist die Kennzeichnung einiger Nahrungsmittel anhand charakteristischer Spurensubstanzen, die man auch *Leitsubstanzen* nennt. COPIUS-PEEREBOOM [17, 18] kennzeichnet so Gemische von tierischen und pflanzlichen Fetten durch die DC ihrer Sterinfraktionen. MEYER [61] hat beispielsweise die Zugabe von Kakaoextraktionsfett zu reiner Kakaobutter durch die dc Auffindung einer charakteristischen phenolischen Begleitsubstanz aufgedeckt. Eine Vermischung von trockenem Eipulver mit pflanzlichem Lecithin wurde von ACKER [3] durch die DC-Analyse der Phytosteringlycoside nachgewiesen.

Die DC-Analyse hat sich weiterhin zur Abtrennung und dem Nachweis von verschiedenen Hilfsstoffen der Nahrungsmittelindustrie bewährt. Hier sei nur der Zusatz von Vitaminen erwähnt, ferner die Auffindung von Pesticide-Rückständen in Nahrungsmitteln, die Erkennung zugelassener und nicht zugelassener synthetischer Farbstoffe und der Nachweis von Polyphosphat-Zusätzen in Nahrungsmitteln. Über die Analyse der letzteren Stoffgruppe wird im Kapitel „Anorganische DC" berichtet.

II. Antioxydantien

Zur DC von Antioxydantien muß man diese zunächst vom Grundsubstrat abtrennen. Für fetthaltige Nahrungsmittel hat sich folgendes Verfahren bewährt [99]:

40 g Fett oder stark fetthaltige Substanz, gelöst in 250 ml Petroläther, wird mit je 40 und 20 ml abs. Methanol ausgeschüttelt. Die vereinigten Methanol-Ausschüttelungen werden dann mit 20 ml Wasser verdünnt. Nach Entfernung der Petroläther-Schicht wird die Methanolphase im Vakuum (15 mm Hg) bei 40° C eingeengt, abgekühlt auf 0° C, filtriert und das Filtrat mit 20 ml Äthylacetat ausgeschüttelt. Nach

Trocknung mit Natriumsulfat wird die Äthylacetatlösung auf 0,5 ml eingeengt. Diese Lösung kann dann auf die DC-Platte aufgetragen werden.

Ein ähnliches Verfahren gibt CASSIDY [*14*]. Es ist wichtig, die Analysen-Proben in Schliffgläschen aufzubewahren, um eine Berührung mit Gummi oder Kunststoffen zu vermeiden, da diese oft Weichmacher und/oder Antioxydantien enthalten. Zu vermerken ist ferner, daß einige der Antioxydantien, z. B. BHT, nicht quantitativ mit dieser Methode erfaßt werden; durch eine Wasserdampfdestillation (Apparatur s. S. 205) oder Säulenchromatographie [*73, 60*] läßt sich jedoch das BHT quantitativ abtrennen.

Zur sicheren Identifizierung von Antioxydantien ist es notwendig, Testsubstanzen mitzuchromatographieren oder eine Auswerteschablone nach SEHER [*84*] (Fa. 44) anzuwenden. Andernfalls können Bestandteile ätherischer Öle und Geschmackskorrigentien leicht den Zusatz von Antioxydantien vortäuschen. Speziell zur Auffindung von synthetischen Antioxydantien in Speisefetten und Kraftfuttermitteln entwickelte SEHER [*84*] folgendes Verfahren. Es geht an sich schon aus dem auf der Schablone wiedergegebenen zweidimensionalen Chromatogramm (Abb. 177) hervor.

Methode: Die nach der Standardmethode hergestellten Kieselgel G-Platten werden bei 120° getrocknet. Um definierte Bedingungen zu erhalten, läßt man zunächst nur Chloroform bis zu einer Höhe von 12 cm aufsteigen. Nach dem erneuten Trocknen werden, nach dem aus Abb. 177 zu ersehenden Schema 3 Startflecke des Untersuchungsmaterials und 2 Startflecke mit dem 3farbigen Testgemisch (S. 85) aufgetragen. Man trennt danach in Laufrichtung 1 mit Chloroform und in Laufrichtung 2 mit Benzol. Die Trennstrecken betragen jeweils 10 cm.

Der *Nachweis* wird mit Phosphormolybdänsäure (Reag. Nr. 158) geführt. Nach 1–2 min erscheinen die blauen Flecke der stärker reduzierenden Antioxydantien auf einem gelben Hintergrund. Danach wird die Platte über Ammoniakdampf gehalten. Hierdurch wird der Untergrund wieder rein weiß und die Substanzen treten als blaue oder violette Flecke deutlich hervor. Verbindungen von geringer Reduktionswirkung können durch anschließendes 10 min Erhitzen auf 120° C gleichfalls sichtbar gemacht werden.

Die am Startpunkt (vgl. Abb. 177) verbleibenden Substanzen, insbesondere die Gallate, NDGA und Bestandteile des Guajakharzes lassen sich in einem weiteren zweidimensionalen Chromatogramm mit gewissen Schwierigkeiten auch noch trennen. SEHER [*84*] untersuchte mit dieser Methode verschiedene im Handel befindlichen Antioxydans-Mischpräparate. Außer den mit diesem Verfahren nicht trennbaren Butyl-hydroxyanisol-Isomeren (2-tert. Butyl-4-hydroxy-anisol und 3-tert. Butyl-4-hydroxy-anisol) wurden in den im Handel befindlichen Butyl-hydroxyanisolen (BHA) folgende Substanzen nachgewiesen: 2,5-ditert. Butyl-4-hydroxy-anisol, Hydrochinonmonomethyläther und 4-tert. Butoxyanisol. Die Reinheit dieser BHA-Proben, bzw. der Anteil dieser Verunreinigungen wurde ebenfalls von SEHER [*85*] quantitativ ermittelt.

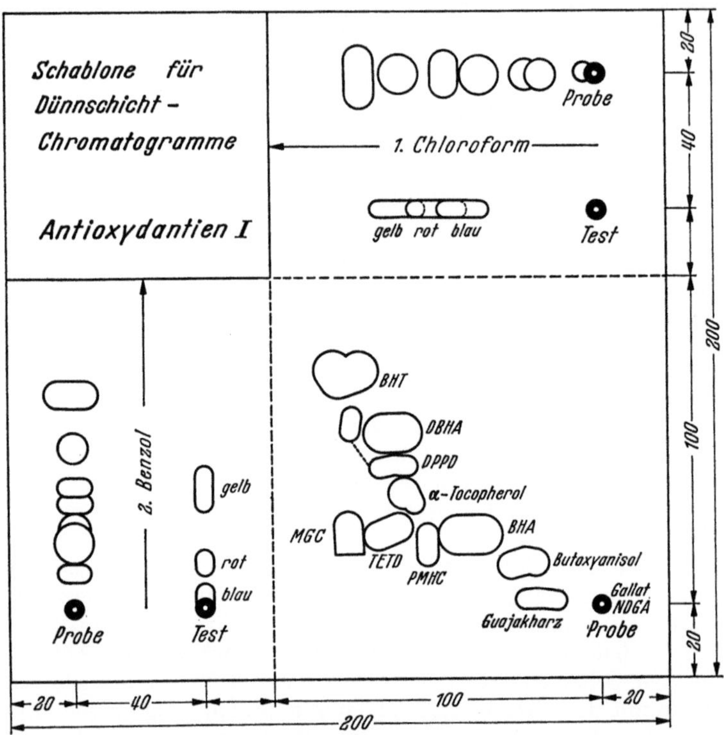

Abb. 177. Schablone zur Auswertung der Dünnschicht-Chromatogramme von Antioxydantien nach SEHER [84]. Zahlenangaben in mm. Chromatogramm auf einer KieselgelG-Platte. *BHT* (Ionol) Butylhydroxytoluol, *DBHA* Dibutylhydroxyanisol, *DPPD* Diphenyl-p-phenylendiamin, *TETD* Tetraäthyl-thiuramdisulfid, *PMHC* Pentamethyl-hydroxychroman, *BHA* Butylhydroxyanisol, *MGC* Monoglycerid-citrat, *NDGA* Nordihydroguajaretsäure

Abb. 178. Dünnschicht-Chromatogramme von Antioxydantien nach [60]. I. Sorptionsmittel Kieselgel-Kieselgur (25 + 5), Fließmittel Hexan-Eisessig (80 + 20). II. Sorptionsmittel Kieselgel-Kieselgur (20 + 10), Fließmittel Hexan-Eisessig (85,7 + 14,3). Nachweis: 5proz. Phosphormolybdänsäure. *1 NDGA, 2* Propylgallat, *3* Butylgallat, *4* Octylgallat, *5* Dodecylgallat, *6* Vanillin[1], *7* Butylhydroxyanisol, *8* Eugenol[1], *9* Thymol[1], *10* Butylhydroxytoluol

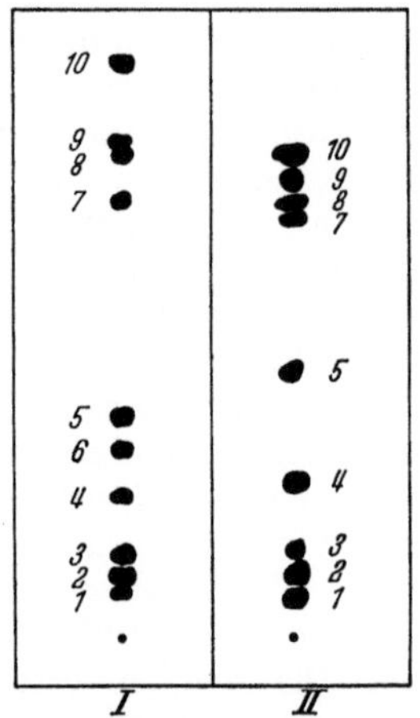

[1] *6, 8* und *9* wurden mitchromatographiert, da durch diese Geschmackskorrigentien bzw. Bestandteile ätherischer Öle leicht die Anwesenheit zugesetzter Antioxydantien vorgetäuscht werden kann.

Hierzu wurden die im Kontaktverfahren hergestellten Photokopien des Chromatogramms planimetrisch ausgewertet (vgl. S. 135). Auf sauren Schichten erreicht man eine bessere Auftrennung der Gallate [85]. Hierzu mischt man dem Kieselgel 4,5% Oxalsäure zu.

Die verschiedenen Gallate und auch andere Antioxydantien wurden von MEYER [60] auf Kieselgel-Kieselgur-Mischschichten mit Hexan-Eisessig-Gemischen erzielt (Abb. 178). Als vorteilhaft hat sich eine zweimalige Entwicklung gezeigt. Die Methode wurde in der Praxis überprüft [89]. Fettlösliche Farbstoffe und andere Alkohol-lösliche Substanzen hemmen manchmal eine eindimensionale Auftrennung und Identifizierung der Antioxydantien, insbesondere der Gallate. In solchen Fällen konnten durch zweidimensionale DC mit den Fließmitteln Chloroform und Hexan-Eisessig gute Erfolge erzielt werden.

Mit der DC auf losen Polyamid-Schichten beschäftigten sich DAVÍDEK und POKORNÝ [24]. Zur Trennung von NDGA, BHA, Propylgallat und Ascorbylpalmitat wurde mit den Fließmitteln Methanol-Aceton-Wasser (60 + 20 + 20) oder (60 + 10 + 30) entwickelt. Zur Trennung der Gallate diente Tetrachlorkohlenstoff-Äthanol (70 + 30) [25]. Schwierigkeiten bereitet der Nachweis auf den erschütterungsempfindlichen Schichten.

Zur DC von Antioxydantien wurden von COPIUS-PEEREBOOM festhaftende Polyamid-Schichten verwendet [19].

Die *Herstellung* der Polyamid-Schichten kann auf verschiedene Weise erfolgen. Im ersten Verfahren werden 5 ml einer 10proz. Stärkelösung zu einer Suspension von 10 g Polyamid (Fa. 83) in 50 ml Methanol hinzugefügt und danach ausgestrichen.

Als Bindemittel läßt sich aber auch eine Polyvinylacetatlösung gut verwenden. Zu ihrer Herstellung kann man z. B. Mowilith CT 5 A (Fa. 56) gebrauchen. Im zweiten Verfahren werden 45 ml einer 10proz. Mowilithlösung in Methanol mit 7 g Polyamid (Fa. 153) gemischt und hiermit die Platten beschichtet.

In dem Fließmittel Methanol-Aceton-Wasser (60 + 20 + 20)[1] nehmen die hRf-Werte Alkylgallate proportional mit der Kettenlänge ab (Tab. 139). Auf Grund des gleichartigen Verhaltens bei der DC von Fettsäuren und Estern sollte dieses System als Umkehrphasensystem betrachtet werden. Ähnlich kommt wohl die Trennung der Antioxydantien auf paraffinimprägnierten Schichten zustande, wie sie von JONAS [41] beschrieben wurde. Eine umgekehrte Reihenfolge der hRf-Werte erreicht man mit dem Fließmittel Petroläther-Benzol-Eisessig-Dimethylformamid (38 + 38 + 22 + 2); die Rf-Werte der langkettigeren Alkylhomologe sind höher als die derjenigen mit kürzeren Seitenketten. Dieses Fließmittel bringt auch auf Kieselgel G-Schichten eine ähnlich ausgezeichnete Trennung der Antioxydantien. (Tab. 139) Aus diesem Grund wird angenommen, daß im System Polyamid/Petroläther-Benzol-Eisessig-DMF die stationäre Phase durch einen polaren Polyamid-Eisessig-Komplex gebildet wird [19].

---

[1] Dieses System ist sehr geeignet zur Trennung von NDGA und Propylgallat. Beide Verbindungen lassen sich unter den üblichen Bedingungen oft schwer trennen [83].

Tabelle 139. h *Rf-Richtwerte verschiedener Antioxydantien auf Polyamid- und Kiesel-*
gel G-Schichten (Kammersättigung) nach [19]

Schicht	Polyamid *	Polyamid **	Kieselgel G
Fließmittel	Methanol-Aceton-Wasser (60 + 20 + 20)	Petroläther-Benzol-Eisessig-Dimethylforma-mid (38 + 38 + 22 + 2)	Petroläther-Benzol-Eisessig (40 + 40 + 20)
Chromatographie	Umkehrphasen	Polare, stationäre Phase	
Methylgallat	68	6	6
Ethylgallat	55	8	9
Propylgallat.	52	10	11
Butylgallat	48	14	16
Octylgallat	18	27	23
Dodecylgallat	6	47	32
BHA.	30	67	63
BHT	24	96	94
Sesamol	—	40	50
NDGA	26	8	9
Ascorbylpalmitat	4	58	8

* Polyamid (Fa. 83) mit Bindemittel Stärke.
** Polyamid (Fa. 153) mit Bindemittel Mowilith CT5A (Fa. 56).

Der *Nachweis* der Substanzen auf Polyamid-Schichten kann durch
Aufsprühen einer Eisen(III)-sulfat-Kaliumferricyanid-Lösung (anal.
Nr. 136) erfolgen. Die Nachweisgrenze liegt für BHT bei 1 μg (K-gel).

Die Antioxydantien NDGA, Dodecylgallat, BHA, BHT und Toko-
pherol lassen sich nach Salo [83] auf Kieselgel G-Schichten[2] mit dem
Fließmittel Shell Sol A−n-Propanol-Eisessig-Ameisensäure (75 + 10 + 5
+ 10) trennen. Da sich jedoch NDGA und Propylgallat auf diese Weise nicht
trennen lassen, hat Salo deren Nachweis UV-spektrometrisch vorgenommen.

Zur quantitativen Bestimmung hat Sahasrabudhe [77] das Gemisch
der Antioxydantien zunächst zweidimensional aufgetrennt, danach die
Substanzen ausgeschabt und kolorimetrisch bestimmt. Im einzelnen geht
er wie folgt vor:

10 g der Fettprobe, z. B. Schmalz, in 100 ml Hexan gelöst, 4mal mit
je 25 ml 80proz. Äthanol ausgeschüttelt und danach noch 8mal mit je
25 ml Acetonitril.

Die Acetonitril-Phase wird eingeengt und der in einigen Tropfen
Äthanol gelöste Rückstand auf die Kieselgel G-Schicht aufgetragen. Es
wird zunächst mit Benzol und dann in der zweiten Richtung mit Acetonitril entwickelt. Zur Sichtbarmachung der reduzierenden Antioxydantien sprüht man 2,6-Dichlorchinonchlorimid (Reag.-Nr. 59) auf. Scharfe
und kleine Zonen ergeben sich nur bei 3-BHA, 2-BHA und BHT;
größere und unscharfe Flecken beobachtet man bei Propylgallat und
NDGA. Nach diesem Referenzchromatogramm lokalisiert man dann auf
einem zweiten Chromatogramm die zur quantitativen Bestimmung auszuschabenden Substanzzonen. Die quantitative Bestimmung der Anti-

---

[2] Hergestellt durch Suspendieren von Kieselgel G in Methanol und Ausstreichen.

oxydantien in den abgeschabten Zonen wird für 3-BHA mit 2,6-Dichlor-chinonchlorimid; für 2-BHA und BHT mit 2,2′-Dipyridil-Eisen(III)-chlorid; für Propylgallat und NDGA mit einem Eisen(II)-sulfat-Reagens vorgenommen.

Zur quantitativen Bestimmung von *Ascorbylpalmitat* in Ölen und Fetten hat STROHECKER [*97*] ein Verfahren ausgearbeitet. Er oxydiert hierbei mit 2,6-Dichlorphenolindophenol und setzt das Zersetzungsprodukt mit 2,4-Dinitrophenylhydrazin um. Unter diesen Bedingungen erhält er das 2,4-Dinitroosazon der Ascorbinsäure und kann dies von sonstigen Verbindungen mit phenolischen Gruppen, z. B. von Tocopherolen leicht abtrennen. Zur DC verwendet er eine Kieselgel H-Schicht und Chloroform-Äthylacetat (50 + 50). Nach der Entwicklung wird die ziegelrote Zone des Osazons ausgeschabt und in schwefelsaurer Lösung quantitativ photometrisch bestimmt. Mit diesem Verfahren ist es möglich, Ascorbylpalmitat in Antioxydantien-Gemischen und in Ölen und Fetten bis zu einer Konzentration von nur 0,001% zu bestimmen.

III. Konservierungsmittel

Über die Isolierungsmöglichkeiten von Konservierungsmitteln aus Nahrungsmitteln informieren die Arbeiten von JARCZYNSKI [*39*] und JOUX [*43*].

Die p-Oxybenzoesäureester lassen sich auf Kieselgel-Schichten, denen ein Fluorescenz-Indicator zugesetzt ist, mit dem Fließmittel Pentan-Eisessig (88 + 12) trennen [*32*]. Auf den im kurzwelligen Bereich fluorescierenden Schichten erkennt man diese Verbindung dann an ihrer Fluorescenzlösung (Abb. 179). Zur Herstellung der Schichten benutzt man entweder Kieselgel G und gibt 2% Leuchtstoff ZS-Super (Fa. 118) zu oder verwendet ein Kieselgel, dem der Leuchtstoff schon zugesetzt ist, z. B. Kieselgel GF$_{254}$ (Fa. 88).

Die Trennung der vier in Abb. 179 aufgeführten Ester gelingt nur bei strenger Einhaltung folgender Bedingungen: Die Platten müssen 2 Std bei 160° C getrocknet und danach über Kaliumhydroxyd im evakuierten Exsiccator aufbewahrt werden. Die Trennung der Methyl- und Propylester gelingt ver-

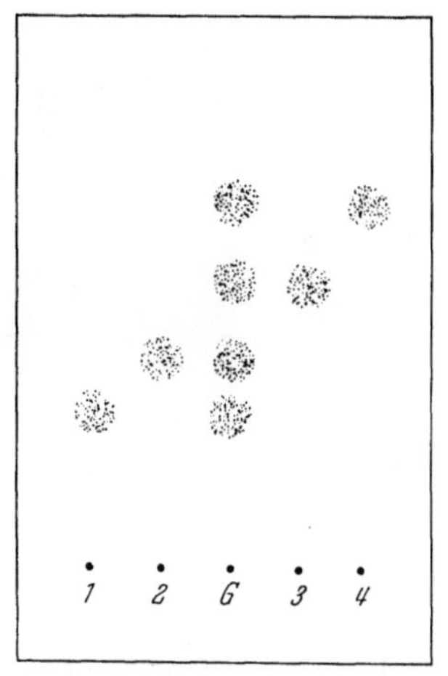

Abb. 179. Trennung von p-Oxybenzoesäureestern nach [*32*]. Kieselgel G-Schicht mit 2% Leuchtstoff ZS-Super (hochaktiviert). Fließmittel: Pentan-Eisessig (88 + 12). Trennstrecke 13 cm. *1* Methylester, *2* Äthylester, *3* n-Propylester, *4* n-Butylester, *G* Gemisch *1*, *2*, *3* und *4*

hältnismäßig leicht. Gemische dieser Ester lassen sich nach ihrer Trennung quantitativ bestimmen. Hierzu werden die abgeschabten Substanz-Zonen eluiert und der Gehalt UV-spektrophotometrisch bestimmt. Reproduzierbarkeit ±3—4% (s. S. 152—153).

Die Trennung der Methyl-, Äthyl- und Propylester der p-Oxybenzoesäure gelingt auf scharf getrockneten Kieselgel GF_{254}-Schichten (3 Std, 160° C) auch durch eine dreimal wiederholte Entwicklung mit dem Fließmittel Petroläther-Äthyläther-Eisessig (81 + 5 + 14) [21].

Salo [80] trennt dagegen zahlreiche p-Oxybenzoesäureester ($C_1 - C_{12}$) auf Misch-Schichten, die aus Polyamidpulver (Fa. 153) und acetyliertem Cellulosepulver (Fa. 83) (90 + 10) bestehen. Als Fließmittel dient Shell Sol A-Eisessig (83 + 17).

Neben den p-Oxybenzoesäureestern werden als Konservierungsmittel die Sorbin- und Benzoesäure sehr häufig in der Nahrungsmitteltechnologie verwendet. Nach Copius-Peereboom [20] lassen sich diese Konservierungsmittel auch auf Cellulose-Schichten (Fa. 83) bei Kammersättigung mit dem Fließmittel n-Butanol-Ammoniaklösung 35proz.-Wasser (70 + 20 + 10) gut trennen. Zur Sichtbarmachung dient eine Bromphenolblau-Methylrot-Lösung und ein anschließendes Aufsprühen von Kaliumpermanganatlösung (Reag.-Nr. 35).

Nach der Prüfung von verschiedenen anorganischen Sorptionsmitteln hat sich zur Trennung der Benzoe- und Sorbinsäure eine Mischschicht aus Kieselgel G-Kieselgur G (1 + 1) am besten bewährt (Abb. 180). Als Fließmittel dient Hexan-Eisessig (96 + 4) [20].

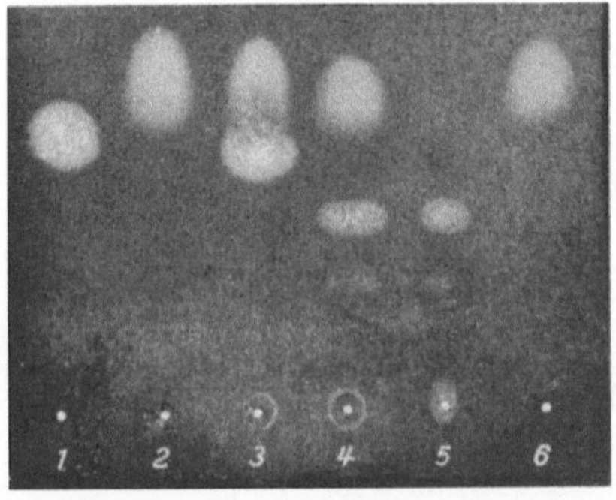

Abb. 180. Trennung von Konservierungsmitteln nach [20, 21]. Sorptionsmittel: Kieselgel G-Kieselgur G (1 + 1). Fließmittel: Hexan-Eisessig (96 + 4). Kammersättigung. Trennstrecke 17 cm. Entwicklungszeit: 1 Std. Sprühmittel alkalisch Kaliumpermanganat (Reag. Nr.142). Aufgebrachte Menge etwa 100 µg. *1* Sorbinsäure, *2* Benzoesäure, *3* Gemisch 1 + 2; *mit Bromierung 4* Gemisch bromierter Sorbinsäure und Benzoesäure (5 + 6), *5* Sorbinsäure (bromiert), *6* Benzoesäure (wird nicht bromiert)

Zur besseren Identifizierung kann man auch das Gemisch Sorbin-, Benzoesäure am Startpunkt bromieren. Hierzu gibt man auf den Startpunkt einige Tropfen einer 5proz. Bromlösung [21, 58]. Die bromierte Sorbinsäure ergibt nun bei der Chromatographie 2 Flecken mit niederen Rf-Werten.

Die Benzoesäure wird dagegen nicht bromiert (Abb. 180). Nach Lück [58] können jedoch die zwei Bromderivate der Sorbinsäure leicht zu Störungen beim Nachweis führen. Er schlägt deshalb eine Bromierung in wäßrigem Milieu mit Kaliumbromat vor. Die so bromierte Sorbinsäure ergibt bei der DC nur einen Fleck.

Zum *Nachweis* der genannten Säuren und deren Ester sowie von o-Phenylphenol kann man in die Trennschicht auch einen optischen Aufheller, wie z. B. Ultraphor WT (Fa. 16) 0,02proz. einarbeiten [*22*]. Die Verbindungen lassen sich auch durch Aufsprühen einer Rhodamin B-Lösung (Reag.-Nr. 212) oder einer Bromkresolgrün-Lösung (Reag.-Nr. 31) erkennen. Zum spezifischen Nachweis der verschiedenen Typen von Konservierungsmitteln wurden spezielle Sprühreagentien beschrieben, so z. B. Thiobarbitursäure (Reag.-Nr. 236) oder Thymol-Schwefelsäure zum Nachweis von Sorbinsäure; Wasserstoffperoxyd-Eisen(III)-chlorid für Dehydracetsäure und Eisen(III)-chlorid für Salicylsäure. Das fungicid wirkende 0-Phenylphenol läßt sich mit 2,6-Dichlorchinon-chlorimid (Reag.-Nr. 59), diazotierter 4-Nitranilinlösung (Reag.-Nr. 179) oder Cer(IV)-sulfat-Trichloressigsäure (Reag.-Nr. 42) sichtbar machen.

Die zur Behandlung der Schalen von Citrusfrüchten verwendeten Fungicide Diphenyl, o-Phenylphenol und 2,4-Dichlorphenoxyessigsäure wurden von SALO [*81*] auf Kieselgel G-Schichten getrennt. Mit dem Fließmittel Shell Sol A-Eisessig (96 + 4) wurden folgende h*Rf*-Werte erhalten: Diphenyl *81*, o-Phenylphenol *34* und 2,4-Dichlorphenoxy-essigsäure *10*. Durch Nitrierung des Diphenyls läßt sich dessen Nachweis-empfindlichkeit noch wesentlich steigern.

IV. Pesticide

Der analytische Nachweis von zumeist recht kleinen Mengen toxischer Pflanzenschutzmittel ist von allgemeinem Interesse. Hiermit beschäftigen sich nicht nur die sog. Pflanzenschutzämter und die Sektion Pflanzen-schutz der Weltgesundheitsorganisation, sondern auch die Institutionen der Lebensmittelkontrolle. Es ist u. a. auch von großem Interesse, nach welcher Zeit die auf Obst und Gemüse aufgebrachten Spritzmittel in ungiftige Derivate übergegangen sind. Zu erwähnen ist hier ferner, daß durch mißbräuchliche Verwendung größerer Mengen derartiger Produkte schon zahlreicher Vergiftungsfälle vorgekommen sind, so daß sich auch die Toxikologie mit ihrem Nachweis befassen muß.

Insbesondere die Insecticide mit lipophilen Eigenschaften lassen sich mit der DC gut trennen und identifizieren.

Als alternatives Analysenverfahren werden in der Praxis die PC (s. die Arbeiten von MITCHELL [*64*]) und die GC mit hochempfindlichen Detektoren [*15, 40*] verwendet. Die untere Nachweisgrenze der Insecti-cide auf dem Papier liegt bei nur 15 bis 50 μg; auf der DC-Platte lassen sich jedoch bis zu 0,05 μg nachweisen. Im Hinblick auf die Identifizierung sei insbesondere auf die IR-Spectroscopie der Insecticide verwiesen (s. bei MORRIS [*66*]).

Zur Isolierung der Pesticide aus Nahrungsmitteln sind spezielle Reinigungsverfahren ("clean-up") notwendig. Eine Übersicht der sich hier anbietenden Möglichkeiten geben THORNBURG [*100*], EDER [*28*] und McKINLEY [*59*]. Nach einer ersten Extraktion des Nahrungsmittels, z. B. mit Methylenchlorid wird der Extrakt z. B. durch Behandlung mit kon-zentrierter Schwefelsäure oder durch Säulenchromatographie über Celite-

Schwefelsäure („Davidowkolonne" [26]), MgO-Celite; „Florisil"- [65] oder Aluminiumoxidkolonnen weiter gereinigt. Man kann auch zum gleichen Zweck eine Verteilung in einem Zweiphasensystem wie Petroläther-Acetonitril [42], Petroläther-Dimethylformamid [29] oder Petroläther-Dimethylsulfoxyd [36] vornehmen.

1. Phosphorsäureester

Die wichtigsten Thiophosphorsäureester lassen sich mit Hilfe der DC auf verschiedenartigen Schichten und mit diversen Fließmitteln trennen.

BÄUMLER und RIPPSTEIN [6] chromatographieren auf Kieselgel G-Schichten mit dem Fließmittel I (s. Tab. 140). Zum Nachweis dient ihnen eine Palladiumchloridlösung (Reag.-Nr. 191). SALO [79] entwickelt mit Toluol.

FISCHER und KLINGELHÖLLER [31] beschreiben den toxikologischen Nachweis und die erforderliche Isolierung aus Organen und Körperflüssigkeiten. Sie chromatographieren ebenfalls auf Kieselgel G-Schichten, nach der Standardmethode, mit Kammersättigung; allerdings bei erhöhter Temperatur (30—31° C). Die Laufstrecke beträgt 12 cm und als Fließmittel dienen: Methylenchlorid-Methanol-Ammoniaklösung 10proz. (60 + 35 + 5) und (80 + 20 + 3) = Fließmittel II, Tab. 140.

Wichtig ist es auch, die Abbauprodukte und Begleitstoffe von Insecticiden zu analysieren. KATZ [44] hat z. B. mit Hilfe der DC die Abbauprodukte von Phorphorsäureestern, u. a. das Benzamid identifiziert. KovÁč [50] benützt die präparative DC, um in Sumithion (BAYER 41831) einige Begleitstoffe nachzuweisen (s. auch PETSCHIK [72]). Die Identifizierung der oxydativen Zersetzungsprodukte von Phorat (im "Thimet"-Gemisch) in pflanzlichen Rückständen wurde von BLINN [9] vorgenommen. Er chromatographiert auf Kieselgel G-Schichten mit dem Fließmittel Chloroform-Methanol (98,2 + 1,8) und Toluol-Acetonitril-Nitromethan (45 + 40 + 15).

SALAMÉ [78] hat die Trennung von zehn Thiophosphorsäureestern auf Kieselgel G-Schichten studiert. Eine Auswahl der von ihm verwendeten Fließmittel (III—IX) ist in der Tab. 140 gegeben.

Kieselgel-Wasserglas-Schichten werden von WOGGON [104] zur Analyse von „Tinox"-Gemischen verwendet. Er chromatographiert in der S-Kammer mit dem Fließmittel: Toluol-Isopropanol-Methanol-Acetonitril-Wasser (40 + 16 + 16 + 20 + 9).

EDER [28] trennt zunächst die Phosphorsäureester durch Verteilung in dem System Petroläther-wäßriges Methanol in zwei Phasen auf. Danach chromatographiert er die Substanzen der Petrolätherphase wie z. B. Parathion usw. zweidimensional auf Kieselgel G-Schichten mit den Fließmitteln I = Hexan-Aceton (80 + 20) und II = Hexan-Methylenchlorid (50 + 50) bei Kammersättigung. Die Phosphorsäureester in der wäßrigen Phase wie z. B. Phosdrin, Phosphamidon, Sulfotepp, Rogor und Metasystox lassen sich eindimensional mit Methylenchlorid-Äthylacetat (50 + 50) trennen.

Tabelle 140. *h Rf-Richtwerte von 11 Phosphorsäureestern auf Kieselgel-Schichten*

Fließmittel*	I [6]	II [31]	III	IV	V	VI	VII	VIII	IX
			← nach [78] →						
Diazinon	76—82	44	75	66	86	37	43	66	25
E 605 Parathion	65—68	42	70	94	87	77	63	82	75
S 1752 Mercapto-Phos . .	—	—	66	90	91	66	76	85	90
Malathion	52—54	32; 44, 58; 66	55	83	89	30	33	64	35
E 1513 (Äthyl-Azinphos) .	—	—	42	85	85	18	25	27	36
E 1582 (Methyl-Azinphos)	—	—	37	75	80	15	16	25	30
FAC	20—26	—	35	25	61	5	5	10	8
Methyl-Demeton (Meta-systox)	62—64	30, 40 u. 48	32	24	45	6	10	14	10
DDVP	—	—	30	37	60	13	15	17	34
Dimethoat (Rogor) . . .	4—7	—	15	5	12	0	2	3	2
Chlorthion	43—45	31	—	—	—	—	—	—	—

* I = Hexan-Aceton (80 + 20); II = Methylenchlorid-Methanol-Ammoniaklösung 10proz. (80 + 20 + 3); III = Petroläther-Aceton (75 + 25); IV = Petroläther-Chloroform (10 + 90); V = Petroläther-Äthylacetat (50 + 50); VI = Petroläther-Äthanol (97,5 + 2,5); VII = Petroläther-Methanol (98 + 2); VIII = Petroläther-Methanol (95 + 5); IX = Benzol-Chloroform (50 + 50).

Insgesamt 49 Phosphorsäureester haben WALKER und BEROZA [102] auf Kieselgel G-Schichten bei Kammersättigung und einer Temperatur von 30° chromatographiert und hierbei die Trennwirkung von 19 Fließmitteln geprüft. Eine Auswahl von 4 Fließmitteln (I—IV) ist in der Tab. 141 gegeben. Alle 62 Insecticide (46 Phosphorsäureester und 16 chlorierte Kohlenwasserstoffe) konnten mit einem Brom-Fluorescein-Silbernitrat-Reagens (Reag.-Nr. 30) sichtbar gemacht werden. Allerdings wird nach dem Aufsprühen nur ein Teil (33) direkt sichtbar, bei den anderen ist es notwendig, noch eine Zeitlang mit UV-Licht zu bestrahlen. Die Nachweisgrenze für Phosphorsäureester liegt etwa im Bereich zwischen 1 und 5 μg.

STANLEY [95] verwendet die sog. Mikro-Plattenmethode, d. h. er beschichtet Objektträger mit Kieselgel G. Die Trennstrecke beträgt dann nur 5 cm. Als Fließmittel dienen Cyclohexan, Benzol, Aceton, Äthylacetat und Isopropanol (Nr. VI—X der Tab. 141).

Neben den Kieselgel H-Schichten (Fa. 88) werden von BUNYAN [13] Schichten aus Aluminiumoxid (Fa. 153) verwendet. Für die DC von 17 Phosphorsäureestern dient ihm Benzol-Aceton (90 + 10) als Fließmittel.

Auch KOVÁCS [52] trennt die Thiophosphorsäureester auf Aluminiumoxid G-Schichten (Firma 117, S. 873), die er allerdings zuvor mit Dimethylformamid (20proz. in Äthyläther) imprägniert. Es wird bei Kammersättigung mit Methylcyclohexan entwickelt (Tab. 141). Mit der DC lassen sich auch Extrakte von Früchten und Gemüsen auf Insecticid-Rückstände untersuchen. Zur Vorreinigung kann z. B. das Verfahren von STORHERR [96] angewendet werden.

Tabelle 141. h *Rf-Richtwerte von Insecticiden, insbesondere von Phosphorsäureestern*

Schicht	Kieselgel G [102]				Al$_2$O$_3$ [52]	Mikro-Platten mit Kieselgel G [95]				
Fließmittel*	I	II	III	IV	V	VI	VII	VIII	IX	X
Aramite	81	56	15	28	—	—	—	—	—	—
Bayer 25141 . . .	65	18	0	2	—	—	—	—	—	—
Carbophenothion (Trithion) . . .	76	78	43	38	59	76—86	100	100	92	100
Chlorthion	2	23;61	0;13	2;22	—	—	—	—	—	—
Ciodrin	—	—	—	—	—	0;5	96	66;75	77	94
Co-Ral.	64	46	6	14	15	—	—	—	—	—
Delnav.	10;82	0;44;53	0;7	0;26	24	0;33	0;100	0;100	0;88	96
Demeton (Systox) .	74;80	35;60	0;34	14;34	—	0;54	0;95;100	0;77;98	85;90	87
Demeton, thiono Isomer.	0;80	0;33;60	0;33	32	67	—	—	—	—	—
Demeton, thiol Isomer.	72	34	0	13	32	—	—	—	—	—
DEF	—	—	—	—	—	0;4;100	0;100	0;100	93	100
DDVP.	—	—	—	—	—	0	0;93	0;73	0;75	0;82
Disan (Betasan). .	—	—	—	—	—	3	100	100	95	100
Diazinon.	13	0;28;35	0	0;10	78	8	100	100	83	92
Dicapthon (Iso-chlorthion) . . .	79	65	18	45	—	64	100	100	89	95
Dimethoate (Rogor)	59	12	0	0	1	0	88	39	77	92
Di-syston (Dithio-Systox)	83	72	41	41	72	68	100	100	92	100
EPN	81	70	24	29	33	64—74	100	100	87	86-100
Eradex	74	64	26—40	35	—	—	—	—	—	—
Ethion	83	74	34;43	37;44	63	—	—	—	—	—
Guthion (Methyl-Azinphos) . . .	78	45	0	7	6	—	—	—	—	—
Malathion	73	44	4	22	22	0;7	0;100	0;94	0;88	86;94
Menazon	28	8	0	0	—	—	—	—	—	—
Methyl-Parathion .	73	61	13	22	11	55	100	100	89	96
Methyl-Demeton (Meta-Systox). .	—	—	—	—	—	0	0;93	0;66	4;74—86	91
Merphos	—	—	—	—	—	0;9;100	100	100	92	100
Methyl-Trithion. .	—	—	—	—	36	68—78	100	100	84—94	100
Naled (Dibrom). .	71	39	30	0;11	—	0;8	0;96	0;85	0;80	0;90
Para-Oxon	—	—	—	—	—	0	94	77	79	96
Parathion	74	67	23	30	27	60	98	98	87	89
Phorate (Thimet) .	75	72	41	42	71	0;68	0;100	0;100	89	100
Phosdrin.	59	11;18	0	2	—	0	88	45;59 82	68	85
Phostex	75	76	39	42	—	—	—	—	—	—
Phosphamidon . .	55	7	0	0	—	0	0;82	0;26	2;60	9;85
Phosphon	—	—	—	—	—	0	0	0	0—38	18—84 87
Ronnel (Trolene) .	—	—	—	—	62	86	100	98	83	96
Ruelene	—	—	—	—	—	0	86	43	79	93
Schradan (OMPA).	—	—	0	—	—	0	4	1	19—36	76

Tabelle 141. (Fortsetzung)

Schicht	Kieselgel G [102]				Al_2O_3 [52]	Mikro-Platten mit Kieselgel G [95]				
Fließmittel*	I	II	III	IV	V	VI	VII	VIII	IX	X
Sulphenone. . . .	66	51	8	18	—	—	—	—	—	—
Sevin	58	35	0	6	—	—	—	—	—	—
Sulfotepp	62	57	31	32	55	—	—	—	—	—
TEPP (Tetron-100)	—	—	—	—	—	0	0;81	0;35	7;84	92
Tetradifon	77	75	34	31	—	—	—	—	—	—
Trichlorfon (Dipterex) . . .	—	—	—	—	—	0	88;98	100	82;97	88;98
VC-13	61	65	46	38	—	86	100	100	90	100
Zectran	65	2	1	0	—	—	—	—	—	—
Zinophos.	—	—	—	—	—	0—14	96	90	71—83	80—96

* Fließmittel: I = Chloroform-Methanol (90 + 10); II = Benzol-Eisessig (90 + 10); III = Hexan-Äthyläther (90 + 10); IV = Hexan-Eisessig (90 + 10); V = Al_2O_3-Schicht mit DMF (20proz. in Äther) imprägniert; Fließmittel Methyl-Cyclohexan; VI = Benzol; VII = Aceton; VIII = Äthylacetat; IX = Isopropanol; X = Methanol.

Nachweis von Phosphorsäureestern

Es lassen sich folgende Reagentien verwenden: Eisen(III)-chlorid und Sulfosalicylsäurelösungen (Reag.-Nr. 99) [78, 95], Palladiumchlorid (Reag.-Nr. 191) [6, 78] und Dibromchinonchlorimid (Reag.-Nr. 58) [10]. Gut bewährt hat sich auch Brom-Fluorescein-Silbernitrat (Reag.-Nr. 30) [102]; nach dem Aufsprühen wird ein Teil der Insecticide sichtbar; bei anschließender Bestrahlung mit UV-Licht lassen sich weitere erkennen.

Eine weitere Verbesserung des Fluorescein-Silbernitrat-Reagens (Reag.-Nr. 30) wird von Kovács [52] vorgeschlagen. Er verwendet, anstelle von Fluorescein, Tetrabromphenolphthaleinester. Hiermit lassen sich dann noch 0,05 μg Insecticid nachweisen. Es ist möglich, somit in Extrakten noch Spuren von 0,02—0,05 ppm nachzuweisen. Das DC-Verfahren ist demnach 20mal empfindlicher als ähnliche Methoden der PC. Stanley [95] verwendet zum Nachweis Joddämpfe, Platinchlorid, Silbernitratlösung (Reag.-Nr. 229), ferner Fluorescein (Reag.-Nr. 102), Methylumbelliferon (Reag.-Nr. 157) und Ammoniummolybdat-Perchlorsäure (Reag.-Nr. 9).

Bunyan [13] hat den biologischen Nachweis von Insecticiden nach Cook [16] — nämlich die Hemmung der Cholinesterase-Wirkung — in die DC eingeführt.

2. Chlorierte Kohlenwasserstoffe

Bäumler und Rippstein [6] trennten chlorierte Kohlenwasserstoffe auf Aluminiumoxid-Schichten (Fließmittel I der Tab. 142). Petrowitz [69] verwendete Kieselgel G-Schichten und entwickelte mit z. B. Hexan, Cyclohexan oder Petroläther, Yamamura [106] trennte Aldrin, Dieldrin, Endrin und Thiodan auf Kieselgel-Stärke-Schichten mit Cyclohexan-Aceton (90 + 10 oder 92 + 8). Waldi [101] studierte die Trennung auf Kieselgel G-Schichten (Standard-Methode s. Fließmittel IV der Tab. 142). Lose Schichten wurden von Taylor [98] verwendet.

Tabelle 142. *h Rf-Richtwerte von 18 chlorierten Insecticiden*

| Schicht [1] | Al$_2$O$_3$ | | M | Kieselgel G-Schichten | | | | | | | | | |
| Fließmittel | I [2] | II [3] | III | IV | V | VI | VII | VIII | IX [4] | X | XI | XII | XIII |
Autoren	[6]	[51]	[1]	[101]	[102]	[102]	[102]	[102]	[51]	[1]	[1]	[1]	[1]
Aldrin	80	167	98	61	82	80	64	56	200	70	58	64	67
Chlordan	—	—	—	—	81	78	62	41—53	—	—	—	—	—
DDE, pp′	—	162	98	—	66	68	66	54	190	65	74	57	65
DDT, op′	—	—	90	—	66	68	56	48	—	50	50	46	59
DDT, pp	60	141	91	54	65	68	55	46	145	42	52	39	57
Dichlorbenzophenon, pp′	—	—	—	—	—	—	—	—	—	14	—	27	59
Dieldrin	18	53	58	15	79	71	34	37	21	12	30	48	65
Endosulfan(Thiodan) I	—	—	—	—	77	75	51	40	—	17	—	35	58
Endosulfan II	—	—	—	—	73	64	8	27	—	2	—	—	12
Endrin	—	54	—	—	82	73	37	39	22	13	—	26	49
Heptachlor	—	159	98	—	80	80	63	57	174	58	48	53	65
Heptachlor Epoxyd	—	74	—	—	79	75	44	41	36	17	—	—	39
Kelthan	—	6	—	—	73	70	31	33	21	—	—	—	—
HCH, γ BHC (Lindan)	40	103	58	27	73	73	35	36	48	—	—	18	46
Methoxychlor	11	34	—	9	75	68	23	33	5	—	28	10	—
Perthan	49	117	—	—	—	—	—	—	79	—	—	—	—
TDE (DDD)	—	≡100	77	—	78	83	45	41	≡100	25	67	26	52
Toxaphene	—	—	—	—	73	81	60	45	—	—	—	—	—

[1] Al$_2$O$_3$ = Aluminiumoxid-Schicht zur DC; M = Mischschicht: Kieselgel G-Aluminiumoxid G (1 + 1).

[2] Hochaktiv, 2 Std auf 200° C.

[3] R_{St}-Werte, bezogen auf DDD op′ = 100.

[4] R_{St}-Werte wie 3 auf Adsorbosil 1-Schicht.

Fließmittel: I = n-Hexan; II und IX = n-Heptan; III = Cyclohexan-Silikonöl (92 + 8); IV = Cyclohexan-Chloroform (80 + 20); V = Chloroform-Methanol (90 + 10); VI = Benzol-Eisessig (90 + 10); VII = n-Hexan-Äther (90 + 10); VIII = n-Hexan-Eisessig (90 + 10); X = n-Hexan; XI = Cyclohexan-Benzol-Paraffin (flüssig) (45 + 45 + 10); XII = Petroläther-Paraffin (flüssig) (80 + 20); XIII = Petroläther-Paraffin (flüssig)-Dioxan (94 + 5 + 1).

Walker und Beroza [102] haben die Trennung von 16 chlorierten Kohlenwasserstoffen auf Kieselgel G-Schichten (KS, 30° C) mit 19 verschiedenen Fließmitteln untersucht. Die mit 7 dieser Fließmittel erhaltenen h Rf-Werte sind in der Tab. 142 angegeben (Nr. V—IX). Die Sichtbarmachung erfolgte mit Brom-Fluorescein-Silbernitrat (Nr. 30); Nachweisgrenze etwa 5 μg.

Die Nachweismöglichkeiten von chlorierten Kohlenwasserstoffen in Extrakten von Nahrungsmitteln wurden von Kovács [51] untersucht. Er verwendete vorgewaschene Schichten von Aluminiumoxid G und Kieselgel G und die Fließmittel n-Heptan und n-Heptan-Aceton (98 + 2), s. Nr. II und IX in Tab. 142. Zum Nachweis dienten ihm Silbernitratlösungen (Nr. 225, 229); Nachweisgrenze 0,05—0,01 μg.

In Extrakten von Nahrungsmitteln, hergestellt nach dem Verfahren von Mills [62], wurden mit der DC-Analyse Rückstände von chlorierten Kohlenwasserstoffen bis zu 0,002 ppm von Kovács [51] nachgewiesen. Die Methode hat sich in der Praxis gut bewährt, wie auch aus den Arbeiten von SALO [*79*] und ONLEY [*67*] hervorgeht. Der letztere hat in Milch Rückstände bis zu 0,005 ppm Insecticid nachweisen können (s. Abb. 181).

Bei der Herstellung des Hexachlorcyclohexans (HCH oder BHC) erhält man Isomerengemische. Das γ-Isomer, unter dem Namen „Lindan" bekannt, ist am wirkungsvollsten. Die Trennung der 6 Isomeren gelingt auf Kieselgel G-Schichten mit den Fließmitteln Petroläther-Tetrachlorkohlenstoff (50 + 50) und Cyclohexan-Chloroform (80 + 20). In dem letzteren Gemisch wurden von WALDI [*101*] für die Isomeren die nachstehenden hRf-Werte angegeben: α-HCH *40−43*; β-HCH *25−28*; γ-HCH *33−36* und δ-HCH *14−17*.

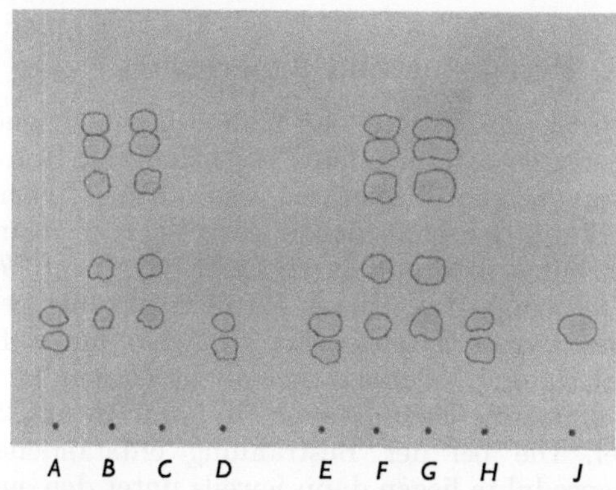

Abb. 181. Dünnschicht-Chromatogramm von chlorierten Kohlenwasserstoffen nach [*67*][1]. Nachweis von Pesticid-Rückständen in Milch. Sorptionsmittel: Aluminiumoxid G, Fließmittel: n-Heptan nach [*51*]. A und E 0,2 μg Endrin und Aldrin; B und F, Aldrin, Heptachlor, DDT, Lindan und Heptachlor Epoxyd; C, 2 g Milch, zugesetzt 0,1 ppm je von Aldrin, Heptachlor, Lindan, Heptachlor Epoxyd und 0,5 ppm von DDT; D, 2 g Milch, zugesetzt 0,1 ppm von Endrin und Dieldrin; G, 5 g Milch, zugesetzt 0,04 ppm je von Aldrin, Heptachlor, Lindan, Heptachlor Epoxyd und 0,2 ppm von DDT; H, 5 g mit 0,04 ppm von Endrin und Dieldrin; J, 50 g Milch mit Fleck von Heptachlor Epoxyd; I, Blanko Milch

[1] Mit Genehmigung von dem Autor und dem AOAC-Verlag.

Zum *Nachweis* wurde eine mit Fluorescein imprägnierte Schicht verwendet (Reag.-Nr. 107.6). Nach 1−2 stündigem Lagern erhält man rosa Flecke; nur bei Mengen über 5 μg. Im langwelligen UV-Licht sind dunkelblau-violette Flecken auf der grün fluorescierenden Schicht zu erkennen. Man kann auch das Rhodamin B-Reagens (Reag.-Nr. 105) verwenden und anschließend eine 10proz. Natriumcarbonatlösung nachsprühen [*101*] (siehe auch Reag.-Nr. 71).

Eingehend hat sich ABBOTT [*1*] mit der Trennung von 16 chlorhaltigen Insecticiden beschäftigt. Neben den üblichen Kieselgel G-Schichten verwendet er Mischschichten aus Kieselgel G und Aluminiumoxid G (1 + 1); ferner Kieselgur G und Aluminiumoxid G. Die hRf-Werte in 5 der von ihm verwendeten 15 verschiedenen Fließmittel sind in Tab. 142 angegeben (Nr. III u. X−XIII). Eine nuancierte Färbung der Flecke wurde mit einem Silbernitrat-Bromphenolblau-Reagens erhalten.

Ein Verfahren zur zweidimensionalen Trennung der chlorierten Kohlenwasserstoffe wurde von EDER [*28*] ausgearbeitet. Er trennt auf Kieselgel G-Schichten in Laufrichtung I mit Hexan und in Laufrichtung

II mit Isooctan bei Kammersättigung. In dieser Arbeit sind auch ausführliche Einzelheiten der Vorreinigung beschrieben, wie sie zum Nachweis von Insecticidrückständen in Obst und Gemüse notwendig sind.

Im Rahmen einer Studie über den Nachweis von Pesticid-Rückständen in der Nahrung untersuchten Kawashiro und Hosogai [44a] zahlreiche Sprühreagentien. Sie fanden, daß zur Sichtbarmachung chlorierter organischer Pesticide folgendes Verfahren sehr geeignet ist:

Nach der Entwicklung wird eine 0,5proz. alkoholische Lösung eines geeigneten aromatischen Amins aufgesprüht. Nach dem Trocknen der Schicht bestrahlt man mit kurzwelligem UV-Licht (254 nm). Schon nach 1 min erscheinen grüne Flecken; Nachweisgrenze 0,5—1 µg, bei Verwendung von o-Toluidin oder o-Dianisidin als Amin-Sprühlösung.

3. Pyrethrine und Synergisten

Neben den synthetischen Insecticiden finden in zunehmendem Maße die aus dem Pflanzenreich stammenden Pyrethrine und Rotenone Verwendung. Den entsprechenden Präparaten sind oft sog. Synergisten zugesetzt, die die Wirkung der pflanzlichen Insecticide verstärken. Zum Studium der Pyrethrininaktivierung durch Licht hat Stahl [93] die sog. TRT-Technik (s. S. 88) eingesetzt. Hierzu chromatographiert er auf einer Kieselgel-Schicht das Pyrethrinkonzentrat zunächst in Laufrichtung 1 (Abb. 182) und läßt dann UV- oder Sonnenlicht einwirken (Abb. 182, gestrichelte Zone) und entwickelt danach in Laufrichtung 2 mit dem *gleichen* Fließmittel. Die bei der Bestrahlung entstandenen stärker polaren Zersetzungsprodukte liegen dann jeweils unter den entsprechenden Pyrethrinen. Aus der Zonengröße konnten Rückschlüsse auf die Zersetzungsgeschwindigkeit geschlossen werden. Als Zwischenprodukte wurden die nicht mehr insecticid wirkenden Pyrethrinperoxyde und sog. Lumipyrethrine gefunden.

Zur Trennung der Pyrethrine und der Synergisten wurden Kieselgel-Schichten (Standardmethode, KS) verwendet und mit verschiedenen sog. chloroform-isoeluotropen Fließmitteln entwickelt. 1. Benzol-Methyläthylketon (90 + 10), 2. Benzol-Essigsäureäthylester (85 + 15), 3. Tetrachlorkohlenstoff-Essigsäureäthylester (80 + 20), 4. Hexan-Methyläthylketon (80 + 20), 5. Hexan-Essigsäureäthylester (75 + 25).

Allerdings ist hier zu bemerken, daß der Pyrethrin-I-Fleck ein Gemisch von „Pyrethrin I-Verbindungen" enthält, ebenso wie der Pyrethrin-II-Fleck. Aus diesem Grund haben sich später Stahl und Pfeifle [92] nochmals mit der Trennung der Pyrethrine beschäftigt. Sie fanden daß man in der BN-Kammer auf Kieselgel HF_{254}-Schichten die Pyrethrin I-Verbindungen mit Hexan-Essigsäureäthylester (95 + 5) in 3 Zonen auftrennen kann. Zur Trennung der II-Verbindungen dient das polarere Fließmittel Hexan-Heptan-Essigsäureäthylester (48 + 40 + 12). Einzelheiten sind aus der Abb. 183 zu erkennen.

Nachweis: Es ist vorteilhaft, Kieselgel HF_{254} (Fa. 88) als Schichtmaterial zu verwenden, da die genannten Verbindungen im kurzwelligen UV-Licht an ihrer Fluorescenzlöschung unzersetzt erkannt werden können. Man kann die Zonen dann ausschaben und sie der GC zuführen. Zur

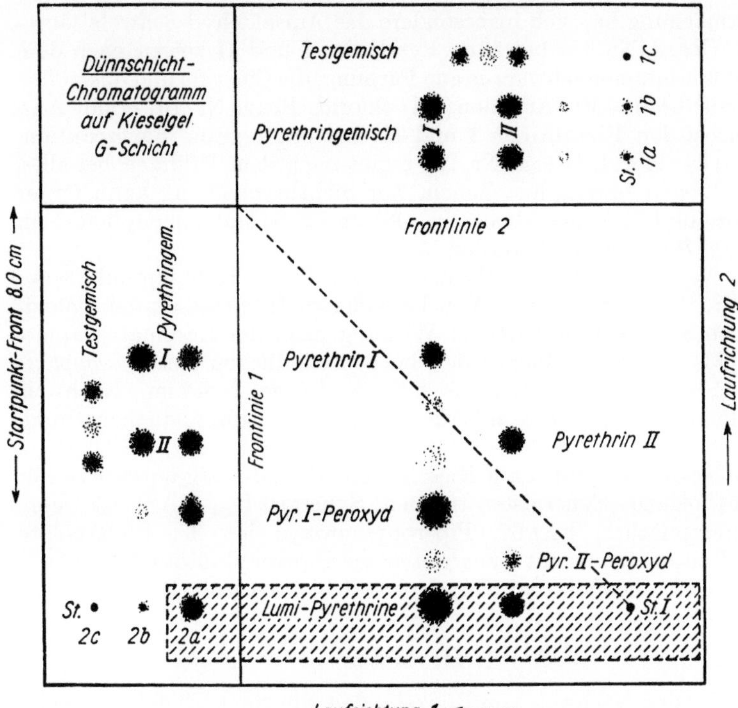

Abb. 182. Dünnschicht-Chromatogramm (TRT-Technik) eines Pyrethrum-Konzentrates nach STAHL [93]. Die Bestrahlung (gestricheltes Feld) folgte nach der Trennung in Laufrichtung 1. Der Reaktionsausfall der Zonen mit Antimon (III)chlorid, 2,4-Dinitrophenylhydrazin und Kaliumjodid/Essigsäure/ Stärke wurde aufeinander projiziert (Näheres im Text)

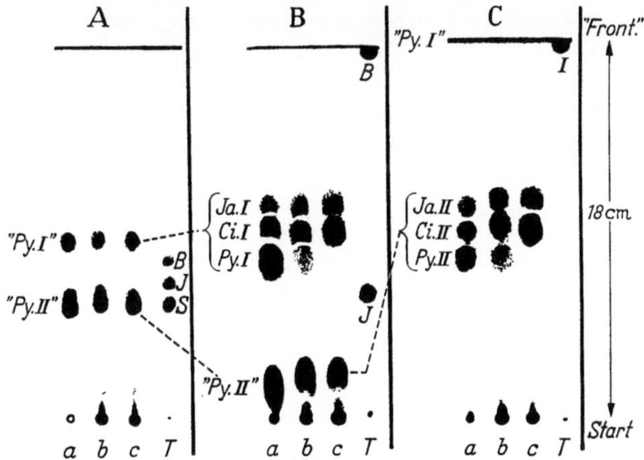

Abb. 183. DC handelsüblicher Pyrethrum-Extrakte verschiedenen Alters (a, b, c), im kurzwelligen UV-Licht aufgenommen [92]. — A Auf Kieselgel HF$_{254}$ unter den Normalbedingungen. — B In der BN-Kammer mit Fließmittel I und Durchlauf-DC (Endpunkt: nach Erreichen der Abdampfzone durch Buttergelb). — C Mit Fließmittel II und Durchlauf-DC (Endpunkt: nach Erreichen der Abdampfzone durch Indophenol). — Ja. Jasmolin, Ci. Cinerin, Py. Pyrethrin, T Testgemisch Desaga (B Buttergelb, I bzw. J Indophenol, S Sudanrot)

Sichtbarmachung hat sich insbesondere das Anisaldehyd-Schwefelsäure-Reagens (Reag.-Nr. 15) bewährt. Pyrethrine I und II zeigen nach dem Erhitzen hiermit eine schwarz-graue Färbung, die Cinerine und Jasmoline werden nur braun. Mit Antimon(III)-chlorid (Reag.-Nr. 19) erhält man lediglich bei den Pyrethrinen I und II eine braun-graue Farbreaktion. Antimon(V)-chlorid, (Reag.-Nr. 22) ergibt nach dem Erhitzen bei allen 6 Verbindungen braungraue Zonen. Zur Sichtbarmachung kann ferner Phosphormolybdänsäure (Reag. Nr. 158) und 2,4-Dinitrophenylhydrazin (Reag.-Nr. 76) verwendet werden.

Zum Nachweis der Pyrethrin-Peroxyde findet Kaliumjodid-Stärke (Reag.-Nr. 139) Verwendung. Von besonderem Interesse ist der biologische Nachweis einer insecticiden Wirkung nach der Chromatographie. STAHL [*93*] verwendet hierzu den hochempfindlichen *Aedes aegyptici*-Larven-Test (Alter der Tiere 5—8 Tage, Länge 2—4 mm, Nachweis innerhalb von 12 Std) [*12*], außerdem den weniger empfindlichen *Drosophila*-Test.

Nach STAHL lassen sich auf Kieselgel mit Hexan-Essigsäureäthylester (75 + 25) folgende Synergisten trennen: Synergist S_{421} BASF (= Octachlorodipropyläther) hRf 67, Piperonylbutoxyd hRf 35, Bucarpolate hRf 23. BEROZA [*8*] trennt Synergisten wie Piperonylbutoxyd, Sesamin, Sesamex usw. ebenfalls auf Kieselgel G-Schichten, mit Benzol-Aceton (75,5 + 2,5).

4. Herbicide

Auch für den Nachweis von Rückständen, die von herbicidwirksamen Pflanzenschutzmitteln stammen, wurde die DC mit Erfolg verwendet. In Tomaten konnte hiermit von BACHE [*4*] das Amiben nachgewiesen werden. HENKEL [*37*] trennt die Gruppe der Triazine, z. B. Prometryn, Propazin usw. auf Kieselgel G-Schichten mit Essigsäureäthylester-Methanol (80 + 20) und die Gruppe der Phenoxyalkancarbonsäureester wie z. B. MCPP-hexyl, MCPP-butoxyäthyl usw. mit Cyclohexan-Diisopropyläther (84 + 16).

ABBOTT [*1*] trennt 6 herbicidwirksame Substanzen, z. B. 2,4—2,4,5-T und 4-Chlor-2-methylphenoxyessigsäure, 2,2-Dichlorpropionsäure (Dalapon) auf Mischschichten aus Kieselgel G-Kieselgur G (2 + 3) mit dem Fließmittel Paraffin (flüssig)- Benzol-Eisessig-Cyclohexan (4 + 11 + 8 + 77) in der S-Kammer. Auch in Extrakten von Erde und Wasser konnten Herbicid-Rückstände mit der DC nachgewiesen werden.

Das Pentachlorphenol — ebenfalls ein Herbicid und ein Bestandteil öliger Holzschutzmittel — läßt sich auf sauren Kieselgel G-Schichten (Zusatz von z. B. 1% Oxalsäure) mit Benzol und Chloroform als Fließmittel von verschiedenen anderen Kontaktinsecticiden abtrennen [*70*].

V. Künstliche Süßstoffe

Die dünnschicht-chromatographische Trennung von Saccharin und Dulcin gelingt auf Kieselgel G-Schichten mit Chloroform-Eisessig (90 + 10) [*101*]. Zum Nachweis sprüht man zunächst Rhodamin B

(Reag.-Nr. 212) und anschließend Silbernitrat (Reag.-Nr. 220) auf. Der hRf-Wert des Saccharins liegt bei 30 und der des Dulcins bei 50.

Zur Isolierung von Saccharin und/oder Dulcin schüttelt man die zunächst angesäuerte wäßrige Lösung mit Äthylacetat aus. In der eingeengten Äthylacetatlösung kann dann das Saccharin mit der DC nachgewiesen werden. Die saure, wäßrige Phase wird alkalisiert und das Dulcin dann ebenfalls mit Äthylacetat ausgeschüttelt und danach chromatographiert. Siehe hierzu die Bemerkung von SCHILDKNECHT [87].

SALO [82] trennt künstliche Süßstoffe auf Mischschichten, die aus acetylierter Cellulose und Polyamid bestehen. Mit dem Fließmittel Shell Sol A—n-Propanol-Eisessig-Ameisensäure (75 + 10 + 12 + 3) lassen sich Dulcin (hRf 66), Saccharin (47) und Cyclamat (28) gut voneinander trennen. Der Nachweis erfolgte mit Rhodamin B (Reag.-Nr. 212) oder Dichlorfluorescein (Reag.-Nr. 60).

Zur Herstellung der Schichten wurden 9 g acetyliertes Cellulosepulver (MN 300 Ac, Fa. 83) und 6 g Polyamidpulver zur DC (Fa. 153) mit 60 ml Methanol mechanisch zu einer homogenen Suspension verarbeitet und damit die Platten beschichtet. Getrocknet wurde 10 min bei 70° C. Die Laufzeit für 10 cm betrug bei Kammersättigung etwa 25 min.

VI. Emulgatoren und Quellstoffe

Oberflächenaktive Substanzen, wie z. B. die handelsüblichen Präparate von „Sucrosemonopalmitat" und sonstige Ester wurden von MIMA [63] und von GEE [33] mit der DC auf Kieselgel-Schichten in ihre Einzelbestandteile getrennt. Als Fließmittel diente Benzol-Äthanol (75 + 25) oder Toluol-Äthylacetat-Äthanol 95proz. (50 + 25 + 25), siehe auch LINOW [57].

Auch andere Emulgatoren lassen sich mit der DC analysieren. So wurde z. B. der „Planta-Emulgator" ME 18 auf Kieselgel G-Schichten mit dem Fließmittel Isooctan-Äthylacetat (85 + 15) in 6 Flecken aufgetrennt [21]. KRÖLLER [53] trennte die Komponenten dieses Emulgators auf Kieselgel G zweidimensional, zunächst mit Methylenchlorid-Essigsäure (99 + 1) und dann mit Benzol-Methanol (90 + 10). Er hat ferner einige Verfahren zur Isolierung solcher Emulgatoren aus Nahrungsmitteln z. B. Margarine, Gebäck und Limonaden ausgearbeitet [54].

Der Emulgator Stearyltartrat wurde von WILLIAMS [103] in Brot nachgewiesen. Zur Identifizierung des in der unverseifbaren Fraktion des Brotfettes auftretenden Stearylalkohols wurde auf Kieselgel-Schichten mit Diäthyläther-Petroläther (90 + 10) chromatographiert.

In der Nahrungsmittelindustrie werden Partialester des Glycerins und des Polyglycerins verwendet, so z. B. Diacetylweinsäuremonoglycerid und mit Weinsäure veresterte Polyglyceride oder fast reine Gemische von Polyglycerinen. Die Emulgatoren auf Polyglycerin-Basis sind nicht in allen Ländern als Zusatzstoffe zugelassen. Ihr Nachweis ist daher von Interesse. SEHER [86] hat ein Verfahren zur Bestimmung der Polyglycerine in entsprechenden Mischungen ausgearbeitet. Zur Trennung verwendet er Kieselgur G-Schichten und als Fließmittel dient ihm Äthylacetat-Isopropanol-Wasser (65 + 22,7 + 12,3), das von Stahl und Kaltenbach [94] zur DC von Zuckern (s. Kap. X) vorgeschlagen wurde. Er konnte hiermit Gemische von Glycerin, Diglycerin, Triglycerin und Tetraglycerin gut auftrennen. Zum Nachweis diente Natriumperjodatlösung, mit nachfolgendem Aufsprühen von Benzidin oder Silbertriaminnitrat nach [104].

In der Nahrungsmittel-Industrie werden vielfach *Verdickungsmittel* oder Quellstoffe verwendet. Zum Nachweis hydrolysiert man sie nach dem Verfahren von Becker und Eder [7]. Die Spaltprodukte, nämlich Zucker und zuckerähnliche Verbindungen, wie Uronsäuren werden von Grau [35] auf Cellulose-Schichten mit dem Fließmittel Äthylacetat-Pyridin-Wasser (40 + 20 + 40) nach Schweiger [90] aufgetrennt. Die Quellstoffe, wie z. B. Johannisbrotkernmehl, Agar, Alginat und Pektin geben charakteristische Fleckenreihen, die zur Identifizierung herangezogen werden können. Mit diesem „Fingerprint"-Verfahren sind auch die Cellulose-Äther wie Methylcellulose (Tylose), Hydroxyäthylcellulose. Carboxymethylcellulose usw. zu identifizieren [21].

VII. Alkohole und Glykole

Die Methoden der DC von Alkoholen und Glykolen sind auf S. 630 beschrieben. Hier sei noch erwähnt, daß verschiedene Diole, wie z. B. Propan-1,2-diol, Butan-2,3-diol in der Praxis als Befeuchter für Tabakwaren verwendet werden. Sie lassen sich nach Wright [105] auf Kieselgel G-Schichten mit Aceton oder dem Gemisch Butanol-Aceton-Wasser (44 + 55 + 1) trennen und mit 1 proz. Bleitetraacetat in Benzol (Reag. Nr. 27) nachweisen. Nachzutragen sind in diesem Zusammenhang noch die Versuche von Dumazert [27], der auf Kieselgel G-Schichten mit Benzol-Äthylacetat-Äthanol (89 + 10 + 1) Diacetyl-Glykol, Diacetyl-(1,2)-propylenglykol, Triacetylglycerol, Tetraacetylerythrol usw. trennt. Zur Sichtbarmachung verwendet er Hydroxylamin-Eisen(III)-chlorid (Reag.-Nr. 122). Siehe weiter die Arbeiten von Prey [74], Hromatka [38], und von Knappe und Peteri [47].

Kučera [55] trennt auf Aluminiumoxid-Schichten mehrere Diole. Um die 1,2-Glykole von den anderen Glykolen abzutrennen, verwendet er Schichten, die mit 3 proz. Ammoniumborat imprägniert sind. Die Sichtbarmachung erfolgt mit Silbernitratlösung. Es sei noch erwähnt, daß sich mit der DC auch stereoisomere Diole trennen lassen, wie Fischer [30] zeigte. Er nimmt hierzu Schichten aus Fasertonerde.

Die in der Nahrungsmittel-Industrie zum Aromatisieren gebrauchten Terpen- und Sesquiterpen-Alkohole sind in Kapitel J auf S. 221 abgehandelt und die Zuckeralkohole in Kapitel X.

VIII. Organische Säuren

Organische Säuren lassen sich unter verschiedenen Bedingungen mit der DC trennen. Nach Braun und Geenen [11] ist es zweckmäßig, die Ammoniumsalze der Säuren 2 proz. in Äthanol-Wasser (1 + 1) zu lösen und 2 mm³ (= 40 μg) aufzutragen. Im folgenden ist eine Auswahl der bislang erprobten Trennschichten und entsprechender Fließmittel gegeben:

A. *Kieselgel-Schichten*

    I. Äthanol 96 proz.-Wasser-Ammoniaklösung 25 proz. (78 + 9,5 + 12,5). Ohne KS Laufzeit für 10 cm 120 min. [*11*].

    II. Benzol-Methanol-Eisessig (79 + 14 + 7); mit KS Laufzeit 110 min [*71*].

    III. Propanol-Ammoniaklösung (28° Bé) (70 + 30) [*68*].

    IV. Äthanol-Chloroform-Ammoniak (28° Bé)-Wasser (53 + 30,3 + 15,2 + 1,5) [*68*].

    V. Diisopropyläther-Ameisensäure-Wasser (90 + 7 + 3) [*48*].

    VI. Methanol—5N-Ammoniaklösung (80 + 20) [*101*].

    VII. Benzol-Dioxan-Eisessig (75,6 + 21 + 3,4); trennt ähnlich wie II [*71*].

B. *Kieselgel G mit Propionsäure imprägniert* [*76*].

    VIII. Petroläther-Äthylformiat (65 + 35).

C. *Kieselgel G-Kieselgur G-Schichten* (1 + 1).

    IX. Benzol-Äthanol-konz. Ammoniaklösung (28,6 + 57 + 14,4). Chromatographiert wurde auf Schichten im Objektträgerformat [*5*].

D. *Kieselgur-Schichten* imprägniert mit Polyäthylenglykol [*45, 46*].

    X. Diisopropyläther-Ameisensäure-Wasser (90 + 7 + 3), gesättigt mit Polyäthylenglykol M 1000. Geringe Abweichungen erhält man bei Verwendung von M 4000.

E. *Cellulose-Schichten* [*91*].

    XI. Pentanol-Ameisensäure-Wasser (48,8 + 48,8 + 2,4).

F. *Acetylcellulose-Schichten* [*75*].

    XII. n-Propanol — n-Butanol-Ammoncarbonatlösung 10 proz.-5 N Ammoniak (45 + 22 + 22 + 11) bzw. (33 + 33 + 23 + 11) oder (39 + 28 + 22 + 11).

    XIII. n-Propanol-Ammoniumcarbonatlösung 10 proz.-5 N Ammoniak (67 + 22 + 11).

G. *Polyamid-Schichten* [*48, 49*].

    XIV. Diisopropyläther-Petroläther-Tetrachlorkohlenstoff-Ameisensäure-Wasser (50 + 20 + 20 + 8 + 1)

    XV. Acetonitril-Äthylacetat-Ameisensäure (81,8 + 9,1 + 9,1).

    XVI. Ameisensäurebutylester-Äthylacetat-Ameisensäure (81,8 + 9,1 + 9,1).

Besonders brauchbar für die DC organischer Säuren erscheint das von KNAPPE und PETERI [*45, 46*] entwickelte Verfahren. Man imprägniert hierzu Kieselgur-G-Schichten mit Polyäthylenglykol M 1000 (Tab. 143). Die ungesättigten Dicarbonsäuren haben auf derartigen Schichten vielfach ähnlichere hRf-Werte als die gesättigten Säuren. Für komplizierte Gemische dieser Dicarbonsäuren hat Knappe deshalb eine spezielle TRT-Methode (s. S. 88) ausgearbeitet. Nach der ersten Trennung mit dem Fließmittel X werden die Säuren mit Bromkresolpurpur (Reag.-Nr. 34) sichtbar gemacht und danach mit Wasserstoff hydriert; als Katalysator dient eine kolloidale Palladiumlösung. Anschließend wird dann in Laufrichtung II mit dem gleichen Fließmittel entwickelt. Auf diese Weise lassen sich Fumar-, Malein-, Oxal-, Pimelin-, Citracon-, Itacon-, Mesacon-, Kork- und Glutaconsäure identifizieren [46].

Herstellung der Schichten nach [45]: 30 g Kieselgur G (Fa. 88) + 0,05 g Natriumdiäthyldithiocarbaminat werden mit einer Mischung von 45 ml Wasser und 15 g Polyäthylenglykol sorgfältig verrührt und nach der Standardmethode auf 5 Platten aufgebracht. Trocknung 30 min bei 100° C. Trennstrecke 12 cm. Nach der Entwicklung 10 min auf 100° C (!) erhitzen. Nach dem Erkalten wird eine Lösung von 0,04 g Bromkresolpurpur in 100 ml 50proz. Äthanol (auf pH 10 eingestellt) aufgesprüht.

Auch Polyamid-Schichten werden von Knappe [48, 49] zur Trennung organischer Säuren eingesetzt. Durch wechselweise Anwendung der Fließmittel XIV, XV, XVI, in Verbindung mit dem System A. V. sowie D. X. und der Hydrierung ungesättigter Säuren direkt auf der Platte lassen sich viele der in Tab. 143 aufgeführten Säuren identifizieren. Zur Trennung der in biochemischer Hinsicht wichtigen Säuren des Citronensäure-Cyclus erwies sich die DC auf Polyamid mit dem Fließmittel XIV als sehr geeignet [49]. Zusätzliche Differenzierung erhält man durch Behandlung dieser Säuren mit Jodsäure. Hierdurch werden einige zerstört oder in charakteristischer Weise verändert [49]. Nach der Behandlung mit Jodsäure wurden die Säuren vorzugsweise mit den Fließmitteln Acetonitril-Ameisensäure-n-propylester — Essigsäure-n-propylester — Ameisensäure (41 + 41 + 9 + 9) oder Amylalkohol-Tetrachlorkohlenstoff-Ameisensäure (47 + 35 + 18) chromatographiert.

Gut haftenden Polyamid-Schichten lassen sich durch Zusatz von Ameisensäure bereiten. 5 g Polyamid zur DC (Fa. 153) werden in 50 ml eines Gemischs aus Äthanol-Chloroform-Ameisensäure (32 + 15 + 3) suspendiert und ausgestrichen. Dann wird 20 min bei Raumtemperatur und anschließend 30 min bei 105° C getrocknet.

Die Tab. 143 zeigt, daß die hRf-Werte der Dicarbonsäuren sowohl in basischen und sauren Fließmitteln als auch bei dem Verfahren auf Polyäthylenglykol-imprägnierten Kieselgur-Schichten mit steigender Kettenlänge zunehmen. Das cis-trans-Isomerenpaar Maleinsäure-Fumarsäure wurde u. a. mit den Fließmitteln II, V und X getrennt. Auf Kieselgel G-Schichten lassen sich mit dem Fließmittel VI Citronensäure (hRf 15) von Tricarballylsäure (35) und von Methylbernsteinsäure (80) abtrennen [101].

Ronkainen [76] chromatographiert auf sauer imprägnierten Kieselgel-Schichten die 2,4-Dinitrophenylhydrazone einiger Ketosäuren.

Zur Herstellung der Schichten werden 30 g Kieselgel G in 60 ml Wasser und 5 ml Propionsäure suspendiert und ausgetrichen. Mit dem Fließmittel VIII ließen sich dann die Hydrazone einer Reihe von Ketosäuren gut auftrennen.

Tabelle 143. *h Rf-Richtwerte von Carbonsäuren auf verschiedenen Schichten (A—G) und unter Verwendung verschiedener Fließmittel[1]*

| Schicht[1] | A. Kieselgel | | | | C. | D. | E. | G. Polyamid | | |
Fließmittel[1]	I[3]	II	IV	V	IX	X	XI	XIV	XV	XVI
Weinsäure (DL)	8[4]	—	—	4	4	4	66[5]	4[6]	28[7]	15[7]
Cis-Aconitsäure.	—	—	—	—	—	—	—	4	—	—
Isocitronensäure	—	—	—	—	—	—	—	4	—	—
Citronensäure	5[4]	—	—	4	4	3	75	4	17	10
Tartronsäure	—	—	—	—	—	—	—	7	—	—
Oxalsäure	5	0	0	4	6	9	—	9	17	11
Äpfelsäure (DL)	—	—	4	8	8	9	100	11	45	29
Tricarballylsäure	—	—	—	—	—	—	—	11	—	—
α-Ketoglutarsäure	—	—	10	—	—	—	127	15	—	—
Malonsäure	14	13	—	16	13	23	129	22	52	39
Bernsteinsäure	30	28	9	44	20	31	145	33	67	56
Maleinsäure, hy[2]	—	7	—	22	—	18	—	18	35	27
Fumarsäure, hy[2]	—	23	12	72	28	60	—	47	46	49
Brenztraubensäure	—	—	3	—	24	—	—	—	—	—
Glutarsäure	39	35	—	46	27	45	163	50[7]	74	68
Adipinsäure	43	42	16	49	32	51	177	57	75	73
Pimelinsäure.	53	47	—	54	—	61	—	72	76	79
Korksäure.	54	50	—	62	—	82	—	84	79	83
Azelainsäure	56	53	—	67	—	91	—	95	80	86
Sebacinsäure.	67	55	—	72	—	96	—	98	82	88
Milchsäure.	—	—	35	—	46	—	161	—	—	—
Glykolsäure	—	—	22	—	32	—	—	—	—	—
β-Ketobuttersäure	—	—	45	—	—	—	—	—	—	—
Dehydroascorbinsäure. . .	—	—	46	—	—	—	—	—	—	—
Ascorbinsäure	—	—	14	—	—	—	77	—	—	—
Lävulinsäure.	—	—	52	—	60	—	—	—	—	—
Benzoesäure	76[4]	—	—	—	—	—	—	—	—	—
p-Toluylsäure	76[4]	—	—	—	—	—	—	—	—	—
Methylbernsteinsäure . . .	—	—	—	55	—	52	—	57	69	63
Pyromellitsäure	—	—	—	0	—	2	—	2	0	0
Trimellitsäure	—	—	—	41	—	13	—	14	9	13
Phthalsäure	26[4]	—	—	51	—	30	—	39	41	36
Citraconsäure, hy[2]	—	—	—	34	—	31	—	36	48	39
Glutaconsäure, hy[2]	—	—	—	52	—	32	—	44	64	56
Itaconsäure, hy[2]	—	—	—	52	—	33	—	45	61	53
Endomethylentetrahydro-phthalsäure, hy[2]	—	—	—	41	—	48	—	60	68	65
Tetrahydrophthalsäure, hy[2]	—	—	—	60	—	54	—	68	65	63
Isophthalsäure	—	—	—	75	—	64	—	71	46	59
Endomethylenhexahydro-phthalsäure	—	—	—	60	—	65	—	71	65	66
Hexahydrophthalsäure . .	—	—	—	60	—	65	—	79	65	66
Terephthalsäure	73[4]	—	—	0	—	69	—	81	0	0
Mesaconsäure, hy[2]	—	—	—	78	—	85	—	82	56	62
Tetrachlorphthalsäure. . .	—	—	—	69	—	88	—	80	9	23
Hexachlor „HET" säure. .	—	—	—	82	—	96	—	98	30	51

[1] Die Zusammensetzung der Schicht und der Fließmittel findet man auf S. 621.

[2] Die mit „hy" bezeichneten Säuren sind an Palladium-Kontakten in einer Schüttelapparatur hydrierbar.

[3] Standardmethode; ohne Sättigung (NS).

[4] Standardmethode; Kammersättigung (KS).

[5] R_A-Werte, bezogen auf Äpfelsäure = 100.

[6] Nach [49] Poylamidschicht mit Zusatz von Ameisensäure bereitet, NS.

[7] Nach [48] Polyamidschicht ohne Ameisensäure, NS.

Ebenfalls mit der Trennung von 2,4 DNP-Derivaten der Ketosäuren beschäftigte sich Dancis [23]. Er verwendet Kieselgel G-Schichten und Isoamylalkohol-0,25N Ammoniaklösung (95,2 + 4,8). Rink [75] gelang die Trennung von 16 Ketocarbonsäuren in Form ihrer Rhodanin-Derivate auf Acetylcellulose-Schichten mit den Fließmitteln XII und XIII.

Goebell [34] trennt mehrere Säuren des Tricarbonsäure-Cyclus durch zweidimensionale DC auf Cellulose-Schichten. Als Fließmittel dienen Äthanol-Ammoniak 25proz.-Wasser (72,6 + 18,2 + 9,2) und Iso-butanol-5M Ameisensäure (40 + 60). Es schließt sich eine Autoradiographie mit quantitativer Auswertung an. Die Kombination der DC mit enzymatischen Testmethoden ermöglichte eine genaue quantitative Bestimmung dieser Säuren im Bereich einiger Nanomole.

Prey u. Mitarb. [74] chromatographieren auf Kieselgel G-Schichten Ameisen-, Essig-, Milch- und Brenztraubensäure mit Pyridin-Petroläther (33,4 + 66,6) oder mit Äthanol-Ammoniak-Wasser (80 + 4 + 16). Zum Nachweis empfehlen sie Dihydroindanthroazindischwefelsäureester [88].

Der *Nachweis* der Säuren bzw. ihrer Salze erfolgt in der Regel mit einer geeigneten pH-Indicatorlösung. Häufig wird Bromkresolgrün (Reag.-Nr. 31) verwendet. Die mit saurem Fließmittel entwickelten Chromatogramme müssen zuvor 60 min auf 120° C erhitzt werden, um die Essigsäure restlos zu entfernen. Nach dem Aufsprühen erkennt man dann die Säuren als blaue Flecken auf gelbem Grund. Nachweisgrenze zwischen 0,8 und 8 μg. Die Farbintensität nimmt mit zunehmender Kettenlänge ab. Bei Anwendung des Mischindicators Methylrot-Bromphenolblau entstehen hellrote Flecken auf blau-violettem Grund. Ein Bedampfen mit Ammoniak ist manchmal vorteilhaft.

Anmerkung: Die DC der Fettsäuren ist in Kapitel M, S. 350 beschrieben.

Literatur zum Kapitel TN. Nahrungsmittel und Hilfsstoffe

[1] Abbott, D. C., H. Egan, and J. Thomson: J. Chromatog. 16, 481 (1964).
[2] — — E. W. Hammond, and J. Thomson: Analyst 89, 480 (1964).
[3] Acker, L., H. Grewe u. H. O. Beutler: Dtsch. Lebensmitt. Rdsch. 59, 231 (1963).
[4] Bache, C. A.: J. Ass. Off. Agr. Chem. 47, 355 (1964).
[5] Bancher, E., H. Scherz u. V. Prey: Mikrochim. Acta 1963, 712.
[6] Bäumler, J., u. S. Rippstein: Helv. chim. Acta 44, 1162 (1961).
[7] Becker, E., u. M. Eder: Z. Lebensmitt. Unters. 104, 187 (1956).
[8] Beroza, M.: J. Agric. Food Chem. 11, 51 (1963).
[9] Blinn, R. C.: J. Ass. Off. Agr. Chem. 46, 952 (1963).
[10] Braithwaite, D. P.: Nature (Lond.) 200, 1011 (1963).
[11] Braun, D., u. H. Geenen: J. Chromatog. 7, 56 (1962).
[12] Bruchfield, H. P., and A. Harzell: J. Econ. Entomol. 48, 210 (1955).
[13] Bunyan, P. J.: Analyst 89, 615 (1964).
[14] Cassidy, W., and A. J. Fischer: Analyst 85, 295 (1960).
[15] Cassil, C. C.: In: F. A. Gunther: Residue Reviews, vol. 1, S. 37. Berlin, Göttingen, Heidelberg: Springer 1962.
[16] Cook, J. W.: J. Ass. Off. Agr. Chem. 38, 150 (1955).
[17] Copius Peereboom, J. W.: Chromatographic Sterol Analysis, as applied to the investigation of milk fat and other oils and fats. Wageningen: Pudoc 1963.
[18] — J. Chromatog. 17, 99 (1965).

[19] COPIUS-PEEREBOOM: Nature (Lond.) **204**, 748 (1964).
[20] — J. Chromatog. **14**, 417 (1964).
[21] — unveröffentlichte Versuche.
[22] — J. Chromatog. **4**, 323 (1960).
[23] DANCIS, J., J. HUTZLER u. M. LEVITZ: Biochim. biophys. Acta (Amst.) **78**, 85 (1963).
[24] DAVÍDEK, J., u. J. POKORNÝ: Z. Lebensmitt. Unters. **115**, 113 (1961).
[25] — J. Chromatog. **9**, 363 (1962).
[26] DAVIDOW, B.: J. Ass. Off. Agr. Chem. **33**, 130 (1950).
[27] DUMAZERT, CH., C. GHIGLIONE et T. PUGNET: Bull. Soc. chim. Fr. **1963**, 475.
[28] EDER, F., H. SCHOCH u. R. MÜLLER: Mitt. Lebensmitt. Hyg. **55**, 98 (1964).
[29] DE FAUBERT MAUNDER, M. J.: Analyst **89**, 168 (1964).
[30] FISCHER, F., and H. KOCH: J. Chromatog. **16**, 246 (1964).
[31] FISCHER, R., u. W. KLINGELHÖLLER: Arch. Toxikol. **19**, 119 (1961).
[32] GÄNSHIRT, H., u. K. MORIANZ: Arch. Pharm. **293**, 1065 (1960).
[33] GEE, M.: J. Chromatog. **9**, 278 (1962).
[34] GOEBELL, H., u. M. KLINGENBERG: In: Chromatographie, Symposium II, Société Belge des Sciences Pharmaceutiques Bruxelles 1962, publ. 1963, S. 153.
[35] GRAU, R., u. A. SCHWEIGER: Z. Lebensmitt. Unters. **119**, 213 (1963).
[36] HAENNI, E. O., J. W. HOWARD, and F. L. JOE: J. Ass. Off. Agr. Chem. **45**, 67 (1962).
[37] HENKEL, H. G., u. W. EBING: J. Chromatog. **14**, 283 (1962).
[38] HROMATKA, O., u. W. A. AUE: Mh. Chem. **93**, 503 (1962).
[39] JARCZYNSKI, R., u. F. KIERMEIER: Z. Lebensmitt. Unters. **99**, 91 (1954).
[40] JOHNS, T., u. C. H. BRAITHWAITE: In: F. A. GUNTHER: Residue Reviews vol. 5, S. 45. Berlin, Göttingen, Heidelberg: Springer 1964.
[41] JONAS, J.: J. Pharm. Belg. **17**, 103 (1962).
[42] JONES, L. R., and J. A. RIDDICK: Anal. Chem. **24**, 569 (1952).
[43] JOUX, J. L.: Ann. Fals. Fraudes **50**, 205 (1957).
[44] KATZ, D., u. I. LEMPERT: J. Chromatog. **14**, 133 (1964).
[44a] KAWASHIRO, I., u. Y. HOSOGAI: J. Food Hyg. Soc. Japan **5**, 54 (1964).
[45] KNAPPE, E., u. D. PETERI: Z. anal. Chem. **188**, 184 u. 352 (1962).
[46] — — Z. anal. Chem. **190**, 380 (1962).
[47] — — u. I. ROHDEWALD: Z. anal. Chem. **199**, 270 (1964).
[48] — — Z. anal. Chem. **210**, 183 (1965).
[49] — — Z. anal. Chem. **211**, 49 (1965).
[50] KOVÁČ, J.: J. Chromatog. **11**, 412 (1963).
[51] KOVÁČS, M. F.: J. Ass. Off. Agr. Chem. **46**, 884 (1963).
[52] — J. Ass. Off. Agr. Chem. **47**, 1097 (1964).
[53] KRÖLLER, E.: Fette, Seifen, Anstrichmittel **64**, 85 (1962).
[54] — Fette, Seifen, Anstrichmittel **65**, 482 (1963).
[55] KUČERA, J.: Coll. Czech. Chem. Commun. **28**, 1341 (1963).
[56] LIBBY, L. M., u. E. A. DAY: J. Dairy Sci. **46**, 859 (1963).
[57] LINOW, F., H. RUTTLOFF u. K. TÄUFEL: Naturwissenschaften **50**, 689 (1963)
[58] LÜCK, E., u. W. COURTIAL: Dtsch. Lebensmitt.-Rdsch. **61**, 78 (1965).
[59] MCKINLEY, W. P., D. E. COFFIN, and K. A. MCCULLY: J. Ass. Off. Agr. Chem. **47**, 863 (1964).
[60] MEYER, H.: Dtsch. Lebensmitt. Rdsch. **57**, 170 (1961).
[61] — Süßwaren **6**, 645 (1962), und Revue internationale de la chocolaterie **17**, 290 (1962).
[62] MILLS, P. A., J. H. ONLEY, and R. A. GAITHER: J. Ass. Off. Agr. Chem. **46**, 186 (1963).
[63] MIMA, H., and N. KITAMORI: J. Am. Oil Chem. Soc. **39**, 546 (1962).
[64] MITCHELL, L. C.: J. Ass. Off. Agr. Chem. **40**, 294 (1957); **41**, 781 (1958); **42**, 684 (1959); **43**, 810 (1960); **44**, 643 (1961).
[65] MOATS, W. A.: J. Ass. Off. Agr. Chem. **46**, 172 (1963).
[66] MORRIS, W. W., and E. O. HAENNI: J. Ass. Off. Agr. Chem. **46**, 964 (1963).
[67] ONLEY, J. H.: J. Ass. Off. Agr. Chem. **47**, 317 (1964).

[68] Passera, C., A. Pedrotti, and G. Ferrari: J. Chromatog. 14, 289 (1964).
[69] Petrowitz, H. J.: Chem. Ztg. 85, 867 (1961).
[70] — Chem. Ztg. 86, 815 (1962).
[71] — and G. Pastuska: J. Chromatog. 7, 128 (1962).
[72] Petschik, H., and E. Steger: J. Chromatog. 9, 307 (1962).
[73] Philips, M. A., and R. D. Hinkel: J. Agric. Food Chem. 5, 379 (1957).
[74] Prey, V., H. Berbalk u. M. Kausz: Mikrochim. Acta 1962, 449.
[75] Rink, M., and S. Herrmann: J. Chromatog. 14, 523 (1964).
[76] Ronkainen, P.: J. Chromatog. 11, 228 (1963).
[77] Sahasrabudhe, M. R.: J. Ass. Off. Chem. 47, 888 (1964).
[78] Salamé, M.: J. Chromatog. 16, 476 (1964).
[79] Salo, T., K. Salminen u. K. Fiskari: Z. Lebensmitt. Unters. 117, 369
        (1962).
[80] — — Z. Lebensmitt. Unters. 124, 448 (1964).
[81] — u. R. Mäkinen: Z. Lebensmitt. Unters. 125, 170 (1964).
[82] — E. Airo u. K. Salminen: Z. Lebensitt. Unters. 125, 20 (1964).
[83] — R. Mäkinen u. K. Salminen: Z. Lebensmitt. Unters. 125, 450 (1964).
[84] Seher, A.: Fette, Seifen, Anstrichmittel 61, 345 (1959).
[85] — Nahrung 4, 466 (1960).
[86] — Fette, Seifen, Anstrichmittel 66, 371 (1964).
[87] Schildknecht, E., u. H. Konig: Z. anal. Chem. 207, 269 (1965).
[88] Schlögl, K.: Naturwissenschaften 46, 447 (1959).
[89] Schneider, E.: Lebensm. chem. gerichtl. Chem. 17, 172 (1963).
[90] Schweiger, A.: J. Chromatog. 9, 374 (1962).
[91] — Z. Lebensmitt. Unters. 124, 20 (1963).
[92] Stahl, E., u. J. Pfeifle: Naturwissenschaften 52, 620 (1965).
[93] — Arch. Pharm. 293, 531 (1960).
[94] — and U. Kaltenbach: J. Chromatog. 5, 351 (1961).
[95] Stanley, C. W.: J. Chromatog. 16, 467 (1964).
[96] Storherr, R. W.: J. Ass. Off. Agr. Chem. 47, 1087 (1964).
[97] Strohecker, R.: Fette, Seifen, Anstrichmittel 66, 787 (1964).
[98] Taylor, A., and B. Fishwick: Lab. Practice 13, 525 (1964).
[99] ter Heide, R.: Fette, Seifen, Anstrichmittel 60, 360 (1958).
[100] Thornburg, W.: In: G. Zweig: Pesticides, Planth growth regulators and
        Food additives, vol. I, p. 87. New York: Academic Press 1963.
[101] Waldi, D.: unveröffentlichte Versuche, in: Stahl: Dünnschicht Chromato-
        graphie, 1. Aufl., S. 360. Berlin, Göttingen, Heidelberg: Springer 1962.
[102] Walker, K. C., and M. Beroza: J. Ass. Off. Agr. Chem. 46, 250 (1963).
[103] Williams, E. I.: Analyst 89, 289 (1964).
[104] Woggon, H., D. Spranger u. H. Ackermann: Nahrung 7, 612 (1963).
[105] Wright, J.: Chem. and Ind. (London) 1963, 1125.
[106] Yamamura, J., and T. Niwaguchi: Proc. Japan Academy 38, 129 (1962).

TS. Organische Synthetica

H.-J. Petrowitz

I. Kunststoffe und Weichmacher

1. Polymerisate und polymerisierbare Verbindungen

Die Analyse von Kunststoffen umfaßt die Identifizierung der am
Aufbau der Polymerisate beteiligten Monomeren bzw. der durch Abbau-
Reaktionen gewonnenen Spaltprodukte [49] und den Nachweis der in

Kunststoffen enthaltenen Zusätze wie Weichmacher, Stabilisatoren und Katalysatoren. Treten als Komponenten einfache Alkohole, Aldehyde, Ketone oder Fettsäuren auf, so erfolgt der dc Nachweis nach den an anderer Stelle dieses Buches beschriebenen Verfahren.

Die DC ungesättigter polymerisierbarer Verbindungen, die auch bei der Pyrolyse von Hochpolymeren auftreten, führten BRAUN und VOHREN-DOHRE [7] durch. Sie chromatographierten die durch Umsetzung von 15—20 mg der Monomeren mit 120 mg Quecksilber-(II)-acetat in Methanol erhaltenen Anlagerungsverbindungen. Überschüssiges Quecksilber-(II)-acetat läßt sich mit Hydrazinsulfat reduzieren, ohne daß dabei die Addukte angegriffen werden. Eine Ausnahme bilden lediglich die Anlagerungsverbindungen mit α-Methylstyrol, Vinylacetat, Vinylcarbazol und Vinylchlorid, die nicht hydrazinsulfatbeständig sind. Die Trennung erfolgte an Schichten aus Kieselgel G (Fa. 88) mit dem *Fließmittel* Methyläthylketon-n-Propanol-Äthanol-konz. Ammoniak (45,5 + 4,5 + 18 + 32). Zur *Sichtbarmachung* wird die vom Fließmittel restlos befreite Platte zunächst 5—10 min Salzsäuredämpfen ausgesetzt und danach mit einer 0,1 proz. Lösung von Dithizon in Tetrachlorkohlenstoff besprüht, wobei rote oder gelbe Flecken entstehen.

Tabelle 144. h*Rf-Richtwerte polymerisierbarer Verbindungen*

Verbindung	hRf	Verbindung	hRf
Styrol	43—56	Dicyclopentadien	58—68
α-Methylstyrol*	47—58	Isopren	35—43
2,4-Dimethylstyrol	55—65	Äthylen	7—10
p-Chlorstyrol	49—56	Acrylsäure	0— 5
Äthylstyrol	54—63	Methacrylsäure	8—12
Divinylbenzol	53—59	Acrylsäuremethylester**	—
Vinylcarbazol*	66—73	Methacrylsäuremethylester	27—35
Vinylacetat*	17—24	Methacrylsäurebutylester	54—64
Vinylchlorid	18—20	Acrylnitril	44—51
Cyclohexen	24—32		

* nicht hydrazinsulfatbeständig; ** starke Schwanzbildung.

Schicht: Kieselgel G, Fließmittel: Methyläthylketon-n-Propanol-Äthanol-konz. Ammoniak (45,5 + 4,5 + 18 + 32) [7].

Eng verwandt mit den Kunststoffen sind die bei saurer Kondensation von Phenolen mit Formaldehyd entstehenden Novolake. Entsprechende p-Kresol-Formaldehyd-Kondensate wurden von HAUB und KÄMMERER [30] dc an Kieselgel G aufgetrennt. Das Sichtbarmachen der Verbindungen erfolgte durch Besprühen mit Antimon-(V)-chlorid-Reagens (Nr. 22) und anschließendem Erhitzen auf 100° C. Neben den in der Tab. 145 aufgeführten Fließmitteln fand zur Trennung der Phenoldialkohole das *Fließmittel* Chloroform-Methanol-Wasser (95 + 4 + 1 Vol. Emulsion) Verwendung (n = 0, hRf = 13; n = 1, hRf = 22; n = 2, hRf = 32). Die in der Tabelle an erster Stelle stehende Verbindungsgruppe (homologe Reihe) konnte durch zweidimensionale Chromatographie vollständig getrennt werden.

40*

Tabelle 145. *h Rf-Richtwerte von einigen p-Kresol-Formaldehyd-Kondensaten (weitere in [30]) an Kieselgelschichten mit den Fließmitteln: I: Benzol-Methanol-Eisessig (95 + 2,5 + 2,5); II: Benzol-Methanol (75 + 25); III: Chloroform-Methanol (96 + 4)*

Strukturformel	n	h Rf-Richtwerte mit		
		I	II	III
H-n-H (OH, CH₂, CH₃; H am Ring)	0	35	61	45
	1	30	65	52
	2	32	69	65
	3	41	—	74
	4	50	—	78
	5	61	—	—
	6	72	—	—
Cl-n-Cl (OH, CH₂, CH₃; Cl am Ring)	0	61	67	65
	1	59	69	67
	2	59	73	71
	3	60	—	75
	4	65	—	79
	5	71	—	—
	6	76	—	—
	7	82	—	—

1a. Urethane

Die Analyse cyclischer homologer Oligo- und Polyurethane läßt sich auf dc Wege gut durchführen. Kuntz [48] konnte die Oligomeren mit Molgewichten zwischen 40 und 4220 an Kieselgel G-Schichten und Cyclohexanon als Grundkomponente des Fließmittels trennen. Kern u. Mitarb. [36] benutzten die DC zur Reinheitsprüfung von Cyclodiurethanen, die nach dem Ruggli-Zieglerschen Verdünnungsprinzip synthetisiert worden waren. Es wurde ebenfalls mit Kieselgel G-Schichten gearbeitet, und als Fließmittel diente die Mischung Benzol-Essigester-Cyclohexanon (62,5 + 12,5 + 25). Nach Entfernen des Fließmittels (2 Std 120°) wird zum Nachweis mit einer gesättigten Lösung von Chlor in Tetrachlorkohlenstoff besprüht. Das von der Schicht adsorbierte Chlor wird durch einstündiges Lagern der Platte im Abzug entfernt und danach eine wäßrige Kaliumjodid-Stärke-Lösung nachgesprüht. Die Nachweisgrenze der Oligo-Urethane liegt bei 0,1 µg.

2. Weichmacher

Die Herstellung von plastischen Kunststoffen erfolgt durch Zusatz von Weichmachern. Als besonders geeignet erwiesen sich dafür Phthalsäureester, Phosphorsäureester, Ester aliphatischer Dicarbonsäuren, Epoxyde und einige hochmolekulare Verbindungen. Da einige dieser Substanzen stark toxische Eigenschaften besitzen, ergab sich die Notwendigkeit eines empfindlichen chemischen Nachweises. Während die Analyse mit der GC wegen der hohen Siedepunkte der Weichmacher

Schwierigkeiten bereitet, gelingt die Identifizierung mit Hilfe der DC gut. Die Analyse der in den USA zugelassenen Weichmacher in Kunststoffen für Nahrungsmittelverpackungen führt COPIUS-PEEREBOOM [12] an Kieselgel G-Schichten mit einem Zusatz von 0,005% des wasserlöslichen Fluorescenz-Indicators Ultraphor-WT[1] zur Streichmasse durch. Es wurden jeweils 10 ml der ungefähr 5proz. ätherischen Lösung der Weichmacher bzw. entsprechender Extraktionsprodukte aufgesetzt und mit den in Tab. 146 angegebenen Fließmitteln entwickelt. Verschiedene Farbreaktionen sind zum Sichtbarmachen der Weichmacher geeignet; einige sind im UV-Licht (365 nm) durch ihre Eigenfluorescenz, die Phthalat-Derivate als dunkle Absorptionsflecke zu erkennen.

Tabelle 146. *R_{St}-Werte von Weichmachern in verschiedenen Fließmitteln, bezogen auf Dibutylsebacat = 100* [12]

Verbindung	hRf*		
	I	II	III
Triacetin (Glycerintriacetat).	18	34	17
Äthylphthalyläthylglycolat	22	66	30
Acetyltriäthylcitrat	26	51	29
Triphenylphosphat.	33	80	50
Trikresylphosphat	42	86	69
Butylphtalylbutylglycolat.	43	90	65
2-Äthylhexyldiphenylphosphat . . .	46	77	58
Dibutylphtalat	51	79	60
Acetyltributylcitrat	53	85	70
Di-n-butylphtalat	74	103	84
Diisobutyladipat.	83	86	85
Dibutylsebacat	100	100	100
Dinonylphtalat	101	118	114
Di-2-äthylhexylphosphat	114	116	115
Butylstearat	161	123	128
Paraflex G 62 (Epoxyde natürlicher Glyceride)	5 Flecke	9 Flecke	4 Flecke

  * Schicht: Kieselgel G

Fließmittel: I Isooctan-Äthylacetat (90 + 10); II Benzol-Äthylacetat (95 + 5); III Dibutyläther-Hexan (80 + 20).

Die Verbindungen der drei kritischen Stoffpaare: 5–6, 5–7 und 7–9, die sich mit den angegebenen Fließmitteln nicht trennen lassen, können durch Farbreaktionen identifiziert werden.

Zahlreiche Weichmacher wurden von BRAUN [4, 5] ebenfalls an Schichten aus Kieselgel G mit dem Fließmittel Methylenchlorid getrennt, nachdem sie mit Benzol oder Äther (sofern darin nicht das Polymer löslich ist) aus dem Kunststoff extrahiert worden sind. Als allgemein anwendbares Sprühreagens eignet sich Antimon-(V)-chlorid (Reag.-Nr. 22), das die meisten Weichmacher nach Erwärmen der besprühten Platten auf 120° C als braune Flecke sichtbar macht. Weiterhin können Phthalsäureester mit Resorcin-Lösung (Reag.-Nr. 210) und Phosphorsäureester mit Diazoniumreagens (Reag.-Nr. 230) nachgewiesen werden.

[1] Optischer Aufheller der Fa. 16.

40a Dünnschicht-Chromatographie, 2. Aufl.

Tabelle 147. h*Rf*-*Richtwerte wichtiger Weichmacher auf Kieselgel G; Fließmittel: Methylenchlorid* [5]

Verbindung	h*Rf*	Verbindung	h*Rf*
Dimethylphthalat	51	Di-2-äthylhexyladipat.	44
Dibutylphthalat	69	Dinonyladipat	44
Dihexylphthalat.	80	Adipinsäurepolyester	2
Dioctylphthalat	86	Dibutylsebazat.	41
Di-2-äthylhexylphthalat . . .	85	Dioctylsebazat.	61
Didecylphthalat	85	Di-2-äthylhexylsebazat	61
Diisodecylphthalat	84	Sebazinsäurepolyester.	2
Trioctylphosphat	23	Triäthylcitrat	12
Diphenyloctylphosphat. . . .	42	Tributylcitrat	14
Triphenylphosphat.	47	Acetyltriäthylcitrat.	15
Diphenylkresylphosphat . . .	51	Acetyltributylcitrat.	24
Trikresylphosphat	53	Acetyltri-2-äthylhexylcitrat . .	46
Dioctyladipat	42	Glycerintriacetat	13

Wie aus den h*Rf*-Werten zu ersehen ist, lassen sich niedermolekulare Weichmacher besser trennen als Ester mit längerkettigen Alkoholen.

Neben der direkten Analyse der esterartigen Weichmacher besteht die Möglichkeit des dc Nachweises der durch Verseifung der Ester erhaltenen Alkohole und Säuren sowie phenolischen Komponenten.

3. Alkohole

a) Einfache Alkohole

Die DC leicht flüchtiger, einfacher Alkohole ist nur in Form der 3,5-Dinitrobenzoesäureester (DNB-Ester) möglich. Diese lassen sich an

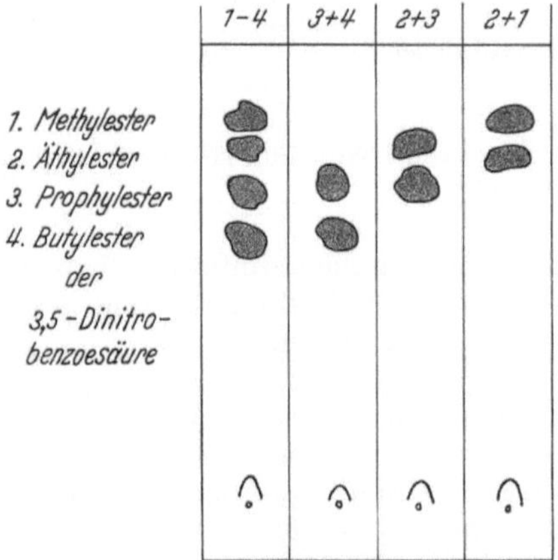

Abb. 184. DNB-Ester der niederen Alkohole auf einer Kieselgel G-Schicht mit Cyclohexan-Tetra-chlorkohlenstoff-Äthylacetat (10 + 75 + 15) entwickelt. Nachweis: Rhodamin B (Reag.-Nr. 212) [89]

Kieselgel G-Schichten mit Cyclohexan-Tetrachlorkohlenstoff-Äthylacetat (10 + 75 + 15) unter Standardbedingungen gut trennen (Abb. 184).

Der Nachweis erfolgt durch Betrachten der mit Rhodamin B-Reagens besprühten Platten im UV-Licht. Das Herstellen der DNB-Ester geht nach dem von Waldi [*89*] ausgearbeiteten Verfahren vor sich:

Um die oftmals in wäßriger Lösung vorliegenden Alkohole anzureichern, extrahiert man zunächst mit alkoholfreiem Äther[2]. Der über frisch geglühtem Natriumsulfat getrocknete Ätherextrakt wird dann mit 3,5-Dinitrobenzoylchlorid versetzt und 30 min im Rückfluß gekocht. Zur Entfernung des nicht verbrauchten Säurechlorids versetzt man anschließend mit Wasser und alkalisiert mit 5—10proz. Natronlauge bis zu einem pH von 9—10. Nun trennt man die Ätherphase mit dem darin befindlichen DNB-Ester im Scheidetrichter ab und extrahiert die wäßrige Phase 3—4mal mit alkoholfreiem Benzol[2]. Die vereinigten und über Natriumsulfat getrockneten Äther- und Benzolextrakte engt man zur Trockne ein und nimmt sie in einer kleinen, genau abgemessenen Menge Benzol auf. Diese DNB-Esterlösung kann dann direkt chromatographiert werden.

Braun [*5*] empfiehlt für die Weichmacheranalyse die direkte Umesterung der betreffenden Weichmacher mit 3,5-Dinitrobenzoesäure, wobei die vorangehende Verseifung und Isolierung der Alkohole umgangen wird.

Arbeitsvorschrift: 2 ml der zu untersuchenden Weichmacher werden mit 2 Tropfen konzentrierter Schwefelsäure und 1,5 g 3,5-Dinitrobenzoesäure 30 min im Ölbad auf 150° C erhitzt. Nach dem Abkühlen wird mit 25 ml Äther aufgenommen, die ätherische Lösung mit 25 ml 5proz. Sodalösung und dann mit Wasser gewaschen. Nach dem Abdunsten des Äthers kristallisiert das entstandene 3,5-Dinitrobenzoat manchmal direkt aus und kann evtl. durch Umkristallisieren gereinigt werden. Bleibt nach dem Abdampfen des Äthers ein dunkler, öliger Rückstand, so kann dieser mit wenig Äther aufgenommen und direkt chromatographiert werden.

In der Tab. 148 sind die h*Rf*-Richtwerte, die mit dem Fließmittel Benzol-Methylacetat (150 + 1) erhalten wurden, wiedergegeben.

Tabelle 148. h*Rf-Richtwerte von 3,5-Dinitrobenzoesäureestern auf Kieselgel G mit Benzol-Methylacetat* (150 + 1) [*5*]

3,5-DNB-Ester	h*Rf*	3,5-DNB-Ester	h*Rf*
Methyl-	40	2-Äthylhexyl-	81
Äthyl-	49	n-Decyl-	81
Butyl-	65	Cyclohexyl-	68
n-Hexyl-	73	Benzyl-	63
n-Octyl-	80	Glycerin-	5

b) Polyalkohole

Auf luftgetrockneten Kieselgel G-Schichten lassen sich bei einer Laufstrecke von 10 cm (Kammersättigung) mit dem Fließmittel Chloroform-Aceton-5N Ammoniaklösung (10 + 80 + 10) Glycerin (h*Rf* 35), Äthylenglykol (h*Rf* 70) und 1,2-Propylenglykol (h*Rf* 85) trennen [*89*]. Zum Nachweis dient das Benzidin-Perjodat (Reag.-Nr. 168, 169).

Prey u. Mitarb. [*70*] trennen auf normalen Kieselgel G-Schichten Glycerin (h*Rf* 38) von Glykol (h*Rf* 45) mit Butanol-Wasser (90 + 10),

---

[2] Der handelsübliche Äther bzw. das Benzol werden hierzu mit einem Überschuß von 3,5-Dinitrobenzoylchlorid etwa 60 min am Rückfluß gekocht und dann destilliert.

wobei sich der Trenneffekt durch Borsäure-Imprägnierung (0,1 N) verbessern läßt. Zum Nachweis verwenden sie Chromschwefelsäure (Reag.-Nr. 52) und erhalten weiße Flecken auf gelbbraunem Grund.

Hromatka und Aue [34] stellen eine Linearität zwischen den log der *Rf*-Werte und der Anzahl der C-Atome bei Diolen fest. Auf den Kieselgel G-Schichten diente abs. Äthanol oder Dioxan als Fließmittel für Äthylenglykol, 1,3-Propylenglykol, 1,6-Hexandiol, 1,7-Heptandiol, 1,9-Nonandiol, 1,10-Decandiol und 1,13-Tridecandiol.

Knappe u. Mitarb. [40] trennten technisch wichtige Polyalkohole an Aluminiumoxid G-Schichten mit Chloroform-Toluol-Ameisensäure (80 + 17 + 3), an Kieselgel G-Schichten mit n-Butanol gesättigt mit 1,5 N-Ammoniaklsg. oder an Polyamid imprägnierten Kieselgur G-Schichten mit Chloroform. Zur Sichtbarmachung werden eine Reihe von Sprühreagentien empfohlen, die aus einem starken Oxydationsmittel und einer oxydablen Base bestehen.

Es ist möglich, Polyalkohole auch an Cellulose-Gips-Schichten (100 + 6) zu trennen [20], wobei als Fließmittel besonders n-Butanol-25proz. Ammoniaklsg.-Wasser (85 + 5 + 10), n-Butanol-Pyridin-Wasser (46 + 31 + 23) oder n-Butanol-Alkohol-25proz. Ammoniaklsg.-Wasser (40 + 15 + 5 + 40) geeignet sind.

Ullmann u. Mitarb. [95] beschäftigten sich eingehend mit der DC von Polyäthylenglykolen und zeigen, daß man Verbindungen dieser Art im Molekulargewichtsbereich 200—6000 auf Kieselgel G-Schichten mit dem Fließmittel Chloroform-Methanol-Wasser (6 + 50 + 24) trennen kann. Von den gleichen Autoren wird in einer weiteren Arbeit [96] gezeigt, daß man die grenzflächenaktiven Polyäthylenglykol-Derivate — es handelt sich um Ester und Äther — ebenfalls auf Kieselgel G-Schichten mit n-Butanol-Äthanol-Ammoniaklösung 25proz. (70 + 15 + 25) identifizieren kann. Zur Auftrennung eines Gemisches verschiedener Polyäthylenglykolstearate trägt man etwa 400 µg am Startpunkt auf und chromatographiert zweidimensional; in Laufrichtung I mit n-Butanol-Äthanol-Ammoniaklösung 25proz. (70 + 15 + 25) und in Laufrichtung II mit Chloroform-Methanol-Wasser (30 + 50 + 24). Man kann auch in Laufrichtung II ein wassergesättigtes Äthylmethylketon und die Durchlaufchromatographie in der BN-Kammer verwenden.

Die *Sichtbarmachung* gelingt mit Dragendorff-Reagens und beim Vorliegen größerer Mengen durch Aufsprühen einer 0,005 N-Jodlösung bis zum Durchfeuchten der Schicht. Nach dem Trocknen kann man eine 0,2proz. Stärkelösung nachsprühen. Die Reaktion ist allerdings nicht sehr empfindlich.

4. Phenole

Die Analyse phenolischer Komponenten in Weichmachern beschreiben Braun und Vohrendohre [8]. Sie erfolgt nach vorangegangener Verseifung durch dreistündiges Kochen mit 1 N alkoholischer Kalilauge. Vor dem Chromatographieren ist es zweckmäßig, die bei der Verseifung entstehenden Salzmengen abzutrennen. Zur Trennung an mit Formamid imprägnierten Kieselgel G-Platten[3] diente als Fließmittel Methylenchlorid-Cyclohexan (55 + 45); zur DC an normalen Kieselgel G-Schichten benutzte Petrowitz [64] Benzol und Benzol-Methanol (95 + 5).

Tabelle 149. hR_f-Richtwerte einiger Phenole

Verbindung	hR_f-Werte*			Verbindung	hR_f-Werte*		
	I	II	III		I	II	III
Phenol	21	17	43	2,4-Dimethylphenol .	76	24	51
o-Kresol	51	26	52	2,5-Dimethylphenol .	75	28	58
m-Kresol	39	19	45	2,6-Dimethylphenol .	93	39	67
p-Kresol.	40	20	49	3,4-Dimethylphenol .	56	15	44
2,3-Dimethylphenol .	68	27	59	3,5-Dimethylphenol .	61	17	44

* I auf formamidimprägniertem Kieselgel G mit Methylenchlorid-Cyclohexan (55 + 45) [8]. II auf Kieselgel G mit Benzol und III mit Benzol-Methanol (95 + 5) [64].

Wie die R_f-Werte zeigen, ist die Adsorptionsaffinität der Phenole von der Stellung der Methylgruppen zur Hydroxylgruppe abhängig. Knappe und Rohdewald [41a] zeigen, daß sich die rotbraunen Kupplungsprodukte der Phenole mit Echtrotsalz AL besonders gut trennen lassen. Auf basischen bzw. sauren Kieselgel G-Schichten (0,5 N K_2CO_3 bzw. 0,5 N Oxalsäure) konnten Phenol, die isomeren Kresole und Xylenole voneinander und untereinander getrennt werden. Als Fließmittel dienten: Dichlormethan-Essigsäureäthylester-Diäthylamin (92 + 5 + 3) und Chloroform-Essigsäureäthylester-Diäthylamin (93 + 5 + 2) bei KS. Bei NS wurde reines Benzol verwendet.

Herstellung der Phenylazofarbstoffe: 10 mg Phenol in 1—2 ml 0,1 N NaOH lösen, dann 150 mg Echtrotsalz AL (Fa. 56) zugeben und mit 20 ml Wasser auffüllen. Nach 30 min wird das Reaktionsgemisch mit wenig 2 N HCl angesäuert und mit 20 ml Chloroform ausgeschüttelt. Die mit Wasser nachgewaschene Chloroform-Ausschüttelung kann direkt zur DC verwendet werden.

Smith und Sullivan [78a] trennen die gleiche Stoffgruppe nach der Kupplung mit diaz. p-Nitroanilin. Sie verwenden allerdings formamidimprägnierte Kieselgur G-Schichten.

5. Andere Hilfsstoffe der Kunststoffindustrie

Bei der Kunststoffherstellung besitzen eine Reihe von Peroxiden unterschiedlicher Verbindungsklassen Bedeutung als Polymerisationskatalysatoren. Knappe und Peteri [39] trennten verschiedene der technisch wichtigen organischen Peroxide an Kieselgel G-Schichten mit den Fließmitteln Toluol-Tetrachlorkohlenstoff (67 + 33) und Toluol-Eisessig (95 + 5).

Die in der Kunststoff- und Lackindustrie als UV-Absorber verwendeten substituierten 2-Hydroxybenzophenone sind von Knappe u. Mitarb.

---

[3] Zum Imprägnieren werden die kalten Platten senkrecht einige Sekunden in eine Mischung aus Aceton und Formamid (2 + 1) getaucht, sofort flach gelagert, von den 0,5 cm breiten Seitenrändern befreit und mit einem Fön getrocknet.

[41] an mit Adipinsäuretriäthylenglykolpolyester imprägnierten Schichten und dem Fließmittel m-Xylol-Ameisensäure (98 + 2) getrennt worden. Die Substanzen zeigen charakteristische Fluorescenzfarben und können außerdem durch Besprühen mit Echtrotsalz AL-Lösung als ziegelrote Flecken (nur Salol violett) sichtbar gemacht werden.

II. Metallorganische Verbindungen

1. Organozinn-Verbindungen

In enger Beziehung zu den Kunststoffen stehen die Organozinn-Verbindungen, die besonders für die PVC-verarbeitende Industrie als Stabilisatoren von hervorragender Bedeutung sind. Sie lassen sich dc an Schichten aus Kieselgel gut trennen [9, 31, 56, 87]. Folgende Fließmittel fanden bisher Verwendung:

I. n-Butanol-Essigsäure (98,3 + 1,7) [87].

II. Wasser-n-Butanol-Äthanol-Essigsäure (48 + 24,5 + 24,5 + 2,5) [87].

III. Isopropanol-Ammoniumcarbonatlösung (10proz.)-5 N-Ammoniak (67 + 22 + 11) [9].

IV. n-Butanal-Ammoniak (2,5proz.) (80 + 20) [9].

V. Isopropyläther-Eisessig (98,5 + 1,5) [56].

VI. Hexan--Eisessig (92 + 8) [31].

Die Sichtbarmachung erfolgt durch Besprühen der Platten mit einer Lösung von Dithizon in Chloroform oder durch 30 min Bestrahlung mit

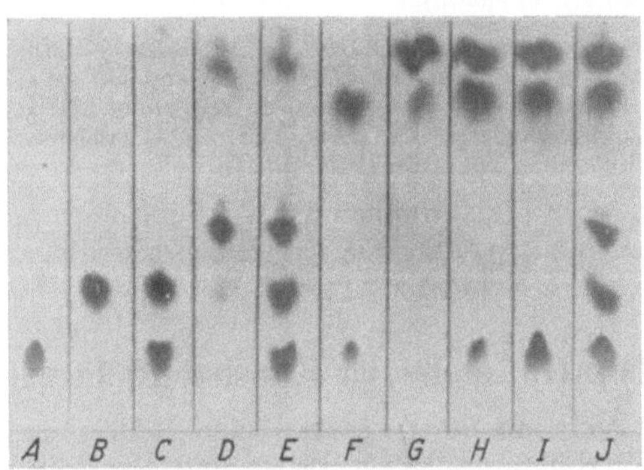

Abb. 185. DC verschiedener Organozinnchloride [56]

Schicht: Kieselgel G; Fließmittel: Isopropyläther mit 1,5% Eisessig.

A: Di-n-butylzinn-dichlorid   F: Tri-n-butylzinnchlorid
B: Di-n-octylzinn-dichlorid   G: Tetrabutylzinn
C: Trennung von A + B   H: Trennung von F + G
D: Di-iso-octylzinn-dichlorid   I: Trennung von G + F + A
E: Trennung von A + B + D   J: Trennung aller Verbindungen

UV-Licht und anschließendem Sprühen mit Brenzcatechinviolett-Lösung. Es lassen sich die vier Alkylierungsstufen von Organozinnderivaten trennen, wobei noch 1 μg Organozinn nachweisbar ist. Die toxikologisch wichtige Unterscheidung von Dibutylzinn und Dioctylzinn ist ebenso möglich wie die Identifizierung schwefelhaltiger Verbindungen, deren chromatographisches Verhalten nach Angaben von NEUBERT [56] durch den schwefelhaltigen Säurerest und nicht mehr durch die am Zinn gebundene Alkylgruppe bestimmt wird. Nach Angaben von BÜRGER [9] erleiden Phenylzinnverbindungen bei der UV-Bestrahlung einen Zerfall; dabei entstehendes Phenol kann zum Schnellnachweis dienen.

Ebenfalls als Stabilisatoren in PVC vorkommende Verbindungen wie 2-Phenylindol oder Harnstoff-Derivate können an Kieselgel-Schichten mit Chloroform getrennt werden [32, 43].

2. Ferrocene

Bei zahlreichen Arbeiten über Synthesen und Eigenschaften von Ferrocenderivaten wurde von SCHLÖGL u. Mitarb. [80] die DC sowohl im analytischen als auch im präparativen Maßstab eingesetzt. Sie diente dazu, Umsetzungen wie beispielsweise Oxydationen [81] zu verfolgen, die Reinheit von Syntheseprodukten zu prüfen oder Isomerentrennungen [21, 84] durchzuführen. Auch gestattet es die DC, Verbindungsgruppen wie die Alkylferrocene von den Acylferrocenen zu trennen [82] und Zusammenhänge zwischen dem Molekülbau und den Rf-Werten aufzuzeigen. So besitzen z. B. die Polyäthylferrocene mit zunehmender Zahl von Äthylgruppen abnehmende Rf-Werte [83], oder in der Reihe der heterocyclischen Ferrocenderivate zeigt sich eine lineare Zunahme der Rf-Werte von den β- über die α-Pyridyl- zu den Chinolyl-ferrocenen [84].

Die DC erfolgt an Kieselgel G-Schichten mit den Fließmitteln I. Benzol, II. Benzol-Äthanol (90 + 3), III. Benzol-Äthanol (90 + 6) sowie auch IV. 1,2-Propylenglykol-Methanol (50 + 50) und V. Chlorbenzol-Propylenglykol-Methanol (33 + 33 + 33). Es lassen sich damit Ferrocenylcarbonyle und -carbinole, Ester, Äther und N-haltige Derivate trennen, während Ferrocen und Ferrocenyl-Kohlenwasserstoffe mit der Front wandern. Für ihre Trennung eignet sich als Fließmittel n-Hexan.

Besondere Verfahren zum Sichtbarmachen der Ferrocenderivate sind nicht erforderlich, da diese leicht durch ihre Eigenfarbe auf dem Chromatogramm zu erkennen sind. Alkylferrocene und solche Derivate ohne chromophore Gruppen in Konjugation zum Ferrocenkern sind gelb, Monoacylferrocene orange, Diacylderivate rot und ausgeprägt conjugierte Systeme rotviolett. Weniger intensiv gefärbte Ferrocenderivate können mit Hilfe von Oxydationsmitteln in Derivate des blau bis blaugrün gefärbten Ferroceniumions übergeführt werden. Bei den meisten Ferrocenderivaten liegt die untere Nachweisgrenze bei 2—3 μg.

3. Andere metallorganische Verbindungen

Die Triphenyl-Derivate von Antimon (hRf = 69) und Wismut (hRf = 62) wie auch von Phosphor und Arsen sowie die Isomeren von Ditolyltellur lassen sich nach Angaben von VOBECKY u. Mitarb. [88] an Aluminiumoxid-Schichten mit dem Fließmittel Petroläther trennen. Die

Sichtbarmachung erfolgt durch Besprühen mit Kaliumpermanganat-Lösung.

III. Polyphenyle und mehrkernige aromatische Kohlenwasserstoffe

1. Polyphenyle

Gemische von kettenförmigen und verzweigten Polyphenylen besitzen als Kühlmittel für Reaktoren besondere Bedeutung.

Über die dc Trennung des beim Reaktorbetrieb durch Radiolyse und Pyrolyse aus Biphenyl und den drei Terphenylen entstehenden komplexen Gemisches berichten Geiss u. Mitarb. [25, 26]. Als Sorptionsmittel hat sich Aluminiumoxid G und als Fließmittel n-Heptan am besten bewährt. Die Trennung der einzelnen Verbindungen ist in starkem Maße von der relativen Feuchte bei der Vorbehandlung und Entwicklung der Chromatogramme abhängig, so daß eine Klimatisierung der Entwicklungskammern erforderlich ist. Eine Verbesserung der Trennergebnisse

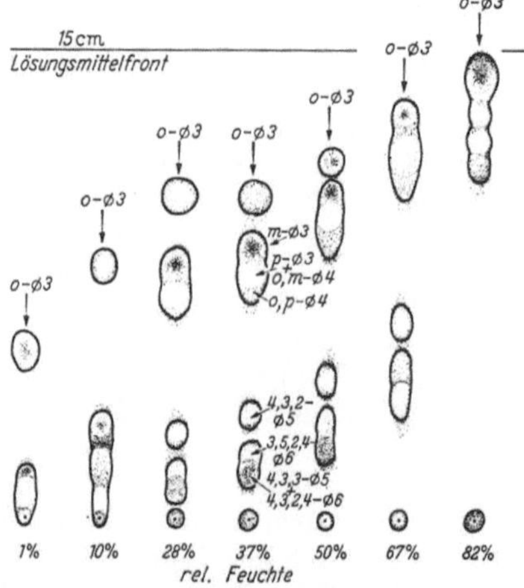

Abb. 186. Einfluß der relativen Feuchte bei der DC eines Polyphenylgemisches auf Aluminiumoxid G (Merck) mit n-Heptan. o—ø 3, m—ø 3, p—ø 3 = 0, m-,p-Terphenyl; o, m—ø 4 und o, p—ø 4 = o, m- bzw. o, p-Quaterphenyl; 4,3,2—ø 5 und 4,3,3—ø 5 = p, m, o- bzw. p, m, m-Quinquaphenyl; 3,5,2,4—ø 6 = m, m, o, p-Hexaphenyl; 4,3,2,4—ø = p, m, o, p-Hexaphenyl

läßt sich auch durch die „Heißelution" herbeiführen. Dabei wird auf noch warmen Platten chromatographiert, die eine höhere Aktivität aufweisen und außerdem eine stärkere Verdampfung des Fließmittels bewirken. Zum Sichtbarmachen der Polyphenyle werden die Schichten mit einer 0,5proz. Cer-(IV)-sulfatlösung in konz. Salpetersäure (Reag.-Nr. 40) besprüht, wobei verschiedenfarbige Flecke entstehen, die eine intensive Fluorescenz zeigen. Zur quantitativen Analyse werden die getrennten Flecke mit n-Heptan oder Methylenchlorid extrahiert und spektrophotometrisch bestimmt [75].

Tabelle 150. h*Rf*- und R_{St}-*Werte von Polyphenyl-Verbindungen nach fallenden Werten geordnet*

Nr.	Verbindung	h*Rf*	R_{St} *
1	Biphenyl	75	1,21
2	o-Terphenyl	62	1,00
3	o',o''-Quaterphenyl	56	0,90
4	m-Terphenyl	54	0,87
5	o',m''-Quaterphenyl	46	0,74
6	p-Terphenyl	45	0,73
7	1,2,3-Triphenylbenzol	40	0,65
8	1,2,4-Triphenylbenzol	38	0,61
9	o',p''-Quaterphenyl	38	0,61
10	1,3,5-Triphenylbenzol	37	0,60
11	Triphenylen	36	0,58
12	m',m''-Quaterphenyl	34	0,55
13	m',p''-Quaterphenyl	27	0,44
14	p'-,p''-Quaterphenyl	16	0,26

* Auf o-Terphenyl bezogen.

Schicht: Aluminiumoxid G; Fließmittel: n-Heptan; Temperatur: 23—24° C; Relative Feuchtigkeit: 40—50% [75].

2. Mehrkernige aromatische Kohlenwasserstoffe

Polycyclische Aromaten sind in großer Zahl im Steinkohlenteer, in Pyrolyseprodukten und in verschiedenartigen Verbrennungsrückständen enthalten. Die dc Trennung der Verbindungen ist an Schichten aus Kieselgel [46, 67], Aluminiumoxid [46, 59] und Acetylcellulose [1, 78] durchgeführt worden.

Zur weiteren Verbesserung der Trennungen diente die zweidimensionale DC, die BERG und LAM [3] an imprägnierten Schichten und KÖHLER u. Mitarb. [42] an Mischdünnschichten durchführten, während sich PETROWITZ [67, 68] der Mehrfach-Entwicklung bediente. Als Fließmittel eignen sich bei Kieselgel- und Aluminiumoxid-Schichten Hexan, Heptan oder Tetrachlorkohlenstoff, auch mit dem Zusatz kleiner Mengen eines polaren Lösungsmittels sowie die in der Tab. 152 aufgeführten Mischungen.

Die Sichtbarmachung der Substanzen erfolgt entweder durch Betrachten der Schicht im UV-Licht oder durch Sprühreagentien wie z. B. Antimon-(V)-chlorid (Reag.-Nr. 22), Tetracyanoäthylen (Reag.-Nr. 233) oder Formaldehyd-Schwefelsäure (Reag.-Nr. 111).

Wie PETROWITZ [68] in Übereinstimmung mit MATSUSHITA u. Mitarb. [52] zeigen konnte, besteht bei mehrkernigen Aromaten eine lineare Abhängigkeit zwischen den *Rf*-Werten und der Molekülgröße, die durch den log des Molekulargewichtes oder durch die Anzahl der C-Atome im Molekül ausgedrückt werden kann. Diese Abhängigkeit findet sich auch bei den Methylnaphthalinen, wenn die Methyl-C-Atome in die Summe der aromatischen C-Atome einbezogen werden. Ebenso besteht nach Angaben von KUCHARCZYK und FOHL [47] eine linearer Zusammenhang der *Rf*-Werte und der π-Elektronenenergie bei linear und angular kondensierten Kohlenwasserstoffen.

Tabelle 151. h*Rf-Richtwerte mehrkerniger aromatischer Verbindungen*

Verbindung	Kieselgel-Schicht			Aluminiumoxid		
	I	II	III	II*	III*	II**
Inden.................	40	55	84	67	81	67
Naphthalin	36	59	77	63	85	63
1-Methylnaphthalin.........	32	54	74	55	78	64
2-Methylnaphthalin.........	—	50	87	52	85	64
2,3-Dimethylnaphthalin......	28	48	75	39	81	—
2,6-Dimethylnaphthalin......	31	50	72	52	85	—
2,7-Dimethylnaphthalin......	30	53	—	42	80	—
Diphenyl	28	45	74	58	79	59
Acenaphthen	32	44	83	44	70	56
Fluoren..............	24	32	66	35	73	42
Anthracen.............	27	37	65	35	59	—
Phenanthren............	24	33	65	20	66	33
Pyren...............	23	32	64	10	65	26
Fluoranthen............	21	29	66	10	55	—
Chrysen..............	16	0	11	0	0	11

Fließmittel: I Heptan (Kieselgel G, Merck) [67]; II Hexan [46, 59]; III Tetrachlorkohlenstoff [46]. * neutral, ** Aktivität I-II.

Tabelle 152. *R_{St}-Werte mehrkerniger aromatischer Kohlenwasserstoffe* [78]

Verbindung	R_{St}-Werte nach Versuchsbedingung*		
	IV	V	VI
Phenanthren	1,99	3,74	1,13
Anthracen...................	1,99	3,33	1,14
Fluoranthen	1,89	2,92	1,09
Chrysen....................	1,75	—	1,10
Pyren.....................	1,72	3,16	1,25
Triphenylen	1,49	—	1,07
Benz(a)anthracen..............	1,47	2,70	1,03
11 H-Benzo(b)fluoren	1,33	3,54	1,08
Benzo(e)pyren	1,16	2,94	1,04
Perylen	1,14	2,86	0,91
Benzo(k)fluoranthen	1,03	2,40	0,98
Benzo(a)pyren	1,00	1,00	1,00
Anthanthren	0,70	2,17	0,71
Benzo(ghi)perylen	0,69	3,04	0,89
Dibenz(a,h)anthracen	0,66	2,92	0,74
Naphtho(1,2,3,4-def)-chrysen	0,48	1,85	0,78
Benzo(rst)pentaphen............	0,45	2,41	0,68
Coronen	0,37	2,87	0,46
Benzo(a)coronen	0,15	2,48	0,10
Dibenzo(h,rst)pentaphen	0,14	2,35	0,12

*R_{St} = Benzo(a)pyren.
IV Dimethylformamid-Wasser (50 + 50), Cellulose-Schicht;
 V Äthanol-Toluol-Wasser (68 + 16 + 16), acetylierte Cellulose-Schicht;
 VI Pentan-Äther (95 + 5), Aluminiumoxid-Schicht.

Neben den in Tab. 152 aufgeführten Verbindungen trennten Sawicki u. Mitarb. [77] eine Reihe von Aza-Verbindungen, die den mehrkernigen Aromaten in ihrer Struktur gleichen, an Cellulose-Schichten mit den

Fließmitteln Dimethylformamid-Wasser (35 + 65) und Äthanol-Wasser (30 + 70) und an Aluminiumoxid-Schichten mit Pentan-Äther (95 + 5).

IV. Sprengstoffe

Zur Kontrolle des Reaktionsverlaufes und zum Nachweis der bei der Synthese von Hexogen durch Nitrieren von Hexamethylentetramin (Bachmann-Synthese) auftretenden Nebenprodukte setzte erstmals HARTHON [28] die DC ein. Von den in Tab. 153 zusammengestellten Nitraminen wurden je 30 µg in methanolischer Lösung auf Schichten aus Kieselgel G (Fa. 88) aufgetragen. Als Fließmittel diente Petroläther (Kp. 40—60°) - Aceton (62,5 + 37,5). Das Sichtbarmachen der Nitramine erfolgt durch Besprühen mit Fluorescenzindicatorlösung (Reag.-Nr. 107), wobei im UV-Licht dunkle Absorptionsflecke zu erkennen sind. Es erscheint vorteilhafter, sofort Schichten zu verwenden, die einen Fluorescenzindicator enthalten, z. B. Kieselgel GF_{254}. Sehr kleine Mengen (0,5 µg) sind als blauviolette Flecke auf schwach braunem Untergrund nachzuweisen, wenn die Platten zunächst mit Diphenylamin-Lösung (1proz. in Äthanol) besprüht und anschließend mit einem 125 W Quecksilberhochdruckbrenner belichtet werden.

Tabelle 153. hRf-Richtwerte von Nitramin-Explosivstoffen

Nitramin-Sprengstoffe	hRf-Werte
1-Acetyloctahydro-3,5,7-trinitro-1,3,5,7-s-tetrazin	16
Octahydro-1,3,5,7-tetranitro-s-tetrazin (Octogen)	48
3,7-Dinitro-1,3,5,7-tetrazabicyclo- 3,5,1 -nonan	62
Hexahydro-1,3,5-trinitro-s-triazin (Hexogen)	71
2,4,6-Trinitro-2,4,6-triazaheptan-1,7-diolacetat	93
2,4,6,8-Tetranitro-2,4,6,8-tetrazanonan-1,9-diolacetat	93

Schicht: Kieselgel G; Fließmittel: Petroläther-Aceton (20 + 12) [28].

Einige der wichtigsten Explosionsstoffe, die chemisch verschiedenen Verbindungsklassen angehören, trennte HANSSON [27] an Kieselgel G (Fa. 88), das bei 110° C aktiviert worden war. Zunächst wird eine Probe von 0,01 g Sprengstoff in 1 ml Aceton gelöst (ammoniumsalzhaltige Sprengstoffe, die beim Lösen einen Rückstand hinterlassen, werden zweckmäßig mit Wasser ausgeschüttelt, und von dieser Lösung werden 1,5—4 µl aufgetragen. Als Fließmittel eignen sich Benzol, Chloroform oder das Gemisch Petroläther (Kp. 30—50° C)-Aceton (62,5 + 37,5). In den meisten Fällen genügt eine Laufstrecke von 10 cm zur Trennung; die Anwendung der Durchlaufchromatographie mit einer Laufzeit von 2 Std ist lediglich zur endgültigen Trennung von Pikrinsäure (hRf = 49), Dipikrylamin (hRf = 19) und Ammoniumnitrat (hRf = 4) notwendig. Die meist farblosen bis nur schwach gefärbten Substanzflecken lassen sich durch Besprühen mit einer 5proz. Lösung von Diphenylamin in Äthanol und nachfolgende Einwirkung von UV-Licht gut sichtbar machen (Tab. 154).

Tabelle 154. *hRf-Richtwerte verschiedener Sprengstoffe auf Kieselgel G [27]*

Verbindung	hRf-Werte mit			Farbe nach Sprühen mit 5proz. alkohol. Diphenylaminlsg.	
	Benzol	Chloroform	Petroläther-Aceton (50 + 30)	vor	nach
				UV-Belichtung	
Ammoniumnitrat .	0	0	0 (4)	farblos	seegrün
Dipikrylamin . . .	0	0	6 (19)	rotorange	rotorange
Pikrinsäure. . . .	0	0	9 (49)	gelb	gelb
Octogen	4	0	23	farblos	violettschiefer
Hexogen	5	10	39	farblos	violett
DINA	16	42	56	farblos	neutralviolett
Tetryl	26	46	62	gelboliv	gelboliv
Trinitrobenzol . .	40	62	71	braunrot	rotbraun
Penthrit	41	61	74	farblos	grün
Trotyl	48	68	73	orange	orange

Die in Klammer gesetzten Werte wurden nach zweistündiger Durchlauf-Chromatographie ermittelt.

Mit Hilfe zweidimensionaler DC konnte Yasuda [92] sowohl eine Reihe von Verbindungen, die als Verunreinigungen des 2,4,6-Trinitrotoluols auftreten, trennen und nachweisen als auch N-Nitroso- und Nitro-

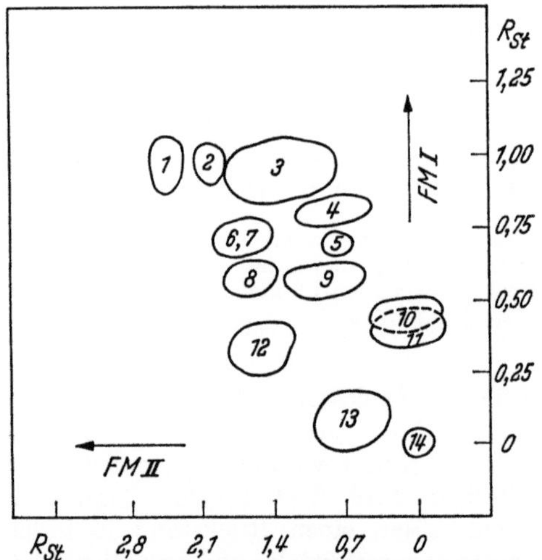

Abb. 187. Zweidimensionale DC von Verunreinigungen des Trinitrotoluols auf Kieselgel G/Zink-Schichten mit den Fließmitteln I = Äthylacetat-Petroläther (15 + 85) und II = 1,2-Dichloräthan-Petroläther (25 + 75)

1 m-Nitrotoluol, *2* 2,5-Dinitrotoluol, *3* 2,4,6-Trinitrotoluol, *4* 1,3,5-Trinitrotoluol, *5* 4,6-Dinitroanthranil, *6* 3,5-Dinitrotoluol, *7* 2,6-Dinitrotoluol, *8* 2,4-Dinitrotoluol, *9* 2,4,5-Trinitrotoluol, *10* 2,4,6-Trinitrobenzaldehyd, *11* 2,4,6-Trinitrobenzylalkohol, *12* 3,4-Dinitrotoluol, *13* 2,3,4-Trinitrotoluol, *14* 2,4,6-Trinitrobenzoesäure. Bezugssubstanz für die R_{St}-Werte: 2,4,6-Trinitrotoluol.

diphenylamine identifizieren, die sich bei der Umsetzung von Diphenylamin, das als Stabilisator für Nitrocellulose dient, mit Nitroxyden (entstanden bei der langsamen Zersetzung von Nitrocellulose) bilden. Alle

Trennungen werden an Zink-Staub enthaltenden Kieselgel G-Schichten durchgeführt.

30 g Kieselgel G und 3 g Zink-Staub werden unter gutem Umrühren in 65 ml dest. Wasser eingetragen. Die beschichteten Platten werden 1—2 Std bei 110° C aktiviert.

Die ermittelten R_{St}-Werte der isomeren Nitro-, Dinitro- und Trinitrotoluole sowie einiger Oxydations- bzw. Reduktions-Produkte des α-Trinitrotoluols (= St) sind auf die letztgenannte Verbindung bezogen. Als Fließmittel für die 1. Laufrichtung diente Äthylacetat-Petroläther (15 + 85), für die 2. Laufrichtung Dichloräthan-Petroläther (25 + 75). Zur Sichtbarmachung der Substanzen wird das Chromatogramm mit dem 4-Diäthylaminobenzaldehyd-Reagens besprüht, wobei gelbe, braune und rote Flecke entstehen (Abb. 187).

Zur Trennung der N-Nitroso- und Nitrodiphenylamine (Abb. 188 u. Kap. P) wird in der 1. Laufrichtung mit Aceton-Benzol-Petroläther (1 + 49,5 + 49,5) und in der 2. Laufrichtung mit Äthylacetat-Petroläther (20 + 80) chromatographiert. Die Sichtbarmachung erfolgt ebenfalls mit 4-Diäthylaminobenzaldehyd (ähnlich Reag.-Nr. 66).

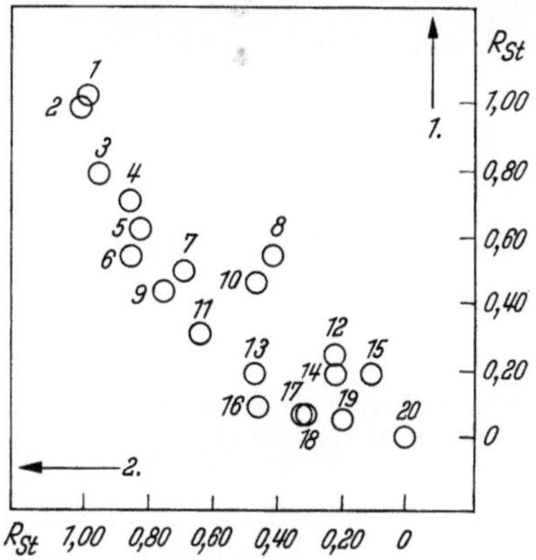

Abb. 188. Zweidimensionale DC von Diphenylamin-Derivaten auf Kieselgel G/Zink-Schichten mit den Fließmitteln I = Aceton-Benzol-Petroläther (1 + 49,5 + 49,5) und II = Äthylacetat-Petroläther (20 + 80). *1* 2-NitroDPA, *2* Diphenylamin (DPA), *3* N-NitrosoDPA, *4* N-Nitroso-4-nitroDPA, *5* 2,4-DinirtoDPA, *6* 2,4,6-TrinitroDPA, *7* 2,4-DinitroDPA, *8* 2,2-DinitroDPA, *9* N-Nitroso-4,4-DinitroDPA, *10* N-Nitroso-2-nitroDPA, *11* 4-NitroDPA, *12* N-Nitroso-2,4-dinitroDPA, *13* 2,4,4-TrinitroDPA, *14* 2,2,4-TrinitroDPA, *15* N-Nitroso-2,2-dinitroDPA, *16* 4-NitrosoDPA, *17* 2,2,4,4-TetranitroDPA, *18* 2,2,4,4,6-PentanitroDPA, *19* 4,4-DinitroDPA, *20* 2,2,4,4,6,6-HexanitroDPA

Zur *Analyse* von Sprengstoffen werden Proben von 0,4 g mit 25 ml Methylenchlorid 2 Std bei Zimmertemperatur extrahiert, filtriert, erneut 1,5 Std mit Methylenchlorid extrahiert, und die vereinigten Extrakte werden im Vakuum abgedampft, in 0,2 ml Aceton aufgenommen und aufgesetzt.

Mischungen der Salpetersäure-Ester von Glykol, Glycerin, Diäthylenglykol und Diglycerin lassen sich an Kieselgel G mit Benzol-Petroläther (50 + 50) trennen [*71*].

Die dc Analyse der Hydrolyse-Produkte von Pentaerythrit-tetranitrat, das als Sprengstoff Bedeutung besitzt, aber auch für die metallverarbeitende Industrie und wegen seiner krampflösenden Wirkung für die Medizin von Interesse ist, führten Dicarlo u. Mitarb. [*18*] mit C^{14}-markierten Verbindungen an Kieselgel G-Schichten durch. Zur vollständigen Auftrennung des Reaktions-Gemisches ist es notwendig, mit zwei Fließmitteln zu arbeiten: I. Toluol-Äthylacetat (50 + 50) und II. Äthylacetat, wassergesättigt. Pentaerythrit (PE) bleibt mit beiden am Startpunkt zurück; es besitzt beim Chromatographieren mit Äthanol-Chloroform (50 + 50) (III) einen hRf-Wert von 18. Die Tab. 155 enthält die mit den genannten Fließmitteln ermittelten hRf-Richtwerte.

Tabelle 155. *hRf-Richtwerte der Hydrolyse-Produkte von Pentaerythrit-tetranitrat an Kieselgel G* (Fließmittel s. Text) [*18*]

Verbindung	hRf-Werte mit		
	I	II	III
PE	0	0	18
PE-mononitrat	5	37	61
PE-dinitrat	20	69	74
PE-trinitrat	50	80	79
PE-tetranitrat	70	84	79

V. Industriehilfsstoffe

Im folgenden Abschnitt wird über die DC verschiedener, industriell bedeutsamer Hilfsstoffe berichtet, wobei sich besonders die vielseitige Anwendbarkeit des Verfahrens zeigt.

1. Inhibitoren und Antioxydantien

Um die Alterung von Isolierölen, die z. B. in Hochspannungstransformatoren und Meßwandlern enthalten sind, zu verzögern, setzt man

Tabelle 156. *hRf-Richtwerte und Farbreaktionen einiger handelsüblicher Inhibitoren auf Kieselgel G mit Benzol* [*72, 72a*]

Nr.	Chemische Bezeichnung der Inhibitoren	hRf-Richtwerte	Farbreaktion mit Antimon-V-chlorid bei 120° C
1	2,6-Di-tert.-butyl-4-methylphenol	81 (36)	violett
2	2,6-Di-tert.-butylphenol	79 (33)	gelb
3	4,4'-Bis(2,6-di-tert.-butylphenol)........	79 (11)	kanariengelb
4	4,4'-Methylenbis-(2,6-di-tert.-butylphenol)...	78 (10)	rot
5	Dodecyl-o-kresol................	71 (7)	dunkelgelb
6	o-tert.-Butylphenol	65	ockergelb
7	N-Phenyl-2-naphthylamin	63	braun
8	Dodecyl-phenol	56	braunrot
9	Diphenyl-pikryl-hydrazyl...........	55	hellgelb
10	4,4'-Thiobis(6-tert.-butyl-o-kresol)	47	gelb
11	N,N'-Diphenyl-p-phenylendiamin	46	rot
12	4,4'-Methylen-bis-(6-tert.-butyl-o-kresol) ...	46	weinrot
13	2,6-Di-tert.-butyl-1-methoxy-p-kresol	41	rot
14	2-tert.-Butyl-4-hydroxyanisol	28	gelbbraun
15	2,4,6-Tri-tert.-butylphenol	13	braun
16	2,6-Di-tert.-1-dimethyl-amino-p-kresol	0	gelb
17	4,4'-Isopropyliden-diphenol	0	bräunlich

diesen Inhibitoren zu. Wegen ihrer Empfindlichkeit und unkomplizierten Handhabung ist die DC besonders gut für die Nachweise solcher Inhibitoren geeignet. Die Isolieröle selbst bestehen aus Erdölfraktionen und lassen sich dc in Paraffine, Naphthene und Aromaten auftrennen. REY [72, 72a] benutzt zur Analyse eine Anzahl im Handel befindlicher Inhibitoren, Kieselgel-Schichten und als Fließmittel Benzol und Hexan (vgl. Tab. 156). Unterzieht man Isolieröle Stabilitätsprüfungen, so gestattet die Arbeitstechnik, das Verhalten der Inhibitoren ohne vorherige Abtrennung des Isolieröles zu verfolgen.

Einige der als Inhibitoren verwendeten Substanzen gleicher oder ähnlicher Struktur sind als Antioxydantien in Polyäthylen enthalten (z. B. Nr. 2, 7, 10 und 11) und wurden mit Hilfe der DC an Kieselgel mit Petroläther-Äthylacetat (90 + 10) getrennt, nachdem sie mit Äther aus Polyäthylenproben extrahiert worden waren [33]. Zum Nachweis diente 2,6-Dichlorchinonchlorimid oder Diazonium Reagens.

2. Detergentien

Unter der Vielzahl der als Detergentien verwendeten Stoffe nehmen die Alkylsulfate und -sulfonate sowie die Alkylphosphate und die Alkylphosphonate einen bedeutenden Platz ein. Die dc Trennung dieser Verbindungen führten MANGOLD und KAMMERECK [51] an Schichten aus Kieselgel G durch, die einen Zusatz von 10 % Ammoniumsulfat enthielten. Das Auftragen der Suspension auf die Trägerplatten muß schnell erfolgen. Diese Schichten eigneten sich ebenfalls für die Analyse von Ölsäureestern der Hydroxysulfonsäure und N-acylierten kurzkettigen Aminosäuren. Mischungen aus chloroform-schwefelsäurehaltigem (5 % 0,1 N H_2SO_4) Methanol (97 + 3) und (80 + 20) dienten als Fließmittel. Zum Sichtbarmachen der ungesättigten Verbindungen ist Joddampf oder Chromschwefelsäure (Reag.-Nr. 52) geeignet. Weiterhin besteht die Möglichkeit, gesättigte und ungesättigte Lipide zunächst mit 2',7'-Dichlorfluorescein (Reag.-Nr. 60) zu besprühen und dann im UV-Licht nachzuweisen.

Als brauchbar erwies sich die DC bei der Analyse von Polyäthylenoxidverbindungen. Je nach der Menge der zur Reaktion eingesetzten Äthylenoxide entstehen niedrig-, mittel- und hochoxäthylierte Verbindungen. BÜRGER [10] bestimmt den Oxäthylierungsgrad und die Molgewichtsverteilung in Polyäthylenoxidkondensaten mit Fettsäuren, Fettalkoholen und Alkylphenolen an Kieselgel (Abb. 189) mit der sich oben abscheidenden Phase einer gut durchgeschüttelten Mischung von Äthylmethylketon-Wasser (50 + 50). Oxäthylierte Fettamine lassen sich mit der oberen Phase der Mischung Äthylmethylketon-2,5proz. Ammoniak (50 + 50) chromatographieren. Das Sichtbarmachen der getrennten Homologen erfolgt durch Besprühen mit modifiziertem Dragendorff-Reagens (Reag.-Nr. 86). Mit zunehmendem Äthylenoxidanteil fallen die Rf-Werte.

Die Bestimmung von freien Polyäthylenglykolen in oberflächenaktiven, nichtionogenen Äthylenoxid-Addukten führte OBRUBA [58] durch.

Zunächst wurde eine chromatographische Trennung an losen Silicagel-Schichten vorgenommen, der sich die Spaltung der abgetrennten Poly-äthylenglykole mit Jodwasserstoffsäure und die maßanalytische Bestimmung des hierbei frei gewordenen Jods anschloß. Als Fließmittel diente die obere Phase des Gemisches Äther-Methanol-konz. Ammoniak (67 + 22 + 11).

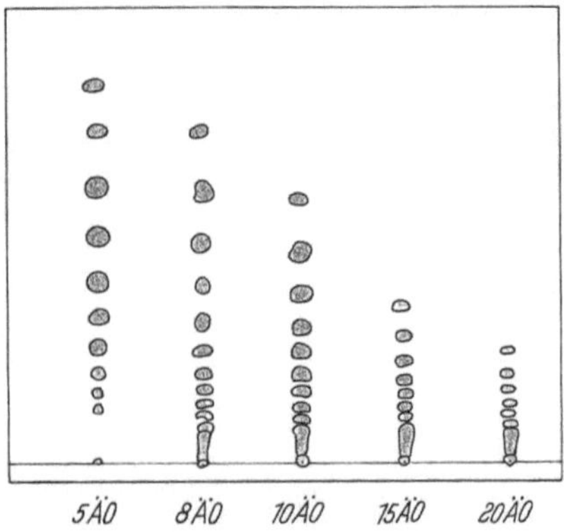

Abb. 189. Dünnschichtchromatogramm der Oxäthylate mit Phenol und einer verschiedenen Anzahl Äthylenoxid(ÄO)-Moleküle Schicht: Kieselgel G; Fließmittel: siehe Text [10]

3. Optische Aufheller

Die DC optischer Aufheller, die sich von 4,4′-Diaminostilben-2,2′-disulfosäure ableiten, wurde von Theidel beschrieben [86]. Es gelang an Schichten aus Polyamid mit dem Fließmittel Methanol-Ammoniak-Wasser (66 + 27 + 7) eine Trennung der cis-trans-Isomeren, wobei überraschenderweise die cis-Verbindung vor der trans-Verbindung wanderte. Bei dc Versuchen, die Latinák [50] an Kieselgur mit den Fließmitteln n-Propanol-5proz. Natriumbicarbonatlösung (66 + 33), n-Butanol-Pyridin-Wasser (33 + 33 + 33), n-Butanol-Pyridin-23 proz. Ammoniak (33 + 33 + 33) und Amylalkohol-Pyridin-25proz. Ammoniak (33 + 33 + 33) durchführte, wanderte dagegen das trans-Derivat vor dem cis-Derivat. Der Nachweis der Verbindungen erfolgt durch Betrachten im UV-Licht.

4. Holzschutzmittel

Neben dem altbewährten Steinkohlenteeröl sind in neuer Zeit eine Anzahl öliger Holzschutzmittel im Handel, die als Zusatz insecticide und fungicide Wirkstoffe enthalten. Ihr Nachweis ist besonders für die Prüfung von Holzschutzarbeiten oder die Beurteilung der Wirkungsdauer wichtig und stellt an die Empfindlichkeit des Analysenverfahrens hohe Anforderungen. Dabei bewährte sich die DC, die in diesem Zusammenhang in die DIN-Vorschriften aufgenommen werden soll [19]. Zu den wichtigsten Wirkstoffen in öligen Holzschutzmitteln zählen α-Monochlornaphthalin, γ-Hexachlorcyclohexan (HCH), E 605, chlorierte Phenole sowie auch DDT und Aldrin. Die Chromatographie wird an neutralen oder bei Anwesenheit von phenolischen Komponenten besser an sauren Schichten aus Kieselgel durchgeführt. PETROWITZ [65, 66] bevorzugt als Fließmittel Petroläther oder Heptan zur Trennung der HCH-Isomeren von anderen Wirkstoffen in einem Analysengang. DETERS [17] verwendete als Fließmittel Chloroform und Benzol, womit Pentachlorphenol von γ-HCH und Monochlornaphthalin getrennt werden konnte.

Die Empfindlichkeit des Nachweises der Wirkstoffe vor allem in Holzextrakten wird durch Begleitstoffe beeinträchtigt, so daß sich als Nachweisgrenze für γ-HCH 5 μg, Monochlornaphthalin 2 μg und Pentachlorphenol 5 μg ergibt. Wie Versuche von PETROWITZ gezeigt haben, läßt sich die Empfindlichkeit auch nicht durch neuartige Fluorescenz-Farbstoffe, die der Schicht zugesetzt werden, steigern[4]. Das Sichtbarmachen der einzelnen Substanzen kann nach den in Abschnitt IV, S. 77 aufgeführten Verfahren erfolgen.

5. Photochemikalien

Über die Anwendung der DC bei der Untersuchung der zahlreichen in der Photochemie benötigten Chemikalien sind bisher wenige Einzelheiten veröffentlicht worden, obgleich in der Industrie entsprechendes Erfahrungsmaterial vorliegt. Ohne nähere Angaben der Versuchsbedingungen sind in der Arbeit von EGGERS [22] Abbildungen von Trennungen der isomeren Aminophenole und N-Methyl-p-aminophenol sowie einiger Naphthylamin-(1)-mono- und -disulfosäuren an Kieselgel G-Schichten enthalten. Ebenfalls an Kieselgel G trennten PASTUSKA und PETROWITZ [61] mit den Fließmitteln Benzol-Methanol (80 + 20) o-Aminophenol (hRf = 50), m-Aminophenol (47) und p-Aminophenol (41); Metol (N-Monomethylaminophenol) und Amidol (2,4-Diaminophenol) bleiben am Startpunkt zurück. Zum Sichtbarmachen der getrennten Verbindungen diente eine Lösung von 1 g 4-Dimethylaminobenzaldehyd in einem Gemisch aus 30 ml Äthanol, 3 ml Salzsäure (D 1,19) und 180 ml n-Butanol.

6. Spezielle Mineralölanalysen

Die Analyse von Mineralölen erfolgt vornehmlich mit Hilfe der Gas-Chromatographie. Daneben gibt es aber einige wichtige Beispiele für die Anwendung der DC zum Nachweis von Mineralölspuren.

CRUMP [13] konnte bei der Analyse eßbarer Öle, die mit mineralölhaltigen Schmierstoffen verunreinigt oder verfälscht waren, auf dc Wege zwischen öligen synthetischen Estern, Glyceriden und Mineralölen unterscheiden. Die Schichten wurden aus Kieselgel G bereitet, und als Fließmittel diente Chloroform-Benzol (70 + 30). Die Öle lassen sich im UV-Licht oder durch Besprühen mit konz. Schwefelsäure und anschließendes Erhitzen auf 120° C sichtbar machen [14].

Bei Untersuchungen von Grundwasser-führenden Bodenschichten, die für die Trinkwasserversorgung genutzt werden, setzte KRIEGER [45] die

---

[4] z. B. 3-Hydroxypyren-5,8,10-trisulfonsaures Natrium.

DC ein. Es gelang, damit Mineralölspuren nachzuweisen, die z. B. durch schadhafte Lagerbehälter in den Boden eindrangen. Unter Anwendung einer Zirkulartechnik konnten an Kieselgel-Schichten mit einer konstanten Menge Hexan als Fließmittel in Extrakten von Bodenproben noch 50 µg Mineral-, Heiz- oder Teeröl nachgewiesen werden. Zum Sichtbarmachen der Mineralöle werden die Chromatogramme zunächst mit 0,03proz. Fluorescein-Lösung (Reag.-Nr. 102) besprüht und dann im langwelligen UV-Licht betrachtet.

VI. Zwischenprodukte organischer Synthesen

Besonders für den organisch-präparativ arbeitenden Chemiker ist die DC zu einem wertvollen und unentbehrlichen Hilfsmittel geworden, um beispielsweise den Ablauf von Reaktionen zu kontrollieren oder die Zusammensetzung und Reinheit von Reaktionsprodukten zu prüfen. Sehr schnell können die bei einer über mehrere Stufen verlaufenden Synthese stattfindenden Umsetzungen verfolgt werden, weil die einzelnen Reaktionsschritte meist eine Änderung der Polarität zur Folge haben. Bekanntlich wird das chromatographische Verhalten bestimmt durch Anzahl und Lage von Mehrfachbindungen, durch das Vorhandensein funktioneller Gruppen und deren Polarität, durch Heteroatome in Ringstrukturen, Wasserstoffbrücken und sterische Verhältnisse im Molekül, um nur einige Faktoren zu nennen. Aus diesem Grunde lassen sich an auf dc Wege gewonnenen Ergebnissen konstitutionelle Betrachtungen anknüpfen. Im Rahmen eines Laboratoriumshandbuches konnten nur solche Arbeiten berücksichtigt werden, die von allgemeinem Interesse sind.

Bei Untersuchungen über die Einwirkung von Bleitetraacetat auf *Bromphenole* setzten Wessely u. Mitarb. [*90*] die DC in präp. Maßstab anstelle einer fraktionierten Destillation zur Isolierung des dabei entstehenden Chinolacetates ein. Es wurde mit Benzol an Kieselgel G-Schichten chromatographiert und mit diazotierter Sulfanilsäure oder 1proz. Lösung von 4-Dimethylaminobenzaldehyd (Reag.-Nr. 66) gesprüht.

Takacs [*85*] trennte die bei der Bleitetraacetat-Oxydation von *Phenolen* mit ortho-ständiger Isopropyl-, sec. Butyl- oder tert. Butyl-Gruppe entstehenden o- und p-Benzochinolacetate und o-Chinondiacetat. An Kieselgel G erfolgte die Trennung und Reinigung der ortho-Derivate. Zum spezifischen Nachweis diente eine 1proz. Lösung von 4-Dimethylaminobenzaldehyd in konz. H_2SO_4, wobei sofort nach dem Sprühen o-Chinondiacetat reagiert, während die Benzochinolacetate erst nach Erwärmen die in beiden Fällen graubraunen bis gelben Flecken bilden. Weiterhin konnte z. B. das bei der Oxidation von 2,4-Dimethylphenol entstehende Reaktionsgemisch an formamidimprägnierten MN-Cellulosepulver 300 G-Schichten mit Petroläther (Kp 60—80° C) getrennt werden: o-Chinondiacetat, hRf = 63; p-Benzochinolacetat, hRf = 52; o-Benzochinolacetat, hRf = 45.

Durch Ringerweiterung lassen sich aus Benzochinolacetaten *Tropone* synthetisieren, die von Zbiral u. Mitarb. [*94*] an fluorescierenden Kieselgel G-Schichten nachgewiesen und gereinigt wurden. Als Fließmittel sind die Mischungen Chloroform-Methanol (95 + 5) oder Benzol-Essigester (50 + 50) geeignet. Neben der Fluorescenz-Löschung kann auch 0,5proz. Jod-Chloroform-Lösung als Sprühmittel zum Sichtbarmachen der Verbindungen benutzt werden.

Wie STAHL schon 1958 zeigte, ist die DC ein wertvolles Hilfsmittel bei der Untersuchung peroxydischer Zwischenstufen und synthetisierter *Peroxyde*. RIECHE u. Mitarb. [73, 74] verwendeten zur Chromatographie Kieselgel G-Schichten und als Fließmittel Benzol-Aceton (50 + 50). Die getrennten Hydro-Peroxyde und leicht hydrolysierbaren Peroxyde lassen sich durch Besprühen mit einer essigsauren wäßrigen Kaliumjodid-Lösung (Reag.-Nr. 139) sichtbar machen. Dialkylperoxyde und schwer hydrolysierbare Peroxyde können erst durch anschließendes Besprühen mit konz. Salzsäure sichtbar gemacht werden.

Wie NEALEY [55] zeigen konnte, lassen sich durch Mehrfach-Entwicklung die *Polyphenyläther* an Kieselgel G mit dem Fließmittel Cyclohexan-Benzol (95 + 5) trennen. Während m-Phenoxyphenol am Startpunkt zurückbleibt, wandern die übrigen Verbindungen in der Reihenfolge m-Diphenoxybenzol, Bis-(m-phenoxyphenyl)-äther und m-Bis-(m-phenoxyphenoxy-)benzol; d. h. mit wachsender Molekülgröße verkleinern sich die Wanderungsstrecken.

Zahlreiche *Phosphorsäureester* wurden dc von KLEMENT und WILD [37] untersucht, um ihre Identifizierung in Ausgangs- und Endprodukten von Reaktionsgemischen zu sichern. Auch unpolare Phosphorverbindun-

Tabelle 157. *hRf-Richtwerte von Phosphorsäureestern auf Kieselgel G-Schichten mit verschiedenen Fließmitteln* (s. S. 648)

Verbindung	hRf	Fließ-mittel	Verbindung	hRf	Fließ-mittel
$OP(OC_2H_5)_3$	94	I	$P(OC_6H_5)_3$	61	IV
	94	V		77	III
$OP(OC_4H_9)_3$	93	I		81	II
$OP(OC_6H_{11})_3$	83	I	$P_2ON(OC_6H_5)_5$	95	I
$OP(OC_2H_5)_2(NH_2)$	40	I	$P_2S_5(OC_2H_5)_4$	87	II
$OP(OC_6H_5)_3$	61	I	Triäthylester der Tri-	80	II
	95	VI	äthyl-trimetaphos-		
	94	V	phinsäure		
	85	VII	C_6H_5OH*	44	III
$OP(OC_6H_5)_2(NH_2)$	40	I		73	I
$OP(OC_6H_5)(NH_2)_2$	19	I	$OP(OC_2H_5)_2ONH_4$	59	VIII
$SP(OC_2H_5)_3$	50	I		56	VI
$SP(OC_6H_5)_3$	80	I		45	V
	91	III	$OP(OC_4H_9)_2ONH_4$	64	VIII
$SP(OC_6H_5)_2(NH_2)$	36	I	$OP(OC_6H_5)_2ONH_4$	76	VI
$SP(OC_6H_5)(NH_2)_2$	21	I		81	V
$SeP(OC_6H_5)_3$	86	II		67	VII
$P(OCH_3)_3$	15	II	$OP(OC_6H_{11})_2ONH_4$	46	I
$P(OC_2H_5)_3$	67	II	$SP(OCH_3)_2ONH_4$	41	VIII
	42	I	$OP(NH_2)_3$	0	I
			$SP(NH_2)_3$	0	I

* Phenol gibt mit Molybdat einen braunen Fleck.

gen konnten gut getrennt werden. Schichten aus Kieselgel G dienten zur Trennung der aliphatischen und aromatischen Ester verschiedener Phosphorsäuren, Amidophosphorsäuren und Ammoniumsalzen von Dialkylphosphorsäure. Als Fließmittel eigneten sich folgende Gemische:

I: Hexan-Benzol-Methanol (50 + 25 + 25),
II: Benzol-Chloroform-Methanol (50 + 25 + 25),
III: Benzol-Hexan (50 + 50),
IV: Hexan-Chloroform (50 + 50),
V: Dimethylformamid-Äthanol (66,5 + 33,5),
VI: Methylenchlorid-Methanol (50 + 50),
VII: Benzol-Eisessig-Äthanol (40 + 40 + 20),
VIII: n-Butanol-Eisessig (80 + 20).

Zum Nachweis werden die Chromatogramme mit Ammoniummolybdat-Perchlorsäure-Reagens (Nr. 9) besprüht.

Tab. 157 enthält die hR_f-Werte der einzelnen Verbindungen, die mit den verschiedenen Fließmitteln ermittelt werden konnten.

Ebenfalls an Kieselgel G lassen sich Alkyl-, Aryl- und Steroid-*Schwefelsäureester* trennen. Wusteman u. Mitarb. [91] benutzten zur Chromatographie die Fließmittel:

I: Benzol-Methyläthylketon-Äthanol-Wasser (30 + 30 + 30 + 10),
II: 2-Propanol-Chloroform-Methanol-Wasser (37 + 37 + 19 + 7),
III: 2-Propanol-Chloroform-Methanol-10 N Ammoniak (37 + 37 + 19 + 7) und
IV: 1-Butanol-Essigsäure-Wasser (60 + 20 + 20).

Während mit dem Fließmittel IV Hydroxyaminosäuren, ihre Schwefelsäureester und weiter L-Tyrosin und entsprechende p-Hydroxyphenyl-Derivate einschließlich deren Ester chromatographiert wurden, diente Fließmittel II zur Trennung der Estersulfate aliphatischer Alkohole. Fließmittel III ist für Steroid-Ester-Analysen ebenso geeignet wie Fließmittel I. In Tab. 158 sind die hR_f-Werte der mit den Fließmitteln I und II getrennten Schwefelsäureester substituierter Phenole enthalten.

Tabelle 158. *hR_f-Richtwerte von Schwefelsäureestern substituierter Phenole auf Kieselgel G* [91]

Schwefelsäureester von	hR_f		Schwefelsäureester von	hR_f	
	I*	II*		I*	II*
Phenol	46	45	4-Methoxyphenol	45	44
2-Chlorphenol	48	47	4-Hydroxy-3-nitrophenol	46	48
3-Chlorphenol	50	49	4-Hydroxy-2-nitrophenol	60	53
4-Chlorphenol	50	48	2-Hydroxy-5-nitrophenol	51	41
2-Methylphenol	47	47	2,3-Dichlorphenol	54	53
3-Methylphenol	47	51	2,4-Dichlorphenol	54	53
4-Methylphenol	47	49	3-Nitrophenol	53	50
2-Methoxyphenol	40	41	4-Nitrophenol	57	52
3-Methoxyphenol	45	46	2-Hydroxy-4-chlorphenol	56	47

* Fließmittel I u. II s. Text.

Zum Nachweis dienten die für die einzelnen Verbindungsgruppen gebräuchlichen Sprühreagentien.

Die bei der thermischen Reaktion von *Thiocarbonsäureestern* durch intermolekulare Umlagerung entstehenden Produkte identifizierten Dénes u. Mitarb. [*16*]. Sie konnten so den Mechanismus des Reaktionsablaufes klären. Für die losen Schichten wurde Aluminiumoxid (Aktivität III nach Brockmann) und als Fließmittel Chloroform-Tetrachlorkohlenstoff-Diäthyläther (30 + 30 + 40) verwendet.

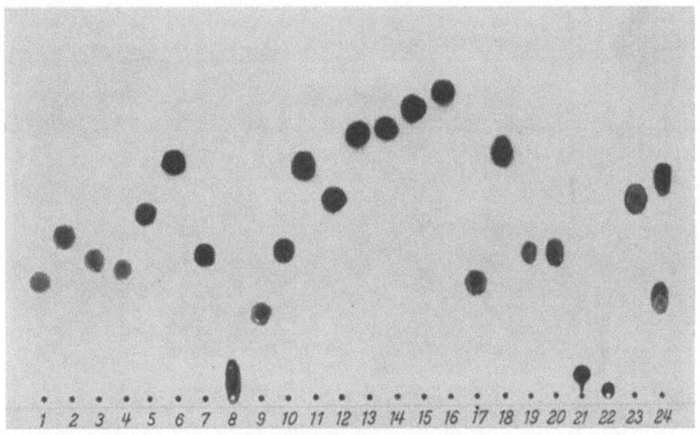

Abb. 190. DC von Benzalderivaten unsymmetrischer Hydrazine auf Kieselgel mit Tetrachlorkohlenstoff-Äthylacetat (95 + 5) [*57*]

1 Methyläthylhydrazin, *2* Methyl-n-butylhydrazin, *3* Methylbenzylhydrazin, *4* Methylallylhydrazin, *5* Methyl-n-pentylhydrazin, *6* Äthyl-n-heptylhydrazin, *7* Äthylphenylhydrazin, *8* 5-Nitro-2-hydroxy-benzaldehyd, *9* Dimethylhydrazin, *10* Diäthyl-, *11* Di-n-propyl-, *12* Diisopropyl-, *13* Di-n-butyl-hydrazin, *14* Diisobutylhydrazin, *15* Di-n-pentylhydrazin, *16* Di-n-hexylhydrazin, *17* Methylphenylhydrazin, *18* Diphenylhydrazin, *19* 1-Amino-pyrollidin, *20* 1-Amino-piperidin, *21* 4-Amino-morpholin, *22* 4-Amino-1-methyl-piperazin, *23* Diallylhydrazin, *24* Testgemisch.

Mit der DC von 5-Nitro-2-hydroxybenzalhydrazinen befaßten sich Neurath u. Mitarb. [*57*]. Sie zeigten damit einen Weg zur Identifizierung von *Nitrosaminen* und den sich von ihnen ableitenden, durch Reduktion mit Lithiumalanat gewonnenen unsymmetrischen *Dialkylhydrazinen.* Abb. 190 zeigt die Lage der Substanzflecken nach der DC an Kieselgel G mit dem Fließmittel Tetrachlorkohlenstoff-Äthylacetat (95 + 5). Nach dem Besprühen mit äthanolischer 3proz. Kaliumhydroxyd-Lösung vertieft sich die Farbe der Flecken zu gelbbraun. Besonders empfindlich aber unspezifisch ist der Nachweis durch Besprühen mit einer 1proz. Kaliumhexacyanoferrat (III)-Lösung in 5proz. wäßriger Salzsäure und anschließender Erwärmung. Noch 0,05 µg lassen sich so erfassen (blaue Flecken). Wertvolle Dienste leisten chromatographische Trennverfahren bei der Analyse von Isomerengemischen, die sonst teilweise nur durch langwierige Operationen oder gar nicht möglich war. So können auch mit

Hilfe der DC z. B. isomere Dibromdecaline [*35*], die isomeren Trithiofluorobenzaldehyde [*11*], diastereomere Diole [*24*] oder Cyclan- und Threo-Erythro-Isomerenpaare [*53*] getrennt werden. Einige isomere Oxime konnten Hranisavljević-Jakovljević u. Mitarb. [*29, 62*] an Schichten aus Kieselgel G mit Benzol-Äthylacetat (83 + 17) trennen. In Tab. 159 sind die hRf-Werte der α- und β-Form zusammengestellt. Als Sprühreagens ist besonders eine 0,5proz. wäßrige Kupferchlorid-Lösung geeignet.

Tabelle 159. *hRf-Richtwerte der isomeren Oxime auf Kieselgel G mit Benzol-Äthylacetat (83 + 17) [29, 62]*

Oxim	hRf-Werte der	
	α-Form	β-Form
Benzaldoxim	50	32
Benzoin-Oxim	15	37
Anisoin-Oxim	5	23
p-Tolualdoxim	54	33
p-Anisaldoxim	42	27
p-Cuminaldoxim	54	37
o-Nitrobenzaldoxim	47	40
m-Nitrobenzaldoxim	52	35
p-Nitrobenzaldoxim	53	34

Die DC zahlreicher heterocyclischer Verbindungen ist eingehend beschrieben worden, wobei vornehmlich Kieselgel G-Schichten Verwendung fanden.

Curtis u. Phillips [*15*] benutzten zur Trennung von *Thiophen-Derivaten* außerdem auch Aluminiumoxid G und erhielten mit dem Fließmittel Petroläther (Kp 40—60° C) die in der Tab. 160 wiedergegebenen hRf-Werte.

Tabelle 160. *hRf-Richtwerte von Thiophen-Derivaten auf Aluminiumoxid G mit Petroläther (Kp 40—60° C)* [15]*

Verbindung	hRf	Verbindung	hRf
2-Methylthiophen	76	Bithienyl	80
3-Methylthiophen	82	α-Terthienyl	57
2-Äthylthiophen	92	α-Quaterthienyl	26
2,5-Dimethylthiophen	95	5,5'-Dichlorbithienyl	89
2,3,5-Trimethylthiophen	87	5,5'-Dimethylbithienyl	76
2,3-Dimethyl-4-äthylthiophen	84	α-Phenyl-α-bithienyl	50
Tetramethylthiophen	89	5,5'-Diphenylbithienyl	16
Methyl-3-thienylsulfid	92	5,5''-Dimethylterthienyl	48
n-Decyl-3-thienylsulfid	96		

* Die Chromatographie der flüchtigen Verbindungen erfolgte bei 4° C.

Alle Verbindungen der Tab. 161 wurden dagegen an Kieselgel G-Schichten erhalten. Zum Nachweis eignet sich das Betrachten im UV-Licht und das Besprühen mit einer Lösung von 0,4% Isatin in konz. Schwefelsäure (Reag.-Nr. 124).

Tabelle 161. h*Rf*-Richtwerte von Thiophen-Derivaten auf Kieselgel G mit I: Benzol-Chloroform (90 + 10) und II: Methanol [15]

Verbindung	h*Rf*/I	Verbindung	h*Rf*/II
Thiophenaldehyd	34	Thiophensäure	65
2-Nitrothiophen	61	β-(α-Thienyl)-acrylsäure. . . .	57
2-Benzoylthiophen	39	4-(α-Thienyl)-buttersäure . . .	60
2-Acetylthiophen	25	Bithienyl-5-carbonsäure. . . .	63
		2,2'-Bithienyl-methylamin-HCl.	35

Zahlreiche *Schwefelheterocyclen* vom Typ der Trithione (I) (1,2-Dithiolthione-(3)), der Dithione (II) (1,2-Dithiol-one-(3)), deren Anile (III), der 1,2-Thiazolinthione-(5) IV und Xanthanwasserstoff (V) untersuchten MAYER u. Mitarb. [54] mit Hilfe der DC an Kieselgel G.

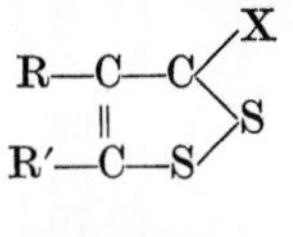

I: X=S
II: X=O
II: X=N—C$_6$H$_5$

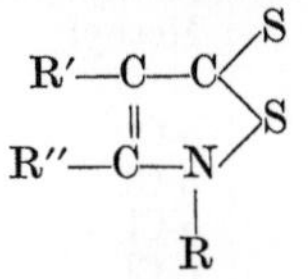

IV

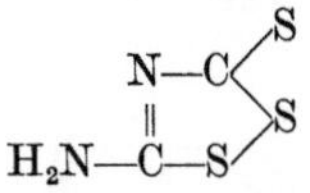

V

Als Fließmittel eignet sich Petroläther-Benzol (50 + 50) oder Schwefelkohlenstoff.

Stärker polare Verbindungen lassen sich besser mit Benzol-Essigester (75 + 25) chromatographieren und Heterocyclen mit OH- und COOH-Gruppen werden mit Aceton getrennt. Da die Verbindungen farbig sind, lassen sie sich nach erfolgter Trennung gut auf der Platte erkennen. Zusätzlich können die Verbindungen der Gruppen I, II und IV mit Tetracyanoäthylen angefärbt werden. Wie die ermittelten *Rf*-Werte erkennen lassen, erniedrigen polare Gruppierungen stark das Adsorptionsvermögen.

RUNGE u. Mitarb. [76] stellten eine Reihe von unsymmetrischen heterocyclischen *Disulfiden* her; bei der DC ergaben sich Zusammenhänge zwischen der Konstitution und den *Rf*-Werten. Es wurde mit Chloroform-Hexan (30 + 70) an Kieselgel G chromatographiert (Tab. 162). Die Sichtbarmachung erfolgte durch Besprühen mit Fluorescein-Lösung (0,1 % wäßrig-alkoholisch) und nachfolgender Einwirkung von Bromdämpfen (Reag.-Nr. 104). Die Disulfide des Thiazols sind als gelbe Flecken auf rötlichem Grund zu erkennen. Die *Rf*-Werte zeigen ein Ansteigen mit zunehmendem Atomgewicht der Halogensubstituenten. Die am Thiazolring phenylsubstituierten Verbindungen werden schwächer als die alkylsubstituierten adsorbiert.

Mit der DC von *Lactonen*, *Lactamen* und *Thiol-lactonen* befaßten sich KORTE und VOGEL [44]. Sie konnten eine große Zahl der zu diesen Gruppen gehörenden Substanzen an Kieselgel G mit Diisopropyläther, Diisopropyläther-Essigester (80 + 20), Diisopropyläther-Isooctan (20 + 80) und Diisopropyläther-Isooctan (60 + 40) trennen.

Die Lactame lassen sich am besten mit Dragendorff-Reagens nachweisen. Thiol-lactone werden zunächst mit Alkali behandelt und die dabei

Tabelle 162. *h Rf-Richtwerte unsymmetrischer heterocyclischer Disulfide auf Kieselgel G mit Chloroform-Hexan (30 + 70) [76]*

Grundkörper	Substituenten R	R'	h Rf-Werte
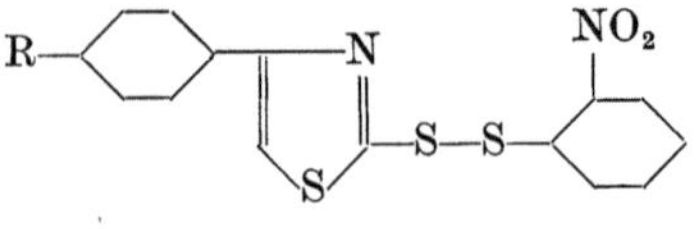 *(Struktur)*	H	—	34
	F	—	38
	Cl	—	42
	Br	—	54
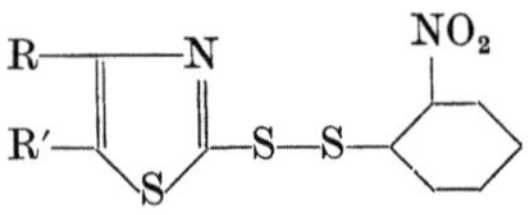 *(Struktur)*	Phenyl	H	34
	2'-Thienyl	H	31
	Phenyl	Phenyl	32
	Methyl	H	17
	Methyl	Methyl	8
	Methyl	Carbäthoxy	7
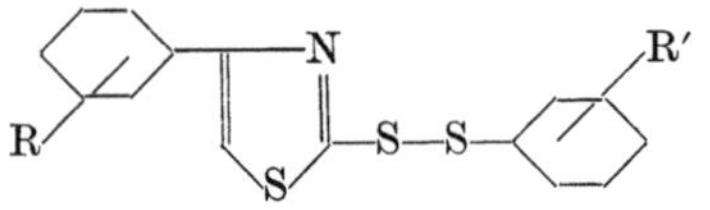 *(Struktur)*	o-Cl	o-Cl	95
	p-Cl	o-Cl	93
	o-Cl	p-Cl	70
	p-Cl	p-Cl	60
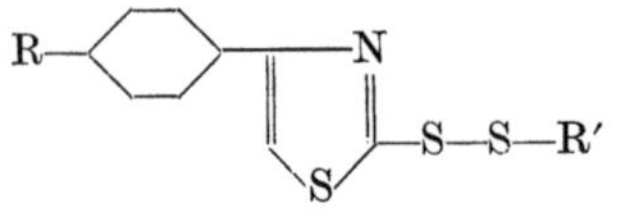 *(Struktur)*	H	2-Nitrophenyl	34
		2,4-Dinitrophenyl	15
	H	2-Nitro-4-chlorphenyl	40
	H	2-Chlorphenyl	52
	H	4-Chlorphenyl	52
	H	4-Methylphenyl	70
	H	Trichlormethyl	75
	Br	Trichlormethyl	67

entstehende SH-Gruppe mit Nitroprussidnatrium (2% in 75proz. Äthanol) angefärbt.

Heterocyclische Stickstoffverbindungen der Pyridin- und Chinolin-Reihe, die teilweise für organische Synthesen technische Bedeutung besitzen, chromatographierten Petrowitz u. Mitarb. [69] an Kieselgel G-Schichten mit den Fließmitteln Chloroform, Essigsäureäthylester und Aceton. Die Mehrzahl der Verbindungen konnte durch Besprühen mit Dragendorff-Reagens (Reag.-Nr. 90) sichtbar gemacht werden. Für den Nachweis der Hydroxypyridine, Pyridincarbinole und Pyridinaldehyde wurde mit Kaliumpermanganat-Lösung besprüht. Zum Erkennen der Pyridincarbonsäuren und 2-Halogenpyridine wurden diese auf fluorescierenden Schichten (z. B. Kieselgel HF_{254}) chromatographiert.

Die bei der Untersuchung von Tetraphenylcyclopentadienon mit Diazomethan entstehenden *Pyrazolin-Derivate* und die daraus über Bicyclohexanon dargestellten Tetraphenylbenzole wiesen Eistert und Langbein [23] an Schichten aus Kieselgel G nach. Als Fließmittel diente äthanolfreies Chloroform, dem 0,3—0,4% Methanol zugesetzt wurden. Zum Sichtbarmachen eignete sich wäßrige Kaliumpermanganat-Lösung (Reag.-Nr. 144).

Literatur zum Kapitel TS. Organische Synthetica

[1] BADGER, G. M., J. K. DONNELLY, and T. M. SPOTSWOOD: J. Chromatog. 10, 397 (1963).
[2] BANCHER, E., u. H. SCHERZ: Mikrochim. Acta 1964, 1159.
[3] BERG, A., and J. LAM: J. Chromatog. 16, 157 (1964).
[4] BRAUN, D.: Kunststoffe 52, 2 (1962).
[5] — Chimia 19, 77 (1965).
[6] — and H. GEENEN: J. Chromatog. 7, 56 (1962).
[7] — u. G. VOHRENDOHRE: Z. analyt. Chem. 199, 37 (1964).
[8] — — Z. analyt. Chem. 207, 26 (1965).
[9] BÜRGER, K.: Z. analyt. Chem. 192, 280 (1963).
[10] — Z. analyt. Chem. 196, 259 (1963).
[11] CAMPAIGNE, E., u. M. GEORGIADIS: J. org. Chem. 27, 135 (1962).
[12] COPIUS-PEEREBOOM, J. W.: J. Chromatog. 4, 323 (1960).
[13] CRUMP, G. B.: Analyst 88, 456 (1963).
[14] — Nature (Lond.) 193, 674 (1962).
[15] CURTIS, R. F., and G. T. PHILLIPS: J. Chromatog. 9, 366 (1962).
[16] DÉNES, V. I., G. CIURDARU u. M. FARCASAN: Chem. Ber. 96, 2691 (1963).
[17] DETERS, R.: Holz als Roh- u. Werkst. 21, 362 (1963).
[18] DICARLO, F. J., J. M. HARTIGAN u. G. E. PHILLIPS: Anal. Chem. 36, 2301 (1964).
[19] DIN 52161 (Entwurf).
[20] DJATLOWITZKAJA, E. W., W. W. WORONKOWA u. L. D. BERGELSSON: Ber. Akad. Wiss. UdSSR 145, 325 (1962).
[21] EGGER, H., u. K. SCHLÖGL: Organometal. Chem. 2, 398 (1964).
[22] EGGERS, J.: Phot. u. Wiss. 10, 40 (1961).
[23] EISTERT, B., u. A. LANGBEIN: Justus Liebigs Ann. Chem. 678, 78 (1964).
[24] FISCHER, F., and H. KOCH: J. Chromatog. 16, 246 (1964).
[25] GEISS, F., H. SCHLITT, F. J. RITTER, and M. WEIMAR: J. Chromatog. 12, 469 (1963).
[26] — — Naturwissenschaften 50, 350 (1963).
[27] HANSSON, J.: Explosivstoffe 1963, 73.
[28] HARTHON, J. G. L.: Acta chem. scand. 15, 1401 (1961).
[29] HRANISAVLJEVIĆ-JAKOVLJEVIĆ, M., I. PEJKOVıĆ-TADIĆ, and A. STOJILYKOVIC: J. Chromatog. 12, 70 (1963).
[30] HAUB, H.-G., and H. KÄMMERER: J. Chromatog. 11, 487 (1963).
[31] V. D. HEIDE, R. F.: Z. Lebensmitt.-Untersuch. 124, 348 (1964).
[32] — Z. Lebensmitt.-Unters. 124, 198 (1964).
[33] — u. O. WOUTERS: Z. Lebensmitt.-Unters. 115, 129 (1962).
[34] HROMATKA, O., u. W. A. AUE: Mh. Chem. 93, 503 (1962).
[35] HÜCKEL, W., u. H. WAIBLINGER: Justus Liebigs Ann. Chem. 666, 17 (1963).
[36] KERN, W., K. J. RAUTERKUS u. W. WEBER: Makromol. Chem. 43, 98 (1961).
[37] KLEMENT, R., u. A. WILD: Z. analyt. Chem. 195, 180 (1963).
[38] KNAPPE, E., u. D. PETERI: Z. analyt. Chem. 188, 184 u. 352 (1962) u. 190, 380 (1962).
[39] — — Z. analyt. Chem. 190, 386 (1962).
[40] — — u. J. ROHDEWALD: Z. analyt. Chem. 199, 270 (1964).
[41] — — — Z. analyt. Chem. 197, 364 (1963).
[41a] — u. I. ROHDEWALD: Z. analyt. Chem. 200, 9 (1964).
[42] KÖHLER, M., H. GOLDER u. R. SCHIESSER: Z. analyt. Chem. 206, 430 (1964).
[43] KORN, O., u. H. WOGGON: Nahrung 8, 351 (1964).
[44] KORTE, F., and J. VOGEL: J. Chromatog. 9, 381 (1962).
[45] KRIEGER, H.: Gas- u. Wasserfach 104, 695 (1963).
[46] KUCHARCZYK, N., J. FOHL, and J. VYMETAL: J. Chromatog. 11, 55 (1963).
[47] — — Privatmitteilung.
[48] KUNTZ, E.: Dissertation, Mainz 1960.
[49] Kupfer, W.: Z. analyt. Chem. 192, 219 (1963).
[50] LATINÁK, J.: J. Chromatog. 14, 482 (1964).
[51] MANGOLD, H., and R. KAMMERECK: J. Am. Oil Chem. Soc. 39, 201 (1962).

[52] Matsushita, H. Y. Suzuki, and H. Sakabe: Bull. Chem. Soc. Japan **36**, 1371 (1963).
[53] Maugras, M., M. Ch. Robin et R. Gay: Bull. Soc. chim. Biol. **44**, 887 (1962).
[54] Mayer, R., P. Rosmus, and J. Fabian: J. Chromatog. **15**, 153 (1964).
[55] Nealey, R. H.: J. Chromatog. **14**, 120 (1964).
[56] Neubert, G.: Z. analyt. Chem. **203**, 265 (1964)
[57] Neurath, G., B. Pirmann u. M. Dünger: Chem. Ber. **97**, 1631 (1964).
[58] Obruba, K.: Collect. Czech. chem. Commun. **27**, 2968 (1962).
[59] Ognyanov, I.: C. R. Acad. Bulg. Sci. **16**, 265 (1963).
[60] Pastuska, G., u. H.-J. Petrowitz: J. Chromatog. **10**, 517 (1963).
[61] — — Chemiker-Ztg. **88**, 311 (1964).
[62] Pejković-Tadić, I., M. Hranisavljević-Jakovljević, and S. Nesic: Thin-Layer-Chromatography, Proc. Sympos. Rom 1963, s. 160. Amsterdam, London, New York: Elsevier Publ. Comp.
[63] Petrowitz, H.-J., u. G. Pastuska: J. Chromatog. **7**, 128 (1962).
[64] — Erdöl u. Kohle **14**, 923 (1961).
[65] — Chemiker-Ztg. **85**, 867 (1961).
[66] — Chemiker-Ztg. **86**, 815 (1962).
[67] — Chemiker-Ztg. **88**, 235 (1964).
[68] — Thin-Layer-Chromatography, Proc. Sympos. Rom 1963, s. 132. Amsterdam, London, New York: Elsevier Publ. Comp.
[69] — G. Pastuska u. S. Wagner: Chemiker-Ztg. **89**, 7 (1965).
[70] Prey, V., H. Berbalk u. M. Kausz: Mikrochim. Acta **1962**, 449.
[71] Rao, K. R. K., A. K. Bhalla, and K. Sinha: Current Sci. (India) **33**, 12 (1964).
[72] Rey, E., u. L. Erhart: Bull. schweiz. elektrotechn. Ver. **52**, 401 (1961).
[72a] — Elektrotechn. Z., Ausg. B **13**, 299 (1961).
[73] Rieche, A., u. M. Schulz: Chem. Ber. **97**, 190 (1964).
[74] — E. Höft u. H. Schultze: Chem. Ber. **97**, 195 (1964).
[75] Ritter, F. J., P. Canonne u. F. Geiss: Z. analyt. Chem. **205**, 313 (1964).
[76] Runge, F., A. Jumar u. F. Koehler: J. prakt. Chem. **21**, 39 (1963).
[77] Sawicki, E., T. W. Stanley, W. C. Elbert u. J. D. Pfaff: Anal. Chem. **36**, 497 (1964).
[78] — — J. D. Pfaff u. W. C. Elbert: Anal. Chim. Acta **31**, 359 (1964).
[78a] Smith, G. A. L., and P. J. Sullivan: Analyst **89**, 312 (1964).
[79] Schlögl, K., A. Mohar u. H. Pelousek: Naturwissenschaften **46**, 447 (1959).
[80] — H. Pelousek u. A. Mohar: Mh. Chem. **92**, 533 (1961).
[81] — u. A. Mohar: Mh. Chem. **93**, 861 (1962).
[82] — — u. H. Pelousek: Mh. Chem. **92**, 921 (1961).
[83] — u. M. Peterlik: Mh. Chem. **93**, 1328 (1962).
[84] — u. M. Fried: Mh. Chem. **94**, 537 (1963).
[85] Takacs, F.: Mh. Chem. **95**, 961 (1964).
[86] Theidel, H.: Melliand Textilber. **1964**, 514.
[87] Türler, M., u. O. Högl: Mitt. Lebensmitt.-Hyg. **52**, 123 (1961).
[88] Vobecky, M., V. D. Nefedov u. E. N. Sinotova: Z. obsc. Chim. **33**, 4023 (1963).
[89] Waldi, D.: unveröffentlichte Versuche.
[90] Wessely, F., E. Zbiral u. J. Jörg: Mh. Chem. **94**, 227 (1963).
[91] Wusteman, F. S., K. S. Dodgson, A. G. Lloyd, F. A. Rose, and N. Tudball: J. Chromatog. **16**, 334 (1964).
[92] Yasuda, St. K.: J. Chromatog. **13**, 78 (1964).
[93] — J. Chromatog. **14**, 65 (1964).
[94] Zbiral, E., F. Takacs u. F. Wessely: Mh. Chem. **95**, 402 (1964).
[95] Thoma, K., R. Rombach u. E. Ullmann: Scientia Pharmaceutica **32**, 216 (1964).
[96] — — — Arch. Pharmaz. **298**, 19 (1965).

U. Hydrophile Pflanzeninhaltsstoffe und ihre Derivate

Die Bedingungen zur DC der vorwiegend lipophilen Pflanzeninhaltsstoffe wurden bereits in den voranstehenden Kapiteln behandelt. Außer den ebenfalls gesondert besprochenen Aminosäuren, Nucleinsäuren und Zuckern sind jedoch in den Pflanzen noch zahlreiche weitere hydrophile Substanzen enthalten. Von besonderem Interesse sind in diesem Kapitel die z. T. medizinisch wichtigen sekundären Stoffwechselprodukte, die oftmals zur chemischen Charakterisierung einer Pflanze mit herangezogen werden können. Gewisse allgemeinere Gesichtspunkte im Hinblick auf die Trennmöglichkeiten konnten im ersten Teil bei den pflanzlichen Phenolderivaten herausgearbeitet werden. In einem zweiten Abschnitt wurden dann weitere, insbesondere arzneilich verwendete Verbindungsklassen behandelt und danach die allgemeinen Möglichkeiten der DC zur Drogenkennzeichnung in Arzneibüchern zusammengestellt und erläutert.

I. Pflanzliche Phenolderivate

Kurt Egger

1. Stoffgruppen und ihre Verbreitung

Einen Überblick über die Struktur der einzelnen Verbindungen und ihre Verbreitung im Pflanzenreich findet man in den Werken bzw. Übersichtsartikeln von Bate-Smith [9], Geissmann [60], Harborne [86], Karrer [118], Bernfeld [12], Thomson [216] und bei zahlreichen anderen Autoren [3, 7, 19, 33, 50, 85, 87, 195, 197].

Die Einteilung dieser heterogenen Stoffgruppe kann nach verschiedenen Gesichtspunkten vorgenommen werden. Recht brauchbar ist die nachfolgende Untergliederung:

a) Einfache Phenole und ihre Glykoside, wie Arbutin, Syringin, Salicaceenglykoside [215]. Die wasserdampf-flüchtigen pflanzlichen Phenole sind in dem Kapitel „Ätherische Öle" (S. 203) behandelt. Man erhält sie z. T. auch als Abbauprodukte von komplizierten Naturstoffen, wie z. B. bei der Alkali-Schmelze von Lignin [55] und von Flavonoiden [60].

b) Phenolcarbonsäuren, vorwiegend Derivate von Benzoe- und Zimtsäure, z. B. Gentisinsäure, Gallussäure, Kaffeesäure. Von der Gallussäure leiten sich manche Gerbstoffe ab [197], z. B. diejenigen der *Hamamelidaceen*.

c) α-Pyrone: Cumarine, Isocumarine [7, 32, 69]. Sie sind biogenetisch mit den Zimtsäuren verwandt, aus denen sie hervorgehen können. Neben dem Cumarin sei als Beispiel das Äsculetin und das Xanthotoxin genannt.

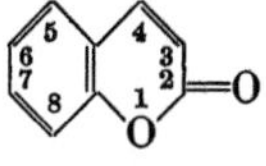

Cumarine

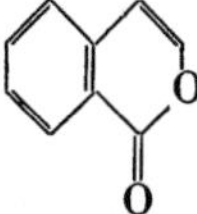

Isocumarine

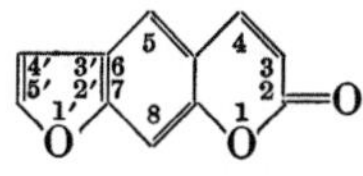

6,7-Furocumarine

d) Depside und Depsidone gehören zu den spezifischen Inhaltsstoffen der Flechten. Sie sind gelegentlich vergesellschaftet mit den Abkömmlingen der Vulpinsäure, die man als eine dimerisierte Zimtsäure auffassen kann [3, 148].

e) Lignane sind ebenfalls Dimerisierungsprodukte; bekannte Vertreter aus dieser Stoffklasse sind die Podophyllum-Wirkstoffe (s. S. 677).

f) Eine weitere Gruppe sind die Chromone, z. B. das Eugenin und die Furochromone, z. B. Khellin, Khellol usw. [37, 39, 195].

g) Zu den Flavonoiden [60] gehören jedoch die meisten hier zu besprechenden γ-Pyron-Verbindungen; man untergliedert sie in Flavone und Isoflavone. In diese Gruppe werden auch die Chalkone und Aurone

Chromone
(Benzo-γ-Pyron)

Flavone
(2-Phenylbenzo-γ-Pyron)
(hell- bis tiefgelb)

Isoflavone
(3-Phenylbenzo-γ-Pyron)
(farblos)

Tabelle 163. *Gruppe A, wenig polare Phenolderivate.* Vergleich der unter Standardbedingungen ermittelten hRf-Werte auf Kieselgel- und Polyamid-Schichten mit je zwei Fließmitteln

Substanz	Kieselgel		Polyamid	
	I	II	III	IV
Veratrumsäure	60	29	90	70
Ferulasäureacetat	26	5	62	20
Dimethoxyzimtsäure	27	2	57	15
3,4-Methylendioxyzimtsäure	35	8	44	12
Trimethoxyzimtsäure	24	3	64	19
Cumarin	75	32	87	59
Umbelliferon	34	5	33	7
4'-OH-β-Phenylcumarinacetat	69	33	92	76
4'-OH-β-Phenylcumarin	54	19	53	15
Khellin	21	4	85	52
4'-OH-Chalkonacetat	77	45	90	65
4'-Hydroxychalkon	45	14	48	14
Myricetinhexaacetat	28	1	82	53
Quercetinpentaacetat	35	4	84	58
Kämpferoltetraacetat	42	6	85	65
Quercetin-5,7,3',4'methyläther	46	16	64	18
Quercetin-7,3',4'-methyläther	51	22	72	31
Alkannin	78	30	79	47
Anthrachinon	90	73	88	70
Menadion	89	68	92	90
Benzochinon	85	51	90	75
(+)-Pinoresinoldimethyläther	37	5		
(+)-Catechinpentaacetat	34	4		

Fließmittel: I: Benzol — Aceton (90 + 10); II: Toluol — Aceton (95 + 5); III: Petroläther (Hochsiedend) — Benzol — Methanol — Methyläthylketon (50 + 40 + 5 + 5); IV: wie III, aber (60 + 30 + 5 + 5).

eingereiht und schließlich auch die Stilbene [*19*]. Von den bereits erwähnten Catechinen leiten sich zahlreiche Gerbstoffe (Catechintypus) ab [*50, 51, 196*].

Die Flavone kommen nun in verschiedenem Oxydationszustand vor, und man unterscheidet danach:

Flavonole	Flavanone	Anthocyanidine	Catechine
(hell- bis tiefgelb)	(farblos)	(rot, blau, violett)	(farblos)

h) Die Chinone können als ein- und mehrkernige Benzochinone (z. B. Diphenochinone) oder auch als Naphtho- und Anthrachinone in verschiedenen Oxydationszuständen vorkommen [*216*].

Tabelle 164. *Gruppe B, Substanzen mit mittlerer Polarität.* Phenole, Phenolcarbonsäuren, Oxycumarine, Flavonaglykone. Vergleich der unter Standardbedingungen gefundenen hRf-Werte auf Cellulose-, Kieselgel- und Polyamid-Dünnschichten

Substanz	Substituenten	C	K	Polyamid	
		I	II	III	IV
Brenzcatechin	1,2—OH	84	50	66	62
Hydrochinon	1,4—OH	73	39	65	70
Phloroglucin	1,3,5—OH	28	17	41	70
Pyrogallol	1,2,3—OH	56	28	47	65
Vanillinsäure	4—OH—3—OCH$_3$	91	37	66	58
Protocatechusäure	3,4—OH	64	19	38	53
Gentisinsäure	2,5—OH		27		15
Syringasäure	4—OH—3,5—OCH$_3$	95	36	93	72
Gallussäure	3,4,5—OH	28	7	23	63
o-Cumarsäure	2—OH	92	37	50	41
p-Cumarsäure	4—OH	90	37	55	48
Ferulasäure	4—OH—3—OCH$_3$	95	37	65	53
Kaffeesäure	3,4—OH	75	21	51	60
Sinapinsäure	4—OH—3,5—OCH$_3$	99	34	75	65
Umbelliferon	7—OH	92	55	67	52
Äsculetin	6,7—OH	73	31	50	52
(+)-Catechin	3,5,7,3′,4′—OH			22	70
Galangin	3,5,7—OH	95	62	50	10
Kämpferol	3,5,7,4′,—OH	71	39	20	8
Quercetin	3,5,7,3′,4′-OH	38	27	8	8
Myricetin	3,5,7,3′,4′,5′—OH	13	13	4	8
Isorhamnetin	3,5,7,4′,5′—OH——3′OCH$_3$	83	26	31	8
Apigenin	5,7,4′—OH	84	43	30	9
Luteolin	5,7,3′,4′—OH	64	28	19	9
Datiscetin	3,5,7,2′—OH	91	36	36	2
Morin	3,5,7,2′,4′—OH	60	6	10	2

Trennbedingungen: I: Cellulose, Chloroform — Eisessig — Wasser (50 + 45 + 5); II: Kieselgel, Toluol — Chloroform — Aceton (40 + 25 + 35); III: Polyamid, Chloroform — Methyläthylketon — Methanol (60 + 26 + 14); IV: Polyamid, Wasser — Methyläthylketon — Methanol (40 + 30 + 30).

Die große Zahl der hier in Betracht kommenden Verbindungen macht es zweckmäßig, zunächst nach der Art und Zahl der funktionellen Gruppen und der Löslichkeit in drei große chromatographische Substanzgruppen einzuteilen, wie dies in den Tab. 163—165 geschah.

Tabelle 165. *Gruppe C, stark polare Verbindungen.* h*Rf*-Werte von Flavonglykosiden auf verschiedenartigen Schichten

Substanz	Glykosidierung	K	Polyamid		C
		I	II	III	IV
Myricitrin	My—3—rh	57	11	54	54
Quercitrin	Q—3—rh	62	9	64	72
Afzelin	K—3—rh	65	7	72	84
Myricetinglucosid . . .	My—3—gluc	46	20	34	37
Quercituron.	Q—3—gron	59	5	5	54
Isoquercitrin	Q—3—gluc	51	16	56	56
Kämpferolglucuronid. .	K—3—gron	63	4	8	70
Astragalin	K—3—gluc	54	14	69	73
Myricetinrutinosid . . .	My—3—rhgluc	21	35	16	25
Rutin	Q—3—rhgluc	30	30	42	43
Nicotiflorin	K—3—rhgluc	36	27	60	57
Kämpferolsophorosid. .	K—3—glucgluc	21	50	40	53
Paeonosid	K—3—gluc—7—gluc	13	74	28	33
Robinin	K—3—rhgal—7—rh	16	70	40	41
Equisetumglykosid. . .	K—3—rhgluc—7—gluc	7	80	15	20
Helleborusglykosid. . .	K—3—xylgluc—7—gluc	6	84	15	20
Cosmosiin.	Ap—7—gluc	53	20	78	65
Rhoifolin	Ap—7—rhgluc	34	38	74	58
Apiin	Ap—7—apiogluc	36	33	72	57
Vitexin.	Ap—8—glucosyl	37	25	68	44
Naringin	Nar—7—rhgluc		63	80	54

Trennbedingungen: I: Kieselgel, KS, Fließmittel VII: Äthylacetat-Methyläthylketon-Ameisensäure-Wasser (50 + 30 + 10 + 10) [*119*]; II: Polyamid; Fließmittel: Wasser-Äthanol-Methyläthylketon-Acetylaceton (65 + 15 + 15 + 5) [*20*]; III: Polyamid; Fließmittel: Chloroform-Methanol-Methyläthylketon (60 + 14 + 26) [*25*]; IV: Celluloseschicht. Partridge-Gemisch.
rh Rhamnosid, gluc Glucosid, gron Glucuronid, gal Galaktosid.

A. Verbindungen mit *einer* phenolischen Hydroxylgruppe oder auch solche, die keine freien OH-Gruppen aufweisen, ferner Carbonsäuren, die *keine* freie phenolische Hydroxylgruppe tragen (Tab. 163).

B. Polyphenole, Hydroxycarbonsäuren, Gerbstoffe und andere kondensierte Phenolderivate (Tab. 164).

C. Glykoside und salzartig aufgebaute Verbindungen, z. B. Anthocyanidine (Tab. 165).

2. Anreicherungen aus Pflanzenmaterial

Die bereits vorstehend aufgezeigte Unterschiedlichkeit der Verbindungen macht es verständlich, daß verschiedenartige Verfahren zur Extraktion angewandt werden. Sie lassen sich jedoch auf vier Grundtypen zurückführen:

a) Acetonextraktion von Frischmaterial

Die frischen Pflanzenteile werden im Mörser oder auch in einem elektrischen Mixgerät (Starmix) zerkleinert, u. U. sogar schon mit einem Acetonzusatz. Die Extraktion kann durch mehrmaliges Digerieren oder auch durch Perkolieren erfolgen. Zum Filtrat gibt man dann die doppelte Menge Petroläther (Kp. 40—60°) und, falls die Mischung nicht zwei Phasen ausbildet, fügt man eine geringe Menge Wasser zu. Die untere, wäßrige Phase enthält Glykoside und polare Aglykone, die Petrolätherphase die Fette und lipophilen Farbstoffe. Zur Gewinnung der Anthocyane muß man bei der Extraktion schwach ansäuern.

b) Methanol-Extraktion getrockneter Drogen

Man bereitet einen methanolischen Auszug, engt ihn zur Trockne ein und digeriert diesen mit heißem Wasser. Die Glykoside gehen in die wäßrige Lösung und die Fette, Chlorophylle und andere Lipide bleiben zurück. Schonender ist es allerdings, den methanolischen Extrakt mit Petroläther lipidfrei zu machen.

c) Stufenweise Extraktion

Stufenweise Extraktion in der Reihenfolge Petroläther-Chloroform-Äther-Aceton-Methanol. Die Extraktion wird entweder in einem Perkolationsrohr durchgeführt oder aber im Soxhlet-Apparat. Nach einer Entfettung mit Petroläther erhält man im Chloroformextrakt zumeist die Verbindungen der Gruppe A, so z. B. Daphnoretin [218], Flechtenstoffe, permethylierte Flavone, viele Furocumarine usw. Mit Äther löst man dann alle Aglykone und einige Glykoside (Rhamnoside) heraus. Im Aceton- und schließlich im Methanol-Extrakt sind dann die meisten Glykoside zu finden.

d) Extraktion mit Wasser

Für Glykoside kommt auch eine Extraktion mit Wasser in Betracht. Der Extrakt wird bis zur sirupösen Konsistenz schonend eingeengt und evtl. in Alkohol aufgenommen. Der dabei entstehende Niederschlag kann oft verworfen werden.

Für weitere Anreicherungen eignen sich die flüssig/flüssig-Verteilungen der Extrakte, z. B. zwischen Wasser und Äther oder Benzol und Formamid. Zur Reinigung setzt man ferner die Bleifällung ein und neuerdings mit bestem Erfolg die Säulenchromatographie an Polyamid [60, 171].

3. Chromatographische Trennung (ohne DC)

Säulenchromatographie: Eine gewisse Bedeutung besaß die Trennung phenolischer Verbindungen auf Cellulose-Säulen [72]. Anorganische Sorptionsmittel werden jedoch bevorzugt. Sie sind einfacher zu handhaben und das Fließmittel kann fortlaufend verändert werden (s. Gradientelution S. 90). Die Beladungskapazität und die Durchflußgeschwindigkeit sind höher als in der Cellulose-Säule. Man verwendet neben Magnesol [232] und Aluminiumoxid vor allem Kieselgel [11] als Säulenfüllung. Die größte Bedeutung hat jedoch das Polyamid gewonnen [21, 44, 45, 110, 93, 106, 94, 92, 153, 154]. Die Trennung einfacher Chinone kann durch irreversible Addition an die Amidgruppe des Polyamids gestört werden. Durch Acetylierung kann man es jedoch auch zur Trennung derartiger Stoffe geeignet machen [44, 45].

Austauschharze sind gelegentlich zur Adsorption von Flavonverbindungen aus wäßrigen Lösungen eingesetzt worden. Die Flavone lassen sich daraus wieder mit Alkohol eluieren. Verteilungschromatographische Trennungen wenig polarer Substanzen gelingen auf Kieselgel, das mit Dimethylsulfoxid imprägniert wurde [156]. Als Fließmittel diente

Benzol. Interessant ist auch die Trennung von Betacyanen an Polyamid mit einer wäßrigen Kaliumacetatlösung [*198*].

Papierchromatographie: Zur Trennung der hier behandelten Stoffgruppen hat die PC nach wie vor eine breite Anwendung; zumal gerade auf diesem Gebiet ein reiches Erfahrungsmaterial vorliegt [*72*]. Die Anwendungsbereiche und vielfach auch die Fließmittel entsprechen denen der DC auf Cellulose-Schichten.

Gaschromatographie: Einfache Phenole und Phenolcarbonsäuren sind z. T. direkt oder nach Methylierung auch der GC-Analyse zugänglich. Bei höher siedenden Verbindungen erhält man oftmals gute Trennungen nach Herstellung der entsprechenden Trimethylsilyläther [*71*].

4. Trennbedingungen zur DC

Drei Sorptionsmittel haben sich zur Trennung pflanzlicher Phenolderivate besonders bewährt: Cellulose-, Kieselgel- und Polyamidschichten. Daneben werden noch Polyacrylnitril und Ionenaustauscher, z. B. Amberlite CG 50-III verwendet. Die nachfolgenden drei Tabellen gestatten es, die hRf-Werte einer größeren Zahl pflanzlicher Phenolderivate zu vergleichen. Diese Werte unterliegen naturgemäß erheblichen Schwankungen und können deshalb nur als Richtwerte betrachtet werden. Die allgemeine Erfahrung zeigt, daß man Kieselgel als Schichtmaterial vorzugsweise zur Trennung von Substanzen der Gruppe A, d. h. also von weniger polaren Verbindungen verwendet.

Eine Polyamidschicht ist das Mittel der Wahl zur Trennung von Verbindungen mit freien phenolischen Gruppen und der entsprechenden Glykoside (Flavonverbindungen). Die Cellulose-Schichten schließlich werden besonders bei hochglykosidierten Substanzgemischen zur Trennung herangezogen.

a) Cellulose

Im Vergleich zur PC ergeben die dünnen, feinkörnigen Celluloseschichten der DC schärfere Auftrennungen der Substanzen bei kürzeren Laufzeiten. Wie bereits gesagt, lassen sich die Fließmittel der PC übertragen und man erhält hiermit zumeist auch die gleiche Reihenfolge in der Trennung. Die folgenden sieben Fließmittel sind zur Entwicklung auf Cellulose-Schichten besonders geeignet und sie genügen zur Durchführung der meisten Trennungen.

1. *Benzol*, Cellulose-Schicht mit Formamid (10 proz. in Äther) imprägniert. Unter diesen Bedingungen lassen sich Substanzen der Gruppe A, OH-freie und Oligophenole, Methyläther, Acetate usw. verteilungschromatographisch trennen [*116*]. Den gleichen Trenneffekt kann man auch auf entsprechend imprägnierten Kieselgelschichten erreichen [*15*]. Als Fließmittel scheint hier der Dibutyläther günstig zu sein.

2. *Benzol-Eisessig-Wasser* (57 + 28 + 15), obere Phase [*17, 239*]. Dieses Fließmittel eignet sich für Oligophenole und Phenolcarbonsäuren, die mit den nachfolgenden Gemischen zu schnell wandern.

3. *Chloroform-Eisessig-Wasser* (50 + 45 + 5), geeignet zur DC von Polyphenolen, Phenolcarbonsäuren, Flavon-Aglykonen und Monoglyko-

siden. Die entsprechenden Methyläther geben sich durch einen starken Anstieg des h Rf-Wertes zu erkennen [*36, 38*]. Wichtig ist, daß man von diesen Substanzgemischen nur sehr wenig aufträgt, um zu guten Trennungen zu gelangen. Die entsprechenden h Rf-Werte findet man in Tab. 164 unter Spalte C, I.

4. *Äthylacetat-Ameisensäure-Wasser* (66 + 14 + 20). Dieses schnell laufende Fließmittel ist sowohl zur Trennung von Aglykonen als auch von Glykosid-Gemischen geeignet [*96*]. Di- und Triglykoside verbleiben jedoch in Startnähe.

5. *Butanol-Eisessig-Wasser* (40 + 10 + 50). Die Oberphase dieses Partridge-Gemisches bringt bei allen Glykosiden hervorragend scharfe Zonierungen, wie sie für diese Verbindungen auf Polyamid und Kieselgel nicht besser zu erreichen sind. Die Aglykone zeigen jedoch sehr hohe h Rf-Werte. Die Laufzeit ist relativ lang. In Tab. 165 unter Spalte C, IV, sind die h Rf-Werte aufgeführt.

6. *Wasser*, dem etwas Essigsäure zugesetzt wurde, vermag Glykoside, Phenolcarbonsäuren, Catechine, Dihydroflavone und Flavan-3,4-diole zu differenzieren. Es ist besonders geeignet als zweites Fließmittel im zweidimensionalen Chromatogramm [*184*].

7. *Propanol-Ammoniak-Wasser* in verschiedenen Mischungsverhältnissen wird als Fließmittel für Chinone gerne angewendet. Diese haben nämlich mit den vorstehend genannten Gemischen 2—5 meist zu hohe h Rf-Werte. In dem alkalischen Milieu wandern sie als Phenolate und lassen sich so gut voneinander trennen.

Weitere Hinweise findet man in der Spezialliteratur der PC. Neben den allgemeinen Monographien [*74, 72*] sind zu nennen: Für Zimtsäureglykoside [*84*], Lignane [*116*], Stilbene [*88*], Phenolcarbonsäuren [*17, 239*], Flavonoide [*36, 80, 81, 83*], Anthocyane [*79*], und Phenole [*53*].

Der Trenneffekt der Cellulose kann mit demjenigen des Polyamids in zweidimensionalem Verfahren kombiniert werden. Man entfernt hierzu von einer fertigen und trockenen Cellulose-Platte einen 4 cm breiten Randstreifen, befeuchtet die verbleibende Schicht gut mit hochsiedendem Petroläther und trägt dann nach dem Ausgießverfahren eine Polyamidschicht auf die freie Randfläche. Der Petroläther verhindert ein Überfließen des Polyamidbreis auf die Celluloseschicht. Man zieht nun, um beide Schichten räumlich voneinander zu trennen, einen 1 mm breiten Trennungsgraben. Man trennt zunächst auf der Polyamidschicht. Danach verbindet man beide Schichten durch Aufgießen des Grabens mit etwas Polyamid, überführt die Substanzen durch kurze Entwicklung in der zweiten Dimension mit 0,5 proz. Ammoniak in Methanol in die Celluloseschicht, unterbricht und entwickelt nach einer Zwischentrocknung mit Partridge-Gemisch (s. o., Nr. 5).

b) Kieselgel

Die Trennung der Substanzen auf Kieselgel-Schichten erfolgt nach ähnlichen Gesetzmäßigkeiten wie bei der PC und es gelten somit auch die von BATE-SMITH und WESTALL [*8*] aufgestellten Faustregeln:

$$\mathrm{h}\,Rf(\mathrm{R\!-\!CH_3}) > \mathrm{h}\,Rf(\mathrm{R\!-\!H}) > \mathrm{h}\,Rf(\mathrm{R\!-\!OCH_3}) > \mathrm{h}\,Rf(\mathrm{R\!-\!O\text{-}}\textit{Zucker})$$

Erhöht man die lipophilen Eigenschaften einer Verbindung, so z. B. durch Einführung einer Alkylgruppe, so erhöht sich der hR_f-Wert; polare Substituenten verringern ihn. Einführung einer Carboxylgruppe hat etwa den gleichen Einfluß wie die Einführung einer Hydroxylgruppe, eine Methoxylgruppe entspricht in dieser Hinsicht einer Acetoxygruppe.

Im Vergleich zur PC ist die Kapazität der Kieselgelschicht wesentlich höher. Ein weiterer Vorteil der rein anorganischen Kieselgelschichten ist die Möglichkeit, die Substanzen auch mit aggressiven Reagentien sichtbar zu machen. Bei der Verwendung von Kieselgel hat man jedoch zu beachten, daß Substanzen mit phenolischen o-Dihydroxygruppen — besonders auf der trocknenen Schicht — leicht oxydiert werden, wobei meist eine Braunfärbung eintritt. Allerdings färben sich auch Flavonlösungen nach dem Auftragen bräunlich. Hier liegt aber noch keine Zerstörung der Substanz vor, sondern diese tritt erst bei längerem Liegen an der Luft ein.

Die Wahl des Fließmittels richtet sich in erster Linie nach der Polarität des zu trennenden Substanzgemisches: je polarer dieses ist, um so polarer und somit um so stärker eluierend muß das Fließmittel sein.

Eine Auswahl der gebräuchlichsten und gut trennenden Gemische enthält die Tab. 166. Zahlreiche weitere Fließmittel sind im Text und in Tab. 170 erwähnt.

Tabelle 166. *Gebräuchliche Fließmittel und ihre Anwendungsbereiche für Kieselgel-Schichten.* Weitere Fließmittel im Text und in Tab. 170

Nr.	Fließmittelzusammensetzung	Stoffgruppen	Literatur
I	Benzol-Chloroform (50 + 50)	A: Flechtenstoffe	[203]
II	Benzol-Aceton (90 + 10)	A: Cumarine, Polyphenolacetate, Lignane, Methyläther	[203, 238]
III	Chloroform-Methanol (97 + 3)		[176, 204, 208]
IV	Benzol-Äthylformiat-Ameisensäure (75 + 24 + 1)	B: Anthrachinonderivate[1]	[203]
V	Toluol-Äthylformiat-Ameisensäure (50 + 40 + 10)	B: Phenole, Flavonaglykone, Phenolcarbonsäuren, Hydroxycumarine	[203]
VI	Toluol-Chloroform-Aceton (40 + 25 + 35)	B: Substanzgruppen wie bei V	
VII	Äthylacetat-Methyläthylketon-Ameisensäure-Wasser (50 + 30 + 10 + 10)	C: Glykoside, Anthocyane	[203]
VIII	n-Butanol-n-Propanol-2 N-Ammoniak (10 + 60 + 30)	Hydroxychinone (als Enolate!)	[169]

[1] Siehe auch Tab. 170.

Flechteninhaltsstoffe lassen sich nach Stahl und Schorn [203] auf sauren Kieselgel-Schichten mit dem in Tab. 166 angeführten Fließmittel I trennen. Zur Identifizierung ist es vorteilhaft, neben den Flechtensäuren auch deren Hydrolyseprodukte mit zu chromatographieren.

Bei dem relativ hohen Gehalt von 0,5—5% genügt es zur Kennzeichnung einer Flechte, etwa 50 mg fein gepulvertes Trockenmaterial mehrmals mit 0,5 ml Aceton auszukochen. Die filtrierten Extrakte engt man auf 0,5 ml ein und trägt hiervon 10—100 μl auf. Zur sauren Hydrolyse wird der zur Trockne eingeengte Extrakt mit 1—2 Tropfen konz. Schwefelsäure versetzt und nach 5—10 min mit 2 ml Wasser verdünnt und die Spaltprodukte mit Äther ausgeschüttelt [228].

Zur Herstellung der sauren Kieselgelschichten wird anstelle des Wassers eine 0,5 N Oxalsäurelösung verwendet.

Mit dem Anisaldehyd-Schwefelsäure-Reagens (Nr. 15) erhält man besonders gute Farbdifferenzierungen. Unter den vorstehend genannten Bedingungen wurden folgende hRf-Werte und Farben erhalten: Vulpinsäure hRf-80 (gelb), Usninsäure hRf-65 (violett), Evernsäure hRf-11 (rot) und das Spaltprodukt Orcin hRf-3 (rot). Weitere Angaben für die Flechteninhaltsstoffe findet man bei Nuno [159] und Ramaut [174].

Unpolare Cumarine, wie z. B. Cumarin und seine Vorstufen [237, 238], lassen sich auf Kieselgelschichten mit Benzol oder mit den Fließmitteln II, III oder auch V (Tab. 166, S. 662) chromatographieren. Richtwerte wurden zunächst von Stahl und Schorn [203] und dann von Tschesche u. Mitarb. [218] und Hörhammer u. Mitarb. [103] angegeben. Beyrich [15] fand, daß man auf formamidimprägnierten Kieselgelschichten besonders gute Trennungen der Furocumarine erhält. Als Fließmittel dient ihm Dibutyläther. Wie die Abb. 191 zeigt, lassen sich mit dem Fließmittel V (Tab. 166) manche Umbelliferendrogen auf Grund ihrer verschiedenen Inhaltsstoffe unterscheiden. Zu vergleichbaren Resultaten kamen auch weitere Autoren [31, 64, 155]. Es sei noch erwähnt, daß Benzotetronsäure und 4-Hydroxycumarin wesentlich stärker adsorbiert werden als 7-Hydroxycumarin [31].

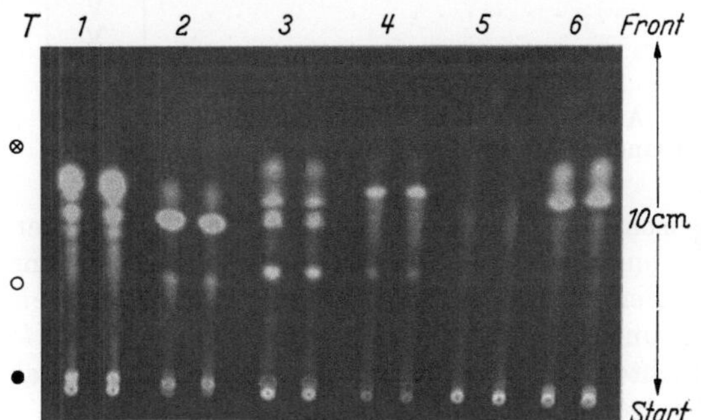

Abb. 191. DC zur Unterscheidung von Umbelliferen-Drogen. Alkoholische Auszüge auf einer Kieselgel-Schicht mit Fließmittel V entwickelt. Unbesprüht, im langwelligen UV-Licht fotografiert
1 Früchte von *Ammi majus* L., *2 Ammi visnaga* L., *3* Radix Angelicae, *4* Rhizoma Imperatoriae, *5* Radix Levistici, *6* Radix Pimpinellae [203].

Der Schimmelpilz *Aspergillus flavus* bildet auf Erdnußmehl carcinogen wirkende „Aflatoxine" (Furanocumarine). Bei der Isolierung und Identifizierung hat sich die DC in Kombination mit der Säulenchromatographie unter gleichartigen Bedingungen als sehr nützlich erwiesen [27, 29, 61, 187]. Die dc Trennung erfolgte auf Kieselgel G- oder neutralen Aluminiumoxid-Schichten mit Chloroform, dem 1—3proz. Methanol zugefügt wurden. Die Aflatoxine zeigen eine intensive blau- bis blaugrüne Fluorescenz und sind hieran leicht zu erkennen; die Erfassungsgrenze liegt bei 3—6 Nanogramm.

Flavonoid-Acetate und *Methyläther* werden von Weinges und Toribio [236] mit dem Fließmittel II (Tab. 166) getrennt. Insbesondere lassen

sich hiermit Catechin-Resorcin-Kondensate aufschlüsseln [236]. Auch
die diastereomeren Catechin-Acetate sowie die Acetate von oligomeren
Flavonoid-Gerbstoffen, z. B. die Acetate des Dicatechins und des
Anhydrodicatechins [56], lassen sich so eindeutig nachweisen. Die
Acetate der höher kondensierten Verbindungen verbleiben am Start-
punkt. Pflanzenextrakte, die Catechine und Flavonoidgerbstoffe ent-
halten, werden am besten von vornherein bei Raumtemperatur mit ab-
solutem Pyridin und Acetanhydrid 15 Std acetyliert. Die präparative
Trennung derartiger Gemische kann dann auf Kieselgel-Säulen mit dem
Fließmittel II oder mit Chloroform-Äthylacetat (90 + 10) erfolgen.

Tabelle 167. *h Rf-Werte einiger Cumarinderivate auf Kieselgelschichten*

Substanz	Fließ-mittel	h Rf-Werte	Autor
Daphnoretin	1	30	[218]
Daphnoretinmethyläther	1	60	[218]
Daphnoretin	2	20	[218]
6,7-Dimethoxycumarin	2	35	[218]
3-Brom-6,7-dimethoxycumarin	2	55	[218]
Umbelliprenin	3	80	[103]
Oxypeucedanin	3	40	[103]
Imperatorin	3	53	[103]
Athamanthin	V	68	[203]
Bergapten	V	68	[203]
Xanthotoxin	V	56	[203]
Imperatorin	V	64	[203]

1 Chloroform — Aceton (83 + 17); 2 Chloroform — Methanol (98 + 2); 3
Chloroform — Methanol (99 + 1); V vgl. Tab. 166.

Auf Kieselgelschichten lassen sich die Acetate, Methyläther und Ester
der übrigen Flavonoidgruppen, Cumarine und Phenolcarbonsäuren mit
Benzol oder mit Benzol-Aceton (90 + 10) chromatographieren. Auch bei
der Auffindung und Charakterisierung des Digicitrins [145] wurden
Kieselgel G-Schichten und das Fließmittel Benzol-Äthylacetat (75 + 25)
verwendet und folgende h Rf-Werte erhalten:

5,3'-Dihydroxy-3,6,7,8,4',5'-hexamethoxy-flavon (Digicitrin) . . . . 38—40
3,5,6,7,8,3',4',5'-octamethoxy-flavon . . . . 24—28
5-Hydroxy-3,6,7,8,3',4',5'-heptamethoxy-flavon . . . . 64—66
5,3'-Dibenzyloxy-3,6,7,8,4',5'-hexamethoxy-flavon . . . . 68—71
2-Hydroxy-ω,3,4,5,6,-pentamethoxy-acetophenon . . . . 44—47

Auch PARIS [163, 164] berichtet über sehr gute Trennerfolge von
Flavonoid-Gemischen auf Kieselgel-Stärkeschichten. Als Fließmittel verwendet er Äthylacetat-Chloroform oder Äthylacetat-Methanol (jeweils
95 + 5) oder wassergesättigte Gemische von Hexan-Isopentanol-Essig-
säure.

Methylierung der 5-OH-Gruppe, die in peri-Stellung zur Carbonylgruppe steht,
erniedrigt den h Rf-Wert stark, während die Verätherung der OH-Gruppe in Stellung 3 erwartungsgemäß erhöhend auf den h Rf-Wert wirkt.

Bei der Chromatographie acetylierter Verbindungen sollte man möglichst ameisensäurehaltige Fließmittel vermeiden, da hiermit Umesterungen und Verseifungen eintreten können.

Einfache Phenole lassen sich mit dem in Tab. 166 angegebenen Fließmittel VI zumeist gut trennen. Manche Vorteile bringt jedoch die vorherige Kupplung, mit einem stabilen Diazoniumsalz [121] (s. S. 229.) Einige h Rf-Werte einfacher Phenole sind auch in Tab. 164 aufgenommen.

Chinone: Mit dem Fließmittel Hexan-Essigsäureäthylester (85 + 15) trennte BARBIER [6] auf Kieselsäure/Stärke-Schichten einige Benzochinone. Später verglich dann PETTERSSON [169] eingehend das chromatographische Verhalten von 21 hydroxylfreien und 31 hydroxylierten Benzochinonen. Für hydroxylfreie Chinone bewährten sich neutrale Fließmittel, insbesondere Mischungen von Benzol-Chloroform und Xylol. Die stärker polaren Chinone mit Hydroxylgruppen lassen sich besser mit dem alkalischen Fließmittel Nr. VIII (Tab. 166) trennen. Sie wandern in diesem System als Enolate. Die h Rf-Werte auf Kieselgelschichten von einigen vor kurzem [170] entdeckten Pilzfarbstoffen mit dem Fließmittel VIII sind nachstehend wiedergegeben und in ( ) stehen die h Rf-Werte, die man mit Chloroform erzielte:

2,3-Dimethyl-5,6-dimethoxychinon	98 (57)
2,3-Dimethyl-5-methoxy-6-hydroxychinon	65 (26)
2,3-Dimethyl-5,6-dihydroxychinon	40 (0)

Polyphenole, Flavonoidaglykone: STAHL und SCHORN [203] haben gezeigt, daß man das Fließmittel V (Tab. 166) zur Trennung dieser Stoffgruppe auf „basischen" Kieselgel-Schichten mit Erfolg verwenden kann. Es ist jedoch erforderlich, daß die Schichten mit einer 0,3 M Natriumacetatlösung anstelle von Wasser bereitet werden. Die Glykoside verbleiben bei diesen Bedingungen am Start. Auch auf nicht imprägnierten Schichten kann man gute Trennungen erhalten mit dem Fließmittel VI. Die h Rf-Werte sind in Tab. 164, Spalte K, II angegeben. HÖRHAMMER u. Mitarb. [97, 98, 102] testeten einige aus der PC übernommene Fließmittel und gingen dann jedoch zu dem Gemisch Benzol-Pyridin-Ameisensäure (72 + 18 + 10) über [111]. Hiermit lassen sich auch kritische Paare, wie z. B. Genistein/Apigenin und Rhamnetin/Isorhamnetin trennen. Letzteres hat einen höheren h Rf-Wert als Kämpferol.

Aurone und Chalkone lassen sich, wie HÄNSEL u. Mitarb. [75] zeigen, ebenfalls mit der DC trennen. Mit dem Fließmittel Benzol-Äthylacetat-Ameisensäure (45 + 25 + 20) verteilen sich die Aurone nach ihrer Polarität im h Rf-Bereich zwischen 20—90. Die Glykoside bleiben in Startnähe. Zur Trennung von Chalkonen werden Mischschichten aus Kieselgel + Kieselgur und das Fließmittel Cyclohexan-Äthylacetat (70 + 10), gesättigt mit Formamid-Wasser 2:1 empfohlen.

Auf reinen Kieselgel-Schichten gelingt mit diesem Fließmittel die Trennung von Flawokawin A und B [76], die sich nur durch eine Methoxylgruppe (an A) unterscheiden; h Rf für A = 37, für B = 51.

Xanthone aus *Gentiana*-Arten wurden auf Kieselgel mit Benzol-Äthylacetat-Äthanol (50 + 43 + 7) und die entsprechenden Acetate mit dem gleichen Gemisch, allerdings in der Zusammensetzung 72 + 25 + 3 chromatographiert [144].

Phenolcarbonsäuren lassen sich, wie ebenfalls STAHL und SCHORN [203] zeigten, auf Kieselgel-Schichten mit dem Gemisch V (Tab. 166) gut auftrennen (Abb. 192). Mit der Trennung dieser Substanzgruppe beschäftigten sich eine Reihe weiterer Autoren [43, 73, 127, 141, 224]. Zur Auftrennung einiger Ligninabbauprodukte wurde Isoamyläther-Butanol (75 + 25) mit Erfolg verwendet und folgende h*Rf*-Werte erhalten: Syringasäure *24*, p-Hydroxybenzoesäure *31*, Vanillin *58*, p-Hydroxybenzaldehyd *67* [127]. HALMEKOSKI [73] prüfte den Einfluß der Imprägnierung mit chelatbildenden Salzen auf die h*Rf*-Werte.

In Tab. 168 sind einige dieser Werte wiedergegeben und den von PASTUSKA [165] ermittelten h*Rf*-Werten gegenübergestellt. Bemerkenswert ist, daß die Salicylsäure stets einen höheren h*Rf*-Wert zeigt als die m- und p-Hydroxybenzoesäure. Dies ist wohl auf eine innere H-Brücken-bildung der Salicylsäure zurückzuführen. Phenole und Phenolcarbonsäuren lassen sich auch elektrophoretisch auf der Dünnschicht trennen. Es ist vorteilhaft, im zweidimensionalen Verfahren die normale DC mit der Elektrophorese zu kombinieren [166] (s. S. 112 und Tab. 12, S. 113).

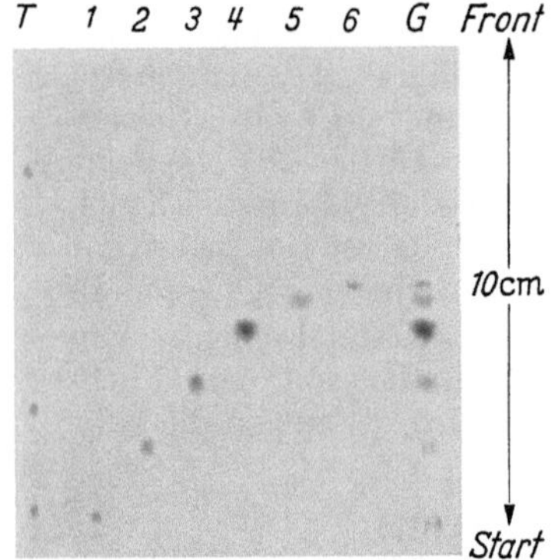

Abb. 192. DC einiger Phenolcarbonsäuren auf Kieselgel G-Schicht mit Fließmittel V (Tab. 166) nach Sichtbarmachung mit Reag.-Nr. 158

1 Chlorogensäure, h*Rf* 7; *2* m-Digallussäure, h*Rf* 27; *3* Gallussäure, h*Rf* 39; *4* Kaffeesäure, h*Rf* 47; *5* Gentisinsäure, h*Rf* 51; *6* Ferulasäure, h*Rf* 56; *G* Gemisch (1—6) [203].

Tabelle 168. *h Rf-Werte einiger Phenolcarbonsäuren auf Kieselgelschichten.* F 1, F 2-Werte nach PASTUSKA [165] und F 3, F 4-Werte nach HALMEKOSKI [73]

Säure	Fließmittel F 1		F 2	Fließmittel 3				Fließmittel 4			
	Schicht	St	St	St	Mo	Wo	Bo	St	Mo	Wo	Bo
Protocatechusäure		32	39	38	10	24	10	81	71	15	4
Kaffeesäure		24	43	31	14	22	8	65	85	31	2
Vanillinsäure		54	61	45	44	39	34	82	93	38	53
Ferulasäure		50	58	35	34	36	28	63	87	37	50
Isoferulasäure		43		30	25	31	25	60	86	33	45

Fließmittel: F 1: Benzol-Dioxan-Eisessig (90 + 25 + 4); F 2: Benzol-Methanol-Eisessig (90 + 16 + 8); F 3: n-Butyläther (wassergesättigt)-Eisessig (90 + 9); F 4: Äthylacetat-Isopropanol-Wasser (65 + 24 + 11).

Schichten: St.: Standardschicht, Mo, Wo, Bo: Schicht mit einer 0,01 M Lösung von Natriummolybdat (Mo), Wolframat (Wo), Borat (Bo) unter Standardbedingungen bereitet.

Lymann u. Mitarb. [*141*] zeigen am Beispiel der isomeren Dihydroxybenzoesäuren, daß man durch geschickte Auswahl der Fließmittel die Trennreihenfolge erheblich verändern kann (Tab. 169).

Tabelle 169. *h Rf-Werte der isomeren Dihydroxybenzoesäuren.* α, β, γ: Resorcylsäuren; 2,5: Gentisinsäure; 3,4: Protocatechusäure

Fließmittel	(V + V)	3,5(α)	2,4(β)	2,6(γ)	2,5	3,4
Hexan-Diäthyläther	(30 + 70)	21	57	10	35	32
Hexan-Äthylacetat	(25 + 75)	61	85	15	65	55
Hexan-Aceton	(75 + 25)	73	19	10	17	10

Glykoside: Flavon-, Cumarin- und Zimtsäureglykoside lassen sich mit dem von Stahl und Schorn [*203*] erprobten Fließmittel VII gut voneinander trennen. Die h Rf-Werte sind in Tab. 165, Spalte K, I wiedergegeben. Die Reihenfolge der Substanzen auf dem Chromatogramm entspricht den bereits erwähnten Faustregeln. Auch Anthocyane lassen sich mit diesem Gemisch chromatographieren. Ihre Aglykone, die Anthocyanidine, können mit dem Fließmittel Äthylacetat-Ameisensäure-Wasserkonz. Salzsäure (55 + 6 + 8 + 1) entwickelt werden. Der Salzsäurezusatz ist zur Stabilisierung der Aglykone erforderlich [*34, 160, 164, 212*]. Stark polare Fließmittel, z. B. VIII (Tab. 166), sind schließlich für die Trennung von Enolaten geeignet und bereits bei den Chinonen besprochen.

c) Polyamid und andere Polymere

Die Anwendung des Polyamids zur Chromatographie von phenolischen Pflanzeninhaltsstoffen brachte erhebliche Vorteile und wurde insbesondere in den Arbeitskreisen um Endres [*44, 45, 68*] und Hörhammer [*91, 92, 93, 94*] ausgearbeitet. Die allgemeinen Eigenschaften dieses interessanten Sorptionsmittels sind auf den Seiten 42—44 von Endres beschrieben.

In eigenen Versuchen hat es sich als vorteilhaft erwiesen, der methanolischen Suspension des Polyamidpulvers 10—20proz. Cellulosepulver zuzufügen. Hierdurch wird die Schicht stabiler, ohne daß die h Rf-Werte davon beeinflußt sind. Am vorteilhaftesten sind dünne Schichten, etwa zwischen 0,1 und 0,2 mm. Man kann auf den Polyamid-Schichten sowohl mit Wasser-Alkohol-Mischungen als auch mit lipophilen Fließmitteln gute Trennungen erzielen. Im folgenden ist das bisherige Erfahrungsmaterial zusammengefaßt.

Polare Fließmittel

Für Wasser-Alkohol-Mischungen ergaben sich für die DC auf Polyamid-Schichten folgende Faustregeln [*45, 93*]:

1. Eine Substanz wird auf der Polyamid-Schicht um so stärker zurückgehalten, je mehr phenolische Hydroxylgruppen sie besitzt, die isoliert stehen.

2. o-Dihydroxy- und vicinale Trihydroxygruppen am Molekül haben etwa den gleichen Einfluß auf das chromatographische Verhalten wie eine einzelne OH-Gruppe.

3. Wird eine OH-Gruppe glykosidiert, so steigt der hRf-Wert der Verbindung stark an. Je nach Art des Zuckers verändert er sich jedoch. Ist an einem Molekül keine freie phenolische OH-Gruppe mehr vorhanden, so wird die Verbindung nicht mehr an Polyamid festgehalten.

4. Phenole zeigen die stärkste Haftfähigkeit bei Verwendung von Wasser als Fließmittel. Es ergibt sich also eine „Eluotrope Reihe" (S. 43).

Diesen Faustregeln folgend, liegen eine Reihe von Substanzen im gleichen Rf-Bereich, so z. B. ergibt sich eine Gruppe aus p-Cumar-, Ferula- und Kaffeesäure; ebenso liegen die Flavonole Myricetin- Quercetin-Isorhamnetin-Kämpferol und die Flavone Luteolin-Apigenin nahezu zusammen. Dies gilt nun auch jeweils für die Glykoside dieser Gruppen. Aus der Lage im Chromatogramm kann daher nicht auf das Aglykon

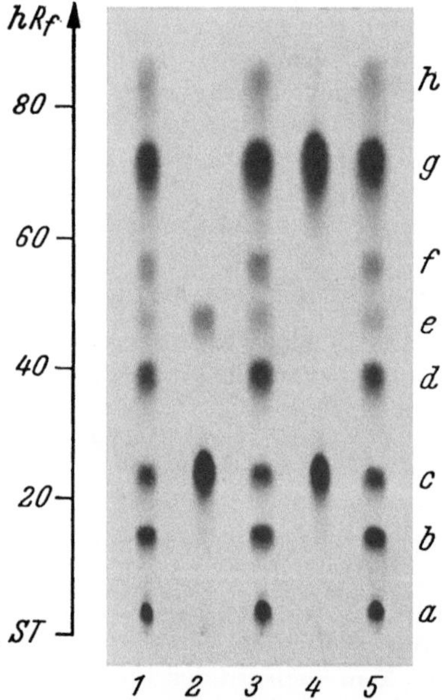

Abb. 193. DC auf Polyamid mit Flavonolglykosiden, das die Reihenfolge der Glykosidierungsstufen zeigt. Fließmittel: Wasser-Äthanol-Äthylmethylketon-Acetylaceton (65 + 15 + 15 + 5) *a* Quercetin-3-glucuronid, *b* Kämpferol-3-rhamnosid, *c* K-3-glucosid, *d* Rutin (Q-3-rhamnoglucosid), *e* K-3-diglucosid, *f* Quercetin-3-galactosido-7-rhamnosid, *g* Kämpferol-3-glucosid-7-glucosid, *h* K-3-xyloglucosid-7-glucosid. Startpunkte 1,3,5: a—h; 2: c + e; 4: c + g. Chromatogramm unbesprüht, im durchscheinenden UV-Licht photographiert.

geschlossen werden, dafür aber auf den entsprechenden Zuckeranteil [*40, 42*]. Die Abb. 193 zeigt die Lage der häufigsten Glykosidierungstypen der Flavonole. Es folgen nach steigenden hRf-Werten: Glucuronid < Rhamnosid < Glucosid < Rhamnoglucosid < Diglucosid < 3-Galakto-7-

rhamnosid < 3-Glucosid-7-glucosid < 3-Rhamnoglucosid-7-glucosid < 3-Xyloglucosid-7-glucosid.

Am Rande sei noch bemerkt, daß man, um eine gute Ausbildung der einzelnen Zonen zu erreichen, dem Fließmittel stets etwas Methyläthylketon oder Acetylaceton zusetzt. Sehr gut bewährt hat sich das Gemisch Wasser-Äthanol-Methyläthylketon-Acetylaceton (65 + 15 + 15 + 5) (Abb. 193 u. 196 und Tab. 165) [*38, 42*]. Bei Verwendung dieses Fließmittels gelten die obengenannten Faustregeln der Gruppenbildung, wie sich bei Untersuchungen an *Solanaceen* [*21, 133*] und *Ranunculaceen* [*41*] gezeigt hat. Zur Trennung der freien Zimtsäuren muß man hingegen stärker eluierende Fließmittel wie z. B. Wasser-Methanol-Methyläthylketon (40 + 30 + 30) (Tab. 164) verwenden. Die Aglykone von Flavonolen erfordern ein Gemisch von Methanol-Methyläthylketon (60 + 40). Allerdings erhält man hiermit nur noch eine geringe Differenzierung von häufig vorkommenden Aglykonen (s. Abb. 194).

Lipophile Fließmittel für Glykoside

Andere Trennverhältnisse ergeben sich wie bereits angedeutet bei Verwendung lipophiler Fließmittel, z. B. von Äther- 96proz. Äthanol (80 + 20). Mit diesem Fließmittel lassen sich auf Polyamidschichten Inhaltsstoffe von Arbutindrogen [*129, 130*] trennen: Arbutin h*Rf 35*, Hydrochinon h*Rf 80*. Bei Verwendung eines toluolhaltigen Gemisches wurden für Astragalin ein h*Rf*-Wert von *33*, Isoquercitrin *24* und für Rutin *12* erhalten [*16*]. Eine systematische Untersuchung des Einflusses lipophiler Fließmittel auf die h*Rf*-Werte hat ergeben, daß außer der über die Wasserstoffbrückenbindung erfolgenden Adsorption hier auch Verteilungsvorgänge beteiligt sein müssen [*40, 41*]. Man kann annehmen, daß bei Verwendung von unpolaren lipophilen Fließmitteln das Polyamid quasi eine stationäre polare Phase darstellt und so die Verteilungsvorgänge zwischen den beiden Phasen stärker sind als die Adsorptionserscheinungen. Die oben angeführte Faustregel 2 (Gruppenbildung) gilt nun nicht mehr und gleichartig glykosidierte, verschiedenartige Aglykone lassen sich nun auftrennen. Den Übergang zwischen einer wäßrigen Entwicklung (vorwiegend Adsorptionsvorgänge) zu einer lipophileren Entwicklung (Adsorption + Verteilung) zeigen die Abb. 194 und 195.

Man kann diese beiden Arten der Trennung auch in einem zweidimensionalen Chromatogramm kombinieren, wie dies in Abb. 196 gezeigt ist. Mit einem wasserhaltigen Fließmittel erfolgt hier zunächst die Trennung der Glykosid-Gruppen. Sie können dann anschließend mit Chloroform-Methanol-Methyläthylketon (60 + 26 + 14) in die Derivate der verschiedenen Aglykone aufgetrennt werden. Die Ausbildung der Glykosidflecke (nicht die der Aglykone) wird noch verbessert, wenn das Fließmittel für die zweite Trennrichtung mit Wasser gesättigt wird. Es ist jedoch darauf zu achten, daß es einphasig bleibt. Vor der zweiten Entwicklung muß das Chromatogramm einige Stunden an der Luft trocknen. Man kann das Chloroform auch durch Benzol und das Methyläthylketon durch Ameisensäureäthylester ersetzen und erhält ähnliche Ergebnisse.

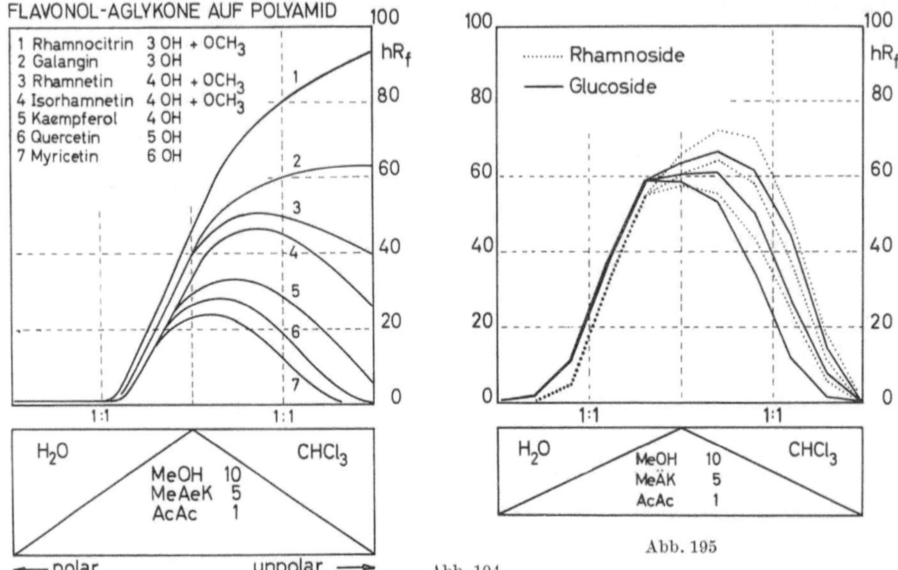

Abb. 194. hR_f-Werte der Flavonolaglykone in Abhängigkeit von der Zusammensetzung des Fließmittels. Wasserhaltig: nur geringe Gruppentrennung. Chloroformhaltig: Auftrennung in die Einzelkomponenten. Man beachte: Einführung einer Methoxygruppe erhöht den hR_f-Wert

Abb. 195. hR_f-Werte von Flavonolglykosiden in Abhängigkeit von der Fließmittelzusammensetzung. Mit Wasser: nur Gruppentrennung, wobei Glucosid > Rhamnosid. Mit Chloroformanteil: Aufspaltung in die Komponenten, wobei Kämpferolglyk. > Quercetinglyk. > Myricetinglyk.

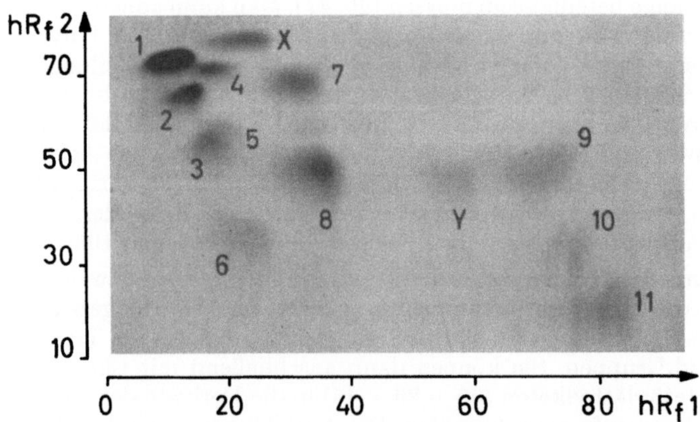

Abb. 196. Zweidimensionales Chromatogramm auf Polyamid. Fließmittel 1: Wasser-Äthanol-Äthylmethylketon-Acetylaceton (65 + 15 + 15 + 5), Fließmittel 2: Chloroform-Methanol-Methyläthylketon (60 + 26 + 14) (fast wassergesättigt)

Substanzen: *1* Kämpferol-3-rhamnosid, *2* Quercetin-3-rhamnosid, *3* Myricetin-3-rhamnosid, *4* Kämpferol-3-glucosid, *5* Quercetin-3-glucosid, *6* Myricetin-3-glucosid, *7* Kämpferol-3-rhamnoglucosid, *8* Rutin, *9* Robinin, *10* Kämpferol-3-glucosid-7-glucosid, *11* Kämpferol-3-rhamnoglucosid-7-glucosid, X: unbekannte Verbindung, Y: Quercetin-3-galactosid-7-rhamnosid

Lipophile Fließmittel für Aglykone und OH-freie Verbindungen

Auf Polyamid-Schichten kann man mit dem Fließmittel Chloroform-Methanol-Methyläthylketon (60 + 26 + 14) sowohl Aglykone als auch Substanzen der Gruppe B (s. S. 657) differenzieren. Diese Trennungen lassen sich auch in den präparativen Maßstab übertragen [40, 42]. Die Einführung einer Methoxylgruppe führt zu einer Erhöhung des h Rf-Wertes; so wandert beispielsweise das Isorhamnetin höher als das Kämpferol.

Auch Verbindungen, die keine oder nur eine phenolische OH-Gruppe besitzen, sind daher der Polyamid-Adsorption nur in geringem Maße unterlegen und können so verteilungs-chromatographisch auf diesen Schichten getrennt werden. Man muß nur dafür Sorge tragen, daß das Fließmittel hinreichend unpolar ist. So erhält man z. B. für die in Tab. 163 genannten Substanzen der Gruppe A eine gute Ausbildung der Zonen bei Verwendung des Fließmittels Petroläther-Benzol-Methyläthylketon-Methanol (50 + 40 + 5 + 5 oder 60 + 30 + 5 + 5). Die h Rf-Werte lassen sich durch Variation des hydrophilen Anteils entsprechend beeinflussen.

Auch *Chinone* lassen sich auf Polyamidschichten gut trennen. Das Auftragen und die nachfolgende Entwicklung muß rasch erfolgen, da sonst eine irreversible Bindung an das Polyamid eintreten kann [44, 45]. Diesem Nachteil kann man durch ein Acetylieren der Amidgruppen des Polyamids begegnen [68]. Ein solches Produkt ist bereits handelsüblich (Fa. 83). Es sei noch erwähnt, daß Lipochinone und Anthrachinone diese Reaktion nicht zeigen. Mit Methanol ergab Aloin einen h Rf-Wert 71 und das Aloeemodinrhamnosid einen von 47 [106, 107].

Den Einfluß der Einführung einer Carboxylgruppe in ein Phenol hat ENDRES [45] untersucht. Mit Methanol-Wasser (50 + 50) wurden folgende h Rf-Werte erhalten:

Phenol	63	Benzoesäure	56
Hydrochinon	57	p-Hydroxybenzoesäure	34
Resorcin	58	Salicylsäure	60
α- und β-Naphthol	28	α-Naphthoesäure	27
2,2'-Dihydroxybenzophenon	27	4,4'-Dihydroxybenzophenon	16

Man erkennt aus den vorstehenden Werten, daß die Einführung einer Carboxylgruppe den h Rf-Wert noch stärker senkt als eine zusätzliche phenolische OH-Gruppe. Dies kommt wahrscheinlich daher, daß erstere zwei Wasserstoffbrücken ausbilden kann. Nur wenn eine innermolekulare H-Brückenbildung möglich ist, wie beispielsweise bei der Salicylsäure, liegt der h Rf-Wert hoch. Diesen starken Einfluß der Carboxylgruppe findet man auch bei den Derivaten der Glucuronsäure. Flavonolglucuronide werden stärker adsorbiert als ihre entsprechenden Aglucone [42, 183]. Bei Zusatz von 0,1–1 proz. Ammoniaklösung in Methanol werden die entsprechenden Substanzen jedoch leicht von der Schicht abgelöst wie alle übrigen Phenole auch. Verwechslungen zwischen Glucosiden und Glucuroniden lassen sich hierdurch vermeiden.

d) Polyacrylnitril

Mit einem Zusatz von Polyamid (70 + 20) erlaubt dieses die DC-Trennung von Anthocyanen und Anthocyanidinen. Auf reinen Polyamidschichten gelingt sie nicht. Birkofer, Kaiser u. Mitarb. [20] beschreiben hierzu eine spezielle Durchlaufentwicklung. Als Fließmittel dient n-Butanol-n-Pentanol-n-Propanol-Essigsäure-Wasser (20 + 30 + 20 + 20 + 10). Der Zusatz der höheren Alkohole in diesem Fließmittel ist zur Verbesserung der Zonierung auf dem Chromatogramm notwendig. Für Anthocyane wurden folgende hRf-Werte angegeben: Delphinidin *21*, Petunidin *27*, Cyanidin *31*, Malvidin *37*, Päonidin *39*, Pelargonidin *41*. Auf solchen Misch-Schichten lassen sich auch Zimtsäuren und ihre Glucoside auftrennen [20]. Dies ist allerdings auch auf einfachere Weise auf Perlonschichten möglich [221]. Einige C_6-substituierte 4-Methoxy-α-Pyrone wurden von Hänsel und Rimpler [78] auf reinen Polyacryl-nitril-Schichten mit Cyclohexan-Essigester-Gemischen getrennt. Hierbei wurde eine Art Keilstreifentechnik (S. 90) angewandt und die Mehrfach-Entwicklung. Die Zahl und insbesondere die Lage der Doppelbindung beeinflußt den hRf-Wert der untersuchten, sog. Kawa-Lactone.

e) Ionenaustauscher

Carboxylgruppenhaltige Austauscherharze vom Typ Amberlite CG 50—III zur DC (s. Tab. 10, S. 46) wurden ebenfalls zur Trennung von Flavon-Verbindungen gebraucht. Zur Entwicklung dient Isopropanol-Wasser (40 + 6) [222, 223]. Die Trennungen sind gut und man kommt zu andersartigen Substanzreihenfolgen als auf den Perlon- oder Kieselgel-Schichten. Geordnet nach steigendem hRf-Wert ergab sich folgende Reihe: Kämpferol < Quercetin < K-3-rhamnoglucosid < Q-3-rhamnoglucosid < Astragalin < Isoquercetin. Größere Erfahrungen mit Ionenaustauschern auf diesen und anderen Gebieten der Naturstofftrennungen scheinen noch nicht vorzuliegen.

5. Sichtbarmachung von Phenolderivaten

Nur die Anthocyane und ein Teil der Chinonderivate haben eine so starke Eigenfarbe, daß man sie auf der Schicht erkennt; die anderen phenolischen Naturstoffe sind farblos und müssen demzufolge auf der weißen Schicht sichtbar gemacht werden. Viele von ihnen geben sich im kurz- oder langwelligen UV-Licht zu erkennen; sie zeigen eine Fluorescenz oder eine Fluorescenzlöschung auf Schichten, denen ein anorganischer Fluorescenzindicator zugesetzt ist. Durch ein Alkalisieren der Schicht mit Ammoniakdämpfen oder Aufsprühen einer Alkalilösung erfolgt zumeist eine charakteristische Änderung in der Fluorescenz vieler Substanzen. Eine Reihe von Autoren, wie z. B. Geissmann [59, 60], Hänsel [74], Hais/Macek [72] und Seikel [in 86] haben sich eingehend mit diesen Farbreaktionen beschäftigt und die erhaltenen Ergebnisse in Tabellen zusammengefaßt. Zur Sichtbarmachung kommen insbesondere Sprühreagentien in Betracht, die chelatbildende Metallsalze enthalten, wie z. B. Eisen(III)-chlorid (Reag.-Nr. 93). Es gibt mit mehrwertigen Phenolen kräftige Farben im Bereich von ocker bis violett. Aluminium-chlorid (Reag.-Nr. 3), 2proz. methanolische Zirkonoxychlorid-Lösung und auch Bleiacetat (Reag.-Nr. 26) geben, vor allem mit Flavonverbindungen, gelb bis orange gefärbte Flecken, die oft eine intensive Fluorescenz im langwelligen UV-Licht zeigen. Besonders gute Differenzierungen der Flavone gibt der von NEU [152] erprobte Diphenylborsäure-β-aminoäthylester (Reag.-Nr. 80). Benedicts-Reagens (Reag. Nr. 263) erlaubt o-Dihydroxygruppen zu erkennen. Sie sind für die Löschung der Fluorescenz verantwortlich, während Substanzen ohne solche Gruppen nach dem Aufsprühen dieses Reagens meist fluorescieren, so z. B. Cumarine, Zimtsäuren, Flavonoide [177]. Auf den Polyamidschichten ist dieses Reagens allerdings nicht anwendbar.

Bei den meisten Phenolen führt das Kuppeln mit geeigneten Diazoniumsalzen (Reag.-Nr. 91, 230, 232) zu intensiv orange- und violett gefärbten Verbindungen. Phenole mit reduzierenden Eigenschaften lassen sich auch mit einem Silbernitrat-Reagens (Nr. 220) erkennen. Man erhält dunkle Flecke auf zunächst hellem, dann nachdunkelndem Untergrund. Auch das 2,6-Dibromchinonchlorimid-Reagens (Nr. 58) ergibt mit Phenolen kräftige Farben. Mit dem Phosphormolybdänsäure-Reagens (Nr. 158) erhält man mit Phenolen und zahlreichen anderen Verbindungen blaue Flecke auf gelbem Untergrund (s. Abb. 192). Ähnliche Farben erhält man mit dem Folin-Ciocalteau-Reagens (Nr. 108); Säuren, in diesem Fall Phenolcarbonsäuren lassen sich mit den üblichen pH-Indicatoren, z. B. Bromkresolgrün (Reag.-Nr. 31) nachweisen. Allerdings muß dafür Sorge getragen werden, daß zuvor saure oder alkalische Komponenten des Fließmittels restlos von der Schicht entfernt werden. Sprühreagentien, die starke Mineralsäuren enthalten, können zum Nachweis von Substanzen auf Polyamid-Schichten nicht verwendet werden, da sie diese auflösen.

II. DC zur Kennzeichnung
tierischer und pflanzlicher Drogen

EGON STAHL und P. J. SCHORN

Die bisherigen Methoden des morphologischen und anatomischen Drogenvergleichs können wertvolle Hinweise auf die Stammpflanze bzw. das Tier geben, nicht aber auf die Art und Menge der Wirkstoffe. Hinzu kommt, daß auch eine extrahierte Droge vorliegen kann und daß die mikroskopische Analyse bei sehr fein gepulverten Drogen versagt. Bei allem Wert, den man dieser klassischen Methode beizumessen hat, ist sie im Grunde nichts anderes als eine „Fingerprint"-Technik. Man ist daher heute bestrebt, in einem Schnelltest die für die Wirkung verantwortlichen Substanzen einzeln, d. h. getrennt zu erfassen. Hierzu ist z. Z. die Chromatographie (DC, GC) das geeignete Hilfsmittel.

1. Anthrachinon-Drogen

Eine Reihe von 1,8-Dihydroxy-anthrachinonen ist für die therapeutische Verwendung einiger Drogen verantwortlich. Die einzelnen Verbindungen können sowohl in der Chinon- als auch in der Anthranol- und der Anthron-Form vorliegen. Es besteht ferner die Möglichkeit der Glucosidierung und der Dimerisierung [*195, 227*]. In der Regel liegen in den Pflanzen Gemische von zahlreichen Verbindungen dieser Stoffklasse vor. Da sie eine unterschiedliche Wirkung haben, ist die analytische Erfassung der Einzelkomponenten anzustreben.

Die weitaus größte Zahl diesbezüglicher Veröffentlichungen beschäftigt sich mit den *Aloe*-Drogen. Grundlegende Arbeiten über die DC der Anthrachinon-Drogen stammen aus dem Arbeitskreis von Hörhammer [*104, 105, 106, 113*], nachdem bereits früher von uns auf die Vorteile einer dc Analyse derartiger Pflanzenextrakte hingewiesen wurde (s. Abb. 6 in [*203*].)

Die meisten Autoren bevorzugen Kieselgel-Schichten. Als Fließmittel bot sich zunächst das aus der PC stammende Gemisch Äthylacetat-Ameisensäure-Wasser (60 + 12 + 18) an. Es ist jedoch vorteilhaft, die Ameisensäure durch Methanol zu ersetzen. Man erhält hierdurch ein stabileres und leichter von der Schicht entfernbares Fließmittel (Tab. 170, I).

Die in Tab. 170 zusammengestellten Fließmittel sind zur dc-Trennung der Inhaltsstoffe von *Aloe-, Rhamnus-* und *Senna*-Arten geeignet und auch für hieraus hergestellte Tinkturen und Extrakte [*23—26, 108, 114, 142, 143, 178—182, 213*]. Eine besonders große Anwendungsbreite hat das Fließmittel I beim Vorliegen von Anthrachinonglucosid-Gemischen. Für die Dianthron-Glucoside ist jedoch das Fließmittel VII besser geeignet.

Tabelle 170. *Fließmittel zur Trennung von Anthrachinon-Derivaten auf Kieselgel G-Schichten*

Für Anthrachinon-Glykoside
 I Äthylacetat-Methanol-Wasser (100 + 16,5 + 13,5) [*104*]
 II Benzol-Ameisensäureäthylester-Ameisensäure (75 + 24 + 1) [*203*]
 III Benzol-Eisessig (66 + 33) [*149*]
 IV Chloroform-95proz. Äthanol (75 + 25) [*63*]
 V Chloroform-95proz. Äthanol-Wasser (60 + 30 + 2) [*25*]
 VI Methylenchlorid-Methanol (83,5 + 16,5) [*134*]
 VII n-Propanol-Äthylacetat-Wasser (40 + 40 + 30) [*104*]
VIIIa) n-Butanol, wassergesättigt (1. Stufe)
 b) n-Propanol-Äthanol-Chloroform-Wasser-Eisessig (40+ 40 + 12 + 16 + 4), (2. Stufe) [*135*]

Für die Aglucone
 IX Benzol [*109*]
 X Benzol-Methanol (90 + 10) [*110*]
 XI Isopropyläther [*106*]
 XII Heptan-Benzol-Chloroform (33 + 33 + 33) [*114*].

Die Lage zahlreicher Anthrachinon-Derivate nach Entwicklung auf Kieselgel-Schichten ist aus Abb. 197 zu entnehmen.

Zur quantitativen Bestimmung von einzelnen Verbindungen in Drogenextrakten wurde mit den Fließmitteln I, IV oder V auf Kieselgel-Schichten getrennt und danach die entsprechenden Zonen ausgeschabt, eluiert und gegen Vergleichslösungen spektralphotometrisch bestimmt [*25, 63, 104*].

DC wichtiger Anthrachinondrogen nach HÖRHAMMER, WAGNER und BITTNER [104]; links schematisiertes Chromatogramm und rechts die Erläuterungen. Schicht: Kieselgel G (Fa. 88), Fließmittel: Äthylacetat-Methanol-Wasser (100 + 16,5 + 13,5)

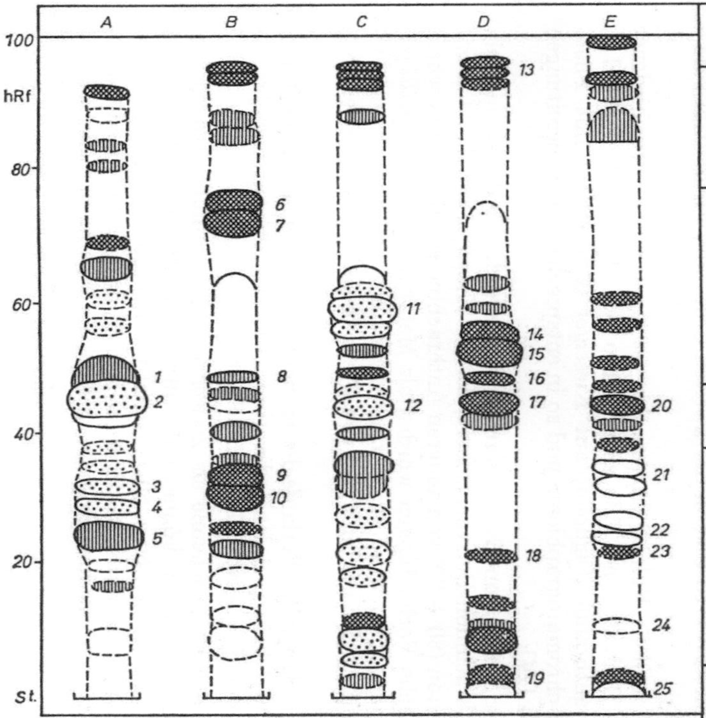

Abb. 197. A = Kap-Aloe, B = Cortex Frangulae, C = Cortex Rhamni Purshianae, D = Rhizoma Rhei, E = Folia Sennae. Die angegebenen Farben der Flecke beziehen sich auf das unbesprühte Chromatogramm bei Betrachtung im UV-Licht.

▧ = gelb; ▦ = blau bzw. grün; ▩ = rot; □ = braun bzw. dunkel

Droge	Fleck Nr.	Bezeichnung	Farben	
			UV-Licht 365 nm	Echt-blausalz
A Kap-Aloe mit Aloin-osiden	1	Kap-Aloe-„Harz"	blau	orange
	2	Aloin	braun→gelb	grün
	3	Aloinosid B	braun→gelb	grün
	4	Aloinosid A	braun→gelb	grün
	5	Grundkörper des Kap-Aloe-„Harzes"	hellblau	orange
B Cortex Frangulae	6	Frangulin-Isomeres bzw. (Frangulin B)	hellrot	–[1]
	7	Frangulin (Frangulin A) Frangula-gularosid	hellrot	–[1]
	8=16 (?)	Emodin-glucosid	rot	–[1]
	9	Glucofrangulin-Isomeres (Glucofrangulin B)	rot	–[1]
	10	Glucofrangulin (Glucofrangulin A)	rot	–[1]
C Cortex Rhamni Purshianae	11	11-Desoxyaloin	braun→gelb	grün
	12 = 2	Aloin	braun→gelb	grün
D Rhizoma Rhei	13	Rheum-Aglycone (Chrysophanol, Emodin Physcion, Aloe-Emodin)	rot	–[1]
	14	Physcion-mono-glucosid	rot	–[1]
	15	Chrysophanol-mono-glucosid	rot	–[1]
	16	Emodin-mono-glucosid	rot	–[1]
	17	Aloe-Emodin-mono-glucosid	rot	–[1]
	18	Rhein	rot	–[1]
	19	Rhein-mono-glucosid	rot	–[1]
E Folia Sennae	20 = 17	Aloe-Emodin-mono-glucosid	rot	–[1]
	21	nicht ident. Flavone	dunkel→braun	–[1]
	22	nicht ident. Flavone	dunkel→braun	violett
	23 = 18	Rhein	rot	–[1]
	24	nicht ident. Flavon	dunkel→braun	violett
	25	Sennoside A+B	braun	–[1]

[1]– = keine charakteristische Farbe mit Echtblausalz (Reag.Nr.91) im Tageslicht

43*

Die präparative Gewinnung der einzelnen Aloe-Anthrachinone erfolgt zumeist über Polyamid-Säulen und die Reinheit wird dc verfolgt [*105*, *106*].

Für die DC der *Frangula*- und *Rheum*-Inhaltsstoffe können prinzipiell die gleichen Bedingungen gewählt werden wie bei Aloe (Abb. 197). Korte u. Mitarb. [*134, 189*] trennen die Frangula-Anthrachinone auf Kieselgel G-Schichten mit Fließmittel VI oder auf sauren Schichten (Kieselgel G, imprägniert mit einer 0,5 N Oxalsäure) mit Methylenchlorid-Methanol (100 + 5). Die methylierten Aglucone lassen sich auf normalen Kieselgel G-Schichten mit den Fließmitteln IX—XII gut differenzieren. Es wird auch die quantitative Bestimmung beschrieben [*134*].

Poethke u. Mitarb. [*172, 173*] gelang es, aus *Oreoherzogia fallax* (Boiss.) W. Vent (syn. *Rhamnus fallax* Boiss.) auf Kieselgel-Schichten mit den Fließmitteln I, II und XI die darin enthaltenen Anthrachinon-Derivate zu trennen und zu identifizieren.

Die DC der Senna-Aglucone (= 10:10′-Dianthrone) gelang auf Kieselgel G-Schichten mit Fließmittel III, Sennidin A u. B liegen zusammen (h*Rf* 65) und sind vom Rhein (h*Rf* 72) abgetrennt. Eine Trennung der Glucoside ist mit Fließmittel VII möglich; es werden folgende h*Rf*-Werte angegeben: Sennosid A 30; Sennosid B 17; Rhein-8-glucosid 58 und Rhein 68 [*104*]. Longo u. Mitarb. [*135*] verwenden zur Trennung die Stufentechnik auf Kieselgel H-Schichten. In der ersten 7 cm Stufe wird mit Fließmittel VIIIa und in der zweiten Stufe mit Fließmittel VIIIb entwickelt.

Das pflanzliche Exkret Chrysarobin ist ein Gemisch verschiedener Anthracen-Derivate und läßt sich ebenso wie das synthetische 1,8-Dihydroxyanthranol (Cignolin) auf Kieselgel G-Schichten mit Fließmittel XII chromatographieren und so in entsprechenden Zubereitungen nachweisen [*14*].

Aus der Rinde von *Cassia siamea* Lam. wurde das Cassiamin, ein 2:2′-Dianthrachinon-Derivat, isoliert, das auf Kieselgel G-Schichten mit Benzol-Aceton (80 + 20) von anderen Anthrachinonen abgetrennt wurde [*35*]. Ähnliche Verbindungen wurden als Metaboliten von *Penicillium*-Arten gefunden; so wurde z. B. das Skyrin, ein 1:4′-Dianthrachinon-Derivat, mittels der DC im Mycel von *Preussia multispora* nachgewiesen [*150*].

Zur Verfolgung des Verlaufs der fermentativen Oxydation des Rheinanthrons zu Rhein und Rheindianthron war die DC auf Kieselgel G-Schichten mit Fließmittel II ebenfalls nützlich [*136*].

Die in der Farbenchemie als Zwischenprodukt anfallenden Amino-Anthrachinon-Gemische können auf neutralen Aluminiumoxid-Schichten mit Cyclohexan-Äther (50 + 50) getrennt werden. Die direkte quantitative Bestimmung der Einzelkomponenten erfolgte durch Remissionsmessungen mit dem Extinktions-Registriergerät ERI-10 (Fa. 156) bei 510 nm [*49*].

Sichtbarmachung: Im kurzwelligen UV-Licht sind die Anthrachinon-Derivate auf Kieselgel GF_{254}-Schichten an der Fluorescenzlöschung zu erkennen. Im langwelligen UV-Licht fluorescieren sie braun-gelb bis rot (s. Abb. 197). Nach Aufsprühen einer Alkalilauge stellt man eine intensivere gelbe, orange oder rote Fluorescenz im langwelligen UV-Licht fest. Beim anschließenden Nachsprühen mit Echtblausalz B (Reag.-Nr. 91) werden die fluorescierenden Zonen im Tageslicht bei manchen Verbindungen mit orangegelber, violetter oder grüner Farbe sichtbar (s. Erläuterungen zu Abb. 197). Verwendet man 2,6-Dichlorchinonchlorimid (Reag.-Nr. 59) und sprüht eine 10proz. Natriumcarbonat-Lösung in 30proz. Methanol nach, erscheinen die „Harze" als braune und die Anthrachinone als blau-grüne oder violette Zonen auf dem Chromatogramm.

Der Nachweis der braun fluorescierenden Sennoside im langwelligen UV-Licht ist unspezifisch. Deshalb ist es zweckmäßig, das Chromatogramm zunächst mit einer 25proz. Salpetersäure zu besprühen und anschließend im Trockenschrank etwa 10 min auf 120° C zu erwärmen. Hierdurch treten eine Spaltung und eine Oxydation zu den entsprechenden Anthrachinon-Derivaten ein, die nun nach dem Besprühen mit Alkalilauge im UV-Licht oder beim anschließenden Nachsprühen mit Echtblausalz B (Reag.-Nr. 91) im Tageslicht sichtbar gemacht werden können.

2. Lignan-Drogen

Die von HAWORTH [*89*] als Lignane bezeichneten Verbindungen entstehen durch Dimerisierung von 2 Phenylpropanderivaten an den β-Kohlenstoffatomen ihrer Propanseitenkette. Von besonderem Interesse waren in den vergangenen Jahren die z. T. laxierend und cytostatisch wirkenden *Podophyllum*-Lignane; über deren Chemie gaben u. a. HARTWELL und SCHRECKER [*87*] Übersichtsberichte.

Eine Schnelltrennung der *Podophyllum*-Lignane und ihrer Glykoside gelingt mit der Stufentechnik, wie STAHL und KALTENBACH 1961 [*204*] zeigten, auf einer Kieselgel G-Schicht. Die experimentellen Einzelheiten sind in der Legende zur Abb. 41 auf S. 88 angegeben. STEINEGGER und GEBISTORF [*208*] beschäftigten sich später mit der quantitativen Erfassung und legten besonderen Wert auf die Trennung des α- vom β-Pellatin. Sie verwendeten hierzu ebenfalls Kieselgel G-Schichten und entwickelten 11 cm hoch mit Chloroform-Methanol (97 + 3); die Lignan- und Flavonglykoside blieben ungetrennt am Start zurück.

Die *Sichtbarmachung* erfolgte durch Aufsprühen einer 0,1 N-Silbernitratlösung. Bereits in der Kälte ergeben α-Peltatin und Demethylpodophyllotoxin rein schwarze Flecke und β-Peltatin färbt sich braunschwarz. Erst nach reichlichem Aufsprühen treten die übrigen Verbindungen als weiße, fettige Flecke auf der transparenten Schicht hervor. Sie färben sich nach mehreren Stunden bräunlich. Einfacher ist es, auf Kieselgel GF_{254}-Schichten zu entwickeln, um danach diese Substanzen im kurzwelligen UV-Licht an der Fluorescenzlöschung erkennen zu können.

43a Dünnschicht-Chromatographie, 2. Aufl.

Kuhn und von Wartburg [*131, 230*] chromatographieren Podophyllum-Lignane und deren Glykoside auf Kieselgel G-Schichten mit folgenden Fließmitteln:

Chloroform-Methanol-Wasser (70 + 25 + 5)

Äthylacetat-iso-Propylacetat-Äthanol-Wasser (40 + 40 + 15 + 15)

Dimethylsulfoxid-Chloroform-Eisessig (10 + 60 + 10).

Der gleiche Arbeitskreis [*176*] beschäftigte sich später mit der Synthese des Neopodophyllotoxins und mit den Podophyllinsäure-Umesterungsprodukten. Zur DC wurden wiederum Kieselgel-Schichten verwendet. Als Fließmittel diente Chloroform, dem je nach Trennproblem zwischen 1—6 proz. Methanol zugesetzt wurde. Die Sichtbarmachung erfolgte durch Aufsprühen von 50 proz. Schwefelsäure, der 0,2 proz. Cer (IV)-sulfat zugesetzt worden war, und Erhitzen auf 120°.

Schorn [*200*] zeigte, daß man auf einer Gradient-Schicht von Kieselgur G nach Kieselgel GF_{254} bei einer Trennstrecke von 13 cm mit Chloroform-Methanol (95 + 5) sowohl die Lignane als auch deren Glykoside in einer Entwicklung trennen kann. Die Reihenfolge entspricht der Abb. 41. Auch auf Magnesol-Schichten sollte die DC — analog der von Rüttimann und Flück [*186*] beschriebenen säulenchromatographischen Podophyllin-Trennung — mit Benzol-Chloroform-Mischungen gut gelingen.

Gensler und Gatsonis [*62*] verwenden die DC beim Studium der Isomerisierung des Podophyllotoxins zu dem nicht mehr laxierend wirkenden Pikropodophyllin. Die halbsynthetischen Azo- und Aminopeltatine chromatographierten Auterhoff und Theilacker [*5*] mit Methylenchlorid-Äther (80 + 20) oder Methylenchlorid-Äthylacetat-Äther (50 + 40 + 10) auf Kieselgel G-Schichten. Die Azopeltatine sind rot, die Nitro- und Aminopeltatine färben sich mit 4-Dimethylaminobenzaldehyd-Salzsäurereagens (Reag.-Nr. 66) gelb bis orange.

Pyrethrinsynergisten vom Lignantyp, insbesondere Sesamin und Sesamolin wurden schon vor Jahren von Beroza [*13, 115*] auf Kieselgel-Schichten mit 14 verschiedenartigen Fließmitteln getrennt. Er bevorzugt Benzol mit einem Zusatz von 2,5 proz. Aceton. Auch Jork [*117*] berichtet über die DC dieser Lignane auf Kieselgel G-Schichten mit Chloroform-Methylenchlorid (50 + 50) bei KS und gibt folgende Farbreaktionen an:

Tabelle 171. *Farbreaktionen mit verschiedenen Sprühreagentien*[1]

Lignan-Derivate	h*Rf*-Werte	I	II	III	IV
Asarinin . .	58	ocker mit blauem Rand	blau	orange	braun-grau, blauer Rand
Sesamolin .	56	ziegelrot	blau	olivgrün blauer Rand	violett-grau
Sesamin . .	43	ocker mit blauem Rand	blau	orange-rot	braun-grau, blauer Rand

[1] I Anisaldehyd-Reag.-Nr. 15; Farbe nach 5 min 110° C; II Phosphormolybdänsäure-Reag.-Nr. 158; Vor Erhitzen auf 100° C färbt sich nur Sesamolin blau; III Konz. Schwefelsäure; Farbe nach 5 min 110° C. IV Antimon (III)-chlorid-Reag.-Nr. 19; vor Erhitzen auf 110° C wird nur Sesamolin hellblau.

BEROZA [*13*] bevorzugt zur Sichtbarmachung ein Gemisch aus Chromotrop- und Schwefelsäure (Reag.-Nr. 259) und kann hiermit nach 30 min Erhitzen auf 105° noch 0,1—0,2 μg dieser Lignane an ihrer purpurnen Anfärbung erkennen.

Mit dem Lignanglykosid Arctiin als einem chemotaxonomischen Merkmal in der Familie der *Compositen* beschäftigen sich HÄNSEL u. Mitarb. [*77*]. Auf Kieselgel G-Schichten gelingt mit Äthylacetat-Methanol (95 + 5) die Trennung des Arctiins (hRf 23) vom Arctigenin (hRf 77). Beide färben sich mit Antimon (III)-chlorid (Reag.-Nr. 19) oder konz. Schwefelsäure rot-violett.

Auch im Rahmen der Holzforschung fand die DC zunehmend Verwendung. FREUDENBERG und SIDHU [*53*] trennten auf Kieselgel G-Schichten mit Chloroform-Essigester (90 + 10) (+)-Sesamin hRf 78, (+)-Asarinin (87), (+)-Epiasarinin (93) von (+)-Pinoresinoldimethyläther (47) und (+)-Epipinoresinol-dimethyläther (55). Die ersten drei Verbindungen färben sich nach Aufsprühen von Schwefelsäure-Formalin (9 + 1) und Erhitzen auf 110° C grün und die beiden letztgenannten rot. Mit der DC auf Kieselgel G-Schichten gelang es KRATZL und MIKSCHE [*128*] ein vorgereinigtes synthetisches DL-Pinoresinol in vier Fraktionen zu zerlegen; als Fließmittel diente Benzol-Eisessig-Wasser (60 + 30 + 15). Um lignin-, flavon- und stilbenhaltige Holzextrakte von *Pinus banksiana* LAMB. aufzutrennen, verwenden VON RUDLOFF und SATO [*185*] die zweidimensionale DC auf Kieselgel G-Schichten. In der ersten Richtung wird mit Chloroform-Eisessig (90 + 10) und in der zweiten Laufrichtung mit Toluol-Dioxan-Wasser (33 + 33 + 33) entwickelt.

Auf eine weitere Möglichkeit zur Abtrennung machen WEINGES [*234—236*] und FREUDENBERG [*51, 52, 56*] aufmerksam. Sie methylieren das Lignangemisch im Gesamtextrakt und trennen die so erhaltenen Äther mit Chloroform-Äthylacetat (90 + 10) auf der Kieselgel-Schicht.

3. Drogen mit Phloroglucin-Derivaten

a) Filix-Phloroglucinbutanone

Bei den gegen Bandwürmer wirksamen Inhaltsstoffen des Wurmfarnrhizoms (*Dryopteris filix-mas* (L.) SCHOTT) handelt es sich um Phloroglucinderivate. Aus den ätherischen Drogenauszügen lassen sich die Wirkstoffe in Form ihrer wasserlöslichen Barium- oder Magnesium-Phenolate abtrennen. Durch Zusatz von Säure fällt man das als Rohfilicin bezeichnete Gemisch aus [*2*]. Eine Vorschrift zur Herstellung einer Untersuchungslösung aus der Droge zur dc Identifizierung findet sich auf S. 689. Die in der Tab. 172 angeführten Filix-Phloroglucide unterscheiden sich in ihrer taeniciden Wirkung stark.

Die dc Trennung erfolgt zumeist auf sauer oder basisch imprägnierten Kieselgel GF$_{254}$-Schichten. Außerdem wurde mit der „Phasenumkehr"-Technik gearbeitet. Hierzu wurde die normale Kieselgel G-Schicht mit Paraffin-Petroläther (5 + 95) imprägniert (S. 49), als Fließmittel diente

Methanol-Ameisensäure-Wasser (75 + 10 + 15). Die erhaltenen Ergebnisse sind in der Tab. 172 zusammengefaßt.

Tabelle 172. hRf-Werte der aus Filix-Arten isolierten Phloroglucinderivate

| Phloroglucinbutanone | Formel | Kieselgel G gepuffert | | | „Phasenumkehr" | Farbe mit Echtblausalz B |
		I	II	III	IV	(Reag.-Nr. 91)
Filicinsäure (1)*	$C_8H_{10}O_3$	—	3	0	100	rot-violett
Desaspidinol (1)	$C_{11}H_{13}O_4$	—	22	75	87	orange-rot
Methylphlorobutyrophenon** (1)	$C_{11}H_{14}O_4$	—	14	55	83	rot-violett
Filicinsäurebutanon (1)	$C_{12}H_{16}O_4$	—	5	5	81	rot-orange
Aspidinol (1)	$C_{12}H_{16}O_4$	41	25	73	78	rot-violett
Phloropyron (2)	$C_{21}H_{26}O_7$	—	60	50	72	orange
Flavaspidsäure (2)	$C_{24}H_{30}O_8$	7	53	9	70	orange-rot
Desaspidin (2)	$C_{24}H_{30}O_8$	82	53	12	70	orange
Aspidin (2)	$C_{25}H_{32}O_8$	85	75	33	11	gelb
Albaspidin (2)	$C_{25}H_{32}O_8$	87	79	26	11	orange-rot
Filixsäure (3)	$C_{36}H_{44}O_{12}$	90	83	16	3	orange-rot

* Zahl der Ringe im Molekül in ( ); ** DF$_x$ [199]. I Kieselgel G, sauer gepuffert (Mc Ilvaine pH 6); Fließmittel: Petroläther-Chloroform-Äthanol (47,5 + 47,5 + 5) [191]; II Kieselgel G, sauer gepuffert (0,5 N Oxalsäure); Fließmittel: Benzol-Chloroform (50 + 50) KS [199]; III Kieselgel GF$_{254}$, alkalisch gepuffert (0,3 M Natriumacetat); Fließmittel: Essigester, zweimaliger Durchlauf mit KS [205]; IV Paraffinimprägnierte Kieselgel GF$_{254}$-Schicht; Fließmittel: Methanol-Ameisensäure-Wasser (75 + 10 + 15) KS [205].

Beim Vergleich der hRf-Werte, die auf der schwach sauren Schicht (I) erhalten werden, mit denen der schwach basischen (III) wird der Einfluß des pH-Wertes deutlich erkennbar. Augenscheinlich tritt dies

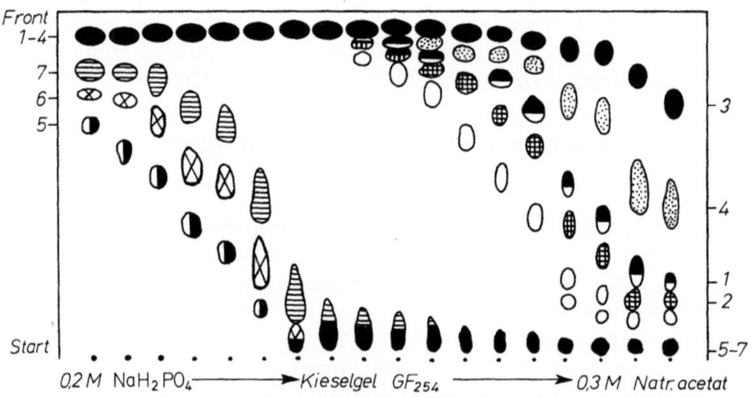

Abb. 198. T-Gradient-Chromatogramm von Rohfilicin [200]. Substanzen 1—7 siehe Abb. 199. Fließmittel: Chloroform-Methanol (95 + 5) KS

bei der T-Gradient-DC (schwach sauer → schwach basisch) hervor. Hier kommen deutlich die Unterschiede in der Acidität der Filix-Phloroglucide zum Ausdruck [200]. Bei der Trennung auf stärker sauren Schichten (II) finden sich die Einring-Verbindungen alle im unteren Drittel des Chromatogrammes, während sich die Flavaspidsäure als Hauptsubstanz des Rohfilicins bei den anderen Zweiring-Verbindungen findet.

Von gewissem Interesse erscheint ferner ein bei der „Phasen-Umkehr" beobachteter Zusammenhang zwischen der Zahl der Phloroglucinringe und dem hRf-Wert. Mit steigendem Molekulargewicht nimmt der hRf-Wert ab. Bei *einem* Ring liegen die hRf-Werte zwischen 78 und 100, bei *zwei* Ringen entweder bei 70 (Zahl der C-Atome 24) oder bei den um eine Methylgruppe reicheren, bei 10.

Sichtbarmachung: Auf den im kurzwelligen UV-Licht fluorescierenden Schichten lassen sich Phloroglucin-Derivate an der Fluorescenzlöschung erkennen. Bei der Kupplung mit dem stabilen Echtblausalz B (Reag.-Nr. 91) erhält man die in der Tab. 172 angegebenen Farben. Weitere Angaben für den Reaktionsausfall mit anderen Diazoniumsalzen findet man bei von SCHANTZ [*191*]. Er verwendet ferner als Sprühreagens: 1 proz. Eisen(III)-chloridlösung + 1 proz. Kaliumhexacyanoferrat(III)-Lösung (1 + 1) und setzt für 10 ml dieser Mischung 10 Tropfen konz. Salpetersäure zu (s. Reag.-Nr. 136). Man erhält hiermit tiefblaue Flecke. Ebenfalls eine blaue Reaktion ergibt das von uns bevorzugte Folin-Ciocalteau-Reagens (Reag.-Nr. 108). In weiteren Arbeiten wird die quantitative Auswertung nach der DC beschrieben. Hierzu werden die abgeschabten Zonen extrahiert und spektralphotometrisch ausgewertet [*199*] oder das Eluat mit Echtblausalzlösung versetzt und die so entstehende Farblösung photometriert [*192, 193*].

Anwendungen: Mittels der DC konnten in relativ kurzer Zeit, insbesondere von PENTILLÄ und SUNDMAN [*168*] neue Filix-Phloroglucide aufgefunden und identifiziert werden [*22, 46, 47, 48*]. Die quantitativen Auswertungen nach der dc Trennung ergaben die ersten brauchbaren Aufschlüsse u. a. über die Zusammensetzung verschiedenartig gewonnener Rohfilicine [*192, 199*].

Auf die Möglichkeit einer dc Identifizierung von Rhiz. Filicis oder Rohfilicin sei hingewiesen (s. S. 689).

b) Hopfenbitterstoffe

Die in der Bierbrauerei wichtigen Hopfenbitterstoffe gehören ebenfalls zur Gruppe der Phloroglucin-Derivate. Die Humulone, Lupulone und die entsprechenden Isoverbindungen lassen sich auf Kieselgel G-Schichten mit schwach polaren Fließmitteln trennen [*4, 132, 211, 214*]. Zum Nachweis von Hopfenbestandteilen in Bier oder in Extrakten erscheint die von GRANT [*67*] vorgeschlagene Methode recht brauchbar:

Biere und Extrakte werden mit n-Hexan ausgeschüttelt. Der schonend eingeengte Hexanextrakt wird in Methanol aufgenommen, die Lösung auf etwa 1° C abgekühlt, um Wachse abzuscheiden. Nach dem Zentrifugieren wird das Filtrat eingeengt und kann nun direkt auf die Kieselgel GF$_{254}$-Platte aufgetragen werden. Als Fließmittel dient ein Gemisch aus 2,2,4-Trimethylpentan-Isopropanol-Ameisensäure (83,5 + 16,5 + 0,5). Die Substanzen erkennt man an der Fluorescenzlöschung und so können sie isoliert und weiter identifiziert werden. Die Absorptionsmaxima liegen alle um 274 nm; doch sind die spezifischen Bitterwerte sehr verschieden. Zum chemischen Nachweis dienen die üblichen Phenolreagentien, wie z. B. Echtblausalz B (Reag.-Nr. 91 oder 108).

4. Drogen mit Bitterstoffen

In ihrer Struktur unbekannte Bitterstoff-Gemische lassen sich ebenfalls mit der DC auftrennen. Zur Erfassung des Bitterwertes ermittelt
man nach Wasicky [231] die sog. Bitterstoffgrenze, d. h. diejenige wäßrige Verdünnung, die eben noch als bitterschmeckend empfunden wird.

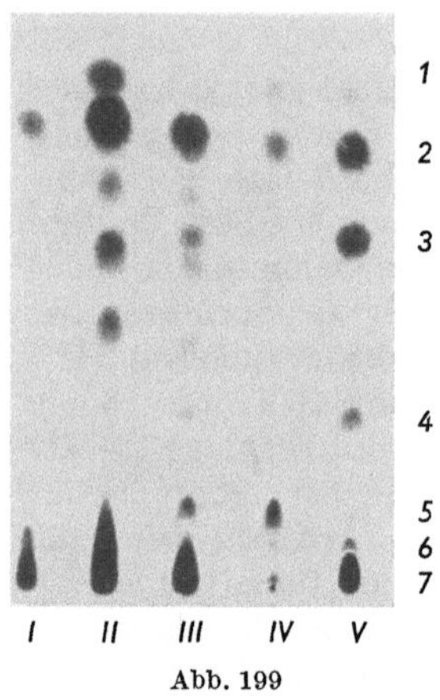
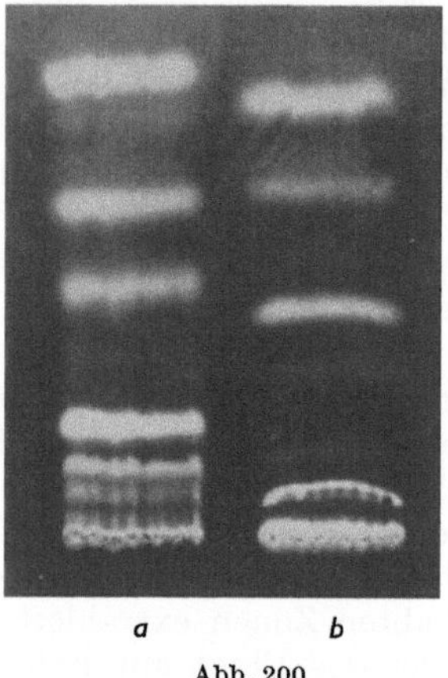

Abb. 199Abb. 200

Abb. 199. DC von Rohfilicin und phloroglucinhaltigen Handelspräparaten [206]. *I* Rohfilicin, alt;
II Rohfilicin, neu; *III* Filmaron, neu, *IV* Filmaron, alt; *V* Taeniver (belg. Präparat). *1* Alba-
spidin; *2* Filixsäure; *3* Aspidinol; *4* Methylphlorbutyrophenon; *5* Filicinsäurebutanon; *6* Filicin-
säure; *7* Flavaspidsäure

Abb. 200. DC von zwei verschiedenen Bitterhölzern; unbesprüht, im langwelligen UV-Licht photographiert. *a* brasilianisches Bitterholz, *b* Jamaika-Quassiaholz [233]. Einzelheiten s. Text

Auf Kieselgel G-Schichten wurden mit dem Fließmittel Chloroform-
Methanol (90 + 10) (KS) Alkoholextrakte (1:10) von zwei verschiedenen
Bitterhölzern verglichen (Abb. 200). Um festzustellen, wo im Chromatogramm die Bitterstoffe liegen, wurden sowohl die fluorescierenden als
auch die anderen Zonen millimeterweise ausgeschabt und jeweils ihr
Bitterwert bestimmt. Die abgeschabten Kieselgel-Zonen wurden hierzu
in je 0,5 ml reinem Äthanol suspendiert und hiervon eine Verdünnungs-
reihe mit Wasser hergestellt. Auf diesem Wege wurde festgestellt, daß
entgegen der früheren Auffassung eine Reihe von Bitterstoffen im Jamaika-Quassiaholz (*Picrasma excelsa* Planch.) enthalten sind und daß diese
Verbindungen nicht mit denen eines brasilianischen Holzes von *Aeschrion
crenata* Vel. identisch sind [233].

5. Haschisch-Inhaltsstoffe

Mit der DC der Rauschgift-Droge Haschisch, auch Marihuana genannt, beschäftigten sich vor allem Korte u. Mitarb. [28, 123—126]. Es
handelt sich bei dieser Droge um die harzigen Bestandteile der weiblichen
Blütenstände von *Cannabis sativa*, einer Pflanze, die in verschiedenen
Varietäten bzw. chemischen Rassen vorkommt. Die Gewinnung der

Untersuchungslösung erfolgt durch Wirbelextraktion mit Petroläther (Kp. 40—60°). Die Trennung gelingt auf imprägnierten Kieselgel G-Schichten. Die Platte wird zur Imprägnierung in N, N-Dimethylform-amid-Tetrachlorkohlenstoff (60 + 40) gestellt und man läßt dieses Gemisch in einer entsprechenden Kammer 15 cm aufsteigen. Nach dem Abdunsten des Lösungsmittels und eines Teiles der Imprägnierungsflüssigkeit (nach 1,5 Std) trägt man die 1—5proz. in n-Hexan gelösten Cannabis- und Haschischextrakte auf. Es wird aufsteigend bei Kammersättigung zwei- bis dreimal mit Cyclohexan 10 cm hoch entwickelt. Zur Sichtbarmachung der getrennten Substanzen ist das Echtblausalz B (Reag.-Nr.91) am geeignetsten. Man kann hiermit noch 0,01 μg der Verbindungen erkennen. Die Abb. 201 zeigt, daß die DC zur Unterscheidung von Haschisch-Extrakten verschiedener Herkunft und evtl. von chemischen Rassen ebenso geeignet ist wie zur Ermittlung der Pyrolyse-Produkte, wie sie beim Haschischrauchen auftreten. Hiermit haben sich auch MIRAS u. Mitarb. [146] beschäftigt und festgestellt, daß nur die Cannabidiolsäure beim Haschischrauchen zerstört wird.

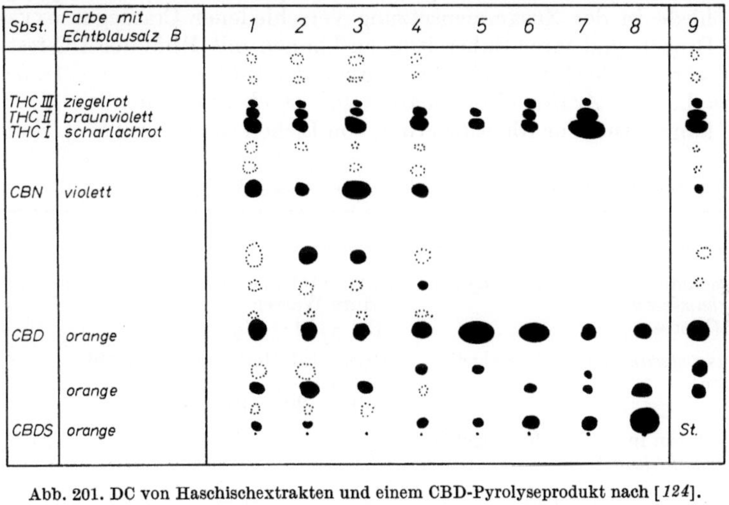

Sbst.	Farbe mit Echtblausalz B	1	2	3	4	5	6	7	8	9
THC III	ziegelrot									
THC II	braunviolett									
THC I	scharlachrot									
CBN	violett									
CBD	orange									
	orange									
CBDS	orange									St.

Abb. 201. DC von Haschischextrakten und einem CBD-Pyrolyseprodukt nach [124].

THC Tetrahydrocannabinole; CBN Cannabinol; CBD Cannabidiol; CBDS Cannabidiolsäure. 1—4 Haschisch orientalischer Provenienz; 5 Cannabis non indica, Anbau Karlsruhe 1956; 6 dgl. 1957; 7 Cannabis indica, Karlsruhe 1957; 8 Cannabis non indica, Karlsruhe 1962; 9 CBD-Pyrolyseprodukt. Die punktierten Flecke sind nur schwach sichtbar.

Zur quantitativen Bestimmung der aus Abb. 201 zu ersehenden Hauptsubstanzen kann entweder das Chromatogramm mit dem bereits erwähnten Echtblausalz B und Alkali besprüht werden, danach die ausgeschabten Zonen mit Eisessig-Methanol (1 + 1) eluiert und im sichtbaren Bereich photometrisch ausgewertet werden oder bei gleichartiger Vorgehensweise nach Umsetzung mit Tetrazolblau (Fa. 88) [125, 126].

6. Weitere Drogen und Naturstoffgemische

Die DC von Drogenauszügen wurde zur Erkennung von Verfälschungen und gelegentlich auch zur Unterscheidung nahestehender Arten herangezogen.

So ließ sich in Radix Pimpinellae eine Verfälschung mit den Wurzeln von *Heracleum sphodylium* L. nachweisen [95] (s. Tab. 173). Die chromatographische Unterscheidung von Fol. Farfarae und Petasites gelang ebenfalls [101]. Mit großem Erfolg wurde von Novotný u. Mitarb. [157, 158] die DC zu chemotaxonomischen Studien europäischer *Petasites*-Arten verwendet. Auf Kieselgel G-Schichten wurden die Auszüge der Petasites-Rhizome in der S-Kammer (S. 71) durch Mehrfach-Entwicklung getrennt. Die Sichtbarmachung erfolgte durch Aufsprühen von konz. Schwefelsäure und Erhitzen. Eine Reihe von *Tilia*-Arten ließ sich mit der DC anhand einer unterschiedlichen Flavonoid-Zusammensetzung der Blütenstände unterscheiden [209]. Die Rinden von *Viburnum prunifolium* L. und *V. opulus* L. lassen sich mit der DC leicht unterscheiden. Das ist wichtig, da immer wieder Verwechslungen und Verfälschungen der teuren V. prunifolium-Droge mit V. opulus vorkommen [112]. Unterschiede in der Zusammensetzung verschiedener Crataegus oxyacantha-Drogen und ihrer Zubereitungen können mit Hilfe der DC festgestellt werden [102]. Eine Unterscheidung der Blütendroge von *Arnica montana* L. und *Arnica chamissonis* Mag. ist ebenfalls möglich [139]. Die DC kann ferner zur Identifizierung von Lichen islandicus [137], Rad.

Tabelle 173. *Bedingungen zur DC einiger Drogen, bzw. deren Auszüge*

Droge	Schicht	Fließmittel	Nachweis	Lit.
Arnica montana L. *Arnica chamissonis* Mag. (Flores)	Kieselgel G	Äthylacetat-Ameisensäure-Wasser (80 + 10 + 10)	Reag.-Nr.80	[139]
Crataegus oxyacantha L. (Drogen)	Kieselgel	Äthylacetat-Methanol-Wasser (100 + 20 + 10)	26; 246	[102]
Petasites-Arten in *Tussilago farfara* L. (Folia)	Kieselgel G	Chloroform	15	[101]
Petasites-Arten (Rhizome)	Kieselgel G	Methylenchlorid (S-Kammer; Mehrfach-Entwicklung)	217	[157]
Pimpinella saxifraga L. *Heracleum sphondylium* (Radix)	Kieselgel G	Chloroform	22	[95]
Tilia-Arten (Flores)	Kieselgel G	Toluol-Methylacetat-Ameisensäure-Wasser (30+50+14+6)	3	[209]
Viburnum prunifolium L. *Viburnum opulus* L. (Cortex)	Kieselgel G	Chloroform-Eisessig-Aceton (75 + 25 + 10)	91; 131; 247	[112]

Tabelle 174. *Trenn- und Nachweisbedingungen für weitere Gruppen von Pflanzeninhaltsstoffen*

Stoffgruppe	Stammpflanze	Schicht	Fließmittel	Nachweis (Reag.-Nr.)	Bemerkungen	Lit.
Aristolochiasäuren (Nitrophenanthren-carbonsäuren)	*Aristolochia clematitis* L. (Wurzel)	Kieselgel G	Benzol-Methanol-Eis-essig (85 + 10 + 5)		quantitative Be-stimmung	[167]
		Cellulose	Benzol-Heptan-Chloroform-Eisessig (15 + 15 + 70 + 3)		quantitative Be-stimmung	[201]
und deren Methylester		Aluminiumoxid G	Benzol		qualitativ	[162]
Aurantiacin (1,4-Benzo-chinon-Derivat)	*Hydnellum caeruleum* (*Basidiomycetae*)	Kieselgel G	Benzol-Äthylacetat-Eisessig (75 + 24 + 1)		qualitativ	[147]
Bitterstoffe	*Physalis franchetti* Mast. (Frucht-beere)	Kieselgel G	Benzol-Chloroform-Methanol (67 + 16 + 16)	19 + 217	qualitativ	[226]
	Cnicus benedictus L. (Kraut)	Kieselgel G	Chloroform-Aceton (80 + 20)	19	qualitativ	[220]
Capsaicin (Isodecenyl-säurevanillylamid)	*Capsicum annuum* L. (Frucht)	Kieselgel G	Cyclohexan-Chloro-form-Eisessig (70 + 20 + 10)	140	qualitativ	[229]
			Chloroform-Methanol-Eisessig (95 + 1 + 5)	58	quantitative Be-stimmung	[90]
		Polyamid	Wasser-Dioxan (66 + 34)	91	Abtrennung von Nonylsäure-vanillylamid	[57]
Dhurrin und Taxi-phyllin	*Taxus*-Arten (Blätter)	Kieselgel G	Methyläthylketon-Äthylacetat-Amei-sensäure-Wasser (50 + 30 + 20 + 10)	145	Glucoside des p-OH-Mandel-säurenitrils	[217]
Exogonsäure	*Exogonium purga* Benth. (Resina Jalapae)	Kieselgel G	Isopropanol-10proz. Ammoniak (66 + 33)	247	qualitativ	[66]

Stoffgruppe	Stammpflanze	Schicht	Fließmittel	Nachweis (Reag.-Nr.)	Bemerkungen	Lit.
Hydrochinone und Chinone	*Arthropoden* (Abwehrblasen)	Kieselgel G Aluminiumoxid G, impr.	Chloroform-Äther (66 + 33) Petroläther (Kp. 30—50°)	136	qualitativ qualitativ	[*194*]
Hydrochinonglucoside (Arbutin + Methyl-arbutin)	*Arctostaphylos uva ursi* L. (Blätter)	Kieselgel GF$_{254}$	Toluol-Äthylacetat-Ameisensäure (50 + 40 + 10)	264	qualitativ	[*203*]
		Kieselgel	Äthylacetat-Methanol-Wasser (100 + 16,5 + 13,5)	158, 264	qualitativ	[*100*] [*138*]
Jalapinolsäure, acyl. Glykosid	*Ipomea parasitica* Don. (Samen)	Kieselgel G	Chloroform-Methanol- (90 + 10)	217	qualitativ	[*190*]
Mutterkorn-Farbstoffe	*Claviceps purpurea* Tul. (Secale cornutum)	Kieselgel G	Benzol-Chloroform-Äthanol (40 + 40 + 10)	UV$_{366}$	qualitativ	[*122*]
			Chloroform-Eisessig (90 + 10)	93	qualitativ	[1]
Päonolglucosid Päoniflorin	*Paeonia*-Arten (Wurzel)	Kieselgel GF$_{254}$	Chloroform-Methanol (85 + 15)	15, 264	BN-Kammer (2 Std)	[*30*]
Rotenone	*Derris*-Arten (Wurzel)	Aluminiumoxid G	Benzol-Äthanol-Was-ser (60 + 30 + 15)	UV$_{366}$ u. 136	qualitativ	[*240*]
Sinalbin	*Sinapis alba* L. (Samen)	Kieselgel G	Wasser-Methanol-Äthylacetat (75 + 5 + 5)	220	qualitativ	[*120*]
Stilben (Pinosylvin)	*Pinus silvestris* L. (Holz)	Kieselgel G	Benzol-Methanol (90 + 10)	Autoradio-graphie	präparativ	[*18*]
Tormentosid (Triterpenglucosid)	*Rosaceaen* (gz. Pflanze)	Kieselgel G	Benzol-n-Butanol-Eisessig-Wasser (50 + 25 + 25 + 5)	217	qualitativ	[*210*]
Ustilaginoidine (Naphthopyron-Derivate)	*Ustilaginoidea vireus* Tak.	Kieselgel G, mit Oxalsäure	Benzol-Aceton (80 + 20)			[*188*]

Gentianae [*140*], Rad. Liquiritiae (S. 690), Rhiz. Filicis (S. 689), Hydrochinon-Drogen (Tab. 174), Cannabis (Abb. 201, S. 682), Anthrachinon-Drogen (Abb. 197, S. 675), Drogen mit Lignanen und Stilbenen (S. 677) und von zahlreichen anderen Drogen herangezogen werden. Weitere Hinweise findet man in den Tab. 173 und 174 und in den anderen Kapiteln, die sich mit der Trennung von Naturstoffen beschäftigen.

III. DC als rechtsverbindliche Methode zur Drogenkennzeichnung

Egon Stahl und P. J. Schorn

Spezielle Anforderungen werden z. Z. noch an denjenigen gestellt, der eine chromatographische Methode für rechtsverbindliche Vorschriftensammlungen, z. B. Arzneibücher (Pharmakopoeen), auszuarbeiten hat. Hierbei sind nämlich mehr Dinge zu beachten, als gemeinhin angenommen wird.

Die Voraussetzung für die Aufnahme eines chromatographischen Verfahrens zur Kennzeichnung von Drogen ist eine detaillierte Beschreibung der allgemeinen Methode unter Nennung der Standardbedingungen (vgl. S. 85). Erst auf dieser Basis können dann in den speziellen Monographien Abschnitte über die chromatographische Kennzeichnung der Droge eingearbeitet werden. Einen solchen Abschnitt gliedert man am zweckmäßigsten in:

a) Herstellung der Untersuchungs- und Vergleichslösung

b) Chromatographie, d. h. die speziellen Bedingungen zur DC

c) Auswertung.

Im folgenden werden hierzu beachtenswerte Hinweise gegeben und anschließend sind zwei praktische Beispiele angeführt.

1. Allgemeine Hinweise zur Ausarbeitung der Vorschriften

Zur Untersuchungslösung (Drogenauszug)

a) Einwaage: 0,1—1,0 g der gepulverten Droge.

b) Auswahl des geeignetsten Extraktionsverfahrens. Man wähle ein möglichst selektives Lösungsmittel, das bereits beim Digerieren oder Macerieren in kurzer Zeit die Wirkstoffe herauslöst; notfalls schalte man noch eine einfache Zwischenreinigung durch flüssig/flüssig Verteilung im Scheidetrichter ein.

c) Der so erhaltene, u. U. zur Trockne eingeengte Wirkstoffauszug soll dann in einer vorbestimmten Menge gelöst, zumeist zwischen 0,1 und 1,0 ml, und hiervon wiederum eine vorbestimmte Menge zumeist 1; 5 und 10 μl, nebeneinander aufgetragen werden.

d) Im Hinblick auf eine bessere Trennung ist zu prüfen, ob man nicht anstelle der üblichen Startpunkte 1—2 cm breite Startbänder auftragen läßt.

Zur Vergleichslösung (künstliches Gemisch)

In jedem Falle ist es erforderlich, eine sog. Vergleichslösung mitzuchromatographieren, die 1—4 in der Untersuchungslösung vorhandene
Hauptsubstanzen enthalten sollte. Diese Vorgehensweise ermöglicht
einen Vergleich der Lage der Substanzzonen, evtl. ihrer Größe und der
Farbreaktionen. Mit einem solchen Vergleichschromatogramm lassen
sich dann auch die Positionen unbekannter Substanzzonen des Chromatogramms der Untersuchungslösung besser und vor allem sicherer beschreiben als mit R_f-Wertangaben. Darüber hinaus ist das Mitchromatographieren einer Vergleichslösung eine wichtige Kontrolle für den Unter-
sucher selbst, ob er nämlich die chromatographischen Bedingungen eingehalten hat.

An eine Vergleichslösung für eine Drogenanalyse sind folgende For-
derungen zu stellen:

a) Sie soll den oder die Hauptwirkstoffe in reiner Form enthalten.

b) Die Mengenverhältnisse dieser Vergleichssubstanzen zueinander
sollen in etwa den Verhältnissen in einer Normaldroge entsprechen.

c) Die ausgewählten Vergleichssubstanzen sollen handelsüblich sein.
Wenn diese Forderung nicht erfüllbar ist, kann man sich jedoch ein
„Testgemisch" aus 1—3 chemisch andersartigen, handelsüblichen Sub-
stanzen herstellen. Die ausgewählten Substanzen sollen jedoch ein den
Hauptwirkstoffen der Droge entsprechendes oder recht ähnliches chro-
matographisches Verhalten aufweisen.

d) Die genaue Herstellungsvorschrift der Vergleichslösung ist anzugeben und ihre Haltbarkeit zu prüfen, ferner die gewünschte Auftragemenge in μl.

Zur Chromatographie

Während die allgemeine Verfahrenstechnik, hier die DC, zumeist bei
den „Allgemeinen Methoden" abgehandelt wird, sollen sich in der Dro-
gen-Monographie folgende Angaben finden:

Art der Schicht (z. B. Kieselgel GF_{254}) und Dicke im Trockenzustand;
Fließmittelzusammensetzung in Volumenteilen (Summe = 100); Normal-
oder Kammersättigung; Laufstrecke in cm; Ein- oder Mehrfach-Entwicklung. Sichtbarmachung (Nachweis): Wenn möglich wird man hierzu
einfache ‚aber möglich spezifische Verfahren auswählen. Das Betrachten
des Chromatogrammes im kurz- und/oder langwelligen UV-Licht zur
Erkennung uv-absorbierender und fluorescierender Verbindungen sollte
nicht der einzige Nachweis sein. Häufig wird man eine Farbreaktion anschließen.

Anmerkung: Bei der Auswahl der Fließmittel und der Reagentien für
Arzneibuchzwecke sollte man möglichst auf solche Lösungs-, bzw. Fließmittel und Festsubstanzen zurückgreifen, die apothekenüblich oder
zumindest leicht beschaffbar sind.

Zur Auswertung

Hier wird ein Vergleich der Lage der Chromatogrammzonen, evtl. der
Flächengröße und des Verhaltens bei der Sichtbarmachung angestellt.

Man geht dabei vom Chromatogramm der Vergleichslösung aus und beschreibt hierauf bezugnehmend das Chromatogramm der Untersuchungslösung.

Da vorbestimmte Mengen aufgetragen werden, ist durch visuellen Größenvergleich der Chromatogrammzonen eine halbquantitative Aussage möglich. Durch das Auftragen steigender Mengen (z. B. 1, 5 und 10 µl) der Untersuchungslösung erhält man ein zusätzliches Bewertungsmerkmal. So wird beispielsweise bei einer 1 µl-Auftragung nur die mengenmäßig überwiegende Hauptsubstanz erkennbar sein, während man bei der zehnfachen Auftragemenge zumeist zusätzliche Substanzzonen erkennt.

Anstelle einer längeren vergleichenden Chromatogrammbeschreibung kann auch eine schematische Darstellung des Chromatogramms einer normalen Untersuchungs- neben der Vergleichslösung erfolgen, wie dies im Arzneibuch 7 der DDR geschah (vgl. hierzu Abb. 71c, S. 129).

Bei einer Reihe von Drogen ist jedoch über die Art und Natur der eigentlichen Wirkstoffe nichts oder sehr wenig bekannt. Auch in diesen Fällen kann die DC eine Hilfe sein und einen chromatographischen Fingerprint liefern. Man kann nämlich auch andere, nicht an der Wirkung beteiligte, Stoffwechselprodukte zur Identifizierung heranziehen; es sei hier insbesondere an die unterschiedliche α- und/oder γ-Pyronzusammensetzung von Pflanzen gedacht. — Wenig oder noch gar nicht ausgeschöpft ist ferner die Möglichkeit, vor der eigentlichen Identitätsprüfung eine chemische Reaktion, z. B. eine Säurehydrolyse des Drogenauszuges (s. Beispiel Liquiritia) durchzuführen und die Hydrolyseprodukte zur chromatographischen Kennzeichnung heranzuziehen. In diesem Zusammenhang sei auf den Abschnitt „Umsetzungen am Startpunkt" (S. 202) nachdrücklich hingewiesen.

2. Zwei Beispiele für spezielle Vorschriften [207]

a) Rhizoma Filicis (Wurmfarnrhizom)

Die nachstehend beschriebene Identifizierung beruht auf dem chromatographischen Nachweis, der über die „Baryt-Methode" angereicherten wirksamen Phloroglucin-Derivate, insbesondere aber der Flavaspidsäure. Die Lage der Wirksubstanzen auf dem Chromatogramm wird durch das Mitchromatographieren einer Vergleichslösung aus Resorcin und Phloroglucin festgelegt; beides handelsübliche Substanzen, die allerdings nicht in dem Drogenextrakt vorhanden sind.

Herstellung der Untersuchungs- und Vergleichslösung

Untersuchungslösung: 1,0 g der feingepulverten Droge wird mit 10 ml einer gesättigten Bariumhydroxid-Lösung 30 min unter häufigem Umschütteln stehengelassen. Das Filtrat wird mit verdünnter Salzsäure angesäuert und zweimal mit 5 ml peroxidfreiem Äther ausgeschüttelt. Die vereinigten Ätherauszüge filtriert man durch einen glatten Filter

(∅ 7 cm), in dem sich eine Messerspitze trockenes Natriumsulfat befindet. Nach Einengen auf dem Wasserbad wird der Rückstand mit 2,0 ml reinem Chloroform aufgenommen und hiervon 10 µl auf ein 1 cm langes Startband aufgetragen.

Vergleichslösung: In 10 ml Methanol werden je 50 mg Resorcin und Phloroglucin gelöst und hiervon jeweils 1 µl neben dem Startband der Untersuchungslösung aufgetragen.

Chromatographische Bedingungen

Es gelten die allgemeinen Bedingungen der DC (S. 85).

Zur Herstellung der Schicht wird Kieselgel GF_{254} (Merck) mit einer 0,3 M Natriumacetat-Lösung angerührt und danach etwa 250 µm dick ausgestrichen. Als Fließmittel dient Chloroform-Methanol (85 + 15). Man entwickelt in einer gesättigten Kammer zweimal je 10 cm hoch. Zur Sichtbarmachung sprüht man 10 ml einer frisch bereiteten 0,5proz. wäßrigen Lösung von Echtblausalz B auf und nach einigen Minuten zur Farbintensivierung einige ml einer wäßrigen 0,1 N Alkalilauge.

Auswertung

Das Chromatogramm der *Vergleichslösung* zeigt zwei Farbflecke: Das sich rot-braun färbende Resorcin liegt im *Rf*-Bereich 0,45 bis 0,50 und das sich blau-violett färbende Phloroglucin liegt im Bereich 0,20—0,25.

Die Flavaspidsäure als Hauptsubstanz der *Untersuchungslösung* hat nur einen geringfügig höheren *Rf*-Wert als das Phloroglucin und färbt sich wie die darüberliegenden Phloroglucide orange-rot. In dem zwischen den beiden Vergleichssubstanzen liegenden *Rf*-Bereich befinden sich im Chromatogramm der Untersuchungslösung weitere orange-rot gefärbte Zonen. Oberhalb des Resorcin-Flecks sind noch weitere gleichartig oder gelb gefärbte Zonen. In dem Chromatogramm der Untersuchungslösung sollen jedoch keine blau bis violett gefärbten Zonen (Zersetzungsprodukte) vorhanden sein.

b) Radix Liquiritiae (Süßholzwurzel)

Die nachstehend beschriebene dc Identifizierung von Radix Liquiritiae beruht auf dem Nachweis der Glycyrrhetinsäure nach einer sauren Hydrolyse des Drogenauszuges. Sie liegt in der Droge ursprünglich als Glucuronid (= Glycyrrhizinsäure) vor. Man vergleicht den nicht hydrolysierten mit dem hydrolysierten Auszug. Dies führt zu einer sicheren Identifizierung der Droge.

Herstellung der Untersuchungs- und Vergleichslösung

Untersuchungslösung: 1,0 g der feingepulverten Droge wird mit 20,0 ml Methanol 15 min unter Rückfluß gekocht. Das erkaltete Filtrat ergänzt man mit Methanol auf 20,0 ml.

a) 10,0 ml des Filtrats werden zur Trockne eingeengt. Der Rückstand wird mit 1,0 ml einer Mischung aus Chloroform-Methanol (1 + 1) aufgenommen. Ein verbleibender Rückstand kann vernachlässigt werden.

b) 10,0 ml des Filtrats werden zur Trockne eingeengt, der Rückstand mit 20,0 ml einer 5proz. Schwefelsäure eine Stunde unter Rückfluß gekocht. Nach dem Erkalten wird die Lösung mit 20,0 ml Chloroform ausgeschüttelt. Die mit etwas Natriumsulfat getrocknete Chloroform-Phase engt man zur Trockne ein und nimmt sie mit 1,0 ml einer Mischung aus Chloroform-Methanol (1 + 1) auf. Von der Untersuchungslösung a) und b) werden jeweils 1, 5 und 10 µl punktförmig am Start aufgetragen.

Vergleichslösung: In 5 ml Chloroform-Methanol (1 + 1) löst man 50 mg gereinigte Glycyrrhetinsäure und trägt hiervon neben der Untersuchungslösung 1 und 5 µl auf.

Chromatographische Bedingungen

Es gelten die allgemeinen Bedingungen der DC (S. 85). Zur Herstellung der Schicht wird Kieselgel GF_{254} (Merck) anstelle von Wasser mit einer 0,25proz. o-Phosphorsäure-Lösung angerührt, danach etwa 250 µm dick ausgestrichen und getrocknet. Als Fließmittel dient Chloroform-Methanol (95 + 5). Die Trennstrecke beträgt 10 cm; es wird in der gesättigten Kammer entwickelt. Zur Sichtbarmachung der Substanzen sprüht man etwa 10 ml Anisaldehyd-Schwefelsäure-Reagens auf und erwärmt die Platte etwa 10 min auf 100—110° C.

Auswertung

Die als Vergleichssubstanz mitchromatographierte Glycyrrhetinsäure erscheint auf dem Chromatogramm als violett-blauer Fleck im Rf-Bereich 0,3. Da sie in der Pflanze nicht frei vorkommt, darf die Glycyrrhetinsäure nur im Chromatogramm der Extraktlösung b, nicht dagegen in dem der Extraktlösung a auftreten.

Die Glycyrrhetinsäure ist bereits ohne Sprühreagens im kurzwelligen UV-Licht an der Fluorescenzlöschung zu erkennen. Im Tageslicht sind auf dem unbehandelten Chromatogramm zwei gelbe Zonen im Rf-Bereich 0,20—0,25 sichtbar.

Es besteht die Möglichkeit einer halbquantitativen Auswertung der Glycyrrhetinsäuremenge in der Droge, und zwar durch Vergleich der Fleckengröße mit der genannten Vergleichslösung.

Literatur zum Kapitel U. Hydrophile Pflanzeninhaltsstoffe

[1] ABERHART, D. J., S. CHEN, P. DE MAYO, and J. B. STOTHERS: Tetrahedron 21, 1417 (1965).
[2] ACKERMANN, M., u. M. MÜHLEMANN: Pharm. Acta Helv. 21, 157 (1946).
[3] ASAHINA, Y.: In: L. ZECHMEISTER: Fortschritte der Chemie org. Naturstoffe, Bd. 8. Wien: Springer 1951.
[4] ASHURST, P. R., and D. R. J. LAWS: J. Chem. Soc. (C) 1966, 1615.
[5] AUTERHOFF, H., u. G. THEILACKER: Arch. Pharm. 297, 88 (1964).
[6] BARBIER, M.: J. Chromatog. 2, 649 (1959).

[7] Barry, R. D.: Chem. Rev. **64**, 229 (1964).
[8] Bate-Smith, E. C., u. R. G. Westall: Biochim. et Biophys. Acta **4**, 427 (1950).
[9] — J. Linnean Soc. London **58**, 95 (1962).
[10] Baumgartner, R., u. K. Leupin: Pharm. Acta Helv. **36**, 445 (1961).
[11] Belič, I., and J. Bergant-Dolar: J. Chromatog. **5**, 455 (1961).
[12] Bernfeld, P.: Biogenesis of Natural Compounds. Oxford, London, New York, Paris: Pergamon Press 1963.
[13] Beroza, M.: Agric. Food Chemistry **11**, 51 (1963).
[14] Beyrich, Th.: Pharmazie **17**, 280 (1962).
[15] — Planta Med. **13**, 439 (1965).
[16] Bhandari, P. R.: J. Chromatog. **16**, 130 (1964).
[17] Billek, G., u. H. Kindl: Monatsh. Chem. **92**, 493 (1961).
[18] — u. W. Ziegler: Monatsh. Chem. **93**, 1430 (1962).
[19] — In: L. Zechmeister: Fortschritte der Chemie org. Naturstoffe. Bd. 22. Wien: Springer 1964.
[20] Birkofer, L., u. Ch. Kaiser: Z. Naturforsch. **17**b, 352 (1962).
[21] — — Z. Naturforsch. **17**b, 359 (1962).
[22] Blakmore, R. C., K. Bowden, J. L. Broadbent, and A. C. Drysdale: J. Pharm. and Pharmacol. **16**, 464 (1964).
[23] Bogs, U., u. G. Zessin: Pharmazie **21**, 547, 550, 553 (1966).
[24] Böhme, H., u. L. Kreutzig: Deut. Apotheker-Ztg **103**, 505 (1963).
[25] — — Arch. Pharm. **297**, 681 (1964).
[26] — — Arch. Pharm. **298**, 262 (1965).
[27] Broadbent, J. H., J. A. Cornelius, and G. Shone: Analyst **88**, 214 (1963).
[28] Claussen, U., u. F. Korte: Naturwissenschaften **53**, 541 (1966).
[29] Coomes, T. J., P. C. Crowther, B. J. Francis, and G. Shone: Analyst **89**, 436 (1964).
[30] Cooper, S. F.: Dissertation in Vorbereitung.
[31] Copenhaver, J. H., and M. J. Carver: J. Chromatog. **16**, 229 (1964).
[32] Crombie, L.: In: L. Zechmeister: Fortschritte der Chemie org. Naturstoffe. Bd. 21, Wien: Springer 1963.
[33] Dean, F. M.: In: L. Zechmeister: Fortschritte der Chemie org. Naturstoffe. Bd. 9. Wien: Springer 1952.
[34] Drawert, F.: Vitis **4**, 42 (1963).
[35] Dutta, N. L., A. C. Ghosh, P. M. Nair, and K. Venkataraman: Tetrahedron Letters **40**, 3023 (1964).
[36] Egger, K.: J. Chromatog. **5**, 74 (1961).
[37] — Z. Naturforsch. **16**b, 697 (1961).
[38] — Z. anal. Chem. **182**, 161 (1961).
[39] — Planta **58**, 326 (1962).
[40] — Planta Med. **12**, 265 (1964).
[41] — u. M. Keil: Ber. deut. botan. Ges. **78**, 153 (1965).
[42] — — Z. anal. Chem. **210**, 201 (1965).
[43] El-Basyomi, S. Z., and G. H. N. Towers: Can. J. Biochem. **42**, 203 (1964).
[44] Endres, H.: Z. anal. Chem. **181**, 331 (1961).
[45] — u. H. Hörmann: Angew. Chem. **73**, 288 (1963).
[46] Fikenscher, L. H., and M. R. Gibson: Lloydia **25**, 196 (1962).
[47] — u. R. Hegnauer: Planta Med. **11**, 348 (1963).
[48] — — Planta Med. **11**, 355 (1963).
[49] Franc, J., and M. Hájková: J. Chromatog. **16**, 345 (1964).
[50] Freudenberg, K., u. K. Weinges: In: L. Zechmeister: Fortschritte der Chemie org. Naturstoffe. Bd. 16. Wien: Springer 1958.
[51] — — Tetrahedron **8**, 336 (1960).
[52] — — Tetrahedron **15**, 115 (1961).
[53] — — Ch.-L. Chen u. G. Cardinale: Chem. Ber. **95**, 2814 (1962).
[54] — u. G. S. Sidhu: Chem. Ber. **94**, 851 (1961).
[55] — In: L. Zechmeister: Fortschritte der Chemie org. Naturstoffe. Bd. 20. Wien: Springer 1962.
[56] — u. K. Weinges: Ann. Chem. Liebigs **668**, 92 (1963).

[57] FRIEDRICH, H., u. R. RANGOONWALA: Naturwissenschaften **52**, 514 (1965).
[58] GAGE, TH. B., QU. L. MORRIS, W. E. DETTY, and S. H. WENDER: Science **113**, 522 (1951).
[59] GEISSMANN, T. A.: In: K. PAECH u. M. V. TRACEY: Moderne Methoden der Pflanzenanalyse, Bd. III. Berlin, Göttingen, Heidelberg: Springer 1955.
[60] — The Chemistry of Flavonoid Compounds. Oxford, London, New York, Paris: Pergamon Press 1962.
[61] GENEST, CHR., and D. M. SMITH: J. Assoc. Off. Agr. Chemists **46**, 817 (1963).
[62] GENSLER, W. J., and CH. D. GATSONIS: J. org. Chem. **31**, 3224 (1966).
[63] GERRITSMA, K. W., u. M. C. B. v. RHEEDE VAN OUDTSHOORN: Pharm. Weekblad **97**, 765 (1962).
[64] GHOSAL, C. R.: Chem. & Ind. (Lond.) **1963**, 1430.
[65] GOODWIN, T. W.: Chemistry and Biochemistry of Plant Pigments. London, New York: Academic Press 1965.
[66] GRAF, E., E. DAHLKE u. H. W. VOIGTLÄNDER: Arch. Pharm. **298**, 81 (1965).
[67] GRANT, H. L.: Proc. Americ. Soc. Brew. Chem. **1965**, 208.
[68] GRAU, W., and H. ENDRES: J. Chromatog. **17**, 585 (1965).
[69] GRISEBACH, H., u. W. D. OLLIS: Experientia **17**, 4 (1961).
[70] — Z. Naturforsch. **18**b, 466 (1963).
[71] — u. K. O. VOLLMER: Z. Naturforsch. **19**b, 781 (1964).
[72] HAIS, I. M., u. K. MACEK: Handbuch der Papierchromatographie. Jena: VEB G. Fischer 1958.
[73] HALMEKOSKI, J.: Acta chem. Fennica **35**B, 39 (1962).
[74] HÄNSEL, R.: In: H. F. LINSKENS: Papierchromatographie in der Botanik. Berlin, Göttingen, Heidelberg: Springer 1959.
[75] — L. LANGHAMMER, J. FRENZEL, and G. RANFT: J. Chromatog. **11**, 369 (1963).
[76] — G. RANFT u. P. BÄHR: Z. Naturforsch. **18**b, 370 (1963).
[77] — H. SCHULZ u. CH. LEUCKERT: Z. Naturforsch. **19**b, 727 (1964).
[78] — u. H. RIMPLER: Z. anal. Chem. **207**, 270 (1965).
[79] HARBORNE, J. B.: J. Chromatog. **1**, 473 (1958).
[80] — Biochem. J. **70**, 22 (1958).
[81] — Chromatog. Rev. **1**, 209 (1959).
[82] — J. Chromatog. **2**, 581 (1959).
[83] — Chromatog. Rev. **2**, 105 (1960).
[84] — and I. J. CORNER: Biochem. J. **81**, 242 (1961).
[85] HARBORNE, J. B.: In: L. ZECHMEISTER: Fortschritte der Chemie org. Naturstoffe. Bd. 20. Wien: Springer 1962.
[86] — Biochemistry of Phenolic Compounds. London, New York: Acad. Press 1964.
[87] HARTWELL, J. L., u. A. W. SCHRECKER: In: L. ZECHMEISTER: Fortschritte der Chemie org. Naturstoffe. Bd. 15. Wien: Springer 1958.
[88] HATHWAY, D. E.: Biochem. J. **83**, 80 (1962).
[89] HAWORTH, R. D.: J. Chem. Soc. (London) **1942**, 448.
[90] HEUSSER, D.: Plante Med. **12**, 237 (1964).
[91] HÖRHAMMER, L., H. WAGNER u. W. LEEB: Naturwissenschaften **44**, 513 (1957).
[92] — — J. ISQUIERDO u. H. ENDRES: Arch. Pharm. **291**, 269 (1958).
[93] — — Pharm. Ztg. **104**, 783 (1959).
[94] — — u. H. GRASMEIER: Naturwissenschaften **45**, 388 (1959).
[95] — — u. B. LAY: Pharmazie **15**, 645 (1960).
[96] — — In: W. D. OLLIS: Recent Developments in the Chemistry of Natural Phenolic Compounds. Oxford, London, New York, Paris: Pergamon Press 1961.
[97] — — Arzneimittel-Forsch. **12**, 1002 (1962).
[98] — Deut. Apotheker-Ztg. **102**, 759 (1962).
[99] — — u. B. SALFNER: **13**, 33 (1963).
[100] — — u. H. KÖNIG: Deut. Apotheker-Ztg **103**, 1 (1963).
[101] — — u. B. LAY: Deut. Apotheker-Ztg **103**, 429 (1963).
[102] — — u. M. SEITZ: Deut. Apotheker-Ztg **103**, 1302 (1963).

[103] HÖRNHAMMER, L., H. WAGNER, u. W. EYRICH: Z. Naturforsch. 18b, 639 (1963).
[104] — — u. G. BITTNER: Pharm. Ztg. 108, 259 (1963).
[105] — — — Arzneimittel-Forsch. 13, 537 (1963).
[106] — — — Z. Naturforsch. 19b, 222 (1964).
[107] — In: Methods in Polyphenol Chemistry. Oxford: Pergamon Press 1964. S. 89.
[108] — G. BITTNER u. H. P. HÖRHAMMER jr.: Naturwissenschaften 51, 310 (1964).
[109] — L. FARKAS, H. WAGNER u. S. IMRE: Acta Chim. Acad. Sci. Hung. 40, 309 (1964).
[110] — — — u. E. MÜLLER: Chem. Ber. 97, 1662 (1964).
[111] — H. WAGNER, and K. HEIN: J. Chromatog. 13, 235 (1964).
[112] — — u. H. REINHARDT: Deut. Apotheker-Ztg 105, 1371 (1965).
[113] — — u. E. GRAF: Deut. Apotheker-Ztg 105, 827 (1965).
[114] JANIAK, B., u. H. BÖHMERT: Arzneimittel-Forsch. 12, 431 (1962).
[115] JONES, W. A., M. BEROZA, and E. D. BECKER: J. org. Chem. 27, 3232 (1962).
[116] JÓRGENSEN, C., and H. KOFOD: Acta Chem. Scand. 8, 941 (1954).
[117] JORK, H.: Diss. Saarbrücken 1963.
[118] KARRER, W.: Konstitution und Vorkommen organischer Pflanzenstoffe. Basel: Birkhäuser 1958.
[119] KAWANO, N., H. MIURA, and H. KIKUCHI: J. Pharm. Soc. Japan 84, 469 (1964).
[120] KINDL, H.: Monatsh. Chem. 95, 439 (1964).
[121] KNAPPE, E., u. I. ROHDEWALD: Z. anal. Chem. 200, 9 (1964).
[122] KORNHAUSER, A., S. LOGAR u. M. PERPAR: Pharmazie 20, 447 (1965).
[123] KORTE, F., u. H. SIEPER: Ann. Chem. Liebigs 630, 71 (1960).
[124] — — J. Chromatog. 13, 90 (1964).
[125] — — J. Chromatog. 14, 178 (1964).
[126] — H. SIEPER, and S. TIRA: Bull. Narcotics. UN. Dep. Social Affairs 17, 35 (1965).
[127] KRATZL, K., u. G. PUSCHMANN: Holzforschung 14, Heft 1, 1 (1960).
[128] — u. G. E. MIKSCHE: Monatsh. Chem. 94, 434 (1963).
[129] KRAUS, LJ., u. D. DUPAKOVA: Pharmazie 19, 41 (1964).
[130] — Farm. Obzor. 33, 309 (1964).
[131] KUHN, M., u. A. VON WARTBURG: Helv. Chim. Acta 46, 2127 (1963).
[132] KUROIWA, Y., and H. HASHIMOTO: J. Inst. Brewing 67, 347, 352 (1961).
[133] LIST, P. H., u. S. HANATI: Arch. Pharm. 298, 107 (1965).
[134] LONGO, R., G. MEINARDI u. F. KORTE: Arch. Pharm. 297, 248 (1964).
[135] — — Boll. Chim. France 104, 503 (1965).
[136] LOTH, H., G. SCHENCK u. K. KOSSMANN: Arch. Pharm. 297, 331 (1964).
[137] LUCKNER, M., O. BESSLER u. P. SCHRÖDER: Pharmazie 20, 203 (1965).
[138] — — — Pharmazie 20, 300 (1965).
[139] — — u. R. LUCKNER: Pharmazie 20, 681 (1965).
[140] — — u. P. SCHRÖDER: Pharmazie 20, 16 (1965).
[141] LYMANN, R. L., A. L. LIVINGSTON, E. M. BICKOFF, and A. N. BOOTH: J. Org. Chem. 23, 756 (1958).
[142] MC CARTHY, T. J., and C. H. PRICE: Pharm. Weekblad 100, 761 (1965).
[143] — u. M. C. B. VAN RHEEDE VAN OUDTSHOORN: Planta Med. 14, 62 (1966).
[144] MARKHAM, K. R.: Tetrahedron 20, 991 (1964).
[145] MEIER, W., u. A. FÜRST: Helv. Chim. Acta 45, 232 (1962).
[146] MIRAS, C., S. SIMONS and J. KIBURIS: Bull. Stupefiants 16, 13 (1964).
[147] MONTFORT, M. L., V. E. TYLER jr., and L. R. BRADY: J. Pharm. Sci. 55, 1300 (1966).
[148] MOSBACH, K.: Biochem. Biophys. Research Communs 17, 363 (1964).
[149] MÜLLER, K. H., B. CHRIST u. G. KÜHN: Arch. Pharm. 295, 41 (1962).
[150] NATORI, S., F. SATO, and S. UDAGAWA: Chem. & Pharm. Bull. (Tokyo) 13, 385 (1965).
[151] NEU, R.: Naturwissenschaften 44, 181 (1957).
[152] — Microchim. Acta 1957, 196.
[153] — Nature 182, 660 (1958).
[154] — Arch. Pharm. 293, 169 (1960).
[155] NIELSEN, B. E., and J. LEMMICH: Acta Chem. Scand. 18, 932 (1964).

[*156*] NILSSON, M.: Acta Chem. Scand. **15**, 154 (1961).
[*157*] NOVOTNY, L., u. F. SORM: Beiträge zur Biochemie und Physiologie von Naturstoffen, S. 327. Festschrift MOTHES, K., Jena: VEB Fischer 1965.
[*158*] — J. TOMAN, F. STARY, A. D. MARQUEZ, V. HEROUT, and F. SORM: Phytochemistry **5**, 1281 (1966).
[*159*] NUNO, M.: J. Japan Bot. **39**, 97 (1964).
[*160*] NYBOM, N.: Fruchtsaft-Ind. **8**, 205 (1963).
[*161*] — Physiol. Plantarum **17**, 157 (1964).
[*162*] PAILER, M., P. BERGTHALLER u. G. SCHADEN: Monatsh. Chem. **96**, 863 (1965).
[*163*] PARIS, R.: Pharm. Acta Helv. **36**, 176 (1961).
[*164*] — et M. PARIS: Bull. soc. chim. France **1963**, 1597.
[*165*] PASTUSKA, G.: Z. anal. Chem. **179**, 355 (1961).
[*166*] — u. H. TRINKS: Chemiker-Ztg. **85**, 535 (1961).
[*167*] PATT, P.: Arzneimittel-Forsch. **15**, 90 (1965).
[*168*] PENTILLÄ, A., u. J. SUNDMAN: Planta Med. **14**, 157 (1966).
[*169*] PETTERSSON, G.: J. Chromatog. **12**, 352 (1963).
[*170*] — Acta Chem. Scand. **18**, 2303 (1964).
[*171*] PRIDHAM, J. B.: Methods in Polyphenol Chemistry. Oxford, London, New York, Paris: Pergamon Press 1964.
[*172*] POETHKE, W., H. BEHRENDT u. E. MATSCHKE: Pharm. Zentralhalle **102**, 492 (1963).
[*173*] — — Pharm. Zentralhalle **104**, 549 (1965).
[*174*] RAMAUT, J. L.: Bull. soc. chim. Belges **72**, 316 (1963).
[*175*] REIO, L.: J. Chromatog. **13**, 475 (1964).
[*176*] RENZ, J., M. KUHN u. A. VON WARTBURG: Ann. Chem. Liebigs **681**, 207 (1965).
[*177*] REZNIK, H., u. K. EGGER: Z. anal. Chem. **183**, 196 (1961).
[*178*] RHEEDE VAN OUDTSHOORN, v. M. C. B.: Planta Med. **11**, 332 (1963).
[*179*] — u. K. W. GERRITSMA: Pharm. Weekblad **99**, 1425 (1964).
[*180*] — Phytochemistry **3**, 383, 390 (1964).
[*181*] — u. K. W. GERRITSMA: Naturwissenschaften **52**, 35 (1965).
[*182*] — Planta Med. **14**, 72 (1966).
[*183*] RIBÉREAU-GAYON, P.: Compt. rend. **258**, 1335 (1964).
[*184*] ROUX, D. G., and S. R. EVELIN: J. Chromatog. **1**, 537 (1958).
[*185*] RUDLOFF, E. VON, and A. SATO: Can. J. Chem. **41**, 2165 (1963).
[*186*] RÜTTIMANN, O., u. H. FLÜCK: Pharm. Acta Helv. **39**, 417 (1964).
[*187*] SARGEANT, K.: Chem. & Ind. (London) **1963**, 53.
[*188*] SHIBATA, S., and Y. OGIHARA: Chem. Pharm. Bull. (Tokyo) **11**, 1576 (1963).
[*189*] SIEPER, H., R. LONGO u. F. KORTE: Arch. Pharm. **296**, 403 (1963).
[*190*] SMITH, C. R. jr., L. H. NIEZE, H. F. ZOBEL, and I. A. WOLFF: Phytochemistry **3**, 289 (1964).
[*191*] SCHANTZ, M. v.: Planta Med. **10**, 22 (1962).
[*192*] — Planta Med. **10**, 98 (1962).
[*193*] — L. IVARS, I. LINDGREN, L. LAITINEN, E. KUKKONEN, H. WALENIUS u. C. J. WIDÉN: Planta Med. **12**, 112 (1964)
[*194*] SCHILDKNECHT, H., u. H. KRÄMER: Z. Naturforsch. **17**b, 701 (1962).
[*195*] SCHMID, H.: In: L. ZECHMEISTER: Fortschritte der Chemie organischer Naturstoffe. Bd. 11. Wien: Springer 1954.
[*196*] SCHMIDT, O. TH.: In: K. PAECH u. M. TRACEY: Moderne Methoden der Pflanzenanalyse. Bd. III. S. 517. Berlin, Göttingen, Heidelberg: Springer 1955.
[*197*] — In: L. ZECHMEISTER: Fortschritte der Chemie org. Naturstoffe. Bd. 13. Wien: Springer 1956.
[*198*] — u. W. SCHÖNLEBEN: Z. Naturforsch. **12**b, 262 (1957).
[*199*] SCHORN, P. J.: Dissertation, Saarbrücken 1963.
[*200*] — Vortrag: Chromatographie-Symposium III, Brüssel 1964.
[*201*] SCHUNACK, W., E. MUTSCHLER u. H. ROCHELMEYER: Pharmazie **20**, 685 (1965).
[*202*] STAFFORD, H. A.: Plant Physiol. **40**, 130 (1965).
[*203*] STAHL, E., u. P. J. SCHORN: Z. physiol. Chem., Hoppe-Seyler's **325**, 263 (1961).
[*204*] — u. U. KALTENBACH: J. Chromatog. **5**, 458 (1961).

[205] Stahl, E., u. P. J. Schorn: Naturwissenschaften **49**, 14 (1962).
[206] — — Scient. Pharm. **31**, 157 (1963).
[207] — — unveröffentl.
[208] Steinegger, E., u. J. Gebistorf: Pharm. Acta Helv. **38**, 840 (1963).
[209] — — Scient. Pharm. **31**, 298 (1963).
[210] — u. K. Peters: Pharm. Acta Helv. **41**, 102 (1966).
[211] Stocker, H. R.: Schweiz. Brau.-Rundschau **72**, 243, 267 (1961).
[212] Tanner, H., H. Rentschler u. G. Senn: Mitt. Klosterneuburg Ser. A Rebe, Wein **13**, 156 (1963).
[213] Teichert, K., E. Mutschler u. H. Rochelmeyer: Z. anal. Chem. **181**, 325 (1961).
[214] Teuber, M.: Dissertation München 1962.
[215] Thieme, H.: Pharmazie **19**, 471 (1964).
[216] Thomson, R. H.: Naturally Occuring Quinones. New York: Academic Press 1957.
[217] Towers, G. H. N., A. G. McInnes, and A. C. Neish: Tetrahedron **20**, 71 (1964).
[218] Tschesche, R., U. Schacht u. G. Legler: Ann. Chem. Liebigs **662**, 113 (1963).
[219] — — — Naturwissenschaften **50**, 521 (1963).
[220] Tyhiak, E., és I. Palvy: Herb. Hung. **3**, 469 (1964).
[221] Urion, E., M. Metche u. J. P. Haluk: Brauwissenschaft **16**, 211 (1963).
[222] Vancraenenbroeck, R., A. Rogirst, H. Lemaitre et R. Lontie: Bull. soc. chim. Belges **72**, 619 (1963).
[223] — A. Vanclef u. R. Lontie:Chromatographie-Symposium III. Brüssel 1964.
[224] van Summére, C. F.: Arch. intern. physiol. et biochim. **72**, 709 (1964).
[225] Venkataraman, K.: In: L. Zechmeister: Fortschritte der Chemie org. Naturstoffe. Bd. 17. Wien: Springer 1959.
[226] Völksen, W.: Arch. Pharm. **294**, 337 (1961).
[227] Vorträge: Tagung Dtsch. Ges. Arzneipflanzenforsch. In: Planta Med. **7**, 336—449 (1959).
[228] Wachtmeister, C. A.: In: H. F. Linskens: Papierchromatographie in der Botanik. 2. Aufl. Berlin, Göttingen, Heidelberg: Springer 1959.
[229] Waldi, D.: In: E. Stahl: Dünnschicht-Chromatographie. Ein Laboratoriumshandbuch. 1. Aufl. Berlin, Göttingen, Heidelberg: Springer 1962.
[230] Wartburg, A. von, M. Kuhn u. H. Lichti: Helv. Chim. Acta **47**, 1203 (1964).
[231] Wasicky, R.: Leitfaden für die pharmakognostischen Untersuchungen im Unterricht und Praxis. Leipzig, Wien: Deuticke 1936.
[232] Watkin, J. E.: Chem. & Ind. (London) **1960**, 378.
[233] Weigert, E., u. P. J. Schorn: Tribuna Farmaceutica **30**, 48 (1962).
[234] Weinges, K.: Chem. Ber. **94**, 3032 (1961).
[235] Weinges, K.: Phytochemistry **3**, 263 (1964).
[236] — u. F. Toribio: Ann. Chem. Liebigs **681**, 161 (1965).
[237] Weygand, F., u. H. Wendt: Z. Naturforsch. **14**b, 421 (1959).
[238] — H. Simon, H. G. Floss u. U. Mothes: Z. Naturforsch. **15**b, 765 (1960).
[239] Wong, E., and A. O. Taylor: J. Chromatog. **9**, 449 (1962).
[240] Yoshitake, D.: Kagaku Keisatsu Kenkyusho Hokoku **16**, 51 (1963).

V. Aminosäuren und Derivate

M. Brenner, A. Niederwieser und G. Pataki*

I. Einleitung

Freie Aminosäuren und Peptide sind ausgesprochen hydrophile Verbindungen, die sich nur wenig in nicht wäßrigen Lösungsmitteln auflösen. Daran ist sowohl bei der Probenahme und Vorbereitung der Substanzen

---

* Für die 2. Auflage durchgesehen und ergänzt von J. Jentsch und E. Stahl.

zur DC als auch bei der Wahl der Fließmittel zu denken. Zur Illustration dieses Sachverhaltes wird auf die Löslichkeitsvergleiche in Tab. 175 verwiesen. Aminosäuren sind ferner amphoter und komplexbildend. Es ist deshalb nicht gleichgültig, ob sie in freier Form, als Hydrochloride, Alkalisalze oder komplexiert mit Schwermetallionen aufs Chromatogramm gebracht werden, ob in saurem, neutralem oder basischem Medium chromatographiert wird, und unter welchen pH-Bedingungen die zur Fleckenerkennung dienenden Farbreaktionen durchgeführt werden. Besondere Beachtung verdient die Möglichkeit des hydrolytischen Zerfalls

Tabelle 175. *Löslichkeit einiger Aminosäuren in verschiedenen Lösungsmitteln* in Mol pro Liter bei 25° C[1]

	Glycin	DL-Norleucin	L-Asparaginsäure
Wasser.	2,886	0,0866	0,0375
20 proz. Äthanol. .	1,343	0,0516	0,0149
80 proz. Äthanol. .	0,0278	0,0130	0,00070
Äthanol	0,00039	0,00104	0,0000116
Methanol.	0,00426	0,00854	
Butanol	0,0000959	0,000336	
Aceton.	0,0000305	0,0000793	

[1] Aus E. J. COHN and J. T. EDSALL in [1].

von Aminosäuresalzen. Ein Aminosäurehydrochlorid z. B. zerfällt beim Auflösen in Wasser je nach Konzentration mehr oder weniger vollständig in zwitterionische Aminosäure und HCl; bei starker Verdünnung ist dieser Zerfall vollständig. Nun ist jeder chromatographische Vorgang ein Verdünnungsprozeß. Will man also Salze unverändert chromatographieren, so ist es notwendig, die Schicht und das Fließmittel entsprechend abzupuffern. Es sei auch auf chemische Veränderungen aufmerksam gemacht, die auf Chromatogrammen unter bestimmten Bedingungen auftreten können und im Zustand der Adsorption am Trägermaterial oft schneller und differenzierter erfolgen als im Reagenzglas. Ein bekanntes Beispiel dieser Art bietet ein Vergleich der Ninhydrinreaktion auf Papierchromatogrammen und in Lösung.

Das Problem der Aminosäure-Trennung bildete den Ausgangspunkt für die Entwicklung der PC. Als Grundlage des Trennprozesses betrachtete man dort anfänglich die Substanzverteilung zwischen dem Quellungs-Wasser, welches die Cellulose im Filterpapier umgibt, und der mit Wasser nicht mischbaren „mobilen" Phase, z. B. wassergesättigtem Phenol. Diese Auffassung hat sich im Laufe der Zeit im Hinblick auf die Verwendbarkeit auch einphasiger Fließmittel etwas geändert, indem man sich dort die weniger bewegliche Quellungsflüssigkeit als eine Art Phase gegen die beweglichere Fließmittelflüssigkeit abgegrenzt denken kann; da und dort mag auch ein Übergang zu Freundlichscher Adsorption an der Cellulose-Oberfläche beteiligt sein.

Die speziell für lipophile Stoffe entwickelte DC an Kieselgel schien zunächst für hydrophile Stoffe weniger geeignet zu sein. Nun enthält aber Kieselgel wie Cellulose je nach Trocknungsart Quellungs- und Solvat-

Wasser, so daß seine inzwischen erkannte hervorragende Eignung für die Chromatographie von Aminosäuren eigentlich nicht verwunderlich ist. Die prinzipielle Ähnlichkeit mit der PC kommt auch in praktischer Beziehung zum Ausdruck. Bei Anwendung der DC auf freie Aminosäuren kann man sich nämlich eng an das reiche Erfahrungsmaterial aus der PC anlehnen. Solange keine Gegenbefunde vorliegen, erscheint es im Sinne einer Faustregel gegeben, hinsichtlich Vorbereitungen des Metarials, Fließmittel und Nachweisreaktionen die Vorschriften aus der PC[1] zu übernehmen. Diese Analogie beschränkt sich aber auf die Verwendung von Kieselgel.

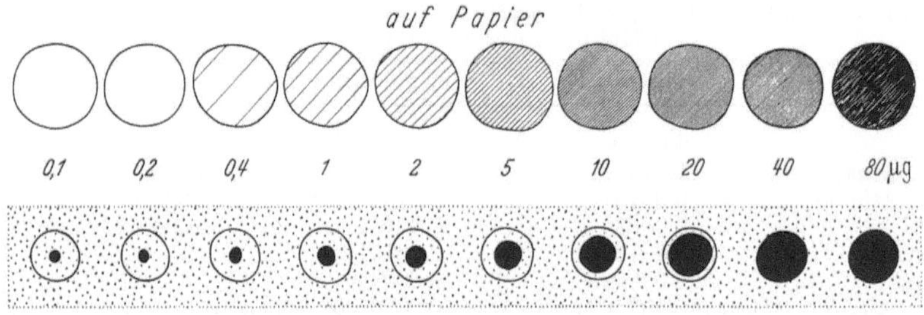

Abb. 202. Substanzausbreitung auf Kieselgel G (Schichtdicke 0,25 mm, lufttrocken) und Whatman-Papier Nr. 1 beim Auftragen von DNP-Serin in Aceton

Es wurden jeweils 10 µl Lösung steigenden Gehalts (0,1 bis 80 µg) in gleichen Zeiten aufgetragen. Auf Kieselgel nimmt die Substanz bei kleineren Konzentrationen nur einen Bruchteil der vom Lösungsmittel benetzten Fläche ein, während sie sich auf Papier gleichmäßig über die ganze zur Verfügung stehende Fläche verteilt.

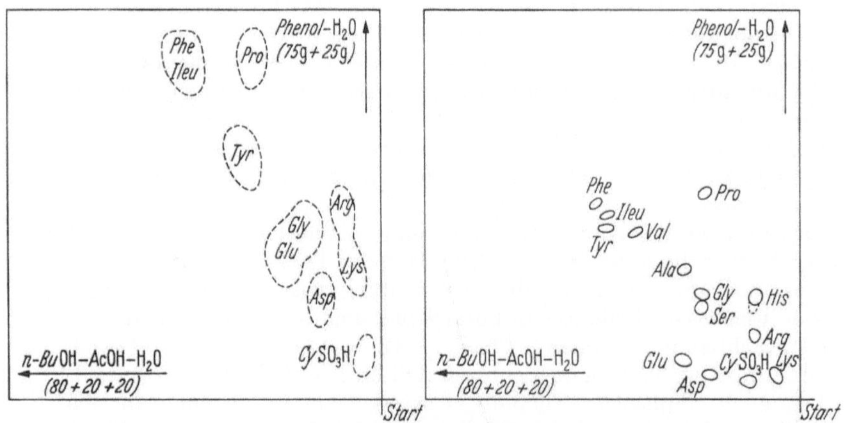

Abb. 203. Vergleich von Dünnschicht-Chromatographie mit Papier-Chromatographie. Zweidimensionale Chromatogramme in Originalgröße × 0,57

Links: 10 Aminosäuren auf Whatman-Papier Nr. 1, Laufzeit etwa 2 und 2¹/₂ Std.
Rechts: 14 Aminosäuren auf Kieselgel G, Laufzeit etwa 1¹/₂ und 2 Std.
Beladung: 1 µl wäßrige Lösung, enthaltend 1 µg von jeder Aminosäure. Aufsteigende Technik; Phenol-Wasser in der 2. Dimension. Nachweis mit dem von Moffat und Lytle [3] modifizierten Ninhydrin-Reagens (Nr. 177).

---

[1] I. M. Hais und K. Macek, in [2].

Nun besitzt aber die DC auf Kieselgel gegenüber der PC die beiden bekannten entscheidenden Vorteile:

1. Geringere Ausbreitung der Substanzflecken, und zwar
   a) beim Auftragen der Lösungen am Start (vgl. Abb. 202), wie auch
   b) während der Chromatographie (langsamere Substanzdiffusion, s. Abb. 203).
2. Zeitgewinn.

II. Allgemeine Technik

1. Bereitung der Schicht

Die allgemeine Bereitung von Trennschichten wird auf den S. 53—59 beschrieben. Ein Aktivieren der Schicht ist *zumindest* bei den hier behandelten Substanzklassen ungünstig.

Schon wenn die Schicht wenig über 100° C erhitzt wird, kann der im Kieselgel G enthaltene Gips seine Funktion als Bindemittel nicht mehr richtig erfüllen. Man erkennt dies daran, daß die Schicht weich, fast pulverig wird. Platten, die man bei höherer Temperatur „aktiviert" (z. B. 2 Std bei 140° nach CHERBULIEZ et al. [4], oder gar 4 Std bei 140° nach NICOLAUS [5], müssen schließlich gegen Luftfeuchtigkeit empfindlich werden[2] und es ist nicht verwunderlich, wenn bei ihrer Verwendung größere Rf-Wert-Schwankungen auftreten.

Im Gegensatz zur allgemeinen Vorschrift (S. 61) lassen wir die feuchte Schicht über Nacht an der Luft trocknen. Die im folgenden beschriebenen Trennresultate (Aminosäuren, Peptide, DNP-Aminosäuren und PTH-Aminosäuren) wurden auf lufttrockenen Schichten gewonnen [7—9]. Schmale Platten (50 × 200 mm) eignen sich nur für orientierende Versuche, da die Schicht auf solchen Platten meistens ungleichmäßig ist.

Bei Verwendung gewisser Fließmittel mag eine weitere Vorbehandlung der Schicht notwendig sein. Wir kommen im Abschnitt über die Chromatographie der DNP-Aminosäuren auf einen solchen Fall zurück.

Vorversuche, welche wir mit „Alox zur DC" (Fa. 60) angestellt haben, wobei 20 g Alox in 60 ml H_2O suspendiert, mittels Streichgerät in üblicher Weise aufgetragen und die erhaltene Schicht wie im Fall von Kieselgel getrocknet wurde, scheiterten an zu geringer Fließgeschwindigkeit des als mobile Phase verwendeten Gemisches von n-Butanol-Eisessig-Wasser (80 + 20 + 20). Für eine Laufstrecke von 10 cm benötigte das Fließmittel 4 Std! Die Aminosäure-Auftrennung jedoch war jener auf Kieselgel durchaus vergleichbar.

MUTSCHLER und ROCHELMEYER [10] tragen den Besonderheiten der Aminosäuren dadurch Rechnung, daß sie 25 g Kieselgel nicht mit Wasser allein, sondern mit 50 ml einer Mischung gleicher Teile von 0,2 M KH_2PO_4 und 0,2 M Na_2HPO_4 anreiben und anschließend nicht eigentlich aktivieren, sondern nur 30 min bei 110° trocknen. Soweit unsere bisherigen Erfahrungen ein Urteil erlauben, ist eine solche Pufferung überflüssig. Beabsichtigt man nach der chromatographischen Trennung eine Elution, so mag sie sogar recht störend wirken.

MOTTIER [11] benützt in einer von ihm selbst entwickelten Variante der DC Aluminiumoxid zur Bereitung seiner Schichten. Er verwendet Aluminiumoxid „Merck" zur Chromatographie (Nr. 1097), aktiviert 45 min bei 300—500° und appliziert es ohne Bindemittel in trockenem Zustand auf die Platte. Er chromatographiert darauf nicht die freien Aminosäuren, sondern deren Na-Salze und arbeitet auch in weiterer Hinsicht nach durchaus anderen Gesichtspunkten als STAHL.

---

[2] Vgl. hierzu R. E. KIRK und D. F. OTHMER in [6].

In den letzten Jahren werden neben den Kieselgelschichten im zunehmenden
Maße und mit gutem Erfolg Celluloseschichten zur DC von Aminosäuregemischenver-
wendet. Entsprechende hRf-Werte und Fließmittel sind in Tab. 181 u. 179 zusammengestellt. Es hat auch nicht an Versuchen gefehlt, weitere Sorptionsmittel, z. B. bas.
Aluminiumoxid oder Kieselgur (Celite), als Schichtmaterial zu verwenden. Manche
Autoren bevorzugen sog. Mischschichten, z. B. aus Kieselgel-Kieselgur (4:11) [203]
oder aus Kieselgel-Cellulose (1:1). Auf den letzteren fanden Turner und Redgwell
[230] eine bessere Trennung als auf den einfachen Schichten. Mit der Gradient-DC
(S. 92) konnte Stahl [227] jedoch zeigen, daß es auch in diesem Falle kein opti-
males Mischungsverhältnis gibt und es deshalb — gerade bei unbekannten Aminosäuregemischen — vorteilhaft ist, Cellulose-Kieselgel-Gradientschichten zu verwenden (Abb. 204).

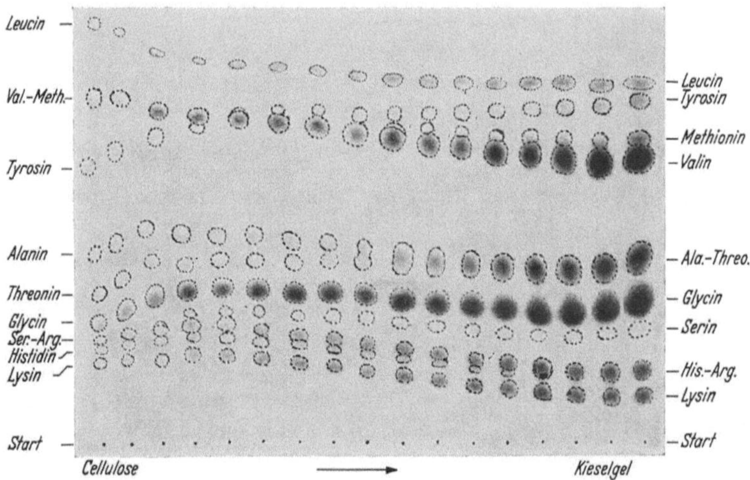

Abb. 204. Verhalten eines Aminosäuregemischs im T-Gradient Cellulose/Kieselgel, Fließmittel: Oberphase Butanol-Eisessig-Wasser (50 + 10 + 40) (KS) (Stahl)

Man trägt dann das Gemisch in Form gleichgroßer Startpunkte 15—20mal
nebeneinander auf und entwickelt „quer" zum eigentlichen Verlauf des Gradients
([227] und S. 92). Aus der Abb. 204 sieht man ferner, daß die Ninhydrinfärbung
mit zunehmendem Gehalt an Cellulose in der Kieselgelschicht schwächer wird.

2. Chromatographier-Technik [7, 8,12]

a) Auftragen der Substanzproben: Die Substanzproben (optimale Menge 0,5 bis
2 μg in 0,5 μl) werden genau 15 mm vom unteren Plattenrand entfernt aufgetragen.
Der Abstand zum seitlichen Rand beträgt mindestens 15 mm, jener zwischen den
Flecken wenigstens 8 mm. Vor dem Einstellen in die Trennkammer wartet man einige Minuten, bis das Lösungsmittel von der Platte vollständig verdampft ist (Vorsicht
bei schwerflüchtigen und sauren Lösungsmitteln!).

b) Fließmittel: Man verwendet nur frisch bereitete Gemische, die aus Lösungsmitteln definierter Qualität und möglichst großer Reinheit bestehen.

c) Aufsteigende Technik: Man füllt 100—120 ml Fließmittel in die lückenlos
mit Filterpapier ausgekleidete Trennkammer (für Platten 200 × 200 mm) und
schüttelt kräftig (Kammersättigung S. 67), bevor die Platten eingestellt werden.
Die Kammer muß dicht schließen (evtl. Deckel beschweren) und darf während der
Chromatographie nicht geöffnet werden.

d) Horizontale Technik [13]: Sie wird im allgemeinen Teil (S. 76) beschrieben.
Hier ist keine Kammersättigung nötig.

e) Temperatur: Während der Chromatographie muß die Temperatur konstant gehalten werden. Ihr absoluter Wert ist weniger wichtig. Bei viscosen Fließmitteln (z. B. Phenol/Wasser) kann man bei höherer Temperatur arbeiten, um die Laufzeit zu verkürzen.

f) Laufstrecke: Sie beträgt gewöhnlich 10 cm. Ist sie größer oder kleiner, muß sie bei Rf-Angaben vermerkt werden. Dies ist nicht nötig bei Verwendung einkomponentiger Fließmittel. Wird die Laufstrecke durch eine Trennlinie in der Schicht begrenzt, so muß die Platte sofort aus der Kammer genommen werden, wenn das Fließmittel diese Grenzlinie erreicht hat.

III. Aminosäuren

1. Bereitung der Versuchslösung

Die Aminosäuren sollten möglichst frei von Begleitstoffen vorliegen. Handelt es sich um Kontrollversuche zum Vergleich von Rf-Werten usw., so verwendet man vorteilhaft einen Satz (Kollektion) reiner Aminosäuren, wie er neuerdings käuflich erhältlich ist[3], und bereitet sich davon Lösungen, welche in 1 ml je 1 mg von jeder zu testenden Substanz enthalten. *Lösungsmittel* ist vorzugsweise Wasser unter Zusatz von etwa 10 proz. n-Propanol; solche Lösungen sind im Kühlschrank und selbst bei Zimmertemperatur ohne Veränderung 2—4 Wochen haltbar. Die schwerlöslichen Aminosäuren Tyrosin und Cystin erfordern als Lösungsmittel 0,1 N Salzsäure. Aufgetragen werden im allgemeinen 0,5 oder 1 μl, entsprechend 0,5 oder 1 μg pro Aminosäure. Bei Verwendung salzsaurer *Vergleichslösungen* ist es empfehlenswert, auch die zu analysierende unbekannte Substanzprobe im gleich sauren Milieu aufzutragen und die Platte vor der Chromatographie zur Entfernung der überschüssigen Salzsäure 15—20 min zu lüften. In der Papier-Chromatographie ist es da und dort üblich, Salzsäure durch Ammoniak-Dämpfe abzustumpfen. Hierbei ist jedoch Vorsicht geboten. Ammoniak haftet an Kieselgel relativ stark, so daß man bei Verwendung neutraler Fließmittel riskiert, mehr oder weniger basisch zu chromatographieren. Aminosäuren in sauren Eiweiß- oder Peptid-Hydrolysaten (vgl. unten) werden fast immer als Hydrochloride vorliegen. Ihre Lösung in Wasser entspricht ungefähr einer 0,1 N Salzsäure-Lösung der Vergleichsaminosäuren. Aminosäuren in tierischen und pflanzlichen Extrakten und in Körperflüssigkeiten, wie Urin, Serum usw., werden vor dem Auftragen zweckmäßig von Begleitstoffen befreit bzw. als DNP-Aminosäuren chromatographiert. Die im folgenden wiedergegebenen Vorschriften wurden für die Papier-Chromatographie entwickelt; sie bieten in quantitativer Hinsicht keine Garantie für unverfälschte Resultate.

2. Hydrolyse von Proteinen und Peptiden

a) Saure Hydrolyse. Bei unsorgfältig ausgeführter Hydrolyse können leicht große Verluste, vor allem an Tyrosin, entstehen. Vorsicht ist besonders dann geboten, wenn Kohlenhydrate anwesend sind (Braun- oder Schwarzfärbung des Hydrolysates durch Huminbildung). Saure Hydrolyse zerstört insbesondere Tryptophan (Ausnahme s. unter „Stark saure Ionenaustauscher"), zu einem geringen Teil aber auch

---

[3] (Fa. 60, 86, 88, 124, 127, 130).

Serin und Threonin (der ursprüngliche Gehalt an Hydroxy-aminosäuren läßt sich bei quantitativen Bestimmungen durch Vergleich von 24- und 72stündigen Hydrolysaten annähernd ermitteln). Stellt man Ansprüche hinsichtlich Reproduzierbarkeit, so empfiehlt sich folgendes Verfahren, das wir bei quantitativen Aminosäuren-Analysen[4] anwenden:

6 N Salzsäure: Die Substanz wird in einer zum Evakuieren und Abschmelzen vorbereiteten Ampulle aus starkem Glas mit einem 200—500fachen Überschuß (der Überschuß bezieht sich auf den Proteinanteil und ist besonders bei Anwesenheit von Kohlenhydraten hoch zu wählen) an 6 N Salzsäure (zwei- bis dreimal destilliert) versetzt und der Ampulleninhalt im Trockeneis-Aceton-Bad tiefgefroren. Nach dem Verdrängen der überstehenden Luft durch reinen Stickstoff wird auf etwa 1 mm Hg evakuiert und die Ampulle abgeschmolzen (zum Abschmelzen wird die Ampulle in einem mit Trockeneis-Schnee gefüllten, mit Handgriff versehenen Holzbecher gehalten). Hydrolysiert wird während 18—72 Std in einem Thermostaten bei 110 $\pm$ 1°. Nach der Hydrolyse wird die Salzsäure am besten durch Stehenlassen über NaOH im evakuierten Exsiccator entfernt.

Stark saure Ionenaustauscher: Erst in jüngster Zeit wurde eine Methode gefunden, die es erlaubt, Tryptophan und z. B. auch Lysergsäure nach saurer Hydrolyse quantitativ nachzuweisen. Sie besitzt daneben den Vorteil, daß Huminbildung praktisch ausgeschaltet ist. Nach M. Pöhm [15] werden etwa 0,05—0,2 g Peptid mit 1 g Amberlite IR-112 (H) pro Millival Amid-Stickstoff in 3—10 ml 80proz. Äthanol unter Stickstoff in eine Glasphiole eingeschmolzen und 6—10 Std auf 90—95° erhitzt. Nach dem Erkalten werden die Aminosäuren mit einer 10proz. Ammoniumhydroxydlösung aus dem Austauscher eluiert.

Frühere Hydrolysierversuche mit Dowex-50 in 0,05 N Salzsäure [16] hatten ergeben, daß Asparaginsäure, Serin und Threonin sehr rasch, Valin und Isoleucin im Vergleich zur Hydrolyse in 6 N Salzsäure nur langsam frei werden. Cystin- und Cysteinsäure-Peptidbindungen sollen sehr widerstandsfähig gegen diese Art Hydrolyse sein. Glutaminsäure wird zu etwa 25% in Pyrrolidoncarbonsäure verwandelt. Die basischen Aminosäuren werden mit verdünnter Ammoniaklösung nur unvollständig vom Ionenaustauscher abgelöst.

Weitere Angaben über Hydrolysiertechniken, insbesondere die Verwendung von Zusätzen wie Ameisensäure, Essigsäure, Zinn(II)-chlorid oder die Verwendung von Schwefelsäure und Jodwasserstoffsäure finden sich bei Hais und Macek[5] und Linskens[6].

b) Basische Hydrolyse: 5—10 mg Material werden im zugeschmolzenen Röhrchen mit 1 ml Wasser + 65 mg Ba(OH)$_2$ · 8H$_2$O während 24 Std auf 125—130° erhitzt. Das erkaltete Reaktionsgemisch wird mit 2 N H$_2$SO$_4$ auf pH 6 gestellt, aufgekocht und auf der Zentrifuge von BaSO$_4$ befreit. Das BaSO$_4$ wird mit etwas Wasser gewaschen. Man vereinigt Lösung und Waschwasser, verdampft zur Trockne und löst in 0,5—1 ml Wasser, bzw. 0,1 N HCl. Cystin und β-Hydroxy-aminosäuren werden bei dieser Hydrolyse teilweise zerstört; Tryptophan bleibt erhalten.

3. Freie Aminosäuren in biologischem Material

Wäßrige Extrakte von tierischen oder pflanzlichen Organen, Preßsäfte, Homogenate und Körperflüssigkeiten enthalten neben freien Aminosäuren in wasserlöslicher bzw. emulgierter Form meistens Peptide[7], Eiweiß, Kohlenhydrate, Harnstoff, Salze und Lipoide.

a) Abtrennung von Eiweiß und Polysacchariden: Man verwendet am besten *Alkohol* [18] oder Aceton, da diese die Chromatographie nicht stören und überdies

---

[4] Chromatographie an Ionenaustauschern nach Stein und Moore [14].

[5] Hais und Macek (S. 415, 482 in [2]).

[6] Linskens (S. 149 in [17]).

[7] Die Entfernung kleinerer Peptide von den Aminosäuren ist meistens unmöglich. Vgl. Abschnitt über Peptide S. 717.

leicht entfernbar sind. Nach Awapara [19] versetzt man mit 4—8 Volumteilen

Alkohol, zentrifugiert nach einigen Stunden und wäscht den Rückstand mit 80proz. Alkohol nach.

Nach HAIS und MACEK[8] wird: „1 ml Plasma im Vakuum-Exsiccator über H_2SO_4 getrocknet. Der Abdampfrückstand wird 2 Std mit 8 ml *Aceton*, zu welchem 1% konz. HCl zugesetzt wurde, stehengelassen. Die Flüssigkeit wird abzentrifugiert, der Niederschlag gewaschen und das Zentrifugieren zwei- bis dreimal wiederholt. Die Flüssigkeit wird bei 37° unter Durchleiten trockener Luft abgedampft. Der Abdampfrückstand wird in 0,5 ml Wasser gelöst, die Lösung zwei- bis dreimal mit einem gleichen Volumen Äther gewaschen. Die wäßrige Lösung wird erneut im Exsiccator über H_2SO_4 verdampft, in 20—100 μl Wasser gelöst und aufgetragen.“

Ionenaustauscher, welche die Aminosäuren adsorbieren, sind insofern auch zur Enteiweißung geeignet, als Proteine aus sterischen Gründen nur schwach adsorbiert werden und deshalb zur Hauptsache mit den Kohlenhydraten und anorganischen Kationen oder Anionen durchlaufen (vgl. Entsalzung).

Sehr geeignet zur Abtrennung höher molekularer Verbindungen ist die *Gelfiltration mit Sephadex [20]*[9, 10, 11], einem quellbaren vernetzten Dextran (s. S. 41). Während große Moleküle nicht in dessen Poren eindringen, diffundieren anorganische Salze und kleinere Moleküle ungehindert in das Gel. Läßt man eine wäßrige Lösung solcher Substanzen durch eine Sephadex-Säule laufen, so finden sich die hochmolekularen Anteile in den allerersten Fraktionen, während die kleinen Moleküle eine Weile zurückgehalten, in jedem Fall aber mit mehr Wasser oder verdünnten Salz-Lösungen quantitativ eluiert werden. Der Vorteil dieses eleganten „Dialysier“-Verfahrens liegt vor allem in der Zeitersparnis: es werden nur etwa 60 min benötigt.

b) Zerstörung von Harnstoff: Durch Zusatz einer Spur Urease läßt sich Urin-Harnstoff binnen 24 Std in CO_2 und NH_3 überführen; diese entweichen bei anschließender Konzentrierung mit dem Wasserdampf [25].

c) Entsalzung: Man verwendet entweder eine Elektrodialysier-Apparatur, wie sie z. B. von CONSDEN, GORDON und MARTIN[12] [26] beschrieben wird, oder eine geeignete Ionenaustauscheranordnung[13] [27—29].

Bei der elektrolytischen Entsalzung wird Arginin zum Teil in Ornithin umgewandelt; Histidin, Lysin, Methionin, Prolin und Tyrosin gehen zu 10—30% verloren [30]. Auch *Entsalzung durch Ionenaustauscher führt gegebenenfalls zu Verlusten:* Arginin und evtl. Lysin werden von stark basischen Austauschern nicht zurückgehalten und sind aus sauren Austauschern schwer eluierbar.

In unserem Laboratorium [31] hat sich in Anlehnung an DRÈZE et al. [32, 33] folgendes Ionenaustausch-Verfahren bewährt; dabei werden *mit den Salzen* auch die *löslichen Kohlenhydrate entfernt!*

Ein Austauscherrohr (1 × 10 cm) wird 2 cm hoch gefüllt, und zwar

α) *Zur Entsalzung von basischen Aminosäuren oder Tryptophan* mit Dowex-50, 8% DVB, 200—400 mesh (H^+-Form). Man behandelt das Harz mit 10 ml 1 N HCl, wäscht neutral, gibt 1—4 ml Probelösung, deren pH gegebenenfalls zur Reduktion ihres CO_2-Gehaltes mit HCl auf < 6 gestellt ist, auf die Säule und stellt die Durchflußgeschwindigkeit auf 1 ml pro 3 min. Ist die Probe in das Harz eingedrungen, so wäscht man mit 20 ml 0,5 N HCl nach. Darauf wird mit 4 N HCl eluiert, 3 ml Vorlauf verworfen, anschließend 5 ml Hauptfraktion gesammelt und am Vakuum unter wiederholtem Wasserzusatz wiederholt zur Trockne eingedampft. Man nimmt in Wasser auf und chromatographiert.

β) *Zur Entsalzung von neutralen und sauren Aminosäuren* mit Dowex-2, 10% DVB, 200—400 mesh (OH′-Form). Die Säule wird mit 20 ml 2 N NaOH (CO_2-frei!) vorbehandelt, mit ausgekochtem Wasser neutral gewaschen und mit 1—4 ml Probelösung beschickt. Ist die Probe in das Harz eingedrungen, so wird mit 20 ml Wasser nachgewaschen und dann mit 10 ml 1 N Essigsäure eluiert, wobei die Farbe des

---

[8] HAIS, I. M., u. K. MACEK (S. 780, in [2]).
[9] Allgemeine Methodik und Entsalzung: [21].
[10] Gelfiltration von Proteinen, Peptiden und Aminosäuren: [22, 23].
[11] Peptidtrennung: [24].
[12] Vgl. u. a. LINSKENS, (S. 32, in [17]).
[13] Vgl. HAIS, I. M., u. K. MACEK, (S. 415, in [2]).

Harzes von Braun nach Hellgelb umschlägt. Erreicht die Säurefront das Ende der Harzsäule, so beginnt man mit dem Auffangen von 5 ml Eluat. Man dampft ein und verfährt weiter wie unter α) beschrieben.

d) Entfernung der Lipoide [19]: Im Anschluß an die Enteiweißung [19] versetzt man die klar zentrifugierte Lösung mit 3 Volumteilen Chloroform, schüttelt durch und trennt im Scheidetrichter. Die wäßrige (obere) Schicht soll die Hauptmenge der Aminosäuren enthalten.

e) Beispiele: Nachstehend zitieren wir eine neuere Literaturvorschrift zum Aminosäurenachweis in Serum [34].

Zur Prüfung der Rückgewinnung wurde einerseits ein aliquoter Teil Serum direkt, ein entsprechender aliquoter Teil Serum nach Zusatz bekannter Aminosäuremengen und andererseits eine „serumähnliche" Aminosäuremischung bekannter Zusammensetzung nach Ionenaustauscherbehandlung analysiert.

Tabelle 176. *Aminosäure-Rückgewinnung bei Filtration durch einen sauren Ionenaustauscher* (Zeocarb 225) (nach Cook und Luscombe [34])

Aminosäure (Abkürzungen s. Tab. 180	Rückgewinnung zugesetzter Aminosäuren aus Serum %	Rückgewinnung aus einer synthetischen Aminosäuremischung %
Glu (HN_2) . . .	113	—
Cit.	102	—
Thr	74	93
Pro	76	85
Met	—	41
Phe	84	107
Ser	91	110
Val	90	93
Leu	—	88
Ileu	79	—
Ala	101	122
Gly	—	124
Orn	—	77
Arg	82	53
Mittelwert . . .	89	83

1,5 ml frisches Serum wird langsam durch eine Kolonne eines stark sauren Ionenaustauschers [Zeocarb 225 (H)] von 5 cm Länge und 0,4 cm Durchmesser filtriert. Man spült mit 50 ml Wasser, um anorganische Anionen, Proteine, Zucker und andere ungeladene Begleitstoffe zu entfernen, eluiert die Aminosäuren anschließend mit 20 ml 10proz. NH_3 und verdampft im Vakuum zur Trockne. Die neutralen Aminosäuren hinterbleiben in freier Form, die sauren als Monoammoniumsalze oder als Salze mit basischen Aminosäuren; die letzteren gehen wegen unvollständiger Elution teilweise verloren.

Tabelle 177. *Literatur zur Extraktion von Aminosäuren aus biologischem Material*

Material	Autoren
Kartoffeln	Dent et al. [35]
Reis	Parihar [36]
Blattpreßsäfte (Kartoffelpflanzen)	Reindel und Bienenfeld [37]
Biologisches Material	Biserte et al. [38]
Pilze und Mikroorganismen . .	Close [39]
Ascites- und Pleurapunktate .	Knauff et al. [40]

Tabelle 176 stammt aus der zitierten Arbeit und vermittelt einen guten Eindruck von den Ungenauigkeiten, mit denen man zu rechnen hat; die Mängel werden von den Autoren ausdrücklich dem geschilderten Verfahren zur Aminosäure-Abtrennung zugeschrieben.

Tabelle 177 orientiert über einige weitere Anwendungen der genannten Methoden.

4. Fließmittel und Trenn-Effekte

Einphasen-Systeme: Für die Chromatographie freier Aminosäuren kommen wegen ihrer verschwindend geringen Löslichkeit in organischen Flüssigkeiten (vgl. Tab. 175) nur Fließmittel in Frage, die Wasser enthalten. Als organische Komponenten bieten sich zunächst sehr polare Flüssigkeiten an, wie z. B. Methanol, Äthanol oder Aceton. Man erreicht damit z. T. brauchbare Trennungen, doch bewirken solche Lösungsmittel relativ diffuse Flecken und Schwanzbildung. Man kann der Tendenz zur Schwanzbildung durch Zufügen von wenigen Volumprozenten Eisessig manchmal erfolgreich entgegenwirken (vgl. Fließmittel G, s. unten), doch bleibt im Falle der freien Aminosäuren eine etwas geringere Beladungskapazität (etwa 2 μg pro Aminosäure) bestehen. Die Flecken werden kleiner, wenn man zu höheren Alkoholen übergeht; man bezahlt aber dafür — in erster Linie wegen der zunehmenden Viscosität — mit geringeren Laufgeschwindigkeiten. Die Flecken bleiben um so kleiner (d. h. die Auftrennung wird um so besser), je größer die Viscosität des Fließmittels ist. Phenol ist ein gutes Beispiel. Werden die Alkohole durch unpolare Flüssigkeiten mit kleinerer Viscosität ersetzt, muß wegen deren geringen Mischbarkeit mit Wasser ein Lösungsvermittler wie Methanol, Pyridin oder Eisessig hinzugefügt werden. Es ergibt sich dann eine z. T. sehr gute und rasche Trennung.

Zweiphasen-Systeme: Sie werden am besten vermieden, weil sie nicht sofort nach dem Mischen gebrauchsfertig und außerdem gegen geringfügige Temperaturschwankungen empfindlich sind. Es wird in sehr vielen Fällen genügen, in der Nähe der Sättigungskonzentration der organischen Phase zu bleiben. Wie wir u. a. am System Phenol-Wasser gefunden haben, verändern sich nämlich die Rf-Werte nur geringfügig, wenn man vom wassergesättigten Phenol (etwa 71 proz. g/g) bis zu 80 proz. Phenol übergeht. Wie benutzen daher nur 75 proz. Phenol (Tab. 178).

In Tab. 178 sind einige Fließmittel zusammengestellt, die sich zur Trennung von Aminosäuren eignen. Sie sind z. T. schon aus der Papierchromatographie bekannt. Tab. 180 enthält entsprechende Rf-Werte.

Anhand der Diagramme in Abb. 205 kann man sich leicht das für einen speziellen Zweck geeignete Fließmittel aussuchen. Interessant ist, daß in neutralen Fließmitteln wie Äthanol- oder n-Propanol-Wasser-Gemischen die sauren Aminosäuren relativ weit wandern, während Lysin und Arginin sehr kleine Rf-Werte (vgl. Tab. 180) zeigen (!). Es darf angenommen werden, daß hier Kationenaustausch beteiligt ist. AHRLAND et al. [43] fanden, daß die Titrationskurve des Kieselgels der eines *schwach sauren Ionenaustauschers ähnelt:* (vgl. Kapitel über anorganische DC). Man beachte auch, daß die Anwesenheit einer Hydroxylgruppe im

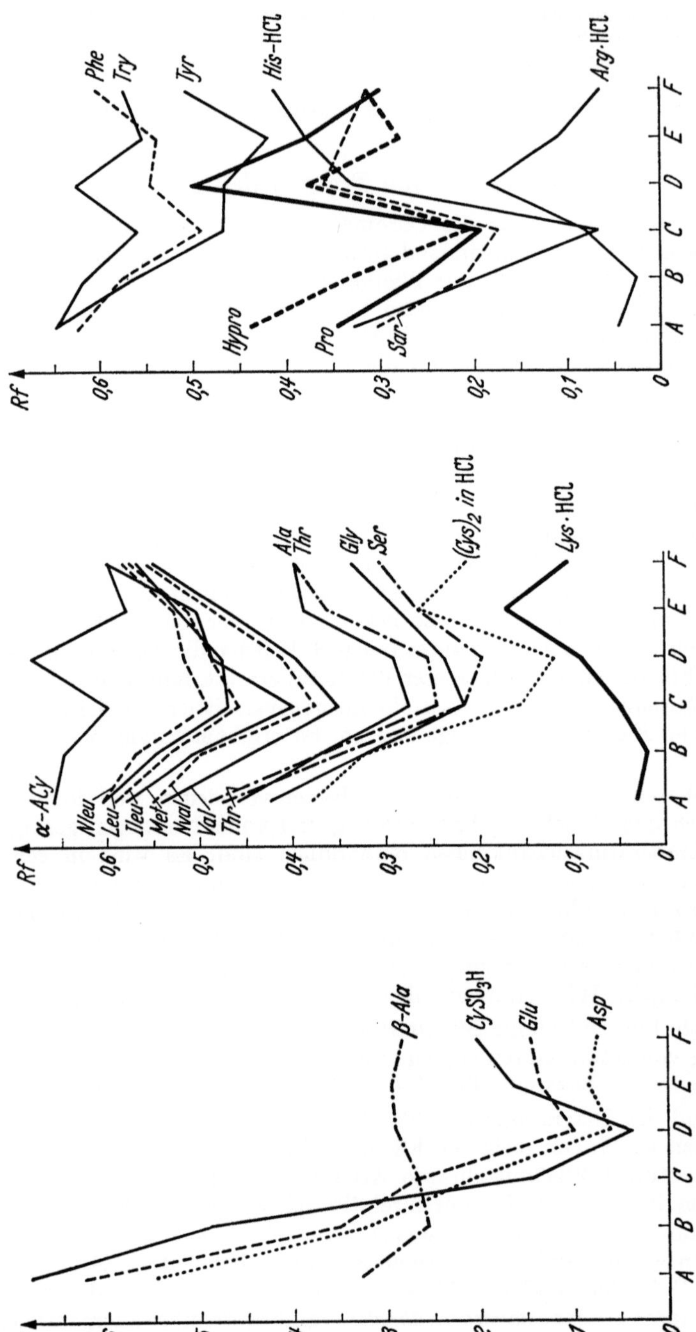

Abb. 205. Graphische Darstellung der *Rf*-Werte [7] der wichtigsten Aminosäuren in den Fließmitteln A—F nach Tabelle 178. Man beachte den verschiedenartigen Gang der *Rf*-Werte beim Fließmittelwechsel. Zur Bedeutung der Abkürzungen vgl. Tab. 180

Tabelle 178. *Fließmittel[1] zur DC von Aminosäuren auf Kieselgel G*

Be-zeich-nung	Komponenten	in Gramm	in Milliliter
A	96proz. Äthanol-Wasser	63 + 37	70 + 30
B	n-Propanol-Wasser	64 + 36	70 + 30
C	n-Butanol-Eisessig-Wasser	60 + 20 + 20	80 + 20 + 20
D	Phenol-Wasser[2]	75 + 25	—
E	n-Propanol-34proz.Ammoniaklsg.	67 + 33	70 + 30
F	96proz. Äthanol-34proz. Ammoniaklösung	77 + 23	70 + 30
G	Methyläthylketon-Pyridin-Wasser-Eisessig		70 + 15 + 15 + 2
H	Chloroform-Methanol-17proz. Ammoniaklösung		40 + 40 + 20

[1] E. MUTSCHLER und H. ROCHELMEYER [10] verwenden als Fließmittel auf gepufferten Schichten (vgl. S. 699) 70proz.Äthanol, 96proz.Äthanol-25proz. Ammoniak (80 + 20) und 96proz. Äthanol-25proz. Ammoniak-Wasser (70 + 10 + 20).

E. NÜRNBERG [41] benützt für zweidimensionale Chromatogramme n-Propanol-Wasser (50 + 50) und Phenol-Wasser (100 + 40).

Zur Trennung von Tyrosin, N-Methyl-tyrosin und O-Methyl-tyrosin eignet sich nach JOST, RUDINGER und ŠORM in [42] Phenol-Wasser (90 + 30).

[2] 75 g geschmolzenes Phenol werden mit 25 ml Wasser vermischt und etwa 20 mg NaCN oder ein anderes Antioxydans zugesetzt. Die Mischung sollte vor Gebrauch auf Raumtemperatur gekühlt werden.

Molekül den R_f-Wert nicht unbedingt herabsetzen muß; je nach der Wechselwirkung mit dem Fließmittel kann sogar das Umgekehrte der Fall sein (vgl. Ser/Gly, Thr/Ala, Hypro/Pro und Tyr/Phe in den Fließ-

Tabelle 179. *Einige Fließmittel[1] zur DC von Aminosäuren auf Cellulose-Schichten*

	Mischung V/V	Literatur
saure Fließmittel		
a) Butanol-Eisessig-Wasser	40 + 10 + 50	[232]
b) Butanol-Eisessig-Wasser	63 + 27 + 10	[218]
c) Butanol-Ameisensäure-Wasser.	75 + 15 + 10	[232]
d) Butanol-Äthanol-Propionsäure-Wasser	40 + 40 + 8 + 20	[232]
e) Phenol wassergesättigt		[206]
f) Phenol-Wasser (Gasphase mit 3proz.NH₄OH ges.)	75 + 25 g/g	[202]
basische Fließmittel		
g) Pyridin-Methyläthylketon-Wasser	15 + 70 + 15	[232]
h) Pyridin-Methanol-Wasser.	4 + 20 + 80	[232]
i) Pyridin-Isoamylalkohol-Wasser	35 + 30 + 30	[215]
j) Pyridin-Wasser	80 + 20	[226]
k) Propanol-Ammoniak 8,8proz.	80 + 20	[232]
neutrale Fließmittel		
l) Isopropanol-Wasser	80 + 20	[209]
m) tert. Amylalkohol-Methyläthylketon-Wasser. .	60 + 20 + 20	[207]
n) sec. Butanol — tert. Butanol — Methyl-äthylke-ton Wasser	25 + 25 + 25 + 25	[216]

[1] Ferner lassen sich u. a. die in Tab. 178 unter B, G u. H angeführten Fließmittel verwenden.

45*

mitteln A und E). Der allgemeine Trenneffekt ist bei Chloroform-Methanol-17proz. Ammoniaklösung (40 + 40 + 20), n-Butanol-Eisessig-Wasser (80 + 20 + 20) und bei Phenol-Wasser (75 g + 25 g) weitaus am besten.

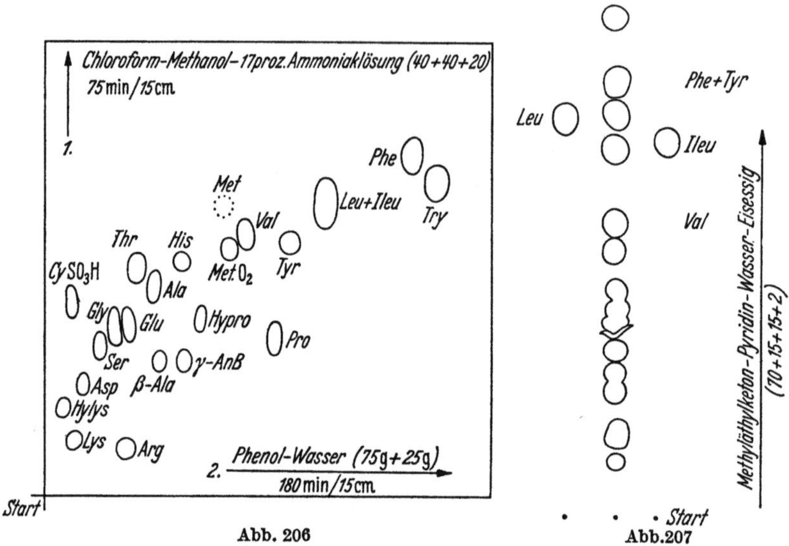

Abb. 206   Abb.207

Abb. 206. Zweidimensionale Trennung eines Perameisensäure-oxydierten [44] Gemisches aus 20 Eiweißaminosäuren + β-Alanin + γ-Amino-n-buttersäure (γ-AnB) bei aufsteigender Technik

Abb. 207. Eindimensionale Trennung in der Durchlaufkammer ([13], S. 77 zum Nachweis von Leucin und Isoleucin neben 18 Eiweißaminosäuren + β-Alanin + γ-Amino-n-buttersäure

Beladung (Auftragmenge) pro Aminosäure 0,5 μg in total 0,5 μl 0,1 N-Salzsäure. Nach Chromatographieren in der ersten Dimension lüftet man 20 min im Abzug. Der Methionin-Fleck (punktiert) erscheint nur bei Verzicht auf die Perameisensäure-Oxydation. Nachweis (Revelation) mit Ninhydrin (Reag.-Nr. 176)
Auftragemenge: pro Aminosäure 0,5 μg in total 0,5 μl 0,1 N Salzsäure. Laufzeit 4¹/₂ Std; Nachweis mit Ninhydrin. Perameisensäure-Oxydation [44] ist erforderlich, falls Methionin anwesend. Zur sicheren Identifizierung von Leucin und Isoleucin chromatographiert man parallel je eine Probe dieser Aminosäuren als Vergleichssubstanzen

Für zweidimensionale Chromatogramme eignet sich die Kombination von Fließmittel C mit D (vgl. Abb. 203 [7]), besonders aber die Kombination von Fließmittel H mit D (Abb. 206 [9]). Diese gestattet in der Tat, alle Eiweißaminosäuren + β-Alanin + γ-Amino-n-buttersäure zu trennen, abgesehen von Leucin und Isoleucin. Diese Isomeren können in einem Parallelversuch unter Anwendung der Durchlauftechnik [13] mit Fließmittel G unterschieden werden (vgl. Abb. 207).

Allgemein fällt auf, daß in der DC bei eindimensionaler Chromatographie die größten Rf-Werte von Aminosäuren höchstens um 0,7 liegen. Bei allen von uns untersuchten Fließmitteln werden also nur etwa ²/₃ der zur Verfügung stehenden Laufstrecke für die Trennung ausgenützt. Vermehrter Wassergehalt des Fließmittels erhöht kleine Rf-Werte stärker als große, so daß damit die effektive Trennstrecke kleiner wird.

Ergänzende Bemerkungen. Man beachte, daß der R_f-Wert einer reinen Substanz keine Konstante ist, sondern durch eine Reihe von Faktoren beeinflußt wird [12]. Abb. 208 zeigt z. B. die Abhängigkeit von der auftragenden Substanzmenge.

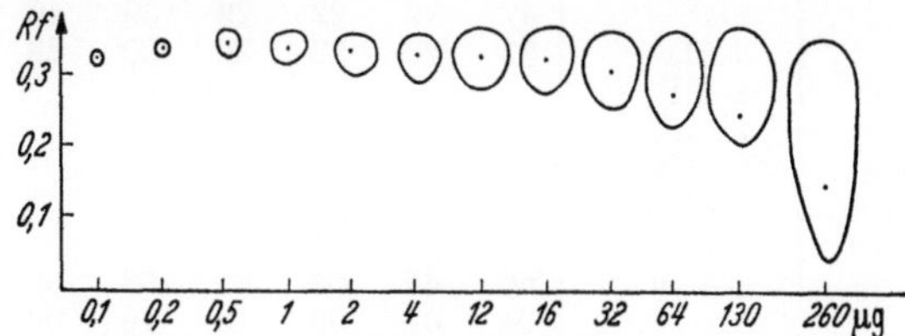

Abb. 208. Abhängigkeit des R_f-Wertes einer reinen Substanz (Glycin) von der Beladung (Auftragemenge)

Der Ort größter Substanzdichte ist durch einen Punkt im Flecken gekennzeichnet. Die angegebenen Mengen (in μg) wurden in je 1 μl Lösung aufgetragen. Fließmittel n-Propanol-Wasser (70 + 30); aufsteigende Technik

Im übrigen können sich die R_f-Werte bei Anwesenheit von Fremdstoffen geringfügig ändern. So nehmen sie z. B. bei den sauren Aminosäuren im Fließmittel n-Propanol-Wasser (70 + 30) zu, wenn diese in Mischung mit anderen Aminosäuren vorliegen. Auch bei DNP-Aminosäure-Mischungen ist ein nicht unbedeutender Einfluß des Mengenverhältnisses auf die jeweiligen R_f-Werte festzustellen, wobei insbesondere Dinitrophenol störend wirkt, wie schon aus der Papier-Chromatographie [45] bekannt ist. In der 2. Laufrichtung von zweidimensionalen Chromatogrammen werden die R_f-Werte weniger vom Mischungsverhältnis der Komponenten als von der „Vorgeschichte" der Schicht (Chromatographie in der 1. Laufrichtung, Zwischentrocknung) beeinflußt. Weil sich die „Vorgeschichte" weitgehend standardisieren läßt, sind die R_f-Werte der 2. Dimension im allgemeinen gut reproduzierbar. Mischungen geben somit beim zweidimensionalen Chromatographieren charakteristische Fleckenmuster, die durch R_f-Wert-Schwankungen kaum verfälscht werden. Man chromatographiert deshalb eine *unbekannte Probe* vorteilhaft nicht für sich allein, sondern zusammen mit einer Standardmischung, die von jeder in Frage kommenden Substanz gerade soviel enthält, daß die einzelnen Komponenten nach der zweidimensionalen Trennung eben noch sichtbar werden. Die Verbindung in der Probelösung gibt sich dann in den meisten Fällen sofort und einwandfrei durch die Intensität des ihr zukommenden Fleckens zu erkennen.

Auch die Herstellungsweise des verwendeten Trägermaterials ist nicht ohne Einfluß: Aminosäurepaare, die sich auf Schichten von Kieselgel eines bestimmten Herstellers schlecht trennen, können bei Wahl eines anderen Präparates unterschieden werden (PATAKI [219]).

Die bei der Hydrolyse auftretenden Umsetzungsprodukte der schwefelhaltigen Aminosäuren können zu störenden Nebenflecken Anlaß geben. Es ist daher empfehlenswert, vor der Hydrolyse mit Perameisensäure zu oxydieren [211].

Tabelle 180. *Rf-Werte*[1] *der wichtigsten Aminosäuren in den Fließmitteln A—F nach Tab.* 178 (aufsteigende Technik, Laufstrecke des Fließmittels 20 cm) *und* R_{Leucin}-*Werte*[2] *im Fließmittel G nach Tab.* 178 (horizontale Technik[3], Chromatographier-dauer einschl. Durchlauf: 4 Std). Beladung (Auftragemenge) jeweils etwa 0,5 µg

Aminosäure	Abkürzung	hRf-Werte in Fließmittel						R_{Leucin} G^3
		A	B	C	D	E	F	
Alanin	Ala	47	37	22	29	39	40	51
β-Alanin	β-Ala	33	26	22	30	30	29	35
α-Amino-i-buttersäure .	α-AiB			27				61
α-Amino-n-buttersäure .	α-AnB			27				59
β-Amino-i-buttersäure .	β-AiB			25				48
γ-Amino-n-buttersäure .	γ-AnB			27				45
ε-Amino-n-capronsäure .	ε-ACo			34				68
α-Amino-n-caprylsäure .	α-ACy	66	65	59	69	58	60	143
Arginin.	Arg	04	02	06	19	10	06	19
Asparaginsäure	Asp	55	33	17	06	09	07	18
Cysteinsäure	CySO$_3$H	69	50	10	04	17	21	53
Cystin	(Cys)$_2$	39	32	09	12	27	22	18
Dibromtyrosin	DBT			60				168
Glutaminsäure	Glu	63	35	24	10	14	15	32
Glycin	Gly	43	32	18	24	29	34	45
Histidin	His	33	20	05	32	38	42	18
Homocystin.	(Hcys)$_2$			17				28
Hydroxyprolin	Hypro	44	34	16	38	28	31	50
Isoleucin	Ileu	60	53	43	49	52	58	92
Leucin	Leu	61	55	44	48	53	58	100
Lysin	Lys	03	02	03	09	18	11	11
Methionin	Met	59	51	35	49	51	60	92
Methioninsulfon	Met.O$_2$							66
1-Methylhistidin. . . .	Mehis							09
Norleucin.	Nleu	61	57	45	52	53	59	102
Norvalin	Nval	56	50	36	42	49	57	77
Ornithin	Orn			04				14
Phenylalanin	Phe	63	58	43	55	54	60	109
β-Phenylserin	β-Φ-Ser			41				108
Prolin	Pro	35	26	14	50	37	30	40
Sarcosin	Sar	31	22	12	37	34	31	32
Serin.	Ser	48	35	18	20	27	31	47
Taurin	Tau			18				79
Threonin	Thr	50	37	20	26	37	40	51
Tryptophan.	Try	65	62	47	63	55	58	122
Tyrosin.	Tyr	65	57	41	47	42	51	107
Valin.	Val	55	45	32	40	48	56	72
Asparagin	Asp(NH$_2$)			14				43
Glutamin.	Glu(NH$_2$)			15				47
Glycinamid	Gly(NH$_2$)			16				62

[1] Angegeben ist das arithmetische Mittel aus jeweils 4 (Fließmittel A, B, D, E, F) bzw. jeweils 9 (Fließmittel C) Einzelmessungen. Über die Faktoren, welche die *Rf*-Werte beeinflussen, vgl. M. BRENNER, A. NIEDERWIESER, G. PATAKI und A. R. FAHMY [12].

[2] R_{Leucin} = *Rf*-Werte auf Leucin bezogen. Angegeben ist das arithmetische Mittel aus jeweils 9 Einzelmessungen.

[3] M. BRENNER und A. NIEDERWIESER [13], vgl. S. 77.

Schicht: Cellulose MN 300 (Fa. 83); Entwicklung: Ohne Kammersättigung 16 cm aufsteigend.

Fließmittel: I: n-Butanol-Aceton-Diäthylamin-Wasser (30 + 30 + 6 + 15); pH 11,05—11,4. II: Isopropanol-Ameisensäure(99proz.)—Wasser (80 + 4 + 20); pH 2,7—2,8. III: sec.-Butanol-Methyläthylketon-Dicyclohexylamin-Wasser (30 + 30 + 6 + 15); pH 10,9—11,0. IV: Phenol-Wasser (75:25), Gasphase äquilibriert mit 3proz. Ammoniak; pH 7,1—7,3.

(Seite 711)

Tabelle 181. h*Rf*-*Werte von Aminosäuren auf Cellulose-Schichten im zweidimensionalen Chromatogramm.* I_1 erste Laufrichtung, II_2—IV_2 in der zweiten Richtung [202]

Aminosäure	hRf-Werte in Fließmittel				Farbreaktion	
	I_1	II_2	III_2	IV_2	Isatin-Reagens	Ninhydrin-Reag.-Nr. 176
Glycocyamin	4	34	8	71	rosa	—
Arginin	5	13	2	90	rosa	violett
Kreatin	5	34	8	86	gelb	—
α-α-Diaminopimelinsäure	6	5	6	36	rot	violett
Asparaginsäure	11	21	20	20	violett	grün
Lanthionin	14	8	22	35	orange	violett
Canavaninsulfat	15	7	11	66	bräunl.	violett
Dihydroxyphenylalanin	17	16	10	13	lila	grau
Glutaminsäure	18	30	21	25	lila	violett
Hydroxyglutaminsäure	19	30	15	25	rosa	violett
Cystin	20	4	26	35	rosa	braun
Citrullin	22	16	15	68	rosa	violett
Asparagin	22	12	21	47	rosa	gelb
Cysteinsäure	26	6	41	9	gelb	violett
Methioninsulfoxyd	26	19	26	82	rosa	violett
Glutamin	27	14	18	59	rosa	violett
Hydroxyprolin	29	22	19	66	blau	gelb
Glycin	32	22	19	46	rosa	braun
Ornithin	32	8	5	82	rot	violett
Hydroxylysin	33	8	11	71	lila	violett
Lysin	36	10	6	82	rot	violett
Alanin	37	34	22	61	violett	violett
β-Alanin	38	37	14	68	lila	grün
Kreatinin	38	36	25	97	gelb	—
Sarkosin	40	29	17	80	gelb	grau
α-γ-Diaminobuttersäure	40	8	20	73	rosa	violett
Histidin	40	11	34	87	lila	grau
Methioninsulfon	42	20	36	73	rosa	violett
Dimethylcystein	44	10	53	73	rosa	violett
Prolin	46	35	19	87	blau	gelb
β-Aminobuttersäure	47	43	21	87	gelbl.	lila
α-Aminoisobuttersäure	47	50	25	78	gelb	violett
α-Amino-n-Buttersäure	48	42	31	78	lila	violett
γ-Aminobuttersäure	48	46	13	78	lila	violett
β-Aminoisobuttersäure	48	47	22	78	lila	violett
Serin	48	21	38	41	orange	violett
p-Aminohippursäure	49	65	74	89	gelb	violett
Tyrosin	51	38	56	71	rot	braun
Taurin	52	21	44	51	gelb	violett
Valin	54	55	44	87	rosa	violett
ε-Aminocapronsäure	58	55	20	87	rosa	violett
Norvalin	59	55	45	87	rot	violett
Kynurein	60	39	47	80	rosa	braun
allo Threonin	60	31	55	59	rosa	violett
Tryptophan	62	41	60	88	lila	violett
Methionin	64	50	54	88	rosa	violett
allo Isoleucin	64	65	62	88	rosa	violett
Norleucin	66	65	60	83	lila	violett
Threonin	66	31	67	56	rosa	violett
α-Phenylalanin	67	54	73	88	lila	violett
Dijodtyrosin	68	50	73	71	lila	violett
Thyronin	69	62	82	88	braun	braun
α-Phenylglycin	69	76	81	77	gelb	gelb
β-Hydroxyvalin	69	41	81	65	rosa	violett
Thyroxin	75	73	84	86	gelb	braun

Insgesamt 52 Aminosäuren trennen von Arx und Neher [*202*], indem sie das Gemisch auf 3 Cellulose-Platten zweidimensional chromatographieren (s. S. 89). Für die erste Dimension benützen sie jedesmal Fließmittel I, für die zweite Dimension die Fließmittel II, III oder IV. Die in Tab. 181 angegebenen hRf-Werte lassen die Lage auf den Chromatogrammen erkennen und man kann sich danach eine „Positionskarte" anlegen.

Anmerkung zur Zwischentrocknung bei zweidimensionalen Chromatogrammen

Die Zwischentrocknung stellt bei Verwendung leicht flüchtiger Fließmittel kein Problem dar. Hier genügt es, die Platte für etwa 15 min im Luftzug (gut ventilierter Abzug) liegen zu lassen, worauf sofort in der 2. Dimension chromatographiert werden kann. Bei der Trocknung von Chromatogrammen empfindlicher Substanzen besteht die Gefahr der Zerstörung, wenn zur Entfernung ausgesprochen schwerflüchtiger Fließmittel (z. B. Phenol) erwärmt werden muß. Es wäre zu wünschen, daß kleine, preiswerte Vakuum-Apparate[14] entwickelt würden, um Chromatogramme in kurzer Zeit unter schonenden Bedingungen zu trocknen. Gegenwärtig bleibt häufig nichts anderes übrig, als schwerflüchtige Fließmittel erst in der 2. Dimension zu verwenden, oder bei empfindlichen Substanzen die Platte über Nacht im Luftzug liegen zu lassen. Dabei muß damit gerechnet werden, daß Oxydationen auftreten und außerdem noch erhebliche Mengen des schwerflüchtigen Fließmittels zurückbleiben, welche die Chromatographie in der 2. Dimension beeinflussen (vgl. „indirekt" erzielte Rf-Werte von DNP-Aminosäuren, Tab. 188).

Eine andere Möglichkeit besteht darin, die Platte 10 min lang im Luftzug liegen zu lassen, im Trockenschrank 15 min auf 60° zu erwärmen und im Luftzug während 15 min abzukühlen.

Ist nach der Zwischentrocknung ein längeres Aufbewahren des Dünnschicht-Chromatogramms nötig, so muß die Schicht mit einer Glasplatte bedeckt und am besten im Dunkeln aufbewahrt werden.

Zur Dünnschicht-Elektrophorese

Kieselgelschichten wurden bereits 1946 von Consden, Gordon und Martin [*99*] zur elektrophoretischen Trennung von Aminosäuregemischen verwendet. Auf die Vorteile im Rahmen der DC machten dann zunächst Pastuska und Trinks [*195*] und Honegger [*123*] aufmerksam. Von besonderem Interesse ist die Kombination der normalen DC (in der einen Laufrichtung) mit der elektrophoretischen Trennung in der zweiten Richtung (Abb. 59), wie dies im Kapitel über die Elektrophorese (S. 105—114) von Hannig und Pascher beschrieben ist. Auf eine Darstellung der Einzelergebnisse an dieser Stelle kann daher verzichtet werden.

5. Nachweis der Aminosäuren auf dem Chromatogramm

Ein Reagens, mit dem man ausschließlich Aminosäuren sichtbar machen könnte, ist vorläufig unbekannt. Zur Verfügung stehen einige unspezifische Reagentien auf stickstoffhaltige Verbindungen und etliche für eine oder wenige Aminosäuren spezifisch wirkende Revelationsmittel. Im folgenden sind wissenswerte Einzelheiten zu den wichtigsten Verfahren beschrieben.

a) Ninhydrin. Ninhydrin ist nach wie vor das am meisten verwendete Reagens auf Aminosäuren. Obwohl die Farbreaktion des Triketohydrin-

---

[14] Die handelsüblichen Vakuum-Trockenschränke mit Heizung sind recht kostspielig.

denhydrats mit Aminosäuren und niederen Peptiden schon seit 1910 bekannt ist (RUHEMANN), bleibt auch heute noch der Reaktionsverlauf umstritten. Es wurden zahlreiche Theorien über den Reaktionsmechanismus aufgestellt, die CALDIN [46] zusammengestellt hat. Nachbehandlung mit komplexbildenden Kationen (Cu, Cd, Ca) verschieben die mit Ninhydrin erhaltene Farbe nach Rot und erhöhen die Farbbeständigkeit beträchtlich. Während bei der üblichen Technik (vgl. z. B. [26, 47, 48] zur Farbentwicklung gelbe (Prolin und Hydroxyprolin) oder violette (alle übrigen α-Aminosäuren) Farbstoffe entstehen, kann man durch Zusatz von Basen (Collidin, Benzylamin) spezifischere Färbungen erzeugen. Dies mag bei Identifizierungen einzelner Aminosäuren nützlich sein, ist aber mit einer Abnahme der Nachweis-Empfindlichkeit verbunden.

Die Durchführung der Ninhydrin-Reaktion wird unter Reag.-Nr. 176 beschrieben. Der Essigsäure-Zusatz garantiert auch bei Verwendung alkalischer Fließmittel das für die Ninhydrinreaktion notwendige pH von etwa 5. Bei längerem Erhitzen auf höhere Temperaturen (110°) färbt sich der Untergrund rosa. Die Empfindlichkeit des Nachweises auf Dünnschicht-Chromatogrammen ist für einige Aminosäuren in Tab. 182 angegeben.

Tabelle 182. *Nachweisgrenzen (µg) von 19 Aminosäuren auf Dünnschicht-Chromatogrammen (Kieselgel G) bei der Ninhydrin-Reaktion [9]*

Aminosäure (Abkürzungen vgl. Tab. 180)	eindimensionales Chromatogramm in n-Propanol-Wasser (70 + 30)	zweidimensionales Chromatogramm der Aminosäuren-mischung nach Abb. 206	Aminosäure (Abkürzungen vgl. Tab. 180	eindimensionales Chromatogramm in n-Propanol-Wasser (70 + 30)	zweidimensionales Chromatogramm der Aminosäuren-mischung nach Abb. 206
β-Ala	0,009	0,05	Lys	0,005	0,03
Ala	0,01	0,06	Met	0,01	0,4
Agr	0,01	0,06	Phe	0,05	0,2
Asp	0,1	0,4	Pro	0,1	0,5
$CySO_3H$	0,01	0,1	Ser	0,008	0,1
Glu	0,04	0,2	Thr	0,05	0,1
Gly	0,001	0,006	Try	0,05	0,5
His	0,05	0,5	Tyr	0,03	0,1
Hypro	0,05	0,1	Val	0,01	0,2
Leu	0,01	0,2			

α) *Stabilisierung der mit Ninhydrin erhaltenen Farbflecken:* Nach KAWERAU und WIELAND [49] wird das Chromatogramm nach der Revelation mit dem Ninhydrinreagens, das keinen Citrat-Puffer (Komplexbildern!) enthalten darf, mit einer Kupfernitratlösung (Sprühreagens-Nr. 176) besprüht. Der erhaltene Cu-Komplex ist aber nur farbbeständig, solange keine freie Säure vorhanden ist. Unmittelbar nach dem Besprühen soll deshalb das Chromatogramm für kurze Zeit Ammoniakdämpfen ausgesetzt werden. Das Chromatogramm muß im übrigen vor Feuchtigkeit geschützt werden, weil der Cu-Ninhydrin-Komplex in alkalischer Lösung zwischen pH 7 und 9 reversibel, und über pH 9 irreversibel dissoziiert. Man kann hierzu die von BARROLLIER [50] vorgeschlagene Kollodium-Lösung verwenden (s. auch unter DNP-Aminosäuren, Dokumentation, S. 735).

β) Polychromatische Ninhydrin-Reaktion: In unserem Labor hat sich das Reagens nach Moffat und Lytle [3] bewährt (Sprühreagens Nr. 177). Ähnliche Effekte erzielen Woiwod [51] mit Collidin, sowie Hardy et al. [52] mit Cyclohexylamin oder Dicyclohexylamin.

Tabelle 183. *Vorwiegend unspezifische Reagentien zum Nachweis von Aminosäuren*

Bemerkungen	Reag.-Nr.	Reagens	Autoren
	176	Ninhydrin	Caldin [46] Tsukamoto und Komori [48] Patton und Chism [54] Toennies und Kolb [55] Consden et al. [47] Ruhemann [56—60] Wiggins und Williams [61]
polychromatisch	177	Ninhydrin + Kobalt(II)-chlorid Ninhydrin + Kupfernitrat + Kollidin Ninhydrin + Kollidin Ninhydrin + Cyclohexylamin oder Dicyclohexylamin Ninhydrin + Phenol Isatin	Moffat und Lytle [3] Woiwod [51] Hardy et al. [52] Hais[1] Saifer und Oreskes [62] Noworytko und Sarnecka-Keller [63] Acher et al. [64] Grassmann und v. Arnim [65]
polychromatisch		Isatin + Zinkacetat + Pyridin Alloxan Na-1,2-Naphthochinon-4-sulfonat	Barrollier et al. [66] Saifer und Oreskes [62] Rosebeek [67] Kofrányi [68] Consden [69]
polychromatisch	161 50	. . . . Na-1,2-Naphthochinon-4-sulfonat + Zinkacetat + Chinolin 4,5-Diacetyl-cyclohexen-(1) Chlor/Tolidin	Müting [70] Giri und Nagabhushanam [71] Barrollier et al. [66] Riemschneider und Preuss [72] Reindel und Hoppe [73]

[1] (S. 419, 753 in [2]).

Eine quantitative Erfassung von auf Cellulosepulver 300 MN-Schichten getrennten ninhydrinpositiven Verbindungen wird von Esser [210] beschrieben.

Die getrockneten Platten werden kurz in eine 0,5proz. Lösung von Ninhydrin in Aceton getaucht und dann 105 min bei 70° C temperaturkonstant gehalten. Die sofort anschließend abgekratzten Zonen werden mit 0,4 ml einer 0,5proz. Lösung von Cadmiumacetat in Methanol versetzt und durch Einblasen von Luft suspendiert. 2 Std später wird resuspendiert, zentrifugiert und bei 494 nm photometriert. Als durchschnittlicher Fehler wird ±0,5% angegeben.

b) Chlor/Tolidin-Test (Reag.-Nr. 50). Auf diesen Test, der hauptsächlich zum Nachweis von Substanzen mit der Gruppe NH—CO dient

Tabelle 184. *Relativ spezifische Reagentien zum Nachweis von Aminosäuren*

Aminosäure	Reag.-Nr.	Reagens	Autoren
Arginin	120	α-Naphthol (oder Oxin)/ NaOBr (oder NaOCl) „Sakaguchi-Reaktion"	BHATTACHARYA et al. [74] ROCHE et al. [75] JEPSON und SMITH [76] ACHER und CROCKER [77] SAKAGUCHI [78—80]
	186	Na-Nitroprussid/Kalium- hexacyanoferrat (III) Na-α-Naphtholat/Diacetyl	ROCHE et al. [75] TUPPY [81]
Cystein	182	Natriumnitroprussid	TOENNIES und KOLB [55] WINEGARD et al. [82]
	vgl. 141	Jodoplatinat	TOENNIES und KOLB [55] WINEGARD et al. [82]
	127	Jod-Azid	KIRBY-BERRY et al. [83] AWE et al. [84] CHARGAFF et al. [85] BURTON et al. [86]
	242	Tetrazoliumsalze p-Aminodimethylanilin/Kalium- hexacyanoferrat (III)	TOYADA [87]
Cystin	182 vgl.	Natriumnitroprussid/NaCN	WINEGARD et al. [82]
	141 127	Jodoplatinat Jod-Azid	WINEGARD et al. [82] KIRBY-BERRY et al. [83] AWE et al. [84] CHARGAFF et al. [85]
		p-Aminodimethylanilin/Kalium- hexacyanoferrat (III)	TOYADA [87]
Glycin		o-Phthaldialdehyd	PATTON und FOREMAN [88]
Histidin	230	Diazot. Sulfanilsäure oder Sulfanilamid „Pauly-Reagens"	FRANK und PETERSEN [89] BRAY et al. [90] KIRBY-BERRY et al. [83] PAULY [91, 92]
	91	Echtblausalz B (Diazo-Reagens) Diazot. p-Chloranilin Diazot. p-Bromanilin Diazot. p-Anisidin Brom o-Phthaldialdehyd	EDLBACHER [93, 94] SANGER und TUPPY [95] KIRBY-BERRY et al. [83] PATTON und FOREMAN [88]
Hydroxy-prolin		Isatin/Ehrlich-Reagens Ninhydrinmodifikation Perjodat/Acetylaceton + Ammoniumacetat Ninhydrin	JEPSON und SMITH [76] CLARKSON [96] SCHWARTZ [97]
Lysin	245	Vanillin	
Methionin	vgl. 141 127	Jodoplatinat Jod-Azid	WINEGARD et al. [82] KIRBY-BERRY et al. [83] AWE et al. [84] CHARGAFF et al. [85]
		Kaliumpermanganat	DALGLIESH [98]

(Fortsetzung der Tab. 184)

Aminosäure	Reag.-Nr.	Reagens	Autoren
Ornithin	245	Vanillin	
Prolin	176	Isatin Ninhydrin	Acher et al. [64]
Serin	170	Perjodat/Acetylaceton + Ammoniumacetat Perjodat/Neßler-Reagens Perjodat/KJ + Stärke 1,2-Dinitrobenzol-Endiol-Reaktion	Schwartz [97] Consden [69], Consden et al. [99] Metzenberg und Mitchell [100] Fearon und Boggust [101]
Threonin	170	Perjodat/Na-Nitroprussid + Piperidin Perjodat/Na-Nitroprussid + Piperazin („Rimini-Reagens") Perjodat/Neßler-Reagens Perjodat/KJ + Stärke 1,2-Dinitrobenzol-Endiol-Reaktion	Schwartz [97] Edward und Waldron [102] Consden [69], Consden et al. [99] Metzenberg und Mitchell [100] Fearon und Boggust [101]
Tryptophan	66 254 110 230	p-Dimethylaminobenzaldehyd + HCl (Ehrlich-Reagens) Zimtaldehyd + HCl NaNO$_2$ + HCl Formaldehyd-Reagens modifiz. Salkowski-Reagens Diazot. Sulfanilsäure Diazot. p-Nitranilin Diazot. Benzidin Diazot. Äthyl-α-naphthylamin o-Phthaldialdehyd	Smith [103] Dalgliesh [104] Pachéco [105] Wieland und Bauer [106] Jerchel und Müller [107] Fischer [108] Procházka [109] Linser et al. [110] Erspamer [111] Erspamer [111] Clerk-Bory et al. [112] Dalgliesh [104] Ekman [113] Patton und Foreman [88]
Tyrosin	230 91 108	α-Nitroso-β-naphthol/HNO$_3$ Diazot. Sulfanilsäure (Pauly-Reagens) Echtblausalz B (Diazo-Reagens) Phosphormolybdänwolframsäure (Folin-Ciocalteu-Reagens) Folin-Denis-Reagens Millon-Reagens	Acher und Crocker [77] Gerngross et al. [114] Frank und Petersen [89] Bray er al. [90] Kirby-Berry et al. [83] Kudzin et al. [115] Folin und Ciocalteu [116] Kudzin et al. [115] Folin und Denis [117] Durant [118] Millon [119]

und im Abschnitt über Peptide behandelt wird, sprechen auch freie
Aminosäuren an; die erforderlichen Konzentrationen sind indessen relativ groß.

    c) Andere Reagentien. Die Tab. 183 u. 184 orientieren über einige
Erfahrungen aus der Papier-Chromatographie. Bei entsprechender Anpassung sollten diese Techniken auch im Falle von Dünnschicht-Chromatogrammen anwendbar sein. Sofern es sich dabei um den spezifischen
Nachweis einzelner Aminosäuren handelt, haben sie allerdings wegen

des vorzüglichen Trennefektes der DC an praktischer Bedeutung verloren. Sie können aber nach wie vor nützlich sein, wenn man solche Aminosäuren in intakten Peptiden nachweisen will.

Der in der PC gebräuchliche Fluorescenztest beruht nach Untersuchungen von OPIENSKA-BLAUTH et al. [53] auf einer in der Hitze eintretenden Reaktion der Aminogruppen von Aminosäuren mit Aldehydgruppen von Kohlenhydraten und ist deshalb auf Kieselgel-Schichten nicht anwendbar.

d) Fluordinitrobenzol. Nach PATAKI [220] lassen sich die eindimensional getrennten Aminosäuren auf der Platte mit *Fluordinitrobenzol* umsetzen und durch Entfernung des überschüssigen Reagens sichtbar machen (Nachweisgrenze 10^{-2} bis 10^{-3} μMol). Sie können dann zur Rechromatographie eluiert oder — nach eindimensionaler Trennung der Aminosäuren — in der zweiten Dimension direkt chromatographiert werden.

IV. Peptide

Peptide sind, wie Aminosäuren, in der Regel hydrophil. Die Technik der Dünnschicht-Chromatographie von Aminosäuren ist deshalb prinzipiell auch auf Peptide anwendbar. Der Analogie sind indessen Grenzen gesetzt. Bei höheren Peptiden werden Löslichkeit und Adsorption durch die Anzahl, Art und Sequenz der Aminosäurereste mitbeeinflußt, so daß man gegebenenfalls andere Versuchsbedingungen einzuhalten hat oder sogar zu anderen Trennungsmethoden greifen muß. Peptide mit maskierten funktionellen Gruppen (Synthese-Zwischenprodukte) sind weniger hydrophil als solche ohne Schutzgruppen.

Peptide finden sich neben Aminosäuren in biologischem Material[15], meist zwar in kleiner Konzentration und oft in konjugierter Form (Phosphopeptide, Peptidylnucleotide, Glucopeptide, Lipopeptide, Peptid-Eiweiß-Komplexe). Kleinere freie Peptide begleiten bei der Extraktion die Aminosäure-Fraktion. Ihre Abtrennung von den Aminosäuren ist unter Umständen schwierig.

Eventuell bleibt nichts anderes übrig, als das Aminosäure-Peptidgemisch zweidimensional auf Dünnschicht zu chromatographieren, die getrennten Substanzen einzeln zu eluieren, auf ihre Einheitlichkeit durch weitere Chromatographie zu prüfen und durch Hydrolyse die Peptidnatur sicherzustellen. Oft wird zur Auftrennung solcher Gemische mit Vorteil eine Kombination von Papierchromatographie und Papierelektrophorese verwendet (vgl. z. B. ANFINSEN et al. [122]). Nach HONEGGER [123] kann man auch Dünnschicht-Elektrophorese mit Dünnschicht-Chromatographie kombinieren (S. 112—114 u. Abb. 59).

Neue Aussichten in bezug auf eine wirksame Vorfraktionierung eröffnet die Säulenchromatographie an Ionenaustauschern auf Cellulose[16]-. oder Dextranbasis[17].

DEAE-Cellulose z. B. enthält Diäthylaminoäthyl-Gruppen, adsorbiert keine neutralen und basischen Aminosäuren, jedoch neutrale Peptide, und gibt letztere beim Eluieren mit Wasser und mit Kohlensäure gesättigtem Wasser wieder ab [125].

Gel-Filtration mittels Sephadex[18] bietet eine Möglichkeit zur Trennung auf Grund verschiedener Molekulargewichte [21, 24, 126, 127]. Sie entspricht in ihrem

---

[15] Vgl. z. B. [120, 121].
[16] DEAE-Cellulose, Ecteola-Cellulose, Carboxymethyl-Cellulose, Phosphoryl-Cellulose, vgl. S. 39, 43, 45, 47 in [124]).
[17] DEAE-Sephadex (Fa. 102).
[18] Sephadex besteht aus vernetztem Dextran (S. 41).

Effekt ungefähr einer Dialyse, verläuft aber wesentlich schneller. Lindner et al. [128] extrahieren ein Trockenpräparat aus Hypophysenhinterlappen (Schwein, Oxytocin- und Vasopressin-Aktivität 2—3 E./mg) mit Pyridinacetatpuffer, neutralisieren, filtrieren durch eine Säule von Sephadex G-25, eluieren mit dem gleichen Puffer und erhalten zwei Ninhydrin-positive Fraktionen. Die erste, schneller wandernde, enthält Oxytocin und Vasopressin als Peptid-Eiweiß-Komplexe; die zweite besteht aus niedermolekularem inaktivem Material und wird verworfen. Zehnminütige Behandlung der ersten Fraktion mit 1 M Ameisensäure bei 70° bewirkt Dissoziation der Komplexe, so daß nun bei abermaliger Filtration durch Sephadex G-25 und Elution mit 1 M Ameisensäure als langsam wandernde Fraktion Vasopressin und Oxytocin mit einer Aktivität von je etwa 100 E./mg erhalten werden.

Die Trennung von Aminosäuren und Peptiden bzw. Salzen und Peptiden auf Sephadex ist weniger eindeutig. Die Verhältnisse werden hier dadurch kompliziert, daß die Wanderungsgeschwindigkeiten nicht durch die Molekülgrößen bestimmt werden, und deshalb die Versuchsbedingungen eine erhebliche Rolle spielen [22].

Apparativ anspruchsvoller ist eine Vorfraktionierung durch Craigsche Gegenstromverteilung[19].

Peptide bilden sich im übrigen beim partiellen Abbau von Proteinen. Die Abtrennung solcher Gemische und die Ermittlung der Aminosäure-Sequenz der individuellen Gemischkomponenten sind Voraussetzung für die chemische Strukturaufklärung von Eiweiß. Über die Abbaumethoden, welche zu kleineren und größeren Peptiden führen, orientiere man sich bei Sanger [130] (partielle Hydrolyse), Craig et al.[20] (oxydative Spaltung von S-S-Brücken), H. Zuber [131] (enzymatische Hydrolyse), Sjöquist [132, 133] (Peptide als Produkte des Edman-Abbaus).

Synthetische Peptide gewinnen mit der Entwicklung neuer Syntheseverfahren zunehmend an Bedeutung, es seien hier nur Bradykinin und Analoge [134—136], Oxytocin-Analoge [137], Polymyxin [138, 139] und corticotrop wirksame Polypeptide [139a] genannt.

Tabelle 185. hRf-Werte[1] *von Paaren isomerer Dipeptide auf Kieselgel G in zwei Fließmitteln*[2] *[140].* Zur Schreibweise vgl. Tab. 186

Dipeptidpaar	I	II
H · Ala-Gly-OH/H · Gly-Ala · OH	15—16	15—14
H · Gly-Hypro-OH/H · Hypro-Gly · OH. . .	08 / 13	12—13
H · Gly-Leu · OH/H · Leu-Gly · OH	37—35	27 / 33
H · Ala-Leu · OH/H · Leu-Ala · OH.	45 / 37	30—31
H · Gly-Phe · OH/H · Phe-Gly · OH	36—38	32 / 37
H · Gly-Pro · OH/H · Pro-Gly · OH.	08—09	08—07
H · Gly-Ser · OH/H · Ser-Gly · OH	12—14	12—14
H · Phe-Ala · OH/H · Ala-Phe · OH.	48—45	42—40
H · Gly-Val · OH/H · Val-Gly · OH	32 / 27	22—24

I: n-Butanol-Eisessig-Wasser (80 + 20 + 20);
II: n-Propanol-Wasser (70 + 30).

[1] Durch einen Bindestrich verbundene hRf-Werte sind zwar im Parallelversuch unterscheidbar, ihre Differenz gestattet aber im üblichen Verfahren (ohne Durchlauf) keine Trennung.

[2] Als Fließmittel eignen sich ferner: Äthanol-34proz. Ammoniaklösung (70 + 30); n-Propanol-34proz. Ammoniaklösung (70 + 30). Nach unseren Erfahrungen an etwa 100 Peptiden ist das chromatographische Verhalten bis zu den Nonapeptiden im allgemeinen einwandfrei.

[19] Craig, L., u. D. Craig (S. 290 in [129]).
[20] Craig, L. C., W. M. Königsberg u. T. P. King (S. 70 in [124]).

Wurde früher auf allen diesen Arbeitsgebieten in großem Umfang von der Papier-Chromatographie Gebrauch gemacht, so hat heute die DC deren Rolle als analytisches Hilfsmittel z. T. übernommen. Die Tab. 185 und 186 geben einige Beispiele über DC von Peptiden.

Zur DC größerer geschützter Peptide (bis etwa 10 Aminosäurereste) eignen sich nach GUTTMANN [143] Kieselgel- und Alox-Schichten mit

Tabelle 186. *DC von Peptiden und Peptiden mit Schutzgruppen auf Kieselgel G in den Fließmitteln A, B, und [1], [2], [3] nach* RINIKER [141]. *Zur Schreibweise vgl.* KAPPELER *und* SCHWYZER [142]

Peptide und Peptide mit Schutzgruppen	hRf	
	A	B
H · Pro · OH	10	11
Z · Pro · OH	39	81
H · Pro · OtBu	81	34
Z · Pro · OtBu	86	87
Z · Val-Lys (BOC) · OH	57	87
Z · Val-Lys · OH	26	49
Z · Val-Tyr · OCH₃	86	82
Z · Val-Tyr · OH	48	78
Z · Val-Tyr-Pro · OtBu	84	81
Z · Val-Tyr-Pro · OH	45	75
Z · Val-Tyr-Pro · OtBu	73	58
H · Val-Tyr-Pro · OH	30	46
H · Val-Tyr-Val-His-Pro-Phe · OCH₃	76	22
H · Val-Tyr-Val-His-Pro-Phe · OH	47	18
H · Val-tyr-Val-His-Pro-Phe · OH	51	24
H · Asp-Arg-Val-Tyr-Val-His-Pro-Phe · OH (= Hypertensin II)	21	03
H · Asp-Arg-Val-tyr-Val-His-Pro-Phe · OH	26	05
H · Asp(NH₂)-Arg-Val-Tyr-Val-His-Pro-Phe · OH	20	02
H · Asp(NH₂)-Arg-Val-Tyr-Val-His-Pro-Phe · NH₂	19	03
H · Asp(NH₂)-Arg-Val-Tyr-Val-His-Pro-Phe · OCH₃	21	05
c-[Val-Orn-Leu-phe-Pro-Phe-phe-Asp(NH₂)-Glu(NH₂)-Tyr] (= Tyrodicin A)	32	40
(Val-Orn-Leu-phe-Pro)₂ (= Gramicidin)	45	36
(Val-Lys-Leu-phe-Pro)₂ Lysin- (= Gramicidin)	38	31
H · Arg-Pro-Pro-Gly-Phe-Ser-Pro-Phe-Arg · OH (= Bradykinin)	12	01
Z · Glu(OtBu)-His-Phe-Arg(NO₂)-Try-Gly · OH	53	53
Z · Glu-His-Phe-Arg(NO₂)-Try-Gly · OH	24	42
BOC · Ser-Tyr-Ser-Met-Glu(OtBu)-His-Phe-Arg-Try-Gly · OH	38	28
H · Ser-Tyr-Ser-Met-Glu-His-Phe-Arg-Try-Gly · OH	18	
H · Lys(BOC)-Pro-Val-Gly-Lys(BOC)-Lys(BOC)-Arg-Arg-Pro-Val-Lys(BOC)-Val-Tyr-Pro · OtBu	32	22
Z · Glu(OtBu)-His-Phe-Arg(NO₂)-Try-Gly-Lys(BOC)-Pro-Val-Gly-Lys(BOC)-Lys(BOC)-Arg-Arg-Pro-Val-Lys(BOC)-Val-Tyr-Pro · · OtBu	39	43
Z · Val-Tyr-Val-His-Pro-Phe · OCH₃	77[1]	81[2]
H · Val-Tyr-Val-His-Pro-Phe · OCH₃	59[1]	66[2]

A: sec-Butanol-3proz. Ammoniaklösung (100 + 44); B: n-Butanol-Eisessig-Wasser (100 + 10 + etwa 30); obere Phase.

[1] Dioxan-Wasser (90 + 10).

[2] Methanol.

[3] Wasser, Methanol, Aceton, Dioxan und Dimethylformamid erwiesen sich für freie Peptide und geschützte höhere Peptide allein oder in Mischung miteinander im allgemeinen als wenig günstig: verwaschene Flecken, Schwanzbildung.

Dimethylformamid oder wasserhaltigem (5—10% H_2O) Eisessig. Beobachtet wurden Rf-Werte zwischen 0,3 und 0,9; der Nachweis erfolgte mit der Chlor-Jod-Reaktion. Die Rf-Werte sollen nicht sehr gut reproduzierbar sein; die Methode wird aber mit gutem Erfolg zur Reinheitsprüfung verwendet. Schellenberg [144] empfiehlt als Fließmittel Chloroform-Aceton (90 + 10) und (80 + 20), Cyclohexan-Essigester (50 + 50) und Chloroform-Methanol (90 + 10).

Die Trennungsmöglichkeiten von unter sich ähnlichen, komplexen Peptiden sind nach Vogler [145] nicht unbeschränkt. Anläßlich der Strukturaufklärung von Polymyxin B_1 sind von Vogler et al. [146] vier isomere Cyclodekapeptide synthetisch hergestellt worden, die von W. Hausmann [147], sowie von Biserte und Dautrevaux [148] als mögliche Strukturen für das Naturprodukt vorgeschlagen wurden. Diese mit der Abkürzung 8γ, 8α, 7γ und 7α bezeichneten cyclischen, isomeren Oligopeptide, die sich z. T. in der Art der Verknüpfung der Seitenkette und in der Anzahl der Aminosäuren im Ring unterscheiden, sind dünnschichtchromatographisch sehr genau untersucht worden [145]:

Aufsteigende Technik:

Folgende Fließmittel ließen im hRf-Bereich von 50—90 keine Unterschiede zwischen 7γ, 7α und Polymyxin B_1 erkennen:

n-Butanol-Pyridin-Eisessig-Wasser (v/v)

30	20	6	24	
15	5	8	12	
15	3	10	12	
30	3	23	24	

n-Butanol-Pyridin-Eisessig-Wasser-Essigester (v/v)

| 5 | 1 | 2 | 2 | 2 |

n-Butanol-Eisessig-Wasser (v/v) (obere Phase)

| 40 | 10 | 50 |

Isopropanol-Pyridin-Eisessig-Wasser (v/v)

| 10 | 5 | 4 | 4 |
| 4 | 8 | 1 | 1 |

Äthanol-Pyridin-Eisessig-Wasser-Essigester (v/v)

| 5 | 1 | 2 | 2 | 2 |

Horizontale Technik, Durchlauf:

Durchlaufchromatogramme [13] in n-Butanol-Pyridin-Eisessig-Wasser (30 + 20 + 6 + 24) mit der größtmöglichen Laufzeit von 8—10 Std (Flecken am oberen Plattenende) ergaben keinen signifikanten Rf-Unterschied. In Essigester-Pyridin-Eisessig-Wasser (50 + 10 + 10 + 10) wandern die drei Substanzen über Nacht (14 Std) etwa 20 mm weit und geben alle scharf begrenzte, runde Flecken auf genau gleicher Höhe.

Zum Nachweis der Peptide benützt man zweckmäßig die in der PC bewährten Methoden. Die oft verwendete Ninhydrinreaktion ist namentlich bei höheren Peptiden nicht immer empfindlich genug; sie versagt überhaupt bei cyclischen Peptiden, es sei denn, daß diese in den Seitenketten freie Aminogruppen enthielten. Viel allgemeiner anwendbar und empfindlicher (Nachweisgrenze etwa 0,1 μg) ist die N-Halogenierung nach Reindel und Hoppe [73] bei folgender modifizierter Arbeitsweise [149, 8]:

In eine Photo-Entwicklerschale passender Größe gibt man ungefähr gleiche Volumina (je 20—50 ml) 1,5proz. KMnO₄-Lösung und 10proz. HCl-Lösung sowie, nach Durchmischung, einen Rost aus Glasstäben (Füße 2—3 cm hoch). Die Platte mit den zu revelierenden Substanzen wird auf den Rost gelegt, Man bedeckt die Schale mit einer großen Glasplatte und läßt 15—20 min reagieren. Anschließend wird die Platte 2—3 min in einem gut ventilierten Abzug gelüftet; vor dem Sprühen soll der Chlorgeruch verschwunden sein! Das Sprühreagens Nr. 50 ist möglichst vorsichtig zu applizieren, weil dies die Empfindlichkeit erhöht. Schlecht getrennte Substanzen lassen sich auf diese Weise wenigstens im ersten Augenblick als separate Flecken erkennen. Der in der PC übliche Waschprozeß mit 2proz. Essigsäure entfällt. — Steht eine Chlor-Bombe zur Verfügung, so ist es einfacher, eine Desaga-Trogkammer oder dergleichen mit Chlorgas zu füllen und die zu behandelnde Platte für 5—10 min in diese Chlor-Atmosphäre zu stellen.

Man kann auch mit Jod halogenieren und die Peptide anschließend durch Besprühen mit Stärkelösung lokalisieren (Sprühreagens Nr. 126 Modifikation).

Besonders vorteilhaft ist eine Kombination von Ninhydrin- und Chlorierungstechnik. Man sprüht zuerst mit Ninhydrin, zeichnet die Flecken an und behandelt alsdann mit Chlorgas, wie oben angegeben; die Vorbehandlung mit Ninhydrin ist ohne Einfluß auf das Ergebnis. Substanzen, die erst bei der Halogenierungsoperation in Erscheinung treten, sind auf diese Weise von den Ninhydrin-positiven Verbindungen besonders leicht zu unterscheiden.

SCHELLENBERG [*144*] gebraucht eine Variante des bekannten Fluorescenztestes mit Morin; die Empfindlichkeit ist relativ gering (Nachweisgrenze 2 μg). — Der Fluorescenztest von SANGER und TUPPY [*95*] erscheint uns bei Abwesenheit von Cellulose etwas ungewiß. — Im Gegensatz zur PC sind hier natürlich auch jene Verfahren anwendbar, die auf einer Zerstörung der organischen Materialien unter Bräunung und dgl. beruhen (Sprühreagentien Nr. 52, 217).

Zum *Eluieren der Substanzen* [*150*] wird die Schicht an den betreffenden Stellen abgeschabt, mit Elutionsmittel aufgeschlämmt und filtriert. Dabei kann im Fall von Kieselgel G kein Wasser verwendet werden, weil sich der Gips in Wasser löst und bei der weiteren Verarbeitung stört. Bisher haben sich n-Butanol und Eisessig als Elutionsmittel bewährt.

V. N-(2,4-Dinitrophenyl)-aminosäuren
und 3-Phenyl-2-thiohydantoine

Dinitrophenylaminosäuren (DNP-Aminosäuren) und Phenylthiohydantoine (PTH-Aminosäuren) entstehen, wenn man Proteine oder Peptide mit Dinitrofluorbenzol [*151—154*] bzw. Phenyl-Senföl [*155*] behandelt und das Kondensationsprodukt in geeigneter Weise abbaut. Ihre Abtrennung aus dem Reaktionsgemisch und namentlich ihre Identifizierung ist von erheblicher praktischer Bedeutung, weil die genannten Reaktionsfolgen bei systematischer Anwendung die Sequenzanalyse von Peptidstrukturen ermöglichen. Zahlreiche Autoren haben sich mit dem Problem beschäftigt[21].

---

[21] Literaturzusammenstellung in [*8*]; eine ausgezeichnete Übersicht gaben auch BISERTE et al. [*156*].

Substitution an der NH_2-Gruppe, am Carboxyl oder an beiden, verwandelt Aminosäuren in Säuren, Basen oder Neutralkörper. Der zwitterionische Charakter geht also verloren. Je nach Art des Substituenten sind die Derivate aber immer noch mehr oder weniger polar. Hierauf ist bei der Wahl der Fließmittel Rücksicht zu nehmen. Substitutionsprodukte, welche immer noch ein freies Carboxyl und eine freie Aminogruppe besitzen, wie z. B. Mono-Acylderivate von basischen Aminosäuren, Monoester von sauren Aminosäuren oder Äther von Hydroxyaminosäuren, verhalten sich chromatographisch wie freie Aminosäuren.

A. Dinitrophenylaminosäuren

Die oben erwähnte Bildungsweise der Dinitrophenylaminosäuren (DNP-Aminosäuren) wird durch das nachstehende Reaktionsschema illustriert.

Anstelle von Proteinen oder Peptiden kann man natürlich auch freie Aminosäuren mit Dinitrofluorbenzol (DNFB) umsetzen. Dies kann sich z. B. aufdrängen, wenn ein Aminosäure-Gemisch wegen Beimengungen nicht direkt chromatographierbar ist; die DNP-Aminosäuren lassen sich oft leichter in eine chromatographierbare Form bringen als die freien Aminosäuren. Die Eigenfarbe dieser Derivate erleichtert daneben die quantitative Analyse, weil alle Schwierigkeiten, die mit dem nachträglichen Anfärben verbunden sind, entfallen.

DNP-Aminosäuren sind lichtempfindlich. Man muß sie im Dunkeln aufbewahren und sollte sie nur für kürzere Zeit indirektem Licht aussetzen.

Schema der Endgruppenbestimmung nach Sanger:

$$O_2N-\!\!\!\bigcirc\!\!\!-F + NH_2CHR'CO(NHCHRCO)_xNHCHRCOOH$$

DNFB   Peptid aus (x + 2) Aminosäuren

1. Base
2. Säure

$$O_2N-\!\!\!\bigcirc\!\!\!-NHCHR'CO(NHCHRCO)_xNHCHRCOOH + HF$$

DNP-Peptid

Hydrolyse

$$O_2N-\!\!\!\bigcirc\!\!\!-NHCHR'COOH + (x + 1)\ ^{\oplus}NH_3CHRCOO^{\ominus}$$

DNP-Aminosäure   Aminosäuren

1. Dinitrophenylierung

Die verschiedenen gebräuchlichen Verfahren zur Dinitrophenylierung unterscheiden sich in den Reaktionsbedingungen und im apparativen

Aufwand. Eine vorzügliche Zusammenfassung findet sich bei BISERTE et al. [*156*]. Im folgenden geben wir eine kurze Übersicht.

a) Aminosäuren

α) Bereitung von DNP-Aminosäuren[22]: Nach LEVY und CHUNG [*157*] fügt man zur Lösung von 5 mMol Aminosäure und 1 g wasserfreiem Na_2CO_3 in 20 ml Wasser 5 mMole 2,4-Dinitrofluorbenzol (DNFB) in Form einer 10proz. acetonischen Lösung (Aminosäuren mit zwei reaktionsfähigen Gruppen erfordern die doppelte, Histidin die $2^1/_2$fache Menge DNFB). Die Suspension wird 30—90 min bei 40° im Dunkeln kräftig geschüttelt, wobei die DNFB-Tröpfchen langsam verschwinden. Man schüttelt nun evtl. noch vorhandenes DNFB mit Äther aus, säuert die wäßrige Lösung vorsichtig mit 1—2 ml konz. Salzsäure an und isoliert die ölig oder kristallin ausfallende DNP-Aminosäure durch Ätherextraktion oder Filtration. — Meistens kristallisieren die als Öl ausfallenden Derivate beim Eindampfen der ätherischen Lösung (Schwierigkeiten bereitet besonders DNP-Glutaminsäure). Das Umkristallisieren gelingt im allgemeinen gut durch Aufnehmen in Benzol, dem etwas Äthanol zugesetzt wird, und Zufügen von Petroläther zur heißen Lösung. Sehr polare DNP-Aminosäuren werden aus wäßrigem Methanol umkristallisiert, ätherunlösliche durch Aufnehmen in verdünnter Salzsäure und Neutralisieren (z. B. mit Pyridin) umgefällt.

Zur Herstellung der DNP-Cysteinsäure und der verschiedenen Monoderivate von Cystein, Cystin, Histidin, Lysin, Ornithin und Tyrosin sei auf die erwähnte Zusammenfassung von BISERTE [*156*] verwiesen; die Wasserlöslichkeit bringt hier zum Teil besondere Probleme mit sich.

Schmelzpunktangaben finden sich z. B. bei PORTER und SANGER [*154*], LEVY und CHUNG [*157*] und DU VIGNEAUD et al. [*158*].

β) Quantitative Dinitrophenylierung einer Aminosäure-Mischung (z. B. Proteinhydrolysat): Nach WALLENFELS [*159*] wird der trockene Hydrolysenrückstand von 2—5 mg lufttrockenem Perameisensäure-oxydierten Protein unter kräftigem Rühren (Magnetrührer) in 2 ml CO_2-freiem Wasser bei Zimmertemperatur gelöst. Man pipettiert einen aliquoten Teil (1,2 ml) in ein kleines Reaktionsgefäß mit Magnetrührer, verdünnt mit 1,8 ml CO_2-freiem Wasser, setzt 0,1 ml 3,1 N KCl zu und erwärmt auf 40,0 $\pm$ 0,1° (Thermostat). Unter kräftigem Rühren wird nunmehr durch Zugabe von 0,2 N NaOH mittels eines Auto-Titrators das pH auf 8,90 eingestellt. Man versetzt im Dunkeln mit etwa 0,1 ml (entsprechend einem leichten Überschuß) 2,4-Dinitrofluorbenzol (p. A. „Merck" Nr. 2966) und hält das pH mit Hilfe des Autotitrators während 100 min auf 8,90. Der Schreiber des Autotitrators registriert den zeitlichen Verlauf der Alkaliaufnahme: die eigentliche Reaktion ist schon nach 50 min beendet; die zweite Hälfte der Versuchsdauer dient vor allem zur Feststellung der Hydrolysegeschwindigkeit von Dinitrofluorbenzol (Bildung von Dinitrophenol. Nach Beendigung der Reaktion wird das überschüssige 2,4-Dinitrofluorbenzol durch zweimalige Extraktion mit je 5 ml peroxydfreiem [*160, 161*] Äther entfernt. Man säuert das Reaktionsgemisch mit 0,5 ml Salzsäure (1 T. HCl $d_4^{20} = 1,19 + 1$ T. H_2O) an und extrahiert die ätherlöslichen DNP-Aminosäuren durch fünfmaliges Ausschütteln mit je 4 ml peroxydfreiem Äther; die Extrakte werden vereinigt und mit Äther auf ein Volumen von exakt 25 ml gebracht. Zur Chromatographie entnimmt man 1 ml, engt ein und trägt den Rückstand mittels einer Capillarpipette quantitativ auf.

Die wäßrige Phase enthält die säurelöslichen DNP-Aminosäuren. Sie wird nach kurzem Evakuieren zur Entfernung des gelösten Äthers mit CO_2-freiem Wasser auf exakt 10 ml aufgefüllt. Zur Chromatographie entnimmt man 0,5 ml, verdampft im Vakuum zur Trockne, nimmt in möglichst wenig salzsaurem Aceton auf (2 ml 6 N Salzsäure mit Aceton auf 25 ml aufgefüllt) und überführt die Probe quantitativ auf das Chromatogramm.

Besser extrahiert man die säurelöslichen DNP-Aminosäuren mit einem Gemisch von gleichen Volumenteilen Essigester und n-Butanol (6 Ex-

---

[22] Eine Kollektion ist erhältlich z. B. bei (Fa. 86).

traktionen, Volumenverhältnis 3:1), da hierbei die Salze größtenteils in der Wasserphase bleiben (Walz et al. [231]).

b) Peptide

α) Dinitrophenylierung nach Lockhart und Abraham[23]. Man löst 50—150 μg Peptid in 0,1 ml 1,5proz. wäßriger Trimethylammoniumcarbonat-Lösung (pH 9,3), setzt 0,2 ml einer 5proz. alkoholischen Lösung von Dinitrofluorbenzol zu, läßt $2^1/_2$ Std im Dunkeln stehen, verdampft das Äthanol im Vakuum, versetzt mit weiteren 0,24 ml Trimethylammoniumcarbonat-Lösung und 1 ml Äther, durchmischt mit einem Vibromischer, zentrifugiert zwecks Phasentrennung, trennt den Äther ab und verdampft die wäßrige Lösung im Vakuum zur Trockne.

β) Total-Hydrolyse eines DNP-Peptids: Der nach α) erhaltene Rückstand wird in 0,1 ml 6 N Salzsäure aufgenommen, die Lösung unter Stickstoff eingeschmolzen, während 9 Std auf 105° erhitzt und das Hydrolysat mit 2 Volumteilen Wasser verdünnt. Man erhält daraus die ätherischen DNP-Aminosäuren durch dreimaliges Ausschütteln mit dem gleichen Volumen Äther bzw. Essigester (Di-DNP-Histidin).

c) Polypeptide und Proteine

α) Dinitrophenylierung: Levy und Li [163] lösen mindestens 0,2 μ Mole Substanz bei 40° in 3 ml 0,05 N wäßrigem KCl, stellen das pH durch Zugabe von 0,05 N Kalilauge mittels eines Autotitrators auf pH 8, setzen etwa 0,1 ml Dinitrofluorbenzol zu und rühren im Dunkeln kräftig durch, wobei pH und Temperatur konstant gehalten werden. Die Reaktion ist abgeschlossen, wenn der Alkali-Verbrauch aufhört. Die Lösung wird dreimal mit Äther extrahiert und daraufhin zur Ausfällung des Dinitrophenylderivates angesäuert. Dieses wird abzentrifugiert, mit Wasser, Aceton und Äther gewaschen und über P_2O_5 getrocknet.

β) Partielle Hydrolyse eines DNP-Proteins: Die partielle Hydrolyse eines DNP-Proteins läßt sich sowohl mit Salzsäure als auch enzymatisch in der üblichen Weise durchführen, verläuft indessen wesentlich langsamer als bei nativen Substanzen. Sie gibt aber wichtige analytische Hinweise. Bei der elektrophoretischen oder chromatographischen Reinigung der Bruchstücke verraten sich die interessanten N-terminalen Teile schon durch ihre Farbe und lassen sich deshalb z. B. aus zweidimensionalen Chromatogrammen mühelos und sicher eluieren. Allerdings sind auch nicht-terminale Peptid-Bruchstücke, welche z. B. Lysin enthalten, durch dessen ε-DNP-Rest gelb gefärbt. Während die Trennung der DNP-Peptide von freien Peptiden und Aminosäuren ohne weiteres möglich ist (salzsaurer Talk adsorbiert nur DNP-Verbindungen, s. unter δ), bewirkt die Extraktion der N-terminalen α-DNP-Peptide aus saurer Lösung mit organischen Lösungsmitteln oft keine genügende Trennung von den nicht terminalen DNP-Peptiden, welche wegen ihrer freien NH_2-Gruppe in der wäßrigen Phase bleiben sollten [164].

γ) Totalhydrolyse eines DNP-Proteins: Zur qualitativen Endgruppenbestimmung wird das DNP-Protein mit der 100fachen Menge 5,7 N Salzsäure (zweimal destilliert) 16 Std lang bei 105° im Rohr hydrolysiert. Dabei werden aber DNP-Glycin [165, 166] und DNP-Prolin [167] — besonders bei Anwesenheit von Tryptophan [168] — teilweise zerstört. Di-DNP-Tyrosin verliert zum Teil die O-DNP-Gruppe [166]; die Anwesenheit von DNP-Cystin soll durch vorherige Perameisensäureoxydation [44] ausgeschaltet werden.

δ) Abtrennung der DNP-Aminosäuren aus einem Totalhydrolysat: Das Hydrolysat wird so verdünnt, daß es in bezug auf Salzsäure etwa 1 normal ist. Man extrahiert fünfmal mit peroxydfreiem [160, 161] Äther und — bei Gegenwart von Histidin — fünfmal mit Essigester; die Extrakte werden dreimal mit 0,1 N Salzsäure gewaschen. Man kombiniert nun einerseits alle Extrakte (Fraktion A: ätherlösliche DNP-Aminosäuren und Dinitrophenol) und andererseits die wäßrige Phase mit den Waschwässern (Fraktion B: freie Aminosäuren und säurelösliche Dinitrophenylderivate wie DNP-Arginin, DNP-Cysteinsäure, Mono-DNP-Derivate von

---

[23] Mikromethode nach [162].

Cystein, Cystin, Histidin, Lysin, Ornithin und Tyrosin; wurde nur mit Äther extrahiert, so kann sich in dieser Fraktion auch ein Teil des Di-DNP-Histidins befinden).

Fraktion A: Ist viel Dinitrophenol vorhanden, so empfiehlt sich seine Entfernung. Dies kann auf zwei Arten geschehen:

Sublimation. In einem von MILLS [*169*] beschriebenen speziellen Gefäß geht Dinitrophenol bei 70—80° im Hochvakuum zum größten Teil weg. Dabei kann etwas DNP-Methionin und nach unseren Beobachtungen auch Di-DNP-Cystin mitgerissen werden. Eventuell muß die Sublimation unterbrochen, die Substanz in etwas Aceton gelöst und durch Eindampfen erneut als dünner Film auf die Gefäßwand gebracht werden.

Adsorption (Ionenaustausch) [*170*]. Wenige μMole DNP-Aminosäuren werden in 0,5 ml Methanol gelöst und auf eine Säule von anionotropem Aluminiumoxid[24] (1 × 10 cm) gegeben. Man spült mit 0,5 ml Methanol nach und eluiert das Dinitrophenol quantitativ mit 2proz. Essigsäure. Danach eluiert man die DNP-Aminosäuren zunächst mit wenig 0,1 N NaOH (um eine CO_2-Entwicklung und damit ein Zerreißen der Säule zu vermeiden) und weiter mit 1proz. $NaHCO_3$-Lösung. — Nach vorsichtigem Ansäuern des Eluats mit HCl können die DNP-Aminosäuren wieder mit Äther extrahiert werden. Das Extrakt wird eingedampft.

Nach der Entfernung des Dinitrophenols löst man in Aceton (ungefähr 1 ml pro 10 μMol Protein) und kann direkt chromatographieren (Auftragemenge etwa 1 μl).

Fraktion B: Oft können die säurelöslichen DNP-Aminosäuren trotz der Anwesenheit der freien Aminosäuren chromatographisch direkt identifiziert werden. Man verdampft hierzu unter wiederholtem Wasserzustaz wiederholt zur Trockne und nimmt in 0,5 N Salzsäure oder in Eisessig auf (ungefähr 1 ml pro 10 μMol Protein, Auftragemenge[25] etwa 1 μl).

Zur Abtrennung der freien Aminosäuren kann man den Eindampfrückstand (vgl. oben) in 2 ml 1 N Salzsäure aufnehmen und diese Lösung durch eine Säule (Durchmesser 2,5 cm) aus einer Mischung von 20 g Hyflo-Super-Cel und 50 g Talk (Vorbehandlung mit 0,01 N und 1 N Salzsäure) laufen lassen [*171*]. Im Gegensatz zu den freien Aminosäuren werden alle DNP-Aminosäuren (außer DNP-Cysteinsäure) adsorbiert. Man wäscht mit 100 ml 1 N Salzsäure nach und eluiert anschließend die DNP-Aminosäuren mit salzsaurem Alkohol (Alkohol-1 N Salzsäure, 40 + 10) oder besser ammoniakalischem Alkohol [Alkohol-0,3proz. Ammoniaklösung (40 + 10)], verdampft das Eluat zur Trockne und verfährt zur Chromatographie wie oben angegeben.

2. Fließmittel und Trenneffekte

Während sich zur Trennung der freien Aminosäuren die aus der PC bekannten Fließmittel meistens direkt auf die DC übertragen lassen, ist dies bei der Trennung der DNP-Aminosäuren nicht oder doch nur sehr beschränkt möglich. DNP-Aminosäuren haben sich in der PC als heikel zu erkennen gegeben, indem sie sehr zur Schwanzbildung neigen und indem ihre *Rf*-Werte stark von der aufgetragenen Menge und der Anwesenheit von anderen DNP-Aminosäuren abhängen; als gute Fließmittel haben sich dort das „Toluol"-System nach BISERTE und OSTEUX [*45*], n-Butanol-0,1proz. Ammoniaklösung nach BRAUNITZER [*172*] und 1,5 M Phosphat-Puffer nach LEVY [*173*] erwiesen.

In der DC zeigt das „Toluol"-System neben dünnen „Bärten"[26] eine viel zu geringe Elutionswirkung: DNP-Leucin besitzt einen *Rf*-Wert

---

[24] Aluminiumoxid „Merck" wird mit einem Überschuß 1 N Salzsäure 10 min lang geschüttelt und durch Dekantieren mit Wasser säurefrei gewaschen.

[25] Vor der Chromatographie muß das saure Lösungsmittel von der Platte vollständig verdampft sein!

[26] Zum Ausdruck vgl. HAIS und MACEK (S. 147 in [*2*]).

von 0,25. Inaktiviert man die Schicht, indem man die Platten vor dem Auftragen der Substanzen für mindestens eine Nacht den Dämpfen der wäßrigen Phase dieses Systems aussetzt, so erhöht sich der Rf-Wert von DNP-Leucin auf 0,66 und man erzielt in zweidimensionalen Chromatogrammen trotz der erwähnten Bärte ausgezeichnete Trennungen. Das Fließmittel von Braunitzer [172] gibt lange Flecken und der Phosphat-Puffer [173] ist für die DC völlig unbrauchbar: Langgestreckte Flecken und eine z. T. ganz erhebliche Diffusion machen jede Trennung unmöglich. Pufferung der Schicht nützt gar nichts und Zusatz von wenigen Prozenten Eisessig in diesem Falle nur wenig. Außer dem modifizierten „Toluol"-System haben sich die übrigen unter a) und b) genannten Fließmittel bewährt. Bei der Herstellung aller Systeme sind Lösungsmittel definierter Qualität zu verwenden.

Qualität der Fließmittelkomponenten

Ammoniak 0,8 N:	25proz. Ammoniak „Merck", mit dest. Wasser verdünnen.
Ammoniak 34proz.:	handelsübliche Qualität.
t-Amylalkohol:	Die Fraktion 100,5—102,0° durch kurze Kolonne aus t-Amylalkohol pract. „Fluka"[27] herausdestillieren.
Äthylenchlorhydrin:	2-Chloräthanol puriss. „Fluka"[27].
Benzol:	Dreimal mit je $^1/_{10}$ Volumteil konz. Schwefelsäure ausschütteln, mit Wasser, 2 N Sodalösung und Wasser waschen, über Calciumchlorid trocknen und durch kurze Kolonne destillieren.
Benzylalkohol:	Schütteln mit gesättigter Bisulfitlösung, waschen mit 2 N Sodalösung, trocknen über Natriumsulfat und unter Stickstoff durch kurze Kolonne im Vakuum destillieren (beigemengter Benzaldehyd verändert die Rf-Werte ziemlich stark).
n-Butanol:	n-Butanol für Chromatographie.
Chloroform:	Zweimal durch kurze Kolonne destillieren oder durch eine Al_2O_3-Säule laufen lassen[28] und sofort verwenden. (Beim Stehen des alkoholfreien Chloroforms tritt schnell Phosgenbildung auf!)
Eisessig: Methanol: n-Propanol:	Handelsübliche Qualität durch kurze Kolonne destillieren.
Pyridin:	24 Std über Bariumoxid kochen und durch kurze Kolonne destillieren.
Toluol:	Wie Benzol.

a) Fließmittel für säure- und wasserlösliche, mit Äther nicht extrahierbare DNP-Aminosäuren

n-Propylalkohol-34proz. Ammoniaklösung (70 + 30). DNP-Arginin, DNP-Cysteinsäure, Mono-DNP-Cystin, α-DNP-Histidin, Di-DNP-Histidin[29], ε-DNP-Lysin und O-DNP-Tyrosin können durch aufsteigende Chromatographie in diesem System einzeln oder, soweit dies praktisch in

---

[27] (Fa. 60).

[28] vgl. dazu G. Wohlleben, Angew. Chem. *68*, 752 (1956).

[29] Das im-DNP-Histidin gehört grundsätzlich auch zur Gruppe der säurelöslichen DNP-Derivate. Nach Zahn und Pfannmüller [174] ist es aber seiner Unbeständigkeit wegen in Hydrolysaten von entsprechenden DNP-Peptiden nicht nachweisbar. Wir haben unsere Untersuchung deshalb auf das α-DNP- und das Di-DNP-Histidin beschränkt.

Tabelle 187. *Identifizierung der säure- und wasserlöslichen DNP-Aminosäuren** durch Dünnschicht-Chromatographie im System n-Propanol-34proz. Ammoniak (70 + 30) bei aufsteigender Technik (Laufstrecke 10 cm, Beladung 0,5—1 μg)

DNP-Aminosäuren	h.Rf**	Farbe	UV-Absorption (360nm)	Farbe mit Ninhydrin
Mono-DNP-(Cys)₂	29	gelb	+	braun
DNP-CySO₃H	29	gelb	+	gelb
α-DNP-Arg	43	gelb	+	gelb
ε-DNP-Lys	44	gelb	+	braun
O-DNP-Tyr	49	farblos	+***	violett
α-DNP-His	57	gelb	+	gelb
Di-DNP-His	65	gelb	+	gelb

* Abkürzungen der Aminosäuren s. Tab. 180.
** Angegeben ist das arithmetische Mittel aus jeweils 6 Einzelmessungen.
*** Siehe unter Dokumentation, Seite 735.

Frage kommt, nebeneinander identifiziert werden. Die Laufzeit beträgt etwa 2 Std. Tab. 187 orientiert über die *Rf*-Werte und die Unterscheidung der Flecken. Obwohl DNP-Arginin und ε-DNP-Lysin nicht völlig getrennt werden, gelingt es doch, die beiden auf Grund ihrer Unterschiede bei der Ninhydrin-Reaktion auch nebeneinander nachzuweisen. DNP-Cysteinsäure und Mono-DNP-Cystin dürften praktisch nie nebeneinander

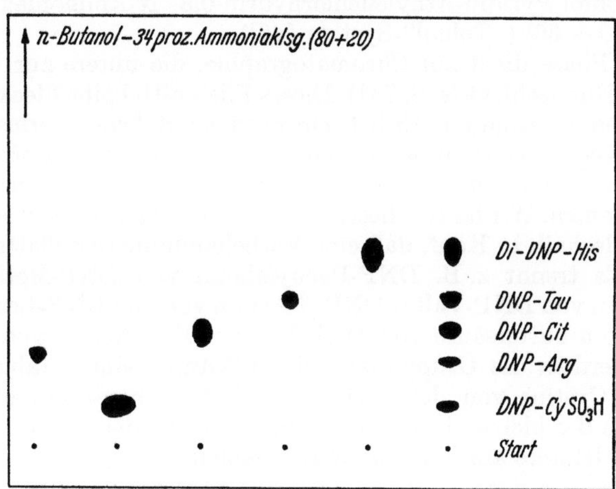

Abb. 209. Trennung einer Modellmischung der wasserlöslichen DNP-Aminosäuren aus Urin bei aufsteigender Technik [175]

Auftragemenge je 0,5 μg, UV-Photokopie (s. S. 736). Abkürzungen der Aminosäuren vgl. Tab. 180; Tau = Taurin, Cit = Citrullin

vorkommen. — Es ist wichtig, daß überschüssige Säure nach dem Auftragen der Lösungen wieder entfernt wird. Hierzu muß die Platte für etwa 10 min bei gutem Luftzug auf etwa 60° erwärmt werden. Man läßt sie darauf etwa 15 min abkühlen.

n-Butanol-34proz. Ammoniaklösung (80 + 20). DNP-Arginin, DNP-Citrullin, DNP-Cysteinsäure, Di-DNP-Histidin und DNP-Taurin entstehen als wasserlösliche DNP-Derivate bei der Dinitrophenylierung der

Urin-Aminosäuren in Gegenwart von überschüssigem Dinitrofluorbenzol. Abb. 209 orientiert über die Trennung einer Modellmischung.

b) Fließmittel für säureunlösliche, mit Äther extrahierbare DNP-Aminosäuren

Da die DNP-Aminosäuren als Carbonsäuren in organischen Lösungsmitteln zur Assoziation neigen, ist es in der Regel von Vorteil, den Fließmitteln etwas Eisessig zuzusetzen; dieser dürfte die Assoziation zurückdrängen und so die Hauptursache der Schwanzbildung beseitigen. Bemerkenswert ist, daß man den „Eisessigeffekt" auch in Fließmitteln beobachtet, die viel Pyridin enthalten, und deshalb als basisch anzusprechen sind. Eisessig erhöht daneben in ganz verblüffendem Maße die „Elutionskraft" des Fließmittels. Der allgemein günstige Einfluß von Eisessig auf die DC von ätherlöslichen DNP-Aminosäuren auf Kieselgel-Schichten beschränkt sich indessen auf den Konzentrationsbereich zwischen etwa 0,5 und 5 Vol.-%. Größere Konzentrationen wirken ähnlich wie zu hoher Wassergehalt, indem sie die Trenneigenschaften eines Fließmittels verringern.

α) Fließmittel für allgemeine Trennungen

Nr. 1: Toluol-Pyridin-Äthylenchlorhydrin-0,8 N-Ammoniaklösung (100 + 30 + 60 + 60) („Toluol"-System [*45*]).

Die obere Phase dient zur Chromatographie, die untere zur Vorbehandlung der Dünnschicht (s. S. 731). Dieses Fließmittel gibt Flecken mit langen „Bärten"[30], womit natürlich ein gewisser Substanzverlust verbunden ist. Wegen seiner ausgezeichneten Trennwirkung benützen wir es zur Chromatographie in der ersten Dimension von zweidimensionalen Chromatogrammen. Wir halten dieses System vorläufig für unentbehrlich und nehmen deshalb in Kauf, daß eine Vorbehandlung der Platten notwendig ist. Es trennt z. B. DNP-Phenylalanin von DNP-Methionin; DNP-Norleucin von DNP-Valin; DNP-β-Alanin von den DNP-Leucinen; DNP-α-Amino-n-buttersäure von DNP-Prolin; DNP-Alanin von DNP-Sarcosin, außerdem die Gruppe der Di-DNP-Aminosäuren (abgesehen von Di-DNP-Cystin) von den kleineren DNP-Aminosäuren, und die DNP-Derivate der kleineren Aminosäuren von jenen der sauren Aminosäuren, wobei letztere am Startpunkt zurückbleiben.

Nr. 2: Chloroform-Benzylakohol-Eisessig (70 + 30 + 3)

Nr. 2 gibt symmetrische Flecken und trennt 2,4-Dinitrophenol* und 2,4-Dinitranilin* von allen DNP-Aminosäuren ab.

Nr. 3: Chloroform-t-Amylalkohol-Eisessig (70 + 30 + 3)

Nr. 3 trennt ähnlich wie Fließmittel Nr. 2.

DNP-Valin und 2,4-Dinitrophenol* rücken näher an DNP-Leucin. Dafür ist der t-Amylalkohol stabiler und leichter flüchtig als Benzylalkohol.

---

[30] Zum Ausdruck vgl. I. M. Hais (S. 147 in [*2*]).

* 2,4-Dinitrophenol und 2,4-Dinitranilin sind Nebenprodukte bei der Synthese und der sauren Hydrolyse von DNP-Peptiden.

Tabelle 188. h.*Rf-Werte der ätherlöslichen DNP-Aminosäuren*[1] *in den Fließmitteln Nr. 1—5 bei eindimensionaler, aufsteigender bzw. horizontaler [13] Chromatographie. Angegeben ist das arithmetische Mittel aus jeweils 6 Einzelmessungen. Auftragemenge jeweils 0,5—1 µg*

DNP-Aminosäuren[1]	1[3] aufsteigend 15 cm	2 aufsteigend 10 cm	2 indirekt[4] 10 cm	3 aufsteigend 10 cm	3 indirekt[4] 10 cm	4[3] aufsteigend 15 cm	4[3] horizontal DNP-Leu: 10 cm	4[3] horizontal indirekt[4] DNP-Leu: 10 cm	5[3] aufsteigend 15 cm	5[3] horizontal DNP-Leu: 10 cm	5[3] horizontal indirekt[4] DNP-Leu: 10 cm
DNP-α-AnB . .	46	72	44	73	42	52	52	55	79	85	75
DNP-α-ACy. . .	79	92	66	83	57	105	108	109	108	101	106
DNP-Ala	34	54	35	60	34	32	33	38	59	66	58
DNP-β-Ala . . .	27	71	57	73	50	89	98	100	99	95	102
DNP-Asp. . . .	2	13	8	9	13	6	5	11	7	6	6
DNP-Glu. . . .	1	26	17	31	21	12	12	23	12	12	14
DNP-Gly. . . .	27	32	22	40	23	17	18	22	31	38	31
DNP-Ileu. . . .	64	83	63	81	57	107	107	107	100	101	104
DNP-Leu. . . .	66	82	62	80	54	100	100	100	100	100	100
DNP-Nleu . . .	69	82	60	80	52	86	90	88	101	100	98
DNP-Met. . . .	55	70	39	69	38	43	43	47	72	81	74
DNP-Met.O$_2$ . .	17	—	—	—	4	3	3	2	10	10	7
DNP-Phe. . . .	67	75	46	74	41	44	46	52	81	86	76
DNP-Pro. . . .	29	65	41	67	38	58	59	62	78	84	75
DNP-Sar	23	56	35	57	32	34	35	41	59	65	60
DNP-Ser	15	11	10	11	10	9	10	14	7	8	7
DNP-Thr. . . .	20	17	13	15	12	12	14	20	9	11	11
DNP-Try. . . .	65	69	38	69	31	23	25	33	54	61	49
DNP-Val. . . .	53	79	56	77	51	76	81	85	91	98	86
DNP-Nval . . .	56	77	52	76	48	65	70	75	86	95	89
Di-DNP-(Cys)$_2$.	—	3	2	1	1	0	0	2	0	2	2
Di-DNP-His . .	53	11	9	8	4	5	4	8	12	16	14
Di-DNP-Lys . .	74	56	35	60	30	12	13	19	66	73	65
Di-DNP-Orn . .	70	34	23	40	20	6	6	10	39	46	39
Di-DNP-Tyr . .	76	58	35	60	30	17	16	19	57	65	57
2,4-DNP-OH[5] . .	41	100	76	83	55	22	21	23	148	102	111
2,4-DNP-NH$_2$[6] .	90	90	84	72	63	115	128	129	131	101	115

[1] Abkürzungen der Aminosäuren s. Tab. 180. [2] vgl. Anmerkung zum Gebrauch des „Toluol"-Systems. [3] *Rf*-Werte auf DNP-Leu bezogen. [4] nach „Vorbehandlung" der Schicht durch Chromatographie im „Toluol"-System (Nr. 1) und Zwischentrocknung (s. Text). [5] 2,4-DNP-OH = 2,4-Dinitrophenol. [6] 2,4-DNP-NH$_2$ = 2,4-Dinitranilin.

Nr. 4: Benzol-Pyridin-Eisessig (80 + 20 + 2)

Bei durchlaufender Chromatographie [13] (BN-Kammer, vgl. S. 76 und 77) eignet sich dieses System hervorragend zur Trennung der weniger polaren DNP-Aminosäuren, z. B. der isomeren Leucin-Derivate. 2,4-Dinitranilin* wandert an der Spitze ($R_{DNP-Leucin} = 1{,}28$).

Nr. 5: Chloroform-Methanol-Eisessig (95 + 5 + 1)

Di-DNP-Tyrosin und Di-DNP-Lysin, welche in keinem der oben beschriebenen Systeme getrennt werden, lassen sich mit Nr. 5 bei durchlaufender Chromatographie [13] (BN-Kammer) eindeutig unterscheiden.

Tabelle 188 orientiert über die *Rf*-Werte in den genannten Fließmitteln. In *Tab.* 189 sind die Laufzeiten und einige Besonderheiten, welche eine spezielle Erwähnung rechtfertigen, zusammengestellt.

Tabelle 189. *Bemerkenswerte Trenneffekte und Laufzeiten bei eindimensionaler Chromatographie in den Fließmitteln Nr. 1—5 (S. 728)*

Fließ-mittel Nr.	Abtrennung der DNP-Aminosäuren von		Trennung der DNP-Derivate von		Trennung der Di-DNP-Derivate von Tyr, Lys	Laufzeit
	Dinitro-anilin	Dinitro-phenol	Leu, Ileu, Nleu	Val, Nval		
1	+	—[1]	—	—	—	1 h/15 cm
2	+	+	—	—	—	$1^{1}/_{2}$h/10 cm
3	—[5]	—[2]	—	—	—	1 h/15 cm
4[6]	+	—[3]	+	+	—	2—3 h
5[6]	—[4]	—[4]	—	+	+	2—3 h

[1] 2,4-Dinitrophenol liegt zwischen DNP-Val und DNP-Ala. [2] 2,4-Dinitrophenol liegt bei DNP-Leu. [3] 2,4-Dinitrophenol liegt zwischen DNP-Ala und DNP-Gly. [4] 2,4-Dinitrophenol und 2,4-Dinitranilin liegen knapp über DNP-Leu. [5] 2,4-Dinitranilin liegt zwischen DNP-Phe und DNP-Met. [6] Horizontale Chromatographie [13]; DNP-Leu läuft in $2^{1}/_{2}$ h etwa 10 cm weit.

Trenneffekte im zweidimensionalen Verfahren. Die sichere Identifizierung eines DNP-Derivates, das zu der relativ großen Gruppe der säureunlöslichen, mit Äther extrahierbaren DNP-Aminosäuren gehört, erfordert in der Regel ein zweidimensionales Chromatogramm. Wir verwenden hierzu in der ersten Dimension des „Toluol"-System von Biserte und Osteux [45] (Fließmittel Nr. 1) und in der zweiten Dimension wahlweise die Fließmittel Nr. 2—5. Abb. 210 zeigt die Auftrennung einer Standardmischung von je 2 μg DNP-Aminosäure bei Kombination der Fließmittel Nr. 1 und 2. Keine Trennung erfolgt bei der Leucin-Gruppe, bei der Valin-Gruppe und bei Di-DNP-Lysin und Di-DNP-Tyrosin.

Zur Auftrennung der letzteren verwendet man die Kombination von Nr. 1 mit Nr. 5 (Abb. 211) oder gegebenenfalls Nr. 5 allein. Die Kombination von Nr. 1 mit Nr. 4 (Abb. 212) ermöglicht die Unterscheidung der isomeren Leucin-Derivate und der isomeren Valin-Derivate.

Die charakteristischen Fleckenmuster werden durch Rf-Wert-Schwankungen kaum verfälscht. Man kann deshalb eine unbekannte Probe zusammen mit einer Standard-Mischung chromatographieren, welche von jeder in Frage kommenden DNP-Aminosäure gerade so viel enthält (0,2 μg), daß die einzelnen Komponenten nach der zweidimensionalen Trennung eben noch sichtbar werden[31] (Abb. 210). Die Verbindung in der Probelösung gibt sich dann in den meisten Fällen sofort und einwandfrei durch die Intensität des ihr zukommenden Fleckens zu erkennen. Im übrigen sind in Tab. 188 neben den bei eindimensionaler Chromatographie erhaltenen Rf-Werten auch diejenigen Werte angegeben, welche man in der zweiten Dimension nach vorheriger Chromatographie mit dem „Toluol"-System erhält (*„indirekt" erzielte Rf-Werte*). Sie sind gut reproduzierbar, sofern die im nächsten Abschnitt gegebene Vorschrift zur Anwendung des „Toluol"-Systems und zur Zwischentrocknung beachtet wird.

---

[31] Eine Lösung von je 1 mg DNP-Aminosäure in total 5 ml Aceton hält sich im Kühlschrank mindestens 4 Wochen lang. Zum Versuch braucht man 1 μl.

Anmerkung zum Gebrauch des „Toluol"-Systems

Vorbehandlung der Dünnschicht (Äquilibrierung): Eine mit Filterpapier ausgeschlagene Trennkammer wird mit der unteren Phase des „Toluol"-Systems beschickt. Auf den Boden der Kammer legt man als Rost einen dicken gebogenen Glasstab. Zwei mit Kieselgel G beschichtete Platten werden mit der Schichtseite nach außen auf die Mitte des Rostes gestellt und jede wird mit der oberen Kante an eine Kammerwand gelehnt. Um zu vermeiden, daß Lösungsmittel vom Filterpapier auf die Schicht gelangt, trennt man diese durch einen kräftigen Strich mit einem Bleistift parallel zur Oberkante entzwei. Man läßt über Nacht stehen. Das Kieselgel nimmt dabei viel Feuchtigkeit auf, was man nicht am Aussehen, wohl aber z. B. daran erkennt, daß auf Platte gebrachte Substanzen während dieser Behandlung ganz erheblich diffundieren können.

Die Chromatographie auf einer derart vorbehandelten Platte beruht wahrscheinlich auf einer Verteilung zwischen zwei flüssigen Phasen. Jedenfalls geht die Wirkung der Vorbehandlung an Platten, die ungeschützt an der Luft verweilen, schon nach 45 min praktisch verloren. Dieser Effekt ist bei Benützung der Platten zu beachten.

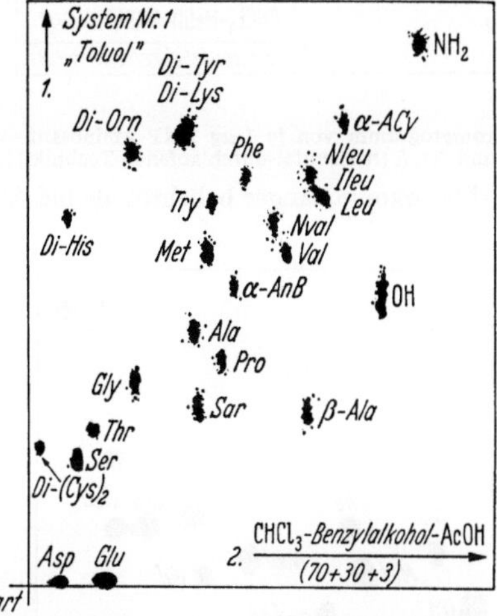

Abb. 210. Zweidimensionales Chromatogramm einer Standardmischung von je 0,2 μg DNP-Aminosäure in den Fließmitteln Nr. 1 und Nr. 2 bei aufsteigender Technik

Symbole: Bei Mono-DNP-Derivaten ist nur das Symbol der betreffenden Aminosäure angegeben (vgl. dazu Tab. 180); Di = Di-DNP-Derivate; OH = 2,4-Dinitrophenol; NH₂ = 2,4-Dinitranilin. UV-Photokopie, Original 12 × 10 cm. [8]

Auftragen der Substanzproben: Läßt man eine Platte zwischen Vorbehandlung und Chromatographie während verschiedenen Zeiten ungeschützt an der Luft liegen, und trägt man dann die Logarithmen der *Rf*-Werte gegen die Logarithmen der zugehörigen Zeiten auf, so zeigt es sich, daß schon nach etwa 2 min ein linearer Abfall eintritt. Man bedeckt deshalb die vorbehandelte Schicht nach Entfernung aus der Kammer sofort mit einer Glasplatte, welche nur einen etwa 1,7 cm breiten Streifen an der unteren Kante freiläßt. Hier können nun die Substanzproben in Ruhe aufgetragen werden. Benötigt man dazu nicht mehr als etwa 5 min, so ist die Störung unbedeutend. Das pro Fleck aufgetragene Volumen soll 1 μl womöglich nicht übersteigen, weil die Verdampfungsgeschwindigkeit der aufgetragenen Lösungen auf vorbehandelten feuchten Schichten kleiner ist als auf trockenen. Nach beendetem Auftragen wird die Deckplatte vorsichtig entfernt und das Chromatogramm *unverzüglich* angesetzt: man chromatographiert mit 120 ml der oberen Phase des „Toluol"-Systems (aufsteigende Technik).

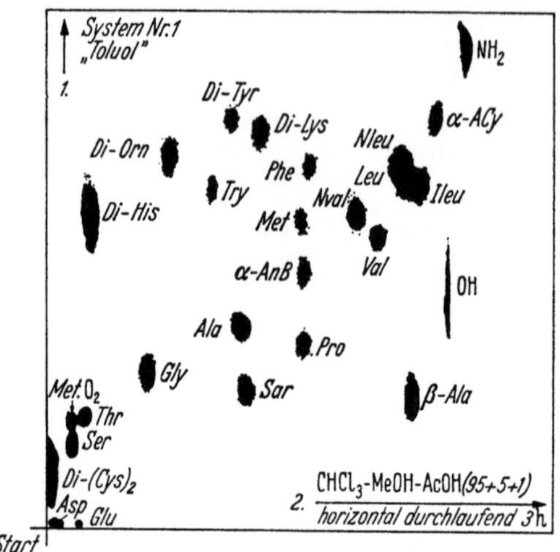

Abb. 211. Zweidimensionales Chromatogramm von je 1 µg DNP-Aminosäure in den Fließmitteln Nr. 1 (aufsteigende Technik) und Nr. 5 (horizontal-durchlaufende Technik [*13*])

Symbole vgl. Abb. 210. UV-Photokopie, länger belichtet als bei Abb. 210. Original 13 × 13 cm [*8*].

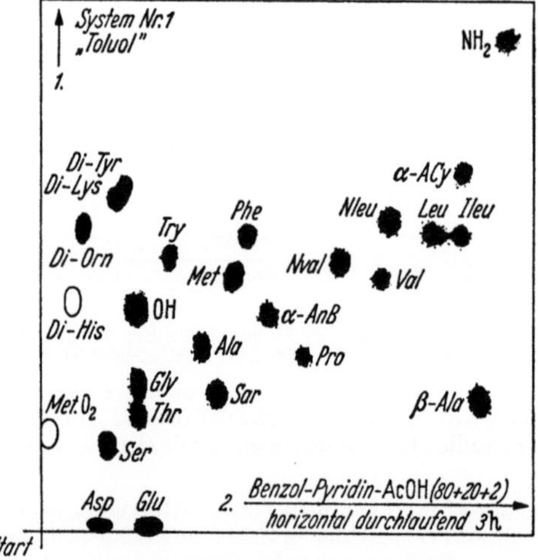

Abb. 212. Zweidimensionales Chromatogramm einer Mischung von je 1 µg DNP-Aminosäure in den Fließmitteln Nr. 1 (aufsteigende Technik) und Nr. 4 (horizontal-durchlaufende Technik [*13*])

Symbole vgl. Abb. 210. Di-His und Met.O₂ sind im abgebildeten Chromatogramm nicht mitgelaufen. UV-Photokopie, Original 15 × 14 cm [*8*].

Zwischentrocknung: Man läßt 10 min im Luftzug (gut ventilierter Abzug) liegen, erwärmt im Trockenschrank 10 min auf 60° und läßt im Luftzug 15 min abkühlen. Hierauf kann sofort in der zweiten Dimension chromatographiert werden. Längeres Trocknen empfiehlt sich nicht, weil beim Liegenlassen an der Luft mit teilweiser Zerstörung der DNP-Aminosäuren zu rechnen ist: die Oxydation von DNP-

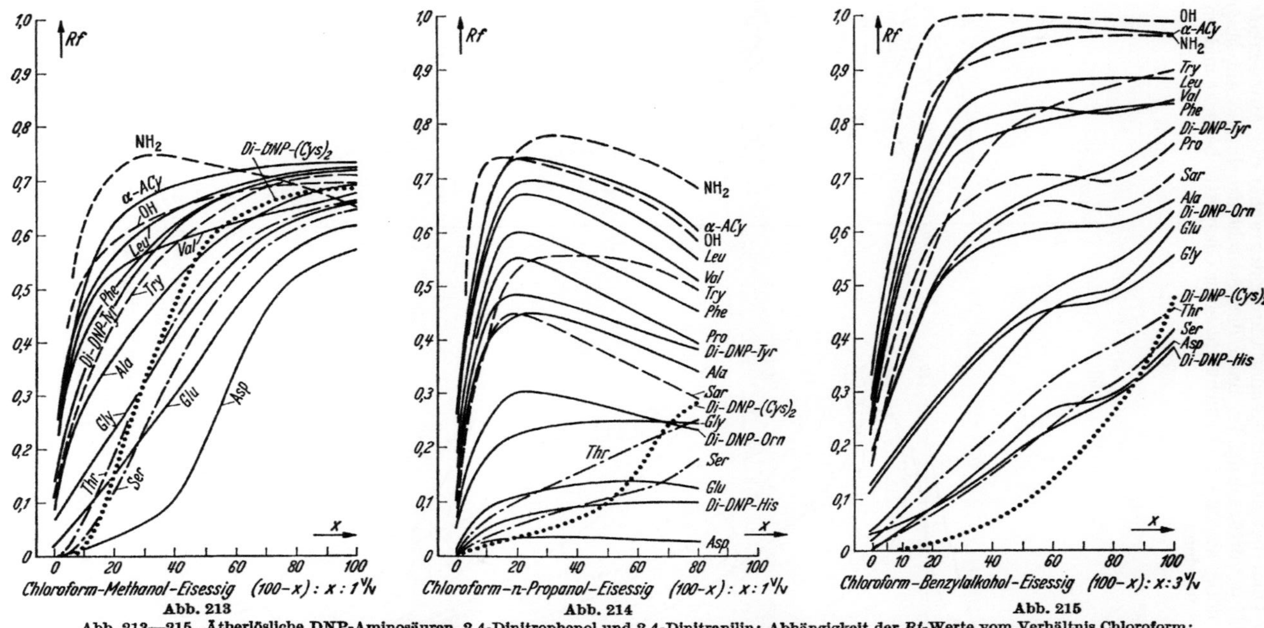

Abb. 213—215. Ätherlösliche DNP-Aminosäuren, 2,4-Dinitrophenol und 2,4-Dinitranilin: Abhängigkeit der R_f-Werte vom Verhältnis Chloroform: R-OH in den Fließmitteln Chloroform-R-OH-Eisessig R = CH₃ (Abb. 213), R = n · C₃H₇ (Abb. 214), R = C₆H₅-CH₂ (Abb. 215)

Aufsteigende Technik; Laufstrecke des Fließmittels 10 cm; Auftragemenge jeweils etwa 0,5 μg. Symbole: vgl. Abb. 210 und Tab. 180

Methionin kann bei darauffolgender Chromatographie die Anwesenheit von Di-DNP-Histidin vortäuschen. Ist nach der Zwischentrocknung ein längeres Aufbewahren nötig, so muß die Schicht mit einer Glasplatte bedeckt und im Dunkeln aufbewahrt werden.

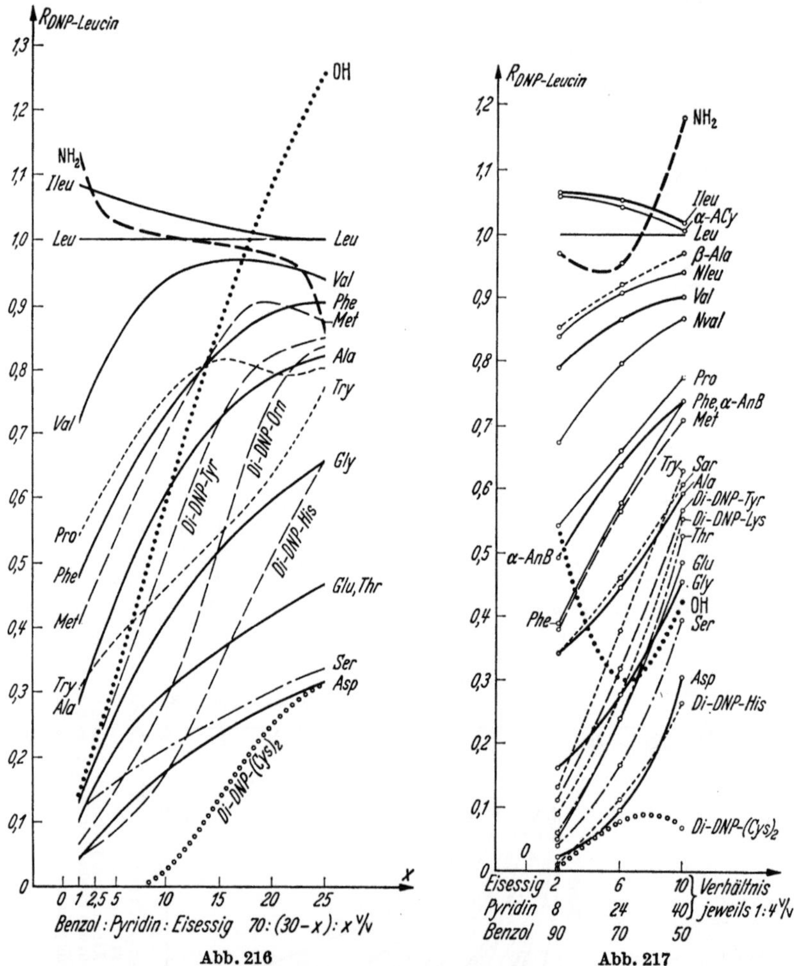

Abb. 216. Ätherlösliche DNP-Aminosäuren, 2,4-Dinitrophenol und 2,4-Dinitranilin: Abhängigkeit der $R_{DNP-Leucin}$-Werte[32] vom Verhältnis Eisessig: Pyridin in Fließmitteln mit konstantem Benzolgehalt

Aufsteigende Technik; Laufstrecke des Fließmittels 14 cm; Auftragemengen jeweils etwa 0,5 μg. Symbole: vgl. Abb. 210 und Tab. 180. Di-DNP-Lysin wandert überall gleich schnell wie Di-DNP-Tyrosin, DNP-β-Alanin zeigt überall $R_{DNPLeucin} \approx 0,9$

Abb. 217. Ätherlösliche DNP-Aminosäuren, 2,4-Dinitrophenol und 2,4-Dinitranilin: Abhängigkeit der $R_{DNP-Leucin}$-Werte[33] vom Verhältnis Benzol: Pyridin: Eisessig in Fließmitteln mit konstantem Verhältnis Eisessig:Pyridin

Aufsteigende Technik; Laufstrecke des Fließmittels 14 cm; Auftragemenge jeweils etwa 0,5 μg. Symbole: vgl. Abb. 210 und Tab. 180

[32], [33] Siehe Fußnote 34 und 35, S. 735.

β) Fließmittel für spezielle Trennungen

Zum Aufsuchen von Fließmitteln mit speziellen Eigenschaften können die graphischen Darstellungen in Abb. 213—217 nützlich sein.

Harnaminosäuren und Nebenprodukte lassen sich nach Dinitrophenylierung durch Kombination folgender Fließmittel auf Kieselgel G zweidimensional trennen.

Ätherlösliche Aminosäuren

   I. Toluol-2-Chloräthanol-Pyridin-25proz.Ammoniak (50 + 35 + 15 + 7).

   II. Chloroform-Benzylalkohol-Eisessig (70 + 30 + 3).

   III. Chloroform-Methanol-Eisessig (95 + 5 + 1).

   IV. Chloroform-Methanol-Eisessig (70 + 30 + 5).

Säurelösliche Aminosäuren:

   V. Pyridin.

   VI. n-Butanol, gesättigt mit 25proz.Ammoniak [*231*].

3. Dokumentation

Mit Ausnahme von O-DNP-Tyrosin sind alle hier untersuchten DNP-Derivate gelb. Mengen von 0,1 μg (eindimensionale Chromatogramme) oder 0,5 μg (zweidimensionale Chromatogramme) geben Flecken, die noch gut sichtbar sind, wenn man die Platte im durchfallenden Tageslicht betrachtet. Das Chromatogramm soll innerhalb einiger Stunden kopiert werden, da die Flecken im Lauf der Zeit verblassen. Es besteht die Möglichkeit, die Schicht durch Aufsprühen eines Paraffin-Äther-Gemisches [*176*] oder besser einer Kunststoffdispersion[36] [*50,177*) zu fixieren (S. 127). Die entstandene (Kunststoff-)Folie läßt sich leicht von der Glasplatte abziehen und wie ein Papierchromatogramm behandeln.

Gewöhnlich spannen wir ein Pergaminpapier mit zwei Papierklammern auf die Schicht, betrachten im durchfallenden Licht und zeichnen die Flecken mit Tinte (weiche Feder) nach. Bei einiger Übung erkennt man auf der weißen Kieselgelschicht selbst schwächste, hellgelbe Flecken. In vielen Fällen ist es bequemer, die Platte im durchfallenden UV-Licht

---

[34] hRf-Werte bezogen auf DNP-Leucin. Bei zunehmendem x zeigt die Bezugssubstanz folgende („normale") Rf-Werte:

x	0	1,5	3	5	10	15	20	25
hRf-Werte von DNP-Leucin:	3	28	37	46	62	68	76	60

Für Fließmittel mit x < 5 kommt also praktisch nur das Durchlauf-Verfahren [*13*] in Frage (Methode s. S. 77, Abb. 34).

[35] hRf-Werte bezogen auf DNP-Leucin. Diese Substanz zeigt bei abnehmendem Benzolgehalt des Fließmittels folgende („normale") Rf-Werte:

Benzolgehalt des Fließmittels	90	70	50% v/v
hRf-Wert von DNP-Leucin	17	51	70

Ein Fließmittel mit einem Benzolgehalt von über 70% v/v erfordert also in der Regel Durchlaufchromatographie (zur Methode vgl. [*13*]).

[36] Eine zum Konservieren von Dünnschicht-Chromatogrammen besonders ausgewählte Kunststoffdispersion ist unter dem Namen „Neatan" (Fa. 88) erhältlich.

(Lichtquelle → Schicht → Glasplatte → Brille → Auge) zu betrachten. Hierbei sind die DNP-Aminosäuren als tiefdunkle Flecken erkennbar. Schwach absorbierende Substanzen in kleinen Konzentrationen sieht man schlecht, da die Kieselgel-Gips-Schicht selber absorbiert und daher auch dunkel erscheint. Vorteilhaft ist die Verwendung von Schichten, denen ein geeigneter Fluorescenzindikator beigemischt ist. Im kurzwelligen UV-Licht kann man dann an der Fluorescenzlöschung O-DNP-Tyrosin in Mengen bis 0,06 μg erkennen.

Besonders empfehlenswert ist die Anfertigung einer *UV-Photokopie*. Gevaert „Gevacopy" Papier wird mit der empfindlichen Seite direkt auf die Schicht gelegt und mit einer Glasplatte angepreßt. Man läßt dann für einige Sekunden UV-Licht (365 nm) durch die Schicht hindurch auf das Photopapier fallen und entwickelt in üblicher Weise ein Positiv. Die Abb. 210—212 sind auf diese Weise hergestellt worden. Die größte Empfindlichkeit resultiert bei einer Belichtungszeit, welche den Hintergrund des Negativs noch nicht schwarz, sondern erst grau erscheinen läßt. Es entsteht dabei eine unverfälschte Kopie. Bei längerer Belichtungszeit wird der Hintergrund des Negativs zunehmend schwärzer; gleichzeitig vermindern die hellen Substanzflecken ihren Durchmesser, um bei Überbelichtung schließlich ganz zu verschwinden. Hiervon läßt sich Gebrauch machen, um große Flecken, die sich teilweise überdecken, in kleinere getrennte Flecken aufzulösen.

B. Phenylthiohydantoine

Die eingangs erwähnte Bildungsweise der Phenylthiohydantoine (PTH-Aminosäuren) wird durch das nachfolgende Reaktionsschema illu-

Schema des Edman-*Abbaus:*

$$NH_2CHRCO—NHCHR'CO\ldots$$

Peptid

$$pH\ 8—9 \downarrow C_6H_5NCS\ (PITC)$$

$$C_6H_5NHCS—NHCHRCO—NHCHR'CO\ldots$$

Phenylthiocarbamylpeptid

$$\downarrow H^\oplus$$

$$+ \quad NH_2CHR'CO\ldots$$

abgebautes Peptid

Thiazolin

$$H^\oplus/H_2O \downarrow schnell \qquad \nearrow Hitze$$

$$C_6H_5NHCS—NHCHRCOOH \xrightarrow[langsam]{H^\oplus/H_2O}$$

Phenylthiocarbamylaminosäure

PTH-Aminosäure

striert [*178, 179*]. Seine Benützung wurde von EDMAN [*155*] angeregt;
in der Folge ist in anderen Laboratorien ein allgemein brauchbares Arbeitsverfahren [*180, 181*] entwickelt worden.

Anstelle von Proteinen oder Peptiden kann man natürlich auch freie Aminosäuren mit Phenylsenföl (Phenylisothiocyanat, PITC) umsetzen [*182*]. Dies kann sich wie die Dinitrophenylierung aufdrängen, wenn ein Aminosäure-Gemisch wegen Beimengungen nicht direkt chromatographierbar ist; die PTH-Aminosäuren lassen sich oft leichter in eine chromatographierbare Form bringen als die freien Aminosäuren. Da die PTH-Aminosäuren UV-Licht absorbieren, ist die quantitative Aminosäure-Analyse erleichtert [*182*] (vgl. S. 142—144).

1. Herstellung von Phenylthiocarbamyl-Derivaten und deren Umwandlung in PTH-Aminosäuren

Aminosäuren

SJÖQUIST beschreibt eine Mikromethode [*181*]. Für die Herstellung größerer Mengen kann man die Sjöquistsche' Methode entsprechend anpassen oder nach der Vorschrift von EDMAN [*183*] verfahren:

α) Bereitung von PTH-Aminosäuren[37]. Man löst 10 mMol Aminosäure in 25 ml Wasser und 25 ml Pyridin, stellt die Lösung durch Zusatz von 1 N Natronlauge auf pH $\approx$ 9 (Indicatorpapier), erwärmt auf 40°, setzt 2,4 ml Phenylsenföl zu und hält das pH unter Rühren durch successiven Zusatz von 1 N Natronlauge auf pH 9. Die Reaktion ist nach etwa 30 min beendet und der NaOH-Verbrauch hört auf. Man extrahiert mehrmals mit Benzol zur Entfernung des überschüssigen Phenylsenföls und der Hauptmenge des Pyridins, versetzt mit der zur Neutralisation der zugesetzten Natronlauge erforderlichen Menge Salzsäure, engt wenn nötig ein und filtriert die ausgefällte Phenylthiocarbamyl-aminosäure ab. Anmerkung: Phenylcarbamyl-arginin und Phenylthiocarbamyl-histidin erfordern zur Ausfällung pH 7 bzw. pH 3,5.

Zur Umwandlung in die PTH-Aminosäuren werden die Phenylthiocarbamyl-Derivate in 30 ml 1 N Salzsäure gelöst oder suspendiert. Man kocht 2 Std am Rückfluß, verdampft mehrmals unter wiederholter Wasserzugabe zur Trockne und kristallisiert die rohe PTH-Aminosäure (Ausbeute 80—90%) aus Eisessig-Wasser, Alkohol oder Wasser um. Die Schmelzpunkte von 18 PTH-Aminosäuren finden sich in der Originalarbeit. Anmerkung: Zur Bereitung des Tryptophan-Derivates kocht man nicht mit wäßriger Salzsäure, sondern mit Eisessig. — Die PTH-Derivate von Diaminosäuren tragen an der nicht α-ständigen Aminogruppe einen Phenylthio-carbamylrest; bei den β-Hydroxy- und β-Mercapto-aminosäure-Derivaten besteht eine ausgesprochene Tendenz zur Abspaltung von Wasser bzw. H_2S; PTH-Threonin ist z. B. das Phenylthiohydantoin der α-Aminocrotonsäure. — Alle PTH-Aminosäuren sind lichtempfindlich. — Optisch aktive Derivate racemisieren leicht, sind aber doch genügend stabil, um eine Ermittlung der Konfiguration durch Messung der Rotationsdispersion zu gestatten [*184*].

β) Quantitative Überführung einer Aminosäuremischung (z. B. Peptidhydrolysat) in PTH-Aminosäuren [*182*]: 0,5—1 mg Peptid oder Protein wird mit 0,3 ml zweimal glasdestillierter, konstant siedender Salzsäure (5,7 N) über Stickstoff in ein Quarz-röhrchen eingeschmolzen und zur Hydrolyse 22 Std auf 110° erhitzt, das erkaltete Hydrolysat über Kaliumhydroxyd im Vakuum unter wiederholtem Wasserzusatz wiederholt zur Trockne eingedunstet, der Rückstand mit 250 μl Triäthylamin-Essigsäure-Puffer (vgl. Reagentien) und 250 μl acetonischer Phenylisothiocyanat-Lösung (entsprechend 6 μl PITC) versetzt, die sorgfältig durchmischte Probe unter gutem Verschluß 2$^{1}/_{2}$ Std in einem Wasserbad von 25° der Reaktion überlassen, das Reaktionsgemisch während 15 min an der Wasserstrahlpumpe und anschließend über Nacht über Phosphorpentoxid am Hochvakuum vom Lösungsmittel befreit,

---

[37] Eine Kollektion ist erhältlich z. B. bei (Fa. 86).

der Rückstand (Phenylthiocarbamyl-Derivate der Aminosäuren) in 100 μl glas-destilliertem Wasser und 200 μl Chlorwasserstoff-gesättigtem Eisessig (HCl-Eisessig) aufgenommen, die resultierende Lösung während 6 Std in einem Wasserbad von 25° gehalten und das Lösungsmittel sowie die Säure wie oben beschrieben über Kaliumhydroxid entfernt. Der Rückstand enthält die PTH-Aminosäure; zum chro-matographischen Vergleich wird ein Parallelversuch ohne Aminosäure-Zusatz durch-geführt. — Cystein und Cystin geben nach dieser Vorschrift keine PTH-Derivate. Um diese Aminosäuren zu erfassen, muß vor der Hydrolyse mit Perameisensäure oxydiert werden; nach der Hydrolyse erhält man dann Cysteinsäure und daraus mehr oder weniger gut das PTH-Derivat. Sjöquist verwendet zur Oxydation die etwa modifizierte Methode von Hirs [*44*].

Reagentien

Puffer:	2 ml 2 N Essigsäure (p. a.) und 1,2 ml Triäthylamin (East-man-Kodak, 3 Std über 5 Gew.-% Phthalsäureanhydrid ge-kocht und unmittelbar vor Gebrauch über eine kurze Kolonne abdestilliert) werden mit destilliertem Wasser auf 25 ml auf-gefüllt und diese Lösung wird mit 25 ml Aceton (p. a. ge-kocht über Kaliumpermanganat und unmittelbar vor Ge-brauch über eine kurze Kolonne abdestilliert) vermischt; pH 10,1.
Phenylisothiocyanat:	destilliert im Vakuum.
HCl-Eisessig:	Eisessig (p. a.) wird in einem Quarzgefäß mit HCl-Gas (ge-waschen mit konz. Schwefelsäure) bei Zimmertemperatur gesättigt.

Unter den vielen Vorschriften in der Literatur [*132, 133, 155, 185—188*] seien einerseits die „normalen" Abbauverfahren von Sjöquist et al. [*132, 133*] und an-dererseits das Spezialverfahren von Sjöquist [*133*] hervorgehoben; letzteres garan-tiert maximale Ausbeute an PTH-Aminosäuren. Wir müssen uns auf den folgenden kurzen Kommentar beschränken:

Beim erwähnten Spezialverfahren bilden sich die üblichen Nebenprodukte Mono- und Diphenyl-Thioharnstoff in besonders großer Menge. Diphenylthioharnstoff (DPTH) stört bei der dünnschichtchromatographischen Identifizierung der PTH-Aminosäuren nicht (vgl. Abb. 220). Monophenylthioharnstoff (MPTH) dagegen ver-hält sich chromatographisch (DC und PC [*189*]) meistens wie PTH-Glycin (vgl. Abb. 219). Zur Revelation von PTH-Glycin verwenden wir deshalb eine spezifische Farbreaktion, die durch die Gegenwart von MPTH nicht beeinflußt wird (s. unter Nachweis, S. 741).

Bei der üblichen Essigester-Extraktion zur jeweiligen Abtrennung der PTH-Aminosäure vom verkürzten Peptid bleiben PTH-Histidin, PTH-Arginin und die bei Gegenwart von Cysteinsäure entstehenden Produkte in der sauren wäßrigen Lösung. PTH-Histidin kann praktisch vollständig extrahiert werden, wenn man die Hauptmenge der Säure erst durch vorsichtiges Eindampfen entfernt, in wenig Wasser aufnimmt und auf pH $\approx$ 7 stellt; zur Neutralisation verwendet man zweck-mäßig Triäthylamin.

Kommt in einer Sequenz Cysteinsäure vor, so ergeben sich nach unseren Er-fahrungen Schwierigkeiten, wenn die Cysteinsäure in den Abbaucyclus eintritt[38].

2. Fließmittel und Trenneffekte

Die Fließmittel, welche zur papierchromatographischen Trennung der PTH-Aminosäuren verwendet werden [*182, 190—192*], sind auf dem von uns benützten Kieselgel G unbrauchbar. Befriedigende Trenneffekte haben wir mit den unter der Tab. 190 angegebenen Fließmitteln erzielt. Zur Trennung von PTH-Asparaginsäure und PTH-Glutaminsäure eignet

---

[38] Zum Abbau von Glutaminpeptiden vgl. D. G. Smyth, W. H. Stein u. S. Moore: J. biol. Chem. **237**, 1845 (1962).

sich das Fließmittel: Chloroform-Methanol-Ameisensäure (70 + 30 + 2) (Abb. 218).

CHERBULIEZ et al. [4] empfehlen Heptan-Pyridin-Essigester (50 + 30 + 20) (Trennung von PTH-Glycin, PTH-Prolin und PTH-Leucin).

hRf-Werte: Tab. 190 orientiert über die hRf-Werte in einigen von uns erprobten Fließmitteln. Sie sind innerhalb weiter Grenzen von der Auftragemenge unabhängig. Bei PTH-Prolin gilt dies z. B. im Bereich zwischen 0,05 und 72 μg (Chloroform-Methanol, 90 + 10); werden Substanzmengen in diesem Bereich jedesmal in 0,5 μl Methanol aufgetragen,

Tabelle 190. hRf-Werte von PTH-Aminosäuren, Mono- und Diphenylthioharnstoff. Abkürzungen s. Tab. 180 sowie[1],[2],[3]

Auftragemenge: je 0,5 μg Substanz in 0,5 μl Methanol oder Aceton. Technik: aufsteigend. Angegeben sind Mittelwerte aus je 6 Einzelbestimmungen; Laufstrecke 10 cm.

PTH-Derivate von	Fließmittel			
	I	II	III	IV
Ala.	16	68	39	11
Arg.	0	1	0	0
Asp	0	1	13	0
Asp(NH$_2$).	0	23	7	0
Glu.	1	4	17	0
Glu(NH$_2$)	1	28	8	0
Gly.	10	56	33	5
His.	1	29	0	2
Ileu	40	77	57	37
Leu	40	77	60	37
Lys.	12	71	34	3
Met	33	75	51	13
Met.O[1]	1	40	12	1
Phe	28	74	50	18
Pro.	60	82	65	21
Thr.	4	45	15	0
Try.	13	62	39	10
Tyr.	3	47	21	1
Val.	32	74	55	23
MPTH[2]	12	54	31	3
DPTH[3]	43	76	67	22

  I: *Chloroform;*
 II: *Chloroform-Methanol* (90 + 10);
III: *Chloroform-Ameisensäure* (100 + 5);
IV: „*Heptan*"-*System:* n-Heptan-Äthylenchlorid-Ameisensäure-Propionsäure (90 + 30 + 21 + 18), man nimmt 100 ml der *oberen Phase.*

Qualität der Lösungsmittel:

Chloroform: stabilisiert mit 1,5% Äthanol (Fa. 60).
Ameisensäure: wasserfrei, puriss. p. a.
Heptan: n-Heptan ASTM purum (Fa. 60).
Propionsäure: purum (Fa. 60).
Äthylenchlorid: 1,2-Dichlor-äthan puriss. (Fa. 60).
Methanol: handelsübliche Qualität, durch kurze Kolonne destillieren.
[1] Methioninsulfoxyd.
[2] Monophenylthioharnstoff.
[3] Diphenylthioharnstoff.

so ist die Fleckengröße (Auszählung auf Millimeterpapier) ungefähr dem Logarithmus der Substanzmenge proportional. Eine Erweiterung der oben stehenden Tabelle wurde an anderer Stelle von Pataki [221] publiziert.

Trennung und Identifizierung. Es ist vorteilhaft, anstelle des früher beschriebenen Verfahrens [8] folgende neue Vorschrift [193] zu benützen.

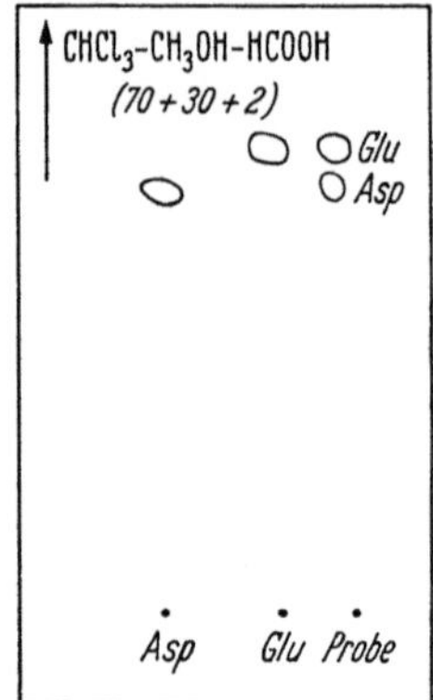

Abb. 218. Eindimensionales Chromatogramm zum Nachweis von PTH-Asparaginsäure und PTH-Glutaminsäure

Auftragemenge: je 0,5 μg in 0,5 μl Methanol. Technik: aufsteigend. Revelation: Chlor/Tolidin oder UV-Licht (270 nm). Laufstrecke 11 cm.

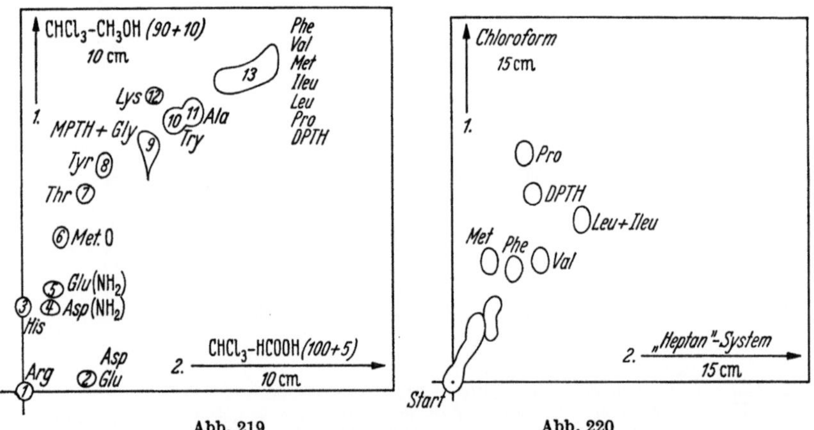

Abb. 219   Abb. 220

Abb. 219. Zweidimensionales Chromatogramm einer Mischung von je 0,5 μg PTH-Aminosäure + MPTH + DPTH in 0,5 μl Methanol oder Aceton. Aufsteigende Technik

Nachweis: Chlor/Tolidin oder UV-Licht (270 nm). Man beachte, daß nur drei von den insgesamt 13 Flecken mehrere Komponenten enthalten. Zur Untersuchung der Flecken 9, 2 und 13 vgl. Text, Abb. 218 und Abb. 220

Abb. 220. Zweidimensionales Chromatogramm einer Mischung von je 0,5 μg PTH-Aminosäure + MPTH + DPTH in 0,5 μl Methanol oder Aceton. Aufsteigende Technik

Nachweis: UV-Licht (270 nm). Man beachte, daß die Komponenten des Fleckens Nr. 13 nach Abb. 219 bis auf PTH-Leucin und PTH-Isoleucin aufgetrennt sind; zur Identifizierung der beiden letzteren Substanzen vgl. Text

Man macht gleichzeitig zwei zweidimensionale (Abb. 219 u. 220) und ein eindimensionales (Abb. 218) Chromatogramm. Dabei bleiben PTH-Glycin und Monophenylthioharnstoff (MPTH), sowie PTH-Leucin und PTH-Isoleucin ungetrennt.

Zum Nachweis von PTH-Glycin in Gegenwart von MPTH (Abb. 219) empfehlen wir eine Modifikation der von SCHRAMM et al. [189] beschriebenen Farbreaktion mit Ammoniak; ihre genaue Ausführung ist unten beschrieben.

PTH-Leucin und PTH-Isoleucin lassen sich mit Chloroform-Methanol (50 + 50) bei einer Laufstrecke von 20 cm und Mehrfachentwicklung trennen. Unmittelbar neben der zu identifizierenden Probe trägt man ein Gemisch von PTH-Leucin und PTH-Isoleucin auf. Die Entwicklung wird unter Zwischentrocknung (40° C) so oft (2—4 mal) wiederholt, bis eine einwandfreie Unterscheidung des schneller wandernden PTH-Leucins vom langsameren PTH-Isoleucin möglich ist [213].

3. Nachweis der Phenylthiohydantoine

Sehr gute Dienste leistet der bereits bei den Peptiden auf S. 721 beschriebene Chlor/Tolidin-Test (Sprühreagens Nr. 50); die Nachweisgrenze liegt bei etwa 0,05 μg PTH-Aminosäure. Sehr vorteilhaft ist auch hier die Verwendung von Schichten mit Fluorescenzindicator, wie sie sich aus Kieselgel GF$_{254}$ (Fa. 88) leicht herstellen lassen. Im kurzwelligen UV-Licht erkennt man an der Fluorescenzlöschung noch 0,1 μg PTH-Aminosäure auf dem Chromatogramm.

Zum *spezifischen Nachweis von PTH-Glycin* besprüht man die Schicht bis zu schwacher Befeuchtung mit dest. Wasser; hält man sie nun über konzentrierten Ammoniak-Dampf, so erscheint ein tiefroter beständiger Fleck; die Nachweisgrenze liegt bei 0,08 μg PTH-Glycin. Threonin liefert unter diesen Bedingungen eine sehr viel schwächere Rotfärbung.

Das von SJÖQUIST [191] und neuerdings von CHERBULIEZ [4] zum Sichtbarmachen verwendete Jod-Azid (Sprühreagens-Nr. 127) ist nach unserer Erfahrung kein ideales Reagens für die PTH-Aminosäuren. Wir erhalten bei unseren Kieselgel G-Schichten weiße Flecken auf hellblauem Hintergrund, die man nur schlecht erkennt und die schnell wieder verschwinden. Grote-Reagens [194] (Sprühreagens Nr. 185) wäre besser, ist aber in der Anwendung [190] umständlich und zeitraubend.

C. Sonstige Aminosäurederivate

1. Dinitropyridyl-Aminosäuren

Ähnlich wie mit Fluordinitrobenzol lassen sich Aminosäuren und Peptide auch mit 2-Chlor-3,5-dinitropyridin umsetzen. Derart substituierte N-terminale Aminosäuren sind durch Säuren leicht abspaltbar [15—20 min mit 6N Salzsäure-Ameisensäure (30proz.) als DNP-Aminosäuren]. Zur Chromatographie auf Kieselgel G werden folgende Fließmittel empfohlen:

A) Chloroform-Methanol-Eisessig (95 + 5 + 1);

B) n-Propanol-33proz.Ammoniak (70 + 30);
C) Toluol-Pyridin-Äthylenchlorhydrin-0,8N Ammoniak (40 + 12 + 24
   + 24);
D) Benzol-Pyridin-Eisessig (80 + 20 + 2);
E) Chloroform-Ameisensäure (100 + 5);
F) Methyläthylketon-Pyridin-Wasser-Eisessig (70 + 15 + 15 + 2).

Die Aminosäurederivate sind im natürlichen und im UV-Licht sichtbar (di Bello und Signor [*204*]).

2. 1-Dimethylamino-naphthalin-5-sulfonyl-aminosäuren (DANS-Aminosäuren)

Die freien Aminogruppen von Aminosäuren und Peptiden reagieren mit 1-Dimethylamino-naphthalin-5-sulfonylchlorid (DANS-Cl) zu intensiv fluorescierenden Verbindungen.

Umsatz: 10^{-3} µMol Peptid werden in 15 µl 0,1 M $NaHCO_3$-Lösung gelöst und mit 15 µl einer Lösung von 1 mg DANS-Cl in 1 ml Aceton versetzt. Nach 3 stündiger Reaktion bei Raumtemperatur verdampft man i. Vak. zur Trockne und hydrolysiert mit 20 µl 6 N HCl 6—12 Std bei 105°. Die Säure wird i. Vak. verdampft und der Rückstand chromatographisch geprüft (Gray u. Hartley [*212*]).

Die Trennung auf Kieselgel G (Seiler u. Wiechmann [*225*]) ist mit folgenden Fließmitteln möglich:
A) Essigsäuremethylester-Isopropanol-konz. Ammoniak (45 + 35 + 20);
B) Chloroform-Methanol-Eisessig (75 + 20 + 5);
C) Chloroform-Essigsäureäthylester-Methanol-Eisessig (30 + 50 + 20 + 1

Die Platten betrachtet man am besten in noch feuchtem Zustand unter der UV-Lampe, da die Fluorescenzintensität der Flecke nach dem Trocknen stark abnimmt; Nachweisgrenze 10^{-10} Mol.

3. Carbobenzoxy-Verbindungen

Zur Verfolgung des Reaktionsverlaufs während der Peptidsynthese hat sich die DC ebenfalls als vorteilhaft erwiesen. Man trägt das Reaktionsgemisch auf Kieselgel G auf und chromatographiert z. B. in einem der folgenden Fließmittel:
A) Äthanol-Wasser (70 + 30) [*222*];
B) n-Butanol-Aceton-Eisessig-proz.Ammoniak-Wasser (45+15+10+1).
   10 + 20) [*208*];
C) n-Butanol-Eisessig-Wasser-Pyridin (45 + 9 + 36 + 20) [*208*].
   Der Nachweis erfolgt mit Chlor-Tolidin- bzw. Ninhydrinreagens.

D. Jodaminosäuren und ähnliche Verbindungen

Auf *Kieselgel G-Schichten* lassen sich nach Schneider [*229*] mit Essigsäure (95proz.)-Benzol-Xylol (60 + 20 + 20) in der Reihenfolge Monojodtyrosin (h*Rf* 25), Dijodtyrosin, Dijodthyronin, Trijodthyronin und Thyroxin (h*Rf* 46) trennen. Zumeist wurde jedoch nur Mono- und

Dijodtyrosin neben Tyrosin chromatographiert [*217*]. Diese 3 Verbindungen lassen sich sowohl mit Butanol-Eisessig-Wasser (40 + 10 + 50 oder 100 + 10 + 10), als auch mit Butanol-Methanol-20proz.Ammoniak (80 + 20 + 20) oder mit Phenol-Wasser (75 + 25) gut trennen. Die für die Chromatographie jodhaltiger Röntgenkontrastmittel empfohlenen Fließmittel eignen sich hierzu nicht, wohl aber zur Trennung der Jodthyronine (s. Tab. 191).

Auf *Cellulose-Schichten* lassen sich die Jodaminosäuren u. a. mit tert. Butanol-2N Ammoniak-Chloroform (75 + 14 + 12) in der Reihenfolge (Start-Front)Dijod-, Monojodtyrosin (Tyrosin), Thyroxin, (Thyronin), Tri + Dijodthyronin trennen [*214*].

BERGER u. Mitarb. [*205*] zeigen, daß man die Trennung des [131]J-markierten Mono-Dijodtyrosin und des Thyroxins auch auf DOWEX-1 × 2(OH$^-$)-Schichten durchführen kann. Sie schlagen eine Mehrschichten-Technik vor.

In der Tab. 191 sind die hRf-Werte organischer Jodverbindungen in verschiedenen Fließmitteln zusammengefaßt, allerdings mit dem Schwerpunkt auf den jodhaltigen Röntgenkontrastmitteln.

Nachweis organischer Jodverbindungen

Von besonderem Interesse ist ein möglichst spezifischer Nachweis des organisch gebundenen Jods. Nach STAHL und PFEIFLE [*228*] ist dies mittels einer photochemischen Dejodierung direkt auf einer Kieselgel-Stärke-Schicht möglich. Das frei werdende Jod gibt eine blau violette Stärkeeinschlußverbindung und läßt sich so bis 0,5 μg sichtbar machen.

Nach der DC wird das Fließmittel aus der Schicht durch Erhitzen auf 100° entfernt. Nach dem Abkühlen sprüht man wenig 50proz. Essigsäure auf die Schicht. Danach bestrahlt man einige Minuten mit ungefiltertem (!) UV-Licht von etwa 254 nm. Es wurden hierzu vier Reflektoren der UVIS (Abb. 35; Fa. 44) mit Germicidal-Leuchtstoffröhren (Fa. 134) bestückt und die Schicht aus 5 cm Abstand bestrahlt (Augenschutz!). Die jodhaltigen Verbindungen werden hierbei schwach violett bis braun. Zur Farbintensivierung sprüht man 10proz. Essigsäure bis zur beginnenden Transparenz und bestrahlt danach erneut. Hierbei tritt die typische Blaufärbung meist schlagartig auf.

Auf Cellulose-Schichten gelingt jedoch dieser Nachweis nicht. Man kann hier nach PATTERSON und CLEMENTS [*224*] wie folgt verfahren:

Lösung a: 2,7proz. FeCl$_3$ · 6 H$_2$O in 2 N HCl.
Lösung b: 3,5proz. wäßrige Lsg. von K$_3$[Fe(CN)$_6$].
Lösung c: 3,8 g As$_2$O$_3$ unter Erwärmen in 25 ml 2 N NaOH lösen und auf 5° C abkühlen; dann 50 ml 2 N H$_2$SO$_4$ (5° C!) zugeben und mit H$_2$O 100 ml auffüllen.

Kurz vor dem Gebrauch mischt man 5 ml Lsg. a + 5 ml Lsg. b + 1 ml Lsg. c und sprüht dies auf die trockene Schicht. Nach eingetretener Farbreaktion kann man den Reagensüberschuß in einer Entwicklerschale vorsichtig mit Wasser auswaschen.

Mit Ninhydrin ist zwar auch ein Nachweis der Jodaminosäuren möglich, er fällt jedoch wesentlich schwächer aus als mit den entsprechenden jodfreien Verbindungen. Radiojodierte Substanzen werden auf dem Wege der Autoradiographie (S. 157) oder durch direkte Messung der Aktivität (S. 160) erfaßt.

Tabelle 191. hRf-Werte organischer Jodverbindungen in verschiedenen Fließmitteln [228]

Nr.	Jodverbindungen	Handels-name®	hRf-Werte in Fließmittel					
			I	II	III	IV	V	VI
1	N,N′-Adipin-di-(3-amino-2,4,6-trijodbenzoesäure)	Biligrafin	9	27	33	0	0	33
2	N,N′-Diacetyl-3,5-diamino-2,4,6-trijodbenzoesäure	Gastrografin	12	30	37	40	0	37
3	α-Äthyl-β-(2,4,6-trijodo-3-hydroxyphenyl)-propionsäure	Teridax	19	30	36	0	33	37
4	3-Acetylamino-2,4,6-trijodbenzoesäure	Triopac	26	40	47	0	0	44
5	Monojodmethansulfosäure	Abrodil	28	43	48	0	0	44
6	3,5-Dijod-4-pyridon-N-essigsäure	Joduron	29	43	50	33	0	43
7	N-(3-Amino-2,4,6-trijod-benzyl)-N-phenyl-β-amino-propionsäure	Osbil	31	42	49	10	15	44
			(37)	(45)	(57)		(16)	
8	β-(3-Dimethylamino-methylenamino-2,4,6-trijodphenyl)-propions.	Biloptin	35	43	50	40	28	50
9	α-(2,4,6-Trijodphenoxy)-buttersäure	Baygnostil	37	43	50	27	7	57
10	3,5-Dijod-4-pyridon-N-essigsäure-n-propylester	Propyliodan	87	63	71	0	60	67
11	3-Jod-L-tyrosin		7 (10)	20	23	0	0	8
12	Jodgorgosäure (3,5-Dijod-L-tyrosin)		7	20	23	0	0	8
13	3,5-Dijod-L-thyronin		31	42	38	0	0	13
14	3,3′,5-Trijod-L-thyronin		30	39	33	0	0	17
15	Thyroxin (D, L)		22	35	30	0	0	12
16	Kaliumjodid		33	48	47	0	0	40
17	Kaliumjodat		0	0	0	0	0	0

Schicht: Kieselgel HF$_{254}$; zur Bereitung 25 g mit 65 ml Wasser, in dem zuvor unter Erwärmen 0,5 g Stärke (Amylum solubile p. a. Fa. 88) gelöst wurden, homogen anrühren, ausstreichen und 30 min bei 110° C trocknen.

Fließmittel: I = Äthylacetat-Isopropanol-Ammoniak (25 proz.) (55 + 35 + 20); II = Aceton-Isopropanol-Ammoniak (25 proz.) (40 + 40 + 20); III = Isopropanol-Ammoniak (25 proz.) (80 + 20); IV = Essigsäure-Chloroform (5 + 95); V = Chloroform-Methanol-Pyridin (85 + 5 + 10); VI = Äthylacetat-Methanol-Diäthylamin (50 + 40 + 20).

Literatur zum Kapitel V. Aminosäuren und Derivate

[1] COHN, E. J., and J. T. EDSALL: "Proteins, Amino Acids and Peptides as Ions and Dipolar Ions", Seite 203 und 201. New York: Reinhold Publishing Corporation 330 West Forty-second St. 1943.

[2] HAIS, I. M., u. K. MACEK: Handbuch der Papierchromatographie. Jena: VEB Gustav Fischer Verlag 1958.

[3] MOFFAT, E. D., and R. I. LYTLE: Analyt. Chem. 31, 926 (1959).

[4] CHERBULIEZ, E., BR. BAEHLER u. J. RABINOWITZ: Helv. Chim. Acta 43, 1871 (1960).

[5] NICOLAUS, B. J. R.: J. Chromatog. 4, 384 (1960).

[6] KIRK, R. E., and D. F. OTHMER: Encyclopedia of Chemical Technology. Vol. 2, Seite 773, New York: Interscience Publishers Inc. 1948.

[7] BRENNER, M., u. A. NIEDERWIESER: Experientia 16, 378 (1960).

[8] — — u. G. PATAKI: Experientia 17, 145 (1961).

[9] FAHMY, A. R., A. NIEDERWIESER, G. PATAKI u. M. BRENNER: Helv. Chim. Acta 44, 2022 (1961).

[10] MUTSCHLER, E., u. H. ROCHELMEYER: Arch. Pharm. 292, 449 (1959).

[11] MOTTIER, M.: Mitt. Lebensm. u. Hyg. 49, 454 (1958).

[12] BRENNER, M., A. NIEDERWIESER, G. PATAKI u. A. R. FAHMY: Experientia 18, 101 (1962).

[13] BRENNER, M., u. A. NIEDERWIESER: Experientia 17, 237 (1961).

[14] MOORE, S., D. H. SPACKMAN, and W. H. STEIN: Analyt. Chem. 30, 1185 (1958); 30, 1190 (1958).

[15] PÖHM, M.: Naturwiss. 48, 555 (1961).

[16] PAULSON, C., F. E. DEATHERAGE and E. F. ALMY: J. Am. Chem. Soc. 75, 2039 (1953).

[17] LINSKENS, H. F.: Papierchromatographie in der Botanik, 2. Aufl. Berlin-Göttingen-Heidelberg: Springer-Verlag 1959.

[18] DE VERDIER, C.-H., u. G. ÅGREN: Acta Chem. Scand. 2, 783 (1948).

[19] AWAPARA, J.: Arch. Biochem. 19, 172 (1948).

[20] TISELIUS, A.: Experientia 17, 433 (1961).

[21] FLODIN, P.: J. Chromatog. 5, 103 (1961).

[22] PORATH, J.: Biochim. Biophys. Acta 39, 193 (1960).

[23] — Clin. Chim. Acta 4, 776 (1959).

[24] STEPANOV, V., D. HANDSCHUH u. F. A. ANDERER: Z. Naturforsch. 16b, 626 (1961).

[25] BOISSONNAS, R. A., u. S. LO BIANCO: Experientia 8, 425 (1952).

[26] CONSDEN, R., A. H. GORDON, and A. J. P. MARTIN: Biochim J. 41, 590 (1947).

[27] REDFIELD, R. R.: Biochim. Biophys. Acta 10, 344 (1953).

[28] CARSTEN, M. E.: J. Am. Chem. Soc. 74, 5954 (1952).

[29] PIEZ, K. A., E. B. TOOPER, and L. S. FOSDICK: J. Biol. Chem. 194, 669 (1952).

[30] STEIN, W. H., and S. MOORE: J. Biol. Chem. 190, 103 (1951).

[31] BUCHNER, H.: Dissertation Universität Basel 1957, S. 84.

[32] DRÈZE, A., et A. DE BOECK: Arch. intern. physiol. et biochem. 60, 201 (1952).

[33] — S. MOORE, and E. J. BIGWOOD: Analyt. chim. Acta 11, 554 (1954).

[34] COOK, E. R., and M. LUSCOMBE: J. Chromatog. 3, 75 (1960).

[35] DENT, C. E., W. STEPKA, and F. C. STEWARD: Nature 160, 682 (1947).

[36] PARIHAR, D. B.: Naturwiss. 41, 502 (1954).

[37] REINDEL, F., u. W. BIENENFELD: Z. physiol. Chem. 305, 123 (1956).

[38] BISERTE, G., P. BOULANGER et P. PAYSANT: Bull. soc. chim. biol. 40, 2067 (1958).

[39] CLOSE, R.: Nature 185, 609 (1960).

[40] KNAUFF, H. A., H. SCHMAIR u. H. ZICKGRAF: Z. physiol. Chem. 318, 73 (1960).

[41] NÜRNBERG, E.: Arch. Pharmaz. 292, 610 (1959).

[42] JOST, K., J. RUDINGER, and F. ŠORM: Collection Czech. Chem. Commun. 26, 2496 (1961).

[43] AHRLAND, S., I. GRENTHE u. B. NORÉN: Acta Chem. Scand. 14, 1059, 1077 (1960).

[44] HIRS, C. H. W.: J. biol. Chem. 219, 611 (1956).

[45] Biserte, G., et R. Osteux: Bull. soc. chim. biol. 33, 50 (1951).
[46] Caldin, D. J. Mc.: Chem. Rev. 60, 39 (1960).
[47] Consden, R., A. H. Gordon, and A. J. P. Martin: Biochem. J. 38, 224 (1944).
[48] Tsukamoto, T., and T. Komori: Chem. Pharm. Bull. (Tokyo) 8, 913 (1960).
[49] Kawerau, E., and Th. Wieland: Nature 168, 77 (1951).
[50] Barrollier, J.: Naturwissenschaften 48, 404 (1961).
[51] Woiwod, A.: J. Chromatog. 3, 278 (1960).
[52] Hardy, T. L., D. O. Holland, and J. H. C. Nayler: Analyt. Chem. 27, 971 (1955).
[53] Opienska-Blauth, J., M. Sanecka, and M. Charezinski: J. Chromatog. 3, 415 (1960).
[54] Patton, A. R., and P. Chism: Analyt. Chem. 23, 1683 (1951).
[55] Toennies, G., and J. J. Kolb: Analyt. Chem. 23, 823 (1951).
[56] Ruhemann, S.: J. Chem. Soc. 99, 792 (1911);
[57] — J. Chem. Soc. 99, 1306 (1911);
[58] — J. Chem. Soc. 99, 1486 (1911);
[59] — J. Chem. Soc. 97, 1483 (1910);
[60] — J. Chem. Soc. 97, 2025 (1910).
[61] Wiggins, L. F., and J. H. Williams: Nature 170, 279 (1952).
[62] Saifer, A., and I. Oreskes: Analyt. Chem. 28, 501 (1956).
[63] Noworytko, J., i M. Sarnecka-Keller: Acta Biochim. Polon. 2, 91 (1955).
[64] Acher, R., C. Fromageot et M. Jutisz: Biochim. Biophys. Acta 5, 81 (1950).
[65] Grassmann, W., u. K. v. Arnim: Ann. Chem. 519, 192 (1935).
[66] Barrolier, J., J. Heilman u. E. Watzke: Z. physiol. Chem. 304, 21 (1956).
[67] Rosebeek, S.: Chem. Weekblad 46, 813 (1950).
[68] Kofrányi, E.: Z. physiol. Chem. 299, 129 (1955).
[69] Consden, R.: Nature 162, 359 (1948).
[70] Müting, D.: Naturwissenschaften 39, 303 (1952).
[71] Giri, K. V., u. A. Nagabhushanam: Naturwissenschaften 39, 548 (1952).
[72] Riemschneider, R., u. K. Preuss: Mh. Chem. 90, 924 (1959).
[73] Reindel, F., u. W. Hoppe: Chem. Ber. 87, 1103 (1954).
[74] Bhattacharya, K. R., J. Datta, and D. K. Roy: Arch. Biochem. 84, 377 (1959).
[75] Roche, J. N., van Thoai, and J. L. Hatt: Biochim. Biophys. Acta 14, 71 (1954).
[76] Jepson, J. R., and I. Smith: Nature 172, 1100 (1953).
[77] Acher, R., and Ch. Crocker: Biochim. Acta 9, 704 (1952).
[78] Sakaguchi, S.: J. Biochem. (Tokyo) 5, 25 (1925).
[79] — J. Biochem. (Tokyo) 5, 133 (1925).
[80] — J. Biochem. (Tokyo) 37, 231 (1950).
[81] Tuppy, H.: Sitzungsberichte (Wien) 162, 342 (1953).
[82] Winegard, H. M., G. Toennies, and R. J. Block: Science 108, 506 (1948).
[83] Kirby-Berry, H., H. E. Sutton, L. Cain, and J. S. Berry: Univ. Texas Pubs. 5109, 22 (1951).
[84] Awe, W., I. Reinecke u. J. Thum: Naturwissenschaften 41, 528 (1954).
[85] Chargaff, E., C. Levine, and C. Green: J. Biol. Chem. 175, 67 (1948).
[86] Burton, R. B., A. Zaffaroni, and E. H. Kentmann: J. Biol. Chem. 188, 763 (1951).
[87] Toyada, H.: J. Bull. Chem. Soc. (Japan) 9, 263 (1954).
[88] Patton, A. R., and E. M. Foreman: Science 109, 339 (1949).
[89] Frank, H., u. H. Petersen: Z. physiol. Chem. 299, 1 (1955).
[90] Bray, H. G., W. V. Thorpe, and K. White: Biochem. J. 46, 271 (1950).
[91] Pauly, H.: Z. physiol. Chem. 42, 517 (1904).
[92] — Z. physiol. Chem. 94, 288 (1915).
[93] Edlbacher, S., H. Baur, H. R. Staehelin u. A. Zeller: Z. physiol. Chem. 270, 158 (1941).
[94] — Z. physiol. Chem. 157, 106 (1926).
[95] Sanger, F., and H. Tuppy: Biochem. J. 49, 463 (1951).
[96] Clarkson, T. W.: Biochim. Biophys. Acta 18, 453 (1955).

[97] SCHWARTZ, D. P.: Analyt. Chem. **30**, 1855 (1958).
[98] DALGLIESH, C. E.: Nature **166**, 1076 (1950).
[99] CONSDEN, R., A. H. GORDON, and A. J. P. MARTIN: Biochem. J. **40**, 33 (1946).
[100] METZENBERG, R. L., and H. K. MITCHELL: J. Am. Chem. Soc. **76**, 4187 (1954).
[101] FEARON, W. R., and W. A. BOGGUST: Analyt **79**, 101 (1954).
[102] EDWARD, J. T., and D. M. WALDRON: J. chem. Soc. **1952**, 3631.
[103] SMITH, I.: Nature **171**, 43 (1953).
[104] DALGLIESH, C. E.: Biochem. J. **52**, 3 (1952).
[105] PACHÉCO, H.: Bull. Soc. Chim. Biol. **33**, 1915 (1951).
[106] WIELAND, TH., u. L. BAUER: Angew. Chem. **63**, 511 (1951).
[107] JERCHEL, D., u. R. MÜLLER: Naturwissenschaften **38**, 561 (1951).
[108] FISCHER, A.: Planta **43**, 288 (1954).
[109] PROCHÁZKA, Ž.: Chem. Listy **47**, 1643 (1953).
[110] LINSER, H., H. MAYR u. F. MASCHEK: Planta **44**, 103 (1954).
[111] ERSPAMER, V., and G. BORETTI: Arch. Intern. Pharmacodyn. **88**, 296 (1951).
[112] CLERC-BORY, M., H. PACHÉCO et CH. MENTZER: Compt. Rend. **238**, 525 (1954).
[113] EKMAN, B.: Acta Chem. Scand. **2**, 383 (1948).
[114] GERNGROSS, O., K. VOSS u. H. HERFELD: Ber. dtsch. Chem. Ges. **66**, 435 (1933).
[115] KUDZIN, S. F., R. M. DE BAUN, and F. F. NORD: J. Am. Chem. Soc. **73**, 4615 (1951).
[116] FOLIN, O., and V. CIOCALTEU: J. Biol. Chem. **73**, 617 (1927).
[117] — and W. DENIS: J. Biol. Chem. **12**, 239 (1912).
[118] DURANT, J. A.: Nature **169**, 1062 (1952).
[119] MILLON, E.: Compt. Rend. **28**, 40 (1949).
[120] BRICAS, E., and CL. FROMAGEOT: Advances in Protein Chem. **8**, 4 (1953).
[121] SCHACHTER, M.: Polypeptides which affect smooth muscles and blood vessels. Oxford: Pergamon Press 1960.
[122] KATZ, A. M., W. J. DREYER, and C. B. ANFINSEN: J. Biol. Chem. **234**, 2897 (1959).
[123] HONEGGER, C. G.: Helv. Chim. Acta **44**, 173 (1961).
[124] Biochem. Preparations 8 (1961).
[125] YANARI, S.: Biochim. Biophys. Acta **45**, 595 (1960).
[126] PORATH, J., and P. FLODIN: Nature **183**, 1657 (1959).
[127] GELOTTE, B. J.: J. Chromatog. **3**, 330 (1960).
[128] LINDNER, E. B., A. ELMQUIST, and J. PORATH: Nature **184**, 1565 (1959).
[129] Weissenberger Technik of Organic Chem. Vol. III, part I, 2nd ed. New York: Interscience 1956.
[130] SANGER, F.: Advances in Protein Chem. **7**, 1 (1952).
[131] ZUBER, H.: Chimia (Aarau) **14**, 405 (1960).
[132] SJÖQUIST, J., B. BLOMBÄCK, and P. WALLÉN: Arkiv Kemi **16**, 425 (1961).
[133] — Arkiv Kemi **14**, 291 (1959).
[134] VOGLER, K., R. O. STUDER u. W. LERGIER: Helv. Chim. Acta **44**, 1495 (1961).
[135] GUTTMANN, ST., u. R. A. BOISSONNAS: Helv. Chim. Acta **44**, 1713 (1961).
[136] — J. PLESS u. R. A. BOISSONNAS: Helv. Chim. Acta **45**, 170 (1962).
[137] HUGUENIN, R. L., u. R. A. BOISSONNAS: Helv. Chim. Acta **44**, 213 (1961).
[138] VOGLER, K., R. O. STUDER, W. LERGIER u. P. LANZ: Helv. Chim. Acta **43**, 1751 (1960).
[139] STUDER, R. O., K. VOGLER u. W. LERGIER: Helv. Chim. Acta **44**, 131 (1961).
[139a] SCHWYZER, R., u. H. KAPPELER: Helv. Chim. Acta **44**, 1991 (1961).
[139b] — u. H. DIETRICH: Helv. Chim. Acta **44**, 2003 (1961).
[140] BRENNER, M., u. G. PATAKI: Helv. Chim. Acta **44**, 1420 (1961).
[141] Privatmitteilung von Dr. R. RINIKER, CIBA AG., Basel.
[142] KAPPELER, H., u. R. SCHWYZER: Helv. Chim. Acta **44**, 1137 (1961).
[143] Privatmitteilung von Dr. ST. GUTTMANN, SANDOZ AG., Basel.
[144] SCHELLENBERG, P.: Angew. Chem. **74**, 118 (1962).
[145] Privatmitteilung von Dr. K. VOGLER, Hoffmann-La Roche AG., Basel.
[146] VOGLER, K., R. O. STUDER, P. LANZ, W. LERGIER u. E. BÖHNI: Experientia **17**, 223 (1961).
[147] HAUSMANN, W.: J. Am. Chem. Soc. **78**, 3663 (1956).

[148] Biserte, G., et M. Dautrevaux: Bull. Soc. Chim. Biol. 39, 795 (1957).
[149] Brenner, M., J. P. Zimmermann, J. Wehrmüller, P. Quitt, A. Hartmann, W. Schneider u. U. Beglinger: Helv. Chim. Acta 40, 1497 (1957).
[150] Niederwieser, A., and G. Pataki: Chimia (Aarau) 14, 378 (1960).
[151] Sanger, F.: Biochem. J. 39, 507 (1945).
[152] — Biochem. J. 40, 261 (1946).
[153] — Biochem. J. 45, 562 (1949).
[154] Porter, R., and F. Sanger: Biochem. J. 42, 287 (1948).
[155] Edman, P.: Acta Chem. Scand. 4, 283 (1950).
[156] Biserte, G., J. W. Holleman, J. Holleman-Dehove, and P. Sautière: J. Chromatogr. 2, 225 (1959); 3, 85 (1960).
[157] Levy, A. L., and D. Chung: J. Am. Chem. Soc. 77, 2899 (1955).
[158] Davoll, H., R. A. Turner, J. G. Pierce, and V. du Vigneaud: J. Biol. Chem. 193, 363 (1951).
[159] Wallenfels, K., u. A. Arens: Biochem. Z. 33, 217 (1960).
[160] Li, C. H., and L. Ash: J. Biol. Chem. 203, 419 (1953).
[161] Tuppy, H., u. G. Bodo: Mh. Chem. 85, 807 (1954).
[162] Lockhart, I. M., and E. P. Abraham: Biochem. J. 58, 633 (1954).
[163] Levy, A. L., and C. H. Li: J. Biol. Chem. 213, 487 (1955).
[164] Desnuelle, P., and C. Fabre: Biochim. Biophys. Acta 18, 49 (1955).
[165] Porter, R.: Methods Med. Res. 3, 256 (1951).
[166] Middlebrook, W. R.: Biochem. J. 59, 146 (1955).
[167] Scanes, F. S., and B. T. Tozer: Biochem. J. 63, 282 (1956).
[168] Thompson, A.: Nature 168, 390 (1951).
[169] Mills, G. L.: Biochem. J. 50, 707 (1952).
[170] Turba, F., u. G. Gundlach: Biochem. Z. 326, 322 (1955).
[171] Bailey, K., and F. R. Bettelheim: Biochim. Biophys. Acta 18, 495 (1955).
[172] Braunitzer, G.: Chem. Ber. 88, 2025 (1955).
[173] Levy, A. L.: Nature 174, 126 (1954).
[174] Zahn, H., u. H. Pfannmüller: Biochem. Z. 330, 97 (1958).
[175] Fahmy, A. R.: unveröffentlicht.
[176] Hefendehl, F. W.: Planta Med. 8, 65 (1960).
[177] Lichtenberger, W.: Z. Anal. Chem. 185, 111 (1962).
[178] Edman, P.: Nature 177, 667 (1956).
[179] — Acta Chem. Scand. 10, 761 (1956).
[180] Fraenkel-Conrat, H., and J. J. Harris: J. Am. Chem. Soc. 76, 6058 (1954).
[181] Sjöquist, J.: Arkiv Kemi 11, 129 (1957).
[182] — Biochem. Biophys. Acta 41, 20 (1960).
[183] Edman, P.: Acta Chem. Scand. 4, 277 (1950).
[184] Djerassi, C., K. Undheim, R. C. Sheppard, W. G. Terry u. B. Sjöberg: Acta Chem. Scand. 15, 903 (1961).
[185] Fraenkel-Conrat, H.: Methods of Biochem. Analysis, Vol. 2, Seite 383. New York: Interscience Publishers 1955.
[186] Cherbuliez, E., Br. Baehler, M. C. Lebeau u. A. R. Sussmann: Helv. Chim. Acta 43, 896 (1960).
[187] — A. R. Sussmann u. J. Rabinowitz: Pharmac. Acta Helv. 36, 131 (1961).
[188] Harris, J. J., u. P. Roos: Biochem. J. 71, 434 (1959).
[189] Schramm, G., J. W. Schneider u. A. Anderer: Z. Naturforsch. 11b, 120 (1956).
[190] Landmann, W. A., M. P. Drake, and J. Dillaha: J. Am. Chem. Soc. 75, 3638 (1953).
[191] Sjöquist, J.: Acta Chem. Scand. 7, 447 (1953).
[192] Edman, P., u. J. Sjöquist: Acta Chem. Scand. 10, 1507 (1956).
[193] Pataki, G.: Dissertation, Universität Basel (1962).
[194] Grothe, J. W.: J. Biol. Chem. 93, 25 (1931).
[195] Pastuska, G., u. H. Trinks: Chemiker-Ztg. 85, 535 (1961).
[196] Stahl, E.: Pharmazie 11, 633 (1956).
[197] — Chemiker-Ztg. 82, 323 (1958).
[198] — Parfüm. Kosmetik 39, 564 (1958).
[199] — Arch. Pharmaz. 292, 411 (1959).

[200] Stahl, E.: Pharm. Rdsch. 1, Nr. 2, 1 (1959).
[201] Weber, R.: Helv. Chim. Acta 36, 424 (1953).
[202] Arx, E. von, and R. Neher: J. Chromatog. 12, 329 (1963).
[203] Bancher, E., H. Scherz u. V. Prey: Mikrochim. Acta 712 (1963).
[204] Bello, D. di, and A. Signor: J. Chromatog. 17, 506 (1965).
[205] Berger, J. A., G. Meynel, J. Petit et P. Blanquet: Bull. Soc. Chim. France 2662 (1963).
[206] Brandner, G., and A. J. Vitranen: Acta Chem. Scand. 17, 2563 (1963).
[207] Bujard, El.: Zit. nach [223].
[208] Cramer, F., and E. Ehrhardt: J. Chromatog. 7, 405 (1962).
[209] Dittmann, J.: Z. klin. Chem. 1, 190 (1963).
[210] Esser, K.: J. Chromatog. 18, 414 (1965).
[211] Fahmy, A. R., A. Niederwieser, G. Pataki u. M. Brenner: Helv. Chim. Acta 44, 2022 (1961).
[212] Gray, W. R., and B. S. Hartley: Biochem. J. 89, 59 P (1963).
[213] Habermann, E.: unveröffentlicht.
[214] Hollingsworth, D. R., M. Dillard, and P. K. Bondy: J. Lab. Clin. Med. 62, 346 (1963).
[215] Hörhammer, L., H. Wagner u. F. Kilger: Deut. Apotheker 15, 164 (1962).
[216] Llosa, P. de la, C. Tertrin, and M. Jutisz: J. Chromatog. 14, 136 (1964).
[217] Massaglia, A., and U. Rosa: J. Chromatog. 14, 516 (1964).
[218] Myhill, D., and D. S. Jackson: Analyt. Biochem. 6, 193 (1963).
[219] Pataki, G.: J. Chromatog. 17, 580 (1965).
[220] — J. Chromatog. 16, 541 (1964).
[221] — Chimia (Aarau) 18, 24 (1964).
[222] — J. Chromatog. 16, 553 (1964).
[223] — Dünnschichtchromatographie in der Aminosäure- und Peptid-Chemie. Berlin: W. de Gruyter u. Co. 1966.
[224] Patterson, S. J., and R. Clements: Analyst 89, 328 (1964).
[225] Seiler, N., u. J. Wiechmann: Experientia 20, 559 (1964).
[226] Sjöholm, I.: Acta Chem. Scand. 18, 889 (1964).
[227] Stahl, E.: Z. anal. Chem. 221, 3 (1966).
[228] — u. J. Pfeifle: Z. anal. Chem. 200, 377 (1964).
[229] Schneider, G., u. C. Schneider: Hoppe-Seylers Z. physiol. Chem. 332, 316 (1963).
[230] Turner, N. A., and R. J. Redgwell: J. Chromatog. 21, 129 (1966).
[231] Walz, D., A. R. Fahmy, G. Pataki, A. Niederwieser u. M. Brenner: Experientia 19, 213 (1963).
[232] Wollenweber, P.: J. Chromatog. 9, 369 (1962).

W. Nucleinsäuren und Nucleotide

Helmut K. Mangold

I. Einführung

1. Nucleinsäuren und ihre Hydrolyse-Produkte

Die hochpolymeren „echten" Nucleinsäuren bilden als prosthetische Gruppe der Nucleoproteide einen Bestandteil aller Lebewesen.

Man unterscheidet nach ihrem Bauprinzip zwei Typen von Polynucleotiden: die Desoxyribose- oder Desoxyribonucleinsäuren (DNS) mit Molekulargewichten bis zu 100 Millionen und die Ribose- oder Ribonucleinsäuren (RNS), die Molekulargewichte bis 500000 aufweisen.

Aus Desoxyribonucleinsäuren, die sehr viel resistenter gegen Alkali-Einwirkung sind als Ribonucleinsäuren und auch zur enzymatischen Hydrolyse anderer Fermentsysteme bedürfen, vermag man mit Mineralsäuren die Purine abzuspalten und erhält so die „Thyminsäure"; mit Pankreas-Fermenten kann man „Oligonucleotide" darstellen.

Beide Arten von Nucleinsäuren setzen sich aus Mononucleotiden zusammen, die jeweils nach dem Schema

$$Base - Kohlenhydrat - o\text{-}Phosphorsäure$$

gebaut sind.

Wird die Phosphorsäure aus den Mononucleotiden, die manchmal auch „einfache Nucleinsäuren" genannt werden, abgespalten, so entstehen Nucleoside. Diese enthalten, soweit sie sich von Desoxyribonucleinsäuren herleiten, an Desoxyribose in N-glykosidischer Bindung geknüpft, die Purin-Basen Guanin und Adenin sowie die Pyrimidin-Basen Cytosin und Thymin; in manchen Desoxyribonucleinsäuren kommen auch 5-Methylcytosin und 5-Hydroxymethylcytosin vor. Die vier Nucleoside, die man aus Ribonucleinsäuren gewinnen kann, enthalten mit Ribose verknüpft dieselben Purine sowie die Pyrimidin-Basen Cytosin und Uracil.

Die glykosidische Bindung der Kohlenhydratphosphorsäuren in Nucleotiden erfolgt bei den Purinen an N_9, bei den Pyrimidinen an N_3. Der Phosphorsäurerest kann an C_2 oder C_3 des Kohlenhydrats gebunden sein.

In der folgenden Übersicht sind die Bestandteile der hochmolekularen Nucleinsäuren dargestellt:

Basen:

Purine   *Pyrimidine*

Adenin (6-Amino-purin)	Cytosin (2-Hydroxy-6-amino-pyrimidin)
Guanin (2-Amino-6-hydroxy-purin)	Uracil (2,6-Dihydroxy-pyrimidin)
	Thymin (2,6-Dihydroxy-5-methyl-pyrimidin)
	Auch 5-Methylcytosin und 5-Hydroxymethylcytosin

Kohlenhydrate:

Ribose   2-Desoxyribose

Beispiel eines Nucleosids und Nucleotids:

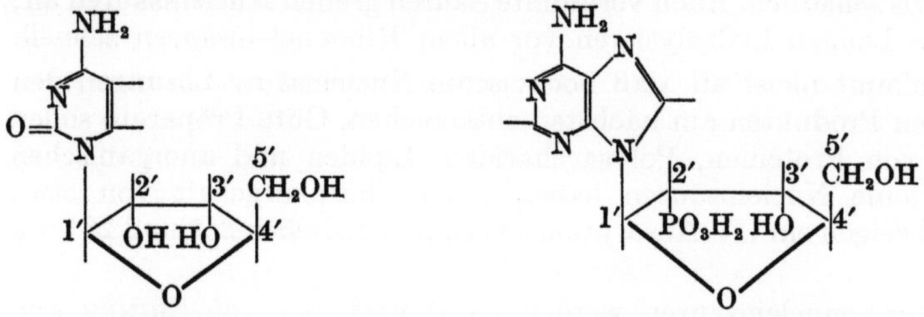

Cytidin Adenosin-2′-phosphat

Die „löslichen Ribonucleinsäuren", einschließlich der (Aminosäuren-) Transfer-Ribonucleinsäuren, weisen Molekulargewichte um 30000 auf. Sie enthalten außer Adenin, Guanin, Cytosin und Uracil auch noch methylierte Purine und Pyrimidine; ein weiterer charakteristischer Bestandteil ist das Pseudouridin, ein C-Nucleosid des Uracil.

2. Nucleotid-Coenzyme

Die Nucleotid-Coenzyme sind den Mononucleotiden im Aufbau verwandt, sie sind jedoch nicht Bestandteile der hochmolekularen Nucleinsäuren. Zu dieser Gruppe von Verbindungen zählen das Adenosintriphosphat (ATP) und das Flavin-Adenin-Dinucleotid (FAD) sowie viele andere kompliziert gebaute Phosphorsäureester, welche Adenosin, Guanosin, Cytidin oder Uridin enthalten. Man kennt z. B. allein fünf Coenzyme, die sich von der Cytidindiphosphorsäure (CDP) ableiten: CDP-Cholin, CDP-Colamin, CDP-Diglycerid, CDP-Glycerin und CDP-Ribit.

3. Ältere Methoden der Nucleinsäure-Analyse

Die Ermittlung des Phosphor- und Stickstoffgehalts spielte in der Analyse von Nucleinsäuren stets eine große Rolle. Zur Identifizierung und quantitativen Bestimmung der Purine und Pyrimidine in Nucleinsäure-Hydrolysaten bediente man sich halbpräparativer Isolierungsverfahren, auch verschiedener Farbreaktionen sowie der Polarographie und mikrobiologischer Methoden. Diese Analysentechniken sind heute fast ausnahmslos nur noch von historischem Interesse.

4. Neuere Methoden zur Isolierung von Nucleinsäuren und zur Trennung ihrer Bestandteile

Die verschiedenen Verfahren zur Gewinnung von Nucleinsäuren liefern Produkte, die sich bezüglich ihrer Zusammensetzung und ihrer Eigenschaften wesentlich unterscheiden. Ein Grund hierfür ist die Gegenwart nucleolytischer Enzyme in den meisten pflanzlichen und tierischen Geweben. Man arbeitet stets bei möglichst niederer Temperatur, um die Enzymwirkung hintanzuhalten, und versucht außerdem, Desoxyribonucleasen durch Natriumcitrat zu hemmen; Ribonucleasen werden durch Guanidin-Hydrochlorid oder Dodecylsulfat desaktiviert.

Konzentrierte Salzlösungen degradieren Nucleinsäuren, und Hitze ist ebenfalls schädlich. Auch verdünnte Säuren greifen Nucleinsäuren an; verdünnte Laugen hydrolysieren vor allem Ribonucleinsäuren schnell.

Man nimmt meist an, daß hochviscose Nucleinsäure-Lösungen den natürlichen Produkten am nächsten entsprechen. Gute Präparate sollen frei sein von Proteinen, Polysacchariden, Lipiden und anorganischen Salzen. Reine Nucleinsäuren haben einen Phosphorgehalt von etwa 9,2% und zeigen ein UV-Absorptionsmaximum zwischen 257 und 261 nm bei pH 7.

Desoxyribonucleinsäuren werden meist nach der von Signer und Schwander [92] angegebenen Vorschrift, oder nach Massie und Zimm [47] dargestellt. Zur Isolierung hochmolekularer Ribonucleinsäure ist die Methode von Volkin und Carter [100] geeignet. Lösliche Ribonucleinsäure wird häufig nach dem Verfahren von Zubay [112] gewonnen.

In den letzten 20 Jahren sind verschiedene chromatographische Verfahren entwickelt worden, die es erlauben, hochpolymere Nucleinsäuren zu fraktionieren; die Elektrophorese dient demselben Zweck. Durch Papierchromatographie und andere Verteilungsverfahren sowie durch Chromatographie an Ionenaustauschern gelingt es, komplexe Nucleinsäure-Hydrolysate aufzutrennen. Durch Konzentrationsbestimmung der getrennten Basen, Nucleoside, Mono- und Oligonucleotide kann man heute mit winzigen Mengen von Nucleinsäure-Hydrolysaten quantitative Analysen durchführen.

Diese modernen Trennverfahren sind im ersten Band des von Chargaff und Davidson [9] herausgegebenen Standardwerks der Nucleinsäuren-Chemie, im Rahmen der Serie "Methods in Enzymology" [13] und in einer Reihe weiterer zusammenfassender Arbeiten [12, 85, s. a. 16] ausführlich beschrieben.

Vorschriften zur Isolierung und Analyse von Nucleinsäuren sind in der Monographie von Cantoni und Davis [8] angegeben.

5. Farbreaktionen zur Unterscheidung von Ribo- und Desoxyribonucleinsäuren

Die Biuret-Reaktion (alk. Cu^{2+}) und die Arginin-Probe [102] dienen dem Nachweis von Peptiden in Nucleinsäure-Präparaten. Zwei weitere Farbreaktionen, der von Dische angegebene Test auf Desoxyribonucleinsäure und die Phloroglucin-Probe nach v. Euler und Hahn ermöglichen, die beiden Arten von Nucleinsäuren nebeneinander zu erkennen.

Dische-Reaktion [19]

Arbeitsanweisung: Eine Lösung von 50—500 μg Nucleinsäure in 1 ml Wasser wird mit 2 ml einer Lösung von 1 g Diphenylamin und 2,75 ml konz. Schwefelsäure in 100 ml Eisessig 10 min auf 100° erhitzt. Bei Anwesenheit von Desoxyribonucleinsäure färbt sich die Lösung blau (Abs. Max. 595 nm). Die schwer hydrolysierbaren Pyrimidin-Desoxyribonucleoside und -Nucleotide reagieren unter diesen Bedingungen nicht.

Reaktion nach v. EULER und HAHN [21]

Arbeitsanweisung: Eine Probe, die etwa 2 mg Ribonucleinsäure pro ml enthält, wird mit 8 ml einer 0,1proz. Lösung von Eisen(III)-chlorid in konz. Salzsäure-Eisessig (1 + 6), 50 min auf dem Wasserbad erhitzt. Das Reaktionsgemisch wird auf Zimmertemperatur abgekühlt und mit 1 ml einer Lösung von 25proz. Phloroglucin in konz. Salzsäure-Eisessig-Wasser (25 + 50 + 25) versetzt. Nach 20 min wird das Gemisch 4 min auf dem Wasserbad erhitzt. Die Färbung (Abs. Max. 680 nm) erreicht ein Maximum nach 10 Std bei Zimmertemperatur. Desoxyribonucleinsäure gibt keine Färbung.

6. Hydrolyse von Nucleinsäuren

Hydrolytische Spaltungen von Nucleinsäuren mögen zu Oligonucleotiden, Mononucleotiden, Nucleosiden, Purin- und Pyrimidin-Basen, Kohlenhydratphosphaten und freien Kohlenhydraten führen. Daneben treten stets noch Sekundärprodukte dieser Spaltstücke auf, wie z. B. Desaminierungsprodukte der Aminopurine und Aminopyrimidine oder ihrer Nucleoside und Nucleotide.

a) Alkalische Hydrolyse

Verdünnte wäßrige Lösungen von Natrium- oder Kaliumhydroxid spalten Ribonucleinsäuren in Mononucleotide. Desoxyribonucleinsäuren werden nur wenig angegriffen und darum kann man Desoxyribonucleinsäuren durch Behandeln mit verdünnter Natronlauge von Ribonucleinsäuren befreien [88].

Die folgende Vorschrift hat sich bewährt:

Spaltung von Ribonucleinsäuren in Mononucleotide, nach SCHMIDT und THANNHAUSER [88]

Arbeitsanweisung: 10 mg Ribonucleinsäure werden mit 1 ml 0,2 N-Natriumhydroxyd 20 Std auf 37° erwärmt. Nach dem Abkühlen wird das Hydrolysat mit 0,5 N Salzsäure angesäuert (pH 4—6). Die saure Lösung wird zur Analyse der Mononucleotide verwendet.

b) Saure Hydrolyse

In beiden Arten von Nucleinsäuren ist die N-glykosidische Purin-Kohlenhydrat-Bindung besonders labil gegen Säuren, während die Pyrimidin-Nucleoside und -Nucleotide gegen Säuren recht beständig sind. Auch der Phosphorsäure-Rest wird von Purin-Nucleotiden leichter durch Säure abgespalten als von Pyrimidin-Nucleotiden.

Verdünnte Salz- oder Schwefelsäure spaltet aus Desoxyribonucleinsäuren Guanin und Adenin ab, doch das hochmolekulare Gerüst der Nucleinsäure bleibt weitgehend erhalten. Das Purin-freie Produkt — „Thyminsäure" genannt — hat ein Molekulargewicht um 15000; es kann durch Dialyse gegen verdünnte Salzsäure gereinigt und als „Apurinsäure" isoliert werden [95]. Durch ein- bis fünfstündiges Erhitzen mit methanolischem Chlorwasserstofflösung sind aus Apurinsäure oder direkt aus Desoxyribonucleinsäure Cytosin- und Thymindesoxyribo-Diphosphorsäure zu erhalten [41]. — Zur Freisetzung der Purin- und Pyrimidin-Basen aus Nucleinsäuren haben sich die folgenden Vorschriften bewährt:

Freisetzung der Purine und Pyrimidine aus Desoxyribonucleinsäuren nach Vischer und Chargaff, und Wyatt [*99, 105*]

Arbeitsanweisung: 10—20 mg im Vakuum bei 40—60° C getrocknete Desoxyribonucleinsäure wird in ein dickwandiges Glasrohr eingewogen und mit 0,5 ml 98proz. Ameisensäure versetzt. Das Glasrohr wird zugeschmolzen, in ein eisernes Schutzrohr gesteckt und im elektrischen Ofen 30 min lang auf 175° erhitzt. Nach dem Abkühlen wird das Glasrohr *vorsichtig* geöffnet (*Überdruck!*). Die Ameisensäure wird in einem mit Kaliumhydroxyd beschickten Exsiccator entfernt. Der Rückstand wird in 3—4 ml N Salzsäure aufgenommen und diese Lösung wird zur Analyse der Purin- und Pyrimidin-Basen verwendet.

Ribonucleinsäuren werden unter diesen Bedingungen nicht vollständig hydrolysiert.

Freisetzung der Purine und Pyrimidine aus Ribo- und Desoxyribonucleinsäuren nach Marshak und Vogel [*46, 105*]

Arbeitsanweisung: Etwa 10 mg im Vakuum bei 40—60° getrockneter Nucleinsäure werden in ein mit Glasstopfen versehenes Röhrchen eingewogen und in 0,2 ml 72proz. Perchlorsäure aufgelöst. Das Röhrchen wird verschlossen und im Wasserbad eine Stunde lang auf 100° erhitzt. Nach dem Abkühlen wird das Hydrolysat mit 0,2 ml Wasser versetzt. Das verdünnte Hydrolysat wird zentrifugiert; die klare Lösung wird von der geringen Menge eines schwarzen Rückstands abdekantiert und zur Analyse der Purin- und Pyrimidin-Basen verwendet.

c) Enzymatische Hydrolyse

Der enzymatische Abbau hat sich zur Erforschung der Struktur von Nucleinsäuren besonders bewährt.

Das Enzym Ribonuclease I aus Pankreas hydrolysiert Ribonucleinsäuren zur Mono-, Di-, Tri- und Tetranucleotiden. Stets bleibt ein großer Teil der Ribonucleinsäure unangegriffen. Ribonuclease I ist gegen Desoxyribonucleinsäure inaktiv, Thyminsäure wird jedoch auch teilweise hydrolysiert.

Desoxyribonuclease I aus Pankreas spaltet hochmolekulare Desoxyribonucleinsäuren in Oligonucleotide und sehr wenig Mononucleotide; große Teile des Polynucleotid-Gerüsts bleiben erhalten. Ribonucleinsäuren werden durch Desoxyribonuclease I nicht verändert. — Desoxyribonucleasen aus Schlangengiften vermögen Desoxyribonucleinsäuren vollständiger zu spalten als Desoxyribonuclease I aus Pankreas. Diese Enzyme sind jedoch noch nicht zureichend untersucht.

Bezüglich der Eigenschaften und Anwendung der verschiedenen Nucleasen sei auf die spezielle Literatur verwiesen [*8, 9 13, 28*].

7. Die UV-Spektren von Nucleinsäure-Bausteinen

Die Kenntnis ihrer UV-Spektren ermöglicht, die einzelnen Nucleinsäure-Derivate nach Trennung und Elution zu identifizieren und quantitativ zu bestimmen. Die Absorptionsmaxima und molaren Extinktionscoeffizienten dieser Substanzen sind in Tab. 192 zusammengefaßt.

Die UV-Spektren methylierter Purine und Pyrimidine sowie anderer seltenen Basen, ihrer Nucleoside und Nucleotide, sind in einer Monographie [*98*] beschrieben.

8. Hersteller und Lieferanten reiner Präparate

Purine, Pyrimidine sowie ihre Nucleoside und Nucleotide, sind im Handel erhältlich (Fa. 26, 31, 80, 86, 98, 124, 130). Auch Enzyme zum Abbau von Nucleinsäuren sind käuflich (Fa. 26, 154).

Über die Herstellung radioaktiv markierter Verbindungen und Bezugsquellen informieren die S. 166—167 und das Firmenverzeichnis am Ende dieses Buches.

Tabelle 192. *UV-Spektren von Nucleinsäure-Derivaten*

Nucleinsäure-Derivate	Molekular-gewicht	Normalität der Lösung	Absorptions-max. nm	Millimol Extinktions-koeffizient
Purine und Pyrimidine				
Adenin	135,13	0,1 HCl	262	13,1
Guanin	151,13	0,1 HCl	249	11,1
Cytosin	111,10	0,1 HCl	276	10,0
Uracil	112,09	Wasser	260	8,2
Thymin	126,11	0,1 HCl	265	7,95
5-Methylcytosin	125,13	0,1 HCl	283	9,8
5-Hydroxymethylcytosin	141,14	0,1 HCl	279	9,7
Riboside				
Adenosin	267,25	Wasser	259	15,4
Guanosin	283,24	Wasser	252	13,7
Cytidin	243,22	0,1 HCl	262	10,0
Uridin	244,20	Wasser	262	10,0
Ribosid-2′- und -3′-monophosphate				
Adenosin-2′-monophosphat	347,23	Wasser	260	15,0
Adenosin-3′-monophosphat				
Guanosin-2′-monophosphat	363,24	0,01 HCl	280	12,9
Guanosin-3′-monophosphat				
Cytidin-2′-monophosphat	323,21	0,01 HCl	278	12,7
Uridin-2′-monophosphat	324,20	NaSalz	260	10,0
Uridin-3′-monophosphat		in Wasser		

II. Dünnschicht-Chromatographie von Nucleinsäuren und ihren Bestandteilen

Nucleobasen, Nucleoside, Mononucleotide und Oligonucleotide können mit Hilfe der DC getrennt werden. Die Methode eignet sich auch zur Fraktionierung und Charakterisierung löslicher Ribonucleinsäuren sowie hochmolekularer Nucleinsäuren. Als Sorbentien werden Kieselgel, Cellulose, Dextran-Gel sowie Ionenaustauscher verwendet. Oligonucleotide werden besonders gut durch Dünnschicht-Elektrophorese und Dünnschicht-Elektrophorese-Chromatographie getrennt (vgl. Kap. E, S. 105 bis 114).

1. Purine, Pyrimidine und Nucleoside

Zur Fraktionierung und quantitativen Analyse dieser Substanzen in Nucleinsäure-Hydrolysaten wurde schon vor 20 Jahren die Papierchromatographie angewandt [*45, 46, 99, 105*]. RANDERATH berichtete als

48*

erster über die dünnschicht-chromatographische Trennung von Nuclein-
säure-Bestandteilen an Kieselgel G [59] und Cellulose [60]. Die DC an
Cellulose erwies sich der PC überlegen [59, 61]. Stellt man Dünnschicht-
Chromatogramme und Papierchromatogramme unter vergleichbaren Bedingungen her, so findet man, daß die Flecken auf der feinpulverigen Cellulose-Schicht wesentlich kleiner und schärfer begrenzt sind als auf dem
faserigen Papier [60]. Zudem ist zur dc Trennung von Nucleinsäure-Derivaten nur ein Bruchteil der zur PC benötigten Zeit erforderlich [60, 61].

Trennbedingungen

a) Sorptionsmittel. Kieselgel G (F) und Kieselgel H (F) [59, 80, 86,
87], reines Cellulose-Pulver [14, 26, 31, 26], Gipshaltiges Cellulose-Pulver
[10, 27, 38, 60], Mischungen von Cellulose mit Kieselgel (90 + 10) [24]
und Celit-Stärke [91] können verwendet werden; reine Cellulose wird meist
vorgezogen.

Auch Ionenaustauscher-Schichten, wie z. B. DEAE- und ECTEOLA-
Cellulose [11, 35, 59, 78] sowie PP-Cellulose [55] eignen sich zur Trennung
von Basen und Nucleosiden.

Vorschriften zur Herstellung der verschiedenen Schichten sind im
Kapitel V, S. 47 angegeben.

b) Fließmittel. Destilliertes Wasser eignet sich zur pc Trennung von
Purin- und Pyrimidin-Basen wie auch ihrer Nucleoside [96]. Auch an
Kieselgel G- und Cellulose-Schichten können diese Substanzen mit Wasser
als Fließmittel fraktioniert werden [60, 61]; die Trennungen erfordern
nur 45 min. Besonders gute Trennungen der Basen werden durch zweidimensionale DC an reiner Cellulose erzielt [26, 74]. Als Fließmittel
werden, z. B. in der ersten Laufrichtung Methanol-conc.-Salzsäure-Was-
ser (70 + 20 + 10) und in der zweiten Richtung n-Butanol-Methanol-
Wasser-conc.Ammoniumhydroxyd (60 + 20 + 20 + 1) verwendet [74].
Nach Entwickeln mit dem ersten Fließmittel wird die Schicht mehrere
Minuten lang einem kalten und dann einem 60—70° C warmen Luftstrom
ausgesetzt um Salzsäure zu entfernen.

An DEAE- und ECTEOLA-Cellulose-Schichten wird Wasser [11, 59],
an DEAE auch 0,005 N Salzssäure [11] sowie Isobuttersäure-conc.
Ammoniumhydroxyd-Wasser (66 + 2 + 32) [11] als Fließmittel verwendet. Gesättigte Ammoniumsulfat-N Natriumacetat-Isopropanol
(80 + 18 + 2), ein Fließmittel, das für die Papierchromatographie [45]
und (Cellulose-) DC [60] von Nucleotiden entwickelt wurde, eignet sich
besonders gut zur Trennung von Purin- und Pyrimidin-Basen an Schichten aus DEAE-Cellulose [11].

c) Nachweismethoden. Purin- und Pyrimidin-Basen sowie deren
Nucleoside können auf Dünnschicht-Chromatogrammen im Licht einer
kurzwelligen UV-Lampe (Maximalemission 254 nm) (s. S. 78 u. 79) erkannt werden. An anorganischen Schichten ist diese Methode weniger
empfindlich als auf Cellulose; man kann jedoch die untere Nachweisgrenze durch Zusatz eines Leuchtstoffs zum Kieselgel oder durch Besprühen des Chromatogramms mit einer Lösung von Fluorescein in ver-

dünnter Ammoniumhydroxid-Lösung (Reag.-Nr. 103) etwas herabsetzen [*23, 36*]. An Cellulose lassen sich im kurzwelligen UV-Licht ohne Verwendung eines Fluorescenz-Indikators noch etwa $10^{-3}\,\mu$ Mole von Adenin-Derivaten nachweisen; für Verbindungen, die Cytosin oder Uracil enthalten, liegt die Erfassungsgrenze etwas höher [*66*].

Das „Photoprint"-Verfahren zum photographischen Nachweis im UV-Licht ist natürlich mit beschichteten Glasplatten nicht durchführbar.

Adenin kann auf Kieselgel und Cellulose mit dem Dragendorff-Reagens (Reag.-Nr. 90) spezifisch nachgewiesen werden. Sämtliche Reaktionen, die dem Nachweis der Pentose in Nucleosiden dienen, sind zur Erkennung dieser Verbindungen auf Dünnschicht-Chromatogrammen nützlich.

Anwendungen und Ergebnisse

In Tab. 193 sind die Trennungen von Nucleobasen und Nucleosiden an Cellulose-, Kieselgel G- und ECTEOLA-Schichten sowie an Papier miteinander verglichen. Auffallend ist die weitgehende Übereinstimmung der hRf-Werte der Purinbasen sowie der Purin-Nucleoside auf der Cellulose-Schicht, der ECTEOLA-Schicht und auf Papier; auf Kieselgel G werden wesentlich höhere hRf-Werte gefunden. Die verschiedenen Pyrimidine und Pyrimidin-Nucleoside haben an den drei Trennschichten und an Papier jeweils nahezu identische hRf-Werte. An Cellulose- und ECTEOLA-Schichten lassen sich die Purin- und Pyrimidin-Basen besser von den entsprechenden Nucleosiden trennen als an Kieselgel G. Zur Fraktionierung der Nucleoside sind diese drei Sorptionsmittel etwa gleichwertig.

Tabelle 193. hRf-*Werte von dc- und pc-Trennungen einiger Purine und Pyrimidine sowie deren Nucleoside mit Wasser als Fließmittel* [59]

Substanz	Kieselgel G[1]	Cellulose[2]	ECTEOLA[3]	Papier[4]
Adenin	57	30	29	38
Adenosin	75	53	56	56
Guanin	66	37	33	38
Guanosin	80	58	50	57
Cytosin	—	—	—	—
Cytidin	76	80	82	77
Uracil.	78	72	73	75
Uridin	85	81	84	84

[1] Schicht: „Kieselgel G"; (Fa. 88).
[2] Schicht: „MN 300"; (Fa. 83).
[3] Schicht: Kapazität des Austauschers: 0,26 m Äq. N/g; (Fa. 127).
[4] „Ederol 202"; der Firma Binzer, Hatzfeld/Eder.

Die Chromatographie an Cellulose- und Kieselgel-Schichten wurde zur Trennung der in der Krebs-Therapie wichtigen fluorierten [*30*] und iodierten Pyrimidine und Pyrimidin-Nucleoside [*23, 47*] verwendet. Die DC bewährte sich auch in der Analyse der Produkte organischer Synthesen [*7, 42, 44*] und enzymatischer Reaktionen [*38, 110*].

Purin- und Pyrimidin-Basen sowie deren Nucleoside können auf der (Cellulose)-Schicht durch Fluorimetrie [53] oder, nach Elution, durch UV-Spektrophotometrie [10, 36, 37, 43] quantitativ bestimmt werden (vgl. Kap. H, S. 133—155.)

2. Nucleotide und Nucleotid-Coenzyme

Nucleotide enthalten sowohl saure als auch basische Gruppen; Gemische dieser Substanzen können darum durch Anionen- *oder* Kationenaustausch-Chromatographie getrennt werden [12, 85]. Säulen-Chromatographie an „DOWEX"-Ionenaustauschern wird seit Jahren sehr erfolgreich zur Fraktionierung, Isolierung und Charakterisierung von Nucleinsäure-Bausteinen verwendet [9, 12, 13, 85]; die Methode wurde für Serienuntersuchungen automatisiert [1].

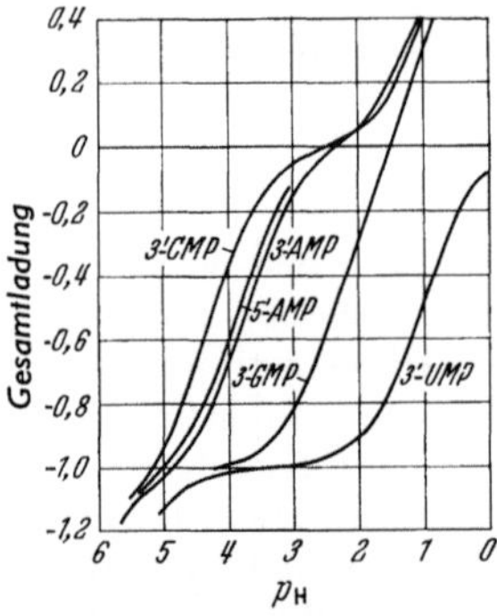

Abb. 221. Beziehung zwischen Gesamtladung und pH für die Mononucleotide der Ribonucleinsäure [12]

Die Elutionsfolge der Nucleotide sollte durch deren jeweilige Gesamtladung bestimmt werden (Abb. 221), doch in der Praxis entspricht sie meist nicht den theoretischen Erwartungen. Als Grund wird eine *Adsorptionswirkung* der Ionenaustauscher angegeben [12]. Purin-Derivate werden im allgemeinen stärker adsorbiert als die entsprechenden Pyrimidin-Verbindungen. So wird z. B. Uridin-3'-phosphat von „Dowex"-Säulen vor Guanosin-3'-phosphat eluiert, obwohl auf Grund der Gesamtladungen dieser Nucleoside das Umgekehrte zu erwarten ist [12].

Randerath beschrieb als erster Fraktionierungen von Nucleotiden an ECTEOLA-Cellulose- [58, 59] sowie DEAE-Cellulose-Schichten [64, 66]. Er fand, daß die DC an Ionenaustauschern in kürzerer Zeit bessere Trennungen ermöglicht als die Säulenchromatographie und daß die dc Methode wesentlich empfindlicher ist als die Papierchromatographie. Im Jahre 1962 beschrieb Randerath die Herstellung von PEI-Cellulose und die Anwendung dieses neuen Anionenaustauschers zur dc Fraktionierung von Nucleotid-Gemischen [63, 65].

Das chromatographische Verhalten der verschiedenen Nucleotide kann aus physikalischen Daten mit einiger Sicherheit vorausbestimmt werden [64]. Dies ist ein wesentlicher Vorteil der Ionenaustausch-DC gegenüber verteilungs-chromatographischen Verfahren. — Die Ionenaustausch-DC an modifizierten Cellulosen ist auch für Trennungen in mikropräparativem Maßstab brauchbar [64].

Trennbedingungen

a) Sorptionsmittel. Nucleotide und Nucleotid-Coenzyme werden an Schichten aus Kieselgel G [86, 87], Cellulose (meist ohne Gips-Zusatz) [10, 26, 36, 61], DEAE-Cellulose- [11, 20, 22, 94] und DEAE-Sephadex-

[*29, 104*], ECTEOLA-Cellulose- [*52, 58, 59, 66*], vor allem aber an PEI-Cellulose-Ionenaustauschern [*51, 56, 70, 103*] getrennt.

Vorschriften zur Herstellung dieser Schichten sind auf den S. 37—40 u. 47—48 angegeben.

Es wird empfohlen, mit Ionenaustauschern beschichtete Platten möglichst bald nach der Herstellung zu verwenden. PEI-Cellulose-Schichten werden bei Zimmertemperatur und im Tageslicht innerhalb weniger Tage unbrauchbar [*77*]. Werden die Platten jedoch bei etwa 5° im Dunkeln aufbewahrt, so sind sie mehrere Wochen haltbar [*77*].

b) Fließmittel. Pyridin-Nucleotide kann man an Kieselgel G mit dem Fließmittel Isobuttersäure-conc. Ammoniumhydroxid-Wasser (66 + 1 + 33) chromatographieren [*86*], für Purin- und Pyrimidin-Nucleotide wird n-Butanol-Aceton-Eisessig-5proz. Ammoniumhydroxid-Lösung-Wasser (35 + 25 + 15 + 15 + 10) empfohlen [*60*]. Alkalische Fließmittel können verständlicherweise an Gips-haltigen Schichten nicht verwendet werden.

Gesättigte wäßrige Ammoniumsulfat-Lösung — M Natriumcitrat — Isopropanol (80 + 18 + 2), ein für die Papierchromatographie von Mononucleotiden entwickeltes Fließmittel [*45*], ist auch für die Trennung isomerer Purin-Mononucleotide an Cellulose-Schichten zu verwenden [*60*]; es wandert in 90 min etwa 10 cm weit. Das Fließmittel *tert.*-Amylalkohol-Ameisensäure-Wasser (30 + 20 + 10), das ebenfalls zur papierchromatographischen Trennung von Mononucleotiden verwendet wurde [*48*], gibt an Cellulose-Schichten bei 120 min Laufzeit ausgezeichnete Trennungen [*60*]; es wird allen anderen hier beschriebenen Systemen vorgezogen (Tab. 194).

Nucleosid-Monophosphate, -Diphosphate und -Triphosphate kann man auf Papier oder an Cellulose-Schichten mit dem Fließmittel n-Butanol-Aceton-Eisessig-5proz. Ammoniumhydroxid-Lösung-Wasser (45 + 15 + 10 + 10 + 20) trennen [*61*].

Für die Fraktionierung von Mononucleotiden an Schichten aus DEAE und ECTEOLA-Cellulose ist 0,02—0,04 N Salzsäure geeignet [*26, 66*], (s. a. [*104*]); die Laufzeiten sind an DEAE- etwas länger als an ECTEOLA-Cellulose. An PEI-Cellulose sind die Mononucleotide durch stufenweises Entwickeln mit N Essigsäure und 0,1—0,4 N Natriumchlorid oder Lithiumchlorid zu trennen [*57, 70*]. Komplizierte Gemische dieser Verbindungen kann man durch zweidimensionale DC an PEI-Cellulose fraktionieren: Man entwickelt in die erste Richtung stufenweise mit 0,2 M, 1 M und 1,6 M Lithiumchlorid; dann wäscht man das Lithiumsalz von der Schicht indem man das Chromatogramm 15 min in eine flache Schale legt, die 0,5—1 Liter abs. Methanol enthält; schließlich chromatographiert man in die zweite Richtung stufenweise mit 0,5 M, 2 M und 4 M Natriumformiat-Puffer, pH 3,4 [*56*].

Das Fließmittel 0,15 M Natriumchlorid eignet sich zur Fraktionierung von Mono-, Di- und Triphosphaten an DEAE- und ECTEOLA-Cellulose [*59*]. Zur DC dieser Verbindungen sowie von Pyridin-Nucleotiden an PEI-Cellulose ist 0,3—0,5 M Lithiumchlorid zu verwenden; die Trennungen erfordern meist nicht mehr als 15 min [*51, 63, 70, 75*]. Auch 0,3—0,8 M Ammoniumsulfat ist für die Fraktionierung von Mono-, Di- und Triphosphaten geeignet [*77*].

Die Trennung der Ribo-Mononucleotide von den entsprechenden Desoxyribo-Mononucleotiden gelingt durch DC an PEI-Cellulose mit Borsäure-haltigen Fließmitteln, wie z. B. 2proz. wäßrige Borsäure-Lösung-2 M Lithiumchlorid (50 + 25) [69, 70]. Auch Gemische von Ribo- und Desoxyribonucleosid-Triphosphaten kann man an PEI-Cellulose trennen: Man entwickelt stufenweise mit 2 N Essigsäure-2 M Lithiumchlorid (50 + 50), (4 cm), und 4 N Essigsäure-2,5 M Lithiumchlorid (50 + 50), (15 cm); danach trocknet man die Schicht in einem Strom warmer Luft (40°) um Essigsäure zu entfernen und behandelt sie dann mit abs. Methanol, um Lithiumchlorid auszuwaschen; schließlich chromatographiert man in die zweite Richtung stufenweise mit den Fließmitteln 2 M Ammoniumacetat, das 3proz. Borsäure enthält (4 cm), und 3,5 M Ammoniumacetat, das 4proz. Borsäure enthält (14 cm). (Die beiden zuletzt genannten Fließmittel werden mit Ammoniumhydroxyd-Lösung auf pH 7 gebracht)[51]. — Die Autoradiographie eines nach dieser Vorschrift hergestellten Chromatogramms ^{32}P-markierter Ribo- und Desoxyribonucleosid-Triphosphate ist auf S. 178, Abb. 98 wiedergegeben.

c) **Nachweismethoden.** Nucleotide und Nucleotid-Coenzyme werden auf Dünnschicht-Chromatogrammen am einfachsten im Licht einer kurzwelligen UV-Lampe (Maximalemission 259 nm (s. S. 78—79) sichtbar gemacht. Die untere Nachweisgrenze hängt vom Sorptionsmittel und dem zur Trennung verwendeten Fließmittel ab. An DEAE- und ECTEOLA-Cellulose sind noch 5 × 10^{-4} μMol Adenylsäure zu erkennen. Adenin-, Cytosin- und Uracil-Derivate erscheinen als dunkelblaue, Guanin-Verbindungen als hellblau fluorescierende Flecken [64].

Anwendungen und Ergebnisse

Die durch DC an Cellulose erzielbaren Trennungen sind aus Tab. 194 und Abb. 226 A ersichtlich.

Tabelle 194. h*Rf-Werte von 5'-Mono-, Di- und Triphosphaten auf Cellulose^1-Schichten mit verschiedenen Fließmitteln [60, 61]*

	Fließmittel 1	Fließmittel 2	Fließmittel 3
Adenosin-5'-monophosphat	52	35	38
Adenosindiphosphat	29	17	26
Adenosintriphosphat	16	8	16
Guanosin-5'-monophosphat	—	—	—
Guanosindiphosphat	—	—	—
Guanosintriphosphat	—	—	—
Cytidin-5'-monophosphat	48	30	34
Cytidindiphosphat	27	13	22
Cytidintriphosphat.	13	7	13
Uridin-5'-monophosphat	47	30	37
Uridindiphosphat	26	14	25
Uridintriphosphat	13	8	17

^{1} „MN 300"; (Fa. 83).

Fließmittel 1: tert. Amylalkohol-Ameisensäure-Wasser (30 + 20 + 10); Laufzeit: 120 min;

Fließmittel 2: n-Butanol-Aceton-Eisessig-5proz. Ammoniaklösung-Wasser (35 + 25 + 15 + 15 + 10); Laufzeit: 90 min;

Fließmittel 3: n-Butanol-Aceton-Eisessig-5proz. Ammoniaklösung-Wasser (45 + 15 + 10 + 10 + 20); Laufzeit: 50—60 min.

Die Tab. 195 ermöglicht einen Vergleich der Trennwirkung von DEAE-, ECTEOLA- und PEI-Cellulose. Mono-, Di- und Triphosphate werden an diesen Ionenaustauscher-Schichten auf Grund ihrer unterschiedlichen negativen Ladung vor allem nach Gruppen getrennt; Monophosphate wandern schneller als Diphosphate, diese schneller als Triphosphate. Die negative Gesamtladung innerhalb jeder dieser Gruppen steigt in der Reihenfolge Cytosin-, Adenin-, Guanin-, Uracil-Derivate

Tabelle 195. hRf-Werte von 5'-Mono-, Di- und Triphosphaten auf Ionenaustauscher-Schichten [59, 66, 70]

Mono-, Di- und Triphosphate	ECTEOLA-Cellulose		DEAE-Cellulose		PEI-Cellulose	
	Fließmittel		Fließmittel		Fließmittel	
	1	2	3	4	5	6
Adenosin-5'-monophosphat	57	26	45	65	>80	>80
Adenosindiphosphat	36	8	24	48	29	70
Adenosintriphosphat	21	—	6	11	4	33
Guanosin-5'-monophosphat	55	14	36	60	50	72
Guanosindiphosphat	37	3	9	27	13	61
Guanosintriphosphat	17	—	5	7	2	24
Cytidin-5'-monophosphat	74	31	46	65	>80	>80
Cytidindiphosphat	51	11	31	53	35	73
Cytidintriphosphat	34	—	9	13	4	37
Uridin-5'-monophosphat	80	13	31	49	64	>80
Uridindiphosphat	63	0	7	15	11	60
Uridintriphosphat	44	—	4	4	2	20

Fließmittel 1: 0,15 M Natriumchlorid; Laufzeit: 15 min
Fließmittel 2: 0,01 N Salzsäure; Laufzeit: 15 min
Fließmittel 3: 0,01 N Salzsäure; Laufzeit: 40 min
Fließmittel 4: 0,02 N Salzsäure; Laufzeit: 40 min
Fließmittel 5: 2,0 N Ameisensäure — 0,5 M Lithiumchlorid; Laufzeit: 45 min
Fließmittel 6: 2,0 N Ameisensäure — 2,0 M Lithiumchlorid; Laufzeit: 45 min

(vgl. Abb. 221). In der Tat beobachtet man auf Ionenaustauscher-Schichten eine dem entsprechende Abnahme der Wanderungsgeschwindigkeit: Cytosin- und Adenin-Nucleotide haben bei Verwendung verdünnter Salzsäure als Fließmittel stets höhere hRf-Werte als die entsprechenden Guanin-Derivate, diese höhere als die Uracil-Nucleotide (vgl. Abb. 222). Mittels wäßriger Natriumchlorid-Lösungen sind die Cytosin- und Adenin-Nucleotide einer Gruppe, die durch Salzsäure stets nur schlecht fraktioniert werden, vollständig voneinander zu trennen; dabei werden die Flecken ein wenig diffuser.

Der Trenneffekt ist bei den drei Ionenaustauschern nahezu derselbe, an DEAE- und PEI-Cellulose sind die Flecken besonders scharf begrenzt [56, 64] (vgl. Abb. 222).

Abb. 224 zeigt, daß die Ionenaustausch-Chromatographie an Schichten aus PEI-Cellulose schärfere Trennungen liefert als an PEI-Papier.

ECTEOLA-Cellulose kann, wie aus Abb. 225 hervorgeht, je nach der Art des Fließmittels, als stationäre Phase für Verteilungs-Chromatographie oder aber als Ionenaustauscher dienen; dasselbe gilt für DEAE- und PEI-Cellulose.

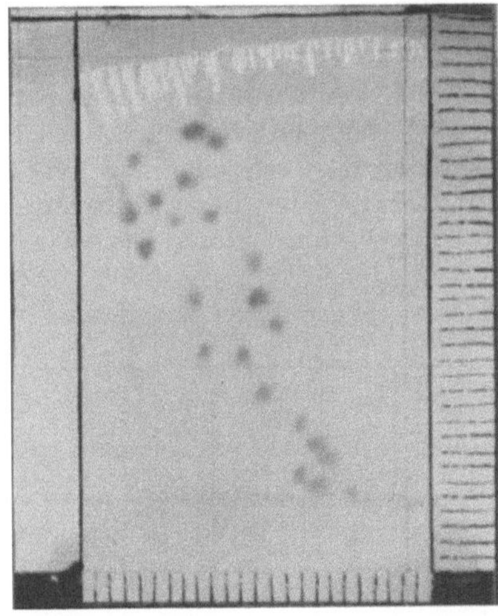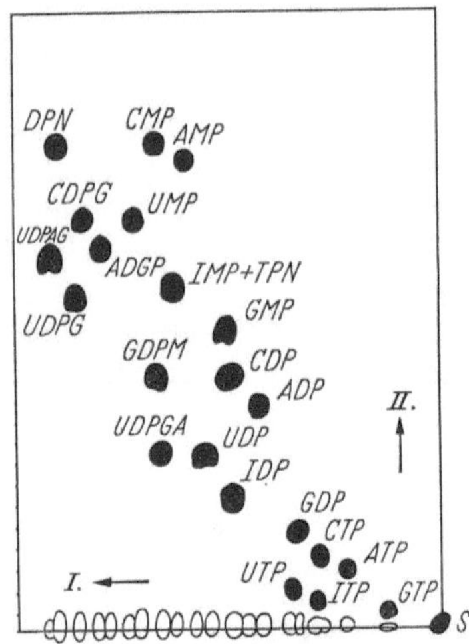

Abb. 222. Trennung einer Mischung von Mononucleotiden durch zweidimensionale Ionenaustausch-DC [56].

Schicht: PEI-Cellulose (0,5 mm); Fließmittel: 1. Richtung: Stufenweise Entwicklung mit 0,2 M Lithiumchlorid (2 min), 1,0 M Lithiumchlorid (6 min) und 1,6 M Lithiumchlorid (13 cm); nach Entfernen des Lithiumchlorid mit Methanol (s. S. 759), stufenweise Entwicklung in die 2. Richtung: 0,5 M Natriumformiat-Puffer, pH 3,4 (0,5 min), 2,0 M Natriumformiat-Puffer, pH 3,4 (2 min), 4,0 M Natriumformiat-Puffer, pH 3,4 (15 cm); Sichtbarmachung: UV-Licht; A zeigt das Chromatogramm; die einzelnen Fraktionen sind in (B) identifiziert (vgl. Tab. 195)

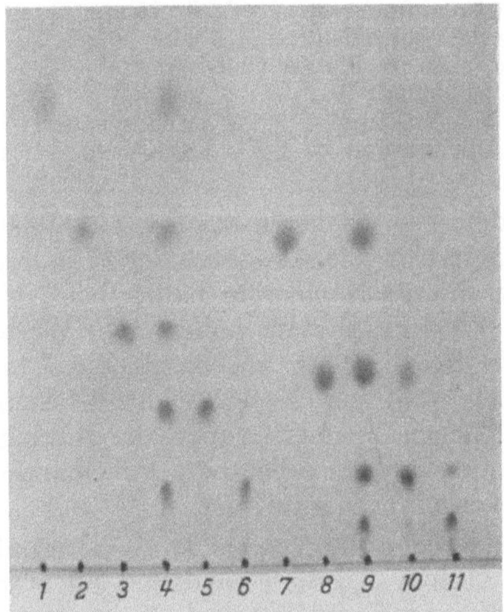

Abb. 223. Trennung von Nucleotiden durch Ionenaustausch-DC [77]

Schicht: PEI-Cellulose (0,5 mm); Fließmittel: Stufenweise Entwicklung mit 0,5 M Lithiumchlorid (5 min), 1,0 M Lithiumchlorid (10 min), und 1,5 M Lithiumchlorid (35 min); Sichtbarmachung: Besprühen mit 0,002proz. methanolischer Fluorescein-Lösung, UV-Licht. 1 Uridindiphosphat-glucose; 2 Uridinmonophosphat; 3 Uridindiphosphatglucuronsäure; 4 Verbindungen 1, 2, 3, 5 und 6; 5 Uridindiphosphat; 6 Uridintriphosphat; 7 Guanosindiphosphat-mannose; 8 Guanosinmonophosphat; 9 Verbindungen 7, 8, 10 und 11; 10 Guanosindiphosphat; 11 Guanosintriphosphat

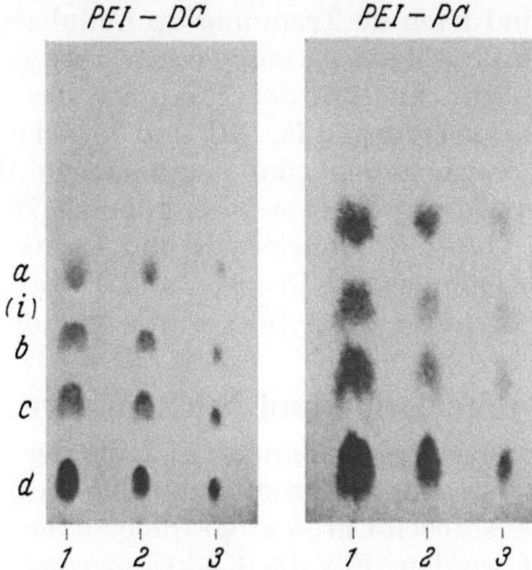

Abb. 224. Vergleich dünnschicht-chromatographischer und papierchromatographischer Fraktionierung von Nucleotid-Coenzymen [73]. PEI-DC: Trennung auf einer PEI-Cellulose-Schicht (0,5 mm), PEI-PC: Trennung auf PEI-Papier

Fließmittel: jeweils 1. 1,0 N Essigsäure (2 cm), 2. 1,0 N Essigsäure — 3,0 M Lithiumchlorid (90 + 10) (15 cm); Laufzeiten: 120 min (DC) und 60 min (PC); Sichtbarmachung: UV-Licht; Mengen: je 10—100 mµ Mole. a Uridinmonophosphat b Uridindiphosphat-N-acetylglucosamin; c Uridindiphosphatglucose; d Uridindiphosphat. Auf dem Dünnschicht-Chromatogramm erscheint eine unbekannte Substanz (i), die auf dem Papierchromatogramm nicht zu entdecken ist

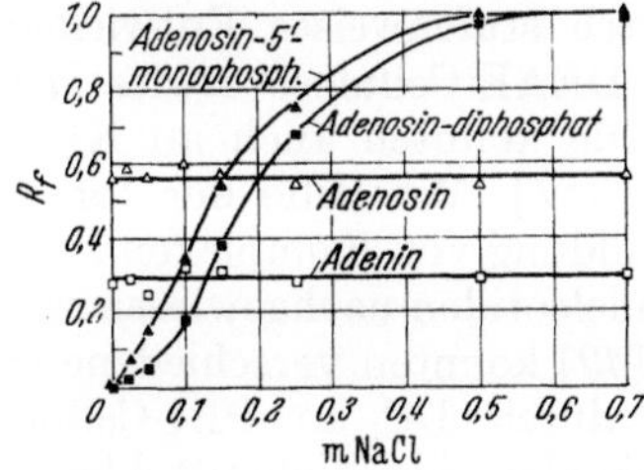

Abb. 225. Trennung von Nucleinsäure-Derivaten an einer Ionenaustauscher-Schicht [59]. Rf-Werte als Funktion der Kochsalz-Konzentration des Fließmittels. Ionenaustauscher: ECTEOLA-Cellulose, Kapazität 0,26 m Äq. N/g; Fließmittel: 0,1—0,7 M Kochsalzlösungen; Laufstrecke: etwa 10 cm; Laufzeit: 15 min

Nucleotide und Zucker-Nucleotide können nach dünnschicht-chromatographischer Trennung eluiert und durch UV-Spektralphotometrie quantitativ bestimmt werden [18, 24, 36, 43]. Gemische von Mono-, Di- und Triphosphaten können ebenso analysiert werden [5, 50, 57].

Mononucleotide in alkalischen Hydrolysaten von Ribonucleinsäuren werden am besten an PEI-Cellulose getrennt und nach Elution quantitativ bestimmt. Es wird empfohlen, die einzelnen Fraktionen zunächst mit M Lithiumchlorid auf einen schmalen Papierstreifen zu eluieren, diesen zu trocknen, die Nucleotide mit Wasser zu eluieren und die Konzentration der wäßrigen Lösungen im UV-Spektralphotometer zu messen [57]. Diese Methode ermöglicht wesentlich genauere Analysen als die direkte Extraktion vom Sorptionsmittel [57].

Zuckerphosphate sind nach dc Trennung an Cellulose, und Elution, durch Bestimmung des Phosphats zu analysieren [14], (s. a. [18, 101]).

Die DC erwies sich zur Analyse der Produkte des enzymatischen Abbaus von Nucleotid-Coenzymen [38, 72] und löslicher Ribonucleinsäuren [3] geeignet; es wurde gezeigt, daß enzymatische Reaktionen auf PEI-Cellulose-Schichten durchgeführt werden können [72]. Die Biosynthese von Nucleosiden [110], Ribonucleosid- und Desoxyribonucleosid-Triphosphaten [52], Diribonucleosid-Di-, Tri- und Tetraphosphaten [76, 108, 111] sowie von Polynucleotiden [62] wurde mit der DC verfolgt.

3. Oligonucleotide und Nucleinsäuren

Gemische von Oligonucleotiden können mit Hilfe der Elektrophorese (s. S. 105—114), durch Verteilungs-Chromatographie an Cellulose-Säulen [106] und durch Ionenaustausch-Chromatographie an Säulen aus DEAE-Cellulose [93] getrennt werden. Für die Fraktionierung und Isolierung löslicher Ribonucleinsäuren ist vor allem die Gegenstromverteilung geeignet [32, 107]; die Chromatographie an Cellulose-Säulen kann demselben Zweck dienen [106]. Hochmolekulare Ribo- und Desoxyribonucleinsäuren chromatographiert man meist an Säulen aus DEAE- oder ECTEOLA-Cellulose [39, 81, 82] s. a. [12, 85]).

Über die DC von Oligonucleotiden, löslichen Ribonucleinsäuren sowie hochmolekularen Ribo- und Desoxyribonucleinsäuren liegen nur wenige Arbeiten vor: Synthetische Desoxyribo-Oligonucleotide wurden an Schichten aus PEI-Cellulose durch stufenweises Entwickeln mit 0,2—1,2 M Natriumchlorid getrennt; DEAE-Cellulose erwies sich als weniger geeignet [103]. Oligonucleotide konnten auch an Kieselgel H-Schichten chromatographiert werden [87]. Mit Hilfe der Ionenaustausch-DC an PEI-Cellulose konnte die Bildung von Komplexen zwischen Desoxyribonucleotiden und Polyribonucleotiden nachgewiesen werden [68].

Morton und Rogers [49] konnten verschiedene ^{14}C-markierte „lösliche Ribonucleinsäuren" durch DC an PEI-Cellulose und anderen Ionenaustauschern unterscheiden. Als Fließmittel benutzten die genannten Autoren die obere Phase des Systems Isopropanol-Formamid-Phosphat-Puffer, pH 6,2 (20 + 5 + 50) [32] oder die untere Phase des Systems n-Butanol-Wasser-Tri-n-butylamin-Essigsäure-Di-n-butyläther (100 + 130 + 10 + 2,5 + 29) [107]. Die Fraktionen wurden durch Autoradiographie nachgewiesen [49].

Tabelle 196. *Sedimentations-Coefficienten und* h *Rf-Werte von Desoxyribonucleinsäure, die in wäßriger Lösung erhitzt worden war* [2]

Erhitzungsdauer (min)	Sedimentations-Coeffizient	h *Rf* auf ECTEOLA-Cellulose
0	24,2	0
5	12,1	46
10	11,5	53
15	10,1	54
30	6,4	61
60	5,3	76

BAUER und MARTIN [2] chromatographierten Ribo- und Desoxyribonucleinsäuren an ECTEOLA-Cellulose; eine wäßrige Lösung von Ammoniumhydroxyd (M), Natriumchlorid (2M) und Phosphat-Puffer (pH 11) (0,01M) diente als Fließmittel. Die Autoren zeigten, daß durch Erhitzen degradierte Desoxyribonucleinsäuren an Ionenaustauscher-Schichten weiter wandern als hochmolekulare Präparate (vgl. Tab. 196).

III. Dünnschicht-Elektrophorese von Nucleinsäure-Spaltstücken

Nucleobasen und Nucleoside [19] sowie Gemische von Mononucleotiden [15] können durch Papier-Elektrophorese, Oligonucleotide durch zweidimensionale Papier-Elektrophorese-Chromatographie [80] oder zweidimensionale Elektrophorese an Celluloseacetat und DEAE-Papier [84] getrennt werden. Chromatographische Methoden und die Elektrophorese-Technik ergänzen sich, indem Verbindungen, die chromatographisch nicht gut zu fraktionieren sind, meist elektrophoretisch vollständig getrennt werden können.

Auch die Dünnschicht-Elektrophorese und die Dünnschicht-Elektrophorese-Chromatographie (s. Kap. E., S. 105) ist zur Fraktionierung komplizierter Gemische geeignet. Zum Beispiel kann man Purin- und Pyrimidin-Basen an Cellulose durch Elektrophorese, — in 0,05 M Formiat-Puffer, pH 3,4, bei 0° C, 1 500 V, 25 mA, — und darauffolgende DC mit Methanol-conc. Salzssäure-Wasser (64 + 17 + 18) als Fließmittel, fraktionieren [37]. Man kann die Basen eluieren und durch UV-Spektrophotometrie quantitativ bestimmen; die Analyse der Basen-Zusammensetzung einer Desoxyribonucleinsäure erfordert etwa drei Stunden [37].

Ribo- und Desoxyribonucleoside lassen sich an Cellulose durch Elektrophorese und anschließende Chromatographie mit gesättigter Ammoniumsulfat-Lösung-M Natriumcitrat-Isopropanol (80 + 18 + 2) [45] trennen [37].

Die Mononucleotide in alkalischen Hydrolysaten von Ribonucleinsäuren lassen sich durch Elektrophorese (450 V) an einer Cellulose-Schicht die mit Natriumformiat-Puffer, pH 3,4, besprüht wurde, in 75 min vollständig trennen [17], (s. a. [97]); zur Papier-Elektrophorese dieser Verbindungen werden 10—20 Std benötigt [15]. Gemische von Mononucleotiden sind auch durch zweidimensionale Dünnschicht-Elektrophorese-Chromatographie an Cellulose zu trennen [3].

Die Dünnschicht-Elektrophorese ist zur Fraktionierung von Mono-, Di- und Triphosphaten geeignet [90]. In Abb. 226 sind die Trennungen, die sich durch zweidimensionale DC auf Celluloseschicht (226 A), zweidimensionale Papier-Chromatographie (226 B) und Dünnschicht-Elektrophorese-Chromatographie auf Celluloseschicht (226 C) erzielen lassen, miteinander verglichen; experimentelle Einzelheiten sind der Fußnote zur Abb. 226 zu entnehmen.

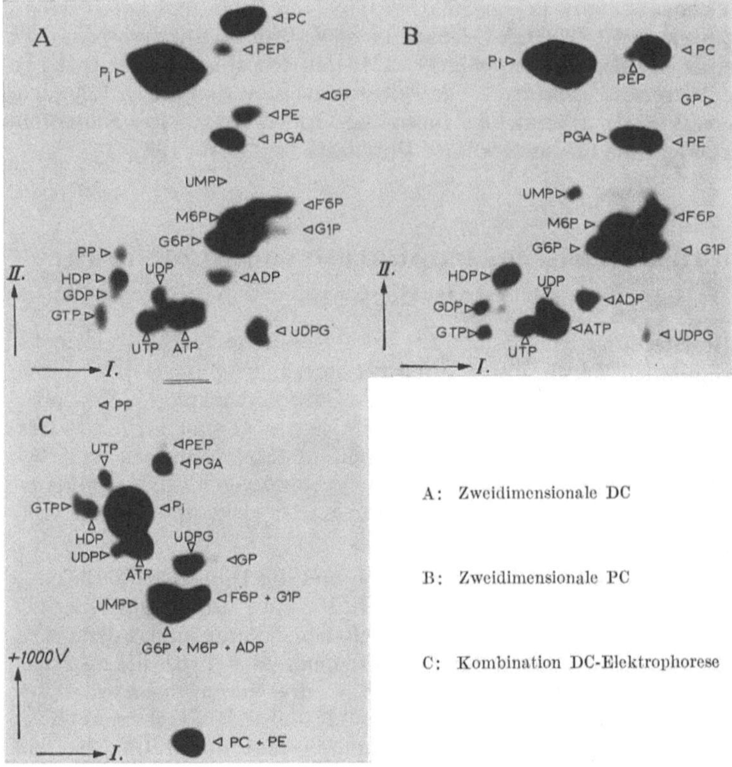

Abb. 226. Vergleich der Trennung P³²-markierter Nucleotide und anderer Phosphorsäureester aus Gefäßbündeln von *Brassica pekinensis* [4]

A Zweidimensionale DC; Schicht: MN 300-Cellulose; Fließmittel: I. Richtung: n-Propanol — conc. Ammoniumhydroxyd-Wasser (60 + 30 + 10, plus 2,0 g EDTA/Liter), zweimal entwickelt; II. Richtung: n-Propylacetat-90% Ameisensäure-Wasser (55 + 25 + 15), zweimal entwickelt; Laufzeiten: zweimal 180 min (1. Fließmittel), zweimal 80 min (2. Fließmittel); Sichtbarmachung: Autoradiographie. *B* Zweidimensionale Papierchromatographie mit den unter (*A*) angegebenen Fließmitteln. *C* DC-Elektrophorese; Schicht: MN 300-Cellulose; Fließmittel: n-Propanol — conc. Ammoniumhydroxyd-Wasser (60 + 30 + 10, plus 2,0 g EDTA/Liter), zweimal entwickelt; Elektrophorese: 1 000 V, 35 mA, 0,28 M Ammoniumacetat-Puffer (0,1 g EDTA/Liter), pH 3,6, 16 min

Vor kurzem wurde gezeigt, daß auch komplizierte Gemische von Oligonucleotiden durch Dünnschicht-Elektrophorese zu trennen sind [*113*]. Es ist anzunehmen, daß sich diese Methode noch weiter ausbauen läßt.

Literatur zum Kapitel W. Nucleinsäuren und Nucleotide

[*1*] ANDERSON, N. G., J. G. GREEN, M. L. MARBER, and (Sister) F. C. LADD: Anal. Biochem. **6**, 153 (1963).

[*2*] BAUER, R. D., and K. D. MARTIN: J. Chromatog. **16**, 519 (1964).

[*3*] BERGQUIST, P. L.: Biochim. Biophys. Acta **103**, 347 (1965),

[4] BIELESKI, R. L.: Anal. Biochem. 12, 230 (1965).
[5] BOERNIG, H., u. C. REINICKE: Acta Biol. Med. Ger. 11, 600 (1963).
[6] BOVÉ, J. M.: Bull. soc. chim. Biol. 45, 421 (1963).
[7] BROOM, A. D., L. M. TOWNSEND, J. W. JONES, and R. K. ROBINS: Biochemistry 3, 494 (1964).
[8] CANTONI, G. L., and D. R. DAVIS: Procedures in Nucleic Acid Research. New York-London: Harper and Row, Publishers 1966.
[9] CHARGAFF, E., and J. N. DAVIDSON (Editors): The Nucleic Acids, Chemistry, and Biology, Vols. I, II, III, New York-London: Academic Press 1955, 1960.
[10] CHMIELEWICZ, Z. F., and M. ACARA: Anal. Biochem. 9, 94 (1964).
[11] COFFEY, R. G., and R. W. NEWBURGH: J. Chromatog. 11, 376 (1963).
[12] COHN, W. E.: In: Chromatography, zweite Ausgabe, E. HEFTMANN, Editor. New York: Reinhold Publishers 1967.
[13] COLOWICK, S. P., and N. O. KAPLAN (Editors): Methods in Enzymology, Vol. 12, New York-London: Academic Press 1967.
[14] DAVIDSON, I. W. F., and W. G. DREW: J. Chromatog. 21, 319 (1966).
[15] DAVIDSON, J. N., and R. M. S. SMELLIE: Biochem. J. 52, 594 (1952).
[16] — and W. E. COHN (Editors): Progress in Nucleic Acid Research and Molecular Biology, Vols. 1—5. New York-London: Academic Press 1962—1966.
[17] DEFILIPPES, F. M.: Science 144, 1350 (1964).
[18] DIETRICH, C. P., S. M. C. DIETRICH, and H. G. PONTIS: J. Chromatog. 15, 277 (1964).
[19] DISCHE, Z., u. K. SCHWARZ: Microchim. Acta 2, 13 (1937).
[20] DYER, T. A.: J. Chromatog. 11, 414 (1963).
[21] v. EULER, H., och L. HAHN: Svensk Kem. Tidskr. 58, 251 (1964).
[22] FAHN, S., R. W. ALBERS, and G. J. KOVAL: Anal. Biochem. 10, 468 (1965).
[23] GARRETT, E. R., T. SUZUKI, and D. J. WEBER: J. Am. Chem. Soc. 86, 4460 (1964).
[24] GEBICKI, J. M., and S. FREED: Anal. Biochem. 14, 253 (1966).
[25] GERBER, N. N.: J. Med. Chem. 7, 204 (1964).
[26] GRIPPO, P., M. LACCARINO, M. ROSSI, and E. SCARANO: Biochim. Biophys. Acta 95, 1 (1965).
[27] HANSBURY, E., and D. G. OTT: Los Alamos Scientific Laboratory, Biol. and Med. Res. Group (H-4), Annual Report 1961—1962, LAMS-2780, p. 268.
[28] HARBERS, E., G. E. DOMAGK u. W. MÜLLER: Die Nucleinsäuren. Eine einführende Darstellung ihrer Chemie, Biochemie und Funktionen. Stuttgart: Georg Thieme 1964.
[29] HASHIZUME, T., and Y. SASAKI: J. Agr. Biol. Chem. (Tokyo) 27, 881 (1963).
[30] HAWRYLYSHYN, M., B. Z. SENKOWSKI, and E. G. WOLLISH: Microchem. J. 8, 15 (1964).
[31] HOLDGATE, D. P., and T. W. GOODWIN: Biochim. Biophys. Acta 91, 328 (1964).
[32] HOLLEY, R. W., and S. H. MERRILL: J. Am. Chem. Soc. 8, 753 (1959).
[33] — J. APGAR, P. B. DOCTOR, J. FARROW, M. A. MARIM, and S. H. MERRILL: J. Biol. Chem. 236, 200 (1961).
[34] JACOBSON, K. B.: Science 138, 515 (1962).
[35] — J. Chromatog. 14, 542 (1964).
[36] JOSEFSSON, L.: Biochim. Biophys. Acta 72, 133 (1963).
[37] KECK, K., u. U. HAGEN: Biochim. Biophys. Acta 87, 685 (1964).
[38] KESSELRING, K., u. G. SIEBERT: Hoppe-Seyler's Z. physiol. Chem. 337, 79 (1964).
[39] KLOUWEN, H. M., and H. WEIFFENBACH: J. Chromatog. 7, 45 (1962).
[40] LETHAM, D. S.: J. Chromatog. 20, 184 (1965).
[41] LEVENE, P. A., u. H. MANDEL: Ber. dtsch. chem. Ges. 41, 1905 (1908).
[42] LOHRMANN, R., and H. G. KHORANA: J. Am. Chem. Soc. 86, 4188 (1964).
[43] LOMAKINA, T. S., L. I. GUSKOVA, and N. I. GRINEVA: Khim. Prirodn. Soedin. Akad. Nauk. Uz. SSSR 1965, 335.
[44] MAHAPATRA, G. N., and O. M. FRIEDMAN: J. Chromatog. 11, 265 (1963).
[45] MARKHAM, R., and J. D. SMITH: Biochem. J. 49, 401 (1951).
[46] MARSHAK, A., and H. J. VOGEL: J. Biol. Chem. 189, 597 (1951).

[47] Massie, H. R., and B. H. Zimm: Proc. Natl. Acad. Sci. U.S. **54**, 1641 (1965).
[48] Michelson, A. M.: J. Chem. Soc. **1959**, 1371.
[49] Morton, M. J., and W. I. Rogers: Anal. Biochem. **13**, 108 (1965).
[50] Nayar, M. N. S.: Life Sci. **3**, 1307 (1964).
[51] Neuhard, J., E. Randerath, and K. Randerath: Anal. Biochem. **13**, 211 (1965).
[52] Panteleeva, N. S.: Vestn. Leningr. Univ. **19**, Ser. Biol. **2**, 73 (1964).
[53] Pataki, G., and A. Kunz: J. Chromatog. **23**, 465 (1966).
[54] Peterson, E. A., and H. A. Sober: J. Am. Chem. Soc. **78**, 751 (1956).
[55] Randerath, E., and K. Randerath: J. Chromatog. **10**, 509 (1963).
[56] — — J. Chromatog. **16**, 126 (1964).
[57] — — Anal. Biochem. **12**, 83 (1965).
[58] Randerath, K.: Angew. Chem. **73**, 436 (1961).
[59] — Angew. Chem. **73**, 674 (1961).
[60] — Biochem. Biophys. Res. Communs. **6**, 452 (1961/62).
[61] — u. H. Struck: J. Chromatog. **6**, 365 (1961).
[62] — and F. Cramer: Biochim. Biophys. Acta **61**, 346 (1962).
[63] — Biochim. Biophys. Acta **61**, 852 (1962).
[64] — Angew. Chem. **74**, 484 (1962); Internat. Edit. Engl. **1**, 435 (1962).
[65] — Angew. Chem. **74**, 780 (1962); Internat. Edit. Engl. **1**, 553 (1962).
[66] — Nature **194**, 768 (1962).
[67] — J. Chromatog. **10**, 235 (1963).
[68] — and G. Weimann: Biochim. Biophys. Acta **76**, 129 (1963).
[69] — Biochim. Biophys. Acta **76**, 622 (1963).
[70] — and E. Randerath: J. Chromatog. **16**, 111 (1964).
[71] — Experientia **20**, 406 (1964).
[72] — u. E. Randerath: Angew. Chem. **76**, 494 (1964).
[73] — — Anal. Biochem. **13**, 575 (1965).
[74] — Nature **205**, 908 (1965).
[75] — and E. Randerath: J. Chromatog. **22**, 110 (1966).
[76] — C. M. Janeway, M. L. Stephenson, and P. C. Zamecnik: Biochem. Biophys. Res. Communs. **24**, 98 (1966).
[77] — Private Mitteilung, 1966.
[78] Ratapongs, C.: Naturwissenschaften **53**, 252 (1966).
[79] Reinauer, H., and F. H. Bruns: J. Chromatog. **19**, 453 (1965).
[80] Remenchik, A. P., and I. Bernsohn: Anal. Biochem. **18**, 1 (1967).
[81] Rink, M., u. A. Gehl: J. Chromatog. **21**, 143 (1966).
[82] Rushizky, G. W., and C. A. Knight: Virology **11**, 237 (1960).
[83] Sander, E. G., D. B. McCornick, and L. D. Wright: J. Chromatog. **21**, 419 (1966).
[84] Sanger, F., G. G. Brownlee, and B. G. Barrell: J. Mol. Biol. **13**, 373 (1965).
[85] Saukkonen, J. J.: Chromatog. Revs. **6**, 53 (1964).
[86] Scheig, R. L., A. Annuziata, and L. A. Pesch: Anal. Biochem. **5**, 291 (1963).
[87] Scheit, K. M.: Biochim. Biophys. Acta **134**, 217 (1967).
[88] Schmidt, G., and S. J. Thannhauser: J. Biol. Chem. **161**, 83 (1945).
[89] Schwartz, A. N., A. W. G. Yee, and B. A. Zabin: J. Chromatog. **20**, 154 (1965).
[90] Schweiger, A., u. H. Günther: J. Chromatog. **19**, 201 (1965)
[91] Shasha, B., and R. L. Whistler: J. Chromatog. **14**, 532 (1964).
[92] Signer, R., u. H. Schwander: Helv. Chim. Acta **33**, 1521 (1950).
[93] Staehelin. M,: Biochim. Biophys. Acta **49**, 11 (1961).
[94] Stickland, R. G.: Anal. Biochem. **10**, 108 (1965).
[95] Tamm, C., M. E. Hodes, and E. Chargaff: J. Biol. Chem. **195**, 49 (1952).
[96] — S. Shapiro, R. Lipshitz, and E. Chargaff: J. Biol. Chem. **203**, 673 (1953).
[97] Tometsko, A. M., and N. Delihas: Anal. Biochem. **18**, 72 (1967).
[98] Venkstern, T. V., and A. A. Baev: Absorption Spectra of Minor Bases, Their Nucleosides, Nucleotides, and Selected Oligoribonucleotides. New York: Plenum Press 1966.
[99] Vischer, E., and E. Chargaff: J. Biol. Chem. **176**, 715 (1948).
[100] Volkin, E., and C. E. Carter: J. Am. Chem. Soc. **73**, 1516 (1951).

[101] Waring, P. P., and Z. Z. Ziporin: J. Chromatog. 15, 168 (1964).
[102] Weber, C. J.: J. Biol. Chem. 86, 217 (1930).
[103] Weimann, G., and K. Randerath: Experientia 19, 49 (1963).
[104] Wieland, T., G. Lüben u. H. Determann: Experientia 18, 430 (1962).
[105] Wyatt, G. R.: Biochem. J. 48, 584 (1951).
[106] Zachau, H. G.: Hoppe-Seyler's Z. physiol. Chem. 342, 98 (1965).
[107] — M. Tata, W. B. Lawson, and M. Schweiger: Biochim. Biophys. Acta 53, 221 (1961).
[108] Zamecnik, P. C., M. L. Stephenson, C. M. Janeway, and K. Randerath: Biochem. Biophys. Res. Communs. 24, 91 (1966).
[109] Zarnack, J., u. S. Pfeifer: Pharmazie 19, 216 (1964).
[110] Zimmermann, M., and D. Hatfield: Biochim. Biophys. Acta 91, 326 (1964).
[111] Ziporin, Z. Z., and R. W. Hanson: Anal. Biochem. 14, 78 (1966).
[112] Zubay, G.: J. Mol. Biol. 4, 347 (1962).

X. Zucker und Derivate*

B. A. Lewis und F. Smith

I. Einleitung

Die DC ist eine einfache, schnelle und empfindliche Methode zur qualitativen und quantitativen Analyse von Gemischen niedermolekularer Zucker und ihrer Derivate. In den wenigen Jahren, seit sie von Stahl und Kaltenbach [1] auch auf diesem Gebiet mit Erfolg angewandt wurde, hat sie sich zur Lösung zahlreicher analytischer Probleme bewährt. Dieses Kapitel berücksichtigt zwei Klassen von Verbindungen: Die hydrophilen Kohlenhydrate und ihre zumeist lipophilen Derivate.

Zur DC der extrem hydrophilen Kohlenhydrate benötigt man polare Fließmittel. Sie haben verhältnismäßig geringe Wanderungsgeschwindigkeiten; zumeist werden zur Entwicklung zwischen $^1/_2-3$ Std benötigt. Auf normalen Kieselgelschichten wird nur eine partielle Trennung einfacher Zucker erreicht. Die hRf-Werte nehmen mit zunehmender Zahl an Hydroxylgruppen und wachsendem Molekulargewicht ab (Pentosen > Hexosen > Disaccharide). Die Imprägnierung der Kieselgel- und Kieselgurschichten mit Salzen wie z. B. Natriumacetat verbessert die Trennschärfe, und einfache Gemische von Zuckern können so getrennt werden [1, 2]. Ein entscheidender Vorteil der anorganischen Schichten ist, daß man die Zucker und ihre Derivate durch Aufsprühen von Schwefelsäure und Erhitzen sichtbar machen kann. Die Cellulose-Schichten [3, 4] ergeben gleichartige Trennungen wie sie von der PC her bekannt sind, verbunden mit dem Vorteil der Zeitersparnis und der höheren Nachweisempfindlichkeit.

Von besonderem Wert ist die DC in der Kohlenhydratchemie zur Verfolgung des Reaktionsverlaufs. Die bei der Herstellung von Derivaten anfallenden lipophilen Produkte lassen sich zumeist auf Kieselgelschichten mit unpolaren Fließmitteln chromatographieren. Man kann so noch Spuren von Nebenprodukten oder Verunreinigungen nachweisen. Die

---

* Aus dem Englischen übersetzt von H. Bohrmann.

49 Dünnschicht-Chromatographie, 2. Aufl.

Literatur zeigt, daß die DC schon heute eine Routinemethode ist, um die Reinheit synthetischer Kohlenhydrate zu überprüfen. Es ist zu erwarten, daß sie auch für die Trennung einfacher Zucker noch an Bedeutung gewinnen wird.

II. Schichten zur DC von Zuckern

Es gibt verschiedene Sorptionsmittel, die zufriedenstellende Trennungen von Zuckern und ihren Derivaten ermöglichen.

1. Kieselgel G- und Kieselgur G-Schichten

Eine Suspension von Kieselgel G (Fa. 88) — Wasser (30 + 60 g/v) wird zu einer Schicht von 0,25 mm Dicke ausgestrichen, getrocknet und vor Gebrauch 30 min auf 110° erhitzt. Kieselgur G-Schichten (Fa. 88) werden auf demselben Weg hergestellt.

Das zu chromatographierende Kohlenhydratgemisch wird in Wasser oder einem anderen geeigneten Lösungsmittel, z. B. Pyridin gelöst und wie üblich aufgetragen. Für Kieselgur G-Schichten beträgt die optimal auftragbare Menge nur 0,5—2 μg pro Zucker, während auf den Startpunkt einer Kieselgel G-Schicht 5—50 μg aufgetragen werden können.

2. Kieselgur G imprägniert mit Natriumacetat [1]

Kieselgur G (30 g) wird mit 0,02 M Natriumacetat (60 ml) gemischt und die Schicht nach der Standardmethode hergestellt. Die aufzutragenden Gemische sollen nur 0,5—2 μg pro Zucker enthalten.

3. Kieselgur G imprägniert mit Phosphatpuffer pH 5

Kieselgur G (20 g) wird mit 40 ml Phosphatpuffer gemischt. Zur Herstellung des Phosphatpuffers pH 5 mischt man gleiche Volumina 0,1M Phosphorsäure mit 0,1 M Dinatriumhydrogenphosphatlösung. Bei der üblichen Schichtdicke wird über Nacht bei Zimmertemperatur getrocknet. 5—25 μg Kohlenhydrat können am Startpunkt aufgetragen werden.

4. Imprägnierte Kieselgel G-Schichten

Die Schichten werden nach der Standardmethode hergestellt; aber anstelle von Wasser werden 60 ml folgender Lösungen zur Bereitung der Streichsuspension verwendet:

a) 0,02 M Natriumboratpuffer, pH 8,0 (100 ml 0,02 M Borsäure und 3 ml 0,02 M Natriumtetraborat) [6].

b) 0,02 M Natriumacetat [2].

c) 0,02 M Borsäure [7] oder 0,1 M Borsäure [8].

d) 0,1 M Natriumhydrogensulfit [9].

5a. Cellulose-Schichten [3]

15 g MN 300 Cellulose-Pulver (Fa. 83) werden mit 90 ml destilliertem Wasser 30 sec lang im Mixer homogenisiert. Die Suspension wird in einer Dicke von 0,25 mm ausgestrichen und die Schicht 10 min bei 100° getrocknet. Die Zugabe von Calciumsulfat oder anderen Bindemitteln ist zur Herstellung gut haftender Schichten nicht notwendig, jedoch ist die Entwicklungszeit bei Calciumsulfatgebundenen Cellulose-Schichten etwas kürzer [10].

5b. „Avirin" („Avicel")[1] [4]

Die mikrokristalline Cellulose („Avirin" oder „Avicel", 100 g) wird in einem Mixer 15—45 sec mit destilliertem Wasser (430 ml) gemixt. Die benötigte Wassermenge kann mit der jeweiligen Cellulose-Charge variieren. Bei zu geringem Wasserzusatz reißen die Schichten. Die Cellulose-Suspension muß vor dem Ausstreichen in eine Filterflasche überführt und einige Minuten unter Vakuum belassen werden, um sie von Luftblasen zu befreien. Die Platten werden mit einem Streichgerät (Fa. 44) (langsam ziehen!) 1 mm dick beschichtet und über Nacht bei Raumtemperatur oder bei 80° 30—60 min getrocknet. Die sonst üblichen dünnen Schichten (250 μ) sind hier nicht so gut geeignet; weder für analytisches noch für präparatives Arbeiten. Die Güte der Platten wird auch von der Mixzeit beeinflußt. Um schöne glatte Platten zu erhalten, sollte die Suspension recht viscos sein.

Cellulose-Schichten sind recht stabil und können ohne Schaden übereinandergeschichtet und beschriftet werden. Ein Nachtrocknen ist überflüssig.

6. ECTEOLA-Cellulose-Schichten für Zuckerphosphate [11]

Eine Suspension von gesiebtem ECTEOLA-Cellulosepulver (Fa 127) (2 g) in 0,004 M Äthylendiamintetraessigsäure, pH 7,0 (18 ml) wird 5 min kräftig geschüttelt. Der Brei wird gleichmäßig auf eine Glasplatte von 20 × 20 cm aufgebracht und über Nacht bei Raumtemperatur getrocknet. Die Schicht ist dann etwa 0,2 mm dick. Die getrocknete Schicht wird dann mit 0,1 M Ammoniumtetraborat, pH 9,0 besprüht und bei 50° 30 min getrocknet.

7a. Celit-Gips-Schichten (Filter-Cel und Hyflo Super-Cel) (Fa. 77) [12]

0,8 g Gips, d. h. Calciumsulfathemihydrat werden in einem Mörser 1 min lang mit 5 ml destilliertem Wasser verrieben. Dann werden 15 g Celitsorbens, d. h. Filter-Cel oder Hyflo Super Cel und zusätzlich 60 ml Wasser zugegeben und die Mischung 1—2 min gerührt. Der geschmeidige Brei wird mit einem Streichgerät in der üblichen Weise auf fünf 20 × 20 cm Platten aufgestrichen. Die Schicht trocknet man 10—15 min an der Luft und dann 30 min bei 100°.

---

[1] „Avirin" ist eine mikrokristalline-Cellulose der Fa. 5. „Avicel" ist die pharmazeutische Bezeichnung für das gleiche Material

49*

7b. Celit 535-Stärke [13]

Eine Suspension von 18 g Celit 535, 200-mesh (Fa. 77) in 0,25 N-Natriumhydroxid wird mit einer Suspension von feinpulvriger Kartoffelstärke (1,5 g) in Wasser (20 ml) gemischt und 1—2 min homogenisiert. Die Glasplatten (20 × 20 cm) werden mit der Mischung 500 μ dick beschichtet und anschließend 16 Std bei 25° getrocknet.

III. Sichtbarmachung

Die Verwendung von aggressiven Reagentien wie Schwefelsäure, in Verbindung mit anorganischen Schichten, erlaubt den Nachweis hochsubstituierter Zuckerderivate, die mit anderen Methoden nicht sichtbar gemacht werden können. Schwefelsäure wird allein oder im Gemisch mit Salpetersäure (95 + 5) [14] oder Permanganat [15] benutzt. Die luftgetrocknete Platte wird mit konzentrierter Schwefelsäure (auch 5—50 proz. Säure in Alkohol oder Wasser wird benutzt) besprüht und 5—10 min auf 100—150° erhitzt, um die organischen Substanzen zu verkohlen. Zuckeralkohole, Glyconsäuren und die Inosite sind mit diesem Reagens weniger gut nachweisbar als die reduzierenden Zucker und ihre Derivate [16]. Es ist häufig von Vorteil, diese „Polyole" mit alkalischer Permanganatlösung (Reag.-Nr. 143) nachzuweisen.

Das Anisaldehyd-Schwefelsäurereagens nach Stahl (Nr. 15) ist äußerst empfindlich und gibt bei Zuckern charakteristische Farben (Tab. 197). Noch 0,05 μg Zucker sind hiermit nachweisbar. Auf Borsäure-imprägnierten Schichten erhält man allerdings mit diesem Reagens keine guten Ergebnisse. Auch mit Naphthoresorcin-Schwefelsäure (Nr. 165) [8] und mit Anilin-Diphenylamin (Nr. 12) [7, 17] (Tab. 197) werden charakteristische Farben erzielt. Farbänderungen, die bei den Reagentien 12 und 165 beobachtet werden, können von den jeweils gewählten Bedingungen bei der Chromatographie oder von der zur Entwicklung der Farben benutzten Temperatur herrühren.

Das α-Naphthol-Schwefelsäure-Reagens (Nr. 163) ergibt mit den meisten Zuckern eine blaue Farbe [6], während Thymol-Schwefelsäure (Nr. 237) dunkel-rosa Farben und Carbazol-Schwefelsäure (Nr. 38) violette Flecken auf blauem Untergrund ergeben [9]. Mit Phenolschwefelsäure (Nr. 195) und o-Aminodiphenylphosphor-Säure (Nr. 5) erhält man braune Farben [9]. Ketosen werden vorzüglich mit Dimedon-Phosphorsäure (Nr. 63) [9] und 2-Desoxy-Zucker mit der Chinaldin-Reaktion (Nr. 55) [2] nachgewiesen. Die Ketosen erscheinen grau-gelb mit Reagens 63 bei Tageslicht und zeigen eine dunkel-rosa Fluorescenz unter UV-Licht. Die Reagentien 5, 63, 195 und 237 weisen noch 0,1 μg Zucker nach [9] und 2-Desoxyzucker können mit Reagens 55 [2] noch in Mengen von 0,05—0,25 μg unter UV-Licht nachgewiesen werden.

Auch Anisidinphthalat (Nr. 16) ergibt auf Celluloseschichten charakteristische Farben: Hexosen (grün), 6-Desoxy-Hexosen (gelb-grün), Pentosen (rot-violett) und Uronsäuren (braun) [3]. Dieses Reagens ist sehr empfindlich, 0,5 μg Hexosen und 0,1—0,2 μg Pentosen und Uronsäuren können hiermit nachgewiesen werden. Auch andere Reagentien der PC können hier angewandt werden (Reag.-Nr. 14, 25, 122, 176, 228, 169, 236, 242); unter diesen ist Joddampf [*18*] am universellsten, da mit ihm eine Vielzahl von Kohlenhydratderivaten nachzuweisen sind, angefangen von den freien Zuckern über teilweise- und vollsubstituierte Methyl- und Benzyläther bis zu Estern und Acetaten. Wenn auch die braune Jodfärbung weniger empfindlich als Schwefelsäure ist, so bietet sie doch den Vorteil, bei der kurzzeitigen Einwirkung von 5—20 min die Substanzen nicht zu zersetzen. Man kann diesen Nachweis daher sowohl benutzen, um Substanzen auf präparativen Platten nachzuweisen als auch zur quantitativen Analyse. Das adsorbierte Jod verschwindet wieder, wenn die Platte einige Zeit an der Luft liegt.

Tabelle 197. *Farbreaktionen von Zuckern auf DC-Platten*

Zucker	Anisaldehyd-Schwefelsäure[1] (Nr. 15) [*1*]	Naphthoresorcin-Schwefelsäure[2] (Nr. 165) [*8*]	Anilin-Diphenylamin[3] (Nr. 12) [*7*]
Digitoxose	blau	—	—
Rhamnose	grün	grün	schwach-grün
Ribose.	blau	—	—
Xylose.	grau	hell schwach blau	tiefblau
Arabinose	gelb-grün	blau-grün	tiefblau
Sorbose	violett	rot	—
Fructose	violett	schwarz-rot hell	scharlachrot
Mannose	grün	schwach blau	—
Glucose	hell blau	blau-violett	grau-grün
Galactose	grün-grau	blau-violett	grau-grün
Saccharose	violett	rot	lila
Maltose	violett	—	—
Lactose	grünlich	rot-violett	blau-violett
Glucuronsäure . .	—	blau	—
Galacturonsäure .	—	blau	—

[1] *Schicht:* Kieselgur G — 0,02 M Natriumacetat imprägniert.
Fließmittel: Äthylacetat — 65% Isopropanol (65 + 35).
[2] *Schicht:* Kieselgel G — 0,1 N Borsäure imprägniert.
Fließmittel: Benzol-Eisessig-Methanol (20 + 20 + 60).
[3] *Schicht:* Kieselgel G mit Borsäure oder Natriumacetatpuffer.

IV. Chromatographie von Zuckern und Derivaten

Hier werden die speziellen Bedingungen zur DC von Zuckern und ihrer üblichen Derivate beschrieben; zunächst diejenigen für unsubstituierte Zucker, Zuckeralkohole und Säuren, welche polare Fließmittel benötigen. Die langsam wandernden polaren Fließmittelsysteme verursachen manchmal ein Abblättern der Schicht, aber das ist keine ernste Schwierigkeit. Da Kieselgel-Schichten diesen Fließmitteln bevorzugt das Wasser entziehen, erfolgt eine merkliche Erniedrigung der h R_f-Werte, wenn man sie wiederholt benutzt.

Kohlenhydratderivate mit hydrophoben Substituenten werden gegen Ende dieses Kapitels besprochen. Sie wandern auf Kieselgel G mit verhältnismäßig unpolaren Fließmitteln schnell. Trennungen von z. B. α- und β-Anomeren sowie Pyranosen und Furanosen gelangen.

1. Zucker

Die hRf-Werte von Zuckern auf Kieselgelschichten hängen hauptsächlich vom Molekulargewicht und der Zahl der Hydroxylgruppen ab; folglich lassen sich die Diastereomere nur ungenügend trennen [16, 19]. Man kann die Trennung verbessern, wenn man Kieselgel G und Kieselgur G mit Salzen schwacher Säuren imprägniert, oder durch Verwendung von Celluloseschichten.

Eine gute Auftrennung der Desoxyzucker Rhodinose (hRf 73), D-Digitoxose (hRf 63) und 2-Desoxy-L-Fucose (hRf 45) wurde beschrieben [20]. Man verwendet Kieselgel G-Schichten mit Chloroform-Aceton (50 + 50).

a) Trennung von Zuckern auf gepufferten Kieselgur G-Schichten

Stahl und Kaltenbach [1] beobachteten eine merkliche Verbesserung bei der Auftrennung einfacher Zucker, wenn sie Kieselgur G mit

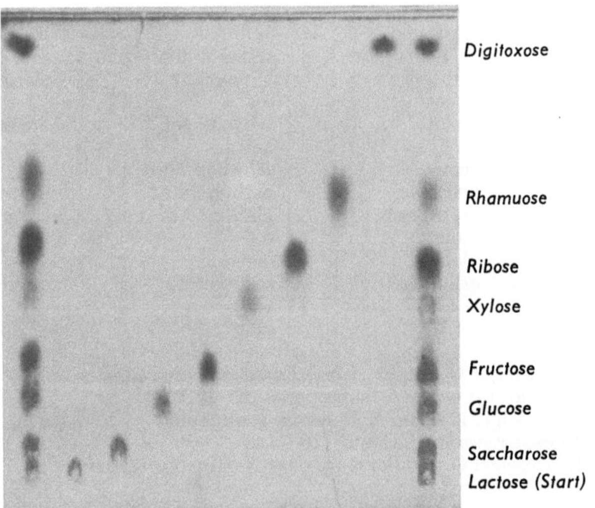

Abb. 227. Trennung von Zuckern (je 0,5 µg) auf einer gepufferten Kieselgur G-Schicht. Sichtbarmachung mit Anisaldehyd-Schwefelsäure [1]

0,02 M Natriumacetat schwach pufferten. Ein Gemisch von 8 einfachen Zuckern konnte so, wie in Tab. 198 gezeigt, mit Fließmittel I in 25 bis 30 min aufgetrennt werden. Mit Aceton als Fließmittel haben Glucose und Arabinose die hRf-Werte 50 bzw. 71 [21]. Auch andere Fließmittel sind für Zucker recht geeignet [17]. Acetatgepufferte Kieselgur G-Schichten besitzen jedoch nur eine optimale Auftragekapazität von 0,5—2,0 µg pro Zucker [1].

WALDI [5] und auch KRINGSTAD [22] haben gezeigt, daß die Auftragekapazität durch das Imprägnieren mit 0,1 M Natriumdihydrogen-
phosphatpuffer (pH 5) von Kieselgur G-Schichten auf 25 μg pro Zucker
ansteigt. Die Zucker wandern schnell in Fließmittel II und man erhält
in einem Durchlauf eine gute Trennung [5] (s. Tab. 198). Der Phosphat-
puffer im Fließmittel kann durch Wasser ersetzt werden, dies hat nur
geringen Einfluß auf die hRf-Werte [5, 22].

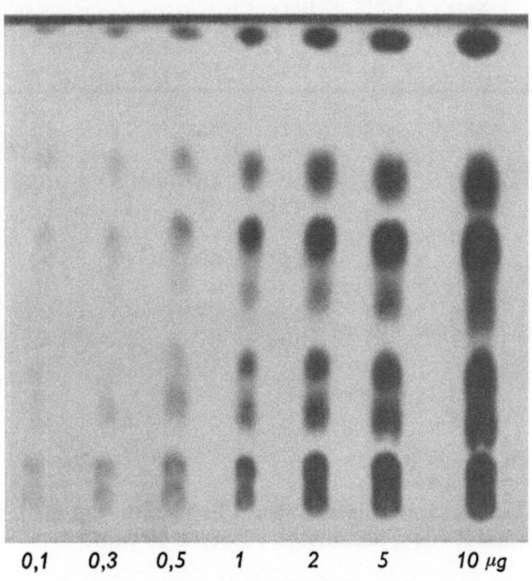

Abb. 228. Ermittlung der optimalen Auftragemenge. Von links nach rechts wurden steigende Mengen
des Zuckergemisches (Abb. 227) aufgetragen [1]

Auch eine Mischung von Kieselgur G, -Aluminiumoxid G und Polyacrylnitril hat sich als gute Trennschicht erwiesen [23].

b) Trennung von Zuckern auf gepuffertem Kieselgel G

Die Trennung einfacher Zucker auf Kieselgel G wird durch „Imprägnieren" mit 0,02 M Natriumacetat [7], 0,02 M- [7] und 0,1 N- [8, 24]
Borsäure, 0,02 M-Natriumborat [6] oder pH 8 Phosphatpuffer [25] verbessert. Die Herstellung dieser Schichten ist in Abschn. II beschrieben.
Die unter diesen Bedingungen mit verschiedenen Fließmitteln erhaltenen
hRf-Werte sind in Tab. 198 zusammengestellt.

Eine ausgezeichnete Trennung von 2-Desoxy-Zuckern wurde mit dem
Fließmittel I auf Natriumacetat-gepuffertem Kieselgel G erreicht. hRf-
Werte: 2-Desoxygalactose (24), 2-Desoxyglucose (32—35), 2-Desoxy-
ribose (43—45) [2]. Die 2-Desoxyzucker sind als grüngelb fluorescierende
Flecke, mit Hilfe der Chinaldinreaktion (Reag. 55) leicht nachweisbar.
Diese ist auf DC-Platten empfindlicher (Nachweisgrenze 0,05—0,25 μg)
als auf Papier.

Die DC auf acetat- und borat-gepufferten Kieselgel G-Schichten [26]
wurde auch zur Identifizierung von Zuckern im Blut und Urin benutzt.

Adachi [9] benutzte Kieselgel G, imprägniert mit 0,1 M Natrium-hydrogensulfit als Schicht zur DC von Zuckern (Tab. 198) und gab hRf-Werte für Zucker, darunter verschiedene Ketosen, in mehreren Fließ-mitteln an.

Tabelle 198. *h Rf-Werte von Zuckern auf gepufferten Schichten* [1, 5, 7, 8, 9]

Zucker	Kieselgur G		Kieselgel G					
	Natr.-acetat	Phosphat pH 5	Bor-säure	Natriumacetat			Natriumbisulfit	
	I	II	III	IV	V	VI	VII	VIII
Rhamnose	62	93	47	54	71	61	57	62
Ribose	49	75	—	—	—	—	50	57
Xylose	39	73	40	46	65	55	34	59
Arabinose	28	65	37	41	53	46	32	51
Sorbose	26	68	—	—	—	—	43	47
Fructose.	25	60	14	30	47	34	28	48
Mannose.	23	63	—	—	—	—	41	53
Galactose	18	36	25	27	45	35	32	39
Glucose	17	55	20	37	55	42	28	48
Saccharose.	8	40	—	19	48	24	20	40
Maltose	6	30	—	—	—	—	11	35
Lactose	4	17	6	12	29	13	8	23
Trehalose	—	23	—	—	—	—	5	23
Raffinose	—	5	—	—	—	—	4	13

Fließmittel: I—VIII Zusammensetzung s. Tab. 216. Laufzeit für Fließmittel I—V etwa 30 min. Laufzeit für Fließmittel VI etwa 40 min.

Weicker und Brossmer [27] beobachteten die Bildung ninhydrin-positiver Flecke bei der DC reiner Zucker auf Kieselgel G mit ammoniak-haltigen Fließmitteln.

c) Trennung von Zuckern auf Cellulose

Obgleich die DC einfacher Zucker auf Cellulose nur gelegentlich an-gewandt wurde, kann man offenbar die für die Papier-Chromatographie am besten geeigneten Fließmittelsysteme und Sprühreagentien direkt auf die Cellulose DC übertragen [3]. Die Entwicklungszeiten sind be-trächtlich kürzer als bei der Papier-Chromatographie, und es lassen sich kleinere Mengen nachweisen. Allerdings benötigen die Cellulose-Schichten längere Laufzeiten als die Kieselgel G- oder Kieselgur G-Schichten. Da-gegen besteht ein gewisser Vorteil — verglichen mit anorganischen Sor-bentien — beim präparativen Arbeiten, im Hinblick auf die größere Beladbarkeit der Cellulose-Schicht.

Ausgezeichnete Trennungen wurden sowohl mit Cellulose MN 300 [3] als auch „Avirin"-Cellulose [4] mit den früher bei der PC benutzten Fließmitteln erreicht. Die Daten für die gewöhnlichen Zucker sind in Tab. 199 zusammengefaßt.

Wenn die Zucker niedere hRf-Werte besitzen, ist eine Mehrfach-entwicklung erforderlich (Fließmittel IX und X) oder man kann die Durchlauf-Chromatographie anwenden [4].

Eine Zweifachentwicklung mit Fließmitteln IX [*3*] oder X [*10*] ergibt eine gute Trennung der einfachen Zucker in etwa 4 bzw. 6 Std.

Tabelle 199. *DC von Zuckern auf Cellulose-Schichten [3, 4, 10]*

Zucker	Cellulose MN 300			Avirin	
	$\mathrm{h}R_{St}$[1]		$\mathrm{h}Rf$	$\mathrm{h}Rf$	
	IX	X	XI	XII	XIII
L-Rhamnose. . .	152	—	—	60	46
D-Ribose	142	191	57	59	39
D-Lyxose	—	170	46	—	—
D-Xylose	125	160	41	52	33
L-Arabinose. . .	111	151	51	46	31
D-Fructose . . .	—	130	47	—	29
L-Sorbose. . . .	—	123	37	—	—
D-Mannose . . .	109	123	40	44	30
D-Glucose. . . .	100	100	35	39	25
D-Galactose. . .	90	91	40	36	21
Saccharose . . .	—	65	37	—	—
Maltose.	—	38	34	29	15
Cellobiose. . . .	—	32	32	25	13
Lactose.	—	26	37	—	—
Gesamtlaufzeit:	4 Std Zweifach-Entwickl.	6 Std Zweifach-Entwickl.	6 Std	1,75 Std 13,3 cm	3 Std 14,2 cm

[1] $\mathrm{h}R_{St} = \mathrm{h}Rf$-Werte bezogen auf Glucose nach Zweifachentwicklung. *Fließmittel* IX—XIII: Zusammensetzung s. Tab. 216, S. 794.

d) Verwendung weiterer Sorptionsmittel zur DC von Zuckern

Verschiedene handelsübliche Sorptionsmittel wurden kürzlich auf ihre Eignung untersucht. Einige von ihnen scheinen sich für hydrophile Verbindungen zu eignen. Es gibt jedoch noch wenige Veröffentlichungen, die ihre Verwendung beschreiben. TORE [*28*] erreichte eine Trennung einfacher Zucker auf Silene E.F.-Schichten (ein hydratisiertes Calciumsilicat der Fa. 40) sowie auf Silene E.F.-Celite 535-Mischungen. Es wurden auch Magnesiumsilicat-Schichten benutzt [*29*] sowie solche aus Gips [*30*].

SHASHA und WHISTLER [*13*] zeigten, daß man auch Celite 535 (Fa. 40) mit Kartoffelstärke als Bindemittel benutzen kann. Auf diese Weise hergestellte Platten ergaben eine ausgezeichnete Trennung einer einfachen Mischung von L-Rhamnose ($\mathrm{h}Rf$ 92), D-Ribose ($\mathrm{h}Rf$ 50), D-Fructose ($\mathrm{h}Rf$ 31), D-Glucose ($\mathrm{h}Rf$ 28) und Maltose ($\mathrm{h}Rf$ 12) mit Fließmittel XIV.

Ein Vergleich der chromatographischen Trennung dieser einfachen Zucker auf Schichten aus Filter-Cel und Hyflo-Super-Cel ist aus Tab. 200 [*12*] ersichtlich. Mit Fließmittel XV konnte auf den Filter-Cel-Schichten eine gute Trennung erreicht werden. Durch Verwendung von Hyflo-Super-Cel wird die Laufzeit verkürzt, bei bleibend guten Trenneffekten.

Tabelle 200. *Vergleich von verschiedenartigen Kieselguren bei der DC von Kohlen-*
hydraten [12]

Verbindung	hRf-Werte mit Fließmittel XV (S. 795)			
	Filter-Cel	Hyflo-Super-Cel	Hyflo-Super-Cel: Filter-Cel (6 + 4)	Kieselgur G
Xylose	85	94	90	95
Glucose	67	94	76	95
Maltose	48	84	51	83
Laufzeit für 8—10 cm	80 min	30 min	50 min	50 min

2. Oligosaccharide

Die schon zuvor für Monosaccharide beschriebenen Fließmittel II, V,
VIII, X und XII kann man ebenso mit zufriedenstellenden Ergebnissen
für niedermolekulare Oligosaccharide anwenden. So lassen sich die niedermolekularen Maltodextrine (DP[2] 2—6) auf Kieselgur G-Schichten mit
dem Fließmittel XVI (Tab. 216) trennen, während man bei den höheren
Maltodextrinen (DP 5—10) mit n-Butanol-Äthanol-Wasser (50 + 30 +
20) [31] gute Ergebnisse erzielt. Mischungen von n-Butanol-Pyridin-
Wasser sind gut brauchbar bei dazwischenliegenden Dextrinen (Tab. 201).
Die Laufgeschwindigkeiten höherer Oligosaccharide nehmen mit abnehmendem Butanol- und zunehmendem Wassergehalt des Fließmittels
zu. Unterschiede in der Laufgeschwindigkeit kann man vorwiegend auf
Unterschiede im Molekulargewicht zurückführen.

Tabelle 201. *DC von Maltodextrinen auf Kieselgur G [31]*

Fließ-mittel	hRf-Werte							
	DP von Maltodextrinen							
	Glucose	2	3	4	5	6	7	8
XVI .	88	76	55	32	13	5	—	—
XV . .	94	84	73	54	33	19	11	—
XVII .	95	88	74	64	51	41	29	18

Fließmittelzusammensetzung: Tab. 216, S. 795.

Koller und Neukom [32] untersuchten enzymatische Hydrolysate
von Pektin direkt auf Kieselgel G mit Butanol-Ameisensäure-Wasser
(33 + 50 + 1) und fanden keine Beeinträchtigung durch Acetat-, Phtha-
lat- und Phosphat-Ionen. Folgende hRf-Werte wurden erhalten für die
homologe Serie α 1—4 verbundener Oligosaccharide: D-Galacturonsäure
(43), Digalacturonsäure (34), Trigalacturonsäure (26), Tetragalacturon-
säure (21) und Pentagalacturonsäure (16).

Auch für die Untersuchung von enzymatischen Transglykosidierungs-
reaktionen wurden Kieselgel G-Schichten benutzt [33]. So konnten die
α- und β-Schardinger Dextrine mit n-Butanol-Eisessig-Wasser-Pyridin-
N, N-Dimethylformamid (37 + 19 + 6 + 13 + 25) unterschieden werden.

---

[2] DP = Durchschnittspolymerisationsgrad.

Das β-Cyclodextrin hatte einen hRf-Wert von 50, während das α-Dextrin am Startpunkt zurückblieb [*34*]. Auch neuere Beispiele von Oligosaccharid-Trennungen mittels DC sind es wert, aufgeführt zu werden [*17, 19, 24, 35, 36*].

PREY et al. [*17*] benutzten eine Schicht von Kieselgel G-Kieselgur G (1 + 4) mit 0,02 M Natriumacetat gepuffert und als Fließmittel Äthylacetat-Methanol-Wasser [68 + 23 + 9), um folgende Oligosaccharide zu trennen: Saccharose (hRf 48), Maltose (42), Lactose (32), Melicitose (28), Melibiose (28) und Raffinose (21).

3. Aminozucker

Eine eindeutige Trennung von Aminozuckern wurde auf Cellulose-Schichten erhalten. FAILLARD und CABEZAS [*37*] beschreiben die Trennung der N-Acetylneuraminsäure vom N-Glycolyl-Derivat auf Cellulose MN 300 mit den Fließmitteln: Äthanol-Wasser-Ammoniak (79,5 + 19,5 + 1) (hRf 37 bzw. 30) und n-Butanol-Propanol-0,1 N-Salzsäure (25 + 50 + 25) (hRf 49 bzw. 39).

Glucosamin und Muraminsäure werden auf der gleichen stationären Phase durch Zweifachentwicklung mit Butanol-Pyridin-Eisessig-Wasser (43 + 33 + 3 + 21) getrennt [*38*].

Eine vollständige Trennung [*39*] von Glucosamin, Galactosamin und ihrer N-Acetylderivate wurde mit der zweidimensionalen DC auf Cellulose MN 300 erhalten.

Um eine wirklich gute Trennung zu erhalten, muß man zuerst zweimal mit Fließmittel XII oder XVIII, sodann, nach Imprägnierung, in der 2. Laufrichtung mit Fließmittel XIX oder XX entwickeln. Zur Imprägnierung wird die Platte mit Boratpuffer pH 8 (0,2 M Borsäure, 0,05 M NaCl und 0,05 M Natriumtetraborat) besprüht, getrocknet und dann in Fließmittel XIX oder XX chromatographiert. Die für die zweidimensionale DC insgesamt notwendige Zeit beträgt 6–8 Std. Tab. 202 gibt die hRf-Werte für diese Hexosamine.

Tabelle 202. hR_{St}-*Werte*[1] *von Aminozuckern auf Cellulose MN 300 mit verschiedenen Fließmitteln*[2] [*39*]

Aminozucker	XII	XIX	XX[3]
2-Amino-2-desoxy-D-Glucose	100	100	100
2-Amino-2-desoxy-D-Galactose	83	88	—
2-Acetamido-2-desoxy-D-Glucose	162	182	295
2-Acetamido-2-desoxy-D-Galactose	153	170	165

[1] hR_{St} = bezogen auf Glucosamin (= 100) als Standard nach Zweifachentwicklung. Jede Entwicklung dauert 2—3 Std.

[2] *Fließmittel* XII, XIX und XXX, s. Tab. 216, S. 795.

[3] Die Platte wurde mit Boratpuffer besprüht und vor Gebrauch getrocknet.

Auch „Avirin"-Cellulose ist gut geeignet für die Trennung dieser einfachen Aminozucker. Die hRf-Werte verschiedener Aminozucker und ihrer Derivate für das Fließmittel XII sind in Tab. 203 angegeben [*4*].

Die 2,4-Dinitrophenylderivate von Glucosamin und Galactosamin werden mit n-Propanol-Äthylacetat-Wasser (70 + 10 + 20) [40] auf 0,1 M Kaliumtetraborat (pH 10,8) gepufferten Kieselgel G-Schichten getrennt. Eine Entwicklung (10—12 cm) auf einer 0,25 mm dünnen Schicht erfordert 60—90 min. h Rf-Werte: DNP-Glucosamin 46; DNP-Galactosamin 33. An ihrer gelben Farbe sind die DNP-Derivate leicht zu erkennen.

Für die Sichtbarmachung freier Aminozucker ist das Ninhydrin-Reagens (Nr 176) am empfindlichsten (Erfassungsgrenze 0,5 μg) Das Thiobarbitursäure-Reag. (Nr. 236, mod.) ist zwar weniger empfindlich (3—5 μg), aber es gibt charakteristische Färbungen, z. B. rot für die N-Acetyl-Verbindungen.

Tabelle 203. *h Rf-Werte für Aminozucker und ihre Derivate auf „Avirin"* (Fa. 5) [4]

Verbindung[1]	h Rf
1,2-Diamino-1,2-didesoxy-D-sorbit[2]	11
1,2-Diamino-1,2-didesoxy-D-mannit	12
2-Amino-2-desoxy-D-galactose	18
2-Amino-2-desoxy-D-glucose	22
3-Amino-3-desoxy-D-mannose	24
2-Amino-2-desoxy-D-ribose	25
2-Amino-2-desoxy-D-lyxose	28
2-Amino-2-desoxy-L-xylose	31
1,2-Diacetamido-1,2-didesoxy-D-sorbit	38
2-Acetamido-2-desoxy-D-glucose	54
2-Acetamido-2-desoxy-D-glucose diäthyl dithioacetal	85

Fließmittel XII: Zusammensetzung s. Tab. 216, S. 795 (15,5 cm in 115 min).
[1] Die Aminozucker wurden als Hydrochloride aufgetragen.
[2] Dihydrobromid.

Der Elson-Morgan-Test kann zwar auf Cellulose MN 300 angewandt werden, aber die charakteristischen Farben bilden sich nicht aus [39].

Die DC auf Kieselgel G hat sich als besonders brauchbar erwiesen bei der organischen Synthese von Aminozuckern, zur Charakterisierung der Derivate, die mit der PC nur schwierig nachgewiesen werden können. Sie wurde angewendet bei der Synthese von 4-Acetamido-4-desoxy-D-threofuranose [41], 2,6-Diamino-2,6-didesoxy-2,6-didesoxy-D-mannosedihydrochlorid [42], 2,3-Epimino-hexopyranosid [43], 2-Amino-2,6-didesoxy-D-galactose [44], 1-o-Acyl-2-acylamido-2-desoxy-D-glucopyranosen [45] und 3-o-(2-Acetamido-2-desoxy-β-D-galactopyranosyl)-α-D-galactose [46].

4. Säuren (Aldon-Aldar-Uron- und Zuckersäuren)

Über die DC einer Anzahl Aldonsäuren, ihrer Lactone und Phenylhydrazone auf Kieselgel G mit Fließmittel XXI wurde bei [16] berichtet (Tab. 204). Die h Rf-Werte von γ-Lactonen wurden auch für das neutrale Fließmittel XXII genannt [47] (Tab. 204). Während die γ- und δ-Lactone und die freien Säuren gut voneinander getrennt liegen, sind die h Rf-Unterschiede zwischen den einzelnen Säuren z. T. sehr klein.

Tabelle 204. *h Rf-Werte von Aldonsäuren und ihrer Derivate auf Kieselgel G [16, 47]*

Säuren	XXI				XXII	XXIII
	freie Säure	Lacton γ	Lacton δ	Hydrazon	γ-Lacton	
D-Ribonsäure	38	61	—	—	55	60
L-Arabonsäure	35	64	58	62	—	—
Ca-Salz	33	—	—	—	—	—
D-Gluconsäure	40	68	—	60	59	62
D-Galactonsäure	38	61	47	—	—	—
Ca-Salz	38	—	—	—	—	—
D-Gulonsäure	31	53	43	—	32	52
L-Rhamnonsäure	—	64	—	—	—	—
D-Glucoheptonsäure	—	43	—	—	—	—

Fließmittel XXI—XXIII: Zusammensetzung Tab. 216, S. 795.

Beachtenswert ist, daß die Aldonsäure vor der DC nicht entionisiert zu werden brauchen, da Salz und Säure die gleichen h Rf-Werte aufweisen. In allen mit Fließmittel XXI untersuchten Zuckersäuren hatten die γ-Lactone höhere h Rf-Werte als die entsprechenden δ-Lactone, und beide liefen schneller als die freien Säuren. Jedoch ist offensichtlich das relative Verhalten der beiden Lactone vom Fließmittel abhängig. Bei neutralen Fließmitteln kann man nämlich die umgekehrte Reihenfolge (δ > γ) beobachten [47].

WALDI [5] trennte die isomeren D-Arabo- und D-Xylosonsäuren auf phosphatgepuffertem Kieselgur G mit Fließmittel II (h Rf 10 bzw. 19).

In Tab. 205 sind die h Rf-Werte einfacher Uronsäuren und ihrer Lactone auf Kieselgel G mit Fließmittel XXI [16] und auf Cellulose-Schichten mit Fließmittel XII und XXIV aufgeführt.

Tabelle 205. *h Rf-Werte von Uron- und Aldarsäuren und ihrer Lactone [16, 47]*

Verbindung	Kieselgel G	Cellulose	
	XXI	XII	XXIV
D-Glucuronsäure	—	29	37
D-Glucuron-γ-Lacton	58	—	—
D-Galacturonsäure	32	25	33
D-Mannuronsäure	36	—	—
D-Mannurono-γ-Lacton	53	—	—
D-Glucarsäure	—	23	29
D-Glucaro-1,4-Lacton	43	—	—
D-Glucaro-6,3-Lacton	85	—	—

Fließmittel: s. Tab. 216, S. 795.

Eine ausgezeichnete Trennung der 1,4- und 6,3-Lactone der D-Glucar-(Glucozucker-)Säure wurde auf Kieselgel G erhalten (Tab. 205) [16]. Die präparative DC der isomeren „α" und „β" D-Glucoisozucker-1,4-Lacton-Tribenzoate auf Kieselgel HF$_{254}$ mit Äthylacetat-Petroläther (Siedebereich 40—60°) (17 + 83) hat zum ersten Mal die Isolierung des „β"-Isomeren ermöglicht [48].

5. Zucker-Alkohole

Wassermann und Hanus [49] trennten das auf Papier nur schwer trennbare Gemisch von Glucose[3] (hR_{St} 100), Sorbit (hR_{St} 51) und Mannit (hR_{St} 70) auf Kieselgur-Kieselgel G (60 + 40)-Schichten mit Isopropanol-Äthylacetat-Wasser (83 + 11 + 6). Glycerin (hRf 90), Mannit (hRf 52), Galactit (hRf 45) und Sorbit (hRf 39) wurden auf Natriumphosphat gepuffertem Kieselgur G mit Fließmittel II [5] getrennt.

Ganz allgemein gelten die für die Zucker benutzten chromatographischen Bedingungen (Abschn. IV, 1) auch für die Alditole, die auf gepufferten [5, 17] oder nicht gepufferten [16, 49] Schichten als kompakte Zonen wandern. Eine Imprägnierung der Kieselgel G-Schichten mit Borsäure verlangsamt die Wanderungsgeschwindigkeit der Zuckeralkohole [50].

6. Methyl-Glykoside

Die für die Zucker gültigen chromatographischen Bedingungen (Abschnitt IV, 1) kann man auch auf die Methylglykoside anwenden, sie wandern etwas schneller als die freien Zucker. Es ist auffallend, daß die α- und β-Anomere leicht unterschieden werden können, und bei den wenigen bereits untersuchten Glykosiden hat das β-Anomer den höheren hRf-Wert [4, 16].

Shasha und Whistler [13] berichteten über eine schnelle Trennung (12 cm in 10 min) der folgenden Methyl-α-glykopyranoside auf Celit 535-Stärke mit n-Butanon-Wasser (90 + 10). Rhamnose (hRf 88), Xylose (hRf 78), Galactose (hRf 54), Glucose (hRf 50) und Mannose (hRf 46).

Tabelle 206 zeigt die hRf-Werte einiger herkömmlicher Methylglykoside auf „Avirin"-Cellulose [4]. Eine vergleichbare Trennung auf Celit 535-Stärkeschichten erfordert viel weniger Zeit.

Tabelle 206. *hRf-Werte für Methyl-Glykoside auf „Avirin"-Cellulose* [4]

Methyl Glykoside	hRf
Methyl α-D-lyxopyranosid	75
Methyl β-D-xylopyranosid	70
Methyl β-D-arabinopyranosid	65
Methyl β-D-glucopyranosid	61
Methyl α-D-glucopyranosid	57
Methyl β-D-galactofuranosid	72
Methyl β-D-galactopyranosid	56
Methyl α-D-galactopyranosid	54
Methyl β-cellobiosid	44

Fließmittelzusammensetzung Tab. 216, S. 795 (15,6 cm Laufstrecke = 120 min).

7. Zuckerphosphate

Die Zuckerphosphate werden auf Ammoniumtetraborat (s. Abschnitt II, 6) imprägnierten ECTEOLA-Cellulose-Schichten mit Fließmittel

---

[3] Bezugssubstanz für hR_{St}-Werte.

XXV, getrennt [*11*]. Durch Vorbehandeln des Fließmittels und der Platten mit Ammoniumtetraboratpuffer (pH 10) wird die Laufgeschwindigkeit der Zucker gesteigert. In Tab. 207 sind die hR_f-Werte einiger einfacher Zuckerphosphate wiedergegeben.

Tabelle 207. *DC von Zuckerphosphaten* [*11, 51*]

Verbindung	Ecteola-Cellulose (Fa. 83) (0,1 M Ammoniumtetraborat)		Cellulose MN 300 (Fa. 83)	
	hR_{St}-Werte[1]		hR_f-Werte	
	XXV (pH 9,0)	XXV (pH 10,0)	XXVI	XXVII
N-Acetyl-glucosamin 1-phosphat . .	129	137	—	—
N-Acetyl-galactosamin 1-phosphat .	112	116	—	—
Glucose 1-phosphat.	120	115	32	27
Mannose 1-phosphat	90	88	—	—
Galactose 1-phosphat	77	80	—	—
Mannose 6-phosphat	70	57	—	—
Fructose 6-phosphat	68	68	41	20
Fructose 1-phosphat	59	54	—	—
Glucose 6-phosphat.	56	39	29	17
Fructose 1,6-diphosphat.	33	20	34	13

[1] hR_{St} = hR_f-Werte der Zucker bezogen auf anorganisches Phosphat (7,2 cm in 2 Std).

Fließmittel XXV—XXVII Zusammensetzung s. Tab. 216, S. 795; beachte die pH-Unterschiede!

Phosphatester konnten auch mit der zweidimensionalen DC auf Cellulose MN 300 Schichten aufgetrennt werden. Avicel und andere Cellulosearten sind hier nicht so geeignet [*51*]. Die Platten werden zuerst 6—8 Std (16—18 cm Laufstrecke) mit Fließmittel XXVI entwickelt und über Nacht getrocknet. Der zweite Durchlauf erfolgt im rechten Winkel zur ersten Laufrichtung mit Fließmittel XXVII (2—4 Std für 14—18 cm). Die hR_f-Werte der Zuckerphosphate sind aus Tab. 207 [*51*] ersichtlich. Auch bei der Darstellung des 2-Desoxy-D-glucopyranosid 6-phenylphosphates war die DC von Nutzen [*52*].

Zur Sichtbarmachung der Zuckerphosphate wird die Schicht zuerst mit Benzidintrichloracetat (Reag.-Nr. 25) besprüht, um die Hexosen-6-phosphate nachzuweisen, sodann mit dem Molybdatreagens (Nr. 9), welches alle Zucker anfärbt. Die Nachweisgrenze liegt für beide Reagentien in der Größenordnung von 10 bzw. 5 mμ Mol.

8. Acetate und Benzoate

Die acetylierten Derivate von Zuckern können leicht mit Hilfe der DC auf Kieselgel charakterisiert werden. Man besitzt damit eine schnelle Möglichkeit (15—30 min) anomere Mischungen zu trennen [*53*].

Solche Anomeren sind nur schwierig papierchromatographisch zu trennen; die Trennung gelingt nur mit einem Zweiphasen-Fließmittelsystem, wobei das Papier mit einem polaren Fließmittel imprägniert ist. Die Säulenchromatographie an anorganischen Sorbentien ergab zufriedenstellende Trennungen der Acetate von

Mono- und Oligozuckern und auch die GC wurde für die niedermolekulargewichtigen Zucker- (oder Zuckeralkohol) acetate angewandt.

Schichten aus Kieselgel mit 10% Stärke als Bindemittel [53], Kieselgel G [19, 54, 55] und Magnesol (Fa. 150) mit Calciumsulfat (13%) [56] liefern gute Trennungen. Magnesol muß allerdings vor Gebrauch gründlich mit verdünnter Essigsäure ausgewaschen werden, um eine durch Spuren von Alkohol katalysierte Deacetylierung zu vermeiden.

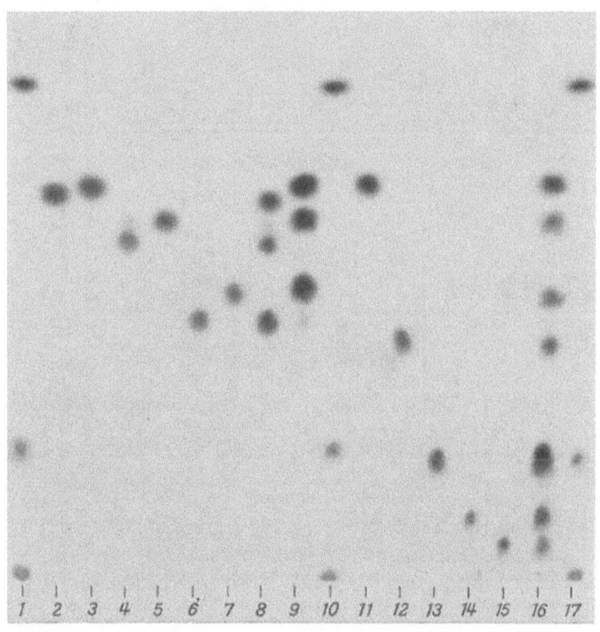

Abb. 229. Trennung von Zuckeracetaten nach Tate und Bishop [54] auf Kieselgel G-Schicht mit Benzol-Methanol (96 + 4), Zweifach-Entwicklung je 17 cm (!)

1 10, 17 Kontrollfarbstoffe: Sudan III,   8 Gemisch 2, 4 und 6
Methylrot, Methylorange   9 Gemisch 3 (11), 5 und 7
2 α-D-Glucopyranose-pentaacetat   12 β-Laminaribiose-octaacetat
3, 11 β-D-Glucopyranose-pentaacetat 13 β-Laminaritriose-undecaacetat
4 α-Maltose-octaacetat   14 β-Laminaritetraose-tetradecaacetat
5 β-Maltose-octaacetat   15 β-Laminaripentaose-heptadecaacetat
6 α-Cellobiose-octaacetat   16 Gemisch 3 (11), 5, 7, 12—15
7 β-Cellobiose-octaacetat

Benzol und Mischungen von Benzol mit Methanol oder Äthylacetat trennen die acetylierten Zucker; zur Trennung der Acetate sind stärker polare Fließmittel erforderlich als für Benzoate. Die hR_f-Werte einiger peracetylisierter Zucker sind in Tab. 208 angegeben. Deferrari et al. [53] zeigten, daß, mit einer Ausnahme, die Monosaccharidacetate mit 1,5-trans-Konfiguration die höheren hR_f-Werte besitzen. Jedoch konnte die Anomerenfolge ($\beta > \alpha$) bei den 2,4-Dinitrophenylderivaten von D-Glucosamintetraacetat [57] und bei anderen Mono- und Disaccharid-acetaten beobachtet werden [54, 58]. Sowohl auf Magnesol (Tab. 209) [56] als auf Kieselgel G [54, 55] wandern die α-verknüpften Oligo-saccharidacetate schneller als ihre entsprechenden β-verknüpften.

Von WICKBERG [*59*] wurde zur Trennung anomerer Acetate erfolgreich die Zweiphasen-Papierchromatographie mit Dimethylsulfoxid (DMSO) als stationäre Phase verwendet. INGLIS [*60*] hat diese Technik mit ähnlichen Ergebnissen auf die DC übertragen. Dabei wird die mit Kieselgel G beschichtete Platte bis zur Transparenz mit einer Mischung von DMSO und schwefelfreiem Toluol (50 + 50) besprüht und in einem Ofen getrocknet, bis die Transparenz gerade verschwunden ist. Die Kieselgelschicht erscheint dann stumpf weiß (dieser Vorgang erfordert bei 130° etwa 5 min). Man läßt die Platten im Exsiccator abkühlen und trägt die Zuckeracetate schnell auf, um eine zu intensive Einwirkung der Luftfeuchtigkeit zu vermeiden.

Tabelle 208. *DC anomerer Monosaccharidperacetate und -perbenzoate auf Kieselgel — 10% Stärke-Schichten [53]*

Verbindung	hRf-Werte		Fließmittel
	Anomer		
	α	β	
D-Glucopyranose pentabenzoat	56	49	XXVIII
D-Galactopyranose pentabenzoat	52	0	XXIX
D-glycero-L-manno-heptose hexabenzoat	42	68	XXX
D-glycero-D-gulo-heptose hexabenzoat	40	69	XXX
D-glycero-D-galacto-heptose hexabenzoat . . .	26	0	XXIX
D-Glucopyranose pentaacetat.	66	65	XXXI
D-Galactopyranose pentaacetat	64	57	XXXI
D-Galactofuranose pentaacetat	52	49	XXXI
D-glycero-L-manno-heptose hexaacetat	49	52	XXXI

Fließmittelzusammensetzung Tab. 216, S. 795.

Tabelle 209. *hRf-Werte von Oligosaccharid β-acetaten auf Magnesol-13% Calciumsulfat [55] mit Äthylacetat-Benzol (50 + 50)*[1]

Verbindung	hRf	Verbindung	hRf
β-Maltose octaacetat	75	β-Cellobiose octaacetat . . .	62
β-Gentiobiose octaacetat	55	β-Cellotriose hendecaacetat. .	44
β-Isomaltose octaacetat	64	β-Cellotetraose tetradecaacetat	32

[1] Benzol-Methanol (97 + 3) kann ebenfalls verwendet werden.

Das Entwickeln der Platte wird in der üblichen Weise bei Kammersättigung ausgeführt. Überschüssiges DMSO wird von der Platte vor Aufsprühen des Entwicklungsreagenses durch Erhitzen auf 150° entfernt.

Diese Methode ergibt in 15—20 min gute Trennungen der anomeren Acetate, aber die hRf-Werte schwanken stark, wenn die Platten nicht sorgfältig standardisiert sind (Tab. 210). Mit dieser Technik erreichen die α-Anomeren höhere hRf-Werte.

Die Sichtbarmachung der Acetate gelingt leicht mit Schwefelsäure, mit der Hydroxamsäurereaktion (Reag.-Nr. 122), mit Silbernitrat (Nr. 223) oder mit Joddampf; letzteres ist aber weniger empfindlich (Nachweis-

grenze 100 μg). Stark hydrophobe Verbindungen wie die Oligosaccharid-
peracetate werden durch Besprühen mit Wasser sichtbar gemacht. Man
erhält undurchsichtig-weiße Flecken auf transparentem Untergrund
(Nachweisgrenze 100 μg) [54]. Obgleich die zuletztgenannte Technik
nicht so empfindlich ist, wird sie bei präparativen Platten benutzt.

Tabelle 210. *Chromatographie von Zuckeracetaten an Kieselgel G-Schichten mit
Dimethylsulfoxid als stationäre Phase [60]*

Verbindung	Mobile Phase	hRf
α-D-Glucopyranose pentaacetat	Diisopropyläther-äther (50 + 50)	45—50
β-D-Glucopyranose pentaacetat		35—40
Methyl α-D-glucopyranosid tetraacetat	Äther	80—95
Methyl β-D-glucopyranosid tetraacetat	Äther	65—75
Methyl 2-desoxy-α-D-glucopyranosid triacetat .	Diisopropyläther	45—50
Methyl 2-desoxy-β-D-glucopyranosid triacetat .	Diisopropyläther	30—40
Methyl 2-desoxy-α-D-galactopyranosid triacetat.	Diisopropyläther	45—80
Methyl 2-desoxy-β-D-galactopyranosid triacetat.	Diisopropyläther	30—60

9. Hydrazone und Osazone

Gelegentlich werden Zucker durch Darstellung ihrer kristallinen
Hydrazone oder Osazone identifiziert, die ihrerseits durch ihre Schmelzpunkte und IR-Spektren charakterisiert sind. Osazongemische wurden
auf Säulen mit Calciumcarbonat [61] und Aluminiumoxid [62] getrennt;
auch mit der PC wurden hier Erfolge erzielt [62].

Die DC von Osazonen kann auf zahlreichen Sorbentien durchgeführt werden. Tore
[63] berichtet über die DC von Phenylosazonen auf Silene E.F.-Schichten (ohne Bindemittel, 24 Std bei 110° aktiviert). Als Fließ-
mittel dienen Mischungen von Chloroform,
Aceton, Äthanol und Wasser (s. Tab. 216;
Fließmittel XXXII und XXXIII). Wie in
Tab. 211 gezeigt wird, nehmen die hRf-Werte
rasch mit steigendem Wassergehalt des
Fließmittels zu.

Haas und Seeliger [64] untersuchten die
Phenylosazone auf Polyamid (Fa. 153). Die
hRf-Werte sind hauptsächlich vom Molekulargewicht abhängig (Pentosen > Hexosen).
Zwischen Stereoisomeren konnten leichte Differenzierungen erzielt werden. Mit Pyridin-
Wasser (15 + 85) trat eine Umkehr der Wan-
derungsreihenfolge auf, die Oligosaccharid-
osazone wanderten, während die Monosaccha-
ridderivate am Startpunkt verblieben.

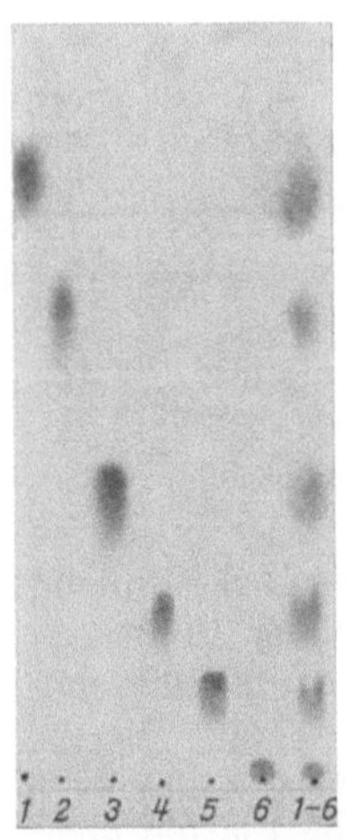

Abb. 230. Trennung von Phenylosazonen auf einer Polyamid-
Schicht mit Benzol-Dimethyl-
formamid (97 + 3). Laufstrecke
14 cm bei Kammersättigung [64].
1 Glycolaldehyd, *2* Glycerinal-
dehyd, *3* D-Erythrose, *4* D-Xylose,
5 D-Glucose, *6* D-Lactose

BANCHER et al. [47] beobachteten in einer ausführlichen Untersuchung der DC von Zuckern und Derivaten auf Kieselgel G, daß mit Benzol-Aceton (44,5 + 55,5) eine ausgezeichnete Trennung der Phenylosazone von Zuckern möglich war, die im Molekulargewicht von den Hexosen bis zu Glycerose variierten, sowie zusätzlich von Glyoxal und Methylglyoxal.

RINK und HERRMANN [65] empfehlen die DC zur Identifizierung der Zucker im Urin. Man stellt zunächst die Phenylosazone her und chromatographiert diese auf Kieselgur G-Schichten, die mit 0,05 M Natriumtetraborat imprägniert sind.

Tabelle 211. *h R_f-Werte einiger Zuckerphenylosazone* [63, 65]

Phenylosazon der	Silene E. F. [63] (Fa. 40)		Kieselgur G-0,5 M Natriumtetraborat [65]
	XXXII	XXXIII	XXXIV
Arabinose	65	—	91
Xylose	—	—	72
Rhamnose	78	—	—
Glucose	22	—	39[1]
Galactose	29	—	52
Sorbose	—	—	21
Laktose	—	50	2
Maltose	—	57	12
Cellobiose	—	57	—

Fließmittel XXXII—XXXIV Zusammensetzung s. Tab. 216, S. 795.

[1] desgl. Fructose.

Arbeitsweise [65]

10 ml Urin werden mit 0,4 g Phenylhydrazinhydrochlorid und 0,6 g Natriumacetat 30 min im siedenden Wasserbad erhitzt. Die Zuckerphenylosazone, die beim Erkalten auskristallisieren, werden abfiltriert, mit Wasser gewaschen und zum Aufbringen auf die Platte in Dioxan-Methanol (50 + 50) gelöst. Zum Vergleich wird eine 1 proz. Zuckerlösung mit 0,2 g Phenylhydrazinhydrochlorid und 0,3 g Natriumacetat in der gleichen Weise behandelt.

Die Nützlichkeit dieser Methode ist durch die Tatsache begrenzt, daß Zucker, die nur durch die Stereochemie am C_2 zu unterscheiden sind, die gleichen Osazone bilden. Die h R_f-Werte der Phenylosazone mit Fließmittel XXXIV sind in Tab. 211 angegeben.

Auch über die DC von Zuckern und ihrer Phenylhydrazone auf saurem Aluminiumoxid wurde berichtet [66]. Bei den dort gewählten Bedingungen wurden nur kleine h R_f-Unterschiede von Pentosen und Hexosen erhalten.

ANET [67] chromatographierte bei Studien am Abbau von Kohlehydraten die aus Hydroxycarbonyl und α,β-Dicarbonylverbindungen hergestellten Mono- und *Bis*-2,4-Dinitrophenylhydrazone auf Aluminiumoxid G und Kieselgel G unter Verwendung des Fließmittels Toluol-Äthylacetat (verschiedene Mischungsverhältnisse) (Tab. 212). Die h R_f-Werte sind abhängig von der Anzahl der Hydroxylgruppen, dem Sorbens und dem Fließmittel. Sie können durch Desaktivierung des Sorbens oder durch steigenden Zusatz von Äthylacetat erhöht werden. Die gelben 2,4-Dinitrophenylhydrazone sind nach der DC noch in Mengen von 0,1 μg zu erkennen. Man kann die Intensität der Flecke verstärken, wenn man die luftgetrocknete Platte mit einer 2proz. Lösung von Natriumhydroxid in Äthanol (90proz.) besprüht. Die 1,2-*Bis*-Hydrazone erscheinen als blaue oder purpurfarbene Flecken.

Eine ausgezeichnete Trennung der 2,4-Dinitrophenylosazone von Glyoxal, Glycerose und Erythrose wurde mit dem Fließmittel Toluol-Eisessig-Wasser (50 + 37 + 13) oder Methylcyclohexan-Äthylacetat-Acetonitril-Wasser (58 + 32 + 9 + 1) auf Kieselgel G-Schichten erreicht.

Die p-Bromphenylosazone der Hexosen (h Rf 4), Pentosen (10), Mono-O-methyl-hexosen (18), Mono-O-methyl-pentosen (24) und Di-O-methyl-pentosen (29) werden in 40 min auf Kieselgel G mit Benzol-Methanol (90 + 10) getrennt. Bei diesen Bedingungen bleiben die Disaccharidosazone am Startpunkt zurück [*69*].

Alle Osazone und Hydrazone können direkt an ihrer gelben Farbe oder unter UV-Licht erkannt werden, die Fleckintensität kann jedoch durch Besprühen mit alkoholischer Natronlauge noch erhöht werden. Man kann die Platte auch mit diazotierter Sulfanilsäure in 2 N-Natriumcarbonat besprühen, dabei wird die gelbe Farbe in braun oder rot umgewandelt [*64*]. Freie Zucker oder andere farblose Verbindungen kann man leicht durch Besprühen mit Schwefelsäure sichtbar machen. Eine Zusammenfassung der für die Trennung von Hydrazon- und Osazongemischen anwendbaren Schichten und Fließmittel ist in Tab. 212 gegeben.

10. Methyläther

Für die qualitative wie quantitative Bestimmung methylierter Zucker ist die DC auf Kieselgel G eine schnelle Methode. Man erhält eine gute Auftrennung, basierend auf dem Substitutionsgrad. Auch die isomeren Äther werden getrennt. Benzol-Aceton (50 + 50) ist manchmal sehr wirkungsvoll bei der Identifizierung der Trimethyläther von Glucose und Galactose (s. Tab. 213) [*70*]. Bei Verwendung des gleichen Fließmittelgemisches haben Bishop et al. [*72*] mit Hilfe präparativer DC die vom methylierten Galactomannan stammenden Methylzucker getrennt, indem sie 50—75 mg des Hydrolysats auf jede Platte auftrugen (20 × 20 cm, 0,6 mm dick). Auch die Trimethyläther der Mannose werden mit Methyläthylketon als Fließmittel durch präparative DC getrennt [*73*].

Weiterhin wurde über die DC der Di-O-methyltetrosen [*74*], Tri-O-methyl-apiose [*75*], Mycinose [*76*] und der Methyläther des N-acetyl-D-glucosamin [*77, 78*] auf Kieselgel G-Schichten berichtet. Die mono-O-Methylfructosen lassen sich auf Borsäure-imprägniertem Kieselgel G mit n-Butanol-Aceton-Wasser (40 + 50 + 10) gut trennen [*79, 80*]. Die DC verschiedener methylierter Zucker auf Magnesol-Calciumsulfat-Schichten wurde ebenfalls durchgeführt [*56*].

Bei der Untersuchung [*81*] einer Anzahl permethylierter Monosaccharide (Diäthyläther-Toluol, 67 + 33) (Tab. 214) und Disaccharide

Tabelle 212. *Sorptions- und Fließmittel zur DC von Zuckerhydrazonen und Osazonen*

Stammverbindung	Derivat	Sorbens	Fließmittel	Ref.
Zucker (Triose, Tetrose, Pentosen, Hexosen)	Phenylosazon	Polyamid (Fa. 153)	Benzol-N,N-Dimethylformamid (93 + 7)	[64]
Hexosen, Pentosen	Phenylosazon	Polyamid (Fa. 153)	Chloroform-Äthanol (97 + 3)	[64]
Oligosaccharide	Phenylosazon	Polyamid (Fa. 153)	Wasser-Pyridin (85 + 15)	[64]
Pentosen, Hexosen	Phenylosazon	Silene, E. F. (Fa. 40) (aktiviert bei 110°)	Fließmittel XXXII	[63]
Hexosen, Disaccharide	Phenylosazon	Silene, E. F. (Fa. 40) (aktiviert bei 110°)	Fließmittel XXXIII	[63]
Zucker (Triose, Tetrose, Pentosen, Hexosen)	Phenylosazon	Kieselgel G (Fa. 88) (nicht aktiviert)	Benzol-Aceton (45 + 55) Chloroform-DMF (87 + 13) n-Propanol-n-Hexan (63 + 37) n-Butanol-n-Hexan (50 + 50)	[47]
Pentosen, Hexosen	Phenylosazon	Kieselgur G-0,5 M Natriumtetraborat	Fließmittel XXXIV	[65]
Pentosen, Hexosen	Phenylhydrazon	Aluminiumoxid (sauer) (Fa. 153)	n-Butanol-Aceton-Wasser (40 + 50 + 10)	[66]
Pentosen, Hexosen	Phenylhydrazon	Aluminiumoxid (sauer) (Fa. 153)	n-Butanol-Aceton-Wasser (70 + 20 + 10)	[66]
Pentosen, Hexosen, Methyläther	p-Bromphenylosazon	Kieselgel G (Fa. 88)	Benzol-Methanol (90 + 10)	[69]
Glyoxal, Glycerose, Erythrose	2,4-Dinitrophenylosazon	Kieselgel	Toluol-Eisessig-Wasser (50 + 37 + 13) Methylcyclohexan-Äthylacetat-Acetonitril-Wasser (57 + 33 + 9 + 1)	[68]
Hydroxy-carbonyl und α, β-dicarbonyl Verbindung	2,4-Dinitrophenyl-hydrazon und -osazon	Aluminiumoxid G (entaktiviert)	Toluol-Äthylacetat (50 + 50)	[67]
		Aluminiumoxid G (aktiviert)	Toluol-Äthylacetat (50 + 50) und (75 + 25)	
		Kieselgel G (Fa. 88) (aktiviert)	Toluol-Äthylacetat (50 + 50) und (75 + 25)	

[1] DMF = N,N-Dimethylformamid.
Fließmittel XXXII   XXXIV: Zusammensetzung s. Tab. 216, S. 795.

Tabelle 213. *DC von Methyläthern auf Kieselgel G und Cellulose* [*4, 70, 71*]

Verbindung	Kieselgel G		Avirin
	hR_{St}^1 XXXV	hRf-Werte	
		XXXVI	XXXVII
2,3,4,6-Tetra-O-methyl-D-glucose	100	45	86
2,3,4-Tri-O-methyl-D-xylose	111	50	—
2,3,4,6-Tetra-O-methyl-D-galactose	81	33	78
2,3,4-Tri-O-methyl-D-glucose	—	34	—
2,3,6-Tri-O-methyl-D-glucose	—	25	60
2,4,6-Tri-O-methyl-D-glucose	30	23	—
3,4,6-Tri-O-methyl-D-glucose	38	27	—
2,3,6-Tri-O-methyl-D-mannose	—	—	57
2,3,4-Tri-O-methyl-D-galactose	25	16	—
2,3,6-Tri-O-methyl-D-galactose	59	21	—
2,4,6-Tri-O-methyl-D-galactose	45	20	48
3,4,6-Tri-O-methyl-D-galactose	23	—	—
4,6-Di-O-methyl-D-glucose		17	—
2,4-Di-O-methyl-D-galactose	—	—	23
2,6-Di-O-methyl-D-galactose	—	—	15

[1] hR_{St} = Werte auf 2,3,4,6-tetra-O-methyl-D-glucose (= 100) bezogen. *Fließmittelzusammensetzung.* s. Tab. 216, S. 795; bei XXXVII Laufstrecke 17,1 cm in 2 Std).

(Methyläthylketon-Toluol, 50 + 50) auf Kieselgel G zeigte es sich, daß zumeist die α- und β-Anomere getrennt sind, dabei ist die Reihenfolge der Wanderungsgeschwindigkeit ähnlich der bei der GC beobachteten.

Tabelle 214. h*Rf-Werte von permethylierten Zuckern auf Kieselgel G* (Diäthyläther-Toluol, 67 + 33) [*81*]

Methylglycosid der	Anomer	
	α	β
2,3,5-Tri-O-methyl-D-arabinose	51	38
1,3,4,6-Tetra-O-methyl-D-fructose	39	39
1,3,4,5-Tetra-O-methyl-D-fructose	23	16
2,3,4,6-Tetra-O-methyl-D-glucose	29	46
2,3,5,6-Tetra-O-methyl-D-glucose	31	39
2,3,5,6-Tetra-O-methyl-D-galactose	29	44
2,3,4,6-Tetra-O-methyl-D-galactose	21	28

Bisher waren die PC und die GC die am meisten angewandten Methoden zur Untersuchung methylierter Zucker. Das azeotrope Gemisch Methyläthylketon-Wasser, eines der wirkungsvollsten Fließmittel für die PC ist ebenfalls sehr brauchbar für die Cellulose-Dünnschichten (s. Tab. 213) [*4*]. Obgleich das Entwickeln auf Celluloseplatten schneller als auf Papier vor sich geht, ist es dennoch bedeutend langsamer als auf anorganischen Schichten.

Quantitative Analyse

Die DC auf Kieselgel G erlaubt eine rasche Bestimmung des molaren Verhältnisses der Mono-, Di-, Tri- und Tetra-O-Methylkomponenten im Hydrolysat eines methylierten Polysaccharids [16]. Die getrennten Komponenten werden quantitativ vom Chromatogramm abgeschabt, mit einem geeigneten Reagens versetzt und colorimetrisch, z. B. nach der Phenol-Schwefelsäure-Methode [16], quantitativ erfaßt. Kieselgel G enthält Spuren von Verunreinigungen, welche, bezieht man nicht auf einen Blindwert, solche colorimetrischen Analysen beeinflussen können. Deshalb wurde ein einfacher Kunstgriff zur Entfernung dieser Verunreinigungen vorgeschlagen [82]: Die Platte wird vor dem Auftragen der zu untersuchenden Mischung mit Diäthyläther-Methanol (20 + 80) 20 cm hoch entwickelt. Danach trocknet man sie 25 min bei 110°. Nun erst werden die Zucker aufgetragen und in der üblichen Weise, rechtwinklig zum ersten Durchlauf, chromatographiert.

Die reduzierenden, methylierten Zucker können mit den gleichen Reagentien sichtbar gemacht werden, wie sie in der PC gebräuchlich sind, so z. B. Anilinphthalat (Reag.-Nr. 14) *p*-Anisidinphthalat (Nr. 16), 2,3,5 Triphenyl-Tetrazoliumchlorid (Nr. 242), alkalisches Silbernitrat (Nr. 228); dazu kommen Schwefelsäure und Joddampf. Eine kurze Einwirkung von Joddampf verursacht keine merkliche Zerstörung der Zuckermethyläther [83]; daher ist dies eine herkömmliche Methode, die Verbindungen auf präparativen Platten [73] oder für quantitative Bestimmungen sichtbar zu machen.

11. Weitere Derivate

Zur Zeit ist die DC unersetzbar für die synthetische Kohlenhydratchemie. Diese Methode macht es, zusammen mit der GC, möglich, Verbindungen zu analysieren, die man auf Papierchromatogrammen nicht nachweisen kann. Die GC ist jedoch auf die Verbindungen beschränkt, die ohne Zersetzung verflüchtigt werden können, während die DC schnell und unter milden Bedingungen arbeitet. Die Säulenchromatographie mit Kieselgel oder Aluminiumoxid ist eine Standardmethode zur Reinigung und Fraktionierung lipophiler Derivate von Kohlenhydraten. Aber auf der „offenen" dünnen Schicht ist die Trennung wesentlich schärfer und der Nachweis der Substanzen einfacher. Die Bedingungen zur DC dieser Derivate wurden bereits in den vorstehenden Abschnitten (IV, 8—10) durchgesprochen, die sich mit Acetaten, Osazonen und Methyläthern befaßten; auch in Abschnitt V sind Beispiele aufgeführt, Einige wenige Anwendungsbeispiele der DC anderer Kohlenhydratderivate sind hier noch ausgewählt, um die Reichweite und Nützlichkeit dieser Methode zu zeigen.

Kieselgel G ist das am häufigsten benutzte Sorbens in Verbindung mit Fließmitteln wie Benzol, Petroläther oder Chloroform im Gemisch mit Methanol, Aceton oder Äthylacetat in variierenden Mengenverhältnissen. Die hRf-Werte werden mit steigendem Anteil an polaren Lösungsmitteln höher.

Die Zuckerderivate lassen sich mit Joddampf oder Schwefelsäure sichtbar machen. Tate und Bishop [*84*] fanden, daß Joddampf das gängigste und empfindlichste Nachweismittel für Benzyläther auf Kieselgel G ist; sie wiesen hiermit noch 0,4 μg von Benzyltetra-O-benzylglucopyranosid nach. Bei Benutzung von Kieselgel G[4] mit 1proz. fluorescierendem Zinksilicat (Fa. 84) konnten 4 μg des Benzyläthers unter kurzwelligem UV-Licht erkannt werden.

Die hRf-Werte der benzylierten Zucker im Fließmittelgemisch Petroläther (Kp. 65—110°) + 3—5% Methanol hängen vom Alkoholgehalt ab; die polareren Verbindungen erfordern höhere Methanolanteile. Da die benzylierten Kohlenhydrate üblicherweise zähflüssig sind, ist die DC ein ausgezeichnetes Reinheitskriterium.

Acetonisierung von 3-O-Methyl-D-sorbit liefert die 1,2:5,6- und 2,4:5,6 Di-O-isopropylidenderivate, die auf Kieselgelschichten trennbar sind (hRf 50 bzw. 25 in Benzol-Methanol 90 + 10) und mit Joddampf sichtbar gemacht werden können [*85*]. Die vier Stereoisomere der 1,2:5,6 Di-O-trichloräthylen-α-D-glucofuranose, unterscheiden sich in der Konfiguration des Acetalkohlenstoffatoms. Sie können auf der Kieselgelschicht mit Äthylacetat-Petroläther (Kp. 40—50°) (50 + 50) getrennt werden [*86*]. Chloroform-Aceton (97 + 3) und Benzol-Äther (90 + 10) wurden verwendet, um Mischungen acylierter Di-O-isopropylidenhexitole zu trennen [*87, 88*].

Mit Hilfe der präparativen DC konnten zwei reine isomere Dichloride isoliert werden, die man durch Zugabe von Chlor zu Tri-O-acetyl-D-glucal erhält. Die Kapazität der Kieselgel G-Platten ist günstig für präparative Zwecke. Die 0,25 mm dünnen 20 × 20 cm Schichten erlaubten die Trennung von 25 mg der Mischung von Dichloriden mit Toluol-Äther (67 + 33) [*89*]. Tate und Bishop [*84*] berichten über die Trennung von bis zu 100 mg benzylierter Zucker auf einer solchen Platte.

Methyl-β-D-xylothiopyranosidtriacetat (hRf 71) wurde von seinen Oxidationsprodukten, den isomeren „α" und „β"-Sulfoxiden (hRf 28 und 18) und dem Sulfon (hRf 46) auf Kieselgel G mit Chloroform-Aceton (93 + 7) [*90*] abgetrennt.

Rosenthal u. Mitarb. [*91, 92*] beschrieben die DC einiger acylierter Anhydrohexitole und Heptitole. Wolfrom et al. [*93, 94, 95, 96, 97*] charakterisierten verschiedene Derivate von D-Glucosamin und acyclischer Zuckernucleosidanaloge mittels DC. Die α- und β-Anomeren von Tri-O-benzoyl-D-glucopyranosylfluorid wurden auf Kieselgel H mit Benzol-Aceton (90 + 10) getrennt [*98*].

V. Verfolgung von Reaktionen mit DC

Da man die DC zur Analyse einer großen Anzahl von Kohlenhydratderivaten einsetzen kann, lag es nahe, sie auch zur Reaktionskontrolle in der Kohlenhydratchemie zu benutzen. Der Wert dieser Methode wurde vor allem von Dutton et al. [*14*] gezeigt; sie benutzten die DC auf

---

[4] Mit Kieselgel GF$_{254}$ (Fa. 88) sollte der gleiche Effekt erzielt werden.

Tabelle 215. *Zusammenfassung der mit DC auf Kieselgel verfolgten Reaktionsabläufe*

Reaktion	Ausgangsverbindung	Produkt	hRf	Fließmittel	Ref.
Tritylierung	1,6-Anhydro-β-maltose	6'-O-trityl	30	XXXVII	[14]
Detritylierung	1,6-Anhydro-6'-O-trityl-β-maltose pentaacetat	detrityliert	4	XXXVIII	[14]
		Ausgangsverbindung	58		
		Triphenylcarbinol	75		
Tosylierung	1,6-Anhydro-β-maltose 2,2', 3,3', 4'-pentaacetat	6'-O-tosyl	22	XXXVIII	[14]
Verschiebung	1,6-Anhydro-6'-O-tosyl-β-maltose pentaacetat	6'-thioacetat	30	XXXVIII	[14]
Acetolyse	1,6-Anhydro-β-maltose hexaacetat	β-octaacetat	37	XXXVIII	[14]
		α-octaacetat	34		
		Ausgangsverbindung	24		
Thioacetalbildung	D-Glucose	diäthyl dithioacetal	50	XXXVII	[14]
		Ausgangsverbindung	0		
	2,3,5-Tri-O-benzyl-D-arabinose	diäthyl dithioacetal	—	XXXIX	[99]
Benzylidierung	Methyl α-D-glucopyranosid	4,6-O-benzyliden	59	XXXVII	[14]
		Ausgangsverbindung	6		
Debenzylidierung	Methyl 4,6-O-benzyliden-2,3-di-O-methyl-α-D-glucosid	Methyl 2,3,-di-O-methyl-α-D-glucosid	13	XXXVII	[14]
Isopropylidierung	Methyl α-D-mannosid	2,3-O-isopropyliden	57	XXXVII	[14]
Deisopropylidierung	1,2:5,6-Di-O-isopropyliden D-glucose	1,2-O-isopropyliden	50	XXXVII	[14]
		Ausgangsverbindung	70		
	Methyl 2-benzamido-2-desoxy-5,6-O-isopropyliden-β-D-glucosid	Methyl 2-benzamido-2-desoxy-β-D-glucofuranosid	10	XL	[100]
Deacetylierung	Allyl 2,3,4,6-tetra-O-acetyl-β-D-galactosid	Allyl β-D-galactosid	—	XLI	[101]
Periodat Oxidation	2,3,4-Tri-O-benzyl-D-galactitol	2,3,4-Tri-O-benzyl-L-lyxose	85	XLII	[101]
Glykosid Bildung	2,3,4-Tri-O-benzyl-L-lyxose	Äthyl glycosid	75	XLI	[101]
			85		
Isomerisierung	Allyl 6-O-allyl-2,3,4-tri-O-benzyl-α-D-galactopyranosid	Prop-1-enyl Derivat	80	XLIII	[101]
Deaminierung	D-lyxonamid tetraacetat	D-lyxonsäure tetraacetat		XLIV	[102]
Pyrolyse	Methyl 4,6-O-benzyliden-2-desoxy-α-D-glucopyranosid 3-xanthat	Methyl 4,6-O-benzyliden-2,3-didehydro-2,3-didesoxy-α-D-erythro-hexosid		XLV	[103]
Epimerisierung	L-Xyloascorbinsäure	L-Araboascorbin	38	XLVI	[104]

Fließmittel XXXVII—XLVI Zusammensetzung s. Tab. 216, S. 795.

Kieselgel, um eine Anzahl von Reaktionsabläufen zu verfolgen, insbesondere die Verdrängung der Tosylgruppen durch Nucleophile und die Öffnung von 1,6 Anhydroringen durch Acetolyse (Tab. 215). In den meisten Fällen kann das Reaktionsgemisch direkt auf die Platte aufgebracht werden, ohne daß die Katalysatoren (z. B. Zinkchlorid bei der Acetalbildung) stören, aber im Falle der Acetolysegemische, die Essigsäureanhydrid, Essigsäure und Schwefelsäure enthalten, ist es notwendig, zu neutralisieren. Wenn man zuerst etwas Pyridin am Startpunkt aufbringt, dann das Gemisch und dann wieder Pyridin, so werden die Störungen durch Säure unterbunden [14]. Die Vergleichssubstanzen müssen im gleichen Lösungsmittel wie das Reaktionsgemisch aufgetragen werden, da z. B. das Dimethylformamid die hRf-Werte erheblich erhöht.

In Tab. 215 sind einige Beispiele angeführt, bei denen die DC zur Kontrolle von Kohlenhydratreaktionen herangezogen wurde. Es ist hier und da üblich, für diesen Zweck Mikroplatten durch Beschichten von Objektträgern [105] herzustellen, da dann eine Analyse meist schon in 10 min vollständig ist.

In einigen Fällen wurden auch chemische Reaktionen direkt auf der Platte durchgeführt. So benutzten Hanessian und Haskell [106] den Ninhydrin-Abbau, um zwischen 2-Amino- und 3-Amino-Zuckern zu unterscheiden; sie führten die Reaktion folgendermaßen aus:

Je 1 mg von 3,6-Diamino-3,6-didesoxy-D-idose, 2,6-Diamino-2,6-didesoxy-D-galactose, Glucosamin und Galactosamin wurden in einer Mischung von 0,96 ml Wasser und 0,04 ml Pyridin mit einem Gehalt von 2% Ninhydrin gelöst und auf Cellulose MN 300 G-Schichten aufgetragen. Die Platten wurden dann 80 min auf 100° erhitzt, um die Reaktion durchzuführen. Nach dem Erkalten wurde mit t-Butanol-Essigsäure-Wasser (40 + 40 + 20) entwickelt.

Das fertige Chromatogramm zeigt, daß die 2-Aminozucker abgebaut sind, während die 3-Aminozucker fast unverändert bleiben.

Tabelle 216. *Fließmittel zur DC von Zuckern und ihrer Derivate*

Nr.	Mischung	Zusammensetzung	Ref.
I	Äthylacetat- 65% Isopropanol	65 + 35	[1]
II	n-Butanol-Aceton-Phosphatpuffer pH 5	40 + 50 + 10	[5]
III	Methanol-Chloroform-Aceton- konz. Ammoniaklösung	42 + 16,5 + 25 + 16,5	[7]
IV	Chloroform-Methanol	60 + 40	[7]
V	Aceton-Wasser	90 + 10	[7]
VI	Aceton-Wasser-Chloroform-Methanol	75 + 5 + 10 + 10	[7]
VII	Äthylacetat-Essigsäure-Methanol-Wasser	60 + 15 + 15 + 10	[9]
VIII	n-Propanol-Wasser	85 + 15	[9]
IX	Äthylacetat-Pyridin-Wasser	40 + 20 + 20 obere Phase	[3]
X	Ameisensäure-Butanon-t-Butanol-Wasser	15 + 30 + 40 + 15	[10]

Tabelle 216 (Fortsetzung)

Nr.	Mischung	Zusammensetzung	Ref.
XI	Wäßriges Phenol (ungefähr 90%)-Wasser + 0,002% Oxin	89 + 11	[10]
XII	Pyridin-Äthylacetat-Essigsäure-Wasser	36 + 36 + 7 + 21	[4]
XIII	n-Butanol-Essigsäure-Wasser	60 + 20 + 20	[4]
XIV	Isopropanol-Wasser	90 + 10	[13]
XV	n-Butanol-Pyridin-Wasser	75 + 15 + 10	[12]
XVI	n-Butanol-2,6 Lutidin-Wasser	60 + 30 + 10	[31]
XVII	n-Butanol-Pyridin-Wasser	70 + 15 + 15	[31]
XVIII	Äthanol-Pentanol-Ammoniumhydroxid-Wasser	62 + 15 + 15 + 8	[39]
XIX	Äthylacetat-Pyridin-Tetrahydrofuran-Wasser	50 + 22 + 14 + 14	[39]
XX	Äthylacetat-Isopropanol-Pyridin-Wasser	50 + 22 + 14 + 14	[39]
XXI	n-Butanol-Essigsäure-Wasser	50 + 25 + 25	[16]
XXII	Äthylacetat-Aceton-Wasser	40 + 50 + 10	[47]
XXIII	n-Butanol-Essigsäure-Wasser	48 + 31 + 16 + 5	[47]
XXIV	Äthylacetat-Ameisensäure-Wasser	60 + 20 + 20	[47]
XXV	95% Äthanol-0,1 M Ammoniumtetraborat pH 9,0	60 + 40	[11, 51]
XXVI	t-Amylalkohol-Wasser-p-Toluolsulfonsäure	65 + 33 + 2 obere Phase v/v/G	[11, 51]
XXVII	Isobuttersäure-Ammoniumhydroxid-Wasser	66 + 1 + 33	[11, 51]
XXVIII	Benzol-Chloroform	70 + 30	[53]
XXIX	Benzol	100	[53]
XXX	Benzol-Methanol	99,5 + 0,5	[53]
XXXI	Benzol-Äthylacetat	70 + 30	[53]
XXXII	Chloroform-Aceton-95% Äthanol	38 + 38 + 24	[63, 65]
XXXIII	Chloroform-Aceton-Äthanol-Wasser	37 + 37 + 23 + 3	[63, 65]
XXXIV	Chloroform-Dioxan-Tetrahydrofuran-0,1 M Natriumtetraboratpuffer	50 + 24 + 24 + 2	[63, 65]
XXXV	Benzol-Aceton	50 + 50	[70]
XXXVI	Diisopropyläther-Methanol	83 + 17	[71]
XXXVII	Methyläthylketon-Wasser-Azeotrop		[4]
XXXVIII	Diäthyläther-Toluol	67 + 33	[14]
XXXIX	Benzol-Diäthyläther	80 + 20	[99]
XL	Äthylacetat		[100]
XLI	Äthyläther-Petroläther S.P. 60—80°	50 + 50	[101]
XLII	Diäthyläther		[101]
XLIII	Petroläther S.P. 60—80°-Diäthyläther	67 + 33	[101]
XLIV	Chloroform-Methanol	90 + 10	[102]
XLV	Benzol-Methanol	99 + 1	[103]
XLVI	Acetonitril-Butyronitril-Wasser	65 + 33 + 2	[104]

Literatur zum Kapitel X. Zucker und Derivate

[1] Stahl, E., und U. Kaltenbach: J. Chromatog. 5, 351 (1961).
[2] Weidemann, G., u. W. Fischer: Z. physiol. Chem. Hoppe-Seyler's 336, 189 (1964).
[3] Schweiger, A.: J. Chromatog. 9, 374 (1962).
[4] Wolfrom, M. L., D. L. Patin, and R. M. de Lederkremer: J. Chromatog. 17, 488 (1965).
[5] Waldi, D.: J. Chromatog. 18, 417 (1965).
[6] Jacin, H., and A. R. Mishkin: J. Chromatog. 18, 170 (1965).
[7] Pifferi, P. G.: Anal. Chem. 37, 925 (1965).
[8] Pastuska, G.: Z. anal. Chem. 179, 427 (1961).
[9] Adachi, S.: J. Chromatog. 17, 295 (1965).
[10] Vomhof, D. W., and T. C. Tucker: J. Chromatog. 17, 300 (1965).
[11] Dietrich, C. P., S. M. C. Dietrich, and H. G. Pontis: J. Chromatog. 15, 277 (1964).
[12] Garbutt, J. L.: J. Chromatog. 15, 90 (1964).
[13] Shasha, B., and R. L. Whistler: J. Chromatog. 14, 532 (1964).
[14] Dutton, G. G. S., K. B. Gibney, P. E. Reid, and K. N. Slessor: J. Chromatog. 20, 163 (1965).
[15] Ertel, H., and L. Horner: J. Chromatog. 7, 268 (1962).
[16] Hay, G. W., B. A. Lewis, and F. Smith: J. Chromatog. 11, 479 (1963).
[17] Prey, V., H. Scherz u. E. Bancher: Mikrochim. Acta 1963, 567.
[18] Greenway, R. M., P. W. Kent, and M. W. Whitehouse: Research (London) 6, Suppl. No. 1, 6S (1953).
[19] Guilloux, E., and S. Beaugiraud: Bull. soc. chim. France 1965, 261
[20] Brockmann, H., u. T. Waehneldt: Naturwissenschaften 50, 43 (1963).
[21] Claisse, J., L. Crombie, and R. Peace: J. Chem. Soc. 1964, 6032.
[22] Kringstad, K.: Acta Chem. Scand. 18, 2399 (1964).
[23] Birkofer, L., C. Kaiser, H.-A. Meyer-Stoll u. F. Suppan: Z. Naturforsch. 17b, 352 (1962).
[24] Prey, V., H. Berbalk u. M. Kausz: Mikrochim. Acta 1961, 968.
[25] Ragazzi, E., e G. Veronese: Farmaco (Pavia), Ed. pract. 18, 152 (1963).
[26] Cotte, J., M. Mathieu et C. Collombel: Pathol. et. biol. Semaine hôp. 12, 747 (1964).
[27] Weicker, H., u. R. Brossmer: Klin. Wochschr. 39, 1265 (1961).
[28] Tore, J. P.: J. Chromatog. 12, 413 (1963).
[29] Grasshof, H.: J. Chromatog. 14, 513 (1964).
[30] Zhdanov, Yu. A., G. N. Dorofeenko i S. V. Zelenskaya: Doklady Akad. Nauk S.S.S.R. 149, 1332 (1963).
[31] Weill, C. E., and P. Hanke: Anal. Chem. 34, 1736 (1962).
[32] Koller, A., and H. Neukom: Biochim. et Biophys. Acta 83, 366 (1964).
[33] Wheeler, M., P. Hanke, and C. E. Weill: Arch. Biochem. Biophys. 102, 397 (1963).
[34] Wiedenhof, N.: J. Chromatog. 15, 100 (1964).
[35] Gee, M.: J. Chromatog. 9, 278 (1962).
[36] Prey, V., W. Braunsteiner, R. Goller u. F. Stressler-Buchwein: Z. Zuckerind. 14, 135 (1964).
[37] Faillard, H., u. J. Cabezas: Z. physiol. Chem. 333, 266 (1963).
[38] Esser, K.: J. Chromatog. 18, 414 (1965).
[39] Günther, H., and A. Schweiger: J. Chromatog. 17, 602 (1965).
[40] Marcus, D. M., E. A. Kabat, and G. Schiffman: Biochemistry 3, 437 (1964).
[41] Szarek, W. A., and J. K. N. Jones: Can. J. Chem. 43, 2345 (1965).
[42] Wolfrom, M. L., P. Chakravarty, and D. Horton: J. Org. Chem. 30, 2728 (1965).
[43] Buss, D. H., L. Hough, and A. C. Richardson: J. Chem. Soc. 1963, 5295; 1965, 2736.
[44] Zehavi, U., and N. Sharon: J. Org. Chem. 29, 3654 (1964).
[45] Harrison, R., and H. G. Fletcher Jr.: J. Org. Chem. 30, 2317 (1965).
[46] Flowers, H. M., and D. Shapiro: J. Org. Chem. 30, 2041 (1965).

[47] BANCHER, E., H. SCHERZ, and K. KAINDL: Mikrochim. Acta 1964, 1043.
[48] FEAST, A. A. J., B. LINDBERG, and O. THEANDER: Acta Chem. Scand. 19, 1127 (1965).
[49] WASSERMANN, L., u. H. HANUS: Naturwissenschaften 50, 351 (1963).
[50] PREY, V., H. BERBALK, and M. KAUSZ: Mikrochim. Acta 1962, 449.
[51] WARING, P. P., and Z. Z. ZIPORIN: J. Chromatog. 15, 168 (1964).
[52] WOLFROM, M. L., and N. E. FRANKS: J. Org. Chem. 29, 3645 (1964).
[53] DEFERRARI, J. O., R. M. DE LEDERKREMER, B. MATSUHIRO, and J. F. SPROVIERO: J. Chromatog. 9, 283 (1962).
[54] TATE, M. E., and C. T. BISHOP: Can. J. Chem. 40, 1043 (1962).
[55] DUMAZERT, C., C. GHIGLIONE, and T. PUGNET: Bull. soc. pharm. Marseille 12, 337 (1963).
[56] WOLFROM, M. L., R. M. DE LEDERKREMER, and L. E. ANDERSON: Anal. Chem. 35, 1357 (1963).
[57] HORTON, D.: J. Org. Chem. 29, 1776 (1964).
[58] WOLFROM, M. L., and R. M. DE LEDERKREMER: J. Org. Chem. 30, 1560 (1965).
[59] WICKBERG, B.: Acta Chem. Scand. 12, 615 (1958).
[60] INGLIS, G. R.: J. Chromatog. 20, 417 (1965).
[61] JORGENSEN, P. F.: Dansk Tidsskr. Farm. 24, 1 (1950).
[62] BARRY, V. C., and P. W. D. MITCHELL: J. Chem. Soc. 1954, 4020.
[63] TORE, J. P.: Anal. Biochem. 7, 123 (1964).
[64] HAAS, H. J., and A. SEELIGER: J. Chromatog. 13, 573 (1964).
[65] RINK, M., and S. HERRMANN: J. Chromatog. 12, 415 (1963).
[66] STROH, H. H., u. W. SCHUELER: Z. Chemie 4, 188 (1964).
[67] ANET, E. F., L. J.: J. Chromatog. 9, 291 (1962).
[68] BLUMENFELD, O. O., M. A. PAZ, P. M. GALLOP, and S. SEIFTER: J. Biol. Chem. 238, 3835 (1963).
[69] APPLEGARTH, D. A., G. G. S. DUTTON, and Y. TANAKA: Can. J. Chem. 40, 2177 (1962).
[70] TSCHESCHE, R., and G. BALLE: Tetrahedron 19, 2323 (1963).
[71] — and G. WULFF: Tetrahedron 19, 621 (1963).
[72] BISHOP, C. T., M. B. PERRY, F. BLANK, and F. P. COOPER: Can. J. Chem. 43, 30 (1965).
[73] BOUVENG, H. O., I. BREMNER, and B. LINDBERG: Acta Chem. Scand. 19, 967 (1965).
[74] DUTTON, G. G. S., and K. N. SLESSOR: Can. J. Chem. 42, 614 (1964).
[75] HULYALKAR, R. K., J. K. N. JONES, and M. B. PERRY: Can. J. Chem. 43, 2085 (1965).
[76] BRIMACOMBE, J. S., M. STACEY, and L. C. N. TUCKER: J. Chem. Soc. 1964, 5391.
[77] WOLFROM, M. L., J. R. VERCELLOTTI, and D. HORTON: J. Org. Chem. 29, 547 (1964).
[78] — — — J. Org. Chem. 29, 540 (1964).
[79] GRUNDSCHOBER, F., u. V. PREY: Monatsh. Chem. 92, 1290 (1961).
[80] PREY, V., H. BERBALK, and M. KAUSZ: Mikrochim. Acta 449 (1962).
[81] GEE, M.: Anal. Chem. 35, 350 (1963).
[82] BROWN, T. L., and J. BENJAMIN: Anal. Chem. 36, 446 (1964).
[83] HANDA, N., and F. SMITH: unpublished.
[84] TATE, M. E., and C. T. BISHOP: Can. J. Chem. 41, 1801 (1963).
[85] FOSTER, A. B., M. H. RANDALL, and J. M. WEBBER: J. Chem. Soc. 1965, 3388.
[86] FORSÉN, S., B. LINDBERG, and B. SILVANDER: Acta Chem. Scand. 19, 359 (1965).
[87] BAKER, B. R., and D. H. BUSS: J. Org. Chem. 30, 2304 (1965).
[88] BUKHARI, M. A., A. B. FOSTER, and J. M. WEBBER: J. Chem. Soc. 1964, 2514.
[89] LEFAR, M. S., and C. E. WEILL: J. Org. Chem. 30, 955 (1965).
[90] WHISTLER, R. L., T. VAN ES, and R. M. ROWELL: J. Org. Chem. 30, 2719 (1965).
[91] ROSENTHAL, A., and D. ABSON: Can. J. Chem. 42, 1811 (1964).
[92] — and H. J. KOCH: Can. J. Chem. 43, 1375 (1965).

[93] WOLFROM, M. L., D. HORTON, and D. H. HUTSON: J. Org. Chem. **28**, 845 (1963).
[94] — W. A. CRAMP, and D. HORTON: J. Org. Chem. **29**, 2302 (1964).
[95] — H. G. GARG, and D. HORTON: J. Org. Chem. **29**, 3280 (1964).
[96] — W. VON BEBENBURG, R. PAGNUCCO, and P. McWAIN: J. Org. Chem. **30**, 2732 (1965).
[97] — H. G. GARG, and D. HORTON: J. Org. Chem. **30**, 1556 (1965).
[98] LUNDT, I., C. PEDERSEN, and B. TRONIER: Acta Chem. Scand. **18**, 1917 (1964).
[99] FLETCHER, H. G. JR., and H. W. DIEHL: J. Org. Chem. **30**, 2312 (1965).
[100] GIGG, R., and C. D. WARREN: J. Chem. Soc. **1965**, 1351.
[101] — — J. Chem. Soc. **1965**, 2205.
[102] WOLFROM, M. L., and R. B. BENNETT: J. Org. Chem. **30**, 1285 (1965).
[103] FERRIER, R. J.: J. Chem. Soc. **1964**, 5443.
[104] BRENNER, G. S., D. F. HINKLEY, L. M. PERKINS, and S. WEBER: J. Org. Chem. **29**, 2389 (1964).
[105] PEIFER, J. J.: Mikrochim. Acta **1962**, 529.
[106] HANESSIAN, S., and T. H. HASKELL: J. Org. Chem. **30**, 1080 (1965).

Y. Anorganische Ionen

H. SEILER

Bereits 1949 haben MEINHARD und HALL [16] die von ihnen als "Surface Chromatography" bezeichnete Methode zur Trennung einfacher Eisen(III)- und Zink-Salz-Gemische angewandt.

Die Befürchtung, daß die Schichten nur bei Verwendung relativ unpolarer Fließmittel haften blieben und sich hieraus bei der DC anorganischer Ionen Schwierigkeiten ergeben würden, erwies sich als nicht zutreffend. Man kann rein wäßrige Fließmittel verwenden, ohne daß sich die Schicht ablöst, gleich ob Stärke, Gips oder Agar-Agar als Bindemittel benutzt wird.

Schwierigkeiten ergeben sich jedoch bei den Trennungen und Nachweisreaktionen durch die im gewöhnlichen Kieselgel enthaltenen Verunreinigungen. Die für die Trennung anorganischer Ionen verwendeten Sorptionsmittel sollten daher vorgängig mit Säure und dest. Wasser gründlich gewaschen werden. Solche gereinigte Kieselgele sind heute bereits im Handel erhältlich, z. B. unter der Bezeichnung MN Kieselgel HR (Fa. 83). Versuche zur Kenntnis der bei der anorganischen DC wirksamen Faktoren [21] zeigten, daß der Ionenaustauschercharakter des Kieselgels, die Komplexbildung der verschiedenen Ionen mit den Fließmitteln und die Löslichkeiten der aufgetragenen Salze in den Fließmitteln Wanderung und Trennung bestimmen.

I. Vorbereitung der Analysenlösungen

Soll eine Total-Analyse durchgeführt werden, so ist es angezeigt, eine Vortrennung des zu untersuchenden Substanzgemisches in die Gruppen des klassischen Analysenganges vorzunehmen. Hierzu hat sich der im folgenden Schema angegebene Trennungsgang am besten bewährt; eine eingehende Beschreibung erfolgte bereits früher [24] (1. Aufl.).

Schema zur Trennung in die analytischen Gruppen

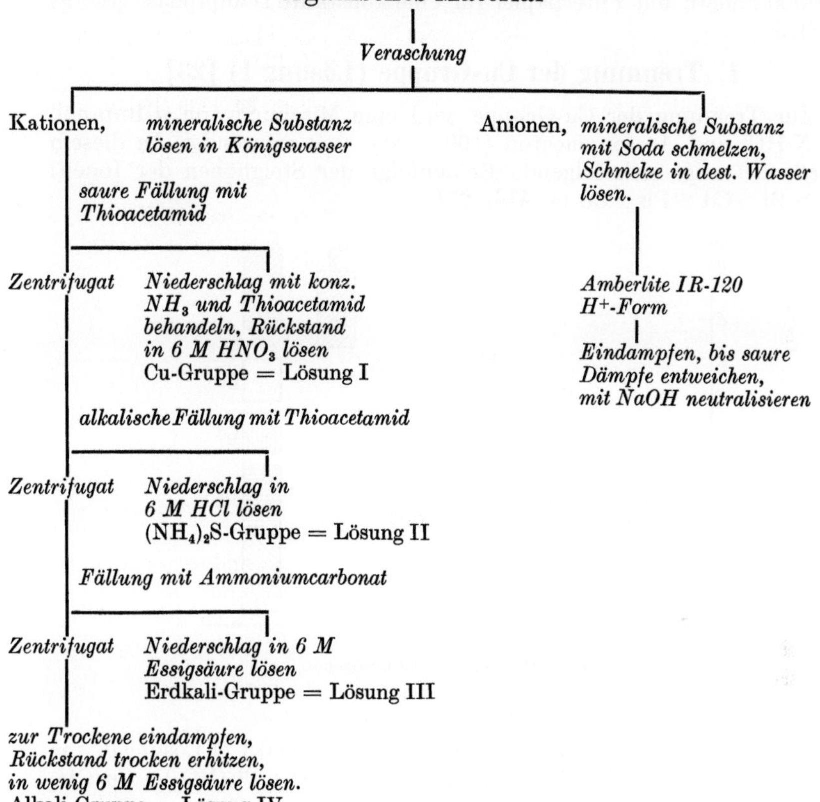

II. DC der in Gruppen vorgetrennten Kationen

Wenn nicht besonders erwähnt, wird in der eindimensionalen aufsteigenden dc-Technik gearbeitet. Es zeigte sich, daß es bei der DC anorganischer Ionen nicht zweckmäßig ist Rf-Werte anzugeben. Sie sind von zu vielen Faktoren abhängig. Im folgenden wird daher die *stets gleichbleibende Reihenfolge* der Steighöhen der Ionen angegeben. Bei der Auswertung der Chromatogramme lassen sich die einzelnen Ionen durch bekannte, spezifische Nachweisreaktionen gut identifizieren. Die vorgängige Auftrennung in die analytischen Gruppen wird vorausgesetzt.

Das Auftragen erfolgt am besten so, daß von der zu analysierenden „Gruppenlösung" nebeneinander 2 oder 3 Auftragungen mit verschiedenen Konzentrationen an den Startpunkten gemacht werden. Hierdurch wird ermöglicht, sowohl Spuren eines Elements zu erfassen als auch Occlusionen durch zu hohe Konzentrationen eines anderen Elements auszuschließen. Ferner ist es auf jeden Fall von Vorteil, Kontrollauftragungen erwarteter Ionen im Chromatogramm parallel mitlaufen zu lassen. Bei allen Versuchen wird vorausgesetzt, daß durch Auskleiden der Trennkammern mit Filterpapier für eine konstante Dampfphase gesorgt ist (KS).

1. Trennung der Cu-Gruppe (Lösung I) [23]

Zur Trennung der Cu-Gruppe wird eine Mischung von n-Butanol, 1,5 N HCl und Acetonylaceton (100 + 20 + 0,5) verwendet. In diesem *Fließmittel* zeigt sich folgende Reihenfolge der Steighöhen der Ionen: $Hg > Bi > Cd > Pb > Cu$ (s. Abb. 231).

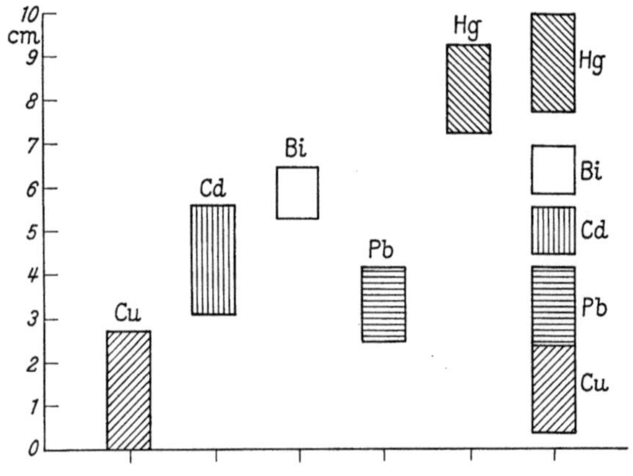

Abb. 231. Trennung der Cu-Gruppe

Als *Schicht* wird MN Kieselgel S-HR verwendet.

Kontrollauftragungen: nebeneinander je 2 μl von 0,1 M Lösungen von $Hg(NO_3)_2 \cdot 2H_2O$; $Cd(CH_3COO)_2 \cdot 2H_2O$; $BiONO_3$; $Pb(NO_3)_2$; $Cu(CH_3COO)_2 \cdot H_2O$.

Laufzeit etwa 2 Std für 15 cm Trennstrecke.

Nachweis: Man besprüht mit einer 2proz. KJ-Lösung, trocknet, hält dann über NH_3-Gas und stellt die Platte in eine mit H_2S-Gas gefüllte Kammer ein (Tab. 217).

Tabelle 217. *Farbreaktionen der Ionen der Cu-Reihe*

Ion	KJ-Lösung	H_2S
Hg^{II} . . .	rot	braunschwarz
Bi^{III} . . .	braungelb	braunschwarz
Cd^{II}		gelb
Pb^{II}	gelbbraun	braun
Cu^{II}	braun	dunkelbraun

Canić und Petrović [5] verwenden Schichten aus Maisstärke zur Trennung von Pb^{2+}, Ag^+ und Hg^{2+}. Als Fließmittel wird Aceton-3 N HNO_3 (50 + 50) benutzt. Die Reihenfolge der Steighöhen ist:

$$Pb^{2+} < Ag^+ < Hg^{2+}.$$

2. Trennung der $(NH_4)_2$-S-Gruppe (Lösung II) [23]

Als *Fließmittel* zur Trennung dieser Gruppe wird ein Gemisch aus Aceton, konz. HCl, Acetonylaceton (100 + 1 + 0,5) verwendet. Durch Einstellen einer kleinen Schale mit Wasser können die Trenneffekte verbessert werden. Die Reihenfolge der Steighöhen der Ionen ist: Fe > Zn > Co > Mn > Cr > Ni > Al (s. Abb. 232).

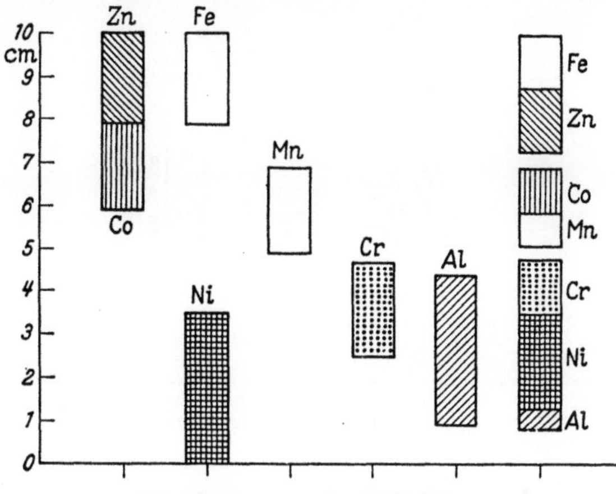

Abb. 232. Trennung der $(NH_4)_2$S-Gruppe

Schicht: MN Kieselgel S-HR (Fa. 83).

Kontrollauftragungen: nebeneinander je 2 μl von 0,1 M Lösungen von $NiSO_4 \cdot 7 H_2O$; $Co(NO_3)_2 \cdot 6 H_2O$; $ZnSO_4 \cdot 7 H_2O$; $MnSO_4 \cdot H_2O$; $Al(CH_3 COO)_3$; $CrCl_3 \cdot 6 H_2O$ und $FeCl_3$.

Nachweis: Die Platten werden über NH_3-Gas gehalten und anschließend mit einer Lösung von 0,5 g 8-Hydroxychinolin in 100 ml 60proz. Äthanol besprüht. Die resultierenden Flecke werden im UV-Licht (365 nm) ausgewertet (Tab. 218).

Tabelle 218. *Farbreaktionen der Ionen der $(NH_4)_2$S-Gruppe*

Ion	NH_3	Oxin	UV
Fe^{III} . . .		braun	dunkel
Zn^{II}		rosa	gelb
Co^{II} . . .	blau	gelb	dunkel
Mn^{II} . . .		orange	dunkel
Cr^{III} . . .	grün		dunkel
Ni^{II}			dunkel
Al^{III} . . .			hellgelb

3. Trennung der Ammoniumcarbonat-Gruppe (Lösung III)

Da die Anwesenheit von Gips in der Sorptionsschicht bei diesen Ionen
zur Bildung unlöslicher Sulfate führen würde und der Nachweis mit
Violursäure durchgeführt wird, muß als Bindemittel Stärke verwendet
werden. Außerdem müssen die Ionen dieser Gruppe in Form ihrer Acetate
vorliegen, welche durch Lösen der Carbonate in 6 N Essigsäure leicht zu
erhalten sind.

Bei Anwesenheit von *Ca* kann eine starke Schwanzbildung beobachtet
werden. Diese kann dadurch verhindert werden, daß auf jeden Startfleck
zusätzlich 1 μl Eisessig aufgetragen wird. In einem *Fließmittel* aus:
Äthanol, n-Propanol, Eisessig, Acetylaceton, dest. Wasser (37,5 + 37,5
+ 5 + 1 + 20) ergibt sich folgende Reihenfolge der Steighöhen der
Ionen: Ca > Sr > Ba (s. Abb. 233).

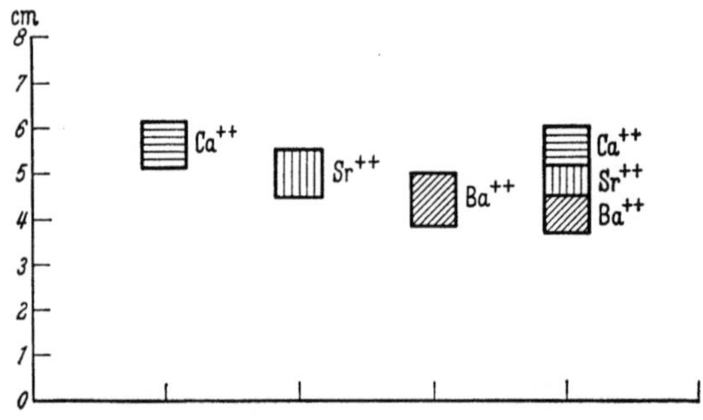

Abb. 233. Trennung der Ammoniumcarbonat-Gruppe [24]

Schicht: MN Kieselgel S-HR (Fa. 83).

Kontrollauftragungen: Nebeneinander je 1 μl von 1 M Lösungen von
Ca-, Sr- und Ba-Acetat, dazu jeweils 1 μl Eisessig.

Laufzeit: 80—90 min für 15 cm Laufstrecke.

Nachweis: Frisch bereitete, 1,5proz. Lösung von Violursäure in dest.
Wasser. Nach dem Besprühen wird 20 min im Trockenschrank (100°)
erwärmt (Tab. 219).

Tabelle 219. *Farbreaktionen der Ionen der Ammoniumcarbonat-Gruppe*

Ion	Ca^{2+}	Sr^{2+}	Ba^{2+}
Farbe mit Violursäure	gelb-orange	rosa	rotviolett

Druding [7] verwendet als Fließmittel für die Trennung der Alkali-
und Erdalkali-Ionen Eisessig-Äthanol (5 + 95) und 2 N HCl-tert. Butanol
(5 + 95). Zum Nachweis werden Violursäure und Li-tetracyanochinodi-
methanid verwendet.

Berger et al. [4] trennen die Ionen dieser Gruppe auf Schichten aus
Ionenaustauscherharzen (s. S. 46, Tab. 10).

Auf Schichten aus Cellulose MN 300 HR trennen Gagliardi und
Likussar [8] Be, Mg, Ca, Sr und Ba. Hierzu bewährten sich besonders

die Fließmittel I: Dioxan-konz. HCl-Wasser (58 + 12 + 30) und II: Methanol-konz. HCl-Wasser (73 + 12 + 15). Zum Nachweis der Ionen wird zuerst mit konz. NH_3, sodann mit einer 2proz. äthanolischen Lösung von Oxin besprüht. Die Reihenfolge der Steighöhen ist: Be > Mg > Ca > Sr > Ba.

Nach CANIĆ und PETROVIĆ [5] können Mg, Ca, Sr und Ba auf Maisstärke-Schichten mit einem Fließmittel Aceton-3N HCl (40 + 60) getrennt werden. Mg > Ca > Sr > Ba. Zum Nachweis wird mit Oxin-Lösung besprüht und im UV-Licht (250 nm) betrachtet.

4. Trennung der Alkali-Gruppe (Lösung IV) [25]

Wegen Störungen durch Gips wird wiederum mit Sorptionsmitteln mit Stärke als Binder gearbeitet. Weiterhin müssen die Ionen dieser Gruppe in Form ihrer Acetate vorliegen. Alkali-Salze starker Säuren können einmal mit einem Anionenaustauscher in die Acetat-Form gebracht werden, was jedoch relativ langwierig ist. Einfacher ist der Austausch auf der Schicht selbst.

Ba-Ionen bleiben im angewandten Fließmittel am Startfleck zurück. Man trägt zuerst eine der erwarteten Menge Alkali-Ionen ungefähr äquivalente Menge Bariumacetat auf und danach die Alkali-Sulfate. Es findet eine Umsalzung statt. Die zu untersuchenden Alkali-Ionen lassen sich nun trennen und mit Violursäure identifizieren. Am Start erscheint ein roter, dem Ba^{2+} entsprechender Fleck. Man läßt das Fließmittel etwas höher aufsteigen (15 cm) als bei direkter Auftragung der Acetate (10 cm).

Fließmittel: Abs. Äthanol-Eisessig (100 + 2).

Reihenfolge der *Steighöhen* der Ionen: Li > Mg > Na > K (s. Abb. 234).

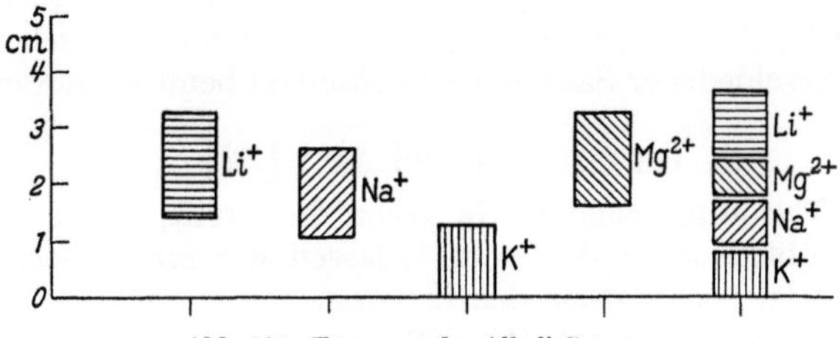

Abb. 234. Trennung der Alkali-Gruppe

Schicht: MN Kieselgel S-HR (Fa. 83).

Kontrollauftragungen: je 1 µl von 1 M Lösungen von Li-, Na-, K-, Mg-Acetat, alle leicht mit Essigsäure angesäuert.

Laufzeit: Acetate 50 min, Sulfate 70 min.

Nachweis: 1,5proz. Violursäure in dest. Wasser. Nach dem Besprühen wird 20 min im Trockenschrank (100°) erwärmt (Tab. 220).

Tabelle 220. *Farbreaktionen der Ionen der Alkali-Gruppe*

Ion	Li^+	Mg^{2+}	Na^+	K^+
Farbe mit Violursäure.	hellrot	gelborange	rotviolett	blauviolett

51*

Lesigang [13] trennt die Ionen dieser Gruppe auf Schichten aus Salzen von Heteropolysäuren.

III. Trennung spezieller Kationen-Gemische

Vielfach ist es von Interesse nur eine bestimmte Gruppe von Kationen oder sogar nur einzelne Ionen ohne Rücksicht auf die begleitenden Ionen nachzuweisen. In diesen Fällen wäre eine vorgängige Trennung in die analytischen Gruppen überflüssig und zeitraubend. Im folgenden sind Trennungen dieser Art beschrieben.

1. UO_2^{2+} in einem Kationen-Gemisch [23, 28]

Im angegebenen Fließmittel wandern UO_2^{2+}-Ionen gegen den oberen Teil des Chromatogramms, während Fe, Co, Cu, Ni, Al und Th am Start oder nur wenig darüber verbleiben. Trägt man eine $UO_2(NO_3)_2$-Lösung auf, so kann das Tochternuclid Th-234 hieraus abgetrennt und am Start durch Aktivitätsmessung gut bestimmt werden.

Schicht: MN Kieselgel S-HR (Fa. 83).
Auftragelösung: $UO_2(NO_3)_2$ in 4,7 N HNO_3.
Fließmittel: Frisch dest. Essigester — Äther mit H_2O gesättigt — Tri-n-butylphosphat (50 + 50 + 2).
Nachweis: 0,25proz. Lösung von Pyridylazonaphthol in Äthanol.
Laufzeit: 10—15 min für 15 cm.

Markl und Hecht [14] trennen U^{6+}, Mo^{6+} und Fe^{3+} aus Gemischen mit anderen Ionen an Kieselgel G-Schichten unter Verwendung von Tri-iso-octylamin als Fließmittel.

Durch Imprägnierung des Sorbens mit Tri-iso-octylamin werden Schichten mit Austauscher-Eigenschaften erhalten [15], welche zur Trennung von U, Co, Cu, Zn; Fe, Co, Ni und anderen Gemischen unter Verwendung verschiedener Säuren als Fließmittel benutzt werden.

2. Ga^{3+} neben viel Al^{3+} [22]

Bei dieser Trennung wandert Ga gegen die Front, während Al am Start zurückbleibt. Noch 0,5% Ga in Al lassen sich mit Sicherheit feststellen. 1 μg Ga ist noch gut zu identifizieren.

Schicht: MN Kieselgel S-HR (Fa. 83).
Fließmittel: frisch dest. Aceton-konz. HCl (100 + 0,5).
Nachweis: 0,5proz. Lösung von 8-Hydroxychinolin in 60proz. Äthanol. Nach dem Besprühen wird über NH_3-Gas gehalten und im UV-Licht (365 nm) ausgewertet.
Laufzeit: 10—15 min für 15 cm.

3. Sn, Cu, Hg, Pb, Bi, Cd und Zn als Dithizonate [11]

Die Kationen werden in Form ihrer Dithizonate in Chloroform gelöst aufgetragen. Eine Nachweisreaktion wird überflüssig, da die Dithizonate charakteristisch gefärbt sind.

Schicht: Kieselgel G (Fa. 88).
Fließmittel: Benzol.
Laufzeit: 40 min für 10 cm.

4. Ag, Pd, Au und Pt als Dithizonate [12]

Die Ionen werden aus der wäßrigen Lösung bei verschiedenen pH-Werten in eine Lösung von Dithizon in Benzol extrahiert: AgHDz, Au $(HDz)_2$ und Au_2Dz_3 aus alkalischer Pd $(HDz)_2$ und Spuren von Au_2Dz_3 aus schwach saurer und Pt$(HDz)_2$ aus stark saurer Lösung.

Die relativen *Steighöhen* der Dithizonate sind:

$$0 = AgHDz < Au\,(HDz)_2 < Au_2Dz_3 < Pt\,(HDz)_2 < Pd\,(HDz)_2$$

Schicht: Kieselgel G (Fa. 88).

Auftragelösungen: 0,1 proz. Lösungen von H_2PtCl_4, $AuCl_3$, $PdCl_2$ und $AgCH_3COO$. 0,1 proz. Lösung von Dithizon in Benzol.

Fließmittel: Benzol-Methylenchlorid (50 + 50).

Laufzeit: 40 min für 10 cm.

5. Trennung von Kationen an Schichten aus Ionenaustauschern (vgl. S. 44—48)

Die Trennung diverser Kationen an Schichten aus Ionenaustauschern beschreiben BERGER [4] und SHERMA [32]. Nach SHERMA können folgende Trennungen durchgeführt werden. As^{3+}, Fe^{3+} und Bi^{3+} lassen sich auf Schichten aus Amberlite CG-120 in der NH_4^+-Form mit einer 0,5 M NH_4F-Lösung als Fließmittel trennen. As^{3+}, Cd^{2+} und Ba^{2+} werden auf Schichten aus Amberlite CG-120 in der Na^+-Form und 0,5 M NaCl als Fließmittel getrennt. Auf Schichten aus Amberlite CG-400 in der Thiosulfat-Form — 0,1 M $(NH_4)_2S_2O_3$ und 0,1 M NH_3 als Fließmittel — können Mg^{2+}, Tl^+ und Ce^{4+} getrennt werden.

Die Trennung von Mn^{2+}, Cd^{2+} und Ag^+ wird auf Schichten aus Amberlite CG-400 in der Malonat-Form und 0,05 M Malonsäure als Fließmittel durchgeführt.

6. Zirkulare DC von Kationen

Nach vorheriger Auftrennung in die klassischen analytischen Gruppen trennten HASHMI et al. [10] eine ganze Reihe von Kationen mittels zirkularer DC (vgl. S. 74); hierzu wurde eine eigene apparative Anordnung entwickelt. Als Sorbentien wurden sowohl Aluminiumoxid wie auch Kieselgel verwendet. Die Laufzeiten sind außerordentlich kurz, im Mittel 2 min.

Wanderungsweite	Schicht	Fließmittel
$Hg^{2+} > Ag^+ > Pb^{2+}$	Aluminiumoxid	n-Butanol, Aceton, konz. HNO_3 (23 + 23 + 4)
$Cu^{2+} > Cd^{2+} > Hg^{2+} > Bi^{3+} > Pb^{2+}$	Aluminiumoxid	n-Butanol, 8 M HCl, Acetylaceton (43 + 4 + 3)
$Sb^{3+} > As^{3+} > Sn^{4+}$	Kieselgel	Aceton, 8 M HCl, Acetylaceton (48 + 1 + 1)
$Fe^{3+} > Al^{3+} > Cr^{3+}$	Kieselgel	Aceton, 4 M HCl, Acetylaceton (97 + 2 + 1)
$Fe^{3+} > Co^{2+} > Mn^{2+} > Ni^{2+}$	Aluminiumoxid	Aceton, 4 M HCl, Acetylaceton (46 + 2 + 2)
$Cu^{2+} > Zn^{2+} > Ni^{2+}$	Aluminiumoxid	Aceton, 4 M HCl, Acetylaceton (97 + 2 + 1)
$Ca^{2+} > Sr^{2+} > Ba^{2+}$	Kieselgel	Aceton, 4 M HCl (97 + 3)

51a Dünnschicht-Chromatographie, 2. Aufl.

7. Trennung und Nachweis toxischer Metalle

a) Qualitative Trennung [17] von Tl, Ni, Cu, Bi und Hg einerseits und Ce, Ni, Cu, Be, Bi und Hg andererseits

Die verwendeten Fließmittel sind in beiden Fällen identisch. Die relativen *Steighöhen* der Ionen sind:

$$\text{Tl} < \text{Ni} < \text{Cu} < \text{Bi} < \text{Hg}$$

resp.
$$\text{Ce} < \text{Ni} < \text{Cu} < \text{Be} < \text{Bi} < \text{Hg}$$

Schicht: Cellulose MN 300 (Fa. 83)
Fließmittel: Aceton-25 proz. HNO_3 (70 + 30).

Nachweis: 1. Gruppe: 0,5 proz. Lösung von Na_2S in Wasser. 2. Gruppe: gesättigte Lösung von Alizarin in 96 proz. Äthanol. Nach dem Besprühen wird über NH_3-Gas gehalten.

b) Bestimmung von Hg [3]

Da bei der colorimetrischen Bestimmung von Hg mittels Dithizon durch andere Schwermetalle und Oxydationsprodukte des Dithizons Fehlresultate erhalten werden können, ist es vorteilhaft, den Dithizonextrakt vor der quantitativen Bestimmung im Spektrophotometer mittels der DC zu reinigen. Im Chromatogramm werden die verschiedenen Metalldithizonate, Dithizon und oxydiertes Dithizon voneinander getrennt. Besonders das immer vorhandene Cu-Dithizonat kann abgetrennt werden. Die Flecke des Hg-Dithizonats werden abgeschabt, eluiert und colorimetrisch ausgewertet.

Die relativen *Steighöhen* sind: Dithizon < Cu-Dithizonat < Hg-Dithizonat < Oxydationsprodukte.

Schicht: Kieselgel G (Fa. 88); Zur Reinigung läßt man zuvor Methanol-Salzsäure etwa 18 cm hoch steigen.
Fließmittel: Benzol.

8. Trennung von cis-trans isomeren Co-Komplexen [29]

Die cis-trans isomeren Komplexe vom Typ (Co en$_2$ Cl$_2$)X (X = Cl', NO$_3$', CNS') wie auch der Nitro-Verbindungen des Co lassen sich gut trennen. Die cis-Formen steigen immer höher als die entsprechenden trans-Formen.

Schicht: MN Kieselgel S-HR (Fa. 83).
Fließmittel: a) für (Coen$_2$ Cl$_2$)X.
Methanol-0,5 N Na-Acetat in Methanol-1 N Essigsäure-Wasser (90 + 10 + 0,5 + 1).

b) für Nitro-Verbindungen.

96 proz. Äthanol-Methanol-25 proz. NH_4-Acetat in Wasser-1 N Essigsäure in Methanol (30 + 70 + 5 + 0,3).

Nachweis: Besprühen mit 2 N NH_3, trocknen, sodann mit 0,1 proz. Lösung von Rubeanwasserstoff in Äthanol.

9. Trennung von Radionucliden [18]

Verschiedene Gemische von Radionucliden wie Ba-La; Ba-Cs; Ca-Sc; Sr-Y; Zn-Ga; Nb-Ta; J′-JO$_3$′-TeO$_3$′; PO$_4^{3-}$-SO$_4^{2-}$ und andere können durch geeignete Fließmittelsysteme und Anwendung verschiedener Sorptionsmittel wie Kieselgel, Kieselgur und Lanthanoxid getrennt werden.

Trennungen dieser Art wurden auch mittels Dünnschicht-Elektrophorese [19] durchgeführt.

IV. Trennung von Anionen

1. Trennung der Halogenide [26]

Aufgetragen werden die Alkali-Salze der Halogenide. Der Nachweis kann mit einem pH-Indicator oder mit einem Fluorescenz-Indicator vorgenommen werden. Fluorid wird mit Zirkon-Alizarinlack nachgewiesen. Bei Verwendung eines pH-Indicators erscheinen die Anionen als hellgelbe Flecke auf blauem Grund.

Die *Reihenfolge* der Steighöhen ist:

$$F′ < Cl′ < Br′ < J′ \qquad \text{(s. Abb. 235).}$$

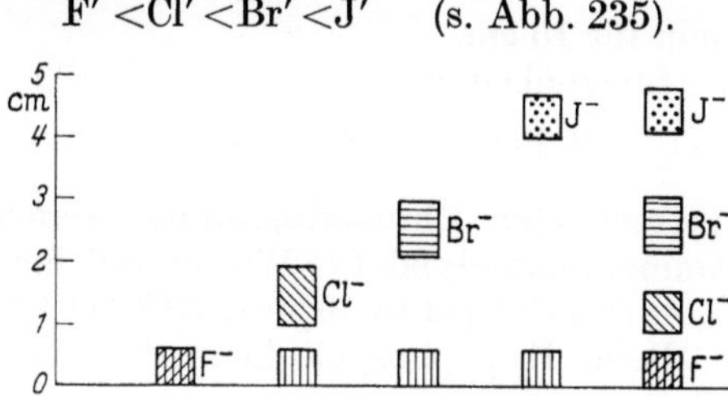

Abb. 235. Trennung der Halogenide

Schicht: MN Kieselgel S-HR (Fa. 83).

Kontrollauftragungen: 1 µl von 1 M Lösungen von NaF, NaCl, KBr und KJ.

Fließmittel: Aceton-n-Butanol-konz. NH$_3$-dest. Wasser (65 + 20 + 10 + 5).

Laufzeit: 30—40 min für 15 cm.

Nachweis: a) 0,1 proz. Lösung von Bromkresolpurpur in Äthanol, welche mit einigen Tropfen verd. NH$_3$ gerade zum Farbumschlag gebracht wurde.

b) 1 proz. Lösung von ammoniakalischem Silbernitrat und 0,1 proz. Lösung von Fluorescein in Äthanol.

c) 0,1 proz. Lösung von Zirkonalizarinlack in stark salzsaurem Medium.

Halogenide und Pseudohalogenide trennen GAGLIARDI et al. [9] auf MN Kieselgel S-HR (Fa. 83). In den angegebenen Fließmitteln kann jeweils die gleiche Reihenfolge der Steighöhen der Ionen beobachtet werden.

$$J′ > SCN′ > Br′ > Cl′ > N_3′ > Fe(CN)_6{}^{3-}, Fe(CN)_6{}^{4-} > CN′ > F′$$

Mit Ausnahme von N_3' und F' bei welchen man die Na-Salze verwendete, wurden die K-Salze aufgetragen.

Gute Trennungen werden mit folgenden Fließmitteln erzielt.

a) n-Butanol-n-Propanol-Di-n-Butylamin (45 + 45 + 10);
b) n-Butanol-Benzylamin (90 + 1);
c) n-Propanol-Chloroform-Benzylamin (60 + 30 + 10).

Die Laufzeiten für 10 cm betrugen bei a) 95 min; b) 90 min; c) 55 min.

Berger et al. [4] trennten die Halogenide auf Schichten aus Ionenaustauscher-Harzen.

2. Trennung von Phosphaten [30]

Getrennt werden die Na-Salze der Pyro- und Orthophosphorsäure, sowie der phosphorigen und der unterphosphorigen Säure.

Schicht: MN Kieselgel S-HR (Fa. 83).

Kontrollauftragungen: je 1 μl von 0,1 M Lösungen von $Na_2H_2P_2O_7$; NaH_2PO_4; NaH_2PO_3 und NaH_2PO_2.

Fließmittel: Methanol-konz. NH_3-10proz. Trichloressigsäure- Wasser (50 + 15 + 5 + 30).

Laufzeit: 50—60 min für 15 cm.

Die *Reihenfolge* der Steighöhen ist:

$$H_2PO_2' > H_2PO_3' > H_2PO_4' > H_2P_2O_7{}^{2-}.$$

Nachweis: Die getrockneten Chromatogramme werden mit einer 1proz. Lösung von Ammoniummolybdat in Wasser und danach mit einer 1proz. Lösung von Zinn(II)-Chlorid in 10proz. HCl besprüht. Es resultieren blaue Flecke. Beim Hypophosphit kann die Blaufärbung erst nach einiger Zeit auftreten.

Clesceri und Lee [6] trennen Ortho- und Pyrophosphat auf Cellulose-Schichten und mit dem Fließmittel: Dioxan-dest. Wasser- Trichloressigsäure-NH_3konz. (67 + 27,5 + 5 g + 0,25). Die relativen Steighöhen sind: $PO_4{}^{3-} < P_2O_7{}^{4-}$.

Mono- und Diphosphorsäuren werden von Baudler et al. [2] an Cellulose-Schichten MN 300 HR (Fa. 83) getrennt. Gute Ergebnisse wurden besonders mit folgenden Fließmitteln erzielt:

a) Methanol-konz. NH_3-H_2O-Trichloressigsäure (55 + 5 + 40 + 3 g);
b) Methanol-konz. NH_3-H_2O-Trichloressigsäure (55 + 5 + 35 + 3,5 g)

3. Trennung kondensierter Phosphate

Aurenge et al. [1] führen die Trennung der kondensierten Phosphate auf Cellulose-Schichten durch. Es werden sowohl lineare als auch cyclische Polyphosphate getrennt. Für lineare Polyphosphate ergibt ein *Fließmittel* aus H_2O-Äthanol-iso-Butanol-iso-Propanol-konz. NH_3 und Trichloressigsäure (30 + 15 + 20 + 0,4 + 5 g) die besten Trennungen.

Als *Fließmittel* für die cyclischen Polyphosphate bewährte sich besonders eine Mischung aus konz. NH_3-Methanol-iso-Butanol-Wasser-Ameisensäure (9 + 50 + 10 + 31 + 0,3).

Der *Nachweis* wird mittels der Phosphor-Molybdat-Reaktion und anschließender Reduktion zu Molybdänblau mit H_2S durchgeführt.

Rössel [20] schlägt zur Trennung gipsfreie Schichten vor, da sich auf anorganischen und organischen gipshaltigen Schichten nur die Metaphosphate, nicht aber die linear kondensierten Phosphate trennen lassen. Als günstigstes Bindemittel hat sich ein Zusatz von 2proz. Mais- bzw.

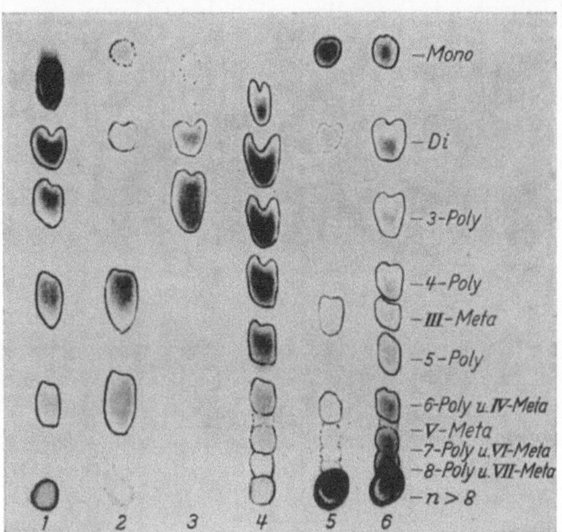

Abb. 236. Trennung kondensierter Phosphate auf einer Celluloseschicht. Nähere Angaben im Text. (Rössel [20])

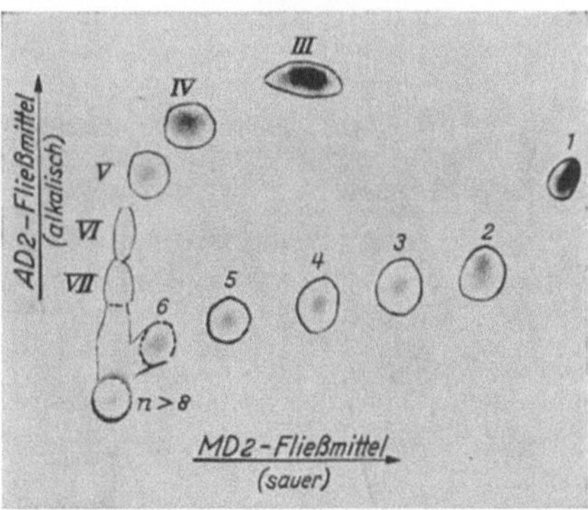

Abb. 237. Zweidimensionales Chromatogramm eines 1,1-basischen Phosphatglases auf einer Celluloseschicht; Einzelheiten im Text. 1 bis 6 = mono- und mittelkettige Phosphate. III—VII = ringförmig kondensierte Phosphate von Trimeta- bis zum Heptametaphosphat. (Rössel [20])

Instantstärke erwiesen. Die Stärke wird in dem zum Anrühren gebrauchten Wasser vorgequollen. Schichten aus säuregewaschenem Cellulosepulver (Typ S & S 142 dg, Fa. Nr. 121) ergeben die besten Trennungen für Meta- und linear kondensierte Phosphate (Abb. 236). Er verwendet zumeist folgendes Fließmittel (MD 2): 75 ml Methanol p.a. + 20 ml einer Lösung aus 700 ml Isopropanol p.a. und 100 ml dest. Wasser + 25 ml einer Lösung aus 125 g Trichloressigsäure p.a. und 32 ml 25proz. Ammoniak p.a. mit dest. Wasser auf 1000 ml aufgefüllt + 6 ml einer Lösung aus 200 ml Eisessig 96proz. und 800 ml dest. Wasser.

Liegen in einem Gemisch außer den linear kondensierten noch zusätzlich cyclische Polyphosphate vor, so gelingt eine Auftrennung im zweidimensionalen Chromatogramm (Abb. 237).

Bei der Durchführung der zweidimensionalen DC wird zuerst mit dem bereits genannten sauren Fließmittel (MD 2), sodann nach der Trocknung in 90° zur ersten Laufrichtung mit dem basischen Fließmittel (AD 2) entwickelt. Letzteres (AD 2) hat folgende Zusammensetzung: 67,5 ml Methanol p.a. + 22,6 ml einer Lösung aus 700 ml Isopropanol p.a. und 100 ml dest. Wasser + 50 ml einer Lösung aus 75 g Trichloressigsäure p.a. und 80 ml 25proz. Ammoniak p.a. mit dest. Wasser auf 1000 ml aufgefüllt + 6ml einer Lösung aus 200 ml Eisessig 96proz. p.a. und 800 ml dest. Wasser.

4. Trennung von Sulfaten und Polythionaten [27, 28]

Sulfate, Sulfite, Persulfate und Thiosulfate, sowie Thiosulfate, Di-, Tri-, Tetra- und Pentathionate, wie auch die in der Wackenroderschen Flüssigkeit enthaltenen Anionen können getrennt werden. Mit Hilfe dieser Trennungen können auch die verschiedenen Oxydationsprodukte aus den Reaktionen von Thiosulfat mit Cl_2; Br_2; J_2 und SO_2 anschaulich gezeigt werden. In den angegebenen Fließmitteln ergeben sich folgende relative *Steighöhen* für die Ionen:

a) $SO_4^{2-} < S_2O_3^{2-} < SO_3^{2-} < S_2O_8^{2-}$

b) $S_2O_3^{2-} < S_2O_6^{2-} < S_3O_6^{2-} < S_4O_6^{2-} < S_5O_6^{2-}$

Schicht: MN Kieselgel S-HR (Fa. 83).

Kontrollauftragungen: je 1 μl von 1proz. Lösungen der Na- oder K-Salze .Die Lösungen sind jeweils frisch herzustellen, da sie sich beim Stehen zum Teil verändern.

Fließmittel: a) Methanol-n-Propanol-konz. NH_3-H_2O (50 + 50 + 5 + 10)
b) Methanol-Dioxan-konz. NH_3-H_2O (30 + 60 + 10 + 10).

Laufzeit: 45 min für 15 cm.

Nachweis: a) 0,1 M $AgNO_3$ mit soviel 2 N NH_3 versetzt, daß der anfangs gebildete Niederschlag gerade wieder gelöst wird. Mit diesem Reagens ergeben alle reduzierenden oder Sulfid-Schwefel enthaltende Anionen dunkle Flecke.

b) 0,1proz. Lösung von Bromkresolgrün in Wasser, mit verd. NH_3 gerade zum Umschlag gebracht. Hiermit ergeben die restlichen Anionen helle Flecke auf blaugrünem Grund.

V. Qantitative Bestimmung [31]

Bei den quantitativen Bestimmungen können prinzipiell zwei Methoden unterschieden werden.

A. Herauslösen der getrennten Substanzen und anschließende quantitative Bestimmung auf konventionellem Weg.

B. Direkte quantitative Bestimmung auf dem Chromatogramm.

Obgleich für die Methode A präzise Mikromethoden zur Bestimmung der Substanzen zur Verfügung stehen, können beim Abschaben der Schichten und beim Eluieren der Substanzen erhebliche Fehler entstehen.

Die direkte Bestimmung (B) kann auf verschiedene Arten vorgenommen werden (s. hierzu auch Kap. H; S. 133—155).

1. Semiquantitativ durch visuellen Vergleich von Fleckengröße und Farbintensität mit Flecken bekannten Gehalts. Fehler etwa ± 30%.

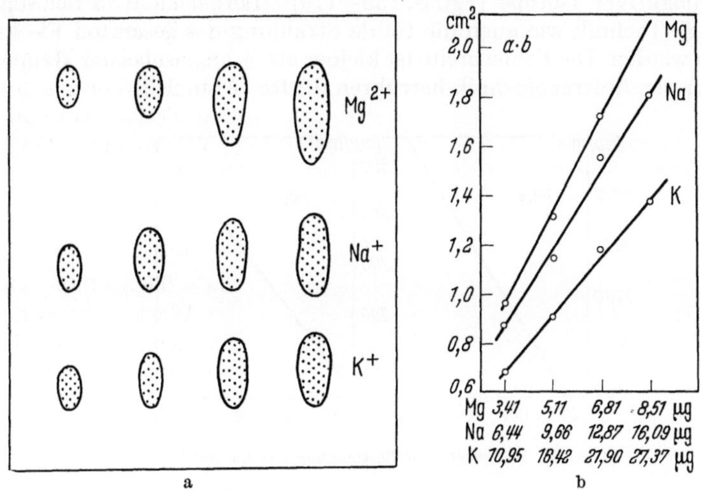

Abb. 238a. Trennung der Alkali-Ionen
Abb. 238b. Bestimmung von Na, K und Mg auf Grund der Fleckengröße

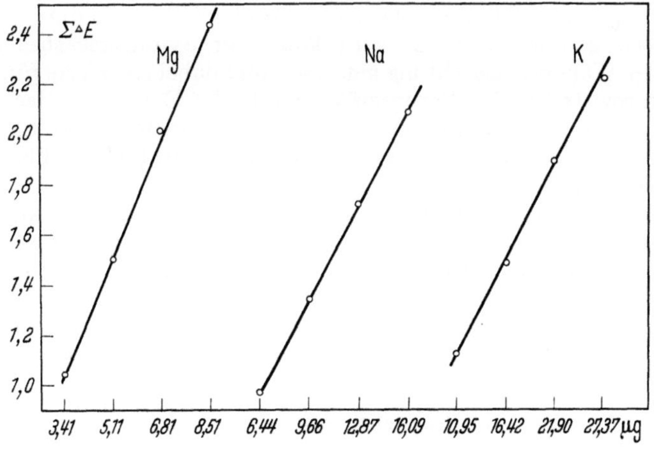

Abb. 239. Photometrische Bestimmung von Na, K und Mg

2. Durch planimetrische Ausmessung der Fleckenfläche. Die Fläche ist der Konzentration proportional. Schwierigkeiten ergeben sich bei der Festlegung der Färbungsgrenzen. Fehler etwa ± 10%. (Abb. 238a, b).

3. Genauere Ergebnisse liefert die photometrische Auswertung der Flecken. Diese kann sowohl im durchfallenden wie auch im reflektierten Licht vorgenommen werden, wobei letztere Methode bessere Resultate ergibt. Die Messung im durchfallenden Licht ist apparativ einfacher; es sind hierzu verschiedene Geräte im Handel erhältlich (s. S. 140, 144).

Die Fehlerbreite beträgt $\pm 4\%$. (Gerät Fa. 104) (Abb. 239).

4. Als sehr genau und empfindlich erwies sich die Bestimmung mit Hilfe radioaktiver Isotope (vgl. S. 155—179). Hierbei kann in der sog. "scanning"-Technik wie auch die totale Strahlung des gesamten Flecks gemessen werden. Die Fehlerbreite ist kleiner als $\pm 1\%$, wobei der Hauptfehler von der Auftragetechnik herrühren dürfte (Abb. 240).

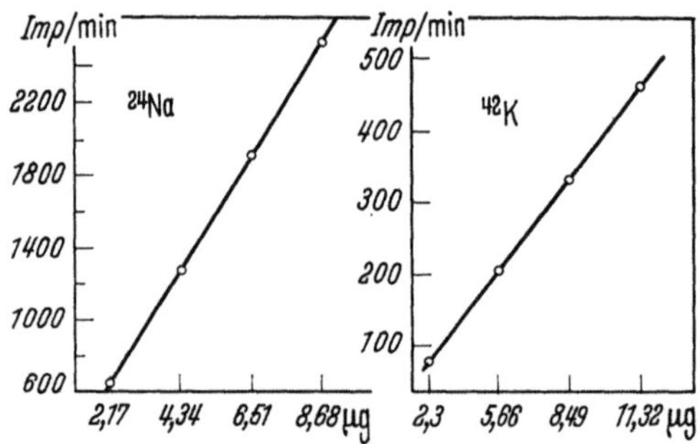

Abb. 240. Radiometrische Bestimmung von Na und K

Bei der photometrischen Bestimmung im durchfallenden Licht zeigte es sich, daß man mit Vorteil eine Blende sehr kleiner Öffnung verwendet, so daß der ganze Lichtstrahl bei der "scanning"-Technik durch den Substanzfleck geführt wird. Es wird längs der Symmetrieachse der Flecke in der Wanderungsrichtung gemessen und dabei die Werte für die Extinktion registriert. Als Bezugsgröße wurde die Extinktion der mit Fließmittel und Nachweisreagens behandelten Schicht gewählt. Die Fläche unter den Extinktionskurven ist der Konzentration der Flecken proportional. $\Sigma \Delta E = k \times c$.

Es zeigte sich, daß einfallendes Fremdlicht ausgeschlossen werden muß. Damit der Meßkopf direkt auf der Schicht gleiten konnte, mußte die Schicht abriebfest sein. Durch Verwendung von Stärke als Bindemittel (MN Kieselgel S-HR, Fa. 83) konnten sehr abriebfeste Schichten erhalten werden. Außerdem muß die ganze Meßanordnung vor seitlich einfallendem Licht abgeschirmt werden, da die Glasplatten ausgezeichnete Lichtleiter sind.

Literatur zum Kapitel Y. Anorganische Ionen

[1] Aurenge, J., M. Degeorges et J. Normand: Bull. Soc. chim. Fr. **1964**, 508.
[2] Baudler, M., u. M. Mengel: Z. analyt. Chem. **206**, 8 (1964); Baudler, M., u. F. Stuhlmann: Naturwissenschaften **51**, 57 (1964).
[3] Bäumler, J., u. S. Rippstein: Mitt. Lebensmitt.-Hyg. **54**, 57 (1963).
[4] Berger, J. A., G. Meyniel et J. Petit: C. R. Acad. Sci. (Paris) **259**, 2231 (1964).

[5] Canić, V. D., u. S. M. Petrović: Z. analyt. Chem. 211, 321 (1965).
[6] Clesceri, N. L., and G. F. Lee: Analyt. Chemistry 36, 2207 (1964).
[7] Druding, L. F.: Analyt. Chemistry 35, 1582 (1963).
[8] Gagliardi, E., u. W. Likussar: Mikrochim. Acta 1965, 765.
[9] — u. G. Pokorny: Mikrochim. Acta 1965, 699.
[10] Hashmi, M. H., M. A. Shahid u. A. A. Ayaz: Talanta 12, 713 (1965).
[11] Hranisavljević-Jakovljević, M., et al.: Thin-layer Chromatography. S. 221.
      Ed. G. B. Marini-Bettòlo. Amsterdam, London, New York: Elsevier
      1964.
[12] — — Mikrochim. et Ichnoanalyt. Acta 1965, 141.
[13] Lesigang, M.: Mikrochim. Ichnoanalyt. Acta 34, 508 (1964).
[14] Markl, P., u. F. Hecht: Mikrochim. Acta 1964, 889.
[15] — — Mikrochim. Acta 1963, 970.
[16] Meinhard, J. E., and N. F. Hall: Analyt. Chemistry 21, 185 (1949).
[17] Merkus, F. W. H. M.: Pharm. Weekblaad 98, 947 (1963).
[18] Moghissi, A.: J. Chromatog. 13, 542 (1964).
[19] — Analyt. chim. Acta 30, 91 (1964).
[20] Rössel, T.: Z. analyt. Chem. 197, 333 (1963).
[21] Seiler, H.: Helv. chim. Acta 45, 381 (1962).
[22] — u. M. Seiler: Helv. chim. Acta 44, 939 (1961).
[23] — — Helv. chim. Acta 43, 1939 (1960).
[24] — Dieses Buch, 1. Auflage.
[25] — u. W. Rothweiler: Helv. chim. Acta 44, 941 (1961).
[26] — u. T. Kaffenberger: Helv. chim. Acta 44, 1282 (1961).
[27] — u. H. Erlenmeyer: Helv. chim. Acta 47, 264 (1964).
[28] — u. M. Seiler: Helv. chim. Acta 48, 117 (1965).
[29] — Chr. Biebricher u. H. Erlenmeyer: Helv. chim. Acta 46, 2636 (1963)
[30] — Helv. chim. Acta 44, 1753 (1961).
[31] — Helv. chim. Acta 46, 2629 (1963).
[32] Sherma, J.: J. Chromatog. 19, 458 (1965).
Eine Zusammenfassung über die DC anorganischer Ionen wurde veröffentlicht
von
F. H. Pollard, K. W. C. Burton, and D. Lyons: Lab. Pract. 13, 505 (1964).

Z. Sprühreagentien

K. G. Krebs, D. Heusser und H. Wimmer

Die folgende Aufstellung enthält die wichtigsten bekannten Sprühreagentien. In Teil I sind die Reagentien in alphabetischer Reihenfolge aufgeführt; im Nachtrag dazu sind die nach Drucklegung bekannt gewordenen bzw. mitgeteilten Sprühreagentien verzeichnet. Der Teil II, der auch den Nachtrag erfaßt, ist nach Substanzen bzw. Substanzgruppen gegliedert, die nachgewiesen werden sollen und nennt die für ihren Nachweis gebräuchlichen Reagentien. Sprühreagentien, die nach Autoren benannt sind bzw. Kurzbezeichnungen tragen, sind im Teil III zusammengefaßt.

Die im Einzelfall angegebene Vielzahl der Reagentien soll es dem Analytiker ermöglichen, durch geeignete Auswahl genauere Aussagen über die Einordnung einer Verbindung in eine bestimmte Substanzgruppe zu machen. Dabei ist davor zu warnen, daß die Spezifität des entsprechenden Reagenses überschätzt wird. So reagieren z. B. nicht nur die Aminosäuren, sondern auch reduzierende Verbindungen (z. B.

Ascorbinsäure) mit Ninhydrin. Ein eindeutiger Nachweis kann also nur durch kombinierte Anwendung verschiedener Reagentien geführt werden.

Zur *Herstellung* der Sprühlösungen dürfen nur reine Reagentien und Lösungsmittel verwendet werden. Unter Äthanol ist 96proz. Äthylalkohol zu verstehen.

Bei den *toxischen* oder sonst gefährlichen Reagentien bzw. Sprühlösungen wurden entsprechende Hinweise gegeben. Im übrigen gelten für alle Arbeiten mit Sprühreagentien die bekannten Regeln und Maßnahmen der Laboratoriumstechnik.

Zur Beobachtung unter langwelligem UV-Licht wird eine Analysenquarzlampe mit einem Wellenlängenmaximum von 366 nm verwendet; das Wellenlängenmaximum der kurzwelligen UV-Lampe liegt bei 254 nm (vgl. S. 78).

Das *Ansprühen.* Um eine gleichmäßige Verteilung des Reagenses auf der Schicht zu erzielen, ist es erforderlich, die Reagenslösung als Aerosol aufzubringen. Wie auf S. 80 ausgeführt, werden nur Druckluft-Sprüher dieser Anforderung gerecht. Vor allem bei spezifisch schweren Sprühlösungen, wie z. B. Schwefelsäure-Reagentien, und bei wäßrigen Lösungen ist auf optimale Druckverhältnisse zu achten.

Einige der gebräuchlichsten Sprühreagentien sind als Aerosol-Sprühdosen im Handel, z. B. Ninhydrin, Bromkresolgrün, Anilinphthalat usw. Die Aerosol-Sprühdose bietet neben einfachster Handhabung den Vorteil bestmöglicher Zerstäubung des Reagenses.

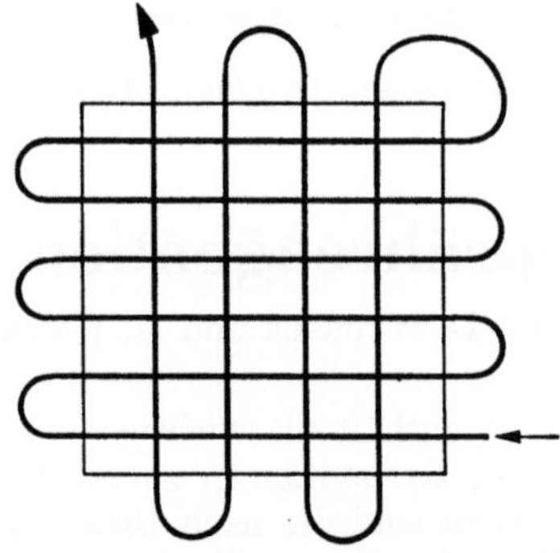

Abb. 241. Sprühschema. Der Sprühstrahl wird in der Pfeilrichtung über die Schicht bewegt (Waldi)

Bei den kombinierten Sprühern, die von mehreren Firmen in den Handel gebracht werden, sind Reagenzgefäß und Treibgasbehälter getrennt (Abb. 38). Vor Gebrauch wird das jeweilige Reagenzgefäß mittels eines Kunststoffaufsatzes an den Treibgasbehälter angeschlossen. Das Gerät gestattet ein Auswechseln der Sprühlösungen.

Für ein gleichmäßiges Sprühen hat sich das von D. Waldi angegebene Schema (s. Abb. 241) bewährt. Aus einer Entfernung von 30—40 cm wird der Sprühstrahl in der beschriebenen Weise mehrmals über die Platte geführt.

Zur Beachtung!

Das Besprühen der Chromatogramme soll unbedingt in einem gut ziehenden Abzug (vgl. S. 81) vorgenommen werden, zumal einige Reagentien giftig sind.

I. Herstellung und Anwendung der Sprühreagentien

1. Äthylendiamin: für Catecholamine.
Sprühlösung: Äthylendiamin wird zu gleichen Teilen mit Wasser oder verdünnter Natronlauge gemischt.
Nachbehandlung: 20 min auf 50—60° C erwärmen. Auswerten im kurz- oder langwelligen UV-Licht.
R. Segura-Cardona, and K. Soehring: Med. Exp. **10**, 251 (1964).

2. Alizarin: für Kationen.
Sprühlösung: Gesättigte Alizarinlösung in Äthanol. Die noch feuchte Platte wird in eine mit Ammoniaklösung (25%) beschickte Kammer gestellt.
G. de Vries, G. P. Schütz, and E. van Dalen: J. Chromatog. **13**, 119 (1964).

3. Aluminiumchlorid: für Flavonoide.
Sprühlösung: Aluminiumchloridlösung (1% in Äthanol). Gelbe Fluorescenz im langwelligen UV-Licht.
T. G. Gage, C. D. Douglas, and S. H., Wender: Anal. Chem. **23**, 1582 (1951).

4. 4-Aminoantipyrin-Kaliumhexacyanoferrat (III): für Phenole (Emerson-Reaktion).
Sprühlösung I: 4-Aminoantipyrin-Lösung (2% in Äthanol).
Sprühlösung II: Kaliumhexacyanoferrat (III)-Lösung (8% in Wasser)
Vorgang: Nach dem Sprühen mit I und anschließend mit II wird das Chromatogramm in eine mit Ammoniaklösung (25%) beschickte Kammer eingestellt. Hierbei bilden sich rotorange bis lachsrote Zonen.
G. Gabel, K. H. Müller u. J. Schoknecht: Dtsch. Apotheker-Ztg. **102**, 293 (1962).

5. o-Aminodiphenyl-Phosphorsäure (modif. nach Lewis-Smith): für Zucker.
Sprühlösung: 0,3 g o-Aminodiphenyl und 5 ml Phosphorsäure (85%) werden in 95 ml Äthanol gelöst.
Nachbehandlung: 15—20 min auf 110° C erhitzen. Zucker ergeben braune Flecken.
T. E. Timell, C. P. J. Glaudemans, and A. L. Currie: Anal. Chem. **28**, 1916 (1956).

6. 4-Aminohippursäure: für reduzierende Zucker.
Sprühlösung: 4-Aminohippursäurelösung (0,3% in Äthanol).
Nachbehandlung: 8 min auf 140° C erhitzen.
Die Flecken fluorescieren unter der langwelligen UV-Lampe.
L. Sattler, and F. W. Zerban: Anal. Chem. **24**, 1862 (1952).

7. Ammoniak: für Tetracycline.
Vorgang: Die Dünnschichtplatte wird in eine mit Ammoniaklösung (25%) beschickte Kammer gestellt.
Unter der langwelligen UV-Lampe fluorescieren die Tetracycline gelb.
M. Urx, J. Vondráčková, L. Kovařík, O. Horský, and M. Herold: J. Chromatog. **11**, 62 (1963).

8. Ammoniumcer (IV)-nitrat-N,N-Dimethyl-p-phenylendiammoniumdichlorid: für Polyalkohole.
Lösung a: Ammoniumcer (IV)-nitratlösung (1% in 0,2 N-Salpetersäure).

Lösung b: 1,5 g N,N-Dimethyl-p-phenylendiammoniumdichlorid werden in einer Mischung von 128 ml Methanol, 25 ml Wasser
und 1,5 ml Eisessig gelöst.
Sprühlösung: Vor Gebrauch wird 1 Vol. a mit 10 Vol. b gemischt.
Nachbehandlung: 10 min auf 105° C erhitzen.
Gelblichgrüne Flecken auf rotem Untergrund.
E. Knappe, D. Peteri u. J. Rohdewald: Z. anal. Chem. **199**, 270 (1964).

9. Ammoniummolybdat-Perchlorsäure (Hanes' Reagens): für Phosphorsäureester (Zuckerphosphate).
Sprühlösung: 0,5 g Ammoniummolybdat werden in 5 ml Wasser gelöst,
1,5 ml Salzsäure (25%) u. 2,5 ml Perchlorsäure (70%) zugefügt. Nach Abkühlen der Lösung auf Zimmertemperatur
wird mit Aceton auf 50 ml ergänzt.
Dieses Reagens sollte erst nach 1 Tag verwendet werden.
Es ist etwa 3 Wochen haltbar.
Nachbehandlung: 2 min mit Infrarotlampe im Abstand von 30 cm bestrahlen
und dann 7 min langwelligem UV-Licht aussetzen bzw.
5—10 min auf 110° C erhitzen.
C. S. Hanes, and F. A. Isherwood: Nature **164**, 1107 (1949),
T. H. Bevan, G. I. Gregory, T. Malkin, and A. G. Poole: J. Chem. Soc.
1951, 841.
S. Burrows, F. S. M. Grylls, and J. S. Harrison: Nature **170**, 800 (1952).
C. W. Stanley: J. Chromatog. **16**, 467 (1964).

10. Ammoniummolybdat-Zinn (II)-chlorid: für Phosphorsäuren.
Sprühlösung I: Ammoniummolybdatlösung (1% in Wasser).
Sprühlösung II: 1proz. Lösung von Zinn(II)-chlorid in Salzsäure (10%).
Vorgang: Mit I besprühen und nach Antrocknen mit II nachsprühen;
evtl. 3—5 min auf 105° C erwärmen.
H. Seiler: Helv. Chim. Acta **44**, 1753 (1961).

11. Ammoniumthiocyanat-Eisen (II)-sulfat: für Peroxide.
Sprühlösung I: 0,4 g Ammoniumthiocyanat werden in 30 ml Aceton gelöst.
Sprühlösung II: 1,2 g Eisen(II)-sulfat werden in 30 ml Wasser gelöst.
Vorgang: Erst mit I besprühen, kurz antrocknen lassen, dann mit II
nachsprühen.
M. H. Abraham, A. G. Davies, D. R. Llewellyn, and E. M. Thain: Anal.
Chim. Acta **17**, 499 (1957).

12. Anilin-Diphenylamin-Phosphorsäure: für reduzierende Zucker.
Sprühlösung: 4 g Diphenylamin, 4 ml Anilin und 20 ml Phosphorsäure
(85%) werden in 200 ml Aceton gelöst.
Nachbehandlung: 10 min auf 85° C erwärmen.
Das Reagens ergibt verschiedene Färbungen.
1,4-Aldohexoseoligosaccharide werden blau angefärbt.
R. W. Bailey, and E. J. Bourne: J. Chromatog. **4**, 206 (1960).
J. L. Buchan, and R. J. Savage: Analyst **77**, 401 (1952).
S. Schwimmer, and A. Bevenne: Science **123**, 543 (1956).

13. Anilin-Phosphorsäure: für Zucker.
Sprühlösung: 1 Vol. 2 N-Anilinlösung in wassergesättigtem 1-Butanol
wird mit 2 Vol. 2 N-Orthophosphorsäure in 1-Butanol gemischt.
Nachbehandlung: 10 min auf 105° C erwärmen.
I. L. Bryson, and T. I. Mitchell: Nature **167**, 864 (1951).

14. Anilinphthalat: für reduzierende Zucker u. Halogensauerstoffsäure-Anionen.
Sprühlösung: 0,93 g Anilin und 1,66 g o-Phthalsäure werden in 100 ml
wassergesättigtem 1-Butanol gelöst.
Nachbehandlung: 10 min auf 105° C erwärmen.
S. M. Partridge: Nature **164**, 443 (1949).
W. Peschke: J. Chromatog. **20**, 572 (1965).

15. Anisaldehyd-Schwefelsäure: für Zucker, Steroide, Terpene usw.

Sprühlösung: Frisch bereitete Lösung von 0,5 ml Anisaldehyd in 50 ml Eisessig unter Zusatz von 1 ml Schwefelsäure (konz.).

Nachbehandlung: Auf 100—105° C erwärmen bis zur max. Farbintensität der Flecken. Der rosa gefärbte Untergrund läßt sich durch Wasserdampf (Wasserbad) aufhellen.
Flechteninhaltsstoffe, Phenole, Terpene, Zucker und Steroide färben sich je nach Verbindung violett, blau, rot, grau oder grün.

Modifizierte Sprühlösung: Zur Sichtbarmachung von Zuckern kann man auch eine jeweils frisch bereitete Mischung von 0,5 ml Anisaldehyd + 9 ml Äthanol + 0,5 ml Schwefelsäure (konz.) + 0,1 ml Eisessig verwenden.

Nachbehandlung: Nach dem Aufsprühen 5—10 min auf 90—100° C erhitzen.

E. STAHL u. U. KALTENBACH: J. Chromatog. **5**, 351 (1961);
B. P. LISBOA: J. Chromatog. **16**, 136 (1964).

16. p-Anisidinphthalat: für reduzierende Zucker.

Sprühlösung: 0,1 M Lösung von p-Anisidin und Phthalsäure in Äthanol (96%).

Nachbehandlung: 10 min auf 100° C erhitzen.

17. Anthron: für Ketosen.

Sprühlösung: 0,3 g Anthron werden in 10 ml Eisessig gelöst und der Lösung 20 ml Äthanol, 3 ml Phosphorsäure (85%) und 1 ml Wasser zugesetzt.
Die Lösung ist im Eisschrank einige Wochen haltbar.

Nachbehandlung: 5—6 min auf 110° C erwärmen.
Ketosen und Ketosen enthaltende Oligosaccharide erscheinen als gelbe Flecken.

R. JOHANSON: Nature **172**, 956 (1953).

18. Antimon(III)-chlorid: für Flavonoide.

Sprühlösung: Antimon(III)-chloridlösung (10% in Chloroform).
Fluorescierende Flecken unter der langwelligen UV-Lampe.

L. HÖRHAMMER, H. WAGNER u. K. HEIN: J. Chromatog. **13**, 235 (1964).
R. NEU u. P. HAGEDORN: Naturwissenschaften **40**, 411 (1953).

19. Antimon(III)-chlorid (Carr-Price-Reagens): für Vitamine A und D, Carotinoide, Steroidsapogenine, Steroidglykoside und Terpenderivate.

Sprühlösung: 25 g Antimon(III)-chlorid werden bei Bedarf in 75 g Chloroform gelöst.
Im allgemeinen wird eine gesättigte Lösung von Antimon(III)-chlorid in Chloroform oder Tetrachlorkohlenstoff verwendet.

Nachbehandlung: 10 min auf 100° C erwärmen.
Chromatogramm auch im langwelligen UV betrachten.

E. STAHL: Chemiker-Ztg. **82**, 323 (1958).
K. TAKEDA, S. HARA, A. WADA, and N. MATSUMOTO: J. Chromatog. **11**, 562 (1963).

20. Antimon(III)-chlorid-Eisessig: für Steroide und Diterpene.

Sprühlösung: 20 g Antimon(III)-chlorid werden in einem Gemisch aus 20 ml Eisessig und 60 ml Chloroform gelöst.

Nachbehandlung: 5 min auf 100° erhitzen.
Die Diterpene erscheinen als rötlichgelbe bis blauviolette Zonen. Betrachten im langwelligen UV-Licht.

H. P. KAUFMANN u. À. K. SEN GUPTA: Chem. Ber. **97**, 2652 (1964).

21. Antimon(III)-chlorid-Schwefelsäure: für Gallensäuren.

Sprühlösung: 20 g Antimon(III)-chlorid werden in 50 ml wasserfreiem 1-Butanol gelöst und mit 10 ml Schwefelsäure (konz.) und 20 ml Eisessig gemischt. Frisch bereiten!

Nachbehandlung: Nach 15 min langer Lufttrocknung wird die Platte 25 bis 30 min bei gepaarten Gallensäuren, 45—50 min bei freien Gallensäuren auf 110° C erhitzt.
Farbreaktionen von Gelb bis Grün.

W. L. Anthony, and W. T. Beher: J. Chromatog. **13**, 567 (1964).

22. Antimon(V)-chlorid: für Vitamine A, D und E, Terpene, Öle, Harze, Phenoxyalkancarbonsäureester, Steroidsapogenine.

Sprühlösung: 2 Vol. Antimon(V)-chlorid werden mit 8 Vol. Tetrachlorkohlenstoff oder Chloroform gemischt. Frisch bereiten!

Nachbehandlung: Bis zum Erscheinen der Flecken auf 120° C erhitzen.
Auswerten auch im langwelligen UV.

J. M. MacMahon, R. B. Davis, and G. Kalnitzky: J. Am. Chem. Soc. **74**, 4483 (1952).

E. Stahl: Chemiker-Ztg. **82**, 323 (1958).

R. Ikan, J. Kashman, and E. D. Bergmann: J. Chromatog. **14**, 275 (1964).

H. G. Henkel, and W. Ebing: J. Chromatog. **14**, 285 (1964).

23. Benzidin: für Persulfate.

Sprühlösung: 0,05 g Benzidin werden in 100 ml 1 N-Essigsäure gelöst.
Es entstehen sofort blaue Flecken.

Y. Servigne, et Cl. Duval: Compt. Rend. **245**, 1803 (1957).

24. Benzidin diazotiert: für Phenole.

Benzidin-
Stammlösung: 5 g Benzidin und 14 ml Salzsäure (36%) werden zu 1000 ml in Wasser gelöst.

Nitritlösung: Natriumnitritlösung (10% in Wasser). Frisch bereiten!

Sprühlösung: 20 ml der Benzidin-Stammlösung werden mit 20 ml der Nitritlösung bei 0° C unter ständigem Rühren gemischt.

Bemerkung: Das Reagens ist 2—3 Std lang haltbar. Je nach dem vorliegenden Phenol tritt die Farbreaktion sofort bzw. nach mehreren Stunden auf.

J. Sherma, and L. V. S. Hood: J. Chromatog. **17**, 307 (1965).

25. Benzidin-Trichloressigsäure: für Zucker.

Sprühlösung: 0,5 g Benzidin werden in 10 ml Eisessig gelöst, 10 ml Trichloressigsäure (40% in Wasser) zugegeben und mit Äthanol zu 100 ml ergänzt.

Nachbehandlung: Nach 15 minütigem Bestrahlen mit ungefiltertem UV-Licht erscheinen die Zucker als graubraune bis tiefrotbraune Flecken.
Auch Erhitzen auf 110° C ergibt dunkelgefärbte Flecken.

J. S. D. Bacon, and J. Edelmann: Biochem. J. **48**, 114 (1951).

G. Harris, and I. C. MacWilliam: Chem. & Ind. (London) **1954**, 254.

26. Bleiacetat basisch: für Flavonoide.

Sprühlösung: Lösung von basischem Bleiacetat (25% in Wasser).
Fluorescierende Flecken unter der langwelligen UV-Lampe.

L. Hörhammer, H. Wagner u. K. Hein: J. Chromatog. **13**, 235 (1964).

R. Neu u. P. Hagedorn: Naturwissenschaften **40**, 411 (1953).

27. Bleitetraacetat: für α-Diolgruppierungen.

Sprühlösung: Bleitetraacetatlösung (1% in Benzol).

Nachbehandlung: 5 min auf 110° C erwärmen.
Weiße Flecken auf braunem Untergrund.

J. Wright: Chem. & Ind. (London) **1963**, 1125.

28. Bleitetraacetat-Rosanilin: für α-Diolgruppierungen.

Sprühlösung I: 3 g Mennige (2 PbO.PbO₂) werden mit 100 ml Eisessig versetzt und unter gelegentlichem Umschütteln bis zur völligen Lösung stehengelassen.

Sprühlösung II: 0,05 g Rosanilinbase werden in einer Eisessig-Aceton-Mischung (10 + 90) gelöst.

Es kann ebenfalls eine Fuchsinlösung (0,1% in Methanol) verwendet werden.

Vorgang: Mit I besprühen und nach 4—5 min mit II nachsprühen

K. Sampson, F. Schild, and R. J. Wicker: Chem. & Ind. (London) 1961, 82.

K. G. Bergner u. H. Sperlich: Z. Lebensm.-Untersuch. u. -Forsch. 97, 253 (1953).

29. Bromcyan-4-Aminobenzoesäure (Königs Reagens): für tertiäre Pyridinverbindungen mit mind. einer unsubst. α-Stellung.

Vorbehandlung: Das Chromatogramm wird vor dem Besprühen 1 Std lang in eine Kammer eingestellt, in der ein Becherglas mit Bromcyanlösung steht (giftig!).

Die Bromcyanlösung wird aus eisgekühltem gesättigtem Bromwasser bereitet, das mit so viel Natriumcyanidlösung (10% in Wasser) versetzt wird, bis die Bromfärbung verschwunden ist.

Sprühlösung: 2 g 4-Aminobenzoesäure werden in 75 ml 0,75 N-Salzsäure gelöst. Die Lösung wird mit Äthanol auf 100 ml aufgefüllt.

E. Kodicek, and K. K. Reddi: Nature 168, 475 (1951).

Variation:

Sprühlösung: Mischung aus p-Aminobenzoesäurelösung (2% in Äthanol) und 0,1 M-Phosphat-Puffer pH 7,0 (1 + 1).

Vorgang: Nach dem Ansprühen wird die Platte 15 min lang bei Zimmertemperatur getrocknet und anschließend in eine Kammer gestellt, auf deren Boden sich einige Kristalle Bromcyan befinden.

E. Hodgson, E. Smith, and F. E. Guthrie: J. Chromatog. 20, 176 (1965).

30. Brom-Fluorescein-Silbernitrat: für Insecticide.

Bromlösung: 5% in Tetrachlorkohlenstoff.

Sprühlösung I: 1 ml Fluoresceinlösung (0,25% in Dimethylformamid) wird auf 50 ml mit Äthanol verdünnt.

Sprühlösung II: 1,7 g Silbernitrat werden in 5 ml Wasser gelöst, 10 ml 2-Phenoxyäthanol (Phenylcellosolve) zugegeben und mit Aceton zu 200 ml ergänzt.

Vorgang: Die Platte wird 30 sec in die mit der Bromlösung beschickte Kammer eingestellt, danach mit I und II besprüht und 7 min mit langwelligem UV-Licht bestrahlt.

K. C. Walker, and M. Beroza: J. Assoc. Off. Agr. Chemists 46, 250 (1963).

31. Bromkresolgrün: Indicator.

Sprühlösung: 0,04 g Bromkresolgrün werden in 100 ml Äthanol gelöst. Die Lösung wird mit 0,1 N-Natronlauge bis zur eben auftretenden Blaufärbung versetzt.

F. Bryant, and B. T. Overell: Biochim. et Biophys. Acta 10, 471 (1953).

32. Bromkresolgrün-Bromphenolblau-Kaliumpermanganat: für organische Säuren.

Lösung a: 0,075 g Bromkresolgrün und 0,025 g Bromphenolblau werden zu 100 ml in Äthanol (absolut) gelöst.

Lösung b: 0,25 g Kaliumpermanganat und 0,5 g Natriumcarbonat (Na₂CO₃ + 10 H₂O) werden zu 100 ml in Wasser gelöst.

Sprühlösung: Unmittelbar vor dem Sprühen werden 9 Vol. von Lösung a und 1 Vol. von Lösung b gemischt und sofort gesprüht. Die Mischung ist nur 5—10 min haltbar.

J. Pásková, and V. J. Munk: J. Chromatog. 4, 241 (1960).

33. Bromkresolpurpur: für Halogen-Ionen bei Verwendung des Laufmittels Aceton-1-Butanol-Ammoniaklösung (25%)-Wasser (65 + 20 + 10 + 5).
Indicatorreagens, da Anionen als NH_4-Salze laufen!

Sprühlösung: Eine Bromkresolpurpurlösung (0,1% in Äthanol) wird mit wenigen Tropfen Ammoniaklösung (10%) bis eben zum Farbumschlag versetzt.

H. Seiler u. T. Kaffenberger: Helv. chim. Acta **44**, 1282 (1961).

34. Bromkresolpurpur: für Dicarbonsäuren auf polyäthylenglykolimprägnierten Schichten.

Sprühlösung: 0,04 g Bromkresolpurpur werden in 100 ml Äthanol (50%) gelöst und mit 0,1 N-Natronlauge auf pH 10,0 eingestellt (Glaselektrode).

Vorgang: Die mit dem Laufmittel Diisopropyläther-Ameisensäure-Wasser (90 + 7 + 3) entwickelten DC-Platten werden nach dem Lauf genau 10 min auf genau 100° C erwärmt. Nach dem völligen Abkühlen auf Zimmertemperatur wird besprüht. Gelbe Flecken auf blauem Untergrund.

E. Knappe u. D. Peteri: Z. anal. Chem. **188**, 184 (1962).

35. Bromphenolblau-Methylrot-Paulys Reagens: für Phenole.

Sprühlösung I: Je 100 ml Bromphenolblaulösung (0,12% in Wasser), Methylrotlösung (0,06% in Äthanol) und Phosphatpuffer (nach Sörensen) (pH = 7,2) werden gemischt.

Sprühlösung II: Siehe Reagens Nr. 230 (diazotierte Sulfanilsäure).

Vorgang: Die Platte wird zunächst mit I besprüht und anschließend II nachgesprüht.

J. W. Copius-Peereboom, and H. W. Beekes: J. Chromatog. **14**, 417 (1964).

36. Bromsuccinimid-Fluorescein: für Vulkanisationsbeschleuniger.

Sprühlösung I: 0,5 g N-Bromsuccinimid werden in 100 ml Eisessig gelöst.

Sprühlösung II: 0,01 g Fluorescein wird zu 100 ml in Äthanol gelöst.

Vorgang: Die Chromatogramme werden mit I besprüht, dann wird II nachgesprüht.
Die Auswertung erfolgt bei Tageslicht und im langwelligen UV-Licht.

A. Popov, and V. Gadeva: J. Chromatog. **16**, 256 (1964).

37. Bromthymolblau: für Lipoide.

Sprühlösung: 0,04 g Bromthymolblau werden in 100 ml 0,01 N-Natronlauge gelöst.

H. Jatzkewitz u. E. Mehl: Hoppe-Seylers Z. physiol. Chem. **320**, 251 (1960)

38. Carbazol-Schwefelsäure: für Zucker.

Sprühlösung: 0,5 g Carbazol werden in 95 ml Äthanol gelöst und 5 ml Schwefelsäure (konz.) zugegeben.
Reagens frisch bereiten!

Nachbehandlung: 10 min auf 120° C erhitzen.
Violette Flecken auf blauem Untergrund.

S. Adachi: J. Chromatog. **17**, 295 (1965).

39. Cer(IV)-Ammoniumsulfat: für Vinca-Alkaloide.

Sprühlösung: Cer(IV)-Ammoniumsulfatlösung (1% in Phosphorsäure (85%)).

I. M. Jakovljevic, L. D. Seay, and R. W. Shaffer: J. Pharm. Sci. **53**, 553 (1964).

40. Cer(IV)-sulfat-Salpetersäure: für Polyphenyle.

Sprühlösung: 0,3 g Cer(IV)-sulfat werden zu 100 ml in Salpetersäure (65%) gelöst.

Nachbehandlung: 15—20 min auf 120° C erhitzen.
Die Auswertung erfolgt im langwelligen UV-Licht.

F. Geiss u. H. Schlitt: Euratom-Bericht EUR-I-19d (Nov. 1961).

41. Cer (IV)-sulfat-Schwefelsäure: für Solanum-Steroidalkaloide u. Steroidsapogenine.

Sprühlösung: Eine gesättigte Lösung von Cer(IV)-sulfat in Schwefelsäure (65%).

Nachbehandlung: 15 min auf 120° erhitzen.

Bemerkung: Auf Aluminiumoxidschichten nicht anwendbar.

K. SCHREIBER, O. AURICH u. G. OSSKE: J. Chromatog. **12**, 63 (1963).

42. Cer (IV)-sulfat-Schwefelsäure (abgeändertes Reagens nach SONNENSCHEIN): für Alkaloide u. jodhaltige org. Verbindungen.

Sprühlösung: 0,1 g Cer(IV)-sulfat wird in 4 ml Wasser suspendiert. Nach Zugabe von 1 g Trichloressigsäure wird aufgekocht und langsam tropfenweise Schwefelsäure (konz.) zugesetzt, bis die Lösung klar geworden ist.

Nachbehandlung: Einige Minuten auf 110° C erwärmen bis zum Erscheinen der Flecken.

Bemerkung: Das Reagens färbt an: Apomorphin, Brucin, Colchicin, Papaverin und Physostigmin. Es ist auch brauchbar zum Nachweis organischer Jodverbindungen.

O.-E. SCHULTZ u. D. STRAUSS: Arzneimittel-Forsch. **5**, 342 (1955).

43. p-Chinon: für Äthanolamin.

Sprühlösung: 0,5 g p-Chinon (Benzochinon) werden in einem Gemisch aus 10 ml Pyridin und 40 ml 1-Butanol gelöst.
Nach dem Besprühen ergibt Äthanolamin sofort rote Flecken. Cholin reagiert nicht.

44. Chloramin-T: für Coffein.

Sprühlösung I: Chloramin-T-Lösung (10% in Wasser).

Sprühlösung II: N-Salzsäure.

Vorgang: Mit I besprühen und nach kurzem Antrocknen mit II nachsprühen. Bis zum Verschwinden des Chlorgeruches auf 96—98° C erwärmen. Dünnschichtplatte in eine mit Ammoniaklösung (25%) beschickte Kammer einstellen (etwa 5 min) und anschließend nochmals kurz erwärmen, bis die rosarote Färbung der Flecken am intensivsten ist.

H. GÄNSHIRT u. A. MALZACHER: Arch. Pharm. **293**, 925 (1960).

45. Chloramin-T-Trichloressigsäure: für Digitalisglykoside.

Lösung a: Frisch bereitete Chloramin-T-Lösung (3% in Wasser).

Lösung b: Trichloressigsäurelösung (25% in Äthanol). Die Lösung ist einige Tage haltbar.

Sprühlösung: Vor Gebrauch werden 10 ml a und 40 ml b gemischt.

Vorgang: 7 min auf 110° C erhitzen.
Im langwelligen UV bläuliche und gelbe Fluorescenzen.

D. WALDI: Arch. Pharm. **292**, 206 (1959).

46. Chlorcyan-4-Aminobenzoesäure: für tert. Pyridinverbindungen mit mind. einer unsubst. α-Stellung.

Sprühlösung: 4-Aminobenzoesäurelösung (5% in Methanol).

Vorgang: Die besprühte Platte wird in eine Kammer eingestellt, die mit einem frisch bereiteten Gemisch aus 20 ml wäßriger Chloraminsuspension (28%), 20 ml N-Salzsäure und 10 ml Kaliumcyanid (10% in Wasser) beschickt ist. Nach kurzer Zeit erscheinen die Flecken. Vorsicht, giftig! Atemschutz!

E. NÜRNBERG: Dtsch. Apotheker-Ztg. **101**, 142 (1961).

47. 1-Chlor-2,4-dinitrobenzol: Indicator.

Sprühlösung: 1-Chlor-2,4-dinitrobenzollösung (0,5% in Äthanol).

48. Chlor-Pyrazolon-Cyanid: für Indole, Säureamide und Sulfonamide.

Chlorierung: Die Platte wird etwa 2—3 min in eine Chloratmosphäre (aus Kaliumpermanganat und Salzsäure (25%)) eingestellt.

Danach wird die Platte 5 min lang an der Luft liegen gelassen oder besser im Trockenschrank auf 100° C erhitzt, um den Überschuß an Chlor zu entfernen.

Lösung a: 0,2 M 1-Phenyl-3-methylpyrazolon-(5)-Lösung in Pyridin.

Lösung b: N-Kaliumcyanidlösung.

Sprühlösung: Gleiche Volumina von a und b werden gemischt.

Vorgang: Sobald der Überschuß an Chlor entfernt ist, wird die Platte bis zur beginnenden Transparenz besprüht. Vorsicht, giftig! Die entsprechenden Verbindungen ergeben leuchtend rote Flecken, die nach etwa 2 min nach Blau umschlagen.

Privatmitteilung von G. Bohnstedt, Inst. f. Organ. Chemie, Universität des Saarlandes.

49. Chlorsulfonsäure-Eisessig: für Triterpene, Sterine und Steroide.

Sprühlösung: 5 ml Chlorsulfonsäure werden in 10 ml Eisessig unter Kühlen gelöst.

Nachbehandlung: 5—10 min auf 130° C erhitzen und Fluorescenzen im langwelligen UV-Licht auswerten.

R. Tschesche u. G. Wulf: Chem. Ber. **94**, 2019 (1961).

R. Tschesche: J. Chromatog. **5**, 217 (1961).

K. Takeda, S. Hara, A. Wada, and N. Matsumoto: J. Chromatog. **11**, 562 (1963).

50. Chlor-Tolidin: für Verbindungen, die sich in Chloramine überführen lassen.

Chlorierung: Man stellt die Platte in eine Chloratmosphäre. Wird das Chlor einer Bombe entnommen, sind für die Chlorierung 5—10 min ausreichend. Wird das Chlor in der Kammer aus gleichen Teilen einer Kaliumpermanganatlösung (1,5%) und Salzsäure (10%) entwickelt, so sind für die Chlorierung etwa 15—20 min erforderlich. Danach wird die Platte 5 min an der Luft liegen gelassen, um den Überschuß an Chlor zu entfernen.

Sprühlösung: 160 mg o-Tolidin werden in 30 ml Eisessig gelöst. Man füllt mit destilliertem Wasser auf 500 ml auf und fügt 1 g Kaliumjodid hinzu.

Bemerkung: Man besprüht zunächst vorsichtig eine Ecke des Chromatogramms mit der Sprühlösung: wird der Untergrund blau, so hat sich das Chlor noch nicht vollständig verflüchtigt. Erst wenn diese Vorprüfung negativ ausfällt, kann die Platte vollständig besprüht werden.

F. Reindel u. W. Hoppe: Chem. Ber. **87**, 1103 (1954).

G. Pataki: J. Chromatog. **12**, 541 (1963).

51. Chlor-Tolidin: modifiziert nach Greig und Leaback.

Sprühlösung I: Kaliumhypochloritlösung (2% in Wasser).

Sprühlösung II: Gleiche Volumina einer gesättigten Lösung von o-Tolidin in Essigsäure (2%) und einer Kaliumjodidlösung (0,85% in Wasser) werden vor Gebrauch gemischt.

Vorgang: Nach leichtem Sprühen mit I wird die Platte 1—1,5 Std lang bei Zimmertemperatur liegen gelassen. Danach wird mit II gleichmäßig besprüht.

C. G. Greig, and D. H. Leaback: Nature **188**, 310 (1960).

52. Chromschwefelsäure: allgemeines Nachweisreagens für organische Substanzen.

Sprühlösung: 5 g Kaliumdichromat werden in 100 ml Schwefelsäure (40%) gelöst.

Bemerkung: Das Reagens eignet sich gut zum Verkohlen von organ. Verbindungen (bes. von Lipiden), wobei die Platte auf 150° C erhitzt wird.

J. Bertetti: Ann. Chim. (Rome) **44**, 495 (1954).

53. α-Cyclodextrin[1]: für geradkettige Lipide.

Sprühlösung: α-Cyclodextrinlösung (30% in Äthanol).
Nachbehandlung: Platte bei Zimmertemperatur trocknen und in eine Kammer mit Joddampf einstellen.

D. C. MALINS, and H. K. MANGOLD: J. Am. Oil Chemists' Soc. **37**, 576 (1960).
H. K. MANGOLD, J. L. GELLERMAN, and H. SCHLENK: Federation Proc. **17**, 269 (1958).
H. K. MANGOLD, B. G. LAMP, and H. SCHLENK: J. Am. Chem. Soc. **77**, 6070 (1955).
[1] Herstellung: K. FREUDENBERG et al.: Liebigs Ann. Chem. **558**, 1 (1947). D. FRENCH et al.: J. Am. Chem. Soc. **71**, 353 (1949)

54. Diäthylamin-Kupfersulfat: für Thiobarbiturate.

Sprühlösung: 0,5 g Kupfersulfat werden in 100 ml Methanol gelöst. Die Lösung wird mit 3 ml Diäthylamin versetzt.
Bemerkung: Vor Gebrauch zu schütteln; wenige Tage haltbar. Thiobarbitursäure: grüne Flecken.

W. DIETZ u. K. SOEHRING: Arch. Pharm. **290**, 80 (1957).

55. 3,5-Diaminobenzoesäure-Phosphorsäure (Chinaldin-Reaktion): für 2-Desoxyzucker.

Sprühlösung: 1 g 3,5-Diaminobenzoesäuredihydrochlorid wird in 25 ml Phosphorsäure (80%)gelöst und mit 60 ml Wasser verdünnt.
Nachbehandlung: 15 min auf 100° C erhitzen.
Die Flecken fluorescieren im langwelligen UV-Licht grüngelb.
Mengen über 2 μg sind bei Tageslicht als braune Flecken sichtbar.

M. PESEZ: Bull. soc. chim. biol. **32**, 701 (1950).

56. o-Dianisidin: für Aldehyde und Ketone.

Sprühlösung: Gesättigte o-Dianisidin-Lösung in Eisessig.
Bemerkung: Gute Farbdifferenzierung. Statt o-Dianisidin kann in einigen Fällen 2,7-Diaminofluoren verwendet werden.

R. WASICKY u. O. FREHDEN: Mikrochim. Acta **1**, 55 (1937).

57. Diazotierung und Kupplung mit α-Naphthol: für aromatische Amine, Sulfonamide.

Sprühlösung I: Frisch bereitete Natriumnitritlösung (1% in N-Salzsäure).
Sprühlösung II: Frisch bereitete α-Naphthollösung (0,2% in N-Kalilauge).
Vorgang: Mit I sprühen und nach 1 min mit II nachsprühen. Trocknen der Chromatogramme bei 60° C.
Bemerkung: Anstelle von α-Naphthol kann auch N-(1-Naphthyl)-äthylendiammoniumdichloridlösung (0,4% in Methanol) als Kupplungslösung verwendet werden.

A. C. BRATTON, and E. K. MARSHALL jr.: J. Biol. Chem. **128**, 537 (1939).
A. WANKMÜLLER: Naturwissenschaften **39**, 302 (1952).
G. WAGNER: Arch. Pharm. **285**, 409 (1952).
T. BIĆAN-FIŠTER, and V. KAJGANOVIĆ: J. Chromatog. **11**, 492 (1963).

58. 2,6-Dibromchinonchlorimid (Gibbs Reagens): für Phenole.

Sprühlösung: Frisch bereitete 2,6-Dibromchinonchlorimidlösung (0,4% in Methanol).
Nachbehandlung: Mit Natriumcarbonatlösung (10% in Wasser) besprühen oder in eine mit Ammoniaklösung (25%) beschickte Kammer einstellen.

E. NÜRNBERG: Dtsch. Apotheker-Ztg. **101**, 268 (1961).

59. 2,6-Dichlorchinonchlorimid: für Antioxydantien, Adrenalin und -abkömmlinge, Cyanamid und Derivate.

Sprühlösung: 2,6-Dichlorchinonchlorimidlösung (0,1—1% in absol. Äthanol).

Nach etwa 15 min treten die Farbflecke deutlich hervor. Die Lösung ist im Eisschrank aufbewahrt etwa 3 Wochen haltbar. (Für Harnstoff nicht verwendbar.)
Durch Nachsprühen mit einer 2proz. Lösung von Borax in Äthanol (40%) zeigen einige Antioxydantien charakteristische Farbänderungen.

A. Seher: Fette u. Seifen, Anstrichmittel **61**, 345 (1959).

R. F. v. d. Heide u. O. Wouters: Z. Lebensm.-Untersuch. u. -Forsch. **115**, 129 (1962).

R. Segura-Cardona u. K. Soehring: Med. Exp. **10**, 251 (1964).

60. 2′,7′-Dichlorfluorescein: Fluorescenzindicator für gesättigte und ungesättigte Lipide.

A. Sprühlösung: 2′,7′-Dichlorfluoresceinlösung (0,2% in Äthanol).

B. Sprühlösung: (für Vitamin E): 2′,7′-Dichlorfluoresceinlösung (0,01% in Äthanol)

Nachbehandlung: Es empfiehlt sich mitunter, die Platte nach dem Trocknen im Warmluftstrom über Wasserdampf zu halten bzw. mit Wasser zu besprühen.
Beobachten im langwelligen UV-Licht.

D. C. Malins, and H. K. Mangold: J. Am. Oil Chemists' Soc. **37**, 576 (1960).

P. J. Dunphy, K. J. Whittle, and J. F. Pennock: Chem. & Ind. (London) **1965**, 1217.

61. 2,6-Dichlorphenol-indophenol-Natrium: für organische Säuren und Ketosäuren.

Sprühlösung: 2,6-Dichlorphenol-indophenol-Natrium-Lösung (0,1% in Äthanol).

Nachbehandlung: Nach kurzem Erhitzen der Platte erscheinen die Säuren als rote Flecken auf blauem Untergrund.

C. Passera, A. Pedrotti, and G. Ferrari: J. Chromatog. **14**, 289 (1964).

62. 2,6-Dichlorphenol-indophenol-Silbernitrat: für Alkalichloride.

Sprühlösung: 0,2 g 2,6-Dichlorphenol-indophenol-Natrium werden in 100 ml Äthanol gelöst. Nach Zugabe von 3 g Silbernitrat wird gründlich umgeschüttelt und filtriert. Frisch bereiten!

T. Barnabas, M. G., Badve u. J. Barnabas: Naturwissenschaften **41**, 478 (1954).

63. Dimedon-Phosphorsäure: für Ketozucker.

Sprühlösung: 0,3 g Dimedon (5,5-Dimethylcyclohexandion-(1,3)) werden in 90 ml Äthanol gelöst und 10 ml Phosphorsäure (85%) zugegeben.

Nachbehandlung: 15—20 min auf 110° C erhitzen.
Bei Tageslicht: gelbe Flecken auf weißem Untergrund.
Im langwelligen UV-Licht: blaufluorescierende Flecken.

64. 4-Dimethylaminobenzaldehyd-Acetylaceton (Morgan-Elsons Reagens): für Aminozucker.

Sprühlösung I: 0,5 ml einer Mischung aus 5 ml Kalilauge (50% in Wasser) und 20 ml Äthanol werden unmittelbar vor Gebrauch mit 10 ml einer Mischung aus 0,5 ml Acetylaceton und 50 ml 1-Butanol zusammengegeben. Frisch bereiten.

Sprühlösung II: 1 g 4-Dimethylaminobenzaldehyd wird in 30 ml Äthanol gelöst. Die Lösung wird mit 30 ml Salzsäure (36%) versetzt. Bei Bedarf wird mit 180 ml 1-Butanol verdünnt.

Vorgang: Nach Besprühen mit I 5 min auf 105° C erwärmen, mit II nachsprühen und 5 min bei 90° C trocknen.
Rotgefärbte Flecken.

L. A. Elson, and W. T. J. Morgan: Biochem. J. **27**, 1824 (1933).

R. Belcher, A. J. Mutten, and C. M. Sabrook: Analyst **79**, 201 (1954).

65. 4-Dimethylaminobenzaldehyd-Eisessig-Phosphorsäure (EP-Reagens): für Proazulene und Azulene.

Sprühlösung: 0,25 g 4-Dimethylaminobenzaldehyd werden in einer Mischung von 50 g Eisessig und 5 g Phosphorsäure (85%) sowie
20 ml Wasser gelöst. (In brauner Flasche monatelang haltbar.)

Bemerkung: Azulenkohlenwasserstoffe reagieren nach dem Besprühen
bereits bei Zimmertemperatur unter starker Blaufärbung.
Proazulene erscheinen erst nach 10 min langem Erwärmen
auf 80° C als blaue Flecken. Die Farbe verblaßt später und
wird grün bis gelb. Durch gesättigten Wasserdampf über
einem Wasserbad läßt sich die intensive Blaufärbung immer
wieder erzeugen.

E. STAHL: Dtsch. Apotheker-Ztg. **93**, 197 (1953).
H. KAISER u. G. HASENMAYER: Arch. Pharm. **287**, 503 (1954).

66. 4-Dimethylaminobenzaldehyd-Salzsäure (Ehrlichs Reagens): für Amine.

A. Sprühlösung: 1 g 4-Dimethylaminobenzaldehyd wird in einer Mischung
von 25 ml Salzsäure (36%) und 75 ml Methanol gelöst.

Nachbehandlung: Mitunter ist es erforderlich, die Platte zu erwärmen.

B. Sprühlösung: 1 g 4-Dimethylaminobenzaldehyd wird zu 100 ml in Äthanol
(96%) gelöst.

Nachbehandlung: Das nach B besprühte Chromatogramm wird 3—5 min lang
in eine mit HCl-Dämpfen gesättigte Kammer eingestellt bzw.
mit Salzsäure (25%) besprüht.
Mitunter ist es erforderlich, die Platte zu erwärmen.

R. A. HEACOCK, and M. E. MAHON: J. Chromatog. **17**, 338 (1965).

67. 4-Dimethylaminobenzaldehyd-Salzsäure (van Urks Reagens): für Indol-Deri-
vate (modif. nach STAHL).

Sprühlösung: 1 g 4-Dimethylaminobenzaldehyd wird in 50 ml Salzsäure
(36%) gelöst und 50 ml Äthanol zugegeben.

Bemerkung: Wurde mit einem Laufmittel entwickelt, das flüchtige alkalisch reagierende Komponenten enthält, muß die Platte
vor dem Besprühen bis zu deren Verflüchtigung auf etwa
50° C erwärmt werden.

Vorgang: Die Schicht wird bis zur Transparenz gründlich besprüht.
Anschließend werden Dämpfe von Königswasser über die
Schicht geblasen.
Verschiedenfarbige Flecken im Tageslicht.

E. STAHL u. H. KALDEWEY: Hoppe-Seylers Z. Physiol. Chem. **323**, 182 (1961).

68. 4-Dimethylaminobenzaldehyd-Schwefelsäure: für Mutterkorn-Alkaloide.

Sprühlösung: 125 mg 4-Dimethylaminobenzaldehyd werden in einer gekühlten Mischung von 65 ml Schwefelsäure (konz.) und
35 ml Wasser gelöst und 0,05 ml Eisen(III)-chloridlösung
(5% in Wasser) zugegeben. Die Lösung ist etwa 7 Tage haltbar.

M. ZINSER u. CH. BAUMGÄRTEL: Arch. Pharm. **297**, 158 (1964).

69. 5-(4'-Dimethylaminobenzyliden)-rhodanin: für Silber-, Kupfer- u. Quecksilber-Ionen.

Sprühlösung: 1 g des Reagenses wird zu 100 ml in Äthanol gelöst.

Nachbehandlung: Mit Ammoniaklösung (25%) besprühen oder in eine mit
Ammoniaklösung (25%) beschickte Kammer einstellen.
Rosafarbene bis violette Flecken.

F. W. H. M. MERKUS: Pharm. Weekblad **98**, 955 (1963).

70. 4-Dimethylaminozimtaldehyd: für Indole.

Vorratslösung: 2 g 4-Dimethylaminozimtaldehyd werden in einem Gemisch
von 100 ml 6 N-Salzsäure und 100 ml Äthanol gelöst. Im
Kühlschrank aufbewahren!

Sprühlösung: 1 Vol. der Vorratslösung wird mit 4 Vol. Äthanol verdünnt.
Nachbehandlung: 5 min auf 105° C erwärmen.
Überblasen von Königswasserdämpfen vertieft die Färbung der Flecken.
Bemerkung: Bei Verwendung ammoniakalischer Laufmittel wenig geeignet, da sich der Untergrund anfärbt. Durch kurzfristiges Erhitzen (10 min auf 105° C) vor dem Ansprühen wird die Untergrundfärbung vermindert.

J. Harley-Mason, and A. A. P. G. Archer: Biochem. J. **69**, 60 (1958).

71. N,N-Dimethyl-p-phenylendiammoniumdichlorid: für bromhaltige Hypnotica, chlorierte Verbindungen (Insecticide).
Sprühlösung: 0,5 g N,N-Dimethyl-p-phenylendiammoniumdichlorid in 100 ml Natriumäthylatlösung (1 g Natrium in 100 ml Äthanol gelöst) lösen.
Vorgang: Sofort nach dem Besprühen wird das Chromatogramm durch Ansprühen mit Wasser befeuchtet und 1 min ungefilterter UV-Strahlung ausgesetzt.
Die UV-Strahlung bewirkt Bromabspaltung. Das freigesetzte Halogen oxydiert das Reagens zu Wursters Rot.

J. Bäumler u. S. Rippstein: Helv. Chim. Acta **44**, 1162 (1961).

72. N,N-Dimethyl-p-phenylendiammoniumdichlorid: für Peroxide.
Sprühlösung: 1,5 g N,N-Dimethyl-p-phenylendiammoniumdichlorid werden in einer Mischung von 128 ml Methanol, 25 ml Wasser und 1 ml Eisessig gelöst.
Nach dem Ansprühen erscheinen Peroxide als purpurrote Flecken.

E. Knappe u. D. Peteri: Z. anal. Chem. **190**, 386 (1962).

Dinatriumpentacyanonitrosylferrat (II) siehe Nitroprussid-Natrium.

73. 3,5-Dinitrobenzoesäure (Keddes Reagens): für Herzglykoside.
A. Sprühlösung: 1 g 3,5-Dinitrobenzoesäure wird in einer Mischung von 50 ml Methanol und 50 ml 2 N-Kalilauge gelöst.
B. Sprühlösung I: 3,5-Dinitrobenzoesäurelösung (2% in Methanol).
Sprühlösung II: 5,7 g Kaliumhydroxid werden zu 100 ml in Methanol gelöst.
Vorgang: Zunächst wird leicht mit I besprüht und dann mit einem Überschuß von II nachgesprüht.
Blauviolettfärbung der Flecken.

R. Tschesche, G. Grimmer u. F. Seehofer: Chem. Ber. **86**, 1235 (1953).
M. L. Lewbart, W. Wehrli u. T. Reichstein: Helv. Chim. Acta **46**, 505 (1963).

74. m-Dinitrobenzol: für 17-Ketosteroide.
Lösung a: m-Dinitrobenzollösung (2% in Äthanol).
Lösung b: 2,5 N methanolische Kalilauge.
Sprühlösung: Gleiche Volumina der Lösungen a und b werden gemischt.
Nachbehandlung: 1—2 min auf 80° C erwärmen.
Violette Flecken.

T. Feher: Mikrochim. Acta **1965**, 105.
B. P. Lisboa: J. Chromatog. **16**, 136 (1964).
R. Neher: Steroid Chromatography. Amsterdam, London, New York: Elsevier 1964.

75. 2,4-Dinitrofluorbenzol: für Aminosäuren.
Sprühlösung I: Pufferlösung: 8,4 g Natriumhydrogencarbonat werden in 80 ml Wasser gelöst, 2,5 ml N-Natronlauge zugegeben und mit Wasser zu 100 ml ergänzt.
Sprühlösung II: 2,4-Dinitrofluorbenzollösung (10% in Methanol).
Vorgang: Das Chromatogramm wird zunächst mit I und anschließend mit II besprüht.
Die Schicht wird an den beiden Plattenrändern in einer Breite von je 5 mm abgestreift. Auf die blanken Ränder legt

man 2 Polyäthylenstreifen passender Breite. Man bedeckt nun die Schicht mit einer zweiten Glasplatte und erwärmt im Dunkeln 1 Std auf 40° C. Die Trägerplatte wird abgekühlt und in ein Ätherbad gelegt. Nach 10 min wird kurz getrocknet, und die Flecken werden angezeichnet.

G. PATAKI: J. Chromatog. **16**, 541 (1964).

76. 2,4-Dinitrophenylhydrazin: für freie Aldehyd- und Ketogruppen sowie Ketosen·
A. Sprühlösung: 2,4-Dinitrophenylhydrazinlösung (0,4% in 2 N-Salzsäure)·
B. Sprühlösung: Die Lösung von 1 g 2,4-Dinitrophenylhydrazin in 1000 ml Äthanol wird mit 10 ml Salzsäure (36%) versetzt.
Nachbehandlung: Zur Unterscheidung der gebildeten 2,4-DNPH wird mit einer 0,2proz. Kaliumhexacyanoferrat(III)-Lösung in 2 N-Salzsäure nachgesprüht.
Bemerkung: Gesättigte Keton-DNPH ergeben sofort eine Blaufärbung. Langsamer reagieren die gesättigten Aldehyd-DNPH mit olivgrüner Farbe. Ungesättigte Carbonylderivate verändern ihre Farbe nicht oder erst nach längerer Zeit.

A. MEHLITZ, K. GIERSCHNER u. T. MINAS: Chemiker-Ztg. **87**, 573 (1963).

77. Diphenylamin: für Glykolipoide.
Sprühlösung: Eine Mischung aus 20 ml Diphenylaminlösung (10% in Äthanol), 100 ml Salzsäure (36%) und 80 ml Eisessig.
Nachbehandlung: 5—10 min auf 105° C erhitzen.
Blaugraue Flecken.

H. JATZKEWITZ: Hoppe-Seylers Z. physiol. Chem. **320**, 251 (1960).

78. Diphenylamin-Palladiumchlorid: für Nitrosamine.
Sprühlösung: 5 Vol. einer Diphenylaminlösung (1,5% in Äthanol) werden mit 1 Vol. einer Palladium(II)-chloridlösung (0,1 g in 100 ml 0,2proz. Kochsalzlösung) gemischt.
Nachbehandlung: Nach dem Bestrahlen mit kurzwelligem UV-Licht erscheinen die Substanzen als violette Flecken.

R. PREUSSMANN, D. DAIBER, and H. HENGY: Nature **201**, 502 (1964).
R. PREUSSMANN, G. NEURATH, G. WULF-LORENTZEN, D. DAIBER u. H. HENGY: Z. anal. Chem. **202**, 187 (1964).

79. Diphenylamin-Zinkchlorid: für chlorierte Insecticide (DDT, CPCA, Chlor-DDT, Captan, Methoxychlor, Toxaphen).
Sprühlösung: 0,5 g Diphenylamin und 0,5 g Zinkchlorid werden in 100 ml Aceton gelöst.
Nachbehandlung: 5 min auf 200° C erhitzen. Farbreaktion.

D. KATH: J. Chromatog. **15**, 269 (1964).

80. Diphenylborsäure-β-aminoäthylester (Naturstoff-Reagens nach Neu): für α- und γ-Pyrone (Hydroxyflavonole).
Sprühlösung: Diphenylborsäure-β-aminoäthylesterlösung (1% in Methanol).
Vorgang: Etwa 10 ml der Lösung aufsprühen und die Fluorescenzfarben im langwelligen UV-Licht betrachten.
R. NEU: Naturwissenschaften **44**, 181 (1957).
E. STAHL u. P. J. SCHORN: Hoppe-Seylers Z. physiol. Chem. **325**, 263 (1961).

81. Diphenylcarbazid: für Silber-, Blei-, Quecksilber-, Kupfer-, Zinn-, Mangan-, Zink- und Calcium-Ionen.
Sprühlösung I: Diphenylcarbazidlösung (1—2% in Äthanol).
Sprühlösung II: Ammoniaklösung (25%) oder Einstellen der Platte in Ammoniakatmosphäre.
Bemerkung: Zum Nachweis von Quecksilberacetat-Addukten empfiehlt sich ein kurzzeitiges Erhitzen auf 80° C, wobei sich die Zonen blauviolett färben.
F. W. H. M. MERKUS: Pharm. Weekblad **98**, 947 (1963).

82. Diphenylpicrylhydrazyl: für ätherische Öle.

Sprühlösung: 0,06 g Diphenylpicrylhydrazyl werden in 100 ml Chloroform gelöst.

Nachbehandlung: 5—10 min auf 110° C erhitzen.

Es bilden sich gelbe Zonen auf violett gefärbtem Untergrund.

G. Bergström, and C. Lagercrantz: Acta Chem. Scand. **18**, 560 (1964).

83. 2,5-Diphenyl-3-(4-styrylphenyl)-tetrazoliumchlorid (TPTZ): für reduzierende Steroide (Corticosteroide).

Lösung a: Frisch bereitete TPTZ-Lösung (1% in Methanol).

Lösung b: Natronlauge (3% in Wasser).

Sprühlösung: Vor Gebrauch werden gleiche Volumina der Lösungen a und b gemischt.

P. J. Stevens: J. Chromatog. **14**, 269 (1964).

84. α,α'-Dipyridyl-Eisen(III)-chlorid: für Phenole, Vitamin E und andere reduzierende Verbindungen

Lösung a: Eisen(III)-chloridlösung (0,5% in Äthanol) (Vor Licht geschützt aufbewahren).

Lösung b: α,α'-Dipyridyllösung (0,5% in Äthanol).

Sprühlösung: Vor Gebrauch werden gleiche Volumina der Lösungen a und b gemischt.

G. M. Barton: J. Chromatog. **20**, 189 (1965).

R. Strohecker u. H. M. Henning: Vitaminbestimmungen, S. 311. Weinheim: Verlag Chemie 1963.

85. Dithizon: für Schwermetall-Ionen.

Sprühlösung I: Dithizonlösung (0,05% in Tetrachlorkohlenstoff).

Sprühlösung II: Ammoniaklösung (25%) oder Einstellen in Ammoniakatmosphäre.

T. Barnabas u. J. Barnabas: Naturwissenschaften **44**, 61 (1957).

F. W. H. M. Merkus: Pharm. Weekblad **98**, 955 (1963).

86. Dragendorffs Reagens: für Polyäthylenglykole, Polyäthylenglykol-Äther und Polyäthylenglykol-Ester.

Lösung a: 1,7 g basisches Wismutnitrat werden in 20 ml Eisessig gelöst. Nach Zusatz von 80 ml Wasser, einer Lösung von 40 g Kaliumjodid in 100 ml Wasser und 200 ml Eisessig wird mit Wasser auf 1000 ml verdünnt.

Lösung b: Bariumchloridlösung (20% in Wasser).

Sprühlösung: Vor dem Sprühen werden 2 Vol. a mit 1 Vol. b gemischt.

K. Thoma, R. Rombach u. E. Ullmann: Sci. Pharm. **32**, 216 (1964).

87. Dragendorffs Reagens nach Bregoff-Delwiche: für quarternäre Stickstoffverbindungen.

Vorratslösung: 8 g basisches Wismutnitrat werden in 20—23 ml Salpetersäure (25%) gelöst. Die Lösung wird langsam unter Rühren zu einer Aufschlämmung von 20 g Kaliumjodid mit 1 ml 6 N-Salzsäure und 5 ml Wasser gegeben. Der dunkle Niederschlag wird mit Wasser versetzt, bis eine orangerote Lösung entsteht. Das Volumen der Lösung soll 95 ml betragen. Falls ein unlöslicher Rückstand vorhanden ist, wird dieser abfiltriert und die Lösung nunmehr auf 100 ml mit Wasser aufgefüllt. In einer braunen Flasche ist diese Lösung im Eisschrank mehrere Wochen haltbar.

Sprühlösung: Es werden der Reihe nach zusammengegeben:

20 ml Wasser

6 ml 6 N-Salzsäure

2 ml Vorratslösung

6 ml 6 N-Natronlauge

Sollte nicht alles Wismuthydroxid durch Schütteln in Lösung gehen, so werden noch einige Tropfen 6 N-Salzsäure zugesetzt.

Bemerkung: Die Sprühlösung hält sich im Kühlschrank etwa 10 Tage lang.
H. M. BREGOFF, E. ROBERTS, and C. C. DELWICHE: J. Biol. Chem. **205**, 565 (1953).

88. Dragendorffs Reagens nach MUNIER: für Alkaloide u. andere stickstoffhaltige Verbindungen

Lösung a: 1,7 g basisches Wismutnitrat und 20 g Weinsäure werden in 80 ml Wasser gelöst.

Lösung b: 16 g Kaliumjodid werden in 40 ml Wasser gelöst.

Vorratslösung: Gleiche Volumina der Lösungen a und b werden gemischt. Die Vorratslösung ist im Kühlschrank mehrere Monate haltbar.

Sprühlösung: 10 g Weinsäure werden in 50 ml Wasser gelöst und 5 ml der Vorratslösung zugegeben.

Bemerkung: Zum Nachweis von Vitamin B_1 dient die Vorratslösung als Sprühreagens.

R. MUNIER: Bull. soc. chim. biol. **35**, 1225 (1953).

89. Dragendorffs Reagens nach MUNIER und MACHEBOEUF: für Alkaloide und andere stickstoffhaltige Verbindungen.

Lösung a: 0,85 g bas. Wismutnitrat werden in 10 ml Eisessig und 40 ml Wasser gelöst.

Lösung b: 8 g Kaliumjodid werden in 20 ml Wasser gelöst.

Vorratslösung: Gleiche Volumina der Lösungen a und b werden gemischt (in dunkler Flasche gut haltbar).

Sprühlösung: Vor Gebrauch werden 1 ml Vorratslösung mit 2 ml Eisessig und 10 ml Wasser gemischt.

R. MUNIER, et M. MACHEBOEUF: Bull. soc. chim. biol. **33**, 846 (1951).
H. JATZKEWITZ: Hoppe-Seylers Z. physiol. Chem. **292**, 99 (1953).

90. Dragendorffs Reagens nach THIES, REUTHER mod. VÁGUJFALVI: für Alkaloide und andere stickstoffhaltige Verbindungen.

Vorratslösung: 2,6 g bas. Wismutcarbonat und 7 g Natriumjodid werden mit 25 ml Eisessig einige Minuten gekocht. Nach etwa 12 Std werden die reichlich ausgefallenen Natriumacetatkristalle abfiltriert (Glassinternutsche). 20 ml des klaren rotbraunen Filtrates werden mit 80 ml Essigsäureäthylester gemischt und 0,5 ml Wasser zugegeben. In brauner Flasche aufbewahren.

Sprühlösung: 10 ml Vorratslösung werden mit 100 ml Eisessig und 240 ml Essigsäureäthylester vermischt.
Beim Aufsprühen von 5—10 ml treten Alkaloide und eine Reihe z. T. stickstofffreier Verbindungen als orangefarbene Flecken hervor.

Nachbehandlung: Eine beachtliche Steigerung der Nachweisempfindlichkeit erreicht man durch Nachsprühen mit 0,05—0,1 N-Schwefelsäure. In einem Vorversuch ermittelt man die günstigste Säurekonzentration und Aufsprühmenge. Der Untergrund wird grau, die Flecken intensiv orangerot bis rot.

H. THIES u. F. W. REUTHER: Naturwissenschaften 41, 230 (1954).
D. VÁGUJFALVI: Planta Med. 8, 34 (1960).
E. TYIHÁK: J. Chromatog. **14**, 125 (1964).

91. Echtblausalz B (Diazo-Reagens): für Phenole und kupplungsfähige Amine.

Sprühlösung I: Frisch bereitete Echtblausalz-B-Lösung (0,5% in Wasser).

Sprühlösung II: 0,1 N-Natronlauge.

Vorgang: Nacheinander mit I und II besprühen.

H. JATZKEWITZ u. U. LENZ: Hoppe-Seylers Z. physiol. Chem. **305**, 53 (1956).

92. Eisen(III)-ammoniumsulfat: für Vinca-Alkaloide.

Sprühlösung: 1 g Eisen(III)-Ammoniumsulfat in 100 ml Phosphorsäure (75% oder 85%) lösen.
Die auf 100° C erhitzte Platte ansprühen.

I. M. Jakovljevic, L. D. Seay, and R. W. Shaffer: J. Pharm. Sci. **53**, 553 (1964).

93. Eisen(III)-chlorid: für Phenole und Hydroxamsäuren.
Sprühlösung: Eisen(III)-chloridlösung (1—5% in 0,5 N-Salzssäure).
Bemerkung: Die Hydroxamsäurezonen färben sich rot, Phenole blau oder grünlich.
K. Fink u. R. M. Fink: Proc. Soc. Exptl. Biol. Med. **70**, 654 (1949).

94. Eisen(III)-chlorid-Jod: für Xanthinderivate.
Sprühlösung: 5 Eisen(III)-chlorid und 2 g Jod werden in einem Gemisch aus 50 ml Aceton und 50 ml Weinsäurelösung (20% in Wasser) gelöst.
J. Zarnak u. S. Pfeifer: Pharmazie **19**, 216 (1964).

95. Eisen(III)-chlorid-Perchlorsäure: für Indole (Salkowski-Reaktion).
Sprühlösung: 1 ml 0,5 M wäßrige Eisen(III)-chloridlösung wird mit 50 ml Perchlorsäure (35%) gemischt.
Nachbehandlung: 5 min auf 60° C erwärmen.
Überblasen von Königswasserdämpfen vertieft die Färbung der Flecken.
S. A. Gordon, and R. P. Weber: Plant Physiol. **26**, 192 (1951).

96. Eisen(III)-chlorid-Perchlorsäure: für Phenothiazine.
Sprühlösung: 5 ml Eisen(III)-chloridlösung (5% in Wasser), 45 ml Perchlorsäure (20%) und 50 ml Salpetersäure (50%) werden gemischt.
Farbreaktionen.
A. Noirfalise, et M. H. Grosjean: J. Chromatog. **16**, 236 (1964).

97. Eisen(III)-chlorid-Schwefelsäure: für Gallensäuren.
Sprühlösung: 2 g Eisen(III)-chlorid werden in 83 ml 1-Butanol (wasserfrei) gelöst und mit 15 ml Schwefelsäure (konz.) gemischt.
Nachbehandlung: Nach 15 min langer Lufttrocknung wird die Platte
25—30 min bei gepaarten Gallensäuren
45—50 min bei freien Gallensäuren auf 110° C erhitzt.
Farbreaktionen.
W. L. Anthony, and W. T. Beher: J. Chromatog. **13**, 567 (1964).

98. Eisen(III)-chlorid-Schwefelsäure: für Indole (Salkowski-Reaktion).
Sprühlösung: 3 ml 1,5 M wäßrige Eisen(III)-chloridlösung werden mit 100 ml Wasser gemischt und 60 ml Schwefelsäure (konz.) zugegeben.
Nachbehandlung: 5 min auf 60° C erwärmen.
Überblasen von Königswasserdämpfen vertieft die Färbung der Flecken.
P. E. Pilet: Rev. gén. bot. **64**, 1 (1957).

99. Eisen(III)-chlorid-Sulfosalicylsäure: für Thiophosphorsäureester.
Sprühlösung I: Eisen(III)-chloridlösung (0,1% in Äthanol (80%)).
Sprühlösung II: Sulfosalicylsäurelösung (1% in Äthanol (80%)).
Vorgang: Die Platte wird etwa 10 min in eine Bromdampfatmosphäre gestellt und anschließend mit I besprüht. Danach läßt man die Platte 15 min an der Luft trocknen und besprüht mit II.
Weiße Flecken auf violettem Untergrund.
M. Salamé: J. Chromatog. **16**, 476 (1964).

100. Eisen(II)-thiocyanat: für Peroxide.
Lösung a: Eisen(II)-sulfatlösung (4% in Wasser).
Lösung b: Ammoniumthiocyanatlösung (1,3% in Aceton).
Sprühlösung: Vor dem Sprühen werden 10 ml von a mit 15 ml von b gemischt.
Bemerkung: Das schnelle Auftreten braunroter Zonen (Eisen(III)-thiocyanat) weist auf Peroxid-Verbindungen hin.

E. Stahl: Chemiker-Ztg. **82**, 323 (1958).
E. Knappe u. D. Peteri: Z. anal. Chem. **190**, 386 (1962).

101. Essigsäureanhydrid-Schwefelsäure (Liebermann-Burchards Reagens): für Δ^5-3-Sterole (Cholesterin und -ester) und für eine Reihe von Steroiden und Triterpenglykosiden.

Sprühlösung: Vorsichtig und unter Kühlung werden 5 ml Essigsäureanhydrid mit 5 ml Schwefelsäure (konz.) gemischt. Das Gemisch wird unter Kühlung zu 50 ml Äthanol (abs.) vorsichtig zugefügt. Frisch bereiten!

Nachbehandlung: 10 min auf 110° C erhitzen.
    Fluorescierende Flecken im langwelligen UV-Licht.

C. Michalec: Biochem. et biophys. Acta **19**, 187 (1956).
R. Tschesche: J. Chromatog. **5**, 217 (1961).
K. Takeda, S. Hara, A. Wada, and N. Matsumoto: J. Chromatog. **11**, 562 (1963).

102. Fluorescein: für Lipide.

Sprühlösung: Fluorescein (0,01% in Äthanol).

Nachbehandlung: Im Warmluftstrom trocknen, dann Platte mit Wasserdampf behandeln oder leicht mit Wasser besprühen.

103. Fluorescein-Ammoniak: für Purine, Pyrimidine und Barbiturate.

Sprühlösung: Fluoresceinlösung (0,005% in 0,5 N-Ammoniaklösung).
    Betrachten im langwelligen und kurzwelligen UV-Licht.

Th. Wieland u. L. Bauer: Angew. Chem. **63**, 511 (1951).

104. Fluorescein-Brom: für ungesättigte Verbindungen.

Sprühlösung: 0,1 g Fluorescein wird in 100 ml Äthanol gelöst.

Bromlösung: 5% in Tetrachlorkohlenstoff.

Vorgang: Nach dem Besprühen mit der Fluoresceinlösung wird die Platte in die mit der Bromlösung beschickte Kammer eingestellt. Hierbei wird das Fluorescein zu Eosin umgesetzt, das im langwelligen UV-Licht nicht mehr fluoresciert. Durch Substanzen, die Brom addieren, wird die Eosinbildung verhindert: Fluorescenz bleibt erhalten.
    Größere Substanzmengen sind als gelbe Flecken auf rötlichem Untergrund zu erkennen.

F. Runge, A. Jumar u. F. Koehler: J. prakt. Chem. **21**, 39 (1963).

Variation: Die Streichmasse wird statt mit Wasser mit einer Fluorescein-Natriumlösung (0,04% in Wasser) hergestellt.

Vorgang: Nach Entwicklung des Chromatogrammes werden über die getrocknete Platte Bromdämpfe geblasen.

E. Stahl: Chemiker-Ztg. **82**, 323 (1958).

105. Fluorescein-Rhodamin B-Natriumcarbonat: für chlorierte Kohlenwasserstoffe, Heterocyclen.

Sprühlösung I: Rhodamin B-Lösung (0,5% in Äthanol).

Sprühlösung II: Natriumcarbonatlösung (10% in Wasser).

Vorgang: Ausgehend von mit Fluorescein-Natrium imprägnierten Platten werden diese nach Entwicklung zunächst mit I besprüht und nach dem Trocknen mit II stark nachgesprüht. Die Auswertung erfolgt im Tageslicht und im langwelligen UV-Licht.

106. Fluorescein-Wasserstoffsuperoxid: für bromhaltige Hypnotica.

Sprühlösung I: Fluoresceinlösung (0,1% in 50proz. wäßrigem Äthanol).

Sprühlösung II: Wasserstoffsuperoxidlösung (30%) — Eisessig (1 + 1).

Vorgang: Die Platte wird nacheinander mit I und II besprüht und anschließend 20 min auf 90° C erhitzt.

Bemerkung: Das durch Oxydation freigesetzte Brom reagiert mit Fluorescein zu Eosin.

H. Weichsel: Mikrochim. Ichnoanal. Acta **1965**, 325.

107. Fluorescenzindicatoren und Leuchtstoffe als allgemeine Nachweisreagentien.
   A. Sprühreagentien:
   1. 2′,7′-Dichlorfluoresceinlösung (0,2% in Äthanol), Sprühreagens Nr. 60.
   2. Fluoresceinlösung (0,01% in Äthanol), Sprühreagens Nr. 102.
   3. Methylumbelliferonlösung (0,02% in Äthanol-Wasser-Mischung), Sprüh-
      reagens Nr. 157.
   4. Morinlösung (0,1% in Äthanol).
   5. Rhodamin B-Lösung (0,05% in Äthanol), Sprühreagens Nr. 212.
   B. Zusätze zum Sorptionsmittel:
   6. Natriumfluoresceinlösung (0,04% in Wasser) zur Bereitung der Sorp-
      tionsmittel-Suspension.
   7. Leuchtstoff ZS-Super (RIEDEL DE HAEN) zu 1% dem Sorptionsmittel
      zugesetzt.
   8. Ultraphor WT hochkonz. (BASF) zu 0,02% dem Sorptionsmittel zu-
      gesetzt.
   9. Zinksilicat, Leuchtstoff (P 1, Typ 118-2-7 General Electric, Cleveland/
      Ohio) zu 0,8% dem Sorptionsmittel zugemischt.

108. Folin-Ciocalteaus Reagens: für Phenole.
   Vorratslösung: 10 g Natriumwolframat und 2,5 g Natriummolybdat werden
                        in 70 ml Wasser gelöst und nacheinander 5 ml Phosphor-
                        säurelösung (85%) und 10 ml Salzsäure (36%) zugegeben.
                        Das Gemisch wird 10 Std am Rückfluß gekocht. Danach gibt
                        man 15 g Lithiumsulfat, 5 ml Wasser und 1 Tropfen Brom
                        in das Gemisch, kocht nochmals 15 min und füllt nach dem
                        Erkalten mit Wasser zu 100 ml im Meßkolben auf.
                        Die Lösung soll keine grüne Färbung aufweisen.
   Sprühlösung I: Natriumcarbonatlösung (20% in Wasser).
   Sprühlösung II: Vor Gebrauch wird 1 Vol. der Vorratslösung mit 3 Vol. Was-
                        ser verdünnt.
   Vorgang: Mit I vorsprühen, kurz antrocknen lassen und mit II nach-
                        sprühen.
   R. W. KEITH, D. LE TURNEAU, and D. MAHLUM: J. Chromatog. 1, 534 (1958).

109. Formaldehyd-Phosphorsäure: für Steroidalkaloide, Steroidsapogenine und
   Phenothiazinderivate.
   Sprühlösung: 0,03 g Paraformaldehyd werden in 100 ml Phosphorsäure
                        (85%) unter Schütteln bei Zimmertemperatur gelöst.
                        Das Reagens ist einige Wochen haltbar.
   K. SCHREIBER, O. AURICH u. G. OSSKE: J. Chromatog. 12, 63 (1963).
   E. G. C. CLARKE: Nature 181, 1152 (1958).

110. Formaldehyd-Salzsäure (Prochazkas Reagens): für Indole und deren Derivate.
   Sprühlösung: Ein Gemisch aus 10 ml Formaldehydlösung (etwa 35%), 10 ml
                        Salzsäure (25%) und 20 ml Äthanol ist frisch zu bereiten.
   Nachbehandlung: 5 min auf 100° erwärmen. Die Fluorescenzfarben (gelb-
                        orange-grünlich) im langwelligen UV-Licht lassen sich durch
                        Überleiten von Königswasserdämpfen noch verstärken.
   Z. PROCHAZKA: Chem. listy 47, 1643 (1953).
   E. STAHL u. H. KALDEWEY: Hoppe-Seylers Z. physiol. Chem. 323, 182 (1961).

111. Formaldehyd-Schwefelsäure: für mehrkernige Aromaten.
   Sprühlösung: 0,2 ml Formaldehydlösung (37%) werden in 10 ml Schwefel-
                        säure (konz.) gelöst.
   Vorgang: Die Platte wird sofort nach dem Herausnehmen aus der
                        Entwicklungskammer besprüht.
                        Verschiedenfarbige Flecken.
   N. KUCHARCZYK, J. FOHL u. J. VYMĚTAL: J. Chromatog. 11, 55 (1963).

112. Furfurol-Schwefelsäure: für Carbaminsäureester (z. B. Meprobamat).
   Sprühlösung I: Furfurollösung (1% in Aceton).
   Sprühlösung II: Schwefelsäurelösung (10% in Aceton).

Vorgang: Nacheinander mit I und II sprühen.
A. HEYNDRICKX, M. SCHAUVLIEGE, et A. BLOMMEL: J. pharm. Belg. 117 (1965).
I. SUNSHINE: Am. J. Clin. Pathol. **40**, 576 (1963).

113. Glucose-Anilin (Schweppes Reagens): für Säuren.
Lösung a: Glucoselösung (10% in Wasser).
Lösung b: Anilinlösung (10% in Äthanol).
Sprühlösung: Je 20 ml der Lösungen a und b werden mit 1-Butanol auf 100 ml verdünnt.
Nachbehandlung: 5—10 min auf 125° C erhitzen.
Tiefbraune Flecken auf weißem Untergrund.
H. SCHWEPPE: Diss. Münster (1954).

114. Glucose-Phosphorsäure: für aromatische Amine.
Sprühlösung: 2 g Glucose werden in 10 ml Phosphorsäure (85%) und 40 ml Wasser gelöst. Der Lösung werden 30 ml Äthanol und 30 ml 1-Butanol zugefügt.
Nachbehandlung: Etwa 10 min auf 115° C erhitzen.
F. MICHEEL, u. H. SCHWEPPE: Microchim. Acta **1954**, 53.

115. Glyoxal-bis-(2-hydroxyanil) (GBHA): für Kationen.
Sprühlösung: 1 g GBHA und 3 g Kaliumhydroxid werden zu 100 ml in Methanol gelöst.
Vorgang: Das getrocknete Chromatogramm wird mit der Sprühlösung behandelt und dann mit einem Föhn (50° C) erneut getrocknet.
Farbreaktionen.
H. G. MÖLLER u. N. ZELLER: J. Chromatog. **14**, 560 (1964).

116. Harnstoff-Salzsäure: für Zucker.
Sprühlösung: 5 g Harnstoff werden in 20 ml 2 N-Salzsäure gelöst. Die Lösung wird mit 100 ml Äthanol versetzt.
Nachbehandlung: Erhitzen auf 100° C bis zur optimalen Färbung der Flecken. Ketosen und Ketosen enthaltende Oligosaccharide werden blau.
R. DEDONDER: Bull. soc. chim. biol. **34** 44 (1952).

117. Hydraziniumsulfat: für Piperonal, Vanillin und Äthylvanillin.
Sprühlösung: 90 ml Hydraziniumsulfatlösung (gesättigt, wäßrig) werden 10 ml 4 N-Salzsäure gemischt.
Nachbehandlung: Das feuchte Chromatogramm wird vor und nach dem Bedampfen mit Ammoniak im langwelligen UV-Licht betrachtet.
K. G. BERGNER u. H. SPERLICH: Dtsch. Lebensm.-Rundschau **47**, 134 (1951).

118. 4-Hydroxybenzaldehyd-Schwefelsäure (Komarowskys Reagens): für Sapogenine und Corticosteroide (2-unsubst. 3-Ketosteroide)
Lösung I: Schwefelsäure (50%).
Lösung II: 4-Hydroxybenzaldehydlösung (2% in Methanol).
Sprühlösung: Kurz vor Gebrauch werden 5 ml I mit 50 ml II gemischt.
Nachbehandlung: 3—4 min auf 105° C oder 10 min auf 60° C erwärmen.
Gelbe bis rosafarbene Flecken.
P. J. STEVENS: J. Chromatog. **14**, 269 (1964).

119. 8-Hydroxychinolin: für Barium-, Strontium- und Calcium-Ionen.
Sprühlösung: 0,5 g 8-Hydroxychinolin werden in 60 ml Äthanol und 40 ml Wasser gelöst.
Nachbehandlung: Mit Ammoniaklösung (25%) nachsprühen oder das Chromatogramm in eine mit Ammoniaklösung (25%) beschickte Kammer einstellen.
Im langwelligen UV-Licht auswerten.
W. A. REEVES, and TH. B. CRUMLER: Anal. Chem. **23**, 1576 (1952).
T. V. ARDEN et al.: Nature **162**, 691 (1948).

53 Dünnschicht-Chromatographie, 2. Aufl.

120. 8-Hydroxychinolin-Hypobromit (Sakaguchis Reagens): für Arginin und andere Guanidinderivate, Galegin.
Sprühlösung I: 8-Hydroxychinolinlösung (0,1% in Aceton).
Sprühlösung II: 0,2 ml Brom werden in 100 ml 0,5 N-Natronlauge gelöst.
Vorgang: Zunächst wird mit I besprüht und nach dem Trocknen II aufgesprüht.
                    Es treten orangefarbene bis rote Flecken auf.
J. B. Jepson, and J. Smith: Nature **172**, 1100 (1953), **177**, 84 (1956).
J. Kaloušek, M. Kutáček a J. Bílek: Československ. farm. **4**, 188 (1955).

121. 8-Hydroxychinolin-Kojisäure: für Aluminium-, Erdalkali- und Magnesium-Ionen.
Sprühlösung I: 2,5 g 8-Hydroxychinolin und 0,5 g Kojisäure in 500 ml Äthanol (90%) lösen.
Sprühlösung II: Ammoniaklösung (25%).
                    Flecken fluorescieren im langwelligen UV-Licht.
F. H. Pollard, J. F. W. McOmie, and I. I. M. Elbeih: J. Chem. Soc. **1951**, 466.

122. Hydroxylamin-Eisen(III)-chlorid: für Lactone, Carbonsäureester, -amide und -anhydride.
Lösung a: 20 g Hydroxylammoniumchlorid werden in 50 ml Wasser gelöst. Die Lösung wird mit Äthanol auf 200 ml aufgefüllt und kühl aufbewahrt.
Lösung b: 50 g Kaliumhydroxid werden in möglichst wenig Wasser gelöst. Dann wird mit Äthanol auf 500 ml aufgefüllt.
Sprühlösung I: 1 Vol. a wird mit 2 Vol. b gemischt. Das ausgefallene Kaliumchlorid wird abfiltriert. Die so erhaltene Sprühlösung I soll im Kühlschrank aufbewahrt werden (Haltbarkeit: etwa 2 Wochen).
Sprühlösung II: 10 g feinstgepulvertes Eisen(III)-chlorid ($FeCl_3 \cdot 6\,H_2O$) werden in 20 ml Salzsäure (36%) gelöst. Die Lösung wird so lange mit 200 ml Diäthyläther geschüttelt, bis eine homogene Lösung entstanden ist. Die Sprühlösung II ist gut verschlossen längere Zeit haltbar.
Vorgang: Das Chromatogramm wird mit I besprüht, kurz bei Zimmertemperatur getrocknet und dann mit II nachgesprüht.
V. P. Whittaker, and S. Wijesundera: Biochem. J. **51**, 348 (1952).

123. Indandion: für Carotinoid-Aldehyde.
Sprühlösung: 0,5 g 2-Diphenylacetyl-1,3-indandion-1-hydrazon in 20 ml Wasser lösen, nach kurzem Erwärmen filtrieren und 0,3 ml Salzsäure (36%) zufügen.
Nachbehandlung: Im Kaltluftstrom trocknen.
H. Thommen u. O. Wiss: Z. Ernährungswiss. 1963 Supp. 3, S. 18.

124. Isatin-Schwefelsäure: für Thiophenderivate.
Sprühlösung: 0,4 g Isatin werden in 100 ml Schwefelsäure (konz.) gelöst.
Nachbehandlung: Gegebenenfalls auf 120° C erhitzen.
                    Verschiedenfarbige Flecken.
R. F. Curtis, and G. T. Phillips: J. Chromatog. **9**, 366 (1962).

125. Isonicotinsäurehydrazid (INH): für Δ^4-3-Ketosteroide.
Sprühlösung: 1 g Isonicotinsäurehydrazid und 1 ml Eisessig werden zu 100 ml in Äthanol gelöst.
Vorgang: Nach dem Besprühen bei Zimmertemperatur trocknen.
                    Unter der langwelligen UV-Lampe fluorescieren die Flecken gelb.
B. P. Lisboa: Acta Endocrinol. **43**, 47 (1963).
B. P. Lisboa: J. Chromatog. **16**, 136 (1964).

126. Jod: allgemeines Nachweisreagens.
Das Chromatogramm wird in ein geschlossenes Gefäß gebracht, auf dessen Boden sich einige Körnchen Jod befinden. Durch leichtes Erwärmen des Gefäßes wird die Entwicklung der Joddämpfe beschleunigt. Viele organische Verbindungen erscheinen als braune Flecken.

Modifikation:
Die Platte wird 5 min in eine starke Jod-Atmosphäre eingestellt, bzw. mit einer Jodlösung (0,5% Chloroform) besprüht. Durch Stehenlassen an der Luft wird der Überschuß an Jod entfernt. Beim Besprühen mit einer Stärkelösung (1% in Wasser) werden die Flecken blau. Ist noch zuviel Jod auf der Schicht (Probe an einer Ecke oder mit einem Teil der überdeckten Platte), so färbt sich auch der Untergrund blau.

G. C. BARRET: Nature **194**, 1171 (1962).
A. BETTSCHART u. H. FLÜCK: Pharm. Acta Helv. **31**, 260 (1956).
G. BRANTE: Nature **163**, 651 (1949).
R. MUNIER, et M. MACHEBOEUF: Bull. soc. chim. biol. **31**, 1144 (1949).
R. MUNIER: Bull. soc. chim. France **19**, 852 (1952).

127. Jodazid: für S-haltige Aminosäuren, Sulfide u. Penicilline.
Jodazidlösung:
Sprühlösung: Eine Lösung von 3 g Natriumazid in 100 ml 0,1 N-Jodlösung wird frisch bereitet.
                   Jodazid in trockenem Zustand ist explosiv!
Jodazid-Stärke-Reagens:
Sprühlösung I: Eine Lösung von 1 g Natriumazid in 100 ml 0,005 N-Jodlösung wird frisch bereitet.
Sprühlösung II: Stärkelösung (1% in Wasser).
Vorgang: Nacheinander mit I und II besprühen.
E. CHARGRAFF, C. LEVINE, and C. GREEN: J. Biol. Chem. **175**, 67 (1948).
W. AWE, I. REINECKE u. J. THUM: Naturwissenschaften **41**, 528 (1954).

128. Jod-Kaliumjodid, neutral: für organische Verbindungen.
Sprühlösung: 0,2 g Jod und 0,4 g Kaliumjodid werden in 100 ml Wasser gelöst.
A. ZAFFARONI, R. B. BURTON, and H. KENTMANN: Science **111**, 6 (1950).
A. BETTSCHART u. H. FLÜCK: Pharm. Acta Helv. **31**, 260 (1956).
J. BÜCHI u. H. SCHUMACHER: Pharm. Acta Helv. **32**, 194 (1957).

129. Jod-Kaliumjodid, sauer: für Alkaloide.
Sprühlösung: 1 g Jod und 10 g Kaliumjodid werden in 50 ml Wasser unter Erwärmen gelöst und mit 2 ml Eisessig angesäuert. Diese Lösung ergänzt man mit Wasser auf 100 ml.
F. ŠANTAVÝ: nicht publiziert.

Jodplateat: siehe Kaliumjodoplatinat.

130. Jod-Schwefelsäure: für organ. Stickstoffverbindungen, Polyäthylenglykole und deren Derivate.
Sprühlösung: Eine Mischung aus gleichen Teilen 0,1 N-Jodlösung und Schwefelsäure (10%).
H. FELTKAMP u. F. KOCH: J. Chromatog. **15**, 314 (1964).

131. Kalilauge, methanolisch: für Cumarine, Anthrachinonglykoside und deren Aglukone.
Sprühlösung: Kaliumhydroxidlösung (5% in Methanol).
                   Das getrocknete Chromatogramm wird im Tageslicht und im langwelligen UV-Licht betrachtet.
Z. LEDINOVA a I. M. HAIS: Českoslov. farm. **9**, 401 (1960).
L. HÖRHAMMER, H. WAGNER u. G. BITTNER: Arzneimittel-Forsch. **13**, 537 (1963).

132. Kaliumhexacyanoferrat(II): für Eisen(III)-Ionen.
Sprühlösung: Frisch zu bereitende Kaliumhexacyanoferrat(II)-Lösung (2% in Wasser).
F. H. BURSTALL, G. R. DAVIES, R. P. LINSTEAD, and R. A. WELLS: J. Chem. Soc. **1950**, 516.

133. Kaliumhexacyanoferrat(II)-Wasserstoffsuperoxid: für Barbiturate.
Sprühlösung I: 0,1 g Kaliumhexacyanoferrat(II) wird zu 100 ml in Wasser gelöst, das 0,5 ml konz. Salzsäure (36%) enthält. 10 ml dieser

Lösung werden mit 5 g Ammoniumchlorid versetzt und mit Wasser zu 100 ml ergänzt.

Sprühlösung II: Wasserstoffsuperoxidlösung (30%).

Sprühlösung III: Kaliumcarbonatlösung (10% in Wasser).

Vorgang: Die Platte wird mit I besprüht und bei 100° C getrocknet. Nach dem Abkühlen wird mit II besprüht und 30 min auf 150° C erhitzt. Durch Nachsprühen mit III wird die Färbung der gelben und roten Flecke vertieft.

Diese Reaktion kann auch noch anschließend an den Nachweis mit Quecksilber(I)-nitrat erfolgen.

H. Weichsel: Mikrochim. Ichnoanal. Acta **1965**, 325.

134. Kaliumhexacyanoferrat(III): für Adrenalin und Derivate.

Sprühlösung: 0,6 g Kaliumhexacyanoferrat(III) werden in 100 ml Natronlauge (0,5%) gelöst.

Rotfärbung der Flecken.

A. H. Beckett, M. A. Beaven, and A. E. Robinson: J. Pharm. Pharmacol. **12**, 203 T (1960).

135. Kaliumhexacyanoferrat(III): für Vitamin B_1 (Thiochromreaktion).

Lösung a: Kaliumhexacyanoferrat(III)-Lösung (1% in Wasser).

Lösung b: Natronlauge (15% in Wasser).

Sprühlösung: 1,5 ml a werden mit 20 ml Wasser verdünnt und 10 ml b zugegeben.

Nach dem Trocknen Beobachtung im langwelligen UV-Licht.

D. Siliprandi u. N. Siliprandi: Biochim. et Biophys. Acta **14**, 52 (1954).

136. Kaliumhexacyanoferrat(III)-Eisen(III)-chlorid: für red. Verbindungen, Phenole, Amine, Thiosulfate u. Isothiocyanate (Allylsenföle).

Lösung a: Kaliumhexacyanoferrat(III)-Lösung (1% in Wasser).

Lösung b: Eisen(III)-chloridlösung (2% in Wasser).

Sprühlösung: a und b werden kurz vor dem Besprühen zu gleichen Teilen gemischt.

Nachbehandlung: Eine nachträgliche Besprühung mit 2 N-Salzsäure intensiviert die Farbreaktion.

G. M. Barton, R. S. Evans, and J. A. F. Gardner: Nature **170**, 249 (1952).

M. Gillio-Tos, S. A. Previtera, and A. Vimercati: J. Chromatog. **13**, 571 (1964).

H. Wagner, L. Hörhammer u. H. Nufer: Arzneimittel-Forsch. **15**, 453 (1965).

137. Kaliumhexacyanoferrat(III)-Kaliumhexacyanoferrat(II): für Morphin.

Sprühlösung: 57 mg Kaliumhexacyanoferrat(III) und 7,8 mg Kaliumhexacyanoferrat(II) zu 100 ml in destilliertem Wasser lösen.

H. J. Kupferberg, A. Burghalter, and E. L. Way: J. Chromatog. **16**, 558 (1964).

138. Kaliumjodid-Schwefelwasserstoff: für Schwermetall-Ionen.

Sprühlösung: Kaliumjodidlösung (2% in Wasser).

Vorgang: Nach dem Besprühen wird die Platte getrocknet und in eine mit Ammoniaklösung (25%) beschickte Kammer eingestellt. Nach wenigen Minuten bringt man die Platte in ein zweites Gefäß, in das aus einem Kippschen Apparat Schwefelwasserstoff eingeleitet wird.

Vorsicht! Schwefelwasserstoff ist giftig und explosiv! Abzug!

H. Seiler u. M. Seiler: Helv. Chim. Acta **43**, 1939 (1960).

139. Kaliumjodid-Stärke: für Peroxide.

Sprühlösung I: 10 ml einer Kaliumjodidlösung (4% in Wasser) werden mit 40 ml Eisessig versetzt und eine kleine Spatelspitze Zinkpulver zugefügt.

Sprühlösung II: Frisch hergestellte Stärkelösung (1% in Wasser).

Vorgang: Nach Abfiltrieren vom Zinkstaub wird mit I besprüht. Nach 5 min wird mit II stark nachgesprüht bis zur Transparenz,

wobei Peroxide durch freigewordenes Jod als blaue Flecken
zu erkennen sind.
E. Stahl: Chemiker-Ztg. **82**, 323 (1958).

140. Kaliumjodoplatinat: für Alkaloide.
Sprühlösung: 5 ml Hexachloroplatin(IV)-säurelösung (5%) werden mit
45 ml Kaliumjodidlösung (10% in Wasser) versetzt
und mit 100 ml Wasser verdünnt.
Frisch bereiten!
J. Smith: Chromatographic and Electrophoretic Techniques. Vol. I, S. 396.
New York: Interscience 1960.

141. Kaliumjodoplatinat: für Alkaloide und andere org. Stickstoffverbindungen.
Sprühlösung: 3 ml Hexachloroplatin(IV)-säurelösung (10%) werden mit
97 ml Wasser versetzt und 100 ml Kaliumjodidlösung (6%
in Wasser) zugegeben.
Frisch bereiten!
R. Munier: Bull. soc. chim. France **19**, 852 (1952).
R. Hilz, F. F. Castano, and G. A. Lightbourn: J. Lab. Clin.. Med. **54**, 634
(1959).

142. Kaliumpermanganat, alkalisch: für reduzierende Verbindungen u. arom. Poly-
carbonsäuren.
Lösung a: Kaliumpermanganatlösung (1% in Wasser).
Lösung b: Natriumcarbonatlösung (5% in Wasser).
Sprühlösung: Gleiche Volumina von a und b werden gemischt.
O. B. Maximov, and L. S. Panthinkhina: J. Chromatog. **20**, 150 (1965).
I. M. Hais u. K. Macek: Papierchromatographie I, S. 735. Jena: G. Fischer
1958.

143. Kaliumpermanganat, alkalisch: für Zucker u. Polyalkohole.
Sprühlösung: 0,5 g Kaliumpermanganat werden in 100 ml N-Natronlauge
gelöst.
Nachbehandlung: Nach dem Ansprühen wird die Platte auf 100° C erhitzt.
G. W. Hay, B. A. Lewis, and F. Smith: J. Chromatog. **11**, 479 (1963).

144. Kaliumpermanganat, neutral: für leicht oxydierbare Verbindungen.
Sprühlösung: Kaliumpermanganatlösung (0,05% in Wasser).

145. Kaliumpermanganat-Schwefelsäure (Universalreagens).
Sprühlösung: 0,5 g Kaliumpermanganat in 15 ml Schwefelsäure (konz.)
lösen.
Vorsicht! Explosionsgefahr! Manganheptoxid!
H. Ertel u. L. Horner: J. Chromatog. **7**, 268 (1962).

146. Kobalt(II)-chlorid: für organische Phosphorsäureester.
Sprühlösung: Lösung von wasserfreiem Kobalt(II)-chlorid (1% in Aceton).
Nachbehandlung: Erwärmen auf 40—50° C.
Blaue Flecken. Wenig empfindliches Reagens.
R. Donner u. Kh. Lohs: J. Chromatog. **17**, 349 (1965).

147. Kobalt(II)-nitrat-Ammoniak (Zwikkers Reagens): für Barbiturate.
Sprühlösung: Kobalt(II)-nitratlösung (1% in abs. Äthanol).
Nachbehandlung: Die besprühte Platte wird bei Zimmertemperatur getrocknet
und in eine mit Ammoniaklösung (25%) beschickte, wasser-
dampfgesättigte Kammer eingestellt.
E. J. Shellard, and J. V. Osisiogu: Lab. Practice **13**, 516 (1964).

148. Kobalt(II)-nitrat-Lithiumhydroxid: für Barbiturate.
Sprühlösung I: Kobalt(II)-nitratlösung (2% in wasserfreiem Methanol).
Sprühlösung II: Lithiumhydroxidlösung (0,5% in Methanol).
Vorgang: Mit I besprühen und nach dem Trocknen an der Luft mit II
nachsprühen.
H. Weidmann: Dissertation, Berlin 1961.

149. Kobalt(II)-thiocyanat: für Alkaloide, prim., sek. u. tert. Amine.

Sprühlösung: 3 g Ammoniumthiocyanat und 1 g Cobalt(II)-chlorid werden in 20 ml Wasser gelöst.

Bemerkung: Alkaloide und Amine erscheinen als blaue Flecken auf weißem bis rosa Untergrund.
Die nach etwa 2 Std verblassenden Farbtöne können durch Nachsprühen mit Wasser oder durch Einbringen der Platte in eine mit Wasserdampf gesättigte Atmosphäre wieder sichtbar gemacht werden.

E. S. Lane: J. Chromatog. 18, 426 (1965).

Königs Reagens siehe Bromcyan-4-Aminobenzoesäure.

Komarowskys Reagens siehe 4-Hydroxybenzaldehyd-Schwefelsäure.

150. Kupfer(II)-chlorid: für Oxime.

Sprühlösung: Kupfer(II)-chloridlösung (0,5% in Wasser).

Bemerkung: β-Oxim-Komplexe erscheinen direkt nach dem Besprühen als grüne Zonen, während sich die α-Komplexe erst nach 10 min langem Erhitzen auf 110° C schwach grünbraun anfärben.

M. Hranisavljević-Jakovljević, I. Pejković-Tadić, and A. Stojiljković: J. Chromatog. 12, 70 (1963).

151. Kupfer(II)-sulfat-Benzidin: für Pyridinmonocarbonsäuren.

Sprühlösung I: 0,3 g Kupfer(II)-sulfat werden in 100 ml einer Mischung aus 5 Vol. Wasser und 4 Vol. Äthanol gelöst.

Sprühlösung II: 0,1proz. Lösung von Benzidin in Äthanol (50%).

Vorgang: Mit I besprühen, Chromatogramm bei 60° C trocknen und mit II nachsprühen.
Blaugefärbte Flecken.

152. Kupfer(II)-sulfat-Chinin-Pyridin: für Barbiturate u. Thiobarbiturate.

Sprühlösung I: 0,2 g Kupfer(II)-sulfat und 0,02 g Chininiumchlorid werden in 50 ml Wasser gelöst, 2 ml Pyridin zugegeben und mit Wasser zu 100 ml ergänzt.

Sprühlösung II: Kaliumpermanganatlösung (0,5% in Wasser).

Vorgang a: Zunächst wird mit I besprüht und bei Zimmertemperatur getrocknet.

Bemerkung: Bei Tageslicht: weiße, gelbe bzw. violette Flecken.
Unter der langwelligen UV-Lampe: dunkle Flecken auf fluorescierendem Untergrund.

Vorgang b: Anschließend wird mit II nachgesprüht.

Bemerkung: Gelbe bzw. weiße Flecken.

M. Frahm, A. Gottesleben u. K. Soehring: Pharm. Acta Helv. **38**, 785 (1963).

153. Leukomethylenblau: für Ubi-, Plasto- und Tocopherylchinone.

Sprühlösung: Die Suspension von 0,25 g Zinkstaub in 1 ml Eisessig wird zu 5 ml Methylenblaulösung (0,02% in Aceton) gegeben.

T. W. Goodwin: Lab. Practice **1964**, 295.

154. Magnesiumacetat: für Anthrachinonglykoside u. deren Aglukone.

Sprühlösung: Magnesiumacetatlösung (0,5% in Methanol).

Vorgang: 5 min auf 90° C erwärmen.
Orange- bis Violett-Färbung der Flecken.

S. Shibita, M. Takido, and O. Tanaka: J. Am. Chem. Soc. **72**, 2789 (1950).

155. Methylenblau: für Estersulfate (Schwefelsäureester) von Steroiden.

Sprühlösung: 0,025 g Methylenblau werden in 100 ml 0,05 N-Schwefelsäure gelöst.
Vor Gebrauch wird die Lösung mit dem gleichen Volumen Aceton verdünnt.

Bemerkung: Die Estersulfate ergeben unterschiedlich gefärbte Flecken auf blauem Untergrund.
Durch Entwickeln mit Chloroform steigen die gebildeten Farbkomplexe, an deren Stellen weiße Flecken auf blauem Grund zurückbleiben.

O. Crépy, O. Judas, and B. Lachese: J. Chromatog. **16**, 340 (1964).

156. Methylgelb-UV-Licht: für chlorierte Insecticide.

Sprühlösung: 0,1 g Methylgelb (N,N-Dimethyl-4-phenylazoanilin) wird in 70 ml Äthanol gelöst, 25 ml Wasser zugegeben und zu 100 ml mit Äthanol ergänzt.

Vorgang: Nach dem Besprühen wird das Chromatogramm an der Luft getrocknet und 5 min mit der UV-Lampe (ohne Filter) bestrahlt.
Rote Flecken auf gelbem Untergrund.

L. F. Krzeminsky, and W. A. Landmann: J. Chromatog. **10**, 515 (1963).

157. 4-Methylumbelliferon: für N-haltige Heterocyclen (Fluorescenzindicator).

Sprühlösung: 0,02 g 4-Methylumbelliferon werden in 35 ml Äthanol gelöst. Die Lösung wird in einem 100 ml-Meßkolben bis zur Marke mit Wasser aufgefüllt.

Nachbehandlung: Das Chromatogramm wird in ein mit Ammoniaklösung (25%) beschicktes Gefäß eingestellt und im langwelligen UV-Licht betrachtet.

I. M. Hais u. K. Macek: Handbuch der Papierchromatographie I. S. 759. Jena: G. Fischer 1958.

158. Molybdatophosphorsäure: für reduzierende Verbindungen, Lipide, Sterine u. Steroide.

A. Sprühlösung: Molybdatophosphorsäurelösung (5% in Äthanol).
Nachbehandlung: Erhitzen auf 120° C bis zur optimalen Fleckausbildung.
B. Sprühlösung: Molybdatphosphorsäurelösung (10% in Äthanol).
Nachbehandlung: Erhitzen auf 120° C bis zur optimalen Fleckausbildung.
Bemerkung: Durch Einstellen in eine mit Ammoniaklösung (25%) beschickte Kammer wird der Untergrund farblos.
C. Sprühlösung: Molybdatophosphorsäurelösung (20% in Äthanol oder in Äthylenglycolmonomethyläther).
Antioxydantien erscheinen nach 1—2 min als blaue Flecken.

D. Kritchevsky, and M. C. Kirk: Arch. Biochem. Biophys. **35**, 346 (1952).
A. Seher: Fette u. Seifen, Anstrichmittel **61**, 345 (1959).

159. Morin: für Aluminium-Ionen.

Sprühlösung: Morinlösung (1% in Eisessig).
Starke hellgrüne Fluorescenz im langwelligen UV-Licht.

T. V. Toribara, and R. E. Sherman: Anal. Chem. **25**, 1594 (1953).

160. Naphthochinon-(1,2)-sulfonsäure-(4) Natriumsalz: für arom. Amine.

Sprühlösung: Die Lösung von 0,5 g Naphthochinon-(1,2)-sulfonsäure-(4) Natriumsalz in 95 ml Wasser wird mit 5 ml Eisessig versetzt. Von evtl. ungelösten Anteilen wird abfiltriert.

Bemerkung: Die Farbe der Flecken wird nach 30 min beobachtet.

R. B. Smyth, and G. G. McKeown: J. Chromatog. **16**, 454 (1964).

161. Naphthochinon-(1,2)-sulfonsäure-(4) Natriumsalz (Folins Reagens): für Aminosäuren.

Sprühlösung: 0,02 g Naphthochinon-(1,2)-sulfonsäure-(4) Natriumsalz werden in 100 ml Natriumcarbonatlösung (5% in Wasser) gelöst. Frisch bereiten!

Vorgang: Nach dem Aufsprühen wird das Chromatogramm bei Zimmertemperatur getrocknet. Keine Nachbehandlung!
Aminosäuren ergeben verschiedene Farbreaktionen.

D. Müting: Naturwissenschaften **39**, 303 (1952).

162. Naphthochinon-(1,2)-sulfonsäure-(4)-Perchlorsäure: für Sterine.

Sprühlösung: 0,1 g Naphthochinon-(1,2)-sulfonsäure-(4) wird in 100 ml eines Gemisches aus 20 ml Äthanol, 10 ml Perchlorsäure (60%), 1 ml Formaldehydlösung (40%) und 9 ml Wasser gelöst.

Vorgang: Auf 70—80° C erwärmen und die Entwicklung der Farbflecken beobachten.
Zunächst Rosafärbung der Flecken, die mit zunehmender Erhitzungsdauer in Blau übergeht.

E. Richter: J. Chromatog. 18, 164 (1965).
C. W. M. Adams: Nature 192, 331 (1961).

163. α-Naphthol-Schwefelsäure: für Zucker.

Sprühlösung: Es werden gemischt: 10,5 ml α-Naphthollösung (15% in Äthanol), 6,5 ml Schwefelsäure (konz.), 40,5 ml Äthanol und 4 ml Wasser.

Nachbehandlung: 3—6 min auf 100° C erhitzen.

H. Jacin, and A. R. Mishkin: J. Chromatog. 18, 170 (1965).

164. Naphthoresorcin (Naphthalindiol-(1,3))-Phosphorsäure: für Zucker.

Sprühlösung: 100 ml Naphthoresorcinlösung (0,2% in Äthanol) werden mit 10 ml Phosphorsäure (85%) gemischt.

Nachbehandlung: 5—10 min auf 100—105° C erhitzen.

165. Naphthoresorcin-Schwefelsäure: für Zucker.

Lösung a: 0,2 g Naphthoresorcin werden in 100 ml Äthanol gelöst.
Lösung b: Schwefelsäure (20%).
Sprühlösung: Vor Gebrauch werden gleiche Volumina von a und b gemischt.
Nachbehandlung: 5—10 min auf 100—105° C erhitzen.

166. Naphthoresorcin-Trichloressigsäure: für Zucker u. Uronsäuren.

Lösung a: Naphthoresorcinlösung (0,2% in Äthanol).
Lösung b: Trichloressigsäurelösung (20% in Wasser).
Sprühlösung: Bei Bedarf werden gleiche Volumina a und b gemischt.
Nachbehandlung: Bei Ketosen 5—10 min auf 100—105° C erwärmen (Trockenschrank).
Bei Uronsäuren 10—15 min in feuchter Atmosphäre (Wasserbad) auf 70—80° C erwärmen.
Bemerkung: Die Anfärbungen werden durch anwesendes Collidin und Pyridin gestört. Anstelle von Naphthoresorcin können Resorcin, Orcin, Phloroglucin oder α-Naphthol verwendet werden. 1 Vol. der Trichloressigsäure läßt sich durch 0,1 Vol. Phosphorsäure (85%) ersetzen.

S. M. Partridge: Biochem. J. 42, 238 (1948).

167. α-Naphthylamin: für 3,5-Dinitrobenzoesäureester u. Dinitrobenzamide.

Sprühlösung I: α-Naphthylaminlösung (0,5% in Äthanol).
Sprühlösung II: Kalilauge (10% in Methanol).
Vorgang: Es wird nacheinander mit I und II besprüht.
Rotbraunfärbung der Flecken.

R. G. Rice, G. J. Keller, and J. G. Kirchner: Anal. Chem. 23, 194 (1951).

168. Natriummetaperjodat-Benzidin: für Substanzen mit α-Diolgruppierungen (z. B. Zucker, Polyalkohole).

Sprühlösung I: Natriumetaperjodatlösung (0,1% in Wasser).
Sprühlösung II: 1,8 g Benzidin in 50 ml Äthanol lösen, mit 50 ml Wasser verdünnen, 20 ml Aceton und 10 ml 0,2 N-Salzsäure zufügen.
Vorgang: Besprühen mit I, 5 min warten, mit II nachsprühen. Weiße Flecken auf blauem Untergrund.

J. A. Cifonelli u. F. Smith: Anal. Chem. 26, 1132 (1954).

169. Natriummetaperjodat-Benzidin-Silbernitrat: für Substanzen mit α-Diolgruppierungen (z. B. Zucker u. Polyalkohole).

Sprühlösung I: Natriummetaperjodatlösung (0,1% in Wasser).

Sprühlösung II: 2,8 g Benzidin werden in einer Mischung von 80 ml Äthanol, 70 ml Wasser, 30 ml Aceton und 1,5 ml N-Salzsäure gelöst.

Sprühlösung III: 1 ml Silbernitratlösung (gesättigt, wäßrig) wird unter Rühren zu 20 ml Aceton gegeben und dann so lange tropfenweise Wasser zugefügt, bis sich das ausgefallene Silbernitrat eben wieder löst.

Vorgang: Nach dem Besprühen mit I wird die Platte an der Luft getrocknet, dann mit II besprüht und 5 min in eine mit Ammoniaklösung (25%) beschickte Kammer gestellt. Abschließend kann mit III besprüht werden, wobei die weißen Flecken eine Dunkelfärbung annehmen.

D. WALDI: J. Chromatog. 18, 417 (1965).

170. Natriummetaperjodat-Nesslers Reagens: für Hydroxyaminosäuren (Serin, Threonin).

Sprühlösung I: Natriummetaperjodatlösung (1% in Wasser).

Sprühlösung II: Nesslers Reagens:
10 g Quecksilber(II)-jodid werden mit etwas Wasser zu einer dünnen Paste angerührt und 5 g Kaliumjodid zugegeben. Zu dieser Mischung wird eine Lösung von 20 g Natriumhydroxid in 80 ml Wasser zugefügt. Sobald völlige Lösung erfolgt ist, wird mit Wasser zu 100 ml ergänzt. Die trübe Lösung wird mehrere Tage stehen gelassen und nach Absitzen des Niederschlages dekantiert.

Vorgang: Mit I vorsprühen, dann Chromatogramm bei Zimmertemperatur trocknen, mit II nachsprühen.

R. CONSDEN, A. H. GORDON, and A. J. P. MARTIN: Biochem. J. 40, 33 (1946).

171. Natriummetaperjodat-4-Nitranilin: für Desoxyzucker.

Sprühlösung I: 1 Vol. Natriummetaperjodatlösung (gesättigt, wäßrig) wird mit 2 Vol. Wasser verdünnt.

Sprühlösung II: 4 Vol. 4-Nitranilinlösung (1% in Äthanol) werden mit 1 Vol. Salzsäure (36%) versetzt.

Vorgang: Mit I sprühen, 10 min warten, dann mit II nachsprühen.

Bemerkung: Desoxyzucker und Glycale ergeben gelbe Flecken, die im langwelligen UV-Licht stark fluorescieren. Bei weiterem Nachsprühen mit Natronlauge (5% in Methanol) geht die Farbe in Grün über.

J. T. EDWARD, and D. M. WALDRON: J. Chem. Soc. 1952, 3631.

172. Natriumrhodizonat: für Barium- und Strontium-Ionen.

Sprühlösung I: Natriumrhodizonatlösung (1% in Wasser).

Sprühlösung II: Ammoniaklösung (25%).

T. V. ARDEN, F. H. BURSTALL, G. R. DAVIES, J. A. LEWIS, and R. P. LINSTEAD: Nature 162, 691 (1948).

173. Natronlauge: für Δ^4-3-Ketosteroide.

Sprühlösung: Natronlauge (10% in Methanol/Wasser (60 + 40)).

Vorgang: 10 min auf 80° C erwärmen.
Δ^4-3-Ketosteroide fluorescieren im langwelligen UV-Licht gelb.

I. E. BUSH: Biochem. J. 50, 370 (1951).

174. Natriumtetraphenylborat (Kalignost®): für Alkaloide.

Sprühlösung I: Natriumtetraphenylboratlösung (1% in wassergesättigtem Äthylmethylketon).

Sprühlösung II: Fisetin- oder Quercetin-Lösung (0,015% in Methanol).

Vorgang: Mit I besprühen, an der Luft trocknen, dann mit II sprühen und erneut an der Luft trocknen.

Orangefarbene bis rote Flecken, die im langwelligen UV-Licht fluorescieren.

R. NEU: J. Chromatog. **11**, 364 (1963).

175. Natriumtetraphenylborat (Kalignost®)-Rhodamin-B: für Kalium-Ionen.
Sprühlösung I: 0,1 N-Natronlauge.
Sprühlösung II: Kalignost ®-Lösung (1% in Äthanol).
Sprühlösung III: Rhodamin B-Lösung (0,5% in Äthanol).
Vorgang: Mit I vorsprühen, trocknen lassen, mit II besprühen, schließlich mit III nachsprühen.
Starke dunkelblaue Fluorescenz im langwelligen UV-Licht. Bei größeren Auftragsmengen von Kalium bereits im Sichtbaren hellroter Fleck auf dunkelrotem Untergrund.

176. Ninhydrin: für Aminosäuren, Amine und Aminozucker.
A. Sprühlösung: 0,3 g Ninhydrin werden in 100 ml 1-Butanol gelöst und mit 3 ml Eisessig versetzt.
B. Sprühlösung: 0,2 g Ninhydrin werden in 100 ml Äthanol gelöst.
Nachbehandlung: Auf 110° C erhitzen bis zur optimalen Farbentwicklung der Flecken.
Bei Pantothensäure empfiehlt es sich, auf 160° C zu erhitzen.
R. A. FAHMY, A. NIEDERWIESER, G. PATAKI u. M. BRENNER: Helv. Chim. Acta **44**, 2022 (1961).
A. R. PATTON, and P. CHISM: Anal. Chem. **23**, 1683 (1951).

Stabilisierung der Ninhydrinflecken:
Sprühlösung: 1 ml Kupfer(II)-nitratlösung (gesättigt in Wasser), 0,2 ml Salpetersäure (10%) und 100 ml Äthanol (96%) werden gemischt.
Vorgang: Die Ninhydrinflecken werden mit der Sprühlösung nachgesprüht und die Platte in eine mit Ammoniaklösung (25%) beschickte Kammer eingestellt. Der erhaltene rote Kupferkomplex ist nur beständig, so lange keine freien Wasserstoffionen oder starke Komplexbildner vorhanden sind.
E. KAWERAU, and TH. WIELAND: Nature **168**, 77 (1951).

177. Ninhydrin-Kupfernitrat: für Aminosäuren (polychromatischer Nachweis).
Lösung I: 0,1 g Ninhydrin wird in 50 ml Äthanol (abs.) gelöst und 10 ml Eisessig und 2 ml Collidin zugefügt.
Lösung II: 0,5 g Kupfer(II)-nitrat werden in 50 ml Äthanol (abs.) gelöst.
Sprühlösung: Vor Gebrauch werden Lösung I und II im Verhältnis 50:3 gemischt.
Nachbehandlung: Man hält die besprühte Platte über eine heiße Kochplatte, bis die Farbentwicklung eben einsetzt. Im durchscheinenden Licht erkennt man, wie sich auf der warmen Platte die Farbflecken allmählich vertiefen. Einige Aminosäuren kommen so fast punktförmig zum Vorschein und werden rasch durch Einstiche mit einem spitzen Bleistift markiert. Auf diese Art wird es oft möglich, in Flecken, die nachher zusammenfließen, die einzelnen Komponenten zu erkennen. Viele Aminosäuren zeigen charakteristische Farben. Die Aminosäuren unterscheiden sich auch in der Geschwindigkeit, mit welcher sie Farbstoffe bilden.
M. BRENNER u. A. NIEDERWIESER: Experientia **16**, 378 (1960).

178. 4-Nitranilin, diazotiert: für Phenole, Phenolcarbonsäuren, kupplungsfähige Amine u. Heterocyclen.
Sprühlösung: 10 ml 4-Nitranilinlösung (0,1% in Wasser) werden mit 10 ml Natriumnitritlösung (0,2% in Wasser) gemischt und 20 ml Kaliumcarbonatlösung (10% in Wasser) zugegeben.
Farbreaktionen.
A. STURM u. H. W. SCHEJA: J. Chromatog. **16**, 194 (1964).

179. 4-Nitranilin, diazotiert (gepuffert): für Phenole.
Sprühreagens: 5 ml 4-Nitranilinlösung (0,5 % in 2 N-Salzsäure) werden unter Kühlung mit 0,5 ml Natriumnitritlösung (5% in Wasser)
gemischt und 15 ml Natriumacetatlösung (20% in Wasser)
zugegeben.
H. G. Bray, W. V. Thorpe, and K. White: Biochem. J. 46, 271 (1950).
T. Swain: Biochem. J. 53, 200 (1953).
C. F. van Sumere, G. Wolf, H. Teuchy, and J. Kint: J. Chromatog. 20, 48
(1965).

180. 4-Nitranilin, diazotiert (sauer): für Weichmacher.
Sprühlösung I: 0,5 N alkoholische Kalilauge.
Sprühlösung II: 0,8 g 4-Nitranilin werden in 250 ml Wasser gelöst, mit 20 ml
Salzsäure (25%) versetzt und mit Natriumnitritlösung (5%
in Wasser) bis zur Farblosigkeit der Lösung diazotiert.
Vorgang: Mit I besprühen, 15 min bei 60° C trocknen und dann mit II
nachsprühen.
Gelbe bis orangefarbene Flecken.
J. W. Copius-Peereboom: J. Chromatog. 4, 323 (1960).
D. Braun: Chimia (Switz.) 19, 77 (1965).

181. 4-Nitrophenyldiazoniumtetrafluoroborat: für Phenole u. kupplungsfähige Amine
Sprühlösung I: Frisch bereitete 4-Nitrophenyldiazoniumtetrafluoroborat-
lösung (1% in Aceton).
Sprühlösung II: 0,1 N methanolische Kalilauge.
Vorgang: Nacheinander mit I und II besprühen.
Herstellung des Reagenses:
14 g 4-Nitranilin werden unter Erwärmen in 30 ml Salzsäure
(36%) und 30 ml Wasser gelöst. Nach dem Abkühlen auf
5° C wird eine Lösung von 8 g Natriumnitrit in 20 ml Wasser
zugegeben und anschließend 60 ml Fluoroborsäure (40%)
zugefügt. Der entstehende gelb gefärbte Niederschlag wird
abgesaugt, nacheinander mit Fluoroborsäure, Äthanol und
Äther gewaschen und im Vakuumexsiccator getrocknet.
J. H. Freeman: Anal. Chem. 24, 955 (1952).
H. Seeboth u. H. Görsch: Chem. Techn. 15, 294 (1963).

182. Nitroprussid-Natrium: für SH-Verbindungen (Cystein), -S-S-Verbindungen
(Cystin) und Arginin.
Sprühlösung I: 1,5 g Nitroprussid-Natrium werden in 5 ml 2 N-Salzsäure
gelöst. Nach Zugabe von 95 ml Methanol und 10 ml Am-
moniaklösung (25%) wird filtriert.
Bemerkung: SH-Verbindungen werden als rote Flecken sichtbar.
Arginin wird orange und später graublau.
Sprühlösung II: Die Lösung von 2 g Natriumcyanid in 5 ml Wasser mit
Methanol zu 100 ml ergänzen.
Bemerkung: Beim Nachsprühen mit II erscheinen Verbindungen mit
S-S-Brücken als rote Flecken auf gelbem Untergrund.
Schutzmaßnahmen beim Sprühen mit Natriumcyanid be-
achten! Sehr giftig!
Variation für -S-S-Brückenbindungen:
Sprühlösung I: 5 g Natriumcyanid und 5 g Natriumcarbonat werden in
einem 100 ml-Meßkolben in wäßrigem Äthanol (25%) gelöst
und zur Marke aufgefüllt.
Sprühlösung II: 2 g Nitroprussid-Natrium werden in 100 ml Äthanol (75%)
gelöst.
Vorgang: Mit I vorsprühen, an der Luft trocknen lassen und dann mit
II nachsprühen.
Bemerkung: Schutzmaßnahmen beim Sprühen mit Natriumcyanid be-
achten! Sehr giftig!
G. Tonnies, and J. J. Kolb: Anal. Chem. 23, 823 (1951).

Variation für Thiolactone:
Sprühlösung I: N-Natronlauge.
Sprühlösung II: 2 g Nitroprussid-Natrium werden in 100 ml Äthanol (75%)
                     gelöst.
Vorgang: Mit I vorsprühen, an der Luft trocknen lassen und dann mit
                     II nachsprühen.
F. Korte u. J. Vogel: J. Chromatog. **9**, 381 (1962).

183. Nitroprussid-Natrium-Acetaldehyd: für sekundäre aliphatische und alicyclische Amine.
Lösung a: 5 g Nitroprussid-Natrium werden in 100 ml Acetaldehyd-
                     Lösung (10% in Wasser) gelöst.
Lösung b: Natriumcarbonatlösung (2% in Wasser).
Sprühlösung: Vor Gebrauch werden gleiche Volumina von a und b ge-
                     mischt.
F. Feigl: Tüpfelanalyse. Band II. Frankfurt/M.: Akad. Verlagsges. 1960.
K. Macek, J. Hacaperková u. B. Kakáč: Pharmazie **11**, 533 (1956).
E. Stein u. V. Kamienski: Planta **50**, 291 (1957).

184. Nitroprussid-Natrium-Ammoniak: für Schierling-Alkaloide.
Sprühlösung I: Nitroprussid-Natriumlösung (1% in Wasser).
Sprühlösung II: Ammoniaklösung (10%).
Vorgang: Es wird nacheinander mit I und II gesprüht.
Bemerkung: γ-Conicein färbt sich rot.
F. Moll: Arch. Pharm. **296**, 205 (1963).

185. Nitroprussid-Natrium-Hydroxylamin (Grotes-Reagens): für Thioharnstoff-derivate.
Sprühlösung: 0,5 g Nitroprussid-Natrium werden in 10 ml Wasser gelöst.
                     Die Lösung wird mit 0,5 g Hydroxylammoniumchlorid und
                     1 g Natriumhydrogencarbonat versetzt. Nach dem Aufhören
                     der Gasentwicklung werden 2 Tropfen Brom zugefügt. Dann
                     wird mit Wasser auf 25 ml aufgefüllt. Das Reagens ist etwa
                     2 Wochen haltbar.
I. W. Grote: J. Biol. Chem. **93**, 25 (1931).

186. Nitroprussid-Natrium-Kaliumhexacyanoferrat (III) (FCNP-Reagens): für aliph. Stickstoffverbindungen: z. B. Cyanamid, Guanidin, Harnstoff, Thioharnstoff und deren Derivate, Kreatin, Kreatinin.
Sprühlösung: Je 1 Vol. Natronlauge (10% in Wasser), Nitroprussid-
                     Natriumlösung (10% in Wasser) und Kaliumhexacyano-
                     ferrat(III)-Lösung (10% in Wasser) werden mit 3 Vol.
                     Wasser gemischt. Die Lösung wird vor der Anwendung
                     mindestens 20 min bei Zimmertemperatur stehen gelassen.
                     Im Kühlschrank aufbewahrt ist sie mehrere Wochen haltbar.
                     Vor Gebrauch wird diese Lösung mit dem gleichen Volumen
                     Aceton gemischt.
J. Roche et al.: Biochim. et Biophys. Acta **14**, 71 (1954).
L. Fishbein, and M. A. Cavanaugh: J. Chromatog. **20**, 283 (1965).
L. Fishbein: Rec. trav. chim. **84**, 465 (1965).

187. Nitroprussid-Natrium-Natriummetaperjodat: für Desoxyzucker.
Sprühlösung I: Natriummetaperjodatlösung (2,5% in Wasser).
Sprühlösung II: Mischung aus 1 Vol. Nitroprussid-Natriumlösung (7% in
                     Wasser), 3 Vol. Wasser und 20 Vol. Piperazinlösung (ge-
                     sättigt in Äthanol).
Vorgang: Mit I sprühen, 10 min bei Zimmertemperatur trocknen, mit
                     II nachsprühen.
                     Nach 5—10 min maximale Blaufärbung der Flecken.
J. T. Edward, and D. M. Waldron: J. Chem. Soc. **1952**, 3631.

188. Nitroprussid-Natrium-Natronlauge (Legalprobe): für Methylketone u. akti-vierte CH$_2$-Gruppen.
Sprühlösung: 1 g Nitroprussid-Natrium wird in 100 ml einer Mischung aus
                     gleichen Teilen 2 N-Natronlauge und Äthanol gelöst.
                     Rote bis rotviolette Flecken.

F. Feigl: Tüpfelanalyse. Band II, S. 280. Frankfurt/M.: Akad. Verlagsges. 1960.

189. Nitroprussid-Natrium-Wasserstoffsuperoxid: für Guanidin, Harnstoff, Thioharnstoff u. deren Derivate, Kreatin und Kreatinin.

Sprühlösung: 2 ml Nitroprussid-Natrium-Lösung (5% inWasser), 1 ml Natronlauge (10%) und 5 ml Wasserstoffsuperoxidlösung (3% in Wasser) werden gemischt und mit 15 ml Wasser verdünnt. Im Kühlschrank aufbewahrt ist das Reagens einige Tage haltbar.

E. Hofmann u. A. Wünsch: Naturwissenschaften **45**, 338 (1958).

190. Orcin-Eisen (III)-chlorid-Schwefelsäure: für Zucker.

Lösung a: 1 g Eisen(III)-chlorid wird zu 100 ml in Schwefelsäure (10%) gelöst.
Lösung b: Orcinlösung (6% in Äthanol).
Sprühlösung: Vor Gebrauch werden 10 ml a und 1 ml b gemischt.
Nachbehandlung: 10—15 min auf 100° C erhitzen.

191. Palladium (II)-chlorid: für Thiophosphorsäureester und andere schwefelhaltige Substanzen (z. B. Phenothiazine).

Sprühlösung: 0,5 g Palladium(II)-chlorid werden in 100 ml Wasser unter Zusatz einiger Tropfen Salzsäure (25%) gelöst.

J. Bäumler u. S. Rippstein: Helv. Chim. Acta **44**, 1162 (1961).

192. Paraformaldehyd-Phosphorsäure: für Solanum-Steroidalkaloide u. Steroidsapogenine.

Sprühlösung: 0,03 g Paraformaldehyd werden in 100 ml Phosphorsäure (85%) durch Schütteln bei Raumtemperatur gelöst. Das Reagens ist einige Wochen haltbar.

K. Schreiber, O. Aurich u. G. Osske: J. Chromatog. **12**, 63 (1963).

193. Perchlorsäure: für Steroide und Gallensäuren.

A. Sprühlösung (f. Steroide): Perchlorsäurelösung (20% in Wasser).
B. Sprühlösung (f. Gallensäuren): Perchlorsäurelösung (60% in Wasser).
Nachbehandlung: Etwa 10 min auf 150° C erhitzen bis zur optimalen Farbintensität der Flecken. Auch Fluorescenz im langwelligen UV-Licht beobachten.

H. Metz: Naturwissenschaften **48**, 569 (1961).
S. Hara, and M. Takeuchi: J. Chromatog. **11**, 565 (1963).

194. Perchlorsäure-Eisen (III)-chlorid: für Indolderivate.

Sprühlösung: 100 ml Perchlorsäurelösung (5% in Wasser) und 2 ml 0,05 M Eisen(III)-chloridlösung werden gemischt.
Bemerkung: Reagiert nicht mit Isatin und anderen Oxindolderivaten.

T. A. Bennet-Clark, M. S. Tambiah, and N. P. Kefford: Nature **169**, 452 (1951).

195. Phenol-Schwefelsäure: für Zucker.

Sprühlösung: 3 g Phenol und 5 ml Schwefelsäure (konz.) werden in 95 ml Äthanol gelöst.
Nachbehandlung: 10—15 min auf 110° C erhitzen.
Braune Flecken.

196. p-Phenylendiamin-Phthalsäure: für konjugierte 3-Ketosteroide.

Sprühlösung: 0,9 g p-Phenylendiamin und 1,6 g Phthalsäure werden zu 100 ml in wassergesättigtem 1-Butanol gelöst.
Nachbehandlung: Erhitzen auf 100—110° C.
Gelb- bis orangefarbene Flecken.

B. P. Lisboa: Acta Endocrinol. **43**, 47 (1963).
B. P. Lisboa: J. Chromatog. **16**, 136 (1964).

197. o-Phenylendiamin-Schwefelsäure: für Dehydroascorbinsäure.

Sprühlösung: 0,1 g o-Phenylendiamin wird in einem Gemisch von 50 ml 0,1 N-Schwefelsäure und 50 ml Äthanol gelöst.

S. Ogawa: J. Phar. Soc. Japan **73**, 59 (1953).

198. o-Phenylendiamin-Trichloressigsäure: für α-Ketosäuren.

Sprühlösung: 0,05 g o-Phenylendiamin werden in 100 ml Trichloressigsäurelösung (10% in Wasser) gelöst.

Vorgang: Höchstens 2 min auf 100° C im Trockenschrank erwärmen. Grün fluorescierende Flecken im langwelligen UV-Licht.

Th. Wieland u. F. Fischer: Naturwissenschaften **36**, 219 (1949).

O. Wiss: Hoppe-Seylers Z. physiol. Chem. **293**, 106 (1953).

199. Phenylhydrazin: für Dehydroascorbinsäure.

Sprühlösung: 0,3 g Phenylhydrazin und 0,45 g Natriumacetat werden in 10 ml Wasser gelöst.

Phosphormolybdänsäure siehe Molybdatophosphorsäure.

Phosphorwolframsäure: siehe Wolframatophosphorsäure.

200. Phosphorsäure: für Sterine u. Steroide.

A. Sprühlösung: 1 Vol. Phosphorsäure (85%) wird mit 1 Vol. Wasser verdünnt.

B. Sprühlösung: 15 ml Phosphorsäure (85%) werden mit Methanol auf 100 ml verdünnt.

Vorgang: Nach gründlichem Besprühen bis zur Transparenz der Schicht wird 15—30 min auf 120° C erhitzt. Die einzelnen Sterine bzw. Steroide benötigen bis zur optimalen Farbentwicklung bzw. Fluorescenz der Flecken unterschiedliche Erhitzungszeiten.

Bemerkung: Sämtliche Verbindungen dieser Klasse fluorescieren im langwelligen UV-Licht. Bei Vorliegen größerer Substanzmengen sind die Flecken im Tageslicht sichtbar.

R. Neher u. A. Wettstein: Helv. Chim. Acta **34**, 2278 (1951).

201. Phosphorsäure-Brom: für Digitalisglykoside.

Sprühlösung I: Phosphorsäure (10% in Wasser).

Sprühlösung II: 2 ml gesättigte wäßrige Kaliumbromidlösung, 2 ml gesättigte wäßrige Kaliumbromatlösung und 2 ml Salzsäure (25%) werden gemischt.

Vorgang: Nach dem Besprühen mit I wird die Platte 12 min auf 120° C erhitzt. Die Digitalisglykoside der Serien B, D und E fluorescieren im langwelligen UV-Licht blau. Dann wird die Platte wiederum auf 120° C erhitzt und schwach mit Sprühlösung II besprüht. Im UV erscheinen jetzt die Glykoside der Serie A mit orangefarbener, die der Serie C mit graugrüner bis graublauer Fluorescenz.

L. Fauconnet et M. Waldesbühl: Pharm. Acta Helv. **38**, 423 (1963).

202. Pikrinsäure-Alkali (Jaffes Reagens): für Kreatinin, Glycocyamidin.

Sprühlösung I: Pikrinsäurelösung (1% in Äthanol).

Sprühlösung II: Kalilauge (5% in Äthanol).

Vorgang: Mit I besprühen, dann trocknen und mit II nachsprühen. Orangefärbung.

R. Williams: Biochem. Inst. Stud. IV., Univers. of Texas, Publ., Austin/Texas Nr. 5109, 205 (1951).

203. Pikrinsäure-Perchlorsäure: für Δ^5-3β-Hydroxysteroide.

Sprühlösung: 0,1 g Pikrinsäure wird in 36 ml Eisessig und 6 ml Perchlorsäure (70%) gelöst.

Vorgang: 3—5 min auf 70—80° C erwärmen. Gelbrotfärbung.

W. R. Eberlein: J. Clin. Endocrinol. **25**, 288 (1965).

204. Pinacryptolgelb: für Alkyl- und Arylsulfonsäuren.

Sprühlösung: Pinacryptolgelblösung (0,05—0,1% in Wasser). Gelborangefarbene Fluorescenz unter der langwelligen UV-Lampe.

J. Borecký: J. Chromatog. **2**, 612 (1959).

205. 1-(Pyridyl-2'-azo)-naphthol-(2) (PAN): für Blei-, Cadmium-, Cobalt-, Kupfer-, Mangan-, Nickel-, Zink- u. Uranyl-Ionen.

Sprühlösung: PAN-Lösung (0,25% in Äthanol).

Nachbehandlung: In eine mit Ammoniaklösung (25%) beschickte Kammer einstellen.

H. Seiler u. M. Seiler: Helv. Chim. Acta **44**, 939 (1961).

F. W. H. M. Merkus: Pharm. Weekblad **98**, 947 (1963).

206. 1-(Pyridyl-2'-azo)-naphthol-(2) (PAN)-Cobalt(II)-nitrat: für Glucuronide v. Steroiden.

Sprühlösung I: PAN-Lösung (0,4% in Äthanol), die vor Gebrauch mit dem vierfachen Vol. Dichlormethan verdünnt wird.

Sprühlösung II: Lösung a: Cobalt(II)-nitratlösung (0,8% in Wasser).
                  Lösung b: 2 M Acetatpuffer pH 4,6 (eisenfrei).
                  8 ml a werden mit 4 ml b gemischt und mit Wasser zu 100 ml ergänzt.

Vorgang: Bis zur gleichmäßigen Gelbfärbung der Schicht mit I besprühen. Nach Trocknen mit II nachsprühen.
                  Die Glucuronide erscheinen als rasch verblassende violette Flecken, deren Farbe nach dem Trocknen in Grünlich umschlägt.

O. Crépy, O. Judas, and B. Lachese: J. Chromatog. **16**, 340 (1964).

207. Quecksilber(I)-nitrat: für Barbiturate.

Sprühlösung: Quecksilber(I)-nitratlösung (1% in Wasser).

J. Bäumler: Mitt. Gebiete Lebensm. u. Hyg. **48**, 135 (1957).

R. Deininger: Arzneimittel-Forsch. **5**, 472 (1955).

208. Quecksilber(II)-Diphenylcarbazon: für Barbiturate.

A. Lösung a: Quecksilber(II)-chloridlösung (2% in Äthanol).

Lösung b: Diphenylcarbazonlösung (0,2% in Äthanol).

Sprühlösung: Vor Gebrauch werden a und b zu gleichen Teilen gemischt. Rosafarbene Flecken auf violettem Untergrund.

E. K. J. Christensen, Th. Vos u. T. Huizinga: Pharm. Weekblad **100**, 517 (1965).

B. Sprühlösung I: Diphenylcarbazonlösung (0,1% in Äthanol).

Sprühlösung II: Quecksilber(II)-nitratlösung (0,33% in 0,05 N-Salpetersäure).

Vorgang: Zunächst mit I bis zur schwachen Rosafärbung der Schicht und anschließend mit II besprühen.

Bemerkung: Rosafarbene Flecken auf violettem Untergrund. Im Sonnen- oder UV-Licht bleicht der Untergrund aus und die Flecken werden violett.

J. Lehmann u. V. Karamustafauglu: Scand. J. Clin. & Lab. Invest. **14**, 554 (1962).

C. Sprühlösung I: Quecksilber(II)-sulfatlösung: 5 g HgO werden in 100 ml Wasser suspendiert und unter Rühren 20 ml konz. Schwefelsäure zugegeben. Nach dem Abkühlen wird mit Wasser auf 250 ml verdünnt.

Sprühlösung II: Diphenylcarbazonlösung (0,01% in Chloroform).

Vorgang: Nach dem Ansprühen mit I wird die Platte getrocknet und mit II nachgesprüht.

I. Sunshine, E. Rose, and J. le Beau: Clin. Chem. **9**, 312 (1963).

209. Quercetin: für Kationen der Schwefelwasserstoff- u. Schwefelammoniumgruppe, Aluminium-, Magnesium-, Uranyl- u. Wolframat-Ionen.

Sprühlösung: Quercetinlösung (0,2% in Äthanol).

Nachbehandlung: Mit Ammoniaklösung (25%) besprühen oder in eine mit Ammoniaklösung (25%) beschickte Kammer einstellen.
                  Fluorescierende Flecken im langwelligen UV-Licht.

A. Weiss u. S. Fallab: Helv. Chim. Acta **37**, 1253 (1954).

E. Pfeil, A. Friedrich u. T. Wachsmann: Z. anal. Chem. **158**, 429 (1957).

210. Resorcin-Zinkchlorid-Schwefelsäure: für Weichmacher (besonders geeignet für Phthalsäureester).

Sprühlösung I: Resorcinlösung (20% in Äthanol) wird mit etwas Zinkchlorid versetzt.
Sprühlösung II: 4 N-Schwefelsäure.
Sprühlösung III: Kalilauge (40% in Wasser).
Vorgang: Mit I besprühen, 10 min auf 150° C erhitzen, mit II besprühen, 20 min auf 120° C erhitzen und dann mit III nachsprühen.
                       Orangefarbene Flecken auf gelbem Untergrund.

J. W. Copius-Peereboom: J. Chromatog. **4,** 323 (1960).
D. Braun: Chimia (Switz) **19,** 77 (1965).

211. Resorcinaldehyd-Schwefelsäure: für 16-Dehydrosteroide.

Lösung a: Resorcinaldehydlösung (0,5% in Eisessig).
Lösung b: 5% konz. Schwefelsäure in Eisessig.
Sprühlösung: a und b werden kurz vor dem Gebrauch zu gleichen Teilen gemischt.
Nachbehandlung: Erhitzen auf 100—110° C bis zur optimalen Farbintensität der Flecken.

D. B. Gower: J. Chromatog. **14,** 424 (1964).

212. Rhodamin B: als allgemeines Sprühreagens.

A. Sprühlösung: Rhodamin B-Lösung (0,025—0,05% in Äthanol).
B. Sprühlösung: Rhodamin B-Lösung (0,25% in Äthanol).
                    Beobachten im langwelligen UV-Licht.

H. P. Kaufmann u. J. Budwig: Fette u. Seifen, Anstrichmittel **53,** 390 (1951).

213. Rhodamin 6 G: für Lipide.

Sprühreagens: 1 mg Rhodamin 6 G wird in 100 ml Aceton gelöst.
                    Beobachten im langwelligen UV-Licht.

R. F. Witter, G. V. Marinetti, and A. Morrison: Arch. Biochem. Biophys. **68,** 15 (1957).

214. Rhodanin: für Carotinoid-Aldehyde.

Sprühlösung I: Rhodaninlösung (1—5% in Äthanol).
Sprühlösung II: Ammoniaklösung (25%) oder Natronlauge (27%).
Vorgang: Nacheinander mit I und II sprühen und trocknen.

A. Winterstein u. B. Hegedüs: Chimia (Switz.) **14,** 18 (1960).

215. Rubeanwasserstoff: für Blei-, Kobalt-, Kupfer-, Mangan-, Nickel-, Qecksilberu. Wismut-Ionen.

Sprühlösung I: Rubeanwasserstofflösung (0,5% in Äthanol).
Sprühlösung II: Ammoniaklösung (25%).
Vorgang: Mit I sprühen, kurz trocknen, mit II nachsprühen oder in eine mit Ammoniaklösung (25%) beschickte Kammer einstellen.

F. W. H. M. Merkus: Pharm. Weekblad **98,** 955 (1963).
J. A. Lewis, and J. M. Griffiths: Analyst **76,** 388 (1951).

216. Salzsäure: für Glycale.

Sprühlösung: 1 Vol. Salzsäure (36%) wird mit 4 Vol. Äthanol gemischt.
Vorgang: Beim Erhitzen auf 90° C erscheinen Glycale als rosa gefärbte Flecken.
Bemerkung: Auch als allgemeines Sprühreagens zu verwenden.

J. T. Edward, and D. M. Waldron: J. Chem. Soc. **1952,** 3631.

217. Schwefelsäure-Reagentien (allgemeine Nachweisreagentien, besonders für Sterine, Steroide, Gallensäuren u. Gibberelline)

Sprühlösungen:
A. Gleiche Volumina konz. Schwefelsäure und Methanol werden vorsichtig unter Kühlung gemischt.
B. 5% konz. Schwefelsäure in Äthanol.

C. 15% konz. Schwefelsäure in 1-Butanol.
D. 5% konz. Schwefelsäure in Essigsäureanhydrid.
E. Gleiche Volumina konz. Schwefelsäure und Eisessig.

Vorgang: Das Chromatogramm wird mit einem der genannten Sprühreagentien besprüht, 15 min lang an der Luft getrocknet und danach bis zur max. Ausbildung der Farbe bzw. Fluorescenz der Flecken auf 110° C erhitzt.

Bemerkung: Cholesterin und -Ester, Vitamin A und -Ester, sowie viele isoprenoide Lipide, sind leicht durch charakteristische Färbungen zu erkennen, die sie nach Besprühen mit 50 proz. Schwefelsäure (Sprühlösung A) während des Erhitzens liefern: Cholesterin und seine Ester werden zunächst rot, rotviolett, dann braun, während Vitamin A und seine Ester sich zunächst blau färben.
Die meisten Verbindungen lassen sich schließlich verkohlen und erscheinen als schwarze Flecken.
Auf silbernitratimprägnierten Schichten kann das Erhitzen mit Schwefelsäure zur Überoxydierung führen (CO_2-Bildung).

D. F. JONES, J. McMILLAN, and M. RADLEY: Phytochemistry **2**, 307 (1964) (Gibberelline).
W. L. ANTHONY, and W. T. BEHER: J. Chromatog. **13**, 570 (1964).
H. JATZKEWITZ u. E. MEHL: Hoppe-Seylers Z. physiol. Chem. **320**, 251 (1960).
H. METZ: Naturwissenschaften **48**, 569 (1961).

218. Schwefelsäure-Hypochlorit: für Digitalisglykoside.

Sprühlösung: 10 ml 2 N-Schwefelsäure und 3 ml Natriumhypochloritlösung (10% aktives Chlor) werden gemischt.
Nachbehandlung: 10—15 min auf 125° C erhitzen.
Bemerkung: Die Digitalisglykoside der Serien A—E zeigen im langwelligen UV-Licht verschiedenfarbige Fluorescenzen.

L. FAUCONNET et R. FAZAN: Bull. soc. vaud. sci. nat. **66**, 307 (1956).
L. FAUCONNET et M. WALDESBÜHL: Pharm. Acta Helv. **38**, 423 (1963).

219. Silbernitrat: für Phenole.

Sprühlösung: 1 ml Silbernitratlösung (gesättigt, wäßrig) wird unter Rühren zu 20 ml Aceton gegeben und dann so lange tropfenweise Wasser zugefügt, bis sich das ausgefallene Silbernitrat eben wieder löst.
Hellrosafarbene bis tiefgrüne Flecken.

W. J. BURKE, A. D. POTTER, and R. M. PARKHURST: Anal. Chem. **32**, 727 (1960).

220. Silbernitrat-Ammoniak (Tollens' oder Zaffaronis Reagens): für reduzierende Substanzen.

Lösung a: 0,1 N-Silbernitratlösung.
Lösung b: 5 N-Ammoniaklösung.
Sprühlösung: Bei Bedarf werden 1 Vol. a mit 5 Vol. b gemischt.
Vorsicht! Bei längerem Stehen bildet sich explosives Silberazid!
Nachbehandlung: 5—10 min auf 105° C erwärmen bis zur max. Dunkelfärbung der Flecken.

A. C. BATH-SMITH u. R. G. WESTALL: Biochim. et Biophys. Acta **4**, 427 (1950).

221. Silbernitrat-Ammoniak-Fluorescein: für Halogen-Ionen.

Sprühlösung I: 1 g Silbernitrat wird in 100 ml 0,5 N-Ammoniaklösung gelöst.
Sprühlösung II: 0,1 g Fluorescein wird in 100 ml Äthanol gelöst.
Vorgang: Mit I vorsprühen und nach kurzem Antrocknen mit II nachsprühen.

H. SEILER u. T. KAFFENBERGER: Helv. Chim. Acta **44**, 1282 (1961).

222. Silbernitrat-Ammoniak-Natriumchlorid: für Thiosäuren.
Sprühlösung I: 50 ml 0,1 N-Silbernitratlösung werden bei Bedarf mit 50 ml
                      Ammoniaklösung (10%) gemischt.
                      Vorsicht! Bei längerem Stehen bildet sich explosives Silber-
                      azid!
Sprühlösung II: Natriumchloridlösung (10% in Wasser).
Vorgang: Mit I vorsprühen, dann trocknen und mit II nachsprühen.
                      Chromatogramm einige Zeit dem Tageslicht aussetzen bis
                      die gelbbraunen Flecken maximal sichtbar werden.

223. Silbernitrat-Ammoniak-Natriummethylat: für Zucker.
Lösung a: Silbernitratlösung (0,3% in Methanol).
Lösung b: Mit Ammoniakgas gesättigtes Methanol.
Lösung c: Natriummethylatlösung (7 g Natrium werden vorsichtig zu
                      100 ml in Methanol gelöst).
Sprühlösung: Vor Gebrauch werden 20 ml a, 4 ml b und 8 ml c gemischt.
Nachbehandlung: 10 min auf 110° C erhitzen.

224. Silbernitrat-Fluorescein: für Alkyl- u. Arylsulfonsäuren.
Lösung a: Silbernitratlösung (10% in Wasser).
Lösung b: 0,2 g Fluorescein-Natrium werden zu 100 ml in Äthanol (abs.)
                      gelöst.
Sprühlösung: Vor Gebrauch werden 10 ml a mit 50 ml b gemischt. Gelbe
                      Flecken auf lachsfarbenem Untergrund.
F. H. Pollard, G. Nicklas, and K. W. C. Burton: J. Chromatog. 8, 507
(1962).
C. M. Coyne, and G. A. Maw: J. Chromatog. 14, 552 (1964).

225. Silbernitrat-Formaldehyd: für chlorierte Insecticide (z. B. Dieldrin, Aldrin und
Lindan).
Sprühlösung I: 0,05 N-Silbernitratlösung (in Äthanol).
Sprühlösung II: Formaldehydlösung (35%).
Sprühlösung III: 2 N-Kalilauge (in Methanol).
Sprühlösung IV: Mischung gleicher Volumina von Perhydrol (30%) und Sal-
                      petersäure (65%). Frisch bereiten!
Vorgang: Mit I besprühen, 30 min an der Luft trocknen, mit II nach-
                      sprühen und erneut 30 min an der Luft trocknen. Nach dem
                      Besprühen mit III 30 min auf 130° C erhitzen. Schließlich
                      mit IV besprühen, Chromatogramm 12 Std im Dunkeln auf-
                      bewahren und dann dem Sonnenlicht (Tageslicht) aussetzen.
                      Dunkelgraue Flecken auf hellgrauem Untergrund.
L. C. Mitchell: J. Assoc. Off. Agr. Chemists 35, 920 (1952).

226. Silbernitrat-Kaliumdichromat: für Barbiturate.
Sprühlösung I: Zur Mischung aus 50 ml Aceton und 2 ml Wasser werden
                      25 ml gesättigte wäßrige Silbernitratlösung gegeben.
Sprühlösung II: Kaliumdichromatlösung (0,3% in Wasser).
Sprühlösung III: Natronlauge (2% in Methanol).
Vorgang: Kräftig mit I besprühen und an der Luft trocknen. An-
                      schließend wird unter Zwischentrocknung an der Luft zwei-
                      mal mit II besprüht und wiederum an der Luft getrocknet.
                      Danach wird mit III nachgesprüht.
H. Weidmann: Dissertation, Berlin 1961.

227. Silbernitrat-Kaliumpermanganat: für reduzierende Verbindungen.
Lösung a: Vor Gebrauch werden 1 Vol. 0,1 N-Silbernitratlösung, 1 Vol.
                      2 N-Ammoniaklösung und 2 Vol. 2 N-Natronlauge gemischt.
Lösung b: 0,5 g Kaliumpermanganat und 1 g Natriumcarbonat wer-
                      den in 100 ml Wasser gelöst.
Sprühlösung: Gleiche Volumina von a und b werden gemischt.
                      Das Reagens ist unbeständig und muß stets frisch bereitet
                      werden!

Bemerkung: Reduzierende Verbindungen erscheinen unmittelbar nach dem Ansprühen als hellgelbe Flecken auf grünblauem Untergrund.

J. KELLEN: Chem. listy **51**, 973 (1957).

228. Silbernitrat-Natronlauge: für Zucker und Polyalkohole.

Sprühlösung I: 1 ml einer gesättigten wäßrigen Silbernitratlösung wird zu 200 ml mit Aceton verdünnt und 5—10 ml Wasser bis zur Auflösung des entstandenen Niederschlages zugegeben.

Sprühlösung II: 0,5 N-Natronlauge in wäßrigem Methanol (20 g Natriumhydroxid werden in der Mindestmenge Wasser gelöst und mit Methanol zu 1000 ml ergänzt).

Vorgang: Nacheinander mit I und II sprühen und 1—2 min auf 100° C erhitzen.

229. Silbernitrat-Wasserstoffsuperoxid: für chlorierte Kohlenwasserstoffe.

Sprühlösung: 0,1 g Silbernitrat wird in 1 ml Wasser gelöst, 10 ml 2-Phenoxyäthanol (Phenylcellosolve) zugegeben, mit Aceton zu 200 ml ergänzt und die Lösung mit 1 Tropfen Wasserstoffsuperoxidlösung (30%) versetzt.

Nachbehandlung: Bestrahlung mit nicht filtriertem UV-Licht.
Bei Bestrahlung mit langwelligem UV-Licht ist es erforderlich, Aluminiumoxidplatten etwa 50 min und Kieselgelplatten bis zu 15 min zu bestrahlen.
Chlorierte Kohlenwasserstoffe ergeben dunkle Flecken.

M. F. KOVACS: J. Assoc. Off. Agr. Chemists **46**, 884 (1963).

230. Sulfanilsäure diazotiert (Paulys Reagens): für Phenole, kupplungsfähige Amine und Heterocyclen.

Sprühlösung: 4,5 g Sulfanilsäure werden in 45 ml 12 N-Salzsäure unter Erwärmen gelöst und die Lösung mit Wasser auf 500 ml verdünnt. 10 ml der verd. Lösung werden im Eisbad gekühlt und 10 ml einer kalten Natriumnitrit-Lösung (4,5% in Wasser) hinzugefügt. Man hält die Mischung 15 min auf 0° (sie ist bei dieser Temperatur 1—3 Tage beständig) und setzt kurz vor dem Besprühen das gleiche Volumen einer Natriumcarbonatlösung (10% in Wasser) zu.

H. JATZKEWITZ: Hoppe-Seylers Z. physiol. Chem. **292**, 99 (1953).
M. R. GRIMMETT, and E. L. RICHARDS: J. Chromatog. **20**, 171 (1965).

231. Sulfanilsäure-α-Naphthylamin: für Nitrosamine.

Lösung a: Sulfanilsäurelösung (1% in Essigsäure (30%)).
Lösung b: α-Naphthylaminlösung (0,1% in Essigsäure (30%)).
Sprühlösung: Vor Gebrauch werden gleiche Volumina von a und b gemischt.

Vorgang: Die Platte wird etwa 3 min mit kurzwelligem UV-Licht bestrahlt und anschließend mit der Sprühlösung besprüht.

Bemerkung: Die aliphat. Nitrosamine geben eine rotviolette Farbreaktion, die aromatischen reagieren mit grüner bis blauer Farbe.

R. PREUSSMANN, D. DAIBER, and H. HENGY: Nature **201**, 502 (1964).
R. PREUSSMANN, G. NEURATH, G. WULF-LORENTZEN, D. DAIBER u. H. HENGY: Z. anal. Chem. **202**, 187 (1964).

232. Sulfanilsäureamid diazotiert (Paulys Reagens nach KUTÁČEK): für Phenole, kupplungsfähige Amine und Heterocyclen.

Sprühlösung I: 3 g Sulfanilamid werden in 200 ml Wasser, 6 ml Salzsäure (36%) und 14 ml 1-Butanol gelöst.
Vor dem Besprühen vermischt man 20 ml dieser Lösung mit 0,3 g Natriumnitrit.

Sprühlösung II: Natriumcarbonatlösung (10% in Wasser).
Vorgang: Mit I besprühen, nach 5—10 min mit II nachsprühen.

I. M. HAIS u. K. MACEK: Handbuch der Papierchromatographie, I, S. 743. Jena: G. Fischer 1958.

233. Tetracyanoäthylen: für arom. Kohlenwasserstoffe, Phenole und Heterocyclen.
Sprühlösung: Tetracyanoäthylenlösung (10% in Benzol).
Vorgang: Die Platten werden sofort nach dem Herausnehmen aus der Entwicklungskammer besprüht.
Bemerkung: Arom. Kohlenwasserstoffe zeigen verschiedene Farben, die z. T. nur vorübergehend auftreten.
Janák empfiehlt Erhitzen auf 100° C.
P. V. Peurifoy, S. C. Slaymaker, and M. Nager: Anal. Chem. **31**, 1740 (1959).
J. Janák: J. Chromatog. **15**, 15 (1964).
N. Kucharczyk, J. Fohl, u. J. Vymětal: J. Chromatog. **11**, 55 (1963).

234. 2,4,2′,4′-Tetranitrodiphenyl: für Herzglykoside.
Sprühlösung I: 2,4,2′,4′-Tetranitrodiphenyllösung (gesättigt in Benzol).
Sprühlösung II: Kalilauge (10% in 50proz. wäßrigem Methanol).
Vorgang: Zunächst mit I besprühen, bei Zimmertemperatur trocknen und mit II nachsprühen.
Blaugefärbte Flecken.
J. Binkert, E. Angliker u. A. v. Wartburg: Helv. Chim. Acta **45**, 2122 (1962).

235. Tetrazolblau (Blautetrazolium): für Corticosteroide und andere red. Verbindungen.
Lösung I: Tetrazolblau (0,5% in Methanol).
Lösung II: 6 N-Natronlauge in Wasser oder Wasser-Methanol-Mischung.
Sprühlösung: Gleiche Volumina von I und II werden vor dem Gebrauch gemischt.
Violette Flecken bei Zimmertemperatur bzw. bei schwachem Erwärmen.
O. Adamec: Steroids **1**, 495 (1963).
T. Feher: Mikrochim. Acta **1965**, 105.
U. Freimuth, B. Zawta u. M. Büchner: Acta Biol. et Med. Ger. **13**, 624 (1964).
O. Nishikaze, R. Abraham, and Hj. Staudinger: J. Biochem. (Tokyo) **54**, 427 (1963).
I. E. Bush, and M. Willoughby: Biochem. J. **67**, 689 (1957).

236. Thiobarbitursäure: für Sorbinsäure.
Sprühlösung: Gesättigte wäßrige Thiobarbitursäurelösung.
Sorbinsäure ergibt Rotfärbung.
J. W. Copius-Peereboom, and H. W. Beekes: J. Chromatog. **14**, 417 (1964).

237. Thymol-Schwefelsäure: für Zucker.
Sprühlösung: 0,5 g Thymol werden in 95 ml Äthanol gelöst und vorsichtig 5 ml Schwefelsäure (konz.) zugegeben.
Nachbehandlung: 15—20 min auf 120° C erhitzen.
Die Zucker erscheinen als rosagefärbte Flecken.

238. Toluolsulfonsäure: für Steroide, Flavonoide und Catechine.
Sprühlösung: p-Toluolsulfonsäurelösung (20% in Chloroform).
Nachbehandlung: Wenige Minuten auf 100° C erhitzen.
Fluorescierende Flecken im langwelligen UV-Licht.
D. G. Roux: Nature **180**, 973 (1957).

239. Trichloressigsäure: für Steroide, Digitalisglykoside und Veratrum-Alkaloide.
A. *Sprühlösung:* Trichloressigsäurelösung (25% in Chloroform).
B. *Sprühlösung (f. Vit. D):* Trichloressigsäurelösung (1% in Chloroform).
C. *Sprühlösung (für Digitalisglykoside):*
3,3 g Trichloressigsäure in 10 ml Chloroform lösen und 1—2 Tropfen Wasserstoffsuperoxidlösung (30%) zugeben.
Nachbehandlung: Etwa 5—10 min auf 120° C erhitzen. Betrachten im Tageslicht und langwelligen UV-Licht.
B. J. Aldrich, M. L. Frith, and S. E. Wright: J. Pharm. Pharmacol. **8**, 1042 (1956).

H. J. ZEITLER: J. Chromatog. **18**, 180 (1963).
H. SILBERMANN, and R. H. THORP: J. Pharm. Pharmacol. **6**, 546 (1954).

240. Trifluoressigsäure: für Steroide.
Sprühlösung: Trifluoressigsäurelösung (1% in Chloroform).
Nachbehandlung: 5 min auf 120° C erhitzen.

241. 2,4,6-Trinitrobenzoesäure: für Herzglykoside.
Sprühlösung I: Trinitrobenzoesäurelösung (0,1% in Dimethylformamid-Wasser-Mischung).
Sprühlösung II: Natriumcarbonatlösung (5% in Wasser).
Sprühlösung III: Natriumdihydrogenphosphatlösung (5% in Wasser).
Vorgang: Nacheinander mit I und II besprühen, 4—5 min auf 90 bis 100° C erhitzen und nach dem Abkühlen mit III nachsprühen. Herzglykoside ergeben orangerote Flecken.

T. MOMOSE, T. MATSUKUMA, and Y. OHKURA: J. Pharm. Soc. Japan **84**, 783 (1964).

242. 2,3,5-Triphenyltetrazoliumchlorid (TTC): für reduzierende Zucker, Corticosteroide und andere reduzierende Verbindungen.
Lösung a: TTC-Lösung (4% in Methanol).
Lösung b: N-Natronlauge.
Sprühlösung: Vor Gebrauch werden gleiche Volumina von a und b gemischt.
Nachbehandlung: 5—10 min auf 100° C erhitzen.
Bemerkung: Reduzierende Verbindungen ergeben rote Flecken. Tetrazolblau ist empfindlicher!

F. G. FISCHER u. H. DÖRFEL: Hoppe-Seylers Z. physiol. Chem. **297**, 164 (1954).
H. METZ: Naturwissenschaften **48**, 569 (1961).

243. Uvitex CF conc. (CIBA): für Steroide.
Sprühlösung: Lösung von Uvitex CF conc. (0,05% in Aceton-Wasser-Mischung (85 + 15)).
Bemerkung: Oestrogene und α, β-ungesättigte Ketosteroide löschen die durch kurzwelliges UV-Licht, Oestrogene nur die durch langwelliges UV-Licht hervorgerufene Fluorescenz.

R. NEHER u. E. v. ARX: unveröffentlicht.

244. Uvitex SWN conc. (CIBA): für Steroide.
Sprühlösung: Lösung von Uvitex SWN conc. (0,05% in Aceton-Wasser-Mischung (90 + 10)).
Bemerkung: Oestrogene löschen die durch langwelliges UV-Licht, α, β-ungesättigte Ketone die durch kurzwelliges UV-Licht hervorgerufene Fluorescenz.

R. NEHER u. E. v. ARX: unveröffentlichte Mitteilung.

245. Vanillin-Kalilauge: für Aminosäuren (Ornithin, Lysin, Prolin) und Amine.
Sprühlösung I: Vanillinlösung (2% in Propanol).
Sprühlösung II: Kalilauge (1% in Äthanol).
Vorgang: Mit I besprühen und 10 min auf 110° C erhitzen. Ornithin fluoresciert im langwelligen UV-Licht stark grüngelb, Lysin nur schwach grüngelb. Nach dem Besprühen mit II wird nochmals auf die gleiche Weise nacherhitzt. Ornithin färbt sich zunächst lachsfarben und verblaßt dann, während sich Prolin, Oxyprolin, Pipecolinsäure und Sarkosin nach einigen Stunden rot färben; Glykokoll wird grünlichbraun, die übrigen Aminosäuren werden schwach braun.

G. CURZON, and J. GILTROW: Nature **172**, 356 (1953).

246. Vanillin-Phosphorsäure: für Steroide.
Sprühlösung: 1 g Vanillin wird in 100 ml Phosphorsäurelösung (50% in Wasser) gelöst.

Nachbehandlung: 10—20 min auf 120° C erhitzen.
H. Metz: Naturwissenschaften **48**, 569 (1961).

247. Vanillin-Schwefelsäure: für höhere Alkohole, Phenole, Steroide und äther. Öle.
A. Sprühlösung: 1 g Vanillin in 100 ml konz. Schwefelsäure gelöst.
Nachbehandlung: Erhitzen auf 120° C bis zur optimalen Farbintensität der Flecken.
E. Tyihák, D. Vágujfalvi u. P. L. Hágony: J. Chromatog. **11**, 45 (1963).
A. L. le Rosen, R. T. Moravek, and J. K. Carlton: Anal. Chem. **24**, 1335 (1952).
B. Sprühlösung: 0,5 g Vanillin werden in 100 ml Schwefelsäure-Äthanol-Mischung (40 + 10) gelöst.
Nachbehandlung: Erhitzen auf 120° C bis zur optimalen Farbintensität der Flecken.
J. S. Matthews: Biochim. et Biophys. Acta **69**, 163 (1963).

248. Violursäure: für Alkali- und Erdalkali-Ionen.
Sprühlösung: Violursäurelösung (1,5% in Wasser). Zum Lösen darf die Violursäure nicht über 60° C erwärmt werden!
Nachbehandlung: 20 min auf 100° C erhitzen.
H. Erlenmeyer, H. v. Hahn u. E. Sorkin: Helv. Chim. Acta **34**, 1419 (1951).

249. Wasserstoffsuperoxidlösung: für arom. Säuren.

Sprühlösung: Wasserstoffsuperoxidlösung (0,3% in Wasser).
Nachbehandlung: Chromatogramm mit der langwelligen UV-Lampe bestrahlen bis zur max. blauen Fluorescenz der Flecken.
D. W. Grant: J. Chromatog. **10**, 511 (1963).

250. Wismut(III)-chlorid: für Sterine.
Sprühlösung: Wismut(III)-chloridlösung (33% in Äthanol).
Nachbehandlung: Erhitzen auf 110° C bis zur optimalen Fluorescenz der Flecken im langwelligen UV-Licht.
J. W. Copius-Peereboom: in: Thin-Layer Chromatography, Seite 199. Ed. G. B. Marini-Bettolo. Amsterdam: Elsevier Publ. Comp. 1964.

251. Wolframatophosphorsäure: für reduzierende Verbindungen, Lipide, Sterine und Steroide.
Sprühlösung: Wolframatophosphorsäure (20% in Äthanol).
Nachbehandlung: Erhitzen auf 120° C bis zur optimalen Fleckausbildung.
H. P. Martin: Biochim. et Biophys Acta **25**, 408 (1957).

252. Xanthydrol: für Tryptophan und andere Indolderivate.
Sprühlösung: 0,1 g Xanthydrol wird in 90 ml Äthanol gelöst und 10 ml Salzsäure (36%) zugegeben. Frisch bereiten!
Nachbehandlung: Erwärmen auf 110° C bis zur opt. Farbstärke der Flecken.
S. R. Dickmann, and A. L. Crockett: J. Biol. Chem. **220**, 957 (1956).

253. Zimtaldehyd-Essigsäureanhydrid-Schwefelsäure: für Steroid-Sapogenine.
Sprühlösung I: Zimtaldehydlösung (1% in Äthanol).
Sprühlösung II: Ein Gemisch aus 12 Vol. Essigsäureanhydrid und 1 Vol. Schwefelsäure (konz.). Frisch bereiten!
Vorgang: Mit I besprühen, 5 min bei 90° C trocknen und mit II nachsprühen. Man läßt II zunächst 1—2 min bei Zimmertemperatur einwirken und bringt dann das Chromatogramm so lange in einen Trockenschrank bei 90° C, bis die Farbflecken erscheinen.

254. Zimtaldehyd-Salzsäure: für Indolderivate.
Sprühlösung: 5 ml Zimtaldehyd werden in Äthanol zu 100 ml gelöst und 5 ml Salzsäure (36%) zugesetzt. Frisch bereiten!
Nachbehandlung: Einstellen der Platte in HCl-Atmosphäre. Rote Flecken.
D. Jerschel u. R. Müller: Naturwissenschaften **38**, 561 (1951).

255. Zinkchlorid: für Steroid-Sapogenine und Steroide.
Sprühlösung: 30 g Zinkchlorid werden zu 100 ml in Methanol gelöst und filtriert.
Nachbehandlung: 1 Std auf 105° C erhitzen und sofort mit Glasplatte bedecken, um Feuchtigkeitseinfluß zu vermeiden.
Die Flecken fluorescieren im langwelligen UV-Licht.
P. J. STEVENS: J. Chromatog. 14, 269 (1964).

256. Zinn(II)-chlorid-Kaliumjodid: für Gold-Ionen.
Sprühlösung: 5,6 g Zinn(II)-chlorid werden in 10 ml Salzsäure (36%) gelöst. Nach dem Verdünnen mit Wasser auf 100 ml werden der Lösung 0,2 g Kaliumjodid zugefügt.
Schwarze Flecken.
F. H. BURSTALL, G. R. DAVIES, R. P. LINSTEAD, and R. A. WELLS: J. Chem. Soc. 1950, 516.

257. Zinn(IV)-chlorid: für Triterpene, Sterine u. Steroide, Phenole u. Polyphenole.
Sprühlösung: Zu 160 ml einer Mischung gleicher Volumina Chloroform und Eisessig werden 10 ml Zinn(IV)-chlorid zugefügt.
Nachbehandlung: 5—10 min auf 100° C erwärmen und Platten im Tageslicht und langwelligen UV-Licht betrachten.
J. J. SCHEIDEGGER u. E. CHERBULIEZ: Helv. Chim. Acta 38, 547 (1955).

258. Zirkonalizarinlack-Salzsäure: für Fluor-Ionen.
Sprühlösung: 0,05 g Zirkonylchlorid (ZrOCl$_2$ · 8H$_2$O) und 0,05 g Natriumalizarinsulfonat werden in 100 ml 2 N-Salzsäure gelöst.
H. SEILER u. T. KAFFENBERGER: Helv. Chim. Acta 44, 1282 (1961).

Nachtrag

259. Chromotropsäure: für Verbindungen vom Methylendioxyphenyltyp (z. B. Narcotin, Hydrastin und Sesamin sowie für andere formaldehydabspaltende Verbindungen).
Lösung a: 1,8-Dihydroxynaphthalin-3,6-disulfonsäure, Natriumsalz (10% in Wasser).
Lösung b: 5 Vol. Schwefelsäure (konz.) werden in 3 Vol. Wasser gegeben und auf Raumtemperatur gekühlt.
Sprühlösung: Vor Gebrauch werden 1 Vol. a und 5 Vol. b gemischt.
Nachbehandlung: 30 min auf 105° erhitzen.
M. BEROZA: Agricult. and Food Chemistry 11, 51 (1963).

260. Dikobaltoctacarbonyl: für Acetylenverbindungen.
Sprühlösung I: 0,5 g Dicobaltoctacarbonyl werden in 100 ml Petroleumbenzin (Siedebereich 120—135°) gelöst.
Sprühlösung II: 1 N Salzsäure.
Vorgang: Nach Besprühen mit I 10 min warten, dann II aufsprühen, trocknen lassen und mit Neatan® die Schicht abziehen. Das überschüssige Reagens wird ausgewaschen und das Chromatogramm in eine Bromatmosphäre eingebracht. Es entstehen gelb gefärbte Zonen.
K. E. SCHULTE, F. AHRENS u. E. SPRENGER: Pharm. Ztg. 108, 1165 (1963).

261. Dipikrylamin: für Cholin (unspezifisch).
Sprühlösung: 0,2 g Dipikrylamin werden in einem Gemisch aus 50 ml Aceton und 50 ml Wasser gelöst.
Bemerkung: Cholin und Derivate erscheinen als rote Flecken auf gelbem Untergrund.
K. B. ANGUSTINSSON u. M. GRAHN: Acta Chem. Scand. 7, 906 (1963).

262. Isatin-Zinkacetat: für Aminosäuren und manche Peptide.
Sprühlösung: 1 g Isatin und 1,5 g Zinkacetat werden in 100 ml Isopropanol (95%) unter Erwärmen auf 80° gelöst und nach dem Abkühlen 1 ml Eisessig zugefügt. Im Kühlschrank haltbar.

Nachbehandlung: 30 min auf 80—85° erwärmen oder besser nach 20 Std Lagerung bei Zimmertemperatur auswerten.

J. Barrolier, J. Heilman u. E. Watzke: Hoppe-Seylers Z. physiol. Chem. **304**, 21 (1956).

263. Kupfersulfat-Natriumcitrat (Benedicts Reagens): für Flavonoide und Cumarine mit o-Dihydroxygruppierungen.

Sprühlösung: 1,73 g Kupfersulfat ($CuSO_4 . 5 H_2O$), 17,3 g Natriumcitrat und 10 g wasserfreies Natriumcarbonat werden zu 100 ml in Wasser gelöst.

Bemerkung: Die Fluorescenz der genannten Verbindungen mit o-Dihydroxygruppierungen im langwelligen UV-Licht wird durch Benedicts Reagens ganz oder weitgehend gelöscht, wogegen sie bei Verbindungen dieser Stoffklasse ohne o-Dihydroxygruppierungen bestehen bleibt bzw. verstärkt wird, womit oft eine Farbveränderung verbunden ist.

H. Reznik u. K. Egger: Z. anal. Chem. **183**, 196 (1961).

264. Millons Reagens: für Phenole, Phenoläther und deren Glykoside.

Sprühlösung: 5 g Quecksilber werden in 10 g rauchender Salpetersäure (d = 1,40) gelöst und 10 ml Wasser zugefügt.
Gelbe bis orange gefärbte Flecken auf weißem Untergrund.

Nachbehandlung: Ein Erwärmen auf 100—110° C ruft oft Farbänderungen hervor.

E. Stahl u. P. J. Schorn: Hoppe-Seylers Z. physiol. Chem. **325**, 263 (1961).

II. Substanzen bzw. Substanzgruppen und ihre Nachweis-Reagentien

	Sprühreagens-Nr.
Morphin	137
Narcotin	259
Nitrosamine	78, 231
Oxime	150
Penicilline	127
Peroxide	11, 72, 100, 139
Persulfate	23
Phenole	4, 24, 35, 58, 84, 91, 93, 108, 136, 178, 181, 219, 230, 232, 233, 247, 257, 264
Phenothiazine	96, 109, 191
Phosphorsäuren	10
Phosphorsäureester, organ.	9, 146
Phthalsäureester	210
Plastochinone	153
Polyäthylenglykole und Derivate	86, 130
Polyalkohole	8, 143, 168, 169, 228
Polycarbonsäuren, aromat.	142
Polyphenole	257
Polyphenyle	40
Proazulene	65
Pyridinmonocarbonsäuren	151
Pyridinverbindungen	29, 46
Pyrimidine	103
α- und γ-Pyrone	80
Purine	44, 103
Pyrethrumsynergisten	259
Reduzierende Verbindungen	84, 127, 136, 142, 144, 158, 220, 227, 235, 242, 251
Säuren, organische	31, 32, 33, 47, 61, 113, 249
—, aromatische	249
Säureamide	48, 122
Säureanhydride	122
Sapogenine	118, 255
Sorbinsäure	236
Sulfhydryle (s. Thiole)	
Sulfide	127
Sulfonamide	48, 57
Sterine	49, 101, 158, 162, 200, 217, 250, 251, 257
Steroide	15, 20, 49, 101, 158, 193, 200, 203, 211, 217, 238, 239, 240, 243, 244, 246, 247, 251, 255, 257
— Cortico-	83, 118, 235, 242
— Keto-	74, 125, 173, 196
Steroid-Alkaloide	41, 109, 192
— -Glucuronide	206
— -Glykoside	19
— -Sapogenine	19, 22, 41, 109, 192, 253, 255
— -Schwefelsäureester	155
Stickstoffverbindungen, organische	88, 89, 90, 130, 141
—, quarternäre	87
Terpene	15, 20, 22
— Di-	20
— Tri-	49, 101, 257

	Sprühreagens-Nr.
Tetracycline	7
Thiobarbiturate	54, 152
Thioharnstoff und Derivate	185, 186, 189
Thiole	182
Thiophenderivate	124
Thiophosphorsäureester	99, 191
Thiosäuren	54, 222
Ubichinone	153, 158
Ungesättigte Verbindungen	104
Uronsäuren	166
Vanillin	117
Vitamine der B-Gruppe	50, 135
Vitamine, fettlösliche	19, 22, 84
Vulkanisationsbeschleuniger	36
Weichmacher	180, 210
Xanthinderivate	112
Zucker	5, 13, 15, 25, 38, 116, 143, 163, 164, 165, 166, 168, 169, 190, 195, 223, 228, 237
— Amino-	64, 176
— 2-Desoxy-	55, 171, 187
—, reduzierende	6, 12, 14, 16, 220, 235, 242

III. Namen und Abkürzungen von Reagentien

	Reagens-Nr.		*Reagens-Nr.*
1 Benedicts Reagens	263	21 Komarowskys Reagens	118
2 Blautetrazolium-Reagens	235	22 Legalprobe	188
3 Carr-Price-Reagens	19	23 Liebermann-Burchards Reagens	101
4 Diazo-Reagens	91	24 Millons Reagens	264
5 Dragendorffs Reagens	87—90	25 Morgan-Elsons Reagens	64
6 Ehrlichs Reagens	66	26 Neus Naturstoffreagens	80
7 Emersons Reagens	4	27 PAN-Reagens	206
8 EP-Reagens	65	28 Paulys Reagens	230
9 FCNP-Reagens	186	29 Paulys Reagens nach KUTÁČEK	232
10 Folins Reagens	161	30 Prochazkas Reagens	110
11 Folin-Ciocalteaus Reagens	108	31 Sakaguchis Reagens	120
12 GBHA-Reagens	115	32 Salkowskis Reagens	95, 98
13 Gibbs Reagens	58	33 Schweppes Reagens	113
14 Greig-Leabacks Reagens	51	34 Sonnenscheins Reagens	42
15 Grotes Reagens	185	35 Tollens' Reagens	220
16 Hanes' Reagens	9	36 TPTZ-Reagens	83
17 INH-Reagens	125	37 TTC-Reagens	242
18 Jaffes Reagens	202	38 van Urks Reagens	67
19 Keddes Reagens	73	39 Zaffaronis Reagens	220
20 Königs Reagens	29	40 Zwikkers Reagens	147

Tabelle zur Umrechnung von *Rf* in *Rm* und umgekehrt

h Rf	0	1	2	3	4	5	6	7	8	9		
00	∞	3,000	2,698	2,522	2,396	2,299	2,219	2,152	2,093	2,042	—1,996	**99**
01	1,996	1,954	1,916	1,881	1,848	1,817	1,789	1,762	1,737	1,713	—1,690	**98**
02	1,690	1,669	1,648	1,628	1,609	1,591	1,574	1,557	1,540	1,525	—1,510	**97**
03	1,510	1,495	1,481	1,467	1,453	1,440	1,428	1,415	1,403	1,392	—1,380	**96**
04	1,380	1,369	1,358	1,347	1,337	1,327	1,317	1,307	1,297	1,288	—1,279	**95**
05	1,279	1,270	1,261	1,252	1,243	1,235	1,227	1,219	1,211	1,203	—1,195	**94**
06	1,195	1,187	1,180	1,172	1,165	1,158	1,151	1,144	1,137	1,130	—1,123	**93**
07	1,123	1,117	1,110	1,104	1,097	1,091	1,085	1,079	1,073	1,067	—1,061	**92**
08	1,061	1,055	1,049	1,043	1,038	1,032	1,026	1,021	1,015	1,010	—1,005	**91**
09	1,005	1,000	0,994	0,989	0,984	0,979	0,974	0,969	0,964	0,959	—0,954	**90**
10	0,954	0,949	0,945	0,940	0,935	0,931	0,926	0,922	0,917	0,913	—0,908	**89**
11	0,908	0,904	0,899	0,895	0,891	0,886	0,882	0,878	0,874	0,869	—0,865	**88**
12	0,865	0,861	0,857	0,853	0,849	0,845	0,841	0,837	0,833	0,829	—0,826	**87**
13	0,826	0,822	0,818	0,814	0,810	0,807	0,803	0,799	0,796	0,792	—0,788	**86**
14	0,788	0,785	0,781	0,778	0,774	0,770	0,767	0,764	0,760	0,757	—0,753	**85**
15	0,753	0,750	0,747	0,743	0,740	0,736	0,733	0,730	0,727	0,723	—0,720	**84**
16	0,720	0,717	0,714	0,711	0,707	0,704	0,701	0,698	0,695	0,692	—0.689	**83**
17	0,689	0,685	0,682	0,679	0,676	0,673	0,670	0,667	0,665	0,662	—0,659	**82**
18	0,659	0,656	0,653	0,650	0,647	0,644	0,641	0,638	0,635	0,633	—0,630	**81**
19	0,630	0,627	0,624	0,621	0,619	0,616	0,613	0,610	0,607	0,605	—0,602	**80**
20	0,602	0,599	0,597	0,594	0,591	0,589	0,586	0,583	0,580	0,578	—0,575	**79**
21	0,575	0,572	0,570	0,567	0,565	0,562	0,560	0,557	0,555	0,552	—0,550	**78**
22	0,550	0,547	0,545	0,542	0,540	0,537	0,535	0,532	0,530	0,527	—0,525	**77**
23	0,525	0,523	0,520	0,518	0,515	0,513	0,511	0,508	0,506	0,503	—0,501	**76**
24	0,501	0,499	0,496	0,494	0,491	0,489	0,487	0,484	0,482	0,479	—0,477	**75**
25	0,477	0,475	0,472	0,470	0,468	0,465	0,463	0,461	0,459	0,456	—0,454	**74**
26	0,454	0,452	0,450	0,447	0,445	0,443	0,441	0,439	0,436	0,434	—0,432	**73**
27	0,432	0,430	0,428	0,425	0,423	0,421	0,419	0,417	0,414	0,412	—0,410	**72**
28	0,410	0,408	0,406	0,404	0,402	0,399	0,397	0,395	0,393	0,391	—0,389	**71**
29	0,389	0,387	0,385	0,383	0,381	0,378	0,376	0,374	0,372	0,370	—0,368	**70**
30	0,368	0,366	0,364	0,362	0,360	0,357	0,355	0,353	0,351	0,349	—0,347	**69**
31	0,347	0,345	0,343	0,341	0,339	0,337	0,335	0,333	0,331	0,329	—0,327	**68**
32	0,327	0,325	0,323	0,321	0,319	0,317	0,316	0,314	0,312	0,310	—0,308	**67**
33	0,308	0,306	0,304	0,302	0,300	0,298	0,296	0,294	0,292	0,290	—0,288	**66**
34	0,288	0,286	0,284	0,282	0,280	0,278	0,277	0,275	0,273	0,271	—0,269	**65**
35	0,269	0,267	0,265	0,263	0,261	0,259	0,258	0,256	0,254	0,252	—0,250	**64**
36	0,250	0,248	0,246	0,244	0,242	0,240	0,239	0,237	0,235	0,233	—0,231	**63**
37	0,231	0,229	0,227	0,225	0,224	0,222	0,220	0,218	0,217	0,215	—0,213	**62**
38	0,213	0,211	0,209	0,207	0,205	0,203	0,202	0,200	0,198	0,196	—0,194	**61**
39	0,194	0,192	0,190	0,189	0,187	0,185	0,183	0,181	0,180	0,178	—0,176	**60**
		9	*8*	*7*	*6*	*5*	*4*	*3*	*2*	*1*	*0*	*h* Rf

Fortsetzung

hRf	0	1	2	3	4	5	6	7	8	9		
40	0,176	0,174	0,172	0,170	0,169	0,167	0,165	0,163	0,162	0,160	*—0,158*	*59*
41	0,158	0,156	0,154	0,153	0,151	0,149	0,147	0,145	0,144	0,142	*—0,140*	*58*
42	0,140	0,138	0,136	0,135	0,133	0,131	0,129	0,127	0,126	0,124	*—0,122*	*57*
43	0,122	0,120	0,119	0,117	0,115	0,113	0,112	0,110	0,108	0,107	*—0,105*	*56*
44	0,105	0,103	0,101	0,100	0,098	0,096	0,094	0,092	0,090	0,089	*—0,087*	*55*
45	0,087	0,085	0,084	0,082	0,080	0,078	0,077	0,075	0,073	0,072	*—0,070*	*54*
46	0,070	0,068	0,066	0,065	0,063	0,661	0,059	0,057	0,056	0,054	*—0,052*	*53*
47	0,052	0,050	0,049	0,047	0,045	0,043	0,042	0,040	0,038	0,037	*—0,035*	*52*
48	0,035	0,033	0,031	0,030	0,028	0,026	0,024	0,022	0,020	0,019	*—0,017*	*51*
49	0,017	0,015	0,014	0,012	0,010	0,008	0,007	0,005	0,003	0,002	*±0,000*	*50*
		9	*8*	*7*	*6*	*5*	*4*	*3*	*2*	*1*	*0*	*hRf*

N. B. hRf-Werte von 0—50   : Rm positiv
hRf-Werte von 50—100 (*Kursiv*): Rm negativ

Beispiele:

hRf	4,0	34,6	51,0[1]	65,4[1]
Rm	1,380	0,277	—0,017	—0,277[2]

[1] *Kursiv* geschriebene hRf-Skala benutzen.

[2] Rm, die mit Hilfe der *Kursiv* geschriebenen Interpolationsskala abgelesen werden, erhalten ein negatives Vorzeichen.

Häufig verwendete Fachausdrücke in der Dünnschicht-Chromatographie[1]

Helmut K. Mangold und M. Brenner

Englisch	Deutsch	Französisch
to scratch off, to scrape off	abkratzen, abschaben	détacher
vacuum zone-collector ("vacuum-cleaner")	Absaugevorrichtung („Staubsauger")	le dispositif d'aspiration par le vide («l'aspirateur»)
descending	absteigend	descendant
to wash, to rinse	abwaschen, spülen	laver, rincer
deviation	Abweichung, Fehler-(breite)	l'écart
to adsorb, adsorption	adsorbieren, Adsorption	adsorber, adsorption
adsorbent	Adsorptionsmittel	l'adsorbant, l'agent d'adsorption
aerosol package	Aerosolpackung	cartouche d'aérosol
alumina	Aluminiumoxid	l'alumine
sample, mixture	Analysenmaterial, Gemisch	l'échantillon, la prise d'essai, le mélange
inorganic	anorganisch	minéral
to apply, application	anwenden, Anwendung	utiliser, utilisation
aligning tray	Arbeitsschablone	le gabarit
artefact, artifact	Artefakt, Kunstprodukt	l'artefact
to dissolve	auflösen (eine Substanz in einem Lösungsmittel)	dissoudre
to resolve, to separate; resolution	auflösen; Auflösung (Trennschärfe)	séparer, séparation
ascending	aufsteigend	ascendant
application box	Auftragekammer	la chambre d'application
multiple spot applicator	Auftragegerät nach Morgan	le dispositif d'application d'après Morgan
to apply, to spot	auftragen (eine Substanz)	appliquer
yield	Ausbeute	le rendement
labeling and measuring template	Auswerteschablone	le gabarit d'évaluation
to evaluate	auswerten	évaluer
band	Band	la bande, la zone
alkaline	basisch, alkalisch	basique, alcalin
to coat	beschichten	recouvrir d'une couche
to mark	beschriften, markieren	marquer
templet for marking and sample application	Beschriftungsschablone	le gabarit de marquage
binder	Bindemittel	le liant
BN-chamber, S-chamber	BN-, S-Trennkammer	la cuve de séparation BN, S
band pipette	Breitbandpipette	la pipette pour dépôt linéaire

---

[1] Die deutschen Ausdrücke sind alphabetisch geordnet und sollen den ausländischen Benutzern die Übersetzung in englisch und französisch erleichtern.

Englisch	Deutsch	Französisch
cover plate	**Deckplatte**	la plaque couvrante
thickness	**Dicke**	l'épaisseur
thin-layer chromatography, TLC	**Dünnschicht-Chromatographie, DC**	la chromatographie en couches minces, CCM
separated by TLC	**dünnschicht-chromatographisch getrennt**	séparé par chromatographie en couches minces
thin-layer electrophoresis (TLE)	**Dünnschicht-Elektrophorese (DE)**	l'électrophorèse en couche mince (ECM)
continuous development	**Durchlauftechnik**	la technique du développement au continu
optical density	**Durchlässigkeit, optische**	la densité optique
uniform, even	**einheitlich, gleichmäßig**	homogène, régulier
uniform layer	**einheitliche Schicht**	la couche homogène
to dip, dipping technique	**eintauchen; Eintauchen**	immerger; l'immersion
to elute; eluate	**eluieren; Eluat**	éluer; l'éluat
eluent	**Elutionsmittel**	l'éluant, l'agent d'élution
demixing	**Entmischen**	le demélange (démixtion)
to develop, developer	**entwickeln, Entwickler**	réveler; le révélateur
desiccator	**Exsiccator**	le dessicateur
colored	**farbig**	coloré
colorless	**farblos**	incolore
color reagent	**Farbreagens**	le réactif colorant
error	**Fehler**	l'erreur
fixer	**Fixierbad**	le bain de fixation
spot	**Fleck**	la tache, le «spot»
solvent (mixture)	**Fließmittel**	le solvant
(solvent) front	**Fließmittelfront**	le front du solvant
volatile	**flüchtig**	volatil
fluorescence indicator	**Fluorescenzindicator**	l'indicateur de fluorescence
sheet	**Folie**	la feuille
fractionation	**Fraktionierung**	le fractionnement
guide strip, guide bar	**Führungsleiste (-schiene)**	le guide
gas-liquid chromatography, GLC, gas chromatography	**Gaschromatographie, GC**	la chromatographie en en phase gazeuse, CG
jar, tank, trough, vessel	**Gefäß zum Entwickeln, Trennkammer, Tank**	la cuve
gelling agent, thixotropic agent	**Geliermittel, Gel-bildende Substanz**	l'agent gélifiant
calcinated calcium sulphate, gypsum, Plaster of Paris	**Gips (G)**	sulfate de calcium
GM (Gradient Mixer)-applicator, GM-spreader	**GM-Streicher (G = Gradient, M = Mischer)**	l'étaleur à gradients
gradient layer	**Gradient-Schicht**	la couche à gradients
gradient development	**Gradient-Elution**	l'élution par gradients
horizontal development	**horizontale Entwicklung**	le développement horizontal
to identify; identification	**identifizieren, Identifizierung**	identifier; l'identification
ion exchanger	**Ionenaustauscher**	l'échangeur d'ions
to isolate	**isolieren, (wieder) gewinnen**	isoler, récupérer

Englisch	Deutsch	Französisch
wedged-tip technique	**Keilstreifen-Technik**	la technique des bandes en cône
silica gel	**Kieselgel**	le gel de silice
kieselguhr	**Kieselgur**	le kieselguhr
tape, adhesive tape	**Klebeband**	la bande adhésive
moisture chamber	**Klimakammer**	la pièce climatisée
column chromatography	**Kolonnen- oder Säulen-chromatographie**	la chromatographie sur colonne
grain size, particle size	**Korngröße**	la grosseur des grains ou des particules
"Kryobox" (jacketed chamber for TLC at low temperatures)	**„Kryobox"** (Trennkammer zur DC bei tiefen Temperaturen)	«Kryobox» (la chambre froide), chambre de séparation pour chromatographie sur couche mince à basse température
speed of migration, traveling speed	**Laufgeschwindigkeit**	la vitesse de migration, de déplacement
developing solvent	**Laufmittel**	le solvant de développement
direction of development	**Laufrichtung**	la direction du développement
length of run	**Laufstrecke**	le parcours
quenching, quench effect	**Löschung, Löscheffekt**	l'effet d'étanchement
loose layer	**lose (aufgestreute) Schicht**	la couche pulvérulente
air-dry, air dried	**lufttrocken**	séché à l'air
(isotopic) labeling	**Markierung mit einem (Radio)-Isotop**	le marquage avec un isotope
multiple development	**Mehrfachentwicklung**	le développement multiple
chromatography on discontinuous layers	**Mehrschicht-Chromatographie**	la chromatographie en couches discontinues
micro circular technique	**Mikrozirkulartechnik**	la technique microcirculaire
to mix; mixture	**mischen, Mischung**	mélanger; le mélange
mixed layer	**Misch-Schicht**	la couche mélangée
standard mixture, reference mixture	**Modellgemisch, Modellmischung**	le mélange étalon
mortar and pestle	**Mörser und Pistill**	le mortier et le pilon
(chromatographic) pattern, profile	**(chromatographisches) Muster**, d. h. Lage, Form und Farbe der Flecken auf der Schicht	le modèle chromatographique
detection	**Nachweis**	la détection, la révélation, la détermination, le dosage qualitatif
neutral	**neutral**	neutre
paper chromatography, PC	**Papierchromatographie, PC**	la chromatographie sur papier, CSP
wick for chamber-saturation	**Papierstreifen zur Kammersättigung**	la bande de papier servant à la saturation de la cuve

Englisch	Deutsch	Französisch
PEI (polyethyleneimine) cellulose	PEI Cellulose (Ionenaustauscher)	la cellulose PEI
photometry	Photometrie	la photométrie
preparative TLC	Präparative DC	la chromatographie préparative sur couche mince
buffer	Puffer	le tampon
powder	Pulver	la poudre
quantitative evaluation	quantitative Auswertung	l'évaluation quantitative
quantitative estimation,	quantitative Bestimmung	le dosage quantitatif
edge	Rand	le bord
edge effect	Randphänomen	le phénomène de bord
reaction chromatography	Reaktions-Chromatographie	la chromatographie réactionnelle
reflection	Reflektion	la réflexion
remission	Remission	la rémission
Rf (rate of flow)-value	Rf-Wert	la valeur Rf
guide values	Richtwerte	valeurs prévisibles
X-ray film	Röntgenfilm	le film pour rayons X
to saturate, saturated	sättigen, gesättigt	saturer, saturé
acidic	sauer	acide
column chromatography	Säulen-(Kolonnen) chromatographie	la chromatographie sur colonnes
suction apparatus	Saugvorrichtung, Saugapparat	le dispositif d'aspiration, de succion
scanner, scanning	„Scanner", Apparatur zur (halb-)automatischen Messung und Registrierung der Farbintensität oder der Radioaktivität auf einem Chromatogramm. — Auswertung eines Chromatogrammes mit Hilfe eines Meß- und Registriergerätes	«Scanner»: appareil destiné à la mesure et à l'enregistrement semi-automatiques de l'intensité de la coloration ou de la radio-activité d'un chromatogramme. — Evaluation d'un chromatogramme à l'aide d'un appareil de mesure et d'enregistrement
template	Schablone	le gabarit
layer	Schicht	la couche
tail, treak	Schwanz, Streifen	la queue de comète, la trainée
tailing, tail formation	Schwanzbildung	la formation de trainée, d'une queue de comète
to make visible, to visualize, to indicate, to locate	sichtbar machen, kenntlich machen, nachweisen	révéler
visualization	Sichtbarmachung	la révélation
sorbent	Sorptionsmittel	l'adsorbant, l'agent d'adsorption
syringe	Spritze	la seringue
trace	Spur	la trace
to spray; atomizer, sprayer, vaporizer, spray gun	sprühen, der Sprüher	vaporiser, pulvériser; le vaporisateur
spray reagent, indicator	Sprühreagens	le réactif à vaporiser
standard, reference material	Standard (Vergleichs-) Substanz	l'étalon, le témoin

Englisch	Deutsch	Französisch
band	Startband	la ligne de départ
starting point, point of application (of the sample)	Start (-punkt)	le point de départ
(TLC-) spreader, applicator	Streicher (Dünnschicht-), Streichgerät für DC	le dispositif d'étalement, à étaler, le dispositif d'application
slurry	Streichmasse	le produit à étaler (appliquer)
strip	Streifen	la bande
streak	Strich	la ligne
stepwise development (technique)	Stufentechnik	la technique par étapes
subfractionation	Subfraktionierung	le sous-fractionnement
day light	Tageslicht	la lumière du jour
divider box	Teiler (Gradient-DC)	le séparateur (gradient CCM)
test dyes	Testfarben	les couleurs témoins
low temperature chromatography	Tieftemperatur-Chromatographie	la chromatographie à basse température
the (glass) plate	Trägerplatte	le plaque support
transmission	Transmission	la transmission
resolution, sharpness of separation	Trennschärfe	la précision de séparation
path of migration	Trennstrecke	le parcours de séparation la ligne de séparation
to separate, to fractionate, to resolve; separation, fractionation	trennen; Trennung	séparer; la séparation
separation-reaction-separation (SRS-) technique	Trennung-Reaktion-Trennung (TRT-) Technik	la technique séparation-réaction-séparation (SRS)
drying rack, storage rack	Trockengestell	le séchoir
to dry	trocknen	sécher
transfer technique, to transfer	Überführungs-Technik, überführen	les techniques de transfert, transférer
to overlap	überlappen, überschneiden	chevaucher
non-polar	unpolar, nicht polar	non-polaire
to differentiate, to distinguish	unterscheiden	différencier, distinguer
UV-light	UV-Licht	la lumière U.V., l'U.V.
compound	Verbindung (chemische)	la composé chimique
to dilute	verdünnen	diluer
standard	Vergleichssubstanz (Testsubstanz)	l'étalon, le témoin
ratio	Verhältnis (Mischungs-)	le rapport
adjustable	verstellbar	réglable
partition	Verteilung	le partage
reversed-phase partition	Verteilung in umgekehrter Phase	le partage en phase inversée
direction, procedure	Vorschrift (Arbeits-)	la mode opératoire
aqueous	wäßrig	aqueux
migration rate, speed of migration	Wanderungsgeschwindigkeit	la vitesse de migration, de déplacement

Englisch	Deutsch	Französisch
zonal scanning	**(zonale)** oder: stufenweise Bestimmung der Radioaktivität in kleinen, von der Trägerplatte losgeschabten Abschnitten einer Schicht	la détermination **(zonale)**: la détermination par zones ou par étapes de la radioactivité sur de petites portions d'une couche, détachées de la plaque support
zone	**Zone**	la zone, la bande
two-dimensional	**zweidimensional**	bi-dimensional

55*

Verzeichnis der Herstellerfirmen[1]

1 Agfa-Gevaert AG, 509 Leverkusen, BRD[2] (*Röntgenfilm, -entwickler, -fixiersalz*).

2 Aimer Products Ltd. 56—58 Rochester Place Camden Town, London NW 2, England (*Geräte zur DC für lose Schichten*).

3 Alupharm Chemicals, 616 Commercial Pl. P.O. Box 755, New Orleans, La., U.S.A. (US-Vertretung von 153).

4 American Instrument Co., Silver Spring, Md., U.S.A.

5 American Viscose Co., Marcus Hook, Pennsylvania, U.S.A. (*Avirin*). Importeur für die BRD: Lehmann & Voss & Co; 2 Hamburg 36, Alsterufer 19, BRD.

6 Aminco-Bowman, s. 4 (*Spektralfluorimeter*).

7 Analabs Analytical Engineering Laboratories, Inc., P. O. Box 5215, Hamden 18., Conn., U.S.A. (US-Vertreter von 106).

8 Analtech., Inc., Wilmington Industrial Park, Wilmington, Delaware 19801, U.S.A. (*DC-Fertigplatten und Zubehör*).

9 Ansco, Vestal Pkwy. East, Binghamton, N.Y., U.S.A. (*Röntgenfilm, -entwickler, -fixiersalz*).

10 Apeco American Photocopy-Equipment Comp., 2100 West Dempster-Street, Evanston, Illinois, U.S.A. (*Elektrophotographiegeräte*).

11 Applied Science Laboratories, Inc., P. O. Box 140, State College, Pa., U.S.A. (*Sorptionsmittel zur DC, Lipide, Streichgerät u. Zubehör*).

12 Atago Optics Company, Tokio, Japan (*Densitometer*).

13 Atomic Accessories Inc., Subsidiary of Baird-Atomic, Inc., 811 W. Merrick Rd., Valley Stream, N. Y., U.S.A. (*DC-Scanner*).

14 Bälz, W. & Sohn KG, 71 Heilbronn a. N., Postfach 125, BRD (*UV-Lampe*).

15 Baird and Tatlock (London) Ltd., Chadwell Heath, Essex, England (*Autom. Streichgerät, Zubehör DC*).

15a Baird-Atomic, Inc., 33 University Road, Cambridge, Mass., U.S.A. (*Fluoreszenz-Spektralphotometer*).

16 Bad. Anilin & Sodafabrik AG (BASF), 67 Ludwigshafen, Rh., BRD. (US-Vertreter: 36). (*Ultramid, Ultraphor, Polyäthylenimine u. Farbstoffe*).

17 Bausch & Lomb, Rochester 2, N.Y., U.S.A. (*Spektrophotometer*).

18 Becco Chemical Division, Food Machinery and Chemical Corp., Buffalo 7, N.Y., U.S.A. (*Peressigsäure*).

---

[1] Es sind hier nur die in den verschiedenen Kapiteln erwähnten Firmen zusammengefaßt und es wurde keine Vollständigkeit angestrebt.

[2] BRD = Bundesrepublik Deutschland = W.-Deutschland; DDR = Deutsche Demokratische Republik = O.-Deutschland.

19 Beckman GmbH, 8 München 45, Frankfurter Ring 115, BRD.

20 Becton, Dickinson & Co., East Rutherford, N.J., U.S.A. (*Pipetten, selbstfüllend u. selbstjustierend*).

21 Bender & Hobein, GmbH, Laborbedarf, 75 Karlsruhe, Technische Hochschule, Kaiserstr., und 8 München 15, Lindwurmstr., BRD. (*Karlsruher Apparatur*).

22 Berthold, Prof. Dr., Laboratorium, 7547 Wildbad/Schwarzwald, Postfach 160, BRD. (*DC-Scanner*).

23 Bio-Rad Laboratories, 32nd & Griffin Ave., Richmond, Calif., U.S.A. (*Sorptionsmittel u. Austauscher*).

24 Bioresearch, Schwarz, Inc., Orangeburg, N.Y., U.S.A. (*Radioaktive Tusche Biochemikalien*).

25 Black Light Eastern Corp., Bayside, New York, U.S.A. (*UV-Lampen u. Filter*).

26 Boehringer, C. F., & Soehne GmbH, 68 Mannheim, BRD. (*Purine, Pyrimidine, Nucleoside und Nucleotide*).

27 Braun, B., 3508 Melsungen, BRD. (*Dauerinfusionsgerät usw.*).

28 Brinkmann Instruments, Inc., Cantiague Road, Westbury, N.Y., U.S.A. (US-Vertreter von 44, 83, 88).

28a Buma SA, Basel, Schweiz. (*Rasterfolien*).

29 Burroughs Wellcome & Co., London, England. Vertrieb in W-Deutschland Nr. 73. (*Dosierspritze, Agla-*).

30 Calbiochem, 6000 Luzern, Löwengraben 14, Schweiz. (*Sorptionsmittel*).

31 California Corporation for Biochemical Research, 3625 Medford St., Los Angeles 63, California, U.S.A. (*Biochemikalien*).

32 Camlab (Glass) Ltd., Milton Road, Cambridge, England. (Vertretung in England von 44, 83, 153).

33 Camag AG, Muttenz, B.L., Homburger Str. 24, Schweiz. (Vertreter von Nr. 136) (*DC-Streichgeräte, Zubehör, Sorptionsmittel*).

34 Cellpack AG, 5610 Wohlen, AG., Schweiz. (*Spezialfolie „UVEX"*).

35 Chemetron, Milano, Via Gustavo, Modena 24, Italien. (*Autom. Streichgerät und DC-Zubehör*).

36 Chemirad Corporation, P.O. Box 187, East Brunswick, N.J., U.S.A. (US-Vertreter von 16).

37 Cheng Chin Trading Co., Ltd., Importers a. Exporters, No. 75, Section 1, Hankow Street, Taipei, Taiwan (Formosa). (*Zweiseitig beschichtete Polyamid-Folien*).

38 Ciba AG, Basel, Schweiz. (*Uvitex = opt. Aufheller u. Chemikalien*).

39 Colab Laboratories, Inc., Chicago Heights., Ill., U.S.A. (US-Vertreter von 129).

40 Columbia Chemical Div., Pittsburgh Plate Glass Co., Barberton, Ohio, U.S.A. (*Silene E. F.*).

41 Columbia Organic Chemicals Co., Columbia, S.C., U.S.A. (*fluorierte Alkane*).

42 Coradi, Zürich, Schweiz. (*Planimeter*).

43 Darco Dept., Atlas Powder Co., 60 E. 42nd St., New York, N.Y., U.S.A. (*Holzkohle für DC*).

44 Desaga, C., GmbH, 69 Heidelberg, Maaßstr. 26—28, BRD. (*DC-Geräte; Elektrophorese, Scanner, UV-Lampen u. Zubehör für DC*).

45 Despatch Oven Co., 619 S.E. 8th St., Minneapolis, Minn., U.S.A. (*Trockenschränke*).

46 Eugene Dietzgen Co., 407, 10th St. N.W., Washington, U.S.A. (*Fotokopierpapiere*).

47 Distillation Products Industries, Division of Eastman Kodak Company, Rochester, N.Y. 14603, U.S.A. (*Beschichtete DC-Folien*).

48 The Dow Chemical Comp., Midland, Mich., U.S.A. (*Ionenaustauscher*).

49 Dow Corning Corp., Mich. U.S.A. (*Silicone*).

50 Diazo Corp., Pasadena, California, U.S.A. (*Fotokopierpapiere*).

51 Drummond Scientific Company, 500 Parkway, Broomall, Pa. 19008, U.S.A. (*Selbstfüllende Mikrovollpipetten*).

52 Eastman Kodak Comp., Rochester 3, N.Y., U.S.A. (*Röntgenfilm, -entwickler, -fixiersalz*).

52a Engelhard Hanovia Lamps, Bath Road Slough, Bucks, England. (*UV-Lichtquellen*).

53 Eppendorf Gerätebau, 2 Hamburg-Wellingsbüttel, Postfach 11130, BRD. (*Spezial Mikro-Kolbenpipetten u. Spektrophotometer*).

54 Erba, C., S.p.A., 24 Via Imbonati, Milano, Italien. (*Beschichtungsautomat, DC-Zubehör, Sorptionsmittel*).

55 Farbenfabriken Bayer AG, Werk Dormagen, 4047 Dormagen, BRD. (*Nylon u. Perlon-Pulver*).

56 Farbwerke Hoechst AG, 623 Frankfurt-Höchst a.M., BRD. (*Polyäthylen-Pulver, Mowilith usw.*).

57 Fabriek van chemische Producten, Vondelingenplaat N.V. (Niederlande); Vertretung für Westdeutschland: Fa. Carl Resau GmbH, 73 Eßlingen/N., Obere Beutau 49, BRD. (*UV-Folie, transparent*).

58 Fisher Scientific Co., 633 Greenwich St., New York 14, N.Y., U.S.A. (*Laborgeräte, Chemikalien*).

59 Floridin Co., P.O. Box 989, Tallahassee, Florida, U.S.A. (*Florisil*).

60 Fluka AG, Buchs SG, Schweiz. (*Sorptionsmittel zur DC, Feinchemikalien*).

61 Frieseke & Hoepfner GmbH, 852 Erlangen-Bruck, BRD. (*DC-Scanner*).

62 Gallard-Schlesinger, Chemical Manufacturing Corp., 580 Mineola Ave., Carle Place, L. I., N.Y., U.S.A. (US-Vertreter von 127).

63 Gelman Instrument Company, 600 South Wagner Road, P.O. Box 1448, Ann Arbor, Michigan 48106, U.S.A. (*DC-Glasfaserfolien usw.*).

64 General Electric, X-Ray Department, Milwaukee 1, Wisc., U.S.A. (,,*Supermix*", *fotogr. Entwickler*).

65 Gesellschaft f. Teerverwertung mbH, 41 Duisburg-Meiderich, BRD.; jetzt: Rütgerswerke und Teerverwertungs AG. (*Vergleichssubstanzen: Aromaten*).

66 Grumbacher, M., Inc., New York, N.Y., U.S.A.

67 Haack, P., Wien IX/68, Garnisongasse 3, Österreich. (*Glasgeräte zur Mikroanalyse*).

68 Haltermann, J., 2 Hamburg, Ferdinandstr., BRD. (*reine Kohlenwasserstoffe*).

69 Hamilton Company, Inc., P.O. Box 307, Whittier, Calif. 90608, U.S.A. Europäische Generalagentur: Micromesure N.V., P.O. Box 205, Den Haag, Niederlande, s. auch 122 (*Mikrospritzen*).

70 Heraeus, W. C., GmbH, 645 Hanau, BRD. (*Trockenschränke, IR-Strahler*).

71 Hercules Powder Company, 910 Market Street, Wilmington 99, Delaware, U.S.A. (*Kunststoffe usw.*).

72 Hopkin & Williams Ltd., Freshwater Road, Chadwell Heath, Essex, England. (*Sorptionsmittel*).

73 Hormuth, L., Inh. W. E. Vetter, 6908 Wiesloch, BRD. (*DC-Geräte zur Sprühtechnik und Zubehör, UV-Lampen* Fa. 140).

74 Hupe, K.-P., Dr.-Ing., 75 Karlsruhe-Rüppurr, Lange Straße 25, BRD. (*Steuersystem DC—GC*).

75 Ilford — Ciba-Ilford, 6078 Neu-Isenburg, Frankfurt a. Main, BRD. (*Filmmaterial u. Zubehör*).

76 International Chem. and Nuclear Corp., 13332 E. Torch St., City of Industry, Calif., U.S.A. (US-Vertreter von 60).

77 Johns Manville Corp. Inter Corp., Celite Division, 270 Madison Ave., New York 16, N.Y., U.S.A. (*Celite u. a. Kieselgurpräparate*).

78 Joyce, Loebl and Comp., Gateshead on Tyne, England, (Vertretung von 90). (*Densitometer "Chromoscan" zur quant. DC-Auswertung*).

78a Kensington Scientific Corp., 1717 Fifth St., Berkeley 10, Calif., U.S.A. (*Streichgeräte, Sorptionsmittel*).

79 Kissel u. Wolf GmbH, 6908 Wiesloch, BRD. (*Klebstoffe*).

80 Koch-Light Laboratories Ltd., Colnbrook-Bucks, England. (*Sorptionsmittel und Biochemikalien*).

81 Kodak-Pathé, Vincennes/Paris, Frankreich. (*Beschichtete DC-Folien*).

82 Kopp Laboratory Supplies, Inc., 70—13 35th Rd., Jackson Heights 72, N.Y., U.S.A. (*Glasgeräte zur DC*).

83 Macherey, Nagel & Co, 516 Düren, BRD. (US-Vertreter 28). (*MN-Sorptionsmittel, DC-Fertigfolien*).

84 MacKay, A. D., Inc., 198 Broadway, New York, N. Y., U.S.A. (*Fluoreszenzindikatoren*).

85 Mallinckrodt Chemical Works, 2nd & Mallinckrodt Sts., St. Louis 7, Mo., U.S.A. (*Sorptionsmittel DC*).

86 Mann Research Laboratories, Inc., 136 Liberty St., 10006 New York 6, N.Y., U.S.A. (*Sorptionsmittel, Fertigplatten, Sprühreagentien, Biochemikalien*).

87 Markgraf, K., 1 Berlin, BRD. (*DC-Elektrophorese-Apparatur*).

88 Merck, E., AG, 61 Darmstadt, BRD. (*Sorptionsmittel nach* Stahl *zur DC, Fertigplatten, Sprühreagentien u. Lösungsmittel*).

88a Microchem. Specialties Co., 1825 Eastshore Highway, Berkeley 10, Calif., U.S.A.

89 Mikro-Technik, 876 Miltenberg (Main), BRD. (*Cellulose-Austauscher*).

90 National Instrument Laboratories, Inc., 12300 Parklawn Dr., Rockville, Md., U.S.A. (US-Vertreter von 78).

91 National Lead Company, New York, N.Y., U.S.A. (*Bentone*).

92 New England Nuclear Corp., 575 Albany Street, Boston 18, Mass., U.S.A. (*Radioaktiv markierte Verbindungen*).

93 Nuchar Industrial Chemical Sales, 230 Park Ave., New York, N.Y., U.S.A. (*Holzkohle*).

94 Nuclear Chicago Corp., 351 E. Howard Ave., Des Plaines, Ill., U.S.A. (*DC-Scanner zur radioaktiven Auswertung*).

95 Oak Ridge Institute of Nuclear Studies, Oak Ridge, Tenn., U.S.A.

96 Osram GmbH, 8 München 2, Dachauer Straße 112, BRD. (*UV-Lampen*).

97 Ozalid Reproduction Products Divis., General Aniline and Film Corp., 140 W. 51 st. St., New York, N.Y., U.S.A. (*Lichtpauspapiere*).

98 Pabst Laboratories, Divis. of Pabst Brewing Company, 1035 W. Mc. Kinley Ave., Milwaukee 5, Wisc., U.S.A. (*Purine, Pyrimidine, Nucleoside, Nucleotide*).

99 Packard Instrument Comp., Inc., P.O. Box 428, La Grange, Ill., U.S.A. (*DC-Scanner und Chemikalien für Scintillationsauswertung*).

100 Peninsular Chem. Research of Gainesville, Florida, U.S.A. (*liefert Produkte von Nr. 41*).

101 Perutz GmbH, 8 München 25, Kistlerhofstr. 75, BRD. (*Röntgenfilm, -entwickler und -fixiersalz*).

102 Pharmacia, Uppsala, Schweden. (*Sephadex*).

103 Philips N.V., Eindhoven, Niederlande und 2 Hamburg 1, Mönckebergstraße 7, BRD. (*UV-Lampen*).

104 Photovolt Corp., 1115 Broadway, New York 10, N.Y., U.S.A. (*Photovolt-Densitometer zur DC*).

105 Pierce Chemical Co., P.O. Box 117, Rockford, Ill., U.S.A. (*Biochemikalien*).

106 Pleuger, G., SA, 511, Turnhoutsebaan, Wijnegem, Belgien. (*Geräte zur DC*).

107 Du Pont, E. I., de Nemours & Co. (Inc.), Photo Products Division, Wilmington 98, Del., U.S.A. (*Fluoreszenzindikatoren, Röntgenfilm u. Zubehör*).

108 Du Pont, Towanda, U.S.A. (*Chemikalien*).

109 Precision Scientific Co., Chicago, Ill., U.S.A. (*Geräte zur Zentrifugal-PC*).

110 Quarzlampen Gesellschaft mbH, 645 Hanau, BRD. (*UV-Lampen*).

111 Quickfit Laborglas GmbH, 62 Wiesbaden-Schierstein, Schloßbergstraße 11, BRD. (*Geräte zur DC*).

112 Radiochemical Centre, Amersham, Bucks, England. (*Radioaktive Verbindungen*).

113 Rank-Xerox-Corp., Rochester, U.S.A. (*Photokopie*).

114 Reanal, Budapest, Ungarn. (*Sorptionsmittel*).

115 Reeve, H., Angel & Co., Ltd., 9. Bridewell Place, London, E.C. 4, England. (*Chromedia-Sorptionsmittel, Whatman-Papiere*).

116 Renker-Belipa GmbH, 516 Düren, BRD. (*Photokopierpapier*).

117 Research Specialties Co., 200 S. Garrard Blvd., Richmond, Calif., U.S.A. (*Geräte zur DC und Sprühreagentien*).

118 Riedel-de Haën AG, 3016 Seelze, Hann., BRD. (*Sorptionsmittel zur DC, Fluoreszenzindikatoren*).

119 Roth, Carl, OHG, 75 Karlsruhe, Schoemperlenstr. 3—5, BRD. (Vertretung von 33, 60). (*Biochemikalien*).

120 Sas, T. J., and Son Ltd., Victoria House, Vernon Place, London W. C. 1, England. (*DC-Streichgerät*).

121 Schleicher, C., u. Schüll, 3354 Dassel, Krs. Einbeck, BRD; in U.S.A.: 543 Washington St., Keene, N.H. (*Cellulosepulver u. a. zur DC*).

122 Schmidt, G., Labor-Geräte, 2 Hamburg-Sasel, Saselbergweg 50, BRD. (*Mikropipetten* u. a. von 69).

123 Schott u. Gen., Jenaer Glaswerk, 65 Mainz, BRD. (*Glasgeräte, Filter*).

123a Schuchardt, Dr. Theodor GmbH., 8 München 13, Ainmillerstr. 25. (*Fein- und Biochemikalien*).

124 Schwarz Bioresearch, Inc., Orangeburg, N.Y., U.S.A. (*Biochemikalien, besonders Purin- und Pyrimidinderivate*, s. a. 24).

125 Schwarz, A., Kunststoffwerk, 5 Köln-Untereschbach, BRD.

126 Schwinherr, Alfred, 707 Schwäbisch Gmünd, BRD. (*Mehrzweck-Motoren*).

127 Serva Entwicklungslabor, 69 Heidelberg, Römerstraße 118, BRD. (*TLC-Streichstab, Sorptionsmittel zur DC, Reagenzien*).

128 Severoceske chemicke zavody Lovosice, n.p. Factory „Rudnik", Lovosice, Tschechoslowakei. (*Silone*).

129 Shandon Scientific Co., 65 Pound Lane, London N.W. 10, England. (*Geräte zur DC*).

130 Sigma Chemical Company, 3500 DeKalb Street, St. Louis, Mo., U.S.A. (*Biochemikalien*).

131 Smith Corona SCN Corp., 410 Park Avenue, New York 22, N.Y., U.S.A. (*Elektrofaxverfahren*).

131a Soc. d'Applications Industr. de la Physique, 38 Rue Gabriel Crie, Malakoff-Seine, Frankreich. (*DC-Scanner*).

132 Sprenger, A., KG, 3424 St. Andreasberg, BRD. (*Heizlüfter*).

133 Supelco, Inc., Bellefonte, Pa., USA (*Lipide*).

134 Sylvania Electric Products Inc., 60 Boston Street, Salem, Mass., U.S.A., s. 145 (*UV-Leuchtröhren*).

135 Telefunken AG, 79 Ulm, Postfach 627, BRD. (*DC-Scanner*).

136 Thomas, A. H., Comp., 3rd and Vine St., Philadelphia 5, Pa., U.S.A. (*DC-Auftragegeräte*)

137 Touzart et Matignon, 3, Rue Amyot, Paris-5, Frankreich (*DC-Geräte*).

138 Toyo Rayon Co., Nakano-shima, Kita-ku, Osaka, Japan. (*Polyamide*).

139 Turner, G. K., Associates, 2524 Pulgas Avenue, Palo Alto, Calif., U.S.A. (*Fluorimeter*).

140 Ultra-Violet Products Inc., San Gabriel, Calif., U.S.A.; Deutschland-Vertretung: s. 73. (*UV-Lampen*).

141 Umbin-Chemie Gesellschaft, 8436 Velburg, BRD. (*Undine-Sol-Absorberlack*).

142 Union Carbide Corp., 30 East 42nd Street, New York 17, N.Y., U.S.A. (*Kunststoffe*).

143 Union Carbide Plasti and Co., Clifton, New Jersey, U.S.A.

144 University of Minnesota, The Hormel Institute, Austin, Minn., U.S.A. (*Lipide*).

145 Vauka Lichttechnik und Elektronik GmbH, 3 Hannover, Postfach 906, BRD. (Deutscher Vertreter von 134).

146 VEB Farbenfabriken, Wolfen, DDR. (*Wofatite und Sorptionsmittel*).

147 VEB-Leuchtstoffwerk, Bad Liebenstein, DDR. (*Leuchtstoffe*).

148 Wacker-Chemie, 8 München, BRD. (*Silicone*).

149 Wako Pure Chemicals Co., Tokyo, Japan. (*Silica Gel*).

150 Waverly Chemical Co., Inc., Mamaroneck, N.Y., U.S.A. (*Magnesol*).

151 Westvaco Chemical Division, Food Machinery and Chemical Corporation, 161 42nd Street, New York 17, N.Y., U.S.A. (*Magnesol*).

152 Wilkens Instr. and Res., Inc.; Vertretung in Deutschland: 61 Darmstadt, Riedstraße 6. (*Mikroschalter, GC—DC*).

153 Woelm, M., 344 Eschwege, BRD. (*Sorptionsmittel zur DC*).

154 Worthington Biochemical Corp., Freehold, N.J., U.S.A. (*Enzyme*).

155 Zeiss, C., 7082 Oberkochen, BRD. (*Chromatogramm-Spektralphotometer zur DC nach STAHL*).

156 Zeiss, VEB, neue Benennung: Optische Werke VEB, Jena, DDR. (*Auswertegerät ERI*).

Namenverzeichnis

Die *kursiven* Seitenzahlen beziehen sich auf die Literatur. Die in eckigen Klammern
stehenden *kursiven* Ziffern bedeuten die Nummern der betreffenden
Literaturzitate

Abbott, D. C., H. Egan, E. W. Hammond u. J. Thomson [*4*] 32, *179*;
[*2*] 624
— — u. J. Thomson [*5*] 95, 96, *179*; [*1*]
614, 615, 618, *624*
— u. J. Thomson [*1, 2, 3*] 94, *179*
Abdurakhimova, N., P. K. N. Yuldashev
u. S. Yu Yunusov [*1*] 432, *442*
Aberhart, D. J., S. Chen, P. de Mayo
u. J. B. Stothers [*1*] 686, *691*
Abou-Chaar, Ch. I. [*1b*] 418, *442*
Abraham, E. P. s. Lockhart, I. M. [*162*]
724, *748*
Abraham, M. H., A. G. Davies, D. R.
Llewellyn u. E. M. Thain 816
Abraham, R. s. Nishikaze, O. [*133*] 314,
329, *348*, 852
Abramson, D., u. M. Blecher [*6*] 154, *179*;
[*1*] 375, 399, *400*
Abson, D. s. Rosenthal, A. [*91*] 792, *797*
Acara, M. s. Chmielewicz, Z. F. [*10*]
756, 758, *767*
Achaya, K. T. s. Rao, M. K. G. [*111*]
277, 279, *301*
Achenbach, H., u. K. Biemann [*1c*]
429, *442*
— u. H. Griesebach [*1*] *550*
Achenbach, M., u. H. Griesebach [*7*]
178, *179*
Acher, R., u. Ch. Crocker [*77*] 715, 716,
746
— C. Fromageot u. M. Jutisz [*64*] 714,
716, *746*
Achmatowitcz jr. O. s. Tsuda, Y. [*247*]
440, *448*
Achrem, A. A., u. A. I. Kuznetsova
[*8, 9*] 5, 43, *179*; [*4*] 324, *345*
Acker, L., H. Grewe u. H. C. Beutler
[*3*] 602, *624*
Ackermann, H. s. Woggon, H. [*104*]
610, 620, *626*
Ackermann, M., u. M. Mühlemann [*2*]
679, *691*
Adachi, S. [*9*] 770, 772, 776, 794, *796*,
820
Adam, E., u. C. L. Lapière [*1*] 522, *537*
Adam, G. u. K. Schreiber [*10*] 147, *179*;
[*1*] 312, 337, *345*; [*2*] 439, *442*
— s. Schreiber, K. [*207b*] 439, *447*

Adamec, O. [*3*] 314, 329, *345*, 852
— J. Matis u. M. Galvanek [*11*] 148,
179; [*2*] 314, 317, 329, *345*; [*1*] 572,
579
— s. Matis, J. [*119*] 306, 325, *347*
— s. Stárka, L. [*160*] 327, *348*; [*157*] *582*
Adams, C. W. M. 840
Adank, K., u. W. Hammerschmidt [*2*]
491, *537*
Adhikari, V. [*1*] 207, 230, 233, *246*
— s. Stahl, E. [*256*] *251*
Aelion, R. A. Loebel u. F. Eirich [*12*]
8, *179*
Agranoff, B. W. s. Suomi, W. D. [*160*]
571, *582*
Ågren, G. s. Verdier, C.-H. de [*18*] 702,
745
Aguiar, A. J. s. Szulczewski, D. H. [*162*]
535, *540*
Aguilera, A. s. Matthews, J. S. [*437*]
146, 147, 148, 149, 151, 153, *189*;
[*122*] 311, 312, 325, 327, *347*
Agurell, S. [*3*] 434, *442*
— u. E. Ramstad [*4*] 434, *442*
— u. A. J. Ullstrup [*5*] 434, *442*
— s. Ramstad, E. [*99*] 450, *469*
Ahmad, A. K. S. s. Kaufmann, H. P.
[*91*] 376, 399, *402*
Ahrens jr., E. H. 6
— s. Grundy, S. M. [*255*] 177, *185*; [*63*]
575, *580*
— s. Miettinen, T. A. [*444*] 177, *189*;
[*88*] 276, 277, *300*
— s. Stoffel, W. [*195*] 359, *404*
Ahrens, F. s. Schulte, K. E. [*230*] 231,
232, 236, *251*, 855
Ahrland, S., I. Grenthe, u. B. Norén [*43*]
705, *745*
Aiken, W. H. [*14*] 34, *179*
Airo, E. s. Salo, T. [*595*] 38, *192*; [*82*]
610, 619, *626*
Akazawa, T., J. Uritani u. Y. Akazawa
[*2*] 210, *246*
Akazawa, Y. s. Akazawa, T. [*2*] 210, *246*
Akita, E. [*2*] *550*
Alam, M. Z. s. Shellard, E. J. [*631*] 92,
94, *193*
Alaupovic, P. s. Crider, Q. [*29*] 363, *400*

Bloch, K. s. Erwin, J. [*188*] 177, *183*
— s. Hulanicka, D. [*307*] 177, *186*
— s. Meyer, F. [*442*] 177, *189*
Block, R. J. s. Winegard, H. M. [*82*] 715, *746*
Blombäck, B. s. Sjoquist, J. [*132*] 718, 738, *747*
Blomme, A. s. Heyndrickx, A. M. [*78*] 497, *538*, 833
Blomster, R. N., A. E. Schwarting u. J. M. Bobbitt [*23*] *442*
— s. Farnsworth, N. R. [*51b, 53, 54*] 431, *443*
— s. Roper, E. C. [*189b*] 407, *447*
Bloor, W. R. [*15*] 357, *400*
Blumberg, J. s. Schmid, E. [*104*] 452, 463, *469*
Blumenfeld, O. O., M. A. Paz, P. M. Gallop u. S. Seifter [*68*] 789, *797*
Blunden, G., u. R. Hardman [*22*] 335, *345*
Boak, W. K. s. Connors, W. M. [*134*] 53, 141, *182*
Bobbitt, J. M. [*76*] 5, 55, *181*; [*23*] 302, *345*
— R. Ebermann u. M. Schubert, [*24*] 440, *442*
— s. Blomster, R. N. [*23*] *442*
— s. Khanna, K. L. [*102*] 417, *445*
— s. Leary, J. D. [*119, 120*] 414, *445*
— s. Rother, A. [*190*] 414, *447*
— s. Schwarting, A. E. [*211*] 417, *447*
Bodo, G. s. Tuppy, H. [*161*] 723, 724, *748*
Boeck, A. de s. Drèze, A. [*32*] 703, *745*
Böhm, H. [*25b*] 419, *442*
Boehm, H.-P., u. G. Kämpf [*77*] 12, *181*
— u. M. Schneider [*78*] *181*
Böhme, H., u. L. Kreutzig [*24, 25, 26*] 658, 674, *692*
Böhmert, H. s. Janiak, B. [*114*] 674, *694*
Böhni, E. s. Vogler, K. [*146*] 720, *747*
Boer, J. H. de [*82*] 24, 25, *181*
— J. M. H. Fortuin, B. C. Lippens u. W. H. Meijs [*83*] 26, *181*
— — u. J. J. Steggerda [*84*] 24, *181*
— G. M. M. Houben, B. C. Lippens, W. H. Meijs u. W. K. A. Walrave [*85*] *181*
— J. J. Steggerda, J. M. H. Fortuin u. P. Zwietering [*87*] 25, *181*
— — u. P. Zwietering [*86*] 25, *181*
Boernig, H., u. C. Reinicke [*5*] 763, *767*
Böss, J. s. Brieskorn, C. H. [*98*] 38, *181*
Boggust, W. A., s. Fearon, W. R. [*101*] 716, *747*
Bognár, R., u. S. Makleit [*25*] 439, *442*
Bogoslovsky, N. A., L. O. Shnaidman u. E. N. Kuznetova [*7*] 270, *299*

Bogs, U., u. G. Zessin [*23*] 674, *692*
Bohlmann, F., C. Arndt, K.-M. Kleine u. H. Bornowski [*15*] 232, *246*
— K.-M. Kleine u. H. Bornowski [*16*] 232, *246*
— E. Winterfeldt u. U. Friese [*26*] 418, *442*
— — B. Janiak, D. Schumann u. H. Laurent [*27*] 418, *442*
Bohner, L. S. de, E. F. Soto u. T. de Cohan [*79*] 147, 154, *181*
Bohnstedt, G. [*20a*] 522, 524, *537*, 822
Bohrmann, H. s. Stahl, E. [*257*] 212, *251*
Boissier, J. R., A. Bouquet, G. Combes, C. Dumont u. M. Debray [*28*] 426, *442*
Boissonnas, R. A., u. S. lo Bianco [*25*] 703, *745*
— s. Guttmann, St. [*135, 136*] 718, *747*
— s. Huguenin, R. L. [*137*] 718, *747*
Boit, H.-G. 405, *441*
Boiteau, P. s. Rahandraha, Th. [*555*] 31, *192*; [*206, 207*] 250
Bolden, H. s. Eisenberg jr., F. [*180*] 178, *183*
Bolgar, M. s. Rosenberg, J. [*584*] 160, *192*
Boll, P. M. [*80*] 57, *181*; [*24*] 307, 337, *345*; [*29*] 438, *443*
— u. B. Andersen [*30*] 438, 439, *443*
Bolliger, H.-R. [*81*] 145, *181*; [*8*] 253, 257, 258, 259, 260, 261, 262, 266, 267, 268, 269, 270, 271, 272, 274, 276, 277, 279, 280, 281, 282, 284, 285, 286, 287, 288, 289, 290, 291, 292, 294, 296, 297, 299, 324
— u. A. König [*10*] 258, 259, 269, 272, 274, *299*; [*21*] 533, *537*
— — u. U. Schwieter [*9*] 260, 261, *299*
— s. Kofler, M. [*79*] 276, *300*
— s. Pelick, N. [*511*] 1, *191*
— s. Stahl, E. [*125*] 260, 261, 281, *301*
Bonati, A. [*17*] 240, *246*
Bondopadhyaya, C. s. Kaufmann, H. P. [*88*] 383, 386, *402*
Bondy, P. K. s. Hollingsworth, D. R. [*214*] 743, *749*
Bonner, W. A. [*17*] 391, *400*
Bonsen, P. P. M., G. H. de Haas u. L. L. M. van Deenen [*16*] 376, *400*
Booth, A. N. s. Lymann, R. L. [*141*] 666, 667, *694*
Booth, D. A., H. Goodwin u. J. N. Cumings [*12*] 570, *579*
Booth, J., u. E. Boyland [*3*] 476, *481*
Borden, W. T. s. Desmond, C. T. [*33*] 374, *400*
Bordet, C., u. G. Michel [*18*] 217, *246*
Borecky, J. 846
Boretti, G. s. Erspamer, V. [*111*] 716, *747*

Dang hahn Khoi [*41*] 440, *443*

Daniewski, W. s. Brud, W. [*28*] 211, *246*; [*27*] 526, 529, *537*

D'Antona, A. s. Angelico, R. [*190*] 329, *349*; [*3*] 570, *579*

Darey, F. R. s. Terner, Ch. [*712*] 177, *195*

Das, B. s. Kaufmann, H. P. [*81, 85, 86*] 368, 386, 395, 396, 397, *401, 402*

Das, V. S. R., I. V. S. Rao u. K. U. K. Murthy [*11*] *466*

Dass, R. s. Verma, M. R. [*81*] 583, *601*

Dastoor, N. J., u. H. Schmid [*42*] 429, *443*

— s. Menard, E. L. [*165*] 238, *249*

Dati, T., G. de Angelis, P. Ippoliti u. C. Luly [*146*] 74, *183*

Datta, J. s. Bhattacharya, K. R. [*74*] 715, *746*

Daum, M. s. Kohlschütter, H. W. [*367*] 19, *187*

Dautrevaux, M. s. Biserte, G. [*148*] 720, *748*

Dauvillier, P. [*147*] 99, *183*

David, S., u. H. Hirshfeld [*24*] 286, 287, *299*

Davídek, J. [*148, 149*] 40, 44, *183*; [*25*] 605, *625*

— u. J. Blattná [*25*] 257, 258, 259, *299*

— u. G. Janiček [*11*] 585, 586, *599*

— u. J. Pokorný [*24*] 605, *625*

— — u. G. Janiček [*10*] 585, 586, *599*

Daivdoff, F., u. E. D. Korn [*150*] 177, *183*

Davidow, B. [*26*] 610, *625*

Davidson, I. W. F., u. W. G. Drew [*14*] 756, 764, *767*

Davidson, J. N., u. W. E. Cohn [*16*] 752, *767*

— u. R. M. S. Smellie [*15*] 765, *767*

— s. Chargaff, E. [*9*] 752, 754, 758, *767*

Davies, A. G. s. Abraham, M. H. 816

Davies, B. H. [*151*] 71, *183*; [*26*] 262, *299*

— D. Jones u. T. W. Goodwin [*27*] 262, *299*

— s. Mercer, E. I. [*85*] 262, *300*

Davies, G. R. s. Arden, T. V. 841

— s. Burstall, F. H. 835, 855

Davis, D. R. s. Cantoni, G. L. [*8*] 754, *767*

Davis, R. B. s. MacMahon, J. M. 818

Davoli, H., R. A. Turner, J. G. Pierce u. V. du Vigneaud [*158*] 723, *748*

Day, B. N. s. Neill, J. D. [*471*] 118, *190*

Day, E. A. s. Cobb, W. Y. [*32*] 217, *246*

— s. Libbey, L. M. [*149*] 217, 219, 220, *249*; [*56*] 602, *625*

Day, K. C. s. Murray, T. K. [*91*] 271, *300*

Dean, F. M. [*33*] 655, *692*

Deatherage, F. E. s. Paulson, C. [*16*] 702, *745*

Debackere, M. s. Eberhardt, H. [*44*] 496, *538*

Debray, M. s. Boissier, J. R. [*28*] 426, *442*

Decker, K., u. R. Sammeck [*42b*] 413, *443*

Dedonder, R. 833

Deenen, L. L. M. van s. Bonsen, P. P. M. [*16*] 376, *400*

— s. Haverkate, F. [*57*] 368, 377, 383, 386, *401*

Deferrari, J. O., R. M. de Lederkremer, B. Matsuhiro u. J. F. Sproviero [*53*] 783, 785, 795, *797*

Deffner, G. s. Grassmann, W. [*246, 249*] 42, *185*

De Filippes, F. M. [*17*] 765, *767*

Degeorges, M. s. Aurenge, J. [*27, 28*] 36, 137, *180*; [*1*] 808, *812*

Deicke, F. s. Kaufmann, H. P. [*96*] 307, 313, 320, 322, *347*;[*79*] 397, *401*; [*87*] 567, *580*

Delihas, N. s. Tometsko, A. M. [*97*], 757, 765, *768*

De Luca, H. F. s. Norman, A. W. [*93, 94, 95*] 270, 271, 272, *300*

Delwiche, C. C. s. Bregoff, H. M. 829

Demole, E. [*152, 153*] 5, 67, *183*; [*40, 40a, 41, 42*] 207, 212, 213, 223, 236, *246*; [*28*] 261, *299*

— u. E. Lederer [*43*] 236, *246*

— B. Willhalm u. M. Stoll [*44*] 212, *246*

Dénes, V. I., G. Giurdaru u. M. Farcasan [*16*] 649, *653*

Dengler, B. s. Wagner, H. [*733*] 145, 151, *195*; [*140, 141*] 259, 280, 282, 283, *301*

Denis, W. s. Folin, O. [*117*] 716, *747*

Dennis, D. T. s. Graebe, J. E. [*243*] 178, *185*

Dennis, F. G., u. J. P. Nitsch [*11a*] 466, *466*

Denöel, A., u. B. van Cotthem [*43*] 440, 441, *443*

Dent, C. E., W. Stepka u. F. C. Steward [*35*] 704, *745*

Denti, E., u. M. P. Luboz [*46*] *246*

Deshusses, J., u. A. Gabbai [*45*] 213, *246*

Desimio, M. [*5*] 475, *481*

Desmond, C. T., u. W. T. Borden [*33*] 374, *400*

Desnuelle, P., u. C. Fabre [*164*] 724, *748*

Gaver, R. C., u. C. C. Sweeley [45] 380,
401

Gay, R. s. Maugras, M. [53] 650, *654*

Gebicki, J. M., u. S. Freed [24] 756, 763,
767

Gebistorf, J. s. Steinegger, E. [695] 145,
148, *195*; [208, 209] 662, 677, 684,*696*

Gee, M. [223] 145, *184*; [46] 374, 398,*401*
[33] 619, *625*; [35] 779, *796*; [81] 788,
790, *797*

Geenen, H. s. Braun, D. [11] 620, 621,
624; [6] 653

Gehl, A. s. Rink, M. [137b] 524, *540*;
[81] 764, *768*

Geiss, F., A. Klose u. A. Copet [225] 150,
184

— u. H. Schlitt [224] 68, *184*; [26] 636,
653, 820

— — u. A. Klose [226, 227] 68, 69, 71,
72, 102, *184*

— — F. J. Ritter u. M. Weimar [25]
636, *653*

— s. Ritter, F. J. [579] 32, *192*; [75]
636, 637, *654*

Geissmann, T. A. [59, 60] 655, 656, 659,
672, *693*

Geldmacher-Mallinckrodt, M., u. L.
Lautenbach [69] 515, *538*

Gellene, R. A. s. Baker, H. [3] 295, *298*

Gellerman, J. L. s. Mangold, H. K. 823

Gelotte, B. J. [127] 717, *747*

Gemzová, I., u. J. Gasparič [89] *601*

Gemzová-Táborská, I. s. Gasparič, J.
[20] 587, *600*

Gendi, S. E., W. Kisser u. G. Machata
[70] 495, *538*

Genest, Chr., u. D. M. Smith [61] 663,
693

Genest, K. [67b] 434, *444*

— u. C. G. Farmilo [68] 434, *444*

Gensler, W. J., u. Ch. D. Gatsonis [62]
678, *693*

Gentili, B. s. Stanley, W. L. [689] 73,*194*

George, S. St. s. Friedman, M. [48]
578, *580*

Georgiadis, M. s. Campaigne, E. [11]
650, 653

Georgias, L. s. Klenk, E. [98] 380, *402*

Georgopoulus, D. s. Wieland, Th. [757]
77, *196*

Gerali, G., G. Lugaro u. L. Ferrari [63]
324, 330, *346*

Gerber, N. N. [25] *767*

Gerdes, H., u. W. Staib [228, 229] 155,
184; [205, 206] 329, 330, *349*; [55, 56]
573, *580*

Gerngross, O., K. Voss u. H. Herfeld
[114] 716, *747*

Gerritsma, K. W., u. M. C. B. v. Rheede
van Oudtshoorn [63] 674, *693*

Gerritsma, K. W. s. Rheede van Oudtshoorn, M. C. B. v. [179, 181] 695

Gerstl. B. s. Eng, L. F. [187] 147, *183*;
[39] 366, *401*

Gertig, H. [69, 70] 423, 425, *444*

Gesser, H. D. s. Kramer, J. K. G. [380]
31, *188*

Getrost, H. s. Kohlschütter, H. W. [363]
23, *187*

Getz, H., R. Getz u. D. D. Lawson
[230] 130, *184*

Getz, R. s. Getz, H. [230] 130, *184*

Ghiglione, C. s. Dumazert, Ch. [46]
306, *346*; [27] 620, *625*; [55] 784,
785, *797*

Ghosal, C. R. [64] 663, *693*

Ghosh, A. C. s. Dutta, N. L. [35] 676,*692*

Giacobazzi, C., u. G. Gibertini [71] 238,
247

Giacomo, A. di s. Rispoli, G. [211] 233,
250; [114] 262, *301*

Giacopelle, D. [70b] 405, *444*

Giartosio, A. s. Fasella, P. [43] 564, *579*

Gibertini, G. s. Giacobazzi, C. [71] 238,
247

Gibney, K. B. s. Dutton, G. G. S. [14]
772, 792, 793, 794, 795, *796*

Gibree, N. s. Futterweit, W. [54] 574,
580

Gibson, M. R. s. Fikenscher, L. H. [46]
681, *692*

— s. Sullivan, G. [232] 417, *448*

Giddings J. C., u. R. A. Keller [114] 136,
182

Gidez, C. J. s. Korey, S. R. [104] 379,
380, *402*

Gielen, W. s. Klenk, E. [95, 96] 375, 379,
380, *402*; [94] 570, *580*

Gierschner, K. s. Mehlitz, A. [162, 163]
216, 220, 221, 225, *249*, 827

Gigg, R., u. C. D. Warren [100, 101] 793,
795, *798*

Gilbert, B. s. Antonaccio, L. D. [6] 429,
442

— s. Djerassi, C. [46] 429, *443*

— s. Ferreira, J. M. [57] 429, *443*

Gilbert, L. I. s. Chino, H. [27] *400*

Gildemeister, E., u. Fr. Hoffmann [72]
204, *247*

Giles, C. H., T. J. Rose u. D. G. M.
Vallance [231] 42, *184*

Gill, S. [71, 72] 418, *444*

— u. E. Steinegger, [73, 74, 75] 418, *444*

— s. Bernasconi, R. [19b] 418, *442*

Gilles, K. A. s. Walsh, D. E. [213] 396,
398, *404*

Gillio-Tos, M., S. A. Previtera u. A.
Vimercati [7] 476, 477, *481*; [23] 597,
600, 836

Giltrow, J. s. Curzon, G. 853

Kristerson, L. s. Hansson, E. [*272*] 178, *185*

Kritchevsky, D., u. M. C. Kirk 839
— D. S. Martak u. G. H. Rothblatt [*104*] 313, 342, *347*
— s. Paoletti, R. [*158*] 354, *403*

Kritchevsky, G. s. Murphy, M. T. J. [*147*] 366, *403*
— s. Rouser, G. [*177*] 375, 377, 378, 379, 380, *403*

Kröller, E. [*53, 54*] 619, *625*

Kroesen, A. C. I. s. Jurriens, G. [*75*] *401*

Krüll, H. s. Neidlein, R. [*108*] 523, *539*

Krusche, B. s. Habermann, E. [*258*] 148, *185*; [*53*] 399, *401*; [*67*] 568, *580*

Krzeminsky, L. F., u. W. A. Landmann 839

Kubeczka, K.-H. [*143*] 216, *249*

Kubitz, J. s. Knabe, J. [*107*] 426, *445*

Kučera, J. [*55*] 620, *625*

Kuch, H. s. Schlossberger, H. G. [*103*] 454, *469*; [*141*] 557, *582*

Kucharczyk, N., u. J. Fohl [*47*] 637, *653*
— — u. J. Vymétal [*16*] 480, *481*; [*46*] 637, 638, *653*, 832, 852

Kuduk, J. s. Cieślak, J. [*38*] 413, *443*

Kudzin, S. F., R. M. de Baun u. F. F. Nord [*115*] 716, *747*

Kübler, H. s. Butenandt, A. [*112*] 44, *182*

Kühn, G. s. Müller, K. H. [*149*] 674, *694*

Kühn, L., u. S. Pfeifer *441*

Kuhn, A. [*35*] 598, 599, *600*

Kuhn, D. s. Weicker, H. [*183*] 554, *582*

Kuhn, H. s. Pailer, M. [*188*] 216, 219, *250*

Kuhn, H. J. [*111*] 409, *445*
— s. Neumüller, O. A. [*149*] 409, *446*

Kuhn, M., u. A. v. Wartburg [*131*] 678, *694*
— s. Renz, J. [*176*] 662, 678, *695*
— s. Wartburg, A. v. [*230*] *696*

Kuhn, R. 4
— u. I. Löw [*144*] 238, *249*
— u. H. Wiegandt [*107*] 375, 378, 380, *402*
— — u. H. Egge [*106*] 375, 380, *402*

Kukkonen, E. s. Schantz, M. v. [*193*] 681, *695*

Kuksis, A., u. W. C. Breckenridge [*109*] *402*
— u. J. Ludwig [*108*] *402*

Kulenda, Z., u. E. Horáková [*213*] 329, *349*; [*99*] 572, *581*

Kulovich, M. V. s. Gluck, L. [*58*] 571, *580*

Kumari, G. L. s. Nigam, S. S. [*181*] 233, 234, 235, *249*

Kummer, K. s. Bleecken, S. [*74*] 160, *181*

Kummerow, F. A. s. Sgoutas, D. S. [*628, 629*] 175, 177, *193*

Kump, Ch., J. Seibl u. H. Schmid [*114, 115, 115 b*] 429, *445*

Kump, W. G., u. H. Schmid [*112, 113*] 429, *445*
— s. Govindachari, T. R. [*77*] 429, *444*

Kump, W. H. s. Pailer, M. [*154*] 413, *446*

Kunau, W. s. Klenk, E. [*98*] 380, *402*

Kunovits, G. [*145*] 235, *249*

Kuntz, E. [*48*] 628, *653*

Kunz, A. s. Pataki, G. [*53*] 758, *768*

Kupfer, W. [*49*] 626, *653*

Kupferberg, H. J., A. Burkhalter u. E. L. Way [*116*] 421, *445*; [*91*] 504, 507, 508, *539*, 836

Kurek, E. s. Oelschläger, H. [*116*] 491, *539*

Kuroiwa, Y., u. H. Hashimoto [*145a*] 242, *249*; [*132*] 681, *694*

Kuschke, H. J. s. Schmid, E. [*143*] 562, 563, *582*

Kuster, W. s. Schetty, G. [*64*] 595, *600*

Kutáček, M. [*61, 62*] 450, 456, *468*, 851
— u. Ž. Procházka [*63*] 450, 451, 452, 456, 463, *468*
— J. Rosmus u. Z. Deyl [*64*] 456, 464, *468*
— s. Kaloušek, J. 834

Kuwada, S., u. M. Hori [*80*] 288, *300*

Kuypers, G. H. A. s. Kiel, E. G. [*32*] 593, *600*

Kuznetsova, A. I. s. Achrem, A. A. [*8, 9*] 5, 43, *179*; [*4*] 324, *345*

Kuznetova, E. N. s. Bogoslovsky, N. A. [*7*] 270, *299*

Kuzuya, T., E. Samols u. R. H. Williams [*384*] 178, *188*

Kyburz, E. [*23*] 548, *551*

Lábler, L. [*385*] 98, *188*; [*106*] 318, 337, *347*
— u. V. Černý [*105*] 318, 337, *347*; [*117*] 441, *445*
— u. Vl. Schwarz [*386*] 5, *188*
— s. Černý, V. [*123*] 104, 148, *182*; [*32*] 305, 319, 324, 335, *345*

Laccarino, M. s. Grippo, P. [*26*] 756, 758, 759, *767*

Lachese, B. s. Crépy, O. [*138*] 32, *182*; [*44*] 314, 345, *346*; 839, 847

Lackner, H. s. Glemser, O. [*236*] 31, *184*

Ladany, S., u. M. Finkelstein [*100*] 574, *581*

Morris, L. J. s. James, A. T. [*317a*]
50, 150, *186*; [*92*] 306, *347*
— s. Nichols, B. W. [*152*] 362, *403*
— s. Williams, J. A. [*192*] 569, *583*
Morris, W. W., u. E. O. Haenni [*66*]
609, *625*
Morrison, A. s. Witter, R. F. 848
Morrison, J. C., u. L. C. Chatten [*459*]
135, 137, *189*; [*104, 105*] 495, 512, *539*
Morton, M. J., u. W. I. Rogers [*49*] 764,
768
Morton, R. A. [*90*] 254, 276, 280, *300*
Mosbach, E. H. s. Chattopadhyay, D. P.
[*192*] 322, *349*
Mosbach, K. [*148*] 656, *694*
Moser, A. B. s. Miettinen, T. A. [*106*]
575, *581*
— s. Moser, H. W. [*109*] *581*
Moser, H. W., A. B. Moser u. J. C. Orr
[*109*] *581*
Moses, A. J. [*460*] 170, *189*
Mosher, F. R. s. Lees, T. M. [*389*] 76, *188*
Mosher, H. S., F. A. Fuhrman, H. D.
Buchwald u. H. G. Fischer [*139b*]
441, *446*
Mosser, D. G. s. Tuna, N. [*724*] 169,
179, *195*
Mostert, K. s. Jong, K. de [*110*] 218, *248*
Mothes, K. [*81, 82*] 449, 450, *468*
— D. Gross, M.-W. Liebisch u. H.-R.
Schütte *441*
— K. Winkler, D. Gröger, H. G. Floss,
U. Mothes u. B. Weygand [*140*] 434,
446
— u. H.-B. Schröter *441*
— s. Gröger, D. [*82*] 437, *444*
— s. Neubauer, D. [*147*] 419, *446*
Mothes, U. s. Mothes, K. [*140*] 434, *446*
— s. Weygand, F. [*238*] 662, 663, 678,
696
Mottier, M. [*461, 462*] 5, *190*; [*11*] 699,
745; [*47*] 583, *600*
— u. M. Potterat [*463*] 5, 148, *190*; [*48*]
583, *600*
Mottlau, A. Y. s. Fisher, N. E. [*193*]
16, *184*
Mouhgrabi, A. [*109a*] 559, *581*
Mouton, M., S. Jaquard u. M. Sagot-
Masson [*464*] 31, *190*; [*175*] 241, *249*
Moye, H. A. s. Winefordner, J. D. [*761*]
155, *196*
Moza, B. K., u. J. Trojánek [*141, 142*]
431, 432, *446*
Mühlemann 502
Mühlemann, H. s. Sonanini, D. [*229*]
326, 327, *349*
Mühlemann, M. s. Ackermann, M. [*2*]
679, *691*

Müldner, H. G., J. R. Wherrett u. J. N.
Cumings [*146*] 375, 378, 379, *403*;
[*110*] 570, *581*
Müller, E. s. Hörhammer, L. [*110*] 659,
674, *694*
Müller, J. M. s. Menard, E. L. [*165*]
238, *249*
— s. Thomas, A. F. [*285*] 238, *252*
Müller, K. H., B. Christ u. G. Kühn
[*149*] 674, *694*
— u. H. Honerlagen [*465*] 95, *190*; [*143*]
436, *446*
— s. Gabel, E. [*68*] 226, 227, 230, 235,
247, 815
Müller, M. 406
Müller, R. s. Eder, F. [*28*] 609, 610, 615,
625
— s. Jerchel, D. [*107*] 716, *747*, 854
Müller, W. s. Harbers, E. [*28*] 754, *767*
— s. Hüttenrauch, R. [*305*] 46, *186*;
[*67*] 284, 285, 286, *300*
Müllhofer, G. s. Simon, H. [*635*] 166, *193*
Müting, D. [*70*] 714, *746*, 839
Mukai, K. s. Hashimoto, A. [*56*] 391, *401*
Mukherjee, K. D. s. Kaufmann, H. P.
[*341*] 139, *187*
Mulder, F. J. 273
Mulé, S. J. [*106*] 504, 505, 507, *539*
Mulryan, H. [*466*] 28, *190*
Munier, R. 829, 835, 837
— u. M. Macheboeuf 829, 835
Munk, V. J. s. Pásková, J. 819
Munson, P. L. s. Peng, T. C. [*125*] 570,
581
— s. Tai Chan, P. [*232*] 327, *350*
Munter, F. s. Waldi, D. [*257*] 406, 408,
409, 410, 415, 419, 420, 422, 429, 430,
434, 435, *448*
Murakawa, S. s. Ibayashi, H. [*93*] 328,
347; [*75*] 574, *580*
Muramatsu, T. s. Mitsuhashi, H. [*170*]
212, *249*
Muria, P. C. de s. Lees, T. M. [*390*] 57,
188
Murphy, M. T. J., B. Nagy, G. Rouser
u. G. Kritchevsky [*147*] 366, *403*
Murray, A. III., u. D. L. Williams [*467*]
166, *190*
Murray, T. K., K. C. Day u. E. Kodicek
[*91*] 271, *300*
— s. Varma, T. N. R. [*138*] 266, 267,
301
Murthy, K. U. K. s. Das, V. S. R. [*11*]
466
Mussini, E. s. Marcucci, F. [*429*] 59, *189*
Mutschler, E., u. H. Rochelmeyer [*10*]
699, 707, *745*
— s. Schunack, W. [*201*] 685, *695*;
[*145a*] 524, 525, *540*

Schön, H., u. N. Krause [146] 570, 582
Schönfeld, T. s. Broda, E. [101] 155, 166, 170, 181
Schönleben, W. s. Schmidt, O. Th. [613] 44, 193; [198] 660, 695
Schönthal, H. s. Weicker, H. [182] 569, 582
Schoknecht, J. s. Gabel, E. [68] 226, 227, 230, 235, 247, 815
Scholderer, D. [147] 568, 582
Schorderet, M. s. Nussbaumer, P. A. [34] 548, 551
Schorn, H., u. C. Winkler [148] 559, 582
Schorn, P.-J. [614, 615, 615a] 50, 92, 94, 127, 152, 193; [38] 476, 482; [199, 200] 678, 680, 681, 695
— u. E. Stahl [69] 586, 590, 600
— s. Stahl, E. [229b] 416, 448; [203, 205, 206, 207] 662, 663, 664, 665, 666, 667, 674, 680, 682, 686, 689, 695, 696, 827, 856
— s. Weigert, E. [324] 239, 241, 253; [233] 682, 696
Schott 679
Schouten, L. s. Jurriens, G. [76] 398, 401
Schraiber s. Ratschinski [567] 192
Schraiber, M. S. s. Izmailov, N. A. [313] 1, 2, 74, 186
Schramm, G., J. W. Schneider u. A. Anderer [189] 738, 741, 748
Schranz, R. E. s. Kingdon, F. [346] 131, 187
Schratz, E., u. W. Egels [616] 87, 193
— u. S. Qedan [228] 208, 215, 216, 227, 235, 251
Schraudolf, H. [107] 450, 451, 469
— u. F. Bergmann [108] 450, 469
Schrecker, A. W. s. Hartwell, J. L. [87] 655, 677, 693
Schreiber, K., O. Aurich u. G. Osske [229] 237, 238, 251; [148] 313, 314, 335, 337, 348; [206] 438, 447, 821, 832, 845
— — u. K. Pufahl [207] 440, 447
— C. Horstmann u. G. Adam [207b] 439, 447
— u. H. Ripperger [208] 439, 447
— s. Adam, G. [10] 147, 179; [1] 312, 337, 345; [2] 439, 442
— s. Focke, J. [16] 464, 466, 467
— s. Pufahl, K. [180c] 440, 446
— s. Schneider, G. [105, 106] 449, 450, 458, 469
— s. Sembdner, G. [111, 112, 113, 114, 115, 116] 450, 453, 456, 457, 463, 464, 465, 466, 469
Schröder, P. s. Luckner, M. [126] 445; [137, 138, 140] 684, 687, 694

Schröter, H.-B. s. Mothes, K. 441
— s. Neumann, D. [148] 416, 446
Schubert, M. s. Bobbitt, J. M. [24] 440, 442
Schuchard, M. s. Weitz, E. [746] 9, 10, 196
Schudel, P. s. Mayer, H. [87] 276, 300
Schueler, W. s. Stroh, H. H. [66] 787, 789, 797
Schüppel, R., u. Kl. Soehring [146] 502, 503, 540
Schütte, H. R., u. H. Hindorf [210] 418, 447
— u. B. Maier [210b] 441, 447
— s. Gross, D. [85] 417, 444
— s. Mothes, K. 441
Schütte, J. s. Vidic, E. [253] 423, 448
Schütz, G. P. s. Vries, G. de 815
Schulte, K. E., F. Ahrens u. E. Sprenger [230] 231, 232, 236, 251, 855
Schultz, O. E., u. H. L. Mohrmann [231] 231, 251
— u. J. Schneckenburger [208b] 423, 447
— u. D. Strauss 821
— u. F. Zymalkowski 441
Schultze, H. s. Rieche, A. [74] 647, 654
Schulz, H. s. Hänsel, R. [77] 679, 693
Schulz, M. s. Rieche, A. [73] 647, 654
Schulze, G. s. Asmus, E. [1] 477, 481
Schulze, J. s. Hüttenrauch, R. [306] 77, 186; [16] 551
Schulze, P.-E., u. M. Wenzel [617] 160, 169, 170, 177, 193
Schulze, W. [145] 483, 488, 490, 491, 540
— s. Awe, W. [6] 483, 488, 490, 491, 537
Schumacher, D. s. Reisert, P. M. [141] 327, 348; [129] 573, 581
Schumacher, H. s. Büchi, J. 835
Schumann, D., u. H. Schmid [209] 429, 447
— s. Bohlmann, F. [27] 418, 442
— s. Hesse, M. [88] 429, 433, 444
Schunack, W., E. Mutschler u. H. Rochelmeyer [145a] 524, 525, 540; [201] 685, 695
— u. H. Rochelmeyer [209b] 447
Schunk, R. s. Volk, O. H. [317] 235, 252
Schwander, H. s. Signer, R. [92] 752, 768
Schwane, R. A., u. R. S. Nakon [618] 160, 193
Schwarting, A. E., J. M. Bobbitt, A. Rother, C. K. Atal, K. L. Khanna, J. D. Leary u. W. G. Walter [211] 417, 447
— s. Blomster, R. N. [23] 442
— s. El-Oleny, M. M. [150b] 414, 446
— s. Khanna, K. L. [102] 417, 445
— s. Leary, J. D. [119, 120] 414, 445

Sachverzeichnis

Abdampfeffekt 67
Abschaben schmaler Zonen 165
Absorption, UV-spezifische 151
Abstreifen, Plattenrand 63
Abzugskapelle 81
Acedicon 420
Acenocoumarol 508
Acepromazine 485
Acetanhydrid, markiertes 175
Acetanilid 502
Acetazolamid 523
Aceton, Nachweis im Urin 554
Acetophenazine 485
Acetophenon 215
N-Acetyl-γ-aminophenol 502
Acetylcarbromal 513, 514
Acetylcholin 474
Acetylgantrisin 521
Acetylierung 175, 202, 315
Acetylmethadol 507
Acetylsalicylsäure 501, 503, 531, 532,
Aconitin 440, 441
Acoron 215
Acridin 476, 479
Acridin-Derivate 589, 590
Acrylnitril 627
Actinomycin 549
Actithiacinsäure 549
Acumycin 546
Addukte, Herstellung u. DC 208, 380
Adenin 437, 524, 750
—, Nachweisgrenze 757
Adenosin-2'-phosphat 751
Adenosintriphosphat 751
—, hRf-Werte 760
Adrenalin 135, 475, 498, 499, 500
—, Nachweisgrenze 561
Adrenalin-DANS 472
Adrenalone 499
Adrenone 499
Adsorption 23, 198—200
Adsorptionsaffinität 198
Adsorptionsaktivität 200
Adsorptions-DC, Grundregeln 198—200
Aerosol-Monobloc-Dosen 80
Aescin 238
Äsculetin 657
ätherische Öle 203, 231
—, Auftrennung 206
—, Trennbedingungen 232
Äthinylöstradiol 530, 531, 532

Äthylen 627
Ätiansäuren 343
Aetryptamine 497
Aflatoxine 663
Afzelin 658
Agar 620
Ag-Komplexbildung 321
Agla-Mikrometerspritze 66, 137
Aglykone, Steroidglykoside 330, 333
Akonitin 440, 441
Aktivierungsanalyse 170, 172
Aktivität, biologische 542
—, radioaktive 156
Aktivitätsstufen nach BROCKMANN 200
Aktivitätsverteilung, radioaktive 161
Alanin 710
Albumingehalt, Abnahme des 564
Aldarsäuren 780
Aldehyde 213, 214, 396
— von Lipiden 369, 370
C_1-C_{14}-n-Aldehyde 217
"aldehydic cores" 391, 394, 398
Aldohexose 553
Aldonsäuren 780
Aldosteron 325
— im Urin 572
Aldosteronacetat 533
Aldrin 613
Alkaliblau 590
Alkali-Gruppe 799
—, Fließmittel 803
Alkaloide 405-449
—, Bestimmung, quantitative 408
—, Gradient-DC 406
—, Gruppentrennung 408
—, Sichtbarmachung 407
—, Schichten, Fließmittel 405
Alkanale 219
Alkannin 656
Alkanone 219
Alkenale 219
Alkenone 219
α-Alken-1-ylglycerinäther 350
Alkohole 221, 396
—, mehrwertige 631
—, Trennung niederer 630
Alkohol-DNB 225
Alkohol-Nachweis (DNB) 225
Alkoxylipide 360, 370, 386
Alkyläther 360
Alkyldiglyceride 368—372